EUROPA-FACHBUCHREIHE
für elektrotechnische
und elektronische Berufe

Fachkunde Informationstechnik und Industrieelektronik

5. neubearbeitete und erweiterte Auflage

Bearbeitet von Lehrern und Ingenieuren an beruflichen Schulen,
Fachhochschulen und Produktionsstätten (siehe Rückseite)

VERLAG EUROPA-LEHRMITTEL · Nourney, Vollmer GmbH & Co.
Düsselberger Straße 23 · 42781 Haan-Gruiten

Europa-Nr.: 32319

Bearbeiter der Fachkunde Informationstechnik und Industrieelektronik

Gregor Häberle	Dr.-Ing., Abteilungsleiter	Tettnang, Friedrichshafen
Heinz Häberle	Dipl-Gwl., Oberstudiendirektor (zugleich Leiter des Arbeitskreises)	Kressbronn
Thomas Kleiber	Dipl.-Ing.-Päd., Berufsschullehrer	Chemnitz
Heinz Ruckriegel	Dipl.-Ing., Studiendirektor	Reutlingen, Tübingen
Willi Schleer	Dipl.-Ing., Oberstudienrat	Überlingen
Bernd Schiemann	Dipl.-Ing., Studiendirektor	Ulm
Dieter Schnell	Dipl.-Ing., Leit. Regierungsschuldirektor	Stuttgart
Dietmar Schmid	Dr.-Ing., Professor	Aalen

Bildbearbeitung:

Zeichenbüro des Verlags Europa-Lehrmittel GmbH & Co., Leinfelden-Echterdingen

Lektorat:

Oberstudiendirektor Häberle, Kressbronn

Diesem Buch wurden die neuesten Ausgaben der DIN-Blätter und der VDE-Bestimmungen zugrunde gelegt. Verbindlich sind jedoch nur die DIN-Blätter und VDE-Bestimmungen selbst.

Die DIN-Blätter können von der Beuth-Verlag GmbH, Burggrafenstraße 6, 10787 Berlin, und Kamekestraße 2—8, 50672 Köln, bezogen werden. Die VDE-Bestimmungen sind bei der VDE-Verlag GmbH, Bismarckstraße 33, 10625 Berlin, erhältlich.

5. Auflage 1994

Druck 5 4 3 2 1

Alle Drucke derselben Auflage sind parallel einsetzbar.

ISBN 3-8085-3245-9

Umschlaggestaltung unter Verwendung eines Fotos über Laserdiodenarray der Fa. Siemens AG.

Satz und Druck: IMO-Großdruckerei, 42275 Wuppertal

Vorwort

Der Wunsch, für die Ausbildung der Fachkräfte der Informationstechnik einschließlich der Industrieelektronik ein eigenes Lehrbuch zu schaffen, führte zur Herausgabe der vorliegenden Fachkunde Informationstechnik und Industrieelektronik. Die sechs aufeinander bezogenen Hauptabschnitte sind

- Grundlagen der Elektrotechnik und Elektronik,
- Anwendung der Grundlagen,
- Grundlagen der Digitaltechnik,
- Datentechnik,
- Messen, Steuern, Regeln und
- Leistungselektronik.

Dem Lehrbuchcharakter der Fachkunde Informationstechnik und Industrieelektronik folgend werden auch komplizierte Sachverhalte in einer verständlichen Sprache dargestellt. Deshalb wurde auf die technikgerechte Gestaltung der Bilder besondere Aufmerksamkeit gelegt. Die Formeln des Buches haben die Form von Größengleichungen. Ihre Anwendung wird durch zahlreiche, rot unterlegte Beispiele erläutert. Die wichtigsten Informationen und Definitionen werden als blau unterlegte Merksätze deutlich hervorgehoben. Am Ende jedes Abschnittes können die wichtigsten Informationen und Erkenntnisse durch Wiederholungsfragen noch einmal vergegenwärtigt werden.

Vorwort zur 5. Auflage

Die Weiterentwicklung der Technik führte unter Berücksichtigung der Lehrplanvorgaben zu einer gründlichen Überarbeitung. Dabei wurden irrelevant gewordene Bereiche gekürzt, so daß der Seitenumfang weiter die bewährte Gesamtbandausgabe erlaubt.

Neu erscheinen im *Grundlagenteil* mechanische Bandfilter, Treiberverstärker, Schutzarten elektrischer Betriebsmittel und Prüfung von Schutzmaßnahmen. Der Hauptabschnitt *Digitaltechnik* wurde erweitert, z. B. um binäre Elemente mit besonderen Ausgängen, Laufzeiten und Leistungsbedarf binärer Elemente, Teilerschaltungen, programmierbare Logikelemente sowie um Rechenwerke.

Der Bereich *Datentechnik* erhielt zusätzliche Abschnitte,z. B. über Arten von Computeranlagen, spezielle Mikroprozessoren, Schnittstellenelemente für Mikroprozessoren, optische Speicher, Scanner, Schnittstellen für Eingabegeräte und Ausgabegeräte sowie Datenübertragung (Schnittstellen, Datennetze, serielle Bussysteme, parallele Bussysteme). Die *Programmiersprachen* wurden erweitert, z. B. um Stringverarbeitung, Code-Wandlung und Grafikprogrammierung. Ferner wurden Datensicherung und Datenschutz aufgenommen.

Der Hauptabschnitt *Messen, Steuern, Regeln* erhielt zusätzlich Abschnitte über Optokoppler, Lichtschranken, Bestimmungen für Meßeinrichtungen und Programmierung einer Schrittkette. Der Hauptabschnitt *Leistungselektronik* wurde erweitert um Bauelemente der Leistungselektronik, Handhabungssysteme und Bildverarbeitung.

Änderungen der Normung wurden berücksichtigt, wobei allerdings jetzt verschiedene Darstellungsarten in den Normblättern vorgesehen sind und deshalb so auch im Buch auftreten, z. B. Stromverzweigungen ohne Punkt und mit Punkt oder Verstärkersymbole in Dreieckform und in Viereckform.

Das Buch ist auf die Rahmenlehrpläne der Kultusministerkonferenz abgestimmt und ist konzipiert für die Berufsbildung der Industrieelektroniker/in, der Kommunikationselektroniker/in der Fachrichtung Informationstechnik, der Büroinformationselektroniker/in und der Elektromechaniker/in. Es ist geeignet für den Unterricht an Technischen Gymnasien, Fachgymnasien, Fachoberschulen und Berufsoberschulen. Als grundlegende Einführung in das gesamte Fachgebiet ist dieses Buch gleichfalls nützlich für Schüler an Berufskollegs und Studierende an Fachschulen, Berufsakademien, Fachhochschulen und Technischen Universitäten.

Verlag und Autoren danken für die wertvollen Benutzerhinweise, die zu einer Aktualisierung des Buches führten. Konstruktive Vorschläge zur Weiterentwicklung des Buches werden dankbar entgegengenommen.

Winter 1993/94 Die Verfasser

Inhaltsverzeichnis

4 Datentechnik

Literaturverzeichnis

Automatisierungstechnik — B. D. Schaaf
Carl Hanser Verlag, München, Wien

CAD/CAE/CAM/CIM Lexikon — G. Klause
expert verlag, Ehningen

Das große MS-DOS-Profi-Arbeitsbuch — D. Smode
Franzis-Verlag, München

Digitale Übertragungstechnik — P. Gerdsen
B. G. Teubner, Stuttgart

Drehzahlvariable Drehstromantriebe mit Asynchronmotoren — P. K. Budig
VDE-Verlag GmbH, Berlin, Offenbach

Elektrische Antriebstechnik — F. Kümmel
VDE-Verlag GmbH, Berlin, Offenbach

Elektrische Maschinen — G. Müller
VDE-Verlag GmbH, Berlin, Offenbach

Handbuch Elektromagnetische Verträglichkeit — Ernst Habiger u.a.
VDE-Verlag GmbH, Berlin, Offenbach

Informationstechnik — B. Grimm u.a.
Verlag Europa-Lehrmittel, Haan-Gruiten

Lexikon der Datenverarbeitung — Löbel-Müller-Schmid
Siemens AG, Berlin, München

Lexikon der Informatik und Datenverarbeitung — H.-J. Schneider
Oldenbourg Verlag, München

Meßtechnik in der Nachrichtentechnik — U. Freyer
Carl Hanser Verlag, München

Nachrichtentechnik — H. Häberle u.a.
Verlag Europa-Lehrmittel, Haan-Gruiten

Professionelle Stromversorgung — U. Freyer
Franzis-Verlag GmbH, München

Sensoren, Meßaufnehmer — K. W. Bonfig u.a.
expert verlag, Ehningen

Taschenbuch Elektrotechnik — E. Philippow u.a.
Carl Hanser Verlag, München

Transformatoren und elektrische Maschinen — G. Häberle u.a.
Verlag Europa-Lehrmittel, Haan-Gruiten

Formelzeichen dieses Buches

Kleinbuchstaben

Formelzeichen	Bedeutung
a	Beschleunigung
b	1. Breite 2. Ladungsträgerbeweglichkeit
c	1. spez. Wärmekapazität 2. elektrochemisches Äquivalent 3. Ausbreitungsgeschwindigkeit von elektromagn. Wellen
d	1. Durchmesser 2. Abstand 3. Verlustfaktor 4. Differenztonfaktor 5. Klirrfaktor
e	Elementarladung
f	1. Frequenz 2. Umdrehungsfrequenz
g	1. Schwerebeschleunigung 2. Tastgrad 3. Übertragungsmaß
h	Höhe
i	zeitabhängige Stromstärke
k	1. Verkürzungsfaktor 2. allgem. Konstante
l	1. Länge, 2. Abstand
m	1. Masse 2. Modulationsgrad 3. Strangzahl 4. Zahl der Stufen
n	1. Drehzahl, Umdrehungsfrequenz 2. Ganze Zahl 1, 2, 3 ... 3. Brechzahl
p	1. Polpaarzahl, 2. Druck
q	Querstromverhältnis
r	1. Radius 2. differentieller Widerstand
s	1. Strecke, Dicke 2. Siebfaktor 3. bezogener Schlupf 4. Korrektur 5. Welligkeitsfaktor
t	Zeit
u	zeitabhängige Spannung
ü	1. Übersetzungsverhältnis 2. Übersteuerungsfaktor
v	Geschwindigkeit
w	Energiedichte
z	Ganze Zahl, z.B. Lagenzahl

Großbuchstaben

Formelzeichen	Bedeutung
A	1. Fläche, Querschnitt 2. Ablenkkoeffizient 3. Dämpfungsmaß
B	1. Magn. Flußdichte 2. Blindleitwert 3. Gleichstromverhältnis 4. Bandbreite
C	1. Kapazität 2. Wärmekapazität 3. Taktanzahl
D	1. Elektr. Flußdichte 2. Dämpfungsfaktor 3. Dynamikbereich
E	1. Elektr. Feldstärke 2. Beleuchtungsstärke
F	1. Kraft, 2. Rauschfaktor 3. Faktor
G	1. Leitwert, Wirkleitwert 2. Verstärkungsmaß
H	Magn. Feldstärke
I	Stromstärke
J	1. Stromdichte 2. Trägheitsmoment
K	1. Konstante 2. Kopplungsfaktor
L	1. Induktivität 2. Pegel
M	Drehmoment
N	1. Zahl, z.B. Windungszahl 2. Nachrichtenmenge
P	Leistung, Wirkleistung
Q	1. Ladung 2. Wärme 3. Blindleistung 4. Gütefaktor, Güte
R	Wirkwiderstand
S	1. Scheinleistung 2. Steilheit 3. Schlupf (absolut) 4. Übertragungsgröße, Übertragungskoeffizient 5. Schlankheitsgrad 6. Signal
T	1. Periodendauer 2. Übertragungsfaktor 3. Temperatur in K
U	Spannung
V	1. Volumen 2. Verstärkungsfaktor 3. Verlustleistung
W	1. Arbeit, 2. Energie
X	Blindwiderstand
Y	Scheinleitwert
Z	1. Impedanz, Scheinwiderstand 2. Wellenwiderstand 3. Schwingungswiderstand

Griech. Kleinbuchstaben

Formelzeichen	Bedeutung
α (alpha)	1. Winkel 2. Temperaturkoeffizient
β (beta)	1. Winkel 2. Kurzschluß-Stromverstärkungsfaktor
γ (gamma)	1. Winkel 2. Leitfähigkeit
δ (delta)	1. Verlustwinkel 2. Modulationsindex
ε (epsilon)	Permittivität
ε_0	Elektr. Feldkonstante
ζ (zeta)	Arbeitsgrad, Nutzungsgrad
η (eta)	Wirkungsgrad
ϑ (theta)	Temperatur in °C
λ (lambda)	Wellenlänge
μ (müh)	Permeabilität
μ_0	Magn. Feldkonstante
ϱ (rho)	1. spez. Widerstand 2. Dichte
σ (sigma)	1. Streufaktor 2. Rauschabstand
τ (tau)	1. Zeitkonstante 2. Impulsdauer 3. Pausendauer
φ (phi)	Winkel, insbesondere Phasenverschiebungswinkel
ω (omega)	1. Winkelgeschwindigkeit 2. Kreisfrequenz

Griech. Großbuchstaben

Formelzeichen	Bedeutung
Δ (Delta)	Differenz z.B. $\Delta\hat{\varphi}$ Phasenhub, $\Delta\hat{f}$ Frequenzhub
Θ (Theta)	Durchflutung
Φ (Phi)	1. Magnetischer Fluß 2. Lichtstrom
Ψ (Psi)	Elektrischer Fluß

Spezielle Formelzeichen werden gebildet, indem man an die Formelzeichen-Buchstaben einen Index oder mehrere Indizes anhängt oder sonstige Zeichen dazusetzt.

Indizes und Zeichen für Formelzeichen dieses Buches

Index, Zeichen	Bedeutung
Ziffern, Zeichen	
0	1. Leerlauf 2. im Vakuum 3. Bezugsgröße
1	1. Eingang 2. Reihenfolge
2	1. Ausgang 2. Reihenfolge
3, 4, ...	Reihenfolge
^, z. B. $\hat{u}$	Scheitelwert, Höchstwert
ˇ, z. B. $\check{u}$	Tiefstwert, Kleinstwert
^ˇ z. B. $\hat{\check{u}}$	1. Spitze-Talwert 2. Schwingungsbreite
′, z. B. u'	1. besonderer Hinweis 2. Ableitung
△	in Dreieckschaltung
Kleinbuchstaben	
a	1. Abschalten 2. Ausgang, außen 3. Abfall 4. Anker
ab	abgegeben
auf	aufgenommen
b	1. Betrieb 2. Blindgröße
c	1. Grenz- (cut-off) 2. Form (crest)
d	1. Gleichstrom betreffend 2. Dauer- 3. Dämpfung
e	Eingang
eff	Effektivwert
f	Frequenz
g	Grenzwert
ges	Gesamt-
h	hoch, oben
i	1. innen 2. induziert 3. Strom- 4. ideell, 5. Ist-
j	Sperrschicht (von junction)
k	1. Kurzschluß- 2. kinetisch
m	1. magnetisch 2. Mittelwert 3. Meßwerk 4. moduliert
max	maximal, höchstens
min	minimal, mindestens

Index	Bedeutung
n	1. Nenn- 2. Rausch- (noise)
o	Oszillator-
p	1. parallel, 2. Pause 3. Puls, 4. potentiell 5. Brumm, 6. Druck
r	1. in Reihe 2. relativ, bezogen 3. Anstiegs- 4. Resonanz
s	1. Sieb- 2. Signal, 3. Serie 4. Störstrahlung 5. in Wegrichtung 6. Stoß- 7. Lautstärke, 8. Soll-
sch	Schritt
t	tief, unten
th	thermisch, Wärme-
tot	total, gesamt
u	Spannungs-
v	1. Vor- 2. Verlust 3. visuell, Licht-
w	1. Wirk-, wirksam 2. Führungsgröße 3. Wellen-
x	1. unbekannte Größe 2. in x-Richtung
y	1. Stellgröße 2. in y-Richtung
z	Zwischen-
zu	zugeführt
Großbuchstaben	
A	1. Strommesser, 2. Antenne, 3. Anker- 4. Abstimm-, 5. Anode 6. Anzug, Anlauf 7. Anlagenerdung 8. Abtast-
B	1. Basis 2. Betriebserdung (Netz) 3. Bau- 4. Blau
C	1. Kollektor 2. kapazitiv 3. Takt
D	1. Drain, 2. Daten
E	1. Emitter 2. Entladen 3. Erde
F	1. Vorwärts- (forward) 2. Fläche 3. Fehler-

Index	Bedeutung
G	1. Gate 2. Gewicht 3. Glättung 4. Grün
H	1. Hysterese 2. Hall-
K	1. Katode 2. Kopplung (Gegen-) 3. Kühlkörper 4. Kippen 5. Kanal, Strecke
L	1. induktiv 2. Last 3. links 4. Laden 5. Berührungs- 6. Lorentz-
M	Mitkopplung
N	1. Nenn-, 2. Nutz-
Q	Quer-
R	1. Rückwärts- (reward) 2. Rauschen 3. rechts 4. Regel- 5. Rot
S	1. Source 2. Schleife- 3. Sattel-
T	1. Transformator- 2. Träger-
U	1. Umgebung 2. Farbdifferenz
V	1. Spannungsmesser 2. Verstärkungs- 3. Farbdifferenz
X	am X-Eingang
Y	1. am Y-Eingang 2. in Sternschaltung 3. Luminanz-
Z	1. Zener-, 2. Zeile
Griech. Kleinbuchstaben	
α (alpha)	in Richtung vom Winkel α
σ (sigma)	Streu-
φ (phi)	Phasenverschiebung betreffend
Griech. Großbuchstaben	
Δ (Delta)	eine Differenz betreffend

Die Indizes können kombiniert werden, z. B. bei U_{CE} für Kollektor-Emitterspannung. Indizes, die aus mehreren Buchstaben bestehen, können bis auf den Anfangsbuchstaben gekürzt werden, wenn keine Mißverständnisse zu befürchten sind. Zur Kennzeichnung von Werkstoffen können die Symbole für das Material verwendet werden, z. B. P_{vCu} oder V_{Cu} für Kupferverlustleistung.

1 Grundlagen

1.1 Physikalische Größen

Zur Beschreibung der elektrotechnischen Vorgänge sind physikalische Begriffe unentbehrlich.

1.1.1 Kraftfelder

Auf einen Körper kann durch *unmittelbare Berührung* eine Wirkung ausgeübt werden, z. B. eine Kraft. Die Wirkung kann aber oft auch *aus der Ferne* erfolgen, z. B. durch die Anziehungskraft der Erde auf einen Satelliten **(Bild 1)**. Ohne diese Anziehungskraft würde der Satellit mit gleichbleibender Geschwindigkeit in den Weltraum fliegen.

Bild 1: Hörfunk- und Fernsehsatellit im Schwerefeld der Erde

Massen von Körpern üben aufeinander eine Anziehungskraft aus, die auch aus der Ferne wirkt. Diese Anziehungskraft ist um so größer, je größer die Massen sind und je kleiner ihr Abstand voneinander ist. Bei kleinen Massen ist diese Anziehungskraft sehr klein, bei großen Massen, z. B. Himmelskörpern, aber recht groß.

Tritt eine Wirkung aus der Ferne ein, so sagt man, daß ein *Feld* zwischen der Ursache der Wirkung und dem Körper ist. Ist mit der Wirkung eine Kraft verbunden, so spricht man von einem *Kraftfeld*.

Jeder Raum kann von Feldern erfüllt sein.

Bekannt ist das *Schwerefeld* der Erde. Es bewirkt, daß es sehr schwierig ist, die Erde und ihre Umgebung zu verlassen.

In der Nähe von elektrischen Leitungen tritt ein *elektrisches Feld* auf (Abschnitt 1.7). In der Nähe von Magneten ist ein *magnetisches Feld* wirksam (Abschnitt 1.8). Sich rasch ändernde elektrische bzw. magnetische Felder sind immer miteinander verknüpft. Man nennt sie deshalb *elektromagnetische Felder*. Beim Hörfunk- und Fernsehsatelliten Bild 1 sind gleichzeitig mehrere elektromagnetische Felder wirksam. Die verschiedenen Antennen empfangen diese Felder oder strahlen sie ab. Die Flächen mit Solarzellen[1] nehmen die elektromagnetischen Felder der Lichtstrahlung auf und versorgen den Satelliten mit elektrischem Strom. Außerdem ist natürlich das Schwerefeld der Erde wirksam.

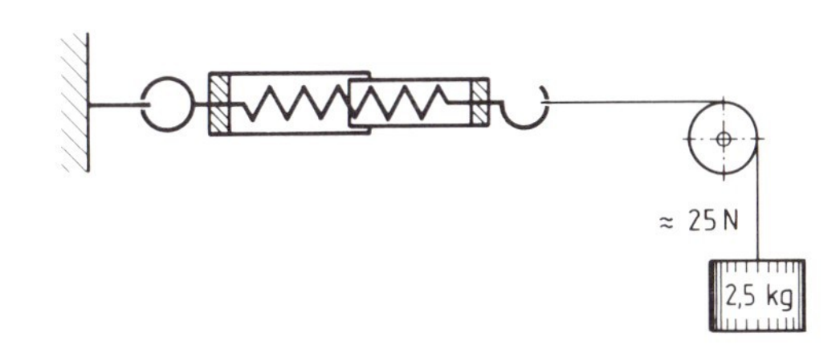

Bild 2: Kraftmessung

1.1.2 Masse und Kraft

Die Angabe der *Masse* eines Körpers gibt Auskunft darüber, ob es leicht oder schwer ist, die Bewegung des Körpers zu ändern. Die Masse ist unabhängig von Ort und Umgebung. Die Einheit der Masse ist das Kilogramm. Ihre Messung erfolgt auf einer Balkenwaage durch Vergleich mit geeichten Massen.

Die Masse ist an jedem Punkt der Erde und außerhalb der Erde gleich groß.

Infolge des Schwerefeldes der Erde wirkt auf jede Masse auf der Erde oder nahe der Erde eine Kraft. Diese Gewichtskraft kann mit einem Kraftmesser gemessen werden. Beim Kraftmesser tritt unter der Wirkung der Kraft eine Verformung ein, deren Größe ein Maß für die Kraft ist **(Bild 2)**. Die Einheit der Kraft ist das Newton[2] mit dem Einheitenzeichen N.

[1] lat. sol = Sonne; [2] Newton (sprich Njutn), engl. Physiker, 1643 bis 1727

Ein Körper mit der Masse 1 kg wiegt auf der Erde etwa 10 N.

1.1.3 Basisgrößen, Einheiten und abgeleitete Einheiten

Physikalische Größen sind meßbare Eigenschaften von Körpern, physikalischen Zuständen oder physikalischen Vorgängen, z. B. Masse, Länge, Zeit, Kraft, Geschwindigkeit, Stromstärke, Spannung und Widerstand. Jeder spezielle Wert einer Größe kann durch das Produkt von Zahlenwert und Einheit angegeben werden, z. B. zu 10 kg. Der spezielle Wert einer Größe wird *Größenwert* und in der Meßtechnik *Meßwert* genannt.

Formelzeichen verwendet man zur Abkürzung von Größen, insbesondere bei Berechnungen. Man verwendet als Formelzeichen Buchstaben des lateinischen oder des griechischen Alphabets. Formelzeichen werden in diesem Buch *kursiv* (schräg) gedruckt.

Physikalische Größen, aus denen man die anderen Größen ableiten kann, nennt man *Basisgrößen* **(Tabelle 1)**.

Vektoren nennt man Größen, zu denen eine Richtung gehört, z. B. ist die Kraft ein Vektor.

Formeln sind kurzgefaßte Anweisungen, wie ein Größenwert zu berechnen ist. Wegen ihres Gleichheitszeichens spricht man auch von *Größengleichungen*. Mit Hilfe der Berechnungsformel kann man meist auch die Einheit des berechneten Ergebnisses erhalten.

Beispiel 1:

Für eine gleichbleibende Geschwindigkeit gilt obenstehende Formel. Wie groß ist die Geschwindigkeit eines Autos, das in 10 s eine Strecke von 180 m zurücklegt?

Lösung:

$v = s/t = 180\ \text{m}/10\ \text{s} = \mathbf{18\ m/s}$

Einheiten

Die meisten physikalischen Größen haben Einheiten. Die Einheit ist oft aus einem Fremdwort entstanden, z. B. Meter vom griechischen Wort für Messen. Oft sind aber Einheiten auch zu Ehren von Wissenschaftlern benannt, z. B. das Ampere[1]. Einheiten der Basisgrößen sind die Basiseinheiten (Tabelle 1). *Einheitenzeichen* sind die Abkürzungen für die Einheiten. Einheitenzeichen werden im Gegensatz zu den Formelzeichen senkrecht gedruckt.

[1] Ampère, franz. Physiker, 1775 bis 1836

F_G Gewichtskraft
g Umrechnungskoeffizient (Schwerebeschleunigung)
m Masse

An der Erdoberfläche ist $g = 9{,}81\ \text{N/kg} \approx 10\ \text{N/kg}$.

$$F_G = g \cdot m$$

Tabelle 1: Basisgrößen

Größe	Formelzeichen	Einheit	Einheitenzeichen
Länge	l	Meter	m
Masse	m	Kilogramm	kg
Zeit	t	Sekunde	s
Stromstärke	I	Ampere	A
Temperatur	T	Kelvin	K
Lichtstärke	I_V	Candela	cd

v Geschwindigkeit
s zurückgelegte Strecke
t Zeit für die Strecke

$$v = \frac{s}{t}$$

Tabelle 2: Abgeleitete Einheiten (Beispiele)

Einheit und Einheitenzeichen der Basisgröße		besonderer Einheitenname	Einheitenzeichen
Amperesekunde	A · s	Coulomb	C
Je Sekunde	1/s	Hertz	Hz
Meterquadrat	m · m	—	m^2

Abgeleitete Einheiten sind aus Basiseinheiten zusammengesetzt oder auch aus anderen, abgeleiteten Einheiten. Oft haben derartige abgeleitete Einheiten einen *besonderen Einheitennamen* **(Tabelle 2)**. Auch die besonderen Einheitennamen haben genormte Einheitenzeichen. Einheitennamen erinnern an Wissenschaftler und ermöglichen eine kurze Schreibweise der Größe.

Es ist zulässig, die besonderen Einheitennamen als Einheiten zu bezeichnen. Einheiten mit besonderem Einheitennamen sind z. B. die in der Elektrotechnik häufigen Volt (V), Ohm (Ω), Watt (W), Farad (F) und Henry (H).

Die abgeleitete Einheit einer Größe erhält man, wenn man in die Berechnungsformel dieser Größe die Einheiten entsprechend einsetzt. Dafür gibt es eine besondere Schreibweise.

Tabelle 1: Vorsätze zu den Einheiten, Vorsatzzeichen, Bedeutung

Atto	Femto	Piko	Nano	Mikro	Milli	Zenti	Dezi	Kilo	Mega	Giga	Tera	Peta
a 10^{-18}	f 10^{-15}	p 10^{-12}	n 10^{-9}	µ 10^{-6}	m 10^{-3}	c 10^{-2}	d 10^{-1}	k 10^{3}	M 10^{6}	G 10^{9}	T 10^{12}	P 10^{15}

Beispiel 2:
Die Geschwindigkeit berechnet man aus der Strecke s und der Zeit t mit der Formel $v = s/t$. Zu berechnen ist $[v]$ (sprich: Einheit von v).

Lösung:
$v = s/t \Rightarrow$ (sprich: daraus folgt) $[v] = [s]/[t] =$ **m/s**

Vorsätze geben bei sehr kleinen oder sehr großen Zahlenwerten die Zehnerpotenz an, mit welcher der Zahlenwert einer Größe malzunehmen ist **(Tabelle 1)**.

1.1.4 Kraft als Beispiel eines Vektors

Ein beweglicher Körper kann durch eine Kraft beschleunigt werden, also seine Geschwindigkeit ändern. Als *Beschleunigung* bezeichnet man den Quotienten aus Geschwindigkeitsänderung durch Zeitabschnitt, in dem diese Änderung erfolgt.

a Beschleunigung
Δv Geschwindigkeitsänderung (Δ griech. Großbuchstabe Delta)
Δt Zeitabschnitt

$$a = \frac{\Delta v}{\Delta t}$$

$[a] = (\text{m/s})/\text{s} = \text{m/s}^2$

Je größer bei einer Masse die Beschleunigung ist, desto größer ist die auf die Masse wirkende Kraft. Man bezeichnet diesen Zusammenhang als *Grundgesetz der Mechanik*.

F Kraft
m Masse
a Beschleunigung

$$F = m \cdot a$$

$[F] = \text{kg} \cdot \text{m/s}^2 = \text{N}$

Darstellung von Kräften. Die Kraft ist ein Vektor, der durch die Pfeilstrecke $\vec{F}$ (sprich: Vektor F) dargestellt wird **(Bild 1)**. Die Länge der Pfeilstrecke gibt $|\vec{F}| = F$ (sprich: Betrag des Vektors F) an, die Pfeilrichtung die Wirkungsrichtung. Bei der Addition hängt man die Kraftvektoren unter Berücksichtigung ihrer Richtung aneinander (siehe Mathematik für Elektroniker, Ausgabe I).

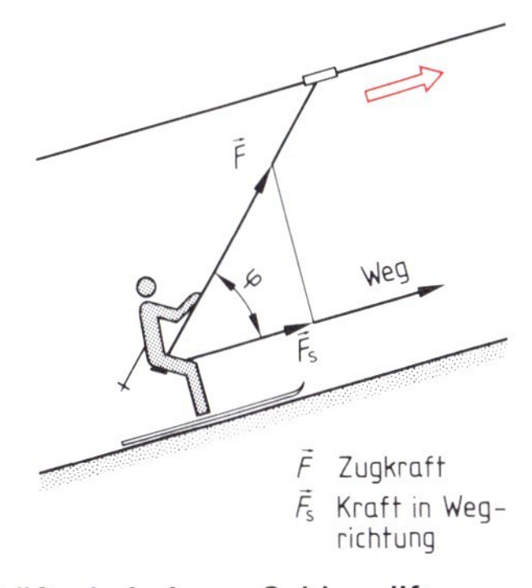

Bild 1: Kräfte bei einem Schlepplift

1.1.5 Arbeit

Eine Arbeit wird aufgewendet, wenn infolge einer Kraft ein Wegstück zurückgelegt wird, z. B. von einem Hubstapler gegen die Gewichtskraft der Last. Der Größenwert der mechanischen Arbeit ist also das Produkt aus Kraft und Weg. Die Einheit der Arbeit ist das Newtonmeter (Nm) mit dem besonderen Einheitennamen Joule[1] (J). Liegen Kraft und Weg nicht auf derselben Geraden, so wird zur Berechnung der Arbeit nur die Teilkraft in Wegrichtung berücksichtigt (Bild 1).

W Arbeit
F Kraft
F_s Kraft in Wegrichtung
s Weg
φ Winkel zwischen $\vec{F}$ und $\vec{s}$

$$W = F_s \cdot s$$

$$W = F \cdot s \cdot \cos\varphi$$

$[W] = \text{N} \cdot \text{m} = \text{Nm} = \text{J}$

[1] Joule (sprich Dschul) engl. Physiker, 1818 bis 1889

1.1.6 Energie

Die Fähigkeit zum Verrichten einer Arbeit nennt man *Arbeitsvermögen* oder *Energie*. Die Energie hat dasselbe Formelzeichen und dieselbe Einheit wie die Arbeit. Arbeit und Energie stellen also dieselbe physikalische Größe dar. Jedoch drückt der Begriff Arbeit den Vorgang aus, der Begriff Energie dagegen den *Zustand* eines Körpers oder eines Systems aus mehreren Körpern. Meist ändert sich die Energie durch Arbeitsaufwand **(Bild 1)**. Die beim Heben einer Last aufgewendete Arbeit steckt nach dem Heben in der Last. Diese Arbeit kann wieder freigesetzt werden, wenn die Last gesenkt wird, z. B. bei einem Baukran. Dann kann elektrische Energie ins Netz zurückgeliefert werden.

Energie ist Arbeitsvermögen. Arbeit bewirkt Energieänderung.

Außer der mechanischen Energie gibt es weitere Energiearten. In brennbaren Stoffen ist *chemische Energie* gespeichert. Diese läßt sich durch Verbrennung in *Wärmeenergie* umwandeln. Auch durch Umwandlung der Atomkerne kann Arbeit verrichtet werden. Die in Atomkernen gespeicherte Energie nennt man *Kernenergie* oder auch *Atomenergie*. Die von der Sonne als Wärmestrahlung oder als Lichtstrahlung ausgesandte Energie nennt man *Sonnenenergie*.

Energie läßt sich nicht erzeugen, sondern nur umwandeln.

Potentielle Energie oder Energie der Lage (Bild 1) ist die in einem System gespeicherte Energie, z. B. in einer Masse, die sich im Schwerefeld der Erde befindet. Potentielle Energie[1] bedeutet hier das in Lage 1 gespeicherte Arbeitsvermögen gegenüber einer Lage 0 (Bezugslage). Für die Größe der potentiellen Energie ist also vor allem die *Bezugslage* (Ausgangslage) maßgebend.

Beispiel:

In einem Stausee befinden sich 1 Million m^3 Wasser (Dichte 1 Mg/m^3) 600 m über dem Turbinenhaus. Wieviel potentielle Energie ist gegenüber der Lage des Turbinenhauses vorhanden?

Lösung:

$W_p = m \cdot g \cdot \Delta h \approx 10^6\ m^3 \cdot 1\ Mg/m^3 \cdot 10\ N/kg \cdot 600\ m$
$= 10^9 \cdot 10 \cdot 600\ Nm = 6 \cdot 10^{12}\ Nm = \mathbf{6\ TJ}$

[1] lat. potentia = Vermögen, Macht

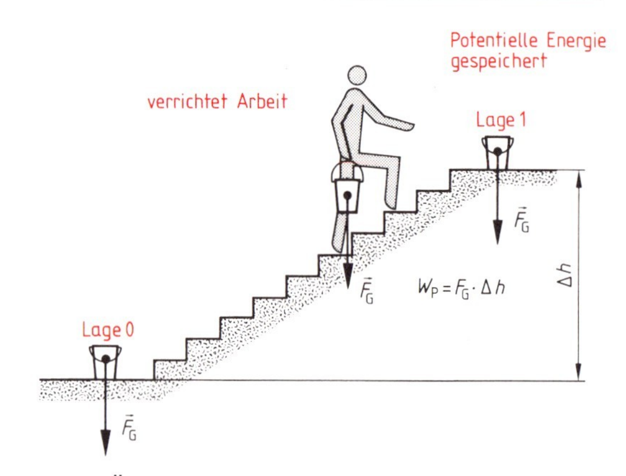

Bild 1: Änderung der Energie durch Arbeit

W_p potentielle Energie
m Masse
g Schwerebeschleunigung ($g \approx 10$ N/kg)
Δh Höhendifferenz
W_k kinetische Energie
v Geschwindigkeit

$$W_p = m \cdot g \cdot \Delta h$$

$$W_k = \frac{1}{2}\, m \cdot v^2$$

$[W_p] = J \qquad [W_k] = J$

Die potentielle Energie gegenüber der Bezugslage ist so groß wie die erforderliche Arbeit zur Bewegung der Masse aus der Bezugslage in die neue Lage.

Potentielle Energie kann auch anders gespeichert werden, z. B. in einer gespannten Feder.

Kinetische Energie ist in einer bewegten Masse gespeichert. Die kinetische Energie ist unabhängig von einer Bezugslage. Sie hängt nur von der Masse und von deren Geschwindigkeit ab.

Wenn einem Körper oder einem System keine Arbeit zugeführt wird, so kann die kinetische Energie des Körpers oder des Systems höchstens so groß werden wie seine potentielle Energie ist, z. B. beim Fall aus einer bestimmten Höhe.

Wiederholungsfragen

1. **Welche physikalischen Größen können in einem Raum ohne Materie vorhanden sein?**
2. **Nennen Sie drei Kraftfelder!**
3. **Geben Sie die Einheit der Kraft an!**
4. **Erklären Sie den Begriff Vektor!**
5. **Worin liegt der Unterschied zwischen Arbeit und Energie?**
6. **Wie heißen die beiden Arten der mechanischen Energie?**

1.2 Elektrotechnische Grundgrößen

1.2.1 Ladung

Reibt man einen Hartgummistab mit einem Wolltuch und bringt ihn in die Nähe von Papierschnitzeln **(Bild 1)**, so werden diese angezogen. Für diese Kräfte sind *elektrische Ladungen* verantwortlich.

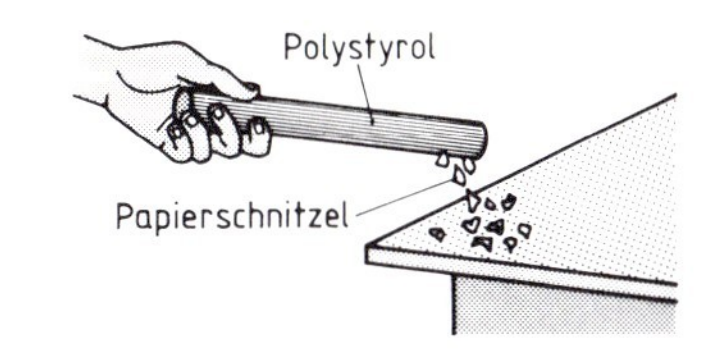

Bild 1: Anziehung von Teilchen durch Ladungen

Ladungen werden durch Reiben elektrischer Nichtleiter wirksam.

Stäbe aus Isolierstoffen, wie z. B. Hartgummi, Acrylglas, Polystyrol, die man mit einem Wolltuch reibt, üben aufeinander Abstoßungskräfte **(Bild 2)** oder Anziehungskräfte **(Bild 3)** aus. Dafür sind ebenfalls die elektrischen Ladungen verantwortlich.

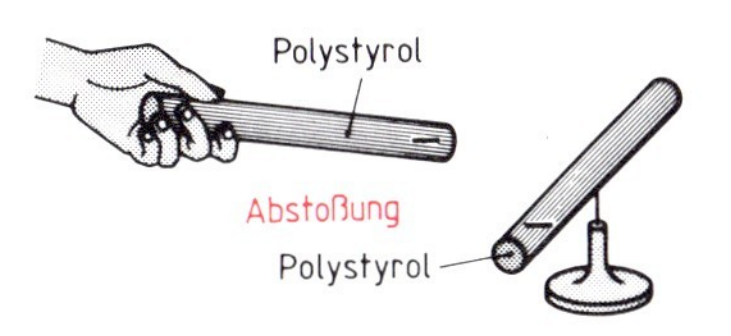

Bild 2: Abstoßung gleichartiger Ladungen

Gleichartige Ladungen stoßen sich ab, ungleichartige Ladungen ziehen sich an.

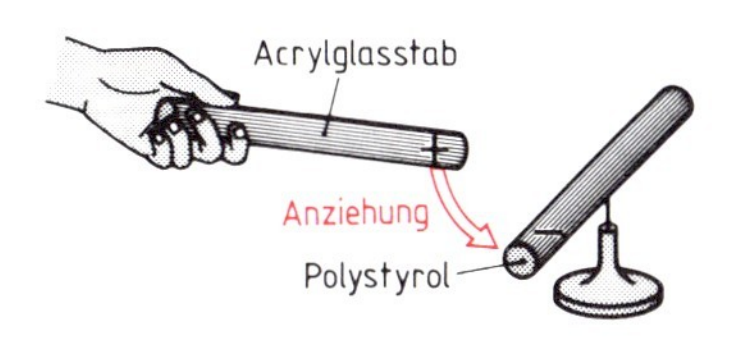

Bild 3: Anziehung ungleichartiger Ladungen

Die Ladung des Acrylglasstabes bezeichnet man als *positive Ladung* (Plusladung), die Ladung des Polystyrolstabes oder des Hartgummistabes als *negative Ladung* (Minusladung). Ladungen üben Kräfte aufeinander aus **(Bild 4)**.

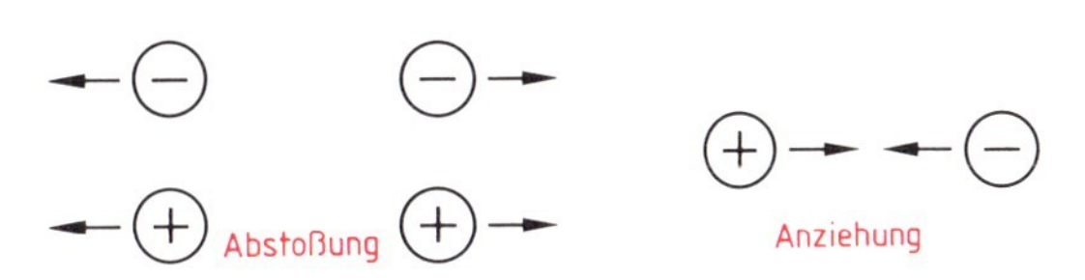

Bild 4: Ladungswirkungen

Jeder Körper ist im normalen Zustand elektrisch neutral. Durch Reiben des Körpers kann dieser Zustand geändert werden. Der Ladungszustand ist aus dem Aufbau der Stoffe erklärbar.

Enthält der Kern eines Atoms so viele Protonen, wie Elektronen um den Kern kreisen, so ist das Atom elektrisch neutral **(Bild 5)**. Nach außen tritt keine elektrische Ladung in Erscheinung. Kreisen dagegen um den Atomkern mehr oder weniger Elektronen, als Protonen im Kern vorhanden sind, so ist das Atom im ersten Fall negativ, im zweiten Fall positiv geladen. Man nennt es Ion[1].

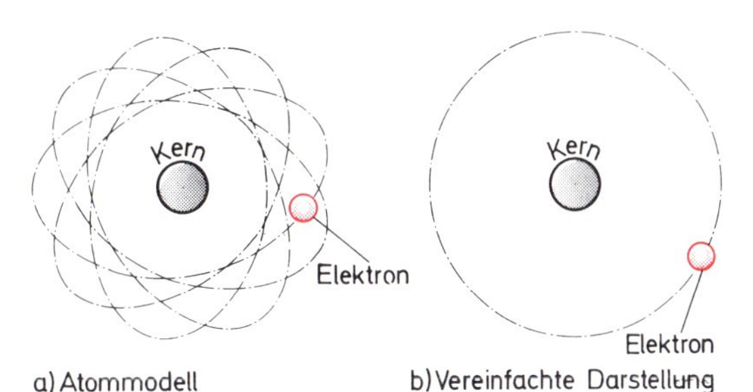

Bild 5: Aufbau eines Wasserstoffatoms

Die elektrische Ladung ist von der Stromstärke und von der Zeit abhängig. Sie hat die Einheit Amperesekunde (As) mit dem besonderen Einheitennamen Coulomb[2] (C).

Jedes Elektron ist negativ geladen, jedes Proton ist positiv geladen. Beide tragen die kleinste Ladung, die sogenannte *Elementarladung*. Die Elementarladung eines Elektrons beträgt −0,1602 aC, die Elementarladung eines Protons beträgt +0,1602 aC.

Q Ladung
I Stromstärke
t Zeit

$[Q] = \text{As} = \text{C}$

$$Q = I \cdot t$$

1.2.2 Spannung

Zwischen verschiedenartigen Ladungen wirkt eine Anziehungskraft **(Bild 1, folgende Seite)**. Werden verschiedenartige Ladungen voneinander entfernt, so muß gegen die Anziehungskraft eine Arbeit verrichtet werden. Diese Arbeit ist nun als Energie in den Ladungen gespeichert. Dadurch besteht zwischen den Ladungen eine *Spannung*.

[1] griech. ion = wandernd; [2] Coulomb, französischer Physiker, 1736 bis 1806

Spannung entsteht durch Trennung von Ladungen.

Die Ladungstrennung ist nicht ohne Arbeitsaufwand möglich. Je höher die erzeugte Spannung ist (Bild 1), desto größer ist das Bestreben der Ladungen sich auszugleichen. Elektrische Spannung ist also auch das Ausgleichsbestreben von Ladungen. Die elektrische Spannung (Formelzeichen U) mißt man mit dem *Spannungsmesser* **(Bild 2)**.

Zur Messung der Spannung wird der Spannungsmesser an die Anschlüsse des Erzeugers oder Verbrauchers geschaltet.

Die Einheit der elektrischen Spannung ist das Volt[1] (V). $[U] = \text{V}$ ($[U]$ sprich: Einheit von U). Im Schaltzeichen des Spannungsmessers steht V oder U.

Die elektrische Spannung ist die zur Ladungstrennung aufgewendete Arbeit je Ladung.

Die Ladungstrennung und damit die Spannungserzeugung können auf verschiedene Arten geschehen (Abschnitt 1.5). Bei einem Spannungserzeuger tritt die Spannung über zwei Anschlüsse aus. Man nennt derartige Einrichtungen mit zwei Anschlüssen einen *Zweipol*.

Die Pole eines Spannungserzeugers sind der Pluspol (+) und der Minuspol (−). Der Pluspol ist gekennzeichnet durch Elektronenmangel, der Minuspol durch Elektronenüberschuß. Man unterscheidet Gleichspannung, Wechselspannung und Mischspannung. Die Spannungsart und die Polung der Spannung lassen sich auf verschiedene Weise feststellen. In einer an Gleichspannung liegenden Glimmlampe leuchtet der negative Pol. Bei Wechselspannung zeigen beide Pole ein Flimmern.

Potential nennt man eine auf einen *Bezugspunkt* bezogene Spannung, z. B. die Spannung gegen Erde. Spannung kann als Differenz zweier Potentiale aufgefaßt werden. Eine Spannung kann dabei sowohl zwischen positiven und negativen Potentialen wie auch zwischen gleichartigen, aber verschieden starken Potentialen bestehen.

1.2.3 Elektrischer Strom

Die Spannung ist die Ursache für den *elektrischen Strom*. Elektrischer Strom fließt nur im geschlossenen Stromkreis. Der *Stromkreis* besteht aus dem Erzeuger, dem Verbraucher und der Leitung zwischen Erzeuger und Verbraucher **(Bild 3)**. Mit dem Schalter kann man den Stromkreis öffnen und schließen.

Der elektrische Strom hat verschiedene Wirkungen **(Tabelle 1, folgende Seite)**. Die Wärmewirkung und die Magnetwirkung treten bei elektrischem Strom immer auf. Lichtwirkung, chemische Wirkung und Wirkung auf Lebewesen treten nur in bestimmten Fällen auf.

Bild 1: Spannung durch Ladungstrennung

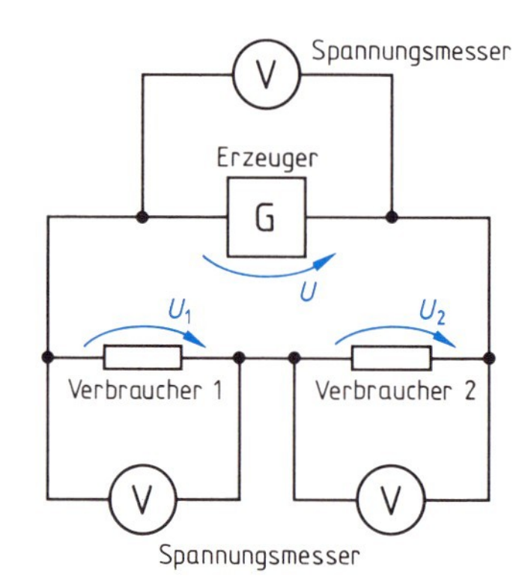

Bild 2: Spannungsmessung

U Spannung
W Arbeit
Q Ladung

$$[U] = \frac{\text{Nm}}{\text{As}} = \frac{\text{J}}{\text{C}} = \text{V}$$

$$U = \frac{W}{Q}$$

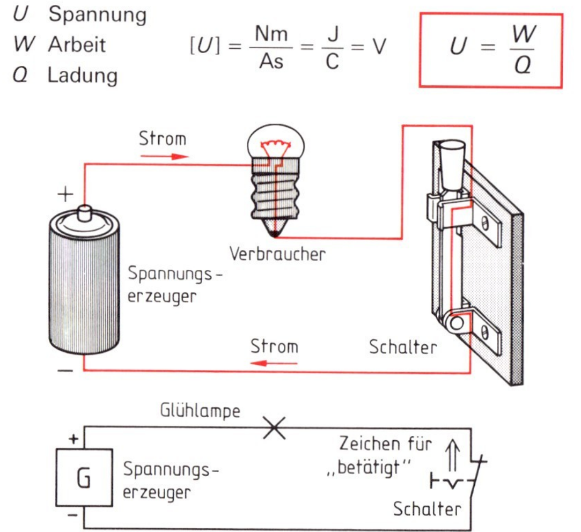

Bild 3: Elektrischer Stromkreis

[1] Volta, italienischer Physiker, 1745 bis 1827

Tabelle 1: Stromwirkungen

Wärmewirkung	Magnetwirkung	Lichtwirkung	Chemische Wirkung	Wirkung auf Lebewesen
immer	immer	in Gasen, in manchen Halbleitern	in leitenden Flüssigkeiten	bei Menschen und Tieren
Heizung, Lötkolben, Schmelzsicherung	Relaisspule, Türöffner	Glimmlampe, Lumineszenzdiode	Ladevorgang bei Akkumulatoren, belastete Elemente	Unfälle, Viehbetäubung

Metalle haben Elektronen, die im Inneren des Metalls frei beweglich sind. Man bezeichnet diese als freie Elektronen. Sie bewegen sich von der Stelle mit Elektronenüberschuß zur Stelle mit Elektronenmangel.

Die gerichtete Bewegung von Elektronen nennt man elektrischen Strom.

Die Entstehung der freien Elektronen ist in der Dichte der Atome in Metallen begründet. Dadurch ist es möglich, daß ein Elektron auf der Außenschale eines Atoms genau so weit vom Kern des Nachbaratoms entfernt sein kann wie vom eigenen Atomkern. Die Anziehungskräfte beider Kerne heben sich auf, und das Elektron ist frei beweglich. Gute Leiter, wie z. B. Kupfer oder Silber, haben etwa gleich viel freie Elektronen wie Atome.

Der Spannungserzeuger übt eine Kraft auf die freien Elektronen aus, die sich nach dem Schließen eines Stromkreises fast mit Lichtgeschwindigkeit ausbreitet. Die Elektronen im Leiter bewegen sich dagegen mit sehr geringer Geschwindigkeit (nur wenige mm/s). Der Grund dafür sind die als Hindernis wirkenden Atomrümpfe des Leiters. Bei der Festlegung der Richtung des elektrischen Stromes ging man von der Bewegungsrichtung positiver Ionen in Flüssigkeiten aus **(Bild 1)**.

Die Elektronen bewegen sich entgegengesetzt zur Stromrichtung.

Bild 1: Stromrichtung

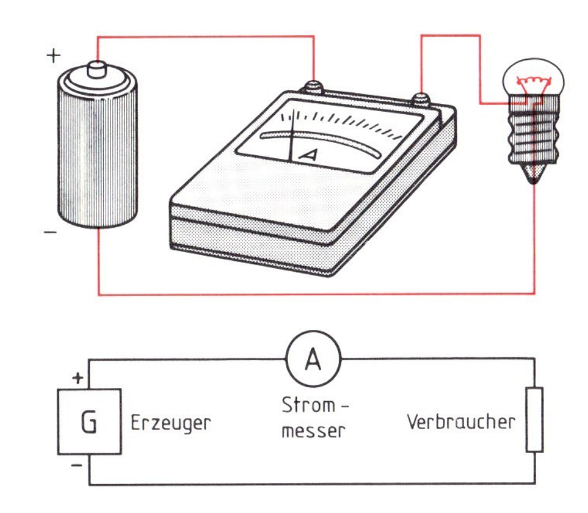

Bild 2: Strommessung

Den elektrischen Strom (Formelzeichen I) mißt man mit dem Strommesser **(Bild 2)**. Die Einheit der elektrischen Stromstärke ist das Ampere[1] (A).

Zur Messung der Stromstärke wird der Strommesser in den Stromkreis geschaltet.

Im Schaltzeichen des Strommessers steht A oder I.

[1] Ampère, franz. Mathematiker und Physiker, 1775 bis 1836

Man unterscheidet verschiedene Stromarten **(Tabelle 1)**. Bei *Gleichstrom* bleibt der Strom bei gleicher Spannung konstant. Die Elektronen fließen im Verbraucher vom Minuspol zum Pluspol. Das Kurzzeichen für Gleichstrom ist DC (von engl. Direct Current = Einrichtungsstrom).

Gleichstrom ist ein elektrischer Strom, der dauernd in gleicher Richtung und mit gleicher Stärke fließt.

Im Spannungserzeuger werden die Elektronen unter Arbeitsaufwand vom Pluspol zum Minuspol bewegt. Bei *Wechselstrom* ändern die Elektronen ständig ihre Richtung. Das Kurzzeichen für Wechselstrom ist AC (von engl. Alternating Current = schwingender Strom).

Wechselstrom ist ein elektrischer Strom, der ständig seine Richtung und Stärke wechselt.

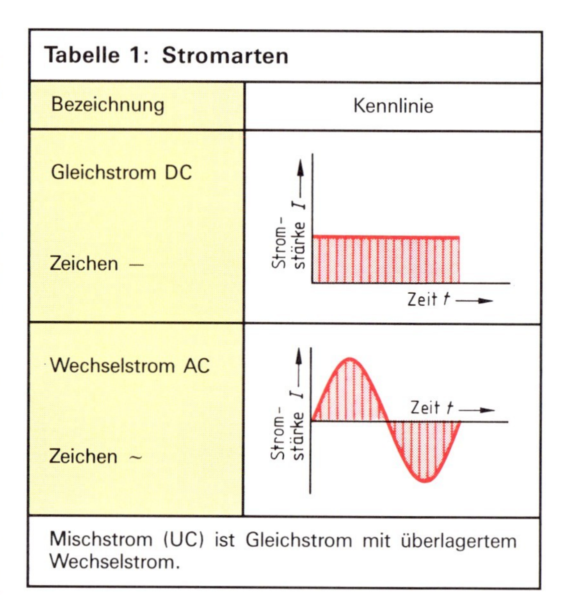

Tabelle 1: Stromarten

Bezeichnung	Kennlinie
Gleichstrom DC Zeichen –	Stromstärke I →, Zeit t →
Wechselstrom AC Zeichen ~	Stromstärke I →, Zeit t →
Mischstrom (UC) ist Gleichstrom mit überlagertem Wechselstrom.	

Ionenstrom ist die Bewegung positiver und negativer Ladungsträger in Flüssigkeiten oder Gasen. Ein positives Ion ist ein Atom, dem ein oder mehrere Elektronen fehlen. Ein negatives Ion ist ein Atom, das ein oder mehrere Elektronen zuviel hat.

Löcherstrom ist ein Strom bei Halbleitern mit P-Leitung (Leitung infolge positiver Ladungsträger). Dabei wandern Stellen mit zu wenig Elektronen in Stromrichtung.

Ladungsträgerbeweglichkeit. Die Bewegung der Ladungsträger (*Driftgeschwindigkeit*[1]) im Stromkreis unter Einwirkung eines elektrischen Feldes (Abschnitt 1.7) in oder gegen die Richtung der elektrischen Feldlinien ist vom Leiterwerkstoff und von der elektrischen Feldstärke abhängig. Unter der *Beweglichkeit* der Ladungsträger versteht man das Verhältnis Driftgeschwindigkeit zu elektrischer Feldstärke.

Bei Elektronen ist der Betrag der Beweglichkeit in Metallen 0,0044 $m^2/(Vs)$, in Halbleitern 0,0001 bis 1 $m^2/(Vs)$. Die Beweglichkeit der Ladungsträger in Metallen ist infolge der großen Zahl freier Elektronen wesentlich kleiner als bei Halbleitern, weil viele Ladungsträger einander mehr hemmen als wenige.

1.2.4 Elektrischer Widerstand

Die Werkstoffe setzen dem elektrischen Strom einen verschieden großen Widerstand entgegen.

b Ladungsträgerbeweglichkeit
v Driftgeschwindigkeit
E elektrische Feldstärke

$$b = \frac{v}{E}$$

$$[b] = \frac{\text{m/s}}{\text{V/m}} = \frac{\text{m}^2}{\text{Vs}}$$

R Widerstand
G Leitwert

$$R = \frac{1}{G}$$

$$[R] = \frac{1}{[G]} = \frac{1}{\text{S}} = \Omega$$

Der Widerstand, auch Resistanz genannt (Formelzeichen R), hat die Einheit Ohm[2] (Ω). $[R] = \Omega$.

Den Kehrwert des Widerstandes nennt man Leitwert. Der Leitwert (Formelzeichen G) hat die Einheit Siemens[3] (S). $[G] = \text{S}$.

Leiterwiderstand

Der Widerstand eines Leiters hängt von der Länge, vom Querschnitt und vom Leiterwerkstoff ab. Ein Kupferdraht von 1 m Länge und 1 mm^2 Querschnitt hat nämlich mehr freie Elektronen als ein Eisendraht gleicher Abmessung.

Der spezifische[4] Widerstand ϱ gibt den Widerstand eines Leiters von 1 m Länge und 1 mm^2 Querschnitt an.

[1] engl. drift = abtreiben; [2] Ohm, deutscher Physiker, 1789 bis 1854; [3] Siemens, deutscher Erfinder, 1815 bis 1892; [4] lat. spezifisch = arteigen

Der *spezifische Widerstand* ϱ wird meist für 20 °C angegeben. Oft wird mit der *Leitfähigkeit* γ statt mit dem spezifischen Widerstand gerechnet. Die Leitfähigkeit γ ist der Kehrwert des spezifischen Widerstandes ϱ.

Der spezifische Widerstand von Drähten hat die Einheit $\Omega \cdot mm^2/m$. Bei Isolierstoffen und Halbleiterwerkstoffen wird die Einheit $\Omega \cdot cm^2/cm = \Omega\, cm$ verwendet. Hier gibt der spezifische Widerstand an, wie groß der Widerstand eines Würfels von 1 cm Kantenlänge ist.

R Widerstand (Resistanz)
ϱ spezifischer Widerstand (ϱ griech. Kleinbuchstabe rho)
l Länge des Leiters
A Querschnitt des Leiters
γ Leitfähigkeit (γ griech. Kleinbuchstabe gamma)

$$\gamma = \frac{1}{\varrho}$$

$$R = \frac{\varrho \cdot l}{A}$$

$$R = \frac{l}{\gamma \cdot A}$$

Beispiel 1:

Ein Drahtwiderstand besteht aus 1,806 m Manganindraht mit $\gamma = 2{,}3 \frac{m}{\Omega\, mm^2}$ und einem Querschnitt von 0,00785 mm². Berechnen Sie den Widerstand!

Lösung:

$$R = \frac{l}{\gamma \cdot A} = \frac{1{,}806\ m}{2{,}3\ m/(\Omega\, mm^2) \cdot 0{,}00785\ mm^2} = \mathbf{100\ \Omega}$$

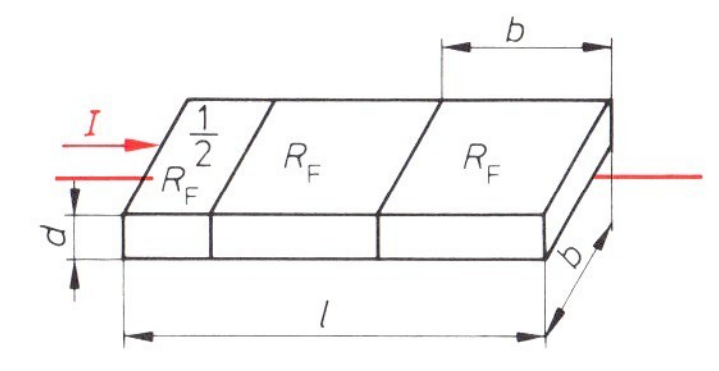

Bild 1: Flächenwiderstand

Flächenwiderstand

Unter dem *Flächenwiderstand* versteht man den Widerstand eines quadratförmigen Stückes leitenden Werkstoffes von bestimmter Dicke bei beliebiger Seitenlänge des Quadrats. Er hängt von der Leiterdicke und vom spezifischen Widerstand ab. Die Angabe des Widerstandes erfolgt in Ohm je Quadrat **(Bild 1)**.

$$[R_F] = \frac{\Omega}{\square} = \Omega$$

R Widerstand
ϱ spezifischer Widerstand
l Länge
A Fläche
R_F Flächenwiderstand
d Dicke
b Breite
N Zahl der Flächenwiderstände

$$R_F = \frac{\varrho}{d}$$

$$R = R_F \cdot \frac{l}{b}$$

$$R = N \cdot R_F$$

$$l = N \cdot b$$

Beispiel 2:

Ein Dünnschichtwiderstand aus Chromnickel (ϱ = 1,08 µΩm) ist 20 µm breit und 50 nm dick. Berechnen Sie a) den Flächenwiderstand, b) die Zahl der für 4320 Ω erforderlichen Flächenwiderstände, c) die notwendige Länge der Leiterbahn!

Lösung:

a) $R_F = \frac{\varrho}{d} = \frac{1{,}08\ \mu\Omega m}{50\ nm} = \mathbf{21{,}6\ \Omega/\square}$

b) $R = N \cdot R_F \Rightarrow N = R/R_F = 4320\ \Omega/21{,}6\ \Omega = \mathbf{200}$

c) $l = N \cdot b = 200 \cdot 20 \cdot 10^{-3}\ mm = 4000 \cdot 10^{-3}\ mm = \mathbf{4\ mm}$

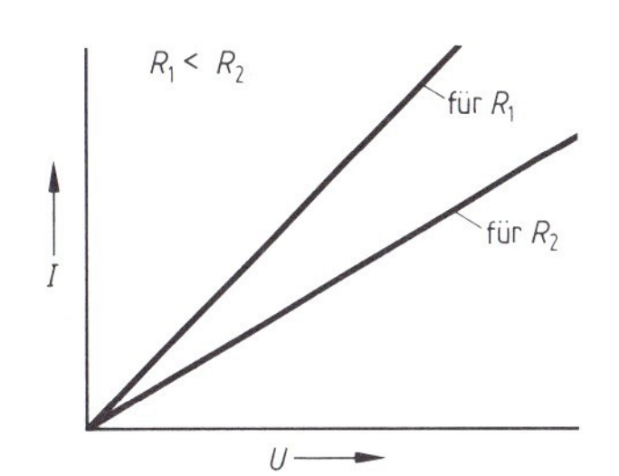

Bild 2: I als Funktion von U beim linearen Widerstand

1.2.5 Ohmsches Gesetz

Versuch 1: Stellen Sie an einem Schiebewiderstand einen festen Widerstandswert ein! Schließen Sie den Widerstand an einen Spannungserzeuger mit veränderbarer Spannung an! Verändern Sie die Spannung von 0 V ausgehend stufenweise, und messen Sie jeweils die Spannung und die Stromstärke!

Mit zunehmender Spannung nimmt auch die Stromstärke im gleichen Verhältnis zu.

Bei konstantem Widerstand nimmt die Stromstärke linear mit der Spannung zu. Zeichnet man I in Abhängigkeit von U auf, so erhält man eine Gerade **(Bild 2)**. Wenn $I \sim U$ (sprich: I ist proportional U), spricht man von einem *linearen Widerstand*. Die Gerade verläuft um so steiler, je kleiner der Widerstand ist. Mit zunehmendem Widerstand nimmt also die Stromstärke ab.

Bei konstanter Spannung nimmt die Stromstärke im *umgekehrten* Verhältnis zum Widerstand ab. Zeichnet man I in Abhängigkeit von R auf **(Bild 1)**, so erhält man eine *Hyperbel*. $I \sim 1/R$ (sprich: I ist proportional zu $1/R$).

Das Ohmsche Gesetz drückt den Zusammenhang von Stromstärke, Spannung und Widerstand aus.

Beispiel:

Welche Stromstärke fließt durch eine Glühlampe, die an 4,5 V angeschlossen ist, und im Betrieb einen Widerstand von 1,5 Ω hat?

Lösung:

$$I = \frac{U}{R} = \frac{4{,}5\ \text{V}}{1{,}5\ \Omega} = \mathbf{3\ A}$$

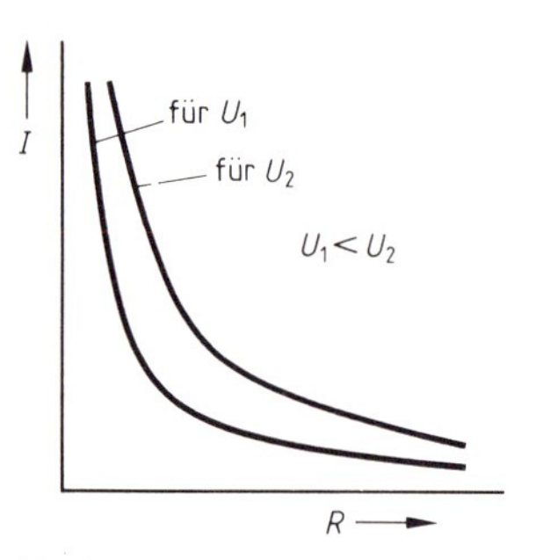

Bild 1: I als Funktion von R beim linearen Widerstand

I Stromstärke
U Spannung
R Widerstand

$$[I] = \frac{[U]}{[R]} = \frac{\text{V}}{\Omega} = \text{A}$$

$$I = \frac{U}{R}$$

1.2.6 Widerstand und Temperatur

Der Widerstand der Leiterwerkstoffe ist von der Temperatur abhängig. Kohle und die meisten Halbleiter leiten in heißem Zustand besser als in kaltem Zustand. Diese Stoffe nennt man deshalb auch *Heißleiter*. Wenige Halbleiterstoffe, z. B. Bariumtitanat, leiten dagegen in kaltem Zustand besser. Man nennt sie *Kaltleiter*. Ihr Widerstand nimmt bei Temperaturerhöhung zu. Auch der Widerstand von Metallen nimmt mit Temperaturerhöhung zu. Der Widerstand von Heißleitern, z. B. Kohle, nimmt bei Temperaturerhöhung ab. Der *Temperaturkoeffizient* α gibt die Größe der Widerstandsänderung an **(Tabelle 1)**. Man nennt ihn auch Temperaturbeiwert.

Der Temperaturkoeffizient gibt an, um wieviel Ohm der Widerstand 1 Ω bei 1 K Temperaturerhöhung größer oder kleiner wird.

Kelvin (K) ist die Einheit des Temperaturunterschieds, gemessen in der Celsiusskala oder in der Kelvinskala. Der Temperaturkoeffizient von Heißleitern ist *negativ*, da ihr Widerstand mit zunehmender Temperatur abnimmt. Der Temperaturkoeffizient von Kaltleitern ist positiv, da ihr Widerstand mit zunehmender Temperatur zunimmt.

Die Widerstandsänderung bei Erwärmung ist vom Kaltwiderstand, dem Temperaturkoeffizienten und der Übertemperatur abhängig.

Bei Abkühlung von Leitern nimmt ihr Widerstand ab. In der Nähe des absoluten Nullpunktes (−273 °C) haben einige Stoffe keinen Widerstand mehr. Sie sind *supraleitend* geworden.

Tabelle 1: Temperaturkoeffizient α in 1/K

Kupfer	$3{,}9 \cdot 10^{-3}$	Nickelin	$0{,}15 \cdot 10^{-3}$
Aluminium	$3{,}8 \cdot 10^{-3}$	Manganin	$0{,}02 \cdot 10^{-3}$

Die Werte gelten für eine Temperaturerhöhung ab 20 °C.

ΔR Widerstandsänderung (Δ griech. Großbuchstabe Delta; Zeichen für Differenz)
R_1 Widerstand bei Temperatur ϑ_1 (bisher R_k)
R_2 Widerstand bei Temperatur ϑ_2 (bisher R_w)
$\Delta\vartheta$ Temperaturunterschied (ϑ griech. Kleinbuchstabe theta)
α Temperaturkoeffizient (α griech. Kleinbuchstabe alpha)

$$\Delta\vartheta = \vartheta_2 - \vartheta_1$$

$$\Delta R = \alpha \cdot R_1 \cdot \Delta\vartheta$$

$$R_2 = R_1 + \Delta R$$

$$R_2 = R_1\,(1 + \alpha \cdot \Delta\vartheta)$$

1.2.7 Stromdichte

In einem Stromkreis fließt die gleiche Stromstärke durch jeden Leiterquerschnitt und also auch die gleiche Zahl von Elektronen in der Sekunde. Bei verschieden großen Querschnitten, z. B. in der Leitung zu einer Glühlampe und im Glühfaden in der Glühlampe, bewegen sich die Elektronen im kleinen Querschnitt schneller als im großen Querschnitt. Deshalb ist auch die Erwärmung im kleinen Querschnitt größer.

Beispiel:
Durch eine Glühlampe fließt ein Strom mit einer Stromstärke von 0,2 A. Wie groß ist die Stromdichte a) in der Zuleitung mit 1,5 mm² Querschnitt, b) im Glühfaden mit 0,0004 mm² Querschnitt?

Lösung:

a) $J = \frac{I}{A} = \frac{0{,}2\ \text{A}}{1{,}5\ \text{mm}^2} = \mathbf{0{,}133\ A/mm^2}$

b) $J = \frac{I}{A} = \frac{0{,}2\ \text{A}}{0{,}0004\ \text{mm}^2} = \mathbf{500\ A/mm^2}$

Ein dünner Leiter mit der größeren Stromdichte erwärmt sich stärker als ein dicker Leiter mit der kleineren Stromdichte. Die Erwärmung nimmt noch mehr zu, wenn durch die Art des Werkstoffes der Elektronenstrom beim Durchgang stärker gehindert wird.

Bei Installationsleitungen sind den genormten Querschnitten höchstzulässige Stromstärken zugeordnet. Die Stromdichte ist dabei bei kleineren Querschnitten größer als bei größeren Querschnitten, weil dünne Drähte eine größere Oberfläche im Vergleich zum Querschnitt haben und daher schneller abkühlen **(Bild 1)**.

Wiederholungsfragen

1. **Wie verhalten sich gleichartige und wie verschiedenartige Ladungen?**
2. **Wie ist die Spannung festgelegt?**
3. **Woraus besteht der elektrische Strom?**
4. **Wie ist der spezifische Widerstand festgelegt?**
5. **Welchen Zusammenhang drückt das Ohmsche Gesetz aus?**
6. **Was gibt der Temperaturkoeffizient an?**

1.2.8 Bauformen der Widerstände

1.2.8.1 Festwiderstände

Kohleschichtwiderstände

Aufbau: Ein zylindrischer, keramischer Körper, z. B. Porzellan, dient als Träger der Widerstandsschicht aus kristalliner Kohle. Die Kohleschicht wird durch Aufdampfen unter Vakuum oder durch Tauchen aufgebracht. Der Abgleich des Widerstands erfolgt durch Einschleifen einer Wendel in die Kohleschicht. An den Enden der Schicht sind Anschlüsse aus verzinntem Kupferdraht, Kappen oder verzinnte Schellen.

J Stromdichte
I Stromstärke
A Leiterquerschnitt

$[J] = \frac{\text{A}}{\text{mm}^2}$

$$J = \frac{I}{A}$$

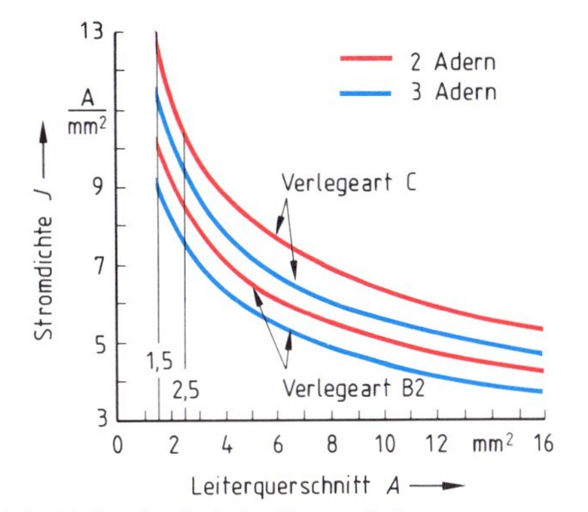

Bild 1: Belastbarkeit isolierter Leitungen

Kohleschichtwiderstände haben als Widerstandswerkstoff eine dünne Kohleschicht.

Kennzeichnung: Widerstand und Toleranz können durch Zahlen oder durch eine Farbkennzeichnung in Form von Ringen, Strichen oder Punkten angegeben sein **(Tabelle 1, folgende Seite)**. Die Farbkennzeichnung ist so angebracht, daß der erste Ring näher bei dem einen Ende des Schichtwiderstandes liegt als der letzte Ring bei dem anderen Ende.

Es bedeuten:

1. Ring: 1. Ziffer des Widerstandswertes
2. Ring: 2. Ziffer des Widerstandswertes
3. Ring: Multiplikator, mit dem die Zahl aus Ziffer 1 und Ziffer 2 malgenommen wird
4. Ring: Widerstandstoleranz in Prozent

Beispiel:
Ein Kohleschichtwiderstand hat, von der Seite mit den Farbringen her betrachtet, folgende Farbringe: Rot — Violett — Braun — Gold. Wie groß sind Widerstand und Toleranz?

Lösung:

Rot	Violett	Braun	Gold
2	7	Ω mal 10^1	± 5%

$\Rightarrow 27\ \Omega \cdot 10 \pm 5\% = \mathbf{270\ \Omega \pm 5\%}$

Sofern Widerstände mit 5 Farbringen gekennzeichnet werden, bilden die ersten 3 Ringe die Ziffern des Widerstandswertes, der 4. Ring gibt den Multiplikator und der 5. Ring die Widerstandstoleranz an.

Manche Metallschichtwiderstände, und zwar *Präzisions-Metallfilmwiderstände*, haben 6 Farbringe. Der 6. Ring gibt den Temperaturkoeffizienten α an. Den Zahlenwert von α erhält man, wenn man die dem Farbring entsprechende Ziffer von Tabelle 1 mit 10^{-6} multipliziert.

Die *Widerstandsreihen* geben die zu bevorzugenden Widerstandswerte an. Für übliche Widerstände gelten die IEC-Reihen[1] E6, E12 und E24 **(Tabelle 2)**. Für spezielle Anwendungen mit feinerer Unterteilung gelten die Reihen E48, E96 und E192. Die IEC-Reihen gelten auch für die Nennwerte anderer Bauelemente, z. B. von Kondensatoren und Z-Dioden.

Metalloxid-Schichtwiderstände

Die Widerstandsschicht besteht aus einem Metalloxid, welches auf einen keramischen Träger aufgedampft wird. Anschließend überzieht man den Widerstand mit Silikonzement. Dadurch wird die Schicht sehr hart und mechanisch fast unzerstörbar. Metalloxid-Schichtwiderstände sind induktionsarm und haben eine wesentlich größere Belastbarkeit als Kohleschichtwiderstände gleicher Abmessungen.

Metallschichtwiderstände

Metallschichtwiderstände haben eine Edelmetallschicht als Widerstandswerkstoff. Die Schicht wird entweder als Paste auf einen Keramikträger aufgetragen (Dickschichttechnik) und eingebrannt oder durch eine Maske aufgedampft (Dünnschichttechnik).

SMD-Metallschichtwiderstände

SMD-Metallschichtwiderstände[2] sind besonders zur Oberflächenbestückung von gedruckten Schaltungen geeignet. Als Bauform wird meist die rechteckige Form als Chip-Widerstand verwendet **(Bild 1)**. Ihre Abmessungen sind so, daß sie zum Rastermaß der gedruckten Schaltungen passen.

Tabelle 1: Farbschlüssel für Widerstände

Kennfarbe	Widerstandswert in Ω: 1. Ziffer	2. Ziffer	Multiplikator	Toleranz des Widerstandswertes
Keine	–	–	–	± 20%
Silber	–	–	10^{-2}	± 10%
Gold	–	–	10^{-1}	± 5%
Schwarz	–	0	10^{0}	–
Braun	1	1	10^{1}	± 1%
Rot	2	2	10^{2}	± 2%
Orange	3	3	10^{3}	–
Gelb	4	4	10^{4}	–
Grün	5	5	10^{5}	± 0,5%
Blau	6	6	10^{6}	–
Violett	7	7	10^{7}	–
Grau	8	8	10^{8}	–
Weiß	9	9	10^{9}	–

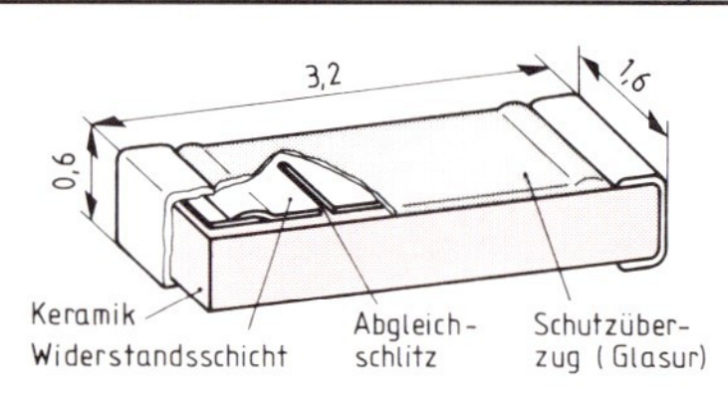

Bild 1: SMD-Widerstand als Chipwiderstand

Tabelle 2: Widerstände — IEC-Reihen E6, E12 und E24

Reihe																								
E 6	1,0				1,5				2,2				3,3				4,7				6,8			
E12	1,0		1,2		1,5		1,8		2,2		2,7		3,3		3,9		4,7		5,6		6,8		8,2	
E24	1,0	1,1	1,2	1,3	1,5	1,6	1,8	2,0	2,2	2,4	2,7	3,0	3,3	3,6	3,9	4,3	4,7	5,1	5,6	6,2	6,8	7,5	8,2	9,1

Werte für Widerstände in Ω, kΩ, MΩ

[1] IEC von engl. **I**nternational **E**lectrotechnical **C**ommission = Internationale Elektrotechnische Kommission
[2] SMD von engl. **S**urface **M**ounted **D**evice = auf der Oberfläche befestigtes Bauelement

Drahtwiderstände

Drahtwiderstände haben bei gleicher Belastbarkeit kleinere Abmessungen als Schichtwiderstände. Ein Nachteil ist die Frequenzabhängigkeit des Widerstandes wegen der Induktivität. Durch besondere Wicklungsausführung kann die Induktivität herabgesetzt werden.

1.2.8.2 Veränderbare Widerstände

Als einstellbare Widerstände werden hauptsächlich Drehwiderstände (Potentiometer, Trimmer) verwendet.

Cermet-Trimmpotentiometer

Durch kreisförmige oder lineare Bewegung eines Mehrfingerschleifers auf einer Cermet-Widerstandsschicht[1] ist eine stetige Änderung des Widerstandes möglich **(Bild 1)**. Cermet ist eine auf einem Keramikträger eingebrannte metallhaltige Dickschichtpaste. Cermet-Trimmer haben einen großen Widerstandsbereich, eine kleine Baugröße und eine sehr genaue Einstellbarkeit (± 0,01%).

Schicht-Drehwiderstände

Schicht-Drehwiderstände haben als Widerstandswerkstoff eine leitende Kohleschicht, die auf einen Träger aus Schichtpreßstoff oder Keramik aufgebracht ist. Der Anschluß erfolgt über Lötfahnen oder Stifte. Von der Bedienungsseite aus gesehen liegt die Endlötfahne links, die Schleiferlötfahne in der Mitte und die Anfangslötfahne rechts. Zusätzlich kann neben der Endlötfahne noch eine Masselötfahne vorhanden sein. Der Schleifer besteht aus einer Feder mit Kohlekontakt.

Draht-Drehwiderstände

Die Draht-Drehwiderstände mit geradliniger oder kreisförmiger Schleiferbahn bestehen aus einem zylindrischen Isolierstoffring, z.B. aus Keramik, der die Widerstandswicklung trägt. Bei hochbelastbaren Ausführungen ist die Wicklung mit Ausnahme der Abgreiffläche allseitig mit einer Glasur oder mit Zement überzogen. Das ergibt eine gute Wärmeabgabe und eine hohe Überlastbarkeit.

Wendelpotentiometer

Wendelpotentiometer haben als Wickelkörper einen flexiblen Rundstab, der nach dem Aufwickeln des Widerstandsdrahtes zu einer schraubenförmigen Wendel geformt wird. Der Schleifer benötigt mehrere Umdrehungen, bis die gesamte Länge des Wickels überstrichen ist. Wendelpotentiometer werden für 2 bis 40 Schleiferumdrehungen hergestellt. Sie haben kleine Toleranzen, geringe Abweichungen von der Linearität, hohes Auflösungsvermögen und hohe Nennlast.

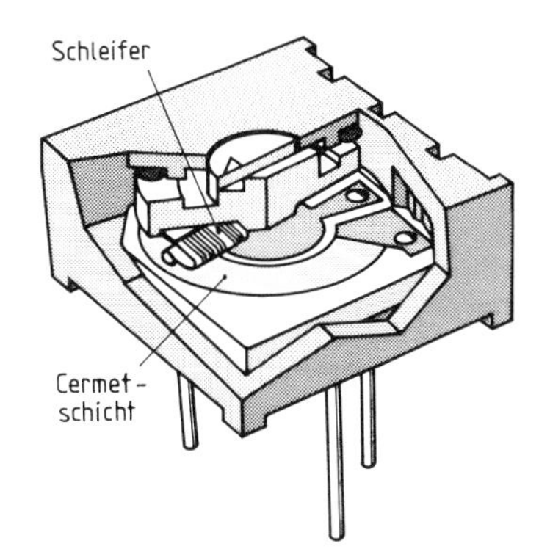

Bild 1: Cermet-Trimmer

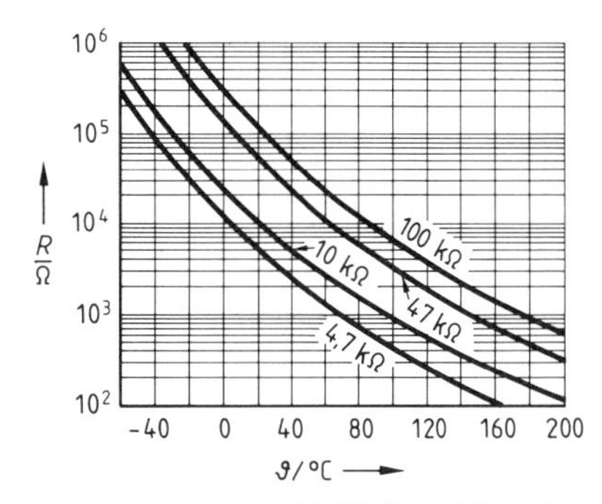

Bild 2: Kennlinien von Heißleiterwiderständen

1.2.8.3 Heißleiterwiderstände

Heißleiterwiderstände haben einen großen negativen Temperaturkoeffizienten (TK). Ihr Widerstand nimmt mit zunehmender Temperatur stark ab **(Bild 2)**. Man nennt Heißleiterwiderstände auch NTC-Widerstände[2].

Aufbau: Heißleiterwiderstände bestehen aus Mischungen von Metalloxiden und oxidierten Mischkristallen, die mit einem Zusatz von Bindemitteln gesintert werden.

Eigenschaften: Der Temperaturkoeffizient ist temperaturabhängig. Als Kaltwiderstand gibt man den Widerstand bei 25 °C oder 20 °C an. Ist die Erwär-

[1] Cermet, Kunstwort aus engl. **cer**amic **met**al = keramisches Metall; [2] NTC von engl. Negative Temperature Coeffizient = negativer Temperaturkoeffizient

mung des Heißleiters durch den Strom gering, so bleibt der Widerstand vom Strom unabhängig, und die Spannung nimmt geradlinig mit der Stromstärke zu. Eine Widerstandsänderung kann dann nur durch eine fremde Wärmequelle erfolgen.

Heißleiter mit kleiner Stromstärke arbeiten als fremderwärmte Heißleiter.

Je größer die Stromstärke ist, desto mehr gehen der Widerstand und damit die Spannung des Heißleiters wegen der Eigenerwärmung zurück.

Eigenerwärmte Heißleiter werden durch den Strom erwärmt.

Anwendungen: Fremderwärmte Heißleiter benützt man als *Meßheißleiter*, z. B. zur Temperaturmessung und Temperaturregelung. Meßheißleiter haben kleine Abmessungen, damit sie sich den Temperaturschwankungen der Umgebung rasch anpassen. Zum Ausgleich der Temperaturabhängigkeit von Bauelementen mit positivem Temperaturkoeffizienten verwendet man fremderwärmte Heißleiter als *Kompensationsheißleiter*. Eigenerwärmte Heißleiter werden als Sensoren bei Flüssigkeitsstandregelung, z. B. Überlaufsicherungen, verwendet. *Anlaßheißleiter* benützt man zur Anzugsverzögerung von Relais, zur Unterdrückung von Stromspitzen bei Kleinstmotoren, Kondensatoren und Glühlampen.

1.2.8.4 Kaltleiterwiderstände

Kaltleiterwiderstände haben in einem bestimmten Temperaturbereich einen sehr großen positiven Temperaturkoeffizienten. Ihr Widerstand nimmt in diesem Bereich bei Erwärmung stark zu **(Bild 1)**. Man nennt sie auch PTC-Widerstände[1].

Aufbau: Kaltleiter sind Halbleiter aus eisenhaltiger Keramik. Sie bestehen aus einer Mischung von gesintertem Bariumtitanat mit Zusatz von Metalloxiden und Metallsalzen. Die Kaltleiter werden meist in Scheibenform hergestellt.

Eigenschaften: *Fremderwärmte Kaltleiter* werden durch den Meßstrom nur unmerklich erwärmt. Der steile Widerstandsanstieg bei Erwärmung ermöglicht es, mit dem Kaltleiterwiderstand direkt ein Relais abzuschalten. Der Spannungsfall am kalten Kaltleiterwiderstand ist sehr niedrig. *Eigenerwärmte Kaltleiter* werden vom durchfließenden Strom erwärmt.

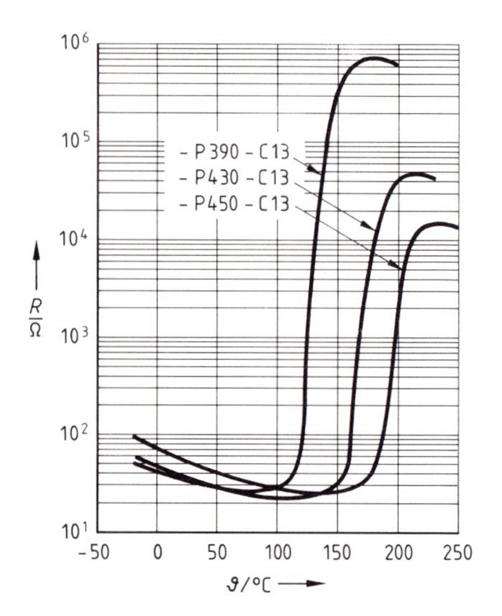

Bild 1: Widerstands-Temperaturkennlinien von Kaltleiterwiderständen

Dazu sind größere Spannungen erforderlich. Der Kaltleiter erhöht seine Temperatur so lange, bis sich ein Gleichgewicht zwischen zugeführter elektrischer Energie und abgeführter Wärmemenge einstellt.

Anwendung: Fremderwärmte Kaltleiter werden z. B. zur Temperaturmessung in kleinen Temperaturbereichen oder als thermischer Überlastungsschutz verwendet. Eigenerwärmte Kaltleiter eignen sich als Flüssigkeitsstandfühler und Zeitschalter, ferner zur Konstanthaltung des Stromes.

1.2.8.5 Spannungsabhängige Widerstände

Bei spannungsabhängigen Widerständen nimmt der Widerstand bei wachsender Spannung stark ab. Handelsbezeichnungen sind VDR (Voltage Dependent Resistor = spannungsabhängiger Widerstand) und Varistor.

Aufbau: Spannungsabhängige Widerstände bestehen aus einem Metallpulver oder aus Siliciumkarbidpulver, das zusammen mit einem Bindemittel in Formen gepreßt und bei hohen Temperaturen gesintert wird. Der verwendete Werkstoff ist feinkörnig, porös und sehr hart.

Bauformen: Spannungsabhängige Widerstände werden z. B. in Scheibenform oder in Blockform hergestellt **(Bild 1, folgende Seite)**. Der Anschluß erfolgt über zwei Drähte oder Schraubklemmen.

[1] PTC von engl. **P**ositive **T**emperature **C**oefficient = positiver Temperaturkoeffizient

Eigenschaften: Der Strom durch einen spannungsabhängigen Widerstand nimmt mit zunehmender Spannung zunächst sehr stark und dann immer weniger zu **(Bild 2)**. Die Spannungsabhängigkeit des Widerstandes beruht auf dem veränderlichen Kontaktwiderstand der einzelnen Metallkörner oder Siliciumkarbidkörner.

Scheibenförmige Varistoren haben Durchmesser z. B. zwischen 7,5 mm und 14 mm bei Dicken zwischen 4,5 mm bis 11,2 mm (Bild 1). Die Anschlußdrähte haben dabei Durchmesser zwischen 0,6 mm bis 0,8 mm. Ihre Stoßstrombelastbarkeit liegt zwischen 0,1 kA bis 6,5 kA, die höchstzulässige Betriebsspannung zwischen U_{eff} = 11 V und U_{eff} = 1000 V. Varistoren in Blockform (Bild 1) vertragen bis 100 kA Stoßstromstärke.

Aus der aufgedruckten Bezeichnung kann man Kennwerte ablesen.

Beispiel:
Ein Varistor trägt die Bezeichnung SIOV-S20K680. Welche Kennwerte sind ablesbar?

Lösung:
SIOV-S20K680
- 680: höchstzulässige Betriebswechselspannung U_{eff}
- K: Standardtoleranz: K ≙ ±10% bei 1 mA, M ≙ ±20%, L ≙ ±15%
- 20: Nenndurchmesser in mm
- S: Bauform: S Scheibenform, B Blockform

Die Strom-Spannungskennlinien Bild 2 zeigen, daß mit zunehmender Spannung die Stromstärke sehr viel größer wird.

Spannungsabhängige Widerstände haben bei niedriger Spannung einen großen Widerstand.

Bei höherer Spannung nimmt die Stromstärke im Verhältnis zur Spannung stärker zu, d. h. der Widerstand wird kleiner.

Anwendung: Spannungsabhängige Widerstände verwendet man zur Verhinderung hoher Überspannungen an gefährdeten Bauteilen, z. B. an Spulen und Schaltern. Dazu muß der spannungsabhängige Widerstand parallel zu dem zu schützenden Bauteil geschaltet werden. Ferner werden spannungsabhängige Widerstände zum Stabilisieren von Spannungen verwendet.

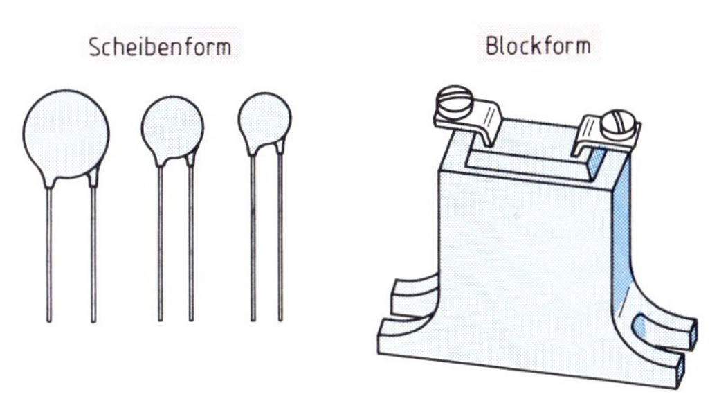

Bild 1: Spannungsabhängige Widerstände

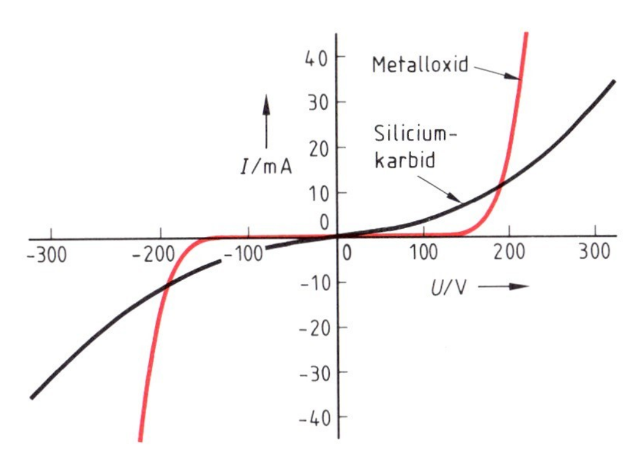

Bild 2: Kennlinien von spannungsabhängigen Widerständen

Tabelle 1: Stromwirkung auf den Menschen	
Stromstärke in mA	Folge
50	Herzkammerflimmern, Tod
30	Betäubung
10	Muskelkrampf
1	Schreck
0,3	Empfindungsgrenze

1.2.9 Gefahren des elektrischen Stromes

Die Muskelbewegungen des Menschen werden durch schwache *elektrische Impulse* gesteuert, die meist vom Gehirn ausgehen. Die Herztätigkeit wird vom Schrittmacher an der Herzscheidewand gesteuert. Fremdspannungen stören diese Steuerspannungen. Es kommt je nach Stromstärke zu Schreckempfindung, Muskelverkrampfung, Herzkammerflimmern **(Tabelle 1)**. Bei stärkeren Strömen entstehen Verbrennungen, deren Zersetzungsprodukte den Körper vergiften. Die Muskelverkrampfung verhindert oft das Loslassen spannungsführender Teile. Das *Herzkammerflimmern* führt zum Tode, weil dadurch die Körperzellen nicht mehr mit Sauerstoff versorgt werden.

Für die Folgen eines elektrischen Unfalls sind die Stromstärke, die Dauer der Stromeinwirkung, der

Stromweg und die Stromart entscheidend. Besonders gefährlich sind Netzwechselströme über 50 mA, wenn sie länger als 1/10 Sekunde einwirken, und wenn der Stromweg über das Herz führt.

Ströme über 50 mA sind lebensgefährlich.

Der durch den Körper fließende Strom wird durch die anliegende Spannung und den *Körperwiderstand* bestimmt. Dieser setzt sich aus dem *Körperinnenwiderstand* und den *Übergangswiderständen* der Haut an den Stromeintrittsstellen und Stromaustrittsstellen zusammen. Je größer die Berührungsfläche ist, desto kleiner ist der Übergangswiderstand. Bei Feuchtigkeit, z. B. Schweiß oder nassem Fußboden, sinkt der Körperwiderstand auf etwa 1 kΩ. Die gefährliche Spannung beginnt somit etwa bei $U = I \cdot R = 50\ \text{mA} \cdot 1\ \text{k}\Omega = 50\ \text{V}$. Nach VDE 0100 gelten Wechselspannungen (AC) bis 50 V und Gleichspannungen (DC) bis 120 V als ungefährlich. Bei motorisch angetriebenem Kinderspielzeug sind nur 25 V zulässig.

Spannungen über AC 50 V oder DC 120 V sind lebensgefährlich.

Gefährlich ist deshalb das zufällige Berühren eines Leiters, der Spannung gegen Erde führt oder zweier Teile, die gegeneinander Spannung führen. Die Gefahr ist besonders groß bei Arbeiten an Anlagen, die unter Spannung stehen.

Das Arbeiten an Teilen, die unter Spannung gegen Erde stehen, ist verboten.

Eine Ausnahme ist nur zulässig, wenn die Anlage aus wichtigen Gründen nicht spannungsfrei gemacht werden kann und nur fachkundige Personen daran arbeiten. Für Auszubildende ist das Arbeiten unter Spannung in Starkstromanlagen verboten. Auch an normalerweise spannungslosen Teilen, z. B. Gehäusen, können durch Fehler Spannungen auftreten. Durch *Körperschluß* wird das Gehäuse eines Gerätes unter Spannung gesetzt **(Bild 1)**.

Durch Spannungsverschleppung kann die eigene Anlage von einer benachbarten Anlage mit Körperschluß über den PEN-Leiter unter Spannung gesetzt werden. Ein Gehäuse führt auch Spannung, wenn Außenleiter und Schutzleiter vertauscht wurden.

Zur Verhütung von Unfällen sind die Unfallverhütungsvorschriften der Berufsgenossenschaften und die VDE-Bestimmungen zu beachten.

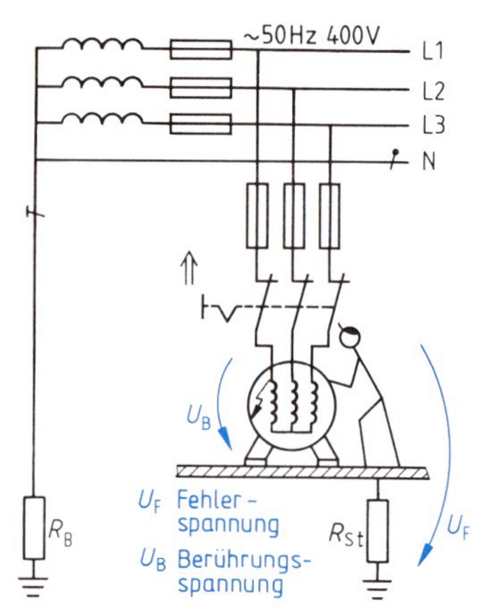

Bild 1: Körperschluß

Vor Arbeiten in Starkstromanlagen unter 1000 V sind folgende Maßnahmen erforderlich:

1. Allpolig abschalten, z. B. an der Verteilung.
2. Gegen Wiedereinschalten sichern, z. B. Sicherungen mitnehmen, Warnschild aufstellen.
3. Auf Spannungsfreiheit prüfen, z. B. mit Spannungsmesser oder Spannungsprüfer.

Die regelmäßige Überwachung elektrischer Geräte und Anlagen ist eine weitere Voraussetzung zur Verhütung von Unfällen. Soweit möglich, sollen nur Geräte und Bauteile mit dem Zeichen GS (geprüfte Sicherheit) bzw. mit dem VDE-Zeichen verwendet werden.

Erste Hilfe ist nur wirksam, wenn sie sofort erfolgt. Es geht dabei um Sekunden. Der Verunglückte ist schnellstens von der gefährlichen Spannung zu befreien, z. B. durch Abschalten, Herausnehmen von Sicherungen oder Verursachen eines Kurzschlusses. Der Verunglückte darf nicht unter Spannung berührt werden. Falls die Atmung aussetzt, sind sofort Wiederbelebungsversuche aufzunehmen bis der Arzt eintrifft (Mund-zu-Mund-Beatmung). In jedem Falle ist eine ärztliche Untersuchung zu veranlassen. Innere Verbrennungen sind für den Laien nicht erkennbar und können noch nach Tagen zum Tode führen.

Der Verunglückte ist von der Spannung zu trennen und zu beatmen.

1.2.10 Überstrom-Schutzeinrichtungen

Versuch 1: Spannen Sie eine papierbelegte Aluminiumfolie von etwa 5 mm Breite zwischen zwei Klemmen, und schließen Sie die Enden über einen Stellwiderstand von 10 Ω an das Netz an!

Je größer die Stromstärke wird, desto stärker erwärmt sich der Aluminiumstreifen. Er dehnt sich, glüht und schmilzt schließlich. Nach dem Durchschmelzen entsteht kurzzeitig ein Lichtbogen, die papierbelegte Aluminiumfolie entzündet sich.

Unzulässig starke Ströme gefährden die Anlagen und können Brände verursachen. Deshalb baut man als Überstrom-Schutzeinrichtung z. B. eine Schmelzsicherung in den Stromkreis ein. Das ist ein Leiter mit kleinem Querschnitt in einem feuersicheren Gehäuse, der bei Überlastung schmilzt.

Sicherungen dürfen nicht geflickt oder überbrückt werden.

Schmelzsicherungen enthalten einen *Schmelzleiter*. Er besteht aus Silber oder aus Kupfer. Der *Schmelzeinsatz* besteht aus einem isolierenden Gehäuse, z. B. aus Glas oder Porzellan, in welches der Schmelzleiter eingebaut ist. Der Schmelzeinsatz ist nach dem Ansprechen auszuwechseln. Das Auswechseln von Schmelzeinsätzen gegen solche von zu starkem Nennstrom ist verboten.

Geräteschutzsicherungen (Feinsicherungen) werden mit Nennströmen von 1 mA bis 10 A zum Schutz von elektronischen Geräten gebraucht. Der Nennstrom ist jeweils auf der Kontaktkappe angegeben. Bei den *flinken* Schmelzeinsätzen (Kennzeichen F) und bei den *superflinken* (FF) schmilzt der Schmelzleiter beim gleichen Strom in kürzerer Zeit durch als bei den *trägen* Schmelzeinsätzen (Kennzeichen T) oder *superträgen* (TT). Schmelzeinsätze mit hoher Schaltleistung haben ein undurchsichtiges Gehäuse, z. B. aus Glas mit Sandfüllung oder aus Porzellan. Sie können dort verwendet werden, wo der Kurzschlußstrom sehr stark ist, z. B. bei Netzteilen. Schmelzeinsätze mit niedriger Schaltleistung haben ein durchsichtiges Gehäuse. Der Spannungsfall bei Feinsicherungen kann über 10 V betragen.

Schmelzeinsätze der Energietechnik werden mit Nennströmen von 2 A bis 850 A zum Schutz von elektrischen Anlagen und in Geräten der Energieelektronik gebraucht, z. B. bei Thyristoren.

Bei der Schmelzsicherung mit Paßschraube ist der Fußkontakt des Schmelzeinsatzes in einer sogenannten Paßschraube mit dem Netz verbunden.

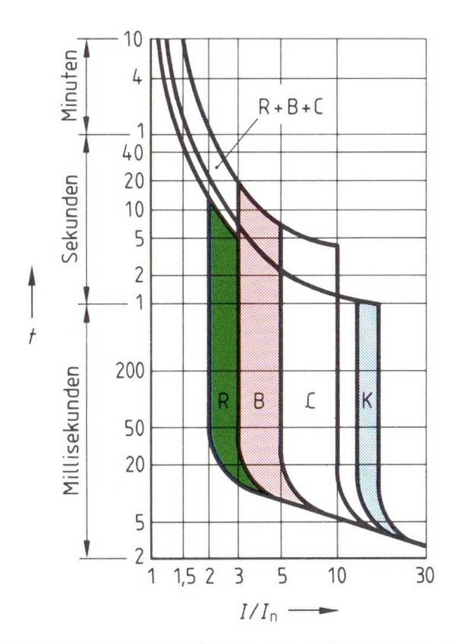

Bild 1: Auslösekennlinien von LS-Schaltern

Der Kopfkontakt steckt in einer Schraubkappe und ist mit dem Verbraucher verbunden. Die Paßschrauben besitzen verschieden große Innendurchmesser für die entsprechenden Fußkontakte. Die irrtümliche Verwendung von Schmelzeinsätzen mit zu starkem Nennstrom ist dadurch ausgeschlossen.

Das Auswechseln einer Paßschraube gegen eine solche für zu starken Nennstrom ist verboten.

Leitungsschutzschalter (LS-Schalter) erfüllen dieselben Aufgaben wie Schmelzsicherungen. Beim Einschalten wird eine Feder gespannt, die beim Auslösevorgang freigegeben wird und den Schalter betätigt. Der Schutzschalter enthält einen thermischen Auslöser, der bei geringer Dauerüberlast verzögert auslöst, und einen magnetischen Auslöser, der bei Kurzschluß unverzögert auslöst.

LS-Schalter Typ B werden für den Leitungsschutz, LS-Schalter Typ C für den Schutz von Geräten eingesetzt **(Bild 1)**.

Thermische Auslöser arbeiten meist mit einem Bimetallstreifen, der sich bei Erwärmung durchbiegt und bei Überstrom auslöst. Magnetische Auslöser bestehen aus einer Spule mit beweglichem Eisenkern, der bei starkem Überstrom angezogen wird.

LS-Schalter Typ B lösen beim 3- bis 5fachen Nennstrom aus, LS-Schalter Typ C beim 5- bis 10fachen Nennstrom.

1.3 Grundschaltungen

1.3.1 Bezugspfeile

Bei physikalischen Größen ist es zweckmäßig, die Vorzeichen + und − zu gebrauchen. Dies ist bei Zweipolen besonders wichtig, wenn diese sowohl aktive Zweipole, z. B. Akkumulatoren beim Entladen, als auch passive Zweipole, z. B. Akkumulatoren beim Laden, sein können. Nimmt man einen Zweipol als *Verbraucher* an, so nimmt dieser Energie auf. Über seine beiden Anschlüsse wird ihm z. B. die Energie von + 1 J zugeführt **(Bild 1)**.

Ist dagegen die Energie des Zweipols mit − 1 J angegeben, so nimmt er keine Energie auf, sondern er gibt Energie ab. Die Energierichtung ist umgekehrt. Nimmt man einen Zweipol als *Erzeuger* an (Bild 1), so gibt dieser bei der Angabe $W = 1$ J Energie ab. Bei der Angabe $W = -1$ J dagegen nimmt der Zweipol Energie auf. Die Energieangabe sagt also noch nichts über die Art des Zweipols aus, nämlich ob dieser aktiv oder passiv ist. Deshalb hat man vereinbart, durch einen Bezugspfeil anzugeben, welche Energierichtung positiv ist (Bild 1).

Ein Energiebezugspfeil gibt die positive Energierichtung an.

Strombezugspfeile (Bild 2) geben die Richtung an, in der Ströme positiv gezählt werden. Sind Stromrichtung und Bezugspfeil *gleich* gerichtet, so liegt ein *positiver* Strom vor. Bei *verschiedener* Richtung ist der Strom *negativ*.

Spannungsbezugspfeile (Bild 3) werden gebogen oder gerade zwischen die Punkte gesetzt, deren Spannung angegeben werden soll.

Positive Spannungsangabe bedeutet eine Spannungsrichtung von + nach −.

Der Pluspol liegt bei positiver Spannung immer am Beginn des Spannungsbezugspfeils, der Minuspol an der Bezugspfeilspitze (Bild 3). Die Zählrichtung der Spannung kann anstelle eines Bezugspfeils auch durch Indizes hinter dem Formelzeichen angegeben werden. Die positive Spannungsrichtung geht dabei immer vom Anschluß des ersten indizierten Buchstabens aus.

Die Angabe von Stromstärke und Spannung ist nur vollständig, wenn für sie ein Bezugspfeil gesetzt wird.

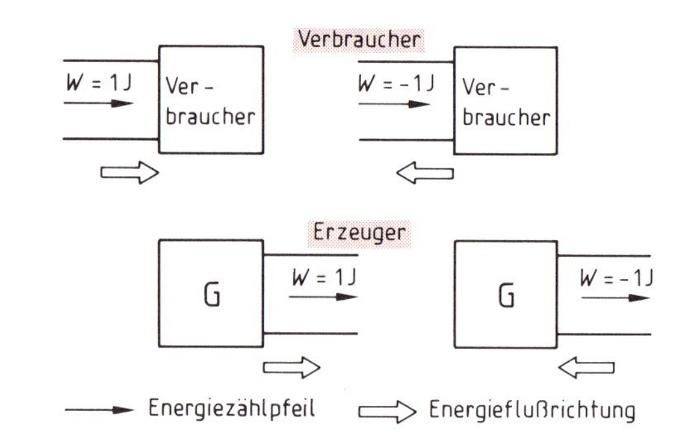

Bild 1: Energiebezugspfeile

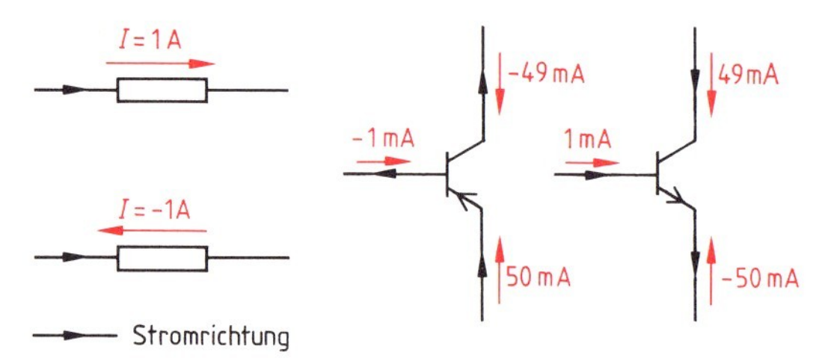

Bild 2: Strombezugspfeile

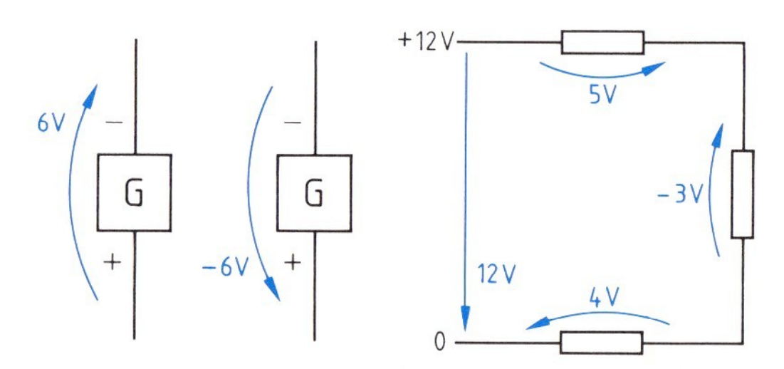

Bild 3: Spannungsbezugspfeile

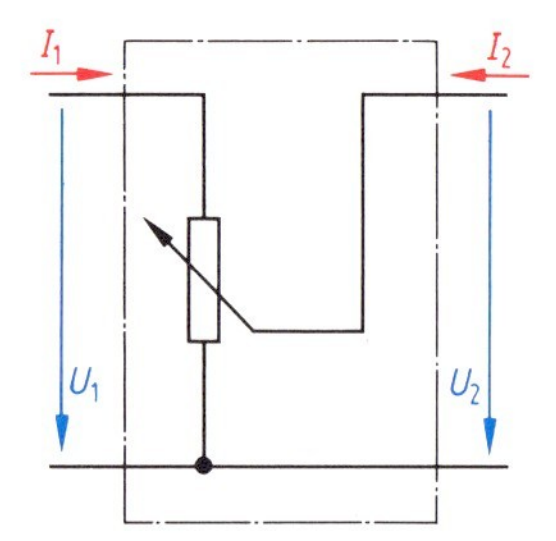

Bild 4: Vierpol mit Bezugspfeilen

Vierpole sind Energiewandler mit zwei Anschlüssen auf der Eingangsseite und mit zwei Anschlüssen auf der Ausgangsseite **(Bild 4)**. Man setzt die Strompfeile so, daß sie in den Vierpol hinein zeigen (Verbraucherbezugspfeilsystem).

1.3.2 Reihenschaltung

Bei der Reihenschaltung sind aktive Zweipole, z. B. Erzeuger, oder passive Zweipole, z. B. Widerstände, hintereinandergeschaltet **(Bild 1)**.

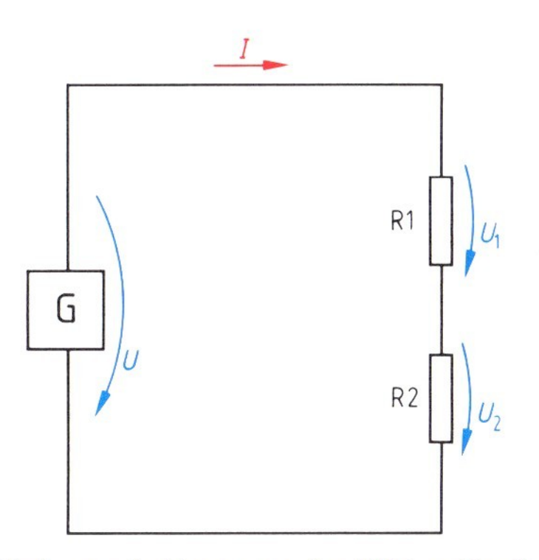

Bild 1: Reihenschaltung zweier Widerstände

Gesetze der Reihenschaltung

Versuch 1: Schließen Sie zwei Widerstände in Reihe an einen Spannungserzeuger an! Messen Sie die Stromstärke vor, zwischen und nach den Widerständen! Vergleichen Sie die Meßergebnisse!

Die Strommesser zeigen die gleiche Stromstärke an.

In einem geschlossenen Stromkreis werden alle Widerstände vom gleichen Strom durchflossen, da keine Verzweigungen vorhanden sind.

In der Reihenschaltung ist die Stromstärke überall gleich groß.

Versuch 2: Messen Sie die Spannungen am Spannungserzeuger und an den Widerständen! Vergleichen Sie die Spannungen!

Die Spannungen an den Widerständen sind kleiner als am Spannungserzeuger.

Bei der Reihenschaltung liegt an jedem Widerstand nur eine Teilspannung. Die Gesamtspannung teilt sich auf die einzelnen Widerstände auf.

Bei der Reihenschaltung ist die Summe der Teilspannungen gleich der angelegten Gesamtspannung.

In einer Masche eines Netzwerkes Bild 1, ist die Summe aller Spannungen null (2. Kirchhoffsches[1] Gesetz). Für die Masche Bild 1 gilt $U - U_2 - U_1 = 0$, d. h. die Summe aller erzeugten Spannungen ist gleich der Summe aller Spannungen an den Verbrauchern.

Versuch 3: Messen Sie mit dem Widerstandsmesser die einzelnen Widerstände und den Widerstand der gesamten Schaltung! Addieren Sie die einzelnen Widerstände!

Die Summe ist gleich dem Widerstand der Schaltung.

Bei der Reihenschaltung ist der Widerstand der Schaltung so groß wie die Summe der Einzelwiderstände.

Dieser Widerstand der Schaltung heißt *Ersatzwiderstand*. Er nimmt die gleiche Stromstärke auf wie die in Reihe geschalteten Widerstände. Sind die Teilwiderstände gleich groß, so ist bei n gleichen Widerständen der Ersatzwiderstand $R = n \cdot R_1$.

U Gesamtspannung
U_1, U_2 Teilspannungen

$$U = U_1 + U_2 + \ldots$$

R Ersatzwiderstand
R_1, R_2 Einzelwiderstände

$$R = R_1 + R_2 + \ldots$$

$$\frac{U_1}{U_2} = \frac{R_1}{R_2}$$

Beispiel:

Zwei Widerstände $R_1 = 50\ \Omega$, $R_2 = 70\ \Omega$ sind in Reihe an eine Spannung von 12 V gelegt. Berechnen Sie den Ersatzwiderstand, die Stromstärke, die Teilspannungen, das Verhältnis der Teilspannungen und das Verhältnis der einzelnen Widerstände! Vergleichen Sie die Verhältniszahlen!

Lösung:

$$R = R_1 + R_2 = 50\ \Omega + 70\ \Omega = \mathbf{120\ \Omega}$$

$$I = \frac{U}{R} = \frac{12\ \text{V}}{120\ \Omega} = \mathbf{0{,}1\ A}$$

$$U_1 = I \cdot R_1 = 0{,}1\ \text{A} \cdot 50\ \Omega = \mathbf{5\ V}$$

$$U_2 = I \cdot R_2 = 0{,}1\ \text{A} \cdot 70\ \Omega = \mathbf{7\ V}$$

$$\frac{U_1}{U_2} = \frac{5\ \text{V}}{7\ \text{V}} = \mathbf{\frac{5}{7}};\quad \frac{R_1}{R_2} = \frac{50\ \Omega}{70\ \Omega} = \mathbf{\frac{5}{7}}$$

Am größeren Widerstandswert (Resistanz) liegt die größere Teilspannung.

Bei der Reihenschaltung verhalten sich die Teilspannungen wie die zugehörigen Widerstände.

Anwendung. Bauelemente werden in Reihe geschaltet, wenn die zulässige Betriebsspannung eines einzelnen Bauelementes kleiner ist als die Gesamtspannung.

[1] Kirchhoff, deutscher Physiker, 1824 bis 1887

Vorwiderstände

Versuch 4: Schalten Sie eine Skalenlampe 6,3 V/0,3 A in Reihe mit einem Stellwiderstand von 100 Ω, und schließen Sie die Schaltung an eine Spannung von 24 V **(Bild 1)**! Stellen Sie den Widerstand so ein, daß die Lampe ihre Nennspannung erhält! Messen Sie die Spannung am Vorwiderstand!

Am Vorwiderstand liegt eine Spannung von 17,7 V.

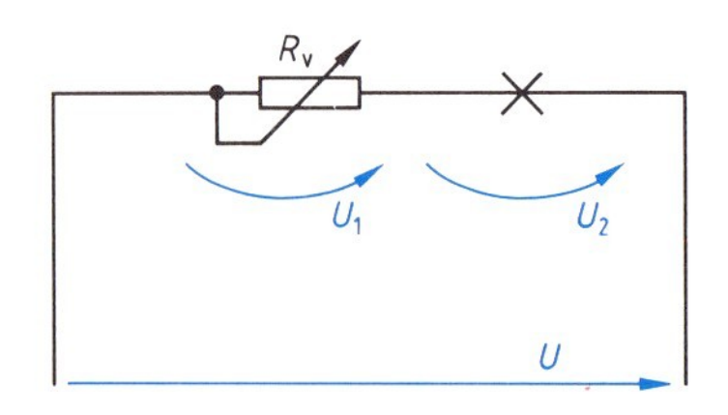

Bild 1: Vorwiderstand

Ein Verbraucher kann an einer höheren Spannung als seiner Nennspannung betrieben werden, wenn ein Widerstand in Reihe vorgeschaltet wird. Dieser *Vorwiderstand* muß so bemessen sein, daß an ihm die überschüssige Spannung abfällt, und er den Nennstrom des Verbrauchers aushält. Vorwiderstände werden z. B. bei Glimmlampen verwendet, ferner bei Z-Dioden und LED.

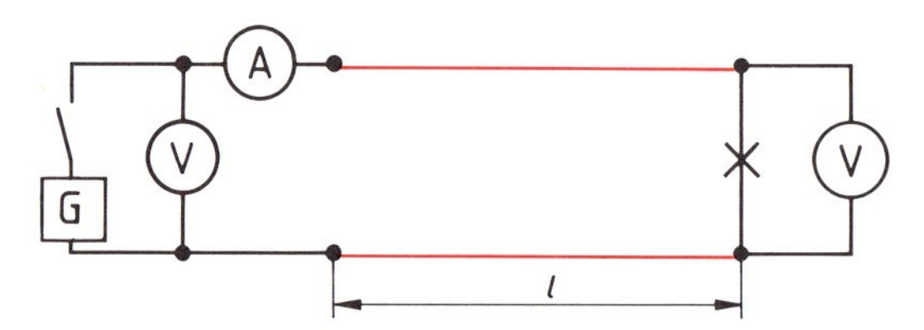

Bild 2: Spannungsfall

Spannungsfall an Leitungen

Versuch 5: Schließen Sie eine Glühlampe 4,5 V/1 A über eine 20 m lange Klingeldrahtleitung an einen Akkumulator an **(Bild 2)**! Messen Sie die Spannungen am Akkumulator und am Verbraucher! Vergleichen Sie die Spannungen!

Die Spannung am Verbraucher ist kleiner als am Akkumulator.

U_a Spannungsfall
I Stromstärke
R_{Ltg} Leitungswiderstand

$$U_a = I \cdot R_{Ltg}$$

In jedem Stromkreis sind Hinleitung, Verbraucher und Rückleitung in Reihe geschaltet. Da die Leitungen einen Widerstand R_{Ltg} besitzen, stellt jeder Verbraucheranschluß eine Reihenschaltung dar. Die Spannung, die an diesen Leitungen abfällt, der Spannungsfall, geht dem Verbraucher verloren.

> An jedem stromdurchflossenen Leiter entsteht ein Spannungsfall.

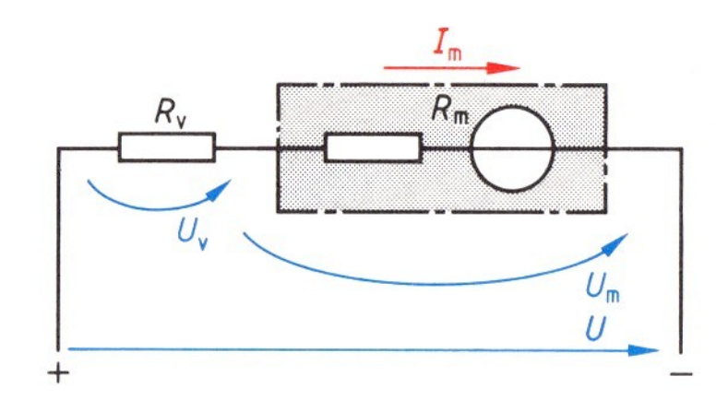

Bild 3: Meßbereichserweiterung

Versuch 6: Wiederholen Sie Versuch 5, und schalten Sie zu der Glühlampe eine zweite parallel! Messen Sie jeweils Stromstärke und Spannungen!

Beim Zuschalten der zweiten Lampe wird die Verbraucherspannung kleiner.

R_v Vorwiderstand
U Meßspannung
U_m Meßwerkspannung
I_m Meßwerkstromstärke

$$R_v = \frac{U - U_m}{I_m}$$

Eine größere Stromstärke ruft an den Leitungen einen größeren Spannungsfall hervor.

> Der Spannungsfall an der Leitung wird um so größer, je größer Stromstärke und Leiterwiderstand sind.

Der Spannungsfall an der Leitung verursacht Energieverluste, die in Wärme umgewandelt werden. Deswegen muß der Spannungsfall möglichst klein gehalten werden. Er wird häufig in % der Nennspannung angegeben.

Meßbereichserweiterung bei Spannungsmessern

Das Meßwerk eines Spannungsmessers ist so empfindlich, daß der Zeiger schon bei Spannungen unter 1 V voll ausschlägt. Zum Messen höherer Spannungen wird ein Vorwiderstand vorgeschaltet, an dem die überschüssige Spannung abfällt **(Bild 3)**. Sind die Meßwerkstromstärke und die Meßwerkspannung bekannt, so läßt sich der Vorwiderstand für jede Meßbereichserweiterung berechnen.

Beispiel:
Berechnen Sie für ein Meßwerk, dessen Zeiger bei 0,05 mA Stromaufnahme und 0,1 V Spannung voll ausschlägt, den Vorwiderstand für den Meßbereich 2,5 V!

Lösung:

$$R_v = \frac{U - U_m}{I_m} = \frac{2{,}5\ \mathrm{V} - 0{,}1\ \mathrm{V}}{0{,}05\ \mathrm{mA}} = \frac{2{,}4\ \mathrm{V}}{0{,}05\ \mathrm{mA}}$$

$$= \mathbf{48\ k\Omega}$$

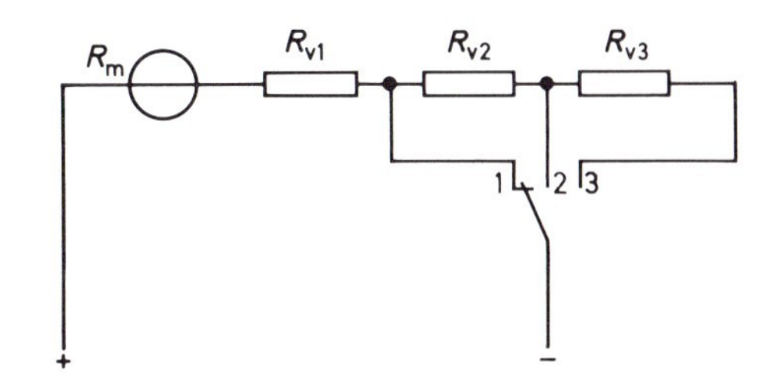

Bild 1: Vielfach-Spannungsmesser

Bei Vielfach-Spannungsmessern werden Vorwiderstände umgeschaltet, um passende Meßbereiche zu bekommen **(Bild 1)**.

Wiederholungsfragen

1. **Welcher Unterschied besteht zwischen einem aktiven Zweipol und einem passiven Zweipol?**
2. **Welche Aufgabe haben Stromzählpfeile?**
3. **Wie wird bei der Reihenschaltung der Gesamtwiderstand errechnet?**
4. **Wie verhalten sich die Spannungen und Widerstände bei der Reihenschaltung?**
5. **Welche Aufgabe hat ein Vorwiderstand?**
6. **Von welchen Größen hängt der Spannungsfall einer Leitung ab?**

1.3.3 Parallelschaltung

Bei der Parallelschaltung sind die gleichartigen Anschlüsse von Verbrauchern oder Erzeugern miteinander verbunden **(Bild 2)**. Alle parallelgeschalteten Zweipole sind also an dieselbe Spannung angeschlossen. Jeder Zweipol kann unabhängig von jedem anderen Zweipol eingeschaltet oder ausgeschaltet werden.

Gesetze der Parallelschaltung

Versuch 1: Schließen Sie zwei verschieden große Widerstände, z. B. 10 Ω und 20 Ω, parallel an einen Akkumulator an! Messen Sie die Spannungen an den Widerständen und am Spannungserzeuger, und vergleichen Sie sie!

Alle Spannungen sind gleich groß.

Bei der Parallelschaltung liegt an allen Zweipolen dieselbe Spannung.

Versuch 2: Messen Sie in der Parallelschaltung von Versuch 1 die Stromstärken, die durch die beiden Widerstände fließen und die Gesamtstromstärke! Vergleichen Sie die Stromstärken!

Die Gesamtstromstärke ist größer als der Strom durch einen Widerstand.

Bei der Parallelschaltung ist die Gesamtstromstärke gleich der Summe der Teilstromstärken.

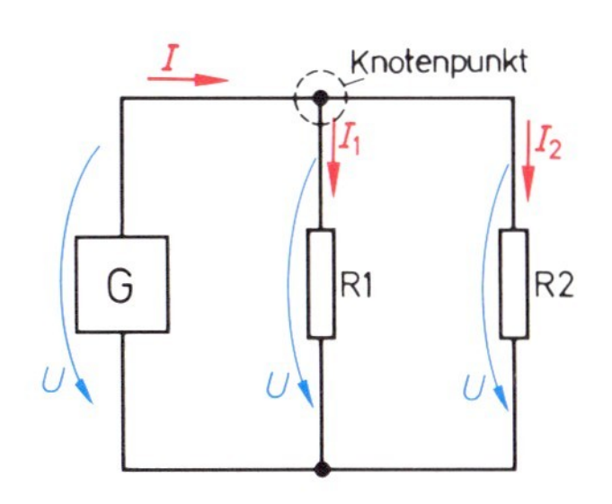

Bild 2: Parallelschaltung

I Gesamtstromstärke
I_1, I_2 Teilstromstärken

$$I = I_1 + I_2 + \ldots$$

R_1, R_2 Einzelwiderstände

$$\frac{I_1}{I_2} = \frac{R_2}{R_1}$$

In einem Knotenpunkt (Bild 2) innerhalb einer Schaltung ist die Summe der zufließenden Ströme gleich der Summe der abfließenden Ströme (1. Kirchhoffsches Gesetz). Für den Knotenpunkt in Bild 2 gilt also $I = I_1 + I_2$. I ist der zufließende Strom, I_1 und I_2 sind die abfließenden Ströme.

Sind n gleiche Widerstände vorhanden, wird die Gesamtstromstärke $I = n \cdot I_1$.

Durch den kleineren Widerstandswert fließt der stärkere Strom, durch den größeren Widerstandswert der schwächere Strom.

Bei der Parallelschaltung verhalten sich die Teilstromstärken umgekehrt wie die zugehörigen Resistanzen.

Versuch 3: Schalten Sie drei Widerstände nacheinander parallel an eine Spannung, und messen Sie die Stromstärke in der Leitung!

Beim Parallelschalten mehrerer Widerstände nimmt die Gesamtstromstärke zu und der Widerstand der Schaltung ab.

Bei der Parallelschaltung ist der Ersatzwiderstand kleiner als der kleinste Einzelwiderstand.

Der Leitwert G wird also bei der Parallelschaltung größer.

Bei der Parallelschaltung ist der Ersatzleitwert gleich der Summe der Einzelleitwerte.

Beispiel 1:

Berechnen Sie den Ersatzwiderstand der Parallelschaltung von $R_1 = 10\ \Omega$, $R_2 = 20\ \Omega$, $R_3 = 50\ \Omega$!

Lösung:

$$G_1 = \frac{1}{R_1} = \frac{1}{10\ \Omega} = 0{,}1\ \text{S}$$

$$G_2 = \frac{1}{R_2} = \frac{1}{20\ \Omega} = 0{,}05\ \text{S}$$

$$G_3 = \frac{1}{R_3} = \frac{1}{50\ \Omega} = 0{,}02\ \text{S}$$

$$G = G_1 + G_2 + G_3 = 0{,}1\ \text{S} + 0{,}05\ \text{S} + 0{,}02\ \text{S} = 0{,}17\ \text{S}$$

$$R = \frac{1}{G} = \frac{1}{0{,}17\ \text{S}} = \mathbf{5{,}88\ \Omega}$$

Bei nur zwei parallel geschalteten Widerständen läßt sich die Formel für den Ersatzwiderstand vereinfachen.

Beispiel 2:

Berechnen Sie den Ersatzwiderstand der parallel geschalteten Widerstände $R_1 = 10\ \Omega$ und $R_2 = 20\ \Omega$!

Lösung:

$$R = \frac{R_1 \cdot R_2}{R_1 + R_2} = \frac{10\ \Omega \cdot 20\ \Omega}{10\ \Omega + 20\ \Omega} = \frac{200\ \Omega^2}{30\ \Omega} = \mathbf{6{,}67\ \Omega}$$

Bei n gleichen, parallel geschalteten Widerständen R_1 ist der Ersatzwiderstand besonders einfach zu berechnen.

Der Ersatzwiderstand kann auch *zeichnerisch* bestimmt werden **(Bild 1)**.

Anwendung der Parallelschaltung

Verbraucher, z. B. Glühlampen, elektrische Haushaltgeräte, Elektromotoren, werden meistens parallel an das Netz geschaltet, da sie alle die gleiche Spannung erhalten müssen. Auch Spannungserzeuger mit gleicher Spannung schaltet man parallel, wenn der geforderte Strom von einem Erzeuger allein nicht geliefert werden kann. Durch Parallelschaltung eines Nebenwiderstandes zum Meßwerk eines Strommessers kann sein Meßbereich erweitert werden.

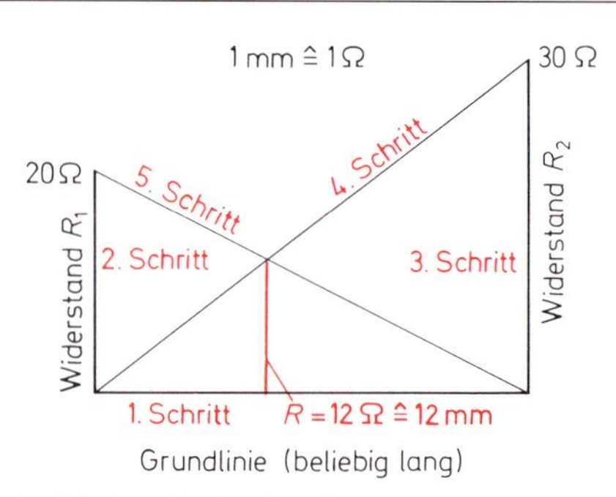

Bild 1: Zeichnerische Bestimmung des Ersatzwiderstandes

G Ersatzleitwert
G_1, G_2 Einzelleitwerte

$$G = G_1 + G_2 + \dots$$

R Ersatzwiderstand
R_1, R_2, … Einzelwiderstände

$$\frac{1}{R} = \frac{1}{R_1} + \frac{1}{R_2} + \dots$$

Bei n gleichen Widerständen:

$$R = \frac{R_1}{n}$$

Bei 2 Widerständen:

$$R = \frac{R_1 \cdot R_2}{R_1 + R_2}$$

Wiederholungsfragen

1. **Wie schaltet man Verbraucher parallel?**
2. **Welche Spannung liegt an parallel geschalteten Widerständen?**
3. **Wie berechnet man die Gesamtstromstärke aus den Teilstromstärken?**
4. **Wie verhalten sich Teilströme und Teilwiderstände zueinander?**
5. **Wie groß ist der Ersatzwiderstand der Parallelschaltung im Vergleich zu den Einzelwiderständen?**
6. **Nennen Sie Anwendungsbeispiele der Parallelschaltung!**

1.3.4 Gemischte Schaltungen

Eine Schaltung, in der die Verbraucher zum Teil in Reihe und zum Teil parallel geschaltet sind, bezeichnet man als *gemischte Schaltung* (Gruppenschaltung). Im einfachsten Fall besteht die gemischte Schaltung aus drei Widerständen. Diese kann man auf zwei Arten schalten **(Bild 1, folgende Seite)**.

Den Ersatzwiderstand einer gemischten Schaltung bestimmt man, indem man die Reihen- bzw. Parallelschaltungen durch entsprechende Ersatzwiderstände ersetzt **(Bild 2, folgende Seite)**. Diese Vereinfachung führt man so lange durch, bis die gemischte Schaltung aus einer einfachen Reihen- bzw. Parallelschaltung besteht.

1.3.4.1 Spannungsteiler

Ein *Spannungsteiler* besteht aus zwei in Reihe geschalteten Widerständen R1 und R2 **(Bild 3)**. Diese sind an die Gesamtspannung U angeschlossen. Am Widerstand R2 wird im unbelasteten Zustand die Teilspannung U_{20} (sprich: U zwei null) abgegriffen.

Unbelasteter Spannungsteiler. Ein Spannungsteiler ist *unbelastet*, wenn ihm kein Strom entnommen wird (Bild 3). Beim unbelasteten Spannungsteiler teilt sich die Gesamtspannung U in die Teilspannungen U_1 und U_{20} auf. Die Spannungen verhalten sich wie die zugehörigen Widerstände.

Beispiel 1:
Ein Spannungsteiler mit den Teilwiderständen $R_1 = 50\ \Omega$ und $R_2 = 250\ \Omega$ liegt an einer Gesamtspannung $U = 90$ V. Wie groß ist die Teilspannung an R2?

Lösung:

$$\frac{U_{20}}{U} = \frac{R_2}{R_1 + R_2} \Rightarrow U_{20} = \frac{R_2}{R_1 + R_2} \cdot U$$

$$U_{20} = \frac{250\ \Omega}{50\ \Omega + 250\ \Omega} \cdot 90\ \text{V} = \frac{250\ \Omega}{300\ \Omega} \cdot 90\ \text{V} = \mathbf{75\ V}$$

Mit einem einstellbaren Spannungsteiler läßt sich die Teilspannung U_{20} stufenlos von null bis zur Gesamtspannung U einstellen **(Bild 1, folgende Seite)**. Durch den Schleifer ist der Gesamtwiderstand in die Teilwiderstände R1 und R2 geteilt. Vielfach werden für die Spannungsteilerschaltung Drehwiderstände verwendet.

Belasteter Spannungsteiler. Ein Spannungsteiler ist *belastet*, wenn ihm ein Strom entnommen wird.

Versuch 1: Bauen Sie mit einem Stellwiderstand von 100 Ω eine Spannungsteilerschaltung (Bild 1, folgende Seite) auf, und legen Sie eine Spannung von $U = 100$ V an! Schließen Sie parallel zu R2 einen Spannungsmesser und über einen Schalter einen Lastwiderstand $R_L = 50\ \Omega$ an! Messen Sie die Spannungen bei offenem und bei geschlossenem Schalter sowie den Gesamtstrom!

Bei geschlossenem Schalter ist die Teilspannung an R2 kleiner und der Gesamtstrom größer als bei offenem Schalter.

Bei Belastung eines Spannungsteilers mit einem Lastwiderstand R_L fließt der Laststrom I_L durch den Lastwiderstand R_L und der sogenannte *Querstrom* I_q durch den Teilwiderstand R2. Durch den Teilwiderstand R1 fließt der Gesamtstrom $I = I_L + I_q$. Der Querstrom I_q erzeugt im Teilwiderstand R2 Verlustwärme.

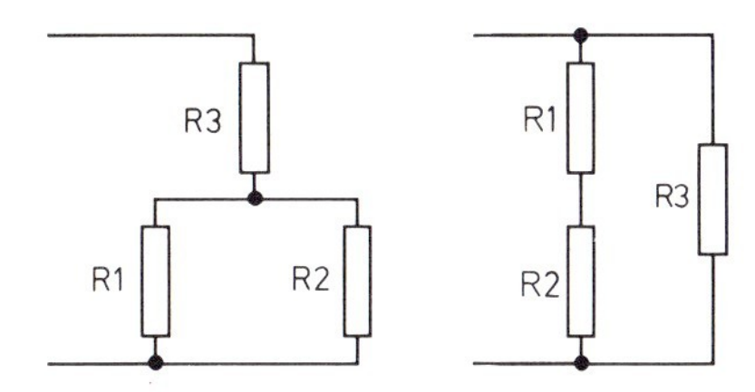

Bild 1: Gemischte Schaltungen mit drei Widerständen

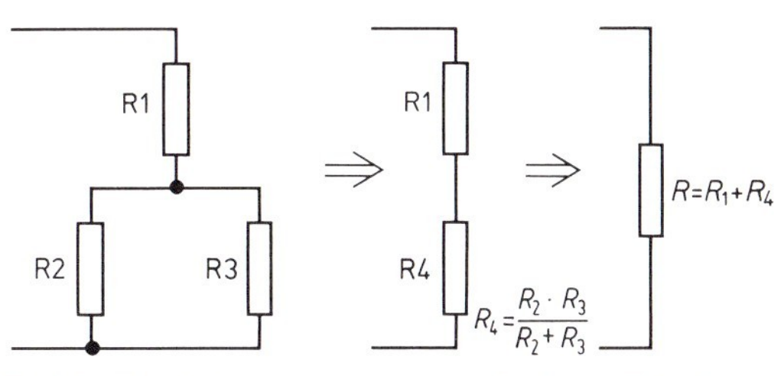

Bild 2: Vereinfachung einer gemischten Schaltung

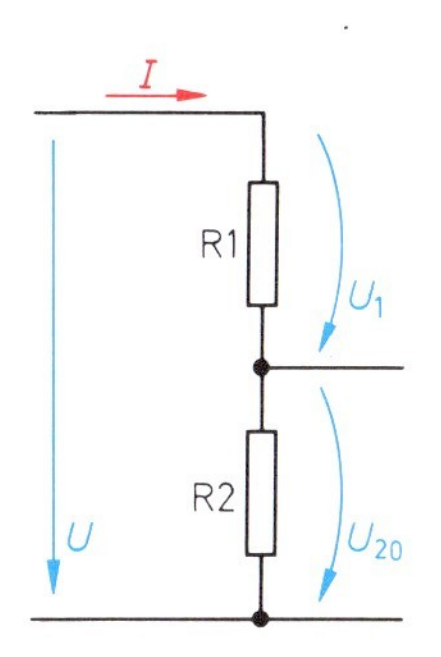

Bild 3: Unbelasteter Spannungsteiler

U Gesamtspannung
U_1, U_{20} Teilspannungen
R_1, R_2 Teilwiderstände

$$\frac{U_{20}}{U} = \frac{R_2}{R_1 + R_2}$$

$$\frac{U_{20}}{U_1} = \frac{R_2}{R_1}$$

Die Stromaufnahme des Spannungsteilers wird bei Belastung größer, weil der Ersatzwiderstand R_p der Parallelschaltung von R2 und R_L kleiner wird als R2. Damit wird aber auch der Ersatzwiderstand des Spannungsteilers kleiner als im unbelasteten Zustand.

Die Spannungen verhalten sich wie die zugehörigen Widerstände.

Versuch 2: Wiederholen Sie Versuch 1, und messen Sie die Spannung an $R_L = 50\ \Omega$ in Abhängigkeit von der Schleiferstellung! Wiederholen Sie dann die Messung mit $R_L = 500\ \Omega$!

Bei kleinem Belastungswiderstand ist die abgegriffene Teilspannung kleiner als bei großem Belastungswiderstand.

Beim belasteten Spannungsteiler wirkt R1 als Vorwiderstand. Die Lastspannung weicht um so weniger von der Leerlaufspannung ab, je größer der Lastwiderstand R_L gegenüber dem Teilwiderstand R2 ist. Dann ist der Querstrom I_q wesentlich stärker als der Laststrom I_L. Schwankt der Laststrom und soll die Lastspannung möglichst konstant bleiben, so muß der Querstrom stärker sein als der Laststrom.

Der Querstrom soll wenigstens das Doppelte vom Laststrom betragen.

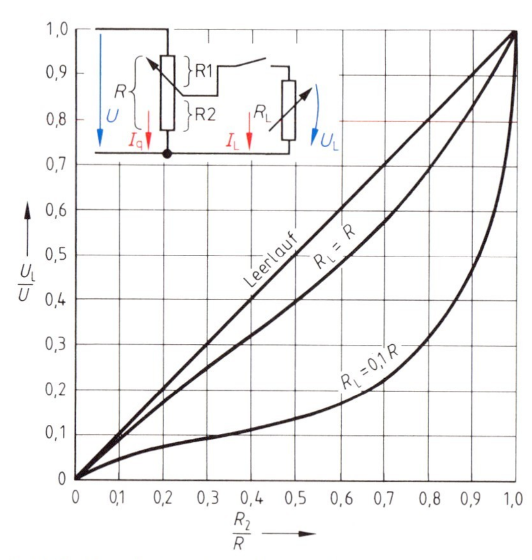

Bild 1: Kennlinien eines belasteten Spannungsteilers

Die Berechnung eines Spannungsteilers kann auch mit dem Querstromverhältnis erfolgen. Unter dem *Querstromverhältnis* versteht man das Verhältnis Querstrom zu Laststrom. Das Querstromverhältnis beträgt je nach Anforderung an die Lastunabhängigkeit der Ausgangsspannung 2 bis 10.

U Gesamtspannung
U_2 Lastspannung
R_p Ersatzwiderstand
R_L Lastwiderstand
q Querstromverhältnis
I_L Laststrom
I_q Querstrom
R_1, R_2 Spannungsteilerwiderstände

$$\frac{U_2}{U} = \frac{R_p}{R_1 + R_p}$$

$$R_p = \frac{R_2 \cdot R_L}{R_2 + R_L}$$

$$q = \frac{I_q}{I_L}$$

$$R_2 = \frac{U_2}{I_q}$$

$$R_1 = \frac{U - U_2}{I_L + I_q}$$

Beispiel 2:

Ein Spannungsteiler hat bei einem Laststrom von 20 mA eine Lastspannung von 6 V. Das Querstromverhältnis beträgt $q = 6$. a) Wie groß ist der Querstrom? b) Wie groß ist der Lastwiderstand?

Lösung:

a) $I_q = q \cdot I_L = 6 \cdot 20\ \text{mA} = \mathbf{120\ mA}$

b) $R_L = U_2/I_L = 6\ \text{V}/20\ \text{mA} = \mathbf{300\ \Omega}$

$R_2 = U_2/I_q = 6\ \text{V}/120\ \text{mA} = \mathbf{50\ \Omega}$

$$R_1 = \frac{U - U_2}{I_L + I_q} = \frac{20\ \text{V} - 6\ \text{V}}{20\ \text{mA} + 120\ \text{mA}} = \frac{14\ \text{V}}{140\ \text{mA}} = \mathbf{100\ \Omega}$$

R_1, R_2 Spannungsteilerwiderstände
U Gesamtspannung
U_{20} Teilspannung ohne Belastung
I_{Lmax} größter Belastungsstrom

$$R_1 = \frac{U}{I_{Lmax}}$$

$$R_1 = R_2 \left(\frac{U}{U_{20}} - 1\right)$$

Der Strom I_{Lmax} ist der größte Belastungsstrom. Er fließt bei kurzgeschlossenen Ausgangsklemmen. In diesem Fall liegt die Gesamtspannung U am Widerstand R1.

Die Spannung U_{20} ist die größte Verbraucherspannung. Man erhält sie, wenn der Spannungsteiler unbelastet ist.

1.3.4.2 Meßbereichserweiterung bei Strommessern

Bei Drehspulmeßwerken **(Bild 1, folgende Seite)** muß die Widerstandsänderung der Drehspule, die durch Temperaturänderung entsteht, kompensiert werden. Dies kann durch einen in Reihe geschalteten Heißleiterwiderstand oder durch einen Vorwiderstand aus Konstantandraht erreicht werden, dessen Widerstand wenigstens dreimal so groß ist wie der Meßwerkwiderstand.

Zur Meßbereichserweiterung wird zu dieser Reihenschaltung mit dem Ersatzwiderstand R_m ein Widerstand R_p (Shunt[1]) parallel geschaltet (Bild 1).

Von dem zu messenden Strom I darf durch den Strommesser höchstens der zum Vollausschlag nötige Meßwerkstrom I_m fließen. Der restliche Strom $I_p = I - I_m$ muß über den Nebenwiderstand geleitet werden.

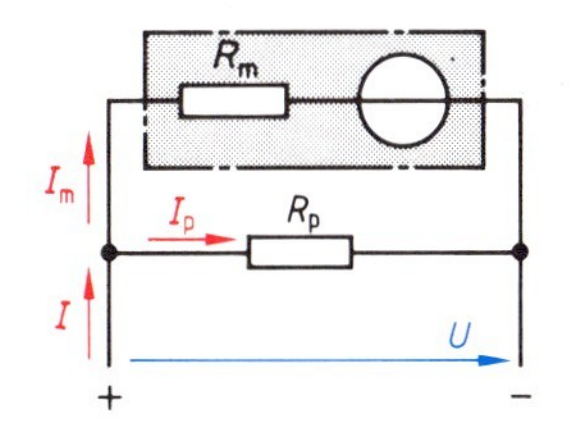

Bild 1: Drehspulmeßwerk mit Vorwiderstand und Nebenwiderstand

R_m Ersatzwiderstand
R_p Nebenwiderstand
I Stromstärke
I_m Meßwerkstromstärke

$$R_p = \frac{U}{I - I_m}$$

$$R_p = \frac{R_m \cdot I_m}{I - I_m}$$

Beispiel:
Ein Meßwerk hat einen Widerstand $R_m = 100\ \Omega$ und einen Meßwerkstrom bei Vollausschlag von 0,5 mA. Wie groß muß der Nebenwiderstand für einen Meßstrom von 5 mA sein?

Lösung:

$$R_p = \frac{R_m \cdot I_m}{I - I_m} = \frac{100\ \Omega \cdot 0{,}5\ \text{mA}}{5\ \text{mA} - 0{,}5\ \text{mA}} = \frac{50\ \Omega}{4{,}5} =$$

$= \mathbf{11{,}1\ \Omega}$

Als Meßgerätezubehör werden für starke Ströme (6 A bis 1000 A) getrennte Nebenwiderstände hergestellt. Diese werden so abgeglichen, daß an ihnen bei Nennstrom (Vollausschlag) der Spannungsfall 45 mV bei Feinmeßgeräten, 60 mV bzw. 150 mV bei Betriebsmeßgeräten und in Ausnahmefällen 300 mV beträgt. Die Nebenwiderstände werden aus wenig temperaturabhängigen Widerstandswerkstoffen, z. B. Nickelin, Manganin, hergestellt.

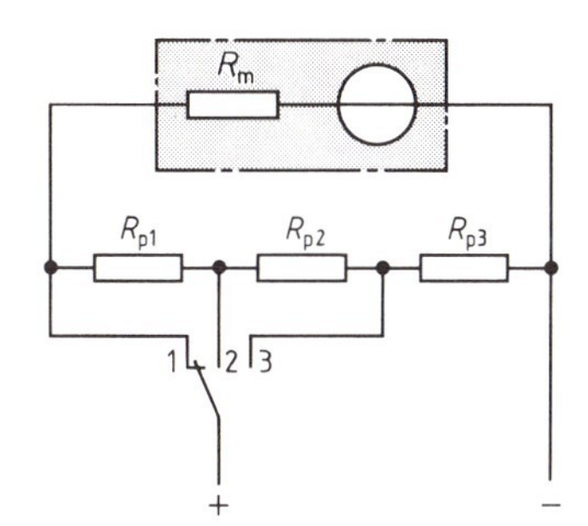

Bild 2: Strommesser mit Ringschaltung

Strommesser mit mehreren Meßbereichen haben meist umschaltbare Widerstände **(Bild 2)**. Die Widerstände R_{p1}, R_{p2}, R_{p3} sind dabei in einer *Ringschaltung* miteinander verbunden. Sie wirken teils als Vorwiderstand und teils als Nebenwiderstand. Dies hat den Vorteil, daß die Übergangswiderstände des Schalters die Messung nicht beeinflussen, weil sie außerhalb der Ringschaltung liegen. Die Berechnung der Widerstände führt man schrittweise durch.

1.3.4.3 Widerstandsbestimmung durch Strom- und Spannungsmessung

Zur indirekten Widerstandsbestimmung verwendet man die Spannungsfehlerschaltung oder die Stromfehlerschaltung **(Bild 1, folgende Seite)**. Bei der *Spannungsfehlerschaltung* wird der Strom, der durch den Widerstand fließt, genau gemessen. Der Spannungsmesser dagegen zeigt eine Spannung an, die um den Spannungsfall am Widerstand des Strommessers größer ist als die Spannung am zu messenden Widerstand. Bei der Berechnung des Widerstandes nach dem Ohmschen Gesetz erhält man also einen zu großen Wert. Ist der zu bestimmende Widerstand wesentlich größer als der Innenwiderstand des Strommessers, so wird das Ergebnis fast nicht verfälscht.

Bei bekanntem Innenwiderstand des Strommessers läßt sich das Ergebnis korrigieren. Der tatsächliche Wert des zu messenden Widerstandes ist um den Innenwiderstand des Strommessers kleiner als der berechnete Wert.

[1] engl. Shunt = Weiche, Nebengleis, Nebenschluß

Die Spannungsfehlerschaltung verwendet man zur Bestimmung großer Widerstände.

Beispiel 1:
Zur Bestimmung eines unbekannten Widerstandes wird in Spannungsfehlerschaltung bei $U = 100$ V ein Strom von 50 mA gemessen. Am Strommesser liegt im 200-mA-Bereich bei vollem Zeigerausschlag eine Spannung von 0,4 V. Welchen Wert hat der zu bestimmende Widerstand?

Lösung:

$$R_{iA} = \frac{U_A}{I_A} = \frac{0{,}4\ \text{V}}{200\ \text{mA}} = 2\ \Omega$$

$$R = \frac{U}{I} - R_{iA} = \frac{1000\ \text{V}}{50\ \text{mA}} - 2\ \Omega = \mathbf{1998\ \Omega}$$

Bei der *Stromfehlerschaltung* wird die Spannung, die am Widerstand liegt, genau gemessen. Der Strommesser dagegen zeigt eine Stromstärke an, die um die Stromstärke durch den Spannungsmesser zu groß ist. Bei der Berechnung des Widerstandes nach dem Ohmschen Gesetz ergibt sich also ein zu kleiner Wert.

Ist der Innenwiderstand des Spannungsmessers bekannt, so kann man das Ergebnis korrigieren. Die Stromstärke im Spannungsmesser muß von der gemessenen Stromstärke abgezogen werden, um die tatsächliche Stromstärke durch den Widerstand zu erhalten.

Ist die Stromstärke durch den Spannungsmesser wesentlich schwächer als die Stromstärke durch den Widerstand, so ist der Fehler gering. Dies ist der Fall, wenn der zu messende Widerstand sehr viel kleiner als der Innenwiderstand des Spannungsmessers ist.

Die Stromfehlerschaltung verwendet man zur Bestimmung kleiner Widerstände.

Beispiel 2:
Bei einer indirekten Widerstandsmessung in Stromfehlerschaltung zeigt der Strommesser $I = 0{,}24$ A an, der Spannungsmesser $U = 80$ V. Der Innenwiderstand des Spannungsmessers beträgt 1 MΩ. Welchen Widerstandswert hat der Widerstand?

Lösung:

$$I_V = \frac{U}{R_{iV}} = \frac{80\ \text{V}}{1\ \text{M}\Omega} = 0{,}08\ \text{mA}$$

$$R = \frac{U}{I - I_V} = \frac{80\ \text{V}}{240\ \text{mA} - 0{,}08\ \text{mA}} = \frac{80\ \text{V}}{239{,}92\ \text{mA}} = \mathbf{333\ \Omega}$$

Spannungsfehlerschaltung:

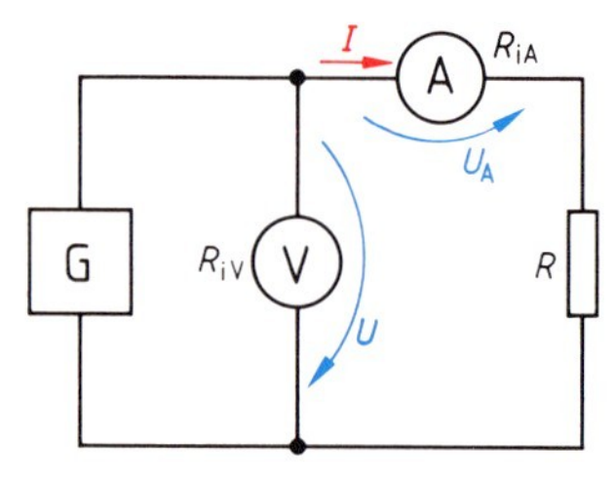

Stromfehlerschaltung:

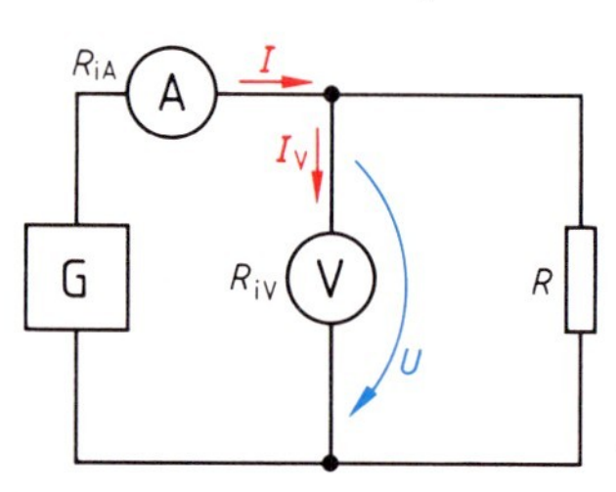

Bild 1: Schaltungen zur indirekten Widerstandsmessung

R Widerstand
U Spannung
I Stromstärke
R_{iA} Innenwiderstand des Strommessers

Spannungsfehlerschaltung:

$$R = \frac{U}{I} - R_{iA}$$

I_V Stromstärke im Spannungsmesser

Stromfehlerschaltung:

$$R = \frac{U}{I - I_V}$$

Wiederholungsfragen

1. **Wie berechnet man die Ausgangsspannung an einem unbelasteten Spannungsteiler?**
2. **Wie beeinflußt der Lastwiderstand die abgegriffene Lastspannung beim belasteten Spannungsteiler?**
3. **Welche Stärke muß der Querstrom haben, wenn die Lastspannung möglichst konstant bleiben soll?**
4. **Wie kann man den Meßbereich eines Strommessers erweitern?**
5. **Wozu verwendet man die Spannungsfehlerschaltung?**
6. **Bei welchen Widerständen wird die Stromfehlerschaltung angewendet?**

1.4 Leistung, Arbeit, Wärme

1.4.1 Elektrische Leistung

Die Turbine in einem Wasserkraftwerk leistet um so mehr, je größer die Fallhöhe ist und je mehr Wasser in der Sekunde durch die Turbine fließt. Der in 1 kg Wasser gespeicherten Energie entspricht beim elektrischen Verbraucher die gespeicherte Energie je Ladung, also die Spannung. Dem Wasserstrom entspricht der elektrische Strom. Entsprechend ist die elektrische Leistung um so größer, je höher die Spannung und je größer die Stromstärke ist. Die Einheit der Leistung ist das Watt[1] (W).

1 W ist die Leistung eines Gleichstromes von 1 A bei einer Gleichspannung von 1 V.

Beispiel 1:

Eine Diode leitet einen Gleichstrom von 10 A. Dabei liegt an ihr eine Spannung von 0,8 V. Wieviel W beträgt die Leistungsaufnahme der Diode?

Lösung:

$P = U \cdot I = 0{,}8\ \text{V} \cdot 10\ \text{A} = \mathbf{8\ W}$

Mit einem Spannungsmesser und einem Strommesser kann man die Leistung indirekt bestimmen. Bei dieser *indirekten Leistungsmessung* sind Strommesser und Spannungsmesser so anzuschließen, daß der Eigenverbrauch der Meßinstrumente das Meßergebnis möglichst wenig beeinflußt. Ist die Leistungsaufnahme eines großen Widerstandes zu messen, z. B. bei einer Diode in Sperrichtung, so wendet man die Spannungsfehlerschaltung an. Dagegen ist für die Messung der Leistungsaufnahme eines kleinen Widerstandes, z. B. bei einer Diode in Durchlaßrichtung, die Stromfehlerschaltung zweckmäßig **(Bild 1)**.

Versuch 1: Schließen Sie eine Glühlampe zusammen mit Strommesser und mit Spannungsmesser an Gleichspannung an **(Bild 2)**! Lesen Sie die Meßwerte von Strom und Spannung ab! Berechnen Sie aus den Meßwerten die Leistung, und vergleichen Sie diese mit der Leistungsangabe auf der Glühlampe!

Die berechnete Leistung weicht von der Leistungsangabe ab.

Bei Glühlampen und bei anderen elektrischen Betriebsmitteln, z. B. Lötkolben, Rundfunkgeräten, Motoren, stimmt die tatsächliche Leistung meist nicht mit der angegebenen Leistung (Nennleistung) überein, weil bei der Herstellung Maßschwankungen (Toleranzen) zugelassen werden müssen.

[1] James Watt, engl. Ingenieur, 1736 bis 1819

P Leistung
U Spannung
I Stromstärke

Bei Gleichstrom:

$$P = U \cdot I$$

$[P] = \text{V} \cdot \text{A} = \text{VA} = \text{W}$

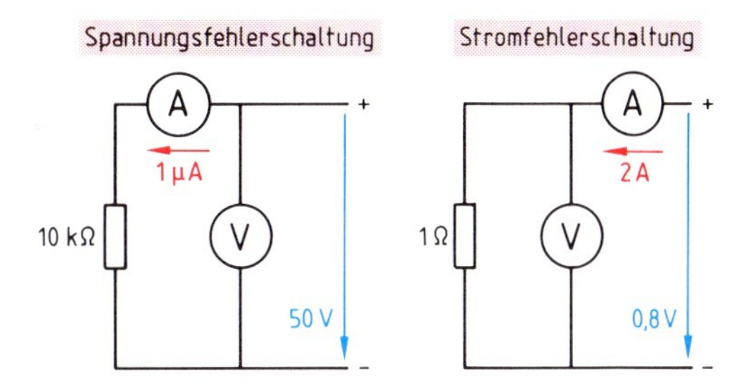

Bild 1: Indirekte Leistungsmessung bei großen und bei kleinen Widerständen

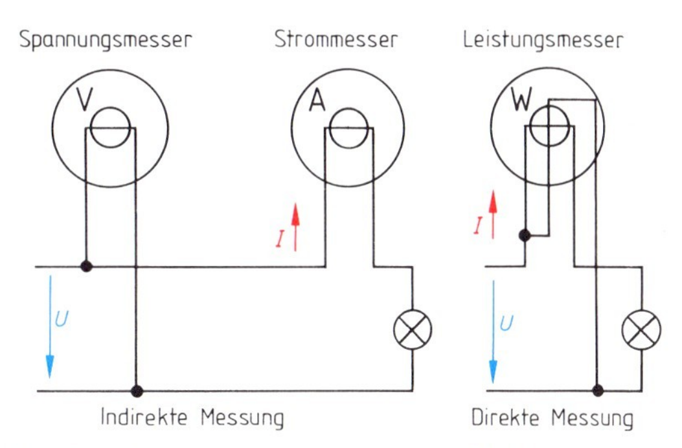

Bild 2: Leistungsmessung an einer Glühlampe

Die Nennleistung gibt an, welche Leistung ein Bauteil bei den angegebenen Betriebsbedingungen aushalten kann.

Mit einem *Leistungsmesser* kann man die Leistung *direkt* messen. Die Anzeige des Leistungsmessers hängt von der Spannung und der Stromstärke ab. Deshalb hat das Meßinstrument je zwei Anschlüsse für Spannungsmessung und Strommessung, zusammen also vier. Der Teil des Leistungsmessers, an dem die zu messende Spannung liegt, wird *Spannungspfad* genannt. Der Teil, durch den der zu messende Strom fließt, wird *Strompfad* genannt.

Beim Leistungsmesser wird der Strompfad wie ein Strommesser angeschlossen, der Spannungspfad wie ein Spannungsmesser.

Bei der Wahl des Meßbereiches ist nicht nur auf die höchstzulässige Leistung zu achten, sondern auch auf die höchstzulässige Stromstärke und die höchstzulässige Spannung, damit Spannungspfad und Strompfad nicht überlastet werden.

Versuch 2: Schließen Sie die Glühlampe von Versuch 1 mit einem Leistungsmesser an Gleichspannung an! Vergleichen Sie den Meßwert mit dem Rechenergebnis aus Versuch 1!

Direkte und indirekte Leistungsmessung führen zum gleichen Ergebnis.

Bei Gleichstrom kann man die elektrische Leistung immer mit $P = U \cdot I$ berechnen, bei Wechselstrom aber nur bei Wärmegeräten. Dagegen zeigt der Leistungsmesser auch bei Wechselstrom immer die elektrische Leistung in W an.

Die elektrische Leistung kann man auch über die Resistanz (Widerstandswert) berechnen. Setzt man in $P = U \cdot I$ für U nach dem Ohmschen Gesetz $R \cdot I$ ein, so erhält man:

$$P = R \cdot I \cdot I = R \cdot I^2 = I^2 \cdot R$$

Setzt man U/R für I, so bekommt man:

$$P = U \cdot U/R = U^2/R$$

Es ist also möglich, die Leistung zu berechnen, wenn nur Stromstärke und Widerstand oder nur Spannung und Widerstand bekannt sind.

Beispiel 2:

Auf einem Drahtwiderstand ist angegeben: 1 kΩ, 10 W. Welche Spannung darf höchstens an den Widerstand gelegt werden?

Lösung:

$$P = \frac{U^2}{R} \Rightarrow U = \sqrt{P \cdot R} = \sqrt{10\ \text{W} \cdot 1000\ \Omega} = \mathbf{100\ V}$$

Beispiel 3:

Auf einem Schichtwiderstand ist angegeben: 125 kΩ, 2 W. Welcher Strom darf höchstens durch den Widerstand fließen?

Lösung:

$$P = I^2 \cdot R \Rightarrow I = \sqrt{\frac{P}{R}} = \sqrt{\frac{2\ \text{W}}{125\,000\ \Omega}}$$

$$= 0{,}004\ \text{A} = \mathbf{4\ mA}$$

P Leistung
I Stromstärke
R Widerstand
U Spannung

$$P = I^2 \cdot R$$

$[P] = \text{A}^2 \cdot \Omega = \text{W}$

$$P = \frac{U^2}{R}$$

$[P] = \text{V}^2/\Omega = \text{W}$

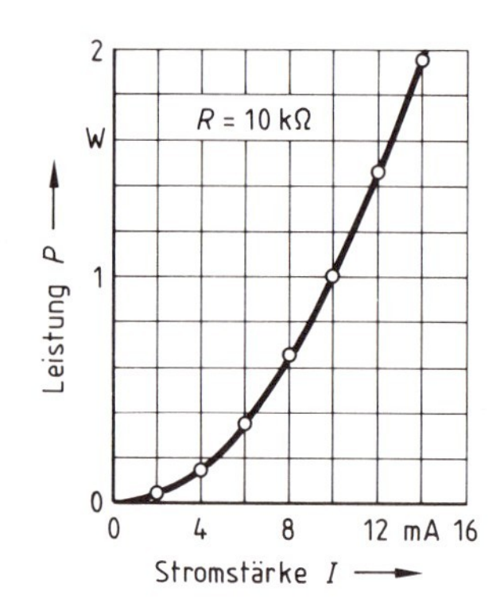

Bild 1: Abhängigkeit der Leistung von der Stromstärke

Die Leistung nimmt bei einem Verbraucher mit gleichbleibendem Widerstand mit dem *Quadrat* der Stromstärke oder mit dem Quadrat der Spannung zu. Bei doppelter Stromstärke ist demnach die Leistung des Verbrauchers viermal so groß, ebenso bei doppelter Spannung **(Bild 1)**. Andererseits ist bei halber Spannung oder bei halber Stromstärke die Leistung nur ein Viertel der Leistung bei voller Spannung oder voller Stromstärke.

Die Leistung ändert sich mit dem Quadrat der Stromstärke oder der Spannung, wenn der Widerstand gleich bleibt.

Wiederholungsfragen

1. **Von welchen Größen hängt die elektrische Leistung ab?**
2. **Wie kann man die elektrische Leistung indirekt bestimmen?**
3. **Wieviel Anschlüsse hat ein Leistungsmesser?**
4. **Wie werden Strompfad und Spannungspfad eines Leistungsmessers angeschlossen?**
5. **Worauf muß man bei der Wahl des Meßbereiches eines Leistungsmessers achten?**
6. **Leiten Sie die Formel $P = I^2 \cdot R$ her!**
7. **Wie ändert sich die Leistung eines Verbrauchers mit gleichbleibendem Widerstand bei doppelter Spannung?**

1.4.2 Elektrische Arbeit

Die Spannung ist der Quotient Energie durch Ladung bzw. Arbeit W durch Ladung Q.

$$U = W/Q \Rightarrow W = U \cdot Q = U \cdot I \cdot t \Rightarrow W = P \cdot t$$

Die elektrische Arbeit ist also um so größer, je größer die Leistung und je länger die Zeitdauer dieser Leistung sind.

Umrechnung:

3 600 000 Wattsekunden (Ws) = 1000 Wattstunden (Wh) = 1 Kilowattstunde (kWh).

Die Einheit Wattsekunde (Ws) hat den besonderen Einheitennamen Joule (J).

Beispiel:

Ein Fernsehgerät nimmt 150 W auf und ist an 300 Tagen im Jahr täglich 4 Stunden eingeschaltet. Nach dem Tarif des EVU (**E**nergie-**V**ersorgungs-**U**nternehmens) kostet 1 kWh 0,20 DM. Was kostet die elektrische Arbeit in 1 Jahr?

Lösung:

$W = P \cdot t = 150\ \text{W} \cdot 300 \cdot 4\ \text{h} = 180\,000\ \text{Wh}$
$= 180\ \text{kWh}$

Die Arbeitskosten betragen 180 kWh · 0,20 $\frac{\text{DM}}{\text{kWh}}$
= **36 DM**.

Die elektrische Arbeit kann man *indirekt* bestimmen, wenn Leistung und Zeit gemessen werden. Meist wird aber die Arbeit mit einem *direkt* anzeigenden Meßgerät gemessen.

Die elektrische Arbeit wird vom kWh-Zähler gemessen.

Der kWh-Zähler ist wie ein Leistungsmesser geschaltet, er besitzt Strompfad und Spannungspfad **(Bild 1)**. Durch die magnetischen Wirkungen der Spannungsspule und der Stromspule wird eine Zählerscheibe in Drehung versetzt. Die Umdrehungen werden von einem Zählwerk gezählt, welches die elektrische Arbeit meist direkt in kWh anzeigt. In Niederspannungsanlagen ist der Strompfad mit dem Spannungspfad durch eine Brücke verbunden, um den Anschluß zu vereinfachen (Bild 1).

kWh-Zähler haben Spannungspfad und Strompfad. Der Anschluß des Zählers entspricht dem Anschluß eines Leistungsmessers, ist aber vereinfacht.

W Arbeit
P Leistung
t Zeit

$$W = P \cdot t$$

$[W] = \text{W} \cdot \text{s} = \text{Ws} = \text{J}$ oder $[W] = \text{kW} \cdot \text{h}$[1] $= \text{kWh}$

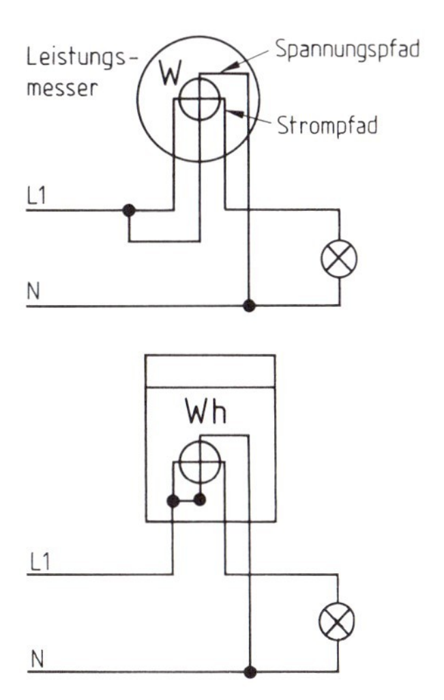

Bild 1: Entstehung des Zähleranschlusses

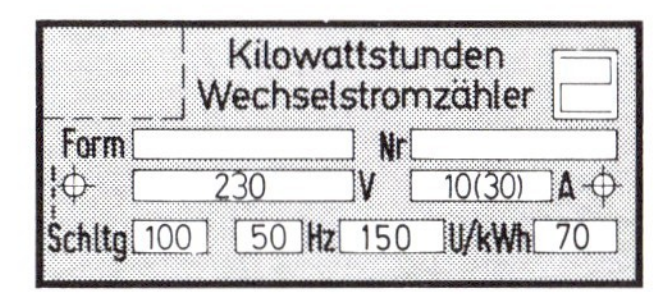

Bild 2: Leistungsschild eines Zählers

Leistungsmessung mit Zähler und Uhr

Werden mit einem Zähler die Arbeit und mit einer Uhr die Betriebszeit gemessen, so läßt sich die Leistung des Verbrauchers aus $P = W/t$ errechnen. Bei dieser Leistungsmessung läßt man den Verbraucher nicht so lange eingeschaltet, bis man am Zählwerk ablesen kann. Die Leistungsmessung geht schneller unter Verwendung der sogenannten Zählerkonstanten vom Leistungsschild des Zählers **(Bild 2)**. Diese gibt an, wie oft sich die Zählerscheibe dreht, bis 1 kWh verbraucht ist (Umdrehungen je kWh). Die Umdrehungen der Zählerscheibe kann man zählen, da die Scheibe am Umfang eine Markierung hat. Man mißt die Zeit für mehrere Umdrehungen und berechnet daraus die Drehzahl je Stunde.

[1] h von lat. hora = Stunde

1.4.3 Mechanische Leistung

Der Quotient aus Arbeit durch Zeit ist die Leistung. Die Leistung gibt also an, welche Arbeit in einer Sekunde vollbracht wird. Die Einheit der mechanischen Leistung ist das Watt.

P Leistung in kW
n Zählerumdrehungen je Stunde
C_z Zählerkonstante in Umdrehungen/kWh

$$P = \frac{n}{C_z}$$

P Leistung
W Arbeit
t Zeit

$$P = \frac{W}{t}$$

$$[P] = \frac{\text{Nm}}{\text{s}} = \frac{\text{Ws}}{\text{s}} = \text{W}$$

Beispiel 1:
Mit einer Motorwinde sollen 300 kg in 5 Sekunden 10 m hoch gehoben werden. Welche Leistung ist dazu erforderlich?

Lösung:

Kraft $F = 300\ \text{kg} \cdot 9{,}81\ \text{N/kg} = 2943\ \text{N}$

Arbeit $W = F \cdot s = 2943\ \text{N} \cdot 10\ \text{m} = 29\,430\ \text{Nm} = 29\,430\ \text{Ws}$

Leistung $P = \frac{W}{t} = \frac{29\,430\ \text{Ws}}{5\ \text{s}} = 5886\ \text{W} = \mathbf{5{,}886\ kW}$

P Leistung
M Drehmoment
ω Winkelgeschwindigkeit (griech. Kleinbuchstabe omega)
n Drehzahl, Umdrehungsfrequenz

$$P = M \cdot \omega$$

$$\omega = 2\pi \cdot n$$

$$[P] = \text{Nm} \cdot \frac{1}{\text{s}} = \frac{\text{Nm}}{\text{s}} = \text{W}; \quad [\omega] = 1/\text{s}$$

Watt und Kilowatt sind Einheiten für die elektrische Leistung und auch für die mechanische Leistung. Bei größeren elektrischen Maschinen ist auf dem Leistungsschild als Nennleistung die *Abgabeleistung* in W bzw. in kW angegeben, bei Motoren also die mechanische Leistung, bei Generatoren die elektrische Leistung. Bei Geräten dagegen, z. B. bei Tonbandgeräten oder bei Handbohrmaschinen, ist die angegebene Leistung die elektrische *Leistungsaufnahme*.

Bei drehender Bewegung, z. B. bei Motoren, steigt die mechanische Leistung mit dem *Drehmoment* und der *Winkelgeschwindigkeit* $\omega = 2\pi \cdot$ Drehzahl.

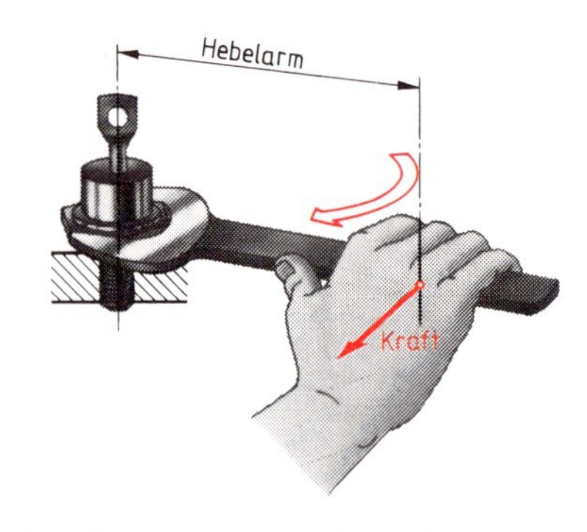

Bild 1: Drehmoment beim Festschrauben einer Gleichrichterdiode

Drehmoment

Sucht eine Kraft einen Körper zu drehen, so wirkt auf den Körper ein *Drehmoment*. Das Drehmoment ist um so größer, je größer die Kraft und je länger der zur Kraftrichtung senkrechte Hebelarm sind **(Bild 1)**. Das Drehmoment hat wie die Arbeit die Einheit Nm. Es stellt aber keine Arbeit dar, weil bei ihm die Kraft senkrecht zum Hebelarm wirkt und nicht entlang des Weges.

M Drehmoment
F Kraft
r Hebelarm

$$M = F \cdot r$$

$$[M] = \text{N} \cdot \text{m} = \text{Nm}$$

Beispiel 2:
Bei einer Gleichrichterdiode ist für das Festschrauben auf den Kühlkörper ein Drehmoment von 60 Nm vorgeschrieben. Welche Kraft ist bei einem Hebelarm von 0,3 m erforderlich?

Lösung:
$M = F \cdot r \Rightarrow F = M/r = 60\ \text{Nm}/0{,}3\ \text{m} = \mathbf{200\ N}$

1.4.4 Wirkungsgrad

Energie läßt sich weder erzeugen noch vernichten, sondern nur umwandeln. Einrichtungen, welche andere Energiearten in elektrische Energie umwandeln, nennt man *Erzeuger*, Generatoren oder Sender. Erzeuger sind z. B. Generatoren, Akkumulatoren beim Entladen, Fotoelemente, Tonabnehmer beim Plattenspieler, dynamische Mikrofone.

Einrichtungen, welche elektrische Energie in andere Energiearten umwandeln, nennt man *Verbraucher* oder Empfänger. Verbraucher sind z. B. Glühlampen, Akkumulatoren beim Laden und Lautsprecher.

Erzeuger und Verbraucher sind Energiewandler.

In jedem Energiewandler entstehen Nebenwirkungen, die nicht beabsichtigt, aber unvermeidlich sind. Der Strom erwärmt die Drähte der Wicklungen. Die Eisenkerne von Transformatoren und Spulen werden durch die Ummagnetisierung erwärmt. Bei sich drehenden Verbrauchern, z. B. Motoren, treten Lagerreibung und Luftreibung auf. Diese Nebenwirkungen verursachen die *Verlustleistung*, die man auch kurz *Verluste* nennt.

Versuch 1: Schließen Sie ein Netzgerät an das Netz an! Belasten Sie das Netzgerät mit einem Stellwiderstand, und messen Sie die Leistungsaufnahme und die Leistungsabgabe!

Die Leistungsabgabe ist kleiner als die Leistungsaufnahme.

Die zugeführte Energie wird nur zum Teil in die *gewünschte* Energieform umgewandelt, zum anderen Teil in *unerwünschte* Energieformen, meist in Wärme. Die zeichnerische Darstellung der auftretenden Nutzleistungen und Verlustleistungen bezeichnet man als *Leistungsfluß-Schaubild* **(Bild 1)**.

Allgemein bezeichnet man das Verhältnis von Nutzen zu Aufwand als *Wirkungsgrad* η[1] **(Tabelle 1)**. Vergleicht man die abgegebene Leistung (nutzbare Leistung) mit der aufgenommenen Leistung (aufgewendete Leistung), so ist der Wirkungsgrad das Verhältnis von Leistungsabgabe zu Leistungsaufnahme.

Der Wirkungsgrad kann als Dezimalzahl oder als Prozentzahl angegeben werden. Weil die Aufnahme immer größer ist als die Abgabe, ist der Wirkungsgrad immer kleiner als 1 bzw. unter 100%.

Beispiel:

Ein Rundfunkgerät nimmt 3 W elektrische Leistung aus dem Netz auf und strahlt eine Schalleistung von 1 W ab. Wie groß ist der Wirkungsgrad des Rundfunkgerätes?

Lösung:

$$\eta = \frac{P_{ab}}{P_{auf}} = \frac{1\ \text{W}}{3\ \text{W}} = 0{,}333 = \mathbf{33{,}3\%}$$

[1] η = griech. Kleinbuchstabe eta

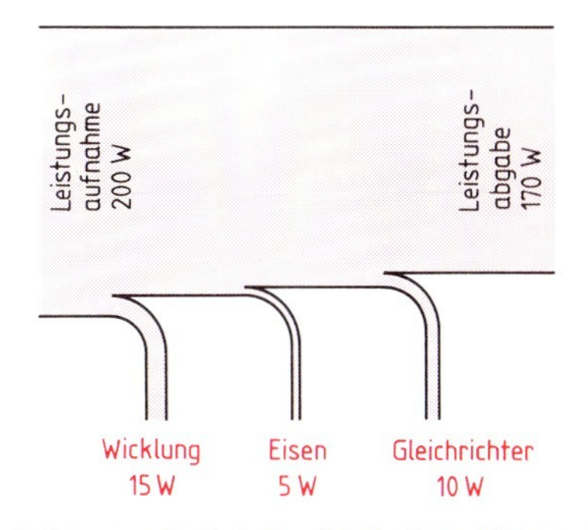

Bild 1: Leistungsfluß-Schaubild eines Netzgerätes

η Wirkungsgrad
P_{ab} Leistungsabgabe
P_{auf} Leistungsaufnahme

$$\eta = \frac{P_{ab}}{P_{auf}}$$

Tabelle 1: Wirkungsgrade

Wechselstrommotoren 100 W; 1 W	0,5; 0,1
Transformatoren 1000 VA; 10 VA	0,9; 0,7
Verstärker mit 3 W Ausgangsleistung	0,3
Glühlampe 40 W	0,015

Versuch 2: Schließen Sie ein Netzgerät an das Netz an! Ändern Sie die Belastung stufenweise, und messen Sie jeweils die Leistungsaufnahme und die Leistungsabgabe! Berechnen Sie für jede Belastung den Wirkungsgrad!

Bei verschiedener Belastung ist der Wirkungsgrad verschieden.

Der Wirkungsgrad wird von der Belastung beeinflußt, z. B. bei Transformatoren, Gleichrichtern, elektrischen Maschinen.

Außer dem genannten Leistungswirkungsgrad verwendet man den Energiewirkungsgrad (Arbeitsgrad, Nutzungsgrad) und bei Akkumulatoren den Ladungswirkungsgrad.

Arbeiten mehrere Energiewandler hintereinander, z. B. bei einem Netzanschlußgerät mit Transformator und Gleichrichter, so ist der Gesamtwirkungsgrad η so groß wie das Produkt aus den einzelnen Wirkungsgraden $\eta_1, \eta_2, \ldots$, also ist $\eta = \eta_1 \cdot \eta_2 \cdot \ldots$.

1.4.5 Temperatur und Wärme

Temperatur

Führt man einem Stoff, z.B. durch Hämmern, mechanische Energie zu, so nehmen die Atome mechanische Energie auf und schwingen stärker als vorher. Diese Schwingungen nennt man *Wärmebewegung*. Je energiereicher die Wärmebewegung ist, desto wärmer erscheint der Stoff.

Die Temperatur ist ein Maß für die Wärmebewegung der Teilchen, aus denen die Stoffe bestehen.

Temperaturen werden mit Thermometern meist in Celsiusgraden[1] (°C) gemessen. In Ländern mit englischem Maßsystem benutzt man daneben noch die Fahrenheit-Teilung[2] **(Bild 1)**.

Die tiefstmögliche Temperatur beträgt −273 °C *(absoluter Nullpunkt)*. Bei dieser Temperatur gibt es keine Wärmebewegung mehr. Die Temperatur über diesem Punkt heißt *absolute Temperatur*. Man mißt sie in Kelvin[3] (K). 0 °C = 273 K.

Elektrische Thermometer beruhen auf der Resistanzänderung von Widerständen oder auf der Erzeugung einer Thermospannung. Beim *Widerstandsthermometer* wird die Widerstandsänderung meist mit einem Widerstandsmesser gemessen. Die Meßinstrumente können direkt in °C geeicht werden.

Die Einheit der Temperatur ist das Kelvin (K) und bei Angabe von Celsius-Temperaturen der Grad Celsius (°C).

Temperaturen werden meist in Grad Celsius (°C) angegeben, Temperaturunterschiede immer in Kelvin (K).

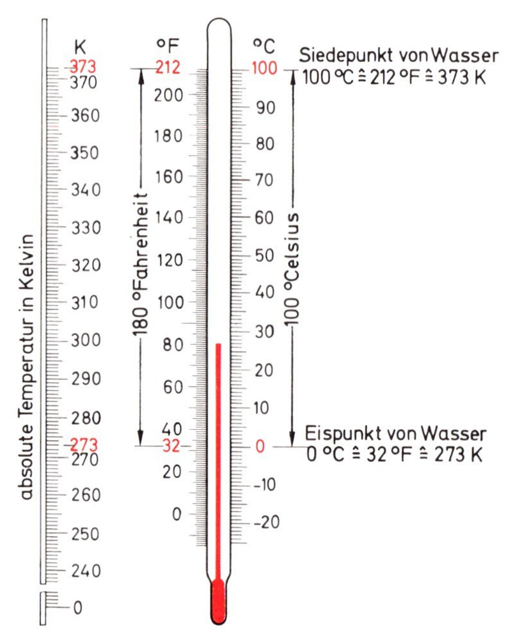

Bild 1: Temperaturskalen

Wärme und Wärmekapazität

Die *Wärme* (Wärmemenge) ist die beim Erwärmen zugeführte oder die beim Abkühlen entzogene Wärmeenergie. Ihre Einheiten sind das Joule (J), die Wattsekunde (Ws) und die Kilowattstunde (kWh).

Die zur Temperaturerhöhung eines Körpers um 1 K erforderliche Wärme nennt man *Wärmekapazität*. Die Wärmekapazität hängt von der Masse des Körpers ab und von seinem Werkstoff. Elektronische Bauelemente mit kleiner Masse haben eine kleine Wärmekapazität. Sie können deshalb bei einer Überlastung nur wenige Millijoule aufnehmen, ohne daß sie zerstört werden.

C Wärmekapazität
Q Wärme
$\Delta\vartheta$ Temperaturunterschied

$$C = \frac{Q}{\Delta\vartheta}$$

$$[C] = \frac{\text{Ws}}{\text{K}} = \frac{\text{J}}{\text{K}}$$

Tabelle 1: Spezifische Wärmekapazitäten

Aluminium	0,92 kJ/(kg · K)
Kupfer	0,39 kJ/(kg · K)
Stahl	0,46 kJ/(kg · K)
Polyvinylchlorid	0,88 kJ/(kg · K)
Wasser	4,19 kJ/(kg · K)

Spezifische Wärmekapazität

Wird 1 kg Kupfer um 1 K erwärmt, so braucht man eine kleinere Wärmemenge als zum Erwärmen von 1 kg Wasser um 1 K **(Tabelle 1)**.

Die spezifische Wärmekapazität gibt die Wärme an, welche die Masseeinheit eines Stoffes um 1 K erwärmt.

[1] Celsius, schwedischer Astronom, 1701 bis 1744; [2] Fahrenheit, Physiker, 1686 bis 1736; [3] Lord Kelvin, engl. Physiker, 1824 bis 1907

Die zur Erwärmung erforderliche oder bei Abkühlung eines Stoffes freiwerdende Wärmeenergie hängt vom Temperaturunterschied, von der spezifischen Wärmekapazität und von der Masse ab.

Q Wärme
$\Delta\vartheta$ Temperaturunterschied
c spez. Wärmekapazität
m Masse

$$Q = \Delta\vartheta \cdot c \cdot m$$

$[c] = \text{kJ/(kg} \cdot \text{K)}$

Beispiel:

Ein Kühlkörper für eine Gleichrichterdiode besteht aus Al mit $c = 0{,}92\ \text{kJ/(kg} \cdot \text{K)}$, hat die Masse von 700 g und eine Temperatur von 40 °C. Nach einer kurzzeitigen Belastung der Gleichrichterdiode hat der Kühlkörper eine Temperatur von 90 °C. Welche Wärmeenergie wurde ihm zugeführt?

Lösung:

$\Delta\vartheta = 90\ °\text{C} - 40\ °\text{C} = 50\ \text{K}$

$Q = \Delta\vartheta \cdot c \cdot m = 50\ \text{K} \cdot 0{,}92\ \text{kJ/(kg} \cdot \text{K)} \cdot 0{,}7\ \text{kg}$
$= \mathbf{32{,}2\ kJ}$

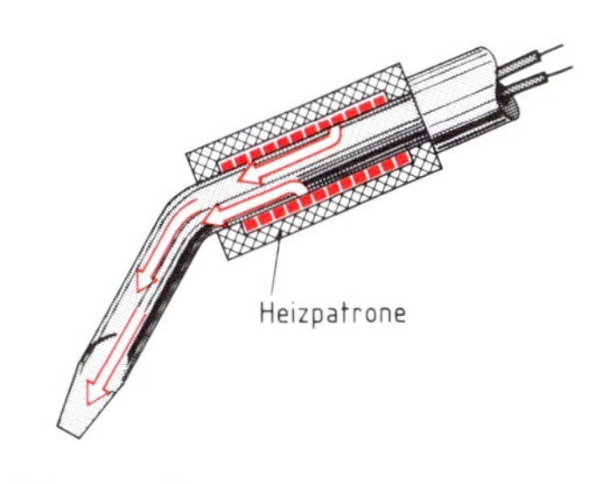

Bild 1: Wärmeleitung

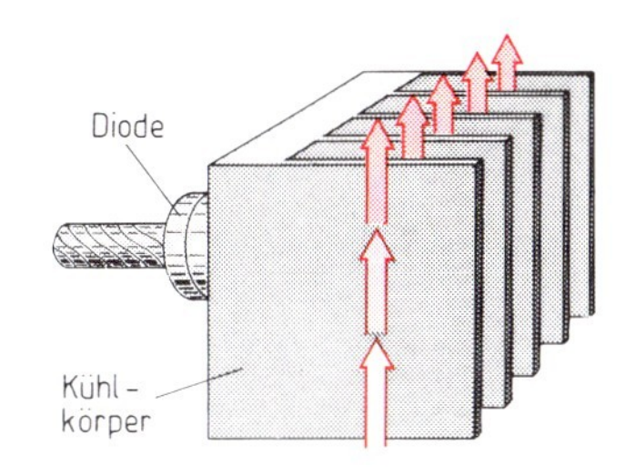

Bild 2: Wärmeströmung

Wiederholungsfragen

1. **Welche Einheiten hat die elektrische Arbeit?**
2. **Welche Einheit wird für die mechanische Leistung verwendet?**
3. **Von welchen Größen hängt bei Elektromotoren die mechanische Leistung ab?**
4. **Geben Sie die Einheit für das Drehmoment an!**
5. **Was versteht man unter dem Wirkungsgrad?**
6. **In welchen Einheiten gibt man Temperaturen und Temperaturunterschiede an?**
7. **Geben Sie drei Einheiten für die Wärme (Wärmemenge) an!**
8. **Erklären Sie den Begriff Wärmekapazität!**
9. **Wie ist die spezifische Wärmekapazität festgelegt?**

1.4.6 Wärmeübertragung

Wärmeübertragung erfolgt von Stellen höherer Temperatur zu Stellen niederer Temperatur entweder durch *Wärmeleitung* **(Bild 1)**, z. B. in Metallen, oder durch *Wärmeströmung (Konvektion)* bei der Fortbewegung erwärmter Gase und Flüssigkeiten **(Bild 2)** oder durch *Strahlung* **(Bild 3)**.

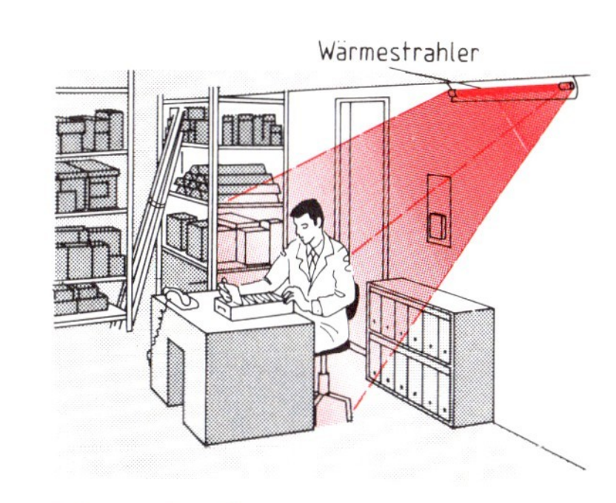

Bild 3: Wärmestrahlung

Der *Wärmewiderstand* R_{th} (th von griech. thermisch = Wärme betreffend) gibt an, um wieviel K ein Bauelement sich gegenüber der Umgebung bei einer Verlustleistung von 1 W erwärmt.

R_{th} Wärmewiderstand
$\Delta\vartheta$ Temperaturunterschied
P_v Verlustleistung

$$R_{th} = \frac{\Delta\vartheta}{P_v}$$

$[R_{th}] = \text{K/W}$

Beispiel 1:

Ein Transistor erreicht bei der Verlustleistung von 150 mW eine Temperatur von 85 °C, wenn die Kühllufttemperatur 25 °C beträgt. Wie groß ist der Wärmewiderstand des Transistors?

Lösung:

$\Delta\vartheta = 85\ °\text{C} - 25\ °\text{C} = 60\ \text{K}$

$R_{th} = \Delta\vartheta / P_v = 60\ \text{K}/150\ \text{mW} = 0{,}4\ \text{K/mW} = \mathbf{400\ K/W}$

Bauelemente mit großer Leistung, z. B. Leistungstransistoren, entwickeln im Betrieb viel Wärme. Deshalb werden sie auf Kühlkörpern angeordnet **(Bild 1)**. An jeder Übergangsstelle der Wärmeenergie tritt bei ihnen ein Wärmewiderstand auf **(Bild 2)**. Der innere Wärmewiderstand tritt im Inneren beim Übergang der Wärmeenergie von der Sperrschicht zum Gehäuse auf, der Übergangs-Wärmewiderstand zwischen Gehäuse und Kühlkörper.

In Datenblättern wird für *Bauelemente ohne Kühlkörper* der gesamte Wärmewiderstand als R_{thU} angegeben. Für Bauelemente zur Verwendung mit Kühlkörpern wird nur der innere Wärmewiderstand R_{thG} angegeben. Der gesamte Wärmewiderstand ist dann vor allem von dem verwendeten Kühlkörper abhängig.

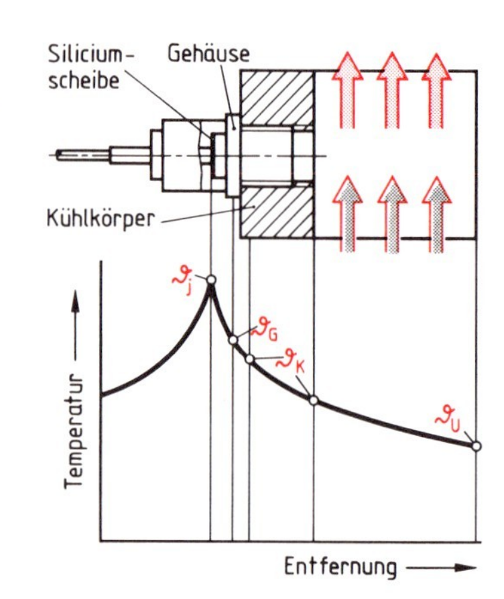

Bild 1: Temperaturgefälle an einem Thyristor mit Kühlkörper

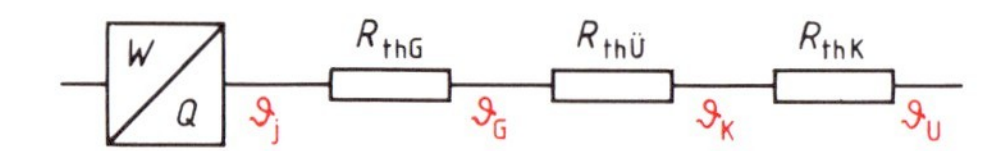

Bild 2: Ersatzschaltplan der Wärmewiderstände eines Thyristors mit Kühlkörper

Beispiel 2:
Bei einem Thyristor ist der innere Wärmewiderstand 0,4 K/W, der Übergangs-Wärmewiderstand 0,08 K/W, der Kühlkörperwärmewiderstand 0,92 K/W. Wie groß ist der gesamte Wärmewiderstand?

Lösung:
$R_{th} = R_{thG} + R_{thU} + R_{thK}$
$= 0{,}4\ K/W + 0{,}08\ K/W + 0{,}92\ K/W = \mathbf{1{,}4\ K/W}$

Beispiel 3:
Die höchstzulässige Innentemperatur (Sperrschichttemperatur) des Thyristors von Beispiel 2 ist 120 °C, die Kühlmitteltemperatur 50 °C. Wie hoch darf die Verlustleistung höchstens sein?

Lösung:
$\Delta\vartheta = 120\ °C - 50\ °C = 70\ K$
$P_v = \Delta\vartheta / R_{th} = 70\ K/(1{,}4\ K/W) = \mathbf{50\ W}$

ϑ_j, ϑ_G, ϑ_K, ϑ_U Temperaturen
R_{th} Wärmewiderstand (gesamter Wärmewiderstand)
R_{thG} innerer Wärmewiderstand
$R_{thÜ}$ Wärmewiderstand zwischen Gehäuse und Kühlkörper (Übergangs-Wärmewiderstand)
R_{thK} Wärmewiderstand zwischen Kühlkörper und Kühlmittel (Kühlkörper-Wärmewiderstand)

$$R_{th} = R_{thG} + R_{thÜ} + R_{thK}$$

Der innere Wärmewiderstand kann nicht beeinflußt werden, der Übergangs-Wärmewiderstand läßt sich durch sorgfältige Montage verkleinern. Ein Mittel dazu ist die Verwendung von *Wärmeleitpaste*. Das ist eine temperaturbeständige Silikonverbindung. Durch Wärmeleitpaste werden Hohlräume zwischen Bauelement und Kühlkörper ausgefüllt, die sonst zur Wärmeleitung nicht beitragen. Als elektrische Isolierung zum Kühlkörper können *Wärmeleitscheiben* aus Berylliumoxid, aus Aluminiumoxid oder aus hart *eloxiertem* (elektrisch oxidiertem) Aluminium verwendet werden.

Der Kühlkörper-Wärmewiderstand hängt von Größe, Form und Farbe des Kühlkörpers sowie von der Dichte und Geschwindigkeit der Kühlluft ab. In Datenblättern angegebene Kühlkörper-Wärmewiderstände gelten für Höhen unter 1000 m und für Konvektionskühlung. Bei größerer Höhe ist die Luft dünner, der Wärmewiderstand ist dann größer. Bei verstärkter Kühlung, z. B. mit einem Gebläse, wird der Kühlkörper-Wärmewiderstand kleiner.

Bei kleinen Verlustleistungen verwendet man als Kühlkörper quadratische Bleche, die bei senkrechter Anordnung am besten kühlen. Bei waagrechter Anordnung muß die Kühlfläche das 1,2-fache einer senkrechten Kühlfläche betragen, bei geschwärzter Kühlfläche mindestens das 0,9fache einer blanken Kühlfläche. Schwarze Körper geben durch Strahlung am meisten Energie ab.

1.4.7 Leistungshyperbel

Die von einem Bauelement, z. B. einem Drahtwiderstand oder einem Transistor, aufgenommene Leistung darf nicht zu groß sein, damit die entstehende Wärme abgeführt werden kann. Bei gleichen Bauelementen und gleicher Kühlung richtet sich deshalb die höchstzulässige Leistung nach der Baugröße **(Tabelle 1)**.

Bei einem einzelnen Bauelement darf das Produkt $P = U \cdot I$ einen bestimmten Höchstwert nicht übersteigen. Je höher also die Spannung U ist, desto kleiner muß die höchstzulässige Stromstärke I sein. Dieser Zusammenhang wird in der *Leistungshyperbel* **(Bild 1)** sichtbar gemacht.

Aus der Leistungshyperbel eines Bauelements läßt sich bei gegebener Spannung die höchstzulässige Stromstärke dieses Bauelements ablesen.

$I = \frac{P}{U} \Rightarrow I_{max} = P_{max} \cdot \frac{1}{U} \Rightarrow$ der Graph $I_{max} = f(U)$ der höchstzulässigen Stromstärke ist eine Hyperbel.

Ein Bauelement darf nur mit Spannungen und zugehörigen Stromstärken unterhalb der zugehörigen Leistungshyperbel betrieben werden (Bild 1). Beim Betrieb oberhalb der Leistungshyperbel erfolgt unzulässig hohe Erwärmung.

Beispiel 1:

Ein Widerstand 4700 Ω, 0,5 W soll an 42 V gelegt werden, dabei nimmt er 9 mA auf. Ist der Betrieb nach Bild 2 zulässig?

Lösung:

Der Betriebspunkt 42 V/9 mA liegt unterhalb der Leistungshyperbel 0,5 W. Der Betrieb ist also zulässig.

Beispiel 2:

Ein Transistor hat eine höchstzulässige Leistungsaufnahme $P_{tot} = 0{,}5$ W. Er soll an 25 V betrieben werden. Wie groß darf die Stromstärke höchstens sein?

Lösung:

Nach Bild 2 sind bei 25 V und 500 mW höchstens 20 mA zulässig.

Konstruktion der Leistungshyperbel: Man berechnet für die gegebene Leistung zunächst einen Punkt der Leistungshyperbel, z. B. für 500 mW und 50 V zu $I = P/U = 500$ mW/50 V = 10 mA. Andere Punkte erhält man dann durch Verdoppeln der Stromstärke und Halbieren der Spannung oder durch Verdoppeln der Spannung und Halbieren der Stromstärke.

Tabelle 1: Abmessungen von handelsüblichen Widerständen

P_n in W	Art	Maße in mm	P_n in W	Art	Maße in mm
0,125	C, M	3,5 ∅ 1,7	4	D	20 × 7 × 8
0,25	C, M	6,4 ∅ 2,3	7	D	38 × 7 × 8
0,5	C, M	10 ∅ 2,3	11	D	50 × 9 × 10
1	C, M	13 ∅ 4,5	10	DK	17 × 17 × 9
0,25	M-Chip	3 × 1,6 × 0,6	50	DK	51 × 30 × 17
2,5	D	12,7 ∅ 5,6	100	DK	66 × 48 × 26
6	D	22 ∅ 8	200	DK	90 × 73 × 45

C Kohleschichtwiderstand, D Drahtwiderstand, DK Drahtwiderstand mit Kühlkörper, M Metallfilmwiderstand, M-Chip Metallfilmwiderstand für SMD (Oberflächenmontage), P_n Nennleistung (Nennbelastbarkeit)

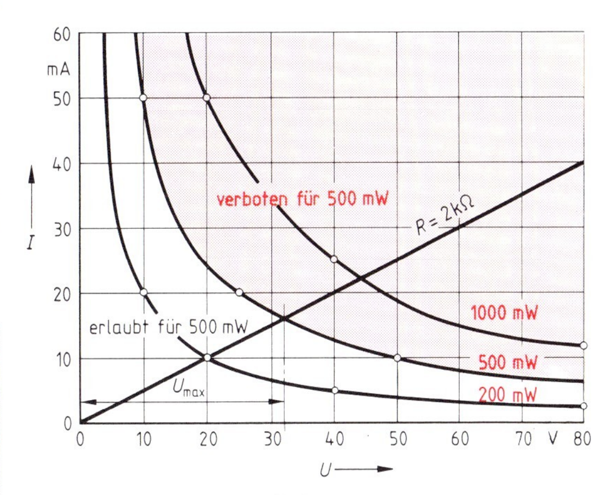

Bild 1: Leistungshyperbeln

Wiederholungsfragen

1. **Auf welche drei Arten kann Wärme übertragen werden?**
2. **Welche Einheit hat der Wärmewiderstand?**
3. **Welche Wärmewiderstände unterscheidet man bei Gleichrichterdioden mit Kühlkörpern?**
4. **Wie verkleinert man den Übergangswärmewiderstand?**
5. **Wovon hängt die höchstzulässige Leistung eines Bauelements ab?**
6. **Welche Größen kann man der Leistungshyperbel entnehmen?**

1.5 Spannungserzeuger

1.5.1 Arten der Spannungserzeugung

Spannungserzeugung durch Induktion

Versuch 1: Schließen Sie eine Spule an einen Spannungsmesser mit mV-Meßbereich und Nullstellung des Zeigers in Skalenmitte an **(Bild 1)**! Bewegen Sie einen Dauermagneten in die Spule hinein und wieder heraus!

Während der Bewegung des Dauermagneten schlägt der Zeiger des Spannungsmessers aus. Beim Hineinbewegen schlägt der Zeiger entgegengesetzt wie beim Herausbewegen aus. Es entsteht in der Spule eine Wechselspannung.

Bewegt man einen Dauermagneten in einer Spule hin und her, so entsteht in der Spule eine Wechselspannung. Die Spannungserzeugung mit Hilfe eines Magneten nennt man *Induktion*[1]. Man nützt diese Art der Spannungserzeugung in Generatoren.

Die wichtigste Art der Spannungserzeugung ist die Spannungserzeugung durch Induktion.

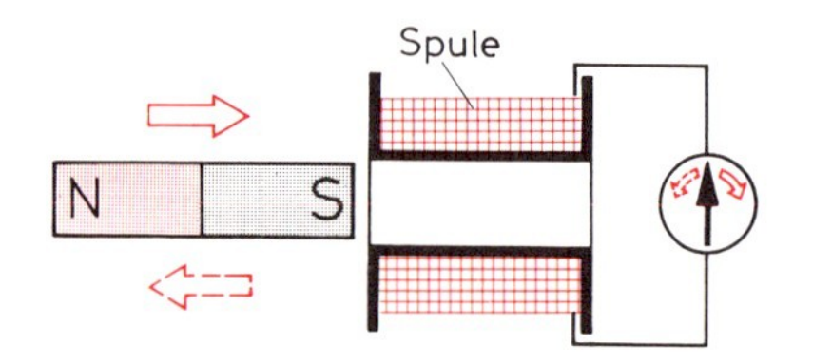

Bild 1: Spannungserzeugung durch Induktion

Spannungserzeugung durch Wärme

Versuch 2: Verbinden Sie einen Kupferdraht mit einem Konstantandraht an einem Ende, z. B. durch Verdrillen, Hartlöten oder Schweißen! Schließen Sie an die freien Drahtenden einen Spannungsmesser mit mV-Meßbereich an, und erwärmen Sie die Verbindungsstelle der Drähte **(Bild 2)**!

An den freien Drahtenden tritt eine Gleichspannung auf, so lange die Verbindungsstelle warm ist.

Einen derartigen Spannungserzeuger nennt man *Thermoelement*[2]. Man verwendet Thermoelemente z. B. als Temperaturfühler zur Temperaturmessung.

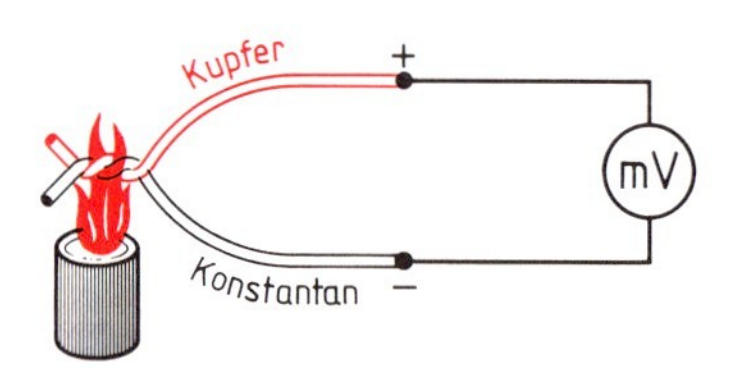

Bild 2: Spannungserzeugung durch Wärme

Spannungserzeugung durch Licht

Versuch 3: Schließen Sie ein Fotoelement[3] an einen Spannungsmesser mit mV-Meßbereich an **(Bild 3)**! Beleuchten Sie das Fotoelement!

Bei Beleuchtung entsteht am Fotoelement eine Gleichspannung.

Am *Fotoelement* entsteht zwischen Grundplatte und Kontaktring bei Lichteinfall eine kleine Spannung. Die Grundplatte wird dabei zum positiven Pol, der Kontaktring zum negativen Pol. Fotoelemente verwendet man z. B. als Belichtungsmesser, als Spannungserzeuger in Satelliten und in elektronischen Steuerungen und Regelungen.

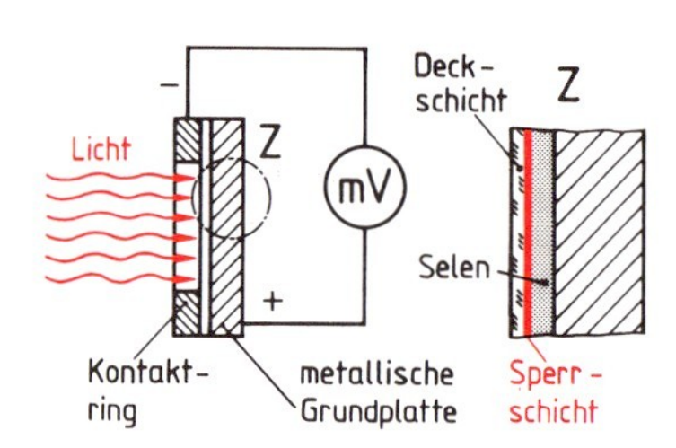

Bild 3: Spannungserzeugung durch Licht

Spannungserzeugung durch chemische Wirkung

Zwischen unterschiedlichen Metallen in einer leitenden Flüssigkeit entsteht eine Gleichspannung. Platten und leitende Flüssigkeit bilden ein *galvanisches Element* (Abschnitt 1.11.4).

Spannungserzeugung durch Kristallverformung (Piezo-Elektrizität)

Versuch 4: Schließen Sie einen Piezokristall[4] an einen hochohmigen elektronischen Spannungsmesser an! Drücken Sie auf den Kristall!

Der Spannungsmesser zeigt eine Spannung an, wenn die Druckkraft zunimmt oder abnimmt.

Wirkt auf einen Piezokristall, z. B. Quarz oder geeigneter Halbleiterwerkstoff, eine Kraft, so tritt im Inneren eine Ladungsverschiebung auf (piezoelektrischer Effekt[5]). Dadurch entsteht an den leitenden Belägen am Kristall eine Spannung. Bei wechselndem Druck oder Zug entsteht eine Wechselspannung. Umgekehrt entsteht an piezoelektrischen Werkstoffen eine Längenänderung, wenn sie an Spannung gelegt werden (Elektrostriktion).

Piezoelektrische Spannungserzeuger sind z. B. Kristalltonabnehmer bei Plattenspielern, Kristallmikrofone und manche Druckfühler.

[1] lat. inducere = einführen; [2] griech. thermos = warm; [3] Foto aus dem griechischen „phos" = Licht, Helligkeit
[4] Piezo (sprich: pi-ezo) von griech. piedein = drücken; [5] lat. effectus = Wirkung

Spannungserzeugung durch Reiben von Isolierstoffen

Beim Reiben von Isolierstoffen können unterschiedliche elektrische Ladungen erzeugt werden. Spannung durch Reibung entsteht ungewollt, z. B. bei *elektrostatischer Aufladung* von Fahrzeugen, Folien aus Kunststoffen, Geweben aus Chemiefasern und bei Kunststofftreibriemen. Man kann die elektrostatischen Aufladungen beseitigen, indem man z. B. das metallische Gerätegehäuse erdet.

1.5.2 Belasteter Spannungserzeuger

Urspannung und Spannung an den Anschlüssen

Versuch 1: Schließen Sie an eine Taschenlampenbatterie einen Spannungsmesser an! Messen Sie die Spannung!

Der Spannungsmesser zeigt 4,5 V an.

Im unbelasteten Zustand des Spannungserzeugers fließt kein Strom. An seinen Anschlüssen steht die vom Erzeuger gelieferte Spannung voll zur Verfügung. Diese im Inneren des Spannungserzeugers vorhandene Spannung nennt man *Urspannung* U_0 oder *Quellenspannung* U_q. Die Spannung an den Anschlüssen ist die Leerlaufspannung.

Versuch 2: Schließen Sie an eine Taschenlampenbatterie einen Schiebewiderstand von 10 Ω an, und messen Sie den Strom und die Spannung an der Batterie in Abhängigkeit von der Schleiferstellung!

Mit zunehmendem Strom nimmt die Spannung an den Anschlüssen der Batterie immer mehr ab.

Wird der Spannungserzeuger mit einem Lastwiderstand belastet, so fließt ein Strom, und die Spannung an den Anschlüssen wird kleiner. Ein Teil der Urspannung wird also im Inneren des Erzeugers verbraucht. Jeder Spannungserzeuger besitzt einen *Innenwiderstand* R_i, der bei Belastung den inneren Spannungsfall verursacht. Untersucht man das Verhalten eines Spannungserzeugers bei verschiedenen Belastungen, so denkt man sich den Innenwiderstand als Vorwiderstand zum widerstandslosen Spannungserzeuger. Diese Darstellung **(Bild 1)** ist eine *Ersatzschaltung* des Spannungserzeugers, die *Ersatzspannungsquelle*.

Bei der Ersatzspannungsquelle besteht der Spannungserzeuger aus der Reihenschaltung von Urspannungserzeuger und Innenwiderstand.

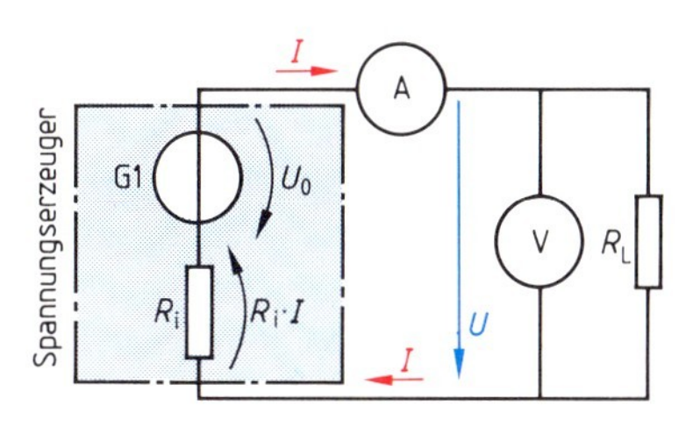

Bild 1: Ersatzschaltung eines Spannungserzeugers

U Spannung an den Anschlüssen
U_0 Urspannung
$I \cdot R_i$ Spannungsfall am Innenwiderstand

$$U = U_0 - I \cdot R_i$$

Beispiel 1:
Ein Akkumulator hat im unbelasteten Zustand eine Spannung von 13 V und einen Innenwiderstand von 0,5 Ω. Berechnen Sie die Ausgangsspannung bei Belastung mit 10 A!

Lösung:
$U = U_0 - I \cdot R_i = 13\,V - 10\,A \cdot 0{,}5\,\Omega$
$= 13\,V - 5\,V = \mathbf{8\,V}$

Der Spannungsfall am Innenwiderstand eines Spannungserzeugers ist meist unerwünscht, aber nicht vermeidbar. Ein idealer Spannungserzeuger müßte unabhängig von der Belastung stets eine konstante Spannung liefern. Dies erreicht man annähernd z. B. bei stabilisierten Netzgeräten durch entsprechende schaltungstechnische Maßnahmen.

Bei Spannungserzeugern nimmt die Spannung an den Anschlüssen mit zunehmendem Laststrom ab.

Bei einem belasteten Spannungserzeuger besteht der Gesamtwiderstand des Stromkreises aus der Reihenschaltung von Lastwiderstand und Innenwiderstand des Erzeugers. Die Spannung an den Anschlüssen des Spannungserzeugers ist um den Spannungsfall am Innenwiderstand kleiner als die Urspannung.

Beispiel 2:
Eine Taschenlampenbatterie mit der Urspannung $U_0 = 4{,}5\,V$ und einem Innenwiderstand von $R_i = 0{,}9\,\Omega$ hat eine Spannung an den Anschlüssen von $U = 4\,V$. Wie groß ist die Laststromstärke?

Lösung:
$U = U_0 - I \cdot R_i \Rightarrow I = (U_0 - U)/R_i$
$I = (4{,}5\,V - 4\,V)/0{,}9\,\Omega = \mathbf{0{,}55\,A}$

Leerlauf und Kurzschluß eines Spannungserzeugers

Bei Leerlauf eines Spannungserzeugers ist an seinen Anschlüssen kein Verbraucher angeschlossen. Es fließt also kein Strom, so daß am inneren Widerstand kein Spannungsfall eintreten kann. Die Leerlaufspannung kann z. B. mit einem elektronischen Spannungsmesser gemessen werden.

Die Leerlaufspannung ist meist gleich der Urspannung.

Bei *Kurzschluß* eines Spannungserzeugers sind seine Anschlüsse widerstandslos verbunden. Der Lastwiderstand ist also gleich Null. Die gesamte Urspannung liegt am Innenwiderstand des Spannungserzeugers. Bei vielen Spannungserzeugern ist der Innenwiderstand sehr klein. Es fließt dann ein starker Kurzschlußstrom.

Beispiel 3:
Berechnen Sie den Kurzschlußstrom einer Taschenlampenbatterie mit einer Urspannung von 4,5 V und einem Innenwiderstand von 0,9 Ω!

Lösung:

$$I_k = \frac{U_0}{R_i} = \frac{4{,}5\ \text{V}}{0{,}9\ \Omega} = \mathbf{5\ A}$$

I_k Kurzschlußstrom
U_0 Urspannung
R_i Innenwiderstand

$$I_k = \frac{U_0}{R_i}$$

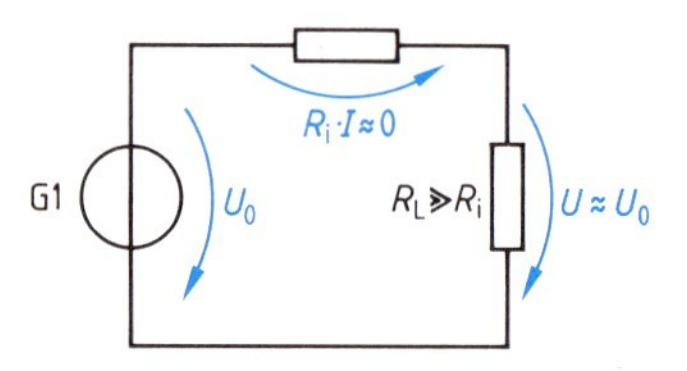

Bild 1: Spannungsanpassung

Bei Spannungsanpassung:

R_L Lastwiderstand
R_i Innenwiderstand

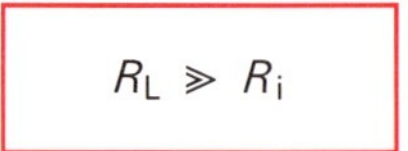

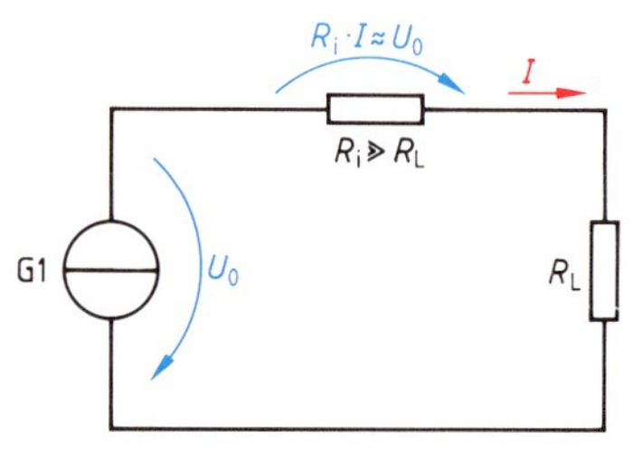

Bild 2: Stromanpassung

1.5.3 Anpassung

Der Spannungserzeuger gibt an einen angeschlossenen Lastwiderstand eine Spannung, einen Strom und damit eine Leistung ab. Der Lastwiderstand kann so zum Innenwiderstand bemessen sein, daß die Spannung möglichst groß und unabhängig vom Laststrom ist. Dann spricht man von *Spannungsanpassung*. Der Lastwiderstand kann auch so zum Innenwiderstand bemessen sein, daß die Stromstärke unabhängig vom Lastwiderstand ist. Dann liegt *Stromanpassung* vor. Schließlich kann der Lastwiderstand auch so bemessen sein, daß die Leistung möglichst groß ist. Dann liegt *Leistungsanpassung* vor.

Spannungsanpassung (Überanpassung) eines Lastwiderstandes an einen Spannungserzeuger ergibt eine möglichst hohe Spannung. Man muß dann im Leerlaufbereich des Spannungserzeugers arbeiten. Die Lastwiderstände erhalten dabei unabhängig vom Laststrom annähernd dieselbe Spannung **(Bild 1)**. Der Spannungsfall am Innenwiderstand muß bei der Spannungsanpassung möglichst klein sein, damit die Lastspannung etwa so groß wie die Leerlaufspannung wird. Aus $U = U_0 - I \cdot R_i$ folgt $U = U_0/(1 + R_i/R_L)$, d. h. je kleiner R_i/R_L ist, desto größer wird U.

Bei der Spannungsanpassung ist der Lastwiderstand groß gegenüber dem Innenwiderstand.

Soll die Lastspannung unabhängig von der Last sein, z. B. bei einem Motor mit wechselnder Belastung, so wendet man die Spannungsanpassung an.

Stromanpassung (Unteranpassung) eines Lastwiderstandes an einen Spannungserzeuger ergibt einen möglichst starken Strom. Man muß dazu im Bereich des Kurzschlusses des Spannungserzeugers arbeiten. Das ist aber auf Dauer nur möglich, wenn der Innenwiderstand groß gemacht wird. Der Lastwiderstand erhält dann unabhängig von seinem Widerstandswert dieselbe oder fast dieselbe Stromstärke.

Der Spannungsfall am Innenwiderstand muß deshalb möglichst groß sein, damit eine Änderung des Lastwiderstandes nur eine kleine Stromänderung bewirkt **(Bild 2, vorhergehende Seite)**. Durch Umformung von $U = U_0 - I \cdot R_i$ erhält man $I = U_0/((R_L/R_i+1) \cdot R_i)$, d.h. je kleiner R_L/R_i ist, desto mehr ist $I \approx U_0/R_i$, also unabhängig von R_L.

Bei der Stromanpassung ist der Innenwiderstand sehr viel größer als der Lastwiderstand.

Da bei der Stromanpassung der Strom stets annähernd gleich ist, nennt man ihn auch eingeprägten Strom. Soll der Strom unabhängig vom Widerstand der Last sein, z.B. bei Gasentladungslampen, so wendet man die Stromanpassung an.

Leistungsanpassung eines Lastwiderstandes an den Innenwiderstand des Spannungserzeugers ermöglicht die größtmögliche Leistungsentnahme **(Bild 1)**.

Die Leistungsabgabe eines Spannungserzeugers ist am größten, wenn der Lastwiderstand gleich dem Innenwiderstand ist.

Beispiel 1:
Ein Spannungserzeuger hat eine Leerlaufspannung von $U_0 = 10$ V und einen Innenwiderstand $R_i = 100\ \Omega$. Berechnen Sie die Abgabeleistung bei Leistungsanpassung!

Lösung:

$R_L = R_i = 100\ \Omega$

$$P_{max} = \frac{U_0^2}{4 \cdot R_i} = \frac{10^2\ \text{V}^2}{4 \cdot 100\ \Omega} = \mathbf{0{,}25\ W}$$

Der Wirkungsgrad ist bei Leistungsanpassung nur 50%. Die Leistungsanpassung wird daher nur bei kleineren Leistungen verwendet, z.B. zur Anpassung von Lautsprechern an Verstärker, Empfängereingängen an Antennen, Verstärkern an Mikrofone.

Die Spannung an den Anschlüssen ist bei Leistungsanpassung nur noch halb so groß wie bei Leerlauf.

Ermittlung des Innenwiderstandes

Bei der Kennlinie $U = f(I)$ einer Ersatzspannungsquelle ist das Verhältnis einer beliebigen Spannungsdifferenz zur zugehörigen Stromdifferenz gleich groß wie das Verhältnis Leerlaufspannung zum Kurzschlußstrom. Man kann also den Innenwiderstand durch Messung der Spannungen und Stromstärken für zwei beliebige Lastfälle bestimmen.

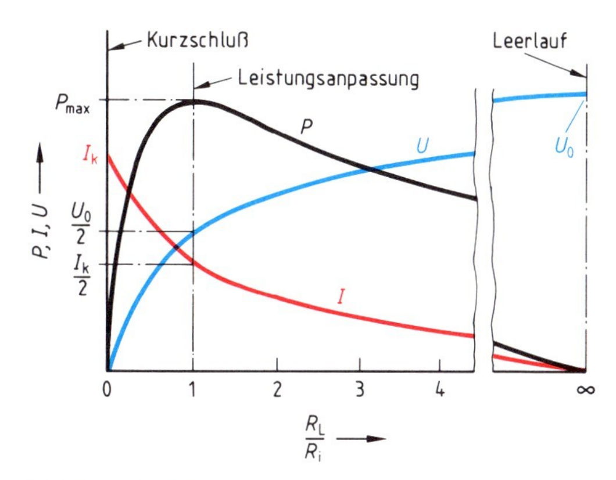

Bild 1: Leistungsanpassung

Bei Stromanpassung:

$$R_L \ll R_i$$

Bei Leistungsanpassung:

$$R_L = R_i$$

$$P_{max} = \frac{U_0^2}{4 \cdot R_i}$$

$$R_i = \frac{U_1 - U_2}{I_2 - I_1}$$

$$R_i = \frac{\Delta U}{\Delta I}$$

P_{max} maximale Leistung
R_L Lastwiderstand
R_i Innenwiderstand
U_1 Spannung im Lastfall 1
U_2 Spannung im Lastfall 2
I_1 Stromstärke im Lastfall 1
I_2 Stromstärke im Lastfall 2
ΔU Spannungsdifferenz
ΔI Differenz der Stromstärken

Beispiel 2:
An einem Spannungserzeuger wurde bei Belastung mit $I_1 = 0{,}6$ A eine Spannung $U_1 = 4$ V gemessen. Bei Belastung mit $I_2 = 2{,}82$ A betrug die Spannung an den Anschlüssen $U_2 = 2$ V. Wie groß ist der Innenwiderstand des Spannungserzeugers?

Lösung:

$$R_i = \frac{U_1 - U_2}{I_2 - I_1} = \frac{4\ \text{V} - 2\ \text{V}}{2{,}82\ \text{A} - 0{,}6\ \text{A}} = \frac{2\ \text{V}}{2{,}22\ \text{A}} = \mathbf{0{,}9\ \Omega}$$

1.5.4 Schaltung von Spannungserzeugern

Reihenschaltung. Bei der Reihenschaltung von Spannungserzeugern gelten die Gesetze der Reihenschaltung **(Bild 1)**.

U_0	Leerlaufspannung, Urspannung
U_{01}, U_{02}, ...	Einzelleerlaufspannungen
R_i	Ersatzinnenwiderstand
R_{i1}, R_{i2}, ...	Einzelinnenwiderstände

$$U_0 = U_{01} + U_{02} + \dots$$

$$R_i = R_{i1} + R_{i2} + \dots$$

Erzeuger werden in Reihe geschaltet, um eine höhere Nennspannung zu erzielen.

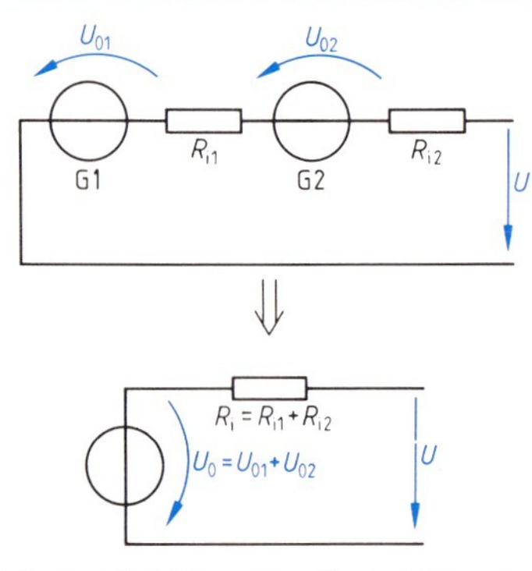

Bild 1: Reihenschaltung von Spannungserzeugern

Schaltet man Spannungserzeuger mit verschiedenen Nennströmen in Reihe, so werden die Erzeuger mit dem kleineren Nennstrom im Betrieb überlastet und eventuell zerstört.

Parallelschaltung. Bei der Parallelschaltung von Spannungserzeugern ist die Gesamtstromstärke so groß wie die Summe der Einzelstromstärken **(Bild 2)**. Die Parallelschaltung von Spannungserzeugern gestattet die Entnahme eines starken Stromes. Der gesamte Innenwiderstand der Schaltung ist kleiner als der kleinste Innenwiderstand der parallelgeschalteten Spannungserzeuger. Schaltet man Spannungserzeuger mit verschiedenen Spannungen parallel, so fließen im Inneren der Gesamtschaltung *Ausgleichsströme* vom Erzeuger mit höherer Einzelspannung zum Erzeuger mit niederer Einzelspannung.

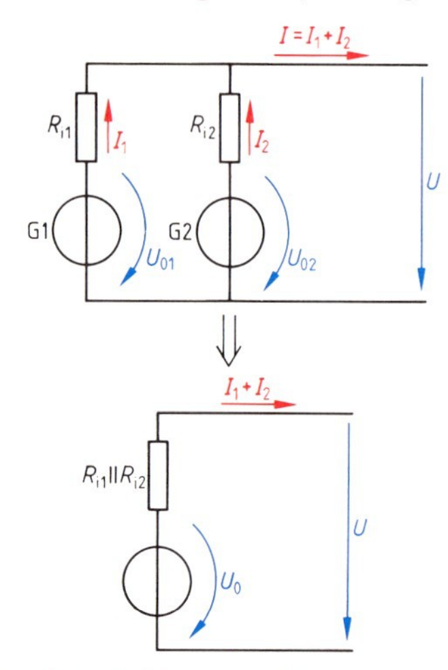

Bild 2: Parallelschaltung von Spannungserzeugern

Nur Spannungserzeuger mit gleicher Einzelspannung darf man parallelschalten.

Gemischte Schaltung. Die Ermittlung der Spannungen und Ströme bei einer gemischten Schaltung von Spannungserzeugern wird wie bei einem linearen Netzwerk vorgenommen. Ein lineares Netzwerk besteht aus Bauelementen mit linearer Strom-Spannungs-Kennlinie **(Bild 3)**. Man kann z. B. den Strom I_1 in Schaltung Bild 3 mit Hilfe des *Überlagerungssatzes* bestimmen. Dazu *denkt* man sich zunächst den Erzeuger G1 kurzgeschlossen und bestimmt die Stromstärke I_{21} **(Bild 4)**. Anschließend denkt man sich G2 kurzgeschlossen und berechnet die Stromstärke I_{11}. Die gesuchte Stromstärke I_1 erhält man entsprechend der Bezugspfeilrichtung zu $I_1 = I_{11} + (-I_{21})$.

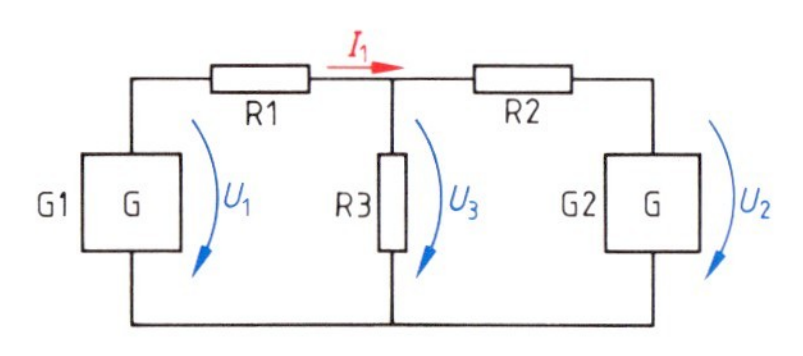

Bild 3: Lineares Netzwerk

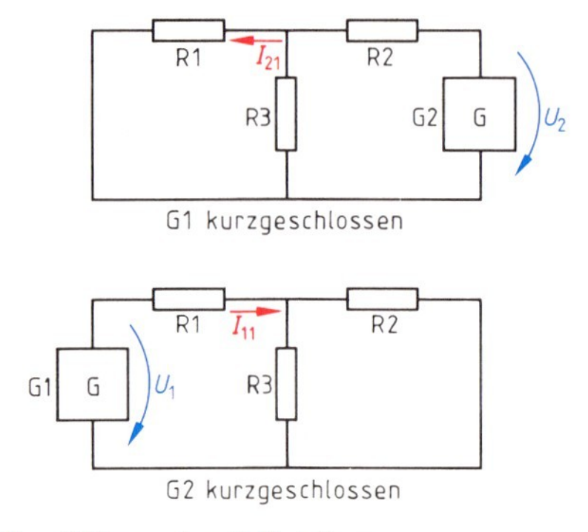

Bild 4: Ermittlung der Teilströme

1.5.5 Ersatzspannungsquelle und Ersatzstromquelle

Zur Berechnung schwieriger Schaltungen, welche Spannungserzeuger, feste Widerstände und *einen* veränderlichen Widerstand enthalten, verwendet man als Ersatzschaltungen die Ersatzspannungsquelle oder die Ersatzstromquelle.

Ersatzspannungsquelle: Enthält eine Schaltung z. B. einen Spannungserzeuger mit der Spannung U_0, die Festwiderstände R1, R2 und R3 und einen veränderlichen Widerstand R_L, so kann man sie durch eine Ersatzspannung U_0' mit dem Innenwiderstand R_i' ersetzen **(Bild 1)**. An den Anschlüssen dieser *Ersatzspannungsquelle* liegt dann nur noch der veränderliche Lastwiderstand R_L.

Die Leerlaufspannung und damit die Ersatzspannung U_0' erhält man durch Messung oder Berechnung der Spannung an den Anschlüssen der Ersatzspannungsquelle **(Bild 2)**. Den Innenwiderstand R_i' erhält man, indem man sich die Urspannung kurzgeschlossen denkt und den Widerstand der Schaltung an den Anschlüssen der Ersatzspannungsquelle berechnet.

Beispiel:
Von der Schaltung Bild 1 sollen die Ersatzspannung U_0' und der Innenwiderstand R_i' berechnet werden.

Lösung:

a) Leerlauf:

$$U_0' = U_{R2} = \frac{U_0 \cdot R_2}{R_1 + R_2} = \frac{4\,\text{V} \cdot 4\,\Omega}{2\,\Omega + 4\,\Omega} = \mathbf{\frac{8}{3}\,V}$$

b) Kurzschluß:

$$R_i' = R_3 + \frac{R_1 \cdot R_2}{R_1 + R_2} = 3\,\Omega + \frac{2\,\Omega \cdot 4\,\Omega}{2\,\Omega + 4\,\Omega}$$

$$= \frac{26}{6}\,\Omega = \mathbf{\frac{13}{3}\,\Omega}$$

Ersatzstromquelle: Die Ersatzstromquelle Bild 1 enthält einen Erzeuger, der einen konstanten Strom I liefert. Der Ersatzstrom I' wird bestimmt, indem man die äußeren Anschlüsse kurzschließt und den Strom im Kurzschlußzweig mißt oder berechnet. Dieser Kurzschlußstrom ist gleich dem Ersatzstrom I'. Der Innenwiderstand R_i' ist so groß wie bei der Ersatzspannungsquelle. Man denkt ihn sich zur Ersatzstromquelle parallelgeschaltet.

Meist arbeitet man bei Berechnungen mit der Ersatzspannungsquelle. Die Ersatzstromquelle verwendet man z. B. bei einigen Transistorschaltungen.

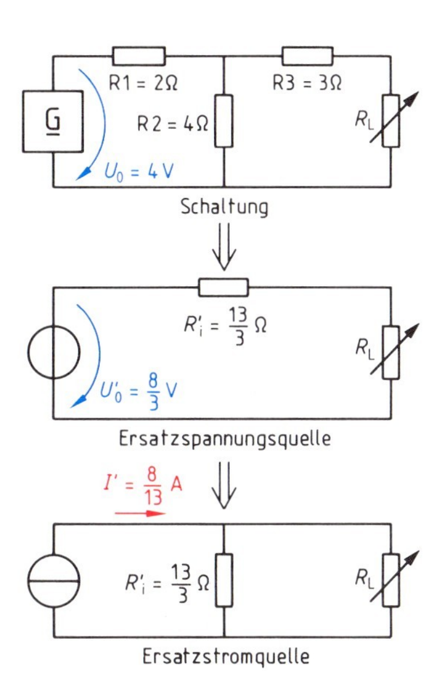

Bild 1: Ersatzspannungsquelle und Ersatzstromquelle

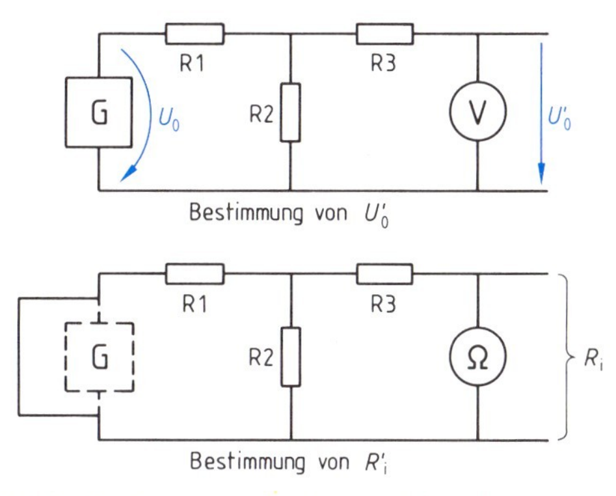

Bild 2: Bestimmung der Kenngrößen der Ersatzspannungsquelle

Wiederholungsfragen

1. **Wie erzeugt man in einer Spule eine Wechselspannung?**
2. **Wozu verwendet man Fotoelemente?**
3. **Welche Wirkung hat der piezo-elektrische Effekt?**
4. **Wie nennt man die Spannung im Inneren eines Spannungserzeugers?**
5. **Wie groß ist die Leerlaufspannung eines Spannungserzeugers?**
6. **Wie kann man einem Spannungserzeuger die größtmögliche Leistung entnehmen?**
7. **Wodurch ist die Spannungsanpassung gekennzeichnet?**
8. **Woraus besteht ein lineares Netzwerk?**

1.6 Wechselspannung und Wechselstrom

Einphasenwechselstrom besteht aus *einem* Wechselstrom. Mehrphasenwechselstrom, z. B. *Dreiphasenwechselstrom* (Drehstrom), besteht aus drei miteinander verbundenen Wechselströmen. Entsprechendes gilt für die Wechselspannungen.

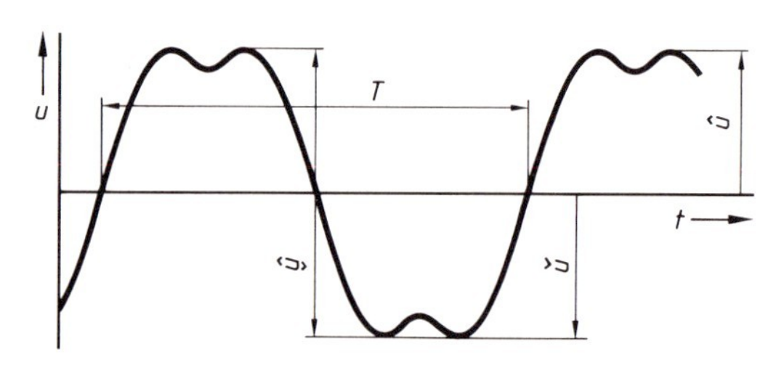

Bild 1: Begriffe der Wechselspannung

Periode und Frequenz

Bei der Wechselspannung ändern sich die Richtung und die Höhe der Spannung *periodisch* (sich wiederholend). Eine vollständige Schwingung nennt man eine *Periode*[1]. Die Zeit dafür ist die Periodendauer T **(Bild 1)**. Eine halbe Schwingung ist eine Halbperiode. Die Anzahl der Perioden in einer Sekunde ist die *Frequenz*[2] f. Die Einheit der Frequenz ist das Hertz[3] (Hz). Auf Leistungsschildern ist manchmal die Frequenz in cs oder cps (engl. cycles per second = Perioden je Sekunde, 1 cps = 1 Hz) angegeben.

Wenn in einer Wechselspannungsschaltung Bezugspfeile gesetzt sind, gibt es positive und negative Halbperioden **(Bild 2)**. Jede Wechselgröße erreicht einen *Maximalwert* (Höchstwert), z. B. $\hat{u}$ (sprich: u Dach) und einen *Minimalwert* (Tiefstwert), z. B. $\check{u}$ (Bild 1). Den Abstand des Minimalwertes vom Maximalwert nennt man *Spitze-Tal-Wert* oder Schwingungsbreite $\hat{\check{u}}$.

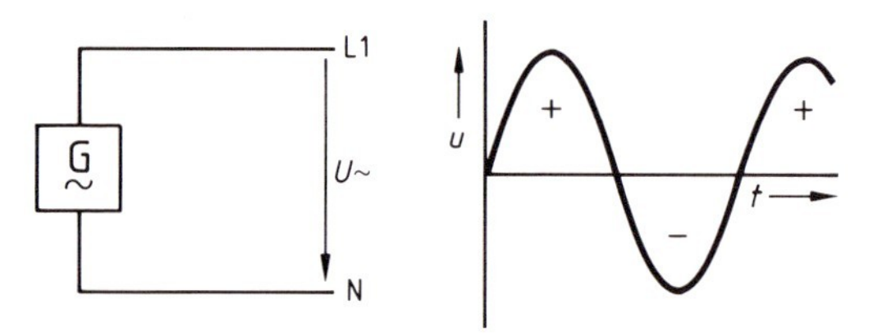

Bild 2: Spannungsbezugspfeil bei einem Wechselspannungserzeuger

f Frequenz
T Periodendauer

$$[f] = \frac{1}{s} = \text{Hz}$$

$$f = \frac{1}{T}$$

1 Kilohertz = 1 kHz = 1000 Hz
1 Megahertz = 1 MHz = 1000 kHz

Tabelle 1: Frequenzbereiche und ihre Anwendung

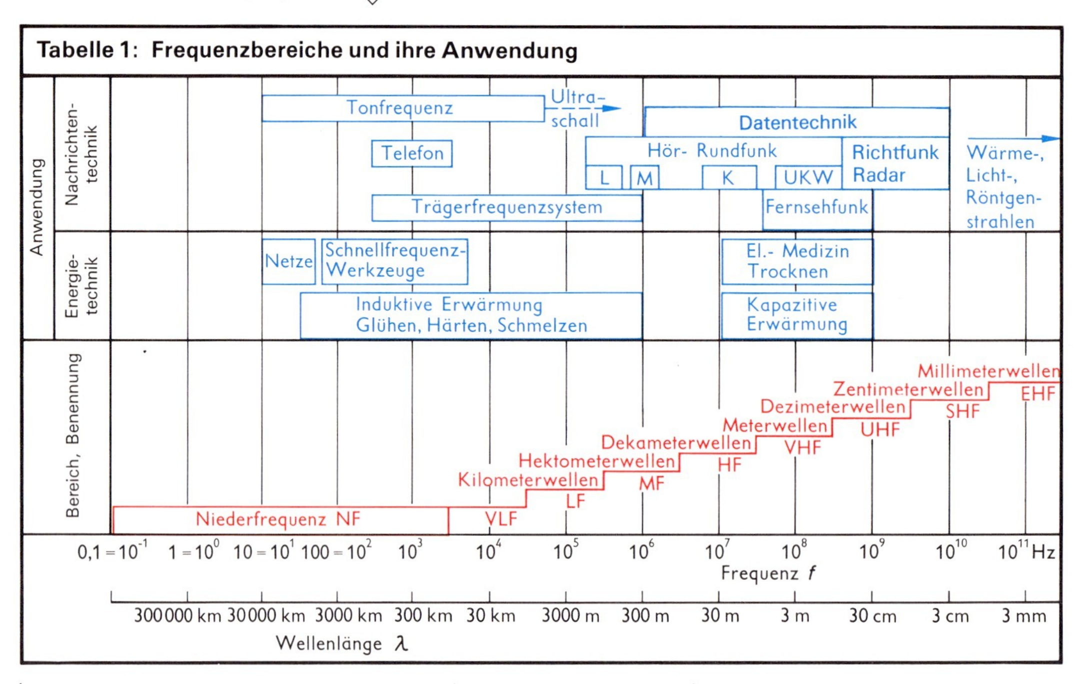

[1] griech. Periode = Zeit der Wiederkehr einer Erscheinung; [2] lat. frequentia = Häufigkeit; [3] Hertz, deutscher Physiker, 1857 bis 1894

Wellenlänge

Beim Schließen eines Stromkreises übt der Spannungserzeuger auf die Ladungsträger, z. B. die Elektronen, eine Kraft aus. Diese Kraft breitet sich mit sehr hoher Geschwindigkeit im Leiter aus. Bei Wechselspannung wirkt die Kraft je Periode zweimal in jeweils entgegengesetzter Richtung. Dadurch treten längs eines genügend langen Drahtes Stellen mit Elektronenüberschuß und Stellen mit Elektronenmangel auf **(Bild 1)**. Den Abstand zweier Verdichtungsstellen bezeichnet man als *Wellenlänge* **(Tabelle 1, vorhergehende Seite)**.

Während der Periodendauer T legt die Welle die Wellenlänge λ zurück, dabei ist ihre Ausbreitungsgeschwindigkeit

$$c = \lambda/T \Rightarrow \lambda = c \cdot T = c/f$$

Die Wellenlänge wird mit zunehmender Ausbreitungsgeschwindigkeit größer und mit zunehmender Frequenz kleiner. Die Ausbreitungsgeschwindigkeit in einer zweiadrigen Leitung kann etwa gleich 80% der Lichtgeschwindigkeit c_0 (300 000 km/s) gesetzt werden, also zu etwa 240 000 km/s. Das Verhältnis der Ausbreitungsgeschwindigkeit in einer Leitung zur Lichtgeschwindigkeit nennt man *Verkürzungsfaktor*.

Beispiel:
Wie groß ist die Wellenlänge eines Wechselstromes in einer zweiadrigen Leitung bei einer Frequenz von 12 MHz?

Lösung:
$$\lambda = c/f = \frac{240\,000 \text{ km/s}}{12 \text{ MHz}} = \frac{240 \text{ m/s}}{12 \text{ 1/s}} = \mathbf{20\ m}$$

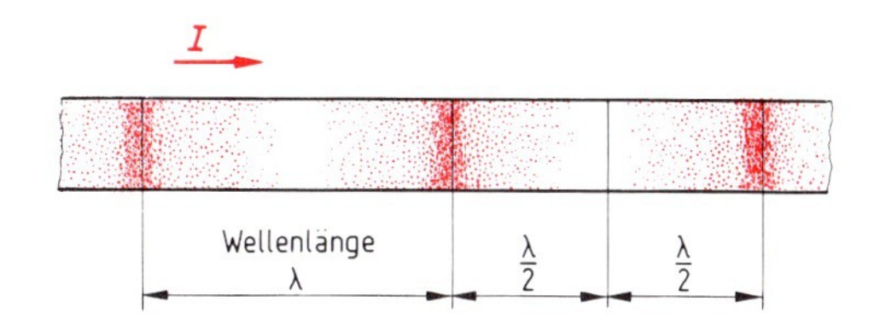

Bild 1: Elektronenverteilung in einem Leiter bei Wechselstrom

λ Wellenlänge λ (griech. Kleinbuchstabe lambda)
c Ausbreitungsgeschwindigkeit
f Frequenz

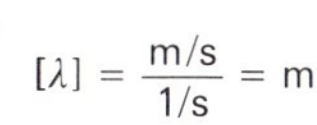

$$[\lambda] = \frac{\text{m/s}}{\text{1/s}} = \text{m}$$

$$\lambda = \frac{c}{f}$$

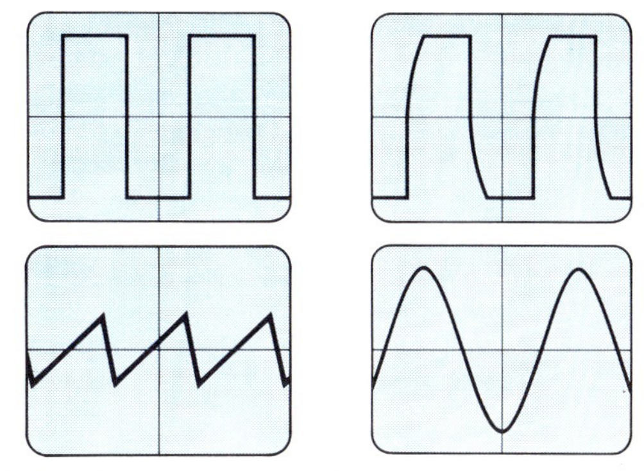

Bild 2: Kurvenformen der Wechselspannung

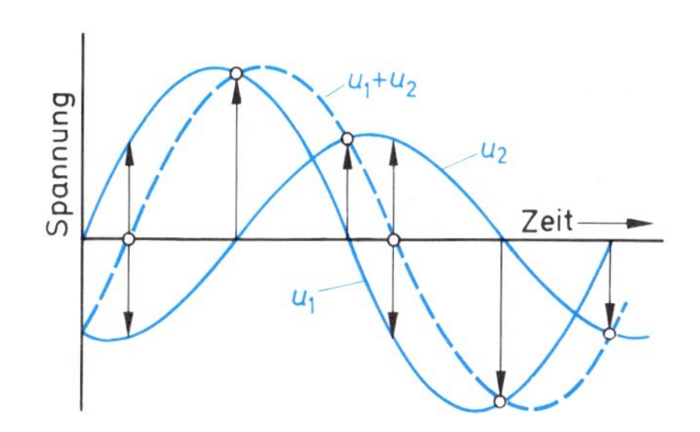

Bild 3: Addition zweier Sinusspannungen

Kurvenform der Wechselspannung

Mit einem Oszilloskop kann man den *zeitlichen Verlauf* und damit die Form der Wechselspannung untersuchen. Regelmäßige Formen haben z. B. die Rechteckspannung, die Sägezahnspannung und die Sinusspannung[1] **(Bild 2)**. Häufig treten auch unregelmäßige Formen innerhalb der Periode auf.

Kraftwerksgeneratoren sind so ausgeführt, daß die Spannung eine Sinusspannung ist. Der entsprechende Strom ist der Sinusstrom.

Die Wechselspannung des Versorgungsnetzes ist eine Sinusspannung.

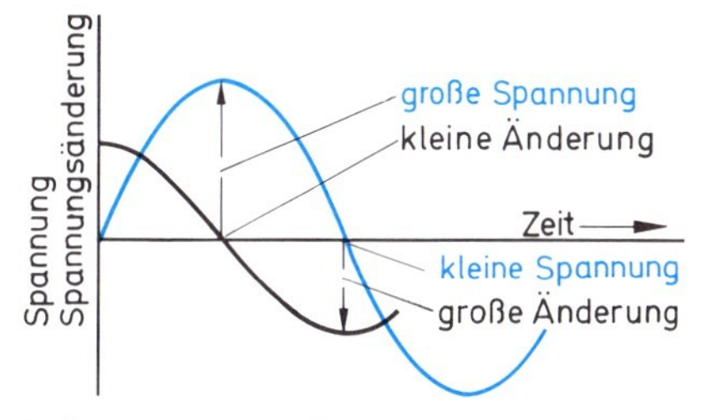

Bild 4: Änderungsgeschwindigkeit einer sinusförmigen Spannung

[1] lat. sinus = Bucht, Busen

Addiert oder subtrahiert man zwei Sinusgrößen gleicher Frequenz, z. B. Sinusspannungen, so erhält man wieder eine Sinusgröße gleicher Frequenz **(Bild 3, vorhergehende Seite)**. Beim Multiplizieren zweier Sinusgrößen gleicher Frequenz erhält man eine Sinusgröße doppelter Frequenz. Untersucht man die Steilheit einer Sinuslinie, also die Änderungsgeschwindigkeit einer Sinusgröße, so erhält man wieder eine Sinuslinie **(Bild 4, vorhergehende Seite)**.

Addiert man die Sinuslinien von Spannungen mit verschiedenen Frequenzen, so entsteht eine nichtsinusförmige Linie. Entsprechend kann man alle nichtsinusförmigen Wechselgrößen in Sinuswechselgrößen zerlegen **(Bild 1)**. So besteht z. B. eine Rechteckspannung aus zahlreichen Teilschwingungen, nämlich einer *Grundschwingung* mit der Frequenz der Rechteckspannung (1. Teilschwingung) und weiteren *Teilschwingungen* mit ganzzahligen Vielfachen der Frequenz der Grundschwingung. Diese weiteren Teilschwingungen nennt man *Oberschwingungen*. Die 3. Teilschwingung hat z. B. die dreifache Frequenz der Grundschwingung. Zur Vermeidung von Mißverständnissen sollen Oberschwingungen nicht numeriert werden.

Nichtsinusförmige Wechselgrößen bestehen aus einer Summe von Sinuswechselgrößen unterschiedlicher Frequenz.

Sinuslinie und Zeiger

Unter einem Zeiger verstehen wir eine Pfeilstrecke, die um ihren Anfangspunkt entgegen dem Uhrzeigersinn rotiert. Dreht sich der Zeiger mit gleichbleibender Geschwindigkeit, so ändert sich dauernd der Abstand der Pfeilspitze von der Waagrechten. Trägt man diesen Abstand in Abhängigkeit vom Drehwinkel in ein Schaubild ein, so erhält man eine Sinuslinie **(Bild 2)**. Umgekehrt kann man also eine Sinuslinie durch einen Zeiger darstellen.

Ein Zeiger kann zur Darstellung einer Sinuslinie verwendet werden.

Kreisfrequenz

Die Drehzahl (Umdrehungsfrequenz) eines Zeigers ist so groß wie die Frequenz der von ihm dargestellten Sinusgröße. Bei der Drehung des Zeigers nimmt der von ihm überstrichene Winkel zu. Der Zeiger hat also je nach Umdrehungsfrequenz eine *Winkelgeschwindigkeit*. Der Winkel hat dabei denselben Zahlenwert wie die Länge des Kreisbogens, welche die Pfeilspitze von einem Zeiger der Länge 1 (z. B. 1 m) bei Drehung des Zeigers zurücklegt. Früher wurde die Einheit dieses Winkels als Bogenmaß bezeichnet. Die genormte Einheit ist *Radiant*[1] (rad). Die Winkelgeschwindigkeit des Zeigers bezeichnet man als *Kreisfrequenz*. Zur Unterscheidung von der Winkelgeschwindigkeit von rotierenden Körpern in rad/s verwendet man für die Kreisfrequenz die Einheit 1/s.

Bild 1: Entstehung einer Rechteckschwingung

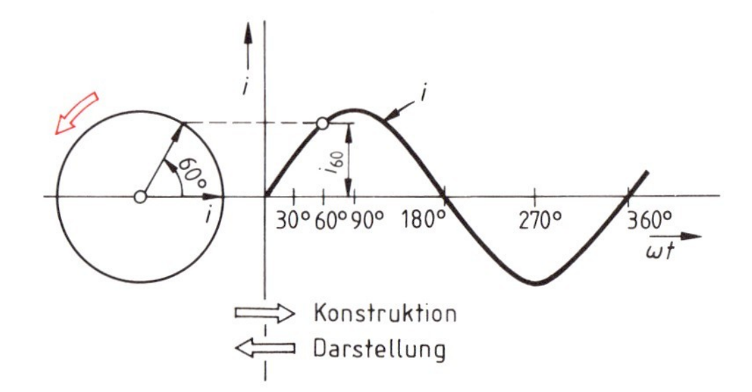

Bild 2: Konstruktion der Sinuslinie aus einem Zeiger und Darstellung einer Sinuslinie durch einen Zeiger

ω Kreisfrequenz (griech. Kleinbuchstabe omega)
f Frequenz

$[\omega] = 1/s$

Für Sinusgrößen:

$$\omega = 2 \cdot \pi \cdot f$$

Phasenverschiebung

Gehen zwei Sinusgrößen gleicher Frequenz an derselben Stelle in gleicher Richtung durch Null,

[1] lat. radire = strahlen

so sagt man, die beiden Größen seien *phasengleich* oder *in Phase*[1] oder *ohne Phasenverschiebung* **(Bild 1)**. Ersetzt man die Sinuslinien durch Zeiger, so liegt in diesem Zeigerbild zwischen den Zeigern der Winkeln $\varphi = 0°$ (griech. Kleinbuchstabe phi). Der Winkel φ zwischen Zeigern ist ein Maß für die Phasenverschiebung. Man nennt ihn *Phasenverschiebungswinkel*.

Gehen zwei Sinusgrößen gleicher Frequenz nicht an derselben Stelle durch Null, so sagt man, die beiden Größen seien *phasenverschoben* oder hätten eine *Phasenverschiebung* **(Bild 2)**. Im Zeigerbild ist der Phasenverschiebungswinkel direkt erkennbar.

Phasenverschiebungen treten zwischen mehreren Spannungen oder mehreren Strömen auf, z. B. beim Drehstrom, und zwischen Strömen und Spannungen.

Der Phasenverschiebungswinkel ist der Winkel zwischen den Nulldurchgängen zweier Sinusgrößen.

Meist beginnt eine Sinusgröße nicht im Nullpunkt des Koordinatensystems. Der Winkel zwischen dem Nulldurchgang der Sinusgröße und dem Nullpunkt des Koordinatensystems ist der *Nullphasenwinkel* φ_0 **(Bild 3)**.

Nach dem Induktionsgesetz (Abschnitt 1.8.4) entsteht bei einem Generator dort die größte Spannung, wo der magnetische Fluß am stärksten abnimmt **(Bild 4)**. Deshalb besteht beim Innenpolgenerator zwischen Spannung und magnetischem Fluß eine Phasenverschiebung von 90°. Die Frequenz nimmt mit der Umdrehungsfrequenz und der Polpaarzahl zu.

Beispiel:
Ein Drehzahlgeber (Tachometergenerator) ist als Innenpolgenerator ausgeführt und hat bei drei Polpaaren eine Umdrehungsfrequenz von 2000/min. Wie groß ist die Frequenz?

Lösung:
$f = p \cdot n = 3 \cdot 2000/\text{min} = 6000/\text{min} = 100/\text{s} = \mathbf{100\ Hz}$

Effektivwert

Man drückt den wirksamen Wert des Wechselstromes durch den Wert eines Gleichstromes aus, der dieselbe Wärmewirkung hervorruft. Diesen Wert nennt man *Effektivwert*[2].

[1] griech. Phase = Zustand; [2] lat effectus = hervorgebracht

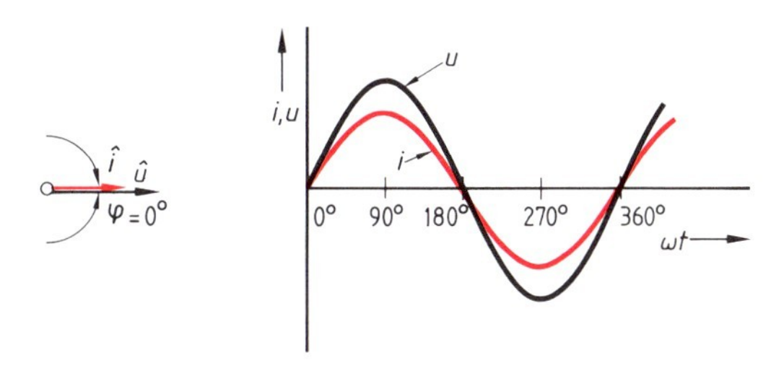

Bild 1: Sinusgrößen ohne Phasenverschiebung

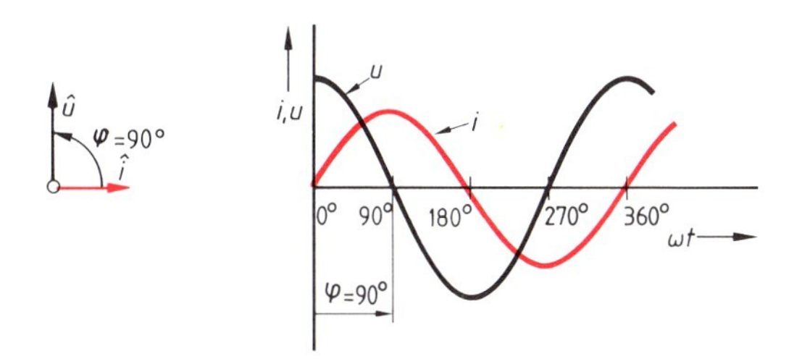

Bild 2: Sinusgrößen mit Phasenverschiebung

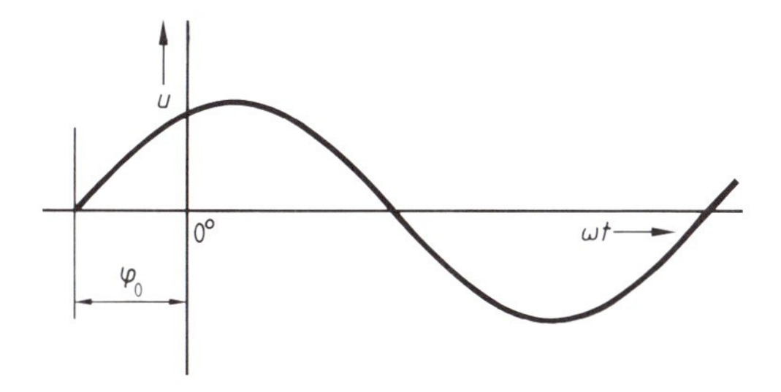

Bild 3: Sinusspannung mit Nullphasenwinkel

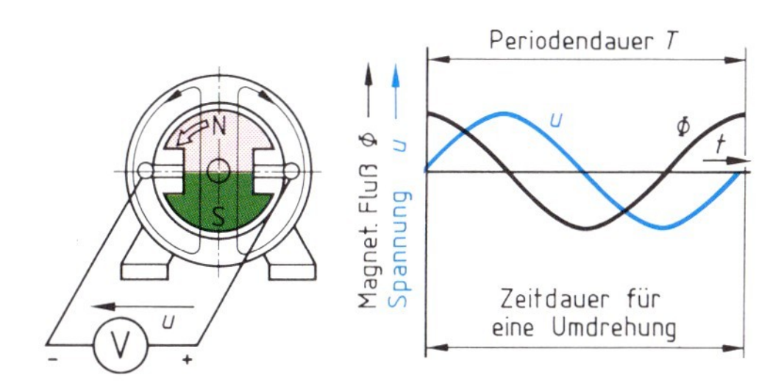

Bild 4: Innenpolmaschine mit einem Polpaar

f Frequenz
p Polpaarzahl
n Umdrehungsfrequenz

$$f = p \cdot n$$

Der Augenblickswert der Wärmeleistung eines Wechselstromes ist $p = u \cdot i = R \cdot i^2$. Zeichnet man das Quadrat i^2 eines Sinusstromes, so erkennt man, daß diese Kurve die doppelte Frequenz von i hat und ganz im positiven Bereich verläuft **(Bild 1)**. Der Mittelwert der Kurve i^2 ist $\hat{i}^2/2$. Ersetzt man diesen Mittelwert vom Quadrat des Wechselstromes i durch das Quadrat eines Gleichstromes I von gleicher Wärmewirkung, so ist $I^2 = \hat{i}^2/2$. Die Wurzel aus diesem Wert ist der Effektivwert.

Der Effektivwert einer Wechselstromstärke gibt eine Gleichstromstärke an, die dieselbe Wärmewirkung hervorruft. Das Entsprechende gilt für die Spannung.

Bei Größen beliebiger Kurvenform kann man den Effektivwert berechnen, indem man für alle Zeitpunkte einer Periode die Quadrate der Größe bildet, diese addiert und daraus die Wurzel zieht.

Beispiel 1:
Eine Rechteckspannung besteht aus positiven Impulsen von $\hat{u} = 20$ V mit einer Impulsdauer von 10 ms und aus negativen Impulsen von $\check{u} = 40$ V mit einer Impulsdauer von 5 ms. Wie groß ist der Effektivwert?

Lösung:

$$U = \sqrt{\frac{u_1^2\, t_1 + u_2^2 \cdot t_2}{T}}$$

$$= \sqrt{\frac{20^2\ \text{V}^2 \cdot 10\ \text{ms} + 40^2\ \text{V}^2 \cdot 5\ \text{ms}}{10\ \text{ms} + 5\ \text{ms}}} = \mathbf{28{,}3\ V}$$

Bei symmetrischen Wechselgrößen ist die Berechnung mit dem Crestfaktor[1] (Scheitelfaktor) einfacher **(Tabelle 1)**.

Der Scheitelwert von Sinusgrößen ist um den *Crestfaktor* (Scheitelfaktor) $\sqrt{2}$ größer als der Effektivwert.

Beispiel 2:
Bei einer Sägezahn-Wechselspannung ist der Spitze-Tal-Wert 10 V. Wie groß sind a) Maximalwert, b) Effektivwert?

Lösung:

a) $\hat{u} = \hat{\check{u}}/2 = 10\ \text{V}/2 = 5\ \text{V}$

b) nach Tabelle 1 Crestfaktor $F_C = \sqrt{3} = 1{,}73$

$F_C = \hat{u}/U \Rightarrow U = \hat{u}/F_C = 5\ \text{V}/\sqrt{3} = \mathbf{2{,}89\ V}$

Der Crestfaktor ist bei periodischen Größen das Verhältnis vom Maximalwert zum Effektivwert.

[1] engl. crest = Gipfel

Bild 1: Leistung bei Sinusstrom

U, U_{eff}	Effektivwert der Spannung
$\hat{u}$, $\hat{u}_1$, $\hat{u}_2$ ...	Spannungsmaximalwerte
t_1, t_2 ...	Zeitabschnitte
T	Periodendauer

Effektivwert bei Sinusform:

$$I_{eff} = I = \frac{\hat{i}}{\sqrt{2}} \qquad U_{eff} = U = \frac{\hat{u}}{\sqrt{2}}$$

Effektivwert bei Nichtsinusform:

$$U = \sqrt{\frac{\hat{u}_1^2 \cdot t_1 + \hat{u}_2^2 \cdot t_2 + \ldots}{T}}$$

Tabelle 1: Crestfaktoren und Effektivwerte periodischer Signalformen

Signalform	Crestfaktor	Effektivwert
Sinus	$\sqrt{2} = 1{,}41$	$U = \frac{\hat{u}}{\sqrt{2}}$
Dreieck, z. B. Sägezahn)	$\sqrt{3} = 1{,}73$	$U = \frac{\hat{u}}{\sqrt{3}}$
Rechteck	1...10 (je nach Tastgrad)	$U = \sqrt{\hat{u}^2 \cdot \tau/T}$

F_C Crestfaktor
$\hat{u}$ Maximalwert der Spannung
U Effektivwert der Spannung
Entsprechend für andere Größen

Bei Spannungen:

$$F_C = \frac{\hat{u}}{U}$$

Werte von Wechselgrößen

Für Effektivwerte werden als Formelzeichen Großbuchstaben verwendet, z. B. U für den Effektivwert der Spannung.

Bei Wechselgrößen bedeuten Großbuchstaben als Formelzeichen ohne Index die Effektivwerte.

Falls erforderlich, kann bei den Formelzeichen durch einen Index eff auf den Effektivwert hingewiesen werden, z. B. U_{eff}. Davon machen wir aber nur selten Gebrauch.

Den Wert einer Größe in einem Augenblick nennt man *Augenblickswert*. Ist es notwendig, die Abhängigkeit einer Größe von der Zeit hervorzuheben, so verwendet man für die Augenblickswerte Kleinbuchstaben als Formelzeichen, z. B. u für die Spannung, oder auch den Zusatz (t) (sprich: als Funktion von t), z. B. $u\,(t)$.

Bei *Sinusgrößen* nennt man den Maximalwert auch *Scheitelwert* oder *Amplitude*. Soll auf die Eigenschaft der Wechselgröße besonders hingewiesen werden, wird eine Wellenlinie angehängt, z. B. bei $u_{\sim}$ für den Augenblickswert einer Wechselspannung. Auch davon machen wir nur selten Gebrauch.

Ist der Scheitelwert einer Sinusgröße bekannt, so kann der Augenblickswert zu jedem Zeitpunkt berechnet werden. Meist geht man dabei vom Zeitpunkt des Nulldurchgangs aus ($\varphi_0 = 0°$).

Beispiel 1:
Eine Sinusspannung von 50 Hz hat den Scheitelwert 10 V. Wie groß ist der Augenblickswert der Spannung 1 ms nach dem Nulldurchgang?

Lösung:
$u = \hat{u} \cdot \sin(360° \cdot f \cdot t) = 10\,\text{V} \cdot \sin(360° \cdot 50\,\text{Hz} \cdot 1\,\text{ms})$
$= \mathbf{3{,}09\,V}$

Impulse

Ist eine Größe, insbesondere eine Spannung oder ein Strom, nur innerhalb einer beschränkten Zeit vorhanden und folgt danach eine Pause, so spricht man von einem Impuls[1] **(Bild 1, folgende Seite)**. Folgen Impulse einander periodisch, also mit gleichen Abständen, so nennt man den Vorgang einen *Pulsvorgang* oder einen *Puls* **(Tabelle 1, folgende Seite)**.

[1] lat. impulsus = Stoß

u Augenblickswert
$\hat{u}$ Maximalwert
φ_0 Nullphasenwinkel (in rad)
ω Kreisfrequenz
t Zeit
$\varphi_0°$ Nullphasenwinkel (in °)
f Frequenz

$$u = \hat{u} \cdot \sin(\omega t + \varphi_0)$$

$$\sin(\omega t + \varphi_0) = \sin\left(\frac{\omega \cdot 360° \cdot t}{2 \cdot \pi} + \varphi_0 \cdot \frac{360°}{2 \cdot \pi}\right)$$

$$u = \hat{u} \cdot \sin(360° \cdot f \cdot t + \varphi_0°)$$

Ab Zeitpunkt Nulldurchgang ($\varphi_0 = 0$):

$$u = \hat{u} \cdot \sin(360° \cdot f \cdot t)$$

g Tastgrad
τ Impulsdauer
T Pulsperiodendauer
τ_p Pausendauer
f Pulsfrequenz

$$g = \frac{\tau}{T}$$

$$T = \tau + \tau_p$$

$$f = \frac{1}{T}$$

Beim *einseitigen* Impuls tritt während der ganzen Dauer kein Wechsel der Richtung auf. Man nennt ihn auch kurz Impuls. Beim *zweiseitigen* Impuls (Wechselimpuls) tritt während der Impulsdauer mindestens ein Richtungswechsel auf.

Der *Tastgrad* (IEC 469) ist bei einem Pulsvorgang das Verhältnis von Impulsdauer zur Pulsperiodendauer. Manchmal wird leider dafür, oder auch für den Kehrwert, der nicht genormte Begriff Tastverhältnis verwendet.

Beispiel 2:
Wie groß ist bei einem Rechteckimpuls nach Tabelle 1, folgende Seite, der Tastgrad, wenn $T = 2$ ms und $\tau = 0{,}01$ ms sind?

Lösung:
$g = \tau / T = 0{,}01\,\text{ms}/2\,\text{ms} = \mathbf{0{,}005}$

Für Impulse sind verschiedene Begriffe von Bedeutung **(Bild 1)**. Die Anstiegszeit t_r (r von engl. rise = steigen) wird nach IEC 469 auch *Erstübergangsdauer* genannt, die Abfallzeit t_f (f von engl. fall = fallen) auch *Letztübergangsdauer.* Eine wichtige Kenngröße des Impulses ist die *Flankensteilheit*. Diese gibt an, wie schnell der Anstieg erfolgt. Eine negative Flankensteilheit bedeutet das Abfallen der Größe.

Beispiel:
Bei einem Impuls ändert sich an der Vorderflanke die Spannung von 3,00 V auf 3,02 V innerhalb von 0,01 ms. Wie groß ist die Flankensteilheit?

Lösung:
$\Delta u = u_2 - u_1 = 3{,}02\ \text{V} - 3{,}00\ \text{V} = 0{,}02\ \text{V} = 20\ \text{mV}$
$S = \Delta u / \Delta t = 20\ \text{mV}/0{,}01\ \text{ms} = \mathbf{2000\ V/s}$

Zweiseitige Impulse bestehen aus einer Vielzahl von Teilschwingungen mit Sinusform. Beim einseitigen Impuls hat die Grundschwingung die Frequenz von 0 Hz. *Einseitige Impulse* bestehen also aus einem Gleichwert und überlagerten Sinusschwingungen.

Je größer die Flankensteilheit sein soll, desto rascher muß der Impuls ansteigen oder abfallen. Je rascher aber der Impuls ansteigen soll, desto mehr Teilschwingungen sind zur Bildung des Impulses erforderlich. Zur Übertragung eines Impulses, z. B. durch einen Sender, ist also eine Vielzahl von Frequenzen erforderlich, ein sogenanntes *Frequenzband*.

Je steiler die zu übertragenden Impulse sein sollen, desto breiter ist das erforderliche Frequenzband.

Impulse werden z. B. zur Übertragung von Signalen in der Computertechnik verwendet oder zum Zünden von Thyristoren. Sie bilden einen wichtigen Teil des Fernsehsignals, mit dem der Gleichlauf (die Synchronisation) von Aufnahmekamera und Empfängerbild erreicht wird. Impulse können vor allem durch Kippschaltungen und Schwellwertschalter erzeugt werden.

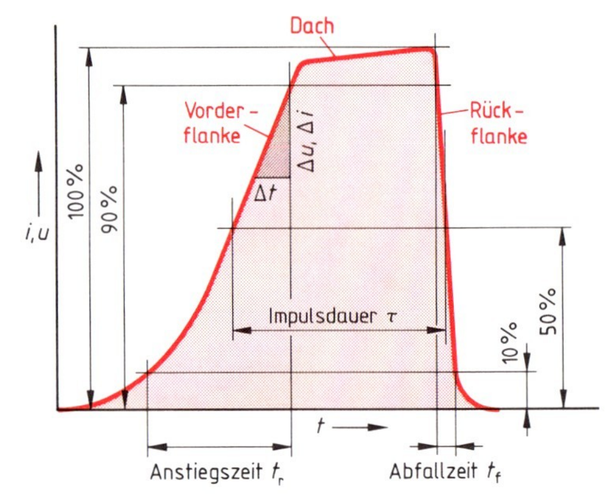

Bild 1: Benennungen beim Impuls

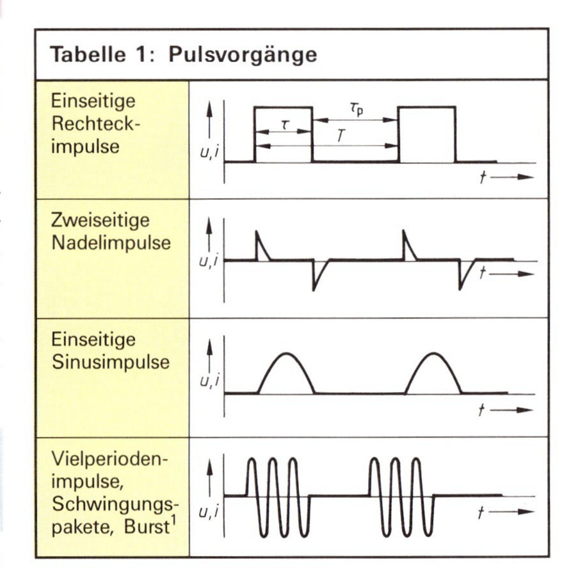

Tabelle 1: Pulsvorgänge	
Einseitige Rechteckimpulse	u,i; τ; T_p; T; t
Zweiseitige Nadelimpulse	u,i; t
Einseitige Sinusimpulse	u,i; t
Vielperiodenimpulse, Schwingungspakete, Burst[1]	u,i; t

S Flankensteilheit
Δu Spannungsdifferenz
Δt Zeitdifferenz

$$S = \frac{\Delta u}{\Delta t}$$

Wiederholungsfragen

1. **Welche Einheiten werden für die Frequenz verwendet?**
2. **Welches Formelzeichen verwendet man für den Maximalwert einer Wechselspannung?**
3. **Wie groß ist die Ausbreitungsgeschwindigkeit einer elektrischen Welle in einer zweiadrigen Leitung?**
4. **Aus welchen Schwingungen sind nichtsinusförmige Wechselgrößen zusammengesetzt?**
5. **Erklären Sie den Begriff Phasenverschiebung!**
6. **Was versteht man unter dem Crestfaktor?**
7. **Wie groß ist der Crestfaktor einer symmetrischen Rechteckwechselspannung?**
8. **Wie sind einseitige Impulse zusammengesetzt?**
9. **Welche Folge hat es, wenn steile Impulsflanken zu übertragen sind?**

[1] engl. to burst = platzen, bersten

1.7 Spannung und elektrisches Feld

1.7.1 Elektrisches Feld

Elektrisch geladene Körper üben eine Kraft aufeinander aus. Mit gleicher Polarität geladene Körper stoßen sich ab, mit ungleicher Polarität geladene Körper ziehen sich an. Zwischen den Körpern herrscht also ein Kraftfeld. Das Kraftfeld ist das *elektrische Feld*.

Zwischen den Platten in **Bild 1** befindet sich ein elektrisches Feld. Die Ursache ist die Spannung zwischen den Platten.

Jede elektrische Spannung erzeugt ein elektrisches Feld.

Wenn man zwei Metallplättchen nebeneinander legt, sie entgegengesetzt gepolt mit hoher Spannung auflädt und mit Kunststoffasern bestreut, so richten sich die Kunststoffasern entsprechend der Richtung der auf sie wirkenden Kraft aus. Sie ordnen sich so an, daß der Eindruck von elektrischen Feldlinien entsteht **(Bild 2)**. In Wirklichkeit stellen dagegen die Feldlinien nur eine nützliche Modellvorstellung des elektrischen Feldes dar. Auch zwischen den Feldlinien ist das elektrische Feld gleich wirksam.

Die Richtung der elektrischen Feldlinien ist gleich der Richtung der Kraft, die auf eine positive Punktladung ausgeübt wird. Die elektrischen Feldlinien beginnen an dem positiv geladenen Körper und enden an dem negativ geladenen Körper. Sie treten senkrecht aus der Oberfläche des positiv geladenen Körpers aus und senkrecht in die Oberfläche des negativ geladenen Körpers ein.

Das elektrische Feld ist zwischen parallelen Elektroden *homogen* (gleichförmig, Bild 2).

Die elektrische Feldstärke ist um so größer, je größer die Spannung zwischen den geladenen Körpern und je kleiner der Abstand der geladenen Körper voneinander ist.

Im homogenen elektrischen Feld ist die Feldstärke überall gleich groß.

Die Kraft auf einen geladenen Körper im elektrischen Feld ist um so größer, je größer die Feldstärke und die Ladung des Körpers sind.

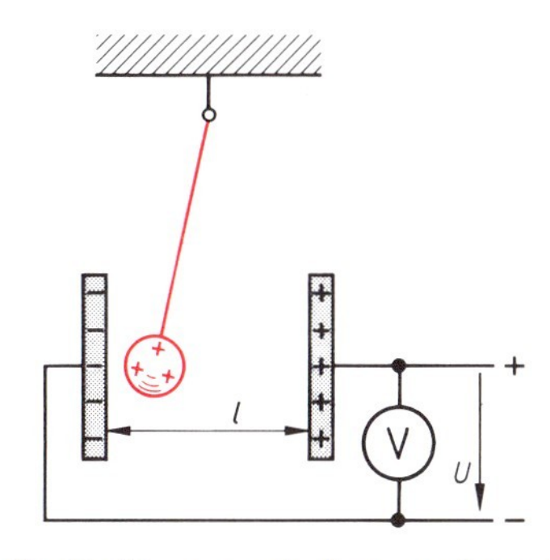

Bild 1: Kraftwirkung zwischen zwei parallelen Platten

Bild 2: Elektrische Felder

E elektrische Feldstärke
U Spannung zwischen den geladenen Körpern
l Abstand der geladenen Körper voneinander
F Kraft auf einen geladenen Körper
Q Ladung des Körpers

Bei homogenem Feld:

$[E] = \text{V/m}$

$$E = \frac{U}{l}$$

$[E] = \text{V/m} = \text{N/C}$ $\quad E = \frac{F}{Q}$

$$F = E \cdot Q$$

Beispiel:

Zwei parallele Metallplatten liegen an einer Spannung $U = 500$ V. Ihr Abstand ist $l = 2$ mm. Wie groß ist die elektrische Feldstärke zwischen den Platten?

Lösung:

$E = \frac{U}{l} = \frac{500\ \text{V}}{2\ \text{mm}} = 250\ \frac{\text{V}}{\text{mm}} = \mathbf{250\,000\ \frac{V}{m}}$

Legt man ein Metallplättchen zwischen zwei parallele Metallstreifen, lädt die Streifen entgegengesetzt elektrisch auf und bestreut die Umgebung der Streifen und des Plättchens mit Kunststofffasern, so beobachtet man eine Verformung der elektrischen Feldlinien zwischen den Streifen **(Bild 1)**. Einige Feldlinien verlaufen gekrümmt und treten in das Plättchen ein bzw. aus dem Plättchen aus.

Das Plättchen wird elektrisch geladen. Dabei wird die Seite des Plättchens, die dem negativ geladenen Streifen zugekehrt ist, positiv geladen, die gegenüberliegende Seite negativ.

Bild 1: Influenz

Die unter dem Einfluß eines elektrischen Feldes in einem Körper auftretende Ladungsverschiebung bezeichnet man als Influenz[1].

Die freien Elektronen des Plättchens werden durch die Kraft im elektrischen Feld entgegengesetzt zur Richtung des elektrischen Feldes bewegt. Im Innern des Plättchens überlagert sich dem elektrischen Feld, das von den Ladungen der Streifen hervorgerufen wird, ein elektrisches Feld, das von den Ladungen des Plättchens herrührt. Beide Felder sind gleich groß, haben aber entgegengesetzte Richtung. Im Innern des Plättchens heben sich ihre Wirkungen auf.

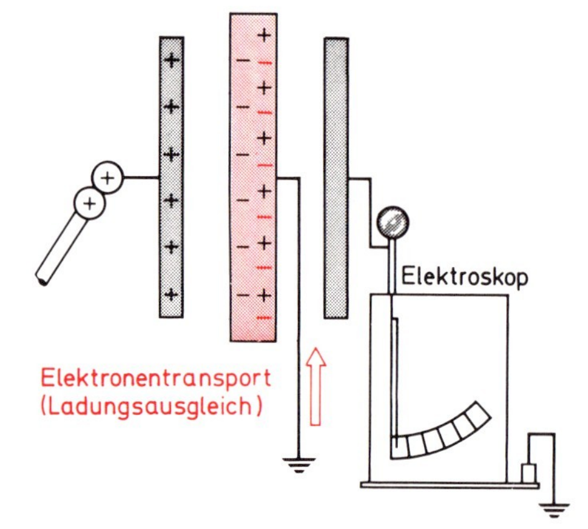

Bild 2: Abschirmung elektrischer Felder

Abschirmung elektrischer Felder

Versuch 1: Schieben Sie zwischen zwei gleich große parallele Metallplatten eine dritte Metallplatte, die etwas größer ist! Die Metallplatten dürfen sich nicht berühren. Schließen Sie an die eine äußere Platte ein Elektroskop an, dessen Gehäuse geerdet ist! Laden Sie die andere äußere Platte elektrisch auf **(Bild 2)**!

Das Elektroskop zeigt eine Ladung der Platte an.

Auf der Platte entsteht durch Influenz eine Ladung.

Versuch 2: Erden Sie die mittlere Platte, und wiederholen Sie den Versuch!

Das Elektroskop zeigt keine Ladung an.

Die *geerdete* Platte schirmt die Metallplatten voneinander elektrisch ab.

In der geerdeten Platte erfolgt durch Influenz eine Ladungstrennung. Die Fläche der Platte, die der geladenen Metallplatte zugekehrt ist, wird gegenüber dieser entgegengesetzt elektrisch geladen. Die Ladung der gegenüberliegenden Fläche der Platte wird über die Erdungsleitung ausgeglichen (Bild 2).

Elektrische Felder werden durch geerdete Metallflächen, Drahtgitter oder Drahtgeflechte abgeschirmt.

Die *Abschirmung* elektrischer Felder ermöglicht es, die Bauelemente in elektronischen Geräten sehr eng zusammenzubauen, ohne daß sie sich gegenseitig beeinflussen.

Wiederholungsfragen

1. **Welche Richtung haben die elektrischen Feldlinien?**
2. **Wodurch wird ein elektrisches Feld hervorgerufen?**
3. **Wovon hängt die elektrische Feldstärke ab?**
4. **Was versteht man unter Influenz?**
5. **Wodurch können elektrische Felder abgeschirmt werden?**

[1] lat. influere = eindringen, hineinfließen

1.7.2 Kondensator

Ein Kondensator[1] besteht grundsätzlich aus zwei Leiterplatten, zwischen denen sich ein Isolierstoff befindet.

Versuch 1: Schließen Sie zwei gleich große, parallele Metallplatten, die einen Abstand von etwa 5 mm voneinander haben, über einen empfindlichen Strommesser mit Nullstellung des Zeigers in Skalenmitte und einen Schalter an eine Gleichspannung von 500 V an **(Bild 1)**! Verwenden Sie einen Strommesser mit Mikroampere-Meßbereich! Schließen Sie den Stromkreis, und beobachten Sie die Meßgrößenanzeige!

Der Zeiger des Meßinstrumentes schlägt beim Schließen des Stromkreises kurzzeitig aus und geht dann in die Nullstellung zurück.

Beim Schließen des Stromkreises fließt kurzzeitig ein Ladestrom. Dabei fließen Elektronen auf die eine Platte, während gleich viel Elektronen von der anderen Platte abfließen. Beide Platten sind nun entgegengesetzt elektrisch geladen.

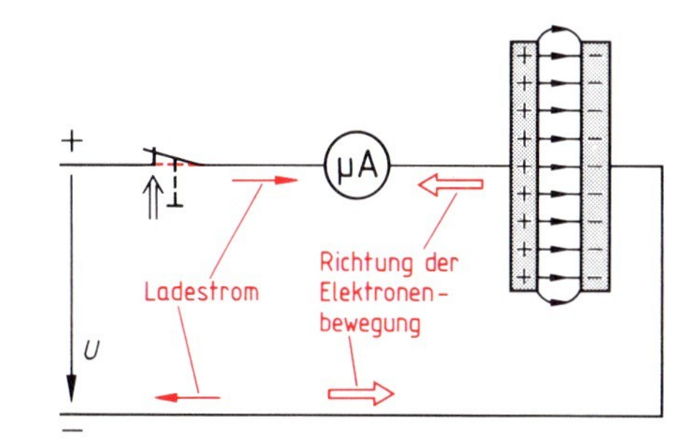

Bild 1: Laden der Metallplatten

Dielektrikum

Versuch 2: Wiederholen Sie Versuch 1! Schieben Sie zwischen die Metallplatten eine Isolierstoffplatte, z. B. Glas oder Hartpapier, und entfernen Sie sie wieder **(Bild 2)**! Beobachten Sie dabei den Zeigerausschlag des Meßinstrumentes!

Wird die Isolierstoffplatte zwischen die Metallplatten geschoben, so schlägt der Zeiger des Meßinstrumentes kurzzeitig in die gleiche Richtung aus wie beim Laden der Metallplatten. Entfernt man die Isolierstoffplatte, so schlägt der Zeiger des Meßinstrumentes kurzzeitig in die entgegengesetzte Richtung aus.

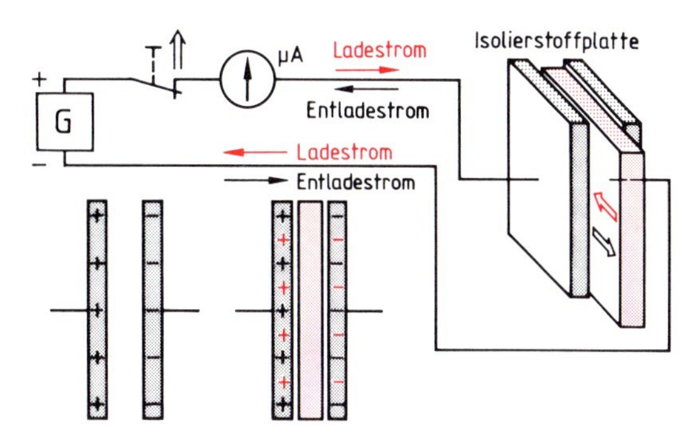

Bild 2: Veränderung der Ladung der Metallplatten durch eine Isolierstoffplatte

Wird die Isolierstoffplatte zwischen die beiden Metallplatten geschoben, so werden die Platten stärker aufgeladen. Wird die Isolierstoffplatte entfernt, so fließt die zusätzliche Ladung von den Metallplatten wieder ab. Die Metallplatten haben danach die ursprüngliche Ladung. Durch den Isolierstoff, das *Dielektrikum*[2] (Mehrzahl: Dielektrika), wird die Ladung auf den Platten des Kondensators verdichtet. Auf der Oberfläche des Dielektrikums entsteht eine Ladung, deren Polarität der anliegenden Kondensatorplatte entgegengesetzt ist. Dadurch können die Kondensatorplatten mehr Ladung aufnehmen **(Bild 3)**.

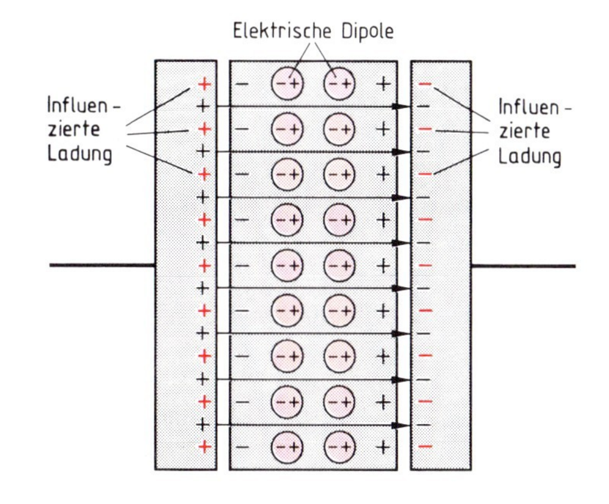

Bild 3: Vorgänge im Dielektrikum

Dielektrische Polarisation

Bringt man einen Isolierstoff in ein elektrisches Feld, so wird auf die Ladungsträger im Isolierstoff eine Kraft ausgeübt, die eine Bewegung der Ladungen zur Folge hat. Es bilden sich *elektrische Dipole*, die im elektrischen Feld ausgerichtet werden (Bild 3). Diesen Vorgang nennt man *dielektrische Polarisation*.

[1] lat. condensus = dicht gedrängt

[2] sprich: Di-elektrikum von lat. di- = zwei, zweifach und lat. elektrikum = Elektrizität

Tabelle 1: Polarisationsarten (schematisch)

Art	Elektronenpolarisation	Ionenpolarisation	Dipolpolarisation
ohne elektrisches Feld	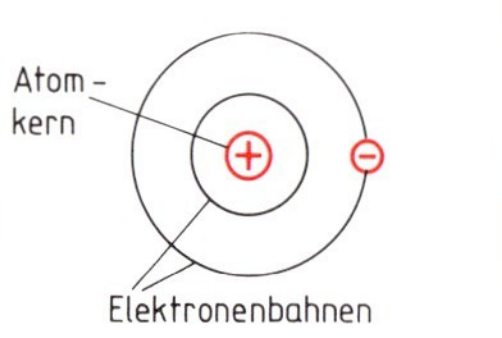 Atomkern, Elektronenbahnen	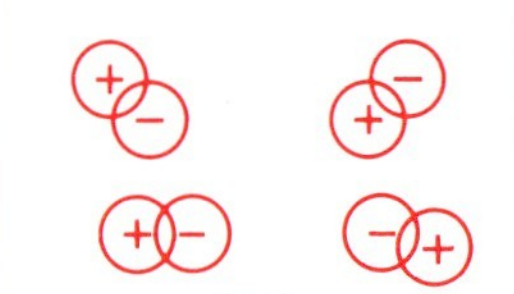 Ionen	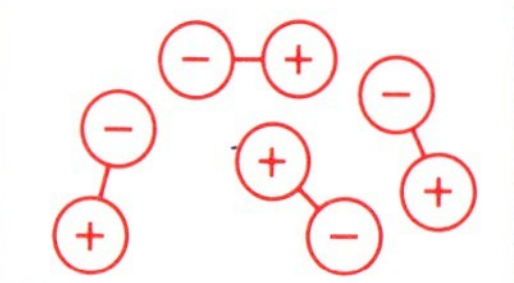 Dipole
mit elektrischem Feld	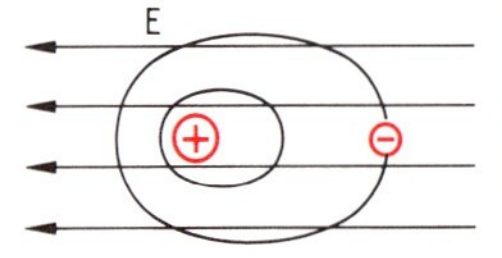 E, Elektrische Feldlinien	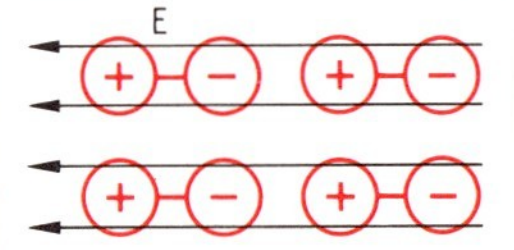 E	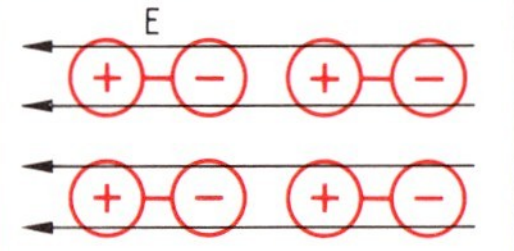 E

Die dielektrische Polarisation ist der elektrischen Feldstärke proportional.

Bei der Elektronenpolarisation verschieben sich durch die Kraftwirkung im elektrischen Feld die Elektronenbahnen um die Atomkerne **(Tabelle 1)**. Diese Polarisation tritt bei allen Isolierstoffen auf.

Bei einigen Isolierstoffen, z. B. Keramik, Glas, Glimmer, Porzellan, tritt Ionenpolarisation auf. Hierbei verschieben sich die Ionen im Isolierstoff. Manche Isolierstoffe, z. B. einige Kunststoffe und Wasser, besitzen von Natur aus schon elektrische Dipole, die sich durch die Kraftwirkung im elektrischen Feld ausrichten. Diese Polarisation nennt man Dipolpolarisation. Im Isolierstoff fließt dabei kurzzeitig ein Strom, der *Verschiebungsstrom*. Auf der Oberfläche des Isolierstoffes entsteht im elektrischen Feld eine Ladung.

Ferroelektrika sind z. B. keramische Werkstoffe mit sehr großer Polarisation. Die elektrischen Dipole richten sich im elektrischen Feld aus und behalten ihre Richtung auch nach dem Entfernen des Feldes bei **(Bild 1)**. Die Polarisation verschwindet erst bei einer bestimmten entgegengesetzt gerichteten Feldstärke. Bei Vergrößerung der elektrischen Feldstärke in dieser Richtung erfolgt die Polarisation nun in umgekehrter Richtung wie vorher (Bild 1).

Elektrete sind Ferroelektrika, deren Polarisation besonders beständig ist. Man verwendet sie z. B. in Mikrofonen und Kopfhörern. Die fest ausgerichteten Dipole wirken dabei wie eine elektrische Vorspannung.

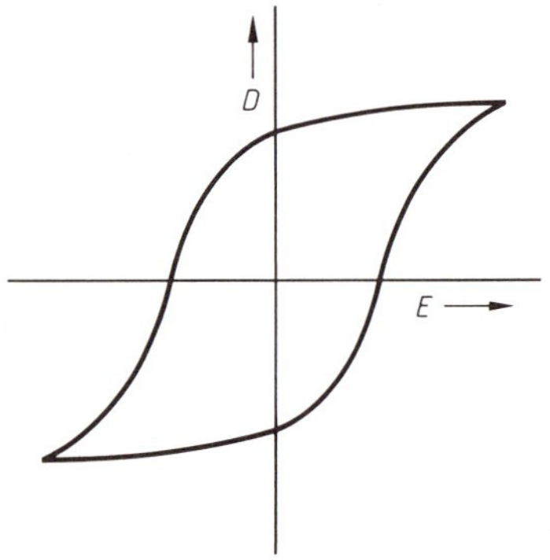

Bild 1: Dielektrische Hystereseschleife

Elektrostriktion nennt man die elastische Verformung dielektrischer Werkstoffe im elektrischen Feld. Durch die dielektrische Polarisation liegen sich die positiven und die negativen Pole der Moleküle gegenüber und ziehen sich an bzw. stoßen sich ab. Dabei ist die Längenänderung quer zur Polarisationsrichtung entgegengesetzt zur Längenänderung in Richtung der Polarisation. Das Volumen des Stoffes bleibt etwa gleich groß.

Permittivität

Die Permittivität[1] ist das Produkt aus elektrischer Feldkonstante und Permittivitätszahl. Die Permittivitätszahl eines Isolierstoffes gibt an, wievielmal größer die elektrische Flußdichte wird, wenn statt Vakuum (Luft) der Isolierstoff als Dielektrikum ver-

[1] lat. permittere = durchdringen

wendet wird **(Tabelle 1)**. Die Permittivitätszahl ändert sich meist mit der elektrischen Feldstärke. Ist sie unabhängig von der Feldstärke, nennt man sie auch *Dielektrizitätszahl*.

Multipliziert man die elektrische Feldkonstante mit der Permittivitätszahl, so erhält man die Permittivität des Dielektrikums.

Besteht das Dielektrikum, z. B. die Isolation zwischen zwei Elektroden, aus verschiedenen Werkstoffschichten, so hängt die elektrische Feldstärke in der Werkstoffschicht von den Permittivitätszahlen ab. Der elektrische Fluß, und bei gleichem Querschnitt auch die elektrische Flußdichte, sind bei den einzelnen Werkstoffschichten gleich groß.

In einer geschichteten Isolierung verhalten sich die elektrischen Feldstärken umgekehrt proportional wie die Permittivitätszahlen.

In der Isolierstoffschicht mit der kleineren Permittivitätszahl ist die größere elektrische Feldstärke.

Elektrische Durchschlagfestigkeit ist die kleinste elektrische Feldstärke, die in einem homogenen elektrischen Feld Durchschlag bewirkt **(Tabelle 2)**. Sie ist um so kleiner, je größer die Schichtdicke und je höher die Temperatur sind. Die Durchschlagfestigkeit wird in kV/mm angegeben.

Beispiel 1:

Polystyrol hat die Permittivitätszahl 2,5. Wie groß ist die elektrische Flußdichte bei einer elektrischen Feldstärke von 3000 kV/m?

Lösung:

$D = \varepsilon_0 \cdot \varepsilon_r \cdot E = 8{,}85\ \text{pC/(Vm)} \cdot 2{,}5 \cdot 3000\ \text{kV/m}$
$= \mathbf{66{,}4\ \mu C/m^2}$

Beispiel 2:

Ein geschichteter Isolierstoff besteht aus Hartpapier, Permittivitätszahl 4, und Glimmer, Permittivitätszahl 8. Wie verhält sich die elektrische Feldstärke im Hartpapier zur elektrischen Feldstärke im Glimmer?

Lösung:

$E_1 / E_2 = \varepsilon_{r2} / \varepsilon_{r1} = 8/4 = \mathbf{2/1}$

Die elektrische Feldstärke im Hartpapier ist doppelt so groß wie die elektrische Feldstärke im Glimmer.

Tabelle 1: Permittivitätszahlen ε_r

Werkstoff	ε_r
Aluminiumoxid	6... 9
Glas	5...16
Glimmer	6... 8
Hartpapier	4
Keramische Masse	10...50 000
Polystyrol	2,5
Quarz	2...4
Tantalpentoxid	26
Transformatorenöl	2,2...2,4
Zellulosepapier	4

Tabelle 2: Durchschlagfestigkeit von Isolierstoffen

Isolierstoff	Durchschlagfestigkeit kV/mm
Transformatorenöl	15...25
Polystyrol	60
Hartpapier	10...20
Hartporzellan	35
Glimmer	60...200
Luft	24

Die Werte gelten für 20 °C.

ε_r Permittivitätszahl
D elektrische Flußdichte im Dielektrikum
D_0 elektrische Flußdichte im Vakuum

$$D = \varepsilon_r \cdot D_0$$

$$\varepsilon_r = \frac{D}{D_0}$$

ε Permittivität des Dielektrikums
ε_0 elektrische Feldkonstante
ε_r Permittivitätszahl

$$\varepsilon = \varepsilon_0 \cdot \varepsilon_r$$

D, D_0, D_1, D_2 elektrische Flußdichten
$\varepsilon_r, \varepsilon_{r1}, \varepsilon_{r2}$ Permittivitätszahlen
ε_0 elektrische Feldkonstante
E, E_1, E_2 elektrische Feldstärken

$D = \varepsilon_r \cdot D_0$ und $D_0 = \varepsilon_0 \cdot E \Rightarrow$

$$D = \varepsilon_0 \cdot \varepsilon_r \cdot E$$

$D_1 = \varepsilon_0 \cdot \varepsilon_{r1} \cdot E_1$ und $D_2 = \varepsilon_0 \cdot \varepsilon_{r2} \cdot E_2$
$D_1 = D_2 \Rightarrow \varepsilon_0 \cdot \varepsilon_{r1} \cdot E_1 = \varepsilon_0 \cdot \varepsilon_{r2} \cdot E_2$

$$\frac{E_1}{E_2} = \frac{\varepsilon_{r2}}{\varepsilon_{r1}}$$

Kapazität

Versuch 1: Schließen Sie einen Plattenkondensator (Dielektrikum z. B. Hartpapier oder Acrylglas) über einen empfindlichen Strommesser mit Nullstellung des Zeigers in Skalenmitte und einen Umschalter an eine Gleichspannung von 500 V an **(Bild 1)**! Verwenden Sie einen Strommesser mit Mikroampere-Meßbereich oder ein Galvanometer! Schalten Sie parallel zu dem Kondensator ein Elektroskop! Schließen Sie den Stromkreis, und trennen Sie dann den Kondensator mit Hilfe des Umschalters vom Gleichspannungserzeuger!

Beim Schließen des Stromkreises zeigt der Strommesser durch einen kurzzeitigen Zeigerausschlag einen Ladestrom an. Das Elektroskop zeigt Ladung an.

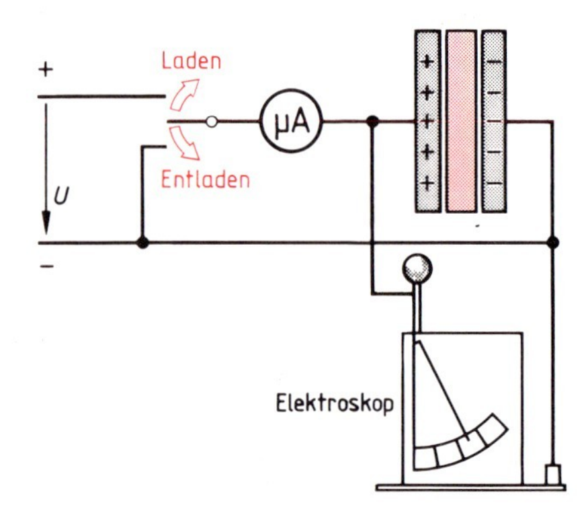

Bild 1: Speichervermögen des Kondensators

Die Ladung auf den Kondensatorplatten bleibt auch nach dem Trennen des Kondensators vom Gleichspannungserzeuger erhalten.

Der Kondensator kann elektrische Ladung speichern.

Q Ladung
C Kapazität
U Spannung

$$Q = C \cdot U$$

$$C = \frac{Q}{U}$$

$$[C] = \frac{\text{As}}{\text{V}} = \text{F}$$

Das Fassungsvermögen der Kondensatoren für elektrische Ladung ist bei gleich hoher Spannung verschieden. Man nennt die Ladung je Volt angelegter Spannung die *Kapazität*[1] des Kondensators (Formelzeichen C). Die Einheit der Kapazität ist also die Amperesekunde je Volt (As/V). Diese Einheit hat den besonderen Einheitennamen *Farad*[2] (Einheitenzeichen F).

I Ladestromstärke, Entladestromstärke
C Kapazität
ΔU Spannungsänderung
Δt Zeit, in der die Spannungsänderung erfolgt

$$I = C \cdot \frac{\Delta U}{\Delta t}$$

Versuch 2: Schließen Sie einen Kondensator von 2 μF über einen Ladungsmesser mit Nullstellung des Zeigers in Skalenmitte und einen Umschalter an eine Gleichspannung von 20 V an! Schließen Sie den Stromkreis, und beobachten Sie den Zeigerausschlag des Instrumentes! Entladen Sie den Kondensator durch Kurzschließen von Kondensator und Ladungsmesser mit Hilfe des Umschalters! Wiederholen Sie den Versuch bei 40 V und 60 V!

Der Zeigerausschlag des Ladungsmessers ist bei 40 V doppelt, bei 60 V dreimal so groß wie bei 20 V.

Die Ladung eines Kondensators ist um so größer, je größer seine Kapazität und je höher die angelegte Spannung ist.

Beispiel 1:
Wie groß ist die Ladung eines Kondensators von 16 μF, wenn er an eine Gleichspannung von 300 V gelegt wird?

Lösung:
$Q = C \cdot U = 16 \cdot 10^{-6}\ \text{F} \cdot 300\ \text{V} = 48 \cdot 10^{-4}\ \text{C}$
$= \mathbf{4{,}8\ mC}$

Jede Spannungserhöhung hat einen Ladestrom, jede Spannungserniedrigung einen Entladestrom zur Folge. Die Stromstärke ist um so größer, je größer die Kapazität und die Spannungsänderung und je kleiner die dafür benötigte Zeit sind.

Beispiel 2:
An einem Kondensator von 1 μF erhöht sich die Spannung gleichmäßig in 5 ms um 100 V. Wie groß ist die mittlere Ladestromstärke?

Lösung:
$I = C \cdot \Delta U / \Delta t = 1\ \mu\text{F} \cdot 100\ \text{V}/5\ \text{ms} = \mathbf{20\ mA}$

Ein Kondensator hat die Kapazität 1 Farad, wenn der Ladestrom 1 Ampere in 1 Sekunde an ihm die Spannung um 1 Volt erhöht.

Kondensatoren, die an Spannungen angeschlossen waren, sind vor Arbeitsaufnahme oder nach einem Versuch zu entladen.

Größere Kondensatoren müssen über einen Widerstand entladen werden.

[1] Kapazität = Aufnahmevermögen, Fassungsvermögen; [2] Faraday, englischer Physiker, 1791 bis 1867

Berechnung der Kapazität eines Plattenkondensators

Versuch 1: Schließen Sie einen Plattenkondensator mit einer Plattengröße von etwa 200 cm^2 und Hartpapier oder Acrylglas als Dielektrikum über einen empfindlichen Strommesser mit Nullstellung des Zeigers in Skalenmitte und einen Umschalter an eine Gleichspannung von 500 V an! Schließen Sie den Stromkreis! Schließen Sie dann Kondensator und Instrument mit Hilfe des Umschalters kurz! Beobachten Sie den Zeigerausschlag des Meßinstrumentes! Wiederholen Sie den Versuch mit doppelt so großen Platten!

Der Zeigerausschlag des Strommessers ist bei doppelt so großen Platten doppelt so groß.

Die Ladung und die Kapazität eines Kondensators sind bei gleicher Spannung um so größer, je größer die *geladene* Oberfläche der Platten ist.

Versuch 2: Schließen Sie einen Plattenkondensator, dessen Plattenabstand veränderbar ist, über einen Schalter an eine Gleichspannung von 500 V an! Schalten Sie parallel zum Kondensator ein Elektroskop! Schließen Sie den Stromkreis, und trennen Sie dann den Kondensator mit Hilfe des Schalters von dem Spannungserzeuger! Vergrößern Sie nun den Plattenabstand, und beobachten Sie den Zeigerausschlag des Elektroskops!

Der Zeigerausschlag des Elektroskops wird bei Vergrößerung des Plattenabstandes größer.

Die zum Festhalten der Ladung erforderliche Spannung zwischen den Kondensatorplatten ist um so größer, je größer der Plattenabstand ist. Somit ist die Kapazität eines Kondensators um so kleiner, je größer der Abstand der Kondensatorplatten voneinander ist.

Die Kapazität eines Plattenkondensators ist um so größer, je größer die geladene Plattenoberfläche, je kleiner der Plattenabstand und je größer die Permittivitätszahl ist.

Beispiel 1:
Ein Plattenkondensator besteht aus zwei Platten mit je 200 cm^2 Fläche. Der Plattenabstand beträgt 2 mm. Welche Kapazität hat der Kondensator, wenn das Dielektrikum Hartpapier ($\varepsilon_r = 4$) ist?

Lösung:

$$C = \frac{\varepsilon_0 \cdot \varepsilon_r \cdot A}{l} = \frac{8{,}85\,\frac{\text{pAs}}{\text{Vm}} \cdot 4 \cdot 200\ \text{cm}^2}{2\ \text{mm}} = \mathbf{354\ pF}$$

Energie des elektrischen Feldes im Kondensator

Der Kondensator nimmt beim Laden elektrische Energie auf. Diese Energie ist beim verlustfreien Kondensator im elektrischen Feld gespeichert.

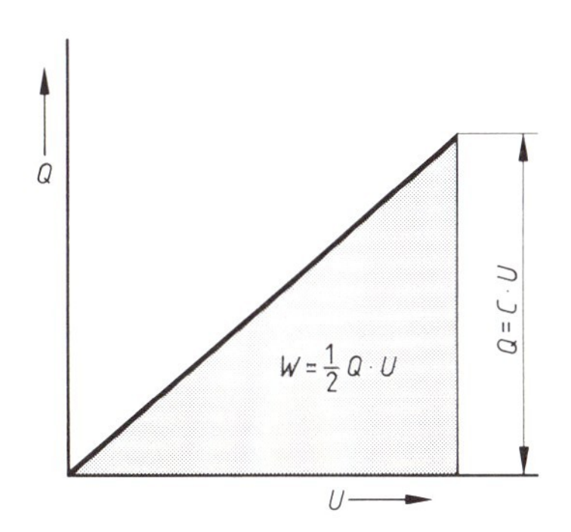

Bild 1: Ladekurve des Kondensators

C Kapazität
A gleichartig geladene Plattenoberfläche
l Plattenabstand
ε_r Permittivitätszahl
ε_0 elektrische Feldkonstante
W elektrische Energie
Q Ladung
U Spannung

Beim Plattenkondensator:

$$C = \frac{\varepsilon_0 \cdot \varepsilon_r \cdot A}{l}$$

$$W = \frac{1}{2} \cdot Q \cdot U; \quad Q = C \cdot U$$

$$W = \frac{1}{2} \cdot C \cdot U^2$$

Ein Kondensator kann elektrische Energie speichern.

Beim Entladen wird das elektrische Feld abgebaut, die elektrische Energie wieder abgegeben. Die Energie kann als Fläche unter der Ladekurve des Kondensators dargestellt werden **(Bild 1)**.

Beispiel 2:
Ein Kondensator von 1 µF liegt an einer Gleichspannung von 1000 V. Wie groß ist die im elektrischen Feld gespeicherte Energie?

Lösung:

$$W = \frac{1}{2} \cdot C \cdot U^2 = \frac{1}{2} \cdot 1\,\frac{\mu\text{As}}{\text{V}} \cdot (1000\ \text{V})^2 = 0{,}5\ \text{VAs}$$
$$= \mathbf{0{,}5\ Ws}$$

Wiederholungsfragen

1. **Wie verändert sich die Ladung auf den Kondensatorplatten durch das Dielektrikum?**
2. **Was gibt die Permittivitätszahl an?**
3. **Wovon hängt die Ladung eines Kondensators ab?**
4. **Wie ist die Einheit 1 Farad festgelegt?**
5. **Wo ist die elektrische Energie beim verlustfreien Kondensator gespeichert?**

1.7.3 Schaltungen von Kondensatoren

Reihenschaltung

Bei der Reihenschaltung von Kondensatoren ist die Ladung kleiner als bei einem einzelnen Kondensator der Schaltung, der an der Gesamtspannung liegen würde, weil in der Reihenschaltung nur die kleinere Teilspannung am Kondensator liegt.

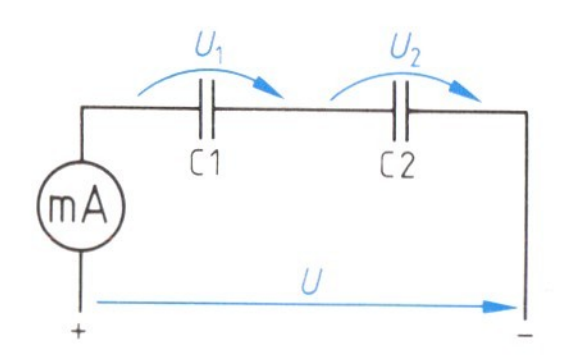

Bild 1: Reihenschaltung von Kondensatoren

Die Ersatzkapazität ist bei der Reihenschaltung stets kleiner als die kleinste Einzelkapazität.

Die Ladungen der in Reihe geschalteten Kondensatoren sind gleich groß. Die Summe der Spannungen an den Kondensatoren ist so groß wie die Gesamtspannung $U = U_1 + U_2$ **(Bild 1)**. Die Spannungen an den Kondensatoren müssen also den Kapazitäten umgekehrt proportional sein, damit die Kondensatoren die gleiche Ladung aufnehmen.

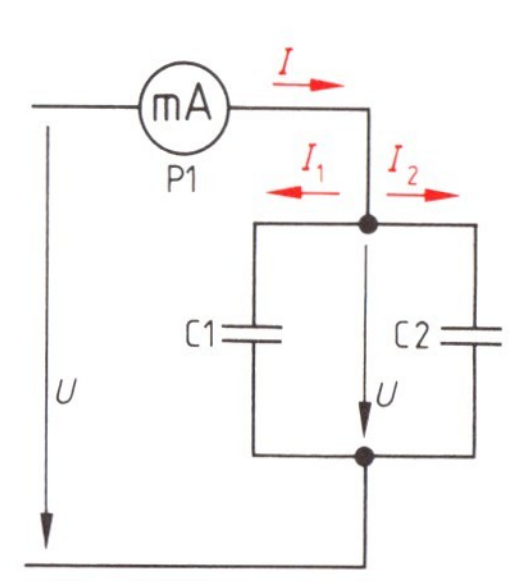

Bild 2: Parallelschaltung von Kondensatoren

Der Kehrwert der Ersatzkapazität ist bei der Reihenschaltung gleich der Summe der Kehrwerte der Einzelkapazitäten.

C Ersatzkapazität
C_1, C_2 Einzelkapazitäten

Bei Reihenschaltung:

$$\frac{1}{C} = \frac{1}{C_1} + \frac{1}{C_2} + \ldots$$

Bei zwei Kondensatoren in Reihe:

$$C = \frac{C_1 \cdot C_2}{C_1 + C_2}$$

Bei Parallelschaltung:

$$C = C_1 + C_2 + \ldots$$

Beispiel 1:
Zwei Kondensatoren von 270 pF und 470 pF sind in Reihe geschaltet. Wie groß ist die Ersatzkapazität?

Lösung:

$$C = \frac{C_1 \cdot C_2}{C_1 + C_2} = \frac{270\ \text{pF} \cdot 470\ \text{pF}}{270\ \text{pF} + 470\ \text{pF}} = \mathbf{171{,}5\ pF}$$

Beispiel 2:
Durch Reihenschaltung von zwei Kondensatoren soll eine Kapazität von 248 pF erreicht werden. Ein Kondensator hat die Kapazität $C_1 = 680$ pF. Wie groß muß die Kapazität des zweiten Kondensators sein?

Lösung:

$$\frac{1}{C} = \frac{1}{C_1} + \frac{1}{C_2} \Rightarrow \frac{1}{C_2} = \frac{1}{C} - \frac{1}{C_1} \Rightarrow$$

$$C_2 = \frac{C \cdot C_1}{C_1 - C} = \frac{248\ \text{pF} \cdot 680\ \text{pF}}{680\ \text{pF} - 248\ \text{pF}} = \mathbf{390\ pF}$$

Parallelschaltung

Bei der Parallelschaltung von Kondensatoren ist die Ladung und somit die Ersatzkapazität größer als bei einem einzelnen Kondensator der Schaltung.

An den Kondensatoren liegt dieselbe Spannung. Die Gesamtladung ist so groß wie die Summe der Ladungen der Kondensatoren, also $Q = Q_1 + Q_2$. Die Kapazitäten sind aber den Ladungen verhältnisgleich, also $C = C_1 + C_2$ **(Bild 2)**.

Die Ersatzkapazität ist bei der Parallelschaltung gleich der Summe der Einzelkapazitäten.

Beispiel 3:
Drei Kondensatoren von 470 pF, 270 pF und 68 pF sind parallelgeschaltet. Wie groß ist die Ersatzkapazität?

Lösung:

$C = C_1 + C_2 + C_3 = 470\ \text{pF} + 270\ \text{pF} + 68\ \text{pF} = \mathbf{808\ pF}$

Gemischte Schaltungen von Kondensatoren führt man durch Berechnung der Ersatzkapazitäten der einzelnen Schaltungszweige auf eine Reihenschaltung oder eine Parallelschaltung zurück.

1.7.4 Kondensator im Gleichstromkreis

Schließt man einen Kondensator an eine Gleichspannung an, so fließt kurzzeitig ein *Ladestrom*. Sobald der Kondensator geladen ist, fließt kein Strom mehr.

Der geladene Kondensator sperrt Gleichstrom.

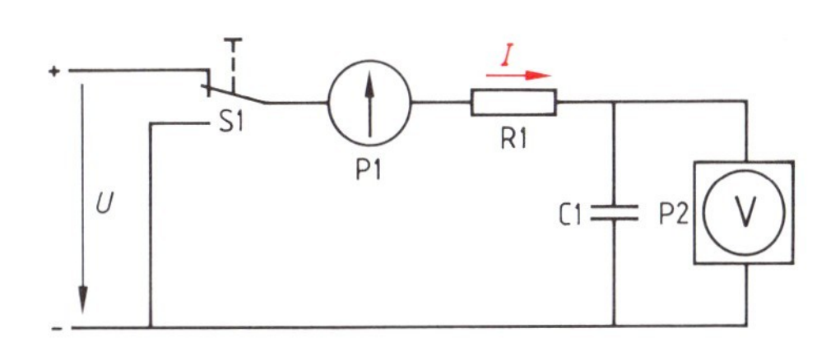

Bild 1: Versuchsschaltung

Zeitkonstante

Versuch 1: Schließen Sie einen Kondensator von 4 µF in Reihe mit einem Widerstand von 500 kΩ über einen Strommesser und einen Umschalter an eine Gleichspannung von 100 V an **(Bild 1)**! Verwenden Sie einen Strommesser mit Milliampere-Meßbereich und Nullstellung des Zeigers in Skalenmitte! Messen Sie die Kondensatorspannung mit einem hochohmigen elektronischen Spannungsmesser! Schließen Sie den Stromkreis, und beobachten Sie die Anzeigen der Meßinstrumente! Entladen Sie dann den Kondensator über den Widerstand und den Strommesser!

Der Zeiger des Strommessers schlägt aus und geht langsam in die Nullstellung zurück. Gleichzeitig wächst die Spannung am Kondensator erst rasch, dann immer langsamer auf den Endwert an. Beim Entladen schlägt der Zeiger des Strommessers in entgegengesetzter Richtung aus und geht langsam in die Nullstellung zurück. Gleichzeitig fällt die Spannung am Kondensator erst rasch, dann immer langsamer auf Null ab **(Bild 2)**.

Versuch 2: Wiederholen Sie Versuch 1 mit einem Vorwiderstand von 1 MΩ und anschließend mit einem Kondensator von 8 µF!

Die Bewegungen des Zeigers der Meßinstrumente sind jeweils langsamer.

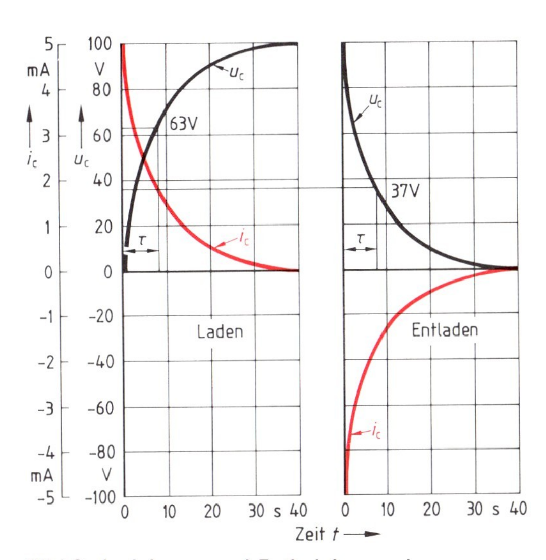

Bild 2: Ladekurve und Entladekurve eines Kondensators mit Vorwiderstand

Aufladezeit und Entladezeit eines Kondensators sind um so länger, je größer Vorwiderstand und Kapazität sind.

Das Produkt aus Widerstand und Kapazität nennt man *Zeitkonstante* τ[1].

Die Zeitkonstante gibt die Zeit an, in der die Kondensatorspannung beim Laden 63% der Endspannung, beim Entladen 37% der Anfangsspannung erreicht (Bild 2). Ladung oder Entladung sind nach 5 τ annähernd beendet.

Beispiel 1:

Ein Kondensator von 470 pF wird über einen Vorwiderstand von 100 kΩ an eine Gleichspannung angeschlossen. Wie groß ist die Zeitkonstante?

Lösung:

$\tau = R \cdot C = 100\ \text{k}\Omega \cdot 470\ \text{pF} = \mathbf{47\ \mu s}$

Der Anfangsstrom wird beim Laden und beim Entladen nur von den Widerständen im Stromkreis begrenzt.

τ Zeitkonstante
R Widerstand
C Kapazität

$$\tau = R \cdot C$$

$$[\tau] = \Omega \cdot \text{F} = \frac{\text{V}}{\text{A}} \cdot \frac{\text{As}}{\text{V}} = \text{s}$$

u_C Spannung am Kondensator
U_0 Spannung des Spannungserzeugers, Spannung des geladenen Kondensators
t Zeit
τ Zeitkonstante
i_C Ladestromstärke, Entladestromstärke
I_0 Anfangsstromstärke
R Widerstand im Stromkreis
$\exp(-t/\tau)$ ist die genormte Schreibweise von $e^{-t/\tau}$

Beim Laden:

$$u_C = U_0 \cdot [1 - \exp(-t/\tau)]$$

$$i_C = I_0 \cdot \exp(-t/\tau)$$

Beim Entladen:

$$u_C = U_0 \cdot \exp(-t/\tau)$$

$$i_C = -I_0 \cdot \exp(-t/\tau)$$

$$I_0 = \frac{U_0}{R}$$

[1] τ griech. Kleinbuchstabe tau

Beispiel 2:

Ein Kondensator von 22 nF wird über einen Widerstand von 10 kΩ an eine Gleichspannung von 24 V gelegt. Wie groß ist die Spannung am Kondensator nach 300 µs?

Lösung:

$\tau = R \cdot C = 22\ \text{nF} \cdot 10\ \text{k}\Omega = 220\ \mu\text{s}$

$u_C = U_0 \cdot [1 - \exp(-t/\tau)]$
$= 24\ \text{V} \cdot [1 - \exp(-300\ \mu\text{s}/220\ \mu\text{s})]$
$= 24\ \text{V} \cdot (1 - 0{,}26) = \mathbf{17{,}76\ V}$

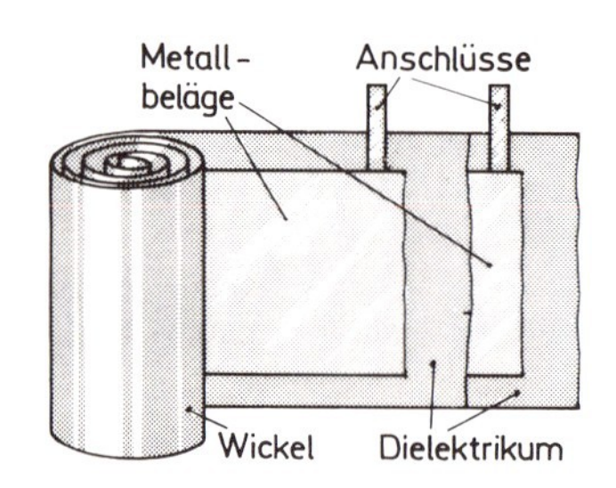

Bild 1: Aufbau eines Wickelkondensators

Wiederholungsfragen

1. **Wie berechnet man die Ersatzkapazität bei der Reihenschaltung von Kondensatoren?**
2. **Wie berechnet man die Ersatzkapazität bei der Parallelschaltung von Kondensatoren?**
3. **Was versteht man unter der Zeitkonstanten?**

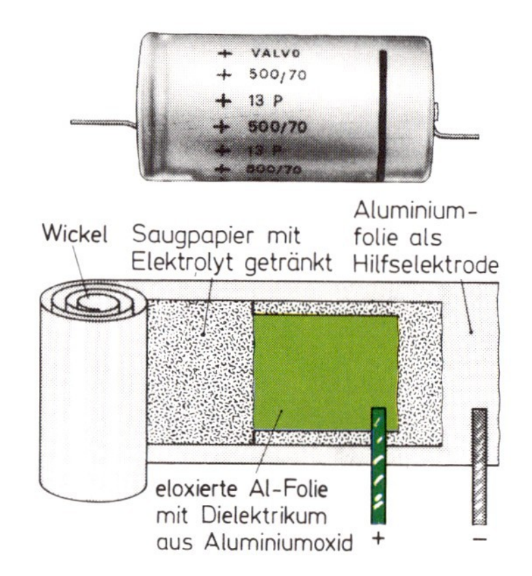

Bild 2: Aluminium-Elektrolytkondensator

1.7.5 Bauformen der Kondensatoren

Festkondensatoren

Wickelkondensatoren. Die Metallbeläge werden bei den Wickelkondensatoren **(Bild 1)** mit dem Dielektrikum als Band zu einem Wickel fest aufgewickelt. Meist wird der Wickel in einen metallischen Becher gebracht und zum Schutze gegen Feuchtigkeit mit einer Vergußmasse abgedichtet.

Papierkondensatoren haben ein Dielektrikum aus zwei oder mehreren Lagen Zellulosepapier. Die Beläge werden von Aluminiumfolien gebildet. Die Anschlußdrähte sind an dünne Bleche angeschweißt, die mit eingewickelt sind.

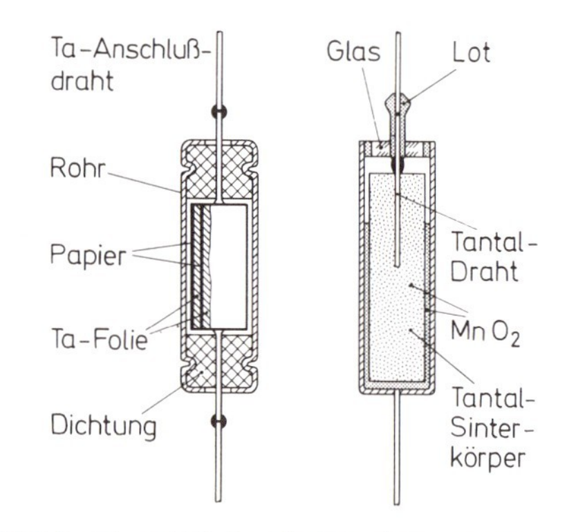

Bild 3: Tantal-Elektrolytkondensatoren

Kunststoffolienkondensatoren haben ein Dielektrikum aus Kunststoffolien wie Polypropylen, Polyester, Polykarbonat. Bei den Film-Folien-Kondensatoren sind die Metallbeläge Aluminiumfolien. Bei den *metallisierten Kunststoffolienkondensatoren* (MK-Kondensatoren) werden die Metallbeläge im Vakuum auf die Kunststoffolien aufgedampft. Dadurch erreicht man bei gleichen Kapazitätswerten kleinere Abmessungen. Der Anschluß der Beläge erfolgt an beiden Stirnseiten des Wickels. Kunststoffolienkondensatoren haben einen sehr kleinen Verlustfaktor, sehr hohe Kapazitätskonstanz (enge Kapazitätstoleranz) und einen hohen Isolationswiderstand.

Die MK-Kondensatoren sind selbstheilend. Schlägt ein Kondensator durch, so entsteht an der Durchschlagstelle ein Lichtbogen. Dadurch verdampft an dieser Stelle die dünne Metallschicht. Es entsteht eine metallfreie Zone. Ein Kurzschluß der Metallbeläge und eine Zerstörung des Kondensators werden somit verhindert.

Metallisierte Kunststoffolienkondensatoren eignen sich besonders zur Bestückung gedruckter Leiterplatten.

Elektrolytkondensatoren haben als Dielektrikum eine dünne Oxidschicht. Dadurch ist es möglich, kleine Kondensatoren mit großen Kapazitäten zu bauen.

Aluminium-Elektrolytkondensatoren **(Bild 2, vorhergehende Seite)** bestehen aus einem Wickel von zwei Aluminiumbändern mit Papierzwischenlage. Das Papier ist mit dem Elektrolyt getränkt. Bei den Aluminium-Elektrolytkondensatoren mit *festem* Elektrolyt besteht der Minuspol aus einer Glasfasergewebeschicht, die mit Mangandioxid als festem Halbleiterelektrolyt angefüllt ist.

Zur Formierung wird an die beiden Elektroden eine Gleichspannung gelegt. Dabei bildet sich an der Anode eine dünne Aluminiumoxidhaut, die als Dielektrikum dient. Bei den ungepolten Elektrolytkondensatoren sind beide Aluminiumbänder formiert. Dadurch wird der Platzbedarf größer.

Der gepolte Elektrolytkondensator darf nur mit der angegebenen Polung an eine Gleichspannung angeschlossen werden.

Der Gleichspannung kann auch eine Wechselspannung überlagert werden. Sie darf aber einen bestimmten Wert, der von der Nennspannung des Kondensators abhängt, nicht überschreiten. Wird der gepolte Kondensator mit verkehrter Polung an Gleichspannung angeschlossen, so wird die Oxidschicht an der Anode abgebaut, was schließlich zu einem Kurzschluß der Beläge führt. Dabei wird so viel Wärme entwickelt, daß der Kondensator zerstört wird. Dasselbe geschieht, wenn die überlagerte Wechselspannung zu groß ist.

Tantal-Folienkondensatoren **(Bild 3, vorhergehende Seite)** bestehen aus einer meist aufgerauhten Tantalfolie als Anode, die mit einer Katodenfolie und einem porösen Abstandshalter zu einem Wickel zusammengerollt ist. Der Wickel wird mit einem Elektrolyt imprägniert. Durch Oxidation entsteht bei der Formierung an der Anode eine Tantalpentoxidschicht, die als Dielektrikum dient.

Tantal-Sinterkondensatoren (Bild 3, vorhergehende Seite) haben eine Anode aus gesintertem Tantalpulver. Bei der Formierung entsteht durch Oxidation an der Oberfläche eine Tantalpentoxidschicht, die als Dielektrikum dient. Die Katode der Tantal-Sinterkondensatoren mit flüssigem Elektrolyt besteht aus Schwefelsäure oder aus Lithiumchloridlösung. Bei den Bauformen mit festem Elektrolyt wird die Anode mit einer Mangannitratlösung getränkt, die sich beim Erhitzen unter Bildung von Mangandioxid zersetzt und als fester Halbleiterelektrolyt in den Poren und an der Oberfläche der Anode abscheidet.

Tantal-Elektrolytkondensatoren werden als Koppelkondensatoren und als Siebkondensatoren verwendet.

Keramik-Kondensatoren haben als Dielektrikum eine keramische Masse. Keramik-Kleinkondensatoren werden als Rohr- und als Scheibenkondensatoren ausgeführt.

Glimmerkondensatoren haben ein Dielektrikum aus Glimmer. Die Glimmerplatten sind mit fest haftenden leitenden Belägen beschichtet. Sie werden hauptsächlich in der Sendetechnik und Meßtechnik verwendet.

Kondensatoren für SMD-Technik sind Bauelemente mit sehr kleinen Abmessungen, die direkt auf die Oberfläche von Leiterplatten montiert werden. SMD[1] sind für die Verarbeitung in Bestückungsautomaten geeignet. Die Kondensatoren eignen sich wegen der sehr kleinen Abmessungen und der fehlenden oder stummelartigen Anschlußbeine sehr gut für hohe Frequenzen.

Aluminium-Chip-Elektrolytkondensatoren[2] **(Bild 1, folgende Seite)** sind Wickelkondensatoren mit flüssigem Elektrolyt. Die Elektroden bestehen aus stark aufgerauhten Aluminiumfolien.

Tantal-Chip-Kondensatoren **(Bild 2, folgende Seite)** haben einen rechteckförmigen Anodenkörper aus reinem gesintertem Tantal. Die Anode ist von einer elektrolytisch formierten dielektrischen Schicht umhüllt.

Keramik-Vielschicht-Chip-Kondensatoren **(Bild 3, folgende Seite)** haben ein Dielektrikum aus Keramikfolie, auf die die Elektroden in Siebdrucktechnik aufgebracht sind. Durch Sintern erhält die Keramik ihre besonderen Eigenschaften.

[1] SMD Abkürzung für engl. **S**urface **M**ounted **D**evice = auf der Oberfläche befestigtes Bauelement

[2] engl. Chip = Marke, Kärtchen

Verstellbare Kondensatoren

Verstellbare Kondensatoren sind Drehkondensatoren und Trimmerkondensatoren.

Drehkondensatoren bestehen meist aus einem feststehenden und einem drehbaren Metallplattenpaket. Die Kapazität des Kondensators ist am größten, wenn die Platten vollständig eingedreht sind. Das Dielektrikum ist meist Luft. Der Verlustfaktor ist deshalb klein. Drehkondensatoren werden z. B. in der Rundfunk- und Fernsehtechnik zur Abstimmung von Schwingkreisen verwendet. *Differentialdrehkondensatoren* bestehen aus zwei festen Metallplattensätzen, zwischen denen sich ein drehbarer Plattensatz befindet. Sie wirken wie ein verstellbarer kapazitiver Spannungsteiler.

Scheibentrimmerkondensatoren bestehen aus zwei Keramikscheiben als Dielektrikum mit aufgedampften Silberbelägen. Die Einstellung der Kapazität erfolgt durch Verdrehen der Scheiben mittels einer Schraube. Die Beläge werden dabei mehr oder weniger zur Deckung gebracht.

Folien-Scheibentrimmerkondensatoren bestehen aus einem isolierenden Grundkörper, auf dem meist zwei bewegliche und ein feststehendes Plattenpaket befestigt sind. Das feststehende Plattenpaket befindet sich zwischen den beweglichen Plattenpaketen.

Bei den *konzentrischen* Trimmerkondensatoren **(Bild 4)** besteht das feststehende und das bewegliche Metallplattenpaket aus konzentrischen Ringen aus Aluminium. Die Einstellung der Kapazität erfolgt durch Verschieben der Platten in axialer Richtung.

Rohrtrimmerkondensatoren bestehen meist aus einem Keramikröhrchen mit aufgezogener Messinghülse, in dem sich eine Schraube bewegt. Bei Quetschtrimmerkondensatoren wird der Abstand zweier runder Metallplatten verändert.

Trimmerkondensatoren dienen zur einmaligen Einstellung der Kapazität und werden zum Feinabgleich in Rundfunk- und Fernsehgeräten sowie im Meßgerätebau verwendet.

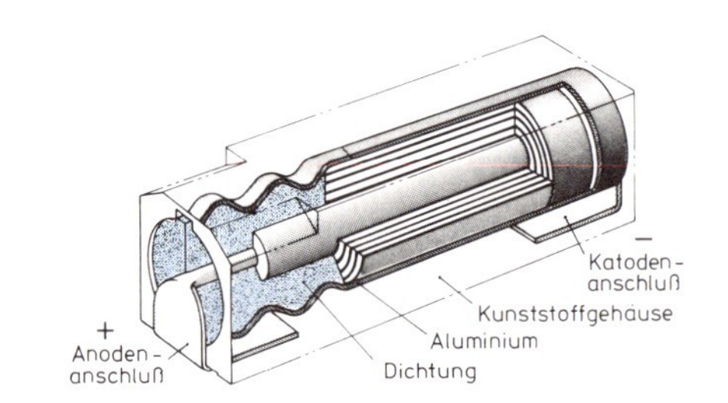

Bild 1: Aluminium-Chip-Elektrolytkondensator

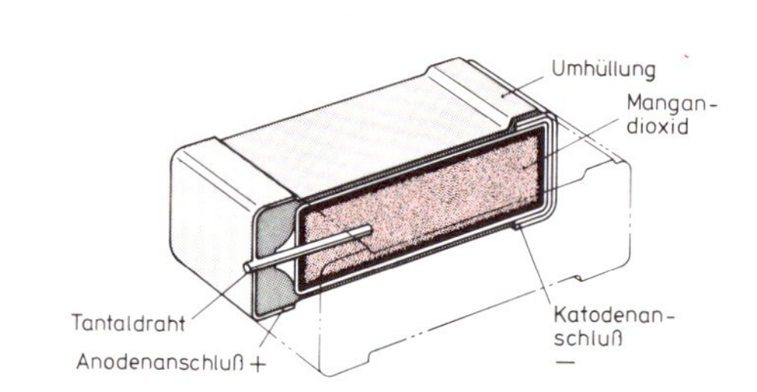

Bild 2: Tantal-Chip-Kondensator

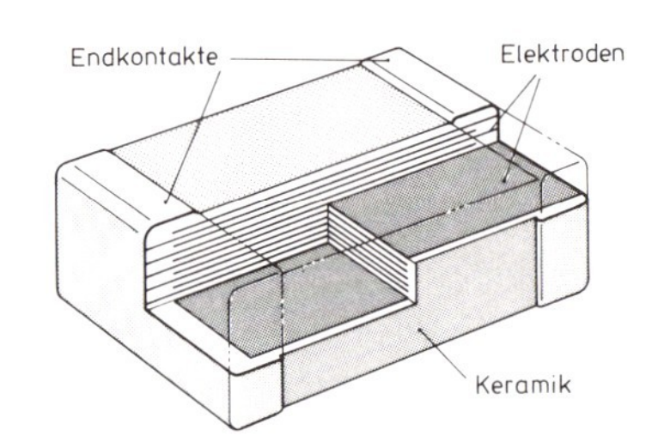

Bild 3: Keramik-Vielschicht-Chip-Kondensator

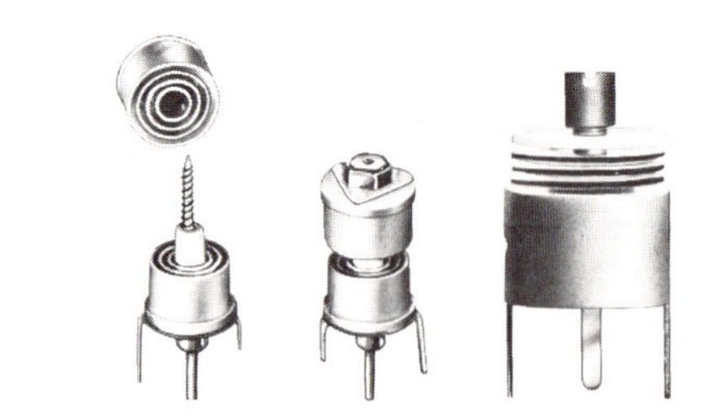

Bild 4: Trimmerkondensatoren

Wiederholungsfragen

1. **Beschreiben Sie den Aufbau eines MK-Kondensators!**
2. **Warum sind MK-Kondensatoren selbstheilend?**
3. **Warum darf ein gepolter Elektrolytkondensator nicht verkehrt gepolt werden?**
4. **Wie werden Kondensatoren in SMD-Technik montiert?**
5. **Warum eignen sich SMD-Kondensatoren für hohe Frequenzen?**
6. **Wozu dienen Trimmerkondensatoren?**

1.8 Strom und Magnetfeld

1.8.1 Magnetisches Feld

Stahl, Gußeisen, Nickel und Kobalt sind *ferromagnetische*[1] Stoffe, Chromdioxid (CrO_2) verhält sich ähnlich *(ferrimagnetisch)*.

Ein Magnet zieht ferromagnetische Stoffe an und hält sie fest.

Pole des Magneten

Die Stellen des Magneten mit der größten Anziehungskraft nennt man *Pole*. Die magnetische Wirkung ist an den Polen am größten und nimmt nach der Mitte hin ab. In der Mitte hat der Magnet keine magnetische Wirkung.

Versuch 1: Hängen Sie einen Stabmagneten drehbar auf!

Der Magnet stellt sich annähernd in Nord-Südrichtung ein.

Man nennt den Pol, der nach Norden zeigt, *Nordpol* (N), den anderen Pol *Südpol* (S).

Versuch 2: Legen Sie einen Stabmagneten auf 2 Rollen, z. B. zwei runde Bleistifte! Nähern Sie dem Nordpol des Magneten zuerst den Südpol, dann den Nordpol eines anderen Stabmagneten!

Liegen ungleichnamige Pole gegenüber, ziehen sich die beiden Magnete an. Liegen gleichnamige Pole gegenüber, stoßen sich die beiden Magnete ab **(Bild 1)**.

Ungleichnamige Pole ziehen sich an, gleichnamige Pole stoßen sich ab.

Da sich ein drehbar gelagerter Stabmagnet, z. B. eine Magnetnadel in einem Kompaß, immer in Nord-Südrichtung einstellt, muß die Erde im Norden einen magnetischen Südpol, im Süden einen magnetischen Nordpol haben. Die Erde ist somit ein großer Magnet.

Denkt man sich einen Magneten immer weiter geteilt, so erhält man schließlich als kleinste Magnete sogenannte *Molekularmagnete*. Bei einem Magneten sind die Molekularmagnete nach einer Richtung geordnet **(Bild 2)**.

Versuch 3: Berühren Sie ein Eisenstück mit einem Stabmagneten! Bringen Sie an das Eisenstück Eisenteile! Entfernen Sie dann den Magneten!

Das Eisenstück hält die Eisenteile fest. Entfernt man den Magneten, so fallen die Eisenteile ab.

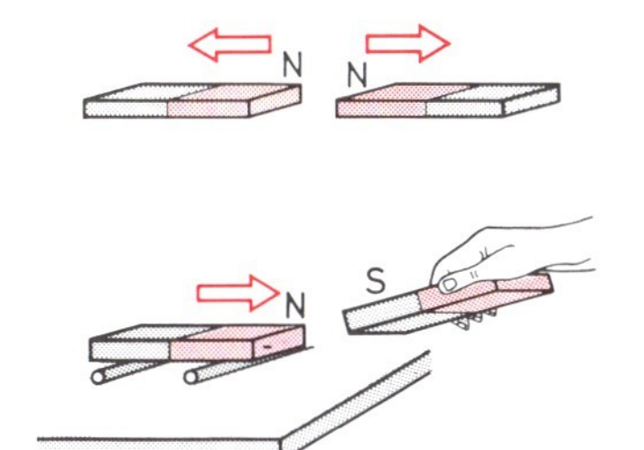

Bild 1: Kraftwirkungen magnetischer Pole aufeinander

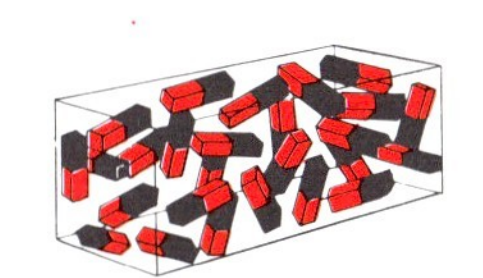

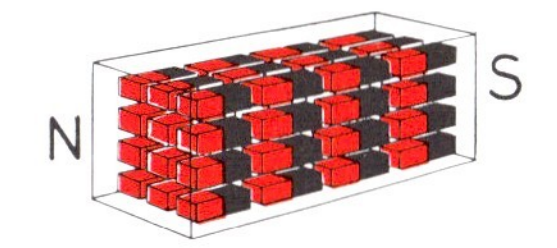

Bild 2: Molekularmagnete ungeordnet und geordnet

Tabelle 1: Curie-Temperaturen	
Eisen	769 °C
Nickel	356 °C
Kobalt	1075 °C
Weichmagnetische Ferrite	50 bis 600 °C

Jeder ferromagnetische Stoff ist aus Molekularmagneten aufgebaut. Diese nehmen alle möglichen Richtungen ein (Bild 2). Der Stoff wirkt *nach außen* unmagnetisch.

Nähert man einem ferromagnetischen Stoff einen Magneten, so richten sich die Molekularmagnete nach einer Richtung aus. Der ferromagnetische Stoff ist magnetisch geworden.

Ein ferromagnetischer Werkstoff läßt sich magnetisieren, wenn ein Magnetfeld auf ihn einwirkt.

Bei der *Curie-Temperatur*[2] verlieren die Werkstoffe ihren Magnetismus **(Tabelle 1)**. Ein magnetischer Stoff wird entmagnetisiert, indem man ihn z. B. in eine mit Wechselstrom durchflossene Spule gibt, und den Strom langsam abnehmen läßt. Man kann auch den Werkstoff und die Spule langsam voneinander entfernen.

[1] ferromagnetisch = magnetisch wie Eisen; [2] Curie, französischer Physiker, 1859 bis 1906

Weißsche Bezirke

Die Elektronen bewegen sich im Kristall um die Atomkerne der Moleküle und drehen sich zusätzlich um ihre eigene Achse (Spin[1]). Sie stellen dadurch *Kreisströme* dar. Diese Kreisströme erzeugen ein Magnetfeld, den *Molekularmagneten*. Die Spins und damit die Molekularmagnete sind in kleinen Bezirken gleich gerichtet **(Bild 1)**. Die Bezirke umfassen einige Moleküle. Man nennt sie *Weißsche Bezirke*. Ihre Grenzen verhalten sich wie Wände, man spricht von *Bloch-Wänden*[2]. Die Molekularmagnete benachbarter Weißscher Bezirke haben andere Richtungen und bilden einen magnetischen Kreis. Die Wirkung der Molekularmagnete hebt sich insgesamt auf, nach außen erscheint der Stoff unmagnetisch.

Magnetisiert man nun den Stoff, so verschieben sich die Bloch-Wände, und die Molekularmagnete richten sich aus. Je stärker die Magnetisierung ist, um so größer ist die Verschiebung der Bloch-Wände, um so mehr Molekularmagnete werden gerichtet.

Sind alle Bloch-Wände bis an den Rand des Kristalls verschoben, so besteht der Kristall aus einem einzigen Weißschen Bezirk. Wird die Magnetisierung nun noch weiter verstärkt, so drehen sich die Spins in die Magnetisierungsrichtung. Sind alle Molekularmagnete in der Magnetisierungsrichtung gerichtet, so ist der ferromagnetische Stoff, z. B. Eisen, magnetisch gesättigt.

Nimmt die Kraftwirkung des Magneten auf den ferromagnetischen Stoff ab, z. B. indem man ihn entfernt, so verschieben sich die Bloch-Wände wieder zurück, immer mehr Molekularmagnete nehmen wieder ihre ursprünglichen Richtungen ein.

Bei *magnetisch weichen* Werkstoffen, z. B. unlegiertem Eisen, kehren fast alle Molekularmagnete in die Ausgangsstellungen zurück, so daß der Stoff wieder unmagnetisch ist. Magnetisch weiche Werkstoffe werden z. B. als Spulenkerne verwendet. Bei *magnetisch harten* Werkstoffen, z. B. AlNi-Legierungen und AlNiCo-Legierungen, bleiben viele Molekularmagnete nach dem Entfernen des Magneten ausgerichtet. Es bleibt eine *Remanenz*[3] (Restmagnetismus) zurück. Magnetisch harte Werkstoffe werden z. B. für Dauermagnete (Permanentmagnete[4]) verwendet.

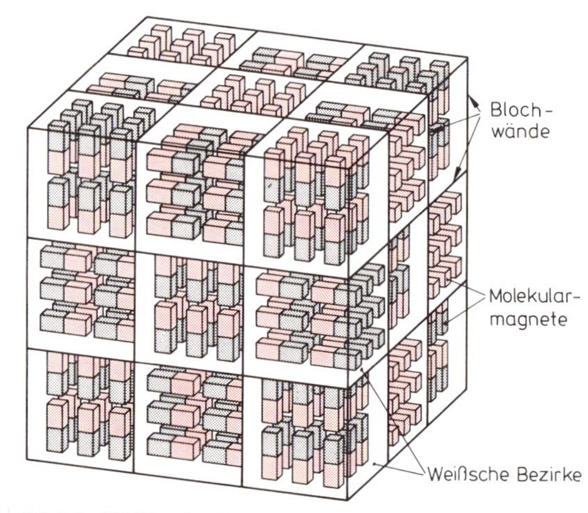

Bild 1: Weißsche Bezirke

Weitere magnetische Stoffe

Ferrimagnetische Stoffe, z. B. Ferrite, verhalten sich im Magnetfeld ähnlich wie ferromagnetische Stoffe. Die magnetische Sättigung wird jedoch schon bei kleineren magnetischen Kräften erreicht. Außerdem haben ferrimagnetische Stoffe einen großen spezifischen Widerstand.

Paramagnetische Stoffe[5] sind z. B. Aluminium, Chrom, Platin. Bei ihnen heben sich die Wirkungen der Molekularmagnete in den Weißschen Bezirken nach außen bei einer Magnetisierung fast vollständig auf. Dadurch erzeugt die magnetisierende Kraft nur eine kleine, zusätzliche Kraft in gleicher Richtung.

Diamagnetische Stoffe[6] sind z. B. Silicium, Kupfer, Zink, Gold. Bei ihnen erzeugt die Magnetisierung eine Kraft, die der erzeugenden magnetischen Kraft entgegengerichtet ist und diese schwächt.

Magnetostriktion

Ferromagnetische und ferrimagnetische Stoffe werden durch die Magnetisierung elastisch verformt. Diese Verformung nennt man *Magnetostriktion*. In Richtung der Magnetisierung und quer dazu erfolgt eine Längenänderung. Dabei ist die Längenänderung quer zur Magnetisierungsrichtung entgegengesetzt zur Längenänderung in Richtung zur Magnetisierung. Das Volumen des Stoffes bleibt etwa konstant.

[1] engl. to spin = sich drehen; [2] Bloch, Physiker, geb. Zürich 1905; [3] lat. remanere = zurückbleiben
[4] lat. permanere = sich erhalten; [5] griech. para... = neben..., bei..., beinah...; [6] griech. dia... = durch..., zer..., ent..., über...

Ferrimagnetische Stoffe haben eine größere Magnetostriktion als ferromagnetische Stoffe. Ferrimagnetische Stoffe, z. B. Nickel-Ferrite ($NiFe_2O_4$), werden z. B. für elektroakustische Wandler verwendet. Magnetostriktion ist die Ursache für das Brummen der Transformatoren.

Magnetische Feldlinien

Versuch 4: Bewegen Sie eine drehbar gelagerte Magnetnadel um einen Stabmagneten herum!

Die Magnetnadel verändert ständig ihre Richtung **(Bild 1)**.

Auf eine Magnetnadel wird an jeder Stelle von einem Magneten eine Kraft ausgeübt. Der Magnet ruft also ein *Kraftfeld* hervor, das *magnetische Feld*.

Um jeden Magneten befindet sich ein magnetisches Feld.

Versuch 5: Legen Sie eine durchsichtige Platte auf einen Stabmagneten und bestreuen Sie die Umgebung mit Eisenfeilspänen!

Die Eisenfeilspäne ordnen sich in bestimmten Linien an, die von Pol zu Pol verlaufen **(Bild 2)**.

Die Eisenfeilspäne werden im magnetischen Feld magnetisiert und richten sich entsprechend der Richtung der auf sie wirkenden Kraft aus. Sie ordnen sich entlang den *magnetischen Feldlinien* an.

Führt man eine Magnetnadel um einen Magneten herum, so stellt sie sich immer in Richtung der magnetischen Feldlinien ein. Dabei gibt der Nordpol der Magnetnadel die Richtung der Feldlinien an.

Die magnetischen Feldlinien verlaufen außerhalb des Magneten vom Nordpol zum Südpol, innerhalb vom Südpol zum Nordpol. Sie sind in sich geschlossene Linien.

Liegen die Pole genügend nahe beieinander, so verlaufen die Feldlinien zwischen ihnen parallel. Sie haben gleiche Abstände voneinander. Das magnetische Feld ist zwischen den Polen homogen. Liegen die Feldlinien dicht beieinander, so sind die magnetischen Kräfte groß.

Anwendung der Dauermagnete

Dauermagnete werden zur Erzeugung mechanischer Kräfte, zur Umwandlung mechanischer Energie in elektrische Energie und zur Umwandlung elektrischer Energie in mechanische Energie verwendet.

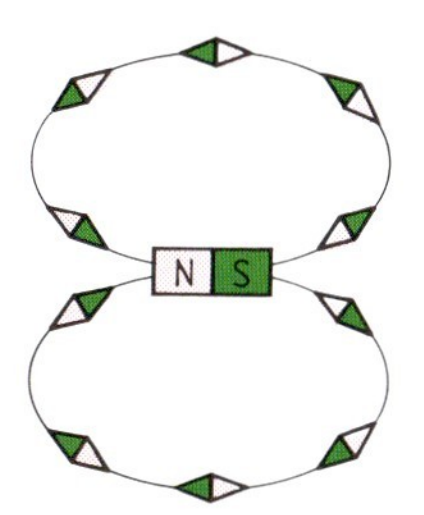

Bild 1: Nachweis des magnetischen Feldes

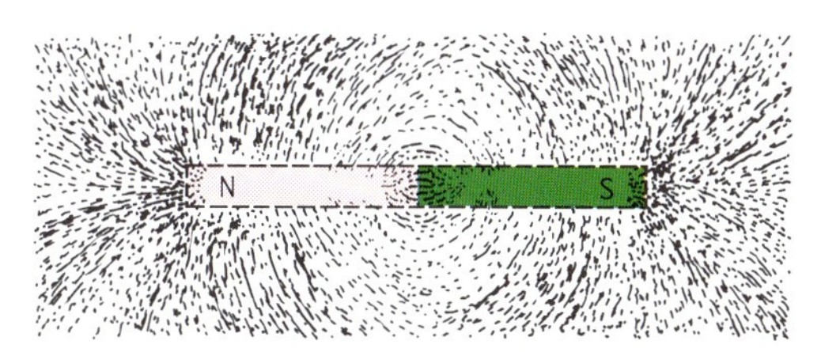

Bild 2: Magnetisches Feld eines Stabmagneten

Dauermagnete werden zur Erzeugung des Erregerfeldes in *Generatoren*, z. B. Fahrraddynamos, verwendet. Bei manchen *Elektromotoren*, z. B. bei Gleichstrommotoren bis etwa 10 kW, Drehstrommotoren für Hilfsantriebe (Servomotoren) bis etwa 20 kW und Schrittmotoren, ist der Läufer oder der Ständer ein Dauermagnet. Bei elektrischen *Meßinstrumenten* bewegt sich eine vom Meßstrom durchflossene Spule im Magnetfeld eines Dauermagneten.

Bewegt man eine Metallscheibe in einem Magnetfeld, so werden in dieser Wirbelströme induziert. Dadurch wird die Scheibe abgebremst. Dauermagnete dienen z. B. als *Bremsmagnet* bei kWh-Zählern.

Wiederholungsfragen

1. **Welche Werkstoffe sind ferromagnetisch?**
2. **Welche Eigenschaften hat ein Magnet?**
3. **Welcher Pol des Magneten ist der Nordpol?**
4. **Wie wirken die Pole zweier Magnete aufeinander?**
5. **Was versteht man unter einem Molekularmagneten?**
6. **Wie sind die Molekularmagnete in einem Magneten geordnet?**
7. **Wie verhalten sich ferrimagnetische Stoffe im Magnetfeld?**
8. **Was versteht man unter Magnetostriktion?**

Magnetfeld um den stromdurchflossenen Leiter

Versuch 6: Führen Sie einen Leiter durch eine Kunststoffplatte! Schließen Sie den Leiter über einen Stellwiderstand an eine Gleichspannung, z.B. einen Akkumulator, an! Bestreuen Sie die Kunststoffplatte in der Umgebung des Leiters mit Eisenfeilspänen!

Die Eisenfeilspäne ordnen sich in konzentrischen Kreisen um den Leiter an **(Bild 1)**.

Bild 1: Magnetfeld um den stromdurchlossenen Leiter

Um jeden stromdurchflossenen Leiter entsteht ein Magnetfeld. Ein Magnetfeld entsteht auch, wenn der Strom ohne Leiter in Luft, Gasen oder Vakuum fließt, z.B. bei Fernsehbildröhren, Gasentladungsröhren, Elektronenstrahlröhren sowie beim Lichtbogen.

Jeder elektrische Strom erzeugt ein magnetisches Feld.

Das Magnetfeld ist um so stärker, je größer die Stromstärke ist.

Die Feldlinien um den stromdurchflossenen Leiter sind konzentrische Kreise. Sie liegen in Ebenen senkrecht zum Leiter. Die Richtung der Feldlinien hängt von der Stromrichtung ab.

Blickt man in Richtung des Stromes auf den Leiter, dann umschließen die Feldlinien den Leiter im Drehsinn des Uhrzeigers.

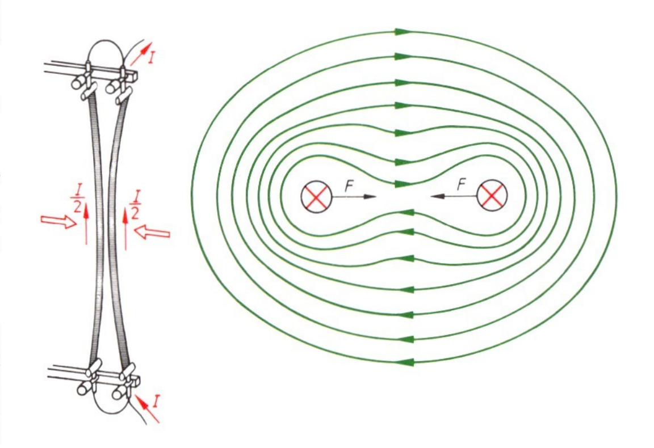

Bild 2: Kraftwirkung und Magnetfeld zweier paralleler Leiter bei gleicher Stromrichtung

Fließt der Strom vom Betrachter weg, so zeichnet man in den Leiterquerschnitt ein Kreuz **(Bild 2)**. Fließt der Strom auf den Betrachter zu, so zeichnet man einen Punkt **(Bild 3)**.

Versuch 7: Befestigen Sie zwei parallele Metallbänder locker an isolierten Klemmen! Schließen Sie sie über einen Stellwiderstand an eine Gleichspannung an, so daß beide Bänder gleichsinnig vom Strom durchflossen werden (Bild 2)!

Die Bänder bewegen sich aufeinander zu.

Die Feldlinien umschließen beide Leiter. Dadurch wirkt auf die beiden Leiter eine Kraft, die eine Anziehung der Leiter bewirkt.

Werden parallele Leiter gleichsinnig vom Strom durchflossen, so ziehen sie sich an.

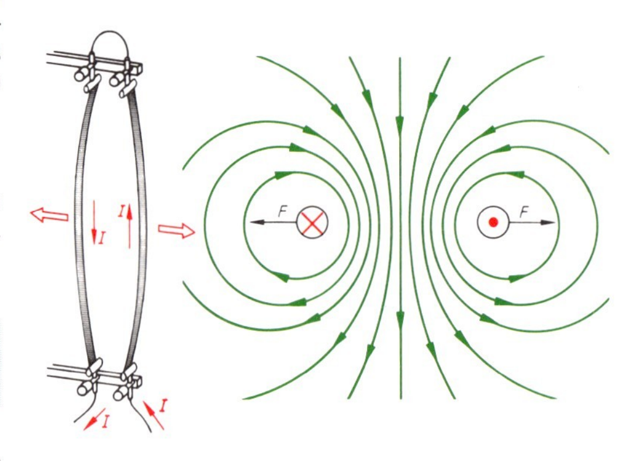

Bild 3: Kraftwirkung und Magnetfeld zweier paralleler Leiter bei entgegengesetzter Stromrichtung

Versuch 8: Schließen Sie die Metallbänder so an die Gleichspannung an, daß sie gegensinnig vom Strom durchflossen werden (Bild 3)!

Die Bänder bewegen sich voneinander weg.

Die Feldlinien gehen alle zwischen den Leitern hindurch.

Werden parallele Leiter gegensinnig vom Strom durchflossen, so stoßen sie sich ab.

Die Kräfte, die stromdurchflossene parallele Leiter aufeinander ausüben, sind um so größer, je größer die Stromstärke und je kleiner der Abstand der Leiter ist. Wicklungen von elektrischen Maschinen und Geräten sowie parallele Sammelschienen, die große Stromstärken führen, müssen gut verankert sein, um Verformungen durch diese Kräfte zu verhindern.

Magnetfeld einer stromdurchflossenen Spule

Versuch 9: Biegen Sie einen Leiter zu einer Schleife, und schließen Sie ihn über einen Stellwiderstand an eine Gleichspannung an! Bewegen Sie eine drehbar gelagerte Magnetnadel um die Schleife herum!

Die stromdurchflossene Leiterschleife wirkt wie ein Stabmagnet. Sie hat einen Nord- und einen Südpol.

Legt man mehrere Leiterschleifen hintereinander, so erhält man eine Spule. Die Magnetfelder der stromdurchflossenen Drähte der Spule heben sich zwischen den Spulenwindungen auf und bilden ein Magnetfeld, das dem Magnetfeld eines Stabmagneten gleicht **(Bild 1)**. Die magnetischen Feldlinien verlaufen außerhalb der Spule vom Nordpol zum Südpol, innerhalb vom Südpol zum Nordpol. Im Innern der Spule ist das Magnetfeld homogen. Dreht man eine rechtsgängige Schraube in Richtung des Stromes, der durch die Spulenwindungen fließt, so schreitet sie in Richtung auf den Nordpol der Spule fort **(Bild 2)**.

Die Polarität des Magnetfeldes der Spule hängt von der Stromrichtung ab.

Wiederholungsfragen

1. **Welche Form hat das Magnetfeld um den stromdurchflossenen Leiter?**
2. **Welche Richtung hat das Magnetfeld um den stromdurchflossenen Leiter?**
3. **Wie verhalten sich parallele Leiter, die gleichsinnig vom Strom durchflossen werden?**
4. **Wie verhalten sich parallele Leiter, die gegensinnig vom Strom durchflossen werden?**
5. **Wovon hängt die Polarität des Magnetfeldes einer stromdurchflossenen Spule ab?**

Bild 1: Entstehung des Magnetfeldes um die stromdurchflossene Spule

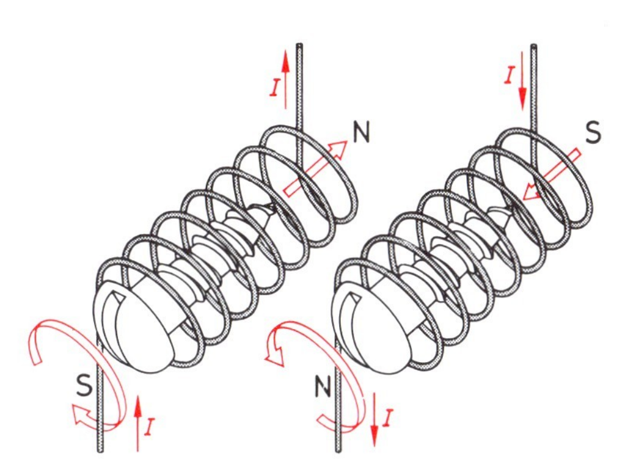

Bild 2: Polarität der stromdurchflossenen Spule

Θ Durchflutung
I Stromstärke
N Windungszahl

$[\Theta] = \text{A}$

$$\Theta = I \cdot N$$

Magnetische Größen

Durchflutung (Formelzeichen Θ[1]) nennt man das Produkt Stromstärke mal Windungszahl.

Die Windungszahl hat keine Einheit. Deshalb hat die Durchflutung die gleiche Einheit Ampere wie die Stromstärke. Manchmal wird die Durchflutung auch in Aw (Amperewindungen) angegeben.

Beispiel 1:

Eine Spule mit 5000 Windungen wird von einem Strom von 10 mA durchflossen. Wie groß ist die Durchflutung der Spule?

Lösung:

$\Theta = I \cdot N = 0{,}01\ \text{A} \cdot 5000 = \mathbf{50\ A}$

[1] Θ griechischer Großbuchstabe Theta

Bei einer großen Spule ist die mittlere Feldlinienlänge größer als bei einer kleinen Spule **(Bild 1)**. Zum Aufbau des magnetischen Feldes einer großen Spule ist bei gleicher magnetischer Feldstärke daher mehr Energie erforderlich als zum Aufbau des magnetischen Feldes einer kleinen Spule. Deshalb ist die magnetische Feldstärke bei gleicher Durchflutung bei der großen Spule kleiner als bei der kleinen Spule.

Die **magnetische Feldstärke** ist bei gleicher Durchflutung um so größer, je kleiner die mittlere Feldlinienlänge ist. Sie hat die Einheit A/m.

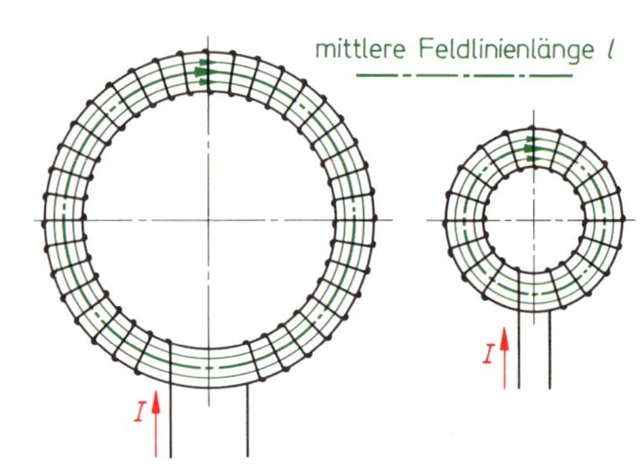

Bild 1: Magnetischer Fluß bei großen und kleinen Spulen

Beispiel 2:
Eine Spule mit 5000 Windungen wird von einem Strom von 10 mA durchflossen und hat eine mittlere Feldlinienlänge von 20 cm. Wie groß ist die magnetische Feldstärke?

Lösung:

$$H = \frac{\Theta}{l} = \frac{0{,}01\ \text{A} \cdot 5000}{20\ \text{cm}} = 2{,}5\ \frac{\text{A}}{\text{cm}} = \mathbf{250\ \frac{A}{m}}$$

H magnetische Feldstärke
Θ Durchflutung
l mittlere Feldlinienlänge

$$H = \frac{\Theta}{l}$$

$$[H] = \frac{\text{A}}{\text{m}}$$

Magnetischen Fluß (Formelzeichen Φ[1]) nennt man die Gesamtzahl der Feldlinien eines Magneten oder einer Spule. Die Einheit des magnetischen Flusses ist die Voltsekunde (Vs) mit dem besonderen Einheitennamen Weber (Wb)[2]. 1 Wb = 1 Vs.

B magnetische Flußdichte
μ_0 magnetische Feldkonstante (magn. Induktionskonstante)

$$\mu_0 = \frac{4\,\pi}{10}\ \mu\text{Vs/(Am)} = 1{,}257\ \mu\text{Vs/(Am)}$$

H magnetische Feldstärke

Spule ohne Eisenkern (Luftspule):

$$B = \mu_0 \cdot H$$

Die **magnetische Flußdichte** (magnetische Induktion) gibt den magnetischen Fluß eines Magneten oder einer Spule an, der eine Fläche von 1 m^2 senkrecht durchsetzt.

Die Einheit der magnetischen Flußdichte ist die Voltsekunde je Meterquadrat (Vs/m^2) mit dem besonderen Einheitennamen Tesla (T)[3].

B magnetische Flußdichte
Φ magnetischer Fluß
A Fläche

$$B = \frac{\Phi}{A}$$

$$[B] = \frac{\text{Vs}}{\text{m}^2} = \frac{\text{Wb}}{\text{m}^2} = \text{T}$$

Die magnetische Flußdichte ist um so größer, je größer die magnetische Feldstärke ist.

Beispiel 3:
Eine Luftspule hat eine magnetische Feldstärke von 250 A/m. Wie groß ist ihre magnetische Flußdichte?

Lösung:

$$B = \mu_0 \cdot H = 1{,}257\ \mu\text{Vs/(Am)} \cdot 250\ \text{A/m} = 0{,}31425\ \text{mVs/m}^2 = \mathbf{0{,}314\ mT}$$

Der Aufbau des magnetischen Feldes erfordert elektrische Energie.

Energiedichte des magnetischen Feldes ist die im magnetischen Feld gespeicherte Energie je Volumen des magnetischen Feldes.

w Energiedichte des magnetischen Feldes
B magnetische Flußdichte
H magnetische Feldstärke
μ_0 magnetische Feldkonstante

$$w = \frac{1}{2}\,B \cdot H$$

Spule ohne Eisenkern (Luftspule):

$$w = \frac{1}{2}\,\mu_0 \cdot H^2$$

$$[w] = \frac{\text{Vs}}{\text{m}^2} \cdot \frac{\text{A}}{\text{m}} = \frac{\text{Ws}}{\text{m}^3}$$

$$w = \frac{1}{2}\,\frac{B^2}{\mu_0}$$

[1] Φ griechischer Großbuchstabe Phi; [2] Weber, deutscher Physiker, 1804 bis 1891; [3] Tesla, Physiker, 1856 bis 1943

Beispiel 4:

Eine Luftspule hat eine magnetische Feldstärke von 250 A/m. Wie groß ist die Energiedichte des magnetischen Feldes?

Lösung:

$$w = \frac{1}{2} \mu_0 \cdot H^2$$

$$= \frac{1}{2} \cdot 1{,}257\ \mu\text{Vs/(Am)} \cdot 250^2\ \text{A}^2/\text{m}^2$$

$$= \mathbf{78{,}56\ mWs/m^3}$$

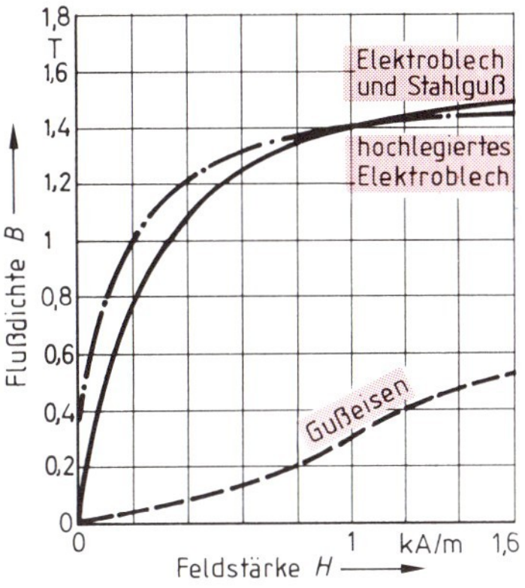

Eisen im Magnetfeld einer Spule

Versuch 10: Schließen Sie eine Luftspule über einen Stellwiderstand und einen Strommesser an eine Gleichspannung an! Stellen Sie die für die Spule höchstzulässige Stromstärke ein! Nähern Sie die Spule kleinen Eisenteilen, z. B. Büroklammern! Führen Sie in die Spule einen Eisenkern ein, und wiederholen Sie den Versuch bei gleicher Stromstärke!

Die stromdurchflossene Spule zieht einige Eisenteile an. Die Spule mit Eisenkern zieht wesentlich mehr Eisenteile an.

Durch einen Eisenkern wird die magnetische Kraft einer stromdurchflossenen Spule wesentlich erhöht. Die magnetische Flußdichte einer stromdurchflossenen Spule mit Eisenkern ist viel größer als die magnetische Flußdichte einer Luftspule bei gleich großer Durchflutung.

Ein Eisenkern erhöht die magnetische Flußdichte einer stromdurchflossenen Spule.

Die Bloch-Wände der Weißschen Bezirke im Eisenkern werden durch das Magnetfeld der Spule verschoben. Mit zunehmender Durchflutung und damit mit zunehmender magnetischer Feldstärke der Spule werden immer mehr Bloch-Wände verschoben, bis der Eisenkern schließlich bei einer bestimmten magnetischen Feldstärke aus einem einzigen Weißschen Bezirk besteht. Die Molekularmagnete (Spins) werden dabei in eine Vorzugsrichtung ausgerichtet, die von der Magnetisierungsrichtung abhängt.

Wird nun die magnetische Feldstärke noch weiter erhöht, so drehen sich die Molekularmagnete in die Magnetisierungsrichtung. Sind alle Molekularmagnete gerichtet, so nimmt die magnetische

Bild 1: Magnetische Zustandskurven

Wirkung des Eisens auch bei zunehmender Durchflutung nicht mehr merklich zu. Das Eisen ist magnetisch gesättigt.

Der magnetische Zustand des Eisens ist bei gleich großer magnetischer Feldstärke bei den einzelnen Werkstoffen verschieden. Er wird durch *magnetische Zustandskurven* dargestellt, welche die magnetische Flußdichte des Eisenkerns der Spule in Abhängigkeit von der magnetischen Feldstärke zeigen **(Bild 1)**.

Permeabilität[1] nennt man das Verhältnis der magnetischen Flußdichte zur magnetischen Feldstärke.

Die Permeabilität ist das Produkt aus der magnetischen Feldkonstanten und der Permeabilitätszahl.

μ Permeabilität
B magnetische Flußdichte
H magnetische Feldstärke
μ_0 magnetische Feldkonstante, $\mu_0 = 1{,}257\ \mu\text{Vs/(Am)}$
μ_r Permeabilitätszahl

$$\mu = \frac{B}{H}$$

$$\mu = \mu_0 \cdot \mu_r$$

Die *Permeabilitätszahl* μ_r gibt an, wieviel mal größer die magnetische Flußdichte der Spule mit Kern

[1] lat. permeare = hindurchgehen

bei gleicher Durchflutung ist als ohne Kern. Die Permeabilitätszahl der Luft ist 1. Die Permeabilitätszahlen der ferromagnetischen Stoffe liegen bei einigen Tausend **(Tabelle 1)**.

Die Permeabilität eines Werkstoffes ist nicht konstant. Sie verändert sich mit der magnetischen Feldstärke **(Bild 1)**. Die Neigung der magnetischen Zustandskurve im Anfangspunkt ist die *Anfangspermeabilität* μ_a **(Tabelle 2)**.

Vergrößert man die Stromstärke in einer Luftspule, so nimmt die magnetische Flußdichte linear zu. Vergrößert man die Stromstärke in einer Spule mit Eisenkern, so verschieben sich die Bloch-Wände im Eisenkern, und die Molekularmagnete richten sich aus. Die magnetische Flußdichte nimmt entsprechend der magnetischen Zustandskurve zu. Geht man dabei vom nichtmagnetisierten Eisen aus, so erhält man die Neukurve **(Bild 1, folgende Seite)**. Wird die Stromstärke wieder verkleinert, so nimmt die magnetische Flußdichte weniger ab, weil sich die Bloch-Wände langsamer verschieben und nicht alle Molekularmagnete ihre ursprünglichen Richtungen einnehmen. Bei der Feldstärke null sind noch einige Bloch-Wände verschoben, im Eisenkern ist eine magnetische *Remanenz*[1] (Restmagnetismus) vorhanden.

Kehrt man die Stromrichtung in der Spule um, so verschwindet die Remanenz schon bei einer kleinen Stromstärke. Alle Molekularmagnete haben nun ihre ursprünglichen Richtungen eingenommen. Der Eisenkern erscheint nach außen unmagnetisch. Die magnetische Feldstärke bei der magnetischen Flußdichte null wird *Koerzitiv-Feldstärke*[2] genannt.

Bei weiterer Vergrößerung der Stromstärke nimmt die magnetische Flußdichte nun in umgekehrter Richtung wieder zu. Verkleinert man wiederum die Stromstärke, so nimmt die magnetische Flußdichte ab, und es bleibt wieder eine Remanenz im Eisenkern.

Wird die Stromrichtung erneut umgekehrt, so verschwindet die Remanenz bei der Koerzitiv-Feldstärke wieder, und bei weiterer Vergrößerung der Stromstärke nimmt die magnetische Flußdichte zu. Die *Hystereseschleife*[3] (Hysteresekurve) schließt sich. Der unmagnetische Zustand des Eisens bei der Feldstärke null wird nicht mehr erreicht.

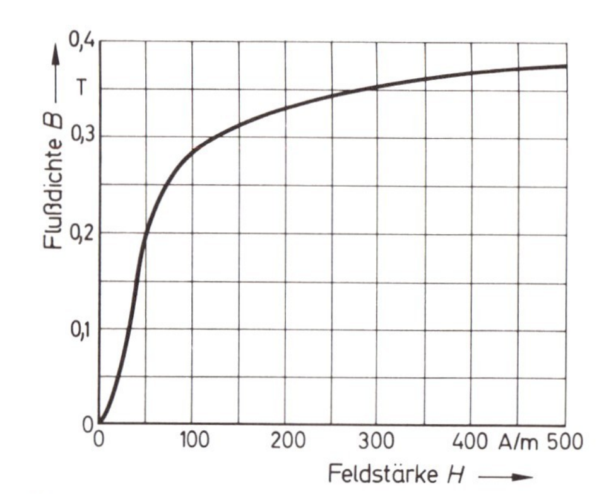

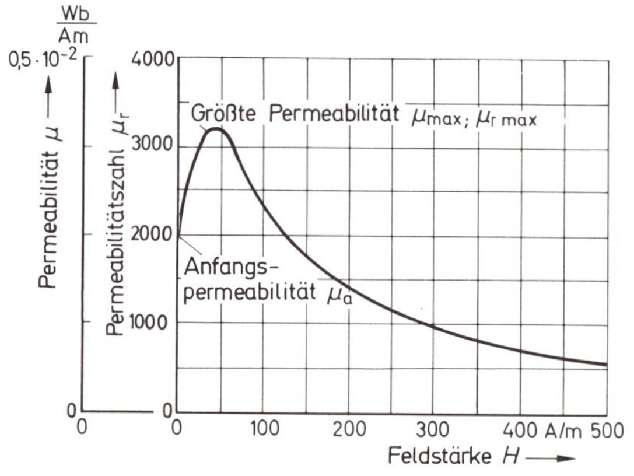

Bild 1: Magnetische Zustandskurve und Permeabilitätskurve für Ferrit

Tabelle 1: Permeabilitätszahlen $\mu_{r\,max}$	
Fe-Co-Legierung	2000...6000
Reineisen	6000
Fe-Si-Legierung	10 000...20 000
Fe-Ni-Legierung	15 000...300 000
Weichmagnetische Ferrite	10...40 000

Tabelle 2: Magnetisch weiche Legierungen

Bezeichnung	Legierungsbestandteile	Anfangspermeabilität μ_a
Hyperm 36	Fe, Ni	3,14 mWb/(Am)
Megaperm 4510	Fe, Ni, Mn	4,15 mWb/(Am)
Permalloy C	Fe, Ni	12,57 mWb/(Am)
Mumetall	Fe, Ni, Cu, Cr	15 mWb/(Am)
Legierung 1040	Fe, Ni, Cu, Mo	46,5 mWb/(Am)

[1] lat. remanere = zurückbleiben; [2] lat. coercere = zusammenhalten; [3] griech. Hysterese = das Zurückbleiben

Die Remanenz bewirkt bei einem elektromagnetischen Relais, daß der Anker bei Berührung mit dem Eisenkern nicht mehr abfällt. Der Anker „klebt". Bei Haftrelais verstärkt man diese Wirkung durch einen Einsatz aus hartmagnetischem Werkstoff. Bei normalen Relais befestigt man am Anker einen nichtmagnetischen Werkstoff. Dadurch wird eine Berührung des Ankers mit dem Kern verhindert.

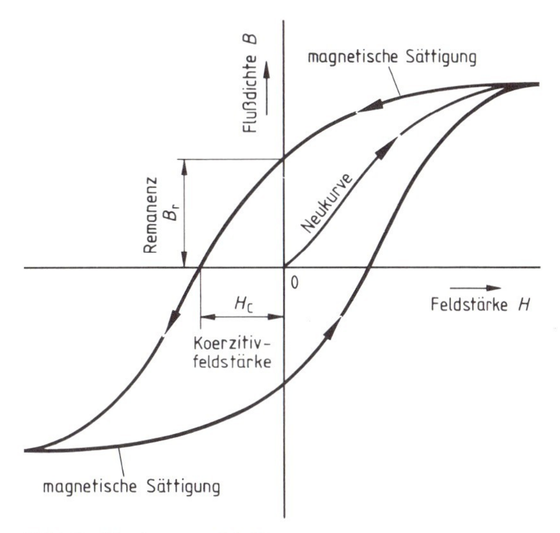

Bild 1: Hystereseschleife

Schließt man eine Spule mit Eisenkern an eine Wechselspannung an, so wird die Hystereseschleife bei jeder Periode einmal durchlaufen. Die Molekularmagnete ändern ständig ihre Richtung. Infolge der inneren Reibung erwärmt sich der Eisenkern.

> Die Ummagnetisierung des Eisenkerns erfordert elektrische Energie.

Die Verlustenergie ist um so größer, je größer die von der Hystereseschleife umschlossene Fläche ist. Die für die Ummagnetisierung erforderliche elektrische Leistung nennt man *Hystereseverluste*. Um die Hystereseverluste klein zu halten, wird für Spulenkerne eine möglichst schmale Hystereseschleife angestrebt **(Bild 2)**. Werkstoffe für Dauermagnete sollen eine große Remanenz haben, und ihr Magnetismus darf durch den Einfluß fremder magnetischer Felder nicht verloren gehen. Bei diesen Werkstoffen strebt man daher neben einer hohen Remanenz eine große Koerzitiv-Feldstärke an.

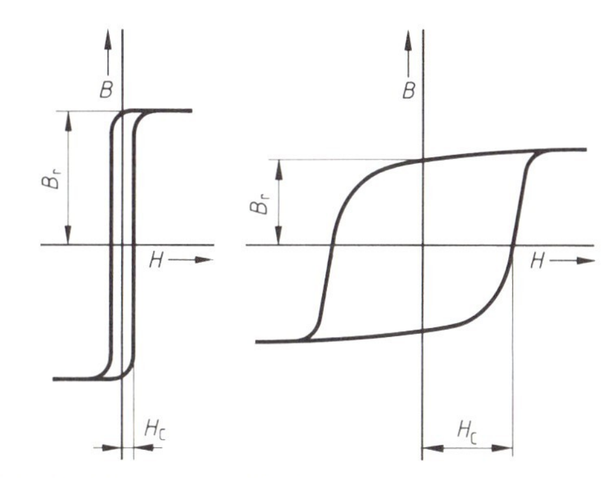

Bild 2: Hystereseschleifen

Beim *Entmagnetisieren* eines Gegenstandes mit einer Spule wird entweder die Wechselstromstärke durch die Spule verkleinert oder der Gegenstand aus dem Wechselfeld der Spule langsam entfernt. Die Hystereseschleife des Gegenstandes wird dadurch immer kleiner, bis schließlich der unmagnetische Zustand erreicht ist **(Bild 1, folgende Seite)**. Bei Gegenständen aus hartmagnetischem Werkstoff muß die Entmagnetisierung unter Umständen wiederholt werden.

Bei Geräten für magnetische Aufzeichnung, z.B. bei Diskettenlaufwerken, Festplattenlaufwerken oder Streamern, wird die Aufzeichnung gelöscht, indem das magnetisierte Band oder die magnetisierte Scheibe an dem Spalt eines Löschkopfes vorbeigeführt wird. Der Löschkopf ist ein Elektromagnet, der mit hochfrequentem Strom zwischen 30 kHz und 100 kHz gespeist wird. In jedem Punkt des Bandes oder der Scheibe nimmt bei der Entfernung vom Spalt des Löschkopfes die magnetische Feldstärke ab, wodurch eine Entmagnetisierung erzielt wird.

Magnetischer Kreis heißt der Weg der in sich geschlossenen Feldlinien. Der Erzeuger der magnetischen Spannung im magnetischen Kreis ist die Spulenwicklung mit der Durchflutung. Als Leiter des magnetischen Flusses dient der Eisenweg. Der Luftspalt hat einen hohen magnetischen Widerstand. Beim magnetischen Kreis kann der kleine magnetische Widerstand des Eisenweges gegenüber dem erheblich größeren magnetischen Widerstand des Luftspaltes oft vernachlässigt werden.

Wiederholungsfragen

1. **Was versteht man unter Durchflutung?**
2. **Wie berechnet man die magnetische Feldstärke?**
3. **Für welche magnetische Größe verwendet man die Einheit Weber?**
4. **Was gibt die magnetische Flußdichte an?**
5. **Welchen Einfluß übt ein Eisenkern auf die magnetische Flußdichte einer stromdurchflossenen Spule aus?**
6. **Welches Verhältnis gibt die Permeabilität des Eisens an?**
7. **Was gibt die Permeabilitätszahl an?**
8. **Wodurch entsteht die Remanenz im Eisenkern?**
9. **Erklären Sie die Koerzitiv-Feldstärke!**
10. **Wie kommen die Hystereseverluste zustande?**
11. **Wie erreicht man die Entmagnetisierung eines Gegenstandes?**

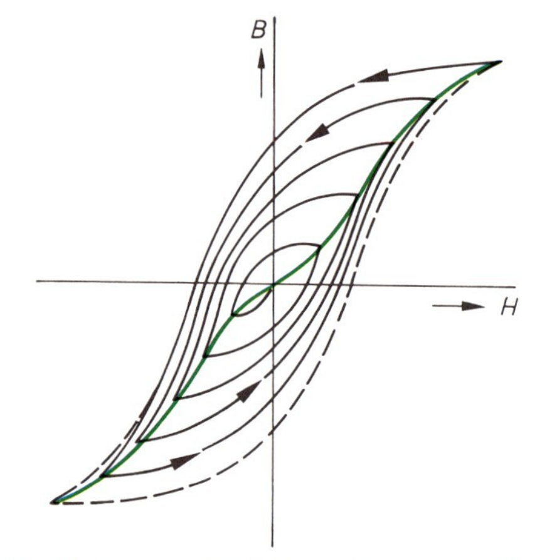

Bild 1: Hystereseschleife beim Entmagnetisieren

1.8.2 Elektromagnetische Baugruppen

1.8.2.1 Elektromagnete

Gleichstrommagnete sind leicht einzuschalten und ziehen sanft an. Beim Abschalten von Gleichstrommagneten entsteht durch Induktion[1] (Abschnitt 1.8.4) eine Spannungserhöhung. Dadurch kann ein *Lichtbogen* an den Schalterkontakten auftreten.

Soll ein Gleichstrommagnet abgeschaltet werden, ohne daß Funken auftreten, so ist entweder ein RC-Glied oder ein spannungsabhängiger Widerstand parallel zum Schalter oder eine Halbleiterdiode parallel zum Gleichstrommagneten anzuschließen **(Bild 2)**. Der spannungsabhängige Widerstand kann auch parallel zum Gleichstrommagneten geschaltet werden.

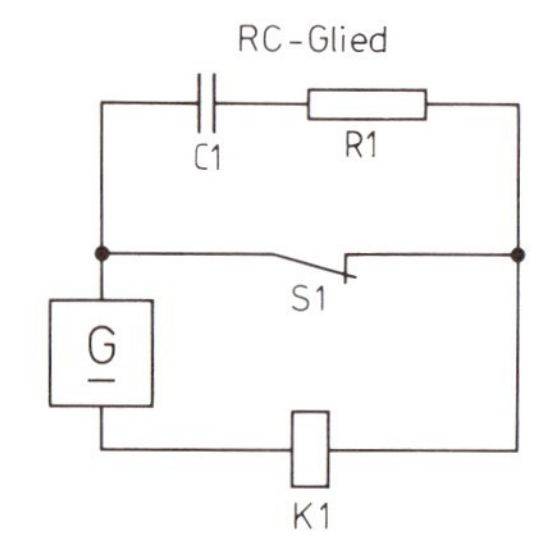

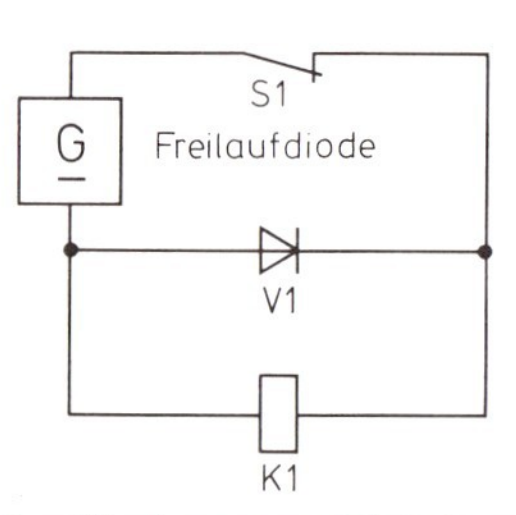

Bild 2: Funkenlöschung an Gleichstrommagneten

Beim Öffnen des Schalters fließt der Strom noch kurze Zeit über das RC-Glied. Dabei nimmt die Stromstärke ab, so daß eine hohe Induktionsspannung vermieden wird.

Die Halbleiterdiode ist bei geschlossenem Schalter in Sperrichtung geschaltet, hat also einen sehr großen Widerstand. Wird der Schalter geöffnet, so ist die Diode für den durch Induktion hervorgerufenen Strom in Durchlaßrichtung geschaltet, hat also einen kleinen Widerstand. Man nennt diese Diode *Freilaufdiode*.

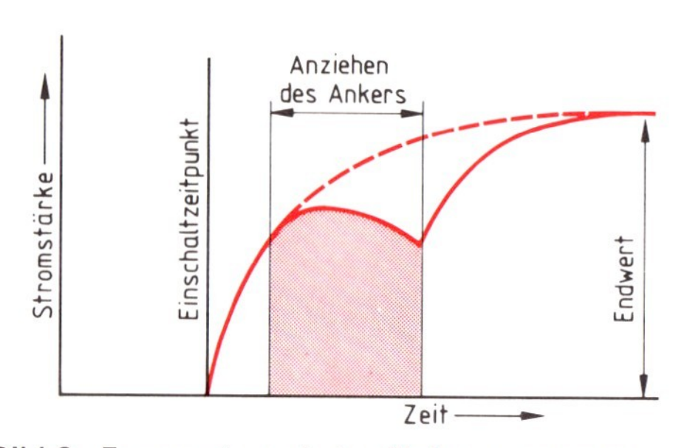

Bild 3: Erregerstrom beim Elektromagneten während des Anziehens

[1] lat. inducere = einführen

Bei der Bewegung des Ankers entsteht durch Induktion eine Spannung, so daß die Stromstärke während der Bewegung des Ankers verschieden ist **(Bild 3, vorhergehende Seite)**.

Gleichstrommagnete haben gegenüber den Wechselstrommagneten den Vorteil, daß sie geräuschlos arbeiten. Deshalb werden in Krankenhäusern, Hotels und Wohnungen Gleichstrommagnete, z.B. als Antriebe von Fernschaltern (Schützen), bevorzugt.

Wechselstrommagnete haben einen Kern und einen Anker aus Elektroblech. Der Wechselstromwiderstand der Wicklung ist größer als der Gleichstromwiderstand. Der Einschaltstrom beim Wechselstrommagneten kann sehr groß sein **(Bild 1)**, wenn der Augenblickswert der Spannung beim Einschalten gerade null ist.

Bild 1: Einschaltstrom beim Wechselstrommagneten

Wiederholungsfragen

1. **Wie verhalten sich Gleichstrommagnete beim Einschalten, wie beim Abschalten?**
2. **Wie kann man beim Abschalten von Gleichstrommagneten die Funken am Schalter löschen?**
3. **Warum ändert sich die Stromstärke eines Gleichstrommagneten während der Bewegung des Ankers?**
4. **Unter welcher Bedingung kann der Einschaltstrom beim Wechselstrommagneten sehr groß sein?**

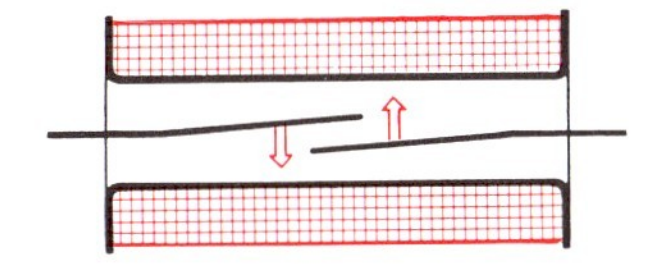

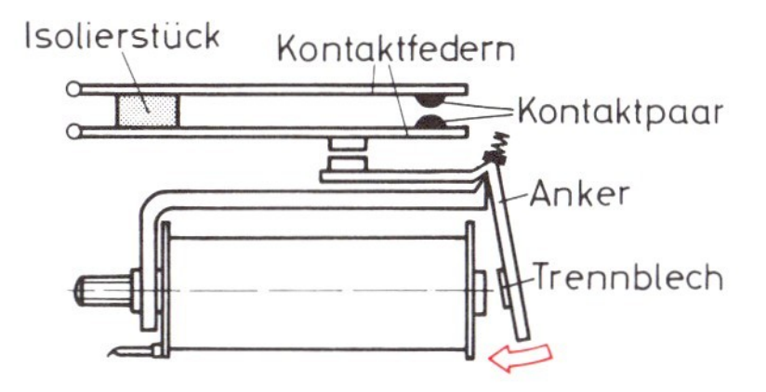

Bild 2: Einwirkung des Magnetfeldes auf die Relaiskontakte oben: direkt; unten: indirekt

1.8.2.2 Relais

Elektromagnetische Relais[1] sind elektromagnetisch angetriebene Schalter für kleine Schaltleistung. In der Nachrichtentechnik dienen sie zum Schalten von Stromkreisen, in denen Signale übertragen werden.

Beim elektromagnetischen Relais wirkt das Magnetfeld einer vom Erregerstrom durchflossenen Spule entweder direkt (unmittelbar) oder indirekt (mittelbar) auf die Kontakte ein **(Bild 2)**.

Direkte Einwirkung: Fließt durch eine Spule Strom, so entsteht im Inneren ein magnetischer Fluß. Hintereinander liegende Eisenteile ziehen sich dabei an, da sie magnetisiert werden.

Indirekte Einwirkung: Ein Elektromagnet zieht einen Anker an. Durch eine geeignete Hebelanordnung läßt sich erreichen, daß Kontakte geschlossen oder geöffnet werden.

Tabelle 1: Grundarten von Kontakten

Bezeichnung	Schaltzeichen	Kontaktbild
Schließer		
Öffner		
Wechsler		
Folgewechsler		

[1] franz. Relais = Schalteinrichtung, Zwischenstation

Kontaktarten

Alle elektromagnetischen Relais können so gebaut werden, daß durch den Erregerstrom *Schließer* oder *Öffner* arbeiten. Schließer schließen einen Stromkreis bei Erregung. Öffner unterbrechen ihn. Werden Schließer und Öffner kombiniert, so entsteht ein *Wechsler* **(Tabelle 1, vorhergehende Seite)**.

Schließer, Öffner und Wechsler sind die Grundarten der Relaiskontakte.

Ist der Wechsler so ausgeführt, daß beim Umschalten kurzzeitig alle drei Anschlüsse miteinander verbunden sind, so bezeichnet man ihn als *Folgewechsler*.

Bei Relais mit indirektem Einwirken des Magnetfeldes auf die Kontakte können mehrere Kontaktfedern mit mehreren Kontakten übereinander angeordnet werden. Außerdem können mehrere derartige Kontaktfedersätze nebeneinander angeordnet werden.

Die Kontaktarten werden mit Kennzahlen bezeichnet. Die Kennzahl 1 bedeutet einen Schließer, die Kennzahl 2 einen Öffner.

Nacheinander schaltende, elektrisch getrennte Kontakte desselben Federsatzes nennt man *Folgekontakte*. In der Kennzahl verbindet dann das Zeichen + die Kennzahlen der jeweiligen Kontakte. Bei gleichzeitig schaltenden, elektrisch getrennten Kontakten desselben Relais verbindet das Zeichen – die Kennzahlen der jeweiligen Kontakte. Sind die verschiedenen Kontakte elektrisch voneinander nicht getrennt, z. B. beim Wechsler, so ist zwischen den einzelnen Kennzahlen kein Zeichen.

Bauarten von Relais

Relais mit trockenen Zungenkontakten (z. B. Herkon-Relais, Reed-Relais) bestehen aus einer Erregerwicklung und einem Zungenkontakt oder mehreren Zungenkontakten **(Bild 1)**.

Bei den trockenen Zungenkontakten befinden sich zwei Zungen aus einer Eisen-Nickel-Legierung in einem Glasröhrchen eingeschmolzen. An der Kontaktstelle sind die Zungen oft vergoldet. Dadurch ist die Kontaktgabe besser und die Kontakte „kleben" nicht. Das Glasröhrchen ist mit etwa 97% Stickstoff und 3% Wasserstoff von einigen kPa Druck gefüllt (1 Pa = 1 N/m^2). Dadurch ist die Durchschlagsspannung zwischen den Kontakten höher als bei Luft von normalem Druck.

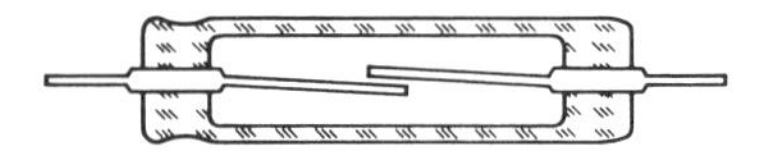

Bild 1: Zungenkontakt

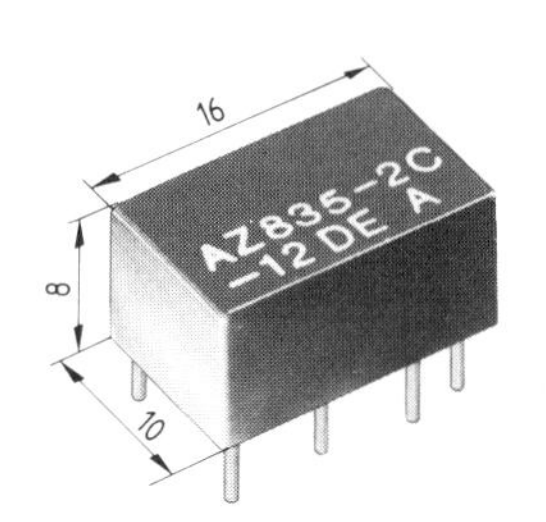

Bild 2: Relais im Dual-in-line-Gehäuse

Zungenkontakte können Ströme bis etwa 1 A schalten. Die Schaltspannung kann bis 230 V Wechselspannung betragen. Die Schaltleistung liegt bei 60 VA. Die Ansprecherregung beträgt 50 A bis 100 A. Die Lebensdauer beträgt 100 Millionen bis 200 Millionen Schaltspiele, ist aber sehr von der Schaltleistung abhängig.

Relais mit Federsätzen verwenden die Kraft eines Ankers zur Betätigung der Kontakte. Je nach mechanischer Ausführung unterscheidet man Rundrelais, Flachrelais und Kammrelais.

Das Relais im *Dual-in-line-Gehäuse* **Bild 2** hat zwei Wechsler und zum Ansprechen und Rückstellen je eine Spule. Dadurch ist zum Ansprechen und Rückstellen kein Polwechsel erforderlich. Das Relais eignet sich besonders zur Ansteuerung durch IC und für den Einbau in Leiterplatten.

Wicklungen von Relais

Die **Widerstandswicklung** ist bifilar ausgeführt und kann als Vorwiderstand geschaltet werden.

Die **Verzögerungswicklung** wird durch einige Lagen blanken, kurzgeschlossenen Kupferdrahtes in der untersten Schicht der Wicklung gebildet.

Wiederholungsfragen

1. **Welche Aufgabe haben elektromagnetische Relais?**
2. **Welche Kontaktgrundarten für Relais gibt es?**
3. **Welchen Aufbau hat ein Relais mit trockenem Zungenkontakt?**
4. **Welche Wicklungen unterscheidet man bei Relais?**

1.8.3 Strom im Magnetfeld

Auf einen Strom im Magnetfeld wirkt eine Kraft senkrecht zum Strom und senkrecht zum Magnetfeld. Eine stromdurchflossene Leiterschaukel wird aus einem Magnetfeld herausbewegt **(Bild 1)**.

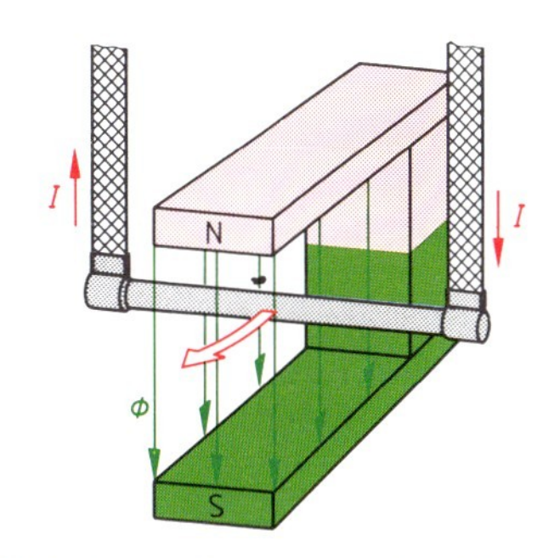

Bild 1: Ablenkung eines stromdurchflossenen Leiters im Magnetfeld

Lorentzkraft

Strom ist Bewegung von elektrischer Ladung. Die Kraft wirkt demnach auf die bewegte Ladung und drängt diese auf die Seite, nach welcher die Kraft wirkt. Diese *Lorentzkraft*[1] ist um so größer, je größer die magnetische Flußdichte, die Ladung und die Geschwindigkeit der Ladungsträger sind.

Auf bewegte Ladungsträger wird im magnetischen Feld eine Kraft ausgeübt, wenn sich die Ladungsträger quer zum magnetischen Feld bewegen.

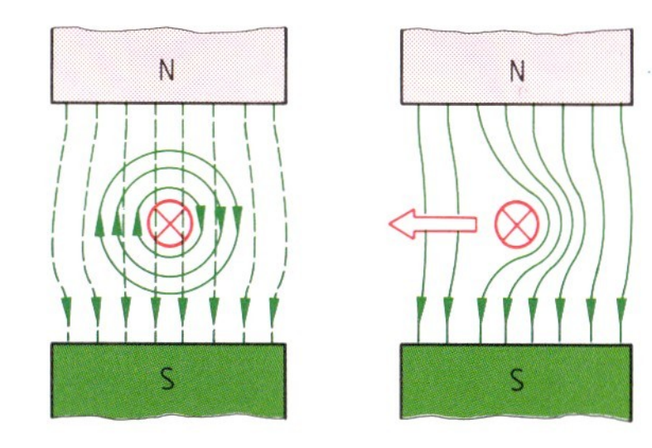

Bild 2: Resultierendes Feld und Krafteinwirkung auf einen Leiter

Das Magnetfeld des Stromes schwächt auf der einen Seite des Leiters das Feld des Magneten, während es auf der anderen Seite dieses Feld verstärkt **(Bild 2)**. Die Flußdichte des resultierenden Feldes ist also auf einer Seite des Leiters größer. Der Strom wird von der Stelle großer Flußdichte zu der Stelle kleiner Flußdichte verdrängt. Kehrt man die Stromrichtung um, so wird die Flußdichte auf der anderen Seite des Leiters vergrößert, und die Bewegungsrichtung kehrt sich um. Läßt man die Stromrichtung bestehen und kehrt die Richtung des Feldes vom Magneten um, so ändert sich ebenfalls die Bewegungsrichtung. Ändert man die Stromrichtung und die Feldrichtung des Magneten gleichzeitig, so bleibt die Bewegungsrichtung unverändert.

Die Kraftrichtung kann man auch mit Hilfe der *Linken-Hand-Regel* oder *Motorregel* bestimmen **(Bild 3)**.

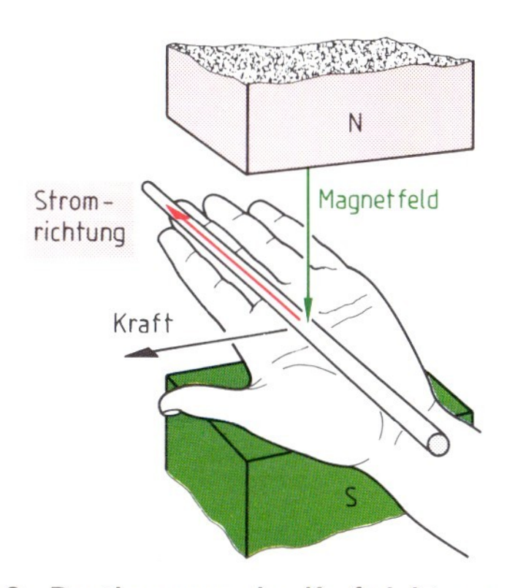

Bild 3: Bestimmung der Kraftrichtung

Die Lorentzkraft ist wirksam, solange sich die bewegten Elektronen im Magnetfeld befinden. Der Weg ist also gleich der wirksamen Breite des Magnetfeldes, und die Zeit gleich der Zeit, die die Elektronen benötigen, um das wirksame Magnetfeld zu durchlaufen.

Die Lorentzkraft wächst mit der Stromstärke, mit der magnetischen Flußdichte und mit der wirksamen Breite des Magnetfeldes.

F Lorentzkraft
Q Ladung
v Geschwindigkeit der Ladungsträger senkrecht zu B
B magnetische Flußdichte

$$F = Q \cdot v \cdot B$$

$$[F] = \text{As} \cdot \frac{\text{m}}{\text{s}} \cdot \frac{\text{Vs}}{\text{m}^2} = \text{VAs/m} = \text{Nm/m} = \text{N}$$

$Q = I \cdot t$; $v = s/t$

[1] Lorentz, niederländischer Physiker, 1853 bis 1928

Befinden sich gleichzeitig mehrere Leiter im Feld des Magneten, die alle von demselben Strom durchflossen werden, so ist die Kraft um so größer, je größer die Anzahl der Leiter ist.

Die Ablenkung des Stromes im Magnetfeld wird z.B. bei Elektromotoren und bei der Monitorbildröhre ausgenutzt. Beim Elektromotor ist man bestrebt, daß sich viele Leiter im Feld des Magneten befinden. Dadurch wird dann ein großes Drehmoment erzielt.

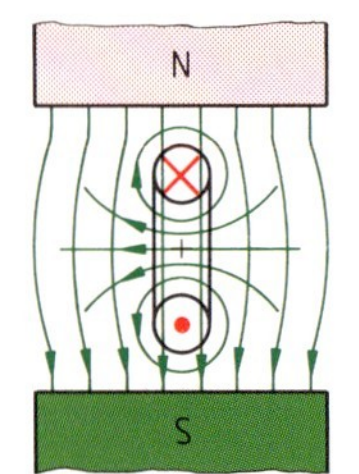

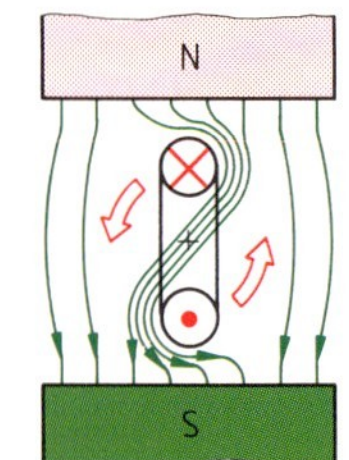

Bild 1: Entstehung des Drehmomentes einer Spule im Magnetfeld

Stromdurchflossene Spule im Magnetfeld

Der Strom in den Leitern einer Spule verursacht ein Magnetfeld **(Bild 1)**. Zusammen mit dem Feld des Dauermagneten entsteht ein gemeinsames Feld. Die Leiter der Spule werden abgestoßen. Die Spule dreht sich, bis ihre Feldlinien dieselbe Richtung haben wie die Feldlinien des Magneten. Die Drehrichtung hängt von der Stromrichtung in der Spule und von der Richtung des Magnetfeldes ab. Durchdringt das Feld des Dauermagneten die Spule quer zur Spulenachse, so entsteht ein Drehmoment.

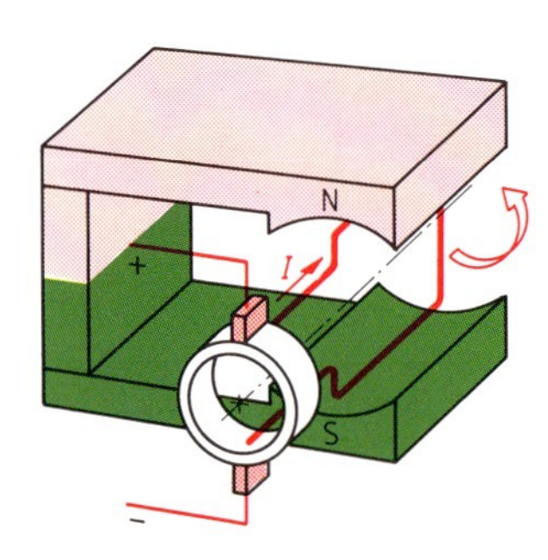

Bild 2: Stromwender

> Eine stromdurchflossene Spule dreht sich im Magnetfeld. Die Drehrichtung hängt von der Stromrichtung in der Spule und von der Richtung des Magnetfeldes ab.

Will man eine dauernde Drehung erreichen, so führt man der Spule den Strom über einen *Stromwender* (Kommutator) zu **(Bild 2)**. Der Stromwender besteht für eine Spule aus *zwei* voneinander isolierten Halbringen (Lamellen) aus Kupfer. Ein Halbring ist mit dem Spulenanfang, der andere mit dem Spulenende verbunden. Spule und Stromwender drehen sich miteinander. Der Spulenstrom wird über zwei feststehende Kohlebürsten zugeführt. Wenn die Spule durch den Schwung bei der Drehung ihren größten Ausschlag (90°) gerade ein wenig überschritten hat, dann ändert der Stromwender die Stromrichtung in der Spule, und sie dreht sich weiter. Durch den Stromwender wird erreicht, daß die Stromrichtung in den Leitern im Bereich jeweils eines Poles immer gleich bleibt.

$$F = Q \cdot v \cdot B$$

$$Q = I \cdot t; \quad v = s/t$$

$$F = I \cdot t \cdot \frac{l}{t} \cdot B$$

Bei einem Leiter:

$$F = I \cdot l \cdot B$$

Bei mehreren Leitern:

$$F = I \cdot l \cdot B \cdot z$$

F Lorentzkraft
Q Ladung
v Geschwindigkeit
B magnetische Flußdichte
I Stromstärke
t Zeit
l wirksame Breite des Magnetfeldes
z Anzahl der Leiter

Beim Gleichstrommotor sind die Spulen meist in ein zylindrisches Blechpaket aus geschichteten Elektroblechen eingelegt. Jede Spule ist mit Anfang und Ende am Stromwender angeschlossen. Damit keine ruckartige Drehbewegung entsteht, macht man die Zahl der Spulen und der Lamellen möglichst groß.

M Drehmoment
F Lorentzkraft einer Spulenseite
r Halbmesser der Spule
d Durchmesser der Spule

$$M = 2 \cdot F \cdot r$$

$$M = F \cdot d$$

$$[M] = \mathrm{N \cdot m = Nm}$$

Beispiel:
Die Stromstärke in der Läuferwicklung eines Gleichstrommotors beträgt 4,9 A, die wirksame Breite des Magnetfeldes 0,25 m und die Flußdichte 1,5 T. Wie groß ist a) die Kraft auf den Strom, wenn sich gleichzeitig 30 Leiter im Magnetfeld befinden, b) das Drehmoment bei einem Durchmesser des Läufers von 0,1 m?

Lösung:

a) $F = I \cdot l \cdot B \cdot z = 4{,}9\ \text{A} \cdot 0{,}25\ \text{m} \cdot 1{,}5\ \text{T} \cdot 30 = 55{,}1\ \text{Nm/m} = \mathbf{55{,}1\ N}$

b) $M = F \cdot d = 55{,}1\ \text{N} \cdot 0{,}1\ \text{m} = \mathbf{5{,}51\ Nm}$

Die Wirkung des Magnetfeldes auf stromdurchflossene Spulen wird z. B. bei Gleichstrommotoren, Drehspulmeßwerken, elektrodynamischen Meßwerken und bei Schwingspulen von Lautsprechern angewendet.

Magnetfeldabhängige Widerstände

Es gibt Halbleiterwerkstoffe, welche ihren Widerstand im Magnetfeld ändern. Bei der *Feldplatte* ist auf einer isolierten Keramikplatte von etwa 0,5 mm Dicke die ungefähr 20 µm dicke Schicht des Halbleiterwerkstoffes (Indiumantimonid) in Mäanderform[1] aufgetragen **(Bild 1)**. Im Inneren hat der Halbleiter leitende Bezirke aus Nickelantimonid.

Legt man an die Feldplatte eine Spannung, so fließt der Strom geradlinig (Bild 1), wenn kein Magnetfeld vorhanden ist. Die Einschlüsse haben keinen Einfluß auf die Strombahn. Ist dagegen senkrecht zur Strombahn ein Magnetfeld vorhanden, so ändert der Strom zwischen den leitenden Bezirken infolge der Lorentzkraft seine Richtung (Bild 1). An den leitenden Bezirken tritt kein Spannungsabfall auf, die ungleichmäßige Stromdichte zwischen den leitenden Bezirken gleicht sich aus. Die Richtungsänderung des Stromes zwischen den leitenden Bezirken bedeutet aber eine beträchtliche Erhöhung des Widerstandes (Gaußeffekt oder magnetischer Widerstandseffekt).

Die Widerstandszunahme ist vom Halbleiterwerkstoff und von der magnetischen Flußdichte abhängig, jedoch unabhängig von der Richtung des magnetischen Flusses **(Bild 2)**.

Ferner hängt der Widerstand von Feldplatten von der Temperatur ab. Der Temperaturkoeffizient ist über einen größeren Temperaturbereich nicht konstant. Zur Vermeidung von Überlastungen darf die Temperatur der Feldplatte 95 °C meist nicht überschreiten.

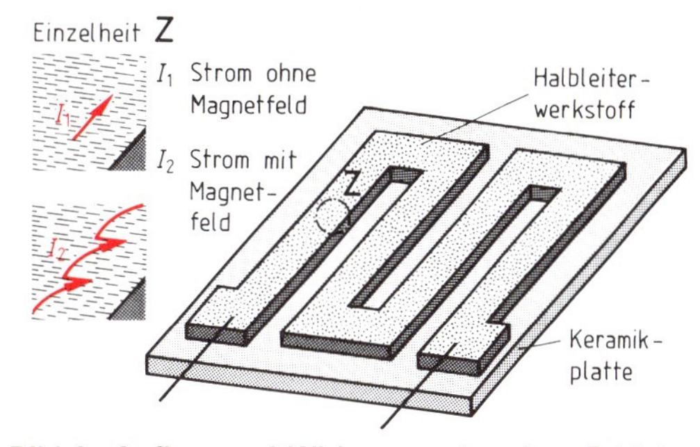

Bild 1: Aufbau und Wirkungsweise einer Feldplatte

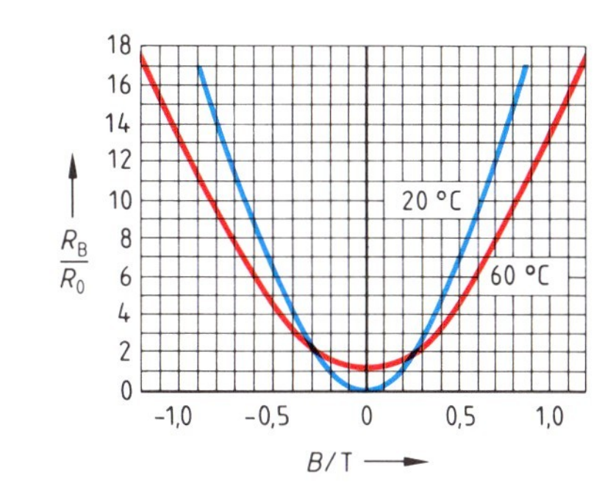

Bild 2: Kennlinie einer Feldplatte bei verschiedenen Temperaturen

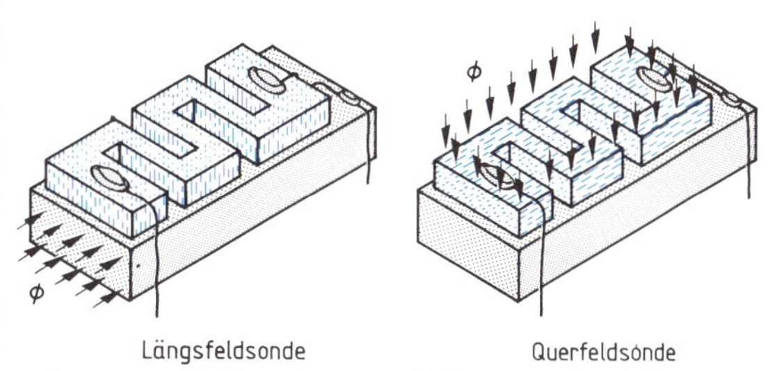

Bild 3: Längsfeldsonde und Querfeldsonde

Feldplatten werden als Längsfeldsonden und Querfeldsonden **(Bild 3)** zur Messung von Magnetfeldern und als steuerbare Widerstände eingesetzt.

Hallsonde (Hallgenerator)[2]

Bringt man ein rechteckiges, dünnes, leitendes Plättchen, welches in seiner Längsrichtung vom Strom durchflossen wird, so in ein Magnetfeld, daß das Feld senkrecht auf der Fläche des Plättchens steht **(Bild 1, folgende Seite)**, dann werden die Elektronen infolge der Lorentzkraft durch das Magnetfeld abgelenkt. Die eine Längsseite des

[1] Mäander = kleinasiatischer, schleifenförmiger Fluß; [2] Hall, amerikanischer Physiker, 1855 bis 1938

Leiters verarmt an Elektronen, auf der anderen Seite reichern sich Elektronen an. Dadurch entsteht die *Hallspannung*.

In einer Hallsonde wird durch einen Strom und ein Magnetfeld eine Spannung erzeugt.

Die Hallspannung ist um so größer, je größer die Stromstärke, die magnetische Flußdichte und der Hallkoeffizient sind und je kleiner die Dicke des Plättchens ist.

U_H Hallspannung
R_H Hallkoeffizient
I Stromstärke
B magnetische Flußdichte
s Leiterdicke

$$U_H = \frac{R_H \cdot I \cdot B}{s}$$

$$[U_H] = \frac{m^3/C \cdot A \cdot T}{m} = V$$

Der Hallkoeffizient in m^3/C ist der Kehrwert der Raumladungsdichte in C/m^3 des verwendeten Leiters. Er soll möglichst groß sein, damit eine entsprechend große Hallspannung erzielt wird. Dies ist bei den Halbleitern Indiumarsenid und Indiumantimonid der Fall.

Die Hallspannung ruft eine der Lorentzkraft entgegengerichtete Kraft auf die Elektronen hervor. Beide Kräfte bestimmen die Ablenkung der Elektronen. Die Richtung der Hallspannung ist von der Stromrichtung und von der Richtung des Magnetfeldes abhängig.

Hallsonden verwendet man z. B. zur Messung von Magnetfeldern und als kontaktlose Signalgeber.

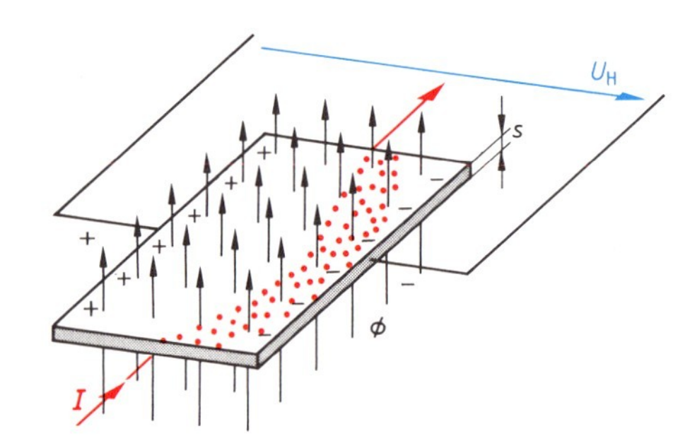

Bild 1: Halleffekt beim N-Leiter

Beispiel:
An einer Hallsonde aus Indiumantimonid wird bei einer Stromstärke von 60 mA eine Hallspannung von 200 mV gemessen. Die Leiterdicke beträgt 0,2 mm, der Hallkoeffizient $380 \cdot 10^{-6}$ m^3/C. Wie groß ist die magnetische Flußdichte?

Lösung:

$$U_H = \frac{R_H \cdot I \cdot B}{s} \Rightarrow$$

$$\Rightarrow B = \frac{s \cdot U_H}{R_H \cdot I} = \frac{0{,}2\ \text{mm} \cdot 200\ \text{mV}}{380 \cdot 10^{-6}\ \text{m}^3/(\text{As}) \cdot 60\ \text{mA}} = \mathbf{1{,}75\ T}$$

Wiederholungsfragen

1. **Welche Wirkung erfährt der Strom im Magnetfeld?**
2. **Wovon hängt die Größe der Lorentzkraft ab?**
3. **Wie verhält sich eine stromdurchflossene Spule im Magnetfeld?**
4. **Wodurch kommt bei der Feldplatte eine Widerstandserhöhung zustande?**
5. **Wie entsteht in einer Hallsonde eine Spannung?**

1.8.4 Induktion

Die Spannungserzeugung mit Hilfe des magnetischen Feldes nennt man *Induktion* (von lateinisch inducere = einführen). Sie erfolgt z. B. durch Einführen eines Magneten in eine Spule.

Lenzsche Regel

Durch Induktion wird eine Spannung erzeugt. Wird ein Stromkreis geschlossen, so fließt ein Strom. Dieser durch Induktion hervorgerufene Strom bewirkt zusammen mit dem Magnetfeld eine Kraft. Diese Kraft sucht den Induktionsvorgang zu beeinflussen. Für die Richtung der Kraft sind grundsätzlich zwei Fälle denkbar. Entweder sie verstärkt die Induktion, oder die Kraft sucht die Induktion zu hemmen. Im ersten Fall würde die Induktion sich ständig verstärken und ohne Energiezufuhr weiterwirken. Das ist aber nicht möglich. Also sucht die Kraft die Induktion zu hemmen.

Der durch Induktion hervorgerufene Strom ist stets so gerichtet, daß er seine Ursache zu hemmen sucht.

Beim Einschalten eines Fahrraddynamos tritt bekanntlich eine deutliche Bremswirkung ein. Das ist eine unmittelbare Folge dieser *Lenzschen*[1] *Regel*. Man verwendet die Lenzsche Regel, um die Richtung der induzierten Spannung zu ermitteln **(Bild 1, folgende Seite)**. Dazu setzt man die bremsende Kraft F_L entgegen der Geschwindigkeit v bzw. der Antriebskraft, bestimmt die für das Bremsen notwendige Richtung der Feldlinie und daraus nach der Schraubenregel die Richtung des Stromes.

[1] Lenz, russischer Physiker, 1804 bis 1865

Die Richtung des durch die induzierte Spannung hervorgerufenen Stromes erhält man nach der Lenzschen Regel aus der bremsenden Kraft (Lorentzkraft) auf positive Ladungsträger. Man erhält die Stromrichtung auch durch die *Rechte-Hand-Regel* oder *Generator-Regel* **(Bild 2)**.

Hält man die rechte Hand so, daß die Feldlinien auf die Innenfläche der Hand auftreffen und der abgespreizte Daumen in die Bewegungsrichtung zeigt, so fließt der durch Induktion hervorgerufene Strom in Richtung der ausgestreckten Finger.

Der durch die Induktionsspannung hervorgerufene Strom erzeugt um den Leiter ein Magnetfeld, das sich dem Feld des Elektromagneten überlagert (Bild 1). Dadurch wird auf den Leiter eine Kraft ausgeübt, die seiner Bewegungsrichtung entgegengerichtet ist.

Ein Aluminiumring bei einem Versuch nach **Bild 3** wird beim Einschalten des Stromes von der Spule abgestoßen, beim Ausschalten angezogen. Beim Einschalten ruft die Induktionsspannung im Aluminiumring einen Strom und damit ein Magnetfeld hervor, das dem *Aufbau* des Magnetfeldes der stromdurchflossenen Spule entgegenwirkt. Beim Ausschalten des Stromes wirkt das Magnetfeld des Aluminiumringes dem *Abbau* des Magnetfeldes der Spule entgegen.

Induktion durch Bewegung

Bewegt sich ein Leiter quer zu einem magnetischen Feld, so übt dieses auf die Ladungsträger des Leiters Kräfte aus, wodurch die Trennung der positiven Ladung von der negativen Ladung bewirkt wird **(Bild 1, folgende Seite)**. Es entsteht also eine Spannung.

Wird ein Leiter in einem Magnetfeld quer zum Magnetfeld bewegt, so wird in ihm eine elektrische Spannung induziert.

Auf bewegte Ladungsträger im Magnetfeld wirkt die Lorentzkraft, wenn sie sich quer zum magnetischen Feld bewegen. Die freien Elektronen im Leiter werden dadurch nach einer Seite des Leiters abgelenkt (Bild 1, folgende Seite). Auf der einen Seite des Leiters entsteht ein Elektronenüberschuß, auf der anderen Seite ein Elektronenmangel. Zwischen den Leiterenden entsteht eine Spannung.

Die Spannung ist um so höher, je länger die wirksame Länge des Leiters, je größer die Geschwindigkeit und je größer die magnetische Flußdichte ist.

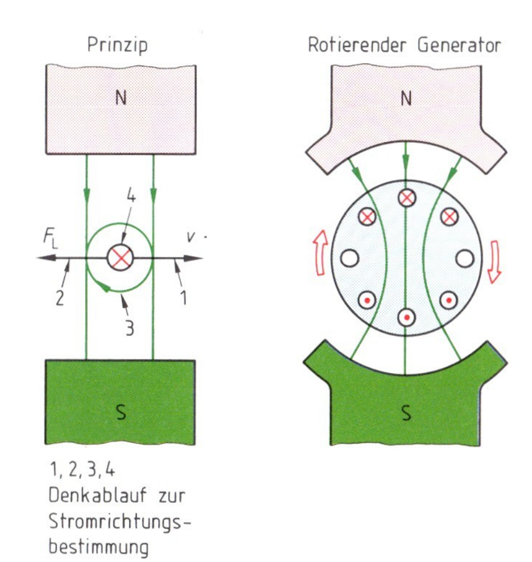

Bild 1: Induktion von Spannung durch Bewegung

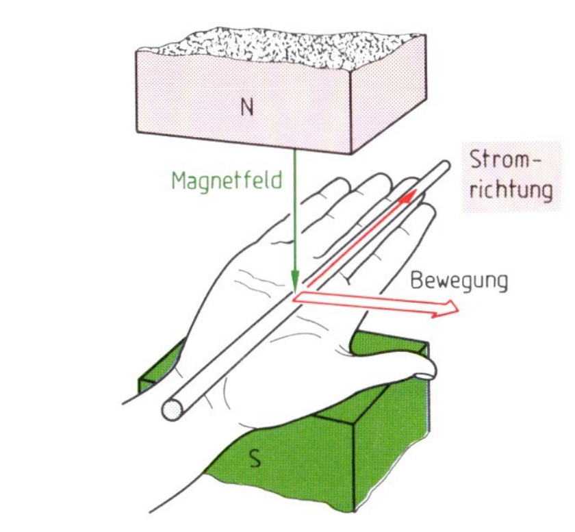

Bild 2: Rechte-Hand-Regel

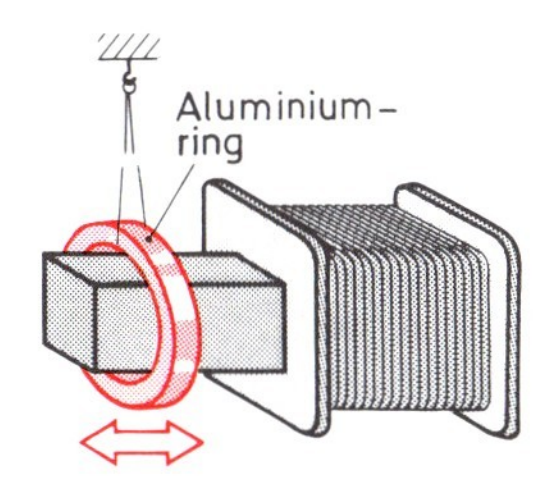

Bild 3: Kraftwirkung auf einen Aluminiumring

u_i induzierte Spannung
l wirksame Leiterlänge
v Geschwindigkeit quer zu den Feldlinien
B magnetische Flußdichte

$$u_i = l \cdot v \cdot B$$

Durch Induktion der Bewegung quer zu den Feldlinien wird Spannung in elektrischen Maschinen induziert, z.B. in Generatoren, aber auch in Motoren. Bei ihnen drehen sich Leiter in einem magnetischem Feld.

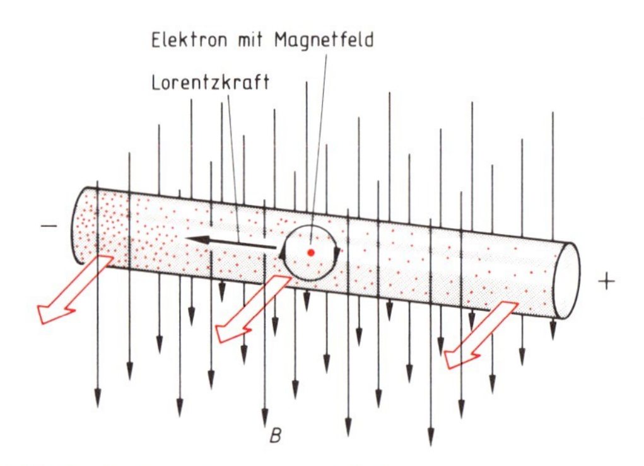

Bild 1: Ladungstrennung infolge Induktion durch Bewegung

Induktion durch Änderung des magnetischen Flusses

In einer Leiterschleife wird eine Spannung induziert, wenn sich in ihr der magnetische Fluß ändert. Meist werden mehrere Leiterschleifen zu einer Spule aneinandergereiht. Die induzierte Spannung ist um so höher, je mehr Windungen vorhanden sind und je stärker sich der magnetische Fluß *ändert*.

u_i induzierte Spannung
N Windungszahl
$\Delta\Phi$ Flußänderung (Δ griech. Großbuchstabe Delta; mathematisches Zeichen für Differenz)
Δt Zeit, in der die Flußänderung erfolgt

$$u_i = -N \cdot \frac{\Delta\Phi}{\Delta t}$$

Das Minuszeichen in der Formel ist ohne besondere Bedeutung. Es kommt dadurch zustande, daß der Windungssinn der Schleife wie der Drehsinn einer Rechtsschraube zu den magnetischen Feldlinien festgelegt ist **(Bild 2)**.

Wichtig ist jedoch der Zusammenhang vom magnetischen Fluß und der Spannung (Bild 2). Wenn keine *Änderung* des Flusses vorhanden ist, ist auch die Spannung null, und zwar unabhängig von der Stärke des magnetischen Flusses. Nimmt der Fluß ab, so entsteht eine Spannung, die um so höher ist, je größer die zeitliche Flußänderung ist. Ebenso wird eine Spannung induziert, wenn der Fluß ansteigt, jedoch mit umgekehrter Polung.

Die in einer Spule induzierte Spannung ist um so höher, je mehr Windungen vorhanden sind, je größer die Flußänderung und je kürzer die Zeit sind, in der diese Flußänderung erfolgt.

Die Stärke der Flußänderung ist aus dem zeitlichen Verlauf des Flusses zu erkennen. Wo der Graph für den magnetischen Fluß waagrecht ist, liegt keine Flußänderung vor. Je steiler der Graph ist, desto stärker ist die Flußänderung (Bild 2).

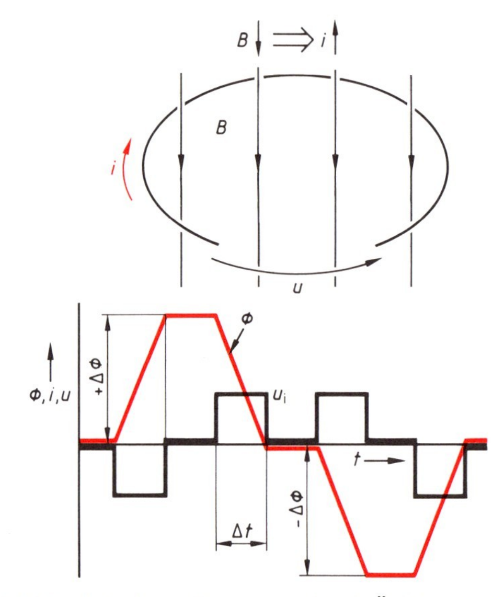

Bild 2: Induzierte Spannung durch Änderung des magnetischen Flusses

Die induzierte Spannung ist proportional der Steigung der $\Phi(t)$-Kennlinie.

Beispiel:
In einer Spule mit 1200 Windungen ändert sich der magnetische Fluß innerhalb von 10 ms von 2,5 mWb auf 0 mWb gleichmäßig. Wie groß ist die in der Spule induzierte Spannung?

Lösung:
$u_i = -N \cdot \Delta\Phi / \Delta t = -1200 \cdot (-2{,}5\,\text{mWb})/10\,\text{ms} = \mathbf{300\,V}$

Beim Schließen und Öffnen eines Stromkreises mit einer Spule ändert sich der magnetische Fluß in der Spule. Dadurch wird in ihr eine Spannung induziert. Man nennt diesen Vorgang *Selbstinduktion*.

Meist ist die Induktion durch Bewegung auch eine Induktion durch Flußänderung **(Bild 1)**.

Die Flußänderungsgeschwindigkeit in einer bewegten Leiterschleife ist: $\Delta\Phi/\Delta t = B \cdot \Delta A/\Delta t$ (Bild 1). Mit $A = l \cdot s$ wird die Flußänderungsgeschwindigkeit $\Delta\Phi/\Delta t = B \cdot l \cdot \Delta s/\Delta t$ und mit $\Delta s/\Delta t = v$ wird $\Delta\Phi/\Delta t = B \cdot l \cdot v$.

Sind mehrere Leiterschleifen in Reihe geschaltet, so wird die induzierte Spannung mit der Zahl der Leiterschleifen multipliziert.

Die Induktion infolge einer Änderung des magnetischen Flusses wird in Transformatoren, Drosselspulen, Generatoren und Elektromotoren angewendet.

Bild 1: Induktion in einer Leiterschleife

u_i induzierte Spannung
B magnetische Flußdichte
l wirksame Breite des Magnetfeldes
v Umfangsgeschwindigkeit der Leiterschleifen
z Zahl der Leiterschleifen

$$u_i = z \cdot l \cdot v \cdot B$$

Induktivität

Die Größe der Flußänderung, durch die in einer Spule durch Selbstinduktion eine Spannung induziert wird, hängt von den Spulendaten ab, also von der Permeabilität, dem Querschnitt A der Spule und der mittleren Feldlinienlänge l. Die Spulendaten sind in der *Spulenkonstanten* zusammengefaßt.

Das Produkt $N^2 \cdot A_L$ nennt man die *Induktivität L* der Spule. Ihre Einheit ist die Voltsekunde/Ampere mit dem besonderen Einheitennamen Henry (H)[1].

Eine Spule hat die Induktivität 1 Henry, wenn eine Änderung der Stromstärke um 1 Ampere in 1 Sekunde in ihr eine Spannung von 1 Volt induziert.

Die Induktivität hängt besonders stark von der Windungszahl der Spule ab. Verdoppelt man z. B. die Windungszahl, so wird die Flußänderung in der Spule bei gleicher Änderung der Stromstärke doppelt so groß. Die Flußänderung durchsetzt die doppelte Windungszahl der Spule, was eine viermal so große Induktionsspannung zur Folge hat.

Die in einer Spule durch Selbstinduktion induzierte Spannung wächst mit dem Quadrat der Windungszahl.

Beispiel:
Wie groß ist die Induktivität einer Spule mit 1000 Windungen bei einer Spulenkonstanten $A_L = 1250$ nH?

Lösung:
$L = N^2 \cdot A_L = 1000^2 \cdot 1250 \frac{\text{nVs}}{\text{A}} = 1250\text{ mH} = \mathbf{1{,}25\text{ H}}$

u_i induzierte Spannung
N Windungszahl
μ_0 magnetische Feldkonstante
μ_r Permeabilitätszahl
A Spulenquerschnitt
l Spulenlänge
A_L Spulenkonstante
Δi Änderung der Stromstärke
Δt Zeit, in der die Änderung der Stromstärke erfolgt
L Induktivität der Spule

$$u_i = -N \cdot \frac{\mu_0 \cdot \mu_r \cdot A}{l} \cdot N \cdot \frac{\Delta i}{\Delta t} = -N^2 \cdot A_L \cdot \frac{\Delta i}{\Delta t}$$

$$u_i = -L \cdot \frac{\Delta i}{\Delta t}$$

$$L = N^2 \cdot A_L$$

$$[L] = \frac{\text{Vs}}{\text{A}} = \text{H}$$

In manchen Fällen, z. B. bei Drahtwiderständen in Meßgeräten, ist die Induktivität unerwünscht. Die Wicklung wird dann so ausgeführt, daß der Strom in nebeneinanderliegenden Windungen entgegengesetzte Richtung hat **(Bild 1, folgende Seite)**. Diese Wicklungsart nennt man *bifilar*. Die magnetischen Flüsse beider Windungen sind gleich groß, haben aber entgegengesetzte Richtungen. Ihre Wirkungen heben sich daher auf.

Bifilare Wicklungen haben keine Induktivität.

[1] Henry, amerikanischer Physiker, 1797 bis 1878

Energie des Magnetfeldes einer Spule

Zum Aufbau des Magnetfeldes einer Spule ist elektrische Energie notwendig. Sie wird im Magnetfeld der Spule gespeichert. Beim Abbau des Magnetfeldes wird diese Energie wieder abgegeben.

Die Energie des Magnetfeldes einer Spule ist der Induktivität und dem Quadrat der Stromstärke proportional.

W Energie
L Induktivität
I Stromstärke

$$W = \frac{1}{2} L \cdot I^2$$

$$[W] = \frac{\text{Vs}}{\text{A}} \cdot \text{A}^2 = \text{Ws} = \text{J}$$

Beispiel:
Wie groß ist die Energie des Magnetfeldes einer Spule mit einer Induktivität von 360 mH bei einer Stromstärke von 100 mA?

Lösung:

$$W = \frac{1}{2} L \cdot I^2 = \frac{1}{2} \cdot 360 \frac{\text{mVs}}{\text{A}} \cdot 100^2 \text{ (mA)}^2 = \mathbf{1{,}8 \text{ mWs}}$$

Wirbelströme

Läßt man Wechselstrom durch eine Spule fließen, in deren Innerem sich ein massiver Eisenkern befindet **(Bild 2)**, so erwärmt sich der Eisenkern innerhalb kurzer Zeit stark. Der massive Eisenkern leitet die magnetischen Feldlinien, stellt aber gleichzeitig einen ziemlich guten elektrischen Leiter dar.

Der massive Eisenkern wirkt wie eine kurzgeschlossene Spule, in welcher sich ein Eisenkern befindet (Bild 2). Infolge des magnetischen Wechselflusses fließt in jedem Bereich des massiven Eisenkerns ein Strom. Da diese Überlegung für jeden Bereich des Eisenkernes gilt, treten überall durch Induktion hervorgerufene Ströme auf. Man bezeichnet diese als *Wirbelströme*.

Durchdringt ein magnetisches Wechselfeld Metall, so werden dort Wirbelströme erzeugt.

Wirbelströme sind meist unerwünscht. Damit sich in Eisenkernen keine starken Wirbelströme ausbilden können, werden diese aus dünnen Elektroblechen von 0,35 mm oder 0,5 mm Dicke geschichtet. Die Bleche werden gegeneinander isoliert, z. B. durch Lack. Dadurch ist der Stromweg unterbrochen. Außerdem enthalten Elektrobleche einen Legierungszusatz von Silicium, wodurch ihr spezifischer Widerstand erhöht wird. Durch diese Maßnahmen bilden sich in den einzelnen, dünnen Blechen nur schwache Wirbelströme aus.

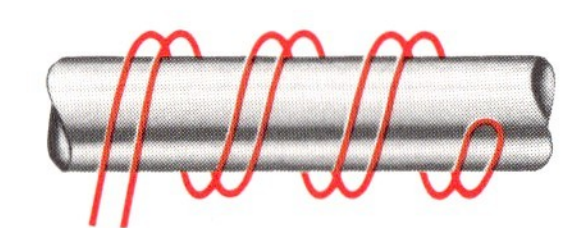

Bild 1: Bifilare Wicklung

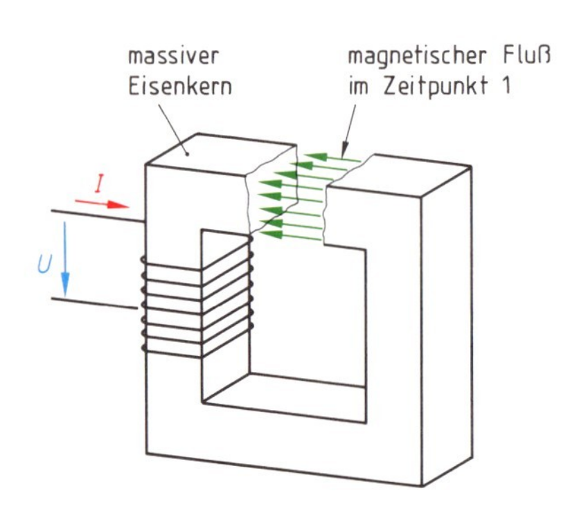

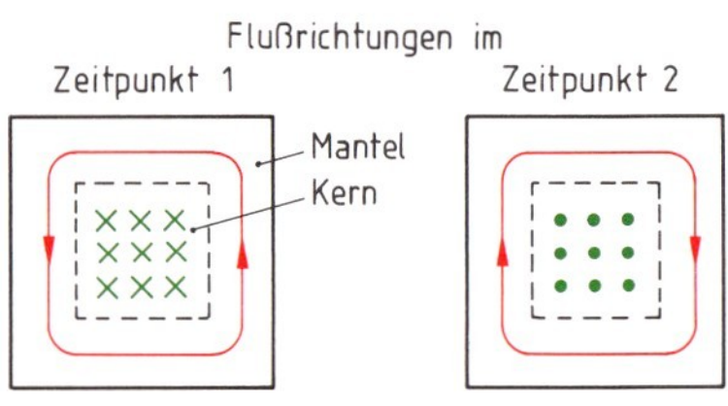

Bild 2: Entstehung der Wirbelströme in einem Eisenkern

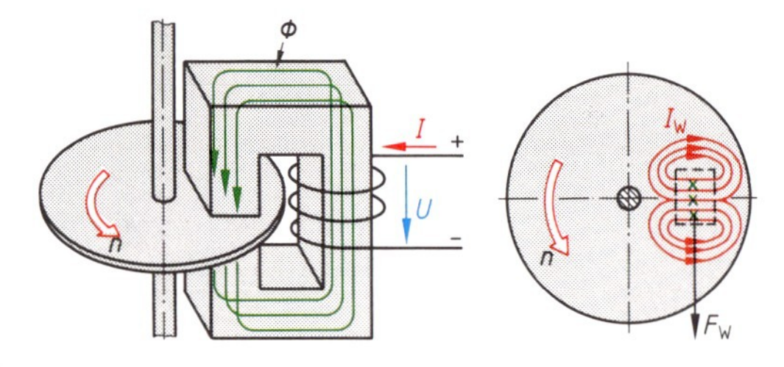

Bild 3: Wirbelstrombremse

Bei hochfrequenten Strömen, z. B. in der Computertechnik, verwendet man Ferritkerne. Da Ferritkerne elektrische Nichtleiter sind, entstehen in ihnen fast keine Wirbelströme.

Durch Induktion der Bewegung entstehen Wirbelströme, wenn sich eine massive Leiterplatte in einem Magnetfeld bewegt **(Bild 3)**. Auch hier ändert sich im Inneren der massiven Leiterplatte der magnetische Fluß, wenn die Leiterplatte im Magnetfeld bewegt wird. Dadurch treten Wirbelströme auf, die nach der Lenzschen Regel so gerichtet sind, daß die Bewegung gebremst wird.

Magnetische Abschirmung

Magnetische Felder werden durch geschlossene Eisenbleche abgeschirmt **(Bild 1)**. Die Abschirmung ist um so besser, je größer die Permeabilität des Bleches ist. Bei Sättigung verliert das Blech seine Abschirmwirkung.

Magnetische Abschirmungen mit Mumetall werden gegen den störenden Einfluß des *Magnetfeldes der Erde*, z.B. bei empfindlichen Meßinstrumenten, und gegen *niederfrequente Störfelder* verwendet. Niederfrequente Störfelder entstehen z.B. bei Netztransformatoren und elektrischen Maschinen.

Hochfrequente magnetische Felder werden durch Abschirmbecher aus Aluminiumblech oder Kupferblech abgeschirmt. In dem Blech entstehen Wirbelströme, deren Magnetfeld so groß wie das abzuschirmende Feld und diesem entgegengerichtet ist. Dadurch wird das Störfeld aufgehoben.

Bild 1: Magnetische Abschirmung

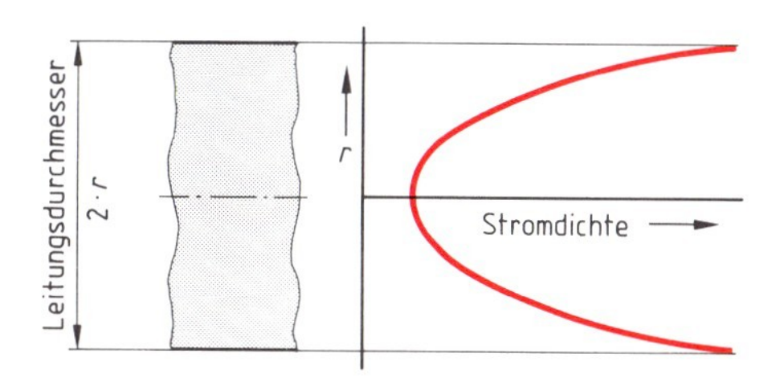

Bild 2: Stromdichte im Leiter bei hoher Frequenz

Stromverdrängung

Bei Gleichstrom ist die Stromdichte über den gesamten Leiterquerschnitt gleich groß. Wird der Leiter aber von Wechselstrom durchflossen, so ändert der Strom laufend seine Stärke und Richtung. Denkt man sich den Strom in Stromfäden zerlegt, so erzeugt jeder Stromfaden ein wechselndes Magnetfeld. Durch die Flußänderung werden im Leiter Wirbelströme induziert, die so gerichtet sind, daß sie im Innern des Leiters dem Strom entgegenwirken, während sie an der Oberfläche die gleiche Richtung haben wie der Leiterstrom. Dadurch nimmt die Stromdichte nach der Mitte hin ab **(Bild 2)**.

> Wechselstrom wird nach der Oberfläche des Leiters hin verdrängt.

Die Stromverdrängung wächst mit der Frequenz des Wechselstromes und mit dem Durchmesser des Leiters. Bei hochfrequenten Strömen ist die Mitte des Leiters stromfrei. Der Strom fließt nur in einer dünnen Schicht der Leiteroberfläche. Man nennt diese Wirkung *Skineffekt*[1]. Der Widerstand des Leiters wird durch die Stromverdrängung stark vergrößert.

Um eine möglichst gute Ausnützung des Drahtquerschnittes für die Stromleitung hochfrequenter Ströme zu erhalten, verwendet man *Hochfrequenzlitze* aus vielen dünnen Drähten, die gegeneinander isoliert sind.

[1] engl. skin = Haut

Wiederholungsfragen

1. **Bei welchem Vorgang wird eine Spannung induziert?**
2. **Wovon hängt die Richtung der in einer Leiterschleife induzierten Spannung ab?**
3. **Wie lautet die Rechte-Hand-Regel?**
4. **Wie lautet die Lenzsche Regel?**
5. **Wovon hängt die Induktivität einer Spule ab?**
6. **Wobei entstehen Wirbelströme?**
7. **Wie können Wirbelströme vermindert werden?**
8. **Wodurch werden magnetische Felder abgeschirmt?**
9. **Was versteht man unter Stromverdrängung?**

1.8.5 Spule im Gleichstromkreis

Beim Schließen eines Stromkreises mit Spule steigt die Stromstärke in der Spule infolge der Selbstinduktion langsam auf ihren Endwert an **(Bild 1, folgende Seite)**. Der Endwert der Stromstärke ist durch den Gleichstromwiderstand des Stromkreises und die anliegende Spannung bestimmt. Der Anstieg und der Abfall der Stromstärke erfolgen nach einer Exponentialfunktion.

Die *Zeitkonstante* gibt die Zeit an, nach der die Endstromstärke erreicht wäre, wenn die Stromstärke nach dem Einschalten linear ansteigen würde.

Die Stromstärke hat nach der Zeit $t = \tau$ nach dem Einschalten 63% der Endstromstärke, nach dem Kurzschließen der Schaltung 37% der Anfangsstromstärke erreicht. Die Endstromstärke ist jeweils nach 5 τ fast erreicht.

Die Spannung an der Spule entspricht beim Einschalten der an der Schaltung anliegenden Gleichspannung **(Bild 1)**. Entsprechend der Zunahme der Stromstärke nimmt die Spannung ab. Beim Kurzschließen entsteht an der Spule nach der Lenzschen Regel kurzfristig wieder eine Spannung.

Die Zeitkonstante wächst mit der Induktivität der Spule und nimmt mit dem Widerstand des Stromkreises ab.

Beispiel:

Die Reihenschaltung einer Spule mit einer Induktivität von 360 mH mit einem Widerstand von 5,6 kΩ wird an eine Gleichspannung von 25 V angeschlossen. Berechnen Sie die Zeitkonstante und die Stromstärke 100 µs nach dem Schließen des Stromkreises!

Lösung:

$\tau = L/R = 360\ \text{mH}/5{,}6\ \text{k}\Omega = \mathbf{64{,}29\ \mu s}$

$i = \frac{U}{R} \cdot [1 - \exp(-t/\tau)]$

$= \frac{24\ \text{V}}{5{,}6\ \text{k}\Omega} \cdot [1 - \exp(-100\ \mu\text{s}/64{,}29\ \mu\text{s})] = \mathbf{3{,}38\ mA}$

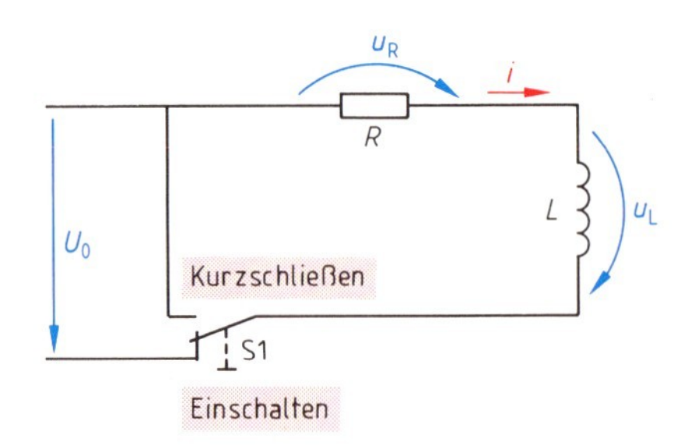

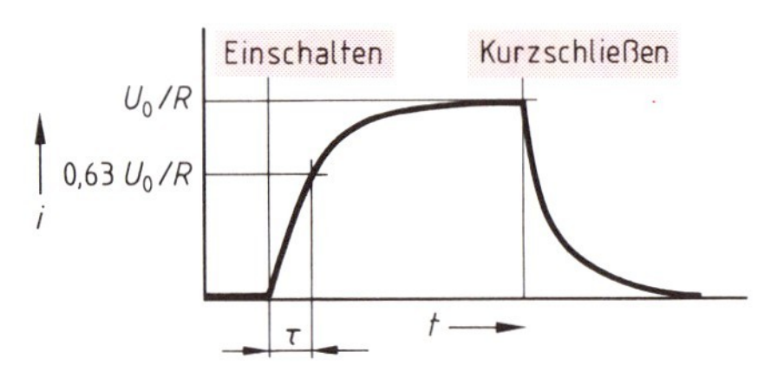

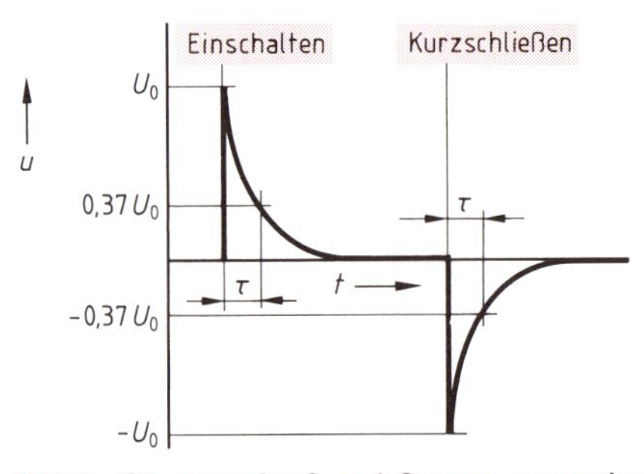

Bild 1: Stromverlauf und Spannungsverlauf bei einer Spule im Gleichstromkreis

i Stromstärke
U_0 Gleichspannung
R Widerstand des Stromkreises
t Zeit
τ Zeitkonstante

Beim Einschalten:

$$i = \frac{U_0}{R}\,[1 - \exp(-t/\tau)]$$

Beim Kurzschließen:

$$i = \frac{U_0}{R}\,\exp(-t/\tau)$$

exp x ist die genormte Schreibweise von e^x.

1.8.6 Bauformen der Spulen

Eine Spule besteht aus dem Spulenkörper und der Wicklung, sowie aus einem Kern.

Die **Kerne** der Spulen sind in der Energietechnik aus Elektroblech und in der Nachrichtentechnik meist aus weichmagnetischen Ferriten. Je nach dem Verwendungszweck haben sie verschiedene Formen **(Tabelle 1, folgende Seite)**.

Rohrkerne werden auch als *Dämpfungsperlen* über einen Leiter geschoben. Sie bewirken infolge des starken Anstiegs des Verlustfaktors mit der Frequenz eine Breitbanddämpfung im Bereich von etwa 10 MHz bis 300 MHz.

Die Ablenkspulen für Monitorbildröhren sitzen auf *Jochringen*.

Die **Spulenkörper** tragen die Wicklung und isolieren sie gegen den Kern. Sie bestehen meist aus Kunststoff, z. B. Makrolon, Hostaform oder Polyester. Die Formen der Spulenkörper sind den Kernformen angepaßt. Oft sind sie in Kammern unterteilt, wodurch die Kapazität der Wicklung herabgesetzt wird.

τ Zeitkonstante
L Induktivität
R Widerstand des Stromkreises

$$\tau = \frac{L}{R}$$

$$[\tau] = \frac{\text{Vs/A}}{\text{V/A}} = \text{s}$$

Tabelle 1: Anwendung von Kernformen

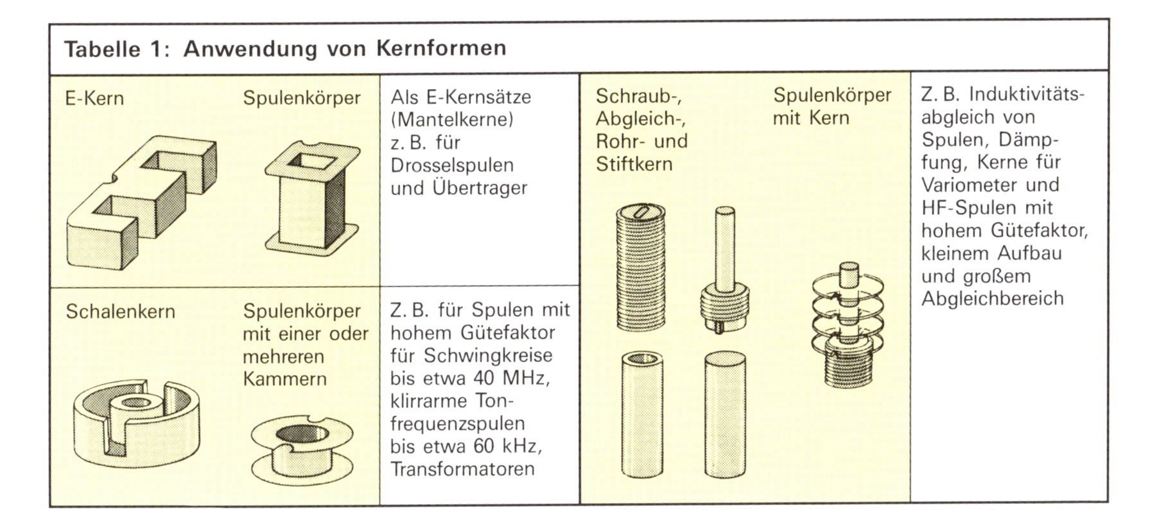

Kernform	Spulenkörper	Anwendung
E-Kern	Spulenkörper	Als E-Kernsätze (Mantelkerne) z. B. für Drosselspulen und Übertrager
Schalenkern	Spulenkörper mit einer oder mehreren Kammern	Z. B. für Spulen mit hohem Gütefaktor für Schwingkreise bis etwa 40 MHz, klirrarme Tonfrequenzspulen bis etwa 60 kHz, Transformatoren
Schraub-, Abgleich-, Rohr- und Stiftkern	Spulenkörper mit Kern	Z. B. Induktivitätsabgleich von Spulen, Dämpfung, Kerne für Variometer und HF-Spulen mit hohem Gütefaktor, kleinem Aufbau und großem Abgleichbereich

Die **Wicklung** wird auf die Spulenkörper aufgebracht. Sie besteht z. B. aus Kupferlackdraht (CuL), Kupferlackdraht mit Seide umsponnen (CuLS) oder Hochfrequenzlitze.

Lagenwicklungen werden z. B. für Niederfrequenz-Drosselspulen, Spulen für Vorkreise und Oszillatorkreise bei Kurzwelle und Ultrakurzwelle, Spulen für Zwischenfrequenz-Bandfilter bei UKW, Übertrager und Kleintransformatoren verwendet. Der Draht wird bei der Lagenwicklung auf den Spulenkörper so aufgewickelt, daß die Windungen nebeneinander liegen. Dadurch ergibt sich eine verhältnismäßig große Spulenkapazität. Hat die Spannung zwischen Anfang und Ende einer Lage einen größeren Scheitelwert als 25 V, so müssen die einzelnen Lagen der Wicklung durch Lackpapier gegeneinander isoliert werden. Bei Lackseidedraht oder Lackglasseidedraht ist die Isolierung zwischen zwei Lagen erst bei Lagenspannungen über 200 V Scheitelwert erforderlich.

Variometer sind Spulen oder Spulensätze mit veränderbarer Induktivität. Die Abstimmung erfolgt z. B. durch Stiftkerne, die über eine mechanische Übersetzung in dem Spulenkörper hin und her bewegt werden. Die Spulen sind meist einlagig gewickelt.

HF-Drosselspulen haben bei kleinen Abmessungen Induktivitäten von 0,1 µH bis 56 mH **(Bild 1)**. Der Ferritkern und die Wicklung sind mit Epoxidharz umpreßt.

HF-Chip-Drosselspulen (Bild 2) sind Spulen für die Bestückung von Leiterplatten in SMD-Technik.

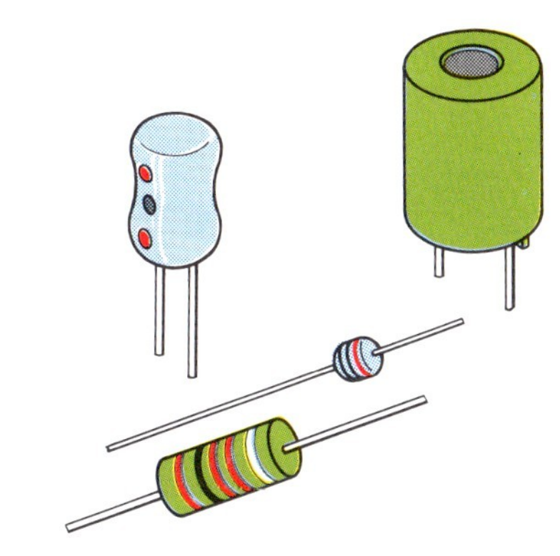

Bild 1: HF-Drosselspulen

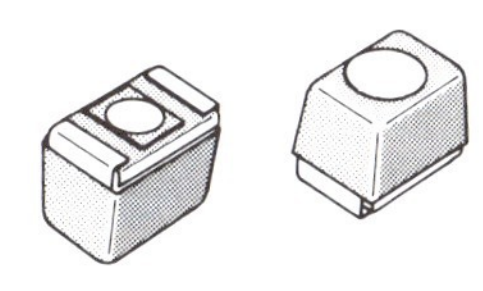

Bild 2: HF-Chip-Drosselspulen

Wiederholungsfragen

1. **Aus welchen Teilen besteht eine Spule?**
2. **Aus welchem Werkstoff ist meist der Spulenkern?**
3. **Wofür werden Spulen mit Lagenwicklungen verwendet?**
4. **Wie wird die Induktivität eines Variometers verändert?**

1.9 Strom in Festkörpern

1.9.1 Bändermodell

In einem Atom kreisen die Elektronen in bestimmten Abständen um ihren Atomkern. Diese Bahnen werden auch *Schalen* genannt (K-, L-, M-, N-, O-, P- und Q-Schale). Diese Schalen haben Unterschalen (s, p, d, f). Jede Schale kann nur eine bestimmte Anzahl Elektronen aufnehmen, z. B. die K-Schale höchstens zwei Elektronen, dann ist sie voll besetzt. Entsprechend dem Abstand vom Atomkern und der Geschwindigkeit besitzt jedes Elektron einen Energiezustand. Der Schale, auf der es sich bewegt, ist also eine Energiestufe zugeordnet **(Bild 1** oben), auch *Energieniveau*[1] genannt. Die Energiestufe ist um so höher, je größer der Abstand des Elektrons vom Atomkern ist.

> Die potentielle Energie eines Elektrons steigt mit seinem Abstand vom Atomkern.

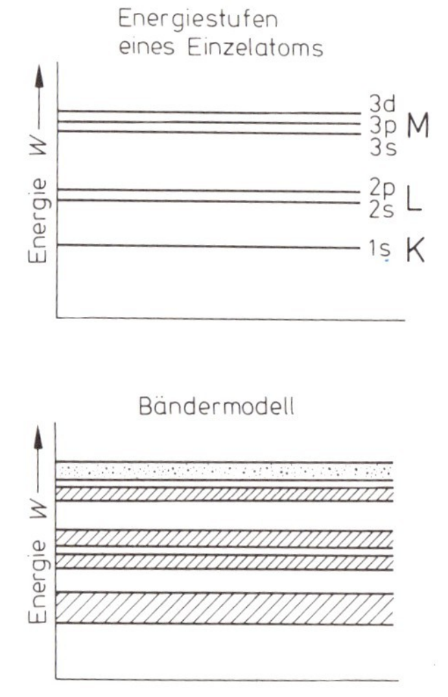

Bild 1: Entstehung eines Bändermodells

Das Energieniveau wird meist in Elektronenvolt (eV) angegeben. 1 eV ist die kinetische Energie *W* eines Elektrons, die es beim Durchlaufen eines elektrischen Feldes durch den Potentialunterschied 1 V erhält. 1 eV = 0,1602 aJ.

Im Atomverband beeinflussen sich die Atome um so mehr, je dichter sie beisammen liegen. Die Energieniveaulinien spalten sich auf, und durch die vielen Atome besteht eine Vielzahl von Energieniveaulinien. Man faßt diese zu *Energiebändern* zusammen (Bild 1 unten). Nur innerhalb dieser Bänder können Elektronen von Festkörpern einen Energiezustand annehmen. Für das elektrische Verhalten sind das *Valenzband*[2], das *Leitungsband* und der *Abstand* zwischen diesen beiden Bändern von Bedeutung.

Das Valenzband **(Tabelle 1)**, auch Grundband genannt, ist das Energieband der äußersten bei −273 °C voll besetzten Schale. Das Energieband der darüber liegenden Schale wird als Leitungsband bezeichnet. Dieses Band kann ohne Elektronen sein oder auch nur teilweise besetzt sein. Elektronen, deren Energiezustand im Leitungsband liegt, sind frei beweglich und tragen als Leitungselektronen zur Leitfähigkeit bei.

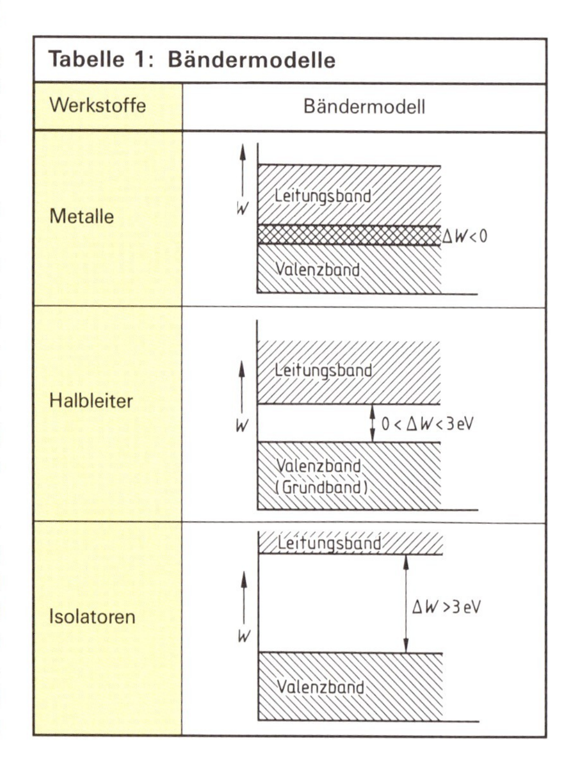

Tabelle 1: Bändermodelle

Werkstoffe	Bändermodell
Metalle	W; Leitungsband; $\Delta W < 0$; Valenzband
Halbleiter	W; Leitungsband; $0 < \Delta W < 3\,eV$; Valenzband (Grundband)
Isolatoren	W; Leitungsband; $\Delta W > 3\,eV$; Valenzband

1.9.2 Strom in Metallen

In Metallen ist die Elektronenkonzentration sehr groß. Dadurch sind Valenzband und Leitungsband sehr breit und überlappen sich (Tabelle 1). Metalle besitzen deshalb stets freie Elektronen.

[1] frz. niveau = Höhe; [2] lat. valere = kräftig, mächtig

Bei der großen Elektronendichte stoßen mit steigender Temperatur immer mehr durch Wärme angeregte Elektronen mit anderen Gitterbausteinen zusammen. Die Behinderung der Elektronen nimmt zu.

Mit steigender Temperatur nehmen die Elektronenbeweglichkeit und damit die Leitfähigkeit von Metallen ab.

1.9.3 Strom in Halbleitern

1.9.3.1 Bändermodell und Kristallaufbau

Bei Halbleiterwerkstoffen ist das Valenzband voll besetzt. Im Leitungsband befinden sich bei −273 °C keine freien Elektronen. Zwischen dem Valenzband und dem Leitungsband befindet sich ein Bandabstand (Tabelle 1, vorhergehende Seite), dessen Energiedifferenz ΔW vom Werkstoff abhängt und bei Halbleitern weniger als etwa 3 eV beträgt. Diese Energiedifferenz ΔW ist bei Silicium etwa 1,12 eV und bei Galliumarsenid etwa 1,43 eV. Bei Isolatoren (Tabelle 1, vorhergehende Seite) ist dieser Bandabstand zwischen Leitungsband und Valenzband noch größer ($\Delta W > 3$ eV).

Halbleiter und Isolatoren sind bei sehr tiefen Temperaturen Nichtleiter. Ihr Leitungsband ist leer. Zwischen ihrem Valenzband und Leitungsband besteht ein Energiebandabstand.

Der Bandabstand bestimmt, ob ein Werkstoff ein Leiter, ein Nichtleiter oder ein Halbleiter ist. Halbleiterwerkstoffe bilden Kristalle. Die wichtigsten Halbleiterwerkstoffe sind Silicium, Germanium und Galliumarsenid. Silicium hat auf der äußersten Schale (M-Schale) vier Valenzelektronen und ist vierwertig. Jedes davon umkreist den eigenen und je einen benachbarten Atomkern **(Bild 1)**. Je zwei Siliciumatome haben ein Elektronenpaar gemeinsam und werden dadurch zusammengehalten.

Diese Betrachtungen gelten nur für reine Halbleiterwerkstoffe. Ein geringer Zusatz von Fremdstoffen verändert die Eigenschaften wesentlich. Für die Herstellung von Halbleiterbauelementen müssen Halbleiterwerkstoffe so rein hergestellt werden, daß z. B. auf 10 Milliarden Si-Atome höchstens 1 Fremdatom kommt. Das entspricht vergleichsweise etwa der Verunreinigung des Wassers in einem 50 m langen, 20 m breiten und 2 m tiefen Becken mit einem Fingerhut voll Tinte.

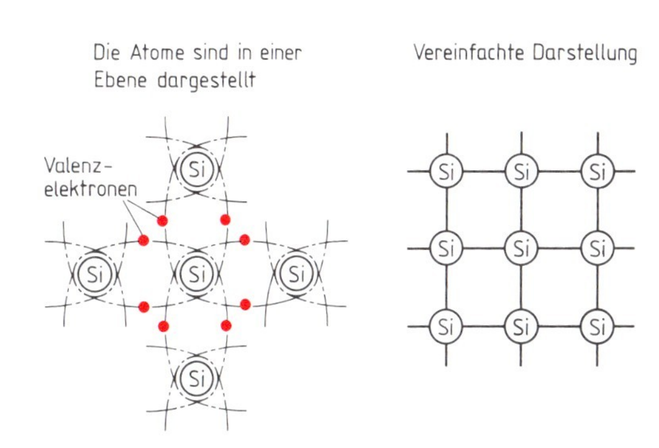

Bild 1: Chemische Bindung von Siliciumatomen

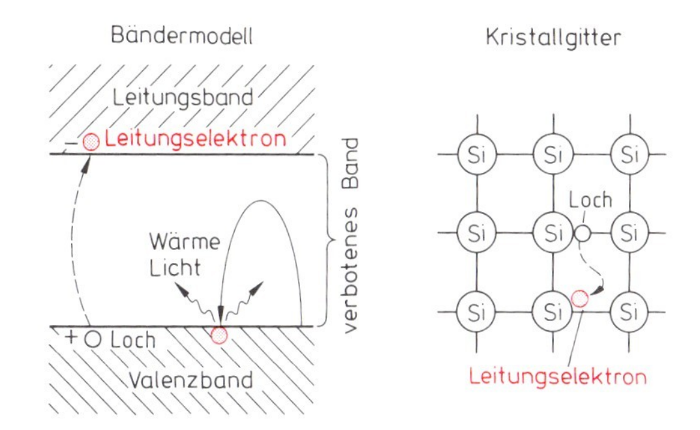

Bild 2: Paarbildung von Ladungsträgern

Oberhalb einer bestimmten Temperaturgrenze wird das Kristallgitter eines Halbleiters zerstört. Deshalb müssen beim Löten entsprechende Vorsichtsmaßnahmen getroffen werden. Sorgfältig vorbereitete Lötstellen und ein ausreichend heißer Lötkolben verkürzen die Lötzeit.

1.9.3.2 Eigenleitung

Durch Energiezufuhr, z. B. durch ein elektrisches Feld, durch Wärme oder Licht bzw. elektromagnetische Strahlung, können Elektronen des Valenzbandes in das Leitungsband gehoben und zu freien Leitungselektronen werden **(Bild 2)**. Im Band dazwischen können sich die Elektronen nicht aufhalten, weshalb dieses Band auch *verbotenes Band* genannt wird. Die Energie, die zur Überführung eines Elektrons vom Valenzband ins Leitungsband benötigt wird, heißt *Aktivierungsenergie*. Reicht die Energiezufuhr nicht aus, um das verbotene Band zu überspringen, so fällt das Elektron in das Valenzband zurück (Bild 2) und gibt die Energie, z. B. als elektromagnetische Strahlung bzw. Licht, wieder frei. Bei normaler Raumtemperatur von 20 °C gelangen bei Halbleitern bereits sehr viele Elektronen vom Valenzband ins Leitungsband. Dadurch werden Atombindungen im Kristallgitter aufgerissen.

Jedes zum Leitungselektron werdende Valenzelektron hinterläßt im Valenzband eine Fehlstelle eines Elektrons, auch *Loch* oder *Defektelektron* genannt. Es entstehen also stets *Ladungsträgerpaare* (Paarbildung, *Generation*[1]). Durch die fehlende negative Ladung stellt ein Loch eine positive Ladung dar.

Durch Paarbildung entstehen negative Leitungselektronen und gleich viele positive Löcher.

Fängt ein Loch ein Leitungselektron ein, so verschwinden beide Ladungsträger. Aus dem freien Elektron wird ein gebundenes Valenzelektron. Diese Zurückbildung der Kristallbindung bezeichnet man als *Rekombination*[2]. Rekombination und Neubildung von Ladungsträgerpaaren halten sich das Gleichgewicht.

Durch die Paarbildung von Ladungsträgern entsteht die Eigenleitfähigkeit der Halbleiter. Sie ist vom Halbleiterwerkstoff und der Temperatur abhängig. Bei Germanium verdoppelt sich die Eigenleitfähigkeit je 9 K Temperaturerhöhung, bei Silicium verdreifacht sie sich je 10 K.

Die Eigenleitfähigkeit von Halbleitern steigt mit der Temperatur.

Diese Temperaturabhängigkeit von Halbleitern wird bei Heißleitern ausgenutzt. Sonst erscheint diese Eigenschaft meist als Nachteil. Halbleiterschichten, welche fast nur eigenleitend sind, werden auch als I-Halbleiter (I-Leiter)[3] bezeichnet. Solche I-Leiter sind z. B. in PIN-Dioden (Abschnitt 2.6.1.3) vorhanden.

Legt man an einen Halbleiter eine Spannung, so bewegen sich die Elektronen vom Minuspol zum Pluspol. Die Löcher rücken bei diesem Vorgang in umgekehrter Richtung vor (**Bild 1**). Sie verhalten sich wie positive Teilchen.

Bei den Halbleitern tragen Elektronenleitung und Löcherleitung zum Stromfluß bei. Leitungselektronen bewegen sich zum Pluspol, Löcher zum Minuspol des angeschlossenen Erzeugers.

Die Paarbildung von Ladungsträgern in einem Halbleiterkristall tritt auch bei Lichteinwirkung ein. Die dadurch entstehende Eigenleitung bezeichnet man als inneren *fotoelektrischen Effekt*. Fotowiderstände sind I-Halbleiter, die diesen Fotoeffekt ausnutzen.

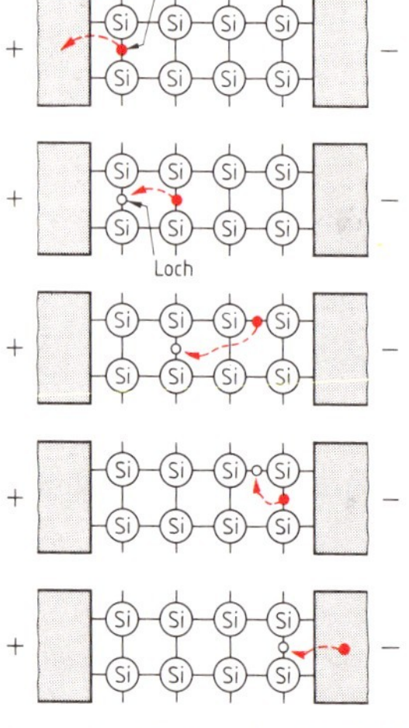

Bild 1: Wandern der Löcher im Halbleiter

Fotowiderstände bestehen z. B. aus den Halbleiterwerkstoffen Cadmiumsulfid (CdS), Bleisulfid (PbS) oder Indiumantimonid (InSb). Bei Beleuchtung entstehen zusätzliche Ladungsträgerpaare, wodurch der Widerstand abnimmt. Der *Dunkelwiderstand* (bei Verdunkelung) beträgt meist mehrere MΩ und der *Hellwiderstand* bei einer angegebenen Beleuchtungsstärke meist weniger als 1 kΩ.

1.9.3.3 Störstellenleitung

Die Zahl der beweglichen Ladungsträger im Kristall kann durch Einfügen von Fremdatomen wesentlich erhöht werden. Diese „Verunreinigungen" sind Atome, die ein Valenzelektron mehr oder weniger aufweisen als die Atome des Halbleiterkristalls. Silicium ist vierwertig. Man wird also dreiwertige oder fünfwertige Atome als *Fremdatome* in das Siliciumkristallgitter einbauen. Dadurch wird der regelmäßige Kristallaufbau gestört. Es entsteht eine *Störstelle*. Das Hinzufügen von Fremdatomen nennt man *Dotieren*[4].

N-Leiter

Fügt man in das Kristallgitter des vierwertigen Halbleiterwerkstoffes Silicium Fremdatome mit fünf Valenzelektronen ein, z. B. Antimon (Sb), so können jeweils nur vier Valenzelektronen gebunden werden (**Bild 1, folgende Seite**). Das fünfte Valenzelektron des Antimonatoms ist nur schwach an seinen

[1] lat. generare = erzeugen; [2] lat. recombinare = rückvereinigen
[3] I = Abkürzung für engl. intrinsic = eigentlich, wahr; hier: eigenleitend

[4] lat. dotare = ausstatten, mitgeben

Atomkern gebunden. Deshalb genügt eine geringe Energie (etwa 0,04 eV), z. B. durch Raumtemperatur, um dieses Elektron ins Leitungsband zu heben.

Das angeregte Elektron kann sich dann als Leitungselektron frei im Kristallgitter bewegen und läßt ein positives Ion zurück. Es entstehen ebenso viele Leitungselektronen wie positive, *unbewegliche* Ionen. Der Kristall bleibt nach außen jedoch elektrisch neutral.

Fremdatome, die im Kristallverband Elektronen abgeben, bezeichnet man als *Donatoren*[1] (Elektronengeber). Weitere Donatoren für Silicium sind Phosphor (P) und Arsen (As). Da hier der Ladungstransport durch **n**egative Ladungsträger erfolgt, bezeichnet man diese Halbleiter als N-Leiter **(Bild 3)**.

N-Leiter haben freie Elektronen als Ladungsträger.

P-Leiter

Baut man Fremdatome mit drei Valenzelektronen, z. B. Indiumatome (In), in ein Siliciumkristall ein, so werden alle drei Valenzelektronen des Indium gebunden, und es bleibt im Kristallgitter jeweils noch eine Bindungslücke, ein Loch **(Bild 2)**. Das Energieniveau des Indiumatoms (Akzeptorniveau) liegt im verbotenen Band des Siliciumkristalls ganz dicht über dem Valenzband. Bei geringem Energieaufwand (etwa 0,16 eV) wird es Elektronen des Siliciums ermöglicht, vom Valenzband auf das Akzeptorniveau des Indiums überzuwechseln **(Bild 2)**. In das im Silicium-Kristallgitter nun entstandene Loch kann wieder ein Valenzelektron eines Nachbaratoms springen, wodurch dort selbst wieder ein Loch hervorgerufen wird. Das Loch „wandert" dabei durch das Kristallgitter. Das Indiumatom wird durch das zusätzliche Elektron zu einem negativen unbeweglichen Ion. Der Kristall selbst wirkt nach außen aber neutral. Fremdatome, die im Kristallverband Elektronen aufnehmen, heißen Akzeptoren[2] (Elektronenempfänger). Weitere Akzeptoren für Silicium sind Bor (B), Aluminium (Al) und Gallium (Ga). Der Ladungstransport erfolgt hier vorwiegend durch **p**ositive Ladungsträger (Bild 3). Man bezeichnet diese Halbleiter als P-Leiter.

P-Leiter haben Löcher als Ladungsträger.

Stark dotierte Halbleiter werden durch N^+ bzw. P^+ gekennzeichnet, schwache Dotierung durch N^- bzw. P^-. Dotierte Halbleiter haben stets Störstellenleitung *und* Eigenleitung. Die in der Überzahl vorhandenen Ladungsträger (Elektronen im N-Leiter und Löcher im P-Leiter) nennt man *Majoritätsträger*[3], die in der Minderheit vorhandenen Ladungsträger (Löcher im N-Leiter und Elektronen im P-Leiter) dagegen *Minoritätsträger*[4].

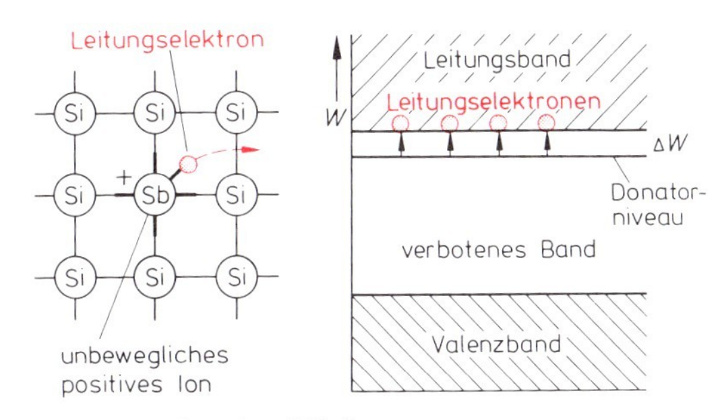

Bild 1: N-leitendes Silicium

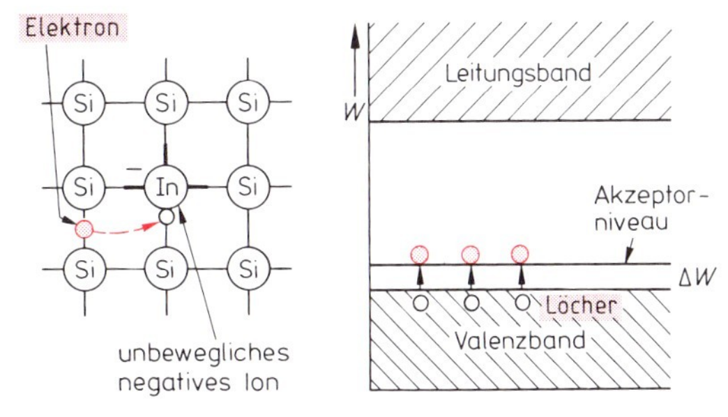

Bild 2: P-leitendes Silicium

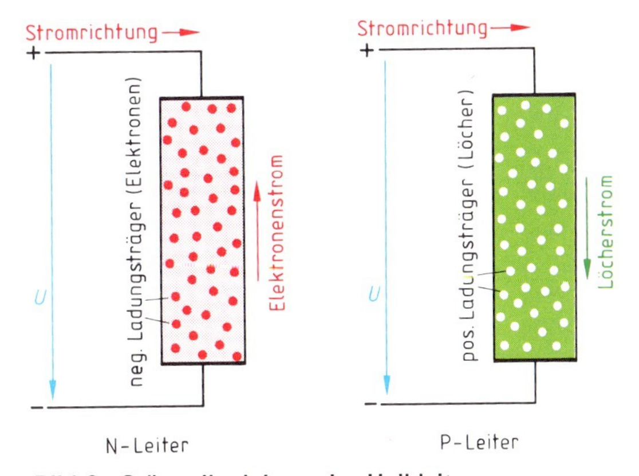

Bild 3: Störstellenleitung im Halbleiter

Die Störstellenleitung steigt mit dem Grad der Dotierung, ist aber unabhängig von der Temperatur.

[1] lat. donare = geben; [2] lat. accipere = annehmen
[3] Majorität = Mehrheit (von lat. maior = größer); [4] Minorität = Minderheit (von lat. minor = kleiner)

Halbleiterbauelemente bestehen aus solchen N-leitenden Schichten, P-leitenden Schichten und einige Halbleiterbauelemente auch aus I-leitenden Schichten von Halbleiterwerkstoffen. Man unterscheidet *unipolare* und *bipolare Bauelemente*. Bei unipolaren Bauelementen fließt der Strom nur durch eine einzige Zone gleicher Leitungsart, bei bipolaren Bauelementen fließt der Strom durch mehrere Zonen.

1.9.4 Halbleiterdioden

1.9.4.1 Sperrschicht

Grenzen zwei Halbleiterzonen verschiedener Leitungsart aneinander, so entsteht ein *PN-Übergang*.

Durch die Wärmebewegung der Teilchen treten negative Ladungsträger (Elektronen) vom N-Leiter in den P-Leiter über und positive Ladungsträger (Löcher) vom P-Leiter in den N-Leiter. Diesen Vorgang nennt man *Diffusion*[1]. Dabei finden Rekombinationen statt. Die Leitungselektronen der Grenzschicht werden zu Valenzelektronen, und die Löcher verschwinden **(Bild 1)**. In der Grenzschicht zwischen P-Leiter und N-Leiter halten sich keine beweglichen Ladungsträger mehr auf.

Die Diffusion beeinflußt die Lage der Ionen nicht, welche im Halbleiter ortsfest sind. Deshalb verbleibt in der Grenzschicht des N-Leiters nach Abwandern der Elektronen eine positive Ladung. Entsprechend erhält der P-Leiter in der Grenzschicht eine negative Ladung. Diese Ladungen innerhalb der Grenzschicht bewirken eine Spannung am PN-Übergang. Sie wird nach ihrer Ursache *Diffusionsspannung* genannt. Dabei hat gegenüber der Grenzfläche der P-Leiter eine negative Spannung und der N-Leiter eine positive Spannung (Bild 1). Diese Spannungen verhindern ein weiteres Eindringen von Ladungsträgern in die Grenzschicht. Der Ladungstransport wird dort gesperrt. Somit wird die Grenzschicht zu einer *Sperrschicht*.

Am PN-Übergang von Halbleitern entsteht eine Sperrschicht.

Soll an einer Halbleiterschicht ein Kontakt ohne Sperrschicht (ohmscher Kontakt) entstehen, so muß ein geeignetes Kontaktmetall an eine stark dotierte Halbleiterschicht stoßen.

1.9.4.2 Sperrschichtkapazität

Die fast ladungsträgerfreie Sperrschicht **(Bild 2 oben)** ist ein Isolator. Sie trennt zwei gut leitende Bereiche des Halbleiterelements. Dadurch entspricht der PN-Übergang einem Kondensator, dessen Kapazität *Sperrschichtkapazität* genannt wird.

Wird von außen keine Spannung angelegt, so stellt sich die Breite der Sperrschicht von selbst ein (Bild 2 oben). Legt man an den P-Leiter den Minuspol und an den N-Leiter den Pluspol einer Spannung, so werden die negativen Ladungsträger vom Pluspol und die positiven Ladungsträger vom Minuspol „abgesaugt". Dadurch verarmt die Sperrschicht weiter an Ladungsträgern und wird breiter (Bild 2 unten). Ein Verbreitern der Sperrschicht bewirkt ein Verringern der Sperrschichtkapazität.

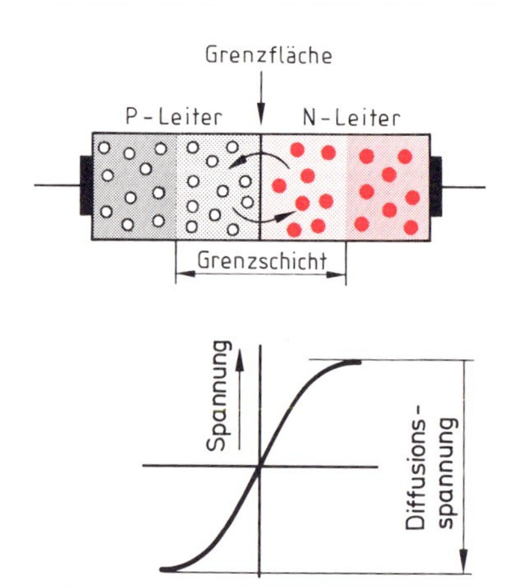

Bild 1: PN-Übergang ohne angelegte Spannung

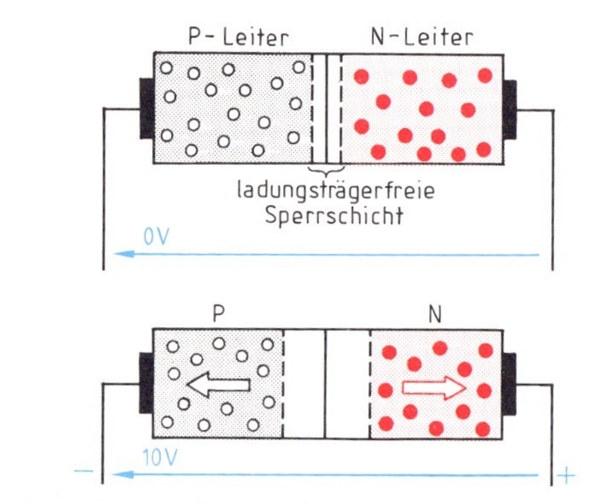

Bild 2: Sperrschichtbreite in Abhängigkeit von der Spannung

[1] lat. diffundere = zerstreuen, eindringen

Die Breite der Sperrschicht und die Kapazität des PN-Überganges hängen von der angelegten Spannung ab. Die Sperrschichtkapazität steigt mit kleiner werdender Sperrspannung.

Diese Spannungsabhängigkeit der Sperrschichtkapazität findet bei der Kapazitätsdiode Anwendung.

1.9.4.3 Rückwärtsrichtung und Vorwärtsrichtung

Ein PN-Übergang wirkt als Halbleiterdiode **(Bild 1)**. Entsprechend den Stromrichtungen unterscheidet man bei der Diode die *Vorwärtsrichtung* und die *Rückwärtsrichtung*. Unabhängig von diesen Stromrichtungen bezeichnet man die Betriebszustände als Durchlaßzustand und Sperrzustand.

Versuch 1: Schalten Sie eine Diode, z. B. eine BYY 88, in Reihe mit einer 3,5-V-Glühlampe! Schließen Sie die Reihenschaltung nach Bild 1 an Gleichspannung von 4 V an!

Die Glühlampe leuchtet nicht.

Die Sperrschichtbreite nimmt beim Anlegen der Spannung zu, wenn der Pluspol der Spannung am N-Leiter und der Minuspol am P-Leiter liegen. Diese Richtung der Polung nennt man Rückwärtsrichtung. Die dabei anliegende Rückwärtsspannung U_R[1] bewirkt den Rückwärtsstrom I_R. Eine Gleichrichterdiode hat im normalen Arbeitsbereich in Rückwärtsrichtung einen großen Gleichstromwiderstand, weshalb ihr Rückwärtsstrom sehr klein ist. Sie ist im *Sperrzustand*.

Durch Anlegen einer Spannung in Rückwärtsrichtung erlangt der PN-Übergang einen großen Gleichstromwiderstand (Sperrzustand).

Versuch 2: Wiederholen Sie Versuch 1 mit umgekehrter Polung der Spannung!

Die Glühlampe leuchtet.

Die Sperrschichtbreite nimmt beim Anlegen der Spannung ab, wenn der Minuspol der Spannung am N-Leiter und der Pluspol am P-Leiter liegen **(Bild 2)**. Diese Richtung der Polung nennt man Vorwärtsrichtung. Die dabei anliegende Vorwärtsspannung U_F[2] hat den Vorwärtsstrom I_F zur Folge. Der Gleichstromwiderstand in Vorwärtsrichtung ist sehr klein und der Vorwärtsstrom somit groß. Die Diode befindet sich im *Durchlaßzustand*.

[1] R von engl. reverse = rückwärts; [2] F von engl. forward = vorwärts

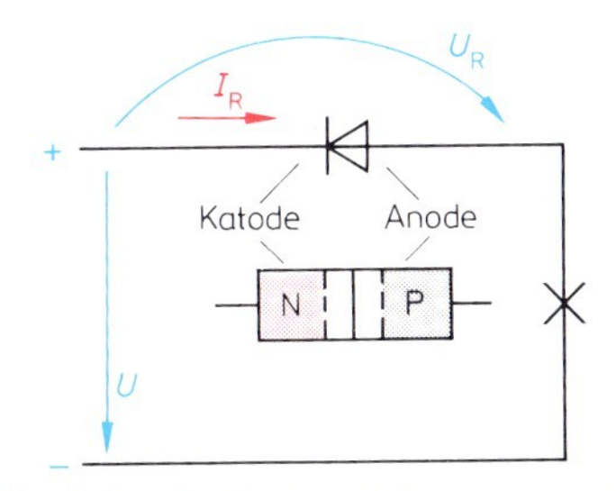

Bild 1: Diode in Rückwärtsrichtung gepolt

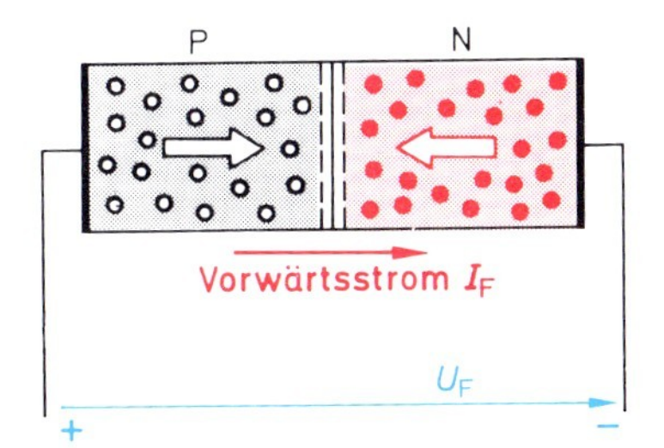

Bild 2: PN-Übergang in Vorwärtsrichtung

Die Spannung treibt die Leitungselektronen von der Seite des N-Leiters und die Löcher von der Seite des P-Leiters auf die Sperrschicht zu. Die bisher fast ladungsträgerfreie Sperrschicht wird durch Auffüllen mit Ladungsträgern zunehmend abgebaut. Der große Gleichstromwiderstand in Rückwärtsrichtung (Sperrwiderstand) wird dadurch zum verschwindend kleinen Gleichstromwiderstand in Vorwärtsrichtung (Durchlaßwiderstand).

Durch Anlegen einer Spannung in Vorwärtsrichtung erlangt der PN-Übergang einen kleinen Gleichstromwiderstand (Durchlaßwiderstand).

Ein PN-Übergang, wie ihn jede Halbleiterdiode darstellt, wirkt wie ein Ventil. Er wird z.B. zur Gleichrichtung ausgenutzt. Halbleiterdioden werden auch als elektronische Schalter eingesetzt. Deren Sperrwiderstände betragen je nach Baugröße 0,4 MΩ bis mehrere MΩ, deren Durchlaßwiderstände einige Ω bis einige hundert Ω.

Die Diodenanschlüsse werden *Anode* und *Katode* genannt (Bild 1). Die Anode ist die positive Elektrode (P-Schicht) und die Katode ist die negative Elektrode (N-Schicht) einer in Vorwärtsrichtung gepolten Diode. Die Pfeilspitze des Diodenschaltzeichens gibt die Stromrichtung in Vorwärtsrichtung an.

Zur Beurteilung einer Diode sind vor allem deren Strom-Spannungs-Kennlinie, deren Grenzwerte und Kennwerte wichtig. Die Strom-Spannungs-Kennlinie zeigt die Abhängigkeit des durch die Diode fließenden Stromes von der angelegten Spannung.

Strom-Spannungs-Kennlinie

Versuch 3: Bauen Sie zur Aufnahme der Kennlinie einer Halbleiterdiode, z.B. einer BAY 41, die Meßschaltung **Bild 1** auf! Achten Sie darauf, daß die vom Hersteller angegebenen höchstzulässigen Werte nicht überschritten werden! Polen Sie die Diode in Vorwärtsrichtung, und erhöhen Sie langsam die Spannung! Lesen Sie Spannung und Stromstärke ab, tragen Sie diese in ein Schaubild ein, und zeichnen Sie die Kennlinie für die Vorwärtsrichtung **(Bild 2)**!

Der Vorwärtsstrom steigt mit zunehmender Vorwärtsspannung erst langsam und dann immer schneller an.

Die Spannung, bei welcher der Vorwärtsstrom merklich anzusteigen beginnt, wird *Schleusenspannung* genannt. Man erhält diese Spannung als Abschnitt auf der Spannungsachse durch Anlegen einer Tangente an den fast geradlinigen Teil der Kennlinie in Vorwärtsrichtung (Bild 2). Die Schleusenspannung ist zur Überwindung der Diffusionsspannung notwendig. Sie beträgt bei Silicium etwa 0,7 V.

In Datenblättern wird die Kennlinie für Vorwärtsrichtung meist im logarithmischen Maßstab dargestellt **(Bild 3)**. Dadurch wird erreicht, daß über einen größeren Strombereich die Werte genauer abgelesen werden können. Die Schleusenspannung kann daraus jedoch nicht entnommen werden.

Aus einer Kennlinie im logarithmischen Maßstab können über einen größeren Darstellungsbereich genauere Werte entnommen werden.

Der Widerstand R1 in Schaltung Bild 1 dient zur Strombegrenzung. Ein stärkerer Strom bewirkt nämlich eine erhöhte Wärmeentwicklung. Die höhere Temperatur erzeugt aber mehr Ladungsträger. Dadurch steigt der Strom weiter an, der Halbleiter wird noch mehr erwärmt. Bei zu starken Strömen wird der PN-Übergang zerstört.

In jeden Stromkreis mit Halbleiterdioden muß ein Widerstand zur Strombegrenzung geschaltet sein.

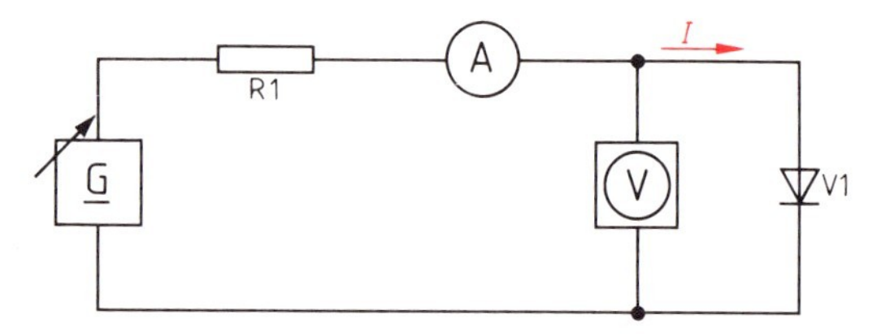

Bild 1: Meßschaltung

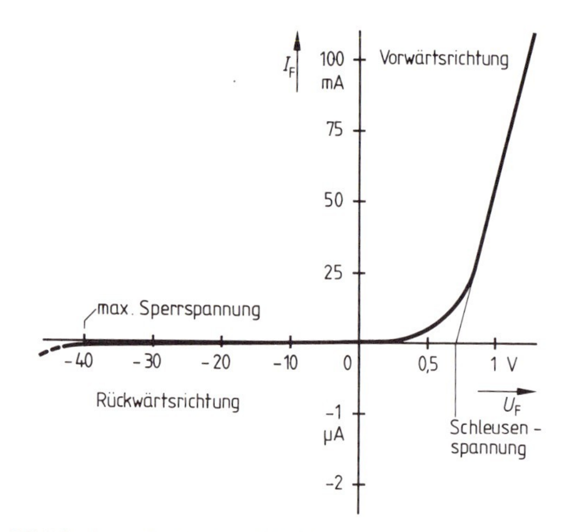

Bild 2: Kennlinie einer Diode

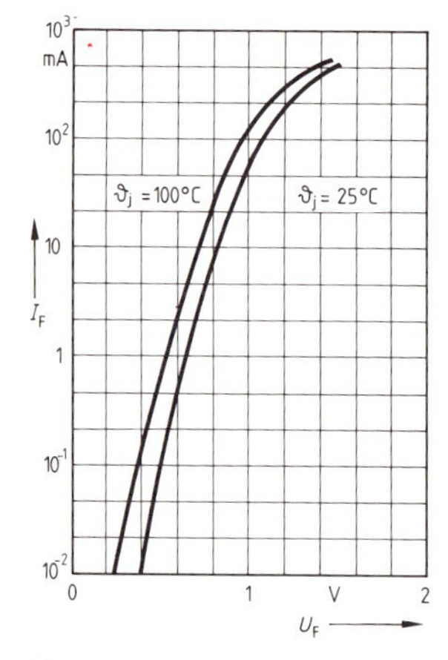

Bild 3: Durchlaßkennlinien

In Rückwärtsrichtung fließt durch den großen Widerstand der Sperrschicht nur ein sehr schwacher *Rückwärtsstrom*, den man auch Sperrstrom nennt. Er kommt durch Eigenleitung zustande und ist temperaturabhängig. Der Sperrstrom hängt vom Querschnitt der Sperrschicht ab. Er ist somit bei Halbleiterbauelementen mit großer Nennleistung stärker.

Grenzwerte

Grenzwerte sind höchstzulässige Werte, die gerade noch dauernd wirken dürfen, ohne daß das Bauelement zerstört wird. Sie gelten für eine bestimmte Gehäusetemperatur. Die wichtigsten in Datenblättern angegebenen Grenzwerte sind die höchstzulässigen Werte für Rückwärtsspannung U_R, Vorwärtsstrom I_F, Verlustleistung P_{tot} und Sperrschichttemperatur ϑ_j. Kurzzeitig sind auch höhere Werte zulässig.

Arbeitspunkte, Kennwerte

Fließt durch eine Diode ein Gleichstrom in Vorwärtsrichtung, so liegt an ihr eine bestimmte Vorwärtsspannung. Der zugehörige Strom kann der Strom-Spannungs-Kennlinie entnommen werden. Beide Werte stellen einen Punkt der Kennlinie dar, den *Arbeitspunkt*. Er hängt vom im Stromkreis liegenden Widerstand (Arbeitswiderstand) ab.

Kennwerte sind Mittelwerte von vielen Exemplaren. Sie werden für einen bestimmten Arbeitspunkt angegeben. *Statische Kennwerte* kennzeichnen das Gleichstromverhalten, z. B. Vorwärtsspannung U_F. *Dynamische Kennwerte* geben das Verhalten bei Wechselstrom und Impulsbetrieb an, z. B. Schaltzeiten und Sperrschichtkapazität. Die Angaben können dabei typische Kennwerte sein, z. B. bei $U_R = 50\,V$ ist $I_R = 40\,nA$, oder Grenzwerte für Exemplarstreuungen, z. B. bei $U_R = 50\,V$ ist $I_R < 200\,nA$.

1.9.4.4 Elektrischer Durchbruch

Die Strom-Spannungs-Kennlinie einer Diode kann auch mit einem Oszilloskop aufgenommen werden **(Bild 1)**. Durch Anlegen einer Wechselspannung wird die Kennlinie in Vorwärtsrichtung und Rückwärtsrichtung aufgenommen. Bei Verwendung eines Oszilloskops, das keinen Wahlschalter für die Ablenkempfindlichkeit in X-Richtung besitzt, dient R3 zur Einstellung der X-Ablenkempfindlichkeit.

Versuch: Nehmen Sie mit der Meßschaltung Bild 1 die Strom-Spannungs-Kennlinie einer Z-Diode, z. B. einer BZY85C6V8, auf! Stellen Sie die Y-Ablenkung auf INVERSE, da sonst die Kennlinie spiegelbildlich erscheint! Erhöhen Sie die Spannung *U*!

In Vorwärtsrichtung zeigt das Schirmbild die erwartete Vorwärtskennlinie, in Rückwärtsrichtung sperrt die Diode bis zu einer bestimmten Spannung und wird dann plötzlich leitend **(Bild 2)**.

Ab der Durchbruchspannung erfolgt ein steiler Stromanstieg. In diesem Bereich verursacht eine kleine Spannungsänderung eine große Stromände-

Bild 1: Meßschaltung zur Kennlinienaufnahme mit einem Oszilloskop

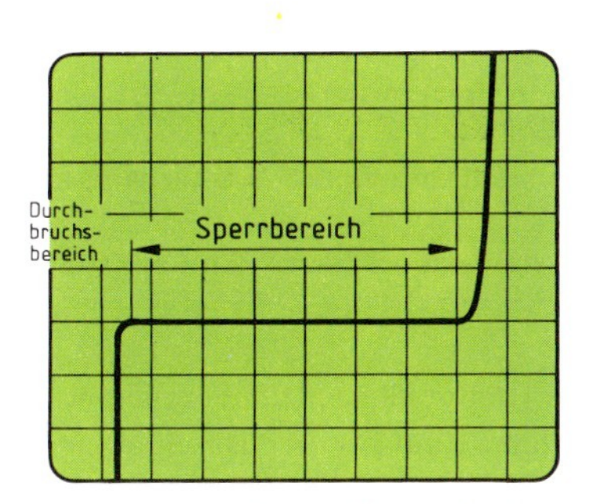

Bild 2: Schirmbild der Kennlinienaufnahme

rung. Die angelegte Rückwärtsspannung erzeugt ein elektrisches Feld, das auf die Elektronen eine Kraft ausübt. Ab einer bestimmten Spannung werden Valenzelektronen aus ihrer Bindung herausgerissen und werden zu frei beweglichen Ladungsträgern *(Zenereffekt)*[1].

Infolge der hohen Rückwärtsspannung werden außerdem die freien Elektronen innerhalb des Kristalls so sehr beschleunigt, daß sie beim Auftreffen auf Atome Valenzelektronen aus deren Bindung herausschlagen und somit weitere freie Ladungsträger erzeugen *(Lawinen-Effekt, Avalanche-Effekt*[2]*)*.

Durch hohe Rückwärtsspannung entstehen in einer Sperrschicht freie Ladungsträger, die im Durchbruchsbereich einen starken Strom herbeiführen.

Bei normalen Dioden ist der Durchbruchsbereich zu meiden, da sonst die Sperrschicht zerstört wird. Bei Z-Dioden wird dieser *elektrische Durchbruch* technisch ausgenutzt. Unter Berücksichtigung der höchstzulässigen Belastung kann die Diode in diesem Bereich der Kennlinie betrieben werden.

[1] benannt nach Dr. Zener; [2] franz. avalanche = Lawine

Eine weitere Durchbruchserscheinung ist der *Wärmedurchbruch*, der bei zu kleiner Wärmeableitung erfolgt. Dieser Durchbruch muß vermieden werden. Zur guten Ableitung der Wärme werden deshalb Leistungs-Gleichrichterdioden auf ein Chassis, Kühlblech oder einen Kühlkörper geschraubt. Mit zunehmender Wärmeabgabe erhöht sich die zulässige Verlustleistung der Diode. Sie wird durch den Wärmewiderstand des Bauelements und den Unterschied zwischen Sperrschichttemperatur und Umgebungstemperatur bestimmt.

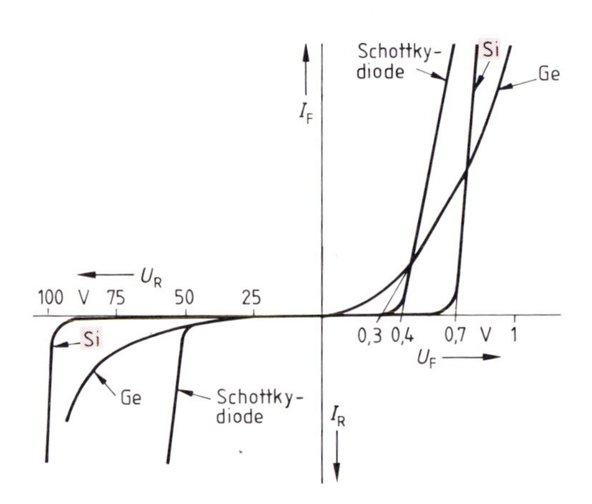

Bild 1: Kennlinien von Dioden

Wiederholungsfragen

1. **Welche Halbleiter-Bauelemente bezeichnet man als unipolar?**
2. **Wie entsteht an einem PN-Übergang eine Sperrschicht?**
3. **Wovon hängt die Sperrschichtkapazität ab?**
4. **Wie ist ein PN-Übergang (Diode) in Sperrichtung gepolt?**
5. **Welche Größe wird mit U_F bezeichnet?**
6. **Wie erhält man aus der Durchlaßkennlinie die Schleusenspannung?**
7. **Welche Grenzwerte sind für Halbleiterdioden wichtig?**
8. **Welche Ladungsträger sind die Majoritätsträger im N-Leiter?**
9. **Welchen Vorteil haben logarithmische Maßstäbe gegenüber linearen Maßstäben?**

Versuch: Wiederholen Sie den Versuch aus 1.9.4.4! Wählen Sie aber eine größere X-Ablenkempfindlichkeit, und betrachten Sie nacheinander von einer Siliciumdiode, einer Germaniumdiode und einer Schottkydiode mit etwa gleicher Nennleistung die Kennlinie in Vorwärtsrichtung! Wiederholen Sie den Versuch mit kleinerer X-Ablenkempfindlichkeit und größerer Y-Ablenkempfindlichkeit, und betrachten Sie jetzt nur die Kennlinien der drei Dioden in Rückwärtsrichtung!

Die Kennlinien der verschiedenen Dioden zeigen einen unterschiedlichen Verlauf **(Bild 1)**.

1.9.4.5 Bauformen von Halbleiterdioden

Die Eigenschaften der Halbleiterdioden sind abhängig vom Halbleiterwerkstoff, vom Kristallaufbau und von der Art und Stärke der Dotierung.

Die Grenzwerte und Kennwerte von Dioden **(Tabelle 1)** sowie ihre Kennlinien (Bild 1) werden im wesentlichen durch den Halbleiterwerkstoff bestimmt. Außerdem hängen die Eigenschaften von Dioden auch vom Herstellungsverfahren ab **(Tabelle 1, folgende Seite)**.

Tabelle 1: Eigenschaften von Si-Dioden, Ge-Dioden und von Schottkydioden

Größe	Eigenschaften		
	Siliciumdioden	Germaniumdioden	Schottkydioden
Sperrspannung	sehr hoch (etwa bis 4000 V)	mittel (etwa bis 100 V)	niedrig (etwa bis 70 V)
Höchstzulässige Sperrschichttemperatur	hoch (etwa +190 °C)	niedrig (etwa +90 °C)	hoch (etwa +190 °C)
Höchstzulässige Verlustleistung	hoch	mittel	hoch
Empfindlichkeit gegen kurzzeitige Überlastung	sehr groß	klein	sehr groß
Schleusenspannung	etwa 0,7 V	etwa 0,3 V	etwa 0,4 V
Sperrstrom	sehr klein	klein	sehr klein

Tabelle 1: Wichtigste Bauformen von Dioden

Diodenart	Aufbau (Prinzip)	Eigenschaften	Verwendung bei
Legierungs-diode	P, z.B. Al, N, Si, Kontaktierung	große Querschnittsfläche derGrenzschicht, große Kapazität, große Ströme zulässig, aber gleichmäßige Produktion schwierig	Leistungsdioden, Leistungs-Z-Dioden unter 10 V
Einfach diffundierte Diode	ohmscher Kontakt, P, N, Kontaktierung	große Querschnittsfläche der Grenzschicht möglich; kleine bis große Kapazität	Leistungsdioden, Leistungs-Z-Dioden über 10 V, Kapazitätsdioden
Planar-Diode	ohmscher Kontakt, SiO_2, P, N, Kontaktierung	wie bei einfach diffundierten Dioden, jedoch genauere Herstellung, sehr kleine Abmessungen und Kapazitäten möglich; kleine Rückwärtsströme, gute HF-Eigenschaften	Universaldioden, Z-Dioden, Kapazitätsdioden, PIN-Dioden, Schottky-Dioden, HF-Dioden, Schaltdioden
Epitaxial-Planar-Diode	ohmscher Kontakt, SiO_2, P, N, N^+, Kontaktierung	wie bei Planar-Dioden; zusätzlich sehr kleiner Widerstand in Vorwärtsrichtung und kleine Sperrträgheit	
Spitzendiode	Metallspitze, Träger, P, N, Ge	sehr kleine Kapazität, nur für schwache Ströme, gute HF-Eigenschaften	Universaldioden für niedrige Sperrspannungen und kleine Durchlaßströme, HF-Dioden (bis UHF-Bereich), Schaltdioden

Niederfrequenzdioden

Zur Gleichrichtung niederfrequenter Signale dienen Flächendioden (einfach diffundierte Dioden, Planardioden[1] und Epitaxial-Planar-Dioden[2]). Die große Berührungsfläche zwischen N-Leiter und P-Leiter bewirkt einen kleinen Durchlaßwiderstand und erlaubt große Durchlaßströme. Ihre Sperrschichtkapazität ist groß.

Universaldioden

Diese Dioden lassen mittlere Durchlaßströme zu, ohne daß die Sperrschichtkapazität zu groß ist. Meist handelt es sich hier um Epitaxial-Planar-Dioden. Die notwendige N-Schicht ist bei Epitaxial-Planar-Dioden dünn und hochohmig (Epitaxie-Schicht). Die restliche N-Schicht ist durch hohe Dotierung (N^+) niederohmig gehalten. Die Oxidschicht SiO_2 an der Oberfläche dieser Planar-Dioden (Tabelle 1) schützt vor Verunreinigungen. Epitaxial-Planar-Dioden haben kleine Sperrströme, niedrige Durchlaßwiderstände und eine geringe Sperrträgheit.

Hochfrequenzdioden

Um HF-Ströme bis in den GHz-Bereich noch gleichrichten zu können, müssen Hochfrequenzdioden besonders kleine Sperrschichtkapazitäten, große Ladungsträgerbeweglichkeit und geringe Sperrträgheit haben. Dazu eignen sich noch Epitaxial-Planar-Dioden mit besonders kleiner Querschnittsfläche der Sperrschicht. Besser geeignet sind jedoch Germanium-Spitzendioden, Schottkydioden[3] und PIN-Dioden.

Bei Germanium-Spitzendioden (Tabelle 1) wird auf ein N-leitendes Germaniumplättchen federnd eine Metallspitze aufgesetzt, die durch einen starken Stromimpuls mit dem Kristall verschweißt (Formierung). Dabei bildet sich im Halbleiterkristall um die Kontaktstelle eine Sperrschicht. Die fast punktförmige Ausdehnung des PN-Übergangs bewirkt die sehr kleine Sperrschichtkapazität, erlaubt aber nur schwache Ströme.

[1] Planar-Diode, nach ihrer ebenen Aufbauform benannt, lat. planus = eben; [2] griech. epi = über; griech. taxis = Ordnung
[3] Schottky, deutscher Physiker, 1886 bis 1976

Leistungs-Gleichrichterdioden

Siliciumdioden mit großer Sperrschichtfläche **(Bild 1)** werden zur Gleichrichtung und zum Schalten von Spannungen über 100 V und bei großer Leistung verwendet. Ihr Wirkungsgrad liegt über 90%. Die aus einem N-Leiter und P-Leiter bestehende Siliciumscheibe befindet sich zur guten Wärmeableitung meist in einem Metallgehäuse, das zum Schutz gegen Verunreinigungen luftdicht abgeschlossen ist.

Der zulässige Nennstrom der Diode ist um so größer, je größer der Querschnitt der Siliciumscheibe und je besser die Wärmeableitung ist. Für kleinere Durchlaßströme kann man die Dioden direkt auf das Chassis eines Gerätes schrauben. Bei Leistungsgleichrichterdioden ab einem Nennstrom von etwa 6 A wird die Diode in einen besonderen *Kühlkörper mit Kühlrippen* eingebaut. Bei verstärkter Luftkühlung durch einen Ventilator kann die Strombelastung bis zum dreifachen Wert des Nennstromes erhöht werden. Siliciumdioden haben zulässige Betriebstemperaturen von 140 °C bis 190 °C. Siliciumleistungsdioden haben eine Schleusenspannung zwischen 0,8 V und 1 V. Sie werden mit Nennsperrspannungen bis etwa 4000 V Scheitelwert und Nenndurchlaßströmen bis etwa 4000 A hergestellt.

Selendioden (Gleichrichterplatten) sind ein Teil der Selengleichrichter.

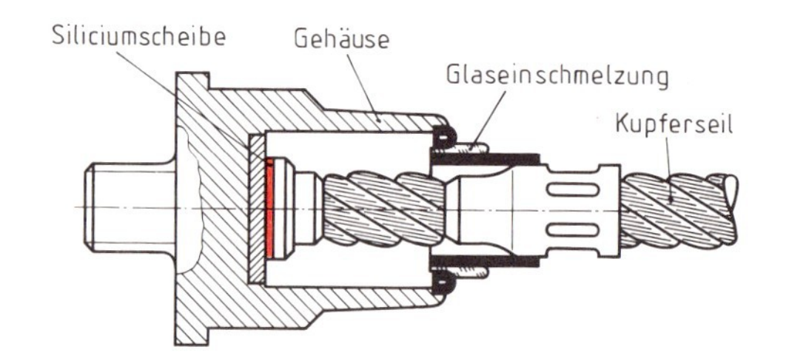

Bild 1: Siliciumleistungsdiode

Selendioden können kurzzeitige Stromüberlastungen und Spannungsspitzen vertragen. Sie werden nur noch für Sonderzwecke verwendet.

1.9.4.6 Gehäuse und Kennzeichnung der Halbleiterdioden

Die Gehäuseformen sind bei den einzelnen Diodenarten verschieden, ebenfalls die Kennzeichnung der Anschlüsse **(Tabelle 1)**.

Als Gehäusewerkstoff sind je nach Leistung und Anwendung der Diode Kunststoffumhüllung, Glas und Metall üblich. Dioden, die für bestimmte Anwendungen, z. B. Demodulatoren oder für Brückenschaltungen, vorgesehen sind, gibt es zum Teil auch gleich als Diodenpaar bzw. Diodenquartett in einem Gehäuse.

Tabelle 1: Ausführungsformen und Kennzeichnung von Halbleiterdioden

Ausführungsform (etwa natürliche Größe)	Kennzeichnung	Anmerkung
Katode	Seite mit Ring ist der Katodenanschluß. Beim Farbcode beginnt die Farbringkennzeichnung auf der Katodenseite.	Meist Spitzendioden, Planardioden, Epitaxial-Planar-Dioden oder Z-Dioden mit geringer Leistung.
Katode	Die Nase am Gehäuse kennzeichnet den Katodenanschluß.	Meist Kapazitätsdioden, PIN-Dioden oder Schottky-Dioden.
Katode	Metallgehäuse ist Katodenanschluß.	Gleichrichter oder Z-Dioden mit mittlerer Leistung.
Katode	Metallgehäuse ist meist Katodenanschluß. Bei Dioden mit Anode am Gehäuse ist die Katode gekennzeichnet.	Gleichrichter oder Z-Dioden mit größerer Leistung.

1.9.4.7 Fotodioden und Fotoelemente

Fotodioden und Fotoelemente sind Halbleiterbauelemente, welche elektromagnetische Strahlung, z. B. Licht, in elektrische Größen umwandeln.

Lichtelektrische Grundbegriffe

Das menschliche Auge kann elektromagnetische Strahlung mit den Wellenlängen von 380 nm bis 780 nm als *Licht* wahrnehmen. Die größte Augenempfindlichkeit liegt bei Grüngelb **(Bild 1)**. Ultraviolette Strahlung ($\lambda < 380$ nm) und infrarote Strahlen ($\lambda > 780$ nm) sind für uns unsichtbar. Infrarote Strahlen sind Wärmestrahlen.

Das menschliche Auge hat bei grüngelbem Licht seine größte Empfindlichkeit.

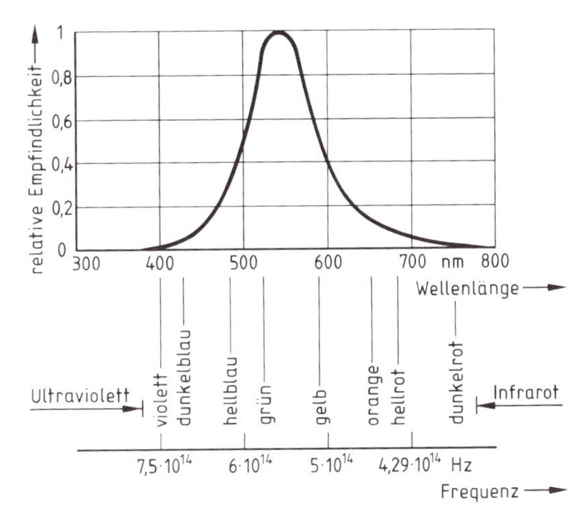

Bild 1: Empfindlichkeit des menschlichen Auges

Die Größen der elektromagnetischen Strahlung werden in *objektiven Einheiten* angegeben, z. B. die Strahlungsleistung in Watt. Für Lichtstrahlen werden dagegen meist *subjektive Einheiten* verwendet, welche die Empfindlichkeit des menschlichen Auges berücksichtigen. Solche lichttechnischen Größen sind *Lichtstrom* und *Beleuchtungsstärke*.

Lichtstrom ist die von einer Lichtquelle ausgehende Strahlungsleistung unter Berücksichtigung der relativen Augenempfindlichkeit und dem *Lichtgleichwert* als Umrechnungsfaktor. Seine Einheit ist das Lumen[1] (lm).

Beleuchtungsstärke ist das Verhältnis von Lichtstrom zur senkrecht beleuchteten Fläche. Ihre Einheit ist das Lux[2] (lx). Eine Arbeitsplatzbeleuchtung hat 300 lx bis 1000 lx, Tageslicht hat etwa 30 000 lx bis 70 000 lx.

Φ_v Lichtstrom
P Strahlungsleistung
M_v Lichtgleichwert (683 lm/W)
s_v relative Empfindlichkeit
E_v Beleuchtungsstärke
A Fläche

$$[\Phi_v] = \mathrm{W} \cdot \frac{\mathrm{lm}}{\mathrm{W}} = \mathrm{lm}$$

$$\Phi_v = P \cdot M_v \cdot s_v$$

$$[E_v] = \frac{\mathrm{lm}}{\mathrm{m}^2} = \mathrm{lx}$$

$$E_v = \frac{\Phi_v}{A}$$

Fotodioden

Fotodioden enthalten PN-Übergänge, die von Licht bestrahlt werden können. Sie bestehen meist aus Silicium und werden als Planardioden aufgebaut **(Bild 2)**. Die Sperrschicht reicht infolge einer stark dotierten P-Schicht (P^+) nur in die N-Schicht hinein. Das Licht besteht aus kleinsten Teilchen, den Photonen. Dringt ein solches *Photon* in den PN-Übergang, so kann es seine Energie an ein Elektron abgeben, welches sich bei genügender Energieaufnahme aus seinem Atomverband lösen kann. Dabei bilden sich paarweise freie Elektronen und Löcher, die den Strom durch den PN-Übergang zusätzlich beeinflussen. Diesen Vorgang nennt man *inneren fotoelektrischen Effekt*.

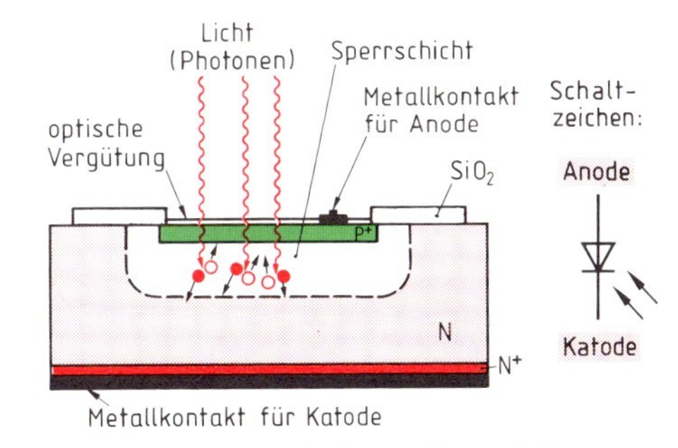

Bild 2: Aufbau einer Si-Planar-Fotodiode

Er hängt vom Halbleiterwerkstoff, von der Wellenlänge des Lichtes und von der Beleuchtungsstärke ab.

[1] lat. lumen = Licht, Lichtquelle; [2] lat. lux = Licht, Helligkeit

Beim inneren fotoelektrischen Effekt bilden sich bei Beleuchtung im Halbleiterwerkstoff Ladungsträgerpaare.

Die Fotodiode wird in Rückwärtsrichtung betrieben **(Bild 1)**. Ohne Beleuchtung fließt durch die Fotodiode nur ein sehr schwacher *Dunkelstrom* infolge Eigenleitung durch die Umgebungstemperatur. Bei Beleuchtung nimmt die Stromstärke (*Hellstrom*, Fotostrom I_p) im gleichen Verhältnis mit der Beleuchtungsstärke E_v zu (Bild 1).

Fotodioden werden in Rückwärtsrichtung betrieben. Ihre Stromstärke steigt mit der Beleuchtungsstärke.

Die relative Empfindlichkeit von Silicium erstreckt sich vom Ultraviolettbereich bis zum Infrarotbereich **(Bild 2)**. Außerdem liegt der Höchstwert ihrer Empfindlichkeitskurve etwa bei dem von Lumineszenzdioden, wodurch sie sehr gut für Lichtschranken, Optokoppler und Infrarot-Fernbedienungen geeignet sind. Wegen ihrer Linearität werden sie auch in Beleuchtungsmessern und Belichtungsmessern verwendet.

Der Dunkelstrom von Si-Fotodioden beträgt mehrere pA, und die Grenzfrequenz reicht bis etwa 1 MHz. Für höhere Frequenzen werden PIN-Fotodioden verwendet. Sie haben Grenzfrequenzen bis etwa 500 MHz. Ihre Dunkelströme sind jedoch größer und betragen einige nA. Teilweise sind Fotodioden bereits mit einem eingebauten optischen Filter versehen.

Fotoelemente

Eine Fotodiode kann grundsätzlich auch als Fotoelement verwendet werden. In der Raumladungszone (Grenzschicht) eines PN-Übergangs entsteht ohne eine von außen angelegte Spannung stets eine Ladung, die in der Raumladungszone des P-Leiters negativ und in der Raumladungszone des N-Leiters positiv ist. Entstehen nun durch Lichteinfall in dieser Raumladungszone Ladungsträgerpaare, so ziehen die freien Elektronen zur N-Schicht und die Löcher zur P-Schicht (Bild 2, vorhergehende Seite). Dadurch erfolgt eine Trennung der Ladungen und damit eine Spannung, die an den Anschlüssen abgegriffen werden kann.

Kenngrößen eines Fotoelements sind die Leerlaufspannung U_0 und der Kurzschlußstrom I_k **(Bild 3)**. Bei Si-Fotoelementen beträgt die Leerlaufspannung bei 1000 lx etwa 0,4 V, bei Selen etwa 0,3 V. Der Kurzschlußstrom steigt proportional zur bestrahlten Fläche. Die zulässige Sperrspannung von Fotoelementen liegt bei 1 V.

Fotoelemente geben bei Belichtung eine Spannung ab, die vom Halbleiterwerkstoff und der Beleuchtungsstärke abhängt. Der entnehmbare Strom hängt von der Elementfläche ab.

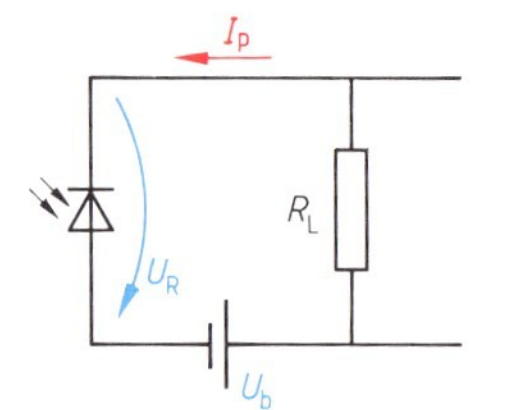

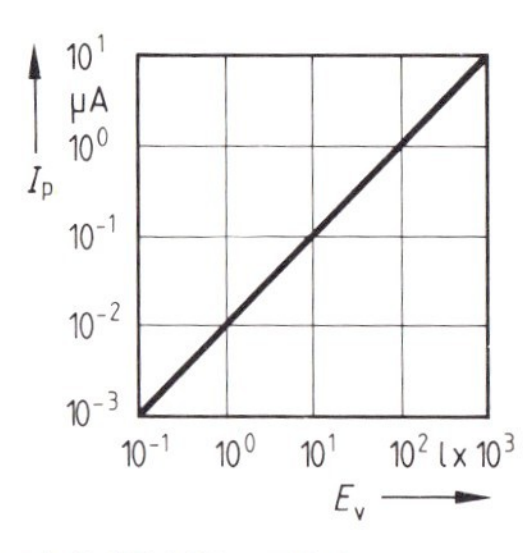

Bild 1: Grundschaltung und $I_P(E_V)$-Kennlinie einer Fotodiode

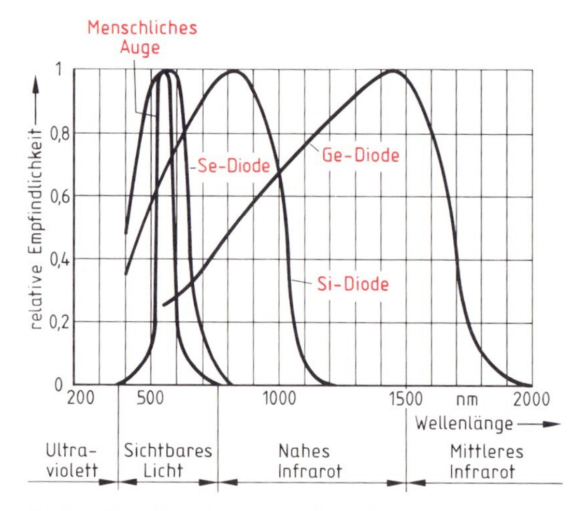

Bild 2: Empfindlichkeit von Fotodioden und Fotoelementen

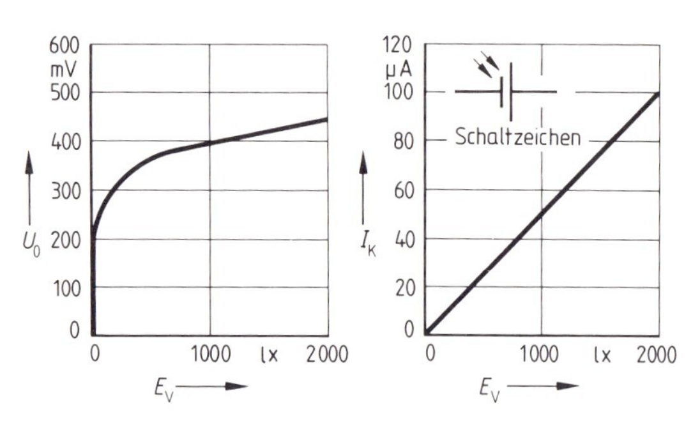

Bild 3: Kennlinien eines Fotoelements

Mit zunehmender Umgebungstemperatur steigt der Kurzschlußstrom und sinkt die Leerlaufspannung eines Fotoelements. Fotoelemente werden z. B. in Uhren, Belichtungsmessern und Taschenrechnern verwendet.

Großflächige Fotoelemente zur Nutzung der Sonnenenergie *(Solarzellen)*[1] haben einen größeren Wirkungsgrad. Sie haben besondere Bedeutung als Stromversorgung von Satelliten und Füllsendern.

1.9.4.8 Lumineszenzdioden und Optokoppler

Die *Lumineszenzdiode*[2] ist eine Halbleiterdiode, die in Vorwärtsrichtung betrieben wird **(Bild 1)**. Grundstoffe sind die Mischkristalle Galliumarsenid (GaAs), Galliumphosphid (GaP) oder Galliumarsenidphosphid (GaAsP). Nach Anlegen der Durchlaßspannung emittiert[3] die Sperrschicht Licht. Je nach verwendetem Halbleiterwerkstoff und Dotierwerkstoff, z. B. Zn, Si, N, ist die Strahlung im Infrarotbereich, z. B. bei GaAs, oder im sichtbaren Bereich, z. B. bei mit Stickstoff dotiertem GaAsP, Kurzschreibweise GaAsP(N) **(Bild 2)**. Die Strahlungsleistung dieser Dioden steigt fast im gleichen Verhältnis mit dem Durchlaßstrom und sinkt mit steigender Sperrschichttemperatur. Die Ansprechzeiten sind sehr kurz.

Lumineszenzdioden werden in Vorwärtsrichtung betrieben.

Licht emittierende Dioden werden auch LED[4] genannt. Sie werden für die Farben Grün, Gelb, Orange, Rot und Blau hergestellt. Infrarot emittierende Dioden werden mit IRED[5] abgekürzt.

Nach Anlegen einer Spannung in Vorwärtsrichtung dringen Elektronen in die P-Schicht und Löcher in die N-Schicht. Dort rekombinieren sie, und es wird Energie frei, die zum Teil in Licht umgewandelt wird. Diese Strahlung entsteht vorwiegend am Übergang zwischen Sperrschicht und P-Schicht und dringt durch die sehr dünne P-Schicht (etwa 1,5 µm) an die Oberfläche. Der Wirkungsgrad und die Lebensdauer einer LED bzw. IRED lassen sich bei Speisung mit einer Rechteckspannung erhöhen. Zur Strombegrenzung benötigt eine Lumineszenzdiode einen Vorwiderstand. Die Schleusenspannung liegt je nach Diodentyp etwa zwischen 1,35 V und 2,5 V, die höchstzulässige Sperrspannung zwischen 3 V und 6 V **(Bild 3)**.

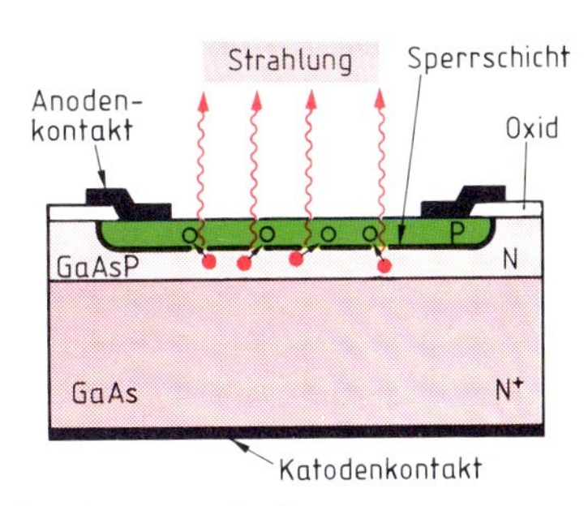

Bild 1: Lumineszenzdiode

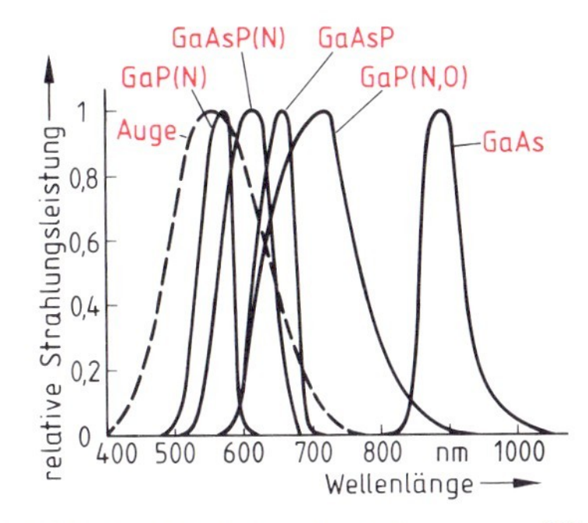

Bild 2: Abhängigkeit der Strahlung vom Werkstoff

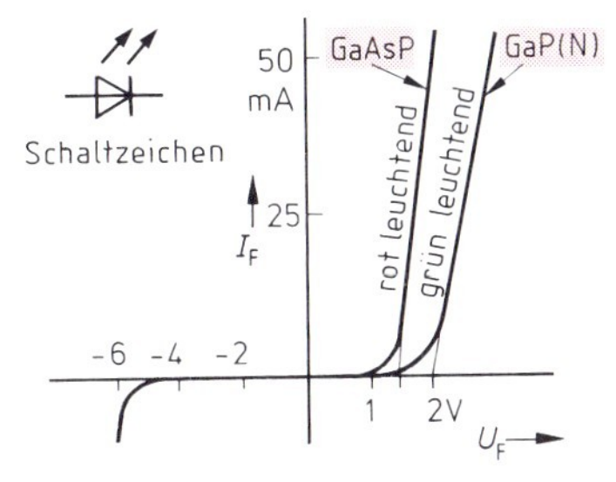

Bild 3: *I*(*U*)-Kennlinien von Lumineszenzdioden

Damit beim Betrieb an Wechselspannung diese höchstzulässige Spannung in Rückwärtsrichtung nicht überschritten wird, muß man meist eine Si-Diode in Reihe oder zwei LED antiparallel schalten.

Lumineszenzdioden dienen als Lichtquellen und Anzeigebauelemente, z. B. in Lichtschranken, Optokopplern und Anzeigeeinheiten, als Signallampen und Skalenanzeigen.

[1] lat. solaris = Sonnen...; [2] lat. Lumineszenz = Leuchten kalter Körper; [3] lat. emittere = aussenden
[4] LED = Abkürzung für engl. **L**ight **E**mitting **D**iode = Licht aussendende Diode
[5] IRED = Abkürzung für engl. **I**nfra **R**ed **E**mitting **D**iode = Infrarot aussendende Diode

Mehrfarben-LED. Es gibt LED, die wahlweise rotes, grünes und als Mischfarbe gelbes Licht ausstrahlen **(Bild 1)**. Diese LED besteht aus zwei PN-Übergängen verschiedener Dotierung. Durch entsprechendes Anlegen der Betriebsspannung leuchtet die Diode wahlweise in Rot oder in Grün. Werden beide PN-Übergänge angesteuert, so erscheint die Mischfarbe Gelb.

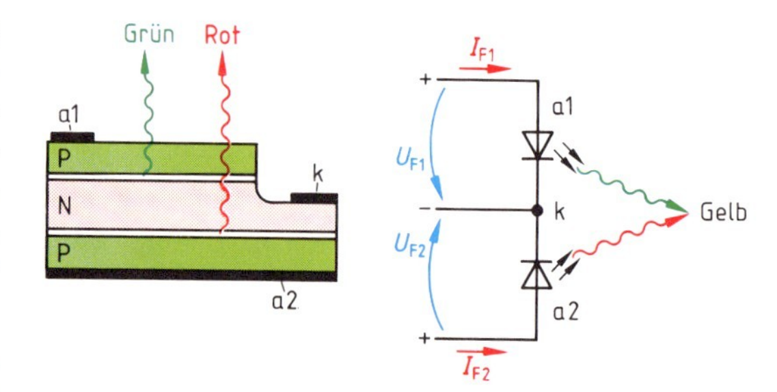

Bild 1: Mehrfarben-LED

Anzeigeeinheiten. Werden mehrere LED nebeneinander angebracht, so entsteht ein Anzeigefeld **(Bild 2)**. Je nach Ansteuerung der einzelnen LED leuchten verschiedene Zeichen (Buchstaben, Ziffern, Sonderzeichen) auf. Für Anzeigefelder werden z.B. 5×7 LED verwendet. Müssen nur Ziffern angezeigt werden, so verwendet man Segment-Anzeigen[1]. Häufig ist die *7-Segment-Anzeige* (Bild 2).

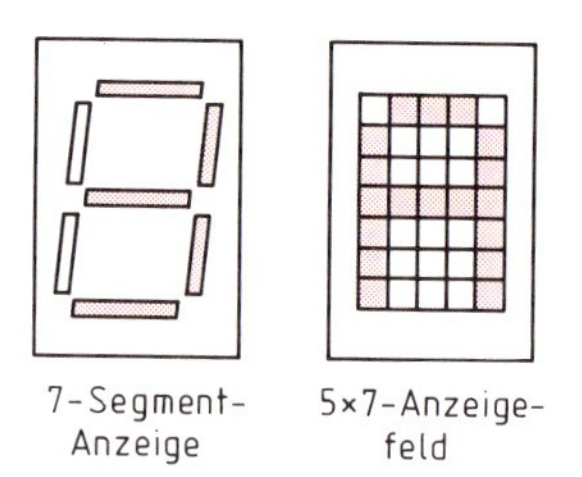

Bild 2: LED-Anzeigen

Vorteile der GaAsP-Anzeigeeinheiten sind hohe Lebensdauer, großer Ablesewinkel (bis etwa 150°) und keine Parallaxe[2]. Sie sind direkt von integrierten Schaltkreisen ansteuerbar. Nachteilig ist ihre verhältnismäßig große Verlustleistung. Als Digitalanzeigen finden sie Verwendung z.B. in Tischrechnern, Meßinstrumenten, Kontrollanzeigen.

Optokoppler

Optokoppler bestehen aus einem *Strahlungssender* und einem *Strahlungsempfänger*, die beide in ein gemeinsames, lichtdichtes Gehäuse eingebaut sind, so daß der Empfänger nur Strahlung vom Sender empfängt **(Bild 3)**. Als Strahlungssender werden bevorzugt Infrarot-Lumineszenzdioden verwendet. Als Strahlungsempfänger, auch *Detektor*[3] genannt, dienen je nach Anwendungsbereich Fotodioden, Fototransistoren oder Fotothyristoren.

Die vom Eingangsstrom I_1 in der Lumineszenzdiode erzeugte Strahlung wird z.B. auf die Fotodiode übertragen und erzeugt dort einen Fotostrom I_2, welcher der Beleuchtungsstärke proportional ist (Bild 3). Der große Isolationswiderstand zwischen Eingangskreis und Ausgangskreis von $> 10^{11}\ \Omega$ bewirkt eine galvanische Trennung zwischen beiden Stromkreisen. Es sind Isolationsprüfspannungen von mehreren kV üblich.

Optokoppler koppeln zwei Stromkreise meist durch Infrarotstrahlung und trennen sie galvanisch voneinander.

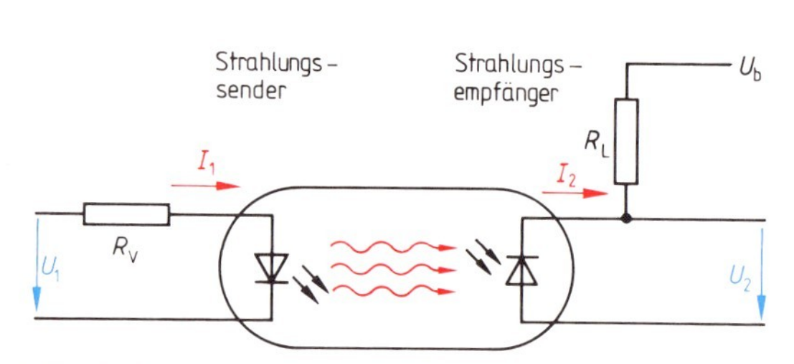

Bild 3: Optokoppler

Ein wichtiger Kennwert eines Optokopplers ist sein *Gleichstrom-Übertragungsverhältnis* I_2/I_1 (CTR[4], Übertragungsfaktor oder Kopplungsfaktor). Es beträgt bei Optokopplern mit Fotodioden etwa 0,002, bei Optokopplern mit Transistoren etwa 0,1 bis 0,5. Optokoppler mit Fotodioden haben sehr kurze Schaltzeiten (etwa ns) und können Signale bis etwa 10 MHz übertragen, während bei Optokopplern mit Fototransistoren die Grenzfrequenz höchstens bis etwa 500 kHz reicht.

Optokoppler werden zur potentialfreien Übertragung von Gleichgrößen, Wechselgrößen und für Schalterbetrieb verwendet. Sie dienen zur Potentialtrennung zwischen zwei Stromkreisen, zur Ansteuerung von Thyristoren als Pegelumsetzer und als Ersatz für Relais. Sie wirken dämpfend auf Störimpulse.

[1] lat. segmentum = Abschnitt; [2] griech. Parallaxe = Abweichung; [3] lat. Detektor = Bauteil zum Auffinden, Aufdecken
[4] CTR = Abkürzung von engl. Current Transfer Ratio = Stromübertragungsverhältnis

1.9.5 Arbeitspunkt

Widerstände, bei denen eine Spannungserhöhung auch im gleichen Verhältnis eine Stromerhöhung hervorruft, haben eine lineare $U(I)$-Kennlinie oder $I(U)$-Kennlinie **(Bild 1)**. Sie werden als *lineare Widerstände* bezeichnet. Ihr Widerstand bleibt konstant. Dieses Verhalten erkennt man aus $U(I)$-Kennlinien oder $I(U)$-Kennlinien mit linearem Maßstab.

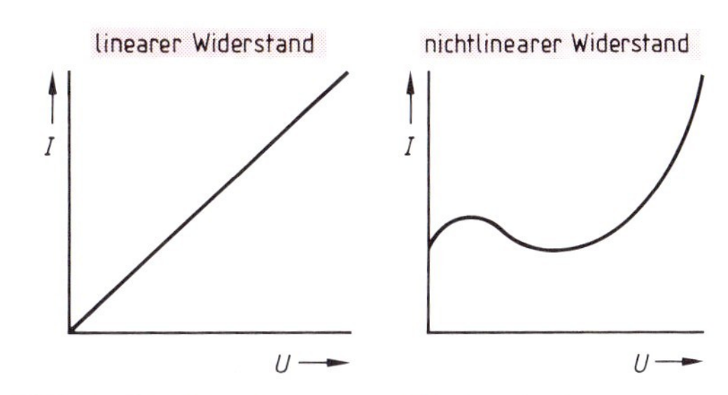

Bild 1: $I(U)$-Kennlinien von Widerständen

Bauelemente mit nichtlinearer $I(U)$-Kennlinie bezeichnet man als *nichtlineare Widerstände* (Bild 1). Nichtlineare Widerstände sind z. B. Heißleiter, Kaltleiter, spannungsabhängige Widerstände, Fotowiderstände, Dioden.

An einer konstanten Gleichspannung hat ein nichtlinearer Widerstand einen Gleichstromwiderstand R. Gegenüber *Spannungsänderungen*, z. B. Gleichspannungsänderung oder überlagerter Wechselspannung, weist das nichtlineare Bauelement dagegen einen *differentiellen* Widerstand r auf. Er gilt nur für kleine Änderungsgrößen um den *Arbeitspunkt*, wenn kein linearer Bereich vorhanden ist. R und r lassen sich aus der Kennlinie des Bauelements ermitteln **(Bild 2)**.

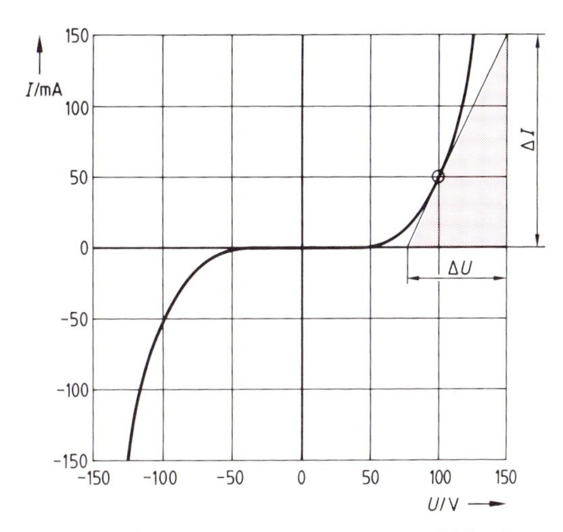

Bild 2: $I(U)$-Kennlinie eines spannungsabhängigen Widerstands

Nichtlineare Widerstände haben keinen konstanten Widerstandswert. Ihre Kennwerte gelten nur für den dazu angegebenen Arbeitspunkt.

Der Gleichstromwiderstand wird aus dem im Arbeitspunkt abgelesenen Gleichstrom und der Gleichspannung berechnet. Den differentiellen Widerstand ermittelt man aus der Steigung der Kennlinie im Arbeitspunkt. Da diese nicht unmittelbar abzulesen ist, verlängert man die Steigung durch Anlegen einer Tangente. Jetzt können aus dem Steigungsdreieck die zu einer Spannungsänderung gehörende Stromänderung abgelesen und der differentielle Widerstand berechnet werden.

Bei linearen Widerständen sind Gleichstromwiderstand und differentieller Widerstand gleich groß.

Die Steigung der Kennlinie ist im $U(I)$-Diagramm ein Maß für den differentiellen Widerstand und im $I(U)$-Diagramm für den differentiellen Leitwert.

R Widerstand für Gleichstrom
U Gleichspannung
I Gleichstrom
r Differentieller Widerstand
ΔU Spannungsänderung
ΔI Stromänderung

$$R = \frac{U}{I}$$

$$r = \frac{\Delta U}{\Delta I}$$

Beispiel 1:
An einem VDR-Widerstand mit der Kennlinie Bild 2 liegt eine Gleichspannung von 100 V. Wie groß sind a) sein Gleichstromwiderstand, b) sein differentieller Widerstand?

Lösung:

a) Aus Bild 2 wird im Arbeitspunkt für $U = 100$ V entnommen: $I = 50$ mA $\Rightarrow R = U/I = 100$ V/50 mA $=$ **2 kΩ**

b) Im Arbeitspunkt wird eine Tangente angelegt und im Steigungsdreieck für $\Delta U = 75$ V abgelesen: $\Delta I = 150$ mA $\Rightarrow r = \Delta U/\Delta I = 75$ V/150 mA $=$ **500 Ω**

Trägt man die Kennlinien zweier in Reihe geschalteter Bauelemente in ein gemeinsames Kennlinienfeld ein, so läßt sich daraus der Arbeitspunkt dieser Reihenschaltung ablesen **(Bild 1)**.

1. Man trägt die Kennlinie eines Bauelements in ein $I(U)$-Kennlinienfeld mit linearem Maßstab ein.
2. In dasselbe Kennlinienfeld wird spiegelbildlich die $I(U)$-Kennlinie des anderen Bauelements eingetragen.
3. Der Schnittpunkt der beiden Kennlinien ist der Arbeitspunkt der Reihenschaltung.

Im Arbeitspunkt können die Teilspannungen an den beiden Bauelementen und die Stromstärke abgelesen werden.

Die $I(U)$-Kennlinie eines Widerstands ist durch zwei Punkte festgelegt, z. B. $U_1 = 0$ V bei $I_1 = 0$ A und $U_2 = U$ bei $I_2 = U/R$. Eine spiegelbildlich eingetragene $I(U)$-Kennlinie eines Widerstands, z. B. für R1 in Bild 1, wird *Arbeitsgerade* genannt. Sie läßt sich am einfachsten durch Verbinden der beiden Punkte $U_1 = U$ bei $I = 0$ A und $U_2 = 0$ V bei $I = U/R$ eintragen, wobei U die Gesamtspannung ist. Ändert sich der Widerstand, so ändert sich auch die Steigung der Arbeitsgeraden und damit der Arbeitspunkt.

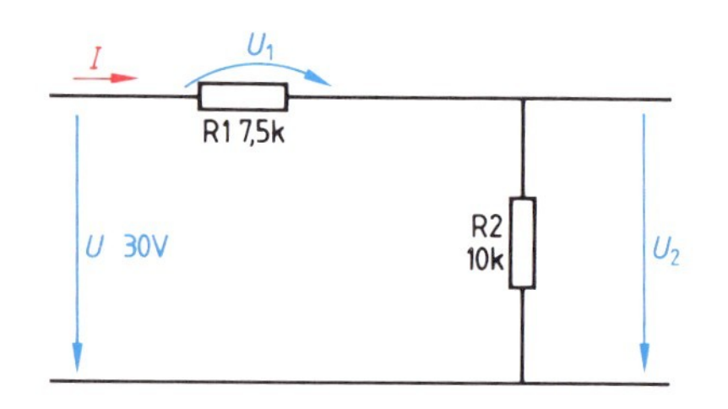

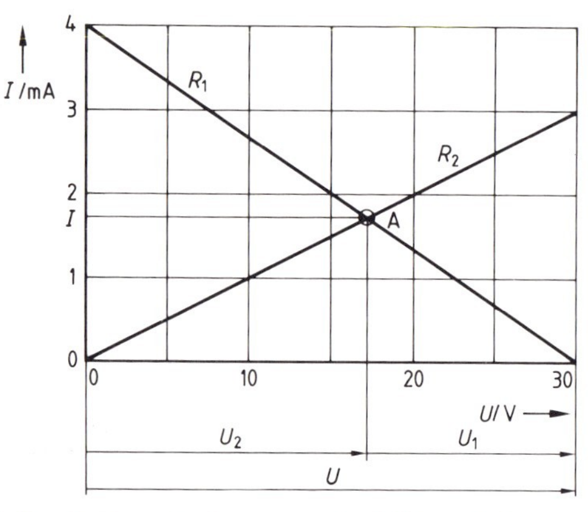

Bild 1: Reihenschaltung zweier Widerstände im $I(U)$-Kennlinienfeld

Beispiel 2:

Die Reihenschaltung der Widerstände $R_1 = 7{,}5$ kΩ und $R_2 = 10$ kΩ ist an eine Spannung $U = 30$ V angeschlossen (Bild 1). Mit Hilfe der $I(U)$-Kennlinien soll der Arbeitspunkt A bestimmt, die Stromstärke I und die Teilspannungen U_1 und U_2 ermittelt werden!

Lösung: Bild 1

1. $I(U)$-Kennlinie für R2 eintragen. Punkt 1: bei $U_2 = 0$ V ist $I = 0$ A; Punkt 2: bei $U_2 = 30$ V ist $I = U/R_2 = 30$ V/10 kΩ $= 3$ mA.
2. Arbeitsgerade für R1 eintragen. Punkt 1: bei $U_1 = 30$ V ist $I = 0$ A; Punkt 2: bei $U_1 = 0$ V ist $I = U/R_1 = 30$ V/7,5 kΩ $= 4$ mA.
3. Für den Arbeitspunkt A ablesen:
   $I =$ **1,7 mA**; $U_1 =$ **13 V**; $U_2 =$ **17 V**.

Beispiel 3:

Eine LED mit der Kennlinie **Bild 2** soll über einen Vorwiderstand an 5 V angeschlossen und mit einem Nennstrom $I_F = 22{,}5$ mA betrieben werden. Ermitteln Sie mit Hilfe der $I(U)$-Kennlinien U_F, U_R und R!

Lösung:

1. Arbeitspunkt A bei 22,5 mA in die Diodenkennlinie eintragen.
2. Arbeitsgerade für R durch den Arbeitspunkt und $U = 5$ V auf der Spannungsachse eintragen.
3. Ablesen: $U_F =$ **1,6 V** und $U_R =$ **3,4 V**.
   Berechnen: $R = \Delta U/\Delta I = 5$ V/33,3 mA $=$ **150 Ω**

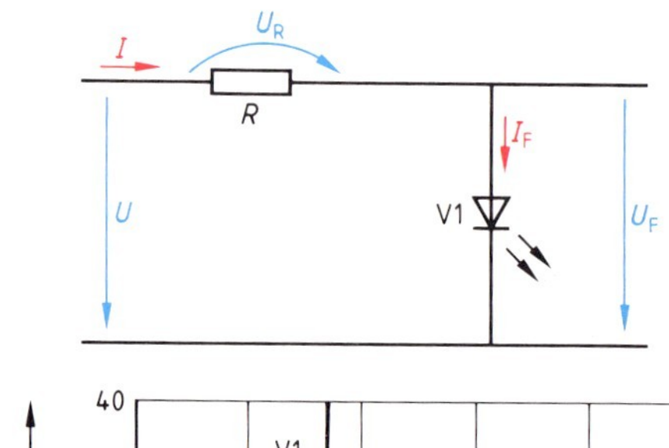

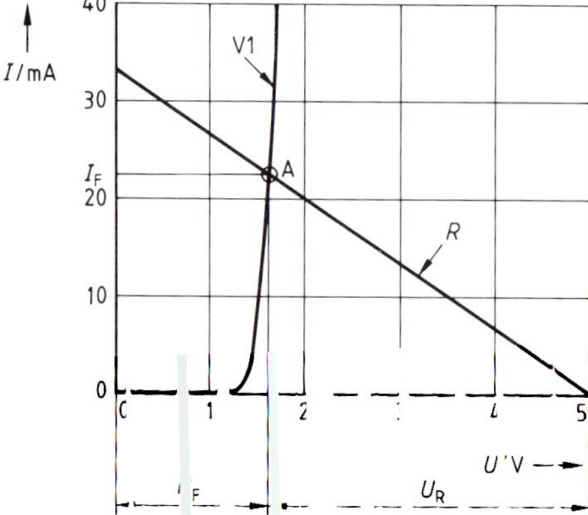

Bild 2: LED mit Vorwiderstand

1.10 Schaltungstechnik und Funktionsanalyse

1.10.1 Schaltungsunterlagen

Elektrische Schaltungen erfordern zur Herstellung sowie zum Verständnis meist gezeichnete, geschriebene oder gedruckte Schaltungsunterlagen. Dazu gehören *Schaltpläne, Diagramme*[1], Tabellen und Beschreibungen.

Schaltpläne nennt man die zeichnerische Darstellung elektrischer Betriebsmittel durch Schaltzeichen. Die Betriebsmittel können gegebenenfalls auch durch Abbildungen oder durch vereinfachte Konstruktionszeichnungen dargestellt werden **(Tabelle 1)**.

Diagramme sind die grafischen Darstellungen errechneter oder beobachteter Werte. Diagramme zeigen die Beziehungen zwischen verschiedenen Vorgängen, z. B. die Stromstärke in Abhängigkeit von der Zeit.

Tabellen können einen Schaltplan oder ein Diagramm ergänzen oder auch ersetzen.

Tabelle 1: Wichtige Schaltungsunterlagen

Art, Erklärung	Anwendung	Beispiel
Schaltskizze Darstellung einer elektrischen Einrichtung zur Erklärung der Wirkungsweise oder der Anordnung. Meist allpolige Darstellung.	Anschlußschema von Elektrogeräten, z. B. Herden. Wird häufig bei Bausätzen angewendet, die für Nichtfachleute bestimmt sind.	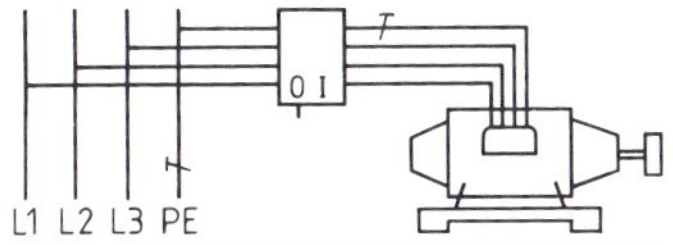
Übersichtsschaltplan Darstellung einer Schaltung ohne Hilfsleitungen. Die Aderzahl der Leitungen wird meist angegeben, jedoch nicht beim Blockschaltplan (Signalflußplan). Die räumliche Lage bleibt unberücksichtigt. Einpolige Darstellung.	Elektrische Antriebe, Steuerungen und Regelungen, elektronische Geräte, z. B. Meßgeräte, Fernsehempfänger.	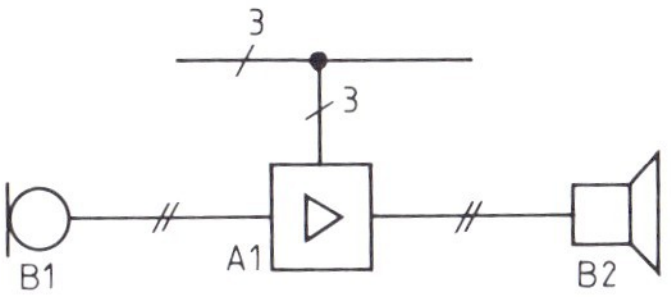
Installationsplan Darstellung der Installation von energietechnischen und nachrichtentechnischen Anlagen, möglichst lagegerecht in einer Gebäudezeichnung. Ausführung ähnlich Übersichtsschaltplan. Auch ohne Leitungseintragung.	Alle Arten von Elektroinstallationen, Beleuchtungsstromkreise, Kraftstromkreise, Rufstromkreise, Fernmeldeanlagen, Antennenanlagen.	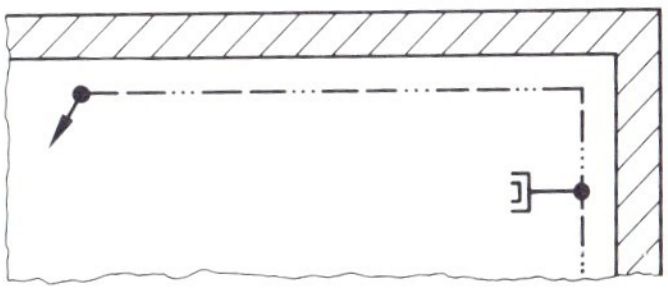
Stromlaufplan in aufgelöster Darstellung Darstellung einer Schaltung nach Stromwegen aufgelöst. Stromwege möglichst senkrecht oder waagrecht und kreuzungsarm. Die räumliche Lage bleibt unberücksichtigt. Allpolig.	Hauptstromkreise und Hilfsstromkreise von Schützschaltungen, z. B. im Schaltschrankbau. Punkte bei Leiterabzweig können gesetzt werden.	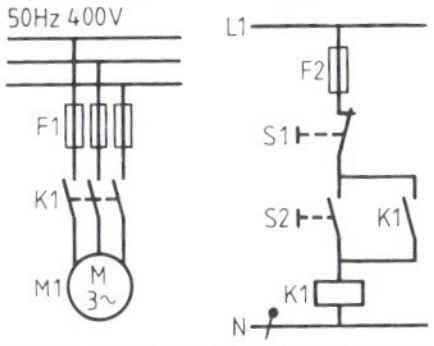
Stromlaufplan in zusammenhängender Darstellung Darstellung einer Schaltung mit allen Einzelteilen. Teile desselben Betriebsmittels werden räumlich zusammenhängend gezeichnet. Die räumliche Lage sonst bleibt unberücksichtigt.	Innenschaltung von Betriebsmitteln, Steuerschaltungen einfacher Art. Punkte bei Leiterabzweig können gesetzt werden.	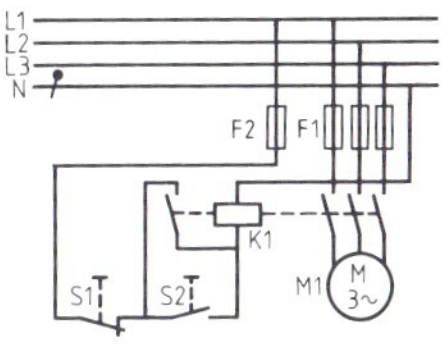
Zeitablaufdiagramm Das Zeitablaufdiagramm zeigt den Ablauf von Vorgängen im zeitgerechten Maßstab. Eine Zeitachse wird meist nicht angegeben.	Verdeutlichung des Ablaufes bei Steuerschaltungen, z. B. bei Zeitschaltern.	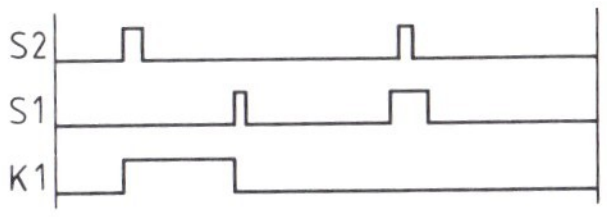
Weitere Schaltungsunterlagen siehe Tabellenbuch Kommunikationstechnik.		

[1] griech. Diagramm = Schaubild

1.10.2 Schaltungen mit Installationsschaltern

Schaltungen mit nicht beleuchteten Schaltern

Zum Verständnis einer Schaltung verfolgt man den Stromweg, bei Wechselstrom meist vom *Außenleiter* zum *Neutralleiter*, z. B. bei Schaltungen mit Installationsschaltern **(Tabelle 1)**.

Bei allen Schaltungen mit Installationsschaltern wird der Neutralleiter *direkt* an den Verbraucher angeschlossen, also nicht geschaltet. Der Schutzleiter PE wird an das Gehäuse geführt, bei Schutzisolierung wird er nicht angeschlossen.

Bei der **Ausschaltung** wird ein Verbraucher von nur einer Stelle aus eingeschaltet oder ausgeschaltet. Der Ausschalter enthält deshalb einen Schließer (Tabelle 1). Ein Schließer ist ein Kontakt, der bei Betätigung den Stromkreis schließt. Bei geschlossenem Schalter Q1 fließt der Strom von L1 über Q1 und E1 nach N.

Bei der **Wechselschaltung** wird ein Verbraucher wahlweise von zwei Stellen aus eingeschaltet oder ausgeschaltet. Dazu braucht man zwei Wechselschalter (Tabelle 1). Wechselschalter enthalten einen Wechsler (Umschaltkontakt). So nennt man einen Doppelkontakt, bei dessen Betätigung der eine Kontakt öffnet und der andere schließt. Wird z. B. der Wechselschalter Q2 betätigt, so fließt der Strom von L1 über Q2, Q3 und E2 nach N.

Bei der **Kreuzschaltung** wird ein Verbraucher von drei Stellen aus eingeschaltet oder ausgeschaltet. Dazu braucht man zwei Wechselschalter und einen Kreuzschalter. Der Kreuzschalter enthält zwei Wechsler (Tabelle 1). Wird z. B. der Kreuzschalter Q5 betätigt, so fließt der Strom von L1 über Q4, Q5, Q6 und E3 nach N. Die Schaltung ist durch weitere Kreuzschalter erweiterbar.

Bei der **Serienschaltung** (nicht dargestellt) liegen zwei Ausschaltungen vor, wobei die beiden Ausschalter zu einem Serienschalter zusammengebaut sind. Dadurch können zwei Verbraucher von einer Stelle aus wahlweise geschaltet werden.

Ausschalter, Serienschalter, Wechselschalter und Kreuzschalter kommen bei Installationsschaltungen vor.

Beschreibung der Schaltung durch eine Schaltfunktion

Schaltungen mit Worten zu beschreiben ist umständlich. Deshalb stellt man Schaltungen mit Schaltplänen dar. Der zeitliche Ablauf der Schaltung geht aber aus dem Schaltplan nur indirekt hervor. Man beschreibt das Verhalten der Schaltung durch eine Gleichung, die man Schaltungsgleichung oder *Schaltfunktion* nennt.

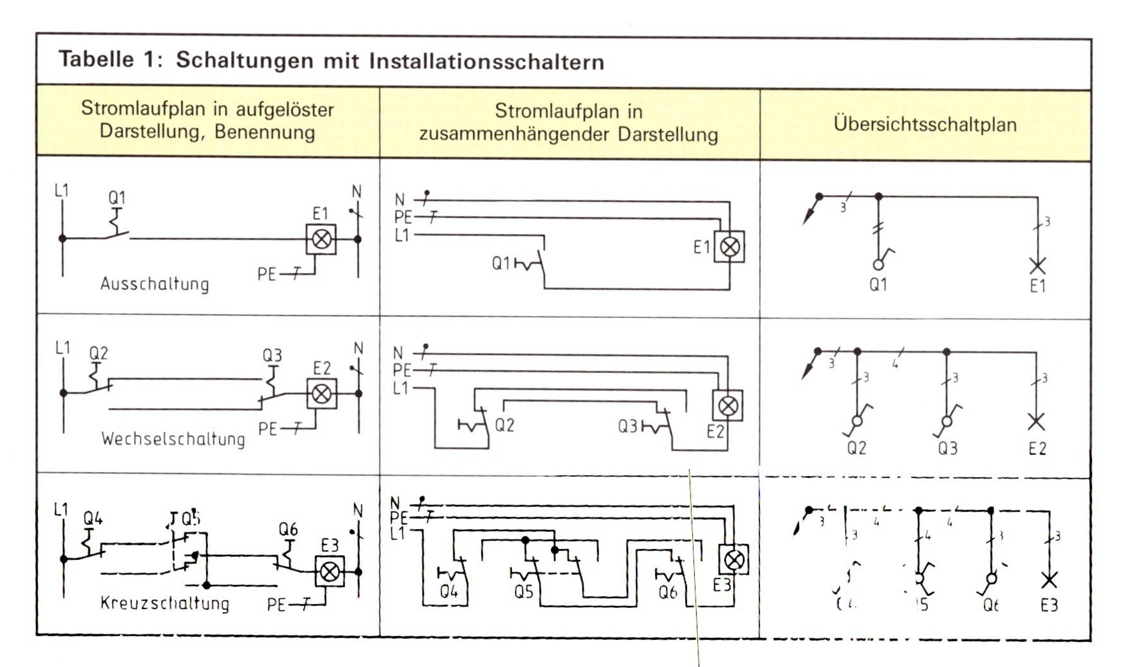

Die Schaltfunktion beschreibt das Verhalten einer Schaltung bei der Betätigung von Schaltern.

Wie bei einer mathematischen Funktion kommen bei einer Schaltfunktion *Variable*[1] vor. Die bei Betätigung der Schalter entstehenden Signale sind *unabhängige Variable*. Man stellt sie durch *kursive* (schräggedruckte) Kleinbuchstaben dar. Bei Betätigung des Schalters Q1 entsteht das Signal q_1. Das am Lastwiderstand entstehende Signal ist die *abhängige Variable*. Man stellt sie durch einen kursiven Kleinbuchstaben dar, meist vom Ende des Alphabets, z. B. y oder x. Bei Bedarf kann ein Index angehängt werden. Der Zustand der Lampe E1 wird z. B. durch y_{E1} ausgedrückt **(Bild 1)**.

Bei der Schaltfunktion sind die Eingangssignale die unabhängigen Variablen und die Ausgangssignale die abhängigen Variablen.

Die Schaltfunktion der Ausschaltung (Bild 1) $y_{E1} = q_1$ läßt erkennen, daß bei vorhandenem Eingangssignal q_1 ebenfalls das Ausgangssignal y_{E1} vorhanden ist. Bei Betätigung von Q1 leuchtet also die Lampe E1.

Wie bei einer mathematischen Gleichung kommen bei einer Schaltfunktion meist „Rechenanweisungen" vor, allerdings nur sehr wenige. Die Lampe E2 in Tabelle 1, vorhergehende Seite, leuchtet z. B., wenn Q2 betätigt ist UND Q3 NICHT. Man braucht ein Zeichen für UND und eines für NICHT **(Tabelle 1)**.

Die unvollständige Schaltfunktion der Wechselschaltung (Tabelle 1, vorhergehende Seite) lautet also $y_{E2} = q_2 \wedge \overline{q_3}$. Diese Schaltfunktion ist unvollständig, da die Lampe E2 auch leuchtet, wenn Q2 nicht betätigt ist und Q3 betätigt ist. Die Lampe leuchtet also im Fall 1 ($q_2 \wedge \overline{q_3}$) ODER im Fall 2 ($\overline{q_2} \wedge q_3$). Mit dem Zeichen für ODER lautet dann die Schaltfunktion der Wechselschaltung:

$$y_{E2} = (q_2 \wedge \overline{q_3}) \vee \overline{q_2} \wedge q_3)$$

Die Schaltfunktion zur Beschreibung einer Schaltung kann außer den Signalen (Variablen) die Zeichen UND, ODER sowie NICHT enthalten.

Für Schaltfunktionen gelten die Rechenregeln der Schaltalgebra (Abschnitt 3.1.2).

[1] lat. variare = abwechselnd machen

Abhängige Variable (Ausgangssignal)		Unabhängige Variable (Eingangssignal)
y_{E1}	=	q_1

Bild 1: Schaltfunktion der Ausschaltung

Tabelle 1: Zeichen für Schaltfunktionen

Zeichen	Bedeutung
$\wedge$	UND
$\vee$	ODER
$\overline{}$, z. B. $\overline{q_1}$	NICHT

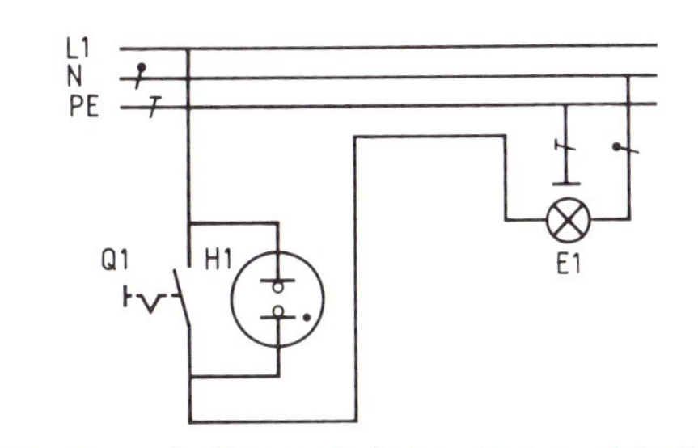

Bild 2: Ausschaltung mit beleuchtetem Schalter

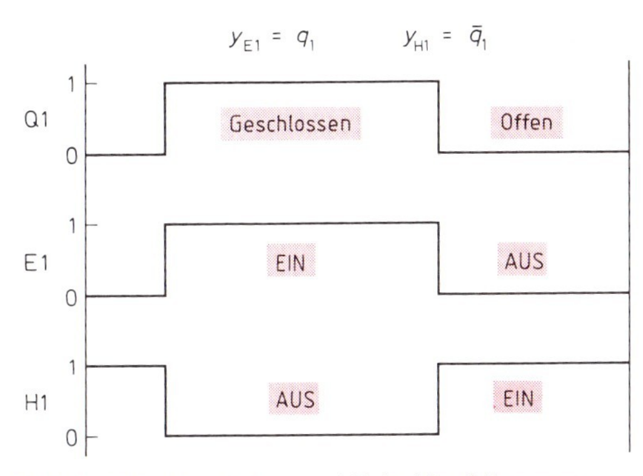

Bild 3: Schaltfunktion und Zeitablaufdiagramm für Ausschaltung nach Bild 2

Die Beschreibung der Schaltung mit beleuchtetem Schalter **Bild 2** erfolgt mit den Schaltfunktionen oder mit dem zugehörigen *Zeitablaufdiagramm* **(Bild 3)**. Bei der Ausschaltung ist erkennbar, daß die Glimmlampe nicht mehr leuchtet, wenn der Schalter Q1 betätigt wurde. H1 verhält sich also entgegengesetzt zu E1.

1.10.3 Schützschaltungen

Das Schütz ist ein elektromagnetisch betätigter *Fernschalter* **(Bild 1)**. Im Prinzip entspricht das Schütz dem Relais (Abschnitt 1.8.2.2). Fließt Strom durch die Schützspule, so wird ein beweglicher Anker angezogen, so daß bewegliche Schaltstücke in eine andere Stellung bewegt werden. Dadurch werden Kontakte, die bei stromloser Schützspule offen sind, geschlossen. Diese Kontakte nennt man *Schließer*. Sie schließen einen Stromkreis, wenn sie bewegt werden. In Schützen sind meist auch Kontakte enthalten, die ohne Strom in der Schützspule geschlossen sind. Diese Kontakte können einen Stromkreis öffnen, wenn sie bewegt werden. Man nennt sie *Öffner*.

In Schützen sind Schließer und Öffner vorhanden.

Schließer und Öffner können in einem Schütz auch kombiniert sein zu einem *Wechsler*. Je nach Ausführung der Schützkontakte werden alle Schließer und alle Öffner *gleichzeitig* bewegt oder aber *zeitlich versetzt*. Meist öffnen die Öffner, bevor die Schließer schließen. Die Anschlußkennzeichnung der Schütze ist genormt (Tabellenbuch Kommunikationselektronik).

Bei den Schützschaltungen unterscheidet man den *Hauptstromkreis* und den *Steuerstromkreis* (Hilfsstromkreis) **(Bild 2)**. Fließt Strom durch die Schützspule, so werden in Schaltung Bild 2 die Hauptkontakte geschlossen. Dadurch gelangen von den Außenleitern des Dreiphasennetzes L1, L2 und L3 die Spannungen an den Motor. Das Dreiphasennetz (Drehstromnetz) liefert nun drei Wechselströme, die gegeneinander eine Phasenverschiebung haben. Dadurch entsteht im Motor ein Drehfeld, welches die Drehung des Motors bewirkt.

Im Hauptstromkreis einer Schützschaltung liegt der eigentliche Verbraucher, der geschaltet wird.

Im Steuerstromkreis einer Schützschaltung liegen meist *Taster*. Das sind Schalter mit Öffnern oder Schließern, bei denen das Öffnen oder Schließen nur so lange erfolgt, wie die Betätigung dauert. Im Gegensatz zu Installationsschaltern rasten die Taster also nicht ein. Bei der üblichen Schaltung mit Haltekontakt ist ein Schließer des Schützes parallel zum Schließer des EIN-Tasters geschaltet (Bild 2). Dadurch arbeitet das Schütz nach dem Einschalten auch weiter, wenn der EIN-Taster nicht mehr betätigt wird.

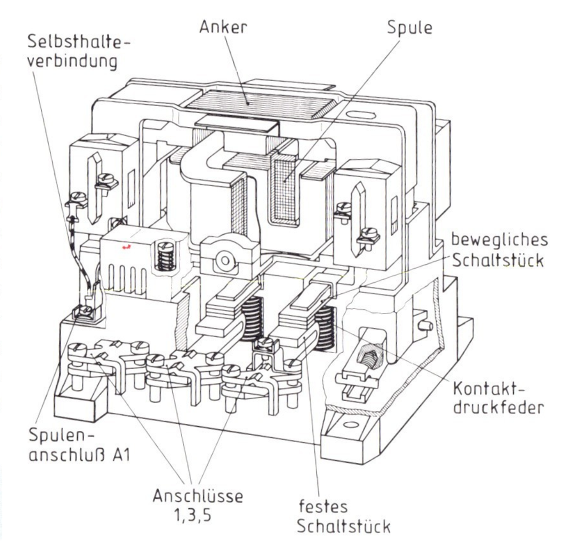

Bild 1: Elektromagnetisches Schütz

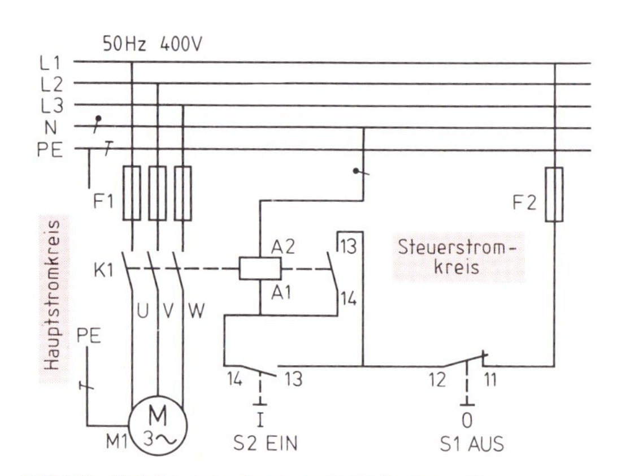

Bild 2: Schützschaltung mit Haltekontakt als Stromlaufplan in zusammenhängender Darstellung

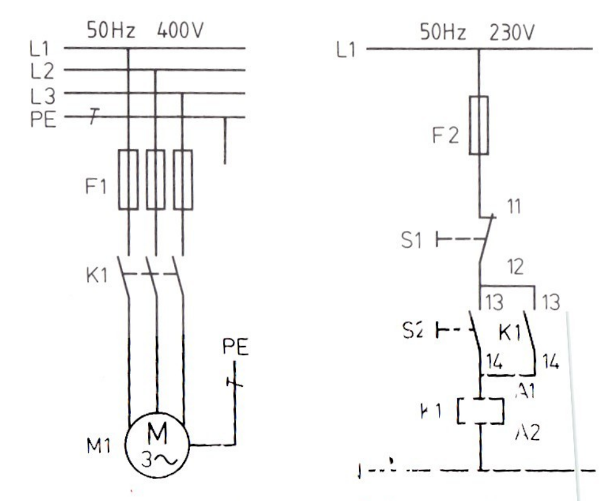

Bild 3: Schützschaltung mit Haltekontakt als Stromlaufplan in aufgelöster Darstellung

Schützschaltungen werden meist als *Stromlaufplan in aufgelöster Darstellung* gezeichnet **(Bild 3, vorhergehende Seite)**. In diesem Stromlaufplan sind Hauptstromkreis und Steuerstromkreis getrennt dargestellt. Man kann dadurch die Stromwege leichter verfolgen, insbesondere den Stromweg des Steuerstromkreises.

In der Schaltung fließt der Steuerstrom bei betätigtem S2 von L1 über F2, S1, S2 und K1 (Schützspule) nach N. Dadurch zieht das Schütz K1 an und schaltet den Motor M1 ein. Gleichzeitig wird im Steuerstromkreis der Schließer K1 geschlossen. Nach Loslassen von S2 fließt nun der Steuerstrom von L1 über S1, K1 (Schließer), K1 (Schützspule) nach N. Der Schließer K1 „hält" also das Schütz angezogen, man spricht deshalb von einem *Haltekontakt*.

Schützschaltungen sind meist mit einem Haltekontakt ausgeführt.

Fällt bei einer Schützschaltung mit Haltekontakt die Steuerspannung aus, z. B. durch Betätigen des AUS-Tasters S1, so fällt das Schütz ab und schaltet den Verbraucher ab, bis der EIN-Taster erneut betätigt wird.

Die Beschreibung der Schützschaltung erfolgt übersichtlich durch eine Schaltfunktion. Für die Schaltfunktion des Motors M1 entnimmt man aus Bild 3, vorhergehende Seite:

$$y_{M1} = k_1$$

Für die Schaltfunktion der Schützspule entnimmt man aus Bild 3, vorhergehende Seite:

$$y_{K1} = \overline{s_1} \wedge (s_2 \vee k_1)$$

Das Verhalten einer Schützschaltung ist auch aus dem zugehörigen Zeitablaufdiagramm **Bild 1** erkennbar. Man kann aus ihm entnehmen, daß bei Betätigung von S2 sofort K1 anzieht und den Motor M1 einschaltet. Werden S1 und S2 gleichzeitig betätigt, so erfolgt gar nichts, weil bei gleichzeitiger Betätigung der Taster der Steuerstromkreis auf jeden Fall unterbrochen ist.

Schützschaltungen sind meist so ausgeführt, daß bei gleichzeitiger Betätigung mehrerer Taster keine Schaltung erfolgt.

Verriegelung bei Schützschaltungen

Oft soll ein Schütz nur einschaltbar sein, wenn ein anderes Schütz nicht eingeschaltet ist, z. B. bei der Drehrichtungsumkehr von Drehstrommotoren **(Bild 2)**. Man sagt dann, daß beide Schütze gegeneinander *verriegelt* sind. Die gegenseitige Verriegelung erfolgt durch wechselseitigen Einbau von Öffnern in jeden Steuerstromkreis (Bild 2). Dadurch wird erreicht, daß der Steuerstrom zu einer Schützspule nur dann gelangen kann, wenn das andere Schütz nicht angezogen hat (elektrische Verriegelung).

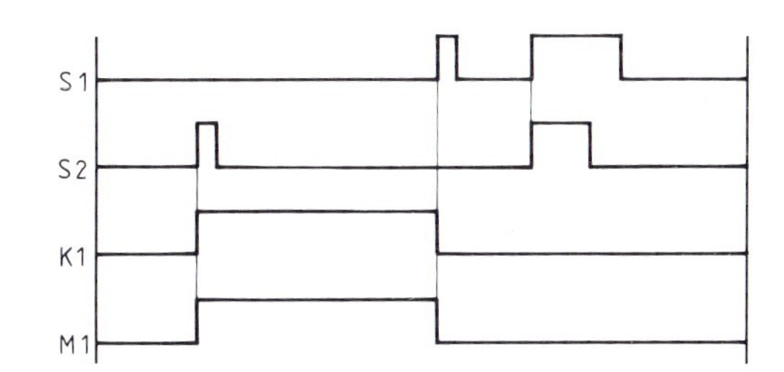

Bild 1: Zeitablaufdiagramm zu Schützschaltung mit Haltekontakt

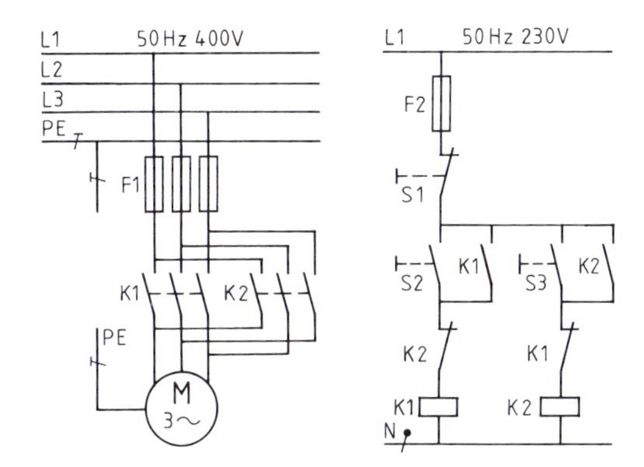

Bild 2: Verriegelung bei einer Schützschaltung zur Drehrichtungsumkehr (Wendeschütz, Umschaltung über 0)

Die Verriegelung von Schützschaltungen erfolgt durch Öffner des jeweils anderen Steuerstromkreises.

Zusätzlich kann auch über die Öffner der Taster verriegelt werden (mechanische Verriegelung).

Entriegelung bei Schützschaltungen

Oft soll ein Schütz nur dann einschaltbar sein, wenn ein anderes Schütz schon eingeschaltet ist. Man spricht dann von einer *Folgeschaltung*. Bei der Schaltung **Bild 1** kann M1 unabhängig von M2 arbeiten, da K1 unabhängig von K2 eingeschaltet werden kann. Dagegen kann K2 nur eingeschaltet werden, wenn der Schließer K1 geschlossen ist.

Die Entriegelung von Schützschaltungen erfolgt durch Schließer des jeweils anderen Steuerstromkreises.

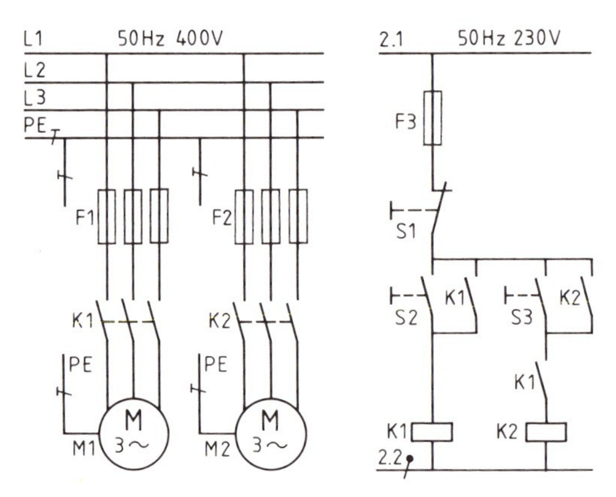

Bild 1: Entriegelung bei einer Folgeschaltung

1.10.4 Schaltungen mit Zeitschaltern

Zeitschalter wendet man an, wenn ein Schaltvorgang (Einschalten und/oder Ausschalten) erst einige Zeit nach der Signalgabe durchgeführt werden soll. Die Zeitspanne zwischen Signal und Schaltvorgang kann je nach Art des Zeitschalters einige Millisekunden bis zu mehreren Stunden betragen. Zeitschalter sind grundsätzlich Relais bzw. Schütze, die verzögert anziehen oder verzögert abfallen **(Bild 2)**. Von einem *Zeitrelais* spricht man, wenn von ihm ein Schütz gesteuert wird. *Zeitschalter* steuern dagegen unmittelbar den Verbraucher.

Die Verzögerung kann auf verschiedene Arten erreicht werden, z. B. durch das Aufladen eines Kondensators über einen Widerstand oder durch eine elektrische Uhr.

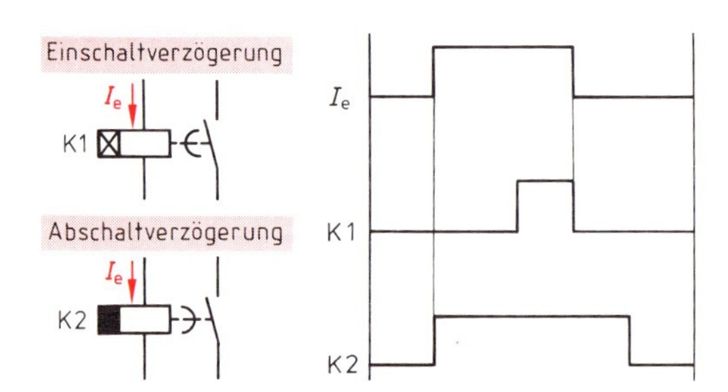

Bild 2: Verhalten von Schaltern mit Einschaltverzögerung und mit Abschaltverzögerung

Zeitschalter und Zeitrelais schließen oder öffnen einen Stromkreis verzögert.

Verbreitet sind Zeitschalter z. B. in den Treppenhäusern als Treppenlicht-Zeitschalter **(Bild 3)**.

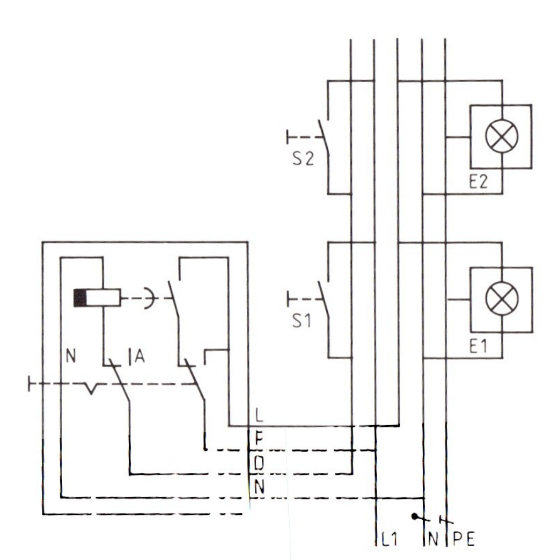

Bild 3: Treppenhausbeleuchtung mit nachschaltbarem Zeitschalter

Wiederholungsfragen

1. **Nennen Sie die wichtigsten Schaltungsunterlagen!**
2. **Wie heißen die wichtigsten Installationsschalter?**
3. **Auf welche drei Arten kann man eine Schaltung beschreiben?**
4. **Welche drei Zeichen kommen in Schaltfunktionen vor?**
5. **Nennen Sie die Kontaktarten von Schützen!**
6. **Welche beiden Stromkreise unterscheidet man bei Schützschaltungen?**
7. **Welche Aufgabe hat ein Haltekontakt?**

1.11 Werkstoffe

1.11.1 Atommodell

Atome sind außerordentlich klein. Ihr Durchmesser beträgt etwa 1/10 000 000 mm. Man kann sie deshalb nicht sehen und benötigt Modelle, wie diese Atome aussehen könnten. Ein einfaches und anschauliches Modell ist das *Bohrsche-Atommodell*[1]. Es erinnert an ein Sonne-Planeten-System **(Bild 1)**. Danach besteht ein Atom aus einem Atomkern, um den auf verschiedenen Bahnen Elektronen mit hoher Geschwindigkeit kreisen. Die Anziehungskraft zwischen den negativ geladenen Elektronen und dem positiv geladenen Atomkern verhindert, daß die Elektronen aus der Bahn herausgeschleudert werden.

Der Kerndurchmesser beträgt etwa 1/10 000 vom Durchmesser des ganzen Atoms. Der Atomkern besteht vorwiegend aus positiv geladenen Protonen und elektrisch ungeladenen (neutralen) Neutronen. Die Masse eines Protons von $1{,}67 \cdot 10^{-24}$ g ist fast gleich groß wie die Masse eines Neutrons und beträgt etwa das 1800fache der Masse eines Elektrons. Deshalb ist fast die ganze Masse eines Atoms in seinem Atomkern vereinigt.

Ein Atom hat gleich viele negative Elektronen wie positive Protonen und ist nach außen neutral. Ist dieses Gleichgewicht gestört, so liegt ein elektrisch geladenes Ion vor.

Die verschiedenen Grundstoffe unterscheiden sich durch ihren Atomaufbau. Das einfachste Atom ist Wasserstoff mit einem Proton und einem Elektron.

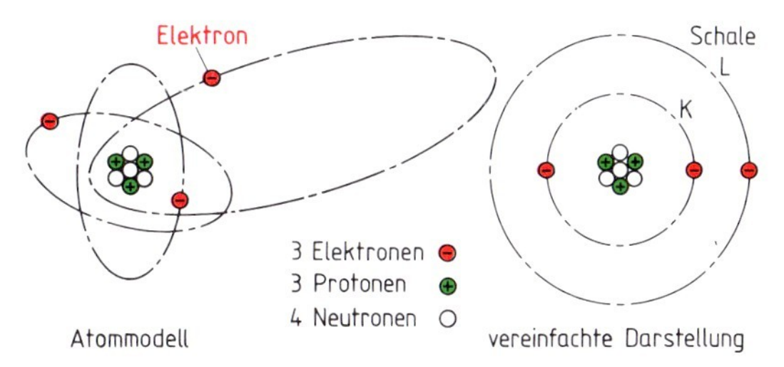

Bild 1: Aufbau des Lithiumatoms

Den einfachsten Atomaufbau aller Metalle hat Lithium (Bild 1). Die wechselnden Bahnen, auf denen die Elektronen um den Atomkern kreisen, bilden kugelförmige *Schalen*. Man unterscheidet bei Atomen sieben Schalen, die von innen nach außen mit Elektronen besetzt und mit den Buchstaben K bis Q bezeichnet werden. Die K-Schale kann höchstens 2 Elektronen, die L-Schale 8 Elektronen, die M-Schale 18 Elektronen, die N-Schale 32 Elektronen aufnehmen. Innerhalb dieser Hauptschalen gibt es auch noch *Unterschalen*. Je nach dem Energiegehalt befinden sich die Elektronen auf einer dieser Schalen. Zwischen den Schalen können sich keine Elektronen aufhalten.

Die Elektronen auf der äußersten, besetzten Schale bezeichnet man als *Valenzelektronen*. Sie bestimmen die elektrischen und chemischen Eigenschaften eines Stoffes. Jedes Valenzelektron kann ein Wasserstoffatom (einwertig) binden oder ersetzen. Es bildet eine *Wertigkeit*.

Die Wertigkeit gibt an, wie viele Wasserstoffatome gebunden oder ersetzt werden können.

Tabelle 1: Periodensystem der Elemente (Anfang)

Periode	Gruppe I	II	III	IV	V	VI	VII	VIII	Schale
Wertigkeit zu Wasserstoff	1	2	3	4	3	2	1	0	
1	1,0 **H** 1							4,0 **He** 2	**K**
2	6,9 **Li** 3	9,0 **Be** 4	10,8 **B** 5	12,0 **C** 6	14,0 **N** 7	16,0 **O** 8	19,0 **F** 9	20,2 **Ne** 10	**L**
3	23,0 **Na** 11	24,3 **Mg** 12	27,0 **Al** 13	28,1 **Si** 14	31,0 **P** 15	32,1 **S** 16	35,5 **Cl** 17	39,9 **Ar** 18	**M**

schwarze Zahlen: Ordnungszahlen, rote Zahlen: Atommassen

[1] Bohr, dänischer Physiker, 1885 bis 1962

1.11.2 Periodensystem

Alle Grundstoffe werden im Periodensystem der Elemente nach ihrer Elektronenzahl bzw. Protonenzahl geordnet **(Tabelle 1, vorhergehende Seite)**. Diese Zahl ist die *Ordnungszahl*. Die *Atommasse* wird in der atomaren Einheit u angegeben[1].
$u = 1{,}66 \cdot 10^{-24}$ g.

Atommassenzahl ≈ Protonenzahl + Neutronenzahl.

Beispiel:

Geben Sie für das Element Al aus Tabelle 1, vorhergehende Seite an a) Name, b) Protonenzahl, c) Atommasse, d) Neutronenzahl!

Lösung:

a) Al ⇒ **Aluminium**, b) Ordnungszahl 13 ⇒ Protonenzahl **13**, c) Atommassenzahl 27 ⇒ Atommasse = $= 27 \cdot u = 27 \cdot 1{,}66 \cdot 10^{-24}$ g $=$ $\mathbf{44{,}82 \cdot 10^{-24}}$ **g**, d) Neutronenzahl ≈ Atommassenzahl − Protonenzahl = 27 − 13 = **14**.

Die Gruppenzahlen I bis VII geben die Zahlen der Außenelektronen (Valenzelektronen) an. Alle Elemente in einer solchen Gruppenspalte haben ähnliche chemische Eigenschaften.

Von fast allen Grundstoffen gibt es *Isotope*[2]. Diese haben die gleiche Zahl von Elektronen und Protonen sowie gleiches chemisches Verhalten, aber eine unterschiedliche Zahl von Neutronen und damit unterschiedliche Massen. In der Natur kommen die Grundstoffe als Mischung solcher Isotope vor, so daß ihre durchschnittliche Atommassenzahl nicht ganzzahlig ist.

1.11.3 Chemische Bindungen

Formeln

Chemische Verbindungen werden in abgekürzter Schreibweise als Formel dargestellt. Bei der *Summenformel*, z.B. H_2O, werden die chemischen Symbole der Grundstoffe nebeneinander geschrieben. Die als Indizes geschriebenen Zahlen hinter den Symbolen geben das Zahlenverhältnis der Teilchen in einer Elementargruppe, z.B. einem Molekül, an. Elementargruppen sind die kleinsten einander gleichen Teilchengruppen, in die ein Stoff zerlegt gedacht werden kann. *Strukturformeln*, z.B. H-O-H, deuten den räumlichen Aufbau an. Die Bindungen werden durch Striche dargestellt. Bei der *Elektronenformel*, z.B. H·+ H· → H : H, werden die Außenelektronen durch Punkte angegeben. Der chemische Vorgang (Reaktion) bei der Entstehung der chemischen Verbindung wird durch die *Reaktionsgleichung* veranschaulicht. Die Zahl vor dem chemischen Symbol gibt die Zahl der Elementargruppen an, z.B. $2\,H_2 + O_2 \rightarrow 2\,H_2O$.

Bindungen

Die meisten Grundstoffe sind in der Lage, chemische Bindungen einzugehen **(Tabelle 1)**. Ihre Außenschale kann höchstens 8 Elektronen aufnehmen, dann ist sie voll besetzt. Dies ist bei Edelgasen der Fall. Edelgase gehen deshalb keine chemischen Bindungen ein. Grundstoffe, deren Außenschale weniger als acht Elektronen haben, streben Vollbesetzung an. Sind in der Außenschale höchstens vier Elektronen, so versuchen diese Grundstoffe die Außenelektronen abzugeben und werden dadurch zu positiven Ionen. Sie haben metallische Eigenschaften. Grundstoffe mit 5, 6 oder 7 Elektronen auf der Außenschale versuchen

Tabelle 1: Chemische Bindungsarten

Bindungsart	Ionenbindung	Atombindung nicht polarisiert	 polarisiert	Metallbindung
Bindungselemente	Metallatome und Nichtmetallatome. Meist Elemente der Gruppe I mit Elementen der Gruppe VII	Meist Nichtmetallatome. Elemente mit sich selbst. Elemente der Gruppen III, IV und V untereinander. Bei den meisten flüssigen und gasförmigen Verbindungen.		Metallatome, Metalle und Legierungen
Ursache für die Bindung	Übergang von Außenelektronen	Bildung gemeinsamer Elektronenpaare		Dichte Anordnung. Abgabe von Valenzelektronen.
Entstehende Teilchen	Positive Ionen und negative Ionen	Elektrisch neutrale Moleküle	Meist Moleküle mit Dipolcharakter	Positive Ionen und freie Elektronen
Beispiele	$Na^+ + Cl^- \rightarrow NaCl$	H· + H· → H:H	H· + ·Cl: → H:Cl	C [illegible]

[1] u von engl. unit = Einheit; [2] griech. isos = gleich; griech. topos = Ort (im Periodensystem)

dagegen noch zusätzliche Elektronen aufzunehmen, um die Außenschale voll zu besetzen. Sie werden zu negativen Ionen und haben nichtmetallische Eigenschaften.

Bei der **Ionenbindung** zwischen Metallen und Nichtmetallen, z. B. zwischen Natrium und Chlor zu Kochsalz **(Bild 1)**, gibt das Metallatom Außenelektronen an das Nichtmetallatom ab. Die so entstehenden positiven Metallionen ziehen durch elektrostatische Kräfte die negativen Nichtmetallionen an und binden sie.

Bei der Ionenbindung ziehen sich unterschiedlich geladene Ionen an.

Bei der **Atombindung** (Elektronenpaarbindung) gelangen zwei Atome so nahe zusammen, daß sich die Bahnen von je einem Valenzelektron der benachbarten Atome kreuzen. Dieses Elektronenpaar wird dann von beiden Atomkernen angezogen **(Bild 2)**.

Bei der Atombindung entsteht durch gemeinsame Elektronenpaare benachbarter Atome eine chemische Bindung zu einem elektrisch neutralen Molekül.

Die Bindung kann auch durch mehrere Elektronenpaare erfolgen, z. B. durch Doppelbindung beim Sauerstoffmolekül ($O=O$) oder Dreifachbindung beim Stickstoffmolekül ($N \equiv N$).

Liegt der Ladungsschwerpunkt einer Atombindung in der Mitte zwischen den Atomkernen, z. B. bei Bindung gleichartiger Atome (Bild 2), so spricht man von einer *nicht polarisierten* Atombindung. Ist das Bindungselektronenpaar bei der Bindung verschiedenartiger Atome, z. B. H und Cl (Bild 2), mehr zur Seite des größeren Kerns verschoben, so wird infolge der Ladungsverschiebung das Molekül polarisiert. Durch diese *polarisierte Atombindung* entstehen Molekulardipole.

Ordnen sich Atome, Ionen oder Moleküle regelmäßig an, so bezeichnet man diese Anordnungen als *Kristalle*.

Bei der **Metallbindung** sind die Atome sehr dicht zu einem Metallgitter zusammengepackt **(Bild 3)**. Infolge der dichten Anordnung können sich Außenelektronen von den Atomen lösen und sich innerhalb des von den unbeweglichen, positiven Metallionen gebildeten Metallgitters frei bewegen. Sie sind die Ursache für die gute elektrische Leitfähigkeit und Wärmeleitfähigkeit.

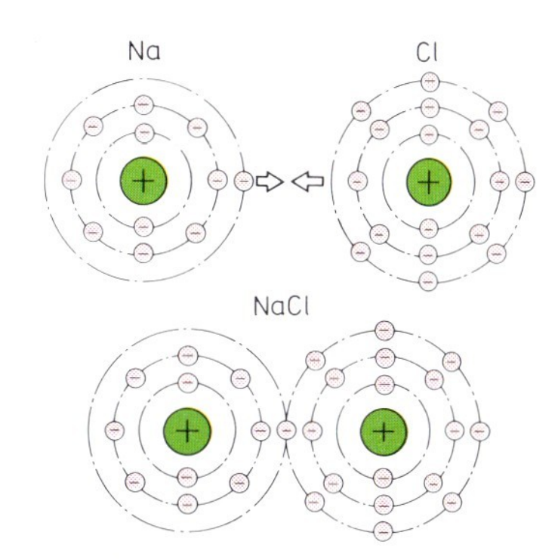

Bild 1: Ionenbindung

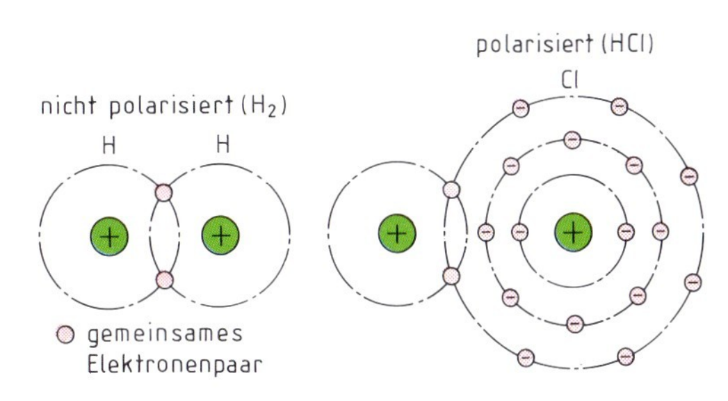

Bild 2: Atombindung

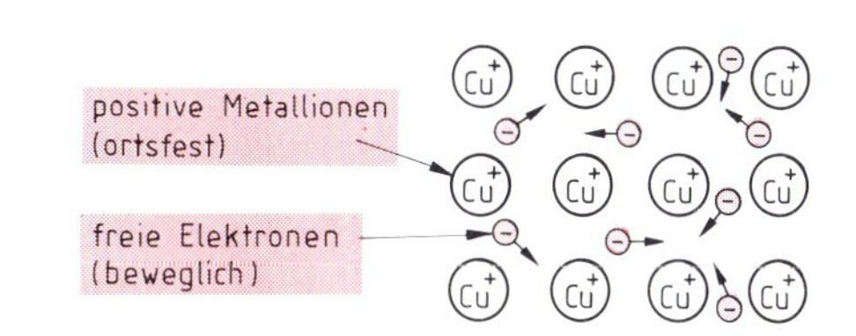

Bild 3: Metallbindung

Bei der Metallbindung sind im Metallgitter frei bewegliche Elektronen vorhanden.

Wiederholungsfragen

1. **Was gibt die Wertigkeit eines Stoffes an?**
2. **Wodurch wird die Atommassenzahl eines Elements bestimmt?**
3. **Welche chemischen Bindungsarten unterscheidet man?**
4. **Welche Bedeutung haben die Indizes in der Summenformel einer chemischen Verbindung?**
5. **Erklären Sie die Ursache für die gute elektrische Leitfähigkeit von Metallen!**

1.11.4 Elektrochemie

Stromleitung in Flüssigkeiten

Chemisch reines Wasser ist ein Nichtleiter. Bei der Auflösung von Kupfersulfatsalz ($CuSO_4$) im Wasser wird das Salz in positiv geladene Teilchen (Cu^{++}) und negativ geladene Teilchen (SO_4^{--}) gespalten **(Bild 1)**. Diesen Vorgang bezeichnet man als *Dissoziation.* Die geladenen Teilchen nennt man *Ionen*. Sie sind in der Lösung beweglich und können deshalb den Ladungstransport übernehmen. Dadurch wird die Lösung leitfähig. Die gleiche Wirkung erreicht man durch Auflösung anderer Metallsalze oder durch Zugabe von Säuren oder Laugen. Letztere enthalten ebenfalls Ionen. Auch geschmolzene Salze sind *Ionenleiter.*

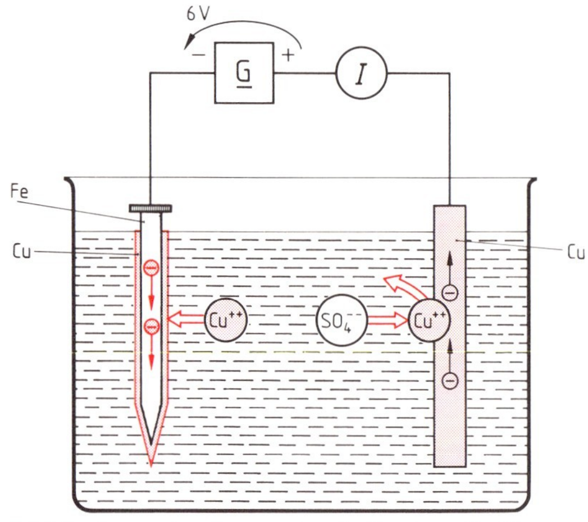

Bild 1: Stromdurchgang durch Kupfersulfatlösung

Elektrisch leitende, nichtmetallische Flüssigkeiten bezeichnet man als Elektrolyte. Die Ladungsträger in Elektrolyten sind Ionen.

Die Leitfähigkeit von Elektrolyten ist erheblich kleiner als die von Metallen.

Elektrolytische Elemente

Elektrolytische Elemente erzeugen durch elektrochemische Vorgänge eine elektrische Spannung.

Die Spannung hängt vom Werkstoff der Elektroden sowie von der Art und von der Konzentration des Elektrolyten ab. Die Größe der Elektroden und ihr Abstand voneinander beeinflussen die Spannung nicht.

Die *elektrochemische Spannungsreihe* **(Tabelle 1)** gibt die Urspannungen an, die bei verschiedenen Werkstoffen zwischen den Elektroden eines Primärelementes mit der Bezugselektrode Wasserstoff entstehen. Der Werkstoff, der in der Spannungsreihe den mehr positiven Wert hat, ist der Pluspol. Der Minuspol ist „unedel", geht in Lösung und wird verbraucht.

Für Primärelemente (Zellen, Batterien) werden verschiedene elektrochemische Systeme mit verschiedener Spannung verwendet **(Tabelle 2)**.

Tabelle 1: Elektrochemische Spannungsreihe

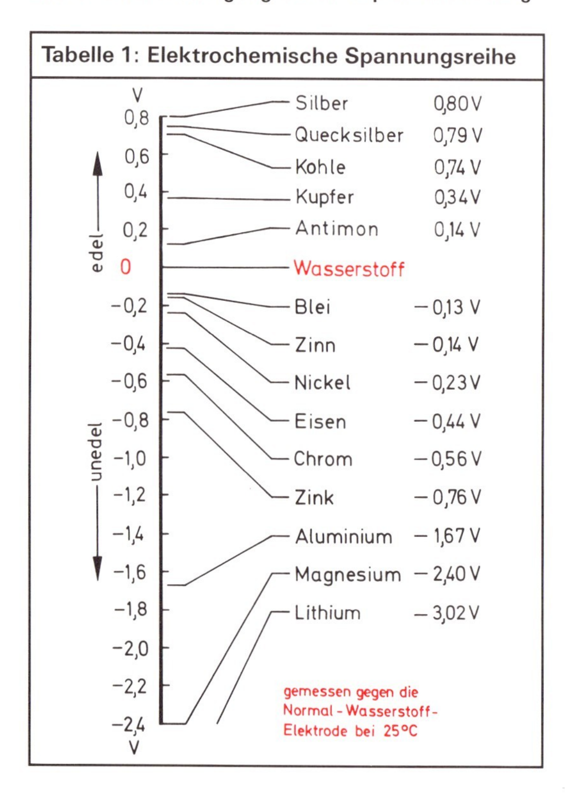

Werkstoff	Spannung
Silber	0,80 V
Quecksilber	0,79 V
Kohle	0,74 V
Kupfer	0,34 V
Antimon	0,14 V
Wasserstoff	
Blei	−0,13 V
Zinn	−0,14 V
Nickel	−0,23 V
Eisen	−0,44 V
Chrom	−0,56 V
Zink	−0,76 V
Aluminium	−1,67 V
Magnesium	−2,40 V
Lithium	−3,02 V

Tabelle 2: Elektrochemische Systeme der Primärelemente

Positive Elektrode	Mangandioxid	Mangandioxid	Quecksilberoxid	Silberoxid	Silberchromat
Negative Elektrode	Zink	Zink (Pulver)	Zink (Pulver)	Zink (Pulver)	Lithium
Elektrolyt	leicht sauer (Chloridlösung)	alkalisch (Kalilauge)	alkalisch	alkalisch	organisch (z. B. Thionylchlorid)
Spannung je Zelle	1,5 V	1,5 V	1,35 V	1,55 V	3 V

1.11.5 Säuren, Basen und Salze

Säuren. Verbindet sich ein Nichtmetalloxid mit Wasser oder Wasserstoff mit Chlor, Jod oder Fluor, so entsteht eine Säure.

SO_3	+ H_2O	→ H_2SO_4
Schwefeltrioxid	Wasser	Schwefelsäure

Säuren schmecken sauer und wirken konzentriert stark ätzend. Säuren lassen sich mit Lackmuslösung nachweisen. Lackmus ist ein *Indikator* (Anzeiger) für Säuren.

Säuren färben Lackmus rot.

Wichtige Säuren sind Schwefelsäure, Salzsäure, Salpetersäure, Essigsäure und Kohlensäure.

Beim Verdünnen von Säuren stets die Säuren unter Umrühren langsam in das Wasser gießen.

Basen. Verbinden sich Metallionen mit OH^--Ionen (Hydroxidionen), so entsteht ein Metallhydroxid. Löst sich ein solches Metallhydroxid in Wasser auf, so entsteht eine Base, auch Lauge genannt. Natriumhydroxid gibt in Wasser gelöst Natronlauge.

2 Na	+ 2 H_2O	→ 2 NaOH	+ H_2 ↑
Natrium	Wasser	Natrium-hydroxid	Wasser-stoff

Basen färben Lackmus blau und Phenolphtalein rot.

Basen fühlen sich seifig an und lösen Fette. Sie leiten den elektrischen Strom und wirken konzentriert stark ätzend.

Augen und Hände sind beim Umgang mit Basen und Säuren besonders zu schützen. Schutzbrille tragen und Augenspülmittel bereithalten!

Natronlauge (NaOH) dient zum Entfetten, z. B. von Stahl, Kalilauge (KOH) wird als Elektrolyt, z. B. in Quecksilberoxid-Zellen und in Nickel-Cadmium-Akkumulatoren, verwendet.

Salze sind Verbindungen aus Metallionen und Säureresten. Sie entstehen, wenn der Wasserstoff eines Säuremoleküls durch Metall ersetzt wird.

CuO	+ 2 HCl	→ $CuCl_2$	+ H_2O
Kupferoxid	Salzsäure	Kupfer(II)-chlorid	Wasser

Es heißen die Salze der Salzsäure Cloride, der Salpetersäure Nitrate, der Schwefelsäure Sulfate, der Phosphorsäure Phosphate und die Salze der Kohlensäure Carbonate.

Säuren, Basen und Salze sind in wäßriger Lösung elektrisch leitend. Man nennt sie Elektrolyte.

Salze dienen z. B. beim Galvanisieren zum Abscheiden eines Metalls aus der Salzlösung, als Elektrolyt in Primärelementen und zur Trockenhaltung der Luft in Geräteverpackungen.

1.11.6 Normung von Eisenmetallen

Bei Baustählen (unter 0,5% C-Gehalt) gibt die Zahl hinter den Buchstaben St für Stahl, GG für Gußeisen, GS für Stahlguß bzw. GT für Temperguß die Mindestzugfestigkeit in daN/mm² an (1 daN = 10 N). Z. B. bedeutet GS-60 Stahlguß mit 60 · 10 N/mm² = = 600 N/mm² Mindestzugfestigkeit.

Bei niedrig legierten Stählen (unter 5% Legierungszusätze) werden die Zeichen der Legierungsstoffe angegeben und danach in der gleichen Reihenfolge deren mit einem Faktor **(Tabelle 1)** multiplizierten Prozentzahlen. Davor ist der Kohlenstoffgehalt angegeben. Um die Prozentzahlen zu erhalten, muß die angegebene Zahl durch den Faktor dividiert werden.

Beispiel:
Entschlüsseln Sie die Bezeichnung 13 CrMo 4 4!

Lösung:
Niedrig legierter Stahl mit (13/100)% C = **0,13% C**, (4/4)% Cr = **1% Cr** und (4/10)% Mo = **0,4% Mo.**

Hochlegierten Stählen (über 5% Legierungszusätze) ist ein X vorgestellt. C hat den Multiplikator 100. Die anderen Legierungsanteile sind direkt angegeben, z. B. X 10 CrNi 18 8. Es gibt noch weitere Arten der Normung (siehe Tabellenbuch).

Tabelle 1: Multiplikatoren für niedrig legierte Stähle

4		10		100	
Chrom	Cr	Aluminium	Al	Kohlenstoff	C
Kobalt	Co	Kupfer	Cu	Phosphor	P
Mangan	Mn	Molybdän	Mo	Schwefel	S
Nickel	Ni	Tantal	Ta	Stickstoff	N
Silicium	Si	Titan	Ti		
Wolfram	W	Vanadium	V		

1.11.7 Korrosion

Bei der *chemischen Korrosion*[1] entstehen durch einwirkende Stoffe, z. B. Sauerstoff, chemische Verbindungen der Metalle. Diese bilden an der Metalloberfläche eine Schicht. Ist diese Schicht porenfrei und wasserunlöslich, so wirkt sie als schützende Haut, z. B. Aluminiumoxid auf Aluminium. Die Korrosion kommt dann zum Stillstand. Ist die Schicht aber durchlässig, wasserlöslich oder gar wasseranziehend, wie z. B. Rost, so beschleunigt sie die Korrosion.

Bei der *elektrochemischen Korrosion* bewirkt ein elektrischer Strom die Auflösung eines Metalls. Es entstehen ähnliche Vorgänge wie im Inneren eines galvanischen Elements. Man unterscheidet elektrochemische Korrosion durch Elementbildung und durch Streuströme.

Gelangt zwischen zwei verschiedene Metalle ein Elektrolyt, z. B. Salzwasser, so entsteht ein galvanisches Element. Sind die beiden Metalle auch elektrisch miteinander verbunden, z. B. durch Berührung (Berührungskorrosion, Kontaktkorrosion), so fließt ein Korrosionsstrom **(Bild 1)**.

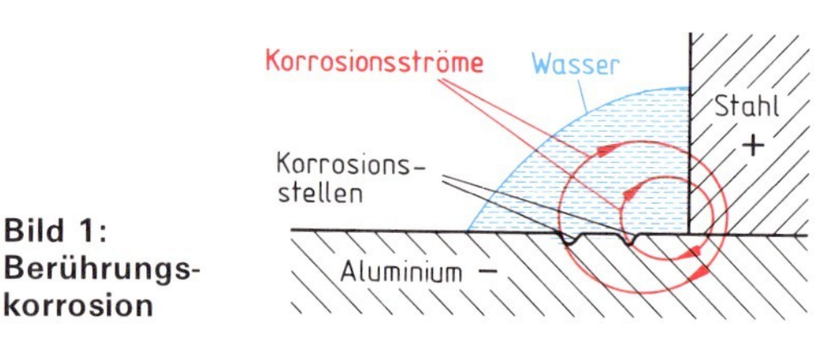

Bild 1: Berührungskorrosion

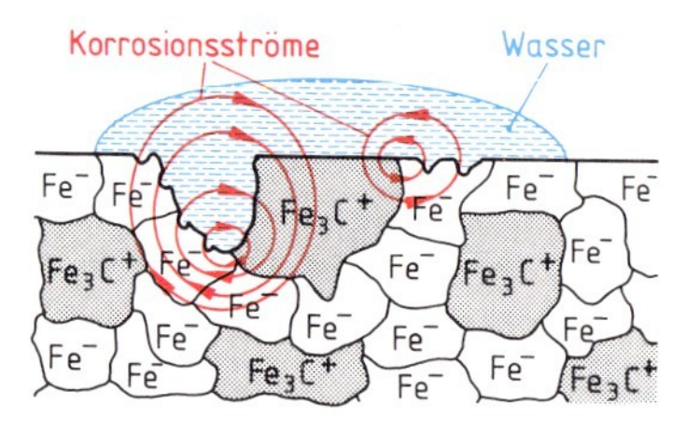

Bild 2: Korrosion im Kristallgefüge

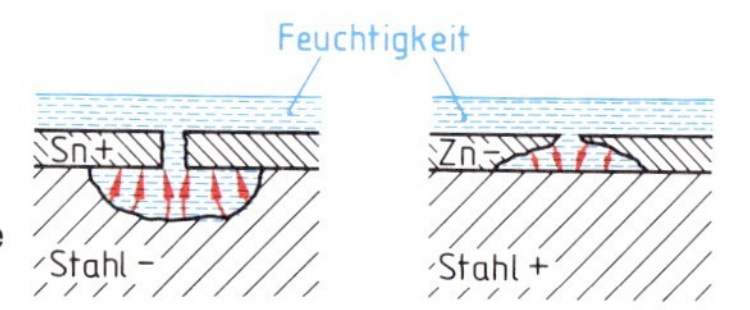

Bild 3: Metallüberzüge mit Riß

Bei elektrochemischer Korrosion korrodiert stets das Metall an der Austrittsstelle des Stromes zum Elektrolyten.

Bei der Berührungskorrosion (Bild 1) lösen sich Ionen vom unedleren Metall und wandern durch den Elektrolyten zum edleren Metall. Das unedlere Metall wird zerstört. Die Korrosion ist um so stärker, je weiter die beiden Metalle in der elektrochemischen Spannungsreihe auseinanderliegen und je wirksamer der Elektrolyt ist.

Auch innerhalb eines Metallgefüges können sich galvanische Elemente bilden, wenn das Metall keinen einheitlichen Kristallaufbau hat. So sind z. B. im Stahl Ferritkristalle (Fe) und Eisencarbidkristalle (Fe_3C) nebeneinander vorhanden **(Bild 2)**.

Die *Streustromkorrosion* tritt auf, wenn ein Gleichstrom den vorgesehenen Stromkreis verläßt oder über einen Elektrolyten einen Streustrom bildet.

Die Streustromkorrosion zerstört jedes Metall an der Stromaustrittsstelle. Sie tritt nur bei Gleichstrom auf.

Korrosionsschutz. Korrosion wird durch konstruktive Maßnahmen verhindert, z. B. dadurch, daß sich kein Elektrolyt ansammelt, daß sich zwei verschiedene Metalle nicht berühren oder nur dann, wenn sie in der Spannungsreihe dicht beieinander liegen oder daß kein Strom von einem Metall in einen Elektrolyten fließt.

Säurefreie Fettschichten, Farb- und Lackaufträge, Emailleschichten und Kunststoffüberzüge, z. B. durch Aufblasen von Kunststoffpulver auf ein erhitztes Werkstück (Wirbelsintern), schützen eine Metalloberfläche vor Korrosion.

Auch Metallüberzüge schützen vor Korrosion **(Bild 3)**. Ist das Überzugsmetall edler als das Grundmetall, so wirkt der Schutz nur solange der Überzug nicht verletzt ist. Ansonsten wird das Grundmetall aufgelöst. Ist dagegen das Überzugsmetall unedler als das Grundmetall, so besteht auch nach Verletzung des Überzugs ein Schutz. Im Lauf der Zeit löst sich jedoch der Überzug auf.

Beim *elektrischen Korrosionsschutz* läßt man einen Schutzstrom fließen und verlegt die Korrosion an eine Stelle, an der sie am wenigsten schadet.

[1] lat. corrodere = zernagen

1.11.8 Leiterwerkstoffe

Die Nichteisenwerkstoffe werden in Leichtmetalle (Dichte $\varrho < 5$ kg/dm³) und Schwermetalle ($\varrho \geq$ ≥ 5 kg/dm³) eingeteilt. Eine besondere Bedeutung haben in der Elektrotechnik und Elektronik die Leiterwerkstoffe **(Tabelle 1)**. Da geringe Verunreinigungen ihre Leitfähigkeit stark herabsetzen, müssen sie äußerst rein hergestellt werden, z. B. E-Kupfer mit 99,9% Cu, Reinaluminium mit 99,5% Al.

Tabelle 1: Wichtigste Leiterwerkstoffe

Werkstoff	Eigenschaften	Anwendung
Kupfer Cu	Dichte 8,9 kg/dm³, elektr. Leitfähigkeit 56 m/(Ω · mm²), Schmelzpunkt 1085 °C, zweitbester elektrischer Leiter und Wärmeleiter, weich, leicht verformbar (Walzen, Ziehen), schlecht zerspanbar (schmiert). Nach Kaltverformung spröde, nach Glühen wieder weich. In feuchter Luft bildet sich eine Patinaschicht (Kupfercarbonat), die vor weiterer Korrosion schützt. Bei Schwefeleinwirkung, z. B. durch Gummiisolierung, muß Kupfer durch Verzinnen geschützt sein. Kupferverbindungen sind giftig.	Elektrolytkupfer als Leiter in Leitungen, Wicklungen und gedruckten Schaltungen. Als Schaltdraht und Stromschiene. Als Wärmeleiter, z. B. Kühlkörper für Halbleiter, Lötkolben, Kühlrohre. Für Kontakte, z. B. in Walzenschaltern. Zum Plattieren (Aufwalzen), z. B. auf Aluminium. In Kupferlegierungen.
Aluminium Al	Dichte 2,7 kg/dm³, elektr. Leitfähigkeit 36 m/(Ω · mm²), Schmelzpunkt 658 °C, guter elektrischer Leiter und guter Wärmeleiter. Aluminium überzieht sich an der Luft mit dichter, elektrisch schlecht leitender Oxidschicht, die vor weiterer Korrosion schützt; dadurch korrosionsbeständig. Geringe Zugfestigkeit, kerbempfindlich, wird von schwachen Laugen angegriffen.	Als Leiter für Stromschienen, Freileitungen und in integrierten Schaltkreisen. Als Kabelmantel, Kondensatorfolie, Bleche für Gehäuse, Antennen und Kühlkörper für Halbleiter. Für elektr. Abschirmung und magnetische Wirbelstromabschirmung, für Wirbelstromdämpfung und Wirbelstrombremsen.
Silber Ag	Dichte 10,5 kg/dm³, elektr. Leitfähigkeit 60 m/(Ω · mm²), Schmelzpunkt 960 °C, bester elektrischer Leiter und bester Wärmeleiter, korrosionsbeständig, weich, leitende Oxidschicht, nicht schwefelbeständig. Als Legierung mit Kupfer, Platin, Iridium, Palladium oder Kadmium ergeben sich besonders gute Eigenschaften, z. B. Hartsilber (Ag, 3% Cu): hart und lichtbogenfest. Silber-Palladium (Ag, 30% Pd): hart und schwefelbeständig.	Als Leiter in der HF-Technik. Für Kontakte. Relaiskontakt, Schützkontakt, Kontaktbimetall, Kfz-Blinkgeber.
Gold Au	Dichte 19,3 kg/dm³, elektr. Leitfähigkeit 46 m/(Ω · mm²), Schmelzpunkt 1063 °C, chemisch beständig, weich.	Für Kontakte und Anschlußdrähte in integrierten Schaltungen.
Kupfer-Zink-Legierungen (Messing)	Dichte etwa 8,6 kg/dm³, elektrische Leitfähigkeit etwa 15 m/(Ω · mm²), größere Zugfestigkeit als Kupfer, 56% bis 95% Cu, z. B. CuZn 37 (37% Zn, Rest Cu), große Zähigkeit. Läßt sich weichlöten und hartlöten. Es gibt Kupfer-Zink-Gußlegierungen und Kupfer-Zink-Knetlegierungen.	Für Ösen, Schrauben, Klemmen, Nieten, Fassungen, Schaltkontakte in Schaltern. Profile, Armaturen, Bleche.
Kupfer-Zinn-Legierungen (Zinnbronze)	Dichte etwa 8,8 kg/dm³, elektrische Leitfähigkeit etwa 10 m/(Ω · mm²), Schmelzpunkt etwa 1000 °C, große Zähigkeit , 80% bis 98% Cu, z. B. CuSn 8 (92% Cu, 8% Sn), sehr korrosionsbeständig.	Strom zuführende Kontaktfedern.
Aluminium-Legierungen	Durch Legieren mit Kupfer, Mangan, Silicium und Magnesium erhält die Verbindung andere Eigenschaften. Der Werkstoff wird gut gießbar (Gußlegierung) oder gut verformbar (Knetlegierung). Spanabhebend sind Aluminium-Legierungen leicht zu bearbeiten. Aluminium-Knetlegierungen: E-AlMgSi (Aldrey), erhöhte Zugfestigkeit; AlCuMg, z. B. Duralumin, aushärtbar, erhöhte Festigkeit.	Freileitungen, Drähte, Sammelschienen, Aluminiumschrauben. Gehäuse, Läuferkäfige.

1.11.9 Leitungen

Tabelle 1: Bezeichnungsschema für harmonisierte Installationsleitungen

H Bestimmung	07 Nennspannung U_0/U*	R Isolierwerkstoff	N Mantelwerkstoff	F Aufbau	2 X 1,5 Aderzahl/Schutzleiter/Querschnitt
H Harmonisierte Bestimmung A Anerkannter nationaler Typ	03 300 V/300 V 05 300 V/500 V 07 450 V/750 V *U_0 größtmögliche Spannung gegen Erde U größtmögliche Spannung gegen anderen Leiter	V PVC S Silikon-Kautschuk R Naturkautschuk und/oder Styrol-Butadien-kautschuk	V PVC N Polychloropren-Kautschuk R Naturkautschuk und/oder Styrol-Butadien-kautschuk J Glasfaser-geflecht T Textilgeflecht	U eindrähtig R mehrdrähtig F feindrähtig bei flexiblen Leitungen H feinstdrähtig bei flexiblen Leitungen K feindrähtig bei Leitungen für feste Verlegung Y Lahnlitze	Zahl Aderzahl X ohne Schutzleiter G mit Schutzleiter Zahl Nennquerschnitt des Leiters

H07RN-F2X1,5 stellt eine harmonisierte Gummischlauchleitung dar für 450 V Nennspannung gegen Erde und 750 V Nennspannung gegen andere Leiter mit Naturkautschuk-Adernisolierung und Kautschukmantel, 2 Adern ohne Schutzleiter mit je 1,5 mm² Nennquerschnitt.

Die Leitungen müssen für die Übertragungsgrößen, z. B. Spannung und Frequenz, sowie für die zu erwartenden Beanspruchungsarten, z. B. Wärme, Feuchtigkeit und Zug, ausgelegt sein. *Harmonisierte*[1] Installationsleitungen **(Tabelle 1)** garantieren einheitliche Prüfbedingungen.

Diese Leitungen sind durch die Prägung ◁VDE▷ ◁HAR▷ oder durch einen Kennfaden mit der Farbfolge schwarz-rot-gelb gekennzeichnet. Der VDE-Kennfaden ist schwarz-rot.

Man unterscheidet Leitungen für feste Verlegung und flexible Leitungen für ortsveränderliche Geräte. Die Adern der Leitungen haben festgelegte Kennfarben **(Tabelle 2)**.

Die grün-gelb gekennzeichnete Ader darf nur als Schutzleiter (PE) und als PEN-Leiter (Neutralleiter mit Schutzleiterfunktion) verwendet werden.

Die Leiterfarbe Hellblau ist für *Neutralleiter* (Mittelleiter) vorgesehen, und für Außenleiter werden meist die Leiterfarben Schwarz und Braun verwendet. Für nicht harmonisierte Starkstromleitungen besteht nach VDE ein anderes Bezeichnungsschema (Tabellenbuch).

Installationsleitungen werden nach der Art der Verlegung, des Raumes, der Beanspruchung und der Anwendung ausgewählt **(Tabelle 1, folgende Seite)**.

[1] lat. harmonia = Übereinstimmung

Tabelle 2: Kennzeichnung der Adern von isolierten Starkstromleitungen

Adernzahl	Leitungen mit Schutzleiter	 ohne Schutzleiter
1	gnge, hbl, sw, br und weitere Farben	
2	gnge-sw[1]	sw-hbl (br-hbl[2])
3	gnge-sw-hbl gnge-br-hbl[2]	sw-hbl-br
4	gnge-sw-hbl-br	sw-hbl-br-sw
5	gnge-sw-hbl-br-sw	sw-hbl-br-sw-sw
6 und mehr	gnge-sw mit Zahlenaufdruck 1, 2, 3, …	sw mit Zahlenaufdruck 1, 2, 3, …

[1] nur bei fester Verlegung mit ≥ 10 mm² Cu
[2] bei flexiblen Leitungen
sw schwarz; br braun; hbl hellblau; gnge grün-gelb

Mehrdrähtige und feindrähtige Leitungen werden mit Adernendhülsen versehen und danach erst an eine Schraubverbindung angeschlossen. Die in die Adernendhülsen gesteckten Leiterenden dürfen weder verlötet noch verschweißt sein.

Wiederholungsfragen

1. **Nennen Sie einen Säure-Indikator!**
2. **Erklären Sie den Begriff Elektrolyt!**
3. **Was ist beim Umgang mit Säuren und Basen zu beachten?**
4. **Welche Eigenschaften hat Kupfer?**

Tabelle 1: Wichtige Installationsleitungen

Art, Kurzzeichen	Aufbau	Anwendung
Aderleitungen (Verdrahtungsleitungen) H07V-U H07V-R H07V-K H07V-F	H07V-U H07V-R H07V-K H07V-F	Wird in Rohren sowie in und an Leuchten verlegt. Weitere Verwendung zur inneren Verdrahtung von Geräten. Nennspannungen: 450 V gegen Erde, 750 V Außenleiterspannung.
Mantelleitung NYM (Normen-Kunststoff-Mantelleitung)	PVC Füllung PVC-Mantel	Zum Verlegen in allen Räumen über, auf, in und unter Putz sowie in Leitungskanälen. Auch im Freien, allerdings nicht im Erdboden.
Stegleitung NYIF (Normen-Kunststoff-Imputz-Flachleitung)	PVC Gummisteg	Nur für Inputzverlegung oder Unterputzverlegung in trockenen Räumen. Darf nicht auf Metall, auf Holz, in Holzhäusern und in Hohlräumen verlegt werden.
Gummischlauchleitung H07RN-F		Bei mittlerer mechanischer Beanspruchung in allen, außer feuergefährdeten Räumen. Nennspannungen: 450 V gegen Erde, 750 V Außenleiterspannung. Als flexible Anschlußleitung, auf Putz, in Rohren sowie in Nutzwasser.

1.11.10 Lote und Flußmittel

Mit Loten **(Tabelle 2)** können gut leitende Verbindungen hergestellt werden. Man unterscheidet Weichlote (Schmelzpunkt unter 450 °C) und Hartlote (Schmelzpunkt über 450 °C). Als Weichlote werden Zinn-Bleilegierungen verwendet.

Blei und Bleiverbindungen sind sehr giftig.

Bei 63% Sn und 37% Pb geht die Legierung direkt vom festen in den flüssigen Zustand über. Die Lote L-Sn 63 Pb, L-Sn 60 Pb oder auch L-Sn 60 PbAg werden in der Elektrotechnik und Elektronik als Lötdraht mit Kolophonium als Flußmittel verwendet.

Flußmittel lösen die Oxidschicht und schützen während des Lötvorgangs vor Oxidation.

Hartlote sind meist Kupfer-Zink-Legierungen oder Kupfer-Zinn-Legierungen.

Tabelle 2: Wichtige Weichlote und Hartlote

Benennung	Kurzzeichen	Zusammensetzung	Schmelzpunkt	Verwendung
Sickerlot (Weichlot)	L-Sn 63 Pb	63% Sn; Rest Pb	183 °C	Verzinnen und Löten von Drähten und Bauelementen im Elektrogerätebau.
Zinn-Blei-Lot (Weichlot)	L-Sn 60 PbAg	60% Sn; 3 bis 4% Ag Rest Pb	178 °C bis 180 °C	Verzinnen und Löten von Bauelementen in der Elektronik.
Silberlot (Hartlot)	L-Ag 40 Cd	40% Ag; 20% Cd; 19% Cu; Rest Zn	610 °C	Löten von Kupfer, Stahl, Nickel und deren Legierungen.
Messinglot (Hartlot)	L-Ms 60	60% Cu; Rest Zn	900 °C	Löten von Kupfer und Stahl.

1.11.11 Isolierstoffe

Der *Isolationswiderstand* wird bestimmt durch den *spezifischen Durchgangswiderstand* ϱ_D, d.h. dem Widerstand des Isolierstoffes von 1 cm^2 Querschnitt und 1 cm Dicke, sowie vom *Oberflächenwiderstand*. Letzterer wird von Feuchtigkeit und Verunreinigungen beeinflußt. Die Durchschlagfestigkeit E_d gibt an, bei welcher Sinusspannung je mm Isolierstoffdicke ein Durchschlag erfolgt.

Man unterscheidet Naturstoffe und Kunststoffe, auch Plaste genannt **(Tabelle 1)**.

Kunststoffe bestehen aus Riesenmolekülen *(Makromolekülen)*, die viele Einzelmoleküle vereinigen. Sie können aus den Elementen Kohlenstoff, Wasserstoff, Sauerstoff, Stickstoff, Chlor, Fluor und Silicium gebildet werden. Ausgangsstoffe dafür sind Erdöl, Erdgas, Kohle, Kalk, Kochsalz, Wasser und Luft.

Kunststoffe können z.B. fadenförmig aufgebaute Makromoleküle haben. Sie werden *Plastomere* oder *Thermoplaste* genannt (Tabelle 1). *Duromere (Duroplaste)* haben engvermaschte Makromoleküle. Duromere sind hart und spröde. Sind die Makromoleküle weitmaschig vernetzt, so sind sie elastisch. Man nennt sie *Elastomere*.

Plastomere (Thermoplaste) lassen sich fast beliebig oft bei Erwärmung plastisch verformen. Duromere (Duroplaste) und Elastomere sind plastisch nicht verformbar.

Tabelle 1: Isolierstoffe (Auswahl)

Benennung			Eigenschaften	Anwendung
Naturstoffe	rein	Glimmer	$E_d \approx$ 30 bis 70 kV/mm; $\varrho_D \approx 10^{16}\ \Omega$ cm; $\varepsilon_r \approx$ 6 bis 8; tan $\delta \approx$ 0,0005; elastisch-biegsames Gestein, hitzebeständig, durchsichtig, nicht hygroskopisch.	Dielektrikum in Kondensatoren. Isolierscheiben für Leistungshalbleiter. Fenster für radioaktive Strahlung. Träger für Heizleiter.
Naturstoffe	rein	Quarz (SiO_2)	$\varrho_D \approx 10^{13}$ bis $10^{20}\ \Omega$ cm, gut wärmeleitend, kann auf Si durch Oxidation dünn aufgebracht werden.	In Schmelzsicherungen zur Funkenlöschung. Zur Isolation in integrierten Schaltungen.
Naturstoffe	abgewandelt	Glas	$\varrho_D \approx 10^8$ bis $10^{15}\ \Omega$ cm, $\varepsilon_r \approx$ 5 bis 16, tan $\delta \approx$ 0,001; besteht aus Quarzsand, ist hart, spröde, nicht hygroskopisch.	Für Lampen, Röhren, Diodengehäuse und Isolatoren. Träger für Schichtschaltungen. Lichtleitfaser. In Hartgewebe für gedruckte Schaltungen.
Naturstoffe	abgewandelt	Keramik (z.B. Porzellan, Steatit, Oxid-Keramik)	$E_d \approx$ 40 kV/mm, guter Isolator, lichtbogenfest, nicht hygroskopisch, wärmebeständig, chemisch beständig, alterungsbeständig.	Als Isolator, Gehäuse für Leistungshalbleiter, Träger für Schichtschaltungen, Einsätze von Schaltern, Steckdosen. Als Dielektrikum und Widerstandsträger.
Kunststoffe	Plastomere	Polyvinylchlorid (PVC)	$E_d \approx$ 20 bis 50 kV/mm, $\varrho_D \approx 10^{16}\ \Omega$ cm, tan $\delta \approx$ 0,02; beständig gegen Laugen, Salze, schwache Säuren, Öle und Benzin; schwer entflammbar. Ursprünglich hart; kann mit Weichmachern auch weich und elastisch gemacht werden.	Als Leitungsisolation, Isolierschläuche, Schrumpfschläuche, Rohre, Klebebänder.
Kunststoffe	Plastomere	Polystyrol (PS)	$E_d \approx$ 50 kV/mm, $\varrho_D \approx 10^{16}\ \Omega$ cm; in reinem Zustand glasklar und spröde; leicht brennbar.	In der HF-Technik als Spulenkörper, Klemmleiste, Isolierfolie und Leitungsisolierung.
Kunststoffe	Plastomere	Polyethylen (PE)	$E_d \approx$ 60 bis 150 kV/mm, $\varrho_D \approx 10^{15}\ \Omega$ cm, tan $\delta \approx$ 0,0004; elektrische Eigenschaften fast unabhängig von Frequenz und Temperatur, chemisch beständig, wasserabweisend, leicht brennbar.	Isolation für Antennenleitungen, Isolierfolien, Verpackungsfolien, Leitungsrohre, Mantelisolation bei Kabeln.
Kunststoffe	Duromere	Epoxidharz (EP)	Zähfest, chemisch beständig, sehr gute elektrische Eigenschaften, wärmefest.	Als Harz: Gießharz, Klebeharz, Lackharz, Drahtisolierung. Zum Vergießen von Spulen und Transformatoren. Als Schichtpreßstoff: Hartgewebe. Als Preßmasse: Schalterteile, Gehäuse.

2 Anwendungen der Grundlagen

2.1 Blindwiderstände an Wechselspannung

2.1.1 Wechselstromwiderstand des Kondensators

Kapazitiver Blindwiderstand

Versuch 1: Schließen Sie einen Kondensator von 4 µF über einen Strommesser für Wechselstrom und einen Stromwender an eine Gleichspannung von 6 V an! Drehen Sie den Stromwender immer rascher, und beobachten Sie den Zeigerausschlag des Strommessers!

Der Strommesser zeigt Wechselstrom an. Die Stromstärke ist um so größer, je rascher der Stromwender gedreht wird.

Der Stromwender polt die Spannung am Kondensator laufend um. Dadurch liegt der Kondensator an Wechselspannung. Seine Platten werden abwechselnd positiv und negativ geladen.

In der Leitung fließt wechselnd ein Ladestrom oder ein Entladestrom, also Wechselstrom.

Versuch 2: Schließen Sie eine 4,5-V-Glühlampe an einen Stelltransformator an! Stellen Sie die Nennspannung der Glühlampe ein! Schließen Sie dann der Glühlampe einen Kondensator von 8 µF in Reihe! Stellen Sie etwa die gleiche Helligkeit der Glühlampe ein! Messen Sie die Spannung an der Schaltung! Schalten Sie anstelle des Kondensators von 8 µF einen Kondensator von 4 µF in den Stromkreis, und wiederholen Sie den Versuch!

Bei der Reihenschaltung von Glühlampe und Kondensator erreicht man erst bei einer wesentlich höheren Spannung die gleiche Helligkeit wie bei direktem Anschluß der Glühlampe. Hat der Kondensator eine kleinere Kapazität, so erreicht man die gleiche Helligkeit der Glühlampe erst bei einer noch höheren Spannung.

Der Kondensator wirkt im Wechselstromkreis als Widerstand. Er benötigt zum Aufbau des elektrischen Feldes Leistung. Beim Abbau des elektrischen Feldes wird die gleiche Leistung wieder an den Spannungserzeuger abgegeben. Im Mittel ist die Leistung null. Die zwischen Kondensator und Erzeuger hin- und herpendelnde Leistung nennt man *Blindleistung*. Der ideale Kondensator nimmt nur Blindleistung auf. Er ist deshalb ein *kapazitiver Blindwiderstand*.

Der kapazitive Blindwiderstand ist um so größer, je niedriger die Frequenz und je kleiner die Kapazität ist **(Bild 1)**.

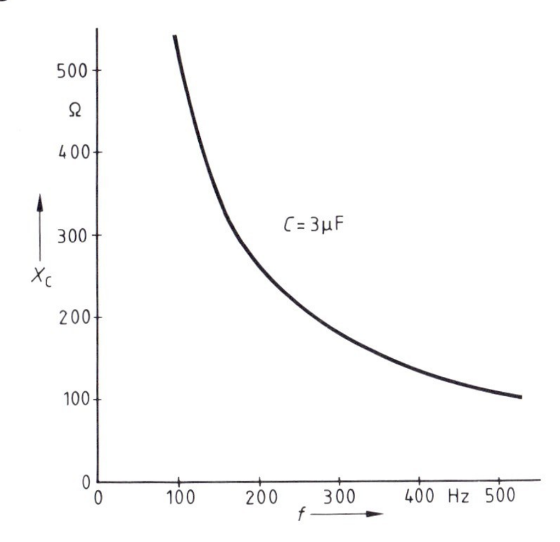

Bild 1: Abhängigkeit des kapazitiven Blindwiderstands von der Frequenz

X_C kapazitiver Blindwiderstand
ω Kreisfrequenz
C Kapazität

$$X_C = \frac{1}{\omega C}$$

$$[X_C] = \frac{\text{s}}{\text{F}} = \frac{\text{s} \cdot \text{V}}{\text{As}} = \frac{\text{V}}{\text{A}} = \Omega$$

Beispiel:
Welche Kapazität hat ein Kondensator, dessen Blindwiderstand bei einer Frequenz von 1000 Hz 1591,5 Ω beträgt?

Lösung:

$$X_C = \frac{1}{\omega C} \Rightarrow C = \frac{1}{\omega X_C} = \frac{1}{2\pi f X_C}$$

$$= \frac{1}{2 \cdot \pi \cdot 1000\ 1/\text{s} \cdot 1591{,}5\ \Omega} = \mathbf{0{,}1\ \mu F}$$

Phasenverschiebung

Schließt man einen Kondensator an Wechselspannung an, so wird er im Wechsel geladen und entladen. Dabei sind die Ladestromstärke und die Entladestromstärke der Änderungsgeschwindigkeit der Spannung proportional. $i = C \cdot (\Delta u)/(\Delta t)$

Bei Sinusspannung ist die Änderungsgeschwindigkeit der Spannung am größten, wenn die Spannung durch null geht **(Bild 1, folgende Seite)**, und null, wenn die Spannung am größten ist. Der Ladestrom und der Entladestrom in den Zuleitungen zum Kondensator eilen der Spannung um 90° voraus.

Beim idealen Kondensator eilt der Strom der Spannung um 90° voraus.

2.1.2 Wechselstromwiderstand der Spule

Induktiver Blindwiderstand

Versuch 1: Schieben Sie eine Spule mit 6000 Windungen über einen U-Kern, und schließen Sie den Eisenweg mit einem Joch! Schließen Sie die Spule über einen Strommesser für Wechselstrom und einen Stromwender an eine Gleichspannung von 6 V an! Drehen Sie den Stromwender immer rascher, und beobachten Sie den Zeigerausschlag des Strommessers!

Die Stromstärke ist um so kleiner, je rascher der Stromwender gedreht wird.

Der Stromwender polt die Spannung an der Spule laufend um. Infolge der Selbstinduktion steigt der Strom durch die Spule langsam an und fällt langsam ab. Erfolgt die Umpolung genügend rasch, so kann der Strom seinen Endwert nicht erreichen. Die mittlere Stromstärke nimmt ab. Sie wird um so kleiner, je rascher die Umpolung erfolgt.

Versuch 2: Schließen Sie eine Glühlampe 4,5 V an einen Stelltransformator an! Stellen Sie die Nennspannung der Glühlampe ein! Schließen Sie dann der Glühlampe eine Spule mit 600 Windungen in Reihe! Stellen Sie am Stelltransformator etwa die gleiche Helligkeit der Glühlampe ein! Messen Sie die Spannung an der Schaltung! Schieben Sie die Spule auf einen U-Kern, und wiederholen Sie den Versuch!

Bei der Reihenschaltung von Glühlampe und Spule erreicht man erst bei einer höheren Spannung die gleiche Helligkeit wie bei direktem Anschluß der Glühlampe. Wird die Induktivität der Spule vergrößert, so erreicht man die gleiche Helligkeit der Glühlampe erst bei einer höheren Spannung.

Die Spule hat im Wechselstromkreis einen wesentlich höheren Widerstand als im Gleichstromkreis. Sie benötigt zum Aufbau des magnetischen Feldes Leistung. Beim Abbau des Magnetfeldes wird die gleiche Leistung wieder an den Spannungserzeuger abgegeben. Im Mittel ist die Leistungsaufnahme null. Die hin- und herpendelnde Leistung nennt man Blindleistung. Die Spule hat deshalb einen *induktiven Blindwiderstand*.

Der induktive Blindwiderstand ist um so größer, je größer die Frequenz und die Induktivität sind **(Bild 2)**

Beispiel 1:

Berechnen Sie den induktiven Blindwiderstand einer Spule mit einer Induktivität von 31,5 mH bei einer Frequenz von 1000 Hz!

Lösung:

$X_L = \omega L = 2\pi f L = 2 \cdot \pi \cdot 1000\ 1/s \cdot 0{,}0315\ H$

$= \mathbf{197{,}8\ \Omega}$

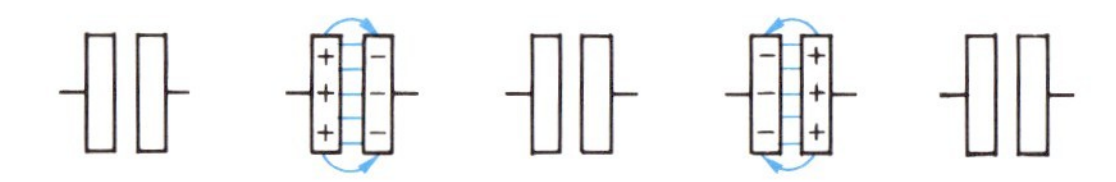

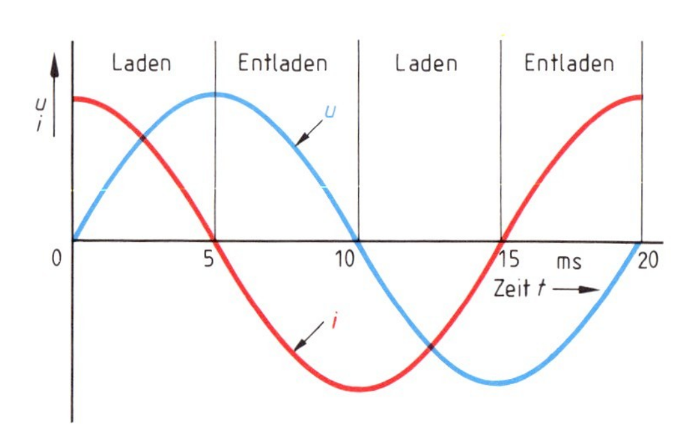

Bild 1: Phasenverschiebung beim Kondensator

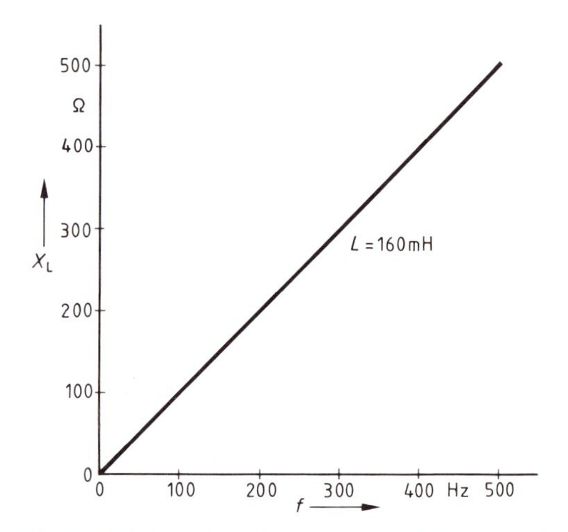

Bild 2: Abhängigkeit des induktiven Widerstands von der Frequenz

X_L induktiver Blindwiderstand
ω Kreisfrequenz
L Induktivität

$$X_L = \omega L$$

$$[X_L] = \frac{1}{s} \cdot \frac{Vs}{A} = \frac{V}{A} = \Omega$$

Beispiel 2:

Welche Induktivität hat eine Spule, die bei einer Frequenz von 1000 Hz einen Blindwiderstand von 2,5 kΩ hat?

Lösung:

$X_L = \omega L; \Rightarrow L = \frac{X_L}{\omega} = \frac{X_L}{2\pi f} = \frac{2500\ \Omega}{2 \cdot \pi \cdot 1000\ 1/s}$

$= 0{,}4\ H = \mathbf{400\ mH}$

Phasenverschiebung

Schließt man eine Spule an Wechselspannung an, so wird ein Magnetfeld aufgebaut und abgebaut. Dabei ist die Spannung an der Spule der Änderungsgeschwindigkeit des Stromes proportional. Bei Sinusstrom ist die Änderungsgeschwindigkeit des Stromes am größten, wenn der Strom null ist **(Bild 1)**, und null, wenn die Stromstärke am größten ist.

Betrachtet man die Spule als *Spannungserzeuger*, dann ist wegen $u_i = -L\,(\Delta i)/(\Delta t)$ die Spannung am stärksten negativ (Talwert), wenn die Stromstärke i_E am stärksten ansteigt (Bild 1). Im Erzeugersystem besteht also eine Phasenverschiebung von 90°, wobei die Stromstärke voreilt.

Gewöhnlich betrachtet man aber die Spule als *Verbraucher*. Hier ist die Stromrichtung entgegengesetzt zur Stromrichtung im Erzeugersystem. Dadurch eilt die Stromstärke nach, die Spannung also vor.

Bei der idealen Spule eilt die Spannung dem Strom um 90° voraus.

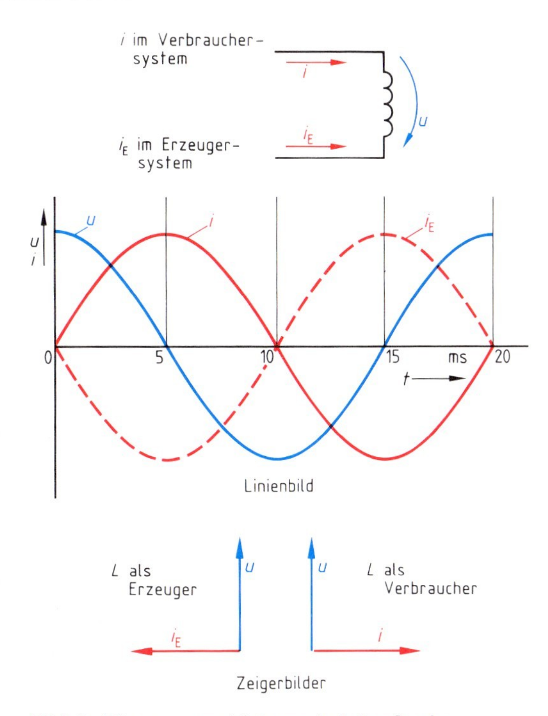

Bild 1: Phasenverschiebung bei der Spule

2.1.3 Schaltungen von nicht gekoppelten Spulen

Schaltungen mit Spulen, welche untereinander magnetisch nicht gekoppelt sind, lassen sich ähnlich wie Schaltungen mit Widerständen berechnen.

Bei der **Reihenschaltung** der nicht gekoppelten Spulen addieren sich die Blindwiderstände. Die Induktivität ist dem Blindwiderstand proportional. Die Ersatzinduktivität ist bei der Reihenschaltung gleich der Summe der Einzelinduktivitäten.

Bei Reihenschaltung:

L Ersatzinduktivität
$L_1, L_2 \ldots$ Einzelinduktivitäten

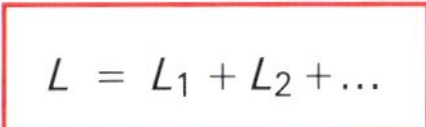

$$L = L_1 + L_2 + \ldots$$

Bei der **Parallelschaltung** von nicht gekoppelten Spulen ist der Scheinwiderstand und damit der Blindwiderstand kleiner als bei einer Einzelspule. Der Gesamtstrom ist gleich der Summe der Ströme durch die Spulen **(Bild 2)**. Die Widerstände verhalten sich umgekehrt wie die Stromstärken. Der Kehrwert der Ersatzinduktivität ist also gleich der Summe der Kehrwerte der Einzelinduktivitäten.

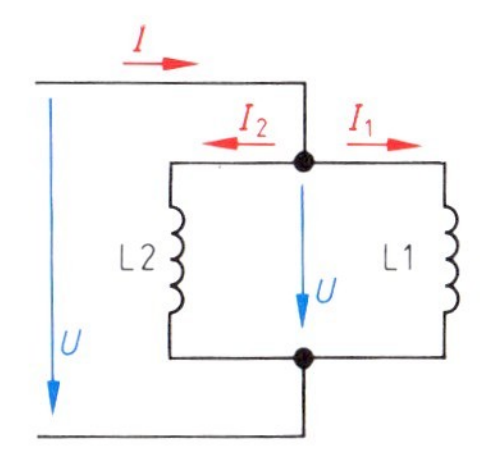

Bild 2: Parallelschaltung

L Ersatzinduktivität
$L_1, L_2 \ldots$ Einzelinduktivitäten

Bei Parallelschaltung:

Für 2 oder mehr Induktivitäten:

$$\frac{1}{L} = \frac{1}{L_1} + \frac{1}{L_2} + \ldots$$

Für 2 Induktivitäten:

$$L = \frac{L_1 \cdot L_2}{L_1 + L_2}$$

Wiederholungsfragen

1. **Wovon hängt der kapazitive Blindwiderstand ab?**
2. **Wie groß ist die Phasenverschiebung zwischen Strom und Spannung beim idealen Kondensator?**
3. **Wovon hängt der induktive Blindwiderstand ab?**
4. **Wie groß ist die Phasenverschiebung zwischen Spannung und Strom bei der idealen Spule?**
5. **Wie groß ist die Ersatzinduktivität bei der Parallelschaltung von nicht gekoppelten Spulen im Vergleich zu den Einzelinduktivitäten?**

2.2 RC-Schaltungen und RL-Schaltungen

Reihenschaltungen und Parallelschaltungen aus Wirkwiderständen und Blindwiderständen sind frequenzabhängige Schaltungen.

2.2.1 Reihenschaltung aus Wirkwiderstand und Blindwiderstand

RC-Reihenschaltung

Bei der Reihenschaltung aus einem Wirkwiderstand und einem Kondensator **(Bild 1)** eilt die Wechselspannung am Kondensator dem Strom um 90° nach. Die Spannung am Wirkwiderstand ist mit dem Strom in Phase.

In den Zeigerbildern stehen die Zeiger der Wirkgrößen und der Blindgrößen senkrecht zueinander.

Zeiger dürfen parallel in der Richtung des Pfeils verschoben werden, d. h. der Zeiger U_{bC} darf an der Spitze von U_w angetragen werden. Im Zeigerbild der Spannungen entsteht ein rechtwinkliges Dreieck aus U, U_w und U_{bC}. Für dieses Spannungsdreieck gilt der Lehrsatz des Pythagoras[1].

Die *geometrische Addition* der Einzelspannungen ergibt die Gesamtspannung.

Da sich bei einer Reihenschaltung aus Widerständen die Teilspannungen wie die Teilwiderstände verhalten, läßt sich aus dem Strom-Spannungs-Zeigerbild das Widerstandsdiagramm ableiten.

Die geometrische Addition der Einzelwiderstände ergibt den Gesamtwiderstand.

Der Gesamtwiderstand wird als *Scheinwiderstand* bezeichnet. Den Scheinwiderstand nennt man auch *Impedanz*[2].

Beispiel 1:

Eine RC-Reihenschaltung liegt an einer Sinusspannung von 25 V. Am Widerstand liegen 12 V. Wie groß ist die Spannung am Kondensator?

Lösung:

$U^2 = U_w^2 + U_{bC}^2$

$U_{bC} = \sqrt{U^2 - U_w^2} = \sqrt{25^2 - 12^2}\ \text{V} = \mathbf{21{,}93\ V}$

Für die Stromaufnahme der Schaltung sind die Gesamtspannung und der Scheinwiderstand maßgebend.

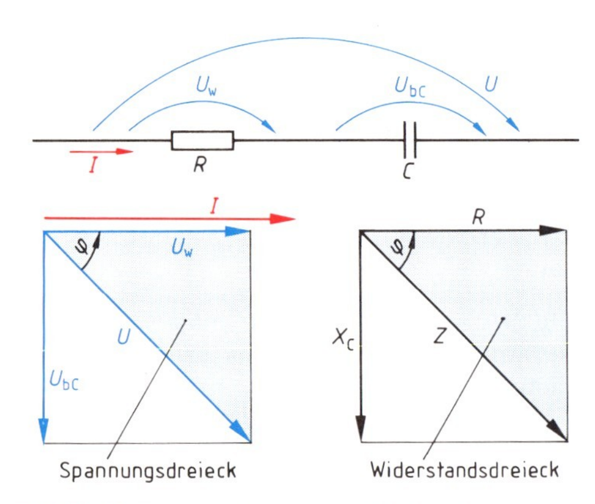

Bild 1: Reihenschaltung aus Wirkwiderstand und Kondensator mit Zeigerbildern

$U^2 = U_w^2 + U_{bC}^2$

U Gesamtspannung
U_w Wirkspannung
U_{bC} Kapazitive Blindspannung

$$U = \sqrt{U_w^2 + U_{bC}^2}$$

Z Scheinwiderstand
R Wirkwiderstand
X_C Kapazitiver Blindwiderstand

$$Z = \sqrt{R^2 + X_C^2}$$

I Stromstärke
U Gesamtspannung
Z Scheinwiderstand

$$I = \frac{U}{Z}$$

Beispiel 2:

Ein Widerstand von 5,6 kΩ und ein Kondensator von 4,7 nF sind in Reihe an eine Sinusspannung von 10 V, 10 kHz angeschlossen. Wie groß sind Z, I, U_w und U_{bC}?

Lösung:

$X_C = \frac{1}{\omega C} = \frac{1}{2\pi \cdot 10\ \text{kHz} \cdot 4{,}7\ \text{nF}} = 3{,}39\ \text{k}\Omega$

$Z = \sqrt{R^2 + X_C^2} = \sqrt{5{,}6^2 + 3{,}39^2}\ \text{k}\Omega = \mathbf{6{,}55\ k\Omega}$

$I = \frac{U}{Z} = \frac{10\ \text{V}}{6{,}55\ \text{k}\Omega} = \mathbf{1{,}53\ mA}$

$U_w = I \cdot R = 1{,}53\ \text{mA} \cdot 5{,}6\ \text{k}\Omega = \mathbf{8{,}57\ V}$

$U_{bC} = I \cdot X_C = 1{,}53\ \text{mA} \cdot 3{,}39\ \text{k}\Omega = \mathbf{5{,}19\ V}$

[1] Pythagoras, griech. Philosoph, 580 bis 500 v. Ch.; [2] lat. impedire = hindern, hemmen

Der Phasenverschiebungswinkel φ gibt die Phasenverschiebung zwischen U und I an. Aus dem Spannungsdreieck oder dem Widerstandsdreieck kann φ berechnet werden.

Bei der RC-Reihenschaltung eilt die Gesamtspannung dem Strom um den *Phasenverschiebungswinkel* φ nach. Der Phasenverschiebungswinkel ist um so kleiner, je größer Widerstand, Kapazität und Frequenz sind.

Bei der Reihenschaltung aus einem Widerstand und einem Kondensator eilt die Gesamtspannung dem Strom um weniger als 90° nach.

φ Phasenverschiebungswinkel
X_C Kapazitiver Blindwiderstand
R Wirkwiderstand
U_{bC} Kapazitive Blindspannung
U_w Wirkspannung
Z Scheinwiderstand

Bei Reihenschaltung:

$$\tan\varphi = \frac{U_{bC}}{U_w}$$

$$\tan\varphi = \frac{X_C}{R}$$

$$R = Z \cdot \cos\varphi$$

$$X_C = Z \cdot \sin\varphi$$

Beispiel 3:
Wie groß ist im Beispiel 2 der Phasenverschiebungswinkel φ?

Lösung:

$\tan\varphi = \frac{X_C}{R} = \frac{3{,}39\ \text{k}\Omega}{5{,}6\ \text{k}\Omega} = 0{,}605;\ \varphi = \mathbf{31{,}2°}$

RL-Reihenschaltung

Bei der Reihenschaltung aus einem Widerstand und einer idealen Spule eilt die Spannung an der Spule dem Strom und damit der Spannung am Widerstand um 90° voraus **(Bild 1)**. Das Widerstandsdreieck entspricht dem Spannungsdreieck.

Sowohl die Einzelspannungen als auch die Einzelwiderstände werden geometrisch addiert. Der Phasenverschiebungswinkel kann aus dem Spannungsdreieck oder aus dem Widerstandsdreieck ermittelt werden.

Bei der RL-Reihenschaltung eilt der Strom der Gesamtspannung um den Phasenverschiebungswinkel φ nach. Der Phasenverschiebungswinkel ist um so größer, je größer Frequenz und Induktivität sind und je kleiner der Widerstand ist.

Bei der Reihenschaltung aus einem Widerstand und einer Spule eilt die Gesamtspannung dem Strom voraus. Der Phasenverschiebungswinkel ist kleiner als 90°.

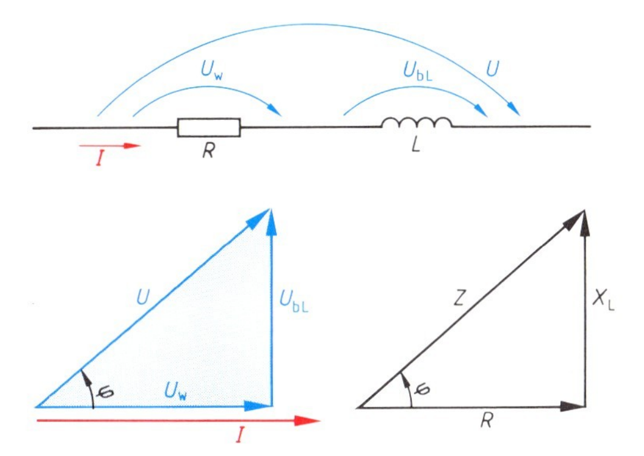

Bild 1: Reihenschaltung aus Spule und Widerstand mit Zeigerdreiecken

I Stromstärke
U Gesamtspannung
Z Scheinwiderstand
U_w Wirkspannung
U_{bL} Induktive Blindspannung
R Wirkwiderstand
X_L Induktiver Blindwiderstand
φ Phasenverschiebungswinkel

$$U = \sqrt{U_w^2 + U_{bL}^2}$$

$$Z = \sqrt{R^2 + X_L^2}$$

$$I = \frac{U}{Z}$$

Bei Reihenschaltung:

$$\tan\varphi = \frac{U_{bL}}{U_w}$$

$$\tan\varphi = \frac{X_L}{R}$$

$$R = Z \cdot \cos\varphi$$

$$X_L = Z \cdot \sin\varphi$$

Beispiel 4:
In einer RL-Reihenschaltung beträgt $X_L = 6{,}24\ \text{k}\Omega$. Der Strom eilt der Spannung um 82° nach. Wie groß ist der Wirkwiderstand?

Lösung:

$\tan\varphi = \frac{X_L}{R} \Rightarrow R = \frac{X_L}{\tan\varphi} = \frac{6{,}24\ \text{k}\Omega}{\tan 82°} = \mathbf{877\ \Omega}$

2.2.2 Parallelschaltung aus Wirkwiderstand und Blindwiderstand

RC-Parallelschaltung

Bei der Parallelschaltung aus einem Widerstand und einem Kondensator eilt der Strom durch den Kondensator der Spannung um 90° voraus **(Bild 1)**. Der Strom durch den Widerstand ist mit der Spannung in Phase. Den Gesamtstrom erhält man durch *geometrische Addition* der Einzelströme.

Da sich bei einer Parallelschaltung aus Widerständen die Teilströme wie die Leitwerte verhalten, läßt sich aus dem Strom-Spannungs-Zeigerbild das *Leitwertdiagramm* ableiten.

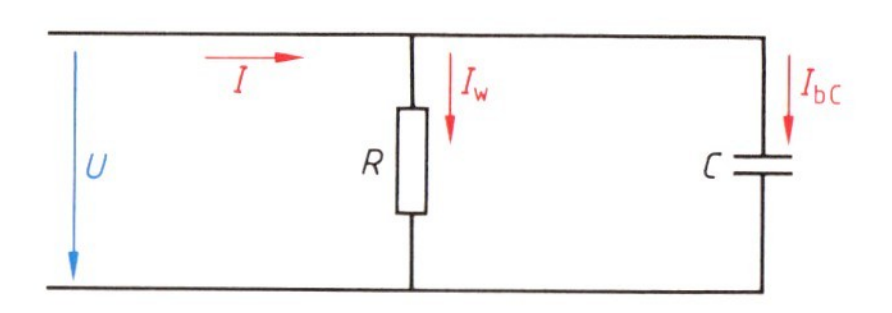

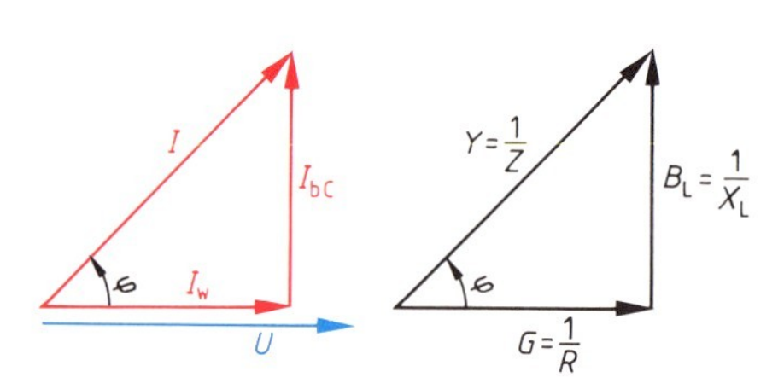

Bild 1: Parallelschaltung aus Widerstand und Kondensator mit Zeigerdreiecken

Bei der Parallelschaltung ergibt die geometrische Addition der Einzelleitwerte den Scheinleitwert.

I	Stromstärke
U	Spannung
Z	Scheinwiderstand
Y	Scheinleitwert
I_w	Wirkstrom
I_{bC}	Kapazitiver Blindstrom
G	Wirkleitwert
B_C	Kapazitiver Blindleitwert
R	Wirkwiderstand
X_C	Kapazitiver Blindwiderstand
φ	Phasenverschiebungswinkel

Beispiel 1:

Ein Widerstand von 5,6 kΩ und ein Kondensator von 4,7 nF sind parallel an eine Spannung von 10 V, 10 kHz angeschlossen. Wie groß sind I_w, I_{bC} und I?

Lösung:

$$X_C = \frac{1}{\omega C} = \frac{1}{2\,\pi \cdot 10\text{ kHz} \cdot 4{,}7\text{ nF}} = 3{,}39\text{ k}\Omega$$

$$I_{bC} = \frac{U}{X_C} = \frac{10\text{ V}}{3{,}39\text{ k}\Omega} = \mathbf{2{,}95\text{ mA}}$$

$$I_w = \frac{U}{R} = \frac{10\text{ V}}{5{,}6\text{ k}\Omega} = \mathbf{1{,}79\text{ mA}}$$

$$I = \sqrt{I_w^2 + I_{bC}^2} = \sqrt{1{,}79^2 + 2{,}95^2}\text{ mA} = \mathbf{3{,}45\text{ mA}}$$

$$I^2 = I_w^2 + I_{bC}^2$$

Der Phasenverschiebungswinkel φ läßt sich bei der RC-Parallelschaltung aus dem Stromdreieck oder dem Leitwertdreieck ermitteln.

$$U = I \cdot Z = \frac{I}{Y}$$

$$I = \sqrt{I_w^2 + I_{bC}^2}$$

$$\frac{1}{Z} = Y = \sqrt{G^2 + B_C^2}$$

$$Z = \frac{R \cdot X_C}{\sqrt{R^2 + X_C^2}}$$

Bei der Parallelschaltung eines Widerstandes und eines Kondensators eilt der Gesamtstrom der Spannung um weniger als 90° voraus.

$$\tan\varphi = \frac{I_{bC}}{I_w}$$

$$\tan\varphi = \frac{R}{X_C}$$

$$G = Y \cdot \cos\varphi$$

$$B_C = Y \cdot \sin\varphi$$

Beispiel 2:

In einer RC-Parallelschaltung fließen durch den Kondensator 2,5 mA und durch den Widerstand 1,5 mA. Wie groß ist der Phasenverschiebungswinkel zwischen dem Gesamtstrom und der Spannung?

Lösung:

$$\tan\varphi = \frac{I_{bC}}{I_w} = \frac{2{,}5\text{ mA}}{1{,}5\text{ mA}} = 1{,}667 \Rightarrow \varphi = \mathbf{59°}$$

Der Phasenverschiebungswinkel ist bei der RC-Parallelschaltung um so größer, je größer Widerstand, Kapazität und Frequenz sind.

RL-Parallelschaltung

Bei der Parallelschaltung aus einem Widerstand und einer idealen Spule **(Bild 1)** eilt der Strom durch die Spule der Spannung und damit dem Strom durch den Widerstand um 90° nach.

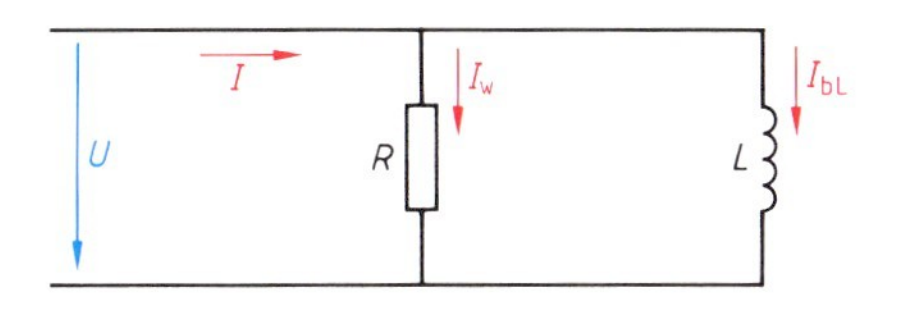

Bei der Parallelschaltung eines Widerstandes mit einer Spule eilt der Gesamtstrom der Spannung um weniger als 90° nach.

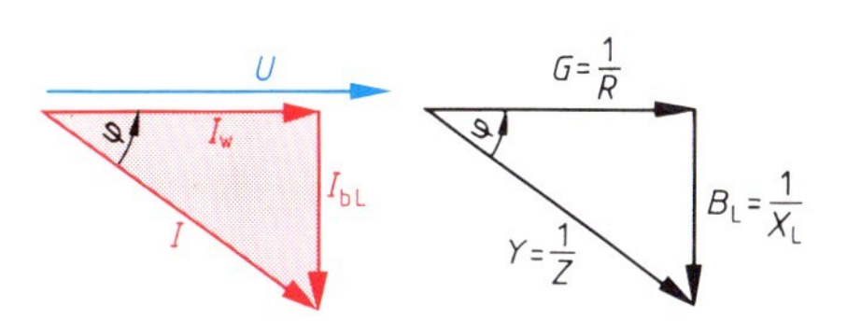

Bild 1: **Parallelschaltung aus Widerstand und Spule mit Zeigerdreiecken**

Dem Stromdreieck entspricht das *Leitwertdreieck (Leitwertdiagramm)*. Der Phasenverschiebungswinkel φ ist um so kleiner, je größer Frequenz und Induktivität sind und je kleiner der Widerstand ist.

Der Phasenverschiebungswinkel φ kann mit Hilfe der Winkelfunktionen $\tan\varphi = I_{bL}/I_w$ und $\tan\varphi = R/X_L$ ermittelt werden.

I	Stromstärke
I_w	Wirkstrom
I_{bL}	Induktiver Blindstrom
Z	Scheinwiderstand
Y	Scheinleitwert
G	Wirkleitwert
B_L	Induktiver Blindleitwert
R	Wirkwiderstand
X_L	Induktiver Blindwiderstand

$$U = I \cdot Z = \frac{I}{Y}$$

$$I = \sqrt{I_w^2 + I_{bL}^2}$$

$$\frac{1}{Z} = Y = \sqrt{G^2 + B_L^2}$$

$$Z = \frac{R \cdot X_L}{\sqrt{R^2 + X_L^2}}$$

2.2.3 Verluste im Kondensator

Die Platten (Beläge) des Kondensators werden an Wechselspannung periodisch umgeladen. Da es keine idealen Nichtleiter gibt, fließt im Dielektrikum ein kleiner Strom. Außerdem ändern die elektrischen Dipole dauernd ihre Richtung. Beides bewirkt eine Erwärmung des Dielektrikums. Fließen der Ladestrom und der Entladestrom durch die Beläge des Kondensators, so werden auch diese erwärmt. Im Kondensator geht durch Wärme Nutzenergie verloren.

In jedem Kondensator an Wechselspannung treten Verluste auf.

Die Verluste werden durch einen *Verlustwiderstand* parallel zum idealen Kondensator dargestellt **(Bild 2)**. Gute Kondensatoren haben kleine Verluste, folglich ist der Wert ihres Verlustwiderstandes groß.

Der Ersatzschaltplan eines Kondensators besteht aus der Parallelschaltung von idealem Kondensator und Verlustwiderstand. An der Schaltung liegt die Wechselspannung U (Bild 2). Durch den Widerstand fließt der *Wirkstrom* I_w, durch den Kondensator der *kapazitive Blindstrom* I_{bC}. Der Gesamtstrom I in der Leitung kann aus dem *Zeigerbild* der Ströme (Bild 2) ermittelt werden.

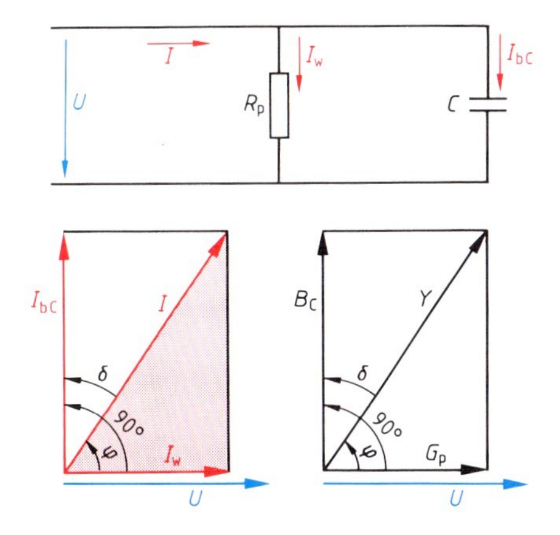

Bild 2: **Ersatzschaltplan eines Kondensators mit Verlusten und Zeigerbilder**

I_w ist mit U in Phase. I_{bC} eilt U und damit I_w um 90° vor. Die geometrische Addition von I_w und I_{bC} ergibt I. Den Gesamtstrom kann man zeichnerisch bestimmen oder mit dem Satz des Pythagoras berechnen.
Die Leitwerte sind den Strömen proportional. Entsprechend dem Zeigerbild der Ströme kann man das Leitwertdiagramm (Bild 2, vorhergehende Seite) zeichnen.
Infolge der Verluste des Kondensators ist die Phasenverschiebung zwischen Strom und Spannung kleiner als 90°. Sie nähert sich um so mehr dem Wert 90°, je kleiner die Verluste des Kondensators sind.
Der *Verlustfaktor* ist gleich dem Tangens des Winkels δ. Der Winkel δ ist die Ergänzung des Phasenverschiebungswinkels φ auf 90° (Bild 2, vorhergehende Seite).
Aus dem Zeigerbild der Ströme erhält man $d = \frac{I_w}{I_{bC}}$.
Da sich bei Parallelschaltung die Ströme umgekehrt wie die Widerstände verhalten, gilt auch $d = \frac{X_C}{R_p} = \frac{1}{\omega C R_p}$.
Der *Gütefaktor* ist der Kehrwert des Verlustfaktors.

Der Gütefaktor des Kondensators ist um so größer, je kleiner die Verluste des Kondensators sind.

X_C Kapazitiver Blindwiderstand
R_p Paralleler Verlustwiderstand
d Verlustfaktor
δ Verlustwinkel (griech. Kleinbuchstabe delta)
Q Gütefaktor

$$\tan\delta = \frac{X_C}{R_p}$$

$$d = \tan\delta$$

$$Q = \frac{1}{d}$$

Beispiel:
Wie groß ist der Verlustwiderstand und der Verlustwinkel eines Kondensators mit der Kapazität 10 µF und dem Verlustfaktor $1{,}5 \cdot 10^{-4}$ bei der Frequenz 50 Hz?

Lösung:

$$d = \frac{1}{\omega C R_p} \Rightarrow$$

$$R_p = \frac{1}{\omega C d} = \frac{1}{2\pi f C d}$$

$$= \frac{1}{2\pi \cdot 50\ ^1/\text{s} \cdot 10^{-5}\ \text{As/V} \cdot 1{,}5 \cdot 10^{-4}} = \mathbf{2{,}12\ M\Omega}$$

$$\tan\delta = d = 1{,}5 \cdot 10^{-4} \Rightarrow \delta = \mathbf{0{,}0086°}$$

2.2.4 Verluste in der Spule

Schließt man eine Spule mit Eisenkern an Wechselspannung an, so ändern die Molekularmagnete im Eisenkern im Rhythmus der Frequenz ihre Richtung. Durch den dauernden Aufbau und Abbau des Magnetfeldes werden außerdem im Kern Wirbelströme induziert. Beide Vorgänge haben eine Erwärmung des Eisenkerns zur Folge. Der Strom fließt durch die Wicklung der Spule und bewirkt ihre Erwärmung. In jeder Spule geht also Wirkleistung verloren.

In jeder Spule an Wechselspannung tritt Verlustleistung auf.

Eisenverluste nennt man die Summe von Hystereseverlustleistung und Wirbelstromverlustleistung. *Wicklungsverluste* nennt man die Verlustleistung der Wicklung.
Die Verluste werden im Ersatzschaltplan durch einen *Verlustwiderstand*, der zur idealen Spule in Reihe geschaltet ist, dargestellt **(Bild 1)**. Die Verluste der Spule sind meist klein. Dann ist der Verlustwiderstand kleiner als der induktive Blindwiderstand.

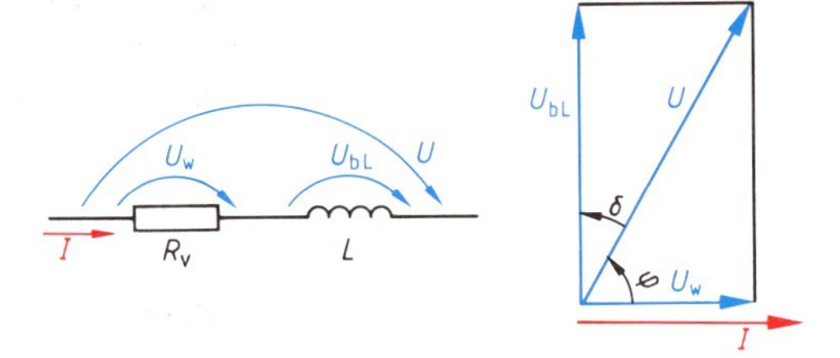

Bild 1: Ersatzschaltplan einer Spule mit Verlusten und Zeigerbild der Spannungen

d Verlustfaktor
δ Verlustwinkel
R_v Reihenverlustwiderstand
X_L Induktiver Blindwiderstand
Q Gütefaktor

$$d = \tan\delta$$

$$d = \frac{R_v}{X_L}$$

$$Q = \frac{1}{d}$$

$$Q = \frac{X_L}{R_v}$$

Infolge der Verluste der Spule ist der Phasenverschiebungswinkel φ zwischen Strom und Spannung kleiner als 90°. Er nähert sich um so mehr dem Wert 90°, je kleiner die Verluste der Spule sind.

Der *Verlustfaktor* ist gleich dem Tangens des Winkels δ. Der Winkel δ ist die Ergänzung des Phasenverschiebungswinkels φ auf 90° (Bild 1, vorhergehende Seite). Der Gütefaktor ist der Kehrwert des Verlustfaktors.

Der Gütefaktor der Spule ist um so größer, je kleiner die Verluste sind.

Beispiel:
Berechnen Sie den Wirkwiderstand einer Spule mit einem Blindwiderstand von 2 kΩ und einem Gütefaktor von 250!

Lösung:

$$Q = \frac{X_L}{R_v} \Rightarrow R_v = \frac{X_L}{Q} = \frac{2000\ \Omega}{250} = \mathbf{8\ \Omega}$$

2.2.5 Impulsverformung

RC-Glied an Rechteckspannung

Die Reihenschaltung eines Widerstandes R mit einem Kondensator C wird auch *RC-Glied* genannt.

Versuch 1: Schließen Sie die Reihenschaltung aus $R =$ $= 5{,}6$ kΩ und $C = 4{,}7$ nF an einen Rechteckgenerator an, und untersuchen Sie die Spannung am Kondensator mit dem Oszilloskop bei den Frequenzen 12 kHz, 40 kHz und 100 kHz!
Bei niedrigen Frequenzen entsteht am Kondensator eine geringfügig verformte Rechteckspannung, bei höheren Frequenzen eine dreieckförmige Spannung, deren Flanken mit steigender Frequenz immer flacher werden **(Bild 1)**.

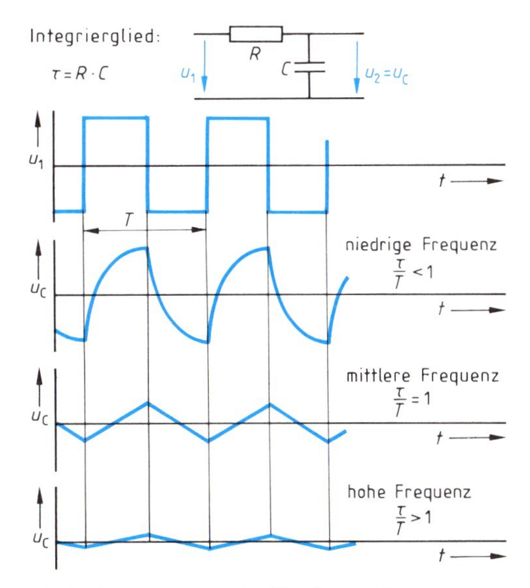

Bild 1: Spannungen am Kondensator bei Rechteck-Eingangsspannung

Bei niedrigen Frequenzen vergeht eine ziemlich lange Zeit, bis die Spannung des Rechteckgenerators ihre Richtung ändert. Aufladevorgang oder Entladevorgang sind bei sehr niedrigen Frequenzen schon beendet, wenn sich die Spannungsrichtung wieder ändert. Die Spannung am Kondensator hat dann annähernd einen rechteckigen Verlauf.

Bei höheren Frequenzen polt der Rechteckgenerator seine Ausgangsspannung in kürzeren Zeitabständen um. Aufladevorgang oder Entladevorgang des RC-Gliedes sind in dieser Zeit noch nicht abgeschlossen. Das Oszillogramm der Kondensatorspannung zeigt deshalb Abschnitte der Ladekurven oder Entladekurven. Diese werden um so geradliniger und flacher, je kleiner die Periodendauer der Rechteckspannung im Verhältnis zur Zeitkonstanten ist.

Nimmt man die Ausgangsspannung am Kondensator ab, so arbeitet das RC-Glied als Integrierglied.

Beim *Integrierglied*[1] entspricht die Ausgangsspannung dem Inhalt der Fläche zwischen der Kennlinie der Eingangsspannung und der Zeitachse **(Bild 1, folgende Seite)**.

In Oszilloskopen und in Fernsehgeräten benötigt man zur Ablenkung des Elektronenstrahles Spannungen bzw. Ströme, die geradlinig ansteigen und abfallen, wobei die Anstiegszeit der Spannung viel länger dauert als die Abfallzeit **(Bild 2, folgende Seite)**. Eine solche Spannung erzeugt man, indem

[1] lat. integrare = zusammenfassen

der Kondensator über einen großen Widerstand aufgeladen und über einen kleinen Widerstand entladen wird. Den linearen Anstieg der Spannung erreicht man, indem man den Widerstand während des Aufladens so verkleinert, daß ein konstanter Ladestrom fließt.

Versuch 2: Wiederholen Sie Versuch 1! Untersuchen Sie aber die Spannung am Widerstand!

Bei niedrigen Frequenzen entstehen am Widerstand Nadelimpulse **(Bild 3)**. *Mit steigender Frequenz nähert sich die Spannung am Widerstand immer mehr der Rechteckform.*

Bei niedrigen Frequenzen ist der Aufladevorgang oder der Entladevorgang schon beendet, wenn die Rechteckspannung ihre Richtung wieder ändert. Da nach Beendigung des Ladevorgangs oder des Entladevorganges kein Strom im Stromkreis fließt, kann auch keine Spannung am Widerstand liegen.

Deshalb ist nur während der Spannungsumkehr am Widerstand ein kurzer Nadelimpuls vorhanden. Am Widerstand liegt die Gesamtspannung aus Generatorspannung und Kondensatorspannung, die im Zeitpunkt der Spannungsumkehr bei niedrigen Frequenzen doppelt so groß wie die Generatorspannung ist. Je kürzer die Periodendauer der Rechteckspannung im Verhältnis zur Zeitkonstanten des RC-Gliedes ist, um so mehr nähert sich die Spannung am Widerstand der Rechteckkurve. Bei der Übertragung von Rechteckspannungen treten Verzerrungen auf, wenn RC-Glieder eine zu kleine Zeitkonstante besitzen.

Nimmt man die Ausgangsspannung am Widerstand eines RC-Gliedes ab, so arbeitet das RC-Glied als Differenzierglied.

Beim *Differenzierglied*[1] entspricht die Ausgangsspannung etwa der Änderung der Eingangsspannung in Abhängigkeit von der Zeit.

In digitalen Meßgeräten und Zählschaltungen werden oft durch RC-Glieder aus Rechteckimpulsen nadelförmige Steuerimpulse erzeugt. In Fernsehgeräten gewinnt man aus einem Impulsgemisch mit Hilfe von Differenziergliedern Nadelimpulse, die der Synchronisierung der Horizontalablenkung (Zeilen-Synchronisierung) dienen.

[1] lat. differre = unterscheiden

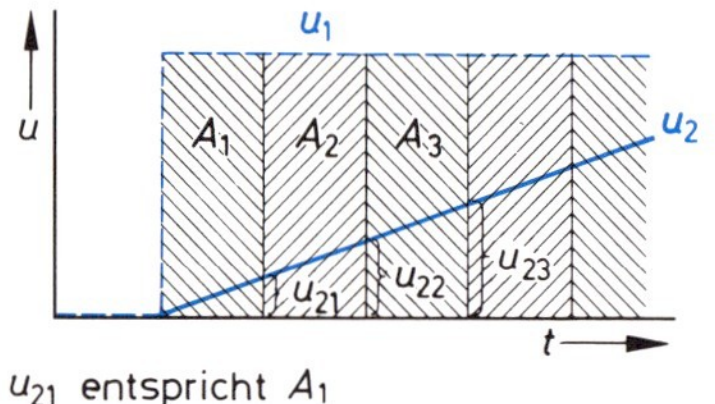

Bild 1: Integrierte Rechteckspannung

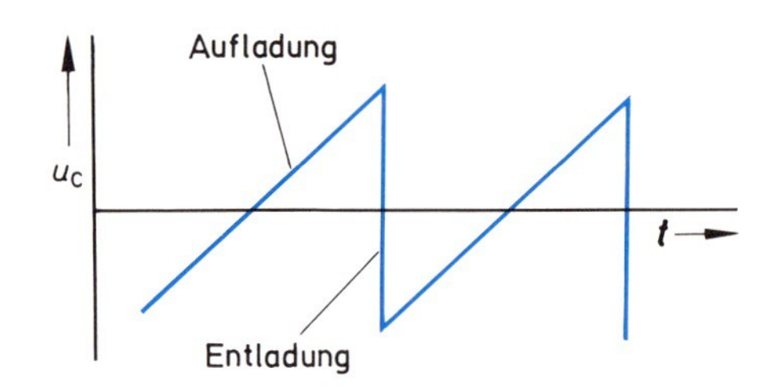

Bild 2: Sägezahnspannung

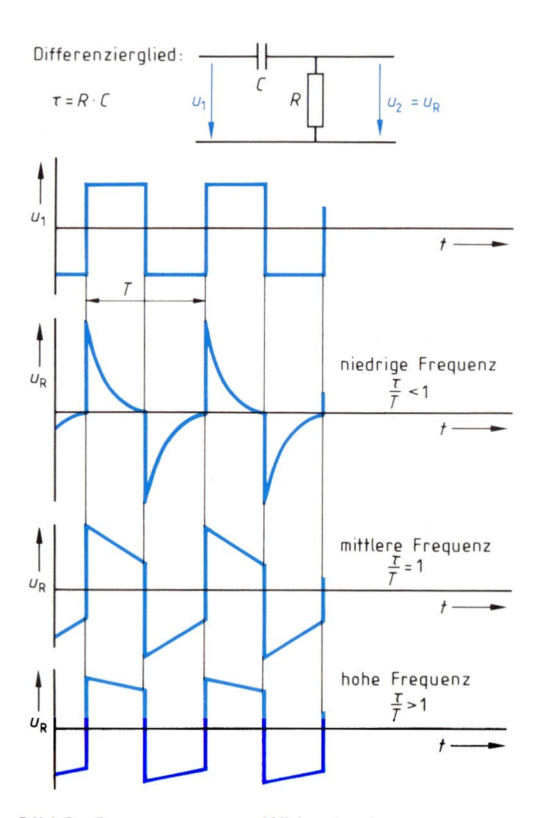

Bild 3: Spannungen am Widerstand der RC-Reihenschaltung

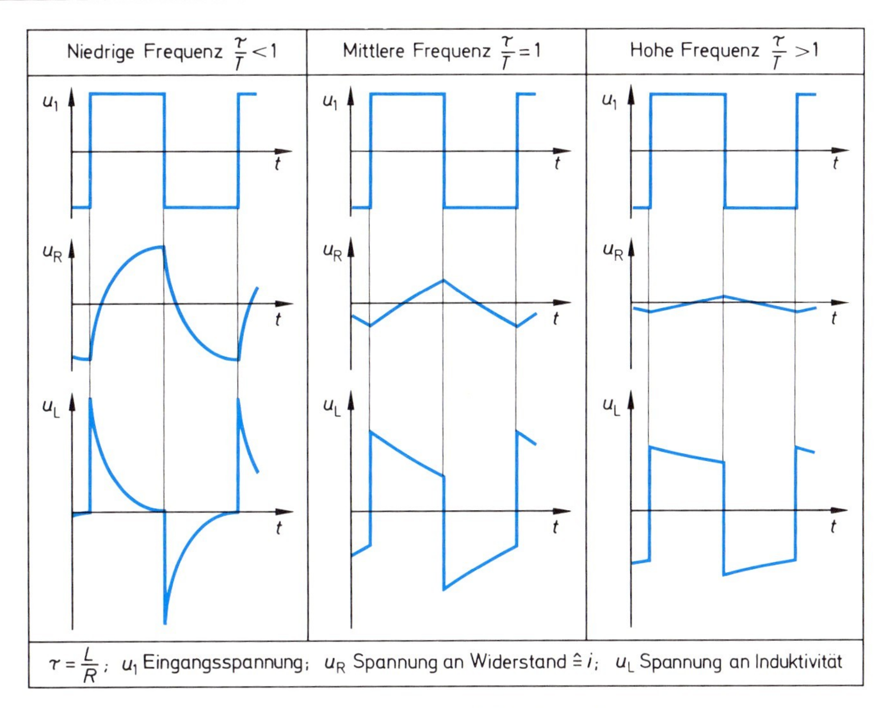

Bild 1: Spannungen bei RL-Reihenschaltung an rechteckförmiger Eingangsspannung

RL-Glied an Rechteckspannung

Die Reihenschaltung eines Widerstandes R mit einer Induktivität L wird *RL-Glied* genannt.

Versuch 3: Schließen Sie die Reihenschaltung aus $R = 5{,}6\ \text{k}\Omega$ und $L = 250\ \text{mH}$ an einen Rechteckgenerator an, und untersuchen Sie die Spannung an der Spule und anschließend am Widerstand mit einem Oszilloskop bei Frequenzen von 6 kHz, 20 kHz und 60 kHz.

Bei niedrigen Frequenzen ist am Widerstand eine etwas verformte Rechteckspannung und an der Spule eine nadelförmige Spannung vorhanden. Bei hohen Frequenzen ist an der Spule eine wenig verformte Rechteckspannung und am Widerstand eine Dreieckspannung mit fast geraden Flanken vorhanden **(Bild 1)**.

Ist die Periodendauer der Rechteckspannung groß gegenüber der Zeitkonstanten des RL-Gliedes, so liegt an der Spule keine Spannung mehr, wenn die Eingangsspannung umgepolt wird. Daher entstehen an der Spule Nadelimpulse. Bei hohen Frequenzen ist die Spannung an der Spule noch vorhanden, wenn die Umpolung eintritt. Deshalb ist die Spulenspannung annähernd rechteckig.

Das RL-Glied arbeitet als Differenzierglied, wenn die Spannung an der Spule abgenommen wird.

Die Spannung am Widerstand erreicht bei sehr niedrigen Frequenzen schnell den Höchstwert und bleibt bis zur nächsten Umpolung der Eingangsspannung konstant. Bei höheren Frequenzen können der Strom und damit die Spannung am Widerstand der schnellen Änderung nicht mehr folgen. Die Spannung am Widerstand wird daher dreieckförmig.

Das RL-Glied arbeitet als Integrierglied, wenn die Spannung am Widerstand abgenommen wird.

Wiederholungsfragen

1. **Wie hängt der Phasenverschiebungswinkel einer RC-Reihenschaltung von *C*, *R* und *f* ab?**
2. **Wie hängt der Phasenverschiebungswinkel einer RL-Parallelschaltung von *R*, *L* und *f* ab?**
3. **Wodurch entstehen in einer Spule an Wechselspannung Verluste?**
4. **Was versteht man unter dem Verlustfaktor eines Kondensators?**
5. **Wie hängt der Gütefaktor von den Verlusten der Spule ab?**
6. **An welchem Bauteil nimmt man bei einem Integrierglied aus *R* und *C* die Ausgangsspannung ab?**

2.2.6 RC-Siebschaltungen und RL-Siebschaltungen

Siebschaltungen (Filter) benutzt man zur Unterdrückung oder Schwächung unerwünschter Bereiche eines Frequenzgemisches. Dazu verwendet man Tiefpässe, Hochpässe, Bandpässe und Bandsperren **(Tabelle 1)**.

RC-Tiefpässe und RL-Tiefpässe

Versuch 1: Schließen Sie die Reihenschaltung aus $R = 5{,}6\ \mathrm{k\Omega}$ und $C = 4{,}7\ \mathrm{nF}$ an einen Sinusgenerator an, und messen Sie bei verschiedenen Frequenzen mit einem hochohmigen elektronischen Spannungsmesser die Spannung am Kondensator!

Die Spannung am Kondensator ist bei niedrigen Frequenzen fast so groß wie die Eingangsspannung und sinkt mit zunehmender Frequenz **(Bild 1)**.

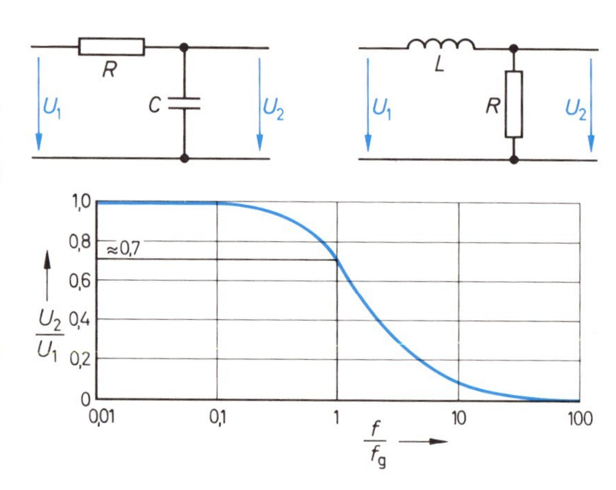

Bild 1: Durchlaßkurve eines Tiefpasses

Mit steigender Frequenz sinkt der Blindwiderstand des Kondensators und schließt die Ausgangsspannung immer mehr kurz.

Bei der Darstellung von *Durchlaßkurven* wird oft als veränderliche Größe anstelle der Frequenz das Verhältnis aus der veränderlichen Frequenz und einer Bezugsfrequenz f_g (Seite 140) gewählt. Anstelle der Ausgangsspannung trägt man dann das Verhältnis Ausgangsspannung zur Eingangsspannung auf. Diese *normierte Darstellung* hat den Vorteil, daß die Durchlaßkurve für beliebige Werte der Bauteile oder der Eingangsspannung gültig ist. In den RC-Siebschaltungen und RL-Siebschaltungen wählt man als Bezugsfrequenz die Grenzfrequenz des Übertragungsbereichs.

Tabelle 1: Pässe und Sperren

Bezeichnung, Symbol	Frequenzbereiche	Erklärung
U_1 U_2 Filter, allgemein	U_1 f	Am Eingang einer Siebschaltung ist ein Frequenzgemisch aus allen Frequenzen vorhanden.
U_1 U_2 Tiefpaß	SB Sperrbereich, U_2, SB, f	Der Tiefpaß läßt tiefe Frequenzen durch. Hohe Frequenzen gelangen nicht zum Ausgang.
U_1 U_2 Hochpaß	DB Durchlaßbereich, U_2, DB, f	Der Hochpaß unterdrückt alle tiefen Frequenzen. Hohe Frequenzen gelangen ungeschwächt zum Ausgang.
U_1 U_2 Bandpaß	SB DB SB, U_2, f	Der Bandpaß läßt nur Frequenzen eines begrenzten Frequenzbereichs zum Ausgang. Alle übrigen Frequenzen werden unterdrückt.
U_1 U_2 Bandsperre	DB SB DB, U_2, f	Die Bandsperre unterdrückt alle Frequenzen eines begrenzten Frequenzbereiches. Die übrigen Frequenzen gelangen zum Ausgang.

Versuch 2: Schließen Sie die Reihenschaltung aus $R = 5{,}6\ \text{k}\Omega$ und $L = 250\ \text{mH}$ an einen Sinusgenerator an, und messen Sie bei verschiedenen Frequenzen die Spannung am Widerstand mit einem hochohmigen elektronischen Spannungsmesser!

Die Ausgangsspannung hat einen ähnlichen Verlauf wie im Versuch 1.

Mit steigender Frequenz nimmt der Blindwiderstand der Spule zu und sperrt den Wechselstrom immer mehr. Dadurch wird die Ausgangsspannung kleiner. RC-Tiefpässe und RL-Tiefpässe verwendet man zur Siebung in Netzteilen oder zur Unterdrückung hoher Frequenzen in Verstärkern. Der Übertragungsbereich von Breitbandverstärkern wird im oberen Frequenzbereich durch Tiefpässe begrenzt, die sich aus Widerständen und Schaltkapazitäten bzw. aus Widerständen und Leitungsinduktivitäten bilden.

RC-Hochpässe und RL-Hochpässe

Versuch 3: Wiederholen Sie Versuch 1, messen Sie aber die Spannung am Widerstand!

Die Ausgangsspannung ist bei niedrigen Frequenzen fast Null und nimmt mit zunehmender Frequenz bis zur Höhe der Eingangsspannung zu **(Bild 1)**.

Der große Blindwiderstand des Kondensators bei niedrigen Frequenzen sperrt weitgehend den Strom, so daß am Widerstand fast keine Spannung auftritt.

Versuch 4: Wiederholen Sie Versuch 2, messen Sie aber die Spannung an der Induktivität L!

Die Ausgangsspannung hat einen ähnlichen Verlauf wie im Versuch 3.

Der kleine Widerstand der Spule schließt bei niedrigen Frequenzen die Ausgangsspannung kurz. RC-Hochpässe treten z. B. bei der RC-Kopplung von Verstärkern auf, RL-Hochpässe entstehen bei Übertragern aus dem Innenwiderstand des Spannungserzeugers und der Übertragerinduktivität.

Phasenverschiebungswinkel

Versuch 5: Schließen Sie einen Tiefpaß aus $R = 5{,}6\ \text{k}\Omega$ und $C = 4{,}7\ \text{nF}$ an eine Sinusspannung an, und untersuchen Sie mit einem Oszilloskop gleichzeitig die Eingangsspannung und die Ausgangsspannung! Verändern Sie die Frequenz des Generators zwischen 1 kHz und 100 kHz, und ermitteln Sie den Phasenverschiebungswinkel zwischen U_1 und U_2 **(Bild 2)**!

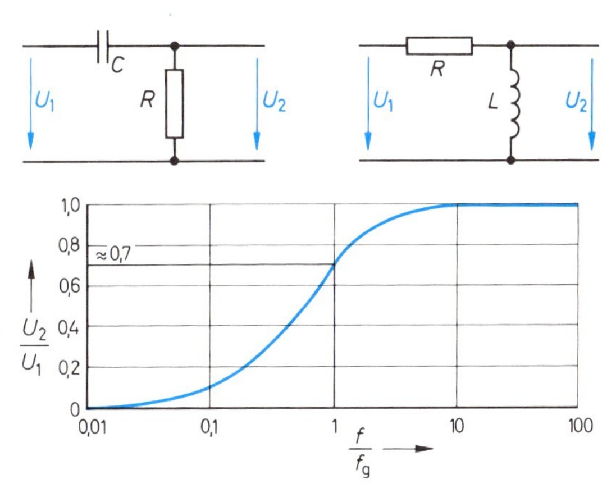

Bild 1: Durchlaßkurve eines Hochpasses

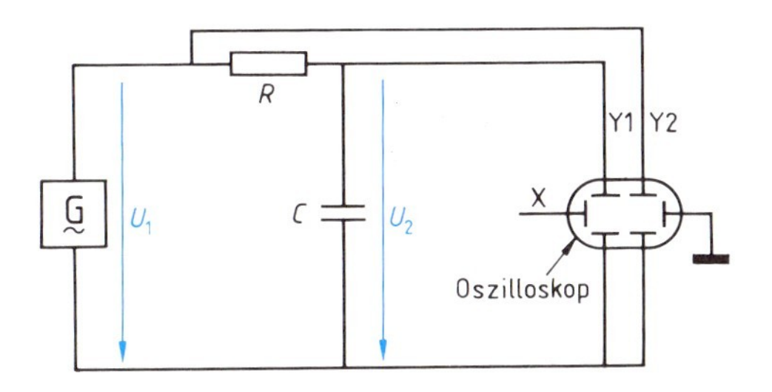

Bild 2: Messung des Phasenverschiebungswinkels

Bei niedrigen Frequenzen ist der Phasenverschiebungswinkel zwischen Eingangsspannung und Ausgangsspannung fast 0°. Er nimmt mit zunehmender Frequenz zu und beträgt bei hohen Frequenzen fast 90° **(Bild 1, folgende Seite)**.

Beim RL-Tiefpaß entsteht der gleiche Kurvenverlauf wie beim RC-Tiefpaß.

Versuch 6: Wiederholen Sie Versuch 5, jedoch mit einem Hochpaß!

Bei tiefen Frequenzen ist der Phasenverschiebungswinkel zwischen Eingangsspannung und Ausgangsspannung annähernd 90°. Er nimmt mit steigender Frequenz ab und ist bei hohen Frequenzen annähernd 0° **(Bild 2, folgende Seite)**.

Beim RL-Hochpaß entsteht der gleiche Kurvenverlauf wie beim RC-Hochpaß.

Der Phasenverschiebungswinkel zwischen Eingangsspannung und Ausgangsspannung wächst beim Tiefpaß mit zunehmender Frequenz und nimmt beim Hochpaß mit steigender Frequenz ab.

Hochpässe und Tiefpässe können in Breitbandverstärkern zu unerwünschten Phasenverschiebungen führen. Bei RC-Siebschaltungen oder RL-Siebschaltungen ist der Übergang vom Durchlaßbereich zum Sperrbereich sehr flach, da nur der Blindwiderstand frequenzabhängig ist.

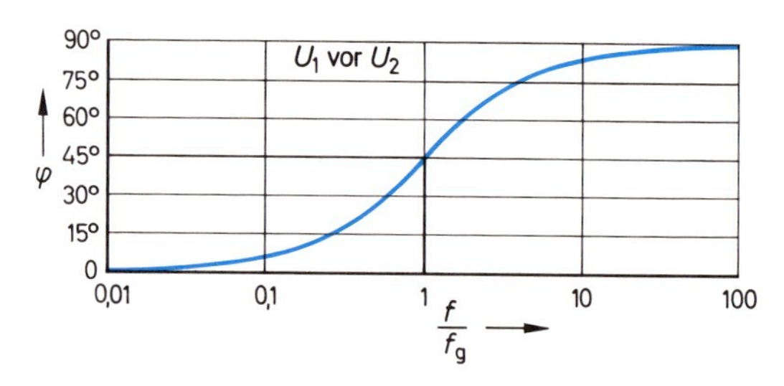

Bild 1: Phasenverschiebungswinkel zwischen U_1 und U_2 beim Tiefpaß

Grenzfrequenz

Der Übergang vom Durchlaßbereich zum Sperrbereich einer Siebschaltung ist nicht sprunghaft, sondern stetig. Deshalb definiert man bei einfachen RC-Siebschaltungen oder RL-Siebschaltungen als Grenzfrequenz die Frequenz, bei der Blindwiderstand und Wirkwiderstand gleich groß sind.

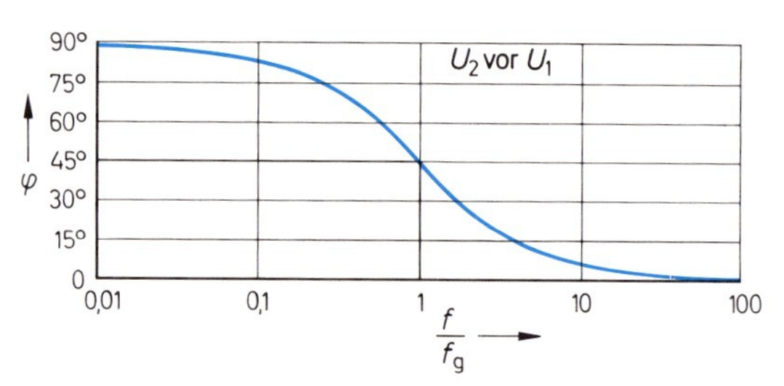

Bild 2: Phasenverschiebungswinkel zwischen U_1 und U_2 beim Hochpaß

Beispiel 1:

An einem Hochpaß wird eine Ausgangsspannung $U_2 = 2$ V gemessen. Welche Spannung U_1 liegt am Eingang an, wenn die Schaltung bei der Grenzfrequenz f_g betrieben wird?

Lösung:

$$U_2 = \frac{1}{\sqrt{2}} \cdot U_1 \Rightarrow U_1 = \sqrt{2} \cdot U_2 = 1{,}41 \cdot 2\ \text{V} = \mathbf{2{,}88\ V}$$

Setzt man den Blindwiderstand des Kondensators bzw. den Blindwiderstand der Spule gleich dem Wirkwiderstand, so erhält man die Grenzfrequenz der Schaltung.

Bei der Grenzfrequenz sind die Spannungen am Blindwiderstand und an R gleich groß **(Bild 3)**. Wegen der Phasenverschiebung zwischen den Spannungen ist die Eingangsspannung das $\sqrt{2}$fache der Teilspannungen. Die Ausgangsspannung der Siebschaltung ist also das $1/\sqrt{2}$fache (etwa 0,707 ≙ 3 dB) der Eingangsspannung.

Bei der Grenzfrequenz beträgt der Phasenverschiebungswinkel zwischen Eingangsspannung und Ausgangsspannung 45°.

Beispiel 2:

Wie groß ist die Grenzfrequenz eines RC-Hochpasses aus $R = 4{,}7\ \text{k}\Omega$ und $C = 27$ nF?

Lösung:

$$f_g = \frac{1}{2\pi RC} = \frac{1}{2\pi \cdot 4{,}7\ \text{k}\Omega \cdot 27\ \text{nF}} = \mathbf{1255\ Hz}$$

X Blindwiderstand
R Wirkwiderstand
U_1 Eingangsspannung
U_2 Ausgangsspannung
f_g Grenzfrequenz
C Kapazität
L Induktivität

Bei Grenzfrequenz:

$$X = R$$

$$U_2 = \frac{1}{\sqrt{2}} \cdot U_1$$

$$\frac{1}{2\pi f_g C} = R \Rightarrow \quad f_g = \frac{1}{2\pi RC}$$

$$2\pi f_g L = R \Rightarrow \quad f_g = \frac{R}{2\pi L}$$

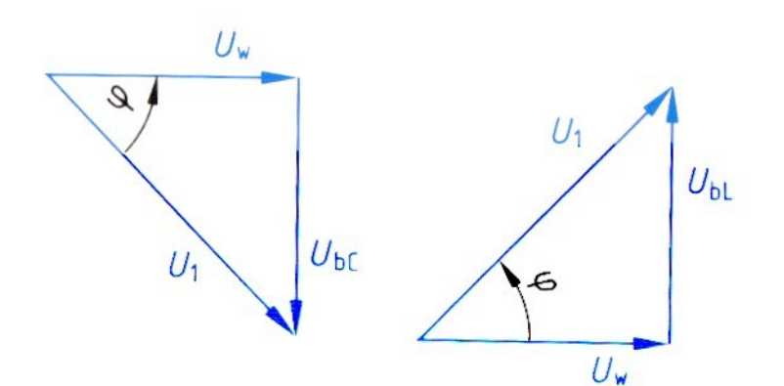

Bild 3: Zeigerbilder bei der Grenzfrequenz

RC-Bandpaß

Versuch 7: Schließen Sie eine RC-Siebschaltung aus zwei RC-Gliedern mit $R_1 = 10\ k\Omega$, $C_1 = 100\ nF$, $R_2 = 1\ k\Omega$ und $C_2 = 10\ nF$ an einen Sinusgenerator an **(Bild 1)**! Messen Sie bei verschiedenen Frequenzen mit einem hochohmigen elektronischen Spannungsmesser die Ausgangsspannung!

Die Ausgangsspannung ist bei niedrigen und bei hohen Frequenzen klein und erreicht im mittleren Frequenzbereich annähernd die Höhe der Eingangsspannung.

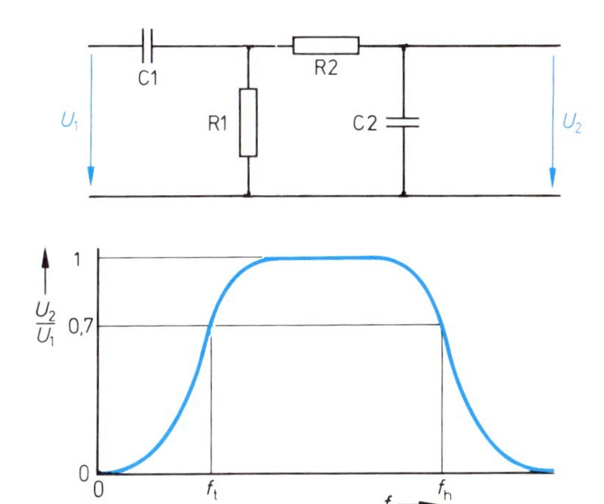

Bild 1: RC-Bandpaß

Die Siebschaltung Bild 1 besteht aus einem Hochpaß und einem nachgeschalteten Tiefpaß. Die Grenzfrequenz f_h des Tiefpasses aus R2 und C2 ist wesentlich höher als die Grenzfrequenz f_t des Hochpasses aus R1 und C1. Da der Hochpaß die tiefen Frequenzen und der Tiefpaß die hohen Frequenzen unterdrückt, entsteht ein *Bandpaß*.

Ein Bandpaß läßt einen bestimmten Frequenzbereich durch.

Schaltet man einen RC-Bandpaß mit einer unteren Grenzfrequenz von z. B. 300 Hz und einer oberen Grenzfrequenz von z. B. 3000 Hz bei einem NF-Verstärker in Reihe mit dem Signalfluß, so werden Spannungen mit niedrigen Frequenzen und mit hohen Frequenzen unterdrückt. Man erhöht dadurch die Sprachverständlichkeit.

RC-Bandsperre

Die Siebschaltung besteht aus einer Parallelschaltung R1C1 und einer Reihenschaltung R2C2 **(Bild 2)**. Bei niedrigen Frequenzen ist R2 vernachlässigbar klein gegenüber dem Blindwiderstand X von C2. Der Blindwiderstand von C1 ist vernachlässigbar, da er bei niedrigen Frequenzen groß gegenüber dem parallelgeschalteten Widerstand R1 ist. Deshalb wirkt bei tiefen Frequenzen ein Tiefpaß aus R1 und C2. Bei hohen Frequenzen haben R1 und C2 keinen Einfluß mehr auf die Spannungsteilung. Deshalb wirkt bei hohen Frequenzen ein Hochpaß aus C1 und R2. Im mittleren Frequenzbereich wird die Ausgangsspannung hauptsächlich durch das Verhältnis von R1 zu R2 bestimmt.

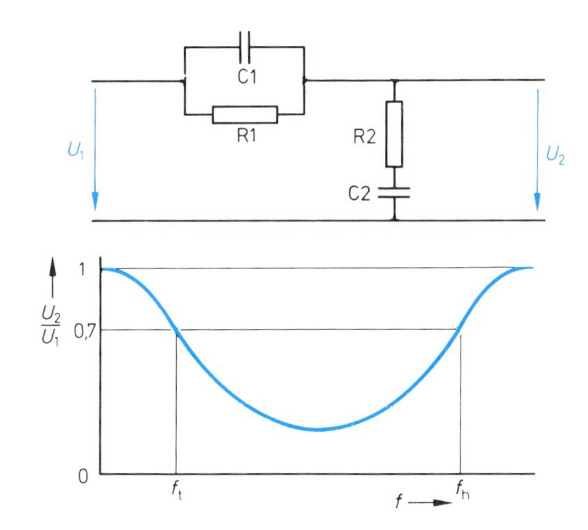

Bild 2: RC-Bandsperre

Eine Bandsperre unterdrückt einen bestimmten Frequenzbereich.

Wiederholungsfragen

1. **Wozu werden Siebschaltungen benutzt?**
2. **Welche Arten von Siebschaltungen verwendet man?**
3. **Warum sinkt bei einem RC-Tiefpaß die Ausgangsspannung mit steigender Frequenz?**
4. **Warum verwendet man bei der Darstellung von Durchlaßkurven als veränderliche Größe oft Frequenzverhältnisse?**
5. **Welche Frequenz bezeichnet man als Grenzfrequenz einer RC-Siebschaltung oder RL-Siebschaltung?**
6. **Um welchen Faktor ist bei der Grenzfrequenz die Ausgangsspannung kleiner als die Eingangsspannung?**
7. **Woraus besteht ein RC-Bandpaß?**
8. **Wie groß ist bei einem RC-Hochpaß bei der Grenzfrequenz der Phasenverschiebungswinkel zwischen Eingangs- und Ausgangsspannung?**
9. **Woraus besteht eine RC-Bandsperre?**

2.3 Schwingkreise

2.3.1 Schwingung und Resonanz

Versuch 1: Schließen Sie an einen auf 10 V aufgeladenen Kondensator mit einer Kapazität von etwa 200 µF eine Spule mit einer Induktivität von über 100 H an **(Bild 1)**! Messen Sie die Spannung am Kondensator und die Stromstärke in der Spule mit Meßinstrumenten, deren Nullpunkte sich in Skalenmitte befinden!

Am Kondensator ist eine Wechselspannung mit gleich bleibender Frequenz und abnehmender Amplitude[1] vorhanden. Durch die Spule fließt ein Wechselstrom, welcher der Spannung nacheilt.

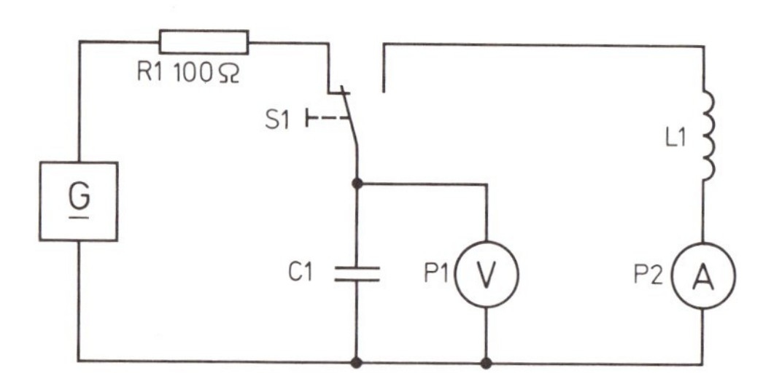

Bild 1: Parallelschaltung aus Spule und Kondensator

Der Kondensator ist aufgeladen und entlädt sich über die Spule. In ihr entsteht ein magnetisches Feld. Nach der Lenzschen Regel fließt der Strom in der Spule nach dem Entladen des Kondensators weiter und lädt den Kondensator entgegengesetzt auf. Nun entlädt sich der Kondensator wieder über die Spule und der Vorgang wiederholt sich. Die Energie pendelt zwischen Kondensator und Spule **(Bild 2)**. Man nennt deshalb eine solche schwingfähige Schaltung einen *Schwingkreis*.

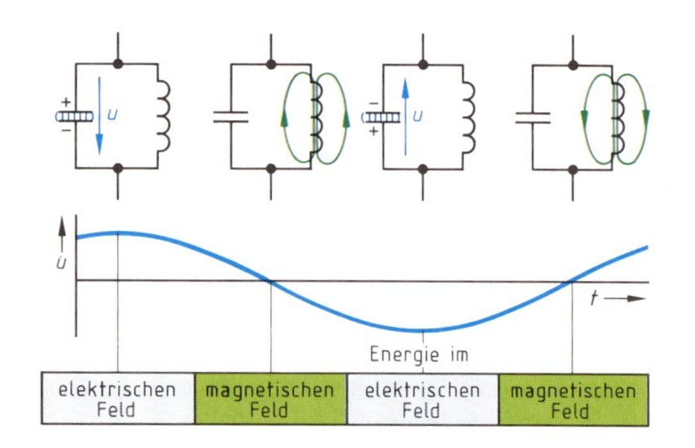

Bild 2: Energieumwandlung in einem Schwingkreis

Versuch 2: Wiederholen Sie Versuch 1 jeweils mit einer Spule kleinerer Induktivität und einem Kondensator kleinerer Kapazität!

Die Eigenfrequenz des Schwingkreises ist um so größer, je kleiner Kapazität und Induktivität sind.

Bei Schwingkreisen mit großen Kapazitäten und großen Induktivitäten wird zum Umladen des Kondensators eine längere Zeit benötigt als bei kleinen Werten. Die Eigenfrequenz eines Schwingkreises ist um so niedriger, je größer die Induktivität und die Kapazität sind.

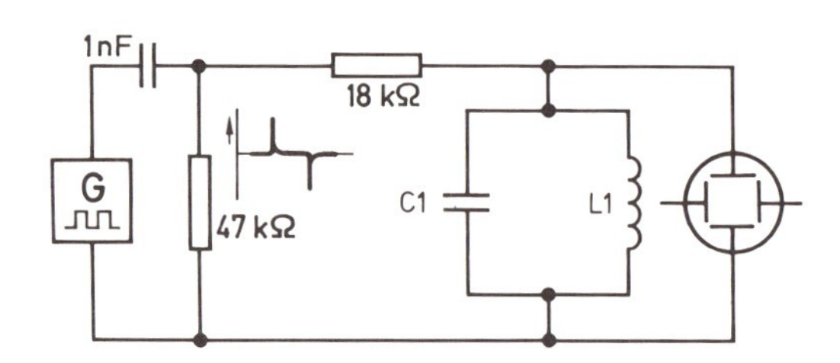

Bild 3: Parallelschaltung aus Spule und Kondensator am Rechteckgenerator

Versuch 3: Schließen Sie einen Rechteckgenerator mit einer Frequenz von etwa 200 Hz über ein Differenzierglied und einen Widerstand von 18 kΩ an die Parallelschaltung einer Spule von etwa 250 mH und eines Kondensators von 4,7 nF an **(Bild 3)**! Oszilloskopieren Sie die Spannung an der Parallelschaltung aus Spule und Kondensator!

An der Parallelschaltung aus Spule und Kondensator entsteht eine Wechselspannung mit gleichbleibender Frequenz und abnehmender Amplitude.

Da am Widerstand des Differenziergliedes Nadelimpulse vorhanden sind, wird dem Schwingkreis nur jeweils kurzzeitig Energie zugeführt. Dadurch entstehen Schwingungen mit der Eigenfrequenz des Schwingkreises. Die Verluste im Schwingkreis bewirken ein Abklingen der Schwingungen.

Sind Generatorfrequenz und Eigenfrequenz des Schwingkreises gleich groß, so ist der Schwingkreis mit der Generatorfrequenz in *Resonanz*[2]. Man nennt deshalb Schwingkreise auch *Resonanzkreise*. Ein Schwingkreis kann auch durch Impulse, deren Pulsfrequenz ein ganzzahliger Teil seiner Eigenfrequenz ist, in Schwingungen versetzt werden. In diesen Impulsen ist eine Teilschwingung enthalten, deren Frequenz so groß ist wie die Eigenfrequenz des Schwingkreises.

[1] lat. Amplitudo = Weite, Schwingungsweite; [2] lat. resonare = schwingen

2.3.2 Reihenschwingkreis

Der Reihenschwingkreis besteht aus der Reihenschaltung von Spule und Kondensator. Die Verluste von Spule und Kondensator werden als Reihenwiderstand R dargestellt **(Bild 1)**. Durch die Schaltelemente fließt derselbe Strom. Die Spannung am Verlustwiderstand ist mit dem Strom in Phase. Die Spannung am Kondensator eilt dem Strom um 90° nach, die Spannung an der Spule dem Strom um 90° vor. Beide Spannungen sind gegeneinander um 180° phasenverschoben. Man kann daher ihre Zahlenwerte voneinander abziehen. Die geometrische Addition der Teilspannungen ergibt die Gesamtspannung. Dem Zeigerbild der Spannungen entspricht das Diagramm der Widerstände.

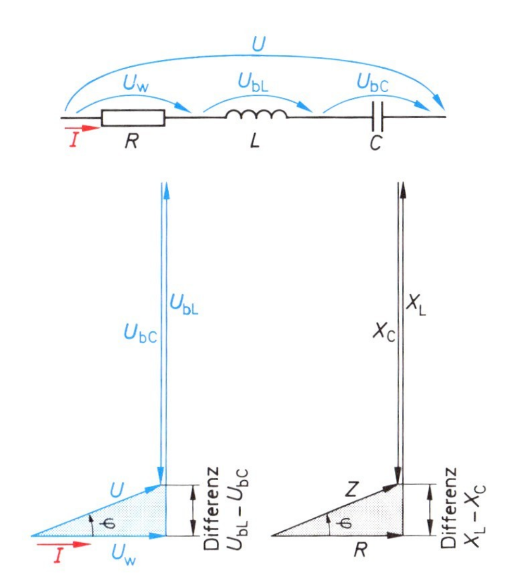

Bild 1: Reihenschwingkreis

Beispiel:

Bei einem Reihenschwingkreis wird an der Spule die Spannung $U_{bL} = 16$ V, an dem Widerstand die Spannung $U_w = 2$ V und an dem Kondensator die Spannung $U_{bC} = 12$ V gemessen. Wie groß ist die Gesamtspannung?

Lösung:

$$U = \sqrt{U_w^2 + (U_{bL} - U_{bC})^2}$$

$$= \sqrt{2^2 + (16 - 12)^2}\ \text{V} = \sqrt{20}\ \text{V} = \mathbf{4{,}47\ V}$$

Versuch 1: Schalten Sie einen Reihenschwingkreis aus $L = 250$ mH, $C = 4{,}7$ nF und $R = 1$ kΩ an einen Sinusgenerator mit niedrigem Innenwiderstand an! Messen Sie die Einzelspannungen bei verschiedenen Frequenzen! Halten Sie dabei die Generatorspannung konstant!

Die einzelnen Spannungen sind besonders in der Nähe der Eigenfrequenz stark frequenzabhängig **(Bild 2)**.

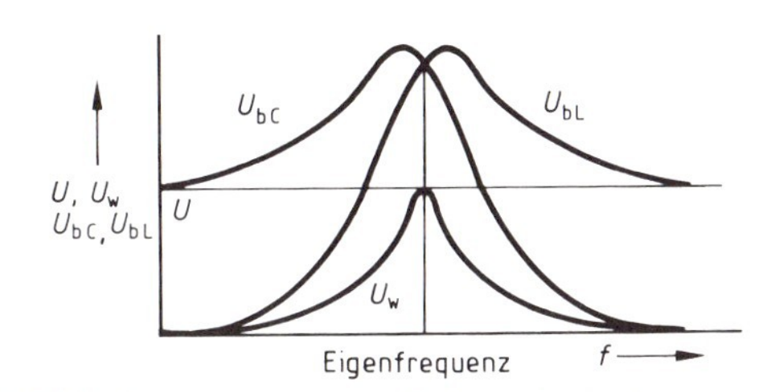

Bild 2: Spannungen am Reihenschwingkreis in Abhängigkeit von der Frequenz

U	Gesamtspannung
U_w	Wirkspannung
U_{bL}, U_{bC}	Blindspannungen
Z	Scheinwiderstand
R	Wirkwiderstand, Verlustwiderstand
X_L, X_C	Blindwiderstände

Die Spannungen an der Spule und am Kondensator sind bei der Eigenfrequenz gleich groß. Die Stromstärke hat bei der Eigenfrequenz ihren Höchstwert.

Die Teilspannungen des Reihenschwingkreises sind bei Resonanz erheblich größer als die Generatorspannung (Spannungsresonanz).

$$U = \sqrt{U_w^2 + (U_{bL} - U_{bC})^2}$$

$$Z = \sqrt{R^2 + (X_L - X_C)^2}$$

Bei niedrigen Frequenzen liegt die gesamte Spannung am Kondensator. Bei sehr hohen Frequenzen ist die Spannung am Kondensator null, die gesamte Spannung liegt an der Spule. Der Höchstwert der Kondensatorspannung tritt etwas unterhalb, der Höchstwert der Spulenspannung etwas oberhalb der Eigenfrequenz auf. Die Verschiebung des Höchstwertes nach niedrigeren bzw. höheren Frequenzen ist um so größer, je kleiner die Güte des Schwingkreises ist.

Der Scheinwiderstand des Reihenschwingkreises ist frequenzabhängig **(Bild 1)**. Bei niedrigen Frequenzen hat der Kondensator einen großen Blindwiderstand. Deshalb hat der Reihenschwingkreis unterhalb der Eigenfrequenz die Eigenschaften einer RC-Reihenschaltung. Bei hohen Frequenzen hat die Spule einen großen Blindwiderstand. Deshalb wirkt der Reihenschwingkreis oberhalb der Eigenfrequenz wie eine RL-Reihenschaltung. Bei Resonanz heben sich die Blindwiderstände auf, der Schwingkreis hat dann den kleinsten Widerstand *(Saugkreis)*.

Der Resonanzwiderstand eines Reihenschwingkreises ist so groß wie sein Verlustwiderstand.

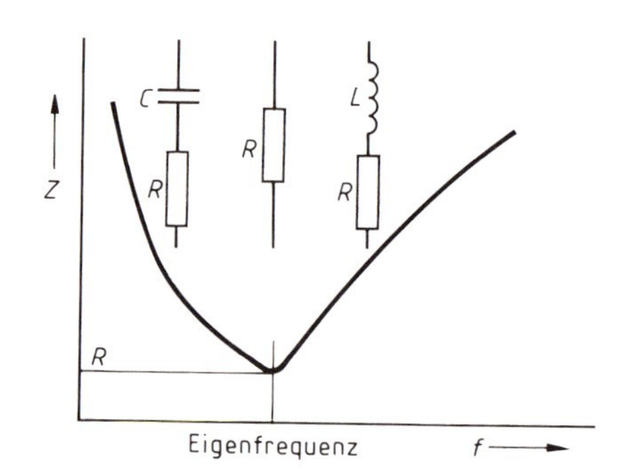

Bild 1: Scheinwiderstand *Z* des Reihenschwingkreises in Abhängigkeit von der Frequenz

2.3.3 Parallelschwingkreis

Die Verluste eines Parallelschwingkreises können durch einen Wirkwiderstand dargestellt werden, und zwar durch einen kleinen Reihenwiderstand zur Spule oder durch einen großen Parallelwiderstand zum Schwingkreis **(Bild 2)**. Bei sehr niedriger Frequenz stellt die als ideal betrachtete Spule allerdings eine Überbrückung („Kurzschluß") dar, obwohl in Wirklichkeit dann noch der Drahtwiderstand vorhanden ist. Verwendet man die Ersatzschaltung mit dem Parallelwiderstand, so liegt an den Schaltelementen des Parallelschwingkreises die gleiche Spannung. Der Strom durch die Spule eilt dieser Spannung um 90° nach **(Bild 3)**, der Strom durch den Kondensator um 90° voraus. Beide Ströme sind also gegenphasig. Der Strom durch den Widerstand ist mit der angelegten Spannung in Phase.

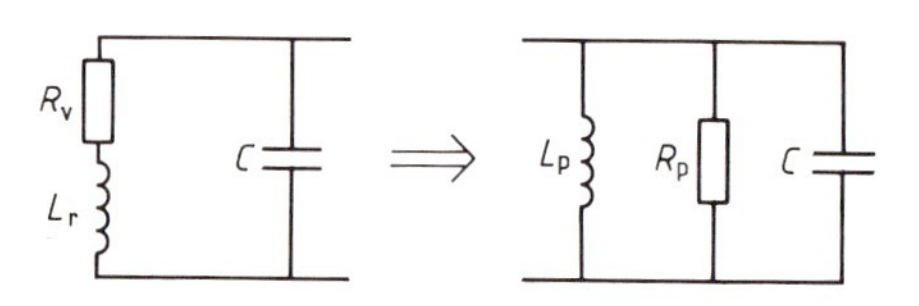

Bild 2: Ersatzschaltung des Parallelschwingkreises

I	Gesamtstrom
I_w	Wirkstrom
I_{bC}, I_{bL}	Blindströme
Y	Scheinleitwert
G	Wirkleitwert, Verlustleitwert
B_L, B_C	Blindleitwerte

$$I = \sqrt{I_w^2 + (I_{bC} - I_{bL})^2}$$

$$Y = \sqrt{G^2 + (B_L - B_C)^2}$$

Versuch 1: Schalten Sie einen Parallelschwingkreis aus $L = 250$ mH und $C = 4{,}7$ nF an einen Sinusgenerator an! Messen Sie die einzelnen Ströme bei verschiedenen Frequenzen!

Die Ströme durch den Parallelschwingkreis sind in der Nähe der Eigenfrequenz stark frequenzabhängig.

Unterhalb der Eigenfrequenz überwiegt der Strom durch die Spule, oberhalb der Eigenfrequenz ist der Strom durch den Kondensator größer. Unterhalb der Eigenfrequenz hat der Parallelschwingkreis die Eigenschaften einer Parallelschaltung aus einem Wirkwiderstand und einer Spule. Oberhalb der Eigenfrequenz hat er die Eigenschaften einer Parallelschaltung aus einem Wirkwiderstand und einem Kondensator **(Bild 1, folgende Seite)**. Bei Resonanz sind die Ströme durch Spule und Kondensator gleich groß.

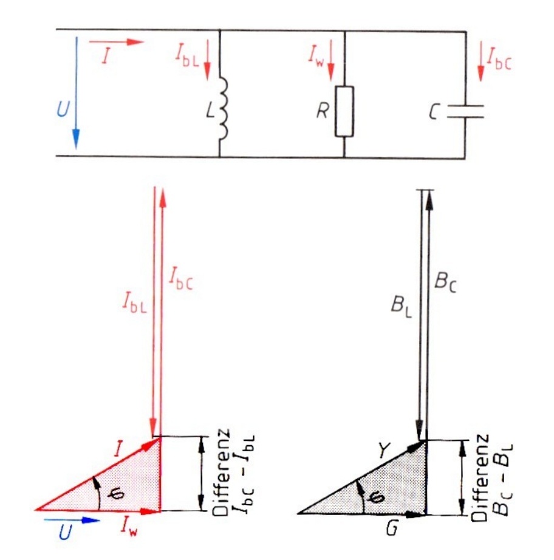

Bild 3: Zeigerbild der Ströme des Parallelschwingkreises und Leitwertdiagramm

Im Resonanzfall wird der Gesamtstrom nur durch den parallel liegenden Verlustwiderstand und die Spannung bestimmt. Der Scheinwiderstand des Parallelschwingkreises ist bei niedrigen und hohen Frequenzen klein. Bei Resonanz hat der Parallelschwingkreis den höchsten Widerstand *(Sperrkreis)*.

Der Resonanzwiderstand des Parallelschwingkreises ist gleich dem parallelen Verlustwiderstand.

Z_0 Resonanzwiderstand
R_p Paralleler Verlustwiderstand
R_v Reihenverlustwiderstand der Spule
L Induktivität
C Kapazität

Bei Resonanz:

$$Z_0 = R_p$$

$$R_p \approx \frac{L}{R_v \cdot C}$$

Beispiel:
Ein Parallelschwingkreis mit dem parallelen Wirkwiderstand von 100 kΩ und den Blindwiderständen $X_L = X_C = 500\ \Omega$ liegt an einer Sinusspannung von 10 V. Wie groß sind der Gesamtstrom und die Teilströme?

Lösung:

$$I = \frac{U}{R_p} = \frac{10\ \text{V}}{100\ \text{k}\Omega} = \mathbf{0{,}1\ mA}$$

$$I_{bC} = \frac{U}{X_C} = \frac{10\ \text{V}}{500\ \Omega} = \mathbf{20\ mA}$$

$$I_{bL} = I_{bC} = \mathbf{20\ mA}$$

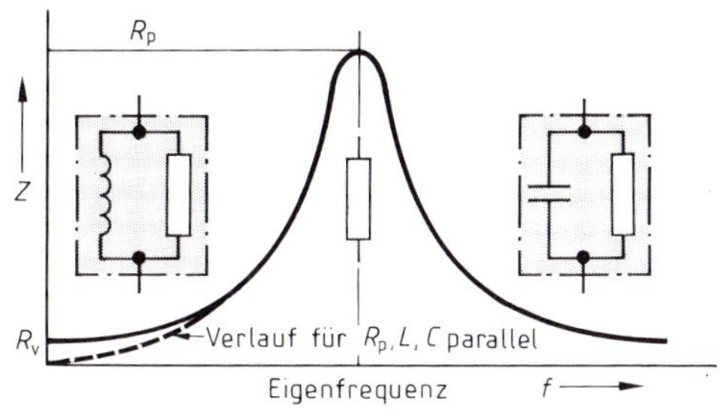

Bild 1: Scheinwiderstand *Z* des Parallelschwingkreises in Abhängigkeit von der Frequenz

Der Strom im Parallelschwingkreis ist bei Resonanz erheblich größer als der Gesamtstrom (Stromresonanz).

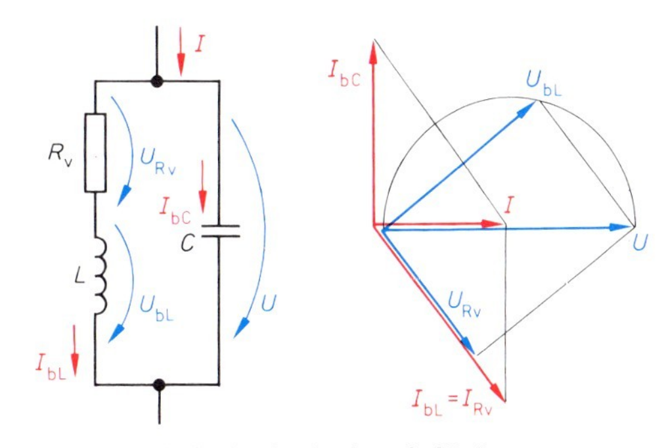

Bild 2: Parallelschwingkreis mit Verlusten

2.3.4 Resonanzfrequenz (Eigenfrequenz)

Schwingkreise wirken bei Resonanz als Wirkwiderstände. Zwischen der Gesamtspannung und dem Gesamtstrom besteht keine Phasenverschiebung. Beim Reihenschwingkreis und beim Parallelschwingkreis mit kleinen Verlusten ist bei Resonanz der induktive Widerstand gleich dem kapazitiven Widerstand.

Beim Parallelschwingkreis mit größeren Verlusten der Spule ist bei Resonanz der Strom durch die Spule etwas größer als der Strom durch den Kondensator **(Bild 2)**.

ω_0 Kreisfrequenz bei Resonanz
X_{L0}, X_{C0} Blindwiderstände bei Resonanz
f_0 Resonanzfrequenz (Eigenfrequenz)
L Induktivität
C Kapazität
R_v Verlustwiderstand der Spule

Bei $X_{L0} = X_{C0}$:

$$\omega_0 L = \frac{1}{\omega_0 C}$$

$$f_0 = \frac{1}{2\pi\sqrt{L \cdot C}}$$

$$f_0 = \frac{1}{2\pi}\sqrt{\frac{1}{LC} - \frac{R_v^2}{L^2}}$$

Beispiel:
Ein Kondensator von 15 nF ist mit einer Spule von 10 mH in Reihe geschaltet. Wie groß ist die Resonanzfrequenz?

Lösung:

$$f_0 = \frac{1}{2\pi\sqrt{L \cdot C}} = \frac{1}{2\pi \cdot \sqrt{10\ \text{mH} \cdot 15\ \text{nF}}} = \mathbf{13\ kHz}$$

Die Resonanzfrequenz von Parallelschwingkreisen ist also bei Verwendung von Spulen mit größeren Verlusten etwas kleiner als die Resonanzfrequenz verlustarmer Schwingkreise.

2.3.5 Bandbreite und Güte

Versuch 1: Schließen Sie einen Reihenschwingkreis aus $L = 250$ mH und $C = 4{,}7$ nF über einen Widerstand von 1000 Ω und einen Strommesser an einen Tonfrequenzgenerator an! Messen Sie den Strom in Abhängigkeit von der Frequenz!

Schließen Sie danach einen Parallelschwingkreis aus $L = 250$ mH, $C = 4{,}7$ nF und $R_p = 100$ kΩ über einen Widerstand von etwa 1 MΩ an einen Tonfrequenzgenerator an! Messen Sie mit einem elektronischen Spannungsmesser die Spannung am Schwingkreis in Abhängigkeit von der Frequenz!

Beide Versuche ergeben ähnliche Kurven **(Bild 1)**. *Diese Kurven nennt man Resonanzkurven.*

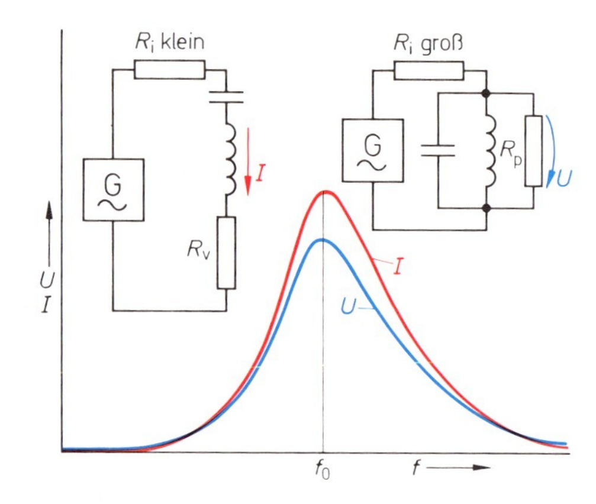

Bild 1: Resonanzkurven

Versuch 2: Wiederholen Sie Versuch 1! Vergrößern Sie jedoch die Verluste der Schwingkreise durch einen größeren Vorwiderstand zum Reihenschwingkreis und einen kleineren Parallelwiderstand zum Parallelschwingkreis!

Die beiden Resonanzkurven haben einen flacheren Verlauf.

Bei großen Verlusten ist die Resonanzkurve eines Schwingkreises flacher als bei kleinen Verlusten.

Ein Vergleichswert für Schwingkreise gleicher Eigenfrequenz ist die *Bandbreite*. Die Bandbreite ist die Differenz der Frequenzen, bei denen die Resonanzkurve auf 70,7% ($1/\sqrt{2}$) des Höchstwertes abgefallen ist.

Je größer die Bandbreite eines Schwingkreises bei bestimmter Eigenfrequenz ist, um so kleiner ist die *Güte* dieses Schwingkreises.

Q Güte
f_0 Eigenfrequenz
Δf Bandbreite

$$Q = \frac{f_0}{\Delta f}$$

Beispiel:

Die Resonanzkurve eines Reihenschwingkreises hat bei der Frequenz 470 kHz ihren Höchstwert. Bei den Frequenzen 467 kHz und 473 kHz ist die Resonanzkurve auf 70,7% des Höchstwertes abgesunken.
Wie groß ist die Güte des Kreises?

Lösung:

$$Q = \frac{f_0}{\Delta f} = \frac{470\text{ kHz}}{473\text{ kHz} - 467\text{ kHz}} = \mathbf{78{,}3}$$

Die Güte hängt von den Verlustwiderständen ab. Die Güte eines Reihenschwingkreises ist um so größer, je größer der Blindwiderstand der Spule oder des Kondensators bei der Eigenfrequenz im Verhältnis zu dem Verlustwiderstand der Spule ist.

R_v Verlustwiderstand der Spule
X_0 Blindwiderstand von Spule oder Kondensator bei Resonanz
R_p Parallelwiderstand des Schwingkreises

$$Q = \frac{X_0}{R_v}$$

$$Q \approx \frac{R_p}{X_0}$$

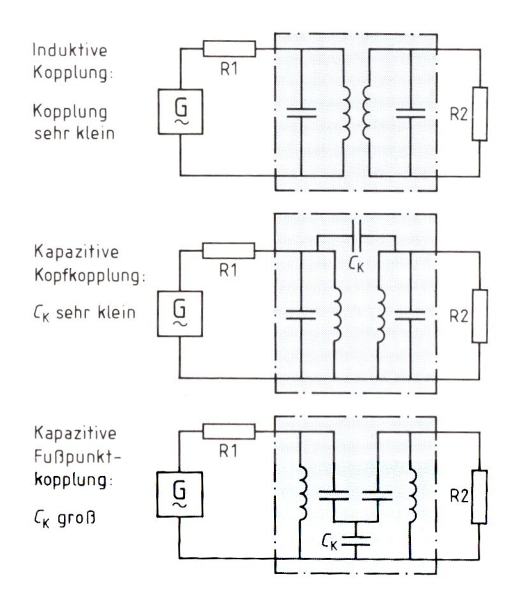

Bild 2: Bandfilterarten

Die Güte eines Parallelschwingkreises ist um so größer, je größer der Parallelwiderstand des Kreises im Verhältnis zu dem induktiven oder kapazitiven Blindwiderstand bei Resonanz ist.

2.3.6 Zweikreisbandfilter

In Rundfunkgeräten und Fernsehgeräten werden Bandpässe mit zwei lose gekoppelten Schwingkreisen verwendet. Solche Bandpässe nennt man *Bandfilter*. Die Kopplung erfolgt induktiv oder kapazitiv **(Bild 2, vorhergehende Seite)**. Beide Kreise sind auf dieselbe Frequenz in der Mitte des Durchlaßbereichs abgestimmt.

Während des Abgleichs des einen Kreises muß jeweils der andere Kreis kurzgeschlossen werden. Bei der *Spannungskopplung* wird die Spannung des ersten Kreises auf den zweiten Kreis übertragen. Bei der *Stromkopplung* fließt der Strom des ersten Kreises durch einen Teil des zweiten Kreises.

Für tiefe Frequenzen und hohe Frequenzen ist der Scheinwiderstand der Schwingkreise klein, bei der Eigenfrequenz und in ihrer Nähe ist er groß. Deshalb entsteht nur in einem schmalen Frequenzband am Ausgang des Filters eine Spannung **(Bild 1)**.

Bandfilter lassen Spannungen in einem Frequenzband mit fast gleicher Amplitude durch.

Beim Bandfilter mit induktiver Kopplung sind die Spulen lose gekoppelt. Im Ersatzschaltplan **Bild 2** ist ein kleiner Teil der Spulen ($K \cdot L$) wie beim Transformator fest gekoppelt. Der zweite Kreis wirkt als Reihenschwingkreis.

Der Verlauf der Durchlaßkurve des Bandfilters ist von der Kopplung und von der Güte der Kreise abhängig. Bei überkritischer Kopplung ($K \cdot Q > 1$) ist eine Einsattelung vorhanden. Bei unterkritischer Kopplung ($K \cdot Q < 1$) hat die Durchlaßkurve nur eine Resonanzstelle. Der Phasenverschiebungswinkel zwischen der Eingangsspannung und der Ausgangsspannung des Bandfilters ist bei der Eigenfrequenz der Kreise 90°, unterhalb der Eigenfrequenz kleiner als 90° und oberhalb der Eigenfrequenz größer als 90°. Induktiv gekoppelte Bandfilter verwendet man oft in ZF-Verstärkern von Rundfunkgeräten.

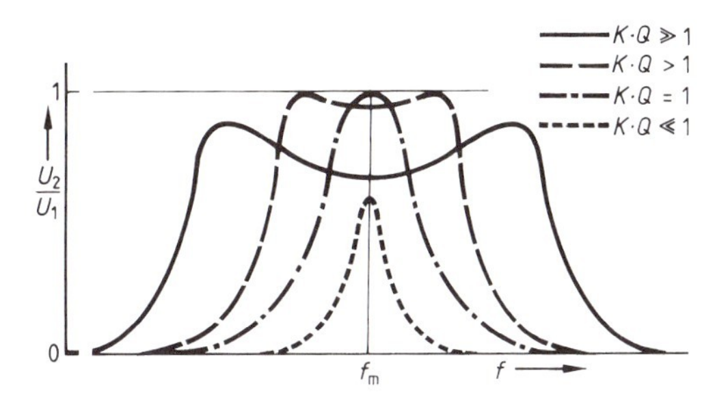

Bild 1: Bandfilterkurven bei verschiedenen Kopplungen

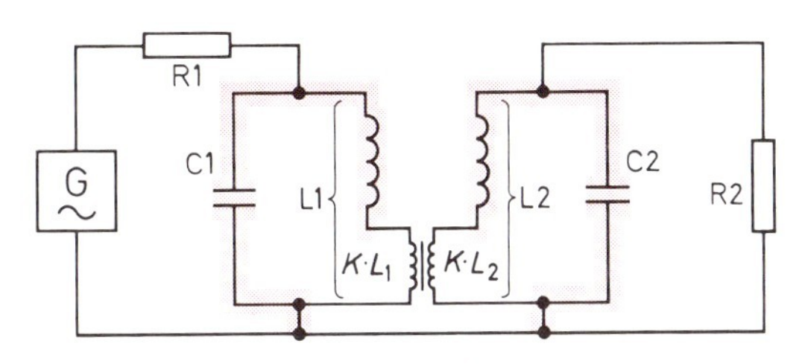

Bild 2: Ersatzschaltung eines Bandfilters

Wiederholungsfragen

1. **Beschreiben Sie den Schwingungsvorgang in einem Schwingkreis!**
2. **Welcher Zusammenhang besteht zwischen der Eigenfrequenz, der Induktivität und der Kapazität eines Schwingkreises?**
3. **Wodurch werden die Verluste eines Reihenschwingkreises dargestellt?**
4. **Warum wirkt ein Schwingkreis bei Resonanz als Wirkwiderstand?**
5. **Wie groß ist der Resonanzwiderstand eines Reihenschwingkreises?**
6. **Wie können die Verluste eines Parallelschwingkreises dargestellt werden?**
7. **Warum wirkt ein Parallelschwingkreis oberhalb der Eigenfrequenz wie die Parallelschaltung aus Widerstand und Kondensator?**
8. **Was versteht man unter der Bandbreite eines Schwingkreises?**
9. **Welcher Zusammenhang besteht zwischen der Güte eines Schwingkreises und dem parallelen Verlustwiderstand?**
10. **Nennen Sie die Kopplungsarten eines Zweikreisbandfilters!**
11. **Wovon ist die Bandbreite eines Zweikreisbandfilters abhängig?**

2.3.7 Mechanische Bandfilter

Bei hohen Frequenzen verwendet man anstelle rein elektrischer Bandfilter oft Anordnungen, die einen mechanischen Schwingungsteil enthalten. Dabei wird das zu übertragende elektrische Signal in ein Ultraschallsignal umgesetzt, mechanisch gefiltert und wieder in ein elektrisches Signal umgesetzt **(Bild 1)**.

Für die Umsetzer werden der piezoelektrische oder der magnetostriktive Effekt ausgenützt. Beim piezoelektrischen Effekt führen ein *elektrisches* Wechselfeld zu einer mechanischen Schwingung und eine mechanische Schwingung zu einem elektrischen Wechselfeld und damit zu einer elektrischen Spannung. Beim magnetostriktiven Effekt führen ein *magnetisches* Wechselfeld zu einer mechanischen Schwingung und eine mechanische Schwingung zu einem magnetischen Wechselfeld und damit auch wieder zu einer elektrischen Spannung.

Beim mechanischen Schwingungsteil der Länge l erfolgt Resonanz bei der halben Wellenlänge $\lambda/2 = l$. Die Ausbreitungsgeschwindigkeit c der Ultraschallwelle beträgt in den für mechanische Filter geeigneten Materialien etwa 5000 m/s. Bei der Frequenz $f = 5$ MHz beträgt dann wegen $c = f \cdot \lambda$ die Länge des Schwingungsteils nur 0,5 mm.

Mechanische Bandfilter haben für hohe Frequenzen kleine Abmessungen.

Bei den *keramischen Bandfiltern* tritt die Ultraschallschwingung als Längswelle (wie in Luft) im ganzen Volumen des Schwingungsteils auf, so daß man diese als *Volumenschwinger* bezeichnet. Bei den *Oberflächenwellenfiltern* (OFW-Filter) treten Querwellen (wie Wasserwellen) nur an der Oberfläche des Schwingungsteils auf **(Bild 2)**. Die Oberflächenwellen werden bei den OFW-Filtern meist durch streifenförmige Leiter auf einem piezoelektrischen Substrat[1] hervorgerufen **(Bild 3)**. Der Abstand benachbarter Leiterstreifen entspricht dabei der halben Wellenlänge der Ultraschallschwingung. Ein vollständiges OFW-Filter besteht aus zwei derartigen Umsetzern auf demselben Substrat. Der eingangsseitige Umsetzer eines OFW-Filters kann vom ausgangsseitigen verschieden sein.

Beim *Interdigitalwandler*[2] überlagern sich die Ultraschallschwingungen der Fingerpaare, so daß durch geeignete Abmessungen die Übertragungskurve des Bandfilters beeinflußt werden kann. Bei den OFW-Filtern können auch nicht angeschlossene Streifen auftreten, die ähnlich wie die Direktoren von Antennen als Resonatoren wirken (Bild 3).

Die Übertragungskurve von OFW-Filtern wird durch die Formgebung der Umsetzer bestimmt.

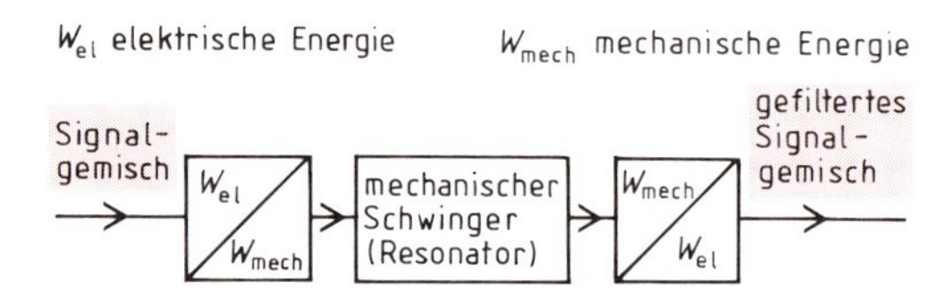

Bild 1: Prinzip der mechanischen Bandfilter

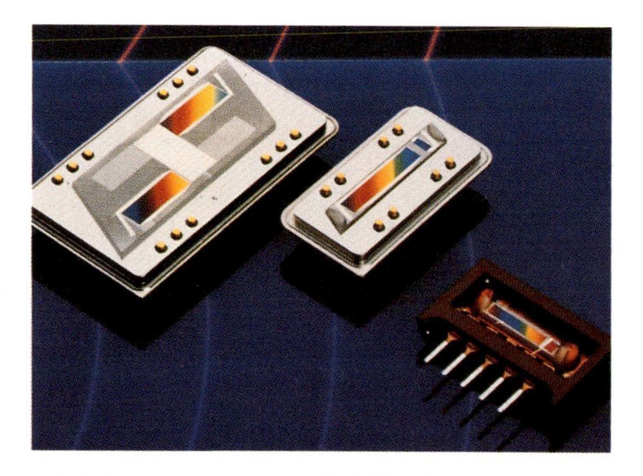

Bild 2: Taktgeneratoren mit OFW-Resonatoren

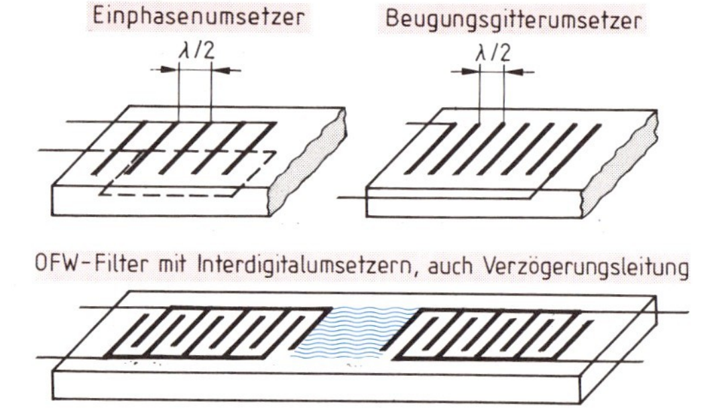

Bild 3: Arten von Umsetzern für OFW-Filter (Querwelle mit zu großer Amplitude dargestellt)

[1] lat. substructio = Unterbau; [2] lat. inter = zwischen, lat. digitus = Finger

2.4 Leistungen bei Wechselstrom

2.4.1 Wirkleistung

Ein an Wechselspannung gelegter Wirkwiderstand, z. B. eine Glühlampe, verursacht zwischen Strom und Spannung keine Phasenverschiebung.

Multipliziert man die zusammengehörigen Augenblickswerte von Wechselstrom und Wechselspannung, so erhält man die Augenblickswerte der Leistung p **(Bild 1)**. Da Spannung und Stromstärke in jedem Augenblick gleichzeitig positiv oder gleichzeitig negativ sind, sind die Augenblickswerte p nur positiv. Der Wirkwiderstand, z. B. eine Glühlampe, nimmt Leistung vom Spannungserzeuger auf.

Die Leistung hat die doppelte Frequenz wie die Spannung. Ihr Scheitelwert ist $\hat{u} \cdot \hat{i}$. Die Fläche unter der Leistungskurve entspricht der verrichteten Arbeit. Verwandelt man diese Fläche in ein flächengleiches Rechteck, so entspricht der Höhe des Rechtecks die Leistung, welche der Wirkwiderstand bei Gleichstrom aufnehmen würde. Man nennt diesen Mittelwert der Leistung *Wirkleistung*. Sie ist gleich der Hälfte des Scheitelwertes der pulsierenden Leistung.

$$P = \frac{\hat{u} \cdot \hat{i}}{2} = \frac{U \cdot \sqrt{2} \cdot I \cdot \sqrt{2}}{2}$$

$$P = U \cdot I$$

Die Einheit der Wirkleistung ist das Watt (W).

Wirkwiderstände nehmen nur Wirkleistung auf.

Beispiel:
Ein Heizlüfter nimmt an einer Spannung von 230 V eine Stromstärke von 10 A auf. Wie groß ist die Wirkleistung?

Lösung:
$P = U \cdot I = 230\ \text{V} \cdot 10\ \text{A} = 2300\ \text{W} = \mathbf{2{,}3\ kW}$

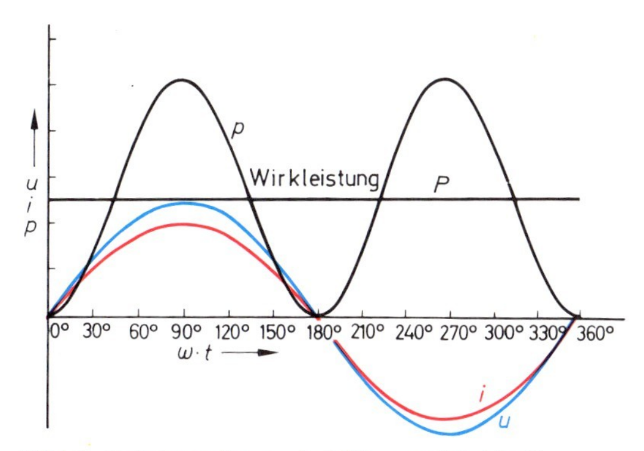

Bild 1: Leistungskurve bei Phasengleichheit von Strom und Spannung

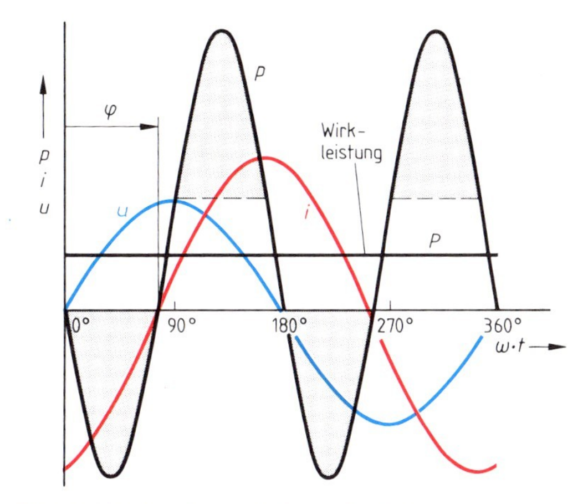

Bild 2: Wechselstromleistung bei einer Phasenverschiebung zwischen Strom und Spannung

2.4.2 Blindleistung, Scheinleistung

Die Ersatzschaltung einer Spule besteht aus einem Wirkwiderstand und einem induktiven Blindwiderstand. Der Wirkwiderstand nimmt Wirkleistung auf, der induktive Blindwiderstand *Blindleistung*. Durch die Wirkleistung (Verlustleistung) wird die Spule erwärmt.

Die Verlustleistung führt zu Erwärmung und ist eine Wirkleistung.

Die Blindleistung wird zum Aufbau des magnetischen Feldes benötigt. Beim Abbau des magnetischen Feldes wird die gleich große Leistung wieder an den Spannungserzeuger abgegeben. Die Spule selbst wirkt dann als Spannungserzeuger. Die Blindleistung pendelt also zwischen Verbraucher und Erzeuger hin und her.

Blindwiderstände nehmen nur Blindleistung auf.

Die vom Verbraucher aufgenommene Leistung wird positiv gezählt, die abgegebene Leistung negativ **(Bild 2)**.

Eine ideale Spule nimmt nur Blindleistung auf **(Bild 1)**. Hier sind aufgenommene Leistung und abgegebene Leistung gleich groß erfolgen aber nacheinander. Die von einer realen Spule aufgenommene Leistung ist dagegen größer als die von der Spule abgegebene Blindleistung.

Die *Scheinleistung* ist das Produkt aus Spannung und Stromstärke. Sie ist bei einer Phasenverschiebung zwischen Strom und Spannung stets größer als die Wirkleistung und größer als die Blindleistung.

Beispiel:
Ein Verbraucher nimmt an einer Wechselspannung von 230 V eine Stromstärke von 16 A auf. Wie groß ist die Scheinleistung?

Lösung:
$S = U \cdot I = 230\ \text{V} \cdot 16\ \text{A} = 3680\ \text{VA} = \mathbf{3{,}68\ kVA}$

Die Ersatzschaltung eines Kondensators besteht aus der Parallelschaltung eines Wirkwiderstandes und eines kapazitiven Blindwiderstandes.

Der kapazitive Blindwiderstand des Kondensators nimmt Blindleistung auf. Die Blindleistung wird zum Aufbau des elektrischen Feldes benötigt. Beim Abbau des elektrischen Feldes wird die gleich große Leistung wieder an den Spannungserzeuger abgegeben. Der Kondensator selbst wirkt dann als Spannungserzeuger. Ein Kondensator nimmt bei Niederfrequenz fast nur Blindleistung auf.

Wird eine Reihenschaltung, bestehend z.B. aus einer Spule und einer Glühlampe, an einen Leistungsmesser angeschlossen, und wird ferner über einen Strommesser und einen Spannungsmesser die Stromstärke und die angelegte Spannung gemessen, dann ist die Anzeige des Leistungsmessers kleiner als das Produkt aus Spannung und Stromstärke. Der Leistungsmesser zeigt nur die Wirkleistung an.

Übliche Leistungsmesser zeigen die Wirkleistung an.

2.4.3 Zeigerbild der Leistungen

Bei den Zeigerbildern der Leistungen wird die Reihenschaltung von Wirkwiderstand und Blindwiderstand als Ersatzschaltung zugrunde gelegt **(Bild 2)**.

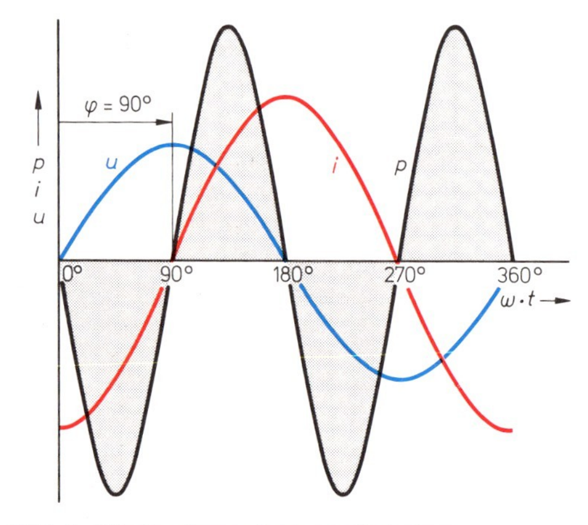

Bild 1: Wechselstromleistung bei einer idealen Spule

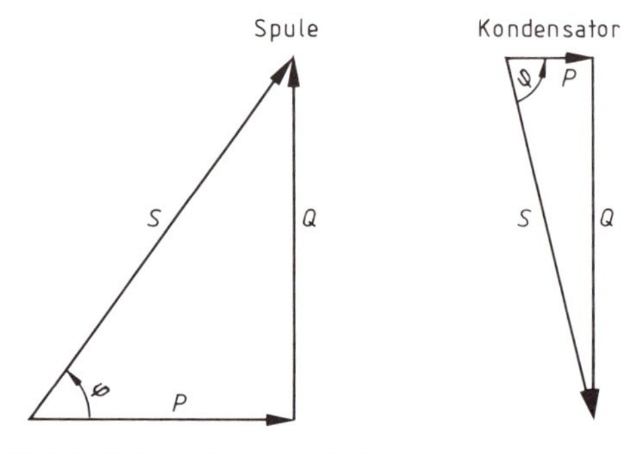

Bild 2: Zeigerbilder der Leistungen

S Scheinleistung
U Spannung
I Stromstärke

$$S = U \cdot I$$

$[S] = \text{V} \cdot \text{A} = \text{VA}$

Die Leistungen sind den Quadraten der Spannungen proportional. Die Zeigerbilder der Leistungen entsprechen demnach den Zeigerbildern der Spannungen. Die Blindleistung Q eilt bei der Spule der Wirkleistung P um 90° vor, beim Kondensator um 90° nach. Die geometrische Addition von P und Q ergibt die Scheinleistung S.

Für die Scheinleistung wird meist die Einheit Voltampere (VA) und für die Blindleistung die Einheit Voltampere reaktiv[1] (var) benützt **(Tabelle 1, folgende Seite)**.

Die Scheinleistung ist in einem Wirkwiderstand gleich der Wirkleistung, in einem Blindwiderstand gleich der Blindleistung.

[1] lat. reactus = zurückgewirkt

Beispiel:
Ein Einphasenmotor nimmt an 230 V 14 A auf. Ein Leistungsmesser zeigt eine Leistung von 2,5 kW an. Berechnen Sie die Scheinleistung, den Phasenverschiebungswinkel und die Blindleistung!

Lösung:

$S = U \cdot I = 230\ \text{V} \cdot 14\ \text{A} = \mathbf{3{,}22\ kVA}$

$P = S \cdot \cos\varphi \Rightarrow \cos\varphi = \frac{P}{S} = \frac{2{,}5\ \text{kW}}{3{,}22\ \text{kVA}} = 0{,}776$

$\varphi = \mathbf{39°}$

$Q = S \cdot \sin\varphi = 3{,}22\ \text{kVA} \cdot 0{,}63 = \mathbf{2{,}03\ kvar}$

Tabelle 1: Leistungen bei Wechselstrom		
Größe	Formelzeichen	Einheitenzeichen
Wirkleistung	P	W
Scheinleistung	S	VA
kapazitive Blindleistung	Q_C	var
induktive Blindleistung	Q_L	var

S Scheinleistung
P Wirkleistung
Q Blindleistung
U Spannung
I Stromstärke
φ Phasenverschiebungswinkel zwischen Strom und Spannung
$\cos\varphi$ Leistungsfaktor (Wirkfaktor)
$\sin\varphi$ Blindfaktor

$$S = \sqrt{P^2 + Q^2}$$

$$S = U \cdot I$$

$$P = S \cdot \cos\varphi$$

$$P = U \cdot I \cdot \cos\varphi$$

$$Q = S \cdot \sin\varphi$$

$$Q = U \cdot I \cdot \sin\varphi$$

$$\cos\varphi = \frac{P}{S}$$

$$\sin\varphi = \frac{Q}{S}$$

$$\cos\varphi = \sqrt{1 - \sin^2\varphi}$$

$$\sin\varphi = \sqrt{1 - \cos^2\varphi}$$

2.4.4 Leistungsfaktor

Der *Leistungsfaktor* ist das Verhältnis von Wirkleistung zu Scheinleistung. Bei Sinusstrom stimmt er mit dem $\cos\varphi$ überein. Der Leistungsfaktor wird auch als *Wirkfaktor* bezeichnet.

Beispiel 1:
Ein Einphasen-Wechselstrommotor hat eine Wirkleistung von 1,5 kW und eine Scheinleistung von 1,7 kVA. Berechnen Sie den Leistungsfaktor!

Lösung:

$\cos\varphi = \frac{P}{S} = \frac{1{,}5\ \text{kW}}{1{,}7\ \text{kVA}} = \mathbf{0{,}88}$

Der Leistungsfaktor gibt an, wieviel von der Scheinleistung in Wirkleistung umgesetzt wird. Die Scheinleistung und damit bei gleicher Spannung auch die Stromstärke sind bei gleicher Wirkleistung um so kleiner, je größer der Leistungsfaktor ist. Generatoren, Transformatoren und Leitungen müssen für die erforderliche Stromstärke ausgelegt sein. Bei großen Stromstärken sind hohe Anlagekosten erforderlich. Deshalb strebt man eine möglichst kleine Stromstärke bei einem möglichst großen Leistungsfaktor an ($\cos\varphi \rightarrow 1$).

Als *Blindfaktor* bezeichnet man das Verhältnis von Blindleistung zu Scheinleistung. Bei Sinusstrom stimmt der Blindfaktor mit dem $\sin\varphi$ überein.

Beispiel 2:
Ein Einphasen-Wechselstrommotor nimmt eine Scheinleistung von 1,7 kVA bei einem Leistungsfaktor von 0,88 auf. Berechnen Sie a) den Blindfaktor, b) die aufgenommene Blindleistung!

Lösung:

a) $\cos\varphi = 0{,}88 \Rightarrow \sin\varphi = \sqrt{1 - \cos^2\varphi} = 0{,}47$

b) $Q = S \cdot \sin\varphi = 1{,}7\ \text{kVA} \cdot 0{,}47 = \mathbf{0{,}8\ kVA}$

Wiederholungsfragen

1. **Wie kann man die Wirkleistung bei einem Wirkwiderstand berechnen?**
2. **Welche Leistung zeigen übliche Leistungsmesser an?**
3. **Wie wirken sich Verlustleistungen aus?**
4. **Wie kann man die Scheinleistung berechnen?**
5. **Wie berechnet man die Wirkleistung aus der Scheinleistung?**
6. **Wie berechnet man die Blindleistung aus der Scheinleistung?**
7. **Was versteht man unter dem Leistungsfaktor?**
8. **Warum strebt man einen Leistungsfaktor $\cos\varphi = 1$ an?**
9. **Was versteht man unter dem Blindfaktor?**

2.4.5 Leistungen bei Dreiphasenwechselspannung

2.4.5.1 Entstehung des Drehstromes

Versuch: Befestigen Sie am Ständer einer Versuchsmaschine drei gleiche Spulen, die gegeneinander um 120° versetzt sind **(Bild 1)**! Schließen Sie an jede Spule einen Drehspulspannungsmesser mit Nullpunkt in Skalenmitte an! Drehen Sie das Polrad!

Die Zeiger der drei Spannungsmesser schlagen bei jeder vollen Umdrehung des Polrades nacheinander je einmal nach links und nach rechts aus.

Die Drehung des Polrades ruft ein *magnetisches Drehfeld* hervor, und in jeder Spule wird eine Wechselspannung erzeugt. Die entstehenden Spannungen sind gleich groß, jedoch um $^1/_3$ Periode phasenverschoben. Die Phasenverschiebung beträgt daher 120°. Bei gleicher Belastung jeder Spule beträgt die Phasenverschiebung zwischen den Strömen ebenfalls 120° (Bild 1).

Drei um je 120° phasenverschobene Wechselströme nennt man Dreiphasenwechselstrom.

Läßt man diesen Dreiphasenwechselstrom durch drei räumlich um 120° versetzte Spulen fließen, so entsteht wieder ein magnetisches Drehfeld. Deshalb bezeichnet man den Dreiphasenwechselstrom meist als *Drehstrom*.

Die Anfänge der drei Spulen erhalten die Bezeichnungen U1, V1, W1, ihre Enden U2, V2, W2. Zur Fortleitung der elektrischen Energie sind in diesem Fall sechs Leiter erforderlich (Bild 1).

Im Linienbild **Bild 2** hat im Zeitpunkt t_1 (90°) der in der Spule U1 U2 fließende Strom I_1 seinen Höchstwert. Der Strom I_2 in der Spule V1 V2 und der Strom I_3 in der Spule W1 W2 sind entgegengerichtet und halb so groß. Die Summe der Ströme I_2 und I_3 ist so groß wie der Strom I_1. Die Summe der drei Ströme ist null. Dies gilt für jede andere Stelle zwischen 0° und 360°. Man kann deshalb die Zahl der sechs Leiter vermindern, wenn man die drei Spulen in geeigneter Weise miteinander verbindet (verkettet).

Verkettung

Verbindet man die drei Enden U2, V2, W2 bei Erzeuger oder Verbraucher als Sternpunkt, so entsteht die *Sternschaltung* **(Bild 3)**. Durch Verbindungen von U1 mit W2, W1 mit V2, V1 mit U2 erhält man die *Dreieckschaltung* (Bild 3). An U1, V1, W1 schließt man die drei Leiter an. Jede Schaltung bildet ein *verkettetes Drehstromsystem.*

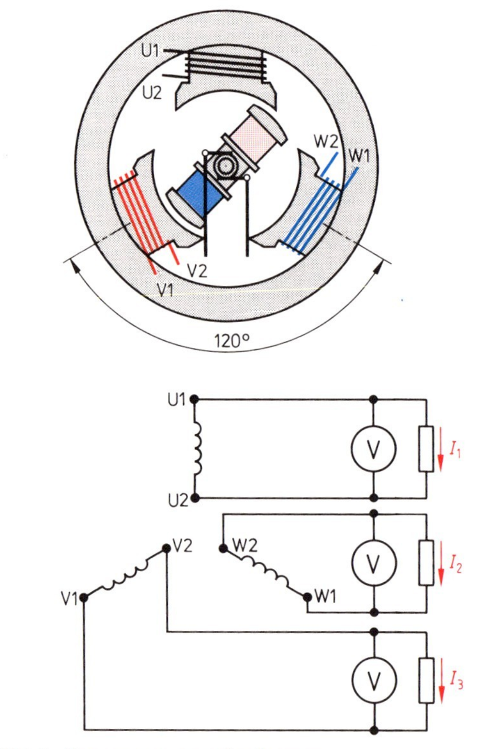

Bild 1: Erzeugung von Drehstrom

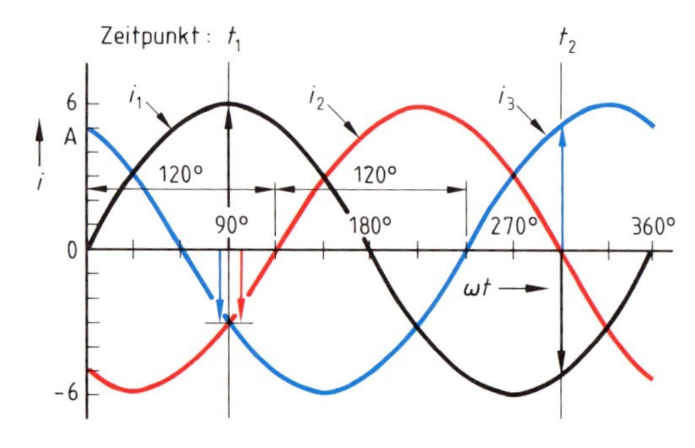

Bild 2: Linienbild der Wechselströme

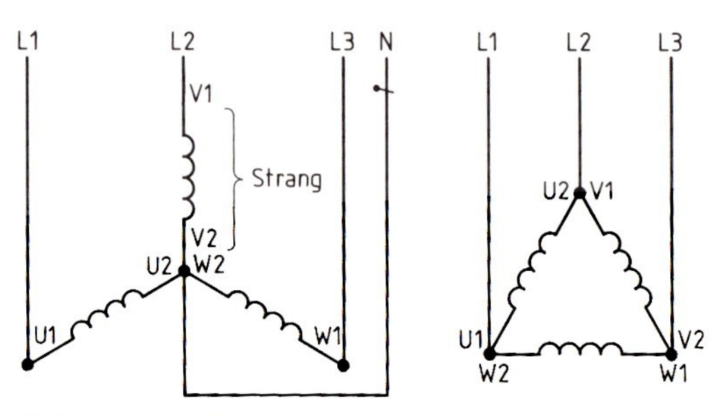

Bild 3: Sternschaltung und Dreieckschaltung

Verkettungsfaktor

Versuch: Schließen Sie drei gleiche Verbraucher, z. B. drei Glühlampen, in Sternschaltung an einen Drehstrom-Kleinspannungstransformator an, und messen Sie die Spannungen zwischen den Außenleitern und zwischen den Außenleitern und dem Neutralleiter!

Zwischen L1 und L2, L2 und L3, L3 und L1 liegen drei gleich hohe Spannungen. Zwischen L1 und N, L2 und N, L3 und N erhält man ebenfalls drei gleich hohe Spannungen, die aber niedriger sind als die zuerst gemessenen.

Die höhere Spannung nennt man Leiterspannung, die niedrige Sternspannung. Das Verhältnis von Leiterspannung zu Sternspannung ergibt den *Verkettungsfaktor* $\sqrt{3} = 1{,}73$.

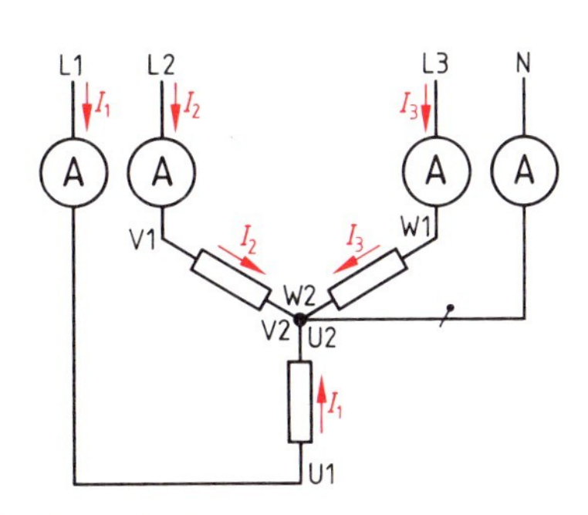

Bild 1: Sternschaltung

2.4.5.2 Sternschaltung (Kennzeichen Y)

Bezeichnungen

Die drei von den Spulenanfängen U1, V1, W1 abgehenden Leiter nennt man Außenleiter L1, L2, L3. Der vom Sternpunkt abgehende Leiter heißt Neutralleiter N. Die Spannung zwischen den Außenleitern (L1 und L2, L2 und L3, L3 und L1) nennt man *Dreieckspannung* oder Leiterspannung *U*. Die Spannung zwischen den Außenleitern und dem Neutralleiter (L1 und N, L2 und N, L3 und N) heißt *Sternspannung* U_Y. Bei Sternschaltung ist die Sternspannung U_Y gleich der Strangspannung U_{Str}.

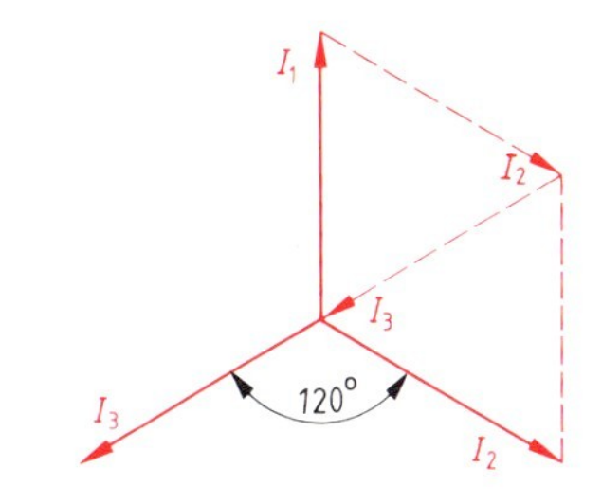

Bild 2: Sternschaltung, Zeigerbild der Ströme

I Leiterstromstärke
I_{Str} Strangstromstärke

Bei Sternschaltung:

$$I = I_{Str}$$

Ströme

Versuch: Schalten Sie die beim Versuch in 2.4.5.1 verwendeten Verbraucher zwischen je einem Außenleiter und den Neutralleiter an den Transformator, und schalten Sie in jeden Leiter einen Strommesser **(Bild 1)**! Schalten Sie erst einen, dann den zweiten, dann den dritten Verbraucher ein! Messen Sie dabei die Stromstärken!

Die Stromstärke im Neutralleiter ist bei einem eingeschalteten Verbraucher so groß wie die Stromstärke im Außenleiter. Bei zwei eingeschalteten Verbrauchern bleibt die Stromstärke im Neutralleiter so groß wie in einem Außenleiter. Sind drei gleiche Verbraucher in Stern geschaltet, so fließt im Neutralleiter kein Strom.

Der Strom im Neutralleiter ist so groß wie die geometrische Summe der Außenleiterströme. Die bei der Sternschaltung fließenden Ströme lassen sich im Zeigerbild **Bild 2** darstellen.

Addiert man z. B. die Ströme I_1 und I_2 geometrisch, so erhält man einen Summenstrom, dessen Betrag so groß ist wie der Strom I_3. Daher ist die Summe aller drei Ströme gleich null. Im Neutralleiter fließt kein Strom, wenn bei Drehstromverbrauchern die Belastung der drei Außenleiter gleich ist. Damit die Verbraucherstränge Energie aufnehmen, genügt es also, sie an die drei Außenleiter anzuschließen.

Bei gleichmäßiger (symmetrischer) Belastung ist der Neutralleiter stromlos.

Bei der Sternschaltung fließt der ganze Leiterstrom durch den Wicklungsstrang, weil keine Stromverzweigung vorliegt.

Bei der Sternschaltung ist die Leiterstromstärke ebenso groß wie die Strangstromstärke.

Spannungen

Die Strangspannungen sind bei der Sternschaltung um 120° gegeneinander verschoben **(Bild 1)**. Die Leiterspannungen (Spannungen zwischen den Außenleitern) sind gleich den geometrischen Differenzen der Strangspannungen.

Bei der Sternschaltung ist die Leiterspannung $\sqrt{3}$mal so groß wie die Strangspannung.

Beispiel:
Ein Drehstrommotor ist an ein 400-V-Netz in Sternschaltung angeschlossen. Wie groß ist die Strangspannung des Motors?

Lösung:

$$U_{Str} = \frac{U}{\sqrt{3}} = \frac{400\ \text{V}}{\sqrt{3}} = 231\ \text{V} \approx \mathbf{230\ V}$$

Ein *Vierleiter-Drehstromnetz* ist an den vier Leitern zu erkennen. Beim 400-V-Netz beträgt die Außenleiterspannung 400 V, die Sternspannung 230 V. Es bestehen daher sechs Anschlußmöglichkeiten für die Verbraucher. Die meisten Niederspannungsnetze sind Vierleiternetze, weil zwei verschiedene Spannungen zur Verfügung stehen. Diese ermöglichen den Anschluß von Großgeräten, wie z.B. Drehstrommotoren, an die Spannungen 400 V und Kleingeräten, wie z.B. Glühlampen, an die Spannungen 230 V.

2.4.5.3 Dreieckschaltung (Kennzeichen △)

Spannungen

Versuch: Schalten Sie drei gleiche Verbraucher für 400 V in Dreieckschaltung an einen Drehstrom-Kleinspannungstransformator **(Bild 2)**, und messen Sie die Spannungen und die Stromstärken!

An den Strängen liegt die Leiterspannung. Die Leiterstromstärke ist $\sqrt{3}$mal so groß wie die Strangstromstärke.

Bei der Dreieckschaltung ist die Leiterspannung gleich der Strangspannung.

Die Leiterspannung U wird deshalb auch Dreieckspannung U_{Δ} genannt.

Ströme

Der Phasenverschiebungswinkel zwischen den drei Strömen in den drei Strängen beträgt jeweils 120°. Deshalb ist auch die Leiterstromstärke $\sqrt{3}$mal so groß wie die Strangstromstärke. Sie ist gleich der geometrischen Differenz der Strangströme **(Bild 3)**.

Bei der Dreieckschaltung ist die Leiterstromstärke $\sqrt{3}$mal so groß wie die Strangstromstärke.

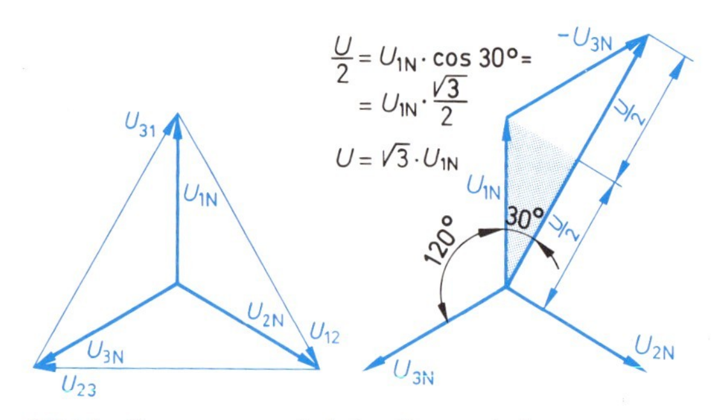

Bild 1: Spannungen bei der Sternschaltung

Bei Sternschaltung:

U Leiterspannung
U_{Str} Strangspannung

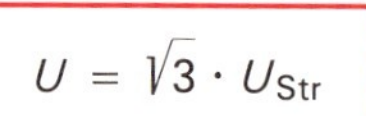

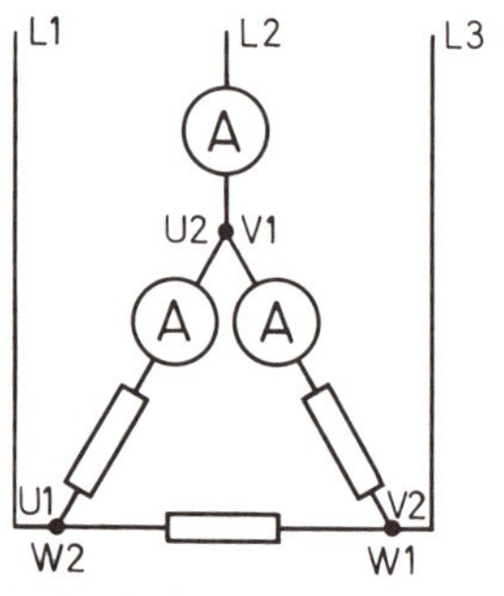

Bild 2: Dreieckschaltung

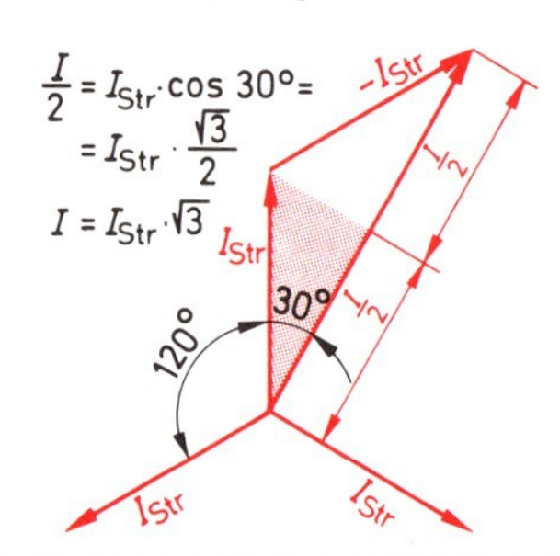

Bild 3: Leiterstromstärke und Strangstromstärke bei Dreieckschaltung

Bei Dreieckschaltung:

U Leiterspannung
U_{Str} Strangspannung
I Leiterstromstärke
I_{Str} Strangstromstärke

$$U = U_{Str}$$

$$I = \sqrt{3} \cdot I_{Str}$$

In der Sternschaltung und in der Dreieckschaltung ist also eine Leitergröße gleich der Stranggröße, die andere Leitergröße ist das $\sqrt{3}$fache der entsprechenden Stranggröße.

2.4.5.4 Ermittlung der Leistung

Die gesamte Scheinleistung ist die Summe der drei Strangleistungen **(Tabelle 1)**. In der Sternschaltung und in der Dreieckschaltung ist die Scheinleistung gleich zu berechnen. Für die Ermittlung der Scheinleistung genügt also in beiden Schaltungen die Messung der Leiterspannung und des Leiterstromes.

Tabelle 1: Leistungsermittlung

Bei symmetrischer Last $S = 3 \cdot S_{Str} = 3 \cdot U_{Str} \cdot I_{Str}$	
symmetrische Sternschaltung	symmetrische Dreieckschaltung
$S = 3 \cdot I \cdot \frac{U}{\sqrt{3}} = \sqrt{3} \cdot U \cdot I$	$S = 3 \cdot \frac{I}{\sqrt{3}} \cdot U = \sqrt{3} \cdot U \cdot I$

Beispiel 1:

Drei Heizwiderstände mit je 40 Ω sind an ein Drehstromnetz von 400/230 V a) in Stern, b) in Dreieck geschaltet. Berechnen Sie die Leistungen, und vergleichen Sie diese bei beiden Schaltungen!

Lösung:

a) Sternschaltung:

$$I = I_{Str} = \frac{U_{Str}}{R_{Str}} = \frac{230\ \text{V}}{40\ \Omega} = 5{,}75\ \text{A}$$

$$P_Y = \sqrt{3} \cdot U \cdot I \cdot \cos\varphi = \sqrt{3} \cdot 400\ \text{V} \cdot 5{,}75\ \text{A} \cdot 1 \approx 4000\ \text{W} = \mathbf{4\ kW}$$

b) Dreieckschaltung:

$$I_{Str} = \frac{U_{Str}}{R_{Str}} = \frac{400\ \text{V}}{40\ \Omega} = 10\ \text{A}$$

$$I = I_{Str} \cdot \sqrt{3} = 10\ \text{A} \cdot \sqrt{3} = 17{,}32\ \text{A}$$

$$P_\triangle = \sqrt{3} \cdot U \cdot I \cdot \cos\varphi = \sqrt{3} \cdot 400\ \text{V} \cdot 17{,}32\ \text{A} \cdot 1 \approx 12\,000\ \text{W} = \mathbf{12\ kW}$$

$$\frac{P_Y}{P_\triangle} = \frac{4\ \text{kW}}{12\ \text{kW}} = \frac{1}{3} = \mathbf{1:3}$$

S Scheinleistung
U Leiterspannung
I Leiterstrom
P Wirkleistung
Q Blindleistung
φ Phasenverschiebungswinkel

$$S = \sqrt{3} \cdot U \cdot I$$

$P = S \cdot \cos\varphi$

$$P = \sqrt{3} \cdot U \cdot I \cdot \cos\varphi$$

$Q = S \cdot \sin\varphi$

$$Q = \sqrt{3} \cdot U \cdot I \cdot \sin\varphi$$

$P_\triangle$ Wirkleistung bei Dreieckschaltung
P_Y Wirkleistung bei Sternschaltung

Im gleichen Netz:

$$P_\triangle = 3 \cdot P_Y$$

Bei gleicher Netzspannung nimmt ein Verbraucher mit gleichbleibenden Strangwiderständen in Dreieckschaltung die dreifache Leistung auf wie in Sternschaltung.

Bei Motoren bleiben die Scheinwiderstände der Stränge nicht gleich. Motoren nehmen aus dem Netz so viel Strom auf, daß sie die erforderliche Leistung abgeben können. Deshalb können sie in der Sternschaltung überlastet werden, wenn sie für die Dreieckschaltung bemessen sind.

Bei unsymmetrischer Belastung ermittelt man die Strangleistung der drei Stränge getrennt und addiert dann gleichartige Leistungen zur Gesamtleistung. Beim Drehstrom-Vierleiternetz fließt bei unsymmetrischer Belastung im Neutralleiter Strom **(Bild 1)**. Die Stromstärke im Neutralleiter bestimmt man durch geometrische Addition der Leiterströme (Bild 1).

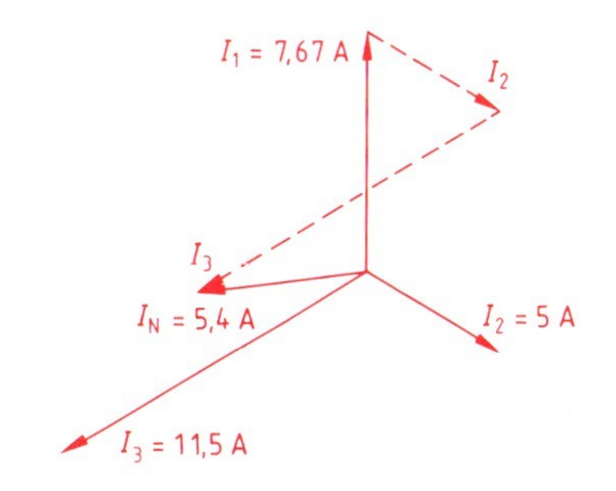

Bild 1: Ströme bei unsymmetrischer Belastung

Beispiel 2:

Ein Drehstrom-Vierleiternetz 400 V/230 V ist mit folgenden Verbrauchern belastet: Zwischen L1 und N liegt ein Heizwiderstand mit 30 Ω, zwischen L2 und N ein Heizgerät mit einer Stromaufnahme von 5 A und zwischen L3 und N ein Heizwiderstand von 20 Ω.

Wie groß sind a) die Leiterströme, b) die Stromstärke im Neutralleiter?

Lösung:

a) $I_1 = \frac{U}{R_1} = \frac{230\ \text{V}}{30\ \Omega} = \mathbf{7{,}67\ A}$; $I_2 = \mathbf{5\ A}$

$I_3 = \frac{U}{R_3} = \frac{230\ \text{V}}{20\ \Omega} = \mathbf{11{,}5\ A}$

b) $I_N = \mathbf{5{,}4\ A}$ (Bild 1)

2.4.6 Kompensation von Blindwiderständen

Induktivitäten und Kapazitäten sind Blindwiderstände, die sich elektrisch zueinander entgegengesetzt verhalten, z. B. in Bezug auf die Phasenverschiebung. Deshalb können oft unerwünschte Folgen eines dieser Blindwiderstände durch das Dazuschalten des anderen Blindwiderstandes kompensiert[1] werden.

Induktivitäten werden durch Kapazitäten kompensiert, Kapazitäten durch Induktivitäten.

Die Blindleistung ist der Teil der Leistung, die im Gegensatz zur Wirkleistung zwischen Erzeuger und Last hin- und herschwingt **(Bild 1)**. Bei der induktiven Blindleistung nimmt der Verbraucher einen gegenüber der Spannung nacheilenden Strom auf. Die Aufnahme von Blindleistung erhöht die Scheinleistung und damit die Stromstärke in der Zuleitung. Durch Kompensation wird bei gleichbleibender Wirkleistung die Stromstärke in der Zuleitung herabgesetzt (Bild 1).

Durch Kompensation werden die Scheinleistung, der Phasenverschiebungswinkel und die Stromstärke in der Zuleitung verkleinert und der Leistungsfaktor vergrößert.

Die in der Energietechnik häufige *induktive Blindleistung* wird durch Kondensatoren kompensiert. Diese werden meist parallel zur induktiven Last, z. B. einer Gasentladungslampe, angeschlossen **(Bild 2)**. Der Kondensator muß so bemessen sein, daß er die induktive Blindleistung zu einem großen Teil aufhebt **(Bild 3)**. Bei Leuchtstofflampen wird zur Kompensation ein Kondensator in Reihe zur Drosselspule geschaltet. Die Kapazität wird so bemessen, daß die gesamte Schaltung kapazitive Blindleistung aufnimmt, so daß *Überkompensation* vorliegt. Die eigentliche Kompensation erfolgt dann durch Zuschalten einer weiteren, nicht kompensierten Leuchtstofflampenschaltung.

In der Nachrichtentechnik setzen Schaltkapazitäten, z. B. eines Breitbandverstärkers, die Grenzfrequenz herunter, da sie zusammen mit den Wirkwiderständen Tiefpässe bilden **(Bild 4)**. Schaltet man in Reihe zum Widerstand eine Induktivität, so entsteht ein Reihenschwingkreis. Dadurch entsteht bei Resonanz eine Spannungserhöhung, und die Grenzfrequenz wird erhöht. Allerdings werden die Spannungen mit darüber liegenden Frequenzen noch weniger übertragen.

[1] lat. compensare = ausgleichen

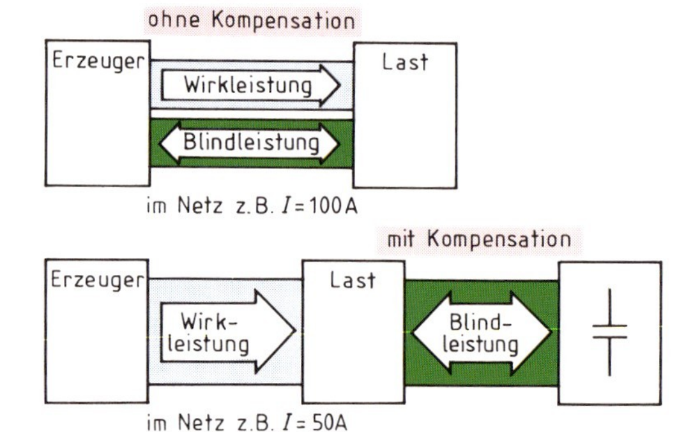

Bild 1: Kompensation der Blindleistung

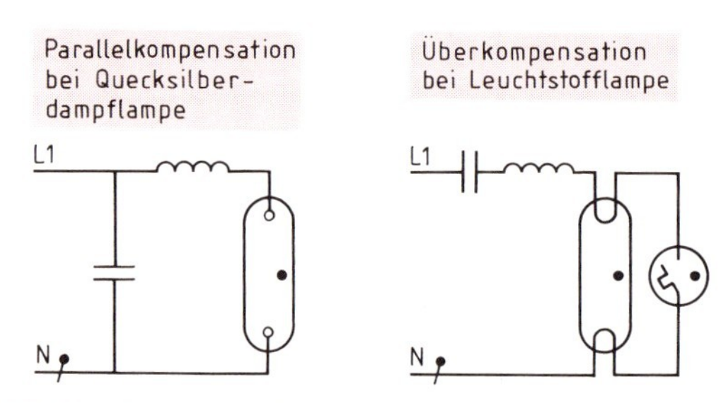

Bild 2: Kompensation der induktiven Blindleistung durch Parallelschaltung oder durch Reihenschaltung eines Kondensators

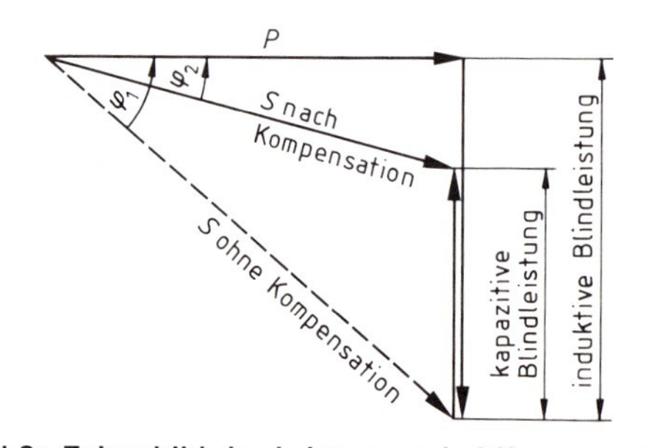

Bild 3: Zeigerbild der Leistungen bei Kompensation

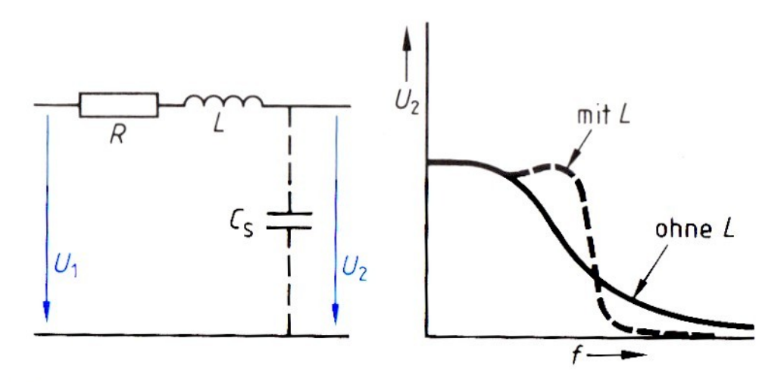

Bild 4: Kompensation von Schaltkapazitäten

2.5 Transformatoren

Transformatoren zum Übertragen von Signalen nennt man *Übertrager*. Transformatoren für Meßzwecke nennt man Meßwandler bzw. Stromwandler oder Spannungswandler.

2.5.1 Wirkungsweise und Begriffe

Zwei Spulen auf einem gemeinsamen Kern aus magnetischem Material (Eisenkern) bilden einen Transformator **(Bild 1)**. Von der *Eingangswicklung (Primärwicklung)* wird Wechselstrom und damit elektrische Energie aufgenommen. Diese Energie wird als magnetischer Wechselfluß an den Kern weitergegeben. Der Wechselfluß induziert in der *Ausgangswicklung (Sekundärwicklung)* eine Spannung. Wenn an der Ausgangswicklung ein Lastwiderstand angeschlossen ist, so fließt ein Ausgangsstrom, so daß die Energie an den Lastwiderstand abgegeben wird (Bild 1).

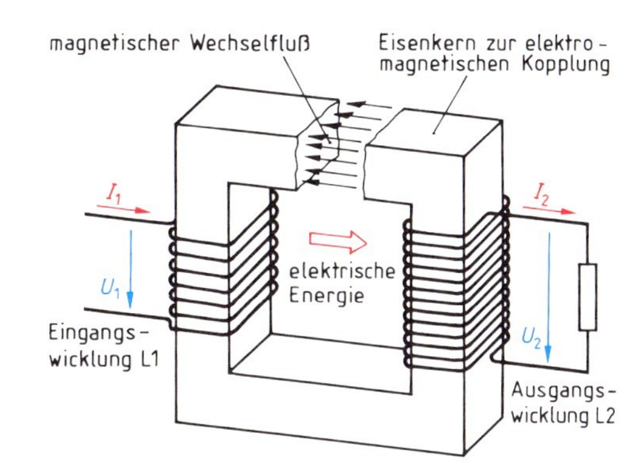

Bild 1: Energiefluß beim Transformator

Beim Transformator ist die Eingangswicklung mit der Ausgangswicklung elektromagnetisch gekoppelt.

Unabhängig von den Begriffen Eingangswicklung und Ausgangswicklung nennt man die Wicklung mit der hohen Spannung auch Oberspannungswicklung und die mit der niedrigen Spannung Unterspannungswicklung, insbesondere in der Energietechnik.

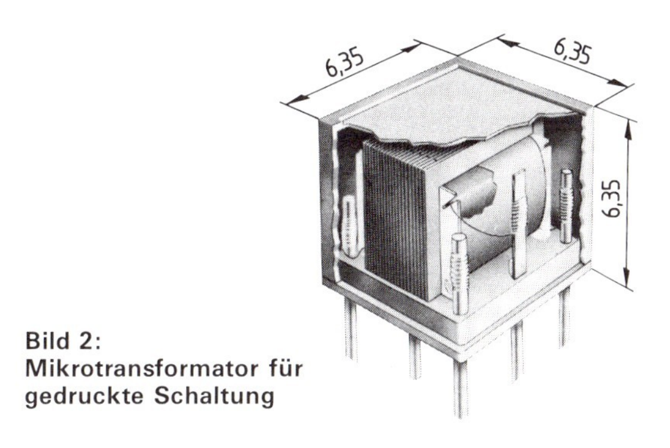

Bild 2: Mikrotransformator für gedruckte Schaltung

2.5.2 Aufbau von Transformatoren

Die Nennleistung von Transformatoren geht von etwa 1 mVA bei Miniaturtransformatoren zum Einbau in gedruckte Schaltungen **(Bild 2)** bis zu etwa 1000 MVA bei Großtransformatoren. Entsprechend verschiedenartig ist der Aufbau.

Der Kern von Transformatoren besteht aus Elektroblech oder aus Ferrit. Bei den Kernen aus Elektroblech unterscheidet man *Schichtkerne, Bandkerne* und *Schnittbandkerne* **(Bild 3)**. Die Blechung des Kernes oder die Verwendung von Ferrit ist erforderlich, um die Wirbelströme möglichst klein zu halten.

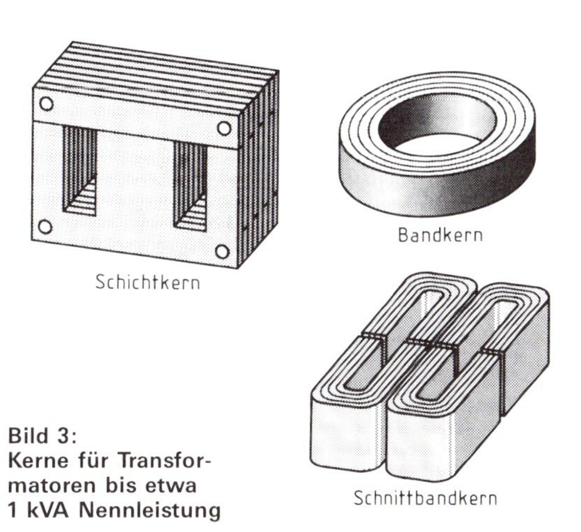

Bild 3: Kerne für Transformatoren bis etwa 1 kVA Nennleistung

Der Kern von Transformatoren soll magnetisch möglichst gut und elektrisch möglichst schlecht leiten.

Die Bildung von Wirbelströmen muß unterdrückt werden, auch bei den übrigen Konstruktionsteilen des Transformators.

Auch bei sorgfältigem Zusammenpressen der Kernbleche tritt wegen der *Magnetostriktion* (Längenverkürzung im Magnetfeld) bei Betrieb mit 50 Hz ein Brummgeräusch auf, weil der Kern im Wechselfeld vibriert.

Die Wicklung der Transformatoren wird aus Kupfer oder aus Aluminium hergestellt. Bei beiden Materialien werden Leiter mit rundem oder rechteckigem Querschnitt verwendet sowie Bleche oder Folien **(Bild 1)**. Bei Kleintransformatoren wird die Wicklung von einem *Spulenkörper* gehalten, der meist aus einem Thermoplast besteht. Die Wicklung hat mehrere Lagen, die beim Wickeln übereinander liegen. Die Zahl der möglichen Lagen hängt von der Wickelhöhe (Höhe des Wickelraumes vom Spulenkörper) und vom Drahtdurchmesser bzw. der Foliendicke ab.

Bei der Drahtwicklung folgt nach jeder Lage der Wicklung eine *Lagenisolation* aus einer Kunststofffolie. Diese kann entfallen, wenn die Spannung zwischen dem Anfang einer Lage und dem Ende der nächsten Lage einen kleineren Scheitelwert als 50 V hat. Zwischen der Oberspannungswicklung und der Unterspannungswicklung ist eine *Wicklungsisolation* erforderlich. Je nach Prüfspannung verwendet man mehrere Lagen Kunststoffolie oder Preßspan. Bei Netzanschlußtransformatoren liegt zwischen der Oberspannungswicklung und der Unterspannungswicklung oft eine einlagige *Schutzwicklung* mit nur einem herausgeführten Anschluß. Diese führt im Betrieb keinen Strom. Sie wird mit dem Schutzleiter verbunden. Dadurch kann auch bei schadhafter Isolation der Oberspannungswicklung die Oberspannung nicht zur Unterspannungsseite gelangen. Außerdem wirkt diese Wicklung als Abschirmung.

Die zulässige Stromdichte in Kleintransformatoren mit Kupferwicklung beträgt je nach Isolation, Baugröße und Kühlung 1 A/mm² bis 8 A/mm². Am größten ist die zulässige Stromdichte bei kleinen Baugrößen. Die Verlustwärme entsteht nämlich in der gesamten Wicklung, also im Rauminhalt. Die Kühlung erfolgt aber nur an der Oberfläche. Bei zunehmender Baugröße wächst der Rauminhalt mit der 3. Potenz der Bauhöhe, die Oberfläche aber nur mit der 2. Potenz.

Wiederholungsfragen

1. **Beschreiben Sie die Wirkungsweise eines Transformators!**
2. **Warum werden Kerne von Transformatoren aus Blechen oder aus Ferrit aufgebaut?**
3. **Was versteht man unter Magnetostriktion?**
4. **Welche Aufgabe hat die Schutzwicklung von Netzanschlußtransformatoren?**
5. **Warum darf die Stromdichte bei kleinen Transformatoren größer sein als bei großen?**

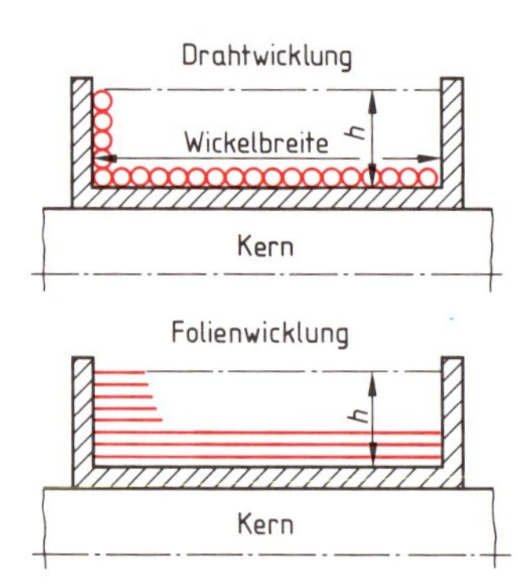

Bild 1: Wicklung von Kleintransformatoren

2.5.3 Idealer Transformator

Zur Beschreibung der Eigenschaften eines Transformators geht man von einem idealen Transformator aus. Manche realen Transformatoren, insbesondere die größeren, kommen im Verhalten dem idealen Transformator nahe. Die kleineren Transformatoren unterscheiden sich dagegen vom idealen Transformator erheblich.

Berechnungsformeln für Transformatoren gelten meist nur für den idealen Transformator.

Für reale Transformatoren gelten diese Formeln nur näherungsweise.

Definition des idealen Transformators

Beim idealen Transformator treten keinerlei Verluste auf, auch keine magnetischen. Dadurch ist der Wirkungsgrad $\eta = 1$, und die Ausgangsleistung ist so groß wie die Eingangsleistung. Alle magnetischen Feldlinien, welche die Eingangswicklung durchsetzen, gehen auch durch die Ausgangswicklung. Eingangswicklung und Ausgangswicklung sind also miteinander fest magnetisch gekoppelt. Außerhalb des Eisenkernes treten beim idealen Transformator keine magnetischen Feldlinien auf. Wegen der gleich großen Leistungen nimmt der ideale Transformator im Leerlauf keinen Strom auf.

Der ideale Transformator ist ein gedachter Transformator, bei dem keinerlei Verluste auftreten.

Insbesondere ist die magnetische Kopplung zwischen den beiden Wicklungen vollständig.

Leerlaufspannung

Die Leerlaufspannung u_0 der Ausgangswicklung ist so groß wie die dort induzierte Spannung u_i. Die Leerlaufspannung ist die Spannung der Ausgangswicklung mit der Windungszahl N_2, wenn dort kein Lastwiderstand angeschlossen ist.

$$u_0 = u_i = N_2 \cdot \Delta\Phi/\Delta t = N_2 \cdot A \cdot \Delta B/\Delta t$$

Der Scheitelwert der Leerlaufspannung $\hat{u}_0$ hängt also vom Scheitelwert des magnetischen Flusses $\hat{\Phi}$ bzw. vom Scheitelwert der magnetischen Flußdichte $\hat{B}$ und vom Eisenquerschnitt A des Kernes ab sowie von der Kreisfrequenz ω des Eingangsstromes und der Windungszahl N_2 der Ausgangswicklung.

$$\hat{u}_0 = \omega \cdot \hat{B} \cdot A \cdot N_2 \Rightarrow$$
$$U_0 = 2\pi f \hat{B} A N_2/\sqrt{2} = 4{,}44\, f \hat{B} A N_2$$

Der wirksame Eisenquerschnitt ist wegen der Isolierung der Bleche kleiner als der gemessene Kernquerschnitt. Je nach Art der Bleche beträgt der *Füllfaktor* 0,8 bis 0,95. Für Netztransformatoren beträgt der Scheitelwert der magnetischen Flußdichte 1,2 T bis 1,8 T. Für Übertrager wird die Flußdichte so gewählt, daß im geradlinigen Teil der Magnetisierungskurve gearbeitet wird, bei Elektroblech z. B. bei 0,6 T.

Welche Wicklung als Ausgangswicklung gebraucht wird, ist beim idealen Transformator gleichgültig. Die Transformatorenhauptgleichung gilt deshalb auch für die Eingangswicklung.

Beispiel 1:
Ein Transformator hat einen Eisenkern von 20 × 20 mm². Der Füllfaktor ist 0,9. Die Eingangswicklung hat 1600 Windungen. An welche Spannung darf die Eingangswicklung bei 50 Hz gelegt werden, wenn die magnetische Flußdichte 1,8 T betragen darf?

Lösung:

$A = 20\text{ mm} \cdot 20\text{ mm} \cdot 0{,}9 = 360\text{ mm}^2 = 0{,}00036\text{ m}^2$

$U_0 = 4{,}44\, f \hat{B} A N$
$= 4{,}44 \cdot 50\text{ Hz} \cdot 1{,}8\text{ T} \cdot 0{,}00036\text{ m}^2 \cdot 1600 = \mathbf{230\text{ V}}$

Aus der Transformatorenhauptgleichung ist ersichtlich, daß die Leerlaufspannung linear mit der Windungszahl ansteigt.

Bei einem Transformator hat die Oberspannungswicklung mehr Windungen als die Unterspannungswicklung.

U_0 Leerlaufspannung
$\hat{B}$ magnetische Flußdichte (Scheitelwert)
A Eisenquerschnitt
f Frequenz
N Windungszahl

Transformatorenhauptgleichung

Bei Sinusform:

$$U_0 = 4{,}44 \cdot f \cdot \hat{B} \cdot A \cdot N$$

U_1 Eingangsspannung
U_2 Ausgangsspannung
N_1 Windungszahl der Eingangswicklung
N_2 Windungszahl der Ausgangswicklung
$ü$ Übersetzungsverhältnis

$$ü = \frac{U_1}{U_2} \qquad \frac{U_1}{U_2} = \frac{N_1}{N_2}$$

Übersetzungsformeln

Wegen der festen Kopplung beim idealen Transformator sind die Beträge der in der Eingangswicklung und der Ausgangswicklung wirksamen magnetischen Flüsse Φ_1 und Φ_2 gleich groß.

$$\hat{\Phi}_1 = \hat{\Phi}_2 = \hat{B}_2 \cdot A \Rightarrow$$
$$\frac{U_{01}}{f \cdot N_1} = \frac{U_{02}}{f \cdot N_2} \Rightarrow \frac{U_{01}}{N_1} = \frac{U_{02}}{N_2}$$

Beim idealen Transformator verhalten sich die Spannungen wie die Windungszahlen.

Beim idealen Transformator ist die Eingangsleistung S_1 so groß wie die Ausgangsleistung S_2.

$$S_1 = S_2 \Rightarrow U_1 \cdot I_1 = U_2 \cdot I_2 \Rightarrow$$
$$\frac{I_1}{I_2} = \frac{U_2}{U_1} \Rightarrow \frac{I_1}{I_2} = \frac{N_2}{N_1}$$

Beim idealen Transformator verhalten sich die Stromstärken umgekehrt wie die Windungszahlen.

Durch Umstellung der Formel erhält man $I_1 \cdot N_1 = I_2 \cdot N_2$. Das Produkt aus Stromstärke und Windungszahl ist die Durchflutung. Deshalb sind beim idealen Transformator die Beträge der eingangsseitigen und der ausgangsseitigen Durchflutungen gleich groß.

Durch Division der Übersetzungsformel für die Spannungen durch die Übersetzungsformel für die Stromstärken erhält man

$$\frac{U_1 \cdot I_2}{U_2 \cdot I_1} = \frac{N_1 \cdot N_1}{N_2 \cdot N_2} \Rightarrow \frac{U_1}{I_1} \cdot \frac{I_2}{U_2} = \frac{N_1^2}{N_2^2}$$

$$\Rightarrow \frac{Z_1}{Z_2} = \frac{N_1^2}{N_2^2}$$

Ein idealer Transformator überträgt die angeschlossenen Widerstände im Quadrat des Übersetzungsverhältnisses.

Ähnlich wie bei der Spannungsübersetzung ist der große Widerstand auf der Seite mit der hohen Windungszahl.

In gleicher Weise wie die Scheinwiderstände werden durch einen Transformator Wirkwiderstände, kapazitive Blindwiderstände und induktive Blindwiderstände übertragen. Wegen $X_C = 1/(\omega \cdot C)$ und $X_L = \omega \cdot L$ überträgt ein Transformator auch Kapazitäten und Induktivitäten. Dabei ist das Quadrat des Übersetzungsverhältnisses bei Induktivitäten L_1/L_2, bei Kapazitäten aber C_2/C_1. Die große Induktivität ist also auf der Seite mit der großen Windungszahl, die große Kapazität auf der Seite mit der kleinen Windungszahl.

Beispiel 2:
Ein Transformator hat die Windungszahlen 1600 und 320, die Oberspannungswicklung ist an das 230-V-Netz angeschlossen. An die Unterspannungswicklung ist ein Kondensator mit 6,8 µF angeschlossen. Berechnen Sie a) die Unterspannung, b) die auf die Oberspannungsseite übertragene Kapazität!

Lösung:

$U_1/U_2 = N_1/N_2 \Rightarrow U_2 = U_1 \cdot N_2/N_1 = 230\ \text{V} \cdot 320/1600 = \mathbf{46\ V}$

$C_2/C_1 = ü^2 \Rightarrow C_1 = C_2/ü^2 = 6{,}8\ \mu\text{F}/(1600/320)^2 = \mathbf{0{,}272\ \mu F}$

Die Übersetzungsformeln wurden für den idealen Transformator entwickelt. Sie können für viele reale Transformatoren angewendet werden, wenn die Gleichheitszeichen (=) durch Ungefährzeichen (≈) ersetzt werden.

Θ_1, Θ_2 Durchflutungen
I_1, I_2 Stromstärken
N_1, N_2 Windungszahlen
Z_1, Z_2 Scheinwiderstände (Impedanzen)
$ü$ Übersetzungsverhältnis
C_1, C_2 Kapazitäten
L_1, L_2 Induktivitäten
Index 1 für Eingangsseite, Index 2 für Ausgangsseite

$$\Theta_1 = \Theta_2 \qquad \frac{I_1}{I_2} = \frac{N_2}{N_1}$$

$$I_1 \cdot N_1 = I_2 \cdot N_2$$

$$\frac{Z_1}{Z_2} = ü^2 \qquad \frac{N_1}{N_2} = \sqrt{\frac{Z_1}{Z_2}}$$

$$\frac{C_2}{C_1} = ü^2 \qquad \frac{L_1}{L_2} = ü^2$$

$$\frac{N_1}{N_2} = \sqrt{\frac{C_2}{C_1}} \qquad \frac{N_1}{N_2} = \sqrt{\frac{L_1}{L_2}}$$

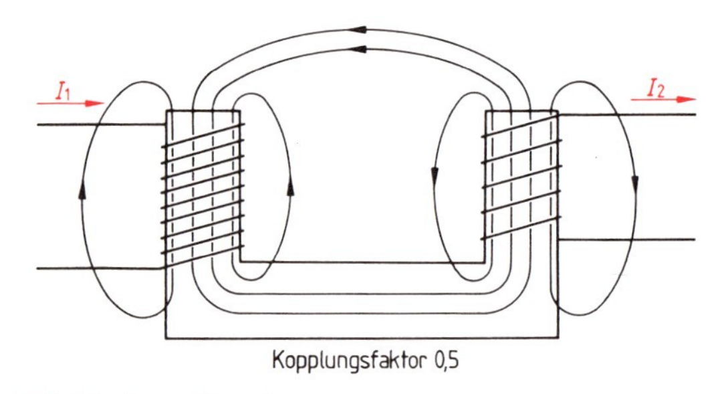

Bild 1: Lose Kopplung

2.5.4 Realer Transformator im Leerlauf

Kopplung und Kopplungsfaktor

Durchsetzt bei einem Transformator der magnetische Fluß eine Luftstrecke, so durchsetzt er nur noch teilweise die Ausgangswicklung **(Bild 1)**. Ein Teil des magnetischen Flusses verläuft außerhalb des Eisenkerns und kann durch eine Prüfspule nachgewiesen werden, in der er eine Spannung induziert. In der Ausgangswicklung wird dann eine kleinere Spannung erzeugt, als das Übersetzungsverhältnis der Windungszahlen erwarten läßt.

Die *Kopplung* ist fest, wenn der ganze oder fast der ganze magnetische Fluß die Ausgangswicklung durchsetzt. Sie ist lose, wenn nur ein kleiner Teil durch die Ausgangswicklung geht. Den Kopplungsfaktor erhält man, wenn man das gemessene Spannungsverhältnis durch das Verhältnis der Windungszahlen teilt.

K Kopplungsfaktor
U_1 Eingangsspannung
U_2 Ausgangsspannung
N_1 Windungszahl der Eingangsseite
N_2 Windungszahl der Ausgangsseite

$$K = \frac{U_2 / U_1}{N_2 / N_1}$$

$$K = \frac{U_2 \cdot N_1}{U_1 \cdot N_2}$$

$$U_2 = K \cdot \frac{U_1 \cdot N_2}{N_1}$$

Der Kopplungsfaktor ist beim realen Transformator kleiner als 1.

Bei Transformatoren der Energietechnik ist der Kopplungsfaktor fast 1. Dasselbe gilt für Übertrager ohne Luftspalt.

Magnetisierungsstrom

Beim unbelasteten Transformator wirkt die Eingangswicklung wie eine Induktivität. Der das magnetische Wechselfeld erzeugende Eingangsstrom heißt *Magnetisierungsstrom* I_m. Zwischen dem Magnetisierungsstrom und der Spannung an der Eingangswicklung U_1 besteht wie bei einer Induktivität eine Phasenverschiebung von 90° **(Bild 1)**.

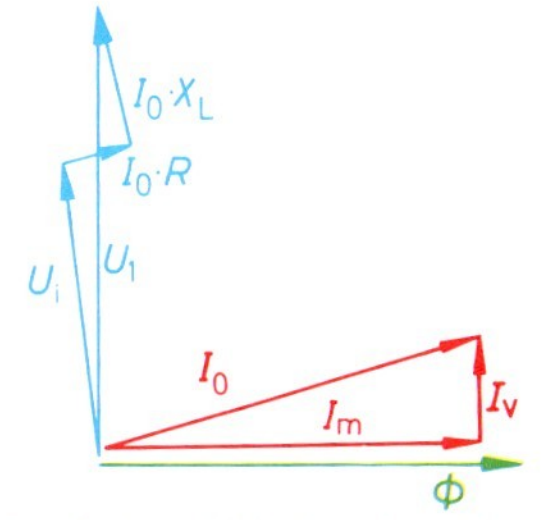

Bild 1: Leerlaufzeigerbild des Transformators

Der vom unbelasteten Transformator aufgenommene Leerlaufstrom I_0 hat gegenüber der Eingangsspannung eine etwas kleinere Phasenverschiebung als der Magnetisierungsstrom. Das Ummagnetisieren des Eisens erzeugt Wärme und stellt so die Belastung mit einem Wirkwiderstand dar. Der Leistungsfaktor im Leerlauf ist etwa 0,1.

Das vom Magnetisierungsstrom erzeugte magnetische Wechselfeld induziert in der Eingangswicklung eine Spannung U_i. Diese induzierte Spannung ist um die Spannungsabfälle in der Eingangswicklung $I_0 \cdot R$ und $I_0 \cdot X_L$ kleiner als die angelegte Spannung (Bild 1).

Wird die Eingangswicklung an eine kleinere Spannung gelegt, so wird der Magnetisierungsstrom kleiner, und die magnetische Flußdichte im Eisenkern nimmt ab. Bei einer größeren Spannung nehmen Flußdichte und Magnetisierungsstrom zu.

Beim Transformator stellen sich der Magnetisierungsstrom und die magnetische Flußdichte auf die für die angelegte Spannung erforderlichen Werte ein.

Ein Transformator wird zerstört, wenn er an eine zu hohe Spannung angeschlossen wird. Die zu hohe Spannung erfordert eine größere Flußdichte im Kern. Dazu ist ein stärkerer Magnetisierungsstrom erforderlich. Da der Kern bei Nennspannung schon annähernd gesättigt ist, steigt der Magnetisierungsstrom stark an. Infolgedessen verbrennt die Wicklung.

Einschaltstrom

Beim *Einschalten* von Transformatoren ist es besonders ungünstig, wenn die Netzspannung im Augenblick des Einschaltens gerade null ist und wenn im Eisenkern ein Restmagnetismus zurückblieb, der die gleiche Richtung hat wie der jetzt einsetzende magnetische Fluß. Hat der magnetische Fluß des Restmagnetismus dieselbe Richtung wie der entstehende magnetische Fluß, so ist das Eisen bald gesättigt. Nur sehr große Magnetisierungsströme können jetzt die erforderliche Spannung erzeugen.

Der Nennstrom von Sicherungen auf der Eingangsseite von Transformatoren muß etwa doppelt so groß sein wie der Nennstrom des Transformators.

2.5.5 Realer Transformator unter Last

Magnetischer Streufluß

Beim leerlaufenden Transformator befindet sich fast der ganze magnetische Fluß im Eisenkern **(Bild 1)**. Bei Belastung erzeugt der Strom in der Ausgangswicklung einen magnetischen Fluß entgegengesetzter Richtung. Dadurch wird das Magnetfeld der Eingangswicklung geschwächt. Die Eingangswicklung nimmt nun mehr Strom auf, so daß der magnetische Fluß seinen ursprünglichen Wert wieder annimmt. Das Auftreten eines entgegengesetzt gerichteten magnetischen Flusses bewirkt aber, daß ein Teil des magnetischen Flusses der Eingangswicklung das Eisen verläßt und durch die Luft geht (Bild 1). Diesen magnetischen Fluß nennt man *Streufluß*.

Der Streufluß durchsetzt nur eine Wicklung.

Wegen des Streuflusses ist bei Transformatoren und Übertragern manchmal eine Abschirmung erforderlich.

Der **Streufaktor** σ ist das Verhältnis des magnetischen Streuflusses zum im Leerlauf auftretenden Hauptfluß. Man berechnet ihn aus der Streuinduktivität, also der Induktivität bei kurzgeschlossener Ausgangswicklung, und der Eingangsinduktivität bei offener Ausgangswicklung.

Bei Transformatoren mit großer Streuung ist der Streufaktor etwa so groß wie die auf die Nennspannung bezogene *Kurzschlußspannung*. Die Kurzschlußspannung ist die Spannung, die bei Nennfrequenz und kurzgeschlossener Ausgangswicklung an der Eingangswicklung liegen muß, damit der Nennstrom fließt. Der Streufaktor und damit die auf die Nennspannung bezogene Kurzschlußspannung liegen bei den meisten Transformatoren je nach Ausführung zwischen 0,1 = 10% und 0,8 = 80% **(Bild 2)**.

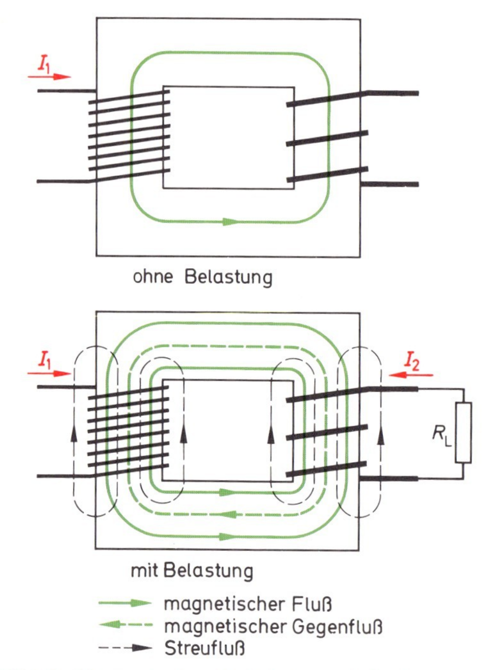

Bild 1: Magnetischer Fluß beim unbelasteten und belasteten Transformator

σ Streufaktor (σ griech. Kleinbuchstabe sigma)
Φ_σ magnetischer Streufluß
Φ_1 magnetischer Hauptfluß
L_σ Streuinduktivität
L_1 Eingangsinduktivität

$$\sigma = \frac{\Phi_\sigma}{\Phi_1} \qquad \sigma = \frac{L_\sigma}{L_1}$$

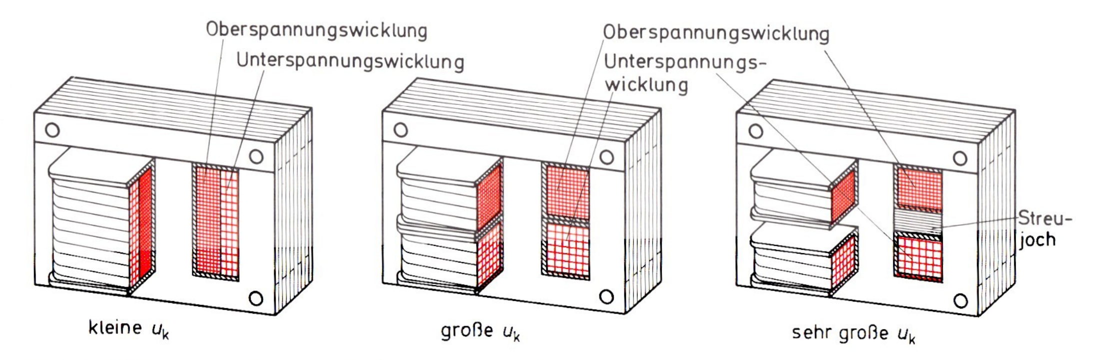

Bild 2: Wicklungsanordnungen für kleine, große und sehr große Kurzschlußspannung

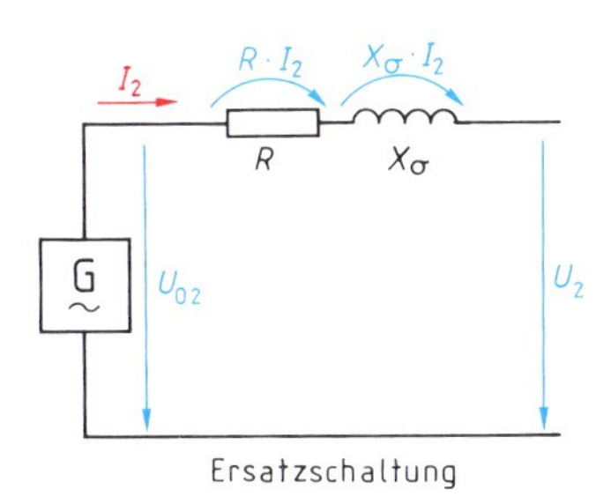

Bild 1: Ersatzschaltung und Zeigerbild des belasteten Transformators

Lastspannung

Die vom Streufluß durchsetzte Wicklung wirkt wie eine Drosselspule. Der Transformator verhält sich deshalb wie ein Generator, dessen Innenwiderstand aus der Reihenschaltung vom Wirkwiderstand der Wicklung und aus der vom Streufluß hervorgerufenen *Streuinduktivität* besteht **(Bild 1)**.

Bei Belastung mit einem Wirkwiderstand sinkt mit zunehmendem Belastungsstrom die Ausgangsspannung weniger als bei Belastung mit einer Induktivität, da die Spannung an der Spule dieselbe Phasenlage hat wie die Spannung am Streublindwiderstand. Der größte Spannungsfall tritt ein, wenn sich Wirkwiderstände und Blindwiderstände im Verbraucher zueinander verhalten wie die Wirkwiderstände und Blindwiderstände im Innenwiderstand des Transformators. Bei Belastung mit einem Kondensator steigt die Spannung an, da Streublindwiderstand und Kondensator einen Reihenschwingkreis bilden.

Die Ausgangsspannung eines Transformators ist vom Belastungsstrom und von der Belastungsart abhängig.

Bei Transformatoren mit Nennleistungen unter 16 kVA wird auf dem Leistungsschild die Nennlastspannung angegeben. Das ist die Ausgangsspannung des Transformators bei Wirkbelastung mit der Nennleistung.

Ersatzschaltungen von Transformatoren

Die Ersatzschaltung eines Transformators gibt mit Hilfe einer Schaltung einfacher Bauelemente an, wie sich der Transformator im Betrieb verhält. So kann man aus der Ersatzschaltung Bild 1 erkennen, daß die Ausgangsspannung um so kleiner ist, je größer I_2, R und X_σ sind. Aus der Ersatzschaltung ist das Betriebsverhalten eines Transformators besser zu erkennen als durch eine Beschreibung mit Worten.

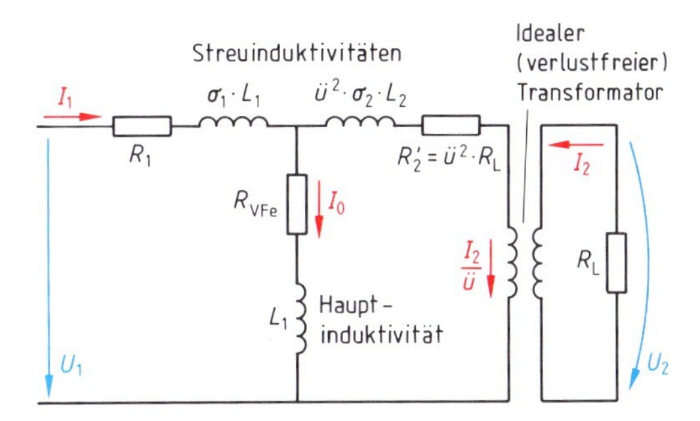

Bild 2: Ersatzschaltung eines Transformators

Es gibt mehrere Ersatzschaltungen für Transformatoren (siehe Tabellenbuch Kommunikationselektronik). Bei einer häufig verwendeten Art von Ersatzschaltungen ist ein idealer Transformator enthalten, der je nach Art des Transformators auf verschiedene Weise mit Wirkwiderständen und Induktivitäten beschaltet ist **(Bild 2)**. Die Wirkwiderstände und Induktivitäten der Ausgangswicklung sind dabei mit den entsprechenden Übersetzungsformeln auf die Eingangsseite umgerechnet und dort angeordnet.

Die Wirkwiderstände stellen die Wicklungswiderstände und sonstigen Verlustwiderstände des realen Transformators dar. Die Induktivitäten stellen die Induktivität der Eingangswicklung *(Hauptinduktivität, Querinduktivität)* sowie die Streuinduktivitäten *(Längsinduktivität)* dar.

Je nach Frequenz läßt sich die Ersatzschaltung des Transformators oft weiter vereinfachen.

Wiederholungsfragen

1. **Wie lautet die Transformatorenhauptgleichung?**
2. **Geben Sie die Scheitelwerte der magnetischen Flußdichte für Netztransformatoren und für Übertrager an!**
3. **Warum muß der Füllfaktor berücksichtigt werden, wenn man den Eisenquerschnitt eines Transformators aus den geometrischen Abmessungen berechnet?**
4. **Welche Induktivitäten sind in der Ersatzschaltung eines Transformators enthalten?**

2.5.6 Besondere Transformatoren

Spartransformator

Beim Spartransformator sind zwei Wicklungsteile, die *Parallelwicklung* und die *Reihenwicklung*, hintereinandergeschaltet **(Bild 1)**. Unterspannungswicklung ist die Parallelwicklung. Oberspannungswicklung ist die Reihenschaltung von Reihenwicklung und Parallelwicklung. Bei Spartransformatoren ist die Eingangswicklung leitend mit der Ausgangswicklung verbunden. Aus Sicherheitsgründen dürfen Sicherheitstransformatoren, z. B. Spielzeugtransformatoren, keine Spartransformatoren sein.

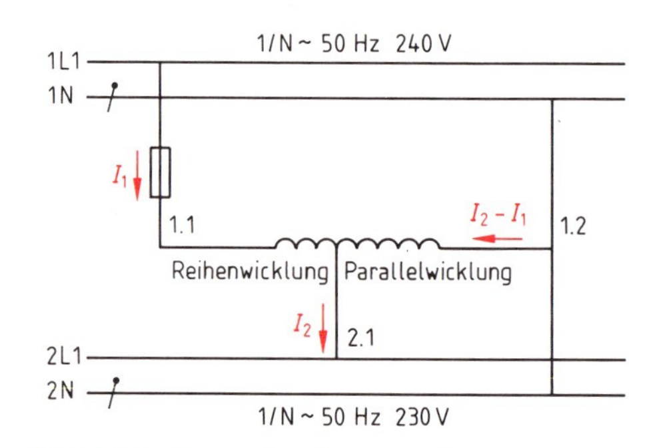

Bild 1: Schaltung des Spartransformators

Spartransformatoren dürfen nicht als Sicherheitstransformatoren verwendet werden.

S_B Bauleistung
U_1 Oberspannung
U_2 Unterspannung
S_D Durchgangsleistung

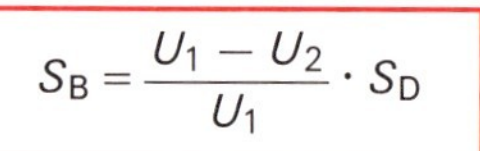

Die gesamte mögliche Leistungsabgabe eines Spartransformators nennt man *Durchgangsleistung.* Sie wird zu einem Teil durch Stromleitung von der Eingangswicklung zur Ausgangswicklung übertragen und zum anderen Teil durch Induktion. Je größer die durch Leitung übertragbare Leistung ist, desto kleiner ist bei fester Durchgangsleistung die durch Induktion zu übertragende Leistung, die sogenannte *Bauleistung*, nach der sich die Baugröße des Transformators richtet.

Mit dem Spartransformator werden Wickelkupfer und Kerneisen gespart.

Beispiel:
Einem Spartransformator 200 V/300 V sollen bei 300 V 5 A entnommen werden. Wie groß sind die Durchgangsleistung und die Bauleistung?

Lösung:

$S_D = U \cdot I = 300\ \text{V} \cdot 5\ \text{A} = 1500\ \text{VA} = \mathbf{1{,}5\ kVA}$

$S_B = (U_1 - U_2)/U_1 \cdot S_D$
$= (300\ \text{V} - 200\ \text{V})/300\ \text{V} \cdot 1{,}5\ \text{kVA} = \mathbf{0{,}5\ kVA}$

Spannungswandler

An Spannungswandler schließt man die Spannungspfade von Meßgeräten an **(Bild 2)**. Bei Spannungswandlern müssen das Übersetzungsverhältnis sehr genau und die Kurzschlußspannung möglichst klein sein. Die Nennausgangsspannung ist meist 100 V. Ähnlich wie Meßgeräte sind Spannungswandler in die Klassen 0,1 bis 3 eingeteilt. Spannungswandler werden meist in Hochspannungsanlagen verwendet, um die Hochspannung vom Meßgerät fernzuhalten.

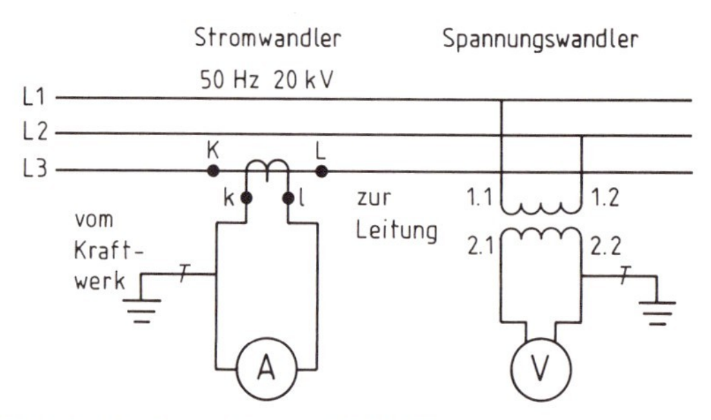

Bild 2: Meßwandler an 20-kV-Netz

Spannungswandler werden im Leerlauf oder bei nur kleiner Belastung betrieben. Bei großer Belastung oder bei Kurzschluß würden Spannungswandler zerstört. Trotzdem werden Spannungswandler, an die Meßgeräte zur Verrechnung der elektrischen Arbeit angeschlossen sind, nicht gesichert, weil sonst der Spannungsfall zu groß wäre.

Stromwandler

An Stromwandler schließt man die Strompfade von Meßgeräten an (Bild 2). Die Eingangswicklung ist so geschaltet, daß der zu messende Strom hindurchfließt. Beim Stromwandler im Leerlauf würde dieser Laststrom in der Ausgangswicklung eine hohe Spannung induzieren, die zur Zerstörung des Stromwandlers führen könnte. Ist aber ein Strompfad an den Stromwandler angeschlossen, so sind die magnetischen Durchflutungen der beiden Wicklungen etwa gleich groß. Dadurch ist die magnetische Flußdichte klein, so daß keine hohe Spannung induziert wird.

Stromwandler dürfen nur mit kurzgeschlossener oder mit niederohmig belasteter Ausgangswicklung betrieben werden.

Eine Ausnahme bilden kleine Stromwandler, z. B. für den Laborgebrauch, wenn deren Kern aus leicht sättigbarem Material besteht und die Streuung groß ist. Auch durch Parallelschalten von gegeneinander geschalteten Z-Dioden kann der Betrieb im Leerlauf ungefährlich gemacht werden.

Eine besondere Bauform ist der *Durchsteckstromwandler* **(Bild 1)**. Bei ihm wird der Leiter, dessen Stromstärke zu erfassen ist, durch den isolierten Ringkern gesteckt, um den die Ausgangswicklung gewickelt ist. Der durchgesteckte Leiter wirkt dann wie eine Windung. Das Übersetzungsverhältnis wird verkleinert, wenn der Leiter mehrfach hindurchgesteckt wird. Ähnlich ist der *Schienenstromwandler* aufgebaut, jedoch mit fest angeordneter Stromschiene. Beim *Zangenstromwandler* ist der Eisenkern aufklappbar wie die Backen einer Zange, so daß der Leiter ohne Abklemmen umfaßt werden kann.

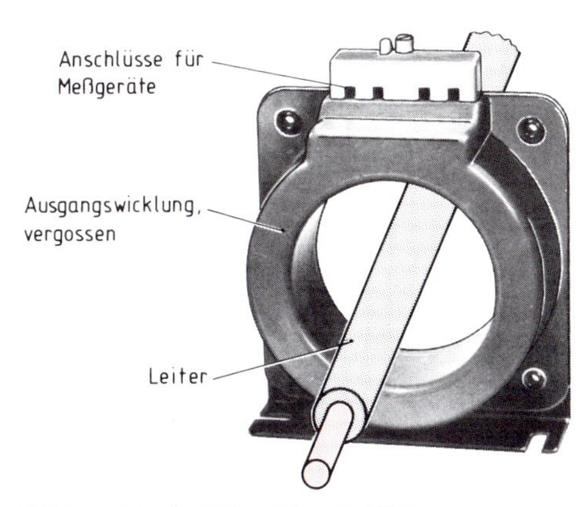

Bild 1: Durchsteckstromwandler

Drehstromtransformator

Drehstrom kann durch Einphasentransformatoren transformiert werden, wenn deren Eingangswicklungen und Ausgangswicklungen z. B. in Stern oder in Dreieck geschaltet werden. Meist verwendet man aber Drehstromtransformatoren, bei denen um die drei Schenkel eines Eisenkernes die drei Stränge der Eingangswicklung und der Ausgangswicklung gewickelt sind.

Je nach Schaltung der beiden Wicklungen bestehen zwischen den Eingangsspannungen und den Ausgangsspannungen Phasenverschiebungen, die 0°, 150°, 180° oder 330° betragen können **(Bild 2)**. Zusammen mit der Schaltungsart der Wicklungen wird die durch eine uhrzeitähnliche Zahl verschlüsselte Phasenverschiebung als *Schaltgruppe* auf dem Leistungsschild angegeben. Die Schaltgruppe Dyn5 besagt, daß die Oberspannungswicklung in Dreieck und die Unterspannungswicklung in Stern mit herausgeführtem Neutralleiter geschaltet sind und daß die Phasenverschiebung $5 \cdot 30° = 150°$ beträgt.

Nur die Drehstromtransformatoren mit den Kennzahlen der Schaltgruppen 5 oder 11 können einphasig belastet werden, weil sonst auf der Eingangsseite der Strom über zwei Stränge auf verschiedenen Schenkeln des Kernes fließt, während auf der Ausgangsseite nur ein Schenkel belastet ist. Dadurch entsteht eine große Streuung. Deshalb

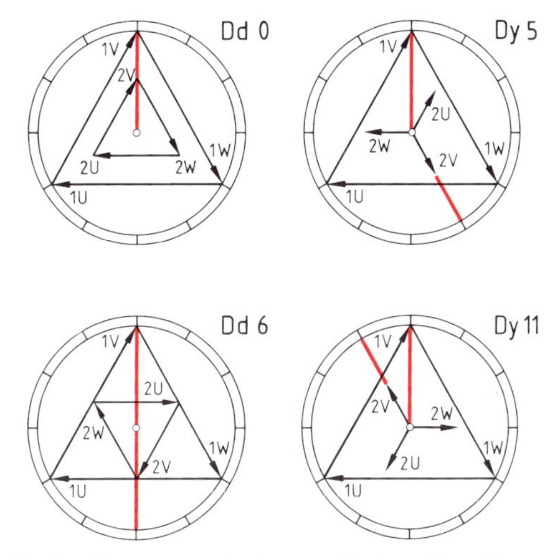

Bild 2: Phasenverschiebungen bei der Transformierung von Dreiphasenwechselspannung

gibt es eine nur bei Drehstromtransformatoren vorkommende Zickzackschaltung mit dem Kennbuchstaben z für die Unterspannungswicklung. Dabei ist ein Strang so geteilt, daß die Teilstränge auf verschiedenen Schenkeln des Eisenkerns liegen.

Wiederholungsfragen

1. **Warum darf ein Spartransformator nicht als Sicherheitstransformator verwendet werden?**
2. **Inwiefern wird beim Spartransformator gespart?**
3. **In welcher Betriebsart muß ein Spannungswandler betrieben werden?**
4. **In welcher Betriebsart wird ein Stromwandler grundsätzlich betrieben?**
5. **Welche Bedeutung hat die Angabe Dyn5?**
6. **Warum sollen nur Drehstromtransformatoren mit den Kennziffern 5 oder 11 einphasig belastet werden?**

2.6 Weitere Halbleiterbauelemente

2.6.1 Besondere Halbleiterdioden

2.6.1.1 Z-Dioden

Z-Dioden bestehen aus Silicium und sind durch starke Dotierung für den Betrieb im Durchbruchsbereich geeignet. In Vorwärtsrichtung verhalten sie sich wie gewöhnliche Siliciumdioden.

Z-Dioden werden meist in Rückwärtsrichtung betrieben. Ihr Arbeitsbereich ist der Durchbruchsbereich.

Erreicht die Rückwärtsspannung den Betrag der Durchbruchsspannung, so bewirkt eine kleine Spannungserhöhung eine große Stromerhöhung **(Bild 1)**. Hier bleibt in einem großen Strombereich die Spannung fast konstant. Im Durchbruchsgebiet werden die Arbeitsspannung bei einer im Datenbuch angegebenen Stromstärke auch Z-Spannung (Zenerspannung) U_Z und der Arbeitsstrom auch Z-Strom (Zenerstrom) I_Z genannt. U_Z und I_Z werden meist mit positiven Zahlenwerten angegeben.

Durch unterschiedliche Dotierung werden Z-Dioden mit verschiedenen Z-Spannungen von 2,7 V bis 200 V hergestellt. Bei niedrigen Spannungen (V2 bis V4 in Bild 1) ist die Dotierung stark und der Knick weniger scharf und die Steilheit der Durchbruchsflanke kleiner als bei Dioden mit höherer Z-Spannung (V5 bis V8 in Bild 1) und schwacher Dotierung. Für eine Arbeitsspannung mit etwa 0,7 V wird eine in Vorwärtsrichtung geschaltete Si-Diode mit steiler Durchlaßflanke (V1 in Bild 1) benutzt. Diese Diode wird also in Durchlaßrichtung betrieben. Für eine Arbeitsspannung von etwa 1,4 V werden zwei in Reihe geschaltete Si-Dioden in Vorwärtsrichtung betrieben.

Bei Z-Dioden mit hoher Dotierung (Z-Spannung unter etwa 5,5 V) ist der *Zenerdurchbruch* vorherrschend. Mit steigender Temperatur wird bei diesen Z-Dioden die Z-Spannung kleiner, d. h. die Kennlinie wandert in Richtung Nullpunkt. Diese Temperaturabhängigkeit der Arbeitsspannung U_Z wird durch den Temperaturkoeffizienten α_Z mit der Einheit 1/K angegeben.

Z-Dioden mit $U_Z < 5{,}5$ V haben einen negativen Temperaturkoeffizienten.

Bei Z-Dioden mit niedriger Dotierung (Z-Spannung über etwa 5,5 V) ist der *Lawinendurchbruch* vorherrschend. Mit steigender Temperatur wird bei diesen Dioden die Z-Spannung größer.

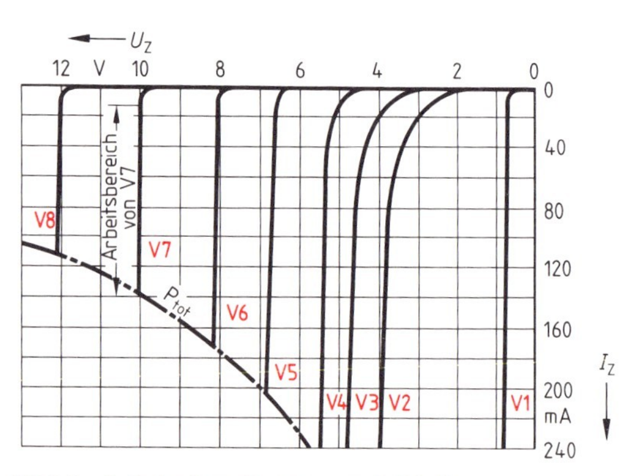

Bild 1: Arbeitskennlinien von Z-Dioden

Z-Dioden mit $U_Z > 5{,}5$ V haben einen positiven Temperaturkoeffizienten. Z-Dioden mit $U_Z \approx 5{,}5$ V sind fast temperaturunabhängig.

Beispiel:

Eine Z-Diode mit $U_Z = 4{,}7$ V hat einen Temperaturkoeffizienten $\alpha_Z \approx -2 \cdot 10^{-4}$ 1/K.

Um welchen Betrag und in welche Richtung ändert sich die Arbeitsspannung bei einer Temperaturerhöhung um 40 K?

Lösung:

$$\Delta U_Z = \alpha_Z \cdot \Delta\vartheta \cdot U_Z = (-2 \cdot 10^{-4}\ 1/\text{K}) \cdot 40\ \text{K} \cdot 4{,}7\ \text{V} = \mathbf{-37{,}6\ mV}$$

Die Arbeitsspannung wird um 37,6 mV kleiner.

Z-Dioden sind mit Nenn-Z-Spannungen entsprechend der IEC-Reihen E 12 und E 24 erhältlich. Die wichtigsten Grenzwerte einer Z-Diode sind die zulässige Verlustleistung P_{tot} und der höchstzulässige Z-Strom I_{Zmax}. Berechnet man bei gegebenem P_{tot} für verschiedene Arbeitsspannungen den zulässigen Arbeitsstrom und trägt diese Punkte in das $I(U)$-Kennlinienfeld ein, so erhält man die Verlustleistungshyperbel für P_{tot}, die den Arbeitsbereich einschränkt und nicht überschritten werden darf (Bild 1). I_Z muß durch einen Vorwiderstand begrenzt werden.

Jede Z-Diode benötigt zur Strombegrenzung einen Vorwiderstand.

Für das Gleichstromverhalten ist der Widerstand R_Z der Z-Diode kennzeichnend. Für das Verhalten bei Wechselgrößen, z. B. Änderung der Arbeitsspannung, ist der differentielle Widerstand r_Z der Z-Diode maßgebend. Er wird aus der Steigung der Tangente im Arbeitspunkt der Kennlinie ermittelt **(Bild 1)** oder dem Datenbuch entnommen. Beide Widerstände gelten nur für einen bestimmten Arbeitspunkt.

Anwendung. Z-Dioden werden meist in *Stabilisierungsschaltungen* zur Erzeugung einer konstanten Spannung verwendet. Je steiler die $I(U)$-Kennlinie der Z-Diode im Durchbruchsbereich (Arbeitsbereich) ist, um so konstanter ist die erzeugte Spannung. Z-Dioden dienen auch zur Unterdrückung von Spannungsspitzen als *Begrenzerdiode* in Begrenzungsschaltungen, als Koppelglied und als *Schutzdiode* in Meßschaltungen.

Zur Erzeugung genauer Vergleichsspannungen werden temperaturkompensierte Z-Dioden verwendet, die fast temperaturunabhängig sind und einen kleinen differentiellen Widerstand haben.

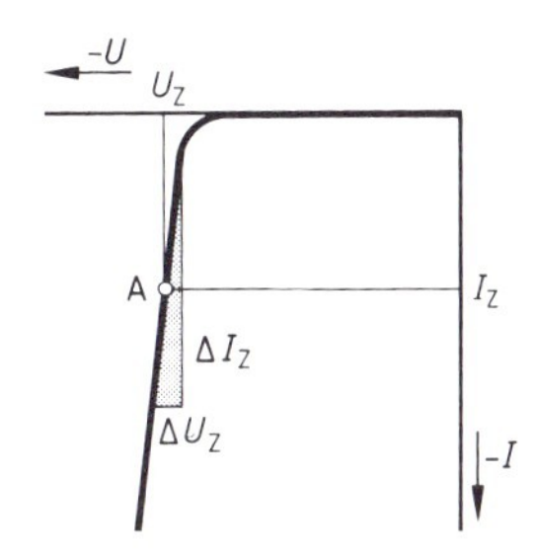

Bild 1: Ermittlung von R_Z und r_Z bei einer Z-Diode

R_Z	Widerstand für Gleichstrom
U_Z, I_Z	Arbeitsstrom bzw. Arbeitsspannung im Durchbruchsgebiet
r_Z	Differentieller Widerstand im Durchbruchsgebiet
ΔU_Z, ΔI_Z	Spannungsänderung bzw. Stromänderung um den Arbeitspunkt

$$R_Z = \frac{U_Z}{I_Z}$$

$$r_Z = \frac{\Delta U_Z}{\Delta I_Z}$$

2.6.1.2 Schottkydioden

Schottkydioden[1] (Hot-Carrier-Dioden[2]) haben statt eines PN-Übergangs einen Metall-Halbleiterkontakt **(Bild 2)**. In der Grenzschicht des N-Leiters zum Metall bildet sich eine Sperrschicht aus. Die zweite Kontaktierung des N-Leiters muß jedoch so erfolgen, daß sich dort keine Sperrschicht bildet. Dies wird durch eine starke Dotierung der N-Schicht (N^+) an der Kontaktierungsstelle und ein geeignetes Kontaktmetall erreicht (Bild 2). Der Ladungstransport erfolgt nur durch Majoritätsträger (Elektronen im N-Typ). Deshalb speichert diese Diode keine Ladung, und die Schaltzeit beim Übergang von Durchlaßrichtung in Sperrichtung (Sperrverzögerungszeit) ist sehr klein. Die Durchlaßkennlinie ist sehr steil, und die Schleusenspannung beträgt etwa 0,4 V.

Schottkydioden haben eine niedrige Vorwärtsspannung und kurze Schaltzeiten.

Sie haben jedoch größere Sperrströme und kleinere höchstzulässige Sperrspannungen (bis etwa 70 V) als normale Siliciumdioden. Schottkydioden werden für Vorwärtsströme bis etwa 3000 A hergestellt und z. B. zum Gleichrichten von niedrigen Spannungen verwendet.

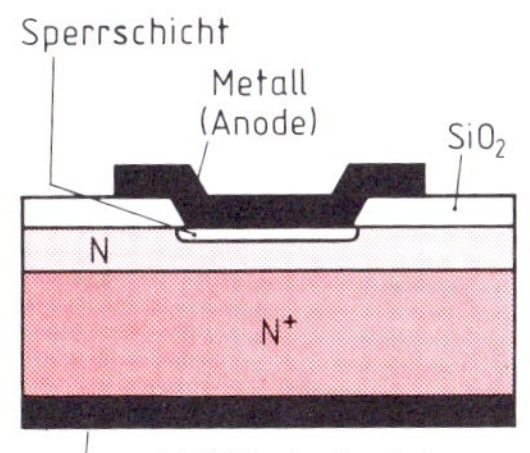

Bild 2: Schottkydiode

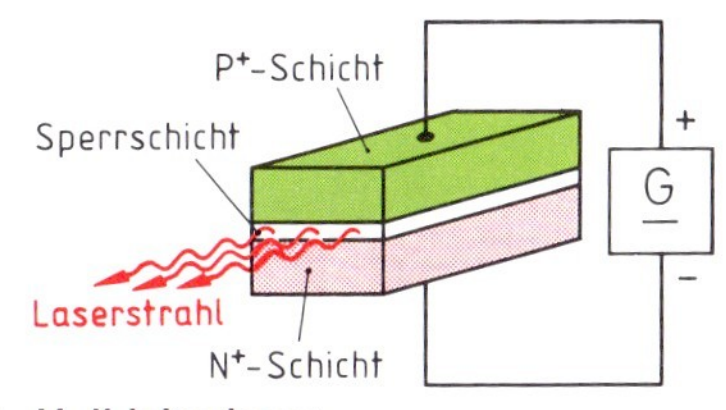

Bild 3: Halbleiterlaser

2.6.1.3 Halbleiterlaser

Der *Halbleiterlaser*[3] ist eine besondere Ausführungsform einer stark dotierten Lumineszenzdiode. Er besteht im einfachsten Fall aus N-leitendem GaAs und einer durch Diffusion von Zink erzeugten P-Schicht **(Bild 3)**. Beim Anlegen einer Durchlaßspannung strahlt die Sperrschicht Licht oder Infrarotstrahlung aus. Meist liegt die Wellenlänge der Strahlung zwischen 820 nm und 910 nm. Beim

[1] Schottky, deutscher Physiker, 1886 bis 1976; [2] engl. hot = heiß, hier: energiereich; engl. carrier = Träger, hier: Ladungsträger
[3] Laser von engl. light amplification by stimulated emission of radiation = Lichtverstärkung durch angeregte Aussendung von Strahlung

Halbleiterlaser wird meist der Teil der Strahlung ausgenutzt, der sich entlang der Sperrschicht bewegt.

Diese Strahlung wird an den polierten und verspiegelten Enden der Sperrschicht teilweise reflektiert. Beträgt die Länge der Sperrschicht ein ganzzahliges Vielfaches der halben Wellenlänge der erzeugten Strahlung, so unterstützt die an der Außenfläche reflektierte Welle die erzeugte Welle (optischer Resonator). Die Strahlung wird verstärkt und damit zum eigentlichen Laserstrahl, der an der kleinen Stirnfläche mit hoher Leuchtdichte austritt. Dabei wird in einer bestimmten Richtung nur Strahlung mit gleicher Wellenlänge und gleicher Phasenlage abgestrahlt. Es entsteht *kohärente*[1] *Strahlung*. Die Leuchtdichte steigt linear mit dem Durchlaßstrom.

Halbleiterlaser strahlen kohärentes Licht oder kohärente Infrarotstrahlung ab.

Halbleiterlaser, z. B. aus GaAlAs, benötigen im Vergleich zu anderen Lasern kleine Stromstärken und geben hohe Impulsspitzenleistungen ab. Sie müssen gut gekühlt werden oder im Pulsbetrieb arbeiten. Ihr Wirkungsgrad beträgt bis etwa 20%. Die Strahlungsleistung beträgt für Dauerbetrieb bis zu einigen hundert mW, für Pulsbetrieb bis zu mehreren Watt. Halbleiterlaser sind bis in den GHz-Bereich modulierbar und können z. B. zur Nachrichtenübertragung, in Sicherungs- und Alarmanlagen, in Entfernungsmeß- und Zieleinrichtungen, in Nachtsichtgeräten und in medizinischen Geräten verwendet werden.

2.6.2 Bipolare Transistoren

Aufbau

Ein bipolarer Transistor besteht aus drei aufeinanderfolgenden Halbleiterschichten **(Bild 1)**. Der Betriebsstrom fließt sowohl durch N-Schichten wie auch durch P-Schichten.

Es gibt *NPN-Transistoren* und *PNP-Transistoren*. Der Transistor besitzt also zwei PN-Übergänge, an denen sich Sperrschichten bilden **(Tabelle 1)**. Die erste Schicht muß Ladungsträger aussenden (emittieren), weshalb sie als *Emitter* bezeichnet wird. Die mittlere Schicht ist die *Basis*. Sie hat die Aufgabe, die Emission der Ladungsträger zu steuern. Die letzte Schicht nennt man *Kollektor*[2]. Der Kollektor sammelt die Ladungsträger wieder ein.

[1] lat. cohaerere = zusammenhängen; [2] lat. collectus = gesammelt

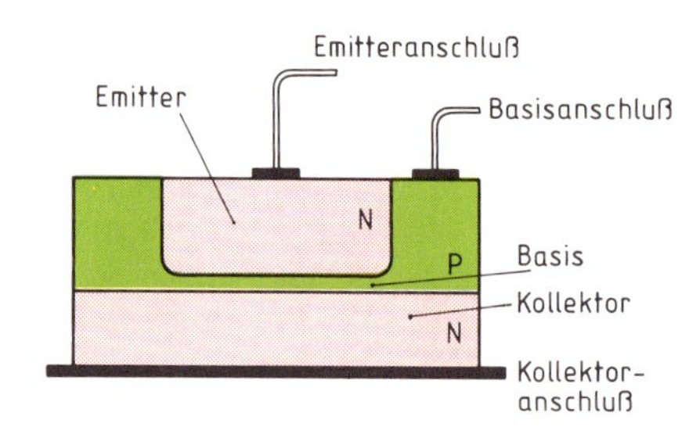

Bild 1: NPN-Transistor

Tabelle 1: Aufbau (Prinzip) und Schaltzeichen von Transistoren

Transistortyp	Halbleiterschichten	Diodenvergleich	Schaltzeichen
NPN	Sperrschichten; N, P, N	Kollektor, Basis, Emitter	B, C, E
PNP	Sperrschichten; P, N, P	Kollektor, Basis, Emitter	B, C, E

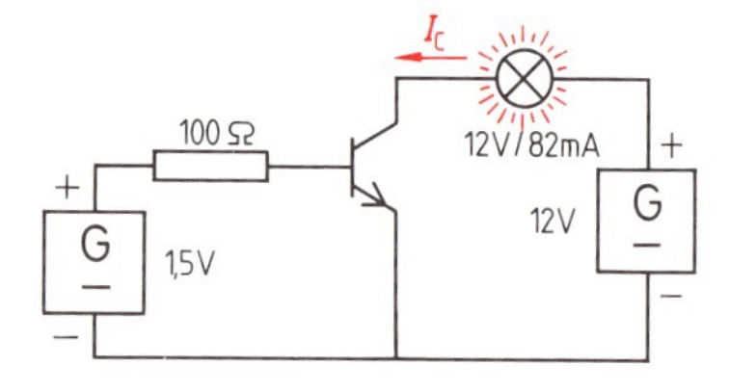

Bild 2: Polung des NPN-Transistors

Wirkungsweise

Versuch 1: Legen Sie einen NPN-Transistor so an zwei Gleichspannungen, daß die Basis-Emitter-Strecke in Vorwärtsrichtung und die Kollektor-Basis-Strecke in Rückwärtsrichtung geschaltet ist **(Bild 2)**! Schalten Sie eine Glühlampe in den Kollektorstromkreis, und beobachten Sie diese! Polen Sie die Basis-Emitter-Spannung um, und beobachten Sie wieder!

Die Glühlampe leuchtet nur, wenn die Basis-Emitter-Strecke in Vorwärtsrichtung gepolt ist.

Ein NPN-Transistor ist leitend, wenn Basis und Kollektor positiv gepolt sind gegenüber dem Emitter.

Beim PNP-Transistor müssen Basis und Kollektor negativ gepolt sein gegenüber dem Emitter.

Beim Transistor ist in die Emitterschicht und in die Kollektorschicht eine höhere Anzahl von Störstellen eingebaut als in die Basisschicht. Die Basisschicht ist sehr dünn; sie mißt einige Nanometer. Sind z. B. beim NPN-Transistor Basis-Emitter-Strecke in Durchlaßrichtung und Kollektor-Basis-Strecke in Sperrrichtung geschaltet, so fließt ein Elektronenstrom vom Emitter (N-Leiter) durch die erste Grenzschicht in die Basis. Da diese Schicht äußerst dünn ist, durchlaufen die Elektronen die Basis und gelangen in die zweite Grenzschicht. Dort werden sie von der positiven Kollektorspannung angezogen. Die Kollektor-Basis-Grenzschicht ist also für die Elektronen der Basisschicht keine Sperrschicht. Da die Basis infolge kleiner Störstellendichte nur wenige Löcher besitzt, rekombinieren auch nur wenige der vom Emitter eindringenden Elektronen, während die restlichen Elektronen durch die dünne Basisschicht schnell zum Kollektor gelangen. Es fließt nur ein schwacher Basisstrom.

Ist die Basis nicht angeschlossen, so fließt kein Kollektorstrom, weil die Kollektor-Basis-Strecke in Sperrichtung geschaltet ist. Läßt man aber einen Strom über die Basis fließen, so wird die in Sperrrichtung geschaltete Kollektor-Basis-Strecke durchlässig.

Der Transistor wirkt wie ein durch den Basisstrom gesteuerter Widerstand.

Versuch 2: Bauen Sie eine Schaltung zur Messung des Stromverstärkungsfaktors eines Transistors (z. B. BC 140) auf **(Bild 1)**! Stellen Sie den Spannungsteiler so ein, daß der Basisstrom I_B zunächst Null ist, und erhöhen Sie dann die Teilerspannung bis ein Basisstrom von etwa 0,5 mA fließt! Messen Sie jeweils den Kollektorstrom I_C!

Fließt kein Basisstrom, so ist der Kollektorstrom fast null. Mit steigendem Basisstrom steigt auch der Kollektorstrom. Ein Basisstrom von 0,5 mA hat einen Kollektorstrom von etwa 50 mA zur Folge.

Beim Transistor verursacht eine kleine Änderung des Basisstromes eine weit größere Änderung des Kollektorstromes. Im Versuch 2 wird also eine *Stromverstärkung* erreicht. Das Verhältnis Kollektorstrom*änderung* zu Basisstrom*änderung* nennt man *Stromverstärkungsfaktor.* Dieser Faktor gilt jeweils für eine bestimmte Kollektor-Emitter-Spannung.

Der in einen NPN-Transistor hineinfließende Elektronenstrom teilt sich in den Basisstrom und den Kollektorstrom auf **(Bild 2)**. Da zur Steuerung eines bipolaren Transistors ein Basisstrom und eine Basis-Emitterspannung benötigt werden, ist eine Steuerleistung erforderlich.

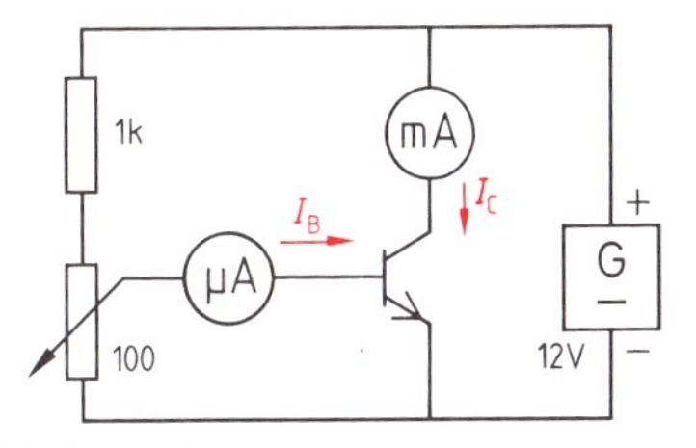

Bild 1: Meßschaltung

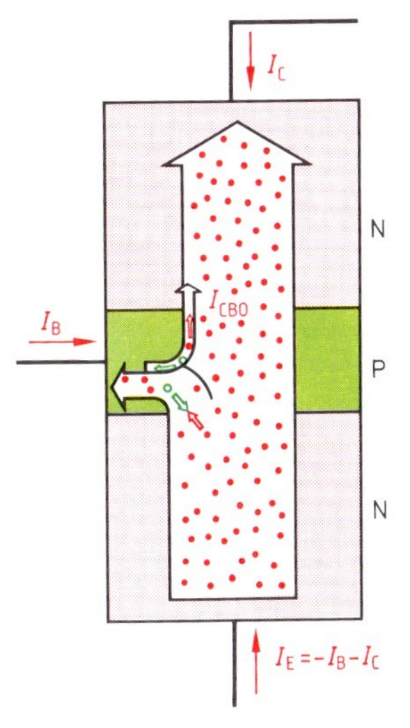

Bild 2: Ströme im NPN-Transistor

Außer den erwähnten Strömen fließt infolge Eigenleitung (Paarbildung) noch ein temperaturabhängiger Sperrstrom I_{CB0}. Diesen unerwünschten Rückwärtsstrom bezeichnet man als *Kollektorreststrom*. Er bildet mit dem vom Emitter kommenden Strom den Kollektorstrom I_C.

Der Basisstrom steuert den Kollektorstrom eines bipolaren Transistors. Die Steuerung erfordert Leistung.

Kennlinien

Zur einheitlichen Darstellung hat man beim Transistor eine Bezugsrichtung festgelegt, nach der alle Ströme in den Transistor hineinfließen **(Bild 1, folgende Seite)**. Die Spannungsbezugspfeile liegen entsprechend. U_{BE} bedeutet dabei, daß der Spannungsbezugspfeil von der Basis zum Emitter festgelegt ist. Ströme und Spannungen, die in Wirklichkeit die umgekehrte Richtung haben, erhalten dann ein negatives Vorzeichen.

$U_{BE} = -0{,}7\,V$ oder $-U_{BE} = 0{,}7\,V$ oder $U_{EB} = 0{,}7\,V$ heißt, daß der Minuspol an der Basis liegt. Unter Berücksichtigung dieser Bezugsrichtungen erhält man die Zusammenhänge für die Ströme und Spannungen eines Transistors.

Die Strom-Spannungskennlinien von Transistoren können mit einer Meßschaltung **Bild 2** aufgenommen werden. Die Widerstände R1 und R2 dienen als Schutzwiderstände zur Strombegrenzung. Diese Widerstände sind in Bild 2 für einen Leistungstransistor, z. B. BD 135, gewählt. Für Kleinleistungstransistoren müssen entsprechend größere Widerstände gewählt werden.

Die so aufgenommenen Kennlinien können von den in Datenblättern angegebenen Kennlinien etwas abweichen, da diese nicht mit Gleichspannungen bzw. Gleichströmen aufgenommen werden, sondern mit Impulsen. Dadurch werden Temperatureinflüsse infolge Eigenerwärmung weitgehend unterdrückt.

Eingangskennlinie. Bei der Emitterschaltung bildet der Basis-Emitter-Kreis den *Eingangskreis* (Steuerkreis) und der Kollektor-Emitter-Kreis den *Ausgangskreis* (gesteuerter Kreis). Für die Steuerung des Transistors ist der Basisstrom maßgebend, der seinerseits von der Basis-Emitterspannung abhängt. Die gegenseitige Abhängigkeit der Eingangsgrößen I_B und U_{BE} stellt die Eingangskennlinie auch $I_B(U_{BE})$-Kennlinie genannt, dar **(Bild 3)**.

Die $I_B(U_{BE})$-Kennlinie ist die Gleichrichterkennlinie der Basis-Emitter-Diode in Vorwärtsrichtung. Legt man an den entsprechenden Arbeitspunkt eine Tangente (Bild 3), so kann aus den Werten des Steigungsdreiecks das Verhältnis $\Delta U_{BE} / \Delta I_B$ ermittelt werden. Dieses Verhältnis gibt bei konstanter Kollektor-Emitterspannung den *differentiellen Eingangswiderstand* des Transistors an. Kleine Steigung der Kennlinie bedeutet dabei großen Eingangswiderstand. Der Eingangswiderstand ist an allen Punkten der Kennlinie verschieden und muß deshalb stets zusammen mit dem Arbeitspunkt angegeben werden. Mit dem Steigungsdreieck kann der Eingangswiderstand jedoch nur ermittelt werden, wenn die Eingangskennlinie im linearen Maßstab eingetragen ist.

Der differentielle Eingangswiderstand wird für Schaltungsberechnungen bei Ansteuerung mit Wechselgrößen bzw. Änderungsgrößen benötigt. Er beträgt bei Emitterschaltungen einige hundert Ohm bis einige kΩ.

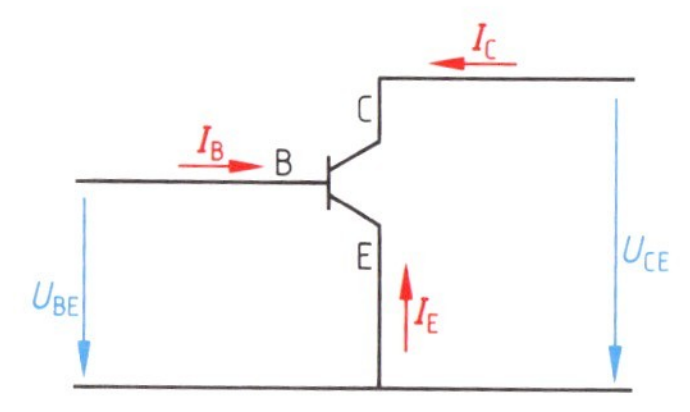

Bild 1: Bezugspfeile für Ströme und Spannungen an Transistoren

U_{CE} Kollektor-Emitterspannung
U_{BE} Basis-Emitterspannung
U_{CB} Kollektor-Basisspannung
I_B Basisstrom
I_C Kollektorstrom
I_E Emitterstrom

$$U_{CE} = U_{BE} + U_{CB}$$

$$I_B + I_C + I_E = 0$$

$$-I_E = I_C + I_B$$

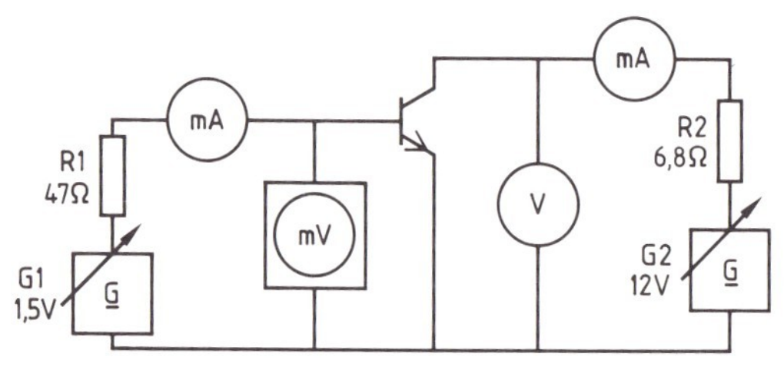

Bild 2: Meßschaltung

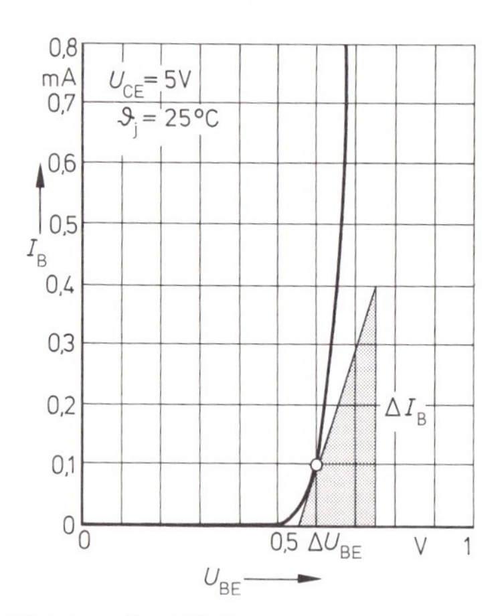

Bild 3: Eingangskennlinie

r_{BE} Differentieller Eingangswiderstand
ΔU_{BE} Basis-Emitter-Spannungsänderung
ΔI_B Basisstromänderung bei ΔU_{BE}

Bei U_{CE} = konstant:

$$r_{BE} = \frac{\Delta U_{BE}}{\Delta I_B}$$

Ausgangskennlinien. Die gegenseitige Abhängigkeit der Ausgangsgrößen I_C und U_{CE} zeigt die Ausgangskennlinie. Diese $I_C(U_{CE})$-Kennlinien können sowohl mit konstanten Basisströmen **(Bild 1)** als auch mit konstanten Basis-Emitter-Spannungen **(Bild 2)** dargestellt werden.

Der Arbeitsbereich eines Transistors liegt im flachen Bereich der Kennlinie. Die Steigung ist in diesem Kennlinienbereich fast gleichbleibend. Das aus den Werten des Steigungsdreiecks ermittelte Verhältnis $\Delta U_{CE} / \Delta I_C$ bei konstantem I_B (Bild 1) gibt den *differentiellen Ausgangswiderstand* des Transistors im entsprechenden Arbeitspunkt an.

r_{CE} Differentieller Ausgangswiderstand
ΔU_{CE} Kollektor-Emitter-Spannungsänderung
ΔI_C Kollektorstromänderung

Bei I_B = konstant:

$$r_{CE} = \frac{\Delta U_{CE}}{\Delta I_C}$$

Stromsteuerkennlinie. Der Basisstrom eines Transistors steuert den Kollektorstrom. Deren Abhängigkeit zeigt die Stromsteuerkennlinie, auch $I_C(I_B)$-Kennlinie genannt **(Bild 3)**. Dieser Kennlinie kann für den Arbeitspunkt der durch den Basisstrom hervorgerufene Kollektorstrom entnommen werden. Das Verhältnis I_C / I_B wird *Gleichstromverhältnis* genannt.

Die Steigung der Kennlinie $\Delta I_C / \Delta I_B$ gibt den *Stromverstärkungsfaktor* des Transistors (Kurzschluß-Stromverstärkungsfaktor) an.

Während das Gleichstromverhältnis für Gleichgrößen wichtig ist, hat der Stromverstärkungsfaktor für die Wechselstromverstärkung Bedeutung. Gleiche Transistortypen sind entsprechend ihrem Gleichstromverhältnis oft noch in Gruppen A, B und C bzw. I, II und III unterteilt.

In manchen Datenbüchern ist die Stromsteuerkennlinie nicht aufgeführt. In diesen Fällen kann sie aus der Ausgangskennlinie mit I_B als Parameter entwickelt werden. Dazu zieht man für die konstante Kollektor-Emitter-Spannung eine Senkrechte, entnimmt an den Schnittpunkten mit den Basisstromparametern die zugehörigen Kollektorströme und überträgt diese Wertepaare in das Stromsteuerkennlinienfeld.

Spannungssteuerkennlinie. Die Abhängigkeit des Kollektorstroms von der Steuerspannung U_{BE} wird durch die Spannungssteuerkennlinie, auch $I_C(U_{BE})$-Kennlinie genannt, bei konstantem U_{CE} dargestellt

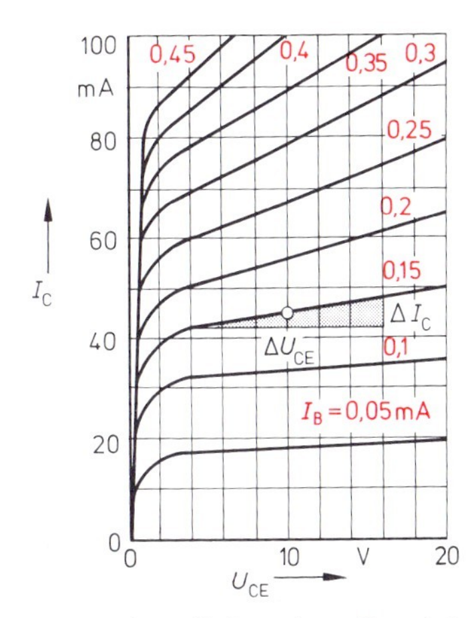

Bild 1: Ausgangskennlinien eines Transistors mit I_B als Parameter

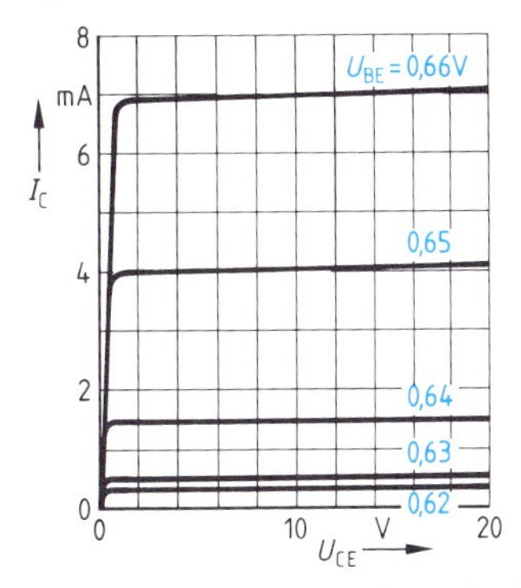

Bild 2: Ausgangskennlinien mit U_{BE} als Parameter

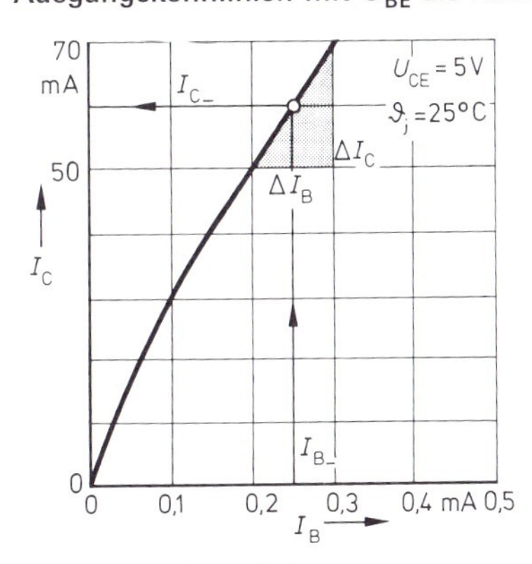

Bild 3: Stromsteuerkennlinie

B Gleichstromverhältnis
I_C Kollektorgleichstrom
I_B Basisgleichstrom
β Kurzschluß-Stromverstärkungsfaktor
ΔI_C Kollektorstromänderung
ΔI_B Basisstromänderung

Bei U_{CE} = konstant:

$$B = \frac{I_C}{I_B}$$

$$\beta = \frac{\Delta I_C}{\Delta I_B}$$

(Bild 1). Diese Kennlinie wird meist im logarithmischen Maßstab für I_C aufgezeichnet.

Auch diese Kennlinie kann aus der Ausgangskennlinie mit U_{BE} als Parameter oder aus der Eingangskennlinie und der Stromsteuerkennlinie mit U_{BE} als Parameter oder aus der Eingangskennlinie und der Stromsteuerkennlinie entwickelt werden.

Die Spannungssteuerkennlinie hat fast den gleichen Verlauf wie die Eingangskennlinie, da sich der Kollektorstrom fast proportional mit dem Basisstrom ändert. Die Steigung der Spannungssteuerkennlinie im linearen Maßstab wird auch als *Steilheit* bezeichnet. Bei Raumtemperatur gilt vereinfacht für die Steilheit $S \approx I_C / 26$ mV.

Infolge Eigenleitung ändern sich die Transistorströme auch mit der Temperatur. Deshalb werden für manche Kennlinien auch noch Parameter für kleinere und größere Temperaturen angegeben (Bild 1). Die wichtigsten Kennlinien kann man auch zusammen im Vierquadranten-Kennlinienfeld darstellen **(Bild 2)**.

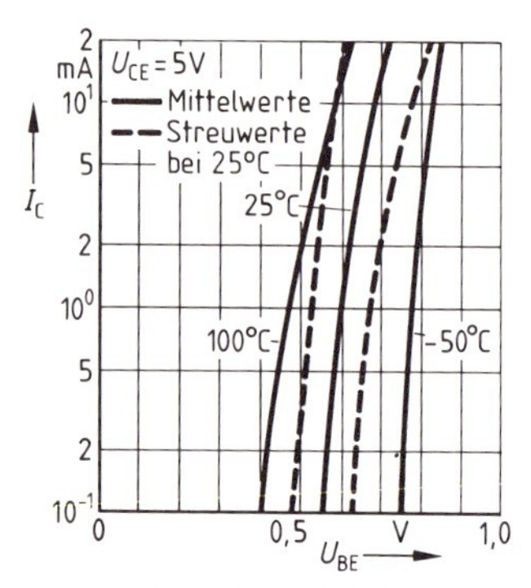

Bild 1: Spannungssteuerkennlinien

S Steilheit
ΔI_C Kollektorstromänderung
ΔU_{BE} Basis-Emitter-Spannungsänderung

Bei U_{CE} = konstant:

$$S = \frac{\Delta I_C}{\Delta U_{BE}}$$

Wiederholungsfragen

1. **Wie ist ein NPN-Transistor aufgebaut?**
2. **Wie heißen die Elektrodenanschlüsse eines Transistors?**
3. **Wie muß ein NPN-Transistor gepolt sein, damit er leitend ist?**
4. **Welche Bezugsrichtungen gelten für die Ströme und Spannungen eines Transistors?**
5. **Welche Abhängigkeit zeigt die Eingangskennlinie eines Transistors?**
6. **Aus welcher Kennlinie und wie wird der differentielle Ausgangswiderstand ermittelt?**
7. **Wodurch unterscheiden sich das Gleichstromverhältnis vom Kurzschluß-Stromverstärkungsfaktor?**

Grenzwerte und Kennwerte

Zur Beurteilung von Transistoren werden außer den Kennlinien noch *Grenzwerte* und *Kennwerte* angegeben.

Grenzwerte sind vom Hersteller angegebene Höchstwerte, die nicht überschritten werden dürfen, weil sich sonst die Kennwerte des Bauelements verändern, dessen Lebensdauer sich verringert oder gar das Bauelement zerstört wird.

Die Grenzwerte sind Höchstwerte, die nicht überschritten werden dürfen, weil sonst das Bauelement zerstört werden kann.

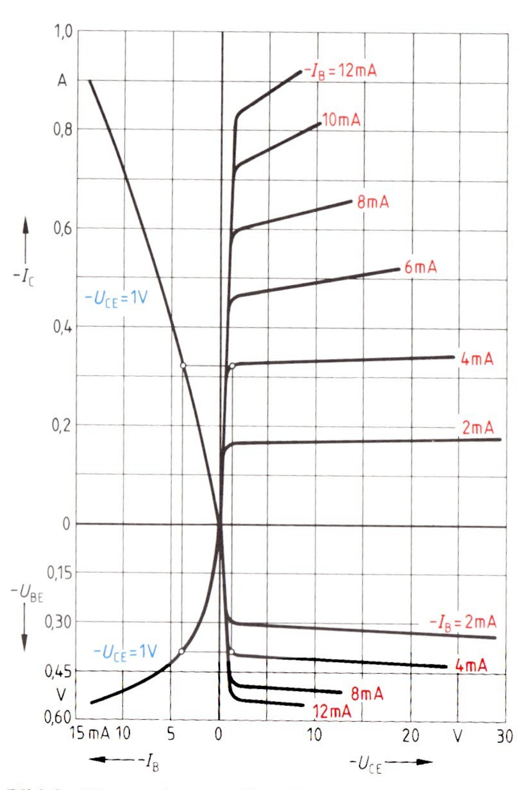

Bild 2: Vierquadranten-Kennlinienfeld eines PNP-Transistors

Die Grenzwerte begrenzen somit den Arbeitsbereich des Transistors **(Bild 1)**. Vom Hersteller werden Grenzwerte angegeben für die gesamte (totale) Verlustleistung P_{tot}, den Kollektorstrom I_C, die Kollektor-Emitter-Spannung U_{CE}, die Basis-Emitter-Spannung in Rückwärtsrichtung U_{EB} und die Sperrschichttemperatur ϑ_j. Die gesamte Verlustleistung setzt sich zusammen aus der meist vernachlässigbaren Verlustleistung der Basis-Emitter-Strecke und der Verlustleistung der Kollektor-Emitter-Strecke.

Die höchstzulässige Verlustleistung hängt von der Temperatur ab und wird deshalb für eine bestimmte Umgebungstemperatur oder Gehäusetemperatur angegeben.

Die Kennlinie für die höchstzulässige Verlustleistung ist die *Verlustleistungshyperbel* (Bild 1). Zu ihrer Bestimmung werden in der Formel $I_C \approx P_{tot}/U_{CE}$ nacheinander verschiedene Werte für U_{CE} eingesetzt. Die erhaltenen Wertepaare I_C und U_{CE} werden in das Kennlinienfeld eingetragen und miteinander verbunden.

Statische Kennwerte geben Auskunft über das Gleichstromverhalten des Transistors. Sie sind Mittelwerte. Bei einzelnen Transistoren können starke Abweichungen von Mittelwerten auftreten (Exemplarstreuung). Statische Kennwerte sind Restströme, Sättigungsspannung (Kollektor-Emitter-Restspannung) und Gleichstromverhältnis.

Restströme sind unerwünschte, temperaturabhängige Ströme infolge Eigenleitung. Man unterscheidet Kollektorreststrom I_{CB0}[1] und Emitterreststrom I_{EB0}[2]. Die Restströme wirken sich besonders bei kleinen Kollektorströmen aus.

Die Kollektor-Emitterspannung, bei welcher die Kurve des Kollektorstromes vom ansteigenden in den flachen Verlauf übergeht, nennt man *Sättigungsspannung* (Kollektor-Emitter-Restspannung U_{CEsat}, Bild 1).

Dynamische Kennwerte beschreiben das Verhalten des Transistors bei Ansteuerung mit Wechselspannung oder bei Impulsbetrieb. Dynamische Kennwerte sind Kurzschluß-Stromverstärkungsfaktor, Sperrschichtkapazitäten, Schaltzeiten, *Transitfrequenz*[3] und *Vierpolparameter*. Bei der Transitfrequenz ist der Stromverstärkungsfaktor 1. Vierpolparameter sind die h-Parameter[4] **(Tabelle 1)** für Niederfrequenzanwendungen und die Y-Parameter für Hochfrequenzanwendungen. Die h-Parameter lassen sich in Y-Parameter umrechnen und umgekehrt. Da diese Parameter nur für sehr kleine Stromänderungen und Spannungsänderungen gelten, werden sie nur zur Berechnung von *Kleinsignalverstärkern* verwendet.

P_{tot} Gesamtverlustleistung
I_B, I_C Transistorströme (Grenzwerte)
U_{BE}, U_{CE} Transistorspannungen (Grenzwerte)

$$P_{tot} = I_B \cdot U_{BE} + I_C \cdot U_{CE}$$

$$P_{tot} \approx I_C \cdot U_{CE}$$

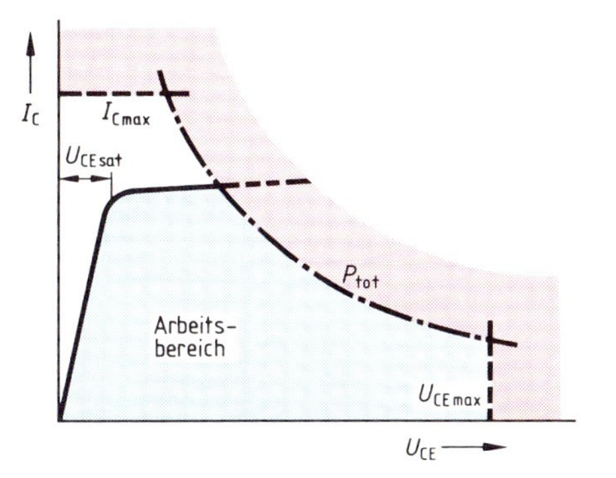

Bild 1: Arbeitsbereich eines Transistors

Tabelle 1: h-Parameter für Emitterschaltung
Transistor als Vierpol; I_B, I_C, U_{BE}, U_{CE}
$h_{11e} = \frac{\Delta U_{BE}}{\Delta I_B}$ bei U_{CE} = konstant Kurzschluß-Eingangswiderstand
$h_{12e} = \frac{\Delta U_{BE}}{\Delta U_{CE}}$ bei I_B = konstant Leerlauf-Spannungsrückwirkung
$h_{21e} = \frac{\Delta I_C}{\Delta I_B}$ bei U_{CE} = konstant Kurzschluß-Stromverstärkungsfaktor
$h_{22e} = \frac{\Delta I_C}{\Delta U_{CE}}$ bei I_B = konstant Leerlauf-Ausgangsleitwert

[1] I_{CB0} Strom zwischen Kollektor und Basis bei offenem Emitter; [2] I_{EB0} Strom zwischen Emitter und Basis bei offenem Kollektor
[3] Transit von lat. transitus = Übergang; [4] h von griech. hybrid = gemischt

Die Parameter gelten jeweils für einen bestimmten Arbeitspunkt und eine bestimmte Frequenz. Dabei bedeuten z. B. h_{11} den Wechselstrom-Eingangswiderstand und h_{21} den Wechselstromverstärkungsfaktor jeweils bei wechselstrommäßig kurzgeschlossener Kollektor-Emitter-Strecke (Kurzschluß-Stromverstärkungsfaktor) und h_{22} den Kehrwert des Wechselstrom-Ausgangswiderstands ohne Wechselstromaussteuerung. Zur Kennzeichnung der Emitterschaltung wird den Parametern ein e angehängt, z. B. bei h_{11e}. Die Parameter kann man auch den Kennlinien entnehmen, z. B. h_{11e} aus der Eingangskennlinie bei gleich bleibendem U_{CE}. $h_{11e} = \Delta U_{BE} / \Delta I_B$ bei U_{CE} = konstant.

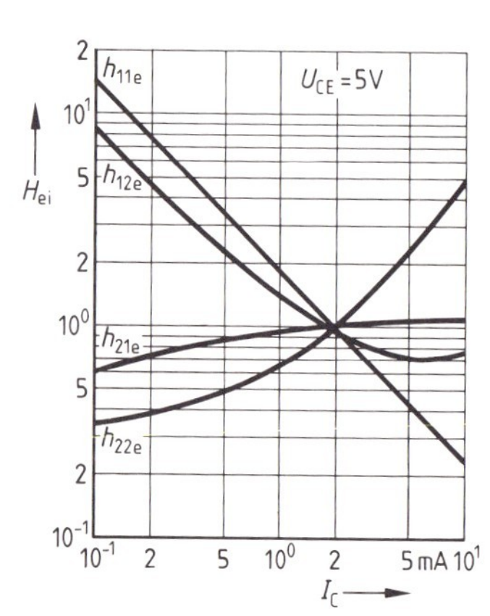

Bild 1: Korrekturfaktoren H_{ei}

Wird der Transistor bei einem anderen als dem für den h-Parameter angegebenen Arbeitspunkt betrieben, so können aus besonderen Kennlinien für I_C **(Bild 1)** bzw. für U_{CE} Korrekturfaktoren H_{ei} bzw. H_{eu} entnommen werden, mit denen der entsprechende h-Parameter zu multiplizieren ist.

h Parameter für den gegebenen Arbeitspunkt
h' Parameter für den gewählten Arbeitspunkt
H_{ei}, H_{eu} Korrekturfaktoren für ein gewähltes I_C bzw. U_{CE}

$$h' = h \cdot H_{ei} \cdot H_{eu}$$

Beispiel:

Wie groß ist h' im Arbeitspunkt $U_{CE} = 5$ V und $I_C = 0{,}5$ mA, wenn für $U_{CE} = 5$ V und $I_C = 2$ mA der Parameter $h_{11e} = 4{,}5$ kΩ angegeben ist?

Lösung:

Für U_{CE} wird kein Korrekturfaktor benötigt, d. h. $H_{eu} = 1$. Aus Bild 1 wird für h_{11e} und $I_C = 0{,}5$ mA $H_{ei} = 3{,}2$ entnommen.

$h_{11e}' = h_{11e} \cdot H_{ei} \cdot H_{eu} = 4{,}5\ \text{k}\Omega \cdot 3{,}2 \cdot 1 =$ **14,4 kΩ**

Fototransistoren

Beim Fototransistor gelangt über ein Lichtfenster oder eine optische Linse Licht in die Kollektor-Basis-Sperrschicht und erzeugt dort einen Fotostrom I_p, der im gleichen Verhältnis mit der Beleuchtungsstärke E_v steigt **(Bild 2)**. Er wirkt als Basisstrom.

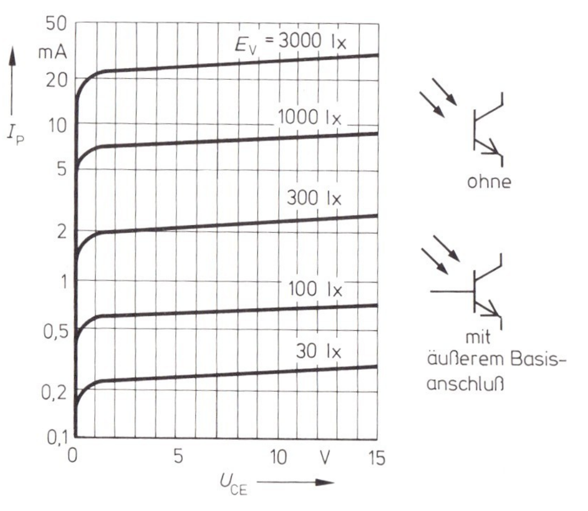

Bild 2: Kennlinie und Schaltzeichen eines Fototransistors

Der Kollektorstrom eines Fototransistors steigt mit der Beleuchtungsstärke.

Infolge ihres Stromverstärkungsfaktors besitzen Fototransistoren einen größeren *Fotokoeffizienten* (Fotoempfindlichkeit) als Fotodioden.

Grundsätzlich benötigen Fototransistoren keinen Basisanschluß (Bild 2), da sie durch Licht gesteuert werden. Meist wird der Basisanschluß jedoch herausgeführt, damit der Arbeitspunkt getrennt eingestellt und stabilisiert werden kann. Wegen der verhältnismäßig großen Kollektor-Basis-Kapazität haben Fototransistoren längere Schaltzeiten als Fotodioden und sind für einen Frequenzbereich bis etwa 250 kHz geeignet. Sie werden z. B. in Lichtschranken und in Optokopplern eingesetzt.

2.6.3 Unipolare Transistoren (FET)

Grundsätzliche Wirkungsweise

Bei unipolaren Transistoren fließt der Laststrom nur über *eine* Halbleiterstrecke *desselben* Leitungstyps, also nicht über einen PN-Übergang.

Beim bipolaren Transistor wird der Widerstand der Halbleiterstrecke durch Zufuhr von Ladungsträgern über die Basis gesteuert, während die Form der Halbleiterstrecke im wesentlichen unverändert bleibt. Beim unipolaren Transistor wird der Widerstand der Halbleiterstrecke für den Laststrom durch ein elektrisches Feld gesteuert, welches den Leiterquerschnitt beeinflußt **(Bild 1)**. Unipolare Transistoren sind die Feldeffekttransistoren (FET). Bei den FET nennt man die Halbleiterstrecke für den Laststrom *Kanal*. Man unterscheidet FET mit N-Kanal und FET mit P-Kanal. Die Anschlüsse des Kanals heißen *Source*[1] und *Drain*[2].

Beim Feldeffekttransistor wird der Widerstand des Kanals zwischen Source und Drain durch ein quer zum Kanal liegendes elektrisches Feld gesteuert.

Die Wirkung (Effekt) des elektrischen Feldes steuert beim FET den Laststrom. Das elektrische Feld wird durch eine Spannung zwischen dem Gate[3] (Steuerelektrode) und dem Kanal hervorgerufen. Ein Steuerstrom vom Gate zum Kanal ist nicht vorhanden.

Beim FET wird der Widerstand der Source-Drainstrecke und damit der Drainstrom von einer Spannung zwischen Gate und Source gesteuert.

Bei der Herstellung der FET geht man von P-leitendem oder von N-leitendem Silicium aus, in welches der Kanal eindiffundiert wird **(Bild 2)**. Den verbleibenden Teil des Ausgangsmaterials nennt man *Substrat*[4]. Das Substrat ist manchmal im Inneren des FET mit der Source verbunden. Wenn es nach außen geführt ist, muß es in der Schaltung mit Sourceanschluß verbunden werden, weil bei der Steuerung des FET Ladungsträger vom Substrat an den Kanal abgegeben werden.

Das Substrat der FET muß mit der Source verbunden sein, damit bei der Steuerung Ladungsträger zwischen Substrat und Kanal ausgetauscht werden können.

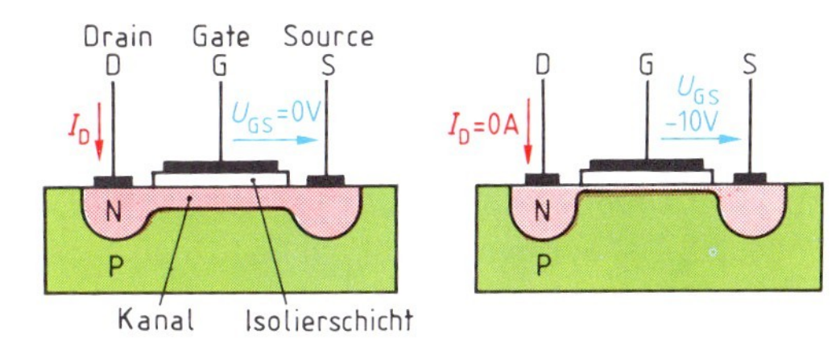

Bild 1: Steuerung der Kanalbreite und des Drainstromes I_D durch die Steuerspannung U_{GS}

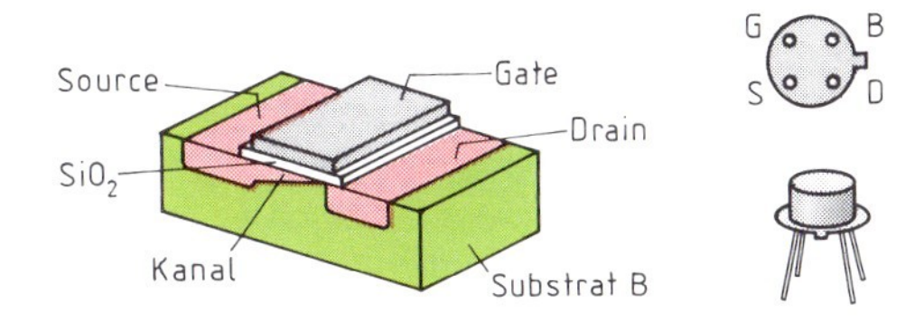

Bild 2: IG-FET mit N-Kanal

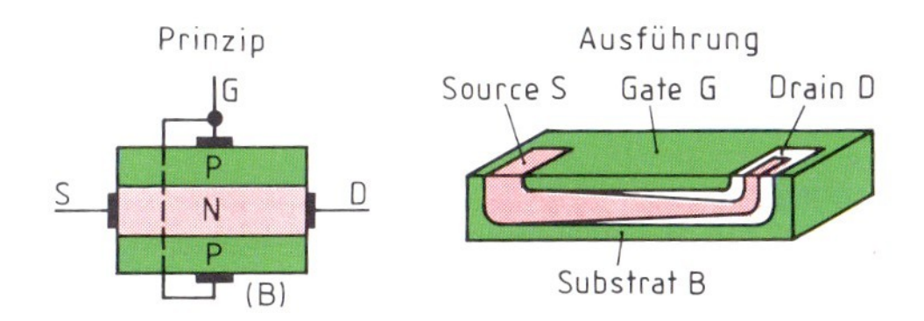

Bild 3: PN-FET mit N-Kanal

Das Gate muß gegenüber dem Kanal isoliert sein, damit bei angelegter Steuerspannung vom Gate nach der Source kein Strom fließt. Dazu gibt es zwei Möglichkeiten. Beim *Isolier-Gate-FET (IG-FET)* ist zwischen Kanal und Gate eine Isolierschicht aus Siliciumdioxid (SiO_2) angeordnet, und das Gate ist aufgedampftes Metall (Bild 2). Beim *PN-FET (Sperrschicht-FET, Junction-FET*[5]*, J-FET)* wird als Gate ein Halbleitermaterial von anderem Leitungstyp als der Kanal angeordnet **(Bild 3)**. Bei einem N-Kanal nimmt man also ein P-Gate, bei einem P-Kanal ein N-Gate.

Dadurch entsteht zwischen Gate und Kanal des FET ein PN-Übergang und damit eine Sperrschicht, welche bei richtiger Polung das Gate vom Kanal isoliert.

[1] engl. Source (sprich: sohrs) = Quelle; [2] engl.Drain (sprich: drehn) = Senke; [3] engl. Gate (sprich: geht) = Tor
[4] lat. Substrat = Grundlage; [5] engl. junction (sprich: janktschn) = Verbindung, Knotenpunkt

Bei den IG-FET gibt es Typen, die ohne Steuerspannung einen Kanal haben. Das sind die *selbstleitenden FET* oder *Verarmungs-FET*. Feldeffekttransistoren, bei denen sich der Kanal erst durch Einwirkung der Steuerspannung bildet, nennt man *selbstsperrende FET* oder *Anreicherungs-FET*. Die Art des FET ist aus dem Schaltzeichen zu erkennen **(Tabelle 1)**.

Verarmungs-IG-FET sind selbstleitend, Anreicherungs-IG-FET selbstsperrend.

Beim IG-FET liegt im Schaltzeichen das Gate der Source gegenüber. Der Leitungstyp ist hier beim Substrat in entsprechender Weise wie beim Emitter des bipolaren Transistors eingetragen. Bei einem P-leitenden Substrat geht der Pfeil nach innen. Hier ist ein N-Kanal vorhanden. Dagegen ist bei einem N-leitenden Substrat, kenntlich an einem Pfeil nach außen, ein P-Kanal vorhanden. Beim PN-FET berührt im Schaltzeichen das Gate den Kanal. Der Leitungstyp ist dort beim Gate wie beim Emitter eines bipolaren Transistors eingetragen. Bei einem N-leitenden Gate ist also der Pfeil nach außen gerichtet. Hier ist dann ein P-Kanal vorhanden. Geht der Pfeil nach innen, so ist ein P-Gate vorhanden und ein N-Kanal.

Die Richtungen der Bezugspfeile der Spannungen und der Ströme sind entsprechend wie bei den bipolaren Transistoren festgelegt **(Bild 1)**.

Bei den Feldeffekttransistoren unterscheidet man je nach der Isolierung zwischen Gate und Kanal IG-FET und PN-FET.

Beide Arten haben dieselben Anschlußbezeichnungen und dieselben Bezugspfeile.

Feldeffekttransistoren verursachen eine kleinere Rauschspannung als bipolare Transistoren, da bei ihnen die Ladungsträgerkonzentration durch das Steuern nicht verändert wird. Dagegen sind die Kapazitäten zwischen Gate und dem Kanal von Nachteil, weil damit RC-Schaltungen gebildet werden. Dadurch arbeiten FET langsamer als bipolare Transistoren, so daß sie für schnelle Anwendungen, z. B. Mikroprozessoren, nicht in Frage kommen.

Tabelle 1: Feldeffekttransistoren

Trennung zwischen Gate und Kanal	P-Kanal	N-Kanal
Isolierschicht	Gate, Source, Drain, Substrat Selbstsperrender Anreicherungs-Isolierschicht-FET mit P-Kanal (Anreicherungs-IG-FET mit P-Kanal)	Gate, Source, Drain, Substrat Selbstleitender Verarmungs-Isolierschicht-FET mit N-Kanal (Verarmungs-IG-FET mit N-Kanal)
Sperrschicht	Gate, Source, Drain Sperrschicht-FET mit P-Kanal (PN-FET mit P-Kanal)	Gate, Source, Drain Sperrschicht-FET mit N-Kanal (PN-FET mit N-Kanal)

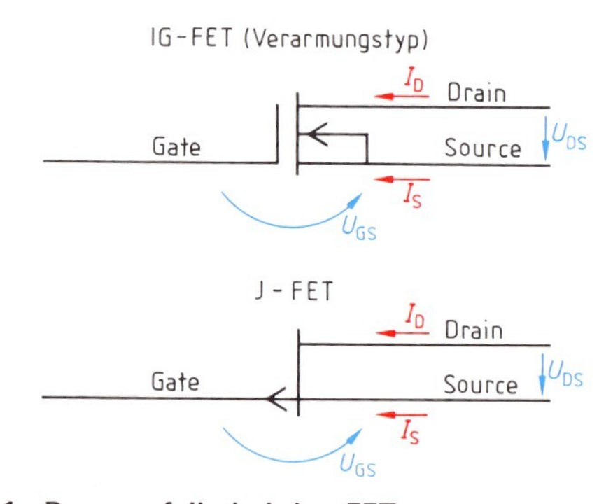

Bild 1: Bezugspfeile bei den FET

Wiederholungsfragen

1. **Erklären Sie die grundsätzliche Wirkungsweise der Feldeffekttransistoren!**
2. **Wie heißen die drei Anschlüsse eines FET?**
3. **Warum wird bei den FET das Substrat mit der Source verbunden?**
4. **Welches Verhalten bezüglich der Stromleitung ohne Ansteuerung haben die Verarmungs-IG-FET und die Anreicherungs-IG-FET?**
5. **Woran erkennt man im Schaltzeichen eines FET den Source-Anschluß?**

Isolier-Gate-FET (IG-FET)

Beim IG-FET befinden sich zwischen Gate und Kanal eine isolierende Schicht. Je nach Substrat und Isolierschicht unterscheidet man z. B. MOS-FET[1] und MISFET[2]. Beim MOSFET wird als Substrat Silicium verwendet, beim MISFET Galliumarsenid. Die Isolierschicht ist beim MOSFET und beim MISFET aus Siliciumdioxid (SiO_2 = Quarz).

Die Isolierschicht trennt beim IG-FET den Laststromkreis fast völlig vom Steuerstromkreis. Dadurch ergeben sich winzige Restströme von einigen Femtoampere (1 fA = 10^{-15} A) und Eingangswiderstände bis 10^{18} Ω. Die Isolierschicht ist dicker als eine Sperrschicht. Dadurch ist die Durchbruchspannung höher, die Eingangskapazität kleiner und die Grenzfrequenz größer als beim PN-FET. Die Grenzfrequenz beträgt bis 400 MHz.

Beim IG-FET besteht zwischen Laststromkreis und Steuerstromkreis keine elektrische Verbindung.

Das Gate des IG-FET kann sich wegen der Isolierung elektrostatisch aufladen. Dadurch kann die Isolierschicht durchschlagen werden, wodurch der FET zerstört wird. Deshalb ist für Transport und Lagerung der Gate-Anschluß mit den anderen Anschlüssen leitend verbunden. Beim Einbau darf diese Verbindung erst nach dem Einlöten geöffnet werden. Bei Reparaturen ist diese Verbindung vor dem Auslöten herzustellen.

Beim IG-FET müssen Gate und Kanal über einen Widerstand oder über eine leitende Brücke verbunden sein.

Auch beim Löten von IG-FET oder entsprechenden IC sind besondere Maßnahmen zu treffen, damit die Isolierschicht nicht durchschlagen wird **(Bild 1)**. Der Lötkolben darf nicht direkt am Netz angeschlossen sein (Trenntransformator oder Batteriebetrieb). Ein Potentialausgleich durch eine schwach leitende und hochohmig geerdete Arbeitsunterlage, an welche auch die lötende Person angeschlossen ist, hat sich bewährt.

Zur Vermeidung von Spannungsdurchbrüchen zwischen Gate und Kanal werden bei vielen IG-FET

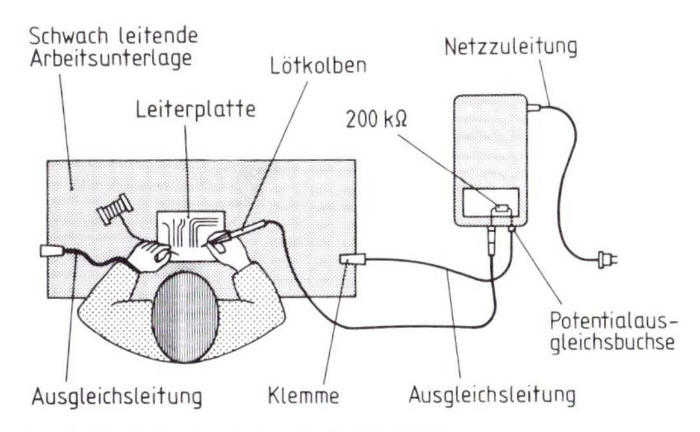

Bild 1: Arbeitsplatz für MOSFET

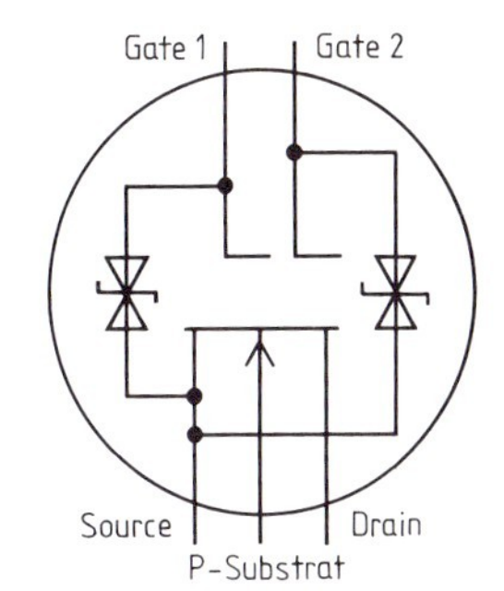

Bild 2: Dual-Gate-IG-FET mit Gate-Schutzschaltung

Begrenzerdioden eindiffundiert **(Bild 2)**. Bei beliebig gepolter statischer Aufladung begrenzt jeweils die in Sperrichtung geschaltete Diode die Spannung auf etwa 10 V. Die Sperrschichtkapazität der Dioden verkleinert allerdings die Grenzfrequenz. Außerdem ist der Eingangswiderstand des FET nur noch etwa so groß wie der Sperrwiderstand der Diode.

Legt man an einen Verarmungs-IG-FET mit N-Kanal eine positive Gate-Sourcespannung, so werden Elektronen aus dem Substrat in den Kanal gesaugt, der Kanal wird mit Ladungsträgern angereichert. Ist die Gate-Sourcespannung negativ, so werden vorhandene Elektronen in das Substrat gedrückt. Dadurch tritt eine Verarmung an Ladungsträgern auf. In beiden Fällen ändert sich der Widerstand des Kanals, so daß der Drainstrom durch die Gate-Sourcespannung gesteuert werden kann **(Bild 1, folgende Seite)**. Die Verhältnisse bei IG-FET mit P-Kanal liegen entsprechend mit umgekehrter Polung.

[1] MOSFET Kunstwort aus engl. **M**etal-**O**xide-**S**emiconductor-FET = Metall-Oxid-Halbleiter-FET
[2] MISFET Kunstwort aus engl. **M**etal-**I**nsulator-**S**emiconductor-FET = Metall-Isolator-Halbleiter-FET

Die Steuerung des Laststroms erfolgt beim IG-FET durch das elektrische Feld zwischen Gate und Substrat. In Verstärkerschaltungen können deshalb Koppelkondensatoren entfallen. Bei selbstleitenden Verarmungs-IG-FET nimmt je nach Polung der Gate-Sourcespannung der Laststrom zu oder ab.

Beim Verarmungs-IG-FET ist die Steuerung durch positive und durch negative Gate-Source-spannung möglich.

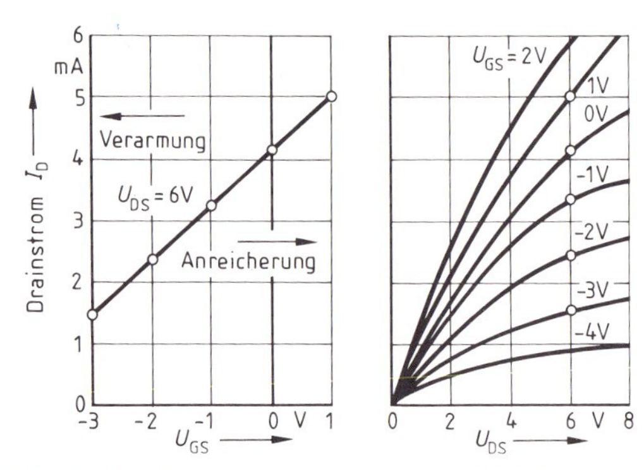

Bild 1: Kennlinien eines Verarmungs-IG-FET mit N-Kanal

Eine Vorspannung ist erforderlich, damit der Arbeitspunkt festliegt. Die Vorspannung kann beim selbstleitenden Verarmungs-IG-FET wie beim PN-FET mit einem Sourcewiderstand erzeugt werden (Abschnitt 2.9.4).

Beim selbstsperrenden Anreicherungs-IG-FET liegt die Kennlinie für $U_{GS} = 0$ V im Kennlinienfeld ganz unten **(Bild 2)**. Die Vorspannung wird hier mit einem Spannungsteiler erzeugt, ähnlich wie bei einem Transistor in Emitterschaltung. Der Spannungsteiler beim FET ist aber unbelastet.

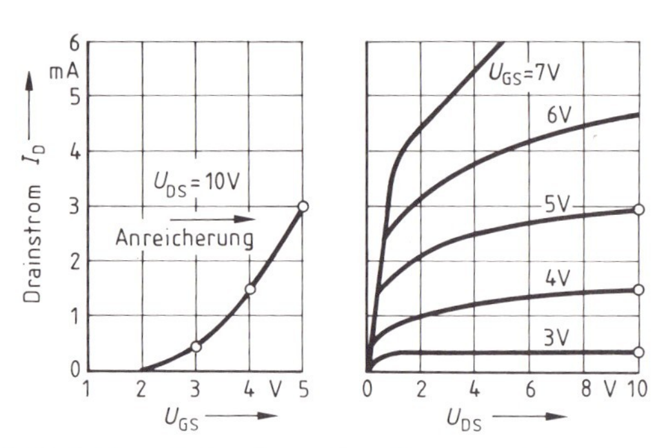

Bild 2: Kennlinien eines Anreicherungs-IG-FET mit N-Kanal

Dual-Gate-IG-FET[1] enthalten zwei voneinander isolierte Gate (Bild 2, vorhergehende Seite). Jedes Gate steuert unabhängig vom anderen Gate die Stromstärke im Kanal. Diese FET sind z. B. für Frequenzmischstufen und Modulatoren geeignet.

CMOS-FET sind *komplementäre*[2] FET, bestehen also aus wenigstens zwei FET mit jeweils entgegengesetztem Kanaltyp.

Aus den Kennlinienfeldern der FET kann man die Steilheit S und den differentiellen Ausgangswiderstand r_{DS} entnehmen. Beide Größen sind für die Bemessung von Verstärkern von Bedeutung.

Die *Steilheit* ist ein Maß dafür, wie groß der Drainstrom ist, der sich mit einer gegebenen Gatespannung steuern läßt. Sie ist um so größer, je größer der Kanalquerschnitt ist und je kleiner die Kanallänge ist.

Beispiel:
Wie groß ist die Steilheit eines FET mit den Kennlinien von Bild 2 für $U_{DS} = 10$ V im Bereich von 1,5 mA $\leq$ $\leq I_D \leq$ 3 mA?

Lösung:
$S = \Delta I_D / \Delta U_{GS}$ = (3 mA − 1,5 mA)/(5 V − 4 V)
= **1,5 mA/V**

S	Steilheit
ΔI_D	Drainstromänderung
U_{GS}	Gate-Sourcespannung
ΔU_{GS}	Änderung der Gate-Sourcespannung
r_{DS}	differentieller Widerstand der Drain-Sourcestrecke
U_{DS}	Drain-Sourcespannung
ΔU_{DS}	Änderung der Drain-Sourcespannung

Bei U_{DS} = konstant:

$$S = \frac{\Delta I_D}{\Delta U_{GS}}$$

Bei U_{GS} = konstant:

$$r_{DS} = \frac{\Delta U_{DS}}{\Delta I_D}$$

[1] lat. duo = zwei; [2] lat. complementum = Ergänzung

VMOS-FET sind selbstsperrende IG-FET mit einem besonders kurzen Kanal **(Bild 1)**. Die Bezeichnung beruht auf der V-Form des Gate. Der Kanal bildet sich erst bei Anlegen der Spannung zwischen Gate und Source. Ohne U_{GS} sperrt der FET, weil zwischen Source und Drain ein PN-Übergang in Rückwärtsrichtung geschaltet ist. Ist U_{GS} dagegen positiv, so werden unter Einfluß des elektrischen Feldes Elektronen an den Rand des P-Bereiches gesaugt, so daß dort eine Anreicherung mit Ladungsträgern stattfindet. Dadurch bildet sich am Rand des P-Bereiches auf beiden Seiten des V ein kurzer N-Kanal.

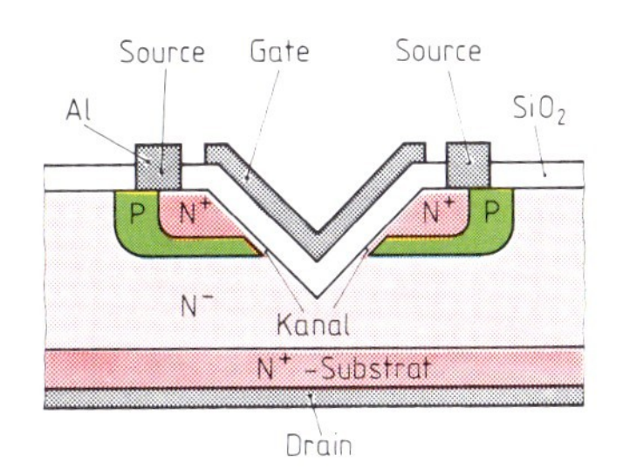

Bild 1: Aufbau eines VMOS-FET

Beim VMOS-FET bildet sich ein kurzer Kanal gegenüber dem V-förmigen Gate, sobald eine richtig gepolte Gate-Sourcespannung vorhanden ist.

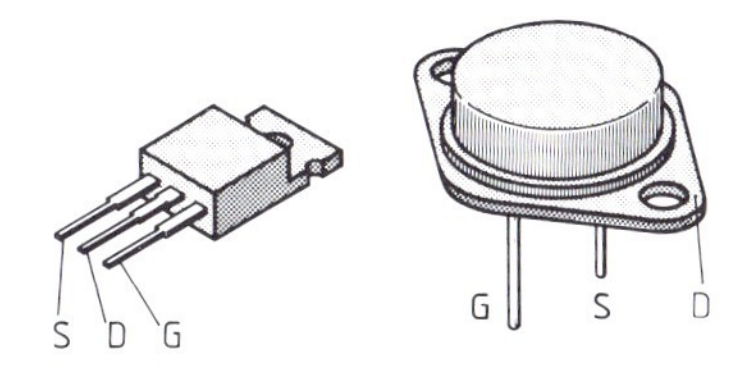

Bild 2: Gehäuse von VMOS-FET und TMOS-FET

Die beiden Kanäle sind parallel geschaltet. Dadurch ist der Kanalquerschnitt groß und die Kanallänge klein. Deshalb haben VMOS-FET eine große Steilheit. Außerdem können wegen der Kanalform große Drainströme auftreten, ohne daß eine Überhitzung auftritt. Die Parallelschaltung ist möglich, da der Kanal einen positiven Temperaturkoeffizienten hat.

VMOS-FET sind auch für große Leistungen geeignet.

Es gibt VMOS-FET mit Drainströmen bis 8 A und Drain-Sourcespannungen bis 500 V **(Bild 2)**.

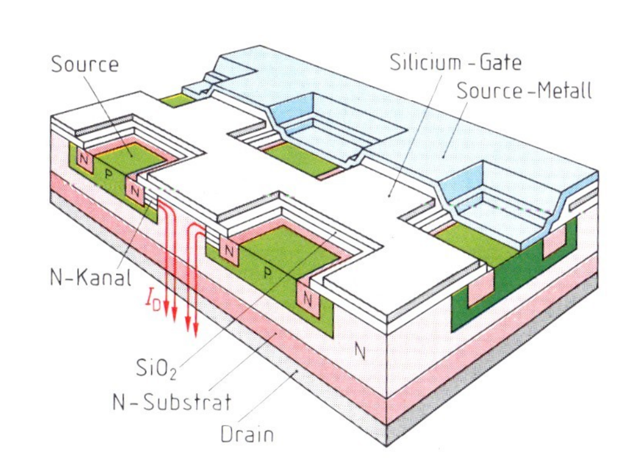

Bild 3: TMOS-FET

TMOS-FET sind selbstsperrende IG-FET, bei denen der Kanal wie bei den VMOS-FET sehr kurz ist. Außerdem ist aber bei den TMOS-FET eine Seite ganz metallisiert **(Bild 3)**, so daß keine Leiterkreuzungen von Sourceanschlüssen und Gateanschlüssen auftreten können. Aus Herstellungsgründen ist es erforderlich, die Gateanschlüsse aus hochdotiertem, polykristallinem Silicium aufzubauen.

TMOS-FET haben dieselben Eigenschaften wie VMOS-FET, sie nehmen aber wegen der Source-Metallisierung weniger Platz ein. Dadurch ist es möglich, auf einem einzigen Chip zahlreiche FET in integrierter Technik aufzubauen und parallel zu schalten. TMOS-FET haben Drainströme bis 15 A und Drain-Sourcespannungen bis 1 kV.

Wiederholungsfragen

1. **Wodurch unterscheiden sich die Eigenschaften der IG-FET gegenüber PN-FET?**
2. **Warum werden in viele IG-FET Begrenzerdioden eindiffundiert?**
3. **Nennen Sie Vorsichtsmaßnahmen beim Einlöten von IG-FET, welche nicht mit Begrenzerdioden beschaltet sind!**
4. **Auf welche Weise wird bei Anreicherungs-IG-FET die Gate-Vorspannung erzeugt?**

PN-FET

Beim PN-FET (Sperrschicht-FET, Junction-FET, J-FET, **Bild 1**) befindet sich zwischen Gate und Kanal ein PN-Übergang (Junction). Je nach Dotierung unterscheidet man N-Kanal-PN-FET und P-Kanal-PN-FET. Am häufigsten sind die Typen mit N-Kanal, weil die Beweglichkeit der Elektronen größer ist als die der Löcher. Dadurch sind N-Kanal-FET für höhere Frequenzen geeignet als P-Kanal-FET. Die Gateschicht ist jeweils vom entgegengesetzten Leitungstyp wie der Kanal, damit ein PN-Übergang entsteht.

Zwischen der Gateschicht und dem Kanal bildet sich eine Sperrschicht. Wird das Gate so gepolt, daß diese in Sperrichtung betrieben wird, so verbreitert sich die Sperrschicht. Der wirksame Kanalquerschnitt wird um so kleiner, je höher die Gate-Kanal-Spannung ist. Dadurch läßt sich der Kanalstrom steuern. Bei Ansteuerung mit Wechselspannung ist eine Gate-Vorspannung erforderlich, welche die Gate-Sourcestrecke sperrt. Beim PN-FET wird diese Vorspannung durch einen Sourcewiderstand R_S erzeugt (Abschnitt 2.9.4).

Beim PN-FET darf die Vorspannung nicht umgepolt werden.

Der Reststrom der Gatekanalstrecke entspricht dem Sperrstrom einer Diode. Er ist wegen der Eigenleitung stark temperaturabhängig. Er beträgt 0,1 pA bis 100 pA. Der Eingangswiderstand beträgt also bis etwa 10^{12} Ω.

Bei niedriger Drain-Sourcespannung U_{DS} nimmt der Strom I_D linear mit dieser Spannung zu, und zwar in Abhängigkeit von der Gate-Sourcespannung U_{GS} (Bild 1). Bei höherer Drain-Sourcespannung wird der Strompfad beim PN-FET mit N-Kanal zum Drain hin zunehmend positiv, das Gate also mehr negativ gegenüber dem Drain. Dadurch verbreitert sich die Sperrschicht weiter, so daß der Strom im Kanal fast „abgeschnürt" ist. Diese Abschnürgrenze hängt von der Gate-Sourcespannung ab (Bild 1). Bei einer Gate-Sourcespannung von etwa 30 V sowie bei Drain-Sourcespannungen von etwa 40 V bricht die Sperrschicht durch.

PN-FET laden sich statisch nicht auf, weil das Gate nicht so hochohmig vom Kanal isoliert ist. Dadurch ist ihre Verarbeitung einfacher. Als einzelne Bauelemente sind sie in der Nachrichtentechnik häufiger als IG-FET. Sie eignen sich aber weniger für IC, so daß dort IG-FET häufiger sind.

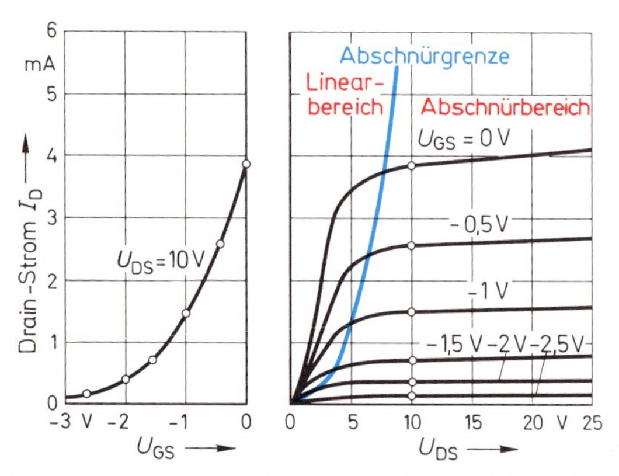

Bild 1: Kennlinienfeld eines PN-FET mit N-Kanal

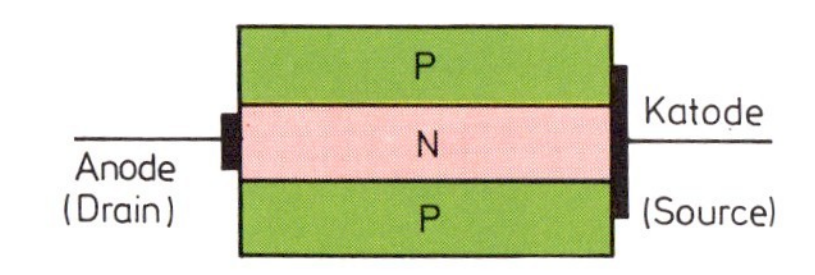

Bild 2: Strombegrenzungsdiode aus PN-FET

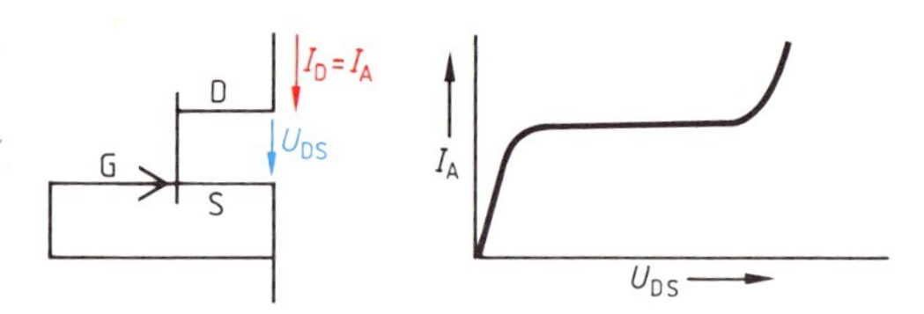

Bild 3: Ersatzschaltung und Kennlinie der Strombegrenzungsdiode aus PN-FET

Eine Sonderform des PN-FET ist die *Strombegrenzungsdiode* **(Bild 2)**. Bei ihr ist im Inneren eine Verbindung zwischen Gate und Source hergestellt. Bei großer Stromstärke verengt die durch den Spannungsabfall im Kanal hervorgerufene Gate-Drainspannung den Kanal, so daß die Stromstärke auch bei zunehmender Drain-Sourcespannung stabilisiert wird **(Bild 3)**. Allerdings tritt auch hier bei einer Drain-Sourcespannung von etwa 40 V ein Durchbruch der Sperrschicht auf (Bild 2).

Wiederholungsfragen

1. **Warum sind N-Kanal-PN-FET für höhere Frequenzen als P-Kanal-PN-FET geeignet?**
2. **Bei welchen Spannungshöhen bricht bei den PN-FET die Sperrschicht zwischen Gate und Kanal durch?**
3. **Welchen Vorteil haben PN-FET gegenüber IG-FET?**

2.6.4 Thyristoren

Thyristoren sind Bauelemente mit wenigstens vier aufeinander folgenden Halbleiterschichten wechselnder Leitungsart, z. B. PNPN.

Rückwärts sperrende Thyristortriode

Die rückwärts sperrende Thyristortriode, meist kurz Thyristor[1] oder genauer *Einrichtungsthyristor* genannt, enthält eine Siliciumscheibe mit vier abwechselnd P-leitenden oder N-leitenden Schichten **(Bild 1)**. Derartige Thyristoren werden mit Nennsperrspannungen von 50 V bis 8000 V und Nennströmen von 0,4 A bis etwa 4500 A hergestellt **(Bild 2)**.

Die äußere P-Schicht ist die *Anode*, die äußere N-Schicht ist die *Katode*. Die innere P-Schicht ist meist das *Gate*. Außer diesem P-Gate-Thyristor kommt auch ein N-Gate-Thyristor vor. Bei ihm ist die innere N-Schicht das Gate.

Der häufigste Thyristor ist ein PNPN-Halbleiter-Bauelement mit einem P-Gate.

Beim Thyristor sind im Inneren drei Sperrschichten wirksam. Liegt zwischen Anode und Katode eine Spannung, so ist mindestens eine der Sperrschichten in Sperrichtung gepolt **(Bild 3)**.

Die Richtung der Spannung, bei der im Thyristor nur *ein* PN-Übergang in Sperrichtung geschaltet ist, nennt man *Vorwärtsrichtung* oder *Schaltrichtung*. Die Richtung, bei der zwei PN-Übergänge in Sperrichtung geschaltet sind, nennt man *Rückwärtsrichtung*.

Ein Gatestrom I_G überflutet den inneren P-Leiter so stark mit Ladungsträgern, daß die in der Mitte liegende Sperrschicht abgebaut wird. Die verbleibenden PN-Übergänge sind je nach Richtung der Anschlußspannung zwischen Anode und Katode beide in Vorwärtsrichtung oder in Rückwärtsrichtung geschaltet und wirken dann wie der PN-Übergang einer Halbleiterdiode **(Bild 1, folgende Seite)**.

Der Thyristor wirkt wie eine Diode, sobald ein Gatestrom fließt.

Thyristoren kann man deshalb als Gleichrichter und auch als kontaktlose Schalter verwenden. Ist durch den Steuerstrom die mittlere Sperrschicht abgebaut, so verhindern die Ladungsträger des Laststromes eine erneute Sperrung, auch wenn der Laststrom zurückgeht. Die Sperrschicht bildet sich erst wieder, wenn der Vorwärtsstrom (Durchlaßstrom) schwächer wird als der *Haltestrom* (Bild 1, folgende Seite). So nennt man den kleinsten Vorwärtsstrom, bei dem der Thyristor noch im leitenden Zustand bleibt. Bei Betrieb mit Wechselstrom wird am Ende jeder Halbperiode der Haltestrom unterschritten, so daß sich die Sperrschicht erneut bildet. Dadurch ist eine feinstufige Steuerung möglich (Vielperiodensteuerung, Anschnittsteuerung).

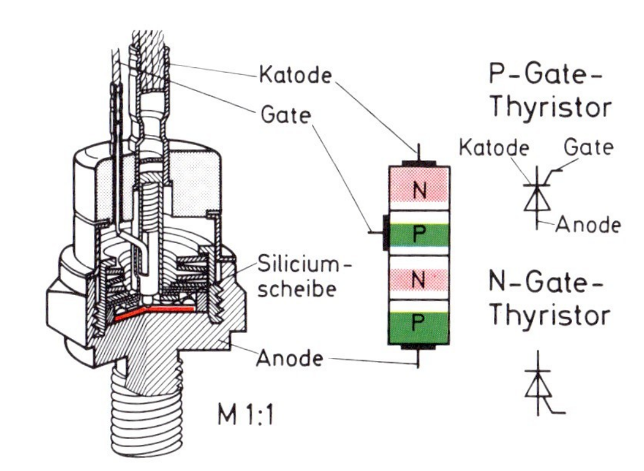

Bild 1: Einrichtungs-Thyristor mittlerer Größe (Nennstrom 50 A, Nennsperrspannung 750 V)

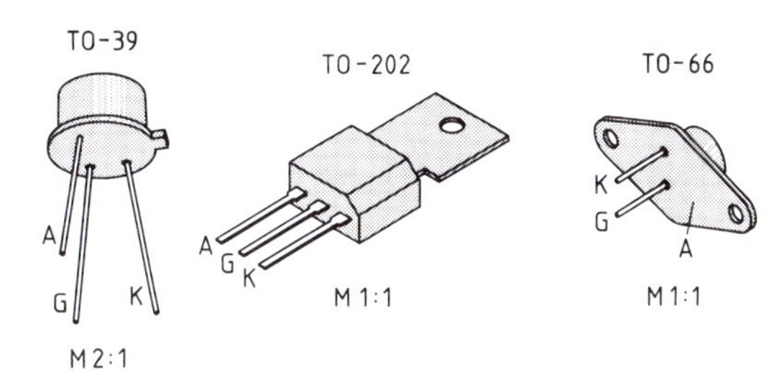

Bild 2: Verschiedene Bauformen von Einrichtungs-Thyristoren

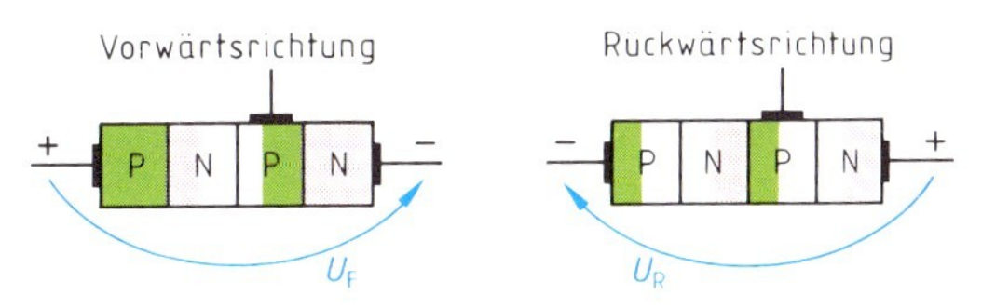

Bild 3: Vorwärtsrichtung und Rückwärtsrichtung beim Thyristor

[1] Kunstwort aus **Thyr**atron (gasgefüllte Röhrentriode) und Res**istor** (engl. Resistor = Widerstand)

Der Thyristor wird vom Gatestrom für den Durchlaß des Laststromes „gezündet". Bei Richtungsumkehr des Laststromes sperrt der Thyristor. Danach ist eine abermalige Zündung notwendig.

Der Aufbau der Sperrschicht nach Unterschreiten des Haltestromes benötigt einige Zeit. Während dieser Zeit muß der mittlere PN-Übergang von Ladungsträgern frei werden. Die *Freiwerdezeit* beträgt meist 100 µs bis 300 µs. Bei sogenannten schnellen Thyristoren kann sie kleiner sein als 5 µs.

Dadurch sind die schnellen Thyristoren für Frequenzen bis etwa 100 kHz brauchbar, z. B. für die Horizontalablenkung in Fernsehgeräten oder zum Aufbau von Generatoren mit großer Leistung für die induktive Erwärmung.

Legt man in Vorwärtsrichtung (zwischen Anode und Katode) vor dem Zünden eine Spannung an den Thyristor, so wird die Spannung während des Blockierens vom mittleren PN-Übergang aufgenommen. Während des *Spannungsanstiegs* fließt außer dem Sperrstrom noch der Ladestrom für die Sperrschichtkapazität. Dieser ist um so stärker, je schneller die Spannung ansteigt. Bei sehr schnellem Spannungsanstieg kann durch ihn der mittlere PN-Übergang so stark mit Ladungsträgern überflutet werden, daß der Thyristor zündet.

In Vorwärtsrichtung darf der Spannungsanstieg während des Blockierens nicht unzulässig schnell erfolgen.

Der Spannungsanstieg darf nur so schnell erfolgen, daß die *kritische Spannungssteilheit* du/dt des Thyristors nicht überschritten wird. Das ist der höchste Wert der Steilheit der Spannung in Vorwärtsrichtung, bei dem ein Thyristor ohne Gatestrom noch nicht vom gesperrten in den leitenden Zustand umschaltet. Die kritische Spannungssteilheit der Thyristoren liegt zwischen 50 V/µs und 1000 V/µs.

Auch der Stromanstieg darf bei Thyristoren nicht zu schnell erfolgen, z. B. beim Einschalten von Kondensatoren oder von Wirkwiderständen. Dann würden nämlich die Siliciumtabletten stellenweise überhitzt, weil sie im ersten Augenblick der Zündung noch nicht auf dem ganzen Querschnitt leiten. Die *kritische Stromsteilheit* di/dt eines Thyristors darf deshalb nicht überschritten werden. Sie liegt je nach Thyristortyp meist zwischen 100 A/µs und 1000 A/µs.

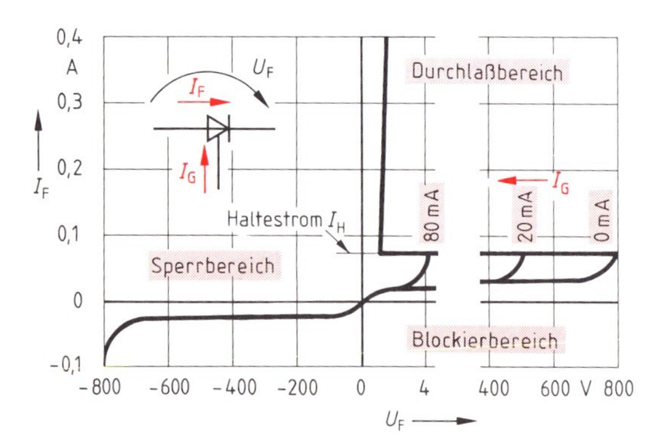

Bild 1: Kennlinie eines Thyristors mit Nullkippspannung 800 V

Die kritische Spannungssteilheit ist bei der Auswahl von Thyristoren für das Schalten von Gleichspannung sowie für Wechselspannung höherer Frequenz zu beachten, die kritische Stromsteilheit insbesondere für das Schalten von Kondensatoren und Wirkwiderständen mit großen Thyristoren. Werden Induktivitäten dem Thyristor vorgeschaltet oder nachgeschaltet, so werden Spannungsanstieg und Stromanstieg verlangsamt, so daß die kritischen Steilheiten nicht überschritten werden.

Bei Thyristoren dürfen die Anstiegsgeschwindigkeiten der Spannung und des Stromes nicht größer sein als die kritische Spannungssteilheit und die kritische Stromsteilheit.

Die in Rückwärtsrichtung sperrenden Thyristoren werden als steuerbare Gleichrichter, als Wechselrichter und als Stellglieder verwendet.

Zu den in Rückwärtsrichtung sperrenden Thyristoren gehört auch die *Thyristortetrode*. Diese hat ein P-Gate und ein N-Gate. Der *Fotothyristor* ist eine Thyristortetrode, die durch Licht gezündet werden kann.

Wiederholungsfragen

1. **Was versteht man unter einem Thyristor?**
2. **Wie heißen die Anschlüsse einer rückwärts sperrenden Thyristortriode?**
3. **Welche beiden Richtungen sind beim Einrichtungsthyristor zu unterscheiden?**
4. **Warum kann ein Einrichtungsthyristor wie eine Diode wirken?**

Abschaltthyristor

Schickt man nach dem Zünden eines Thyristors einen gegenüber dem Zündimpuls umgekehrt gepolten Impuls über das Gate in den Thyristor, so wirkt der Gatestrom gegen den im Laststromkreis fließenden Strom. Dadurch könnte sich die Sperrschicht wieder bilden, wenn sich der Strom in der Siliciumtablette gleichmäßig über den ganzen Querschnitt verteilen würde. Das ist aber nicht der Fall. Es treten vielmehr beim Versuch einer derartigen Abschaltung in der Siliciumtablette in einigen Bereichen hohe Stromdichten auf, die zu einer Zerstörung des einfachen Einrichtungsthyristors führen.

Gewöhnliche Einrichtungsthyristoren können durch einen umgekehrt gepolten Gatestrom nicht gelöscht werden.

Die Löschung durch einen geeignet gepolten Löschimpuls ist beim *Abschaltthyristor (GTO-Thyristor*[1]*)* möglich. Dieser hat einen speziellen Schichtaufbau **(Bild 1)**. Beim Abschalten wird der Strom durch den Gate-Löschimpuls in einen dreischichtigen Bereich verdrängt, so daß sich der Abschaltthyristor durch den Abschaltimpuls ähnlich wie ein bipolarer Transistor verhält, welcher keinen Basisstrom erhält, also sperrt.

Abschaltthyristoren werden mit Nennspannungen bis 4500 V und Nennströmen bis 3000 A hergestellt. Das Abschalten von thyristorgesteuerten Gleichstromkreisen wird mit derartigen Thyristoren einfach.

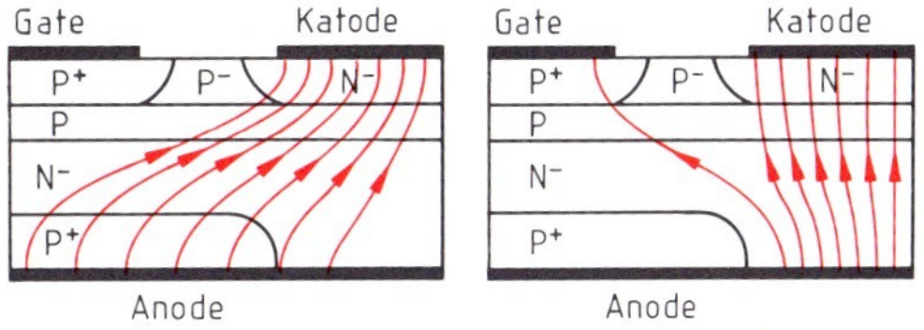

Bild 1: Stromverteilung beim Abschaltthyristor

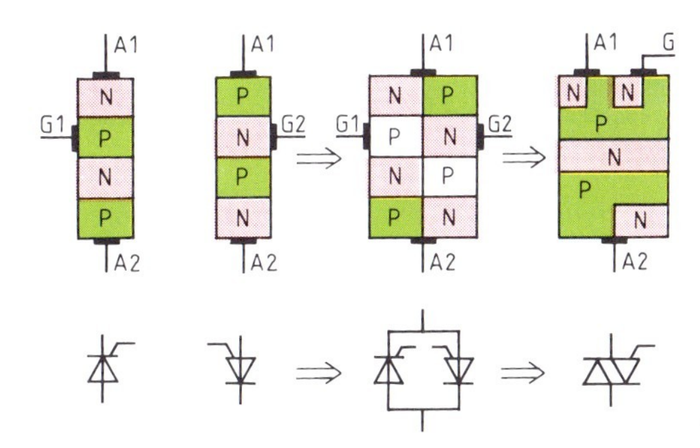

Bild 2: Entstehung des Aufbaus und des Schaltzeichens eines Triac

Triac

Zum Steuern von Wechselstrom kann man rückwärts sperrende Thyristortrioden in Gegenparallelschaltung verwenden. Dazu könnte man z. B. einen P-Gate-Thyristor und einen N-Gate-Thyristor nehmen. Rückt man den Aufbau beider Thyristoren zusammen **(Bild 2)**, so erhält man den Aufbau eines Halbleiterbauelementes, welches das Verhalten der Gegenparallelschaltung hat, aber nur eine Steuerelektrode benötigt.

Ein beliebig gepolter Impuls zwischen Steuerelektrode und benachbarter Elektrode schaltet diesen Thyristor unabhängig von der Richtung der Spannung im Laststromkreis in den leitenden Zustand um **(Bild 3)**. Die in beiden Richtungen schaltbare (bidirektionale) Thyristortriode nennt man Zweirichtungsthyristor oder Triac[2].

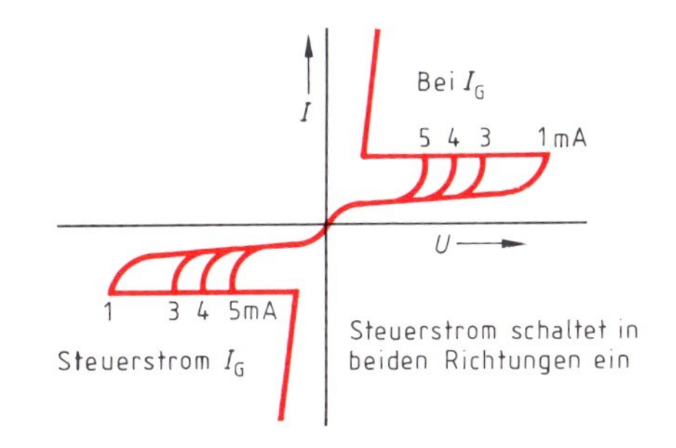

Bild 3: Kennlinie eines Triac

Ein Triac kann mit Wechselstrom oder mit Gleichstrom in beiden Richtungen gezündet werden.

Die Zündung ist mit einer zwischen G und A1 (Bild 2) grundsätzlich beliebig gepolten Zündspannung in jeder Halbperiode möglich. Dabei sind vier Fälle, entsprechend den vier Quadranten eines Achsenkreuzes, zu unterscheiden. Im 4. Quadranten ist die Spannung von A2 nach A1 negativ, von G nach A1 positiv.

[1] GTO von engl. Gate-Turn-Off = Gate-Abschalten

[2] Triac Kunstwort aus **Tri**ode = Bauelement mit drei Anschlüssen und engl. **a**lternating **c**urrent = Wechselstrom

Im 4. Quadranten dauert die Zündung am längsten, da der Zündstrom (von G nach A1) teilweise gegen den Betriebsstrom (von A1 nach A2) gerichtet ist. Dadurch erwärmt sich der Triac stärker. Eine positive Zündspannung U_{GA1} soll bei einer negativen Spannung von A2 nach A1 vermieden werden, da der Triac sonst zu warm wird. Es gibt aber Triac-Typen, die das Zünden in allen vier Quadranten aushalten.

Der Triac wird für Spannungen bis 1200 V und Ströme bis 120 A hergestellt. Er läßt sich als elektronisches Schütz und als Stellglied für Wechselstromverbraucher verwenden.

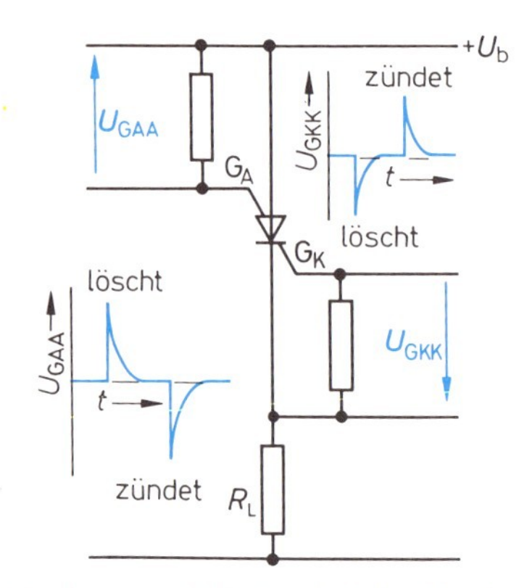

Bild 1: Löschen und Zünden bei der Thyristortetrode

Thyristortetrode

Die Thyristortetrode ist eine Kombination von N-Gate-Thyristor und P-Gate-Thyristor **(Bild 1)**. Zwischen Katode und Anode ist katodenseitig das P-Gate G_K vorhanden, anodenseitig das N-Gate G_A. Die Thyristortetrode wird entweder über das P-Gate G_K oder über das N-Gate G_A gezündet. Das nicht zum Zünden benötigte Gate wird zur Stabilisierung der Schaltung durch einen hochohmigen Abschlußwiderstand R_{GAA} bzw. R_{GKK} mit der zugehörigen Hauptelektrode verbunden. Manche Thyristortetroden können auch wie Vierschichtdioden durch Überschreiten der Spannung zwischen Anode und Katode gezündet werden, also ohne Zündstrom.

> Bei der Thyristortetrode wird das nicht benötigte Gate über einen hochohmigen Widerstand mit der zugehörigen Hauptelektrode verbunden.

Der *Fotothyristor* ist eine Abart der Thyristortetrode. Bei ihm fällt Licht bzw. Infrarotstrahlung über eine Linse in eine Sperrschicht und setzt dort Ladungsträger frei. Zum Zünden des Fotothyristors genügt schon ein Lichtimpuls von etwa 20 µs Dauer. Zusätzlich ist beim Fotothyristor Zündung oder Löschung über ein Gate wie bei den anderen Thyristortetroden möglich.

Rückwärts leitender Thyristor

Diese Thyristortriode verhält sich wie ein Einrichtungsthyristor, zu dem eine Diode gegenparallel geschaltet ist. Dieser Thyristor wird in Schaltungen angewendet, bei denen eine derartige Diode erforderlich ist, z. B. bei manchen Umrichtern.

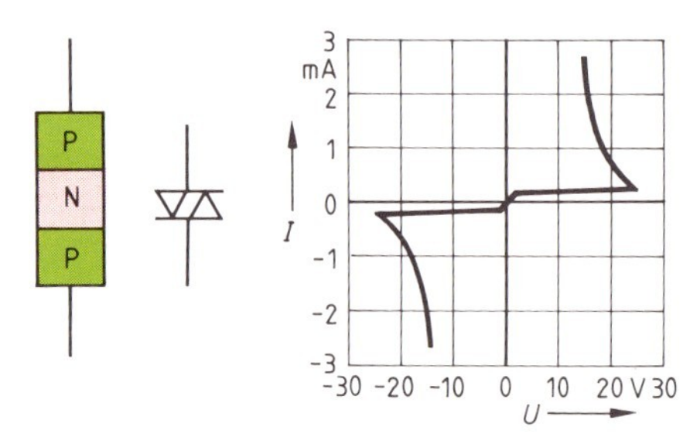

Bild 2: Aufbau, Schaltzeichen und Kennlinie einer Dreischichtdiode (Diac)

Triggerdiode für Thyristoren

Die *Dreischichtdiode (Diac[1])* enthält ein Siliciumplättchen mit drei Schichten in der Reihenfolge PNP **(Bild 2)**. Sie wird beim Überschreiten der Schaltspannung von etwa 25 V leitend. Die Dreischichtdiode ist eine in beiden Richtungen schaltbare (bidirektionale) Diode. Sie wird vor allem zur Erzeugung von Spannungsimpulsen zum Triggern[2] (Zünden) von Thyristoren angewendet.

Wiederholungsfragen

1. **Warum ist das Löschen mittels umgekehrt gepoltem Gateimpuls beim GTO-Thyristor möglich?**
2. **Was versteht man unter einem Triac?**
3. **Wie ist eine Thyristortetrode aufgebaut?**
4. **Wie hoch ist die Schaltspannung eines Diac etwa?**

[1] Diac Kunstwort aus **Dio**de und engl. **a**lternating **c**urrent = Wechselstrom
[2] engl. Trigger = Drücker, Auslöser

2.6.5 Integrierte Schaltungen (IC)

Monolithische Integrierte Schaltungen

Mit Hilfe der Planartechnik können die IC[1] auf einem einzigen Halbleiterplättchen *(Chip)*[2] gleichzeitig aktive Bauelemente, z. B. bipolare Transistoren, und passive Bauelemente, z. B. Widerstände, aufgebaut werden. Diese Monolith-Technik[3] ermöglicht die Herstellung vollständiger Schaltungen mit z. B. mehreren hundert Bauelementen auf einem wenige mm² großen Siliciumplättchen als Substrat[4].

In Monolith-Technik sind viele Bauelemente als vollständige Schaltung in ein einziges Siliciumplättchen eindiffundiert.

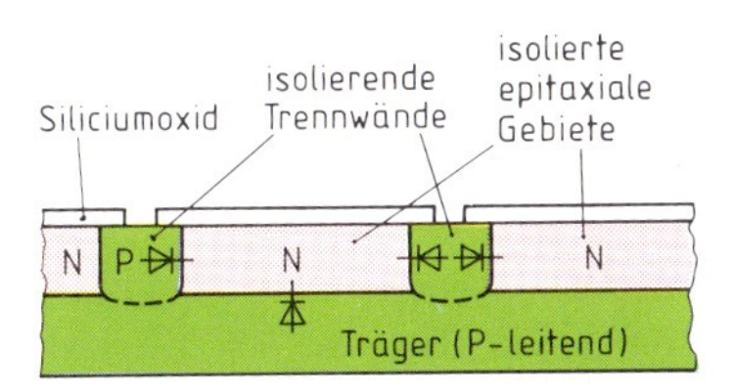

Bild 1: Isolierung der Bauelemente durch Sperrschichtisolation

Alle Bauelemente müssen gegeneinander und gegenüber dem Träger isoliert sein, z. B. durch eine Sperrschichtisolation **(Bild 1)**.

Damit die Bauelemente durch einen Metallfilm miteinander verbunden werden können, müssen alle Kontaktstellen auf dieselbe Oberfläche des Siliciumplättchens geführt werden.

Die für die Herstellung von IC nötigen Masken werden mit bis zu 1000facher Vergrößerung gezeichnet, fotografisch verkleinert, vervielfacht, nochmals verkleinert und auf eine Chrommaske umkopiert.

Bipolare und unipolare Transistoren sind in den IC ähnlich aufgebaut wie einzelne Transistoren, jedoch befinden sich alle Anschlüsse an derselben Oberfläche. Die stark dotierte N⁺-Schicht am Kollektoranschluß eines bipolaren Transistors stellt einen kleinen Übergangswiderstand zwischen Kollektorschicht und Kollektoranschluß her **(Bild 2)**. Zur Verringerung des Kollektor-Bahnwiderstandes wird in den P-leitenden Trägerwerkstoff eine N⁺-Schicht eindiffundiert, bevor man eine epitaxiale N-Schicht aufwachsen läßt. Dadurch und durch mehrere parallel geschaltete Kollektoranschlußstellen werden die Sättigungsspannungen niedrig gehalten.

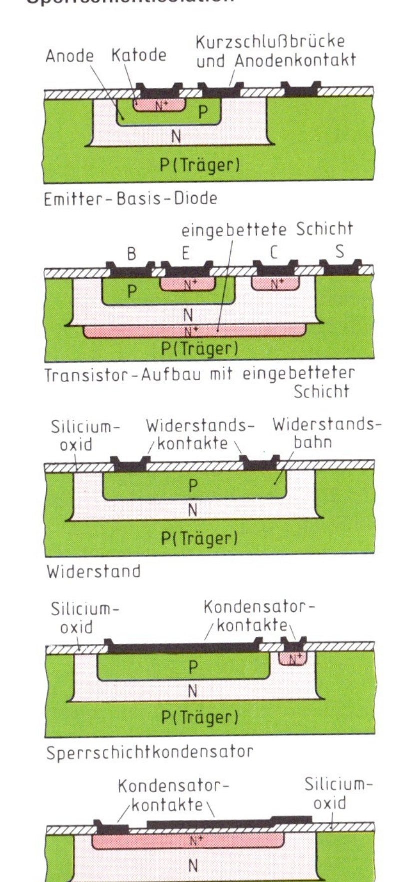

Bild 2: Bauelemente in Monolith-Technik

Monolithische IG-FET und PN-FET brauchen zwar wenig Platz und wenig Energie, schalten aber langsam.

Dioden können als Emitter-Basisdiode oder als Kollektor-Basisdiode eines Transistors aufgebaut sein, bei dem ein PN-Übergang kurzgeschlossen (Bild 2) oder nicht verwendet wird. Kollektor-Basisdioden haben höhere Sperrspannungen, Emitter-Basisdioden haben kürzere Schaltzeiten.

Widerstände können z. B. durch eine eingebettete P-leitende Bahn verwirklicht werden (Bild 2). Es lassen sich Widerstände zwischen 1 Ω und 50 kΩ mit etwa ± 10% herstellen. Da die Streuung zweier Widerstände auf denselben Plättchen jedoch nur

[1] IC von engl. **I**ntegrated **C**ircuit = integrierter Schaltkreis; [2] engl. Chip = Marke, Kärtchen
[3] griech. Monolith = Gegenstand aus einem Stein; [4] lat. Substrat = Unterlage, Grundlage, Träger

etwa ± 1% beträgt, entwirft man integrierte Schaltungen so, daß ihre Eigenschaften von Widerstandsverhältnissen und nicht von Einzelwiderständen abhängig sind.

Kondensatoren werden mit einer Sperrschicht oder mit einer SiO_2-Schicht als Dielektrikum aufgebaut (Bild 2, vorhergehende Seite). Sperrschichtkondensatoren benötigen eine Vorspannung in Sperrichtung und wirken wie gepolte Kondensatoren.

Spulen werden in Monolith-Technik durch Reaktanzschaltungen[1], welche ein induktives Verhalten haben, ersetzt.

Die integrierten Bauelemente werden durch aufgedampfte Verbindungsleitungen aus Aluminium oder Gold miteinander verbunden **(Bild 1)**.

Monolithische IC sind klein, zuverlässig und haben einen kleinen Leistungsverbrauch. Die Grenzfrequenz kann bis zu einigen hundert MHz betragen, was Schaltzeiten von einigen ns entspricht. Als monolithische IC werden meist digitale Schaltungen hergestellt, z. B. binäre Elemente, Zähler, digitale Speicher und Mikroprozessoren. Je nach Schaltelementen spricht man bei bipolaren IC z. B. von TTL (**T**ransistor-**T**ransistor-**L**ogik) und DTLZ (**D**ioden-**T**ransistor-**L**ogik mit **Z**-Diode). Die Betriebsspannungen liegen meist zwischen 3 V und 18 V, z. B. bei TTL-Technik 5 V und bei DTLZ-Technik meist 15 V. Schaltungen mit I^2L-Technik[2] werden mit Konstantstrom versorgt. Sie haben eine große Packungsdichte und kurze Schaltzeiten.

Monolithische IC mit unipolaren Bauelementen, z. B. MOS-IC, haben eine größere Packungsdichte und eine kleinere Verlustleistung als bipolare IC, arbeiten aber langsamer.

Analoge Schaltungen (lineare Schaltungen), z. B. Verstärker, werden oft als monolithische IC hergestellt. Umfangreiche IC mit tausenden von Schaltelementen gibt es z. B. als VLSI[3] oder ULSI[4].

Schichtschaltungen

Auf ein Trägerplättchen (Substrat) werden Schichten für Widerstände und Kondensatoren aufgebracht. Man unterscheidet *Dickschichttechnik* (Siebdrucktechnik) und *Dünnschichttechnik*.

[1] lat. Reaktanz = Blindwiderstand

[2] I^2L von engl. Integrated Injection Logic = zusammenfassende „Einspritz-Logik"

[3] VLSI von engl. **V**ery **L**arge **S**cale **I**ntegration = Zusammenfassung sehr großen Maßstabes

[4] ULSI von engl. **U**ltra **L**arge **S**cale **I**ntegration = Zusammenfassung extrem großen Maßstabes

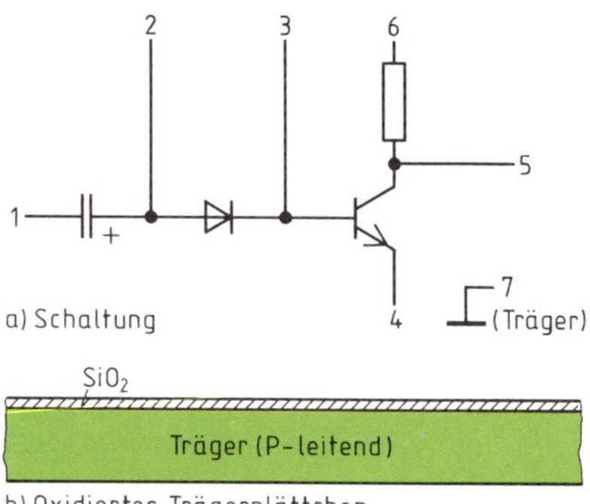

a) Schaltung

b) Oxidiertes Trägerplättchen

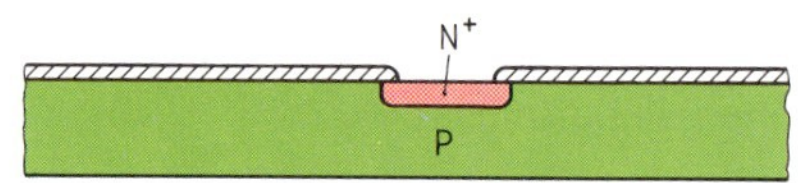

c) N+-Diffusion für den Transistor

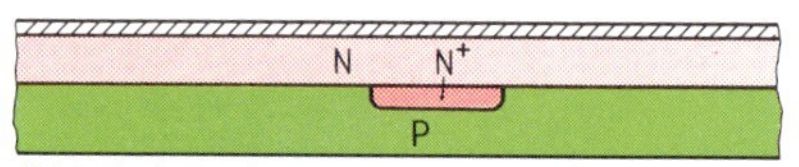

d) Wachstum einer Epitaxialschicht und Oxidation der Oberfläche

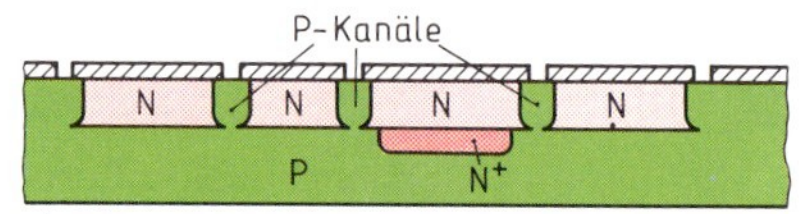

e) Isolationsdiffusion

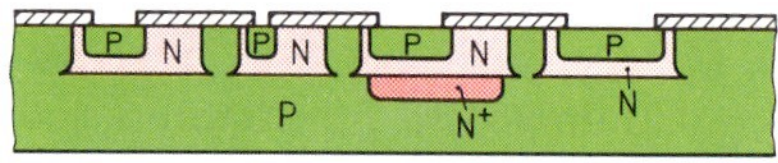

f) P-Diffusion

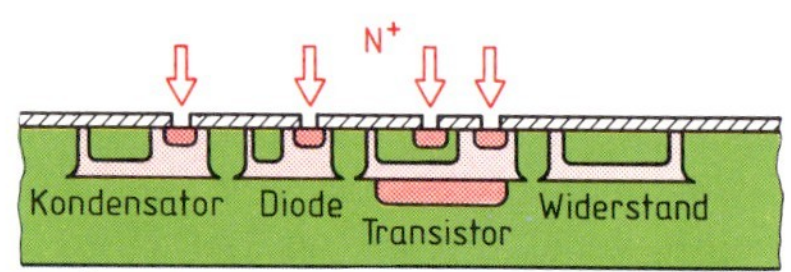

g) N+-Diffusion

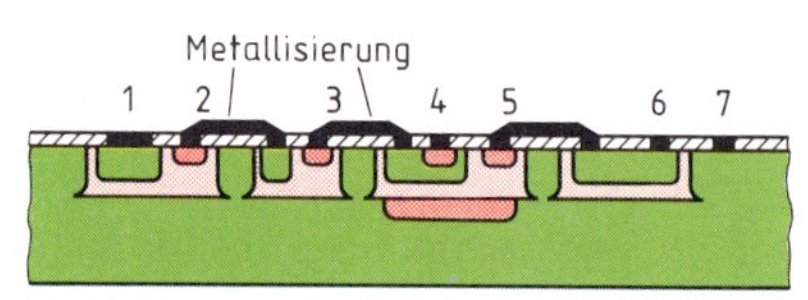

h) Metallisierung für Kontakte und Verbindungen

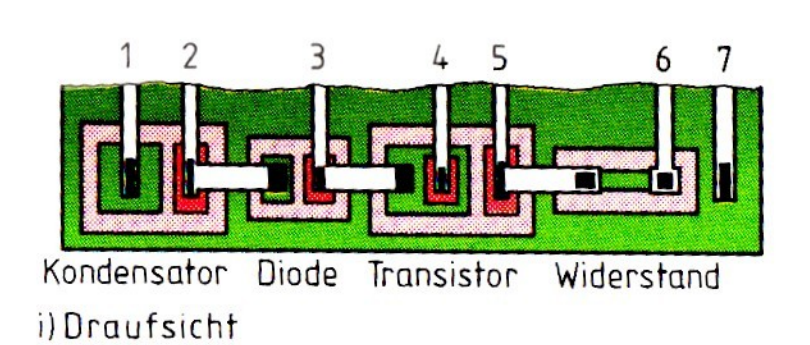

i) Draufsicht

Bild 1: Herstellungsschritte einer integrierten Schaltung in bipolarer Monolith-Technik

Bei der **Dickschichttechnik (Bild 1)** werden auf das Substrat, z. B. aus Aluminiumoxid-Keramik, durch Siebdruck Pasten aufgebracht, die durch einen Einbrennprozeß ihre Festigkeit erlangen. Für Widerstände werden Pasten aus Metallegierungen, z. B. eine Mischung aus Silber-Palladium und Palladiumoxid, benutzt. Es lassen sich Widerstände zwischen 10 Ω und 5 MΩ herstellen, deren Toleranzen ohne Abgleich etwa ± 20%, mit Abgleich etwa 1% bis 2% betragen. Sie können bis 0,5 W/cm² belastet und bis 125 °C erhitzt werden. Kondensatoren werden z. B. mit Glaskeramik als Dielektrikum und Elektroden aus Silber hergestellt.

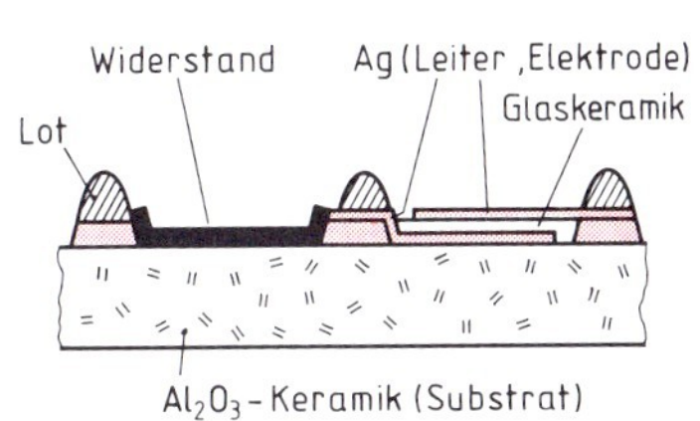

Bild 1: Dickschichtschaltung

Dickschichtschaltungen werden als Widerstandsnetzwerke und RC-Netzwerke verwendet, z. B. in der Datenverarbeitung als Abschlußwiderstände von Busleitungen und in Fernsprechanlagen als Dämpfungsglieder. Sie werden gegenüber monolithischen IC bei höheren Leistungen, höheren Frequenzen, geringeren Toleranzgrenzen, kleineren Stückzahlen und für kleinere Temperaturabhängigkeit verwendet.

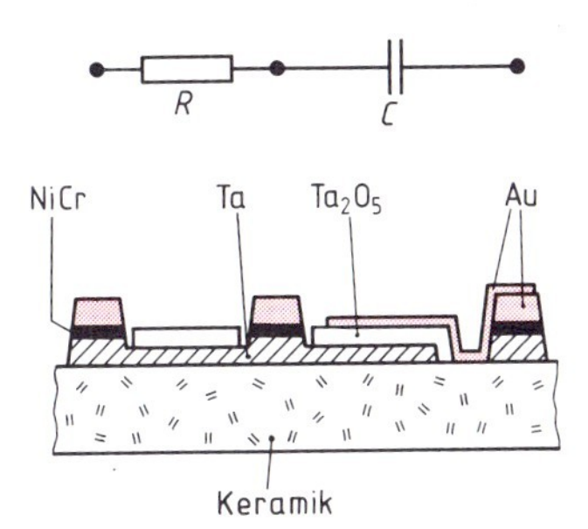

Bild 2: Dünnschichtschaltung

Bei der **Dünnschichttechnik (Bild 2)** entstehen Widerstände, Kondensatoren und Leiterbahnen durch Aufdampfen oder Aufstäuben dünner Metall- und Metalloxidschichten auf das Substrat mittels Masken. Als Substrat wird Keramik, Glas oder Saphir verwendet. Beim Aufdampfen dienen Nickel-Chromverbindungen als Widerstandswerkstoff und Siliciumoxid zur Isolierung. Beim Aufstäuben wird durch Masken Tantal auf das Substrat gestäubt, wo sich zusammen mit Stickstoff die Widerstandsschicht bildet. Als Isolierung und Dielektrikum dient Tantalpentoxid (Bild 2). Als Leitung und Kontaktierung wird Chrom, Nickel oder Gold verwendet.

Widerstände lassen sich bis etwa 1 MΩ mit einer Belastbarkeit von etwa 0,3 W/cm² herstellen. Sie können auf ± 0,5% abgeglichen werden. Kapazitäten sind in Aufstäubetechnik mit Tantal bis 600 pF/mm² möglich.

Dünnschichtschaltungen sind bis in den Höchstfrequenzbereich als Widerstandsnetzwerke und RC-Netzwerke geeignet.

Hybridschaltungen

Hybridschaltungen[1] sind Schichtschaltungen mit zusätzlich eingelöteten Einzelbauelementen oder Baugruppen, z. B. Transistoren oder monolithischen IC. Dadurch lassen sich die am besten geeigneten Bauelemente auf kleinstem Raum miteinander verbinden.

Hybridschaltungen sind Schichtschaltungen mit zusätzlich eingebauten Einzelbauelementen und IC.

Hybridschaltungen ermöglichen Schaltungen mit speziellen Eigenschaften, z. B. Oszillatoren, aktive Filter und Digital-Analog-Umsetzer.

Wiederholungsfragen

1. **Nennen Sie Eigenschaften von monolithischen IC!**
2. **Welche Betriebsspannung haben IC in TTL-Technik?**
3. **Welche Bauelemente lassen sich in Monolithtechnik herstellen?**
4. **Vergleichen Sie Verlustleistung, Packungsdichte und Schaltzeit von unipolaren IC und von bipolaren IC!**
5. **Was versteht man unter Hybridschaltungen?**

[1] lat. hybridus = von zweierlei Herkunft, zwitterhaft

2.7 Strom im Vakuum und in der Gasstrecke

2.7.1 Elektronenröhren

Elektronenröhren bestehen aus einem luftleeren Kolben und mehreren Elektroden. Aus einer geheizten Elektrode, der Katode, treten Elektronen aus. Infolge dieser *Glühemission*[1] bildet sich vor der Katode eine negative Raumladungswolke **(Bild 1)**.

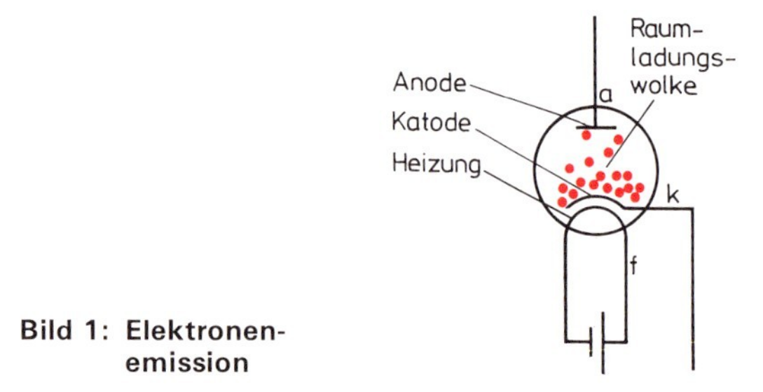

Bild 1: Elektronenemission

Eine Anode, meist aus Blech, fängt die emittierten Elektronen auf. Zwischen Anode und Katode wird eine Gleichspannung, die Anodenspannung, mit dem positiven Pol an die Anode gelegt. Die Elektronen der Raumladungswolke werden dadurch von der Anode angezogen und beschleunigt. Durch das Vakuum fließt ein Elektronenstrom von der Katode zur Anode.

Eine geheizte Elektronenröhre ist stromführend, wenn die Anode positiv ist gegenüber der Katode.

Triode und Pentode

Die *Triode*[2] hat drei Elektroden. Zwischen Katode (k) und Anode (a) befindet sich ein Steuergitter (g_1). Die *Pentode*[3] hat zusätzlich ein Schirmgitter und ein Bremsgitter. Durch Verändern der Steuergitterspannung U_{g1} zwischen Steuergitter und Katode wird der Anodenstrom der Triode bzw. der Pentode gesteuert. Macht man das Steuergitter negativ gegenüber der Katode, so werden Elektronen von der negativen Ladung des Steuergitters zurückgestoßen. Mit zunehmender negativer Steuergitterspannung wird der Anodenstrom kleiner. Die negative Gitterspannung verhindert, daß Elektronen über das Steuergitter abfließen.

Bei der Triode und der Pentode steuert die Steuergitterspannung den Anodenstrom. Eine negative Spannung am Steuergitter bewirkt eine leistungslose Steuerung.

Oszilloskopröhren

Zur Umwandlung elektrischer Signale in sichtbare Graphen und Bilder verwendet man *Elektronenstrahlröhren*. Darin wird ein Elektronenstrahl erzeugt, der von einer *Elektronenoptik* gebündelt und von einem *Ablenksystem* zum Leuchtschirm abgelenkt wird **(Bild 2)**. Mit einer Oszilloskopröhre wird die gegenseitige Abhängigkeit zweier Größen dargestellt. Meist handelt es sich dabei um zeitabhängige Größen.

Bild 2: Aufbau einer Elektronenstrahlröhre

Elektronenoptik. Im luftleeren Röhrenkolben sendet eine geheizte Katode Elektronen aus, die zur Anode hin beschleunigt werden. Die zylinderförmige Anode hat eine kleine Öffnung und wirkt als Lochblende. Ein großer Teil der beschleunigten Elektronen gelangt durch das Loch der Anode auf den Leuchtschirm und regt die Schicht an dieser Stelle zum Leuchten an. Diesen Vorgang bezeichnet man als *Fluoreszenz*[4]. Eine so angeregte Leuchtstelle leuchtet noch nach, was *Phosphoreszenz* genannt wird. Die Helligkeit des Leuchtflecks hängt von der Geschwindigkeit und der Dichte der auftreffenden Elektronen ab. Sie kann durch eine negative Steuergitterspannung beeinflußt werden.

Auf die Steuerelektrode folgt in kleinem Abstand meist eine Beschleunigungselektrode, an welche eine gegen die Katode positive, konstante Spannung von einigen hundert bis 1000 Volt angelegt wird. Dadurch werden die Elektronen zum Leuchtschirm hin beschleunigt. Eine weitere Beschleunigung erfolgt durch eine nachfolgende Anode oder eine *Nachbeschleunigungselektrode*.

[1] lat. emittere = herausschicken, entsenden; [2] Triode = Kunstwort aus **Tri**-Elektr**ode**; lat. Vorsilbe tri = drei
[3] Pentode = Kunstwort aus **Penta**-Elektr**ode**; griech. Vorsilbe penta = fünf
[4] Fluoreszenz = Aufleuchten von Stoffen durch Bestrahlung mit Elektronen oder Licht

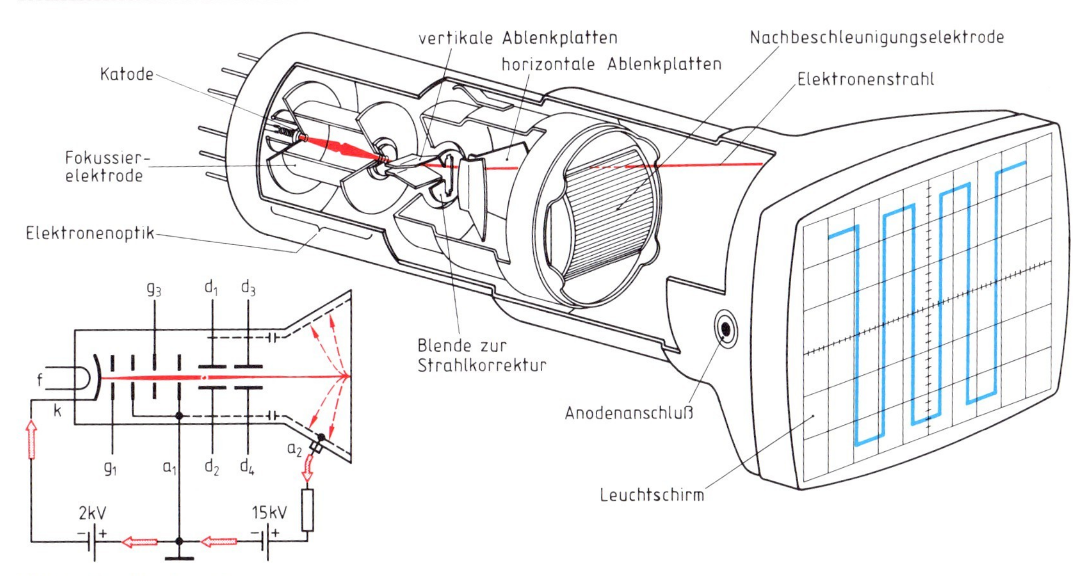

Bild 1: Oszilloskopröhre

Die Anode kann in zwei zylinderförmige Elektroden aufgeteilt sein und liegt an einer positiven Spannung von mehreren tausend Volt. Ein leitender Innenbelag (Graphit) des Röhrenkolbens ist mit der Anode verbunden **(Bild 1)**, die meist an Masse gelegt wird. Die Nachbeschleunigungselektrode erhöht die Elektronengeschwindigkeit und damit die Helligkeit.

Infolge der hohen Geschwindigkeit fließen kaum Elektronen über den Anodenzylinder ab, sondern sie gelangen als Elektronenstrahl weiter zum Leuchtschirm. Der zur Leuchtschicht gelangende Elektronenstrahl schlägt dort aus Atomen der Leuchtschicht Elektronen heraus, die *Sekundärelektronen* (Bild 1). Diese werden vom Graphitbelag der Röhre angezogen. Der Anodenstromkreis ist geschlossen.

Innerhalb des Elektronenstrahls stoßen sich die negativen Elektronen gegenseitig ab, so daß der Strahl auseinander laufen würde. Das Zusammenführen des Strahlenbündels in einen Punkt auf dem Leuchtschirm bezeichnet man als *Fokussierung*[1]. Elektronenstrahlen können mittels elektrischer oder magnetischer Felder, die man als elektrische Linsen bezeichnet, fokussiert werden. Die Bündelung durch elektrische Felder *(elektrostatische Fokussierung)* erfolgt zwischen Elektroden, die gegeneinander eine Spannung aufweisen und wird durch eine Spannungsänderung an der Fokussierelektrode eingestellt. Elektrostatische Fokussierung wird in Oszilloskopröhren angewendet.

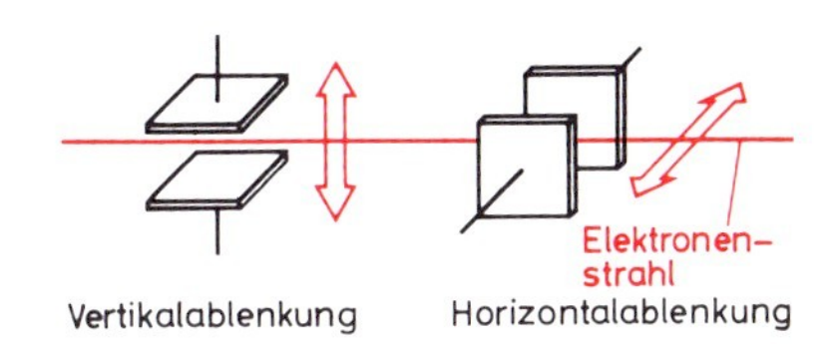

Bild 2: Elektrostatische Ablenkung

Elektrische und magnetische Felder wirken auf einen Elektronenstrahl als elektrische Linsen und können den Strahl bündeln.

Strahlablenkung. Damit auf dem Bildschirm nicht nur ein Leuchtfleck sondern ein Bild entsteht, wird der Elektronenstrahl durch elektrische Felder oder durch magnetische Felder abgelenkt. In Oszilloskopröhren wird die *elektrostatische Strahlablenkung* angewendet **(Bild 2)**. Dabei durchläuft der Elektronenstrahl das elektrische Feld zwischen zwei Metallplatten und wird von der negativen Platte abgestoßen und von der positiven Platte angezogen. Die Ablenkung hängt von der Höhe der an den Platten liegenden Spannung ab und erfolgt fast leistungslos und trägheitslos. Durch zwei hintereinander, senkrecht zueinander stehende Plattenpaare kann der Strahl sowohl in horizontaler[2] als auch in vertikaler[3] Richtung und damit auf jeden beliebigen Punkt des Bildschirms abgelenkt werden. Der *Ablenkkoeffizient* ist um so kleiner, je höher die Anodenspannung ist. Er wird in cm/V oder div/V[4] angegeben.

[1] lat. focus = Brennpunkt; [2] griech.-lat. horizontal = waagrecht; [3] lat. vertikal = senkrecht; [4] div von engl. division = Teilung

Elektrostatische Strahlablenkung erfolgt durch eine Spannung an den Ablenkplatten. Sie erlaubt hohe Ablenkfrequenzen.

Bei magnetischer Strahlablenkung durchläuft der Elektronenstrahl die senkrecht zueinander stehenden Magnetfelder von zwei Spulenpaaren. Die Ablenkung ist vom Spulenstrom abhängig und erfordert Leistung. Sie ermöglicht große Ablenkwinkel und wird vorwiegend für Fernsehbildröhren, Bildröhren in Datensichtgeräten (Monitore) und Radarbildröhren verwendet.

Leuchtschirm. Als *Leuchtstoffe* dienen Oxide, Sulfide oder Silikate von Zink oder Cadmium, die durch einen kleinen Zusatz von Gold, Silber, Kupfer oder Mangan aktiviert wurden. Je nach Zusammensetzung des Leuchtstoffes sind Farbe und Nachleuchtdauer (0,1 µs bis mehrere Sekunden) des Leuchtpunktes verschieden. Meist werden grün leuchtende Schirme verwendet, weil das menschliche Auge für diese Farbe am empfindlichsten ist.

Zum gleichzeitigen Schreiben zweier periodischer Vorgänge dienen *Zweistrahlröhren*. Zwei Strahlerzeugungssysteme und zwei Ablenksysteme ermöglichen die getrennte, voneinander unabhängige Aussteuerung.

Split-beam-Röhren[1] **(Bild 1)** haben ein gemeinsames Strahlerzeugungssystem (Katode, Steuergitter und Elektronenoptik). Nach der Fokussierelektrode wird der Strahl durch eine Blende in zwei Strahlen aufgespalten und danach durch zwei getrennte elektrostatische Ablenksysteme ausgelenkt.

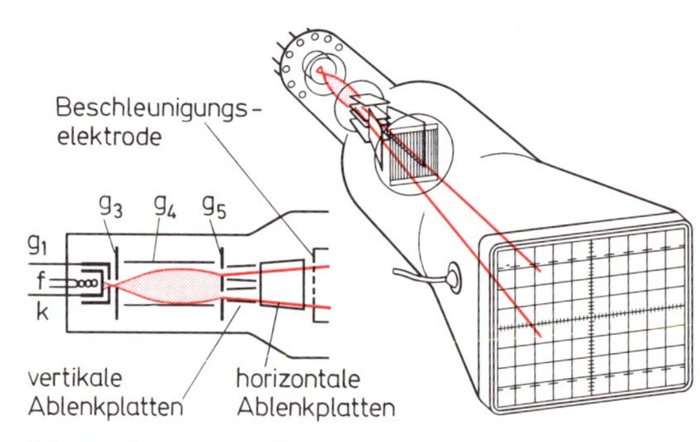

Bild 1: Split-beam-Röhre

Wiederholungsfragen

1. **Warum müssen die Katoden von Elektronenröhren geheizt werden?**
2. **Wodurch wird der Anodenstrom einer Triode gesteuert?**
3. **Welche Aufgabe hat eine Elektronenoptik?**
4. **Wodurch wird der Elektronenstrahl einer Elektronenstrahlröhre gebündelt?**
5. **Wie wird der Elektronenstrahl in Oszilloskopröhren abgelenkt?**

2.7.2 Gasentladungsröhren

Allgemeines

Gase sind bei Raumtemperatur und kleiner Feldstärke Nichtleiter. Um eine elektrische Leitfähigkeit zu erhalten, müssen die Gasatome ionisiert werden. Dabei entstehen hauptsächlich Elektronen und positive Ionen. Die Ionisation erfordert Energie in Form von Wärme, kurzwelliger Strahlung, elektrischen Feldern oder Stoßenergie. Ein ionisiertes Gas nennt man *Plasma*[2].

Durch Zufuhr von Energie können Gase ionisiert werden.

Die bei der Stromleitung in Gasen auftretenden Erscheinungen bezeichnet man als *Gasentladung*.

Versuch 1: Verbinden Sie einen Pol des Hochspannungsgenerators mit einer Metallspitze, und erden Sie den anderen Pol!

Bei einer Spannung von einigen kV hört man ein Knistern. An der Spitze ist im Dunkeln eine Leuchterscheinung zu sehen.

Durch hohe elektrische Feldstärken entstehen um Spitzen und Kanten Glimm- und Sprühentladungen, die man *Koronaentladungen*[3] nennt. Sie treten bei Gewittern z. B. an Antennenspitzen, Schiffsmasten und Eispickeln auf. Bei Zeilentransformatoren in Fernsehgeräten sind sie als Knistern und Prasseln hörbar.

Eine Metallkugel (Prasselschutzkugel) auf Antennenspitzen verhindert Störungen durch Koronaentladungen.

Bei *unselbständiger Entladung* wird ein Gas nur leitend, solange Energie zugeführt wird, z. B. durch eine kurzwellige Bestrahlung.

[1] engl. split-beam = geteilter Strahl; [2] griech. plasma = leuchtendes Gemisch; [3] lat. corona = Kranz, Krone

Versuch 2: Steigern Sie die Spannung an einer Glimmlampe mit getrenntem Vorwiderstand von 0 V auf 200 V Gleichspannung **(Bild 1)**!

Bei 100 V bis 120 V fließt plötzlich Strom, gleichzeitig leuchtet die Glimmlampe. Die Spannung an der Lampe geht dabei auf 60 V bis 80 V zurück und bleibt trotz Steigerung der Gesamtspannung auf diesem Wert.

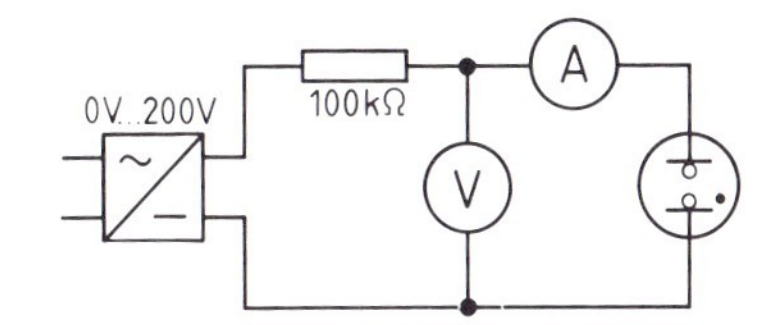

Bild 1: Versuchsschaltung mit Glimmlampe

Bleibt ein Gas leitend, ohne daß von außen ständig Wärme oder Strahlungsenergie zugeführt wird, so liegt eine *selbständige Gasentladung* vor. Eine solche Entladung tritt bei der Glimmlampe auf.

Eine Glimmlampe besteht aus einem Glaskolben mit zwei Elektroden, der mit Edelgas von geringem Druck gefüllt ist. Durch Licht, kosmische Höhenstrahlung oder natürliche Radioaktivität sind ständig einige der Gasatome ionisiert. Legt man eine Spannung an die beiden Elektroden, so werden die positiven Ionen zur Katode und die Elektronen zur Anode hin beschleunigt. Wenn die Spannung hoch genug und der Gasdruck niedrig ist, dann wird die Geschwindigkeit und damit die Bewegungsenergie der Ladungsträger so groß, daß beim Zusammenstoß mit einem Gasatom ein Elektron oder mehrere aus dem Atom herausgeschlagen werden. Diesen Vorgang nennt man *Stoßionisation* **(Bild 2)**. Die neu entstandenen Ladungsträger werden beschleunigt und ionisieren ihrerseits wieder Gasatome, so daß in kurzer Zeit die Zahl der Ionen und Elektronen *lawinenartig* zunimmt.

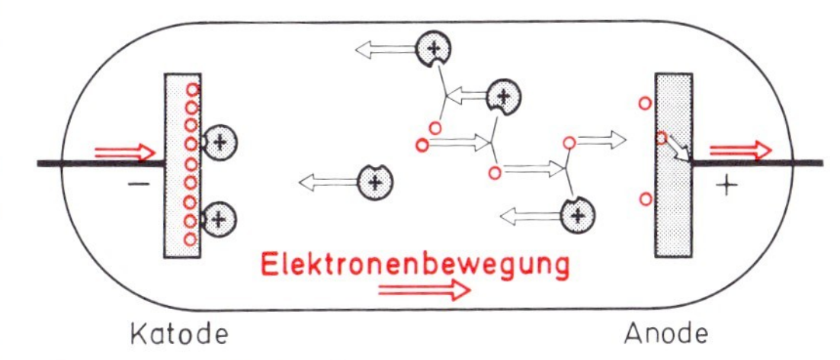

Bild 2: Stoßionisation

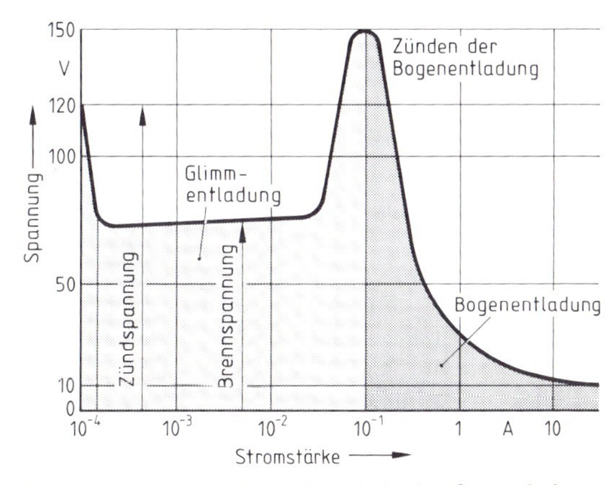

Bild 3: Spannungs-Stromkennlinie der Gasentladung

Bei jeder selbständigen Gasentladung ist eine Strombegrenzung durch einen Widerstand erforderlich.

Die Elektronen werden von der Anode aufgenommen. Die Ionen gelangen zur Katode und werden dort durch Aufnahme von Elektronen wieder zu neutralen Atomen. Die Zeit, die zur Erzeugung der Ladungsträger benötigt wird, nennt man *Ionisierungszeit*. Sie beträgt etwa 10 µs bis 100 µs.

Haben die aufprallenden Ladungsträger nicht genügend Energie, so können sie keine Elektronen aus den Atomen herausschlagen. Die Atome werden nur *angeregt*. Die Elektronen der äußersten Schale werden zwar ein Stück vom Atomkern entfernt, fallen aber dann wieder in ihre alte Bahn zurück. Dabei wird die aufgenommene Energie in Form eines kleinen Lichtblitzes frei. Dies geschieht bei einer großen Anzahl von Atomen. Es entsteht das *Glimmlicht*.

Nach dem Zünden der Glimmentladung geht die Spannung auf die *Brennspannung* zurück **(Bild 3)**. Erhöht man die Stromstärke, so nimmt der Spannungsabfall an der Gasentladungsröhre kaum zu. Sie wirkt spannungsstabilisierend.

Eine selbständige Gasentladung kann nur durch Unterschreiten der Brennspannung wieder gelöscht werden.

Wird eine zu große Spannung angelegt oder der Strom nicht genügend begrenzt, so entsteht aus der Glimmentladung eine Bogenentladung, und das Bauelement kann zerstört werden.

Glimmlampen dienen als Anzeigelampen. Sie werden mit und ohne eingebauten Vorwiderstand hergestellt.

Planare Gasentladungsanzeigen bestehen aus zwei Glasplatten mit geringem Abstand, zwischen denen sich die Gasfüllung befindet **(Bild 1)**. Auf der hinteren Platte sind streifenförmige Katoden in 7-Segment-Anordnung oder 14-Segment-Anordnung aufgebracht. Die Anode ist als durchsichtiger, elektrisch leitender Belag auf das Deckglas aufgedampft. Um eine sichere Zündung bei kurzer Schaltzeit zu erreichen, sorgt eine ständig gezündete Hilfskatoden-Anodenstrecke für eine ausreichende Zahl von Ionen. Dadurch erreicht man Einschaltzeiten von 20 µs. Die Schaltspannung beträgt bei Verwendung einer Vorspannung nur etwa 30 V. Über jedes Segment fließen etwa 0,1 mA.

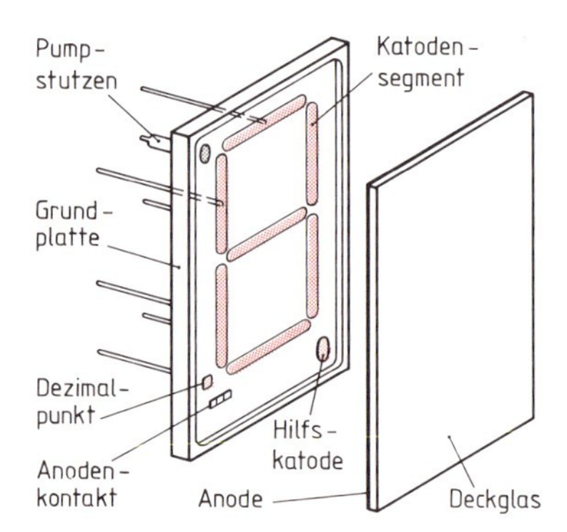

Bild 1: Planare Gasentladungsanzeige

Blitzröhren

Blitzröhren **(Bild 2)** dienen zur Erzeugung eines kurzen, sehr hellen Lichtblitzes. Sie werden in Fotoblitzgeräten und in Stroboskopen verwendet.

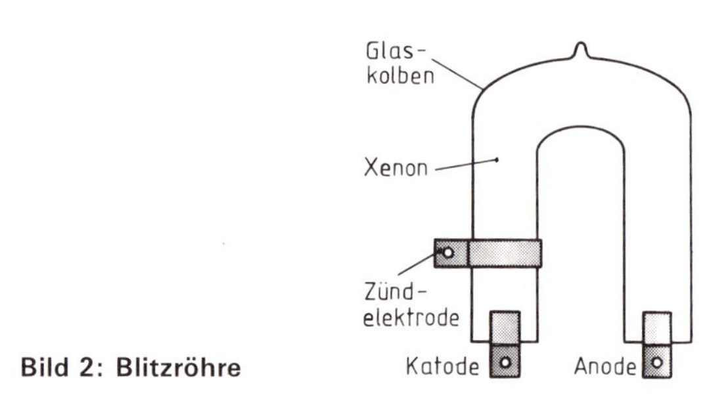

Bild 2: Blitzröhre

Die Blitzröhren sind mit Xenongas gefüllte Trioden. Xenon hat von allen Edelgasen die größte Lichtausbeute und gibt ein tageslichtähnliches Licht ab. Der Lichtblitz entsteht durch eine kurzzeitige Bogenentladung, bei der ein Strom von über 100 A fließt. Die Zündelektrode ist außen um das Entladungsrohr gewickelt.

Hochspannungsblitzröhren (1000 V bis 4000 V) haben bei gleicher Leistung eine kürzere Blitzdauer (etwa 1/5000 s) als Niederspannungsblitzröhren (400 V bis 500 V), die in den meisten Fotoblitzgeräten verwendet werden (Blitzdauer 1/1000 s). Die Helligkeit des Lichtblitzes hängt von der Entladungsenergie ab.

Geiger-Müller-Zählrohr

Das Geiger-Müller-Zählrohr zur Messung energiereicher Strahlung (α-, β- und γ-Strahlen) besteht aus einem Metallrohr als Katode und einem in der Längsachse angebrachten Draht als Anode **(Bild 3)**. An der Vorderseite befindet sich meist ein Glimmerfenster. Als Gasfüllung wird Edelgas mit einem Zusatz von Chlor oder von Alkohol verwendet. Durch die hohe Anodenspannung entsteht im Zählrohr eine große elektrische Feldstärke, die aber noch keine selbständige Entladung auslösen darf.

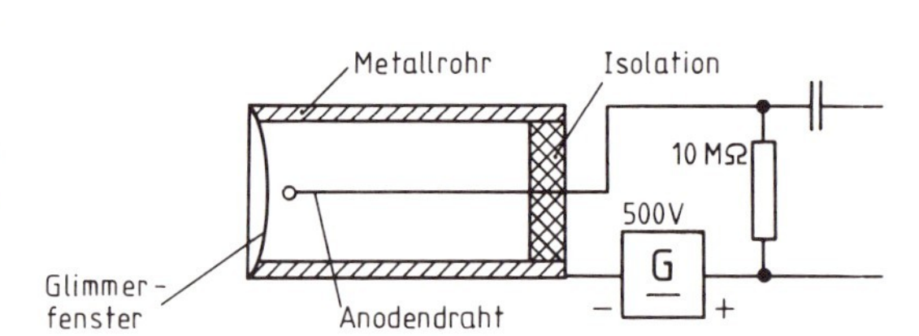

Bild 3: Geiger-Müller-Zählrohr

Erst durch radioaktive Strahlung eintreffende ionisierende Teilchen lösen durch Stoßionisation eine Entladung aus. Die Entladung löscht sich infolge der Gaszusätze selbst wieder. Die Entionisierungszeit ist so kurz, daß über 100 Entladungen je Sekunde möglich sind. Die Zahl der Spannungsimpulse am Außenwiderstand je Sekunde ist ein Maß für die Stärke der Strahlung.

Wiederholungsfragen

1. **Wie können Gase ionisiert werden?**
2. **Was versteht man unter Stoßionisation?**
3. **Warum ist bei einer Glimmlampe ein Vorwiderstand erforderlich?**
4. **Wodurch entsteht Sekundäremission?**
5. **Warum wird in Blitzröhren Xenon verwendet?**

2.7.3 Strahlungsgesteuerte Röhren

Durch elektromagnetische Strahlung, z. B. Licht, nehmen Elektronen Energie auf. Diese kann so groß sein, daß einige Elektronen aus einem festen Körper austreten und als freie Elektronen der Stromleitung zur Verfügung stehen (äußerer Fotoeffekt).

Beim äußeren Fotoeffekt werden durch Beleuchtung Elektronen aus einem festen Körper emittiert.

Die Fotoemission hängt vom Lichtstrom, von der Wellenlänge der elektromagnetischen Strahlung und vom Werkstoff des beleuchteten Körpers ab.

Vakuum-Fotozellen bestehen aus einem luftleeren Glaskolben, in dem eine Katode, z. B. aus Cäsium-Antimon (blauempfindlich), ist. Die aus der Katode emittierten Elektronen gelangen zur positiven Anode. Ohne Beleuchtung fließt durch die Fotozelle **(Bild 1)** ein sehr kleiner Dunkelstrom. Bei Beleuchtung fließt der Hellstrom. Die Empfindlichkeit ist etwa 50 µA/lm.

Es gibt auch gasgefüllte Fotozellen. Diese sind bis zu fünfmal empfindlicher, aber wesentlich träger. Sie können nur bis zu Frequenzen von 10 kHz verwendet werden, während Vakuum-Fotozellen bis zu 100 MHz verwendbar sind. Fotozellen sprechen im Gegensatz zu lichtempfindlichen Halbleiterbauelementen auch auf UV-Strahlung an. Fotozellen werden z. B. zur Überwachung von Ölfeuerungsanlagen verwendet.

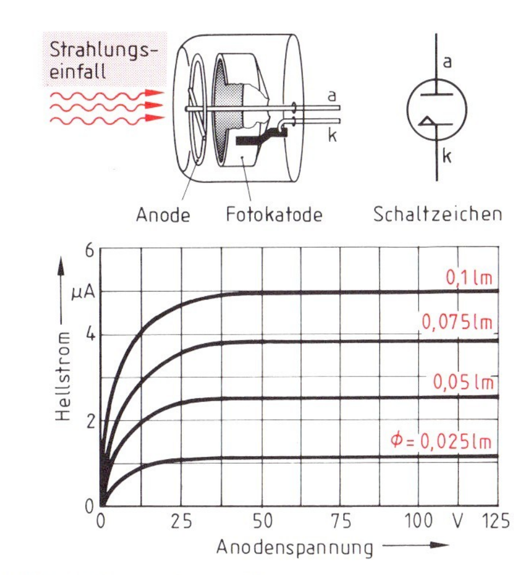

Bild 1: Vakuum-Fotozelle

Fotovervielfacher (Bild 2) werden dort verwendet, wo die Empfindlichkeit von Fotozellen nicht ausreicht. Sie enthalten in einem luftleeren Glaskolben zwischen einer Fotokatode und der Anode etwa 10 bis 17 Elektroden, die *Dynoden*. Jede Dynode hat gegenüber der davorliegenden Elektrode jeweils eine positive Spannung von etwa 100 V bis 500 V.

Bei Beleuchtung treten aus der Fotokatode Primärelektronen aus, die zur ersten Dynode beschleunigt werden. Dort schlagen diese Sekundärelektronen heraus. Diese werden zur zweiten Dynode beschleunigt und schlagen aus dieser weitere Sekundärelektronen heraus usw. Bei zehn Dynoden erreicht man einen Stromverstärkungsfaktor von etwa zwei Millionen.

Fotovervielfacher können noch sehr kleine Lichtströme erfassen.

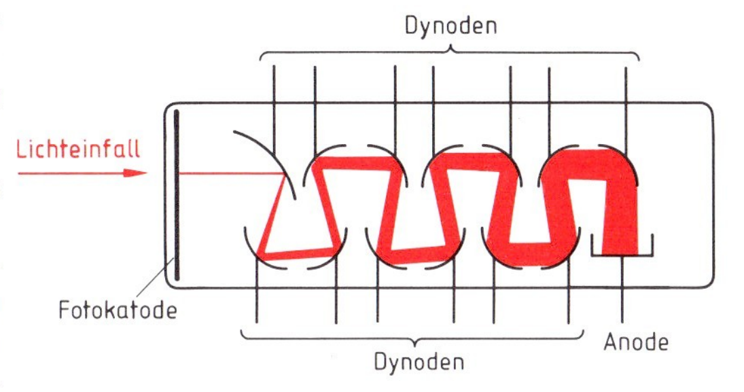

Bild 2: Fotovervielfacher

Ihre Empfindlichkeit liegt zwischen 100 A/lm und 10 000 A/lm. Sie sind bis etwa 100 MHz verwendbar und werden z. B. für lichtschwache fotometrische und kernphysikalische Messungen, trägheitslose fotoelektronische Steuerschaltungen und Regelschaltungen und in der Fernsehtechnik zur Lichtpunktabtastung von Diapositiven verwendet.

Bildwandlerröhren wandeln elektromagnetische Strahlung, z. B. im Infrarotbereich, in Licht um. In einem luftleeren Glaskolben befindet sich auf der einen Stirnseite die durchscheinende Fotokatode und auf der anderen Stirnseite ein Leuchtschirm. Die Elektronen, die bei Bestrahlung aus der Katode austreten, werden in einer Elektronenoptik gebündelt und beschleunigt. Sie erzeugen beim Auftreffen auf den Leuchtschirm ein Abbild des Objektes, welches für das Auge sichtbar wird.

Bildwandlerröhren werden z. B. in der Infrarot-Mikroskopie, bei der Werkstoffprüfung, bei biologischen Untersuchungen und in Infrarot-Nachtsichtgeräten verwendet.

2.8 Stromversorgung elektronischer Schaltungen

2.8.1 Netzanschlußgerät

Elektronische Geräte erfordern meist Gleichspannung. Dagegen erfolgt der Netzanschluß an Wechselspannung. Wenn man von den Geräten mit reinem Batteriebetrieb absieht, ist für jedes elektronische Gerät deshalb ein *Netzanschlußgerät* (Netzteil) erforderlich. Diese Netzanschlußgeräte enthalten zur Umwandlung der Wechselspannung in Gleichspannung *Gleichrichter* **(Bild 1)**. In den meisten Fällen ist auch noch eine Änderung der Spannung erforderlich, z. B. durch einen Transformator. Außerdem sind in den Netzanschlußgeräten *Überstrom-Schutzeinrichtungen* enthalten, z. B. Schmelzsicherungen oder Schutzschalter. *Glättungseinrichtungen* bewirken, daß die gleichgerichtete Spannung, die einen Wechselspannungsanteil enthält, einer idealen Gleichspannung angenähert ist. Die *Stabilisierungseinrichtungen* bewirken eine konstant bleibende Gleichspannung (Bild 1) oder einen konstant bleibenden Gleichstrom, auch wenn die Last verschieden groß ist und wenn die Netzspannung schwankt.

Die verschiedenen Aufgaben eines Netzanschlußgerätes werden von verschiedenen Baugruppen wahrgenommen. Diese Baugruppen können voneinander getrennt sein. Zwei oder mehr Baugruppen können aber auch zu einer gemeinsamen Baugruppe zusammengefaßt sein. Die eine oder andere Baugruppe kann je nach Anforderung auch entfallen. So sind nicht bei allen elektronischen Geräten Stabilisierungseinrichtungen erforderlich. Dagegen kann die Baugruppe Spannungsanpasser im Umfang sehr verschieden sein. Sie besteht bei einfachen Geräten möglicherweise nur aus einem Vorwiderstand oder aus einem Transformator. Sie kann aber bei einem anderen Gerät, dem Schaltnetzteil, aus einem vorgeschalteten Gleichrichter bestehen, der die Netzspannung unmittelbar gleichrichtet, dem eine komplette Oszillatorschaltung nachgeschaltet ist, an die wieder ein Transformator mit einer Gleichrichterschaltung angeschlossen ist.

Netzanschlußgeräte bestehen aus Überlastungsschutz, Spannungsanpasser, Gleichrichter, Glättungseinrichtung und Stabilisierungsschaltung.

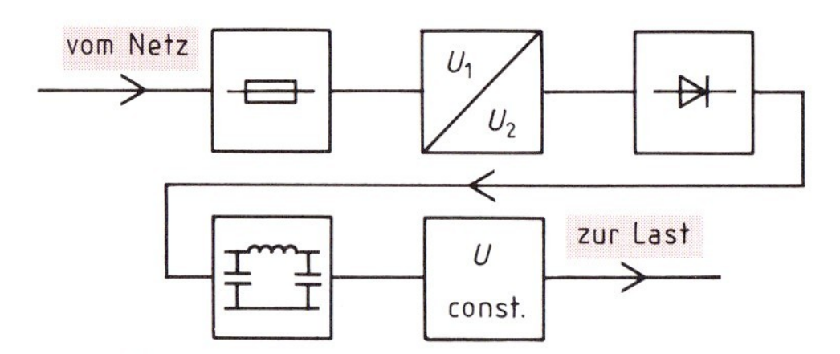

Bild 1: Übersichtsschaltplan eines Netzanschlußgerätes

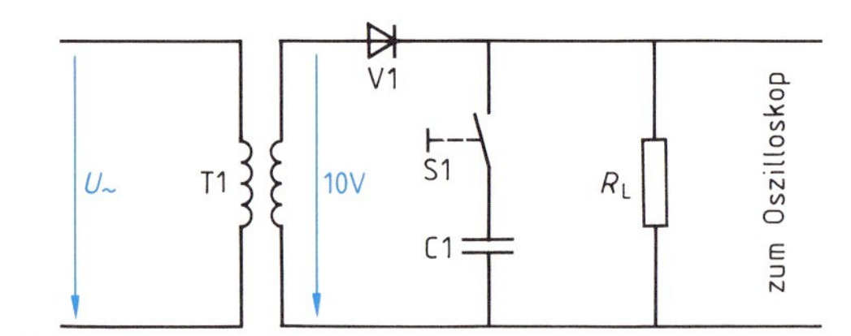

Bild 2: Versuchsschaltung zur Einpuls-Mittelpunktschaltung M1

2.8.2 Gleichrichter

Als Gleichrichter wird das komplette *Gerät* zur Umwandlung von Wechselspannung in Gleichspannung bezeichnet. Der wesentliche Bestandteil des Gleichrichters ist die *Gleichrichterschaltung*. Diese enthält die Halbleiter-Bauelemente, den meist erforderlichen Transformator und manchmal Kondensatoren zur Glättung.

Versuch 1: Schalten Sie eine Siliciumdiode in Reihe mit einer 6,3-V-Glühlampe, und schließen Sie die Schaltung an 10 V Sinusspannung aus Ihrem Versuchsnetz an **(Bild 2)**!

Beobachten Sie die Glühlampe, und oszilloskopieren Sie die Spannung an der Glühlampe!

Die Glühlampe leuchtet. Ihre Spannung hat einen pulsförmigen Verlauf **(Bild 1, folgende Seite)**.

Die Diode läßt den Vorwärtsstrom (Durchlaßstrom) nur fließen, wenn die Wechselspannung so gepolt ist, daß die Diode in Vorwärtsrichtung geschaltet ist und die Spannung größer ist als die Schleusenspannung. Ist die Diode in Rückwärtsrichtung (Sperrichtung) geschaltet, so fließt nur der schwache Rückwärtsstrom (Sperrstrom). Diesen läßt man bei Gleichrichterschaltungen meist unberücksichtigt. Außerdem berücksichtigt man die Schleusenspannung nicht, wenn die gleichzurichtende Wechselspannung größer ist als etwa 10 V. Man nimmt also an, daß in einer Gleichrichterdiode nur in Vorwärtsrichtung ein Strom fließt und daß dieser Strom sofort fließen kann, wenn die Diode in Vorwärtsrichtung geschaltet ist.

Verwendet man in der Gleichrichterschaltung nur eine einzige Diode, so fließt der Vorwärtsstrom während jeder Periode der Anschlußwechselspannung einmal als Impuls. Man nennt die Schaltung *Einpuls-Mittelpunktschaltung* (Kurzzeichen M 1).

Die Schaltung M 1 besteht nur aus einer Diode oder bei sehr hohen Spannungen aus mehreren in Reihe geschalteten Dioden.

Versuch 2: Wiederholen Sie Versuch 1, ersetzen Sie aber die Glühlampe durch einen Spannungsmesser! Messen und untersuchen Sie die Spannung mit einem Oszilloskop! Schalten Sie parallel zum Spannungsmesser einen Kondensator mit 2,2 μF! Messen und untersuchen Sie die Spannung erneut!

Ohne Kondensator ist die Ausgangsspannung des Gleichrichters etwa 4 V. Mit Kondensator wird die Spannung etwa 14 V. Beim Anschluß des Kondensators wird die Spannung geglättet (Bild 1).

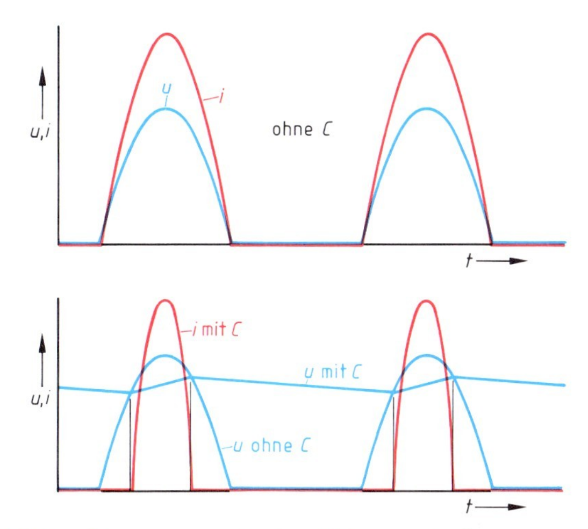

Bild 1: Spannungsverlauf und Stromverlauf

Ein hinter dem Gleichrichter angeschlossener Spannungsmesser zeigt den Mittelwert der pulsförmigen Spannung an. Bei einem idealen Gleichrichter ohne Verluste und ohne Schleusenspannung der Dioden nennt man diesen Mittelwert ideelle Gleichspannung U_{di}.

Bei jeder Gleichrichterschaltung steht die ideelle Gleichspannung in einem festen Verhältnis zur Anschlußwechselspannung **(Tabelle 1, folgende Seite)**. Je nach Art der verwendeten Dioden und nach Art der Belastung weicht die Ausgangsspannung des Gleichrichters von der ideellen Gleichspannung ab. Wird ein Kondensator an die Gleichrichterschaltung angeschlossen, so wird dieser aufgeladen. Ein angeschlossener Verbraucher entlädt den Kondensator, der pulsförmig wieder aufgeladen wird.

An Gleichrichtern angeschlossene Kondensatoren erhöhen die gleichgerichtete Spannung und glätten diese.

In der Schaltung M 1 fließt der gleichgerichtete Strom durch die Ausgangswicklung des Transformators. Dadurch wird der Eisenkern stark vormagnetisiert. Infolge der Vormagnetisierung braucht man einen Transformator mit einer größeren Leistung als die Leistungsangabe des Gleichrichters erwarten läßt. Diese Bauleistung des Gleichrichtertransformators liegt je nach Gleichrichterschaltung über der Gleichstromleistung (Tabelle 1, folgende Seite).

2.8.3 Gleichrichterschaltungen

Die Benennung der Gleichrichterschaltung enthält als Kennzahl die Anzahl n der Pulse je Periode der Anschlußwechselspannung. Die Pulsfrequenz der Schaltung ist um so größer, je größer die Kennzahl der Schaltung und die Frequenz der Anschlußwechselspannung sind.

f_p Pulsfrequenz
n Kennzahl der Schaltung
f Frequenz der Anschlußwechselspannung

$$f_p = n \cdot f$$

Die **Einpuls-Mittelpunktschaltung M 1** wird zur Gleichrichtung schwacher Ströme verwendet. Speist die Gleichrichterschaltung einen Kondensator oder einen Akkumulator, so liegt Belastung mit Gegenspannung vor. Die in Sperrichtung gepolte Gleichrichterdiode muß dann die Summe der Anschlußwechselspannung und der Kondensatorspannung bzw. Akkumulatorspannung als Sperrspannung aushalten.

In Schaltung M 1 wird durch die Belastung mit einem Kondensator die Sperrspannung etwa verdoppelt.

Die **Zweipuls-Mittelpunktschaltung M 2** besteht aus zwei Schaltungen M 1 an den beiden Außenanschlüssen eines Transformators mit Mittelabgriff.

Die **Dreipuls-Mittelpunktschaltung M 3** besteht aus drei Schaltungen M 1 an den drei Außenklem-

Tabelle 1: Gleichrichterschaltungen

Benennung, Kurzzeichen	Schaltplan des Gleichrichtersatzes	Spannungsverlauf	U_{di}/U_1 ohne C	U_{di}/U_1 mit C	P_T/P_d	I_Z
Einpuls-Mittelpunkt-schaltung M1			0,45	1,41	3,1	I_d
Zweipuls-Mittelpunkt-schaltung M2			0,45	0,71	1,5	$\frac{I_d}{2}$
Zweipuls-Brücken-schaltung B2			0,9	1,41	1,23	$\frac{I_d}{2}$
Sechspuls-Brücken-schaltung B6			1,35	1,41	1,1	$\frac{I_d}{3}$

C Kapazität, f Frequenz, I_d Gleichstrom, I_Z Strom im Zweig, P_d Gleichstromleistung, P_T Transformatorbauleistung, T Periodendauer, U_1 Anschlußwechselspannung, U_{di} ideelle Leerlaufgleichspannung

men eines Drehstromtransformators mit Sternpunkt. Sie liefert, wie alle Gleichrichter-Drehstromschaltungen, eine echte Gleichspannung, der eine niedrigere, pulsförmige Spannung überlagert ist.

Die **Zweipuls-Brückenschaltung B2** wird für Leistungen bis etwa 2 kW am häufigsten verwendet. Gegenüber der Schaltung M1 braucht man zwar mehr Gleichrichterdioden, jedoch kann ein kleinerer Transformator als bei Schaltung M1 verwendet werden. Außerdem ist die Glättung leichter möglich. Auch wird das Netz weniger mit höheren Teilschwingungen belastet als bei Schaltung M1. Nachteilig ist bei den Brückenschaltungen, daß der Strom durch zwei Dioden fließt. Dadurch ist der Spannungsabfall doppelt so groß wie bei den Mittelpunktschaltungen.

Die **Sechspuls-Brückenschaltung B6** wird für Leistungen über 2 kW am häufigsten verwendet. Es gibt noch weitere Gleichrichterschaltungen (Tabellenbuch Kommunikationselektronik).

Spannungsvervielfachung nennt man eine Gleichrichtung, bei der die Ausgangsspannung größer ist als der Scheitelwert der Anschlußwechselspannung. Bei der Spannungsvervielfachung werden Kondensatoren über Gleichrichterzweige aufgeladen und in Reihe zu einer Spannung, z.B. aus einem anderen Kondensator, geschaltet. Wird die Spannung auf das Doppelte erhöht, liegt ein *Spannungsverdoppler* vor. Wird die Spannung auf das Dreifache oder Mehrfache erhöht, so liegt ein *Spannungsvervielfacher* vor.

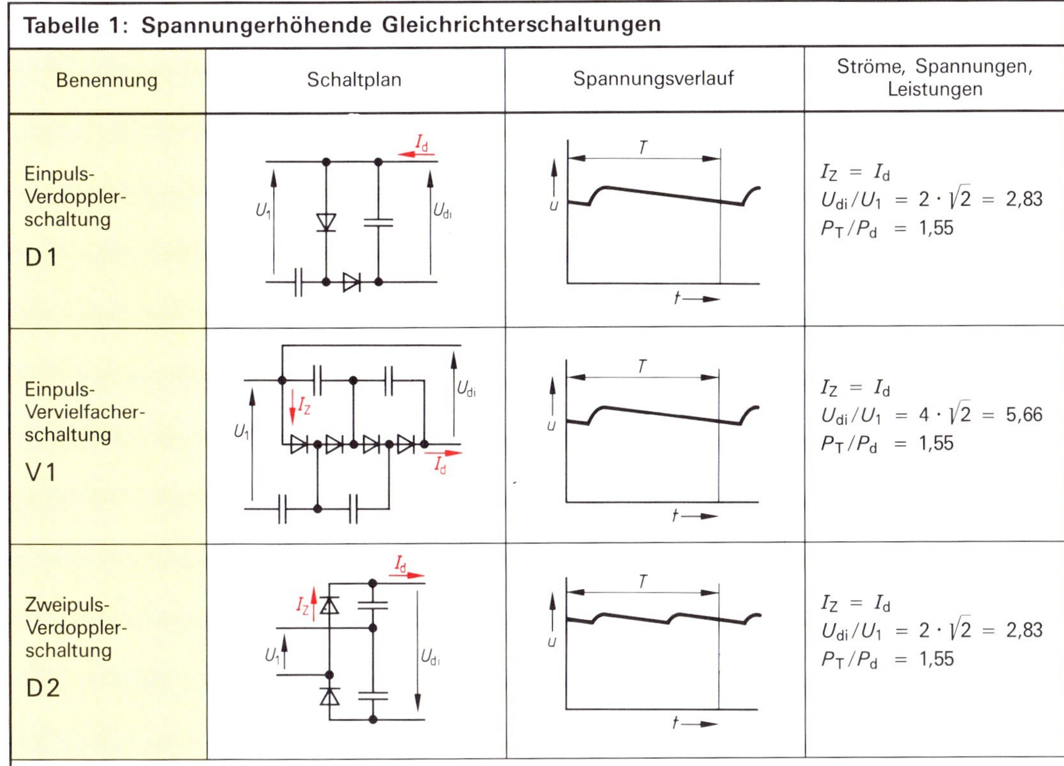

Tabelle 1: Spannungerhöhende Gleichrichterschaltungen

Benennung	Schaltplan	Spannungsverlauf	Ströme, Spannungen, Leistungen
Einpuls-Verdoppler-schaltung D1			$I_Z = I_d$ $U_{di}/U_1 = 2 \cdot \sqrt{2} = 2{,}83$ $P_T/P_d = 1{,}55$
Einpuls-Vervielfacher-schaltung V1			$I_Z = I_d$ $U_{di}/U_1 = 4 \cdot \sqrt{2} = 5{,}66$ $P_T/P_d = 1{,}55$
Zweipuls-Verdoppler-schaltung D2			$I_Z = I_d$ $U_{di}/U_1 = 2 \cdot \sqrt{2} = 2{,}83$ $P_T/P_d = 1{,}55$

I_d Gleichstrom, I_Z Zweigstrom, P_d Gleichstromleistung, P_T Transformator-Bauleistung, T Periodendauer, U_{di} ideelle Gleichspannung, U_1 Anschluß-Wechselspannung

Man unterscheidet bei den Verdopplern Einpulsverdoppler und Zweipulsverdoppler **(Tabelle 1)** und bei den Vervielfachern entsprechend Einpulsvervielfacher und Zweipulsvervielfacher.

Beim *Einpulsverdoppler* (Villard-Verdoppler[1]) werden während jeder Periode die Kondensatoren einmal aufgeladen. Beim *Zweipulsverdoppler* (Delon-Verdoppler) werden nacheinander während je einer Halbperiode zwei in Reihe geschaltete Kondensatoren bis zum Scheitelwert der Anschlußwechselspannung aufgeladen. Jeder Gleichrichterzweig muß den doppelten Scheitelwert als Sperrspannung aushalten.

Beim *Einpulsvervielfacher* wird eine Vervielfachung der Anschlußwechselspannung um dieselbe Zahl vorgenommen, wie Gleichrichterzweige vorhanden sind. Beim *Zweipulsvervielfacher* wird eine Vervielfachung des Scheitelwerts der Anschlußwechselspannung um die halbe Zahl der Gleichrichterzweige vorgenommen.

Spannungsverdopplern und Spannungsvervielfachern können nur kleine Stromstärken entnommen werden. Spannungsvervielfacher werden z. B. bei der Hochspannungserzeugung in Farbfernsehgeräten und für elektrostatische Staubfilter angewendet.

Wiederholungsfragen

1. **Aus welchen Teilen besteht grundsätzlich ein Netzanschlußgerät?**
2. **Was versteht man unter einem Gleichrichter?**
3. **Worauf beruht die Wirkungsweise einer Diode zur Gleichrichtung?**
4. **Welche Folgen haben Kondensatoren, die hinter Gleichrichterschaltungen angeschlossen werden?**
5. **Nennen Sie vier Gleichrichterschaltungen, und geben Sie die Kurzzeichen dafür an!**
6. **Wie ist die grundsätzliche Wirkungsweise von der Spannungsvervielfachung?**
7. **Wozu verwendet man Spannungsvervielfacher?**
8. **Welche Arten der Spannungsvervielfacher unterscheidet man?**

[1] Villard, franz. Physiker, 1860 bis 1934

2.8.4 Gleichrichter mit einstellbarer Spannung

Manchmal ist es erforderlich, daß die Höhe der gleichgerichteten Spannung *einstellbar* ist. Eine Spannungseinstellung kann mit wenig Verlustleistung erreicht werden, wenn man an Stelle der Gleichrichterdiode rückwärts sperrende Thyristortrioden (Thyristoren) verwendet.

Versuch: Legen Sie eine 24-V-Glühlampe in Schaltung **Bild 1** über einen Thyristor V2, der von einem Diac V1 angesteuert wird, an 50 V Sinusspannung! Messen und oszilloskopieren Sie die Spannung bei verschiedener Einstellung von R1!

Je kleiner die Resistanz (Widerstandswert) von R1 ist, desto vollständiger ist die Sinusform des Sinusimpulses der gleichgerichteten Spannung, und desto größer ist die gleichgerichtete Spannung **(Bild 2)**.

Der Kondensator C1 wird in Schaltung Bild 1 während jeder positiven Halbperiode über R1 aufgeladen. Die Kondensatorspannung liegt über V1 an der Gate-Katodenstrecke von V2. Sobald die Zündspannung von V1 erreicht ist, wird V1 leitend, und C1 entlädt sich über V1 und V2. Dadurch wird V2 gezündet, so daß der Vorwärtsstrom fließen kann. An E1 tritt nun eine Spannung auf. Je nach Einstellung von R1 ist die zum Zünden erforderliche Spannung von C1 früher oder später erreicht **(Bild 3)**.

Auf dem Oszilloskop-Bildschirm erkennt man, daß durch die gegenüber dem Nulldurchgang verzögerte Zündspannung ein *Anschnitt* der Sinuslinie hervorgerufen wird. Man spricht daher von *Anschnittsteuerung* (Phasenanschnittsteuerung). Angeschnitten werden sowohl die Spannung als auch der Strom.

Bei der Anschnittsteuerung von Thyristoren wird der Zündzeitpunkt gegenüber dem Nulldurchgang der Spannung verschoben. Dadurch können die gleichgerichtete Spannung und der gleichgerichtete Strom eingestellt werden.

Die Zeit zwischen Nulldurchgang der Spannung und Zündzeitpunkt kann im Liniendiagramm als Winkel dargestellt werden. Dieser Winkel heißt *Zündwinkel* oder *Steuerwinkel*. Der Mittelwert $\overline{i_d}$ des Laststromes ist bei einem kleinen Zündwinkel größer als bei einem großen Zündwinkel **(Bild 4)**.

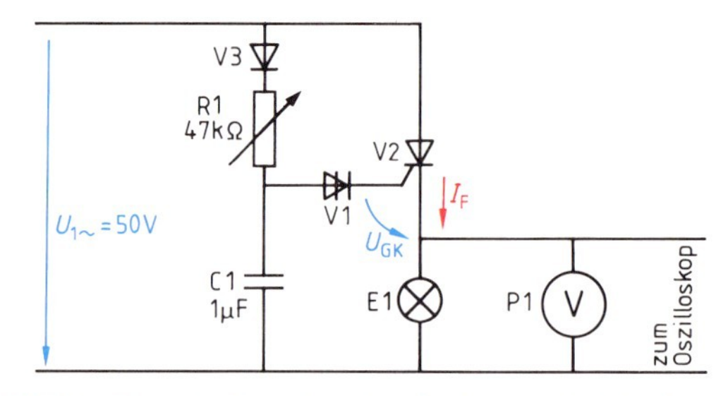

Bild 1: Einpuls-Mittelpunktschaltung mit Thyristor

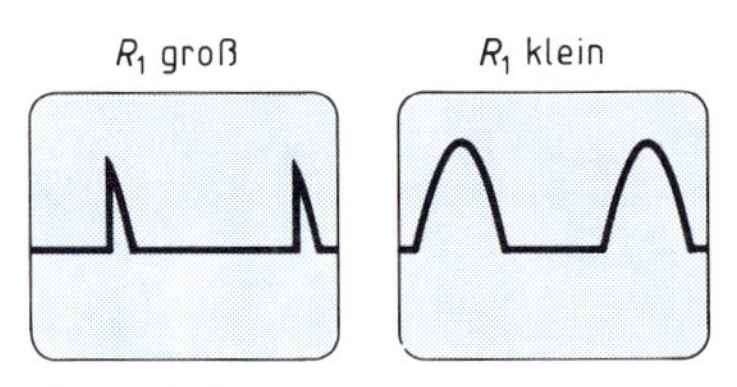

Bild 2: Schirmbilder der Spannungen von Versuch 1

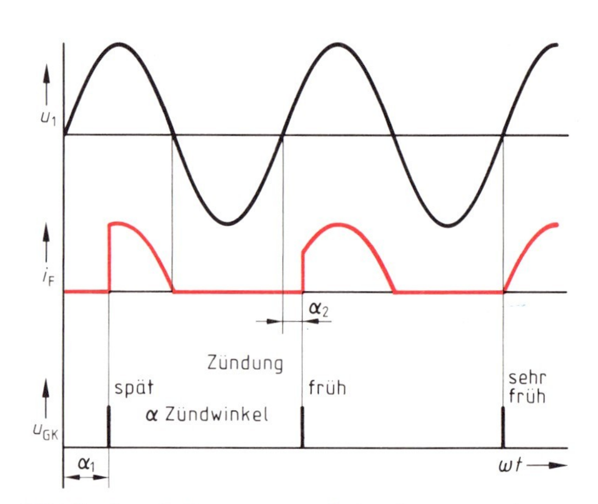

Bild 3: Anschnittsteuerung bei späterem und früherem Zündzeitpunkt

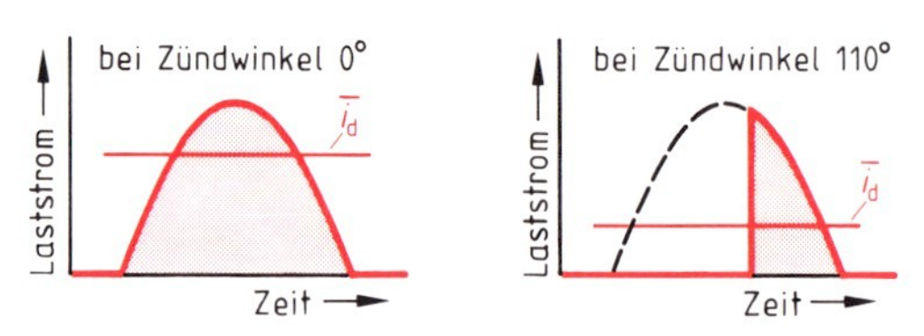

Bild 4: Laststrom bei verschiedenen Zündwinkeln

Nachteilig bei der Anschnittsteuerung ist die Abweichung des Stromes von der Sinusform. Dadurch wird die Stromkurve gegen die Spannungskurve verschoben, so daß das Netz Blindleistung liefern muß. Außerdem treten wegen der scharfen Knicke hochfrequente Oberschwingungen und damit Funkstörungen auf. Am öffentlichen Netz ist die Anschnittsteuerung nur beschränkt anwendbar.

Für Gleichrichter mit einstellbarer Spannung können Thyristoren in allen Gleichrichterschaltungen verwendet werden. Meist werden die Brückenschaltungen B2 und B6 angewendet. Da hier der Vorwärtsstrom immer durch zwei in Reihe geschaltete, gleichrichtende Bauelemente fließt, genügt für die Anschnittsteuerung jeweils ein Thyristor im Gleichrichterzweig. Derartige Brückenschaltungen nennt man *halbgesteuert* **(Bild 1)**.

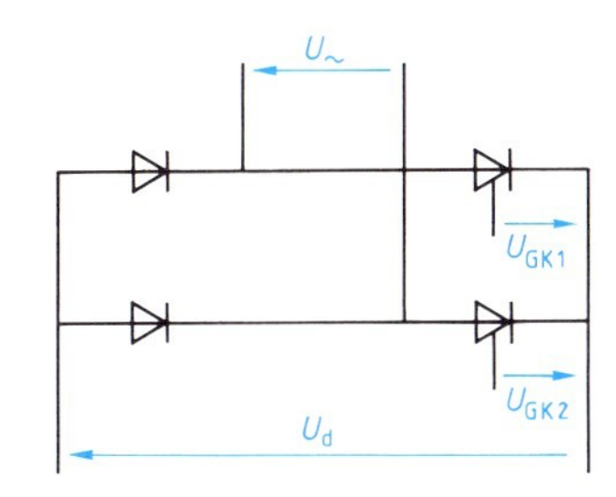

Bild 1: Halbgesteuerte Brückenschaltung B2

Bei den halbgesteuerten Brückenschaltungen braucht man je Brückenzweig eine Diode und einen Thyristor.

Halbgesteuerte Brückenschaltungen können als Gleichrichter arbeiten. Ersetzt man in ihnen die Dioden durch Thyristoren, so können derartige *vollgesteuerte* Brückenschaltungen bei geeigneter Ansteuerung auch als Wechselrichter arbeiten, also Gleichstrom in Wechselstrom umwandeln.

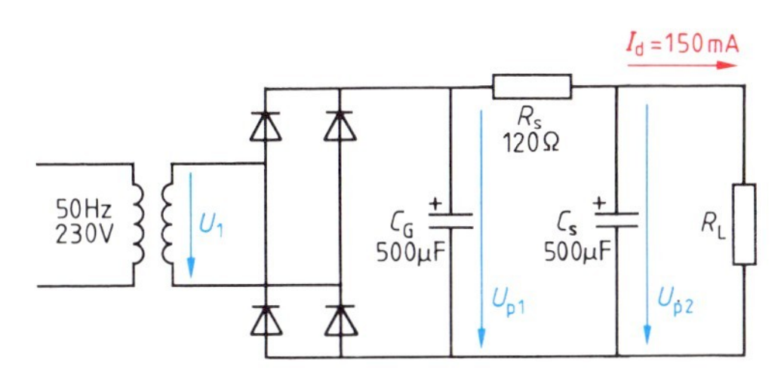

Bild 2: Gleichrichterschaltung mit RC-Siebung. C_G Glättungskondensator, C_S Siebkondensator

2.8.5 Glättung der gleichgerichteten Spannung

Die vom Gleichrichter gleichgerichtete Spannung wird grundsätzlich durch Siebglieder geglättet **(Bild 2)**. Bei schwachen Strömen glättet man bevorzugt mit Kondensatoren, bei starken Strömen mit Induktivitäten. Bestehen Verbraucher aus Spulen mit großer Induktivität, z. B. Spulen von Magnetkupplungen oder Schützen, so glätten diese Verbraucher selbst den aufgenommenen Strom. Auf eigene Glättungsanordnungen kann dann verzichtet werden. Ebenfalls wird bei Ladegeräten für Akkumulatoren auf eine Glättung verzichtet, da Akkumulatoren wie große Kapazitäten wirken. Die Glättung ist um so leichter zu erzielen, je höher die Pulsfrequenz der gleichgerichteten Spannung ist. Davon macht man bei Schaltnetzteilen Gebrauch.

Die von der Gleichrichterschaltung gelieferte pulsförmige Spannung **(Bild 3)** ist die Summe aus der Gleichspannung U_d und einer Wechselspannung U_p mit der Pulsfrequenz $f_p = 1/T_p$. Diese Wechselspannung nennt man *Brummspannung*. Durch den *Glättungskondensator* werden U_d vergrößert und U_p verkleinert. Die hinter der Glättungseinrichtung verbleibende Wechselspannung mit der Pulsfrequenz (Brummspannung) hat etwa Dreieckform und ist um so kleiner, je größer die Kapazität und die Pulsfrequenz sind.

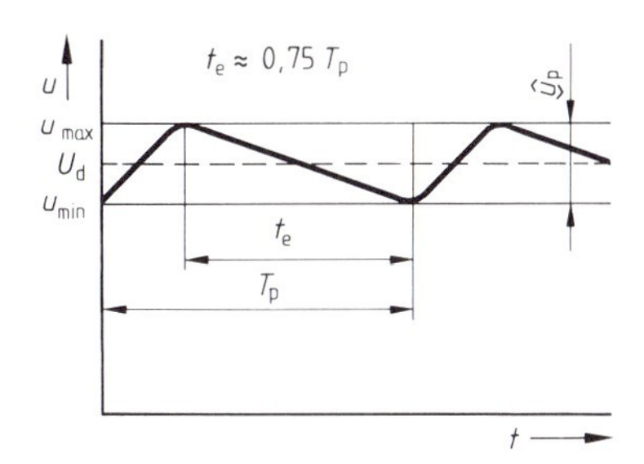

Bild 3: Glättung der gleichgerichteten Spannung

$\hat{\check{u}}_p$ Brummspannung (Pulsspannung, Spitze-Tal-Wert)
I_d Laststrom
t_E Entladezeit
f_p Brummfrequenz (Pulsfrequenz)
C_G Kapazität des Glättungskondensators
U_p Brummspannung (Effektivwert)
$\sqrt{3}$ Scheitelfaktor bei Dreieckform

$$Q \approx \hat{\check{u}}_p \cdot C_G = I_d \cdot t_E \Rightarrow \hat{\check{u}}_p \approx \frac{I_d \cdot t_E}{C_G}$$

$$U_p \approx \frac{\hat{\check{u}}_p}{2 \cdot \sqrt{3}}$$

$$\hat{\check{u}}_p \approx \frac{0{,}75 \cdot I_d}{f_p \cdot C_G}$$

Beispiel 1:
Eine Gleichrichterschaltung B2 liefert am Netz mit 50 Hz den Lastgleichstrom I_d = 150 mA. Der Glättungskondensator hat 500 µF. Wie groß ist die Brummspannung $\hat{\check{u}}_p$?

Lösung:

$$\hat{\check{u}}_p \approx \frac{0{,}75 \cdot I_d}{f_p \cdot C_G} = \frac{0{,}75 \cdot 150\ \text{mA}}{2 \cdot 50\ \text{Hz} \cdot 500\ \mu\text{F}} = \mathbf{2{,}25\ V}$$

Genügt die Glättung durch den Glättungskondensator allein nicht, so schaltet man zwischen ihm und der Last einen Tiefpaß. Bei kleinen Stromstärken verwendet man einen RC-Tiefpaß, bei großen einen LC-Tiefpaß **(Bild 1)**. Man spricht von *Siebung*. Bei der LC-Siebung treten kleinere Verluste auf als bei der RC-Siebung.

Zur Berechnung der Siebglieder, also der Tiefpässe, geht man vom *Siebfaktor* aus. Er ist das Verhältnis der Brummspannungen vor und hinter dem Siebglied. Werden mehrere Siebglieder in Reihe geschaltet, dann ist der Siebfaktor das Produkt der einzelnen Siebfaktoren.

Beispiel 2:
Eine Brummspannung von 2,25 V soll verringert werden auf 0,2 V. Welcher Siebfaktor ist erforderlich?

Lösung:
$s = U_{p1}/U_{p2}$ = 2,25 V/0,2 V = **11,25**

Bei der RC-Siebung wird die Brummspannung durch den Siebwiderstand R_s und den Siebkondensator C_s herabgesetzt.

Beispiel 3:
Der Siebfaktor 11,25 (Beispiel 2) soll durch eine RC-Siebung realisiert werden, bei welcher ein Siebwiderstand von 22 Ω verwendet wird. Wie groß muß die Kapazität des Siebkondensators sein, wenn die Gleichrichterschaltung B2 am 50-Hz-Netz arbeitet?

Lösung:
$s \approx \omega_p \cdot R_s \cdot C_s \Rightarrow C_s \approx s/(\omega_p \cdot R_s)$
$= 11{,}25/(2 \cdot 2 \cdot \pi \cdot 50\ \text{Hz} \cdot 22\ \Omega) = 814\ \mu\text{F}$
$\approx$ **800 µF**

Bei der LC-Siebung wird die Brummspannung durch die Siebdrosselspule und den Siebkondensator herabgesetzt (Bild 1). Weil die Wirkungen beider Bauelemente mit der Frequenz ansteigen, wächst der Siebfaktor mit dem Quadrat der Frequenz bzw. Kreisfrequenz.

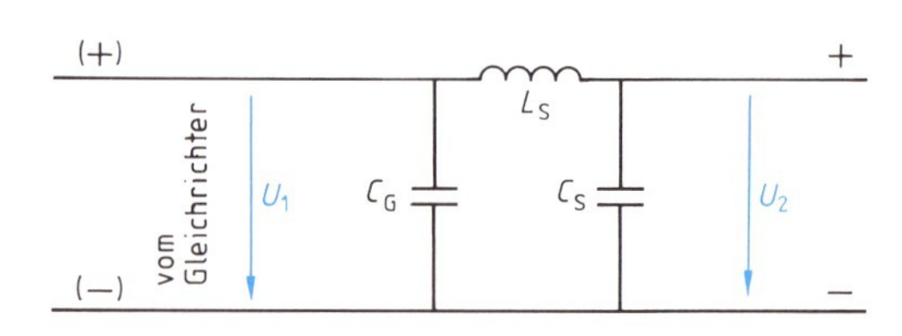

Bild 1: Glättungsschaltung mit LC-Siebung

s	Siebfaktor
U_{p1}, U_{p2}	Brummspannungen (Pulsspannungen)
s_1, s_2	einzelne Siebfaktoren
ω_p	Pulskreisfrequenz
R_s	Siebwiderstand
C_s	Kapazität des Siebkondensators
L_s	Induktivität der Siebdrosselspule
X_{Cs}	Blindwiderstand von C_s
X_{Ls}	Blindwiderstand von L_s

$$s = s_1 \cdot s_2$$

$$s = \frac{U_{p1}}{U_{p2}}$$

Für $R_s \gg X_{Cs}$:

$$s \approx \frac{\sqrt{X_{Cs}^2 + R_s^2}}{X_{Cs}} \Rightarrow \quad s \approx \omega_p \cdot R_s \cdot C_s$$

Für $X_{Ls} \gg X_{Cs}$:

$$s \approx \frac{X_{Ls} - X_{Cs}}{X_{Cs}} \Rightarrow \quad s \approx \omega_p^2 \cdot L_s \cdot C_s$$

Beispiel 4:
Der Siebfaktor 11,25 (Beispiel 2) soll jetzt durch eine LC-Siebung realisiert werden, wobei die Siebdrosselspule die Induktivität von 100 mH haben soll. Wie groß muß die Kapazität des Siebkondensators sein, wenn die Gleichrichterschaltung B2 am 50-Hz-Netz arbeitet?

Lösung:
$s \approx \omega_p^2 \cdot L_s \cdot C_s \Rightarrow C_s \approx s/(\omega_p^2 \cdot L_s)$
$= 11{,}25/(2^2 \cdot 2^2 \cdot \pi^2 \cdot 50^2\ \text{Hz}^2 \cdot 100\ \text{mH})$
$= 285\ \mu\text{F} \approx$ **270 µF**

Wiederholungsfragen

1. **Auf welche Weise erreicht man die Anschnittsteuerung mittels Thyristoren?**
2. **Was versteht man unter einer halbgesteuerten Brückenschaltung?**
3. **Wozu verwendet man vollgesteuerte Brückenschaltungen?**
4. **Welche Bauelemente verwendet man zum Glätten gleichgerichteter Spannungen?**
5. **Was versteht man unter Brummspannung?**
6. **Welche Arten der Siebung unterscheidet man?**
7. **Geben Sie den Vorteil der LC-Siebung an!**

2.8.6 Stabilisierung

Arten der Stabilisierung

Spannung und Strom der Netzanschlußgeräte ändern sich, wenn sich die Eingangsspannung ändert, z. B. bei Netzspannungsschwankungen, oder wenn sich die Last ändert (Lastschwankungen) oder wenn sich die Temperatur ändert. Soll die Last auch in den genannten Fällen gleichbleibende Spannung oder gleichbleibenden Strom erhalten, so muß *stabilisiert*[1] werden.

Bei der *Stabilisierung mit Energiespeicher* wird C1 über L1 und den Öffner von K1 geladen **(Bild 1)**. Die Erregerwicklung von K1 ist für den Sollwert von U_2 bemessen. Sobald C1 auf diesen Sollwert geladen ist, öffnet K1. Der Laststrom kommt nun teils aus L1, wo eine Induktionsspannung hervorgerufen wird. Die Freilaufdiode V1 schließt den Stromkreis für die Induktionsspannung. C1 und L1 wirken als Energiespeicher. Sinkt die Spannung von C1 unter den Sollwert, so schließt K1 wieder den Stromkreis, so daß C1 neu aufgeladen wird. Als Schalter wird bei den tatsächlichen Schaltungen kein Relais, sondern ein elektronischer Schalter verwendet.

Bei der Stabilisierung mit Energiespeicher arbeiten Kondensatoren und Induktivitäten als Energiespeicher, die von einem elektronischen Schalter abwechselnd auf Laden und Entladen geschaltet werden.

Die Stabilisierung mit Energiespeicher hat geringe Verluste und deshalb einen großen Wirkungsgrad. Sie arbeitet fast geräuschfrei, da die Schaltfrequenz oberhalb von 20 kHz liegt, also oberhalb des Hörbereichs.

Bei der *Stabilisierung ohne Energiespeicher* sind R1 und V1 in Reihe geschaltet **(Bild 2)**. Die Schaltung ist so bemessen, daß U_2 kleiner ist als U_1, so daß also an R1 ein großer Spannungsabfall U_{R1} eintritt. Steigt nun die Anschlußspannung auf $U_1 + \Delta U_1$, so liegt auch an V1 eine höhere Spannung. Dadurch wird die Stromstärke in V1 größer. Infolgedessen nimmt U_{R1} zu, und zwar im Idealfall um ΔU_1.

Bei der Stabilisierung ohne Energiespeicher fließt der Strom durch einen Wirkwiderstand, so daß erhebliche Verluste auftreten.

Der Stabilisierungsfaktor gibt an, welcher Teil der relativen Eingangsspannungsänderung als relative Ausgangsspannungsänderung auftritt.

[1] lat. stabilis = gleichbleibend

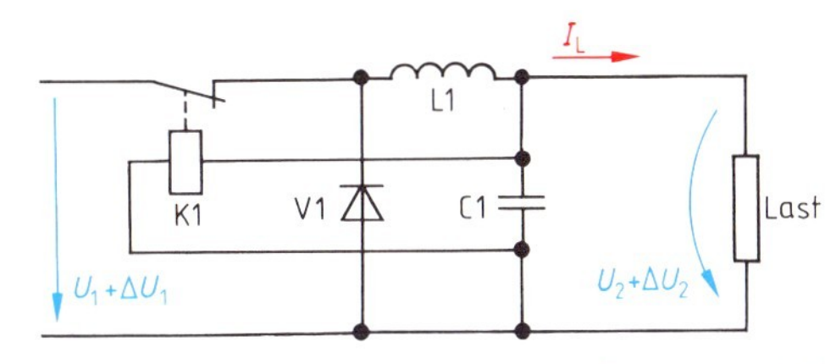

Bild 1: Spannungsstabilisierung mit Energiespeicher

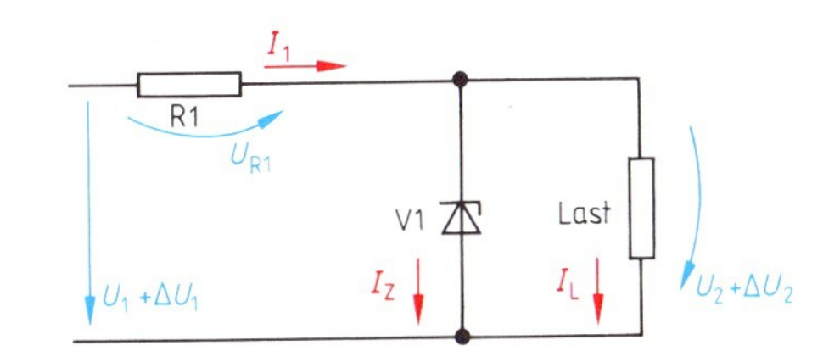

Bild 2: Spannungsstabilisierung ohne Energiespeicher

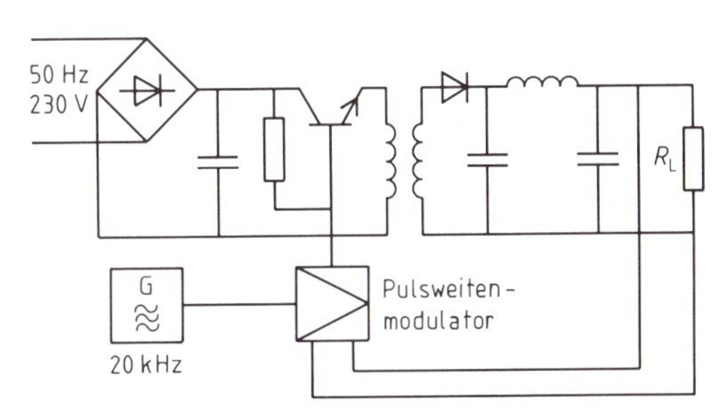

Bild 3: Schaltnetzteil (Prinzip)

S Stabilisierungsfaktor
U_1, U_2 Eingangsspannung und Ausgangsspannung
ΔU_1, ΔU_2 Spannungsänderungen

$$S = \frac{\Delta U_1 / U_1}{\Delta U_2 / U_2}$$

$$S = \frac{\Delta U_1 \cdot U_2}{\Delta U_2 \cdot U_1}$$

Spannungsstabilisierung mit Energiespeicher

Beim *Schaltnetzteil* wird die Netzspannung gleichgerichtet und einem Schalttransistor zugeführt **(Bild 3)**. Dieser schaltet mit einer Frequenz von 20 kHz oder mehr. Beim Schaltnetzteil mit Netztrennung arbeitet der Transistor auf einen Transformator mit nachfolgender Gleichrichtung. Beim Schaltnetzteil ohne Netztrennung arbeitet er direkt auf die Gleichrichterschaltung. Zur Stabilisierung der Ausgangsspannung wird der Transistor von einer Regeleinrichtung angesteuert. Die Ansteuerung kann entweder so erfolgen, daß die Schaltfrequenz konstant ist und nur die Impulsweite veränderlich ist *(Pulsweitenmodulation)* oder so, daß die Impulsweite konstant ist und die Frequenz veränderlich.

Schaltnetzteile rufen kein Geräusch hervor und erfordern nicht so große Transformatoren, Drosseln und Kondensatoren wie 50-Hz-Netzteile.

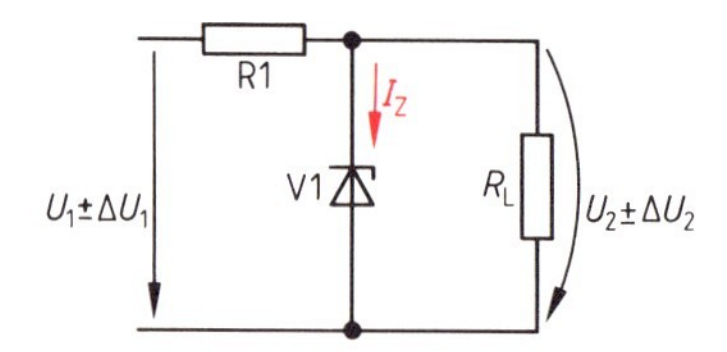

Bild 1: Einfache Stabilisierungsschaltung

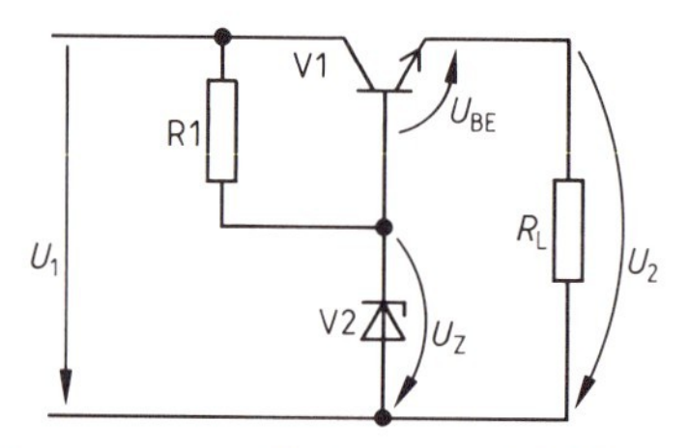

Bild 2: Spannungsstabilisierung mit Reihentransistor

Spannungsstabilisierung ohne Energiespeicher

Versuch: Schalten Sie eine Z-Diode und einen Widerstand von etwa 1000 Ω in Reihe! Schließen Sie die Reihenschaltung an eine stellbare Gleichspannung so an, daß die Z-Diode in Rückwärtsrichtung gepolt ist **(Bild 1)**! Erhöhen Sie allmählich die Eingangsspannung, und messen Sie die Ausgangsspannung!

Die Ausgangsspannung steigt zunächst bis etwa zur Nennspannung der Z-Diode gleichmäßig an und bleibt danach weiter bei steigender Anschlußspannung fast stabil.

Bemessung des Vorwiderstandes. Der erforderliche Vorwiderstand liegt zwischen zwei Größen R_{min} und R_{max}, die ihrerseits von der höchsten und niedrigsten Eingangsspannung, dem schwächsten und stärksten Zenerstrom (aus dem Datenblatt zu entnehmen) und dem schwächsten und stärksten Laststrom abhängen. R_{max} darf nicht überschritten werden, weil sonst die Diode nicht mehr begrenzt. R_{min} darf nicht unterschritten werden, weil sonst der Zenerstrom zu groß wird. Meist nimmt man einen Widerstand in der Nähe von R_{max}, weil dann die Verlustleistung in der Z-Diode kleiner ist.

Ausgangsspannungs-Restschwankung. Die stabilisierte Ausgangsspannung schwankt bei richtiger Bemessung der Stabilisierung sehr schwach.

R Vorwiderstand
U_1 Eingangsspannung
U_Z Zenerspannung
I_Z Zenerstrom
I_L Laststrom
ΔU_{2u}, ΔU_{2i}, $\Delta U_{2\vartheta}$ Ausgangsspannungsschwankungen
ΔU_1 Eingangsspannungsschwankung
r_Z differentieller Widerstand der Z-Diode
ΔI_L Laststromschwankung
α_Z Temperaturkoeffizient
$\Delta\vartheta$ Temperaturänderung

Indizes max und min geben Größtwert und Kleinstwert an.

$$R_{min} = \frac{U_{1\,max} - U_Z}{I_{Zmax} + I_{Lmin}}$$

$$R_{max} = \frac{U_{1\,min} - U_Z}{I_{Zmin} + I_{Lmax}}$$

Sofern nicht anders angegeben, ist $I_{Zmin} \approx 0{,}1\ I_{Zmax}$.

Für Speisespannungsschwankung:

$$\Delta U_{2u} \approx \frac{\Delta U_1 \cdot r_Z}{R}$$

Für Belastungsstromschwankung:

$$\Delta U_{2i} \approx -\Delta I_L \cdot r_Z$$

Für Temperaturschwankung:

$$\Delta U_{2\vartheta} \approx U_Z \cdot \alpha_Z \cdot \Delta\vartheta$$

Beispiel:
Wie hoch ist die Ausgangsspannungsschwankung, wenn die Eingangsspannung zwischen 34,5 V und 25,5 V schwankt, der Vorwiderstand 150 Ω beträgt und r_Z zu 4 Ω angegeben ist?

Lösung:

$$\Delta U_{2u} \approx \frac{\Delta U_1 \cdot r_Z}{R} = \frac{(34{,}5\ \text{V} - 25{,}5\ \text{V}) \cdot 4\ \Omega}{150\ \Omega}$$

$= 0{,}24$ V, d.h. $\pm$ **0,12 V**

Spannungsstabilisierung mit Transistor. Schaltungen nach Bild 1 lassen keinen großen Laststrom zu, weil der Laststrom vom Arbeitsbereich der Z-Diode begrenzt wird. Einen großen Laststrom kann man durch Verwendung eines Reihentransistors erreichen **(Bild 2)**. Steigt in Schaltung Bild 2 die Eingangsspannung U_1 an, so wird U_2 größer. Dadurch wird $U_{BE} = U_Z - U_2$ etwas kleiner. Der Transistor wird also weniger weit aufgesteuert, er wird hochohmiger. U_2 bleibt etwa konstant.

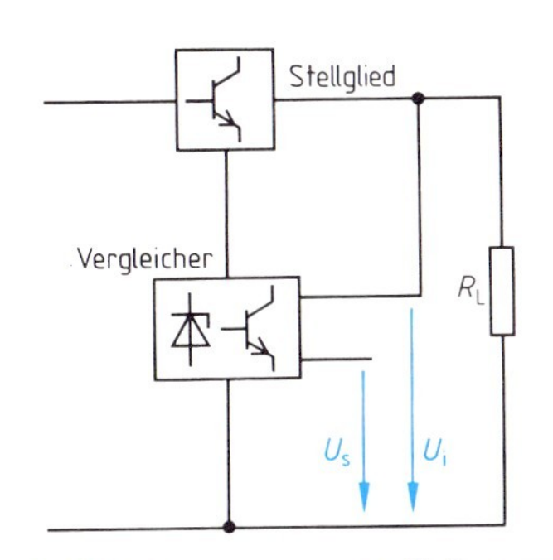

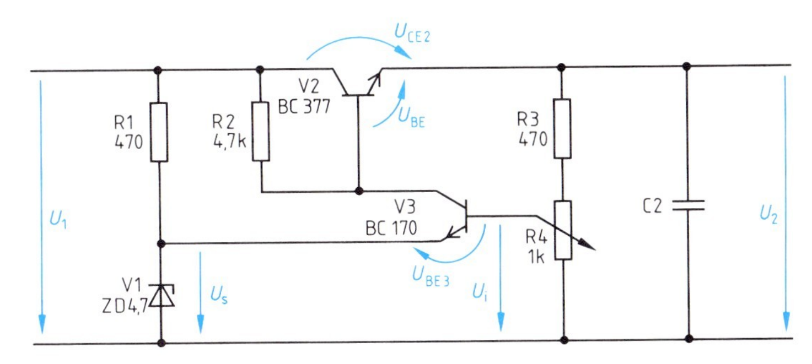

Bild 1: Spannungsstabilisierung mit Spannungsregelung
Links: Prinzip; rechts: Schaltung (V2 Stellglied, V1 und V3 Vergleicherstufe).

Spannungsstabilisierung durch Spannungsregelung ermöglicht einen großen Stabilisierungsfaktor, große Lastströme und Einstellbarkeit der Ausgangsspannung **(Bild 1)**. Bei dieser Stabilisierung wird die Ist-Spannung am Ausgang in einer Vergleicherstufe mit der Soll-Spannung verglichen. Weichen beide Spannungen voneinander ab, so beeinflußt die Vergleicherstufe ein Stellglied so, daß die Abweichung vermindert oder ganz ausgeglichen wird.

Als Vergleicherstufe dient z. B. eine Transistorschaltung (Bild 1). Auch werden Operationsverstärker oder integrierte Schaltkreise als vollständige Spannungsregler dazu verwendet. Als Stellglieder verwendet man Transistoren oder Thyristoren.

Stromstabilisierung

Eine Stromstabilisierung liegt vor, wenn der Ausgangsstrom in einem weiten Bereich unabhängig ist von der Eingangsspannung und vom Lastwiderstand. Stromstabilisierung ist vor allem mit Transistoren und Dioden möglich **(Bild 2)**. Der Ausgangsstrom erzeugt an R1 einen Spannungsabfall. An V2 bleibt die Spannung konstant. Sinkt der Laststrom unter seinen Sollwert, so ist der Spannungsabfall an R1 kleiner als die Spannung an V2, und die Basis-Emitterspannung steigt. Folglich fließt ein größerer Basisstrom, der einen stärkeren Kollektorstrom (Laststrom) zur Folge hat. Umgekehrt steuert ein kleiner werdender Basisstrom bei zu starkem Laststrom den Transistor zu. Mit R1 kann der Sollwert der Stromstärke eingestellt werden. V2 kann auch eine in Durchlaßrichtung geschaltete Diode sein.

Strombegrenzung ist ein Sonderfall der Stromstabilisierung. Bei der Strombegrenzung wird dafür gesorgt, daß der Höchstwert der Stromstärke nicht überschritten wird, z. B. auch nicht bei einem Kurzschluß. Bei der Strombegrenzung nach **Bild 3** wird U_{BE} kleiner, sobald I_L zu groß wird, weil die Durchlaßspannung U_F der Diode etwa konstant ist. Dadurch wird V1 zugesteuert.

Bei der *Kurzschluß-Schutzschaltung* **Bild 4** sperrt bei Kurzschluß V3. Dadurch wird V2 durchgesteuert, also die Basis von V1 auf 0 V gelegt. Damit sperrt V1, bis der Kurzschluß beseitigt ist.

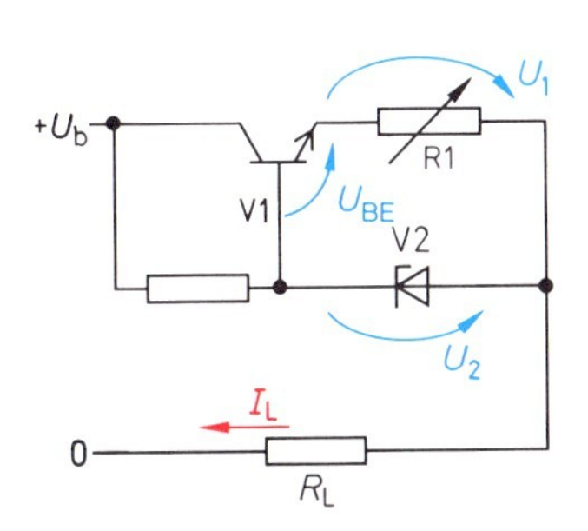

Bild 2: Einfache Stromstabilisierung

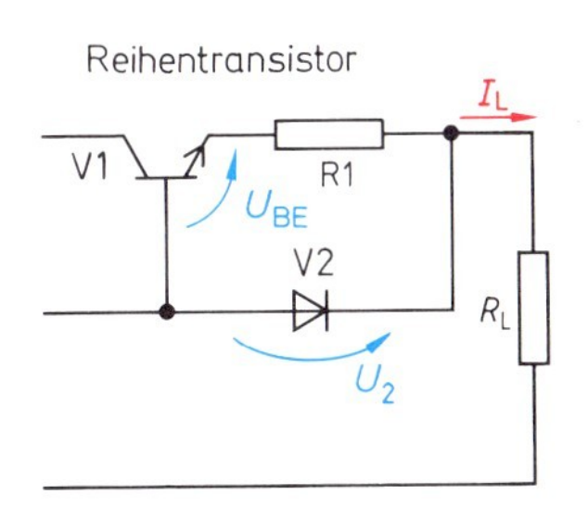

Bild 3: Strombegrenzung mit Widerstand und Diode

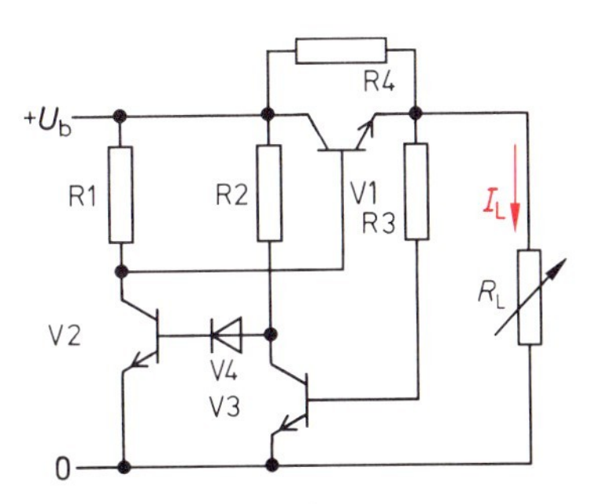

Bild 4: Kurzschluß-Schutzschaltung

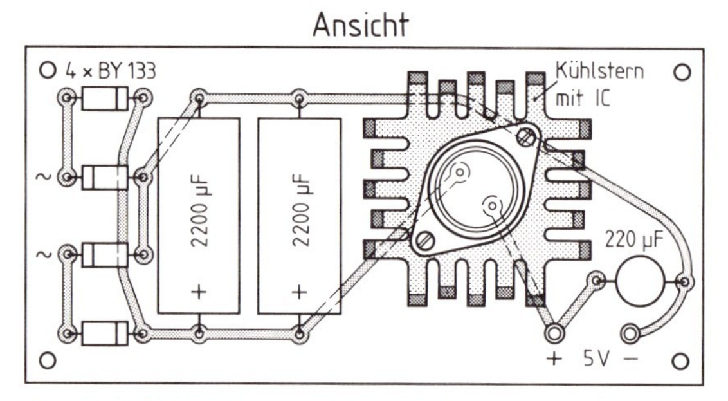

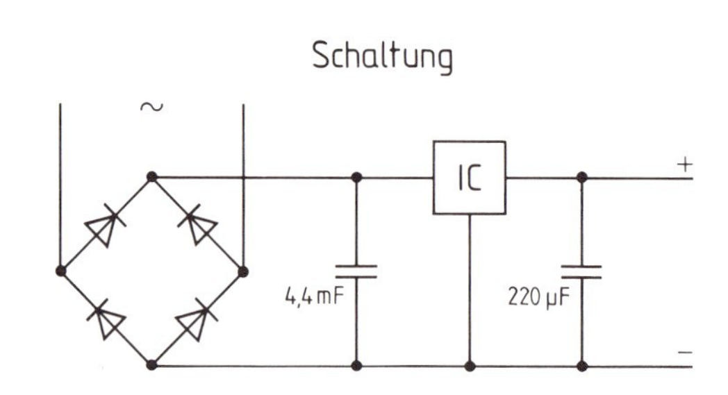

Bild 1: Gleichrichter und Stabilisierung eines Netzteils mit integrierter Schaltung

Elektronische Sicherungen. Strombegrenzung und Kurzschluß-Schutzschaltung zählen zu den einfachen elektronischen Sicherungen. Bei ihnen erfolgt Wiedereinschalten von selbst, sobald der Kurzschluß beseitigt ist. Mit Hilfe von Relais oder mit Hilfe von bistabilen Kippschaltungen können elektronische Sicherungen auch so aufgebaut werden, daß nach dem Auslösen wegen eines Kurzschlusses das Wiedereinschalten nur durch Betätigen eines Tasters möglich ist.

Überspannungsschutz-Module sind elektronische Sicherungen, die bei Auftreten einer *Überspannung* ansprechen. Sie enthalten einen spannungsabhängigen Widerstand, der an der zu überwachenden Spannung liegt. Bei Überspannung nimmt er einen stärkeren Strom auf, der ein Relais oder eine Kippschaltung ansteuert, so daß Abschaltung erfolgt.

Stabilisierung mit integrierten Schaltungen

Bei integrierten Schaltungen können Spannungsstabilisierung und Strombegrenzung in einem Bauelement zusammengefaßt sein. Dadurch wird der Aufbau der Stabilisierungsschaltung sehr einfach **(Bild 1)**.

Die Wirkungsweise der Spannungsregelung mit IC kann recht verschieden sein. Bei der einfachen Prinzipschaltung **Bild 2** enthält der IC einen *Längstransistor* V1, einen Operationsverstärker A1 und eine Z-Diode V2 nebst einigen Widerständen.

V2 ruft zusammen mit R1 am nicht invertierenden Eingang von A1 (+) eine konstante Spannung hervor. A1 vergleicht diese Spannung mit der Spannung am invertierenden Eingang (−), die aus dem Spannungsteiler R2R3 entnommen wird. A1 vergleicht also die *Sollspannung* (+) mit der *Istspannung* (−). Bei Abweichung beider Spannungen voneinander wird die Basis von V1 je nach Richtung der Abweichung stärker oder weniger stark angesteuert. Ist z. B. die Istspannung zu

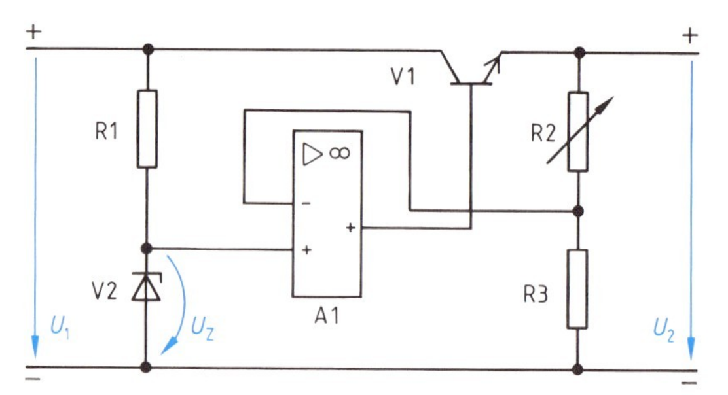

Bild 2: Spannungsregelung mit IC (Prinzipschaltung, Strombegrenzung nicht dargestellt)

niedrig, so wird V1 stärker angesteuert. Dadurch wird V1 niederohmiger, und die Istspannung U_2 steigt an.

> Die Spannungsregelung ohne Energiespeicher erfolgt heute meist durch Spannungsregelung mittels IC, falls notwendig mit nachgeschalteter Leistungsstufe aus einzelnen Transistoren höherer Leistung.

Ein entscheidender Nachteil der Spannungsregler mit IC besteht darin, daß Leistungsteil, Spannungsvergleicher und Spannungsgeber thermisch (wärmemäßig) eng gekoppelt sind, da sie einander benachbart sind. Bei Präzisionsspannungsreglern wird eine Entkopplung dadurch hergestellt, daß getrennte Bausteine verwendet werden.

Wiederholungsfragen

1. **Welche Aufgabe hat die Stabilisierung?**
2. **Geben Sie die beiden grundsätzlichen Möglichkeiten zur Stabilisierung an!**
3. **Warum treten bei der Stabilisierung ohne Energiespeicher erhebliche Verluste auf?**
4. **Wie muß der Vorwiderstand bei der einfachen Stabilisierungsschaltung mit Z-Diode bemessen werden?**
5. **Welchen Vorteil bietet die Stabilisierungsschaltung mit IC?**

2.9 Verstärker

Verstärker haben die Aufgabe, schwache Signale so weit zu verstärken, daß diese schließlich einem Umsetzer (Wandler) zugeführt werden können. Kleine Spannungen bzw. Leistungen, z. B. von Mikrofonen oder Antennen, werden so hoch verstärkt, daß mit ihnen ein Lautsprecher betrieben oder eine Fernsehbildröhre angesteuert werden kann.

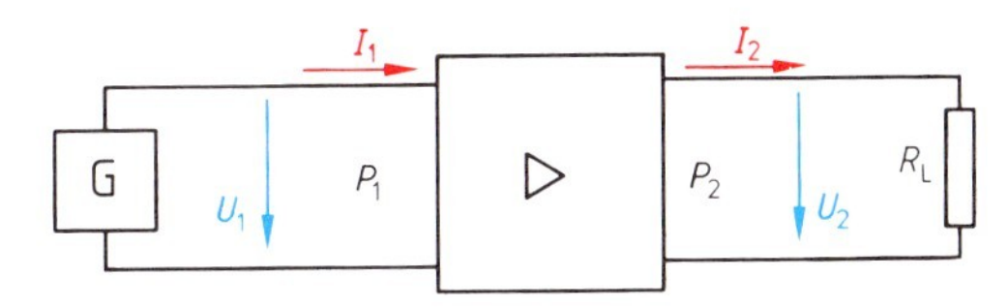

Bild 1: Verstärkerstufe als Vierpol

2.9.1 Verstärkergrundbegriffe

Verstärkungsarten

Verstärkerstufen haben zwei Eingangsanschlüsse und zwei Ausgangsanschlüsse für das Signal. Sie sind also *Vierpole* **(Bild 1)**. Da sie an den Ausgangsklemmen als Signalleistung mehr Wirkleistung abgeben, als sie an den Eingangsklemmen aufnehmen, bezeichnet man sie als *aktive Vierpole*. Aktive Vierpole müssen an eine Gleichstromversorgung (Betriebsspannung U_b) angeschlossen werden, aus der die abgegebene Leistung entnommen wird.

Als *Verstärkungsfaktor* bezeichnet man das Verhältnis einer Ausgangsgröße zu ihrer Eingangsgröße. Man unterscheidet zwischen Stromverstärkung, Spannungsverstärkung und Leistungsverstärkung.

Neben der Verstärkung kann auch noch eine Phasenverschiebung oder Phasenumkehr der Ausgangsspannung gegenüber der Eingangsspannung auftreten. Das verstärkte Signal wird einem Lastwiderstand zugeführt.

Bei Endstufen von Verstärkern, insbesondere bei NF-Verstärkern mit Lautsprecherbetrieb, sind nicht die Verstärkungsfaktoren maßgebend, sondern die abgegebene Wechselstromleistung. Als Kenngröße wird die *Nennleistung* angegeben. Sie wird erreicht, wenn die Verstärkerstufe mit sinusförmigem Signal voll ausgesteuert wird und die Nennbelastung angeschlossen ist. Die aus der Stromversorgung aufgenommene Gleichstromleistung ist größer als die abgegebene Wechselstromleistung, da ein Teil der zugeführten Leistung als Verlustleistung P_{tot}[1] in Wärme umgesetzt wird.

I_1 Eingangsstrom
I_2 Ausgangsstrom
V_i Stromverstärkungsfaktor
U_1 Eingangsspannung
U_2 Ausgangsspannung
V_u Spannungsverstärkungsfaktor
P_1 Eingangsleistung
P_2 Ausgangsleistung
V_p Leistungsverstärkungsfaktor

$$V_i = \frac{I_2}{I_1}$$

$$V_p = V_u \cdot V_i$$

$$V_u = \frac{U_2}{U_1}$$

$$V_p = \frac{P_2}{P_1}$$

P_- Aufgenommene Gleichstromleistung
$P_\sim$ Abgegebene Wechselstromleistung
P_v Verlustleistung (auch P_{tot})
V Verstärkungsfaktor
D Dämpfungsfaktor
S_1 Eingangsgröße
S_2 Ausgangsgröße

Leistungsbilanz:

$$P_- = P_\sim + P_v$$

$$D = \frac{S_1}{S_2}$$

$$V = \frac{S_2}{S_1}$$

$$D = \frac{1}{V}$$

Dämpfungsmaß und Verstärkungsmaß

Wird ein Signal durch einen Vierpol größer, so spricht man von *Verstärkung*. Wird ein Signal dagegen kleiner, so bezeichnet man dies als *Dämpfung*.

Der Verstärkungsfaktor wird als Verhältnis von Ausgangsgröße zu Eingangsgröße angegeben, der Dämpfungsfaktor dagegen als Verhältnis von Eingangsgröße zu Ausgangsgröße.

Der Dämpfungsfaktor ist der Kehrwert des Verstärkungsfaktors.

[1] tot von total = gesamt

Häufig verwendet man statt des Dämpfungsfaktors das Dämpfungsmaß in Bel[1] (B) bzw. in Dezibel (dB, **Tabelle 1**).

Wenn der Eingangswiderstand und der Ausgangswiderstand gleich groß sind, was in der Nachrichtentechnik wegen der Leistungsanpassung häufig der Fall ist, kann man das Dämpfungsmaß auch aus den Spannungen berechnen. Die Formel wird auch verwendet, wenn die Widerstände verschieden sind.

A Dämpfungsmaß
P_1 Eingangsleistung
P_2 Ausgangsleistung
U_1 Eingangsspannung
U_2 Ausgangsspannung

in dB:

$$A = 10 \cdot \lg \frac{P_1}{P_2}$$

$$A = 10 \cdot \lg \frac{U_1{}^2 \cdot R}{R \cdot U_2{}^2}$$

$$A = 20 \cdot \lg \frac{U_1}{U_2}$$

Beispiel:
Die Eingangsspannung einer Übertragungsleitung beträgt 1 mV, die Ausgangsspannung 0,2 mV. Wie groß ist das Dämpfungsmaß?

Lösung:

$$A = 20 \cdot \lg \frac{U_1}{U_2} = 20 \cdot \lg \frac{1}{0{,}2} = 20 \cdot \lg 5 = \mathbf{14\ dB}$$

A Gesamtes Dämpfungsmaß (bisher a)
A_1, A_2 ... Einzeldämpfungsmaße
G Verstärkungsmaß (bisher v)

$$A = A_1 + A_2 + \ldots$$

$$G = -A$$

Das *Verstärkungsmaß G* ist der Logarithmus aus dem Kehrwert des Dämpfungsfaktors. Man verwendet dafür oft kein besonderes Formelzeichen, sondern drückt das Verstärkungsmaß als negatives Dämpfungsmaß $-A$ aus.

Ein negatives Dämpfungsmaß gibt eine Verstärkung an.

Tabelle 1: Dämpfungsmaße und Dämpfungsfaktoren

A in dB	0	3	6	10	14
U_1/U_2	1	1,41	2	3,16	5
P_1/P_2	1	2	4	10	25
A in dB	20	26	30	34	40
U_1/U_2	10	20	31,6	50	100
P_1/P_2	100	400	1000	2500	10^4

Durch die logarithmische Angabe von Dämpfung und Verstärkung ist eine einfache Berechnung des gesamten Dämpfungsmaßes einer Übertragungsstrecke mittels Addition möglich.

Übertragungskurve

Ein idealer Verstärker überträgt alle Frequenzen von 0 Hz bis ∞ Hz mit gleich großem Verstärkungsfaktor. Durch die in den Schaltungen enthaltenen Kapazitäten ist dies jedoch nicht möglich.

Die Abhängigkeit der Ausgangsspannung bzw. des Verstärkungsfaktors von der Frequenz bezeichnet man als Übertragungskurve des Verstärkers **(Bild 1)**. Bei der grafischen Darstellung wird die Frequenz meist im logarithmischen Maßstab aufgetragen.

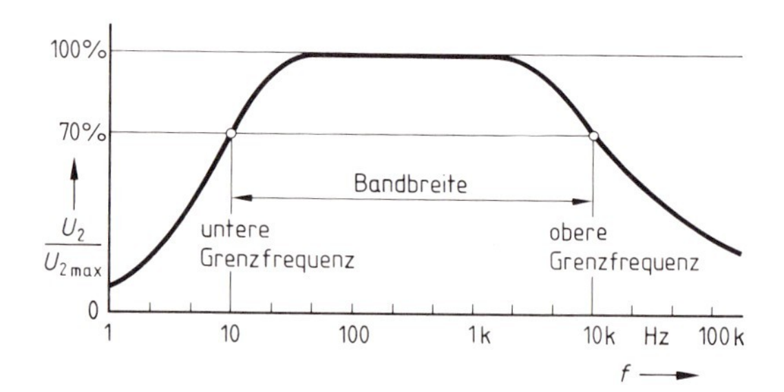

Bild 1: Übertragungskurve eines Verstärkers

Als obere bzw. untere Grenzfrequenz sind die Frequenzen festgelegt, bei denen die Ausgangsspannung auf $1/\sqrt{2}$ des Höchstwertes gefallen ist. Dies entspricht einer Dämpfung von 3 dB.

Die Differenz zwischen oberer und unterer Grenzfrequenz bezeichnet man als Bandbreite B (bisher Δf) des Verstärkers.

[1] Bel, abgeleitet von Bell, amerik. Wissenschaftler, 1847 bis 1922

Die *relative Bandbreite* wird auf die Bandmitte bezogen. Je nach Größe der relativen Bandbreite unterscheidet man zwischen *Breitbandverstärkern* und Schmalbandverstärkern. Letztere bezeichnet man auch als *selektive*[1] *Verstärker*. Zu ihnen gehören die meisten Hochfrequenzverstärker, während z. B. Tonfrequenzverstärker zu den Breitbandverstärkern zählen.

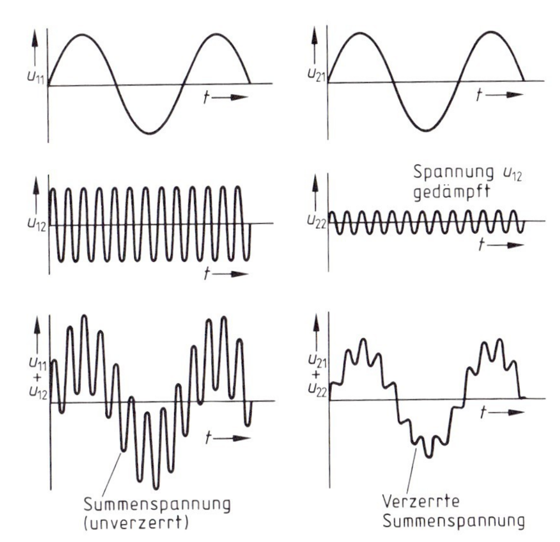

Bild 1: Dämpfungsverzerrung

Verzerrungen

Ein idealer Verstärker soll das Eingangssignal verstärken, ohne daß sich dabei die Kurvenform des Signals ändert. Dies gilt für sinusförmige und für nichtsinusförmige Signale. Oft treten aber Änderungen auf. Die entstehenden Veränderungen der Kurvenform bezeichnet man als *Verzerrungen*. Dabei unterscheidet man lineare und nichtlineare Verzerrungen.

Bei *linearen Verzerrungen* besteht zwischen den Eingangsgrößen und den Ausgangsgrößen der einzelnen Teilschwingungen des Verstärkers ein linearer Zusammenhang. Die Sinusform einer *einzelnen* Wechselgröße wird nicht verändert, jedoch ihre Amplitude. Trotzdem können Verzerrungen auftreten, wenn *mehrere* Teilschwingungen gleichzeitig übertragen werden. Man kennt als lineare Verzerrungen die Dämpfungsverzerrungen und die Phasenverzerrungen.

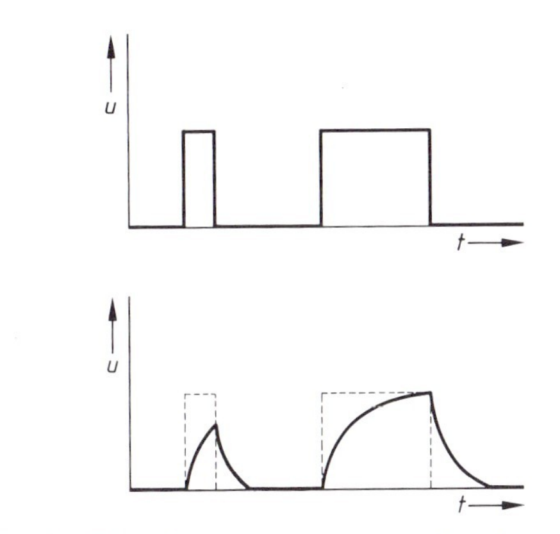

Bild 2: Dämpfungsverzerrung von Impulsen

Werden einzelne Signalspannungen mit unterschiedlicher Frequenz verschieden stark gedämpft oder verstärkt, so spricht man von *Dämpfungsverzerrungen* **(Bild 1)**. Besonders störend wirken sich Dämpfungsverzerrungen bei der Übertragung von Impulsen aus. Impulse mit steilen Flanken stellen ein Frequenzgemisch mit großer Bandbreite dar. Ist die obere Grenzfrequenz eines Verstärkers nicht groß genug, so werden die hohen Frequenzen stark gedämpft. Damit ändert sich die Kurvenform der Impulse erheblich **(Bild 2)**. Die erforderliche Grenzfrequenz des Verstärkers kann man aus der Anstiegszeit der Impulse berechnen.

t_r Anstiegszeit
f_h erforderliche obere Grenzfrequenz

$$f_h \geq \frac{1}{2 \cdot t_r}$$

Neben den Dämpfungsverzerrungen gehören auch die *Phasenverzerrungen* zu den linearen Verzerrungen, da auch bei ihnen keine Veränderung der Sinusform der *einzelnen* Teilschwingungen eintritt. Die *Laufzeit* einer Spannungsänderung (Phasenlaufzeit) oder einer dicht benachbarten Gruppe von Spannungen mit verschiedenen Frequenzen (Gruppenlaufzeit) hängt von den Kapazitäten und Induktivitäten in einem Verstärker ab und ist deshalb frequenzabhängig. Wenn zwei Signale verschiedener Frequenzen unterschiedliche Laufzeiten haben, so macht sich dies bereits bei geringen Unterschieden in einer Phasenverschiebung zwischen den Signalen bemerkbar. Deshalb werden Phasenverzerrungen auch als *Laufzeitverzerrungen* bezeichnet.

Sowohl Dämpfungsverzerrungen als auch Phasenverzerrungen treten bei Verstärkern im Bereich der beiden Flanken der Übertragungskurve auf.

[1] lat. selectus = ausgelesen

Bei *nichtlinearen Verzerrungen* besteht zwischen den Eingangsgrößen und den Ausgangsgrößen des Verstärkers ein nichtlinearer Zusammenhang, z. B. durch die *gekrümmte* Kennlinie eines Transistors **(Bild 1)**. Durch diese Kennlinie wird die Sinusform jeder Teilschwingung des Signals verändert. Durch die nichtlineare Kennlinie entstehen zusätzlich zur Frequenz der Grundschwingung weitere Teilschwingungen. Ihre Frequenzen sind ganzzahlige Vielfache der Frequenz der Grundschwingung. Infolge von Überlagerung der Grundschwingung mit den Teilschwingungen entsteht eine nichtsinusförmige Summenkurve **(Bild 2)**. Da sich jede nichtsinusförmige Kurvenform umgekehrt in eine Grundschwingung mit Teilschwingungen zerlegen läßt *(Fourier-Analyse)*[1], kann man durch Bestimmen des prozentualen Anteils der Teilschwingungen den Grad der Verzerrung angeben. Das Maß dafür ist der *Klirrfaktor*.

k Klirrfaktor
U_{1f} Grundschwingung (Effektivwert)
U_{2f} 2. Teilschwingung (Effektivwert)
U_{3f} 3. Teilschwingung (Effektivwert)

$$k = \frac{\sqrt{U_{2f}^2 + U_{3f}^2 + \ldots}}{\sqrt{U_{1f}^2 + U_{2f}^2 + U_{3f}^2 + \ldots}}$$

Der Klirrfaktor ist ein wichtiges Maß für die Güte eines NF-Verstärkers. Für eine Tonübertragung mit Hi-Fi-Qualität ist ein Klirrfaktor von höchstens 1% zugelassen.

Zur Bestimmung des Klirrfaktors wird auf den Eingang des Verstärkers eine Sinusspannung von z. B. 1000 Hz gegeben. Die Ausgangsspannung wird mit einem abstimmbaren Spannungsmesser untersucht, der auf 1000 Hz, 2000 Hz und 3000 Hz eingestellt wird. Die 4. Teilschwingung ist meist so klein, daß sie vernachlässigt werden kann.

Beispiel:

Eine Messung der Grundschwingung ergibt eine Spannung von 2 V, eine Messung der 2. Teilschwingung eine Spannung von 0,1 V und eine Messung der 3. Teilschwingung eine Spannung von 0,05 V. Wie groß ist der Klirrfaktor?

Lösung:

$$k = \frac{\sqrt{U_{2f}^2 + U_{3f}^2}}{\sqrt{U_{1f}^2 + U_{2f}^2 + U_{3f}^2}} = \frac{\sqrt{0{,}1^2 + 0{,}05^2}\ \text{V}}{\sqrt{2^2 + 0{,}1^2 + 0{,}05^2}\ \text{V}}$$

$$= 0{,}056 = \mathbf{5{,}6\%}$$

[1] Fourier, franz. Mathematiker, 1768 bis 1830

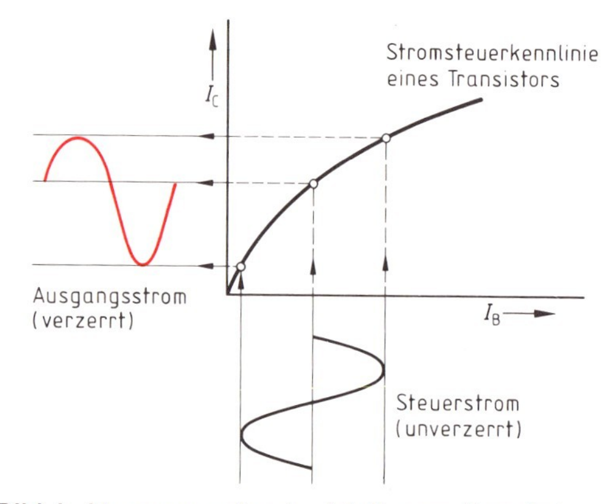

Bild 1: Verzerrung durch nichtlineare Kennlinie

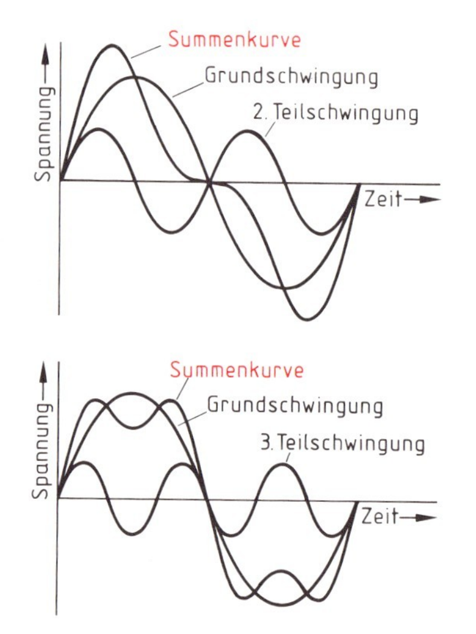

Bild 2: Addition von Grundschwingung und Teilschwingungen

Wiederholungsfragen

1. **Was versteht man unter einem aktiven Vierpol?**
2. **Wie gibt man eine Verstärkung im Dämpfungsmaß an?**
3. **Auf welche zwei Arten kann man den Ausgangskreis einer Verstärkerstufe als Ersatzschaltung darstellen?**
4. **Warum können Impulse durch Dämpfungsverzerrungen verformt werden?**
5. **In welchen Frequenzbereichen der Übertragungskurve eines Verstärkers entstehen lineare Verzerrungen?**
6. **Wodurch entstehen nichtlineare Verzerrungen?**
7. **Was versteht man bei nichtlinearen Verzerrungen unter Teilschwingungen?**
8. **Wie heißt das Maß für nichtlineare Verzerrungen?**

2.9.2 Verstärker mit bipolaren Transistoren

2.9.2.1 Verstärkergrundschaltungen

Versuch: Legen Sie an einen NPN-Leistungstransistor, z. B. BD 439, mit $R_C = 4{,}7\ \text{k}\Omega$ eine Betriebsspannung von 12 V und eine Basis-Emitter-Spannung von 0,8 V **(Bild 1)**! Erhöhen Sie die Basis-Emitter-Spannung auf 1,0 V!

Der Kollektorstrom wird um etwa 1 A größer, die Kollektor-Emitter-Spannung wird um etwa 4 V kleiner.

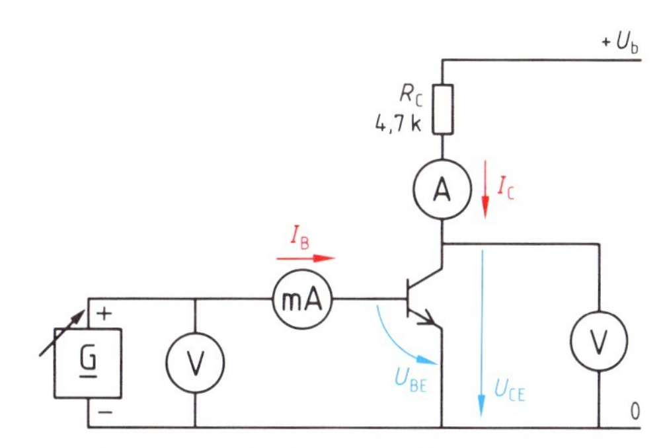

Bild 1: Transistor als Verstärker (Versuchsschaltung)

Durch eine Änderung des Basisstromes bzw. der Basis-Emitter-Spannung kann man den Kollektor-Emitter-Widerstand des Transistors ändern. Es tritt dadurch eine Kollektorstromänderung auf, die wesentlich größer ist als die Basisstromänderung. Schaltet man in den Kollektorstromkreis einen Widerstand R_C, so ändert sich durch den Spannungsabfall an diesem Widerstand auch die Kollektor-Emitter-Spannung. Diese Spannungsänderung ist wesentlich größer als die Änderung der Basis-Emitter-Spannung. Durch den Widerstand R_C erhält man neben der *Stromverstärkung* jetzt auch eine *Spannungsverstärkung*.

Verstärker mit Transistoren benötigen zur Spannungsverstärkung einen Widerstand im Ausgangskreis.

In der Versuchsschaltung Bild 1 verläuft die Spannungsänderung auf der Ausgangsseite entgegengesetzt zur Spannungsänderung auf der Eingangsseite. Steuert man den Transistor mit Wechselspannung, so ist die Ausgangsspannung gegenphasig zur Eingangsspannung (Phasenverschiebungswinkel $\varphi = 180°$).

Ein Verstärkervierpol hat je zwei Anschlüsse auf der Eingangsseite und auf der Ausgangsseite, ein Transistor aber nur drei Anschlüsse. Deshalb muß einer der Transistoranschlüsse zumindest für den Wechselstrom sowohl im Eingangskreis als auch im Ausgangskreis verwendet werden. In der Versuchsschaltung Bild 1 ist dies der Emitteranschluß. Man bezeichnet deshalb diese Schaltung als *Emitterschaltung*. Entsprechend den beiden anderen Anschlüssen unterscheidet man davon die *Kollektorschaltung* und die *Basisschaltung* **(Tabelle 1)**.

Tabelle 1: Grundschaltungen des Transistors

Schaltungsart	Emitterschaltung	Kollektorschaltung	Basisschaltung
Schaltung	R1, R_C, R2, $U_{1\sim}$, $U_{2\sim}$, $+U_b$, 0	R1, R2, R_E, $U_{1\sim}$, $U_{2\sim}$, $+U_b$, 0	R1, R_C, R2, $U_{1\sim}$, $U_{2\sim}$, $+U_b$, 0
Stromverstärkungsfaktor	groß, z. B. 300	groß, z. B. 300	< 1
Spannungsverstärkungsfaktor	groß, z. B. 300	< 1	groß, z. B. 100
Leistungsverstärkungsfaktor	sehr groß, z. B. 30000	groß, z. B. 300	groß, z. B. 200
Eingangswiderstand Ausgangswiderstand	mittel, z. B. 5 kΩ groß, z. B. 10 kΩ	groß, z. B. 50 kΩ klein, z. B. 100 Ω	klein, z. B. 50 Ω groß, z. B. 10 kΩ
Lage der Eingangsspannung zur Ausgangsspannung	gegenphasig	gleichphasig	gleichphasig

Die angegebenen Werte gelten für NPN-Kleinleistungstransistoren bei niedrigen Frequenzen.

2.9.2.2 Arbeitspunkt

Bei NPN-Transistoren muß die Basis stets positiv, bei PNP-Transistoren stets negativ gegenüber dem Emitter sein. Transistoren werden deshalb mit einer Basis-Emitter-Vorspannung betrieben, der die Steuerwechselspannung überlagert wird.

Die Basis-Emitter-Vorspannung und die Kollektor-Emitter-Spannung stellen den *Arbeitspunkt* des Transistors ein. Die Kollektor-Emitter-Spannung ist die Differenz zwischen der Betriebsspannung und dem Spannungsabfall an den Widerständen im Kollektor-Emitter-Kreis. Die Basis-Emitter-Vorspannung wird über einen Spannungsteiler oder einen Vorwiderstand aus der Betriebsspannung entnommen **(Bild 1)**.

Bei Erwärmung eines bipolaren Transistors steigen die Ströme an und der Arbeitspunkt verlagert sich. Dadurch ändern sich die Verstärkung, der Eingangswiderstand, der Ausgangswiderstand und die vom Transistor aufgenommene Gleichstromleistung. Der Arbeitspunkt muß deshalb *stabilisiert* werden.

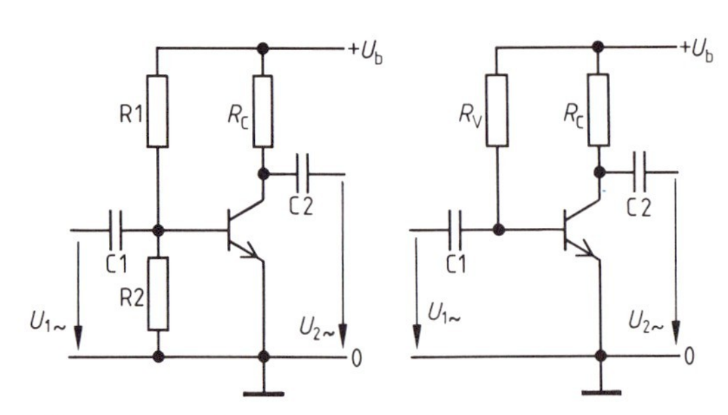

Bild 1: Erzeugung der Basis-Emitter-Vorspannung

Für Transistoren mit kleiner Leistung, z. B. in Vorstufen, genügt eine elektrische Stabilisierung des Arbeitspunktes **(Tabelle 1)**. Die Schaltungen können miteinander kombiniert werden.

Bei Leistungstransistoren muß zusätzlich die im Innern entstehende Wärme abgeleitet werden. Die höchstzulässige Verlustleistung, die im Transistor auftreten darf, kann als Leistungshyperbel P_{tot} im Ausgangskennlinienfeld eingetragen werden.

Tabelle 1: Stabilisierung des Arbeitspunktes

Bezeichnung	Gleichstrom-gegenkopplung	Gleichspannungs-gegenkopplung	Stabilisierung mit Dioden	Stabilisierung durch Heißleiter
Schaltung				
Wirkungsweise	Bei Zunahme des Kollektorstroms wird der Spannungsabfall an R_E größer und die Basis-Emitter-Spannung U_{BE} kleiner.	Bei Zunahme des Kollektorstroms wird die Kollektor-Emitter-Spannung und damit auch die Basis-Emitter-Spannung kleiner. Zusätzlich tritt eine Wechselspannungsgegenkopplung auf.	Die Dioden V1 und V2 werden in Durchlaßrichtung betrieben. Bei Erwärmung nimmt ihr Widerstand infolge Eigenleitung ab, so daß ihre Schleusenspannung sinkt und damit auch die Vorspannungen von V4 und V5.	Bei zunehmender Wärme wird der Widerstand von R2 und damit auch die Basis-Emitter-Spannung kleiner. Der Heißleiter muß thermisch mit dem Transistor verbunden sein.

2.9.2.3 Emitterschaltung

Die Emitterschaltung hat den größten Leistungsverstärkungsfaktor und wird deshalb am häufigsten verwendet **(Bild 1)**.

Bei *Kleinsignalverstärkung* können die Stromverstärkung und die Spannungsverstärkung mit Hilfe der Transistorkenngrößen berechnet werden. Von den vier dynamischen Kenngrößen werden dazu der Kurzschluß-Stromverstärkungsfaktor, der Ausgangswiderstand und der Eingangswiderstand benötigt.

Der *Stromverstärkungsfaktor* für die Emitterschaltung läßt sich aus dem Wechselstrom-Ersatzschaltplan der Transistorstufe berechnen **(Bild 2)**.

Der Ausgangskreis der Verstärkerstufe wird als Ersatzstromquelle betrachtet. Die Ersatzstromquelle erzeugt den Strom $\beta \cdot I_{B\sim}$ und ist mit dem Ausgangswiderstand r_{CE} des Transistors belastet. da der Betriebsspannungserzeuger für Wechselstrom keinen Widerstand darstellt, liegt der Kollektorwiderstand R_C parallel zum Lastwiderstand R_L. Weitere angeschlossene Widerstände, z. B. der Eingangswiderstand einer nachfolgenden Stufe, liegen parallel und verkleinern den Lastwiderstand R_L entsprechend. Durch Z_L fließt der Kollektorstrom $I_{C\sim}$.

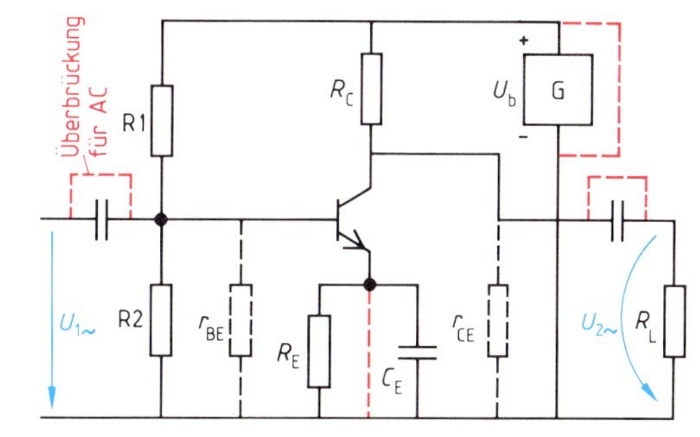

Bild 1: Verstärkerstufe in Emitterschaltung

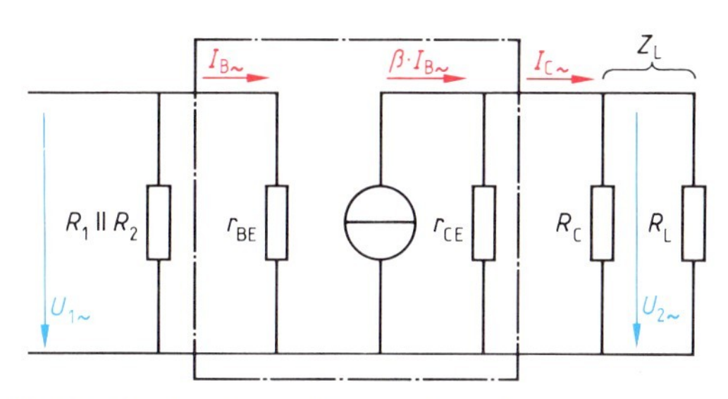

Bild 2: Wechselstrom-Ersatzschaltplan

Beispiel 1:
Von einem Transistor sind als Kenngrößen bekannt $\beta = h_{21e} = 60$ und $1/r_{CE} \approx h_{22e} = 100\ \mu S$. Wie groß wird der Stromverstärkungsfaktor bei $Z_L = 2{,}2\ k\Omega$?

Lösung:

$$r_{CE} = \frac{1}{h_{22e}} = \frac{1}{100\ \mu S} = 10\ k\Omega$$

$$V_i = \beta \cdot \frac{r_{CE}}{r_{CE} + Z_L} = 60 \cdot \frac{10\ k\Omega}{10\ k\Omega + 2{,}2\ k\Omega} = \mathbf{49}$$

V_i	Stromverstärkungsfaktor der Stufe
$\beta = h_{21e}$	Kurzschluß-Stromverstärkungsfaktor des Transistors
$r_{CE} \approx \frac{1}{h_{22e}}$	Ausgangswiderstand des Transistors
R_L	Lastwiderstand der Stufe
Z_L	Gesamtlastwiderstand des Transistors
R_C	Kollektorwiderstand

$$\frac{V_i}{\beta} = \frac{I_{C\sim}}{\beta \cdot I_{B\sim}} = \frac{r_{CE} \cdot Z_L}{(r_{CE} + Z_L)\ Z_L}$$

Bei $R_L \gg R_C \Rightarrow Z_L \approx R_C$

Für Emitterschaltung:

$$V_i = \beta \cdot \frac{r_{CE}}{r_{CE} + Z_L}$$

$$Z_L = \frac{R_C \cdot R_L}{R_C + R_L}$$

Oft ist der Lastwiderstand klein gegenüber dem Ausgangswiderstand des Transistors. Für überschlägige Rechnungen kann R_L deshalb vernachlässigt werden. Der Transistor arbeitet fast im Kurzschluß. Der Stromverstärkungsfaktor ist etwa gleich dem Kurzschluß-Stromverstärkungsfaktor $\beta = h_{21e}$.

Der *Spannungsverstärkungsfaktor* des Transistors kann aus demselben Ersatzschaltplan berechnet werden. Der Strom $\beta \cdot I_{B\sim}$ erzeugt an der Parallelschaltung von r_{CE} und Z_L einen Spannungsabfall, die Ausgangswechselspannung $U_{2\sim}$ des Transistors. Der Basisstrom erzeugt am Eingangswiderstand einen Spannungsabfall, die Eingangsspannung $U_{1\sim}$. Das Verhältnis der Ausgangswechselspannung zur Eingangswechselspannung ist der Spannungsverstärkungsfaktor des Transistors. Dabei kann die Rückwirkung vom Ausgang des Transistors auf den Eingang vernachlässigt werden.

Beispiel 2:

Als Kenngrößen eines Transistors sind bekannt $\beta = 60$, $1/r_{CE} \approx h_{22e} = 100\ \mu S$ und $r_{BE} = 850\ \Omega$. Wie groß ist der Spannungsverstärkungsfaktor bei einem Lastwiderstand $Z_L = 2{,}2\ k\Omega$?

Lösung:

$$V_u = \frac{\beta}{r_{BE}} \cdot \frac{r_{CE} \cdot Z_L}{r_{CE} + Z_L} = \frac{60}{0{,}85\ k\Omega} \cdot \frac{10\ k\Omega \cdot 2{,}2\ k\Omega}{10\ k\Omega + 2{,}2\ k\Omega}$$

$$= \mathbf{127}$$

V_u	Spannungsverstärkungsfaktor
$\beta = h_{21e}$	Kurzschluß-Stromverstärkungsfaktor
$r_{CE} \approx 1/h_{22e}$	Ausgangswiderstand des Transistors
$r_{BE} \approx h_{11e}$	Eingangswiderstand des Transistors
Z_L	Gesamtlastwiderstand des Transistors
S	Steilheit
ΔI_C	Kollektorstromänderung
ΔU_{BE}	Basis-Emitter-Spannungsänderung

Das Verhältnis $\beta/h_{11e} \approx \beta/r_{BE}$ wird als *Steilheit S* des Transistors bezeichnet.

$$U_{2\sim} = \beta \cdot I_{B\sim} \cdot \frac{r_{CE} \cdot Z_L}{r_{CE} + Z_L}$$

$$U_{1\sim} = I_{B\sim} \cdot r_{BE}$$

$$V_u = \frac{U_{2\sim}}{U_{1\sim}}$$

$$S = \frac{\Delta I_C}{\Delta U_{BE}} = \frac{\beta}{r_{BE}}$$

Für Emitterschaltung:

$$V_u = \frac{\beta}{r_{BE}} \cdot \frac{r_{CE} \cdot Z_L}{r_{CE} + Z_L}$$

$$V_u = V_i \cdot \frac{Z_L}{r_{BE}}$$

$$V_u = S \cdot \frac{r_{CE} \cdot Z_L}{r_{CE} + Z_L}$$

Großsignalverstärkung bedeutet eine weite Aussteuerung im Ausgangskennlinienfeld des Transistors. Dies ist vor allem bei Endverstärkerstufen der Fall. Dabei machen sich die ungleichen Abstände der Kennlinien und ihre unterschiedlichen Steigungen bemerkbar. Eine Rechnung mit den Kenngrößen für die Kleinsignalverstärkung ist dann nicht mehr möglich.

Die Verstärkungsfaktoren können bei Bedarf aus den Kennlinien ermittelt werden. Wichtiger ist bei Endverstärkerstufen jedoch die Bestimmung der abgegebenen Wechselstromleistung, der aufgenommenen Gleichstromleistung und der Verlustleistung. Dazu wird der wechselstrommäßig wirksame Lastwiderstand Z_L als *Arbeitsgerade* in das Kennlinienfeld eingezeichnet **(Bild 1)**.

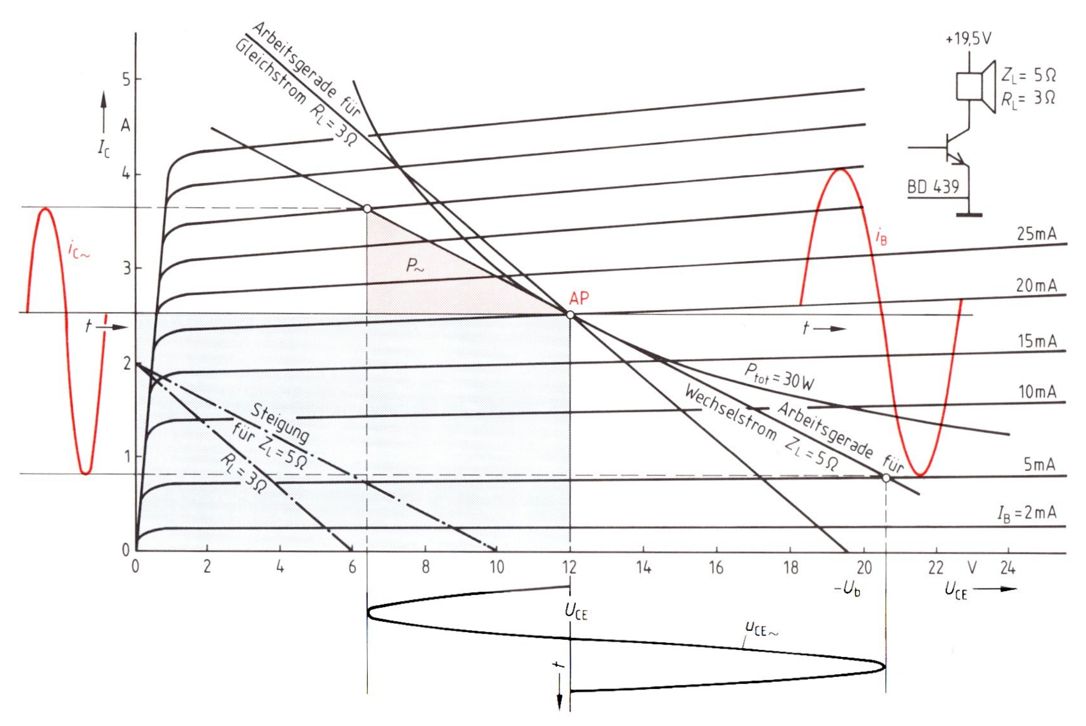

Bild 1: Ermittlung der Leistungen aus dem Ausgangskennlinienfeld

Ist der Lastwiderstand eine Spule, z. B. die Schwingspule eines Lautsprechers, so erhält man für ihren Wirkwiderstand R_L eine Arbeitsgerade für Gleichstrom, für ihren Scheinwiderstand Z_L eine Arbeitsgerade für Wechselstrom.

Zunächst wird die *Arbeitsgerade für Gleichstrom* eingezeichnet (Bild 1, vorhergehende Seite). Für die Konstruktion ihrer Steigung wählt man eine Spannung auf der waagrechten Achse, z. B. 6 V. Ein zweiter Punkt liegt auf der senkrechten Achse bei $I_C = U/R_L$, z. B. bei $I_C = 6\ \text{V}/3\ \Omega = 2\ \text{A}$. Die Verbindung dieser Punkte ergibt die Steigung der Geraden. Die Arbeitsgerade selbst verläuft parallel dazu durch den Punkt der Betriebsspannung U_b auf der waagrechten Achse.

Liegt auf diese Weise die Arbeitsgerade für Gleichstrom fest, so wird der Arbeitspunkt eingetragen. Er muß unterhalb der Leistungshyperbel (P_{tot}) liegen. Durch den Arbeitspunkt verläuft auch die Arbeitsgerade für Wechselstrom. Ihre Steigung wird auf die gleiche Weise wie oben beschrieben konstruiert.

Trägt man im Ausgangskennlinienfeld mit I_B als Parameter vom Arbeitspunkt aus den Basiswechselstrom ein, so kann man durch Projektion auf die Achsen den entstehenden Kollektorwechselstrom und die Kollektorwechselspannung entnehmen. Multipliziert man ihre beiden Effektivwerte, so erhält man die abgegebene Wechselstromleistung.

$\hat{i}_C$ Kollektorwechselstrom (Maximalwert)
$\hat{u}_{CE}$ Kollektor-Emitter-Wechselspannung (Maximalwert)
$P_\sim$ Wechselstromleistung

$$P_\sim = \frac{\hat{i}_C \cdot \hat{u}_{CE}}{2}$$

Faßt man diese Formel geometrisch auf, so ergibt sich die Fläche eines halben Rechtecks mit den Seiten $\hat{i}_C$ und $\hat{u}_{CE}$. Diese Fläche wird als *Leistungsdreieck* bezeichnet. Der Inhalt der Dreiecksfläche entspricht der Wechselstromleistung. Bei unsymmetrischer Aussteuerung erhält man einen genaueren Wert, wenn man die Wechselstromleistung auch für die zweite Halbschwingung ermittelt und den Mittelwert bildet.

Auch wenn der Transistor nicht ausgesteuert wird, fließt ständig der Kollektorruhestrom I_{C-} durch den Transistor. Aus dem Produkt I_{C-} mit der anliegenden Kollektor-Emitter-Gleichspannung U_{CE-} erhält man die vom Transistor aufgenommene Gleichstromleistung.

P_- Gleichstromleistung
I_{C-} Kollektorruhestrom
U_{CE-} Kollektor-Emitter-Gleichspannung

$$P_- \approx I_{C-} \cdot U_{CE-}$$

Diese Gleichstromleistung kann als Rechteck in das Ausgangskennlinienfeld eingetragen werden (Bild 1, vorhergehende Seite). Die Differenz zwischen aufgenommener Gleichstromleistung und abgegebener Wechselstromleistung ist die im Transistor in Wärme umgesetzte Verlustleistung.

P_v gesamte Verlustleistung (auch P_{tot})
P_- aufgenommene Gleichstromleistung
$P_\sim$ abgegebene Wechselstromleistung

$$P_v = P_- - P_\sim$$

Wird der Transistor nicht ausgesteuert, so kann auch keine Wechselstromleistung abgeführt werden. Die zugeführte Gleichstromleistung wird dann vollständig in Wärme umgewandelt. Deshalb darf die zugeführte Gleichstromleistung die zulässige Verlustleistung P_{tot} nicht überschreiten, die sich aus der Umgebungstemperatur und dem Wärmewiderstand ermitteln läßt. Zeichnet man für diese Leistung bei verschiedenen Kollektor-Emitter-Spannungen die zugehörigen Kollektorströme in das Kennlinienfeld ein, so erhält man die *Leistungshyperbel*.

Beispiel 3:

Der Transistor BD 439 in Bild 1, vorhergehende Seite, wird von einem Sinusstrom mit $\hat{i}_B = 15$ mA angesteuert. Bestimmen Sie im angegebenen Arbeitspunkt die aufgenommene Gleichstromleistung, die abgegebene Wechselstromleistung und die Verlustleistung!

Lösung:

$P_- \approx I_{C-} \cdot U_{CE-} \approx 2{,}5\ \text{A} \cdot 12\ \text{V} = \mathbf{30\ W}$

$$P_\sim = \frac{\hat{i}_C \cdot \hat{u}_{CE}}{2}$$

$$\approx \frac{0{,}5 \cdot (1{,}1\ \text{A} + 1{,}7\ \text{A}) \cdot 0{,}5 \cdot (5{,}6\ \text{V} + 8{,}2\ \text{V})}{2} \approx \mathbf{4{,}8\ W}$$

$P_v = P_- - P_\sim \approx 30\ \text{W} - 4{,}8\ \text{W} = \mathbf{25{,}2\ W}$

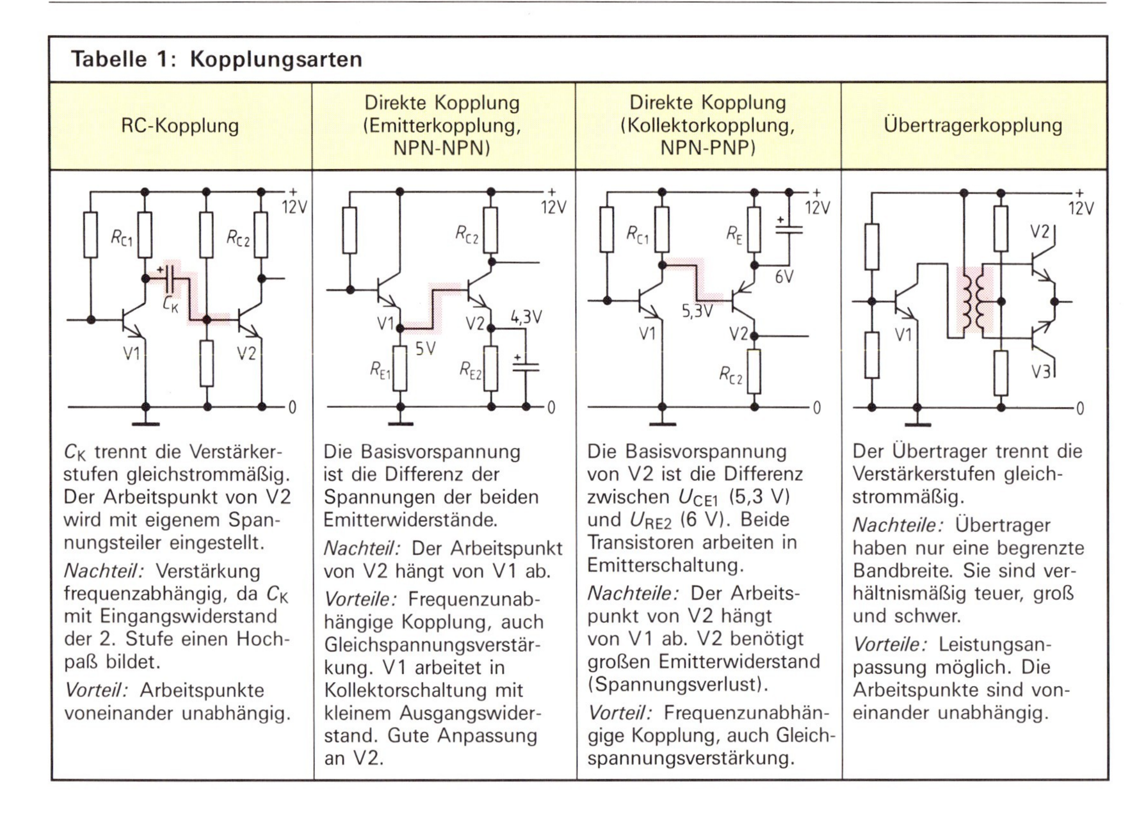

Tabelle 1: Kopplungsarten

RC-Kopplung	Direkte Kopplung (Emitterkopplung, NPN-NPN)	Direkte Kopplung (Kollektorkopplung, NPN-PNP)	Übertragerkopplung
C_K trennt die Verstärkerstufen gleichstrommäßig. Der Arbeitspunkt von V2 wird mit eigenem Spannungsteiler eingestellt. *Nachteil:* Verstärkung frequenzabhängig, da C_K mit Eingangswiderstand der 2. Stufe einen Hochpaß bildet. *Vorteil:* Arbeitspunkte voneinander unabhängig.	Die Basisvorspannung ist die Differenz der Spannungen der beiden Emitterwiderstände. *Nachteil:* Der Arbeitspunkt von V2 hängt von V1 ab. *Vorteile:* Frequenzunabhängige Kopplung, auch Gleichspannungsverstärkung. V1 arbeitet in Kollektorschaltung mit kleinem Ausgangswiderstand. Gute Anpassung an V2.	Die Basisvorspannung von V2 ist die Differenz zwischen U_{CE1} (5,3 V) und U_{RE2} (6 V). Beide Transistoren arbeiten in Emitterschaltung. *Nachteile:* Der Arbeitspunkt von V2 hängt von V1 ab. V2 benötigt großen Emitterwiderstand (Spannungsverlust). *Vorteil:* Frequenzunabhängige Kopplung, auch Gleichspannungsverstärkung.	Der Übertrager trennt die Verstärkerstufen gleichstrommäßig. *Nachteile:* Übertrager haben nur eine begrenzte Bandbreite. Sie sind verhältnismäßig teuer, groß und schwer. *Vorteile:* Leistungsanpassung möglich. Die Arbeitspunkte sind voneinander unabhängig.

2.9.2.4 Kopplung mehrstufiger Verstärker

Reicht die Verstärkung eines Transistors nicht aus, so werden zwei oder mehr Stufen hintereinander geschaltet. Die Verstärkungsfaktoren vervielfachen sich. Die Verbindung zweier Verstärkerstufen bezeichnet man als *Kopplung* **(Tabelle 1)**.

2.9.2.5 Gegenkopplung

Wird ein Teil der Ausgangsspannung eines Verstärkers auf den Eingang zurückgeführt, so spricht man von *Rückkopplung*. Ist die rückgekoppelte Spannung dabei in Phase mit der Eingangsspannung, handelt es sich um *Mitkopplung*. Ist die rückgekoppelte Spannung zur Eingangsspannung gegenphasig, so handelt es sich um *Gegenkopplung* **(Bild 1)**. Die gegengekoppelte Spannung ist ein Teil der Ausgangswechselspannung. Der *Kopplungsfaktor* gibt das Verhältnis der gegengekoppelten Spannung zur Ausgangsspannung an.

Der Verstärkungsfaktor ist bei Gegenkopplung kleiner, da die Basis-Emitter-Spannung um die Gegenkopplungsspannung kleiner ist als die Eingangsspannung.

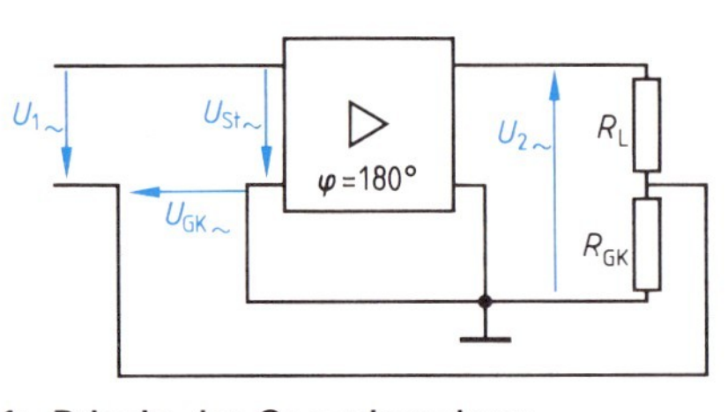

Bild 1: Prinzip der Gegenkopplung

V_u' Spannungsverstärkungsfaktor bei Gegenkopplung
V_u Spannungsverstärkungsfaktor ohne Gegenkopplung
K Kopplungsfaktor

$$V_u' = \frac{V_u}{1 + K \cdot V_u}$$

Ist der Verstärkungsfaktor V_u groß, so wird bei Gegenkopplung $V_u' \approx 1/K$. Der Verstärkungsfaktor hängt dann nur von der Gegenkopplung ab. Schwankungen der Betriebsspannung, Temperaturänderungen, Exemplarstreuungen und Alterung der Transistoren wirken sich nicht aus.

Der Klirrfaktor wird bei Gegenkopplung im gleichen Verhältnis wie der Verstärkungsfaktor herabgesetzt.

Bei der **Stromgegenkopplung** liegt im Emitterkreis ein Widerstand, an dem der Emitterstrom die Gegenkopplungsspannung hervorruft **(Bild 1)**. Zusammen mit der Wechselstromgegenkopplung tritt auch Gleichstromgegenkopplung auf, durch die der Arbeitspunkt stabilisiert wird. Soll die Wechselstromgegenkopplung kleiner sein als die Gleichstromgegenkopplung, so wird der Emitterwiderstand ganz oder zum Teil mit einem Kondensator überbrückt. Bei vollständiger Überbrückung von R_E mit einem Kondensator tritt keine Wechselstromgegenkopplung auf, solange $R_E \ll X_C$ ist.

Die Stromgegenkopplung wird auch als *Reihengegenkopplung* bezeichnet, weil Eingangsspannung und Gegenkopplungsspannung in Reihe liegen. Die eigentliche Steuerspannung ist um die Gegenkopplungsspannung kleiner als die Eingangsspannung. Deshalb erscheint der Eingangswiderstand vergrößert. Ein Sonderfall der Reihengegenkopplung ist die Kollektorschaltung.

Bei der **Spannungsgegenkopplung** wird ein Teil der Ausgangsspannung über zwei Stufen oder über eine Stufe zurückgeführt **(Bild 2)**. Die Spannungsgegenkopplung über eine Stufe wird auch als *Parallelgegenkopplung* bezeichnet, weil Eingangsspannung und Gegenkopplungsspannung parallel liegen. Da ein Teil des Eingangsstroms über den Gegenkopplungszweig fließt, erscheint der Eingangswiderstand verkleinert.

Bei Gegenkopplung wird die Bandbreite der gegengekoppelten Stufe größer **(Bild 3)**. In der Nähe der unteren und der oberen Grenzfrequenz nimmt der Verstärkungsfaktor ab. Dadurch wird die gegengekoppelte Spannung niedriger, die Gegenkopplung also schwächer. Infolgedessen liegen die Grenzfrequenzen weiter außen und es entstehen weniger Dämpfungsverzerrungen.

Gegenkopplung verkleinert nichtlineare und lineare Verzerrungen.

2.9.2.6 Gegentaktschaltungen

Gegentaktschaltungen werden bei Großsignalverstärkung verwendet, z. B. in Endstufen von NF-Verstärkern und von Sendern. Sie dienen zur Erhöhung der Leistung und haben einen größeren Wirkungsgrad und kleinere nichtlineare Verzerrungen als vergleichbare Eintaktschaltungen. Der Wirkungsgrad ist besonders bei batteriebetriebenen Geräten von Bedeutung. Der *Wirkungsgrad* hängt von der Lage des Transistorarbeitspunkts auf der Arbeitsgeraden ab **(Tabelle 1, folgende Seite)**. Man unterscheidet bei Verstärkern zwischen A-Betrieb, B-Betrieb und AB-Betrieb.

Bei *A-Betrieb* liegt der Arbeitspunkt in der Mitte der Arbeitsgeraden, die Aussteuerung erfolgt symmetrisch. Der Wirkungsgrad ist von der Aussteuerung abhängig. Ohne Aussteuerung wird die zugeführte Gleichstromleistung vollständig in Wärme umgesetzt. Bei sinusförmiger Vollaussteuerung bis an die Kollektor-Emitter-Sättigungsspannung U_{CEsat} ließe sich theoretisch ein Wirkungsgrad von etwa 45% erreichen.

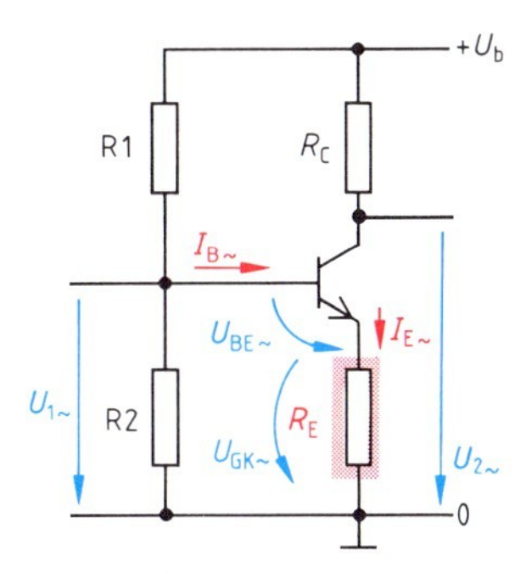

Bild 1: Stromgegenkopplung

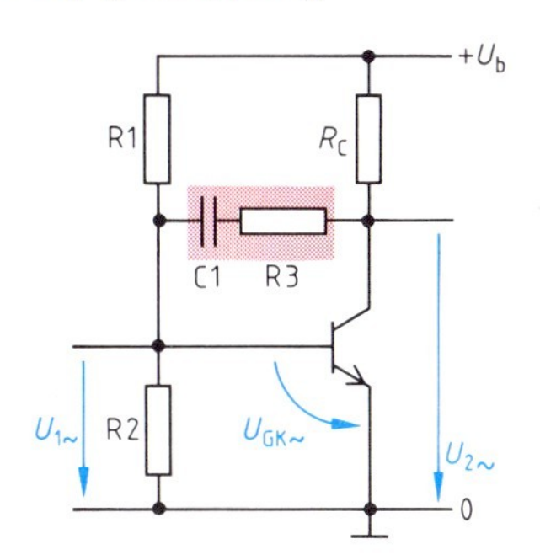

Bild 2: Spannungsgegenkopplung

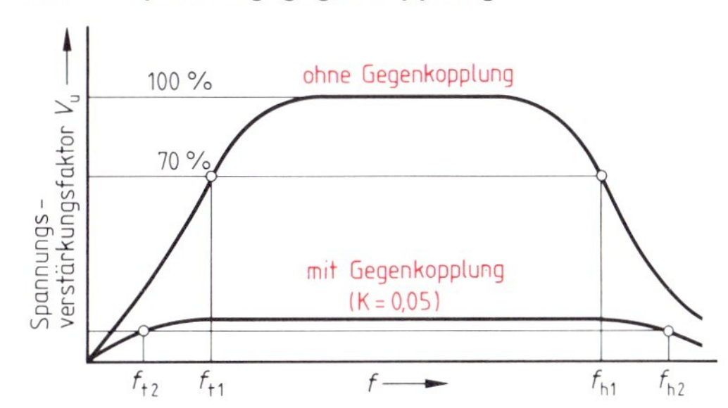

Bild 3: Übertragungskurve von Verstärkern ohne Gegenkopplung und mit Gegenkopplung

Tabelle 1: Einteilung von Endstufen nach Klassen

Klasse	A	AB, B	C	D
Lage des Arbeitspunktes auf der Steuerkennlinie	i_2, A, u_1	i_2, B, AB, u_1	i_2, C, u_1	i_2, u_1
Wirkungsgrad	bis 50%	bis 78% (Gegentakt)	bis 100%	100%
Ausgangssignal	bei linearer Steuerkennlinie unverzerrt	wenig verzerrt bei Gegentakt	stark verzerrt, nach Filter sinusförmig	stark verzerrt, nach Filter sinusförmig
Hinweise	Für Verstärkerendstufen nur noch selten verwendet, kleinster Klirrfaktor, großer Ruhestrom	Erfordert zweiten Transistor im Gegentaktbetrieb, häufigste Schaltung, kein Ruhestrom (B) bzw. geringer Ruhestrom (AB).	Anwendung in Senderendstufen, Antennenschwingkreis wird impulsförmig angestoßen.	Sprungfunktion zwischen zwei Zuständen (Schalter), nur für Spannungswandler.

Im *B-Betrieb* liegt der Arbeitspunkt des Transistors am unteren Ende der Arbeitsgeraden. Der Transistor ist ohne Signal gesperrt, es fließt kein Kollektorruhestrom. Eine solche Verstärkerstufe kann nur in einer Richtung ausgesteuert werden. Man benötigt einen zweiten Transistor für die andere Stromrichtung, der im Wechsel mit dem ersten Transistor arbeitet. Diesen Gegentaktbetrieb zweier Transistoren erreicht man am einfachsten mit zwei *komplementären Transistoren*, d.h. einem NPN-Transistor und einem PNP-Transistor mit gleichen Kennlinien, die gemeinsam angesteuert werden **(Bild 1)**. Bei positiver Steuerspannung fließt nur im NPN-Transistor Strom, bei negativer Steuerspannung nur im PNP-Transistor. Beide Transistoren arbeiten in Kollektorschaltung auf den gemeinsamen Lastwiderstand (Emitterwiderstand). Im Lastwiderstand überlagern sich die beiden Halbströme wieder zur vollständigen Kurvenform des Stromes.

Die von jedem der beiden Transistoren aufgenommene Gleichstromleistung ist abhängig von der Aussteuerung. Bei kleiner Aussteuerung wird weniger Leistung aufgenommen als bei großer Aussteuerung. In Pausen wird gar keine Leistung aufgenommen.

Den maximalen Wirkungsgrad η_{max} im B-Betrieb kann man bei sinusförmigem Signal zu $\pi/4$ berechnen. Wegen der Kollektor-Emitter-Sättigungsspannung U_{CEsat} wird tatsächlich nur ein Wirkungsgrad von etwa 0,7 erreicht.

> Gegentakt-B-Endstufen nehmen ohne Aussteuerung keine Gleichstromleistung auf. Ihr Wirkungsgrad bei Vollaussteuerung beträgt etwa 70%.

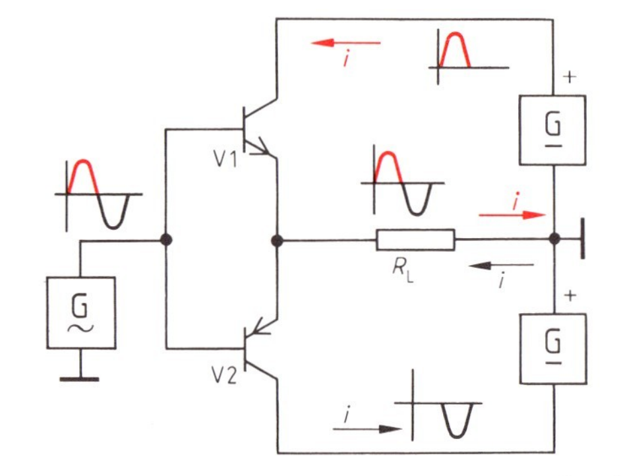

Bild 1: Grundschaltung einer Gegentaktendstufe für B-Betrieb

η Wirkungsgrad

I_{Cm} Gleichwert des Kollektorstroms (Halbschwingung)

$\hat{i}_C$ Scheitelwert des Kollektorstroms (Halbschwingung)

$$\eta = \frac{P_\sim}{P_-} = \frac{\frac{1}{2} \cdot \hat{u}_{CE} \cdot \hat{i}_C}{2 \cdot U_b \cdot I_{Cm}} = \frac{\hat{u}_{CE} \cdot \hat{i}_C}{4 \cdot U_b \cdot \hat{i}_C/\pi} = \frac{\pi \cdot \hat{u}_{CE}}{4 \cdot U_b}$$

Bei Vollaussteuerung mit $\hat{u}_{CE} \approx U_b$:

$$\eta_{max} \leq \frac{\pi}{4} = 0{,}78$$

Wiederholungsfragen

1. **In welchen Verstärker-Grundschaltungen können bipolare Transistoren betrieben werden?**
2. **Mit welcher Schaltungsart kann die größte Leistungsverstärkung erreicht werden?**
3. **Welche Wirkung hat ein Emitterwiderstand bei Temperaturerhöhung des Transistors?**
4. **Welche Größe kann dem Leistungsdreieck entnommen werden?**
5. **Welche Betriebsarten unterscheidet man je nach Lage des Arbeitspunktes bei Endstufen?**

2.9.3 Verstärker mit Feldeffekttransistoren

Feldeffekttransistoren haben einen sehr großen Eingangswiderstand, eine kleine Temperaturabhängigkeit und ein kleines Rauschen. Sie sind deshalb für manche Verstärkerschaltungen besser geeignet als bipolare Transistoren. Nachteilig sind dagegen ihre gegenüber bipolaren Transistoren wesentlich kleinere Steilheit sowie die größeren Kapazitäten und niedrigeren Grenzfrequenzen.

Mit den drei Anschlüssen des Feldeffekttransistors lassen sich drei Verstärkergrundschaltungen verwirklichen **(Tabelle 1)**. Sie werden nach dem Anschluß benannt, der sowohl für den Eingang als auch für den Ausgang des Verstärkers verwendet wird und deshalb wechselstrommäßig mit Masse verbunden ist.

Die Eigenschaften der Grundschaltungen entsprechen weitgehend den Eigenschaften der drei Grundschaltungen mit bipolaren Transistoren. Es ist allerdings nicht sinnvoll, einen Stromverstärkungsfaktor anzugeben.

Einstellung und Stabilisierung des Arbeitspunktes

Die Lage des Arbeitspunktes im Kennlinienfeld wird durch zwei Spannungen bestimmt, die Drain-Source-Spannung und die Gatevorspannung. Die Temperaturabhängigkeit des Arbeitspunktes ist wesentlich geringer als bei bipolaren Transistoren. Außerdem ist der Temperaturkoeffizient des Drain-Source-Widerstands positiv. Bei einer Temperaturerhöhung um 150 K nimmt der Drainstrom um etwa 10% ab. Es besteht also nicht die Gefahr der Selbstzerstörung wie bei bipolaren Transistoren. Feldeffekttransistoren sind vielmehr *selbststabilisierend*. Trotzdem sind Stabilisierungsmaßnahmen sinnvoll, da mit dem Drainstrom auch der Verstärkungsfaktor abnimmt. Außerdem soll die Stabilisierung gegen Einflüsse vor Exemplarstreuungen und Schwankungen der Betriebsspannung wirken.

Die Gatevorspannung wird am einfachsten mit einem Sourcewiderstand R_S erzeugt **(Tabelle 1, folgende Seite)**.

Dieser Widerstand dient gleichzeitig zur Stabilisierung des Arbeitspunktes. Will der Drainstrom z. B. abnehmen, so wird auch der Spannungsfall an R_S kleiner. Die kleinere Vorspannung wirkt der Drainstromabnahme entgegen (Gleichstromgegenkopplung), so daß der Arbeitspunkt stabilisiert wird.

Bei selbstsperrenden IG-FET muß die Vorspannung mit einem Spannungsteiler erzeugt werden. Man kann jedoch auch bei diesen Transistoren zusätzlich einen Sourcewiderstand zur Arbeitspunktstabilisierung verwenden, wenn man den Spannungsfall an R_S bei der Bemessung des Spannungsteilers berücksichtigt.

Tabelle 1: Verstärkergrundschaltungen mit FET

Bezeichnung	Sourceschaltung	Drainschaltung	Gateschaltung
Schaltung	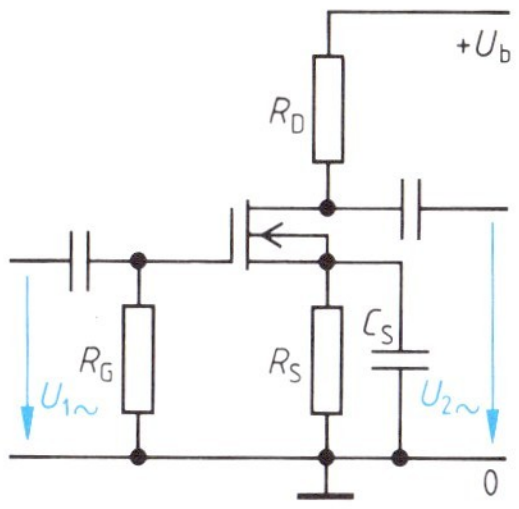	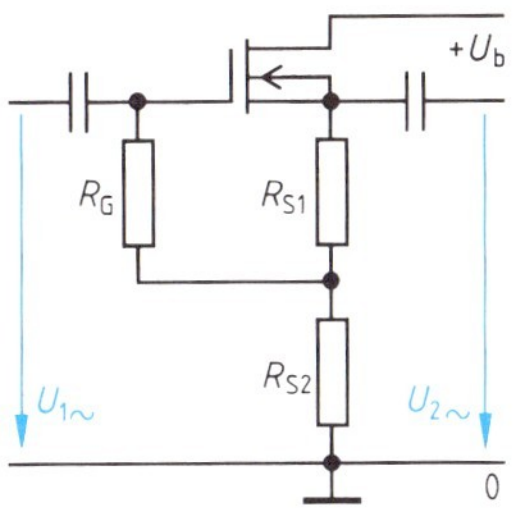	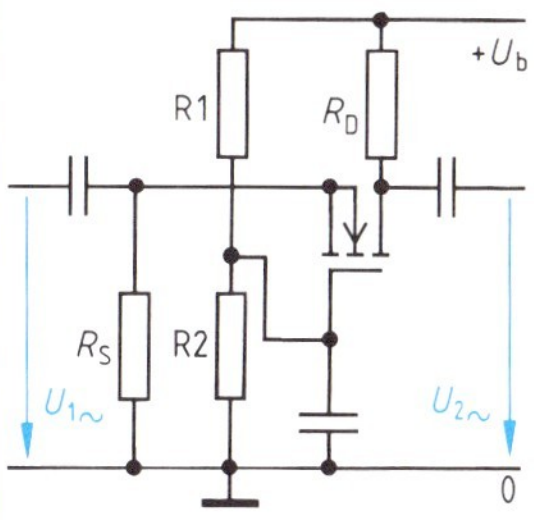
Verstärkungsfaktor	mittel, z. B. 20	< 1	mittel, z. B. 20
Eingangswiderstand	$\approx R_G$, z. B. 1 MΩ	sehr groß, z. B. 1 MΩ	klein, z. B. 500 Ω
Ausgangswiderstand	groß, z. B. 50 kΩ	klein, z. B. 500 Ω	groß, z. B. 50 kΩ
Lage von U_1 zu U_2	gegenphasig	gleichphasig	gleichphasig
Die angegebenen Werte sind Beispiele für Feldeffekttransistoren mit kleiner Leistung.			

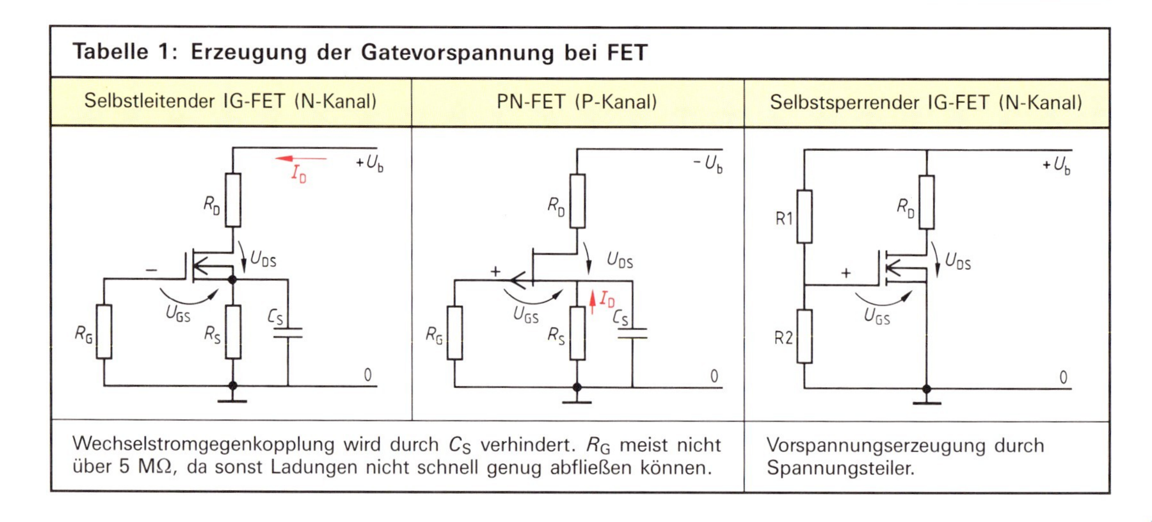

Tabelle 1: Erzeugung der Gatevorspannung bei FET		
Selbstleitender IG-FET (N-Kanal)	PN-FET (P-Kanal)	Selbstsperrender IG-FET (N-Kanal)
Wechselstromgegenkopplung wird durch C_S verhindert. R_G meist nicht über 5 MΩ, da sonst Ladungen nicht schnell genug abfließen können.		Vorspannungserzeugung durch Spannungsteiler.

Erzeugt man die Gatevorspannung mit einem Sourcewiderstand, so muß dieser bei der Festlegung der Arbeitsgeraden für Gleichstrom zum Lastwiderstand addiert werden, da er in der gleichen Größenordnung wie dieser liegt. Die Arbeitsgerade für Gleichstrom verläuft deshalb im Ausgangskennlinienfeld flacher als die Arbeitsgerade für Wechselstrom **(Bild 1)**. Die Größe von R_D hängt also nicht nur von der Wahl des Arbeitspunktes und von U_b ab, sondern auch von R_S.

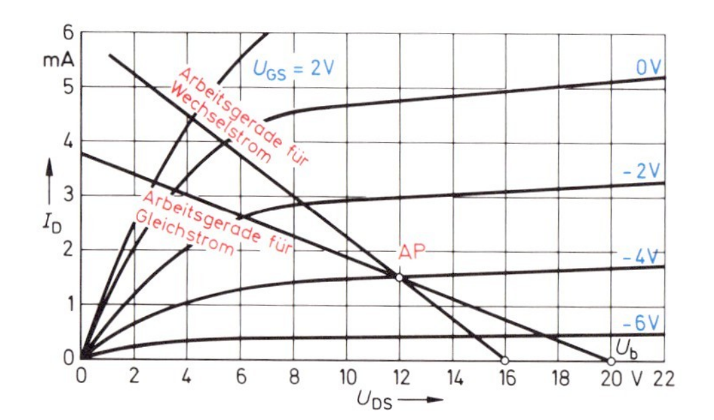

Bild 1: Arbeitsgeraden im Kennlinienfeld

Sourceschaltung

Viele Feldeffekttransistoren eignen sich wegen ihrer nichtlinearen Steuerkennlinie nur für Kleinsignalverstärkung. Dabei wird für die Sourceschaltung meist nur der Spannungsverstärkungsfaktor angegeben, da fast kein Eingangsstrom fließt. Der Spannungsverstärkungsfaktor für die Sourceschaltung läßt sich aus dem Wechselstrom-Ersatzschaltplan der Verstärkerstufe ableiten **(Bild 2)**.

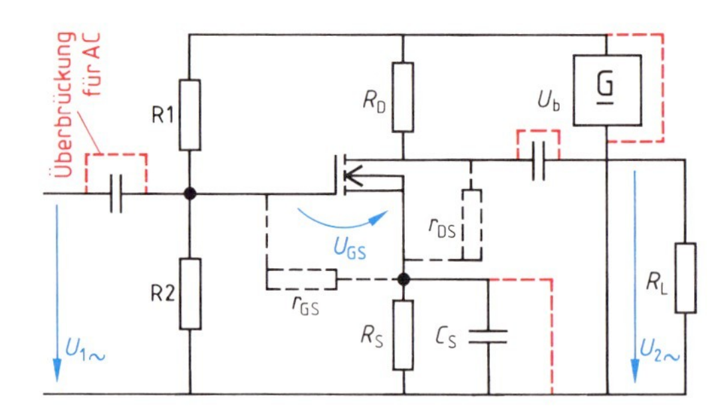

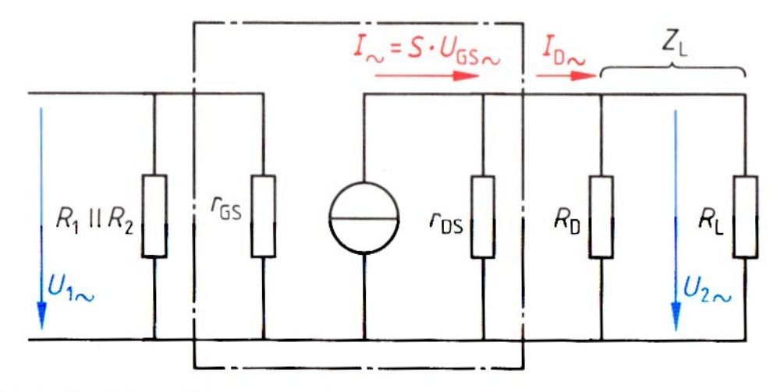

Bild 2: Verstärkerstufe in Sourceschaltung mit Ersatzschaltplan

Der Ersatzschaltplan entspricht weitgehend der Darstellung beim bipolaren Transistor. Die Ersatzstromquelle erzeugt einen Wechselstrom der Größe $S \cdot U_{GS\sim}$. Die Steilheit S ist dabei das Verhältnis von Drainstromänderung zur Änderung der Gate-Source-Spannung. Sie kann entweder aus dem Ausgangskennlinienfeld ermittelt oder als y_{21s} aus dem Datenblatt entnommen werden. Der Drainwiderstand R_D liegt parallel zum Ausgangswiderstand r_{DS} des Transistors, da der Betriebsspannungserzeuger keinen Widerstand für den Wechselstrom darstellt. Die Parallelschaltung von R_D mit dem am Verstärker angeschlossenen Lastwiderstand R_L stellt den Gesamtlastwiderstand Z_L des Transistors dar.

Der Ausgangswiderstand r_{DS} kann aus dem Ausgangskennlinienfeld ermittelt oder als $1/y_{22s}$ aus dem Datenblatt entnommen werden. Die Ausgangsspannung $U_{2\sim}$ entsteht als Spannungsfall an der Parallelschaltung der beiden Widerstände r_{DS} und Z_L.

Beispiel:
Berechnen Sie den Spannungsverstärkungsfaktor für einen MOSFET mit $S = 1{,}7$ mA/V und $r_{DS} = 47$ kΩ! Der Lastwiderstand ist $Z_L = 10$ kΩ.

Lösung:

$$V_u = \frac{S \cdot r_{DS} \cdot Z_L}{r_{DS} + Z_L} = \frac{1{,}7\,\text{mA/V} \cdot 47\,\text{k}\Omega \cdot 10\,\text{k}\Omega}{47\,\text{k}\Omega + 10\,\text{k}\Omega} = \mathbf{14}$$

Feldeffekttransistoren bewirken in Sourceschaltung nur eine kleine Spannungsverstärkung.

Da der Ausgangswiderstand von Feldeffekttransistoren meist groß ist gegenüber dem Lastwiderstand R_L, kann man oft r_{DS} in der Parallelschaltung vernachlässigen.

Der *Wechselstrom-Eingangswiderstand* der Verstärkerstufe wird wegen des sehr großen Gate-Sourcewiderstands allein von den Widerständen für die Vorspannungserzeugung bestimmt.

Gemischte Schaltungen mit FET und bipolaren Transistoren

Feldeffekttransistoren und bipolare Transistoren ergänzen sich z.T. in ihren Eigenschaften. Die kleine Spannungsverstärkung von Feldeffekttransistoren kann durch bipolare Transistoren ausgeglichen werden. Feldeffekttransistoren haben dafür einen sehr hohen Eingangswiderstand. Bei gemischten Eingangsschaltungen **(Bild 1)** werden sie deshalb als erstes Bauelement verwendet.

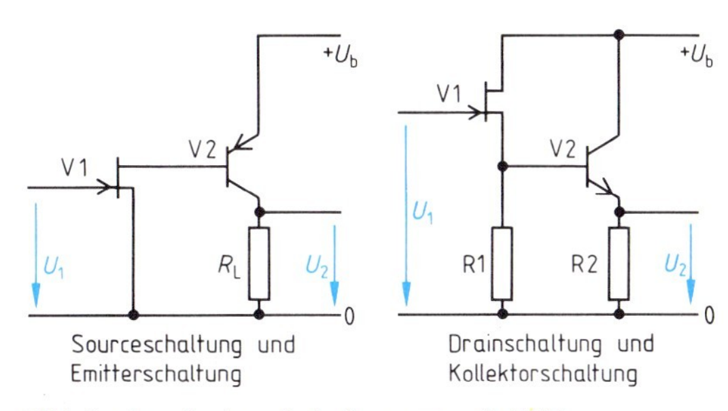

Bild 1: Gemischte Schaltungen mit FET

V_u Spannungsverstärkungsfaktor (Betrag)
$S = y_{21s}$ Steilheit des FET in Sourceschaltung
$r_{DS} = 1/y_{22s}$ Ausgangswiderstand des FET
Z_L Gesamtlastwiderstand des FET
R_D Drainwiderstand
R_L Lastwiderstand der Stufe
y_{22s} Ausgangsleitwert des FET
Z_a Wechselstrom-Ausgangswiderstand der Stufe

$$Z_L = \frac{R_D \cdot R_L}{R_D + R_L}$$

$$V_u = S \cdot \frac{r_{DS} \cdot Z_L}{r_{DS} + Z_L}$$

$$U_{2\sim} = S \cdot U_{1\sim} \cdot \frac{r_{DS} \cdot Z_L}{r_{DS} + Z_L}$$

$$V_u = \frac{y_{21s} \cdot Z_L}{1 + y_{22s} \cdot Z_L}$$

$$V_u = \frac{U_{2\sim}}{U_{1\sim}}$$

$$Z_a = \frac{R_D \cdot r_{DS}}{R_D + r_{DS}}$$

Bei $r_{DS} \gg Z_L$:

$$V_u \approx S \cdot Z_L$$

Bei $R_L \gg R_D \Rightarrow Z_L \approx R_D$

$$V_u \approx S \cdot R_D$$

Z_e Wechselstrom-Eingangswiderstand der Stufe
R_G Gatewiderstand
R_1, R_2 Gatespannungsteilerwiderstände

Bei Schaltung mit Gatewiderstand:

$$Z_e \approx R_G$$

Bei Schaltung mit Gatespannungsteiler:

$$Z_e \approx \frac{R_1 \cdot R_2}{R_1 + R_2}$$

Wiederholungsfragen

1. **Warum wird bei Feldeffekttransistoren meist nur der Spannungsverstärkungsfaktor angegeben?**
2. **Welche zwei Schaltungsarten zur Gate-Vorspannungserzeugung werden bei FET angewendet?**
3. **Warum sind bei FET keine besonderen Maßnahmen gegen Temperatureinflüsse erforderlich?**
4. **Welche Vorteile haben Feldeffekttransistoren gegenüber bipolaren Transistoren?**
5. **Vergleichen Sie die Eigenschaften der Sourceschaltung mit den Eigenschaften der Emitterschaltung bei bipolaren Transistoren!**
6. **Welche Nachteile haben FET gegenüber bipolaren Transistoren?**
7. **Nennen Sie Anwendungsbeispiele für FET in Verstärkerschaltungen!**

2.9.4 Operationsverstärker

Operationsverstärker[1] werden meist als integrierte Schaltkreise hergestellt. Der IC kann auch mehrere Operationsverstärker enthalten, z. B. zwei oder vier. Anwendung finden Operationsverstärker vor allem in der *analogen Signalverarbeitung*, z. B. als *Meßverstärker* in der Meßtechnik oder als Verstärkerelement in aktiven Filterschaltungen. In der *Digitaltechnik* verwendet man Operationsverstärker z. B. für Kippschaltungen, Schwellwertschalter und Digital-Analog-Umsetzer.

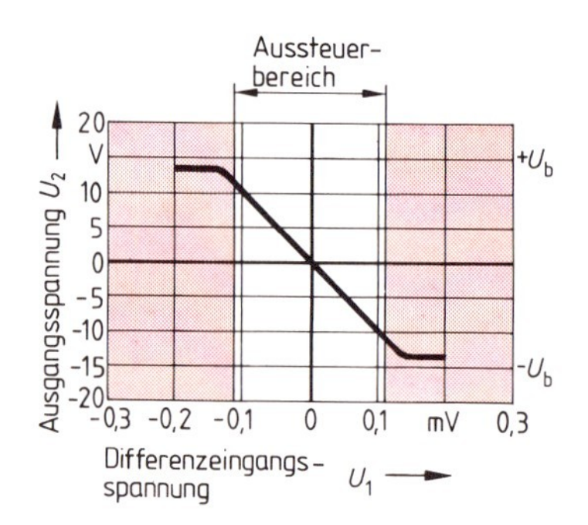

Bild 1: Übertragungskennlinie eines Operationsverstärkers

2.9.4.1 Eigenschaften

Mit Operationsverstärkern können sowohl Gleichspannungen als auch Wechselspannungen verstärkt werden. Besondere Eigenschaften sind großer Spannungsverstärkungsfaktor **(Bild 1)**, großer Leistungsverstärkungsfaktor, sehr großer Eingangsinnenwiderstand und kleiner Ausgangsinnenwiderstand.

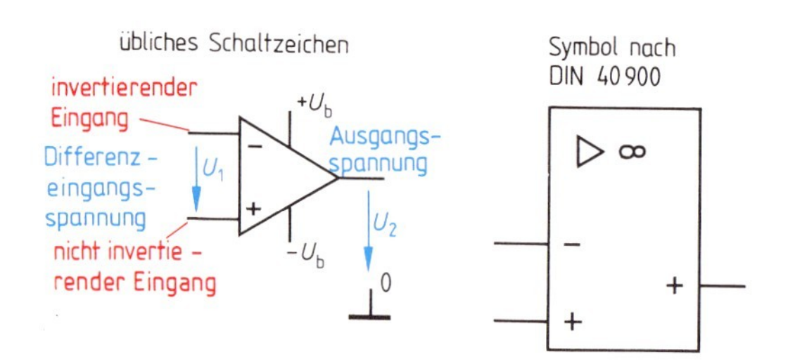

Bild 2: Schaltzeichen und Symbol für Operationsverstärker

Der Operationsverstärker hat zwei Anschlüsse für eine *Differenzeingangsspannung* U_1 und einen Anschluß für die Ausgangsspannung U_2 **(Bild 2)**. Die Ausgangsspannung U_2 ist gegenüber der Differenzeingangsspannung im Vorzeichen umgekehrt. Beträgt die Differenzeingangsspannung z. B. 0,1 mV, dann ist die Ausgangsspannung − 10 V. Die Spannungsumkehr wird durch das Minuszeichen im Schaltzeichen gekennzeichnet. Der mit dem Minuszeichen gekennzeichnete Eingang heißt *invertierender*[2] Eingang. Der andere Eingang, welcher mit einem Pluszeichen markiert ist, heißt *nichtinvertierender* Eingang.

Meist wird in Schaltplänen der *nicht beschaltete* Operationsverstärker durch das Dreiecksymbol dargestellt, welches vom amerikanischen Schaltzeichen herrührt (Bild 2). Das Symbol aus DIN 40 900 wird für den nicht beschalteten Operationsverstärker selten angewendet. In ihm weist das Zeichen ∞ (Unendlich) auf den sehr großen Spannungsverstärkungsfaktor hin. Wir wenden nachfolgend beide Symbole an.

Operationsverstärker benötigen meist eine positive und eine negative Betriebsspannung gegenüber dem Bezugspotential der Ausgangsspannung, z. B. gegenüber Masse. Die Betriebsspannungen betragen zwischen ± 5 V und ± 18 V. Es gibt auch Operationsverstärker mit nur einer Betriebsspannung, z. B. + 10 V. In Schaltplänen werden die Anschlüsse für die Betriebsspannung meist nicht dargestellt.

Operationsverstärker haben große Verstärkungsfaktoren, einen großen Eingangsinnenwiderstand und einen kleinen Ausgangsinnenwiderstand.

Bei Operationsverstärkern ist eine hohe Nullpunktstabilität (kleine *Drift*[3]) wichtig. Driftarme Operationsverstärker erzielt man mit Differenzverstärkerstufen. Diesen sind eine Treiberstufe und eine Endstufe nachgeschaltet.

Wiederholungsfragen

1. **Nennen Sie Anwendungen des Operationsverstärkers!**
2. **Welche besonderen Eigenschaften hat ein Operationsverstärker?**
3. **Wie sind die Eingänge des Operationsverstärkers benannt?**
4. **Welche Betriebsspannungen sind für Operationsverstärker üblich?**

[1] lat. operari = arbeiten, handeln; [2] lat. invertere = umkehren; [3] engl. to drift = wegtreiben

2.9.4.2 Schaltungsaufbau

Die Eingangsverstärkerstufe des Operationsverstärkers ist eine Differenzverstärkerstufe **(Bild 1)**. Die beiden Transistoren V1 und V2 sind über den gemeinsamen Emitterwiderstand R5 gekoppelt. Bei der Differenzeingangsspannung $U_1 = 0$ V fließt durch beide Transistoren ein etwa gleich großer Emitterstrom. Erhöht man die Basisspannung U_{B1} und beläßt U_{B2}, dann erhöht sich der Kollektorstrom I_{C1} und damit der Spannungsabfall U_{R3}. Der Kollektorstrom I_{C1} führt auch zu einem erhöhten Spannungsabfall an R5. Dadurch vermindert sich der Strom I_{C2}. Durch die Ansteuerung des Differenzverstärkereingangs mit U_1 werden die beiden Ausgangsspannungen U_{R3} und U_{R4} gegensinnig verändert. Es entsteht eine verstärkte Differenzausgangsspannung U_2. Verändert man die Eingangsspannungen U_{B1} und U_{B2} gegensinnig, so erzeugt man eine Differenzeingangsspannung U_1. Dadurch verändern sich die Kollektorströme und Emitterströme der beiden Transistoren gegensinnig. Verändert man die Eingangsspannung U_{B1} und U_{B2} aber gleichsinnig, dann verändern sich die beiden Emitterströme und Kollektorströme ebenfalls gleichsinnig, jedoch nur wenig. Die Differenzausgangsspannung U_2 bleibt nahezu null, und zwar um so genauer, je weniger sich die beiden Transistoren voneinander unterscheiden und je hochohmiger der gemeinsame Emitterwiderstand R5 ist. Deshalb wird anstelle eines gemeinsamen Emitterwiderstandes bei Operationsverstärkern eine *Konstantstromquelle* eingesetzt. Es stellt sich ein fast konstanter Kollektorstrom ein. Der Eingangsdifferenzverstärkerstufe folgen meist eine zweite Differenzverstärkerstufe und eine Endstufe.

Bild 1: Differenzverstärkerstufe

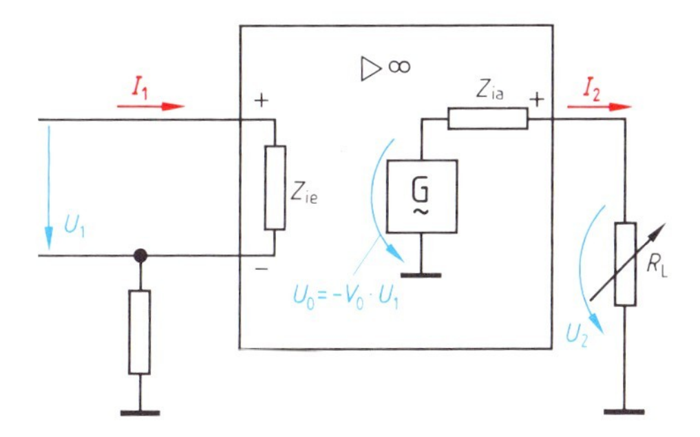

Bild 2: Ersatzschaltplan für einen Operationsverstärker (Betriebsspannungen nicht dargestellt)

2.9.4.3 Betriebsverhalten

Ersatzschaltung

Die wichtigsten Eigenschaften der Gesamtschaltung eines Operationsverstärkers und damit sein Betriebsverhalten können mit einem Ersatzschaltplan dargestellt werden **(Bild 2)**.

Die Differenzeingangsspannung U_1 wird mit dem Eingangswiderstand Z_{ie} belastet. Dabei fließt ein sehr kleiner Strom I_1. Die Verstärkungseigenschaft des Operationsverstärkers wird durch die eingetragene Ersatzspannungsquelle mit der Ersatzspannung $U_0 = -V_0 \cdot U_1$ dargestellt. Dabei ist V_0 der Leerlauf-Spannungsverstärkungsfaktor. Diese Ersatzspannungsquelle speist den Verstärkerausgang mit einer von U_1 abhängigen Ausgangsspannung. Beim unbelasteten Operationsverstärker ist die Ausgangsspannung U_2 gleich der Ersatzspannung U_0.

Frequenzkompensation

Der Leerlauf-Spannungsverstärkungsfaktor V_0 bzw. das Leerlauf-Spannungsverstärkungsmaß G_0 nimmt für Eingangswechselspannungen mit zunehmender Frequenz ab **(Bild 1, folgende Seite)**. Gleichzeitig erfährt die Ausgangsspannung mit zunehmender Frequenz eine zusätzliche Phasenverschiebung φ_z, z. B. infolge der Sperrschichtkapazitäten.

Da die Operationsverstärker meist mit Gegenkopplung (180° Phasenverschiebung) betrieben werden, wird mit dieser zusätzlichen Phasenverschiebung von −180° aus einer Gegenkopplung eine Mitkopplung. Bei einem Verstärkungsfaktor $V_0 > 1$ sind dann die Schwingungsbedingungen (Abschnitt 2.10) erfüllt.

Operationsverstärker ohne Frequenzkompensation neigen zu hochfrequenten Schwingungen.

Die Frequenzkompensation erfolgt *extern* (außerhalb) oder *intern* (innerhalb) durch ein RC-Glied. Kenngrößen für frequenzkompensierte Operationsverstärker sind die Grenzfrequenz f_g, bei welcher das Verstärkungsmaß um 3 dB abgefallen ist, und die *Durchtrittsfrequenz (Transitfrequenz)* f_T, bei welcher das Leerlauf-Spannungsverstärkungsmaß $G_0 = 0$ dB beträgt.

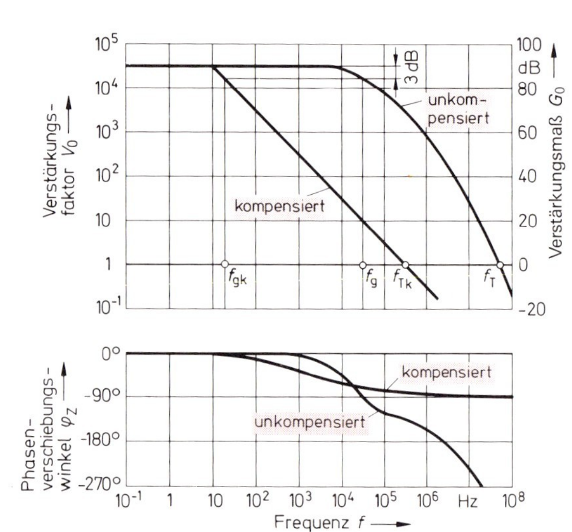

Bild 1: Frequenzkompensation

Nullpunktabgleich (Offset-Kompensation)

Die **Eingangs-Offset-Spannung** (Input-Offset-Voltage[1]) ist die notwendige Gleichspannung am Differenzeingang, damit die Ausgangsspannung im nicht ausgesteuerten Betrieb null ist. Auch wenn am Eingang keine Spannung anliegt, kann, z. B. durch Temperatureinfluß, Alterung oder unsymmetrische Herstellung der Transistoren, am Ausgang eine Spannung entstehen, die Nullpunktabweichung (Ausgangs-Offset-Spannung).

Zur *Offset-Kompensation* kann man dem Eingangssignal eine zusätzliche, einstellbare Gleichspannung, die Eingangs-Offset-Spannung, überlagern. Besonders hochwertige Operationsverstärker in Rechenschaltungen und Reglern haben zusätzliche Anschlüsse für einen Trimmerwiderstand (Balance) zur Offset-Kompensation. Die übrigen Operationsverstärker sind aber *selbstabgleichend*.

Operationsverstärker müssen bei 0 V Eingangsspannung auf 0 V Ausgangsspannung abgeglichen sein.

Gleichtaktverstärkung und Gleichtaktunterdrückung

Schließt man an beide Differenzeingänge des Operationsverstärkers eine gleich große Spannung U_{1CM} an, so sollte die Ausgangsspannung stets 0 V sein. Durch Unsymmetrie im Operationsverstärker entsteht jedoch am Ausgang mit zunehmender Gleichtaktspannung U_{1CM} an beiden Eingängen **(Bild 2)** eine ungewollte Ausgangsspannung U_2.

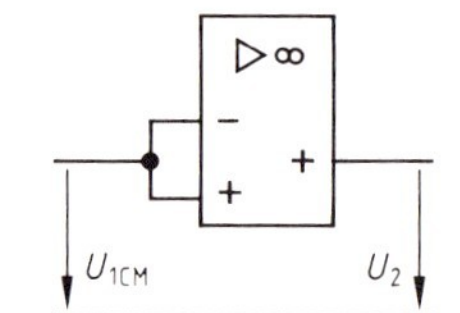

Bild 2: Gleichtaktansteuerung

U_2 Ausgangsspannung
U_{1CM} Eingangsspannung bei Gleichtaktansteuerung[2]
V_{CM} Gleichtakt-Verstärkungsfaktor
G_{CM} Gleichtakt-Verstärkungsmaß (bisher v_{CM})

$$V_{CM} = \frac{U_2}{U_{1CM}}$$

$$G_{CM} = 20 \lg \frac{U_2}{U_{1CM}}$$

Hochwertige Operationsverstärker haben eine große Gleichtaktunterdrückung.

[1] engl. input = Eingang; engl. to offset = weggehen; engl. voltage = Spannung; [2] CM von engl. common-mode = Gleichtakt

2.9.4.4 Grundschaltungen

Die Operationsverstärker werden mit Wirkwiderständen und auch mit Kondensatoren beschaltet. Meist darf der Operationsverstärker als ein *idealer Verstärker* mit unendlich großem Spannungsverstärkungsfaktor V_0, unendlich großem Eingangsinnenwiderstand Z_{ie} und sehr kleinem Ausgangsinnenwiderstand Z_{ia} betrachtet werden. Der besseren Übersichtlichkeit wegen werden im Schaltplan gewöhnlich die Anschlüsse für die Stromversorgung und die Anschlüsse für eine eventuelle Offset-Kompensation und Frequenzkompensation nicht dargestellt.

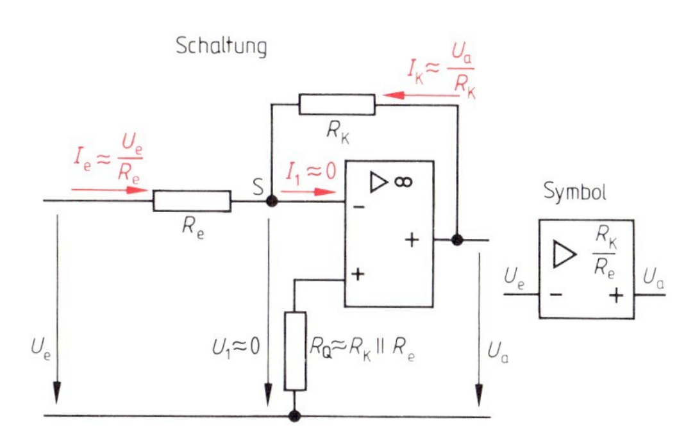

Bild 1: Invertierender Verstärker

Invertierender Verstärker (Umkehrverstärker)

Mit der Schaltung als *Umkehrverstärker* wird eine Spannung U_e im Vorzeichen umgekehrt und im Betrag vergrößert oder verkleinert. Hierzu beschaltet man den Operationsverstärker mit einem Gegenkopplungswiderstand R_K und einem Eingangswiderstand R_e **(Bild 1)**. Zur Kompensation der Spannungsverschiebung infolge des sehr kleinen Eingangsruhestromes I_1 kann man zwischen dem nichtinvertierenden Eingang und Masse den Widerstand R_Q schalten. Dabei wählt man $R_Q \approx R_K \parallel R_e$. In vielen Fällen kann man R_Q weglassen und den nichtinvertierenden Eingang direkt mit Masse verbinden.

Die am Differenzeingang anliegende Spannung U_1 ist im Vergleich zur Ausgangsspannung U_a sehr klein, da die Verstärkung sehr groß ist. Der Eingangsruhestrom I_1 ist ebenfalls sehr klein. Der Stromsummenpunkt S liegt damit praktisch auf dem gemeinsamen Bezugspotential (Masse) der Eingangsspannung und der Ausgangsspannung **(Bild 2)**. Mit $I_1 \approx 0$ wird die Summe der auf den Summenpunkt S zufließenden Ströme $I_K + I_e = 0$ bzw. $I_K = -I_e$. Der Eingangsstrom I_e fließt daher als „eingeprägter" Strom über R_K zum Verstärkerausgang. Damit wird die Ausgangsspannung $U_a = -I_e \cdot R_K$.

Wegen $U_1 \approx 0$ hängt der Eingangsstrom I_e nur von U_e und R_e ab und beträgt $I_e = U_e/R_e$. Mit $I_e = -I_K$ erhält man für die Ausgangsspannung $U_a = -\frac{R_K}{R_e} \cdot U_e$. Der Verstärkungsfaktor des beschalteten Operationsverstärkers ist somit gleich dem Widerstandsverhältnis R_K/R_e.

Das Minuszeichen in der Formel deutet die Vorzeichenumkehr an. Es bleibt bei Berechnungen meist unberücksichtigt.

Bild 2: Ersatzschaltung zur Berechnung der Ausgangsspannung

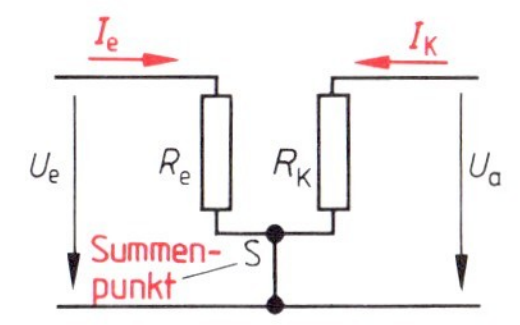

U_a Ausgangsspannung
U_e Eingangsspannung
R_K Rückkopplungswiderstand
R_e Eingangswiderstand

$$U_a = -\frac{R_K}{R_e} \cdot U_e$$

Beispiel 1:

Eine Meßsignalspannung U_e beträgt ± 2,5 V und soll auf ± 10 V verstärkt werden. Der Lastwiderstand für die Signalquelle soll größer oder gleich 10 kΩ sein. Bestimmen Sie die Beschaltungswiderstände!

Lösung:

Der verlangte Verstärkungsfaktor beträgt R_K/R_e = 10 V/2,5 V = 4. Den Eingangswiderstand R_e wählt man zu 10 kΩ. $R_K = 4 \cdot R_e$ = **40 kΩ**

Nichtinvertierender Verstärker

Beim nichtinvertierenden Verstärker haben Eingangsspannung und Ausgangsspannung gleiches Vorzeichen. Die Eingangsspannung U_e wird über R_S an den nichtinvertierenden Eingang angeschlossen **(Bild 1, folgende Seite)**. Dieser Widerstand dient lediglich zur Verminderung des Eingangsruhestromes und kann auch weggelassen werden. Der Eingangsstrom I_e ist wegen des hochohmigen Eingangsinnenwiderstandes des Operationsverstärkers sehr klein. Der Spannungserzeuger mit der Spannung U_e wird daher kaum belastet. Die Ausgangsspannung U_a wird zum invertierenden Eingang über den Rückkopplungswiderstand R_K zurückgeführt. Der rückgekoppelte Strom I_K fließt wegen $I_1 \approx 0$ nahezu unverändert über R_Q. Wegen der hohen Spannungsverstärkung des Operationsverstärkers ist $U_1 \approx 0$ V. Damit wird $I_K = U_a/(R_Q + R_K)$ und $I_Q = U_e/R_Q$. Mit $I_K = I_Q$ erhält man die Bestimmungsgleichung für die Ausgangsspannung $U_a = U_e\,(1 + R_K/R_Q)$.

U_a Ausgangsspannung
U_e Eingangsspannung
R_K Rückkopplungswiderstand
R_Q Eingangsquerwiderstand

$$U_a \approx \left(1 + \frac{R_K}{R_Q}\right) \cdot U_e$$

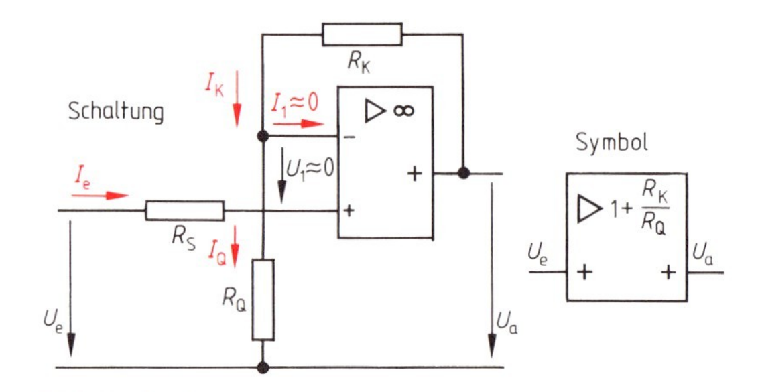

Bild 1: Nichtinvertierender Verstärker

Impedanzwandler

Bei einem Impedanzwandler (Spannungsfolger) soll die Ausgangsspannung U_a gleich der Eingangsspannung U_e sein. Der Eingangswiderstand der Gesamtschaltung soll sehr groß sein, um die Spannung U_e nicht zu belasten und der Ausgangsinnenwiderstand soll klein sein.

Dies erreicht man mit einem Operationsverstärker in nichtinvertierender Schaltung, wobei der Rückkopplungswiderstand $R_K = 0$ und der Querwiderstand $R_Q = \infty$ sind **(Bild 2)**. Da wegen der hohen Verstärkung des Operationsverstärkers U_1 sehr klein gegenüber U_e und U_a ist, wird die Ausgangsspannung gleich groß wie die Eingangsspannung.

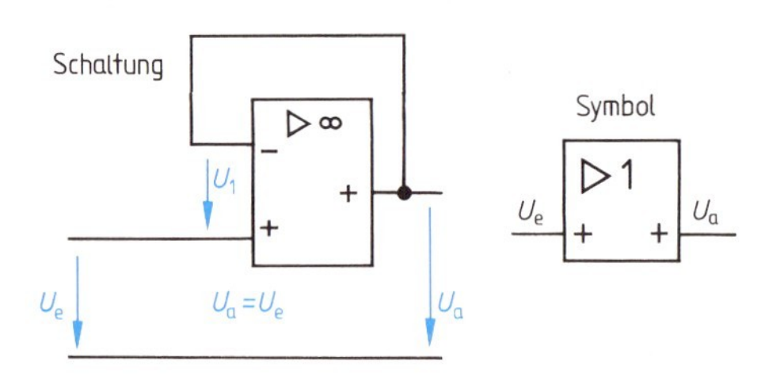

Bild 2: Impedanzwandler

Summierverstärker

Bei der Schaltung als Summierverstärker dient der Operationsverstärker zur Addition und Verstärkung mehrerer Spannungen. Er wird über Eingangswiderstände angesteuert **(Bild 3)**.

Mit der Näherung $U_1 \approx 0$ und $I_1 \approx 0$ gilt:

$$I_{e1} = \frac{U_{e1}}{R_{e1}}; \quad I_{e2} = \frac{U_{e2}}{R_{e2}}; \quad I_K = \frac{U_a}{R_K};$$

$$-I_K = I_{e1} + I_{e2} + \ldots$$

Die einzelnen Eingangsspannungen können je nach Wahl der Eingangswiderstände verschieden hoch verstärkt werden.

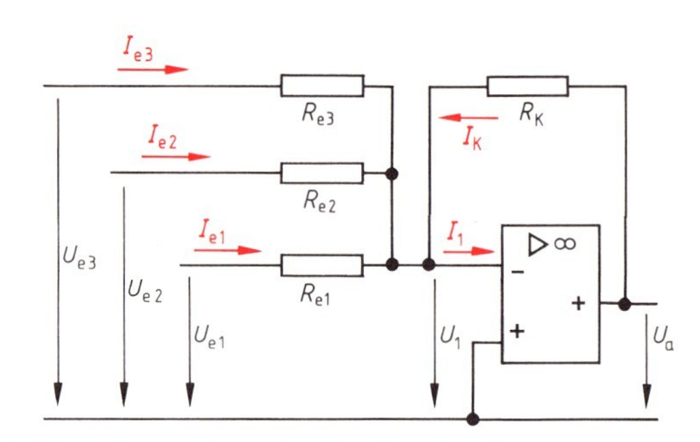

Bild 3: Summierverstärker für drei Spannungen

Ausgangsspannung am Summierverstärker:

$$-U_a = \frac{R_K}{R_{e1}} \cdot U_{e1} + \frac{R_K}{R_{e2}} \cdot U_{e2} + \ldots$$

Beispiel 2:

Bestimmen Sie die Beschaltungswiderstände R_{e1} und R_{e2} für die Addition zweier Meßspannungen $U_{e1} = 1$ V und $U_{e2} = 0{,}1$ V! Die Meßspannung U_{e2} ist gegenüber U_{e1} fünffach stärker zu berücksichtigen. Die Ausgangsspannung soll -6 V und der Gegenkopplungswiderstand 10 kΩ betragen.

Lösung:

Die Spannung $-U_a$ setzt sich aus $\frac{R_K}{R_{e1}} \cdot U_{e1}$ und $\frac{R_K}{R_{e2}} \cdot U_{e2}$ zusammen. Damit U_{e2} fünffach stärker berücksichtigt wird, muß R_{e2} ein Fünftel von R_{e1} sein.

$$-U_a = \frac{R_K}{R_{e1}}\, U_{e1} + \frac{R_K}{R_{e2}} \cdot U_{e2}$$

$$-6\,\text{V} = \frac{10\,\text{k}\Omega}{R_{e1}} \cdot 1\,\text{V} + \frac{10\,\text{k}\Omega}{R_{e1}/5}\, 0{,}1\,\text{V} = \frac{10\,\text{k}\Omega}{R_{e1}} \cdot 1{,}5\,\text{V}$$

$$\Rightarrow R_{e1} = \mathbf{2{,}5\,k\Omega} \Rightarrow R_{e2} = \frac{1}{5}\, R_{e1} = \mathbf{500\,\Omega}$$

Subtrahierverstärker (Differenzverstärker)

Der Subtrahierverstärker kann eine Ausgangsspannung bilden, die verhältnisgleich zur Differenz zweier Eingangsspannungen ist **(Bild 1)**. Meist verwendet man aber den Subtrahierverstärker zur Verstärkung einer Meßsignalspannung U_d, welche potentialfrei bleiben soll. In diesem Fall müssen beide Eingangswiderstände gleich groß sein. Der Widerstand zwischen dem nichtinvertierenden Eingang und Masse muß so groß gewählt werden wie der Rückkopplungswiderstand (Bild 1).

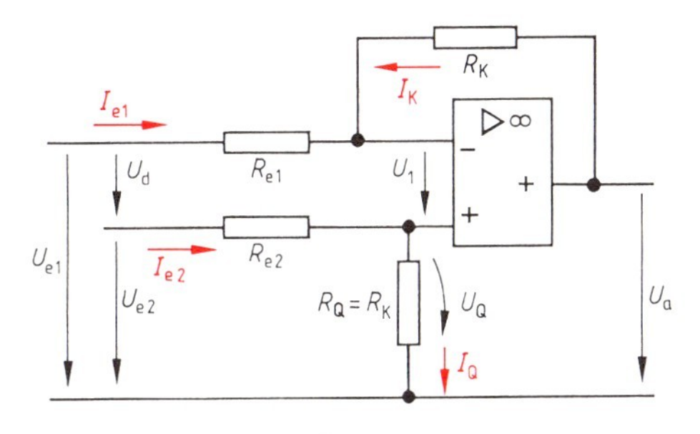

Bild 1: Subtrahierverstärker

Mit der Näherung $U_1 \approx 0$ und $I_1 \approx 0$ gilt:

$$I_{e1} = \frac{U_{e1} - U_Q}{R_e} = -I_K$$

$$I_K = \frac{U_a - U_Q}{R_K} \Rightarrow \frac{U_{e1}}{R_e} + \frac{U_a}{R_K} = \frac{U_Q}{R_e} + \frac{U_Q}{R_K}$$

$$I_{e2} = \frac{U_{e2} - U_Q}{R_e} = I_Q$$

$$I_Q = \frac{U_Q}{R_K} \Rightarrow \frac{U_{e2}}{R_e} = \frac{U_Q}{R_e} + \frac{U_Q}{R_K}$$

Durch Subtraktion der Gleichungen erhält man:

$$\frac{U_{e1}}{R_e} + \frac{U_a}{R_K} - \frac{U_{e2}}{R_e} = 0$$

$$\Rightarrow U_a = (U_{e2} - U_{e1})\frac{R_K}{R_e} = U_d \cdot \frac{R_K}{R_e}$$

U_a Ausgangsspannung
U_d Differenzeingangsspannung
R_K Rückkopplungswiderstand
R_e Eingangswiderstand

$$U_a = \frac{R_K}{R_e} \cdot U_d$$

Zur Subtraktion von Spannungen wird meist nicht der Differenzverstärker eingesetzt, sondern der Summierverstärker. Die zu subtrahierende Spannung wird hierfür in der Polarität vertauscht und addiert.

Differenzierer

Bei der Schaltung als Differenzierer **(Tabelle 1)** entsteht am Ausgang nur dann eine Spannung, wenn sich die Eingangsspannung ändert. Der Differenzierer hat als Eingangswiderstand einen Kondensator C_e. Über diesen Kondensator fließt nur bei sich ändernder Eingangsspannung U_e ein Strom. Der Rückkopplungswiderstand ist wie beim Invertierer ein Wirkwiderstand R_K. Schaltet man auf den Eingang des Differenzierers eine Rechteckspannung, dann entsteht bei jedem Spannungswechsel ein Nadelimpuls am Ausgang (Tabelle 1). Für eine geradlinig ansteigende Eingangsspannung ist die Ausgangsspannung konstant. Bei sinusförmiger Eingangsspannung ist die Ausgangsspannung ebenfalls sinusförmig, aber in der Phase um 90° verschoben und in der Amplitude für Frequenzen $f > f_0 = 1/(2\,\pi\, R_K\, C_e)$ verstärkt und für Frequenzen $f < f_0$ abgeschwächt. Der Differenzierer wirkt wie ein Hochpaß.

Tabelle 1: Differenzierer

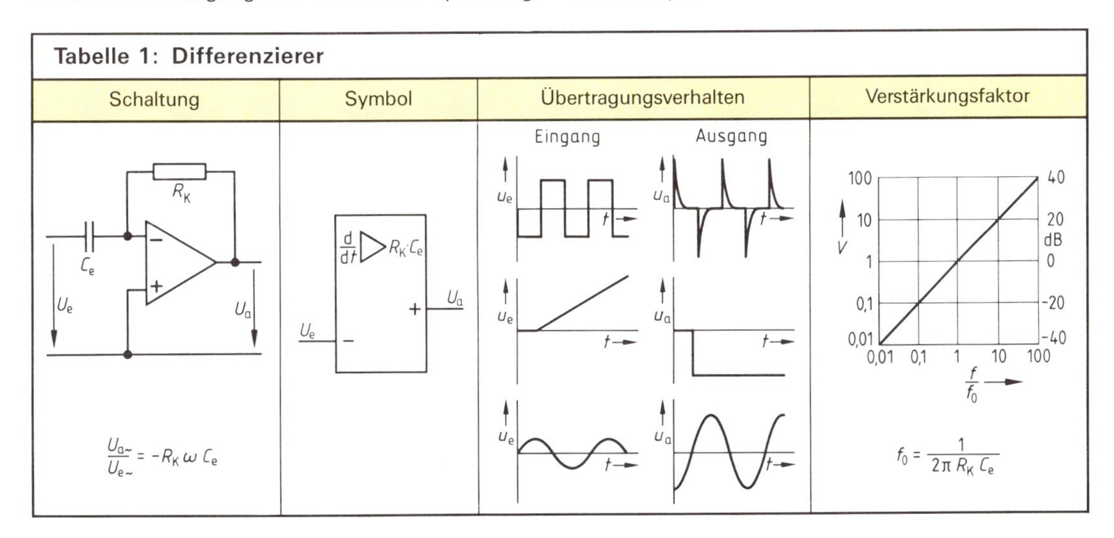

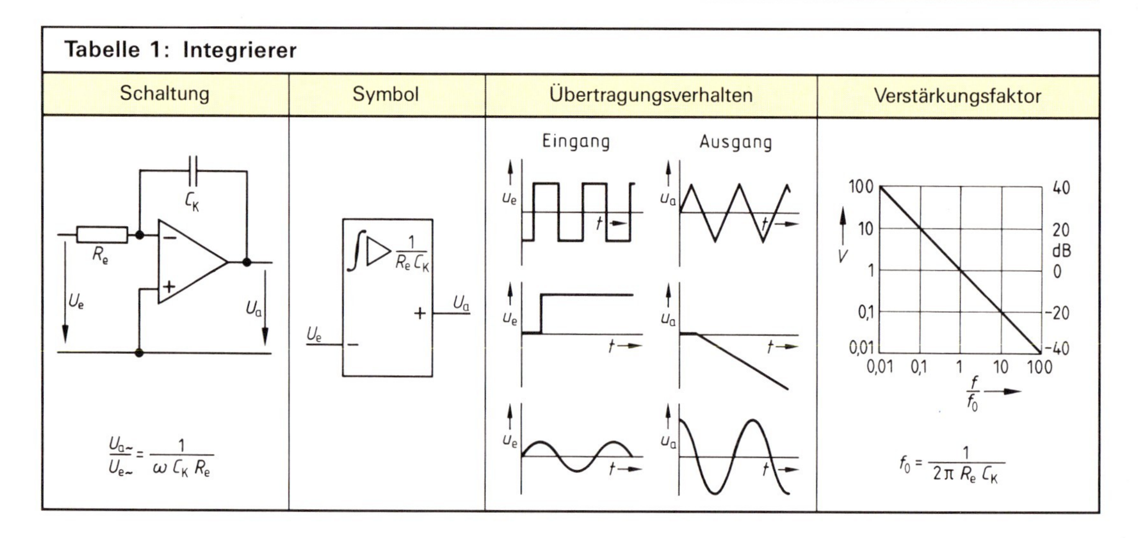

Integrierer

Der Integrierer hat als Eingangswiderstand einen Wirkwiderstand R_e und zur Rückkopplung einen Kondensator C_K **(Tabelle 1)**. Der über R_e fließende Strom I_e fließt über den Summenpunkt in den Kondensator und lädt diesen auf die Ausgangsspannung U_a auf. Die Ausgangsspannung U_a ist verhältnisgleich der am Eingang anstehenden Spannung U_e multipliziert mit der Zeit (Spannungszeitfläche). Bei rechteckförmiger Eingangsspannung erhält man eine Dreieckausgangsspannung (Tabelle 1). Für sinusförmige Eingangsspannung ist die Ausgangsspannung auch sinusförmig, in der Phase aber um 90° verschoben und in der Amplitude für Frequenzen $f > f_0 = 1/(2\ \pi\ R_e C_K)$ abgeschwächt und für Frequenzen $f < f_0$ verstärkt. Der Integrierer wirkt ähnlich wie ein Tiefpaß.

Komparator

Mit dem Komparator[1] vergleicht man eine unbekannte Spannung U_x mit einer vorgewählten Referenzspannung[2] U_{ref}. Für $U_x > U_{ref}$ wird der Operationsverstärker voll ausgesteuert und nimmt am Ausgang die maximale negative Ausgangsspannung an **(Bild 1)**. Für $U_x < U_{ref}$ nimmt der Ausgang die maximale positive Ausgangsspannung an. Mit zwei gegeneinander geschalteten Z-Dioden kann man den Spannungsbereich der Ausgangsspannung auf den gewünschten Pegel begrenzen. Die Spannung U_x muß um die sehr kleine Eingangsspannung U_1 größer bzw. kleiner als U_{ref} sein. Die Spannung U_1 liegt im Bereich von 1 µV oder weniger.

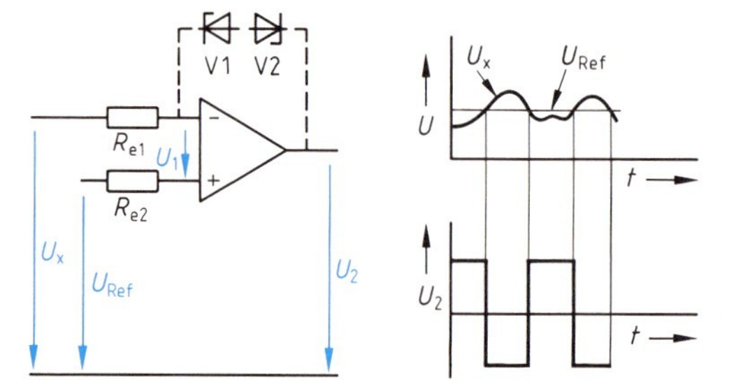

Bild 1: Komparator

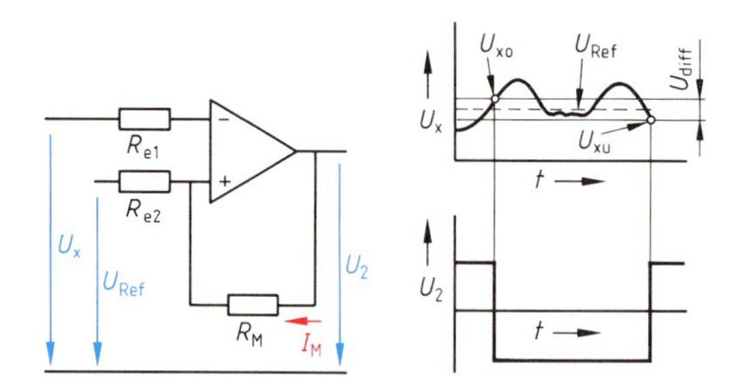

Bild 2: Komparator mit Schaltdifferenz

Bei manchen Anwendungen, z. B. in der Regelungstechnik bei Zweipunktreglern, soll der Komparator eine deutliche Schaltdifferenz U_{diff} aufweisen. Diese Schaltdifferenz U_{diff} erreicht man mit einem Mitkopplungswiderstand R_M **(Bild 2)**. Je kleiner der Mitkopplungswiderstand gewählt wird, um so größer wird die Schaltdifferenz.

[1] lat. comparare = vergleichen; [2] frz. référence = Bericht, Auskunft; hier: Referenzspannung = Bezugsspannung

Strom-Spannungsumsetzer

Mit dem *Strom-Spannungsumsetzer* **(Bild 1)** wird ein Gleichstrom I_e fast fehlerfrei in eine verhältnisgleiche Signalspannung U_a umgesetzt. Der Spannungsabfall U_1 am Eingang des Operationsverstärkers ist wegen des hohen Spannungsverstärkungsfaktors (z. B. $V_0 = 200\,000$) gegenüber der Spannung U_a vernachlässigbar klein. Da der Operationsverstärker einen sehr hohen Eingangsinnenwiderstand hat (z. B. $10^9\ \Omega$), kann der Strom I_1 gegenüber dem umzusetzenden Strom I_e unberücksichtigt bleiben.

Bei einem Strom $I_e = -1\ \mu A$ erhält man eine Signalspannung $U_a = 1$ V, wenn der Widerstand $R_K = 1\ M\Omega$ beträgt. Diese Spannung ist konstant bis zur zulässigen Belastung des Operationsverstärkers (meist 20 mA).

Die Ausgangsspannung des Strom-Spannungsumsetzers ist dem Eingangsstrom verhältnisgleich.

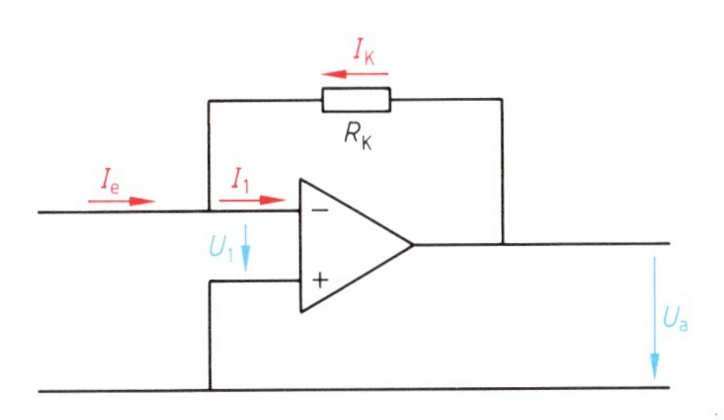

Bild 1: Strom-Spannungsumsetzer

Mit $I_1 \approx 0$ wird $I_K \approx -I_e$ und wegen $U_1 \approx 0$ ist $U_a \approx R_K I_K$.

U_a Ausgangsspannung
I_e Eingangsstrom
R_K Rückkopplungswiderstand

$$U_a \approx -R_K \cdot I_e$$

Spannungs-Stromumsetzer

Beim *Spannungs-Stromumsetzer* **(Bild 2)** ist der Ausgangsstrom I_a verhältnisgleich der Eingangsspannung U_e.

Der Ausgangsstrom ist unabhängig vom Lastwiderstand R_L, er ist „eingeprägt". Der Lastwiderstand darf jedoch nur so groß sein, daß die zulässige Ausgangsspannung des Verstärkers nicht überschritten wird.

Beispiel:
Berechnen Sie den maximalen Lastwiderstand für einen Spannungs-Stromumsetzer mit $R_S = 10\ \Omega$. $U_e = -10$ mV und $U_{amax} = 10$ V!

Lösung:

$$I_a \approx -\frac{U_e}{R_S} = -\frac{-10\ \text{mV}}{10\ \Omega} = 1\ \text{mA}$$

$$R_{Lmax} = \frac{U_{amax}}{I_a} - R_S = \frac{10\ \text{V}}{1\ \text{mA}} - 10\ \Omega = \mathbf{9{,}99\ k\Omega}$$

Der Ausgangsstrom des Spannungs-Stromumsetzers ist lastunabhängig und der Eingangsspannung verhältnisgleich.

Spannungs-Stromumsetzer verwendet man z. B. zur Signalübertragung von Sensorsignalen über größere Entfernungen, da bei eingeprägten Strömen sich verändernde Leiterwiderstände und Kontaktwiderstände keinen verfälschenden Einfluß auf die Signale haben. Mit einem Strom-Spannungsumsetzer wird dann beim Signalempfänger aus dem Stromsignal wieder ein Spannungssignal erzeugt.

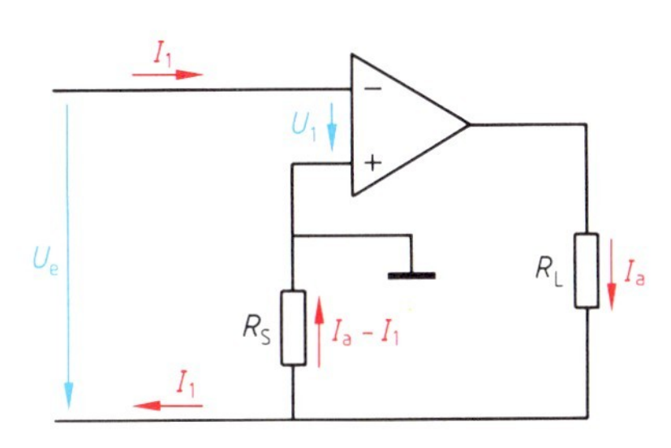

Bild 2: Spannungs-Stromumsetzer

Mit $U_1 \approx 0$ und $I_1 \approx 0$ ist $U_e \approx -R_S I_a$.

I_a Ausgangsstrom
U_e Eingangsspannung
R_S strombestimmender Widerstand

$$I_a \approx -\frac{U_e}{R_S}$$

Wiederholungsfragen

1. **Weshalb benötigt man bei Operationsverstärkern eine externe oder eine interne Frequenzkompensation?**
2. **Welche Eigenschaften hat der ideale Operationsverstärker bezüglich der Spannungsverstärkung und des Eingangswiderstandes?**
3. **Wie kann man beim invertierenden Verstärker die Verstärkung verändern?**
4. **Zeichnen Sie die Schaltung eines Summierverstärkers für die Summation von zwei Spannungen!**
5. **Welche Eigenschaften hat der Spannungsfolger?**
6. **Nennen Sie ein Beispiel für die Anwendung eines Spannungs-Stromumsetzers!**

2.9.5 Treiberverstärker

Treiberverstärker (*Treiber*) haben ursprünglich die Aufgabe, die zum Ansteuern einer Endstufe erforderliche Steuerleistung zur Verfügung zu stellen.

Treiber sind Verstärkerschaltungen, welche eine Steuerleistung abgeben.

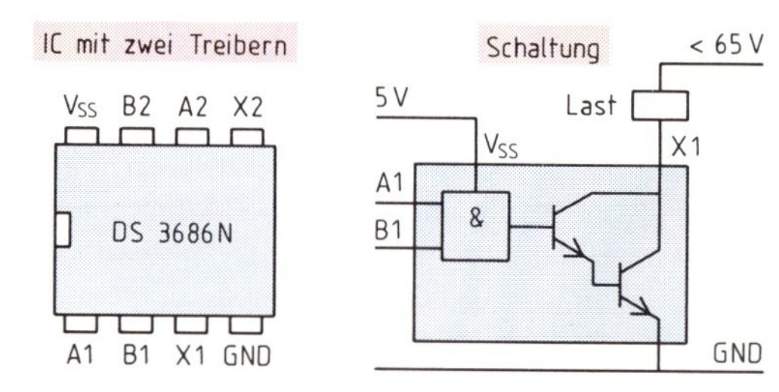

Bild 1: Relaistreiber

Anstelle einer Endstufe wird von Treibern oft eine Last direkt angesteuert, z. B. eine Siebensegmentanzeige oder ein Relais. Man spricht dann von einem Siebensegmenttreiber bzw. einem Relaistreiber **(Bild 1)**. Derartige Treiber sind meist IC.

Beim Relaistreiber Bild 1 wird über ein UND-Element eine aus zwei Transistoren bestehende *Darlingtonstufe* angesteuert. Der Eingang kann von einem TTL-Bauelement oder einem CMOS-Bauelement angesteuert werden. Darlingtonstufen sind bei Treibern häufig, da die Verstärkung durch einen einzelnen Transistor bei Belastung oft nicht ausreicht. Derartige Treiber werden auch als Darlingtontreiber bezeichnet.

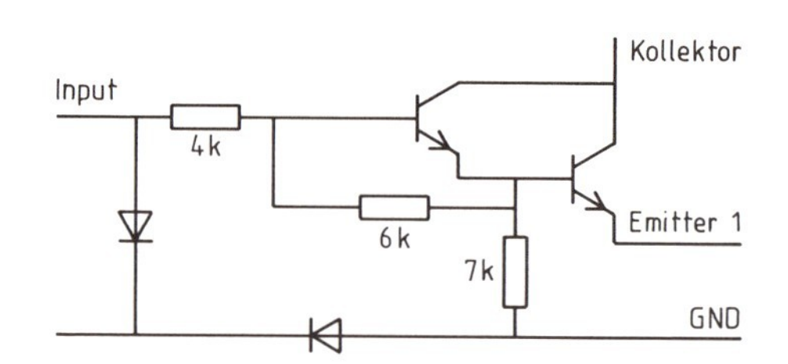

Bild 2: LED-Treiber zur Anpassung von MOS-Signalen

Treiber enthalten oft Darlingtonstufen und können von CMOS-Elementen oder TTL-Elementen angesteuert werden.

Beim LED-Treiber **Bild 2** enthält der IC außer der Darlingtonstufe Widerstände und Dioden. Der Lastwiderstand liegt im Kollektorzweig oder im Emitterzweig. Der Emitterstrom kann eine LED direkt ansteuern. Siebensegmenttreiber-IC können bis zu acht derartige Schaltungen enthalten, z. B. für sieben Segmente und den Dezimalpunkt **(Bild 3)**.

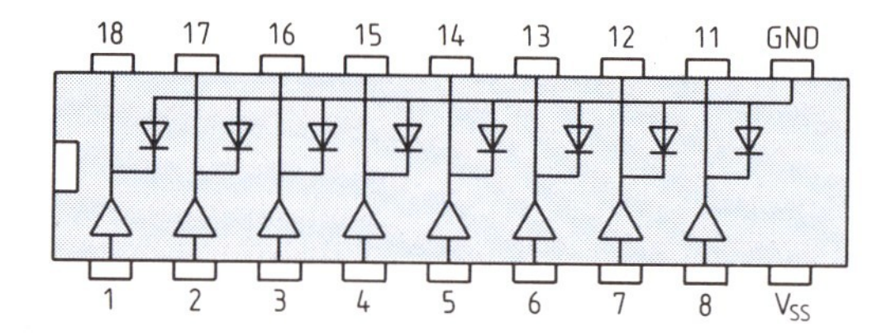

Bild 3: Darlingtontreiber-IC UDN 2981 A

Treiberverstärker sind auch in Leistungsoperationsverstärkern enthalten. Beim IC-Verstärker **Bild 4** sind ein Vorverstärker, ein Treiber, eine Endstufe und mehrere Schutzschaltungen vorhanden. Der Ausgangsstrom beträgt bis 3 A und das Leerlaufverstärkungsmaß 90 dB.

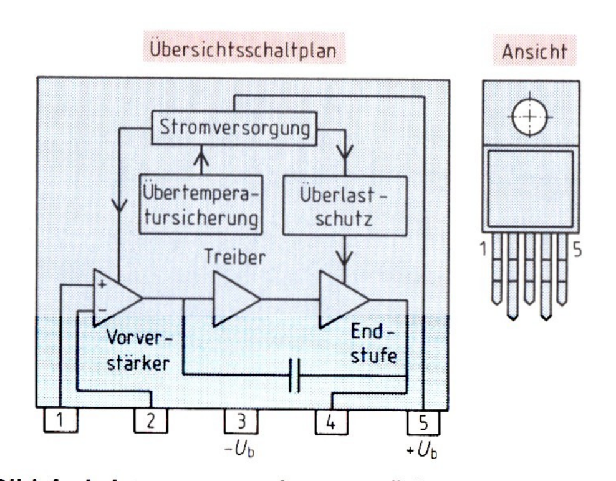

Bild 4: Leistungsoperationsverstärker

Wiederholungsfragen

1. **Welche Aufgabe haben Treiberverstärker?**
2. **In welcher Bauform liegen Treiber meist vor?**
3. **Was versteht man unter einem Darlingtontreiber?**
4. **Warum enthalten Treiber oft Darlingtonstufen?**
5. **Wo liegt bei einem LED-Treiber der Lastwiderstand?**
6. **Welche Baugruppen können in einem Leistungsoperationsverstärker vorhanden sein?**

2.10 Generatoren und Kippschaltungen

2.10.1 Sinusgeneratoren

Ein Sinusgenerator (Oszillator[1]) besteht grundsätzlich aus einem *Verstärker*, einer *Mitkopplung*, einem *frequenzbestimmenden Glied* und einer *Amplitudenbegrenzung* **(Bild 1)**.

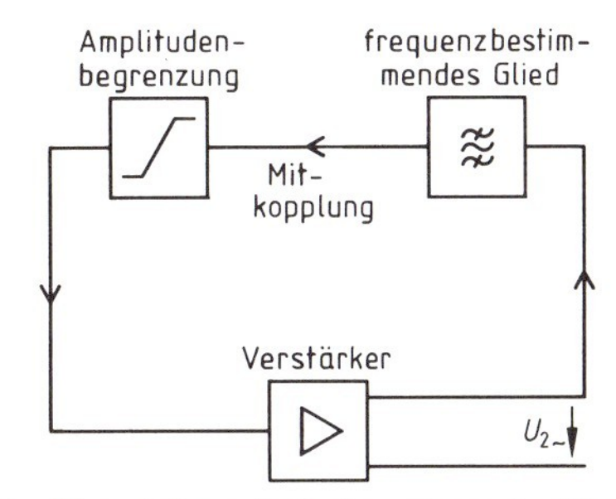

Bild 1: Übersichtsschaltplan eines Oszillators

Schwingungsbedingungen

Versuch 1: Bauen Sie eine Versuchsschaltung zur Schwingungserzeugung auf **(Bild 2)**! Verbinden Sie die beiden Spulen magnetisch mit einem geschlossenen Eisenkern, und schalten Sie zur Kontrolle des Schwingstromes im Schwingkreis einen Strommesser für ± 1 mA mit Nullstellung des Zeigers in Skalenmitte in Reihe zum Kondensator! Legen Sie die Schaltung an eine Betriebsspannung von 12 V! Polen Sie die Spule L 1 um, und beobachten Sie wieder den Strommesser!

Nur bei einer bestimmten Polung bzw. einem bestimmten Wicklungssinn entsteht eine fortwährende Schwingung.

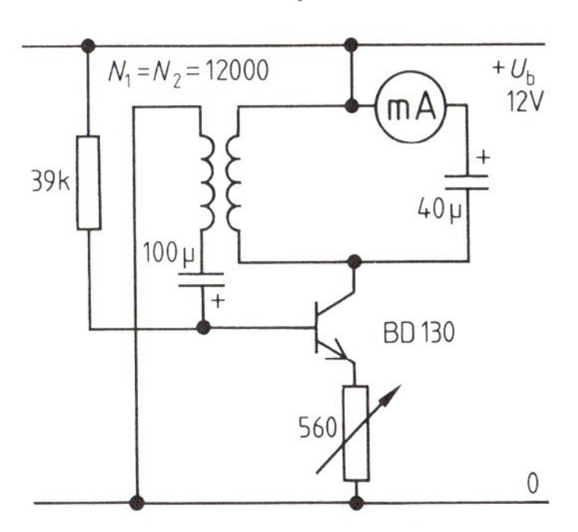

Bild 2: Versuchsschaltung zur Schwingungserzeugung

Eine Rückkopplung, bei welcher die rückgekoppelte Ausgangsspannung des Verstärkers die gleiche Phasenlage hat wie die Eingangsspannung des Verstärkers, bezeichnet man als Mitkopplung. Sie vergrößert die wirksame Eingangsspannung. Die so erhöhte Eingangswechselspannung wird verstärkt, ergibt eine größere Ausgangswechselspannung und damit auch eine größere rückgekoppelte Spannung.

Phasenbedingung: Zur Schwingungserzeugung muß ein Teil der Ausgangsspannung phasenrichtig wieder dem Eingang zugeführt werden.

Bei genügend starker Rückkopplung ist am Eingang keine Fremdspannung mehr nötig. Die kleinste Änderung im Betriebszustand einer solchen Schaltung, z.B. das Einschalten, leitet die Selbsterregung ein.

Versuch 2: Verringern Sie in Versuch 1 die Kopplung durch Öffnen des Jochs! Schließen Sie danach den Kern wieder! Beobachten Sie den Strommesser im Schwingkreis!

Wird die rückgekoppelte Spannung zu klein, so setzen die Schwingungen aus. Bei zunehmender Spannung setzen sie wieder ein.

Zur Aufhebung der Eigenverluste der Schaltung muß eine genügend starke Mitkopplung vorhanden sein, damit Schwingungen einsetzen und auch aufrecht erhalten bleiben. Die rückgekoppelte Spannung muß mindestens so groß sein wie die Spannung, welche diese Rückkopplungsspannung hervorgerufen hat. Der Kopplungsfaktor K gibt an, welcher Teil der Ausgangsspannung auf den Eingang rückgekoppelt wird. Je größer der Spannungsverstärkungsfaktor V_u ist, um so kleiner kann der Kopplungsfaktor sein. Das Produkt $K \cdot V_u$ nennt man *Ringverstärkung*.

K Kopplungsfaktor
V_u Spannungsverstärkungsfaktor
φ_K Phasenverschiebungswinkel zwischen rückgekoppelter Spannung und Eingangsspannung

Schwingungsbedingungen:

Phasenbedingung:	Amplitudenbedingung:
$\varphi_K = 0°$	$K \cdot V_u \geq 1$

Amplitudenbedingung: Eine Schwingung setzt ein, wenn die Ringverstärkung größer als 1 ist. Im eingeschwungenen Zustand ist die Ringverstärkung gleich 1.

Damit ein sicherer Schwingungseinsatz erreicht wird, wählt man K stets größer als $1/V_u$. Ist K kleiner als $1/V_u$, so klingt eine vorhandene Schwingung aus (gedämpfte Schwingung).

[1] lat. oscillare = schwingen

Grundschaltungen von Sinusgeneratoren

Als frequenzbestimmende Glieder können Schwingkreise, Quarze oder RC-Glieder eingesetzt werden. Entsprechend unterscheidet man LC-Generatoren (Bild 2, vorhergehende Seite), RC-Generatoren **(Bild 1** und **Bild 2)** und Quarzgeneratoren **(Bild 3)**.

Beim **RC-Generator mit Phasenschieberkette** beträgt die Phasenverschiebung zwischen der Eingangsspannung und der Ausgangsspannung der RC-Kette für die Schwingfrequenz gerade −180°. Führt man die Ausgangsspannung der RC-Kette über einen Umkehrverstärker auf den Eingang der RC-Kette zurück, dann wird die Phasenbedingung erfüllt, da die Spannungsumkehr durch den Operationsverstärker einer weiteren Phasenverschiebung um −180° entspricht (Bild 1).

Beim **Wien-Brückengenerator** mit gleichen Widerständen und gleichen Kapazitäten im Brückenzweig (Bild 2) ist die Brückenspannung U_{B2} mit der Ausgangsspannung U_2 in Phase, wenn $X_C = R$ ist. Dies ist bei der Frequenz $f_o = 1/(2\pi RC)$ der Fall. Hierbei unterstützt die vom Ausgang des Operationsverstärkers zurückgekoppelte Spannung die Eingangsspannung am nichtinvertierenden Eingang des Operationsverstärkers am stärksten. Der Generator schwingt, wenn der Spannungsverstärkungsfaktor des Operationsverstärkers mindestens 3 ist.

Die gegeneinander geschalteten Z-Dioden begrenzen die Amplitude der Ausgangsspannung U_2.

Bei **Quarzgeneratoren** wird anstelle des frequenzbestimmenden Schwingkreises oder in den Mitkopplungszweig ein Schwingquarz geschaltet. Schwingquarze haben eine sehr konstante Eigenfrequenz und eine besonders hohe Güte. Ihre Ersatzschaltung (Bild 3, links) zeigt, daß sie sowohl einen Reihenschwingkreis wie auch einen Parallelschwingkreis ersetzen können. Sie werden deshalb im Parallelresonanzbetrieb oder im Reihenresonanzbetrieb (Bild 3, rechts) verwendet.

Quarzgeneratoren schwingen mit einer sehr konstanten Eigenfrequenz.

Beim Quarzgenerator Bild 3 ist die Mitkopplung am größten, wenn der Scheinwiderstand des Schwingquarzes am kleinsten ist. Dies ist bei seiner Reihenresonanz der Fall.

Quarzgeneratoren werden z. B. in Uhren, Rechnern, Sendern, Eichgeneratoren und als Zeitbasis in Meßgeräten verwendet.

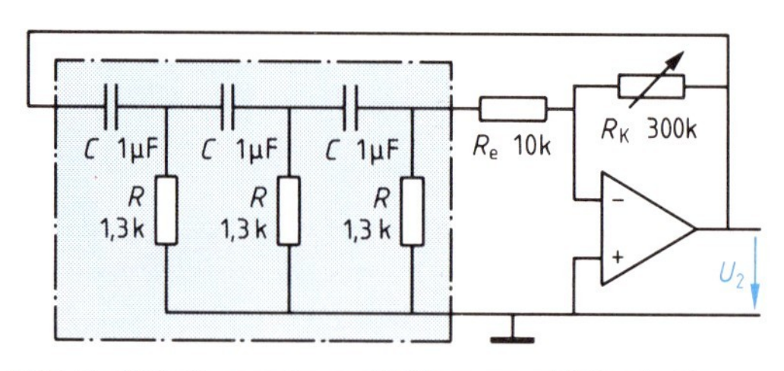

Bild 1: RC-Generator mit Phasenschieberkette

- f_o Oszillatorfrequenz
- R Widerstand
- C Kapazität
- U_{B2} Ausgangswechselspannung der Wien-Brücke
- U_B Wechselspannung an der Wien-Brücke
- V_u Spannungsverstärkungsfaktor

Beim RC-Generator Bild 1:

$$f_o \approx \frac{1}{15{,}4 \cdot R \cdot C}$$

Beim Wien-Brückengenerator:

$$f_o = \frac{1}{2 \cdot \pi \cdot R \cdot C}$$

$$U_{B2} = \frac{U_B}{3} \qquad V_u = 3$$

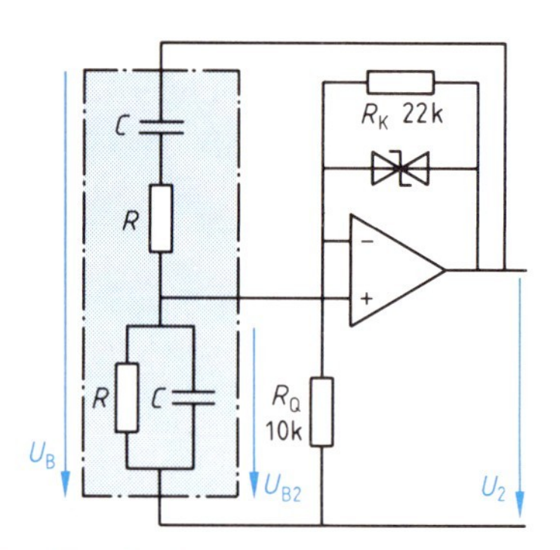

Bild 2: Wien-Brückengenerator

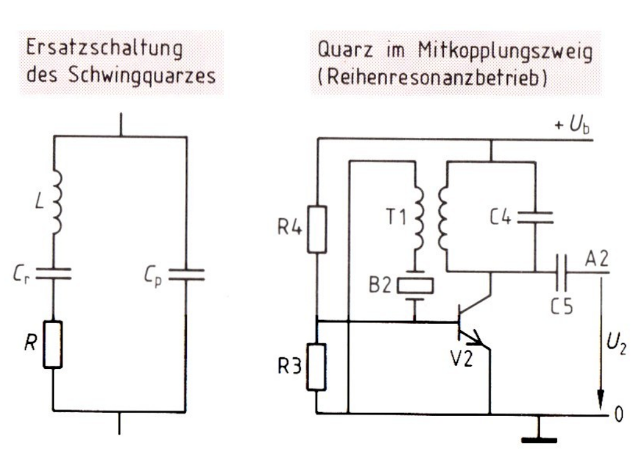

Bild 3: Quarzgenerator

2.10.2 Elektronische Schalter

Mit *elektronischen Schaltern*, z. B. Dioden, Transistoren, Thyristoren, kann ein Laststromkreis kontaktlos geschaltet werden.

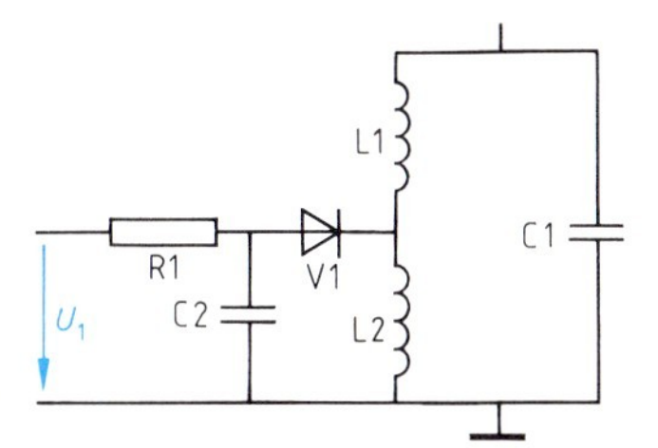

Bild 1: Schwingkreisumschaltung durch eine Diode

Diode als Schalter. Bei der Schwingkreisumschaltung **Bild 1** ist bei negativer Spannung U_1 die Diode V1 gesperrt, und im Schwingkreis sind L1 und L2 wirksam. Wird U_1 positiv, so wird V1 leitend und L2 über V1 und C2 kurzgeschlossen. Jetzt ist nur noch L1 wirksam und damit die Eigenfrequenz größer.

Transistor als Schalter. Wird ein *Wirkwiderstand* von einem Transistor geschaltet, so liegen die Arbeitspunkte EIN und AUS auf der Widerstandsgeraden **(Tabelle 1)**. Diese kann durch die Leistungshyperbel verlaufen, wenn die Arbeitspunkte unterhalb der Leistungshyperbel liegen und die Schaltzeit kurz ist. Deshalb und um einen stabilen Arbeitspunkt EIN und eine niedrige Sättigungsspannung U_{CEsat} zu erhalten, übersteuert man den Transistor mit dem zwei- bis fünffachen Basisstrom, der zum Durchsteuern des gewünschten Kollektorstromes erforderlich wäre.

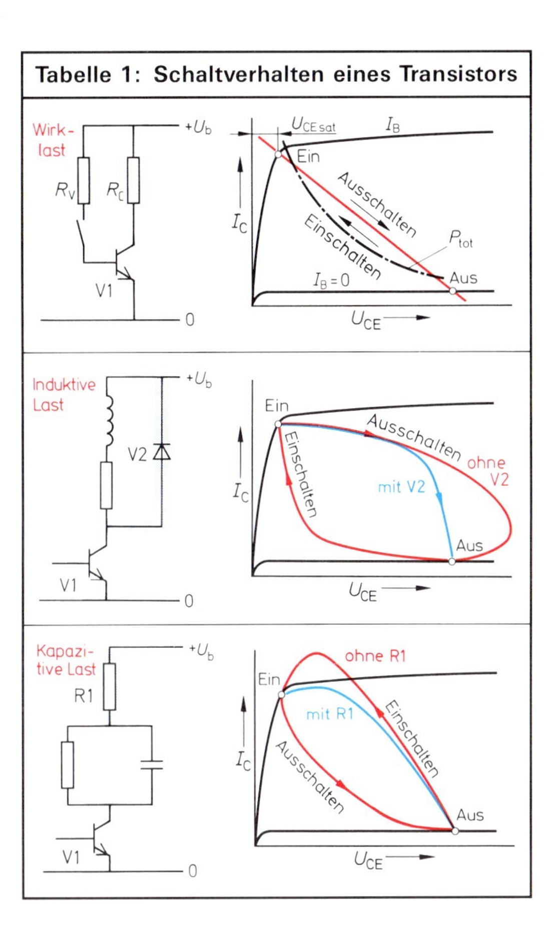

I_B	Basisstrom	$I_B \approx \frac{I_C \cdot ü}{B_{min}}$
I_C	Kollektorstrom	
R_V	Basisvorwiderstand	Bei $U_b \gg U_{BE}$:
B_{min}	kleinstes Gleichstromverhältnis	
R_C	Lastwiderstand	$R_V \approx \frac{B_{min} \cdot R_C}{ü}$
$ü$	Übersteuerungsfaktor (2 bis 5)	

Induktive Last verzögert beim Einschalten den Stromanstieg (Tabelle 1). Beim Ausschalten entsteht eine Spannungsüberhöhung. Ein RC-Glied oder eine Freilaufdiode parallel zur Induktivität verhindert eine Zerstörung des Transistors.

Kapazitive Last hat beim Einschalten eine Stromüberhöhung zur Folge (Tabelle 1). Beim Ausschalten sinkt der Strom dagegen sehr schnell ab. Stromüberhöhung kann z. B. durch einen in Reihe geschalteten Wirkwiderstand verringert werden.

Beim Ausschalten induktiver Lasten und beim Einschalten kapazitiver Lasten kann der Schalttransistor zerstört werden.

Der Ausgangsimpuls des Transistors ist infolge der Sperrschichtkapazität und der Trägheit der Ladungsträger gegenüber dem Eingangsimpuls verzögert und verformt. Die Einschaltzeit t_{ein} ist die Summe von Verzögerungszeit t_d und Erstübergangsdauer (Anstiegszeit) t_r **(Bild 2)**, die Aus-

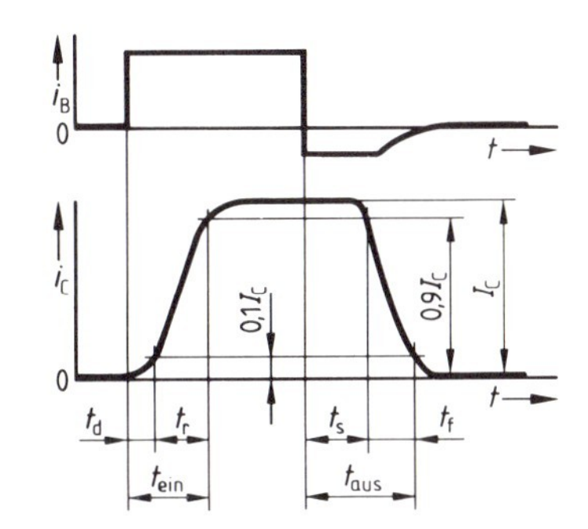

Bild 2: Schaltzeiten von Transistoren

schaltzeit t_{aus} die Summe von Speicherzeit t_s und Letztübergangsdauer (Abfallzeit) t_f. Durch Übersteuerung wird die Einschaltzeit verkürzt, aber die Ausschaltzeit verlängert. Steile Impulsflanke und kurze Schaltzeit werden durch einen Kondensator parallel zum Basisvorwiderstand erreicht. Der Transistor wird dann nur beim Einschalten übersteuert.

2.10.3 Astabile Kippschaltung (Rechteckgenerator)

Astabile[1] *Kippschaltungen* **(Bild 1)**, auch *Multivibratoren*[2] genannt, erzeugen Rechteckspannungen bis zu Frequenzen von einigen MHz. Sie bestehen z. B. aus zwei Transistorstufen. Das Ausgangssignal jeder Stufe wird über einen Kondensator auf den Eingang der anderen Stufe rückgekoppelt. Dadurch hat die Schaltung keinen stabilen Zustand und kippt ohne äußere Ansteuerung von einem Betriebszustand in den anderen.

Solange V1 gesperrt ist, wird C1 mit positiver Ladung am Anschluß A1 auf fast U_b aufgeladen. Wenn V1 leitend wird, so liegt C1 über R1 direkt an der Betriebsspannung U_b. C1 entlädt sich über diesen Stromkreis. An der Basis-Emitterstrecke von V2 liegt etwa diese Spannung u_{C1} mit negativem Potential an der Basis und sperrt V2. Gleichzeitig wird C2 über R4 und die leitende Basis-Emitterstrecke des Transistors V1 von U_b aufgeladen. Der Anschluß A2 ist nun positiv.

Nachdem C1 entladen ist, wird er von U_b mit umgekehrter Polarität aufgeladen. Nach Erreichen von etwa 0,7 V werden V2 leitend und C2 mit Anschluß A2 an Masse gelegt. Die Spannung u_{C2} liegt jetzt an der Basis-Emitterstrecke von V1 mit negativem Potential an der Basis. Dadurch wird V1 gesperrt. Jetzt beginnt für C2 der Umladevorgang. Erreicht u_{BE1} ungefähr +0,7 V, so kippt die Schaltung wieder.

Die astabile Kippschaltung schaltet periodisch zwischen zwei Betriebszuständen um. Das Ausgangssignal ist fast eine Rechteckspannung.

Die Umladezeiten τ und τ_p der Kondensatoren, während denen die Transistoren gesperrt sind, hängen von den Koppelkondensatoren sowie von den Basiswiderständen ab. Nach etwa 69% der Umladezeitkonstanten $\tau_u \approx R_1 \cdot C_1$ kippt der Schaltungszustand wieder um.

Bei der astabilen Kippschaltung **Bild 2** wird über den Widerstand R_K durch die Spannung u_2 der

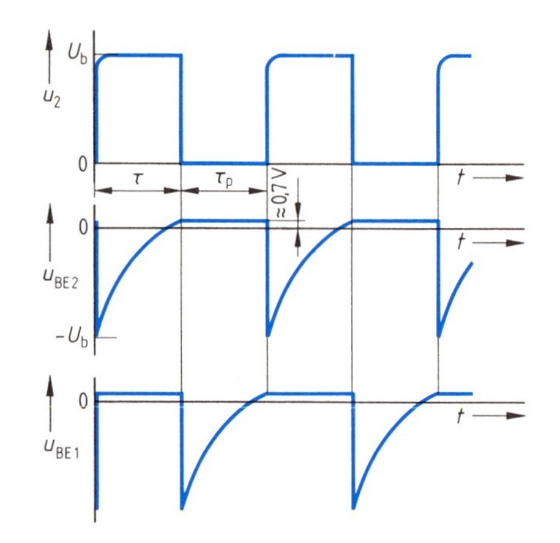

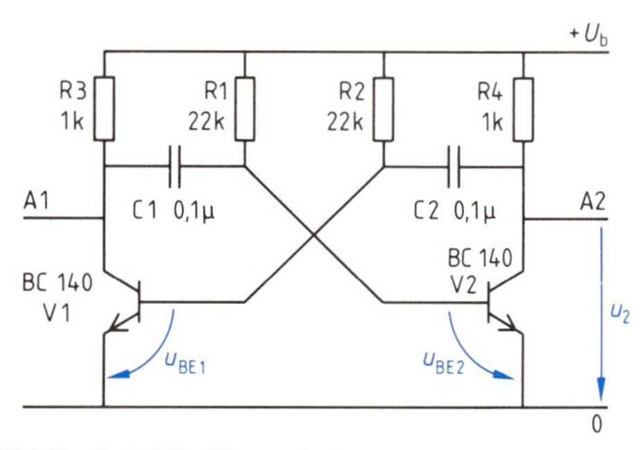

Bild 1: Astabile Kippschaltung

Für $\tau_p > 5\,R_3 C_1$ und $\tau > 5\,R_4 C_2$ sowie $U_b \gg U_{BE}$ und Basis-Emitterspannung in Rückwärtsrichtung $U_{BER} < 7\,V$:

$$\tau \approx 0{,}69 \cdot R_1 \cdot C_1$$

$$\tau_p \approx 0{,}69 \cdot R_2 \cdot C_2$$

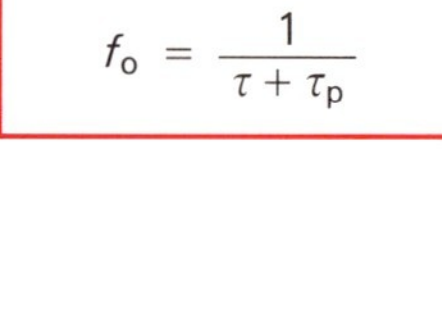

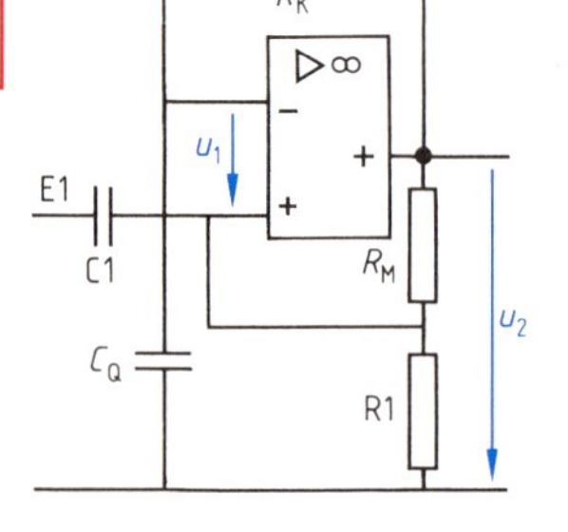

Bild 2: Astabile Kippschaltung

Für astabile Kippschaltung Bild 2:

$$f_o \approx \frac{1}{2\,R_K\,C_Q\,\ln\,(1 + 2\,R_1/R_M)}$$

[1] griech. a... = nicht, un...; z. B. astabil = nicht stabil; [2] lat. multi... = viel, vielfach; lat. vibrator = Schwinger

Kondensator C_Q aufgeladen. Bei zunehmender Kondensatorspannung wechselt die Eingangsspannung u_1 die Richtung, und der Verstärker wird entgegengesetzt ausgesteuert. Der Wechsel der Ausgangsspannung bewirkt ein Umladen des Kondensators und dadurch wieder ein Kippen. Über E1 kann die astabile Kippschaltung synchronisiert werden.

Die integrierte Schaltung 74LS624 **(Bild 1)** ist eine astabile Kippschaltung, die beschaltet an den Ausgängen Q und Q* Rechteckspannungen liefert **(Bild 2)**. An die Anschlüsse C_{x1} und C_{x2} wird ein Kondensator angeschlossen, der die Frequenz mitbestimmt. Die über den Spannungsteiler R1, R2 und R3 erzeugte Spannung wird dem Anschluß BEREICH zugeführt und stellt den Frequenzbereich ein. Mit der über R4, R5 und R6 erzeugten Spannung wird am Anschluß 13 eine Feineinstellung der Kippfrequenz erreicht. Diese astabile Kippschaltung wird als spannungsgesteuerter Oszillator (VCO, von engl. Voltage Controlled Oscillator = spannungsgesteuerter Oszillator) bezeichnet.

In spannungsgesteuerten Kippschaltungen und Oszillatoren wird die Frequenz durch eine Gleichspannung eingestellt.

Über den Anschluß $\overline{EN}$ (enable[1]) kann dieser Rechteckgenerator mit L-Pegel gestartet ($\overline{en}$ = 0) und mit H-Pegel angehalten werden ($\overline{en}$ = 1). An Q werden das Ausgangssignal und an Q* das invertierte Ausgangssignal abgegriffen.

2.10.4 Sägezahngeneratoren

Bei Sägezahngeneratoren steigen die Ausgangsspannung und der Ausgangsstrom linear mit der Zeit an und fallen nach Erreichen eines Höchstwertes schnell wieder auf den Anfangswert zurück.

Die Grundschaltung besteht aus einem Kondensator, der über einen Widerstand aufgeladen und anschließend über einen Schalter entladen wird.

In Schaltung **Bild 3** dienen V1 mit R4 und dem Basisspannungsteiler R1, R2, R3 als Konstantstromquelle für C1, wodurch u_C linear ansteigt. Der Doppelbasis-Transistor (UJT) V2 wird nach Erreichen der Schaltspannung U_p plötzlich leitend und entlädt C1. Nach Erreichen der Talspannung U_v sperrt der UJT wieder, und C1 wird erneut aufgeladen. Mit R2 wird die Frequenz verändert.

Sägezahngeneratoren werden z. B. in Oszilloskopen und Datensichtgeräten zur Strahlablenkung sowie in digitalen Meßgeräten verwendet.

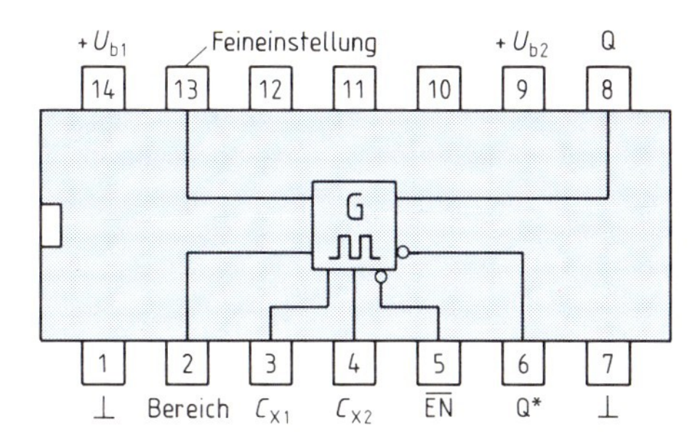

Bild 1: IC 74LS624

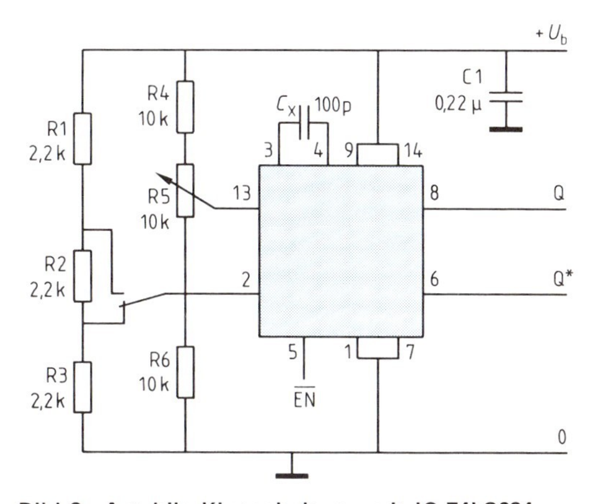

Bild 2: Astabile Kippschaltung mit IC 74LS624

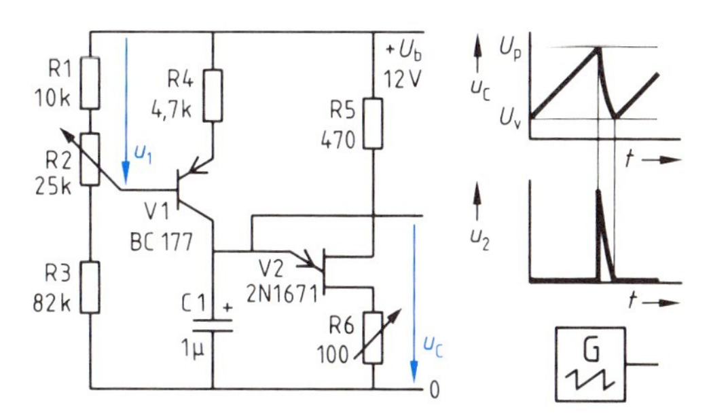

Bild 3: Sägezahngenerator

2.10.5 Bistabile Kippschaltung

Die bistabile[2] Kippschaltung **(Bild 1, folgende Seite)** wird auch bistabile Kippstufe oder *Flipflop* genannt.

Ist der Transistor V1 leitend, so liegt an dessen Kollektor nur noch eine Sättigungsspannung U_{CEsat} von etwa 50 mV bis 200 mV (Pegel L). Diese Spannung gelangt über R3 an die Basis des Transistors V2 und sperrt diesen. u_{22} ist dadurch fast gleich U_b

[1] EN von engl. enable = ermöglichen, freigeben; [2] lat. bi... = zwei; lat. stabil = beständig, fest

(Pegel H). An dieser Spannung liegt über R5 die Basis von V1 und hält V1 leitend. Gelangt über den Eingang E1 ein negativer Impuls auf die Basis von V1, so wird dieser gesperrt. An seinem Kollektor springt die Spannung fast auf $+U_b$. Die Basis des Transistors V2 wird dadurch gegenüber dem Emitter positiv, und V2 wird leitend. An dessen Kollektor liegt jetzt nur noch U_{CEsat}. Dadurch ist u_{BE1} fast 0 V und bewirkt, daß V1 auch nach dem Ende des Auslöseimpulses gesperrt bleibt. Es besteht wieder ein stabiler Betriebszustand.

Ein negativer Impuls an E2 kippt das Flipflop wieder zurück. Dieser Impuls sperrt den Transistor V2, u_{22} springt auf fast U_b, u_{BE1} wird positiv, V1 wird leitend, u_{21} springt auf etwa 0 V und hält V2 über R3 gesperrt. Der zweite stabile Betriebszustand ist erreicht. Eine bistabile Kippschaltung, die an einem Eingang gesetzt und am anderen Eingang zurückgesetzt wird, bezeichnet man als *RS-Kippschaltung*[1]. Mit abwechselnd positiven und negativen Impulsen kann an einem einzigen Eingang gesteuert werden.

Bistabile Kippschaltungen haben zwei stabile Betriebszustände.

Die Eingänge E1 und E2 (Bild 1) werden als *statische*[2] *Eingänge* bezeichnet. Sie sprechen auf Gleichspannungen und Impulse an.

An statischen Eingängen ist der Zustand des Eingangssignals wirksam (Zustandssteuerung).

Im Schaltzeichen werden die Ausgänge mit Q und Q* oder $\overline{Q}$ angegeben **(Bild 2)**. Da am Eingang E1 nicht H-Pegel sondern L-Pegel den Ausgang A1 auf H-Pegel schaltet, wird dies durch ein Negationszeichen (Kreis) gekennzeichnet.

Spricht ein Eingang E nur auf Spannungssprünge an, so wird er als *dynamischer*[3] *Eingang* bezeichnet. Im Schaltzeichen wird er durch eine Spitze dargestellt. Bei Wirksamkeit eines Sprunges von H-Pegel auf L-Pegel ist außerdem noch das Negationszeichen notwendig (Bild 2).

An dynamischen Eingängen ist nur die Zustandsänderung des Eingangssignals wirksam (Flankensteuerung).

Bistabile Kippschaltungen werden als *Speicherelemente* und in *Zählschaltungen* verwendet. Bei Flipflop mit einem dynamischen Eingang hat das Ausgangssignal nur noch die halbe Frequenz des Eingangssignals *(Frequenzteiler)*.

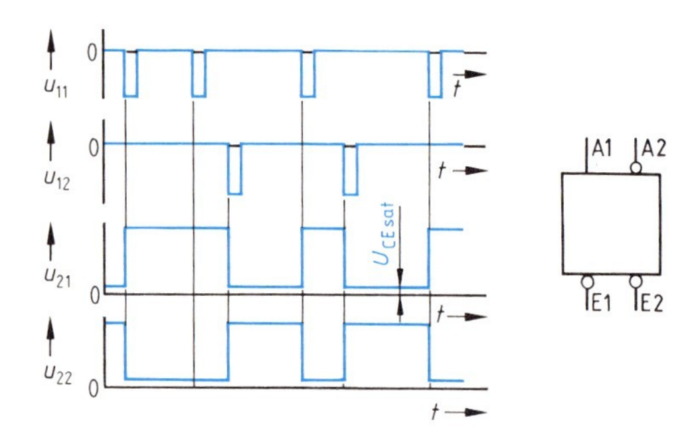

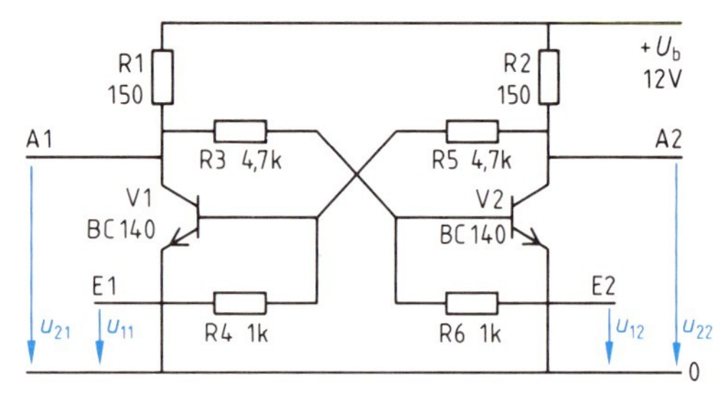

Bild 1: Bistabile Kippschaltung

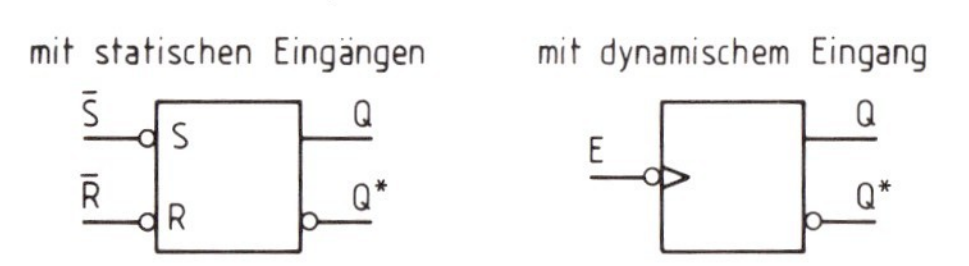

Bild 2: Schaltzeichen bistabiler Kippschaltungen

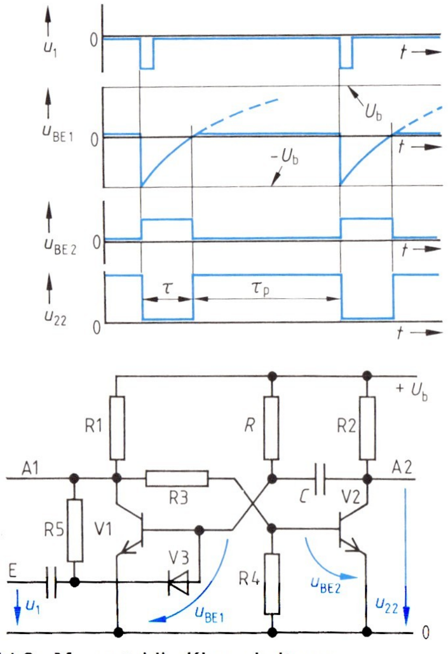

Bild 3: Monostabile Kippschaltung

[1] R von engl. reset = zurücksetzen, S von engl. set = setzen; [2] griech. statisch = gleichbleibend, ruhend; [3] griech. dynamisch = wechselnd, bewegt

2.10.6 Monostabile Kippschaltung

Die monostabile[1] Kippschaltung (Monoflop) hat nur einen stabilen Zustand **(Bild 3, vorhergehende Seite)**.

Beim Anlegen der Betriebsspannung wird der Transistor V1 leitend, und V2 sperrt. In diesem Zustand bleibt die monostabile Kippschaltung bis sie angesteuert wird. Durch einen negativen Auslöseimpuls sperrt V1, und damit wird V2 leitend. Entsprechend dem Umschaltvorgang bei der astabilen Kippschaltung bleibt V1 auch nach Verschwinden des Auslöseimpulses gesperrt (unstabiler Betriebszustand), bis sich der Kondensator C über den Widerstand R entladen und auf etwa 0,6 V umgekehrt aufgeladen hat (Bild 3, vorhergehende Seite). Dann wird V1 wieder leitend, und die Stufe kippt in die stabile Lage zurück.

Monostabile Kippschaltungen werden nach Ansteuerung in einen unstabilen Betriebszustand gebracht und kippen nach einer Umschaltzeit wieder selbständig in ihren stabilen Zustand zurück.

Bis zur nächsten Ansteuerung muß C über R2 erst wieder aufgeladen werden. Dazu ist eine Mindestpausendauer τ_p notwendig.

Sperrt ein negativer Eingangsimpuls den Transistor V1, so wird durch dessen hohe Kollektorspannung die Diode V3 gesperrt. Weitere Eingangsimpulse können den Kippvorgang und die Umschaltzeit nicht mehr beeinflussen, bis die stabile Lage wieder erreicht ist. Dann liegen an der Diode V3 etwa 0 V, und es genügt ein kleiner negativer Impuls, um V3 in Durchlaßrichtung zu schalten und V1 zu sperren. Positive Eingangsimpulse werden gesperrt.

Monostabile Kippschaltungen gibt es auch als integrierte Schaltungen in TTL-Technik, z.B. 74LS121, 74LS123 oder in CMOS-Technik, z.B. 4528. Bei *nachtriggerbaren* Monoflop **(Bild 1)** kann die Impulsdauer (Verweildauer) des Ausgangssignals *q* durch einen weiteren Triggerimpuls *c* verlängert werden. Bei *nicht nachtriggerbaren* monostabilen Kippschaltungen hängt die Impulsdauer nur vom Zeitglied ab.

Das IC 74LS123 enthält zwei monostabile Kippschaltungen **(Bild 2)**. Das Eingangssignal *a* wird invertiert und mit dem Eingangssignal *b* über UND verknüpft. Am Rücksetzeingang $\overline{R}$ (Reset) kann die Schaltung jederzeit vorrangig zurückgesetzt werden.

τ Impulsdauer
C Kapazität
U_b Betriebsspannung
R, R_2 Widerstände
τ_p Pausendauer
U_{BER} U_{BE} in Rückwärtsrichtung

Für $U_b \gg U_{BE}$ und $U_{BER} < 7$ V:

$$\tau \approx 0{,}69 \cdot R \cdot C$$

$$\tau_p \geq 5 \cdot R_2 \cdot C$$

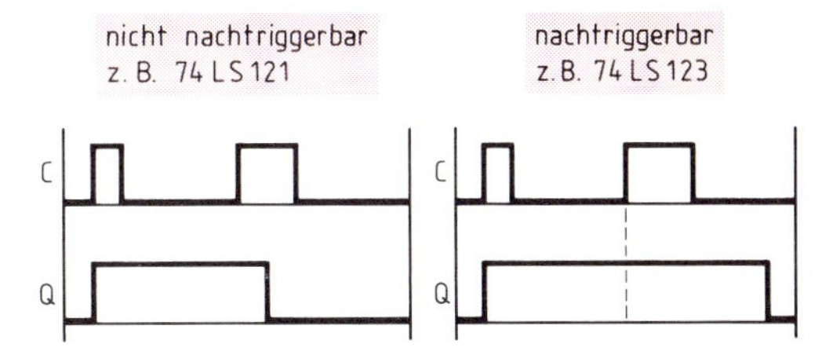

Bild 1: Triggerung monostabiler Kippschaltungen

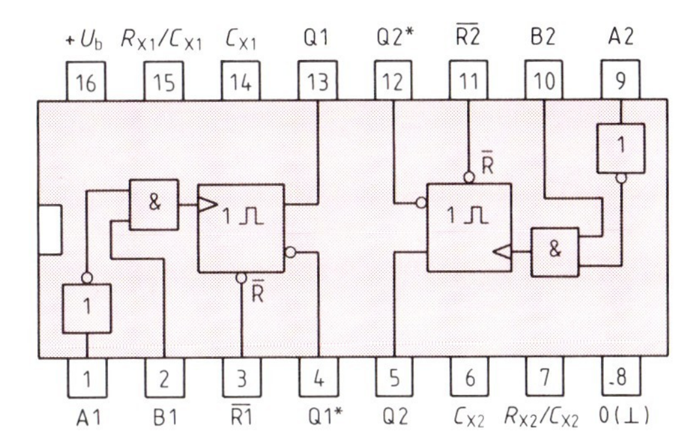

Bild 2: IC 74LS123

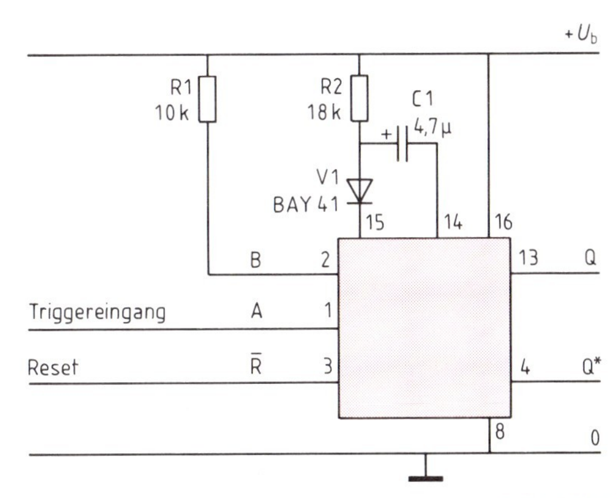

Bild 3: Monostabile Kippschaltung mit IC 74LS123

[1] griech. mono = einzeln, allein

Das zeitbestimmende RC-Glied wird beim 74LS123 extern an die Anschlüsse 14 und 15 angeschlossen bzw. für die zweite Schaltung an die Anschlüsse 6 und 7. Mit Hilfe einer Kennlinie $\tau = f(C)$ mit R als Parameter, die im Datenbuch dargestellt ist, kann das RC-Glied richtig bemessen werden.

Bei der monostabilen Kippschaltung mit einem beschalteten IC 74LS123 ist die Diode V1 als Schutzdiode geschaltet und nur bei Verwendung eines Elektrolytkondensators notwendig **(Bild 3, vorhergehende Seite)**. Der Anschluß 2 ist über einen Widerstand an $+U_b$ angeschlossen und hat dauernd den Wert 1. Dadurch kann die monostabile Kippschaltung nur am Anschluß 1 mit negativer Flanke getriggert werden (Bild 2 und Bild 3, vorhergehende Seite). Soll die Schaltung mit positiver Flanke getriggert werden, so muß der Anschluß 1 (A) an Masse gelegt und am Anschluß 2 (B) gesteuert werden.

Manche integrierten monostabilen Kippschaltungen, z.B. 74LS121, besitzen auch einen Eingang mit Schmitt-Trigger, damit die Schaltung auch mit langsamen Taktflanken ausgelöst werden kann.

Monostabile Kippschaltungen werden als *Impulsgeber*, *Impulsformer* und *Zeitschalter* verwendet.

2.10.7 Schwellwertschalter

Schwellwertschalter (Schmitt-Trigger[1], **Bild 1**) erzeugen Spannungsimpulse, deren Impulsdauer von der Eingangsspannung abhängig ist **(Bild 2)**. Der Schwellwertschalter Bild 1 benötigt zur Ansteuerung positive und negative Eingangsspannungen.

Ist U_2 in der Sättigungslage U_{b1}, z.B. +15 V, so spricht die Schaltung nur auf eine negative Eingangsspannung U_1 an. U_2 wird dann negativ, und R_K koppelt diese negative Spannung auf den Eingang zurück. Die Schaltung bleibt jetzt auch ohne U_1 in dieser Lage. Durch eine positive Eingangsspannung kippt die Schaltung wieder in die andere Lage zurück. Je nach Ausführung des Schwellwertschalters bleibt eine Schaltdifferenz ΔU_1 bestehen.

Schwellwertschalter setzen auch sich langsam ändernde Eingangsspannungen in Rechteckimpulse um.

Der Temperaturschalter **Bild 3** zeigt einen Schwellwertschalter, der von einer Brückenschaltung angesteuert wird. R1, R2 und R3 legen den Nullpunkt und damit die Solltemperatur fest. R4 und B1 bilden einen temperaturabhängigen Spannungsteiler. Steigt die Temperatur, so steigt u_{B1}. Wird $u_1 > 0$ V, so wird u_2 positiv und steigt durch die Mitkopplung über R5 und R6 sofort bis etwa $+U_b$ an (Bild 2). Dies bewirkt ein Durchsteuern des Transistors V2, das Relais K1 zieht an, und sein Kontakt öffnet. Sinkt die Temperatur wieder, so sinkt u_{B1}. Infolge der Mitkopplung wird u_2 jedoch erst dann auf $-U_b$ kippen, wenn u_{B1} um die Schaltdifferenz ΔU_1 kleiner als die Einschaltspannung geworden ist (Bild 2). C1 verhindert ein Kippen durch Störimpulse und kurzzeitige Temperaturschwankungen.

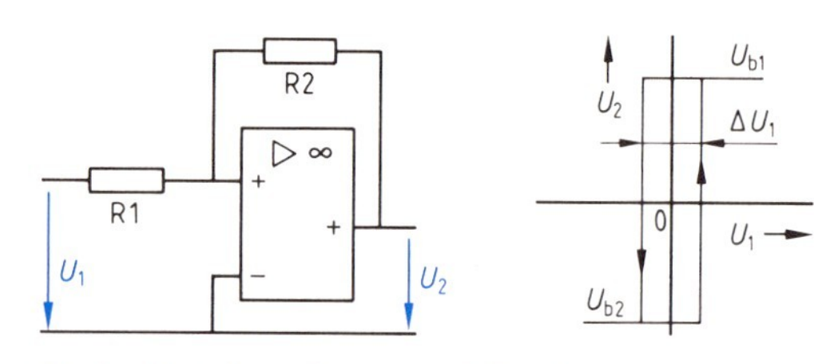

Bild 1: Nichtinvertierender Schwellwertschalter

ΔU_1 Schaltdifferenz
R_1 Eingangswiderstand
R_2 Rückkopplungswiderstand
U_{b1} positive Betriebsspannung
U_{b2} negative Betriebsspannung

$$\Delta U_1 \approx \frac{R_1}{R_2}(U_{b1} - U_{b2})$$

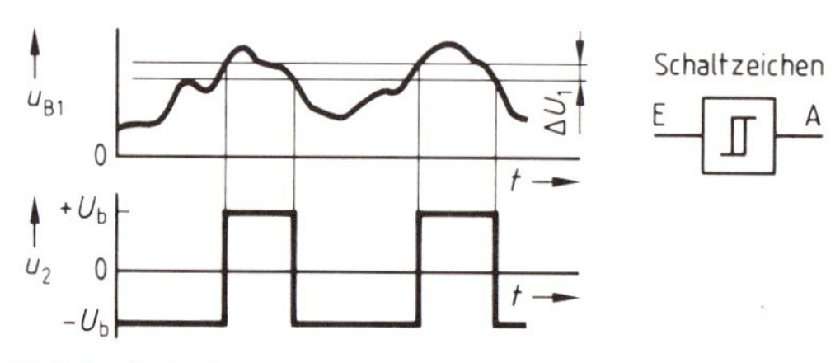

Bild 2: Schaltspannung

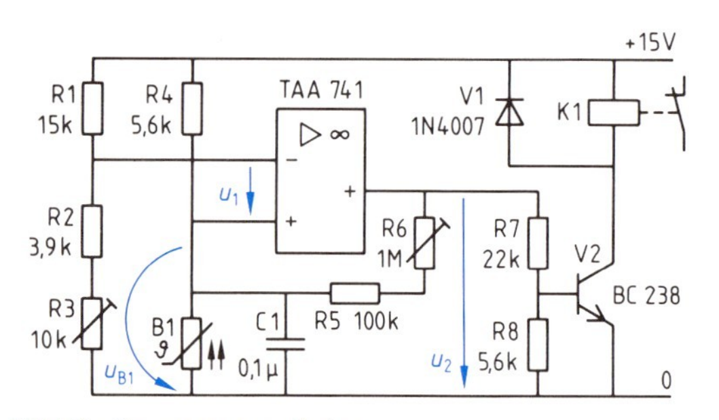

Bild 3: Temperaturschalter

[1] Schmitt, Erfinder dieser Schaltung; engl. Trigger = Auslöser

2.11 Meßgeräte

Elektrische Meßgrößen können mit den menschlichen Sinnesorganen *nicht direkt* erfaßt werden. Ihre Messung erfolgt deshalb indirekt durch Umsetzung in eine andere physikalische Größe oder in eine Impulszahl. Zur Umsetzung und zur Anzeige des Meßwertes dienen *Meßgeräte*. Man unterscheidet Meßgeräte mit *analoger Anzeige* und solche mit *digitaler Anzeige*. Zu den Meßgeräten mit analoger Anzeige gehören die Zeigermeßgeräte und das Oszilloskop.

Unter einem Meßgerät versteht man ein Meßinstrument mit allem Zubehör. Die eigentliche Umsetzung der Meßgröße in eine Anzeige geschieht im Meßwerk.

2.11.1 Prinzip eines Zeigermeßwerks

Zeigermeßwerke arbeiten meist mit elektromagnetischer Umsetzung der Meßgröße in eine Kraft. Durch den Stromfluß in einer Spule entsteht ein *Antriebsmoment* M_A, das auf einen drehbar gelagerten Zeiger wirkt **(Bild 1)**. Die Drehung des Zeigers spannt einen mechanischen Energiespeicher, z.B. eine Feder. Dadurch entsteht ein *Rückstellmoment* M_R, das mit zunehmendem Zeigerausschlag größer wird. Sind beide Momente gleich groß, so kommt die Zeigerbewegung zum Stillstand, und der Meßwert kann auf der Skala abgelesen werden. Bei der Messung dient also das Rückstellmoment der Feder als Vergleichsnormal. Durch die Rückstellfeder wird außerdem der Nullpunkt des Zeigers auf der Skala festgelegt. Er wird dann erreicht, wenn die Feder völlig entspannt ist.

Zeigermeßwerke vergleichen das von der Meßgröße erzeugte Moment mit dem Moment einer Feder.

Wegen dieses Prinzips ist es notwendig, daß neben der Rückstellkraft der Feder keine weiteren Kräfte auftreten, die das Meßergebnis verfälschen würden. Deshalb müssen vor allem die Reibungskräfte möglichst klein gehalten werden. Reibungskräfte treten in den Lagern des Drehorgans auf, das den Zeiger trägt. Man verwendet deshalb entweder eine *Spitzenlagerung* in Hartmetallpfannen oder Edelsteinpfannen, eine *Zapfenlagerung* oder eine *Spannbandlagerung*. Bei der Spannbandlagerung ist das Drehorgan fast reibungslos zwischen zwei Bändern eingespannt.

[1] arab., griech. kalibrieren = ein genaues Maß geben

[2] griech. aperiodisch = nicht periodisch, ohne Schwingung

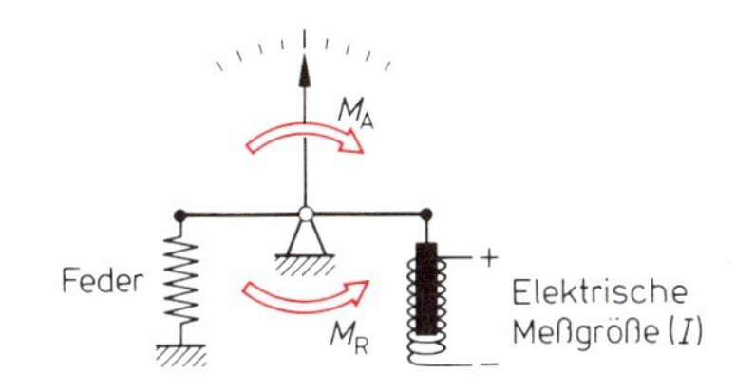

Bild 1: Prinzip eines Meßwerks

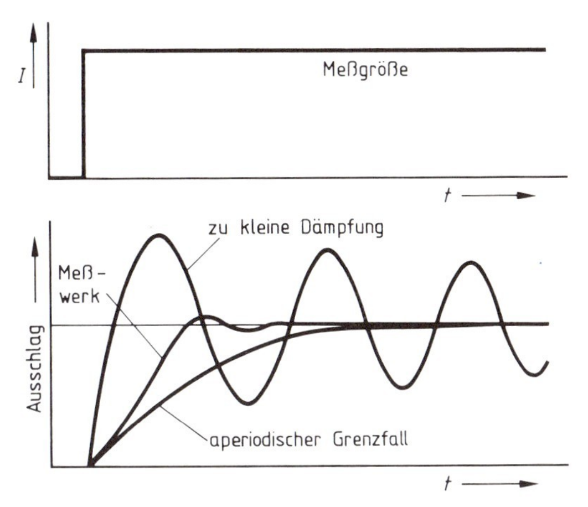

Bild 2: Dämpfung von Meßwerken

Ein Nachteil dieses Meßprinzips ist die *Schwingungsfähigkeit* des Systems, die durch die Feder verursacht wird. Damit der Zeiger beim plötzlichen Einschalten oder Abschalten der Meßgröße nicht um seinen Ausschlag pendelt, benötigt das Zeigermeßwerk eine *Dämpfung*. Die Dämpfung wird so bemessen, daß der Zeiger möglichst rasch und ohne wesentliches Überschwingen seinen Ausschlag erreicht **(Bild 2)**. Der aperiodische[2] Grenzfall der Dämpfung wird bei Zeigermeßwerken vermieden, da sich hierbei der Zeiger zu langsam einstellen würde.

Die Dämpfung spielt auch eine wichtige Rolle bei der Messung von gleichgerichtetem Wechselstrom. Das Zeigermeßwerk zeigt keinen pulsierenden Gleichstrom an, sondern infolge der Dämpfung den *Mittelwert* aller Augenblickswerte. Der arithmetische Mittelwert kann bei Sinusform in den Effektivwert umgerechnet und mit diesem die Skala kalibriert[1] werden.

Zur Dämpfung verwendet man entweder eine *Wirbelstromdämpfung*, eine *Luftdämpfung* oder eine *Flüssigkeitsdämpfung*. Die Wirbelstromdämpfung benötigt einen Dauermagneten.

2.11.2 Zeigermeßwerke

Drehspulmeßwerk

Beim Drehspulmeßwerk liegt eine drehbar angeordnete Spule im Feld eines Dauermagneten **(Bild 1)**.

In *Betriebsmeßgeräten*, z.B. Vielfach-Meßgeräten, werden Drehspulmeßwerke mit Kernmagnet verwendet, weil damit eine besonders gedrängte Bauform möglich ist. Der Dauermagnet befindet sich als zylindrischer Körper im Inneren der Drehspule. Ein Weicheisenmantel dient als magnetischer Rückschluß. Die Drehspule wird von einem Spannband gehalten. Dadurch entfällt die Lagerung einer Achse mit den unvermeidlichen Reibungsverlusten. Meßwerke mit Spannbandlagerung können so gebaut werden, daß sie unempfindlich gegen Stöße und unabhängig von der Gebrauchslage sind. Das Spannband dient zugleich zur Stromzuführung und als Rückstellkraft.

Bei Drehspulmeßwerken ist der Ausschlag proportional der Stromstärke. Die Richtung des Ausschlags ist abhängig von der Stromrichtung.

Die Dämpfung des Meßwerks erfolgt durch Wirbelstromdämpfung. Die Spule ist zu diesem Zweck auf ein geschlossenes Aluminiumrähmchen gewickelt, in dem bei der Drehbewegung Wirbelströme entstehen. Auch die Spule selbst trägt zur Dämpfung bei. Bei der Drehbewegung entsteht eine Induktionsspannung, die im geschlossenen Meßstromkreis einen Strom hervorruft, der die Bewegung bremst. Hochwertige Drehspulmeßgeräte sollen deshalb beim Transport an den Anschlüssen kurzgeschlossen werden.

Der Eigenverbrauch von Drehspulmeßwerken ist sehr klein. Sie werden deshalb sowohl in Betriebsmeßgeräten verwendet, als auch für Präzisionsmeßgeräte mit Meßbereichen von 1 µA und darunter gebaut. Besonders hochempfindliche Meßwerke haben anstelle eines mechanischen Zeigers einen Lichtzeiger. Ein kleiner Spiegel, der auf dem Spannband des Meßwerks befestigt ist, reflektiert eine Lichtmarke. Je größer die Lichtzeigerlänge ist, um so empfindlicher ist das Meßwerk. Es sind Messungen bis 10 pA je Skalenteil möglich.

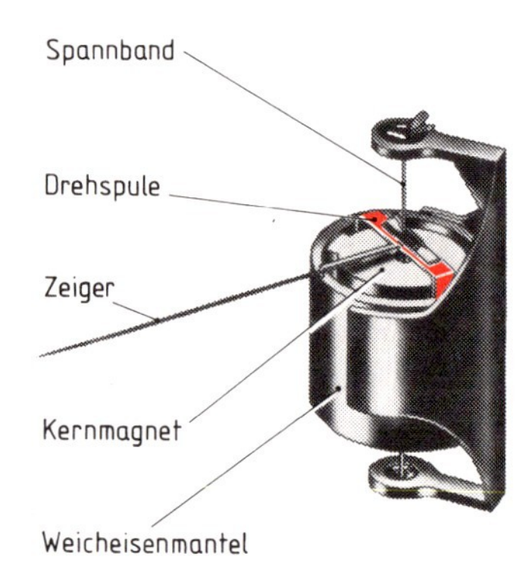

Bild 1: Drehspulmeßwerk mit Kernmagnet

Dreheisenmeßwerk

Beim Dreheisenmeßwerk sind zwei gebogene *Weicheisenbleche* in einer *Ringspule* angeordnet **(Bild 2)**. Das eine ist am feststehenden Spulenkörper, das andere an einer drehbaren Achse befestigt. Fließt der zu messende Strom durch die Spule, so werden beide Eisenbleche *gleichsinnig* magnetisiert und stoßen sich ab. Die Abstoßung der Eisenbleche ist von der Richtung der Magnetisierung nicht abhängig. Das Dreheisenmeßwerk ist deshalb auch für Wechselstrom geeignet. Durch die Dämpfung und die Trägheit der bewegten Teile ist der Ausschlag proportional dem *Mittelwert* des Stromquadrats. Dadurch ist eine Kalibrierung der Skala im Effektivwert möglich.

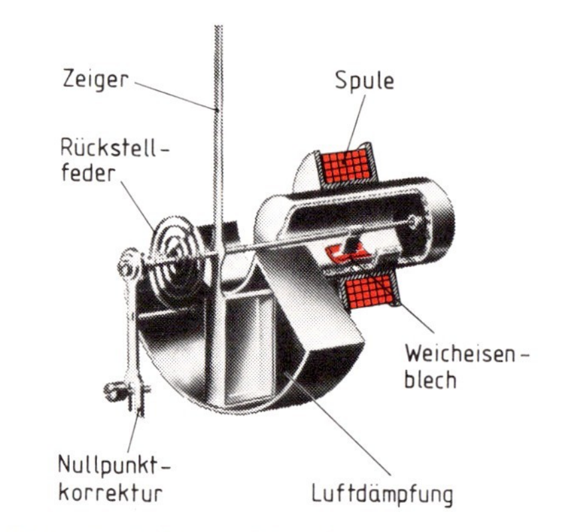

Bild 2: Dreheisenmeßwerk

Dreheisenmeßwerke sind für Gleichstrom und Wechselstrom geeignet. Bei Wechselstrommessung zeigen sie bei jeder Kurvenform den Effektivwert an.

Da das Dreheisenmeßwerk keinen Dauermagneten enthält, ist auch keine Wirbelstromdämpfung möglich. Das Meßwerk ist deshalb mit einer Luftdämpfung versehen. Der Eigenverbrauch von Dreheisenmeßwerken ist wesentlich größer als der von Drehspulmeßwerken.

2.11.3 Meßwert und Meßgenauigkeit

Beim Messen einer physikalischen Größe wird festgestellt, wie oft die Einheit in der Meßgröße enthalten ist. Das Ergebnis wird als Meßwert bezeichnet. Es ist das Produkt aus einem Zahlenwert und einer Einheit. Die Angabe $U = 10$ V besagt, daß die gemessene Spannung zehnmal so groß ist wie 1 V.

Der Meßwert ist das Produkt aus einer Zahl und einer Einheit.

Die Aufgabe der elektrischen Meßtechnik ist es, eine Meßgröße als Meßwert anzuzeigen. Die Zeigermeßgeräte werden in sieben *Genauigkeitsklassen* eingeteilt (0,1 — 0,2 — 0,5 — 1 — 1,5 — 2,5 — 5).

Die Genauigkeitsklasse gibt an, welche *Fehlergrenze* (Meßunsicherheit) höchstens auftreten darf. Die relative Fehlergrenze wird in Prozent vom Meßbereichsendwert angegeben. Bei nichtlinearen Skalen bezieht sie sich auf die Skalenlänge. Die Fehlergrenze ist in erster Linie durch die Bauweise des Meßwerks bedingt, z. B. durch die Lagerreibung oder durch ein ungleichmäßiges Magnetfeld im Luftspalt. Die Fehlergrenze darf jedoch auch durch äußere Einflüsse wie Temperatur, Lage oder Einfluß eines Fremdfeldes den angegebenen Wert der Genauigkeitsklasse nicht überschreiten.

Dieser Anzeigefehler kann auch im unteren Bereich der Skala auftreten. Er ist dann prozentual um ein Vielfaches größer.

Der Meßbereich ist bei Zeigermeßgeräten so zu wählen, daß im letzten Drittel der Skala gemessen wird.

Tragbare Betriebsmeßgeräte sind deshalb als Vielfachmeßgeräte mit umschaltbaren Meßbereichen gebaut.

2.11.4 Kennzeichnung und Eigenschaften von Zeigermeßgeräten

Die Art des Meßwerks und die wichtigsten Eigenschaften eines Meßgeräts sowie besondere Hinweise werden auf der Skala durch Sinnbilder und Zahlen angegeben (**Tabelle 1**).

Die *Empfindlichkeit* eines Meßgeräts in Skalenteilen je Einheit oder mm je Einheit geht aus der Skalenbeschriftung nicht hervor. Man kann sie jedoch aus dem kleinsten Meßbereich und dem Skalenendwert berechnen.

Tabelle 1: Sinnbilder auf der Skala

Sinnbild	Bedeutung	Sinnbild	Bedeutung
≂	Für Gleich- und Wechselstrom	∠30°	Nennlage 30° geneigt
	Meßgerät mit Verstärker	☆	Prüfspannungszeichen: Die Ziffer im Stern bedeutet die Prüfspannung in kV (Stern ohne Ziffer 500 V Prüfspannung)
⊥	Senkrechte Nennlage		
⊓	Waagerechte Nennlage	⚠	Achtung (Gebrauchsanweisung beachten)
	Drehspulmeßwerk mit Dauermagnet, allgemein	○	Abschirmung gegen magnetische Felder
	Drehspulmeßwerk mit Gleichrichter		Abschirmung gegen elektrische Felder
	Dreheisenmeßwerk		Zeigernullstellvorrichtung

Beispiel 1:
Ein Vielfachmeßgerät hat einen kleinsten Strommeßbereich von 0,3 mA und eine Skala mit 30facher Teilung. Wie groß ist seine Empfindlichkeit?

Lösung:

$$\text{Empfindlichkeit} = \frac{30\ \text{Skt}}{300\ \mu\text{A}} = \mathbf{0{,}1\ Skt/\mu A}$$

Als wichtige Kenngröße wird der Innenwiderstand je Volt in kΩ/V angegeben. Darunter versteht man den Widerstand bezogen auf 1 V, den ein Vielfachmeßgerät bei Spannungsmessung hat. Den Innenwiderstand kann man aus den kleinsten Meßbereichen für Strommessung bzw. Spannungsmessung berechnen.

Beispiel 2:
Ein Vielfachmeßgerät hat einen kleinsten Strommeßbereich von 0,3 mA und einen kleinsten Spannungsmeßbereich von 0,15 V. a) Wie groß ist sein Innenwiderstand je V? b) Welchen Innenwiderstand hat es im Meßbereich 30 V?

Lösung:

a) $R_i = \frac{U}{I} = \frac{0{,}15\ \text{V}}{0{,}3\ \text{mA}} = 0{,}5\ \text{k}\Omega \Rightarrow$

$\Rightarrow R_i/U = \frac{0{,}5\ \text{k}\Omega}{0{,}15\ \text{V}} = \mathbf{3{,}33\ k\Omega/V}$

b) $R_i = 30\ \text{V} \cdot 3{,}33\ \text{k}\Omega/\text{V} = \mathbf{100\ k\Omega}$

2.11.5 Vielfachmeßgeräte (Multimeter)

Zeiger-Vielfachmeßgeräte enthalten ein Drehspulmeßwerk. Sie sind für *Spannungsmessung* und *Strommessung* bei Gleichstrom und Wechselstrom sowie teilweise noch für *Widerstandsmessung* geeignet **(Bild 1)**. Die Anschlüsse für Spannungsmessung (V) und für Strommessung (A) sind meist getrennt herausgeführt, da sonst durch falsche Schalterbedienung das Meßwerk zerstört werden kann.

Für Gleichgrößen und für Wechselgrößen sowie für Widerstandsmessungen ist jeweils eine getrennte Skala vorhanden. Die beiden Skalen für Gleichgrößen und für Wechselgrößen unterscheiden sich im unteren Teil des Meßbereichs. Die Skala für Gleichgrößen ist linear geteilt. Die Skala für Wechselgrößen ist wegen der Schleusenspannung der Gleichrichterdioden im unteren Teil etwas zusammengedrängt.

Drehspulmeßgeräte mit Gleichrichter sind in Effektivwerten kalibriert. Die Anzeige ist nur bei Sinusgrößen richtig.

Bild 1: Zeiger-Vielfachmeßgerät

Beim Messen einer unbekannten Meßgröße ist aus Sicherheitsgründen zunächst der größte Meßbereich einzustellen und dann zurückzuschalten, bis die Anzeige im oberen Skalendrittel liegt.

Den Meßwert erhält man, indem man die abgelesenen Skalenteile durch den Skalenendwert dividiert und mit dem am Schalter angegebenen Faktor und der Einheit multipliziert.

Die Schaltung eines Zeiger-Vielfachmeßgeräts **Bild 2** zeigt, daß für die Widerstandsmessung eine Batterie eingebaut ist. Es wird meist das Prinzip der Strommessung bei bekannter Spannung angewendet. Beim Widerstand Null zwischen den Anschlüssen (Kurzschluß) zeigt das Meßgerät Vollausschlag. Der Nullpunkt kann mit dem Potentiometer „Nullabgleich" eingestellt werden. Bei unendlich großem Widerstand zeigt das Meßgerät keinen Ausschlag. Da die Skala nach dem Ohmschen Gesetz mit $I \sim 1/R$ kalibriert ist, sind die größeren Widerstandswerte dicht zusammengedrängt. Für Widerstandsmessungen ist deshalb meist noch eine Meßbereichserweiterung mit dem Faktor 1000 vorgesehen. Dazu wird bei größeren Widerstandswerten ein Nebenwiderstand kurzgeschlossen. Die beiden antiparallel zum Meßwerk geschalteten Dioden dienen als Überlastungsschutz.

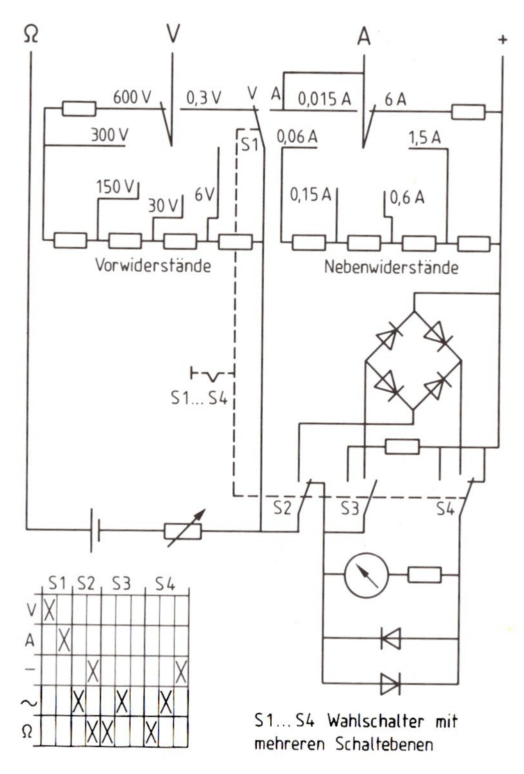

Bild 2: Schaltung eines Zeiger-Vielfachmeßgeräts (vereinfacht)

Digitale Vielfachmeßgeräte *(Digitalmultimeter)* setzen die analoge Meßgröße in eine digitale Anzeige um **(Bild 1)**. Dadurch wird eine größere Auflösung und ein leichteres Ablesen erreicht. Daneben ist eine Speicherung des Meßwerts möglich. Sofern eine entsprechende Schnittstelle vorhanden ist, können Drucker oder Rechner angeschlossen werden.

Zentrale Baugruppe eines Digitalmultimeters ist ein Analog-Digital-Umsetzer **(Bild 2)**. AD-Umsetzer benötigen zur Ansteuerung grundsätzlich eine Spannung. Für die Messung von Strömen und Widerständen sind deshalb Meßwertumformer erforderlich. Als Meßwertumformer für die Strommessung dienen Präzisionswiderstände, die vom Meßstrom durchflossen werden. Für die Widerstandsmessung ist eine Konstantstromquelle vorhanden, die an dem Meßwiderstand einen Spannungsabfall erzeugt.

Bei der Spannungsmessung wird die Meßspannung zunächst einem umschaltbaren Spannungsteiler zugeführt **(Bild 3)**. Zwischen Spannungsteiler und AD-Umsetzer liegt ein Vorverstärker. Durch diese Eingangsschaltung wird erreicht, daß der Eingangswiderstand in allen Meßbereichen gleich groß ist.

Digitalmultimeter haben bei Spannungsmessung einen hohen Eingangswiderstand.

In der Regel werden zwei Messungen je Sekunde durchgeführt und der Meßwert zwischengespeichert. Dadurch wird ein Flackern der letzten Ziffer vermieden. Andererseits sind Schwankungen oder Änderungen der Meßspannung dadurch schlecht sichtbar zu machen. Da für manche Messungen der analoge Verlauf einer Spannungsänderung wichtig sein kann, gibt es digitale Multimeter mit der zusätzlichen Funktion einer analogen Anzeige. Diese erscheint im Anzeigefeld z. B. als schwarzer Balken. Für diese analoge Anzeige werden z. B. 25 Messungen je Sekunde durchgeführt, so daß für den Betrachter eine kontinuierliche Messung vorzuliegen scheint.

Bei einer vierstelligen Anzeige reicht der Ziffernumfang oft nur bis 1999 oder 3999, d. h. die erste Ziffer geht nicht bis 9. Man bezeichnet dies als „3½stellige" Anzeige. Bei Überschreiten des Ziffernumfangs wird der Meßbereich meist automatisch umgeschaltet. Die Umschaltung kann auch manuell geschehen (RANGE[1]).

[1] engl. range = Bereich; [2] engl. hold = halten

Bild 1: Digitalmultimeter mit automatischer Meßbereichsumschaltung

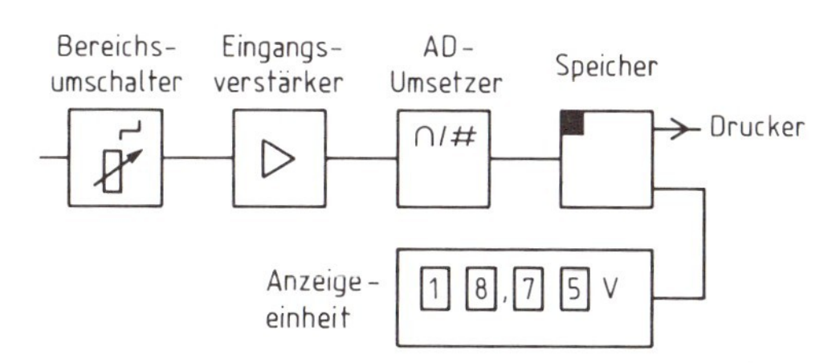

Bild 2: Prinzipschaltung eines Digitalmultimeters

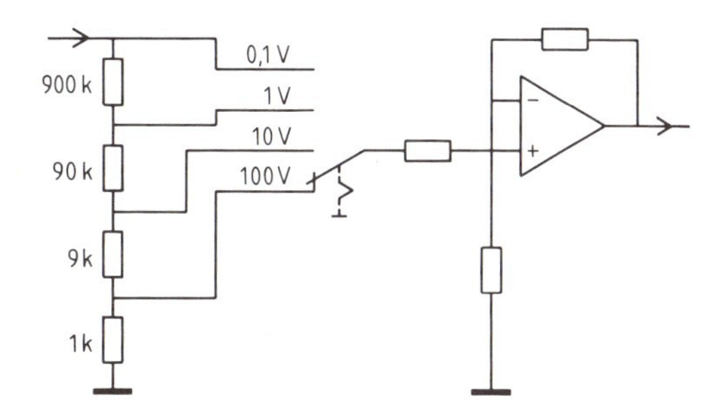

Bild 3: Eingangsschaltung bei Spannungsmessung

Ein Meßwertspeicher kann den zuletzt gemessenen Wert (HOLD[2]) oder den Maximalwert einer Messung (MAX) speichern.

2.11.6 Besondere Meßgeräte

Meßbrücken

Meßbrücken arbeiten nach dem Prinzip des Spannungsvergleichs.

Zwischen zwei Spannungsteilern liegt im eigentlichen Brückenzweig ein Spannungsmesser mit Nullstellung des Zeigers in der Skalenmitte **(Bild 1)**. Wenn die Spannungen U_1 und U_3 bzw. U_2 und U_4 gleich groß sind, zeigt der Nullindikator keinen Ausschlag. Die Brücke ist abgeglichen.

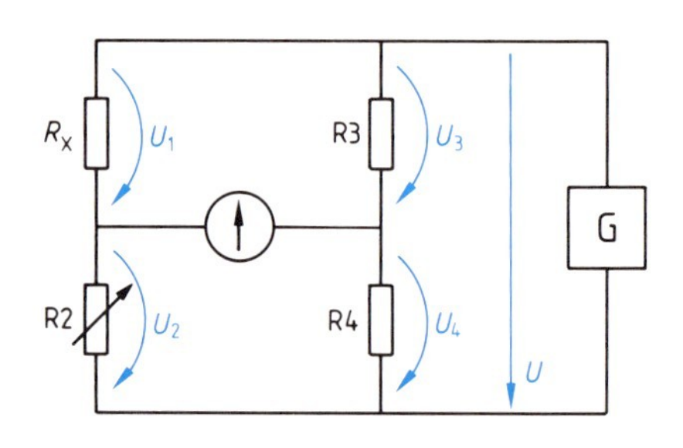

Bild 1: Prinzip einer Widerstandsmeßbrücke

Bei Abgleich:

$$\frac{U_1}{U_2} = \frac{U_3}{U_4} \Rightarrow \frac{R_x}{R_2} = \frac{R_3}{R_4} \Rightarrow \quad R_x = R_2 \cdot \frac{R_3}{R_4}$$

Bei der Meßbrücke zur Messung von Wirkwiderständen *(Wheatstone-Meßbrücke*[1]) ist der Widerstand R2 ein umschaltbarer Festwiderstand, der den Meßbereich festlegt. Die Widerstände R3 und R4 sind als gemeinsamer Drehwiderstand oder als Schleifdraht mit Schleifer ausgeführt.

Meßbrücken zur Messung von Blindwiderständen enthalten als Vergleichsnormal eine Kapazität. Zur Kapazitätsmessung wird meist die Schaltung nach Wien[2] **(Bild 2)** verwendet, zur Induktivitätsmessung die Schaltung nach Maxwell[3]. Wegen der entgegengesetzten Phasenlage des Stromes bei der Kapazitätsmessung bzw. bei der Induktivitätsmessung liegen die Vergleichskapazitäten bei den beiden Meßbrücken in verschiedenen Zweigen. Es gelten nebenstehende Abgleichbedingungen.

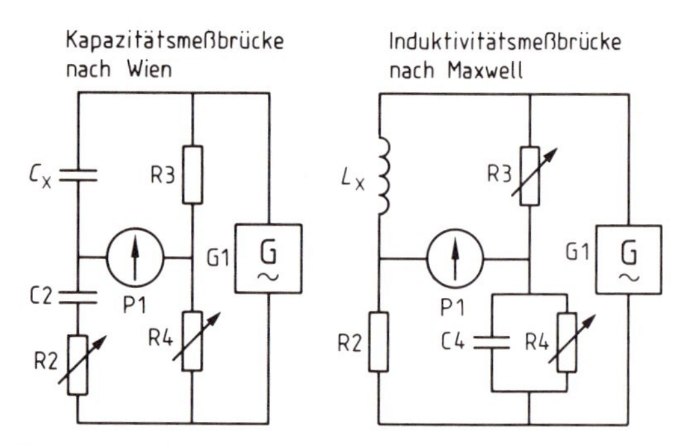

Bild 2: Meßbrücken für Blindwiderstände

Kapazitätsmeßbrücke nach Wien:

$$C_x = C_2 \frac{R_4}{R_3}$$

$$\tan \delta = \omega \cdot C_2 \cdot R_2$$

Induktivitätsmeßbrücke nach Maxwell:

$$L_x = C_4 \cdot R_2 \cdot R_3$$

$$\tan \delta = \frac{1}{\omega \cdot C_4 \cdot R_4}$$

Die Kapazität C_x wird mit R4 abgeglichen, die Induktivität L_x mit R3. Mit den Potentiometern R2 bzw. R4 wird der Fehlwinkel δ kompensiert.

Leistungsmesser mit Hallgenerator

Bei der Messung von elektrischer Leistung ist es erforderlich, das Produkt von Strom und Spannung anzuzeigen. Dabei kann ein Hallgenerator als Multiplizierer verwendet werden **(Bild 3)**. Die Meßspannung wird über einen Vorwiderstand an den Hallgenerator angeschlossen. Der Meßstrom fließt durch eine *Hilfsspule*, deren Magnetfeld das Plättchen des Hallgenerators durchsetzt. Die entsprechende Hallspannung ist proportional dem Produkt aus Spannung und Stromstärke. Sie wird von einem Drehspulinstrument angezeigt.

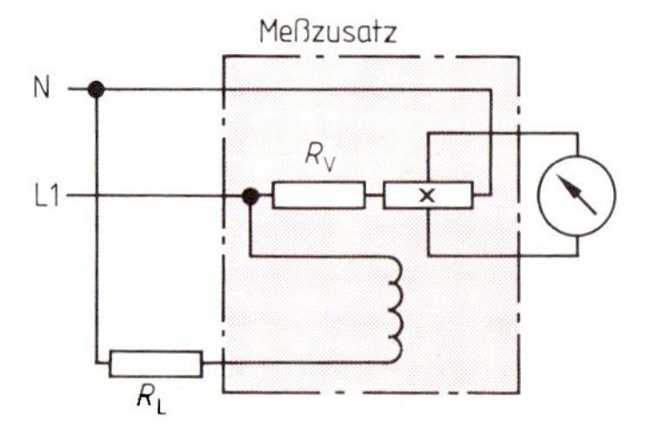

Bild 3: Leistungsmesser mit Hallgenerator

[1] Wheatstone, engl. Physiker, 1802 bis 1875; [2] Wien, dt. Physiker, 1864 bis 1928; [3] Maxwell, engl. Physiker, 1831 bis 1871

2.11.7 Oszilloskop

Oszilloskope (Elektronenstrahloszillografen) dienen meist zur Darstellung und Messung von periodischen Vorgängen. Speicheroszilloskope können auch einmalige Vorgänge wiedergeben. Die Anzeige erfolgt auf dem Bildschirm einer Elektronenstrahlröhre.

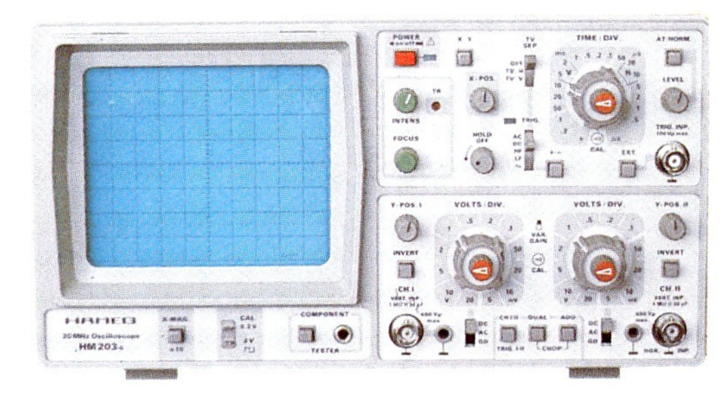

Bild 1: Oszilloskop zur Darstellung von zwei Vorgängen

2.11.7.1 Aufbau und Wirkungsweise

Ein Oszilloskop gibt auf dem Bildschirm seiner Elektronenstrahlröhre das Linienbild der zu untersuchenden Spannung wieder **(Bild 1)**. Das Linienbild entsteht durch eine periodisch wiederholte Ablenkung (Zeitablenkung) des Elektronenstrahls in waagrechter Richtung und gleichzeitige Ablenkung in senkrechter Richtung durch die Signalspannung. Eine positive Signalspannung erzeugt eine senkrechte Ablenkung des Elektronenstrahls nach oben, eine negative Signalspannung eine senkrechte Ablenkung nach unten.

Für die Zeitablenkung benötigt man eine gleichmäßig ansteigende Sägezahnspannung, um eine konstante Ablenkgeschwindigkeit des Elektronenstrahls in waagrechter Richtung zu erreichen.

Der Strahl wird von links nach rechts geführt und kehrt dann sehr schnell in seine Ausgangslage zurück. Während des Rücklaufs wird der Strahlstrom gesperrt, so daß der Rücklauf unsichtbar bleibt *(Rücklaufverdunklung)*.

Die Spannung für diese horizontale Zeitablenkung wird in einem *Ablenkgenerator* erzeugt und anschließend noch verstärkt **(Bild 2)**. In Sonderfällen kann eine von außen über den X-Eingang zugeführte Spannung zur Ablenkung verwendet werden.

Die Signalspannung wird meist ebenfalls verstärkt, da der Ablenkkoeffizient einer Elektronenstrahlröhre etwa 3 V/cm bis 5 V/cm beträgt. Um ein Bild von 10 cm Höhe zu erreichen, benötigt man also eine Spannung von 30 V bis 50 V. Die Verstärkung der Signalspannung geschieht im *Y-Verstärker* des Oszilloskops.

Ein Oszilloskop für die gleichzeitige Darstellung von zwei Vorgängen (Bild 1) enthält eine Zweistrahlröhre oder einen elektronischen Umschalter (Zweikanaloszilloskop).

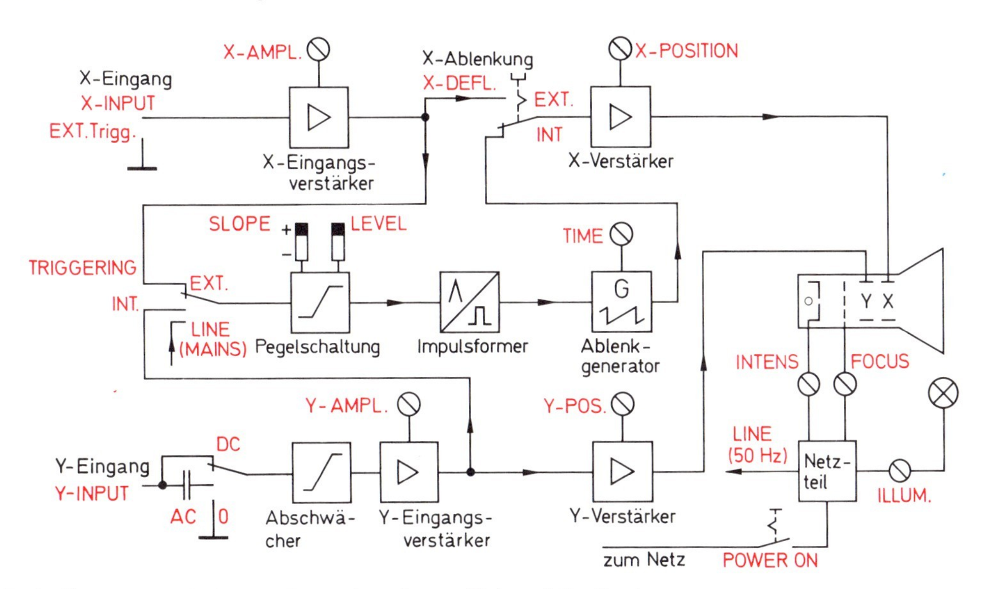

Bild 2: Übersichtsschaltplan eines triggerbaren Einkanal-Oszilloskops

Triggerung

Die Zeitablenkung muß immer beim gleichen Augenblickswert der Signalspannung beginnen, damit sich auf dem Bildschirm des Oszilloskops ein stehendes Bild ergibt. Dies wird durch *Triggerung*[1] des Ablenkgenerators bewirkt **(Bild 1)**. Darunter versteht man die Auslösung der Zeitablenkung durch einen Impuls. Der Impuls wird von einer monostabilen Kippschaltung erzeugt, sobald die Signalspannung einen bestimmten Wert erreicht hat. Diese Auslösespannung (Triggerniveau) ist einstellbar. Der Ablenkgenerator schwingt nach Auslösung nur eine Periode lang, d. h. der Elektronenstrahl läuft einmal über den Bildschirm und wieder zurück. Anschließend bleibt er in Ruhe, bis er durch den nächsten Triggerimpuls wieder ausgelöst wird.

> Unter Triggerung versteht man das Auslösen der Zeitablenkung durch ein Auslösesignal.

Die Triggerung kann intern (im Gerät) oder extern (durch eine von außen zugeführte Spannung) erfolgen.

Bild 1: Getriggerte Zeitablenkung eines Oszilloskops

2.11.7.2 Bedienung des Oszilloskops

Oszilloskope haben heute meist eine einheitliche, aus dem Englischen abgeleitete Beschriftung. Sofern ein Oszilloskop keinen getrennten Netzschalter POWER ON hat, ist dieser meist mit dem Helligkeitseinsteller INTENSITY verbunden **(Bild 2)**. Ohne anliegende Signalspannung arbeitet der Ablenkgenerator meist freischwingend, so daß auf dem Bildschirm ein waagrechter Strich geschrieben wird. Bei manchen Oszilloskopen muß jedoch der Trigger-Wahlschalter auf FREE RUN (freier Lauf) oder AT (AUTOMATIC) stehen, um den Strahl ohne Signal einstellen zu können.

Die Schärfeeinstellung wird mit dem Steller FOCUS vorgenommen.

Über die Eingangsbuchse und den Eingangsschalter des Y-Verstärkers (AC/DC/GD) kann man die Meßspannung direkt an den Verstärkereingang legen (DC). Ein Gleichspannungsanteil wird dann durch eine Verschiebung der Nullinie angezeigt. Will man den Gleichspannungsanteil unterdrücken, so muß man auf AC umschalten. In diesem Fall liegt ein Kondensator vor dem Verstärkereingang. Bei Schalterstellung GD bzw. GROUND ist der Verstärkereingang mit Masse verbunden. In dieser Stellung kann die Nullinie bestimmt werden.

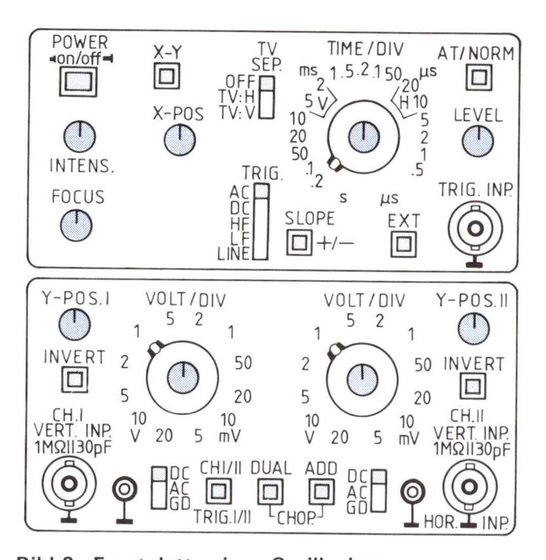

Bild 2: Frontplatte eines Oszilloskops mit zwei Kanälen

Nach Anlegen der Signalspannung kann man die Schreibhöhe mit dem Steller VOLTS/DIV oder Y-AMPLITUDE ändern. Mit X-POS. läßt sich der Strahl waagrecht, mit Y-POS. senkrecht verschieben.

[1] engl. trigger = Auslöser, Abzug

Mit dem Triggerwahlschalter kann die Triggerung durch die angelegte Signalspannung (INTERN) oder z. B. durch die Netzspannung (LINE, ~) gewählt werden. Hat die Signalspannung eine sehr hohe Frequenz, z. B. über 10 MHz, bzw. eine niedrige Frequenz, z. B. unter 1 kHz, so kann die Triggersicherheit durch Vorschalten eines Hochpasses (Schalter HF) bzw. eines Tiefpasses (LF) verbessert werden.

Das Triggerniveau kann stufenlos verändert (LEVEL) und auf Anstieg oder Abfall der Signalspannung eingestellt werden (SLOPE +/−).

Soll die Triggerung mit einer Fremdspannung geschehen, muß diese an den Triggereingang (TRIG. INP.) angeschlossen und auf EXTERN umgeschaltet werden. Statt der internen Ablenkspannung kann auch eine Fremdspannung zur Strahlablenkung in X-Richtung verwendet werden (XY-Betrieb).

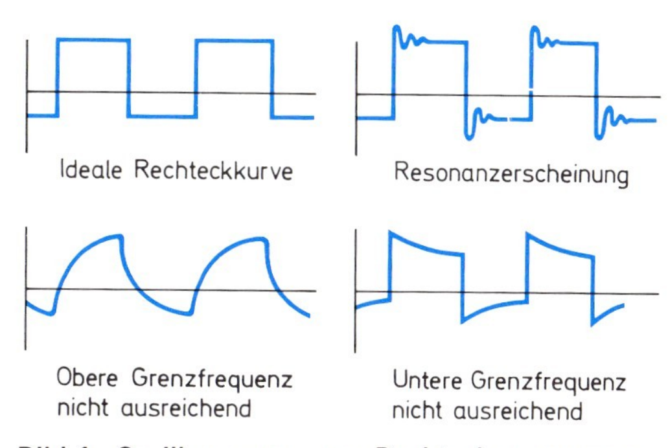

Bild 1: Oszillogramme von Rechteckspannungen nach einem Verstärker

$\hat{\check{u}}$ Meßspannung (Spitze-Tal-Spannung, bisher u_{ss}) in V

l Strichlänge in Teileinheiten

A_y Ablenkkoeffizient in V je Teileinheit

$$\hat{\check{u}} = l \cdot A_y$$

2.11.7.3 Messungen mit dem Oszilloskop

Die **Darstellung der Form** von Wechselspannungen und Impulsen ist die wichtigste Anwendung des Oszilloskops. Aus Veränderungen der Sinusform lassen sich z. B. Rückschlüsse auf die nichtlinearen Verzerrungen in einem Verstärker ziehen. Die Veränderungen von Rechteckimpulsen geben Auskunft über die Bandbreite eines Verstärkers oder weisen auf Resonanzerscheinungen im Verstärker hin **(Bild 1)**.

Bei der Reparatur von Rundfunk- und Fernsehgeräten wird mit Oszilloskopen die Wirkungsweise von Baugruppen untersucht. In den Schaltplänen von Fernsehgeräten werden vom Hersteller zu diesem Zweck oft die vorgeschriebenen Oszillogramme an zahlreichen Meßpunkten angegeben.

Zur **Spannungsmessung** wird meist die X-Ablenkung abgeschaltet oder die X-Verstärkung verkleinert. Nach Abschalten der X-Ablenkung wird auf dem Bildschirm ein senkrechter Strich geschrieben. Aus der Strichlänge läßt sich die Größe der Meßspannung ermitteln.

Bei den meisten Oszilloskopen ist am Einstellknopf für die Y-Verstärkung der Ablenkkoeffizient angegeben. Dieser Ablenkkoeffizient kann auch mit Hilfe einer Eichspannung ermittelt werden.

Beispiel 1:
Eine Sinusspannung erzeugt eine Strichlänge von 4 Teileinheiten. Der Ablenkkoeffizient beträgt 10 V je Teileinheit. Wie groß ist die Spitze-Tal-Spannung?

Lösung:
$\hat{\check{u}} = l \cdot A_y = 4 \text{ Einheiten} \cdot 10 \text{ V/Einheit} = \mathbf{40\ V}$

Die **Frequenzmessung** ist mit einem triggerbaren Oszilloskop besonders einfach. Die Feineinstellung für die Zeitablenkung muß voll aufgedreht sein. Am Wahlschalter TIME/DIV für die Zeitablenkung ist die Zeit angegeben, die der Elektronenstrahl beim Hinlauf für eine Teileinheit des Rasters benötigt. Man bezeichnet diese Angabe als *Zeitmaßstab*. Zur Frequenzbestimmung zählt man die Teileinheiten innerhalb einer ganzen Periode des abgebildeten Spannungsverlaufs aus und erhält damit die Periodendauer. Ihr Kehrwert ist die gesuchte Frequenz.

Beispiel 2:
Bei einer Spannung umfaßt eine Periode 8 Teileinheiten auf dem Bildschirm. Der Zeitmaßstab beträgt 5 µs/DIV. Wie groß ist die Frequenz der Spannung?

Lösung:
Periodendauer T = Teileinheiten · Zeitmaßstab
= 5 µs/Einheit · 8 Einheiten = 40 µs

$\Rightarrow f = \frac{1}{T} = \frac{1}{40\ \mu s} = \mathbf{25\ kHz}$

Genauer wird allerdings die Frequenzmessung mit Hilfe von *Lissajous-Figuren*[1]. Hierbei wird die Spannung eines kalibrierten Vergleichsgenerators auf den X-Eingang des Oszilloskops gegeben und zur Horizontalablenkung benützt. Sind z. B. die Signalspannung und die Vergleichsspannung sinusförmig und in Phase, so entsteht auf dem Bildschirm ein gegen die Waagrechte geneigter Strich **(Tabelle 1)**. Bei Phasenverschiebung oder voneinander abweichenden Frequenzen erhält man dagegen andere Lissajous-Figuren (Tabelle 1). Die Genauigkeit der Messung hängt von der Genauigkeit der Frequenz des Vergleichsgenerators ab.

Bei nicht triggerbaren Oszilloskopen erfolgt die Frequenzmessung durch Vergleich mit der Ablenkfrequenz. Nur wenn die Frequenz der Meßspannung so groß wie die Frequenz der Ablenkspannung oder ein ganzzahliges Vielfaches davon ist, entsteht auf dem Bildschirm ein stehender Linienzug.

Die X-Verstärkung muß so eingestellt werden, daß alle geschriebenen Perioden der Meßspannung auf dem Bildschirm sichtbar sind. Die Anzahl der Perioden multipliziert man mit der Ablenkfrequenz und erhält als Ergebnis die Frequenz der zu untersuchenden Spannung. Mit dem Feinsteller läßt sich die Ablenkfrequenz zwischen zwei am Umschalter angegebenen Werten stufenlos einstellen. Deshalb muß der Feinsteller bei der Messung am linken oder rechten Anschlag stehen.

Zur **Darstellung der Durchlaßkurve eines Filters** muß man eigentlich die Ausgangsspannung in Abhängigkeit von der Frequenz messen. Mit Hilfe eines Oszilloskops und eines Wobbelgenerators[2] kann man die Durchlaßkurve direkt abbilden **(Bild 1)**.

Unter Wobbeln versteht man die periodische Änderung der Meßfrequenz. Diese periodisch schwankende Frequenz wird von einem Wobbelgenerator erzeugt. Die Größe der Frequenzänderung bezeichnet man als *Wobbelhub*. Beträgt er bei einer eingestellten Meßfrequenz von 1000 kHz z. B. ± 50 kHz, so ändert sich die Meßfrequenz ständig zwischen 950 kHz und 1050 kHz. Die Häufigkeit der Frequenzänderung je Sekunde wird als *Wobbelfrequenz* bezeichnet (Abschnitt 13.2).

Außer der Meßfrequenz liefert der Wobbelgenerator noch eine Ablenkspannung für das Oszilloskop. Die Frequenz dieser Ablenkspannung ist gleich der Wobbelfrequenz.

Tabelle 1: Lissajous-Figuren

Schirmbild	Auswertung
	$U = U_n$ $f = f_n$ $\varphi = 0°$
	$U = U_n$ $f = f_n$ $\varphi = 30°$
	$U = U_n$ $f = f_n$ $\varphi = 90°$ oder $\varphi = 270°$
	$U = U_n$ $f = f_n$ $\varphi = 180°$
	$U = U_n$ $f = 2\,f_n$
	$U = U_n$ $f = \frac{1}{2} \cdot f_n$

U Meßspannung, f Meßfrequenz, U_n Vergleichsspannung, f_n Vergleichsfrequenz, φ Phasenverschiebungswinkel

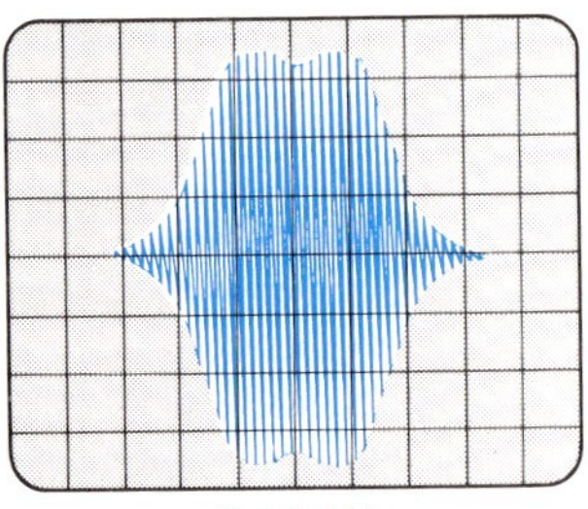

vor Gleichrichtung

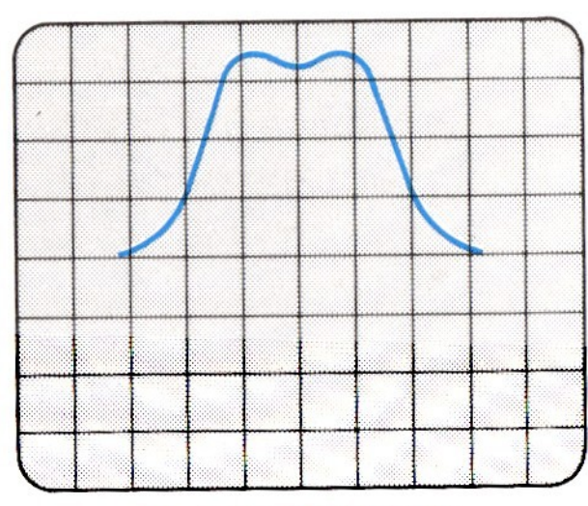

nach Gleichrichtung

Bild 1: Entstehen der Durchlaßkurve

[1] Lissajous, franz. Physiker, 1822 bis 1880

[2] wobbeln = Frequenzen verschieben

Kennliniendarstellung

Die Kennlinie eines Bauelements ist die grafische Darstellung zweier von einander abhängiger Größen, z. B. von Strom und Spannung, in einem rechtwinkligen Koordinatensystem. Die um 90° versetzten Ablenkplatten des Oszilloskops entsprechen einem solchen Koordinatensystem. Man kann deshalb auf dem Oszilloskop Kennlinien abbilden. Als Meßspannung verwendet man eine Wechselspannung, da bei Gleichspannung nur jeweils ein Punkt der Kennlinie dargestellt würde. Ströme müssen mit Hilfe von Widerständen *in Spannungen* umgesetzt werden. Will man z. B. die Strom-Spannungs-Kennlinie einer Z-Diode darstellen **(Bild 1)**, so muß der Strom an einem Hilfswiderstand R2 in Spannung umgesetzt werden. Dessen Widerstandswert soll klein sein, da die am X-Eingang liegende Spannung um den Spannungsabfall an R2 verfälscht wird. Aus diesem Grund kann der Vorwiderstand R1 nicht zur Messung verwendet werden.

Bei der Aufnahme der Hystereseschleife von Elektroblechen wird die Feldstärke H mit Hilfe des Magnetisierungsstromes dargestellt **(Bild 2)**. Dieser ruft einen Spannungsabfall am Hilfswiderstand R1 hervor. Die induzierte Spannung auf der Ausgangsseite ist der magnetischen Flußdichte B proportional. Das RC-Glied auf der Ausgangsseite dient zur Korrektur der auftretenden Phasenverschiebung.

Tastköpfe dienen zur Verbindung des Meßobjekts mit dem Oszilloskop **(Bild 3)**.

Im einfachsten Fall besteht ein Tastkopf aus einer Tastspitze mit abgeschirmter Verbindungsleitung (Tastkopf 1 : 1). Durch die Abschirmung soll verhindert werden, daß Störfelder über die Verbindungsleitung auf den Verstärkereingang einwirken können.

Bei höheren Meßspannungen besteht die Gefahr der Übersteuerung des Eingangsverstärkers. In diesem Fall verwendet man Teiler-Tastköpfe, die mit dem Eingangswiderstand des Verstärkers einen Spannungsteiler 10 : 1 oder 100 : 1 bilden. Da der Eingangswiderstand einen *kapazitiven Anteil* enthält, muß auch der Tastkopfwiderstand kapazitiv überbrückt werden. Sonst würde bei zunehmend hohen Frequenzen das Spannungsteilerverhältnis immer mehr anwachsen, da der Eingangs-Scheinwiderstand des Verstärkers immer kleiner wird. Durch die Tastkopfkapazität liegt bei hohen Frequenzen ein kapazitiver Spannungsteiler vor. Die Tastkopfkapazität muß bei einem Teilerverhältnis von 10 : 1 etwa ein Neuntel der Eingangskapazität betragen.

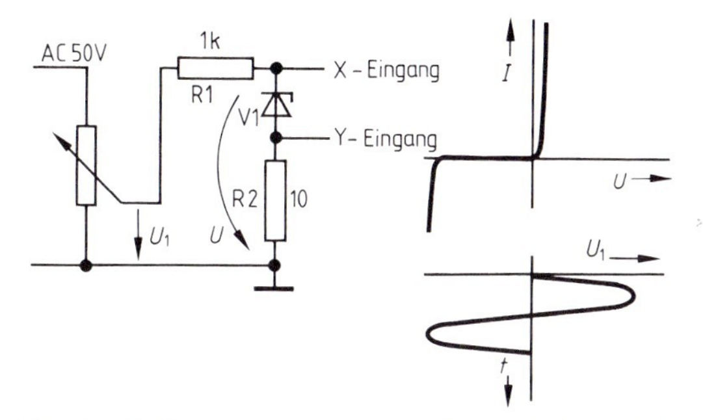

Bild 1: Meßschaltung zur Darstellung der Kennlinie einer Z-Diode

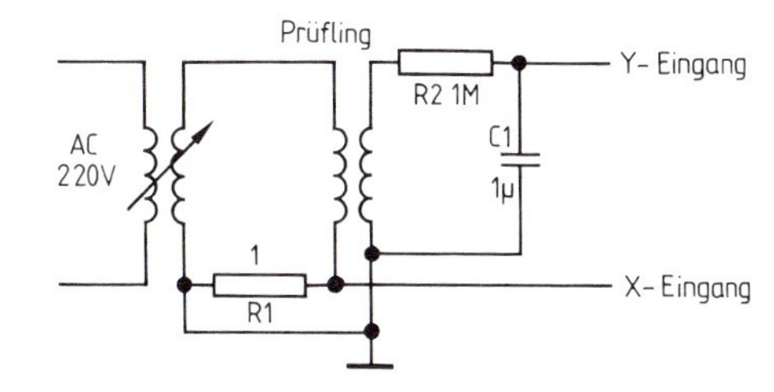

Bild 2: Meßschaltung zur Darstellung einer Hysterese-Schleife

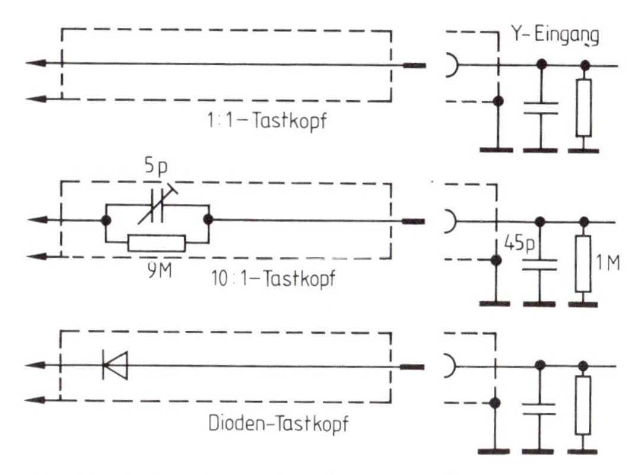

Bild 3: Tastköpfe für Oszilloskope (Übersicht)

Bei Spannungsmessungen mit dem Oszilloskop muß das Teilerverhältnis des Tastkopfes berücksichtigt werden.

Demodulator-Tastköpfe enthalten eine Diode zur Gleichrichtung von Hochfrequenz. Man verwendet sie z. B. bei Filteruntersuchungen mit einem Wobbelgenerator. Durch die Gleichrichtung wird nur die Hüllkurve der Wechselspannung abgebildet.

2.11.7.4 Oszilloskope für mehrere Vorgänge

Zur gleichzeitigen Darstellung von zwei periodischen Vorgängen benötigt man ein Zweistrahloszilloskop oder ein Zweikanaloszilloskop. Das Prinzip des Zweikanaloszilloskops kann zum Mehrkanaloszilloskop erweitert werden. Damit lassen sich z. B. vier oder acht Vorgänge auf einem Bildschirm überwachen.

Zweistrahloszilloskope enthalten eine Elektronenstrahlröhre mit zwei Strahlsystemen und zwei getrennte Y-Verstärker **(Bild 1)**. Die beiden Elektronenstrahlen werden in der Röhre meist mit einer gemeinsamen Katode erzeugt und anschließend geteilt (Split-Beam-Technik[1], **Bild 2**). Dieses Verfahren hat den Vorteil, daß die gemeinsame X-Ablenkung besonders genau erfolgt und damit ein guter Vergleich der beiden Signalspannungen möglich ist.

Zweikanaloszilloskope enthalten eine normale Elektronenstrahlröhre mit einem Strahlsystem. Der Zweistrahleffekt wird durch einen elektronischen Schalter bewirkt, der ständig zwischen den beiden Y-Verstärkern des Oszilloskops umschaltet **(Bild 3)**. Bei entsprechend gewählter Umschaltfrequenz unterscheidet sich das Schirmbild nicht von dem eines echten Zweistrahloszilloskops.

Bei tiefen Signalfrequenzen arbeitet der elektronische Schalter mit hoher Umschaltfrequenz, z. B. mit 400 kHz. Die beiden abgebildeten Kurvenzüge sind dadurch in kleine Teilstücke zerhackt (chopped[2], **Bild 4**). Die Abstände zwischen den Teilstücken würden zu groß, wenn die Signalfrequenz in der gleichen Größenordnung wie die Umschaltfrequenz läge. Deshalb arbeitet der elektronische Schalter bei hohen Signalfrequenzen mit tiefer Umschaltfrequenz. Die Kurvenzüge sind jetzt nicht mehr zerhackt, sondern werden abwechselnd (alternating[3]) geschrieben. Durch die Trägheit des Auges ist dieser Vorgang ebenfalls nicht sichtbar. Die Umschaltung von CHOP auf ALTERNATE erfolgt im Oszilloskop oft automatisch je nach Signalfrequenz.

Haben die beiden Meßsignale unterschiedliche Frequenzen, so muß die Triggerung im gleichen Takt zwischen den Signalfrequenzen umgeschaltet werden, damit ein stehendes Bild entsteht.

Elektronische Schalter werden zusammen mit zwei Y-Vorverstärkern auch als Vorsatzgeräte für Einstrahloszilloskope gebaut, die damit als Zweikanaloszilloskope betrieben werden können.

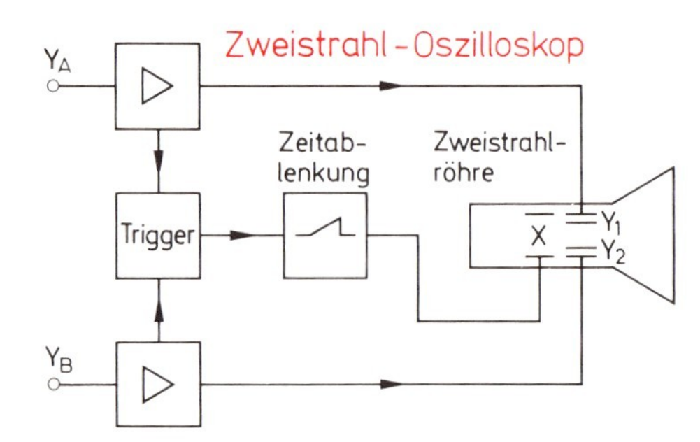

Bild 1: Übersichtsschaltplan eines Zweistrahloszilloskops

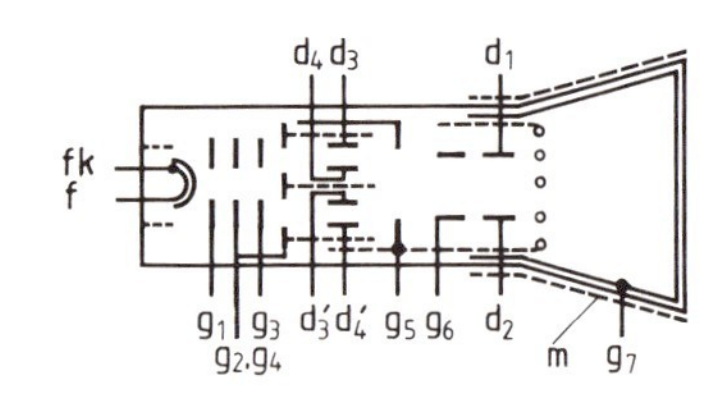

Bild 2: Split-Beam-Röhre

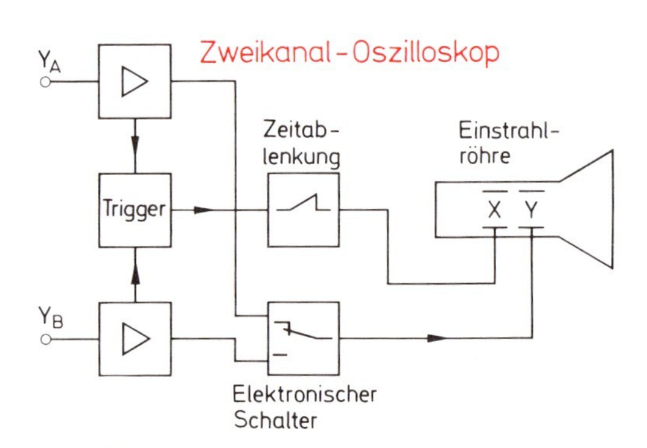

Bild 3: Übersichtsschaltplan eines Zweikanaloszilloskops

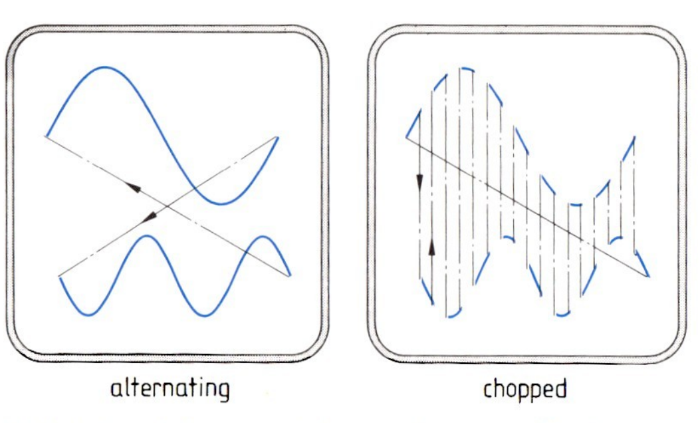

Bild 4: Betriebsarten beim Zweikanaloszilloskop

[1] engl. to split = aufteilen; engl. beam = Strahl; [2] engl. to chop = zerhacken; [3] engl. to alternate = abwechseln

2.11.7.5 Speicheroszilloskope

Elektronenstrahloszilloskope für die Darstellung sehr langsam ablaufender Vorgänge oder sehr schneller, einmalig ablaufender Vorgänge, sind mit einem zusätzlichen digitalen Speicher ausgestattet. Bei langsamen Vorgängen sieht man sonst nur einen Leuchtpunkt über den Bildschirm wandern. Schnelle Vorgänge, z. B. Stoßimpulse, sind sonst auf dem Bildschirm überhaupt nicht zu erkennen.

Diese *digitalen Speicheroszilloskope* wandeln die Eingangsspannung in ein digitales Signal um und speichern dieses **(Bild 1)**. Die Umwandlung geschieht in der gleichen Weise wie bei digitalen Meßgeräten, d. h. die Meßspannung wird in kurzen Zeitabständen abgetastet. Die Speicherung erfolgt in binärer Form. Die Abtastfrequenz muß dabei mindestens viermal so groß sein wie die Meßfrequenz, damit beim Lesen des Speichers wieder die vorherige Kurvenform entsteht. Je niedriger die Signalfrequenz gegenüber der Abtastfrequenz ist, desto größer ist die Anzahl der Abtastpunkte je Periode und desto genauer die Rekonstruktion. Bei 50 Abtastungen je Periode unterscheidet sich das rekonstruierte Signal kaum noch vom Original.

Vorteile der digitalen Speicherung sind die beliebig lange Speicherzeit und die Wiederholbarkeit des gespeicherten Kurvenzugs, außerdem die Möglichkeit zur zeitlichen Dehnung sowie bei bestimmten Oszilloskopen die Möglichkeit zur Darstellung von Signalteilen, die vor der Triggerschwelle liegen (PRE TRIGGER).

Grundsätzlich unterscheidet man zwei Arten der Abtastung. Bei der *Echtzeitabtastung* werden alle Abtastwerte innerhalb *einer* Erfassungsperiode gemessen. Bei der *periodischen Abtastung* wird das Signal aus Abtastwerten zusammengesetzt, die in *mehreren* Erfassungsperioden gemessen wurden.

Als Speicher werden schnelle RAM verwendet. Jeder abgetastete Signalwert wird als 8-Bit-Wort abgespeichert.

Im REFRESHED-Betrieb[1] wird das Eingangssignal in den Speicher eingeschrieben, bis dieser voll ist. Ein nachfolgendes Signal überschreibt den alten Speicherinhalt, d. h. er wird laufend aufgefrischt.

Im SINGLE-Betrieb[2] wird der Speicher vollgeschrieben und dann gesperrt. Eine neue Aufnahme kann nur erfolgen, wenn ein neuer Speicherbefehl gegeben wird.

[1] engl. to refresh = auffrischen; [2] engl. single = einzig, alleinig

Bild 1: Vereinfachter Übersichtsschaltplan eines digitalen Speicheroszilloskops

Bei Betätigen einer HOLD-Taste wird der Speicherinhalt beliebig lange festgehalten. Zwischendurch kann z. B. das Oszilloskop auf Normalbetrieb umgeschaltet werden.

Die meisten digitalen Speicheroszilloskope sind als Zweikanaloszilloskope ausgelegt. Jeder Kanal besitzt einen eigenen AD-Umsetzer. Je Kanal steht dann die halbe Speicherkapazität zur Verfügung. Die Auflösung ist deshalb bei Zweikanalbetrieb nur halb so groß wie im Einkanalbetrieb.

Wiederholungsfragen

1. **Warum hat die Zeitablenkspannung eines Oszilloskops Sägezahnform?**
2. **Auf welche zwei Arten kann man mit einem Oszilloskop eine Frequenzmessung durchführen?**
3. **Wodurch entstehen Lissajous-Figuren?**
4. **Welche Größe muß bei der Spannungsmessung mit einem Oszilloskop bekannt sein?**
5. **Welche Zeit gibt den Zeitmaßstab für die X-Ablenkung an?**
6. **Welche Arten von Tastköpfen werden bei Oszilloskopen verwendet?**
7. **Wodurch unterscheiden sich die Elektronenstrahlröhren eines Zweistrahloszilloskops und eines Zweikanaloszilloskops?**
8. **Wozu dienen Speicheroszilloskope?**
9. **Wie arbeitet ein digitales Speicheroszilloskop grundsätzlich?**

2.12 Schutzmaßnahmen

2.12.1 Sicherheitsbestimmungen

Zum Schutz für Menschen, Tiere und Sachen zur Verhütung von Unfällen durch elektrischen Strom wurden vom *Verband Deutscher Elektrotechniker* (VDE) Sicherheitsbestimmungen erlassen.

Die Bestimmungen enthalten sicherheitstechnische Festlegungen für das Errichten und Betreiben elektrischer Anlagen sowie für das Herstellen und Betreiben elektrischer Betriebsmittel.

Werden die VDE-Bestimmungen eingehalten, so ist die erforderliche Sorgfalt gewährleistet. Sie haben somit indirekten Gesetzescharakter.

VDE-Bestimmungen dienen dem Schutz von Menschen, Tieren und Sachen und müssen eingehalten werden.

Außerdem müssen die *Unfallverhütungsvorschriften* des Verbandes der gewerblichen Berufsgenossenschaften (VBG), das *Gerätesicherheitsgesetz* und die *Technischen Anschlußbedingungen* (TAB) beachtet werden.

Vom VDE geprüfte und überwachte Betriebsmittel und Geräte tragen ein VDE-Prüfzeichen **(Tabelle 1)**. Technische Arbeitsmittel des privaten und gewerblichen Bereichs, z.B. Leuchten, Haushaltsgeräte, Büromaschinen und Werkzeuge, die eine amtliche Prüfung nach dem Gerätesicherheitsgesetz bestanden haben, dürfen das Sicherheitszeichen GS (**G**eprüfte **S**icherheit) in Verbindung mit der Prüfstelle tragen (Tabelle 1).

Die wichtigsten Sicherheitsbestimmungen für elektrische Betriebsmittel und Anlagen mit Nennwechselspannungen bis 1000 V und mit Frequenzen bis höchstens 500 Hz sowie Nenngleichspannungen bis 1500 V sind in DIN VDE 0100 (Errichten von Starkstromanlagen mit Nennspannungen bis 1000 V) und in DIN VDE 0105 (VDE-Bestimmungen für den Betrieb von Starkstromanlagen) festgelegt.

Grundbegriffe

Neutralleiter (N) sind unmittelbar geerdete Leiter, in welchen der Betriebsstrom fließt. *Außenleiter* (L1, L2, L3) sind Leiter, die Stromquellen mit Verbrauchsmitteln verbinden, aber nicht vom Mittelpunkt oder Sternpunkt ausgehen. *Schutzleiter* (PE[1]) verbinden Körper, die im Fehlerfall unter Spannung

Tabelle 1: VDE-Prüfzeichen (Auswahl)

Zeichen	Benennung und Verwendung
D V E	VDE-Zeichen für Installationsmaterial und Geräte
GS	GS-Sicherheitszeichen mit Angabe der Prüfstelle des VDE für technische Arbeitsmittel
◁ VDE ▷	VDE-Kabelzeichen für Kabel und isolierte Leitungen
	VDE-Kennfaden für Kabel und isolierte Leitungen

Bild 1: Handbereich

stehen können, mit dem Neutralleiter bzw. Erder. *PEN-Leiter* sind Neutralleiter mit gleichzeitiger Schutzleiterfunktion.

Handbereich ist der vom Menschen mit der Hand erreichbare Bereich **(Bild 1)**.

Erder sind Leiter, die im Erdreich liegen und leitend mit diesem verbunden sind, z.B. Banderder, Staberder, Wasserrohrnetz. *Betriebserdung* ist die Erdung des Neutralleiters.

Potentialausgleich ist die Beseitigung von Potentialunterschieden durch eine leitende Verbindung, z.B. zwischen Schutzleitern, leitfähigen Rohren und leitfähigen Gebäudeteilen.

Aktive Teile sind alle Leiter und leitfähigen Teile, die im fehlerfreien Betrieb unter Spannung stehen können. Dazu zählt auch der Neutralleiter.

[1] PE von engl. protection earth = Schutzerde (Schutzleiter)

Direktes und indirektes Berühren

Direktes Berühren liegt vor, wenn Körperteile, z. B. Hände, bei ungestörtem Betrieb zwei gegeneinander Spannung führende Leiter berühren **(Bild 1)**. Ist ein Leiter des Energieversorgungsnetzes mit Erde verbunden, so liegt auch bei Berührung von nur einem Leiter eine direkte Berührung vor, weil der Stromkreis über den Standort geschlossen wird (Bild 1). Die durch den Körper fließende Stromstärke hängt von der Spannung, dem Körperwiderstand R_K, den Übergangswiderständen $R_{Ü1}$ und $R_{Ü2}$ und gegebenenfalls vom Widerstand R zwischen Standort und Erdungspunkt des Neutralleiters ab.

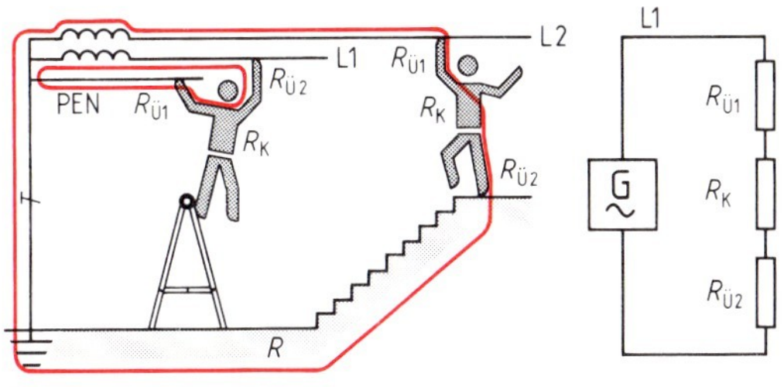

Bild 1: Direktes Berühren

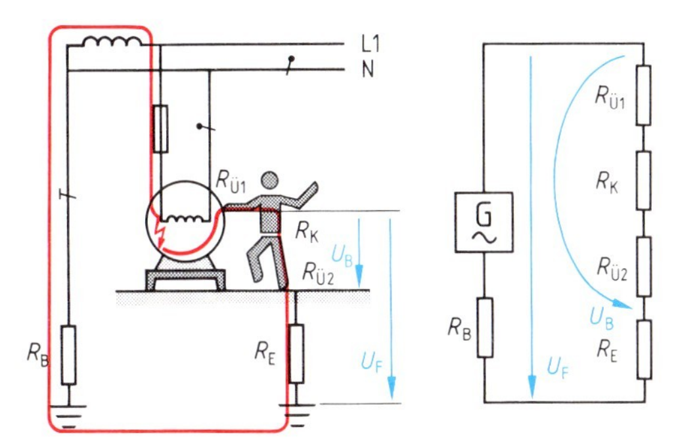

Bild 2: Indirektes Berühren

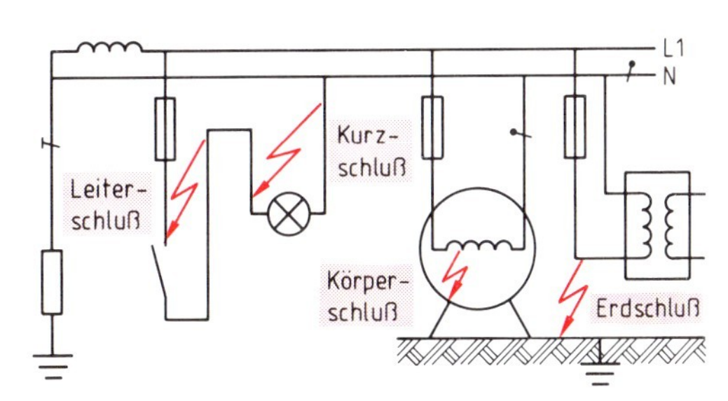

Bild 3: Fehlerarten

> Innerhalb des Handbereichs darf ein direktes Berühren spannungsführender Teile nicht möglich sein.

Bei Nennspannungen über 25 V Wechselspannung oder 60 V Gleichspannung muß ein Schutz gegen direktes Berühren vorhanden sein. Bei Geräten mit Elektromotor ist auch bei Spannungen unter AC 25 V bzw. DC 60 V ein Schutz gegen direktes Berühren erforderlich.

Zum Schutz gegen direktes Berühren müssen spannungsführende Teile, z. B. Leiter, vollständig isoliert sein (Basisisolierung). Lacküberzug, Emailleüberzug, Oxidschichten und Faserstoffumhüllungen gelten nicht als ausreichender Schutz gegen direktes Berühren.

Schutz gegen direktes Berühren ist auch durch Abdeckungen und Umhüllungen möglich.

> Schutz gegen direktes Berühren verhindert bei fehlerfreiem Betrieb gefährliche Körperströme.

Indirektes Berühren liegt vor, wenn ein sonst spannungsfreier, leitfähiger Teil eines Betriebsmittels (Körper), der durch Isolationsfehler eine Fehlerspannung U_F gegen Erde annimmt, berührt wird. Die dabei am menschlichen Körper anliegende Spannung wird *Berührungsspannung* U_B genannt. Sie ist um die am Erdungswiderstand R_E zwischen Standort und Erde abfallende Spannung kleiner als die auftretende Fehlerspannung U_F **(Bild 2)**.

> Die höchstzulässige Berührungsspannung U_L[1] ist für Menschen 50 V Wechselspannung oder 120 V Gleichspannung, für Nutztiere 25 V Wechselspannung oder 60 V Gleichspannung.

Bei Kinderspielzeug beträgt die höchstzulässige Berührungsspannung AC 25 V oder DC 60 V. In medizinisch genutzten Räumen kann U_L noch niedriger sein.

> Schutz bei indirektem Berühren verhindert im Fehlerfall gefährliche Körperströme.

Fehlerarten, durch die ein indirektes Berühren einer Spannung auftreten kann, sind Körperschluß, Kurzschluß und Erdschluß **(Bild 3)**.

Körperschluß ist eine durch Isolationsfehler verursachte leitende Verbindung zwischen einem Körper, z. B. Gehäuse, und einem betriebsmäßig unter Spannung stehenden Leiter oder Teil. *Kurzschluß* ist eine durch einen Fehler entstandene leitende

[1] L von engl. limit = Grenze, Grenzwert

Verbindung zwischen betriebsmäßig gegeneinander unter Spannung stehenden Leitern, wenn im Fehlerstromkreis kein Nutzwiderstand, z. B. eine Glühlampe, liegt. Liegt im Fehlerstromkreis ein Nutzwiderstand, so besteht ein *Leiterschluß. Erdschluß* ist eine durch einen Fehler entstandene leitende Verbindung eines Außenleiters oder isolierten Neutralleiters mit Erde.

In elektrischen Starkstromanlagen sind stets Schutzmaßnahmen gegen *direktes Berühren*, z. B. Basisisolierung, und bei *indirektem Berühren*, z. B. Schutztrennung, anzuwenden.

Tabelle 1: Geräteschutzklassen

Schutzklasse	I	II	III
Schutzmaßnahme	mit Schutzleiter	Schutzisolierung	Schutzkleinspannung
Kennzeichen			
Beispiele	Elektromotoren, Schaltschränke	Haushaltsgeräte, Heimwerkermaschinen	Handleuchten, elektrisches Spielzeug

2.12.2 Schutzarten elektrischer Betriebsmittel

Schutzklassen

Elektrische und elektronische Geräte werden den Schutzklassen I, II oder III zugeordnet. Dadurch wird ausgesagt, wodurch die Sicherheit im Fehlerfall erreicht wird **(Tabelle 1)**. International gibt es noch die Schutzklasse 0, die in Deutschland jedoch nicht zugelassen ist.

Schutzarten

Elektrische Betriebsmittel, z. B. Motoren, Transformatoren, Schalter, müssen je nach dem Ort der Aufstellung und nach Verwendung unterschiedlich gegen zufälliges Berühren, gegen das Eindringen von Fremdkörpern und gegen Wasser geschützt sein. Die Schutzart wird durch die Kennbuchstaben IP[1] und zwei Kennziffern gekennzeichnet **(Tabelle 2)**. Auch weitere Zusatzbuchstaben sind möglich.

Tabelle 2: IP-Schutzarten

Kennziffer	Berührungsschutz, Fremdkörperschutz		Wasserschutz	
0	keinen		keinen	
1	gegen Fremdkörper	> 50 mm ∅	gegen	senkrechtes Tropfwasser
2		> 12 mm ∅		schräges Tropfwasser
3		> 2,5 mm ∅		Sprühwasser
4		> 1 mm ∅		Spritzwasser
5	staubgeschützt			Strahlwasser
6	staubdicht		beim Überfluten	
7			beim Eintauchen	
8			beim Untertauchen	

Beispiel:
Was bedeutet die Kennzeichnung IP 32?

Lösung:

IP	3	2
Internationale Schutzart	Schutz gegen Eindringen von Fremdkörpern > 2,5 mm ∅	Schutz gegen Tropfwasser bis 15° gegen die Senkrechte

Tabelle 3: Bildzeichen für Schutzarten

Bildzeichen	Schutzart	entspricht
	tropfwassergeschützt	IP 31
	regengeschützt	IP 33
	spritzwassergeschützt	IP 54
	strahlwassergeschützt	IP 55
	Schutz beim Eintauchen (wasserdicht)	IP 67

Wird in Beschreibungen nur die Kennziffer eines Schutzgrades angegeben, so wird die andere Kennziffer durch X ersetzt, z. B. IP X3.

IP-Schutzarten können auf den Betriebsmitteln auch durch Bildzeichen angegeben werden **(Tabelle 3)**.

[1] IP von engl. international protection = internationale Schutzart

2.12.3 Netzformunabhängige Schutzmaßnahmen

Diese Schutzmaßnahmen haben keinen Schutzleiter und verhindern das Entstehen einer zu hohen Berührungsspannung.

Bei netzformunabhängigen Schutzmaßnahmen wird im Fehlerfall das Entstehen einer zu hohen Berührungsspannung verhindert.

Schutzkleinspannung

Die Verbraucher werden über einen besonderen Erzeuger mit einer Nennwechselspannung unter 50 V (meist 12 V oder 42 V) oder mit einer Nenngleichspannung unter 120 V versorgt. Zugelassene Erzeuger sind Sicherheitstransformatoren, galvanische Elemente, Motorgeneratoren und elektronische Geräte mit Spannungsbegrenzung **(Bild 1)**. Spartransformatoren, Spannungsteiler und Vorwiderstände sind zur Erzeugung der Schutzkleinspannung *nicht zulässig*.

Transportable Sicherheitstransformatoren müssen schutzisoliert sein. Leitungen und Installationsmaterial müssen für mindestens 250 V isoliert sein. Diese Spannung gilt nicht für Spielzeuge und Fernmeldeanlagen. Geräte für Schutzkleinspannung (Geräteschutzklasse III) dürfen keine Anschlüsse für Schutzleiter haben, und ihr Stecker darf nicht in Netzsteckdosen passen. Spannungsführende Teile von Stromkreisen mit Schutzkleinspannung dürfen weder mit Erdungsleitungen, Schutzleitern, noch mit leitenden Teilen von Stromkreisen anderer Spannung verbunden sein.

Anwendungsbeispiele sind Spielzeuge, Geräte zur Körperpflege, Geräte für Tierhaltung, Unterwasserbeleuchtung, Sicherheitsbeleuchtung sowie Handleuchten für Backöfen oder Kesselbau.

Funktionskleinspannung

Können bei Verwendung von Nennspannungen unter 50 V Wechselspannung bzw. 120 V Gleichspannung nicht alle Anforderungen an die Schutzmaßnahme Schutzkleinspannung erfüllt werden, z.B. wenn ein Pol der Kleinspannung geerdet sein muß, so sind noch zusätzliche Schutzmaßnahmen notwendig. Diese *Kombination* von Schutzmaßnahmen wird *Funktionskleinspannung* genannt.

Wird kein für Schutzkleinspannung zulässiger Erzeuger verwendet oder keine elektrische Trennung zwischen spannungsführenden, leitenden Teilen

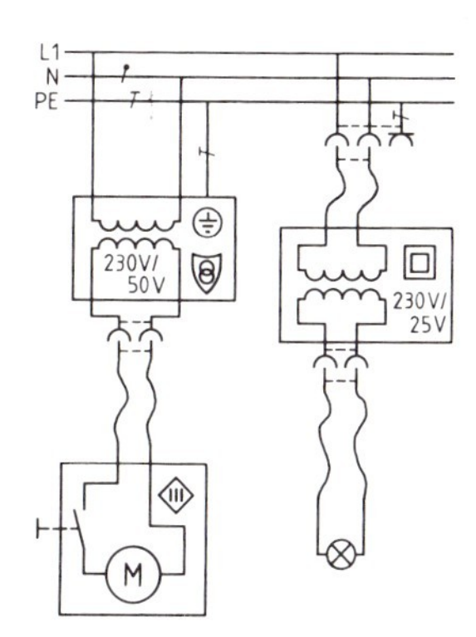

Bild 1: Erzeugung von Schutzkleinspannung (Beispiele)

von Stromkreisen mit Schutzkleinspannung und Stromkreisen höherer Spannung vorgenommen, oder werden Leitungen mit Schutzkleinspannung nicht von Leitungen anderer Stromkreise getrennt verlegt, so ist ein zusätzlicher Schutz gegen direktes Berühren und ein Schutz bei indirektem Berühren notwendig. Als solcher Schutz gilt:

1. Der Körper des Betriebsmittels wird an den Schutzleiter des Eingangsstromkreises angeschlossen, wenn in diesem ein Schutz bei indirektem Berühren angewendet wird. Ein Leiter des Stromkreises der Funktionskleinspannung darf dann zusätzlich an den Schutzleiter des Eingangsstromkreises angeschlossen werden.
2. Der Körper des Betriebsmittels wird an den nicht geerdeten Potentialausgleichsleiter des Eingangsstromkreises angeschlossen, wenn in diesem Schutztrennung angewendet wird.

Die Stecker von Stromkreisen mit Funktionskleinspannung dürfen nicht in Netzsteckdosen passen. Außerdem dürfen die Steckvorrichtungen von Funktionskleinspannung und von Schutzkleinspannung nicht zusammenpassen.

Begrenzung der Entladungsenergie

Ein Schutz gegen direktes Berühren ist nicht notwendig, wenn die Entladungsenergie kleiner ist als 350 mJ.

Schutzisolierung

Geräte der Schutzklasse II werden gegen unzulässig hohe Berührungsspannung durch eine Schutzisolierung geschützt **(Bild 1, folgende Seite)**. Diese kann als Schutz-Isolierumhüllung, Schutz-Zwischenisolierung oder verstärkte Isolierung ausgeführt sein. Die Schutzisolierung muß zusätzlich zur Basisisolierung vorhanden sein.

Schutzisolierte Geräte dürfen nicht mit dem Schutzleiter verbunden werden.

Deshalb sind industriell gefertigte Geräte, z. B. Rundfunk- und Fernsehgeräte, nur über zweiadrige Leitungen und Stecker ohne Schutzkontakt angeschlossen.

Die Schutzisolierung wird z. B. angewendet bei Haushaltsgeräten, Kleingeräten, Elektrowerkzeugen, elektronischen Geräten, Leuchten und transportablen Trenntransformatoren.

Ähnlich wie die Schutzisolierung wirkt der *Schutz durch nichtleitende Räume* (Standortisolierung). Dabei wird durch isolierende Wände, Fußböden und Abdeckungen eine leitende Verbindung des Menschen mit Erde verhindert.

Schutztrennung

Bei Schutztrennung wird der Stromkreis durch einen *Trenntransformator* (Kennzeichen ⦵) vom Netz getrennt, so daß bei einem Fehler des angeschlossenen Gerätes keine Berührungsspannung auftreten kann. Schutztrennung ist jedoch nur wirksam, wenn auf der Ausgangsseite kein Erdschluß auftritt.

Sind Trenntransformatoren ortsveränderlich, so müssen sie schutzisoliert sein, sind sie ortsfest, so müssen sie ebenfalls schutzisoliert sein, oder der Ausgang muß vom Eingang und vom leitfähigen Gehäuse durch besonders starke Isolierung getrennt sein. Der Ausgangsstromkreis darf weder mit Erde noch mit anderen Stromkreisen verbunden werden **(Bild 2)**. Er soll von anderen Stromkreisen getrennt verlegt werden.

Als bewegliche Leitungen sind mindestens Gummischlauchleitungen H07RN-F bzw. A07RN-F zu verwenden. Die Leitungslänge soll höchstens 500 m betragen und das Produkt aus Spannung und Leitungslänge höchstens 100 000 Vm sein, damit keine kapazitive Erdung stattfindet.

Im Stromkreis mit Schutztrennung dürfen leitfähige Teile von Betriebsmitteln nicht mit Erde, Schutzleitern und leitfähigen Teilen anderer Stromkreise verbunden werden.

Ist Schutztrennung *vorgeschrieben*, so darf an einen Trenntransformator nur *ein* Verbraucher angeschlossen werden. In den anderen Fällen müssen die Körper der Verbraucher durch einen isolierten

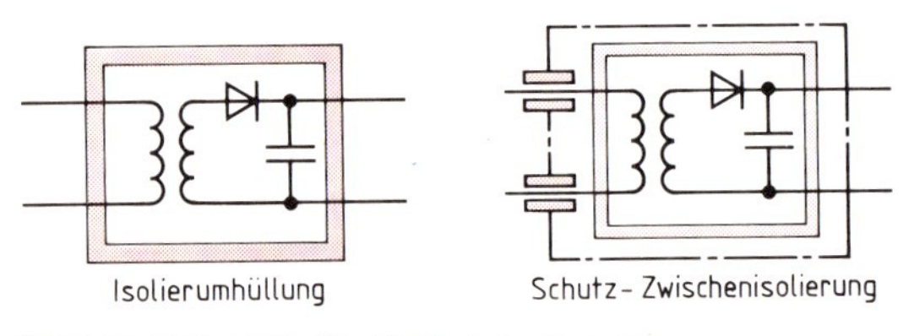

Bild 1: Beispiele für Schutzisolierung

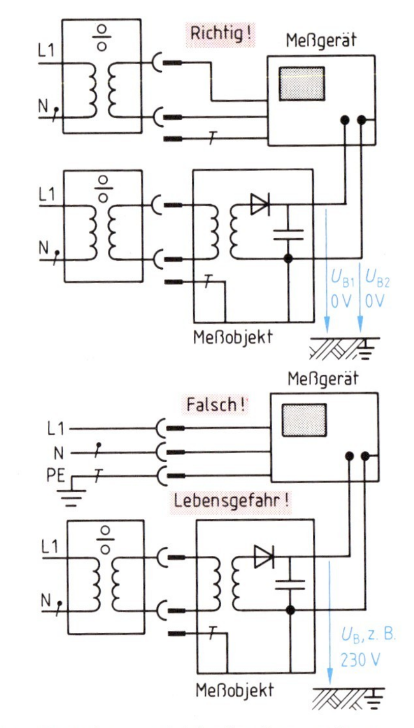

Bild 2: Richtige und falsche Anwendung von Schutztrennung

und nicht geerdeten Potentialausgleichsleiter verbunden werden.

Bei Arbeiten auf metallischem Standort, z. B. in Kesseln, auf Stahlgerüsten und Schiffsrümpfen, muß das Gehäuse des Verbrauchers durch eine besondere Leitung mit dem Standort verbunden werden.

An einen Trenntransformator darf meist nur ein Verbraucher angeschlossen werden.

Schutztrennung wird z. B. bei der Fehlersuche in elektronischen Geräten mit Netzanschluß angewendet. Dort muß jedes Gerät an einen eigenen Trenntransformator angeschlossen sein und darf nicht geerdet werden (Bild 2). Weitere Anwendungen sind Rasiersteckdosen in Hotels, Naßschleifmaschinen, Poliermaschinen und elektrisches Werkzeug für das Arbeiten im Behälterbau und an Stahlgerüsten, sofern sie nicht mit Schutzkleinspannung betrieben werden.

Wiederholungsfragen

1. **Was versteht man unter einem PEN-Leiter?**
2. **Welche Maße hat der Handbereich?**
3. **Welche Aufgabe hat Schutz gegen direktes Berühren?**
4. **Welches sind die höchstzulässigen Berührungsspannungen für Menschen und Tiere?**
5. **Erklären Sie die verschiedenen Fehlerarten!**
6. **Für welche Schutzmaßnahmen sind Geräte der Schutzklassen I, II und III vorgesehen?**
7. **Was bedeutet die Schutzart IP54?**
8. **Welche Erzeuger sind für Schutzkleinspannung zugelassen?**
9. **Welches sind die Bedingungen für die Schutzmaßnahme Schutztrennung?**

2.12.4 Netzformabhängige Schutzmaßnahmen

Diese Schutzmaßnahmen haben einen Schutzleiter und schalten nach dem Auftreten eines Fehlers selbständig durch vorgeschaltete *Überstrom-Schutzeinrichtungen*, z.B. Schmelzsicherungen, oder *Fehlerstrom-Schutzeinrichtungen*, z.B. FI-Schutzschalter (Seite 257), ab. Sie verhindern so das *Bestehenbleiben* einer unzulässig hohen Berührungsspannung. Bei Isolationsüberwachungseinrichtungen erfolgt dagegen *keine Abschaltung* sondern eine *Meldung* des Fehlers.

Als Schutzleiter wird eine grüngelbe Ader bzw. ein grüngelber isolierter Leiter verwendet. Alle leitfähigen Körper der Betriebsmittel, z.B. Gehäuse, müssen an einen Schutzleiter angeschlossen werden. In jedem Gebäude muß ein Hauptpotentialausgleich stattfinden.

Die grüngelbe Ader von Leitungen sowie grüngelbe Leiter dürfen nur als Schutzleiter (PE), als PEN-Leiter oder als Potentialausgleichsleiter verwendet werden.

Alle Schutzmaßnahmen mit Schutzleiter sind vom Errichter der Anlage vor Inbetriebnahme durch Besichtigen, Erproben und Messen zu prüfen.

Netzformen

Die anzuwendende Schutzmaßnahme hängt von der Erdverbindung des Niederspannungsnetzes ab **(Tabelle 1)**. Bei der Bezeichnung der Netzform gibt der erste Buchstabe die Art der Erdung des Erzeugers an (T[1] direkte Erdung; I[2] Isolierung gegen Erde oder über eine große Impedanz mit Erde verbunden). Der zweite Buchstabe bezeichnet die Erdungsbedingungen der Betriebsmittel (T direkte Erdung der Körper; N[3] direkte Verbin-

Tabelle 1: Netzformen

TN-S-Netz	TN-C-Netz	TT-Netz	IT-Netz
L1, L2, L3, N, PE, E	L1, L2, L3, PEN, E	L1, L2, L3, N, E, PE	L1, L2, L3, PE, PE
Neutralleiter und Schutzleiter sind im gesamten Netz getrennt geführt, im Erzeuger aber verbunden und geerdet. Fehlerstrom fließt durch PE.	PEN-Leiter übernimmt Neutralleiterfunktion und Schutzleiterfunktion. Fehlerstrom fließt durch PEN-Leiter.	Sternpunkt des Erzeugers geerdet und mit Neutralleiter verbunden, Körper der Betriebsmittel über PE mit Erder verbunden. Fehlerstrom fließt über Erder.	Sternpunkt des Erzeugers ist nicht geerdet. Körper der Betriebsmittel sind bei Bedarf geerdet. Erster Fehlerstrom wird begrenzt.
Schutz durch Überstrom-Schutzeinrichtungen, durch Fehlerstrom-Schutzeinrichtungen oder durch beides.	Schutz durch Überstrom-Schutzeinrichtungen, auch zusammen mit Fehlerstrom-Schutzeinrichtungen.	Schutz meist durch Überstrom-Schutzeinrichtungen und/oder Fehlerstrom-Schutzeinrichtungen.	Schutz durch Isolationsüberwachung, Überstrom-Schutzeinrichtungen, Fehlerstrom-Schutzeinrichtungen.

[1] T von franz. terre = Erde; [2] I von engl. isolated = isoliert; [3] N von neutral

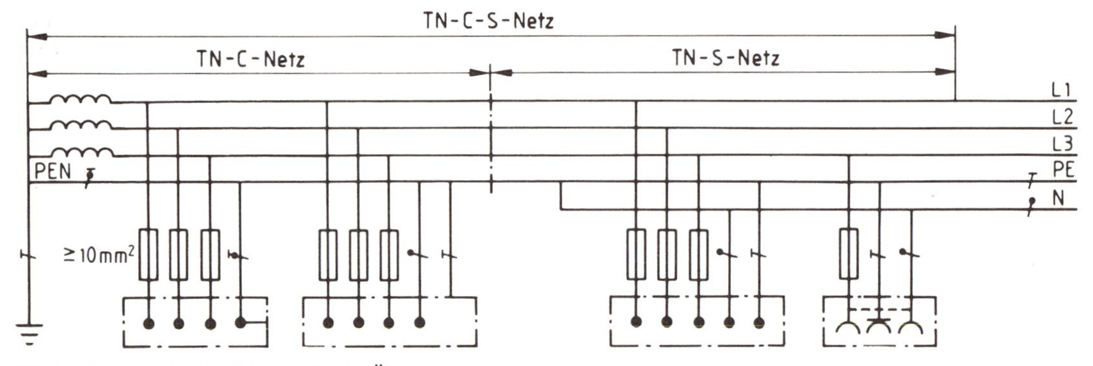

Bild 1: Schutz in TN-Netzen durch Überstrom-Schutzeinrichtungen

dung der Körper mit Betriebserder). Der dritte Buchstabe gibt an, wie Schutzleiter und Neutralleiter schaltungsmäßig ausgeführt sind (S[1] Neutralleiter und Schutzleiter getrennt verlegt; C[2] Neutralleiter und Schutzleiter als PEN-Leiter vereint).

Schutzmaßnahmen im TN-Netz

In TN-Netzen müssen alle Körper von Geräten der Schutzklasse I mit dem geerdeten Punkt des speisenden Netzes durch den Schutzleiter bzw. PEN-Leiter verbunden werden.

Beim TN-C-Netz übernimmt der PEN-Leiter die Funktion des Schutzleiters und des Neutralleiters **(Bild 1)**. Der Schutz erfolgt hier durch Überstrom-Schutzeinrichtungen oder Fehlerstrom-Schutzeinrichtungen. Der PEN-Leiter darf für sich alleine nicht schaltbar sein.

Im TN-S-Netz wird der Verbraucher mit Neutralleiter und Schutzleiter von meist weniger als 10 mm² Querschnitt angeschlossen (Bild 1). Zulässige Schutzeinrichtungen sind Überstrom-Schutzeinrichtungen, z.B. Schmelzsicherungen, Gerätesicherungen, Leitungsschutzschalter, und Fehlerstrom-Schutzeinrichtungen, z.B. FI-Schutzschalter.

In TN-Netzen führt ein vollständiger Körperschluß zum Kurzschluß, und die vorgeschaltete Schutzeinrichtung muß die Anlage innerhalb der festgelegten Zeit abschalten.

Diese Abschaltzeit muß in Stromkreisen mit Steckdosen bis zu einem Nennstrom von 35 A und in Stromkreisen mit ortsveränderlichen Betriebsmitteln der Schutzklasse I innerhalb 0,2 s liegen, in allen anderen Stromkreisen innerhalb 5 s.

Dazu müssen die Schutzeinrichtungen und die Leiterquerschnitte so gewählt werden, daß der Abschaltstrom I_a, der die Schutzeinrichtung in der festgelegten Zeit auslöst, kleiner ist als der durch die Nennspannung U_0 im Scheinwiderstand (Impedanz) Z_s der Fehlerschleife mögliche Strom.

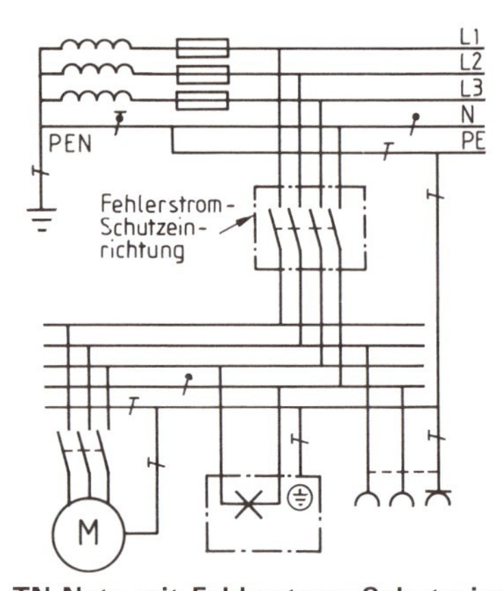

Bild 2: TN-Netz mit Fehlerstrom-Schutzeinrichtung

I_a Abschaltstrom
U_0 Nennspannung gegen Erde
Z_s Impedanz der Fehlerschleife

$$I_a \leq U_0 / Z_s$$

Bei Verwendung einer Fehlerstrom-Schutzeinrichtung ist I_a der Nennfehlerstrom (Nenndifferenzstrom) $I_{\Delta n}$.

Als Schutz durch Fehlerstrom-Schutzeinrichtung **(Bild 2)** dient meist ein Fehlerstrom-Schutzschalter (FI-Schutzschalter). Er wird zwischen das Netz und den Verbraucher angeschlossen. Die Körper der Betriebsmittel müssen mit dem Schutzleiter PE verbunden werden (Bild 2). Der Schutzleiter darf nicht durch den Summenstromwandler der Fehlerstrom-Schutzeinrichtung geführt werden.

[1] S von engl. separated = getrennt; [2] C von engl. combined = vereint, verbunden

FI-Schutzschalter enthalten einen Summenstromwandler, an dessen Ausgangswicklung eine Auslösespule für den Schalter Q1 angeschlossen ist **(Bild 1)**. Durch den Summenstromwandler führen die Leiter L1, L2, L3 und N, nicht jedoch der PE. Im fehlerfreien Zustand ist die Summe der zufließenden Ströme gleich groß wie die Summe der abfließenden Ströme. Die magnetischen Wechselfelder heben sich auf. Im Fehlerfall fließt ein Fehlerstrom über den Schutzleiter, wodurch der Summenstrom nicht mehr null ist. Das resultierende Wechselfeld erzeugt eine Spannung, die beim Nennfehlerstrom über den Schalter Q1 die Leitungen allpolig abschaltet. Mit der Prüftaste kann ein Fehler nachgebildet und damit die Auslösefunktion überprüft werden. FI-Schutzschalter gibt es für Nenndifferenzströme von 10 mA bis 1 A. Fehlerstrom-Schutzeinrichtungen mit dem Kennzeichen schalten die Anlage auch dann ab, wenn der Fehlerstrom aus pulsierendem Gleichstrom besteht.

Fehlerstrom-Schutzeinrichtungen müssen z.B. in Räumen mit Experimentierständen und auf Baustellen verwendet werden.

Schutzmaßnahmen im TT-Netz

Im TT-Netz müssen alle Körper von Betriebsmitteln *geerdet* werden **(Bild 2)**. Sind mehrere Körper durch eine gemeinsame Schutzeinrichtung geschützt oder gleichzeitig berührbar, so sind diese Körper alle durch Schutzleiter an einen *gemeinsamen Erder* anzuschließen. Damit die geforderte Abschaltzeit eingehalten wird, müssen Erdungswiderstand und Abschaltstrom klein sein.

Schutzmaßnahmen im IT-Netz

Im IT-Netz darf kein aktiver Leiter direkt geerdet sein. Alle Körper müssen mit dem Schutzleiter verbunden werden **(Bild 3)**. Tritt nur ein Fehlerfall (Körperschluß oder Erdschluß) auf, so muß der Fehlerstrom so klein sein, daß die höchstzulässige Berührungsspannung nicht überschritten wird. Ein zusätzlicher örtlicher Potentialausgleich kann erforderlich sein.

Durch eine Isolationsüberwachungsanlage muß ein erster Fehler ein optisches und ein akustisches Signal auslösen oder eine automatische Abschaltung herbeiführen. Tritt ein zweiter Fehler auf, so muß die Anlage automatisch abschalten.

IT-Netze mit ihren Schutzmaßnahmen finden Anwendung z.B. in Operationsräumen.

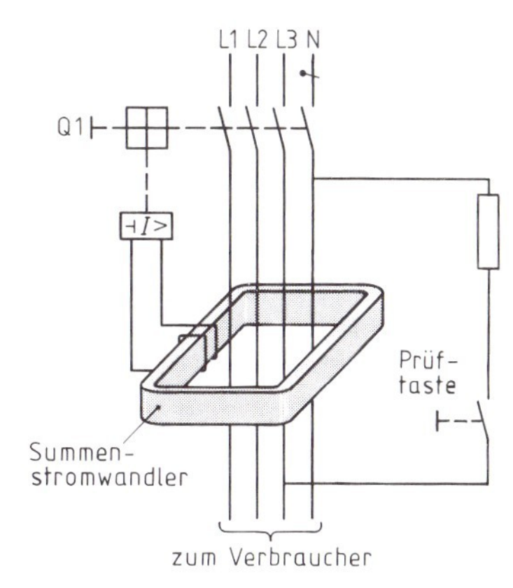

Bild 1: FI-Schutzschalter

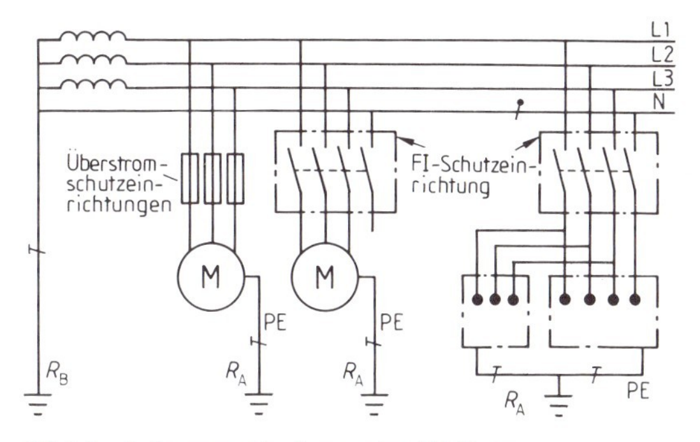

Bild 2: Schutzmaßnahmen im TT-Netz

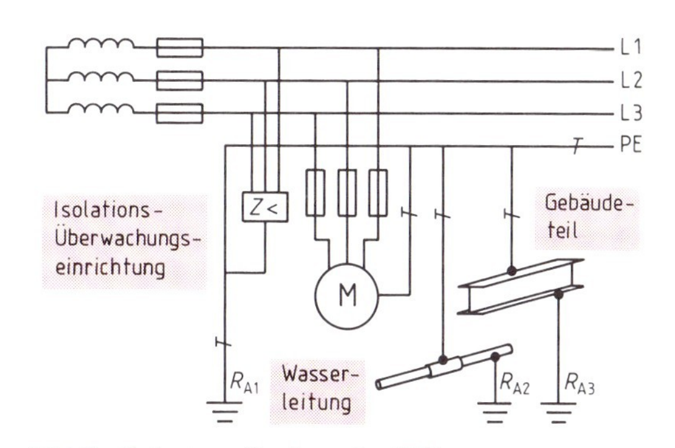

Bild 3: Schutzmaßnahme im IT-Netz

R_A Körpererdungswiderstand
I_a Abschaltstrom
U_L Höchstzulässige Berührungsspannung
I_d Fehlerstrom beim ersten Fehler

Beim TT-Netz:

$$R_A \cdot I_a \leq U_L$$

Beim IT-Netz:

$$R_A \cdot I_d \leq U_L$$

2.12.5 Prüfung von Schutzmaßnahmen

Vor der ersten Inbetriebnahme und nach jeder Änderung, Erweiterung und Instandsetzung sind elektrische Anlagen und Betriebsmittel durch eine Elektrofachkraft nachweisbar auf ihren ordnungsgemäßen Zustand und ihre Wirksamkeit zu prüfen (Erstprüfung). Außerdem müssen in bestimmten Zeitabständen Wiederholungsprüfungen durchgeführt werden **(Tabelle 1)**.

Die Prüfung der Schutzmaßnahmen erfolgt durch

- *Besichtigen*, z. B. auf äußere erkennbare Schäden und noch zuverlässige Verbindungen,
- *Erproben*, z. B. der NOT-AUS-Einrichtungen, der FI-Schutzschalter durch Betätigen der Prüfeinrichtungen,
- *Messen*, z. B. der Isolationswiderstände **(Tabelle 2)**, der Schleifenwiderstände, der Erdungswiderstände. Hierfür gibt es besondere Meß- und Prüfgeräte. Die Isolationsmessung wird mit Gleichspannung durchgeführt.

2.12.6 Unfallverhütung und Brandbekämpfung

Zur Vermeidung von Unfällen und Bränden sind die VDE-Bestimmungen und die Unfallverhütungsvorschriften der Berufsgenossenschaft einzuhalten, insbesondere die Unfallverhütungsvorschriften VBG 1 (allgemeine Unfallverhütungsvorschriften, z. B. über das Tragen von Schutzbrille, Schutzschuhen, Schutzhelm), VBG 4 (für elektrische Anlagen und Betriebsmittel) und VBG 74 (Standsicherheit von Leitern). Sicherheitsschilder **(Tabelle 3)** sollen auf Gefahren hinweisen.

Zum Löschen von Bränden in Starkstromanlagen sind Feuerlöscher für die entsprechende Brandklasse zu verwenden. Die Feuerlöscher müssen in vorgeschriebenen Zeitabständen geprüft werden.

Tabelle 2: Isolationswiderstände

Anlage bzw. Betriebsmittel	Isolationswiderstand
Neuanlagen bis 1000 V in trockenen Räumen (Erstprüfung)	≥ 1 MΩ
Neuanlagen bis 1000 V in nassen Räumen und Anlagen im Freien	≥ 0,5 MΩ
Betriebsmittel Schutzklasse I	≥ 1000 Ω/V
Betriebsmittel Schutzklasse II	≥ 2 MΩ
Betriebsmittel Schutzklasse III (Leiter gegen Erde gemessen)	≥ 250 kΩ

Tabelle 1: Prüfung elektrischer Anlagen

Prüfzeitpunkt, Prüffrist	Zu prüfende Einrichtungen
Erstprüfung	Elektrische Anlagen und Betriebsmittel allgemein auf ordnungsgemäßen Zustand
Mindestens alle 4 Jahre	Elektrische Anlagen und ortsfeste elektrische Betriebsmittel auf ordnungsgemäßen Zustand
Mindestens alle 6 Monate	Nicht ortsfeste elektrische Betriebsmittel, Anschluß- und Verlängerungsleitungen mit ihren Steckvorrichtungen auf ordnungsgemäßen Zustand sowie Fehlerstrom-Schutzeinrichtungen in stationären Anlagen und Isolationswächter durch Betätigung der Prüftaste
Mindestens einmal im Monat	Fehlerstrom-Schutzeinrichtungen nichtstationärer Anlagen auf ihre Wirksamkeit
An jedem Arbeitstag	Fehlerstrom-Schutzeinrichtungen nichtstationärer Anlagen durch Betätigung der Prüftaste
Vor jeder Benutzung	Spannungsprüfer, isolierte Werkzeuge und isolierende Schutzeinrichtungen auf augenfällige Mängel und einwandfreie Funktion

Tabelle 3: Sicherheitsschilder

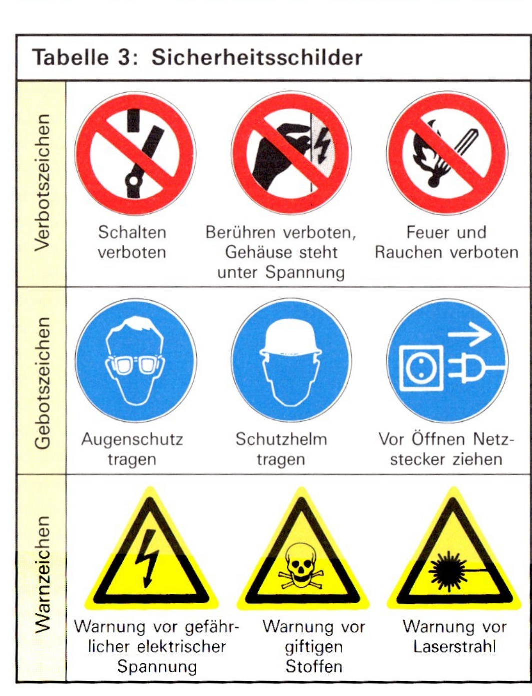

3 Grundlagen der Digitaltechnik

3.1 Einführung in die Digitaltechnik

Digitale Werte werden in binärer[1] Form durch die zwei Zeichen 0 und 1 dargestellt. Diese *Binärzeichen* heißen *Bit*[2].

Binärzeichen haben zwei unterscheidbare Werte, z.B. 0 und 1.

3.1.1 Dualcode

In digitalen Geräten werden Zahlen und andere Zeichen durch binäre Verschlüsselungen (Codes) dargestellt. Die einfachste Codierung ist der *Dualcode*.

Mit den Binärzeichen kann man durch Aneinanderreihen mehrerer 1-Bit und 0-Bit das duale[3] Zahlensystem aufbauen. Jedem 1-Bit einer so gebildeten Dualzahl wird je nach seiner Stelle ein Stellenwert (Gewicht) zugeordnet **(Tabelle 1)**.

Der Stellenwert ist für die von rechts erste Dualziffer $2^0 = 1$, für die zweite Dualziffer $2^1 = 2$, für die dritte Dualziffer $2^2 = 4$ usw. Die Stellenbewertung verdoppelt sich also immer mit der folgenden Stelle. Den Binärzeichen 0 ist stets der Wert Null zugeordnet.

Beispiel 1:
Welcher Dezimalzahl entspricht die Dualzahl 1001?

Lösung:

	1	0	0	1	≙ 8 + 0 + 0 + 1 = **9**
Stellenwert:	2^3	2^2	2^1	2^0	
	8	4	2	1	

Zur Verschlüsselung der ersten 16 Zahlen in Tabelle 1 sind vier Stellen, d.h. vier Bit, nötig. Mit fünf Binärstellen lassen sich gerade doppelt soviel Zahlen, nämlich $2^5 = 32$, verschlüsseln. Hat man n Binärstellen, so kann man damit 2^n Zahlen darstellen.

Für die Bildung gebrochener Zahlen bewertet man die Dualziffern rechts vom Komma mit Potenzen von 2, deren Hochzahlen negativ sind.

Beispiel 2:
Welchen Wert hat die Dualzahl 110, 101?

Lösung:

1	1	0,	1	0	1	
2^2	2^1	2^0	2^{-1}	2^{-2}	2^{-3}	
4	2	1	$\frac{1}{2}$	$\frac{1}{4}$	$\frac{1}{8}$	⇒ **6,625**

Tabelle 1: Dualzahlen

00	0	0	0	0	08	1	0	0	0
01	0	0	0	1	09	1	0	0	1
02	0	0	1	0	10	1	0	1	0
03	0	0	1	1	11	1	0	1	1
04	0	1	0	0	12	1	1	0	0
05	0	1	0	1	13	1	1	0	1
06	0	1	1	0	14	1	1	1	0
07	0	1	1	1	15	1	1	1	1
Stellenwert	8	4	2	1		8	4	2	1

0 + 0 = 0

1 + 0 = 1

1 + 1 = 0 merke 1

Rechnen mit Dualzahlen

Das Rechnen im dualen Zahlensystem ist dem Rechnen im Dezimalsystem ähnlich.

Addition und Subtraktion. Dualzahlen werden wie Dezimalzahlen stellenweise addiert. Bei 1+1 entsteht 0 und ein Übertrag 1 in die nächst höhere Stelle, so wie im Dezimalzahlensystem 9+1 die Ziffer 0 ergibt und einen Übertrag in die nächste Stelle liefert.

Beispiel 3:
Berechnen Sie 14 + 6 mit Dualzahlen!

Lösung:

14		1 1 1 0
+ 06		+ 0 1 1 0
1	Übertrag	1 1 1
20		**1 0 1 0 0** ≙ 20

Für die Anzahl der Binärstellen einer codierten Angabe verwenden wir die Pseudoeinheit[4] bit. Den Dezimalzahlen 0 bis 15 entsprechen also Dualzahlen mit einer Länge von 4 bit. Eine zusammenhängende Folge von 8 bit bezeichnet man als Byte (B) oder auch als Oktett.

Umrechnung:
8 bit = 1 Byte (sprich: bait) = 1 B
1 Kilobyte = 1 KB = 2^{10} B
1 Megabyte = 1 MB = 2^{10} KB = 2^{20} B

[1] lat. bini = je zwei; [2] Kunstwort von engl. binary digit = Binärzeichen; [3] lat. duo = zwei; [4] griech. Pseudo- = falsch-

3.1.2 Grundlagen der Schaltalgebra

Regeln für die UND-Verknüpfung

Ist ein Relais über zwei in Reihe geschaltete Schließer a und b angeschlossen, so zieht das Relais an, wenn die Kontakte a *und* b geschlossen sind **(Tabelle 1)**. In der Schaltalgebra lautet die Schreibweise $x_{K1} = a \wedge b$ ($\wedge$ sprich: und). Das Zeichen $\wedge$ wird innerhalb der Rechnung manchmal weggelassen, wenn Verwechslungen ausgeschlossen sind. Da die Signale a und b nur die Werte 1 oder 0 annehmen können, ergeben sich für den Schaltzustand des Relais K1 verschiedene Werte (Tabelle 1). Aus der Wertetabelle folgen die Rechenregeln für die UND-Verknüpfung.

UND-Element nennt man das entsprechende binäre Bauelement (Tabelle 1). Es besitzt z. B. die beiden Eingänge E1 und E2 mit den Signalen e_1 und e_2 und einen Ausgang X mit dem Ausgangssignal x. Am Ausgang erscheint nur dann ein Signal mit dem Wert 1, wenn an beiden Eingängen Signale mit dem Wert 1, z. B. H-Pegel, anliegen. Für die Verknüpfung der Eingangssignale mit dem Ausgangssignal gilt also $x = e_1 \wedge e_2$. Man nennt diese Gleichung die Schaltfunktion des UND-Elementes. Bei Erweiterung des UND-Elementes auf n Eingänge gilt $x = e_1 \wedge e_2 \wedge \dots \wedge e_n$.

Ein UND-Element führt am Ausgang nur dann ein Signal mit dem Wert 1, wenn alle Eingangssignale den Wert 1 haben.

Regeln für die ODER-Verknüpfung

Die Parallelschaltung von Schließern stellt eine ODER-Verknüpfung dar (Tabelle 1). Das Relais K1 zieht an, wenn die Kontakte a *oder* b geschlossen sind. Dies ergibt in der Schaltalgebra die Schreibweise $x_{K1} = a \vee b$ ($\vee$[1] sprich: oder). Aus der Wertetabelle erhält man die Rechenregeln für die Zahlenwerte der ODER-Verknüpfung (Tabelle 1).

Das entsprechende kontaktlose Schaltelement heißt ODER-Element (Tabelle 1). Am Ausgang X eines ODER-Elementes erscheint ein Signal mit dem Wert 1, wenn am Eingang E1 oder am Eingang E2 oder an beiden Eingängen Signale mit dem Wert 1 anliegen. Für n Eingänge gilt also die Schaltfunktion $x = e_1 \vee e_2 \vee \dots \vee e_n$. Das Zeichen ≥ 1 im Schaltzeichen sagt aus, daß *mindestens* ein Eingang das Signal mit dem Wert 1 führen muß, damit der Ausgang das Signal mit dem Wert 1 führt. Wenn keine Verwechslung erfolgen kann, darf das Zeichen $\geq$ auch entfallen.

Tabelle 1: Grundverknüpfungen

Relaisschaltung	Kontaktlose Schaltung	Schaltfunktion	Wertetabelle	Rechenregeln
UND-Verknüpfung a b K1	E1 e_1 & x X E2 e_2 E1 e_1 & x X E2 e_2 En e_n	Relaisschaltung: $x_{K1} = a \wedge b$ Kontaktlose Schaltung: $x = e_1 \wedge e_2$ $x = e_1 \wedge e_2 \wedge \dots \wedge e_n$	b / e_2 | a / e_1 | x_{K1} / x 0 | 0 | 0 0 | 1 | 0 1 | 0 | 0 1 | 1 | 1	$0 \wedge 0 = 0$ $0 \wedge 1 = 0$ $1 \wedge 0 = 0$ $1 \wedge 1 = 1$
ODER-Verknüpfung a b K1	E1 e_1 ≥1 x X E2 e_2 E1 e_1 ≥1 x X E2 e_2 En e_n	Relaisschaltung: $x_{K1} = a \vee b$ Kontaktlose Schaltung: $x = e_1 \vee e_2$ $x = e_1 \vee e_2 \vee \dots \vee e_n$	b / e_2 | a / e_1 | x_{K1} / x 0 | 0 | 0 0 | 1 | 1 1 | 0 | 1 1 | 1 | 1	$0 \vee 0 = 0$ $0 \vee 1 = 1$ $1 \vee 0 = 1$ $1 \vee 1 = 1$

[1] $\vee$-Zeichen von lat. vel = oder

Tabelle 1: Invertierung

Relaisschaltung	Kontaktlose Schaltung	Schaltfunktion	Wertetabelle	Rechenregeln
$\overline{a}$, K1	E e 1 x X	Relaisschaltung: $x_{K1} = \overline{a}$ Kontaktlose Schaltung: $x = \overline{e}$	a | x_{K1}; e | x; 0 | 1; 1 | 0	$\overline{0} = 1$ $\overline{1} = 0$

Regeln für die Invertierung

Invertierung wird auch als NICHT-Verknüpfung, UMKEHR-Verknüpfung, Negation oder Komplementierung bezeichnet. Sie entspricht bei einer Relaisschaltung einem Relais K1, das über einen Öffner $\overline{a}$ gesteuert wird **(Tabelle 1)**. In der Schaltalgebra schreibt man dafür $x_{K1} = \overline{a}$ ($\overline{a}$ sprich: a nicht). Die Invertierung kehrt also 0 an $\overline{a}$ in 1 an K1 um und umgekehrt.

Das entsprechende kontaktlose Schaltelement heißt NICHT-Element. Man nennt es auch Negationsstufe oder Inverter[1].

UND-Verknüpfung, ODER-Verknüpfung und Invertierung sind die Grundverknüpfungen der Schaltalgebra.

$x_{K1} = (a \vee b) \wedge c \wedge \overline{d}$

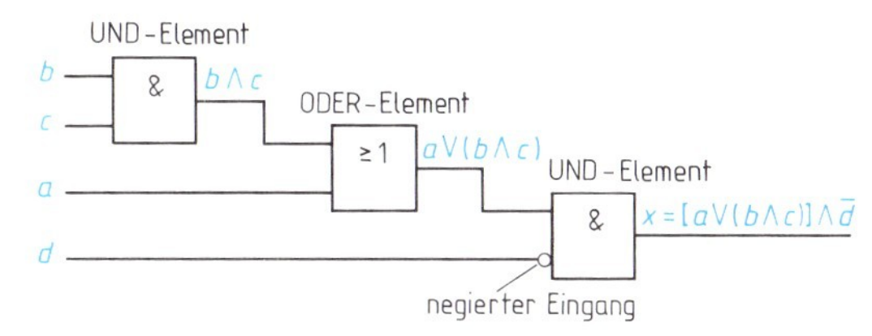

Bild 1: Relaisschaltung und Signalschaltplan mit Schaltfunktion

Schaltfunktionen und Signalschaltpläne

Die Verknüpfungen von Relaisschaltungen stellt man im Stromlaufplan dar. Bei kontaktlosen Schaltungen tritt an die Stelle des Stromlaufplanes der *Signalschaltplan* **(Bild 1)**.

Aus einer bestehenden Schaltfunktion kann man auch den Signalschaltplan entwickeln. Dazu ersetzt man die angegebenen Verknüpfungen durch entsprechende binäre Elemente. Es ist dabei zweckmäßig, die Schaltfunktion schrittweise von innen nach außen aufzulösen.

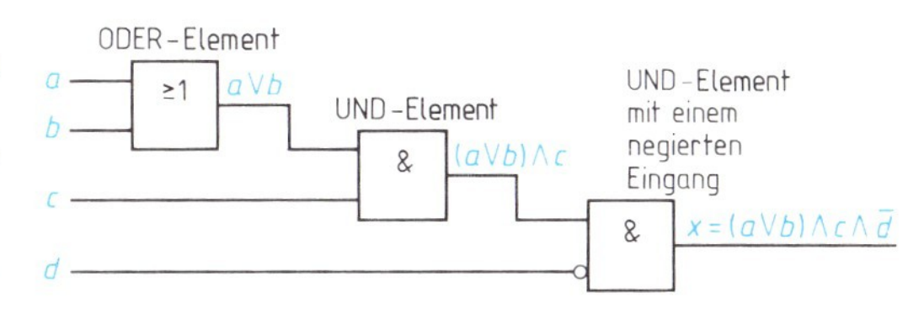

Bild 2: Beispiel eines Signalschaltplanes

Beispiel 1:

Entwickeln Sie für die Schaltfunktion $x = [a \vee (b \wedge c)] \wedge \overline{d}$ den Signalschaltplan!

Lösung:

$b \wedge c$ entspricht einem UND-Element mit den Eingangsvariablen b und c. $b \wedge c$ ist mit a durch ein ODER-Element verknüpft. Dieses ist durch ein UND-Element mit $\overline{d}$ verknüpft **(Bild 2)**.

Tabelle 2: Rechenregeln für eine Veränderliche

$0 \wedge a = 0$ $1 \wedge a = a$ $a \wedge a = a$ $a \wedge a \wedge \ldots \wedge a = a$	$0 \vee a = a$ $1 \vee a = 1$ $a \vee a = a$ $a \vee a \vee \ldots \vee a = a$
$a \wedge \overline{a} = 0$	$a \vee \overline{a} = 1$
$\overline{\overline{a}} = a$	

[1] lat. Inversion = Umkehrung

Rechenregeln für binäre Größen

Die veränderlichen Größen (*Variablen*[1]) (veränderliche Größen) können als Signale an den Eingängen oder Ausgängen nur zwei Werte annehmen, nämlich 0 oder 1. Die Rechenregeln gibt man in Form von Gleichungen an, wobei die Variablen z. B. mit a, b, c bezeichnet werden.

Rechenregeln für *eine* Veränderliche enthalten die Verknüpfungen einer Veränderlichen mit einer Konstanten 0 oder 1 **(Tabelle 2, vorhergehende Seite)** sowie die Gesetze für die Verknüpfungen der Veränderlichen mit sich selbst bzw. deren Invertierung. Durch Anwendung der Rechenregeln erhält man Lösungen, die Vereinfachungen der entsprechenden Schaltung zulassen. So ist bei $1 \wedge a = a$ der dauernd geschlossene Kontakt mit dem Wert 1 überflüssig (redundant[2]), da nur die Variable a den Schaltzustand beeinflußt. Der Kontakt mit dem Wert 1 kann also weggelassen werden. Bei $1 \vee a = 1$ kann a entfallen, da bei einer Parallelschaltung der ständig geschlossene Kontakt mit dem Wert 1 den Einfluß der Veränderlichen a überflüssig macht. Bei Mehrfachverknüpfungen einer Variablen mit sich selbst genügt es, dieselbe einmal zu verwenden. Eine Reihenschaltung einer Variablen mit ihrer Invertierung ergibt stets den Wert 0, eine Parallelschaltung von a und $\overline{a}$ den Wert 1. Die Regel für die doppelte Invertierung folgt aus der nochmaligen Invertierung der Umkehrverknüpfung.

Rechengesetze der Schaltalgebra sind das Kommutativgesetz (Vertauschungsgesetz), Assoziativgesetz (Verbindungsgesetz), die Distributivgesetze (Verteilungsgesetze) und die De Morganschen[3] Gesetze (Umkehrgesetze) **(Tabelle 1)**. Mit Hilfe dieser Gesetze ist es möglich, Vereinfachungen und Umformungen von Schaltfunktionen vorzunehmen.

Das Kommutativgesetz sagt aus, daß die Glieder einer UND-Verknüpfung beliebig vertauscht werden dürfen (Tabelle 1). Dasselbe gilt für die Glieder einer ODER-Verknüpfung. Man erkennt dies z. B. bei einer Relaisschaltung mit den Reihenkontakten bzw. Parallelkontakten a und b. Die Reihenfolge der Anordnung der Kontakte hat auf den Schaltzustand keinen Einfluß.

Das Assoziativgesetz (Tabelle 1) sagt aus, daß die Veränderlichen, welche über eine UND-Verknüpfung miteinander verbunden sind, zusammengefaßt werden dürfen. Dasselbe gilt für die ODER-Verknüpfung. Vertauschungsgesetz und Verbindungsgesetz können miteinander verknüpft werden. Es gelten dabei ähnliche Rechenregeln wie in der Algebra.

Tabelle 1: Rechengesetze
Kommutativgesetz: $a \wedge b = b \wedge a; \quad a \vee b = b \vee a$
Assoziativgesetz: $a \wedge b \wedge c = (a \wedge b) \wedge c = a \wedge (b \wedge c) = (a \wedge c) \wedge b$ entsprechend mit $\vee$
1. Distributivgesetz: $(a \wedge b) \vee (a \wedge c) = a \wedge (b \vee c)$ 2. Distributivgesetz: $(a \vee b) \wedge (a \vee c) = a \vee (b \wedge c)$
De Morgansche Gesetze: $\overline{a \wedge b} = \overline{a} \vee \overline{b}; \quad \overline{a \vee b} = \overline{a} \wedge \overline{b}$

Das 1. Distributivgesetz (Tabelle 1) gestattet das Ausklammern von Veränderlichen. Da alle Grundgesetze auch von rechts nach links gelesen werden dürfen, ist auch das Auflösen von Klammern möglich. Es gelten die gleichen Klammerregeln wie in der Algebra, wenn man $\vee$ durch $+$ und $\wedge$ durch $\cdot$ ersetzt.

Die Rechenregeln für die UND-Verknüpfung entsprechen teilweise den Regeln für die Multiplikation.

Das 2. Distributivgesetz (Tabelle 1) wird durch Ausmultiplizieren zweier Klammern gewonnen, wobei man die Regeln der Schaltalgebra zur Vereinfachung der Ausdrücke benützt.

Die De Morganschen Gesetze sagen aus, daß bei der Invertierung einer Schaltfunktion die einzelnen Veränderlichen invertiert und die Rechenzeichen umgekehrt werden.

Beispiel 2:
Bestimmen Sie die Invertierung der folgenden Schaltfunktion: $x = a \wedge b \wedge \overline{c}$!

Lösung:
$\overline{x} = \overline{a \wedge b \wedge \overline{c}} = \overline{a} \vee \overline{b} \vee \overline{\overline{c}} = \boldsymbol{\overline{a} \vee \overline{b} \vee c}$

[1] lat. variare = veränderliche Größe; [2] lat. redundantia = Überfluß; [3] De Morgan, engl. Mathematiker, 1806 bis 1871

3.1.3 Grundschaltungen

Die binären Elemente sind meist integrierte Schaltungen **(Bild 1)**. Die Grundschaltungen sind die UND-Schaltung, ODER-Schaltung und NICHT-Schaltung.

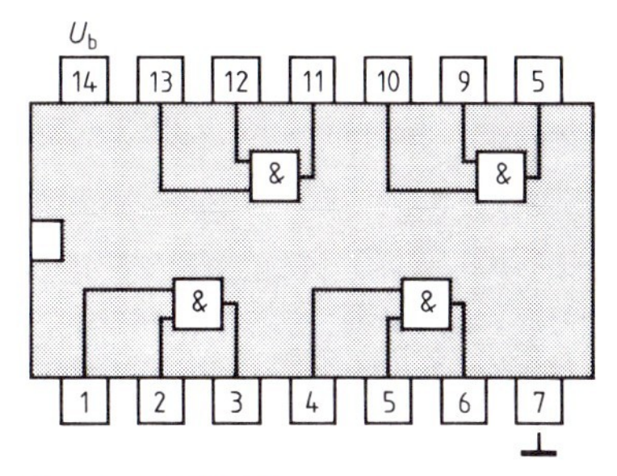

Bild 1: IC mit 4 UND-Elementen

Oft wird dem Signal mit dem Wert 1 die Spannung mit dem Pegel H (High[1]) zugeordnet. Damit ist die Spannung dieses Signals positiv gegenüber der Spannung des anderen Signals. Entsprechend wird dem Signal mit dem Wert 0 die Spannung mit dem Pegel L (Low[2]) zugeordnet. Die Spannung dieses Signals ist negativ gegenüber der Spannung des anderen Signals. Diese Art der Zuordnung der Pegel zum Wert des Signals nennt man *positive Logik*. Wenn nichts anderes vermerkt wird, verwenden wir im folgenden die positive Logik.

Positive Logiksysteme haben als Signal mit dem Wert 1 eine stärker positive Spannung als das Signal mit dem Wert 0.

UND-Schaltung

Bei der Transistorschaltung **Bild 2** schalten beide Transistoren V1 und V2 nur durch, wenn beide Eingänge E1 und E2 Signale mit dem Wert 1 (≙ +5 V) haben. Damit liegt dann etwa die Betriebsspannung $+U_b$, d.h. ein Signal mit dem Wert 1, am Ausgang X.

Liegt nur an einem Eingang ein Signal mit dem Wert 1, so bleibt am Ausgang X das Signal mit dem Wert 0 (≙ 0 V), weil ein Transistor sperrt. Wenn an beiden Eingängen Signale mit dem Wert 0 anliegen, sperren beide Transistoren, und am Ausgang liegt ein Signal mit dem Wert 0. Den Unterschied der Spannungen zwischen den Werten 0 und 1 bezeichnet man als *Spannungshub*.

Am Ausgang einer UND-Schaltung erscheint nur dann ein Signal mit dem Wert 1, wenn alle Eingänge Signale mit dem Wert 1 führen.

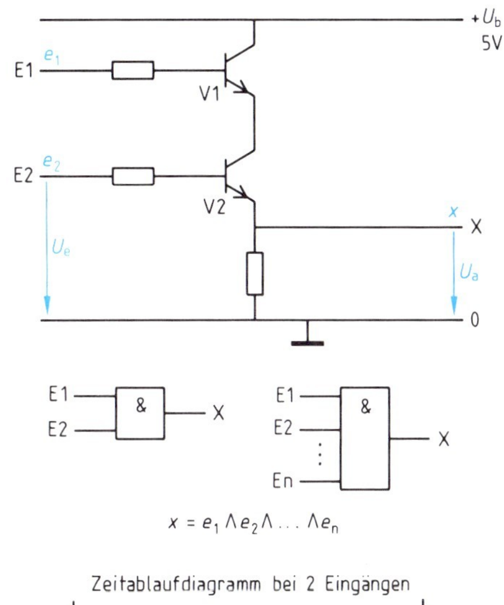

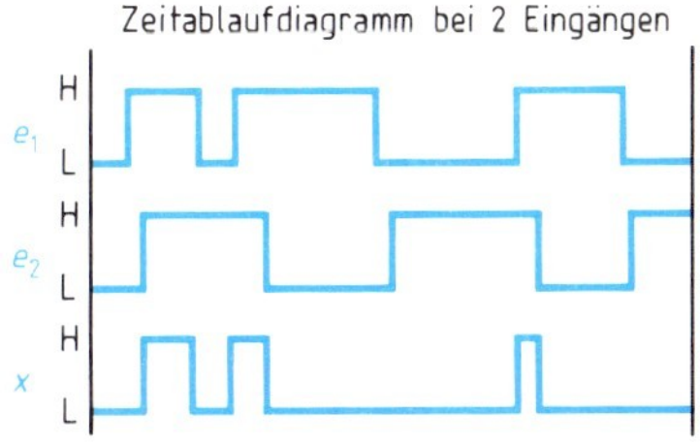

Bild 2: UND-Schaltung mit mehreren Eingängen

ODER-Schaltung

Legt man bei der Transistorschaltung **Bild 1, folgende Seite**, an den Eingang E1 ein Signal mit dem Wert 1, so liegt am Ausgang X ebenfalls ein Signal mit dem Wert 1. Wiederholt man dasselbe mit dem Eingang E2, so liegt am Ausgang X ebenfalls ein Signal mit dem Wert 1. Dieselbe Wirkung haben gleichzeitige Signale mit dem Wert 1 an beiden Eingängen. Es muß also mindestens ein Eingang ein Signal mit dem Wert 1 haben, damit am Ausgang X ein Signal mit dem Wert 1 anliegt.

Bei einer ODER-Schaltung erscheint am Ausgang ein Signal mit dem Wert 1, wenn mindestens ein Eingang ein Signal mit dem Wert 1 führt.

[1] engl. high = hoch; [2] engl. low = niedrig

NICHT-Schaltung

NICHT-Schaltungen sind Transistorschalter **(Bild 2)**. Liegt am Eingang ein Signal mit dem Wert 1, so ist die Basis positiv gegenüber dem Emitter, der Transistor leitet. Am Ausgang liegt dann ein Signal mit dem Wert 0, weil der Widerstand der Kollektor-Emitterstrecke fast null ist. Liegt dagegen am Eingang ein Signal mit dem Wert 0, so ist der Widerstand der Basis-Emitter-Strecke sehr groß, und der Transistor sperrt. Am Ausgang erscheint ein Signal mit dem Wert 1.

Am Ausgang einer NICHT-Schaltung erscheint ein Signal mit dem Wert 1, wenn am Eingang ein Signal mit dem Wert 0 anliegt, und es erscheint ein Signal mit dem Wert 0, wenn am Eingang ein Signal mit dem Wert 1 anliegt.

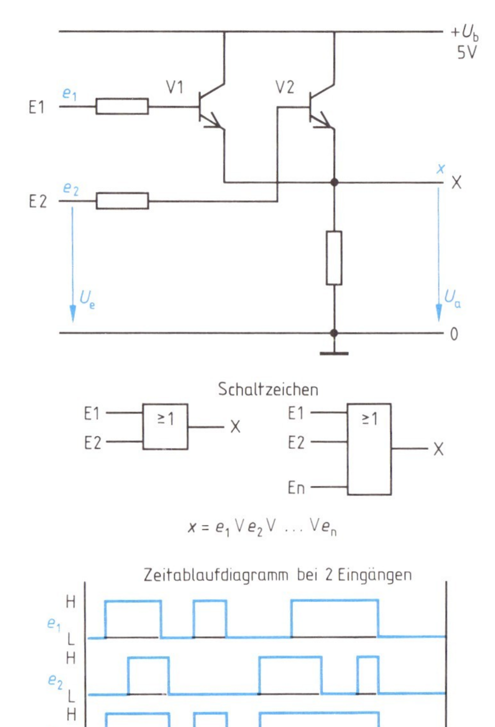

Bild 1: ODER-Schaltung mit mehreren Eingängen

Positive Logik und negative Logik

Die UND-Schaltung Bild 2, vorhergehende Seite, arbeitet nur dann als UND-Schaltung, wenn dem Wert 1 die positive Spannung, dem Wert 0 die Spannung 0 V entspricht (H-AND-Schaltung).

Ordnet man dagegen bei der UND-Schaltung Bild 2, vorhergehende Seite, dem H-Pegel ein Signal mit dem Wert 0 zu und dem L-Pegel ein Signal mit dem Wert 1, so liegt eine ODER-Schaltung (L-OR-Schaltung) vor **(Bild 3)**. Eine Grundschaltung arbeitet z. B. als UND-Schaltung oder als ODER-Schaltung.

Negative Logiksysteme haben als Signal mit dem Wert 1 eine stärker negative Spannung als das Signal mit dem Wert 0.

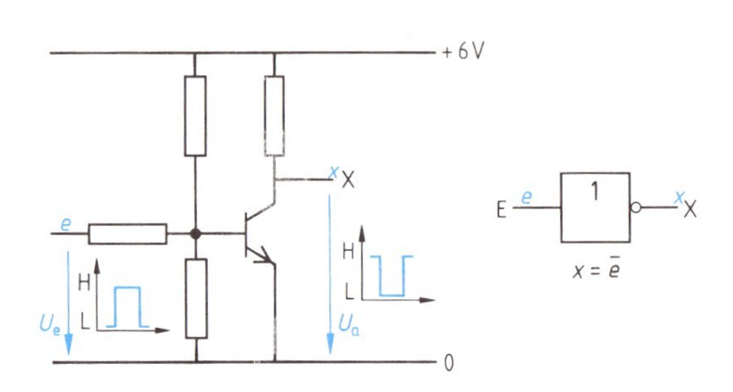

Bild 2: NICHT-Schaltung

Übliche Spannungen liegen zwischen +24 V und −24 V **(Tabelle 1, folgende Seite)**. Die Höhe der Spannung für ein bestimmtes Signal, z. B. das Signal mit dem Wert 1, gemessen ab der Spannung für das andere Signal, bezeichnet man als *Spannungspegel*.

Bezeichnet man eine logische Schaltung ohne Angabe der Spannungszuordnung z. B. als UND-Element, so ist die UND-Funktion für positive Logik erfüllt.

Logikschaltungen ohne Angabe der Spannungszuordnung sind positive Logiksysteme.

Positive Logik

e_2	e_1	x
0	0	0
0	1	0
1	0	0
1	1	1

Negative Logik

e_2	e_1	x
1	1	1
1	0	1
0	1	1
0	0	0

Bild 3: Vergleich der Logikarten einer UND-Verknüpfung

Tabelle 1: Spannungspegel logischer Schaltungen (Auswahl)

Bezeichnung (Logik-Art)	Signal mit Wert 1	Signal mit Wert 0	Beispiel
Positive Logik	+6 V	0 V	Logische Schaltungen mit NPN-Transistoren
Positive Logik	0 V	−6 V	Logische Schaltungen PNP-Transistoren
Negative Logik	−12 V; −24 V	0 V	Logische Schaltungen mit PNP-Transistoren
Positive Logik	+3 V; +5 V	0 V	Integrierte Halbleiter-Schaltungen

Anwendung der binären Grundschaltungen

Beispiel 1:

Bei der Lichtschrankensteuerung **Bild 1** dient als Lichtquelle eine Glühlampe. Sinkt die Helligkeit der Lampe so weit, daß der Signalumsetzer A anspricht, dann soll die Lichtschranke noch zuverlässig arbeiten. Der Signalumsetzer wird von einem Fotowiderstand gesteuert. Beim Ansprechen des Signalumsetzers A ($a = 1$) soll durch den Leuchtmelder darauf aufmerksam gemacht werden, daß die Glühlampe bald ausgewechselt werden muß. Ist die Helligkeit der Lampe, z. B. durch Staubablagerung oder Fadenbruch, so weit gesunken, daß auch der Signalumsetzer B anspricht ($b = 1$), so soll der Motor abgeschaltet und die Alarmlampe eingeschaltet werden.

Die Betriebsspannung für Fotowiderstand und Verstärker soll ebenfalls überwacht werden. Sinkt sie zu weit ab, so ist der Signalumsetzer C nicht mehr erregt ($c = 0$). Dann soll ebenfalls der Motor abgeschaltet werden. Der Leuchtmelder soll nie gleichzeitig mit der Alarmlampe leuchten.

Die Eingangssignale und die Ausgangssignale der Steuerung (Bild 1) bedeuten:

$a = 0$: Helligkeit der Glühlampe ist normal;
$b = 0$: Helligkeit normal oder noch ausreichend;
$c = 0$: Betriebsspannung ist nicht ausreichend;
$x_1 = 0$: Motor aus;
$x_2 = 0$: Alarmlampe aus;
$x_3 = 0$: Leuchtmelder aus, Lichtschranke defekt.

$a = 1$: Helligkeit noch ausreichend oder zu klein;
$b = 1$: Helligkeit kleiner als der untere Ansprechwert;
$c = 1$: Betriebsspannung ist ausreichend;
$x_1 = 1$: Motor ein;
$x_2 = 1$: Alarmlampe ein;
$x_3 = 1$: Leuchtmelder ein, Lichtschranke arbeitet noch, Lampe bald austauschen.

a) Stellen Sie die vollständige Tabelle der Schaltzustände auf! Berücksichtigen Sie, daß bei $b = 1$ und $a = 0$ jeweils $x_1 = 0$ und $x_2 = 1$ ist!

b) Bestimmen Sie die Schaltfunktionen für Motor, Alarmlampe und Leuchtmelder!

c) Geben Sie die Schaltungen an!

Wertetabelle der Lichtschrankensteuerung

c	b	a	x_1	x_2	x_3	Zeile
0	0	0	0	1	0	0
0	0	1	0	1	0	1
0	1	0	0	1	0	2
0	1	1	0	1	0	3
1	0	0	1	0	0	4
1	0	1	1	0	1	5
1	1	0	0	1	0	6
1	1	1	0	1	0	7

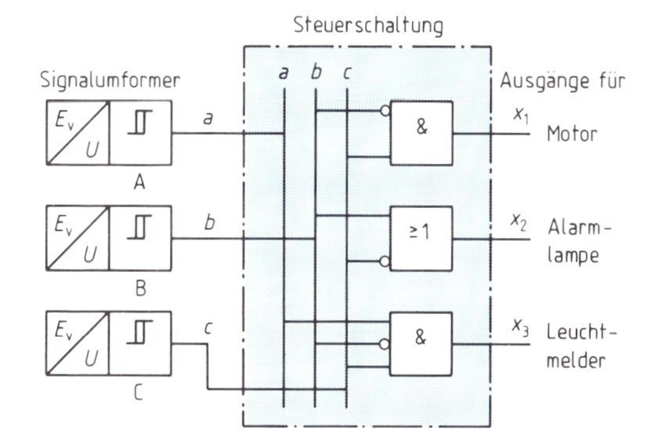

Bild 1: Lichtschrankensteuerung

Lösung:

a) Die vollständige Tabelle der Schaltzustände (Bild 1) erstellt man aus den gegebenen Signalzuordnungen.

b) Aus der Wertetabelle entnimmt man die Schaltfunktion für den Motor aus den Zeilen 4 und 5:

$$x_1 = (\bar{a} \wedge \bar{b} \wedge c) \vee (a \wedge \bar{b} \wedge c)$$

Vereinfachung: Ausklammern von $\overline{b} \wedge c$:

$x_1 = (\overline{a} \vee a) \wedge (\overline{b} \wedge c) = 1 \wedge (\overline{b} \wedge c) = \boldsymbol{\overline{b} \wedge c}$

Die Schaltfunktion für die Alarmlampe entnimmt man aus den Zeilen 4 und 5 der Wertetabelle:

$\overline{x_2} = (\overline{a} \wedge \overline{b} \wedge c) \vee (a \wedge \overline{b} \wedge c)$

Vereinfachung: Ausklammern von $\overline{b} \wedge c$:

$\overline{x_2} = (\overline{a} \vee a) \wedge (\overline{b} \wedge c) = 1 \wedge (\overline{b} \wedge c) = \overline{b} \wedge c$

$x_2 = \overline{\overline{b} \wedge c} = \boldsymbol{b \vee \overline{c}}$

Die Schaltfunktion des Leuchtmelders erhält man aus Zeile 5 der Wertetabelle:

$x_3 = \boldsymbol{a \wedge \overline{b} \wedge c}$ oder: $x_3 = \boldsymbol{a \wedge x_1}$

c) Zur Verwirklichung der Schaltung benötigt man zwei UND-Elemente und ein ODER-Element (Bild 1, vorhergehende Seite).

Die logischen Grundschaltungen ermöglichen die Verwirklichung komplizierter Schaltaufgaben.

Wiederholungsfragen

1. **Welche Aufgabe hat die Schaltalgebra?**
2. **Welche Werte können die Variablen der Schaltalgebra annehmen?**
3. **Wie lauten die Rechenregeln für die UND-Verknüpfung?**
4. **Wie lautet die Schaltfunktion eines UND-Elementes?**
5. **Wie lautet die Schaltfunktion für ein ODER-Element mit *n* Eingängen?**
6. **Wodurch ist die Invertierung gekennzeichnet?**
7. **Wie lauten die Rechenregeln für eine Veränderliche?**
8. **Wie lauten die Rechengesetze der Schaltalgebra?**
9. **Was sagt das Kommutativgesetz aus?**
10. **Wie lauten die de Morganschen Gesetze?**
11. **Welche Grundschaltungen binärer Elemente gibt es?**
12. **Wodurch sind negative Logiksysteme gekennzeichnet?**

NAND-Schaltung

Schließt man am Ausgang der UND-Schaltung eine NICHT-Schaltung an, so entsteht eine UND-NICHT-Schaltung, die NAND-Schaltung[1].

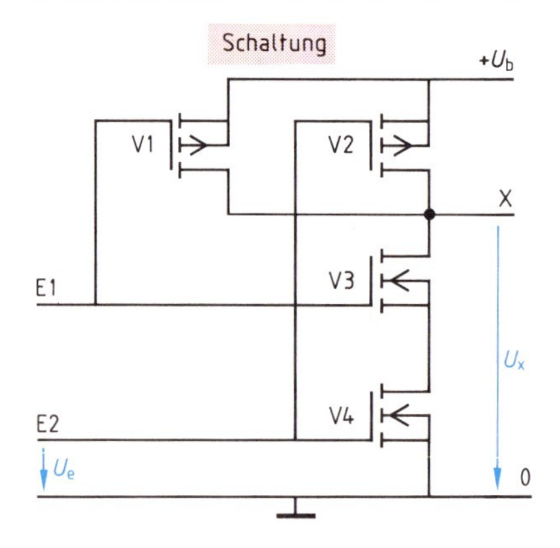

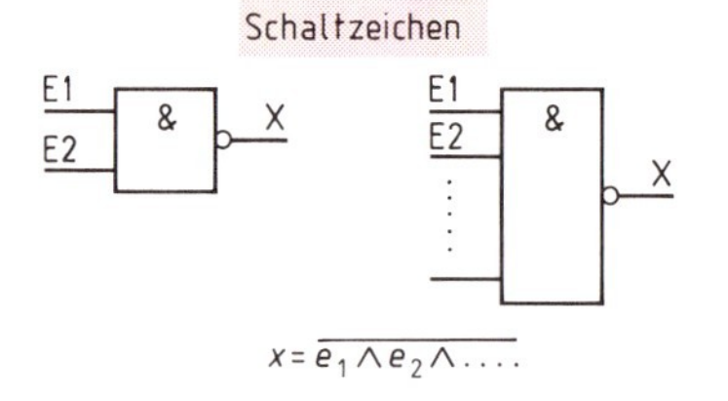

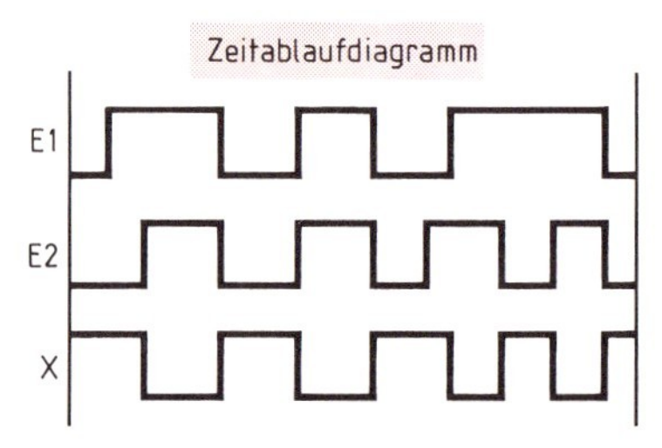

Bild 1: NAND-Schaltung

e_2	e_1	x
0	0	1
0	1	1
1	0	1
1	1	0

Bild 2: Wertetabelle der NAND-Schaltung

Die UND-NICHT-Schaltung nennt man NAND-Schaltung.

NAND-Schaltungen werden meist als IC (integrierter Schaltkreis) ausgeführt, z. B. in CMOS-Technik **(Bild 1)**. Eine NAND-Schaltung mit z. B. zwei Eingängen entsteht, wenn man zwei P-Kanal-MOSFET V1 und V2 parallel und zwei N-Kanal-MOSFET in

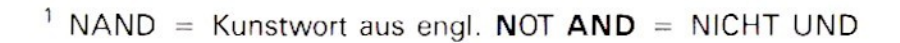

[1] NAND = Kunstwort aus engl. **NOT AND** = NICHT UND

Reihe entsprechend zusammenschaltet (Bild 1, vorhergehende Seite). Liegt an beiden Eingängen E1 und E2 ein Signal mit dem Wert 1, so sind beide P-Kanal-Transistoren gesperrt und beide N-Kanal-Transistoren leitend. Am Ausgang X erscheint ein Signal mit dem Wert 0. Liegt aber an E1 oder E2 oder an beiden Eingängen ein Signal mit dem Wert 0 an, so werden die entsprechenden N-Kanal-Transistoren gesperrt und die P-Kanal-Transistoren leitend. Am Ausgang X erscheint ein Signal mit dem Wert 1.

Beispiel 2:
Erstellen Sie für die NAND-Schaltung von Bild 1, vorhergehende Seite, die Wertetabelle!

Lösung: **Bild 2, vorhergehende Seite.**

Am Ausgang einer NAND-Schaltung erscheint nur dann ein Signal mit dem Wert 1, wenn an mindestens einem Eingang ein Signal mit dem Wert 0 anliegt.

NOR-Schaltung

Schließt man an den Ausgang der ODER-Schaltung eine NICHT-Schaltung an, so entsteht eine ODER-NICHT-Schaltung, die NOR-Schaltung[1].

Die ODER-NICHT-Schaltung nennt man NOR-Schaltung.

NOR-Schaltungen werden als IC ausgeführt, z. B. in CMOS-Technik **(Bild 1)**. Eine NOR-Schaltung mit z. B. zwei Eingängen entsteht, wenn man zwei P-Kanal-MOSFET V1 und V2 in Reihe und zwei N-Kanal-MOSFET V3 und V4 parallel schaltet (Bild 3). Liegt an einem Eingang oder an beiden Eingängen ein Signal mit dem Wert 1 an, so sind die zugehörigen N-Kanal-Transistoren V3 bzw. V4 leitend und die P-Kanal-Transistoren V1 und V2 gesperrt. Am Ausgang X erscheint dann ein Signal mit dem Wert 0. Falls an beiden Eingängen Signal mit dem Wert 0 anliegt, sind beide P-Kanal-Transistoren leitend und beide N-Kanal-Transistoren gesperrt. Am Ausgang X erscheint ein Signal mit dem Wert 1.

Beispiel 3:
Erstellen Sie für die NOR-Schaltung von Bild 1 die Wertetabelle!

Lösung: **Bild 2**

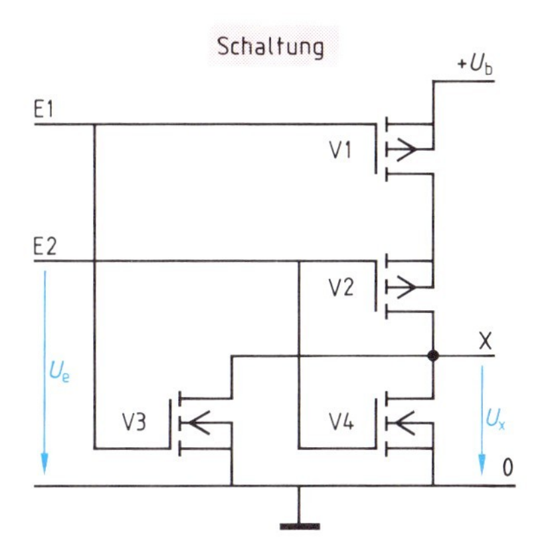

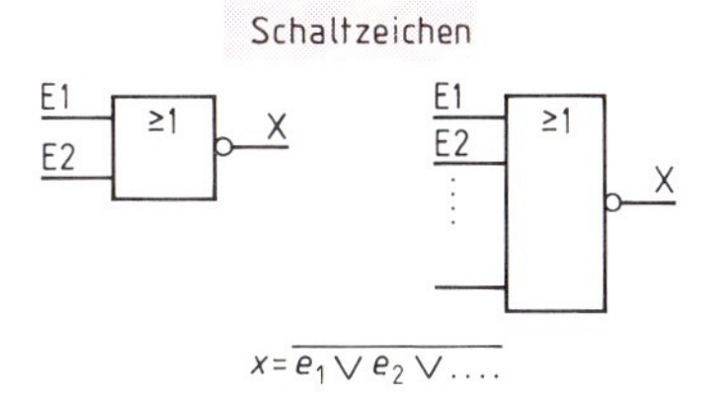

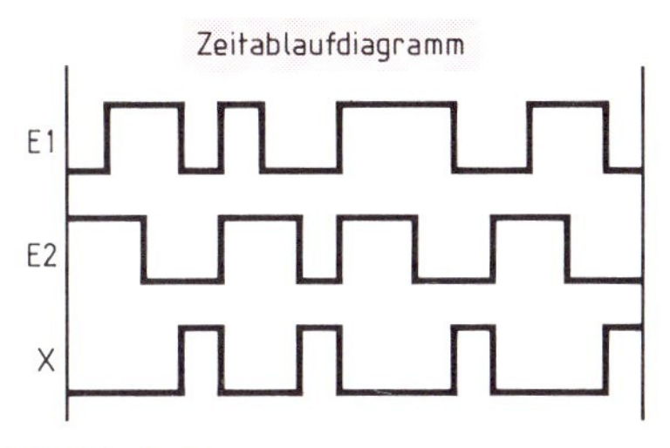

Bild 1: NOR-Schaltung

e_2	e_1	x
0	0	1
0	1	0
1	0	0
1	1	0

Bild 2: Wertetabelle der NOR-Schaltung

Am Ausgang einer NOR-Schaltung entsteht nur dann ein Signal mit dem Wert 1, wenn an allen Eingängen Signale mit dem Wert 0 anliegen.

NAND-Schaltungen und NOR-Schaltungen als IC haben zusätzlich an den Eingängen und Ausgängen Schutzbeschaltungen mit Dioden.

[1] NOR = Kunstwort aus engl. **N**OT **OR** = NICHT ODER

Antivalenz-Schaltung

Schließt man an ein ODER-Element zwei UND-Elemente mit den Eingangssignalen $\overline{e}_1$ und e_2 bzw. e_1 und $\overline{e}_2$ an, so erhält man die Antivalenz-Schaltung **(Bild 1)**. Man nennt sie meist *Exklusiv-ODER-Schaltung* oder *XOR-Schaltung*. Das Kennzeichen =1 im Schaltzeichen (Bild 1) drückt aus, daß am Ausgang X nur dann ein Signal mit dem Wert 1 erscheint, wenn nur eine der Eingangsvariablen ein Signal mit dem Wert 1 hat.

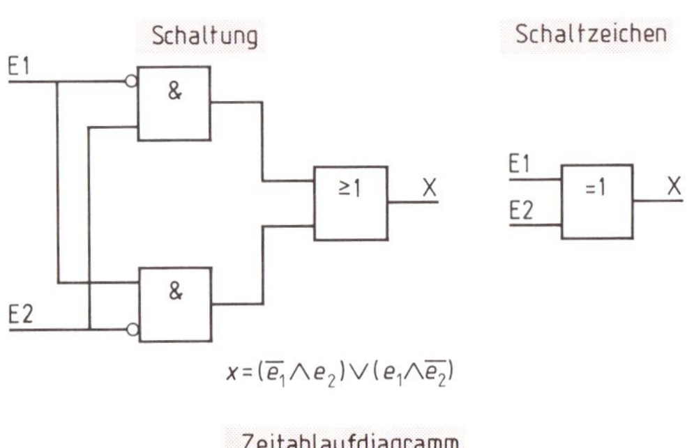

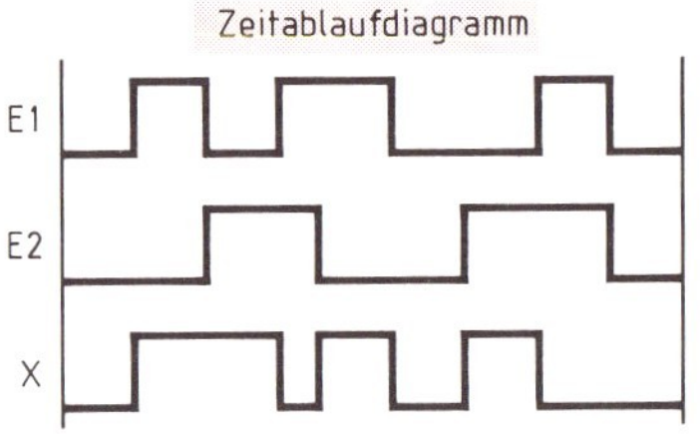

Bild 1: Exklusiv-ODER-Schaltung

Beispiel 4:
Stellen Sie für die Antivalenz-Schaltung Bild 1 die Wertetabelle auf!

Lösung: **Bild 2**

Am Ausgang einer Antivalenz-Schaltung liegt nur dann ein Signal mit dem Wert 1, wenn nur an einem einzigen Eingang ein Signal mit dem Wert 1 anliegt.

Bild 2: Wertetabelle der Exklusiv-ODER-Schaltung

e_2	e_1	$x = e_1 \nleftrightarrow e_2$
0	0	0
0	1	1
1	0	1
1	1	0

Die Antivalenz-Schaltung läßt sich auch mit NAND-Elementen verwirklichen. Dazu müssen die beiden UND-Elemente von Bild 1 durch NAND-Elemente mit je einem negierten Eingang ersetzt werden. Deren Ausgänge sind an ein NAND-Element mit Ausgang X geschaltet.

Äquivalenz-Schaltung

Die Äquivalenz-Schaltung geht aus der Exklusiv-ODER-Schaltung hervor, wenn man diese invertiert. Deshalb wird die Äquivalenz-Schaltung auch als *Exklusiv-NOR-Schaltung* oder *XNOR-Schaltung* bezeichnet. Sie kann z. B. durch eine Schaltung nach **Bild 3** verwirklicht werden. Meist werden aber IC verwendet, die z. B. vier XNOR-Schaltungen enthalten. Das Kennzeichen = im Schaltzeichen deutet an, daß nur bei Gleichheit der Eingangssignale am Ausgang ein Signal mit dem Wert 1 entsteht.

Am Ausgang einer Exklusiv-NOR-Schaltung entsteht nur dann ein Signal mit dem Wert 1, wenn beide Eingangssignale dieselben Werte haben.

Schaltung | Schaltzeichen

Bild 3: Exklusiv-NOR-Schaltung

Analyse und Synthese von Schaltungen

Bei der *Analyse* untersucht man eine bestehende Schaltung. Dabei ermittelt man die Schaltfunktion mit Hilfe der Schaltalgebra aus den Schaltungsunterlagen, z. B. dem Stromlaufplan

Bei der *Synthese* wird eine Schaltung mit Hilfe der Bedingungen für die Schaltung ermittelt. Manchmal ist es möglich, aus diesen Bedingungen sofort die Schaltfunktion aufzustellen. Meist wird man aber zunächst die *Wertetabelle* für die Schaltung aufstellen. Die Wertetabelle hat so viele Spalten, wie Variable vorhanden sind, z. B. bei zwei Eingangsvariablen und einer Ausgangsvariablen drei Spalten, und bei n Eingangsvariablen 2^n Zeilen. Die Zeilen werden in aufsteigender Reihenfolge numeriert, die erste Zeile erhält die Nummer 0, die letzte Zeile die Nummer 2^{n-1}.

Die Spalteneintragungen der Werte der Eingangsvariablen nimmt man so vor, daß für die erste Eingangsvariable 0,1,0,1... und für die zweite 00,11,00,11... usw. eingetragen wird **(Bild 1)**. Aus der Wertetabelle kann man dann die Schaltfunktion entnehmen. Dafür gibt es zwei Möglichkeiten, die *ODER-Normalform* und die *UND-Normalform*. Meist wird die ODER-Normalform angewendet.

ODER-Normalform

Die ODER-Normalform (Disjunktive[1] Normalform) kann man aus der Wertetabelle entnehmen, wenn man die Zeilen mit der Ausgangsvariablen vom Wert 1 heraussucht und dort die Eingangsvariablen, bei 1 nicht invertiert und bei 0 invertiert, hinschreibt und über UND verknüpft. Alle derartigen Terme werden dann über ODER verknüpft.

Beispiel 5:
Wie lautet die ODER-Normalform für das Ausgangssignal x der Wertetabelle Bild 2, vorhergehende Seite?

Lösung:
$\mathbf{x} = (e_1 \wedge \bar{e}_2) \vee (\bar{e}_1 \wedge e_2)$

Man kann auch ohne Wertetabelle die ODER-Normalform bilden, wenn man die Schaltfunktion so „erweitert", daß in allen Termen alle Eingangsvariablen vorkommen. Zu diesem Zweck verknüpft man über UND die unvollständigen Terme der Eingangsvariablen mit Termen vom Werte 1, z. B. mit $(d \vee \bar{d})$.

Terme der ODER-Normalform, in denen *alle* Eingangsvariablen vorkommen und die Ausgangsvariable den Wert 1 hat, nennt man *Minterme*[2].

Beispiel 6:
Eine Lampe X wird von drei Schaltern E1, E2 und E3 geschaltet. Sie soll bei folgenden Schalterstellungen brennen: 1. Schalter E1 nicht betätigt und Schalter E2 und E3 betätigt. 2. Schalter E1 und E3 betätigt, E2 nicht betätigt. 3. Schalter E1, E2 und E3 betätigt.
a) Stellen Sie die vollständige Wertetabelle auf!
b) Wie lautet die ODER-Normalform für x?

Lösung:
a) **Bild 1**
b) $\mathbf{x} = (\bar{e}_1 \wedge e_2 \wedge e_3) \vee (e_1 \wedge \bar{e}_2 \wedge e_3) \vee (e_1 \wedge e_2 \wedge e_3)$

E3	E2	E1	X	Zeile
0	0	0	0	0
0	0	1	0	1
0	1	0	0	2
0	1	1	0	3
1	0	0	0	4
1	0	1	1	5
1	1	0	1	6
1	1	1	1	7

Bild 1: Wertetabelle zu Beispiel 6

Nach dem Aufstellen der Schaltfunktion versucht man, mit den Regeln der Schaltalgebra sie so weit zu vereinfachen, daß die Schaltung sich mit dem geringsten Aufwand an Schaltgliedern verwirklichen läßt. Dieses Vereinfachen nennt man Reduzieren[3] oder Minimieren.

UND-Normalform

Man kann aus der Wertetabelle die Schaltfunktion auch entnehmen, wenn man die Zeilen mit der Ausgangsvariablen vom Wert 0 heraussucht. Geht man dann wie bei der ODER-Normalform vor, so erhält man die Schaltfunktion für die invertierte Ausgangsvariable. Invertiert man nun die gesamte Schaltfunktion, so entsteht die Schaltfunktion der nicht invertierten Ausgangsvariablen. Wendet man dabei auf die Eingangsvariablen die De Morganschen Gesetze an, so sind jetzt die Eingangsvariablen über $\vee$ verknüpft und die so entstehenden Terme über $\wedge$. Diese Form der Schaltfunktion bezeichnet man als UND-Normalform (Konjunktive[4] Normalform). Man kann sie direkt aus der Wertetabelle entnehmen, wenn man die Zeilen mit der Ausgangsvariablen vom Wert 0 verwendet, wobei die Werte aller Variablen zu invertieren sind. Die UND-Normalform wendet man an, wenn in der Wertetabelle die Ausgangsvariable meist den Wert 1 hat.

Terme der UND-Normalform, in denen *alle* Eingangsvariablen vorkommen und die Ausgangsvariable den Wert 0 hat, nennt man Maxterme[5].

Wiederholungsfragen

1. **Wie entsteht die NAND-Schaltung?**
2. **Wann erscheint am Ausgang einer NOR-Schaltung ein Signal mit dem Wert 1?**
3. **Wie wird eine Äquivalenz-Schaltung auch bezeichnet?**
4. **Woraus besteht eine ODER-Normalform?**

[1] lat. disjunctus = getrennt; [2] lat. minimus = der Kleinste; [3] lat. reducere = zurückführen (verkleinern)
[4] lat. konjunctus = verbunden; [5] lat. maximus = der Größte

3.1.4 Binäre Elemente mit besonderen Ausgängen

In der TTL-Technik[1] ist das NAND-Element ein Grundbaustein. Bei den NAND-Elementen gibt es verschiedene Ausgangsschaltungen, um sie für verschiedene Zwecke einsetzen zu können.

Normalausgang

Der Totem-pole-Ausgang[2] ist der Normalausgang von TTL-Schaltkreisen und die am häufigsten anzutreffende Ausgangsstufe **(Bild 1)**. Eine Gegentaktausgangsstufe liefert die notwendigen Ströme und Spannungen zur Ansteuerung nachfolgender Schaltungen. Sie darf nicht mit weiteren TTL-Ausgängen parallel geschaltet werden (Kurzschlußgefahr). Der Ausgangslastfaktor F_Q legt die größtmögliche Anzahl der Eingänge fest, die von der Ausgangsstufe angesteuert werden können, wenn deren Eingangslastfaktor $F_I = 1$ beträgt.

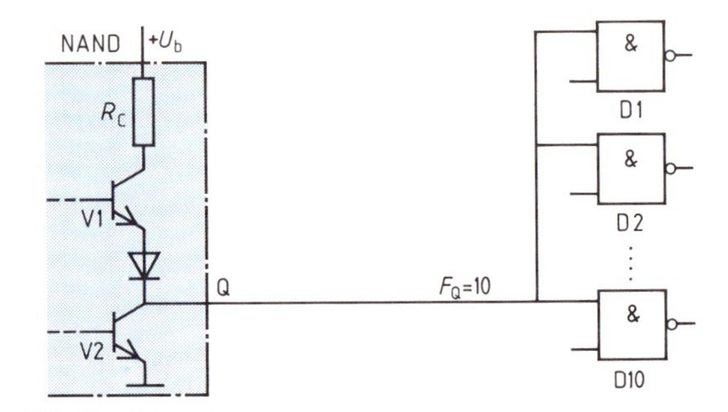

Bild 1: Normalausgang

Ausgang mit offenem Kollektor

Beim Open-Collektor-Ausgang[3] ist kein Kollektorwiderstand integriert. Die Schaltkreisausgänge müssen mit dem externen Kollektorwiderstand R_C verbunden werden **(Bild 2)**. Man nutzt das z. B. dort, wo mehrere Elemente auf einen gemeinsamen Leiter arbeiten. Dadurch entsteht eine zusätzliche logische Verknüpfung, die man Wired-AND[4] nennt. Allerdings ergeben sich hier hohe Schaltzeiten gegenüber Schaltkreisen mit Totem-pole-Ausgängen.

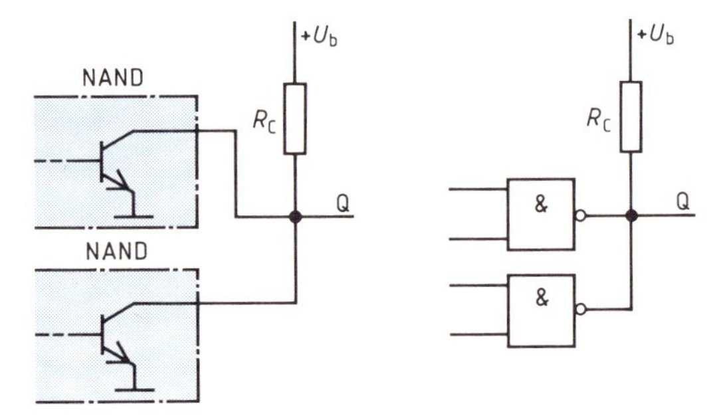

Bild 2: Ausgang mit offenem Kollektor

Tristate-Ausgang

Die Tristate-Ausgangsschaltung[5] mit dem besonderen Eingang EN (Enable)[6] ermöglicht es, beide Ausgangstransistoren zu sperren **(Bild 3)**. Mit H-Pegel an EN ist das NAND-Element in Betrieb. Mit L-Pegel an EN wird der Ausgang hochohmig (dritter Zustand, deshalb Tristate), führt also weder H-Pegel noch L-Pegel. Beim Parallelschalten muß man darauf achten, daß alle Ausgänge bis auf einen gesperrt sind.

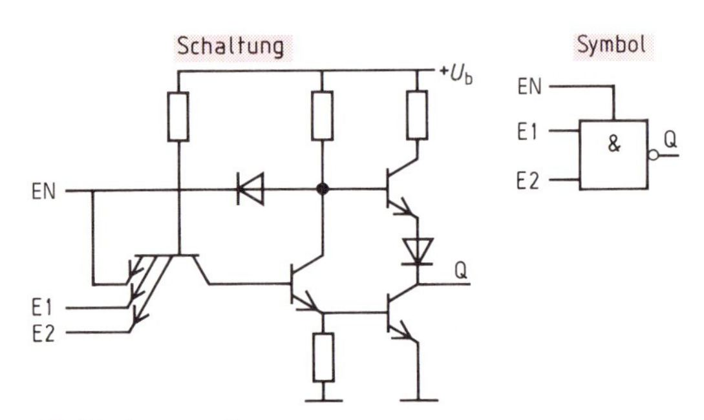

Bild 3: Tristate-Ausgang

Durch Einsatz von Schottkytransistoren bzw. Schottkydioden **(Bild 4)** werden ein geringerer Leistungsverbrauch und kürzere Schaltzeiten erreicht (Abschnitt 3.1.5). Die Schottkydioden verhindern eine Übersteuerung der Transistoren. Dadurch erreicht man kleine Signallaufzeiten.

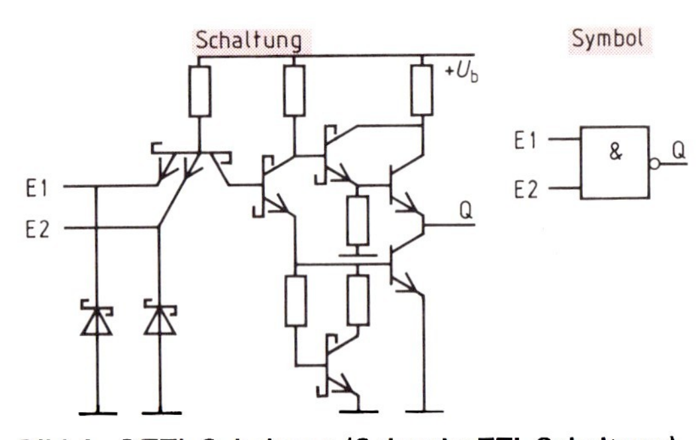

Bild 4: S-TTL-Schaltung (Schottky-TTL-Schaltung)

[1] TTL = Transistor-Transistor-Logik; [2] indian. Totem = Stammeszeichen, engl. pole = Pol; [3] engl. open = offen, engl. collector = Kollektor
[4] engl. Wired-AND = verdrahtetes UND; [5] Tristate Kunstwort aus griech. Vorsilbe tri = drei, engl. state = Zustand
[6] engl. to enable = befähigen

3.1.5 Digitale Schaltkreisfamilien

Unter Schaltkreisfamilien versteht man Gruppen von integrierten Schaltkreisen, die Gemeinsamkeiten haben hinsichtlich Herstellungstechnologie, Betriebsspannung, Leistungsverbrauch, Signallaufzeit, H-Pegel, L-Pegel, Lastfaktoren und Störsicherheit.

Man unterscheidet bipolare Schaltkreise **(Tabelle 1)** und unipolare Schaltkreise **(Tabelle 2)**.

Bei bipolaren Schaltkreisen fließt der Betriebsstrom sowohl durch P-Schichten wie auch durch N-Schichten.

Bei unipolaren Schaltkreisen fließt der Betriebsstrom nur durch P-Schichten oder nur durch N-Schichten.

Bipolare Digitalschaltkreise haben im Vergleich zu unipolaren Digitalschaltkreisen kürzere Signallaufzeiten und höhere Ausgangsleistungen **(Tabelle 3)**. Von Nachteil sind jedoch der höhere Verbrauch an Leistung und der größere Bedarf an Fläche je Chip.

Schaltkreisfamilien sind zueinander kompatibel[1], wenn sie hinsichtlich der Betriebsspannung und des Signalpegels problemlos miteinander verbunden werden können (z. B. TTL und HCTMOS).

Bei Steuerungen an Maschinen, die selbst viele Störsignale erzeugen, setzt man LSL-Schaltkreise[2] ein (auch HLL[3] oder HNIL[4] genannt).

Tabelle 1: Bipolare digitale Schaltkreise

Kurzzeichen	Erläuterung
TTL	Standard-TTL (Transistor-Transistor-Logik)
H-TTL	High-Speed-TTL (Hochgeschwindigkeits-TTL)
L-TTL	Low-Power-TTL (Niedrigleistungs-TTL)
AS-TTL	Advanced-Schottky-TTL (fortgeschrittene S-TTL)
LS-TTL	Low-Power-Schottky-TTL
ALS-TTL	Advanced-Low-Power-Schottky-TTL
ECL	Emitter-Coupled-Logic (emittergekoppelte Logik)
I^2L	Integrated-Injection-Logic (integrierte Injektionslogik)

Tabelle 2: Unipolare digitale Schaltkreise

Kurzzeichen	Erläuterung
NMOS	N-Channel-Metal-Oxid-Semiconductor (N-Kanal-Metall-Oxid-Halbleiter)
PMOS	P-Channel-Metal-Oxid-Semiconductor (P-Kanal-Metall-Oxid-Halbleiter)
CMOS	Complementary-Symmetrical-MOS (komplementär-symmetrische MOS)
HCMOS	High-Speed-CMOS (Hochgeschwindigkeits-CMOS)
HCTMOS	HCMOS – TTL-kompatibel
CCD	Charge-Coupled-Device (ladungsgekoppelte Anordnung)

Tabelle 3: Typische Daten der wichtigsten Schaltkreisfamilien

Kurzzeichen	Betriebsspannung in V	Leistungsaufnahme je Element in mW	Signallaufzeit in ns	typ. Schaltfrequenz in MHz
TTL	5	10	10	20
H-TTL	5	22	6	30
L-TTL	5	1	33	3
AS-TTL	5	15	1,7	150
LS-TTL	5	2	9,5	40
ALS-TTL	5	1	4	40
ECL	–5,5	20 bis 60	1	150
I^2L	0 bis 8	0,000001 bis 0,1	10 (veränderbar)	5
CMOS	3 bis 15	0,001 bis 0,02	25 bis 60	10
HCMOS	2 bis 6	<2 MHz 0,001 bis 1 >2 MHz 1 bis 10	8 bis 10	60
HCTMOS	5	<2 MHz 0,001 bis 1 >2 MHz 1 bis 10	8 bis 10	60

[1] lat. kompatibel = verträglich; [2] LSL Abkürzung von Langsame störsichere Logik; [3] HLL Abkürzung von engl. high-level-logic = Hochpegellogik
[4] HNIL Abkürzung von engl. high-noise-immunity-logic = Logik mit hoher Störsicherheit

Signalpegel bei TTL

Wie die meisten Schaltkreisfamilien arbeiten TTL-Schaltkreise mit positiver Logik:

Ein Signal mit dem Wert 1 hat bei TTL eine stärker positive Spannung als das Signal mit dem Wert 0 und entspricht dem H-Pegel. Ein Signal mit dem Wert 0 hat bei TTL eine stärker negative Spannung als das Signal mit dem Wert 1 und entspricht dem L-Pegel.

Die TTL-Schaltkreisfamilie verwendet eine einheitliche Betriebsspannung $+U_b = 5$ V und einheitliche Signalpegel **(Bild 1)**.

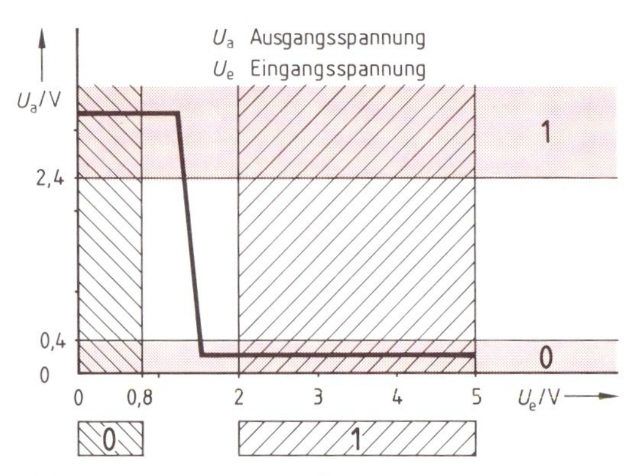

U_a Ausgangsspannung; U_e Eingangsspannung

Bild 1: Signalpegel bei TTL

Signalpegel bei CMOS

CMOS-Schaltungen setzt man meist dort ein, wo es auf kleine Verlustleistung und große Störsicherheit ankommt. Sie sind TTL-kompatibel. Im Ruhezustand nehmen sie sehr wenig Leistung auf. Der Signalpegel ist abhängig von der gewählten Betriebsspannung **(Tabelle 1)**.

Tabelle 1: Signalpegel CMOS

Signalpegel bei	$U_b = 5$ V	$U_b = 10$ V	$U_b = 15$ V
U_{eL}	$\leq 1{,}5$ V	≤ 3 V	$\leq 4{,}5$ V
U_{eH}	$\geq 3{,}5$ V	≥ 7 V	$\geq 10{,}5$ V
U_{aL}	≤ 0 V	≤ 0 V	≤ 0 V
U_{aH}	≥ 5 V	≥ 10 V	≥ 15 V

Störabstand

Störspannungen können die Eingänge der Schaltkreise ungewollt ansteuern. Um dies z. B. beim Schalten des Ausganges eines Schaltkreises vom H-Pegel nach L-Pegel zu verhindern, liegt zwischen dem Signalpegelgrenzwert U_{IL} und der Schaltschwelle der Ausgangsspannungsänderung ein Sicherheitsspannungsabstand, den man entsprechend dem zu erreichenden L-Pegel Störabstand S_L nennt. Beim Schalten von L-Pegel nach H-Pegel spricht man vom Störabstand S_H **(Bild 2)**. Der statische Störabstand kennzeichnet also die Sicherheit von Schaltkreisen, bei denen unter ungünstigsten Bedingungen (worst-case)[1] eine Eingangspegeländerung den logischen Zustand eines Elements noch nicht ändert. Je größer der Störabstand einer Schaltkreisfamilie ist, desto geringer ist die Wahrscheinlichkeit einer Fehlfunktion **(Tabelle 2)**.

AS-TTL-Schaltkreise und ALS-TTL-Schaltkreise haben einen kleineren Leistungsverbrauch und einen größeren Störabstand als ECL-Schaltkreise. Die Technik I^2L hat eine sehr kleine Verlustleistung und einen sehr kleinen Flächenbedarf (10% von TTL-Elementen oder CMOS-Elementen).

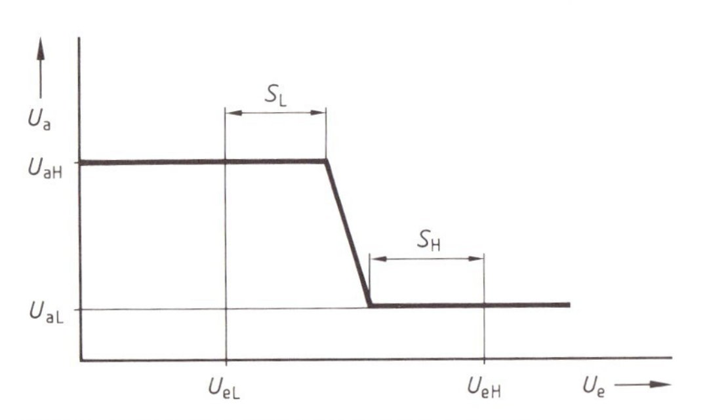

Bild 2: Statische Übertragungskennlinie

Tabelle 2: Statische Störabstände

Art	TTL	ECL	I^2L	CMOS
S_L	0,4 V bis 1,2 V	0,15 V	0,6 V	45% der Betriebsspannung
S_H	0,4 V bis 2,6 V	0,12 V	0,04 V	
S	gut	befriedigend		sehr gut

[1] engl. worst-case = schlimmster Fall

3.1.6 Karnaugh-Diagramm

3.1.6.1 Aufstellen der Wertetabelle

In der kombinatorischen Digitaltechnik wird die logische Verknüpfung zwischen den Eingangsvariablen und der Ausgangsvariablen in Form einer Schaltfunktion dargestellt. Sie hat den Nachteil, daß nicht sofort alle Kombinationen der Eingangsvariablen ersichtlich sind, die den Ausgangswert 1 der Ausgangsvariablen liefern. Diese Bedingung erfüllt die *Wertetabelle*. Sie besteht aus den Spalten für die Eingangsvariablen und der Spalte für die Ausgangsvariable. Letztere wird ganz rechts angeordnet, die Eingangsvariablen in aufsteigender Reihenfolge links daneben. Bei z. B. zwei Eingangsvariablen e_1 und e_2 und der Ausgangsvariablen y_A besteht die Wertetabelle aus $2^2 = 4$ Zeilen, da vier Kombinationsmöglichkeiten der Werte 0 und 1 vorgegeben sind **(Bild 1)**. In der Kopfzeile der Wertetabelle können anstelle der Eingangsvariablen und der Ausgangsvariablen auch die entsprechenden Eingänge E1 und E2 und der Ausgang A eingetragen sein **(Bild 2)**.

e_2	e_1	y_A
0	0	0
0	1	1
1	0	1
1	1	0

Bild 1: Wertetabelle Form 1

E2	E1	A
0	0	0
0	1	1
1	0	1
1	1	0

Bild 2: Wertetabelle Form 2

Eine Wertetabelle für drei Eingangsvariable besteht aus $2^3 = 8$ Zeilen **(Bild 3)**. Die Zeilennummer entspricht der Dezimalzahl, welche die Werte der als Dualzahl betrachteten Eingangsvariablen liefern, wenn man die Eintragung ihrer Zahlenwerte 0 und 1 in der betreffenden Spalte von oben nach unten wie folgt vornimmt.

E3	E2	E1	A	Zeile
0	0	0	1	0
0	0	1	0	1
0	1	0	0	2
0	1	1	1	3
1	0	0	1	4
1	0	1	0	5
1	1	0	1	6
1	1	1	0	7

Bild 3: Wertetabelle für drei Eingangsvariable

- Spalteneintrag für E1 : 0,1,0,1,0,1,...
- Spalteneintrag für E2 : 00,11,00,11,...
- Spalteneintrag für E3 : 0000,1111,0000,1111,...
- Spalteneintrag für E4 : 00000000,11111111,...

Die vollständige Wertetabelle einer Schaltfunktion mit n Eingangsvariablen besteht aus 2^n Zeilen.

Beispiel:

Eine Lampe wird von vier Stellen geschaltet. Sie soll bei folgenden Schalterzuständen leuchten: Schalter S2 und S4 nicht betätigt und Schalter S1 und S3 betätigt, oder Schalter S2 und S3 betätigt und S1 und S4 nicht betätigt, oder Schalter S3 nicht betätigt und S1, S2 und S4 betätigt. Stellen Sie die vollständige Wertetabelle für die Lampe H auf!

Lösung: **Bild 4**

S4	S3	S2	S1	H
0	0	0	0	0
0	0	0	1	0
0	0	1	0	0
0	0	1	1	0
0	1	0	0	0
0	1	0	1	1
0	1	1	0	1
0	1	1	1	0
1	0	0	0	0
1	0	0	1	0
1	0	1	0	0
1	0	1	1	1
1	1	0	0	0
1	1	0	1	0
1	1	1	0	0
1	1	1	1	0

Bild 4: Wertetabelle für Beispiel

Man kann auch *unvollständige* Wertetabellen aufstellen, wenn von der Anwendung her nicht die vollständige Tabelle erforderlich ist oder wenn die Zahl der Eingangsvariablen eine zu große Tabelle liefern würde. Es muß dann aber die vollständige Information enthalten sein, z. B. alle Zeilen, in denen die Ausgangsvariable den Wert 1 hat.

3.1.6.2 Karnaugh-Diagramm

Das Karnaugh-Diagramm[1] (Karnaugh-Veitch-Diagramm, KV-Diagramm) enthält in gedrängter Form die Informationen der Wertetabelle **(Bild 1)**. Jedes Feld enthält die Informationen der Zeile mit derselben Nummer der Wertetabelle.

Jeder Zeile der Wertetabelle entspricht ein Feld im KV-Diagramm.

Das KV-Diagramm hat bei n Eingangsvariablen 2^n Felder (Bild 1). In die Felder wird eine 1 eingetragen, wenn die Ausgangsvariable der entsprechenden Zeile der Wertetabelle den Wert 1 hat. Die anderen Felder erhalten den Wert 0.

Beispiel 1:
Übertragen Sie die Wertetabelle **Bild 2** in ein KV-Diagramm!

Lösungsweg 1:
Die Felder 0, 1, 3, 5, 6, 7 erhalten 1, die Felder 2 und 4 enthalten 0.

Lösungsweg 2:
Für die Zeile 0 der Wertetabelle, die den Term $(\overline{a} \wedge \overline{b} \wedge \overline{c})$ liefert, sucht man im Diagramm das Feld, welches $\overline{a}$-Markierung (Felder 0, 4, 2, 6) und $\overline{b}$-Markierung (verbleibende Felder 1, 5) und $\overline{c}$-Markierung (verbleibendes Feld 0) enthält.
Entsprechend verfährt man mit den restlichen Zeilen der Wertetabelle **(Bild 3)**.

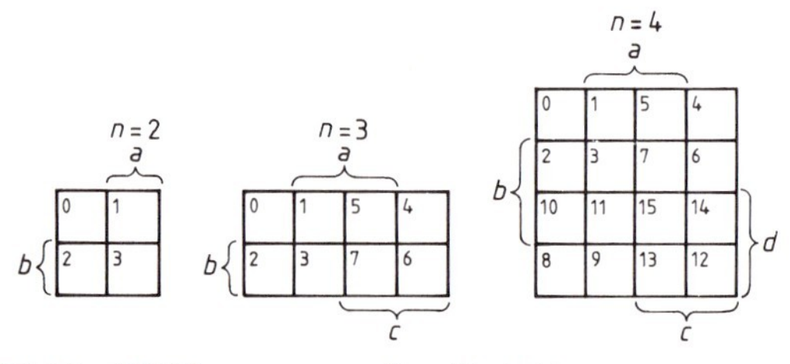

Bild 1: KV-Diagramme mit n Variablen

c	b	a	x	Zeile
0	0	0	1	0
0	0	1	1	1
0	1	0	0	2
0	1	1	1	3
1	0	0	0	4
1	0	1	1	5
1	1	0	1	6
1	1	1	1	7

Bild 2: Wertetabelle zu Beispiel 1

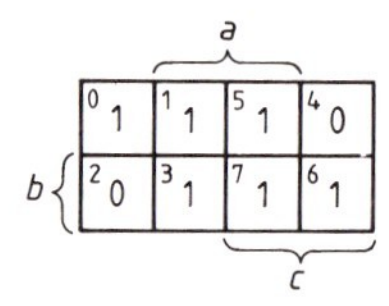

Bild 3: KV-Diagramm für Beispiel 1

Die Streifen für die Variablen *a, b, c* und *d* können im KV-Diagramm auch anders liegen. Die Anordnungen in Bild 1 und Bild 3 haben aber den Vorteil, daß man sich wegen des symmetrischen Aufbaus der KV-Diagramme die Feldnumerierung merken kann.

Beispiel 2:
Wandeln Sie die vollständige Wertetabelle **Bild 4** in ein KV-Diagramm um!

Lösung: **Bild 1, folgende Seite**

d	c	b	a	y_{H1}	Zeile
0	0	0	0	0	0
0	0	0	1	0	1
0	0	1	0	0	2
0	0	1	1	1	3
0	1	0	0	0	4
0	1	0	1	0	5
0	1	1	0	0	6
0	1	1	1	0	7
1	0	0	0	0	8
1	0	0	1	0	9
1	0	1	0	1	10
1	0	1	1	1	11
1	1	0	0	0	12
1	1	0	1	0	13
1	1	1	0	1	14
1	1	1	1	0	15

Bild 4: Wertetabelle zu Beispiel 2

Die Minimierung (Verkleinerung) einer Schaltfunktion kann direkt dem KV-Diagramm entnommen werden. Dazu faßt man benachbarte Felder, die jeweils den Wert 1 haben, zu möglichst großen Blöcken zusammen. Die Zusammenfassung muß immer so erfolgen, daß ein Block 2, 4 oder 8 Felder enthält, die ein Rechteck oder ein Quadrat bilden **(Bild 2, folgende Seite)**. Benachbarte Felder sind auch Felder der letzten und ersten Zeile und der

[1] Karnaugh, engl. Mathematiker

letzten und ersten Spalte. Die einzelnen Felder dürfen auch in mehreren Zusammenfassungen vorkommen (Bild 2).

Jede Zusammenfassung im Karnaugh-Diagramm soll möglichst viele Felder enthalten. Die Zahl der Zusammenfassungen soll möglichst klein sein.

Jede Zusammenfassung (Block) bildet einen Term der gesuchten Schaltfunktion. Die Variablen, die innerhalb des Blocks ihren Zahlenwert nicht ändern, werden miteinander durch die UND-Funktion verknüpft. Die sich ergebenden Terme der Blöcke verknüpft man durch die ODER-Funktion. Diese schaltalgebraische Gleichung ist die reduzierte Schaltfunktion. Die Zusammenfassung der Felder mit dem Wert 1 im KV-Diagramm liefert die Terme der reduzierten Schaltfunktion der Ausgangsvariablen. Überwiegen im KV-Diagramm die Felder mit dem Wert 1, so ist es zweckmäßig, die UND-Normalform zu ermitteln. Dazu bildet man die Blöcke aus den Feldern mit dem Wert 0 und verfährt entsprechend wie bei der ODER-Normalform. Man erhält dann die Schaltfunktion für die invertierte Ausgangsvariable.

Beispiel 3:

Entnehmen Sie dem KV-Diagramm Bild 1 die vereinfachte Schaltfunktion für y_{H1}!

Lösung:

Im KV-Diagramm bildet man drei Rechteckblöcke. Block 1 liefert den Term $(a \wedge b \wedge \overline{c})$, Block 2 $(b \wedge \overline{c} \wedge d)$, Block 3 $(\overline{a} \wedge b \wedge d)$. Damit wird

$$\mathbf{y_{H1} = (a \wedge b \wedge \overline{c}) \vee (b \wedge \overline{c} \wedge d) \vee (\overline{a} \wedge b \wedge d)}$$

Bei mehr als vier Eingangsvariablen kann man KV-Diagramme in räumlicher Anordnung entwickeln. Bei einem KV-Diagramm für fünf Eingangsvariable *a* bis *e* legt man die fünfte Variable in die vertikale Ebene **(Bild 3)**. Damit man die Werte der Terme eintragen kann, zeichnet man die zwei übereinanderliegenden Diagramme nebeneinander. Bei der Blockbildung zur Minimierung der Schaltfunktion muß man daran denken, daß beide Diagramme übereinander liegen. So ist in Bild 3 für die fünf Vollkonjunktionen (Terme, die alle Variablen in negierter oder nicht negierter Form enthalten) die Minimierung mit nur zwei Blöcken möglich. Block 1 besteht aus den Feldern 7, 15, 23 und 31 und liefert den Term $a \wedge b \wedge c$, Block 2 besteht aus den Feldern 21 und 23 und liefert den Term $a \wedge c \wedge \overline{d} \wedge \overline{e}$. Die minimierte Schaltfunktion lautet also $y_{H1} = (a \wedge b \wedge c) \vee (a \wedge c \wedge \overline{d} \wedge \overline{e}) = (a \wedge c) \wedge [b \vee (\overline{d} \wedge \overline{e})]$. KV-Diagramme mit mehr als sechs Variablen werden unübersichtlich.

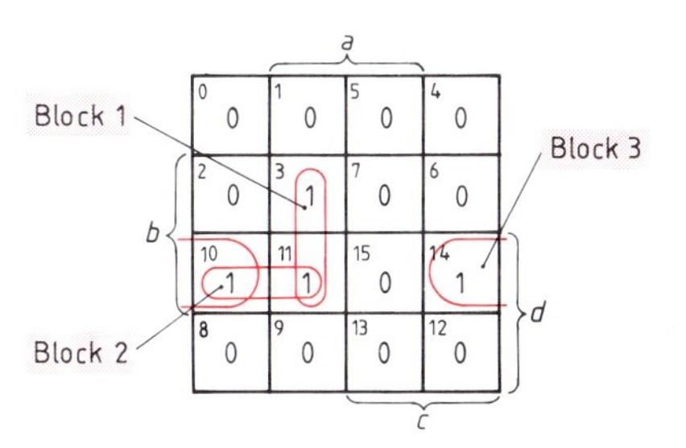

Bild 1: KV-Diagramm zu Beispiel 2

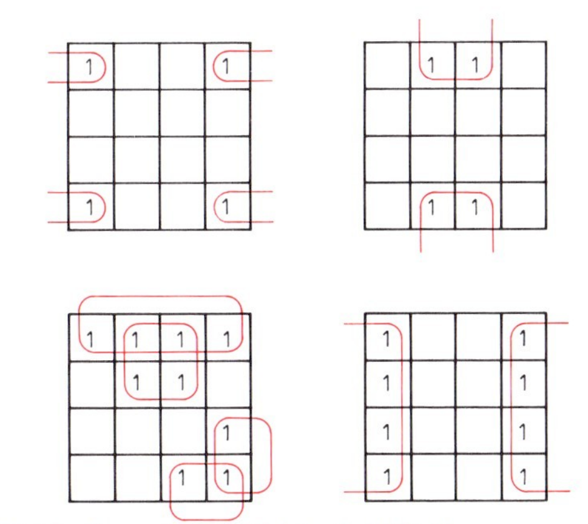

Bild 2: Benachbarte Felder bei KV-Diagrammen für 4 Variable (Beispiele)

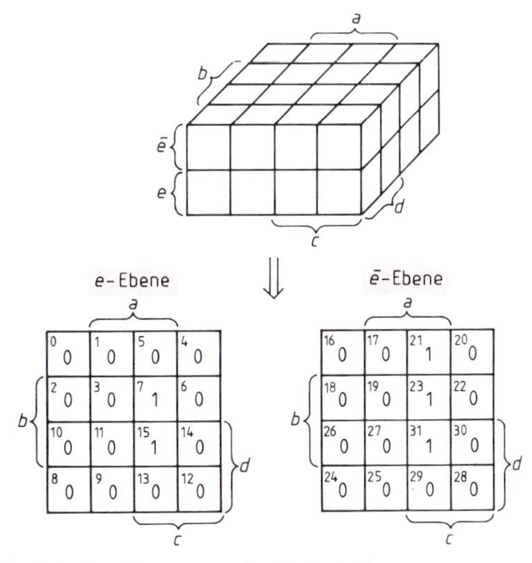

Bild 3: KV-Diagramm für 5 Variable

Wiederholungsfragen

1. **Welchen Vorteil hat die Wertetabelle?**
2. **Woraus besteht eine Wertetabelle?**

3.1.7 Binärcodes

3.1.7.1 BCD-Codes

BCD-Codes[1] ermöglichen die direkte Verschlüsselung von Dezimalzahlen in das Dualzahlensystem (**Tabelle 1**). Die Verschlüsselung erfolgt Ziffer für Ziffer. Mit 4 Bits können $2^4 = 16$ Zeichen verschlüsselt werden, also auch die 10 Ziffern von 0 bis 9. Zur Verschlüsselung der Zahlen von 0 bis 999 999 benötigt man bei einem BCD-Code entsprechend den 6 Dezimalstellen Worte von mindestens 6 · 4 bit = 24 bit. Bei einer Verschlüsselung im Dualcode können mit Worten von 20 bit die Zahlen von 0 bis $2^{20} - 1 = 1\,048\,575$ verschlüsselt werden. Häufig werden Dezimalziffern mit Worten von mehr als 4 bit verschlüsselt. Einen solchen Code nennt man *redundant*[2] (weitschweifig). Eine redundante Codierung ermöglicht bei der Datenerfassung und Datenübertragung eine Fehlererkennung. BCD-Codes sind zum Rechnen nicht so gut geeignet wie der Dualcode. Es gelten immer Sonderregeln (siehe Mathematik für Elektroniker).

Beim **1-aus-10-Code** werden die Dezimalziffern von 0 bis 9 mit Worten von 10 bit verschlüsselt. Die Stellenbewertung für die erste Stelle von rechts gelesen ist 0, für die zweite Stelle 1, für die dritte Stelle 2, usw.

Beispiel 1:
Drücken Sie die Zahl 809 im 1-aus-10-Code aus!

Lösung:
809 ≙ **0100000000 0000000001 1000000000**

Diese Codierung ermöglicht eine Fehlerüberprüfung. Es müssen für eine dreistellige Dezimalzahl stets drei 1-Bits entstehen. Wird beim Lesen oder bei der Signalübertragung ein Bit verfälscht, so ist dieser Fehler leicht zu bemerken. Nachteilig bei diesem Code ist die große Anzahl der Binärzeichen, die nötig sind, um eine Dezimalzahl zu verschlüsseln.

Im **8-4-2-1-Code** sind die Ziffern 0 bis 9 als Dualzahlen verschlüsselt. Es werden für eine Dezimalstelle Worte von der Breite 4 bit benötigt. Diese Codierung ist geeignet, um Dezimalzahlen in Binärzahlen von Hand umzuschreiben.

Beispiel 2:
Drücken Sie die Zahl 809 im 8-4-2-1-Code aus!

Lösung:
809 = **1000 0000 1001**

Beim Addieren dieser Binärzahlen gelten Sonderregeln. Erfolgt in der Dezimalzahl ein Zehnerübertrag, so muß in der Binärzahl als Korrektur 0110 hinzuaddiert werden (siehe Mathematik für Elektroniker).

Zum Rechnen ist diese Verschlüsselung ungünstig, da bei einer Addition immer entschieden werden muß, ob im Dezimalsystem ein Übertrag erfolgt.

Beim **einschrittigen BCD-Code** ändert sich von einer Ziffer zu einer benachbarten Ziffer die Codierung nur in einer Stelle. Diese Codierung hat keine Stellenbewertung und wird bei optischen Codelesern verwendet.

Tabelle 1: Beispiele von BCD-Codes

Dezimalziffer	1-aus-10-Code	8-4-2-1-Code	einschrittiger BCD-Code	Aiken-Code	Biquinär-Code	2-aus-5-Code
0	0 0 0 0 0 0 0 0 0 1	0 0 0 0	0 0 0 1	0 0 0 0	0 0 0 0 1 0 1	1 1 0 0 0
1	0 0 0 0 0 0 0 0 1 0	0 0 0 1	0 0 1 1	0 0 0 1	0 0 0 1 0 0 1	0 0 0 1 1
2	0 0 0 0 0 0 0 1 0 0	0 0 1 0	0 0 1 0	0 0 1 0	0 0 1 0 0 0 1	0 0 1 0 1
3	0 0 0 0 0 0 1 0 0 0	0 0 1 1	0 1 1 0	0 0 1 1	0 1 0 0 0 0 1	0 0 1 1 0
4	0 0 0 0 0 1 0 0 0 0	0 1 0 0	0 1 0 0	0 1 0 0	1 0 0 0 0 0 1	0 1 0 0 1
5	0 0 0 0 1 0 0 0 0 0	0 1 0 1	1 1 0 0	1 0 1 1	0 0 0 0 1 1 0	0 1 0 1 0
6	0 0 0 1 0 0 0 0 0 0	0 1 1 0	1 1 1 0	1 1 0 0	0 0 0 1 0 1 0	0 1 1 0 0
7	0 0 1 0 0 0 0 0 0 0	0 1 1 1	1 0 1 0	1 1 0 1	0 0 1 0 0 1 0	1 0 0 0 1
8	0 1 0 0 0 0 0 0 0 0	1 0 0 0	1 0 1 1	1 1 1 0	0 1 0 0 0 1 0	1 0 0 1 0
9	1 0 0 0 0 0 0 0 0 0	1 0 0 1	1 0 0 1	1 1 1 1	1 0 0 0 0 1 0	1 0 1 0 0
Stellenwert	9 8 7 6 5 4 3 2 1 0	8 4 2 1	keine	2 4 2 1	4 3 2 1 0 5 0	7 4 2 1 0 für die Ziffern 1 bis 9

[1] BCD Kurzform für engl. Binary Coded Decimal = binär codiertes Zehnersystem
[2] lat. redundans = Überfluß habend

Der **Aiken-Code**[1] ist für elektronische Zähler gut geeignet. Beim Addieren gelten komplizierte Sonderregeln.

Der **biquinäre**[2] **Code** setzt sich aus dem fünfstelligen (quinären) Teil mit der Stellenbewertung 4-3-2-1-0 und einem zweistelligen Teil mit der Bewertung 5-0 zusammen. Dieser Code ist redundant (weitschweifig). Mit Worten von der Breite 7 bit könnten 128 Zeichen verschlüsselt werden. Im Falle einer fehlerhaften Datenübertragung ist die Wahrscheinlichkeit groß, daß eine nicht zulässige Bitkombination entsteht. Der Code eignet sich gut zur Fehlerüberprüfung und daher zur Fernübertragung von Zahlen, da sowohl im zweistelligen als auch im fünfstelligen Teil nur ein Bit den Wert 1 haben darf.

Beim **2-aus-5-Code** hat ein Codewort immer zwei Bits mit dem Wert 1. Dieser Code ermöglicht daher eine Prüfung auf Fehler.

> Redundante Codes ermöglichen eine Fehlererkennung.

3.1.7.2 Gray-Code

Der Gray-Code ist ein einschrittiger Code. Von einer Ziffer zur nächsten ändert sich nur in einer Binärstelle ein Wert. Deswegen wird der Gray-Code sehr oft bei Codelinealen und Codescheiben verwendet **(Bild 1)**. Stehen die Fotodioden zum Ablesen des Codes zwischen zwei Ziffern, so wird entweder die niedrigere oder die höhere Ziffer gelesen, jedoch kein völlig falscher Wert, da nur ein Bit unsicher sein kann.

3.1.7.3 Strichcodes (Barcodes)

Strichcodes sind Binärcodes zur Darstellung von Zeichen für eine maschinelle Erkennung. Jedes Zeichen besteht aus einer Gruppe von Balken (engl. bars) und Zwischenräumen **(Bild 2)**. Die Zeichen schließen ohne Trennung aneinander. Endet ein Zeichen mit einer Lücke, so beginnt das Folgezeichen mit einem Balken und umgekehrt.

Die Information wird durch die Strichbreite und bei vielen Codes auch durch die Lückenbreite dargestellt. Die schmalste Strichbreite oder Lückenbreite heißt *Modul*.

Die bekanntesten Strichcodes sind der EAN-Code (Europäische Artikel Numerierung) und der Linearcode für Postleitzahlen. Daneben gibt es eine Vielzahl weiterer Strichcodes **(Tabelle 1)**. Abgetastet (gelesen) werden die Strichcodes mit Lesestiften oder mit Laser-Scannern.

[1] Aiken, amerikanischer Erfinder

[2] biquinär = Kunstwort aus lat. bis = 2 und lat. quinque = 5

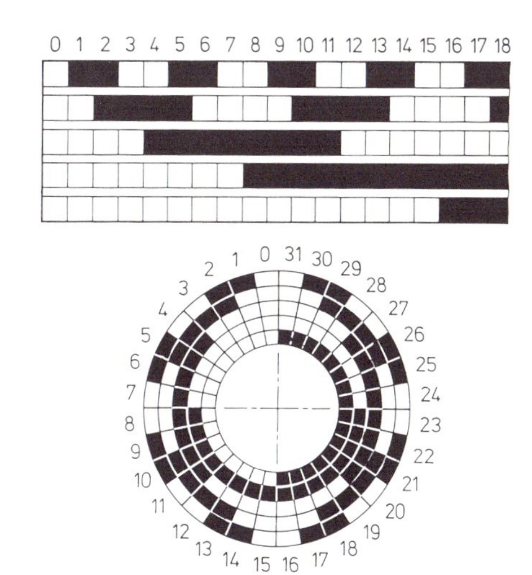

Bild 1: Codelineal und Codescheibe mit Gray-Code

Bild 2: EAN-Codierung

Tabelle 1: Barcodes

Benennung	Zeichenvorrat	Module je Zeichen (Z) Anzahl der Strichbreiten SB Anzahl der Lückenbreiten LB
Linearcode (Post)	Ziffern 0...9	Z = 4 3 aus 5 plus 1 Startbalken
EAN-Code	Ziffern 0...9 5 Hilfszeichen	Z = 7 SB = 4 LB = 4
Code 2/5 Interleaved (überlappend)	Ziffern 0...9 Start, Stop	Z = 3 SB = 2 LB = 2
Codabar	Ziffern 0...9 6 Sonderzeichen	Z = 4 SB = 2 LB = 2
Code 39	Ziffern 0...9 26 Alphazeichen 7 Sonderzeichen	Z = 5 SB = 2 LB = 2
Code 128	ASCII-Zeichensatz (128)	Z = 3 SB = 4 LB = 4
Code 2/5	Ziffern 0...9 Start, Stop	Z = 5 SB = 2

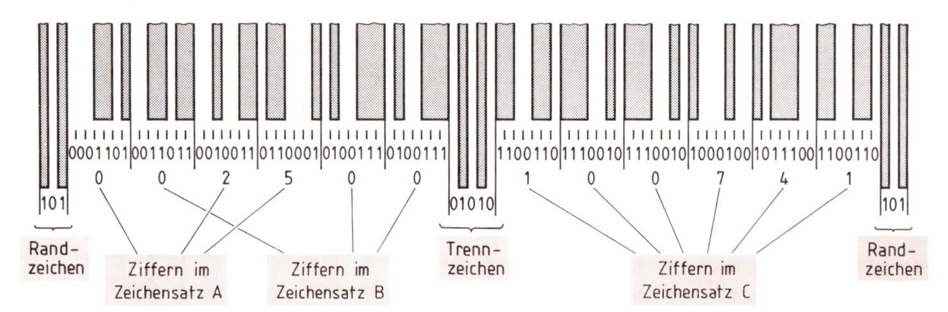

Bild 1: Decodierung eines EAN-Codes

Beim **EAN-Code** wird jede Ziffer mit 7 Binärzeichen verschlüsselt **(Bild 1)**. Dabei werden drei unterschiedliche Verschlüsselungen verwendet: Zeichensatz A, Zeichensatz B und Zeichensatz C **(Tabelle 1)**.

Der Zeichensatz A hat rechts immer eine Eins, d. h. einen Strich, und hat ungerade Parität (Quersumme der Bits mit Wert 1 ist ungeradzahlig). Der Zeichensatz B hat auch rechts immer eine 1, hat aber eine gerade Parität. Der Zeichensatz C hat stets links eine 1 und eine gerade Parität.

Die linken 6 Ziffern von Bild 1 werden für deutsche Artikel in der Zeichensatzfolge ABAABB verschlüsselt. Die rechten 6 Ziffern werden stets mit dem Zeichensatz C verschlüsselt. Außer den Nutzzeichen für die Verschlüsselung der Artikelnummer gibt es noch zwei Randzeichen 101 und ein Trennzeichen 01010.

Tabelle 1: Zeichensatz des EAN-Code

Zeichen	Zeichensatz A	Zeichensatz B	Zeichensatz C
0	0 0 0 1 1 0 1	0 1 0 0 1 1 1	1 1 1 0 0 1 0
1	0 0 1 1 0 0 1	0 1 1 0 0 1 1	1 1 0 0 1 1 0
2	0 0 1 0 0 1 1	0 0 1 1 0 1 1	1 1 0 1 1 0 0
3	0 1 1 1 1 0 1	0 1 0 0 0 0 1	1 0 0 0 0 1 0
4	0 1 0 0 0 1 1	0 0 1 1 1 0 1	1 0 1 1 1 0 0
5	0 1 1 0 0 0 1	0 1 1 1 0 0 1	1 0 0 1 1 1 0
6	0 1 0 1 1 1 1	0 0 0 0 1 0 1	1 0 1 0 0 0 0
7	0 1 1 1 0 1 1	0 0 1 0 0 0 1	1 0 0 0 1 0 0
8	0 1 1 0 1 1 1	0 0 0 1 0 0 1	1 0 0 1 0 0 0
9	0 0 0 1 0 1 1	0 0 1 0 1 1 1	1 1 1 0 1 0 0

Strichcode für Postleitzahlen

Zur automatisierten Postverteilung wird die Postleitzahl am unteren Rand eines Briefes **(Bild 2)** durch fluoreszierende Striche aufgedruckt. Sie erscheinen unter UV-Strahlung hell. Jede Ziffer beginnt, von rechts nach links gelesen, mit einem Balken. Es folgen stets drei weitere Balken und zwei große Lücken. Bewertet man die Lücken mit 1 und die Balken mit 0, so erhält man eine Zeichenverschlüsselung im 2-aus-5-Code (von rechts gelesen) mit den Wertigkeiten 7,4,2,1,0. Neben der Postleitzahl wird als erste Ziffer (von rechts) eine Prüfziffer übertragen. Diese ergibt sich aus einer Modulo-10-Berechnung. Hierzu bildet man die Quersumme der Postleitzahl und dividiert diese durch 10. Die Prüfziffer erhält man als Ergänzung des Teilerrestes auf 10.

Beispiel:
Ermitteln Sie die Prüfziffer zur Postleitzahl 73430!

Lösung:

Quersumme: $s = 7+3+4+3+0 = 17 \Rightarrow s/10 = 1$ Rest 7

Prüfziffer: $10 - 7 = 3$

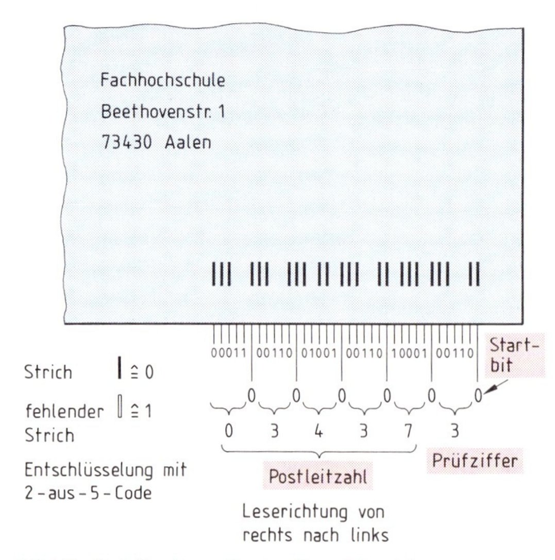

Bild 2: Brief mit codierter Postleitzahl

Wiederholungsfragen

1. **Welche Codes ermöglichen die direkte Verschlüsselung von Dezimalzahlen?**
2. **Wieviele Bits benötigt man mindestens für die Verschlüsselung einer Dezimalziffer?**

3. **Was wird durch eine redundante Codierung möglich?**
4. **Welche besondere Eigenschaft hat der Gray-Code?**
5. **Aus wieviel Zeilen besteht eine Wertetabelle mit *n* Eingangsvariablen?**
6. **Welche Bedingung muß bei einer unvollständigen Wertetabelle erfüllt sein?**
7. **Wieviele Felder hat ein KV-Diagramm?**
8. **Welche Regeln gelten für die Blockbildung der Felder im KV-Diagramm?**

3.1.8 Anwendungen

Grundlegend ist bei Anwendungsschaltungen in der kombinatorischen Digitaltechnik, daß einer Änderung der Eingangsvariablen unmittelbar die Änderung der Ausgangsvariablen folgt. Bei der Entwicklung der Schaltung werden die Schaltfunktionen erstellt und mit Hilfe der Schaltalgebra bzw. des KV-Diagramms minimiert. Die Realisierung der Schaltung erfolgt dann mit den gewählten binären Elementen, z. B. NAND-Elementen.

Codeumsetzer

Ein Codeumsetzer hat die Aufgabe, einen vorhandenen Code in einen anderen umzusetzen. Häufig kommen bei den Codes Vierergruppen von Binärzeichen vor. Diese bezeichnet man als *Tetraden*[1].

Beispiel 1:

Eine Sieben-Segment-Anzeige soll zur Zifferndarstellung von im 8-4-2-1-Code vorliegenden Dezimalziffern 0 bis 9 verwendet werden **(Bild 1).**

a) Wie lautet die Schaltfunktion s_a für den Leuchtbalken a?

b) Übertragen Sie die Schaltfunktion in ein KV-Diagramm, und tragen Sie in die Felder der nicht verwendeten Tetraden (Pseudotetraden) den Buchstaben X ein!

c) Minimieren Sie die Schaltfunktion s_a für den Leuchtbalken unter Verwendung der Pseudotetraden! (Hinweis: Für X kann 1 gesetzt werden, damit sich möglichst große Blöcke bilden lassen).

d) Entwerfen Sie eine Schaltung nur mit NAND-Elementen! (Die invertierten Signale stehen zur Verfügung).

Lösung:

a) $s_a = (\bar{e}_1 \wedge \bar{e}_2 \wedge \bar{e}_3 \wedge \bar{e}_4) \vee (\bar{e}_1 \wedge e_2 \wedge \bar{e}_3 \wedge \bar{e}_4)$
$\vee (e_1 \wedge e_2 \wedge \bar{e}_3 \wedge \bar{e}_4) \vee (e_1 \wedge \bar{e}_2 \wedge e_3 \wedge \bar{e}_4)$
$\vee (e_1 \wedge e_2 \wedge e_3 \wedge \bar{e}_4) \vee (\bar{e}_1 \wedge \bar{e}_2 \wedge \bar{e}_3 \wedge e_4)$
$\vee (e_1 \wedge \bar{e}_2 \wedge \bar{e}_3 \wedge e_4)$

b) **Bild 2**

c) Block 1: $e_1 \wedge e_3$; Block 2: $\bar{e}_1 \wedge \bar{e}_3$
Block 3: $e_2 \wedge \bar{e}_3$; Block 4: e_4
$s_a = (e_1 \wedge e_3) \vee (\bar{e}_1 \wedge \bar{e}_3) \vee (e_2 \wedge \bar{e}_3) \vee e_4$

d) **Bild 3**

[1] griech. Tetrade = Vierergruppe

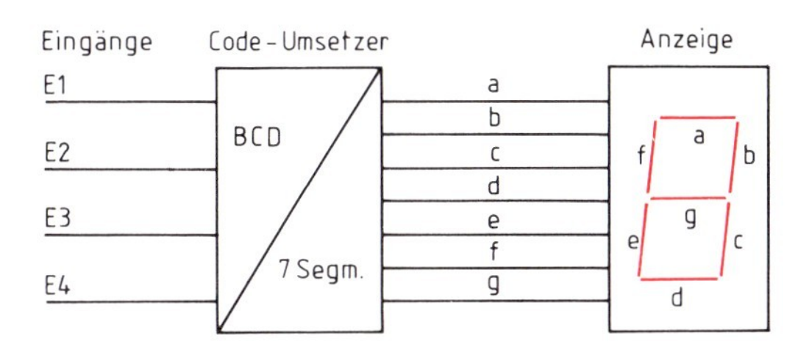

8-4-2-1-Code				7-Segment-Code							Dezi-mal-zahl
E4	E3	E2	E1	a	b	c	d	e	f	g	
0	0	0	0	1	1	1	1	1	1	0	0
0	0	0	1	0	1	1	0	0	0	0	1
0	0	1	0	1	1	0	1	1	0	1	2
0	0	1	1	1	1	1	1	0	0	1	3
0	1	0	0	0	1	1	0	0	1	1	4
0	1	0	1	1	0	1	1	0	1	1	5
0	1	1	0	0	0	1	1	1	1	1	6
0	1	1	1	1	1	1	0	0	0	0	7
1	0	0	0	1	1	1	1	1	1	1	8
1	0	0	1	1	1	1	0	0	1	1	9

Bild 1: Code-Umsetzer

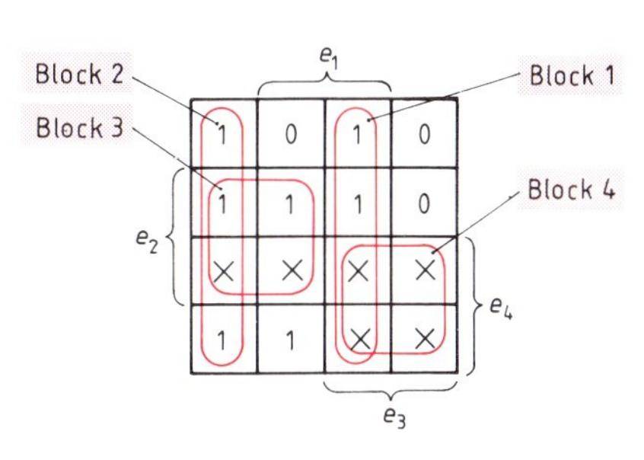

Bild 2: KV-Diagramm zu Beispiel 1

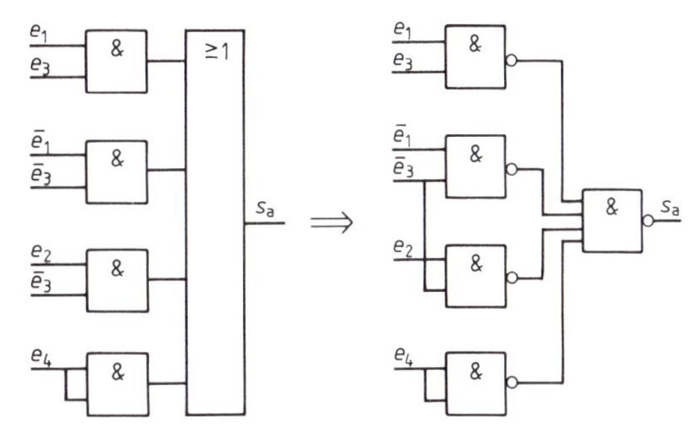

Bild 3: Schaltungen zu Beispiel 1

Binäre Multiplexer und Demultiplexer

An den Ausgängen von mehreren binären Elementen, z. B. UND-Schaltungen, liegen entweder Signale mit dem Wert 0 oder mit dem Wert 1 an. Diese stellen insgesamt ein binäres Signal dar. Man bezeichnet es als *paralleles Binärsignal*. Derartige Signale sollen oft über eine Leitung zeitlich nacheinander übertragen werden. Dazu wird aus dem parallelen Binärsignal ein *serielles* Binärsignal erzeugt. Dies ist mit einem *Binärmultiplexer* möglich.

Mit einem *Demultiplexer* kann anschließend wieder ein paralleles Binärsignal erzeugt werden **(Bild 1)**.

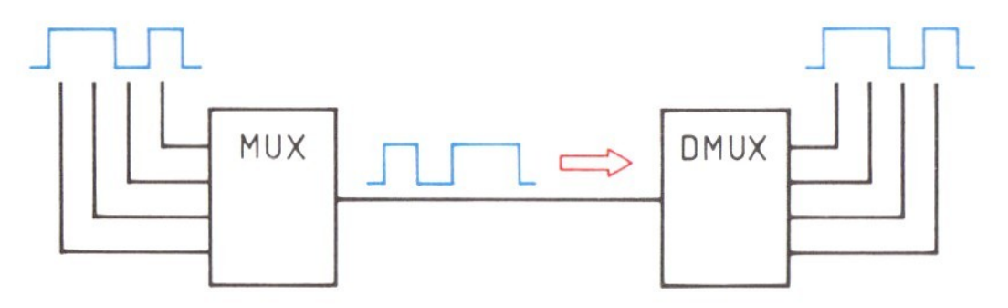

Bild 1: Serielle Übertragung eines parallelen Signals

Ein Binärmultiplexer macht aus einem parallelen Binärsignal ein serielles Binärsignal.

Ein 4-Bit-auf-1-Bit-Multiplexer hat zwei Eingänge A und B, die die Adressierung der vier Eingangsleiter D0 bis D3 übernehmen **(Bild 2)**. Je nach deren Zustand ist der entsprechende Eingangsleiter auf den Ausgang Q durchgeschaltet. Die Zuordnung der Datenleiter D0 bis D3 zu den Signalen der Adreßeingänge A und B zeigt die Arbeitstabelle **(Bild 3)**. Der Eingang EN[1] dient der Freigabe des Multiplexers. Nur wenn EN ein Signal mit dem Wert 1 hat, also H-Pegel, ist der Multiplexer freigegeben. Der Eingang E hat dann L-Pegel.

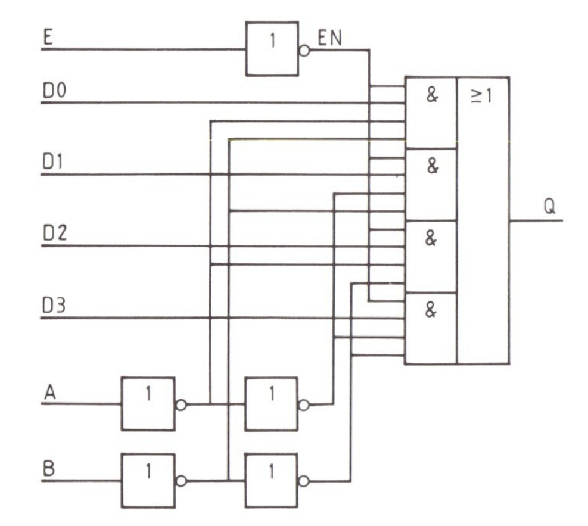

Bild 2: Schaltung eines 4-Bit-auf-1-Bit-Multiplexers

Eingänge			Ausgang
EN	B	A	Q
L	X	X	L
H	L	L	$q = d_0$
H	L	H	$q = d_1$
H	H	L	$q = d_2$
H	H	H	$q = d_3$
H-Pegel ≙ Signal mit Wert 1 L-Pegel ≙ Signal mit Wert 0			

Bild 3: Arbeitstabelle eines 4-Bit-auf-1-Bit-Multiplexers

Beispiel 2:

Am Eingang des Multiplexers Bild 2 liegen an A ein Signal mit dem Wert 1 (H-Pegel) und an B ein Signal mit dem Wert 0 (L-Pegel) an. a) Welcher Leiter ist auf den Ausgang Q durchgeschaltet, wenn der Freigabeeingang EN ein Signal mit dem Wert 1 (H-Pegel) führt? b) Wie lautet der UND-Term der Eingangsvariablen in diesem Fall?

Lösung:

a) $a = 1,\ b = 0,\ en = 1 \Rightarrow \boldsymbol{q = d_1} \Rightarrow$ **der Leiter D1 ist auf den Ausgang Q durchgeschaltet.**

b) $\boldsymbol{en \wedge d_1 \wedge a \wedge \overline{b}}$

Das Schaltzeichen eines 8-Bit-auf-1-Bit-Multiplexers zeigt an den Anschlüssen die Nummern der Pins des IC **(Bild 4)**. Im Inneren des Schaltzeichens sind die drei Adreßeingänge mit 0 bis 2, der Freigabeeingang mit EN, und die acht Datenleiter mit 0 bis 7 bezeichnet. Die Bezeichnung G $\frac{0}{7}$ (G von engl. gate = Tor) bedeutet, daß mit drei Adreßeingängen acht Leiter gewählt werden können. Am Ausgang steht meist auch das invertierte Signal

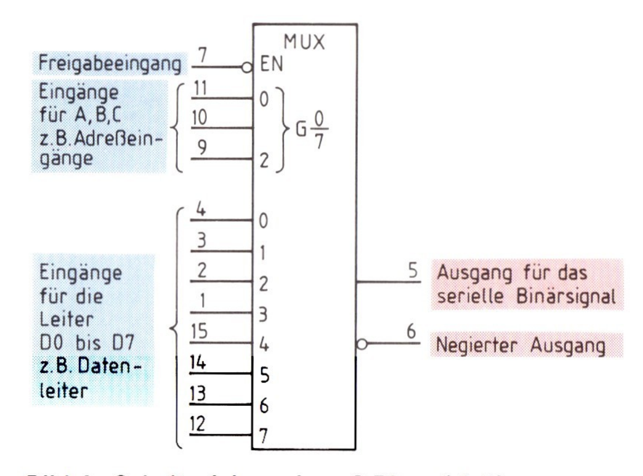

Bild 4: Schaltzeichen eines 8-Bit-auf-1-Bit-Multiplexers

[1] EN von engl. enable = freigeben

zur Verfügung. Da ein Multiplexer aus einem parallel anliegenden Datensignal ein serielles erzeugt, bezeichnet man ihn auch als *Datenselektor* oder Parallel-Serien-Umsetzer.

Eine Folge von L-Pegeln und H-Pegeln stellt ein Binärsignal dar. Wenn die Pegel zeitlich nacheinander auftreten, bezeichnet man sie als serielles Binärsignal. Die Umwandlung des seriellen Binärsignals in ein paralleles Binärsignal erfolgt über einen Demultiplexer.

Ein 1-Bit-auf-4-Bit-Demultiplexer hat einen Eingangsleiter S, der das binäre Eingangssignal *s* führt **(Bild 1)**. Dieser Leiter ist an alle vier UND-Elemente des Demultiplexers geschaltet. Jeder Pegel des seriellen Binärsignals liegt also gleichzeitig an allen UND-Elementen an. Die beiden Eingänge A und B sind die Adreßeingänge. Diese Signale bestimmen zusammen mit dem Signal des Freigabeeinganges EN, welcher Ausgang des Demultiplexers den Pegel des seriellen Eingangssignales bekommt. Die Zuordnung der Eingangspegel zu den Signalen der angewählten Datenleiter D0 bis D3 zeigt die Arbeitstabelle des Demultiplexers **(Bild 2)**.

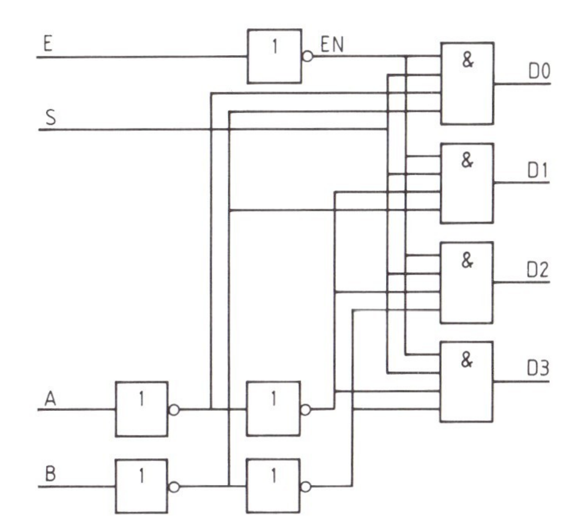

Bild 1: Schaltung eines 1-Bit-auf-4-Bit-Demultiplexers

Eingänge				Ausgänge
EN	S	B	A	D0...D3
H	*s*	L	L	$s = d_0$
H	*s*	L	H	$s = d_1$
H	*s*	H	L	$s = d_2$
H	*s*	H	H	$s = d_3$

Bild 2: Arbeitstabelle eines 1-Bit-auf-4-Bit-Demultiplexers

Beispiel 3:

a) Welcher der Datenleiter D0 bis D3 des Demultiplexers Bild 1 ist auf den Eingang durchgeschaltet, wenn der Freigabeeingang EN und der Eingang A Signal mit dem Wert 1 (H-Pegel), der Eingang B Signal mit dem Wert 0 (L-Pegel) führen? b) Wie lautet der schaltalgebraische Term für die Eingangsvariablen bei a)?

Lösung:

a) $en = 1,\ a = 1,\ b = 0 \Rightarrow$ **Signal von S liegt am Leiter D1.**

b) $\boldsymbol{d_1 = en \wedge a \wedge \bar{b} \wedge s}$

Das Schaltzeichen eines 1-Bit-auf-8-Bit-Demultiplexers enthält im Inneren, wie der Multiplexer Bild 4, vorhergehende Seite, an den Adreßeingängen die Bezeichnungen 0 bis 2 **(Bild 3)**. Dies bedeutet, daß acht ansteuerbare Ausgänge 0 bis 7, z. B. D0 bis D7, anwählbar sind (Schreibweise G $\frac{0}{7}$ im Schaltzeichen). Anstelle von DX wird auch DMUX als Kennzeichen eines Demultiplexers angegeben.

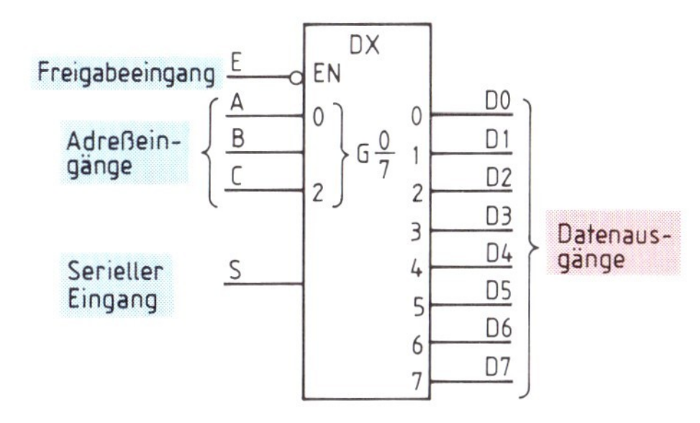

Bild 3: Schaltzeichen eines 1-Bit-auf-8-Bit-Demultiplexers (Prinzip)

Multiplexer und Demultiplexer gibt es als IC. Der 8-Bit-auf-1-Bit-Multiplexer hat 16 Pins **(Bild 4)**. Neben den drei Anschlüssen für A, B und C, acht Pins für D0 bis D7, 1 Pin für EN und zwei Pins für Q und Q*, ist ein Masseanschluß und ein Anschluß für die Betriebsspannung vorhanden.

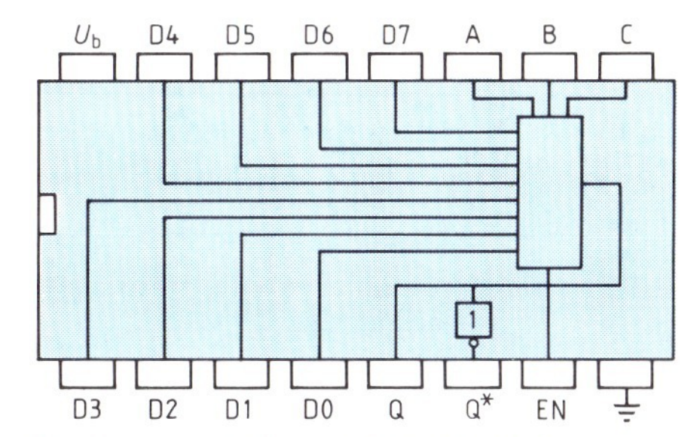

Bild 4: IC eines 8-Bit-auf-1-Bit-Multiplexers

3.1.9 Laufzeiten und Leistungsbedarf von binären Elementen

Die Grundschaltungen der Digitaltechnik, z. B. die UND-Schaltung, gehören zu den *binären Elementen*. Werden diese von einem Signal am Eingang angesteuert, so dauert es eine kurze Zeit, bis sich der Pegel am Ausgang so ändert, daß dort ein Signal abgenommen werden kann. Diese Zeit nennt man *Signallaufzeit* (Laufzeit, Gatterlaufzeit, Verzögerungszeit, Abschnitt 3.1.10).

Es gibt *Schaltkreisfamilien* (Schaltungsarten) mit kleiner, mittlerer und großer Signallaufzeit. Innerhalb derselben Schaltkreisfamilie ist die Signallaufzeit um so größer, je kleiner die erforderliche Leistungsaufnahme je binärem Element ist **(Bild 1)**. Das gilt auch oft bei verschiedenen Schaltkreisfamilien **(Tabelle 1)**.

Langsame binäre Elemente erfordern nur wenig Leistung, schnelle erfordern mehr Leistung.

Die Leistungsaufnahme eines binären Elements wird von seiner Betriebsspannung und von seiner Ansteuerung hervorgerufen. Für die mittlere Leistungsaufnahme ist es ziemlich unerheblich, ob das binäre Element angesteuert ist. Die Stromaufnahme und damit die Leistungsaufnahme können sogar ohne Ansteuerung (L-Pegel) besonders groß sein (Tabelle 1).

In Datenblättern ist die mittlere Leistungsaufnahme je binärem Element (Tabelle 1) oder je IC (Gehäuse) angegeben. Anstelle einer Eingangsleistung wird in Datenblättern meist der *Eingangslastfaktor* (Fan-In, Abschnitt 3.1.10) angegeben. Dieser gibt an, um wieviel mal der Eingangsstrom höher sein kann als bei einem einfachen binären Element.

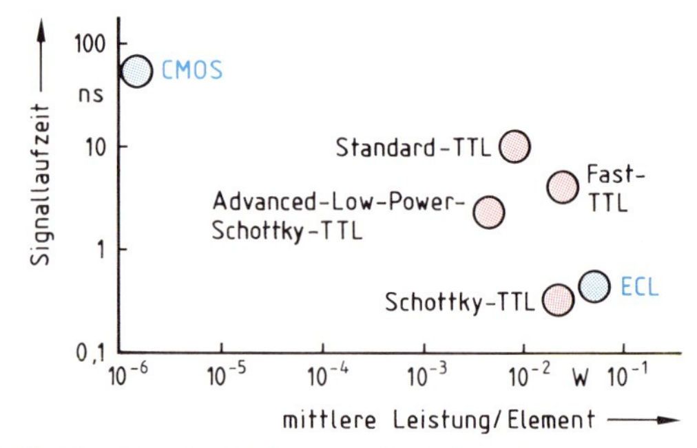

Bild 1: Signallaufzeiten und mittlere Leistungen von binären Elementen

P Leistungsbedarf
P_v Verlustleistung
P_a Ausgangsleistung

$$P = P_v + P_a$$

Die Verlustleistung tritt im binären Element in Form von Wärme auf und muß abgeführt werden, damit keine unzulässig hohe Temperatur entsteht. Der Leistungsbedarf des binären Elements ist die Summe aus Verlustleistung und Ausgangsleistung. In Datenblättern ist an Stelle der Ausgangsleistung meist der Ausgangslastfaktor (Fan-Out, Abschnitt 3.1.10) angegeben. Dieser gibt an, wie viele binäre Elemente, die den Eingangslastfaktor 1 haben, von einem Ausgang angesteuert werden können.

Wiederholungsfragen

1. **Welche Aufgabe haben Codeumsetzer?**
2. **Erklären Sie den Begriff „paralleles Binärsignal"!**
3. **Welche Baugruppe erzeugt aus einem parallelen Binärsignal ein serielles Binärsignal?**
4. **Welche Folge hat ein Signal vom Wert 1 am Eingang EN eines Multiplexers?**
5. **Auf welche Weise wird die Leistungsaufnahme von binären Elementen angegeben?**

Tabelle 1: Spannungen, Stromstärken, Leistungen und Laufzeiten von binären Elementen

Schaltkreisfamilie	U_e in V H	U_e in V L	I_e in µA H	I_e in µA L	U_b in V (typisch)	t_L in ns (je Element)	P_v in mW (je Element)	U_a in V H	U_a in V L	P_{amax} in mW	$P_v \cdot t_L$ in pJ
Standard-TTL	2	0,8	40	−1600	5	10	10	3,3	0,2	12	100
Schottky-TTL	2	0,8	20	−360	5	3	19	3,4	0,5	12	57
ECL	−1	−1,4			−5,5	5	50	−0,8	−1,8	25	250
CMOS	Von U abhängig				3 bis 15	50	0,01	Von U abhängig		0,1	0,5

H High-Pegel, L Low-Pegel, I_e Eingangsstrom, P_v Verlustleistung, P_{amax} maximale Ausgangsleistung, t_L Signallaufzeit, U_e Eingangs-Signalspannung, U_a Ausgangsspannung, U_b Betriebsspannung

3.1.10 Kennzeichnung integrierter Schaltungen

Zur Kennzeichnung integrierter Schaltungen dienen statische und dynamische Daten sowie Angaben über die Störsicherheit.

Statische Daten

Grenzdaten sind Grenzwerte, die eingehalten werden müssen. Sie gelten meist bei 25 °C. *Kenndaten* sind die aus der Fertigung ermittelten Mittelwerte. Sie gelten bei 25 °C und der vorgesehenen Speisespannung. Der Streubereich der Kenndaten wird für den schlechtesten Fall (Worst-Case[1]) angegeben.

Charakteristische *Kennlinien* geben über das Betriebsverhalten Aufschluß. Die Übertragungskennlinien eines Schaltelementes geben den Zusammenhang zwischen Eingangsspannung und Ausgangsspannung an. Sie hängen von der Belastung und der Temperatur ab. Man entnimmt aus den Übertragungskennlinien die Pegel und den statischen Störabstand **(Bild 1)**.

Weitere Daten sind der *Eingangslastfaktor* (Fan In[2]) und der *Ausgangslastfaktor* (Fan Out). Der Eingangslastfaktor gibt die Belastung eines Eingangs bezogen auf den Zustand H oder Zustand L an.

Beispiel 1:

Eine TTL-Schaltung hat den Eingangslastfaktor $F_I = 3$. Je Eingang bedeutet ein Pegel L eine Belastung von $I_{eL} = -1{,}6$ mA, ein Pegel H eine Belastung von 40 µA. Wie groß sind die Eingangsströme in beiden Schaltzuständen?

Lösung:

L-Eingangsstrom: $I_{IL} = F_I \cdot I_{eL} = 3 \cdot (-1{,}6\ \text{mA}) = \mathbf{-4{,}8\ mA}$

H-Eingangsstrom: $I_{IH} = F_I \cdot I_{eH} = 3 \cdot 40\ \mu\text{A} = \mathbf{120\ \mu A}$

Der Ausgangslastfaktor gibt an, wie oft ein Ausgang den Eingangsstrom eines nachfolgenden Eingangs mit $F_I = 1$ übernehmen kann. Der L-Ausgangslastfaktor dient zur Berechnung des maximalen Laststromes bei Belastung der Schaltung mit L-Pegel, und der H-Ausgangslastfaktor zur Berechnung des Laststromes bei Belastung der Schaltung mit H-Pegel.

Beispiel 2:

Für eine TTL-Schaltung beträgt der Strom im Zustand L je Eingang $I_{IL} = -1{,}6$ mA. Der L-Ausgangslastfaktor ist $F_{QL} = 10$. Mit welchem Laststrom darf der Ausgang betrieben werden?

Lösung:

Ausgangslaststrom bei L-Belastung:

$I_{QL} = I_{IL} \cdot F_{QL} = -1{,}6\ \text{mA} \cdot 10 = \mathbf{-16\ mA}$

[1] engl. worst = schlechtest, engl. case = Fall; [2] engl. fan = Fächer

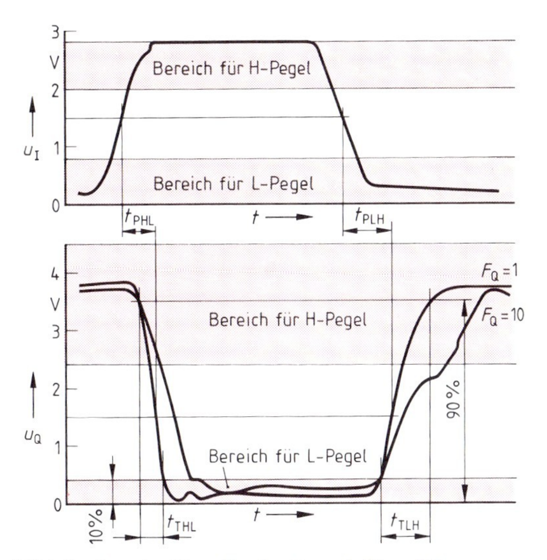

Bild 1: Pegel, Signallaufzeit und Signalübergangszeit von IC (U_I Eingangsspannung, U_Q Ausgangsspannung, t_{THL}, t_{TLH} Signalübergangszeiten)

Dynamische Daten

Die mittlere Signallaufzeit t_P gibt die Impulsverzögerung zwischen Eingangssignal und Ausgangssignal an, wenn das Signal von L nach H (t_{PLH}) bzw. von H nach L (t_{PHL}) wechselt (Bild 1).

Die *Paarlaufzeit* t_{PD} gibt die Signalverzögerung an, die zwei in Reihe geschaltete Verknüpfungsglieder bewirken.

Die *Signalübergangszeiten* t_{TLH} und t_{THL} der Impulsflanken werden zwischen den Kennlinienpunkten von 10% und 90% der Ausgangsspannungs-Kennlinie ermittelt (Bild 1).

Störsicherheit

Der statische Störabstand gibt den zulässigen Spannungshub an, der den Zustand des Schaltelementes noch nicht ändert.

Die *dynamische Störsicherheit* gibt das Verhalten der integrierten Schaltungen gegenüber Störimpulsen an, deren Dauer klein ist gegenüber der Signallaufzeit. Man unterscheidet dabei zwischen Eingangsempfindlichkeit und Empfindlichkeit gegen kapazitive Störeinkopplung (Übersprechstörungen).

3.2 Sequentielle Digitaltechnik

3.2.1 Binärspeicher

In der Signalverarbeitung ist es oft erforderlich, Signalzustände über die Dauer ihres Auftretens hinaus festzuhalten und wirksam werden zu lassen. Dazu werden für die binären Signale *Binärspeicher* (Signalspeicher) benötigt **(Bild 1)**. Die Werte der Ausgangsgrößen einer Schaltung mit Binärspeichern hängen nicht nur von den Werten der Eingangsgrößen ab, sondern auch noch von den Zuständen der Binärspeicher zum gleichen Zeitpunkt.

Ein Binärspeicher kann mit einer bistabilen Kippschaltung realisiert werden. Bistabile Kippschaltungen (Flipflop) speichern jeweils den Informationsgehalt von einem Bit. Ein Binärspeicher besitzt z. B. einen *Setzeingang* S (abgeleitet von engl. set = setzen) und einen *Rücksetzeingang* R (abgeleitet von engl. reset = rücksetzen). Durch ein Signal am S-Eingang wird der Binärspeicher gesetzt. Am Q-Ausgang des Binärspeichers wird dadurch ein Signal mit dem Wert 1 erzeugt. Der Ausgang Q* (sprich: Q Stern) liefert dann ein Signal mit dem Wert 0. Solange der Binärspeicher nicht durch ein Signal am R-Eingang zurückgesetzt wird, bleibt er gesetzt, auch wenn das Setzsignal nicht mehr vorhanden ist. Durch ein Signal am R-Eingang wird der Binärspeicher zurückgesetzt. Der Q-Ausgang liefert ein Signal mit dem Wert 0, der Q*-Ausgang dagegen ein Signal mit dem Wert 1. Auch der Rücksetzzustand bleibt erhalten, wenn das Rücksetzsignal nicht mehr vorhanden ist.

Ein Binärspeicher kann den Informationsgehalt von 1 bit speichern.

Die beiden Ausgänge Q und Q* des Binärspeichers liefern Spannungspegel, welche zueinander gegensätzlich sind. Man spricht hier von zueinander *komplementären*[1] Ausgängen. Der zu Q komplementäre Ausgang wird oft auch mit $\overline{Q}$ (sprich: Q nicht) bezeichnet. Es gibt verschiedene Binärspeicher.

3.2.2 Realisierung eines Binärspeichers

Versuch 1: Bauen Sie die Schaltung nach **Bild 2** auf! Legen Sie an den $\overline{S}$-Eingang[2] H-Pegel und an den $\overline{R}$-Eingang L-Pegel! Beobachten Sie die Pegel der Ausgänge Q und Q* mittels der LED!

Bild 1: Schaltzeichen eines Binärspeichers

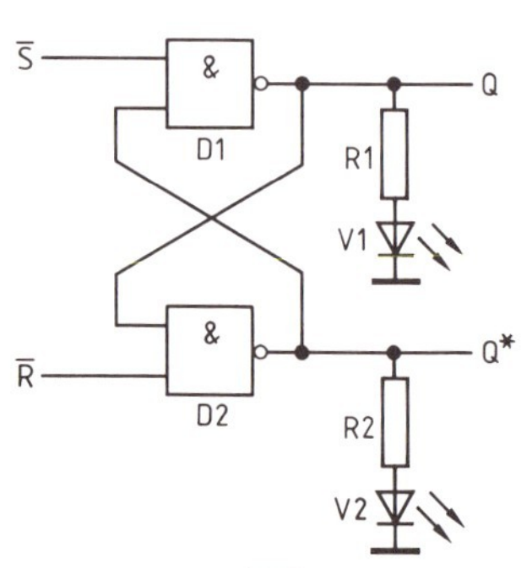

Bild 2: Realisierung der $\overline{RS}$-Kippschaltung mit NAND-Elementen

Das Signal am Ausgang Q besitzt L-Pegel, das Signal am Ausgang Q dagegen H-Pegel.*

Liegt am $\overline{R}$-Eingang L-Pegel, dann besitzt wegen des NAND-Elementes der Ausgang Q* auf jeden Fall H-Pegel, ganz gleich, ob das zweite Eingangssignal von D2, also das Ausgangssignal von D1, L-Pegel oder H-Pegel besitzt. Somit liegen an beiden Eingängen von D1 zwei Signale mit H-Pegel. Deshalb erscheint am Ausgang Q ein Signal mit L-Pegel.

Versuch 2: Legen Sie an den $\overline{S}$-Eingang der Schaltung nach Bild 2 L-Pegel und an den $\overline{R}$-Eingang H-Pegel! Beobachten Sie die Pegel der Ausgänge Q und Q* mittels der LED!

Das Signal am Ausgang Q besitzt H-Pegel, am Ausgang Q entsteht ein Signal mit L-Pegel.*

Liegt am $\overline{S}$-Eingang L-Pegel, dann besitzt der Ausgang Q wegen des NAND-Elementes H-Pegel. An D2 liegen zwei Signale mit H-Pegel. Am Ausgang Q* erscheint folglich ein Signal mit L-Pegel. Bei der Schaltung Bild 2 handelt es sich um eine $\overline{RS}$-Kippschaltung, die mit zwei NAND-Elementen aufgebaut ist. Das Setzen dieser Kippschaltung erfolgt mit einem L-Pegel am $\overline{S}$-Eingang und einem H-Pegel am $\overline{R}$-Eingang. Am Q-Ausgang entsteht dann ein H-Pegel und am Q*-Ausgang ein L-Pegel. Das Rücksetzen dieser Schaltung erfolgt mit einem L-Pegel am $\overline{R}$-Eingang und einem H-Pegel am $\overline{S}$-Eingang. Am Q-Ausgang erscheint dann L-Pegel und am Q*-Ausgang H-Pegel.

[1] lat. complementum = Ergänzung; [2] $\overline{S}$ sprich: S nicht

Die $\overline{RS}$-Kippschaltung besitzt einen Setzeingang und einen Rücksetzeingang. Die Spannungspegel der Ausgänge sind zueinander komplementär.

Versuch 3: Legen Sie anschließend an Versuch 2 an beide Eingänge der Schaltung Bild 2, vorhergehende Seite, H-Pegel, und beobachten Sie die Ausgangspegel mittels der LED!

Die Ausgangspegel ändern sich gegenüber den in Versuch 2 erhaltenen Ausgangspegeln nicht.

Das NAND-Element D1 besitzt über die Verbindung mit dem Ausgang Q* eine Eingangsgröße mit L-Pegel. Am Ausgang Q bleibt daher der H-Pegel erhalten. Die zwei H-Pegel am Eingang von D2 liefern an dessen Ausgang einen L-Pegel, der auch bisher vorhanden war. Wird Versuch 3 unmittelbar nach Versuch 1 gemacht, so sieht man, daß auch hier die Ausgangsspannungspegel von Versuch 1 erhalten bleiben.

Versuch 4: Legen Sie an beide Eingänge der Schaltung Bild 2, vorhergehende Seite, L-Pegel, und beobachten Sie die Ausgangspegel mittels der LED!

An den Ausgängen Q und Q entstehen Signale mit H-Pegel.*

Liegen sowohl am $\overline{R}$-Eingang als auch am $\overline{S}$-Eingang L-Pegel, dann erscheinen an den Ausgängen Q und Q* wegen der NAND-Elemente je ein Signal mit H-Pegel. Die Ausgänge Q und Q* haben also *nicht* komplementäre Pegel. Man spricht deshalb von einem *irregulären* Zustand. Wiederholt man anschließend an Versuch 4 den Versuch 3, so erhält man an den Ausgängen Q und Q* zwar komplementäre Pegel, jedoch kann an Q der H-Pegel oder der L-Pegel erscheinen. Das hängt von der Signallaufzeit der beiden NAND-Elemente ab. Diesen Zustand bezeichnet man als *nicht definiert*.

Beim $\overline{RS}$-Flipflop kann bei gleichartiger Ansteuerung ein irregulärer Zustand eintreten.

Die Ergebnisse der oben gemachten Versuche lassen sich in einer *Arbeitstabelle* zusammenfassen **(Bild 1)**. Der Zeitpunkt t_n ist der Zeitpunkt, zu dem die Eingangsspannungspegel an die Eingänge $\overline{R}$ und $\overline{S}$ des Signalspeichers gelegt werden. Der Zeitpunkt t_{n+1} folgt auf den Zeitpunkt t_n. Mit q_n wird der Zustand des Flipflop zum Zeitpunkt t_n beschrieben. Der zum Zeitpunkt t_n zu q_n komplementäre Zustand des Flipflop ist der Zustand $\overline{q_n}$.

Die Aussagen der Arbeitstabelle nach Bild 1 können mittels eines Zeitablaufdiagrammes grafisch dar-

Zeitpunkt t_n		Zeitpunkt t_{n+1}		
$\overline{R}$	$\overline{S}$	Q	Q*	
L	H	L	H	
H	L	H	L	
H	H	q_n	$\overline{q_n}$	
L	L	H	H	irregulär
L → H	L → H	H oder L	L oder H	nicht definiert

Bild 1: Arbeitstabelle des $\overline{RS}$-Flipflop

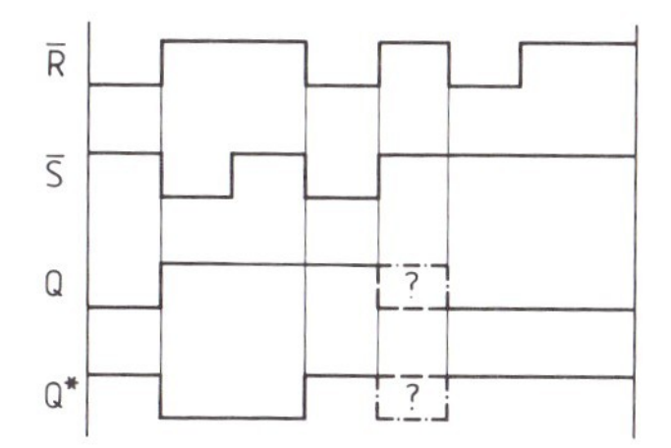

Bild 2: Zeitablaufdiagramm des $\overline{RS}$-Flipflop

gestellt werden **(Bild 2)**. In einem Zeitablaufdiagramm werden Signallaufzeiten von Verknüpfungselementen nicht berücksichtigt. Verzögerungszeiten von Verzögerungselementen hingegen sind zu berücksichtigen. Der Binärwert 0, also in der meist verwendeten positiven Logik der L-Pegel, ist die Grundlinie des Signalzuges. Der Binärwert 1, also der H-Pegel, wird von der Grundlinie aus nach oben aufgetragen.

Die Funktionsweise eines Binärspeichers kann anhand einer Arbeitstabelle oder eines Zeitablaufdiagrammes gezeigt werden.

Anstelle der Arbeitstabelle mit den Pegeln L und H kann auch eine Wertetabelle mit den Werten 0 und 1 aufgestellt werden.

Wiederholungsfragen

1. **Für welche Aufgaben ist die Verwendung von Binärspeichern erforderlich?**
2. **Wodurch kann ein Binärspeicher realisiert werden?**
3. **Welcher Zusammenhang besteht zwischen den Spannungspegeln an den Ausgängen Q und Q* eines Flipflop?**
4. **Erklären Sie den irregulären Zustand eines $\overline{RS}$-Flipflop!**

3.2.3 Asynchrone Flipflop

Asynchrone Flipflop sind Flipflop, welche *ohne* Taktsignal arbeiten. Ein solches Flipflop kann zu jeder Zeit durch Eingangssignale angesteuert werden.

Asynchrone Flipflop besitzen keinen Takteingang.

Das $\overline{RS}$-Flipflop ist ein asynchrones Flipflop **(Tabelle 1)**. Man bezeichnet es auch als Grundflipflop, weil die kreuzweise rückgekoppelten Elemente in fast jeder bistabilen Kippschaltung enthalten sind. Ersetzt man die beiden NAND-Elemente durch NOR-Elemente, dann erhält man das asynchrone RS-Grundflipflop (Tabelle 1). Besitzen beide Eingangssignale den Wert 1, dann besitzen die Ausgangssignale an den Ausgängen Q und Q* den Wert 0. Das RS-Flipflop besitzt ebenso wie das $\overline{RS}$-Flipflop einen irregulären Zustand und einen nicht definierten Zustand.

Asynchrone Flipflop ohne irreguläre bzw. nicht definierte Zustände entstehen durch Beschaltung des RS-Flipflop mit binären Verknüpfungselementen. Das sind z. B. das SL-Flipflop, das EL-Flipflop und das R$\overline{S}$-Flipflop (Tabelle 1). Werden beim SL-Flipflop die Eingänge S und L mit Signalen des Wertes 1 angesteuert, dann entsteht am Q-Ausgang ein Signal mit dem Wert 1 und am Q*-Ausgang ein Signal mit dem Wert 0. Bei allen anderen Kombinationen der Eingangsspannungspegel verhält sich das SL-Flipflop wie das RS-Flipflop. Man bezeichnet es auch als RS-Flipflop mit *dominierendem*[1] S-Eingang.

Flipflop ohne irreguläre Zustände und mit Vorrang für Setzen oder Rücksetzen können durch Beschaltung mit binären Verknüpfungselementen realisiert werden.

Bei einer Ansteuerung des EL-Flipflop mit Eingangssignalen des Wertes 1 liefert der Q-Ausgang ein Signal mit dem Wert 0 und der Q*-Ausgang ein Signal mit dem Wert 1. Bei allen anderen Kombinationen der Eingangsspannungspegel verhält sich das EL-Flipflop wie das RS-Flipflop. Es wird auch als RS-Flipflop mit dominierendem R-Eingang bezeichnet. Beim R$\overline{S}$-Flipflop erfolgt das Setzen durch ein Signal mit dem Wert 0 am $\overline{S}$-Eingang. Auch bei diesem Flipflop dominiert das Rücksetzen. Derartige Flipfloptypen werden z. B. in der Steuerungstechnik als Ersatz für Schützschaltungen verwendet.

Tabelle 1: Asynchrone Flipflop

Schaltzeichen, Realisierung	Wertetabelle			
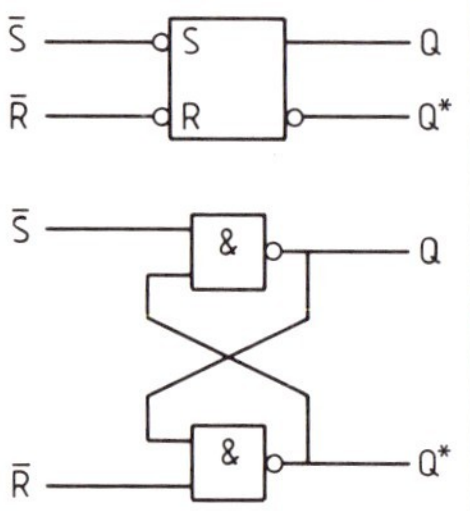 $\overline{RS}$-Flipflop	$\overline{S}$	$\overline{R}$	Q	Q*
	0	0	1	1
	0	1	1	0
	1	0	0	1
	1	1	q_n	$\overline{q_n}$
	0→1	0→1	1 oder 0	0 oder 1
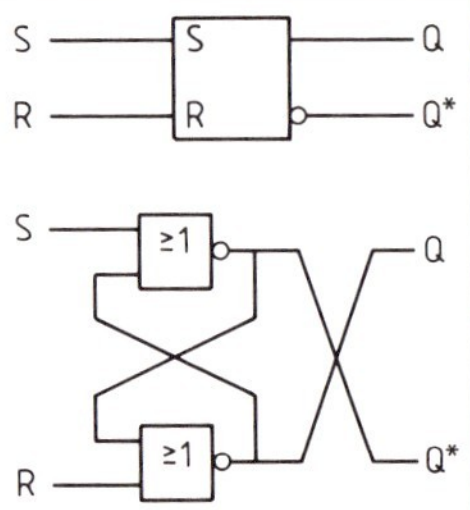 RS-Flipflop	S	R	Q	Q*
	0	0	q_n	$\overline{q_n}$
	0	1	0	1
	1	0	1	0
	1	1	0	0
	1→0	1→0	0 oder 1	1 oder 0
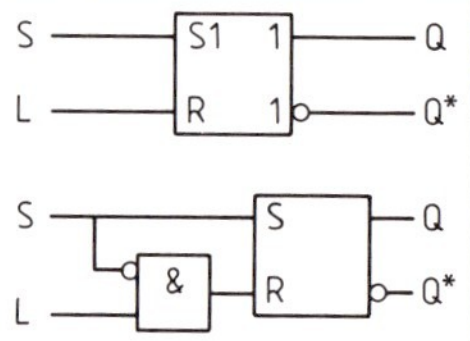 SL-Flipflop, RS-Flipflop mit dominierendem S-Eingang	S	L	Q	
	0	0	q_n	
	0	1	0	
	1	0	1	
	1	1	1	
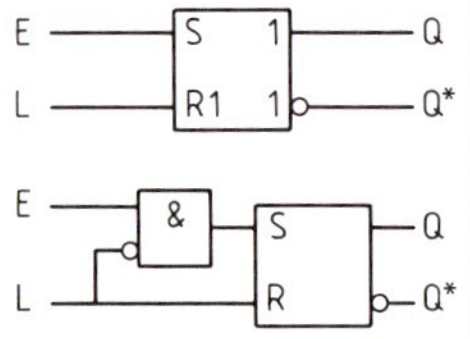 EL-Flipflop, RS-Flipflop mit dominierendem R-Eingang	E	L	Q	
	0	0	q_n	
	0	1	0	
	1	0	1	
	1	1	0	
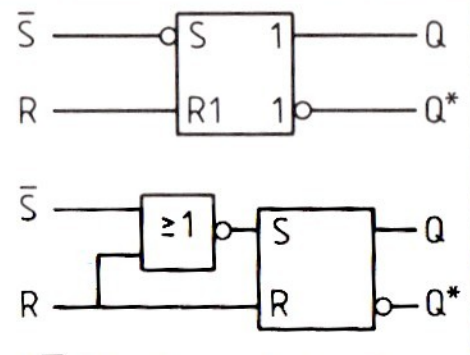 R$\overline{S}$-Flipflop mit dominierendem R-Eingang	$\overline{S}$	R	Q	
	0	0	1	
	0	1	0	
	1	0	q_n	
	1	1	0	

[1] lat. dominari = herrschen

Bei den asynchronen Flipflop kann der S-Eingang oder der R-Eingang dominieren.

Bei Flipflop, die keine irregulären Zustände besitzen, brauchen in der Wertetabelle bzw. in der Arbeitstabelle nur die Werte eines Ausgangssignals angegeben werden. Dabei handelt es sich im allgemeinen um die Signale des Ausganges Q. Die Werte des zum Ausgang Q komplementären Ausgangs Q* werden dann nicht angegeben.

Die $\overline{RS}$-Kippschaltung ist häufiger zu finden als die RS-Kippschaltung. Aus technologischen Gründen wird bei der integrierten Schaltungstechnik meistens das NAND-Element als Grundbauelement verwendet. Im TTL-Bauelement 74118 sind sechs $\overline{RS}$-Kippschaltungen enthalten **(Bild 1)**. Hier sind die $\overline{R}$-Eingänge aller sechs Kippschaltungen intern zusammengeschaltet und nur auf einen Anschluß herausgeführt. Alle sechs Flipflop werden deshalb durch ein Rücksetzsignal am $\overline{R}$-Eingang gleichzeitig zurückgesetzt. Dagegen kann jedes der sechs Flipflop einzeln über den jeweiligen Setzeingang $\overline{S}$ gesetzt werden.

In der integrierten TTL-Schaltungstechnik überwiegt das NAND-Element als Grundbauelement.

Es gibt auch TTL-Bauelemente, die z. B. vier RS-Flipflop enthalten. Von diesen vier Flipflop haben zwei je einen Setzeingang und einen Rücksetzeingang. Die beiden anderen Flipflop hingegen sind mit je zwei Setzeingängen und nur mit je einem Rücksetzeingang ausgestattet. Die beiden Setzeingänge sind dann bei jedem Flipflop über ein UND-Element miteinander verknüpft.

3.2.4 Synchrone Flipflop

Flipflop, die mittels eines *Taktes* gesteuert werden, nennt man synchrone Flipflop. Ein taktgesteuertes Flipflop besitzt außer dem Setzeingang und dem Rücksetzeingang noch den *Takteingang*, den man auch *Clockeingang*[1] nennt.

Realisierung des taktflankengesteuerten JK-Flipflop

Versuch 1: Bauen Sie die Schaltung nach **Bild 2** auf! Legen Sie nacheinander an die Eingänge J und K Signale

[1] engl. clock = Uhr, Takt

Bild 1: TTL-Bauelement 74118, bestehend aus sechs $\overline{RS}$-Kippschaltungen

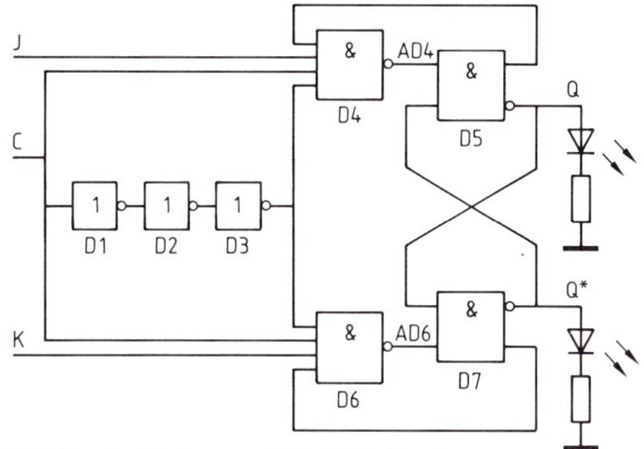

Bild 2: Realisierungsmöglichkeit eines taktflankengesteuerten JK-Flipflop

mit L-Pegel und H-Pegel und allen möglichen Kombinationen! Beobachten Sie mittels der LED die Werte der Ausgangssignale Q und Q*!

Die Signale der Ausgänge Q und Q ändern sich bei den verschiedenen Pegelkombinationen der Eingangssignale nicht.*

Infolge des nicht angeschlossenen Takteinganges entstehen an den Ausgängen der NAND-Elemente D4 und D6 Signale mit H-Pegel.

Am Ausgang Q wird L-Pegel angenommen und am Ausgang Q* ein H-Pegel. Die Eingangssignale von D5 haben dann beide H-Pegel. Am Ausgang Q bleibt somit der L-Pegel erhalten, am Ausgang Q* hingegen der H-Pegel.

Versuch 2: Legen Sie an die Eingänge J und K der Schaltung nach Bild 2 Signale mit H-Pegeln! Die Taktimpulse für den Takteingang C sollen mit einem prellfreien Taster (Schließer) erzeugt werden. Betätigen Sie mehrmals den Taster, und beobachten Sie dabei mittels der LED die Signale der Ausgänge Q und Q*!

Bei jedem Betätigen des Tasters leuchten die von den Signalen der Ausgänge Q und Q angesteuerten LED abwechselnd einmal auf und einmal nicht auf.*

Als Ausgangszustand der Schaltung wird angenommen, daß das Signal am Q-Ausgang H-Pegel besitzt und das Signal am Q*-Ausgang L-Pegel. Durch die drei NICHT-Elemente D1, D2 und D3 wird der Wert des Taktsignals invertiert, und wegen der Signallaufzeiten dieser Elemente tritt eine Zeitverzögerung des Taktsignals ein. Wird der Taster gedrückt, dann besitzt D4 Eingangssignale mit den Pegeln L von D5, H vom J-Eingang, H vom Takt und zunächst H von D3. Am Ausgang AD4 des NAND-Elementes D4 liegt dann H-Pegel **(Bild 1)**. Die Eingangssignale des NAND-Elementes D6 besitzen zunächst alle H-Pegel. Am Ausgang AD6 von D6 erscheint also ein L-Pegel. An beiden Eingängen von D7 liegen nun L-Pegel und H-Pegel. Am Ausgang Q* erscheint wegen der Invertierung ein H-Pegel. An D5 liegen jetzt zwei H-Pegel. Das Signal am Ausgang Q besitzt wegen der Invertierung L-Pegel. An diesem Zustand ändert sich während des Drückens des Tasters und auch nach dem Loslassen des Tasters nichts. Sobald das Taktsignal nämlich die NICHT-Elemente D1, D2 und D3 durchlaufen hat, besitzt mindestens ein Eingangssignal der Elemente D4 und D6 den Pegel L bei gedrücktem Taster. Die Signale an den Ausgängen Q und Q* behalten deshalb ihre Pegel bei. Dasselbe gilt auch nach Loslassen des Tasters. In diesem Fall besitzt ebenfalls ein Eingangssignal der NAND-Elemente D4 und D6 den Pegel L. Durch erneutes Drücken des Tasters kippt die Schaltung in ihre andere Lage. Am Ausgang Q entsteht H-Pegel, am Ausgang Q* dagegen L-Pegel.

Beim JK-Flipflop erfolgt bei jedem Taktsignal ein Kippen, wenn an beiden Eingängen H-Pegel liegen.

Versuch 3: Legen Sie an die Eingänge J und K der Schaltung nach Bild 2, vorhergehende Seite, L-Pegel! Takten Sie mehrmals mit Hilfe des prellfreien Tasters, beobachten Sie dabei mittels der LED die Pegel der Ausgänge Q und Q*!

Die Pegel an den Ausgängen Q und Q ändern sich nicht.*

Unabhängig vom Taktimpuls besitzen die Ausgangssignale von D4 und von D6 die Pegel H. Somit können sich die Ausgangssignale an Q und Q* nicht ändern.

Versuch 4: Legen Sie an die Eingänge J und K der Schaltung nach Bild 2, vorhergehende Seite, die Pegel H und L und danach L und H! Takten Sie mit Hilfe des prellfreien Tasters, beobachten Sie mittels der LED die Signale der Ausgänge Q und Q*.

Es stellen sich die in der Arbeitstabelle **Bild 2** *angegebenen Ausgangswerte ein.*

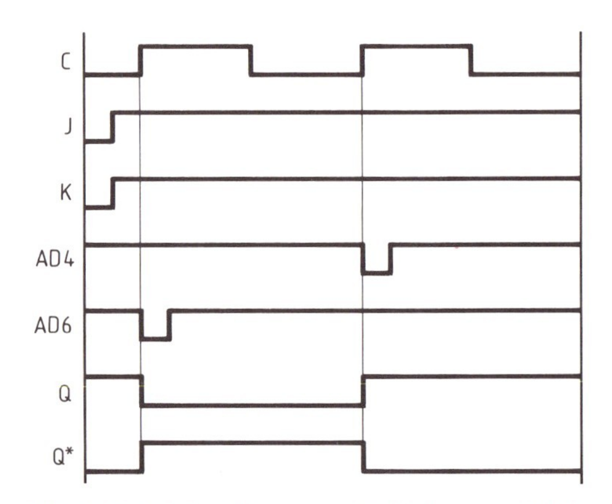

Bild 1: Zeitablaufdiagramm für Schaltung Bild 2, vorhergehende Seite

Bild 2: Arbeitstabelle des JK-Flipflop

t_n			t_{n+1}	
C	J	K	Q	Q*
L, H	beliebig		q_n	$\overline{q_n}$
↑	L	L	q_n	$\overline{q_n}$
↑	L	H	L	H
↑	H	L	H	L
↑	H	H	$\overline{q_n}$	q_n

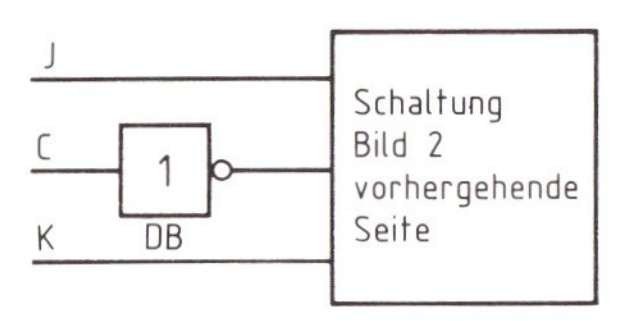

Bild 3: Realisierung der Taktflankensteuerung mit abfallender Flanke

Mit H-Pegel am J-Eingang und L-Pegel am K-Eingang wird das JK-Flipflop gesetzt, d.h., am Ausgang Q entsteht H. Das Setzen erfolgt erst, wenn der Taktimpuls am Takteingang eintrifft. Das Rücksetzen des Flipflop geschieht mit H-Pegel am K-Eingang und L-Pegel am J-Eingang. Auch das Rücksetzen erfolgt nur in Verbindung mit dem Taktimpuls. Irreguläre Zustände oder nicht definierte Zustände besitzt das JK-Flipflop nicht.

Versuch 5: Wiederholen Sie den Versuch 2 mit einem zusätzlich in die Schaltung nach Bild 2, vorhergehende Seite, eingebauten NICHT-Element D8 **(Bild 3)**!

Beim Loslassen des gedrückten Tasters leuchten die von den Signalen der Ausgänge Q und Q angesteuerten LED abwechselnd einmal auf und einmal nicht auf.*

Als Ausgangszustand wird angenommen, daß das Signal am Q-Ausgang H-Pegel besitzt und das Signal am Q*-Ausgang L-Pegel. Außerdem soll der Taster als gedrückt betrachtet werden. Am Ausgang von D8 ist dann ein L-Pegel. Die Ausgangssignale von D4 und D6 besitzen beide H-Pegel. Die Pegel an den Ausgängen Q und Q* ändern sich deshalb nicht. Durch das Loslassen des Tasters entsteht am Ausgang von D8 ein H-Pegel. Wegen der Signallaufzeiten der NICHT-Elemente D1, D2 und D3 (Bild 2, Seite 287) liegt am Ausgang von D3 vorerst noch ein H-Pegel. Die Eingangssignale von D6 besitzen also zunächst alle H-Pegel, wodurch am Ausgang von D6 der zum Kippen der Schaltung erforderliche L-Pegel entsteht.

Das Kippen des JK-Flipflop kann abhängig von seiner Schaltung mit der ansteigenden Flanke oder mit der abfallenden Flanke des Taktsignals erfolgen.

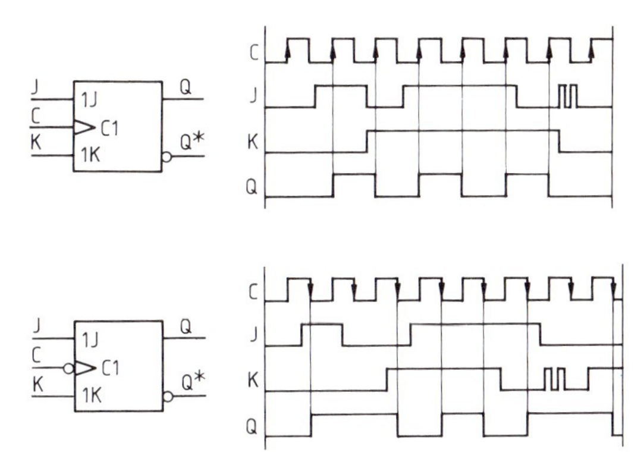

Bild 1: Schaltzeichen und Zeitablaufdiagramm des taktflankengesteuerten JK-Flipflop, oben mit positiver Flanke, unten mit negativer Flanke

Arten der Taktsteuerung

Die Wirkungsweise der Taktsteuerung des JK-Flipflop kann am besten anhand eines Zeitablaufdiagrammes dargestellt werden **(Bild 1)**. Man spricht hier vom *taktflankengesteuerten* JK-Flipflop. Das Setzen bzw. das Rücksetzen des Flipflop erfolgt beim Eintreffen der Taktflanke. Von einer *ansteigenden (positiven) Flanke* spricht man, wenn das Taktsignal von L-Pegel auf H-Pegel übergeht. Bei einer *abfallenden (negativen) Flanke* wechselt das Taktsignal von H-Pegel auf L-Pegel. Taktflankengesteuerte Flipflop sind gegen Störimpulse der Eingangssignale geschützt, sofern diese nicht gleichzeitig mit der Taktflanke eintreffen.

Bei taktflankengesteuerten Flipflop unterscheidet man Steuerungen mit negativer Flanke und Steuerungen mit positiver Flanke.

Neben taktflankengesteuerten Flipflop gibt es noch *taktzustandsgesteuerte* Flipflop. Das Setzen bzw. das Rücksetzen des Flipflop hängt hier vom Zustand des Taktes ab **(Bild 2)**. Während das Taktsignal H-Pegel besitzt, arbeitet das Flipflop wie ein asynchrones Flipflop. Es kann dann also gesetzt oder zurückgesetzt werden. Während das Taktsignal aber L-Pegel besitzt, bleiben die Signale am Setzeingang und am Rücksetzeingang des Flipflop wirkungslos. Werden die Eingänge J, K und C gleichzeitig mit H-Pegeln angesteuert, dann kippt dieses taktzustandsgesteuerte Flipflop dauernd.

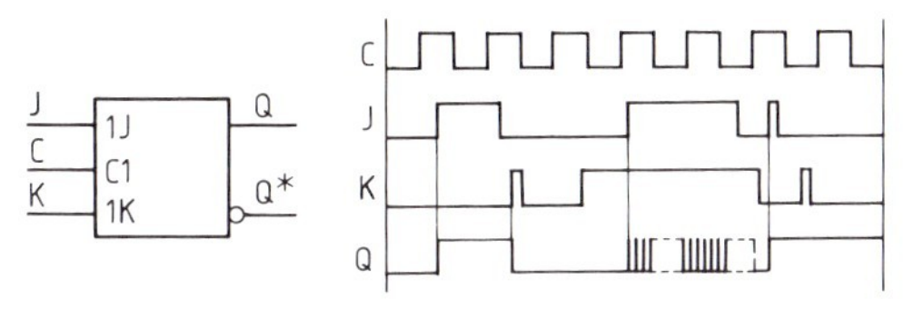

Bild 2: Schaltzeichen und Zeitablaufdiagramm des taktzustandsgesteuerten JK-Flipflop

Taktzustandsgesteuerte Flipflop sind gegen Störimpulse der Eingangssignale sehr anfällig. Tritt ein Störimpuls während eines H-Pegels des Taktsignals am J-Eingang des Flipflop auf, dann wird das Flipflop gesetzt, sofern es nicht schon gesetzt ist.

Synchrone Flipflop besitzen meist eine Taktflankensteuerung.

Wiederholungsfragen

1. **Woran erkennt man asynchrone Flipflop?**
2. **Wie können Flipflop mit Vorrang für Rücksetzen realisiert werden?**
3. **Was versteht man unter einem synchronen Flipflop?**
4. **Bei welcher Ansteuerung erfolgt beim JK-Flipflop ein Kippen bei jedem Taktsignal?**
5. **Welche Taktsteuerung ist bei synchronen Flipflop am häufigsten?**

Master-Slave-Flipflop

Beim Master-Slave-Flipflop[1] unterscheidet man *zweiflankengesteuerte* und *taktzustandsgesteuerte* Typen.

Das zweiflankengesteuerte Master-Slave-JK-Flipflop besteht aus zwei z. B. mit der positiven Taktflanke gesteuerten JK-Flipflop **(Bild 1)**. Mit der positiven Taktflanke wird die an den Eingängen J und K anliegende Information in das *Master-Flipflop* eingespeichert. Wegen des NICHT-Elementes D2 liegt am Eingang C des *Slave-Flipflop* L-Pegel, so daß dieses vorerst weder gesetzt noch zurückgesetzt werden kann. Mit der folgenden negativen Taktflanke wird das Master-Flipflop verriegelt, während das Slave-Flipflop nun die im Master-Flipflop eingespeicherte Information übernehmen kann.

Das Setzen bzw. das Rücksetzen dieses Master-Slave-JK-Flipflop erfolgt beim Eintreffen der negativen Taktflanke **(Bild 2)**, obwohl das Master-Flipflop von der positiven Taktflanke angesteuert wird. Die Verzögerung (Retardierung[2]) um die Dauer des Taktimpulses wird durch das Zeichen ˥ im Schaltzeichen angegeben.

Das taktzustandsgesteuerte Master-Slave-JK-Flipflop unterscheidet sich im Schaltungsaufbau vom zweiflankengesteuerten nur dadurch, daß das Master-Flipflop und das Slave-Flipflop taktzustandsgesteuerte JK-Flipflop sind. Dieses Master-Slave-Flipflop ist gegen Störungen der Signale für die Eingänge J und K ungeschützt, jedoch verhält es sich sonst genau so wie das durch die negative Taktflanke gesteuerte JK-Flipflop **(Bild 3)**.

Sonderformen von JK-Flipflop

Viele JK-Flipflop besitzen neben den Eingängen J, K und C noch Eingänge zum Setzen bzw. zum Rücksetzen **(Bild 4)**. Wegen der Eingänge $\overline{R}$ und $\overline{S}$ kann ein solches Flipflop auch als asynchrones $\overline{RS}$-Flipflop verwendet werden. Das Setzen oder Rücksetzen über die Eingänge $\overline{S}$ oder $\overline{R}$ erfolgt unabhängig von den Spannungspegeln an den Eingängen J, K und C. Soll ein solches Flipflop als JK-Flipflop zum Einsatz kommen, dann müssen die unbenutzten Eingänge $\overline{R}$ und $\overline{S}$ beide an H-Pegel gelegt werden.

Manche JK-Flipflop besitzen mehrere J-Eingänge und mehrere K-Eingänge (Bild 4). Die J-Eingänge sind bei diesem Flipfloptyp ebenso wie die K-Eingänge über UND-Elemente miteinander verknüpft. Auch dieses Flipflop besitzt spezielle Eingänge zum Setzen bzw. zum Rücksetzen. Unbenutzte J-Eingänge und K-Eingänge dieses Flipflop sind bei Betrieb stets zu beschalten.

[1] engl. master = Meister; engl. slave = Sklave, sprich: Master-slehv
[2] lat. retardare = verzögern

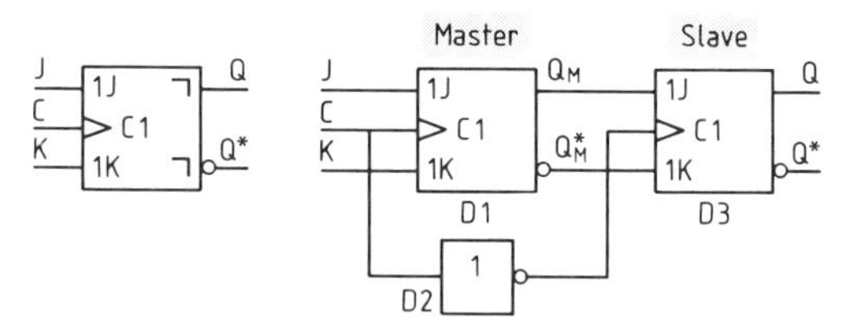

Bild 1: Zweiflankengesteuertes Master-Slave-JK-Flipflop

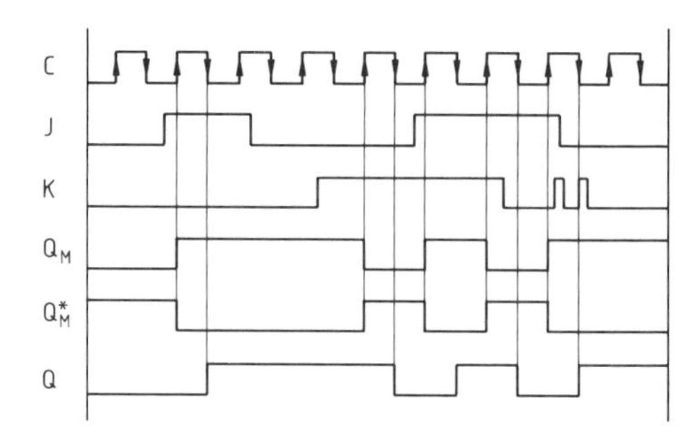

Bild 2: Zeitablaufdiagramm des Master-Slave-JK-Flipflop

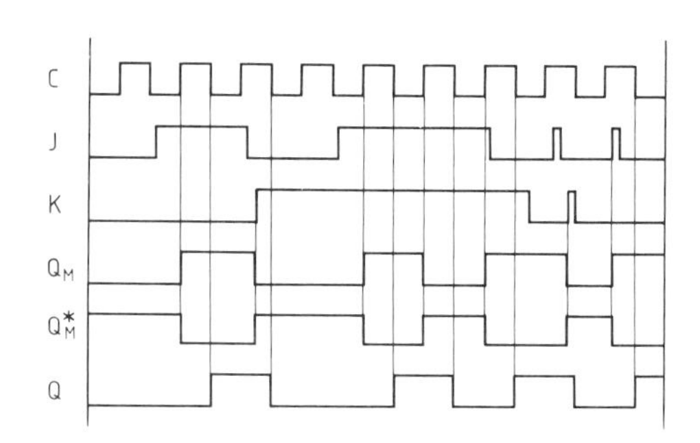

Bild 3: Zeitablaufdiagramm des taktzustandsgesteuerten Master-Slave-JK-Flipflop

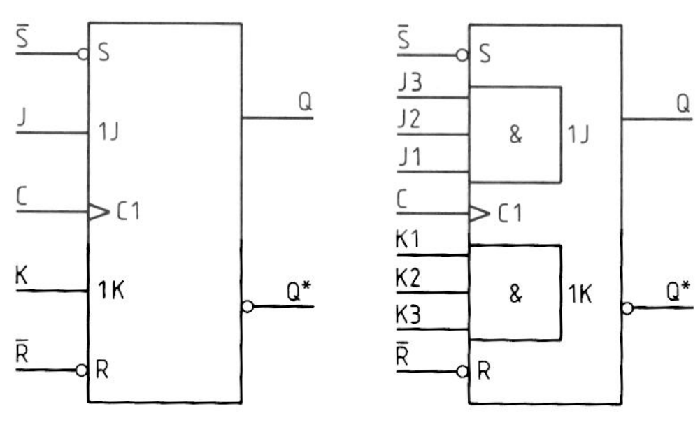

Bild 4: JK-Flipflops mit zusätzlichen Eingängen

Sonstige synchrone Flipflop

Weitere synchrone Flipflop sind z. B. das D-Flipflop[1] und das T-Flipflop[2] **(Tabelle 1)**.

Das D-Flipflop besitzt neben dem Takteingang C noch einen D-Eingang. Realisieren kann man dieses Flipflop mit einem JK-Flipflop und einem NICHT-Element **(Bild 1)**. Das T-Flipflop besitzt außer dem Takteingang C noch einen T-Eingang. Aufbauen kann man dieses Flipflop mit einem JK-Flipflop, wobei die Eingänge J und K des JK-Flipflop miteinander verbunden sein müssen.

Das D-Flipflop und das T-Flipflop sind beschaltete JK-Flipflop.

Tabelle 1: Sonstige synchrone Flipflop

Schaltzeichen	Arbeitstabelle			
D-Flipflop	c_n	d_n	q_{n+1}	$\overline{q_{n+1}}$
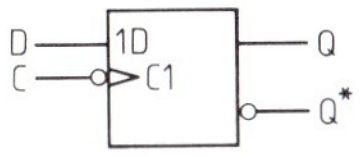	↓ ↓	L H	L H	H L
T-Flipflop	c_n	t_n	q_{n+1}	$\overline{q_{n+1}}$
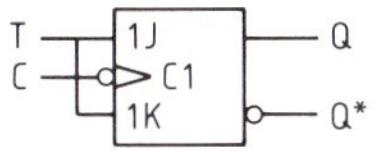	↓ ↓	L H	q_n $\overline{q_n}$	$\overline{q_n}$ q_n

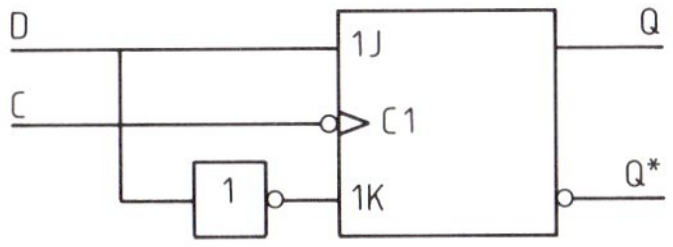

Bild 1: D-Flipflop

Betriebsdaten von Flipflop

Die Betriebsdaten der unterschiedlichen Flipfloptypen findet man in Datenblättern **(Tabelle 2)**. Neben der Nennbetriebsspannung wird sowohl die minimale (kleinstmögliche) als auch die maximale (größtmögliche) Betriebsspannung angegeben. Bei Unterschreitung bzw. Überschreitung dieser Grenzwerte garantiert der Hersteller keine einwandfreie Funktion des Flipflop mehr.

Die *Leistungsaufnahme* P_{zu} kann aus der Nennbetriebsspannung und der Stromaufnahme berechnet werden. Die *Eingangsspannung* U_e gibt diejenige Spannung an, die ein Eingangssignal besitzen darf, damit ein H-Pegel oder ein L-Pegel noch sicher erkannt wird. In der Spalte *Schaltverzögerungszeit* t_z gibt der erste Wert die Zeit für den Wechsel der Ausgangsspannung von H nach L an, der zweite Wert die Zeit für einen Wechsel der Ausgangsspannung von L nach H, gemessen vom Zeitpunkt der Taktwirkung. Die *Arbeitsfrequenz f* gibt die maximale Frequenz an, bei der die Schaltung noch zuverlässig arbeitet. Als *Ausgangsspannung* U_a werden der Mindestwert für den H-Pegel und der Höchstwert für den L-Pegel angegeben.

Wiederholungsfragen

1. **Welche Aussagen können bezüglich der Arbeitstabellen von Master-Slave-JK-Flipflop und taktflankengesteuerten JK-Flipflop gemacht werden?**
2. **Nennen Sie die beiden Arten der Master-Slave-Flipflop!**
3. **Welche Aufgabe haben die Eingänge $\overline{R}$ und $\overline{S}$ an einem JK-Flipflop?**
4. **Durch welche Beschaltung entsteht aus einem JK-Flipflop ein D-Flipflop?**
5. **Wie entsteht aus einem JK-Flipflop ein T-Flipflop?**
6. **Erklären Sie die Kurzbezeichnung JK-FF, pfl, tuS, tuR!**

Tabelle 2: Betriebsdaten von Flipflop (Beispiel)

Familie	Art	Betriebsspannung U_b in V			I_A in mA	P_{zu} in mW	Eingangsspannung U_e in V		t_z in ns	f in MHz	Ausgangsspannung U_a in V		Temperaturbereich in °C
TTL	JK-FF pfl, tuS, tuR	min 4,7	N 5	max 8	14	70	min H 1,8	max L 0,85	20/12	20	min H 2,4	max L 0,45	0 bis 75

I_A Stromaufnahme, P_{zu} Leistungsaufnahme, t_z Schaltverzögerungszeit, f Arbeitsfrequenz, pfl mit positiver Taktflanke gesteuert, tu taktunabhängiger Eingang, min minimal, max maximal, N Nenn(spannung)

[1] D von engl. delay = Verzögerung; [2] T von engl. trigger = Drücker am Gewehr, Auslöser

3.2.5 Kontaktlose Steuerung mit Kippschaltungen

Das **Monoflop** (monostabile Kippschaltung) besitzt einen *stabilen* Ruhezustand und einen *labilen* (instabilen) Arbeitszustand. Das Monoflop **Bild 1** befindet sich im Ruhezustand, wenn sein Q-Ausgang ein Signal mit dem Wert 0 liefert. Wird das Monoflop durch eine negative Flanke in seinen Arbeitszustand gebracht, so herrscht am Q-Ausgang zunächst H-Pegel, dann kippt das Monoflop nach Ablauf einer schaltungstechnisch bestimmten Zeit von alleine wieder in seinen stabilen Zustand zurück (Bild 1). Monoflop sind meist flankengesteuert. Monoflop werden als *Signalspeicher* oder als *Signalformer* eingesetzt. Sie können bis zum Zurückkippen in die Ruhestellung den Informationsgehalt von 1 bit speichern. Die Verweildauer im labilen Zustand hängt vom Monofloptyp ab, sie reicht von etwa 30 ns bis zu einigen Minuten. Als Signalformer wird das Monoflop zum Erzeugen von Rechtecksignalen, zum Verzögern oder zum Verkürzen von Signalen und in manchen Fällen auch als Frequenzteiler eingesetzt. Die Verzögerungszeit bzw. die Verkürzungszeit der am Monoflop anliegenden Signale liegt zwischen 12 ns und 700 ns.

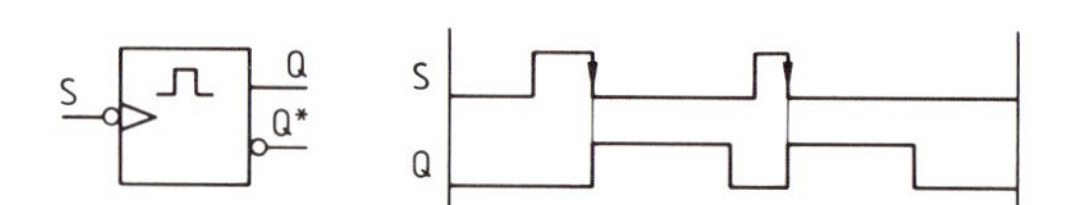

Bild 1: Schaltzeichen und Zeitablaufdiagramm eines Monoflops

Bei den Monoflop unterscheidet man nachtriggerbare und nicht nachtriggerbare **(Bild 2)**. Beim nicht nachtriggerbaren Monoflop ist die Dauer des Arbeitszustandes unabhängig von der Länge und dem Abstand der Setzimpulse. Beim nachtriggerbaren Monoflop dagegen wird mit jeder Setzimpulsflanke der Arbeitszustand neu gestartet.

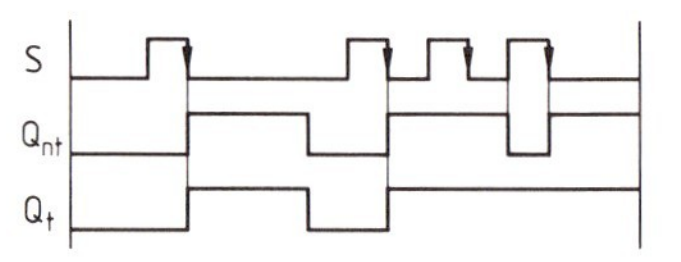

Bild 2: Zeitablaufdiagramm für nicht nachtriggerbares (Q_{nt}) und nachtriggerbares (Q_t) Monoflop

Mit **Verzögerungselementen** kann eine Anstiegsverzögerung oder eine Abfallverzögerung oder beides erreicht werden **(Tabelle 1)**. Verzögerungselemente werden z. B. zur Impulsverkürzung, Impulsverzögerung und Impulsverlängerung verwendet. Im Schaltzeichen können t_1, t_2 und t auch durch die tatsächlichen Verzögerungszeiten ersetzt werden.

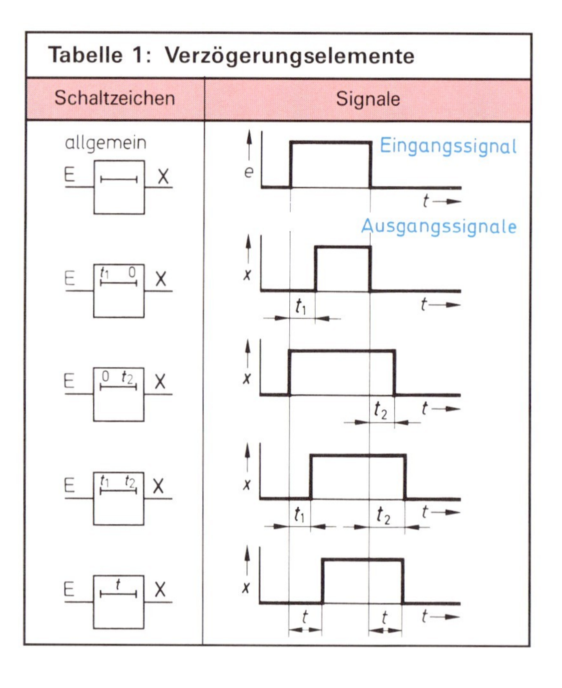

Verzögerungselemente können mit RC-Gliedern und nachfolgendem Schmitt-Trigger aufgebaut werden, ferner mit monostabilen Kippstufen **(Bild 3)** und mit digitalen Verknüpfungselementen.

Beim Eintreffen eines H-Pegels am S-Eingang des Monoflops erscheint am X-Ausgang des ODER-Elementes ebenfalls ein H-Pegel. Mit der abfallenden Flanke des Setzimpulses kippt das Monoflop in seinen labilen Arbeitszustand. Am X-Ausgang des ODER-Elementes bleibt der H-Pegel noch so lange erhalten, bis das Monoflop wieder seinen stabilen Ruhezustand eingenommen hat.

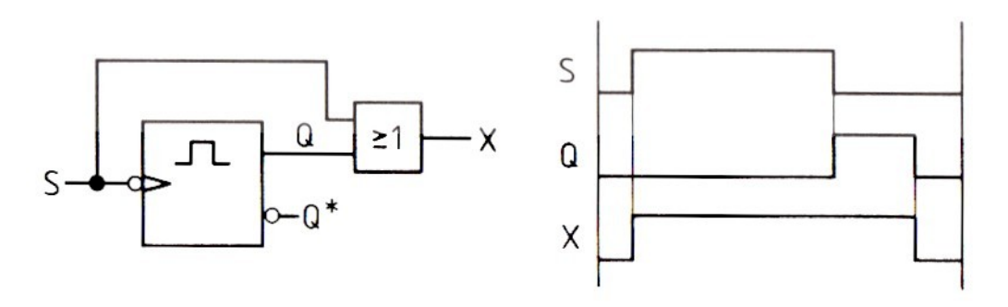

Bild 3: Realisierung eines Verzögerungselementes mit einem Monoflop

Der **Steuerstromkreis** von Schützschaltungen kann oft durch eine kontaktlose Steuerung ersetzt werden, z. B. wenn Funken und Kontaktabbrand der Steuerkontakte verhindert werden müssen. Die Realisierung kontaktloser Steuerungen erfolgt durch asynchrone Flipflop, Monoflop, Verzögerungselemente, binäre Verknüpfungselemente und Anpassungselemente, z. B. Optokoppler. Zur Realisierung des Steuerstromkreises der üblichen Schützschaltung mit Haltekontakt gibt es zwei Schaltungsvarianten. Bei beiden ist zu beachten, daß wegen der *Drahtbruchgefahr* das Einschalten mit Schließern und das Ausschalten mit Öffnern erfolgen muß.

Beim Aufbau mit einem asynchronen Flipflop wird ein RS-Flipflop mit dominierendem Rücksetzeingang benötigt **(Bild 1)**. Durch Betätigen des Tasters S2 wird das Flipflop mit einem H-Pegel gesetzt. Der Flipflopausgang Q liefert dann ein Signal mit H-Pegel, welches das Schütz K1 ansteuert. Das Schütz K1 bleibt so lange mit einem H-Pegel angesteuert, bis der Taster S1 betätigt wird. Durch Betätigen des Tasters S1 entsteht an D1 ein Signal mit L-Pegel. Am Ausgang des Invertierungselementes D1 wird dann ein Signal mit H-Pegel geliefert, welches das Flipflop D2 zurücksetzt, das Schütz K1 wird also abgeschaltet. Für den Fall, daß die Taster S1 und S2 gleichzeitig gedrückt werden, wird das Flipflop ebenfalls zurückgesetzt, weil es einen dominierenden R-Eingang besitzt. Die Ausgangssignale der Anpassungselemente U1 und U2 besitzen TTL-Pegel. In den Anpassungselementen können entweder Monoflop oder Schmitt-Trigger enthalten sein, die für steile Signalflanken sorgen. Außerdem enthalten die Anpassungselemente meist Optokoppler, die für eine Umsetzung der Signale von 230 V 50 Hz auf 5 V sorgen. Das Anpassungselement A1 erzeugt ein für das Schütz zu dessen Ansteuerung nötiges Signal.

Der kontaktlose Schaltungsteil kann auch ohne Flipflop verwirklicht werden **(Bild 2)**. Wird der Taster S2 gedrückt, dann entsteht am Ausgang Q des UND-Elementes D4 ein Signal mit H-Pegel, sofern S1 nicht zur gleichen Zeit gedrückt wird. Durch die Rückkopplung dieses Ausgangssignales auf das ODER-Element D3 wird erreicht, daß auch bei jetzt nicht mehr gedrücktem Taster S2 das Ausgangssignal von D4 weiterhin einen H-Pegel besitzt. Werden S1 und S2 gleichzeitig betätigt, dann entsteht am Ausgang von D4 ein Signal mit L-Pegel.

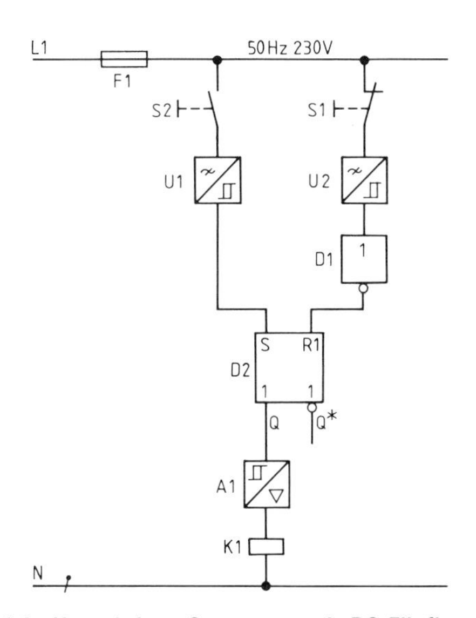

Bild 1: Kontaktlose Steuerung mit RS-Flipflop (Stromversorgung der Baugruppen nicht dargestellt)

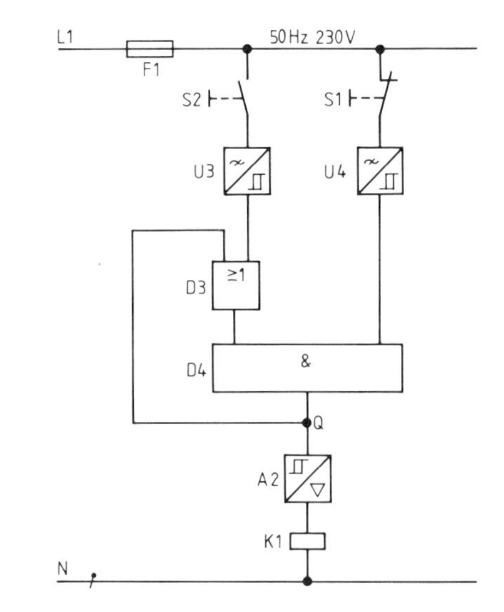

Bild 2: Kontaktlose Steuerung mit binären Verknüpfungselementen

Wiederholungsfragen

1. **Welche Eigenschaften hat ein Monoflop?**
2. **Mit welchen Elementen kann eine Anstiegsverzögerung oder eine Abfallverzögerung erreicht werden?**
3. **Wodurch können Verzögerungselemente realisiert werden?**
4. **Womit lassen sich kontaktlose Steuerungen realisieren?**
5. **Mit welchen Kontakten muß wegen der Drahtbruchgefahr das Einschalten und mit welchen Kontakten das Ausschalten erfolgen?**

3.2.6 Synchrone Zähler

Bei der synchronen Betriebsweise synchroner Flipflop werden die Takteingänge aller in einer sequentiellen Schaltung enthaltenen Flipflop gleichzeitig von einem Taktsignal angesteuert. Die Schaltzeit des ganzen Netzwerkes entspricht der Schaltzeit eines einzelnen Flipflop.

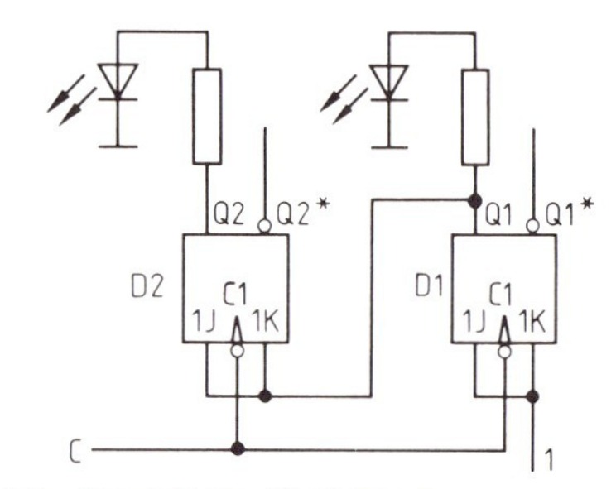

Bild 1: Dualzähler für 0 bis 3

Zeitpunkt t_n		Zeitpunkt t_{n+1}	
q_{2n}	q_{1n}	q_{2n+1}	q_{1n+1}
0	0	0	1
0	1	1	0
1	0	1	1
1	1	0	0

Bild 2: Wertetabelle für Dualzähler für 0 bis 3

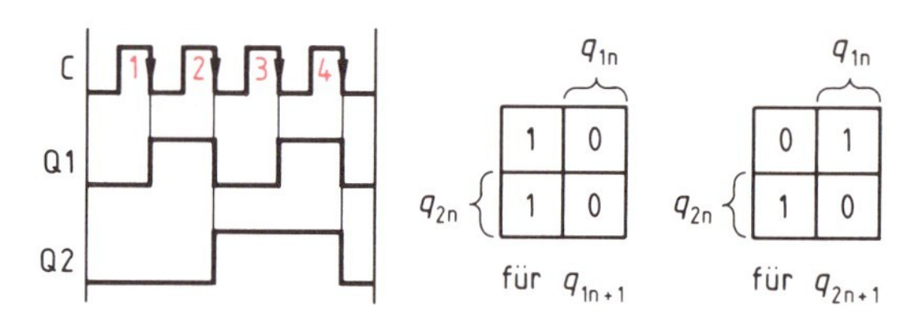

Bild 3: Zeitablaufdiagramm und KV-Diagramme für Bild 2

Wertetabelle und Zeitablaufdiagramm aus der Schaltung

Versuch 1: Bauen Sie die Schaltung nach **Bild 1** auf! Takten Sie mehrmals mittels eines prellfreien Tasters (Schließer), und beobachten Sie die Signale der Ausgänge Q1 und Q2 mittels der LED!

Die LED leuchten in Abhängigkeit der Taktimpulse im Dualcode auf. Es erfolgt ein Zählen von 0 bis 3.

Die Wertetabelle dieses Dualzählers hat vier Zeilen **(Bild 2)**, weil die Schaltung vier Zustände (0, 1, 2, 3) besitzt. Die Wertetabelle wird unterteilt in zwei Bereiche. Diese Bereiche beschreiben den Zustand der Schaltung zum Zeitunkt t_n und zum Zeitpunkt t_{n+1}, also in den Zeitpunkten vor und nach dem Taktimpuls. Jeder nicht invertierte Flipflopausgang erhält in jedem Bereich eine Spalte. q_{1n} ist der Wert am Ausgang Q1 zum Zeitpunkt t_n, q_{1n+1} ist der Wert am Ausgang Q1 zum Zeitpunkt t_{n+1}. Mit q_1 wird der Wert der niederwertigsten Stelle beschrieben. Zum Zeitpunkt t_n haben die Flipflopausgänge Q1 und Q2 z. B. die Werte 0. Nach dem nun folgenden Taktimpuls besitzt der Ausgang Q1 den Wert 1, der Ausgang Q2 weiterhin den Wert 0. Diese Werte entsprechen für den nächsten Takt dem Zeitpunkt t_n, sie werden deshalb in diesen Zeitbereich übertragen. Aus der Wertetabelle kann das Zeitablaufdiagramm entnommen werden **(Bild 3)**.

Die Wertetabelle einer sequentiellen Schaltung hat so viele Zeilen, wie Schaltzustände vorhanden sind und zweimal so viele Spalten wie Kippschaltungen.

Die Anzahl der für einen synchronen Zähler erforderlichen synchronen Flipflop erhält man aus der Anzahl der Schaltzustände. Ein Flipflop besitzt $2^1 = 2$ Zustände, zwei Flipflop $2^2 = 4$ Zustände. Drei Flipflop besitzen $2^3 = 8$ Zustände. Besonders häufig sind Zähler mit 4 Flipflop. Diese *Zähltetrade* hat $2^4 = 16$ Zustände, kann also von 0 bis 15 zählen.

Schaltfunktion aus Wertetabelle

Die Schaltfunktion besteht aus so vielen schaltalgebraischen Gleichungen, wie Flipflop vorhanden sind. Anhand der Wertetabelle stellt man deshalb für jedes Flipflop der Schaltung ein KV-Diagramm auf, und zwar für die Zeitpunkte t_{n+1}. Mit jedem KV-Diagramm kann dann eine schaltalgebraische Gleichung aufgestellt werden. Die Ausgangsvariablen der Gleichungen sind die Signale zu den Zeitpunkten t_{n+1}, sie stehen also links vom Gleichheitszeichen. Die Signale zu den Zeitpunkten t_n sind die Variablen rechts vom Gleichheitszeichen.

Beispiel 1:
Es ist die Schaltfunktion zur Wertetabelle nach Bild 2 mit Hilfe von KV-Diagrammen aufzustellen.

Lösung:
Zuerst werden die KV-Diagramme erstellt (Bild 3). Beim KV-Diagramm für q_{2n+1} ist keine Vereinfachung möglich, wohl aber beim KV-Diagramm für q_{1n+1}.

$q_{1n+1} = \overline{q_{1n}} \qquad q_{2n+1} = (\overline{q_{2n}} \wedge q_{1n}) \vee (q_{2n} \wedge \overline{q_{1n}})$

Enthält eine Wertetabelle weniger Zeilen als grundsätzlich möglich wären, so können in die Kästchen des KV-Diagrammes, welche diesen Zeilen entsprechen, beliebige Werte eingetragen werden, also 0 oder 1. Es ist zweckmäßig, diese Kästchen mit X zu kennzeichnen.

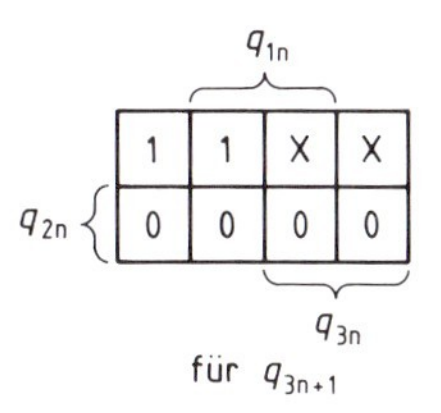

Bild 1: KV-Diagramm eines synchronen Zählers

Schaltung aus Schaltfunktion

Ist die Schaltfunktion einer sequentiellen Schaltung bekannt, so läßt sich daraus die Schaltung realisieren. Nachfolgend wird das Berechnungsverfahren für synchrone Zähler angewendet.

Die Schaltfunktion des synchronen Zählers muß folgende Form haben, die man *Problemfunktion* nennt:

$$q_{1n+1} = (g_{11n} \wedge q_{1n}) \vee (g_{12n} \wedge \overline{q_{1n}})$$
$$q_{2n+1} = (g_{21n} \wedge q_{2n}) \vee (g_{22n} \wedge \overline{q_{2n}})$$
$$q_{3n+1} = (g_{31n} \wedge q_{3n}) \vee (g_{32n} \wedge \overline{q_{3n}})$$
$$q_{4n+1} = (g_{41n} \wedge q_{4n}) \vee (g_{42n} \wedge \overline{q_{4n}})$$
$$\ldots\ldots = \ldots\ldots \quad \ldots\ldots \vee \ldots\ldots \quad \ldots\ldots$$

Die Terme $g_{11n}, g_{21n}, g_{31n}, g_{41}$ ... sowie $g_{12n}, g_{22n}, g_{32n}, g_{42n}$ ... ergeben die Eingangsfunktionen (Verknüpfungen) für die J-Eingänge und die K-Eingänge der JK-Flipflop. Bei synchronen Zählern verwendet man meist taktflankengesteuerte JK-Flipflop oder Master-Slave-JK-Flipflop.

Eingangsfunktion für JK-Flipflop:

$k_i = \overline{g_{i1n}}$ $\quad$ $j_i = g_{i2n}$ $\quad$ $(i = 1, 2, 3 \ldots)$

Für andere Flipflop sind andere Eingangsfunktionen erforderlich.

Beispiel 2:
Eine Schaltfunktion hat die Form
$q_{2n+1} = (\overline{q_{1n}} \wedge q_{2n}) \vee (q_{1n} \wedge \overline{q_{2n}})$.

a) Wie lautet die Problemfunktion?
b) Wie sind j_2 und k_2 beschaffen?
c) Wie sind die Eingänge 1J und 1K der Kippschaltung D2 anzuschließen?

Lösung:

a) Die Problemfunktion ist gleich der gegebenen Schaltfunktion.
b) $j_2 = g_{22n} = q_{1n}$ und $k_2 = \overline{g_{21n}} = q_{1n}$
c) 1J von D2 ist mit Q1 zu verbinden, 1K mit Q1 (Bild 1, vorhergehende Seite).

Treten in der Schaltfunktion Bestandteile der Problemfunktion nicht auf, so sind in der Schaltfunktion die Werte 0 einzusetzen.

Beispiel 3:
Eine Schaltfunktion lautet $q_{1n+1} = \overline{q_{1n}}$

a) Wie lautet die Problemfunktion?
b) Wie sind j_1 und k_1 beschaffen?
c) Wie sind die Eingänge 1J und 1K der Kippschaltung D1 anzuschließen?

Lösung:

a) $q_{1n+1} = \overline{q_{1n}} = (0 \wedge q_{1n}) \vee (1 \wedge \overline{q_{1n}})$
b) $j_1 = g_{12n} = 1$ und $k_1 = \overline{g_{11n}} = \overline{0} = 1$
c) 1J von D1 ist mit 1 zu verbinden, 1K mit 1 (Bild 1, vorhergehende Seite).

Enthält die Schaltfunktion q_{in+1} weder Terme für q_{in} noch für $\overline{q_{in}}$, dann muß die Schaltfunktion anders gebildet werden.

Beispiel 4:
Bei einem synchronen Zähler tritt das KV-Diagramm **Bild 1** auf.

a) Wie lautet eine geeignete Schaltfunktion?
b) Wie lautet die Problemfunktion?
c) Welches ist die Eingangsfunktion für j_3 und k_3?
d) Wie sind 1J und 1K anzuschließen?

Lösung:

a) Die naheliegende Schaltfunktion $q_{3n+1} = \overline{q_{2n}}$ ist ungeeignet, weil weder eine Verknüpfung mit q_{3n} noch mit $\overline{q_{3n}}$ gegeben ist. Man kann aber anstelle der X die Werte 0 einsetzen und erhält $q_{3n+1} = \overline{q_{3n}} \wedge \overline{q_{2n}}$
b) $q_{3n+1} = \overline{q_{3n}} \wedge \overline{q_{2n}} = (0 \wedge q_{3n}) \vee (\overline{q_{2n}} \wedge \overline{q_{3n}})$
c) $j_3 = g_{32n} = \overline{q_{2n}}$ und $k_3 = \overline{g_{31n}} = \overline{0} = 1$
d) 1J wird mit Q2* verbunden und 1K mit 1.

3.2.7 Beispiele für synchrone Zähler

Zähler für 0 bis 15

Es soll ein synchroner Zähler entworfen werden, der im Dualcode von 0 bis 15 zählt.

1. Schritt: Man ermittelt die für die Schaltung erforderliche Anzahl von Flipflop. Der Zähler besitzt 16 Schaltzustände. Wegen $2^4 = 16$ benötigt man also vier Flipflop (Zähltetrade).

2. Schritt: Entwurf der Wertetabelle für den Zähler **(Bild 1)**. Das Flipflop mit dem Ausgang Q1 stellt die niederwertigste Stelle der Dualzahlen 0 bis 15 dar, das Flipflop mit dem Ausgang Q4 die höchstwertigste. Man unterteilt die Wertetabelle in die Bereiche t_n und t_{n+1}. Sie wird beginnend mit der Ausgangszahl 0 entsprechend den einzelnen Taktimpulsen bis zur Endzahl 15 aufgestellt.

q_{4n}	q_{3n}	q_{2n}	q_{1n}	q_{4n+1}	q_{3n+1}	q_{2n+1}	q_{1n+1}
0	0	0	0	0	0	0	1
0	0	0	1	0	0	1	0
0	0	1	0	0	0	1	1
0	0	1	1	0	1	0	0
0	1	0	0	0	1	0	1
0	1	0	1	0	1	1	0
0	1	1	0	0	1	1	1
0	1	1	1	1	0	0	0
1	0	0	0	1	0	0	1
1	0	0	1	1	0	1	0
1	0	1	0	1	0	1	1
1	0	1	1	1	1	0	0
1	1	0	0	1	1	0	1
1	1	0	1	1	1	1	0
1	1	1	0	1	1	1	1
1	1	1	1	0	0	0	0

Bild 1: Wertetabelle des Dualzählers für 0 bis 15

3. Schritt: Erstellen der KV-Diagramme **(Bild 2)**. Für jedes Flipflop wird ein KV-Diagramm benötigt. Für die Zeilen, die z. B. in der Spalte q_{1n+1} mit 1 markiert sind, werden die entsprechenden Kästchen im KV-Diagramm für q_{1n+1} aufgesucht und mit 1 gekennzeichnet. Entsprechend werden die KV-Diagramme für q_{2n+1}, q_{3n+1} und q_{4n+1} erstellt.

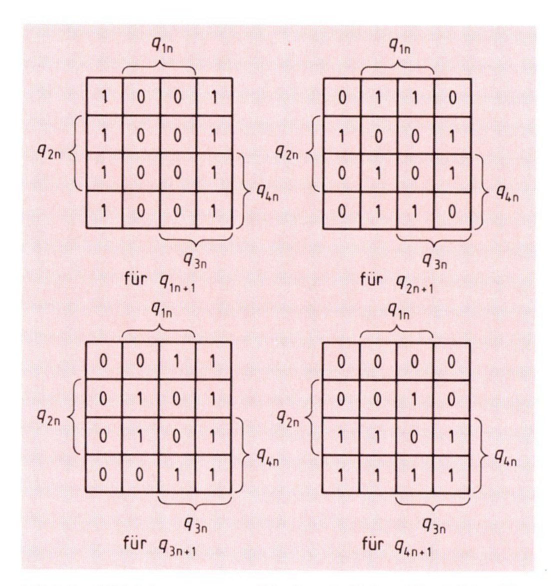

Bild 2: KV-Diagramme für Dualzähler für 0 bis 15

4. Schritt: Ermittlung der Schaltfunktion des Dualzählers. Anhand der vier KV-Diagramme werden vier schaltalgebraische Gleichungen erstellt, die die Formen der vier gesuchten Problemfunktionen besitzen müssen.

$$q_{1n+1} = (0 \wedge q_{1n}) \vee (1 \wedge \overline{q_{1n}})$$
$$q_{2n+1} = (\overline{q_{1n}} \wedge q_{2n}) \vee (q_{1n} \wedge \overline{q_{2n}})$$
$$q_{3n+1} = ((\overline{q_{2n}} \vee \overline{q_{1n}}) \wedge q_{3n}) \vee (q_{1n} \wedge q_{2n} \wedge \overline{q_{3n}})$$
$$q_{4n+1} = ((\overline{q_{1n}} \vee \overline{q_{2n}} \vee \overline{q_{3n}}) \wedge q_{4n}) \vee$$
$$\vee (q_{1n} \wedge q_{2n} \wedge q_{3n} \wedge \overline{q_{4n}})$$

5. Schritt: Aufbau der Zählerschaltung **(Bild 3)**. Die Realisierung der Schaltung erfolgt mit JK-Flipflop. Die Eingangsfunktionen der vier Flipflop lauten:

$$k_1 = \overline{0} = 1,\ j_1 = 1,\ k_2 = q_{1n},\ j_2 = q_{1n}$$
$$k_3 = q_{2n} \wedge q_{1n},\ j_3 = q_{1n} \wedge q_{2n}$$
$$k_4 = q_{1n} \wedge q_{2n} \wedge q_{3n},\ j_4 = q_{1n} \wedge q_{2n} \wedge q_{3n}$$

Schließt man entsprechend dieser Eingangsfunktionen die Eingänge J und K der vier Flipflop an, dann erhält man einen Zähler, der abhängig vom Taktimpuls im Dualcode von 0 bis 15 zählt und bei 15 mit dem nächsten Taktimpuls wieder auf 0 springt.

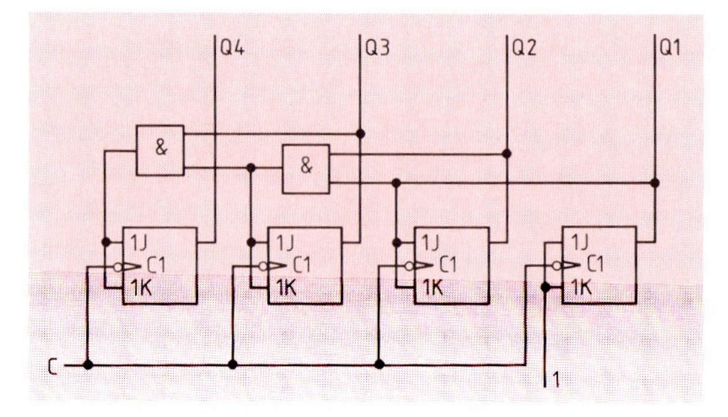

Bild 3: Synchroner Dualzähler für 0 bis 15

Zähler für 0 bis 9

Es soll ein synchroner Dualzähler entworfen werden, der von 0 bis 9 zählt und dann wieder auf 0 zurückspringt.

1. Schritt: Ermittlung der erforderlichen Anzahl Flipflop. Der Zähler besitzt 10 Schaltzustände. Dafür reichen drei Flipflop nicht aus, weil $2^3 = 8$ Zustände ergeben. Mit vier Flipflop kann man maximal $2^4 = 16$ Zustände realisieren, somit also auch 10 verschiedene Schaltzustände.

2. Schritt: Entwurf der Wertetabelle für den Zähler **(Bild 1)**. Das Signal q_{1n} besitzt die niedrigste Stellenwertigkeit, q_{4n} die höchste. In die in die Zeitbereiche t_n und t_{n+1} unterteilte Wertetabelle trägt man die Zahlen 0 bis 9 im Dualcode ein. Für die im Zähler zu unterdrückenden Zahlen 10 bis 15 schreibt man in die Spalten q_{1n+1} bis q_{4n+1} ein X. Die diesen Zahlen entsprechenden Schaltzustände werden nicht berücksichtigt.

3. Schritt: Erstellen der KV-Diagramme **(Bild 2)**. Für jedes Flipflop wird ein KV-Diagramm erstellt. In die KV-Diagramme werden neben den in den Spalten q_{1n+1} bis q_{4n+1} mit 1 gekennzeichneten Zeilen auch die mit X gekennzeichneten eingetragen.

4. Schritt: Beim Aufstellen der Schaltfunktion des Zählers anhand der KV-Diagramme können die X zum Teil durch 1 ersetzt werden. Das wird vor allem mit den X-Kästchen der KV-Diagramme gemacht, die dann dadurch ein geschickteres Zusammenfassen der Kästchen, die 1 enthalten, ermöglichen. Die vier Problemfunktionen des Dualzähler sind:

$$q_{1n+1} = (0 \wedge q_{1n}) \vee (1 \wedge \overline{q_{1n}})$$

$$q_{2n+1} = (\overline{q_{1n}} \wedge q_{2n}) \vee (q_{1n} \wedge \overline{q_{4n}} \wedge \overline{q_{2n}})$$

$$q_{3n+1} = ((\overline{q_{1n}} \vee \overline{q_{2n}}) \wedge q_{3n}) \vee (q_{1n} \wedge q_{2n} \wedge \overline{q_{3n}})$$

$$q_{4n+1} = (\overline{q_{1n}} \wedge q_{4n}) \vee (q_{1n} \wedge q_{2n} \wedge q_{3n} \wedge \overline{q_{4n}}).$$

5. Schritt: Aufbau der Zählerschaltung **(Bild 3)**. Die Eingangsfunktionen der vier JK-Flipflop der Zählerschaltung lauten:

$$k_1 = \overline{0} = 1,\ j_1 = 1,\ k_2 = q_{1n},\ j_2 = q_{1n} \wedge \overline{q_{4n}}$$

$$k_3 = q_{1n} \wedge q_{2n},\ j_3 = q_{1n} \wedge q_{2n}$$

$$k_4 = q_{1n},\ j_4 = q_{1n} \wedge q_{2n} \wedge q_{3n}$$

Schließt man entsprechend dieser Eingangsfunktionen die Eingänge J und K der vier Flipflop an, dann erhält man einen vom Taktimpuls abhängigen Dualzähler für 0 bis 9.

q_{4n}	q_{3n}	q_{2n}	q_{1n}	q_{4n+1}	q_{3n+1}	q_{2n+1}	q_{1n+1}
0	0	0	0	0	0	0	1
0	0	0	1	0	0	1	0
0	0	1	0	0	0	1	1
0	0	1	1	0	1	0	0
0	1	0	0	0	1	0	1
0	1	0	1	0	1	1	0
0	1	1	0	0	1	1	1
0	1	1	1	1	0	0	0
1	0	0	0	1	0	0	1
1	0	0	1	0	0	0	0
1	0	1	0	X	X	X	X
1	0	1	1	X	X	X	X
1	1	0	0	X	X	X	X
1	1	0	1	X	X	X	X
1	1	1	0	X	X	X	X
1	1	1	1	X	X	X	X

Bild 1: Wertetabelle des Dualzählers für 0 bis 9

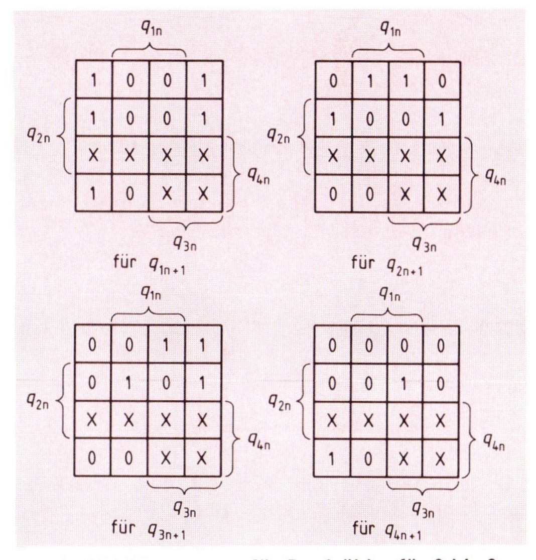

Bild 2: KV-Diagramme für Dualzähler für 0 bis 9

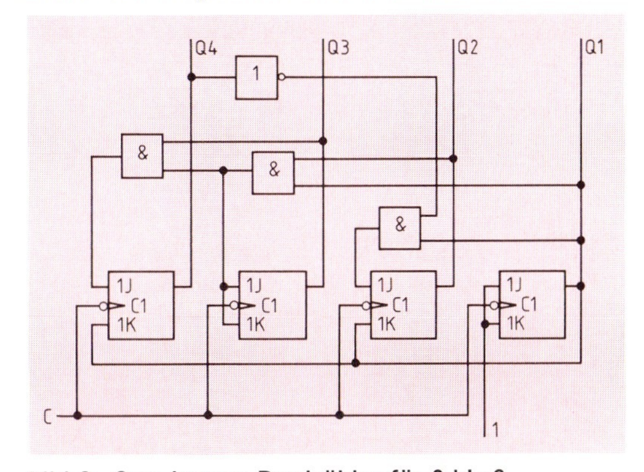

Bild 3: Synchroner Dualzähler für 0 bis 9

Vorwärts-Rückwärtszähler

Es soll ein Zähler entworfen werden, der wahlweise im Dualcode vorwärts oder rückwärts zählen kann, und zwar im Zahlenbereich zwischen 0 und 5.

1. Schritt: Ermittlung der erforderlichen Anzahl Flipflop. Der Zähler besitzt 6 Schaltzustände. Man benötigt dazu drei Flipflop ($2^3 = 8$ Zustände). Damit der Zähler das Vorwärtszählen vom Rückwärtszählen unterscheiden kann, ist noch ein Schalter S1 (Schließer) erforderlich.

2. Schritt: Entwurf der Wertetabelle **(Bild 1)**. Das Signal q_{1n} besitzt die niedrigste Stellenwertigkeit, q_{3n} die höchste. Bei geöffnetem Schalter S1 arbeitet der Zähler in Vorwärtsrichtung, bei geschlossenem Schalter arbeitet er in Rückwärtsrichtung. Für die vom Zähler zu unterdrückenden Zahlen schreibt man in die Spalten q_{1n+1} bis q_{3n+1} ein X.

3. Schritt: Für jedes Flipflop wird ein KV-Diagramm erstellt **(Bild 2)**. Wegen des Signals, das über den Schalter S1 in den Zähler gelangt, benötigt man KV-Diagramme für vier Eingangsvariable.

4. Schritt: Die drei Problemfunktionen des Zählers erhält man aus den KV-Diagrammen.

$$q_{1n+1} = (0 \wedge q_{1n}) \vee (1 \wedge \overline{q_{1n}})$$

$$q_{2n+1} = ((\overline{s_1} \wedge \overline{q_{1n}} \vee s_1 \wedge q_{1n}) \wedge q_{2n}) \vee ((q_{1n} \wedge \overline{q_{3n}} \wedge \overline{s_1} \vee \overline{q_{1n}} \wedge q_{3n} \wedge s_1) \wedge \overline{q_{2n}})$$

$$q_{3n+1} = ((\overline{q_{1n}} \wedge \overline{s_1} \vee q_{1n} \wedge s_1) \wedge q_{3n}) \vee ((\overline{q_{1n}} \wedge \overline{q_{2n}} \wedge s_1 \vee q_{1n} \wedge q_{2n} \wedge \overline{s_1}) \wedge \overline{q_{3n}})$$

5. Schritt: Aufbau der Zählerschaltung **(Bild 3)**. Die Eingangsfunktionen der drei JK-Flipflop des Dualzählers lauten:

$$k_1 = \overline{0} = 1, \; j_1 = 1$$

$$k_2 = (s_1 \vee q_{1n}) \wedge (\overline{s_1 \wedge q_{1n}})$$

$$j_2 = (q_{1n} \wedge \overline{q_{3n}} \wedge \overline{s_1}) \vee (\overline{q_{1n}} \wedge q_{3n} \wedge s_1)$$

$$k_3 = k_2, \; j_3 = (\overline{q_{1n}} \wedge \overline{q_{2n}} \wedge s_1) \vee (q_{1n} \wedge q_{2n} \wedge \overline{s_1})$$

Wiederholungsfragen

1. **Wie viele Zeilen und wie viele Spalten hat die Wertetabelle des Dualzählers von 0 bis 15?**
2. **Wie viele KV-Diagramme beschreiben das Verhalten einer sequentiellen Schaltung mit vier Flipflop?**
3. **Warum werden zum Entwurf eines Vorwärts-Rückwärtszählers mit drei Flipflop KV-Diagramme für vier Variable verwendet?**

s_1	q_{3n}	q_{2n}	q_{1n}	q_{3n+1}	q_{2n+1}	q_{1n+1}
0	0	0	0	0	0	1
0	0	0	1	0	1	0
0	0	1	0	0	1	1
0	0	1	1	1	0	0
0	1	0	0	1	0	1
0	1	0	1	0	0	0
1	0	0	0	1	0	1
1	1	0	1	1	0	0
1	1	0	0	0	1	1
1	0	1	1	0	1	0
1	0	1	0	0	0	1
1	0	0	1	0	0	0
0	1	1	0	X	X	X
0	1	1	1	X	X	X
1	1	1	0	X	X	X
1	1	1	1	X	X	X

Bild 1: Wertetabelle für Vorwärts-Rückwärtszähler

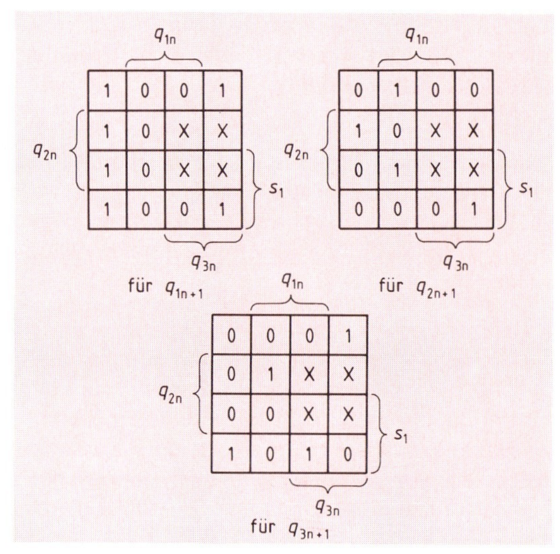

Bild 2: KV-Diagramme für den Vorwärts-Rückwärtszähler

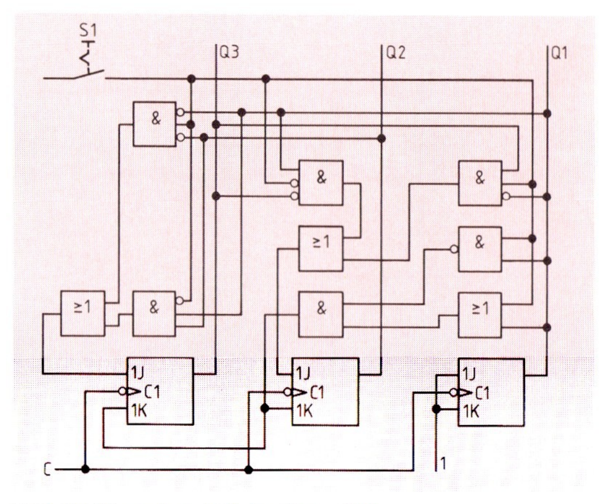

Bild 3: Vorwärts-Rückwärtszähler

Zähler von 0 bis 9 mittels T-Flipflop

Zähler können auch mittels T-Flipflop realisiert werden. Dabei geht man von der Wertetabelle aus **(Bild 1)**. Die Wertetabelle enthält für die Zeitpunkte n sowie $n+1$ die Zustände der T-Flipflop-Ausgangssignale q_1 bis q_4 und die daraus folgenden Eingangssignale t_1 bis t_4. Die Signale q_1 stehen dabei für die niedrigste Stellenwertigkeit des Zählers, die Signale q_4 für die höchste. Das T-Flipflop ändert am Ausgang Q seinen Signalzustand, wenn es durch ein Eingangssignal t mit dem Wert 1 angesteuert wird. Dagegen ändert sich das Signal am T-Flipflop-Ausgang Q nicht bei Ansteuerung durch ein Eingangssignal t mit dem Wert 0. Aus den Zuständen der Signale q_1 bis q_4 zum Zeitpunkt n folgen die Eingangssignale t_1 bis t_4 in jeder Spalte.

Zeitpunkt n				Zeitpunkt $n+1$				Zeiptunkt n			
q_4	q_3	q_2	q_1	q_4	q_3	q_2	q_1	t_4	t_3	t_2	t_1
0	0	0	0	0	0	0	1	0	0	0	1
0	0	0	1	0	0	1	0	0	0	1	1
0	0	1	0	0	0	1	1	0	0	0	1
0	0	1	1	0	1	0	0	0	1	1	1
0	1	0	0	0	1	0	1	0	0	0	1
0	1	0	1	0	1	1	0	0	0	1	1
0	1	1	0	0	1	1	1	0	0	0	1
0	1	1	1	1	0	0	0	1	1	1	1
1	0	0	0	1	0	0	1	0	0	0	1
1	0	0	1	0	0	0	0	1	0	0	1
1	0	1	0	X	X	X	X	X	X	X	X
	⋮				⋮				⋮		
1	1	1	1	X	X	X	X	X	X	X	X

Bild 1: Wertetabelle des Dualzählers 0 bis 9

Beispiel 1:

Unter Verwendung von T-Flipflop anstelle von JK-Flipflop ist ein synchroner Dualzähler zu entwerfen, der von 0 bis 9 zählt und dann wieder bei 0 mit Zählen beginnt. Stellen Sie die Wertetabelle auf!

Lösung:

1. Schritt: Ermittlung der erforderlichen Anzahl von T-Flipflop. Der Zähler besitzt 10 Schaltzustände. Es werden vier Flipflop benötigt.

2. Schritt: Entwurf der Wertetabelle für den synchronen Vorwärtszähler von 0 bis 9 (Bild 1).

Für das T-Flipflop, dessen Q-Ausgangssignal die niedrigste Stellenwertigkeit des Zählers darstellt, muß kein KV-Diagramm erstellt werden. Anhand der Wertetabelle erkennt man, daß t_1 immer ein Signal mit dem Wert 1 ist. Zur Ermittlung der Schaltfunktionen der restlichen T-Flipflop ist jedoch das Erstellen der KV-Diagramme hilfreich.

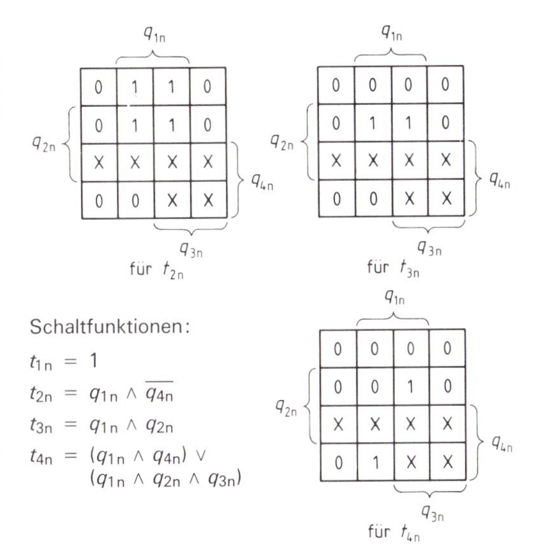

Schaltfunktionen:

$t_{1n} = 1$

$t_{2n} = q_{1n} \wedge \overline{q_{4n}}$

$t_{3n} = q_{1n} \wedge q_{2n}$

$t_{4n} = (q_{1n} \wedge q_{4n}) \vee (q_{1n} \wedge q_{2n} \wedge q_{3n})$

Bild 2: KV-Diagramm für Dualzähler 0 bis 9 (Index n bedeutet Zeitpunkt *n*)

Beispiel 2:

Für den Zähler aus Beispiel 1 sind die KV-Diagramme zu erstellen und die Schaltfunktionen der T-Flipflop daraus abzuleiten.

Lösung: **Bild 2**

Beispiel 3:

Anhand der Schaltfunktionen von Beispiel 2 ist die Zählerschaltung zu entwerfen.

Lösung: **Bild 3**

Bei Verwendung von T-Flipflop anstelle von JK-Flipflop kann unmittelbar anhand der Schaltfunktionen die Zählerschaltung entwickelt werden.

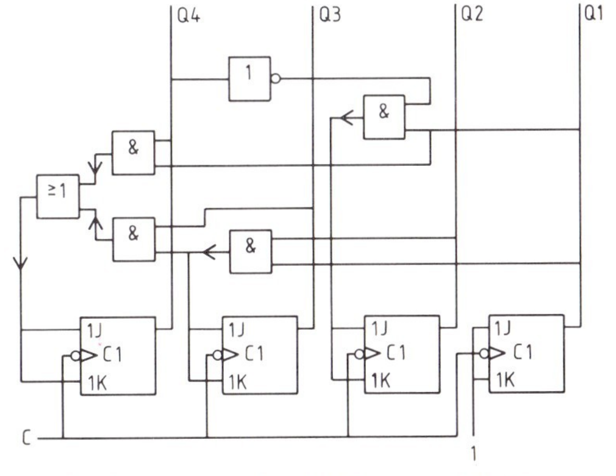

Bild 3: Synchroner Dualzähler von 0 bis 9

3.2.8 Zähler mit IC

Die meisten als IC erhältlichen Zähler zählen im dualen Zahlensystem z. B. von 0 bis 9 oder 0 bis 15. Das Schaltzeichen **(Bild 1)** eines solchen Zählers enthält einen *Steuerblock* und vier sich daran anschließende Blöcke, von denen jeder ein Flipflop darstellt. Die zu zählenden Impulse werden auf den Eingang C gegeben. Der Eingang R dient mit dem Pegel H zum Rücksetzen des Zählers auf den Wert 0. Zum Zählen muß der Eingang R den L-Pegel haben. An den Ausgängen Q1 bis Q4 kann der Zählerstand entsprechend der dort anliegenden Spannungspegel ermittelt werden. Der Ausgang Q1 gehört der niederwertigsten Zählstufe an, der Ausgang Q4 der höchstwertigen.

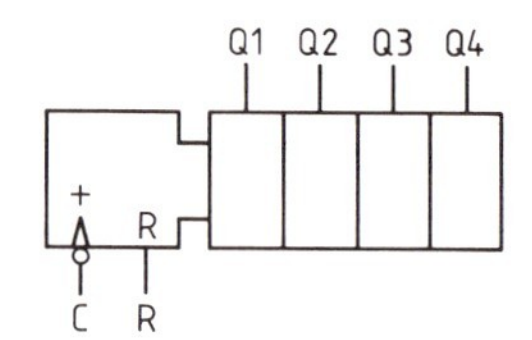

Bild 1: Schaltzeichen eines 4-Bit-Binärzählers

Ein Zähler, der von 0 bis 9 zählen kann, wird *Zähldekade* genannt. Er kann mit CTR[1] und DIV 10[2] gekennzeichnet werden **(Bild 2)**. Für einen Zähler, der vorwärts von 0 bis 99 zählt, sind zwei Zähldekaden erforderlich, nämlich eine für die Einerstelle (D1) und eine für die Zehnerstelle (D3). Der Zählerstand der Zähldekade D1 wird bei jeder negativen Taktflanke an ihrem Eingang C um 1 erhöht. Beträgt der Zählerstand 9, dann springt mit dem nächsten Taktimpuls der Zählerstand von D1 auf 0, und der Eingang C des Zählers D3 erhält wegen des UND-Elementes D2 einen Impuls.

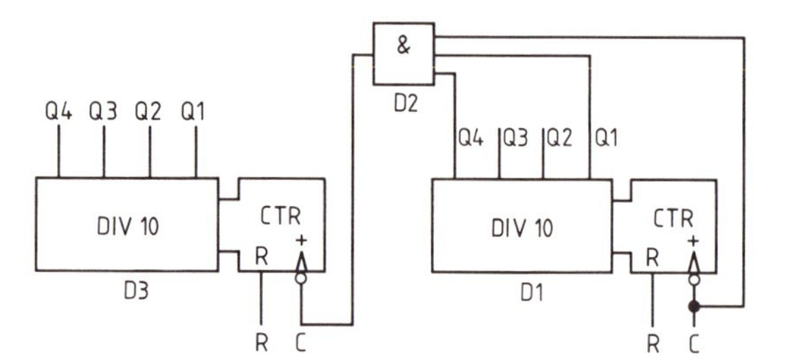

Bild 2: Dezimalzähler in Vorwärtsrichtung von 0 bis 99

Dadurch erhöht sich bei D3 der Zählerstand z. B. von 0 auf 1. Mit den weiteren Zählimpulsen zählt D1 wieder bis 9, nach dem folgenden Impuls besitzt D3 den Zählerstand 2 und D1 den Zählerstand 0. Die Bildung des Übertrages erfolgt durch das UND-Element D2. Seine Eingangssignale sind das Zählimpulssignal sowie die Signale der Ausgänge Q1 und Q4 des Zählers D1. Die Eingangssignale von D2 besitzen genau dann alle H-Pegel, wenn D1 den Zählerstand 9 besitzt und ein neuer Zählimpuls kommt.

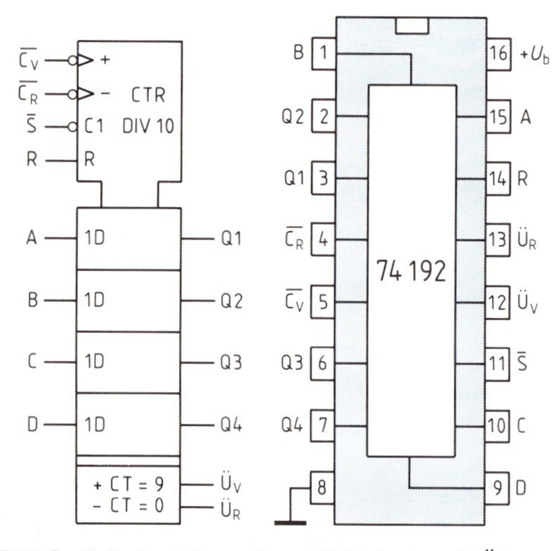

Bild 3: Schaltzeichen einer Zähldekade mit Übertragsbildner und Zählervoreinstellung

Dezimalzähler werden meist aus integrierten Schaltungen aufgebaut, wobei jeder IC eine Zähldekade darstellt.

Es gibt Zähldekaden als IC, die selber einen *Übertragsbildner* besitzen und wahlweise als Vorwärtszähler oder als Rückwärtszähler verwendet werden können **(Bild 3)**. Solche Zähldekaden besitzen zwei Takteingänge zum Zählen der Impulse, nämlich den Eingang $\overline{C_V}$ zum *Vorwärtszählen* und den Eingang $\overline{C_R}$ zum *Rückwärtszählen*. Beim IC in Bild 3 wird mit der positiven Flanke getaktet. Mit den Eingängen A, B, C und D kann durch eine entsprechende Kombination von L-Pegeln und H-Pegeln ein beliebiger Zählerstand eingestellt (programmiert) werden. Die Werte dieser Eingangssignale werden jedoch erst bei Eintreffen eines L-Pegels am $\overline{S}$-Eingang in den Zähler übernommen und erscheinen dann an den Zählerausgängen Q1, Q2, Q3 und Q4.

[1] CTR von engl. counter = Zähler; [2] DIV von engl. divide = teilen

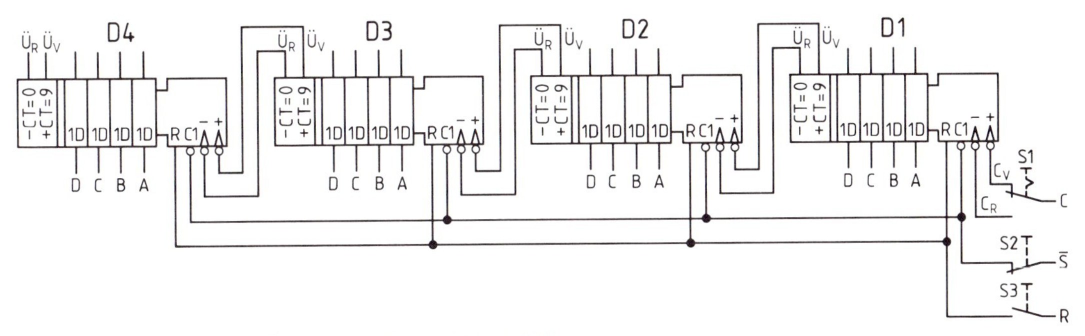

Bild 1: Dezimalzähler im Zahlenbereich von 0 bis 9999

Wird der Zähler als Vorwärtszähler betrieben, dann zählt der Zähler von dem über die Eingänge A bis D voreingestellten Zählerstand an aufwärts. Wird der Zähler dagegen als Rückwärtszähler betrieben, so erfolgt ein Zählen von dem voreingestellten Zählerstand an abwärts bis 0. Die Ausgänge des Übertragsbildners sind im Schaltzeichen an dessen Ausgangsblock angebracht. Die Signale an den Ausgängen $Ü_V$ bzw. $Ü_R$ sind nur dann 1, wenn der Zählerstand 9 bzw. 0 erreicht ist und der diesem Zählerstand folgende Zählimpuls eingetroffen ist. Mit der negativen Flanke dieses Zählimpulses nimmt dann das Signal des Ausganges $Ü_V$ bzw. $Ü_R$ wieder den Wert 0 an. Die Anschlüsse für die Betriebsspannung U_b sowie für die Masse sind im Schaltzeichen nicht eingetragen.

Für einen Zähler, der im Zahlenbereich von 0 bis 9999 wahlweise vorwärts oder rückwärts zählen kann, sind vier entsprechende Zähldekaden erforderlich **(Bild 1)**.

Für die Einerstelle ist die Zähldekade D1, für die Tausenderstelle die Zähldekade D4 zuständig. Für Vorwärtszählbetrieb ist der Übertragausgang $Ü_V$ einer Zähldekade mit dem Eingang C_V (+) der Zähldekade für die nächsthöhere Zählstelle zu verbinden, also z. B. der Eingang C_V von D2 mit dem Ausgang $Ü_V$ von D1. Der Ausgang $Ü_V$ von D4 bleibt unbeschaltet. Für den Rückwärtszählbetrieb gilt das gleiche für die Eingänge C_R (—) und die Ausgänge $Ü_R$. Zur Voreinstellung des Zählers müssen an die Eingänge A bis D der Zähldekaden entsprechende H-Pegel oder L-Pegel gelegt werden.

Dezimalzähler bestehen meist aus programmierbaren Zähldekaden mit Übertragsbildnern. Sie können je nach Schaltung als Vorwärtszähler, Rückwärtszähler oder Vorwärts-Rückwärtszähler ausgeführt sein.

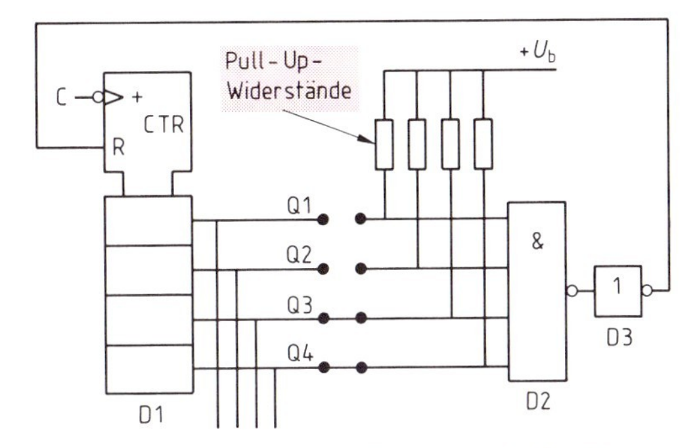

Bild 2: Programmierbarer Zähler von 0 bis 12

Außer IC, die von 0 bis 9 zählen können, gibt es auch solche, die von 0 bis 15 zählen können. Mit letzteren ist der Aufbau von Zählschaltungen für das *Hexadezimalsystem* möglich. Ferner gibt es Zählschaltungen, die in einem IC-Zähler mehr als 4 Bit enthalten, z. B. 7-Bit-Zähler, 12-Bit-Zähler und 14-Bit-Zähler.

Ein Binärzähler von 0 bis 15 kann mit einer Zusatzschaltung, bestehend aus einem NAND-Element, NICHT-Element und vier Pull-up-Widerständen (engl. to pull up = heraufziehen) als programmierbarer Zähler eingesetzt werden **(Bild 2)**. Ein Zähler von 0 bis 12 wird durch Einbringen von Brücken bei Q3 und Q4 verwirklicht. Nur beim Zählerstand 12 von D1 liegen an D2 vier H-Pegel an, so daß D1 zurückgesetzt wird.

Wiederholungsfragen

1. **Beschreiben Sie das Schaltzeichen einer Zähldekade!**
2. **Wie werden Dezimalzähler meist aufgebaut?**
3. **Wozu dienen die Eingänge C_V und C_R einer Zähldekade?**
4. **Was versteht man unter einem programmierbaren Zähler?**

3.2.9 Asynchrone Zähler

Asynchrone Zählschaltungen unterscheiden sich in ihrem Schaltungsaufbau besonders durch die Ansteuerung der Flipflop-Takteingänge gegenüber synchronen Zählschaltungen **(Bild 1)**. Beim asynchronen Dualzähler von 0 bis 3 steuert das Zählimpulssignal c das Flipflop D1, das Ausgangssignal q_1 das Flipflop D2.

Das Zählimpulssignal steuert in asynchronen Zählschaltungen nur *ein* Flipflop. Die übrigen in der Schaltung enthaltenen synchronen Flipflop werden dann von den Ausgangssignalen der anderen synchronen Flipflop angesteuert. Ein Schaltschritt eines beliebigen Flipflop der Schaltung kann erst dann stattfinden, wenn der Schaltschritt des steuernden Flipflop abgeschlossen ist. Die Schaltzeit der ganzen Schaltung entspricht der Summe der Schaltzeiten der nacheinander schaltenden Flipflop.

Die Flipflop einer synchronen Zählschaltung werden alle vom Zählimpulssignal gesteuert, die Flipflop einer asynchronen Zählschaltung dagegen von verschiedenen Signalen.

Die Schaltung asynchroner Zähler findet man durch logische Überlegung oder durch Änderung bekannter Zählschaltungen (Tabellenbuch Kommunikationselektronik). Bei asynchronen Zählern ist die Anzahl der erforderlichen Flipflop gleich groß wie bei synchronen Zählern. Für einen asynchronen Dualzähler 0 bis 7 benötigt man drei Flipflop, da der Zähler acht Schaltzustände besitzt.

Beispiel 1:

Es ist ein asynchroner Dualzähler für 0 bis 7 aus synchronen JK-Flipflop zu entwickeln.

Lösung:

1. Schritt: Aufstellung des Zeitablaufdiagrammes **Bild 2**, wie bei synchronen Zählern.

2. Schritt: Umsetzen der Erkenntnisse aus dem Zeitablaufdiagramm in die Schaltung **Bild 3**.

Das Zeitablaufdiagramm zeigt den Verlauf des Zählimpulssignals c sowie der Ausgangssignale q_1, q_2, q_3 der drei Flipflop, welche die Schaltzustände 0 bis 7 darstellen. Die niederwertigste Stelle besitzt das Signal q_1, die höchstwertigste Stelle das Signal q_3. Aus dem Zeitablaufdiagramm ist zu erkennen, daß das Signal q_1 immer dann von 0 nach 1 oder von 1 nach 0 wechselt, wenn das Zählimpulssignal c eine negative Flanke (1-0-Übergang) besitzt. Das bedeutet, daß das Zählimpulssignal c als

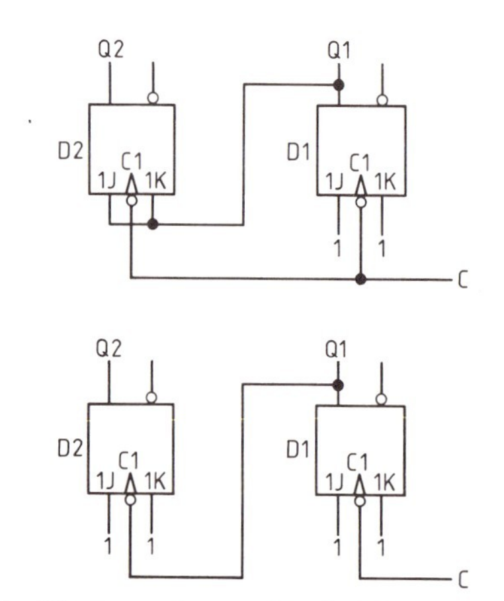

Bild 1: Oben synchroner Dualzähler, unten asynchroner Dualzähler

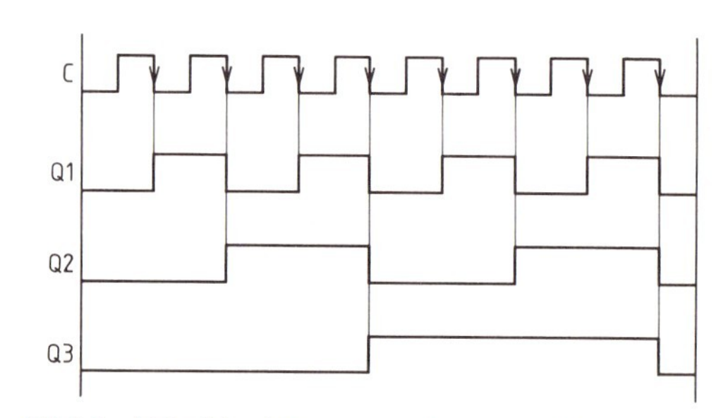

Bild 2: Zeitablaufdiagramm des asynchronen Dualzählers von 0 bis 7

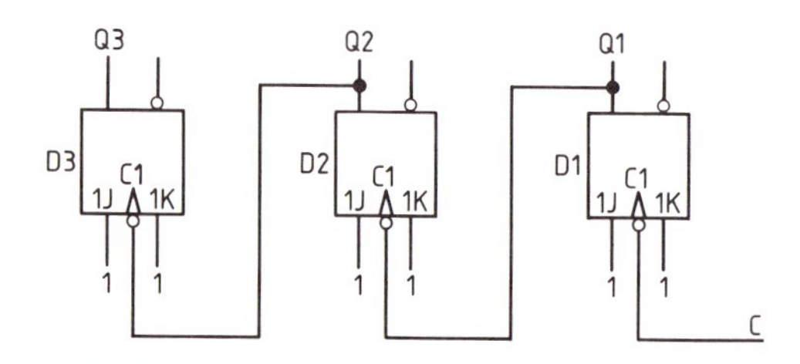

Bild 3: Asynchroner Dualzähler für 0 bis 7

Takteingangssignal des Flipflop D1 mit dem Ausgangssignal q_1 verwendet werden kann. Immer wenn q_2 kippen muß, besitzt q_1 eine negative Flanke. Das Signal q_1 kann deshalb als Takteingangssignal für das Flipflop D2 mit dem Ausgangssignal q_2 verwendet werden. Entsprechend kann q_2 als Takteingangssignal für das Flipflop D3 verwendet werden.

Zur Bestimmung der Signale für die J-Eingänge und die K-Eingänge der Flipflop gilt die folgende Überlegung: Ein JK-Flipflop kippt genau dann mit jedem Taktimpuls in seine andere Lage, wenn an den Eingängen J und K je ein H-Pegel liegt. Wegen der Beschaltung der Takteingänge der Flipflop D1 bis D3 reicht es bei dieser Schaltung aus, an die Eingänge J und K aller Flipflop einen H-Pegel zu legen.

Bei einem asynchronen Dualzähler von 0 bis 9 sind neben vier Flipflop noch weitere Verknüpfungen erforderlich.

Wenn synchrone Flipflop mit zusätzlichen R-Eingängen (Rücksetzeingängen) verwendet werden, geht man von einem asynchronen Zähler 0 bis 15 aus vier Flipflop aus, die entsprechend Bild 3, vorhergehende Seite, geschaltet werden. Zusätzlich muß eine Verknüpfungsschaltung bewirken, daß beim Zählerstand 1010 alle Flipflop zurückgesetzt werden. Sind keine R-Eingänge vorhanden oder stört der kurzzeitige Zählerstand 1010, so muß das Rücksetzen über die Eingänge 1J bewirkt werden.

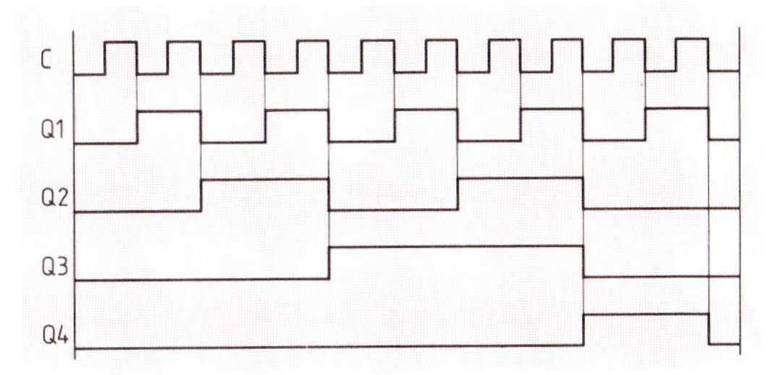

Bild 1: Zeitablaufdiagramm des asynchronen Dualzählers von 0 bis 9

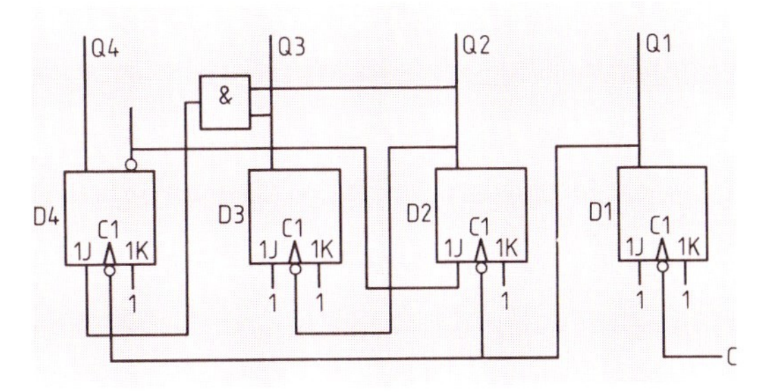

Bild 2: Asynchroner Dualzähler von 0 bis 9

Beispiel 2:

Es soll ein asynchroner Dualzähler entwickelt werden, der von 0 bis 9 zählt und dann wieder auf 0 springt. Es sollen dabei JK-Flipflop ohne R-Eingänge verwendet werden, die mit negativer Taktflanke gesteuert werden.

Lösung:

1. Schritt: Erstellen des Zeitablaufdiagrammes **(Bild 1)**.
2. Schritt: Umsetzen der Erkenntnisse aus dem Zeitablaufdiagramm in die Schaltung **Bild 2**.

Man verwendet das Zählimpulssignal als Takteingangssignal für das Flipflop D1 (Bild 2). Das Signal q_2 kippt meist, wenn q_1 eine negative Flanke besitzt, aber nicht bei der negativen Taktflanke von q_1 beim Zählerwechsel von 9 nach 0. Man verwendet das Signal q_1 als Takteingangssignal des Flipflop D2. Jedoch benötigt man dann für den J-Eingang und den K-Eingang von D2 eine spezielle Ansteuerschaltung, welche ein Kippen von q_2 für den Zählerwechsel von 9 nach 0 verhindert. Mit jeder negativen Flanke von q_2 kippt das Ausgangssignal q_3 des Flipflop D3. Das Signal q_2 wird also als Takteingangssignal von D3 verwendet. Für das Takteingangssignal von D4 kommen entweder das Signal q_1 oder das Zählimpulssignal c in Frage. Das Signal q_4 muß beim Zählerwechsel von 7 nach 8 und beim Zählerwechsel von 9 nach 0 kippen. Man verwendet zweckmäßigerweise das Signal q_1, weil q_1 weniger oft kippt als c, so daß dann durch die noch zu entwerfende Ansteuerschaltung der Eingänge 1J und 1K von D4 weniger Kippmöglichkeiten von q_4 unterdrückt werden müssen.

An die Eingänge J und K von D1 und D3 legt man je einen H-Pegel. Für das Signal q_2 muß für den Zählerwechsel 9-0 ein *Ankippen* (0-1-Übergang) verhindert werden. Das *Auskippen* (1-0-Übergang) erfolgt durch das Signal q_1 als Takteingangssignal von D2 immer zum richtigen Zeitpunkt, so daß es ausreicht, an den K-Eingang des JK-Flipflop einen H-Pegel zu legen. An den J-Eingang von D2 muß dagegen ein Signal gelegt werden, das durch folgende logische Verknüpfung entsteht (Bild 1):

$$j_{D2} = (q_1 \wedge \overline{q_2} \wedge \overline{q_3} \wedge \overline{q_4}) \vee (q_1 \wedge \overline{q_2} \wedge q_3 \wedge \overline{q_4}).$$

Dadurch besitzt der J-Eingang von D2 genau H-Pegel bei den Zählerstellungen 1 und 5, so daß mit der folgenden negativen Flanke von q_1 das Signal q_2 einen 0-1-Übergang erfährt. In der Gleichung für j_{D2} ist jedoch noch viel Überflüssiges (Redundanz) vorhanden. Das Signal q_2 wechselt von 0 nach 1, wenn q_1 einen H-Pegel und q_4 einen L-Pegel besitzen. Weil q_1 bereits als Takteingangssignal für D2 berücksichtigt ist, reduziert sich die Gleichung auf $j_{D2} = \overline{q_4}$. Bei der Belegung des J-Einganges und des K-Einganges von D4 gilt die gleiche Überlegung. Das Auskippen erfolgt durch q_1 als Takteingangssignal von D4 richtig. Deshalb genügt es, einen H-Pegel an den K-Eingang zu legen. Der J-Eingang hingegen darf nur bei der Zählerstellung 7 einen H-Pegel besitzen, um D4 mit der dann folgenden negativen Flanke von q_1 von 0 nach 1 zu kippen. Es gilt $j_{D4} = q_1 \wedge q_2 \wedge q_3 \wedge \overline{q_4}$. Auch in dieser Gleichung steckt Redundanz. Das Signal q_1 ist bereits im Takteingangssignal berücksichtigt. Nur in der Zählerstellung 7 besitzen q_2 und q_3 je einen H-Pegel, weshalb $j_{D4} = q_2 \wedge q_3$ ausreicht.

Wiederholungsfragen

1. **Worin liegt der Unterschied zwischen einer asynchronen Zählschaltung und einer synchronen Zählschaltung?**
2. **Wie viele JK-Flipflop sind für einen asynchronen Zähler erforderlich, der von 0 bis 9 zählt?**
3. **Erklären Sie den Begriff Ankippen!**
4. **In welchen Schritten geht man beim Entwurf einer asynchronen Zählschaltung vor?**
5. **Was enthält ein asynchroner Dualzähler, der von 0 bis 9 zählt, zusätzlich zu seinen Flipflop?**
6. **Erklären Sie den Begriff Auskippen!**

3.2.10 Synchrone Schieberegister

Prinzip

Das synchrone Schieberegister kann als Spezialfall des synchronen Zählers aufgefaßt werden. Schieberegister können mit JK-Flipflop aufgebaut werden. Beim synchronen Schieberegister werden alle Flipflop vom Taktsignal an C bzw. T gesteuert. Man unterscheidet zwischen *seriellen* Schieberegistern **(Bild 1)**, *parallelen* Schieberegistern und *rückgekoppelten* Schieberegistern (Ringzähler, **Bild 2, folgende Seite**).

Beim Schieberegister mit serieller Dateneingabe wird die Information an die Eingänge J und K des Flipflop D1 gebracht. Die Ausgangssignale von D1 sind die Eingangssignale von D2. Die Ausgangssignale von D2 sind die Eingangssignale von D3. Wegen der seriellen Informationseingabe werden beim Schieberegister mit drei Flipflop drei Taktimpulse benötigt, bis die gesamte Information voll in das Register aufgenommen ist. Die Information wird taktweise von links nach rechts in das Register geschoben. Das erste Bit des vorher an D1 seriell angelegten Codewortes wird mit dem vierten Taktimpuls bei D3 aus dem Register hinausgeschoben, das zweite Bit mit dem fünften Taktimpuls, das dritte mit dem sechsten Taktimpuls. Diese Art des Auslesens der Information wird als Prinzip des *seriellen Auslesens* bezeichnet. Natürlich kann auch der gesamte Inhalt des Schieberegisters an den Ausgängen der Flipflop D1 und D3 gleichzeitig abgenommen werden. Man spricht dann von einem *parallelen Auslesen*. Das Verhalten des Schieberegisters ist auch an einem Zeitablaufdiagramm erkennbar **(Bild 2)**.

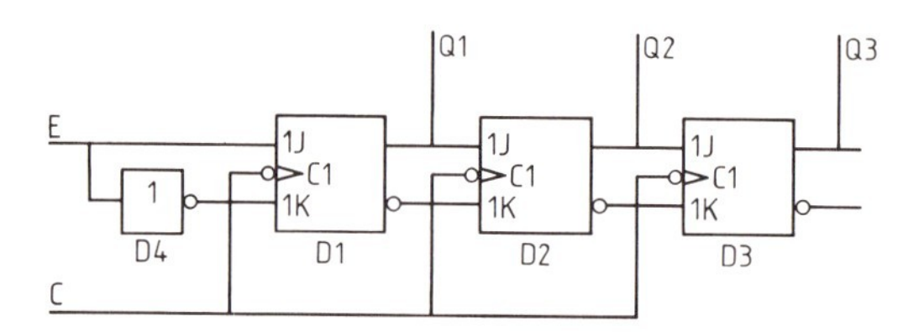

Bild 1: Dreistufiges Schieberegister

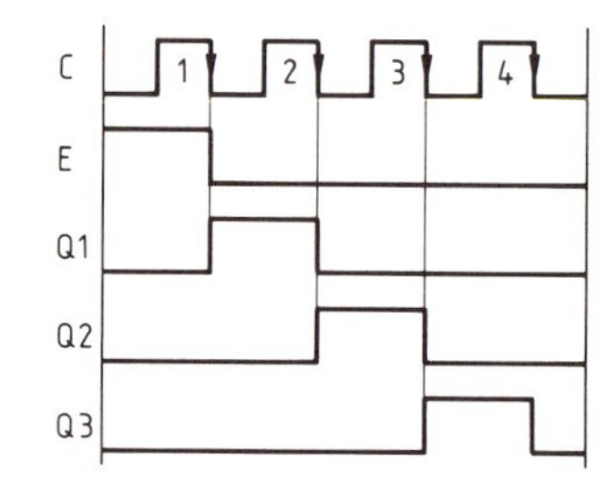

Bild 2: Zeitablaufdiagramm für Codewort 100 beim Schieberegister

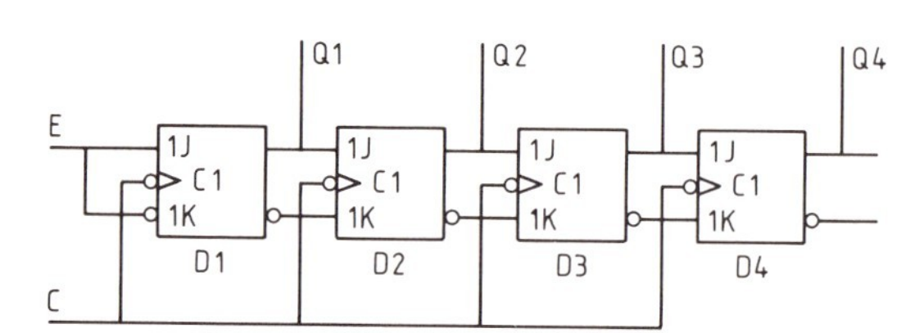

Bild 3: 4-Bit-Schieberegister für serielles Einlesen

Beispiel:
In das Schieberegister Bild 1 soll das Codewort 100 eingespeichert werden. Entwerfen Sie das Zeitablaufdiagramm!

Lösung:
Man trägt die Taktimpulse bei C ein und die Eingangsinformation 100 bei E. Diese wird taktweise weitergeschoben, bis nach dem 3. Takt die Information 100 an Q3, Q2 und Q1 abgenommen werden kann (Bild 2).

Schieberegister haben meist vier Stufen (4-Bit-Schieberegister) oder acht Stufen (8-Bit-Schieberegister). Ihre Schaltung entspricht dem besprochenen dreistufigen Schieberegister, wenn das Einlesen seriell erfolgen soll **(Bild 3)**.

Das vereinfachte Schaltzeichen eines vierstufigen Schieberegisters ist wie bei einem vierstufigen Zähler aufgebaut.

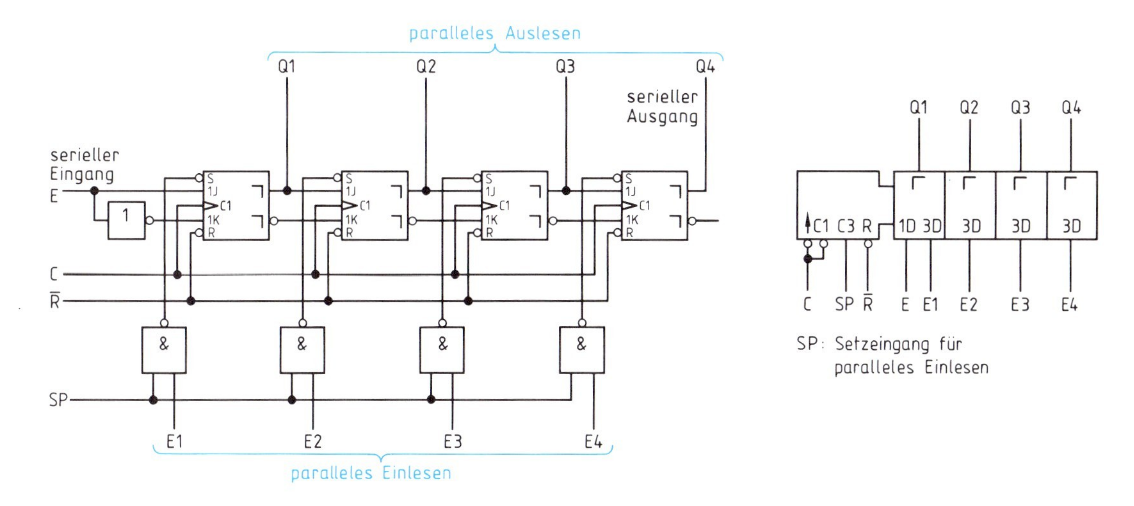

Bild 1: 4-Bit-Schieberegister für wahlweise seriellen oder parallelen Betrieb

Das Einlesen der Information in ein Schieberegister kann auch parallel erfolgen, so daß alle Bit eines Codewortes gleichzeitig abgespeichert werden. Dazu ist erforderlich, daß die Flipflop des Schieberegisters Setzeingänge und Rücksetzeingänge haben. Außerdem ist eine Beschaltung mit einem kombinatorischen Netzwerk erforderlich **(Bild 1)**.

Es gibt Schieberegister, die wahlweise mit seriellem oder parallelem Einlesen und seriellem oder parallelem Auslesen arbeiten können. Dadurch ist auch ein Übergang von seriellem in parallelen Betrieb und umgekehrt möglich.

Schieberegister dienen zur Zwischenspeicherung, zur Serien-Parallelwandlung und zur Parallel-Serienwandlung binärer Codeworte.

Beim rückgekoppelten Schieberegister nach **Bild 2** wird die Eingangsinformation des ersten Flipflop D1 nicht von außen zugeführt, sondern die Eingangssignale von D1 sind die Ausgangssignale von D3. Dieses Schieberegister ist das einfachste rückgekoppelte Schieberegister. Bei anderen rückgekoppelten Schieberegistern werden die Ausgangssignale der Flipflop über ein kombinatorisches Netzwerk miteinander verknüpft. Diese kombinatorische Schaltung liefert dann die Eingangssignale für das erste Flipflop des Registers. Rückgekoppelte Schieberegister arbeiten *zyklisch* (im Kreis). Dabei wird z. B. aus 1101 zuerst 1110, dann 0111, dann 1011, dann wieder 1101. Es wird also bei jedem Takt das letzte Zeichen an die jeweils erste Stelle gesetzt.

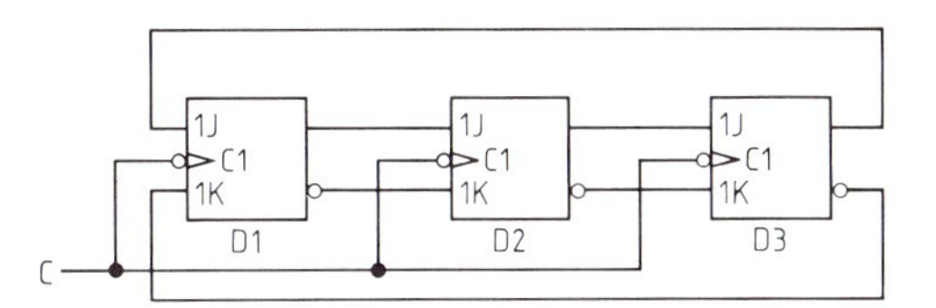

Bild 2: Dreistufiges rückgekoppeltes Schieberegister

Man verwendet rückgekoppelte Schieberegister, wenn es erforderlich ist, die gespeicherten Informationen fortlaufend zu wiederholen.

Für Schieberegister werden meist Master-Slave-JK-Flipflop verwendet, weil dann mit dem gleichen Takt am Eingang des Masters ein Binärsignal aufgenommen und am Ausgang des Slaves das vorher gespeicherte Binärsignal abgegeben werden kann.

Wiederholungsfragen

1. **Welche Arten von Schieberegistern unterscheidet man?**
2. **Beschreiben Sie die Arbeitsweise eines Schieberegisters mit serieller Dateneingabe!**
3. **Geben Sie die beiden Einlesearten von Informationen in Schieberegister an!**
4. **Aus welchen Baugruppen besteht ein Schieberegister für wahlweise seriellen oder parallelen Betrieb?**
5. **Welche Aufgabe haben Schieberegister?**
6. **Wozu verwendet man rückgekoppelte Schieberegister?**

Entwurf eines synchronen Schieberegisters

Es soll ein rückgekoppeltes Schieberegister mit JK-Flipflop entworfen werden, das die sechs Zustände *a* bis *f* nach **Bild 1** enthält. Es soll sich dabei um ein Schieberegister mit Eigenstart handeln, d.h., die Zustände *a* bis *f* werden unabhängig von den Ausgangszuständen der einzelnen Flipflop taktweise geschoben.

Beim Entwurf dieses Schieberegisters kann ähnlich wie beim Entwurf synchroner Zähler vorgegangen werden. Zunächst wird die vollständige Wertetabelle erstellt, welche die Zustände des Schieberegisters für den momentanen Taktimpuls und für den folgenden Taktimpuls enthält **(Bild 2)**. Aus der Wertetabelle ist zu entnehmen, daß das Schieberegister drei Flipflop besitzt. Im Gegensatz zu den synchronen Zählschaltungen müssen hier nur die Eingangssignale j und k für das Flipflop D1 ermittelt werden. Es wird also nur die Spalte für $q_{1\,n+1}$ in ein KV-Diagramm eingetragen **(Bild 3)** Die Ausgangssignale des ersten Flipflop (D1) sind die Eingangssignale des zweiten, die Ausgangssignale des zweiten Flipflop sind die Eingangssignale des dritten Flipflop. Anhand des KV-Diagrammes wird die schaltalgebraische Gleichung für das erste Flipflop erstellt, die die Form der gesuchten Problemfunktion besitzen muß.

$$q_{1\,n+1} = (\overline{q_{2n}} \wedge \overline{q_{3n}} \wedge q_{1n}) \vee ((\overline{q_{2n}} \vee q_{3n}) \wedge \overline{q_{1n}})$$

Daraus können ermittelt werden

$\overline{k_1} = \overline{q_{2n}} \wedge \overline{q_{3n}}$ und $k_1 = q_{2n} \vee q_{3n}$

sowie $j_1 = \overline{q_{2n}} \vee q_{3n}$.

Entsprechend sind 1J und 1K von D1 anzuschließen **(Bild 4)**.

Bei der Berechnung von rückgekoppelten Schieberegistern wird das Rechenverfahren für synchrone Zähler angewendet, jedoch nur für das erste Flipflop.

Zustand	D1	D2	D3
a	1	0	0
b	1	1	0
c	0	1	1
d	1	0	1
e	0	1	0
f	0	0	1

Bild 1: Zustände des rückgekoppelten Schieberegisters

Zustand	q_{1n}	q_{2n}	q_{3n}	$q_{1\,n+1}$	$q_{2\,n+1}$	$q_{3\,n+1}$
—	0	0	0	1	0	0
a	1	0	0	1	1	0
b	1	1	0	0	1	1
c	0	1	1	1	0	1
d	1	0	1	0	1	0
e	0	1	0	0	0	1
f	0	0	1	1	0	0
—	1	1	1	0	0	1

Bild 2: Wertetabelle des zu entwerfenden Schieberegisters

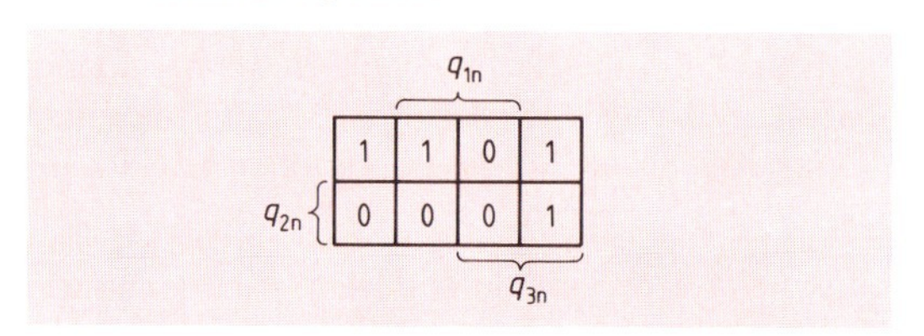

Bild 3: KV-Diagramm für Flipflop D1 des Schieberegisters

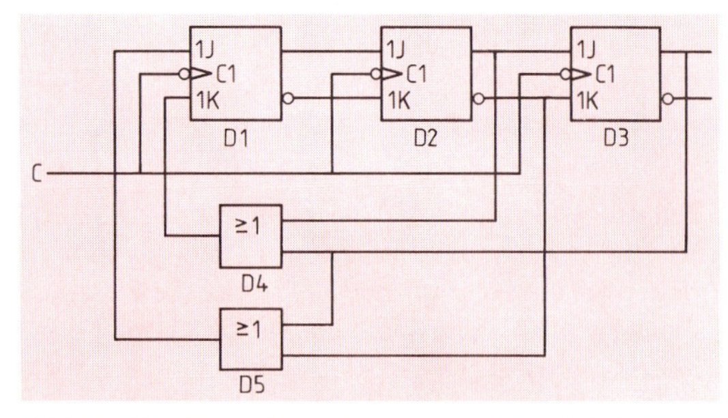

Bild 4: Schaltung des rückgekoppelten dreistufigen Schieberegisters

Schieberegister als IC

Die meisten Schieberegister sind in TTL-Technik oder in CMOS-Technik hergestellt. Es gibt IC, die ein Schieberegister darstellen, aber auch solche, die zwei Schieberegister enthalten. Es gibt folgende Schieberegisterarten:

- Schieberegister mit serieller Dateneingabe und serieller Datenausgabe;
- Schieberegister mit serieller Dateneingabe und serieller oder paralleler Datenausgabe;
- Schieberegister mit serieller oder paralleler Dateneingabe und serieller Datenausgabe.

Schieberegister, die alle diese Eigenschaften gemeinsam besitzen, nennt man *Universalschieberegister*.

Bei *Universalschieberegistern* **(Bild 1)** besteht häufig die Möglichkeit, die Information wahlweise entweder von links nach rechts oder von rechts nach links zu schieben. Bei diesem Schieberegister handelt es sich um ein universelles 8-Bit-Schieberegister. Die 8 Bit besagen, daß das Schieberegister aus acht Speichern (Flipflop) aufgebaut ist. In der Literatur findet man manchmal auch den Begriff *8-Stage-Register*[1], was besagt, daß es sich um ein achtstufiges (8-Bit) Schieberegister handelt. Dieses Schieberegister besitzt einen Eingang für die Betriebsspannung U_b, für den Masseanschluß dient der IC-Fuß 12. Die Eingänge E1 bis E8 dienen zur parallelen Dateneingabe, Q1 bis Q8 sind die entsprechenden parallelen Datenausgänge. Mit S_{er} ist der serielle Dateneingang für rechtsseitiges Schieben, mit S_{el} der serielle Dateneingang für linksseitiges Schieben gekennzeichnet. Mit den beiden Eingängen $\overline{S}_r$ und $\overline{S}_l$ kann über entsprechende Pegel die Betriebsweise des Schieberegisters eingestellt werden **(Tabelle 1)**. Neben einem Rücksetzeingang $\overline{R}$ gibt es noch den Takteingang C.

Bild 1: Universalschieberegister für Linksschieben und Rechtsschieben

Tabelle 1: Wirkung der Eingänge $\overline{S}_r$, $\overline{S}_l$

$\overline{S}_r$	$\overline{S}_l$	Betriebsweise
L	L	Takteingang C wird gesperrt
L	H	Schieben nach rechts
H	L	Schieben nach links
H	H	parallele Dateneingabe

Wiederholungsfragen

1. **Beschreiben Sie den Entwurf eines synchronen Schieberegisters!**
2. **Welche Schieberegisterarten kommen als IC vor?**
3. **Was versteht man unter einem Universalschieberegister?**
4. **Erklären Sie den Begriff 8-Stage-Register!**
5. **Welche Aufgaben haben die Anschlüsse 1 bis 24 des IC Bild 1?**
6. **Was versteht man unter einem Schieberegister mit Eigenstart?**

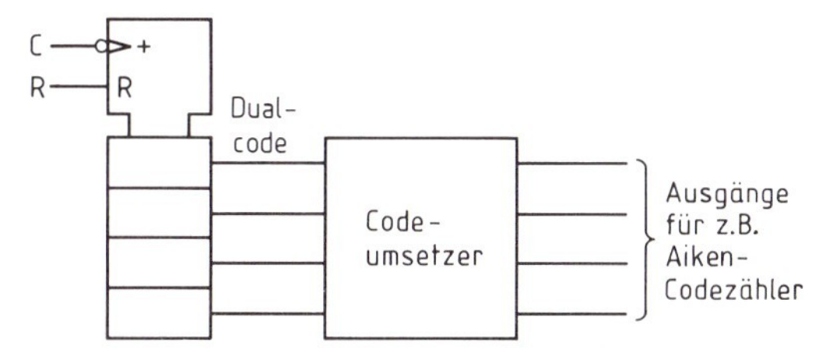

Bild 2: Prinzipschaltplan zur Decodierung

3.2.11 Zähler mit Codeumsetzer

Beim Entwurf von Zählschaltungen, die in einem speziellen Code zählen, z.B. im Aiken-Code, wird neben der Realisierung durch Flipflopschaltungen auch die Realisierung durch Codeumsetzer angewendet. Es ist meist weniger aufwendig, an eine handelsübliche Zähldekade einen Codeumsetzer anzuschließen, an dessen Ausgängen in diesem Code gezählt wird **(Bild 2)**.

Ein Codeumsetzer ist ein kombinatorisches Netzwerk. Sein Entwurf erfolgt in vier Schritten.

Schritt 1: Aufstellen der Wertetabelle **(Bild 1, folgende Seite)**. Die Ausgangssignale der Zähldekade sind die Eingangssignale des Codeumsetzers. Sie sind die Eingangsvariablen der Wertetabelle. Die Ausgangsvariablen der Wertetabelle entsprechen den Ausgangssignalen des Codeumsetzers.

Schritt 2: Für jede Ausgangsvariable der Wertetabelle wird ein KV-Diagramm entworfen, dessen Eingangsvariable die Eingangsvariable der Wertetabelle sind **(Bild 2, folgende Seite)**.

Schritt 3: Anhand der KV-Diagramme werden die Schaltfunktionen für die Ausgangssignale des Codeumsetzers ermittelt.

[1] engl. stage (sprich: stehtsch) = Stufe

Schritt 4: Mit den Schaltfunktionen kann die kombinatorische Schaltung des Codeumsetzers erstellt werden **(Bild 3)**.

Ausgehend von einem Dezimalzähler, der von 0 auf 9 zählt, soll ein Aiken-Codezähler entwickelt werden.

1. Schritt: In der Wertetabelle Bild 1 sind mit *a* bis *d* die Eingangssignale des Codeumsetzers bezeichnet. Das Signal *a* besitzt dabei die niedrigste Stellenwertigkeit. Die Ausgangssignale des Codeumsetzers sind mit q_1 bis q_4 bezeichnet. Die niederwertigste Stelle des Aiken-Codezählers besitzt das Signal q_1. Für die nicht verwendeten Zählerzustände 10 bis 15 des Dezimalzählers trägt man in die Spalten q_1 bis q_4 ein X ein.

2. Schritt: Für die Signale q_1 bis q_4 zeichnet man jeweils ein KV-Diagramm für vier Eingangsvariable (Bild 2). In den KV-Diagrammen werden die nicht verwendeten Zählerzustände des Dezimalzählers mit einem X gekennzeichnet. Außerdem werden für die Zeilen, die in den *q*-Spalten mit 1 markiert sind, in dem für das jeweilige *q* richtigen KV-Diagramm die entsprechenden Kästchen aufgesucht und ebenfalls mit 1 gekennzeichnet.

3. Schritt: Anhand der KV-Diagramme stellt man die Schaltfunktionen für die Signale q_1 bis q_4 auf. Dabei werden die mit X gekennzeichneten Kästchen dann wie ein Kästchen mit 1 betrachtet, wenn sich dadurch eine einfachere (kürzere) Schaltfunktion ermitteln läßt.

$$q_1 = a$$
$$q_2 = d \vee (b \wedge \overline{c}) \vee (a \wedge b \wedge c)$$
$$q_3 = d \vee (c \wedge \overline{a}) \vee (b \wedge c)$$
$$q_4 = d \vee (c \wedge b) \vee (c \wedge a)$$

4. Schritt: Der Schaltplan des Codeumsetzers für den Aiken-Codezähler kann mittels der Schaltfunktionen q_1 bis q_4 erstellt werden (Bild 3).

Wiederholungsfragen

1. **Warum verwendet man anstelle spezieller Zählschaltungen auch handelsübliche Zähldekaden mit speziellen Codeumsetzern?**
2. **Woraus besteht ein Codeumsetzer?**
3. **In welchen Schritten geht man beim Entwurf eines Codeumsetzers vor?**
4. **Wie viele KV-Diagramme sind für den Entwurf eines Codeumsetzers einer Zähldekade 0 bis 9 zum Zählen im Aiken-Code erforderlich?**
5. **Wie werden in KV-Diagrammen nicht verwendete Zählerzustände gekennzeichnet?**

d	*c*	*b*	*a*	q_4	q_3	q_2	q_1
0	0	0	0	0	0	0	0
0	0	0	1	0	0	0	1
0	0	1	0	0	0	1	0
0	0	1	1	0	0	1	1
0	1	0	0	0	1	0	0
0	1	0	1	1	0	1	1
0	1	1	0	1	1	0	0
0	1	1	1	1	1	0	1
1	0	0	0	1	1	1	0
1	0	0	1	1	1	1	1
1	0	1	0	X	X	X	X
1	0	1	1	X	X	X	X
1	1	0	0	X	X	X	X
1	1	0	1	X	X	X	X
1	1	1	0	X	X	X	X
1	1	1	1	X	X	X	X

Bild 1: Wertetabelle des Codeumsetzers für den Aiken-Codezähler

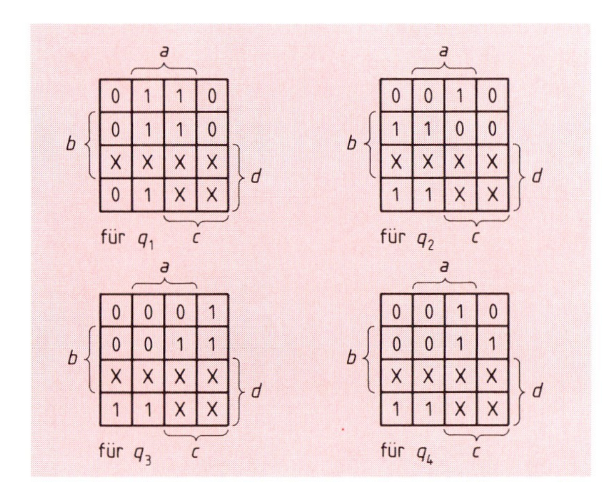

Bild 2: KV-Diagramme für Codeumsetzer Dualcode in Aiken-Code

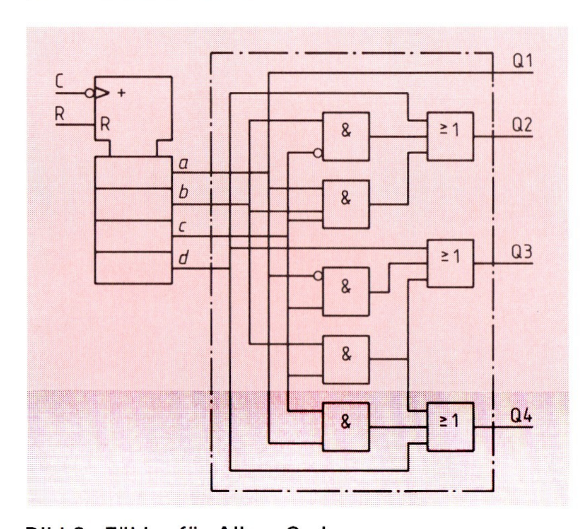

Bild 3: Zähler für Aiken-Code

3.2.12 Teilerschaltungen

Mit Zählerschaltungen können auch Teiler verwirklicht werden. Sofern der Zähler aus genügend vielen Flipflop besteht, ist eine Zahl von Eingangsimpulsen am Schaltungsausgang in jedem ganzzahligen Teilerverhältnis darstellbar. Entsprechend der Größe des Teilers (Divisor) spricht man z. B. beim Teilen durch 3 von einem *Modulo-3-Teiler*. Das Teilerverhältnis bestimmt die notwendige Anzahl der Flipflop.

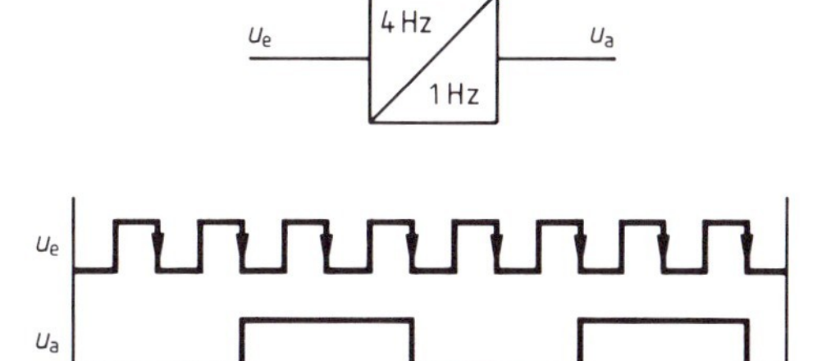

Bild 1: **Frequenzteilung mit Modulo-4-Teiler**

f_a Ausgangsfrequenz
f_e Eingangsfrequenz
k_f Teilerverhältnis
n Anzahl Flipflop

$$f_a = \frac{f_e}{k_f} \qquad k_f \leq 2^n$$

Teilerschaltungen sind Zählerschaltungen.

Beispiel:

Es ist eine Teilerschaltung mittels JK-Flipflop zu entwerfen, die im Verhältnis 4 : 1 ihre Eingangsimpulse teilt **(Bild 1)**. a) Erstellen Sie die Wertetabelle! b) Erstellen Sie die KV-Diagramme! c) Skizzieren Sie die Teilerschaltung!

Lösung: a) **Bild 2**
b) **Bild 3**
c) **Bild 4**

q_{2n}	q_{1n}	q_{2n+1}	q_{1n+1}
0	0	0	1
0	1	1	0
1	0	1	1
1	1	0	0

Bild 2: Wertetabelle für Modulo-4-Teiler

Der zu entwerfende Modulo-4-Teiler benötigt zwei Flipflop, da 2^2 das gewünschte Teilerverhältnis ist. Die Frequenz des Signals q_2 ist $^1/_4$ der Frequenz der Taktimpulsfolge c. Die Wertetabelle Bild 2 stellt entsprechend dem Teilerverhältnis die vier Zustände dar.

Anhand der beiden KV-Diagramme Bild 3, die aus der Wertetabelle Bild 1 resultieren, erhält man die zwei Problemfunktionen des Teilers:

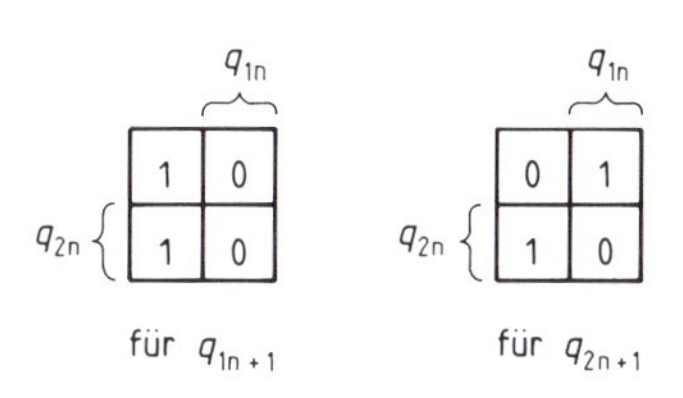

Bild 3: KV-Diagramme für Modulo-4-Teiler

$$q_{1n+1} = (0 \wedge q_{1n}) \vee (1 \wedge \overline{q_{1n}})$$
$$q_{2n+1} = (\overline{q_{1n}} \wedge q_{2n}) \vee (q_{1n} \wedge \overline{q_{2n}})$$

Die Eingangsfunktionen der beiden JK-Flipflop der Teilerschaltung sind dann:

$$k_1 = \overline{0} = 1,\ j_1 = 1;\ k_2 = q_{1n},\ j_2 = q_{1n}$$

Beschaltet man die Eingänge J und K der Flipflop entsprechend dieser Eingangsfunktionen, so erhält man die Teilerschaltung (Bild 4).

Programmierbare Teiler entsprechen den programmierbaren Zählern.

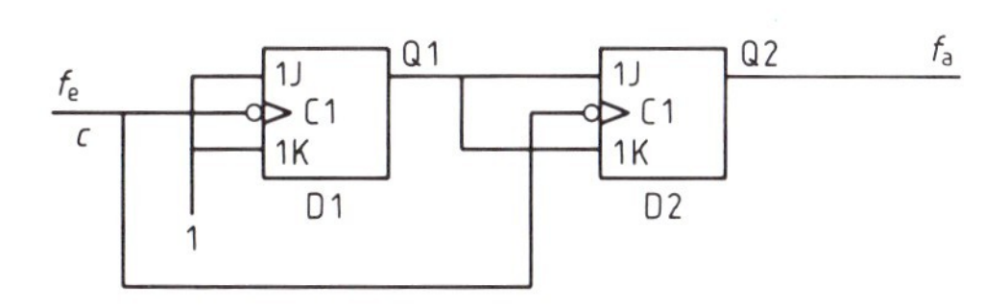

Bild 4: Modulo-4-Teilerschaltung

3.3 Anwendungen der Digitaltechnik

3.3.1 Ansteuerung von Schrittmotoren

Die Stränge eines Schrittmotors müssen in der richtigen Reihenfolge angesteuert werden, damit sich die gewünschte Drehrichtung ergibt (Abschnitt 6.2.3). Bei Stromrichtungsumkehr im Strang muß diese genügend schnell und mit Vermeidung von Schaltspannungen infolge der Induktivitäten der Stränge beim Abschalten erfolgen. Deshalb erhält der Schrittmotor seine Spannungen von einer Treiberschaltung **(Bild 1)**. Die Treiberschaltung wird ihrerseits von einer Steuerschaltung angesteuert, die von einem Mikrocontroller oder einem Taktgenerator angesteuert wird.

Die Steuerschaltung setzt die anliegende Schrittimpulsfolge in die für die sequentielle Ansteuerung der Wicklungsstränge erforderlichen Kombinationen von L-Pegel und H-Pegel um. Durch sie werden die Transistoren der Treiberschaltung angesteuert **(Bild 2)**. Die Freilaufdioden innerhalb oder außerhalb der Treiberschaltung verhindern das Entstehen von Schaltspannungsspitzen und schützen so die Treiberschaltung.

Bei der *Zweistranganansteuerung* werden jeweils zwei Stränge gleichzeitig erregt. Bei der *unipolaren* Zweistranganansteuerung sind vier Stränge L11, L12, L21 und L22 vorhanden. Deren Spannungen müssen einen bestimmten zeitlichen Ablauf besitzen **(Bild 3)**. Aus dem Zeitablaufdiagramm der Steuerschaltung kann ihre Wertetabelle aufgestellt werden.

Beispiel 1:
Aus dem Zeitablaufdiagramm Bild 3 ist die Wertetabelle für die Steuerschaltung eines unipolaren Zweistrang-Schrittmotors zu erstellen.

Lösung: **Bild 4**

Aus dem Zeitablaufdiagramm erkennen wir, daß die Stränge L11 und L12 Spannungen mit entgegengesetzten Pegeln führen, ebenso die Stränge L21 und L22. Die Eingangsvariablen und Ausgangsvariablen von L12 und L22 entfallen also. Für den Rechtslauf ist eine andere Reihenfolge der Spannungen in den Wicklungssträngen erforderlich als für den Linkslauf. Deshalb muß zur Unterscheidung eine zusätzliche Eingangsvariable s vorgesehen werden, die z.B. von einem Schalter S versorgt wird. Die Wertetabelle besitzt also drei Eingangsvariable und zwei Ausgangsvariable.

Soll die Steuerschaltung JK-Flipflops enthalten, so sind wegen der nur zwei Ausgangsvariablen für die Steuerschaltung auch nur zwei JK-Flipflop erforderlich. Aus der Wertetabelle können dann die Schaltfunktion und die Problemfunktion entnommen werden.

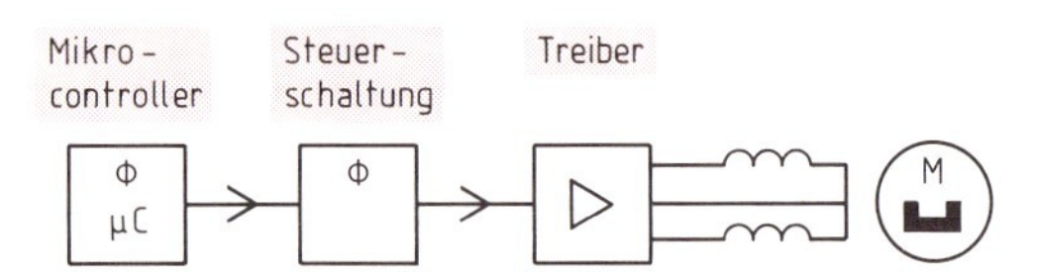

Bild 1: Baugruppen für die Schrittmotor-Ansteuerung

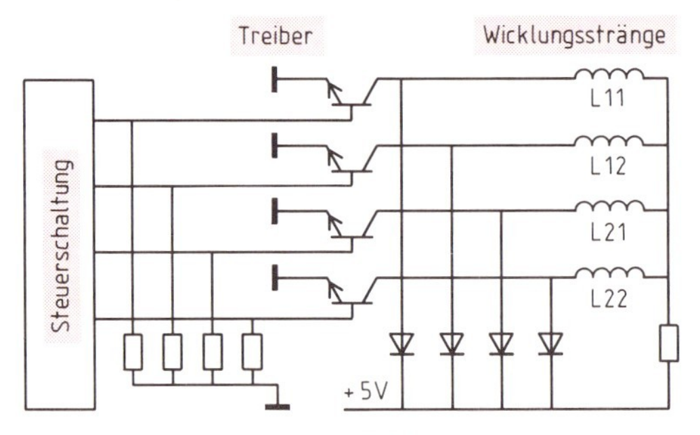

Bild 2: Ansteuerung der Wicklungen

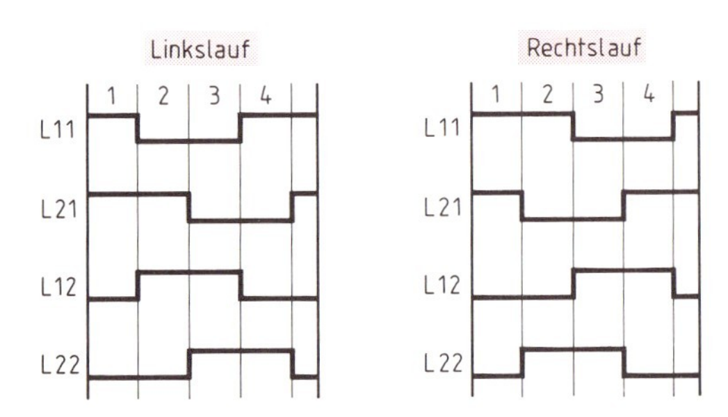

Bild 3: Zeitablaufdiagramm der Strangsignale für Linkslauf und für Rechtslauf

Art	s	l_{21n}	l_{11n}	l_{21n+1}	l_{11n+1}
Rechtslauf	1	1	1	0	1
	1	0	1	0	0
	1	0	0	1	0
	1	1	0	1	1
Linkslauf	0	1	1	1	0
	0	1	0	0	0
	0	0	0	0	1
	0	0	1	1	1

Bild 4: Wertetabelle für Rechtslauf und Linkslauf des Schrittmotors

Beispiel 2:
Aus der Wertetabelle Bild 4, vorhergehende Seite, sind Schaltfunktion und Problemfunktion zu bilden.

Lösung:

$$l_{11n+1} = (s \wedge l_{21n} \wedge l_{11n}) \vee (s \wedge l_{21n} \wedge \overline{l_{11n}}) \vee \vee (\bar{s} \wedge \overline{l_{21n}} \wedge \overline{l_{11n}}) \vee (\bar{s} \wedge \overline{l_{21n}} \wedge l_{11n})$$

$$l_{21n+1} = (s \wedge \overline{l_{21n}} \wedge \overline{l_{11n}}) \vee (s \wedge l_{21n} \wedge \overline{l_{11n}}) \vee \vee (\bar{s} \wedge l_{21n} \wedge l_{11n}) \vee (\bar{s} \wedge \overline{l_{21n}} \wedge l_{11n})$$

Durch Ausklammern von l_{11n} und $\overline{l_{11n}}$ bzw. von l_{21n} und $\overline{l_{21n}}$ erhält man

$$l_{11n+1} = (((s \wedge l_{21n}) \vee (\bar{s} \wedge \overline{l_{21n}})) \wedge l_{11n}) \vee \vee (((\bar{s} \wedge \overline{l_{21n}}) \vee (s \wedge l_{21n})) \wedge \overline{l_{11n}})$$

$$l_{21n+1} = (((s \wedge \overline{l_{11n}}) \vee (\bar{s} \wedge l_{11n})) \wedge l_{21n}) \vee \vee (((s \wedge \overline{l_{11n}}) \vee (\bar{s} \wedge l_{11n})) \wedge \overline{l_{21n}})$$

Die Eingangsfunktionen und damit die Beschaltung der Flipflop erhält man aus den Problemfunktionen.

Beispiel 3:
Wie lauten die Eingangsfunktionen für die J-Eingänge und K-Eingänge der beiden Flipflop nach Beispiel 2?

Lösung:

$$k_1 = \overline{(s \wedge l_{21n}) \vee (\bar{s} \wedge \overline{l_{21n}})} = \overline{s \nleftrightarrow l_{21n}}$$
$$= s \longleftrightarrow l_{21n} \text{ (s XNOR } l_{21n})$$

$$j_1 = (\bar{s} \wedge \overline{l_{21n}}) \vee (s \wedge l_{21n}) = s \nleftrightarrow l_{21n} \text{ (s XOR } l_{21n})$$

$$k_2 = \overline{(s \wedge \overline{l_{11n}}) \vee (\bar{s} \wedge l_{11n})} = \overline{s \nleftrightarrow l_{11n}}$$
$$= s \longleftrightarrow l_{11n} \text{ (s XNOR } l_{11n})$$

$$j_2 = (s \wedge \overline{l_{11n}}) \vee (\bar{s} \wedge l_{11n}) = s \nleftrightarrow l_{11n} \text{ (s XOR } l_{11n})$$

Aus den Eingangsfunktionen der Eingänge der Flipflop erhält man die Beschaltung der Flipflop **(Bild 1)**. Haben die XOR-Elemente zu ihrem nichtinvertierenden Ausgang noch einen invertierenden Ausgang, dann genügen zur Verknüpfung zwei derartige Flipflop.

Bei der *Einstranganssteuerung* wird immer nur ein Wicklungsstrang zu gleicher Zeit erregt **(Bild 2)**. Zunächst wird nur die Wicklung L11 erregt, mit den folgenden Schrittimpulsen werden die Wicklungsstränge L21, L12 und L22 erregt. Wird in einer Ansteuerschaltung abwechselnd in Einstranganssteuerung und Zweistranganssteuerung gearbeitet, führt der Motor jeweils nur einen halben Schritt aus (*Halbschrittansteuerung*). Zunächst ist z.B. nur die Wicklung L11 erregt. Es liegt also Einstrangansteuerungsbetrieb vor. Mit dem folgenden Schrittimpuls werden die Wicklungen L11 und L21 erregt (Zweistranganssteuerungsbetrieb). Mit dem folgenden Schrittimpuls wird nur die Wicklung L21 erregt. Es liegt wieder Einstranganssteuerung vor. Die Halbschrittansteuerung ist insbesondere dann vorteilhaft, wenn Resonanz auftreten kann.

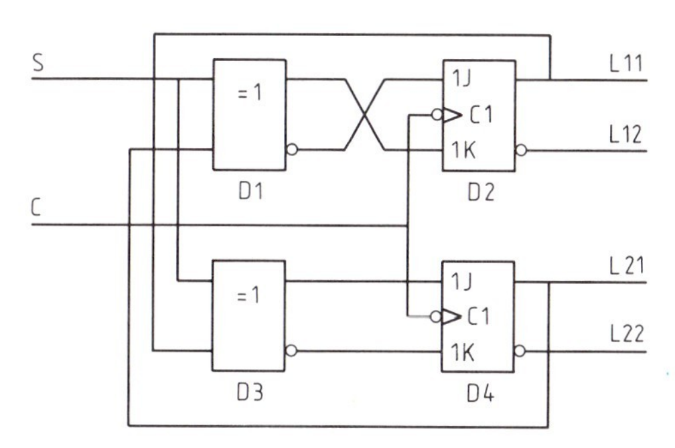

Bild 1: Steuerschaltung für einen unipolaren Zweistrangschrittmotor

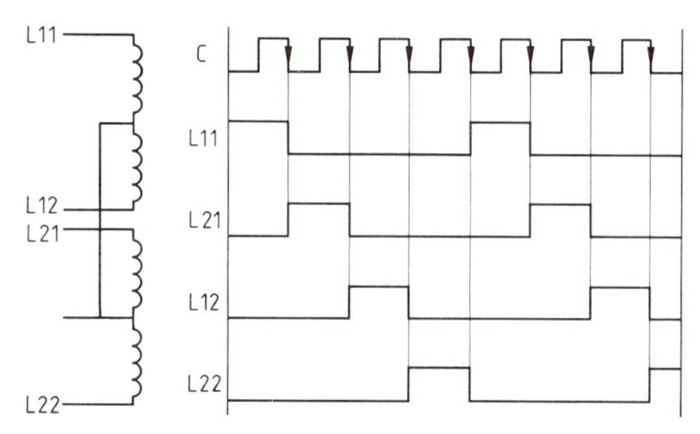

Bild 2: Einstranganssteuerung Zeitablaufdiagramm für Linkslauf

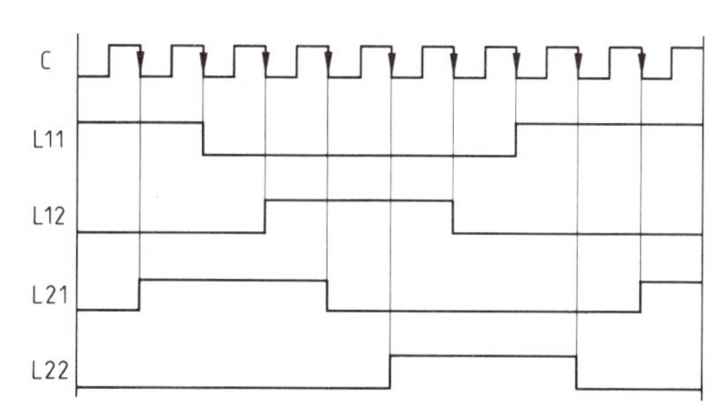

Bild 3: Zeitablaufdiagramm für Halbschrittansteuerung

Wiederholungsfragen

1. **Aus welchen Baugruppen besteht die Ansteuerschaltung für einen Schrittmotor?**
2. **Wie viele Flipflop enthält die Ansteuerschaltung eines Schrittmotors, wenn die Umschaltung von Rechtslauf in Linkslauf durch einen zusätzlichen Schalter erfolgt?**
3. **Welche Arten der Ansteuerung unterscheidet man bei den Schrittmotoren?**

3.3.2 Programmierbare Logikelemente

3.3.2.1 Programmierung und Aufbau

Programmierbare Logikelemente (PLD[1]) enthalten integrierte Schaltkreise, deren Funktionen erst vom Anwender durch Eingriffe in die Hardware verwirklicht werden.

Die Programmierung kann durch Zerstören („Brennen") von als „Schmelzsicherungen" wirkenden, leitenden Verbindungsstellen erfolgen.

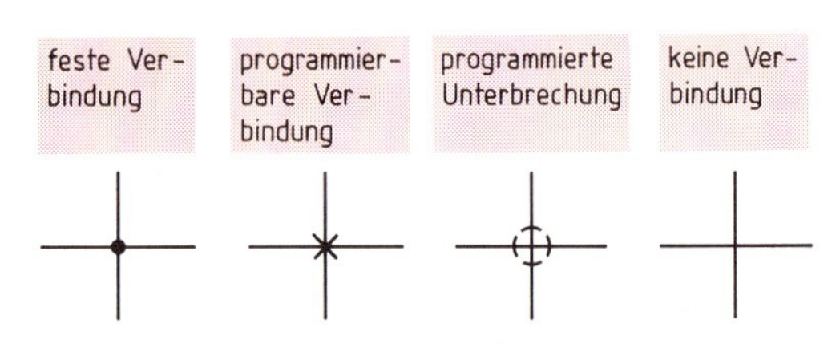

Bild 1: Verbindungsarten in PLD

PLD können durch Trennen von Verbindungen programmiert werden.

Die Darstellung einer Verbindung, deren Unterbrechung programmierbar ist, erfolgt mit einem X **(Bild 1)**. Eine *programmierte* Unterbrechung kann z. B. durch einen gestrichelten Kreis gekennzeichnet werden. Meist werden nur die verbleibenden Verbindungen gezeichnet. Wir verwenden zunächst PLD mit „brennbaren" Verbindungen. Bei ihnen bedeutet ein X, daß die Verbindung bestehen bleibt.

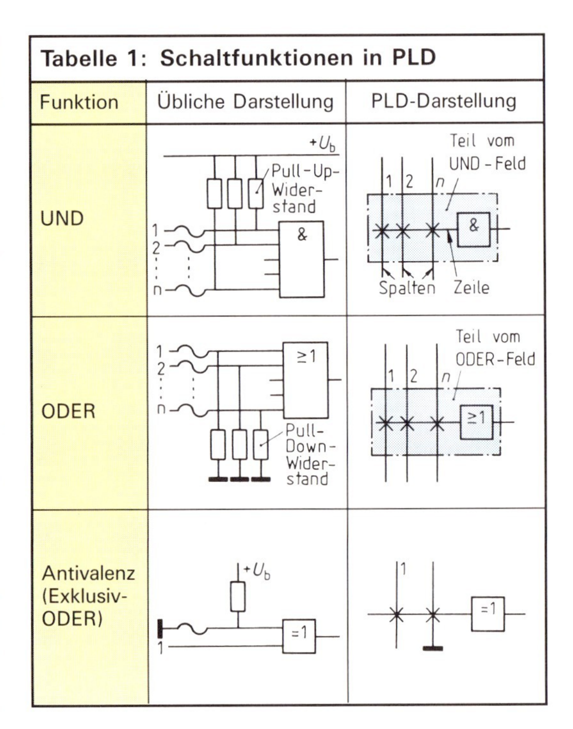

Tabelle 1: Schaltfunktionen in PLD

Funktion	Übliche Darstellung	PLD-Darstellung
UND	$+U_b$, Pull-Up-Widerstand, 1, 2, n, &	Teil vom UND-Feld, 1, 2, n, &, Spalten, Zeile
ODER	1, 2, n, ≥1, Pull-Down-Widerstand	Teil vom ODER-Feld, 1, 2, n, ≥1
Antivalenz (Exklusiv-ODER)	$+U_b$, 1, =1	1, =1

Aufbau von PLD

Programmierbare Logikelemente enthalten eine große Anzahl von UND-Elementen, ODER-Elementen und Exklusiv-ODER-Elementen. Oft besitzen sie bis zu 32 Eingänge. Deshalb wird eine platzsparende Darstellungsart angewendet **(Tabelle 1)**. Die Eingänge der Elemente 1 bis *n* werden als senkrechte Linien (Spalten) gezeichnet, und zu jedem Schaltzeichen führt nur eine waagerechte Linie (Zeile), die auch *Produktlinie* oder *Eingangslinie* heißt. Ein PLD enthält mehrere UND-Elemente, deshalb bezeichnet man diesen PLD-Teil als UND-Feld.

Für die Verbindung der Eingänge des PLD mit dem UND-Feld werden Treiber (Leistungsverstärker) mit invertierendem und nichtinvertierendem Ausgang fest mit je zwei Eingangslinien verbunden **(Bild 2)**.

Beispiel 1:

Welche Signale treten an den Ausgängen des UND-Feldes von Bild 2 auf, wenn E1 und E2 angesteuert werden?

Lösung:

$p_1 = e_1 \wedge \overline{e}_1 \wedge e_2 \wedge \overline{e}_2 = 0$

$p_2 = 1$, da alle Eingänge über die Pull-Up-Widerstände an $+U_b$ (≙ Pegel H) liegen (Tabelle 1).

$p_3 = e_1 \wedge e_2$

$p_4 = \overline{e}_2$

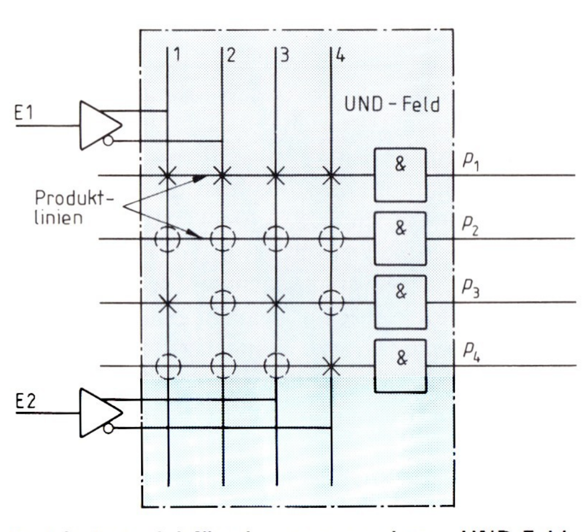

Bild 2: Beispiel für ein programmiertes UND-Feld

[1] PLD von engl. Programmable Logic Device = Programmierbares Logikelement

Die an den Ausgängen der UND-Elemente anstehenden Verknüpfungen von Variablen werden *Produktterme* genannt und meist mit dem Buchstaben p bezeichnet.

Beispiel 2:
Welche Funktionen wurden in **Bild 1** für die Produktterme p_5 und p_6 programmiert?

Lösung: $\mathbf{p_5 = \overline{e}_3 \wedge \overline{e}_4 = \overline{e_3 \vee e_4}}$ **und** $\mathbf{p_6 = e_3}$

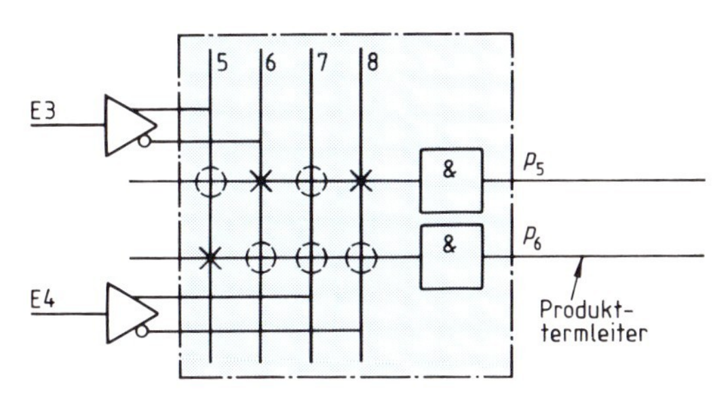

Bild 1: Produkttermbestimmung

3.3.2.2 PAL-Schaltkreise

Durch Zusammenfassen der Ausgänge der Produktterme des UND-Feldes durch ODER-Elemente erhält man Schaltkreise, mit denen eine Vielzahl von Funktionen herstellbar wird. PAL-Schaltkreise[1] bestehen aus einem programmierbaren UND-Feld und damit festverbundenen ODER-Elementen **(Bild 2)**.

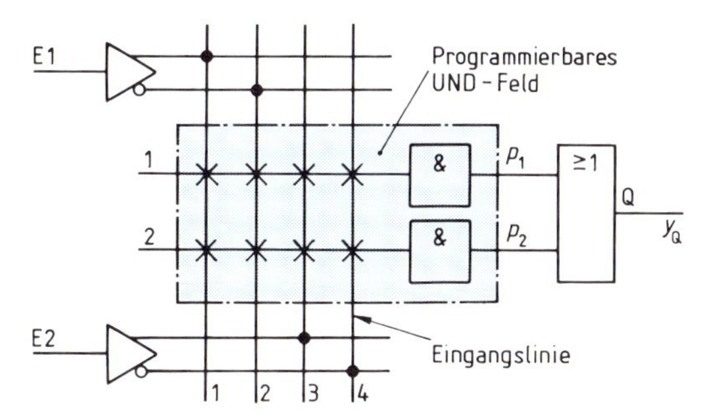

Bild 2: Prinzip des PAL-Schaltkreises (Ausschnitt)

Die Grundstruktur der PAL-Bauelemente ist eine UND-ODER-Schaltung.

Deshalb muß die Funktion, die der PAL-Schaltkreis erfüllen soll, auch in dieser Form vorliegen oder durch Umformen nach den Regeln der Schaltalgebra in diese Form gebracht werden.

Für die Struktur Bild 2 erhält man für den unprogrammierten Zustand des Bauelementes:

$y_Q = (e_1 \wedge \overline{e}_1 \wedge e_2 \wedge \overline{e}_2) \vee (e_1 \wedge \overline{e}_1 \wedge e_2 \wedge \overline{e}_2)$

Zum Programmieren müssen die Funktionen in UND-ODER-Form vorliegen.

Beispiel 1:
Die Funktion $y_Q = (\overline{e}_1 \vee \overline{e}_2) \wedge (e_1 \vee e_2)$ soll mit einem PAL-Schaltkreis verwirklicht werden. a) Formen Sie die Gleichung so um, daß eine UND-ODER-Form entsteht! b) Geben Sie eine zweckmäßige Beschaltung an!

Lösung:

a) $y_Q = (\overline{e}_1 \vee \overline{e}_2) \wedge (e_1 \vee e_2)$
$= (\overline{e}_1 \wedge e_1) \vee (\overline{e}_2 \wedge e_1) \vee (\overline{e}_1 \wedge e_2) \vee (\overline{e}_2 \wedge e_2)$
$= \mathbf{(\overline{e}_1 \wedge e_2) \vee (e_1 \wedge \overline{e}_2)}$

b) **Bild 3**

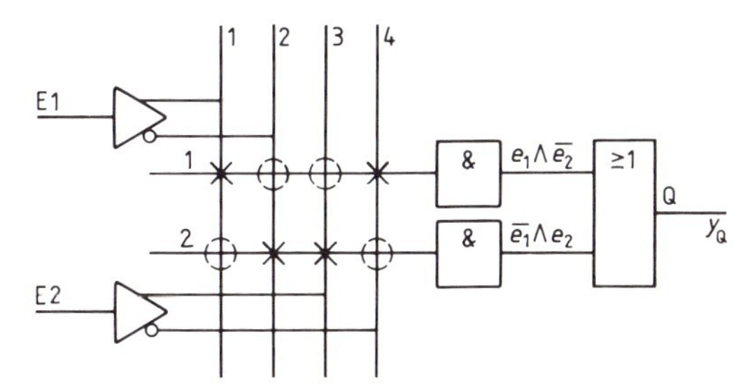

Bild 3: Exklusiv-ODER mit PAL-Schaltkreis

Zur Verwirklichung von komplizierten Schaltfunktionen faßt man eine größere Anzahl Produktterme mit einem ODER-Element zusammen **(Bild 4)**. Die Kennzeichnung (X) der programmierbaren Unterbrechung bzw. Verbindung wird meist weggelassen. Für jeden Produktterm von Bild 4 gilt im unprogrammierten Zustand die Gleichung:

$p = e_1 \wedge \overline{e}_1 \wedge e_2 \wedge \overline{e}_2 \wedge e_3 \wedge \overline{e}_3 \wedge e_4 \wedge \overline{e}_4$

Für den Ausgang ist $y_Q = p_1 \vee p_2 \vee p_3 \vee p_4$.

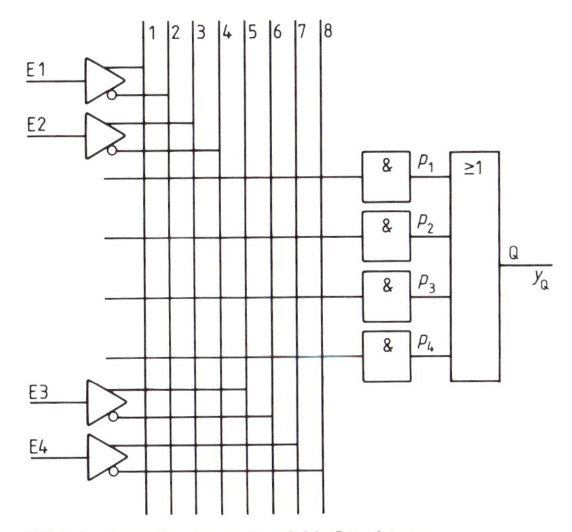

Bild 4: Erweiterung der PAL-Struktur

[1] PAL von engl. Programmable Array Logic = Programmierbare Feld Logik

PAL-Schaltkreis 14H4

Der Schaltkreis hat 14 Eingänge (Anschlüsse 1 bis 9, 11 bis 13 und 18, 19) und vier Ausgänge (Anschlüsse 14 bis 17) **(Bild 1)**. Jeder Ausgang faßt mit einem ODER-Element vier Produktterme zusammen. Der Buchstabe H kennzeichnet Ausgänge ohne NICHT-Element **(Tabelle 1, folgende Seite)**.

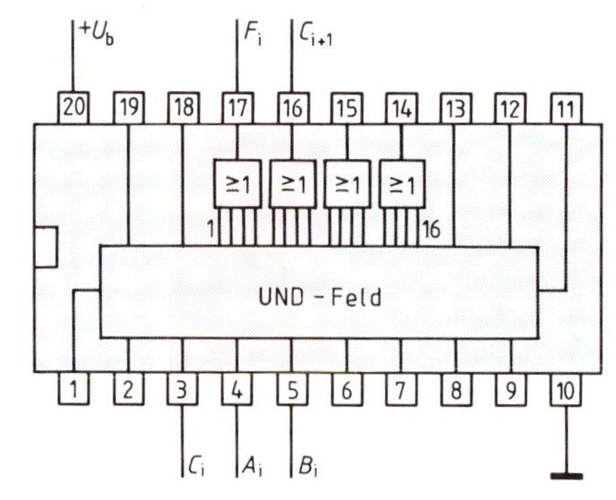

Bild 1: Vereinfachte Darstellung des PAL 14H4

Beispiel 2:

Entwicklen Sie einen 1-Bit-Volladdierer mit dem PAL 14H4, der die Eingänge 3, 4 und 5, sowie die Ausgänge 16 und 17 benutzt! Verwenden Sie für die Summenbildung die Gleichung $f_i = (a_i \wedge \overline{b}_i \wedge \overline{c}_i) \vee (\overline{a}_i \wedge b_i \wedge \overline{c}_i) \vee (\overline{a}_i \wedge \overline{b}_i \wedge c_i) \vee (a_i \wedge b_i \wedge c_i)$ und für den Übertrag $c_{i+1} = (a_i \wedge b_i) \vee (a_i \wedge c_i) \vee (b_i \wedge c_i)$!

Lösung: **Bild 2**

Der 1-Bit-Volladdierer benutzt nur drei von 12 Eingängen und die Hälfte der Ausgänge.

Programmiervorgang

Programmiert werden die PAL-Schaltkreise mit einem PAL-Programmiergerät, das ähnlich wie ein EPROM-Programmiergerät aufgebaut ist. Nach dem Eingeben der Typbezeichnung am Programmiergerät stellt dieses die notwendige Brennspannung, z. B. 10,5 V, für den gewählten PAL-Typ zur Verfügung. Außerdem verbindet es die Anschlüsse des PAL-Schaltkreises zum Programmieren so mit dem Programmiergerät, daß jede einzelne „brennbare Schmelzsicherung" programmiert werden kann. Meist wird anschließend noch vom Programmiergerät eine Überprüfung der hergestellten Funktionen auf Fehlerfreiheit durchgeführt.

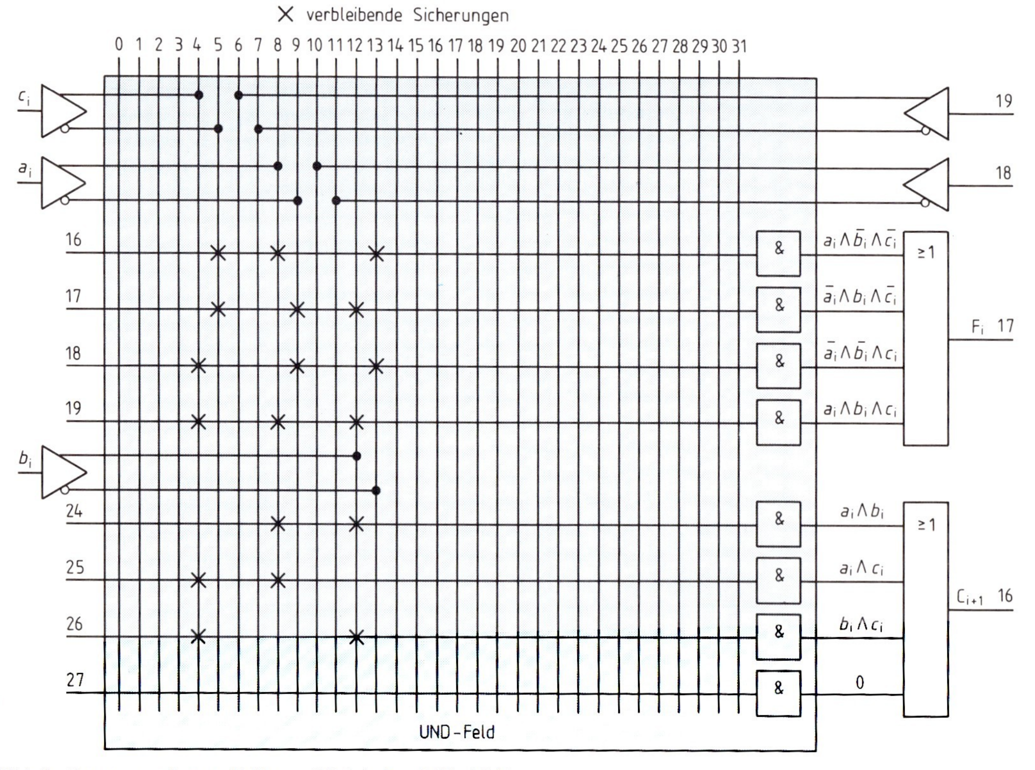

Bild 2: Programmierter Teil von Bild 1 des PAL 14H4

Erweiterungen der UND-ODER-Grundstruktur

Durch Anfügen eines programmierbaren Exklusiv-ODER-Elementes an einen Produktterm können UND-Verhalten oder NAND-Verhalten programmiert werden **(Bild 1)**. Bei nicht erfolgter Unterbrechung erhält man UND-Produktterme, andernfalls NAND-Produktterme. Ausgänge mit invertiertem Signal erhält man durch Anfügen eines NICHT-Elementes an das ODER-Element **(Bild 2)**. Zusätzlich kann die Invertierung auch mit einer von einem Produktterm angesteuerten Tristateschaltung versehen sein.

Für sequentielle Schaltungen verwendet man Ausgänge, die meist D-Flipflop enthalten. Meist wird der Eingang D an den Ausgang eines ODER-Elementes geschaltet **(Bild 3)**. Das Taktsignal kann durch entsprechende Programmierung z. B. mit dem PLD-Eingang E1 verbunden werden.

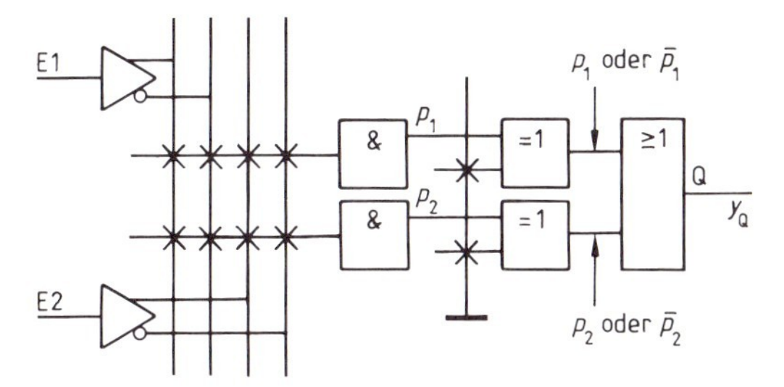

Bild 1: PAL für NAND-Produktterme

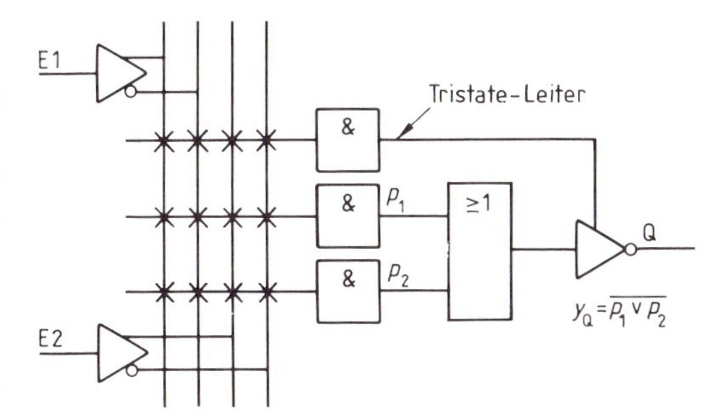

Bild 2: PAL mit invertiertem Tristateausgang

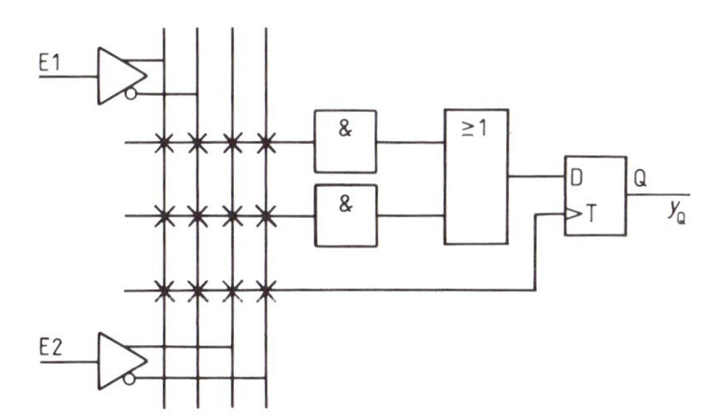

Bild 3: PAL mit D-Flipflop-Ausgang

Kennzeichnung von PAL-Schaltkreisen

Die Bezeichnung von PAL-Bauelementen enthält Angaben über die Art der Eingangsbeschaltung, die Zahl der Eingänge, die Zahl der Ausgänge und die Art der Ausgangsbeschaltung **(Tabelle 1)**.

Nach der Bezeichnung des Herstellers, z. B. PAL oder GAL[1], wird die Eingangsbeschaltung beschrieben. Ein R bedeutet, daß die Eingänge Flipflop zur Zwischenspeicherung von Daten enthalten. Ein N kann auch entfallen.

Die folgende Zahl, z. B. 16, gibt die Zahl der maximal möglichen Eingänge an. In dieser Zahl sind die Ausgänge mitenthalten, die auch als Eingänge programmiert werden können. Mit dem folgenden Buchstaben, z. B. L für Low-aktiv, wird die Ausgangsbeschaltung gekennzeichnet. Die folgende Zahl, z. B. 8, gibt die Zahl der maximal möglichen Ausgänge an.

Tabelle 1: PAL-Bezeichnungen (Auswahl)

Feld	Bezeichnung	Bedeutung, Übersetzung
1	PAL	Firmenbezeichnung
2	N R	No, kein Eingangsregister Register, Eingangsregister
3	16	Zahl der möglichen Eingänge
4	L H R V	Low, Ausgang L-aktiv High, Ausgang H-aktiv Register, Ausgangsregister Variabler Ausgang, meist auch programmierbar
5	8	Zahl der möglichen Ausgänge
Beispiel: PAL N 16 L 8		

Wiederholungsfragen

1. **Welche Verbindungsarten enthalten programmierbare Logikelemente?**
2. **Wie können Verbindungen programmiert werden?**
3. **Woraus besteht ein UND-Feld?**
4. **Warum wird eine matrixförmige Darstellung für das UND-Feld verwendet?**
5. **Was versteht man bei einem PAL unter einem Produktterm?**
6. **Welche Grundstruktur wird bei PAL-Schaltkreisen verwendet?**
7. **In welcher schaltalgebraischen Form müssen die Funktionen zum Programmieren vorliegen?**
8. **Wie werden PAL-Schaltkreise gekennzeichnet?**

[1] GAL von engl. Generic Array Logic = Gattungsfeld Logik

3.3.2.3 Schaltkreise mit zwei programmierbaren Feldern

Mit FPLA-Schaltkreisen[1] lassen sich die meisten Funktionen einfacher, d. h. ohne Umformen der logischen Gleichungen, verwirklichen. FPLA-Schaltkreise enthalten ein programmierbares UND-Feld und ein programmierbares ODER-Feld **(Bild 1)**. Jeder Produktterm des UND-Feldes kann durch die programmierbaren Verbindungen mit allen Eingängen eines ODER-Terms, durch die Gleichung $y = p_1 \vee p_2 \vee p_3 \vee p_4$ verbunden werden. Die Anzahl der Eingänge E und der Ausgänge Q ist durch die vorhandenen Anschlüsse des Schaltkreises eingeschränkt.

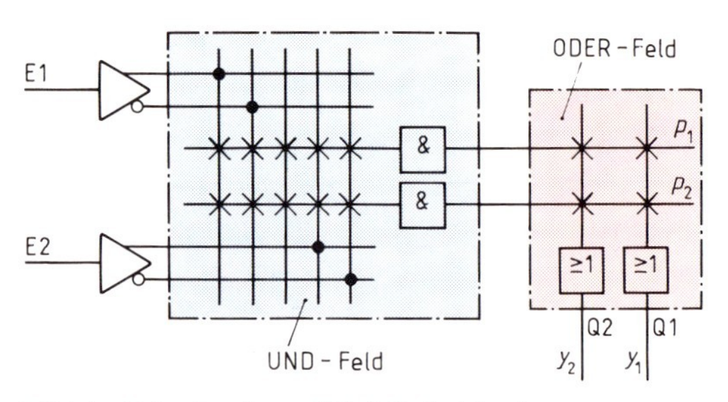

Bild 1: Prinzip eines FPLA-Schaltkreises

Beispiel 1:
Programmieren Sie mit einem FPLA-Schaltkreis die Funktionen a) $y_1 = e_1 \wedge e_2$, b) $y_2 = (e_1 \wedge e_2) \vee (e_3 \wedge e_4)$ und c) $y_3 = (e_1 \wedge e_2) \vee (e_3 \wedge e_4) \vee (\overline{e}_3 \wedge \overline{e}_4) \vee \overline{e}_1$!
Lösung: **Bild 2**

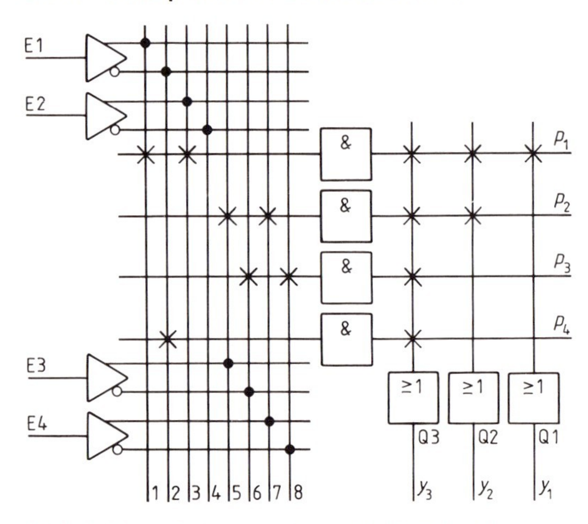

Bild 2: Ausschnitt aus einem FPLA-Schaltkreis

Ein Produktleiter, z. B. p_1, kann allein eine ODER-Verknüpfung verwenden. Es können aber auch zwei Produktleiter gemeinsam, z. B. p_2 und p_3, eine ODER-Verknüpfung teilen. Es lassen sich aber auch Verknüpfungen aller UND-Produktleiter mit einer ODER-Verknüpfung herstellen.

3.3.2.4 PROM-Schaltkreis als PLD

PROM[2] sind Schaltkreise, bei denen das UND-Feld fest verdrahtet und das ODER-Feld programmierbar ist **(Bild 3)**.

Die Gleichungen für die nicht programmierten Ausgänge lauten:

$$y_1 = (\overline{e}_1 \wedge \overline{e}_2) \vee (e_1 \wedge \overline{e}_2) \vee (\overline{e}_1 \wedge e_2) \vee (e_1 \wedge e_2)$$

$$y_2 = (\overline{e}_1 \wedge \overline{e}_2) \vee (e_1 \wedge \overline{e}_2) \vee (\overline{e}_1 \wedge e_2) \vee (e_1 \wedge e_2)$$

Da alle Kombinationen der Eingangsvariablen e_1 und e_2 vorhanden sind, liegt eine vollständige ODER-Normalform vor. Zu programmierende Funktionen müssen in dieser Form vorliegen, z. B. durch Erstellen einer Wertetabelle.

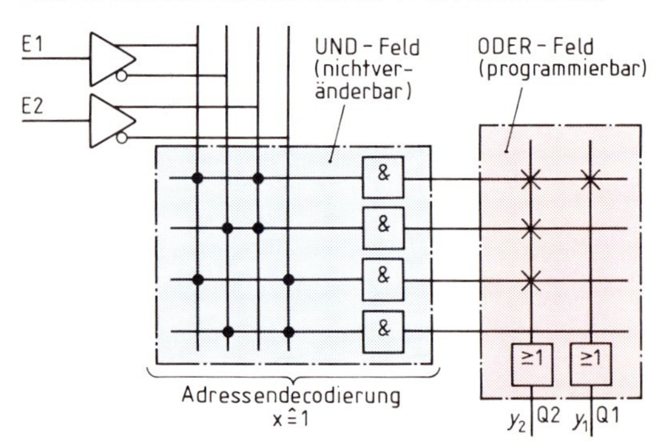

Bild 3: Unprogrammierter PROM als PLD

Beispiel 2:
Programmieren Sie a) $y_1 = e_1 \wedge e_2$ und b) $y_2 = e_1 \vee e_2$
Lösung: **Bild 3**

Eine „programmierte" Verbindung wird als Dateninhalt 1 in die einzelnen Speicherzellen des PROM geschrieben **(Bild 4)**.

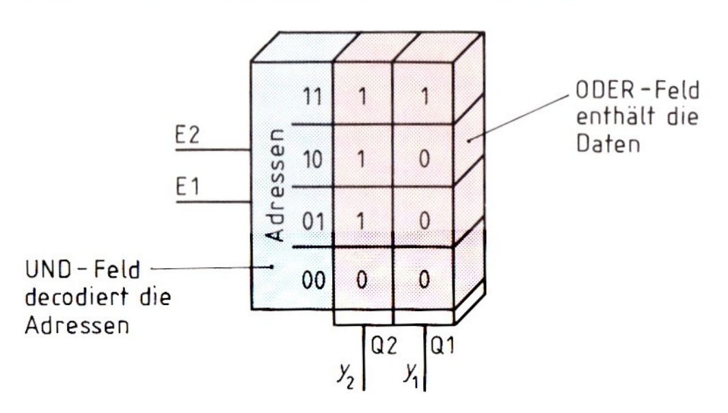

Bild 4: Ersatzdarstellung eines PROM

[1] FPLA von engl. Field-Programmable Logic Array = Feldprogrammierbare Logik Anordnung

[2] PROM von engl. Programmable Read Only Memory = Programmierbarer Nur-Lese-Speicher

3.3.2.5 EPLD-Logikschaltkreis EP310

Der EP310[1] ist ein EPLD[2] in einem 20poligen DIL-Gehäuse[3] mit Quarzglasfenster. Die verwendeten EPROM-Zellen sind mit UV-Strahlung löschbar. Deshalb sind EPLD wiederholt programmierbar.

Der EP310 hat 10 Eingänge und acht Ausgänge **(Bild 1)**. Die Ausgänge sind durch entsprechende Programmierung auch als Eingänge verwendbar. Das Bauelement besteht aus acht gleichartigen *Makrozellen* **(Bild 2)**. Eine Makrozelle besteht aus einem PLA-Block (Programmable Logic Array = = Programmierbares Logikfeld), einem EA-Block (Eingang-Ausgang) und einem tristategesteuerten Ausgangspuffer.

Ein PLA-Block besteht aus 36 Eingangslinien, 9 Produktlinien und dem ODER-Element mit 8 Eingängen (Bild 2). Jeder EA-Block ist jeweils mit allen acht Eingängen Pin2 bis Pin9, und acht Anschlüssen Pin12 bis Pin19, die als Ausgänge oder durch Programmierung auch als Eingänge verwendbar sind, verbunden.

Eine Besonderheit ist die Eingangslinie 1 auf Pin1. Sie wird als Takt direkt auf sämtliche EA-Blöcke des Bausteins geführt, die invertierte Eingangslinie 0 ist wie üblich verwendbar. Mit der Produktlinie OE (Output Enable = Ausgang hochohmig schalten) kann der Ausgang der Makrozelle in den Tristate-

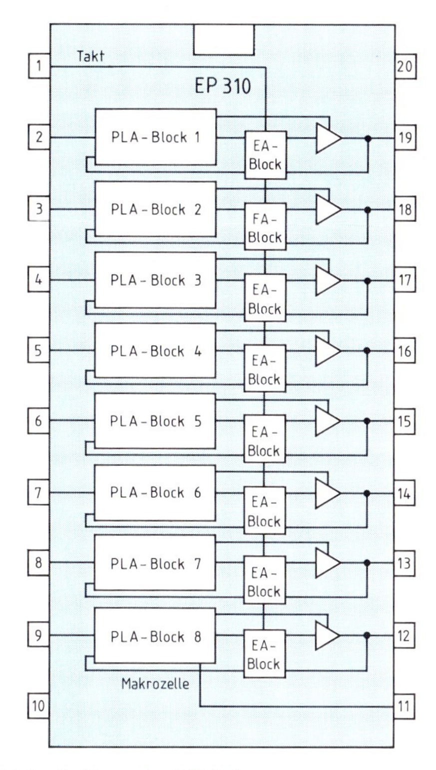

Bild 1: Aufbau des EP 310

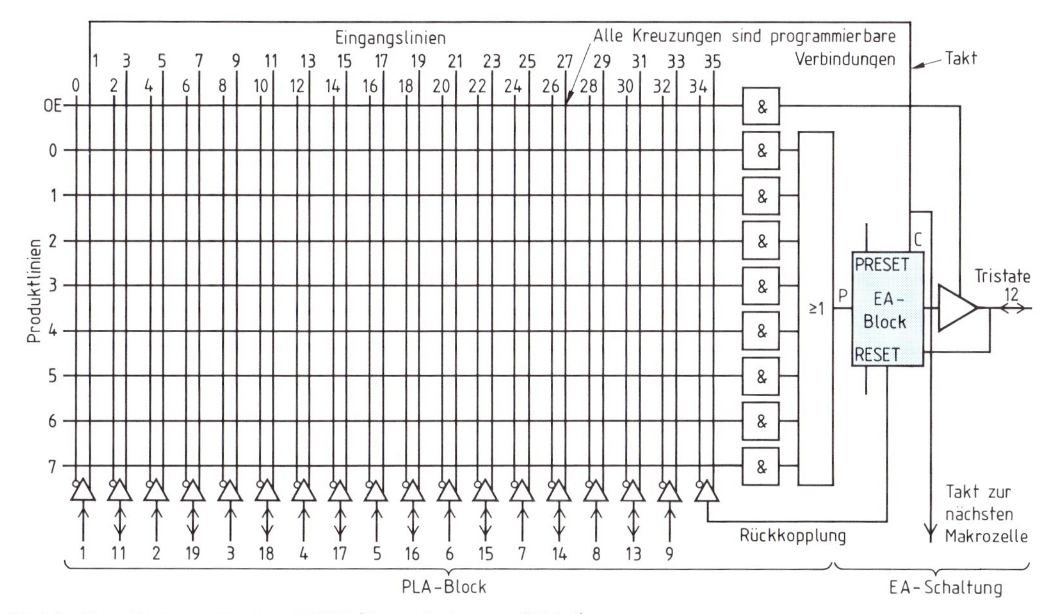

Bild 2: Eine Makrozelle des EP310 (Ausschnitt von Bild 1)

[1] EP von engl. Erasable Programmable = löschbar programmierbar; [2] EPLD von engl. Erasable PLD = löschbarer PLD-Schaltkreis
[3] DIL von engl. Dual-In-Line = zwei in Reihe

zustand versetzt werden, so daß z. B. der Pin 12 (Bild 2, vorhergehende Seite) als Eingang verwendbar ist. Zusätzlich sind je ein Setzeingang (PRESET) und Rücksetzeingang (RESET) vorhanden.

Diese beiden Flipflopanschlüsse sind taktunabhängig. Durch den EA-Block **Bild 1** erhält der Schaltkreis seine Vielseitigkeit. Der EA-Block besteht aus einem D-Flipflop und den programmierbaren Transistorschaltergruppen für die Ausgangswahl SA und die Rückkopplungsanwahl SR **(Tabelle 1)**. Mit SA1 wird die Produktsumme der Makrozelle direkt und mit SA2 invertiert auf den Ausgang geschaltet. Wird das D-Flipflop verwendet, dienen dazu SA3 und SA4. Mit SR1 in der Rückkopplungsanwahl wird die Produktsumme der jeweiligen Makrozelle direkt mit dem PLA-Block verbunden. Der Q-Ausgang des D-Flipflop wird mit SR2 zurückgeführt. SR3 schaltet den Ausgang als Eingang, wobei der Ausgangspuffer hochohmig geschaltet sein muß. Mit SA4 und SR3 wird der Ausgang $\overline{Q}$ des Flipflop zurückgeführt.

Beispiel:

Stellen Sie die Schalter im EA-Block so ein, daß a) der Ausgang P des PLA-Blocks über das D-Flipflop nichtinvertierend mit dem EA-Anschluß verbunden wird und b) das Signal an P zur weiteren Verwendung in einer anderen Makrozelle zurückgekoppelt wird!

Lösung:

a) Transistorschalter SA3 wird geschlossen und

b) Schalter SR1 wird geschlossen. Alle anderen Transistorschalter bleiben geöffnet.

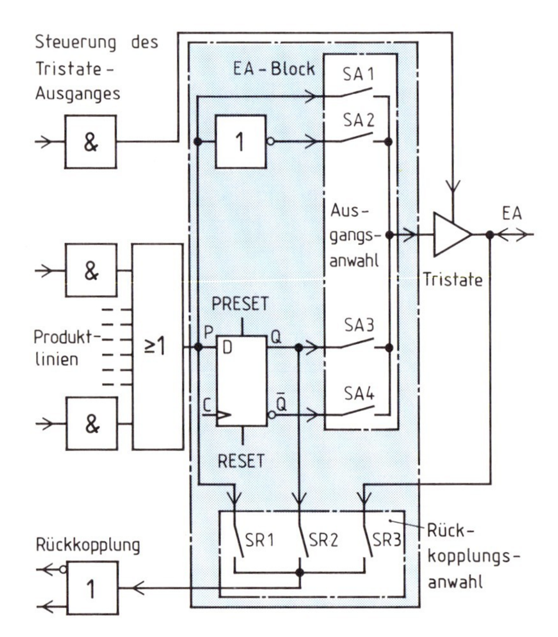

Bild 1: Struktur des EA-Blocks

Tabelle 1: Bedeutung der Schaltergruppen SA und SR im EA-Block

Schalter-gruppen	Wirkung
SA1	Der PLA-Blockausgang P wird direkt nichtinvertierend mit dem Anschluß EA verbunden.
SA2	Der PLA-Blockausgang P wird direkt, aber invertierend mit dem Anschluß EA verbunden.
SA3	Zwischen den Anschluß EA und dem PLA-Blockausgang wird ein D-Flipflop mit nichtinvertierendem Ausgang Q geschaltet.
SA4	Zwischen den Anschluß EA und den PLA-Blockausgang wird ein D-Flipflop mit invertierendem Ausgang Q geschaltet.
SR1	Der PLA-Blockausgang P wird direkt auf die Produktlinien aller Makrozellen zurückgeführt.
SR2	Der PLA-Blockausgang wird über ein D-Flipflop auf die Produktlinien aller Makrozellen zurückgeführt.
SR3	Der Blockausgang EA wird als Eingang verwendet und direkt auf die Produktlinien aller Makrozellen geführt.

Wiederholungsfragen

1. **Welche Vorteile bieten Schaltkreise mit programmierbarem UND-Feld und programmierbarem ODER-Feld?**
2. **Was bedeutet Produktleiterteilung?**
3. **Welches Feld wird beim PROM-Schaltkreis programmiert?**
4. **Welche Gleichungsform müssen die Eingangsvariablen für die PROM-Programmierung haben?**
5. **Wodurch unterscheiden sich PAL, FPLA und PROM?**
6. **Welche Eigenschaften hat eine Makrozelle?**
7. **Wozu dient der EA-Block im EPLD-Schaltkreis?**
8. **Aus welchen Baugruppen besteht ein PLA-Block?**
9. **Wozu dient der Anschluß OE im PLA-Block?**
10. **Nennen Sie die vier Arten einen EA-Anschluß mit einer Makrozelle zu verbinden!**
11. **Wozu dienen die SR-Schalter?**

3.3.3 Rechenwerke

3.3.3.1 Halbaddierer und 1-Bit-Volladdierer

In den Rechenwerken sind 1-Bit-Volladdierer enthalten. 1-Bit-Volladdierer sind aus zwei Halbaddierern in Serienschaltung herstellbar. Halbaddierer können zwei *Dualziffern* addieren. Halbaddierer bestehen aus einem Exklusiv-ODER-Element und parallel dazu einem UND-Element **(Bild 1)**. Sie bilden die Summe s und gegebenenfalls einen Übertrag $ü$ **(Bild 2)**.

Halbaddierer können zwei Dualziffern addieren.

Beispiel 1:
Wie groß sind Summe s und Übertrag $ü$ bei der Addition mit Schaltung Bild 1 für die Dualziffern a) $a = 0$ und $b = 1$, b) $a = 1$ und $b = 1$?

Lösung:
a) $s = (a \wedge \bar{b}) \vee (\bar{a} \wedge b) = (0 \wedge 0) \vee (1 \vee 1) = \mathbf{1}$
$ü = a \wedge b = 0 \wedge 1 = \mathbf{0}$

b) $s = (1 \wedge 0) \vee (0 \wedge 1) = \mathbf{0}$; $ü = 1 \wedge 1 = \mathbf{1}$

1-Bit-Volladdierer können zwei Dualziffern *und* den Übertrag aus der vorhergehenden Stufe, z. B. einem Halbaddierer oder einem Volladdierer, addieren. Sie bestehen aus zwei Halbaddierern und einem ODER-Element **(Bild 3)**. Bei der Addition bilden sie die Summe s und einen Übertrag $ü_2$ **(Bild 4)**.

1-Bit-Volladdierer können drei Dualziffern addieren, nämlich zwei Dualziffern und einen Übertrag als weitere Dualziffer.

Beispiel 2:
Wie groß sind Summe s und Übertrag $ü_2$ bei einem 1-Bit-Volladdierer nach Bild 2 für a) $a = 1$, $b = 0$, $ü_1 = 0$, b) $a = 1$, $b = 1$, $ü_1 = 1$

Lösung:
Nach Wertetabelle Bild 4: a) $s = \mathbf{1}$ und $ü_2 = \mathbf{0}$
b) $s = \mathbf{1}$ und $ü_2 = \mathbf{1}$

In den Symbolen für den 1-Bit-Volladdierer (Bild 4) steht CI für den Übertragseingang (C von Carry = Übertrag, I von Input) und CO für den Übertragsausgang (O von Output). In der Form 1 ist die Fähigkeit zur Addition durch das Summenzeichen Σ angegeben. Die Form 2 enthält ein *Ungerade-Element* und ein *Schwellwertelement,* weil nach der Wertetabelle von Bild 4 für eine ungerade Zahl der Werte 1 an den Eingängen $s = 1$ und für zwei und mehr Werte 1 an den Eingängen $ü_2 = 1$ ist.

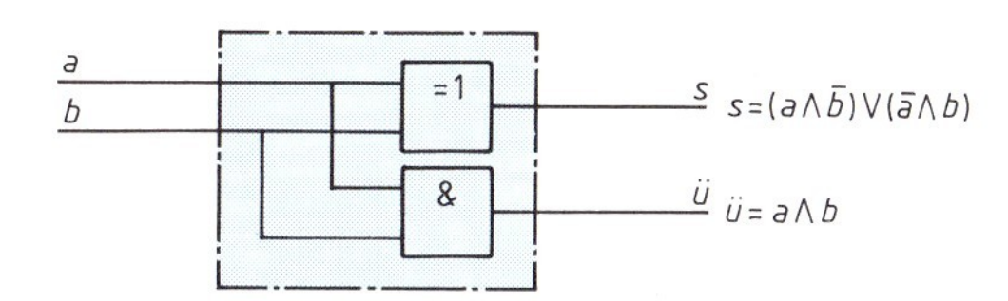

Bild 1: Verwirklichung eines Halbaddierers

Wertetabelle

b	a	s	$ü$
0	0	0	0
0	1	1	0
1	0	1	0
1	1	0	1

Symbol

Bild 2: Halbaddierer

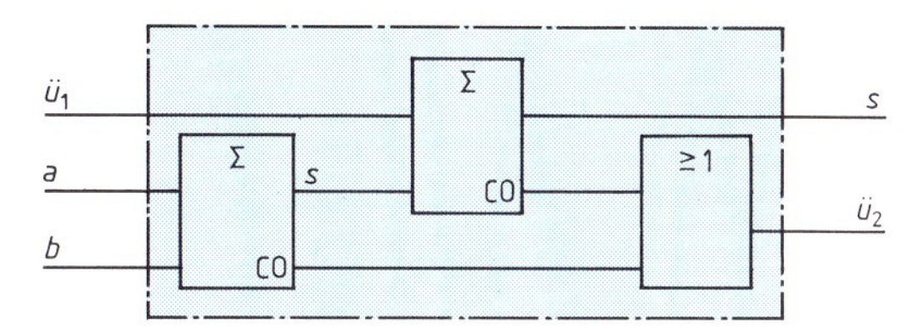

Bild 3: Serieller 1-Bit-Volladdierer

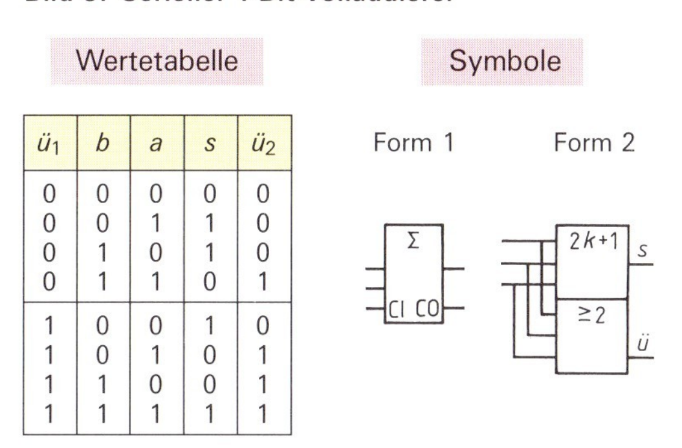

Wertetabelle

$ü_1$	b	a	s	$ü_2$
0	0	0	0	0
0	0	1	1	0
0	1	0	1	0
0	1	1	0	1
1	0	0	1	0
1	0	1	0	1
1	1	0	0	1
1	1	1	1	1

Bild 4: 1-Bit-Volladdierer

Die Verwirklichung der Schaltung für den 1-Bit-Volladdierer kann auch durch die Programmierung eines PAL oder eines Mikroprozessors erfolgen.

Wiederholungsfragen

1. **Welche Fähigkeiten hat ein Halbaddierer?**
2. **Aus welchen Bauelementen besteht ein 1-Bit-Volladdierer?**
3. **Welche Aufgaben kann ein 1-Bit-Volladdierer übernehmen?**
4. **Warum kann beim 1-Bit-Volladdierer der Summenausgang von einem Ungerade-Element gespeist werden?**

3.3.3.2 Parallele Rechenwerke

Paralleler Addierer

Beim parallelen Addierer werden die Werte der zu addierenden Zahlen parallel (gleichzeitig) an die 1-Bit-Volladdierer gelegt. Man braucht deshalb so viele 1-Bit-Volladdierer, wie die längste Zahl Stellen hat, beim 4-Bit-Addierer also vier 1-Bit-Volladdierer **(Bild 1)**. Die Summen und die Überträge sind in Bild 1 nach ihrer Stellenwertigkeit numeriert, also mit 1, 2, 4, 8 und für den Übertrag in die nächste Tetrade mit 16. Die Rechenzeit für eine Tetrade nach Bild 1 ist dabei wegen der Übertragseingabe so groß wie die vierfache Signallaufzeit eines 1-Bit-Volladdierers. Die Schaltung ist für mehrere Tetraden durch Aneinanderhängen von 4-Bit-Volladdierern erweiterbar. Es gibt auch Schaltungen, die schneller arbeiten.

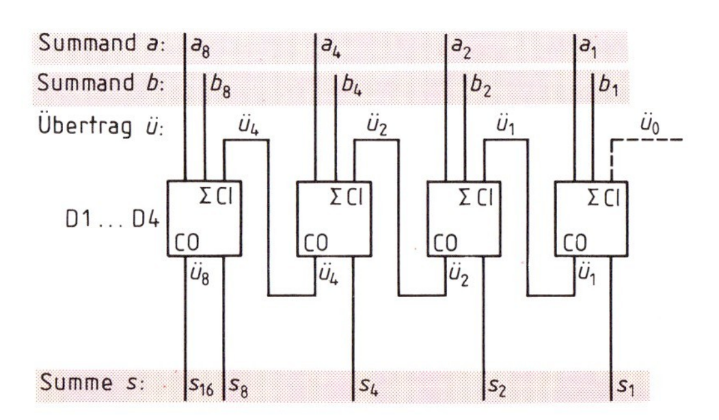

Bild 1: 4-Bit-Volladdierer

Das Symbol für den 4-Bit-Volladdierer gibt bei den Eingängen P und Q sowie den Ausgängen die Stellenwertigkeiten 1, 2, 4, 8 bzw. 2^0, 2^1, 2^2, 2^3 mit den Exponenten 0 bis 3 an, den Eingangsübertrag mit CI und den Ausgangsübertrag mit CO **(Bild 2)**.

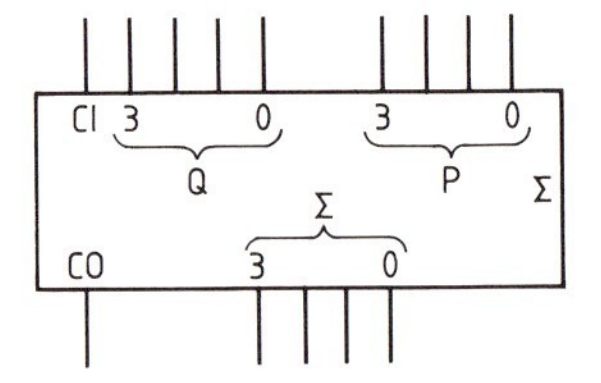

Bild 2: Symbol für 4-Bit-Volladdierer

Ergebnis	positiv (Übertrag 1)	negativ (Übertrag 0)
a b	1 0 1 1 −0 1 1 0	1 0 1 1 −1 1 0 0
a 1-Komplement	1 0 1 1 +1 0 0 1	1 0 1 1 +0 0 1 1
Zwischenergebnis Korrektur Komplement-bildung	1 0 1 0 0 +1	0 1 1 1 0 0 0 0 1
Ergebnis	+0 1 0 1	−0 0 0 1

Bild 3: Subtraktion von 4-Bit-Dualzahlen mittels 1-Komplementaddition

Paralleler Addierer-Subtrahierer

Die Beschaltung des 4-Bit-Volladdierers mit weiteren binären Elementen erweitert die Schaltung so, daß auch subtrahiert werden kann. Die Beschaltung bleibt in der Schalterstellung ADDIEREN (Signalwert 0) unwirksam.

Die Subtraktion wird durch Addition des 1-Komplements vorgenommen, wobei nach der Addition eine Korrektur vorzunehmen ist (siehe Mathematik für Elektroniker, Ausgabe Informationstechnik und Industrieelektronik). Das Verfahren nach **Bild 3** ist in Schaltung **Bild 4** angewendet. Die Komplementbildung (Invertierung) erfolgt in jeder Tetrade durch vier Exklusiv-ODER-Elemente in Verbindung mit einem Schalter, der an einen ihrer Eingänge für die Subtraktion Signale mit dem Wert 1 legt. Die Korrektur für das Verfahren Bild 3 wird durch die Beschaltung vorgenommen.

Erscheint bei $ü_8$ ein Übertrag, dann muß das positive Ergebnis nach Bild 3 um 1 erhöht werden. Das erfolgt über das UND-Element und den 4-Bit-Volladdierer, der nun alles um 1 erhöht. Durch die Exklusiv-ODER-Elemente D8 bis D11 erfolgt

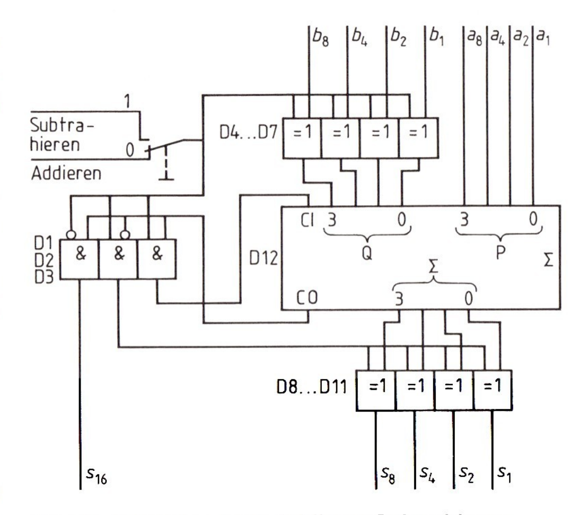

Bild 4: Paralleler 4-Bit-Addierer-Subtrahierer

keine Invertierung, da jeweils ein Eingang ein Signal mit dem Wert 0 hat.

Erscheint bei $ü_8$ kein Übertrag, dann muß das negative Ergebnis invertiert werden. Das erfolgt über D2, wodurch an die Exklusiv-ODER-Elemente D8 bis D11 jeweils ein Eingangssignal mit dem Wert 1 gelegt wird. Dadurch erscheinen an den Ausgängen die invertierten Signale.

Beispiel:

In Schaltung Bild 4, vorhergehende Seite, sind b_8 bis b_1 0100 und a_8 bis a_1 1001. Wie groß sind a) die Ausgangssignale der Exklusiv-ODER-Elemente D4 bis D7 beim Subtrahieren, b) die Ausgangssignale der Schaltung s_1 bis s_{16}?

Lösung: a) **1011**; b) **0101**

Paralleler Multiplizierer

Beim Multiplizierer wird jede Stelle des Multiplikators mit dem Multiplikanden multipliziert **(Bild 1)**. Das erfordert bei einem 4-Bit-Multiplizierer $4 \times 4 = 16$ UND-Elemente. Nach der Multiplikation einer folgenden Stelle mit dem Multiplikanden wird zu einem Zwischenergebnis oder zuletzt zum Endergebnis addiert (Bild 1). Das erfordert bei einem 4-Bit-Multiplizierer drei 4-Bit-Volladdierer **(Bild 2)**.

Multiplikand a = 1110
Multiplikator b = 0101

$b_1 = 1$: $1 \cdot 1110 =$	1110	4 UND-Elemente
$b_2 = 0$: $0 \cdot 1110 =$	0000	4 UND-Elemente
	0111	1 4-Bit-Volladdierer
$b_4 = 1$: $1 \cdot 1110 =$	1110	4 UND-Elemente
	10001	1 4-Bit-Volladdierer
$b_8 = 0$: $0 \cdot 1110 =$	0000	4 UND-Elemente
Produkt:	1000110	1 4-Bit-Volladdierer

Bild 1: Rechengang bei der Multiplikation des parallelen Multiplizierers

Wiederholungsfragen

1. **Wieviele 1-Bit-Volladdierer sind im parallelen 4-Bit-Volladdierer enthalten?**
2. **Wie groß ist die Rechenzeit für eine Tetrade beim parallelen 4-Bit-Volladdierer?**
3. **Auf welche Weise erfolgt die Subtraktion beim parallelen Subtrahierer?**
4. **Mit welchem binären Element kann die Invertierung beim parallelen Addierer erfolgen?**
5. **Wieviele UND-Elemente sind in einem parallelen 4-Bit-Multiplizierer enthalten?**
6. **Wieviele 4-Bit-Volladdierer enthält ein paralleler 4-Bit-Multiplizierer?**

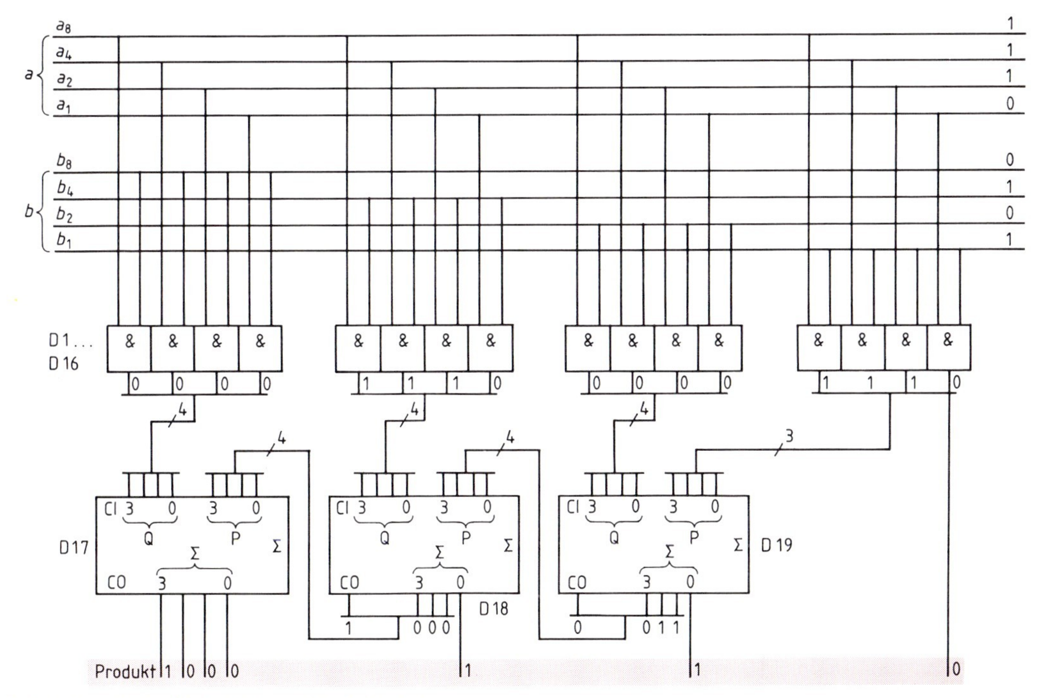

Bild 2: Paralleler Multiplizierer für 4-Bit-Faktoren

3.3.3.3 Serielle Rechenwerke

Serielles Addierwerk

Bauelemente der sequentiellen Digitaltechnik ermöglichen die Entwicklung von Rechenwerken für die Grundrechenfunktionen Addieren, Subtrahieren und Multiplizieren. Notwendig hierzu sind Taktgeneratoren, Schieberegister, Flipflop und 1-Bit-Volladdierer.

Beispiel 1:

Mittels zweier Schieberegister, eines Taktgenerators, eines D-Flipflops sowie eines 1-Bit-Volladdierers ist ein Addierwerk für 8-Bit-Worte aufzubauen.

Lösung: **Bild 1**

Die erste der beiden zu addierenden Zahlen wird über die Paralleleingänge des Schieberegisters D1 in dieses durch Signal am Speichereingang SP (Setzeingang für paralleles Einlesen) eingelesen. Die zweite Zahl gelangt in gleicher Weise in das Schieberegister D2. Das D-Flipflop D3 dient zur Zwischenspeicherung der im 1-Bit-Volladdierer D4 entstehenden Überträge. Wegen der Addition von 8-Bit-Worten muß der Taktgenerator für eine vollständige Addition acht Impulse erzeugen. Mit jedem Impuls gelangt jeweils ein Bit von D1, D2 und D3 zum 1-Bit-Volladdierer D4. Die in D4 gebildete Summe wird über den seriellen Eingang nach D2 eingeschoben. Der in D4 entstehende Übertrag wird in das D-Flipflop D3 gebracht, so daß dieser in der folgenden Additionsrunde mitberücksichtigt werden kann.

Die serielle Addition zweier 8-Bit-Worte benötigt acht Takte.

Serielles Subtrahierwerk

Die Subtraktion zweier Zahlen erfolgt z. B. mittels Komplementbildung der zu subtrahierenden Zahl und anschließender Addition. Führt dies zu einem positiven Zwischenergebnis, so ist eine Korrektur von +1 vorzunehmen (Bild 3, Seite 320). Bei negativem Zwischenergebnis ist davon das 1-Komplement zu bilden.

Beispiel 2:

Es soll ein serielles 8-Bit-Subtrahierwerk unter Anwendung der 1-Komplemente entwickelt werden.

Lösung: **Bild 1, folgende Seite.**

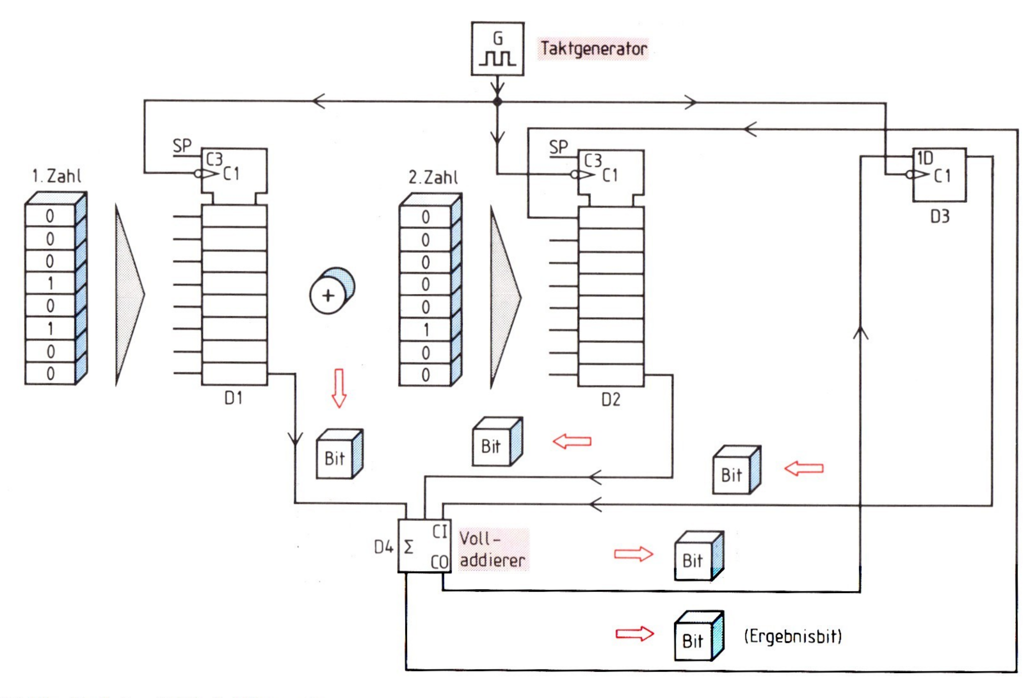

Bild 1: Serielles 8-Bit-Addierwerk

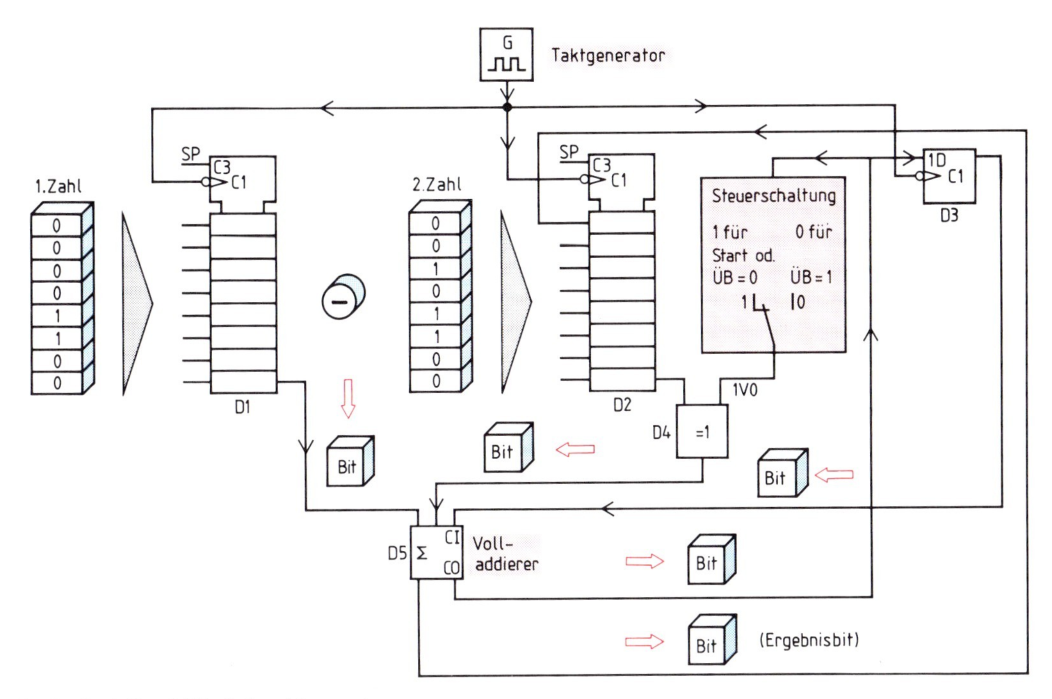

Bild 1: Serielles 8-Bit-Subtrahierwerk

Über die Paralleleingänge des Schieberegisters D1 wird die erste Zahl in dieses eingelesen. Die zu subtrahierende Zahl liegt zunächst an den Paralleleingängen des Schieberegisters D2. Die 1-Komplementbildung wird durch Invertierung des Signals am seriellen Ausgang von D2 erreicht. Wegen der Forderung nach nicht komplementärer Ergebnisdarstellung reicht hierzu ein D2 nachgeschaltetes NICHT-Element jedoch nicht aus. Für ein gesteuertes Invertieren bzw. Nichtinvertieren ist ein Exklusiv-ODER-Element notwendig.

Durch Bildung des 1-Komplements der zu subtrahierenden Zahl durch das Exklusiv-ODER-Element in Verbindung mit einer Steuerschaltung (Bild 1) wird die Subtraktion auf eine Addition zurückgeführt. Wie beim Addierwerk sind zunächst acht Takte notwendig. Dann allerdings sind wegen der Komplementbildung weitere acht Takte erforderlich. Die Steuerschaltung für das Exklusiv-ODER-Element muß das Übertragsbit nach dem achten Takt auf 0 bzw. 1 prüfen. Ist dessen Wert 0, dann ist das Ergebnis negativ und muß durch weitere acht Takte invertiert werden. Ist der Wert des Übertragsbit nach dem achten Takt dagegen 1, so ist das Ergebnis positiv und muß um den Wert dieses Übertragsbit korrigiert werden. Auch hierzu sind für die Addition dieses Bit weitere acht Takte notwendig. Infolge der Rückführung des Summiersignals des 1-Bit-Volladdierers nach D2, enthält das Schieberegister D2 schließlich das Ergebnis.

Die serielle Subtraktion zweier 8-Bit-Worte benötigt doppelt soviele Takte wie die serielle Addition zweier 8-Bit-Worte.

Serielles Multiplizierwerk

Das Multiplizieren zweier Zahlen wird in der Digitaltechnik auf mehrmaliges Addieren zurückgeführt. Die Anzahl der durchzuführenden Additionen ist durch den Multiplikator gegeben.

Beispiel 3:

Ein serielles Multiplizierwerk für positive Zahlen soll mit Hilfe von Schieberegistern, einem D-Flipflop, einem 1-Bit-Volladdierer, einem Taktgenerator sowie einem Zähler entworfen werden.

Lösung: **Bild 1, folgende Seite.**

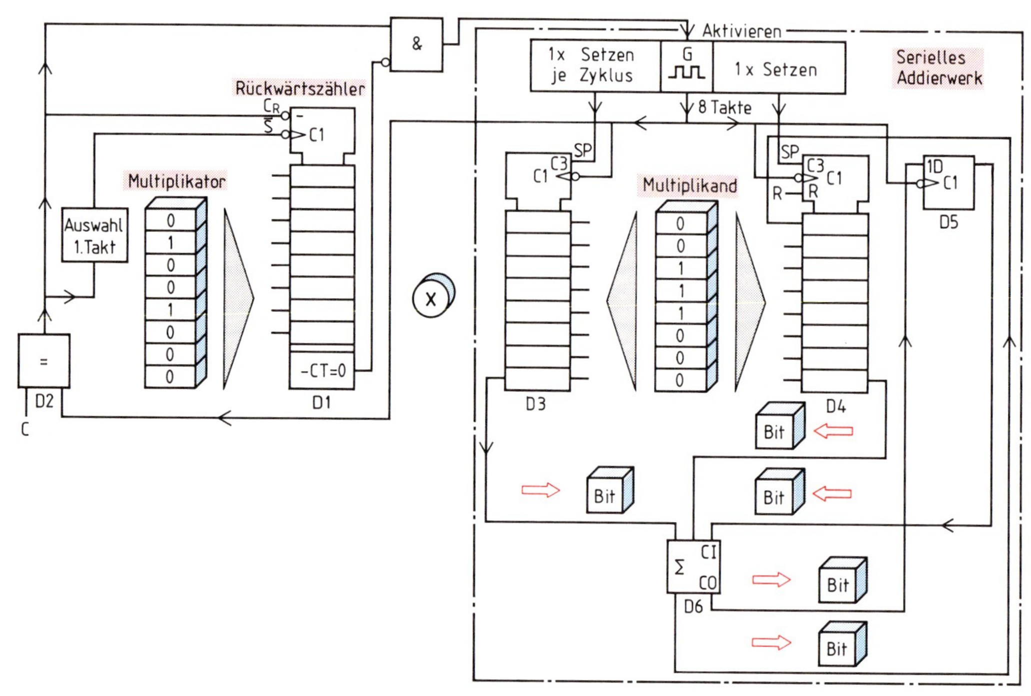

Bild 1: Serielles 8-Bit-Multiplizierwerk

Der Multiplikand wird zu Beginn des Multiplikationsprozesses in die Schieberegister D3 und D4 eingelesen. Der Multiplikator muß im Rückwärtszähler D1 stehen. Sein Wert bestimmt die Anzahl der durchzuführenden Additionen des Multiplikanden. Der Inhalt dieses Zählerelementes wird ausgehend vom Wert des Multiplikators so lange um den Wert 1 erniedrigt (dekrementiert), bis der Inhalt den Wert 0 erreicht hat. Mit jedem Dekrementieren wird das serielle Addierwerk (Elemente D3 bis D6) im seriellen Multiplizierwerk angestoßen (aktiviert), d. h., die Inhalte der Schieberegister D3 und D4 werden dann mittels acht Takten addiert. In D3 steht immer der Wert des Multiplikanden, in D4 der Ergebniswert der letzten Additionsrunde, da das Summiersignal von D6 nach D4 zurückgeführt wird. Einmal je Taktsequenz (Taktfolge) von acht Takten muß also der Multiplikand nach D3 über dessen Paralleleingänge geladen werden. Enthält D1 schließlich den Wert 0, dann ist der Multiplikationsprozeß beendet, und das Multiplikationsergebnis steht im Schieberegister D4. Mittels des Exklusiv-ODER-Elementes D2 gelangt nur jeder neunte Takttimpuls an den Rückwärtszähler D1.

Die Multiplikation zweier 8-Bit-Worte erfordert ein dem Wert des Multiplikators entsprechend häufiges achttaktiges Addieren des Multiplikanden.

Ist eine der beiden zu multiplizierenden Zahlen negativ, so ist entweder das Minuszeichen in einem separaten Speicherelement zwischenzuspeichern oder eine Steuerungslogik zur 1-Komplementbildung im Addierwerk des Multiplizierwerkes zu realisieren. Für den Fall, daß der Wert des Multiplikators 0 ist, muß das Schieberegister D4 in Bild 1 über seinen Rücksetzeingang zurückgesetzt werden.

Wiederholungsfragen

1. **Welche Bauelemente sind für Rechenwerke zum Multiplizieren erforderlich?**
2. **Wieviele Takte erfordert die serielle Addition zweier 8-Bit-Worte?**
3. **Wieviele Takte sind für die serielle Subtraktion zweier 8-Bit-Worte erforderlich?**
4. **In welche Art von Zähler wird ein Multiplikator bei Beginn der Multiplikation eingelesen?**
5. **Wieviele Takte erfordert bei einem 8-Bit-Wort das Multiplizieren mit 6?**
6. **Wie erfolgt die Multiplikation mit einer negativen Zahl?**

3.4 Analog-Digital-Umsetzer und Digital-Analog-Umsetzer

Beim Messen physikalischer Größen erhält man über entsprechende Sensoren die Meßgröße meist in analoger Form als Stromstärke oder als Spannung. Zur Meßdatenanzeige, Meßdatenübertragung, Meßdatenspeicherung und Meßdatenverarbeitung sind dagegen die Meßgrößen oft in eine digitale Form umzusetzen. Die hierfür verwendeten Baugruppen heißen *Analog-Digital-Umsetzer (AD-Umsetzer,* **Bild 1**).

Will man mit einer digitalen Steuerung, z. B. mit einem Computer, Maschinen oder Anlagen steuern oder regeln, z. B. bei der Drehzahlregelung, müssen entsprechend den im Computer errechneten Zahlenwerten analoge Steuergrößen, meist Spannungen, erzeugt werden. Die Bausteine zur Umsetzung von Zahlen in proportionale Spannungen heißen *Digital-Analog-Umsetzer* (*DA-Umsetzer,* Bild 1).

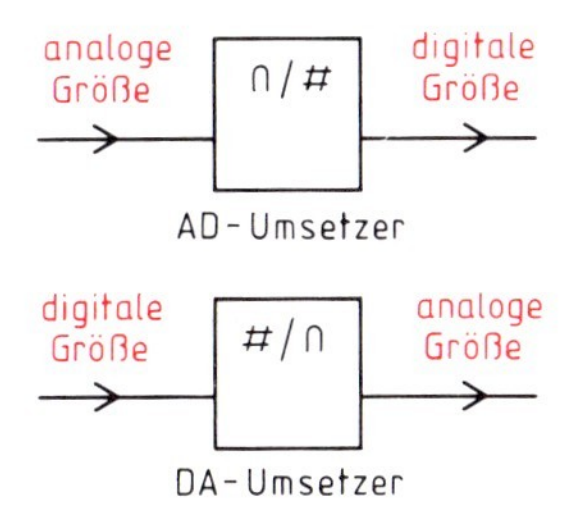

Bild 1: Schaltzeichen für AD-Umsetzer und DA-Umsetzer

3.4.1 Analog-Digital-Umsetzer

Bei den Momentanwert-Umsetzern wird die Eingangsspannung zu festen Zeitpunkten erfaßt und in eine Zahl umgesetzt. Bei den integrierenden Umsetzern wird die *mittlere* Eingangsspannung während eines Umsetzintervalls in einen Zahlenwert umgesetzt.

Momentanwert-Umsetzer

Beim *Verfahren mit parallelen Komparatorschaltungen* (Vergleicherschaltungen) wird die angelegte Meßspannung U_x (Analogsignal) mit genau bekannten *Vergleichsspannungen* U_v verglichen. Für einen 8-Bit-AD-Umsetzer sind 255 Vergleichsspannungen und 255 Komparatoren erforderlich **(Bild 2)**. Die Vergleichsspannungen erzeugt man mit einem Spannungsteiler, welcher an eine stabilisierte Referenzspannung (Bezugsspannung) U_{ref} angeschlossen wird.

Die Komparatoren erhalten über den invertierenden Eingang die jeweilige Vergleichsspannung und über den nichtinvertierenden Eingang die zu messende Spannung U_x. Entsprechend der Größe der Spannung U_x liefern alle Komparatoren (Vergleicher) eine positive Ausgangsspannung am Ausgang +, falls $U_x < U_v$ ist, und alle anderen Komparatoren eine negative Ausgangsspannung. Mit den Flipflop wird das Ausgangssignal der Komparatoren im Takt des Umsetzers aufgefangen und zwischengespeichert.

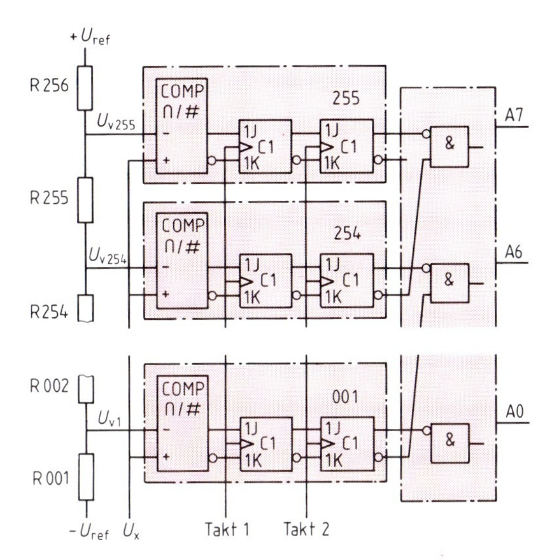

Bild 2: AD-Umsetzer nach dem Komparatorverfahren

In einer nachfolgenden Codierschaltung wird zunächst derjenige Komparator ermittelt, bei dem die Vergleichsspannung erstmalig größer als die Meßspannung ist. Dies ermittelt man durch eine UND-Verknüpfung einer jeden Komparatorschaltung mit der jeweils nächsten Komparatorschaltung. Mit weiteren Codierstufen erhält man dann das 8-Bit-Ausgangssignal an den Ausgängen A0 bis A7.

Umsetzer nach dem Komparatorverfahren ermöglichen Umsetzfrequenzen von über 100 MHz. Derartige Umsetzer benötigt man z. B. zur Digitalisierung von Videosignalen für die digitale Speicherung von Fernsehbildern. Diese Umsetzer gibt es als IC. Man bezeichnet solche Umsetzer auch als *Flash-Umsetzer*[1].

Momentanwert-Umsetzer erfassen die Eingangsspannung zu einem festen Zeitpunkt.

[1] engl. flash = Blitz

Der *Stufenumsetzer mit Zähler* erzeugt durch schnelles Hochzählen mittels Rechteckgenerator G2 und Zähldekaden A1C bis A3C eine sich stufenweise erhöhende Vergleichsspannung U_V **(Bild 1)**. Diese wird über den Summierverstärker N2 verstärkt und einem Komparator N1 zugeführt, an dem gleichzeitig die zu messende Spannung liegt. Sobald die am Komparator liegende Vergleichsspannung so groß ist wie die Meßspannung, wird wegen des invertierenden Eingangs von D1 nicht weiter gezählt. Damit bleiben kurzzeitig an den Ausgängen der Zähler und an den 1D-Eingängen der Flipflop D1 bis D2 die erreichten Pegel H oder L bestehen. Bei der nächsten abfallenden Flanke der Spannung von G1 werden diese in den Flipflop gespeichert und von dort gleichzeitig an die Code-Umsetzer A4 bis A6 gegeben, so daß die erreichten Werte in den Siebensegmentanzeigen angezeigt werden. In dem Zeitpunkt, in dem die Werte von den Flipflop übernommen werden, wird auch das Verzögerungselement D2T angesteuert. Kurze Zeit nach der Übernahme der Werte in die Flipflop werden deshalb alle Zähler auf Null gesetzt, und der Vorgang beginnt von neuem, während die alten Werte in den Flipflop und damit in den Anzeigen erhalten bleiben.

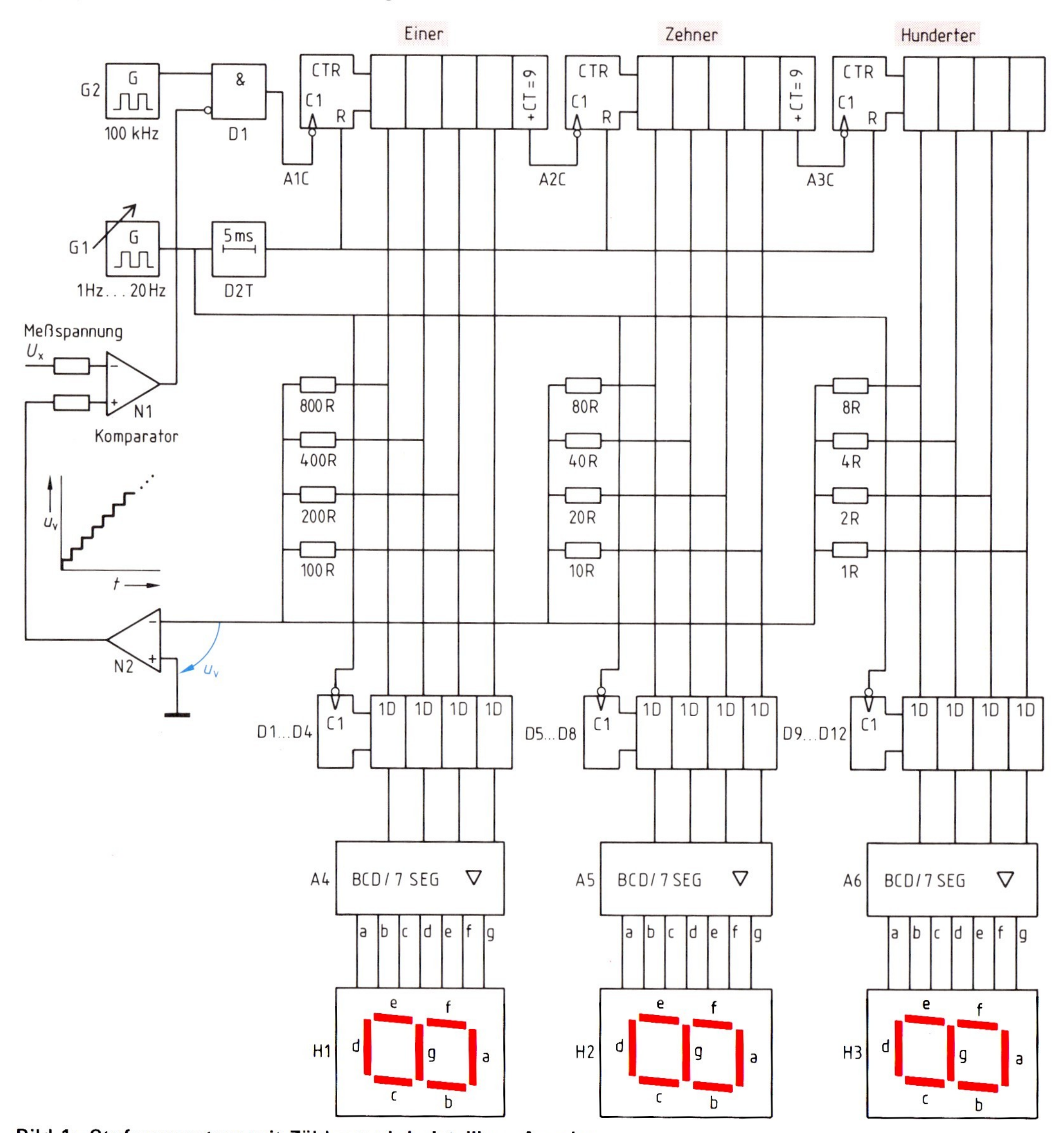

Bild 1: Stufenumsetzer mit Zähler und dreistelliger Anzeige

Der **Stufenumsetzer mit Widerstandskette** arbeitet nach einem Spannungs-Kompensationsverfahren. Dabei wird die analoge Eingangsspannung U_x mit einer Bezugsspannung U_v verglichen **(Bild 1)**. Die Bezugsspannung erhält man durch stufenweises Überbrücken von Teilwiderständen einer Widerstandskette, die über eine Konstantstromquelle gespeist wird. Dies geschieht selbsttätig über eine elektronische Steuerschaltung. Mit der Stufe höchster Wertigkeit wird begonnen. Danach werden nacheinander die Stufen niedriger Wertigkeit zugeschaltet. Überwiegt die Vergleichsspannung ($U_v > U_x$), so schaltet man die zuletzt hinzugekommene Stufe wieder ab und dafür die Stufe der nächst niedrigeren Wertigkeit wieder ein. Auf diese Weise entsteht eine Vergleichsgröße, die der Eingangsgröße bis auf einen kleinen Rest entspricht. Der Rest ist durch die begrenzte Stufenteilung bedingt. Die Schalterstellungen der elektronischen Schalter S1 bis S8 werden gespeichert und danach angezeigt. Stufenumsetzer gibt es auch für eine BCD-Verschlüsselung, z. B. im 8-4-2-1-Code.

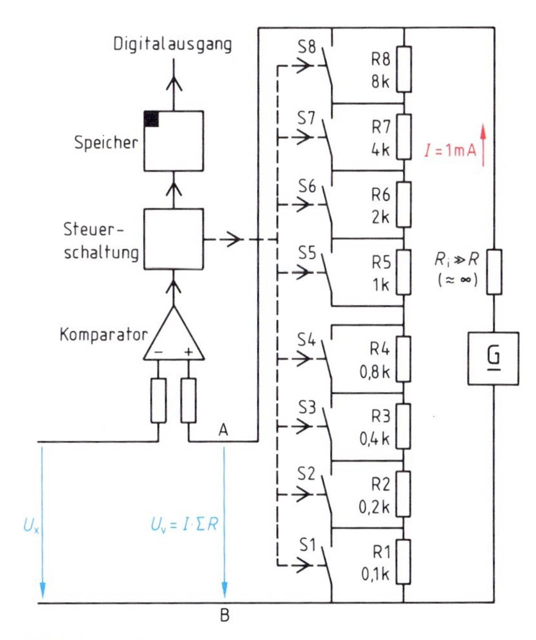

Bild 1: Stufenumsetzer (Prinzip für zwei Dezimalstellen)

Stufenumsetzer beruhen auf dem Vergleich mit einer Stufenspannung bis zum Erreichen der Meßspannung.

Beispiel:

Die Gleichspannung $U_x = 7{,}3\,V$ soll mit einem Stufenumsetzer nach Bild 1 in ein Ausgangssignal im Dualcode umgesetzt werden. Erklären Sie den zeitlichen Ablauf für den Umsetzvorgang!

Lösung:

Zunächst sind alle Widerstände überbrückt. Der Umsetzvorgang beginnt mit dem Öffnen des Schalters S8 **(Tabelle 1)**. An R8 fällt $U_v = 8\,k\Omega \cdot 1\,mA = 8\,V$ ab. Bei geöffnetem S8 ist U_v größer als U_x und bei geschlossenem S8 kleiner als U_x. Für die zugehörige Stufenwertigkeit 8 wird die Binärziffer 0 ausgegeben. Nun schließt man R8 wieder kurz und öffnet S7. Es entsteht an R7 die Vergleichsspannung $U_v = 4\,V$. Jetzt ist die Vergleichsspannung kleiner als die Meßspannung. S7 bleibt geöffnet. Für die Stufenwertigkeit 4 wird die Binärziffer 1 ausgegeben. S6 wird geöffnet. Die Vergleichsspannung erhöht sich dadurch um 2 V auf 6 V. Sie ist aber immer noch kleiner als die Meßspannung. S6 bleibt geöffnet, und die Binärziffer 1 wird für die Stufenwertigkeit 2 ausgegeben. Das Verfahren wird fortgesetzt bis zur kleinsten Stufenwertigkeit.

Tabelle 1: Abgleich eines Stufenumsetzers

Stufenwertigkeit	Schaltzustand	$U_v > U_x$	Binärwerte
8	S8 öffnet	ja	0
	S8 schließt	nein	
4	S7 öffnet	nein	1
	S7 öffnet		
2	S6 öffnet	nein	1
	S6 öffnet		
1	S5 öffnet	nein	1
	S5 öffnet		
0,8	S4 öffnet	ja	0
	S4 schließt	nein	
0,4	S3 öffnet	ja	0
	S3 schließt	nein	
0,2	S2 öffnet	nein	1
	S2 öffnet		
0,1	S1 öffnet	nein	1
	S1 öffnet	$U_v = U_x = 7{,}3\,V$	

Stufenumsetzer sind Momentanwert-Umsetzer und setzen eine Spannung schrittweise in sehr kurzer Zeit in einen digitalen Wert um.

Integrierende AD-Umsetzer

Der Digitalwert wird bei den integrierenden AD-Umsetzern als Mittelwert der Meßspannung gebildet, und zwar gemittelt über eine feste Zeitdauer (Integrationszeit). Kurzzeitige Spannungsschwankungen im Meßsignal U_x, insbesondere auch Störspannungen, werden hierbei unterdrückt. Zwangsläufig ist die Zeit für die AD-Umsetzung länger als bei den Momentanwertmeßverfahren. Integrierende AD-Umsetzer kommen meist bei den digitalen Multimetern zur Anwendung.

Integrierende AD-Umsetzer erfassen den Mittelwert einer Spannung.

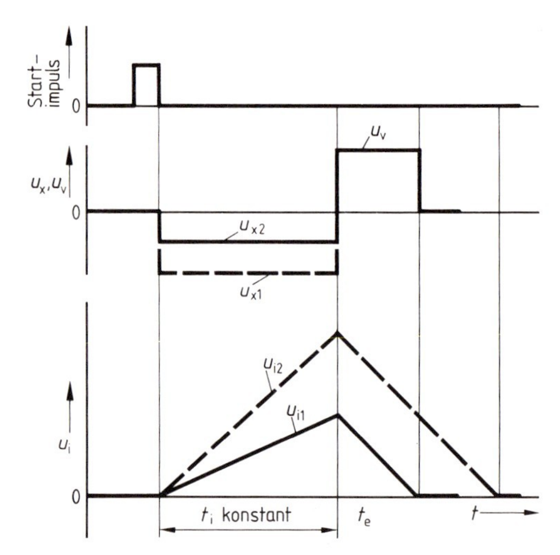

Bild 1: Zeitlicher Verlauf der Spannungen beim Dual-Slope-Umsetzer

Dual-Slope-Umsetzer[1] verwenden zur Umsetzung die beiden Flanken einer Sägezahnspannung. Die Meßwertbestimmung erfolgt in zwei Umsetzungsstufen. Die abfallende Flanke eines Startimpulses löst den Umsetzzyklus aus **(Bild 1)**.

Der Kondensator eines Integrierers wird durch die Meßspannung u_x während einer konstanten Integrationszeit aufgeladen **(Bild 2)**. Die erreichte Kondensatorendspannung u_i ist proportional zu dem Mittelwert der Meßspannung u_x. Nach Ablauf der Integrationszeit wird der Kondensator über eine konstante Vergleichsspannung u_x entladen. Die Entladezeit ist um so länger, je höher der Kondensator aufgeladen war. Die Entladezeit wird über eine Impulszählung als Digitalwert erfaßt. Dieser Digitalwert entspricht der mittleren Meßspannung.

Dual-Slope-Umsetzer laden durch die Meßspannung einen Integrierer in einer konstanten Ladezeit auf und zählen die Entladezeit aus.

Die Konstanz der Beschaltungselemente des Integrierers (Integrierwiderstand und Integrierkapazität) beeinflussen zwar die Linearität des Integrierers, nicht aber die Genauigkeit des Umsetzers. Der Integrierer gleicht nämlich in der abfallenden Flanke den Fehler aus der ansteigenden Flanke aus. Ebenso gleichen sich Meßfehler bei der Zeitmessung aus, da der Zeitzähler sowohl die Aufladezeit als auch die Entladezeit bestimmt.

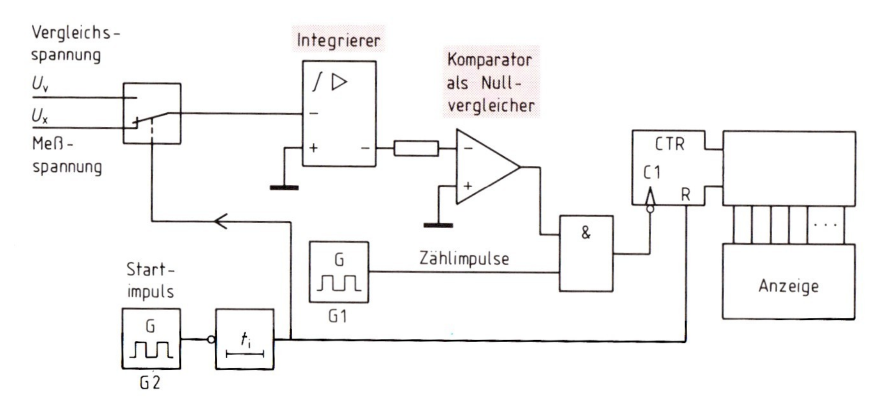

Bild 2: Dual-Slope-Umsetzer

[1] lat. duo = zwei; engl. slope = Neigung, Flanke

Beim **Spannungs-Frequenz-Umsetzer** wird der analoge Meßwert U_x in eine verhältnisgleiche Impulsfrequenz umgesetzt **(Bild 1)**. Diese Impulse werden dann während einer genau festgelegten, konstanten Zeit gezählt. Die Summe aller während der Meßzeit *(Integrationszeit)* gezählten Impulse ist ein direktes Maß für den Meßwert.

Die konstante Integrationszeit kann z. B. durch einen quarzgesteuerten Impulsgenerator erzeugt werden. Dessen Frequenz wird durch einen Frequenzteiler so weit herabgesetzt, daß die Impulsdauer der gewünschten Integrationszeit entspricht. Meist ist bei derartigen AD-Umsetzern die Integrationszeit einstellbar, z. B. 0,01 s, 0,1 s und 1 s. Mit der Integrationszeit steigt die Zahl der Impulse und damit die Auflösung (Feinheit der Unterteilung). Gleichzeitig sinkt aber die Zahl der Umsetzungen je Zeiteinheit.

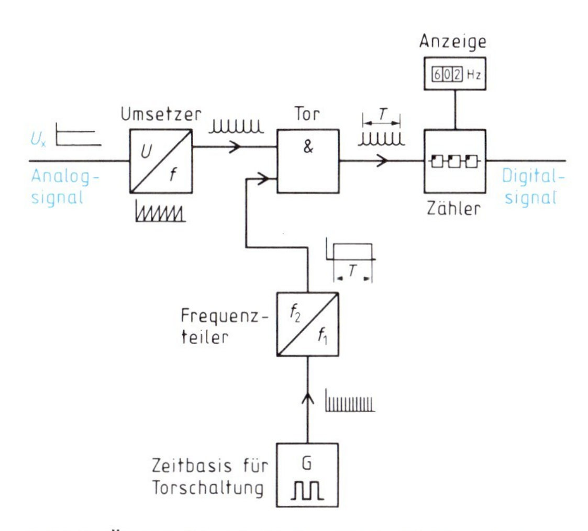

Bild 1: Übersichtsschaltplan eines AD-Umsetzers (Spannungs-Frequenz-Umsetzverfahren)

3.4.2 Digital-Analog-Umsetzer

Zur Sollwerteinstellung analoger Regelkreise durch Rechner oder digitale Meßanlagen ist eine Umsetzung der Digitalsignale in die entsprechenden Analogsignale notwendig. Dies erfolgt mit einem DA-Umsetzer (Digital-Analog-Umsetzer). Er setzt die digitale Größe in eine analoge elektrische Größe, z. B. Spannung oder Stromstärke, um.

DA-Umsetzer bestehen aus einem Operationsverstärker, welcher als Summierer Teilströme addiert **(Bild 2)**. Die Teilströme entsprechen den Wertigkeiten der Binärstellen. Die Eingangswiderstände des Operationsverstärkers stehen dann im Verhältnis 1/2/4/8. Die in Bild 1 dargestellten Schalter werden als elektronische Schalter ausgeführt, der DA-Umsetzer selbst als IC.

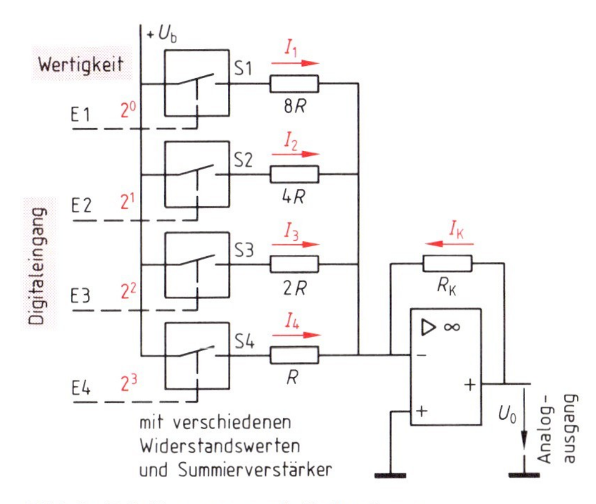

Bild 2: DA-Umsetzer mit Teilströmen

Zur DA-Umsetzung addiert man Teilströme entsprechend der Stellenwertigkeit des Digitalsignals.

Beispiel:

Ein DA-Umsetzer mit Teilströmen nach Bild 2 hat die Widerstände $8\,R = 100\ \text{k}\Omega$, $4\,R = 50\ \text{k}\Omega$, $2\,R = 25\ \text{k}\Omega$ und $R = 12{,}5\ \text{k}\Omega$. $U_b = 10$ V und $R_k = 1\ \text{k}\Omega$. An E3 wird H-Signal gelegt, entsprechend der Dualzahl 0100 = 4. Wie groß ist die Ausgangsspannung U_a?

Lösung:

H-Signal an E3 ⇒ S3 geschlossen ⇒ es fließt

$I_2 \approx -I_K$

$$I_2 = \frac{U_b}{2\,R} = \frac{10\ \text{V}}{25\ \text{k}\Omega} = 0{,}4\ \text{mA}$$

$U_a = I_K \cdot R_K = -0{,}4\ \text{mA} \cdot 1\ \text{k}\Omega = \mathbf{-0{,}4\ V}$

Wiederholungsfragen

1. **Wofür benötigt man Digital-Analog-Umsetzer und wofür Analog-Digital-Umsetzer?**
2. **Welche beiden Gruppen unterscheidet man bei AD-Umsetzern?**
3. **Bei welchen AD-Umsetzern werden Störspannungen, die dem Meßsignal überlagert sind, unterdrückt?**
4. **Erklären Sie das Prinzip des Stufenumsetzers!**
5. **Beschreiben Sie die Funktionsweise eines DA-Umsetzers!**
6. **Wodurch wird das Verhältnis der Eingangswiderstände beim Stufenumsetzer bestimmt?**

4 Datentechnik

Die am meisten verbreiteten Computer sind Personalcomputer (PC). Diese Bezeichnung deutet an, daß an jeder Arbeitsstelle für den Mitarbeiter ein seiner Person zugehöriger Computer bereitstehen kann.

4.1 Aufbau und Betrieb eines PC-Systems

4.1.1 Bestandteile eines PC-Systems

Das einfachste PC-System besteht aus dem eigentlichen PC mit meist zwei *Diskettenlaufwerken* und einem *Festplattenspeicher*, dem *Monitor* (Bildschirmgerät) und der *Tastatur* **(Bild 1)**. Der eigentliche PC wird auch als Zentraleinheit oder Systemeinheit des PC-Systems bezeichnet. Alle Geräte, die an die Zentraleinheit angeschlossen werden, nennt man *Peripheriegeräte* (griech. Peripherie = Umgebung) oder auch Peripherie. Der Monitor, die Tastatur und auch das Diskettenlaufwerk gehören zur Peripherie, auch wenn das Diskettenlaufwerk im gleichen Gehäuse wie die Zentraleinheit untergebracht ist. Die Peripheriegeräte dienen zur Dateneingabe oder Datenausgabe (Abschnitt 4.7) oder zur externen Speicherung von Daten (Speicherung außerhalb des eigentlichen PC, Abschnitt 4.6.2).

Jedes PC-System besteht aus der Zentraleinheit und den Peripheriegeräten.

Die Zentraleinheit und die Peripheriegeräte bezeichnet man als *Hardware* (sprich: hardwehr, von engl. hardware = harte Ware, Metallgerät). Die dem PC z. B. über eine Diskette zugeführte Information bezeichnet man dagegen als *Software* (sprich: softwehr, von engl. Software = weiche Ware). Durch die Software wird der PC z. B. veranlaßt, über die Tastatur eingegebene Zeichen auf dem Bildschirm des Monitors auszugeben.

In der Zentraleinheit befinden sich ein oder mehrere *Mikroprozessoren*, der *Zentralspeicher* (Arbeitsspeicher), das *Eingabe-Ausgabewerk* und *Schnittstellen* für die Peripheriegeräte **(Bild 2)**. Diese Elemente sind auf der Grundplatine der Zentraleinheit angeordnet **(Bild 3)**. Der Mikroprozessor ist beim PC der eigentliche Kern der Zentraleinheit. Dieser Kern wird seit einigen Jahren als *CPU* (von engl. Central Processing Unit = Zentrale Verarbeitungseinheit) bezeichnet. Ursprünglich wurde die CPU ebenfalls als Zentraleinheit bezeichnet. Das sollte

Bild 1: PC-Arbeitsplatz

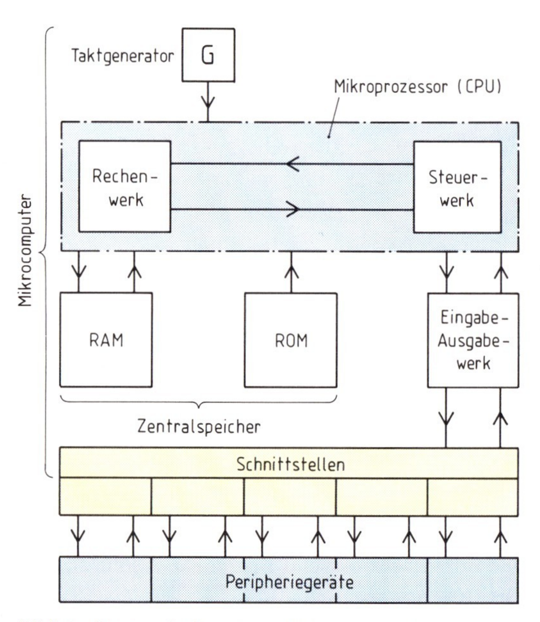

Bild 2: Bestandteile eines Mikrocomputers

Bild 3: Grundplatine eines PC

aber vermieden werden, da sonst Verwechslungen auftreten.

Der Mikroprozessor enthält Register zur Zwischenspeicherung von Daten, ein Rechenwerk, ein Steuerwerk und oft einen Taktgenerator. Das Rechenwerk enthält die ALU (von Arithmetic Logic Unit = arithmetisch logische Einheit) und ein Schieberegister (Akkumulatorregister). Die ALU kann die Grundrechenarten ausführen und Daten vergleichen.

Die CPU einer Zentraleinheit ist ein Mikroprozessor, der von einem Taktgenerator gesteuert wird.

Es gibt verschiedene Arten von Mikroprozessoren (Abschnitt 4.4).

Der Zentralspeicher (Abschnitt 4.6.1) eines PC besteht aus *Lesespeichern* (z. B. ROM von engl. Read Only Memory = Nur-Lese-Gedächtnis) und *Schreib-Lese-Speichern* (RAM von engl. Random Access Memory = Gedächtnis mit wahlfreiem Zugriff). Die zum Betrieb eines Computers erforderliche Software ist nur zu einem kleinen Teil im ROM des Zentralspeichers enthalten. Man bezeichnet den ROM als *nichtflüchtigen* Speicher, weil dieser Speicher seine Informationen auch ohne Betriebsspannung behält. Der größte Teil der Software wird über einen peripheren Speicher, z. B. das Diskettenlaufwerk, in den RAM des Zentralspeichers geladen. Dieser Speicher ist ein *flüchtiger* Speicher, der seine Information nur so lange behält, wie Spannung vorhanden ist. Bei Ausfall der Spannung, z. B. durch Abschalten des PC, geht also der größte Teil der im Zentralspeicher abgelegten Information verloren.

Die im Zentralspeicher befindlichen Informationen gehen verloren, wenn die Betriebsspannung ausfällt.

Schnittstellen (auch Interfaces, sprich: interfehsis, von engl. interface = Zwischenfläche) nennt man die Baugruppen, welche die Peripheriegeräte an das Eingabe-Ausgabewerk anpassen (Abschnitt 4.7.3). Das Eingabe-Ausgabewerk stellt die Verbindung zu den Schnittstellen her. Es wird von der CPU gesteuert oder besitzt einen eigenen Mikroprozessor.

Das „Gehirn" des PC ist der Mikroprozessor. Das wichtigste Unterscheidungsmerkmal der Mikro-

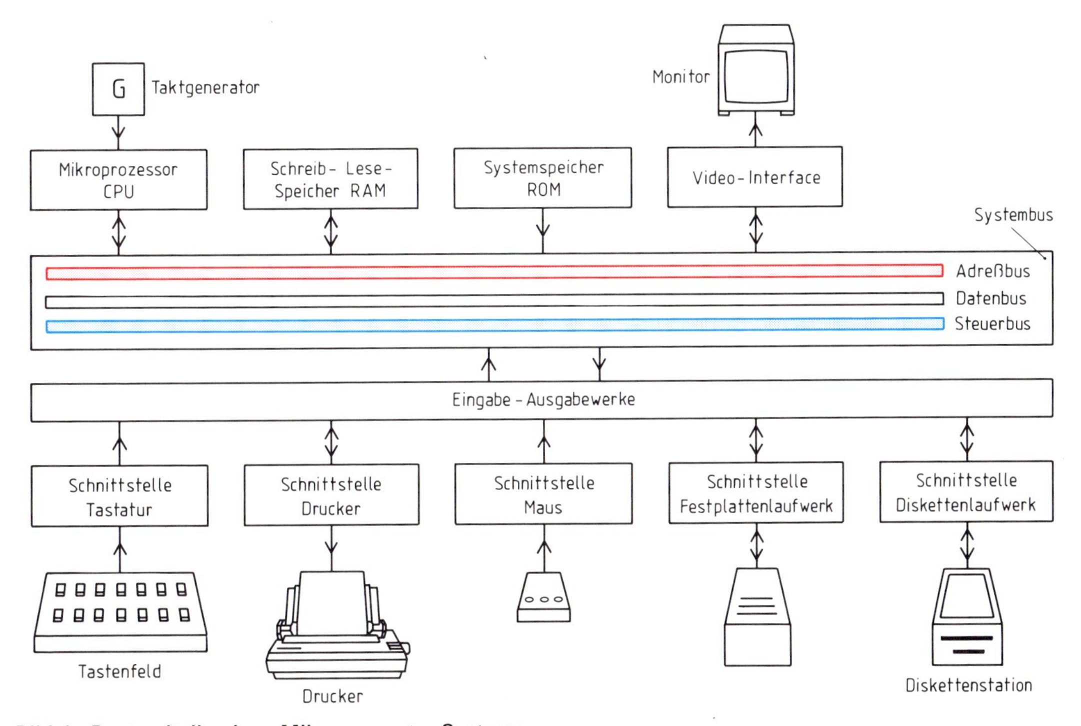

Bild 1: Bestandteile eines Mikrocomputer-Systems

prozessoren ist die Bitzahl eines verarbeitbaren Datenwortes. 16-Bit-Prozessoren können Datenworte mit einer Breite von 16 bit verarbeiten. Die mit den genannten Baugruppen Taktgeber, Zentralspeicher, Rechenwerk und Ein-Ausgabewerk beschaltete CPU wird *Mikrocomputer* genannt **(Bild 1)**.

Für die Übertragung von Daten, Adressen und Steuersignalen zwischen den Funktionseinheiten wird ein gemeinsames Leitungssystem, der *Systembus*, benötigt **(Bild 1, vorhergehende Seite)**. Der Systembus besteht aus drei Bus-Arten. Jeder dieser drei Busse besteht aus mehreren Leitern, oft in Form einer mehradrigen Leitung. Über den *Steuerbus* werden die Steuersignale gesendet. Über den *Adreßbus* werden die Speicherstellen und Schnittstellen angewählt. Über den *Datenbus* werden die Informationen zu und von den Speicherstellen gesendet.

Der Datenaustausch zwischen der Zentraleinheit und den Peripheriegeräten erfolgt über Eingabe-Ausgabe-Schnittstellen (EA-Schnittstellen, Abschnitt 4.7.3). Bei den *parallelen Schnittstellen* werden die Daten parallel, also zur gleichen Zeit, über z. B. acht Datenleiter übertragen. Zwischen dem Datenbus und den Leitungen zum externen Gerät ist an der Schnittstelle ein EA-Pufferspeicher eingebaut. Der Mikroprozessor regelt den Datenverkehr über den EA-Pufferspeicher durch ein Signal für Freigabe oder Sperren. Bei den *seriellen Schnittstellen* werden die Daten seriell, also zeitlich nacheinander, über nur einen Leiter, z. B. den Innenleiter einer Koaxialleitung, und eine Rückleitung, z. B. den Außenleiter einer Koaxialleitung, nach außen übertragen. Die Schnittstelle muß in der Lage sein, parallele Daten in serielle Daten und umgekehrt umwandeln zu können. Bei den parallelen Daten liegen die kompletten Datenworte, z. B. von 1 Byte, gleichzeitig vor. Bei den seriellen Daten werden die Bits der Datenworte zeitlich nacheinander übertragen.

Es gibt parallele Schnittstellen, die sich im Gehäuse des PC befinden und solche, die in den Peripheriegeräten angeordnet sind. Bei letzteren ist es möglich, zusätzliche Peripheriegeräte an denselben Bus anzuhängen. Davon wird beim IEC-Bus Gebrauch gemacht (Abschnitt 4.8.5.1).

Das Parallelschalten von Peripheriegeräten am Eingang der Peripheriegeräte ist möglich, wenn die Schnittstellen für diese Geräte in den Geräten selbst untergebracht sind.

Bild 1: Geöffnete Zentraleinheit mit Mikrocomputer und Laufwerken

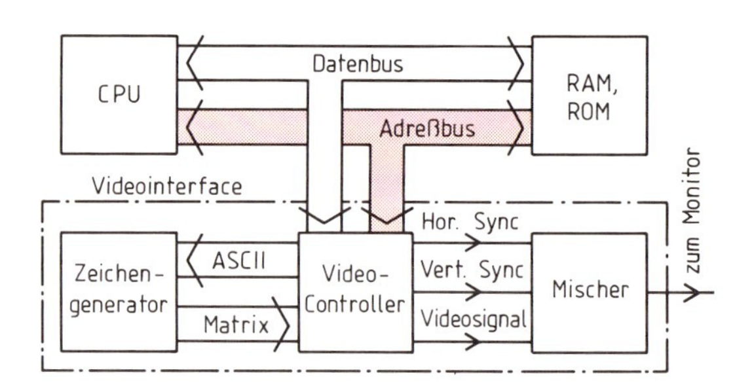

Bild 2: Zeichenerzeugung beim PC

Das *Video-Interface* bildet die Schnittstelle zwischen der Zentraleinheit des PC und dem Monitor (Abschnitt 4.7.2.2). Die Zentraleinheit gibt ihre Daten in paralleler Form an das *Video-Interface*. Hier erfolgt die Speicherung der Daten und die Umsetzung in Signale, die für den Monitor geeignet sind **(Bild 2)**. Die Steuerung erfolgt durch den *Videocontroller*. Dieses Bauelement nimmt die Daten der Zentraleinheit auf. Die zur Darstellung auf dem Bildschirm erforderlichen Daten werden an einen *Zeichengenerator* gegeben (Abschnitt 4.7.2.2).

Der Videocontroller gibt den Matrixcode zeilenweise **(Bild 1)** über ein Schieberegister aus und fügt am Zeilenende einen Zeilen-Synchronisationsimpuls (Hor. Sync. = Horizontale Synchronisation) ein und am Ende des Bildes einen Bild-Synchronisationsimpuls (Vert. Sync. = Vertikale Synchronisation). Diese Signale werden in einem Mischer zusammengeführt und gelangen von dort zum Monitor.

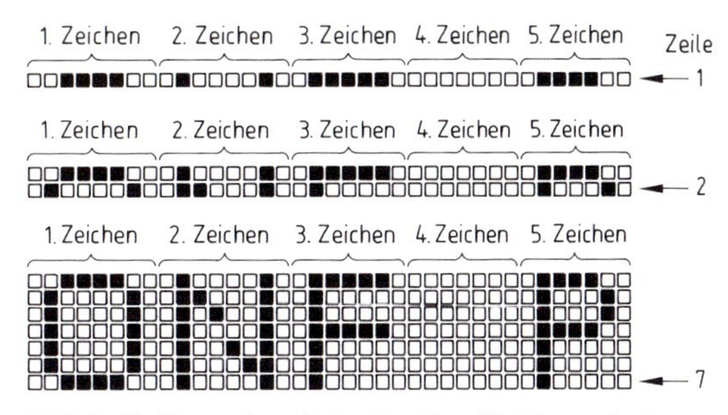

Bild 1: Zeilenweise Ausgabe der Matrixpunkte (Pixel)

Das Video-Interface enthält einen Zeichengenerator, der vom Videocontroller gesteuert wird.

Auf dem Bildschirm werden die Zeichen natürlich nicht einmal geschrieben, sondern wiederholt. Deshalb bezeichnet man den Speicher für die Zeichen als *Bildwiederholspeicher*. Aus ihm liest der Videocontroller 50 mal in einer Sekunde oder noch öfter die ASCII-Zeichen aus. Entsprechend hoch ist die Bildwechselfrequenz mit mindestens 50 Hz. Im Vergleich dazu ist die Bildwechselfrequenz beim Fernsehen nur 25 Hz. Als Bildwiederholspeicher kann ein Teil des normalen Arbeitsspeichers oder aber ein eigenes RAM für den Videocontroller verwendet werden.

Infolge der großen Bildwechselfrequenz von mindestens 50 Hz tritt am Bildschirm von Monitoren praktisch kein Flimmern auf.

Der *Tastatur-Encoder* (Keyboard-Encoder) enthält einen Einchip-Mikrocomputer oder eine entsprechende Logikschaltung. Diese enthält eine Taktsteuerung, Ringzähler, ROM und einen Verstärker (Ausgangstreiber). Durch den Tastatur-Encoder werden je nach Betätigung der Tasten die entsprechenden Signale nach ASCII seriell ausgegeben. Dadurch genügen für die Verbindung mit dem PC drei Leiter, nämlich ein Datenleiter, ein Masseleiter und ein Leiter für die Spannungsversorgung des Tastatur-Encoders. Werden die ASCII-Zeichen parallel übertragen, so sind insgesamt 10 Leiter nötig.

Der Laufwerk-Controller ist das Interface zwischen Datenbus und Adreßbus einerseits und den Laufwerken andererseits. Die beim Lesen einer Diskette auftretenden seriellen Daten müssen am Floppy-Disk-Controller mit TTL-Pegel anliegen. Deshalb ist ein Leseverstärker nötig, der die schwachen Signale vom Floppy-Lesekopf auf 5 V anhebt. Dieser Verstärker befindet sich auf einer Platine zusammen mit der Logik zur Ansteuerung der Motoren im Floppy-Laufwerk.

Als *Druckerschnittstellen* werden meist genormte Schnittstellen verwendet, z. B. Centronics oder V.24 bzw. RS-232 C. Die Drucker selbst enthalten eigene Mikrocomputer. Sie sind dadurch in der Lage, aufgenommene Daten, z. B. im Umfang des Inhalts einer Schreibmaschinenseite, zu speichern und die Signale für den Drucker bereit zu stellen.

Auch Plotter (vom Computer gesteuerte Zeichenmaschinen) sind ähnlich wie Drucker über Schnittstellen am PC anzuschließen. Bei der Maus ist gewöhnlich ein Einchip-Mikrocomputer eingebaut. Dadurch ist eine Verbindung mit dem PC über eine serielle Schnittstelle möglich. Dasselbe gilt für die fest im Gehäuse der Tastatur montierte Rollkugel. Das Joystick-Interface (engl. Joystick = Steuerknüppel, Abschnitt 4.7.1.2) befindet sich dagegen im PC. Dadurch ist der Anschluß über eine übliche Tastatur-Schnittstelle nicht möglich.

Alle Peripheriegeräte zum Anschluß an einen PC enthalten intelligente Schnittstellen, meist in Form eines eigenen Mikrocomputers.

Wiederholungsfragen

1. **Nennen Sie die Bestandteile des einfachsten PC-Systems!**
2. **Wie heißen die Bestandteile der Zentraleinheit eines PC-Systems?**
3. **Erklären Sie den Begriff CPU!**
4. **Welche Speicherarten kommen beim Zentralspeicher vor?**
5. **Was versteht man unter Schnittstellen?**
6. **Welche Arten von Bussen kommen beim Systembus vor?**
7. **Warum tritt ein Flimmern der Bildschirme von Monitoren kaum auf?**

4.1.2 Inbetriebnahme eines PC

4.1.2.1 Erstinstallation

Die Geräte eines PC-Systems sind sehr empfindlich. Schon das Auspacken muß sorgfältig erfolgen. Manche Geräte, z. B. Diskettenlaufwerke und Drucker, enthalten Transportsicherungen, die zu entfernen und wegen späterem Versand zur Reparatur aufzubewahren sind. Auf die richtige Angabe oder Einstellung der Netzspannung ist zu achten.

Die Aufstellung muß so erfolgen, daß am Gerät zweckmäßig gearbeitet werden kann. Computer mit Festplattenlaufwerk sind dort aufzustellen, wo sie erschütterungsfrei bleiben, also z. B. getrennt vom Drucker. Für jedes PC-System sind mehrere Steckdosen des 230-V-Netzes erforderlich. Dabei sind Steckdosen mit Überspannungsschutz zweckmäßig.

Die Peripheriegeräte sind mit der Zentraleinheit über dafür vorgesehene Steckerleitungen zu verbinden. Die Herstellung und das Trennen der Verbindung der Geräte untereinander darf nur im spannungsfreien Zustand erfolgen, weil sonst Überspannungen auftreten können, welche die Bauelemente zerstören. Das *Einschalten* der Peripheriegeräte soll *vor* dem Einschalten der Zentraleinheit erfolgen, damit dabei auftretende Stromstöße auf sie keine Wirkung haben. Das *Abschalten* soll in umgekehrter Reihenfolge erfolgen. Das Abschalten darf in der Regel nur erfolgen, wenn der Abschluß des jeweiligen Arbeitsgangs vom Computer am Bildschirm gemeldet ist.

Abschalten des Computers während seiner Arbeit kann zum Verlust von Software führen.

Die Software für das *Betriebssystem* (Abschnitt 4.5) wird auf Disketten oder CD (Compact Disk) geliefert. Diese müssen sorgsam behandelt werden (Abschnitt 4.6.2). Es ist zweckmäßig, leere Disketten zu formatieren und von den Systemdisketten zuerst eine Kopie herzustellen (Abschnitt 4.5). Zu diesem Zweck muß man sich mit der Tastatur vertraut machen (Abschnitt 4.7.1). Vor allem ist anfangs die Kenntnis der wichtigsten Kommandotasten erforderlich **(Tabelle 1, folgende Seite)**. Es kommen Kommandotasten mit englischer oder mit deutscher Beschriftung vor **(Tabelle 1)**.

Meist werden die Systemdisketten auf die Festplatte übertragen, wenn die PC neben dem Diskettenlaufwerk ein Festplattenlaufwerk haben. Zu diesem Zweck werden nach dem Einschalten des PC die Diskette eingelegt und über die Tastatur ein entsprechendes Kommando, z. B. SETUP, eingegeben. Danach erscheinen auf dem Bildschirm die Hinweise, was zu machen ist. Dieser Vorgang wird als *Installation* des Betriebssystems bezeichnet (Abschnitt 4.5).

Tabelle 1: Abweichende Beschriftung von Kommandotasten

Englisch	Deutsch
Break	Pause
Ctrl (Control), ^	Strg (Steuerung)
Del (Delete)	Entf (Entfernen)
End	Ende
Ins (Insert)	Einfg (Einfügen)
Pg Dn (Page Down)	Bild ↓
Pg Up (Page Up)	Bild ↑
PrtScr (Print Screen)	Druck (Drucken des Bildschirminhalts)

```
Modular BIOS Version 4 Copyright EUROPA
TESTING INTERRUPT CONTROLLER #1...OK
TESTING INTERRUPT CONTROLLER #2...OK
TESTING CMOS BATTERY ...OK
TESTING CMOS CHECKSUM ...OK
SIZING SYSTEM MEMORY ...640 K FOUND
TESTING SYSTEM MEMORY ...640 K OK
TESTING PROTECTED MODE ...OK
SIZING EXPANSION MEMORY ...00384 K FOUND
TESTING MEMORY IN PROTECTED MODE ...01024 K OK
TESTING PROCESSOR EXCEPTION INTERRUPTS ...OK

C: \>
```

Bild 1: Bildschirmanzeige nach dem Laden des Betriebssystems MS-DOS

4.1.2.2 Kaltstart

Beim Kaltstart ist zu Beginn der PC noch nicht eingeschaltet. Wenn sich das Betriebssystem nicht auf der Festplatte des PC befindet, so ist nach dem Einschalten die Diskette für das Betriebssystem mit dem Etikett nach oben in das Diskettenlaufwerk einzulegen. Danach gibt man dem Computer das Kommando zum Einlesen des Betriebssystems in den Arbeitsspeicher (Abschnitt 4.5). Wenn sich das Betriebssystem auf der Festplatte befindet, so erfolgt das Einlesen nach dem Einschalten von selbst **(Bild 1)**. Der Computer kann das Betriebssystem einlesen, weil er ein *Urladeprogramm* enthält. Dieser Bootstrap-Loader (engl. Bootstrap = Schuhriemen) macht den Computer durch „Schuhe anziehen" arbeitsbereit. Er schaltet das Laufwerk ein und veranlaßt, daß das eigentliche Betriebssystem in den Arbeitsspeicher der Zentraleinheit

Tabelle 1: Bedeutung der Kommandotasten

Taste	Bedeutung
Pause	**Break-Taste** (engl. to break = unterbrechen; sprich: brehk), **Pausetaste** Betätigen der Tasten Break und Ctrl unterbricht beim Abarbeiten ein Programm.
Strg Alt	**Ctrl-Taste, Alt-Taste** (engl. to control = steuern; sprich: kontrohl), **Steuerungstaste** (engl. alternative = andere Möglichkeit; sprich: alternehtif) Diese Tasten haben nur eine Funktion, wenn sie zusammen mit anderen Tasten betätigt werden, z. B. zum Abspeichern auf eine Festplatte.
Entf	**Del-Taste** (engl. to delete = löschen; sprich: dilieht), **Entferntaste** Durch Betätigen der Taste wird das Zeichen gelöscht, hinter dem der Cursor steht. Die rechts davon stehenden Zeichen werden nach links geschoben.
Ende	**End-Taste, Ende-Taste** Bei Betätigen der Taste wird der Cursor an das Ende der Zeile oder des Wortes gesetzt.
ESC	**Escape-Taste** (engl. to escape = entweichen; sprich: iskehp) Je nach Programm verschiedene Funktionen. Betätigen der Taste kann z. B. den Ausstieg aus einem Programm veranlassen.
Einfg	**Insert-Taste** (engl. to insert = einfügen; sprich: insöhrt), **Einfügetaste** Wird nach dem erstmaligen Betätigen der Taste etwas eingegeben, so wird diese Eingabe dort eingeschoben, wo der Cursor steht. Erneutes Betätigen der Insert-Taste schaltet diesen Einfüge-Modus wieder ab.
Bild ↑ Bild ↓	**Bild-aufwärts-Taste, Bild-abwärts-Taste; Page-Up-Taste, Page-Down-Taste** (Page = Seite, Up = aufwärts, Down = abwärts; sprich: pehtsch, app, daun) Der Bildschirminhalt wird nach oben bzw nach unten geschoben.
↵	**Return-Taste** (engl. to return = umkehren; sprich: ritöhrn) Betätigen der Taste bewirkt, daß die geschriebene Zeile in den Arbeitsspeicher genommen wird und daß der Cursor auf den nächsten Zeilenanfang gesetzt wird. Bei manchen Tastaturen ist die Taste auch mit ENTER bezeichnet.
⇧	**Shift-Taste** (engl. to shift = schieben; sprich: schifft) Während des Betätigens dieser Taste wird beim Betätigen einer Buchstabentaste der Großbuchstabe geschrieben und bei den anderen Tasten das dort oben angegebene Zeichen.

geladen wird. Nach einer kurzen Ladezeit führt der Computer selbst eine *Diagnose* (Untersuchung) seiner Software und Hardware durch, ist dann arbeitsbereit und meldet dies durch ein *Prompt-Zeichen*, z. B. >. Dabei wird das aktuelle (in Betrieb befindliche) Laufwerk durch einen Buchstaben angegeben, z. B. C: für Festplattenlaufwerk.

Oft erwartet der Computer auch die Eingabe des Datums und der Uhrzeit, damit er Dateien entsprechend kennzeichnen kann. Enthält der Computer aber auch eine Uhr mit Datumsangabe, so verzichtet er auf diese Eingabe.

Nach dem Laden des Betriebssystems meldet der Computer seine Bereitschaft mit dem Promptzeichen unter Angabe des aktuellen Laufwerks. Das eigentliche Betriebssystem muß vor Arbeitsbeginn von der Diskette oder von der Festplatte in den Arbeitsspeicher geladen werden.

4.1.2.3 Warmstart

Beim Warmstart wird am bereits eingeschalteten Computer das Betriebssystem erneut geladen, weil man z. B. wegen eines Bedienungsfehlers aus einem Programmteil nicht mehr herausfindet. Bei einem Warmstart werden meist nicht mehr alle Initialisierungsroutinen (Anfangsabläufe) des Betriebssystems wie bei einem Kaltstart ausgeführt.

Der Warmstart wird durch Betätigen einer Tastenkombination vorgenommen, z. B. Alt + Strg + Del (siehe Handbuch des Computers). Der Warmstart schont die Hardware des Computers und ist deshalb vorzuziehen.

Wenn die Tastatur durch einen Bedienungsfehler funktionsuntüchtig ist, dann ist das System „abgestürzt". In diesem Fall ist nur ein Kaltstart möglich der auch über eine spezielle Taste der Zentraleinheit (RESET-Taste) erreicht werden kann.

4.2 Darstellung von Daten in einer Rechenanlage

Daten sind Zeichen, die eine Information darstellen, z. B. Meßwerte, Berechnungen oder Texte. Sie bestehen aus Zahlen, Buchstaben oder Sonderzeichen. Zahlen nennt man numerische Zeichen, Buchstaben nennt man Alphazeichen.

Zahlen, Buchstaben und Sonderzeichen zusammen nennt man alphanumerische Zeichen.

In Geräten der Datentechnik stellt man die Daten binärcodiert in einer Folge vom Binärzeichen mit den Bits 0 und 1 dar. Eine zusammengehörende Folge von Binärzeichen nennt man Binärwort. Ein Binärcode besteht aus Binärworten. Man unterscheidet Codes für Zahlen und Codes für alphanumerische Zeichen.

Tabelle 1: Zahlensysteme

dezimal	hexadezimal	oktal	dual
00	0	00	0000
01	1	01	0001
02	2	02	0010
03	3	03	0011
04	4	04	0100
05	5	05	0101
06	6	06	0110
07	7	07	0111
08	8	10	1000
09	9	11	1001
10	A	12	1010
11	B	13	1011
12	C	14	1100
13	D	15	1101
14	E	16	1110
15	F	17	1111

4.2.1 Hexadezimalzahlen und Oktalzahlen

Hexadezimalzahlen

Zur Beschreibung der Arbeitsvorgänge in einer Datenverarbeitungsanlage, insbesondere im Umgang mit Mikroprozessoren, ist die binäre Schreibweise mit 8 oder mehr Bits meist umständlich. Man faßt daher jeweils vier Bits zu einer Ziffer zusammen. Mit Worten von vier Bits können $2^4 = 16$ verschiedene Zeichen dargestellt werden. Diese 16 verschiedenen Zeichen heißen *hexadezimale*[1] *Ziffern* **(Tabelle 1)**. Die ersten 10 Zeichen sind die Ziffern 0 bis 9 des Dezimalzahlensystems und die weiteren 6 Ziffern sind die Buchstaben A bis F des Alphabets. Die Basis der Hexadezimalzahlen ist 16. Die Stellenwertigkeit beträgt für Stellen vor dem Komma 16^0, 16^1, 16^2 usw. und nach dem Komma 16^{-1}, 16^{-2}, 16^{-3} usw.

Die *Umwandlung* einer mehrstelligen Dualzahl in eine Hexadezimalzahl erfolgt von rechts beginnend immer in Gruppen von 4 bit. Zur deutlichen Unterscheidung gegenüber anderen Zahlensystemen kann man die Hexadezimalzahlen auch mit dem Index 16 oder H, z. B. $F9C5_{16}$ oder $F9C5_H$ kennzeichnen. Häufig fügt man auch ein H bzw. h an die Hexadezimalzahl an.

Beispiel 1:
Wandeln Sie die Dualzahl 1111100111000101 in eine Hexadezimalzahl um!

Lösung:

$\underbrace{1111}_{F}\ \underbrace{1001}_{9}\ \underbrace{1100}_{C}\ \underbrace{0101}_{5} = F\,9\,C\,5$

In umgekehrter Weise können Hexadezimalzahlen in Dualzahlen umgewandelt werden. Dies geschieht für jede Ziffer (Stelle) der Hexadezimalzahl unter Berücksichtigung der Stellenwertigkeit.

Zur Umwandlung einer Dezimalzahl in eine Hexadezimalzahl dividiert man diese fortlaufend durch 16 und wandelt die Divisionsreste nach Tabelle 1 in Hexadezimalzahlen um. Hexadezimalzahlen nennt man auch Sedezimalzahlen.

Beispiel 2:
Bestimmen Sie die Hexadezimalzahl von 63 941!

Lösung:

63 941 : 16 = 3 996 Rest 5
3 996 : 16 = 249 Rest 12
249 : 16 = 15 Rest 9
15 : 16 = 0 Rest 15

63 941 ≙ **F 9 C 5**

[1] Hexadezimalzahl von griech. hexa = sechs und dezimal von lat. deci = zehn

Oktalzahlen[1] können sehr einfach aus Dualzahlen gebildet werden. Man teilt die Dualzahlen in Gruppen von 3 bit auf und schreibt dafür die zugehörige Oktalziffer an (Tabelle 1, vorhergehende Seite). Die Basis der Oktalzahlen ist 8. Die Stellenwertigkeit beträgt für Stellen vor dem Komma 8^0, 8^1, 8^2 usw., für Stellen nach dem Komma 8^{-1}, 8^{-2}, 8^{-3} usw.

Zur Beschreibung der Arbeitsvorgänge in Rechenanlagen verwendet man Hexadezimalzahlen oder Oktalzahlen.

4.2.2 Darstellung von alphanumerischen Zeichen

Mit einer Rechenanlage können nicht nur Zahlen verarbeitet und gespeichert werden, sondern auch Texte und Zeichenketten. Mit jeweils 8 bit = = 1 Byte wird ein alphanumerisches Zeichen verschlüsselt. Es können somit $2^8 = 256$ verschiedene Zeichen verschlüsselt (codiert) werden. Die üblichen Codes sind der ASCII-Code[2] und der EBCDI-Code[3].

Der ASCII-Code ist genormt und enthält 128 Zeichen **(Tabelle 1)**. Mit 128 Zeichen können alle Großbuchstaben, Kleinbuchstaben, Ziffern und viele Sonderzeichen sowie Anweisungen bzw. Steuersignale dargestellt werden. Die Binärdarstellung z. B. der Ziffer 7 ist 011 0111. Die Codierung der Ziffern entspricht für die Bit 1 bis 4 dem 8-4-2-1-Code. Die Steuerzeichen **(Tabelle 2)** dienen vor allem der Formatbeschreibung bei der Datenaufzeichnung mit Druckern oder Bildschirmen. Z. B. bewirkt das Zeichen LF mit der Bitfolge 000 1010 bei einem Drucker einen Papiervorschub um eine Zeile.

Der ASCII-Code ist ein 7-Bit-Code zur Verschlüsselung alphanumerischer Zeichen. Das 8. Bit ist ein Prüfbit.

Da für 128 Zeichen nur 7 bit zur Codierung erforderlich sind, aber meist 8 bit bei Datenspeichern und Übertragungskanälen zur Verfügung stehen, verwendet man das 8. Bit als Prüfbit. Bei der meist angewandten Prüftechnik wird das 8. Bit so gewählt, daß die Quersumme der Bits mit dem Wert 1 geradzahlig ist. Die 8-Bit-Verschlüsselung der Ziffer 7 ist somit 1011 0111.

Neben diesem Standardzeichensatz gibt es weitere Verschlüsselungsmöglichkeiten, z. B. auch mit 8 bit für 256 Zeichen (siehe Tabellenbuch Kommunikationselektronik).

Tabelle 1: 7-Bit-Code (ASCII-Code)

Bit-Nr.			7	0	0	0	0	1	1	1	1
			6	0	0	1	1	0	0	1	1
			5	0	1	0	1	0	1	0	1
4	3	2	1	Steuerzeichen		Ziffern, Buchstaben, Sonderzeichen					
0	0	0	0	NUL	DLE	SP	0	@	P	‘	p
0	0	0	1	SOH	DC1	!	1	A	Q	a	q
0	0	1	0	STX	DC2	"	2	B	R	b	r
0	0	1	1	ETX	DC3	#	3	C	S	c	s
0	1	0	0	EOT	DC4	$	4	D	T	d	t
0	1	0	1	ENQ	NAK	%	5	E	U	e	u
0	1	1	0	ACK	SYN	&	6	F	V	f	v
0	1	1	1	BEL	ETB	’	7	G	W	g	w
1	0	0	0	BS	CAN	(	8	H	X	h	x
1	0	0	1	HT	EM	)	9	I	Y	i	y
1	0	1	0	LF	SUB	*	:	J	Z	j	z
1	0	1	1	VT	ESC	+	;	K	[	k	{
1	1	0	0	FF	FS	,	<	L	/	l	I
1	1	0	1	CR	GS	–	=	M	]	m	}
1	1	1	0	SO	RS	.	>	N	^	n	–
1	1	1	1	SI	US	/	?	O	_	o	DEL

Tabelle 2: Bedeutung der Steuerzeichen (Auswahl)

NUL	Null, setzt Empfänger auf Null
SOH	Start of heading, Kopfanfang
STX	Start of text, Start des Textes
ETX	End of text, Ende des Textes
EOT	End of transmission, Ende der Übertragung
ENQ	Enquiry, Aufruf zur Antwort
ACK	Acknowledge, Antwort
BEL	Bell, Klingel, akustisches Signal
BS	Backspace, um ein Zeichen zurück
LF	Linefeed, Zeilenvorschub
CR	Carriage return, Wagenrücklauf
ESC	Escape, Umschaltung
DEL	Delete, Löschen
DC	Device Control (1...4), Geräteansteuerung

[1] Oktalzahlen von lat. octo = acht

[2] ASCII Kurzform für engl. **A**merican **S**tandard **C**ode for **I**nformation **I**nterchange = Amerikanischer Standardcode für den Informationsaustausch

[3] EBCDI Kurzform für engl. **E**xtended **B**inary **C**oded **D**ecimal **I**nterchange = Erweiterter BCD-Code für Datenaustausch

4.2.3 Festkommazahlen und Gleitkommazahlen

Zahlen können in einem Rechner als Festkommazahlen (Festpunktzahlen[1]) oder zusätzlich auch als Gleitkommazahlen (Gleitpunktzahlen) dargestellt werden. Die Gleitkommarechnung erfolgt meist mit zusätzlichen Prozessoren (Arithmetikprozessoren).

Festkommazahlen

Der Zahlenbereich bei der *Festkommadarstellung* ist durch die Wortlänge gegeben. Eine Wortlänge von z. B. 16 bit ermöglicht die duale Verschlüsselung von $2^{16} = 65\,536$ Zeichen, also von 0 bis 65 535 **(Tabelle 1)**. Will man positive und negative Zahlen dual verschlüsseln, so reicht der Zahlenbereich von $-32\,768$ bis -1 und von 0 bis $+32\,767$. Für die Zahlen selbst werden dabei nur Worte von 15 bit verwendet, und ein Bit kennzeichnet das Vorzeichen. Die Darstellung der negativen Zahlen geschieht durch Bildung des Zweierkomplements, also durch Bildung des Einerkomplements (Invertierung) und Addition von 1.

Die Zahlen in der linken Hälfte des Zahlenringes **(Bild 1)** sind die negativen Zahlen. Bei einer Wortlänge von 4 bit sind dies die Zahlen von -1 bis -16. Die höchste Stelle hat stets die Binärziffer 1. Die positiven Zahlen beginnen mit der Binärziffer 0. Die Zahl 0 gehört zu den positiven Zahlen. Beim Rechnen erhält man bei der Addition und Subtraktion mit der in Bild 1 enthaltenen Zweierkomplementdarstellung der negativen Zahlen unmittelbar, also ohne Korrekturrechnung, vorzeichenrichtige Ergebnisse. Für andere Rechenoperationen gelten Sonderregeln.

Bei Rechenvorgängen mit Festkommazahlen wird keine Rücksicht auf die Lage des Komma (*Radixpunkts*[2]) genommen. Allein der Benutzer muß wissen, an welcher Stelle der Radixpunkt bei den einzugebenden und den auszugebenden Zahlen steht. Eine Speicherstelle für den Radixpunkt gibt es bei Festkommazahlen nicht.

Zur Erhöhung der Genauigkeit mit Festkommazahlen kann durch Doppelwortrechnung oder Vierfachwortrechnung die Stellenzahl verdoppelt oder vervierfacht werden. Die Rechenzeit wird dadurch länger.

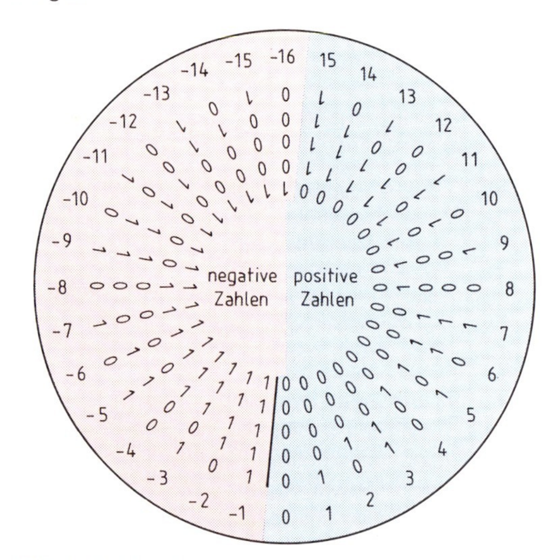

Bild 1: Zahlenring für eine 4-Bit-Zahlendarstellung

Beispiel:

Berechnen Sie mit Hilfe des Zahlenrings Bild 1 01010 – 01100!

Lösung:

01010 – 01100 = 01010 + (– 01100)
= 01010 + 10100 (nach Bild 1)
= 11110 = – **00010** (nach Bild 1)

Tabelle 1: Festkommazahlen

positive 16-Bit-Festkommazahlen	positive und negative 16-Bit-Festkommazahlen
0000 0000 0000 0000 = 0	0111 1111 1111 1111 = 32 767
0000 0000 0000 0001 = 1	:
0000 0000 0000 0010 = 2	0000 0000 0000 0001 = 1
:	0000 0000 0000 0000 = 0
1111 1111 1111 1111 = 65 535	1111 1111 1111 1111 = –1
	1111 1111 1111 1110 = –2
	:
	1000 0000 0000 0000 = –32 768

[1] Im angloamerikanischen Sprachraum werden gebrochene Zahlen nicht mit einem Komma, sondern mit einem Punkt geschrieben.
[2] Radixpunkt von lat. radix = Wurzel, Grund.

Gleitkommazahlen

Bei der *Gleitkommadarstellung* stellt man jede Zahl als Produkt aus einem Ziffernteil und einer Potenz dar, z. B. könnte die Zahl 632,4 durch $0{,}6324 \cdot 10^3$ dargestellt werden. Die Zahl 0,6324 ist die *Mantisse*, die 10er Potenz hat die Basis 10 und den Exponenten 3. Bei dieser Zahlendarstellung beginnt jede Mantisse immer mit Null und dem Radixpunkt. Diese Null und der Radixpunkt müssen daher nicht gesondert im Rechner dargestellt werden, sondern erst bei der Ausgabe des Zahlenergebnisses berücksichtigt werden. Bei einer 32-Bit-Gleitkommazahl werden z. B. 24 bit für die Mantisse reserviert, 7 bit für den Exponenten einer Potenz zur Basis 16 und 1 bit für das Vorzeichen **(Bild 1)**.

Ein 24-Bit-Binärwort ermöglicht die Darstellung einer Mantisse mit $2^{24} = 16777216$ Zeichen, also der Zahlen von 0 bis 16777215. Mit den 7 bit für den Exponenten kann man $2^7 = 128$ verschiedene Exponentwerte darstellen. Diese teilt man auf in die Exponenten −64 bis −1 und 0 bis +63 **(Tabelle 1)**.

Zahlen werden in einer Rechenanlage als Festkommazahlen oder als Gleitkommazahlen dargestellt.

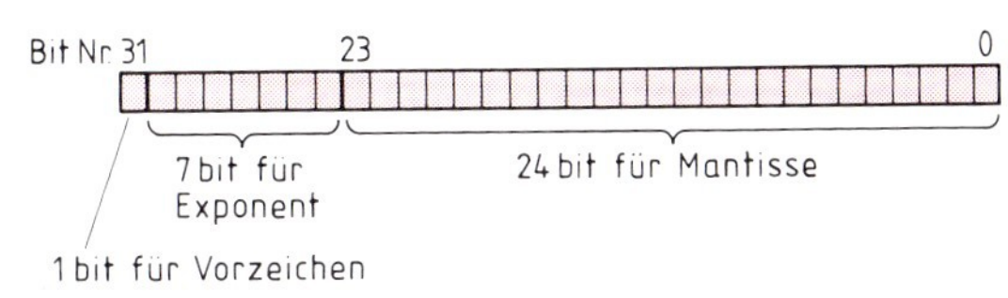

Bild 1: Darstellung einer 32-bit-Gleitkommazahl

Tabelle 1: Verschlüsselung des Exponenten einer Gleitkommazahl

Exponent	Bedeutung
000 0000	$16^{-64+0} = 16^{-64}$
000 0001	$16^{-64+1} = 16^{-63}$
⋮	⋮
011 1111	$16^{-64+63} = 16^{-1}$
100 0000	$16^{-64+64} = 16^{0} = 1$
100 0001	$16^{-64+65} = 16^{+1}$
⋮	⋮
111 1111	$16^{-64+127} = 16^{+63}$

Beispiel 1:

Ermitteln Sie die binäre Form der Zahl 13,625 als Gleitkommazahl!

Lösung:

1. Schritt:
Die Dezimalzahl wird in eine ganze Zahl und in eine gebrochene Zahl unterteilt: $13{,}625 = 13 + 0{,}625$

2. Schritt:
Die ganze Zahl wird als Dualzahl geschrieben:
$13 = 1 \cdot 2^3 + 1 \cdot 2^2 + 0 \cdot 2^1 + 1 \cdot 2^0 \triangleq 1101$

3. Schritt:
Die gebrochene Zahl wird als Dualzahl geschrieben:
$0{,}625 = 1 \cdot 2^{-1} + 0 \cdot 2^{-2} + 1 \cdot 2^{-3} \triangleq 0{,}101$

4. Schritt:
Die Dualzahl ist somit 1101,101

5. Schritt:
Die Dualzahl wird als Gleitkommazahl geschrieben:
$1101{,}101 = 0{,}1101101 \cdot 2^{+4}$

6. Schritt:
Die Dualzahl wird als Gleitkommazahl geschrieben mit einer Potenz zur Basis 16:
$0{,}1101101 \cdot 2^{+4} = 0.1101101 \cdot 16^{+1}$

7. Schritt:
Die Dualzahl wird als Gleitkommazahl in einem 32-Bit-Wort dargestellt. Der Exponent +1 hat nach Tabelle 1 die Ziffernfolge 100 0001. Da die darzustellende Zahl positiv ist, hat das Bit 31 den Wert 0. Man erhält:

13,625 ≙ 0 100 0001 1101 1010 0000 0000 0000 0000

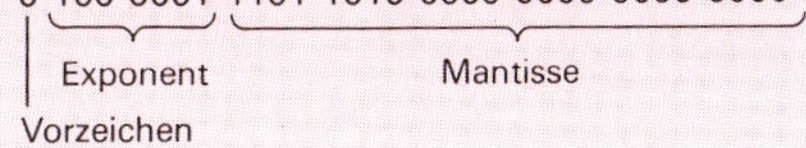

Beispiel 2:

Ermitteln Sie den Wert der Gleitkommazahl
1 100 0011 0011 0110 0100 0000 0000 0000!

Lösung:

1. Schritt:
Zunächst wird der Wert der Mantisse ermittelt. Die Mantisse steht in den Bits 0 bis 23 und beträgt 0,0011 0110 01.

2. Schritt:
Durch achtmaliges Stellenverschieben erhält man
$0{,}0011\ 0110\ 01 = 110110{,}01 \cdot 2^{-8} = 110110{,}01 \cdot 16^{-2}$

3. Schritt:
Man ermittelt die zugehörige Dezimalzahl
$110110{,}01 \cdot 16^{-2} = (1 \cdot 2^5 + 1 \cdot 2^4 + 0 \cdot 2^3 + 1 \cdot 2^2 + 1 \cdot 2^1 + 0 \cdot 2^0 + 0 \cdot 2^{-1} + 1 \cdot 2^{-2}) \cdot 16^{-2} = (32 + 16 + 4 + 2 + 0{,}25) \cdot 16^{-2} = 54{,}25 \cdot 16^{-2}$

4. Schritt:
Der Exponent 100 0011 wird mit Hilfe der Tabelle 1 entschlüsselt. Er hat den Wert 3.

5. Schritt:
Das Vorzeichen der Gleitkommazahl ist negativ, da das Bit 31 den Wert 1 hat.

6. Schritt:
Die Gleitkommazahl ist $-54{,}25 \cdot 16^{-2} \cdot 16^{+3} = -54{,}25 \cdot 16 = \mathbf{-868}$.

4.3 Arten und Strukturen von Computeranlagen

4.3.1 Computerarten

Besondere Merkmale für die Leistungsfähigkeit und die Einsatzgebiete der Computer sind die

- Architektur der CPU,
- Taktfrequenz und Wortbreite der CPU,
- Anzahl der CPU,
- Größe des Arbeitsspeichers,
- Speicherkapazität insgesamt,
- Schnittstellen zu Peripheriegeräten sowie die
- Eigenschaften des Betriebssystems.

Bei Prozessoren (CPU) unterscheidet man insbesondere *CISC-Architekturen* (engl. Complex Instruction Set Computer = Computer mit komplexem Befehlssatz) und *RISC-Architekturen* (engl. Reduced Instruction Set Computer = Computer mit reduziertem Befehlssatz). CISC-Prozessoren benötigen mehrere Maschinenzyklen zur Verarbeitung eines Prozessorbefehles **(Bild 1)**. Typische CISC-Prozessoren sind die Mikroprozessoren 8086, 80286, 80386.

Weil von den über 100 Befehlen dieser Mikroprozessoren meist weniger als die Hälfte verwendet werden, entstanden die RISC-Prozessoren mit wesentlich weniger Befehlen, z. B. 60. Bei diesen Prozessoren, z. B. R4000 und Alpha, sind deren Befehle mit nur wenigen Takten ausführbar. Dies wird dadurch erreicht, daß ein RISC-Prozessor mehrere Anweisungen zur selben Zeit über ein Pipeline-Verfahren[1] bearbeiten kann **(Bild 2)**.

RISC-Prozessoren besitzen einen kleinen Befehlssatz.

Je größer die Taktfrequenz und die Wortbreite der CPU sind, desto schneller werden die Programmanweisungen ausgeführt. In diesem Zusammenhang wird zur Klassifizierung von Computern häufig von *MIPS* (eng. Millions Instructions per Second = Millionen Anweisungen je Sekunde) und von *MFLOPS* (engl. Millions of Floatingpoint Instructions per Second = Millionen Gleitkomma-Anweisungen je Sekunde) gesprochen **(Bild 3)**. Die Mindestgröße des Arbeitsspeichers hängt von den vorgesehenen Anwenderprogrammen ab. Die Anzahl der Schnittstellen und die Arten der Schnittstellen zu Peripheriegeräten begrenzen ebenfalls den Einsatzbereich der Computer. Ferner wird der Einsatzbereich ganz wesentlich durch die Eigenschaften des Betriebssystems geprägt.

[1] engl. Pipeline = Röhrenlinie

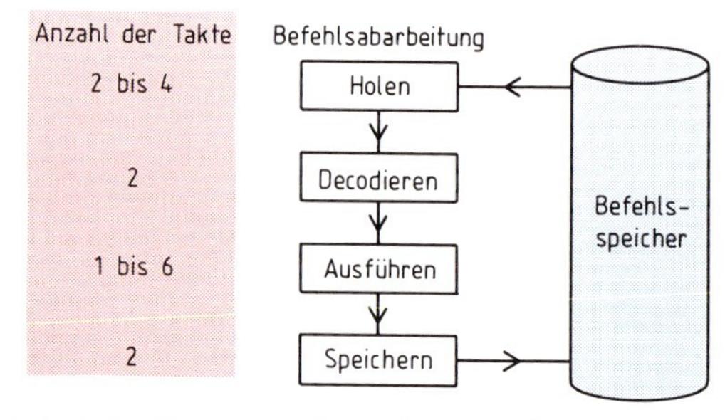

Bild 1: Befehlsabarbeitung bei CISC-Prozessoren

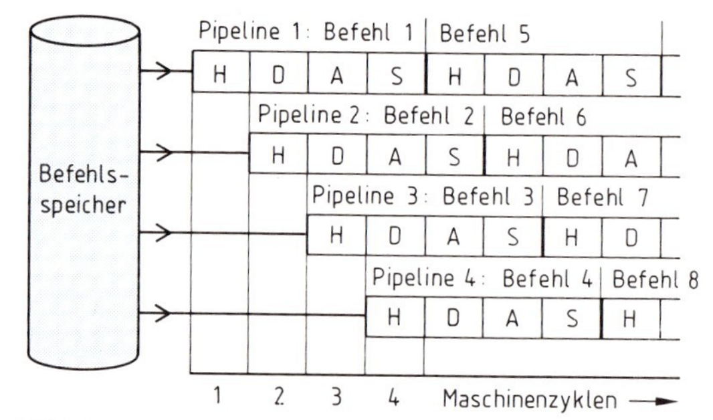

Bild 2: Pipelinestruktur bei RISC-Prozessoren H Holen, D Decodieren, A Ausführen, S Speichern

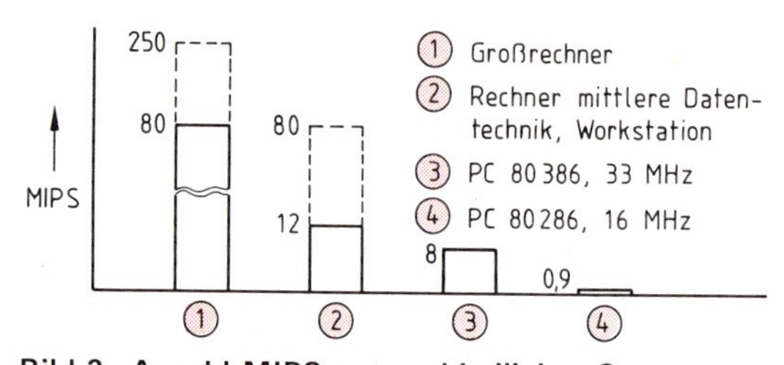

Bild 3: Anzahl MIPS unterschiedlicher Computer

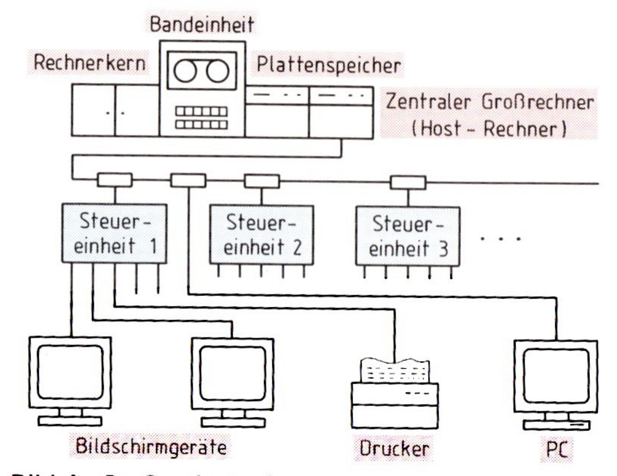

Bild 4: Großrechenanlage

Großrechner (**Bild 4, vorhergehende Seite**, Host-Rechner[1], Mainframe-Rechner[2]) sind Rechenanlagen, die mehr als 80 MIPS verarbeiten, mehrere CPU besitzen und über 100 Bildschirmarbeitsplätze (Benutzerstationen) bedienen können. Das Betriebssystem eines Großrechners muß daher einen *Time-Sharing-Betrieb*[3] ermöglichen. Hierbei wird jeder Benutzerstation (Userstation, von engl. User = Benutzer) zyklisch für sehr kurze Zeit eine CPU zugeteilt. Auf diese Weise wird ein quasiparalleler Rechenbetrieb ermöglicht.

Eine CPU kann immer nur einen Rechenprozeß zu einem Zeitpunkt bearbeiten.

Weniger leistungsfähig sind Rechner der *mittleren Datentechnik*, z. B. die VAX-Rechner. Auch sie arbeiten im Time-Sharing-Betrieb, allerdings mit weniger Benutzerstationen und/oder längeren Antwortzeiten, weil das zyklische (regelmäßig aufeinanderfolgende) Zuteilen der CPU länger dauert.

Workstations sind das Hauptanwendungsgebiet von RISC-Prozessoren. Sie werden häufig als Einzelarbeitsplatz-Rechner verwendet. Sie erlauben wegen des Time-Sharing-Betriebes das parallele Abarbeiten mehrerer Rechenprozesse. Workstations zeichnen sich durch sehr hochauflösende Bildschirmgeräte und eine sehr rasche Grafikdatenverarbeitung aus. Ihre Leistungsfähigkeit reicht bis zu der von Großrechenanlagen mit 80 MIPS. Als Leistungskenngröße zum Erstellen von Grafiken dient oft auch die verarbeitbare Anzahl von Vektoren je Sekunde.

Unter Anwendung höherer Programmiersprachen werden auf den genannten Computern sowie den PC (Personalcomputer) Programme für verschiedenartige Aufgaben abgearbeitet.

Laptop-PC[4] und *Note-Book-PC*[5] sind tragbare PC mit vergleichbarer Leistungsfähigkeit wie die üblichen PC. Laptop-PC bzw. Note-Book-PC besitzen einen LCD-Bildschirm (Flüssigkristallbildschirm) und meist eine am Gehäuse angebrachte Tastatur. Derartige PC haben kleine Abmessungen, z. B. 30 mm × 21 mm × 6 mm. Sie enthalten ein 3½-Zoll-Diskettenlaufwerk und ein Festplattenlaufwerk mit z. B. 40 MB.

Neben diesen Computerarten gibt es noch Computer für definierte Aufgaben. Darunter fallen

- Prozeßrechenanlagen,
- numerische Steuerungen (NC, Numerical Control),
- speicherprogrammierbare Steuerungen (SPS) sowie
- Kleinrechner für z. B. Waschmaschinen, Waagen, Kassengeräte oder auch Musikinstrumente.

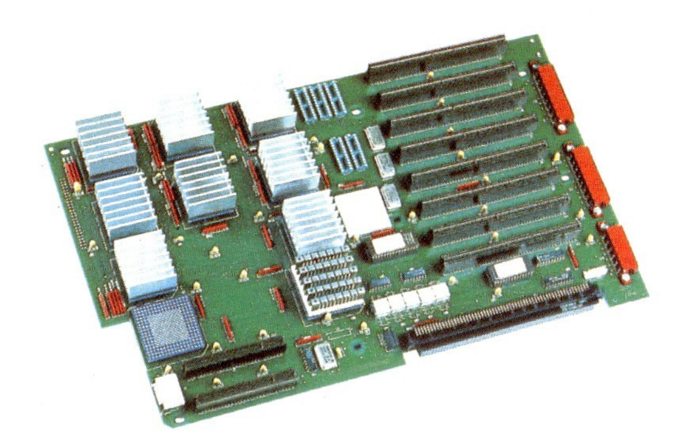

Bild 1: Platine mit Steckplätzen für Rechnererweiterungen

Aufgabenbereiche

- Betriebsabrechnungen,
- Anwesenheitszeiterfassung mit Anwesenheitszeitauswertung von Betriebsmitarbeitern,
- Erfassung und Verwaltung von Lieferantendaten,
- Erfassung und Verwaltung von Kundendaten,
- Verwalten von Stücklisten,
- Erstellen und Verwalten von Arbeitsplänen für Produktionsprozesse,
- Verwalten und Disponieren von Betriebsmitteln für Produktionsprozesse,
- Rechnerunterstütztes Zeichnen (CAD).

Bild 2: Typische Aufgabengebiete von Großrechenanlagen

Kleinrechner sind meist *Einplatinenrechner* bzw. *Einchiprechner*. Die sonstigen Computer sind *Mehrplatinenrechner* (Kartensysteme). Entscheidend ist hierbei, daß die einzelnen Elektronikplatinen über einen Bus Daten austauschen und diese Computer mit zusätzlichen Platinen hinsichtlich z. B. Speicherplatz, Anzahl Schnittstellen und oft auch weiteren CPU aufgerüstet werden können **(Bild 1)**.

[1] engl. Host = Gastwirt; [2] engl. mainframe = Hauptrahmen; [3] engl. Time-sharing = Zeitteilung; [4] engl. lap = Schoß, top = Oberteil
[5] engl. note-book = Notizbuch

4.3.2 Aufgabenbereiche

Großrechenanlagen werden insbesondere in Großbetrieben für verwaltungsorientierte Aufgaben eingesetzt **(Bild 2, vorhergehende Seite)**.

Die Rechner der mittleren Datentechnik finden in Betrieben mittlerer Größe für ähnliche Aufgaben Anwendung. Außerdem werden sie auch als *Fertigungshallenrechner* (Hallenbereichsrechner, Fertigungszellenrechner) zur Steuerung von Fertigungsaufträgen für Arbeitsmaschinen eingesetzt. Workstations finden insbesondere bei zeitintensiven Rechenprozessen zur Erzeugung von Grafiken bei technischen Aufgabenstellungen Anwendung.

PC werden zum Teil auch als Stationen zur Dateneingabe und Datenausgabe an Großrechenanlagen verwendet, mit der zusätzlichen Möglichkeit, PC-Programme zu verarbeiten. In Fabrikbereichen finden PC zunehmend Anwendung bei Aufgaben zur

- statistischen Prozeßsteuerung (Auswertung von Meßergebnissen bei gefertigten Teilen mit eventuellem Prozeßeingriff),
- Betriebs- und Maschinendatenerfassung, z. B. für Stückzahlauswertungen, Ermittlung von Produktionsverläufen und Maschinennutzungsgraden oder auch zur
- Fertigungszellensteuerung.

Mittels *numerischer Steuerungen* (NC) sind die Verfahrwege der Achsen von Werkzeugmaschinen, Meßmaschinen und Handhabungseinrichtungen programmierbar. Numerische Steuerungen enthalten mehrere Programmodule **(Bild 1)**. Vielfach enthalten die NC für solche Programmodule wegen der Rechenzeit eine eigene CPU. NC müssen mit *Echtzeitbetriebssystemen* ausgestattet sein, weil auf Ereignisse des Produktionsprozesses sofort reagiert werden muß. Die Programmierung der Maschinenabläufe erfolgt mittels spezifischer Programmiersprachen.

Speicherprogrammierbare Steuerungen (SPS) ersetzen aufwendige, festverdrahtete Schützschaltungen. SPS dienen hauptsächlich zur Programmierung logischer Schaltfunktionen. Dies sind bei Werkzeugmaschinen z. B. die Bedingungen für das Auslösen der Bewegungen von Spanneinrichtungen. In der Verkehrstechnik sind Ampelschaltungen mittels SPS-Einsatz realisiert. Weitere Einsatzgebiete von SPS sind Beförderungsanlagen, also Aufzüge, Kiesfördereinrichtungen oder Einrichtungen zum Einlagern und Auslagern von Teilen. Für die Programmierung von SPS-Aufgaben verwendet man SPS-Programmiersprachen.

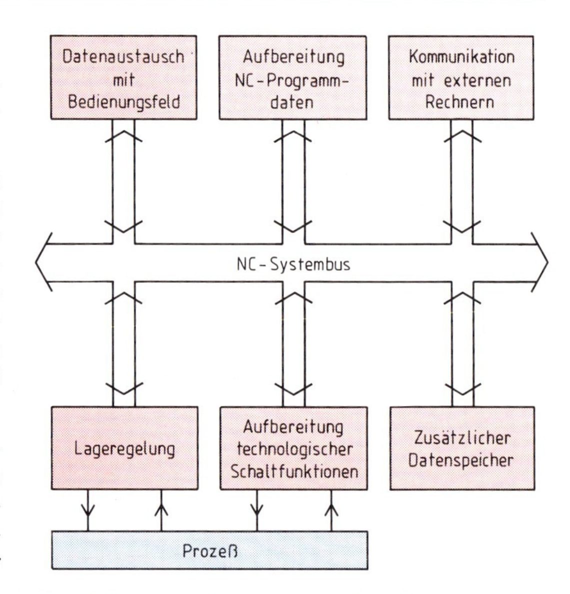

Bild 1: Struktur einer numerischen Steuerung als Kartensystem

Kleinrechner sind für spezielle Aufgaben, z. B. für eine Waschmaschinensteuerung, vorgesehen. Bei ihnen kann der Anwender im Prinzip nur Parameter (Hilfsvariable) variieren. Eine Programmierung des Rechners für eine völlig andere Aufgabe ist durch den Anwender nicht möglich.

Je mehr ein Rechner auf eine Aufgabe zugeschnitten ist, desto unflexibler ist er in der Anwendung.

4.3.3 Verbund von Computern

Es ist nicht möglich, sämtliche in einem Betrieb anfallenden Daten über einen zentralen Computer zu erfassen. Daher ist die datentechnische Verbindung (Vernetzung) derjenigen Computer eines Betriebes notwendig, deren Daten in anderen Betriebsbereichen ausgewertet werden müssen (Abschnitt 4.8.4). Ferner kann dadurch eine zentrale Datenarchivierung erfolgen.

Neben einer Verbindung in Form mehradriger Leitungen (Punkt-zu-Punkt-Verbindung) werden Computer meist mittels Rechnernetzen verbunden. Hierbei gibt es unterschiedliche Netzwerke (LAN von engl. Local Area Network = Netzwerk für örtlichen Bereich). Als Datenübertragungsmedien werden meist Koaxialkabel, Doppeladerleitungen oder Glasfaserleiter verwendet (Abschnitt 4.8.4).

4.4 Mikrocomputer

4.4.1 Funktionseinheiten

Ein Mikrocomputersystem besteht aus einer CPU (zentrale Prozessoreinheit), einem Speicher und peripheren Geräten. Die CPU bildet der Mikroprozessor in Verbindung mit dem meist im Mikroprozessor integrierten Taktgeber und der ebenfalls integrierten Systemsteuerung **(Bild 1)**. Die Verbindung mit dem Speicher und den peripheren Geräten findet über ein Bussystem (Leitungssystem) statt. Der Adreßbus kann dabei z. B. ein Multiplexbus sein. Auf einen Multiplex-Adreß-Datenbus werden abwechselnd Adressen oder Daten gelegt.

Die Verbindung zu den peripheren Geräten wird mit dem Bussystem über die Eingabe-Ausgabe-Einheit (EA-Einheit) hergestellt.

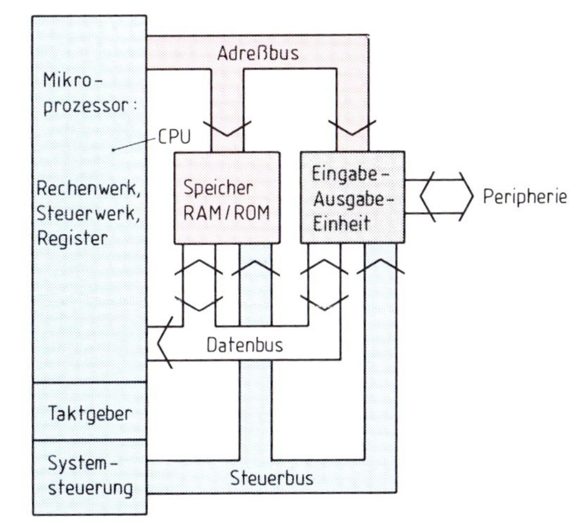

Bild 1: Funktionseinheiten eines Mikrocomputers

4.4.2 Mikroprozessor 8085

Das Kernstück eines Mikrocomputers ist der Mikroprozessor. Er enthält mehrere Funktionseinheiten. Als Beispiel sollen diese am Mikroprozessor 8085 erläutert werden. Entwickelt wurde dieser Prozessor aus dem 8-Bit-Prozessor 8080. Es gibt vom 8085-Prozessor verschiedene Ausführungsarten, die sich durch verschiedene Taktfrequenzen unterscheiden.

Der Mikroprozessor ist die CPU eines Mikrocomputers.

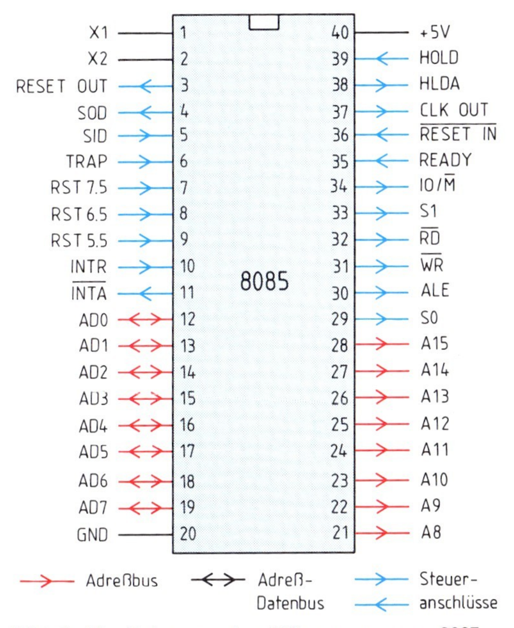

Bild 2: Pin-Belegung des Mikroprozessors 8085

4.4.2.1 Aufbau eines Mikroprozessors

Der Mikroprozessor 8085 ist ein 8-Bit-Prozessor auf einem Chip mit den Anschlußbelegungen (Pin-Belegung)[1] **Bild 2**. Er hat einen *Adreßbus* mit acht Leitern A8 bis A15, der die höheren acht Bits der 16-Bit-Adresse überträgt. Die niedrigen acht Bits der Adresse überträgt der *Multiplex-Adreß-Datenbus* AD0 bis AD7 abwechselnd mit den Daten D0 bis D7 **(Bild 3)**. Das 8-Bit-Register dient zur Zwischenspeicherung der Adressen A0 bis A7, da die Anschlüsse AD0 bis AD7 dauernd für Adressen und Daten hin- und hergeschaltet werden. Die Adressen A0 bis A7 erscheinen jeweils im 1. Takt eines Maschinenzyklus (Abschnitt 4.4.3.4) auf dem Multiplexbus. Der Zustand des Adreß-Datenbusses AD0 bis AD7 wird über ein Steuersignal am Anschluß ALE (Address Latch Enable) angezeigt.

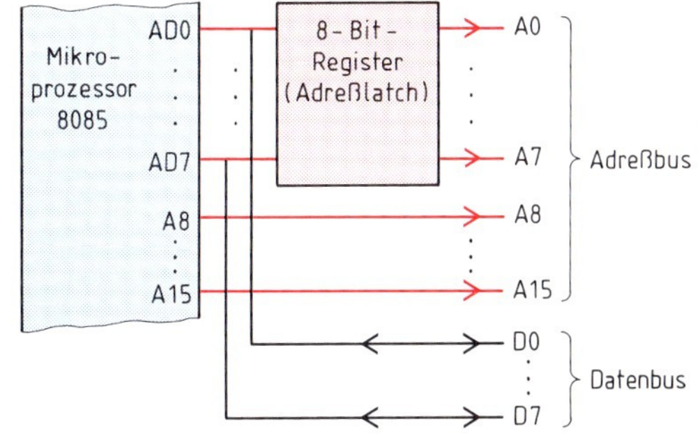

Bild 3: Multiplex-Adreß-Datenbus

[1] engl. pin = Pflock, Stelze

Der 8085-Prozessor hat außerdem fünf Unterbrechungseingänge (TRAP, RST 7.5, RST 6.5, RST 5.5, INTR), drei Steuerbusleitungen ($\overline{RD}$, $\overline{WR}$, IO/$\overline{M}$) und verschiedene Zeitsignalausgänge und Steuerausgänge.

4.4.2.2 Funktion der Anschlüsse

Die **Anschlüsse** des Mikroprozessors 8085 haben die nachfolgenden Bedeutungen und Wirkungsweisen:

X1, X2 — Anschlüsse für externen Quarzkristall.

RESET OUT — Ausgangssignal zur Rückstellung anderer Systembausteine.

SOD — Serial Output Data = serieller Datenausgang.

SID — Serial Input Data = Serieller Dateneingang.

TRAP — Anschluß für nicht maskierbaren (sperrbaren) Interrupt (Programmunterbrechung).

RST 7.5 — Anschluß für maskierbaren Interrupt mit höchster Priorität.

RST 6.5 — Anschluß für maskierbaren Interrupt mit zweithöchster Priorität.

RST 5.5 — Anschluß für maskierbaren Interrupt mit dritthöchster Priorität.

INTR — Anschluß für maskierbaren Interrupt mit niedrigster Priorität.

$\overline{INTA}$ — Bestätigung, daß INTR angenommen wurde (Interrupt Acknowledge = Interruptannahme). Dies geschieht durch Aussendung eines Steuersignals (Low-Pegel) an das den Interrupt anfordernde periphere Gerät.

AD0-AD7 — Multiplex-Adreß-Datenbus.

GND — Masseanschluß (Ground)

+5 V — Anschluß für die erforderliche Betriebsspannung.

HOLD — Mikroprozessor wird angehalten, z.B. bei einer DMA-Anforderung (Direct Memory Access = direkter Speicherzugriff).

HLDA — HOLD-Bestätigung (HOLD-Acknowledge).

CLK OUT — Ausgang für intern erzeugtes Taktsignal (Clock Out).

$\overline{RESET\ IN}$ — Rückstelleingang, Low-aktiv.

Tabelle 1: Maschinenstatus

IO/$\overline{M}$	S1	S0	Zustand des Prozessors
0	0	0	HALT
0	0	1	Speicher Schreiben
0	1	0	Speicher Lesen
1	0	1	EA Schreiben
1	1	0	EA Lesen
0	1	1	Operationscodeabruf

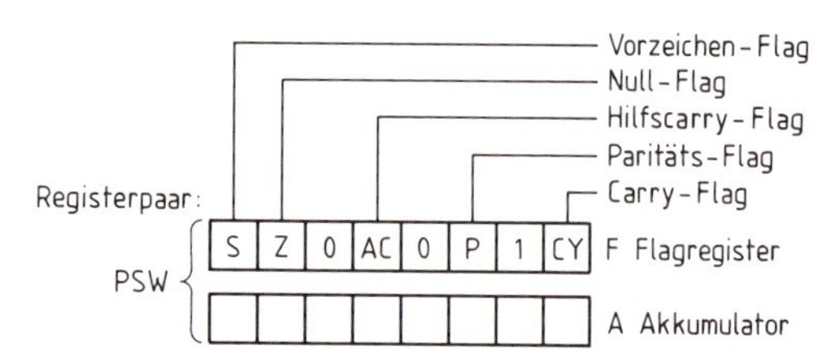

Bild 1: Registerpaar PSW (Programmstatuswort)

READY — Anforderung eines Wartezustandes des Prozessors mit Signal READY = 0.

IO/$\overline{M}$ — Steuerbusleitung als Unterscheidungssignal zwischen Peripherie und Speicher (von Input-Output-Memory). Mit IO/$\overline{M}$ = 0 wird der Speicher, mit IO/$\overline{M}$ = 1 die Peripherie aktiviert.

S1 — Statusleitung zur Anzeige des derzeitigen Zustandes des Mikroprozessors **(Tabelle 1)**.

$\overline{RD}$ — Steuerbusleitung für Lesen (von Read). Solange $\overline{RD}$ im Zustand L ist, werden Daten aus Speicher oder Peripherie gelesen.

$\overline{WR}$ — Steuerbusleitung für Schreiben (von Write). Solange $\overline{WR}$ im Zustand L ist, gibt der Prozessor Daten an Speicher oder Peripherie aus.

ALE — Ausgangsleitung, deren Signal den Zeitpunkt anzeigt, zu dem sich Adressen auf den Multiplexbus AD0 bis AD7 befinden (von Adress Latch Enable = Adreßspeicherfreigabe).

S0 — Statusleitung zur Anzeige des derzeitigen Zustandes des Mikroprozessors (Tabelle 1).

A8-A15 — Adreßbus zur Übertragung der höheren 8 Bits der 16-Bit-Adressen des Mikrocomputersystems.

4.4.2.3 Arbeitsweise des Mikroprozessors 8085

Der Mikroprozessor 8085 enthält die Funktionseinheiten Rechenwerk, Steuerwerk und Registerwerk **(Bild 1)**.

Rechenwerk

Das Rechenwerk verarbeitet 8-Bit-Worte in der ALU im Zusammenwirken mit dem Akkumulator-Register, dem 8-Bit-Zwischenspeicher, dem 5-Bit-Zustandsregister (Flagregister) und dem 8-Bit-Zwischenregister. In der ALU werden arithmetische Operationen, nämlich Addieren, Subtrahieren, Inkrementieren (Addieren mit 1), Dekrementieren (Subtrahieren von 1), logische Operationen (UND-Verknüpfung, ODER-Verknüpfung, XOR-Verknüpfung, Komplementierung) und Schiebeoperationen (Schieben rechts bzw. links) durchgeführt.

In der ALU werden arithmetische Operationen, logische Operationen und Schiebeoperationen durchgeführt.

Die Dezimalkorrektur-Logik dient zur Durchführung der dezimalen Addition im BCD-Code (8-4-2-1-Code).

Das *Akkumulatorregister* (Akkumulator) *A* übernimmt bei arithmetischen Operationen die Zwischenspeicherung des 1. Operanden, das *Zwischenregister* speichert den 2. Operanden. Nach Ausführung aller arithmetischen oder logischen Operationen in der ALU wird das Ergebnis im Akkumulator ausgegeben.

Akkumulator und Zustandsregister bilden zusammen das Registerpaar PSW (engl. Program Status Word = Programmzustandswort).

Das *Registerpaar PSW* beschreibt den momentanen Zustand des Prozessors **(Bild 1, vorhergehende Seite)**.

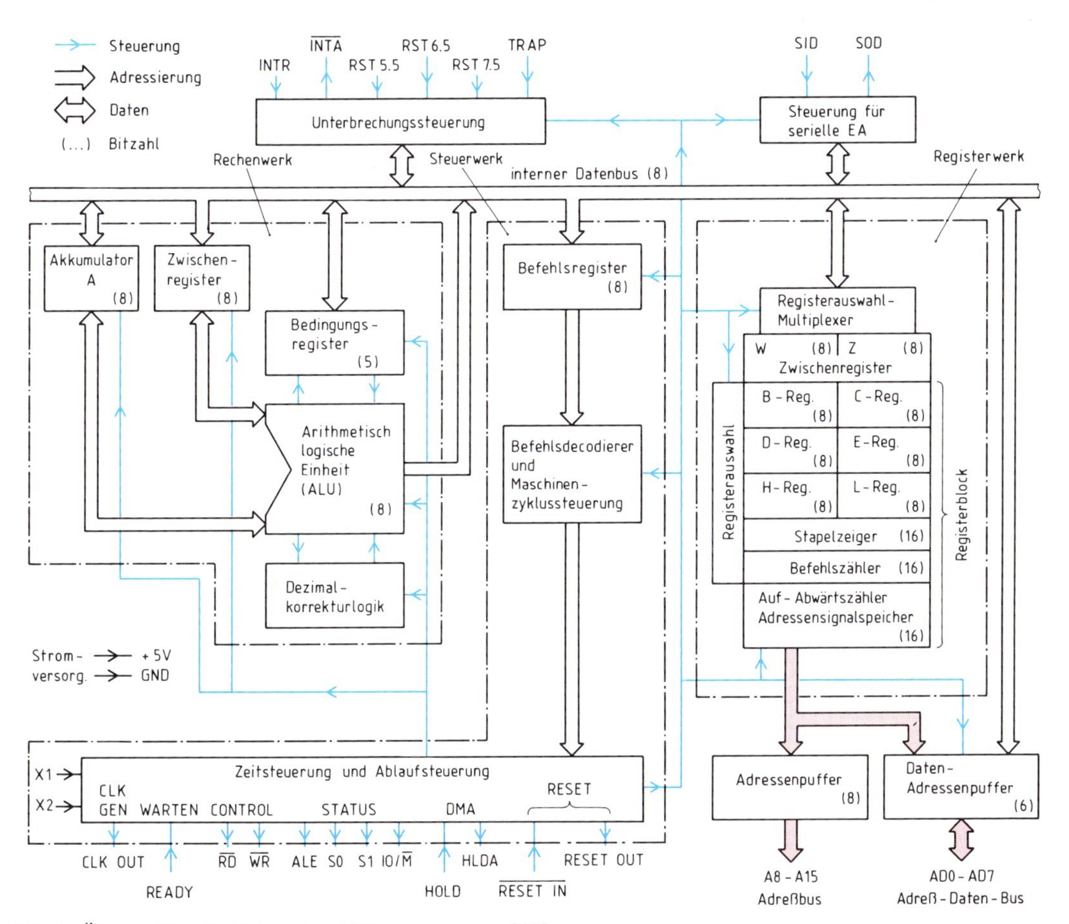

Bild 1: Übersichtsschaltplan des Mikroprozessors 8085

Das *Akkumulatorregister A* ist neben seiner Funktion als Ein-Ausgaberegister für die ALU auch als universelles Register wie die Register des Registerblocks verwendbar **(Bild 1)**.

Das *Flagregister F* (Zustandsregister) enthält fünf Zustandsbits (Bild 1, Seite 344). Meist bezeichnet man diese als *Flags* (engl. Flag = Flagge). Sie speichern bestimmte Zustandsformen des Prozessors und zwar Vorzeichen S (engl. Sign = Vorzeichen), Null Z (engl. Zero = Null), Hilfsübertrag AC (engl. Auxiliary Carry = Hilfsübertrag), Parität P (engl. Parity = Gleichheit) und Übertrag CY (engl. Carry = Übertrag).

Das *Sign-Flag S* zeigt an, ob der Zahlenwert einer arithmetischen Operation positiv oder negativ ist. Die arithmetischen Operationen werden in Zweierkomplementarithmetik durchgeführt, d. h. das höchstwertige Bit des Ergebniswortes gibt an, ob der Zahlenwert positiv oder negativ ist. Ist dieses Bit gleich 1, so ist das Ergebnis negativ und das Sign-Flag wird ebenfalls 1. Bei positivem Ergebnis ist das höchstwertige Bit null und das Sign-Flag wird auf null gesetzt.

Das *Zero-Flag Z* wird gesetzt, also Z = 1, wenn das Ergebnis einer arithmetischen oder logischen Operation den Wert null liefert. Es wird zurückgesetzt, wenn das Ergebnis einer derartigen Operation ungleich null ist. Dieser Fall tritt ein, wenn aufgrund einer vorhergehenden Operation Z = 1 gesetzt wurde. Es gibt Befehle (Abschnitt 4.4.3.1), die je nach Zustand des Z-Flags ausgeführt oder nicht ausgeführt werden.

Das *AC-Flag* wird gesetzt, wenn ein Übertrag vom niederwertigen Halbbyte ins höherwertige Halbbyte erfolgt ist, also von der 4. Stelle in die 5. Stelle. Dies ist bei Anwendung des DAA-Befehls wichtig, der bei Rechnungen im 8-4-2-1-Code zu Korrekturzwecken dient.

Das *Parity-Flag P* wird gesetzt, wenn nach einer arithmetischen oder logischen Operation das Ergebnisbyte eine gerade Zahl von Einsen enthält. Ist die Zahl der Einsen ungerade, so wird das P-Flag zurückgesetzt.

Das *Carry-Flag CY* zeigt bei arithmetischen Operationen an, ob das Ergebnis einen Übertrag in die 9. Stelle, d. h. in das Bit 8, also in das nicht vorhandene neunte Bit erbringt. Ist dies der Fall, so wird CY = 1 gesetzt. Das Carry-Flag wird zurückgesetzt, wenn kein Übertrag bei der durchgeführten Operation erfolgt ist. Das Carry-Flag wird außerdem von Schiebebefehlen und logischen Befehlen beeinflußt.

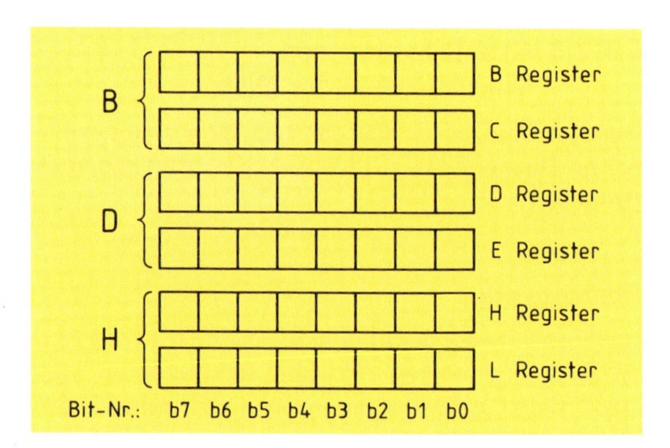

Bild 1: Mehrzweckregister des MP 8085

Vom Carry-Flag abhängige Befehle werden ebenso wie vom Z-Flag abhängige Befehle häufig bei der Programmierung von Schleifen und Sprüngen verwendet (Abschnitt 4.4.4). Die Werte der Bitnummern 1, 3 und 5 (Bild 1, Seite 344) sind fest vorgegeben.

Registerwerk

Das Registerwerk enthält mehrere Funktionseinheiten (Bild 1, vorhergehende Seite).

Der 8085-Prozessor besitzt die 16-Bit-Register B, D und H, die zur Speicherung von Daten, Zwischenergebnissen und Adressen dem Anwender innerhalb des Mikrocomputersystems als Mehrzweckregister zur Verfügung stehen (Bild 1). Sie bestehen aus den Registerpaaren B und C, D und E, H und L, die jeweils als 8-Bit-Register verwendet werden können. Im erstgenannten Register des Registerpaares stehen die höherwertigen acht Bit, also die Bits mit den Bitnummern 8 bis 15, im letztgenannten Register stehen die niederwertigen acht Bits mit den Bitnummern 0 bis 7.

Zusammen mit dem Akkumulator stehen dem Programmierer sieben 8-Bit-Register (A, B, C, D, E, H, L) bzw. drei 16-Bit-Mehrzweckregister (B, D, H) zur Verfügung.

Das Registerpaar H (H,L) hat eine besondere Funktion. In ihm muß die Adresse der Speicherzelle stehen, mit deren Inhalt M weitere Operationen durchgeführt werden sollen. Im Register H steht dabei der höherwertige Teil der Adresse, im Register L der niederwertige Teil **(Bild 1, folgende Seite)**. Damit kann man die indirekte Adressierung (Speicheradressierung) durchführen (Abschnitt 4.4.3.4).

Der *Registerauswahl-Multiplexer* wählt die einzelnen Mehrzweckregister an und erlaubt so das Lesen oder Beschreiben der Registerinhalte.

Das *Zwischenregisterpaar W,Z* wird nur intern verwendet und kann von Programmen nicht direkt angesprochen werden.

Der *Stapelzeiger SP* (*Stackpointer*[1]) ist ein 16-Bit-Register, das Adressen der im speziellen Stapelspeicher (Stack) aufbewahrten Registerinhalte enthält **(Bild 2)**. Eine derartige Speicherung ist erforderlich, wenn z. B. bei Verwendung eines Unterprogrammes die im Hauptprogramm verwendeten Register gebraucht werden. Ihre Inhalte werden dann vor Beginn der Unterprogrammausführung durch entsprechende Befehle in den Stapelspeicher gesichert. Außerdem wird die Rücksprungadresse, bei der nach Abarbeitung des Unterprogrammes das Hauptprogramm fortgesetzt wird, im Stack abgelegt (Abschnitt 4.4.4).

Der Stackpointer enthält immer die Adresse des zuletzt besetzten Speicherplatzes im Stack (Bild 2). Der Stapelspeicher selbst ist bei 8085-Mikrocomputersystemen immer an das obere Ende des Programmspeichers gelegt und wird nach niedrigen Adressen hin vom Programm belegt. Man kann ihn nur von oben her beschreiben, d. h. er ist ein *LIFO-Speicher* (engl. Last In First Out = zuletzt hinein – zuerst heraus). Bei der Programmierung muß man außerdem darauf achten, daß vor Programmbeginn für den Stack eine Startadresse reserviert wird. Dies geschieht durch Initialisierung des Stackpointers (Abschnitt 4.4.4) oder auch durch das Betriebssystem.

Der *Befehlszähler PC (Program Counter)* ist ein 16-Bit-Register, das die Adresse des im Programm als nächsten abzuarbeitenden Befehls enthält. Bei jedem Befehlsabruf zählt der PC automatisch weiter. Mit einer Wortbreite von 16 bit kann man $2^{16} = 65\,536$ Speicherplätze adressieren.

Die Zahl der adressierbaren Speicherplätze ist von der Wortbreite der Adresse abhängig.

Der *Adressensignalspeicher* mit *Auf- und Abwärtszähler* (Bild 1, Seite 345) stellt die Verbindung zum Adreßbus her. Enthält eines der Mehrzweckregister eine Adresse, so wird diese vor der Durchschaltung auf den Adreßbus zwischengespeichert. Greift der Prozessor auf den Stack zu, so wird die Stackadresse, also der Inhalt des Stackpointers, in den Adressensignalspeicher geladen. Das Dekrementieren des SP beim Einschreiben in den Stack oder das Inkrementieren des SP beim Auslesen aus dem Stack übernimmt in diesem Fall der Auf-Abwärtszähler.

[1] engl. Stack = Stapel, engl. pointer = Zeiger

Register	Inhalt dual	hexadezimal	Erläuterung
H	0 1 0 0 0 0 1 0	42	Highbyte <H> = 42 H
L	0 0 1 1 0 0 1 1	33	Lowbyte <L> = 33 H

<H,L> = 4233 = Adresse Speicherstelle M

<...> ≙ Inhalt von...

Bild 1: Indirekte Speicheradressierung

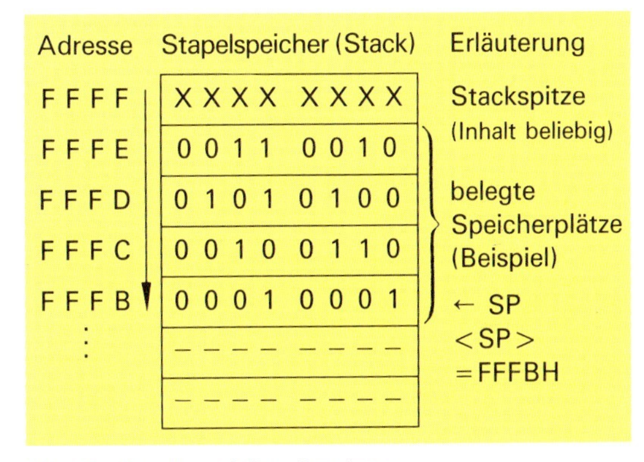

Bild 2: Stack und Stackpointer

Steuerwerk

Das *Steuerwerk* (Bild 1, Seite 345) besteht aus den Funktionseinheiten Befehlsregister, Befehlsdecodierer mit Maschinenzyklussteuerung, Zeitsteuerung und Ablaufsteuerung. Es steuert den gesamten Ablauf aller Operationen, die bei der Abarbeitung eines Befehls anfallen. Außerdem liefert das Steuerwerk die Steuersignale für den Verkehr mit EA-Bausteinen des Mikrocomputersystemes.

Das *Befehlsregister* wird direkt vom internen Datenbus geladen. In ihm wird immer der 8 bit breite Operationsteil eines vom Programmspeicher abgerufenen Befehls solange gespeichert, bis er decodiert und ausgeführt wird. Wenn es sich dabei um einen Mehrbytebefehl handelt, so werden die Operanden in den Zwischenregistern W,Z bis zur Weiterverarbeitung abgelegt.

Im Befehlsregister des Steuerwerkes steht immer der Code eines Befehls.

Der *Befehlsdecodierer* decodiert den Operationscode, indem er die einzelnen Bit auf ihren Pegelzustand untersucht. Damit wird der Befehlscode des im Befehlsregister stehenden Befehls festgestellt.

Anschließend erfolgt mit Hilfe der Maschinenzyklussteuerung die Umwandlung des Befehls in Steuersignale, die die zeitliche und logische Ausführung des Befehls bewirken.

Die *Zeitsteuerung und Ablaufsteuerung* koordinieren die zeitlichen und logischen Signalabläufe innerhalb des Mikroprozessors und in seiner Peripherie. Intern erhalten sie die Informationen vom Befehlsdecodierer und extern von Systembausteinen, z. B. Taktsignale, Quittierungssignale und Anforderungssignale. Die Zeitsteuerung und Ablaufsteuerung geben andererseits auch Informationen an Systembausteine ab (Bild 1, Seite 345). So zeigt z. B. das Signal mit dem Pegel L an $\overline{WR}$ an, daß am Speicherbaustein ein Datenbyte eingeschrieben wird.

Die Summe aller Eingabesignale und Ausgabesignale an der Zeitsteuerung und Ablaufsteuerung bilden den Steuerbus des Mikrocomputersystemes.

4.4.3 Software

Bei Mikrocomputern verwendet man als Programmiersprachen oft maschinennahe Sprachen (Assemblersprachen). Die Schreibweise der Befehle als mnemonische[1] Ausdrücke ist bei den einzelnen Prozessortypen verschieden, nur die Befehlsstruktur ist fast gleich. Leider sind z. B. für den Prozessor 8085 geschriebene Programme nicht für einen Prozessor Z80 verwendbar. Das Programm muß umgeschrieben werden.

4.4.3.1 Befehlsvorrat

Der Mikroprozessor 8085 hat einen Befehlsvorrat von 246 Befehlen. Man unterscheidet Datentransportbefehle, arithmetische Befehle, logische Befehle, Sprungbefehle, Sonderbefehle und Pseudobefehle. Meist verwendet man nur etwa 30 dieser Befehle **(Tabelle 1)**.

Datentransportbefehle. Diese Befehle werden zur Datenübertragung zwischen Akkumulator, Registern, RAM-Speicher und EA-Geräten verwendet: MOV, MVI, LDA, STA (Befehlsauswahl).

Arithmetische Befehle. Mit den arithmetischen Befehlen können Registerinhalte und Speicherinhalte addiert, subtrahiert, inkrementiert und dekrementiert werden: ADD, SUB, ADI, INR, DCR, INX, DCX (Befehlsauswahl).

[1] mnemonisch von griech. mneme = Gedächtnis

Tabelle 1: Befehle des 8085-Mikroprozessors (Auswahl)

Befehl	Bedeutung
ADC, ACI	ADD WITH CARRY (Addiere mit Übertrag) I = Immediate (sofort)
ADD, ADI	ADD (Addiere)
ANA, ANI	LOGICAL AND (Bilde logisches UND)
CALL	CALL SUBROUTINE (Rufe Unterprogramm auf)
CMP, CPI	COMPARE (Vergleiche)
DCR, DCX	DECREMENT (Dekrementiere)
HLT	HALT (Anhalten des Prozesses)
IN	INPUT (Eingabe)
INR, INX	INCREMENT (Inkrementiere)
JC	JUMP IF CARRY (Springe bei gesetztem Übertragsbit)
JMP	JUMP (Springe)
JNC	JUMP IF NO CARRY (Springe, wenn Übertrag gelöscht)
JNZ	JUMP IF NOT ZERO (Springe, wenn nicht Null)
JZ	JUMP IF ZERO (Springe, wenn Null)
LDA	LOAD ACCUMULATOR (Lade Akkumulator)
LXI	LOAD 16 BIT (Lade Inhalt 16-Bit-Wort)
NOP	NO OPERATION (Leerbefehl)
MOV	MOVE (Übertrage, Kopiere)
MVI	MOVE IMMEDIATE (Übertrage unmittelbar)
ORA, ORI	LOGICAL OR (Bilde logisches ODER)
OUT	OUTPUT (Ausgabe)
RAL, RAR	ROTATE WITH CARRY LEFT (RIGHT) (Verschiebe mit Übertrag nach links bzw. rechts)
RET	RETURN FROM SUBROUTINE (Kehre vom Unterprogramm zurück)
STA	STORE ACCUMULATOR (Speichere Akkumulator)
SUB	SUBTRACT (Subtrahiere)
XRA, XRI	LOGICAL XOR (Bilde logisches Exklusiv-ODER)

Tabelle 2: Wertzuweisungen

Wertzuweisung	Befehl
Hexadezimal	MVI M, 24H
Dezimal	MVI M, 36 oder MVI M, 36 D
Binär	MVI M, 00100100B
ASCII-Konstante	MVI M, '$'
Name	MAX EQU 24H oder MAX EQU 36 MVI M, MAX ≙ MVI M, 36

Bei allen Beispielen ist der Maschinencode gleich: 1. Byte 00110110, 2. Byte 00100100

Logische Befehle. Logische Befehle erlauben eine UND-, ODER- und XOR-Verknüpfung von Registerinhalten und Speicherinhalten: ANA, ANI, ORA, ORI, XRA, XRI, CMP, CPI (Befehlsauswahl).

Sprungbefehle. Bedingte und unbedingte Sprungbefehle erlauben Programmverzweigungen. Dazu gehören auch die entsprechenden Rücksprungbefehle: JMP, JC, JZ, JNZ, CALL, RET (Befehlsauswahl).

Sonderbefehle. Dies sind Befehle z. B. zum Setzen von Unterbrechungsmarken, Löschen und Setzen von Zustandsbits und für Schiebeoperationen: NOP, HLT, RAL, RAR (Befehlsauswahl).

Pseudobefehle. Zur Programmerstellung und Durchführung sind Pseudobefehle erforderlich. Das sind Befehle, die der Mikroprozessor nicht kennt, die aber zur Assemblierung (Abschnitt 4.4.6) erforderlich sind. So weist z. B. der Befehl ORG (von engl. Origin = Ursprung) einem Quellprogramm eine Startadresse zu. ORG 0400H bedeutet, daß das Programm bei der hexadezimalen Adresse 0400 beginnt. Der Pseudobefehl EQU erlaubt es, einem symbolischen Namen einen hexadezimalen Wert zuzuweisen. MAX EQU 0480H bedeutet, daß dem symbolischen Namen MAX der Wert 0480H zugewiesen wird.

4.4.3.2 Befehlsformate

1-Byte-Befehle. Bei diesen Befehlen sind alle Informationen im Operationscode (Befehlscode) enthalten. Der Befehl MOV A,B (Code 01111000 = 78H) bedeutet, daß der Inhalt des Quellregisters B in das Zielregister A (Akkumulator) übertragen wird.

2-Byte-Befehle. Im ersten Byte steht der Operationscode, im zweiten Byte steht entweder der Operand oder eine EA-Adresse. Der Befehl MVI B,04H (Code 1. Byte: 00000110 = 06H, 2. Byte: 00000100 = 04H) bedeutet, daß die Hexadezimalzahl 04 in das Zielregister B übertragen wird.

3-Byte-Befehle. Im zweiten und dritten Byte steht eine vierstellige Adresse. Der Befehl STA 0480H bedeutet: Der Inhalt des Akkumulators wird in Adresse 0480H gespeichert. Im zweiten Byte steht die rechte Adressenhälfte 80 (Lowbyte), im dritten Byte die linke Adressenhälfte 04 (Highbyte).

4.4.3.3 Wesentliche Befehle

In Tabelle 1, vorhergehende Seite, sind die am meisten verwendeten Befehle der Assemblersprache des Mikroprozessors 8085 enthalten.

Damit ein Übersetzerprogramm (Assembler) das in mnemonischen Ausdrücken geschriebene Programm in die Maschinensprache (in Dualzahlen) umwandeln kann, sind z. B. bei Wertzuweisungen bestimmte Schreibweisen (Syntaxregeln) vorgeschrieben **(Tabelle 2, vorhergehende Seite)**.

Werden diese Regeln bei Erstellung des Quellprogrammes nicht genau eingehalten, so gibt der Assembler nach der Assemblierung in der fehlerhaften Programmzeile eine Syntaxfehlermeldung (Abschnitt 4.4.4) aus.

Tabelle 1: Adressierungsarten

Adressierungsart	Adresse	Maschinen-code hexadezimal	Mnemo-Code	Wirkungsweise des Befehls
Direkt	0420 0421 0422	3A 50 04	LDA 0450H	<Adresse 0450> → A niederwertiges Adreßbyte höherwertiges Adreßbyte
Direkt Register	0430	78	MOV A, B	<B> → A
Indirekt Register	0440	46	MOV B, M	Inhalt der Speicherstelle mit der Adresse im HL-Register <M> → B; M = memory
Unmittelbar (immediate)	0450 0451	0E 48	MVI C, 48H	48H → C
	0460 0461 0462	01 80 04	LXI B, 0480H	80H → C, 04H → B Konstante Konstante

<...> sprich: Inhalt von...; 48H oder 48h = Hexadezimalzahl 48

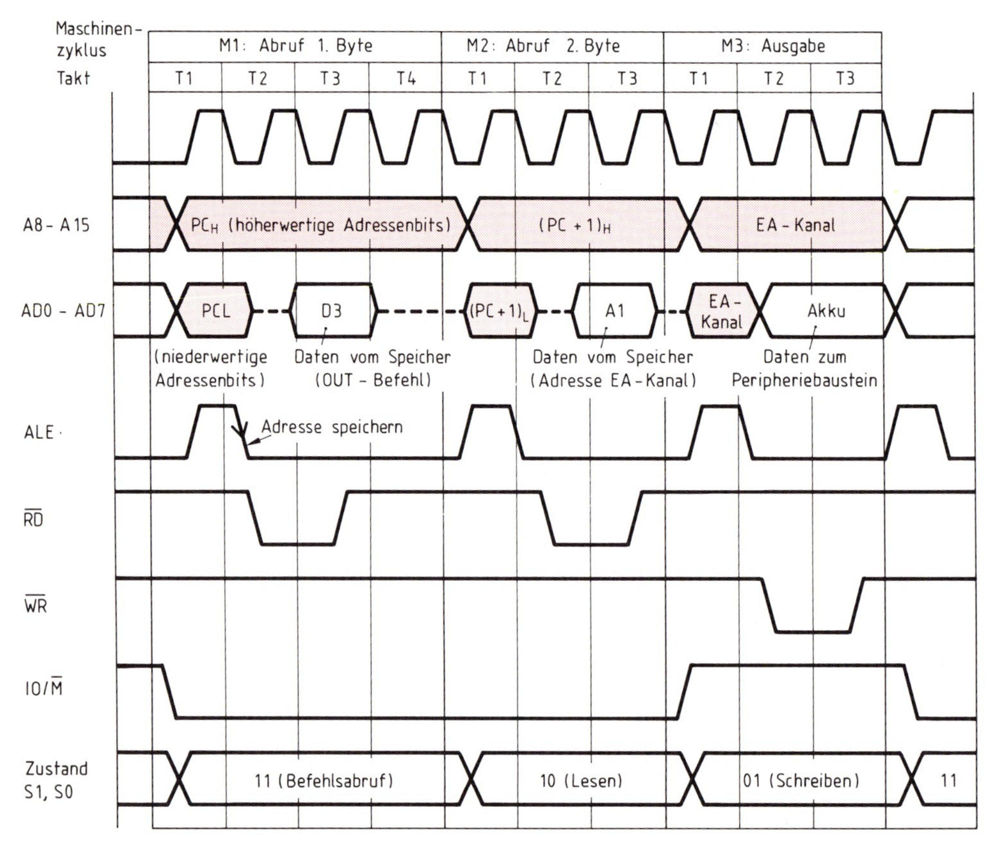

Bild 1: Zeitablaufdiagramm für Befehl OUT 0A1H

4.4.3.4 Befehlsausführung

Bei der Befehlsausführung unterscheidet man die direkte Adressierung, direkte Register-Adressierung, indirekte Register-Adressierung und unmittelbare Adressierung **(Tabelle 1, vorhergehende Seite)**.

Ein Befehl wird im Mikrocomputer in den zwei Phasen *Befehlsabruf* und *Befehlsausführung* abgearbeitet. Damit dies zeitlich koordiniert abläuft, benötigt der Mikroprozessor vom Taktgeber ein Taktsignal, das die Arbeitszeit in gleiche Takte zerlegt.

Befehlsabruf. In dieser Phase wird der Befehl vom Programmspeicher in die CPU eingelesen und in speziellen Registern gespeichert.

Befehlsausführung. Das Steuerwerk decodiert den Befehl, und entsprechende Steuersignale veranlassen die Befehlsausführung.

Die gesamte Zeitspanne für Befehlsabruf und Befehlsausführung nennt man Befehlszyklus.

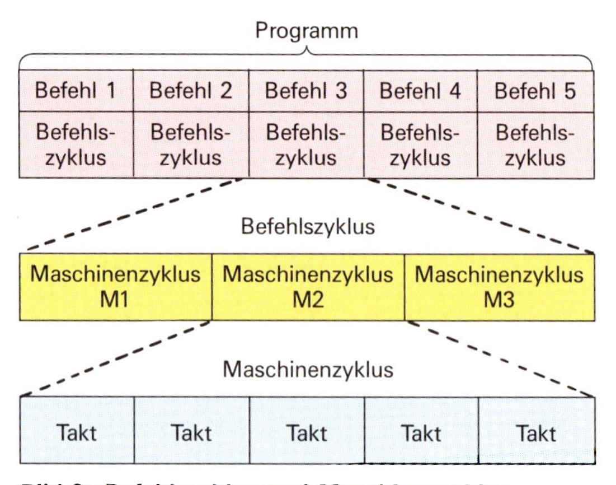

Bild 2: Befehlszyklus und Maschinenzyklus

Ein Programm besteht aus einer Aneinanderreihung von Befehlen **(Bild 2)**. Diese wiederum enthalten einen Befehlszyklus, der aus Maschinenzyklen besteht. Der Maschinenzyklus (Operationszyklus) ist in einzelne Takte aufgeteilt (Bild 2, vorhergehende Seite). Der Befehl OUT 0A1H, dessen Zeitablaufdiagramm **Bild 1, vorhergehende Seite**, zeigt, besteht aus den drei Maschinenzyklen M1, M2 und M3.

Aus dem Zeitablaufdiagramm der Signale für eine Befehlsausführung läßt sich die zeitliche Folge der Abarbeitung eines Befehls erkennen. Beim gewählten Beispiel wird der OUT-Befehl im ersten Maschinenzyklus entschlüsselt, im zweiten Maschinenzyklus die Portadresse (Adresse der Ausgabestelle) angewählt, und im dritten Maschinenzyklus erfolgt die Datenausgabe. Die Wirkungsweise zeigt **Tabelle 1**. Die Besonderheit hierbei ist, daß das Signal ALE zur Abfrage der niederwertigen Bit der Adresse benützt wird (Bild 1, vorhergehende Seite). Mit der abfallenden Flanke des ALE-Signals im Maschinenzyklus M1 wird der niederwertige Teil der Adresse in einem 8-Bit-Speicher (Adreßlatch) gespeichert. Die vollständige 16-Bit-Adresse steht dann im zweiten Drittel des M1-Zyklus auf dem Adreßbus zur Verfügung.

Die Signale IO/$\overline{M}$, S1 und S0 geben in jedem Maschinenzyklus den Maschinenstatus wieder.

Tabelle 1: Abarbeitung des Befehls OUT 0A1H

M-Zyklus	Takt	Wirkungsweise
M1	T1	Ausgabe der ROM-Adresse, in der der Code von OUT (= D3H) steht.
	T2	D3H liegt auf Multiplexbus AD0...AD7.
	T3	Code D3 → Befehlsregister.
	T4	Decodierung von D3; Maschinenstatus: IO/$\overline{M}$ = L, S0 = H, S1 = H
M2	T1	Ausgabe ROM-Adresse, die die Adresse des gewählten Port (= 0A1H) enthält.
	T2	0A1H liegt auf Multiplexbus AD0...AD7
	T3	A1 → W, Z ⇒ <W> = A1 und <Z> = = A1; Maschinenstatus: IO/$\overline{M}$ = 1, S0 = L, S1 = H
M3	T1	<Z> → AD0...AD7, <W> → → A8...A15; ⇒ Portadresse A1H zweimal vorhanden.
	T2	<A> → AD0...AD7.
	T3	<A> → IO-Port; Maschinenstatus: IO/$\overline{M}$ = H, S0 = H, S1 = L

L ≙ Low; H ≙ High (bei Zahlen aber Hexadezimal)

4.4.4 Programmerstellung

Bei der Programmerstellung analysiert man die zu lösende Aufgabe zunächst genau. Bei der *Top-Down-Strategie*[1] wird dann die Aufgabe in Unteraufgaben und diese wieder in Teilaufgaben von oben nach unten untergliedert, so daß eine Baumstruktur (Abschnitt 4.5.2) entsteht. Anschließend wird nach dieser Gliederung ein *Programmablaufplan* erstellt, der den Ablauf eines Programms in entsprechenden symbolischen Darstellungen enthält. Das Schreiben des Programmes wird entsprechend der Vorgabe durch den Programmablauf vorgenommen. Dabei sind bei den verschiedenen Assemblersprachen sprachenabhängige Regeln einzuhalten. Zunächst erstellt der Programmierer das *Quellprogramm*. Dies ist die Befehlsfolge, geschrieben in mnemonischen Befehlen. Eine Kommentierung eines Befehls geschieht hinter demselben in derselben Zeile. Zur Trennung von Befehl und Kommentar dient z. B. ein Strichpunkt (Semikolon;). Insgesamt besteht ein Quellprogramm aus Namensspalte, Befehlsspalte und Spalte für den Kommentar. Steht zur Programmerstellung *kein* Entwicklungssystem (Abschnitt 4.4.6) zur Verfügung, so muß der Programmierer die Adresseneinteilung und die Übersetzung der mnemonischen Befehle in die Maschinensprache selbst vornehmen. Die Übersetzung in die Maschinensprache kann man mit Hilfe der Befehlsliste des Prozessors vornehmen. Ein Entwicklungssystem mit Assembler macht diese Handarbeit überflüssig.

Zum Erlernen des Programmierens von Mikrocomputern gibt es Mikrocomputer-Lehrsysteme.

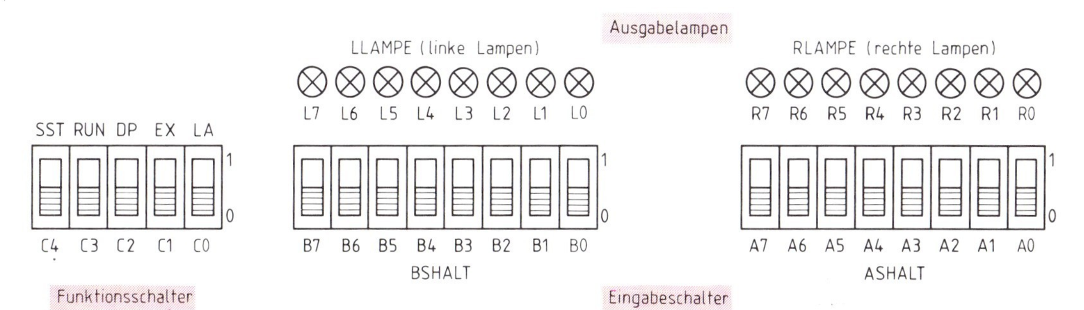

Bild 1: Tastatur und Display eines Mikrocomputer-Lehrsystems

[1] engl. top = Spitze, engl. down = unten, griech. Strategie = Vorgehen, Methode

Die folgenden Beispiele sind auf einem derartigen Gerät ablauffähig. Verwendung findet die Assembler-Programmiersprache des Mikroprozessors 8080/8085. Das Lehrsystem hat z. B. je acht Eingabeschalter A und B, je acht als binäre Ausgabe verwendete LED (RLAMPE, LLAMPE) und fünf Funktionsschalter C0 bis C4 **(Bild 1, vorhergehende Seite)**. Auf dem Gerät können in der Maschinensprache des 8085-Prozessors geschriebene Programme ablaufen. Die Eingabe der Befehle im hexadezimalen Maschinencode erfolgt über die als ASHALT bezeichneten Schalter und den Schalter C2 in die über ASHALT und C0 eingegebene Startadresse in aufsteigender Adressenfolge. Mit Schalter C1 können die Adresseninhalte geprüft werden. C3 ist der Startschalter. Der Schalter C4 erlaubt die schrittweise Abarbeitung eines Programms (SST von Single Step = einzelner Schritt).

Beispiel 1:

In der Speicherzelle mit der Adresse 0420H und dem symbolischen Namen AZ1 steht die Zahl Z1 = 08H. Zu dieser Zahl soll die an den A-Schaltern eingestellte Zahl Z2 = 06H addiert werden. Das Ergebnis ERG soll zunächst an der linken Lampenreihe angezeigt und anschließend unter der Adresse 0421H gespeichert werden.

a) Entwerfen Sie einen Programmablaufplan!

b) Schreiben Sie das Quellprogramm (Programmname ADZ2)!

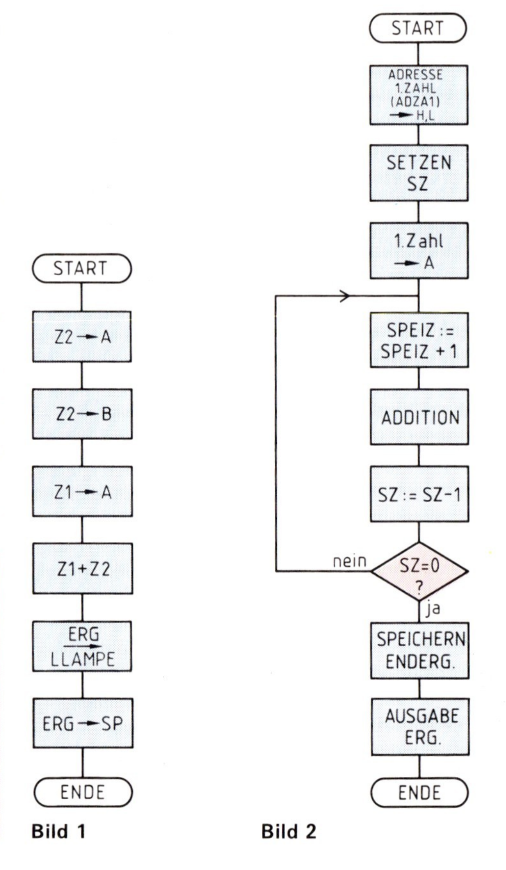

Bild 1 **Bild 2**

Tabelle 1: Befehlsliste MP8085 (Auswahl)

Mnemotechnischer Code	Hexadezimaler Code	Zahl der Takte	Mnemotechnischer Code	Hexadezimaler Code	Zahl der Takte
MOV A, B	78	5	INX H	23	5
MOV B, A	47	5	DCR A	3D	5
MOV A, M	7E	7	DCR C	0D	5
MVI A, d8[1]	3E	7	DCX B	0B	5
MVI C, d8	0E	7	ORA C	B1	4
LDA adr[2]	3A	13	JNZ adr	C2	10
STA adr	32	13	PUSH PSW	F5	11
LXI B, d16[3]	01	10	PUSH B	C5	11
LXI H, d16	21	10	POP B	C1	10
IN d8	DB	10	POP PSW	F1	10
OUT d8	D3	10	CALL adr	CD	17
ADD B	80	4	NOP	00	4
ADD M	86	7	RET	C9	10
INR A	3C	5	HLT	76	7

[1] d8 = 8 bit Datengröße (Konstante, logisch/arithmetischer Ausdruck); [2] adr = 16 bit Adresse;
[3] d16 = 16 bit Datengröße (Konstante, logisch/arithmetischer Ausdruck, Adresse)

c) Übersetzen Sie mit Hilfe einer Befehlsliste **(Tabelle 1, vorhergehende Seite)** das Quellprogramm in ein Objektprogramm, und geben Sie das Listfile an! Startadresse sei 0400H.

d) Wie lautet das Ergebnis?

Lösung:

a) **Bild 1, vorhergehende Seite**

b) Quellprogramm:

```
NAME    BEFEHL        KOMMENTAR
ADZ2:   IN ASHALT     ;Z2 einlesen
        MOV B,A       ;Z2 → Reg. B
        LDA 0420H     ;Z1 → A
        ADD B         ;Addition
                      ;<B>+<A> → <A>
        OUT LLAMPE    ;Ergebnis → linke
                      ;Lampen
        STA 0421H     ;Speicherung Ergebnis
                      ;unter Adresse 0421
        HLT           ;Halt
        END
```

c) **Bild 1** d) **00001110 ≙ 0EH**

Der Assembler erstellt aus dem Quellprogramm das Objektprogramm. Dabei werden die symbolischen Befehle in den Maschinencode übersetzt und den entsprechenden Adressen zugewiesen. Das ausgedruckte Objektprogramm nennt man *Listfile* oder *Listing*[1] (Bild 1). Damit das Programm unabhängig von in Befehlen angegebenen Adressen wird, kann man diesen symbolische Namen mit Hilfe der Anweisung EQU zuordnen (Bild 1). Die Anweisung ORG bewirkt bei einem Assembler-Übersetzer die automatische Berechnung der zu den Befehlen gehörenden Adressen.

Beispiel 2:

Die Additionsaufgabe von Beispiel 1 soll erweitert werden. Die zu addierenden Zahlen sind im Speicher ab der Adresse ADZA1 in aufsteigender Reihenfolge abgelegt. Zur ersten Zahl soll die nächstfolgende Zahl addiert, anschließend zum Ergebnis die nächste Zahl addiert werden. Dieser Vorgang soll sich so lange wiederholen, bis die Zahlen von 10 aufeinanderfolgenden Speicherplätzen addiert sind. Das Endergebnis ist unter der Adresse ERG abzulegen und in LLAMPE anzuzeigen. Es soll indirekte Adressierung verwendet werden. a) Entwerfen Sie einen Programmablaufplan! b) Schreiben Sie das Quellprogramm, Programmname ADSPZ! c) Das Objektprogramm beginnt bei Adresse 0400H, ADZA1 entspricht Adresse 0430H, ERG entspricht Adresse 0440H. Übersetzen Sie das Quellprogramm und geben Sie das Listfile an!

Lösung:

a) **Bild 2, vorhergehende Seite**

b)

```
NAME    BEFEHL          KOMMENTAR
NAME    ADSPZ
INP:    LXI  H,ADZA1    ;Adresse 1. Zahl → H,L
        MVI  C,0AH      ;Setzen Schleifen-
                        ;zähler SZ
        MOV  A,M        ;1. Zahl → A
ADZ:    INX  H          ;Adr. folgende
                        ;Zahl → H,L
        ADD  M          ;Addition
        DCR  C          ;SZ erniedrigen
        JNZ  ADZ        ;Schleife wiederholen
                        ;bis <SZ> = 0
        STA  ERG        ;Ergebnis speichern
        OUT  LLAMPE     ;Ergebnis ausgeben
        HLT
        END
```

c) **Bild 1, folgende Seite**

Vor der Ausführung des Programms müssen die zu addierenden Zahlen in den zehn aufeinander folgenden Adressen ab Adresse ADZA1 = 0430H geladen werden. **Bild 2, folgende Seite**, zeigt das mit Hilfe eines Entwicklungssystems (Abschnitt 4.4.6) übersetzte Quellprogramm von Beispiel 2.

Programme, die man immer wieder benötigt, schreibt man als Unterprogramme. Durch einen

ADRESSE	CODE	NAME	BEFEHL	KOMMENTAR
		ORG	0400H	;Zuweisung der Startadresse
		AZ1	EQU 0420H	;Adresse 0420H erhält Adreßnamen AZ1
		ERG	EQU 0421H	;Adresse 0421H erhält Adreßnamen ERG
		LLAMPE	EQU 02H	;Zuweisung für Ausgabe an LLAMPE
		ASHALT	EQU 02H	;Zuweisung für Eingabe über A-Schalter
0400	DB02	ADZ2:	IN ASHALT	;Z2 einlesen
0402	47		MOV B,A	;Z2 → Reg. B
0403	3A2004		LDA AZ1	;Z1 → A
406	80		ADD B	;Addition
007	D302		OUT LLAMPE	;Ausgabe Ergebnis
0409	322104		STA ERG	;Speicherung Ergebnis
040C	76		HLT	
			END	;Ende-Anweisung

Bild 1: Listfile zu Beispiel 1

[1] engl. list = Verzeichnis

ADRESSE	CODE	NAME	BEFEHL	KOMMENTAR
		NAME ADSPZ		
		ORG 0400H		;Zuweisung Startadresse
		ADZA1 EQU 0430H		;Zuweisung Adresse 1. Zahl
		ERG EQU 0440H		;Zuweisung Ergebnisadresse
		LLAMPE EQU 02H		;Zuweisung Code LLAMPE
0400	213004	INP:	LXI H, ADZA1	;Adresse 1. Zahl → H,L
0403	0E0A		MVI C, 0AH	;Setzen SZ
0405	7E		MOV A, M	;1. Zahl → A
0406	23	ADZ:	INX H	;Adr. 2. Zahl → H,L
0407	86		ADD M	;
0408	0D		DCR C	;<SZ> erniedrigen um 1
0409	C20604		JNZ ADZ	;Schleife wiederholen bis <SZ> = 0
040C	324004		STA ERG	;Ergebnis speichern
040F	D302		OUT LLAMPE	;Ergebnis ausgeben
0411	76		HLT	
			END	;Ende-Anweisung

Bild 1: Listfile zu Beispiel 2

CALL-Befehl kann man dieselben aufrufen und in das laufende Programm einbauen. Ein CALL-Befehl in einem Programm bewirkt, daß in einem definierten Speicher, dem Stack (Stapelspeicher), die Rücksprungadresse gespeichert wird.

Werden im Unterprogramm gleiche Register wie im Hauptprogramm verwendet, so muß man prüfen, ob deren Inhalte aus dem Hauptprogramm nach Abarbeitung des Unterprogramms wieder benötigt werden. Ist dies der Fall, so rettet man die Registerinhalte vor Ablauf des Unterprogramms in den Stack. Dies geschieht durch entsprechende PUSH-Befehle am Anfang des Unterprogramms. Das Rückschreiben der alten Inhalte der Register erfolgt nach dem Abarbeiten des Unterprogramms durch entsprechende POP-Befehle.

```
ASM80 ADSPZ.SRC

LOC  OBJ          LINE        SOURCE STATEMENT

                    1                          NAME ADSPZ
0400                2                          ORG 0400H
0430                3                          ADZA1 EQU 0430H
0440                4                            ERG EQU 0440H
0002                5                         LLAMPE EQU 02H
                    6
                    7
0400 213004         8              INP:        LXI H,ADZA1     ;ADRESSE 1.ZAHL NACH H,L
0403 0E0A           9                          MVI C,0AH       ;SETZEN SZ AUF 10
0405 7E            10                          MOV A,M         ;1.ZAHL NACH ACC
0406 23            11              ADZ:        INX H           ;ADRESSE 2.ZAHL NACH H,L
0407 86            12                          ADD M           ;
0408 0D            13                          DCR C           ;SZ ERNIEDRIGEN
0409 C20604        14                          JNZ ADZ         ;SCHLEIFE WIEDERHOLEN BIS <SZ>=0
040C 324004        15                          STA ERG         ;ERGEBNIS SPEICHERN
040F D302          16                          OUT LLAMPE      ;ERGEBNIS AUSGEBEN
0411 76            17                          HLT             ;
                   18                          END             ;ENDEANWEISUNG
PUBLIC SYMBOLS
EXTERNAL SYMBOLS
USER SYMBOLS
ADZ    A 0406    ADZA1  A 0430    ERG    A 0440    INP    A 0400    LLAMPE A 0002

ASSEMBLY COMPLETE,   NO ERRORS
```

Bild 2: Mit Entwicklungssystem erstelltes Objektprogramm von Beispiel 2

Bei Hauptprogrammen, die Unterprogramme verwenden, muß zu Programmbeginn der Stackpointer (Stapelzeiger) geladen werden.

Der Stackpointer zeigt bei der Initialisierung auf die oberste Stackadresse. Man legt sie meist in den obersten Adressbereich des RAM-Speichers.

Vielfach benötigte Unterprogramme sind Zeitschleifen. Zur Erstellung von Zeitschleifen gibt es verschiedene Programmiermöglichkeiten. Eine häufig verwendete Methode ist die Programmierung mit Registerpaarzählung.

Beispiel 3:

Es soll eine Zeitschleife für 10 ms programmiert werden. Das Programm soll so gestaltet werden, daß es als Unterprogramm aufrufbar ist. Der Systemtakt des verwendeten Lehrsystems beträgt 984 600 Hz. Dies entspricht einer Taktzeit $T \approx 1{,}0156\ \mu s$. Das Programm soll nach der Methode Registerpaarzählung entwickelt werden.

a) Entwerfen Sie einen Programmablaufplan!

b) Berechnen Sie die Zahl der Takte für $t = 10$ ms!

c) Erstellen Sie die Programmstruktur, und ermitteln Sie die Schleifenzahl!

d) Schreiben Sie das Quellprogramm!

Lösung:

a) **Bild 1**

b) Taktzahl $Z = t/T = 10\ ms/1{,}0156\ \mu s =$ **9846**

c) Grobstruktur des Programms: Die Zahl der Takte pro Befehl für den 8085 entnimmt man der Befehlsliste (Tabelle 1, Seite 352).

```
Z10MS:  PUSH PSW      11 Takte
        PUSH B        11 Takte
        LXI  B, ZEIT1 10 Takte
Z1:     DCX  B         5 Takte ┐
        MOV  A, B      5 Takte │ Schleife
        ORA  C         4 Takte │ 24 Takte
        JNZ  Z1       10 Takte ┘
        POP  B        10 Takte
        POP  PSW      10 Takte
        RET           10 Takte
```

Berechnung der Zahl der Schleifen:

Gesamtzahl der Takte: 9846 Takte	9846 Takte
Davon ab PUSH, LXI, POP, RET:	– 62 Takte
Schleifentakte:	9784 Takte
407 · 24 Takte (407 Schleifen):	–9768 Takte
Rest:	16 Takte
4 NOP-Befehle	– 16 Takte
Taktfehler TF:	0 Takte

Der Schleifenwert für Register B als Schleifenzähler ist also 407 = 0197H, d.h. ZEIT1 EQU 0197H.

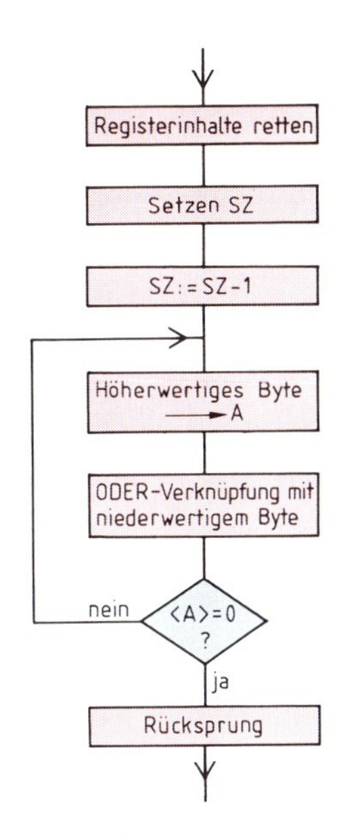

Bild 1: Zeitschleife als Unterprogramm

d) Quellprogramm: Für 10 ms wird der Schleifenzähler auf 0197H gesetzt.

```
NAME    BEFEHL         KOMMENTAR
  ZEIT1 EQU 0197H
Z10MS:  PUSH PSW       ;Akkuinhalt und Flag-
                       ;zustände retten
        PUSH B         ;<B> retten
        LXI  B, ZEIT1: ;Laden Schleifenzahl
Z1:     DCX  B         ;Registerpaar B
                       ;dekrementieren
        MOV  A,B       ;<B> → A
        ORA  C         ;<B> ∨ <C>
        JNZ  Z1        ;Schleife
        NOP            ;Füllbefehle
        NOP
        NOP
        NOP
        POP  B         ;Rückladen
                       ;Registerinhalte
        POP  PSW
        RET            ;Rücksprung ins
                       ;Hauptprogramm
        END
```

Wird dieses Quellprogramm übersetzt in ein Objektprogramm mit Startadresse 04B0H, so nimmt es den Adreßbereich von 04B0H bis 04C1H in Anspruch.

```
LOC   OBJ      LINE   SOURCE STATEMENT
                 1              NAME Z1SEC
0490             2              ORG 0490H
                 3
0063             4              ZEIT2  EQU 63H       ;ENTSPRICHT 99D
0113             5              ZEIT3  EQU 0113H     ;ENTSPRICHT 275D
04B0             6              Z10MS EQU 04B0H      ;ANFANGSADRESSE UNTERPROGRAMM
                 7
0490  F5         8      Z1SEC:  PUSH PSW
0491  C5         9              PUSH B               ;SICHERN DER REGISTER IM STACK
                10
0492  3E63      11              MVI A, ZEIT2         ;SCHLEIFENZAHL LADEN
                12
0494  CDB004    13      Z2:     CALL Z10MS           ;AUFRUF UNTERPROGRAMM
0497  3D        14              DCR  A
0498  C29404    15              JNZ  Z2              ;SCHLEIFE
                16
049B  011301    17              LXI  B, ZEIT3        ;SCHLEIFENZAHL ZWEITE SCHLEIFE
                18
049E  0B        19      Z3:     DCX  B
049F  78        20              MOV  A, B
04A0  B1        21              ORA  C
04A1  C29E04    22              JNZ  Z3              ;SCHLEIFE
                23
04A4  3C        24              INR  A               ;FUELLBEFEHL
04A5  00        25              NOP                  ;FUELLBEFEHL
                26
04A6  C1        27      Z4:     POP  B
04A7  F1        28              POP  PSW
04A8  C9        29              RET                  ;RUECKLADEN UND RUECKSPRUNG
                30              END
```

Bild 1: Unterprogramm Zeitschleife für 1 Sekunde

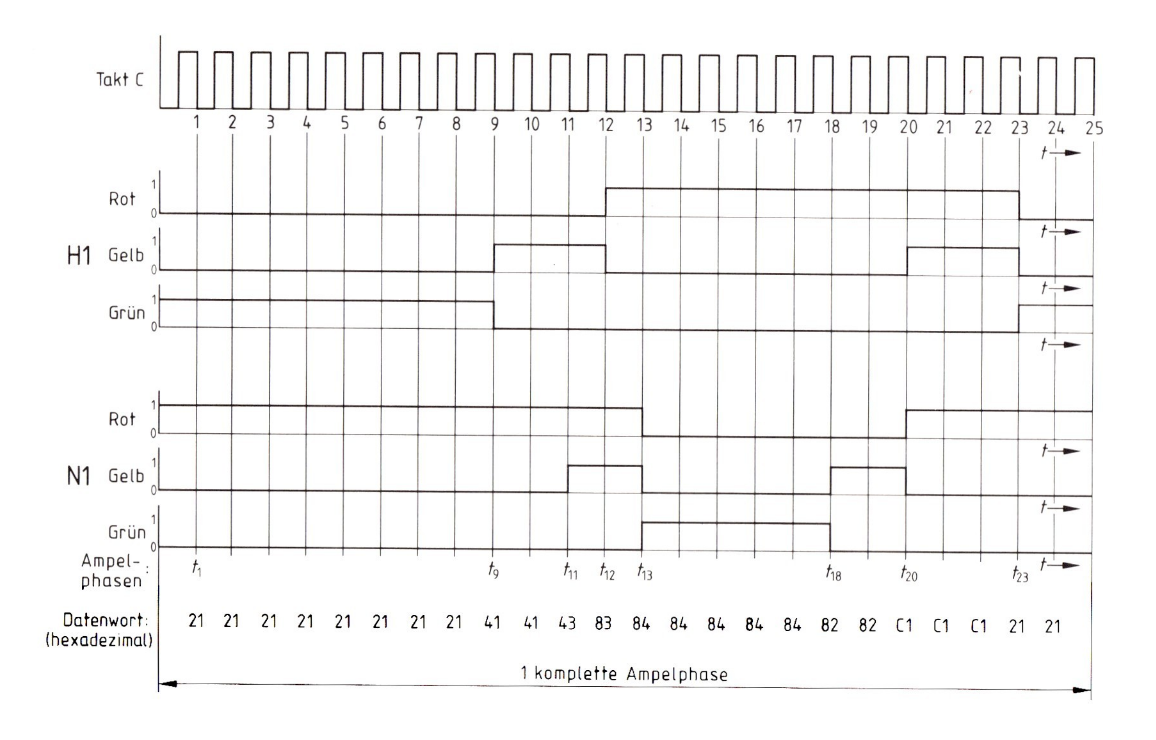

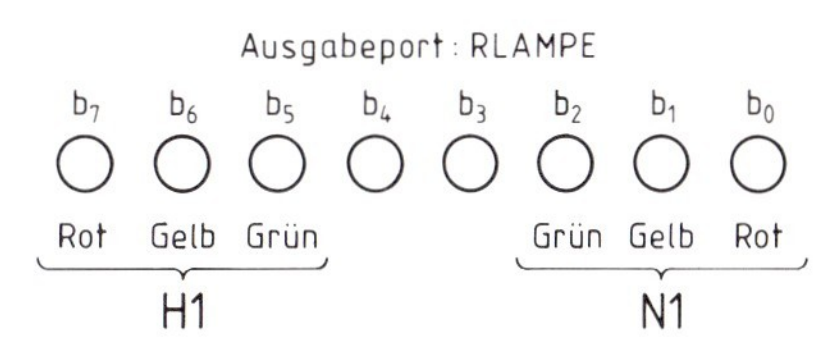

Bild 1: Signalanzeige Ampelanlage

Für die Programmierung längerer Zeitschleifen, z. B. 1 s, verwendet man das 10-ms-Programm als Unterprogramm. Eine Zeitschleife für 1 s, Programmname Z1SEC, benötigt den Adreßbereich von z. B. 0490H bis 04A8H **(Bild 1, vorhergehende Seite)**.

Beispiel 4:

Eine Ampelanlage für eine Hauptstraße und eine Nebenstraße arbeitet nach dem Impulsdiagramm **Bild 2, vorhergehende Seite.** Als Ausgabeport wird RLAMPE des Lehrsystems gewählt **(Bild 1)**. Die auszugebenden Datenwörter erhält man aus der Zuordnung der Ampeln H1 (Hauptstraße) und N1 (Nebenstraße) zu RLAMPE (Bild 2, vorhergehende Seite). Zuordnungen der symbolischen Namen: ORG 0400H, Z10MS EQU 04B0H, Z1SEC EQU 0490H, RLAMPE EQU 01H, SPOINT EQU 04FEH. Schreiben Sie das Quellprogramm!

Lösung: **Bild 2**

Die Steuerworte der Ampelanlage und Zählerkonstanten für die Zahl der Schleifendurchläufe können auch mit der Anweisung DB (= Definiere Byte) am Ende des Quellprogramms angegeben werden.

Beispiel 5:

Schreiben Sie für die Ampelanlage (Bild 2 vorhergehende Seite) das Quellprogramm mit indirekter Adressierung unter Verwendung der DB-Anweisung!

Lösung: **Bild 1, folgende Seite.**

Wiederholungsfragen

1. **Aus welchen Funktionseinheiten besteht ein Mikrocomputersystem?**
2. **Welche Aufgabe hat der Mikroprozessor in einem Mikrocomputer?**
3. **Wieviel Leiter hat der Adreßbus des Mikroprozessors 8085?**
4. **Welche Bedeutung hat der Anschluß $\overline{\text{INTA}}$ beim Mikroprozessor 8085?**
5. **Wie wird der Stackpointer initialisiert?**
6. **Welche Aufgabe hat die ORG-Anweisung?**

```
NAME     BEFEHL                KOMMENTAR
         NAME AMPL1
         ORG 0400H
         Z10MS EQU 04B0H      ;Zuweisung 10 ms-
                              ;Schleife innerhalb
                              ;1 s-Schleife
         Z1SEC EQU 0490H      ;Zuweisung 1 s-Schleife
         RLAMPE EQU 01H
         SPOINT EQU 04FEH     ;Zuweisung
                              ;Stackpointer

AMPL1:   LXI   SP, SPOINT     ;Initialisierung
                              ;Stackpointer
AMP:     MVI   C, 0BH         ;Zähler auf 11 setzen
AMP1:    MVI   A, 21H         ;H1 grün, N1 rot
                              ;t23 bis t9
         OUT   RLAMPE         ;Ausgabe an RLAMPE
         CALL  Z1SEC          ;Unterprogramm
                              ;Zeitschleife
         DCR   C              ;<SZ> erniedrigen
         JNZ   AMP1           ;<C> = 0?

         MVI   C, 02H         ;Zähler
AMP2:    MVI   A, 41H         ;H1 gelb, N1 rot; t9
         OUT   RLAMPE         ;
         CALL  Z1SEC          ;
         DCR   C              ;
         JNZ   AMP2           ;

AMP3:    MVI   A, 43H         ;H1 gelb, N1 gelb; t12
         OUT   RLAMPE         ;
         CALL  Z1SEC          ;

AMP4:    MVI   A, 83H,        ;H1 rot, N1 rot + gelb
                              ;t12
         OUT   RLAMPE         ;
         CALL  Z1SEC          ;

         MVI   C, 05H         ;Zähler
AMP5:    MVI   A, 84H         ;H1 rot, N1 grün
                              ;t13 bis t17
         OUT   RLAMPE         ;
         CALL  Z1SEC          ;
         DCR   C              ;
         JNZ   AMP5           ;

         MVI   C, 02H         ;Zähler
AMP6:    MVI   A, 82H         ;H1 rot, N1 gelb
                              ;t18 + t19
         OUT   RLAMPE         ;
         CALL  Z1SEC          ;
         DCR   C              ;
         JNZ   AMP6           ;

         MVI   C, 03H         ;Zähler
AMP7:    MVI   A, 0C1H        ;H1 rot + gelb,
                              ;N1 rot; t20 bis t22
         OUT   RLAMPE         ;
         CALL  Z1SEC          ;
         DCR   C              ;
         JNZ   AMP7           ;
         JMP   AMP            ;Nächste Ampelphase
         END
```

Bild 2: Quellprogramm zu Beispiel 4

Interruptmöglichkeiten

Ein Interrupt ist eine Programmunterbrechung, die z. B. von einem peripheren Gerät aus erfolgen kann. Er bewirkt, daß vom Mikroprozessor ein Interruptprogramm (Unterprogramm) aktiviert wird. Diese Art der Programmierung wird häufig angewendet, z. B. beim Rücksetzen des Mikroprozessors während des Betriebes mit Hilfe der Rücksetztaste.

> Ein Interrupt ruft eine Programmunterbrechung hervor.

Der Mikroprozessor 8085 hat fünf Möglichkeiten zur Programmunterbrechung (Interrupt), die fest vorgegebene Prioritäten besitzen **(Tabelle 1)**. Der Begriff Priorität bezieht sich hierbei auf das gleichzeitige Eintreffen von Interruptanforderungen von peripheren Geräten am entsprechenden Interrupteingang. Liegt z. B. am TRAP-Eingang und am Eingang RST 6.5 gleichzeitig ein Interruptsignal an, so wird die Anforderung am TRAP-Eingang berücksichtigt, die Anforderung am Eingang RST 6.5 dagegen nicht. Man unterscheidet nicht maskierbaren (nicht sperrbaren) Interrupt und maskierbaren (sperrbaren) Interrupt.

Nicht maskierbarer Interrupt. Liegt am TRAP-Eingang eine Interruptanforderung an, so handelt es sich um einen nicht maskierbaren Interrupt NMI (engl. **N**on **M**askable **I**nterrupt). Dies bedeutet, daß diese Unterbrechungsanforderung gegenüber allen anderen Vorrang hat und zu jedem Zeitpunkt ausgeführt wird. Dies trifft auch zu, wenn gerade ein anderes Interruptprogramm läuft, d. h. dieses wird unterbrochen.

> Ein NMI kann von keiner anderen Interruptanforderung und keinem Befehl unterbrochen werden; er ist nur am TRAP-Eingang möglich.

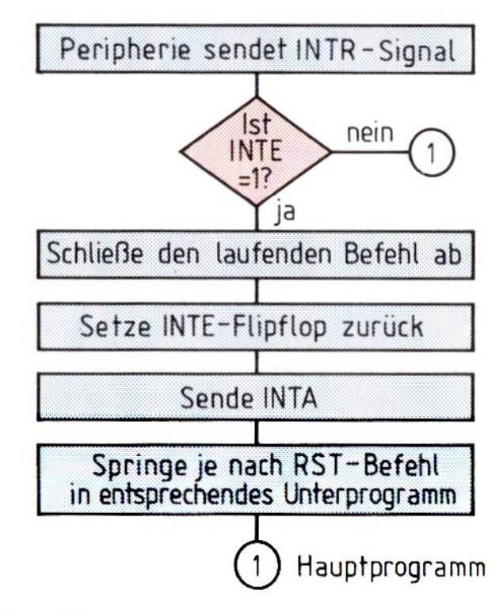

Bild 2: Interrupt

```
NAME      BEFEHL              KOMMENTAR

          NAME AMPEL2         ;Anweisung NAME
          Z10MS EQU 04B0H     ;Zeitschleifen
          Z1SEC EQU 0490H
          RLAMPE EQU 01H
          SPOINT EQU 04FEH    ;Stackpointer
          DATBEG EQU 0470H    ;Daten

          ORG 0400H

AMPL2:    LXI SP,SPOINT
AMP:      LXI H,DATBEG        ;Datenadresse setzen
PROG:     MOV A,M             ;Steuerwort laden
          ORI 00H             ;Abfrage Zyklusende
          JZ AMP
          OUT RLAMPE
          INX H
          MOV B,M             ;Zählerkonstante laden
          CALL LOOP
          INX H               ;Nächstes Steuerwort
          JMP PROG

          ORG 0450H
LOOP:     PUSH PSW            ;Unterprogramm
LOOP1:    CALL Z1SEC
          DCR B
          JNZ LOOP1
          POP PSW
          RET

          ORG 0470H
DATEN:    DB 21H,0BH          ;Steuerwort,Zählerkonstante
          DB 41H,02H
          DB 43H,01H
          DB 83H,01H
          DB 84H,05H
          DB 82H,02H
          DB 0C1H,03H
          DB 00H

          END
```

Bild 1: Ampelprogramm mit indirekter Adressierung

Tabelle 1: 8085-Interrupt

Priorität	Interrupt-Eingang	Anfangs-adresse
höchste	TRAP	24H
↑	RST 7.5	3CH
	RST 6.5	34H
	RST 5.5	2CH
niedrigste	INTR { RST 0 ⋮ RST 7	00H ⋮ 38H

Der NMI am TRAP-Eingang hat immer die Startadresse 24H (Tabelle 1, vorhergehende Seite). Dort befindet sich ein Sprungbefehl zum eigentlichen Interruptprogramm. Ein Programmablauf ab dieser Adresse ist deshalb nicht möglich, weil bereits die Adresse 28H wieder mit einem Sprungbefehl eines anderen Interrupts belegt ist.

Der TRAP-Interrupt wird meist zu übergeordneten Aufgaben benützt, z. B. zur Datenrettung in den batteriegepufferten RAM-Speicher bei Netzausfall oder zum sofortigen Abbruch eines Prozeßablaufes bei Auftreten schwerwiegender Fehler.

Maskierbare Interrupts. Die Interrupts RST 5.5, RST 6.5, RST 7.5 und INTR sind maskierbare Interrupts. Sie können mit dem Befehl EI (engl. Enable Interrupt = Freigabe Interrupt, hier: Unterbrechung erlaubt) zugelassen bzw. mit dem Befehl DI (engl. Disable Interrupt = Unterbrechung sperren) gesperrt werden. Ein Interruptprogramm, das einen dieser Interrupts verwendet, läuft immer nach dem gleichen Schema ab **(Bild 2, vorhergehende Seite)**. Sendet ein Peripheriegerät ein INTR-Signal, so nimmt der Prozessor dieses Signal an, falls EI programmiert wurde. Der laufende Befehl im Hauptprogramm wird abgearbeitet, und die Unterbrechungsanforderung wird durch das INTA-Signal quittiert. Damit wird ein RST-Befehl auf den Datenbus gelegt, und das Interruptprogramm kann wie ein Unterprogramm ablaufen. Für die Programmierung eines Interruptprogrammes gelten bestimmte Regeln **(Tabelle 1)**.

Mit der Annahme eines maskierbaren Interrupts werden alle weiteren Interruptanforderungen so lange gesperrt, bis eine neue Freigabe mit dem EI-Befehl erfolgt.

Die Interrupts RST 5.5, RST 6.5 und RST 7.5 können auch einzeln maskiert werden. Jeder dieser Eingänge besitzt hierzu eine Maske, die programmiert werden kann. Die drei Masken M5.5, M6.5 und M7.5 für die Interrupts RST 5.5, RST 6.5 und RST 7.5 werden durch die drei niederwertigen Bits des Akkumulators A mit dem Befehl SIM (engl. Set Interrupt Mask) gesetzt oder zurückgesetzt **(Bild 1)**. Dabei bedeutet eine 1, daß die Maske gesetzt, also der Interrupt gesperrt ist, und eine 0, daß der Interrupt freigegeben ist. Vor Ausgabe des

Tabelle 1: Programmierung eines Interruptprogrammes mit RST-Befehlen

Programm, Tätigkeit	Befehl
Beginn des Hauptprogramms:	
Stackpointer laden	LXI SP, xxxxH
Freigabe Interrupt	EI
⋮	
Beginn des Interruptprogramms:	
Retten der Register	PUSH-Befehle
Interruptprogramm	
⋮	
Alten Zustand der Register wiederherstellen	POP-Befehle
Erneute Interrupt-Freigabe, falls erforderlich	EI
Rücksprung ins Hauptprogramm	RET

<A> vor Ausgabe des SIM-Befehls:

SOD	SOE	X	X	MSE	M 7.5	M 6.5	M 5.5
b7	b6	b5	b4	b3	b2	b1	b0

SOD, SOE serielle Ausgabedatenbits

Bild 1: SIM-Befehl

<A> nach Ausführung des RIM-Befehls

SID	RST 7.5	RST 6.5	RST 5.5	INTE	M 7.5	M 6.5	M 5.5
b7	b6	b5	b4	b3	b2	b1	b0

SID serielles Eingabedatenbit

Bild 2: RIM-Befehl

Tabelle 2: RST-Befehle am INTR-Eingang

Befehl	Adresse
RST 0	0_{10} ≙ 0000H
RST 1	8_{10} ≙ 0008H
RST 2	16_{10} ≙ 0010H
RST 3	24_{10} ≙ 0018H
RST 4	32_{10} ≙ 0020H
RST 5	40_{10} ≙ 0028H
RST 6	48_{10} ≙ 0030H
RST 7	56_{10} ≙ 0038H

SIM-Befehls muß der Akkumulator entsprechend geladen werden (Bild 1, vorhergehende Seite). Bit b3 (engl. MSE = Mask Set Enable) ermöglicht das Setzen der drei Masken. Hat es den Wert 1, so werden die Masken nach dem Bitmuster der Bits b0, b1 und b2 gesetzt oder rückgesetzt. Bei b3 = 0 beeinflußt der SIM-Befehl die drei Masken nicht. Die Bits b7 und b6 werden zur Steuerung der seriellen Ausgabe von Daten benützt.

Mit Hilfe des RIM-Befehls (engl. Read Interrupt Mask) kann der Zustand der drei Masken M5.5, M6.5 und M7.5 abgefragt werden (Bild 1, vorhergehende Seite). Ihr Zustand wird nach Ausführung des Lesebefehls RIM im Akkumulator in den Bitnummern b0 bis b2 abgelegt **(Bild 2, vorhergehende Seite)**. Ferner wird der Zustand der Eingänge RST5.5, RST6.5, RST7.5 und INTE abgefragt und in den Bits b3 bis b6 abgelegt (Bild 2, vorhergehende Seite). Dadurch ist es möglich noch nicht abgearbeitete Unterbrechungsanforderungen (engl. pending interrupts = hängende Interrupts) zu erkennen. Bit b7 zeigt den Pegel des SID-Einganges zur Zeit des RIM-Befehls an.

Der Interrupteingang INTR hat die niedrigste Priorität, erlaubt aber der Zentraleinheit je nach RST-Befehl[1] (Restartbefehl) zwischen acht Sprungadressen zu wählen **(Tabelle 2, vorhergehende Seite)**. Die Ausführung eines Interruptprogrammes, das praktisch ein Unterprogramm darstellt, mit Hilfe des CALL-Befehls wäre sehr schwierig, weil ein peripheres Gerät meist nicht in der Lage ist einen Drei-Byte-Befehl zu senden. Die Restartbefehle dagegen sind alle Ein-Byte-Befehle die bewirken, daß das Unterbrechungsprogramm bei der dem RST-Befehl zugeordneten Adresse beginnt (Tabelle 2, vorhergehende Seite). Auch bei dieser Befehlsgruppe reicht in der Regel der zur Verfügung stehende Adreßraum von acht Adressen für das Interruptprogramm nicht aus, so daß dieses meist mit einem Sprungbefehl in einen anderen Speicherbereich anfängt.

Vor Ausführung jedes RST-Befehls wird bei allen Interruptprogrammen der Inhalt des Befehlszählers PC auf den Stack gerettet.

Beispiel 6:

Mit Hilfe eines Impulsgebers am INTR-Eingang des Lehrbaukastens soll eine Uhr simuliert werden. Der Impulsgeber liefert Impulse im Sekundentakt. In der linken Anzeige sollen die Minuten, in der rechten Anzeige die Sekunden angezeigt werden. Das Hauptprogramm besteht dabei nur aus einem Befehl, nämlich einem Sprungbefehl auf sich selbst. Im Interruptprogramm muß sowohl beim Sekundenzähler als auch beim Minutenzähler mit Hilfe des DAA-Befehls eine Hexadezimal-Dezimal-Umwandlung vorgesehen werden, damit eine dezimale Anzeige möglich ist. Im Übungssystem ist der Befehl RST7 für die Anwendung

```
NAME    BEFEHL                KOMMENTAR

        SPOINT EQU 04FEH
        RLAMPE EQU 01H
        LLAMPE EQU 02H
        BEILAM EQU 03H
        NULL EQU 00H
        SETZ EQU 0000H
        VERGL EQU 60H

        ORG 0400H

BEGIN:  LXI SP,SPOINT         ;Stackpointer setzen
        LXI B,SETZ            ;Grundstellung
        MOV A,B
        OUT BEILAM            ;Rücksetzen beider Anzeigen
        EI                    ;Interruptfreigabe

HAUPT:  JMP HAUPT             ;Hauptprogrammschleife

        ORG 0410H             ;Interruptprogramm beginnt bei
                              ;Adresse,wegen RST7-Befehl
SEC:    INR C                 ;Sekunden + 1
        ORI 00H               ;Flags setzen wegen CPI-Befehl
        MOV A,C               ;HEX - DEZ -Umwandlung
        DAA
        MOV C,A
        CPI VERGL             ;Minutenvergleich
        CZ MIN                ;Unterprogramm Minute
        MOV A,C
        OUT RLAMPE            ;Anzeige
        EI
        RET
MIN:    MVI C,NULL            ;Sekunden rücksetzen
        INR B                 ;Minuten + 1
        MOV A,B               ;HEX - DEZ - Umwandlung
        DAA
        MOV B,A
        OUT LLAMPE            ;Anzeige
        RET
        END
```

Bild 1: Quellprogramm UHR

[1] RST Abkürzung für engl. Restart = Neustart

verfügbar. Mit ihm erfolgt ein Sprung zur Adresse 0038H. Dort steht ein Sprungbefehl zur RAM-Adresse 0410H.

Schreiben Sie das Quellprogramm!

Lösung:

Bild 1, vorhergehende Seite.

Makros. Immer wiederkehrende Befehlsfolgen können als Makroprogramm, kurz: Makro, geschrieben werden. Ein Makro besteht aus einer Folge von Assemblerbefehlen, die am Anfang oder am Ende des Quellprogramms festgelegt werden. Man bezeichnet sie als *Makrodefinition*. Für deren Aufbau gelten bestimmte Vereinbarungen **(Tabelle 1)**. Im Quellprogramm werden Makros durch einen Makroaufruf angegeben. An dieser Stelle fügt der Makroassembler die Befehlsfolge des Makros bei der Assemblierung ein (Codeexpansion).

Makros dürfen keine ORG-Anweisung enthalten.

Die Vorteile der Makroprogrammierung sind:

- Immer wiederkehrende Programmfolgen müssen nicht jedesmal neu geschrieben werden.
- Makrosymbole können so benützt werden, daß sie nur innerhalb eines Makros eine Bedeutung haben. Das Makro kann daher beliebig oft im selben Programm verwendet werden.
- Häufig wiederkehrende Befehlsfolgen sammelt man in einer Makrobibliothek. Sie sind damit allen Programmen zugänglich.
- Fehler in Makros müssen nur dort geändert werden. Nach der erneuten Assemblierung wird das richtige Makro im Programm eingefügt. Dadurch wird Testzeit gespart.
- Programme mit Makros sind besser lesbar und strukturiert.

Außerdem sind ausführbare Programme mit Makros kürzer als Programme, die mit Unterprogrammen arbeiten. Dies rührt daher, daß ein Makro bei der Assemblierung in das Programm eingefügt wird. Bei Verwendung von Unterprogrammen wird über den im Hauptprogramm enthaltenen CALL-Befehl in das Unterprogramm gesprungen. Der Rücksprung aus dem Unterprogramm erfolgt mit dem RET-Befehl. CALL-Befehl und RET-Befehl entfallen bei Programmen mit Makros. Damit wird der Programmlauf schneller.

Tabelle 1: Aufbau einer Makrodefinition

<name>	MACRO <dummy> (,<dummy>,...) ... ... ENDM
<name>	Länge maximal 6 Zeichen; darf nicht mit einer Ziffer beginnen.
<dummy>	Platzhalter, der bei der Makroexpansion durch einen Parameter ersetzt wird.
ENDM	Mitteilung an den Assembler, daß das Makro beendet ist.

Mit Makros geschriebene Programme sind kürzer und schneller abgearbeitet als Programme, die mit Unterprogrammen arbeiten.

Beispiel 7:

Es soll eine Zeitverzögerung mit Hilfe eines Makros ZEIT erstellt werden. Als Parameter dient DAUER, als LOCAL-Anweisung ZEIT1 in der Zeitschleife des Makros. Im Hauptprogramm mit verschiedenen Werten im Akku wird das Makro getestet.

Erstellen Sie das Makro und das Testprogramm!

Lösung:

Bild 1, folgende Seite.

Mit der Anweisung REPT (engl. repeat = wiederholen) innerhalb eines Makros wird erreicht, daß eine Folge von Programmzeilen so oft wiederholt wird, wie der Ausdruck festlegt. So bewirkt z. B. die Programmfolge **Bild 1**, daß der Inhalt des Akkumulators fünfmal nach links rotiert wird. Das Einfügen der Wiederholungsblöcke geschieht unmittelbar im Hauptprogramm, sobald der Assembler auf die REPT-Anweisung trifft.

```
ROTL:  REPT5
       RLC
       ENDM
```

Bild 1: REPT-Anweisung

```
                                TITLE  MACLIB TESTMAC1.MAC      ;MACROBIBLIOTHEK ZU TESTZWECKEN
                                ;;**********************************************************
                                ;;************** M A C R O B I B L I O T H E K **************
                                ;;**********************************************************

                                ZEIT   MACRO DAUER              ;TESTEN DES MACROASSEMBLERS
                                                                ;DAUER IST DER PARAMETER
                                LOCAL ZEIT1                     ;GUELTIGKEITSBEGRENZUNG DER
                                LOCAL ABZUG                     ;LABEL

                                ZEIT1:  PUSH D
                                        LXI D,DAUER             ;;LADEN DER ZEITDAUER
                                ABZUG:  DCX D
                                        MOV A,D
                                        ORA E
                                        POP D
                                        ENDM

                                ;****** HIER BEGINNT DAS HAUPTPROGRAMM ******

                                ORG 0400H
0001                            RLAMPE  EQU     01H

0400'   3E 12                   VERZOE: MVI A,12H               ;ANFANG
0402'   3E 00                   VERZ1:  MVI A,00H               ;STARTWERT
0404'   D3 01                           OUT RLAMPE
                                        ZEIT 0AAAAH             ;MACRO ZEIT MIT PARAMETER 0AAAAH
0406'   D5              +       ..0000: PUSH D
0407'   11 AAAA         +               LXI D,0AAAAH
040A'   1B              +       ..0001: DCX D
040B'   7A              +               MOV A,D
040C'   B3              +               ORA E
040D'   D1              +               POP D
040E'   3E FF                   VERZ2:  MVI A,0FFH              ;ENDWERT
0410'   D3 01                           OUT RLAMPE
                                        ZEIT 01111H             ;MACRO ZEIT MIT PARAMETER 01111H
0412'   D5              +       ..0002: PUSH D
0413'   11 1111         +               LXI D,01111H
0416'   1B              +       ..0003: DCX D
0417'   7A              +               MOV A,D
0418'   B3              +               ORA E
0419'   D1              +               POP D
                                        END
```

Bild 1: Test eines Makro

Wiederholungsfragen

1. **Welche Befehlsformate hat der 8085-Mikroprozessor?**
2. **Zu welcher Befehlsart gehört der MOV-Befehl?**
3. **Welche logischen Befehle hat der 8085-Mikroprozessor?**
4. **Erläutern Sie den Befehl INC!**
5. **Welche Adressierungsarten unterscheidet man beim Mikroprozessor 8085?**
6. **Welche Programme schreibt man als Unterprogramme?**
7. **Wozu dient der Stackpointer?**
8. **Wozu kann die DB-Anweisung verwendet werden?**
9. **Wodurch wird ein Interrupt ausgelöst?**
10. **Welche Besonderheit hat der TRAP-Interrupt?**
11. **Nennen Sie die maskierbaren Interrupts des Mikroprozessors 8085!**
12. **Was ist ein Makro?**

4.4.5 Mikroprozessor Z80

Zum Mikroprozessor Z80 gehört eine Familie von peripheren Bausteinen für die verschiedenen Aufgaben, die in einem Mikroprozessorsystem auftreten. Alle diese Bausteine sind über den Datenbus, einige Adreßleiter sowie einige Steuerleiter zur *hierarchischen Interruptsteuerung* miteinander verbunden **(Bild 1)**.

Der **PIO-Baustein** (Peripheral Input Output = Periphere Eingabe Ausgabe) hat zwei Kanäle von 8 bit Breite A und B, die bitweise programmierbar sind. Mit dem **SIO-Baustein** (Serial Input Output = Serielle Eingabe Ausgabe) können zwei serielle Schnittstellen, jeweils Sender und Empfänger, für den Vollduplexbetrieb programmiert werden. Meist wird die zeitliche Steuerung durch einen *CTC-Baustein* (Counter Timer Circuit = Zähler-Zeitgeber-Schaltung) vorgenommen. Dieser Baustein enthält vier programmierbare 8-Bit-Abwärtszähler, denen jeweils ein Teiler mit einer Breite von 8 bit vorgeschaltet werden kann.

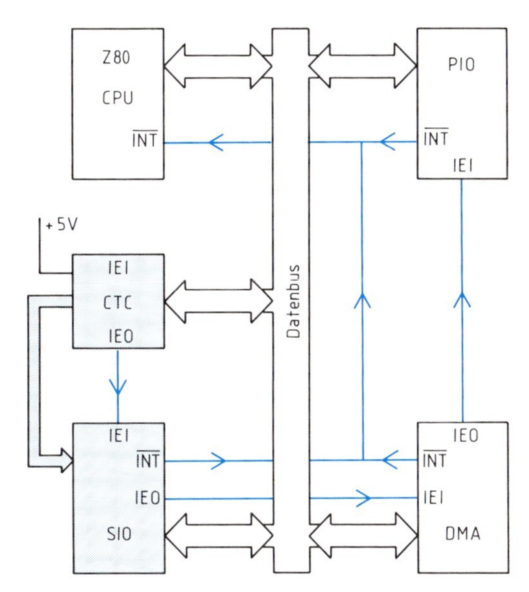

INT – Interrupt Request – Interruptanforderung
IEI – Interrupt Enable In – Interruptsteuereingang
IEO – Interrupt Enable Out – Interruptsteuerausgang

Bild 1: Bausteine eines Z80-Mikroprozessorsystems

Aufbau

Der Mikroprozessor Z80 ist ein 8-Bit-Mikroprozessor in einem Gehäuse mit 40 Pins **(Bild 2)**.

Der Prozessor Z80 hat einen 16-Bit-Adreßbus und einen 8-Bit-Datenbus. Er benötigt nur eine Versorgungsspannung von +5 V. Der Takt muß extern erzeugt werden. Die übrigen 13 Anschlüsse sind Steueranschlüsse mit folgender Bedeutung:

$\overline{\text{HALT}}$	HALT = Anzeige für das Programmende.
$\overline{\text{RFSH}}$	ReFreSH zeigt das Auffrischen dynamischer Speicher an.
$\overline{\text{M1}}$	Machine cycle 1 bedeutet, das aktuelle Datenbyte gilt als Befehl.
$\overline{\text{MREQ}}$	Memory REQuest bedeutet, die angewählte Speicheradresse ist gültig.
$\overline{\text{IORQ}}$	Input-Output-ReQuest = EA-Anforderung, wobei A0-A7 die Geräteadresse festlegen.
$\overline{\text{RD}}$	ReaD, der Prozessor liest Daten vom Datenbus ein.
$\overline{\text{WR}}$	WRite, der Prozessor schreibt Daten auf den Datenbus.
$\overline{\text{WAIT}}$	Signal zeigt den Wartezustand des Prozessors an.
$\overline{\text{BUSRQ}}$	BUSReQuest bedeutet, die Anschlüsse D0 bis D7, A0 bis A15, $\overline{\text{MREQ}}$, $\overline{\text{RD}}$, $\overline{\text{IORQ}}$ und $\overline{\text{WR}}$ werden hochohmig.

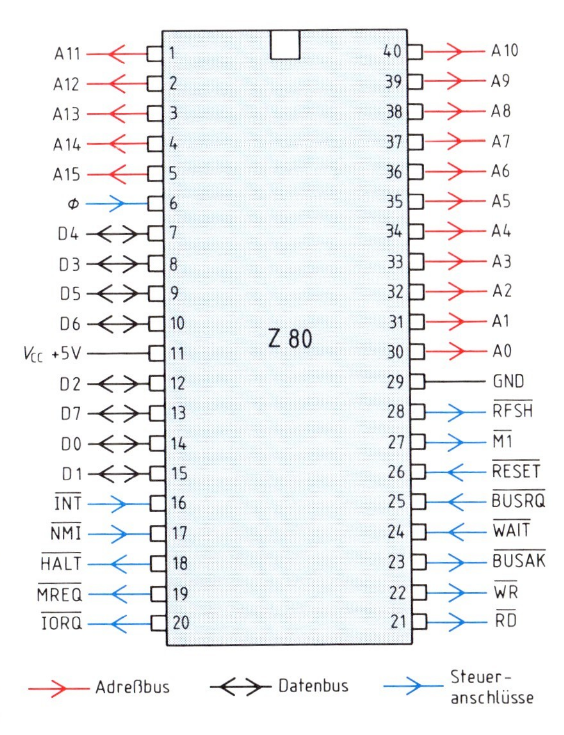

Bild 2: Pin-Belegung des Mikroprozessors Z80

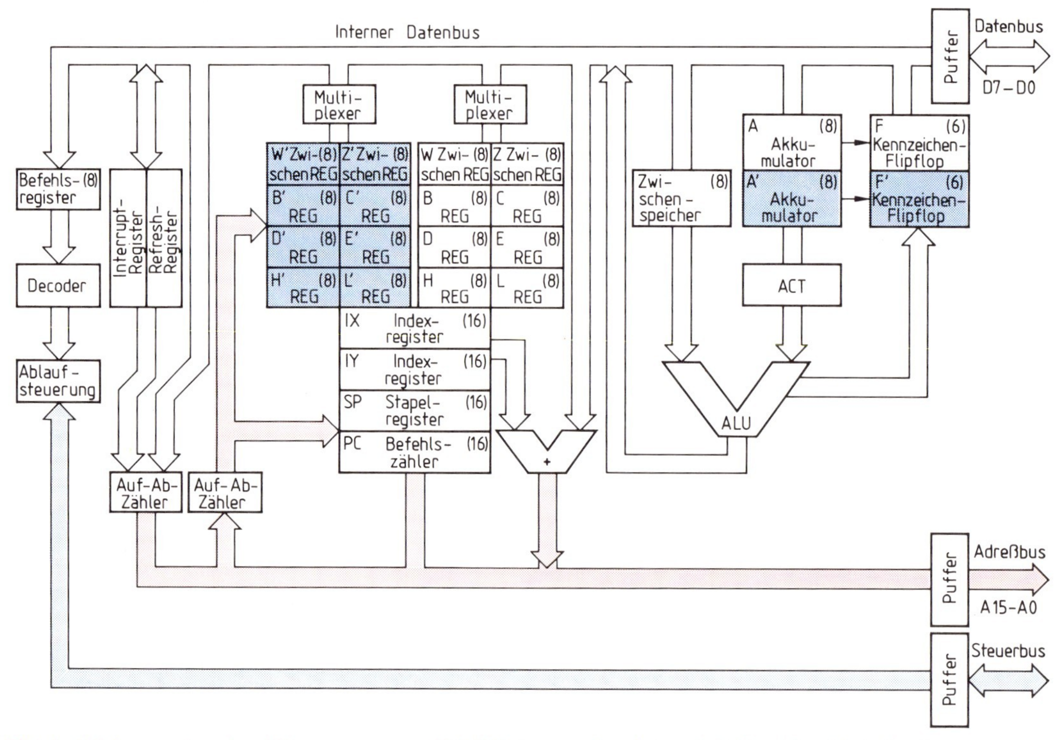

Bild 1: Wirkungsplan des Mikroprozessors Z80 (Hintergrundregister sind hier blau hinterlegt)

BUSAK — BUSAcKnowledge zeigt die Wirkung von BUSRQ an.

INT — INTerrupt-Request = Unterbrechungsanforderung. Programm wird nach der Ausführung des letzten Befehls und der Abfrage des Interrupt-Flipflop unterbrochen.

NMI — Non Maskable Interrupt = Nicht maskierbare Unterbrechung bedeutet, das laufende Programm wird nach dem aktuellen Befehl unterbrochen.

RESET — Der Befehlszähler wird auf Null gesetzt, und das Interrupt-Flipflop wird zurückgesetzt.

Arbeitsweise des Prozessors Z80

Der Prozessor Z80 enthält einen Hauptregistersatz und einen *Hintergrundregistersatz* **(Bild 1)**. Beim Aufruf von Unterprogrammen erspart die Verwendung des Hintergrundregistersatzes das Speichern der Registerinhalte in den Stapelspeicher. Mit den Registern IX und IY kann Index-Adressierung durchgeführt werden. Mit dem I-Register werden die Interrupt-Betriebsarten eingestellt. Das R-Register steuert die Auffrischlogik für dynamische RAM.

Software

Der Prozessor Z80 verfügt über rund 700 Befehle. Mit einem Byte als Operationscode sind 256 Befehle möglich, von denen 252 verwendet werden. Damit werden 1-Byte-Befehle, 2-Byte-Befehle und 3-Byte-Befehle gebildet. Wie beim Prozessor 8085 gibt z. B. das 2. Byte eine EA-Adresse an oder Byte 2 und Byte 3 enthalten eine 16-Bit-Adresse. Die Verwendung von Parity-Flag und Hilfs-Carry-Flag sowie die Ausführungsgeschwindigkeit mancher Befehle sind unterschiedlich.

Für die weiteren Befehle werden zwei Bytes als Operationscode verwendet. Als Umschalter werden die Bytes EDH, DDH, FDH und CBH verwendet. Mit dem folgenden 2. Byte wird dann der eigentliche Befehl in dieser Gruppe ausgewählt. Diese Befehlsgruppen verwenden nur eine kleine Anzahl der pro Gruppe möglichen 256 Befehle.

Der Prozessor Z80 verwendet 1-Byte-Befehle, 2-Byte-Befehle, 3-Byte-Befehle und 4-Byte-Befehle.

Austauschbefehle

Mit EX (exchange = austauschen) werden die Inhalte von Registern vertauscht **(Tabelle 1)**, z. B. mit EX DE, HL die Inhalte des Registerpaares DE mit den Inhalten des Registerpaares HL. Mit EX AF, AF′ werden die Inhalte vom Akkumulator und Flag-Register mit den Inhalten des Hintergrund-Akkumulators und des Hintergrund-Flag-Registers vertauscht.

EXX vertauscht die Inhalte des Hauptregistersatzes, also der Registerpaare BC, DE und HL, mit den Inhalten der Hintergrundregister BC′, DE′ und HL′.

Der Stack-Register-Inhalt kann in das HL-Registerpaar oder in eines der beiden Index-Register IX, IY gebracht werden.

Tabelle 1: Austauschbefehle

Befehl	Bedeutung	Erklärung
EX DE, HL	DE ⇔ HL	Vertauscht die Registerinhalte der angegebenen Register.
EX AF, AF′	AF ⇔ AF′	′ bedeutet Hintergrundregister.
EXX	(BC, DE, HL) ⇔ (BC′, DE′, HL′)	
EX (SP), ss	(SP) ⇔ ssL (SP + 1) ⇔ ssH	ss = 16-Bit-Zielregister Hier: ss = HL, IX oder IY

Blockübertragungsbefehle

Mit Blockübertragungsbefehlen können im Speicher Daten, die in aufeinanderfolgenden Adressen stehen, von einem Speicherbereich in einen anderen übertragen werden **(Tabelle 2)**. Dazu werden die Registerpaare des Hauptregistersatzes verwendet.

Das HL-Registerpaar enthält die Startadresse, ab der die Daten übertragen werden sollen. Im Registerpaar DE steht die Zieladresse wohin die Daten übertragen werden sollen. Das Datenwort im Registerpaar BC wird um 1 verringert.

Mit LDI (load and increment = lade und inkrementiere) werden Speicherinhalte nach höheren Adressen und mit LDD (load and decrement = lade und dekrementiere) nach niedrigeren Adressen hin übertragen.

Wird ein R (repeat = wiederholen) an den Befehl angefügt, wird die Datenübertragung solange wiederholt, bis der Inhalt des Registerpaares BC = 0 ist.

Tabelle 2: Blockübertragungsbefehle

Befehl	Bedeutung	Erklärung
LDI	(DE) ⇐ (HL), DE ⇐ DE + 1 HL ⇐ HL + 1, BC ⇐ BC − 1	Es wird der adressierte Speicherinhalt übertragen und BC um 1 vermindert.
LDD	(DE) ⇐ (HL), DE ⇐ DE − 1 HL ⇐ HL − 1, BC ⇐ BC − 1	
LDIR	(DE) ⇐ (HL), DE ⇐ DE + 1 HL ⇐ HL + 1, BC ⇐ BC − 1	Es wird solange eine Datenübertragung durchgeführt, bis BC = 0 ist.
LDDR	(DE) ⇐ (HL), DE ⇐ DE − 1 HL ⇐ HL − 1, BC ⇐ BC − 1	

Blocksuchbefehle

Mit Blocksuchbefehlen kann der Speicherinhalt nach einem im Akkumulator befindlichen Byte durchsucht werden **(Tabelle 3)**.

Das HL-Registerpaar enthält die Adresse des Bytes, das mit dem Akkumulatorinhalt verglichen wird. Der Inhalt von BC wird um 1 verringert. Mit CPI (compare and increment = vergleiche und inkrementiere) kann der Speicher aufwärts oder mit CPD (compare and decrement = vergleiche und dekrementiere) abwärts durchsucht werden. Ein angefügtes R wiederholt den Befehl, bis BC = 0 oder das gesuchte Wort im Speicher gefunden ist.

Tabelle 3: Blocksuchbefehle

Befehl	Bedeutung	Erklärung
CPI	A − (HL), HL ⇐ HL + 1 BC ⇐ BC − 1	Ist A = (HL) wird das Zero-Flag = 1. Der Akku bleibt unverändert.
CPD	A − (HL), HL ⇐ HL − 1 BC ⇐ BC − 1	BC = 0 setzt das P/V-Flag = 0.
CPIR	A − (HL), HL ⇐ HL + 1 BC ⇐ BC − 1	(Parität/Überlauf-Flag, hier unterscheidet sich 8080/85 und Z80!
CPDR	A − (HL), HL ⇐ HL − 1 BC ⇐ BC − 1	

Tabelle 4: Bit-Manipulations-Befehle

Befehl	Bedeutung	Erklärung
BIT b, s	Z ⇐ s_b	s = A, B, C, D, E, H, L-Register,
SET b, s	s_b ⇐ 1	daß durch HL, IX + d, IY + d
RES b, s	s_b ⇐ 0	adressiert wird (d = Akkuinhalt).

Bit-Manipulationsbefehle

Mit BIT *b*, s werden das Bit *b* des Registers s getestet und das ZERO-Flag gesetzt **(Tabelle 4)**. Mit SET *b*, s wird das Bit Nummer *b* des Registers s auf 1 gesetzt und mit RES *b*, s zurückgesetzt.

Bit-Manipulationsbefehle ermöglichen die Bearbeitung einzelner Bits des Hauptregistersatzes.

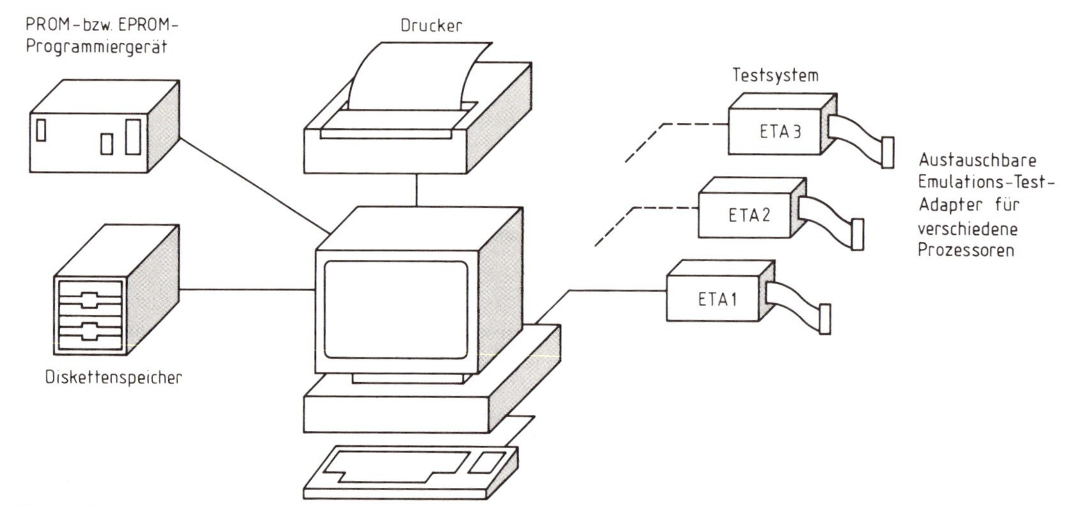

Bild 1: Entwicklungssystem

4.4.6 Entwicklung von Programmen

Entwicklungssysteme erlauben das Schreiben des Quellprogramms in Assemblersprache, dessen Assemblierung, die Einbindung von anderen Programmen, das Zuweisen von Adressen und die Erprobung des lauffähigen Programms.

4.4.6.1 Ablauf der Programmentwicklung

Ein Entwicklungssystem besteht aus einem *zentralen Entwicklungsgerät* mit Monitor und Tastatur **(Bild 1)**. Dieses Gerät ist meist ein Personalcomputer, der die Aufbereitung von Textzeilen, die Übersetzung des Quellprogramms, das Binden und Entrelativieren (Locate) des übersetzten Programms sowie den Datenverkehr mit den Disketten übernimmt. Zur Grundausrüstung gehört noch ein *Drucker*, damit die entwickelten Programme ausgedruckt werden können. Über eine Flachbandleitung vom Zentralgerät zum Anwendergerät ist ein Testsystem angeschlossen, z. B. ETA (Emulations-Test-Adapter) genannt. Zum Einbringen der fertig getesteten Programme auf ein Speicherchip, z. B. EPROM, ist ein Programmiergerät notwendig (Bild 1). Die Programmentwicklung erfolgt nach **Bild 1, folgende Seite**.

4.4.6.2 Editor

Nach dem Einschalten des Entwicklungssystems und Einlegen der Systemdiskette in das Systemlaufwerk wird das Betriebssystem geladen. Bei Systemen mit Festplatte wird das Betriebssystem von der Platte geladen. Das Schreiben des Quellprogrammes erfolgt mittels eines Textverarbeitungsprogrammes, auch Editor (lat. editor = Herausgeber) genannt. Durch Eingabe des Namens für das Text-

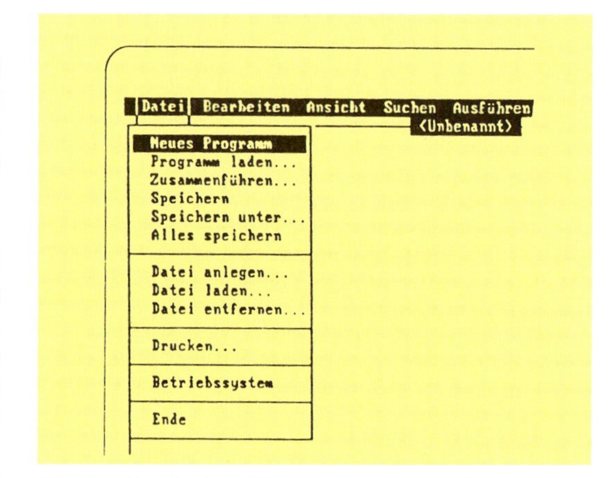

Bild 2: Menü „Datei" eines Textverarbeitungsprogrammes

verarbeitungsprogramm wird dieses dann in den Arbeitsspeicher geladen.

Die Textverarbeitungsprogramme sind meist menügeführt **(Bild 2)**. Im gewählten Fenster „Datei" werden die wählbaren Menüpunkte aufgelistet und oft farblich hervorgehoben oder mit Graustufen versehen. Zur Erstellung eines Quellprogrammes wählt man z. B. die Zeile „Neues Programm" (Bild 2). Dies kann durch Anwahl mit der Maus durch Anklicken erfolgen, oder durch Eingabe des Kennbuchstabens mit der Tastatur. Im Beispiel kann dies durch Eingabe des Buchstabens N geschehen (Bild 2). Meist fragt das Textverarbeitungsprogramm, ob ein Textfile oder ein Programm-ASCII-File erstellt werden soll.

Quellprogramme in Assemblersprache müssen als Programm-ASCII-File angelegt werden.

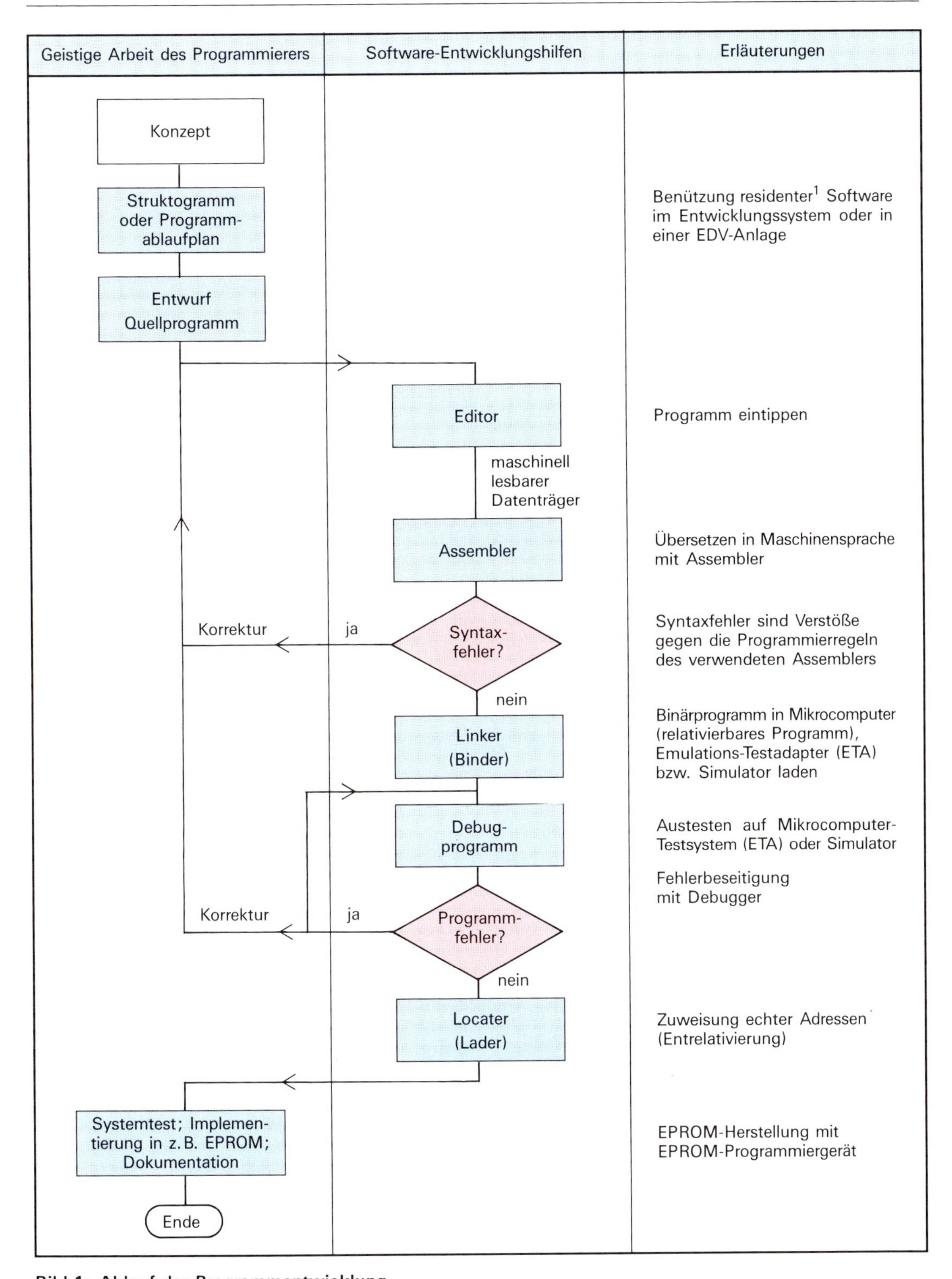

Bild 1: Ablauf der Programmentwicklung

[1] lat. residere = seinen Wohnsitz haben

Dies ist erforderlich, weil in Textfiles enthaltene Steuerzeichen beim Linken eines Quellprogrammes als Assemblercode interpretiert werden und zu Programmfehlern führen.

Nach Eingabe des Namens für das Quellprogramm kann dieses jetzt mit Hilfe des Editors erstellt werden (Bild 1, vorhergehende Seite). Komfortable Editoren bieten eine Vielzahl von Arbeitsmöglichkeiten durch z. B. gleichzeitige Betätigung der Taste Strg (Steuerung) bzw. Ctrl (Control) mit einer oder zwei Buchstabentasten **(Tabelle 1)**.

Die ersten vier Kommandos von Tabelle 1 können auch mit den Cursortasten eingegeben werden.

Editoren haben meist zwei Möglichkeiten zur Eingabe von z. B. Cursorbewegungen.

Erweiterte Steuerungskommandos zur Cursorsteuerung sind durch die Betätigung der Strg-Taste und *zweier* Buchstabentasten gekennzeichnet **(Tabelle 2)**. Mit diesen Kommandos kann man sich schnell innerhalb des Textes mit dem Cursor bewegen. Auch für diese Kommandos gibt es teilweise getrennte Tasten, z. B. die Home-Taste für ^QS.

Ein Editor enthält auch die Möglichkeit, Texte durchrollen zu lassen, z. B. verschiebt das Kommando ^QW den Text kontinuierlich nach unten, ^QI dagegen nach oben.

Das Löschen von Zeichen, Worten und Zeilen ist ebenfalls mit speziellen Ctrl-Kommandos möglich **(Tabelle 3)**.

Außerdem sind u. a. Textblockmarkierungen, Blockverschiebungen, Löschen und Einfügen von Blöcken und Einfügen von externen Dateien mit entsprechenden Kommandos, anderen Tastenkombinationen oder durch Anklicken mit der Maus möglich.

Ein Editor ist ein Dienstprogramm, mit dem man das Quellprogramm schreiben, verändern, löschen, verkürzen, erweitern oder korrigieren kann.

Nach Abschluß der Editierarbeit wird das Quellprogramm unter seinem Namen z. B. mit dem Menüpunkt „Speichern unter" gespeichert (Bild 2, Seite 366).

[1] Syntax von griech. syntaxis = Zusammenstellung, Satzbau

Tabelle 1: Steuerungskommandos zur Cursorsteuerung

Tasteneingabe	Bedeutung
^S	Cursor ein Zeichen nach links
^D	Cursor ein Zeichen nach rechts
^E	Cursor eine Zeile nach oben
^X	Cursor eine Zeile nach unten
^A	Cursor wortweise nach links
^F	Cursor wortweise nach rechts

^ Symbol für Steuerungstaste (Controltaste)

Tabelle 2: Erweiterte Kommandos zur Cursorsteuerung

Tasteneingabe	Bedeutung
^QS	Cursor an Zeilenanfang
^QD	Cursor an Zeilenende
^QE	Cursor in oberste Bildschirmzeile
^QX	Cursor in unterste Bildschirmzeile
^QR	Cursor an den Textanfang
^QC	Cursor an das Textende

Tabelle 3: Controlkommandos zum Löschen

Tasteneingabe	Bedeutung
^H	Zeichen links vom Cursor löschen
^G	Zeichen unter dem Cursor löschen
^T	Wort rechts vom Cursor löschen
^Y	Aktuelle Zeile löschen
^JR	Gelöschte Zeile retten
^QY	Zeile bis Zeilenende löschen

4.4.6.3 Assembler

Der Assembler ist ein Übersetzungsprogramm, das in der Lage ist, vom Programmierer erstellte Quellprogramme, z. B. PROG.SRC **(Bild 1, folgende Seite)**, in die Maschinensprache zu übersetzen. Der Assembler muß, ebenso wie der Editor, auf der Systemdiskette oder Festplatte vorhanden sein. Die *Assemblierung* eines Quellprogrammes wird durch ein Kommando, z. B. ASM80 PROG.SRC, gestartet. Bei diesem Übersetzungsvorgang werden das in die Maschinensprache übersetzte Quellprogramm mit der Bezeichnung PROG.OBJ und wahlweise das ausdruckbare *Programmlisting* mit der Bezeichnung PROG.LST erzeugt. Aus letzterem sind auch Syntaxfehler[1] ersichtlich, die in der Fehlerzeile verschlüsselt angegeben werden.

Beispiel 1:
Wie lautet das übersetzte Programm PROG.LST zum Quellprogramm PROG.SRC von **Bild 1**?

Lösung: **Bild 2**

Jede Zeile im Quellprogramm wird automatisch numeriert. Der Befehl LXI SP, SPOINT erhält einen 3-Byte-Maschinencode, beginnend mit dem Befehlsbyte 31H. Die folgende Adresse wird in der Reihenfolge Adresse-Low-Byte/Adresse-High-Byte assembliert. Die Startadresse ist durch die ORG-Anweisung auf 0400H gesetzt. Der Befehl in Zeile 6 hat also die Adresse 0403H.

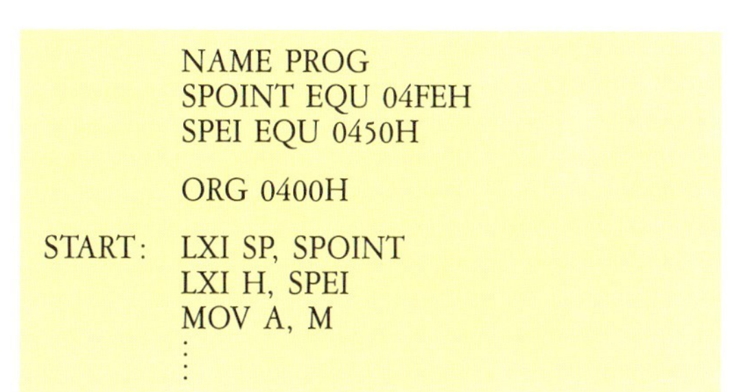

```
        NAME PROG
        SPOINT EQU 04FEH
        SPEI EQU 0450H

        ORG 0400H

START:  LXI SP, SPOINT
        LXI H, SPEI
        MOV A, M
        ⋮
```

Bild 1: Quellprogramm PROG.SRC

LOC	OBJ	LINE	SOURCE STATEMENT
		1	NAME PROG
04FE		2	SPOINT EQU 04FEH
0450		3	SPEI EQU 0450H
0400		4	ORG 0400H
0400	31FE04	5	START: LXI SP, SPOINT
0403	215004	6	LXI H, SPEI
0406	7E	7	MOV A, M
⋮	⋮	⋮	⋮

Bild 2: Übersetztes Programm PROG.LST

4.4.6.4 Linker und Locater

Längere Anwenderprogramme werden meist aus einzelnen, bereits getesteten Teilprogrammen (Modulen = Baugruppen) zusammengesetzt. Vorteile dieser Art der Programmentwicklung sind Strukturierung, Übersichtlichkeit, geringer Testaufwand und Mehrfachverwendbarkeit der Module.

Zur Durchführung der Programmentwicklung benötigt man entsprechende Programmierhilfen (Dienstprogramme):

1. Das Binderprogramm LINK (link = binden) bewirkt, daß die Einzelmodule zu einem neuen Modul zusammengefaßt werden.
2. Das Entrelativierungsprogramm LOCATE (locate = festlegen) weist dem durch LINK in Segmenten gebundenen Modul absolute Adressen zu.
3. Das Bibliotheksprogramm, das Module zum Einbinden unter LINK zur Verfügung stellt.

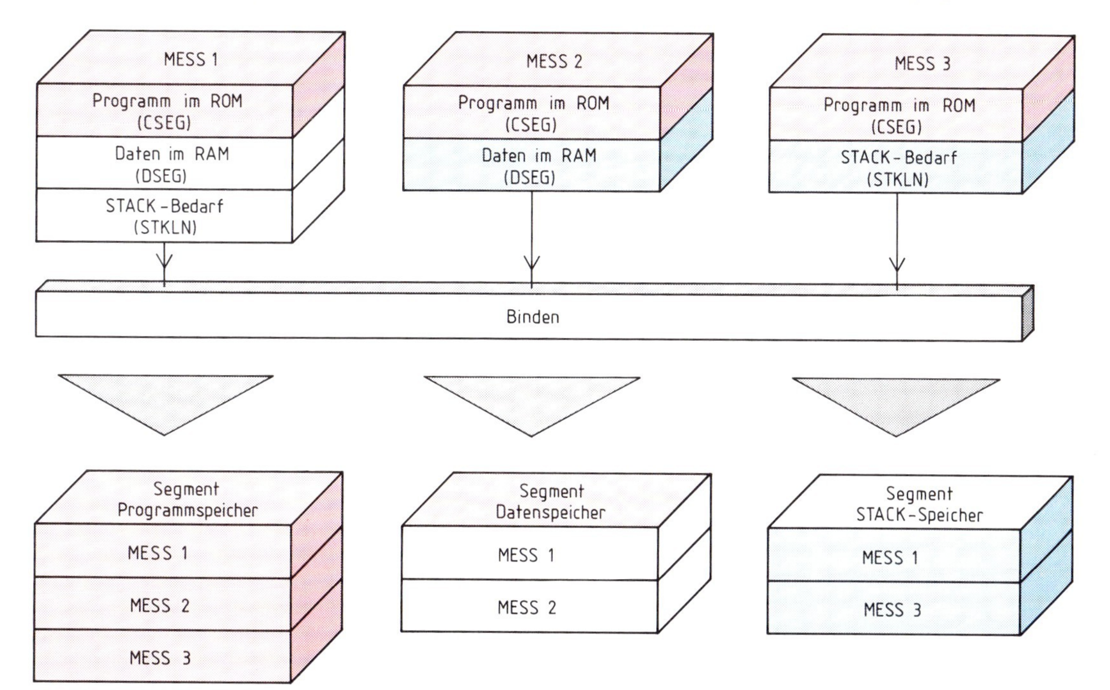

Bild 3: Binden von Programmen

Ablauf des Bindens und Entrelativierens

Ein Programm MESS, z. B. zur Meßwerterfassung und Auswertung, besteht aus den drei Teilprogrammen MESS1, MESS2 und MESS3 **(Bild 3, vorhergehende Seite)**. MESS1 ist das Modul für die Meßwertaufnahme. Es hat einen Programmteil, Datenteil und Stackspeicherteil. MESS2 ist das Modul für die Meßwertauswertung und besteht aus Programmteil und Datenteil. MESS3 regelt die Druckerausgabe und hat einen Programmteil und Stackspeicherteil. Das Programm LINK, das z. B. mit dem Kommando LINK MESS1. OBJ,MESS2. OBJ, MESS3.OBJ TO MESS.LNK aufgerufen wird, bindet die drei Programme segmentweise zum neuen Programm MESS.LNK (Bild 3, vorhergehende Seite).

Das Programmsegment von MESS beginnt bei der relativen Adresse 0000H mit dem Programmsegment von MESS1. Die Programmsegmente von MESS2 und MESS3 werden direkt anschließend gebunden. In der gleichen Weise erfolgt das Binden der Datensegmente und Stacksegmente. Die wichtigste Aufgabe des Linkers ist es, die Adressen der symbolischen Namen neu zu berechnen und zuzuweisen.

Beispiel 1:
Im Programm-Modul von MESS1 steht in Adresse 0100H der Befehl JNZ ADMO2. Der symbolische Name ADMO2 stand im Programm MESS2 in Adresse 0050H. Das Programm-Modul von MESS1 belegt die Adressen 0000H bis 014FH. Welche Adresse hat ADMO2 nach dem Binden?

Lösung:
Nach dem Binden belegt das Programmsegment von MESS1 die relativen Adressen 0000H bis 014FH. Das Programmsegment von MESS2 beginnt also bei Adresse 0150H. ADMO2 hat also nach dem Binden die relative Adresse 0150H + 0050H = **01A0H**.

Das Dienstprogramm LINK ermöglicht eine modulare Programmentwicklung.

Damit die Programm-Module gebunden werden können, müssen zur Berechnung der Adressen bei relativierbaren Programmen bereits im Quellprogramm entsprechende Anweisungen verwendet werden **(Tabelle 1)**.

Die Anweisung STKLN definiert die Länge des Stack, z. B. STKLN 10H ≙ Blocklänge 10H.

Das Dienstprogramm LOCATE ermöglicht die Entrelativierung der gebundenen Segmente, indem es ihnen definierte Anfangsadressen zuweist, z. B. Adresse 0000H für das Programmsegment (Codesegment), Adresse 4000H für das Datensegment und die Adresse 8000H für das Stacksegment. Die dadurch wieder geänderten Adressen der symbolischen Namen werden von LOCATE berechnet und zugewiesen. Das Programm erhält die Bezeichnung NAME.LOC.

Beispiel 2:
Wie lautet das LOCATE-Kommando für das entwickelte gebundene Programm PROG.LNK? Der neue Titel soll NEUPR.LOC heißen die Adressen sind CODE 4000H, DATA 5000H, STACK 6000H, START 0400H.

Lösung:
LOCATE PROG.LNK TO NEUPR.LOC CODE(4000H), DATA(5000H), STACK(6000H), START(0400H).

Nach der Kommandoausführung steht das Programm NEUPR.LOC auf Diskette bzw. Festplatte und ist ablauffähig.

LINK-Programme und LOCATE-Programme erstellen aus Programm-Modulen ablauffähige Programme.

Es gibt auch Assembler, die das Dienstprogramm LOCATE im Dienstprogramm LINK integriert haben, so daß mit der Ausführung des Linkers bereits ein ablauffähiges Programm entsteht. Ablauffähige Programme sind im Programmnamen z. B. an der Erweiterung (Extension) .COM oder .EXE erkennbar.

Tabelle 1: Anweisungen für relativierbare Programme

Anweisung	Wirkung	Bemerkung
ASEG	Festlegung des absoluten Codesegments	Assemblierung als absolutes Programmsegment
CSEG	Assemblierung von Befehlen im relativierbaren Modus	Assemblierung ab Codesegmentadresse
DSEG	Assemblierung von Daten im relativierbaren Modus	Assemblierung ab Datensegmentadresse

Die einzelnen Anweisungen bleiben im Quellprogramm so lange gültig, bis eine der beiden anderen Anweisungen auftritt.

4.4.6.5 Emulation

Über einen Emulations-Test-Adapter (ETA) kann man sich in eine bestehende Mikrocomputerhardware einschalten (Bild 1, Seite 366). Man ist in der Lage das entrelativierte Maschinenprogramm in den Speicher des Entwicklungssystems zu laden. Der ETA-Adapter wird in den Sockel des Mikroprozessors auf der Mikrocomputerplatine gesteckt. Der Mikroprozessor wird somit durch den Rechner des Entwicklungssystems nachgebildet (emuliert).

Unter Emulation versteht man die Nachbildung eines Rechners durch einen anderen Rechner.

Es ist mit einem gesteckten ETA-Adapter möglich, das Programm an vorgegebener Stelle zu starten und anzuhalten (Abschnitt 4.4.6.6). Dies bedeutet, daß man den gesamten Programmablauf von der Eingabe über die Verarbeitung bis zur Ausgabe zusammen mit dem ablaufenden Prozeß testen kann. Als besonders wirkungsvolle Unterstützung dient dabei die Programmbearbeitung im TRACE-Modus[1]. Der Entwickler kann z. B. einen Teil seines Programms ablaufen lassen und ihn anschließend mittels Debugfunktionen (Abschnitt 4.4.6.6) am Bildschirm auch im Maschinencode betrachten.

Beispiel:

Das Programm NEUPR.LOC soll mit dem Mikrocomputer-Lehrsystem mit Hilfe des Emulators getestet werden. Dazu wird der Prozessor des Lehrsystems entfernt und durch den ETA-Adapter ersetzt. Da das ETA-Programm im Arbeitsspeicher des Entwicklungssystems einen bestimmten Adreßbereich einnimmt, müssen durch entsprechende Kommandos die Programmsegmente verschoben werden. Die Befehle des Programms NEUPR.LOC zwischen den Marken ANF: und FINIS: sollen am Bildschirm angezeigt werden, ebenso der Stack in diesem Programmbereich. Wie lautet die Kommandofolge?

Lösung:

Zunächst wird der Emulator mit dem Kommando ICE80 aufgerufen. Die Rückmeldung erfolgt mit der Ausgabe — ICE80 am Bildschirm **(Tabelle 1)**.

Ist dieser Test mit ETA und der zu testenden Software im RAM des Entwicklungssystems erfolgreich verlaufen, wobei Korrekturen im RAM vorgenommen werden konnten, so werden mit einem EPROM-Programmiergerät die Programme auf ein EPROM übertragen. Das fertige EPROM wird in die Hardware eingesetzt, und jetzt kann ein Test mit dem ETA, der noch auf der Mikrocomputerplatine steckt, unter Realzeitbedingungen (Echtzeitbedingungen) stattfinden, da sich das Programm nicht mehr im Speicher des Entwicklungssystems befindet.

Wenn hierbei noch Fehler auftreten, z. B. Laufzeitfehler, so müssen diese beseitigt werden. Erst dann wird der ETA-Adapter von der Hardware entfernt und durch den eigentlichen Prozessor ersetzt. Damit ist die Programmentwicklung abgeschlossen.

Tabelle 1: Kommandofolge einer Emulation

Kommando: Langform, Kurzform	Beschreibung
XFORM MEM 0 INTO 7 XF M 0 I 7	Speicherbereich 0 bis 4 KB auf Block 7 des Entwicklungssystems abbilden
XFORM IO 0 UNGUARDED XF IO 0 U	EA-Ports der Gruppe 0 aus der Anwendungsschaltung benützen (U ≙ ungeschützt)
BASE HEXADECIMAL B H	Basis hexadezimal für alle auszugebenden Daten
LOAD NEUPRO.LOC	Lade das Programm in Block 7 des Entwicklungssystems
GO FROM 0400H G F 0400H	Start ab Adresse 0400H im Lehrsystem
DISPLAY MEMORY ANF: TO FINIS: STACK DI M ANF: T FINIS: S	Anzeige der Speicherinhalte und des Stack für das gesamte Programm zwischen den Marken

[1] engl. trace = aufzeichnen

4.4.6.6 Debugger

Ein Debugger[1] ist ein Werkzeug zum Auffinden und Beseitigen von Fehlern in Programmen beim Programmablauf. Er stellt ein Überwachungssystem dar. Der Debugger sollte in der vorhandenen Programmiersprache anwendbar sein, nicht nur auf der Ebene der Maschinensprache. Ein Debugger ist ein wesentlicher Softwarebaustein eines Entwicklungssystems.

So können mittels eines Debuggers, z. B. CodeView von MASM[2], folgende Grundaufgaben durchgeführt werden:

- Ansehen von Speicherinhalten,
- Ändern von Speicherinhalten,
- Haltepunkte (Breakpoints) setzen und
- Verfolgen der abgearbeiteten Anweisungen über das ständige Aufzeichnen einer Spur (Trace).

Zum Arbeiten wird der Debugger aufgerufen, z. B. mit CV Dateiname oder nur CV. Danach ist der Debugger unter Berücksichtigung bestimmter Syntaxregeln arbeitsfähig. Der weitere Verkehr zwischen Benutzer und Debugsystem findet über die Tastatur und den Bildschirm statt **(Tabelle 1)**. Der Debugger DEBUG ist ein Dienstprogramm unter dem Betriebssystem MS-DOS, allerdings mit wesentlich geringerem Befehlsvorrat als ein Debugger eines Assemblers wie MASM oder TASM[3].

Mit einem Debugger kann man ein bestehendes Programm in der Maschinensprache ansehen, ändern und abarbeiten.

Wiederholungsfragen

1. **Woraus besteht ein Entwicklungssystem?**
2. **Wozu dient ein Editor?**
3. **Welche Aufgabe hat der Assembler?**
4. **Wozu dient das LINK-Programm?**
5. **Welche Aufgabe hat ein ETA?**
6. **Welche Aufgaben können mit einem Debugger ausgeführt werden?**

Tabelle 1: CodeView-Befehle (Auswahl)

Befehlsgruppe	Befehl	Herkunft	Erklärung
Datei ansehen	V <Dateiname>	**V**iew	Anzeige einer Datei oder einer Zeile einer Datei.
	S	**S**et Mode	Setzt das Format für den Anzeigecode der Datei, z. B. Quellcode oder assemblierten Code.
Untersuchung des Programmlaufes	G <Abbruchadresse>	**G**o	Programm wird bis zur Abbruchadresse (Breakpoint) abgearbeitet. Ohne Angabe einer Abbruchadresse wird das volle Programm abgearbeitet.
	T <Anzahl>	**T**race	Anzahl Programmschritte einzeln abarbeiten und Prozessorzustand anzeigen.
	E	**E**xecute	Start des Programms an der laufenden Adresse und Abarbeitung bis zum Ende oder bis zu einem Unterbrechungspunkt.
Speicher ansehen	D <Typ,Adresse,Bereich>	**D**ump	Anzeige des Datentyps, Ausgabe des Speicherinhaltes ab Adresse oder eines Speicherbereiches.
	C <Adreßbereich>	**C**ompare	Vergleicht zwei Speicherblöcke byteweise.
	R	**R**egister	Zeigt die Inhalte der Register und Flags an.
Speicher ändern	A <Adresse>	**A**ssemble	Mnemotechnisch angegebene Befehle ab Adresse hexadezimal im Speicher ablegen.
	E <Adresse>	**E**nter	Eingabe von Daten in den Speicher in Bytes, ASCII, als Wort, als Doppelwort.
	F <Bereich,Liste>	**F**ill	Füllt die Adresse im Bereich mit den Werten von Liste.
	R <Registername=Ausdruck>	**R**egister	Eingabe R mit Angabe des Registernamens zeigt Registerinhalt und überschreibt ihn mit Ausdruck.
	M <Bereich,Adresse>	**M**ove	Die Werte des Speicherblocks Bereich werden als Block ab Adresse gespeichert.

[1] engl. debug = entwanzen; [2] CodeView = Name des Debuggers des Assemblers MASM der Fa. Microsoft

[3] TASM Abkürzung für Turboassembler der Fa. Borland

4.4.7 16-Bit-Mikroprozessoren

4.4.7.1 Mikroprozessor 8086

Der Mikroprozessor 8086 kann Daten mit einer Breite von 16 bit parallel verarbeiten sowie 16 bit breite Daten senden und empfangen. Seine Architektur und sein Befehlssatz beruhen auf den älteren 8-Bit-Mikroprozessoren 8080A und 8085.

Die Befehlssätze der Mikroprozessoren 8080A und 8085 sind fast gleich. Aus dem Mikroprozessor 8080A wurde der Mikroprozessor Z80 entwickelt, der den doppelten Registersatz des 8080 besitzt. Dies bedeutet nun, daß Assemblerprogramme, die für den Mikroprozessor 8080A geschrieben wurden, für die Prozessoren 8085, Z80 und 8086 verwendbar sind **(Tabelle 1)**. In diesem Zusammenhang wird auch von *Aufwärtskompatibilität* gesprochen. Weiter in dieser Linie aufwärtskompatibel ist der 16-Bit-Mikroprozessor 80286, welcher sich gegenüber dem Mikroprozessor 8086 durch einen umfangreicheren Befehlssatz unterscheidet. Ebenfalls aufwärtskompatibel sind die 32-Bit-Mikroprozessoren 80386 und 80486 innerhalb dieser Mikroprozessorfamilie.

Bei einer softwaremäßig aufwärtskompatiblen Prozessorfamilie können Programme für ältere Prozessoren auch beim Einsatz neuer, leistungsfähigerer Prozessoren noch verwendet werden.

Für Anwendungen, die hohe Rechengeschwindigkeiten erfordern, kann der Mikroprozessor 8086 zusammen mit dem Prozessor 8087 eingesetzt werden. Dieser ist ein sogenannter Arithmetikprozessor, der einen Befehlssatz für arithmetische Funktionen, wie z. B. Wurzelberechnung, Rechnen mit reellen Zahlen sowie Rechnen mit doppelter Genauigkeit, besitzt.

Aufbau

Die elektrischen Anschlußsignale des 8086 sind auf 40 Kontaktstifte verteilt und lassen sich in

- Adreßsignale,
- Datensignale,
- Steuersignale sowie
- Statussignale

einteilen **(Bild 1)**. Mit dem *Minimum-Mode* und dem *Maximum-Mode* werden zwei Betriebsarten unterschieden. Die Anwahl dieser Betriebsarten erfolgt über den Anschluß MN/$\overline{\text{MX}}$. Der Minimum-Mode eignet sich für Systeme mit nur einem Mikroprozessor, der Maximum-Mode dagegen für Systeme mit mehreren Mikroprozessoren.

Tabelle 1: Aufwärtskompatible Mikroprozessorfamilie

Programm läuft auf	Programm geschrieben für					
	8080A	8085	8086	80286	80386	80486
8080A	A, M	A, M*				
8085	A, M	A, M*				
Z80	A, M	A, M*				
8086	A	A*	A, M			
80286	A	A*	A, M	A, M		
80386	A	A*	A, M	A, M	A, M	
80486	A	A*	A, M	A, M	A, M	A, M

M Maschinensprache bzw. Objektprogramm
A Assemblersprache
* mit Ausnahme der Befehle RIM und SIM

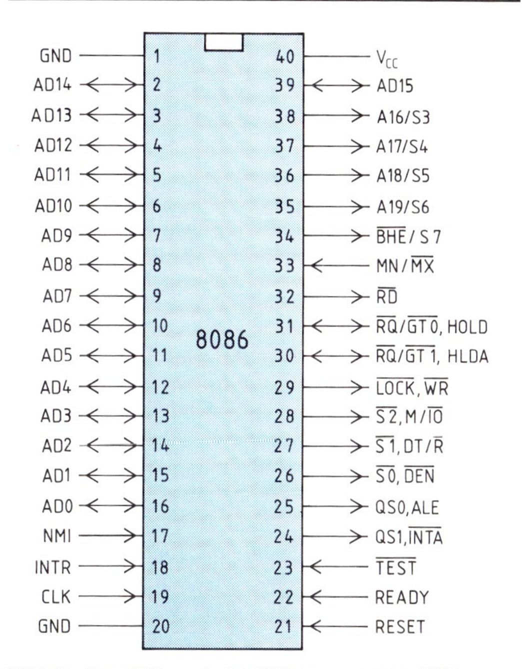

Bild 1: Anschlüsse beim Mikroprozessor 8086

Durch die 20 Adreßleiter lassen sich 2^{20} = 1048576 Speicherplätze im Arbeitsspeicher adressieren (1 MByte). Über die 16 Anschlüsse AD0-AD15 werden während eines ersten Prozessortaktes die 16 niederwertigen Bits der 20-Bit-Adresse gesendet, anschließend werden Daten der Breite 16 bit übertragen. Die Anschlüsse A16/S3 bis A19/S6 dienen für das Senden der vier höchstwertigen Adreßbits und für das Ausgeben von Statusinformationen, z. B. zur Auswahl der Segmentregister, zum Ausgeben des Interrupt-Statusbits und des Bus-Masterbits zur Buskontrolle.

Die Signale der Anschlüsse $\overline{RD}$, READY, NMI, RESET, INTR entsprechen denen der Mikroprozessoren 8080A, 8085 und Z80. In Abhängigkeit der eingestellten Betriebsart des Mikroprozessors 8086 werden manche Anschlüsse für unterschiedliche Funktionen verwendet **(Tabelle 1)**.

Tabelle 1: Von der Betriebsart abhängige Anschlüsse

Anschluß	Maximum-Mode	Minimum-Mode
$\overline{S0}$, $\overline{DEN}$	Status-information (mit $\overline{S1}$, $\overline{S2}$)	Data enable, gibt Daten für Bus frei, zusammen mit DT/$\overline{R}$.
$\overline{S1}$, DT/$\overline{R}$	Status-information	Data transmit/receive, Daten senden/empfangen.
$\overline{S2}$, M/$\overline{IO}$	Status-information	Memory/input-output, Speicherzugriff/Zugriff Ein-/Ausgabekanal.
$\overline{RQ}/\overline{GT0}$, HOLD	Request/grant, Bus anfordern/zuteilen	Anhalten des Prozessors, Bus für externe Geräte benutzbar.
$\overline{RQ}/\overline{GT1}$, HLDA	funktional wie $\overline{RQ}/\overline{GT1}$	Hold acknowledge, Hold quittieren.
QS0, ALE	Queue Status, Warteschlangen-status mit QS1	Adress latch enable, Speicheradresse steht auf Adreß-Datenbus.
QS1, $\overline{INTA}$	Queue Status	Interrupt acknowledge, gibt Programmunterbrechung an.
$\overline{LOCK}$, $\overline{WR}$	$\overline{LOCK}$, sperrt Bus	Write, Schreibzugriff.

Registerstruktur

Der Mikroprozessor 8086 besitzt vier 16 bit breite Hauptregister. Dies sind die Register AX, BX, CX, DX **(Bild 1)**. Arithmetische und logische Operationen sowie Ein-Ausgabeoperationen beeinflussen hauptsächlich diese Register. Jedes dieser Register stellt eine Kombination von zwei 8-Bit-Registern dar, z. B. setzt sich AX aus AH und AL (H von high = höherwertig, L von low = niederwertig) zusammen. Diese dadurch zum Mikroprozessor 8080A aufwärtskompatible Struktur des Mikroprozessors 8086 erlaubt das Ausführen von 8-Bit-Operationen und 16-Bit-Operationen.

Der Mikroprozessor 8086 kann 8-Bit-Operationen und 16-Bit-Operationen ausführen.

Das *AX-Register* dient hauptsächlich als Akkumulator. Sehr viele Operationen können nur über dieses Register abgewickelt werden. Das *BX-Register* dient z. B. als Basis-Adreßregister, d. h., sein Inhalt wird häufig zur Bildung von Speicheradressen verwendet. Das *CX-Register* kommt als Zählerregister zum Einsatz. Sein Inhalt wird beim Ausführen sich wiederholender Stringbefehle und bei Bitverschiebeoperationen abwärts gezählt. Das *DX-Register* enthält bei einigen Ein-Ausgabeoperationen die Adresse des entsprechenden Kanals, außerdem wird es für Multiplikationen und Divisionen benötigt.

Als *Zeigerregister* werden die Register SP (Stack Pointer) und BP (Base Pointer) bezeichnet. Sie dienen zum Realisieren von Stapelspeichern (Stack-Speicher). Außerdem können in ihnen Operanden für 16 bit breite arithmetische und logische Operationen abgelegt werden.

Die *Indexregister* SI (Source Index = Quellenindex) und DI (Destination Index = Zielindex) sind für indirekte Adressierung erforderlich. Auch 16-Bit-Operanden können in ihnen gespeichert werden.

Im *Befehlszählerregister* PC (Program Counter) steht die Adresse des nächsten auszuführenden Befehls relativ zum Inhalt des CS-Registers.

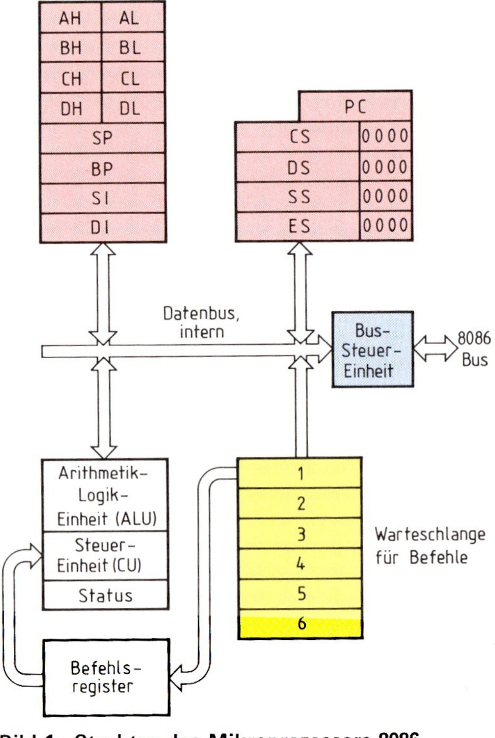

Bild 1: Struktur des Mikroprozessors 8086

Weiter sind zu unterscheiden die *Segmentregister* CS, DS, SS und ES (Bild 1, vorhergehende Seite). Jedes Segmentregister definiert einen 64-KByte-Speicherbereich. Die Segmentregister enthalten die 16 höherwertigen Bit der 20-Bit-Adressierung des 8086 **(Bild 1)**. In CS steht die Adresse des aktuellen Programmcodesegmentes. Es arbeitet in Verbindung mit der relativen Adresse im PC-Register. Im DS-Register steht die Adresse des aktuellen Datensegmentes (Adreßbereiches), in dem Variable definiert sind. Das SS-Register enthält die Adresse des aktuellen Stacksegmentes und arbeitet zusammen mit den Registern SP und BP. Das ES-Register wird z.B. bei Stringoperationen verwendet.

Das *Statusregister* enthält die Zustände des Prozessors nach den einzelnen Befehlsausführungen **(Bild 2)**. Besonders Sprungbefehle reagieren auf den Inhalt dieses Registers.

Der Mikroprozessor 8086 besitzt Register, deren Benutzung vom auszuführenden Befehl abhängig ist.

Programmentwicklung

Beim Programmieren mit dem Mikroprozessor 8086 müssen für die Variablen Datensegmente vereinbart werden, die auszuführenden Programmanweisungen müssen dagegen in Codesegmenten vereinbart werden. Diese Segmentierung zwingt den Programmierer zum getrennten Programmieren von Daten und Programmanweisungen.

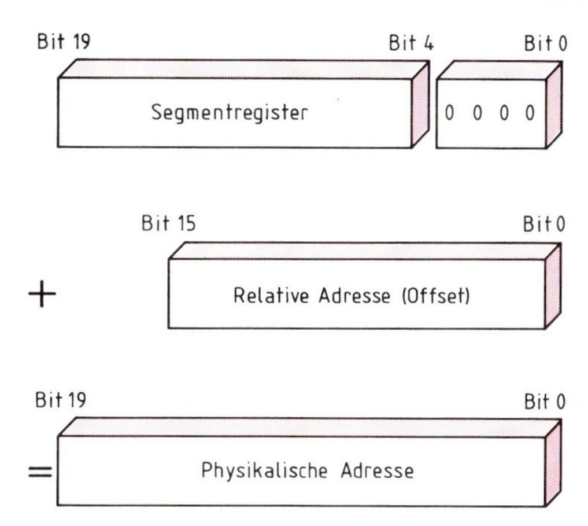

Bild 1: Berechnung der physikalischen Adressen beim Mikroprozessor 8086

Programme für den Mikroprozessor 8086 sind in Datensegmente und Codesegmente gegliedert.

Files sind mit NAME und END, Segmente mit dem vor SEGMENT stehenden Segmentnamen und ENDS (end segment) begrenzt. Müssen Segmente in anderen Files bekannt sein, so sind sie mit PUBLIC (public = öffentlich) zu kennzeichnen.

Die Vereinbarung einer Variablen erfolgt durch ihren Namen, ihre Definition und ihren Initialisierungswert **(Tabelle 1, folgende Seite)**. Dieser Anfangswert einer Variablen ist im Prinzip wirkungslos,

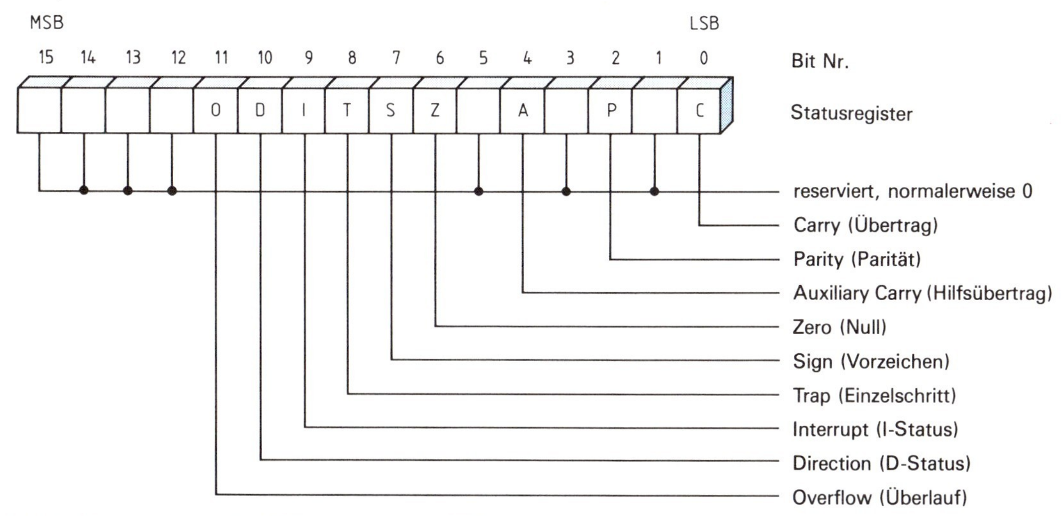

Bild 2: Statusregister des Mikroprozessors 8086 (MSB Most Significant Bit, höchstwertigstes Bit; LSB Least Significant Bit, niederwertigstes Bit)

wirkungslos, da ein ausführbares Maschinenprogramm (nach Link- und Locatelauf) meist in einem EPROM abgelegt wird, die Speicherzellen für die Variablen dagegen im RAM abgelegt werden und zunächst beliebige Werte besitzen. Das Setzen der Variablen auf den Anfangswert muß deshalb während des Programmlaufes erfolgen.

Konstanten können entweder auf gleiche Art wie Variablen oder mittels der Anweisung EQU (equal = gleich) festgelegt werden (Tabelle 1). Durch das Festlegen der Variablen, Konstanten und auszuführenden Anweisungen (Programmcode) in getrennten Files müssen die Variablen bzw. Konstanten im Variablenfile bzw. Konstantenfile mit PUBLIC global (über alle Files eines Programmpaketes hinweg) bekannt gemacht werden und im entsprechenden Programmfile mit EXTRN (extern, außerhalb) vereinbart werden. Kommentare beginnen mit einem Semikolon (;).

Mit PUBLIC und EXTRN werden fileübergreifende Beziehungen hergestellt.

Beispiel 1:

Von einem Widerstand sind vier Stromstärken bekannt, z. B. aus einem vorhergehenden Programmlauf. Es soll nun ein Programm für den Mikroprozessor 8086 geschrieben werden, welches bei festem Widerstand die vier Spannungen ermittelt. Erstellen Sie das dazu notwendige Variablenfile!

Lösung: **Bild 1**

Der Name des Variablenfiles lautet SPGDAT (Spannungsdatei), der Name des Datensegmentes DSEG (Datensegment). Als notwendige Variablen sind zu vereinbaren STROEME, WID und SPG. Diese Namen müssen wegen der Trennung von Variablen und auszuführenden Anweisungen (Programm) mit PUBLIC für das Programmfile zugänglich gemacht werden. Hierbei ist angenommen, daß Werte der Breite 16 bit für die Stromstärken, Spannungen und den Widerstand ausreichend sind.

Tabelle 1: Wichtige Vereinbarungen für den Mikroprozessor 8086

Vereinbarungs-anweisung	Bemerkung
VAR1 DB 5	Define Byte, VAR1 wird als Byte mit Wert 5 vereinbart.
VAR2 DB 0,0,0	Vereinbarung von 3 Bytes, jedes mit Wert 0.
VAR3 DW ?	Define Word, VAR3 wird als 16-Bit-Wort mit undefiniertem Wert vereinbart.
VAR4 DW COUNT	Offset von Variable COUNT wird in VAR4 gespeichert.
VAR5 DD 0	Define Double Word, Vereinbarung von 4 Bytes.
PI DQ 3.14159	Define Quadword, Vereinbarung von 8 Bytes, z. B. für Gleitpunktarithmetik mit doppelter Genauigkeit.
VAR6 DT ?	Define Ten Bytes, VAR6 wird mit 10 Byte vereinbart, der Anfangswert ist beliebig.
CONST EQU 2EH	CONST equal 2EH, CONST wird 2EH zugewiesen.

```
NAME    SPGDAT                      ;FILENAME
; Variablenfile zur Spannungsberechnung
;
DSEG    SEGMENT  PUBLIC
        PUBLIC   STROEME,WID,SPG
        STROEME  DW     0           ;STROMTABELLE
                 DW     0
                 DW     0
                 DW     0
        WID      DW     0           ;WIDERSTAND
        SPG      DW     0           ;SPANNUNGSWERTE
                 DW     0
                 DW     0
                 DW     0
DSEG    ENDS                        ;DATENSEGMENT-ENDE
END
```

Bild 1: Variablenfile zum Programm SPANNUNG

```
; Programmfile zur Spannungsberechnung U=R*I
;
NAME     SPANNUNG             ;PROGRAMMNAME
         EXTRN    STROEME,WID,SPG
ASSUME   CS:CSEG,DS:SEG STROEME
CSEG     SEGMENT              ;PROGRAMM-ANFANG
; SEGMETREGISTER INITIALISIEREN
         MOV   AX,SEG STROEME
         MOV   DS,AX          ;DATENSEGMENT LADEN
         MOV   AX,CSEG
         MOV   CS,AX          ;CODESEGMENT LADEN
; SPANNUNGSWERTE BERECHNEN
         MOV   SI,6           ;INDEXREGISTER
C1:
         MOV   AX,WID         ;WIDERSTANDSWERT
         MUL   AX,STROEME(SI)    ;R*I
; HOEHERWERTIGE 16 BIT IN DX
; NIEDERWERTIGE 16 BIT IN AX
; ANNAHME: ERGEBNIS NUR 16 BIT LANG
         MOV   SPG(SI),AX     ;U SPEICHERN
         DEC   SI             ;INDEX AENDERN
         DEC   SI
         JGE   C1
CSEG     ENDS                 ;PROGRAMMENDE
END
```

Bild 1: Hauptprogramm SPANNUNG

Zum Programmieren des Mikroprozessors 8086 ist die Kenntnis der Anweisungen notwendig **(Tabelle 1)**.

Im Gegensatz zu anderen Mikroprozessoren, z. B. MC 68020, steht in den Anweisungen, die sowohl einen Quelloperanden (Sourceoperand), als auch einen Zieloperanden (Destinationoperand) besitzen, der Zieloperand links vom Quelloperand. Sprungmarken müssen mit einem Doppelpunkt (:) hinter dem Markennamen abgeschlossen sein.

Beispiel 2:

Erstellen Sie für Beispiel 1 das Programmfile!

Lösung: **Bild 1**

Tabelle 1: Wichtige Anweisungen zum Programmieren des Mikroprozessors 8086 (Beispiele)

Anweisung	Bemerkung	Anweisung	Bemerkung
ADD SI, CX	Addition von CX- und SI-Register.	MOV AX, CX	Move; Inhalt von CX nach AX schieben.
ASSUME CS:CSEG	Code-Segment wird CSEG zugewiesen.	MUL BX	Multiplikation AX- mit BX-Register.
CALL UP2	Unterprogrammaufruf.	MOV BX, OFFSET WID	Relativ bezogene Adresse von WID nach BX (Offsetoperator).
CMP AL,5	Compare; Vergleich von Inhalt AL-Register mit 5.	POP ES	ES-Register mit Wort von Spitze des Stapels laden.
DEC BX	Decrement by 1; Inhalt BX um 1 erniedrigen.	PUSH SI	Inhalt SI-Register in Stapel tun.
DIV CX	Division DX, AX-Inhalte (32 bit) mit CX-Inhalt (16 bit).	RET	Return, Unterprogrammrücksprung.
INC BX	Increment by 1; Addition um 1.	SAR BX, CL	Shift arithmetic right, Inhalt BX-Register um Inhalt von CL-Register nach rechts verschieben.
JE L1	Jump equal; springe wenn gleich.		
JGE L2	Jump greater equal; springe wenn größer oder gleich.	MOV AX, SEG COUNT	Segmentadresse von Variable COUNT nach AX schieben (Segmentoperator).
JMP	Jump; springe unbedingt.		
JNE	Jump not equal; springe wenn ungleich.	SHL SI, CL	Shift left, Inhalt von SI um CL-Inhalt nach links schieben.

Das Programmfile zur Berechnung der Spannung nach dem Ohmschen Gesetz $U = R \cdot I$ besitzt den Namen SPANNUNG. Wegen der Trennung von Variablen und Programmcode in zwei Files müssen die Variablen STROEME, WID und SPG mit EXTRN vereinbart werden. Die ASSUME-Anweisung ist zum Assemblieren notwendig. Zu Beginn des Programmes müssen die Segmentregister auf Anfangswerte gesetzt (initialisiert) werden. Beim Programm SPANNUNG sind nur die Register CS und DS zu initialisieren. Um die vier Spannungswerte mit einer Schleife berechnen zu können, wird das SI-Register mit 6 geladen. Mittels des Indexregisters SI sind die Speicherzellen der Felder STROEME und SPG dann einfach anzusprechen. Zu beachten ist hierbei, daß diese beiden Felder mit dem Indexwert 6 beginnend von rückwärts her bearbeitet werden.

Wiederholungsfragen

1. **Erklären Sie den Begriff Aufwärtskompatibilität!**
2. **Welche besonderen Fähigkeiten hat der Mikroprozessor 8087?**
3. **Wofür eignen sich der Minimum-Mode und der Maximum-Mode?**
4. **Welche Hauptregister besitzt der Mikroprozessor 8086?**

4.4.7.2 Mikroprozessor 80286

Allgemeines

Der Mikroprozessor 80286 ist der leistungsfähigste 16-Bit-Mikroprozessor aus der 8086-Serie, welche die Mikroprozessoren 8086, 8088, 80186, 80188 sowie 80286 umfaßt. Als wesentliche Erweiterungen sind zu nennen:

- Zusätzliche Befehle,
- zwei verschiedene Betriebsarten (reale Adressierung und virtuelle Adressierung),
- ein realer Adreßbereich von 16 MByte (MB) sowie ein virtueller Adreßbereich bis 1 Gigabyte (GB).

Der Mikroprozessor 80286 wurde entwickelt, um den Einsatz höherer Programmiersprachen, z. B. PASCAL, zu unterstützen. Außerdem unterstützt er Multi-Tasking-Systeme (Rechner, die gleichzeitig mehrere Rechenprozesse abarbeiten) wegen seiner erweiterten Architektur sowie seines erweiterten Befehlssatzes.

Die *reale* Adressierung (Adressierung von direkt ansprechbaren Adressen von RAM oder EPROM) erfolgt beim Mikroprozessor 80286 wie beim Mikroprozessor 8086. Beim Arbeiten mit *virtueller Adressierung* werden blockweise nacheinander Speicherbereiche aus einem RAM, EPROM oder auch eines Plattenspeichers (Sekundärspeicher, virtueller Speicher) in einen direkt ansprechbaren Adreßbereich (Primärspeicher) geladen. Dieses „seitenweise" Nachladen wird auch *Paging-Verfahren* (engl. page = Seite) genannt. Dies ist für Multi-Tasking-Aufgaben günstig. Mit jedem Taskwechsel (Task = Rechenprozeß, engl. task = Aufgabe) wird hier der jeweilige virtuelle Taskspeicherbereich in einen physikalisch adressierbaren Speicherbereich übertragen.

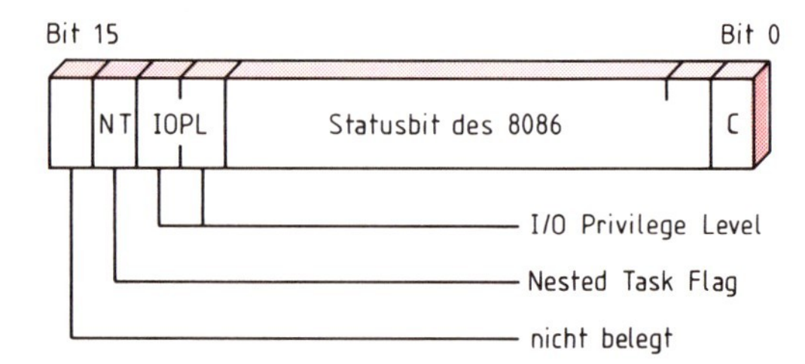

Bild 1: Statusregister des Mikroprozessors 80286

Befehlssatz

Beim Befehlssatz des Mikroprozessors 80286 werden drei Gruppen unterschieden. Der *Basisbefehlssatz* umfaßt den vollständigen Befehlssatz des Mikroprozessors 8086. Diese Befehle sind sowohl für das Arbeiten im realen Adreßbereich als auch im geschützten virtuellen Adreßbereich verwendbar.

Der *erweiterte Befehlssatz* des Mikroprozessors 80286 unterstützt die blockweise Datenübertragung zwischen Arbeitsspeicher und Ein-Ausgabekanälen zu externen Geräten. Ferner enthält der erweiterte Befehlssatz Befehle, die beim Einsatz höherer Programmiersprachen den Zugriff auf Variable in verschachtelten Prozeduren (für sich abgeschlossene Programmteile) steuern.

Der *Befehlssatz zur Systemsteuerung* dient zur Steuerung der Speicherverwaltung mittels virtueller Adressierung sowie der Schutzmechanismen, wie z. B. Festlegen von zugriffsgeschützten Programm- und Datenbereichen des Mikroprozessors 80286. Diesbezüglich ist auch das Statusregister des Mikroprozessors 80286 gegenüber dem des Mikroprozessors 8086 um eine Breite von 3 bit erweitert **(Bild 1)**. Über die IOPL-Bits (engl. Input Output Privilege Level = erlaubter Zustand für Eingabe, Ausgabe) lassen sich Eingabe-Ausgabeoperationen steuern. Das NT-Bit (engl. Nested Task = verschachtelte Task) wird bei Taskwechsel gesetzt.

Verwaltung eines virtuellen Speichers

Die Verwaltung eines virtuellen Speichers (Ansprechen von Speicherbereichen über virtuelle Adressen) wird über drei Registerarten gesteuert **(Bild 1)**:

- das GDTR-Register (engl. Global Descriptor Table Register = globales Beschreibungstabellenregister),
- das IDTR-Register (engl. Interrupt Descriptor Table Register) sowie
- das LDTR-Register (engl. Local Descriptor Table Register).

Diese Register besitzen Zeiger zu Tabellen, die den virtuellen Adreßraum beschreiben. Dieser ist in Blöcke von 64 KByte eingeteilt. Ein Zugriff auf diese Blöcke erfolgt über entsprechende Zeiger in den genannten Tabellen. Die globale Tabelle beschreibt den globalen Adreßbereich. Auf diese greifen alle Tasks (Rechenprozesse) eines Systems zu. Ferner besitzt jede Task eine lokale Tabelle für ihren eigenen virtuellen Adreßbereich. Die genannten Register setzen sich jeweils aus einem Grundfeld der Breite 24 bit sowie einem Bereichsfeld der Breite 16 bit zusammen. Das Grundfeld enthält die reale Speicheradresse des Tabellenanfangs, das Bereichsfeld enthält die Tabellenlänge. Das LDTR-Register besitzt zusätzlich noch ein Auswahlfeld der Breite 16 bit, das über die globale Beschreibungstabelle taskbezogen geladen wird. Das IDTR-Register dient zur Steuerung der Interruptantwortprogramme in ähnlicher Weise.

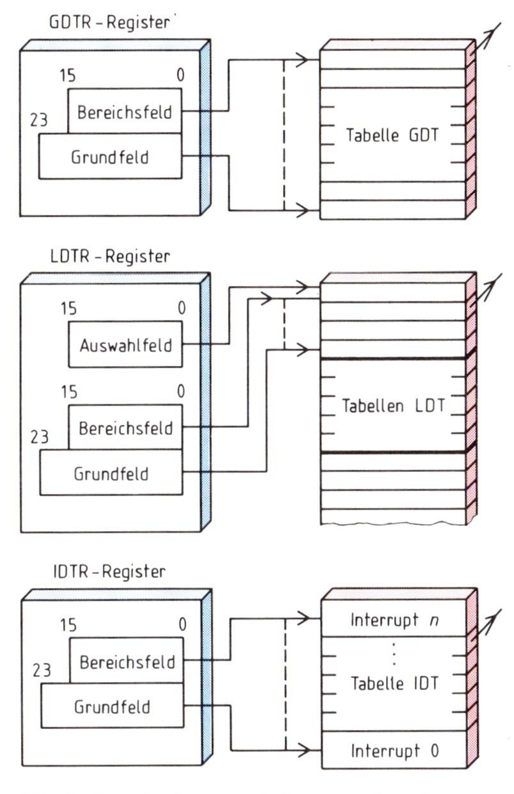

Bild 1: Beschreibungstabellen zur virtuellen Speicherverwaltung

4.4.8 32-Bit-Mikroprozessoren

4.4.8.1 Mikroprozessor MC68020

Aufbau

Der Mikroprozessor MC68020 mit 108 Anschlüssen **(Bild 2)** besitzt einen 32 bit breiten Datenbus und einen 32 bit breiten Adreßbus. Die Struktur dieses Mikroprozessors wurde vor allem in Hinblick auf die Programmierung mittels höherer Programmiersprachen entwickelt. Besondere Merkmale sind

- 4 Gigabyte Adressierungsraum,
- 16 Allzweckregister mit je 32 bit,
- Anschlußmöglichkeit für Gleitpunktarithmetikprozessor,
- ein Cache-Speicher (Speicher mit sehr kurzer Zugriffszeit) für Anweisungen.

Beim Mikroprozessor MC68020 gibt es zwei Programmierbetriebsarten (Mode, Modus), nämlich den Supervisor-Mode (Supervisor = Aufseher) und den User-Mode (User = Benutzer). Der Supervisor-Mode dient zum Programmieren von Betriebssystemfunktionen, wie z. B. Interruptprogramme, Taskverwaltungsprogramme. Im User-Mode erfolgt das Programmieren der Anwenderaufgaben, die außerhalb von Betriebssystementwicklungen liegen. Der Mikroprozessor MC68020 besitzt spezielle Befehle, die nur im Supervisor-Mode abgearbeitet werden.

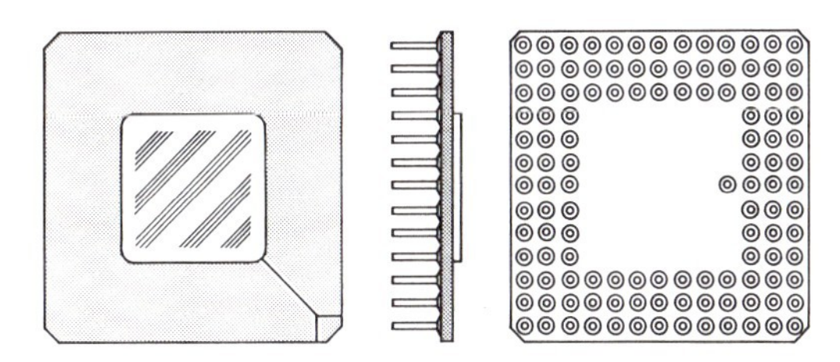

Bild 2: Ansichten des Mikroprozessors MC68020

Der Mikroprozessor MC68020 kann in zwei Betriebsarten betrieben werden.

Hinsichtlich der Eingangssignale und Ausgangssignale sind folgende Signalarten zu unterscheiden:

- Funktionssignale zum Ansprechen der Adressierungsbereiche von Supervisor-Mode bzw. User-Mode,
- Adreßbussignale, Datenbussignale und Steuerungssignale zur Befehlsabarbeitung,
- Signale für den Cachespeicherverkehr,
- Signale für die Interruptverarbeitung,
- Signale zum Datenaustausch mit einem externen Bus,
- Zustandssignale des Mikroprozessors,
- Taktsignal sowie
- Betriebsspannungssignal und Massesignal.

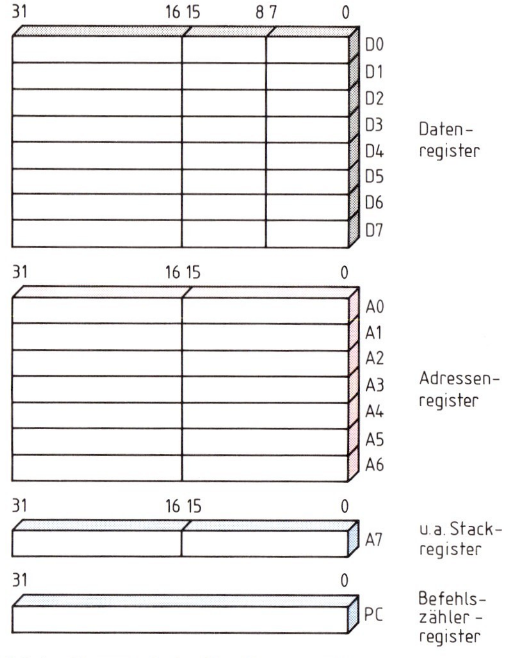

Bild 1: Gruppe 1 der Hardwareregister des Mikroprozessors MC 68020

Registerstruktur

Die erste Gruppe von *Hardwareregistern* **(Bild 1)** umfaßt

- acht Datenregister der Breite 32 bit,
- sieben Adreßregister der Breite 32 bit,
- ein Stack-Register der Breite 32 bit und
- ein Befehlszählerregister der Breite 32 bit.

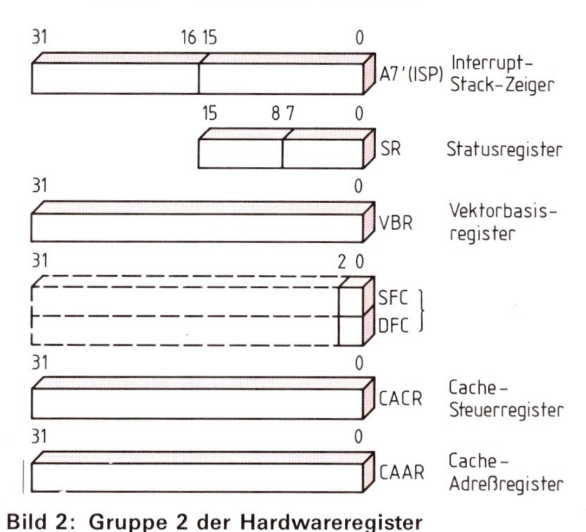

Bild 2: Gruppe 2 der Hardwareregister des Mikroprozessors MC 68020

Mit den *Datenregistern* können einzelne Bits und Daten mit einer Breite von 8 bit, 16 bit oder 32 bit bearbeitet werden. Diese Register enthalten meist Zieloperanden oder Quelloperanden. Auch Operationen mit einer Breite von 64 bit können mit ihnen ausgeführt werden.

Die *Adreßregister* erlauben dagegen nur das Durchführen von Operationen mit einer Breite von 16 bit und 32 bit. Sie sind zur Adreßbildung als Basisadreßregister zu verwenden oder können Zieloperanden oder Quelloperanden enthalten. Beide Registerarten können außerdem als Indexregister, also zum Indizieren von Adressen, eingesetzt werden. Das *Stackregister* ist den Adreßregistern gleichgestellt. Es ist allerdings noch darüber hinaus für Stackoperationen geeignet.

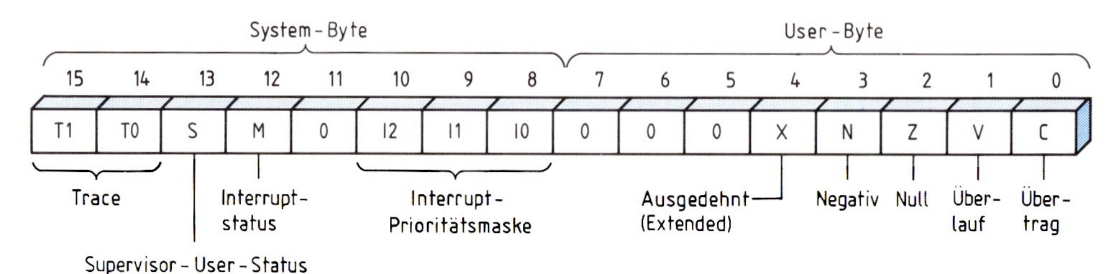

Bild 3: Statusregister des Mikroprozessors MC 68020

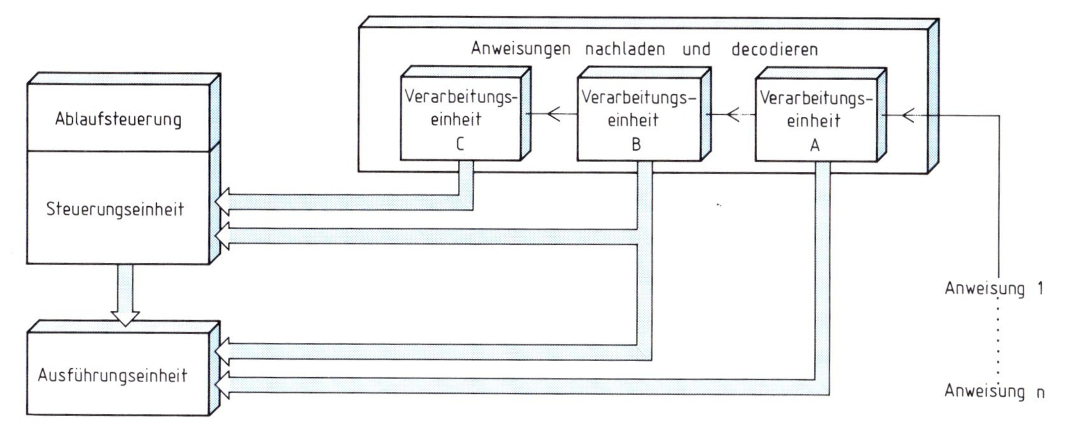

Bild 1: Pipelinearchitektur

Die zweite Gruppe der Hardwareregister enthält *Spezialregister*, also Register für besondere Dienste **(Bild 2, vorhergehende Seite)**. Hier sind beim Mikroprozessor MC68020 zu nennen

- das Statusregister (Flagregister),
- das Vektorbasisregister, um mit Vektortabellen (Speicherfelder mit Startadressen der Interruptantwortroutinen) zu arbeiten,
- zwei Register für den Anweisungscache-Speicher sowie
- zwei Register der Breite 3 bit zur Anwahl des Adressierungsbereichs.

Das Statusregister **(Bild 3, vorhergehende Seite)** enthält die Maske der Interruptpriorität, die Flags für die Zustände Negativ, Null, Überlauf, Übertrag und Ausgedehnt (für das Rechnen mit großer Genauigkeit) sowie Bits, welche die Betriebsart des Mikroprozessors, wie Trace, Supervisor-Mode, User-Mode und Interruptbetrieb, anzeigen.

Pipelinearchitektur

Der Mikroprozessor MC68020 besitzt eine dreiteilige *Pipelinearchitektur* **(Bild 1)**. Dadurch ist bei der Befehlsverarbeitung eine parallele Arbeitsweise möglich, was besonders bei Langwortbefehlen sich für die Rechenzeit günstig auswirkt. Ein Drei-Wort-Befehl kann deshalb auf einmal abgearbeitet werden. Drei aufeinanderfolgende Befehle werden parallel bearbeitet. Während der *Prefetch-Phase* (prefetch = vorholen; hier Holen des nächsten Befehls während der aktuelle noch nicht vollständig ausgeführt ist) wird der Befehl in die Verarbeitungseinheit A geholt und schrittweise durch die Verarbeitungseinheit B nach C gebracht. In C liegt der Befehl vollständig decodiert vor und ist für die Steuereinheit zur Ausführung gültig. Befehle mit unmittelbaren Daten (keine Registerangaben oder Speicherplatzangaben) oder Langwortbefehle finden ihre Daten in der Verarbeitungseinheit B vor und können somit ausgeführt werden.

Programmentwicklung

Bei der Entwicklung eines Programmes in der Assemblersprache des Mikroprozessors MC68020 ist prinzipiell gleich vorzugehen wie in anderen Assemblersprachen **(Tabelle 1, folgende Seite)**. Auffallend bei einem Assemblerprogramm des Mikroprozessors MC68020 ist, daß sehr viele Befehle Attribute[1], z. B. W, besitzen **(Bild 2)**. Diese kennzeichnen, ob es sich um einen Bytebefehl,

```
        MOVE.W  COUNTER,D0         Inhalt COUNTER -> D0
LOOP_1  MOVE.W  D0,D1
        ADDQ.W  #2,D1              D1 um 2 erhoehen
        CAS.W   D0,D1,COUNTER      COUNTER=D0 ?
        BNE     LOOP_1             springe, wenn nein
```

Bild 2: Auszug aus einem Assemblerprogramm für den Mikroprozessor MC68020

[1] lat. attributus = Beifügung

Wortbefehl oder Langwortbefehl (Daten mit einer Breite von 32 bit) handelt. Da dieser Mikroprozessor zwei Betriebsarten kennt, nämlich den User-Mode und den Supervisor-Mode, ist beim Programmieren zu beachten, daß manche Befehle nur in einer der beiden Betriebsarten verwendet werden können. In einem Assemblerbefehl steht der Zieloperand rechts vom Quelloperand.

Folgende Adressierungsarten können programmiert werden:

- direkte Registeroperationen,
- indirekte Registeroperationen,
- indirekte Registeroperationen mit Indizierung,
- indirekte Speicheroperationen,
- indirekte Befehlszähleroperationen mit 8-Bit-Displacement[1],
- indirekte Befehlszähleroperationen mit 32-Bit-Displacement,
- absolute Speicheroperationen und
- unmittelbares Folgen des Operanden im Befehl.

Bei der Adressierung mittels Displacement (Verrückung) ist eine Distanzadresse (Abstandsadresse) von z. B. 8 bit oder 32 bit Bestandteil des Befehles. Sie wird hier bei der Adreßberechnung zum Inhalt des Befehlszählerregisters addiert. Hat das Displacement nur eine Breite von 8 bit, so wird es zur Adreßberechnung dadurch auf eine Breite von 32 bit verlängert, daß 24 Bits mit dem Vorzeichenbit gefüllt werden.

Wiederholungsfragen

1. **Für welche Anwendungen des Mikroprozessors MC68020 wurde seine Struktur entwickelt?**
2. **Wie viele Allzweckregister zu je 32 bit sind beim Mikroprozessor MC68020 vorhanden?**
3. **Welche beiden Programmierbetriebsarten kommen beim Mikroprozessor MC68020 vor?**
4. **Warum sind beim Mikroprozessor MC68020 mehr Anschlüsse notwendig als bei einem 16-Bit-Mikroprozessor?**
5. **Wie viele Datenregister sind beim Mikroprozessor MC68020 vorhanden?**
6. **Welche Operationen können mit den Datenregistern durchgeführt werden?**
7. **Welche Operationen können mit den Adressenregistern durchgeführt werden?**
8. **Nennen Sie die Spezialregister des Mikroprozessors MC68020!**
9. **Warum erlaubt der Mikroprozessor MC68020 bei der Befehlsverarbeitung eine parallele Arbeitsweise?**
10. **Welche Besonderheit liegt bei vielen Befehlen des Mikroprozessors MC68020 vor?**

[1] engl. displacement = Verrückung

Tabelle 1: Wichtige Anweisungen des MC68020

Anweisung	Bemerkung
ADD ea, Dn	Addition, Ergebnis in Dn
ADDQ #x, ea	Add quick, schnelle Addition um x
AND ea, Dn	Logisches UND
BGT MARKE	Branch greater than, springe wenn größer
BEQ MARKE	Branch equal, springe wenn gleich
BNE MARKE	Branch not equal, springe, wenn ungleich
BRA MARKE	Branch, springe unbedingt
BSET Dn, ea	Test bit and set, Bit testen und setzen
CAS Dx, Dy, ea	Compare and swap with operand, vergleiche und tausche den Operanden
CHK ea, Dn	Check register against bound, prüfe den Inhalt des Datenregisters auf 0 und obere Grenze in ea
CLR ea	Clear, lösche Speicherinhalt
CMP ea, Dn	Compare, vergleiche die Speicherinhalte
CMP ea, An	Compare adress, vergleiche Inhalt Adressenregister
DIVS.W ea, Dn	Signed Divide word, Vorzeichen berücksichtigende 16-Bit-Division
EXG Dx, Ay	Exchange Register, vertausche Registerinhalte
JMP ea	Jump, springe auf Adresse
JSR ea	Jump to subroutine, springe ins Unterprogramm
LEA ea, An	Load effektive adress, lade effektive Adresse in Adressenregister
LSL Dx, Dy	Logical shift left, verschiebe Bits nach links (Zähler in Dx)
MOVE ea, ea	Move, schiebe Quelloperand nach Zieladresse
MOVEA ea, An	Move adress, schiebe Quelloperand nach Adreßregister
MULS.L ea, Dn	Signed multiply long, Vorzeichen berücksichtigende 32-Bit-Multiplikation
NEG ea	Negate, Bilden des Zweierkomplements
OR ea, Dn	Logisches ODER
ROR Dx, Dy	Rotate right, verschiebe Bits nach rechts um n Positionen in Dy
RTS	Return form subroutine, Unterprogrammrücksprung
SUB ea, Dn	Subtraktion
SWAP Dn	Vertausche die 16-Bit-Hälften in Dn

n, x, y ganze Zahlen, ea effektive Adresse (Speicheradresse, Register Dn bzw. An)

4.4.8.2 Mikroprozessor 80386

Der Mikroprozessor 80386 verfügt über Register mit einer Breite von 32 bit **(Bild 1)**. Adressierbar ist ein physikalischer Speicherbereich von 4 Gigabyte. Als virtueller Speicherbereich sind 64 Terabyte (2^{46} Byte) ansprechbar. Die *virtuelle Adressierung* (Speicherverwaltung mit seitenweisem Nachladen von Speicherbereichen) wird wie beim Mikroprozessor 80286 ausgeführt. Es können bis zu 16384 Speichersegmente mit einer Größe von bis zu 4 Gigabyte verwaltet werden. Wird der Mikroprozessor 80386 mit 20 MHz Taktfrequenz betrieben, sind bis zu fünf Millionen Befehle je Sekunde abarbeitbar (5 MIPS).

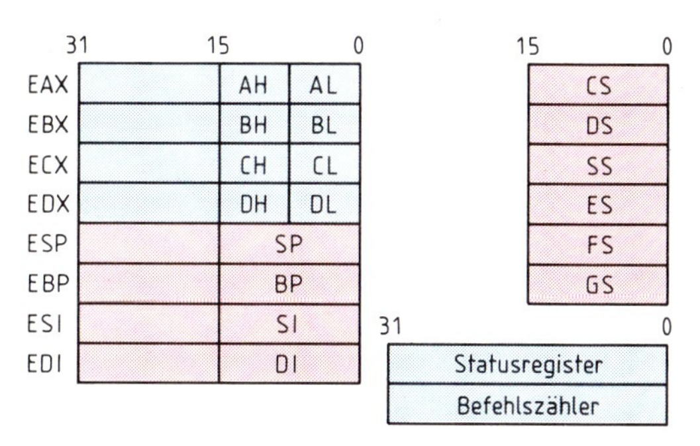

Bild 1: Allgemeiner Registersatz des Mikroprozessors 80386

Der Mikroprozessor 80386 ist aufwärtskompatibel zu den Mikroprozessoren 8086, 80286 (Bild 1). Seine interne *Architektur* (Struktur) besteht aus sechs Funktionseinheiten **(Bild 2)**, die eine parallele Befehlsverarbeitung nach dem *Pipeline-Verfahren* ermöglichen. Das Laden, Decodieren und Ausführen von Befehlen sowie anschließend notwendige Speicherzugriffe werden für verschiedene Befehle gleichzeitig ausgeführt.

Die *Businterfaceeinheit* regelt den Datenaustausch zwischen dem Mikroprozessor und externen Datenbauelementen, z. B. Speicherbauelementen. Zur schnellen Befehlsabarbeitung gibt es zwei Befehlswarteschlangen. In der *Segmentierungseinheit* wird zusammen mit der *Paging-Einheit* die Berechnung der Adressen zur virtuellen Speicherverwaltung durchgeführt.

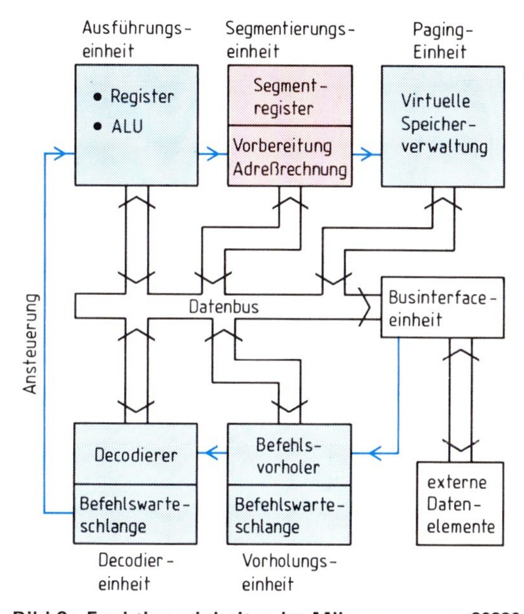

Bild 2: Funktionseinheiten im Mikroprozessor 80386

Der Mikroprozessor 80386 unterstützt ferner das quasiparallele Bearbeiten mehrerer Rechenprozesse, *Multitasking* (engl. task = Aufgabe) genannt **(Bild 3)**. Hierbei werden die Rechenprozesse jeweils nur während kurzer Zeitintervalle bearbeitet. Das programmierbare *Taskregister* zeigt in der Tabelle GDT (Seite 379) auf die Adreßzeiger für das *Task-Status-Segment*, in welches bei Taskwechsel sämtliche Registerinhalte einer Task gespeichert werden.

Die Programmierung des Mikroprozessors 80386 erfolgt fast nur mittels höherer Programmiersprachen wie z. B. PASCAL oder C. Man unterscheidet den Typ 80386DX und den langsameren Typ 80386SX. Nur der DX-Typ arbeitet vollständig mit Worten der Breite 32 bit. Der SX-Typ dagegen besitzt nach außen nur einen 16 bit breiten Datenbus.

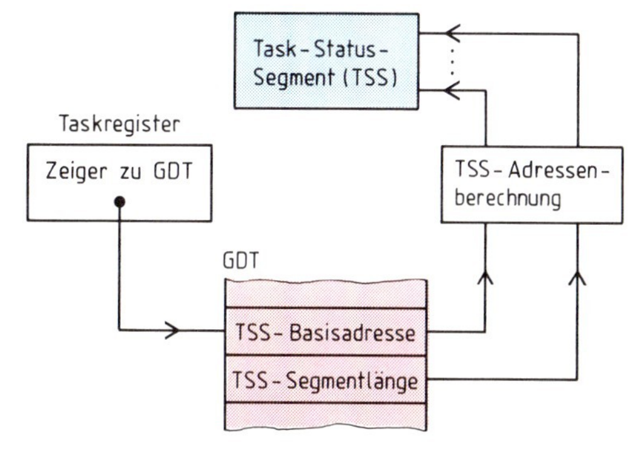

Bild 3: Taskregister des Mikroprozessors 80386

4.4.9. Spezielle Prozessoren

4.4.9.1 Arithmetikprozessor 80287

Arbeitsweise

Ein Arithmetikprozessor (Coprozessor) arbeitet mit einem anderen Mikroprozessor zusammen, z. B. der 16-Bit-Arithmetikprozessor 80287 mit dem Mikroprozessor 80286.

Der Arithmetikprozessor 80287 erledigt Berechnungsaufgaben mittels Gleitpunktarithmetik, Integer-Datentypen von 64 bit sowie BCD-Datentypen. Die Zusammenarbeit beider Prozessoren ist programmierbar. Die Hardware besitzt hierfür vier Statussignale. Ein paralleles Arbeiten beider Prozessoren ist möglich. Mit dem Mikroprozessor 80286 kann man allerdings auch die Befehle des 80287 emulieren, d. h. den Prozessor 80287 mittels Programm nachbilden. Es kann somit auch ohne den Prozessor 80287 gearbeitet werden, jedoch treten dann erheblich längere Rechenzeiten auf.

Die Prozessoren 80286 und 80287 können parallel arbeiten.

Prozessorstruktur

Der Prozessor 80287 **(Bild 3)** besteht aus zwei von einander unabhängigen Einheiten, nämlich der

- Bus-Interface-Einheit und der
- numerischen Ausführungseinheit.

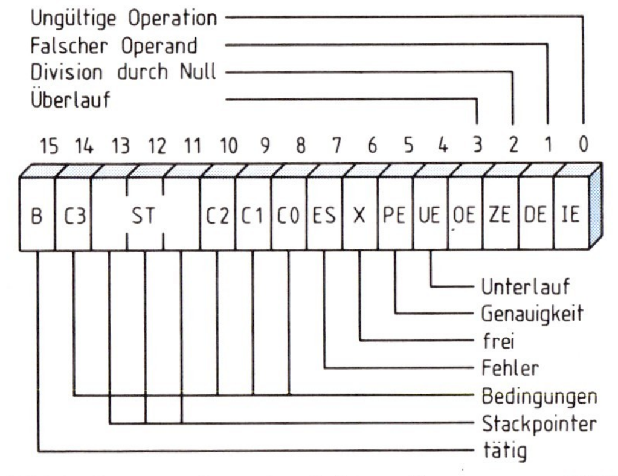

Bild 1: Statusregister des Arithmetikprozessors 80287

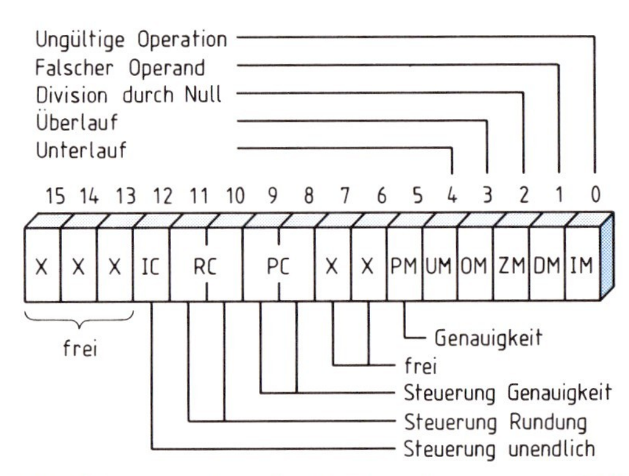

Bild 2: Steuerregister des Arithmetikprozessors 80287

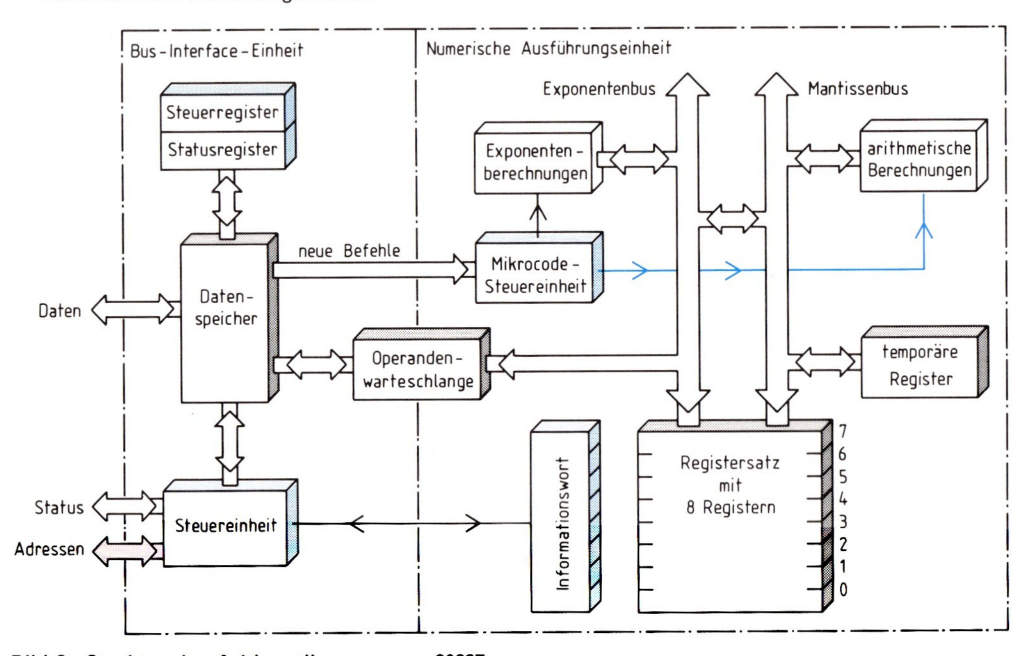

Bild 3: Struktur des Arithmetikprozessors 80287

Die Bus-Interface-Einheit empfängt und decodiert die Befehle und erledigt den vollständigen Datenaustausch mit dem Mikroprozessor 80286 sowie den Speicherelementen. Die numerische Ausführungseinheit hingegen führt die numerischen Befehle aus. Die Verarbeitung erfolgt in einer Breite von 84 bit, und zwar 66 Bits für die Mantisse, 15 Bits für den Exponenten, 1 Bit für das Vorzeichen und 2 Bits für Informationen bezüglich der Registerinhalte.

Der Prozessor 80287 arbeitet z. T. mit Registern mit einer Breite von 80 bit.

Die Architektur des Prozessors 80287 umfaßt

- einen Registersatz von acht frei adressierbaren Registern mit einer Breite von 80 bit,
- ein Statusregister mit einer Breite von 16 bit **(Bild 1, vorhergehende Seite)**,
- ein Steuerregister mit einer Breite von 16 bit **(Bild 2, vorhergehende Seite)**,
- ein Informationswort mit einer Breite von 2 bit sowie
- vier Register mit einer Breite von 16 bit für Befehlszeiger und Datenzeiger.

Mit den Bits 0 bis 5 im Steuerregister können Masken für das Reagieren auf Fehlerfälle und Ausnahmefälle ausgewählt werden. Mit den Bits 8 bis 12 sind Möglichkeiten zum Steuern der Genauigkeit, des Rundens sowie dem Umgang mit unendlichen Werten gegeben.

Das Informationswort enthält Informationen über die Inhalte der acht frei adressierbaren Register, z. B. Inhalt null, unendlich, belegt, gültig oder ungültig.

Befehlssatz

Der Befehlssatz des Prozessors 80287 umfaßt Befehle für unterschiedliche Anwendungen **(Tabelle 1)**. Auffallend ist, daß alle Befehle in der mnemotechnischen Schreibweise mit F für floating point unit (Gleitpunktarithmetikeinheit) beginnen. Zu unterscheiden sind insbesondere

- Datentransferbefehle,
- arithmetische Befehle,
- Vergleichsbefehle,
- Befehle für trigonometrische, hyperbolische, logarithmische und exponentiale Funktionen sowie
- Steuerbefehle.

Tabelle 1: Wichtige Befehle des Arithmetikprozessors 80287

Befehl	Herkunft	Bedeutung
FABS	absolute value	Absolutwert bilden
FADD	add real	reelle Zahlen addieren
FCHS	change sign	Vorzeichen tauschen
FCOM	compare real	reelle Zahlen vergleichen
FCOMP	compare real and pop	wie FCOM, anschließend aus Stack Wert laden
FDECSTP	decrement stack pointer	Stackzeiger erniedrigen
FDIV	divide real	reelle Zahlen dividieren
FIADD	integer addition	ganze Zahlen addieren
FICOM	integer compare	ganze Zahlen vergleichen
FIDIV	integer division	ganze Zahlen dividieren
FILD	integer load	ganze Zahl in reelle Zahl wandeln
FIMUL	integer multiply	ganze Zahlen multiplizieren
FINCSTP	increment stack pointer	Stackzeiger um 1 erhöhen
FINIT	initialize processor	Prozessor zurücksetzen
FISUB	integer subtract	ganze Zahlen subtrahieren
FIST	integer store	reelle Zahl runden, als ganze Zahl speichern
FLD	load real	reelle Zahl in Stack laden
FLDCW	load control word	Steuerwort überschreiben
FLDLG2	load lg (2)	lg 2 in Stack laden
FLDLN2	load ln (2)	ln 2 in Stack laden
FLDL2E	load lb (e)	lb e in Stack laden
FLDL2T	load lb (10)	lb 10 in Stack laden
FLDPI	load π	π in Stack laden
FMUL	multiply real	reelle Zahlen multiplizieren
FNOP	no operation	leerer Befehl
FPATAN	partial arctangens	Arctan(y/x) berechnen
FPREM	partial remainder	Modulo-Division
FPTAN	partial tangens	tan a berechnen
FRNDINT	round to integer	oberstes Stackelement zu ganzer Zahl runden
FSQRT	square root	Quadratwurzel ziehen
FSUB	subtract real	reelle Zahl subtrahieren
FYL2X	y * lb x	z=y * lb(x) berechnen
F2XM1	2^x-1	$y=2^x-1$ berechnen

4.4.9.2 Signalprozessor

Signalprozessoren unterscheiden sich von den Mikroprozessoren dadurch, daß sie fast jeden ihrer Befehle in *einem* Maschinenzyklus ausführen. Dies gilt auch für Multiplikationen. Daher sind mit Signalprozessoren auch zeitkritische (große Schnelligkeit erfordernde) Signalverarbeitungen beherrschbar.

Die Signalverarbeitung mittels eines Signalprozessors erfordert eine geeignete Aufbereitung der zugeführten analogen Signale vor deren Analog-Digital-Umsetzung sowie eine Glättung der erzeugten Ausgangssignale nach deren Digital-Analog-Umsetzung **(Bild 1)**. Anwendung finden Signalprozessoren bei der

- allgemeinen digitalen Signalverarbeitung,
- Funktechnik,
- Tontechnik,
- digitalen Bildverarbeitung,
- Telekommunikation sowie bei
- digitalen Steuerungen und Regelungen **(Tabelle 1)**.

Digitale Signalprozessoren ermöglichen die zeitkritische Verarbeitung von Signalen.

Die Eigenschaften digitaler Signalprozessoren werden nachfolgend am Beispiel des Signalprozessors TMS320C30 besprochen **(Bild 2)**. Dieser Signalprozessor besitzt folgende Merkmale:

- Befehlsausführungszeit meist 60 ns,
- 33,3 Millionen Gleitpunktoperationen je Sekunde (MFLOPS) und 16,7 MIPS,
- Befehlsworte, Datenworte und Register mit einer Breite von 32 bit,
- Adressierung mit 24 bit von über 16 Millionen Worten mit einer Breite von 32 bit,
- On-Chip-RAM (RAM auf dem Prozessorchip) für 2 * 1024 Worte mit einer Breite von 32 bit,
- On-Chip-ROM für 4 * 1024 Worte mit einer Breite von 32 bit,
- 64 Worte On-Chip-Cache-Programmspeicher mit der Breite von 32 bit,
- Gleitpunktmultiplikation mit der Breite von 40 bit,
- acht Allzweckregister, acht Hilfsregister insbesondere für Adressenberechnungen, 13 Organisationsregister,
- zwei Anschlüsse für serielle Datenübertragung,
- zwei Zeitinterrupte sowie ein
- Gehäuse mit 180 Anschlüssen (Pins).

Über zwei Hilfsregister-Arithmetikeinheiten (ARAU, Auxiliary Register Arithmetic Unit) können in einem Prozessortakt zwei Adressen erzeugt werden.

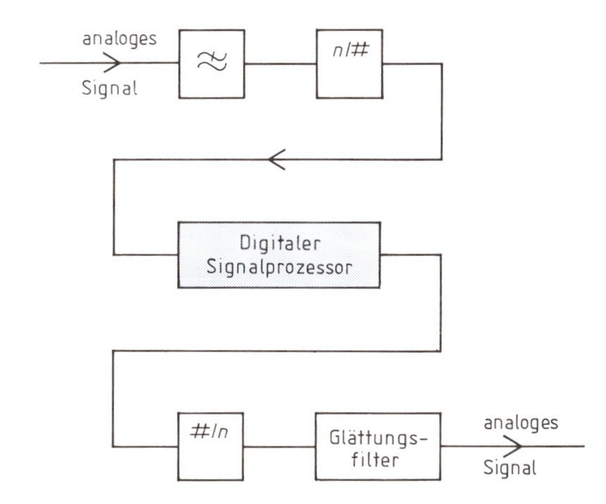

Bild 1: Signalaufbereitung beim Einsatz eines digitalen Signalprozessors

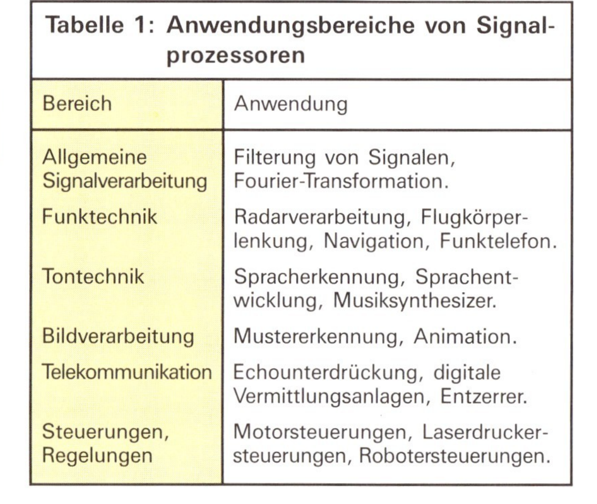

Tabelle 1: Anwendungsbereiche von Signalprozessoren

Bereich	Anwendung
Allgemeine Signalverarbeitung	Filterung von Signalen, Fourier-Transformation.
Funktechnik	Radarverarbeitung, Flugkörperlenkung, Navigation, Funktelefon.
Tontechnik	Spracherkennung, Sprachentwicklung, Musiksynthesizer.
Bildverarbeitung	Mustererkennung, Animation.
Telekommunikation	Echounterdrückung, digitale Vermittlungsanlagen, Entzerrer.
Steuerungen, Regelungen	Motorsteuerungen, Laserdruckersteuerungen, Robotersteuerungen.

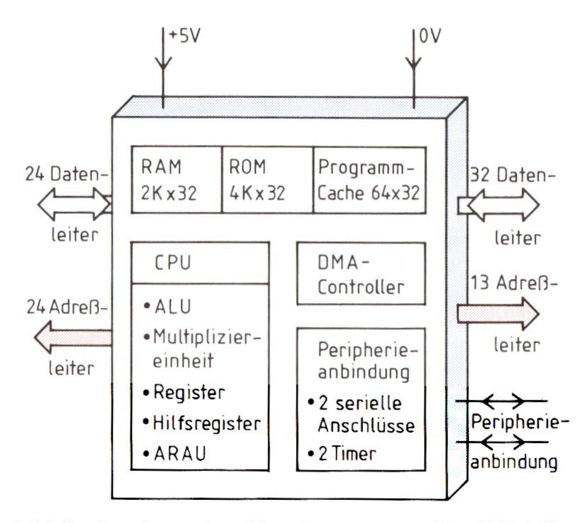

Bild 2: Struktur des Signalprozessors TMS320C30

Der DMA-Controller (engl. Direct Memory Access = direkter Speicherzugriff) ermöglicht einen Datenaustausch mit chipexternen Speichern ohne die CPU dabei zu belasten.

Der Cache-Programmspeicher sollte zum Speichern oft benötigter Programmabschnitte benutzt werden. Dann sind infolge des rascheren Zugreifens auf deren Befehle kürzere Ausführungszeiten erreichbar.

Hinsichtlich der Adressierungsarten besitzt dieser Signalprozessor zusätzlich zu den Adressierungsarten herkömmlicher Mikroprozessoren einen parallelen Adressierungsmodus. Damit können zwei Quelloperanden und zwei Zieloperanden gleichzeitig bearbeitet werden.

Das Abarbeiten der meisten Befehle mit einem Prozessortakt wird durch eine Pipelinestruktur sichergestellt. Diese Pipelinestruktur ist dadurch gekennzeichnet, daß das Holen, Decodieren, Lesen und Ausführen der Befehle unabhängige Prozesse sind. Deshalb können diese bei der Bearbeitung von vier Befehlen überlappend stattfinden **(Bild 1)**.

Signalprozessoren besitzen eine Pipelinestruktur.

Der Befehlssatz des digitalen Signalprozessors TMS320C30 umfaßt weitgehend ähnliche Befehle wie der von herkömmlichen Mikroprozessoren **(Tabelle 1)**. Neben Arithmetikbefehlen, Vergleichsbefehlen, Ladebefehlen und Speicherbefehlen für Integerzahlen und Gleitkommazahlen, Schiebebefehlen, logischen Befehlen und Sprungbefehlen besitzt der Signalprozessor noch Befehle, die parallel zwei arithmetische Operationen oder eine arithmetische Operation und eine Speicheroperation oder zwei Ladeoperationen bewirken. Multiplikationsaufgaben können deshalb in einem Prozessortakt parallel zu Additionsberechnungen oder Subtraktionsberechnungen ausgeführt werden, weil der Signalprozessor neben der ALU (Arithmetische Logische Einheit) noch eine Multipliziereinheit besitzt, die parallel zur ALU arbeitet.

Innerhalb der Signalprozessorfamilie TMS320 gibt es verschieden leistungsstarke Signalprozessoren **(Tabelle 2)**. Die Leistungsfähigkeit von Signalprozessoren wird hauptsächlich anhand des Prozessortaktes sowie der Größe der On-Chip-Speicher beurteilt.

[1] engl. Pipeline = Röhrenleitung

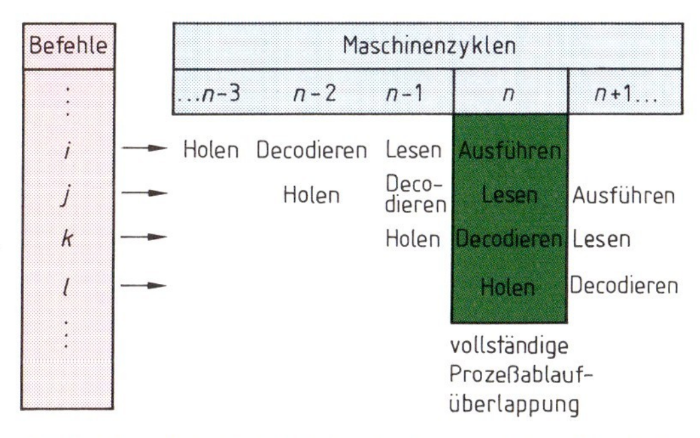

Bild 1: Parallele Befehlsabarbeitung infolge Pipelining

Tabelle 1: Befehlssatz (Auszug)

Befehl	Herkunft	Bedeutung
ADDF	add floating-point	Gleitkomma-Addition
ADDI	add integer	Integerzahl-Addition
B	branch	Sprung
CALL	call	Unterprogrammaufruf
CMPF	compare floating-point	Gleitkomma-Vergleich
FIX	fix	Umwandlung Gleitkommazahl in Integerzahl
FLOAT	floating-point	Umwandlung Integerzahl in Gleitkommazahl
LDE	load exponent	Exponent laden
LDF	load floating-point	Mantisse laden
MPYF	multiply float.-p.	Gleitkomma-Multipl.
NEGI	negate integer	Negation Integerzahl
ROL	rotate left	Bit links schieben
STF	store float.-p.	Mantisse speichern
SUBF	subtract float.-p.	Gleitkomma-Subtraktion
MPYI3	multiply integer	Multiplikation und
|| SUBI3	subtract integer	Subtraktion parallel (je 3 Operanden)

Tabelle 2: Wichtige Signalprozessoren der Familie TMS320

Signal-prozessor	Daten-typ	Takt (ns)	On-Chip RAM	On-Chip ROM	Adres. Speicher	Serielle EA
TMS320C10	Integer	200	144	1.5K	4K	
TMS320E14	Integer	160	256		4K	1
TMS320C15	Integer	200	256	4K	4K	
TMS32020	Integer	200	544		128K	1
TMS320E25	Integer	100	544		128K	1
TMS320C26	Integer	100	1.5K	256	128K	1
TMS320C30	Gleitk.	60	2K	4K	16M	2
TMS320C50	Integer	50	8.5K	2K	128K	1

K 1024, M 1,05 Mio 32 Bit breite Worte

4.4.9.3 Mikrocontroller

Allgemeines

Mikrocontroller[1] bestehen aus einer CPU, einem Programmspeicher, einem Datenspeicher und EA-Einheiten (Eingabe-Ausgabe-Einheiten, **Bild 1**). Die CPU enthält die Takterzeugung, die Systemsteuerung, die ALU und einen kleinen RAM mit z.B. 128 Bytes. Je nach Typ werden Mikrocontroller mit einem internen Programmspeicher oder einem externen Programmspeicher gefertigt. Der interne Programmspeicher kann ein bereits programmiertes PROM mit z.B. 4 KB sein oder ein EPROM mit z.B. 8 KB.

Mikrocontroller sind Einchip-Mikrocomputer, bei denen CPU, Speicher und EA-Einheiten auf einem Chip integriert sind.

Meist können an einen Mikrocontroller externe Programmspeicher und externe Datenspeicher angeschlossen werden. Die Trennung der Speicher in einen Programmspeicher und in einen Datenspeicher wird Harvardstruktur (nach der amerikanischen Unversität) genannt.

Mikrocontroller-Familie SAB 8051

Der Mikrocontroller 8051 enthält ein ROM für 4 KB **(Bild 2)**. Nach diesem Mikrocontroller ist die ganze Mikrocontrollerfamilie benannt. Für die Programmentwicklung werden entweder Mikrocontroller ohne Programmspeicher, z.B. SAB 8031, oder mit löschbarem EPROM, z.B. SAB 8751, verwendet. Der Mikrocontroller 8051 wird z.B. mit 44poligem Gehäuse gefertigt **(Bild 3)**.

Alle Mikrocontroller besitzen vier EA-Kanäle P0 bis P3 (P von Port = Hafen, hier Anschlußpunkt). Jeder Kanal hat acht EA-Leiter, z.B. P0.0 bis P0.7. Der Kanal P0 wird zusätzlich als Datenbus oder als untere Hälfte des Adreßbusses verwendet (AD0 bis AD7). Der Kanal P2 dient auch als obere Adreßbus-Hälfte (A8 bis A15). Der Kanal P3 wird zusätzlich für die serielle Datenübertragung mit RxD (Receive Data) und TxD (Transceive Data), die Interruptsteuerung mit $\overline{\text{INT0}}$ und $\overline{\text{INT1}}$, die Zeitgabe (Timer) T0 und T1 sowie die Schreib-Lesesteuerung mit $\overline{\text{WR}}$ und $\overline{\text{RD}}$ verwendet.

Die Kanäle P0, P2 und P3 sind durch Programmierung auf Zweitfunktionen umschaltbar.

Der Reset-Eingang (RST) Pin 10 dient zum Zurücksetzen des Programmzählers und zum Herabsetzen

[1] engl. controller = Steuergerät

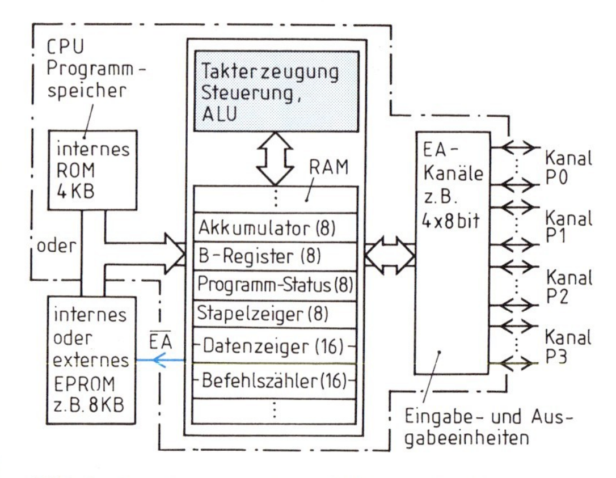

Bild 1: Baugruppen eines Mikrocontrollers

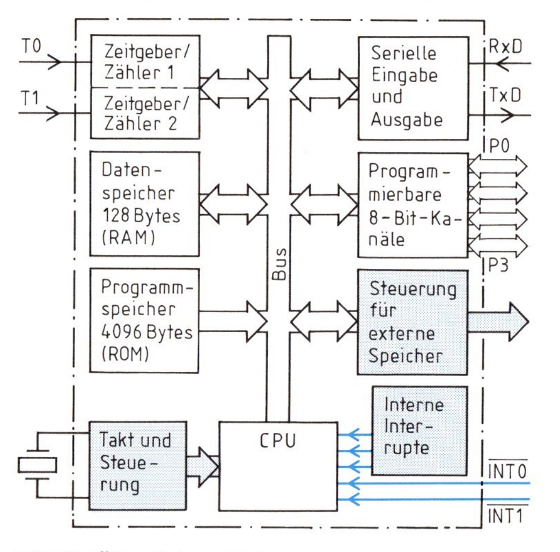

Bild 2: Übersichtsschaltplan eines Mikrocontrollers

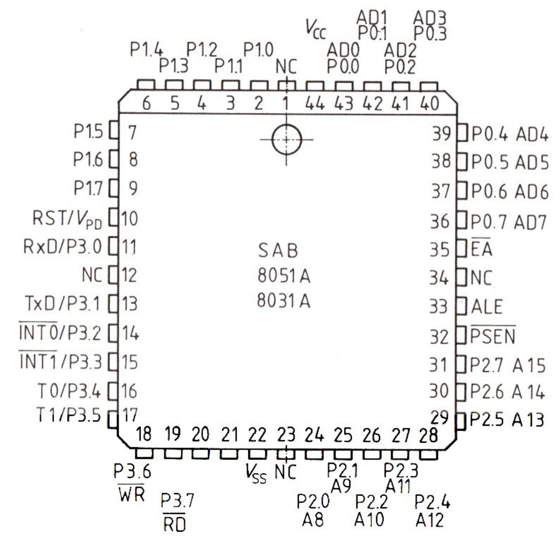

Bild 3: Pin-Belegung eines Mikrocontrollers

der Leistungsaufnahme im Mikrocontroller. Die Signale an den Anschlüssen $\overline{PSEN}$ (Program Store Enable = Programmspeicher einschalten), $\overline{EA}$ (Enable All = Alles einschalten) und $\overline{ALE}$ (Adress Latch Enable = Adreßregister einschalten) dienen zusammen mit den Kanälen P0, P2 und P3 zur Steuerung von externen Speichern. Die Betriebsspannung von +5 V wird an den Anschluß 44 angelegt. Vier Anschlüsse mit der Bezeichnung NC (Not Connected) haben keine Funktion. Die Anschlüsse 20 und 21 werden mit einem Quarz für die Takterzeugung verbunden. Meist wird ein Quarz für 12 MHz verwendet. Aus dieser Frequenz wird dann im Mikrocontroller durch Frequenzteilung der Systemtakt mit z. B. $T = 1$ µs erzeugt.

Die Mikrocontroller verwenden für den Programmspeicher und den Datenspeicher einen gemeinsamen Adreßbereich **(Bild 1)**. Programmspeicher (ROM) und Datenspeicher (RAM) spricht der Mikrocontroller im Adreßbereich 0000H bis 0FFFH durch entsprechende Befehle an. Bei Anschluß externer Speicher wird ein Signal mit dem Wert 0 an den $\overline{EA}$-Anschluß gelegt. Das Signal $\overline{psen} = 0$ bedeutet, daß der Mikrocontroller aus dem externen Programmspeicher (ROM, EPROM) lesen will. Ist $\overline{psen} = 1$, wird mit den Signalen an $\overline{WR}$ (Pin 18) und an $\overline{RD}$ (Pin 19) die Schreib-Lesesteuerung für Datenspeicher (RAM) durchgeführt.

Nach dem Einschalten oder nach dem Rücksetzen wird der Befehlszähler auf 0000 gesetzt, und das Programm im Programmspeicher wird abgearbeitet. Die ersten drei Bytes enthalten einen Sprungbefehl an den eigentlichen Programmanfang. Dieser liegt oberhalb der Sprungbefehle mit den Startadressen für die Interrupt-Unterprogramme.

Programme beginnen oberhalb des Interrupt-Adreßbereiches.

Für das Zwischenspeichern von Daten während der Programmabarbeitung wird der Schreib-Lese-Speicher mit dem Adreßbereich 00 bis FFH verwendet. Jede dieser Speicherstellen (Register) ist durch ein einzelnes Byte adressierbar. Der Schreib-Lese-Speicher ist in den RAM-Bereich mit 128 Bytes und den SFR-Bereich (Spezial-Funktions-Register-Bereich) mit 128 Bytes für die Prozessorsteuerung geteilt (Bild 1). Hier stehen z.B. die Adressen für die EA-Kanäle P0 bis P3 **(Bild 1, folgende Seite)**.

Der RAM-Bereich wird nach seinem Anwendungszweck unterteilt **(Bild 2)**. Es gibt vier Registerbänke (Gruppe von Registern) mit jeweils 8 Byte. Diese

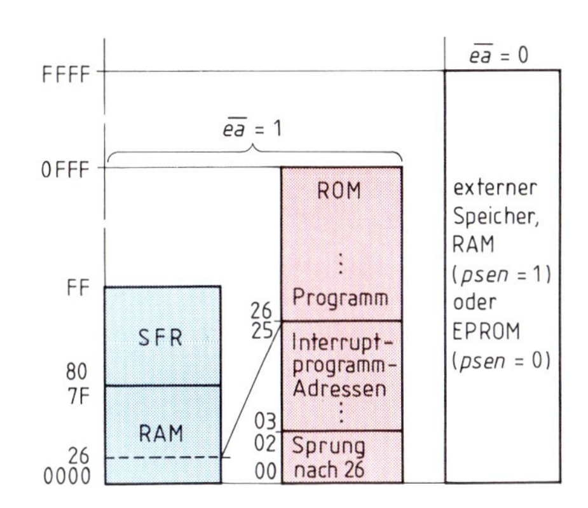

Bild 1: Adreßbereich beim Mikrocontroller

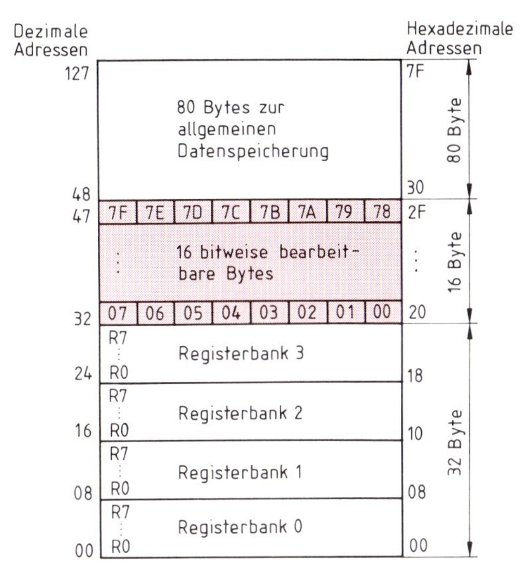

Bild 2: Untere Hälfte des RAM-Bereiches

werden jeweils als Register R0 bis R7 bezeichnet. Die Auswahl einer Registerbank erfolgt durch Setzen des dritten und vierten Bits des Programm-Status-Wortes (PSW).

Beispiel 1:

Geben Sie den Befehl an, mit dem die Registerbank 3 eingeschaltet wird **(Tabelle 1, Seite 391)**!

Lösung: **MOV PSW, #00011000**

Mit dem Befehl MOV wird das Binärwort 00011000 in das PSW-Register (mit der Adresse D0H im SFR-Bereich) geladen. Mit dem Doppelkreuz # wird eine Konstante gekennzeichnet.

Auf den Registerbereich folgen die 16 Bytes mit den Adressen 20H bis 2FH, deren Bits von 00H bis 7FH durchnumeriert sind (Bild 2, vorhergehende Seite). Bei Verwenden der Bitnummer kann jedes einzelne Bit in diesem Bereich durch das Carry-Bit (Übertragsbit) mit einem entsprechenden Befehl direkt gesetzt, gelöscht, getauscht oder logisch verknüpft werden.

Beispiel 2:
Setzen Sie im RAM-Bereich das Bit 7E mit dem Setzbefehl im Byte mit der Adresse 2FH auf den Wert 1!

Lösung: Nach Tabelle 2, folgende Seite: **SETB 7E**

Die Bytes 48 bis 127 des RAM-Bereiches dienen als Zwischenspeicher für Daten.

Der dezimale Adreßbereich 128 bis 255 (SFR-Bereich) enthält die von den Mikroprozessoren her bekannten Register, wie z.B. Akkumulator A mit der Adresse E0, Register für das PSW mit der Adresse D0, und den Stapelzeiger SP (Bild 1). Die Funktionen im SFR-Bereich müssen zur Ausführung durch die Befehlsart direkte Adressierung angewählt werden **(Tabelle 1, folgende Seite)**.

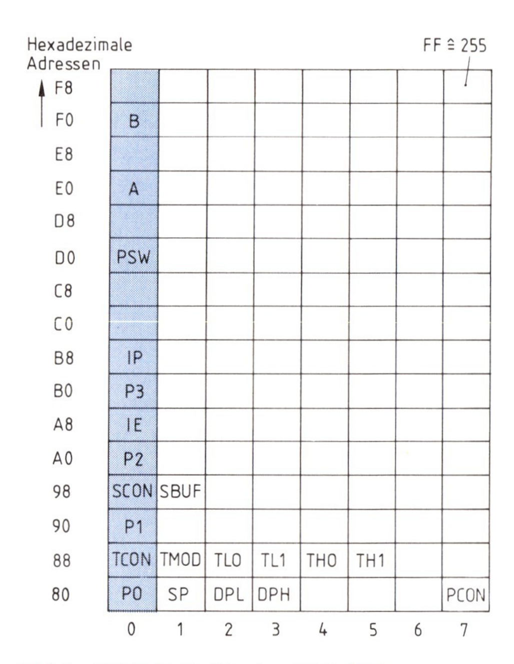

Bild 1: SFR-Tabelle für den SAB 8051

Der SFR-Bereich ist nur durch direkte Adressierung erreichbar.

Die meisten Bytes im SFR-Bereich werden bei der 8051-Familie nicht benutzt. Diese Bytes sind für Erweiterungen der Mikrocontrollerfamilie, wie z.B. zusätzliche EA-Einheiten, vorgesehen. Alle Bytes der ersten Spalte Bild 1 können bitweise bearbeitet werden.

Im SFR-Bereich sind noch weitere byteweise anwählbare Register vorhanden. Zusätzlich zum Programmzähler gibt es die Register DPL und DPH (Data Pointer Low und High) als Adreßzeiger für externe Schreib-Lese-Speicher. TMOD (Timer-Mode = Zeitgeber-Betriebsart) ist das Kontrollregister zur Steuerung der Register TL0, TH0 sowie TL1 und TH1 (Timer Low Byte und Timer High Byte) der beiden Zeitgeber T0 und T1. Mit dem Register SCON (Serial Control) wird die serielle Ausgabe über das Register SBUF (Serial Buffer) gesteuert. Die Interruptsteuerung erfolgt mit dem Register IP (Interrupt Priority = Unterbrechungs-Vorrang) für die Annahme von Interrupten, die mit dem Register IE (Interrupt Enable) gesperrt werden können. Mit dem Register PCON (Power Control) kann die Leistungsaufnahme im Wartezustand reduziert werden.

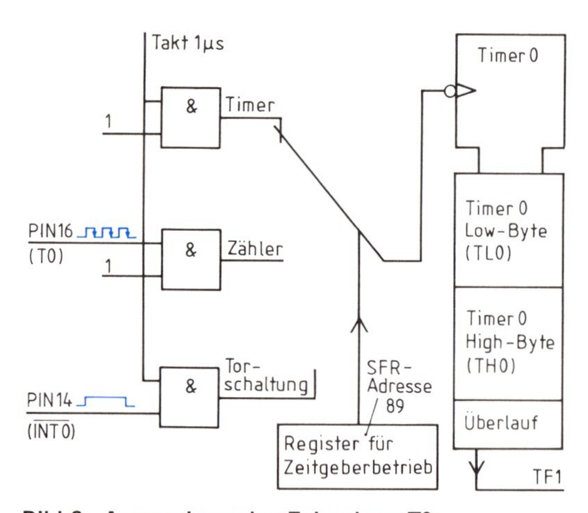

Bild 2: Anwendung des Zeitgebers T0

Die Zeitgeberregister (Timer) können für drei verschiedene Anwendungen programmiert werden **(Bild 2)**. Die Betriebsart wird mit dem TMOD-Register eingestellt. Es können durch Laden der Zeitgeberregister mit Zahlen einstellbare Verzögerungszeiten programmiert werden. Impulse können z.B. an Pin 16 mit dem Zeitgeber T0 gezählt werden.

Durch entsprechende Programmierung kann z. B. auch die Zeitdauer eines am Pin 14, Interrupt-Eingang $\overline{INT0}$, anliegenden Impulses gemessen werden. Die Meßgenauigkeit ist durch den zum Messen verwendeten Systemtakt von 1 µs gegeben.

Die Betriebsarten des Mikrocontroller SAB 8051 werden durch Programmierung der SFR-Bereiche eingestellt.

Die indirekte Adressierung und die indizierte Adressierung werden in einem Befehl durch das ASCII-Zeichen @ gekennzeichnet.

Für die Multiplikation und die Division von dualen Zahlen werden der Akkumulator und das Register B verwendet **(Tabelle 2)**.

Beispiel 3:
Schreiben Sie die Befehlsfolge zum Multiplizieren der Hexadezimalzahlen FF und 1A mit den nötigen Ladebefehlen!

Lösung:

MOV A, #FF
MOV B, #1A
MUL AB

Mit den Ladebefehlen MOV werden die Zahl FF in den Akkumulator und die Zahl 1A in das Register B geladen. Mit dem Befehl MUL AB werden die Zahlen multipliziert. Der Akkumulator enthält nach der Multiplikation die Zahl E6, also den niederwertigen Teil des Produktes, das Register B enthält die Zahl 19, also den höherwertigen Teil des Produktes.

Das Register B wird von der CPU nur bei den Befehlen für Division und Multiplikation verwendet.

Wiederholungsfragen:

1. **Aus welchen Baugruppen besteht ein Mikrocontroller?**
2. **Welche Baugruppen enthält die CPU des Mikrocontrollers?**
3. **Welche Aufgabe haben die EA-Kanäle P0, P2 und P3?**
4. **Welche Anschlüsse dienen zur Steuerung externer Speicherelemente?**
5. **Wieviele Registerbänke unterscheidet man beim SAB 8051?**
6. **In welchen Adreßbereichen können Bytes bitweise bearbeitet werden?**
7. **Welche Bedeutung haben die Spezial-Funktions-Register?**
8. **Welche Adressierungsarten verwendet man beim SAB 8051?**

Tabelle 1: Adressierungsarten

Adressierungsart	Beispiel	Erklärung
Register-Adressierung	MOV A, R0	Inhalt von R0 in den Akkumulator.
Direkte Adressierung	ADD A, P1	Inhalt von P1 in den Akkumulator.
Register-indirekt	MOV A, @R0	Inhalt des durch R0 adressierten Bytes in den Akkumulator.
Unmittelbare Adressierung	MOV PSW, #18H	Schaltet auf die Registerbank 3 um.
Indizierte Adressierung	MOV @R1, #02H	Lade die Zahl 2 in die durch R1 adressierte Speicherstelle.

02h oder 02H = Hexadezimalzahl 2

Tabelle 2: Befehle (Auswahl)

Befehl Mnemonik	Operand(en)	Erklärung
ANL	A, @R*i*	Verknüpft durch Register R*i* adressierten Speicherinhalt über UND mit dem Akkumulator, *i* = 0 oder 1.
DIV	AB	Division des Akkumulatorinhaltes durch den Wert in B.
LCALL	*adr 16*	Aufruf eines Unterprogrammes, das an der 16-Bit-Adresse *adr 16* beginnt.
MOV	A, R*n*	Inhalt eines Registers in den Akkumulator, *n* = 0...7.
MOVX	A, @R*i*	Inhalt der durch Register R*i* adressierten Speicherstelle in den Akkumulator laden, *i* = 0 oder 1.
MUL	AB	Multipliziert den Akkumulatorinhalt mit dem Wert im B-Register.
RET		Rücksprung vom Unterprogramm.
SETB	*bit*	Setzt ein einzelnes Bit, Bitnummern 0H bis 7FH (127).
SWAP		Vertauscht die höherwertige Akkumulatorhälfte mit der niederwertigen Hälfte.

adr 16 = 16-Bit-Adresse, @ = Zeichen für indirekte Adressierung.

4.4.10 Mikroprozessorprogrammierung mit Hochsprachen

Durch die Entwicklung der 16-Bit-Mikroprozessoren und 32-Bit-Mikroprozessoren ist es möglich, Mikroprozessoren mit Hochsprachen, wie PASCAL oder C, zu programmieren. Die Nachteile einer Programmierung in Hochsprache gegenüber der Programmierung in Assemblersprache, nämlich

- größerer Programmspeicherplatzbedarf und
- langsamere Programmabarbeitung,

wirken sich bei diesen Mikroprozessoren nicht mehr so stark aus, wie bei den 8-Bit-Mikroprozessoren. Dies liegt vor allem

- im größeren Adressierungsbereich
- in der besseren Systemarchitektur und
- in der größeren Daten-Wortbreite

besonders der 32-Bit-Mikroprozessoren. Diese Mikroprozessoren besitzen deshalb „mächtigere" Befehle als 8-Bit-Mikroprozessoren, z. B. für Gleitkommaarithmetik.

Eine Hochsprachenprogrammierung erfordert einen leistungsfähigen Mikroprozessor.

Der Einsatz einer Hochsprache bringt gegenüber der Assemblerprogrammierung folgende Vorteile mit sich:

- Zeitlich schnellere Quellprogrammerstellung,
- leichtere Lesbarkeit der Quellprogramme und
- leichtere Umsetzung der Quellprogramme auf einen anderen Mikroprozessortyp.

Das Übertragen von Programmen auf einen anderen Mikroprozessor nennt man *Portieren*[1] **(Bild 1)**. Bei neuen, schnelleren Mikroprozessoren erspart dann das Portieren von Software viel Entwicklungsarbeit.

Eine Hochsprache bietet sich vor allem dort an, wo es bezüglich der Programmabarbeitung *nicht* auf extrem kurze Rechenzeiten ankommt, z. B. bei der Entwicklung von Editoren und Compilern. Trotz der leistungsfähigen Mikroprozessoren kann eine Assemblerprogrammierung für sehr rechenzeitkritische (schnell zu bearbeitende) Programmteile, z. B. schnelle Regelungen, unumgänglich sein **(Tabelle 1)**. Dies gilt auch für Programme zum Datenaustausch mit Peripheriegeräten oder für Programme zur Interruptverarbeitung in Betriebssystemen.

Rechenzeitkritische Abläufe sind nicht immer für eine Programmierung in Hochsprache geeignet.

[1] lat. portare = tragen, übertragen

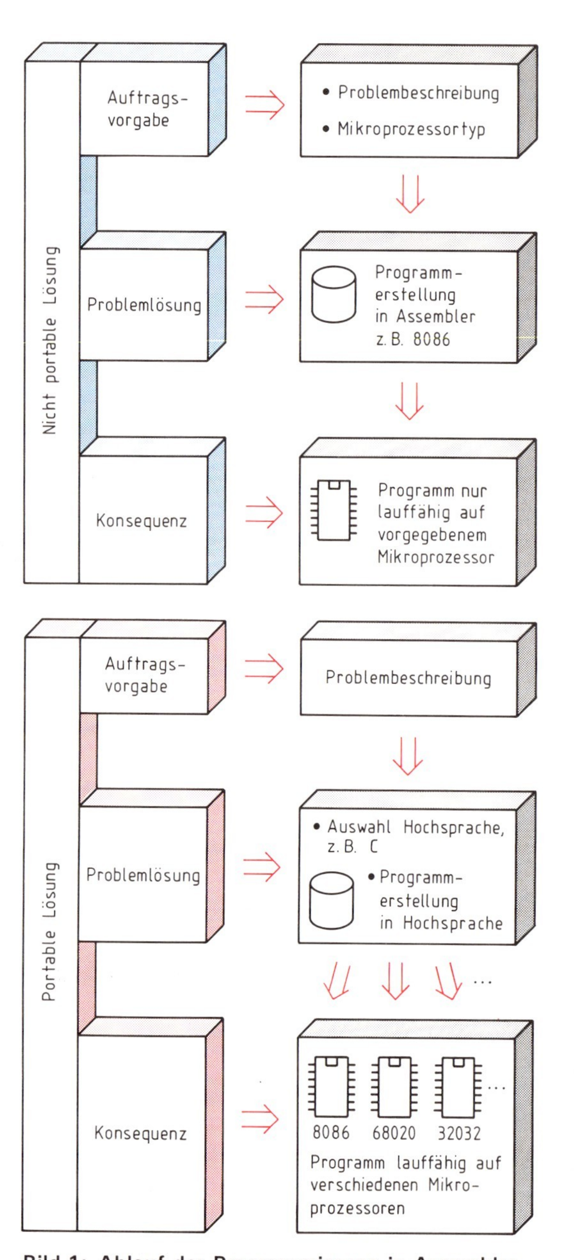

Bild 1: Ablauf der Programmierung in Assemblersprache und in Hochsprache

Tabelle 1: Vergleich von PASCAL und C mit Assembler

Kriterium	PASCAL	C
Speicherplatz ≈	3 × Assembler	2 × Assembler
Rechenzeit ≈	2 × Assembler	1,5 × Assembler

Für das Programmieren von Mikroprozessoren in einer Hochsprache finden derzeit hauptsächlich die Hochsprachen PASCAL und C Anwendung. Aufgrund der Möglichkeit, in C zum Teil assemblerähnlich zu programmieren, ist C bezüglich Rechenzeit und Speicherplatz geeigneter als PASCAL (Tabelle 1, vorhergehende Seite). PASCAL ist deshalb für die Entwicklung eines Echtzeitbetriebssystems weniger geeignet als C. Das Betriebssystem UNIX ist z. B. in C geschrieben.

Das Erstellen von Software in Hochsprache erfolgt in mehreren Schritten **(Bild 1)**. Zuerst wird die Problemstellung mittels grafischer Entwurfshilfsmittel, z. B. als Programmablaufplan, *systematisiert* und anschließend in der Hochsprache *formuliert*. Dieses Programm wird über einen *Editor* in eine Rechenanlage eingegeben und abgespeichert. Aus diesem abgespeicherten Quellprogramm erzeugt ein Compiler, der auf den später zu verwendenden Mikroprozessor zugeschnitten ist, ein *Objektprogramm* im Maschinencode für diesen Mikroprozessor. Das Binden einzelner in Hochsprache erstellter Programmbausteine sowie gegebenenfalls das Einbinden von in der Assemblersprache des entsprechenden Mikroprozessors erstellten Programmbausteinen für rechenzeitkritische Abläufe erfolgt durch den *Linker*. Das Adressieren der einzelnen Programmbausteine (Locaten) und das Erzeugen des für ein EPROM-Programmiergerät verständlichen Codes (Objektkonvertierung), meist im hexadezimalen Format von Intel, ist wie beim Programmieren in einer Assemblersprache notwendig.

Das Programmieren in Hochsprache erfordert einen Editor, Compiler, Linker, Locater und Objektkonverter.

Eine Programmentwicklung in Hochsprache erfordert eine Fehlersuche (symbolisches Debuggen) in Hochsprache. Mit einem *Hochsprachendebugger* können die Anweisungen eines Programmes in der Hochsprache schrittweise ausgeführt bzw. nachvollzogen werden (Single-Step-Betrieb, Setzen von Breakpoints, Trace-Betrieb). Hochsprachendebugger lassen sich während des Debuggens in Hochsprache meist auch zum Debuggen auf Assemblerebene umschalten, so daß auch der vom Compiler erzeugte Code nachvollzogen werden kann.

Zur anschaulichen Programmeingabe in eine Rechenanlage gibt es für Hochsprachen wie PASCAL, C oder FORTRAN *Struktogrammeditoren*. Im Gegensatz zu herkömmlichen Editoren, die zur formatfreien Eingabe von ASCII-Zeichen dienen, wird

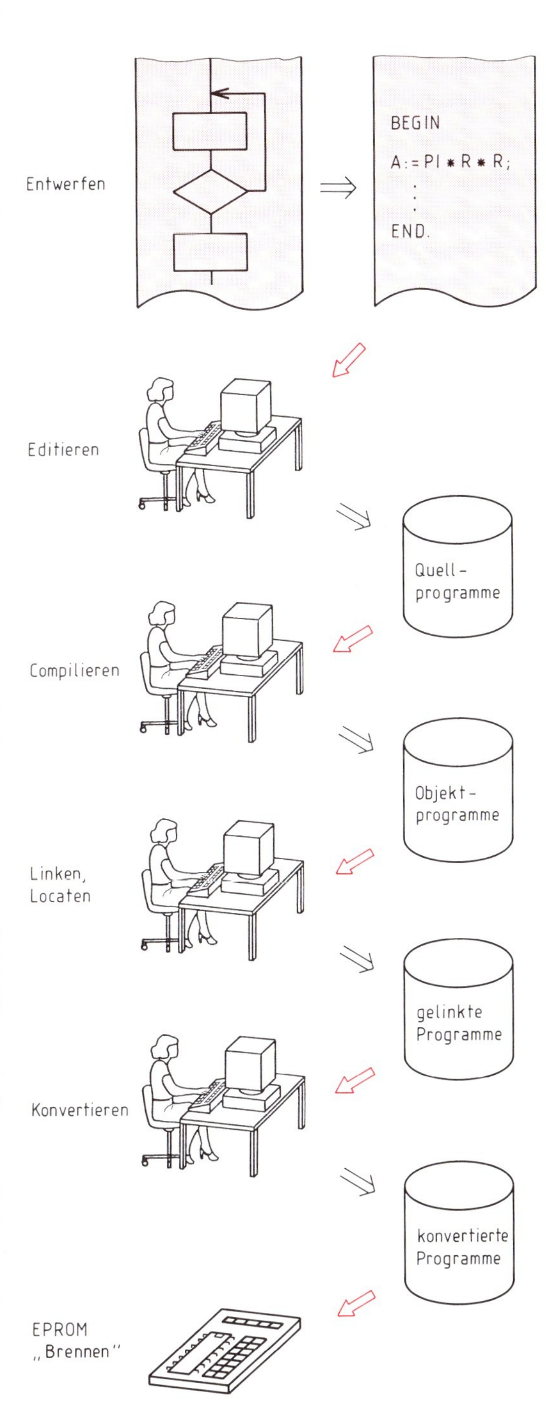

Bild 1: Schritte beim Erstellen von Software in Hochsprache

dem Programmierer entsprechend der zu programmierenden Anweisung das Struktogrammsymbol am Bildschirm vorgelegt, welches vom Programmierer „ausgefüllt" werden muß. Das Programmieren einer if-Anweisung wird über ein if-Kommando derart eingeleitet, daß am Bildschirm das Struktogrammsymbol für die einfache Alternative (Verzweigungsblock) vorgelegt wird, außerdem erscheinen die Sprachworte if, then und else, die nicht mehr explizit programmiert werden müssen **(Bild 1)**. Diese Art des Editierens verbessert die Lesbarkeit des Programmes und trägt bereits während der Programmeingabe zur Programmdokumentation bei. In gleicher Weise erfolgt das Programmieren von case-Anweisungen **(Bild 2)**, while-Anweisungen, for-Anweisungen und repeat-Anweisungen **(Bild 3)**.

> Das Verwenden eines Struktogrammeditors führt zu einer verkürzten Programmeingabe sowie zu einer übersichtlichen Programmdarstellung am Bildschirm.

Durch den Einsatz von 16-Bit-Mikroprozessoren bzw. 32-Bit-Mikroprozessoren in PC werden diese heute meist auch als Entwicklungssysteme verwendet. Eine Installation verschiedener Compiler, Debugger und Emulatoren für verschiedene Mikroprozessortypen ermöglicht eine Softwareentwicklung in einer Hochsprache für diese unterschiedlichen Mikroprozessortypen.

Wiederholungsfragen

1. **Nennen Sie Nachteile der Mikroprozessorprogrammierung in einer Hochsprache!**
2. **Warum kann man 32-Bit-Prozessoren besser zur Programmierung in einer Hochsprache verwenden als 8-Bit-Prozessoren?**
3. **Wie nennt man das Übertragen von Programmen von einem Mikroprozessor auf einen anderen?**
4. **Wann kann das Programmieren eines Mikroprozessors in einer Hochsprache zu Schwierigkeiten führen?**
5. **Welchen Vorteil bietet die Programmiersprache C bei der Programmierung von Mikroprozessoren gegenüber PASCAL bezüglich dem Speicherplatzbedarf?**
6. **Zählen Sie die Arbeitsschritte beim Programmieren von Mikroprozessoren mit der Programmiersprache C auf!**
7. **Welches Programm in der Rechenanlage dient zum anschaulichen Programmieren von Mikroprozessoren in einer Hochsprache?**
8. **Wozu dient ein Hochsprachendebugger?**

Darstellung am Bildschirm:

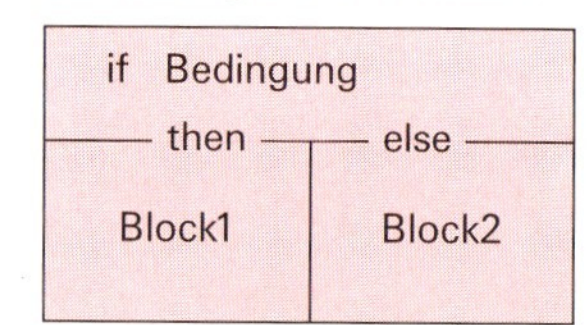

Computererzeugter Programmauszug:

```
if Bedingung then
begin
   Block1
end
else
begin
   Block2
end;
```

Bild 1: Programmierung der PASCAL-Anweisung if mit Struktogrammeditor

Darstellung am Bildschirm:

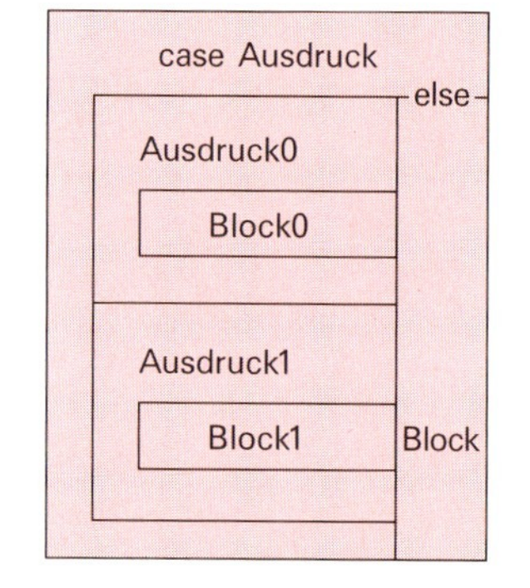

Computererzeugter Programmauszug:

```
case Ausdruck of
   Ausdruck0:
   begin
      Block0
   end;
   Ausdruck1:
   begin
      Block1
   end;
  else
   begin
      Block
   end;
end;
```

Bild 2: Programmierung der PASCAL-Anweisung case mit Struktogrammeditor

Darstellung am Bildschirm:

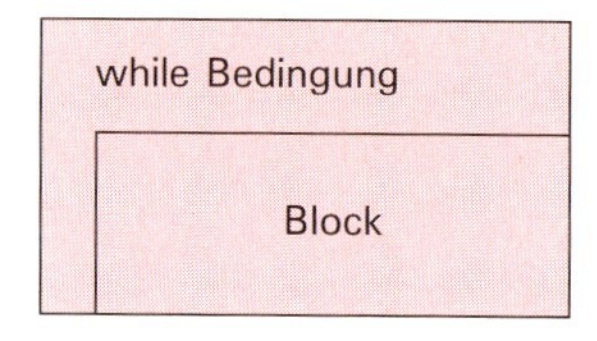

Computererzeugter Programmauszug:

```
while Bedingung do
begin
   Block
end;
```

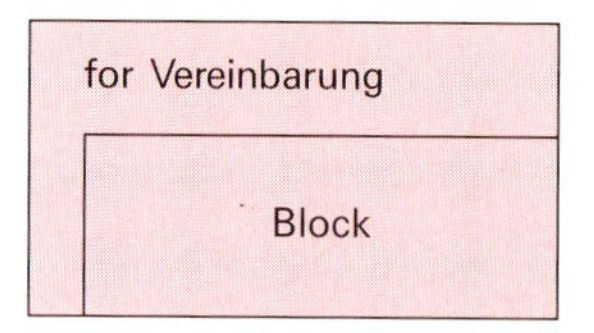


```
for Vereinbarung do
begin
   Block
end;
```

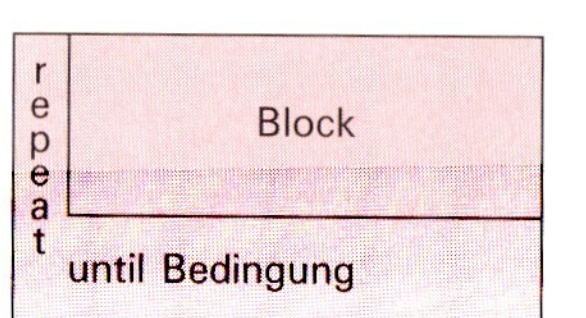


```
repeat
   Block
until Bedingung;
```

Bild 3: Programmierung der PASCAL-Anweisungen while, for, repeat

4.4.11 Schnittstellenelemente für Mikroprozessoren

4.4.11.1 Schnittstellenelement 8255

Das Element 8255 im 40-Pin-Gehäuse ist durch Software programmierbar und kann direkt mit dem Systembus der Mikroprozessoren 8085 oder Z80 zusammenarbeiten. Es können bis 24 periphere IO-Leiter (Input-Output-Leiter, EA-Leiter) angeschlossen werden.

Kanäle und Betriebsarten

Als Kanäle werden hier die Übertragungsstrecken von Anschluß zu Anschluß bezeichnet. Das Element enthält drei 8-Bit-Kanäle A, B und C, die mit PA0 bis PA7, PB0 bis PB7 und PC0 bis PC7 (P von Port = Anschluß) bezeichnet sind. Die drei Kanäle können auf drei verschiedene Arten **(Bild 1, folgende Seite)** verwendet werden:

Betriebsart 0 (Grundbetriebsart):

Jeder der drei Kanäle A, B, C ist Eingabekanal oder Ausgabekanal.

Betriebsart 1 (Handshake-Betriebsart[1]):

Die Kanäle A und B sind Eingabekanäle oder Ausgabekanäle. Der Kanal C führt 8 Steuer- und Statussignale zur Synchronisierung des Datenaustausches, die je zur Hälfte den Kanälen A und B zugeordnet werden.

Betriebsart 2 (bidirektionale Betriebsart):

Der Kanal A ist ein bidirektionaler Ein-Ausgabekanal. Der Kanal C führt 5 Steuer- und Statussignale.

Datenbuspuffer

Die Verbindung zum Datenbus D0 bis D7 **(Bild 1)** ist bidirektional (für beide Richtungen) benutzbar und tristategesteuert. Die Programmierung und die Datenübergabe an das Element erfolgt mit dem OUT-Befehl, die Datenübernahme mit dem IN-Befehl des Mikroprozessors.

Schreib-Leselogik und Steuerlogik

Die Aktivierung des Elements erfolgt mit dem Signal an $\overline{CS}$ (CS von Chip Select = Element anwählen, **Tabelle 1**). Mit dem Signal $\overline{rd} = 0$ (rd von read) werden Daten von den Kanälen eingelesen und auf den Datenbus durchgeschaltet. Ist statt dessen $\overline{wr} = 0$ (wr von write) werden Daten vom Datenbus über die gewählten Kanäle ausgegeben, oder es wird ein Steuerwort in das Steuerwort-Register geschrieben.

[1] engl. handshake = Händedruck

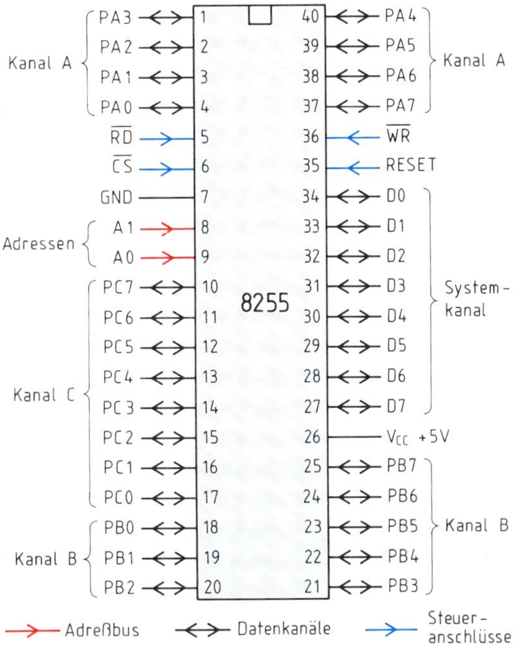

Kanal A	PA3	1	40	PA4	Kanal A
	PA2	2	39	PA5	
	PA1	3	38	PA6	
	PA0	4	37	PA7	
	$\overline{RD}$	5	36	$\overline{WR}$	
	$\overline{CS}$	6	35	RESET	
	GND	7	34	D0	Systemkanal
Adressen	A1	8	33	D1	
	A0	9	32	D2	
Kanal C	PC7	10	31	D3	
	PC6	11	30	D4	
	PC5	12	29	D5	
	PC4	13	28	D6	
	PC3	14	27	D7	
	PC2	15	26	V_{CC} +5V	
	PC1	16	25	PB7	Kanal B
	PC0	17	24	PB6	
Kanal B	PB0	18	23	PB5	
	PB1	19	22	PB4	
	PB2	20	21	PB3	

8255

Adreßbus — Datenkanäle — Steueranschlüsse

Bild 1: Pin-Belegung des Schnittstellenelementes 8255

Tabelle 1: Kanalsteuerung des Elementes 8255

$\overline{CS}$	A1	A0	Verbindung
0	0	0	Kanal A ⟺ Datenbus
0	0	1	Kanal B ⟺ Datenbus
0	1	0	Kanal C ⟺ Datenbus
0	1	1	Datenbus ⇒ Steuerwort-Register
1	x	x	Alle Kanäle hochohmig geschaltet

Bit-Nr.	Bit	Erklärung
D7	1	Steuerwortkennung
D6	0	Betriebsart 0 für Gruppe A
D5	0	
D4	0	Kanal A ist Ausgang
D3	1	Kanal C (obere Hälfte) ist Eingang
D2	0	Betriebsart 0 für Gruppe B
D1	0	Kanal B ist Ausgang
D0	1	Kanal C (untere Hälfte) ist Eingang

Bild 2: Steuerwortbeispiel für Betriebsart 0

Kanalanwahl

Mit den Adreßleitern A0 und A1 wird die Verbindung zwischen Datenbus, einem der Kanäle A, B, C oder dem Steuerwort-Register hergestellt (Tabelle 1, vorhergehende Seite).

Das Element 8255 ist aktiv, wenn das Signal $\overline{cs} = 0$ ist. Das erreicht man durch Auscodieren mit dem NAND-Element in der Schaltung **Bild 2** aus den Adressen A7 bis A2. Der gewählte Adreßbereich, hier E0H bis E3H, ist willkürlich vom Entwickler der Schaltung festgelegt worden.

Arbeiten mit der Betriebsart 0

Zuerst muß die Betriebsart im Element eingestellt werden, dann können Daten transportiert werden.

Beispiel:
Es soll das Element 8255 programmiert werden. a) Stellen Sie die Betriebsart 0 anhand **Bild 2, vorhergehende Seite**, ein! b) Lesen Sie als Test das Datenwort an Kanal C (Adresse E2H) ein, und geben Sie es an den Kanälen A (Adresse E0H) und B (Adresse E1H) wieder aus!

Lösung: **Bild 3**

Mit MVI A,99H wird das Steuerwort 99H (Bild 2, vorhergehende Seite) in den Akkumulator des Mikroprozessors geladen. Mit dem Befehl OUT E3H wird das Steuerwort in das Steuerwortregister des Schnittstellenelementes 8255 gesendet. Dadurch werden Kanal C als Eingang und die Kanäle A und B als Ausgänge geschaltet. Am Kanal C werden mit dem Befehl IN E2H Daten eingelesen. Mit OUT E0H wird das vom Kanal C aus in den Akkumulator eingelesene Wort am Kanal A ausgegeben. Genauso wird mit OUT E1H das gleiche Wort am Kanal B ausgegeben.

4.4.11.2 Schnittstellenelement 8251

Das Element 8251 ist ein USART[1] im 40-Pin-Gehäuse **(Bild 1, folgende Seite)**, der direkt mit dem Systembus der Mikroprozessoren 8085 und Z80 arbeiten kann. Mit diesem Element können 8 bit breite Datenworte bitseriell synchron oder asynchron an periphere Geräte übertragen werden (Abschnitt 8.4). Umgekehrt wird ein bitseriell am Element ankommendes Datenwort in ein paralleles umgewandelt. Das Element 8251 hat fünf interne Register: Zum Empfangen von Daten, Senden von Daten, Festlegen der Arbeitsweise sowie Statusregister und Steuerregister.

[1] USART = Universal Synchronous Asynchronous Receiver and Transmitter

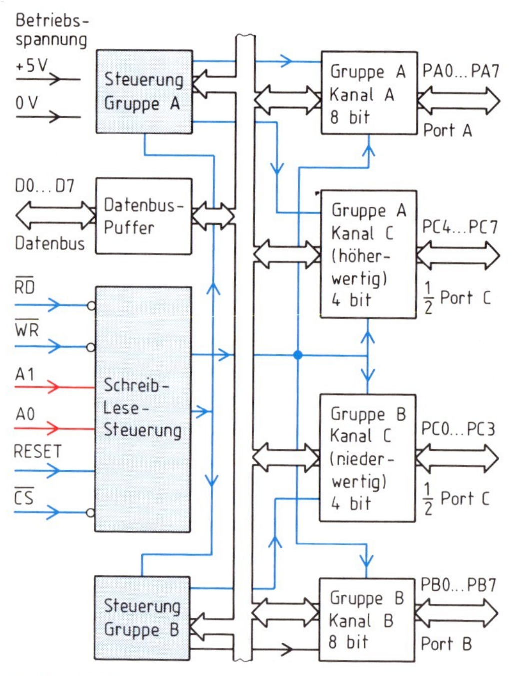

Bild 1: Wirkungsplan des Schnittstellenelementes 8255

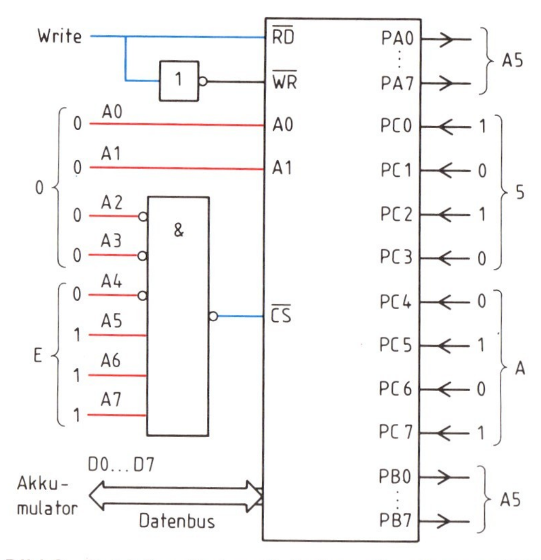

Bild 2: Betrieb mit dem Schnittstellenelement 8255

```
MVI  A,99H   ; Steuerwort in AKKUMULATOR
OUT  E3H     ; Steuerwort in 8255 laden
IN   E2H     ; Daten von Kanal C einlesen
OUT  E0H     ; Daten an Kanal A ausgeben
OUT  E1H     ; Daten an Kanal B ausgeben
HLT          ; Programm beenden
```

Bild 3: Programm zum Beispiel

Datenbuspuffer

Die Verbindung zum Datenbus D0 bis D7 **(Bild 2)** ist bidirektional und tristategesteuert. Die parallele Datenübergabe und die Programmierung der Betriebsarten wird mit dem OUT-Befehl des Mikroprozessors, die Datenübernahme vom Element 8251 mit dem IN-Befehl durchgeführt.

Schreib-Lese-Steuerung

Die Steuerbussignale und die 8-Bit-Steuerworte vom Datenbus bewirken die Ablaufsteuerung im Element. Die Prozessoranwahl erfolgt mit dem Signal an $\overline{CS}$. Mit $\overline{wr} = 0$ werden Daten oder Steuerworte vom Mikroprozessor in das Element übergeben. Mit $\overline{rd} = 0$ werden Daten oder Zustandsinformationen vom Element an den Mikroprozessor übergeben. Mit Signalen an $C/\overline{D}$ (Control/Data) wird zwischen Daten und dem Steuerwort-Register umgeschaltet.

Empfangsteil

An RxD (Receive Data) werden die Daten seriell eingelesen, mit der Empfangssteuerung (Bild 2) entsprechend dem eingestellten Datenformat parallel aufbereitet und auf dem Datenbus für den Mikroprozessor bereitgestellt. An RxC (Receive Clock) wird der Empfangstakt gelegt. Die Taktfrequenz ist bei Synchronbetrieb (Betrieb mit gleichem Zeitraster für alle Bits) gleich der Frequenz, mit der die Bits der Daten übertragen werden. Bei Asynchronbetrieb (Betrieb mit gleichem Zeitraster nur für die Bits einer Zeichenfolge) muß die Taktfrequenz ein Vielfaches davon sein, z. B. das 16fache, da immer in Bit-Mitte dessen Zustand abgefragt wird. Mit Signalen an SYNDET (Synchron Detection) zeigt der Empfänger den Empfang von Synchronisationsworten an. Ein Signal an RxRDY (Receive Ready) meldet den Empfangsteil empfangsbereit.

Sendeteil

An TxD (Transmit Data) werden die parallel am Datenbus anliegenden Daten seriell ausgegeben. $\overline{TxC}$ (Transmit Clock) wird mit dem Sendetakt verbunden. Oft werden $\overline{TxC}$ und $\overline{RxC}$ miteinander verbunden. TxRDY (Transmit Ready) zeigt die Sendebereitschaft des Elementes an.

Modemsteuerung

Mit Signalen an $\overline{DSR}$ (Data Set Ready), DTR (Data Terminal Ready), $\overline{CTS}$ (Clear To Send) und $\overline{RTS}$ (Request To Send) werden Modems für die Datenfernübertragung gesteuert.

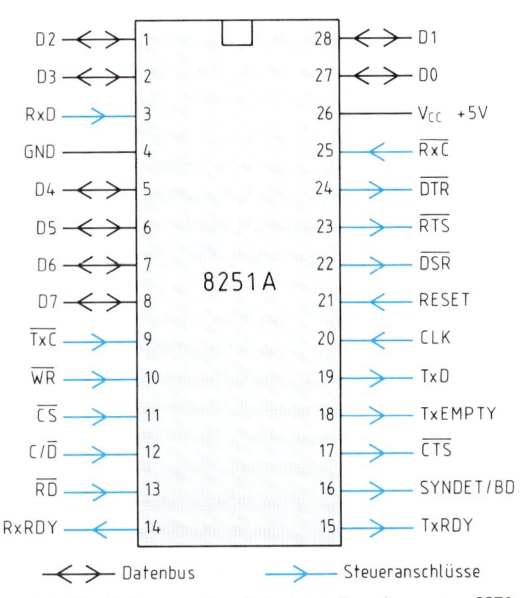

Bild 1: Pin-Belegung des Schnittstellenelementes 8251

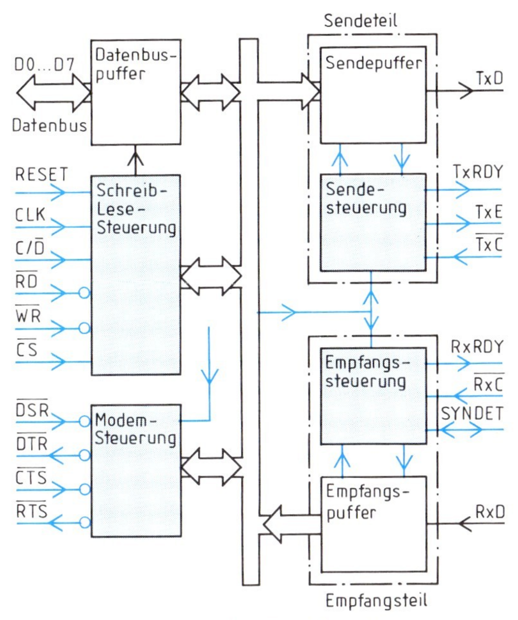

Bild 2: Wirkungsplan des Schnittstellenelementes 8251

Programmierung

Vor Beginn der Datenübertragung wird das Element mit zwei Steuerworten programmiert. Mit dem ersten Wort werden die Betriebsarten synchron oder asynchron festgelegt. Das folgende Kommandowort gibt Sender und Empfänger für die Datenübertragung frei.

4.4.12 Grafikcontroller (Grafikprozessor)

Allgemeines

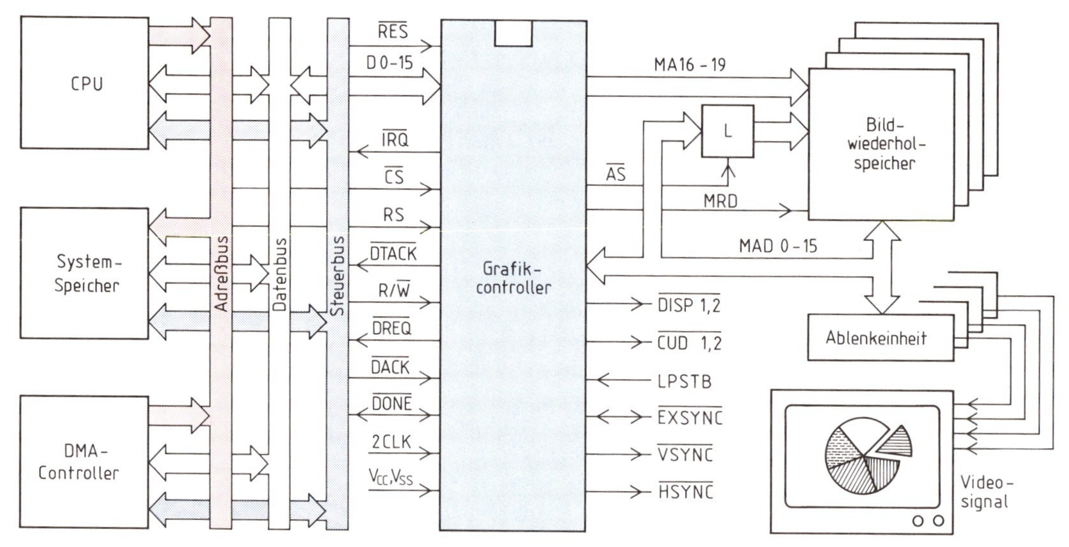

Bild 1: Struktur eines grafischen Bildschirmsystems

Grafikcontroller ermöglichen grafische Darstellungen am Bildschirm (Grafikmodus). Der Einsatz eines Grafikcontrollers erfordert einen Mikroprozessor, z. B. den 8086 **(Bild 1)**, weil Grafikcontroller weder ein Rechenwerk noch ein Leitwerk haben. Dieser steuert den Grafikcontroller entsprechend einem Assemblerprogramm bzw. einem Maschinenprogramm an, welches die Informationen zum Erzeugen eines Bildes an einem Bildschirm enthält. Weiter sind dazu notwendig:

- EPROM-Speicher und RAM-Speicher wie bei sonstigen Mikroprozessorsystemen,
- ein DMA-Controller (Direct Memory Access = direkter Speicherzugriff) für große Datentransfers zwischen dem Arbeitsspeicher des Mikroprozessors und dem Grafikcontroller sowie
- Ablenkeinheiten.

Grafikcontroller arbeiten in Verbindung mit Mikroprozessoren.

Die Leistungsfähigkeit sowie die Funktionsweise eines Grafikcontrollers werden am Beispiel des HD 63484 vorgestellt. Dieser Grafikcontroller besitzt einen Befehlsvorrat von 38 Befehlen, von denen 23 zum Ausführen von grafischen Zeichenfunktionen, wie das Zeichnen von Linien, Rechtecken, Kreisen, Ellipsen, Kreisbögen, Ellipsenbögen, Polylines (aneinandergereihte Linienzüge), Polygonen (Vielecke), sowie von Füllmustern dienen **(Bild 2)**. Mit den Funktionen *Clipping* (engl. to clip = abschneiden) und *Hitting* (engl. to hit = ausschneiden), können Bilder durch einen rechteckigen Rahmen ausge-

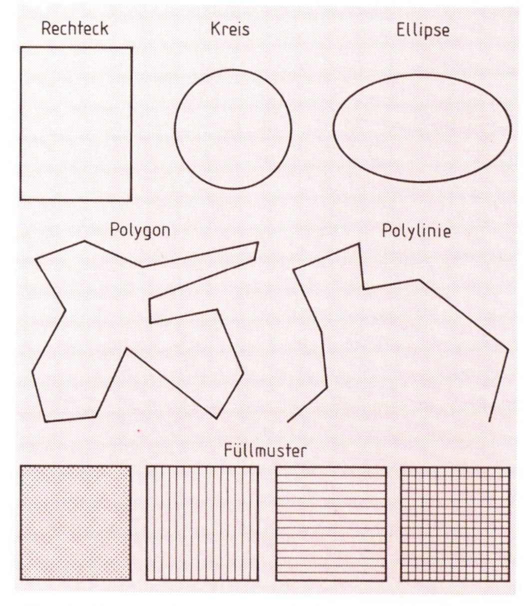

Bild 2: Beispiele programmierbarer grafischer Funktionen

schnitten werden **(Bild 1)**. Weitere Leistungsmerkmale sind

- eine Zeichengeschwindigkeit von 2 Millionen Pixel je Sekunde (Pixel von Picture Element = Bildpunkt),
- eine Bildgröße von 4096 × 4096 Pixel im Grafikmode (Grafikmodus, Betriebsart für Grafik) oder 256 Linien mit jeweils 256 Zeichen im Charactermode (Zeichenmode, Zeichenmodus, Betriebsart für Zeichen),
- ein Kombinieren von Grafikmodus und Zeichenmodus,
- bis zu 16 Zoomfaktoren zum Vergrößern von Bildausschnitten,
- horizontales und vertikales Verschieben des Bildschirmbildes (Scrolling),
- zwei Cursor, die in drei verschiedenen Cursordarstellungen (Fadenkreuz, Rechteck, grafisches Symbol) arbeiten können, sowie
- eine Einrichtung zum Arbeiten mit Lichtgriffel.

Ein Pixel kann mit 1, 2, 4, 8 oder 16 bit dargestellt werden. Eine Darstellung mit 16 bit erlaubt somit 65536 (64 K) Farben zu unterscheiden. Der Bildwiederholspeicher ist beim Grafikcontroller HD 63484 in vier getrennte Bildschirmbilder (Segmente) eingeteilt, nämlich für den oberen, mittleren und unteren Bildschirmteil sowie für einen Fensterteil **(Bild 2)**. Die Positionen dieser Bildteile am Bildschirm sind programmierbar. Somit lassen sich Bildschirmbilder, die in verschiedene Bereiche für den Dialog mit dem Bediener eingeteilt sind, mit wenig Programmieraufwand realisieren. Im mittleren Bildteil kann sich z.B. der Frage-Antwort-Dialog mit dem Bediener abspielen, der obere Bildteil kann für Statusmeldungen des Systems an den Bediener und der untere für die Funktionstasten eines Menüs verwendet werden.

Aufbau

Der Grafikcontroller HD63484 besteht aus fünf Funktionsblöcken **(Bild 1, folgende Seite)**:

- Das CPU-Interface dient zur Kommunikation mit dem Mikroprozessor, der das Grafikprogramm abarbeitet. Dazu ist eine Steuereinheit für Unterbrechungsanforderung (IRQ, Interrupt Request) sowie DMA-Betrieb im CPU-Interface erforderlich.
- Das CRT-Interface (engl. Catode Ray Tube = = Katodenstrahlröhre) verwaltet den Bus zum Bildwiederholspeicher sowie die Signale, die zur Synchronisation mit dem Bildschirm notwendig sind. Die Auswahl der Adressen im Bildwiederholspeicher für eine Bildauffrischung oder eine Bilderneuerung wird hier getroffen.

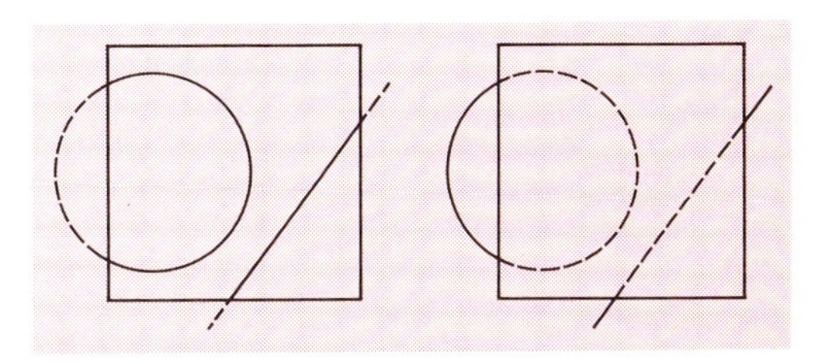

Bild 1: Funktionen Clipping (links) und Hitting (rechts)

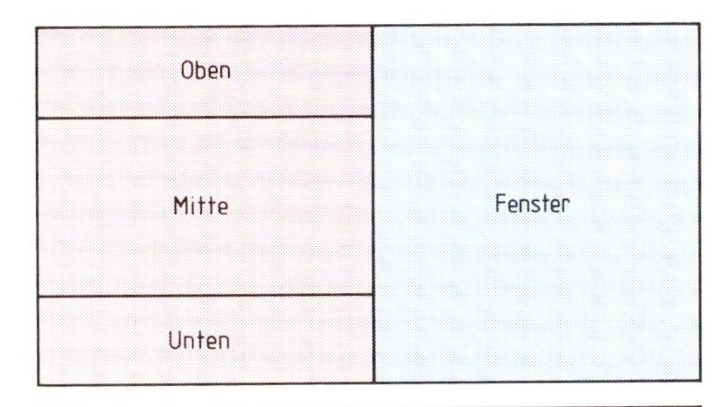

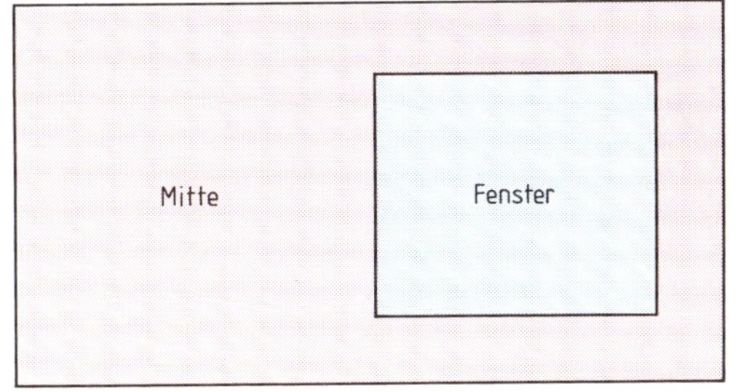

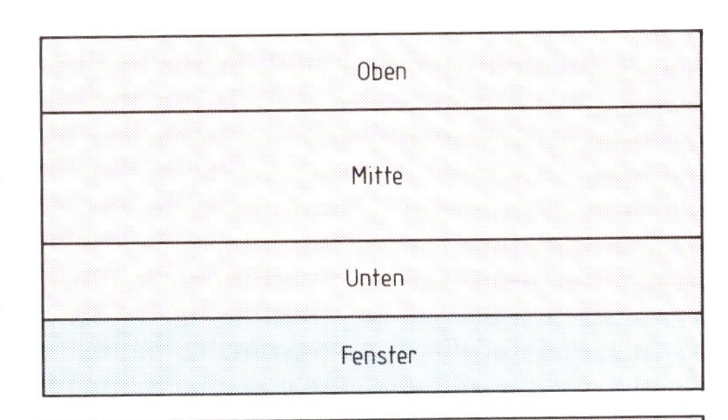

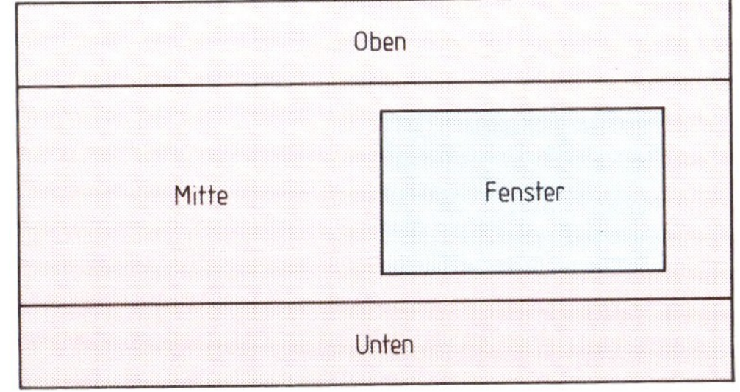

Bild 2: Beispiele zur Gestaltung des Bildschirmaufbaues

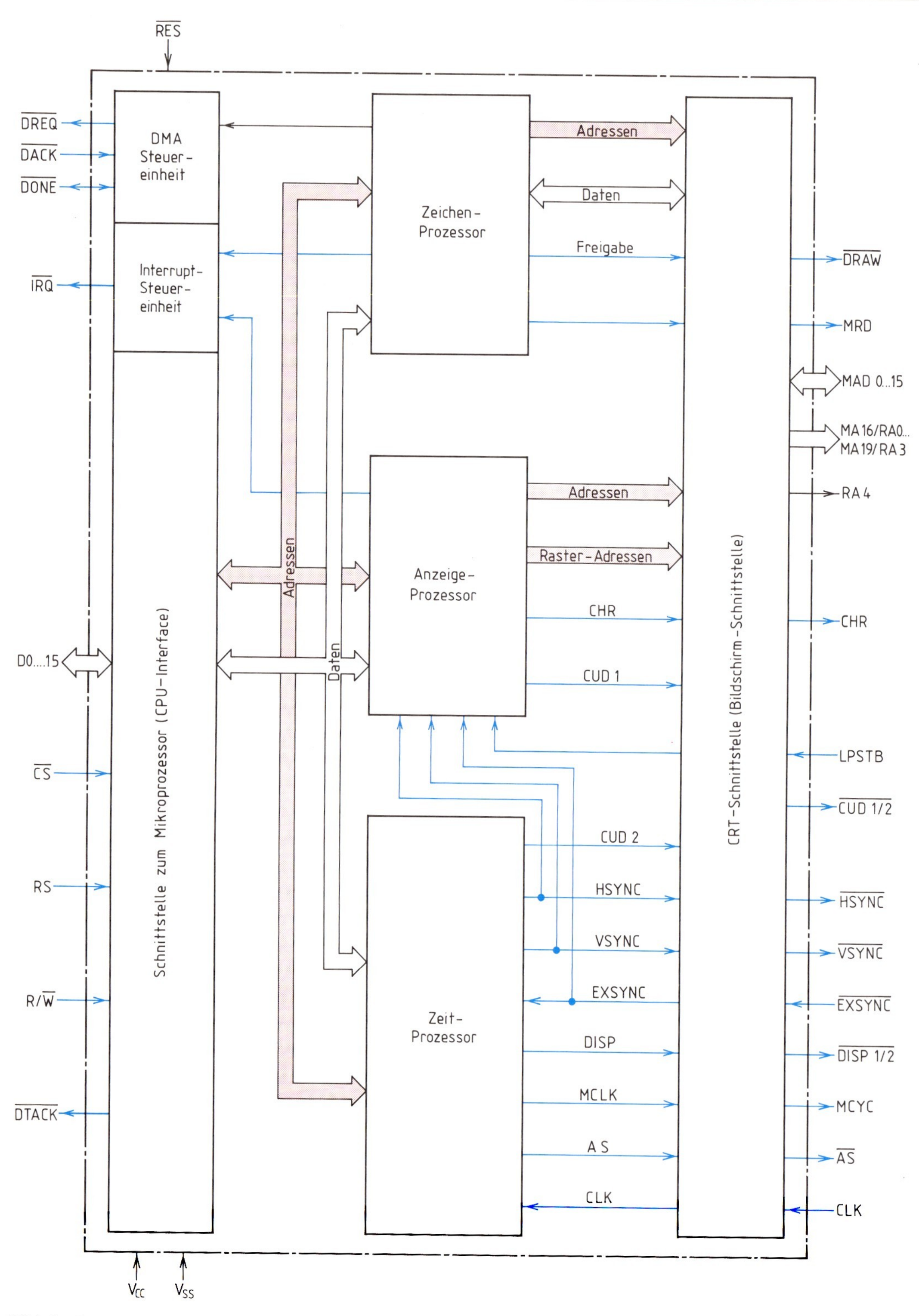

Bild 1: Struktur des Grafikcontrollers HD 63484

— Der Zeichenprozessor interpretiert die Befehle, die der Grafikcontroller vom Mikroprozessor bekommt und veranlaßt im Bildwiederholspeicher das Ausführen der entsprechenden Operationen. Der Zeichenprozessor muß dazu die programmierten xy-Koordinaten der Bildpunkte in Adressen für den Bildwiederholspeicher umrechnen.
— Der Anzeigeprozessor sorgt für das Aufbereiten und das segmentweise Zusammensetzen der Bilder für die Bildschirmanzeige. Er unterscheidet dabei zwischen Grafikmodus **(Bild 1, folgende Seite)** und Zeichenmodus (Charactermode).
— Der Zeitprozessor erzeugt Signale zur Synchronisation des HD63484 mit dem Bildschirm sowie interne Zeitsignale, die der Grafikcontroller für seinen Betrieb benötigt.

Anschlüsse

Der Grafikcontroller **Bild 1** hat 64 Anschlüsse, und zwar

— als Schnittstelle zum Mikroprozessor,
— als Schnittstelle zum DMA-Controller,
— als CRT-Schnittstelle und
— für die Spannungsversorgung.

Die an den Anschlüssen anliegenden Signale sind TTL-kompatibel.

Die Abkürzungen in Bild 1 haben folgende Bedeutungen:

Anschlüsse zum Mikroprozessor

RES	Reset = Zurücksetzen (in den Ursprungszustand).
D0...D15	Datenbus zum Mikroprozessor.
R/W	Read/Write = Lesen/Schreiben zwischen Mikroprozessor und Grafikcontroller.
CS	Chip Select = Chipauswahl. Erlaubt den Zugriff auf den Grafikcontroller vom Mikroprozessor aus.
DTACK	Data Transfer Acknowledge = Anzeige eines (vollständigen) Datenübertragungszyklus.
IRQ	Interrupt Request = Interruptanforderung (vom Grafikcontroller aus).

Anschlüsse zum DMA-Controller

DREQ	DMA-Request = DMA-Anforderung. Wunsch auf Datenaustausch über DMA-Controller.
DACK	DMA Acknowledge = DMA-Zuteilung. Erlaubt Datenaustausch.
DONE	Done = getan. Beendigung des DMA-Transfers.

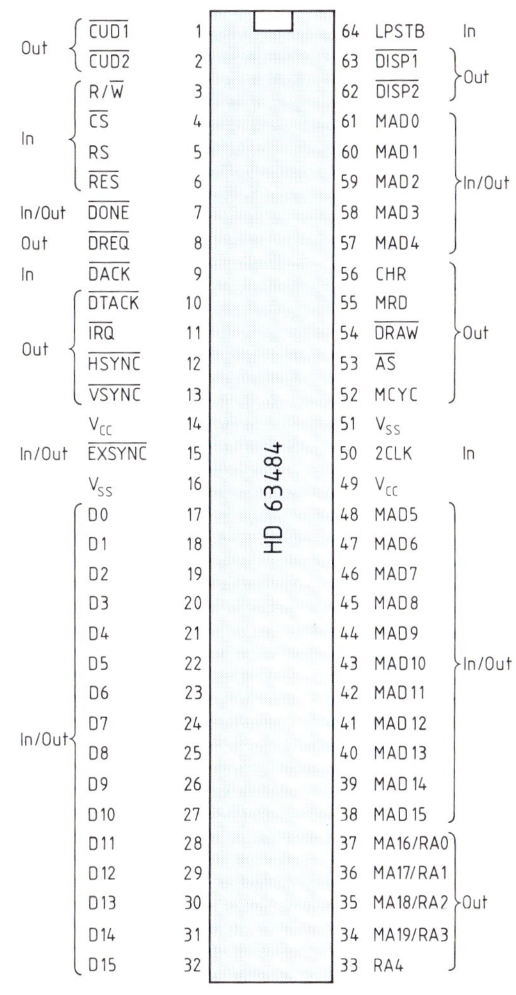

Bild 1: Pin-Belegung des Grafikcontrollers HD63484

Anschlüsse zur CRT-Steuereinheit

CLK	Arbeitstakt.
VSYNC	Vertikale Synchronisation. Das Zeitsignal wird vom CRT angefordert.
HSYNC	Horizontale Synchronisation. Das Zeitsignal wird vom CRT angefordert.
EXSYNC	Externe Synchronisation, z. B. zur Synchronisation von mehreren Grafikcontrollern aus oder zur Synchronisation des Grafikcontrollers mit anderen Geräten, die Videosignale generieren.
LPSTB	Light Pen Strobe = Anschluß für Liftgriffel.
MCYC	Zeigt Speicherzugriff oder Adressenzugriff an.

$\overline{\text{AS}}$: Adress Strobe = Adressen-Impuls. Erlaubt Übernahme der MAD-Daten.

MRD: Memory Read = Lesen aus Speicher. Zeigt Lesezugriff oder Schreibzugriff auf Bildwiederholspeicher an.

$\overline{\text{DRAW}}$: Draw = Zeichnen. Gibt an, ob MAD-Ausgänge neue Zeicheninformationen oder Bild-Refreshinformationen enthalten.

MAD0 bis MAD 15: Memory Address/Data. Bidirektionale Bildwiederholspeicheradressen und Datenbus. Außerdem Ausgabe von Video-Attributen (Eigenschaften), wie z. B. Scrolling (Bildschirmkontrollen), Zooming (Ausschnittvergrößerung) oder Blinken.

MA16 bis MA19: Im Grafikmode für Adressenerweiterung bis 20 bit (mit MAD).

RA0 bis RA3: Im Charactermode (Zeichenmode) Rasteradresse für externen Zeichengenerator.

RA4: Rasteradresse 4. Mit RA0 bis RA3 Erweiterung auf 5 bit breite Rasteradresse für 32 verschiedene Raster.

CHR: Anzeige für Charactermode oder Grafikmode.

$\overline{\text{DISP1/2}}$: Display Timing = Anzeigezeit. Aktive Anzeigeperiode des Bildschirms.

$\overline{\text{CUD1/2}}$: Drei Cursor-Betriebsarten sind einstellbar (Block, Grafik, Fadenkreuz).

Anschlüsse für die Spannungsversorgung:

V_{CC} und V_{SS}: Voltage. Spannung 5 V ± 10%.

Befehle

Bei den Befehlen sind zu unterscheiden

- Registerzugriff-Befehle,
- Datentransfer-Befehle und
- Grafikbefehle.

Die Befehle müssen im Operationscode eingegeben werden **(Tabelle 1, folgende Seite)** sofern kein zusätzlicher Interpreter angewendet wird, welcher den mnemotechnischen Code in den Operationscode umsetzt.

Die Buchstabenkombinationen beim Operationscode (Tabelle 1, folgende Seite) sind bei der Anwendung durch Dualzahlen zu ersetzen, die dem Handbuch des Grafikcontrollers zu entnehmen sind. Dabei bedeuten AREA (Area-Mode) die Art der Fläche, z. B. mit Clipping, COL (Color) die

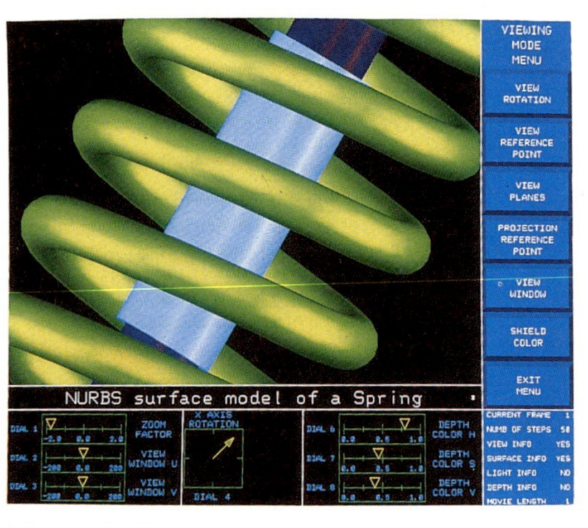

Bild 1: Mit Grafikcontroller ermöglichte Bildschirmanzeige

Farbangabe, DSD (Destination Scan Direction) die Ziel-Zeichnungsrichtung, C (Circling Direction) die Kreisrichtung, z. B. im Uhrzeigersinn, E (Edge Color) die Randfarbe, MM (Modify-Mode) die Änderungsart, OPM (Operation-Mode) die Farbmischung, PRA (Pattern RAM Address) die Musteradresse im RAM, RN (Register Number) die Registernummer, S (Source Scan Direction) die Quell-Zeichnungsrichtung.

Wiederholungsfragen

1. **Warum kann ein Grafikcontroller nur zusammen mit einem Mikroprozessor betrieben werden?**
2. **Auf welche Weise wird ein Grafikcontroller angesteuert?**
3. **Welche Baugruppen sind außer dem Mikroprozessor zum Betrieb eines Grafikcontrollers erforderlich?**
4. **Welche Aufgabe hat der DMA-Controller?**
5. **Über wieviele Befehle verfügt der Grafikcontroller HD63484?**
6. **Wozu dient die Funktion Clipping beim Grafikcontroller?**
7. **Was versteht man unter einem Pixel?**
8. **Wie groß ist die Zeichengeschwindigkeit des Grafikcontrollers HD63484?**
9. **Wozu dient beim Grafikcontroller das Zoomen?**
10. **Wieviele Farben können durch 16 bit unterschieden werden?**
11. **Geben Sie die Funktionsblöcke des Grafikcontrollers HD63484 an!**
12. **Welche Aufgabe hat der Zeichenprozessor?**

Tabelle 1: Befehle des Grafikcontrollers HD63484 (Auswahl)

Art	Code*	Name, Bemerkung	Operationscode			
Registerzugriff-Befehle	ORG	Origin = Ursprung. Bildschirmanfang im Bildwiederholspeicher.	0 0 0 0	0 1 0 0	0 0 0 0	0 0 0 0
	WPR	Write Parameter Register. Ausgabe/Eingabe der Parameterregister für Zeichen	0 0 0 0	1 0 0 0	0 0 0	RN
	RPR	Read Parameter Register.	0 0 0 0	1 1 0 0	0 0 0	RN
	WPTN	Write Pattern RAM. Eingabe in Muster RAM.	0 0 0 1	1 0 0 0	0 0 0 0	PRA
	RPTN	Read Pattern RAM. Lesen aus Muster-RAM.	0 0 0 1	1 1 0 0	0 0 0 0	PRA
Datentransfer-Befehle	DRD	DMA Read. Lesen aus Bildwiederholspeicher.	0 0 1 0	0 1 0 0	0 0 0 0	0 0 0 0
	DMOD	DMA Modify. Veränderung im Bildwiederholspeicher.	0 0 1 0	1 1 0 0	0 0 0 0	0 0 MM
	DWT	DMA Write. Schreiben aus Bildwiederholspeicher.	0 0 0 0	1 0 0 0	0 0 0 0	0 0 0 0
	RD	Read. Lesen aus Bildwiederholspeicher.	0 1 0 0	0 1 0 0	0 0 0 0	0 0 0 0
	WT	Write. Schreiben in Bildwiederholspeicher.	0 1 0 0	1 0 0 0	0 0 0 0	0 0 0 0
	MOD	Modify. Verändern im Bildwiederholspeicher.	0 1 0 0	1 1 0 0	0 0 0 0	0 0 MM
	CLR	Clear. Löschen im Bildwiederholspeicher.	0 1 0 1	1 0 0 0	0 0 0 0	0 0 0 0
	SCLR	Selective Clear. Teilweises Löschen.	0 1 0 1	1 1 0 0	0 0 0 0	0 0 MM
	CPY	Copy. Kopieren.	0 1 1 0	S DSD	0 0 0 0	0 0 0 0
Grafikbefehle	AMOVE	Absolute Move. Cursor absolut bewegen.	1 0 0 0	0 0 0 0	0 0 0 0	0 0 0 0
	RMOVE	Relative Move. Cursor relativ bewegen.	1 0 0 0	0 1 0 0	0 0 0 0	0 0 0 0
	ALINE	Absolute Line. Absolute Linie zeichnen.	1 0 0 0	1 0 0 0	AREA	COL OPM
	RLINE	Relative Line. Relative Linie zeichnen.	1 0 0 0	1 1 0 0	AREA	COL OPM
	ARCT	Absolute Rectangle. Absolutes Rechteck zeichnen.	1 0 0 1	0 0 0 0	AREA	COL OPM
	RRCT	Relative Rectangle. Relatives Rechteck zeichnen.	1 0 0 1	0 1 0 0	AREA	COL OPM
	APLL	Absolute Polyline. Absolute Polylinie zeichnen.	1 0 0 1	1 0 0 0	AREA	COL OPM
	RPLL	Relative Polyline. Relative Polylinie zeichnen.	1 0 0 1	1 1 0 0	AREA	COL OPM
	APLG	Absolute Polygon. Absolutes Polygon zeichnen.	1 0 1 0	0 0 0 0	AREA	COL OPM
	RPLG	Relative Polygon. Relatives Polygon zeichnen.	1 0 1 0	0 1 0 0	AREA	COL OPM
	CRCL	Circle. Kreis zeichnen.	1 0 1 0	1 0 0 C	AREA	COL OPM
	ELPS	Ellipse zeichnen.	1 0 1 0	1 1 0 C	AREA	COL OPM
	AARC	Absolute Arc. Absoluten Kreisbogen zeichnen.	1 0 1 1	0 0 0 C	AREA	COL OPM
	RARC	Relative Arc. Relativen Kreisbogen zeichnen.	1 0 1 1	0 1 0 C	AREA	COL OPM
	AEARC	Absolute Allipse Arc. Absoluter Ellipsenbogen.	1 0 1 1	1 0 0 C	AREA	COL OPM
	REARC	Relative Ellipse Arc. Relativer Ellipsenbogen.	1 0 1 1	1 1 0 C	AREA	COL OPM
	AFRCT	Absolute Filled Rectangle. Gefülltes absolutes Rechteck zeichnen.	1 1 0 0	0 0 0 0	AREA	COL OPM
	PAINT	Paint. Einfärben.	1 1 0 1	1 0 0 E	AREA	COL OPM
	DOT	Dot. Bildpunkt zeichnen.	1 1 0 0	1 1 0 0	AREA	COL OPM
	PIN	Pattern. In RAM abgelegtes Muster zeichnen.	1 1 0 1	SL SD	AREA	COL OPM
	AGPY	Absolute Graphic Copy. Absolute Kopie zeichnen.	1 1 1 0	S DSD	AREA	0 0 OPM
	RGPY	Relative Graphic Copy. Relative Kopie zeichnen.	1 1 1 1	S DSD	AREA	0 0 OPM

absolut: Koordinaten vom Ursprung aus angeben. relativ: Koordinatendifferenz von der Istposition aus angegeben.
* nicht geeignet für Eingabe der Befehle ohne besonderen Interpreter.

4.5 Betriebssysteme von Computern

4.5.1 Betriebssystemarten

Betriebssysteme (Operating Systems) sind Programme, die jeder Computer benötigt **(Tabelle 1)**. Mit ihnen wird z. B. die Tastatureingabe, die Bildschirmausgabe und der Datentransport von und zu den Massenspeichern gesteuert. Das Betriebssystem steuert und überwacht auch die Abwicklung von Programmen. Betriebssysteme werden z. B. auf Disketten geliefert und müssen auf der Festplatte installiert werden.

Betriebssysteme sind das Software-Bindeglied zwischen der Hardware und dem Benutzer.

Tabelle 1: Betriebssysteme (Auswahl)

Name	Bedeutung, Übersetzung
DOS	Disk Operating System, Disketten-Betriebs-System
OS/2	Operating System / 2, für 32 Bit, Bearbeitungssystem / 2
Windows	Betriebssystemaufsatz für DOS
Windows NT	Betriebssystem für 32 Bit New Technology = Neue Technologie
UNIX	Name eines Betriebssystems für den Bereich Mikrocomputer bis Großrechner
VMS	Betriebssystem für den Bereich Workstations bis Großrechner

Einplatzbetriebssysteme

Die Darstellung eines Computersystems wird oft mit einem Schalenmodell durchgeführt **(Bild 1)**. Meist kann der Anwender über die Tastatur auf Anwenderprogramme oder auf bestimmte Funktionen des Betriebssystems einwirken. Die Steuerung des Bildschirms erfolgt durch das Betriebssystem, wobei bestimmte Ausgaben auch wieder durch Anwenderprogramme steuerbar sind.

DOS ist ein Betriebssystem, das jeweils nur ein Computersystem verwaltet. Mit DOS kann immer nur ein Programm auf einmal vom Anwender bearbeitet werden.

Mit DOS wird nur Einprogrammbetrieb durchgeführt.

Mit OS/2 oder Windows NT kann der Anwender (engl. User = Benutzer) mehrere Tasks (engl. task = Aufgabe) vom Computer bearbeiten lassen **(Bild 2)**. Dabei teilt das Betriebssystem nacheinander jeder Task eine bestimmte, kurze Rechenzeit zu (Time-Sharing-Betrieb). Dadurch entsteht der Eindruck, als ob alle Anwendungen gleichzeitig bearbeitet werden.

Ein gleiches Ergebnis erhält man auch mit dem MS-DOS-Betriebssystemzusatz Windows.

Die Bearbeitung mehrerer Programme durch den Computer wird Mehrprogrammbetrieb (Multitasking) genannt.

Mehrplatzbetriebssysteme

Bei Mehrplatzbetriebssystemen, wie z. B. UNIX, VMS, Windows NT, können mehrere Anwender mit einem Computer arbeiten **(Bild 3)**.

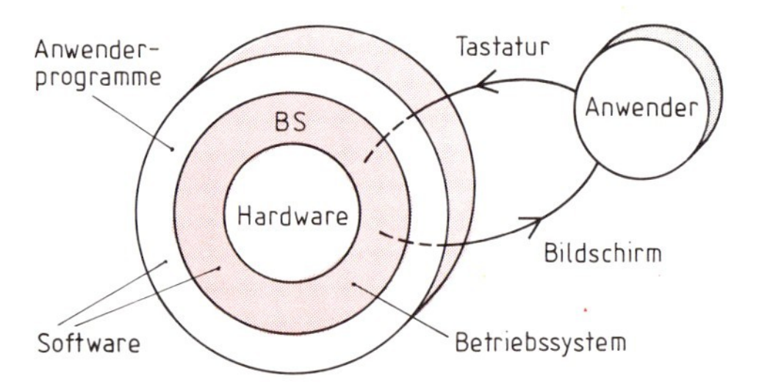

Bild 1: Computersystem

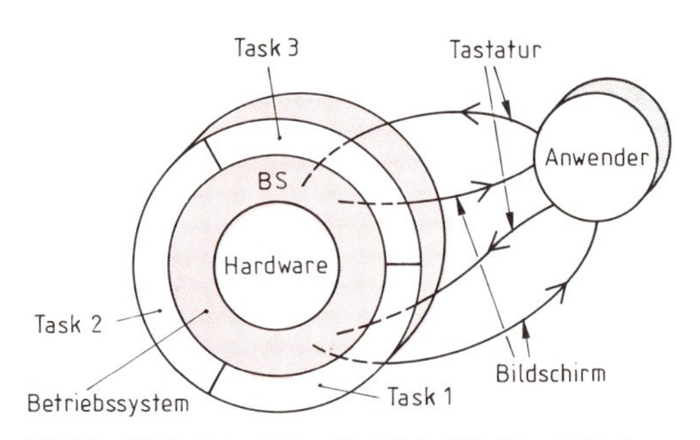

Bild 2: Mehrprogrammbetrieb (Multitasking)

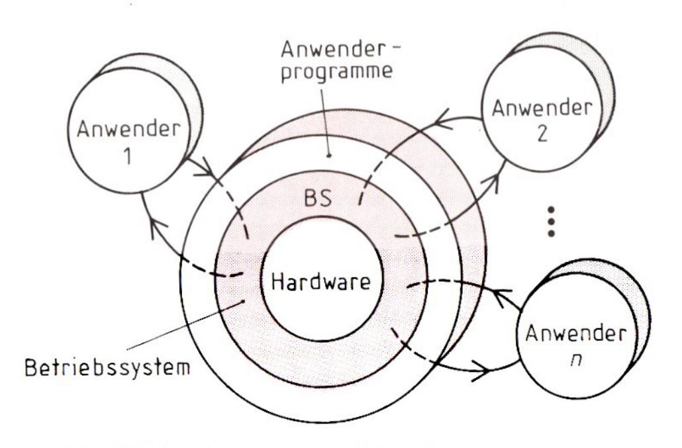

Bild 3: Mehrplatzsystem (Multiuser)

UNIX teilt dazu jedem Anwender nacheinander eine bestimmte, kurze Rechenzeit zu. Dadurch entsteht der Eindruck, als ob jeder Anwender den Computer allein zur Verfügung hat.

Mit Mehrplatzsystemen können Anwender unabhängig voneinander verschiedene Aufgaben mit einem Computer bearbeiten.

Wiederholungsfragen

1. **Welche Aufgaben hat ein Betriebssystem?**
2. **Was versteht man unter Einprogrammbetrieb?**
3. **Wie arbeiten Multitasking-Betriebssysteme?**
4. **Welche Folge hat die kurze Rechenzeitzuteilung beim Mehrplatzbetriebssystem?**

4.5.2 MS-DOS

Aufbau

MS-DOS[1] ist ein Betriebssystem für Rechner mit Mikroprozessoren der 8086-Familie. Es wird auf Disketten geliefert oder befindet sich nach der Installation auf der eingebauten Festplatte.

MS-DOS besteht aus den Programmteilen ROM-BIOS[2], IO.SYS, MSDOS.SYS und COMMAND.COM **(Bild 1)**.

ROM-BIOS. Das Boot-ROM (ROM mit Startroutinen) enthält die grundlegenden Routinen und Programme (BIOS), die sofort nach dem Einschalten des PC benötigt werden.

IO.SYS (Input-Output-System). Lädt weitere BIOS-Routinen, z. B. Treiber für die angeschlossene Hardware wie z. B. Festplatte oder Diskettenlaufwerke.

MSDOS.SYS. Installiert alle DOS-Funktionen. MSDOS.SYS ist der „Manager" von DOS, der alle Parameter, Daten und Programme verwaltet. Die Datei setzt die DOS-Befehle in BIOS-Aufrufe um.

COMMAND.COM (Command-Communication). Diese Datei sorgt dafür, daß alle DOS-Befehle und Anweisungen ausgeführt werden. So wird z. B. die Datei AUTOEXEC.BAT (Stapeldatei für die automatische Rechnereinrichtung) von COMMAND.COM aufgerufen. Auch die Fehlerbehandlung und die Ausgabe von Fehlermeldungen wird von COMMAND.COM durchgeführt.

Speicheraufteilung

Der Speicherbereich ist in 64-KB-Segmente unterteilt, die jeweils durch besondere 16-Bit-Register adressierbar sind. Das Betriebssystem MS-DOS liegt am unteren Anfang des Speicherbereichs. COMMAND.COM ist in einen residenten[3] und einen nicht residenten Teil, der durch Anwenderprogramme überschreibbar ist, aufgeteilt.

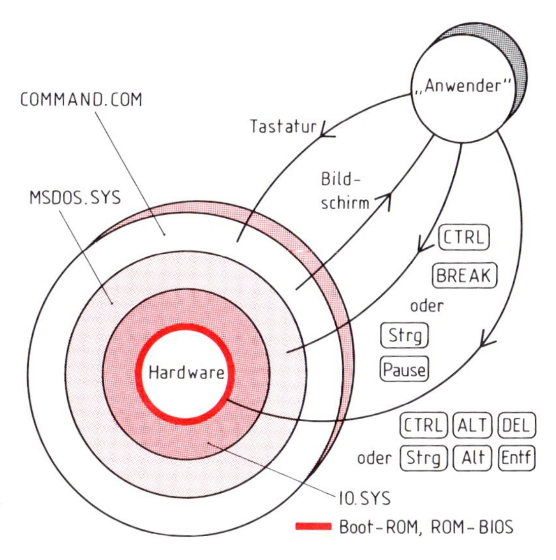

Bild 1: Aufbau von MS-DOS

Bedienung von MS-DOS

Nach dem Einschalten und dem Booten meldet sich MS-DOS mit Firmenangaben, der Laufwerksangabe, z. B. C, und dem voreingestellten Promptsymbol >. Anschließend werden z. B. Datum und Uhrzeit angezeigt. Durch Eingabe von B: oder b: kann zum Laufwerk B gewechselt werden.

Alle Kommandos können mit Großbuchstaben oder Kleinbuchstaben oder gemischt eingegeben werden. Dateigruppen können mit Sternchen (*) und Fragezeichen (?) angegeben werden, z. B. DEL *.BAS **(Tabelle 1, folgende Seite)**. Die meisten Kommandos werden von COMMAND.COM bearbeitet und ausgeführt.

Die von COMMAND.COM. bearbeiteten Kommandos nennt man interne Kommandos.

Directory-Struktur

Das Inhaltsverzeichnis von MS-DOS ist hierarchisch gegliedert. Die erste Ebene wird Wurzelverzeichnis (Root) genannt und z. B. mit dem \-Zeichen[4] angezeigt **(Bild 1, folgende Seite)**.

In diesem Verzeichnis sind z. B. die Systemdateien, IO.SYS und MSDOS.SYS gespeichert, die jedoch nicht angezeigt werden. Die Baumstruktur wächst

[1] MS-DOS von Microsoft-DOS; [2] BIOS von engl. = Basic-Input-Output-System
[3] engl. resident = wohnhaft; [4] engl. backslash = rückwärts geneigter Schrägstrich

mit jedem neu angelegten Inhaltsverzeichnis. Vom Verzeichnis BAUM aus wird in die Verzeichnisse AST1 bis AST5 verzweigt. Auch von den Ästen aus kann wieder weiterverzweigt werden. Von AST5 aus wird das Unterverzeichnis ZWEIG3 gebildet. Es können für verschiedene Unterverzeichnisse auch gleiche Namen benutzt werden.

Kommandos zur Directoryverwaltung

Mit dem Kommando DIR wird das aktuelle Inhaltsverzeichnis der Diskette im angemeldeten Laufwerk, mit DIR B: im Laufwerk B gelistet. DIR/P (Page Mode[1]) listet bildschirmweise, DIR/W (Wide Display[2]) in fünf Spalten und DIR/P/W kombiniert beides.

Das Kommando MKDIR BAUM legt ein neues Unterverzeichnis (Bild 1) vom Wurzelverzeichnis aus an. Mit dem Kommando MD\BAUM\AST3 wird das Unterverzeichnis AST3 im Unterverzeichnis BAUM vom Wurzelverzeichnis aus angelegt. Vom Verzeichnis AST3 als neuem Unterverzeichnis wird mit MKDIR ZWEIG2 das nächste Verzeichnis erzeugt. Mit dem Kommando RMDIR\AST3\ZWEIG2\BLATT wird das leere Unterverzeichnis BLATT gelöscht. Von einem Verzeichnis in das andere gelangt man mit dem Kommando CHDIR. Mit dem Kommando CD kann nur entlang eines Verzeichniszweiges gewechselt werden. Vom Wurzelverzeichnis gelangt man mit dem Kommando CD in die erste Unterverzeichnisebene, z.B. BAUM, oder z.B. mit CD\BAUM\AST3\ZWEIG2 in das Verzeichnis ZWEIG2. Mit CD.. wird auf das nächst höhere Verzeichnis und mit CD\ auf das Wurzelverzeichnis zurückgeschaltet. In gleicher Weise kann DIR mit entsprechenden Pfadnamen arbeiten, so zeigt DIR.. das nächst höhere Verzeichnis. Auch das COPY-Kommando kann mit Pfaden arbeiten. Mit COPY TEST BAUM\AST3\ZWEIG2\BLATT wird die Datei TEST vom Wurzelverzeichnis in das Unterverzeichnis BLATT, mit COPY TEST \BAUM \AST4\BLATT vom aktuellen Verzeichnis, z.B. ZWEIG2, in das Unterverzeichnis BLATT kopiert.

In verschiedenen Unterverzeichnissen können gleiche Namen verwendet werden.

Mit PATH BAUM\AST1 (Path = Pfad) kann aus dem aktuellen Verzeichnis auf das Verzeichnis AST1 zugegriffen werden, ohne mit CD auf dieses Verzeichnis umzuschalten. Mit PATH; wird der vorige Befehl rückgängig gemacht.

Tabelle 1: Interne MS-DOS-Kommandos (Auswahl)

Kommando	Bedeutung, Auswirkung
CD, CHDIR	Change Directory. Wechselt das Inhaltsverzeichnis entlang eines Pfades; nennt das aktuelle Inhaltsverzeichnis.
CLS	Clear Screen. Bildschirm löschen.
COPY	Kopiert Dateien.
A:	Wechselt zum Laufwerk A.
DATE	Eingabe oder Änderung des Tagesdatums.
DEL, ERASE	Löscht die angegebenen Dateien.
DIR	Listet ein Verzeichnis.
MD, MKDIR	Make Directory. Erzeugt ein neues Inhaltsverzeichnis.
PATH	Greift auf Dateien in Unterverzeichnissen zu.
PROMPT	Ändert das DOS-Kommando-Prompt.
REN RENAME	Benennt Dateien um.
RD, RMDIR	Remove Directory. Entfernt ein Inhaltsverzeichnis aus der hierarchischen Inhaltsverzeichnis-Struktur.
TIME	Zeigt und setzt die Uhrzeit.
TYPE	Zeigt den Dateiinhalt auf dem Schirm.
VER	Version. Gibt die DOS-Versionsnummer an.
VERIFY	Überprüft auf Fehlerfreiheit.
VOL	Volume = Band. Zeigt die Kennzeichnung einer Diskette.

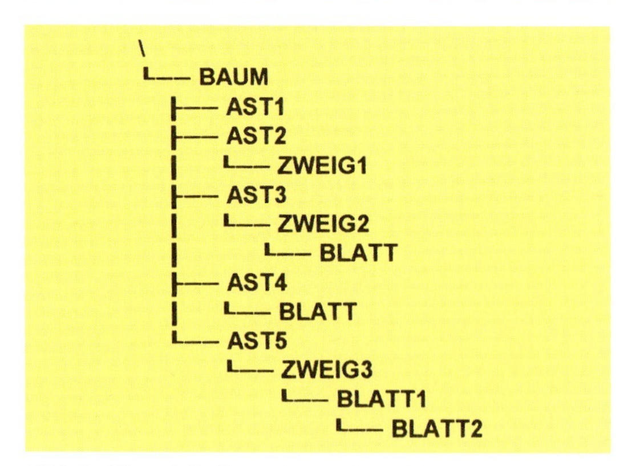

Bild 1: Verzeichnisstruktur einer Diskette

Das Kommando TYPE TEST gibt den Inhalt der Textdatei oder Programmdatei TEST am Bildschirm aus. Die Ausgabe kann mit der Pausetaste angehalten und durch beliebigen Tastendruck fortgesetzt werden.

[1] engl. Page Mode = Seitenmodus, Bildschirmseite; [2] engl. Wide Display = breiter Bildschirm

Zum Betriebssystem MS-DOS werden eine große Zahl von Programmen und Dateien zusätzlich geliefert, die nicht in der Datei COMMAND.COM enthalten sind und deswegen externe Kommandos heißen. Diese werden z.B. durch Eingabe ihres Namens in der Kommandozeile direkt oder durch Aufruf in der Benutzeroberfläche DOSSHELL ausgeführt **(Tabelle 1)**.

DOSSHELL

Die DOSSHELL ist eine Benutzeroberfläche **(Bild 1)**. Meist wird sie mit der Maus bedient. Nach dem Start von DOSSHELL zeigt der Bildschirm die verfügbaren Laufwerke, die Verzeichnisstruktur des aktuellen Laufwerks, eine Liste der Dateien des aktuellen Laufwerkes und eine Liste der ausführbaren Programme an.

Diskettenkommandos

Diskettenkommandos werden zum Arbeiten mit Disketten und Festplatten verwendet. Sie können durch Anwahl im Menü oder durch Eingeben ausgeführt werden.

Mit dem Kommando FORMAT B: wird eine Diskette im Laufwerk B formatiert. Soll die Diskette eine Kennzeichnung mit bis zu 11 Zeichen bekommen, wird nach der Laufwerksangabe/V angefügt. Mit FORMAT A:/S werden die Systemdateien mit auf die Diskette im Laufwerk A kopiert.

Das Kommando DISKCOPY A: B: kopiert den gesamten Inhalt einer Diskette im Laufwerk A auf eine Diskette in B. Die Überprüfung des Inhalts einer Diskette kann mit dem Kommando CHKDSK erfolgen. Das Kommando CHKDSK/V listet alle überprüften Dateien auf.

Das Kommando RECOVER TEST liest die Datei TEST Sektor für Sektor. Defekte Sektoren werden markiert und übersprungen. Der fehlerhafte Sektor ist allerdings nicht wieder herstellbar.

Weitere Kommandos

Greift ein Programm auf ein nicht vorhandenes Laufwerk, z.B. das Laufwerk C, zu, kann mit dem Kommando ASSIGN C=B der Zugriff auf das Laufwerk B umgeleitet werden. Mit dem MODE-Kommando kann die Betriebsart für Drucker, serielle Schnittstellen und dem Monitor eingestellt werden. MODE ohne Parameter zeigt die aktuelle Einstellung an.

Das GRAPHICS-Kommando erlaubt den Ausdruck von grafischen Bildschirminhalten. Der Bildschirminhalt kann z.B. durch Betätigen der Drucktaste ausgedruckt werden.

Tabelle 1: Externe MS-DOS-Kommandos (Auswahl)

Kommando	Bedeutung, Auswirkung
ASSIGN	Assign = zuteilen. Leitet Laufwerkszugriffe um.
CHKDSK	Check Disk. Überprüft das Inhaltsverzeichnis der Diskette auf Fehler und gibt die Arbeitsspeichergröße aus.
COMP	Compare. Vergleicht zwei Dateien miteinander.
DISKCOMP	Vergleicht zwei Disketten miteinander.
DISKCOPY	Kopiert den ganzen Inhalt der Quelldiskette auf die Diskette im Ziellaufwerk.
DOSKEY	Speichert eine Anzahl, z.B. 30, nacheinander eingegebener Kommandos.
DOSSHELL	SHELL = Oberfläche. Benutzeroberfläche für das Betriebssystem DOS mit Mausbedienung.
FIND	Sucht in Dateien nach Zeichenketten.
FORMAT	Formatiert, d.h. legt Spuren und Sektoren auf neuen Disketten an.
GRAPHICS	Druckt grafische Bildschirminhalte.
KEYBGR	Keyboard Germany. Stellt den PC auf die deutsche Tastatur um.
MODE	Modifiziert Schnittstellen nach Benutzerwünschen.
MORE	Hält die Bildschirmausgabe automatisch an, sobald der Bildschirm voll ist.
RECOVER	Erlaubt Fehlerbehebungen auf Disketten.
SYS	Kopiert die DOS-Systemdateien.

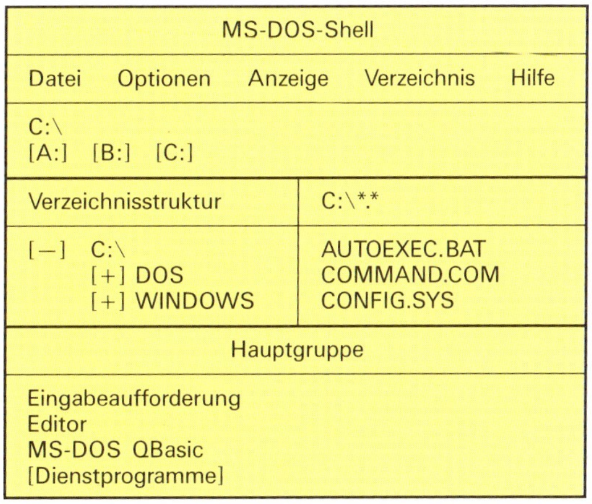

MS-DOS-Shell

Datei Optionen Anzeige Verzeichnis Hilfe

C:\
[A:] [B:] [C:]

Verzeichnisstruktur	C:*.*
[–] C:\ [+] DOS [+] WINDOWS	AUTOEXEC.BAT COMMAND.COM CONFIG.SYS

Hauptgruppe

Eingabeaufforderung
Editor
MS-DOS QBasic
[Dienstprogramme]

Bild 1: Startmenü von DOSSHELL

DOSKEY erzeugt eine Liste eingegebener DOS-Kommandos, die man ansehen, bearbeiten und auch wieder ausführen kann. Die Anzeige der Liste erfolgt z.B. durch Betätigen der Funktionstaste F7. Blättern kann man z.B. mit den Tasten NACH OBEN und NACH UNTEN.

Stapelprogramme

Ein Stapelprogramm ist eine unformatierte Textdatei, die MS-DOS-Kommandos enthält. Einer Stapeldatei (Batch-Datei) wird beim Speichern die Erweiterung .BAT[1] angefügt. Der Aufruf der Kommandofolge erfolgt durch Eingabe des vereinbarten Dateinamens.

Stapelprogramme ersparen das Eintippen immer gleicher Kommandofolgen.

Kurze Stapeldateien kann man mit dem Kommando COPY CON: erzeugen **(Tabelle 1)**.

Beispiel 1:
Erstellen Sie im Laufwerk A eine Stapeldatei, die neue Disketten im Laufwerk B formatiert und auf Fehlerfreiheit prüft!

Lösung: **Bild 1**

Mit COPY CON: NEUDISK.BAT wird die Befehlsdatei NEUDISK.BAT angelegt. Nach Betätigen von RETURN springt der Cursor in die nächste Zeile, so daß dort Text eingegeben werden kann. Jede Zeile wird mit RETURN abgeschlossen. Das Dateiende wird mit CTRL Z (F6-Taste) markiert und mit RETURN abgeschlossen. Gestartet wird das Programm durch Eingabe von NEUDISK.

EDITOR

Stapelprogramme für längere Kommandofolgen schreibt man z.B. mit dem im DOS enthaltenen EDITOR-Programm. Gestartet wird er z.B. durch Anklicken der Menüzeile Editor in der DOSSHELL (Bild 1, vorhergehende Seite) oder durch Eingabe des Namens EDITOR in der Kommandozeile in DOS. Es erscheint dann das Editor-Fenster **Bild 2**. Nach Anklicken des Menüpunktes Neu... kann dann die Eingabe der Kommandos erfolgen.

Beispiel 2:
Erstellen Sie ein Stapelprogramm mit dem Namen NU.BAT, das z.B. die NORTON-Utilities (Hilfsprogramme) aufruft und nach Beendigung in das Wurzelverzeichnis zurückkehrt.

Lösung: **Bild 3**

Wiederholungsfragen

1. **Wie heißen die Systemdateien von MS-DOS?**
2. **Welchen Namen hat die erste Ebene der Dateiverwaltungsstruktur für Inhaltsverzeichnisse?**
3. **Welche Wirkung hat das Kommando DIR/P/W?**
4. **Wodurch unterscheiden sich die Kommandos COPY und DISKCOPY?**

[1] von engl. Batch = Stapel

Tabelle 1: Befehlsdateibearbeitung (Auswahl)

Kommando (Anweisung)	Bedeutung, Auswirkung
PAUSE Test	Unterbricht den Batch-Ablauf. Es wird PAUSE und der folgende Text ausgegeben.
COPY CON: X1	Copy Console = von der Konsole kopieren. Kopiert direkt von der Tastatur in die angegebene Datei X1.
rem	Remark = Bemerkung. Nach rem kann Kommentartext angefügt werden.

```
A>COPY CON: NEUDISK.BAT
PAUSE NEUE Diskette bereitlegen!
FORMAT B:
CHKDSK B:
^Z
        1 Datei(en) kopiert

 A>
```

Bild 1: Befehlsdatei NEUDISK

```
Datei   Bearbeiten   Suchen   Optionen        Hilfe

Neu...
Öffnen...
Speichern...
Speichern unter...
Drucken...
Beenden...

F1 = Hilfe   Entfernt momentan geladene Datei aus
             dem Speicher
```

Bild 2: Bildschirmanzeige des EDITOR-Programms

```
Datei   Bearbeiten   Suchen   Optionen        Hilfe

                   NU.BAT

rem Verzeichniswechsel durchführen
cd UTIL\NORTON
NORTON
cd\

MS-DOS-Editor F1 = Hilfe, ALT = Menü
```

Bild 3: Arbeitsfenster für das Schreiben von Textdateien

4.5.3 Windows

Nach dem Einschalten des Computers wird Windows (Fenster) z.B. durch Aufruf einer Batch-Datei WIN gestartet. Auf dem Bildschirm erscheinen dann das Firmenzeichen (Logo) und die Versionsnummer. Während der Computer mit dem Laden von Dateien beschäftigt ist, wird eine kleine Sanduhr auf dem Bildschirm gezeigt. Dann öffnet ein Programm, das Programm-Manager heißt, auf dem Bildschirm ein Fenster, das diesen meist vollständig füllt **(Bild 1)**. Ein geöffnetes Fenster ist an einen Bildrahmen aus Doppellinien erkennbar. Im Bild 1 sind im geöffneten Fenster Programm-Manager noch die Fenster Hauptgruppe, Applikationen und Zubehör geöffnet. Durch Zeigen mit dem Cursor auf z.B. die Zubehör-Titelleiste und anschließendes zweifaches Betätigen der linken Maustaste wird das Zubehörfenster ausgewählt. Das gewählte Fenster erkennt man dadurch, daß die Titelleiste mit einer Füllfarbe, z.B. Schwarz ausgefüllt ist. So gekennzeichnete Fenster werden *aktive Fenster* genannt. Die Position oder Größe eines aktiven Fensters kann mit der Maus verändert werden. Dazu bewegt man den Mauspfeil auf die Titelleiste oder die Doppellinie des Rahmens, betätigt die linke Maustaste und verschiebt bei gedrückter Maustaste das Fenster oder die Fensterbegrenzung.

Das Markieren mit dem Mauspfeil und folgende Betätigen einer Maustaste wird Anklicken genannt.

Durch Anklicken der Textzeile unter einem Symbol wurde im Fenster Zubehör das Programm Object Manager ausgewählt. Fenster mit mehreren Programmen werden *Gruppe* genannt. So enthält z.B. das Fenster Hauptgruppe die Programme Datei-Manager (Dateiverwaltungsprogramm), Systemsteuerung (Windows-Einstellungen), PIF-Editor (Anpassung von Nicht-Windows-Anwendungen) und Read-Me (Ruft den Texteditor Write mit Windows-Informationen auf). An den Enden der Titelleiste befinden sich Quadrate mit Symbolen zur Fenstersteuerung. Ein Fenster kann auf den ganzen Bildschirm vergrößert, oder zum Symbol verkleinert, d.h. geschlossen, werden.

Bild 1: Bildschirm nach dem Start von Windows

4.6 Speicher

4.6.1 Zentralspeicher

Zentralspeicher sind meist Halbleiterspeicher. Es gibt davon verschiedene Ausführungsarten **(Bild 1)**.

4.6.1.1 Schreib-Lese-Speicher (RAM)

Schreib-Lese-Speicher sind Speicher mit *wahlfreiem Zugriff*, d. h. Daten oder Programme können über eine Adresse beliebig oft eingeschrieben und wieder ausgelesen werden. Die verwendeten Halbleiterspeicher werden als bipolare Speicher oder als MOS-Speicher ausgeführt.

Arbeitsweise

Schreib-Lese-Speicher sind entweder wortorganisiert oder bitorganisiert.

Wortorganisierte Schreib-Lese-Speicher haben eine in Wortleiter und Bitleiter eingeteilte *Speichermatrix*[1] **(Bild 2)**. Die Ansteuerung für die Adressen der Zeilen erfolgt über Zeilendecodierer (Wortdecoder), die Ansteuerung für die Adressen der Spalten erfolgt über *Spaltendecodierer* (Bitdecoder). Mit einer Adresse können je nach Speicherbauelement Worte der Breite 1 bit, 4 bit, 8 bit oder 16 bit gleichzeitig verarbeitet werden.

Bei wortorganisierten Speichern kann nur ein ganzes Wort angesteuert werden.

Die Zahl der Adresseneingänge ist gleich der Summe aus den *Zweierlogarithmen* (binären Logarithmen), der Zahl der Zeilen und der Zahl der Spalten.

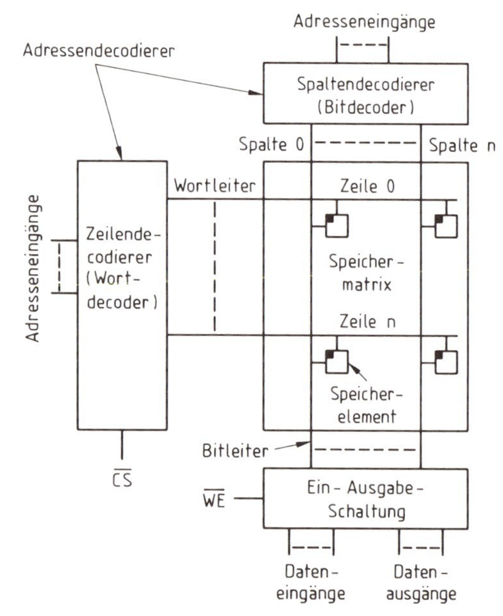

Bild 2: Wortorganisierter Speicher

z_S Zahl der Speicherelemente
n Zahl der Adreßleiter

$$z_S = 2^n$$

$$z_W = z_B = \sqrt{z_S}$$

$$z_x = \text{lb } z_W$$

$$z = z_x + z_y$$

$$z_y = \text{lb } z_B$$

z_W Zahl der Wortleiter
z_B Zahl der Bitleiter
z_x Zahl der Adreßeingänge für die Wortleiter
z_y Zahl der Adreßeingänge für die Bitleiter
z Zahl der Adreßeingänge

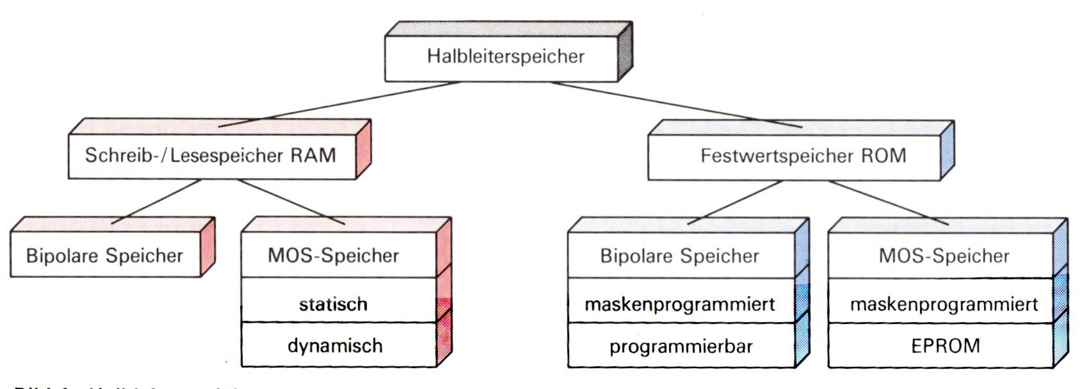

Bild 1: Halbleiterspeicher

[1] lat. matrix = Ursache; hier Anordnung von Speicherelementen in Spalten und Zeilen

Beispiel:
Ein 1024-Bit-Speicher besteht aus einer Speichermatrix mit gleich vielen Wortleitern und Bitleitern.
a) Wieviele Wortleiter und Bitleiter sind erforderlich?
b) Wieviele Adreßeingänge benötigen die Wortleiter und Bitleiter?

Lösung:

a) $z_W = z_B = \sqrt{z_S} = \sqrt{1024} = \mathbf{32}$

b) $z_x = \text{lb}\, z_W = \text{lb}\, 32 = 1/\text{lg}\, 2 \cdot \text{lg}\, 32 = \mathbf{5}$
$z_y = \text{lb}\, z_B = \text{lb}\, 32 = \mathbf{5}$

Die Eingabe-Ausgabe-Schaltungen (EA-Schaltungen) stellen die Verbindung zwischen den externen Schaltungen und der Speichermatrix her. Der Eingang $\overline{WE}$ (Write Enable = Schreibfreigabe) dient zur Steuerung der Eingabe-Ausgabe-Schaltung (Bild 2, vorhergehende Seite) für Schreiben oder Lesen. So kann z. B. das Signal mit dem Wert 0 an diesem Eingang Schreibbetrieb bedeuten. Größere Speicher bestehen aus mehreren Bauelementen gleicher Größe. Über einen Steuerbefehl am Eingang $\overline{CS}$ (Chip Select = Bauelementauswahl) kann der Adressendecodierer abgeschaltet werden (Bild 2, vorhergehende Seite), so daß weder gelesen noch geschrieben werden kann. Soll die entsprechende Matrix angesteuert werden, so wird das Bauelement über das Signal $\overline{cs}$ aktiviert. Ein statisches Speicherelement (SRAM) für die Kapazität von 65536 bit besteht z. B. aus vier Speichermatrizen mit je 16384 bit und 14 Adreßleitern **(Bild 1)**. Mit dem Signal $\overline{cs} = 0$ werden das Bauelement angewählt und die Speichermatrix oder die Tristateelemente mit den Speicheranschlüssen DQ0 bis DQ3 verbunden. Mit dem Signal $\overline{we} = 0$ werden die Tristateelemente hochohmig geschaltet. Damit verbinden die Eingangstreiber die Speicheranschlüsse DQ0 bis DQ3 mit dem Eingangspuffer zum Schreiben der gespeicherten Daten in die Speichermatrix.

Die Steuersignale für den Speicher müssen für fehlerfreien Betrieb in einer bestimmten Reihenfolge beim Lesen oder Schreiben geschaltet werden **(Tabelle 1)**. Bei Signal $\overline{cs} = 1$ wird die Betriebsspannung der Adreßdecodierer und der Ausgangsverstärker abgesenkt. Die Verlustleistung des Speicherbauelementes sinkt dadurch um etwa 70%.

Bitorganisierte Speicher haben eine Speichermatrix, in der jedes einzelne Speicherelement und damit jedes Bit über seine X-Adresse und Y-Adresse aufgerufen werden kann. Als Speicherelemente werden z. B. bipolare Speicherelemente mit Vielfachemitter-Transistoren verwendet.

Speicherelemente

Die Speicherelemente übernehmen die Speicherung der Information von 1 bit innerhalb einer Speichermatrix. Speicherelemente, die die Information 1 bit in einem Flipflop speichern, heißen *statische Speicherelemente*. Speicherelemente, die 1 bit über integrierte kleine Kapazitäten speichern, heißen *dynamische Speicherelemente*.

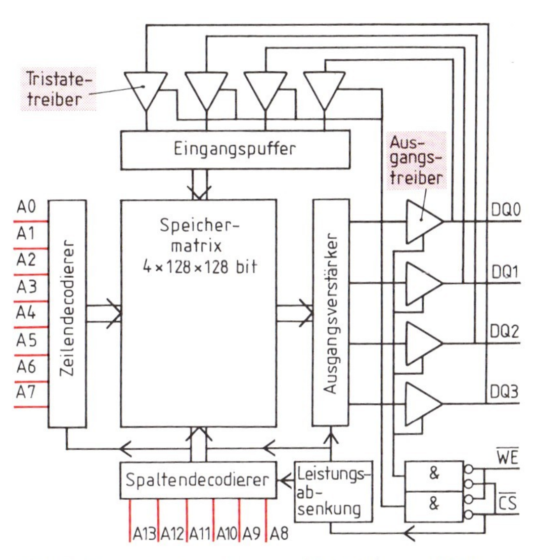

Bild 1: Speicherbauelement (SRAM) mit 65536 bit

Tabelle 1: Lesen und Schreiben bei einem SRAM

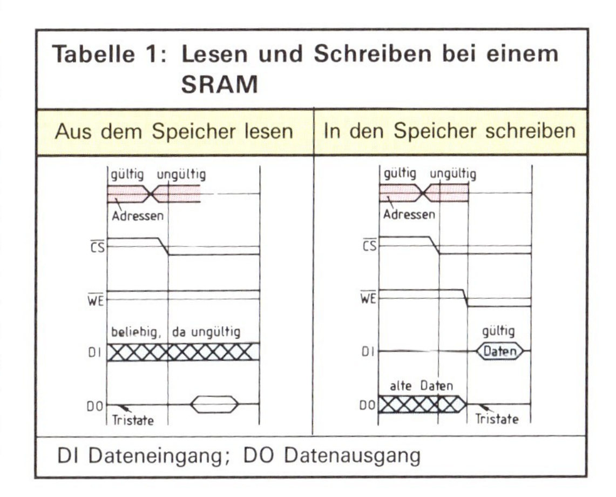

DI Dateneingang; DO Datenausgang

Statische Speicher enthalten Flipflop als Speicherelemente. Dynamische Speicher enthalten Kapazitäten als Speicherelemente.

Statische Speicherelemente benötigen keinen Auffrischzyklus zur Erhaltung ihrer binären Information. Bei dynamischen Speicherelementen ist ein Auffrischzyklus (Refresh-Zyklus) erforderlich, da sich die kleinen Kapazitäten rasch entladen und so nicht eindeutige Signalzustände ergeben.

Dynamische Speicherelemente benötigen in kurzen Zeitabständen einen Auffrischzyklus.

Statische Speicherelemente (SRAM) werden z. B. in bipolarer Technik (TTL), NMOS-Technik oder CMOS-Technik ausgeführt.

Bipolare Speicher mit *Vielfachemitter-Transistoren* enthalten als Speicherelement zwei zu einem Flipflop geschaltete Vielfachemitter-Transistoren **(Bild 1)**. Die Emitter X und Y dienen beim bitorganisierten Speicher zur Adressierung der Speicherzelle, der dritte Emitter wird zum Schreiben oder Lesen benötigt. Bei einem wortorganisierten Speicher mit bipolaren Speicherelementen sind nur zwei Emitter erforderlich. Der Emitter für die Y-Adresse entfällt.

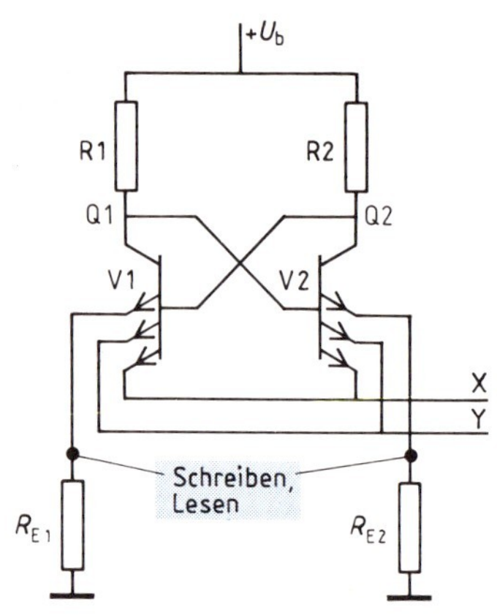

Bild 1: Bipolares Speicherelement (bitorganisierter Speicher)

Ist z. B V1 durchgeschaltet (Bild 1), so ist V2 gesperrt. Über R_{E1} fließt ein Strom, der einen Spannungsfall an R_{E1} verursacht. An R_{E2} dagegen fällt keine Spannung ab. Wird jetzt an V2 ein Emitter an 0 V gelegt, so schaltet V2 durch, da seine Basis an positiver Spannung liegt. Damit liegt aber auch am Kollektor von V2 die Spannung 0 V, d. h. V1 wird gesperrt. Bei durchgeschaltetem Transistor V1 ist der Wert 0 gespeichert, bei durchgeschaltetem Transistor V2 dagegen der Wert 1.

Die Widerstände R_{E1} und R_{E2} werden bei den Speicherschaltungen durch die Schreibverstärker bzw. Leseverstärker gebildet. Dabei wird z. B. V1 vom Schreibverstärker und Leseverstärker für den Wert 1 angesteuert. Die Schreib-Leseverstärker sind umschaltbar auf die einzelnen Speicherelemente.

Zum Schreiben des Wertes 1 werden der X-Leiter und der Y-Leiter gleichzeitig an positive Spannung gelegt. Der Schreibverstärker für den Wert 1 liegt ebenfalls an positiver Spannung und legt den dritten Emitter von V2 an 0 V. Das Flipflop kippt in Stellung 1 an V2 (Bild 1). Ist V2 bereits durchgeschaltet, so ändert sich seine Lage nicht. Beim Lesen sind beide Schreibverstärkereingänge an 0 V gelegt. Hat V2 ein Signal mit dem Wert 1 gespeichert, so wird der Leseverstärker durchgesteuert, und der Wert 1 wird ausgelesen.

Bipolare Speicher haben kleine Zugriffszeiten aber großen Leistungsbedarf.

MOS-Speicher bestehen meist aus Anreicherungs-IG-FET mit N-Kanal **(Bild 2)**, bei CMOS-Technik auch mit P-Kanal.

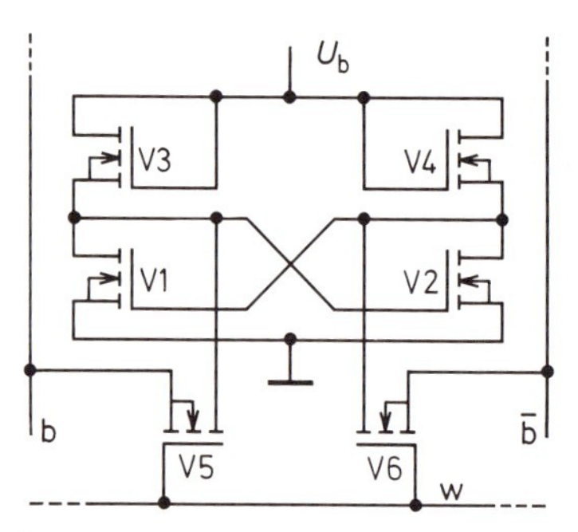

Bild 2: Statisches MOS-Speicherelement

Statische MOS-Speicher bestehen aus Flipflop-Speicherelementen. Bei dem Speicherelement Bild 2 bilden die Transistoren V1 und V2 das Speicherflipflop, V3 und V4 dienen als Arbeitswiderstände, V5 und V6 sind Steuertransistoren.

Bei durchgeschaltetem Transistor V1 liegt etwa 0 V (entsprechend Signal mit dem Wert 0) am Gate von V2 und sperrt diesen FET. Wird der Wortleiter w an positive Spannung gelegt, so schalten V5 und V6 auf die Bitleiter b und $\overline{b}$ durch. Zum Schreiben werden also zunächst V5 und V6 über w angesteuert. Das Setzen des Flipflop erfolgt anschließend über die Bitleiter, die entgegengesetzte Signale führen müssen. Liegt z. B. 0 V an b, so liegt diese Spannung über V5 am Gate von V2. War V2 vorher leitend, so wird er jetzt gesperrt. Bei gesperrtem V2 ändert sich am Schaltzustand nichts.

Zum Lesen werden die Leseverstärker beider Bitleiter hochohmig an U_b geschaltet, so daß sie nicht mehr entgegengesetzte Signale führen. Wenn nun V5 und V6 über ein Signal mit dem Wert 1 (Spannung) am Wortleiter w leitend werden, dann liegt der Bitleiter desjenigen Transistors an 0 V (Signal 0) dessen Drainanschluß 0 V führt. Die Bitleiter ermöglichen also eine eindeutige Aussage über den Signalzustand des Flipflop.

Dynamische MOS-Speicher (DRAM) haben als Speicherelement z. B. drei Transistoren, wobei die Gatekapazität von V1 zur Speicherung der Information verwendet wird **(Bild 1)**.

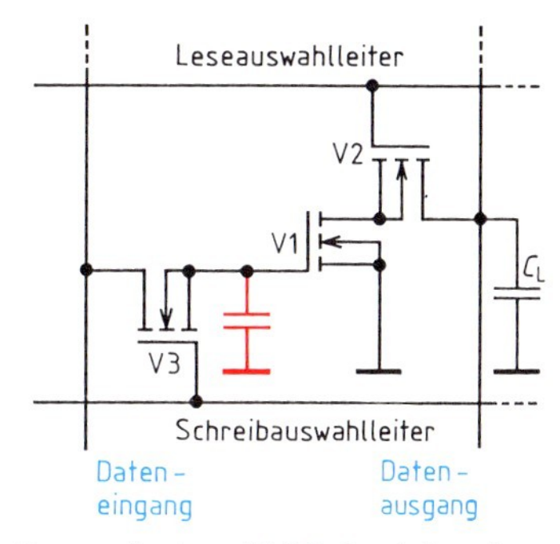

Bild 1: Dynamisches MOS-Speicherelement

Bei der Schaltung Bild 1 mit IG-FET des N-Kanal-Typs speichert das Speicherelement ein Signal mit dem Wert 1, wenn die Gatekapazität so weit aufgeladen ist, daß V1 leitet. Ein Signal mit dem Wert 0 wird gespeichert, wenn V1 gesperrt ist.

Zum Schreiben eines Signales mit dem Wert 1 wird an den Dateneingang eine positive Spannung gelegt, gleichzeitig auch an den Schreibauswahlleiter. V3 ist leitend, und die Gatekapazität von V1 lädt sich positiv auf. Anschließend wird der Schreibauswahlleiter wieder auf Masse gelegt. V3 ist dann gesperrt, und das Signal mit dem Wert 1 bleibt gespeichert.

Zum Lesen wird zunächst die Leitungskapazität C_L des Ausgangsleiters positiv aufgeladen. Anschließend wird der Leseauswahlleiter an positive Spannung gelegt, so daß V2 leitet. Ist V1 ebenfalls leitend, so entlädt sich die Leitungskapazität des Datenausgangs über V2 und V1 gegen Masse. Ist V1 gesperrt, so bleibt die Ladung erhalten. Die Sperrung oder Durchschaltung von V1 bestimmt aber die abgespeicherte Information in der Gatekapazität. Nach Ansteuerung des Leseauswahlleiters hat bei gespeicherter 1 der Datenausgang 0 V, bei gespeicherter 0 dagegen positive Spannung.

Da sich die Gatekapazität auch nach kurzer Zeit entlädt, muß z. B. alle 2 ms ein Auffrischzyklus erfolgen. Dieser ist ein vereinfachter *Lese-Schreibzyklus*. Die Zykluszeit für einen Lese-Schreibvorgang (Lesevorgang mit anschließendem Schreibvorgang) beträgt wegen der im Vergleich zu bipolaren Tansistoren größeren Kapazitäten der Feldeffekttransistoren und der Zeit für den Auffrischzyklus 300 ns bis 600 ns.

Dynamische MOS-Speicher mit 3-Transistor-Speicherelementen haben kleine Verlustleistungen, eine große Integrationsdichte und große Zykluszeiten.

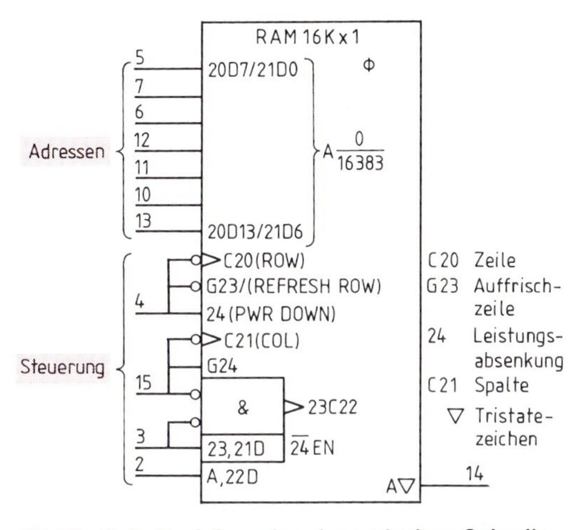

Bild 2: Schaltzeichen des dynamischen Schreib-Lese-Speichers 4116

Der dynamische Speicher 4116 ist ein bitorganisierter Speicher mit einer Speicherkapazität von 16 384 bit. Er hat also 2^{14} = 16 384 Speicherelemente zu je 1 bit Speicherkapazität **(Bild 2)**. Seine Zugriffszeit liegt zwischen 150 ns und 200 ns. Zur Auswahl eines Speicherelementes ist bei einer Speicherkapazität von 16 384 bit eine 14-stellige Adresse erforderlich. Diese teilt sich in eine siebenstellige Zeilenadresse und in eine siebenstellige Spaltenadresse auf. Die Speichermatrix besteht also aus 2^7 = 128 Zeilen und 2^7 = 128 Spalten. Das Zeitablaufdiagramm zeigt den Lesezyklus, Schreibzyklus und Refreshzyklus **(Bild 1, folgende Seite)**. Gerasterte Zeitabschnitte bedeuten dabei, daß das Bauelement auf das Eingangssignal nicht reagiert. Hochohmige Ausgänge (DO) sind durch Linien auf halber Signalhöhe dargestellt (Bild 1, folgende Seite).

Der Lesezyklus beginnt mit der Auswahl der Zeile, in der das gewünschte Speicherelement steht, über die Zeilenadressen A0 bis A6. Der Inhalt aller 128 Speicherelemente der Zeile wird mit der fallenden Flanke des RAS-Signals (von Row Address Strobe = Zeilenadresse) in den 128 bit breiten Leseverstärker übernommen. Anschließend wird das gesuchte Bit durch Anlegen der höherwertigen Adressen A7 bis A13 (Spaltenadresse) mit fallender Flanke des CAS-Signals (von Column Address Select = Spaltenadressenauswahl) aus den im Leseverstärker gespeicherten 128 bit ausgewählt.

Durch das CAS-Signal wird auch der Ausgangsverstärker aktiviert, und der Inhalt des Speicherelementes liegt anschließend am DO-Ausgang (Datenausgang). Beim Schreibzyklus liegen die Daten am DI-Eingang (Dateneingang), und werden mit fallender Flanke des WR-Signals (Schreibsignal) in analoger Weise wie beim Lesen in den Speicher übernommen. Der Inhalt der Speicherelemente der ausgewählten Zeile wird mit der steigenden Flanke des RAS-Signals aus dem Leseverstärker wieder in die Zeile eingeschrieben. Dazu ist die Precharge-Zeit (Precharge = Wiederaufladung) erforderlich, während der der Speicher gesperrt ist (Bild 1). Der Refresh-Zyklus aller übrigen Zeilen wird gesondert durchgeführt.

Wiederholungsfragen

1. **Welche Ausführungsarten von Halbleiterspeichern gibt es?**
2. **Wie ist ein wortorganisierter Speicher aufgebaut?**
3. **Wodurch unterscheiden sich statische Speicher von dynamischen Speichern?**
4. **Welche Besonderheit haben dynamische Speicher?**
5. **Welche Eigenschaften haben bipolare Speicher?**
6. **In welchen Techniken werden bipolare Speicherelemente hergestellt?**
7. **Woraus bestehen statische MOS-Speicher?**
8. **Welche Zyklen enthält das Zeitablaufdiagramm eines dynamischen Speichers?**

4.6.1.2 Festwertspeicher mit wahlfreiem Zugriff (ROM)

Festwertspeicher (ROM) enthalten nach ihrer Fertigstellung, d.h. ihrer Fertigung und Programmierung, einen nicht mehr veränderbaren Inhalt.

Arbeitsweise

Festwertspeicher haben wie Schreib-Lese-Speicher *wahlfreien Zugriff* zu den Speicherelementen. Sie sind wortorganisiert. Die Organisationsform eines Festwertspeichers entspricht Bild 2, Seite 410, jedoch ohne Eingabeschaltungen. Nach ihrem Aufbau unterscheidet man maskenprogrammierte Festwertspeicher und programmierbare Festwertspeicher (PROM[1]).

Maskenprogrammierte MOS-Festwertspeicher

Diese Speicher bestehen aus einer Matrix, in der entweder eine Verbindung zwischen Wortleiter und Bitleiter über einen Transistor vorhanden ist oder kein Transistor vorhanden ist **(Bild 1, folgende Seite)**. Die Auswahl eines Speicherelementes erfolgt durch Anlegen eines Signals mit dem Wert 1 an den Wortleiter, an allen anderen Wortleitern liegen Signale mit dem Wert 0. Ist im Speicherelement ein

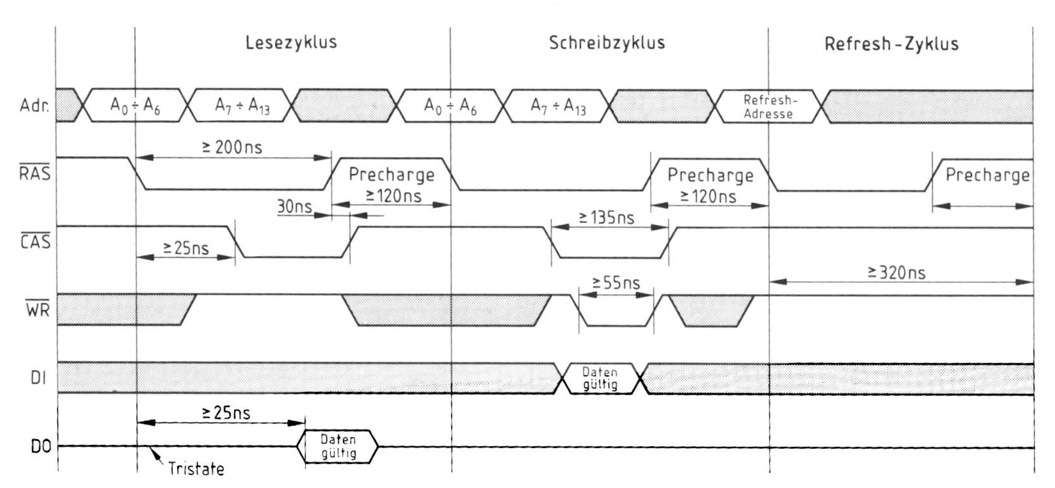

Bild 1: Zeitablaufdiagramm von Speicher 4116

[1] engl. PROM Kunstwort aus Programmable ROM = programmierbarer Lesespeicher

MOS-Transistor vorhanden, so leitet dieser und zieht den Datenleiter auf 0-Pegel. Ist im Speicherelement kein Transistor, so fließt kein Strom und der Datenleiter behält Signal mit dem Wert 1. Das Datenleitersignal wird durch Ausgangsverstärker verstärkt dem Datenausgang zugeführt.

Maskenprogrammierte MOS-Festwertspeicher erlauben große Speicherkapazitäten je Bauelement.

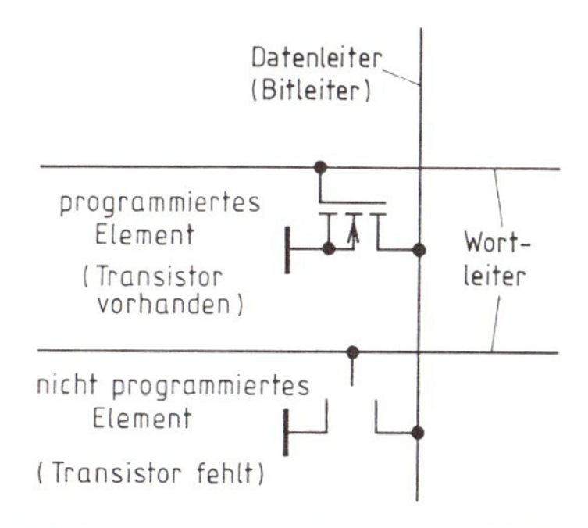

Bild 1: Maskenprogrammierung bei ROM in MOS-Technik

Programmierbare MOS-Festwertspeicher

Derartige Speicher sind mehrfach programmierbare Festwertspeicher (REPROM[1]), d.h. man kann durch einen Löschvorgang den ursprünglichen Zustand vor der Programmierung wiederherstellen. Das Löschen kann dabei durch Bestrahlung mit UV-Strahlung oder durch elektrische Impulse erfolgen.

EPROM[2] sind programmierbare MOS-Festwertspeicher, deren Inhalt durch Bestrahlen mit UV-Strahlung vollständig gelöscht werden kann. Anschließend sind die einzelnen Speicherelemente wieder programmierbar. Ihre Wirkungsweise beruht auf einer Verschiebung der Schleusenspannung eines MOS-Transistors. Verwendet wird dazu ein FAMOS-Speicherelement[3], das zwei Gates enthält **(Bild 2)**. Das eine Gate ist ein *schwebendes* Gate (floating gate), das andere ist das Steuergate für das Speicherelement. Das schwebende Gate speichert Elektronen und damit die Information. Die Programmierung erfolgt durch Injektion energiereicher Elektronen aus dem Kanal. Der N-Kanal-FET arbeitet im Anreicherungsbetrieb. Zur Auswahl der Zeile (Wortleiter) dient das über dem schwebenden Gate integrierte Steuergate (select gate). Liegt am Steuergate die Spannung 0 V, so kann weder im ungeladenen wie im geladenen Zustand ein Strom zwischen Source und Drain fließen. Beim Programmieren liegt am Steuergate und am Drainanschluß Spannung. Ein Signal mit dem Wert 1 ist vorhanden, wenn sich im Bereich des schwebenden Gates keine negativen Ladungen befinden. Als Speicherelement liegt der FAMOS-Transistor mit dem Steuergate am Wortleiter und mit dem Drainanschluß am Datenleiter (Bild 2).

FAMOS-Speicherelemente können Informationen mehrere Jahre spannungslos speichern.

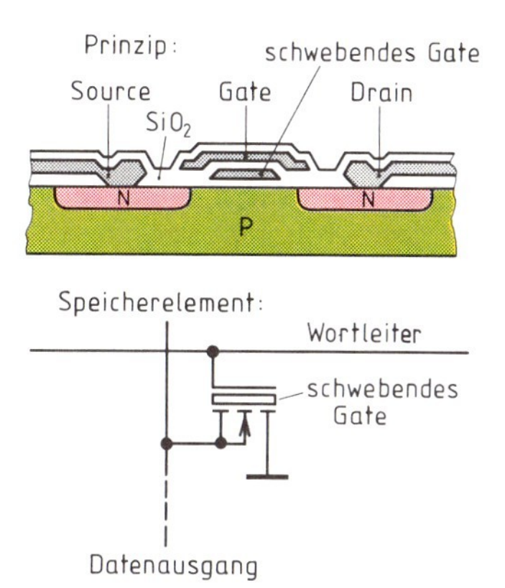

Bild 2: FAMOS-Speicherelement

EAROM[4], **EEPROM**[5] sind so aufgebaut, daß man einzelne Speicherelemente oder Worte gezielt ändern kann, ohne daß das Bauelement aus der Schaltung entfernt werden muß.

EEPROM und EAROM können in der Schaltung programmiert werden. Ihre Zugriffszeit ist ähnlich wie bei EPROM.

Wiederholungsfragen

1. **Wodurch sind Festwertspeicher gekennzeichnet?**
2. **Welche Arten von Festwertspeichern unterscheidet man?**
3. **Woraus bestehen maskenprogrammierte MOS-Festwertspeicher?**
4. **Welchen Vorteil haben EPROM?**
5. **Wie arbeitet ein FAMOS-Speicherelement?**
6. **Wie sind EAROM aufgebaut?**

[1] engl. REPROM Kunstwort aus REProgrammable ROM = löschbarer programmierbarer Lesespeicher
[2] engl. EPROM Kunstwort aus Erasable Programmable ROM = löschbarer programmierbarer Lesespeicher
[3] engl. FAMOS Kunstwort aus Floating Avalanche Injection MOS = MOS-Transistor mit schwebendem Gate
[4] engl. EAROM Kunstwort aus Electrically Alterable ROM = elektrisch veränderlicher Lesespeicher
[5] engl. EEPROM Kunstwort aus Electrically Erasable PROM = elektrisch löschbarer PROM

4.6.2 Periphere Speicher

Periphere Speicher sind Speicher, die außerhalb der CPU zur Verfügung stehen.

Floppy-Disk-Speicher

Floppy-Disk-Speicher[1] (Diskettenspeicher) sind Speicher, bei denen der Informationsträger aus einer mit Eisenoxid beschichteten dünnen Polyesterfolie, der Diskettenscheibe, besteht. Die Scheibe ist in einer mit Vlies ausgekleideten viereckigen Kunststoffhülle eingeschlossen. Der Scheibendurchmesser beträgt $5^1/_4''$, $3^1/_2''$ oder $2^1/_2''$ sowie selten 8″ (1″ = 1 Zoll = 25,4 mm). Die Datenspeicherung kann doppelseitig (2S oder DS, von engl. Double Sided), mit doppelter Dichte (2D oder DD, von engl. Double Density) oder mit hoher Dichte (HD, von engl. High Density) erfolgen **(Tabelle 1)**.

Die Einteilung (Organisation) der Diskette übernimmt das Disketten-Betriebssystem DOS (DOS, engl. Disk Operation System). Beim Formatieren (Einteilen) einer Diskette teilt DOS diese in konzentrische Spuren und Sektoren je Spur ein **(Bild 1)**.

Bei der $5^1/_4''$-Diskette mit 360 KB Speicherkapazität ist die Seite 0 die Seite gegenüber dem Etikett, die Seite 1 die Etikettenseite. Die Spuren werden von 0 bis 39 numeriert. Jede Spur hat 9 Sektoren (Bild 1). Intern beginnt DOS mit 0 bei der Numerierung der Sektoren. Die Sektoren 0 bis 8 liegen auf der Seite 0, die Sektoren 9 bis 17 auf der deckungsgleichen Spur der Seite 1. Jeder Sektor kann 512 Bytes aufnehmen. Die kleinste belegbare Speichereinheit ist 1 Cluster[2]. Es enthält zwei Sektoren, d. h. 1024 Bytes. Auf die ersten 12 Sektoren auf der Spur 0 greift beim Booten der Bootstrap-Loader zu und prüft, ob dort ein Betriebssystem enthalten ist, welches dann geladen wird **(Tabelle 2)**.

Die 12 Sektoren enthalten

– den Bootsektor[3] (Sektor 0)

– die Dateizuordnungstabelle FAT[4] (Sektoren 1 bis 4)

– das Systemverzeichnis (Root Directory[5]) (Sektoren 5 bis 11).

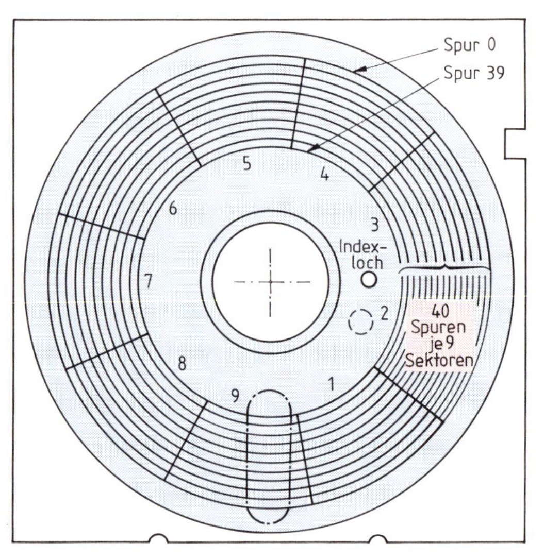

Bild 1: Organisation einer Diskette (360 KB)

Tabelle 2: Sektoreninhalte Spur 0

Bezeichnung	Inhalt
Bootsektor (Boot Sector)	PC-Art, Betriebssystem Angaben über Sektoren, Cluster, Diskettenart
Dateizuordnungs-tabelle FAT (File Allocation Table)	Angaben über Inhalte von Clustern: Dateifortsetzung, Dateiende, freie Cluster, defekte Cluster
Systemverzeichnis (Root Directory)	Name, Länge, Extension der Dateien, Clusternummer des Dateibeginns

Tabelle 1: Disketten (Auswahl)

Durchmesser in Zoll	Kapazität	Beschriftung	Spurenzahl	Sektoren je Spur	Spuren je Zoll (tpi)	Bezeichnungs-beispiel
$3^1/_2$	720 KB	doppelseitig	80	9	135	2DD
$3^1/_2$	1440 KB	doppelseitig	80	18	135	2HD
$5^1/_4$	360 KB	doppelseitig	40	9	48	2S/2D; DS,DD
$5^1/_4$	1200 KB	doppelseitig	80	15	96	2S/HD; DS,HD

tpi Abkürzung für engl. tracks per inch = Spuren je Zoll; 1 Zoll = 1″ = 25,4 mm

[1] engl. floppy disk = schlaffe Scheibe; [2] engl. Cluster = Büschel; [3] engl. boot = Stiefel
[4] FAT Abkürzung für engl. **F**ile **A**llocation **T**able = Dateizuordnungstabelle; [5] engl. root directory = Systemverzeichnis, Wurzelverzeichnis

Datenträger editieren

Absoluter Sektor 0000000, System BOOT, Abs-Disk-Sec 0000000

0000 (0000)	EB	3C	90	4D	53	44	4F	53	35	2E	30	00	02	02	01	00	δ<ÉMSDOS5.0
0016 (0010)	02	70	00	D0	02	FD	02	00	09	00	02	00	00	00	00	00	p ²
0032 (0020)	00	00	00	00	00	00	29	F9	1A	5D	38	4E	4F	20	4E	41	).]8NO NA

Bild 1: Speicherauszug einer Diskette

Beispiel 1:
Berechnen Sie die Sektornummer von Cluster 2!

Lösung:
SNR = (CNR − 2) · 2 + 12 = (2 − 2) · 2 + 12 = **12**

Das erste belegbare Cluster bekommt die Nummer 2 und beginnt beim Sektor 12. Auf einer $5^1/_4$"-Diskette stehen (2 · 40 · 9 Sektoren − 12 Sektoren)/(2 Sektoren/Cluster) = 354 Cluster zur Verfügung.

Disketten sind preisgünstige, periphere Informationsspeicher.

Der Speicherauszug (DUMP) **Bild 1** einer Diskette für z. B. 360 KB zeigt den Bootsektor beim Betriebssystem MSDOS 5.0. In einer Zeile werden die hexadezimalen Inhalte von 16 Speicherzellen (= 16 Bytes) ausgegeben. Die Adresse der ersten Speicherzelle steht am Zeilenbeginn als Dezimalzahl bzw. dahinter in Klammern als Hexadezimalzahl. Im Klarschriftfeld ganz rechts im Bild 1 werden die Inhalte der Speicherzellen als ASCII-Zeichen ausgegeben. Dabei erscheinen Leerzeichen und Zeichen aus dem erweiterten ASCII-Code, so daß scheinbar zusammenhanglose Inhalte entstehen. Die Speicherzellen 0 bis 10 enthalten Angaben über den Disketteninhalt, z. B. MSDOS 5.0 (Bild 1).

SNR Sektornummer
CNR Clusternummer

SNR = (CNR − 2) · 2 + 12

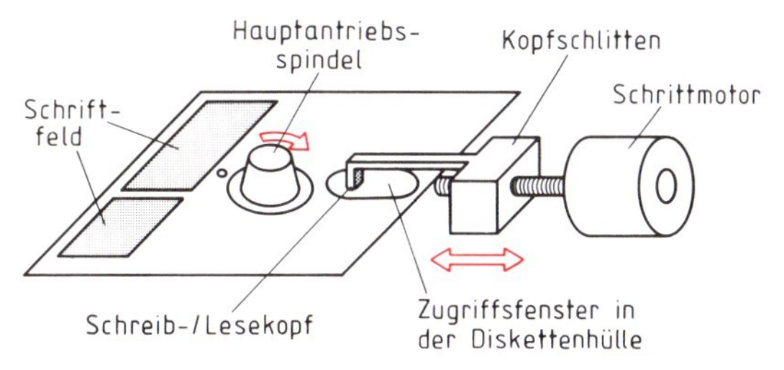

Bild 2: Datenaufzeichnung auf einer Diskette

Beispiel 2:
Erläutern Sie die Inhalte der Speicherzellen 0011 bis 0031 des Bootsektors in Bild 1!

Lösung: **Tabelle 1**

Die Datenaufzeichnungen und das Lesen einer Diskette erfolgt über das Zugriffsfenster **(Bild 2)**.

Tabelle 1: Inhalt des Bootsektors (Auszug)

Dez. Adresse der Speicherzelle	Inhalt (hexadez.)	Bedeutung	Im Beispiel 2
0012, 0011	0200	Bytes/Sektor	200H = 512
0013	02	Sektoren/Cluster	2
0015, 0014	0001	Reservierte Sektoren	1
0016	02	Anzahl der FAT	2
0018, 0017	0070	Directory-Einträge (je 32 Byte)	70H = 112
0020, 0019	02D0	Zahl der Sektoren	2D0H = 720
0021	FD	Mediabyte	FD ≙ 2S, 40 Spuren, 9 Sektoren
0023, 0022	0002	Sektoren/FAT	2 * 512 = 1024 Bytes
0025, 0024	0009	Sektoren/Seite	9
0027, 0026	0002	Zahl der Köpfe (Seiten)	2
0029, 0028	0000	Versteckte Seiten	–
0031, 0030	0000	–	–

Die Drehzahl beträgt z.B. 600/min. Die maximale Speicherkapazität liegt bei 2 MB, die Übertragungsrate kann 500 kbit/s betragen.

Der Umgang mit Disketten erfordert die Beachtung von Behandlungsvorschriften. Dazu gehören z.B. von Magnetfeldern fernhalten, nicht knicken, nicht ohne Hülle stapeln und keine Beschriftung mit hartem Schreibzeug **(Bild 1)**.

Die $3^1/_2''$-Diskette hat gegenüber der $5^1/_4''$-Diskette den Vorteil, daß ihr Gehäuse mit einem Metallkern und einem Kopffensterverschluß aus Metall (Metallshutter) ausgestattet ist **(Bild 2)**. Dadurch ist sie sehr robust. Der Disketteninhalt ist geschützt, wenn das Schreibsperrenfenster offen ist, d.h. der Schieber unten ist (Bild 2).

$3^1/_2''$-Disketten sind mechanisch stabil und haben eine große Speicherkapazität.

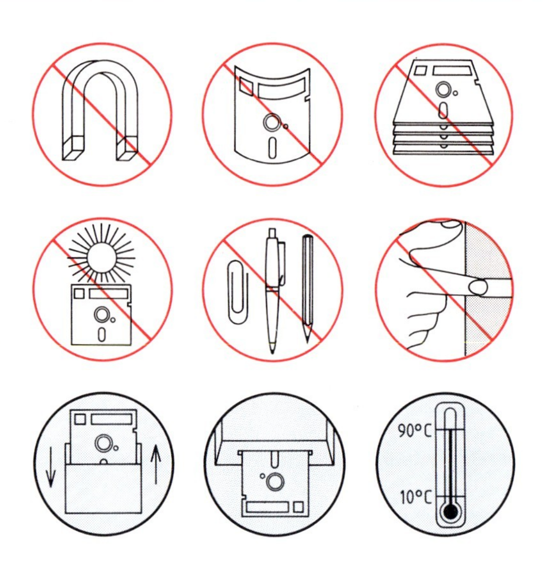

Bild 1: Diskettenschutz

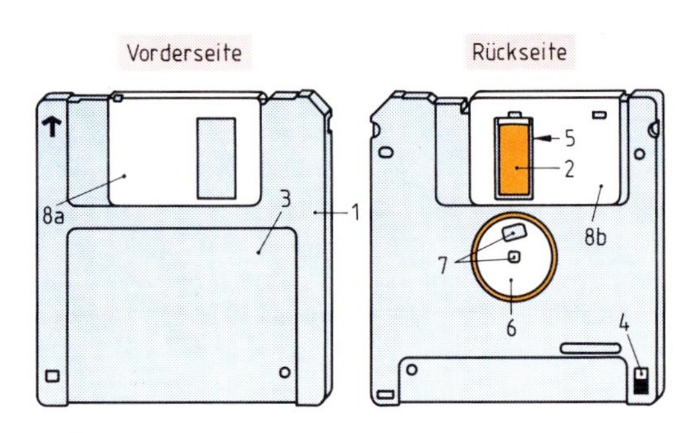

1 Halbstarre Hülle, 2 Flexible Magnetscheibe, 3 Etikettierbereich, 4 Schreibsperre/Schreibfreigabe, 5 Kopffenster, 6 Metallkern, 7 Zentrier- und Antriebsöffnungen, 8a Kopffenster-Verschluß, 8b Kopffenster-Verschluß geöffnet

Bild 2: $3^1/_2''$-Diskette

Festplattenspeicher

Festplattenspeicher bestehen aus extrem genau gefertigten Platten aus Aluminium als Träger der Magnetschicht **(Bild 3)**. Die Platten rotieren z.B. mit 3600/min, was z.B. am Plattenrand eine Geschwindigkeit von 160 km/h bedeutet. Die Magnetköpfe (Schreib-Leseköpfe) sind in Dünnschichttechnik gefertigt und „fliegen" in einem Abstand von etwa 0,6 µm über der Plattenoberfläche. Dadurch erfolgt die mechanische Abnutzung der Köpfe und der Platten nur beim Einschalten und beim Abschalten. Die Kapazität einer Plattenseite kann einige Millionen Bytes betragen. So kann z.B. eine 30-MB-Platte den Inhalt der Bibel (6 MB) fünfmal speichern.

Die Spurdichte beträgt bis zu 30 Spuren je mm, die Übertragungsgeschwindigkeit kann bis zu 10 Mbit/s betragen. Die *Zugriffszeit*, die sich aus der Zeit für das Aufsuchen der Spur und Aufsuchen des gewünschten Sektors zusammensetzt, liegt bei etwa 10 ms.

Festplattenspeicher sind schnelle Peripheriespeicher mit hohen Speicherkapazitäten.

Personalcomputer haben oft ein Floppy-Disk-Laufwerk und ein Festplattenlaufwerk. Das Festplattenlaufwerk ist ein Plattenspeicher (Bild 3), bestehend aus einer oder mehreren Platten. Die Speicherkapazität reicht von 10 MB bis in den Gigabytebereich, die Übertragungsrate ist meist 5 Mbit/s, die Plattendurchmesser betragen $5^1/_4''$ bzw. $3^1/_2''$.

Bild 3: Festplatten-Laufwerk

Die Bewegung der Schreib-Leseköpfe erfolgt z. B. durch einen geregelten Stellantrieb mit Linearmotor (Servopositioniersystem) **(Bild 1)**.

Auf der Platte ist eine Servoinformation, die genaue Angaben über die Spurfindung durch den Schreib-Lesekopf enthält. Diese wird gelesen, von der Elektronik ausgewertet und für die Positionierung der Köpfe verwendet. Das Gesamtsystem (Bild 1) bildet einen Regelkreis.

Aufzeichnungsverfahren

Bei Disketten und Festplatten werden zur Datenaufzeichnung auf die Magnetschicht meist Frequenzmodulationsverfahren verwendet **(Bild 2)**. Die Aufzeichnung der binären 0 und 1 in die Bitzellen (örtliche Stellen für ein Bit) (Bild 2) erfolgt seriell durch Horizontalmagnetisierung (Magnetisierung in horizontaler Richtung).

Bei Festplatten mit sehr hoher Speicherdichte wird die Magnetschicht in vertikaler Richtung magnetisiert.

Beim *FM-Verfahren* wird an den Anfang jeder Bitzelle ein Taktbit geschrieben, ein Datenbit (1-Bit) in deren Mitte (Bild 2). Beim *MFM-Verfahren*, das z. B. bei DD-Disketten angewendet wird, werden Datenbits in die Mitte der Bitzellen geschrieben (Bild 2). Taktbits werden an den Anfang der Bitzelle nur dann geschrieben, wenn kein Datenbit in die vorhergehende Bitzelle und in die vorliegende Bitzelle geschrieben wird.

Beim *MMFM-Verfahren* wird das Schreiben von Taktbits weiter reduziert (Bild 2). Die Taktfrequenz ist bei MFM und MMFM doppelt so groß, wie bei FM (Bild 2).

Memory Cards

Memory Cards (Magnetkarten) sind externe Speicher, die ungefähr so groß sind wie eine Telefonkarte **(Bild 3)**. Sie enthalten einen programmierbaren Festwertspeicher mit Speicherkapazitäten von 128 KB an bis zu mehreren MB. Die Zugriffszeiten liegen zwischen 100 ns bis 250 ns. Memory Cards können z. B. zur Archivierung von NC-Programmen verwendet werden. Zum Einlesen in die NC-Maschine ist ein entsprechendes Lesegerät erforderlich.

Magnetbandspeicher

Magnetbandspeicher sind ähnlich wie ein Tonbandgerät aufgebaut **(Bild 1, folgende Seite)**. Auf dem Band sind meist neun Spuren nebeneinander angeordnet. Zu jeder Spur gehört ein eigener Magnetkopf. Es kann also ein Zeichen gleichzeitig gespeichert werden. Das neunte Bit dient als Kontrollbit.

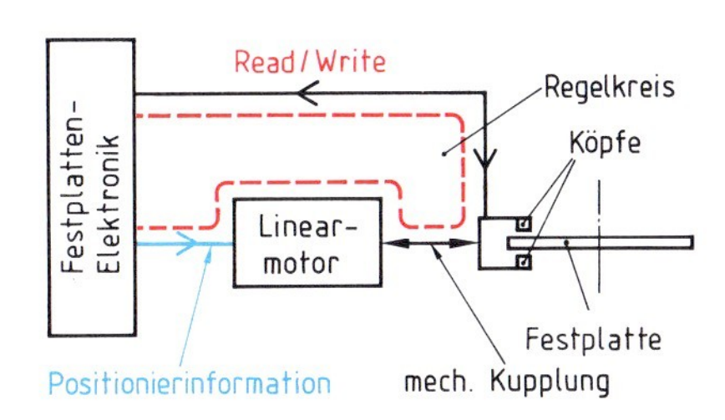

Bild 1: Prinzip der Servopositionierung

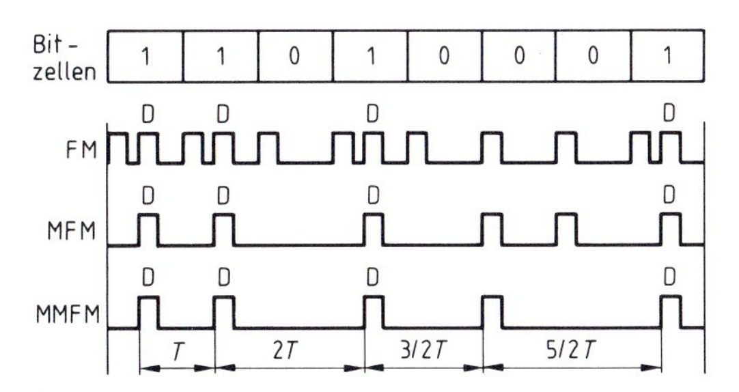

FM Frequenzmodulation für einfache Aufzeichnungsdichte ($T = 4\ \mu s$)

MFM Modifizierte Frequenzmodulation für doppelte Aufzeichnungsdichte ($T = 2\ \mu s$)

MMFM Weiter modifizierte MFM ($T = 2\ \mu s$)

D Datenbit (1-Bit)

Bild 2: Aufzeichnungsverfahren

Bild 3: Memory-Card mit Laufwerk

Die Datenspeicherung auf dem Magnetband erfolgt *blockweise* zu je 2000 bis 4000 Zeichen. Jeder *Block* hat seine Adresse. Die Blöcke sind durch Blocklücken voneinander getrennt. Es kann nur blockweise geschrieben oder gelesen werden.

Magnetbandspeicher können große Datenmengen speichern, haben aber eine große Zugriffszeit.

Magnetbandspeicher mit Magnetbandkassetten erlauben wesentlich kleinere Baugrößen und höhere Speicherkapazitäten als bei Laufwerken nach Bild 1. In der Kassette, die die Maße 125 × 110 × 25 mm hat, werden 18-Spur-Magnetbänder mit einer Aufzeichnungsdichte von 38 000 Byte/Zoll beschrieben. Eine Kassette hat 22% mehr Speicherkapazität als ein 720-m-Band und ist halb so groß.

Streamer[1] oder DAT-Bandlaufwerke[2] sind im Prinzip Kassettenrecorder bester Qualität, die hauptsächlich zur Aufzeichnung kompletter Datensätze von Festplatten zur Datensicherung (Backup) verwendet werden. Sie haben große Speicherdichten (bis zu 10 000 bpi[3]) und Speicherkapazitäten. Die Aufzeichnungsgeschwindigkeit beträgt etwa 300 kByte/s.

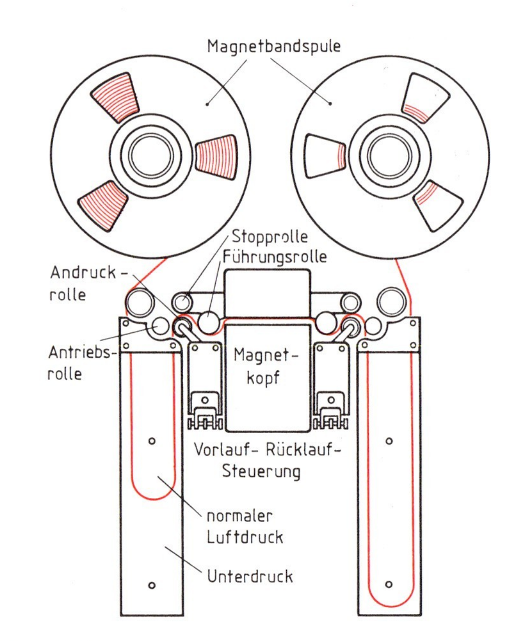

Bild 1: Magnetbandspeicher

4.6.3 Optische Speicher

CD-ROM sind Nur-Lesespeicher in Form einer Kompakt-Disk (WORM-Platte[4]) ähnlich wie bei CD-Schallplatten **(Bild 2)**. Auf einer CD-Disk von $5^1/_4''$ lassen sich 600 MB, entsprechend 150 000 Schreibmaschinenseiten A4, abspeichern. Sie sind daher als Massenspeicher, z.B. zur Archivierung von großen Datenmengen, verwendbar. Vorteile sind leichte Austauschbarkeit der Platten und unbegrenzte Speicherdauer. Von Nachteil ist, daß sie nicht löschbar sind. Die Zugriffszeit beträgt ungefähr 25 ms.

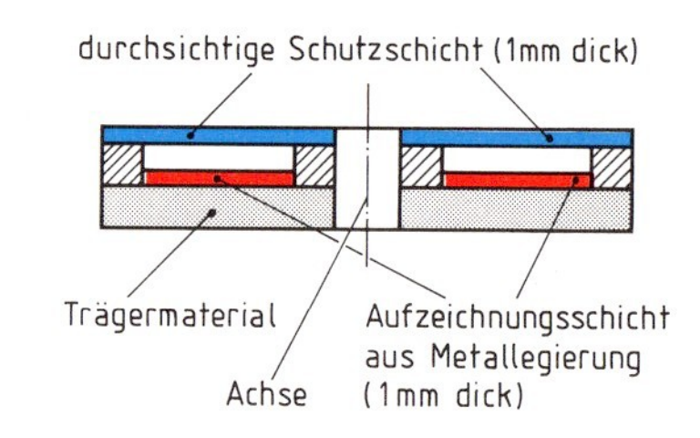

Bild 2 Schnitt durch eine WORM-Platte

Die Speicherscheibe wird mit einem sehr fein fokussierten Laserstrahl programmiert. Dies geschieht durch Einbrennen von Löchern, den Pits (engl. pit = Grube), von 1 µm Durchmesser in vorgeprägten Spuren (14 500 Spuren/Zoll). WORM-Laufwerke gibt es als getrennte Abspielgeräte oder als Einbaugeräte in PC.

Magneto-optische-Schreib-Lese-Speicher (MO-Speicher) sind wieder beschreibbare CD-Speicher. Sie bestehen aus Magnetschichten von 0,1 µm Dicke. Beim Schreiben erhitzt ein Laserbrennfleck örtlich die Metallschicht in einer vorgeprägten Rille **(Bild 3)**.

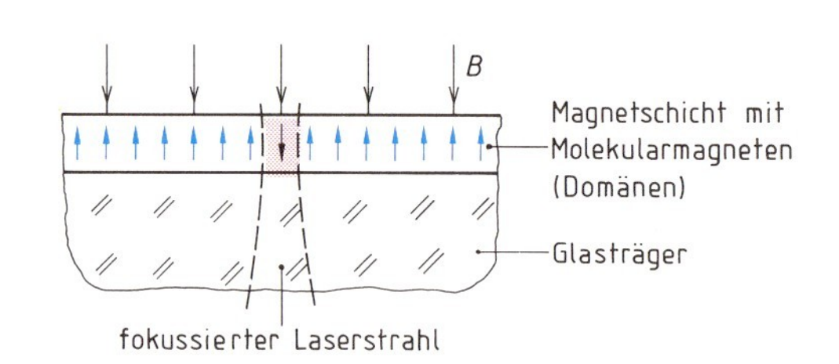

Bild 3: Entstehung von Domänen

Durch ein von außen wirksames Magnetfeld in Gegenrichtung zur ursprünglichen Plattenmagnetisierung wird an der Stelle des Brennfleckes die molekulare Magnetschicht umgekehrt polarisiert (Bild 3). Es entsteht ein Bereich (Domäne) mit *Abwärtsmagnetisierung*. Das Lesen der Domänen erfolgt mit einem Laserstrahl kleiner Intensität. Das linear polarisierte Licht wird an der magnetischen Schicht reflektiert und wenig in seiner Polarisationsebene gedreht. Diese Drehung hängt von der Magnetisierungsrichtung der Domäne ab und wird durch einen Detektor erkannt. Er liefert den Ausgangspegel Low bei Abwärtsmagnetisierung und High bei Aufwärtsmagnetisierung.

[1] engl. Streamer = fliegendes Band; [2] DAT von engl. Digital Audio Tape = Digitaltonband; [3] bpi von bit per inch = Bit je Zoll
[4] WORM Kunstwort von engl. Write Once Read Many = schreibe einmal, lese vielmal

Das Löschen der aufgezeichneten Informationen geschieht durch Laserbestrahlung der geschriebenen Domänen und ein äußeres Magnetfeld in gleicher Richtung, wie die ursprüngliche Magnetisierung war. Der Spurabstand beträgt 1,7 µm, die Domänen sind bis 2 µm lang. Die Aufzeichnungsdichte liegt bei 50 Mbit/cm^2, die Übertragungsgeschwindigkeit bei 20 Mbit/s. Die Zugriffszeit liegt zwischen 20 ms bis 70 ms, die Speicherkapazität kann mehrere GB betragen.

Kristallin-amorphe optische Schreib-Lesespeicher arbeiten mit unterschiedlicher Reflexion kristalliner und amorpher (nicht kristalliner) Formen desselben Materials. Letztere entstehen durch Einbrennen mit einem Laserstrahl und rascher Abkühlung. Die amorphen Bereiche stellen die Information dar. Beim Löschen mit einem Laserstrahl gehen die amorphen Teile wieder in die kristalline Form über.

4.6.4 Spezialspeicher

RAM-DISK-Speicher sind Speicher bei Personalcomputern, die das Arbeiten mit entsprechenden Dienstprogrammen, z. B. Word, erheblich beschleunigen. Zu diesem Zweck werden z. B. Word und die damit zu bearbeitende Datei komplett in den Arbeitsspeicher des Computers, der als RAM-DISK formatiert ist, geladen. Möglich ist dies nur, wenn der Arbeitsspeicher eine genügend große Speicherkapazität besitzt.

Cache-Speicher[1] sind Zwischenspeicher innerhalb der CPU, die z. B. bei Computern mit RISC-Architektur (engl. **R**educed-**I**nstruction-**S**et-**C**omputer = Computer mit reduziertem Befehlssatz) angewendet werden und deshalb einem sehr schnellen Zugriff durch die CPU unterliegen **(Bild 1)**. Der Cache-Speicher ist ein Speicherbereich, der wie ein Schieberegister nach dem FIFO-Prinzip (First in First Out = zuerst hinein zuerst heraus) verwaltet wird. Sämtliche Befehle gelangen über diesen Speicher in die Verarbeitung in der CPU. Immer wenn ein neuer Befehl in den Cache-Speicher hineingeschoben wird, wird der älteste noch im Cache befindliche Befehl herausgeschoben. Es sind also immer eine gewisse Zahl von Befehlen direkt für die CPU verfügbar, was die Rechengeschwindigkeit erheblich steigert. Besonders günstig wirkt sich die Zeitverkürzung bei Programmschleifen aus, da keine Befehle vom CPU-externen Arbeitsspeicher geladen werden müssen, sondern schon im Cache resident vorhanden sind. Der Cache-Speicher kann sowohl Programmcodes als auch Daten zwischenspeichern.

[1] engl. Cache = unterirdisches Depot, sprich: käsch

eingeschobener Befehl
herausgeschobener Befehl
180 → 180 179 178 … 132 131 130 → 129
Zeit t_1
→ 181 180 179 … 133 132 131 → 130
t_1 +1Zyklus
→ 182 181 180 … 134 133 132 → 131
t_1 +2Zyklen

Bild 1: Arbeitsweise eines Cache-Speichers

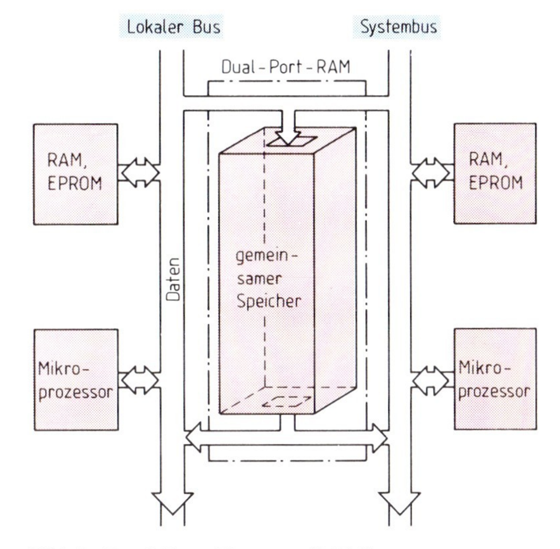

Bild 2: Dual Port Memory (DPM)

Dual-Port-Memories (Doppel-Anschluß-Speicher, DPM) dienen zum Datenaustausch in Mikrocomputersystemen, in denen z. B. mehrere Mikroprozessoren über Bussysteme miteinander verbunden sind **(Bild 2)**. Sie erlauben den Zugriff auf einen Speicher von zwei Seiten aus. Ein DPM wirkt ähnlich wie ein Briefkasten. Der anfragende Master greift über den Systembus auf die ständig verfügbare Speicheradresse des DPM zu. Die Synchronisation ist über die Systemsoftware des DPM festgelegt.

Mit DPM erfolgt ein Datenaustausch zwischen den Beteiligten praktisch ohne Wartezeiten.

Wiederholungsfragen

1. **Wodurch erfolgt die Einteilung einer Diskette?**
2. **Welche Eigenschaften haben Festplattenspeicher?**
3. **Nennen Sie die Aufzeichnungsverfahren für Festplatten!**
4. **Woraus bestehen Memory Cards?**

4.7 Dateneingabe und Datenausgabe

4.7.1 Eingabegeräte

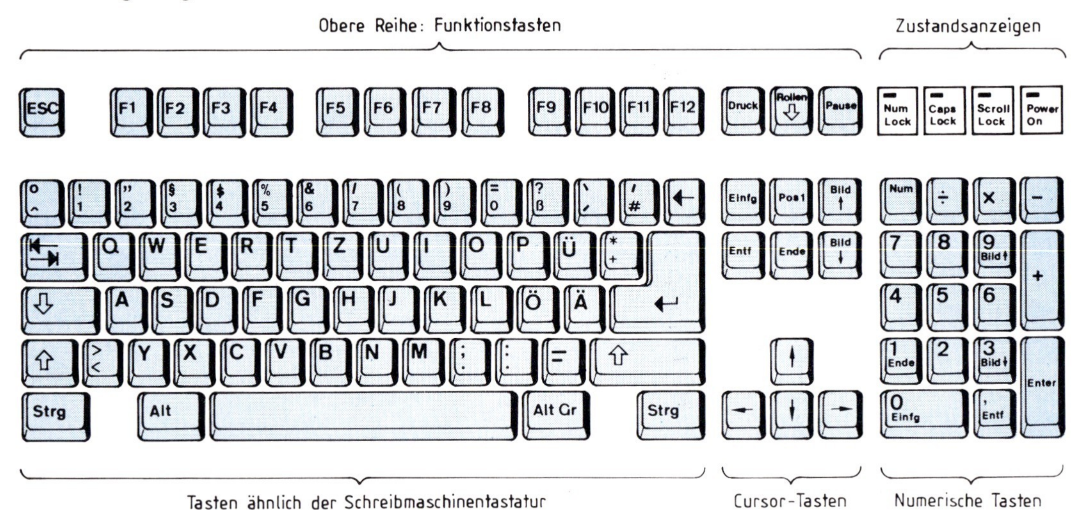

Bild 1: Tastatur eines PC

4.7.1.1 Tasten und Wertgeber

Die *alphanumerische Tastatur* **(Bild 1)** ist das universellste Dateneingabegerät. Die gewünschte Funktion, z. B. tan(.17), kann man durch Betätigung der entsprechenden Tasten eingeben.

Die *Funktionstastatur* **(Bild 2)** ist stets auf die vorgesehene Aufgabe zugeschnitten, so z. B. beim Taschenrechner auf die Aufgaben der Mathematik.

Bedienungsfelder für computergesteuerte Maschinen sind für eine leichte und schnelle Bedienung meist mit Funktionstastaturen ausgestattet, welche aber für Sonderfunktionen, z. B. für Fehlerdiagnose, umschaltbar sind auf Alphabetrieb (Buchstabeneingabe) (Bild 2).

Häufig ergänzt man alphanumerische Tastaturen mit einigen Funktionstasten oder Funktionstastaturen **(Bild 3)**, wobei die Funktion, welche über die jeweilige Funktionstaste ausgelöst wird, durch das Computerprogramm frei zugeordnet werden kann. Die aktuelle Funktion wird dann durch Einblenden eines Menüs am Bildschirmrand angezeigt **(Bild 1, folgende Seite)**. Derart programmierbare Tasten nennt man *Softkeys*[1].

Mit *Wertgebern* (Bild 3) kann man z. B. Bildschirmdarstellungen von Gegenständen vergrößern, verschieben und verdrehen. Ein Wertgeber enthält eine Strichscheibe und erzeugt beim Drehen Impulse.

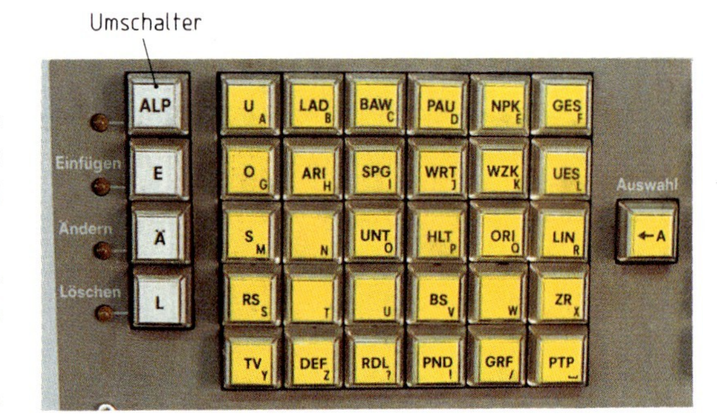

Bild 2: Funktionstastatur, umschaltbar auf Alphabetrieb

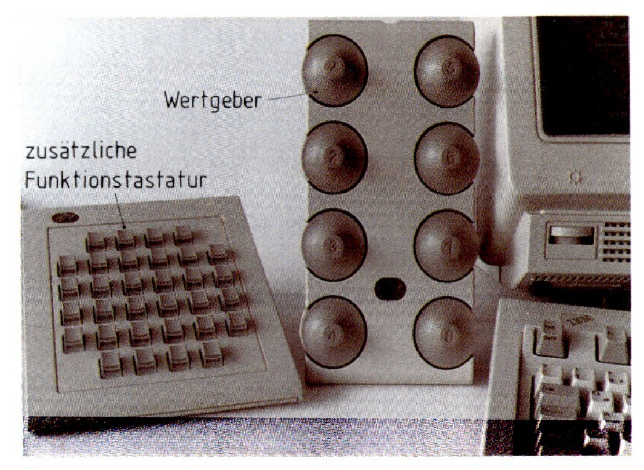

Bild 3: Zusätzliche Funktionstastatur und Wertgeberkonsole

[1] engl. softkey = durch Software erzeugte Taste

4.7.1.2 Dateneingabe mit Cursor am Bildschirm

Mit Hilfe eines Cursors und einer Cursorsteuereinrichtung kann man Daten und Befehle eingeben. Der Cursor zeigt dem Bediener an, an welcher Stelle auf dem Bildschirm eine Dateneingabe erwartet wird. Den Cursor kann man auch auf ein Menüfeld zur Auswahl einer Funktion setzen. Mit dem Cursor können auch Symbole, welche am Bildschirmrand eingeblendet sind, aufgenommen und auf der Bildschirmebene an anderer Stelle plaziert werden. Dies findet Anwendung bei Schaltzeichen, so daß diese damit in einen Schaltplan eingetragen werden können.

Jedem Punkt auf dem Bildschirm ist eine Speicherzelle im Bildschirmspeicher zugeordnet. Mit Hilfe eines Cursorsteuergeräts wird dieser Speicher adressiert. Als Cursorsteuergeräte verwendet man Tasten, Maus, Trackerball, Joystick und den Touch-Screen (Berührungsbildschirm).

Die Cursortastatur besteht aus einem sternförmig angeordneten Tastenfeld mit fünf Tasten für Cursorbewegungen entsprechend den aufgedruckten Pfeilrichtungen (Bild 1, vorhergehende Seite). Durch die Taste mit schräg liegendem Pfeil wird der Cursor in die Anfangsposition, z.B. in die obere linke Ecke, gebracht.

Die *Maus* besteht aus einem kleinen Kästchen, welches auf dem Tisch oder einer speziellen Unterlage (Maustableau) bewegt wird, und zwei oder drei Tasten. In gleicher Richtung wie man die Maus bewegt, bewegt sich auch der Cursor. Bei der Maus, welche auf einem üblichen Tisch benützt werden kann, wird eine Gummikugel auf dem Tisch abgerollt, und dabei werden zwei senkrecht zueinander angeordnete Strichscheiben oder Schlitzscheiben (Inkrementalgeber) für die x-Richtung und die y-Richtung angetrieben **(Bild 2)**.

Mit jedem mittels Lichtschranke erfaßtem Strich wird ein Impuls zur Bewegung des Cursors um einen Schritt ausgelöst. Die absolute Lage der Maus auf dem Tisch oder einem Maustableau spielt dabei keine Rolle. Mit den Tasten an der Maus können Befehle ausgelöst werden.

Die Datenübertragung zum Rechner und vom Rechner zur Maus geschieht meist im Halbduplexbetrieb über eine V.24-Schnittstelle (Abschnitt 4.7.3), z.B. mit 3 Byte **(Bild 3)**. Die Zahlenwerte für Δx und Δy der Relativbewegung entsprechen den aufgesammelten Inkrementen während der vorhergehenden Datenübertragungsphase.

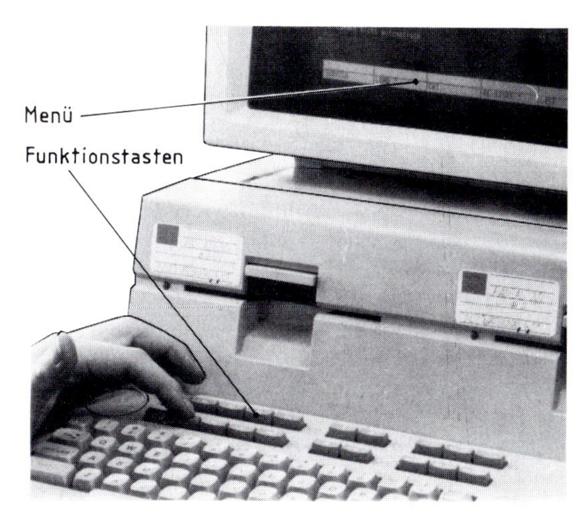

Bild 1: Funktionstasten mit Menü am Bildschirm

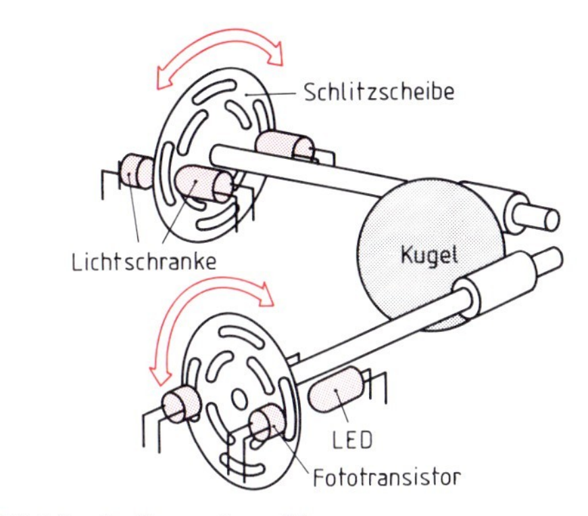

Bild 2: Aufbau einer Maus

Kopf-daten				Schalter-status			Zahlenwert Δx								Zahlenwert Δy							
1	0	0	0	X	X	X	X	X	X	X	X	X	X	X	X	X	X	X	X	X	X	X
1. Byte							2. Byte								3. Byte							

Bild 3: Übertragungsformat für Daten der Maus

Beim *Trackerball*[2] wird mit dem Daumen und Zeigefinger oder Mittelfinger die etwa 3 cm große Kugel in ihrer Lagerung gedreht. Bei Drehung der Kugel liefern zwei Inkrementalgeber, welche senkrecht zueinander angeordnet sind, Impulse zur Cursorsteuerung. Wie bei der Maus wird der Trackerball durch einige Tasten zur Auslösung von Funktionen ergänzt. Man kann mit den Tasten im Tippbetrieb eine Feinpositionierung des Cursors durchführen. Dabei verschiebt sich mit jedem Tippen der Cursor um einen Bildpunkt.

[1] franz. Tableau = Tafel (sprich: Tabloh); [2] engl. tracker = Verfolger, ball = Ball

Der *Touch-Screen*[1] (Berührungsbildschirm) ermöglicht durch Berühren eines Menüfeldes auf dem Bildschirm die Dateneingabe entsprechend dem auf dem Menüfeld angezeigten Befehl. Am Bildschirmrand sind piezoelektrische Umsetzer, welche Schallimpulspakete in *x*-Richtung und *y*-Richtung aussenden. Durch Berührung mit dem Finger wird die Schallwelle reflektiert und gelangt zurück zu dem piezoelektrischen Umsetzer, welcher als Empfänger dient. Die Schallaufzeit ermöglicht die Positionsbestimmung des Fingers.

4.7.1.3 Digitalisierer (Digitizer)

Digitalisierer ermöglichen die punktweise Erfassung von Zeichnungen und auch von Befehlen, wenn auf dem Digitalisiertablett eine Menütafel aufgelegt ist. Zur Festlegung einer Position wird ein beweglicher Markierer, der als Griffel **(Bild 1)** oder als Meßlupe mit Fadenkreuz **(Bild 2)** ausgeführt ist, auf dem Digitalisiertisch an die gewünschte Stelle gebracht. Die Dateneingabe erfolgt durch Druck auf den Griffel oder bei der Meßlupe auf Knopfdruck. Die Positionserfassung auf dem Digitalisiertablett erfolgt beim Stift z. B. über eine kapazitive Kopplung und bei der Meßlupe über eine induktive Kopplung.

4.7.1.4 Datenerfassung mit Lichtstift und Barcode

Zur Datenerfassung im Bereich des Handels werden Waren mit einem Balkencode (Barcode, von engl. Bar = Balken) versehen. Zur Kennzeichnung von Lebensmitteln wurde der EAN-Code (EAN, von Europäische Artikel Numerierung) eingeführt **(Bild 2)**. Dieser Code kann mit einem manuell geführten Lichtstift **(Bild 3)** oder bei Förderbändern mit einem Laserabtaster erfaßt werden. Der EAN-Code setzt sich aus dunklen Strichen und hellen Lücken von einfacher bis vierfacher Breite zusammen.

4.7.1.5 Scanner

Scanner (Abtaster) tasten Textvorlagen bzw. Bildvorlagen optisch ab und erzeugen von dem aufgenommenen Text bzw. Bild ein Datenfile, das im angeschlossenen Computer weiterverarbeitet werden kann. Im 1-Bit-Modus erzeugt der Scanner ein Schwarzweißbild, z. B. von Strichzeichnungen oder von Schreibmaschinentexten. Im Mehr-Bit-Modus, z. B. im 8-Bit-Modus, wird jeder Bildpunkt in $2^8 = 256$ Graustufen zerlegt und somit ein grauschattiertes Bild erzeugt.

[1] engl. to touch = berühren

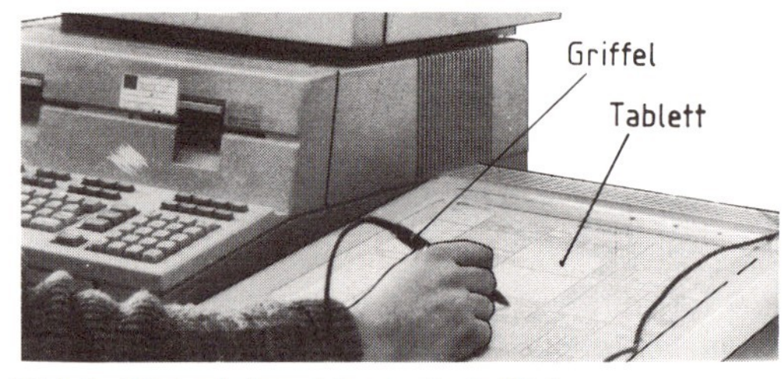

Bild 1: Digitalisiertablett mit Griffel

Bild 2: Markierer mit Meßlupe

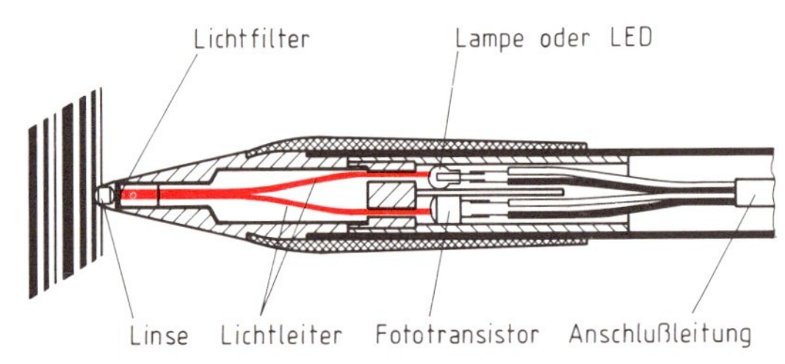

Bild 3: Lichtstift

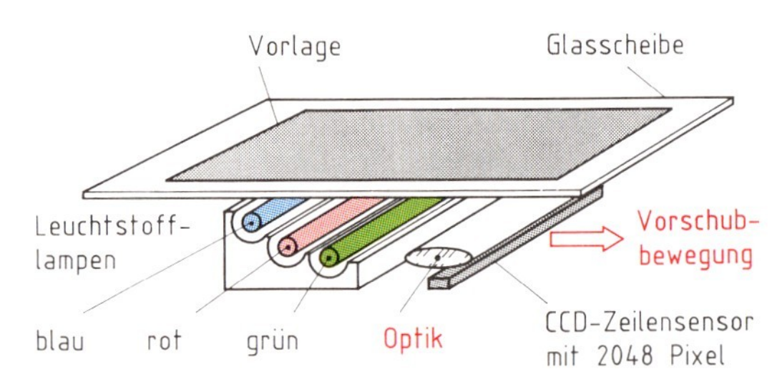

Bild 4: Prinzip des Flachbett-Farbscanners

Farbscanner belichten die Vorlage wechselweise mit rotem, grünem und blauem Licht, erfassen dabei die Farben der Vorlage, spalten diese in die Farben Rot, Grün, Blau auf, und erzeugen ein RGB-Signal **(Bild 4)**. Das Abscannen der Vorlagen erfolgt meist mit einer in Stufen wählbaren Auflösung von 75 dpi bis 400 dpi (dpi von engl. dots per inch = Punkte je Zoll).

4.7.2 Ausgabegeräte

Die Datenausgabe zur direkten Mensch-Maschinen-Kommunikation geschieht über Anzeigefelder (Displays[1]), Bildschirme und über Lautsprecher der Sprachausgabegeräte. Zur Darstellung von Ausgabedaten auf Papier verwendet man Schreibmaschinen, Drucker und Plotter. Die Datenausgabe zur Maschinensteuerung erfolgt über parallele oder serielle Schnittstellen sowie über Digital-Analog-Umsetzer.

Bild 1: LED-Display mit 8 Zeilen je 32 Zeichen (Ausschnitt)

4.7.2.1 Anzeigen und Displays

Bei Anzeigen unterscheidet man zwischen den Segmentanzeigen zur Darstellung von Ziffern mit 7, 14 oder 16 Segmenten je Zeichen, den Matrixanzeigen zur Darstellung von alphanumerischen Zeichen mit 5 × 7 bis 7 × 12 Punkten je Zeichen und Anzeigen für Grafik.

Displays sind Anzeigefelder und werden aus Anzeigebausteinen aufgebaut **(Bild 1)**. Die LED-Displays enthalten meist rotes Licht emittierende GaAs-Dioden mit einem Strahlungsmaximum bei 650 nm.

Die LCD-Displays[2] **(Bild 2)** betehen aus sehr dünnen Schichten mit flüssigen, langgestreckten Kristallmolekülen. Bei Anlegen einer Spannung wird hindurchgehendes Licht um 90° gedreht. Der Flüssigkristall erscheint in diesem Fall zwischen zwei gekreuzten Polarisatoren für reflektiertes Licht hell. Ohne angelegte Spannung erscheint der Flüssigkristall hingegen dunkel. Anstelle einer Reflexionsfolie, kann man die LCD-Anzeigen auch mit rückseitiger Lichtquelle betreiben. LCD-Displays gibt es mit z.B. 128 × 128 Punkten **(Bild 3)**.

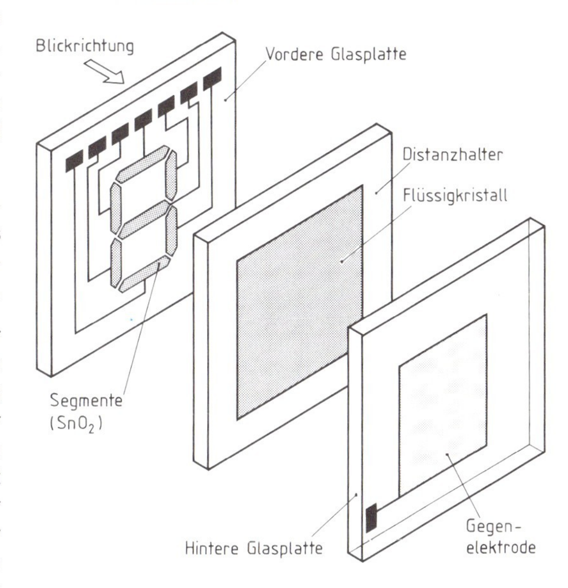

Bild 2: Aufbau einer LCD-Anzeige mit 7 Segmenten

Bild 3: Zeichendarstellung im Grafikmodus

4.7.2.2 Datensichtgeräte (Monitore)

Datensichtgeräte mit Bildschirmen (CRT[3]) ermöglichen sowohl alphanumerische als auch grafische Darstellungen.

Das Datensichtgerät kann im Alphamodus und im Grafikmodus betrieben werden. Im Alphamodus überträgt der Rechner an den Bildschirmspeicher die zu jeder Zeile gehörenden ASCII-Zeichen. Eine Darstellung mit 25 Zeilen zu je 80 Zeichen und somit 25 × 80 = 2000 Zeichen auf einer Bildschirmseite ist üblich. Jedes Zeichen wird als Wort von 2 Byte in einem RAM-Bildwiederholspeicher abgespeichert, und zwar dient 1 Byte für die Zeichencodierung und ein zweites Byte für Attribute, z.B. für das Blinken.

Im Grafikmodus wird jeder einzelne Bildschirmpunkt des Bildschirmes codiert (Bit-abbildender Modus, engl. = Bit-Mapped Mode). Bei der Ausgabe von Linien, die nicht horizontal oder vertikal verlaufen, erkennt man in der Mikrostruktur an den horizontalen bzw. vertikalen Absätzen die punktweise Darstellung **(Bild 3)**. Je mehr Punkte man auf dem Bildschirm darstellen kann, um so besser erkennbar sich auch Einzelheiten.

[1] engl. Display = Schaustellung; [2] LCD von Liquid Crystal Display = Flüssigkristallanzeige; [3] CRT engl. Cathode-Ray-Tube = Katodenstrahlröhre

Einfache Bildschirmgeräte haben eine Grafikdarstellung mit z.B. 640 × 200 = 128 000 Punkten. Hochauflösende Grafikbildschirmgeräte ermöglichen eine Darstellung mit z.B. 2048 × 1560 = 3 194 880 Bildpunkten. Bei einer Bildwiederholfrequenz von 60 Hz müssen die Bildpunkte mit 128 000 · 60 Hz = 7,68 MHz bzw. mit 3 194 880 · 60 Hz = 191,69 MHz an die Bildschirmsteuerung aus dem Bildwiederholspeicher übertragen werden, und diese muß in der Lage sein, den Elektronenstrahl mit dieser Frequenz hell und dunkel zu tasten. Der Videoverstärker muß zur randscharfen Punktdarstellung eine etwa doppelt so große Bandbreite haben.

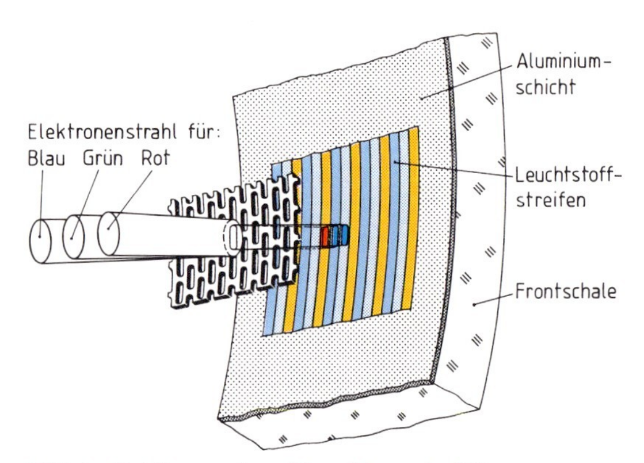

Bild 1: Schlitzmaskenröhre (Ausschnitt)

Die Funktionsweise des Datensichtgeräts mit Farbbildschirm *(Farbmonitor)* ist ähnlich wie beim Farbfernsehgerät. Die Farben ergeben sich aus der unterschiedlich starken Anregung von rotfluoreszierenden, blaufluoreszierenden und grünfluoreszierenden Punkten oder Streifen durch je einen Elektronenstrahl **(Bild 1)**. Damit die jeweiligen Bildpunkte bzw. Streifen vom Elektronenstrahl exakt getroffen werden, ist im Bildschirm hinter dem Frontglas eine Punktmaske oder Schlitzmaske aus Metall angebracht. Bei genauem Hinsehen erkennt man auf dem Bildschirm die einzelnen Farbpunkte oder Farbstreifen. Die Darstellungsschärfe ist bei Farbbildschirmen daher weniger gut als beim Monochrombildschirm.

Angesteuert werden Datensichtgeräte mit Farbbildschirm meist über je ein Signal für die Farben Rot, Grün, Blau (RGB-Signale), und je einem Signal für die horizontale Ablenkung (Zeilenablenkung) und die vertikale Ablenkung (Bildablenkung) der Elektronenstrahlen.

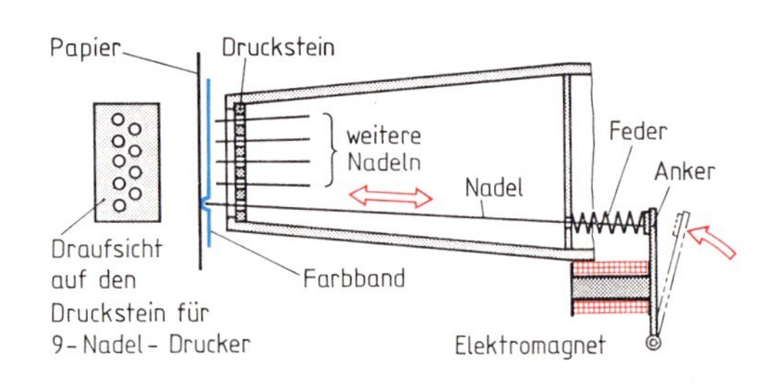

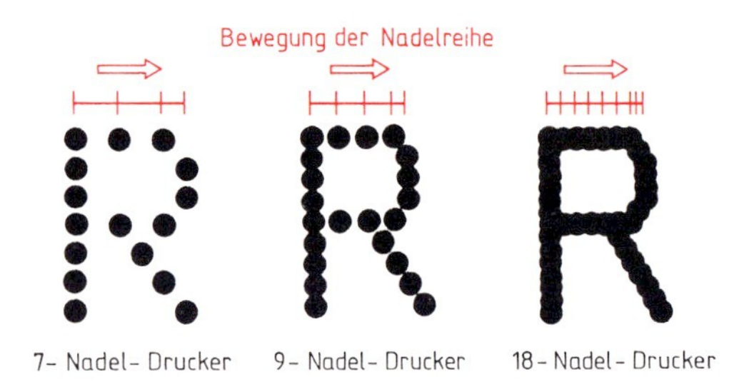

Bild 2: Prinzip und Schriftbild eines Nadeldruckers (stark vergrößert)

4.7.2.3 Drucker

Matrixdrucker

Mit Matrixdruckern werden Zeichen durch ein Punktraster dargestellt. Man unterscheidet zwischen Nadeldruckern, Tintendruckern, Thermodruckern und Laserdruckern.

Beim *Nadeldrucker* **(Bild 2)** werden mit z.B. 9 Nadeln in einer Reihe oder bis 48 Nadeln in mehreren Reihen während der Vorwärtsbewegung und der Rückwärtsbewegung des Nadelschreibkopfes in Zeilenrichtung die einzelnen Nadeln gegen ein Farbband und das zu beschreibende Papier angeschlagen. Das gewünschte Zeichen setzt sich dabei aus einzelnen Punkten einer Zeichenmatrix zusammen. Der Zeichengenerator, ein ROM mit der Zuordnung der anzuschlagenden Nadeln innerhalb einer Matrix, bestimmt während der Vorwärtsbewegung des Schreibkopfes in Zeilenrichtung, welche der Nadeln betätigt werden müssen. Die Schriftart, die Schriftdicke und die Schriftgröße können variiert werden und werden durch die Software des Zeichengenerators bestimmt. Neben der Darstellung von alphanumerischen Zeichen ermöglicht der Nadeldrucker auch die Darstellung von Grafiken, z.B. von Diagrammen und Zeichnungen.

Beim *Tintendrucker* sind haarfeine Tintenkanäle in einer Reihe oder in zwei Reihen angeordnet **(Bild 1)**, ähnlich den Nadeln beim Nadeldrucker. Die Tinte wird über einen austauschbaren Behälter bereitgestellt und den Tintenkanälen über einen zentralen Kanal zugeführt. Das Ausstoßen des Tintentröpfchen erfolgt entweder thermisch durch lokale Verdampfung der Tinte und anschließende Kondensation oder mit Hilfe piezokeramischer Röhrchen. Diese Röhrchen verändern bei Anlegen einer Spannung ihre Querschnitte. Dies wird hier ausgenützt, um ein Tintentröpfchen zu erzeugen. Durch einen Spannungsimpuls an das Piezoröhrchen wird der Druck im Tintenkanal impulsartig stark erhöht, und ein Tröpfchen wird aus der Düse ausgestoßen und auf das Papier geschossen.

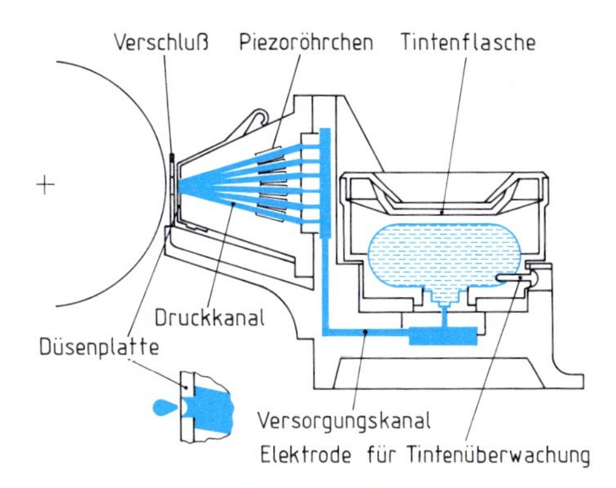

Bild 1: Aufbau des Tintendruckkopfes

Laserdrucker

Laserdrucker arbeiten bezüglich des Druckvorganges wie Kopiermaschinen (Xerografie[1]). Die Belichtung der Druckwalze erfolgt aber im Unterschied zum Kopierer mit einem Infrarotlaserstrahl. Der Laserstrahl **(Bild 2)** wird mit einem schnell rotierenden Polygonspiegel (Spiegel aus vielen gegeneinander geneigten Flächen) abgelenkt und erzeugt damit eine belichtete Linie auf der Fotoleitertrommel. Mit einem piezokeramischen Steuerelement, dem akustop-optischen Ablenksystem, kann man den Laserstrahl in mehrere schaltbare Teilstrahlen auffächern.

Damit ist es möglich, innerhalb eines Ablenkzyklusses in mehreren Linien die Fotoleitertrommel punktweise mit etwa 10 Punkten je Millimeter zu belichten. Dies führt zu einer Darstellung mit einem Raster von $10 \times 10 = 100$ Punkten je Quadratmillimeter.

Für den xerografischen Druckvorgang wird die sich drehende Fotoleitertrommel durch eine Coronaentladung (Aufsprühen von Ladungsträgern) elektrostatisch aufgeladen. Die Fotoleitertrommel ist mit dem Halbleiter Selen beschichtet und im Dunkeln nichtleitend, in den durch den Laserstrahl belichteten Bereichen jedoch leitend. Dort verliert sie die Ladung. Es entsteht entsprechend der Belichtung ein „Ladungsbild" als Negativ. Positiv geladenes, feinstes Farbpulver (Toner) wird aufgestreut, bleibt in den belichteten (nichtgeladenen) Bereichen haften und wird auf das Papier durch Umdruck aufgebracht.

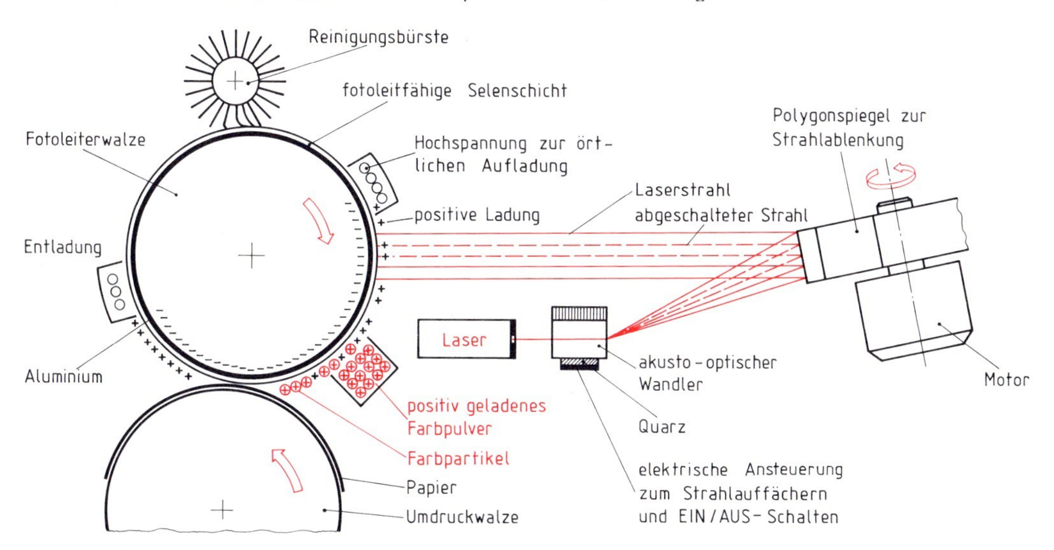

Bild 2: Aufbau eines Laserdruckers

[1] griech. xero = trocken, graphein = zeichnen

Die Zeichendarstellung bezüglich Schriftart, Schriftdicke und Schriftgröße wird durch die Software des Zeichengenerators festgelegt. Es sind alle Schriftarten einschließlich der japanischen und chinesischen Schriftzeichen, möglich. Man kann auch selbst Symbole erzeugen. Zur Darstellung eines 16 × 16 Punkte umfassenden Symbols sind 16 × 2 Byte zu programmieren **(Bild 1)**. Hierfür schreibt man in ein Datenfeld die Dezimalzahlen zu dem Bitmuster ein, das dem Punktmuster entspricht.

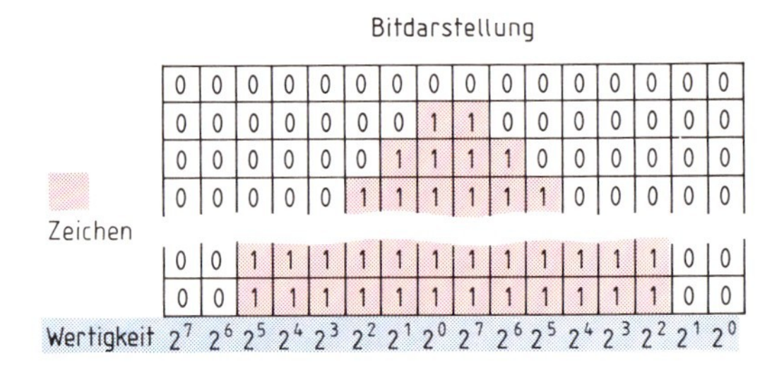

Bytedarstellung mit Dezimaläquivalent

0	0
1	128
3	192
7	224
63	508
63	508

Bild 1: Zeichendarstellung beim Laserdrucker

4.7.2.4 Plotter

Plotter[1] sind Zeichenmaschinen. Die Zeichenstifte werden bei Tischplottern in der *x*-Achse und *y*-Achse entsprechend der zu zeichnenden Linie mit Hilfe einer numerischen Positioniersteuerung bewegt **(Bild 2)**. Bei *Trommelplottern* **(Bild 3)** wird der Zeichenstift nur in einer Achse, quer zur Trommel, bewegt. Die andere Achse ist die Trommel, mit dem darauf gespanntem Papier. Sie wird über den Rechner so vorwärts und rückwärts gedreht, daß ebenfalls die gewünschte Zeichnungslinie entsteht. Die Bewegungen werden meist mit Schrittmotoren ausgeführt. Durch die digitale Vorgabe der Linien und durch die kleinste Schrittweite bei Schrittmotorantrieben, z. B. bei Schrittweiten von 0,1 mm, werden Kurvenzüge durch Geradenstückchen in einem 0,1 mm Raster angenähert (Bild 1). Die Plottersteuerung enthält Liniengeneratoren und Symbolgeneratoren, welche aus den vom Rechner übermittelten Daten für Linienanfang und Linienende oder z. B. für Buchstabensymbole die Bewegungen der zwei Zeichenmaschinenachsen errechnen.

Mit Plottern können Zeichnungen hoher Zeichnungsqualität hergestellt werden.

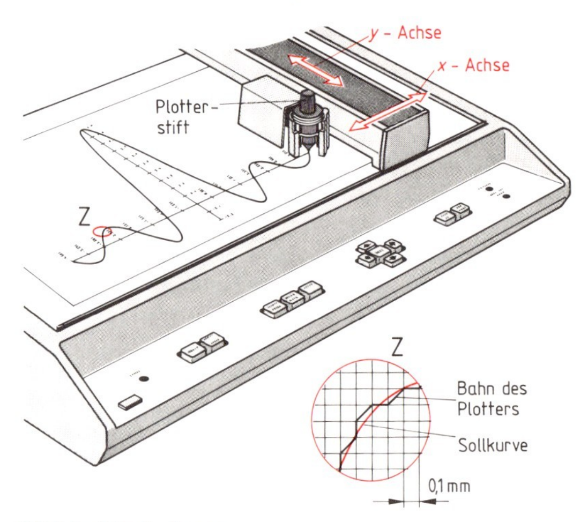

Bild 2: Tischplotter

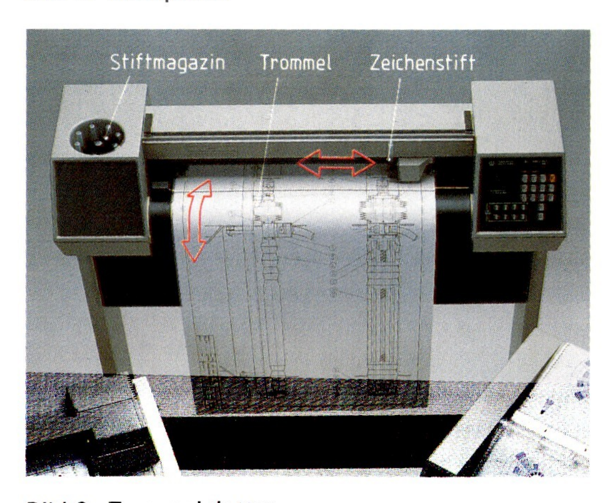

Bild 3: Trommelplotter

Wiederholungsfragen

1. **Wie erfolgt die Dateneingabe bei Computern?**
2. **Erklären Sie die unterschiedliche Arbeitsweise bei Anwendung einer alphanumerischen Tastatur und einer Funktionstastatur!**
3. **Was versteht man unter Softkeys?**
4. **Erklären Sie die Funktionsweise einer Maus!**
5. **Wofür verwendet man einen Digitalisierer?**
6. **Wie werden bei Matrixdruckern Zeichen dargestellt?**
7. **Womit wird beim Laserdrucker die Druckwalze belichtet?**
8. **Erklären Sie die Funktionsweise des Trommelplotters!**

[1] engl. to plot = zeichnen

4.7.3 Schnittstellen für Eingabegeräte und Ausgabegeräte

4.7.3.1 Aufgaben der Schnittstellen

Der Anschluß peripherer Geräte an Computer erfolgt meist mit Zweipunktverbindungen. Am Computer sind dann so viele Buchsensteckplätze notwendig, wie Geräte an diesen Computer angeschlossen werden sollen. Damit eine Datenübertragung möglich ist, müssen die Datensignale hinsichtlich ihrer physikalischen Eigenschaften so gewählt sein, daß sie der jeweilige Empfänger aufnehmen kann. Die zu übertragenden Daten müssen ferner in einem vorbestimmten Code verschlüsselt sein, damit der Empfänger die Daten entschlüsseln kann. Außerdem muß die Folge der Daten, zumindest wenn es Steuerdaten sind, mit dem Empfänger vereinbart sein, damit dieser die Daten versteht und folgerichtig reagiert. Die Einrichtung für eine derartige Verbindung nennt man *Schnittstelle*. Für einen Anschluß peripherer Geräte an einen Computer ist auch eine zusammenpassende Steckverbindung notwendig. Die meist üblichen Schnittstellen sind die V.24-Schnittstelle[1], die nach einem Druckerhersteller benannte Centronics-Schnittstelle und die SCSI-Schnittstelle[2] **(Tabelle 1)**.

4.7.3.2 V.24-Schnittstelle

Die V.24-Schnittstelle ist eine bitserielle Schnittstelle zur Verbindung zweier Datenendeinrichtungen (DEE). Diese Schnittstelle wird auch als die Schnittstelle RS-232-C bezeichnet.

Physikalische Eigenschaften

Zur Verbindung der Schnittstellenleiter wird ein 25poliger Steckverbinder verwendet. Die Signalpegel sind festgelegt **(Bild 1)**. Der Widerstand des Spannungserzeugers muß so bemessen sein, daß bei einem Lastwiderstand von 3 kΩ bis 7 kΩ die Spannung an der Schnittstelle 5 V bis 15 V beträgt. Die Flankensteilheit der Signale ist auf 30 V/µs begrenzt. Die Leitungslänge ist dabei auf 15 m eingeschränkt. Bei kleineren Übertragungsgeschwindigkeiten können größere Entfernungen bis über 100 m überbrückt werden. Übliche Übertragungsgeschwindigkeiten sind 110 bit/s bis 19,2 kbit/s.

20-mA-Linienstromschnittstelle

Diese Schnittstelle ist eine Abwandlung der V.24-Schnittstelle. Zur Datenübertragung wird nur von einer Seite, meist dem Computer, Strom eingespeist **(Bild 2)**. Das Binärzeichen 1 wird durch einen Strom von 20 mA dargestellt, das Binärzeichen 0 durch 0 mA. Man nennt diese Schnittstelle auch TTY-Schnittstelle (TTY von Teletype = Fernschreiber). Die maximale Leitungslänge beträgt mehr als 100 m.

Tabelle 1: Schnittstellen

Benennung	Übertragungsgeschwindigkeit	typische Geräteverbindung für
V.24 (RS 232 C)	110 bit/s bis 19,2 kbit/s	Drucker, Plotter, Tastaturen, Maus, Werkzeugmaschinen, Roboter
Centronics-Schnittstelle	bis etwa 180 kByte/s	Drucker, Plotter
SCSI-Schnittstelle	4 MByte/s bis 16 MByte/s	Scanner, Plattenspeicher, CD-ROM

U V: +15, +3, -3, -15

für Daten 0 — für Steuersignale EIN

1 — AUS

Bild 1: Signalpegel

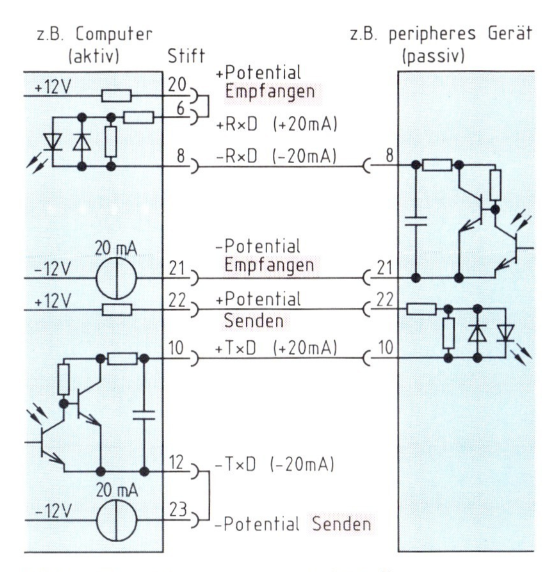

Bild 2: 20-mA-Linienstromschnittstelle

[1] benannt nach der Schnittstellenempfehlung V.24 der CCITT (franz. Comité Consultatif International Télégraphique et Téléphonique)

[2] SCSI Kunstwort von engl. Small Computer System Interface = Schnittstelle für Kleinrechnersysteme

Schnittstellensignale

Sendedaten. Die binären Datensignale werden über den Leiter D1 übertragen, wenn auf den Schnittstellenleitern S1.2, S2, M1 und M2 der Zustand EIN herrscht **(Bild 1)**. Bei Übertragungspausen wird dieser Leiter im Zustand 1 (— 15 V) gehalten.

Empfangsdaten. Empfangen werden die binären Datensignale über den Leiter D2. Dieser wird meist im Zustand 1 gehalten, solange der Leiter M5 im AUS-Zustand ist.

Betriebsbereitschaft. Der EIN-Zustand an M1 bestätigt, daß der Empfänger betriebsbereit an die Schnittstelle angeschlossen ist. Der AUS-Zustand bedeutet, daß der Empfänger nicht betriebsbereit ist und keine Datenübertragung stattfinden kann.

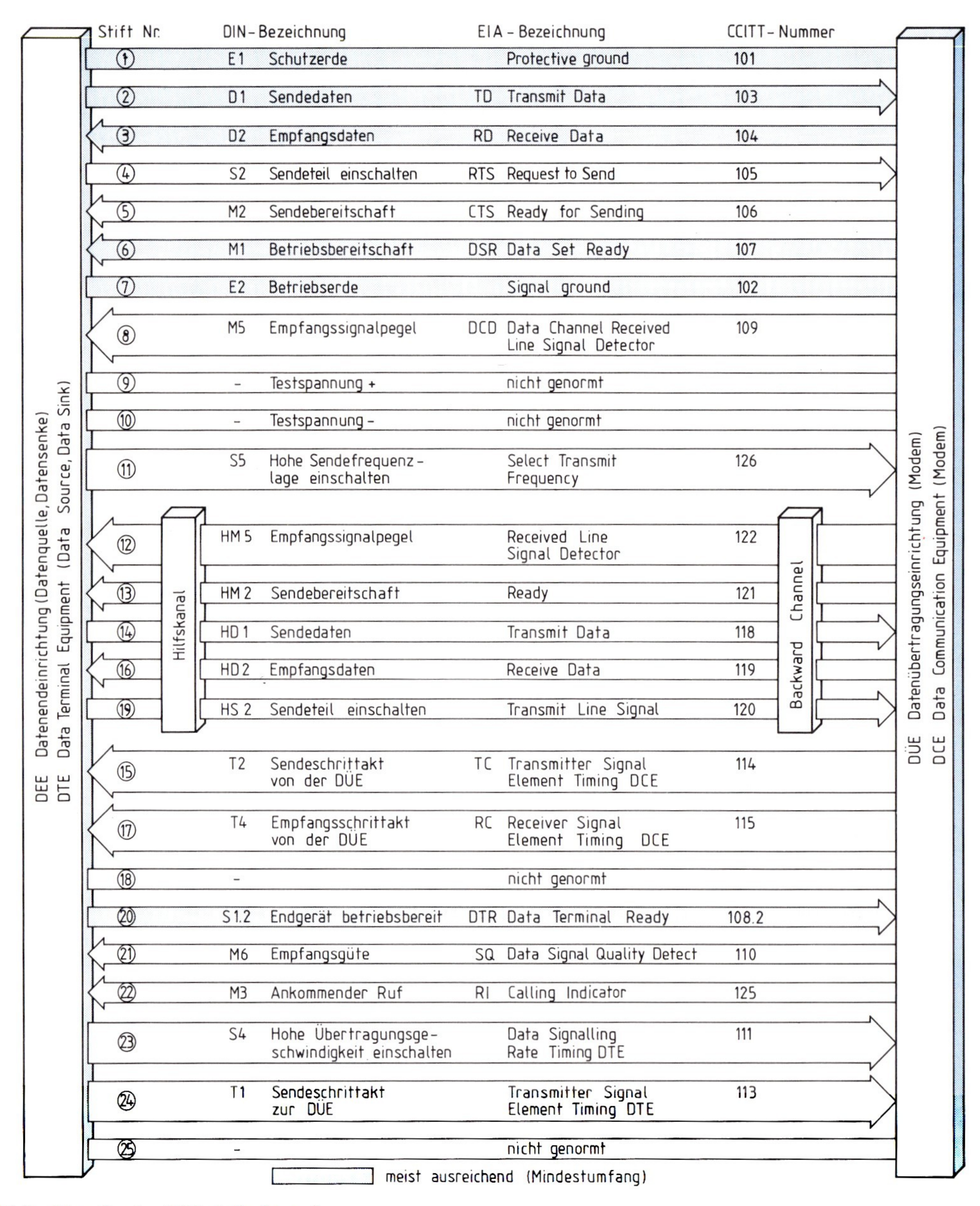

Bild 1: Signale der V.24-Schnittstelle

Sendebereitschaft. Der EIN-Zustand an M2 bedeutet, daß der Empfänger bereit ist, Daten über D1 an die DEE zu senden. Wird der Leiter S2 auch verwendet, dann ist der EIN-Zustand auf dem Leiter M2 eine Folge von dem EIN-Zustand des Leiters S2.

Betriebsbereit. Der EIN-Zustand an S1.2 bedeutet, daß der Sender betriebsbereit ist, Daten zu senden. Die DÜE wird über dieses Signal eingeschaltet. Der Leiter S1.2 bleibt während der ganzen Betriebszeit der DEE im EIN-Zustand. Wird das Signal S1.2 unterbrochen, so muß zum Wiedereinschalten die DÜE erst den Leiter M1 in den AUS-Zustand gebracht haben.

Sendeteil einschalten. Mit dem Leiter S2 steuert man die Empfänger. Der EIN-Zustand des Leiters S2 schaltet den Sendeteil der Sender ein. Meist wird mit dem EIN-Zustand von S2 mit dem Leiter D2 ein Signal mit dem Wert 1 gesendet.

Empfangssignalpegel. Signale auf dem Leiter M5 melden etwaige Abweichungen der Datensignale vom Normpegel.

Sendeschrittakt. Über den Leiter T1 wird dem Sender der Sendeschrittakt zugeführt. Dieser Schrittakt ist nur bei synchroner Übertragung erforderlich. Die Datenübertragung erfolgt meist asynchron.

Die V.24-Schnittstelle wird meist mit nur drei, fünf oder sieben Signalen betrieben.

Datendarstellung. Die Datenübertragung erfolgt meist mit dem 7-Bit-Code bei zeichenweiser Übertragung. Ein Zeichen besteht dabei aus 1 Startbit, 7 oder 8 Datenbits, 1 Paritätsbit für geradzahlige Quersumme und wahlweise 1 oder 2 Stopbits **(Bild 1)**. Bei blockweiser Übertragung ist der Code nicht festgelegt.

Ablauf des Datenaustausches. Ein sehr häufig angewendetes Verfahren für eine zeichenweise Übertragung ist die LSV-2-Prozedur (LSV = Langsame Störsichere Verbindung). Der Datenaustausch erfolgt in drei Phasen **(Bild 2)**. Er beginnt mit der *Aufforderungsphase*, es folgt die *Datenübermittlungsphase* und er endet mit der *Abschlußphase*.

Die sendewillige Station sendet das ASCII-Zeichen ENQ (Enquiry = Nachfrage). Die Gegenstation quittiert dies mit den zwei Zeichen DLE 0 (Data Link Escape = Datenverbindung flüchtig). Kommt dieses Quittungssignal nicht oder gestört an, dann wird nach Ablauf einer Wartezeit erneut das Zeichen ENQ gesendet. Ist die Empfangsstation nicht in der Lage, Daten zu empfangen, sendet sie das Zeichen NAK (Negative Acknowledge = Annahme, negativ). Die sendewillige Station beendet dann den Übertragungsversuch mit dem Zeichen EOT (End of Transmission = Ende der Übertragung) und bringt dadurch die nicht empfangsbereite Station in den Grundzustand. War die Empfangsstation bereit Daten zu empfangen, so leitet die Sendestation mit dem Zeichen STX (Start of Text = Beginn des Textes) die Übertragungsphase ein.

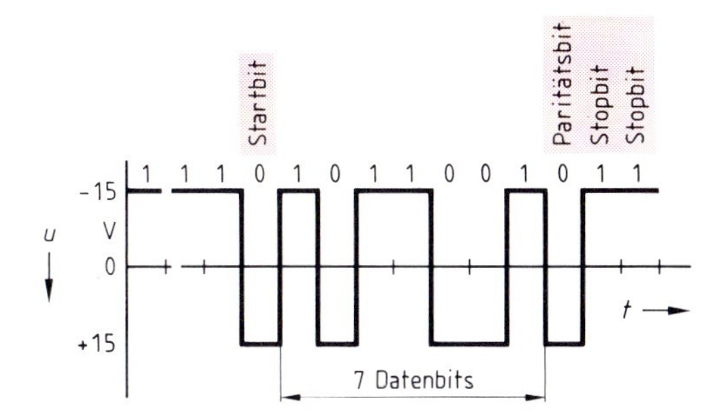

Bild 1: Übertragungssignal für das Zeichen M

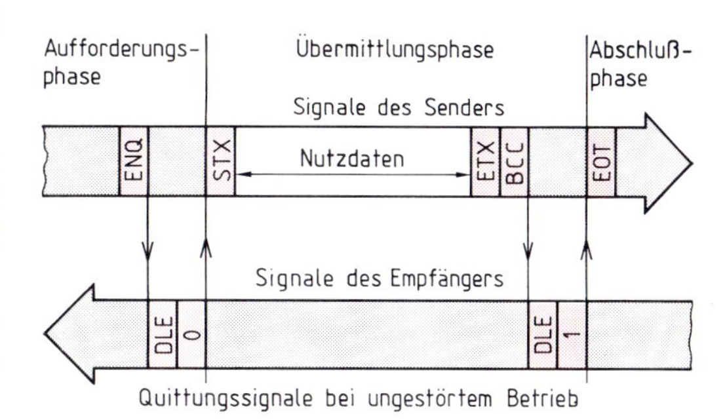

Bild 2: Ablauf des Datenaustausches bei ungestörtem Betrieb

	Startzeichen	Daten							Endezeichen	Blockprüfzeichen
Text	STX	R	O	B	O	T	8	7	ETX	BCC
7-Bit-Code Bit 1	0	0	1	0	1	0	0	1	1	1
Bit 2	1	1	1	1	1	0	0	1	1	0
Bit 3	0	0	1	0	1	1	0	1	0	1
Bit 4	0	0	1	0	1	0	1	0	0	0
Bit 5	0	1	0	0	0	1	1	1	0	1
Bit 6	0	0	0	0	0	0	1	1	0	1
Bit 7	0	1	1	1	1	1	0	0	0	0
Paritätsbit (gerade)	1	1	1	0	1	1	1	1	0	0

Bild 3: Übertragung des Textes „ROBOT 87" mit Paritätsbit und Blockprüfung

Das Ende des Textes wird mit dem Zeichen ETX der Empfangsstation übermittelt. Danach erfolgt die Übertragung eines Blockprüfzeichens (BCC von Block Check Character = Blockprüfzeichen). Dies wird beim Sender und Empfänger auf gleiche Weise errechnet, z. B. durch Längsparität über alle Bits einer Stelle **(Bild 3, vorhergehende Seite)**.

Stimmt das von der Sendestation übertragene Blockprüfzeichen mit dem vom Empfänger errechneten Zeichen überein, dann quittiert der Empfänger mit den zwei Zeichen DLE 1. Danach zeigt die Sendestation die Abschlußphase mit dem Zeichen EOT an. Im Falle einer fehlerhaften Übertragung sendet der Empfänger das Zeichen NAK.

4.7.3.3 Centronics-Schnittstelle

Die Centronics-Schnittstelle ist eine häufig verwendete Schnittstelle zur byteweisen, bitparallelen Übertragung von Daten an Drucker. Verwendet werden oft Stecker mit 36 Anschlußstiften. Die Signalübertragung erfolgt für die Datensignale und Steuersignale über je zwei verdrillte Adern. Je eine davon ist auf der Druckerseite auf Masse (GND von engl. Ground = Erde) gelegt **(Tabelle 1)**. Die Datenleiter sind bezeichnet mit DATA 1...DATA 8. Der Steuerleiter für „Daten gültig" ist mit $\overline{\text{STROBE}}$ (engl. Strobe = Blitz) bezeichnet. Das Signal an $\overline{\text{STROBE}}$ nimmt, während die Daten übernommen werden, den Pegel Low (≙ Wert 1) an. Dieses erkennt man am Negationsstrich über STROBE. Das Quittungssignal heißt $\overline{\text{ACKNLG}}$ (engl. Acknowledge = Bestätigung). Auch das Quittungssignal hat bei Abgabe der Quittung den Pegel Low ≙ Wert 1, sonst den Wert 0. Die Datensignale müssen mindestens 1,5 µs anstehen. Das Signal an $\overline{\text{STROBE}}$ ist mittig zu den Datensignalen. Das Signal an BUSY darf nicht später als 0,5 µs nach dem $\overline{\text{STROBE}}$-Signal vom Drucker abgegeben werden und darf längstens 1 ms dauern. Neben den Datensignalen und Steuersignalen zur Datenübertragung gibt es eine Reihe weiterer Signale zur Einstellung und Zustandsmeldung des Druckers (Tabelle 1).

Tabelle 1: Kontaktbelegung und Anschlußbezeichnungen

Stift-Nr.	Bezeichnung	Erläuterung
1, 19	$\overline{\text{STROBE}}$	Daten sind gültig bei niedrigem Pegel (Low)
2, 20	DATA 1	Datensignal an DATA1 ist 1 bei hohem Pegel
3, 21	DATA 2	Datensignal an DATA2 ist 1 bei hohem Pegel
⋮	⋮	⋮
9, 27	DATA 8	Datensignal an DATA8 ist 1 bei hohem Pegel
10, 28	$\overline{\text{ACKNLG}}$	Quittungssignal. Niedriger Pegel Low bestätigt den Empfang
11, 29	BUSY	Pegel High besagt, daß der Drucker Daten nicht empfangen kann.
12, 30	PE	Papier ist zu Ende (PE = 1)
13	SLCT	Signal für „Drucker angewählt".
14	$\overline{\text{AUTO FEED}}$	Bei Pegel Low erfolgt automatischer Zeilenvorschub nach dem Drucken.
15	NC	Nicht belegt
16	0 V	Anschluß 0 V
17	CHASSIS-GND	Gehäuse-Masse
18	NC	Nicht belegt
31	$\overline{\text{INIT}}$	Drucker wird mit Low an $\overline{\text{INIT}}$ in Anfangszustand gebracht.
32	$\overline{\text{ERROR}}$	Low an $\overline{\text{ERROR}}$ zeigt Fehler an (niederer Pegel)
33	GND	Masse, wie Stift 19 bis 30
34	NC	Nicht belegt
35	5 V	Anschluß 5 V
36	SLCT IN	Nur bei Pegel Low kann der Drucker betrieben werden.

4.7.3.4 SCSI-Schnittstelle

Die SCSI-Schnittstelle (von engl. Small Computer System Interface = Schnittstelle für Kleinrechnersysteme) ist ein Datenbus zur parallelen Übertragung großer Datenmengen zwischen Computern und den Steuereinheiten (engl. Controller) peripherer Geräte **(Bild 1)**. Die Übertragungsrate beträgt bis 16 MByte/s. Die Leitungslänge ist begrenzt auf 6 m, wenn eine unsymmetrische Signaleinspeisung gewählt wird, und auf 25 m bei symmetrischer Signaleinspeisung **(Bild 2)**. Bei symmetrischer Signaleinspeisung wird zu jedem Signal (+) auch ein invertiertes Signal (−) übertragen. Maximal können acht Busteilnehmer (SCSI-Geräte) an einem SCSI-Bus angeschlossen werden (Bild 1).

Die Buszuteilung erfolgt nach dem Daisy-Chain-Verfahren[1]. Die Zuteilungsberechtigung läuft mit aufsteigender Geräteadresse von einem SCSI-Gerät zum nächsten. Fordern mehrere SCSI-Geräte die Kontrolle über den Bus an, so entscheidet die höchste Gerätenummer. Hierfür belegt jedes Gerät jeweils einen der acht Datenleiter DB1...DB8 **(Bild 3)**. Für die Parallelübertragung von Worten mit der Breite 8 bit verwendet man eine Leitung mit 50poligem Stecker (A-Leitung). Durch Hinzufügen einer weiteren Leitung (B-Leitung) mit 68poligem Stecker wird die SCSI-Schnittstelle auf eine 32-Bit-Parallelübertragung (4-Byte-Parallelübertragung) zur *SCSI-2-Schnittstelle* erweitert.

Die Datenübertragung setzt voraus, daß der Bus frei ist. Der Bus ist frei, wenn die Signale an SEL (von engl. selection = Auswahl) und BSY (von engl. busy = beschäftigt) *beide* den Wert 0 haben. Nach Ablauf einer kurzen Verzögerungszeit kann der Buszugriff des sendewilligen SCSI-Gerätes beginnen. Dieser setzt das BSY-Signal auf 1 und setzt entsprechend seiner Adresse gleichzeitig ein Datensignal auf den Wert 1. DB1 entspricht dabei der Geräteadresse 1 und hat die niederste Priorität. DB P entspricht der Geräteadresse 8 und hat die höchste Priorität. Dies wird von allen Geräten respektiert, d.h. liegt ein Sendewunsch eines Gerätes höherer Priorität vor, dann bricht jedes andere Gerät das Buszugriffsverfahren ab. Nach Ablauf einer Zugriffsverzögerungszeit hat nur ein Gerät die Buskontrolle und setzt das SEL-Signal auf den Wert 1. Nach Ablauf der Busbereitstellungszeit wird das ATN-Signal (von engl. attention = Achtung) auf den Wert 1 gesetzt. Danach folgt die Aufforderung an den Empfänger, seine Empfangsbereitschaft zu signalisieren (an ACK Wert 1, von engl. to acknowledge = bestätigen) oder ein Datenanforde-

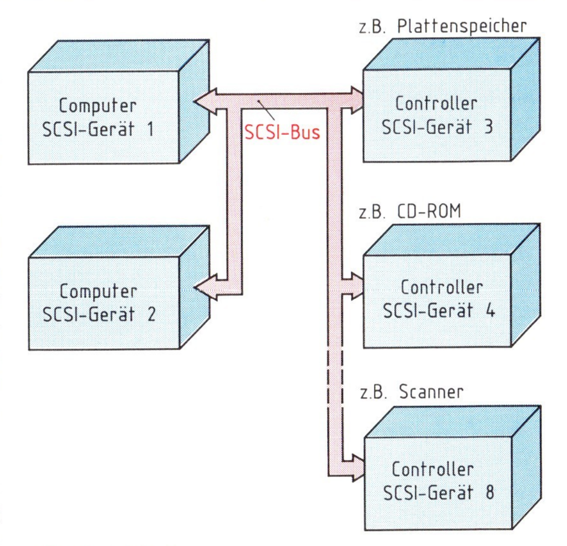

Bild 1: SCSI-Bus

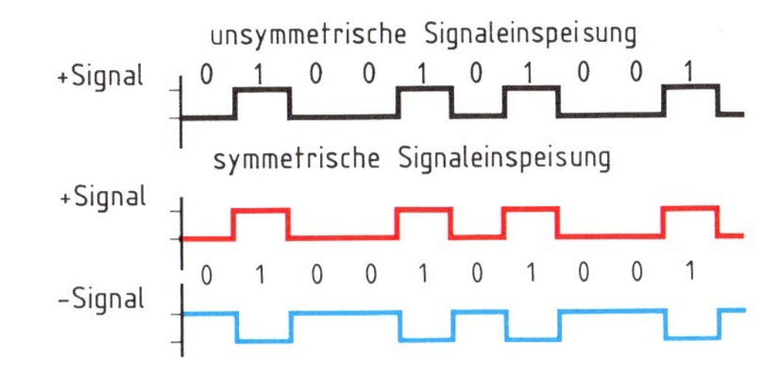

Bild 2: Unsymmetrische und symmetrische Signaleinspeisung

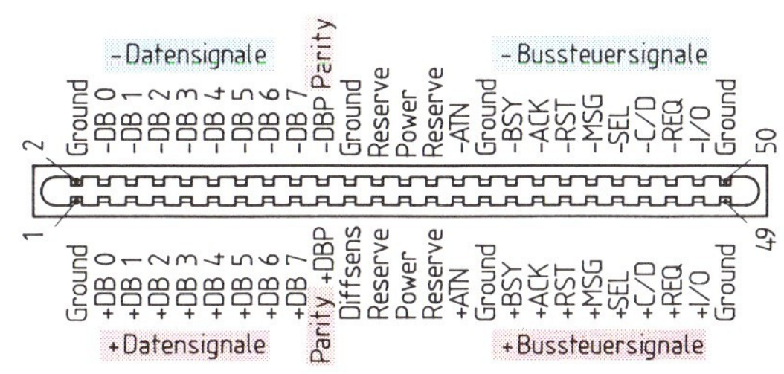

Bild 3: Steckerbelegung für die A-Leitung bei symmetrischer Signaleinspeisung

rungssignal (an REQ Wert 1, von engl. to request = verlangen) zu senden. Die weiteren Signale an RST, MS6, C/D, I/O, dienen auch der Bussteuerung und werden für besondere Buszustände benötigt.

Für die einzelnen SCSI-Geräte ist der Nachrichtenkopf (engl. Header) genormt. Für einen Plattenspeicher werden auch die Parameter, wie z.B. die Codierung einer Seite übertragen. Damit können Geräte verschiedener Hersteller über den SCSI-Bus betrieben werden.

[1] engl. Daisy-Chain = Gänseblümchenkette

4.8 Datenübertragung

4.8.1 Verhalten von Leitungen bei hoher Frequenz

Stromstärke und Spannung

Für hochfrequente Spannungen werden Koaxialleitungen oder mehradrige Leitungen verwendet **(Bild 1)**. Wegen deren elektrischen und magnetischen Felder wirkt in jedem Leitungsstück zusätzlich zum Leiterwiderstand eine Kapazität und eine Induktivität. Aus dem Ersatzschaltplan des Leitungsstücks können wir erkennen, daß ein Tiefpaß vorliegt **(Bild 2)**. Die Leitung selbst ist eine Kettenschaltung (Hintereinanderschaltung) von derartigen Leitungsstücken.

Bei hoher Frequenz stellt jede Leitung einen Tiefpaß dar.

Die Induktivität und die Kapazität können vernachlässigt werden, wenn die Frequenz niedrig und die Leitung kurz sind. Bei Frequenzen über 10 kHz können bei kurzen Leitungen die Wirkwiderstände gegenüber den Blindwiderständen vernachlässigt werden. Eine kurze Leitung für hohe Frequenz besteht also im wesentlichen aus Induktivitäten und Kapazitäten **(Bild 3)**.

Eine Schaltung nach Bild 3 und damit jede Leitung verlängert die Laufzeit eines elektrischen Signals. Die Ausbreitungsgeschwindigkeit beträgt 60% bis 85% der Lichtgeschwindigkeit in Luft.

c Ausbreitungsgeschwindigkeit
L' Leitungsinduktivität je Länge
C' Leitungskapazität je Länge

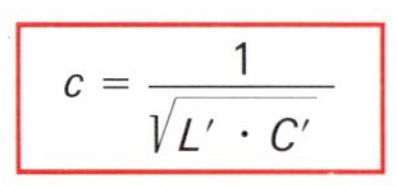

$$c = \frac{1}{\sqrt{L' \cdot C'}}$$

Im günstigsten Fall schwingt die Spannung an jedem Punkt der Leitung zeitlich nacheinander periodisch mit gleichbleibendem Maximalwert. Dieser Fall tritt ein, wenn am Ende der Leitung ein richtig bemessener Widerstand angeschlossen ist. Man bezeichnet diese Art der Signalübertragung als *fortschreitende Welle*. Ist am Ende der Leitung kein Widerstand, so treten dort Reflexionen auf. Dadurch entsteht längs der Leitung eine *stehende Welle* **(Bild 4)**. Entlang der Leitung sind dann dauernd Stellen größter Spannung *(Spannungsbäuche)* und Stellen ohne Spannung zwischen den Leitern *(Spannungsknoten)*. Entsprechendes gilt für die Stromstärke. Die Signalübertragung wird durch Reflexionen nachteilig beeinflußt, weil die Signalspannung geschwächt wird und Verzerrungen auftreten.

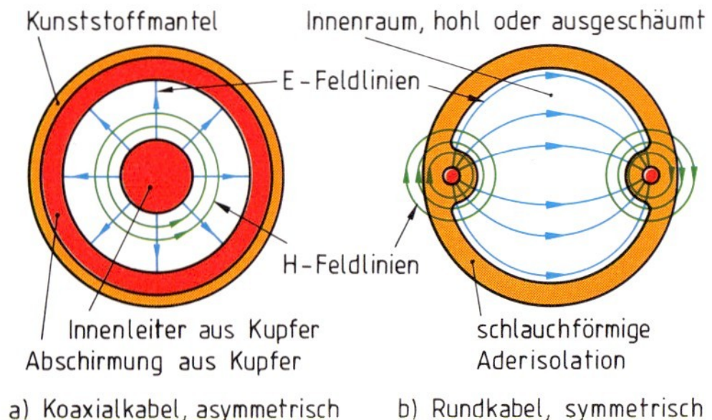

Bild 1: Leitungen für hohe Frequenzen

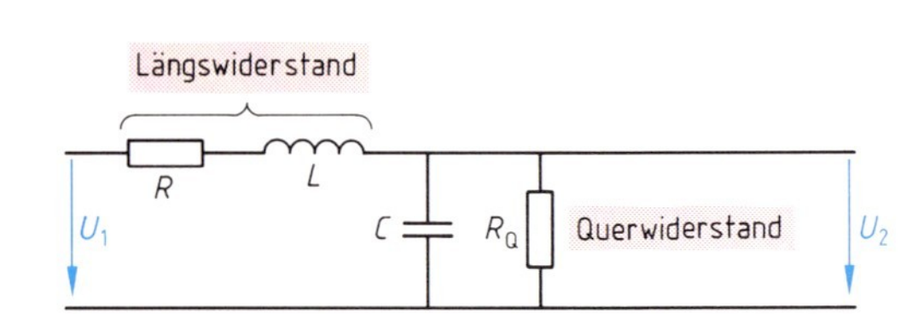

Bild 2: Ersatzschaltung eines kurzen Leitungsstückes

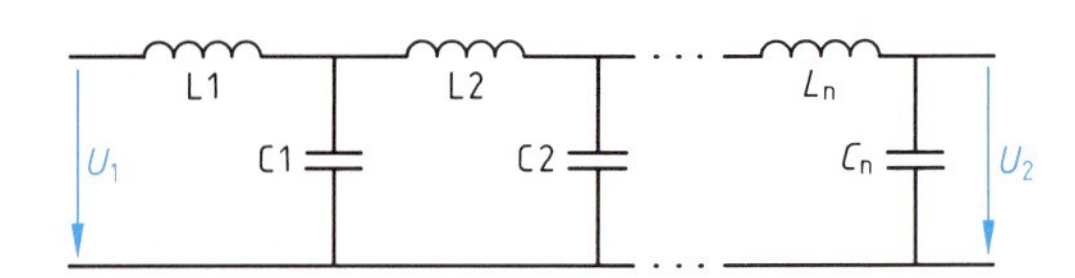

Bild 3: Ersatzschaltung einer kurzen Leitung bei hoher Frequenz

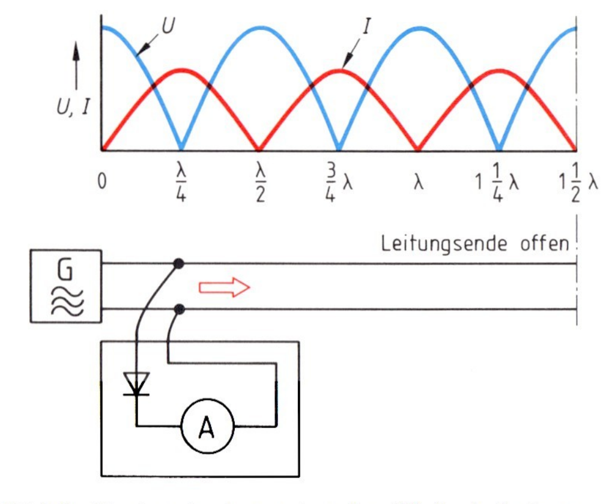

Bild 4: Nachweis der stehenden Welle bei einer offenen Hochfrequenzleitung

Wellenwiderstand

Bei hochfrequenten Signalen können die Wirkwiderstände in einer nicht zu langen Leitung vernachlässigt werden. Dann ist die Energie in der Induktivität gleich groß wie die Energie in der Kapazität, also $^1/_2 \cdot L \cdot i^2 = {^1/_2} \cdot C \cdot u^2$.

Diese Formel kann man nach u/i auflösen. Dabei hat u/i die Einheit Ohm. Man bezeichnet diesen Widerstand als *Wellenwiderstand*.

Z_W Wellenwiderstand
L' Induktivität je Länge
C' Kapazität je Länge

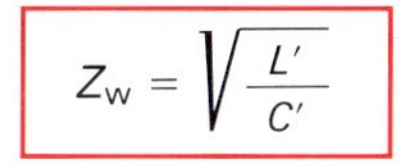

$$Z_W = \sqrt{\frac{L'}{C'}}$$

Die Wellenwiderstände der Leitungen für die Signalübertragung betragen etwa 50 Ω bis 300 Ω (Tabellenbuch Kommunikationselektronik).

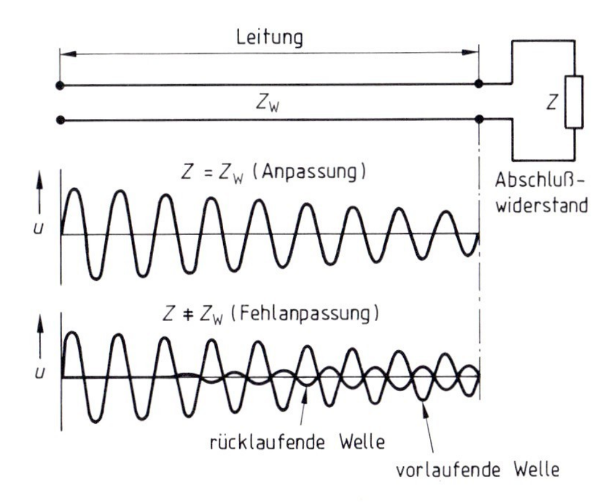

Bild 1: Augenblickswerte der Signalspannung bei Anpassung und bei Fehlanpassung

Widerstandsanpassung und Fehlanpassung

Zur Signalübertragung ohne stehende Wellen muß die Hochfrequenzleitung mit einem Wirkwiderstand abgeschlossen sein, der so groß ist wie der Wellenwiderstand. Den Leitungsabschluß mit einem Wirkwiderstand in der Größe des Wellenwiderstandes bezeichnet man als *Widerstandsanpassung*.

Eine reflexionsfreie Signalübertragung erfolgt durch Widerstandsanpassung.

Bei längeren Leitungen nimmt die Signalspannung längs der Leitung ab, weil die Wirkwiderstände wegen der Stromverdrängung und der dielektrischen Verluste eine Dämpfung (Abnahme) des Signals bewirken **(Bild 1)**. Wenn eine Hochfrequenzleitung nicht mit Widerstandsanpassung betrieben wird, so treten Reflexionen auf (Bild 1). Je nach Größe und Art des Lastwiderstandes können diese Reflexionen größer oder kleiner sein. Man spricht bei dieser Art der Signalübertragung von *Fehlanpassung*.

Fehlanpassung liegt vor, wenn eine Hochfrequenzleitung nicht mit Widerstandsanpassung betrieben wird.

Bei Fehlanpassung ist die Amplitude der Spannung entlang der Leitung verschieden **(Bild 2)**. Bei der Fehlanpassung trägt zur Signalübertragung nur der fortschreitende Teil der Welle bei.

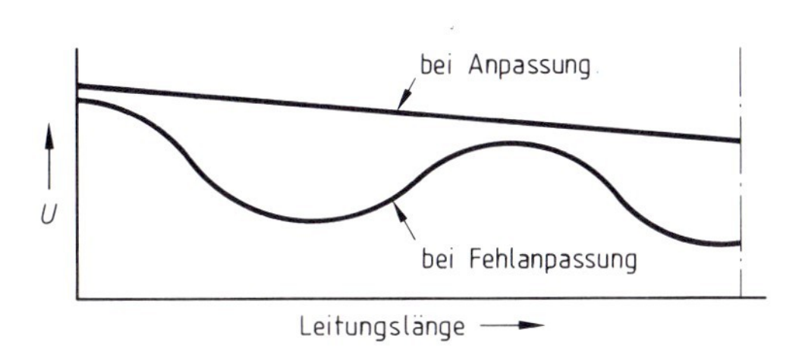

Bild 2: Effektivwerte der Signalspannung bei Anpassung und bei Fehlanpassung

Folgen für nicht sinusförmige Signale

Signale, die keine Sinusform haben, bestehen aus der Überlagerung zahlreicher Sinusschwingungen. Die höheren Teilschwingungen werden durch die Leitung stärker als die Grundschwingung gedämpft, weil bei höheren Frequenzen die Stromverdrängung und die dielektrischen Verluste größer sind und weil die Hochfrequenzleitung wie ein Tiefpaß wirkt. Dadurch nimmt z.B. bei Rechtecksignalen die Flankensteilheit ab. Am Ausgang einer genügend langen Hochfrequenzleitung erscheint ein Signal, das im wesenlichen aus der Grundschwingung besteht.

Wiederholungsfragen

1. **Warum enthält eine Hochfrequenzleitung Kapazitäten und Induktivitäten?**
2. **Wie groß ist die Ausbreitungsgeschwindigkeit eines Signals in einer elektrischen Leitung?**
3. **Mit welcher Formel berechnet man den Wellenwiderstand bei Frequenzen über 10 kHz?**
4. **Wodurch erzielt man eine Widerstandsanpassung?**
5. **Warum erhalten Rechtecksignale durch die Übertragungsleitungen abgeflachte Flanken?**

4.8.2 Multiplexverfahren

In der Informationstechnik muß man aus technischen, platzsparenden und finanziellen Gründen die Zahl der Übertragungsstrecken begrenzen. Multiplexschaltungen sind elektronische Schaltungen, die verschiedene Eingangssignale nacheinander erfassen, zeitlich oder frequenzmäßig gegeneinander versetzen und über eine Übertragungsstrecke übertragen **(Bild 1)**. Demultiplexschaltungen trennen die von der Übertragungsstrecke kommenden Signale und setzen sie wieder zu den ursprünglichen Signalen zusammen. Eine Mehrfachausnutzung einer Übertragungsstrecke für nicht zusammengehörende Signale nennt man *Multiplexverfahren*[1].

Durch Multiplexverfahren können die Signale mehrerer Kanäle über eine Übertragungsstrecke übertragen werden.

Bild 1: Prinzip des Multiplexverfahrens

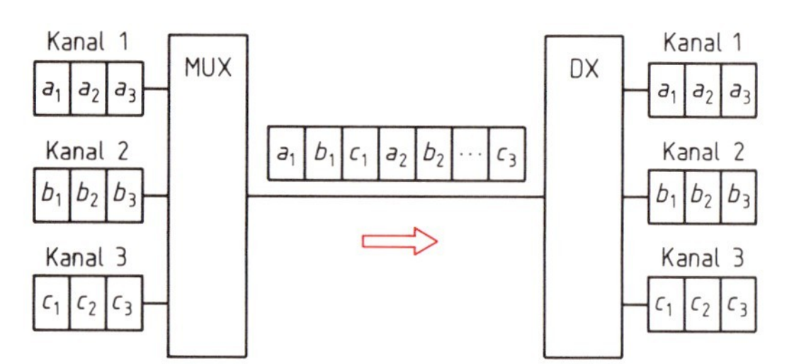

Bild 2: Zeitmultiplex mit binären Signalen

Zeitmultiplexverfahren

Zeitmultiplexverfahren mit binären Signalen. Das Zeitmultiplexverfahren (TDM)[2] tastet die Eingangssignale verschiedener Kanäle *zeitlich nacheinander* ab und führt sie einer Übertragungsstrecke zu **(Bild 2)**. Die Dateneingänge D0 bis D3 werden über die Adreßeingänge A1 und A2 in dem Multiplexer im Takt zeitlich nacheinander angewählt und dem Ausgang zugeschaltet **(Bild 3)**. Nach dem Durchlaufen des Übertragungskanals werden sie im Demultiplexer wieder synchron sortiert und am Ausgang zur weiteren Nutzung zur Verfügung gestellt **(Bild 4)**. Der Multiplexer muß also den Demultiplexer synchronisieren.

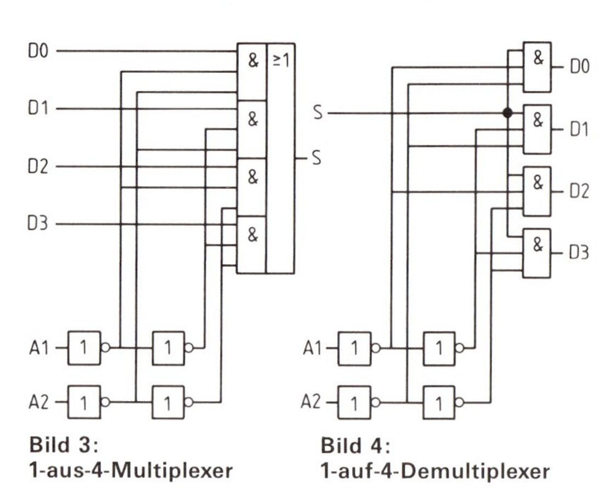

Bild 3: 1-aus-4-Multiplexer

Bild 4: 1-auf-4-Demultiplexer

Zeitmultiplexverfahren mit analogen Signalen. Wenn man unterschiedliche analoge Signale auf einem Übertragungskanal übertragen will **(Bild 5)**, muß man in regelmäßigen Abständen Amplitudenproben entnehmen **(Bild 1, folgende Seite)**. Die Erfassung der analogen Signale erfolgt in einem Analogmultiplexer, dessen zeitlich gesteuertes Ausgangssignal über ein Halteglied für die Amplitudenproben in einem Analog-Digital-Umsetzer in ein binäres Signal umgewandelt wird. Die pulsamplitudenmodulierten Signale (PAM-Signale) müssen mindestens zwei Abtastungen (Amplitudenproben) während einer Periode der Teilschwingung mit der größten Frequenz des analogen Signals, die übertragen werden soll, aufweisen.

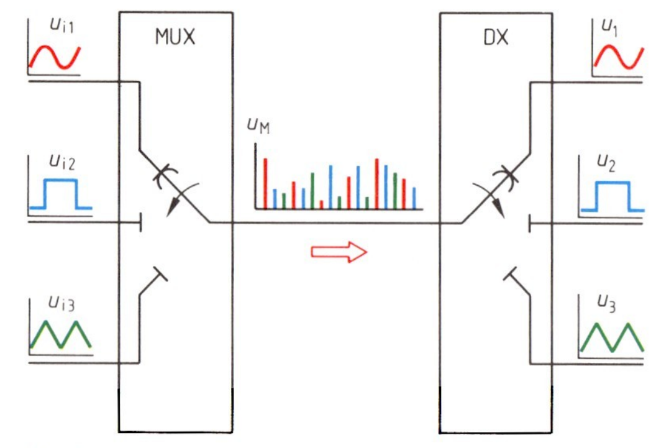

Bild 5: Zeitmultiplex mit analogen Signalen

[1] engl. multiplex = vielfach

[2] TDM von engl. Time Division Multiplex = Zeitmultiplex

Abtasttheorem nach Shannon

f_{imax} höchste zu übertragende Frequenz des Signals
f_T Abtastfrequenz
τ_T Abtastzeit

$$f_T \geq 2 \cdot f_{imax}$$

$$\tau_T \leq \frac{1}{f_T}$$

Beispiel 1:

Ein Sinussignal hat eine Frequenz $f_{imax} = 4$ kHz. Es soll im Zeitmultiplexverfahren übertragen werden. Wie groß sind Mindestabtastfrequenz und größtzulässige Abtastzeit?

Lösung:

$f_T \geq 2 \cdot 4\ \text{kHz} \geq$ **8 kHz**
$\tau_T \leq 1 / 8\ \text{kHz} \leq$ **125 µs**

Der größtzulässige Wert für die Abtastzeit gilt aber nur für ein Signal. Will man mehrere Signale zeitlich staffeln und übertragen, ist die Abtastzeit τ_T zu verkleinern. Das geschieht entsprechend der Anzahl n der zu übertragenden Signale am Multiplexer-Eingang.

n Anzahl der übertragbaren Signale
τ_{Tn} Abtastzeit bei n Signalen

$$\tau_{Tn} = \frac{\tau_T}{n}$$

Beispiel 2:

Es sollen 25 analoge Signale im Zeitmultiplexverfahren übertragen werden. Die höchste Signalfrequenz der zu übertragenden Signale beträgt 4 kHz. Welche Abtastimpulsbreite ist höchstens zu wählen?

Lösung:

$\tau_{Tn} = \tau_T/n = 125\ \mu\text{s}/25 =$ **5 µs**

Im Beispiel **Bild 2** wird jedem Quantisierungsabschnitt ein Codewort mit der Breite von 3 bit zugeordnet. Schon hier wird bei nur einem zu übertragenden Kanal deutlich, wieviele Bits während einer Periode der Grundschwingung des Signals zu übertragen sind. Mit zunehmender Anzahl der Kanäle und zunehmender Anzahl der Quantisierungsabschnitte nimmt die Anzahl der zu übertragenden Bits stark zu. Analoge Fernsprechsignale werden z. B. in digitale Signale der Breite von 8 bit umgesetzt und im Zeitmultiplexverfahren übertragen. Die Abtastfrequenz wurde zu $f_T = 8$ kHz festgelegt, da im Fernsprechnetz mit einer höchsten Signalfrequenz von 3,4 kHz gerechnet wird. Innerhalb von $1/(8\ \text{kHz}) = 125\ \mu\text{s}$ müssen also die Signale aller Kanäle einmal abgetastet und in Worte von einer Breite von 8 bit umgesetzt sein.

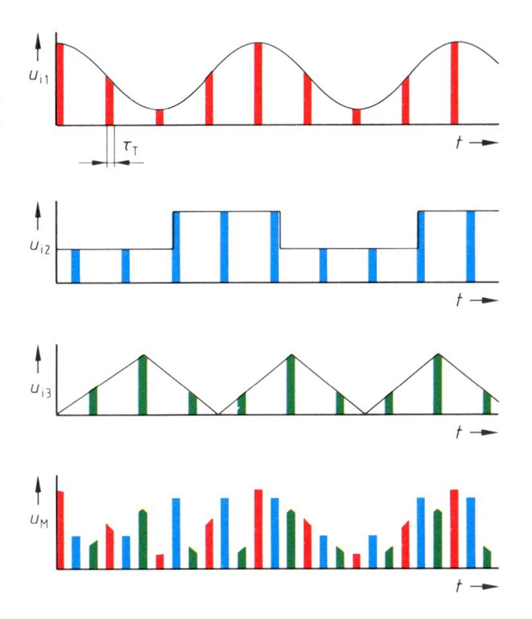

Bild 1: Zeitmultiplex mit analogen Signalen

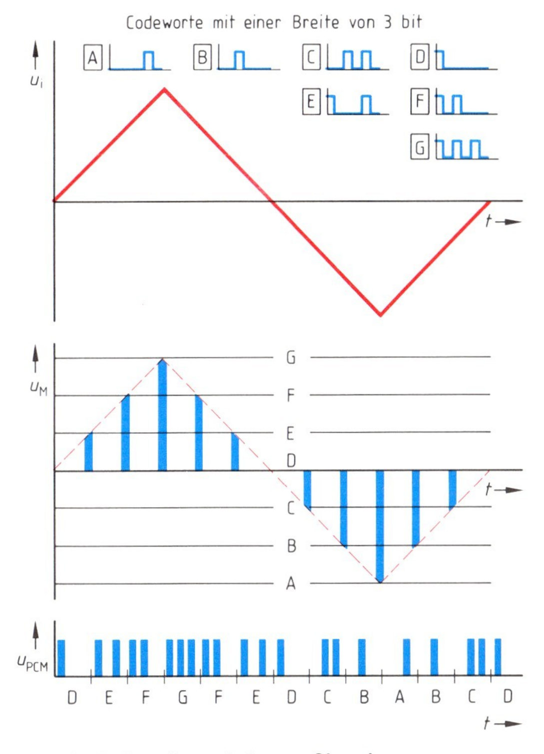

Bild 2: Pulscodemoduliertes Signal

Frequenzmultiplexverfahren

Das Frequenzmultiplexverfahren (FDM, von engl. Frequency Division Multiplex = Frequenzmultiplex) setzt die Eingangssignale aus ihrem ursprünglichen gemeinsamen Frequenzbereich in frequenzmäßig gestaffelte, nebeneinanderliegende Frequenzbereiche um **(Bild 1)**. Diese nebeneinander liegenden Frequenzbereiche werden auf die gesamte Bandbreite der Übertragungsstrecke verteilt. Die systematische Staffelung der Frequenzbereiche erreicht man durch entsprechende Aufteilung der Trägerfrequenzen auf die Bandbreite. Im Multiplexer wird die Amplitude der höherfrequenten Trägerschwingung u_T durch die Information des Eingangssignals u_i geändert (Amplitudenmodulation). Die am Ausgang entstehende amplitudenmodulierte Schwingung u_{AM} enthält oberhalb und unterhalb der Trägerschwingung weitere Frequenzen (oberes und unteres Seitenband, **Bild 2**). Das Frequenzmultiplexverfahren überträgt entweder die unteren oder die oberen Seitenbänder, die man herausfiltert. Die Trägerfrequenz wird bereits bei der Modulation unterdrückt. Im Demultiplexer werden die Signale durch erneute Modulation in ihre ursprüngliche Lage zurückgesetzt **(Bild 3)**.

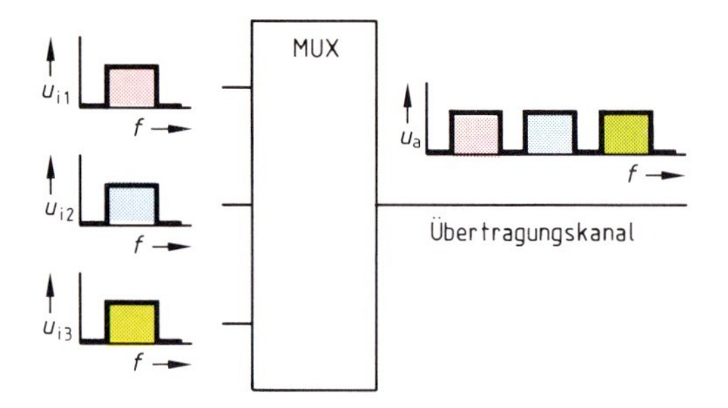

Bild 1: Prinzip des Frequenzmultiplexverfahrens

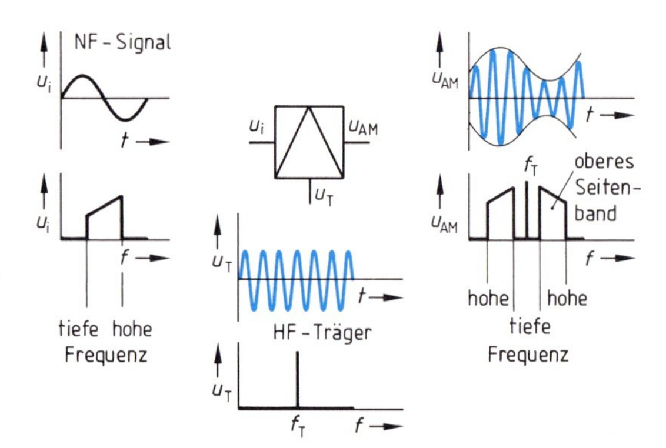

Bild 2: Amplitudenmodulation

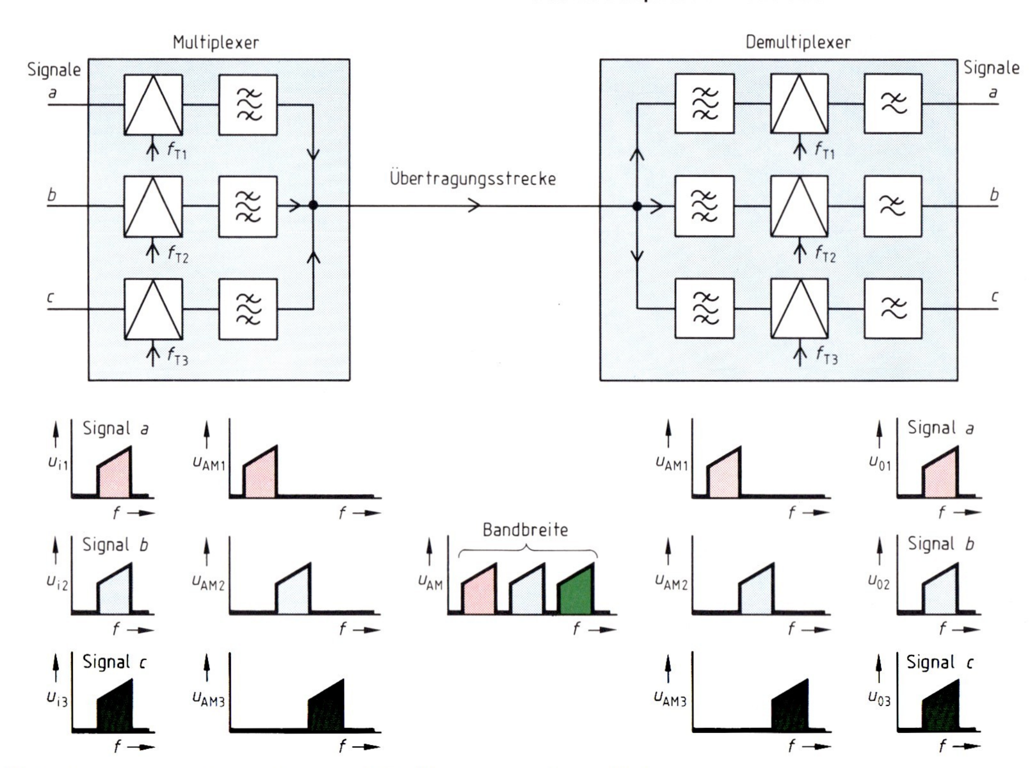

Bild 3: Frequenzmultiplexverfahren mit Multiplexer und Demultiplexer

Die Amplitudenmodulation wird z. B. mit einem bipolaren Transistor und einem Schwingkreis am Kollektor realisiert **(Bild 1)**. Die Signalschwingung u_i und die Trägerschwingung u_T werden der Basis des Transistors zugeführt. Die Trägerschwingung wird dadurch unterschiedlich verstärkt, und der Kollektorstrom wird moduliert. Neben der Trägerschwingung entstehen zwei Seitenschwingungen, die man Seitenbänder nennt (Bild 2, vorhergehende Seite). Da im Frequenzmultiplexverfahren entweder die oberen Seitenbänder oder die unteren Seitenbänder frequenzmäßig gestaffelt und übertragen werden, wird die Trägerfrequenz bereits bei der Modulation unterdrückt. Das bedeutet eine erhebliche Schaltungserweiterung für die Schaltung der Basis-Amplitudenmodulation.

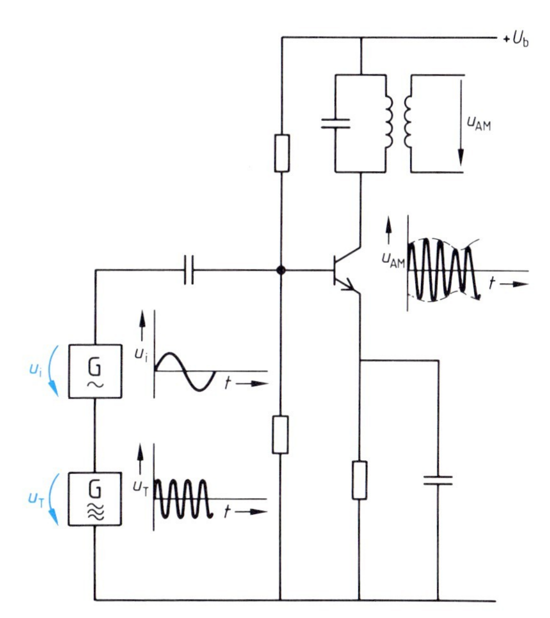

Bild 1: Basis-Amplitudenmodulation

Der AM-Modulator als IC realisiert die Trägerunterdrückung mit zwei gleichen Differenzverstärkern und je einer Konstantstromquelle **(Bild 2)**. Der Spannungsfall an R_L bleibt bei angelegter Trägerspannung u_T konstant, und die Signalspannung u_i steuert die Ströme i_1 und i_2. Die amplitudenmodulierte Spannung u_{AM} ist somit ohne Trägerschwingung. Mit einem Filter wird das gewünschte Seitenband herausgefiltert. Um den Abstand zwischen den Seitenbändern groß zu halten, verwendet man zunächst niedrige Trägerfrequenzen. Dadurch lassen sich einfache Filter mit geringer Flankensteilheit einsetzen. Danach erfolgt eine weitere Frequenzumsetzung mit höheren Trägerfrequenzen, um die gewünschte Bandbreite des Übertragungskanals zu erreichen **(Bild 3)**.

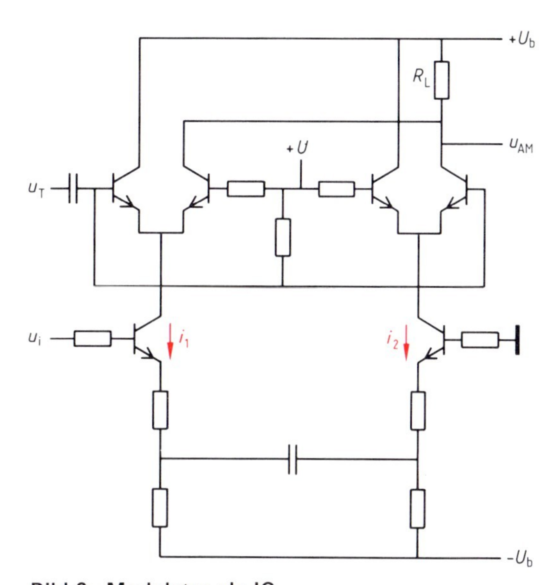

Bild 2: Modulator als IC

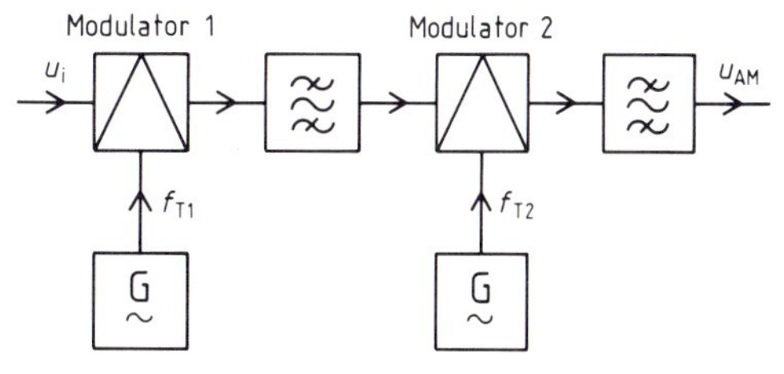

Bild 3: Stufenweise Frequenzumsetzung

Wiederholungsfragen

1. **Welche Aufgabe hat das Multiplexverfahren und welcher Vorteil ergibt sich?**
2. **Worin besteht der Unterschied zwischen Frequenzmultiplex und Zeitmultiplex?**
3. **Welches Signal liegt am Ausgang des digitalen Multiplexers Bild 3, Seite 436, wenn an den Adreßeingängen $a_1 = 1$ und $a_2 = 0$ sind?**
4. **Wie legt man die Breite des Abtastimpulses nach Shannon bei mehreren analogen Signalen im Zeitmultiplexverfahren fest?**
5. **Wodurch erreicht man beim Frequenzmultiplexverfahren frequenzmäßig gestaffelte, nebeneinanderliegende Frequenzbereiche?**
6. **Welchen Teil der amplitudenmodulierten Schwingung u_{AM} überträgt das Frequenzmultiplexverfahren?**
7. **Warum arbeitet das Frequenzmultiplexverfahren mit einer stufenweisen Frequenzumsetzung?**

4.8.3 Signaldarstellung

Binärsignale können direkt mit Gleichspannungsimpulsen übertragen werden **(Bild 1)**. Wir bezeichnen das als eine Übertragung im *Basisband*. Unter dem Einfluß von Induktivitäten und Kapazitäten der Übertragungsstrecke, z. B. der Leitung und der Empfangseinrichtung, tritt mit zunehmender Leitungslänge und zunehmender Pulsfrequenz und damit zunehmender Übertragungsrate eine Verformung der Impulse auf.

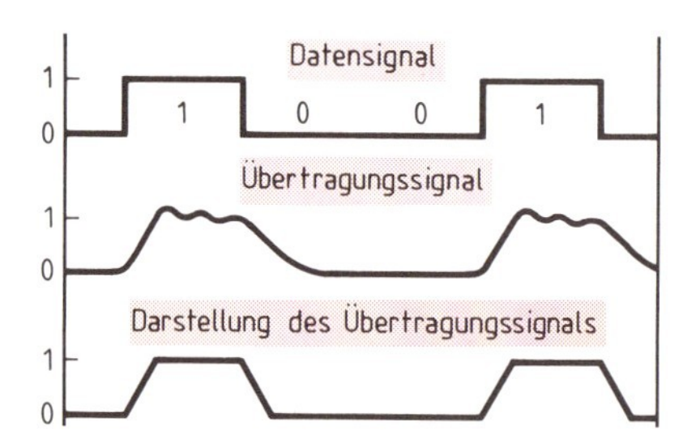

Bild 1: Übertragung im Basisband

Die Übertragung im Basisband ist nur für eine beschränkte Leitungslänge und für eine beschränkte Übertragungsrate möglich.

Muß die Übertragung in beiden Richtungen erfolgen (Duplexbetrieb), werden zwei Kanäle benötigt. Ein Kanal genügt, wenn wie bei einem Fernsprechgerät eine *Gabelschaltung* vorhanden ist. Das ist eine spezielle Brückenschaltung, bei der sich in einem Brückenzweig eine RC-Schaltung als *Nachbildung* der Leitung befindet **(Bild 2)**. Die Nachbildung entkoppelt den Empfänger vom Sender der jeweiligen Datenendeinrichtung (DEE), trägt aber auch zur Verformung der Gleichspannungsimpulse bei.

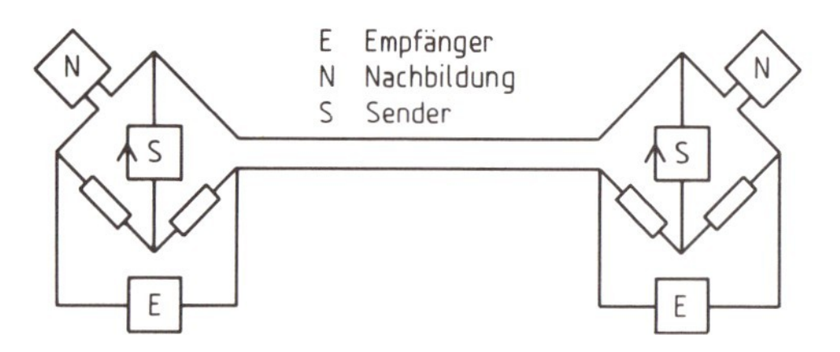

Bild 2: Übertragungsstrecke für Duplexbetrieb mit Gabelschaltung

Während der Übertragung einer Zeichenfolge müssen Sender und Empfänger synchron (gleichlaufend) arbeiten. Wird dieser Synchronismus (Gleichlauf) *andauernd* aufrecht erhalten, liegt eine *synchrone* Datenübertragung vor. Wird der Synchronismus nur *während* jeweils einer Zeichenfolge aufrecht erhalten, spricht man von *asynchroner* Datenübertragung.

Die Signale für die Übertragung im Basisband werden meist von einem Schieberegister aus gesendet. Dann kann die Lage zum Taktpuls verschieden sein **(Bild 3)**. Beim NRZ-Format (von engl. Non-Return to Zero = Nichtrückkehr nach Null) ist der Impuls für ein Signal mit dem Wert 1 so lang wie die Pulsperiode des Taktes. Beim RZ-Format (engl. Return to Zero = Rückkehr zu Null) ist der Impuls nur halb so lang. Die Folge von mehreren Bits mit dem Wert 1 kann dann zum Synchronisieren des Empfängers verwendet werden. Zur Synchronisation ist auch der Manchester-Code (Abschnitt 4.8.4.2) geeignet.

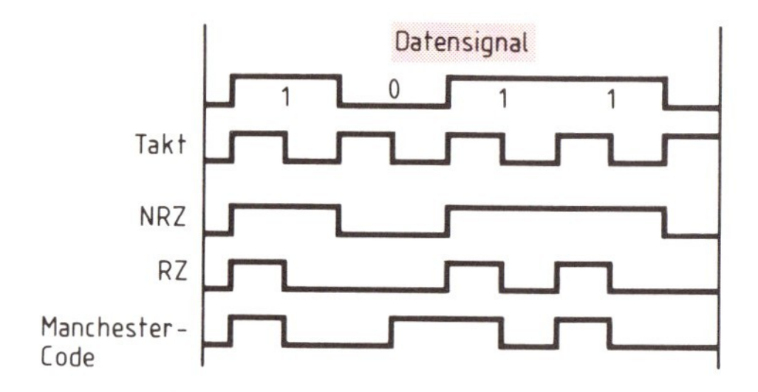

Bild 3: Übertragungsformate für Gleichspannungsübertragung

Meist erfolgt die Übertragung mit Hilfe von *Modems* (Kunstwort aus Modulator und Demodulator, **Bild 1, folgende Seite**). Das sind Geräte zur Umwandlung von Binärsignalen des Basisbandes in eine für die Übertragung geeignete Form. Im Sender befindet sich der Modulator, welcher die Basisbandsignale umsetzt. Der Demodulator im Empfänger gewinnt aus den übertragenen Signalen wieder die Basisbandsignale.

Bei der binären *Frequenzumtastung* (FSK von engl. Frequency Shift Keying = Verschlüsselung durch Frequenzveränderung) wird beim Binärsignal vom Wert 1 eine Wechselspannung höherer Frequenz gesendet und beim Binärsignal mit dem Wert 0 eine Wechselspannung mit niedrigerer Frequenz **(Bild 2, folgende Seite)**. Es liegt also für die Werte 0 und 1 eine Frequenzmodulation (FM) vor (siehe Tabellenbuch Kommunikationselektronik). FSK ist als V.21 und V.23 vom CCITT[1] genormt.

[1] CCITT von franz. Comité Consultatif International Telegraphique et Telephonique = Internationales beratendes Komitee für Telegrafie und Telefonie

Der FSK-Modulator und der FSK-Demodulator sind einfache IC, da die automatische Verstärkungsregelung entfallen kann. Störimpulse, Rauschen und Übersprechen, z.B. von benachbarten Telefonleitungen, führen zu kleinen Fehlern. Andererseits kann die Übertragungsrate wegen der beschränkten Frequenzen, die innerhalb der Bandgrenzen des Übertragungskanals liegen müssen, nicht sehr hoch sein (Abschnitt 4.8.4.3).

Beim Modem nach CCITT-Empfehlung V.21 werden innerhalb des Frequenzbandes durch Frequenzteilung zwei Kanäle gewonnen, so daß Duplexübertragung möglich ist.

Kanal 1: Für Wert 1 1270 Hz, für Wert 0 1070 Hz.
Kanal 2: Für Wert 1 1850 Hz, für Wert 0 1650 Hz.
Dabei sind die Toleranzen ± 6 Hz.

Die Übertragungsrate beträgt hier 200 bit/s. Beim Modem nach CCITT-Empfehlung V.23 kann je nach Wahl der Frequenz eine Übertragungsrate von 600 bit/s oder 1200 bit/s erreicht werden **(Bild 2)**.

600 bit/s: 1700 Hz für Wert 1, 1300 Hz für Wert 0.
1200 bit/s: 2100 Hz für Wert 1, 1300 Hz für Wert 0.

Die Toleranzen sind hier ± 10 Hz. Für Steuersignale gibt es den Rückkanal mit 450 Hz für den Wert 1, 390 Hz für den Wert 0.

Die Verfahren nach V.21 und V.23 arbeiten mit Frequenzmodulation und lassen wegen der beschränkten Bandbreite des Übertragungskanals nur eine entsprechend kleine Übertragungsrate zu.

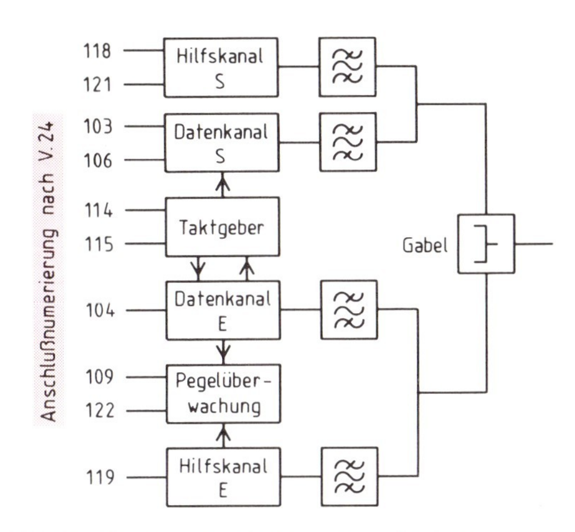

Bild 1: Modem für 600 bit/s bzw. 1200 bit/s

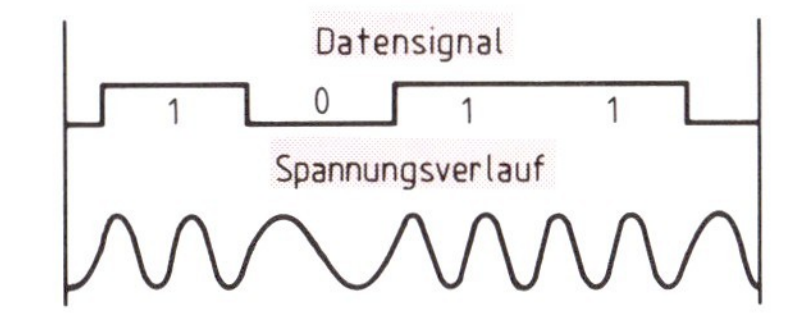

Bild 2: Spannungsverlauf beim FSK-Verfahren (Frequenz nicht maßstäblich dargestellt)

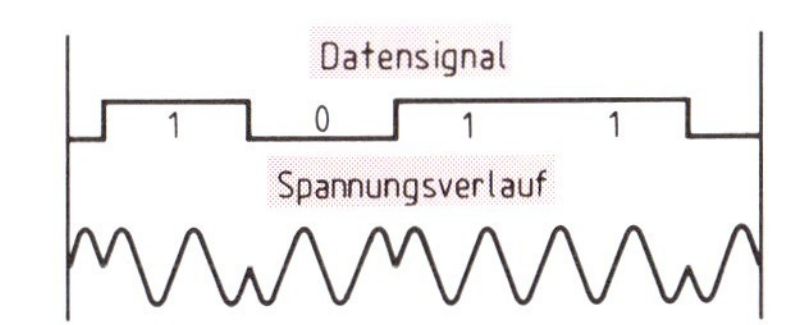

Bild 3: Spannungsverlauf beim PSK-Verfahren

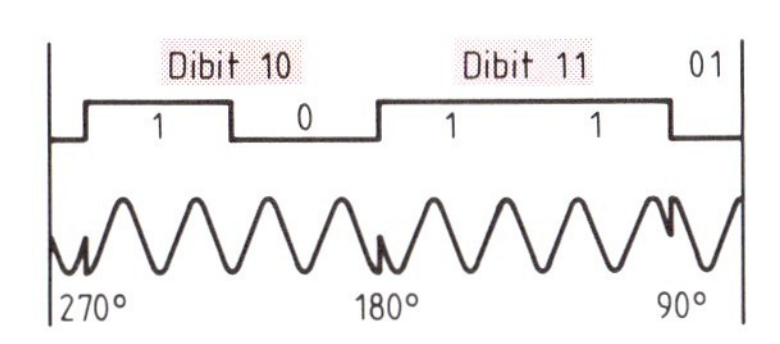

Bild 4: Spannungsverlauf beim QAM-Verfahren

Bei der *Phasenumtastung* (PSK, von engl. Phase Shift Keying = Verschlüsselung durch Phasenänderung) wird die zu übertragende Information in den Phasenwechsel gegen die unmodulierte Trägerspannung, nicht in den Phasenzustand, gelegt. Es liegt also für die Werte 0 und 1 eine Phasenmodulation vor. Bei PSK handelt es sich um eine *Zweiphasenumtastung* **(Bild 3)**. Die beiden Zustände des Binärsignals entsprechen den Phasenzuständen der Trägerschwingung von 0° und 180°. Beim PSK-Modulator wird ein Multiplizierverfahren angewendet. Die Signale mit dem Wert 0 oder 1 werden mit einer Referenzfrequenz multipliziert. Dabei handelt es sich um eine Amplitudenmodulation mit unterdrücktem Träger. Die Übertragungsrate geht bis 1200 bit/s. PSK ist als V.22 vom CCITT genormt.

Eine weitere Steigerung der Übertragungsrate bringt die *Vierphasenumtastung* (QAM bzw. QPSK, von engl. Quadratur Amplitude Modulation = Quadratur-Amplitudenmodulation bzw. engl. Quadratur Phase Shift Keying = Verschlüsselung durch Quadratur-Phasenmodulation) nach der CCITT-Empfehlung V.26. Hier werden vier Modulationskennzustände verwendet. Es werden als Einheit jeweils Dibits (1 Dibit = 2 bit) übertragen **(Bild 4)**.

4.8.4 Datennetze

Datennetze dienen dem Austausch von Daten, zumeist von ganzen Nachrichtenpaketen. Mit Datennetzen innerhalb von Fertigungsstätten überträgt man neben Daten auch Steuersignale, z. B. für Maschinen. Über ein Datennetz kann man auch auf die Dateien eines anderen Computers zugreifen und auch dessen Speicher wie einen eigenen Speicher nutzen.

Kennzeichnend für ein Datennetz ist, daß es von vielen Teilnehmerstationen, den *Datenendeinrichtungen* (DEE), gemeinsam genutzt wird und zwar jeweils nur für kurze Sendezeiten. Damit wird sichergestellt, daß alle DEE Gelegenheit zum Senden haben. Die zu übertragenden Daten werden seriell, also Bit für Bit, je Datenkanal übertragen.

WAN

Bei der Kommunikation im Fernbereich spricht man von WAN (engl. Wide Area Network = weitflächiges Datennetz). In Deutschland werden solche Netze von der Post betrieben. Für kleine Datenmengen verwendet man bei kleinen Übertragungsgeschwindigkeiten das Telefonnetz in Verbindung mit Akustikkopplern und Modems (Anschlußbaugruppen).

Mit ISDN (engl. Integrated Services Digital Network = integrierte Dienste in digitalem Netz) werden über Ländergrenzen hinweg Daten, Sprache und Bilder übertragen (Abschnitt 4.8.4.6).

LAN

Die Kommunikationssysteme innerhalb eines Unternehmens bezeichnet man als LAN (engl. Local Area Network = lokales Netz). Sie werden von den Unternehmen selbst betrieben und sind je nach Größe eines Unternehmens in verschiedene Hierarchiestufen eingeteilt **(Bild 1)**. Der Datenverkehr zwischen einzelnen Fabriken einer Firma oder den großen Abteilungen einer Firma werden über *Breitbandkommunikationssysteme* oder *Glasfaserdatennetze* abgewickelt. In einem Breitbandnetz können mit einer Koaxialleitung mehrere Datenkanäle betrieben werden. Das Glasfaserdatennetz FDDI[1] ist ein Ringnetz mit einer Übertragungsrate von 100 Mbit/s.

Gleichartige Netze werden durch *Bridges*[2] miteinander verbunden. Eine Bridge prüft und erneuert die übertragenen Datensignale. Verschiedenartige Netze benötigen einen Kopplungscomputer, das *Gateway*[3]. Bei großen Netzen werden die Datenwege über *Router*[4] festgelegt.

In einem LAN werden Daten seriell übertragen.

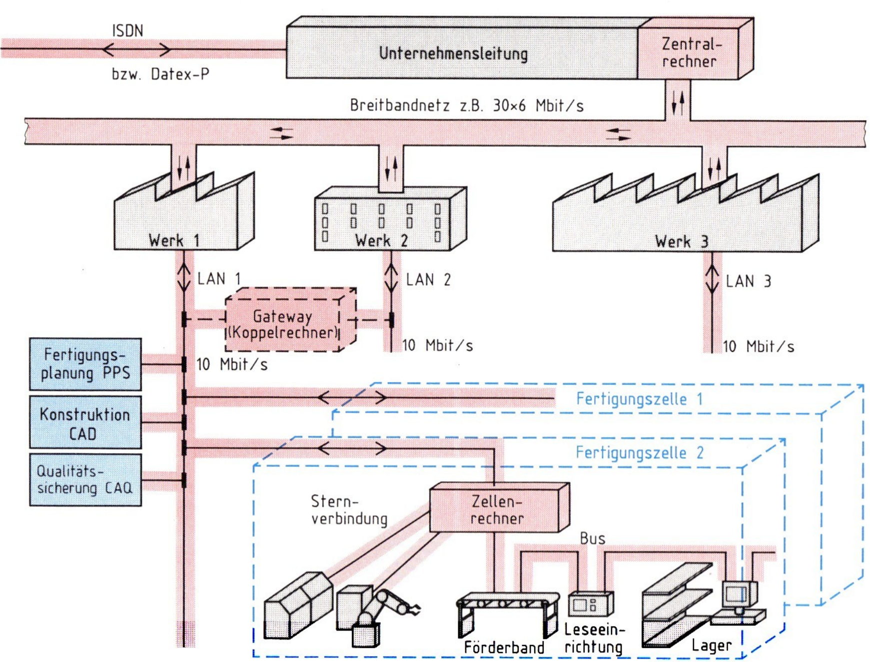

Bild 1: Hierarchiestufen der Datennetze

[1] FDDI, sprich: äf di di ai, von engl. Fiber Distributed Data Interface = verteilte Glasfaser-Datenschnittstelle; [2] engl. bridge = Brücke
[3] engl. gateway = Torweg; [4] engl. router = Wegfinder

4.8.4.1 Netztopologien und Zugriffsverfahren

Die wichtigsten Netztopologien[1] sind die Busstruktur, die Sternstruktur, die Ringstruktur und die Baumstruktur.

Busstruktur und Sternstruktur

Der Bus ist eine Datensammelleitung, die von allen Teilnehmern benützt wird **(Bild 1)**. Die Datenübertragung erfolgt direkt vom sendenden Teilnehmer zum Empfänger. Während dieser Datenübertragung können die anderen Teilnehmer keine Daten austauschen. Die Busleitung wird entweder zu allen Teilnehmern durchgeschleift oder bei Verwendung von *Sternkopplern* (*Hub*, sprich: hab; engl. Hub = Speichenrad) sternförmig sowohl zu den Teilnehmern als auch zu weiteren Sternkopplern verlegt **(Bild 2)**. Aktive Sternkoppler enthalten *Repeater* (engl. to repeat = wiederholen). Repeater empfangen das Datensignal und senden es verstärkt an die angeschlossenen Teilnehmer. Passive Hubs teilen die ankommende Signalleistung auf die angeschlossenen Teilnehmer auf.

Der Buszugriff, d. h. der Zugang zur gemeinsamen Datenleitung, muß nach vereinbarten Regeln (Protokoll) erfolgen, damit es im Datenverkehr keine Kollisionen (Störungen) gibt.

Bei den Busstrukturen kann die Teilnehmerzahl einfach erweitert werden, und das Einkoppeln und Abkoppeln von Teilnehmerstationen ist auch im laufenden Betrieb leicht möglich.

Das Buszugriffsverfahren ist im Netzprotokoll festgelegt.

Ringstruktur

Beim Ring ist eine Station an die andere angeschlossen, und die letzte Station ist mit der ersten verbunden **(Bild 3)**. Der Datenverkehr ist gerichtet, er durchläuft den Ring in einem vorbestimmten Umlaufsinn. Die Daten werden von den Teilnehmern aufgenommen und an den nächsten weitergereicht, bis der Zielteilnehmer erreicht ist. Auch hier muß ein Protokoll die Berechtigung des Sendens genau regeln. Das Anschalten an den Ring und das Abtrennen eines Teilnehmers vom Ring erfolgt durch ein Relais mit Öffner **(Bild 4)**. Damit bleibt der Ring immer geschlossen.

[1] Topologie = Lehre von der Lage im Raum, von griech. topos = Ort

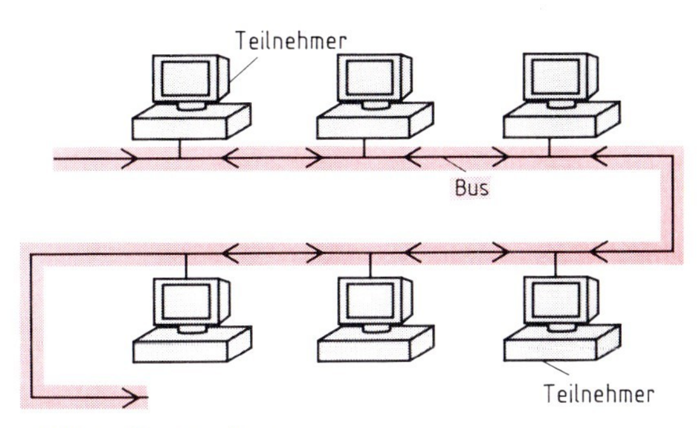

Bild 1: Busstruktur

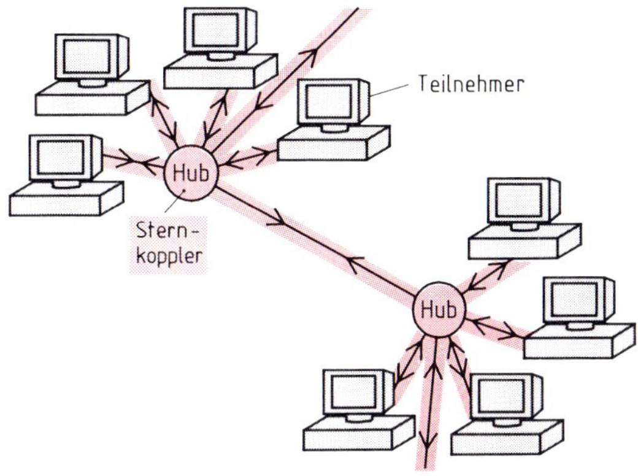

Bild 2: Sternstruktur

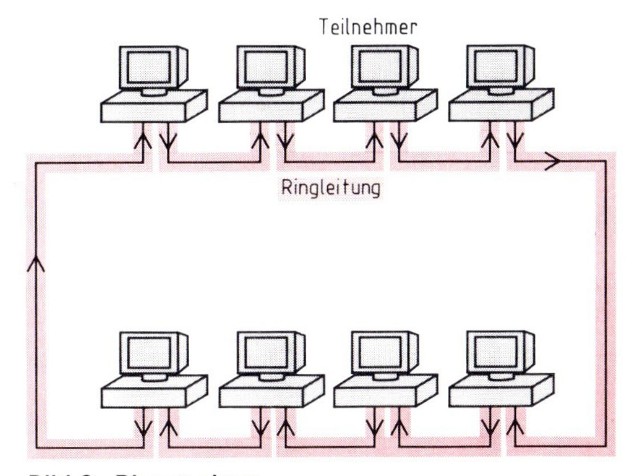

Bild 3: Ringstruktur

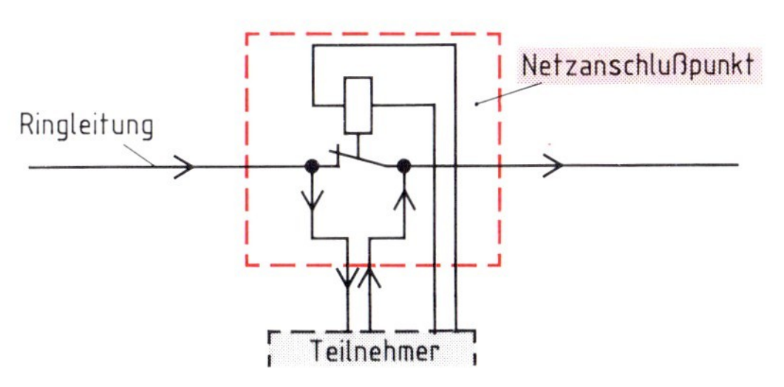

Bild 4: Anschlußpunkt bei einer Ringstruktur

Baumstruktur

Die Baumstruktur entsteht aus der Busstruktur, wenn am Bus Abzweige (Äste) eingebaut werden, von denen aus wieder abgezweigt wird.

Die Baumstruktur wird bei Vernetzungen mit einer großen Teilnehmerzahl am häufigsten angewendet.

Breitbandnetze sind in Baumstruktur ausgeführt **(Bild 1)**. Bei diesen Netzen ist der Datenverkehr gerichtet. Auf dem Sendekanal laufen die Daten zur Kopfstation (engl. Head-End), und von dieser laufen die Daten auf dem Empfangskanal wieder weg. Die unterschiedlichen Datenkanäle benötigen entweder unterschiedliche Leitungen oder unterschiedliche Frequenzbänder.

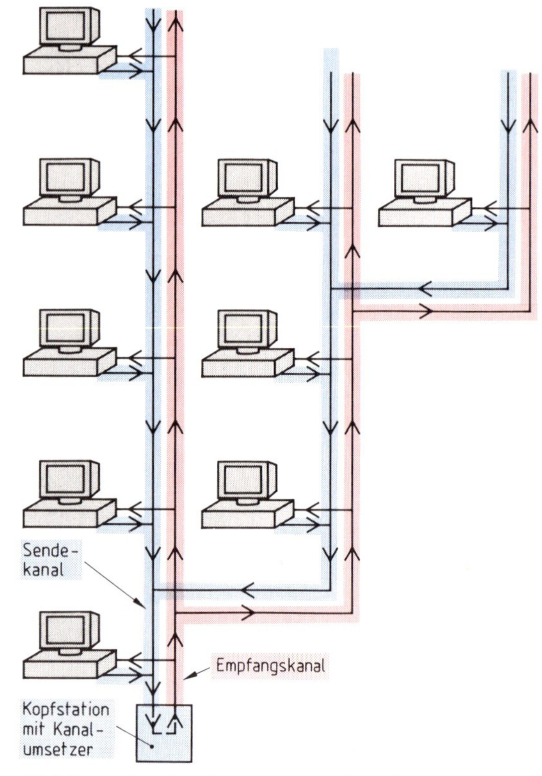

Bild 1: Baumstruktur eines Breitbandnetzes

Zugriffsverfahren

Die Datennetze unterscheiden sich in der Art der Zugriffsverfahren auf den Datenkanal, und zwar nach Vereinbarungen (Protokollen). Das Protokoll bestimmt, wann und wie lange ein Netzteilnehmer den Datenkanal benutzen darf. Es legt die Software und die Hardware fest.

Es müssen Vorkehrungen getroffen sein, wenn gleichzeitig mehrere Teilnehmer Daten senden wollen, damit es auf dem Datenkanal zu keiner Kollision[1], d. h. Störung, kommt. Es muß aber auch sichergestellt sein, daß alle Teilnehmer in angemessener Zeit ein Senderecht erhalten.

CSMA/CD-Zugriffsverfahren

Das Verfahren CSMA/CD (engl. Carrier Sense Multiple Access with Collision Detection = Verfahren mit Abfrage des Signalträgers bei mehrfachem Zugriff mit Kollisionserkennung) arbeitet wie folgt:

- Ein sendewilliger Teilnehmer hört in das Datennetz hinein, ob gerade ein anderer Teilnehmer sendet, also das Netz belegt ist (engl. Carrier Sense = Abfrage der Leitung).
- Ist das Netz frei, so sendet der Teilnehmer für kurze Zeit (einige Millisekunden). Alle Netzteilnehmer können die Nachricht empfangen. Jedoch nur der adressierte Teilnehmer, z. B. Teilnehmer 5, nimmt die Nachricht auf **(Bild 2)**.
- Ist das Netz belegt, so wird abgewartet und ständig mitgehört, bis das Netz frei wird und sodann gesendet. Da dies auch andere Teilnehmer tun, ist die Wahrscheinlichkeit groß, daß mehrere Teilnehmer gleichzeitig mit Senden beginnen, also daß mehrere auf das Netz zugreifen (engl. Multiple Access = Mehrfachzugriff).

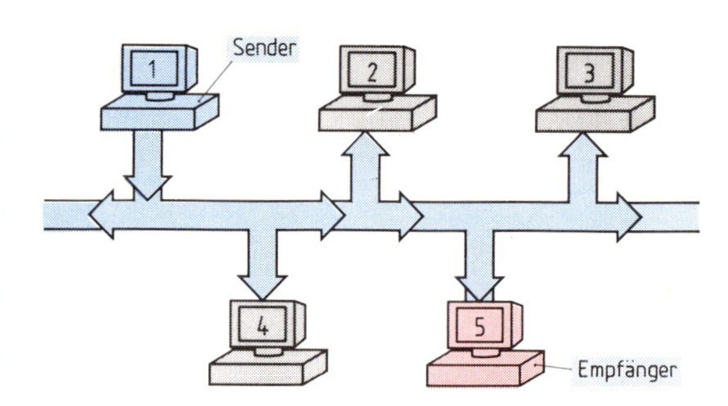

Bild 2: Senden bei freier Leitung

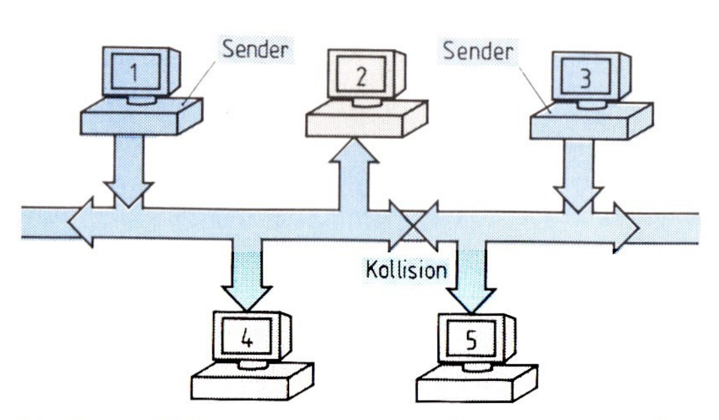

Bild 3: Kollision wenn mehrere Teilnehmer senden

[1] lat. collisum = zusammengeschlagen

– Greifen mehrere Teilnehmer gleichzeitig auf das Netz zu, dann führt dies zu einer Kollision **(Bild 3, vorhergehende Seite)**. Diese Kollision wird von jeder Station erkannt. Jede Station stoppt das Senden und beginnt mit einem erneuten Sendeversuch nach Ablauf einer von einem Zufallsgenerator bestimmten Zeit. Jeder Teilnehmer hat im statistischen Mittel die gleichen Sendechancen.

Der Nachteil dieses Verfahrens ist, daß man nicht vorhersagen kann, wie groß die Wartezeiten zum Senden im Einzelfall sind.

Token-Bus-Zugriffsverfahren

Im Netz gibt es ein Bitmuster, das die Sendeberechtigung ausweist. Dieses Bitmuster wird Token[1] genannt. Wer den Token hat, darf senden. Nach dem Senden muß der Teilnehmer den Token an die nächste Teilnehmerstation weitergeben **(Bild 2)**. Will dieser Teilnehmer senden, so kann er senden. Will dieser Teilnehmer nicht senden, so gibt er den Token wieder an dem ihm im Bus nachfolgenden Teilnehmer weiter. Der letzte Teilnehmer im Bus gibt den Token an den ersten Teilnehmer.

Wenn kein Teilnehmer senden will, kreist der Token von Teilnehmer zu Teilnehmer in einem Ring. Die Ringform der Tokenübertragung wird durch die Reihenfolge der Teilnehmeradressen festgelegt und nicht nach der Reihenfolge ihrer Anschlüsse. Deshalb spricht man von einem *logischen Ring*.

Da jeder Teilnehmer nur eine begrenzte Zeit, z. B. 10 ms, lang senden darf, weiß man, daß bei z. B. 100 aktiven, am Netz angeschlossenen Teilnehmern, der Token mindestens in der Zeitspanne von $100 \cdot 10\ \text{ms} = 1\ \text{s}$ jedem Teilnehmer zur Verfügung steht. Wenn nicht alle Teilnehmer senden, kommt der Token bei den sendewilligen Stationen öfter vorbei.

Es muß verhindert werden, daß der Token „verloren geht", wenn ein Teilnehmer sich gerade dann vom Netz abschaltet, wenn er den Token hat. Bei verloren gegangenem Token wäre das Netz tot. Ebenso darf, wenn ein Teilnehmer sich zuschaltet, dieser keinen Token mitbringen, sonst wären ja zwei Token im Umlauf und die Datenübertragung gestört.

Glasfaserdatennetze FDDI haben ein Token-Bus-Zugriffsverfahren.

[1] engl. Token = das Zeichen; deutsch der Token, seltener das Token

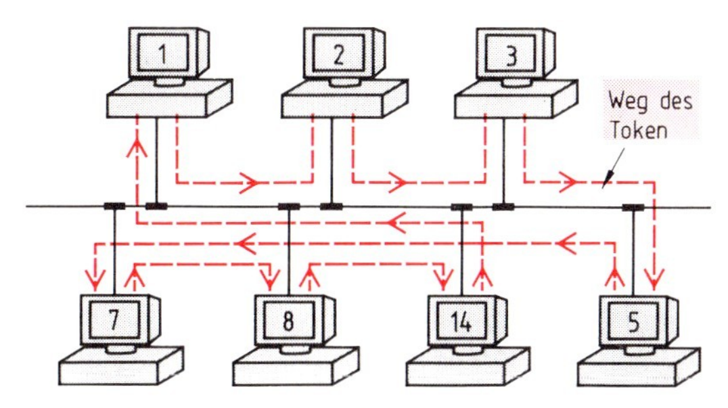

Bild 1: Token-Bus, Weg des Token

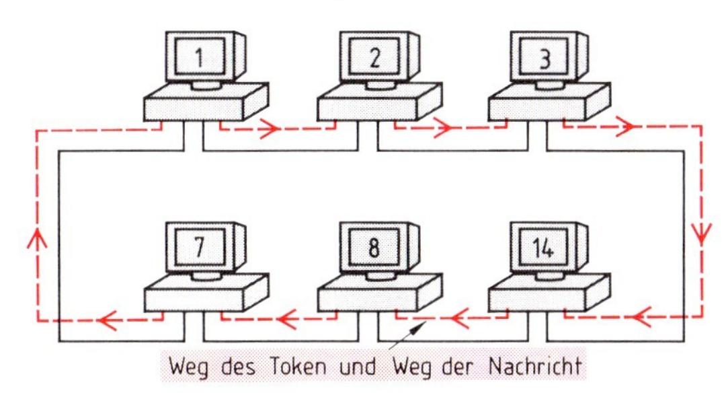

Bild 2: Token-Ring

Token-Ring-Zugriffsverfahren

Der Token-Ring ist hier auch ein physikalischer Ring, d. h. die Teilnehmer sind wie bei einer Kette aneinander geschaltet **(Bild 2)**. Hier wird die Nachricht mit dem Token von einem Teilnehmer zum nächsten, im Ring nachfolgenden Teilnehmer weitergereicht. Die Nachrichtenübertragung ist gerichtet (unidirektional). Kommt der Token mit der angehängten Nachricht beim Empfänger an, dann nimmt der Empfänger die Nachricht auf und sendet eine Kopie dieser Nachricht zusammen mit dem Token an den ursprünglichen Sender. Dieser kontrolliert diese Nachricht auf Fehler. Im Falle eines Fehlers wird die Nachricht erneut gesendet. Bei fehlerfreier Übertragung wird der Token mit einem Freizeichen versehen und an den nächsten Teilnehmer übertragen.

Bei Zugriffsverfahren mit Token wird die Sendeberechtigung reihum weitergereicht.

Wiederholungsfragen

1. **Welchem Zweck dienen Datennetze?**
2. **Was bedeuten die Kunstworte WAN und LAN?**
3. **Was unterscheidet Breitbandnetze von Basisbandnetzen?**
4. **Welche Netztopologien sind gebräuchlich?**
5. **Erklären Sie das CSMA/CD-Zugriffsverfahren!**
6. **Welche Funktion hat der Token?**

4.8.4.2 Serielle Bussysteme

Ethernet

Ethernet[1] ist das meist verbreitete LAN. Es arbeitet mit dem Zugriffsverfahren CSMA/CD. Die Datenübertragungsrate beträgt 10 Mbit/s. Das Ethernet-LAN besteht aus einem oder mehreren Leitungssegmenten (Leitungsabschnitten). Ein Leitungssegment kann bis zu 500 m lang sein **(Bild 1)**. Mehrere Leitungssegmente werden über *Repeater* miteinander verbunden. Der Repeater liest das Datensignal ein und erzeugt ein neues Datensignal gleichen Inhalts. Meist haben die Repeater auch die Fähigkeit, fehlerhafte Datenpakete zu erkennen. Fehlerhafte Datenpakete werden dann nicht zum nächsten Segment weitergegeben.

Der Anschluß eines Teilnehmers, z. B. eines Personalcomputers, erfolgt über ein TAP (engl. Terminal Access Point = Terminalanschlußpunkt).

Unmittelbar am TAP befindet sich meist der Transceiver (engl. Transmitter-Receiver = Sender-Empfänger) mit der Aufgabe, die Sendesignale aufzunehmen und Kollisionen zu erkennen.

Über die Transceiverleitung mit 15poligem Subminiaturstecker ist der Ethernet-Controller angeschlossen. Bei einem PC als Teilnehmer befindet sich oft der Transceiver mit Controller auf einer Steckkarte und wird auf den PC-internen Bus gesteckt. Der Controller erzeugt das zu sendende Datenpaket. Bei großen Datenmengen werden die Pakete mit einer maximal zulässigen Sendelänge 1500 Bytes (Oktetts[2]) aufgeteilt.

Bei Kollision wird das fehlerhafte Datenpaket vom Controller nicht angenommen. Die zum wiederholten Senden zu bestimmenden Zufallszahlen werden im Controller berechnet. Die ankommenden Daten werden auf formale Richtigkeit geprüft.

Das Ethernet-Frame (engl. Frame = Rahmen, Block) setzt sich aus Kopfdaten (Header, sprich: hedder von engl. head = Kopf), Nutzdaten und Abschlußdaten (Trailer; von engl. trailer = Anhänger) zusammen **(Bild 2)**.

Die Kopfdaten beginnen mit der Präambel (lat. praeambel = Vorrede). Das ist eine Folge von 56 bit = 7 Oktetts mit wechselnder Folge von 1010 ...

Da diese Folge von 1010 ... wie alle anderen Zeichen im Manchester-Code gesendet werden, entsteht bei einer Übertragungsrate von 10 Mbit/s eine Rechteckschwingung mit einer Periodendauer von 200 ns **(Bild 3)**. Dieses 5-MHz-Signal wird verwendet, um die Transceiverbaugruppe auf den 100-ns-Takt zu synchronisieren.

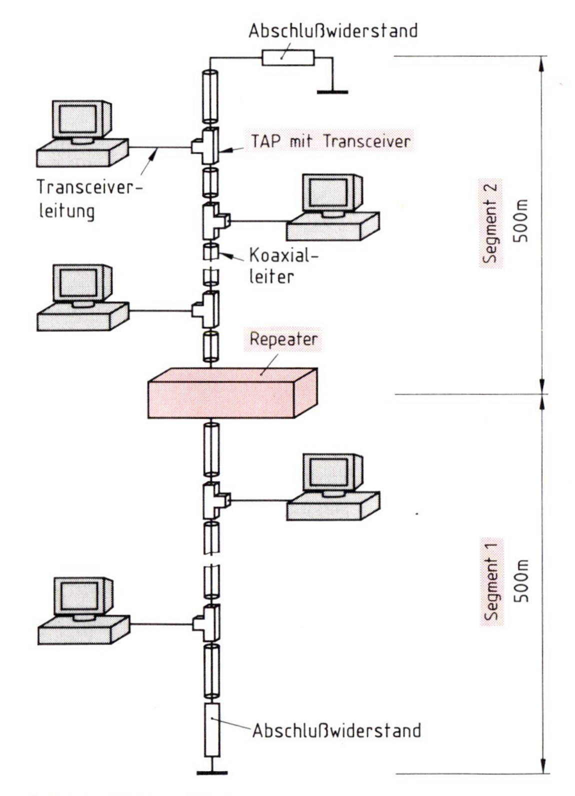

Bild 1: Ethernet-Netz

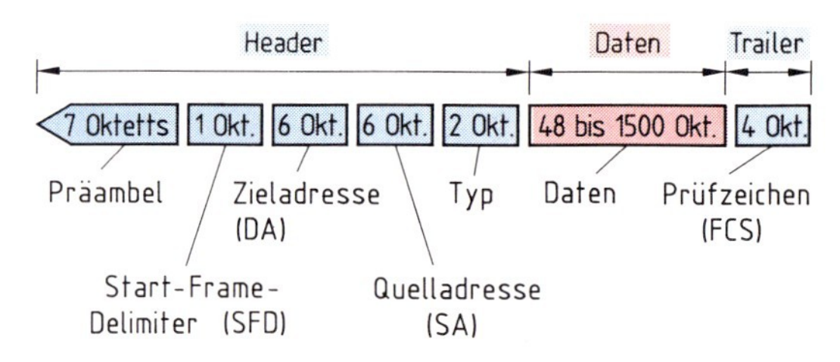

Bild 2: Ethernet-Frame

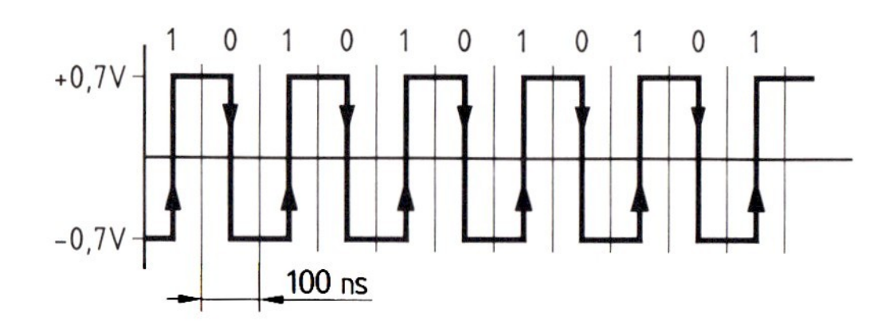

Bild 3: Präambel in Manchester-Codierung

[1] Ethernet von engl. ether = Himmel und engl. net = Netz, hier Firmenbezeichnung; [2] 1 Oktett = 8 bit, von lat. octo = acht

Den sieben Oktetts mit der Bitfolge 1010 ... folgt 1 Oktett als SFD (engl. Start Frame Delimiter = Frame-Anfangskennzeichen). Das SFD-Oktett hat die Bitfolge 10101011. Die beiden letzten Bits mit dem Wert 1 kennzeichnen den Beginn des Adreßfeldes. Das DA-Adreßfeld (engl. Destination Address = Zieladresse) hat die Länge von 6 Oktetts (48 bit) und beschreibt das Ziel, zu dem die Daten gelangen sollen. Sollen alle angeschlossenen Geräte angesprochen werden (engl. Broadcast = Rundruf), dann sind alle Bits des Zieladreßfeldes auf 1 gesetzt. Ein Broadcast wird z. B. ausgelöst, wenn ein Teilnehmer sich in das Netz einschaltet. Allen übrigen Teilnehmern wird dann seine Geräteadresse mitgeteilt. Nach der Zieladresse folgt mit 6 Oktetts die Quelladresse SA (engl. Source Address). Sie gibt an, von wem das Nachrichtenpaket ist. Der Quelladresse folgt eine Längenangabe des Datenfeldes, verschlüsselt mit zwei Oktetts. Schließlich folgen die eigentlichen Daten mit 46 Oktetts bis 1500 Oktetts. Im Datenfeld sind alle Bitmuster zulässig. Man bezeichnet ein solches Datenfeld als *transparentes* Datenfeld.

An das Datenfeld schließt sich das Prüfzeichenfeld FCS (engl. Frame Check Sequence Field) an. Dieses Feld enthält 4 Oktetts mit Prüfzeichen, die nach dem CRC-Verfahren (engl. Cyclic Redundancy Check = zyklische Blockprüfung) berechnet werden. Stimmen gesendete und berechnete Prüfzeichen nicht überein, so wird die Nachricht verworfen, ebenso wenn die angegebene Nachrichtenlänge und die empfangene Nachrichtenlänge nicht übereinstimmen.

Das Ethernet-LAN arbeitet mit dem CSMA/CD-Zugriffsverfahren.

Feldbus-Systeme

Zur Vernetzung von Geräten im Anlagenfeld z. B. von Sensoren mit Robotersteuerungen, sind einfache und kostengünstige Bussysteme notwendig. Der wichtigste Feldbus ist der PROFIBUS.

PROFIBUS

Der PROFIBUS (von engl. Process Field Bus = Prozeß-Feld-Bus) ist genormt. Man unterscheidet hier zwischen aktiven und passiven Teilnehmern **(Bild 1)**. Ein aktiver Teilnehmer kann *ohne Aufforderung* Nachrichten senden. Die Sendeberechtigung wird über einen umlaufenden Token zyklisch erteilt. Passive Teilnehmer dürfen empfangene Nachrichten nur quittieren oder *auf Anforderung* Daten senden. Häufig ist in einem PROFIBUS nur ein aktiver Teilnehmer vorhanden, z. B. der Leitrechner, dann entfällt die Tokenweitergabe.

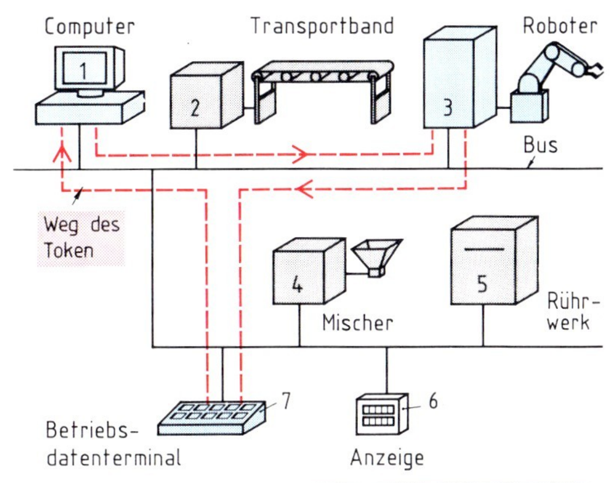

Bild 1: PROFIBUS mit aktiven und passiven Teilnehmern (Beispiel)

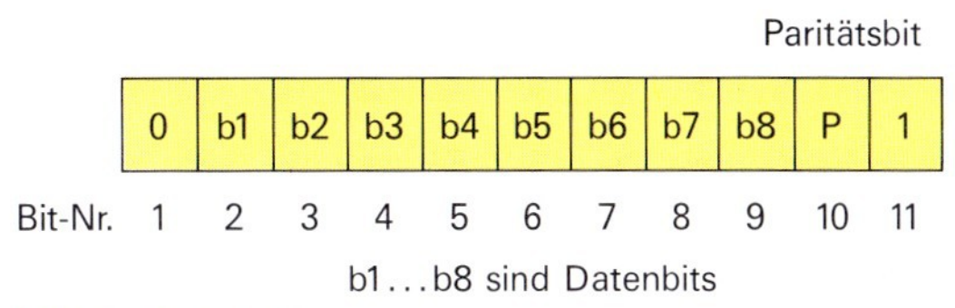

Bild 2: UC-Zeichen

Die Zahl der aktiven Teilnehmer beträgt maximal 32, die Übertragungsrate liegt zwischen 9,6 kbit/s und 500 kbit/s. Die größte Leitungslänge ist ohne Repeater 1200 m. Mit jeweils einem Repeater verlängert sich das Bussegment um weitere 1200 m.

Das System erkennt folgende Störungen und Betriebszustände:

- mehrere Token sind im Umlauf,
- kein Token ist vorhanden,
- fehlerhafte Tokenweitergabe,
- mehrere gleiche Teilnehmeradressen,
- defekter Empfänger und
- Zuschalten und Abschalten eines Teilnehmers.

Zu den Betriebsarten zählen die Tokenverwaltung, der zyklische Sendebetrieb und die Teilnehmerverwaltung.

Die Nachrichten setzen sich aus UC-Zeichen zusammen, den sogenannten UART-Charakters (UART von engl. Universal Ansynchronous Receiver/Transmitter = Universeller asynchroner Empfänger/Sender, Character = Zeichen). Ein UC-Zeichen besteht aus 11 Bits **(Bild 2)**.

4.8.4.3 Übertragungsgeschwindigkeiten

Die Übertragungsgeschwindigkeit (Übertragungsrate) für Digitalsignale wird in bit/s, kbit/s, Mbit/s und Gbit/s angegeben. Bei diesen Angaben handelt es sich um die Bruttoübertragungsgeschwindigkeit, d.h. einschließlich der vorangestellten Kopfdaten (Header) und einschließlich der Prüfzeichen und Abschlußbits. Die Übertragungsgeschwindigkeit der Nutzdaten (Nettoübertragungsrate) liegt häufig 10% bis 30% niedriger als die Bruttoübertragungsgeschwindigkeit.

Je höher die Übertragungsgeschwindigkeit ist, um so kürzer ist die notwendige Übertragungszeit bzw. um so mehr Teilnehmer können miteinander in einem Netz zusammengeschlossen werden.

Die notwendige Übertragungsgeschwindigkeit für Computerarbeitsplätze beträgt einige kbit/s für die Übertragung und Darstellung von alphanumerischen Zeichen, etwa 10 Mbit/s für die Übertragung von Konstruktionsgrafik und 100 Mbit/s für die Datenübertragung zur Bildschirmdarstellung bewegter Bilder **(Bild 1)**.

Die maximale Übertragungsgeschwindigkeit eines Datenkanals heißt Kanalkapazität. Je größer die Bandbreite eines Datenkanals ist, um so genauer können Binärsignale übertragen werden **(Bild 2)**, bzw. je kürzer kann die Bitzeit (Zeit für die Übertragung eines Bit) und je größer die Übertragungsgeschwindigkeit gewählt werden. Die Kanalkapazität hängt auch noch von der Leistung der Signalquelle und der Leistung der Rauschsignale im Kanal ab.

C_i Kanalkapazität in bit/s
B Bandbreite in Hz
P_s Signalleistung
P_n Rauschleistung

$$C_i = B \cdot \text{lb}\left(1 + \frac{P_s}{P_n}\right)$$

Beispiel:

Das Rauschabstandsmaß $a_\sigma = 10 \cdot \lg(P_s/P_n)$ beträgt 30 dB und die Kanalbandbreite 1 MHz.

Berechnen Sie die Kanalkapazität!

Lösung:

$a_\sigma = 30 \text{ dB} \Rightarrow P_s/P_n = 10^3 = 1000$

$C_i = 10^6 \text{ Hz} \cdot \text{lb}(1000 + 1) = \mathbf{9{,}97\ Mbit/s}$

Entsprechend den Anforderungen an die Übertragungsgeschwindigkeiten verwendet man Leitungen mit verdrillten Aderpaaren, Basisband-Koaxialleitungen, Breitband-Koaxialleitungen und Glasfaserleiter **(Tabelle 1)**.

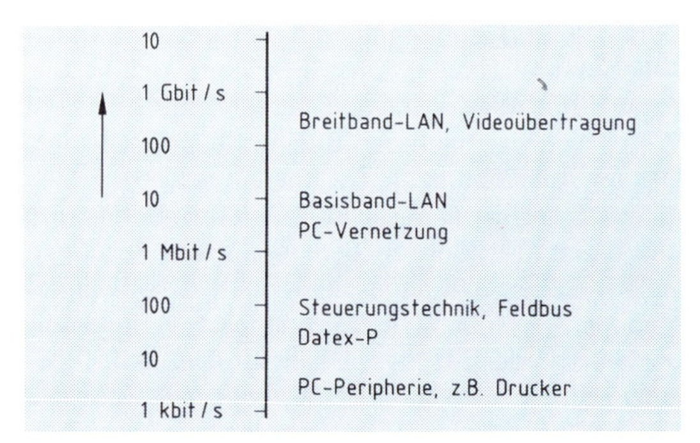

Bild 1: Übertragungsgeschwindigkeiten für verschiedene Anwendungen

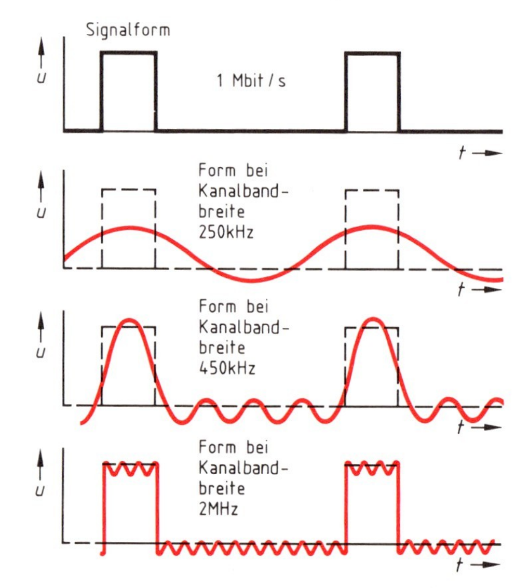

Bild 2: Die Wirkung der Kanal-Bandbreite auf ein Binärsignal

Tabelle 1: Leitungsarten

Art	Übertragungsgeschwindigkeit	Anwendung, System
verdrillte Adernpaare	bis 4 Mbit/s	PROFIBUS BITBUS Token-Ring-LAN Star-LAN
Koaxialleitung	10 Mbit/s	Ethernet-LAN Proway C-LAN
Breitband-Koaxialleitung	456 Mbit/s	Breitbandnetz für Daten, Sprache Video mit mehreren Kanälen
Glasfaserleiter	bis 1 Gbit/s	Datenfernübertragung

Die Kanalkapazität nimmt mit zunehmender Leitungslänge ab **(Bild 1)**. Deshalb setzt man in regelmäßigen Abständen Repeater ein. Repeater lesen und prüfen die Datensignale und senden die fehlerfreien Datensignale auf das folgende Leitungssegment.

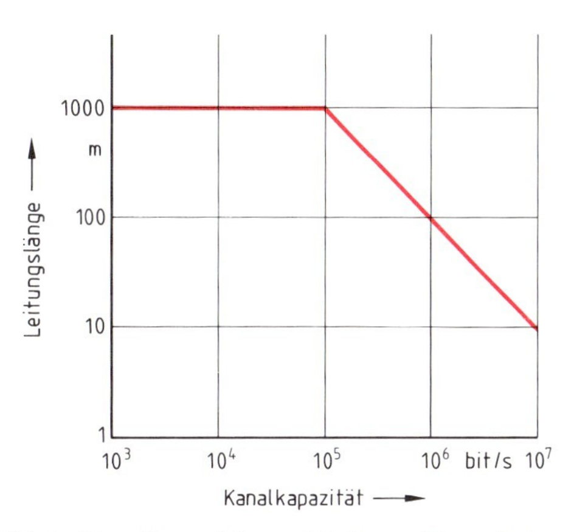

Bild 1: Kanalkapazität und Leitungslänge bei einem verdrillten Adernpaar

4.8.4.4 Protokoll

Die Beschreibung der Art, wie die Datenübertragung in Kommunikationssystemen erfolgt, heißt Protokoll. Kommunikationsprotokolle haben nach ISO (engl. International Standardisation Organisation = internationale Standardisierungsorganisation) eine Einteilung in sieben Teilabschnitte. Jeder Teilabschnitt wird als Schicht (engl. Layer) bezeichnet. Offene Protokolle sind für jedermann einsehbar und benutzbar. Sie werden in Form des OSI-7-Schichtenmodells **(Bild 2)** beschrieben (OSI von engl. Open System Interconnection = Offenes System zur Verbindung). Für die Fabrikautomatisierung ist MAP (engl. Manufacturing Automation Protocol = Fertigungsautomatisierungs-Protokoll) mit MMS (engl. Manufacturing Message Specification = Spezifikation zur Nachrichtenübertragung in der Fertigung) das wichtigste Protokoll. Es ist nach dem OSI-7-Schichtenmodell aufgebaut.

Wiederholungsfragen

1. **Welche Aufgabe hat ein Repeater?**
2. **Was ist ein TAP?**
3. **Wofür dient die Präambel im Nachrichtenkopf?**
4. **Welche Aufgabe haben die Frame-Delimiter?**
5. **Wodurch unterscheiden sich Feldbussysteme von LAN?**
6. **Wovon hängt die maximale Übertragungsgeschwindigkeit in einem Netz ab?**
7. **Welche Leitungsarten verwendet man in Datennetzen?**
8. **Was versteht man unter dem Protokoll eines Kommunikationssystems?**

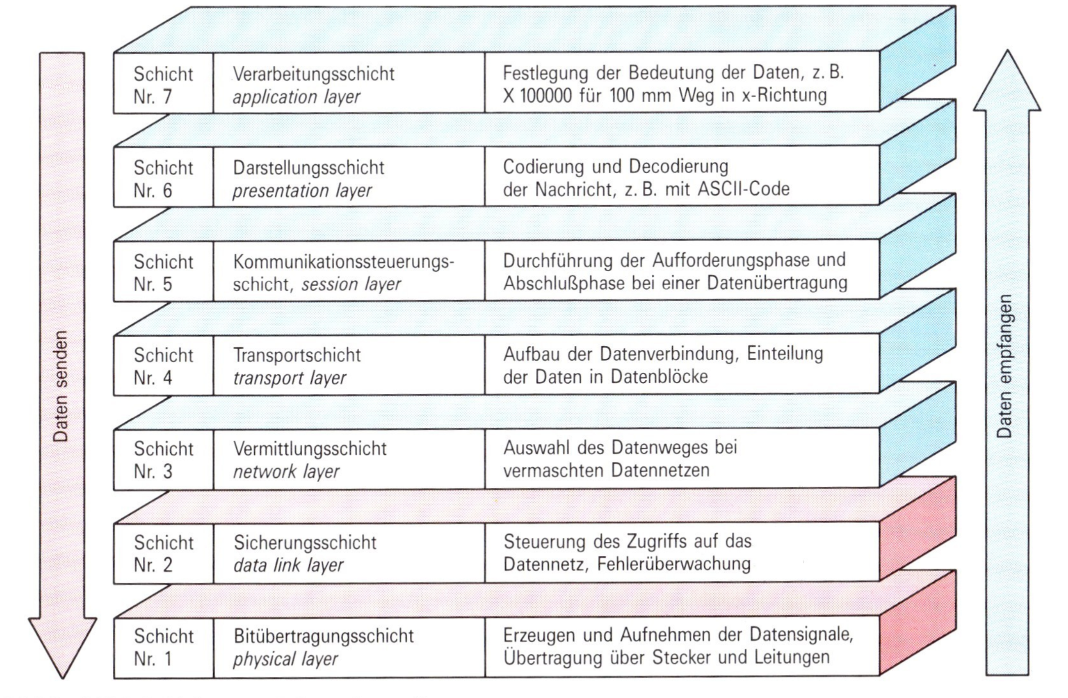

Bild 2: OSI-7-Schichtenmodell zur Datenübertragung

4.8.4.5 Datensicherung

Bei der Übertragung von binären Signalen können die Signalwerte verfälscht werden. Zur Fehlererkennung wird z. B. an jede Zeile eines BCD-Codes ein weiteres Bit angefügt **(Bild 1)**. Dabei wird der Wert dieses *Paritätsbit* z. B. so gewählt, daß die Anzahl der Einsen (Z.d.1) ungerade ist (ungerade Parität). Das Paritätsbit P für eine ungerade Zahl der Einsen erhält man durch eine Schaltung mit Exklusiv-NOR-Elementen (Äquivalenz-Elementen). Nach der Übertragung wird erneut die Parität gebildet. Ist die Zahl der Einsen nach der Übertragung gerade, liegt ein Fehler vor.

Eine Fehlererkennung kann auch dadurch erreicht werden, daß ein Paritätsbit für jede Spalte eines Datenblocks aus z. B. 4 Zeilen gebildet und mitübertragen wird **(Bild 2)**. Die Zeile mit den Paritätsbits wird als Blockprüfzeichen BPZ bezeichnet. Das Paritätsbit für eine gerade Anzahl Einsen erhält man durch eine Schaltung mit Exklusiv-ODER-Elementen (Bild 1).

Fehler können erkannt werden, wenn ein Code eine Redundanz ≥ 1 bit enthält.

Verwendet man die zeilenweise Paritätsbildung und das Blockprüfzeichen, kann der Fehlerort bestimmt werden (*Blocksicherung* oder *Kreuzsicherung*).

Beispiel 1:
Die Zahl 1989 soll mit einer ungeraden Parität übertragen werden. Welche Paritätsbits und welches Blockprüfzeichen sind erforderlich?

Lösung: **Bild 3**

Zuerst wird für jede Zeile das Paritätsbit gebildet. Anschließend wird für jede Spalte das Bit für das Blockprüfzeichen gebildet. Nach Übertragung der fünf Datenwörter wird im Empfänger eine Paritätsprüfung durchgeführt. Ist die Übertragung fehlerfrei, so ist die Zahl der Einsen in den Zeilen und in den Spalten überall ungerade.

Beispiel 2:
Bei einer fehlerhaften Datenübertragung der Zahl 1989 wurde statt 1000 die Dualzahl 1010 übertragen. Wie kann das fehlerhafte Bit erkannt werden?

Lösung: **Bild 4**

Markiert man nun die entsprechende Zeile und Spalte, erhält man im Schnittpunkt der beiden das fehlerhaft übertragene Bit.

Dezimalzahl	D	C	B	A	Paritätsbit	Z.d.1
0	0	0	0	0	1	1
1	0	0	0	1	0	1
2	0	0	1	0	0	1
3	0	0	1	1	1	3
4	0	1	0	0	0	1
5	0	1	0	1	1	3
6	0	1	1	0	1	3
7	0	1	1	1	0	3
8	1	0	0	0	0	1
9	1	0	0	1	1	3

Ungerade Parität:
D C B A
= =
=
P

Gerade Parität:
D C B A
= 1 = 1
= 1
P

Bild 1: BCD-Code mit Paritätsbit und Schaltung

Dezimalzahl	D	C	B	A
1	0	0	0	1
9	1	0	0	1
8	1	0	0	0
9	1	0	0	1
BPZ	1	0	0	1
Z.d.1	4	0	0	4

Fehlerfrei

Dezimalzahl	D	C	B	A
1	0	1	0	1
9	1	0	0	1
8	1	0	0	0
9	1	0	0	1
BPZ	1	1	0	1
Z.d.1	4	1	0	4

Fehler ↑

Bild 2: Datenblöcke mit Blockprüfzeichen BPZ

Dezimalzahl	D	C	B	A	Paritätsbit	Zahl d. 1
1	0	0	0	1	0	1
9	1	0	0	1	1	3
8	1	0	0	0	0	1
9	1	0	0	1	1	3
BPZ	0	1	1	0	1	
Z.d.1	3	1	1	3	3	

Bild 3: Blocksicherung mit fehlerfreier Datenübertragung

Dezimalzahl	D	C	B	A	Paritätsbit	Zahl d. 1
1	0	0	0	1	0	1
9	1	0	0	1	1	3
?	1	0	1	0	0	2
9	1	0	0	1	1	3
BPZ	0	1	1	0	1	
Z.d.1	3	1	2	3	3	

Bild 4: Blocksicherung mit fehlerhafter Datenübertragung

4.8.4.6 Datenübertragung im Telekommunikationsnetz

Über das öffentliche analoge Fernsprechnetz können Daten mit Hilfe von Modems bei niedriger Übertragungsgeschwindigkeit übertragen werden **(Bild 1)**.

Unter Verwendung elektronischer Vermittlungseinrichtungen wurden eigene Datenübermittlungsdienste geschaffen, die mit besonderen Netzen, also z.B. mit anderen Doppeladern als das analoge Fernsprechnetz, arbeiten. Beim Teilnehmer wird dabei ein *Datennetzgerät* DNG installiert, das eine digitale Datenschnittstelle darstellt. Die *Datex-Dienste* (von Data Exchange = Datenaustausch) arbeiten mit Übertragungsgeschwindigkeiten von 300 bit/s bis 64 kbit/s. Bei den Diensten Datex-L können zwei Teilnehmer miteinander Daten austauschen **(Tabelle 1)**.

Bei den Diensten Datex-P **(Tabelle 2)** wird die Paketübertragung angewendet **(Bild 2)**. Die von den verschiedenen DEE (Datenendeinrichtungen) zu übermittelnden Daten werden asynchron zur DVST-P (Datenvermittlungsstelle mit Paketvermittlung) übertragen, dort gespeichert bis eine Verbindung vorliegt, dann paketweise übertragen und beim Empfänger wieder zusammengesetzt.

Beim *Netz ISDN* (von engl. Integrated Services Digital Network = Digitales Netz für integrierte Dienste) werden alle Dienste der Telekommunikation über dasselbe Netz betrieben. Seit 1989 werden international die Netze zu einem Schmalband-ISDN (S-ISDN) ausgebaut. Ab etwa 1996 sollen die meisten Dienste über ein Breitband-ISDN (B-ISDN) betrieben werden.

Mit ISDN kann man viele Dienste über dasselbe Netz betreiben.

Tabelle 2: Datex-P-Dienste

Datex P10	Basisdienst mit 2400, 4800, 9600, 48000 oder 64000 bit/s, synchrone Übertragung.
Datex P20	Anpassungsdienstleitung für Anschluß asynchroner DEE mit 300, 1200, 1200/75 und 2400 bit/s.
Datex P20L	Zugang von Datex-L mit 300 bit/s.
Datex P20F	Zugang vom Telefon mit 110...300 bit/s, asynchron, dx; 1200 u. 1200/75 bit/s, asynchron, dx; 2400 bit/s, asynchron, dx.

dx Duplex (gleichzeitig in beide Richtungen)

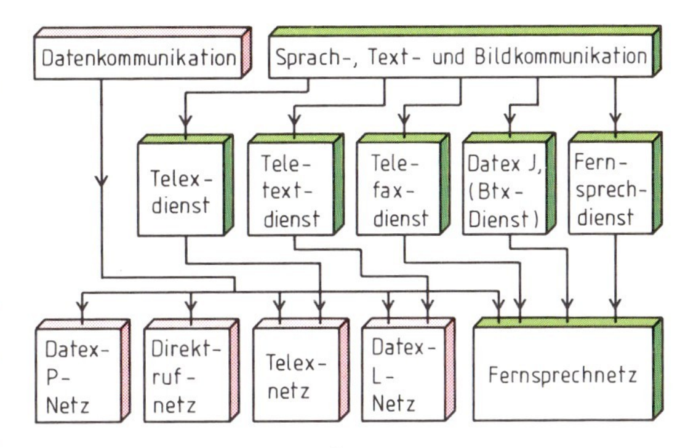

Bild 1: Netze zur Datenübertragung

Tabelle 1: Datex-L-Dienste

Bezeichnung	Übertragungsrate bit/s	Bemerkung	Übertragungsart
Datex-L 300	300	CCITT-Code Nr. 5 10 oder 11 bit/Zeichen	seriell, asynchron, sx/hx/dx
Datex-L 2400	2400	beliebiger Zeichen-Code und beliebiges Steuerungsverfahren	seriell, synchron, dx, Takt vom Netz
Datex-L 4800	2800		
Datex-L 9600	9600		

dx Duplex (gleichzeitig in beiden Richtungen),
hx Halbduplex (nacheinander in beiden Richtungen),
sx Simplex (in einer Richtung)

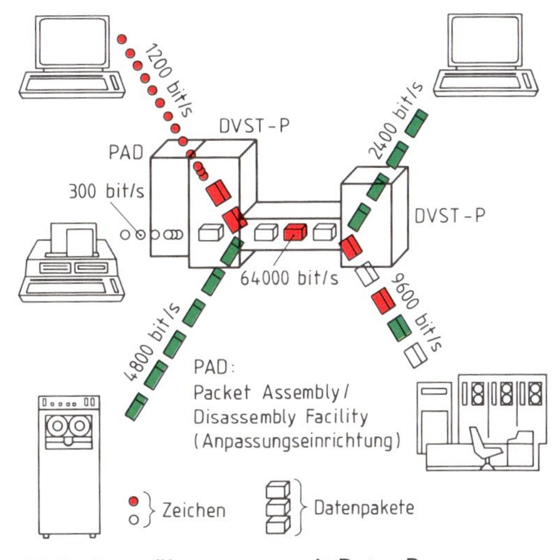

Bild 2: Datenübertragung mit Datex-P

Beim S-ISDN werden die Doppeladern aus Kupfer des öffentlichen Telefonnetzes von der *Digitalen Ortsvermittlungsstelle* (DIVO) zum Teilnehmer verwendet **(Bild 1)**. Die Übertragung erfolgt durch Pulscodemodulation (PCM) mit einer Übertragungsgeschwindigkeit von 144 kbit/s. Beim Teilnehmer befindet sich ein *Netzabschluß* NT (von engl. Network Termination = Netzende). Der NT enthält einen Mikrocomputer und auch die Stromversorgung für die angeschlossenen Endeinrichtungen (Bild 1).

Im NT wird die Übertragung von der einen Doppelader mit der *Leitungsschnittstelle* U_{K0} auf zwei Doppeladern verteilt. Die zu den Endeinrichtungen führende Leitung ist vieradrig und führt zu der *Teilnehmerschnittstelle* S_0. Über die vieradrige Leitung werden die Nutzinformationen über zwei Basiskanäle B1 und B2 jeweils in einer Richtung mit 64 kbit/s übertragen. Außerdem ist ein Steuerkanal (D-Kanal) mit 16 kbit/s vorhanden, über den der Verbindungsaufbau erfolgt.

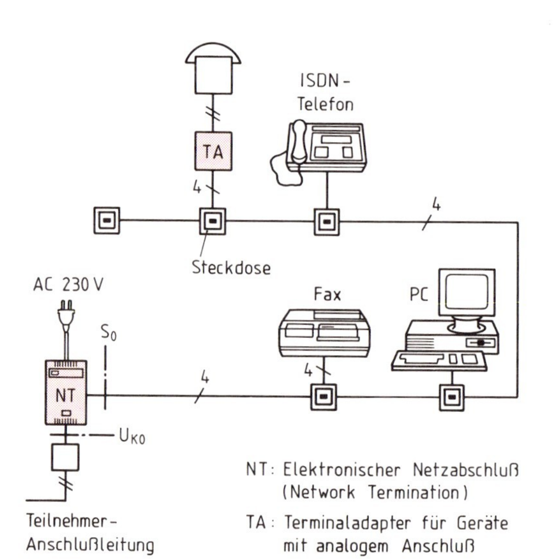

Bild 1: ISDN-Teilnehmeranschluß (Beispiel)

Beim ISDN erfolgt im Gegensatz zum analogen Fernsprechnetz der Verbindungsaufbau über einen getrennten Steuerkanal.

Für große Anlagen gibt es anstelle der Schnittstelle U_{K0} andere Schnittstellen mit z.B. 30 B-Kanälen und einem D-Kanal. Für den Anschluß herkömmlicher Geräte an ISDN benötigt man eine Endgeräte-Anpassungsschaltung, den *Terminaladapter* TA, zwischen Endgerät und Schnittstelle.

Beim ISDN sind die maximalen Abstände des NT von den Endgeräten und von der ISDN-DIVO sowie die Zahl der Endgeräte des NT beschränkt **(Bild 2)**.

Der PC kann als vielseitiges ISDN-Endgerät angesehen werden, wenn er eine entsprechende Schnittstelle bekommt. Diese hat die Form einer Steckkarte im PC und wird als *ISDN-Adapterkarte* bezeichnet. Sie enthält einen Mikroprozessor, ein EPROM für den Selbsttest und das Urladeprogramm sowie ein RAM als Arbeitsspeicher und Datenspeicher.

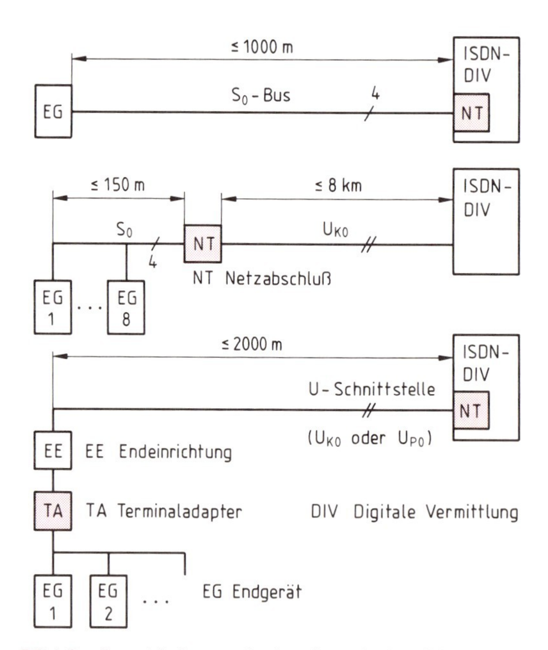

Bild 2: Anschluß von Endgeräten bei größeren Abständen

Wiederholungsfragen

1. **Wie groß ist die Übertragungsgeschwindigkeit im Netz Datex-L 64000?**
2. **Welche Übertragungsart wird beim Dienst Datex-P angewendet?**
3. **Erklären Sie die Bedeutung der Abkürzung ISDN!**
4. **Welche Modulation wird für die Übertragung beim ISDN angewendet?**
5. **Welche Bestandteile enthält ein Netzabschluß beim ISDN?**
6. **Welche Aufgabe hat beim ISDN der Steuerkanal?**

4.8.5 Datenübertragung mit parallelem Bus

4.8.5.1 IEC-Bus (IEEE 488)

Der IEC-Bus (IEC 625) ist eine Parallelschnittstelle zur Verbindung von elektronischen Meßgeräten. Über den IEC-Bus werden häufig auch periphere Geräte an Rechner angeschlossen, wie z. B. Plattenlaufwerke, Drucker, Grafiktabletts und Plotter. Die maximale Länge der Verbindungsleitungen ist auf 20 m beschränkt. Die maximale Übertragungsgeschwindigkeit beträgt etwa 1 Mbyte/s.

Aufbau. Die Signalübertragung erfolgt über 16 Leiter (acht Leiter für die Datenübertragung und Adressenübertragung, drei Leiter als Handshake-Leiter und fünf Leiter zur Buskontrolle). Die Steckverbindung ist 25polig und hat auf der Leitungsseite sowohl Stecker als auch Buchsen. Dadurch kann der Bus von einem Gerät zum nächsten weitergeschleift werden. Signalspannungen > 2 V bedeuten H-Pegel mit dem Wert 0 und Signalspannungen $< 0{,}8$ V bedeuten L-Pegel mit dem Wert 1.

Der Buscontroller, meist ein Computer, steuert den Bus. Geräte, welche Daten senden, heißen Sprecher (engl. talker) und Geräte, welche Daten empfangen, heißen Hörer (engl. listener). Jeder Hörer und jeder Sprecher hat eine eigene Adresse. Kann ein Gerät sowohl Hörer als auch Sprecher sein, dann hat es zwei Adressen.

Der Data-Mode dient zur Datenübertragung und den Command-Mode zur Buszuteilung. Mit dem Signal ATN = 1 (Attention = Achtung) werden alle angeschlossenen Geräte aufgefordert, die auf den 8 DIO-Leitern (Data Input/Output = Daten – Eingang/Ausgang) gesendeten Signale von 1 Byte als Adresse aufzufassen. Mit dem Signal 0 an ATN wechselt der IEC-Bus auf den Data-Mode. Der Sprecher sendet Daten über die 8 DIO-Leiter Byte für Byte an die zuvor adressierten Hörer.

Die Datenübertragung wird durch ein Dreileiter-Quittierungsverfahren (Dreileiter-Handshake) mit den Signalen DAV (Data Valid = Daten gültig), NRFD (Not Ready For Data = nicht bereit für Daten) und NDAC (Not Data Accepted = Daten nicht angenommen) gesteuert. Dabei ist zu beachten, daß der niedrige Spannungspegel den Wert 1 hat. Ein NRFD-Signal mit Massepotential (0 V) bedeutet Signal 1 an NRFD, also „nicht bereit für Daten". Somit bedeutet ein NRFD-Signal mit 5 V, daß Daten bereitgestellt sind. Mit Signal 1 an DAV entsprechend 0 V (Massepotential) werden die Daten gültig und mit NDAC = 0, entsprechend 5 V, wird die Datenübernahme quittiert **(Bild 1)**.

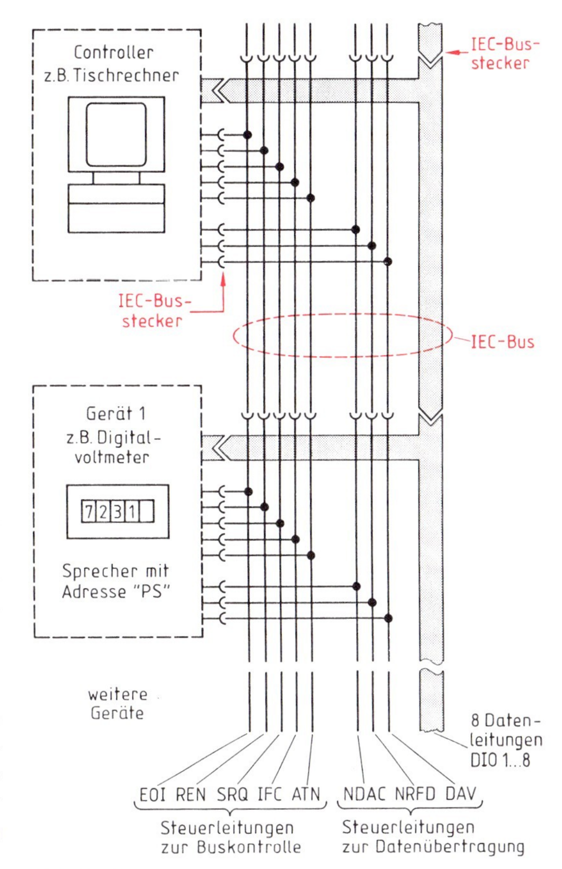

Bild 1: IEC-Bus

Mit dem Signal an IFC (Interface Clear = Schnittstelle frei) werden alle Geräte in den Grundzustand gebracht. Durch das Signal 1 an REN (Remote Enable = Fernbedienung einschalten) wird bei dem adressierten Gerät das Bedienfeld abgeschaltet und die Fernbedienung über den Bus eingeschaltet. Das Signal 1 an SRQ (Service Request = Bedienung wird verlangt) kann von jedem angeschlossenen Gerät ausgelöst werden. Danach unterbricht der Controller die Datenübertragung und ermittelt, welches Gerät das SRQ-Signal ausgelöst hat. Mit dem Signal 1 an EOI (End Or Identify = Ende oder Erkennung) wird, falls der Bus im Data-Mode ist (Signal 0 an ATN), die Datenübertragung beendet. Falls der Bus im Command-Mode ist (Signal 1 an ATN), kann abgefragt werden, welche Geräte eine Buszuteilung verlangen.

4.8.5.2 PC-Systembus

Datenleiter, Adreßleiter und Steuerleiter werden als Teilbusse bezeichnet **(Bild 1)**. Jeder Teilnehmer muß so beschaffen sein, daß er mit dem Bus arbeiten kann.

Die Anpassung der Busteilnehmer an den Bus erfolgt über Schnittstellen.

Beim Parallelbus werden die Informationen (Daten) über einen bidirektionalen (Zweirichtungs-) Datenbus übertragen. Die Steuerung des Gesamtbussystems führt der Steuerbus durch. Oft werden von den Busteilnehmern nicht alle Steuersignale verwendet. Über den Adreßbus oder eine Hälfte des Adreßbusses erfolgt die Anwahl, d.h. die Adressierung der Station, für die die Information bestimmt ist.

Ein Parallelbus besteht aus dem Datenbus, dem Adreßbus und dem Steuerbus.

Jeder Teilnehmer wird über eine mechanische Ankopplung, die Steckverbindung, mit dem Bus verbunden **(Bild 2)**. Bei Bussystemen, die eigene Busplatinen verwenden, sind dies meist 64polige bis 96polige Verbinder. Diese Busse werden auch als externe Busse bezeichnet. Interne Busse dagegen benutzen einen Teil der Platine eines Gerätes, z.B. einer Personalcomputer-Grundplatine **(Bild 3)**. Je nach Verwendungszweck sind drei bis acht Steckplätze für Busteilnehmer vorhanden, die meist alle über die gleiche Kontaktbelegung verfügen **(Bild 4)**. Für niederohmige Kontaktverbindungen werden die Steckverbinder oft mit einer dünnen Goldschicht überzogen. Dadurch ist die Anzahl der möglichen Steckvorgänge z.B. auf 200 begrenzt.

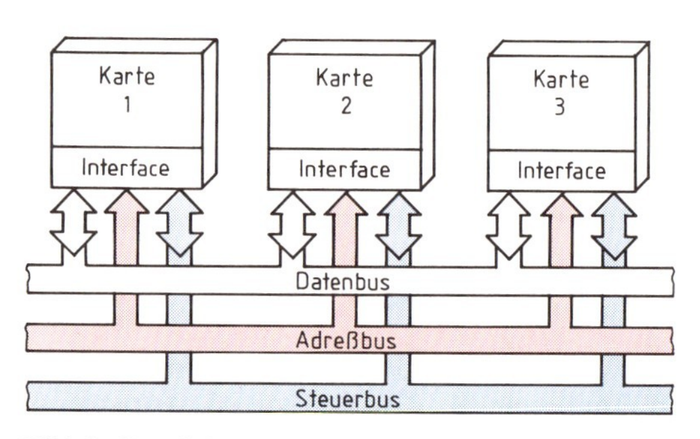

Bild 1: Parallelbussystem

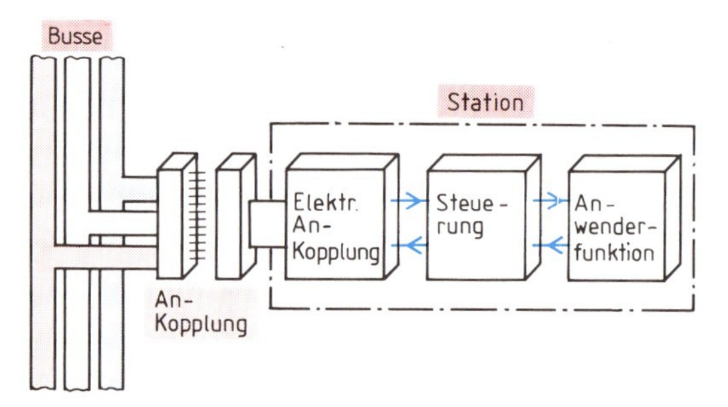

Bild 2: Kartenanschluß an den Bus

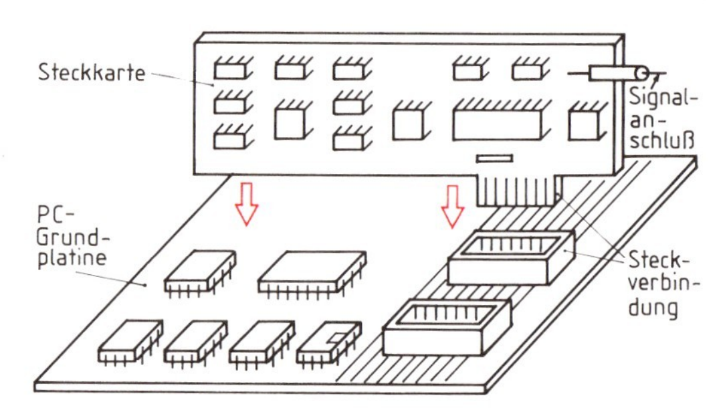

Bild 3: PC-Platine mit internem Bus

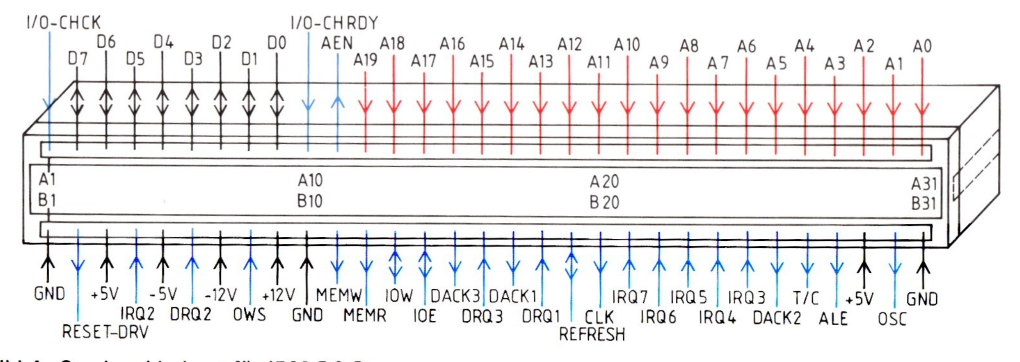

Bild 4: Steckverbindung für IBM-PC-Bus

4.8.6 Gebäudeleittechnik und Gebäudesystemtechnik

Computersteuerungen der Gebäudetechnik

Große Gebäude, z. B. Schulzentren, haben viele haustechnische Anlagen. Für deren Überwachung, Steuerung und Regelung werden Computer eingesetzt. In der Gebäudeleittechnik befindet sich der Computer in einer Zentrale, an die über einen Bus Unterstationen angeschlossen sind.

Bei der Gebäudeleittechnik überwacht und steuert ein zentraler Computer die Anlage.

Die Unterstationen sind an die *Sensoren* und die *Aktoren* (Stellglieder, von lat. acta = Handlung, Tat) angeschlossen. Als Sensoren arbeiten z. B. Taster, Schaltuhren oder Meßeinrichtungen. Aktoren sind insbesondere Leistungsrelais oder Schütze zum Einschalten der Verbrauchsmittel, z. B. der Beleuchtung.

Man kann alle Unterstationen so intelligent machen, daß sie einfache Steuerungsaufgaben ohne zentralen Computer erfüllen können. In diesem Fall spricht man von der Gebäudesystemtechnik **(Bild 1)**. Dabei werden die Unterstationen mit ihren Sensoren oder Aktoren als *Teilnehmer* bezeichnet.

Bei der Gebäudesystemtechnik können die Teilnehmer unabhängig von einem zentralen Computer arbeiten.

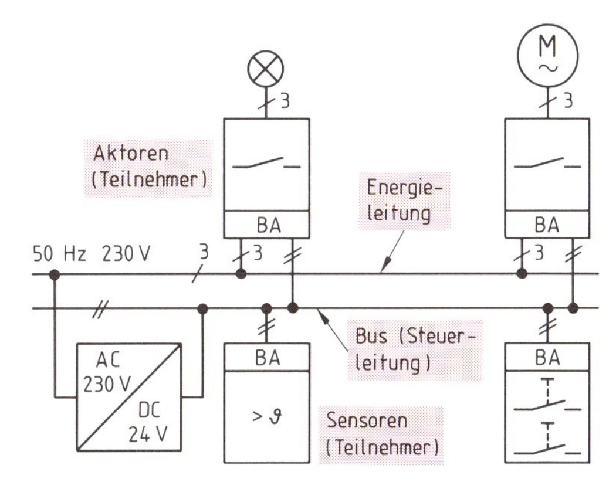

Bild 1: Prinzip der Gebäudesystemtechnik

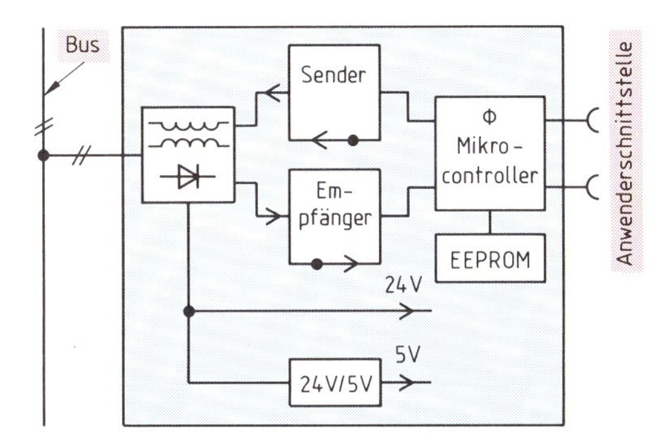

Bild 2: Busankoppler beim EIB

Installation der Gebäudesystemtechnik

Bei der Gebäudesystemtechnik befindet sich der Lastschalter *(Schaltaktor)* in der Nähe der Last (Bild 1). Die Steuerspannung wird über einen Bus geführt. Der Bus ist mit dem eigentlichen Sensor oder Aktor über den *Busankoppler* BA verbunden.

Die Elektroinstallation besteht beim EIB (Europäischen Installationsbus) aus Leitungsverlegung, Anschließen der Teilnehmer und Programmierung der Steuerung und Überwachung. Die Verlegung der Energieleitung erfolgt in der üblichen Weise, jedoch entfallen alle Schalterleitungen. Die Busleitungen erfordern eine Abschirmung, weil sonst die Übertragung der Steuersignale gestört werden kann. Nach EIBA (European Installation Bus Association) werden die vieradrigen Leitungstypen PYCYM 2 × 2 × 0,8 und J-Y(ST)Y 2 × 2 × 0,8 empfohlen.

Für den Bus werden nur zwei Adern verwendet. Das andere Adernpaar stellt eine Reserve für weitere Anwendungen dar. Der Bus darf nicht geerdet werden. Die Schirme der Busleitung und Geräte brauchen nicht miteinander verbunden werden. Der Anschluß der Teilnehmer kann vor ihrer Programmierung erfolgen oder danach.

Busankoppler BA

Der Busankoppler BA ist für alle Teilnehmer derselbe **(Bild 2)**. Bei der Programmierung wird die vom Anwender erstellte Software in einen beschreibbaren Speicher, z. B. EEPROM, geladen. Die Signale des Mikrocontrollers werden beim BA als Sender über einen Verstärker (Bustreiber) dem EIB zugeführt.

Die Binärsignale liegen im Busankoppler unmoduliert vor **(Bild 1, folgende Seite)**. Wegen eines Übertragers erscheinen im EIB die Binärsignale als

Wechselspannungssignale. Zur Entkopplung von der Stromversorgungseinheit ist im Stromkreisverteiler eine Drosselspule angeordnet **(Bild 2)**. Beim als Sender wirkenden Busankoppler wird die Signalspannung des Übertragers zur Gleichspannung der Stromversorgungseinheit aufgeschaltet. Beim Busankoppler als Empfänger trennt der Übertrager das Wechselspannungssignal ab.

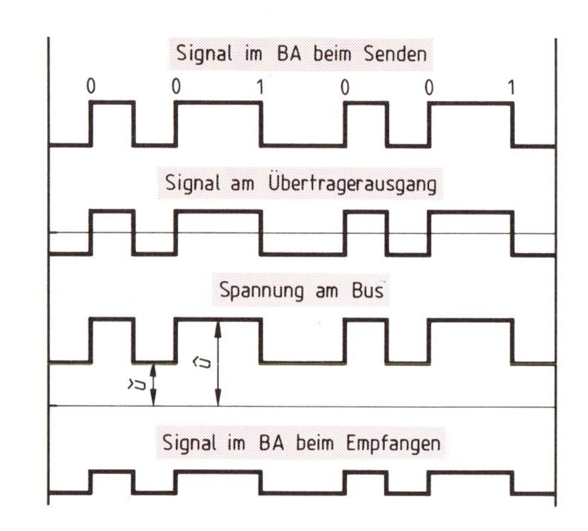

Bild 1: Prinzip der Spannungen beim EIB

Teilnehmer und Basisgeräte

Der Sensorteilnehmer besteht aus einem Anwendermodul, welches auf den Busankoppler gesteckt wird **(Bild 3)**. Der Aktorteilnehmer besteht meist als Baugruppe aus dem Busankoppler und dem Anwendermodul. Das Anwendermodul besteht im wesentlichen aus einem Relais oder aus mehreren Relais.

Die *Basisgeräte* (Grundgeräte) des EIB befinden sich im Stromkreisverteiler, und zwar getrennt von den Geräten des Energienetzes. Die Basisgeräte sind Reiheneinbaugeräte, die auf Schienen mit eingeklebten Datenschienen aufgeschnappt werden **(Bild 4)**.

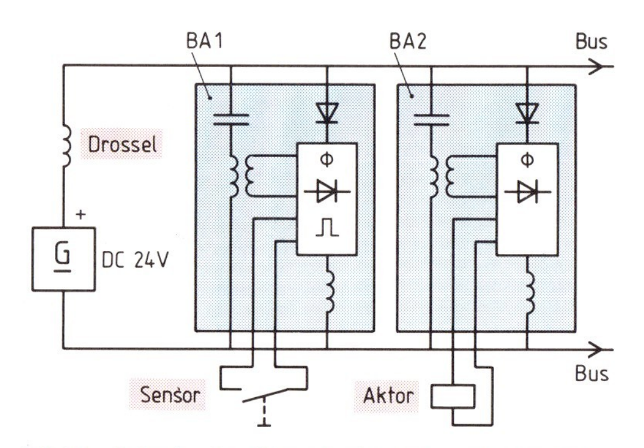

Bild 2: Prinzip der Signalaufschaltung beim EIB

Programmierung der Teilnehmer

Die Programmierung der EIB-Teilnehmer erfolgt über einen PC, z. B. einen Laptop **(Bild 1, folgende Seite)**, in einfachen Fällen über ein Handprogrammiergerät. Außerdem ist dazu eine vom Hersteller der EIB-Geräte lieferbare Software in Form einer Diskette erforderlich. Der PC sollte mindestens einen Arbeitsspeicher von 4 MB und eine Festplatte von 80 MB haben. Der Anschluß der Programmiergeräte erfolgt über eine Datenschnittstelle RS 232 (V.24-Schnittstelle).

Bei der Programmierung, die menügeführt erfolgt, erhält jeder Teilnehmer eine *Adresse* (physikalische Einzeladresse oder logische Gruppenadresse) sowie die Angabe, mit welchen Teilnehmern und auf welche Weise er in Verbindung treten muß *(Kommunikationsbeziehung)*.

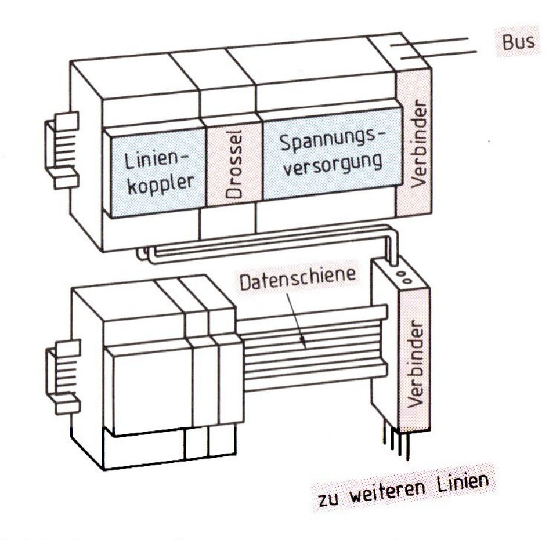

Bild 4: Basisgeräte des EIB in der Stromkreisverteilung

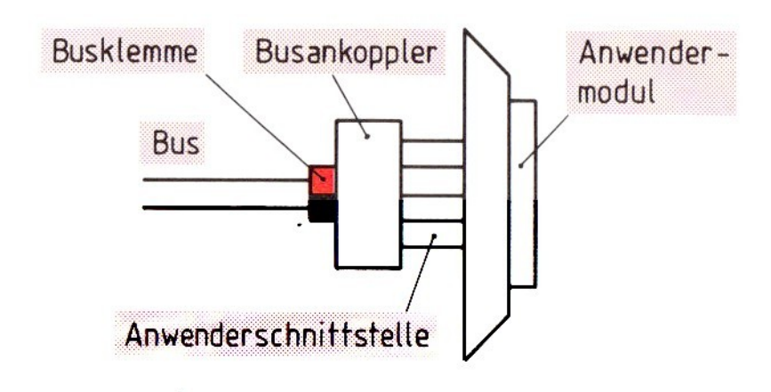

Bild 3: Aufbau eines Sensorteilnehmers

Linien und Bereiche

Beim EIB beträgt die Übertragungsgeschwindigkeit 9,6 kbit/s. Damit die Signalübertragung sicher ist, dürfen an eine *Buslinie* (Busstrecke nach einem Linienkoppler) höchstens 64 Teilnehmer angeschlossen sein **(Tabelle 1)**.

Reichen 64 Teilnehmer nicht aus, so können mehrere Buslinien über je einen *Linienkoppler* (LK) miteinander verbunden werden **(Bild 2)**. Mehrere Buslinien zusammen bilden einen *Busbereich*. Ein Busbereich darf maximal zwölf Buslinien umfassen. Bei sehr großen Anlagen ist entsprechend eine Erweiterung über *Bereichskoppler* (BK) möglich.

Wirkungsweise beim EIB

Beim EIB werden die Informationen zwischen den Teilnehmern als eine Folge von Binärzeichen (Telegramm) übertragen **(Bild 3)**. Nach einer definierten Pause quittieren alle angesprochenen Teilnehmer den Empfang, und zwar den richtigen oder falschen. Hat nur ein Teilnehmer das Telegramm fehlerhaft empfangen, so überschreibt seine negative Quittung die Quittungen anderer Teilnehmer, so daß dadurch eine Telegrammwiederholung angefordert wird.

Der *Buszugriff* erfolgt dezentral. Erhält der Busankoppler vom Endgerät einen Befehl, so baut er das entsprechende Telegramm auf und prüft, ob der Bus gerade frei ist. Ist der EIB belegt, so wartet er die Quittung dieses Telegramms ab.

Weil zum gleichen Zeitpunkt zwei Teilnehmer zu senden beginnen könnten, prüfen die Busankoppler dauernd, ob ihre gesendeten Bits mit den auf dem Bus vorhandenen übereinstimmen. Sendet z. B. ein Teilnehmer gerade ein Bit mit dem Pegel H und der andere Teilnehmer ein Bit mit dem Pegel L, so stellt der zweite Teilnehmer Nichtübereinstimmung fest und unterbricht seinen Sendevorgang.

Beim EIB sendet bei einer Kollision von mehreren Teilnehmern nur einer weiter.

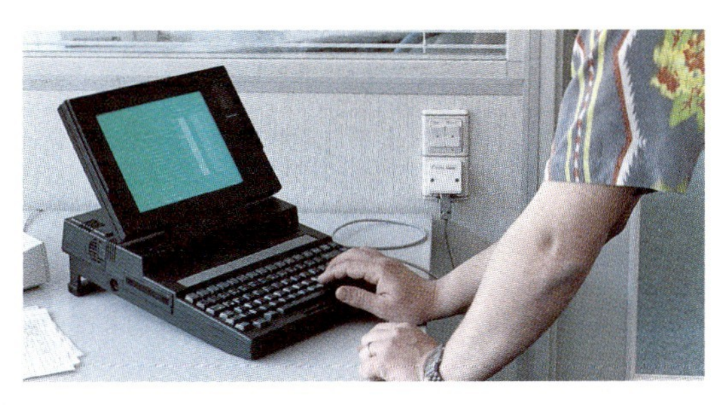

Bild 1: **Programmierung der EIB-Teilnehmer**

Tabelle 1: Längen in einer Buslinie

Gesamtlänge	< 1000 m
Abstand Spannungsversorgung bis Teilnehmer	< 350 m
Abstand zweier Teilnehmer voneinander	< 700 m
Abstand zweier Spannungsversorgungen	> 200 m

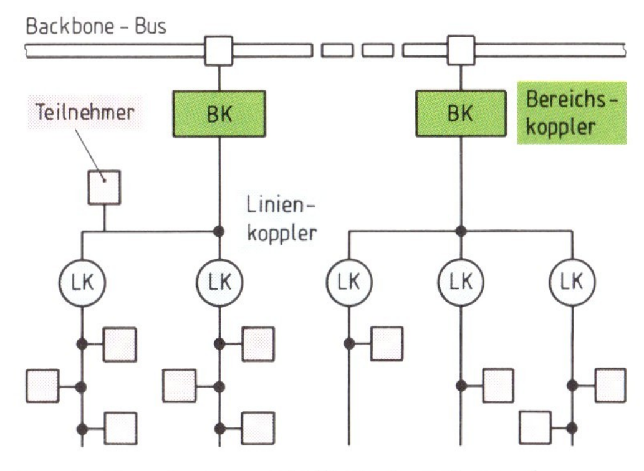

Bild 2: **Erweiterung mit Linienkoppler und Bereichskoppler**

Man bezeichnet dieses Verfahren als *Zugriffsverfahren CSMA/CA* (von engl. Carrier Sense Multiple Access with Collision Avoidance = Verfahren mit Abfrage des Signalträgers bei mehrfachem Zugriff mit Kollisionsvermeidung).

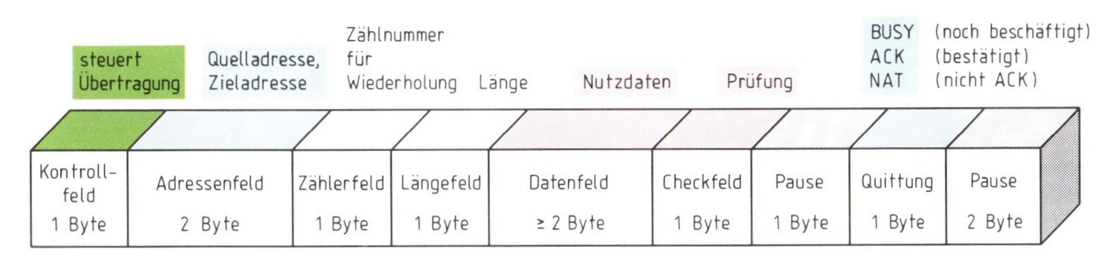

Bild 3: **Telegrammaufbau beim EIB**

4.9 Programmieren mit höheren Programmiersprachen

Elektrotechnische Berechnungen und grafische Darstellungen elektrischer Vorgänge können mit Anwenderprogrammen erfolgen, die mit höheren Programmiersprachen, z. B. BASIC[1], geschrieben werden. Ein derartiges Programm besteht aus in Zeilen geschriebenen *Anweisungen*, mit denen die gestellten Aufgaben schrittweise gelöst werden.

Anweisungen übersetzt ein Computer in seine Maschinensprache und führt sie aus.

Die Übersetzung eines Anwenderprogrammes kann beim Abarbeiten eines Programmes zeilenweise mit einem Interpreterprogramm[2] oder vor dem Abarbeiten mit einem Compilerprogramm[3] durchgeführt werden.

4.9.1 Englische Programmierausdrücke

Programmiersprachen, wie z. B. BASIC oder PASCAL, enthalten Worte oder Abkürzungen, die aus der englischen Sprache stammen. Zum Programmieren ist deshalb ein bescheidener Wortschatz an englischen Ausdrücken unentbehrlich **(Tabelle 1)**.

Die Bedeutung der englischen Worte ist beim Programmieren ähnlich wie deren deutsche Übersetzung **(Tabelle 2)**. Abweichungen sind auch möglich. Oft wird anstelle eines ausgeschriebenen englischen Wortes nur dessen Anfang verwendet, und auch nur dieser Anfang von der Maschine verstanden (Tabelle 2).

Tabelle 1: Häufige englische Wörter zum Programmieren

Englisches Wort	Aussprache	Wörtliche deutsche Bedeutung
END	end	Ende
ELSE	äls	andernfalls
FREE	frie	frei
FOR	fohr	für
GO	gou	gehen
IF	if	wenn
INPUT	input	Eingabe, Eingang
LIST	list	auflisten
LOAD	loud	laden
NEW	nju	neu
NEXT	next	das Nächste
PRINT	print	drucken
RENUM	rinam	wiederzählen
RUN	rann	laufen, anfangen
READ	ried	lesen
SAVE	sehf	retten, aufheben
STEP	stepp	Schritt
THEN	senn	dann
TO	tu	nach, zu
WRITE	reit	schreiben

Neben den angeführten englischen Wörtern kommen beim Programmieren zahlreiche weitere vor.

Die Grundworte bei Programmiersprachen sind englische Ausdrücke.

Die Bedeutung einzelner Ausdrücke kann in den verschiedenen Programmiersprachen unterschiedlich sein.

Tabelle 2: Bedeutung englischer Wörter beim Programmieren

Wort	Aussprache	Bedeutung für das Programmieren
END	end	Ende des Programmtextes.
FRE	frie	Wieviel Speicherplätze sind frei?
FOR...NEXT	for next	Wiederhole die Schleife!
GOSUB 2000	gou sab	Gehe zum Unterprogramm mit der Startadresse 2000!
GOTO 100	goutu	Springe zum Programmschritt mit der Zeilennummer 100!
IF...THEN...ELSE	if senn äls	Wenn eine bestimmte Bedingung erfüllt ist, gehe zum Schritt... andernfalls zum Schritt...!
INPUT	input	Eingabe während des Programmlaufs, Programm wartet auf einen Wert.
LIST	list	Gib den Programmtext auf dem Bildschirm aus!
LOAD	loud	Lade das Programm aus einem externen Speicher!
NEW	nju	Lösche den Arbeitsspeicher!
PRINT	print	Gib auf dem Bildschirm oder Drucker aus!
RENUM	rinam	Programm wird neu numeriert, z. B. in 10er Schritten.
RUN	rann	Starte das Programm!
SAVE	sehf	Lade das Programm in einen externen Speicher!

[1] BASIC von engl. Beginners All Purpose Symbolic Instruction Code = Symbolischer Allzweckcode für Anfänger
[2] von engl. to interpret = deuten; [3] von engl. to compile = zusammensetzen

4.9.2 Programmieren in BASIC

4.9.2.1 Prinzipielles Vorgehen bei BASIC

Programmeingabe

BASIC wird von einer Diskette oder einer Festplatte, z. B. durch Eingabe des Kommandos GWBASIC[1] oder QBASIC[2], in den Arbeitsspeicher des Computers geladen. Nach Erscheinen des Promptzeichens (Bereitschaftszeichen), z. B. OK, auf dem Bildschirm kann ein Programm eingegeben werden.

Ein Programm wird zeilenweise eingegeben. In jede Zeile wird eine Anweisung geschrieben, die meist eine *Zeilennummer* erhält. Das erste Wort nach der Zeilennummer ist ein *Schlüsselwort*. Schlüsselworte haben eine bestimmte Bedeutung **(Tabelle 1)**. Bei Verwendung von BASIC-Compilern entfallen die Zeilennummern (Abschnitt 4.9.3).

Eine *Anweisung* wird durch Betätigen der Eingabetaste (RETURN-Taste[3], ENTER-Taste[4]) abgeschlossen. Dadurch wird die Anweisung nach Überprüfung auf *Syntaxfehler*[5] (meist einfache Fehler) im Arbeitsspeicher abgelegt. Für die Zeilennummern werden meist Zehnerabstände gewählt, damit Zeilen eingefügt werden können. BASIC-Compiler geben Fehlermeldungen erst beim Compilieren aus.

Beispiel 1:
Erstellen Sie mit den Schlüsselworten von Tabelle 1 ein BASIC-Programm, mit dem der Computer einen Namen erfragt und wieder ausgibt!

Lösung: **Bild 1**

Mit der PRINT-Anweisung wird in Zeile 100 der durch Doppelhochkommas begrenzte Text ausgegeben. In der nächsten Zeile kann mit der Anweisung INPUT N$ Text von der Tastatur eingegeben werden. Das Textende wird dem Computer durch Betätigen der Eingabetaste angezeigt. In Zeile 120 wird der zwischen den Doppelhochkommas stehende Text und, wegen des Strichpunktes direkt daran anschließend, der in der Textvariablen N$ gespeicherte Text ausgegeben. Mit dem Schlüsselwort END wird das Programm beendet.

Mit dem Kommando LIST oder der Funktionstaste F1 **(Tabelle 1, folgende Seite)** wird zur Kontrolle das gesamte eingegebene Programm auf dem Bildschirm *gelistet* (angezeigt, Bild 1).

Beim Korrigieren von Fehlern im Programm wird mit dem Cursor die Fehlerstelle, z. B. ein falsch geschriebenes Zeichen eines Wortes, aufgesucht und dann überschrieben.

Tabelle 1: Schlüsselworte (Auswahl)

BASIC-Wort	Bedeutung
END	Beendigt ein Programm, ist die letzte Programmzeile.
INPUT	Eingabe von Werten (Zahlen und Texten) über die Tastatur.
PRINT (LPRINT)	Gibt Daten auf den Bildschirm (oder Drucker) aus.
REM oder '	Remark = Bemerkung. Ermöglicht das Einfügen von Kommentartexten.

```
100 PRINT" Wie heissen Sie? "
110 INPUT N$
120 PRINT" Sie heissen ";N$
130 END
```

Bild 1: Programm NAME1

```
RUN
 Wie heissen Sie?
? Karl
 Sie heissen Karl
Ok
```

Bild 2: Bildschirmanzeige nach dem Programmstart

```
LIST
100 PRINT" Wie heissen Sie? "
110 INPUT N$
120 PRINT" Sie heissen ";N$
130 END
Ok
85 REM Programm NAME2
```

Bild 3: Ergänzung durch eine Kommentarzeile

Programmlauf

Das eingegebene Programm wird durch Eingabe des Kommandos RUN (Tabelle 1, folgende Seite) und anschließendes Betätigen der Eingabetaste oder durch Drücken der Funktionstaste F2 gestartet **(Bild 2)**. Danach wartet der Computer auf die Eingabe eines Textes, z. B. Karl. Nach Drücken der Eingabetaste erscheint in der folgenden Zeile die Antwort (Bild 2).

[1] engl. Graphic Window BASIC = Grafikfenster-BASIC; [2] Q von engl. quick = schnell; [3] engl. to return = zurückgeben, zurücksenden
[4] engl. to enter = eintreten; [5] griech. Syntax = Lehre vom Satzbau

Speichern und Laden von Programmen

Programmname festlegen. Für das Speichern und Laden von Programmen werden einige Kommandos benötigt (Tabelle 1). Kommandos dienen zur Steuerung des Computers und der angeschlossenen Peripheriegeräte.

Wichtige Kommandos werden mit Funktionstasten aufgerufen.

Manche Kommandos, wie z. B. RUN oder LIST, können auch mit einer Zeilennummer als Programmieranweisung benutzt werden.

Das Programm Bild 1, vorhergehende Seite, soll auf einer Diskette in Laufwerk A gespeichert werden. Als Programmname wird NAME2 gewählt. Dieser Name wird als *Kommentar* (Ergänzung), der keinen Einfluß auf den Programmlauf hat, in Zeile 85 ergänzt **(Bild 3, vorhergehende Seite)**. Oft steht am Programmanfang auch ein Kommentar, der die Programmaufgabe kurz beschreibt.

Nach Eingabe der Kommandos RENUM und LIST wird auf dem Bildschirm **Bild 1** ausgegeben.

Beispiel 2:
Nummern Sie das Programm Bild 1 so um, daß die Numerierung von 100 bis 140 geht!

Lösung: **Bild 2**

Speichern. Das Programm Bild 2 wird nun durch Eingabe des Kommandos SAVE"A:NAME2 auf die im Laufwerk A enthaltene Diskette gespeichert. Namen dürfen nicht mehr als acht Zeichen lang sein, keine Leerzeichen und die meisten Sonderzeichen nicht enthalten. Die gespeicherten Programme erhalten als Namenserweiterung automatisch die Erweiterung .BAS. Diese Erweiterung (engl. *Extension*) wird im Inhaltsverzeichnis der Diskette mitgespeichert. Beim Aufruf des Kommandos FILES"A: wird eine Liste mit den Namen aller gespeicherten Programme ausgegeben **(Bild 3)**.

Vor dem Schreiben eines neuen Programmes wird meist das Kommando NEW gegeben. Damit wird der Arbeitsspeicher des Computers gelöscht. Dies verhindert, daß alte Programmzeilen unbeabsichtigt im neuen Programm mitverwendet werden.

Laden. Das Einlesen eines Programmes, z. B. von einer Diskette im Laufwerk A, erfolgt mit dem Kommando LOAD"A:NAME2 oder LOAD"A:NAME2 .BAS. Nach dem Laden kann das Programm dann mit LIST angeschaut oder mit RUN gestartet werden.

Tabelle 1: Kommandos (Auswahl)

Schlüsselwort (Funktionstaste)	Bedeutung, Wirkung
Eingabe-Taste, ↵	Bildschirmzeile wird bei GWBASIC im Arbeitsspeicher gespeichert.
FILES"...	Gibt Dateinamen aus.
LIST (F1)	Listet den Arbeitsspeicherinhalt auf dem Bildschirm.
LOAD"... (F3)	Holt abgespeicherte Programme in den Arbeitsspeicher.
NEW	Löscht den Arbeitsspeicher.
RENUM	Numeriert Programme neu.
RUN (F2)	Programmstart
SAVE"... (F4)	Speichert ein Programm ab, z. B. auf Diskette.

```
RENUM
Ok
LIST
10 REM Programm NAME2
20 PRINT" Wie heissen Sie? "
30 INPUT N$
40 PRINT" Sie heissen ";N$
50 END
Ok
```

Bild 1: Anwendung des RENUM-Kommandos

```
RENUM 100,10
Ok
LIST
100 REM Programm NAME2
110 PRINT" Wie heissen Sie? "
120 INPUT N$
130 PRINT" Sie heissen ";N$
140 END
Ok
```

Bild 2: Wiederherstellen der Zeilennumerierung ab Nummer 100

```
FILES"A:
A:\
NAME1    .BAS        NAME2    .BAS
  728064 Byte frei

Ok
```

Bild 3: Inhaltsverzeichnis der Diskette in Laufwerk A

Beenden des Programmierens in GWBASIC. Nach dem Abspeichern eines Programms kehrt man mit dem Kommando SYSTEM in die Betriebssystemebene des DOS zurück. Der Personalcomputer zeigt dies durch > (DOS-Prompt) auf dem Bildschirm an.

Wiederholungsfragen

1. **Mit welchem Kommando kann ein Programm auf eine Diskette gespeichert werden?**
2. **Welches Kommando wird für das Laden eines Programms verwendet?**
3. **Wozu wird die NEW-Anweisung verwendet?**
4. **Woran erkennt man im Inhaltsverzeichnis ein BASIC-Programm?**
5. **Aus wievielen Zeichen darf ein Programmname höchstens bestehen?**
6. **Welche Wirkung haben die Funktionstasten F1, F2, F3 und F4 in GWBASIC?**
7. **Mit welchem Kommando wird das Programmieren in GWBASIC beendet?**
8. **Wodurch unterscheidet sich ein Kommando von einer Anweisung?**
9. **Warum wählt man für die Zeilennummern z. B. Zehnerschritte?**
10. **Mit welchem Kommando kann das Programm auf dem Bildschirm aufgelistet werden?**
11. **Welches Kommando veranlaßt die Abarbeitung des eingegebenen Programmes?**

```
100 REM Parallelschaltung von R
110 PRINT " 1.Widerstand in Ω ";
120 INPUT   R1
130 PRINT " 2.Widerstand in Ω ";
140 INPUT   R2
150 PRINT " 3.Widerstand in Ω ";
160 INPUT   R3
190 REM Berechnung von G und R
200 G = 1/R1 + 1/R2 + 1/R3
210 R = 1/G
220 PRINT"Ersatzwiderstand: ";R;"Ω"
230 END
```

Bild 1: Programm Parallelschaltung von Widerständen

```
RUN
 1.Widerstand in Ω ? 220
 2.Widerstand in Ω ? 100
 3.Widerstand in Ω ? 330
Ersatzwiderstand:  56.89656 Ω
Ok
```

Bild 2: Bildschirmanzeige beim Abarbeiten des Programmes von Bild 1

4.9.2.2 Programmieren ohne Verzweigung bei BASIC

Geradeausprogramm

Beim Geradeausprogramm werden alle Anweisungen nach aufsteigender Zeilennummer ausgeführt **(Bild 1)**.

Beispiel:
Es soll ein Programm erstellt werden, mit dem der Ersatzwiderstand R der Parallelschaltung von drei durch den Benutzer einzugebenden Widerstandswerten für R1, R2 und R3 berechnet wird!

Lösung: **Bild 1**

Die erste Zeile des Programmes enthält als Kommentar eine kurze Beschreibung des Programmes. Dann fragt der Rechner nach dem 1. Widerstandswert und erwartet nach dem Fragezeichen die Eingabe einer Zahl, die der Variablen R1 zugewiesen wird. Genauso werden die weiteren Widerstandswerte erfragt und den Variablen R2 und R3 zugewiesen. Nachdem die drei Widerstandswerte dem Rechner bekannt sind, wird in Zeile 200 die Summe G der Leitwerte der einzelnen Widerstände berechnet. Aus dem Leitwert wird durch Kehrwertbildung in Zeile 210 der Ersatzwiderstand R gebildet. Das Ergebnis wird mit PRINT in Zeile 220 auf dem Bildschirm ausgegeben **(Bild 2)**.

Nun wird das Programm mit dem Kommando RUN gestartet. Auf dem Bildschirm erscheint die Frage nach dem 1. Widerstand (Bild 2). Nach Eingabe der Zahl 220 und Betätigen der Eingabetaste wird der nächste Widerstandswert erfragt. Nach Eingabe des 3. Widerstandswertes erscheint in der nächsten Zeile der Ergebnisausdruck.

Geradeausprogramme werden nach aufsteigender Zeilennummer abgearbeitet.

Wir wollen nun die Struktur des Programmes Parallelschaltung von Widerständen (Bild 1) mit Hilfe von Sinnbildern darstellen.

Programmablaufplan

Programmablaufpläne bestehen aus Sinnbildern für die durchzuführenden Operationen, wie z. B. Ausgabe, Eingabe, Ablauflinien, Gliederungen und Bemerkungen **(Bild 1)**. Die Verarbeitungsrichtung von Vorgängen wird durch Pfeile festgelegt. In die Sinnbilder kommen knappe Texte oder Symbole.

Der Programmablaufplan ist eine grafische Darstellung von Programmen.

Der Programmablaufplan beginnt und endet mit einem Oval, der Grenzstelle. Die nächsten drei Schritte sind Eingaben mit den INPUT-Kommandos. Eingaben und Ausgaben werden durch Rechtecke dargestellt. Dann werden die beiden Rechenoperationen durchgeführt. Das Sinnbild hierfür ist ein Rechteck. Anschließend erfolgt eine Ausgabe. Den Schluß des Programmablaufplans bildet wieder eine Grenzstelle, die das Ende des Programms anzeigt.

Start

Lies Wert R_1 ein !

Lies Wert R_2 ein !

Lies Wert R_3 ein !

Berechne den Leitwert G !

R durch Kehrwertbildung

Ausgabe von R

Ende

Bild 1: Programmablaufplan zu Bild 1, vorhergehende Seite

Mathematische Operationen

Für die Addition und die Subtraktion werden die gleichen Zeichen wie in der Mathematik verwendet **(Tabelle 1)**. Die Multiplikation und das Potenzieren werden durch Sonderzeichen dargestellt.

Multiplikationszeichen müssen zwischen allen Faktoren gesetzt werden.

Für die verschiedenen Divisionsarten gibt es drei Zeichen (Tabelle 1). Für Divisionen mit Nachkommastellen wird der schräge Bruchstrich / verwendet. Für Divisionen ohne Nachkommastellen wird der nach links geneigte Schrägstrich benutzt. Die Ermittlung des Restes bei Ganzzahldivisionen wird mit MOD[1] vorgenommen.

Die Reihenfolge der Ausführung ist die gleiche wie in der Mathematik. Zuerst wird potenziert, dann multipliziert, dann addiert. Multiplikation und Division sind untereinander gleichrangig. Entsprechendes gilt für Addition und Subtraktion. Für eine andere Reihenfolge müssen die Ausdrücke in Klammern gesetzt werden. Innere Klammerausdrücke werden vor den äußeren Klammerausdrücken bearbeitet **(Bild 2)**. Der Rechner arbeitet gleichrangige Ausdrücke nacheinander von links nach rechts ab.

Tabelle 1: Arithmetische Operatoren

Operation	BASIC-Zeichen	Beispiel	
		Eingabe	Ergebnis
Addition	+	7+3	10
Subtraktion	–	7–3	4
Multiplikation	*	7 * 3	21
Division	/	7 / 3	2.33333
Ganzzahldivision	\	7 \ 3	2
Rest nach Division	MOD	7 MOD 3	1
Potenzieren	^	2^2	4
		2^0.5	1.41425

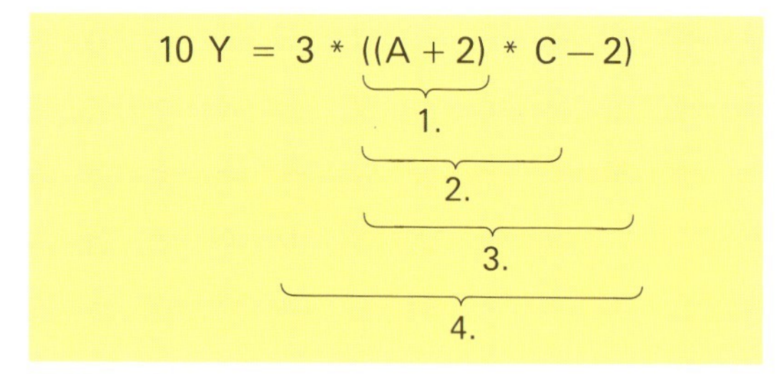

Bild 2: Abarbeitungsreihenfolge mit Klammern

Gleichrangige Ausdrücke werden von links nach rechts abgearbeitet.

Alle übrigen mathematischen Operationen werden mit Hilfe von Standardfunktionen ausgeführt (Abschnitt 4.9.2.6).

[1] MOD von lat. modulari = nach dem Takt abmessen, Modulofunktion

Unbedingte Sprunganweisung

Diese Anweisung bewirkt, daß das Programm nicht mit der in der folgenden Zeile stehenden Anweisung fortgesetzt wird, sondern mit der Zeile fortgesetzt wird, die als Sprungziel nach dem Wort GOTO steht.

Mit einem *Vorwärtssprung* kann ein Programmstück übersprungen werden **(Bild 1)**. Mit einem *Rückwärtssprung* wird eine Programmschleife gebildet **(Bild 2)**.

Mit Rückwärtssprüngen werden Programmschleifen gebildet.

In der Programmschleife Bild 2 wird mit der Anweisung I = I + 1 der Variablen I bei jedem Schleifendurchgang ein um 1 größerer Wert zugeordnet. Der Befehl bewirkt, daß in dieser Zeile zum gerade vorhandenen Wert von I eine 1 addiert wird, und dieser neu berechnete Wert wieder der Variablen I zugeordnet wird.

Mit I = I + 1 in einer Schleife wird also ein Zähler verwirklicht. Damit der Rechner diese Schleife verlassen kann, muß in Abhängigkeit von einer in der Schleife vorhandenen Bedingung aus der Schleife gesprungen werden.

Wiederholungsfragen

1. **Welche Eigenschaften hat ein Geradeausprogramm?**
2. **Was ist ein Programmablaufplan?**
3. **Woraus besteht ein Programmablaufplan?**
4. **Welche Divisionszeichen werden bei BASIC verwendet?**
5. **In welcher Reihenfolge werden gleichrangige Ausdrücke vom Rechner abgearbeitet?**

4.9.2.3 IF-Anweisung

Die Form der IF-Anweisung lautet in BASIC IF...THEN... oder IF...THEN...ELSE.

Keines dieser Schlüsselworte kann in einer Anweisung für sich allein stehen. Nach IF steht eine Vergleichsbedingung, nach THEN steht, was getan wird. Nach THEN und ELSE können beliebige BASIC-Anweisungen stehen. Es gibt sechs Möglichkeiten, um zu vergleichen **(Tabelle 1)**.

Ist die Vergleichsbedingung einer IF-THEN-Anweisung erfüllt, wird die Anweisung nach THEN ausgeführt. Ist die Vergleichsbedingung nicht erfüllt, wird die Anweisung übersprungen und die folgende Zeile bearbeitet.

Tabelle 1: Vergleichsmöglichkeiten

Mathematisch	In BASIC	Bedeutung
$a = b$	A = B	A ist gleich B
$a < b$	A < B	A ist kleiner als B
$a > b$	A > B	A ist größer als B
$a \neq b$	A <> B	A ist ungleich B
$a \leq b$	A <= B	A ist kleiner oder gleich B
$a \geq b$	A >= B	A ist größer oder gleich B

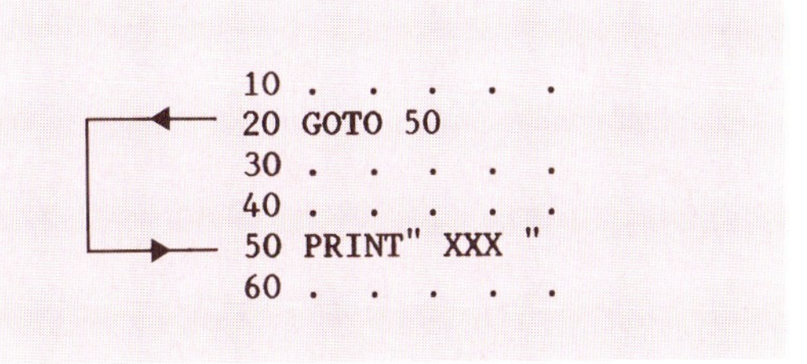

Bild 1: Programmstück für einen Vorwärtssprung

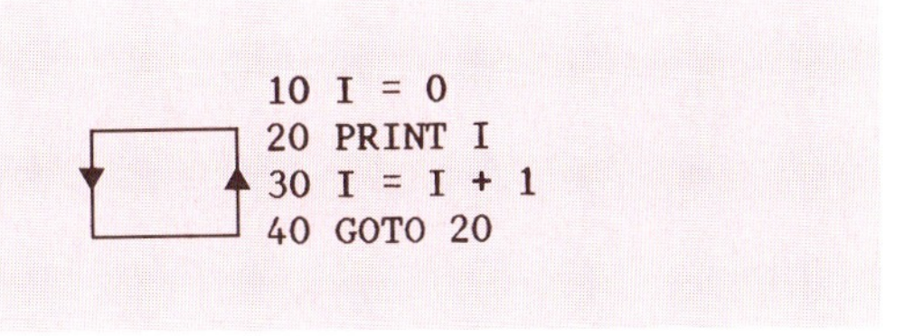

Bild 2: Programmstück für eine Endlosschleife

```
100 REM Modulo-10-Zähler
110 I = 0
120 PRINT I;" ";
130 I = I + 1
140 IF I < 10 THEN GOTO 120
150 END
```

Bild 3: Programm für den Zähler 0 bis 9

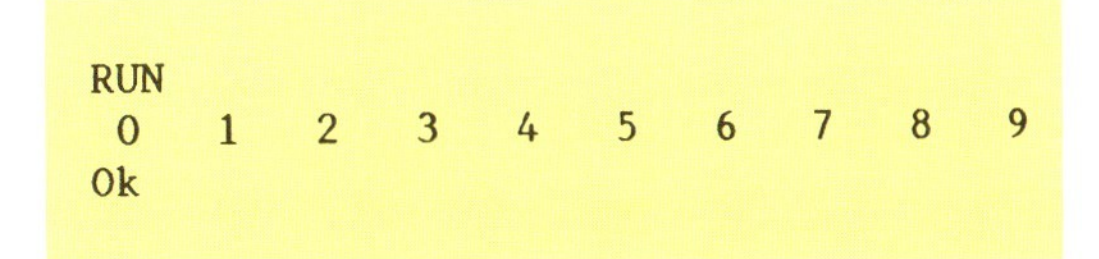

Bild 4: Bildschirmanzeige zum Programm Bild 3

Beispiel 1:

Entwickeln Sie ein Programm, das von 0 bis 9 (Modulo-10-Zähler) zählt und die Zahlen in einer Zeile ausgibt!

Lösung: **Bild 3; Bild 4**

Im Programm Bild 3, vorhergehende Seite, wird die Variable I für den Schleifenzähler verwendet. In der Zeile 110 wird I ein Anfangswert, hier 0, zugewiesen. Mit der PRINT-Anweisung wird dann der aktuelle Wert von I auf dem Bildschirm ausgegeben. Durch das Leerzeichen (Blank) zwischen den Doppelhochkommas und wegen dem Strichpunkt erhält man den Ausdruck Bild 4, vorhergehende Seite. Mit der Anweisung $I = I + 1$ wird der Variablen I in Zeile 130 bei jedem Schleifendurchgang ein um 1 größerer Wert zugewiesen.

Mit $I = I + 1$ in einer Schleife wird ein Zähler programmiert.

In der Zeile 140 wird abgefragt, ob der Wert von $I < 10$ ist. Ist das der Fall, wird in die Zeile 120 gesprungen, andernfalls wird das Programm durch Ausführen der nächsten Zeile im Programm, also der Zeile 150, beendet. Durch Eingabe von RUN starten wir den Programmablauf.

Wir wollen nun das Programm für das Zählen mit einem Programmablaufplan (PAP) und einem Struktogramm (STG) grafisch darstellen.

Beispiel 2:
Erstellen Sie zum Programm Bild 3, vorhergehende Seite, a) einen Programmablaufplan und b) ein Struktogramm!

Lösung: a) **Bild 1**, b) **Bild 2**

Das Symbol für eine Verzweigung ist die *Raute* (Bild 1). Die Zeile mit dem Sprungziel und die nächste Programmzeile werden mit den Rautenspitzen durch *Ablauflinien* verbunden.

Struktogramm

Statt des Programmablaufplans wird oft auch ein *Struktogramm*[1] verwendet (Bild 2). Ein Struktogramm besteht aus Strukturblöcken, die aus einzelnen Strukturelementen gebildet werden. Jeder Strukturblock hat nur einen Eingang und einen Ausgang. Auch ein ganzes Programm kann also bei Bedarf durch ein Rechteck dargestellt werden. Eine Schleife wird z. B. durch ein Strukturelement in L-Form dargestellt, wobei die Abfragebedingung $I < 10$ noch mit Text ergänzt werden sollte (Bild 2).

Oft soll ein Programm bei Nichterfüllung der Bedingung nicht in der nächsten Zeile, sondern mit einer anderen Zeile fortgesetzt werden. Dann verwenden wir IF...THEN...ELSE... und geben die beiden Sprungadressen entsprechend an (**Bild 3**, Zeile 50).

[1] lat. structura = Bauart

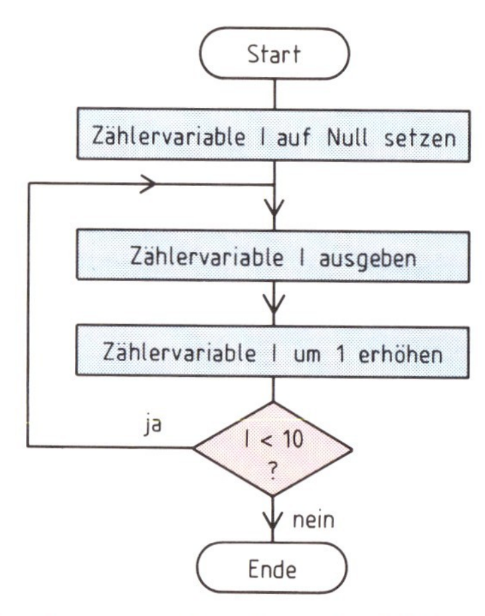
Start
Zählervariable I auf Null setzen
Zählervariable I ausgeben
Zählervariable I um 1 erhöhen
ja
I < 10
?
nein
Ende

Bild 1: Programmablaufplan des Zählerprogramms Bild 3, vorhergehende Seite

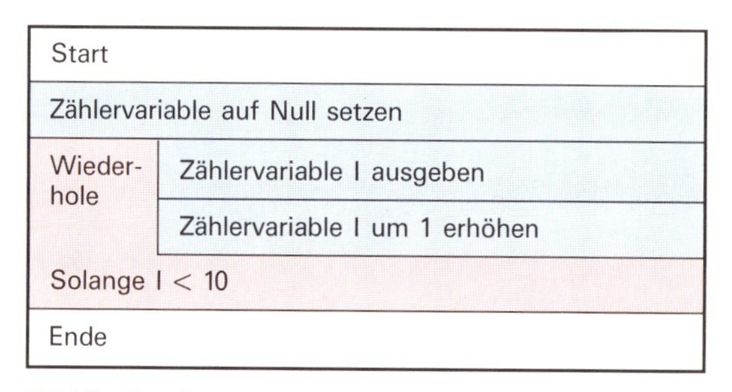
Start
Zählervariable auf Null setzen
Wiederhole
Zählervariable I ausgeben
Zählervariable I um 1 erhöhen
Solange I < 10
Ende

Bild 2: Struktogramm zum Zählerprogramm Bild 3, vorhergehende Seite

```
10 'Reihenschaltung mit Abfrage C>0
20 INPUT "  C1 in µF ";C1
30 INPUT "  C2 in µF ";C2
40 IF C1<0 OR C2<0 THEN PRINT"Irrtum!"
50 IF C1<0 OR C2<0 THEN 20 ELSE 60
60 C = C1*C2 / (C1 + C2)
70 PRINT "  C=    ";C;"µF"
80 END
```

Bild 3: Programm für die Reihenschaltung von Kondensatoren mit Ausschluß negativer Werte

```
RUN
  C1 in µF ? -10
  C2 in µF ? 20
Irrtum!
  C1 in µF ? 10
  C2 in µF ? 20
  C=    6.666667 µF
Ok
```

Bild 4: Bildschirmanzeige beim Abarbeiten des Programmes Bild 3

Beispiel 3:
Schreiben Sie a) ein Programm zur Berechnung der Ersatzkapazität C einer Reihenschaltung von Kondensatoren, bei dem die Eingabe negativer Werte unterdrückt wird, und b) testen Sie das Programm!

Lösung:
a) **Bild 3** und b) **Bild 4**, beide vorhergehende Seite

Wiederholungsfragen

1. **Wie kann man Programmteile überspringen?**
2. **Wie können Schleifen programmiert werden?**
3. **Welche sechs Vergleichsmöglichkeiten gibt es in BASIC?**
4. **Mit welchem Befehl wird eine Sprunganweisung programmiert?**
5. **Welche Möglichkeiten gibt es zur grafischen Darstellung von Programmen?**

4.9.2.4 Programmieren mehrerer Schleifen

Oft müssen wir in einem Programm mehrere Abfragen durchführen. Dazu ist auch eine entsprechende Anzahl von Abfragen mit IF...THEN...(ELSE) nötig.

Nacheinanderfolgende Schleifen

Ein Nachteil des Programms Bild 3, vorhergehende Seite, ist, daß die eingegebenen Werte für die Kondensatoren nicht einzeln überprüft werden.

Beispiel 1:
a) Ändern Sie das Programm Bild 3, vorhergehende Seite so ab, daß jeder Wert einzeln geprüft wird, ob er größer als Null ist! b) Testen Sie das Programm mit einem Programmlauf!

Lösung: a) **Bild 1**, b) **Bild 2**

Im Programmablaufplan benötigen wir nach der Eingabe für den Wert C1 eine Raute für die Abfrage C1< = 0? **(Bild 3)**. Ist dies der Fall, wird ein neuer Wert für C1 angefordert. Andernfalls wird der Wert für C2 angefordert und dieser entsprechend überprüft. Erst wenn beide eingegebenen Werte >0 sind, wird die Ersatzkapazität C berechnet und ausgegeben.

Geschachtelte Schleifen

Wir benötigen eine zusätzliche Schleife, um ein Programm wiederholt abzuarbeiten, ohne jedesmal das Kommando RUN zu benutzen. In dieser Schleife wird z. B. nach Abarbeiten des eigentlichen Programmteils gefragt, ob der Benutzer einen neuen Programmablauf wünscht.

```
100 'Einzelabfrage für C>0
110 PRINT "Reihenschaltung von ";
120 PRINT "2 Kondensatoren"
130 INPUT "  C1 in µF ";C1
140 IF C1<0 THEN PRINT"Irrtum!"
150 IF C1<0 THEN 130 ELSE 160
160 INPUT "  C2 in µF ";C2
170 IF C2<0 THEN PRINT"Irrtum!"
180 IF C2<0 THEN 160 ELSE 190
190 C = C1*C2 / (C1 + C2)
200 PRINT "  C=    ";C;"µF"
210 END
```

Bild 1: Programm Reihenschaltung mit Einzelprüfung der Kondensatoren

```
RUN
Reihenschaltung von 2 Kondensatoren
  C1 in µF ? -20
Irrtum!
  C1 in µF ? 20
  C2 in µF ? -10
Irrtum!
  C2 in µF ? 10
  C=    6.666667 µF
Ok
```

Bild 2: Bildschirmanzeige beim Abarbeiten von Programm Bild 1

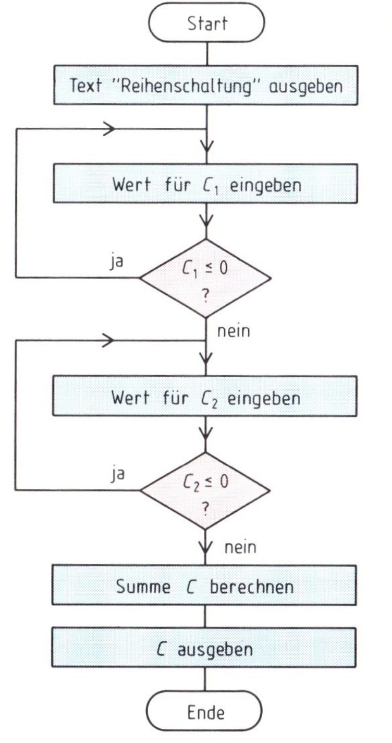

Bild 3: Programmablaufplan zum Programm Bild 1

Da Vergleiche außer mit mathematischen Variablen auch mit Stringvariablen durchführbar sind, wollen wir die Abfragen hier mit Stringvariablen programmieren (Abschnitt 4.9.2.11).

Beispiel 2:

a) Schreiben Sie ein Programm, mit dem der Ersatzwiderstand R bei der Parallelschaltung mehrerer Widerstände beliebig oft berechnet werden kann!

b) Welchen Ergebnisausdruck erhält man nach einem Durchlauf?

Lösung: a) **Bild 1** und b) **Bild 2**

In Zeile 130 (Bild 1) werden für einen wiederholten Programmlauf die Variable I für das Zählen der Widerstände, die Variable R zum Speichern der Leitwertsumme, sowie die Variablen GX und RX für die Einzelwerte, auf Null gesetzt. Anschließend wird I um 1 erhöht und mit der Zeile 150 z. B. R1 auf dem Bildschirm ausgegeben. Das Fragezeichen stammt von der INPUT-Anweisung in Zeile 160. Nach der Eingabe eines Wertes wird G berechnet. Wenn wir die j-Taste und dann die RETURN-Taste betätigen, wird die aus den Zeilen 140 bis 200 bestehende innere Schleife durchlaufen (Bild 3). Es werden so lange weitere Werte angefordert und zu G addiert, bis durch die Eingabe eines anderen Zeichens an Stelle von j die innere Schleife verlassen wird. Mit der Zeile 210 wird das Ergebnis für R berechnet und ausgegeben. Anschließend wird gefragt, ob eine weitere Berechnung durchgeführt werden soll. Werden nun die j-Taste und anschließend die RETURN-Taste betätigt, so wird zur Zeile 110 gesprungen, und ein weiterer Programmlauf beginnt. Die Programmzeilen 120 und 220 begrenzen die äußere Schleife.

Nach Abarbeiten der inneren Schleife wird die äußere Schleife bearbeitet.

Eine übersichtliche Darstellung des Programms zur Berechnung von R bei der Reihenschaltung von Widerständen mit zwei ineinander geschachtelten Schleifen erhält man durch die Darstellung mit einem Struktogramm **(Bild 3)**.

Wiederholungsfragen

1. **Wie lassen sich mehrere Schleifen in einem Programm anordnen?**
2. **Welche zwei Variablenarten können für die Vergleichsabfragen in Schleifen verwendet werden?**
3. **In welcher Reihenfolge werden geschachtelte Schleifen abgearbeitet?**

```
100 REM Parallelschaltung mehrerer R
110 PRINT"Parallelschaltung von"
120 PRINT"Widerständen für Werte >0"
130 I = 0: G = 0 : GX = 0 : RX = 0
140 I = I + 1
150 PRINT"R";I;"in Ω = ";
160 INPUT RX
170 GX = 1/RX
180 G  = G + GX
190 INPUT"Weiterer Wert j/n";A$
200 IF A$ = "j" THEN 140 ELSE 210
210 PRINT" R = ";1/G;"Ω"
220 INPUT"Neue Berechnung j/n";B$
230 IF B$ = "j" THEN GOTO 110
240 END
```

Bild 1: Programm Parallelschaltung mehrerer Widerstände

```
RUN
Parallelschaltung von
Widerständen für Werte >0
R 1 in Ω = ? 100
Weiterer Wert j/n? j
R 2 in Ω = ? 200
Weiterer Wert j/n? j
R 3 in Ω = ? 300
Weiterer Wert j/n? j
R 4 in Ω = ? 400
Weiterer Wert j/n? n
 R =  48.00001 Ω
Neue Berechnung j/n? n
Ok
```

Bild 2: Bildschirmanzeige beim Abarbeiten von Programm Bild 1

<table>
<tr><td rowspan="9">Wiederhole</td><td colspan="2">Überschrift ausgeben</td></tr>
<tr><td colspan="2">Variable auf Null setzen</td></tr>
<tr><td rowspan="5">Wiederhole</td><td>Widerstandsnummer I erhöhen</td></tr>
<tr><td>Ausgabe von R mit Index I</td></tr>
<tr><td>Eingeben des Wertes für R</td></tr>
<tr><td>Leitwert G bilden</td></tr>
<tr><td>Frage: Weiterer Wert?</td></tr>
<tr><td colspan="2">Wenn j-Taste und RETURN-Taste betätigt</td></tr>
<tr><td colspan="2">Ausgabe von R = 1/G</td></tr>
<tr><td></td><td colspan="2">Ausgabe: Neue Berechnung?</td></tr>
<tr><td colspan="3">Wenn j-Taste und RETURN-Taste betätigt</td></tr>
</table>

Bild 3: Struktogramm zum Programm Bild 1

4.9.2.5 Programmieren von Schleifen mit FOR...NEXT

Ist die Anzahl der Schleifendurchgänge bekannt, programmieren wir Schleifen mit FOR...NEXT.

Beispiel 1:

Wir wollen ein Programm schreiben, das für einen eingebbaren Widerstandswert R die Leistung P für die Spannungen U von 1 V bis 5 V berechnet. Der Ergebnisausdruck für R = 5,5 Ω soll **Bild 1** entsprechen.

Lösung: **Bild 2**

Der Tabellenkopf wird mit den ASCII-Zeichen 196 (—), 179 (|) und 197 (+) erstellt (Bild 2, Zeilen 120, 130). Die Schleifenanweisung wird mit den Zeilen 140 und 170 programmiert. Die Zeilen zwischen FOR und NEXT werden wiederholt ausgeführt. Die Anzahl der Schleifendurchgänge wird durch die Variable U bestimmt. Im Beispiel hat U den Wertebereich von U = 1 bis (TO) U = 5. Bei jedem Durchgang erhält U einen um 1 größeren Wert zugewiesen, mit dem jedesmal die Leistung P berechnet wird. Die Schleife wird hier also fünfmal durchlaufen. Danach wird das Programm mit der nächsten Anweisung nach NEXT fortgesetzt.

Nach NEXT steht dieselbe Variable wie nach FOR.

Der Anfangswert, der Endwert und die Schrittweite (STEP), mit denen die Schleife arbeitet, können auch erst durch den Benutzer während des Programmlaufs festgelegt werden.

Beispiel 2:

a) Ändern Sie das Programm nach Bild 2 so ab, daß der Widerstand R, der Spannungsbereich UMIN bis UMAX und die Schrittweite DU vom Benutzer eingebbar sind! b) Welchen Ausdruck erhält man für R = 10 Ω, UMIN = −6 V, UMAX = +6 V und eine Schrittweite von DU = 2 V?

Lösung:

a) **Bild 3** und b) **Bild 4**

Wir müssen aber darauf achten, daß für das Aufwärtszählen der Anfangswert kleiner ist als der Endwert, und die Schrittweite positiv ist. Für das Abwärtszählen müssen der Anfangswert größer als der Endwert und die Schrittweite negativ sein.

```
RUN
Widerstand in Ω ? 5.5
 U/V    |     P/W
--------+-----------
   1    |  .1818182
   2    |  .7272728
   3    |  1.636364
   4    |  2.909091
   5    |  4.545455
Ok
```

Bild 1: Gewünschte Ergebnisanzeige

```
100 REM Leistung am Widerstand R
110 INPUT"Widerstand in Ω ";R
120 PRINT" U/V     |      P/W"
130 PRINT"─────────┼─────────────"
140 FOR U = 1 TO 5
150 P = U * U / R
160 PRINT" ";U;"   | ";P
170 NEXT U
180 END
```

Bild 2: Programm zur Leistungsberechnung

```
100 REM Leistung am Widerstand
110 REM R,Umin,Umax und DU eingebbar
120 INPUT" R in Ω = ";R
130 INPUT" Umin in V = ";UMIN
140 INPUT" Umax in V = ";UMAX
150 INPUT" Schrittweite DU in V = ";DU
160 PRINT" U/V  |  P/W"
170 PRINT"──────┼────────"
180 FOR U = UMIN TO UMAX STEP DU
190 P = U * U / R
200 PRINT" ";U;"   | ";P
210 NEXT U
220 END
```

Bild 3: Geändertes Programm von Bild 2

```
RUN
 R in Ω = ? 10
 Umin in V = ? -6
 Umax in V = ? +6
 Schrittweite DU in V = ? 2
 U/V   |  P/W
-------+--------
  -6   |  3.6
  -4   |  1.6
  -2   |  .4
   0   |  0
   2   |  .4
   4   |  1.6
   6   |  3.6
Ok
```

Bild 4: Ergebnisanzeige für Programm Bild 3

Geschachtelte Schleifen

Die Verwendung von FOR...NEXT erlaubt das übersichtliche Programmieren von ineinander geschachtelten Schleifen.

Beispiel 3:
Wir wollen ein Programm für eine Wertetabelle mit drei Variablen gemäß Struktogramm **Bild 1** erstellen. Es soll der Bildschirmausdruck **Bild 2** für die Funktion $y_1 = e_0 \wedge e_1 \wedge e_2$ entstehen.

Lösung: **Bild 3**

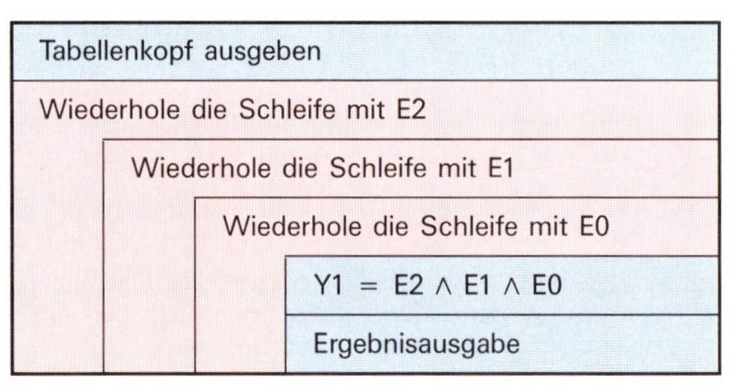

Bild 1: Struktogramm für das Programm Bild 3

Nach Eingabe von RUN wird mit den Zeilen 110 und 120 der Tabellenkopf erzeugt. Dann werden in Zeile 130 E2 = 0, in Zeile 140 E1 = 0 und in Zeile 150 E0 = 0 gesetzt. Die UND-Funktion Y1 wird in Zeile 160 berechnet. Anschließend werden die Werte für E2, E1, E0 von Y1 durch einen senkrechten Strich getrennt, ausgegeben (Bild 3). Nun wird in der inneren Schleife E0 = 1 und damit die zweite Zeile in Bild 3 ausgegeben. Die innere Schleife ist damit einmal durchlaufen und in Zeile 140 wird E1 = 1. Da nun wieder die Schleife mit E0 durchlaufen wird, erhält man die dritte und vierte Zeile der Wertetabelle. Entsprechend werden für E2 = 1 die Schleife mit E1 zweimal und die Schleife mit E0 innerhalb der E1-Schleife auch je zweimal durchlaufen. Dadurch werden die Zeilen 160 und 170 viermal aufgerufen. So entstehen die vier unteren Zeilen der Wertetabelle.

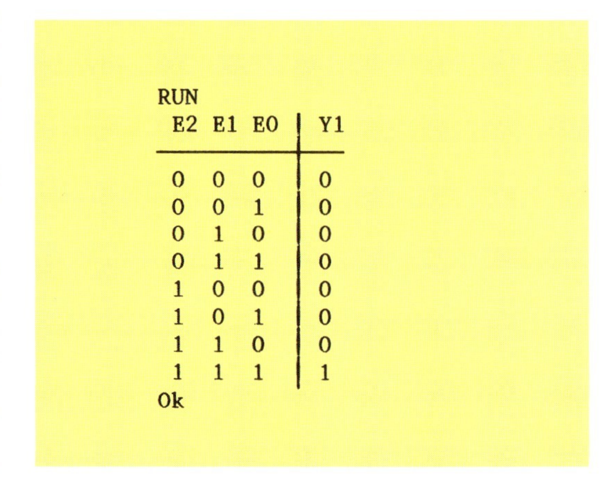

```
RUN
 E2 E1 E0 | Y1
----------+----
 0  0  0  | 0
 0  0  1  | 0
 0  1  0  | 0
 0  1  1  | 0
 1  0  0  | 0
 1  0  1  | 0
 1  1  0  | 0
 1  1  1  | 1
Ok
```

Bild 2: Bildschirmanzeige von Programm Bild 3

Die Anzahl der Schleifendurchgänge von geschachtelten Schleifen erhält man durch Multiplikation der Schleifendurchläufe miteinander.

In Zeile 180 wird die innere Schleife mit NEXT E0, in Zeile 190 die mittlere Schleife mit NEXT E1 und in Zeile 200 die äußere Schleife mit NEXT E2 beendet.

Der Aufruf der Variablen nach NEXT erfolgt in geschachtelten Schleifen in der umgekehrten Reihenfolge wie nach dem Wort FOR.

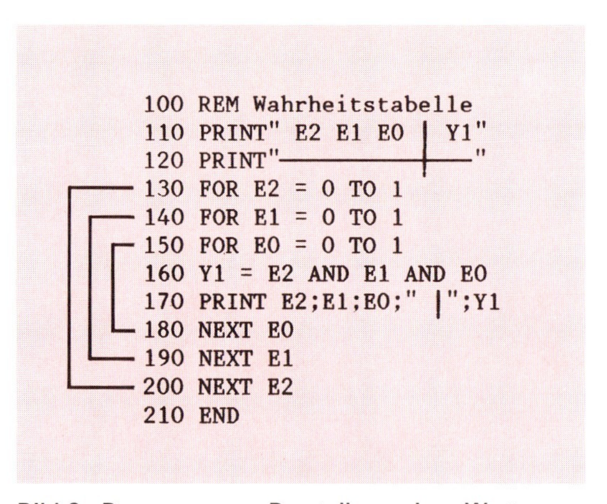

```
100 REM Wahrheitstabelle
110 PRINT" E2 E1 E0 | Y1"
120 PRINT"---------+----"
130 FOR E2 = 0 TO 1
140 FOR E1 = 0 TO 1
150 FOR E0 = 0 TO 1
160 Y1 = E2 AND E1 AND E0
170 PRINT E2;E1;E0;" |";Y1
180 NEXT E0
190 NEXT E1
200 NEXT E2
210 END
```

Bild 3: Programm zur Darstellung einer Wertetabelle für drei Variablen

Macht man um die einzelnen Schleifen jeweils eine Klammer (Bild 3), so dürfen sich diese nicht schneiden. Die Zeilen 180 bis 200 lassen sich auch durch eine Zeile mit NEXT E0, E1, E2 ersetzen.

Wiederholungsfragen

1. **Auf welche Weise kann in BASIC eine Schleife gebildet werden?**
2. **Welche Vorteile bietet die FOR...NEXT-Anweisung?**
3. **Mit welchem Schlüsselwort wird die Schrittweite in Schleifen vereinbart?**
4. **Welche Bedingungen müssen der Anfangswert und der Endwert erfüllen, wenn STEP −2 folgt?**
5. **Was versteht man unter geschachtelten Schleifen?**
6. **Wie können ineinander geschachtelte Schleifen überprüft werden?**

4.9.2.6 Standardfunktionen

Eine Funktion zeigt das Abhängigkeitsverhältnis zwischen mathematischen Größen auf. Für das Wurzelziehen wird als Funktion z. B. geschrieben $y = \sqrt{x}$. Die mathematische Abhängigkeit der *Variablen* (veränderliche Größe) y von der unabhängigen Variablen x wird durch das Wurzelzeichen dargestellt. In der Mathematik gibt es eine ganze Reihe solcher Funktionen **(Tabelle 1)**. Da diese Funktionen oft gebraucht werden, sind sie Bestandteil von BASIC. Es werden Abkürzungen als Funktionsnamen verwendet.

Funktionen, die fest programmiert sind, nennt man Standardfunktionen.

Bei den Winkelfunktionen SIN(x), COS(x) und TAN(x) muß man beachten, daß das Argument x in rad (Radiant) eingesetzt werden muß.

Für die *Exponentialfunktion* (e-Funktion) werden wie bei allen anderen Standardfunktionen drei Buchstaben verwendet, nämlich die ersten drei des Wortes Exponentialfunktion. Anders als in der mathematischen Schreibweise exp x muß das Argument aber in Klammer geschrieben werden. EXP(1) bedeutet also $\exp 1 = e^1 = 2{,}71828183$.

Der *Logarithmus* ist nur für Werte >0 festgelegt. Mit LOG(x) wird der *natürliche* Logarithmus aufgerufen. Den Zehner-Logarithmus erhält man durch LOG(x)/LOG(10).

Die meisten BASIC-Dialekte können Zufallszahlen mit RND(x)[1] erzeugen. Üblicherweise wird eine Zufallszahl zwischen 0 und 1 ausgegeben. Bei jedem Aufruf der RND(x)-Funktion wird eine andere Zufallszahl erzeugt. Diese Funktion ist z. B. für Computerspiele wichtig. Mit der SGN(x)-Funktion[2], der Vorzeichen-Funktion, werden die Vorzeichen der Werte einer Funktion durch die Zahlen $+1$ oder -1 ausgedrückt. Außerdem ist SGN(0) gleich Null. Bei der Sinusfunktion bedeutet das, daß der positiven Halbperiode $+1$, der negativen Halbperiode -1 und dem Nulldurchgang die Null zugeordnet werden. Es entsteht also über eine Schwingung hinweg die Zahlenfolge: 0, 1.0, 0,–1.0.

Tabelle 1: Standardfunktionen

BASIC	Mathematik	Bedeutung
ABS(x)	$\|x\|$	Absolutwert von x ABS (–1.5) = 1.5
ATN(x)	Arctan x	Winkel in rad aus Tangens x
COS(x)	cos x	Cosinus von x (x in rad)
EXP(x)	exp x (früher e^x)	Exponentialfunktion mit e = 2,7182 8183...
INT(x)	–	größte ganze Zahl $\leq x$ INT (2.4) = 2; INT (–1.2) = –2
LOG(x)	ln x	natürlicher Logarithmus
RND(x)	–	Zufallszahl zwischen 0 und 1
SGN(x)	sgn (x)	Vorzeichen einer Zahl 1 für $x > 0$, 0 für $x = 0$ -1 für $x < 0$
SIN(x)	sin x	Sinus von x (x in rad)
SQR(x)	$\sqrt{x}$	positive Quadratwurzel von x, nur für $x \geq 0$
TAN(x)	tan x	Tangens von x (x in rad)

Für das Wurzelzeichen steht die Funktion SQR(x)[3] zur Verfügung. Ebenso wie der Logarithmus ist diese Funktion nur für positive Werte von x festgelegt.

Bei allen diesen Standardfunktionen kann das x entweder eine Konstante, also eine Zahl, oder eine Variable, der bereits ein Wert zugewiesen wurde, oder auch ein mathematischer Ausdruck sein.

Das x in Standardfunktionen steht für eine Zahl, eine Variable oder eine Formel.

Wenn die Standardfunktionen außerhalb eines Programms verwendet werden, muß zuvor PRINT eingegeben werden, z. B. PRINT SQR(5). Nach Betätigen der Return-Taste erscheint dann das Ergebnis auf dem Bildschirm. Der Computer arbeitet im *Direktmodus*[4].

[1] engl. random = Zufall; [2] engl. sign = Zeichen
[3] engl. square-root = Quadratwurzel; [4] lat. modus = Art, Weise

4.9.2.7 Unterprogrammtechnik

Die Zerlegung eines Programms in einzelne Blöcke bezeichnet man als *modulare*[1] Programmierung **(Bild 1)**. Das Programm besteht dann aus den Programmbausteinen *Hauptprogramm (Steuerprogramm)*, und den *Unterprogrammen*. Das Hauptprogramm fordert das gewünschte Unterprogramm durch Aufruf an.

Mit Unterprogrammen arbeitet man, um übersichtlich zu programmieren und um Schreibarbeit zu sparen.

Nach der Beendigung des Unterprogramms wird die nächste Zeile hinter dem UP-Aufruf im Hauptprogramm ausgeführt. Dies kann aber wieder der Sprung in ein Unterprogramm sein. Hat der Rechner auch dieses Unterprogramm bearbeitet, erfolgt wieder der Rücksprung. Jedes Unterprogramm kann beliebig oft vom Hauptprogramm aufgerufen werden.

Das zu wiederholende Programmstück wird nur einmal programmiert und vom Hauptprogramm aus, so oft wie nötig, aufgerufen. Oft wird das Unterprogramm auch mit Werten, die das Hauptprogramm zur Verfügung stellt, ausgeführt.

Beispiel:

Für den Bereich 0 dB bis 10 dB sollen in 1-dB-Schritten Spannungsdämpfungsfaktoren oder Leistungsdämpfungsfaktoren berechnet und ausgegeben werden.

Lösung: **Bild 2; Bild 3**

Das Hauptprogramm besteht aus den Zeilen 10 bis 60. Durch Eingabe der Großbuchstaben P oder U in Zeile 30 wird in Zeile 50 zur Berechnung der Leistungsfaktoren V = 1 gesetzt, oder wie in unserem Beispiel V = 2 in Zeile 40 zur Berechnung der Spannungsfaktoren. Mit GOSUB 110 wird in die erste Zeile des Unterprogrammes Faktorberechnung gesprungen. Anschließend werden die 10 Werte mit Standardfunktionen (Tabelle 1, vorhergehende Seite) in einer Schleife berechnet und ausgegeben. Mit dem RETURN in Zeile 160 wird das Unterprogramm beendet und in die nächste Zeile nach dem Unterprogrammaufruf, also Zeile 50 des Hauptprogrammes, zurückgesprungen. Da die dort stehende Bedingung nicht erfüllt ist, wird das Programm in Zeile 60 fortgesetzt und beendet.

Zeilennummern für Unterprogramme werden üblicherweise weit oberhalb der Zeilennummern des Hauptprogramms oder aber an den Anfang gelegt.

[1] engl. module = Baugruppe, Einschub

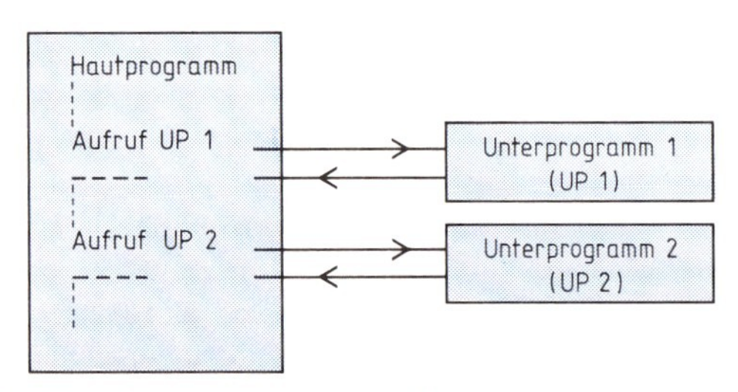

Bild 1: Hauptprogramm und Unterprogramm

```
10 ' Spannungsdämpfungsfaktor U
20 ' Leistungsdämpfungsfaktor P
30 INPUT"U oder P berechnen U/P ";U$
40 IF U$ = "U" THEN V = 2 : GOSUB 110
50 IF U$ = "P" THEN V = 1 : GOSUB 110
60 END
100 ' Unterprogramm Faktorberechnung
110 PRINT U$;"-Faktoren"
120 FOR DMASS = 0 TO 10
130 DFAKTOR = EXP(DMASS/(10*V)*LOG(10))
140 PRINT DFAKTOR
150 NEXT DMASS
160 RETURN
```

Bild 2: Programm Dämpfungsfaktoren

```
RUN
U oder P berechnen U/P ? U
U-Faktoren
 1
 1.122019
 1.258926
 1.412538
 1.584893
 1.778279
 1.995262
 2.238721
 2.511886
 2.818383
 3.162278
Ok
```

Bild 3: Bildschirmanzeige der Dämpfungsfaktoren beim Lauf vom Programm Bild 2

Wiederholungsfragen

1. **Was bezeichnet man als modulare Programmierung?**
2. **Warum werden Unterprogramme geschrieben?**
3. **Wodurch wird ein Unterprogramm aufgerufen?**
4. **Welche Anweisung beendet ein Unterprogramm?**

4.9.2.8 Sprungverteiler

ON...GOTO... und ON...GOSUB... ermöglichen es, Sprungziele durch Zahlenvariablen anzuwählen. Bei ON...GOSUB... muß am Ende des Unterprogrammes ein RETURN stehen.

Beispiel:
Schreiben Sie mit ON...GOTO... ein Programm, das nach Eingabe einer Ziffer die dem Farbcode entsprechende Farbe ausgibt!
Lösung: **Bild 1**

Das Programm besteht aus dem Hauptprogramm mit den Zeilen 1 bis 8 und zehn Unterprogrammen, die durch Rücksprung zur Zeile 4 beendet werden. Im Hauptprogramm wird mit INPUT die gewünschte Zahl, z.B. 6, eingegeben. Dadurch wird in Zeile 6 die sechste Zeilennummer nach GOTO ausgewählt, zu dieser Zeile gesprungen, Blau ausgegeben **(Bild 2)** und zu Zeile 4 zurückgesprungen. In Zeile 5 wird die Null ausgewertet, da für sie keine Zeilennummer nach GOTO steht. Die Schleife wird solange wiederholt, bis z.B. die Zahl 11 eingegeben wird. Da für diese Zahl keine Zeilennummer nach dem GOTO vorhanden ist, wird die nächste Zeile ausgeführt und das Programm beendet.

Mit ON...GOTO oder ON...GOSUB können Unterprogramme durch Zifferneingabe ausgewählt werden.

```
1 ' Farbcode 1
2 PRINT"Programmende mit 11"
4 INPUT"Ziffer eingeben: ",Z
5 IF Z = 0 THEN GOTO 10
6 ON Z GOTO 20,30,40,50,60,70,80,90,100
8 END
9 ' Farbtabelle
10  PRINT"Schwarz" :GOTO 4
20  PRINT"Braun  " :GOTO 4
30  PRINT"Rot    " :GOTO 4
40  PRINT"Orange " :GOTO 4
50  PRINT"Gelb   " :GOTO 4
60  PRINT"Grün   " :GOTO 4
70  PRINT"Blau   " :GOTO 4
80  PRINT"Violett" :GOTO 4
90  PRINT"Grau   " :GOTO 4
100 PRINT"Weiß   " :GOTO 4
```

Bild 1: Programm Farbcode mit ON...GOTO...

```
RUN
Programmende mit 11
Ziffer eingeben: 6
Blau
Ziffer eingeben: 8
Grau
Ziffer eingeben: 0
Schwarz
Ziffer eingeben: 11
Ok
```

Bild 2: Anzeige beim Abarbeiten von Programm Bild 1

4.9.2.9 Tastaturabfrage mit INKEY$

Mit INKEY$[1] wird die Tastatur des Rechners direkt abgefragt. Das eingegebene Zeichen wird nicht automatisch am Bildschirm ausgegeben, und es ist kein Betätigen der RETURN-Taste nötig.

Beispiel:
Schreiben Sie das Programm Bild 1 für die Verwendung mit INKEY$ um!
Lösung: **Bild 3**

Die Zeile 110 bildet eine Warteschleife. Wird kein Wert eingegeben, bleibt Z$ leer, und es wird an den Anfang der Zeile 110 zurückgesprungen. Sonst wird die Zeile 120 ausgeführt. Liegt der eingegebene ASCII-Wert zwischen 48 und 57, und damit zwischen den Ziffern 0 und 9, werden die Zeilen des Programmausdruckes **Bild 4** erstellt, andernfalls wird das Programm beendet.

[1] INKEY von engl. Interrogate Keyboard = Tastatur abfragen

```
100 ' Farbcode 2
110 Z$ = INKEY$ : IF Z$ ="" THEN 110
120 IF Z$ < "0" OR Z$ > "9" THEN END
130 PRINT"Ziffer: ";Z$;"  Farbe: ";
140 IF Z$ = "0" THEN PRINT"Schwarz"
150 IF Z$ = "1" THEN PRINT"Braun  "
160 IF Z$ = "2" THEN PRINT"Rot    "
170 IF Z$ = "3" THEN PRINT"Orange "
180 IF Z$ = "4" THEN PRINT"Gelb   "
190 IF Z$ = "5" THEN PRINT"Grün   "
200 IF Z$ = "6" THEN PRINT"Blau   "
210 IF Z$ = "7" THEN PRINT"Violett"
220 IF Z$ = "8" THEN PRINT"Grau   "
230 IF Z$ = "9" THEN PRINT"Weiß   "
240 GOTO 110
250 END
```

Bild 3: Programm Farbcode mit INKEY$-Befehl

```
RUN
Ziffer: 2  Farbe: Rot
Ziffer: 2  Farbe: Rot
Ziffer: 3  Farbe: Orange
Ok
```

Bild 4: Anzeige beim Abarbeiten von Programm Bild 3

4.9.2.10 Variablenfelder

READ und DATA

Werden immer wieder die gleichen konstanten Daten benötigt, werden READ[1] und DATA[2] verwendet. Mit READ werden Konstanten aus der DATA-Liste an Variablen übergeben. Im Programm wird die READ-Anweisung an der Stelle eingefügt, an der die entsprechende Variable den Wert benötigt.

Mit READ werden Variablen Konstanten zugewiesen.

Mit der Anweisung DATA werden Konstanten in einem Programm gespeichert. Nach dem Schlüsselwort DATA folgt die Liste der durch Komma getrennten Daten.

DATA stellt an beliebiger Programmstelle die von READ angeforderten Daten bereit.

Beispiel 1:
Entwickeln Sie ein Programm, das Dezimalzahlen von 0 bis 15 in Dualzahlen wandelt!
Lösung: **Bild 1**

Nach Eingabe einer Dezimalzahl wird eine Zählschleife 16mal durchlaufen. Bei jedem Schleifendurchgang werden in Zeile 130 mit dem Befehl READ DUAL$ nacheinander die Dualzahlen 0000 bis 1111 aus der DATA-Liste gelesen, und die Schleifenvariable I mit der eingegebenen Dezimalzahl verglichen **(Bild 2)**. Bei Gleichheit wird die entsprechende Dualzahl mit Zeile 140 ausgegeben **(Bild 3)**.

Da die Programmabarbeitung durch Eingabe von j und einen Sprung zur Zeile 110 wiederholt werden kann, muß der Lesezeiger durch den Befehl RESTORE[3] auf seinen Anfangswert zurückgesetzt werden (Bild 1, Zeile 160).

RESTORE setzt den internen Lesezeiger zurück.

Fehlt die Zeile 160 meldet sich der Rechner bei einer Wiederholung der Programmabarbeitung mit der Fehlermeldung OUT OF DATA IN 130, d. h. es sind keine Daten vorhanden. Der Lesezeiger kann nicht auf eine bestimmte DATA-Zeile, z. B. 210, gesetzt werden.

```
100 ' DEZ/DUAL-Wandler
110 INPUT"Dezimal:       ";DEZ
120 FOR  I = 0 TO 15
130 READ DUAL$
140 IF I = DEZ THEN PRINT"DUAL: ",DUAL$
150 NEXT I
160 RESTORE
170 INPUT"Neue Zahl j/n ";J$
180 IF J$ ="j" THEN 110
190 DATA 0000,0001,0010,0011,0100,0101
200 DATA 0110,0111,1000,1001,1010,1011
210 DATA 1100,1101,1110,1111
220 END
Ok
```

Bild 1: Programm zur Wandlung von Dezimalzahlen in Dualzahlen

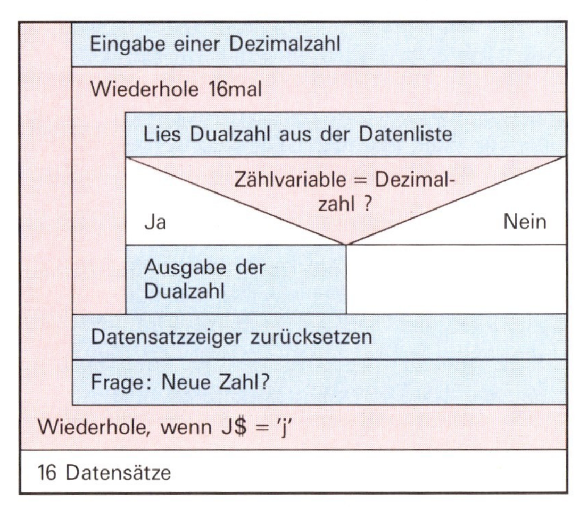
Eingabe einer Dezimalzahl
Wiederhole 16mal
Lies Dualzahl aus der Datenliste
Zählvariable = Dezimalzahl ?
Ja
Nein
Ausgabe der Dualzahl
Datensatzzeiger zurücksetzen
Frage: Neue Zahl?
Wiederhole, wenn J$ = 'j'
16 Datensätze

Bild 2: Struktogramm zum Programm Bild 1

```
RUN
Dezimal:       ? 7
DUAL:          0111
Neue Zahl j/n ? j
Dezimal:       ? 15
DUAL:          1111
Neue Zahl j/n ? n
Ok
```

Bild 3: Ergebnisanzeige für das Programm Bild 1

Wiederholungsfragen

1. **Mit welchem Befehl werden Daten in ein Programm eingelesen?**
2. **Durch welches Zeichen werden die Daten in der DATA-Liste voneinander getrennt?**
3. **Mit welchem Befehl wird der Datensatzzeiger zurückgesetzt?**
4. **Wann wird die Meldung OUT OF DATA angegeben?**

[1] engl. read = lesen; [2] engl. data = Daten; [3] engl. restore = wiederherstellen

Eindimensionale Felder

Zusammengehörende Daten können unter einem Namen als *Feld* zusammengefaßt werden. Feldplätze werden numeriert, d.h. sie erhalten einen Index 1,2,...,n. Deshalb nennt man die Elemente eines Feldes auch *indizierte Variable*. Das Feld F in **Bild 1** besteht aus den vier Zahlenvariablen F(0), F(1), F(2) und F(3).

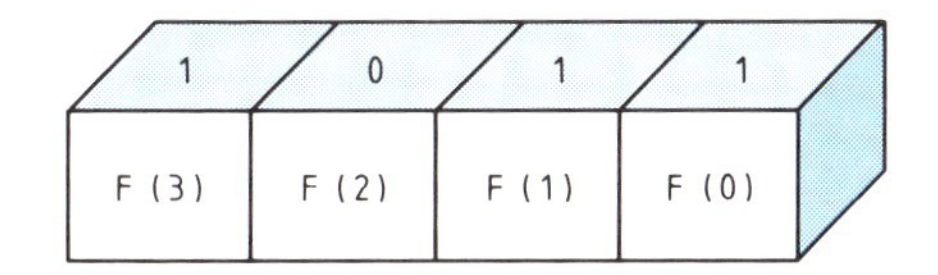

Bild 1: Feldmodell

Feldvereinbarungen werden meist am Programmanfang durchgeführt.

Felder werden mit DIM vereinbart. Mit DIM F(3) werden für das Feld F vier Plätze reserviert, da ab Indexnummer 0 gezählt wird. Fehlt DIM, wird automatisch eine bestimmte Anzahl von Feldplätzen reserviert, z. B. 10 Plätze.

Beispiel 2:

Schreiben Sie ein Programm, das eine vierstellige Dualzahl in eine Dezimalzahl wandelt!

Lösung: **Bild 2**

```
10 ' DUAL/DEZ-Wandler 0..15
20 DIM F(3)
30 PRINT"Bitte Dualzahl mit 4 Ziffern"
40 PRINT"(0 oder 1) eingeben: "
50 FOR I = 3 TO 0 STEP -1
60 INPUT F(I)
70 IF F(I)=0 OR F(I)=1 THEN 80 ELSE 30
80 NEXT I
90 DEZ = 8*F(3)+4*F(2)+2*F(1)+F(0)
100 PRINT "Dezimalzahl = "; DEZ
110 END
```

Bild 2: Programm Dual-Dezimal-Wandler

```
RUN
Bitte Dualzahl mit 4 Ziffern
(0 oder 1) eingeben:
? 1
? 0
? 1
? 1
Dezimalzahl =  11
Ok
```

Bild 3: Abarbeiten von Programm Bild 2

In Zeile 20 werden die benötigten Feldplätze vereinbart. Anschließend wird der Benutzer in Zeile 30 und Zeile 40 aufgefordert, eine vierstellige Dualzahl einzugeben. Das Einlesen der einzelnen Ziffern wird mit einer Schleife (Zeilen 50 bis 80) durchgeführt. Die Schleife wird von I = 3 abwärts bis I = 0 durchlaufen. Der Wert von I ist der Index für das jeweilige Feldelement, dem mit INPUT F(I) eine Dualziffer zugewiesen wird. In Zeile 70 wird überprüft, ob die eingegebenen Ziffern den Wert 0 oder 1 haben. Wenn dies nicht der Fall ist, wird zur Zeile 30 zurückgesprungen **(Bild 4)**. Andernfalls wird die Schleife weiter ausgeführt. Sind z. B. die Ziffern 1 0 1 1 eingegeben worden **(Bild 3)**, wird aus diesen Ziffern in der Zeile 90 die Dezimalzahl berechnet.

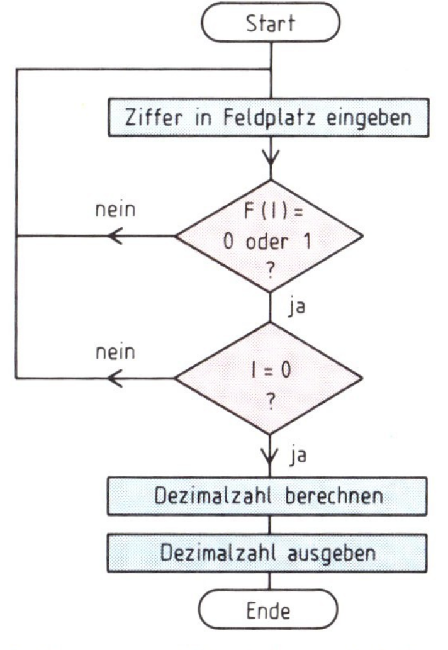

Bild 4: Programmablaufplan zu Bild 2

Mit Feldelementen kann wie mit einfachen Variablen gearbeitet werden.

Für Felder von Textvariablen wird an den Feldnamen das Dollarzeichen angefügt. Mit DIM DUALFELD$ (16) wird z. B ein Feld für 16 Strings[1] vereinbart.

Wiederholungsfragen

1. **Welchen Namen verwendet man für zusammengehörende Datenelemente?**
2. **An welche Stelle in einem Programm werden Feldvereinbarungen geschrieben?**
3. **Wodurch unterscheiden sich Felder für Zahlenvariablen und Felder für Textvariablen?**

[1] engl. string = Kette

4.9.2.11 Stringverarbeitung

Strings

Ein String ist eine Folge von alphanumerischen Zeichen. Strings können verkettet werden. Der Textvariablen A$ (**Bild 1**, Zeile 110) wird „Heute ist", zugeordnet. Der Textvariablen E$ wird in Zeile 140 die „Summe" von A$ und B$ zugewiesen, und in Zeile 150 wird diese ausgegeben. Man kann auch Textkonstanten mit Textvariablen mischen. In Zeile 160 wird so z. B. der Bindestrich eingefügt. Ein Vergleich von Strings erfolgt zeichenweise von links nach rechts im ASCII-Code. Die kürzere Zeichenkette ist kleiner, also wird mit Zeile 170 F$ ausgegeben (**Bild 2**).

Teilstrings

LEFT$[1] entnimmt einem String von der linken Seite her Zeichen. Die Klammer enthält den zu bearbeitenden String und die Angabe, wieviele Zeichen entnommen werden sollen. Im Programm nach **Bild 3** werden der Textvariablen A$ nacheinander für I = 1 ein Zeichen, für I = 2 zwei Zeichen bis I = 5 fünf Zeichen entnommen und ausgedruckt (**Bild 5**). Ersetzt man in Zeile 130 LEFT$ durch RIGHT$[2] werden die Zeichen von rechts her entnommen.

Mit LEFT$ und RIGHT$ werden Teile von Strings bearbeitet.

Die Länge eines Strings kann mit dem Befehl LEN[3] ermittelt werden. In Zeile 120, **Bild 4**, wird der Variablen LAENGE die Zahl der Zeichen des Strings A$ zugewiesen. Die folgende Schleife wird dann so oft durchlaufen und ausgegeben, wie A$ Zeichen enthält (**Bild 5**).

LEN bestimmt die Zahl der Zeichen, die ein String enthält.

Um einzelne, an beliebiger Stelle stehende Zeichen zu bearbeiten, wird MID$[4] verwendet. Die Klammer enthält den zu bearbeitenden String, die Anfangsstelle und die Zahl der auszuwertenden Zeichen.

MID$ benötigt drei Angaben.

Beispiel:

Entwerfen Sie mit MID$ ein Programm, das den String LAGER rückwärts ausgibt!

Lösung: **Bild 6**

[1] engl. left = links; [2] engl. right = rechts
[3] engl. length = Länge; [4] engl. middle = Mitte

```
100 REM Zeichenketten
110 A$ = "Heute ist, "
120 B$ = "Sonntag"
130 D$ = "Abend !"
140 E$ = A$ + B$
150 PRINT E$
160 F$ = E$ + "-" + D$
170 IF F$ > E$ THEN PRINT F$
180 END
```

Bild 1: Programm für String-Befehle

```
RUN
Heute ist, Sonntag
Heute ist, Sonntag-Abend !
Ok
```

Bild 2: Bildschirmanzeige beim Ablauf von Programm Bild 1

```
100 REM Linksbündig ausgeben
110 A$ = "Regen"
120 FOR I = 1 TO 5
130 PRINT LEFT$(A$,I)
140 NEXT I
150 END
```

Bild 3: Programm für linksbündige Zeichenausgabe

```
100 REM Variable Wortlänge
110 A$ = "Regen"
120 LAENGE = LEN(A$)
130 FOR I = 1 TO LAENGE
140 PRINT LEFT$(A$,I)
150 NEXT I
160 END
```

Bild 4: Programm zur Längenauswertung von Zeichenketten

```
RUN
R
Re
Reg
Rege
Regen
Ok
```

Bild 5: Bildschirmanzeige von den Programmen Bild 3 oder Bild 4

```
100 REM Rückwärtslesen
110 A$ = "LAGER"
120 FOR I = LEN(A$) TO 1 STEP -1
130 PRINT MID$(A$,I,1);
140 NEXT I
150 END
```

Bild 6: Programm für Rückwärtslesen

4.9.2.12 Code-Wandlungsbefehle

ASC

ASC[1] wandelt das in Klammer folgende Zeichen in einen Zahlenwert um. Auch Dezimalzahlen werden so verschlüsselt. Das Programm **Bild 1** gibt den Codewert einer beliebigen gedrückten Taste aus, da eine Textvariable für die Eingabe verwendet wird. Die Umwandlung von Z$ wird in Zeile 130 durchgeführt und ausgegeben. Das Programm wird durch Eingabe von Ende beendet **(Bild 2)**.

Mit ASC können die ASCII-Zeichen der Tastatur ermittelt werden.

CHR$

CHR$[2] stellt die Umkehrung von ASC dar. Hiermit lassen sich für die Zahlen 0...255 die meisten der vom Rechner verwendeten Zeichen ausgeben. Im Programm **Bild 3** werden die Buchstaben, des großen Alphabets ausgegeben. In Zeile 110 wird eine Schleife programmiert, deren Laufvariable I von 65 (für A) bis 90 (für Z) läuft. Zeile 120 wandelt die Codezahl, nämlich den jeweiligen Wert von I in das zugehörige Zeichen mit anschließender Ausgabe um. Das Programmende wird durch Auslösen des Signaltons mit CHR$(7) angezeigt.

Mit CHR$ kann der Zeichensatz eines Rechners ermittelt werden.

4.9.2.13 Benutzerfunktionen

Mit dem Befehl DEF FN..(..)[3] kann der Benutzer eigene Funktionen definieren. Je nach Rechner sind ein oder mehrere Argumente in der Klammer erlaubt.

Beispiel 1:
Erstellen Sie mit DEF FN ein Programm, das die 3., 4. und 5. Wurzel einer Zahl berechnet!
Lösung: **Bild 4** und **Bild 5**

Die mit DEF FN definierten Funktionen können nach ihrer Vereinbarung beliebig verwendet werden.

Beispiel 2:
Berechnen Sie die Hypotenuse eines rechtwinkligen Dreiecks für die Werte a = 4 und b = 3 mit DEF FN P(A, B)!
Lösung: **Bild 6**

[1] ASC von ASCII; [2] CHR von engl. character = Zeichen
[3] DEF von Definition, FN von Funktion

```
100 REM PC-Zeichensatz-Code
110 INPUT"Zeichen : ";Z$
130 PRINT"Code      : ";ASC(Z$)
134 INPUT"Weiteres Zeichen ";J$
135 IF J$ = "J" THEN 110
150 END
```

Bild 1: Programm ASCII-Zeichen

```
RUN
Zeichen : ? A
Code     :  65
Weiteres Zeichen ? N
Ok
```

Bild 2: Bildschirmanzeige beim Ablauf von Programm Bild 1

```
100 REM Zeichenwandlung
110 FOR I = 65 TO 90
120 PRINT CHR$(I);
130 NEXT I
140 PRINT CHR$(7)
150 END
```

Bild 3: Programm Großbuchstaben-Alphabet

```
100 REM Benutzerfunktionen
110 DEF FND(X) = X^(1/3)
120 DEF FNE(X) = X^.25
130 DEF FNF(X) = X^.2
140 X = 100
150 PRINT FND(X);;FNE(X);;FNF(X)
160 END
```

Bild 4: Programm Wurzeln mit Benutzerfunktion FN

```
RUN
 4.64159  3.162278  2.511886
Ok
```

Bild 5: Bildschirmanzeige beim Ablauf von Programm Bild 4

```
100 REM Pythagoras
110 DEF FNP(A,B) = SQR(A*A + B*B)
120 C = FNP(3,4)
130 PRINT "C = ";C
140 END
```

Bild 6: Programm Pythagoras mit Benutzerfunktion FN

4.9.2.14 Grafikprogrammierung mit BASIC

Da auf dem Bildschirm von oben nach unten geschrieben wird, müssen wir unsere grafischen Darstellungen an die Bildschirmkoordinaten anpassen **(Bild 1)**. Die Koordinaten der y-Achse sind hier entgegengesetzt zur gewohnten Richtung.

Programmiersprachen bearbeiten Texte im Textmodus mit z. B. 80 Spalten und 25 Zeilen und Grafik mit einer meist wählbaren höheren Auflösung im Grafikmodus.

Darstellung von Geraden

Mit dem Kommando SCREEN 2 (**Bild 2**, Zeile 110) wird die Betriebsart Grafikdarstellung mit 640 Punkten je Zeile und 200 Punkten je Spalte eingestellt. Mit CLS wird der Bildschirm in jeder Betriebsart gelöscht. LINE (x1,y1)–(x2,y2), 1 zeichnet vom Punkt mit den Koordinaten x1,y1 zum Punkt mit den Koordinaten x2,y2 eine Linie für die angegebene Farbnummer 15, z. B. in der Farbe Weiß.

Beispiel 1:
Programmieren Sie die Zeilen für das Zeichnen eines Achsenkreuzes im 1. Quadranten Bild 1!
Lösung: **Bild 2**, Zeilen 110 bis 200.

Mit LINE werden die y-Achse (Zeile 130) vom Punkt (20,0) zum Punkt (20,160) gezeichnet, und die x-Achse (Zeile 170) vom Punkt (20,160) zum Punkt (520,160) gezeichnet.

Die Skalenteilungen für die Achsen werden mit Schleifen (Zeilen 140 bis 160 und 180 bis 200) programmiert, die kurze Linienstücke zeichnen. Die Schleife für die Markierung der y-Achse (Zeile 140) wird mit den Werten I = 20,90 und 160 durchlaufen. Für I = 20 wird so LINE (18,20)–(22,18) abgearbeitet, d. h. die oberste Markierung auf der y-Achse gezeichnet (Bild 1).

Darstellung von Exponentialfunktionen

Für die Darstellung von Kurven auf dem Bildschirm verwenden wir den Befehl PSET (Point Set = Punkt setzen). Mit PSET(319,100) wird ein Punkt fast in der Bildschirmmitte gezeichnet (Bild 1).

Beispiel 2:
Ergänzen Sie die Programmzeilen, mit denen die Ladekurven eines Kondensators für Spannung und Strom in ein Achsenkreuz Bild 1 gezeichnet werden!
Lösung: **Bild 2**, Zeilen 210 bis 290.

Das Programm zeichnet nacheinander die Koordinatenachsen und die Ladekurven **(Bild 3)**.

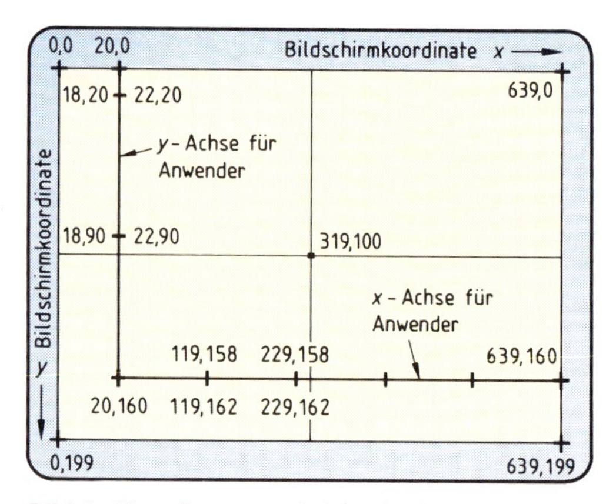

Bild 1: Koordinaten auf dem Grafikbildschirm

```
100 ' Strom und Spannung am Kondensator
110 SCREEN  2 : CLS
120 TAU = 100
130 LINE (20,0)-(20,160),1
140 FOR I = 20 TO 160 STEP 70
150 LINE (18,I)-(22,I),1
160 NEXT I  : 'Ende y-Skalenteilung
170 LINE (20,160)-(520,160),1
180 FOR I = 20 TO 520 STEP TAU
190 LINE (I,158)-(I,162),1
200 NEXT I  : 'Ende x-Skalenteilung
210 'Funktionswerte berechnen
220 FOR DELTAT = 0 TO 500 STEP 1
230 Y = EXP(-DELTAT/TAU)
240 PSET(DELTAT+20,140*Y+20)
250 NEXT DELTAT
260 FOR DELTAT = 0 TO 500 STEP 1
270 Y = 1 - EXP(-DELTAT/TAU)
280 PSET(DELTAT+20,140*Y+20)
290 NEXT DELTAT
300 END
```

Bild 2: Programm Kondensatorladung

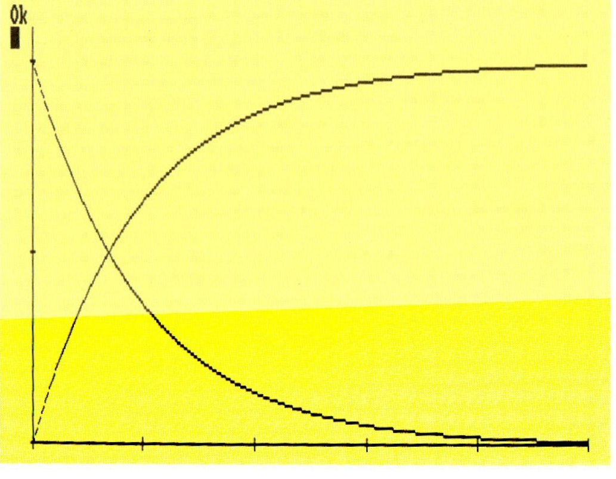

Bild 3: Bildschirmausdruck zum Programm Bild 2

Die Spannungswerte und Stromwerte werden jeweils mit einer Schleife berechnet und mit PSET punktweise gezeichnet (Bild 2, vorhergehende Seite, Zeilen 220 bis 250 und Zeilen 260 bis 290).

Kurven entstehen auf dem Bildschirm durch Aneinanderreihen der mit PSET gezeichneten Bildpunkte.

Darstellung von Sinusfunktion

Für die Darstellung von Sinusfunktionen legen wir die x-Achse in die Mitte des Bildschirms, so daß Werte in den Quadranten 1 und 4 gezeichnet werden können.

Beispiel 3:
Ändern Sie das Programm Bild 2, vorhergehende Seite, so ab, daß es sich zum Zeichnen sinusförmiger Größen eignet!

Lösung: **Bild 1**, Zeilen 130 bis 190.

Mit Zeile 170 wird die neue x-Achse gezeichnet. Außerdem wird eine Anpassung der Achsenskalierung in den Zeilen 130 bis 150 und in den Zeilen 170 bis 190 vorgenommen.

Beispiel 4:
Fügen Sie die Programmzeilen zum Zeichnen einer Sinuskurve im Programm ein!

Lösung: **Bild 1**, Zeilen 200 bis 230.

Für eine Darstellung in den Bildschirmkoordinaten muß in Zeile 210 die Sinusfunktion mit einem negativen Vorzeichen versehen werden. Die Zeichenschrittweite DELTAT wurde so gewählt, daß eine möglichst gleichmäßig gezeichnete Kurve entsteht **(Bild 2)**.

Darstellung von Lissajous-Figuren

Mit einem Programm können wir Lissajous-Figuren mit verschiedenen Frequenzverhältnissen zeichnen.

Beispiel 5:
Entwickeln Sie ein Programm, das die Lissajous-Figur und den Rahmen nach **Bild 3** zeichnet!

Lösung: **Bild 4**

Der Rahmen wird durch die Koordinaten von gegenüberliegenden Ecken in LINE festgelegt, und durch das Anfügen von B für Box als letztem Zeichen an LINE, gezeichnet (Zeile 120). Die Werte für das punktweise Zeichnen werden in den Zeilen 160 und 170 berechnet.

```
100 ' Sinus mit Koordinatenkreuz
110 SCREEN  2 : CLS
120 LINE (20,0)-(20,199),1
130 FOR I = 20 TO 180 STEP 40
140 LINE (20,I)-(23,I),1
150 NEXT I :'Ende y-Skalenteilung
160 LINE (20,100)-(639,100),1
170 FOR I = 20 TO 619 STEP 99
180 LINE (I,97)-(I,103),1
190 NEXT I :'Ende x-Skalenteilung
200 FOR DELTAT = 0 TO 639 STEP 1
210 Y = - SIN(6.28 * DELTAT/619)
220 PSET(20 + DELTAT,100 + 80 * Y)
230 NEXT DELTAT
240 END
```

Bild 1: Programm Sinusfunktion mit Achsenkreuz

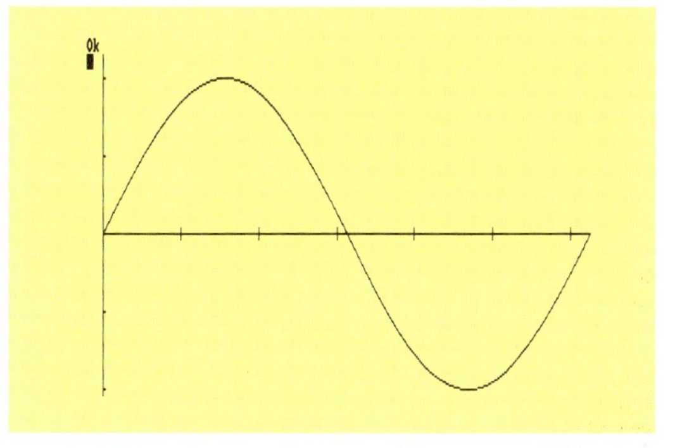

Bild 2: Bildschirmausdruck zu Programm Bild 1

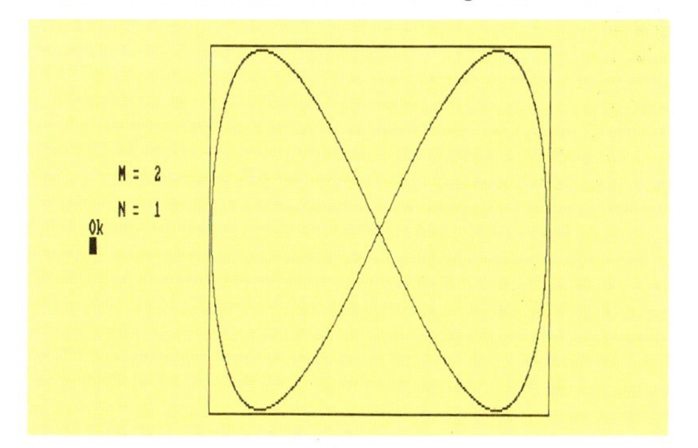

Bild 3: Lissajous-Figur mit Rahmen

```
100 ' Lissajous-Figuren
110 SCREEN  2 : CLS
120 LINE (133,19)-(505,181),1,B
130 ' Figur rechnen und zeichnen:
140 N = 1 : M = 2 : PI = 3.1415
150 FOR DELTAT = 0 TO 639 STEP .5
160 X = - COS(N * PI * DELTAT/319)
170 Y = - SIN(M * PI * DELTAT/319)
180 PSET(319+185 * X,100+80 * Y)
190 NEXT DELTAT : ' Ende zeichnen
200 LOCATE 10,5
210 PRINT"M = ";M
220 LOCATE 12,5
230 PRINT"N = ";N
240 END
```

Bild 4: Programm zu Bild 3

4.9.3 Fortgeschrittene BASIC-Dialekte

4.9.3.1 Editor und Compiler

Es wurden auch BASIC-Dialekte entwickelt, die mit einem Compiler arbeiten. Wir nennen sie Compiler-BASIC-Dialekte **(Tabelle 1)**. Bei ihnen wird nach dem Aufstellen des in BASIC geschriebenen *Quellprogramms* dieses vom Compiler[1] (Übersetzer) zunächst in das *Maschinenprogramm* (Objektprogramm) übersetzt, mit welchem der Computer sehr viel schneller arbeiten kann, als es beim zeilenweisen Interpretieren durch den Interpreter möglich ist. Compiler-BASIC-Dialekte sind meist *aufwärtskompatibel*, d.h., der Compiler ist so beschaffen, daß mit ihm Programme in älteren BASIC-Dialekten abgearbeitet werden können.

Bei den Compiler-BASIC-Dialekten muß zum Erstellen eines Programms ein Editor aufgerufen werden, z.B. bei Power-BASIC mit Hilfe eines Menüs **(Bild 1)** oder durch Betätigung der Taste E. Je nach Software kann der Editor auch automatisch nach dem Laden eines Programms aufgerufen sein, z.B. bei Quick-BASIC. Der Editor (eigentlich Editor=Herausgeber) ist ein Programm, welches das Erstellen eines Quellprogramms am Bildschirm ermöglicht. Das Arbeiten mit dem Editor bezeichnet man als *Editieren*. Das Ende des Editierens mit Speichern im Arbeitsspeicher muß dem Computer durch ein Kommando, z.B. ^KD oder Betätigen einer Funktionstaste, mitgeteilt werden.

Bei den BASIC-Dialekten mit Compiler muß zur Erstellung des Quellprogramms der Editor aufgerufen sein.

Nach dem Editieren muß das Quellprogramm noch für den Computer aufbereitet werden, und zwar durch den *Compiler*. Dieser übersetzt das Quellprogramm vor dem Abarbeiten zusammenhängend in die Maschinensprache. Der Compiler ist ein umfangreiches Programm, das bei Arbeitsbeginn in den Arbeitsspeicher geladen wird. Deshalb muß der Arbeitsspeicher mindestens 560 KByte aufnehmen können.

Der Compiler übersetzt vor dem Abarbeiten das gesamte Quellprogramm in die Maschinensprache.

Das Kommando für Aufruf des Compilers ist z.B bei Power-BASIC die Betätigung der Taste C. Der Compiler teilt dem Benutzer über den Bildschirm mit, wie weit er mit dem Kompilieren (Übersetzen) ist. Sind im Quellprogramm Formfehler (Syntaxfehler)

[1] engl. to compile = ansammeln

Tabelle 1: Compiler-BASIC-Dialekte

Name	Entwickler
Power-BASIC	Kirschbaum Software
Quick-BASIC	Microsoft (MS)
Turbo-BASIC	Borland International
Visual-BASIC	Microsoft (MS)
Win-BASIC	Microsoft (MS)

```
┌──────────── Power Basic ────────────┐
│ File  Edit  Run  Compile  Options  Debug │
```

Bild 1: Teil des Menüs am Bildschirm

vorhanden, so merkt das der Computer beim Kompilieren. Er teilt die Fehlerart dem Benutzer mit und stoppt das Kompilieren. Zum Berichtigen des Fehlers muß wieder der Editor aufgerufen werden, und das Quellprogramm kann am Bildschirm berichtigt werden. Sobald das Kompilieren beendet ist, kann das Programm durch Eingabe von R (RUN) abgearbeitet werden.

Reihenfolge beim Arbeiten mit Compiler-BASIC-Dialekten: Editieren, Speichern im Arbeitsspeicher, Kompilieren, Speichern auf Festplatte, Abarbeiten.

Es ist auch möglich, unmittelbar nach dem Editieren R (RUN) einzugeben. Dann wird kompiliert und, wenn keine Syntaxfehler vorhanden sind, wird abgearbeitet.

Die zum Arbeiten mit den Compiler-BASIC-Dialekten erforderliche Diskette enthält den Editor, den Compiler sowie Dateien, z.B. für die Bildschirmbilder. Diese Programme müssen vor Beginn des Programmierens in den Arbeitsspeicher eingelesen werden, bei Power-BASIC durch Eingabe von PB.

4.9.3.2 Programmaufbau in Compiler-BASIC

Es ist üblich, bei den Compiler-BASIC-Dialekten die Zeilennummern wegzulassen. Compiler-BASIC-Programme werden in Kleinbuchstaben, in Großbuchstaben und auch gemischt geschrieben.

Programme in den Compiler-BASIC-Dialekten müssen keine Zeilennummer enthalten.

Beispiel 1:
Es ist ein Programm zur Berechnung der höchstzulässigen Spannung an Widerständen aufzustellen, wenn die höchstzulässige Leistung und der Widerstand bekannt sind.

Lösung: **Bild 1**

Die in Programm Bild 1 enthaltenen Anweisungen unterscheiden sich nicht von den üblichen von BASIC. Durch den Wegfall der Zeilennummern ist es möglich, durch Einrücken zusammengehörige Programmteile optisch zusammenzufassen. Dadurch ist erkennbar, daß sich die Compiler-BASIC-Dialekte zur strukturierten Programmierung eignen. In den Compiler-BASIC-Dialekten sind zusätzliche Anweisungen möglich **(Tabelle 1)**.

Beispiel 2:
Mit einem Programm sollen die Ersatzwiderstände von gemischten Schaltungen verschiedener Art berechnet werden. Dabei soll zunächst die innerste Schaltung (Reihenschaltung oder Parallelschaltung) berechnet und danach durch weitere Widerstände ergänzt werden.

Lösung: **Bild 2**

Im Programm Bild 2 wird nach den rem-Bemerkungen mit b$ eine später erforderliche String-Variable festgelegt. Danach folgt das Unterprogramm widerstand.

In Compiler-BASIC-Dialekten können Unterprogramme an beliebiger Stelle des Programms stehen.

Es ist aber in Anlehnung an PASCAL zweckmäßig, Unterprogramme an den Programmanfang zu setzen. Für das Unterprogramm ist folgende Form erforderlich:

```
sub name (s,t,u,...)
......
end sub
```

Dabei stehen name für den Namen des Unterprogramms und s,t,u,... für im Unterprogramm vorkommende Variablen.

print using veranlaßt die Anzeige von Zahlen oder von Strings auf dem Bildschirm, wobei aber diese vor der Anzeige einer Bearbeitung unterworfen werden.

```
rem Berechnung Spannung an Widerstand
rem ***u_an_r50***
rem Eingaben
  input "Widerstand in Ohm ?",widerstand
  print "Groesste Leistung in W ? ";
input leistung
rem Berechnung
  spannung = sqr(leistung*widerstand)
rem Ausgabe
  print "Hoechstzulaessige Spannung ist ";
  print spannung;" Volt ."
end
```

Bild 1: Programm zur Spannungsberechnung mit $U = \sqrt{P \cdot R}$

Tabelle 1: Weitere Anweisungen für Power-BASIC (Beispiele)

Anweisung	Bedeutung
call ...	Aufruf eines Unterprogramms
do until	Beginn einer Bis-Schleife
do while ...	Beginn einer Während-Schleife
end sub	Ende eines Unterprogramms
loop	Ende einer Schleife
play ...	Spiele Töne
print using ...	Ausgabe in spezieller Weise
sub	Anfang eines Unterprogramms

```
rem Programm Gemischte Schaltung
rem ***schalt60****
b$="Zusatzwiderstand in Ohm"
sub widerstand(r1,r2,r)
  input"Reihe r, Parallel p ";a$
  if a$="r" then r=r1+r2
  if a$="p" then r=r1*r2/(r1+r2)
  print "Berechneter Widerstand ";
  print using "####.##";r;
  print " Ohm"
end sub
rem Hauptprogramm
cls
  input"1. Widerstand in Ohm ";r1
  input"2. Widerstand in Ohm ";r2
  call widerstand(r1,r2,r)
10 print"Weiter ? j/n ";
   input a$
   if a$="j" then print b$:_
      input r2:_
      call widerstand(r,r2,r):_
      goto 10
   print " E n d e "
end
```

Bild 2: Programm zur Berechnung von gemischten Schaltungen

Das Format ist dabei

print using *"Formatstring"*; *Liste*

Der Formatstring gibt die vorgesehene Bearbeitung an **(Tabelle 1)**. *Liste* steht für die Zahlen oder Strings, die in bearbeiteter Form am Bildschirm angezeigt werden. Enthält Liste mehrere Elemente, so muß zwischen diesen immer ein Komma stehen. **print using** kann auch bei vielen Interpreter-BASIC-Dialekten angewendet werden.

Im Hauptprogramm von Programm Bild 2, vorhergehende Seite, wird nach der Eingabe der ersten beiden Widerstände das Unterprogramm **widerstand** aufgerufen. Die Frage nach weiteren Widerständen wird im weiteren Programmlauf erneut gestellt, solange sie mit j bejaht wird. Deshalb wird ein *Label* gesetzt, und zwar mit einer beliebigen Zahl, hier 10 **(Bild 1)**.

Wurde die vorhergehende Frage bejaht, so soll der String **b$** angezeigt werden und außerdem auf **r2** gewartet werden. Wenn nun **input r2** nicht in derselben Zeile wie **b$** stehen kann, so wird ein Unterstrich (Underline) gesetzt.

Mit Unterstrichen können lange Anweisungen auf mehrere Zeilen verteilt werden.

Immer für den Fall, daß mit **j** geantwortet wurde, werden nun der Zusatzwiderstand **r2** eingegeben und das Unterprogramm aufgerufen. Dabei wird dem Unterprogramm eine neue Variable zugewiesen. Der bisher ausgerechnete Ersatzwiderstand **r** tritt an die Stelle von **r1**.

Beim Aufruf von Unterprogrammen können Variable übergeben werden.

In manchen Fällen ist das Setzen von Labels nicht willkommen, da es zum Herumspringen im Programm führen kann. Bei einer strukturierten Programmierung läßt es sich vermeiden.

Beispiel 3:

Das Programm Bild 1, vorhergehende Seite, soll durch ein Unterprogramm **frage** so verändert werden, daß kein Label gesetzt wird. Außerdem soll am Ende des Programmlaufs eine Melodie erklingen. Es sind Struktogramm und Programm anzugeben.

Lösung: **Bilder 1 und 2, folgende Seite.**

Tabelle 1: Bedeutung des Strings von print using

"#"	Rundung der Ziffer mit dem niedrigsten Wert.
"####"	Ausgabe von bis zu 4 Ziffern, Nachkommastellen werden gerundet und entfallen.
"###.##"	Ausgabe bis zu 3 Vorkommastellen und 2 Nachkommastellen mit Rundung. Wenn keine Vorkommastelle vorhanden ist, wird 0 ergänzt.
"+##"	Pluszeichen wird bei positiven Werten ergänzt.
"##–"	Minuszeichen wird bei negativen Werten hinten angefügt.
"##,.##"	Anzeige erfolgt vor dem Dezimalpunkt mit Komma aller 3 Stellen.
"!"	Nur das 1. Zeichen eines Strings wird angezeigt.
"&"	"!" wird rückgängig gemacht.
"*n Blanks*\\"	Es werden 2+*n* Stellen eines Strings angezeigt, z. B. bei "\ \" 3 Stellen.

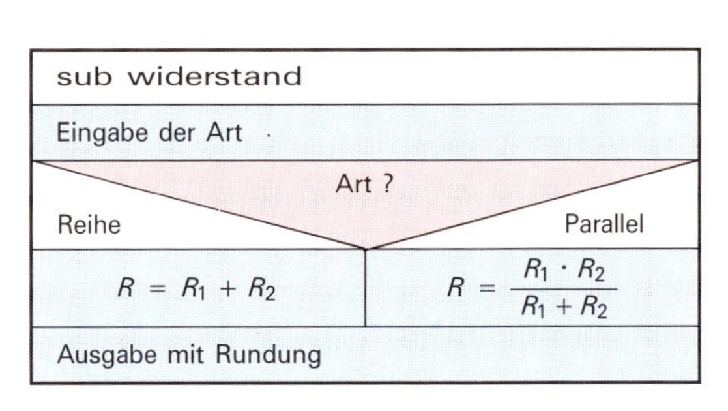

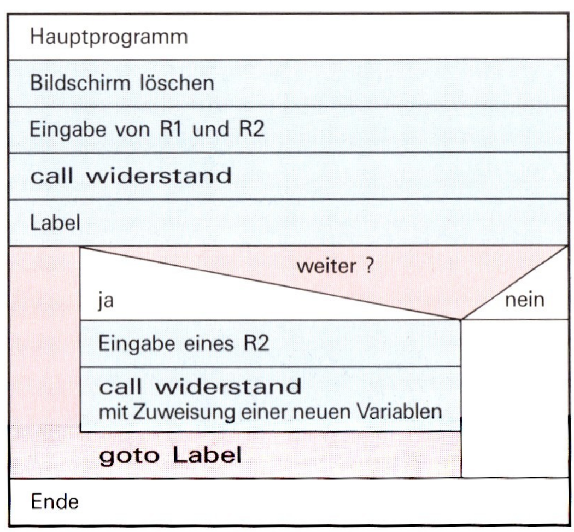

Bild 1: Struktogramm zum Programm Bild 2, vorhergehende Seite

Das Unterprogramm **widerstand** ist wie in Bild 1, vorhergehende Seite. Die Frage wird hier auch in ein Unterprogramm verlegt **(Bild 1)**. Im Hauptprogramm muß dafür gesorgt werden, daß die Frage so lange gestellt wird, wie noch Zusatzwiderstände vorliegen. Das geschieht mit einer *while-Schleife* (Während-Schleife). Dafür ist folgende Form erforderlich.

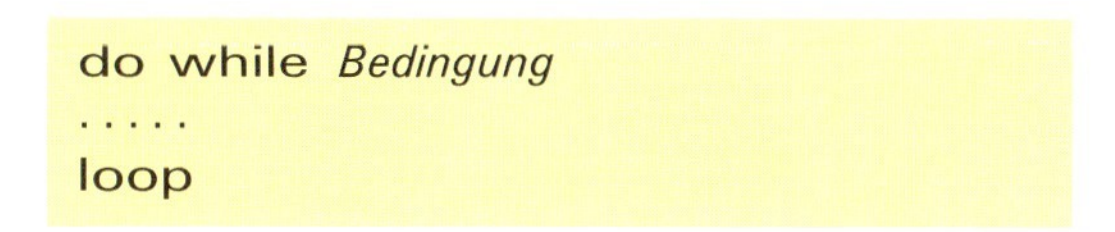

Bei der while-Schleife erfolgt die Wiederholung, solange die Bedingung, hier die Antwort **j**, erfüllt ist (Bild 1). Dadurch werden erneut mit Übergabe der Variablen **r** die Unterprogramme **widerstand** und **frage** aufgerufen. Bei **frage** kommen die Variablen **r2, a$ und b$** vor, die jeweils anzugeben sind **(Bild 2)**.

Auch die Melodie wird als Unterprogramm **melodie** festgelegt (Bild 1). Die Anweisung zum Abspielen einer Melodie hat die Form

play *String*

Ist der String eine Folge von Buchstaben a bis g, so werden die entsprechenden Noten gespielt. Ein Punkt (.) hinter einem Buchstaben bedeutet, daß die Note mit der 1,5fachen Dauer zu spielen ist. Die Zeichen P1 bis P64 geben die Kehrwerte der Pausenlängen in Notenlängen an, bei P2 z. B. die Länge einer halben Note.

Im Unterprogramm **melodie** von Bild 2 werden zunächst die beiden Strings a$ und b$ als Notenfolgen festgelegt. Danach erfolgt die Anweisung zum Abspielen im aneinandergehängten Zustand.

Vorteilhaft ist bei der strukturierten Programmierung die Möglichkeit, Unterprogramme unverändert und teilweise auch das Hauptprogramm nur wenig geändert für verschiedene Aufgaben zu übernehmen (Bild 2, Seite 479, und Bild 2).

Wiederholungsfragen

1. **Welchen Vorteil bieten Compiler-Dialekte?**
2. **Was versteht man unter einem Editor?**
3. **Geben Sie die Reihenfolge beim Arbeiten mit Compiler-BASIC-Dialekten an!**
4. **Warum ist für die Compiler-BASIC-Dialekte ein Arbeitsspeicher von mindestens 560 KByte erforderlich?**

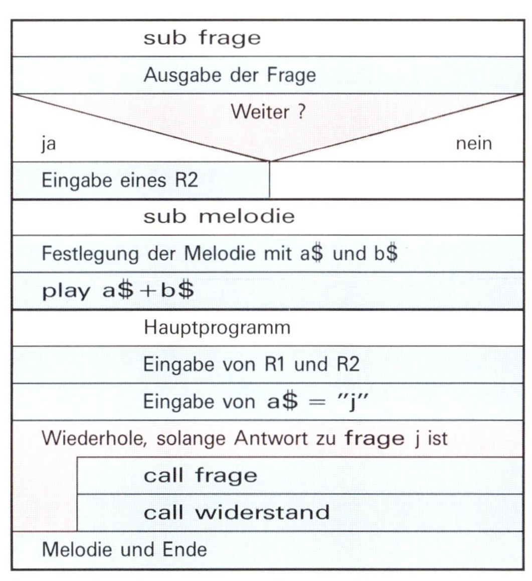

Bild 1: Struktogramm zu Beispiel 3

```
rem Programm Gemischte Schaltung
rem ***schalt70**
b$="Zusatzwiderstand in Ohm "
sub widerstand(r1,r2,r,c$)
  input"Reihe r, Parallel p ";a$
  if a$="r" then r=r1+r2
  if a$="p" then r=r1*r2/(r1+r2)
    print "Berechneter Widerstand ";
  print using "####.##";r;
  print" Ohm"
end sub
sub frage(r2,a$,b$)
  input"Weiter  j/n ";a$
  if a$="j" then print b$;:_
     input r2
end sub
sub melodie
    a$="gee.fdd.cdefggg.p5"
    b$="gee.fdd.ceggc.p5"
    play a$+b$
end sub
rem Hauptprogramm
cls
  input"1. Widerstand in Ohm ";r1
  input"2. Widerstand in Ohm ";r2
  a$="j":r=r1
  do while a$="j"
    call widerstand(r,r2,r,c$)
    call frage(r2,a$,b$)
  loop
  call melodie
  print " E n d e "
end
```

Bild 2: Programm in Power-BASIC zu Bild 1

4.9.4 Programmieren in PASCAL

4.9.4.1 Grundlagen

Die Sprache PASCAL existiert seit 1970. Leider gibt es bei PASCAL verschiedene Dialekte. Worte aus Standard-PASCAL sind allen Dialekten gemeinsam.

PASCAL-Programme müssen für ihre Ausführung von einem *Compiler* (Kompilierer, Übersetzerprogramm) in ein Maschinenprogramm übersetzt werden, welches die Rechenanlage versteht. PASCAL-Programme können in Kleinbuchstaben, in Großbuchstaben oder gemischt geschrieben in den Rechner eingegeben werden.

```
program elpas1 (input,output);
(* Programm  erfragt den Namen
   gespeichert unter elpas1.pas *)
uses crt;
var
  name:string[10];
begin
   clrscr;
   write ('Wie heissen Sie ? ');
   readln (name);
   writeln ('Sie heissen ',name);
end.
```

Bild 1: PASCAL-Programm zur Erfragung des Benutzernamens

```
Wie heissen Sie ? Ludwig
Sie heissen Ludwig
```

Bild 2: Anzeige beim Abarbeiten des Programms Bild 1

Einführendes Beispiel

Ein PASCAL-Programm, mit dem der Rechner Sie nach Ihrem Namen fragt, unterscheidet sich erheblich von dem entsprechenden BASIC-Programm **(Bild 1)**. PASCAL-Anweisungen können ab einer beliebigen Spalte am Bildschirm eingegeben werden. Die erste Anweisung in einem PASCAL-Programm ist immer die Anweisung program. Sie enthält den Programmnamen, z. B. elpas1, sowie in Klammern zum Programm gehörende Programmparameter. Dies sind Parameter, mit denen das Programm arbeiten soll. Hier heißen diese input und output für die Kommunikation mit der Tastatur bzw. dem Bildschirm der Rechenanlage. In manchen PASCAL-Dialekten, z. B. in Turbo-PASCAL, können diese Programmparameter entfallen.

Die erste Anweisung in einem PASCAL-Programm beginnt mit program.

Die folgende Programmzeile kommentiert das Programm. Sie beeinflußt die Programmbearbeitung nicht. Durch uses crt (benützen der CRT-Bibliothek[1]) und clrscr (engl. clear screen = Schirm säubern) wird der Bildschirm gelöscht.

Kommentare werden von (* und *) oder { und } begrenzt.

Im Anschluß an diesen *Programmkopf* folgt bei PASCAL-Programmen der *Vereinbarungsteil*. In ihm wird hier die Stringvariable name vereinbart. Dabei wird name als Feld mit maximal 10 Elementen festgelegt. Der Bereich der zulässigen Feldelemente steht innerhalb eckiger Klammern. Der *Anweisungsteil* des PASCAL-Programmes ist von begin und end. begrenzt. Seine Anweisungen beschreiben die eigentliche Aufgabe.

Mit write bzw. writeln (von engl. write line = = Zeile schreiben) werden Schreibvorgänge ausgeführt. Dabei bleibt der Cursor nach write in der Zeile, nach writeln springt er auf den Anfang der nächsten Zeile, so daß beim Programmablauf, z. B. am Bildschirm, in einer neuen Zeile fortgefahren wird **(Bild 2)**. Ähnlich verhält es sich bei den Lesebefehlen read und readln. Besonders wichtig sind bei PASCAL-Anweisungen die Semikolons (Strichpunkte). Durch sie werden die einzelnen Anweisungen voneinander getrennt. Für begin und end werden meist eigene Programmzeilen verwendet. Die Anweisung vor end benötigt kein Semikolon. Das Programmende wird nach end durch einen Punkt gekennzeichnet.

PASCAL-Programme bestehen aus einem Programmkopf, dem Vereinbarungsteil und dem Anweisungsteil, der mit einem Punkt abgeschlossen werden muß.

Bei der Programmabarbeitung erfolgt am Bildschirm der Dialog mit dem Bediener, d. h. zuerst die Frage des Computers, dann dessen Antwort (Bild 2).

[1] von engl. Catode Ray Tube = Katodenstrahlröhre

4.9.4.2 Vereinbarungen

Variable sind mit ihrem Typ zu vereinbaren. Zahlenvariable für *ganze* Zahlen sind vom Typ integer, Zahlenvariable für reelle Zahlen vom Typ real. Variable vom Typ boolean sind logische Variable, die nur die Werte true (engl. true = wahr) und false (engl. false = falsch, nicht wahr) annehmen können. Variable vom Typ char (von engl. character = Zeichen) haben als Wert ein alphanumerisches Zeichen, Variable vom Typ string (Stringvariable) verarbeiten Zeichenfolgen. Konstante (Zahlen oder Strings) müssen ebenfalls im Vereinbarungsteil definiert werden. Auch Prozeduren (Unterprogramme) und Funktionen (Abschnitt 4.9.4.5), besondere Datentypen, z. B. Felder (Abschnitt 4.9.4.6) und Sprungmarken (Labels[1]) müssen hier festgelegt werden.

Im Vereinbarungsteil eines PASCAL-Programmes werden Variable, Konstanten, Prozeduren, Funktionen, besondere Datentypen und Labels vereinbart.

Beispiel 1:

Die in einem Betrieb während eines Monats anfallenden Kosten (außer den Materialkosten) werden zur Kalkulation auf alle Mitarbeiter umgelegt. Es soll nun ein Programm entwickelt werden, welches berechnet, wieviel ein Mann im Monat den Betrieb kostet (Berechnung eines Mannmonats).

Lösung: **Bild 1**

Beim Programm Bild 1 kann anhand der Namen der Variablen deren Bedeutung leicht erkannt werden. Ein Name (Bezeichner) kann aus Buchstaben, Ziffern oder Unterstrichen (engl. Underlines) bestehen. Er muß jedoch mit einem Buchstaben beginnen. Zur Unterscheidung der Namen werten PASCAL-Compiler meist die ersten 20 Zeichen aus, zwischen Großschreibung und Kleinschreibung wird nicht unterschieden. Im Programm Bild 1 sind die Variablen monatskosten und mannmonat vom Typ real, die Variable personal vom Typ integer. Der Inhalt der Variable waehrung kann bis zu sechs Zeichen lang sein. Beim Berechnen der Variablen mannmonat müssen für die Zuweisung die Zeichen : und = verwendet werden. Das Ergebnis wird mittels Zehnerpotenzen dargestellt **(Bild 2)**. E bedeutet Exponent zur Basis 10.

In Turbo-PASCAL stehen weitere Datentypen für ganze Zahlen **(Tabelle 1)** und für reelle Zahlen **(Tabelle 2)** zur Verfügung. Die verschiedenen Integer-Datentypen unterscheiden sich in der Bitzahl sowie in der Berücksichtigung des Vorzeichens. Der kleinste Integer-Wertebereich mit Vorzeichenberücksichtigung wird durch den Typ shortint (engl. short = kurz) festgelegt.

```
program elpas2;
{ Personalkostenberechnung,
  gespeichert unter elpas2.pas }
var
  monatskosten,mannmonat:real;
  personal:integer;
  waehrung:string[6];
begin
  write ('Welche Währung ? ');
  readln (waehrung);
  write ('Kosten je Monat in ',
         waehrung,'? ');
  readln (monatskosten);
  write ('Anzahl Mitarbeiter ? ');
  readln (personal);
  mannmonat:=monatskosten/personal;
  writeln ('Ein Mannmonat kostet',
           mannmonat,' ',waehrung)
end.
```

Bild 1: PASCAL-Programm zur Berechnung der Kosten eines Mannmonats

```
Welche Währung ? DM
Kosten je Monat in DM? 145678
Anzahl Mitarbeiter ? 9
Ein Mannmonat kostet 1.6186444444E+04 DM
```

Bild 2: Anzeige beim Abarbeiten des Programms Bild 1

Tabelle 1: Integer-Datentypen

Datentyp	Format	Wertebereich
shortint	8 Bit mit Vorzeichen	−128 bis 127
integer	16 Bit mit Vorzeichen	−32768 bis 32767
longint	32 Bit mit Vorzeichen	−2147483648 bis 2147483647
byte	8 Bit ohne Vorzeichen	0 bis 255
word	16 Bit ohne Vorzeichen	0 bis 65535

Tabelle 2: Real-Datentypen

Datentyp	Genauigkeit	Wertebereich
single	7 bis 8 Stellen	$1{,}5 \cdot 10^{-45}$ bis $3{,}4 \cdot 10^{38}$
real	11 bis 12 Stellen	$2{,}9 \cdot 10^{-39}$ bis $1{,}7 \cdot 10^{38}$
double	15 bis 16 Stellen	$5{,}0 \cdot 10^{-324}$ bis $1{,}7 \cdot 10^{308}$
extended	19 bis 20 Stellen	$1{,}9 \cdot 10^{-4951}$ bis $1{,}1 \cdot 10^{4932}$

[1] engl. label = Marke

Mit den unterschiedlichen Real-Datentypen kann verschieden genau gerechnet werden. Mit den Datentypen single (engl. single = einzeln, einfach), double (engl. double = doppelt) und extended (engl. extended = ausgedehnt) wird mit einfacher, doppelter und erweiterter Genauigkeit gerechnet, wenn ein Arithmetikprozessor oder eine Emulationssoftware (Nachbildungssoftware) vorhanden ist. Das muß im PASCAL-Programm über den Compilerbefehl {N+} aktiviert werden.

Beispiel 2:

Es ist ein PASCAL-Programm zur Addition zweier Zahlen zu entwickeln, wobei die Variable für das Ergebnis einmal vom Typ shortint, einmal vom Typ integer und einmal vom Typ byte sein soll.

Lösung: **Bild 1**

```
program typen;
{ gespeichert typen.pas }
{ Addition von 2 Zahlen }
uses crt;
var a,b,c:shortint;
    d:integer;e:byte;
begin
  clrscr;
  write('1. Eingabe ? ');readln(a);
  write('2. Eingabe ? ');readln(b);
  c:=a+b;d:=a+b;e:=a+b;
  writeln('Shortinteger-Ergebnis: ',c);
  writeln('Integer-Ergebnis: ',d);
  writeln('Byte-Ergebnis: ',e);
end.
```

Bild 1: Programm zu Beispiel 2

Die Anzeige der Ergebnisse am Bildschirm macht die Unterschiede deutlich **(Bild 2)**. Bei der Addition von 126 und 3 wird der Wertebereich von shortint überschritten.

```
1. Eingabe ? 126
2. Eingabe ? 3
Shortinteger-Ergebnis: -127
Integer-Ergebnis: 129
Byte-Ergebnis: 129
```

Bild 2: Anzeige beim Abarbeiten vom Programm Bild 1

Beispiel 3:

Über die Beziehung 4*arctan(1) soll mittels der Datentypen single, real und double die Zahl π jeweils berechnet werden. Erstellen Sie das PASCAL-Programm!

Lösung: **Bild 3, Bild 4**

```
program typreal;
{ gespeichert typreal.pas }
{$N+}(* Co-Prozessor einschalten *)
uses crt;
var a:single;b:real;c:double;
begin
  clrscr;writeln('Ergebnisse:');
  a:=arctan(1)*4;b:=arctan(1)*4;
  c:=arctan(1)*4;
  writeln(' Singlereal:   ',a);
  writeln(' Real:         ',b);
  writeln(' Doublereal:   ',c);
end.
```

Bild 3: Programm zu Beispiel 3

```
Ergebnisse:
 Singlereal:     3.14159274101257E+0000
 Real:           3.14159265358830E+0000
 Doublereal:     3.14159265358979E+0000
```

Bild 4: Anzeige beim Abarbeiten vom Programm Bild 3

Die Vereinbarung einer Konstanten erfolgt durch das PASCAL-Schlüsselwort const, dem Konstantennamen und dem Konstantenwert.

Beispiel 4:

Es soll der Benzinverbrauch für ein Auto bezogen auf 100 km berechnet werden.

Lösung: **Bild 5**

```
program elpas3 (input,output);
(*Berechnung des Benzinverbrauchs*)
const
 bezugstrecke=100;
 einheit='100 km ';
var
 menge,strecke,verbrauch:real;
begin
 write ('Verbrauchte Liter ? ');
 readln (menge);
 write ('Zurueckgelegter Weg in km ? ');
 readln (strecke);
 verbrauch:=menge/strecke*bezugstrecke;
 writeln ('Verbrauch auf ', einheit,
         verbrauch:6:2,' Liter');
end.
```

Bild 5: PASCAL-Programm zur Berechnung des Benzinverbrauchs auf 100 km

```
Verbrauchte Liter ? 45.8
Zurueckgelegter Weg in km ? 387
Verbrauchte Liter auf 100 km: 11.83
```

Bild 6: Anzeige beim Abarbeiten vom Programm Bild 5

Das Programm Bild 5, vorhergehende Seite, besitzt die Konstanten bezugstrecke und streckeneinheit. Die Zahlenkonstante bezugstrecke sowie die Stringkonstante streckeneinheit sind während der Programmabarbeitung nicht veränderbar.

Beim angezeigten Ergebnis **(Bild 6, vorhergehende Seite)** fällt auf, daß es *nicht* in der Exponentenschreibweise dargestellt ist. Die leichter lesbare *Dezimalpunktdarstellung* wird erreicht, indem in der write-Anweisung im Anschluß an den Namen der Ergebnisvariablen die Anzahl aller auszugebenden Zeichen (alle Ziffern plus Dezimalpunkt) sowie die Anzahl der nach dem Dezimalpunkt auszugebenden Ziffern angegeben werden. Diese Angaben müssen durch das Doppelpunktzeichen voneinander abgegrenzt sein.

Ohne besondere Angaben zur Darstellung eines Zahlenergebnisses wird dieses in der Exponentenschreibweise ausgegeben.

4.9.4.3 Strukturierte Anweisungen

Strukturierte Anweisungen umfassen in Anweisungsblöcken mehrere Anweisungen **(Bild 1)**.

if-Anweisung

Mit der if-Anweisung kann in einem Programm, abhängig von einer Bedingung, zwischen zwei Programmzweigen ausgewählt werden (Bild 1). Die beiden Programmzweige können dabei beliebig viele Anweisungen umfassen.

Beispiel 1:

Für ein Drehspulmeßwerk (Innenwiderstand 50 Ω, Zeigervollausschlag bei 2 mA) soll der Meßbereich mit einem in Reihe zu schaltenden Vorwiderstand R_V erweitert werden **(Bild 2)**. Es soll nun ein Programm entwickelt werden, mit dem entweder bei bekanntem Meßbereich der Vorwiderstand oder bei bekanntem Vorwiderstand der Meßbereich berechnet werden kann.

Lösung: **Bild 3**

Bei der Abarbeitung des Programmes Bild 3 wird zuerst mit der Stringvariablen gesucht nach r bzw. nach u gefragt. Wird r eingegeben, dann wird der erste Teil der if-Anweisung abgearbeitet, wird u eingegeben, dann wird der zweite Teil, also der hinter else (engl. else = sonst) stehende, abgearbeitet **(Bild 1, folgende Seite)**. Beide Teile der if-Anweisung werden durch begin und end begrenzt.

Die if-Anweisung umfaßt zwei Anweisungsteile.

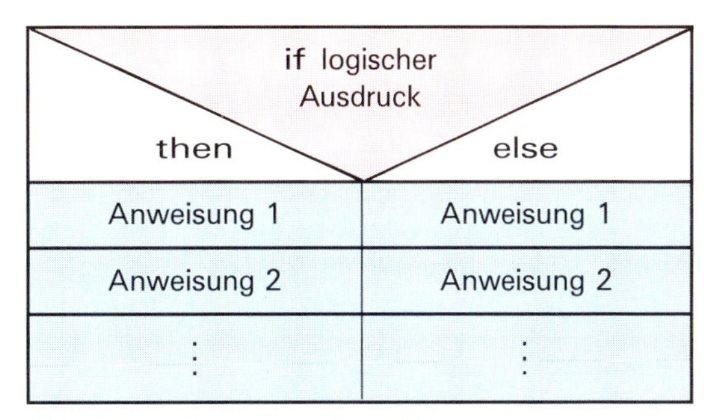

Bild 1: Struktogramm für if-Anweisung

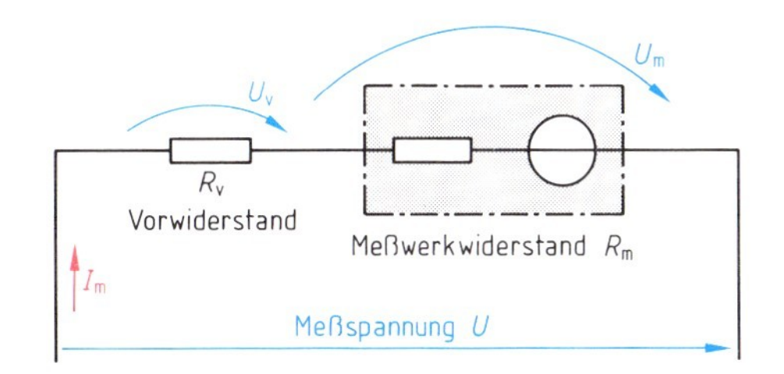

Bild 2: Meßbereichserweiterung beim Spannungsmesser

```
program elpas4;
{ Meßbereichserweiterung }
uses crt;
const
 um=0.1 { Meßwerk in V };
 i=0.002 { Strom in A };
var
 u:real { Meßbereich };
 rv:real { Vorwiderstand };
 gesucht:char;
begin
 clrscr;
 writeln ('Meßwerk 0,1 V/2 mA');
 write ('Vorwiderstand r, ',
        'Meßbereich u ? ');
 readln (gesucht);
 if gesucht='r' then
  begin
    write ('Meßbereich in V: ');
    readln (u);
    rv:=(u-um)/i;
    writeln ('benötigter Vorwiderstand: ',
              rv:5:2,' Ω')
  end
  else
   begin
    write ('Vorwiderstand in Ω: ');
    readln (rv);
    u:=rv*i+um;
    writeln ('neuer Meßbereich: ',
                u:3:1,' V')
   end
 end.
```

Bild 3: PASCAL-Programm zur Bestimmung eines Spannungsmesser-Meßbereiches

case-Anweisung

Ist in einem Programm an einer Verzweigungsstelle zwischen mehreren Möglichkeiten auszuwählen, so kann dies entweder durch mehrere if-Anweisungen geschehen oder durch eine case-Anweisung (engl. case = Fall, Fallentscheidung, **Bild 2**). Eine case-Anweisung endet immer mit end.

Beispiel 2:
Das Programm Bild 3, vorhergehende Seite, soll so geändert werden, daß der Meßbereich nur bei der Eingabe u berechnet wird. Andernfalls soll eine Fehlermeldung erscheinen.

Lösung: **Bild 3**

Die Stringvariable gesucht kann nicht nur die Werte r oder u annehmen, sondern z. B. auch x. Die case-Anweisung besteht hier aus *drei* Teilen, nämlich für r, u und für sonstige Zeichen. Diese sonstigen Zeichen werden im else-Teil der case-Anweisung bearbeitet. Manche PASCAL-Dialekte verwenden statt else auch otherwise (engl. otherwise = andernfalls). Die case-Anweisung kann nur anhand einzelner Zeichen entscheiden, hier also r oder u, andernfalls wird der else-Teil bearbeitet.

Die case-Anweisung kann zum Entscheiden nur einzelne Zeichen, ganze Zahlen oder boolsche Konstanten verarbeiten.

Soll anstelle von r oder u auch R oder U bei der Eingabe erlaubt sein, so erfordert dies nur eine kleine Änderung im Programmteil der Anweisung case **(Bild 4)**.

Sind unterschiedliche Fälle gleich zu behandeln, dann reicht für sie ein case-Verzweigungsblock aus, sofern die fallkennzeichnenden Konstanten durch Kommas getrennt werden. Ein Verzweigungsblock kann aus mehreren Anweisungen bestehen, die von begin und end begrenzt sein müssen. Mit case können darüberhinaus auch Entscheidungen getroffen werden, die sich nicht nach einer Zahl, sondern nach einem Zahlenbereich richten.

Beispiel 3:
Es soll ein Programm entwickelt werden, welches den spezifischen Erdwiderstand in Ohmmeter erfragt und anschließend die dazugehörende Erdart bekannt gibt.

Lösung: **Bild 1, folgende Seite**

```
Meßwerk 0,1 V/2 mA
Vorwiderstand r, Meßbereich u ? u
Vorwiderstand in Ω: 2450
neuer Meßbereich: 5.0 V
```

Bild 1: Anzeige beim Abarbeiten von Programm Bild 3, vorhergehende Seite

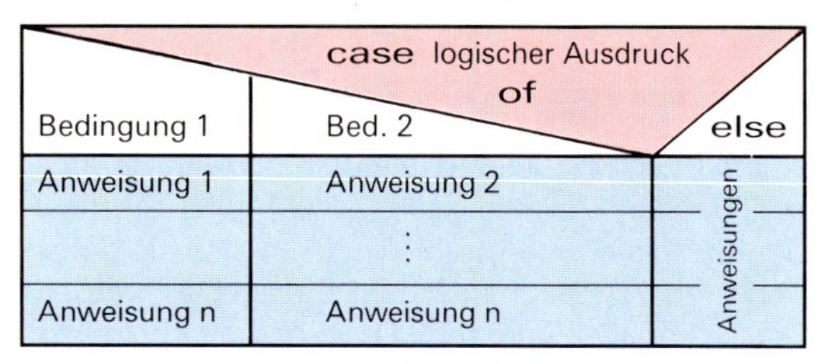

Bild 2: Struktogramm für case-Anweisung

```
program elpas5;
{ Meßbereichserweiterung }
const
 um=0.1 { Meßwerk in Volt };
 i=0.002 { Strom in Ampere };
var
 u:real { Meßbereich };
 rv:real { Vorwiderstand };
 gesucht:char;
begin
 write ('Vorwiderstand r oder',
        ' Meßbereich u gesucht ? ');
 readln (gesucht);
 case gesucht of
  'r':begin
    write ('Meßbereich in Volt: ');
    readln (u);rv:=(u-um)/i;
    writeln ('benötigter Vorwiderstand:',
             rv:5:2,' Ω')
    end;
  'u':begin
    write ('Vorwiderstand: ');
    readln (rv);
    u:=rv*i+um;
    writeln ('neuer Meßbereich:',u:3:1,
             ' V')
    end;
  else
    writeln ('Falsche Eingabe')
  end
 end.
```

Bild 3: PASCAL-Programm zur Bestimmung eines Spannungsmesser-Meßbereichs

```
case gesucht of
 'R','r':begin
   write ('Meßbereich in Volt: ');
   readln (u);rv:=(u-um)/i;
   writeln ('benötigter Vorwiderstand:',
            rv:5:2,' Ω')
   end;
 'U','u':begin
   write ('Vorwiderstand: ');
   readln (rv);
```

Bild 4: Programmteil der Anweisung case mit zweimal zwei Fallkonstanten

Zunächst wird also im Programm nach dem spezifischen Erdwiderstand gefragt. Dann wird derjenige case-Zweig gesucht, in dessen Wertebereich die gemachte Eingabe für den spezifischen Erdwiderstand liegt **(Bild 2)**.

In der case-Anweisung müssen die Konstanten nach of im Typ mit dem Ausdruck vor of übereinstimmen.

for-Anweisung

Die for-Anweisung dient zur Programmierung einer Schleife. Die Anweisung besteht aus der Laufvariablen, deren Startwert und ihrem Zielwert. Die Laufvariable sollte vom Typ integer oder char sein.

Beispiel 4:
Es soll ein Programm zur Berechnung des Ersatzwiderstandes von vier parallel geschalteten Widerständen erstellt werden.

Lösung: **Bild 3**

Das Programm fragt den Bediener innerhalb der for-Anweisung viermal nach Widerstandswerten und berechnet dann den Ersatzwiderstand. Die einzelnen Widerstandswerte werden in die Variable r geschrieben.

Besteht die for-Schleife aus mehreren Anweisungen, so müssen diese von begin und end umschlossen sein. Sollen die Werte der Laufvariablen aufsteigend sein, so muß vor dem Zielwert in der for-Anweisung to stehen (Bild 3). Bei absteigenden Werten muß anstelle to das Wort downto (engl. down = abwärts) stehen. In PASCAL kann keine besondere Schrittweite programmiert werden. Ist die Laufvariable vom Typ integer, so beträgt die Schrittweite 1 oder —1. Ist die Laufvariable vom Typ char, dann ist die Schrittweite der Übergang zum nächsten oder zum vorhergehenden Zeichen, z. B. for c: = 'a' to 'z' do write (c) oder for c: = 'r' downto 'a' do write (c).

Bei der for-Anweisung können die Werte der Laufvariablen zunehmend oder abnehmend sein, die Schrittweite ist nicht programmierbar.

while-Anweisung

Mit der while-Anweisung (engl. while = während, solange) können Schleifen programmiert werden, bei denen die Anzahl der Schleifendurchläufe von einer Bedingung abhängt **(Bild 4)**.

```
program elpas7;
(* Erdart nach spez.Erdwiderstand*)
var
 erdwiderstand:integer;
begin
 write ('Spez. Erdwiderstand',
        ' in Ohmmeter ? ');
 readln (erdwiderstand);
 case erdwiderstand of
  0..4:writeln ('falscher Wert');
  5..20:writeln ('Moorboden');
  21..40:writeln ('Moorboden,Lehm,Ton',
                  ',Humus');
  41..200:writeln ('Lehm,Ton,Humus');
  201..2500:writeln ('Sand');
  else writeln ('Erdungsaufwand zu hoch')
 end
end.
```

Bild 1: PASCAL-Programm zum Ermitteln der Erdart

```
Spez. Erdwiderstand in Ohmmeter ? 190
Lehm,Ton,Humus
```

Bild 2: Anzeige beim Abarbeiten des Programms Bild 1

```
program pas19a;
{ Berechnung des Ersatzwiderstandes
  einer Parallelschaltung von 4 R }
var
   ersatzr,ersatzg,g,r:real;
   i:integer;
begin
   ersatzg:=0;
   for i:=1 to 4 do
      begin
       write ('R',i,' in Ω ?  ');
       readln (r);
       g:=1/r;
       ersatzg:=ersatzg + g;
       ersatzr:=1/ersatzg
      end;
   writeln ('Ersatzwiderstand: ',
            ersatzr:4:1,' Ω')
 end.
```

Bild 3: PASCAL-Programm zum Berechnen des Gesamtwiderstandes einer Parallelschaltung

while logischer Ausdruck do	
	Anweisung 1
	Anweisung 2
	⋮
	Anweisung n

Bild 4: Struktogramm für while-Anweisung

Beispiel 5:

An einem Drahtwiderstand können mit einem stetig verstellbaren Abgriff verschiedene Spannungen abgegriffen werden **(Bild 1)**. Es soll ein Programm entwickelt werden, mit welchem die Betriebsspannung *U*, die Spannung an R2, der Drahtwiderstandswert sowie die Schrittweite, mit der R2 in Stufen automatisch eingestellt wird, erfragt werden. Der Wert von R2 ist nach Erreichen der Sollspannung bei einer Toleranz von ± 0,1 V anzuzeigen.

Lösung: **Bild 2**

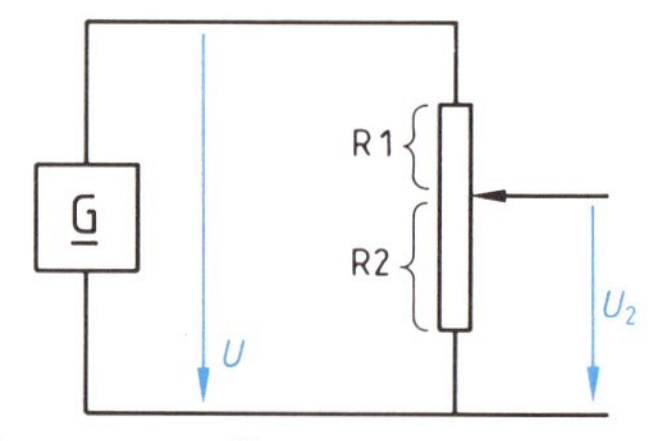

Bild 1: Spannungsteiler

```
program spgteiler;
{ gespeichert als spgteil.pas }
var u,u2,r,r2,delta_r2,u2r2:real;
begin
  write('Betriebsspannung U in V ? ');
  readln(u);
  write('Spannung U2 an R2 in V ? ');
  readln(u2);
  write('Gesamter Drahtwiderstand ',
       'in Ω ? ');readln(r);
  write('Schrittweite bei R2-',
       'Ermittlung ? ');
  readln(delta_r2);r2:=0;u2r2:=0;
  while(u2r2+0.1<u2) do
    begin
     r2:=r2+delta_r2;u2r2:=u*r2/r;
    end;
  if u2r2>=u2+0.1 then
     writeln('Schrittweite zu groß !')
   else
    begin
     writeln('gesuchter Widerstand ',
             'R2 = ',r2:6:2,' Ω');
     writeln('erreichte Spannung ',
             'U2 = ',u2r2:6:2,' V')
    end
end.
```

Bild 2: PASCAL-Programm zu Beispiel 5

```
Betriebsspannung U in V ? 24
Spannung U2 an R2 in V ? 20
Gesamter Drahtwiderstand in Ω ? 1000
Schrittweite bei R2-Ermittlung ? 0.2
gesuchter Widerstand R2 = 829.20 Ω
erreichte Spannung U2 =  19.90 V
```

Bild 3: Anzeige beim Abarbeiten des Programms Bild 2

Die Variable delta_r2 wird im Programm Bild 2 mit Unterstrich geschrieben, weil andere Sonderzeichen in einem Variablennamen zu Fehlern führen. Die while-Schleife wird so oft durchlaufen, *bis* die abgegriffene Spannung u2r2 von der Sollspannung u2 nur noch um 0,1 V abweicht **(Bild 3)**. Deshalb sind in der while-Schleife die Überprüfung u2r2+0.1<u2 und in der nachfolgenden if-Anweisung die Überprüfung u2r2>=u2+0.1 notwendig. Folgen in der while-Anweisung nach do mehrere Anweisungen, müssen diese von begin und end begrenzt sein.

Mit der while-Anweisung wird eine Schleife so lange durchlaufen, wie die while-Bedingung erfüllt ist.

repeat-Anweisung

Mit der repeat-Anweisung (engl. to repeat = wiederholen) kann ebenfalls eine Schleife programmiert werden, bei der die Anzahl der Durchläufe von einer Bedingung abhängt. Der Test auf Abbruch der Schleife erfolgt *nach* einem Durchlauf **(Bild 4)**. Die zwischen repeat und until (engl. until = bis) stehenden Anweisungen werden wiederholt, *bis* die hinter until stehende Bedingung erfüllt ist.

Beispiel 6:

Die while-Anweisung im Programm Bild 2 soll durch eine repeat-Anweisung ersetzt werden.

Lösung: **Bild 1, folgende Seite**

Im Gegensatz zur while-Anweisung müssen hier die Anweisungen der Schleife *nicht* von begin und end begrenzt werden. Eine repeat-Schleife wird mindestens einmal durchlaufen. Die Programmierung des Toleranzbereiches für die Abgriffspannung erfolgt durch until u2r2+0.1>=u2 und durch if u2r2>=u2+0.1 then... Die hinter until stehende Bedingung ist genau entgegengesetzt zu der hinter while stehenden Bedingung.

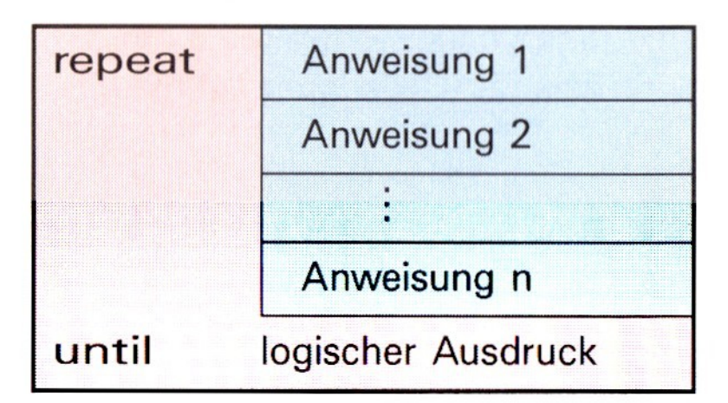

Bild 4: Struktogramm für repeat-Anweisung

Eine repeat-Schleife wird so lange durchlaufen, bis die hinter **until** stehende Bedingung erfüllt ist. Die Schleife wird jedoch mindestens einmal durchlaufen.

Beim Verwenden strukturierter Anweisungen (if, case, while, repeat) ist zu beachten, daß aus den Anweisungsblöcken (Strukturblöcken) mit der Sprunganweisung **goto** *Sprungmarke* stets herausgesprungen werden kann. Jedoch kann in eine strukturierte Anweisung nicht hineingesprungen werden. Die Sprungmarke ist eine Zahl und ist mit **label**: *Sprungmarke*; zu vereinbaren. Die angesprungene Programmzeile beginnt dann mit *Sprungmarke*:, z.B. **100**: *Anweisung*;.

In eine strukturierte Anweisung kann nicht hineingesprungen werden.

Wiederholungsfragen

1. **Mit welchem Wort beginnt ein PASCAL-Programm?**
2. **Wie werden Kommentare in PASCAL kenntlich gemacht?**
3. **Durch welche Worte wird ein Anweisungsteil in PASCAL begrenzt?**
4. **Nennen Sie die Bestandteile eines PASCAL-Programms.**
5. **In welcher Schreibweise erfolgt in PASCAL ein Zahlenausdruck, wenn darüber nichts in der write-Anweisung steht?**

```
program spgteiler2;
{ gespeichert als spgteil2.pas }
var u,u2,r,r2,delta_r2,u2r2:real;
begin
  write('Betriebsspannung U in V ? ');
  readln(u);
  write('Spannung U2 an R2 in V ? ');
  readln(u2);
  write('Gesamter Drahtwiderstand ',
        'in Ω ? ');readln(r);
  write('Schrittweite bei R2-',
        'Ermittlung ? ');
  readln(delta_r2);r2:=0;u2r2:=0;
  repeat
     r2:=r2+delta_r2;u2r2:=u*r2/r;
  until u2r2+0.1>=u2;
  if u2r2>=u2+0.1 then
     writeln('Schrittweite zu groß !')
   else
    begin
     writeln('gesuchter Widerstand ',
```

Bild 1: PASCAL-Programm zu Beispiel 6 (Ausschnitt)

4.9.4.4 Standardfunktionen, Operatoren

Man unterscheidet arithmetische Funktionen, skalare Funktionen und Umwandlungs-Funktionen **(Tabelle 1)** sowie arithmetische Operatoren, logische Operatoren und Vergleichsoperatoren **(Tabelle 1, folgende Seite)**.

Tabelle 1: Standardfunktionen von PASCAL

Funktion	Typ Argument	Typ Ergebnis	Bemerkung	Beispiel	
Arithmetische Funktionen					
abs(x)	r, i	r, i	$\|x\|$	a:=abs(−12.5)	⇒ $a = 12{,}5$
arctan(x)	r, i	r	x in rad	a:=4*arctan(1)	⇒ $a = 3{,}1415926$
cos (x)	r, i	r	x in rad	a:=cos(30*pi/180)	⇒ $a = 0{,}8660254$
exp(x)	r, i	r	$\exp(x) = e^x$	a:=exp(1)	⇒ $a = 2{,}78$
ln(x)	r, i	r	$\ln(x)$	a:=ln(1)	⇒ $a = 0$
sin(x)	r, i	r	x in rad	a:=sin(pi/2)	⇒ $a = 1$
sqr(x)	r, i	r, i	x^2	a:=sqr(4)	⇒ $a = 16$
sqrt(x)	r, i	r	$\sqrt{x}$	a:=sqrt(4)	⇒ $a = 2$
Skalare Funktionen					
pred(x)	s	s	Vorgänger	type t=(a, b, c);	⇒ pred(b) = *a*
succ(x)	s	s	Nachfolger	pred(b); succ(b)	⇒ succ(b) = *c*
odd(x)	i	b	true, false	a:=odd(5); if a then...	⇒ *a* ist wahr
Umwandlungsfunktionen					
chr(x)	i	c	character	write (chr(65))	⇒ A
int(x)	r	r	integer	a:=int(5.8)	⇒ $a = 5$
ord (x)	c	i	Ordnungszahl	a:=ord('A')	⇒ $a = 65$
round(x)	r	i	x gerundet	a:=round(2.7)	⇒ $a = 3$
trunc(x)	r	i	x ganzzahlig	a:=trunc(2.7)	⇒ $a = 2$
b boolean, c char, i integer, r real, s skalar					

Tabelle 1: Operatoren

Operator	Typ Operand	Typ Ergebnis	Wirkung	Beispiel	
Besondere arithmetische Operatoren					
div	i	i	Division ohne Rest	a:=123div4	⇒ $a = 30$
mod	i	i	Modulo	a:=13mod5	⇒ $a = 3$
shl	i	i	links schieben	a:=2shl7	⇒ $a = 256$
shr	i	i	rechts schieben	a:=256shr7	⇒ $a = 2$
Logische Operatoren					
and	b, i	b, i	UND-Verknüpfung	c and d; a:=12and22	≙ $c \wedge d$; $a = 4$
not	b	b	Negation	not b	≙ $\bar{b}$
or	b, i	b, i	ODER-Verknüpfung	c or d; a:=12or22	≙ $c \vee d$; $a = 30$
xor	b, i	b, i	Exklusiv-ODER	c xor d; a:=12xor22	≙ $c \leftrightarrow d$; $a = 26$
Vergleichsoperatoren					
=	r, i	b	gleich	if a=5 then...	
<>	r, i	b	ungleich	if a <> 5 then...	
>	r, i	b	größer als	if a > 5.6 then...	
<	r, i	b	kleiner als	if a < 5.6 then...	
>=	r, i	b	größer gleich	if a >= 5 then...	
<=	r, i	b	kleiner gleich	if a <= 5 then...	
b boolean, i integer, r real. Arithmetische Operatoren +, −, *, / wie in BASIC.					

4.9.4.5 Prozeduren, Funktionen

Prozeduren und Funktionen sind eigenständige Programmteile mit eigenem Namen. Sie werden unter ihrem Namen aufgerufen, wobei beim Aufruf Parameter übergeben werden können. Prozeduren oder Funktionen werden nur einmal innerhalb eines Programmes programmiert, sie sind jedoch beliebig oft aufrufbar. Prozeduren unterscheiden sich von Funktionen in der Art des Aufrufes, außerdem können Prozeduren mehrere Ausgangsgrößen erzeugen, Funktionen dagegen erzeugen nur eine Ausgangsgröße.

Prozeduren und Funktionen müssen im Vereinbarungsteil eines PASCAL-Programmes vereinbart, d. h. programmiert, werden **(Bild 1)**. Die *Parameter* für die Eingangsgrößen bzw. Ausgangsgrößen müssen dabei entsprechend ihrem Typ festgelegt werden. Die Namen der Parameter sind frei wählbar, ausgenommen sind PASCAL-Schlüsselworte. Die *Wertübergabe* zwischen den Parametern des aufrufenden Programmteils und denen des aufgerufenen erfolgt in der Reihenfolge der Parameter im Anschluß an den Prozedurnamen bzw. Funktionsnamen. Die Parameter können Variable, Prozedurnamen und Funktionsnamen sein. Prozeduren und Funktionen besitzen ebenfalls meist einen eigenen Vereinbarungsteil.

```
program elpas11;
{ Berechnung der gemischten Schaltung }
uses crt;
var art,antwort:char;r1,r2,r:real;
procedure widerst (var w1,w2,w:real);
 begin
  write ('Reihe r, Parallel p ? ');
  readln (art);
  case art of
   'r':w:=w1+w2;
   'p':w:=w1*w2/(w1+w2);
  end;
  writeln (' berechneter Widerstand: ',
          w:6:2,' Ω');writeln
 end { von Prozedur widerst };
begin { Hauptprogramm }
 clrscr;
 write ('R1 in Ω ? ');
 readln (r1);
 write ('R2 in Ω ? ');
 readln (r2);
 r:=r1;
 repeat
 widerst (r,r2,r);
 write ('weiterer Widerstand (j/n)? ');
 readln (antwort);
 if antwort='j' then
  begin
   write ('zusaetzl. Widerstand in ',
   'Ω ? ');
   readln (r2);
  end
 until antwort='n'
end { vom Hauptprogramm }.
```

Bild 1: PASCAL-Programm mit Prozedur

Prozeduren und Funktionen müssen im Vereinbarungsteil des aufrufenden Programmteils formuliert werden.

Prozeduren

Beispiel 1:

Zur Berechnung des Ersatzwiderstandes einer gemischten Schaltung aus beliebig vielen in Reihe geschalteten Widerständen und parallel geschalteten Widerständen soll ein PASCAL-Programm entwickelt werden **(Bild 1)**.

Lösung: Bild 1, vorhergehende Seite

Bei der Programmabarbeitung wird immer der Ersatzwiderstand zweier Widerstände berechnet **(Bild 2)**. Dies erfolgt in der Prozedur widerst. Zunächst fragt das Programm nach zwei Widerstandswerten und berechnet abhängig von der Schaltung den resultierenden Ersatzwiderstand. Danach wird nach einem weiteren Widerstandswert sowie nach der Art der Schaltung mit dem ermittelten Ersatzwiderstand gefragt und der neue Ersatzwiderstand entsprechend berechnet. Die Prozedur widerst arbeitet mit den Widerstandsvariablen w1, w2 und w, das aufrufende Hauptprogramm mit den Widerstandsvariablen r, r2 und r. Durch den Prozeduraufruf widerst (r, r2, r) wird der Variablen w1 der Wert der Variablen r zugewiesen, w2 der von r2 und w der von r. Dagegen wird nach Abarbeiten der Prozedur der Variablen r der Wert von w1, r2 der von w2 und danach r der von w zugewiesen.

Die Übergabe der Parameterwerte erfolgt in der bei der Prozedurvereinbarung und beim Prozeduraufruf festgelegten Reihenfolge.

Mit dem Prozeduraufruf widerst (r, r2, r) wird bei den nachfolgenden Schleifendurchläufen der Variablen w1 der zuvor berechnete Ersatzwiderstandswert in r übergeben. Der Variablen w2 wird dann der unter der Variablen r2 gespeicherte, neu eingegebene Widerstandswert zugewiesen. Anstelle der Variablennamen w1, w2 und w könnte man auch in der Prozedur widerst die Namen r1, r2 und r verwenden, ohne daß sich dadurch die Werte der gleichnamigen Variablen im Hauptprogramm verändern würden.

In Prozeduren vereinbarte Variablen sind im aufrufenden Hauptprogramm nicht bekannt.

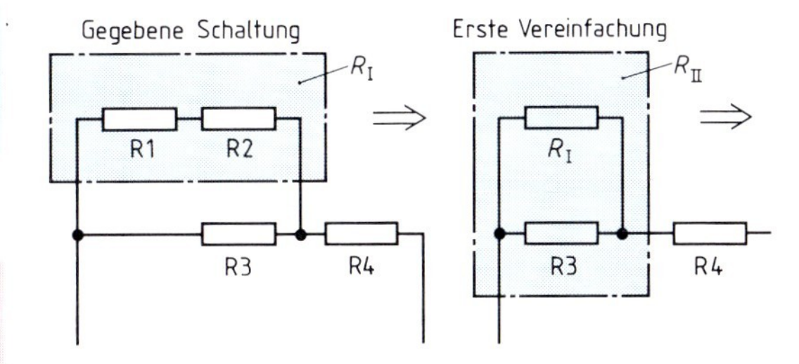

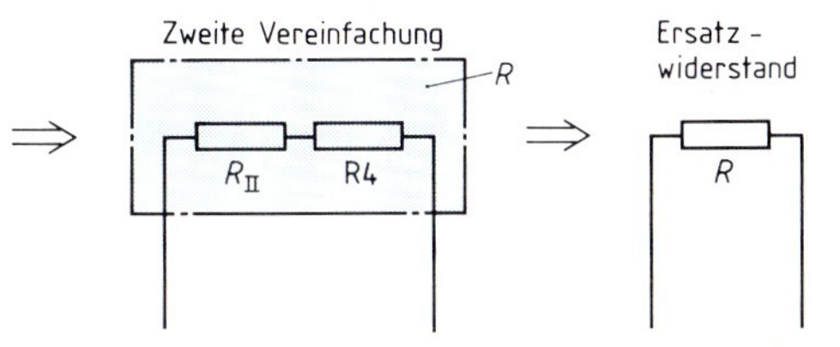

Bild 1: Gemischte Schaltung von Wirkwiderständen

```
R1 in Ω ? 15
R2 in Ω ? 10
Reihe r, Parallel p ? r
 berechneter Widerstand:  25.00 Ω

weiterer Widerstand (j/n)? j
zusaetzl. Widerstand in Ω ? 50
Reihe r, Parallel p ? p
 berechneter Widerstand:  16.67 Ω

weiterer Widerstand (j/n)? j
zusaetzl. Widerstand in Ω ? 40
Reihe r, Parallel p ? r
 berechneter Widerstand:  56.67 Ω

weiterer Widerstand (j/n)? n
```

Bild 2: Anzeige beim Abarbeiten des Programmes Bild 1

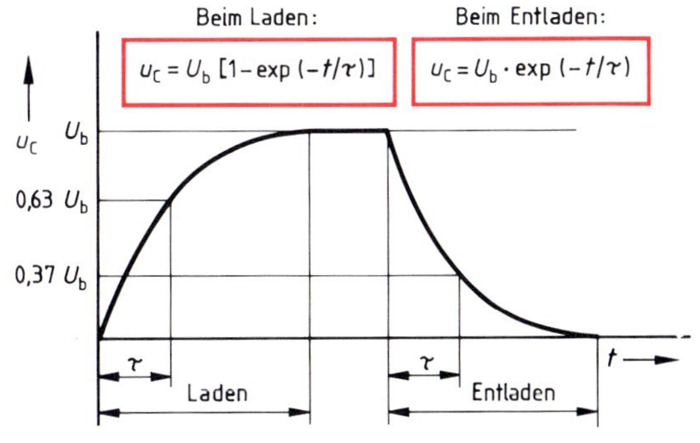

Bild 3: Laden und Entladen eines Kondensators über einen Widerstand an Gleichspannung

Funktionen

Beispiel 2:
Bei einer mit Gleichspannung betriebenen RC-Reihenschaltung verläuft beim Laden und Entladen die Spannung am Kondensator nach einer e-Funktion **(Bild 3, vorhergehende Seite)**. Es soll ein PASCAL-Programm entwickelt werden, welches die Kondensatorspannung berechnet.

Lösung: **Bild 1**

Das Programm fragt nach R1, C1 und t **(Bild 2)**. Die Betriebsspannung ist durch die Konstante ub festgelegt. Die Eingangsgrößen für die Ladefunktion ucl und für die Entladefunktion uce sind ub, tau und t. Sie müssen mit ihrem Typ bei der Vereinbarung der Funktionen angegeben werden. Darüber hinaus muß auch der Typ der Ausgangsgröße der Funktion angegeben werden. Im Gegensatz zur Vereinbarung einer Prozedur erfolgt dies hinter der Klammer. Die Eingangsparameter werden beim Funktionsaufruf entsprechend der Reihenfolge bei der Funktionsvereinbarung übergeben, die Parameternamen sind hier unbedeutend. Das Funktionsergebnis ist dem aufrufenden Programm durch den Funktionsnamen bekannt.

Der Name der Ausgangsgröße einer Funktion ist der Funktionsname.

writeln (ucl(ub,tau,t):7:3) bewirkt die Ausgabe des berechneten Ergebnisses mit insgesamt sieben Zeichen, davon stehen drei Ziffern hinter dem Dezimalpunkt.

4.9.4.6 type-Vereinbarung und Felder

type-Vereinbarung

Neben den Standarddatentypen integer, real, boolean, char und string können in PASCAL auch vom Benutzer definierte Datentypen verwendet werden.

Beispiel 1:
Es soll der Verbrauch elektrischer Energie in kWh für eine Wohnung ermittelt werden, wobei der Verbrauch auf die Jahreszeit bezogen erfaßt wird.

Lösung: **Bild 3**

Nach begin wird der Bildschirminhalt durch clrscr gelöscht. Danach werden entsprechend den Jahreszeiten Frühjahr, Sommer, Herbst und Winter nach dem Energieverbrauch gefragt und der Gesamtverbrauch berechnet. Zur Verbesserung der Programmlesbarkeit ist hier die Variable i derart definiert, daß sie die Werte fruehjahr, sommer, herbst und winter annehmen kann. Dazu muß der Typ jahreszeit festgelegt werden.

```
program elpas12;
(*Berechnung der Kondensatorspannung*)
const ub=24 (* Betriebsspannung in V *);
var r1,c1,tau,t:real;antwort:char;
function ucl(ub:integer;tau,t:real):real;
  begin ucl:=ub*(1-exp(-t/tau)) end;
function uce(ub:integer;tau,t:real):real;
  begin uce:=ub*(exp(-t/tau)) end;
begin (*Hauptprogramm*)
  writeln ('Betriebsspannung ist 24 V');
  write ('R1 in kOhm ? ');readln (r1);
  write ('C1 in nF ? ');readln (c1);
  write ('t in ms ? ');readln (t);
  tau:=r1*c1/1000 (* Zeitkonstante
                    in ms *);
  write ('Laden l, Entladen e ? ');
  readln (antwort);
  case antwort of
     'l':writeln ('Die Spannung ist ',
                 ucl(ub,tau,t):7:3,' V');
     'e':writeln ('Die Spannung ist ',
                 uce(ub,tau,t):7:3,' V');
     else writeln ('falsche Eingabe !')
  end;
end.
```

Bild 1: PASCAL-Programm zum Berechnen der Kondensatorspannung beim Laden bzw. Entladen

```
Betriebsspannung ist 24 V
R1 in kOhm ? 27
C1 in nF ? 2000
t in ms ? 54
Laden l, Entladen e ? 1
Die Spannung ist  15.171 V
```

Bild 2: Anzeige beim Abarbeiten des Programmes Bild 1

```
program elpas13;
(*Berechnung des Energieverbrauchs*)
uses crt;
type jahreszeit=(fruehjahr,sommer,
                 herbst,winter);
var i:jahreszeit;
    ges_ver,verbrauch:real;
begin
  clrscr;
  ges_ver:=0;
  for i:=fruehjahr to winter do
  begin
     write ('Verbrauch in kWh ? ');
     readln (verbrauch);
     ges_ver:=ges_ver+verbrauch
  end;
  writeln ('Gesamtverbrauch  ',
           ges_ver:6:2,' kWh.')
end.
```

Bild 3: PASCAL-Programm mit type-Vereinbarung

Die for-Schleife wird im Programm Bild 3, vorhergehende Seite, somit viermal durchlaufen.

Mit Hilfe der Typvereinbarungsanweisung **type** können Variable mit vom Benutzer ausgewählten Datentypen festgelegt werden.

Felder

Felder bestehen aus einer festen Anzahl gleichartiger Komponenten. Die einzelnen Komponenten werden durch Indizes gekennzeichnet. Die Anzahl der Indizes gibt die Größe eines Feldes an. Felder werden mit array (engl. array = Feld) vereinbart. Bei der Feldvereinbarung wird neben dem Feldnamen auch die Feldgröße sowie der Datentyp des Feldes festgelegt, der kein Standarddatentyp sein muß. Wird ein Feld zusätzlich mit type definiert, dann können Variable auch als Typ dieses Feldes festgelegt werden, ohne daß sie jedesmal mit array vereinbart werden müssen.

Beispiel 2:

Für die rechnerunterstützte Ermittlung der Strombelastbarkeit von isolierten Kupferleitern müssen die Angaben aus **Tabelle 1, folgende Seite**, in einer Rechenanlage archiviert sein. Es soll ein PASCAL-Programm entwickelt werden, welches die dazu notwendige Dateneingabe ermöglicht.

Lösung: **Bild 1**

Das Programm Bild 1 fragt zuerst nach dem Gruppennamen. Danach erfragt es den Querschnitt, die höchstzulässige Belastung sowie die dazugehörende Überstrom-Schutzeinrichtung. Diese Daten werden für jede Gruppe in ein zweidimensionales Feld gespeichert. Die Namen dieser Felder sind g1, g2 und g3. Sie werden als Variable des Typs gruppe vereinbart, gruppe ist als Feld mit zwei Indizes (zweidimensional) sowie für reelle Zahlen definiert. Der eine Index kann hier die Werte qschn, blast und ueinr annehmen, der andere die Werte 1 bis 9.

Treten in einem Programm mehrere gleichartige Felder auf, so ist es zweckmäßig, die Art der Felder in einem Datentyp zu vereinbaren und die Felder dann als Variable dieses Datentyps festzulegen.

Die Eingabe der Tabellendaten erfolgt mittels der Prozedur ein. Die Variable g des Datentyps gruppe ist Platzhalter für g1, g2 und g3. Weil diese Felder zweidimensional sind, werden zu ihrem Beschreiben zwei for-Schleifen benötigt mit den

```
program elpas14;
(* Strombelastbarkeit *)
uses crt;
type last=(qschn,blast,ueinr);
type gruppe=array[last,1..9] of real;
var g1,g2,g3:gruppe;z:char;
 i:last;j:integer;
 benenn:array[last] of string[25];
procedure ein (var g:gruppe);
var i:last;j:integer;wert:real;
begin
 for j:=1 to 2 do (*9=ganze Gruppe*)
 begin
  for i:=qschn to ueinr do
  begin
   write (benenn[i]);readln (wert);
   g[i,j]:=wert
  end;
 end;
end; (* von Prozedur ein *)
procedure aus (var g:gruppe);
var i:last;j:integer;
begin
 writeln ('--------------------');
 for j:=1 to 2 do
 begin
  for i:=qschn to ueinr do
  begin
   writeln (benenn[i],g[i,j]:4:1);
  end;
 end;
 writeln
end; (* von Prozedur aus *)
begin (* Hauptprogramm *)
 clrscr;
 benenn[qschn]:='Querschn. in qmm: ';
 benenn[blast]:='Belastung in A: ';
 benenn[ueinr]:='Sicherung in A: ';
 writeln ('Gruppe B2 (1)',
         'Gruppe C (2),');
 write ('Gruppe E (3) ? ');
 readln (z);
 case z of
  '1':begin ein(g1);aus(g1);end;
  '2':begin ein(g2);aus(g2);end;
  '3':begin ein(g3);aus(g3);end;
 end
end (* vom Hauptprogramm *).
```

Bild 1: Programm Strombelastbarkeit

Laufvariablen j und i. Aus Gründen der Vereinfachung läuft j hier von 1 bis 2, i von qschn bis ueinr. Die innere Schleife wird dabei zuerst vollständig abgearbeitet, bevor der Wert von j um 1 erhöht wird. Beim Ansprechen der einzelnen Feldkomponenten müssen die Parameter i, j von eckigen Klammern umschlossen sein.

Beim Zugriff auf einzelne Feldkomponenten ist auf die Verwendung eckiger Klammern zu achten.

Das Feld benenn enthält die Strings 'Querschnitt in qmm:', 'Belastung in A:' und 'Sicherung in A', die beim Dialog mit dem Bediener am Bildschirm erscheinen. Dieses Feld ist vom Datentyp string, wobei jeder String maximal 25 Zeichen lang sein darf. Der Datentyp string ist in Standard-PASCAL nicht implementiert, jedoch in vielen PASCAL-Dialekten. Der Feldindex des Feldes umfaßt die Werte qschn, blast und ueinr.

Zur Kontrolle der Eingabedaten enthält das Programm die Prozedur aus, die nach Eingabe der Daten diese am Bildschirm ausgibt (**Bild 1**, Ausgabe an eine Datei siehe Abschnitt 4.9.4.9).

Zur Optimierung des Speicherplatzes können Felder „gepackt" vereinbart werden. Dazu ist der Vorsatz packed erforderlich, z. B. type noten = packed array[1..10]of 1..6. Der Compiler erkennt hier, daß für das Feld noten nur ganze Zahlen von 1 bis 6 vorkommen. (Anstelle der Angabe integer kann auch der Wertebereich vereinbart werden.) Durch die Angabe packed berechnet der Compiler sich den Speicherplatz, der zur Darstellung der Zahlen 1 bis 6 notwendig ist. Ohne diese Angabe würde er für die 10 Feldelemente Standardspeicherplätze, deren Größe von der Wortbreite der verwendeten Rechenanlage abhängig ist, reservieren. Durch eine gepackte Darstellung wird allerdings mehr Rechenzeit benötigt, weil Speicherzugriffe dann mehr Rechenleistung erfordern.

Wiederholungsfragen

1. **Welche Funktionen unterscheidet man bei den Standardfunktionen von PASCAL?**
2. **Wodurch unterscheiden sich die Funktionen int(x) in PASCAL und in BASIC?**
3. **Nennen Sie die Aufgaben einer Prozedur!**
4. **An welcher Programmstelle werden Prozeduren vereinbart?**
5. **Auf welche Weise werden Felder vereinbart?**
6. **In welchen Fällen müssen in PASCAL eckige Klammern gesetzt werden?**

4.9.4.7 Records

Records (engl. record = Aufzeichnung) bestehen aus einer festen Anzahl von Komponenten, die verschiedenartigen Datentyps sein können. Records werden auch Verbunde oder Datensätze genannt. Die record-Typdefinition muß die Namen der Komponenten sowie deren Datentyp angeben.

Tabelle 1: Strombelastbarkeit bei drei stromführenden Kupferleitern

Nennquerschnitt mm²	1. Spalte: Höchstzulässige Belastung (Strombelastbarkeit) der Leiter in A bei ϑ_U = 25 °C; 2. Spalte (rot): Höchstzulässige Überstrom-Schutzeinrichtung, Nennstromstärke in A					
	Gruppe B2		Gruppe C		Gruppe E	
0,75	6	6	6	6	6	6
1	10	10	10	10	10	10
1,5	15	10	18	16	19,5	16
2,5	20	20	25	25	27	25
4	28	25	35	35	36	32
6	35	32	43	40	46	35
10	50	50	63	63	64	63
16	65	63	81	80	85	80
25	82	80	102	100	107	100

Die Gruppen geben die Größe der Wärmeabfuhr an (Leitungsarten, Tabellenbuch Elektrotechnik).

```
Gruppe B2 (1)Gruppe C (2),
Gruppe E (3) ? 1
Querschn. in qmm: 1.5
Belastung in A: 15
Sicherung in A: 10
Querschn. in qmm: 2.5
Belastung in A: 20
Sicherung in A: 16
--------------------
Querschn. in qmm:  1.5
Belastung in A: 15.0
Sicherung in A: 10.0
Querschn. in qmm:  2.5
Belastung in A: 20.0
Sicherung in A: 16.0
```

Bild 1: Bildschirmanzeige beim Abarbeiten des Programmes Bild 1, vorhergehende Seite

```
Name:Hartmann
Vorname:Rainer
Geburt, Tag:12
Geburt, Monat:10
Geburt, Jahr:1974
1. Note:2.7
2. Note:2
-----------------------
Name: Hartmann    , Rainer
Geburtstag: 12.10. 1974
Noten: 2.7, 2.0,
>
```

Bild 2: Gewünschte Bildschirmanzeige beim Abarbeiten des Programms für Beispiel zum Speichern von Schülerdaten

Beispiel:

Von den Schülern einer Klasse sollen die Daten Name, Vorname, Geburtstag und Klassenarbeitsnoten nach **Bild 2, vorhergehende Seite**, gespeichert werden.

Lösung: **Bild 1**

Das Programm Bild 1 ist ausgelegt für eine Klassengröße von bis zu 20 Schülern (Laufvariable i) und für die Noten von bis zu fünf Klassenarbeiten (Laufvariable j). Die Daten der Schüler werden mit dem Record schueler verwaltet. Dieser setzt sich aus den vier Teilen name, vorname, geburt und noten zusammen, die unterschiedlichen Typs sind. name, vorname sind vom Typ wort, wort ist vom Typ string. geburt ist vom Typ datum, datum ist ebenfalls ein Record. Dieser besteht aus den Integerkomponenten tag, monat und jahr. noten ist ein Feld für reelle Zahlen. Das Feld klasse besteht aus 20 Einheiten des Typs schueler **(Bild 2)**.

- Ein Record kann aus Komponenten unterschiedlicher Datentypen bestehen.
- Eine Variable kann mit dem Typ record vereinbart werden.
- Die Elemente eines Feldes können vom Datentyp record sein.

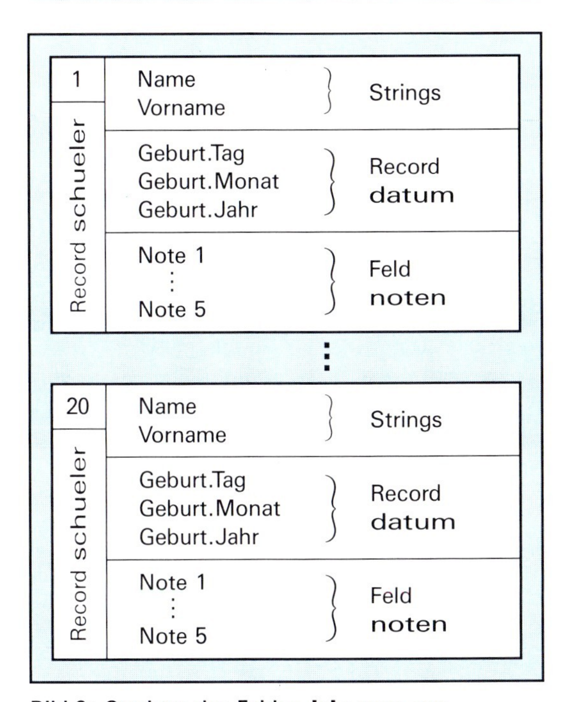

Bild 2: Struktur des Feldes klasse aus Programm Bild 1

```
program elpas15;
(* Anlegen einer Notendatei*)
uses crt;
type wort=string[10];
  datum=record tag,monat,jahr:integer;
        end;
  schueler=record name,vorname:wort;
           geburt:datum;
           noten:array[1..5]of real
           end;
var i,j,zahl,nozahl:integer;
  klasse:array[1..20] of schueler;
begin
  clrscr;
  write ('Schuelerzahl ? ');
  readln (zahl);
  write ('Notenzahl ? ');
  readln (nozahl);
  for i:=1 to zahl do
  begin   (* Eingabe ueber Tastatur *)
     write ('Name: ');
     readln (klasse[i].name);
     write ('Vorname: ');
     readln (klasse[i].vorname);
     write ('Geburt, Tag: ');
     readln (klasse[i].geburt.tag);
     write ('Geburt, Monat: ');
     readln (klasse[i].geburt.monat);
     write ('Geburt, Jahr: ');
     readln (klasse[i].geburt.jahr);
     for j:=1 to nozahl do
     begin
        write (j,'. Note: ');
        readln (klasse[i].noten[j])
     end;
  end;
(* Ausgabe am Bildschirm *)
  for i:=1 to zahl do
  begin
    writeln ('---------------------',
             '--');
    write ('Name: ',klasse[i].name,
           ', ');
    writeln (klasse[i].vorname);
    write ('Geburtstag: ');
    write (klasse[i].geburt.tag,'.');
    write (klasse[i].geburt.monat,
           '. ');
    writeln (klasse[i].geburt.jahr);
    write ('Noten: ');
    for j:=1 to nozahl do
    begin
     write(klasse[i].noten[j]:3:1,', ')
    end
  end
end.
```

Bild 1: PASCAL-Programm zum Speichern von Schülerdaten

Beim Beschreiben bzw. Lesen von Speicherzellen, die Bestandteile eines Records sind, muß zuerst der Name der Recordvariablen und dann der Name der anzusprechenden Recordkomponente, durch einen Punkt getrennt, geschrieben werden, z. B. klasse[i].name. Somit wird auf das *i*te Element im Feld klasse und hier wiederum auf das Unterelement name zugegriffen. Bei klasse[i].geburt.monat wird auf das *i*te Element im Feld klasse, hier auf das Unterelement geburt, und im Unterelement geburt, welches selbst ein Record ist, wiederum auf das Element monat zugegriffen.

Beim Zugriff auf eine Recordkomponente muß sowohl der Name der Recordvariablen als auch der Name der Komponente angegeben werden.

4.9.4.8 Files

Programme erzeugen häufig Daten, die man in einer Datei bzw. in einem File (engl. file = Liste) speichern möchte. Files werden in PASCAL mit read bzw. readln gelesen und mit write bzw. writeln beschrieben. Soll ein File neu angelegt werden, so muß vor den write-Anweisungen eine rewrite-Anweisung (engl. rewrite = überschreiben) stehen. Soll ein File gelesen werden, dann muß vor den read-Anweisungen eine reset-Anweisung (engl. reset = zurücksetzen) stehen. Mit ihr wird der File-Lesezeiger an den Fileanfang gesetzt. In PASCAL können Files nur von ihrem Anfang her gelesen werden.

Das Ende eines Files ist durch das Zeichen eof (end of file) gekennzeichnet. Dieses Zeichen muß vom Programmierer beim Beschreiben eines Files nicht geschrieben werden, allerdings kann er es beim Lesen abfragen. Dadurch kann der File-Schreibzeiger an das Fileende gesetzt werden, wenn eine bestehende Datei mit weiteren Daten ergänzt werden soll. Nach Abschluß der Arbeiten mit einem File muß dieser mit der close-Anweisung (engl. close = schließen) geschlossen werden.

Beispiel:

Es soll ein Programm entwickelt werden, mit dem die Adressen der Mitglieder eines Vereins in einer Datei gespeichert werden können. Das Programm ist so zu gestalten, daß auch die Adressen neuer Mitglieder in die bestehende Datei aufgenommen werden können.

Lösung: **Bild 1**

Die Adresse eines Mitglieds wird zunächst in der Variable adr gespeichert. Diese ist vom Datentyp person, welcher ein Record ist. Sie beinhaltet

```
program elpas16;
(*Personendatei*)
uses crt;
type wort=string[20];
 person=record name,vorname,str,
              ort:wort;
        end;
var
 i,zahl:integer; w:wort; z:char;
 adresse:file of person;
 adr:person;
procedure schreiben;
begin
  write ('Name:');readln (adr.name);
  write ('Vorname:');
  readln (adr.vorname);
  write ('Strasse:');readln (adr.str);
  write ('Ort:');readln (adr.ort);
  write (adresse,adr)
end; (* von Prozedur schreiben *)
begin  (* Hauptprogramm *)
 clrscr;
 assign (adresse,'adr.dat');
 writeln ('Datei anlegen (a), ');
 write ('lesen (l), ergaenzen (e) ?');
 readln (z);
 case z of
 'a':begin
    (* Datei erstmalig beschreiben *)
    rewrite (adresse);
    write ('Anzahl der Personen ?');
    readln (zahl);
    for i:=1 to zahl do schreiben
   end;
 'l':begin
    (* Datei lesen *)
    reset (adresse);
    while not eof(adresse) do
     begin
      read (adresse,adr);
      writeln ('Name:',adr.name);
      writeln ('Vorname:',adr.vorname);
      writeln ('Strasse:',adr.str);
      writeln ('Ort:',adr.ort)
     end
    end;
 'e':begin
    (* Datei ergaenzen *)
    reset (adresse);
    while not eof(adresse) do
      read (adresse,adr);
      schreiben
     end
    end;
 close(adresse)
end.
```

Bild 1: PASCAL-Programm zum Speichern von Adressen in einem File

den Namen, den Vornamen, die Straße sowie den Wohnort des Mitgliedes **(Bild 1)**. Die Adressen aller Mitglieder werden im File adresse verwaltet. Bei der Vereinbarung des Files muß dessen Datentyp angegeben werden. Er ist hier vom Typ person. Die Vereinbarung erfolgt durch die PASCAL-Sprachworte file of.

Ein File muß mit seinem Namen sowie seinem Datentyp vereinbart werden.

Das Hauptprogramm besteht aus drei Teilen, nämlich die Adressendatei erstmalig *schreiben*, also neu anlegen, die Datei *lesen* und die Datei mit weiteren Adressen *ergänzen*. Das File adresse hat nur während des Programmlaufes diesen Namen. Fest abgespeichert wird es unter dem Namen adr.dat. Dies erfolgt in Turbo-PASCAL durch die assign-Anweisung (engl. assign = zuweisen) im Programm. In Standard-PASCAL müßte der Filename, also adresse, in der program-Anweisung hinter input, output aufgeführt sein, die assign-Anweisung müßte dann außerhalb des Programmes in der Kommandosprache der verwendeten Rechenanlage angegeben werden.

Ein File besitzt einen Arbeitsnamen während des Programmablaufes und einen eigentlichen Dateinamen zur Speicherung auf einem Massenspeicher.

Beim Arbeiten mit Files müssen deren Arbeitsnamen in den Programmieranweisungen mitangegeben sein. Dies betrifft die Anweisungen read, readln, write, writeln, rewrite, reset und close. Das Programm elpas16 (Bild 1, vorhergehende Seite) besitzt die Prozedur schreiben, welche im Dialog mit dem Bediener eine Adresse erfragt und sie in der Variable adr speichert. Mit write (adresse, adr) wird adr in das File adresse geschrieben.

Bei Schreib-Lesezugriffen auf ein File muß neben der Schreib-Lesevariable auch der Filename angegeben werden.

Um das Fileende zu erkennen, besitzt PASCAL die Funktion eof. Sie ist eine boolesche Funktion d.h., sie kann nur die Werte *wahr* und *nicht wahr* annehmen. eof(adresse) ist wahr, wenn im File adresse der Lesezeiger auf dem eof-Zeichen steht. Die while-Anweisung in Bild 1, vorhergehende Seite, bewirkt, daß das File adresse gelesen wird, bis das Fileende erkannt wird, also bis eof wahr ist.

```
Datei anlegen (a), lesen (l), ergaenzen (e) ?a
Name:Hartmann
Vorname:Rainer
Strasse:Alpenstr. 2
Ort:Kempten
Name:Moser
Vorname:Carmen
Strasse:Kaiserstr. 8
Ort:Nuernberg

>


Datei anlegen (a), lesen (l), ergaenzen (e) ?l
Name:Hartmann
Vorname:Rainer
Strasse:Alpenstr. 2
Ort:Kempten
Name:Moser
Vorname:Carmen
Strasse:Kaiserstr. 8
Ort:Nuernberg

>
```

Bild 1: Anzeige beim Abarbeiten des Programmes Bild 1, vorhergehende Seite

Das Fileende kann mit der Funktion eof erkannt werden.

Wiederholungsfragen

1. **Was muß in einer Record-Typdefinition enthalten sein?**
2. **Woraus besteht ein Record?**
3. **Welche Bedeutung haben Records beim Erstellen von Dateien?**
4. **Aus welchen Komponenten besteht ein Record für ein Datum, z. B. für 12. 8. 1976?**
5. **In welcher Reihenfolge sind beim Beschreiben eines Records die Recordkomponente, z. B. schuelername, und die Recordvariable, z. B. klasse (des Schülers), zu schreiben und wie erfolgt die Trennung?**
6. **Was versteht man unter einem File?**
7. **Mit welcher Anweisung werden in PASCAL Files beschrieben?**
8. **Welche Anweisung ist nach dem Beschreiben eines Files erforderlich, wenn das File gelesen werden soll?**
9. **Welche Anweisung ist erforderlich, wenn die Arbeit mit einem File beendet ist?**
10. **Wie muß ein File vereinbart werden?**
11. **Welche Werte kann die Funktion eof annehmen?**
12. **Warum kann es notwendig sein, den File-Schreibzeiger auf das Fileende zu setzen?**

4.9.4.9 Programmierung von Grafik

Grafikmodus

Zur Programmierung von Grafiken muß in einem Turbo-PASCAL-Programm in den Grafikmodus umgeschaltet werden. Dazu wird ein zum Bildschirmgerät sowie zur Computerhardware passendes *Grafiktreiberprogramm* (Programm zur Bildschirmgeräteansteuerung) aktiviert. Entsprechend diesem Grafiktreiberprogramm kann dann mit einer Bildschirmauflösung (Feinheit des Bildschirmbildes) von z. B. 600 Bildpunkten (Pixel) in x-Richtung und 480 Bildpunkten in y-Richtung bei *VGA-Grafik* (Video Graphic Adapter) gearbeitet werden **(Bild 1)**.

Das Programmieren von Grafiken verlangt die Benutzung des Standard-Unit graph (Programmpaket mit Grafikprozeduren, engl. unit = Einheit). Ferner muß z. B. mit den Anweisungen

```
graphdriver: = detect;
initgraph(graphdriver,graphmode,
'd:\tp\bgi');
```

das passende Grafiktreiberprogramm aktiviert werden. Dieses ist bei Turbo-PASCAL meist im Directory tp gespeichert. Die Anweisungen für das Programmieren von geometrischen Elementen stehen über das Unit graph zur Verfügung **(Tabelle 1)**. Damit wird das Programmieren von

- Linien, Kreisen und Kreisbögen,
- Balkendiagrammen und Kuchendiagrammen,
- Mustern sowie das Programmieren von
- mit Farben oder Mustern gefüllten Flächen

ermöglicht.

Vor dem Programmieren grafischer Elemente muß der Grafikmodus eingeschaltet werden.

Standardmäßig steht in Turbo-PASCAL mit VGA-Grafik eine Farbenpalette mit 16 Farben zur Verfügung **(Tabelle 2)**. Jeder dieser Farben können 64 Farbnuancen zugeordnet werden. Das Einstellen der Farbe zum Zeichnen sowie für den Hintergrund erfolgt mit den Anweisungen **setcolor** bzw. **setbkcolor** (von set background-color, **Tabelle 1, folgende Seite)**. Mit **setgraphmode** wird der *Grafikmodus* eingeschaltet, mit **restorecrtmode** erfolgt der Rücksprung in den *Textmodus*. Liniendicken sowie Flächenfüllmuster sind ebenfalls programmierbar.

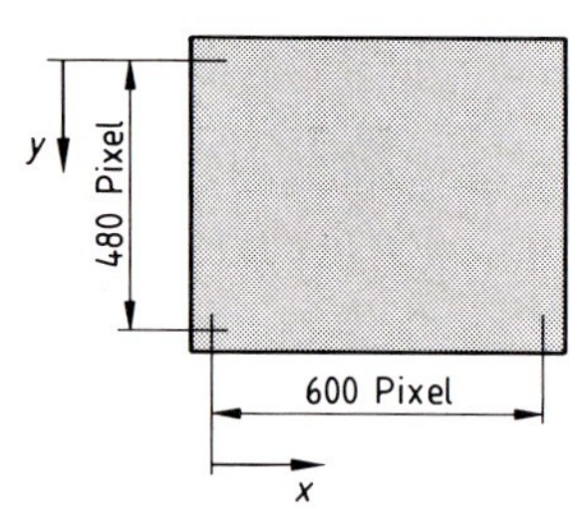

Bild 1: Richtungen der Bildschirmkoordinatenachsen x, y

Tabelle 1: Anweisungen für Grafiken

Anweisung	Beispiel	Bedeutung
arc	arc(x,y,w1,w2, rad);	Kreisbogen mit Mittelpunkt, Start-, Endwinkel, Radius
bar	bar(x1,y1,x2,y2);	Balken für Balkendiagramm
bar3d	bar3d(x1,y1,x2, y2,tiefe,topon);	3-D-Balken, topon, -off mit, ohne Deckel
circle	circle(40,60,20);	Kreis mit Radius 20
line	line(x1,y1,x2,y2);	Linie
linerel	linerel(dx,dy);	Linie von aktuellem Punkt zu Punkt um dx, dy versetzt
lineto	lineto(x,y);	Linie nach x,y
moverel	moverel(x,y);	Grafikcursor relativ positionieren
moveto	moveto(x,y);	Grafikcursor positionieren
outtextxy	outtextxy(x,y, 'Text');	Im Grafikmodus einen Text ausgeben
pieslice	pieslice(x,y,w1, w2,rad);	Kuchenstück mit Radius rad, Startwinkel w1, Endwinkel w2
putpixel	putpixel(x,y,4);	roter Pixel
rectangle	rectangle(x1,y1, x2,y2);	Rechteck

Tabelle 2: Farbskala bei hochauflösender Grafik

Farbcode	Farbname	Farbe	Farbcode	Farbname	Farbe
0	black	Schwarz	8	darkgray	Dunkelgrau
1	blue	Blau	9	lightblue	Hellblau
2	green	Grün	10	lightgreen	Hellgrün
3	cyan	Türkis	11	lightcyan	Helltürkis
4	red	Rot	12	lightred	Hellrot
5	magenta	Lila	13	lightmagenta	Pink
6	brown	Braun			
7	lightgray	Hellgrau	14	yellow	Gelb
			15	white	Weiß

Vermengung von Grafik und Text

Grafische Abbildungen enthalten meist einzelne Buchstaben oder Texte. Zum Programmieren der Textpositionen steht in Turbo-PASCAL die Prozedur

outtextxy(X,Y, '*Text*');

zur Verfügung. X und Y stehen hier entweder für Variable vom Typ integer, welche den x-Wert bzw. den y-Wert der Position enthalten oder für ganzzahlige Konstante. Der auszugebende Text muß entweder in einer Stringvariable oder umschlossen von Hochkommas in der Anweisung **outtextxy** (engl. output = Ausgabe) stehen. Die Festlegung der Farben der zu programmierenden Texte erfolgt über die Anweisung **setcolor***(Farbe)*.

Mit **outtextxy** können nur Strings ausgegeben werden.

Beispiel:

Ein Kondensator liegt an sinusförmiger Wechselspannung. Programmieren Sie die Verläufe von Strom und Spannung nach **Bild 1**! Berücksichtigen Sie: Hintergrundfarbe schwarz, Achsenkreuz weiß, Spannung blau, Strom rot.

Lösung: **Bild 2**

Durch die Anweisung **setcolor(15)** wird die Zeichenfarbe Weiß, durch die Anweisung **setbkcolor(0)** wird die Bildschirm-Hintergrundfarbe Schwarz angewählt. Mit den Anweisungen **moveto** und **lineto** werden die Koordinatenachsen gezeichnet. Zur Darstellung des Stromverlaufes steht die Cosinus-Funktion zur Verfügung, zur Darstellung des Spannungsverlaufes die Sinusfunktion. Die Programmierung dieser Verläufe erfolgt mit der putpixel-Anweisung. Da Bildpunkte nur ganzzahlig angesprochen werden können, müssen die Ergebnisse der trigonometrischen Funktionen mittels **round** gerundet werden.

Bildpunktkoordinaten müssen ganzzahlig sein.

Die Beschriftung der Koordinaten sowie der Verläufe von Strom und Spannung erfolgen über die Anweisung **outtextxy**. Die Farben der Texte und Buchstaben sind jeweils durch **setcolor** festgelegt. Nach Beendigen der Programmierung grafischer Elemente sollte das Unit graph mittels **closegraph** geschlossen werden.

Tabelle 1: Anweisungen für den Grafikmodus

Anweisung	Beispiel	Bedeutung
closegraph	closegraph;	Ende Grafikmodus
restorecrt-mode	restorecrtmode;	Umschalten in Textmodus
setbkcolor	setbkcolor(0);	Hintergrundfarbe
setcolor	setcolor(15);	Zeichenfarbe weiß
setfillstyle	setfillstyle (1,15);	Fläche mit Muster füllen (ganz, weiß)
setgraphmode	setgraphmode (1);	Grafikmodus setzen: Anzahl Pixel, Farben

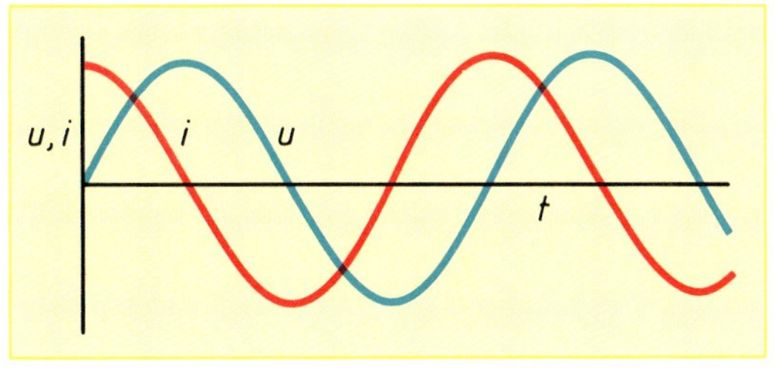

Bild 1: Phasenverschiebung beim Kondensator

```
program elisin;
{Phasenverschiebung u,i beim Kondensator}
uses crt,graph;
var t:integer;
    graphmode,graphdriver:integer;
begin
 graphdriver:=detect;
 initgraph(graphdriver,graphmode,
          'd:\tp\bgi');
 setbkcolor(0);setcolor(15);
 moveto(35,170);lineto(35,10); {y-Achse}
 moveto(35,90);lineto(310,90); {x-Achse}
 {Spannung u}
 for t:=1 to 310-35 do begin
  putpixel(t+35,90-round(45*
           sin(2*3.14*t/180)),9);
 end;
 {Strom i}
 for t:=1 to 310-35 do begin
  putpixel(t+35,90-round(45*
              cos(2*3.14*t/180)),12);
 end;
{ Achsenkreuz-Beschriftung }
 outtextxy(290,100,'t');
 outtextxy(2,20,'u,i');
 setcolor(12);outtextxy(80,70,'i');
 setcolor(9);outtextxy(110,50,'u');
 closegraph;
end.
```

Bild 2: PASCAL-Programm für Stromverlauf und Spannungsverlauf beim Kondensator

4.9.4.10 Fenstertechnik

Unter Fenstertechnik versteht man in der Informatik das Einteilen des Bildschirmes in unterschiedliche Bereiche, wobei jeder Bereich im Prinzip als eigenständiger, kleiner Bildschirm zu betrachten ist. Es ist dann möglich, in einem Bereich z. B. die Menüführung für den Bediener zu verwirklichen, während die Inhalte der anderen Bereiche am Bildschirm davon unberührt sichtbar bleiben.

In Turbo-PASCAL wird mit der Anweisung

- **window** (X1,Y1,X2,Y2) ein Textfenster definiert (engl. window = Fenster) und mit der Anweisung
- **setviewport** (X1,Y1,X2,Y2,clip) ein Grafikfenster entsprechend dem aktivierten Grafikmodus.

X1,Y1,X2 und Y2 sind Integervariablen oder ganze Zahlen. Definiert werden hiermit die linke obere sowie die rechte untere Ecke des Fensterrechteckes. Clip (engl. to clip = abschneiden) ist durch **clipon** zum Abschneiden von Zeichenaktionen, die über den Fensterrand hinausgehen, bzw. durch **clipoff** zum nicht Abschneiden zu ersetzen.

Beispiel:

Für eine Lagerverwaltung soll ein PASCAL-Programm entwickelt werden, welches ein Bildschirmbild nach **Bild 1** erzeugt. Für die Eingabe bzw. die Anzeige der abzuspeichernden Daten sind Fenster zu vereinbaren.

Lösung: **Bild 2**

Lagerverwaltung

Artikelnummer:	M 323 456 701
Artikelbezeichnung:	Gleichstrommotor
Lieferant:	Busch Stuttgart
Lieferzeit in Monaten:	1
Lagerort:	L10 Regal 3

Eingabe (e)   Anzeige (a)
Was tun ? a

Bild 1: Bildschirm-Bildaufbau für eine Lagerverwaltung

```
program lagerverwaltung;
(* als lagerv.pas gespeichert *)
uses crt;
type artikel=record
               a_nr:string[20];
               a_bez:string[20];
               lieferant:string[20];
               l_zeit:real;
               lagerort:string[20]
             end;
var
 i,j,s,abruch:integer;
 ein,zuvor:char;
 lager:array[1..20] of artikel;
begin
 clrscr;writeln;
 writeln('          Lagerverwaltung');
 writeln;
 for s:=1 to 50 do
  write('-');writeln;
 writeln('Artikelnummer: ');
 writeln('Artikelbezeichnung: ');
 writeln('Lieferant: ');
 writeln('Lieferzeit in Monaten: ');
 writeln('Lagerort: ');
 i:=0;abruch:=0;
 while abruch = 0 do begin
  window(1,11,50,15);
  gotoxy(1,1);
  for s:=1 to 50 do
   write('-');
  writeln('Eingabe (e)     Anzeige (a)');
  write('Was tun ?     ');
  gotoxy(11,3);readln(ein);
  window(25,5,50,10);
  gotoxy(1,1);clrscr;
  case ein of 'e': begin
      zuvor:=ein;i:=i+1;
      readln(lager[i].a_nr);
      readln(lager[i].a_bez);
      readln(lager[i].lieferant);
      readln(lager[i].l_zeit);
      readln(lager[i].lagerort);
     end;
    'a':begin
      if zuvor = 'e' then j:=0;
      zuvor:=ein;
      if j<>i then begin
       j:=j+1;
       writeln(lager[j].a_nr);
       writeln(lager[j].a_bez);
       writeln(lager[j].lieferant);
       writeln(lager[j].l_zeit:3:1);
       writeln(lager[j].lagerort)
      end
     end;
    else abruch:=1
   end
  end
end.
```

Bild 2: PASCAL-Programm für eine Lagerverwaltung

Wiederholungsfragen

1. **Wozu dient ein Grafiktreiberprogramm?**
2. **Mit welcher Anweisung kann im Grafikmodus ein Text am Bildschirm ausgegeben werden?**
3. **Welche Wirkung hat die Anweisung setcolor(2)?**

4.10 Datenbank, Tabellenkalkulation

4.10.1 Datenbankverwaltung

dBase ist ein Dateiverarbeitungssystem, mit dem man Datenbestände speichern, verwalten und auswerten kann. dBase verwaltet seine Daten in Form zueinander in Bezug stehender Tabellen (Relationen). Eine Tabelle besteht aus einer beliebigen Folge von Sätzen aus gleichartig aufgebauten Feldern. Kommandos in dBase können mit Großbuchstaben oder Kleinbuchstaben geschrieben werden.

Starten von dBase

Nach dem Laden von DOS wird das Programm z. B. von der Festplatte durch Eingabe von DBASE gestartet. Das dBase-System meldet sich mit Firmenangaben und einem Punkt (Promptpunkt). Nun werden dBase-Kommandos eingegeben, die mit der Eingabetaste bestätigt werden. Zuerst wird der Bildschirm mit CLEAR gelöscht, dann z. B. mit SET DEFAULT TO C das Laufwerk C zum Standardlaufwerk für die Datenspeicherung erklärt. Mit SET MENUS ON wird das Funktionstasten-Menü eingeschaltet **(Bild 1, oben)**.

Anlegen einer Datei

Das Anlegen erfolgt in den Schritten Struktur der Sätze festlegen und Sätze eingeben.

Beispiel 1:
Legen Sie eine Adressendatei mit den Feldern NAME, PLZ und ORT an!

Lösung: **Bild 1** und **Bild 1, folgende Seite**

Nach dem Kommando CREATE ADRESSEN (= Datei „Adressen" erstellen) wird die Maske für die Festlegung der Struktur angezeigt. Der verwendete Dateiname muß der DOS-Vereinbarung entsprechen. Er darf also maximal acht Zeichen lang sein. In die Felder der Maske werden nun Feld für Feld der Feldname, der Typ und die Länge eingegeben. Die restlichen freien Bytes sieht man in der rechten oberen Ecke des Bildschirms (Bild 1).

Feldnamen können bis zu 10 Zeichen enthalten, jedoch keine Leerzeichen und nicht alle Sonderzeichen. Der Feldtyp kann ein Textfeld mit bis zu 254 Zeichen, ein numerisches Feld mit bis zu 19 Zeichen, ein logisches Feld der Länge 1 mit dem Inhalt False (Falsch) oder True (Richtig), ein Datumsfeld der Form TT.MM.JJ oder ein Memofeld für beliebigen Text sein.

Beendet wird die Strukturfestlegung durch Betätigen der Eingabetaste im Feld Name in Zeile vier oder durch gleichzeitige Betätigung der Tasten CTRL + END (Strg + Ende bzw. ^+END).

In der Statuszeile werden das auszuführende Kommando, z. B. CREATE, das Datenlaufwerk, der Dateiname und die Datenfeldnummer angezeigt (Bild 1, unten). Unterhalb der Statuszeile erscheinen Hinweise zu den einzelnen Arbeitsschritten.

Der Rechner wartet nun bis eine Taste betätigt wird und fragt dann: Wollen Sie jetzt Datensätze eingeben (J/N)? Nach Betätigen von J erscheint die Dateneingabemaske **Bild 1, folgende Seite**, auf dem Bildschirm.

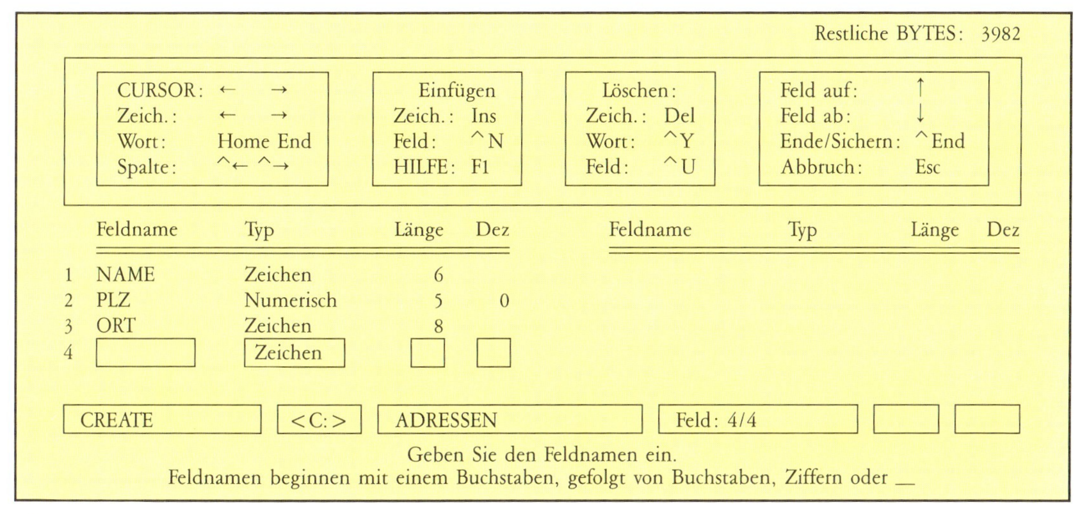

Bild 1: Hauptmenü und Eingabemaske

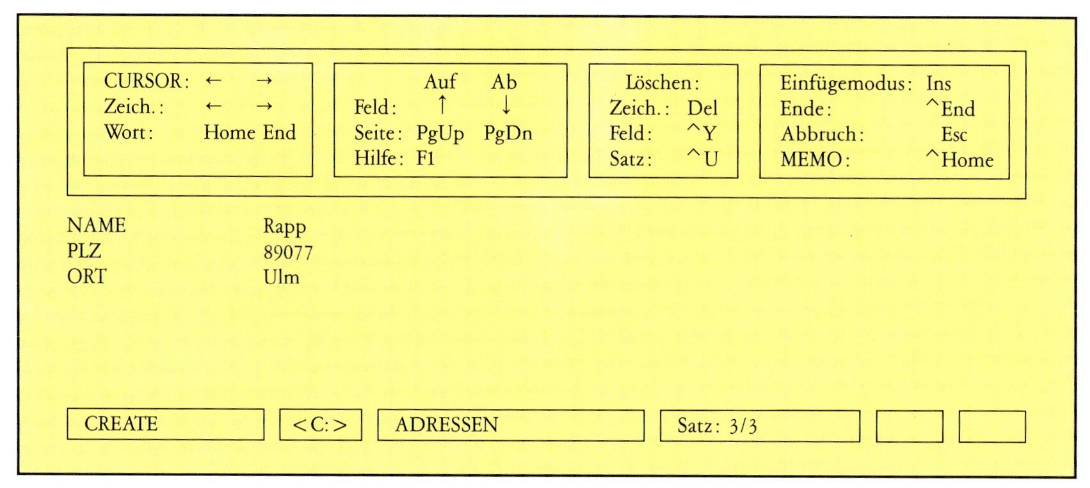

Bild 1: Maske zum Erfassen von Daten

Beispiel 2:

Geben Sie drei Datensätze ein, und listen Sie diese auf dem Bildschirm!

Lösung: **Bild 2**

Die Daten werden im vorgegebenen Feldformat in die hellen Flächen der Maske eingegeben. Der Feldwechsel wird mit RETURN oder Betätigen der Cursortaste vorgenommen. Die Datenerfassung wird durch Betätigen von RETURN im 1. Feld des 5. Satzes oder durch Eingabe von CTRL + END beendet. Um alle eingegebenen Datensätze auf dem Bildschirm auszugeben, wird das Kommando LIST verwendet. Mit dem Kommando LIST TO PRINT werden die Datensätze auf dem Drucker ausgegeben. Eine dBase-Sitzung wird durch Eingabe des Kommandos QUIT beendet **(Tabelle 1, folgende Seite)**. Durch das Kommando QUIT wird die Datei mit ihren Datensätzen in Laufwerk C als ADRESSEN.DBF[1] gespeichert.

Datei bearbeiten

Nach dem Start von dBase und Eingabe der Kommandos CLEAR, SET DEFAULT TO B, SET MENUS ON wird die Datei ADRESSEN mit USE ADRESSEN wieder geöffnet. Einzelne Menüpunkte sind auch mit der Maus anklickbar.

Beispiel 3:

Fügen Sie zwei Datensätze an die Datei ADRESSEN an, und listen Sie diese auf dem Drucker!

Lösung: **Bild 3**

```
. list
Satznummer  NAME      PLZ  ORT
         1  Abele   89155  Erbach
         2  Frank   89231  Neu-Ulm
         3  Rapp    89077  Ulm
```

Bild 2: Datensätze der Datei ADRESSEN

```
. list to print
Satznummer  NAME      PLZ  ORT
         1  Abele   89155  Erbach
         2  Frank   89231  Neu-Ulm
         3  Rapp    89077  Ulm
         4  Zahn    80335  München
         5  Maier   89250  Senden
```

Bild 3: Mit APPEND angefügte Datensätze

Nach Eingabe des Kommandos APPEND können Datensätze an eine Datei angefügt werden. Mit dem Kommando EDIT n kann ein Datensatz geändert werden, wobei n für die Datensatznummer steht. Das Löschen von Datensätzen wird in zwei Schritten vorgenommen. Mit dem Kommando DELETE RECORD 4 wird z. B. der Datensatz 4 mit einem Stern zwischen Satznummer und erstem Feldnamen markiert **(Bild 1, folgende Seite)**. Das physikalische Löschen aller markierten Datensätze erfolgt mit dem Kommando PACK (= Packen) oder mit dem Kommando SET DELETED ON. Danach meldet sich dBase mit der Anzahl der verbleibenden

[1] DBF von engl. Data Bank File = Datenbankdatei

kopierten Sätzen. Mit LIST OFF kann das Ergebnis ohne Datensatznummer angeschaut werden **(Bild 2)**.

Gezieltes Listen von Daten

Mit dem LIST-Kommando können Teile einer Datei, bestimmte Datensätze oder auch bestimmte Felder aus einer Datei ausgewählt und angezeigt werden. Mit LIST NAME wird z. B. nur das Namensfeld aus Bild 2 aufgelistet. Der Datensatz 2 wird mit LIST RECORD 2 gezeigt. Gibt man direkt anschließend LIST NEXT 2 ein, so werden die Datensätze 2 und 3 ausgegeben. Dies kann auch gezielt für z. B. Name und Ort mit LIST NEXT 2 NAME, ORT erfolgen.

Bedingtes Listen von Daten

Mit LIST FOR "A" $NAME können alle Datensätze, bei denen der Name mit A beginnt, angezeigt werden **(Bild 3)**.

Mit LIST FOR (PLZ < 89155) werden die Datensätze mit einer kleineren Postleitzahl als 89155 ausgegeben.

Es können auch mehrere Suchbedingungen miteinander verknüpft werden. Im Bild 3 wird eine ODER-Funktion (.OR.) verwendet um die Sätze herauszufiltern, die den Ort Ulm oder Neu-Ulm enthalten.

Mit LIST kann auf Daten und Sätze zugegriffen werden.

Weitere Zugriffsmöglichkeiten

Mit GOTO kann ein Satz direkt aufgerufen werden. So wird z. B. mit GOTO TOP der erste Datensatz aufgerufen **(Tabelle 1, folgende Seite)**. Mit dem Kommando DISPLAY wird der im Satzfenster gezählte Satz, z. B. mit der Nummer 3, gezeigt (Bild 1, vorhergehende Seite).

Erstellen einer Datei durch Kopieren

Oft werden neue Dateien oder Teildateien durch Kopieren von bestehenden Dateien erstellt **(Tabelle 1, folgende Seite)**.

Beispiel 4:
Erstellen Sie die Datei ADR_ULM1 mit den Feldern NAME, PLZ und ORT durch Kopieren!

Lösung:
Mit dem Kommando COPY TO ADR_ULM1 ALL FIELDS NAME, PLZ, ORT wird die neue Datei angelegt.

Tabelle 1: dBase-Startkommandos

Kommando	Bedeutung, Auswirkung
DBASE	Startet das Programm dBase.
CLEAR	Löscht den Bildschirm.
CREATE Datei	Erstellt die Datensatzstruktur einer neuen Datei.
LIST (TO PRINT)	Bildschirmausgabe oder Druckerausgabe einer Datei.
QUIT	Beendet dBase.
SET	Schaltkommando
SET DEFAULT TO B	Legt das Standardlaufwerk für die Daten fest, z. B. Laufwerk B.
SET MENUS ON/OFF	Schaltet dBase-Menüs EIN oder AUS.

```
. Delete Record 4
      1 Satz gelöscht
. list
Satznummer   NAME      PLZ  ORT
      1      Abele   89155  Erbach
      2      Frank   89231  Neu-Ulm
      3      Rapp    89077  Ulm
      4  *   Zahn    80335  München
      5      Maier   89250  Senden
```

Bild 1: Bildschirmanzeige für Satz zum Löschen markieren

```
. pack
      4 Sätze kopiert
. list off
 NAME     PLZ   ORT
 Abele   89155  Erbach
 Frank   89231  Neu-Ulm
 Rapp    89077  Ulm
 Maier   89250  Senden
```

Bild 2: Bildschirmanzeige für geänderte Datei ADRESSEN

```
. list for "A" $NAME
Satznummer  NAME      PLZ  ORT
     1      Abele  89155  Erbach

. list for (PLZ < 89155)
Satznummer  NAME      PLZ  ORT
     3      Rapp   89077  Ulm

. list for (ORT="Ulm".OR.ORT="Neu-Ulm")
Satznummer  NAME      PLZ  ORT
     2      Frank  89231  Neu-Ulm
     3      Rapp   89077  Ulm
```

Bild 3: Bildschirmanzeige für bedingte Ausgabe von Datensätzen

Dateistruktur ändern

Die Datei ADR_ULM1 soll nun für einen neuen Verwendungszweck geändert werden.

Beispiel 5:

a) Ändern Sie mit Kommandos von Tabelle 1 die Datei ADR_ULM1 so ab, daß sie die Felder NAME, VORNAME, PLZ und ORT enthält!

b) Geben Sie die vier Vornamen Otto, Karl, Xaver und Adam mit BROWSE ein.

Lösung:

a) Mit dem Kommando MODIFY STRUCTURE wird das Änderungsmenü aufgerufen. Mit dem Kommando ^N wird ab der 1. Zeile als zweite Zeile eine Leerzeile erzeugt, in die VORNAME, Feldart und Feldlänge eingegeben werden. Nach Eingabe des Kommandos LIST erscheint **Bild 1** noch ohne die Vornamen.

b) **Bild 1**, Feld VORNAME

Gezieltes Aufrufen von Datenfeldern

Die Eingabe von Vornamen in das Feld VORNAME wird am besten mit dem Kommando BROWSE[1] durchgeführt. Nach Eingabe von BROWSE FIELDS VORNAME erscheint unter dem Eingabemenü VORNAME—— und darunter das Eingabefeld für die Vornamen.

Sortieren von Datensätzen

Als Sortierfeldbegriff können ein oder mehrere Felder verwendet werden.

Beispiel 6:

Sortieren Sie die Datei ADR_ULM1 den Vornamen nach alphabetisch in die Datei TEMP!

Lösung: **Bild 2**

Die Datei wird anschließend mit USE TEMP aufgerufen und z. B. mit COPY TO ADR_ULM2 unter dem Namen ADR_ULM2 abgespeichert.

Wiederholungsfragen

1. **Mit welchem Kommando wird die Datensatzstruktur erstellt?**
2. **Welche Feldtypen verwendet dBase?**
3. **Wie wird eine bereits vorhandene Datei aufgerufen?**
4. **Mit welchem Kommando wird das Arbeiten mit dBase beendet?**
5. **Nennen Sie drei Anwendungen für das LIST-Kommando!**
6. **Welches Kommando ermöglicht die Änderung der Struktur einer Datei?**

[1] engl. browse = durchsuchen

Tabelle 1: dBase-Kommandos (Auswahl)

Kommando	Bedeutung, Auswirkung
APPEND	Anfügen von Datensätzen.
BROWSE	Durchblättern von Dateien.
BROWSE FIELDS	Durchblättern und Ändern von Datenfeldern.
COPY TO ADR_1	Erstellen einer Kopie ADR_1 von der aktuellen Datei.
DELETE RECORD *n*	Markieren des Datensatzes *n* zum Löschen.
DISPLAY	Anzeigen aktueller Datensätze, ähnlich LIST.
EDIT *n*	Ändern des Datensatzes *n*.
GOTO *n*, GOTO TOP, GOTO BOTTOM	Direktaufruf des *n*.ten, ersten oder letzten Datensatzes.
MODIFY STRUCTURE	Ändern der Datensatzstruktur einer bestehenden Datei.
PACK	Löschen von Datensätzen physikalisch.
SORT TO ADR_2	Sortieren von Datensätzen in Datei ADR_2.
USE Datei	Eröffnen einer bestehenden Datei.

```
. list off
 NAME    VORNAME    PLZ  ORT
 Abele   Otto      89155 Erbach
 Frank   Karl      89231 Neu-Ulm
 Rapp    Xaver     89077 Ulm
 Maier   Adam      89250 Senden
```

Bild 1: Bildschirmanzeige nach Dateistruktur ändern und BROWSE-Kommando

```
. sort to TEMP on VORNAME
  100% sortiert        4 Sätze sortiert
. use TEMP
. list off
 NAME   VORNAME    PLZ  ORT
 Maier  Adam     89250 Senden
 Frank  Karl     89231 Neu-Ulm
 Abele  Otto     89155 Erbach
 Rapp   Xaver    89077 Ulm
```

Bild 2: Bildschirmanzeige nach Sortieren und Ablegen in eine temporäre Datei

4.10.2 Tabellenkalkulation

Funktionsumfang

Mit Tabellenkalkulationsprogrammen können Tabellen mit Textdaten und Zahlendaten erstellt und nach verschiedenen Kriterien ausgewertet werden **(Bild 1)**. Tabellenkalkulationen werden z.B. beim Erstellen von Tabellen, Rechnungen, Umsatzstatistiken oder Verkaufsstatistiken angewendet.

Beim Erstellen einer Tabelle, in der zwischen den einzelnen Spalten mathematische Beziehungen bestehen, wird der Anwender in der Weise vom Programm unterstützt, daß die mathematischen Beziehungen nur einmal festgelegt werden müssen. Diese gelten dann für jede Zeile der Tabelle und werden vom Rechner somit Zeile für Zeile automatisch berücksichtigt. Deshalb muß eine für Kalkulationen angelegte Tabelle nur teilweise manuell mit Daten ausgefüllt werden (Bild 1). Auch Endsummen werden in gleicher Weise automatisch berechnet. Werden in einer bestehenden Tabelle Daten manuell überschrieben, so werden alle davon abhängigen Berechnungen wegen der dem Rechner bekannten mathematischen Beziehungen selbständig neu durchgeführt.

Tabellenkalkulationsprogramme führen einmal festgelegte Berechnungen selbständig für alle Zeilen bzw. Spalten aus.

Neben dem Erstellen der Tabellen sind die mathematischen Auswertungen dieser Tabellen mittels der gleichen Tabellenkalkulationsprogramme grafisch darstellbar **(Bild 2)**. Somit können Tabellenausschnitte, auf eine Aufgabe zugeschnitten, anschaulich aufbereitet werden. Weitere übliche Darstellungsformen sind Kreisdiagramme oder Flächendiagramme **(Bild 3)**. Nachträglich vorgenommene Änderungen in einer Tabelle werden in allen Diagrammtypen automatisch berücksichtigt.

Tabellenkalkulationsprogramme ermöglichen das grafische Darstellen von Auswertungen.

Das Sortieren von Daten innerhalb einer Spalte ist wie bei Datenbanken möglich, da die Tabellenkalkulationsprogramme Datenbankfunktionen enthalten. Auch neue, kleinere Tabellen können aus einer vorhandenen Tabelle rechnerunterstützt erzeugt werden.

Bestellnr.	Vorrat	Einzelpreis	Gesamtwert
187 369	40	53,90 DM	2 156,00 DM
187 370	73	64,90 DM	4 737,70 DM
187 371	24	15,90 DM	381,60 DM
187 372	15	24,90 DM	373,50 DM
187 373	97	58,90 DM	5 713,30 DM
Menge	249	Summe	13 362,10 DM

wird vom Programm berechnet

Bild 1: Tabellenkalkulation

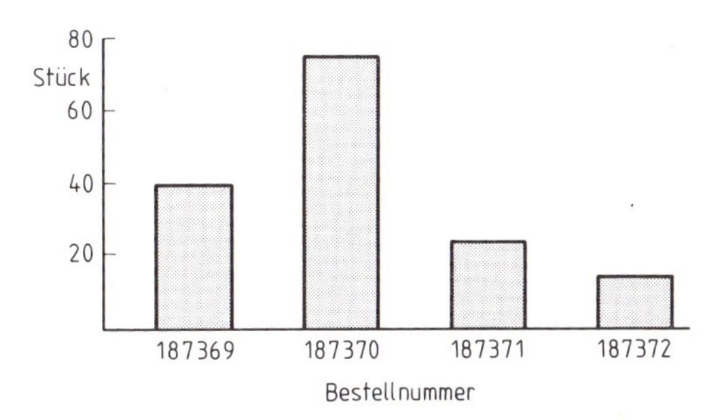

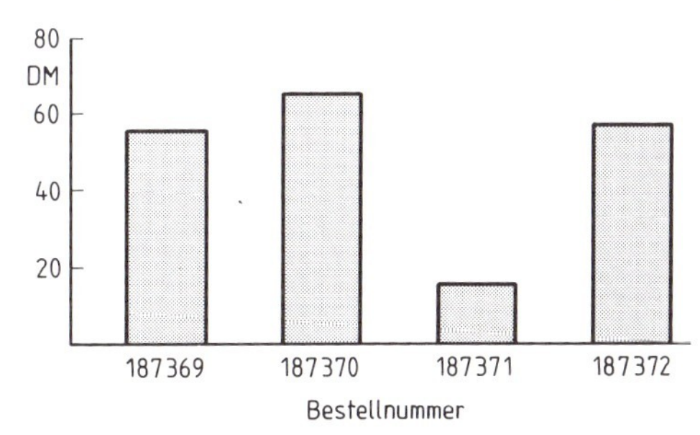

Bild 2: Säulendiagrammdarstellungen Vorrat und Einzelpreise für Bestellpositionen

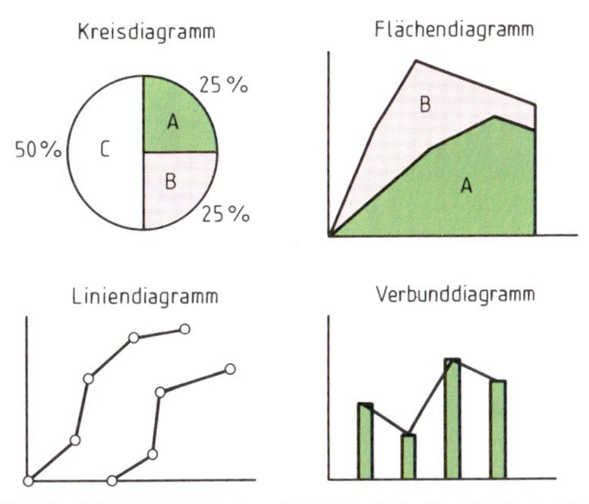

Bild 3: Diagrammtypen bei der Tabellenkalkulation

Tabellenkalkulation mit Excel

Derzeit verbreitete Tabellenkalkulationsprogramme für PC sind Multiplan, Quattro Pro und Excel. Excel arbeitet im Zusammenwirken mit dem Programmsystem Windows unter dem Betriebssystem MS-DOS und besitzt einen mausgeführten Dialog anhand eines Menüs **(Bild 1)**. Mittels der einzelnen Untermenüs können Funktionen wie z. B.

- Anwählen, Abwählen und Drucken von Dateien,
- Verschieben, Kopieren von Daten innerhalb einer Datei (Tabelle),
- Verarbeiten mathematischer Formeln,
- Definieren von Zahlenformaten,
- Festlegen von Schriftarten und Schrifttypen,
- Festlegen von Rahmenarten einer Tabelle oder
- Anwählen unterschiedlicher Diagrammtypen

ausgeführt werden **(Bild 2)**.

Mittels Excel sind mehrere Tabellen miteinander verknüpfbar. Dadurch ist es möglich, Kalkulationen über mehrere Tabellen hinweg durchzuführen. Auch Daten verschiedener Diagramme sind in einem neuen Diagramm darstellbar. Indem Excel unter Windows arbeitet, kann wegen der Fenstertechnik zwischen tabellarischer Darstellung und einer Diagrammdarstellung rasch hin und her geschaltet werden. Überlagerungen von verschiedenen Darstellungen sind ebenfalls möglich.

Von Vorteil ist ferner, daß mittels verschiedener Paßworte sowohl Dateien als auch einzelne Spalten einer Tabelle vor unerwünschten Zugriffen schützbar sind. Auch ein Nichtanzeigen von Spalten ist paßwortgesteuert möglich.

In Excel kann mit mehreren Zahlenformaten gearbeitet werden. Dies ist insbesondere beim Umgang mit Tabellen, in denen Geldbeträge verarbeitet werden sollen, von Interesse **(Tabelle 1)**. Der Anwender wird bei der Eingabe von Geldbeträgen in der Weise unterstützt, daß er z. B. die Währungsangabe DM nicht eingeben muß. Die Angabe DM wird vom Programm ergänzt. Außerdem werden DM-Beträge unabhängig ihrer Eingabe immer mit zwei Stellen nach dem Dezimalkomma dargestellt. Neben den von Excel standardmäßig angebotenen Zahlenformaten kann der Anwender eigene Formate festlegen. Excel ergänzt dann z. B. selbständig Einheiten wie kg, kWh oder fügt bei Telefonnummern und Sozialversicherungsnummern entsprechende Interpunktionszeichen ein.

Microsoft Excel

Datei Bearbeiten Formel Format Daten

A9 | Monat

Tab1

	A	B	C	D
1	Monat	Klassik	Rock	
2	Jan	900 DM	1.025 DM	
3	Feb	700 DM	950 DM	
4	Mär	950 DM	1.100 DM	

Bild 1: Ausschnitt aus Menü von Excel

Datei

Neu...
Öffnen...
Schließen
Verknüpfte Dateien öffnen...

Speichern
Speichern unter...
Arbeitsbereich speichern...
Datei löschen...

Seitenansicht
Layout...
Drucken...
Druckerkonfiguration...

Beenden

Bearbeiten

Widerrufen unmöglich
Wiederholen: unmöglich

Ausschneiden	Umsch+Entf
Kopieren	Strg+Ins
Einfügen	Umsch+Einf
Inhalte löschen...	Entf
Inhalte einfügen...	
Verknüpfen und einfügen	

Löschen...
Leerzellen...

Rechts ausfüllen
Unten ausfüllen

Bild 2: Untermenüs der Menüs Datei und Bearbeiten

Tabelle 1: Formatfestlegungen in Excel (Auswahl)

Format	Eingabe	Anzeige
0	5	5
0,00	7	7,00
#.##0,00 DM	6	6,00 DM
0 %	5	500%
000-0000	0897368	089-7368
"KtoNr." 0000	7386	KtoNr. 7386

4.11 Datensicherung und Datenschutz

4.11.1 Sicherung gegen Verlust

In der Datenverarbeitung ist es zwingend notwendig, die für eine reibungslose Datenverarbeitung erforderlichen Daten gegen Verlust zu schützen. Daten können verlorengehen durch
- eine nicht einwandfrei funktionierende Spannungsversorgung der Rechenanlage,
- Umwelteinflüsse, z. B. magnetische Felder oder zu hohe Temperaturen,
- Defekte in der Rechenanlage,
- Fehlbedienung sowie durch
- Sabotage **(Bild 1)**.

Die Spannungsversorgung kann sichergestellt werden, indem bei Netzausfall auf Batteriebetrieb automatisch umgeschaltet wird. Dieser Notbetrieb muß mindestens so lange aufrechterhalten werden, bis alle das aktuelle Rechnerabbild beschreibenden Daten auf einem nichtflüchtigen Datenspeicher gespeichert sind.

Ein Tandemrechner (Doppelrechner, Stand-by-Rechner[1], **Bild 2**) besteht aus zwei Rechenanlagen, die parallel arbeiten und von getrennten Netzen die Energie erhalten. Die eine Rechenanlage führt ständig das Abbild der anderen Rechenanlage mit. Fällt nun aus irgendeinem Grund eine der beiden Rechenanlagen aus, dann ist die andere Rechenanlage in der Lage, alleine weiterzuarbeiten.

Bei einem Tandemrechner werden alle Berechnungen doppelt ausgeführt und alle Daten doppelt gespeichert.

Zur Verhinderung großer finanzieller Schäden infolge verlorengegangener Daten müssen die Daten einer Rechenanlage in einem festen zeitlichen Raster mittels einer Datenbandstation, z. B. eines Streamers, gesichert werden **(Bild 3)**. Diese Magnetbänder müssen an einem feuersicheren, magnetfeldsicheren und diebstahlsicheren Ort aufbewahrt werden.

Ist keine Datenbandstation vorhanden, so ist eine doppelte Datenhaltung mittels Disketten unbedingt notwendig. Ist mit elektromagnetischen Feldern der Umwelt zu rechnen, so sind die Disketten in Stahlschränken aufzubewahren.

Magnetische Felder vernichten die auf magnetischen Datenträgern gespeicherten Daten.

[1] engl. to stand by = dabeistehen

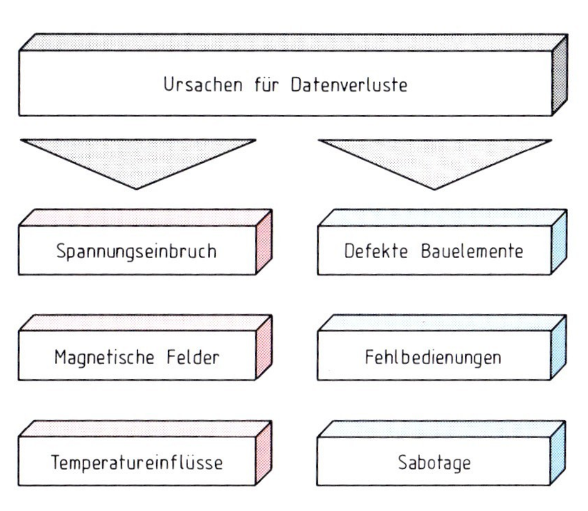

Bild 1: Ursachen für Datenverluste in Rechenanlagen

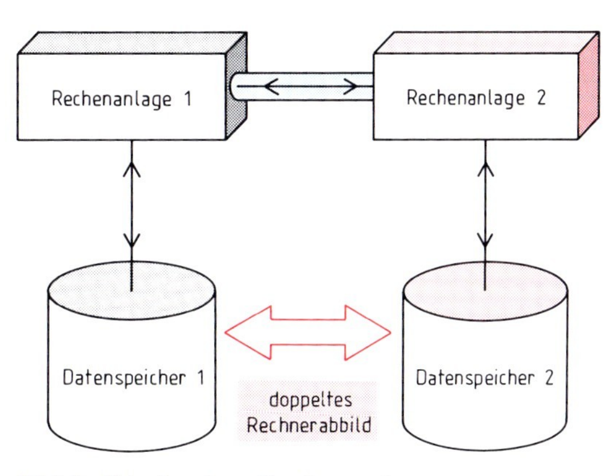

Bild 2: Prinzip eines Tandemrechners

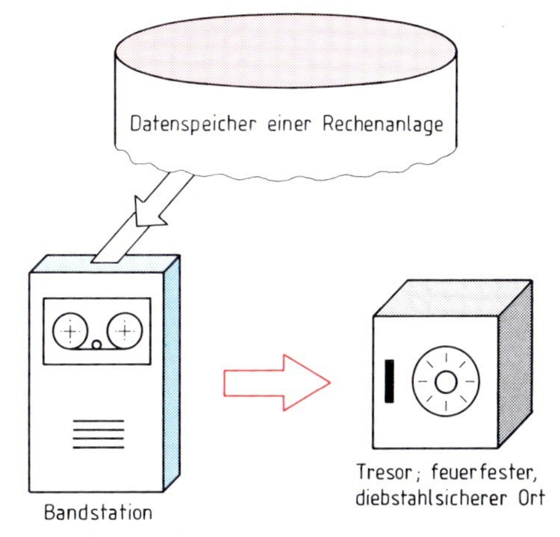

Bild 3: Externe Datensicherung

Zum Vorbeugen von Datenverlusten infolge von Defekten in einer Rechenanlage muß diese mit einer Diagnosesoftware ausgestattet sein **(Bild 1)**.

- Bei einem Neustart des Rechners werden z. B. über alle Speicherbereiche hinweg die Quersummen der Datenworte berechnet und aufaddiert. Die Endsumme wird mit der beim Ausschalten der Rechenanlage ermittelten Endsumme verglichen.
- Die beschreibbaren Speicher (RAM) werden zyklisch mit bestimmten Daten beschrieben und durch anschließendes Lesen geprüft (Walking-Pattern Method = Durchmarschierende Muster-Methode).
- Die Schnittstellen zu den Peripheriegeräten werden zyklisch mit Testdaten versorgt, die bei den Peripheriegeräten ein bekanntes Echo hervorrufen.
- Der interne Rechnerbus wird mittels Sendedaten und zugehörigen Empfangsdaten der Busteilnehmer geprüft.
- Mittels einer Temperaturauswertungseinrichtung wird die Temperatur der Rechenanlage ständig überprüft.
- Die für Batteriepufferung verwendeten Batterien werden zyklisch mit Belastungswiderständen auf Spannungsabfall geprüft.
- Die Mikroprozessoren einer Rechenanlage sind zusätzlich mittels Programmlaufzeitüberwachungen, angewendet auf Testprogramme, zyklisch zu prüfen.

Mittels on-line ablaufenden Diagnoseprogrammen können Defekte einer Rechenanlage frühzeitig erkannt werden.

Schutz gegen zu großen Datenverlust erzielt man durch mehrfache Speicherung von Dateien in einer Rechenanlage **(Bild 2)**. Beim Abspeichern einer gerade veränderten Datei wird nicht die ursprüngliche Datei überschrieben, sondern es wird eine neue Datei mit gleichem Namen angelegt, jedoch mit anderer Versionsnummer. Bei PC sind z. B. Dateien mit den Extensions (engl. extension = Erweiterung) bak Vorgängerdateien **(Bild 3)**.

Zum Schutz von Daten bei Fehlbedienungen ist es zweckmäßig, vor Überschreibungsvorgängen programmäßig Warnungen für den Bediener am Bildschirm zu erzeugen. Beim Arbeiten mit Disketten kann auch mittels Klebestreifen oder Diskettenschaltern ein Überschreiben verhindert werden **(Bild 4)**.

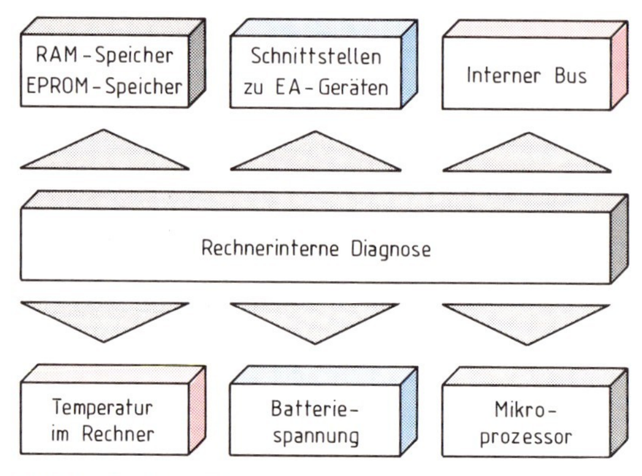

Bild 1: On-Line-Diagnose einer Rechenanlage

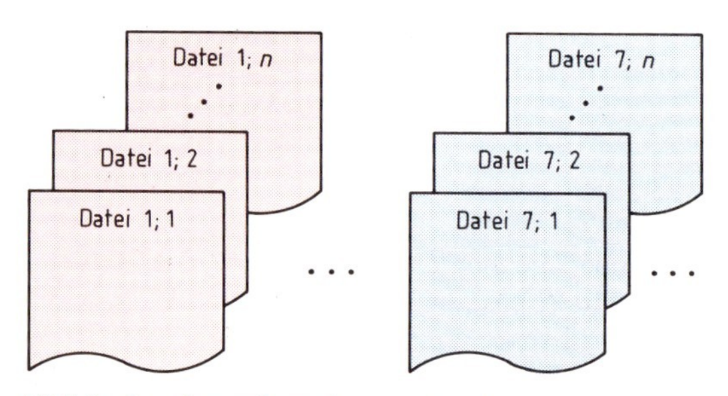

Bild 2: Dateien mit mehreren Versionen

PAS19A	PAS	PAS19A	BAK	PASFU89	PAS
PASDUAL	PAS	PASFU79	PAS	PASFU79	BAK
PARUND89	BAK	PASLOG89	PAS	PASASCI	PAS
PASLOG79	PAS	PASLOG79	BAK	PASDAT89	PAS
PASDAT79	PAS	PASDAT79	BAK	PASTRI79	PAS
PAZUF89	BAK	FORMEL1	BAK	PASRU19	PAS
PASFIG79	PAS	PASFIG79	BAK	PASFI79	PAS

Bild 3: Auszug aus einem Dateieninhaltsverzeichnis

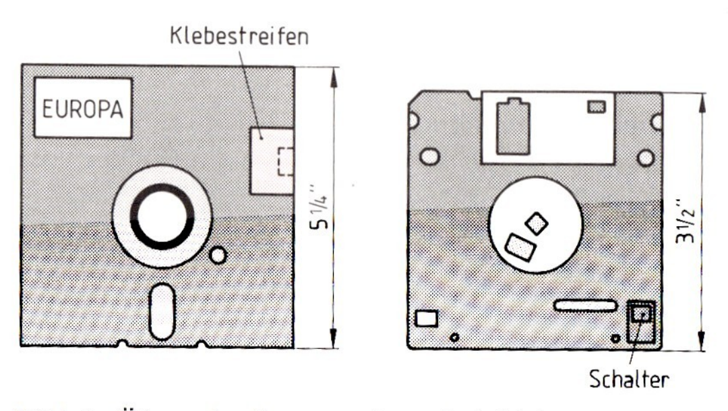

Bild 4: Überschreibungsschutz bei Disketten

4.11.2 Sicherung gegen Zugriff

In der Datenverarbeitung ist es erforderlich, Daten gegen fremden Zugriff, insbesondere auch gegen Sabotage, zu schützen.

Die verbreitetste Methode ist hierbei die Verwendung von Paßworten. Jeder Benutzer (engl. User) einer Rechenanlage besitzt ein eigenes Paßwort, welches er zu Beginn seiner Sitzung dem Rechner mitteilen muß. Kennt der Rechner dieses Paßwort, erlaubt er dem Benutzer den Zugang. Aus Sicherheitsgründen müssen in Abteilungen mit geheimen Daten die Paßworte

- oft mindestens 10 Zeichen lang sein,
- verschiedene, nicht aufeinanderfolgende Zeichen enthalten und
- täglich geändert werden.

Oft verweigert die Rechenanlage einem Benutzer sogar den Zugang, wenn drei aufeinanderfolgende Paßworteingaben fehlerhaft waren.

Paßworte müssen häufig geändert werden.

In manchen Rechenanlagen ist es möglich, auf Dateien gezielte Zugriffe für Lesen (Read), Schreiben (Write), Ausführen (Execute) und/oder Löschen (Delete) zu erlauben **(Bild 1)**. Neben diesen Zugriffsarten kann meist auch noch der zugriffsberechtigte Personenkreis ausgewählt werden. Es ist hierbei zwischen

- dem Eigner der Datei,
- einem Gruppenmitglied des Eigners,
- den übrigen Benutzern der Rechenanlage und/oder
- dem Systemmanager der Rechenanlage

zu unterscheiden.

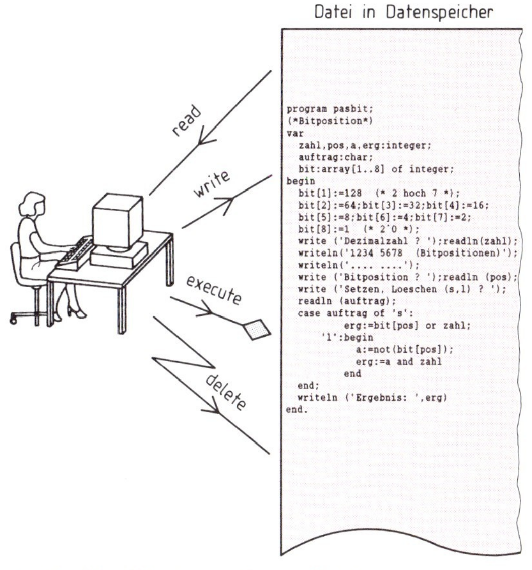

Bild 1: Zugriffsarten auf eine Datei

Bild 2: Dongle

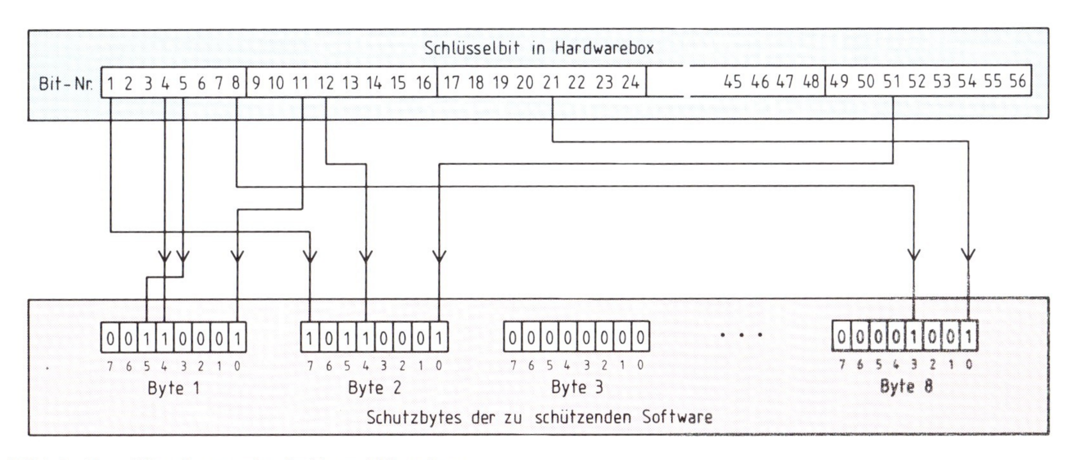

Bild 3: Zugriffsschutz mittels Verschlüsselung

Dateien lassen sich hinsichtlich verschiedener Zugriffsarten schützen.

Viele Softwarelieferanten für PC liefern derzeit ihre Produkte in Verbindung mit einer Hardwarebox *(Dongle)* aus **(Bild 2, vorhergehende Seite)**. Die Software ist meist zwar beliebig oft kopierbar, lauffähig ist sie jedoch nur zusammen mit dem Dongle. Dieses Dongle muß z. B. auf die parallele Schnittstelle der Rechenanlage gesteckt werden. Während des Arbeitens mit der so geschützten Software wartet diese zeitweise auf ein Echosignal des Dongles. Erst bei dessen Eintreffen setzt sie ihren Ablauf weiter fort.

Die Schaltung eines Dongles kann z. B. aus einem Mikrocontroller mit integriertem RAM und EPROM sowie einem Schnittstellenbaustein bestehen. Der Zugriffsschutz beruht auf einer im Dongle als Software hinterlegten Verschlüsselung **(Bild 3, vorhergehende Seite)**. Die zu schützende Software schickt acht Bytes an den Dongle, die dieser entsprechend seiner Verschlüsselungstabelle im EPROM überprüft **(Bild 1)**. Wegen der bei acht Bytes möglichen $2^{8 \cdot 8} = 2^{64}$ Verschlüsselungsvarianten ist dieser Zugriffsschutz relativ sicher.

Eine weitere Möglichkeit, Zugriffe auf Dateien zu unterbinden, ist die Installation eines Schlüsselschalters an einer Rechenanlage **(Bild 2)**. Hiervon wird sehr häufig bei numerischen Steuerungen (NC) und bei speicherprogrammierten Steuerungen (SPS) Gebrauch gemacht. Es ist somit möglich, daß der Maschinenbediener nur in ausgewählten Dateien ändern darf, aber z. B. der Meister in allen Dateien der Steuerung. Die nur mit einem Schlüssel einzustellenden Schalterstellungen können über ein SPS-Eingangssignal erkannt werden. Ebenso sind die Betätigungen der Tasten der Bedienfeldtastatur über SPS-Eingangssignale auswertbar. Der Zugriffsschutz auf Dateien kann nun so realisiert sein, daß im Arbeitsspeicher der SPS eine Tabelle hinterlegt ist, welche die Zuordnung der Dateien zu den Zugriffsarten Lesen (Read), Schreiben (Write), Ausführen (Execute) und Löschen (Delete) enthält. Die Einstellung der erlaubten Zugriffsarten ist nur demjenigen möglich, der im Besitz des richtigen Schlüssels ist. Manchmal besitzen NC auch mehrere solcher Schlüsselschalter.

Durch Anbringen von Schlüsselschaltern an Rechenanlagen kann ein Zugriffsschutz auf Daten hergestellt werden.

Schlüsselbit	Schutzbyte	Bitposition
1	2	7
4	1	4
5	1	5
8	8	3
11	1	0
12	2	4
21	8	0

Bild 1: In Hardwarebox abgespeicherte Verschlüsselungstabelle

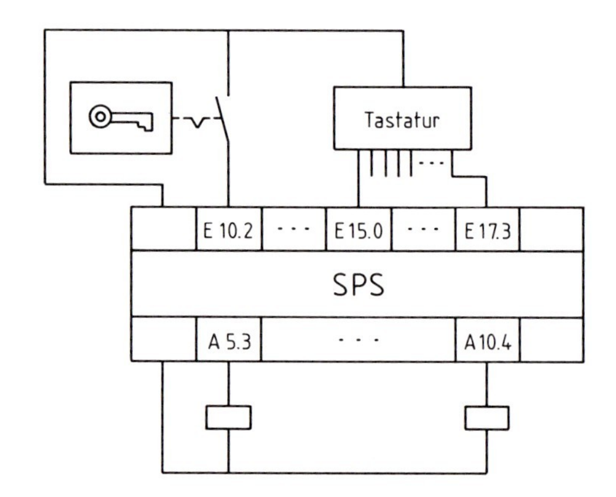

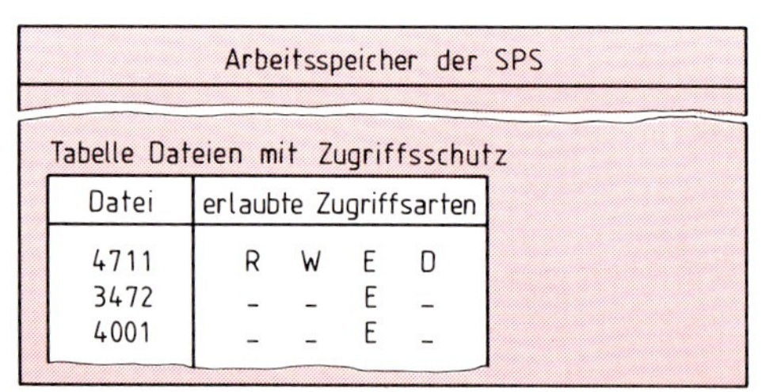

- Zugriffsart ändern:
  Schlüsselschalter EIN, Zugriffsart eingeben.
- Schreibsperre aktivieren:
  Schlüsselschalter EIN, W (von Write) löschen.

Bild 2: Möglicher Zugriffsschutz auf Dateien mittels Schlüsselschalter

Wiederholungsfragen

1. **Wozu werden Diagnoseprogramme verwendet?**
2. **Wie werden Dongles an Rechenanlagen befestigt?**
3. **Nennen Sie vier Zugriffsarten auf Dateien!**

4.11.3 Kopierschutz durch Installationsschutz

Zum Verhindern von Softwarediebstahl werden auch Kopierschutzverfahren in Form eines Installationsschutzes angewendet. Über eine Prozedur im Installationsprogramm des Softwarepaketes wird die erlaubte Anzahl der Installationsläufe geprüft **(Bild 1)**. So ist es möglich, ein Softwarepaket auf Diskette z. B. für vier Installationen zu verkaufen. Ein Installationsschutz kann auch dadurch verwirklicht werden, indem im Installationsprogramm verschlüsselt eine Seriennummer, z. B. der Rechenanlage eingetragen ist und diese beim Installieren dann geprüft wird.

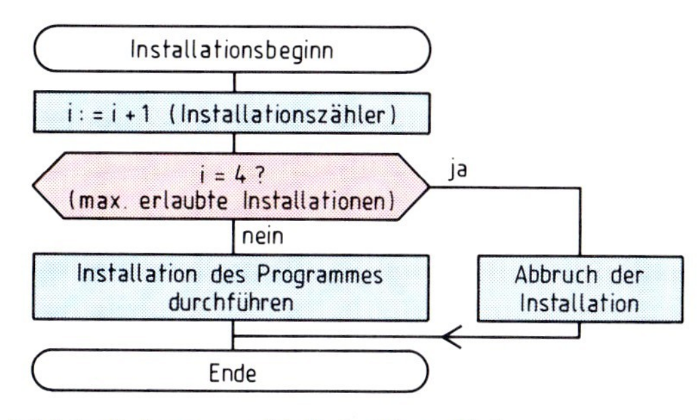

Bild 1: Schutz vor Mehrfachinstallationen

4.11.4 Computerviren

Ein Computervirus[1] ist ein Programm mit zerstörerischem Auftrag und ist in einem Programm, dem Wirtsprogramm, versteckt. Dieses infizierte[2] Programm steckt wiederum andere Programme an, indem sich das Virusprogramm in weitere Programme kopiert. Erst nach mehrfacher Vervielfachung des Schadensprogrammes bemerkt man, daß der Computer fehlerhaft arbeitet. Manche Computerviren bringen es fertig, daß z. B. der Speicher eines Computers mit Daten gefüllt wird, ohne daß der Benutzer dies bemerkt.

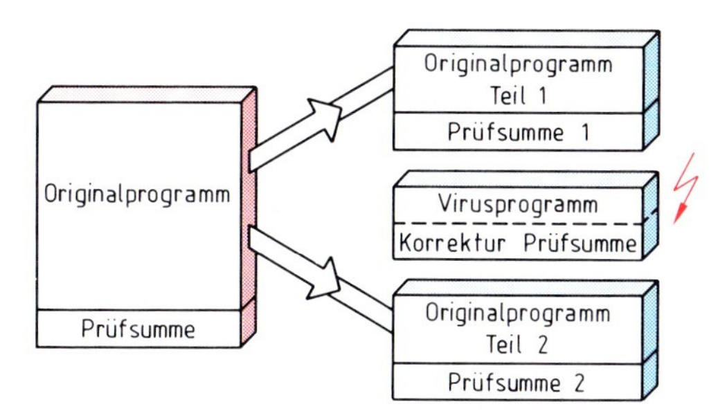

Bild 2: Virusermittlung über Prüfsummentest

Das Aufspüren von Computerviren erfolgt meist durch Prüfung der gespeicherten Quersummen (Prüfsummen) der Speicherplätze der gespeicherten Dateien. Die Wahrscheinlichkeit, daß zwei ungleiche Dateien die gleichen Prüfsummen besitzen, ist ziemlich gering. Allerdings reicht eine Prüfsummenbildung allein zur Erkennung eines Computervirus noch nicht aus. Das Virus kann nämlich bei Kenntnis des Prüfsummenalgorithmus die durch ihn veränderte Prüfsumme entsprechend korrigieren **(Bild 2)**.

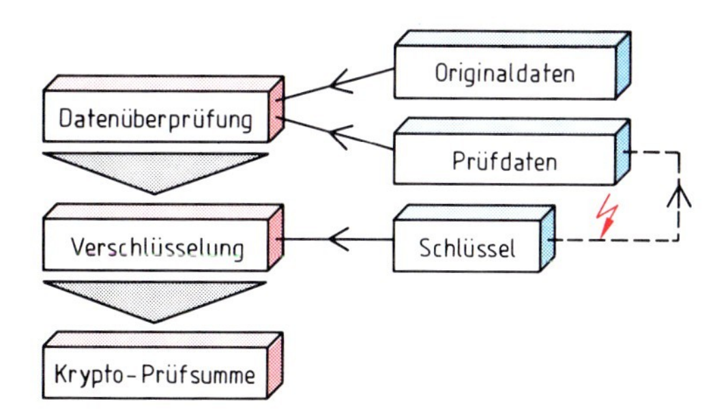

Bild 3: Prüfsummenberechnung mittels Verschlüsselung

In der Computerwelt bedient man sich häufig der Kryptographie[3], also des Verschlüsselns. Wird nun die Prüfsumme mittels eines Verschlüsselungsalgorithmus ermittelt, so muß das Virusprogramm auch diesen Algorithmus kennen, um die Prüfsumme entsprechend korrigieren zu können **(Bild 3)**. Es gibt jedoch Verschlüsselungsfunktionen, die fast nicht zu entschlüsseln sind. Bei diesen erfolgt die Verschlüsselung anhand der zu verschlüsselnden Daten selbst **(Bild 4)**. Mit diesem Verfahren können Computerviren ziemlich sicher erkannt werden.

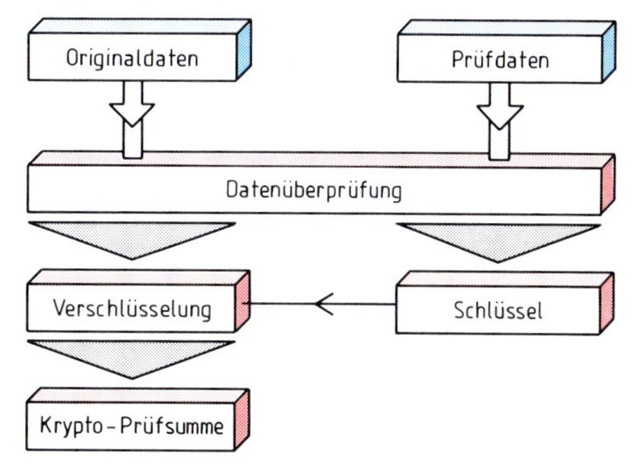

Bild 4: Prüfsummenberechnung mittels Einweg-Verschlüsselung

[1] das Virus = Krankheitserreger; [2] lat. inficere = anstecken
[3] griech. Kryptografie = Geheimschrift

4.11.5 Gesetzlicher Datenschutz

Durch die elektronische Datenverarbeitung besteht technisch die Möglichkeit, die Daten der Bürger in einem so großen Umfang zu speichern und aus dem Datenspeicher bei passender Gelegenheit zu entnehmen, daß damit *Mißbrauch* getrieben werden kann. So könnte z. B. nach einer Eheschließung ein Hochzeitspaar von aufdringlichen Verkäufern aufgesucht werden.

Deshalb wurden Gesetze und Einrichtungen geschaffen, die den Mißbrauch von Daten verhindern sollen. Mißbrauch liegt dabei vor, wenn zu dem Gebrauch der Daten keine gesetzliche Grundlage besteht.

Der gesetzliche Datenschutz dient nicht dem Schutz der Daten, sondern dem Schutz des Bürgers vor mißbräuchlicher Verwendung der über ihn gespeicherten Daten.

Der Gebrauch der gespeicherten Daten ist erlaubt, wenn dazu eine *gesetzliche Grundlage* besteht. So haben die Finanzämter Zugang fast zu allen Daten, die über die Einkommensverhältnisse der Bürger etwas aussagen, weil zur Besteuerung gesetzliche Grundlagen vorhanden sind. Dagegen haben z. B. Schulbehörden keinen Zugang zu den Daten des Finanzamtes, weil die gesetzlichen Aufgaben der Schulbehörden das nicht erfordern.

Während öffentliche Institutionen vielfachen Zugang zu gespeicherten Daten haben, da meist gesetzliche Grundlagen dazu bestehen, ist der Zugang von privaten Institutionen zu gespeicherten Daten anderer Institutionen im Prinzip sehr eingeschränkt. So ist es z. B. einer Bank nicht möglich, die Einkommensverhältnisse eines Kunden aus der Datei des Finanzamtes zu erfahren.

Der Datenschutz ist für private Institutionen besonders wirksam.

Die Überwachung der Datenschutzgesetze erfolgt vor allem durch staatliche Datenschützer (Datenschutzbeauftragte) und deren Verwaltungen. Diese geben auch Informationen über den Datenschutz heraus **(Bild 1)**. Es gibt einen Bundesdatenschutzbeauftragten und in jedem Bundesland einen Landesdatenschutzbeauftragten.

Im BDSG (Bundesdatenschutzgesetz) sind Maßnahmen angeführt, die für Datenverarbeitungsanlagen von personenbezogenen Daten vorgeschrieben sind:

Bild 1: Informationsschrift des BfD (Bundesbeauftragter für den Datenschutz)

Zugangskontrolle: Unbefugte dürfen keinen Zugang haben.

Abgangskontrolle: Es muß sichergestellt sein, daß keine Datenträger entwendet werden.

Speicherkontrolle: Das unbefugte Manipulieren mit dem Speicherinhalt muß zuverlässig vermieden werden, z. B. durch Datenvergleich.

Benutzerkontrolle: Unbefugte dürfen die Anlage nicht benützen können.

Zugriffskontrolle: Der Zugriff zu einer Datei darf nur den dafür befugten Personen möglich sein. Das muß durch eine selbsttätige Einrichtung der Datenverarbeitungsanlage gewährleistet sein.

Übermittlungskontrolle: Es muß feststellbar sein, wohin Daten weitergeleitet wurden.

Eingabekontrolle: Es muß nachträglich feststellbar sein, wer welche Daten zu welchem Zeitpunkt eingegeben hat.

Auftragskontrolle: Es muß gewährleistet sein, daß im Auftrag erfolgte Datenverarbeitung nur gemäß dem erteilten Auftrag erfolgen kann.

Transportkontrolle: Es muß sicher sein, daß bei der Datenübermittlung und beim Datenträgertransport kein Verändern, Löschen oder unbefugtes Lesen der Daten möglich ist.

Organisationskontrolle: Die gesamte Organisation des Betriebes oder der Behörde muß datenschutzgerecht sein.

Wiederholungsfragen

1. **In welchem Fall liegt Mißbrauch von Daten vor?**
2. **Welche Aufgabe hat der gesetzliche Datenschutz?**
3. **Wer überwacht die Einhaltung der Datenschutzgesetze?**
4. **Nennen Sie die 10 für den Datenschutz vorgesehenen Kontrollen!**

5 Messen, Steuern, Regeln

5.1 Elektronisches Messen

Zur Steuerung, Regelung und Überwachung von Anlagen benötigt man elektrische Signale, welche einer physikalischen Größe, z. B. einem Meßwert, entsprechen. Man bezeichnet die Geräte, die eine physikalische Größe in ein elektrisches Signal umsetzen, als *Meßwertgeber*.

Häufig wird ein Signal benötigt, welches Abweichungen von vorgegebenen Sollgrößen oder welches Gegebenheiten anzeigt, z. B. das Vorhandensein eines Werkstücks. Diese Signalgeber nennt man Aufnehmer, Fühler, Sonden, Detektoren oder *Sensoren*[1]. Oft kann man durch Kalibrieren[2] aus Sensorsignalen auch Meßwerte ableiten.

Meßwertgeber sind Sensoren, deren Signale kalibriert sind.

5.1.1 Arten von Sensoren

Sensoren sind Bauelemente, deren elektrische Eigenschaften durch elektrische Größen, z. B. einen Strom, oder auch durch nichtelektrische Größen, z. B. eine Kraft, beeinflußt werden. Sie formen elektrische, mechanische, thermische, optische und chemische Größen in passende elektrische Signale um. Dies geschieht meist in mehreren Stufen. So wird zur Kraftmessung zunächst durch elastische Verformung einer Feder die Kraft in einen Weg umgeformt, und dieser Weg ändert über eine Potentiometerverstellung ein Widerstandsverhältnis, welches schließlich zu einem veränderten Spannungsfall führt **(Bild 1)**.

Entsprechend der Wirkungsweise bei der Umformung nichtelektrischer Größen in elektrische Größen unterscheidet man *passive* und *aktive* Sensoren **(Bild 2)**.

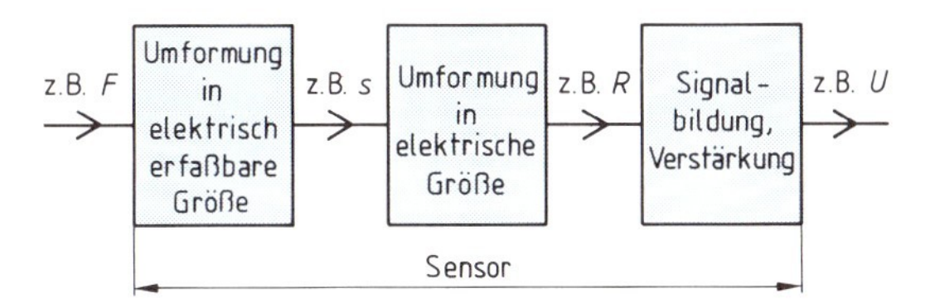

Bild 1: Aufbau eines Sensors

Aktive Sensoren formen mechanische Energie, thermische Energie, Lichtenergie oder chemische Energie direkt in elektrische Energie um. Aktive Sensoren sind daher Spannungserzeuger und beruhen auf einem Umwandlungseffekt, wie Thermoeffekt, Fotoeffekt, Piezoeffekt oder elektrodynamisches Prinzip.

Passive Sensoren beeinflussen elektrische Größen durch nichtelektrische Meßgrößen, wie z. B. einen Widerstand durch einen Weg. Die Meßgröße selbst wird nicht in elektrische Energie umgewandelt. Man spricht deshalb von einer passiven Umformung.

Passive Sensoren benötigen eine Hilfsstromquelle, damit die elektrische Größe des Sensors erfaßt werden kann. Diese elektrische Größe des passiven Sensors, z. B. sein Widerstand, wird durch eine physikalische oder chemische Einwirkung der nichtelektrischen Meßgröße verändert oder aber durch ein Kompensationsverfahren mit einer bekannten elektrischen Größe, z. B. einem Widerstand, verglichen.

Bei einem Widerstandsthermometer verändert die zu messende Temperatur den elektrischen Widerstand des Sensors durch physikalische Beeinflussung. Ein Säuresensor erfaßt den Widerstand der Säure zwischen zwei Elektroden. Chemische Veränderungen ändern diesen Widerstand.

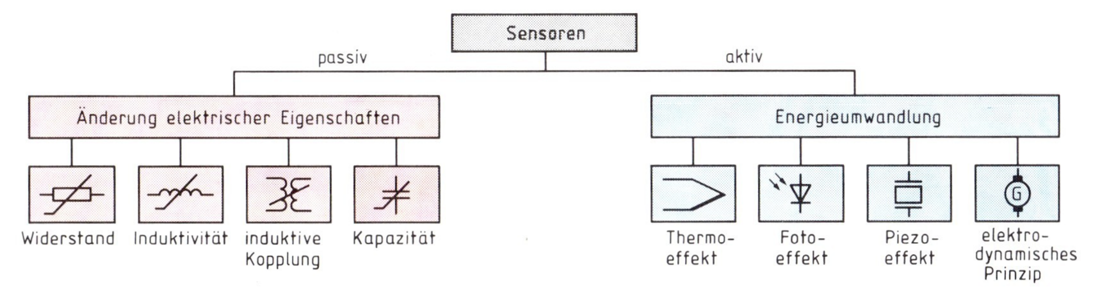

Bild 2: Arten von Sensoren

[1] lat. sensus = gefühlt
[2] engl. to calibrate = einmessen, feststellen des Zusammenhangs zwischen Meßgröße und Anzeige

5.1.2 Sensoren mit Widerstandsänderung

Viele physikalische Größen beeinflussen den Widerstand eines elektrischen Bauelements und werden dadurch erfaßbar.

Potentiometrische Sensoren

Durch Verschieben oder Verdrehen des Potentiometerabgriffs erhält man eine Meßspannung, die proportional zum Verdrehwinkel oder Verschiebeweg ist. Die Widerstandschicht besteht meist aus sehr hartem und abriebfestem Leitplastik. Gegenüber Kohleschichtpotentiometern oder Drahtpotentiometern erreicht man damit eine wesentlich höhere Lebensdauer mit etwa 10^8 Schleiferspielen. Das Leitplastik ist bündig mit dem Plastikträgermaterial verpreßt. Eine am Rand eingefräste Korrekturrille **(Bild 1)** ermöglicht eine besonders kleine Linearitätsabweichung. Die Abweichung der Potentiometerschleiferspannung U_s von der linearen Spannungs-Drehwinkel-Kennlinie ist über dem gesamten Verstellbereich z. B. kleiner als 0,1% der angelegten Potentiometerspannung U_0 (Linearität 0,1%). Der Potentiometerabgriff besteht aus mehreren, auf unterschiedliche mechanische Frequenzen abgestimmten Federn, so daß auch bei Vibration ein sicherer Kontakt gegeben ist.

Drehpotentiometer gibt es mit linearer Kennlinie zur Winkelerfassung mit einem Drehwinkelbereich bis etwa 350° oder als Mehrgangpotentiometer bis 3600° oder auch ohne Begrenzung als durchdrehbare Potentiometer.

Schiebepotentiometer mit Leitplastik werden in Längen bis etwa 1 m hergestellt. Man verwendet sie zur Wegmessung an Maschinen, Justiereinrichtungen und Aufzeichnungsgeräten, z. B. an Kompensationsschreibern und Plottern.

Potentiometrische Sensoren verwendet man zur Längenmessung und zur Winkelmessung.

Widerstandsthermometer

Unter dem Einfluß der Temperatur verändert sich der Widerstand der Metalle und Halbleiter. Durch Messen des Widerstandes wird die zu erfassende Temperatur bestimmt.

Metallthermometer haben meist eine Meßwicklung aus Platindraht oder Nickeldraht **(Bild 2)**. Platinwiderstandsthermometer Pt 100 haben einen Nennwiderstand von 100 Ω bei 0 °C und ermöglichen sehr genaue Messungen in einem Temperaturbereich zwischen −220 °C und 1000 °C. Im

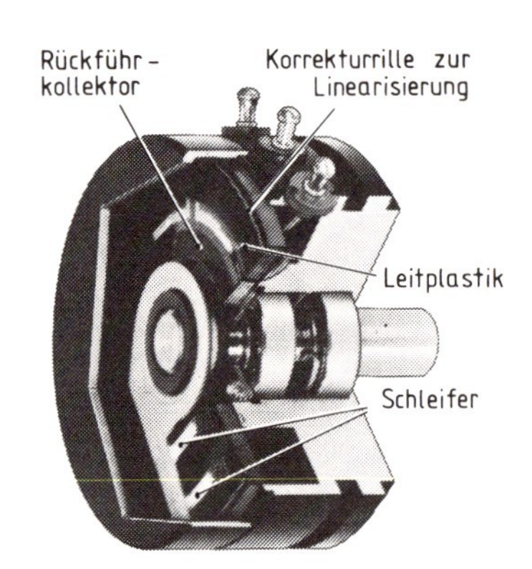

Bild 1: Leitplastik-Meßpotentiometer

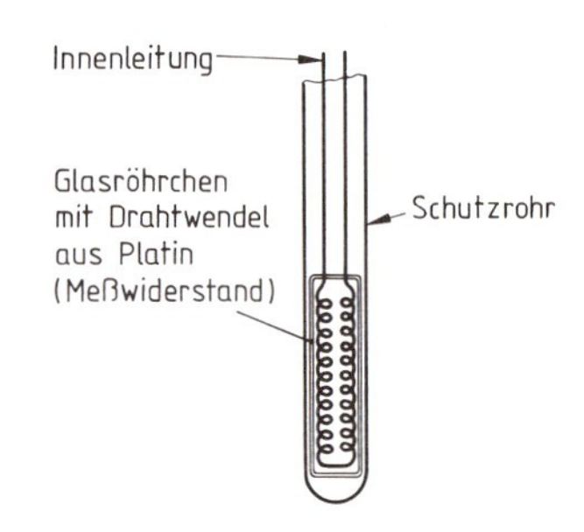

Bild 2: Metallthermometer Pt 100

Meßbereich zwischen 0 °C und 200 °C können Messungen bis auf 1/100 K genau durchgeführt werden. Im Meßbereich bis 1000 °C beträgt der Meßfehler immer noch weniger als 0,5% ≙ 5 K. Bei den Nickel-Metallthermometern reicht der Meßbereich von −60 °C bis +200 °C. Der Nennwiderstand beträgt ebenfalls 100 Ω bei 0 °C. Die Widerstands-Temperatur-Kennlinie bei Nickel ist nicht so linear wie die Widerstands-Temperatur-Kennlinie bei Platin.

Metallthermometer mit Platindraht haben einen Meßbereich von −220 °C bis 1000 °C.

Die Widerstandsmessung erfolgt meist in einer *Zweileiterbrückenschaltung* **(Bild 1, folgende Seite)** oder in einer *Dreileiterbrückenschaltung* **(Bild 2, folgende Seite)**. Das Widerstandsthermometer liegt bei der Brückenschaltung in einem Brückenzweig. Der Abgleich der Brückenschaltung geschieht durch Verändern eines der drei Brückenwiderstände. Die Dreileiterbrückenschaltung hat gegenüber der Zweileiterbrückenschaltung große Vorteile.

Bei Temperaturmessungen hat das Meßobjekt gegenüber der Meßbrücke meist eine unterschiedliche Temperatur und liegt häufig mehrere Meter von der Meßbrücke entfernt. So erfährt auch die Kupferzuleitung zu dem Thermometer Temperaturunterschiede und damit Widerstandsänderungen, die bei der Zweileiterbrückenschaltung zur Widerstandsänderung des Meßfühlers als Fehlergröße hinzutreten. Bei der Dreileiterschaltung liegt eine Leiterader im Brückenzweig des Thermometers, die zweite Leiterader im Brückenzweig des Brückenfestwiderstandes R1. Bei gleichsinniger Widerstandsänderung der Leiterwiderstände wird die Meßbrücke nicht verstimmt (Bild 2). Die auch vorhandene Widerstandsänderung in der mittleren Leiterader für die Erfassung der Brückenquerspannung und damit für die Erfassung des Meßsignals ist unerheblich, da in diesem Leiter bei einem hochohmigen Meßgerät fast kein Strom fließt und damit auch kein Spannungsfall entsteht.

Halbleiterthermometer haben einen Heißleiterwiderstand (NTC-Widerstand) oder einen Kaltleiterwiderstand (PTC-Widerstand) als Sensorelement. Gegenüber den Metallthermometern haben die Halbleiterthermometer höhere Temperaturbeiwerte, sie reagieren also empfindlicher auf Temperaturänderungen. Ihre Widerstands-Temperatur-Kennlinie ist aber nicht linear. Der Meßbereich reicht von etwa -70 °C bis 300 °C. Das kleine Bauvolumen und die damit verbundene kleine Wärmespeicherung der Halbleiterthermometer ermöglicht insbesondere die Erfassung von Oberflächentemperaturen und Temperaturschwankungen.

Dem Meßobjekt wird nur wenig Wärme entzogen, und damit erreicht man genaue Ergebnisse, z. B. bei Oberflächentemperaturmessungen. Die kleine Wärmekapazität ermöglicht auch eine schnelle Anpassung an sich verändernde Temperaturen.

Halbleiterthermometer mit NTC-Widerständen oder PTC-Widerständen haben eine hohe Temperaturempfindlichkeit.

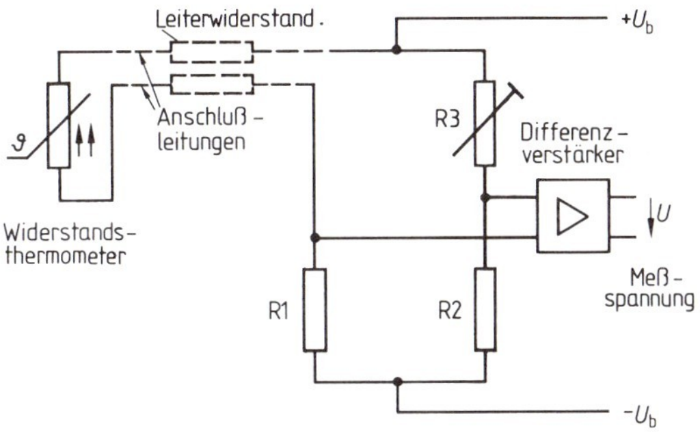

Chemische Analyse mit Widerstandsthermometer

Wärmeleitverfahren zur Gasanalyse[1] beruhen darauf, daß Gase verschiedene Wärmeleitfähigkeiten haben. Zur Messung benützt man eine Meßbrücke, die zwei Platindrähte als Brückenwiderstände enthält **(Bild 3)**. Die Drähte werden elektrisch beheizt.

Bild 1: Zweileiterbrückenschaltung zur Temperaturmessung

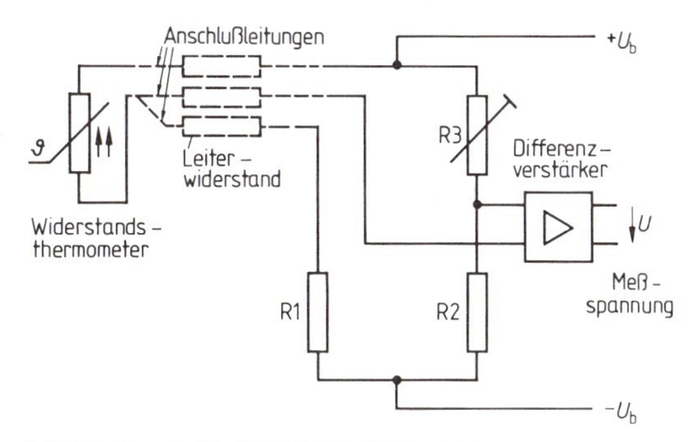

Bild 2: Dreileiterbrückenschaltung zur Temperaturmessung

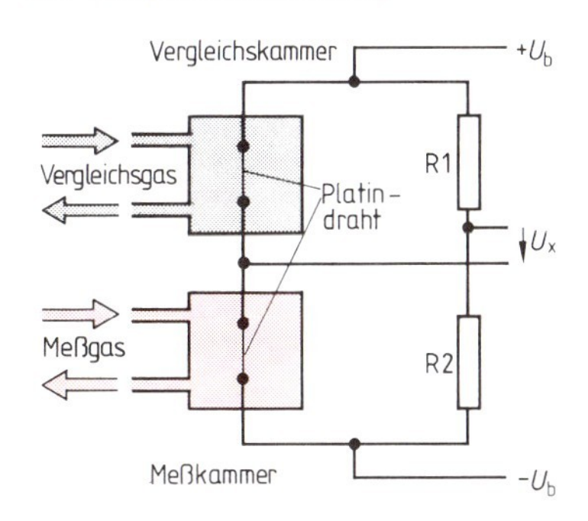

Bild 3: Gasanalyse nach dem Wärmeleitverfahren

Das Meßgas umspült den einen Platindraht, ein Vergleichsgas bekannter Zusammensetzung den anderen. Haben beide Gase die gleiche Zusammensetzung, so ist auch die Kühlwirkung auf die Platindrähte gleich, und die Brücke wird nicht verstimmt. Bei Abweichungen der Zusammensetzung des Meßgases vom Vergleichsgas zeigt das Anzeigeinstrument die Spannung U_x an. Man verwendet solche Verfahren z. B. zur CO_2-Bestimmung von Verbrennungsgasen. Als Vergleichsgas dient dabei Luft.

[1] Analyse = Zerlegung, z. B. einer chemischen Verbindung in ihre Grundstoffe

Dehnungsmeßstreifen

Dehnungsmessungen, z.B. an Maschinen, Brückenträgern und Stahlkonstruktionen, werden mit Dehnungsmeßstreifen (DMS) oder Reckdrähten vorgenommen **(Bild 1)**. Sie haben den Zweck, das Bauteil bei ruhender (statischer) Belastung zu überprüfen oder den Einfluß bei wechselnder (dynamischer) Belastung zu erfassen. Die Längenänderungen (Dehnungen) sind dabei sehr klein, meist nur 0,1 µm...10 µm. Die Wirkung der Dehnungsmeßstreifen beruht auf der Widerstandserhöhung eines Leiters, wenn dieser durch Dehnung verlängert und dadurch im Querschnitt verkleinert wird. Dehnungsmeßstreifen werden meist als *Folien-Dehnungsmeßstreifen* hergestellt. Dabei wird wie bei der Herstellung gedruckter Schaltungen ein metallisches Meßgitter in einem galvanischen Verfahren auf eine Trägerfolie aufgetragen. Um kleine Baulängen von wenigen Millimetern zu erhalten, sind die Leitungswege mäanderförmig[1] aufgebracht, und zwar in Längsrichtung sehr dünn und in den Umkehrschleifen, also in Querrichtung, breit. Durch die Mäanderform erreicht man eine große wirksame Leiterlänge. Die Widerstandsänderung ist bei Dehnungen in Längsrichtung entsprechend hoch und bei etwaigen Querdehnungen sehr gering.

Durch Dehnung erhöht sich der Widerstand der Dehnungsmeßstreifen.

Die Dehnungsmeßstreifen werden auf das Meßobjekt so aufgeklebt, daß die Meßgitterlängsrichtung der Richtung entspricht, in welcher man Dehnungen bzw. mechanische Spannungen erfassen will. Zur gleichzeitigen Messung in mehreren Richtungen gibt es spezielle Dehnungsmeßstreifen, z.B. mit Meßgittern, welche unter 120° zueinander oder unter 45° zur Streifenlängsrichtung ausgerichtet sind **(Bild 2)**.

Als Widerstandswerkstoff verwendet man meist Konstantan (60% Cu, 40% Ni) oder eine Chrom-Nickel-Legierung (80% Cr, 20% Ni). Der Leiter des Halbleiterdehnungsmeßstreifens besteht aus einem etwa 15 µm dicken Siliciumstreifen.

Die Nennwiderstände der Dehnungsmeßstreifen sind 120 Ω, 350 Ω und 600 Ω. Die Widerstandsänderung bei Dehnung wird durch den *k*-Faktor angegeben. Er beträgt bei Konstantan und Chrom-Nickel 2,0, bei Silicium etwa 150.

[1] Mäander (nach dem Fluß in Kleinasien) = geschlängelter Flußlauf

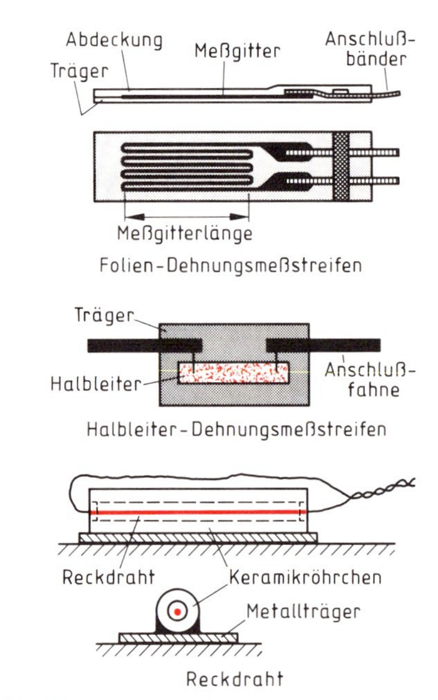

Bild 1: Sensoren zur Dehnungsmessung

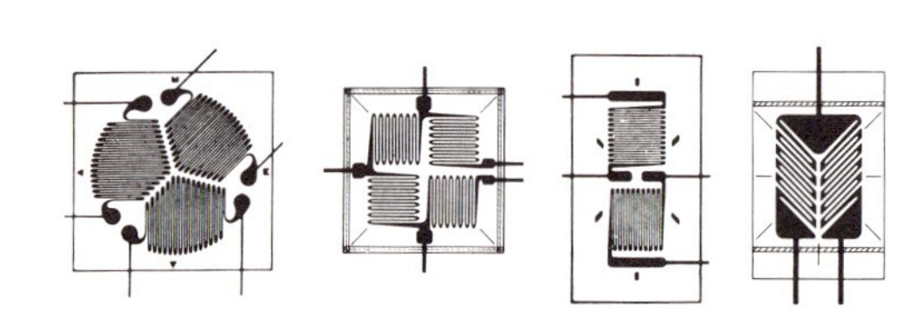

Bild 2: Ausführungsformen von Dehnungsmeßstreifen

ΔR Widerstandsänderung
R Nennwiderstand
k Faktor
Δl Längenänderung
l Nennlänge des Dehnungsmeßstreifens
ε Dehnung

$$\varepsilon = \frac{\Delta l}{l}$$

$$\frac{\Delta R}{R} = k \cdot \varepsilon$$

Beispiel:
Wie groß ist die Widerstandsänderung von 600 Ω eines DMS aus Chrom-Nickel bei einer Dehnung von 1 µm/m?

Lösung:

$$\frac{\Delta R}{R} = k \cdot \varepsilon$$

$$\Rightarrow \Delta R = R \cdot k \cdot \varepsilon = 600\,\Omega \cdot 2 \cdot 0{,}001 = \mathbf{1{,}2\,\Omega}$$

Tabelle 1: Schaltungen mit Dehnungsmeßstreifen

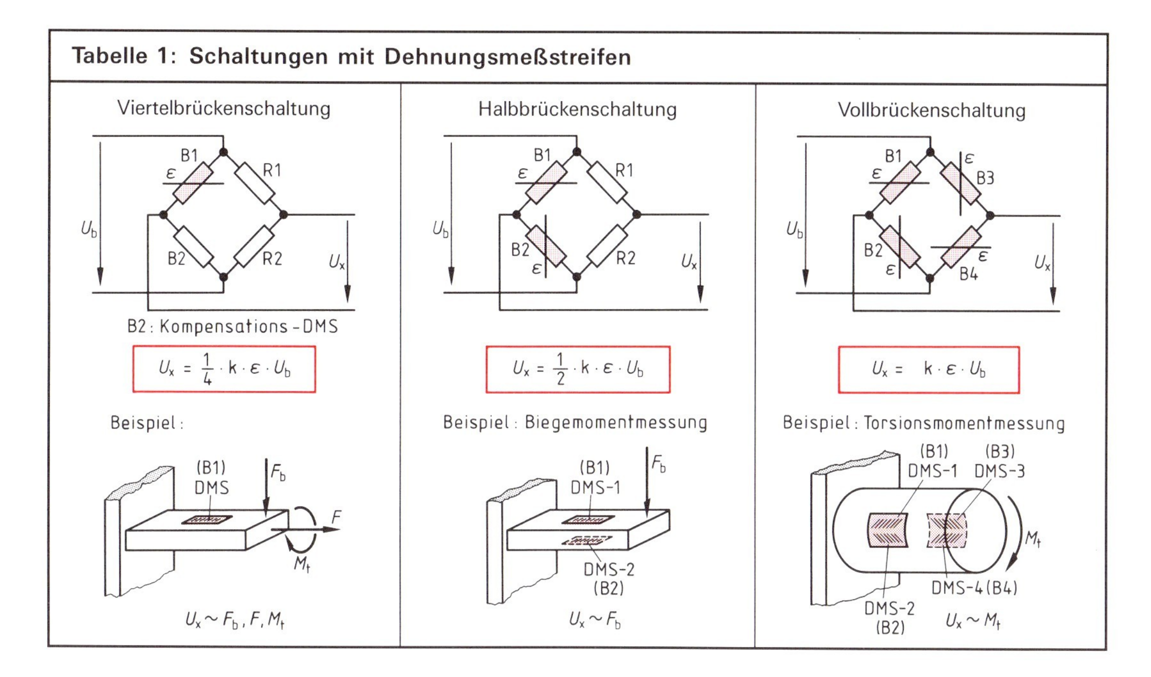

Bei den Meßschaltungen unterscheidet man die *Viertelbrückenschaltung*, die *Halbbrückenschaltung* und die *Vollbrückenschaltung* **(Tabelle 1)**.

Die Viertelbrückenschaltung wird meist nur in Verbindung mit einem Kompensations-Dehnungsmeßstreifen verwendet (Tabelle 1). Dieser hat die Aufgabe der Temperaturkompensation. Der aktive Dehnungsmeßstreifen erfährt außer durch Dehnung auch durch Temperaturänderungen eine Widerstandsänderung. Zur Kompensation dieses Temperatureinflusses bringt man in die Nähe des aktiven Dehnungsmeßstreifens einen weiteren Dehnungsmeßstreifen, klebt diesen aber nicht auf das Meßobjekt auf, sondern läßt auf ihn nur dieselbe Temperatur einwirken. Der Kompensations-Dehnungsmeßstreifen wird in der Brückenschaltung in den gleichen Zweig wie der aktive Dehnungsmeßstreifen geschaltet. Die beiden übrigen Brückenwiderstände sind konstante Widerstände.

Die Halbbrückenschaltung läßt sich vorteilhaft verwenden, wenn zugleich eine Dehnung (Widerstandserhöhung um ΔR) und eine Stauchung (Widerstandsverminderung um ΔR) vorliegt, z. B. bei einer Biegemomentmessung an einem Biegestab (Tabelle 1). Das zu messende Biegemoment wirkt im Gegentakt auf die Brückenschaltung. Sowohl etwaige Temperaturänderungen als auch Zugkräfte wirken im Gleichtakt und werden daher unterdrückt. Eine günstige Auswerteschaltung ist die Vollbrückenschaltung mit zwei gedehnten und zwei gestauchten Dehnungsmeßstreifen. Diese Schaltung verwendet man zur Messung des Torsionsmoments und bei speziellen Sensoren, wie z. B. bei Kraftmeßdosen und Drucksensoren.

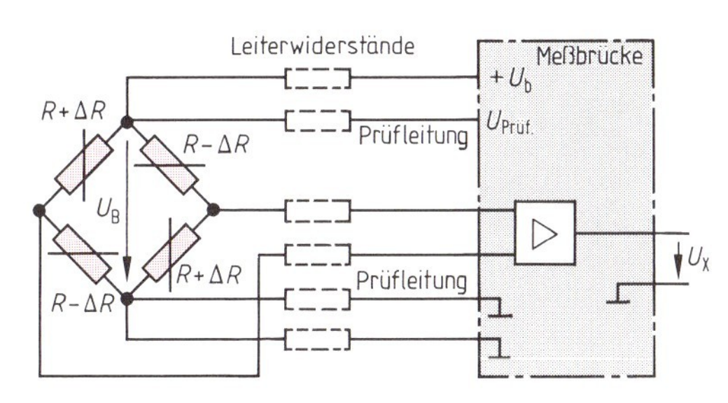

Bild 1: Gleichstrom-Meßbrückenschaltung

Die Vollbrückenschaltung ist temperaturkompensiert und hat die höchste Empfindlichkeit.

Die Brückenschaltungen können mit Gleichspannung oder auch Wechselspannung gespeist werden. Gleichspannungsbrückenschaltungen **(Bild 1)** sind leichter abzugleichen als Wechselstrombrückenschaltungen. Sie enthalten einen driftarmen Operationsverstärker, sowie bei einem Sechsleiter-Brückenanschluß zwei Prüfleiter für die Spannung U_B der Brücke.

Für genaue Messungen muß die Brückenspannung U_B unabhängig von Leitungslänge und Umgebungstemperatur konstant gehalten werden. Mit den Prüfleitern für die Brückenspannung wird der Spannungsabfall in den Brückenspeiseleitungen erfaßt und die Brückenspeisespannung soweit erhöht ($U_b > U_B$), daß U_B den vorgesehenen Wert von z. B. 10 V erreicht. Mit Gleichspannungsmeßbrücken für Dehnungsmeßstreifen sind Dehnungsschwingungen bis etwa 50 kHz erfaßbar.

Wechselspannungsmeßbrücken arbeiten meist mit einer 5-kHz-Wechselspannung **(Bild 1)**. Die Brückenspannung wird einer Wechselspannung von 5 kHz aufmoduliert. Diese Dehnungsmeßbrücken nennt man Trägerfrequenzmeßbrücken. Wegen der Leitungskapazitäten muß die Wechselspannungsmeßbrücke nach Betrag (R-Abgleich) und Phase (C-Abgleich) abgeglichen werden. Ein vorzeichenrichtiges Ausgangssignal, das der Dehnung entspricht, erhält man durch phasenrichtige Demodulation **(Bild 2)**. Hierbei wird im gleichen Takt mit der 5-kHz-Generatorspannung jede zweite Halbschwingung der amplitudenmodulierten Brückenspannung umgeklappt.

Kraftmeßdosen mit Dehnungsmeßstreifen enthalten je zwei Dehnungsmeßstreifen, die auf Stauchung und auf Zug beansprucht werden und auf einen speziellen Druckkörper aufgeklebt sind **(Bild 3)**. Kraftmeßdosen dieser Art erlauben Kräftemessungen von wenigen Newton bis über 1000 kN. Man verwendet sie z. B. zur Kraftmessung an Pressen, Walzen und als Wägezellen für elektronische Waagen.

Hitzdrahtsonden, Heißfilmsonden

Für die Messung von Gasströmungen oder Flüssigkeitsströmungen, sowie für Messungen von Druck, Dichte und Temperatur verwendet man Hitzdrahtsonden oder Heißfilmsonden (*Anemometer*[1]).

Bei der Hitzdrahtsonde oder der Heißfilmsonde **Bild 4** wird der Hitzdraht oder der Heißfilm durch den Strom einer Meßbrücke erwärmt. Die Hitzdrahtsonde besteht z. B. aus einem sehr feinen Wolframdraht von 0,4 mm bis 3 mm Länge und 1 μm bis 5 μm Durchmesser. Der Draht ist auf die verjüngten Enden der Nickelfühlerhalter geschweißt. Die Hitzdrähte sind für bestimmte Drücke, maximale Luft- bzw. Wassergeschwindigkeiten und maximale Drahttemperaturen bemessen. Die Heißfilmsonde enthält als Fühler einen dünnen Film aus Nickel, der auf einen Träger aus Quarz aufgestäubt ist.

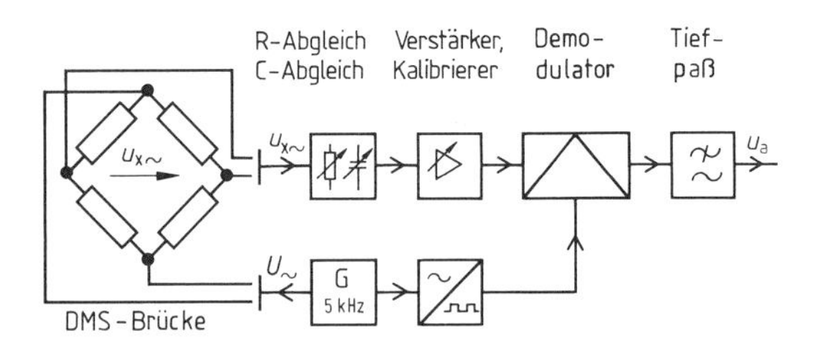

Bild 1: Trägerfrequenzmeßbrücke

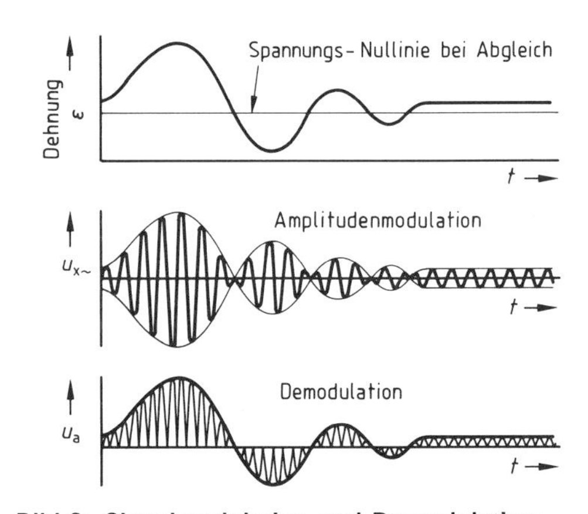

Bild 2: Signalmodulation und Demodulation

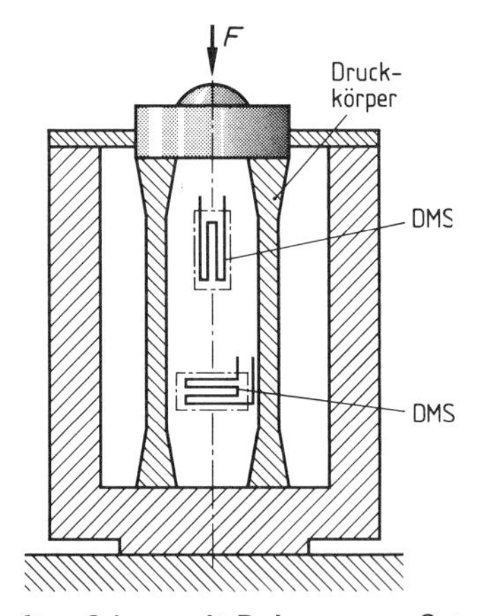

Bild 3: Kraftmeßdose mit Dehnungsmeßstreifen

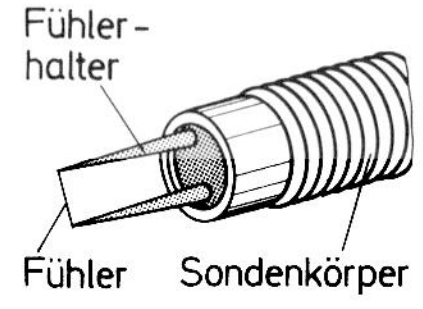

Bild 4: Hitzdrahtsonde

[1] griech. Anemometer = Windmesser

Wirkungsweise. Beim Konstantstrom-Anemometer **(Bild 1)** wird der Fühler mit einem konstanten Strom gespeist. Der Strom im Brückenzweig heizt die Sonde dauernd. Bei verstärkter Kühlung, z. B. durch Erhöhung der Strömungsgeschwindigkeit des Gases, ändert sich die Temperatur und damit der Widerstand der Sonde. Die Brücke wird dadurch verstimmt. Die Brückenspannung ist also ein Maß für die Meßgröße, z. B. die Geschwindigkeit. Wegen der thermischen Trägheit der Fühler sind Konstantstrom-Anemometer für Schwankungsmessungen nicht geeignet, dagegen können kleine Geschwindigkeitsänderungen genau gemessen werden. Beim Konstanttemperatur-Anemometer **(Bild 2)** wird der Widerstand des Fühlers und damit seine Temperatur konstant gehalten. Die Brückenspannung dient als Maß für die Wärmeübertragung. Der Servoverstärker[1] dient zur Nachregelung der Brückenspannung bei Änderung der Fühlertemperatur. Die Schaltung ist auch bei schnell veränderlichen Meßgrößen geeignet.

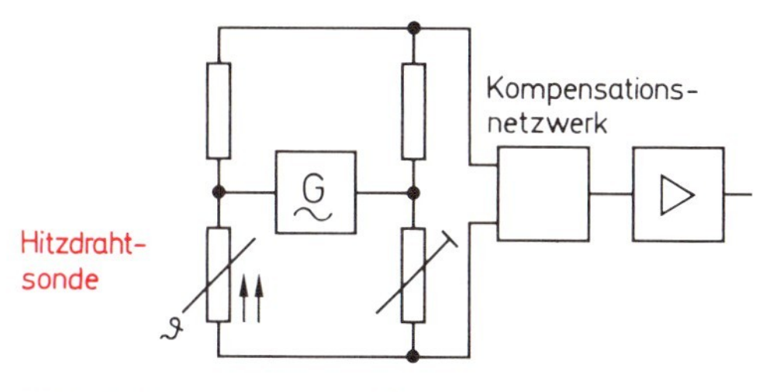

Bild 1: Konstantstrom-Anemometer

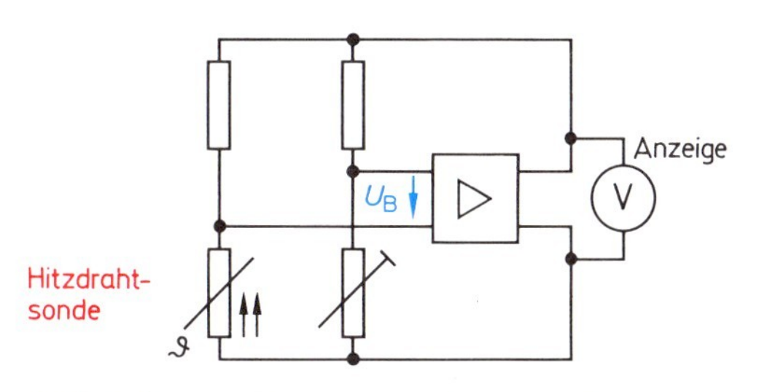

Bild 2: Konstanttemperatur-Anemometer

Sensoren mit Feldplatten

Feldplatten verwendet man bei Sensoren zum berührungslosen Erfassen von kleinen Wegen und Winkeln.

Beim Wegsensor werden zwei Feldplatten von dem magnetischen Fluß eines fest eingebauten Dauermagneten mit mittlerer Stärke durchflutet **(Bild 3)**. Bei Annäherung eines beweglichen Dauermagneten verändern sich die Flußdichten in den beiden Feldplatten gegensinnig. Die Feldplattenwiderstände verändern sich dabei auch gegensinnig und steuern eine Meßbrücke an. Die Brückenquerspannung ist im Arbeitsbereich des Sensors fast linear abhängig vom Weg s zwischen Wegsensor und beweglichem Dauermagnet.

Drehwinkelsensoren sind ähnlich aufgebaut. Der Dauermagnet ist hier drehbar gelagert. Die Brückenquerspannung ändert sich sinusförmig mit dem Drehwinkel. Für kleine Drehwinkeländerungen im mittleren Bereich ist die Spannung U_x näherungsweise proportional zum Drehwinkel.

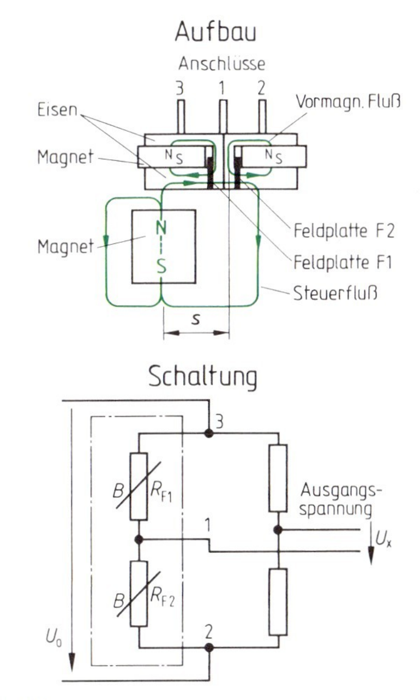

Bild 3: Wegsensor

Wiederholungsfragen

1. **In welche Funktionsblöcke gliedert sich der Aufbau eines Sensors?**
2. **In welche der beiden Hauptgruppen werden Sensoren eingeteilt?**
3. **Wofür verwendet man potentiometrische Sensoren?**
4. **Welche elektrische Größe wird bei Dehnungsmeßstreifen durch Dehnung verändert?**
5. **Welche Arten von Brückenschaltungen unterscheidet man bei Dehnungsmessungen?**
6. **Welche physikalische Größe wird durch Kompensations-Dehnungsmeßstreifen kompensiert?**
7. **Wofür verwendet man Hitzdrahtsonden?**
8. **Welche mechanische Größen können mit Feldplatten erfaßt werden?**

[1] lat. servus = Diener

5.1.3 Induktive Sensoren

Induktive Sensoren arbeiten mit Wechselspannung und beruhen auf einer Veränderung der Induktivität oder der induktiven Kopplung oder der Wirbelstrombildung.

Sensoren mit Veränderung der Induktivität

Der *Tauchankersensor* eignet sich zur Wegerfassung für Meßlängen von 50 mm...1500 mm. Er besteht z. B. aus einem Rohr, welches eine Meßwicklung trägt **(Bild 1)**. Ein Rundstabkern aus magnetisch weichem Eisen kann in das Rohr eingetaucht werden, dabei verändert sich die Induktivität der Spule. Die Messung führt man mit Wechselstrom in einer Brückenschaltung durch. Hierzu wird die Tauchankerspule durch eine zweite Spule gleicher Abmessung mit innerem festem Rundstabkern und durch zwei Wirkwiderstände ergänzt **(Bild 2)**.

Differentialspulensensoren haben ebenfalls einen Tauchkern aus magnetisch weichem Werkstoff. Befindet sich der Tauchkern in der Mittenstellung, dann sind beide Induktivitäten gleich groß **(Bild 3)**. Verschiebt man den Tauchkern nach der einen oder anderen Richtung ändert sich das Verhältnis der Induktivitäten gegensinnig. Die Differentialspule wird von einer Trägerfrequenzmeßbrücke meist mit 5 kHz gespeist. Die Brückenquerspannung ist proportional zum Verschiebeweg *s*. Man erreicht eine Wegauflösung von etwa 1 µm. Zur Erkennung der Verschieberichtung ist eine phasenrichtige Gleichrichtung (Demodulation) der Brückenspannung erforderlich. Bei einer *Trägerfrequenzmeßbrücke* (Bild 3) wird durch den Demodulator im Takt des Generators jede zweite Halbschwingung umgeklappt.

Die Trägerfrequenzmeßbrücke muß als Wechselspannungsbrücke nach Betrag und Phase abgeglichen werden. Hierzu wird für die jeweilige Ausgangslage des Kerns der Differentialspule im unempfindlichsten Meßbereich durch wechselweises Verändern eines Brückenwiderstandes die Brücke im Betrag und dann durch Verändern eines Kondensators in der Phase auf eine immer kleiner werdende Brückenquerspannung abgeglichen, bis schließlich kein Zeigerausschlag mehr erkennbar ist. Danach wiederholt man den Abgleich mit höherer Brückenempfindlichkeit (Verstärkung). Das Erfassen von Wegschwingungen ist nur möglich, wenn die Frequenz der Wegschwingung höchstens ein Viertel der Speisefrequenz der Meßbrücke (Trägerfrequenz) ist.

Induktive Sensoren arbeiten mit Wechselspannung.

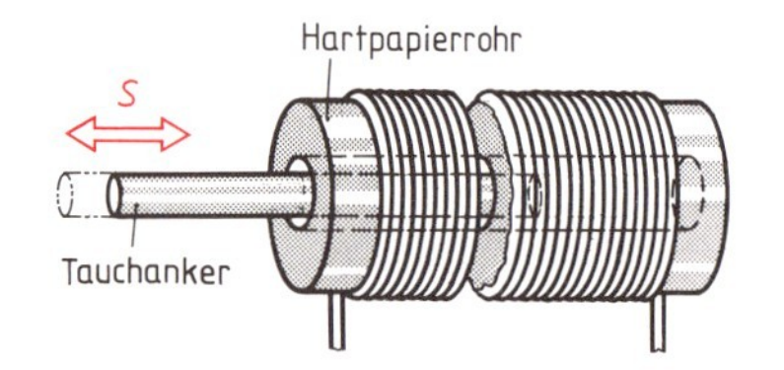

Bild 1: Aufbau des Tauchankersensors

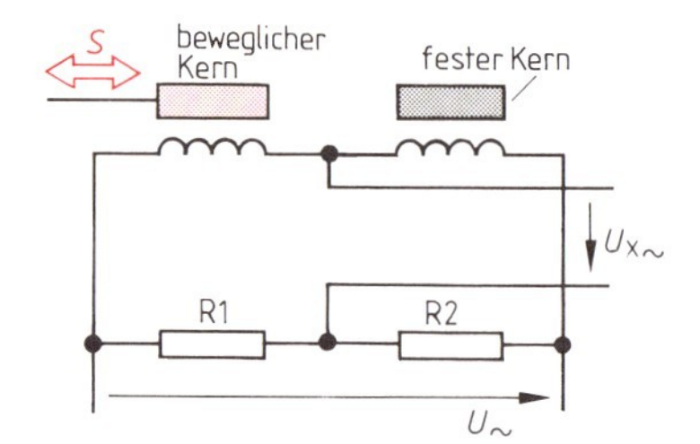

Bild 2: Schaltung eines Tauchankersensors

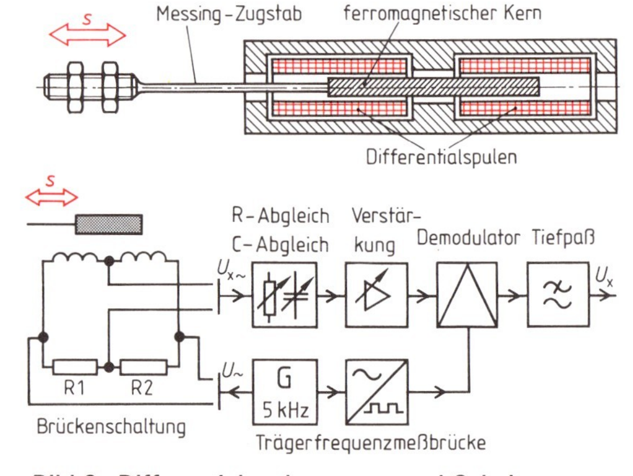

Bild 3: Differentialspulensensor und Schaltung

Der *FLDT-Sensor*[1] besteht aus einer einlagigen Zylinderspule mit einem Ferritmantel, eingebaut in eine Edelstahlhülse **(Bild 1, folgende Seite)**. In die Spule taucht ein bewegliches Aluminiumrohr von etwa 1 mm Wandstärke ein. Die Spule wird über eine Konstantstromquelle mit einem Wechselstrom von etwa 100 kHz betrieben. Das erzeugte hochfrequente Magnetfeld ruft in der oberen Schicht des Aluminiums Wirbelströme hervor, die wegen der Lenzschen Regel das Magnetfeld im Bereich des Aluminiumrohres aufheben. Somit ergibt sich die Spuleninduktivität nur aus dem Teil der Spule, in dem das Magnetfeld vorhanden ist. Eine Verlagerung des Aluminiumskerns bewirkt daher eine Änderung des induktiven Widerstandes.

[1] FLDT Kunstwort für engl. Fast Linear Displacement Transducer = schneller linearer Wegaufnehmer

Sensoren mit Veränderung der induktiven Kopplung

Der *LVDT-Sensor*[1] ist ein Differentialtransformator. Dieser hat einen beweglichen, ferromagnetischen Kern und zwei Ausgangsspulen **(Bild 2)**. Das Meßprinzip beruht auf einer Veränderung der magnetischen Kopplung zwischen der Eingangsspule und den Ausgangsspulen.

Bei einer einfachen Auswerteschaltung **(Bild 3)** wird mit je einer Zweipuls-Brückenschaltung jede der Ausgangsspannungen gleichgerichtet. Die zugehörigen Gleichströme I_{21}, I_{22} durchfließen den Strommesser einander gegengerichtet, so daß dieser bei gleich großen Ausgangsspannungen nicht ausschlägt. Verschiebt man den Kern nach oben, dann sind die beiden Gleichströme verschieden groß. Der Strommesser zeigt die Verschiebung des Kernes an, und zwar je nach Richtung der Verschiebung mit verschiedener Stromrichtung.

LVDT-Sensoren gibt es mit integrierter Elektronik, welche die Wechselspeisespannung mit etwa 20 kHz erzeugt und das Sensorsignal auf der Ausgangsseite des Transformators phasenrichtig demoduliert, filtert und verstärkt. LVDT-Sensoren können direkt an eine Gleichspannung angeschlossen werden.

LVDT-Sensoren haben meist eine integrierte Elektronik und können mit Gleichspannung betrieben werden.

Sensoren mit Veränderung der Dämpfung und des Scheinwiderstandes

Induktive berührungslose Grenztaster schalten bei Annäherung an einen metallischen Gegenstand **(Bild 4)**. Aus einer Spule mit offenem Schalenkern tritt ein hochfrequentes, elektromagnetisches Feld aus. Die Spule ist der induktive Teil eines Schwingkreises, welcher von einem Oszillator mit einer Frequenz von mehreren kHz angeregt wird. Gelangt ein metallischer Gegenstand in die Nahzone der Schwingkreisspule, so wird durch die auftretenden Wirbelströme die Oszillatorschwingung sehr stark gedämpft, so daß der nachgeschaltete Schwellwertschalter anspricht.

Hierzu wird die Oszillatorschwingung hochohmig einem Demodulator zugeleitet und mit einem Schmitt-Trigger als *Grenzwertglied* auf Signalunterschreitung überwacht. Über eine Logikschaltung erhält man antivalente[2] (gegenwertige) Signale, z. B. mit H-Pegel und L-Pegel.

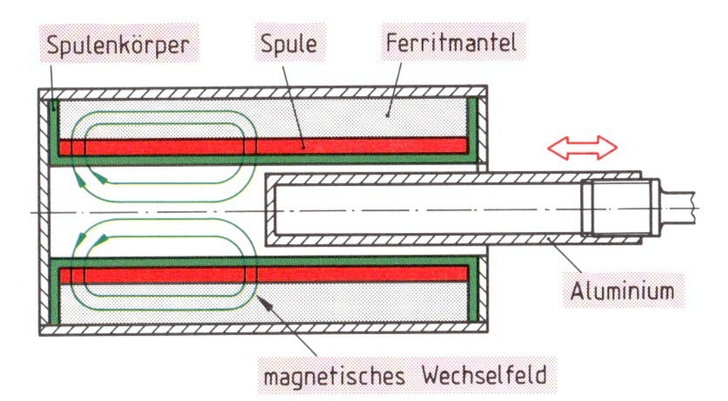

Bild 1: FLDT-Sensor

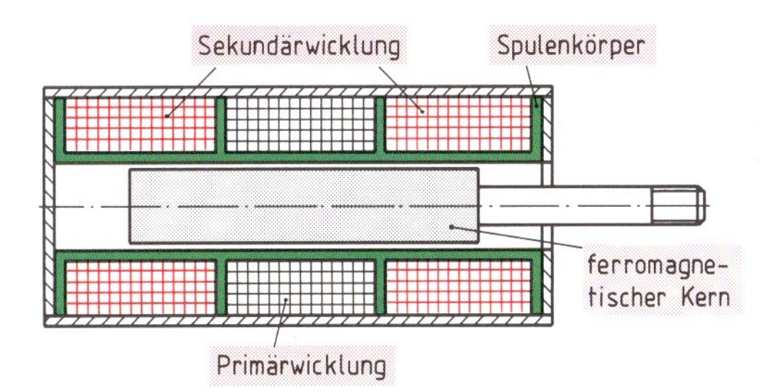

Bild 2: LVDT-Sensor

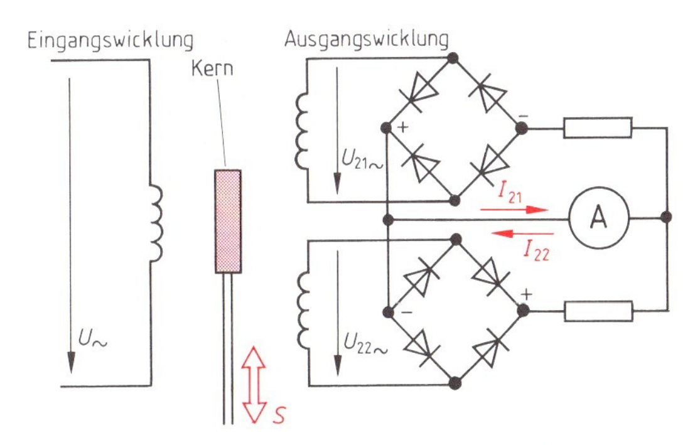

Bild 3: Differentialtransformator mit einfacher Auswerteschaltung

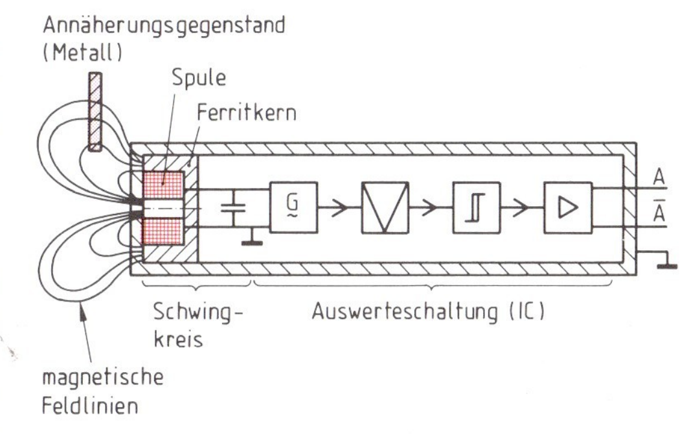

Bild 4: Induktiver Grenztaster

[1] LVDT engl. Linear Variable Differential Transformer = linearer veränderbarer Differentialtransformator; [2] lat. antivalent = gegenwertig

Drehmelder (Resolver[1]) verwendet man zur genauen *Drehwinkelerfassung* oder *Drehwinkelregelung*. Aufgebaut ist der Drehmelder ähnlich wie ein kleiner Synchronmotor **(Bild 1)**.

Die Statorwicklungen[2] (Ständerwicklungen) werden mit den zwei Wechselspannungen $u_1 = \hat{u}_1 \cdot \sin \omega t$ und $u_2 = \hat{u}_1 \cdot \sin(\omega t + \pi/2) = \hat{u}_1 \cdot \cos \omega t$ gespeist **(Bild 2)**. An der drehbar gelagerten Rotorwicklung[3] (Läuferwicklung) wird sowohl durch die eine als auch durch die andere Statorwicklung eine Spannung induziert. Die Induktion ist maximal, wenn die Rotorwicklung und die Statorwicklung sich in gleicher Richtung gegenüber stehen und gleich null, wenn die Rotorwicklung quer zur Statorwicklung steht. Die Meßspannung an der Rotorwicklung hängt somit vom Drehwinkel α_x ab. Bei einer Transformatorübersetzung von 1 : 1 beträgt $u_x = u_1 \cdot \cos \alpha_x + u_2 \cdot \sin \alpha_x = \hat{u}_1 \cdot \sin \omega t \cdot \cos \alpha_x + \hat{u}_1 \cdot \cos \omega t \cdot \sin \alpha_x = \hat{u}_1 \cdot \sin(\omega t + \alpha_x)$, d. h. die Meßspannung u_x ist gegenüber der Speisespannung u_1 um den Winkel α_x phasenverschoben **(Bild 3)**. Der Drehwinkel entspricht also der Phasenverschiebung. Er kann durch digitale Phasenmessung erfaßt werden.

Der Drehmelder wandelt Drehwinkel in Phasenwinkel um.

Das **Inductosyn** besteht aus einem Maßstab mit mäanderförmiger Leiterbahn und einem beweglichen Gleiter mit zwei um 1/4 Mäanderteilung versetzten mäanderförmigen Leiterbahnen **(Bild 4)**. Der Gleiter entspricht dem Stator des Drehmelders und der Maßstab dem Rotor. Verschiebt man den Gleiter gegenüber dem Maßstab, so liegt in zyklischem (aufeinander folgendem) Wechsel die eine und die andere Leiterbahn des Gleiters deckungsgleich über der Leiterbahn des Maßstabs. Da der Gleiter die zwei elektrisch 360°/4 = 90° versetzten Leiterbahnen hat, werden im Maßstab zwei Spannungen induziert. An den Maßstabsklemmen erhält man dann die Meßspannung $u_x = \hat{u}_1 \cdot \sin(\omega t + \alpha_x)$. Zur Wegmessung über die gesamte Maßstabslänge müssen die Zyklen (aufeinander folgende Wechsel) gezählt und innerhalb eines Zyklus die Phasenlage der Meßspannung u_x gegenüber u_1 ermittelt werden.

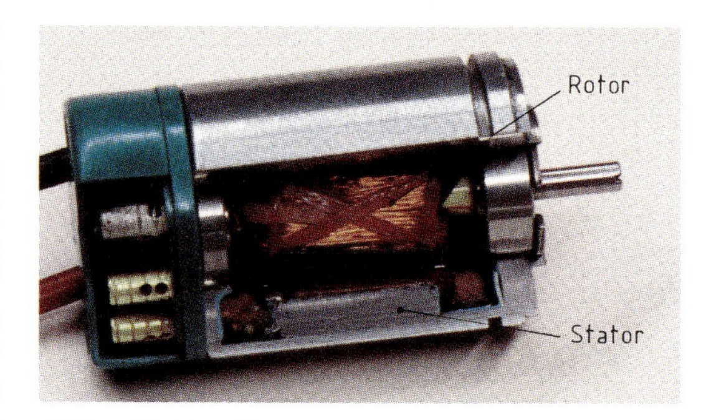

Bild 1: Drehmelder

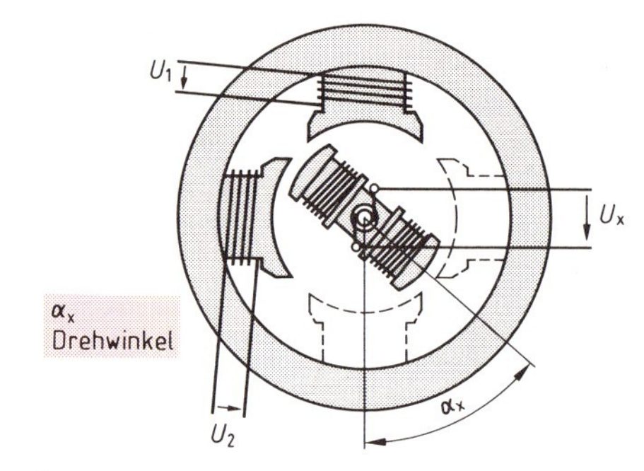

Bild 2: Prinzip des Drehmelders

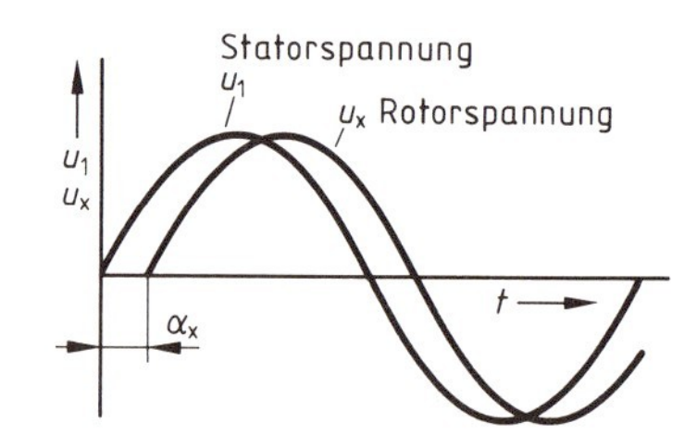

Bild 3: Phasenverschiebung der Meßspannung

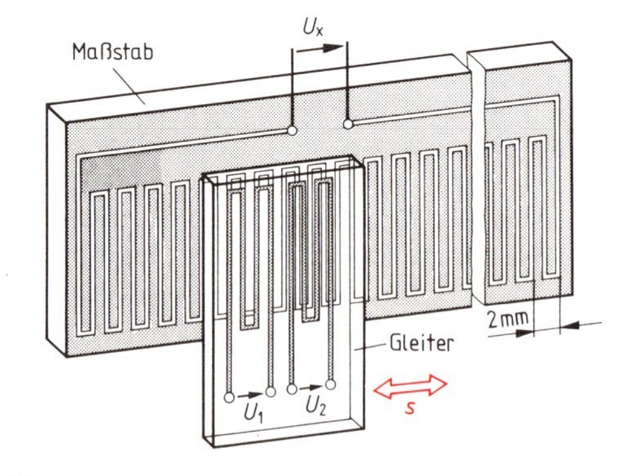

Bild 4: Inductosyn

Wiederholungsfragen

1. **Auf welchen Eigenschaften beruhen induktive Sensoren?**
2. **Erklären Sie die Wirkungsweise eines induktiven Grenztasters!**
3. **Wofür verwendet man Differentialtransformatoren?**
4. **Welche Größe erfaßt man mit dem Inductosyn?**
5. **Beschreiben Sie den Aufbau eines Drehmelders!**

[1] engl. to resolve = auflösen; [2] lat. Status = Stand; [3] lat. rota = Rad, Rolle

5.1.4 Kapazitive Sensoren

Kapazitive Sensoren reagieren auf *Kapzitätsänderungen* hervorgerufen durch Verändern der Elektrodenabstände oder des Dielektrikums.

Kapazitive Drucksensoren. Durch Abstandsänderung zweier Kondensatorplatten erhält man eine Kapazitätsänderung und damit eine Veränderung des kapazitiven Blindwiderstandes des Sensors. Für Druckmessungen erfaßt man die Verlagerung einer Membran **(Bild 1)**. Gemessen wird die Kapazitätsänderung mit einer Wechselspannungsmeßbrücke.

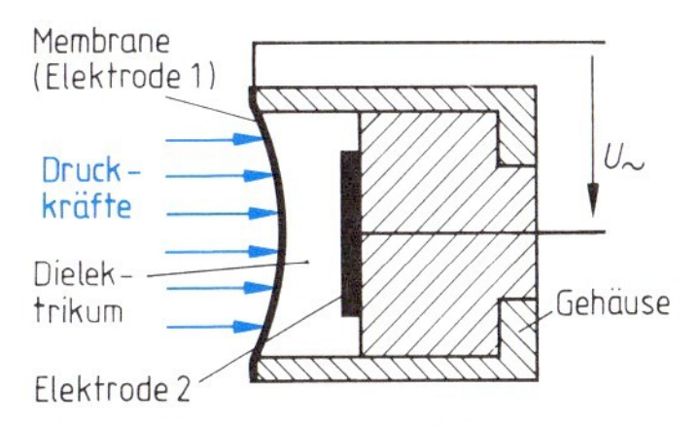

Bild 1: Kapazitive Druckmeßdose

Bei *kapazitiven Füllhöhenmessern* für isolierende Flüssigkeiten **(Bild 2)** sind die Behälterwand und eine eingeführte Elektrode die Kondensatorplatten, die Flüssigkeit das Dielektrikum. Die Kapazität dieses Kondensators ist von der Füllhöhe der enthaltenen Flüssigkeit abhängig. Bei leitenden Flüssigkeiten verwendet man isolierte Innenelektroden, z. B. bei Laugen und bei Säuren. Die Flüssigkeit selbst wirkt dann als Kondensatorplatte. Die Messung erfolgt über eine Brückenschaltung (Bild 2). Die Brücke wird mit hochfrequenter Spannung gespeist. Die Anzeige erfolgt nach Gleichrichtung am Meßgerät.

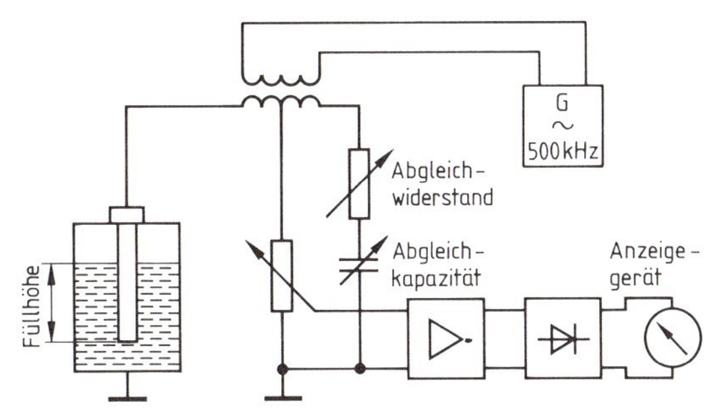

Bild 2: Kapazitiver Füllhöhenmesser mit Meßanlage

5.1.5 Aktive Sensoren

Thermoelemente

Thermoelemente dienen zur Temperaturmessung bis 1600 °C. Sie bestehen aus zwei verschiedenen Metalldrähten, deren Enden an einer Seite miteinander verlötet oder verschweißt sind. Erwärmt man die Verbindungsstelle, so kann man an den freien Enden eine niedrige Gleichspannung U_{th} abnehmen **(Bild 3)**.

Bild 3: Versuchsanordnung zur Temperaturmessung mit einem Thermoelement

Technische Thermoelemente bestehen aus Thermopaaren, z. B. Kupfer und Konstantan, Eisen und Konstantan, Nickel-Chrom und Konstantan, Platin-Rhodium und Platin. Die Thermospannung steigt mit der Temperatur an. Sie liegt je nach Thermopaar zwischen 1 mV und 70 mV **(Bild 4)**. Die Drähte werden durch keramische Stoffe gegeneinander isoliert und in ein Schutzrohr eingelegt **(Bild 5)**. Zur Temperaturmessung wird das Thermoelement in der einfachsten Meßanordnung Bild 3 über eine *Ausgleichsleitung* mit einem Spannungsmesser verbunden. Sie besteht aus thermoelektrisch gleich wirkenden Werkstoffen wie das Thermoelement. Die Ausgleichsleitung verlängert das Thermoelement, so daß dessen Enden in den Bereich der Raumtemperatur kommen.

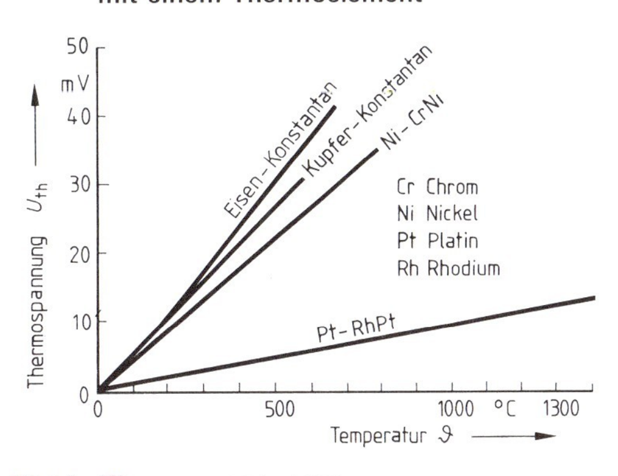

Bild 4: Thermospannungen

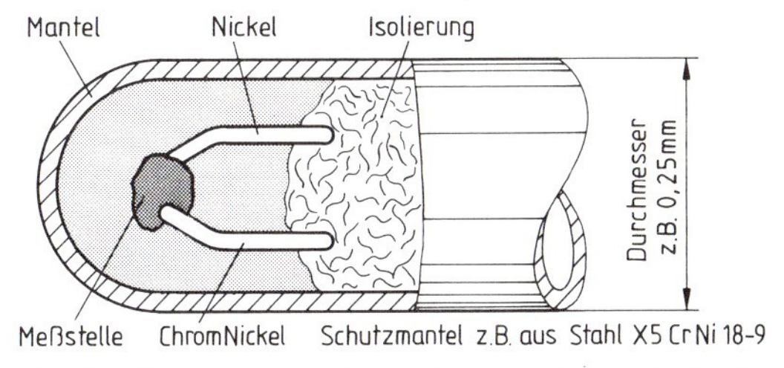

Bild 5: Mantelthermoelement mit isolierter Meßstelle

Piezoelektrische Sensoren

Piezoelektrische Sensoren erzeugen bei Belastung durch Zugkräfte, Druckkräfte oder Schubkräfte eine elektrische Ladung und damit an den Anschlußelektroden eine elektrische Spannung. Dieser Piezoeffekt läßt sich z. B. an Quarzkristallen (SiO_2) feststellen. Bei Sensoren verwendet man meist Blei-Zirkonat-Titanat-Kristalle. Diese haben eine mehr als 1000fach höhere Empfindlichkeit als Quarz.

Beim *Längseffekt* werden durch die Kraftwirkung die negativen Gitterpunkte im Kristallgitter gegen die positiven Gitterpunkte verschoben **(Bild 1)**. An den Oberflächen der Kristallscheiben sind dann Ladungsunterschiede als Spannung zwischen den Belägen meßbar. Die Ladung wird dabei an den Angriffsflächen der Kraft abgenommen. Beim *Quereffekt* entsteht durch Einwirkung der Kraft in Richtung der neutralen Kristallachse eine Ladung auf der dazu senkrechten Kristallfläche, die über einen Metallbelag abgenommen werden kann (Bild 1). Beim *Schubeffekt* verschieben sich die Schwerpunkte der positiven und negativen Ladungen senkrecht zur angreifenden Schubkraft.

Piezoelektrische Sensoren erzeugen bei Krafteinwirkung eine elektrische Ladung.

Da die Ladung an den Kristallflächen sehr klein ist, wird oft ein Impedanzwandler in das Sensorgehäuse eingebaut. Somit steht ein für Anzeigegeräte verwendbares Sensorsignal zur Verfügung. Piezoelektronische Sensoren ohne integrierte Impedanzwandler müssen an Verstärker mit hohem Eingangsinnenwiderstand ($> 10^{12}\ \Omega$) angeschlossen werden.

Piezodrucktaster und Piezogrenztaster sind Tastschalter, welche allein über eine mechanische Kraft und praktisch ohne Tastweg schalten. Im Gegensatz zu den kapazitiven Tasten und induktiven Tasten sind sie nicht durch Annäherung eines Gegenstandes oder aufgrund von Feuchtigkeit ansprechbar. Ein zufälliges Berühren bewirkt noch kein Schalten.

Das Tastenelement **Bild 2** besteht aus einer etwa 0,15 mm dünnen Piezokeramikfolie. Bei Betätigung mit weniger als 1 µm Weg verformt sich das Tastenelement schon so stark, daß durch den piezoelektrischen Quereffekt an den flächigen Elektroden ein genügend starkes elektrisches Signal zur Verfügung steht. Zu dem Tastelement gehört ein RC-Tiefpaß zur Unterdrückung ungewollter Körperschallstörspannungen.

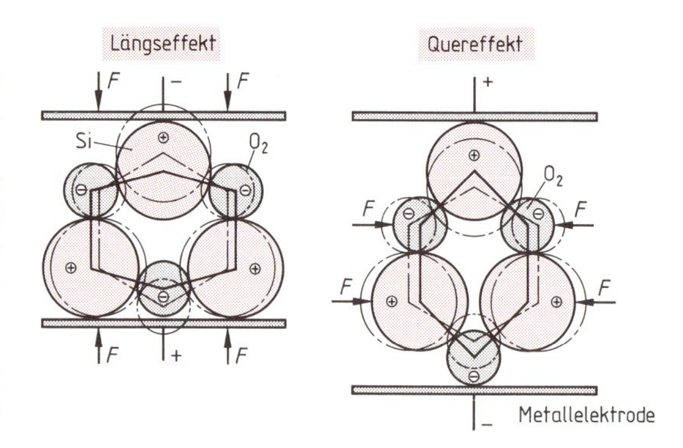

Bild 1: Längseffekt und Quereffekt bei Quarz (SiO_2)

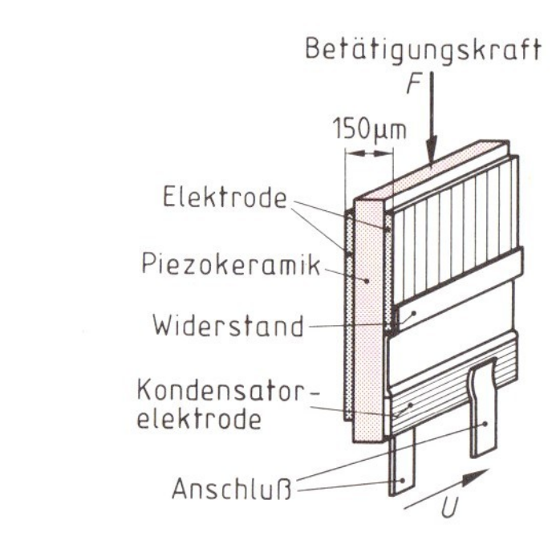

Bild 2: Piezotaster

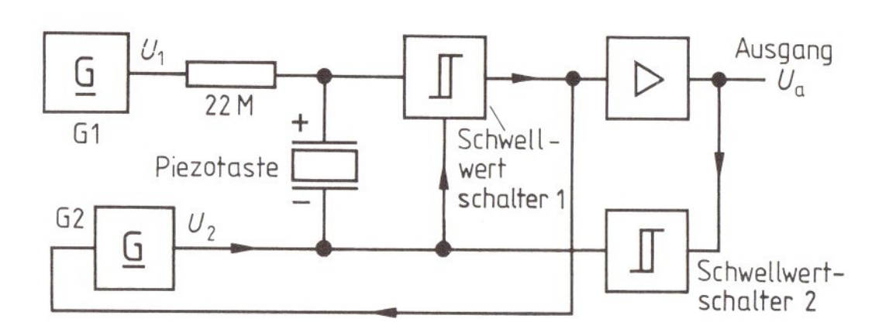

Bild 3: Schaltungsprinzip der Piezotaste

Die Schaltelektronik ist als integrierter CMOS-Schaltkreis aufgebaut **(Bild 3)**. Über eine Spannungsquelle G1 mit sehr hochohmigem Widerstand werden die Elektroden der Piezotaste bis nahe an die Schaltschwelle des Schwellwertschalters 1 aufgeladen. Bei Betätigungsdruck erzeugt das Piezoelement zusätzlich eine Spannung von etwa 0,7 V, wodurch der Schaltvorgang ausgelöst wird. Die Vorspannung U_2 ist im Ruhezustand etwa gleich der halben Speisespannung U_1; sie erhöht sich beim Umschalten des Schwellwertschalters 1 um U_1. Dies wirkt sich rückkoppelnd aus und führt zu eindeutigem Durchschalten der Piezotaste.

Pyroelektrische Sensoren

Beim pyroelektrischen[1] Effekt wird Wärmeenergie in eine elektrische Energie umgewandelt. Der pyroelektrische Effekt beruht auf der Drehung der elektrischen Dipole aufgrund einer Wärmeeinwirkung bei einigen Stoffen, wie z. B. Polyvinylidendifluorid (PVDF). PVDF ist ein thermoplastischer Kunststoff, der als sehr dünne Folie ($<10\ \mu m$) zur Anwendung kommt. Durch die geringe Dicke der Folie ist die Wärmekapazität ebenfalls gering, und damit ist auch die Ansprechzeit bei Wärmeeinwirkung gering. Durch die Drehung der Dipole tritt eine Ladungsverschiebung ein, die an den Elektroden beiderseits der Folie zu einer Spannung führt, wenn sich die Folientemperatur ändert. Die Pyrospannung greift man an den zwei Elektroden von der PVDF-Folie ab und schaltet sie auf einen Impedanzwandler **(Bild 1)**. Die zwei gegeneinander geschalteten Dioden dienen als Schutzdioden gegen zu hohe Spannungen im Falle einer zu großen Erwärmung.

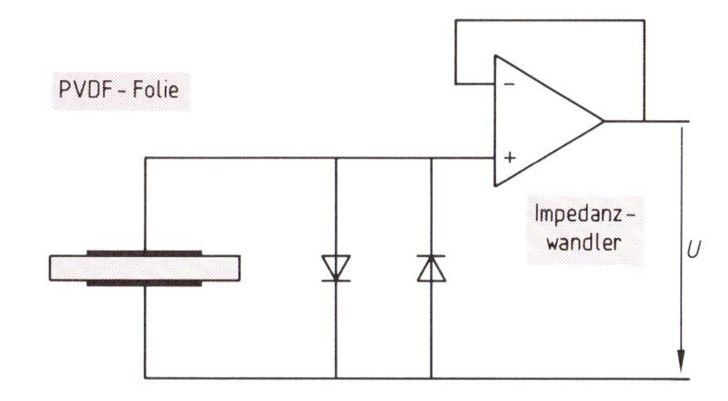

Bild 1: Pyroeffekt-Sensor

Infrarot-Strahlungsmelder als Personendetektoren enthalten PVDF-Sensorelemente und reagieren auf die Wärmestrahlung, die von Personen ausgeht. Damit so geringe Wärmestrahlungsleistungen, wie sie von Personen ausgehen, erfaßt werden können, bringt man das Sensorelement in den Brennpunkt eines kleinen Parabolspiegels oder einer Linse **(Bild 2)**.

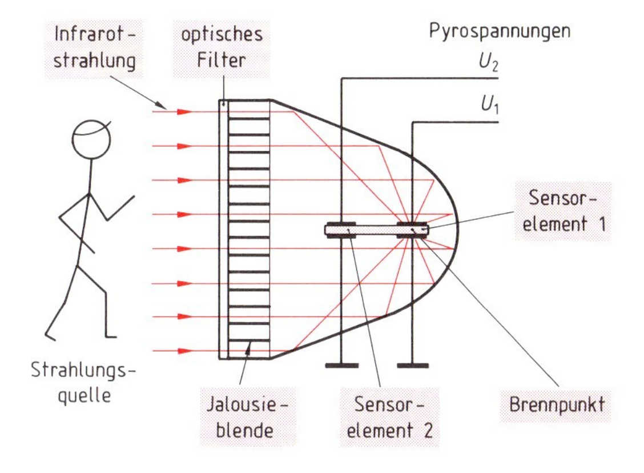

Bild 2: Personendetektor

Jalousieblenden verhindern die Wirkung von Streulicht und geben dem Sensor eine Richtcharakteristik **(Bild 3)**.

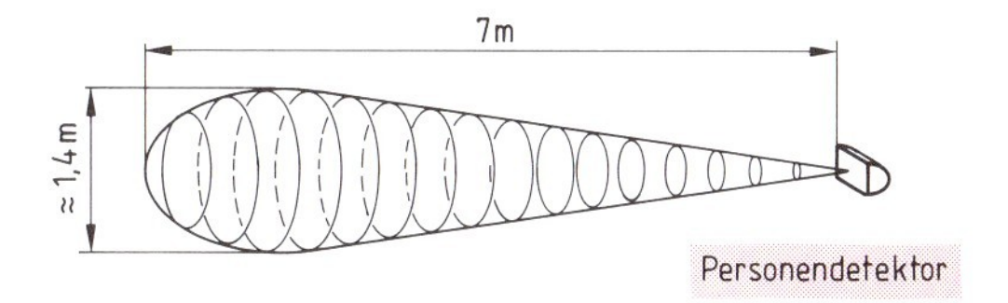

Bild 3: Richtcharakteristik eines Personendetektors

Änderungen der Raumtemperatur werden durch ein zweites Sensorelement kompensiert. Dieses befindet sich außerhalb des Brennpunktes und ist gegen die Polung des ersten Sensorelements geschaltet. Ausgewertet wird somit die Differenzspannung der beiden Sensorelemente. Ein Bandpaß sorgt dafür, daß gleichbleibende bzw. niederfrequente Wärmestrahlung z. B. durch Sonnenlicht, und hochfrequente Wärmestrahlung, z. B. durch das Einschalten einer Glühlampe, fast ohne Einfluß bleiben **(Bild 4)**. Der Fensterdiskriminator verhindert ein Schalten des Detektors, wenn eine zu kleine oder eine zu starke Wärmestrahlungsquelle vorliegt.

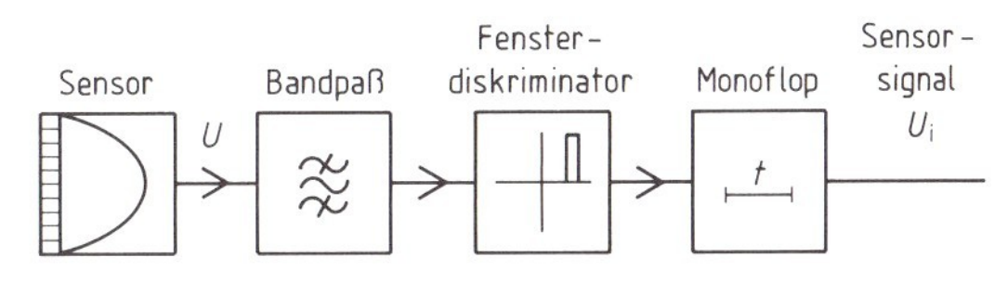

Bild 4: Signalbildung beim Personendetektor

Infrarot-Strahlungsmelder reagieren auf Wärmestrahlung die von Personen ausgeht.

[1] griech. pyro = Feuer

Induktions-Sensoren

Das Induktionsprinzip verwendet man bei aktiven Sensoren und Meßwertgebern für das Erfassen von Bewegungen insbesondere bei Drehzahlmeßgebern und Geschwindigkeitssensoren. Durch Bewegen der Spule, durch Verändern des magnetischen Flusses oder durch wechselnde Stromstärke und damit durch Erzeugen eines magnetischen Flusses entsteht die induzierte Spannung.

Tachogeneratoren[1] verwendet man zur Drehzahlmessung. Sie sind wie *Gleichspannungsgeneratoren* mit Permanenterregung, Kollektoren und Bürsten oder wie *Wechselspannungsgeneratoren* aufgebaut. Da die Tachogeneratoren nur die Spannungserzeugung als Aufgabe haben, sind sie klein. Zur Drehzahlmessung bei Antrieben mit Drehrichtungsumkehr verwendet man *Gleichspannungs-Tachogeneratoren*. Diese liefern der Drehrichtung entsprechend eine positive oder negative Gleichspannung.

Kenngröße des Tachogenerators ist der Tachokoeffizient K_T. Er gibt die Spannung bezogen auf die Drehzahl an. Ein Tachogenerator mit $K_T =$ $= 0{,}01\ \text{V/min}^{-1}$ liefert bei einer Drehzahl von $n = 1000\ \text{min}^{-1}$ die Tachospannung 10 V.

Die Tachospannung des Gleichspannungs-Tachogenerators ist proportional zur Drehzahl.

Bedingt durch die Spannungsabnahme über Stromwender und Bürsten ist die Tachogeneratorspannung mit Oberschwingungen, dem sogenannten Rippeln, behaftet. Die *Rippelspannung* ist proportional zum Spannungsmittelwert und beträgt je nach Polzahl des Tachogenerators zwischen 0,1% und 10%. Die Zahl der *Rippelzyklen* je Umdrehung ist bei hochwertigen Tachogeneratoren, also bei solchen mit kleinen Rippelspannungen, groß und beträgt z. B. 500. Bei einfachen Tachogeneratoren liegt die Zahl der Rippelzyklen bei 20 je Umdrehung.

Wechselspannungs-Tachogeneratoren **(Bild 1)** liefern eine Einphasenwechselspannung oder eine Mehrphasenwechselspannung. Die Wechselspannung wird zur Drehzahlanzeige oder Drehzahlregelung meist über eine Zweipuls-Brückenschaltung gleichgerichtet und mit einem RC-Filter geglättet. Wechselspannungsgeneratoren eignen sich nur zur Drehzahlerfassung bei Antrieben mit *einer* Drehrichtung, da die Tachospannung die Polarität bei Drehrichtungswechsel nicht wechselt.

[1] griech. Tachogenerator = Geschwindigkeitserzeuger

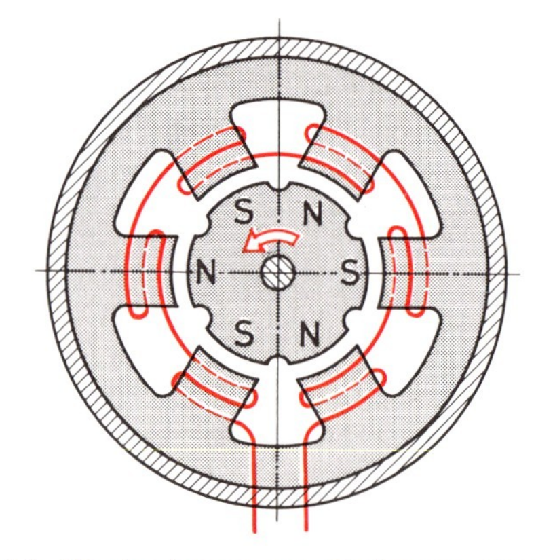

Bild 1: Wechselspannungs-Tachogenerator

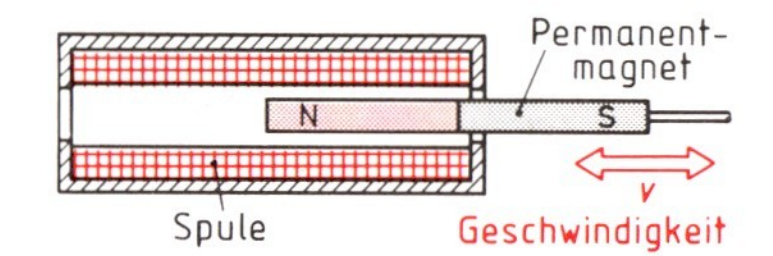

Bild 2: Tauchmagnetsensor

Die Tachospannung des Wechselspannungs-Tachogenerators ist proportional zum Betrag der Drehzahl.

Tachogeneratoren werden häufig zusammen mit den Antriebsmotoren als eine Baueinheit hergestellt. Dies hat neben der kompakten Bauweise den Vorteil, daß eine Kupplungsverbindung zwischen Motor und Tacho entfällt. Kupplungen sind entweder formschlüssig, z. B. Klauenkupplung, oder kraftschlüssig, z. B. Wellrohrkupplung. Im ersten Fall ist ein Spiel in der Kupplung und damit eine Signalverfälschung unvermeidbar und im zweiten Fall ist eine Nachgiebigkeit, d. h. eine Federwirkung und damit ein mechanisches Schwingen, unvermeidbar. Dies kann bei schnellen Drehzahländerungen zu Fehlanzeigen führen.

Tauchmagnetsensoren bestehen aus einer Spule, in welche ein Magnetkern eintaucht **(Bild 2)**. Die in der Spule induzierte Spannung ist proportional der Bewegungsgeschwindigkeit des Magnetkernes. Bei konstanter Geschwindigkeit wird eine Gleichspannung erzeugt, bei Vibration eine Wechselspannung, welche die Schwinggeschwindigkeit wiedergibt.

Beim **Tauchspulensensor** taucht eine Spule in das Magnetfeld eines Topfmagneten ein **(Bild 1)**. Die induzierte Spulenspannung ist proportional der Spulengeschwindigkeit. Man verwendet Tauchspulensensoren zur Schwinggeschwindigkeitsmessung bei kleinen Schwingwegen.

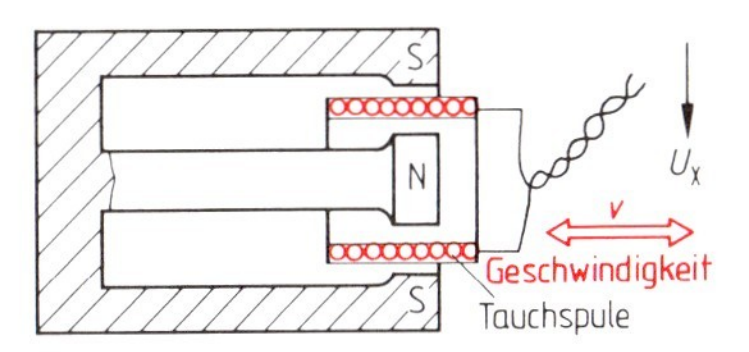

Bild 1: Tauchspulensensor

Wirbelstromsensoren zur Beschleunigungsmessung haben als schwingende Masse eine Kupferscheibe in einem konstanten Magnetfeld **(Bild 2)**. Das Wirbelstromfeld der Kupferscheibe induziert in der Spule eine Spannung, die der Änderungsgeschwindigkeit der Wirbelströme und damit der Beschleunigung der Kupferplatte verhältnisgleich ist.

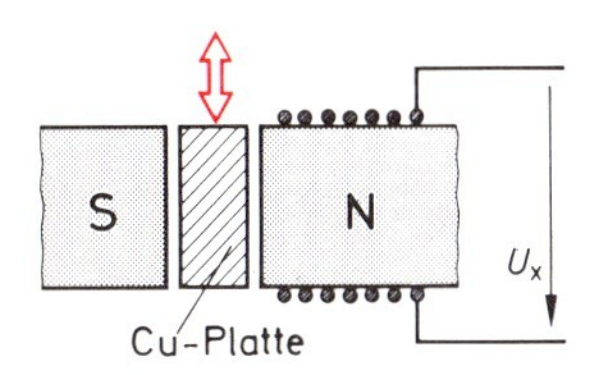

Bild 2: Wirbelstromsensor zur Beschleunigungsmessung

Induktive Durchflußsensoren bestehen aus einem im Feld eines Magneten befindlichen Isolierrohr, durch das die leitende Flüssigkeit strömt **(Bild 3)**. In der Flüssigkeit wird nach dem Induktionsgesetz eine Spannung induziert, die an den quer zur Strömungsrichtung angebrachten Elektroden abgenommen werden kann. Diese Spannung ist der mittleren Strömungsgeschwindigkeit verhältnisgleich, und damit auch dem gesuchten Durchfluß. Die Sensoren arbeiten mit Wechselstrommagneten, so daß an den Elektroden Wechselspannung abgenommen wird.

Induktive Durchflußmesser zeichnen sich durch genaue Messung, lageunabhängigen Einbau, Möglichkeit zur Messung auch zähflüssiger Stoffe und Unabhängigkeit der Messung von Dichte, Druck und Temperatur der Flüssigkeit aus.

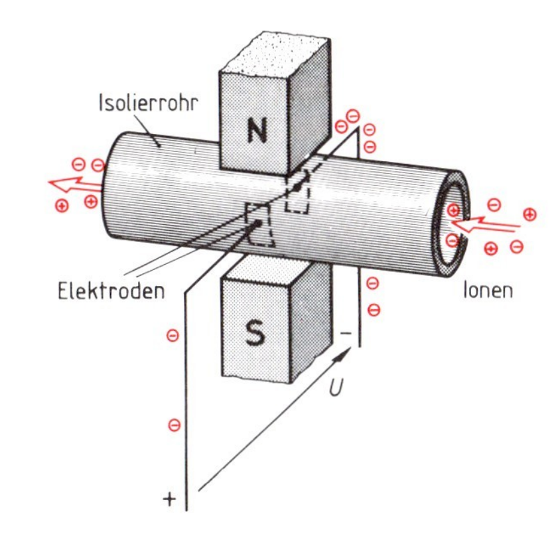

Bild 3: Induktiver Durchflußsensor

Impulsdraht-Sensoren beruhen auf dem physikalischen Effekt der plötzlichen Änderung der *Magnetisierungsrichtung* bei Drähten aus Vicalloy (10% Vanadium, 52% Kobalt, 38% Eisen), wenn man diese in ein magnetisches Feld bestimmter Stärke bringt. Unabhängig von der Änderungsgeschwindigkeit des äußeren Feldes wird dabei in einer Spule, welche den Impulsdraht umhüllt, ein Spannungsimpuls erzeugt. Mit einem Impulsdraht-Sensor können z. B. Umdrehungsfrequenzen durch wechselweises Ummagnetisieren mit zwei rotierenden Magneten erfaßt werden **(Bild 4)**.

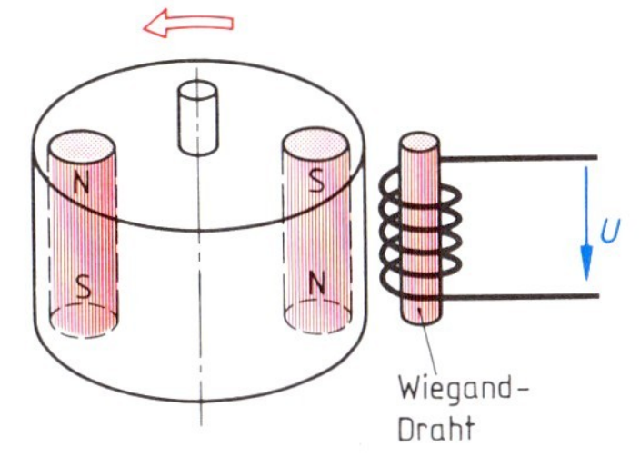

Bild 4: Drehzahlmessung mit Impulsdraht-Sensor

Impulsdraht-Sensoren benötigen keine Verstärkerelektronik.

Wiederholungsfragen

1. **Worin unterscheiden sich aktive Sensoren von passiven Sensoren?**
2. **Welche physikalischen Effekte werden für aktive Sensoren ausgenützt?**
3. **Welche drei Umwandlungseffekte unterscheidet man bei Piezokristallen?**
4. **Welche Art von Tachogenerator eignet sich für die Erfassung von Drehzahl und Drehrichtung?**
5. **Erklären Sie den Begriff Tachokonstante!**
6. **Woher kommt das „Rippeln" bei der Tachospannung?**
7. **Skizzieren Sie den Aufbau eines Tauchmagnetsensors!**
8. **Nennen Sie ein Anwendungsbeispiel für einen Impulsdraht-Sensor!**

5.1.6 Meßwertgeber für elektrische Größen (Meßumformer)

Zur Überwachung, Regelung und Steuerung elektrischer Netze und Anlagen müssen Spannung, Stromstärke, Wirkleistung und Blindleistung, Leistungsfaktor, Phasenverschiebungswinkel und Frequenz erfaßt und oft in eine zentrale Station übertragen werden. Die Signalübertragung geschieht meist analog mit einem *eingeprägten Gleichstrom*. Die Meßnenngröße entspricht dabei einem Strom von 20 mA. Durch die Bindung der Meßgröße an ein Stromsignal entstehen keine Signalverfälschungen durch Spannungsfälle in den Übertragungsleitungen. Ferner wird das Stromsignal durch kapazitive oder induktive Spannungseinstreuungen in die Leitung nur wenig gestört. Der Meßwertgeber hat einen niederohmigen Ausgang, der Meßwertempfänger einen niederohmigen Eingang, da er als Strommesser arbeitet.

Meßwertgeber für Wechselspannung und Wechselstrom haben in der Eingangsschaltung einen Spannungswandler bzw. Stromwandler **(Bild 1)**. Wandler sind ähnlich aufgebaut wie Transformatoren. Sie dienen der Umwandlung der zu messenden Größen von z. B. 230 V in ein Meßsignal von 10 V. Ferner ermöglichen Wandler eine *Potentialtrennung* zwischen Eingang und Ausgang des Meßumformers. Das Meßsignal wird gleichgerichtet, mit einem Ausgangsverstärker geglättet und als eingeprägtes Stromsignal übertragen.

Leistungsmeßwertgeber (Bild 2) haben für Strom und Spannung je einen Wandler um eine Potentialtrennung und Signalanpassung zu erreichen. Das Wechselstromsignal und Wechselspannungssignal werden in einem elektronischen Multiplizierer multipliziert. Die Ausgangsspannung des Multiplizierers entspricht der Leistung. Sie wird in einem nachgeschalteten Verstärker geglättet und in ein eingeprägtes Gleichstromsignal umgewandelt. Zur Blindleistungsmessung wird die Eingangsspannung mit einer Phasenschieberbrücke zusätzlich um 90° gedreht. Das Meßsignal entspricht dann der Blindleistung $Q = U \cdot I \sin \varphi = U \cdot I \cos (\varphi + 90°)$.

Meßwertgeber für Phasenverschiebungswinkel sind z. B. Signalgeber für Leistungsfaktoren. Die Eingangsspannung und der Eingangsstrom werden über Spannungswandler bzw. Stromwandler je einem Komparator für die *Nulldurchgänge* zugeführt. Mit dem Nulldurchgang der Spannung wird ein Flipflop gesetzt und mit dem Nulldurchgang des Stromes rückgesetzt. Das Flipflop liefert im zeitlichen Mittel eine Ausgangsspannung, welche dem Phasenverschiebungswinkel proportional ist.

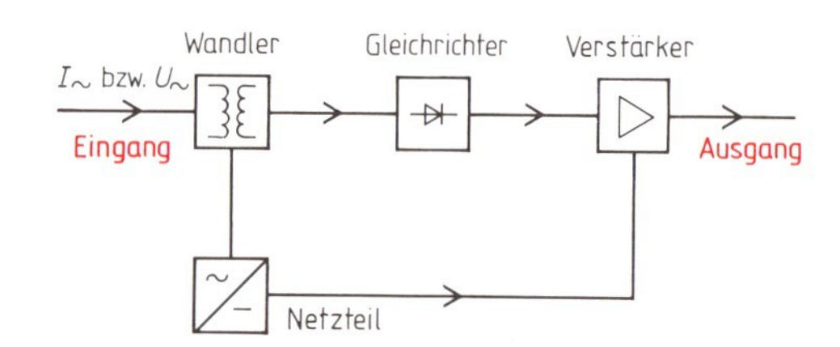

Bild 1: Meßwertgeber (Prinzip) für Wechselstrom oder Wechselspannung

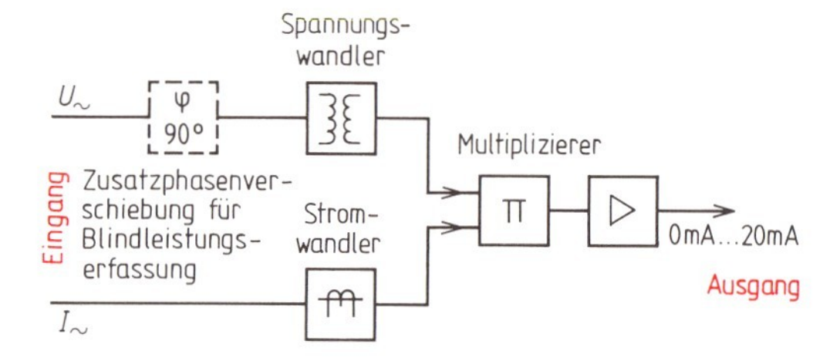

Bild 2: Meßwertgeber für Wirkleistung bzw. Blindleistung

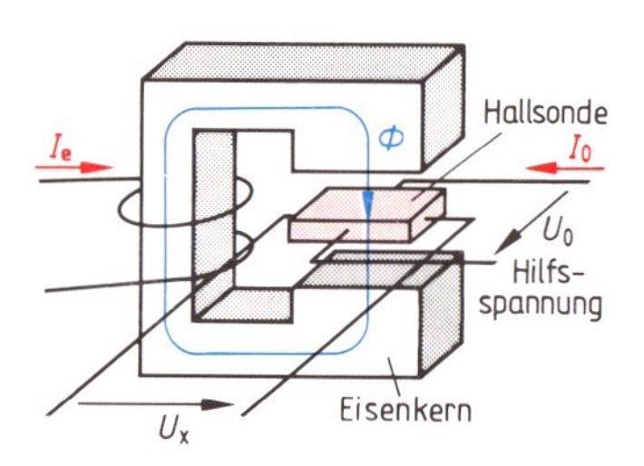

Bild 3: Gleichstrom-Meßwertgeber

Gleichstrom-Meßwertgeber haben zur Potentialtrennung *Hallsonden* **(Bild 3)**. Der Gleichstrom erzeugt durch die Eingangsspule einen magnetischen Fluß Φ in der Hallsonde. Diese liefert eine Meßspannung U_x, welche dem magnetischen Fluß und damit dem Gleichstrom I_e proportional ist. Die Meßspannung U_x wird mit einem Verstärker in ein eingeprägtes Gleichstromsignal umgewandelt. Mit dem Gleichstrommeßgeber können auch sich ändernde Gleichströme und auch Wechselströme erfaßt werden.

Gleichstrom-Meßwertgeber erzeugen mit einer Hallsonde eine, dem Strom proportionale, Gleichspannung.

5.1.7 Störungen in Meßleitungen

Die Übertragung der Signale zwischen den Meßwertgebern bzw. den Sensoren und den Meßverstärkern, den Anzeigeeinrichtungen, z. B. einem Oszilloskop, oder der Meßdatenverarbeitung, z. B. einem Computer, kann so gestört sein, daß eine Messung überhaupt nicht mehr möglich ist. Ursache für Störungen in Signalleitungen sind galvanische Störbeeinflussungen, kapazitive Einstreuungen und induktive Einstreuungen.

Galvanische Störbeeinflussungen entstehen durch gemeinsame Stromwege eines Meßstromkreises mit anderen Stromkreisen, z. B. anderen Meßstromkreisen, Steuerstromkreisen oder Leistungsstromkreisen **(Bild 1)**. Durch den gemeinsamen Bezugsleiter verschiedener Sensoren oder anderer elektronischer Baugruppen entstehen durch den Leitungswiderstand und durch den Übergangswiderstand in den Anschlüssen oder Steckverbindungen *Spannungsfälle*, die sich direkt dem Meßsignal überlagern. Falls kein eigenes Netzteil für jeden Meßstromkreis oder jede Elektronikbaugruppe vorhanden ist, faßt man alle Bezugsleiter (Masseleiter) *sternförmig* zu einem Bezugspunkt zusammen (Bild 1).

Neben der direkten Störbeeinflussung durch gemeinsame Leitungs-Wirkwiderstände verursachen induktive und kapazitive Leitungswiderstände Störungen, und zwar um so stärker, je höher die Frequenz der Signalspannungen bzw. je steiler die Impulsflanken bei Impulssignalen sind.

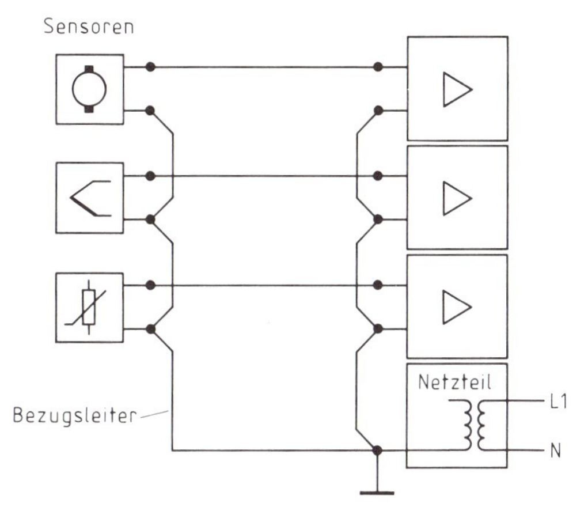

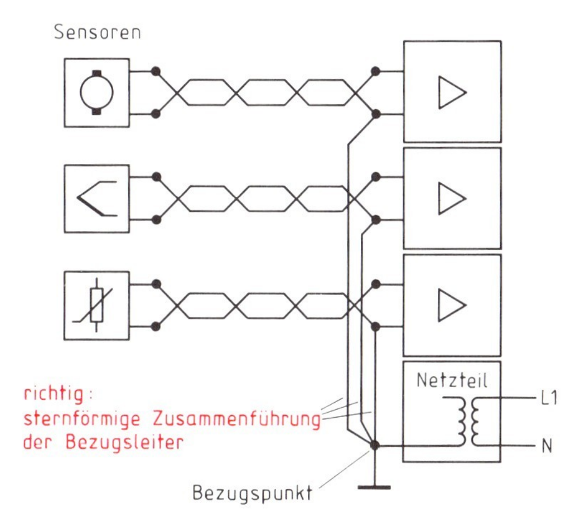

Bild 1: Falscher und richtiger Anschluß des Bezugsleiters

Beispiel:

Bei einer Leitung der Länge $l = 2\,\text{m}$ beträgt die längenbezogene Induktivität $\Delta L/\Delta l = 1\,\mu\text{H/m}$. Es wird ein Strom von $I = 500\,\text{mA}$ mit einer Stromanstiegszeit von $t = 1\,\mu\text{s}$ geschaltet. Welche Spannungsstörung erhält man bei gemeinsam verwendetem Bezugsleiter für das Sensorsignal und das Schaltsignal?

Lösung:

Leitungsinduktivität: $L = \frac{\Delta L}{\Delta l} \cdot l = \frac{1\,\mu\text{H}}{\text{m}} \cdot 2\,\text{m} = 2\,\mu\text{H}$

Stromänderung des Schaltsignals: $\frac{\Delta i}{\Delta t} = \frac{500\,\text{mA}}{1\,\mu\text{s}}$

induzierte Spannung: $u_i = -L \cdot \frac{\Delta i}{\Delta t} = -2\,\mu\text{H} \cdot \frac{500\,\text{mA}}{1\,\mu\text{s}}$

$= \mathbf{-1\,V}$

Galvanische Störbeeinflussungen vermeidet man durch *galvanische Entkopplung*. Dies geschieht durch Vermeiden gemeinsamer Bezugsleiter, auch innerhalb eines Schaltschrankes, und durch Potentialtrennung der Stromkreise. Eine Potentialtrennung erfolgt elektromagnetisch durch Transformatoren für jeden Stromkreis oder elektromechanisch über Relais oder optoelektronisch durch Optokoppler.

Bezugsleiter elektronischer Sensoren und Baugruppen werden sternförmig zu einem Bezugspunkt zusammengefaßt.

Induktive Einstreuungen entstehen durch *induktive Kopplung* zweier Stromkreise oder durch andere *elektromagnetische Felder*. Die induktive Kopplung entsteht durch eine Leiterschleife, z. B.

gebildet aus Signalleiter und Bezugsleiter **(Bild 1)**. Verdrillt man beide Leiter, dann verringern sich der Flächeninhalt der Leiterschleife und damit die Wirkung eines magnetischen Störflusses **(Bild 2)**. Wegen der Verdrillung ändert sich in kurzen Längenabständen die Richtung des austretenden Störflusses. Entsprechend induziert der eintretende magnetische Störfluß in jeder Teilschleife gleiche Teilspannungen entgegengesetzter Polung, die sich gegenseitig aufheben.

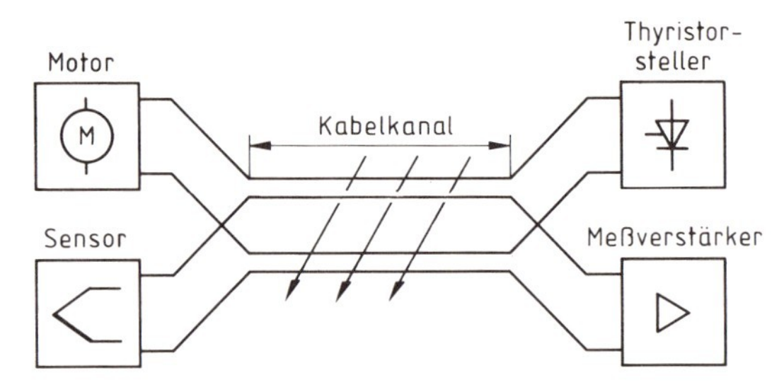

Bild 1: Induktive Einstreuung

Induktive Einstreuungen verringert man durch verdrillte Meßleiter.

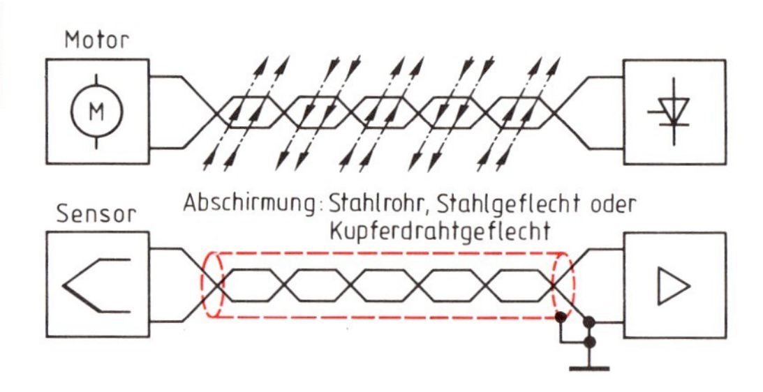

Bild 2: Schutzmaßnahmen gegen induktive Einstreuungen

Beim *Verlegen* der Meßleitungen ist darauf zu achten, daß diese in möglichst weitem Abstand und nicht parallel zu anderen Leitungen liegen. Gemeinsame Kabelkanäle und Kabelbäume sind zu vermeiden.

Durch *Schirmung* der Meßleitungen, der Sensoren und der magnetischen Störquellen, z. B. Thyristorsteller, vermindert man *magnetische Einstreuungen*. Magnetische Störungen können durch magnetische Leiter aus ferromagnetischem Werkstoff abgeschirmt werden oder durch *Wirbelstromschirme* in ihrer Wirkung vermindert werden.

Die Abschirmung besteht z. B. aus einem Kupferdrahtgeflecht (Bild 2). Hochfrequente magnetische Felder verursachen im Schirm Wirbelströme und werden dadurch für die innenliegenden Meßleitungen stark gedämpft.

Stahlblechgehäuse und das Verlegen der Leitungen in Stahlrohren oder in Kabeln mit Stahlgeflechtummantelung ermöglichen eine Abschirmung, insbesondere der Störquellen. Mit hochpermeablen Werkstoffen, z. B. Mumetall (75% Ni, 8% Fe, 5% Cu, 2% Cr), erreicht man eine besonders gute Abschirmwirkung.

Kapazitive Einstreuungen entstehen durch ungewollte Kapazitäten zwischen verschiedenen Stromkreisen, z. B. durch die Leitungskapazität parallelverlaufender Leitungen zweier verschiedener Stromkreise. Zur Verringerung kapazitiver Einstreuungen sind wie zur Verringerung induktiver Einstreuungen gemeinsame Kabelkanäle und Kabelbäume zu vermeiden. Störquellen wirken um so stärker, je kürzer die Spannungsanstiegszeit in den störenden Stromkreisen ist und je hochohmiger der gestörte Stromkreis ist. Meßwertgeber mit niederohmigen Ausgangswiderständen und Meßverstärker mit niederohmigen Eingangswiderständen sind daher weniger empfindlich gegenüber kapazitiven Einstreuungen als solche mit hochohmigen Widerständen. Kapazitive Einstreuung vemindert man ferner durch *Schirmung* mit Schirmen aus gut leitendem Werkstoff. Bei abgeschirmten Meßleitungen schließt man den Schirm nur auf einer Seite an den Bezugsleiter an (Bild 2).

Niederohmige Meßsysteme sind weniger störempfindlich als hochohmige Meßsysteme.

Eine **Verringerung der Störungen** beim elektronischen Messen mechanischer Größen erreicht man meist auch durch Filtern mit RC-Gliedern. Die Meßsignale sind Gleichspannungssignale oder niederfrequente Wechselspannungen, z. B. entsprechend den mechanischen Schwingungen, während die eingestreuten Spannungen meist hochfrequent bzw. impulsförmig sind. Mit RC-Tiefpässen erreicht man in diesen Fällen eine starke Verringerung der Einstreuung.

Wiederholungsfragen

1. **Nennen Sie die wichtigsten Meßwertgeber für elektrische Größen!**
2. **Wodurch entstehen galvanische Störbeeinflussungen?**
3. **Durch welche Maßnahmen verringert man induktive Einsteuerungen?**

5.1.8 Digitale Meßgeräte

5.1.8.1 Digitalmultimeter für Spannung, Strom, Widerstand

Man unterscheidet zwischen den Handmeßgeräten und den systemfähigen Geräten mit interner Meßwertverarbeitung, großem Speicher und Datenschnittstelle zur Meßergebnisübertragung. Über diese Datenschnittstelle, meist der IEC-Bus (IEEE 488), ist das Multimeter fernbedienbar (engl. Remote Mode = Fernbedienungsbetrieb).

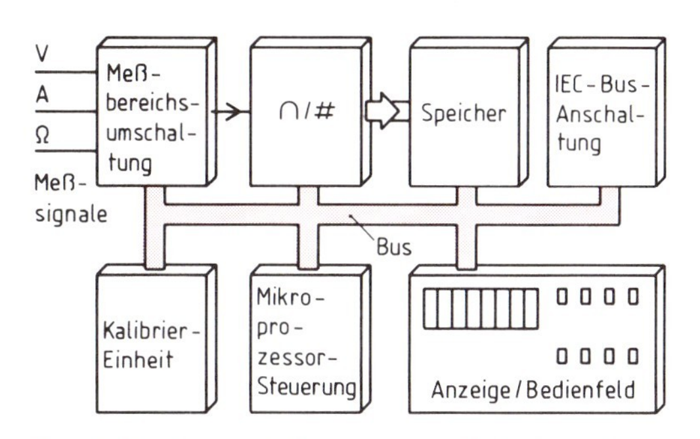

Bild 1: Funktionseinheiten eines Digitalmultimeters

Aufbau und Funktionsweise

Die wichtigsten Funktionseinheiten des Digitalmultimeters sind ein schneller AD-Umsetzer, eine Kalibriereinheit zum automatischen Selbstkalibrieren mit eingebautem Spannungsnormal und einem genauen Präzisionswiderstand. Systemfähige Digitalmultimeter haben außerdem einen Arbeitsspeicher, einen Mikrocomputer zur Gerätesteuerung und Meßwertverarbeitung, eine Anzeige mit Bedienfeld und eine IEC-Bus-Schnittstelle **(Bild 1)**. Digitalmultimeter haben für die Spannungsmessung in der Eingangsschaltung einen Spannungsteiler mit Präzisionswiderständen **(Bild 2)**. Der Eingangswiderstand beträgt z. B. 1 GΩ und ist unabhängig vom gewählten Meßbereich. Bei der Strommessung wird der Spannungsfall an einem Präzisionswiderstand gemessen.

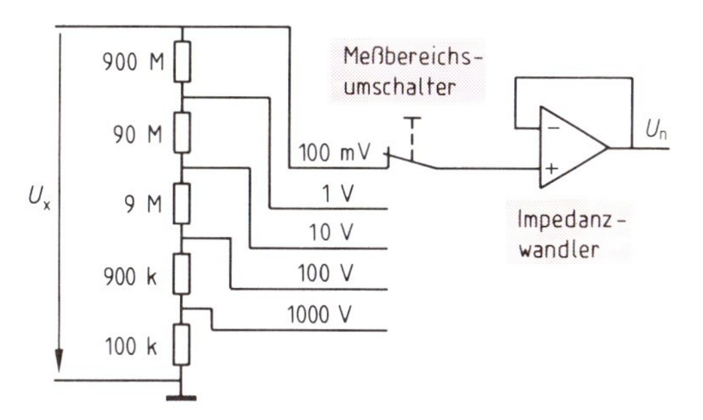

Bild 2: Eingangsschaltung bei der Spannungsmessung

Ströme und Widerstände erfassen Digitalmultimeter über eine Spannungsmessung.

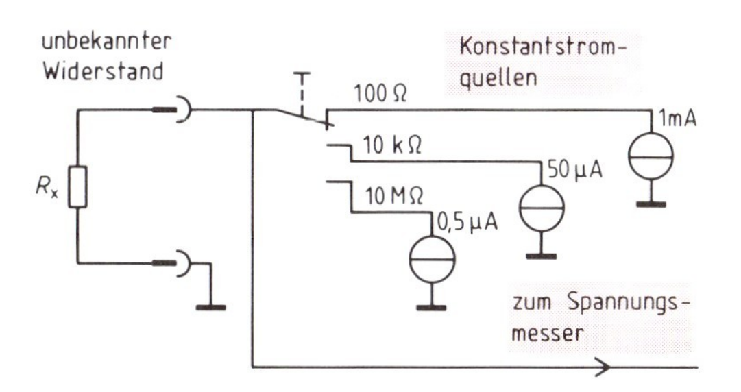

Bild 3: Widerstandsmessung mit Stromquellen

Die Widerstandsmessung erfolgt entweder mit Hilfe von Konstantstromquellen und der Messung des Spannungsfalls an dem unbekannten Widerstand **(Bild 3)** oder aber durch eine doppelte Spannungsmessung in Verbindung mit einer stabilisierten Spannungsquelle **(Bild 4)**. Hierbei ist der Spannungserzeuger in Reihe geschaltet mit einem Präzisionswiderstand R_{ref} und es wird nacheinander der Spannungsabfall U_{ref}, an dem Referenzwiderstand und der Spannungsabfall U_x an dem unbekannten Widerstand R_x gemessen.

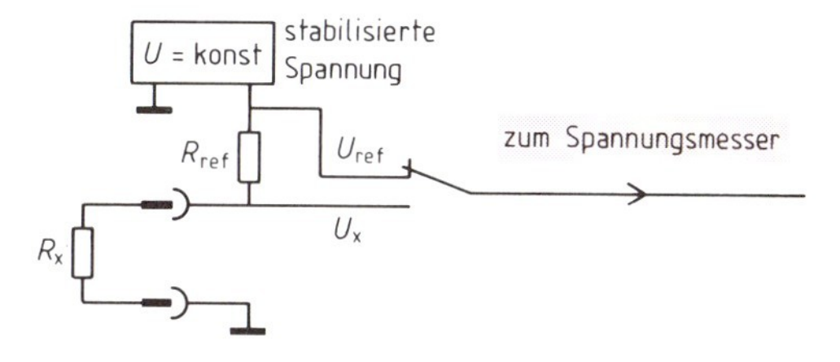

Bild 4: Widerstandsmessung mit Referenzwiderstand

Den Widerstand berechnet das Multimeter aus dem Verhältnis $R_x : R_{ref} = U_x : (U_{ref} - U_x)$. Fehler aufgrund von Thermo-Kontaktspannungen werden automatisch rechnerisch kompensiert, indem die Thermospannung gemessen wird, bevor die Spannungsquelle angelegt wird. Diese Thermospannung wird von U_x subtrahiert.

Messung von Wechselspannung und Wechselstrom

Bei einfachen Digitalmultimetern wird zur Wechselspannungsmessung ein Spannungsmittelwert der gleichgerichteten Wechselspannung gebildet, und dieser mit dem Skalenfaktor 1,11 multipliziert. Bei Sinusspannung ist der Gleichrichtwert der Spannung $U_r = 0{,}637\,\hat{u}$. Der Effektivwert ist $U = 0{,}707\,\hat{u}$ und somit entspricht $U = U_r \cdot 0{,}707/0{,}637 = 1{,}11 \cdot \overline{u}$. Angezeigt wird also der Effektivwert der Spannung und entsprechend auch der Effektivwert des Stromes bei der Strommessung.

Die Anzeige entspricht bei diesem Verfahren jedoch nicht dem wahren Effektivwert, wenn die Spannung nicht sinusförmig ist. Sie ist z. B. um mehr als 10% fehlerbehaftet bei Impulsspannungen.

Gute Digitalvoltmeter ermitteln bei der Wechselspannungsmessung und Wechselstrommessung die wahren Effektivwerte (engl. true RMS von True Root Mean Square = wahrer quadratischer Wurzelmittelwert). Hierbei wird die zu messende Wechselspannung in schneller zeitlicher Folge in Form von n Einzelspannungen $u_1, u_2, u_3 \ldots u_n$ erfaßt und sodann intervallweise die genaue Berechnung $U = \frac{1}{n}\sqrt{u_1^2 + u_2^2 + u_3^2 + \ldots u_n^2}$ durchgeführt und das Ergebnis angezeigt.

Auflösung, Stellenzahl

Die Stellenzahl ist bei einfachen Geräten $3^1/_2$ Stellen, bei guten Geräten $6^1/_2$ Stellen. Dies bedeutet meist, daß 3 bzw. 6 volle Dezimalstellen mit dem Ziffernbereich 0...9 vorhanden sind und zusätzlich eine Stelle mit einem eingeschränkten Ziffernbereich, z. B. von 0 bis 2 oder 0 bis 3, für die Ziffern mit der größten Stellenwertigkeit. Höchst genaue Geräte haben 7 volle Dezimalstellen, eine 8. Dezimalstelle, die bis 2 reicht, und eine 9. Stelle mit den Ziffern 0 und 1.

5.1.8.2 Zähler und Zeitmesser

Zähler und Zeitmesser sind meist in einem Gerät kombiniert, da die Hauptbaugruppen für Zähler und Zeitmesser dieselben sind. Die wichtigsten Baugruppen sind Eingangsverstärker bzw. Abschwächer, Impulsformer, Trigger, hochgenaue Zeitbasis mit Frequenzgenerator, Speicher, Zähler, Mikrocomputer mit Steuerwerk, Anzeige und Datenschnittstelle **(Bild 1)**.

Wie Digitalmultimeter können auch Zähler bzw. Zeitmesser über die Datenschnittstelle fernbedient werden.

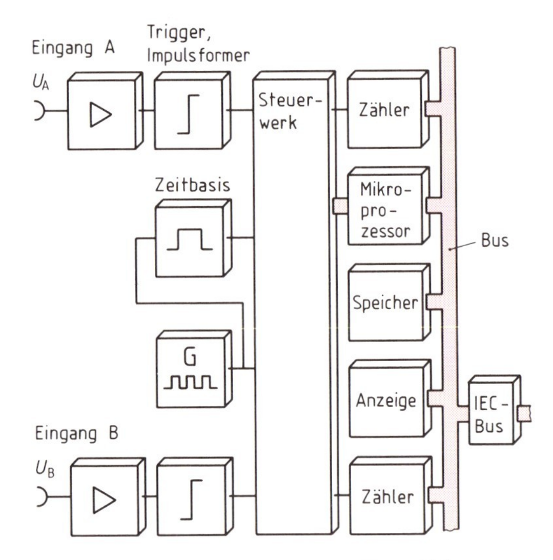

Bild 1: Funktionseinheiten eines Zähler-Zeitmessers

Häufig haben Zähler bzw. Zeitmesser zwei oder drei Eingangskanäle mit je einem Eingangsverstärker bzw. Abschwächer, einem Trigger, einem Umschalter für wahlweise DC-Ankopplung oder AC-Ankopplung und einen Umschalter für das Triggern auf ansteigende oder abfallende Flanke. Über die Eingangskanäle gelangen die geformten Impulse in das Steuerwerk und werden beim Zählen während eines wählbaren Zeitintervalls gezählt. Das Zeitintervall kann auch durch ein Signal über den jeweils anderen Kanal getriggert werden.

Bei der Messung von Frequenzen werden die periodischen Eingangssignale bei Frequenzen größer als etwa 10 Hz während einer intern festgelegten Zeitspanne gewählt. Bei Frequenzen kleiner 10 Hz führt der Zähler bzw. Zeitmesser eine Periodendauermessung durch und zeigt den Kehrwert der Periodendauer als Frequenz an.

Kleine Frequenzen ermittelt man durch Messung der Periodendauer.

Zur Zeitmessung wird der Zähler mit einer genauen Impulsfrequenz von z. B. 500 MHz während des zu messenden Zeitintervalls angesteuert. Damit erreicht man eine zeitliche Auflösung von 2 ns. Beim Zweikanalgerät können gleichzeitig zwei Zeiten ermittelt werden.

5.1.8.3 Logikanalysatoren

Entstehung und Kennzeichen

Beim Arbeiten mit herkömmlichen Oszilloskopen an digitalen Schaltungen stößt man infolge der geringen Kanalzahl bald an die Grenzen ihrer Anwendbarkeit. Logikanalysatoren **(Bild 1)** haben 16 bis 64 Kanäle und die Fähigkeit, auch *einmalige* Vorgänge erfassen zu können. Der Logikanalysator ist ein eigenständiger Rechner, der menügeführt zu bedienen ist (Bild 1). Der Logikanalysator besteht aus den Baugruppen Datenspeicher, Datenerfassung und Datendarstellung **(Bild 2)**.

Datenspeicher

Im Datenspeicher werden über den *Datenerfassungsteil* Datenworte eingebracht und am Bildschirm dargestellt.

Der *Arbeitsspeicher* hat für jeden Kanal ein Register. Mit dem Taktsignal werden alle während einer Flanke anstehenden Daten parallel in die Speicherplätze übernommen. Mit der nächsten Flanke werden diese Daten in jedem Kanal um einen Speicherplatz weitergeschoben, während die neuen Daten in die ersten Speicherplätze eingeschrieben werden. Jeder Kanal faßt je nach Logikanalysator zwischen 256 bit und 4000 bit (Speichertiefe).

Der *Referenzspeicher* besitzt den gleichen Aufbau und die gleiche Größe wie der Arbeitsspeicher (Bild 2). In ihm werden die bekannten Daten abgelegt, um sie z.B. zu Vergleichsmessungen zu benützen.

Datenerfassungsteil

Der Datenerfassungsteil ermöglicht es, Daten zu erkennen *(Triggerteil)*, sie anzupassen *(Eingangsschaltung, Tastköpfe)* und in den Arbeitsspeicher durch Takten *(Clocking)* einzulesen.

Eingangsschaltung. Die Eingangsschaltung ist eine oft stufig einstellbare Komparatorschaltung **(Bild 3)**, welche die digitalen Signale eindeutig als H-Pegel oder L-Pegel erkennen muß, um diese Werte anschließend in den Speicher des Logikanalysators zu übernehmen. Damit gelingt die Anpassung an Logikpegel unterschiedlicher Logikfamilien. Meist ist der *Komparatorpegel* zusätzlich einstellbar, z.B. für CMOS-Technologie.

Die Tastköpfe entscheiden über die Güte der Datenaufnahme. Ihre Eingangsimpedanz liegt bei 1 MΩ und 5 pF bis 15 pF Eingangskapazität. Eine Störspannungsbegrenzung bis 500 V und die Vermeidung von Einstreuungen sollen gewährleistet sein.

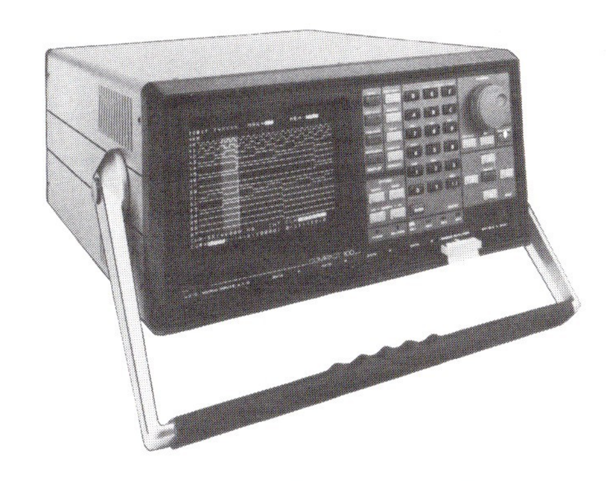

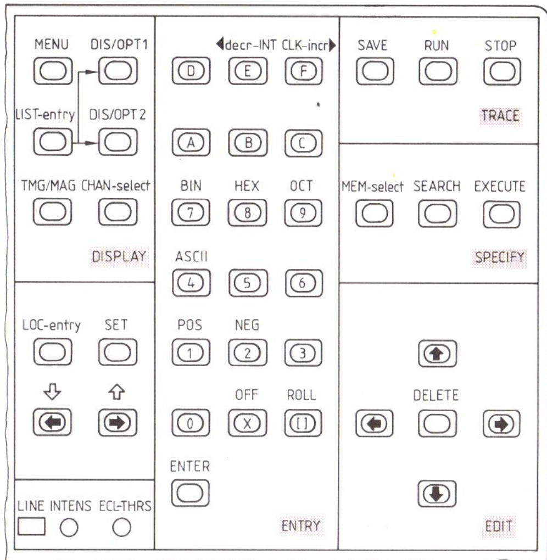

Bild 1: Logikanalysator mit Frontplatte

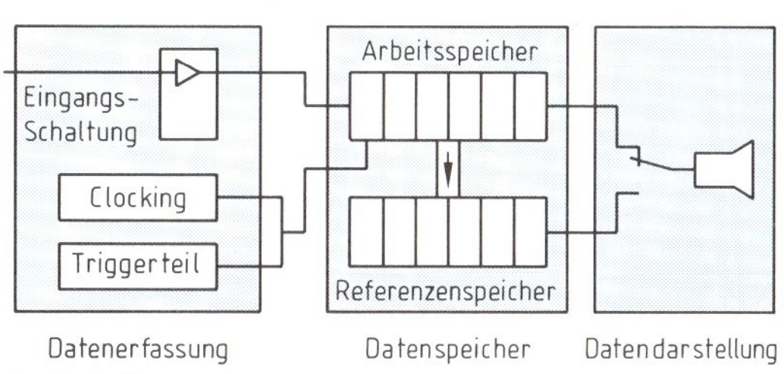

Bild 2: Übersichtsschaltplan

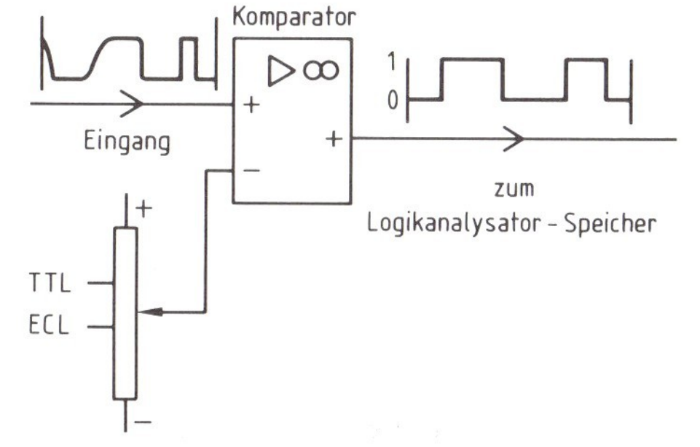

Bild 3: Eingangsschaltung

Takten (Clocking). Das Taktsignal, das die digitalen Informationen in den Arbeitsspeicher des Logikanalysators eintaktet, wird von verschiedenen Quellen geliefert.

Der *asynchrone Takt* dient zur Feststellung von Schaltungsfehlern, Zeitverschiebungen und Auffindung von Störsignalen **(Bild 1)**. Dazu muß der asynchrone Takt eine wesentlich höhere Frequenz als das Meßsignal haben. Der Meßfehler soll dabei nur eine Abtastrate betragen. Für Systeme mit einer Taktfrequenz von z. B. 10 MHz ist eine asynchrone Taktfrequenz von mindestens 100 MHz erforderlich.

Der *synchrone Takt* dient zur Analyse von Programmabläufen. Dabei wird der Systemtakt des Mikroprozessorsystems mitbenützt **(Bild 2)**.

Moderne Logikanalysatoren haben außer den erwähnten Taktsystemen *Testqualifizierer,* die den knappen Speicherplatz nur mit den für die geforderte Analyse erforderlichen Daten belegen.

Triggerverfahren. Zum Heraussuchen definierter Signalzüge dient die Triggereinrichtung. Ein Triggerwort ist dabei z. B. die logische UND-Verknüpfung verschiedener Eingangskanäle. Verzögerungsbedingungen erlauben eine definierte Zahl von Eintaktungen nach Erkennung des Triggerwortes **(Bild 3)**.

Bei der *sequentiellen* Triggerung ist es erforderlich, daß *n*-1 aufeinanderfolgende Triggerworte bis zur Auffindung des *n*ten Triggerwortes gezählt werden. Danach wird die Aufnahme beendet.

Bei der *selektiven Aufnahmesteuerung* (z. B. Trace Control) können gezielt Programmsegmente in einer Aufnahme aufgezeichnet werden, was eine effektive Nutzung des Arbeitsspeichers beinhaltet.

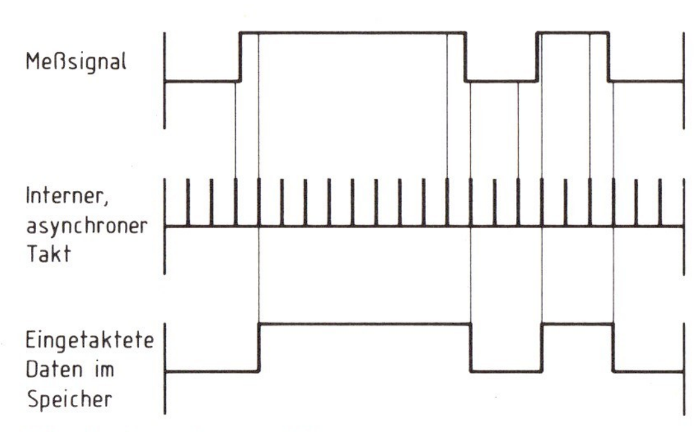

Bild 1: Asynchroner Takt

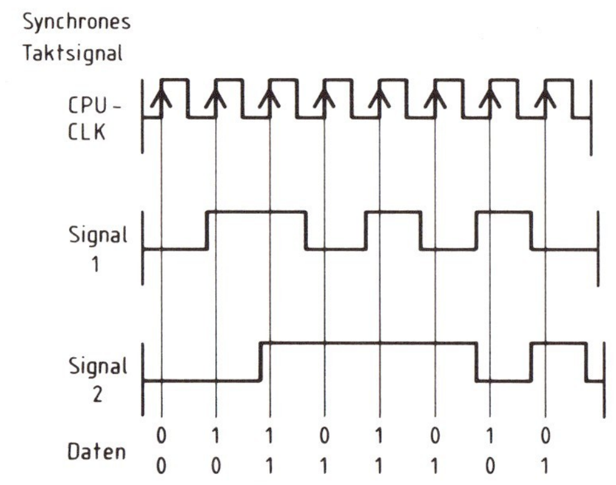

Bild 2: Synchroner Takt

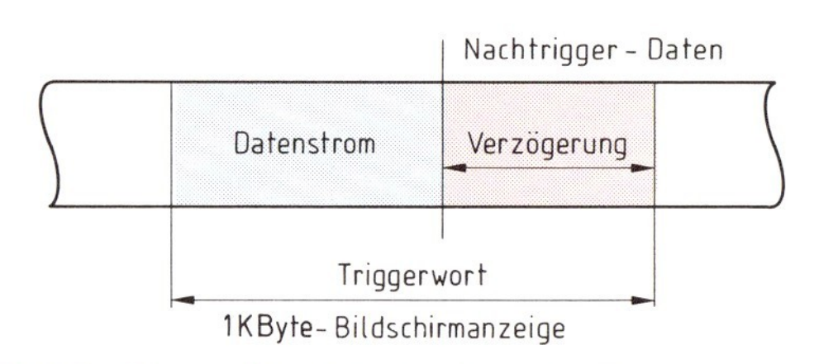

Bild 3: Triggerablauf im Logikanalysator

Datendarstellungsteil

Die im Arbeitsspeicher gespeicherten Daten können als Zeitdiagramm (Timing), als Ausdruck (Listing) am Bildschirm oder in disassemblierter Form (z. B. Mnemonics) dargestellt werden. Außerdem ist meist eine grafische Darstellung möglich.

Beim *Zeitdiagramm (Timing)* werden möglichst viele Kanäle gleichzeitig dargestellt **(Bild 4)**. Dabei ist neben dem allgemeinen Überblick eine Darstellung mit Amplitudenerhöhung, Dehnung der Signale und Cursoreinblendung möglich. Damit können einzelne Impulse im betrachteten Zeitbereich genau untersucht werden. Die Beschriftung aller Kanäle mit ihren Bezeichnungen erleichtert dabei die Auswertung, besonders wenn hohe Kanalzahlen zu Verwechslungen führen könnten (Bild 4).

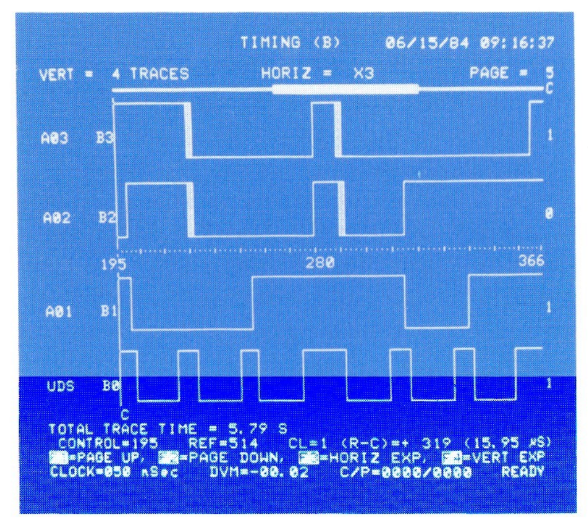

Bild 4: Timing-Darstellung mit 16 Kanälen

Die *Datendarstellung* (State) ist für softwareorientierte Aufgabenstellungen geeignet **(Bild 1)**. Dabei kann die Datenauflistung in vom Anwender frei wählbarer Codierung erfolgen, z. B. binär, hexadezimal, oktal oder in ASCII. Zur Grundeinstellung gehören die Kanalreihenfolge (SEQUENCE), die Polarität der Eingangssignale (POLARITY) und die Wahl der Logikfamilie (THRESHOLD), z. B. TTL oder ECL für VAR A oder VAR B. Die Eingabebetriebsart (INPUT), z. B. Sample-Mode (Abtasten) oder Latch-Mode (Speichern), hängt von der Abtastrate (CLOCK) und der vorliegenden Applikation (Anwendung) ab. Nach Eingabe des Triggerwortes (TRIGGER) kann die Messung ausgelöst werden. Auch gemischte Darstellungsarten, z. B. hexadezimal für Adressen und binär für Steuerleitungen, sind bei den meisten Geräten verfügbar.

Bei der *disassemblierten Darstellung* ist neben der Speicherplatznumerierung (FRAME), Adresse (ADDR) mit zugehörigem Maschinenzyklus (z. B. WRITE, READ), Objektcode (OBJECT CODE) auch die mnemonische Darstellung (MNEMONIC) des Programmes aufgezeichnet **(Bild 2)**. Diese Darstellungsart ermöglicht eine rasche Programmverfolgung in der dem Programmierer geläufigen Schreibweise.

Im Beispiel Bild 2 wird mit Hilfe sequentieller Triggerung (TRACE) ein Schleifenprogramm aufgezeichnet, das bei jedem Einlesen des Signals am IO-Kanal 20 (IN 20) den Wert 03 zum Akkumulatorinhalt addiert (ADI 03) und wieder ausgibt (OUT 21). Der Rücksprung (JMP 0895) schließt die innere Schleife, die 22 Takte im ersten Durchgang und 17 Takte bei jedem weiteren Durchlauf benötigt. Da bei 8-Bit-Prozessoren die Zahl der Kanäle von 00H bis FFH reichen, wiederholt sich die gesamte äußere Schleife nach 256 Durchläufen mit jeweils gleichen Speicherwerten. Mit einem derartigen Programm werden z. B. Fehler im IO-Kanal gesucht. Im Bild 2 ist, veranlaßt durch eine entsprechende TRACE-Kommandofolge, der erste innere Schleifendurchlauf aufgezeichnet, und zwar von Speicherplatz 400 bis 419 (Bild 2). Mit Hilfe einer weiteren TRACE-Befehlsfolge werden 32 selektive Ausgabewerte am IO-Kanal mit Adresse 2121 kontrolliert. Aufgezeichnet werden nur die Kanalwerte, die bei jedem Schleifendurchgang um 3 erhöht sein müssen. Alle anderen Werte werden ausgeblendet.

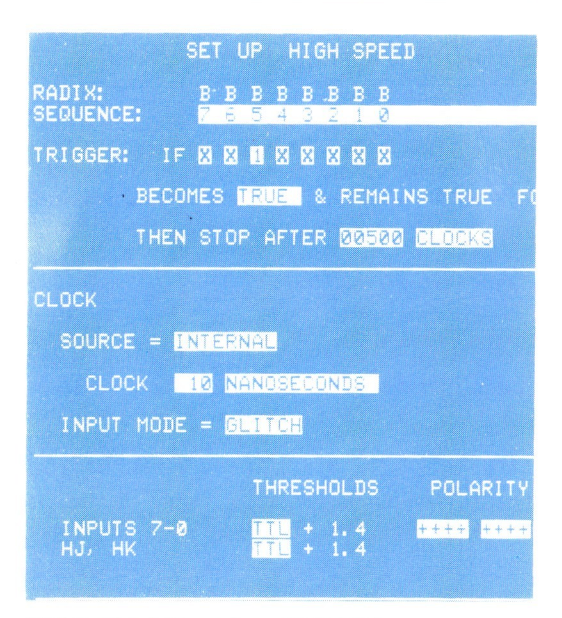

Bild 1: Menü-Darstellung (STATUS)

CLOCK=MIX - SGL GPIB=LOCS V=-00.01 12:02: 13 MEM=A

8085 DISASSEMBLER

	FRAME	ADDR	OBJECT CODE	MNEMONIC	L
C	400	0890	31F020	LXI SP,20F0	0
	403	0893	3E00	MVI A,00	1
	405	0895	F5	PUSH PSW	1
	406	20EF-WRITE	00		1
	407	20EE-WRITE	A4		1
	408	0896	DB20	IN 20	1
	410	2020-INPUT	89		1
	411	0898	F1	POP PSW	1
	412	20EE-READ	A4		1
	413	20EF-READ	00		1
	414	0899	C603	ADI 03	1
	416	089B	D321	OUT 21	1
	418	2121-OUTPUT	03		1
	419	089D	C39508	JMP 0895	1
	422	2121-OUTPUT	06		2
	423	2121-OUTPUT	09		2
	424	2121-OUTPUT	0C		2

C=400 R=430 <R-C> =+ 30 CL=0 LEVEL=5 RDY

Bild 2: Disassemblierte Darstellung

Die Aufzeichnung beginnt bei Speicherplatz 422 (Bild 2), wird fortgesetzt von Speicherplatz 431 bis 453 und endet mit Speicherplatz 454. In einer weiteren Aufzeichnungsebene wird weiterhin der Kanal mit Adresse 2121 überprüft, aber sein Wert erst nach 255 Durchläufen aufgezeichnet.

Wiederholungsfragen

1. **Aus welchen Teilen besteht ein Logikanalysator?**
2. **Wozu dient der Referenzspeicher?**
3. **In welchen Formen können Daten dargestellt werden?**
4. **Wofür eignet sich die State-Darstellung?**

5.1.9 Optokoppler

Bei den Optokopplern sind Sender auf der Eingangsseite und Empfänger auf der Ausgangsseite über IR-Strahlung (Infrarotstrahlung) miteinander gekoppelt. Als Sender arbeitet eine IRED (IR emittierende Diode) und als Empfänger ein fotoelektronisches Bauelement **(Tabelle 1)**. Manchmal erfolgt die Kopplung auch durch Lichtstrahlung aus einer LED (Licht emittierende Diode).

Sender und Empfänger können nebeneinander liegen oder einander gegenüber **(Bild 1)**. Beim Gegenüberaufbau beträgt die höchstzulässige Spannung zwischen Eingangsseite und Ausgangsseite bis 600 V. Für Isolationsspannungen bis 10 kV verwendet man die Kopplung über Linsen **(Bild 2)**. Sender und Empfänger sind in einem Gehäuse in Gießharz eingebettet **(Bild 3)**.

Beim Optokoppler sind Sender und Empfänger voneinander galvanisch getrennt.

Eine wichtige Kenngröße der Optokoppler ist der Übertragungsfaktor CTR (Current Transfer Ratio = = Stromübertragungsverhältnis).

CTR Übertragungsfaktor
I_2 Ausgangsstrom
I_1 Eingangsstrom

$$CTR = \frac{I_2}{I_1}$$

Beispiel:
Bei einem Optokoppler beträgt der für die Ansteuerung erforderliche Eingangsstrom 10 mA, der Ausgangsstrom 500 mA. Wie groß ist der Übertragungsfaktor?

Lösung:
$CTR = I_2/I_1 = 500\text{ mA}/(10\text{ mA}) = \mathbf{50}$

Optokoppler werden zum potentialfreien Ansteuern verwendet, z. B. bei Thyristorschaltungen **(Bild 4)**.

5.1.10 Lichtschranken

Lichtschranken sind im Prinzip wie Optokoppler aufgebaut, jedoch ist die Strecke zwischen Sender und Empfänger erheblich größer. Sie arbeiten fast ausnahmslos mit Infrarotstrahlung, meist emittiert von einer IRED aus Galliumarsenid bei einer Wellenlänge von 850 nm.

Lichtschranken arbeiten meist mit Infrarotstrahlung.

Tabelle 1: Optokoppler

Kombination	Typische obere Grenzfrequenz	Typischer CTR-Wert
IRED - Fotodiode	bis 10 MHz	bis 0,002
IRED - Fotodarlington	bis 10 kHz	bis 500
IRED - Fotothyristor	nicht für analoge Signal-übertragung, sonst bis 10 kHz	nicht definiert, entspricht etwa bis 100, auch für große Strom-stärken

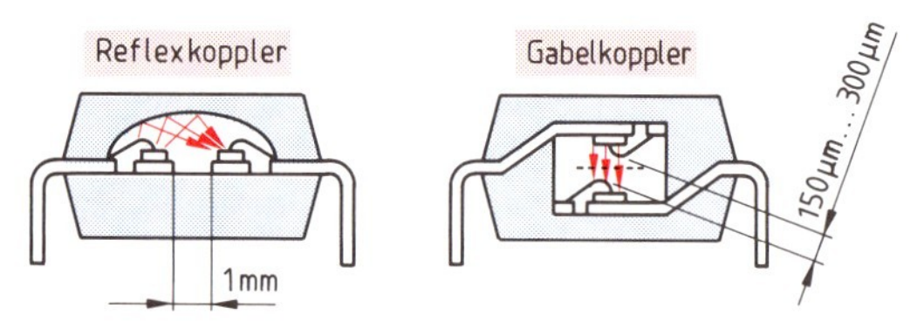

Bild 1: Typischer Aufbau von Optokopplern

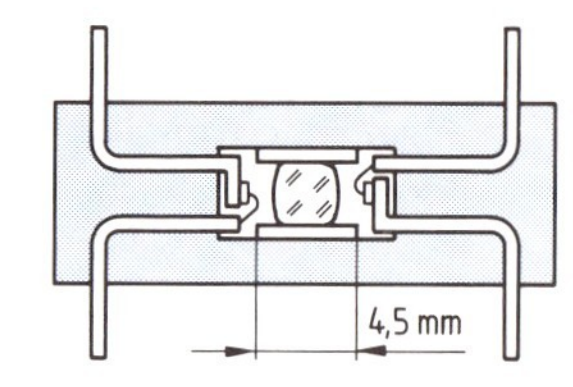

Bild 2: Optokoppler mit Kopplung über Linsen für hohe Isolationsspannung

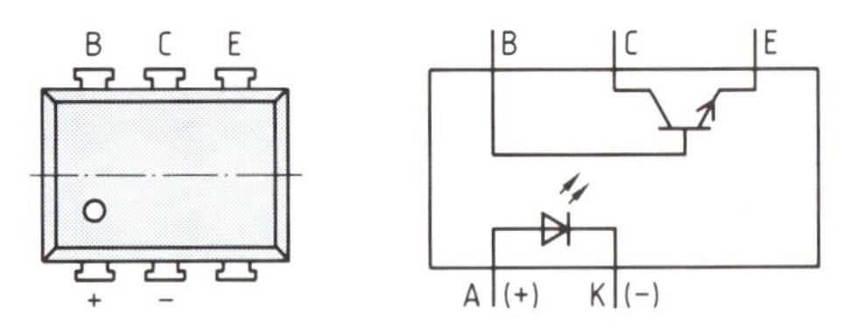

Bild 3: Ansicht und Schaltung eines Optokopplers

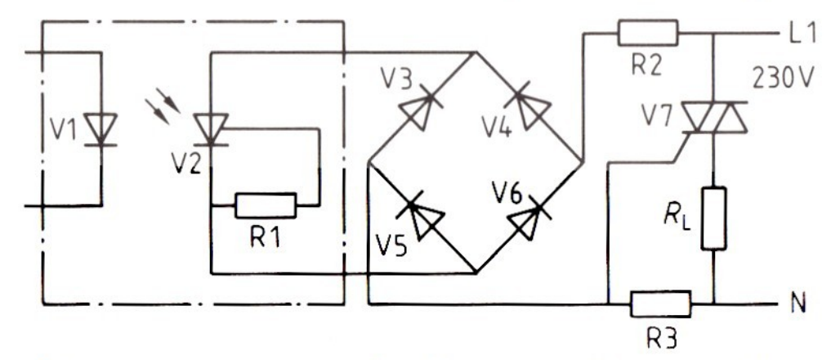

Bild 4: Optokoppler als Zündstufe für einen Triac

Bei der *Einweglichtschranke* sind Sender und Empfänger voneinander getrennt **(Bild 1)**. Diese Trennstrecke wird durch die Einweglichtschranke überwacht. Die *Gabellichtschranke* ist eine besondere Form der Einweglichtschranke. Bei ihr sind Sender und Empfänger mechanisch miteinander verbunden **(Bild 2)**. Bei der Gabellichtschranke ist nur ein Netzanschluß erforderlich. Sie ist aber nur für kleine Abmessungen der zu erfassenden Gegenstände geeignet.

Bei der *Reflexionslichtschranke* liegen Sender und Empfänger nahe beieinander **(Bild 3)**. Der Sender strahlt IR-Strahlung zu einem Reflektor ab, von dem die Strahlung zum Empfänger gelangt. Es gibt Reflektoren aus Prismen oder Kugeln, bei denen unabhängig vom Winkel ein einfallender Strahl in dieselbe Richtung zurück reflektiert wird (Bild 3). Bei diesen *retroreflektierenden*[1] Reflektoren ist die Montage des Reflektors einfach, jedoch beträgt die Reichweite einer derartigen Lichtschranke nur etwa 10 m. Werden Planspiegelreflektoren verwendet, so ist die Reichweite größer, aber die Montage ist aufwendiger.

Nach dem Prinzip der Reflexionslichtschranke gibt es Baugruppen, die beim Annähern und Entfernen eines Gegenstandes wie ein Taster schalten. Bei diesem *Reflexionslichttaster* werden die zu erfassenden Gegenstände selbst als Reflektor verwendet **(Bild 4)**. Hier ist eine Justierung nicht erforderlich. Die Reichweite ist klein, z. B. höchstens 3 m.

Die häufigsten Lichtschranken sind die Reflexionslichtschranke und der Reflexionslichttaster.

Lichtschranken können im *Gleichlichtbetrieb* oder im *Wechsellichtbetrieb* betrieben werden. Beim Gleichlichtbetrieb wird eine konstante Strahlung vom Sender ausgesendet. Diese steuert den Empfänger über einen Fotosensor, einen Verstärker, einen Schmitt-Trigger und ein Schütz. Dabei kann Fremdstrahlung, z. B. Sonnenlicht, den Schaltvorgang ebenfalls auslösen. Beim Wechsellichtbetrieb gibt der Sender Strahlungsimpulse ab **(Bild 5)**. Diese werden von einem Fotosensor in elektrische Impulse umgesetzt und über einen Kondensator einem Verstärker zugeführt, so daß der Schaltvorgang erfolgen kann. Der Kondensator verhindert weitgehend den Einfluß von fremder Strahlung. Es gibt weitere Möglichkeiten zur Verhinderung von Fehlschaltungen, z. B. durch Abschaltung des Empfängers während der Impulspausen (Störaustastung).

[1] lat. retro = zurück

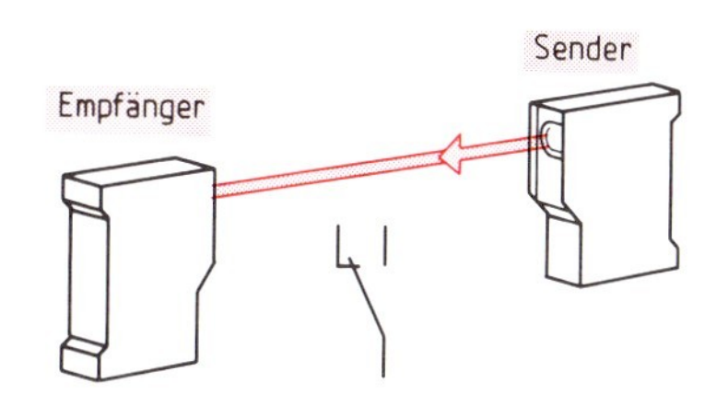

Bild 1: Einweglichtschranke

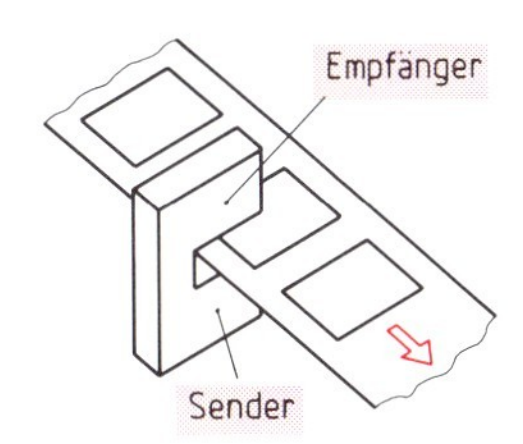

Bild 2: Gabellichtschranke

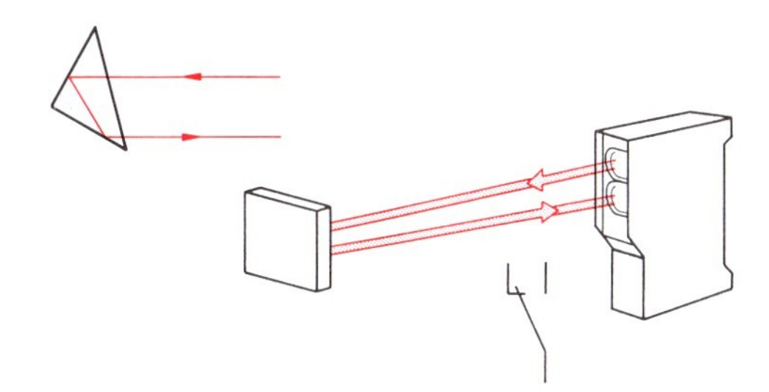

Bild 3: Reflexionslichtschranke

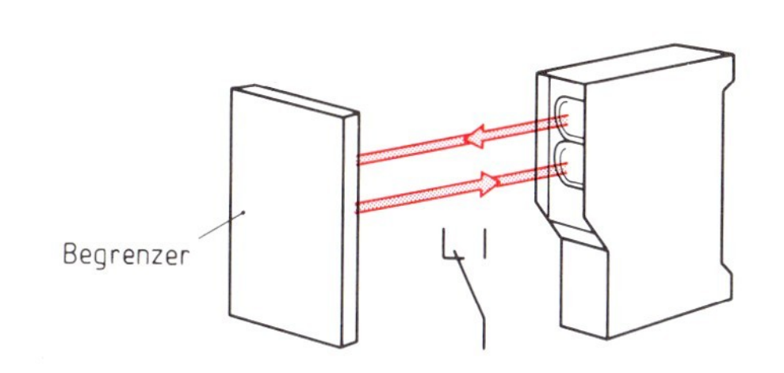

Bild 4: Reflexionslichttaster

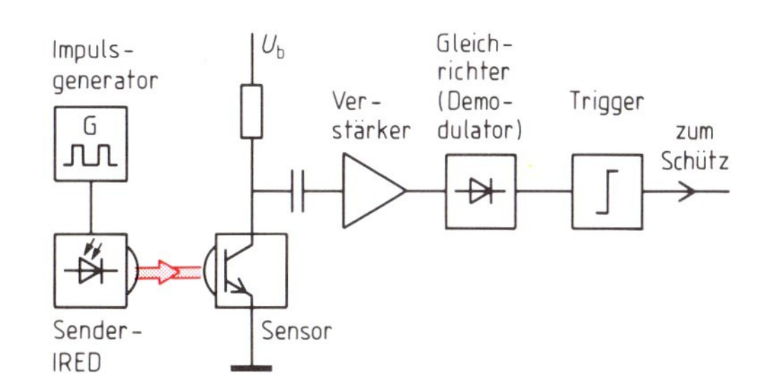

Bild 5: Schaltung für Wechsellichtbetrieb

5.1.11 Bestimmungen für Meßeinrichtungen

Zur Vermeidung von Unfällen sind bei Messungen die Bestimmungen zur Unfallverhütung nach dem Arbeitssicherheitsgesetz zu beachten.

Elektrische Meßeinrichtungen bestehen aus dem Meßgerät und der Schaltung, welche das Meßgerät mit dem Meßobjekt verbindet. Die aktiven Teile (Spannung führende Teile) elektrischer Meßeinrichtungen müssen gegen *direktes* Berühren geschützt sein. Das gilt auch für die Zeit der eigentlichen Messung. Die Verwendung blanker Klemmen ist deshalb unzulässig. Der Schutz gegen direktes Berühren ist bei Schutzkleinspannungen unter AC 25 V oder DC 60 V entbehrlich.

Bei Messungen darf das direkte Berühren von Spannung nicht möglich sein, wenn die Spannung größer ist als AC 25 V oder DC 60 V.

Elektrische Meßeinrichtungen müssen so beschaffen sein, daß auch bei Auftreten eines Isolationsfehlers, z. B. eines Körperschlusses, keine unzulässig hohe Berührungsspannung auftreten kann. Man bezeichnet das als Schutz bei *indirektem* Berühren.

Schutz bei indirektem Berühren ist gegeben, wenn die Berührungsspannung nicht größer als AC 50 V oder DC 120 V sein kann.

Die höchstzulässigen Spannungswerte können bei erhöhten Anforderungen, z. B. in medizinisch genutzten Räumen, niedriger sein.

Der Schutz bei indirektem Berühren wird je nach Geräteart **(Bild 1)** durch folgende Maßnahmen erreicht:

Bei Geräten der Klasse I ist der Anschluß des Körpers, z. B. des Gehäuses, an einen Schutzleiter erforderlich. Dieser muß so beschaffen sein, daß beim Auftreten einer zu hohen Berührungsspannung ein Abschalten erfolgt.

Bei Geräten der Klasse II wird durch eine zusätzliche Schutzisolierung ein indirektes Berühren einer Spannung verhindert. Ein Schutzleiter darf nicht angeschlossen werden.

Bei Geräten der Klasse III (Schutzkleinspannung) ist die Betriebsspannung so niedrig, daß ein indirektes Berühren einer zu hohen Spannung nicht möglich ist.

Bild 1: Kennzeichnung der Geräteschutzklassen

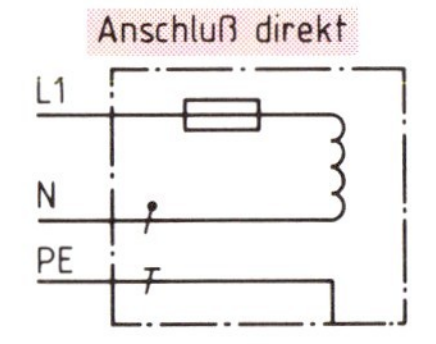

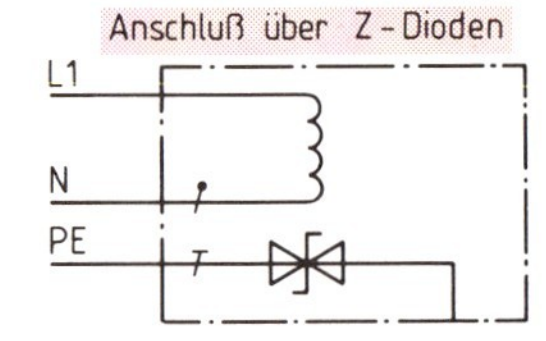

Bild 2: Anschluß des Schutzleiters an den Körper

Der Anschluß des Schutzleiters kann am Körper des zu schützenden Gerätes direkt oder über ein spannungsbegrenzendes Bauelement, z. B. gegeneinander geschaltete Z-Dioden, erfolgen **(Bild 2)**.

Meßgeräte mit Netzanschluß und einer Leistungsaufnahme von mehr als 20 VA müssen durch Überstrom-Schutzeinrichtungen gesichert sein, deren Nennstrom höchstens das Dreifache des Gerätenennstromes betragen darf.

Im Nennbetrieb dürfen bei Meßeinrichtungen keine zu hohen Übertemperaturen auftreten, nämlich

— am Gehäuse höchstens 35 K,

— an Bedienteilen aus Metall höchstens 20 K,

— an Bedienteilen sonst höchstens 30 K.

Wiederholungsfragen

1. **Bis zu welcher Höhe der Spannung ist ein Schutz gegen direktes Berühren bei Meßeinrichtungen entbehrlich?**
2. **Was versteht man unter indirektem Berühren?**
3. **Wie groß ist beim indirekten Berühren unter normalen Bedingungen die höchstzulässige Berührungsspannung?**
4. **Erklären Sie die Geräteklassen I, II und III!**
5. **Auf welche Weise erfolgt bei Geräten der Klasse I der Schutz bei indirektem Berühren?**
6. **Wodurch erfolgt bei Geräten der Klasse II ein Schutz bei indirektem Berühren?**

5.2 Steuerungstechnik

5.2.1 Steuerungsarten

Man unterscheidet die Steuerungsarten hinsichtlich der Art der Signaldarstellung, der Art der Signalverarbeitung und der Art der Programmverwirklichung.

Art der Signaldarstellung

Bei einer *analogen Steuerung*, z. B. einer Helligkeitssteuerung für eine Glühlampe, wird analog zur gewünschten Helligkeit der Lampenstrom über einen Stellwiderstand eingestellt. Das analoge Signal wird durch die Stromstärke und damit durch die *Amplitude* eines Signals dargestellt **(Tabelle 1)**. Daneben gibt es weitere Möglichkeiten, z. B. die Pulsweitenmodulation (Tabelle 1). Das Signal ist hierbei analog dem Tastgrad (Verhältnis von Impulsdauer zu Pulsperiodendauer). Der Mittelwert dieses Signals ist um so größer, je größer die Impulsdauer und je kleiner die Pausendauer ist.

Häufig verwendet man in der analogen Signalverarbeitung eine Signaldarstellung durch die *Phasenlage,* z. B. bei der Steuerung von Thyristoren mit Zündimpulsen. Je nach Zündwinkel (Phasenverschiebung zwischen Spannungsnulldurchgang und Zündimpuls) entsteht ein mehr oder weniger starker Strom. Auch die Signalfrequenz kann Träger eines analogen Steuersignals sein, z. B. kann man bei Synchronmotoren und Schrittmotoren die Drehzahl über die Frequenz des Motorstromes steuern.

Analoge Signale werden durch Amplitude, Pulsweite, Phasenlage oder Frequenz dargestellt.

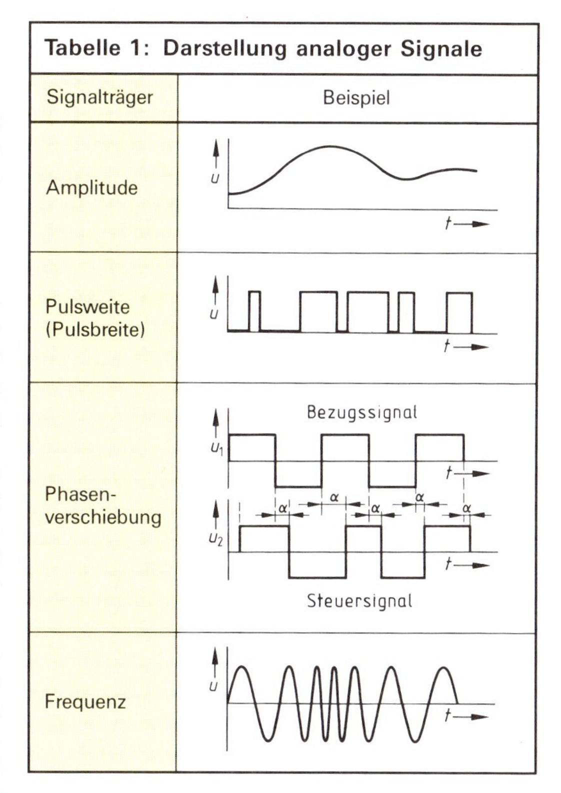

Tabelle 1: Darstellung analoger Signale

Signalträger	Beispiel
Amplitude	u, t
Pulsweite (Pulsbreite)	u, t
Phasenverschiebung	Bezugssignal; u_1, t; α; u_2, t; Steuersignal
Frequenz	u, t

In *binären Steuerungen* ist die Signaldarstellung binär, also zweiwertig. Die Signalverarbeitung geschieht meist durch Verknüpfungsglieder und Kippglieder. Bei *digitalen Steuerungen* werden Signale codiert dargestellt, z. B. durch Zahlen. Steuerungen mit Rechnern sind digitale Steuerungen.

Art der Signalverarbeitung

Steuerungen teilt man weiter nach Art der Signalverarbeitung in Verknüpfungssteuerungen (kombinatorische Steuerungen) und Ablaufsteuerungen (sequentielle Steuerungen) ein. Die Ablaufsteuerungen können zeitabhängig oder prozeßabhängig geführt sein.

Bei einer zeitabhängigen Ablaufsteuerung wird über Taktgeber, Zeitrelais, Uhrwerke oder Steuermotoren der Programmablauf, z. B. eines Rührwerkes, geführt **(Bild 1)**. Bei *prozeßabhängigen Ablaufsteuerungen* erfolgen die einzelnen Steuereingriffe nicht starr an einen Zeitpunkt gekoppelt, sondern abhängig vom Zustand des Prozesses (Geschehens). Bei einem Rührwerk beginnt z. B. der Rührvorgang erst, wenn über einen Füllstandssensor der Steuerung gemeldet wird, daß der Kessel mit dem zu mischenden Stoff gefüllt ist. Das Rührwerk rührt solange, bis ein weiterer Sensor die Vermischung feststellt.

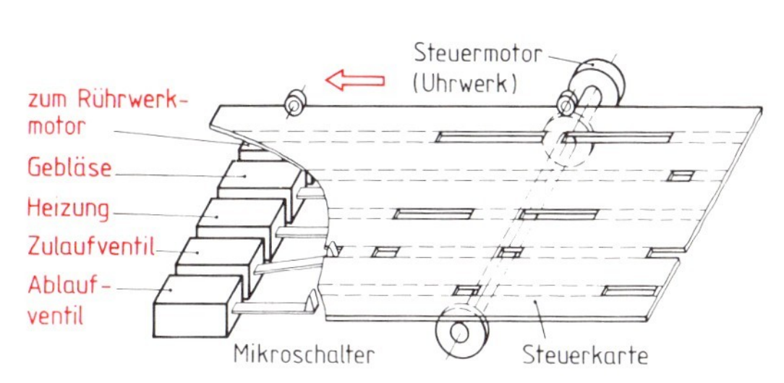

Bild 1: Programmsteuerung eines Rührwerks

Ablaufsteuerungen sind zeitabhängig oder prozeßabhängig geführt.

Art der Programmverwirklichung

Ein Steuerungsprogramm kann in einem Programmspeicher gespeichert sein oder aber durch die Art der Verdrahtung bzw. der elektrischen Verbindungswege und Bauteile auf einer gedruckten Schaltung vorgegeben sein. Dementsprechend unterscheidet man SPS (speicherprogrammierbare Steuerungen, auch speicherprogrammierte Steuerungen oder PLC[1]) und VPS (verbindungsprogrammierte Steuerungen) **(Tabelle 1)**.

SPS sind *austauschprogrammierbar,* wenn der Programmspeicher, z. B. ein ROM, zum Programmwechsel ausgetauscht werden muß. SPS nennt man *freiprogrammierbar,* wenn für einen Wechsel des Steuerprogramms kein mechanischer Eingriff erforderlich ist. Dies gilt z. B. für Steuerungen mit Rechner. Das Programm ist hier in einem nichtflüchtigen Speicher des Rechners gespeichert.

Bei VPS gibt es solche, deren Verbindungswege fest sind, z. B. durch die Verdrahtung bei einer Relaissteuerung, und umprogrammierbare Steuerungen. Hier können Programmänderungen durch Veränderung von Drahtbrücken oder über Diodenstecker vorgenommen werden.

Man unterscheidet speicherprogrammierbare Steuerungen und verbindungsprogrammierte Steuerungen.

Tabelle 1: Programmverwirklichung

Art		Beispiel
Speicher-programmiert SPS	austausch-programmierbar	Programm-steuerung mit Steuerkarte
	frei-programmierbar	Rechner-steuerung
Verbindungs-programmiert VPS	festprogrammiert	Relaissteuerung
	umprogrammier-bar	Programm-steuerung mit Steckerfeld

5.2.2 Binäre Steuerungen

Die meisten Steuerungen sind *binäre* Steuerungen. Verwirklicht werden diese Steuerungen mit Schaltkontakten, z. B. durch Relais, oder kontaktlos mit Halbleiterschaltern, digitalen Verknüpfungsgliedern und Flipflops, oder auch mit speicherprogrammierbaren Steuerungen (Abschnitt 5.2.4). Kontaktlose Steuerungen haben keinen mechanischen Verschleiß, eine höhere Schaltgeschwindigkeit, kleinere Baugröße, kleineren Verdrahtungsaufwand und höhere Zuverlässigkeit. Nachteilig ist, daß die Schaltsignale oft nicht potentialfrei sind, sondern ein gemeinsames Bezugspotential haben, und daß meist keine Verbraucher großer Leistung, z. B. Drehstrommotoren, direkt kontaktlos geschaltet werden können.

Aufbau und Bauelemente binärer Steuerungen

Binäre Steuerungen bestehen aus den Baugruppen Signaleingabe, Signalverarbeitung und Signalausgabe **(Bild 1)**. Die Signaleingabeeinheit enthält Bauelemente zur Pegelanpassung, z. B. Spannungsteiler, um aus einem 24-V-Signal ein 5-V-Signal zu erzeugen, Bauelemente zur Potentialtrennung, z. B. Optokoppler, Bauelemente zur Entstörung, z. B. RC-Tiefpaßfilter, Bauelemente zur Entprellung, z. B. Monoflops, und Bauelemente zur Statusanzeige[2], z. B. LED.

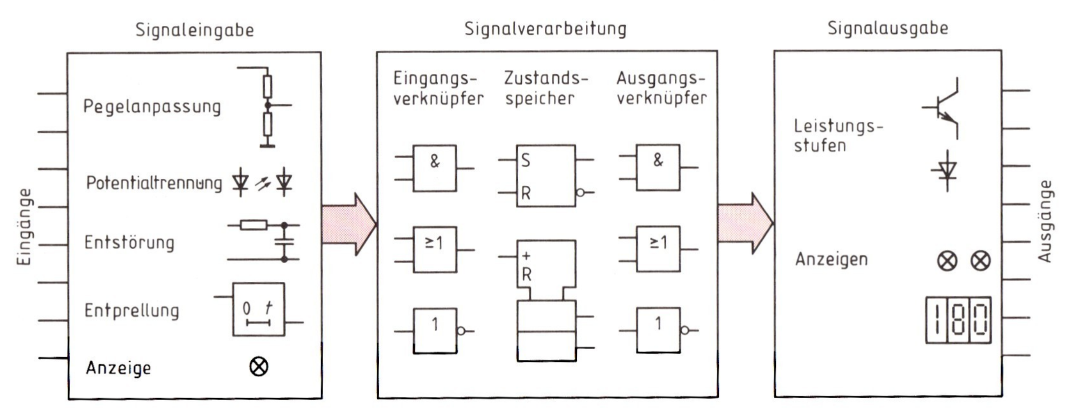

Bild 1: Aufbau einer binären Steuerung

[1] PLC von engl. Programmable Logic Controller = programmierbare binäre Steuerung; [2] lat. status = Zustand

Die *Signaleingabe* geschieht über ein Bedienfeld mit Tasten und Schaltern sowie über Signalgeber aus der zu steuernden Maschine oder Anlage. Meist verwendet man bei kontaktlosen Binärsteuerungen auch kontaktlose Signalgeber, z. B. induktive, kapazitive oder optoelektronische Grenztaster.

Die *Signalverarbeitung* besteht aus den Funktionseinheiten Eingangsverknüpfer, Zustandsspeicher und Ausgangsverknüpfer. In dem Eingangsverknüpfer werden mit UND-Elementen, ODER-Elementen und NICHT-Elementen die Schaltbedingungen ermittelt, welche zu einem neuen Arbeitsschritt (Zustand) der zu steuernden Anlage führen. Bei einem Rührwerk darf der Rührvorgang erst beginnen, wenn Wasser eingelaufen ist und die Solltemperatur erreicht ist. Diesen Zustand merkt sich die Steuerung durch Setzen eines Flipflops. Als Zustandsspeicher (Merker) verwendet man neben Flipflops auch Zähler. In jedem Zustand ist eine bestimmte Steuerungsaufgabe auszuführen. Abhängig vom Zählerstand des Zählers oder von den Flipflop-Ausgängen werden die Ausgangssignale gebildet. Dies geschieht im Ausgangsverknüpfer.

Die *Signalausgabe* hat die Aufgabe, Stellglieder, z. B. Motoren oder Ventile, zu schalten. Hierfür enthält die Ausgabeeinheit Leistungsstufen mit Transistoren und Thyristoren. Zur Kontrolle der Ausgangssignale gehören zur Ausgangseinheit meist noch Leuchtmelder.

Steuerungen enthalten die Baugruppen Signaleingabe, Signalverarbeitung und Signalausgabe.

Entwurf einer Steuerung

Der Entwurf einer Steuerung setzt die genaue Kenntnis der einzelnen Steuerfunktionen in ihrem zeitlichen Ablauf voraus, sowie die Kenntnis der Bedingungen für die Auslösung dieser Steuerungsfunktionen. Zur Beschreibung des Steuerungsablaufs und der Auslösebedingungen wählt man meist eine grafische Darstellung, z. B. den Funktionsplan.

Im Funktionsplan zeichnet man für jeden Schritt im zeitlichen Ablauf je einen quadratischen Block mit fortlaufender Numerierung und Benennung der Schritte. Zu jedem Schrittblock werden an eine Bezugslinie die Bedingungen angeschrieben, welche zum Übergang von einem Schritt zum nächsten führen.

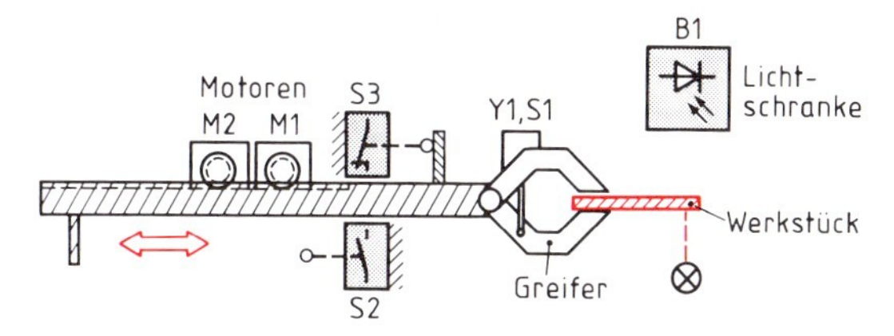

Bild 1: Zuführeinrichtung

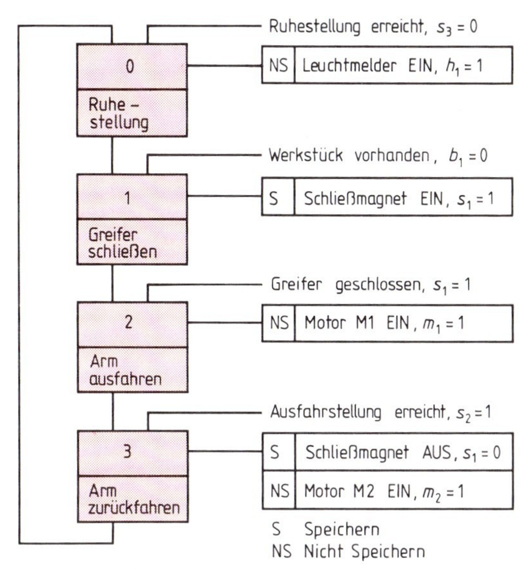

Bild 2: Funktionsplan zur Steuerung der Zuführeinrichtung

Beispiel 1:

Die Zuführeinrichtung **Bild 1** soll ein Werkstück einer Presse zuführen, sobald dieses bereitgestellt ist. Das Vorhandensein eines Werkstücks wird durch die Unterbrechung der Lichtschranke B1 signalisiert ($b_1 = 0$). Ist ein Werkstück vorhanden, soll zunächst der Greifer mit dem Schließmagnet Y1 schließen ($y_1 = 1$). Das Schließen wird durch einen berührungslosen Grenztaster S1 im Greifer überwacht ($s_1 = 1$, Greifer geschlossen). Nachdem der Greifer geschlossen ist, soll der Greifer durch Einschalten des Motors M1 ausgefahren werden ($m_1 = 1$), bis der Grenztaster S2 anspricht ($s_2 = 1$). Nach Erreichen des Grenztasters S2 soll der Greifer öffnen ($y_1 = 0$) und das Werkstück freigeben. Danach wird durch Einschalten des Eilgangmotors M2 ($m_2 = 1$) zurückgefahren bis zur Betätigung (Unterbrechung) des Grenztasters S3 ($s_3 = 0$). Dies ist die Ruhestellung und gleichzeitig Ausgangsstellung, bis wieder ein Werkstück zur Zuführung bereitliegt. Die Ruhestellung soll durch den Leuchtmelder H1 angezeigt werden ($h_1 = 1$).

Zeichnen Sie den Funktionsplan!

Lösung: **Bild 2**

Der Funktionsplan (Bild 2, vorhergehende Seite) enthält für die vier Schritte: „Ruhestellung“, „Greifer schließen“, „Arm ausfahren“ und „Arm zurückfahren“ vier Blöcke mit den Nummern 0, 1, 2, 3.

Für den Schritt 1 ist diese Bedingung: „Werkstück vorhanden“, $b_1 = 0$. Die Befehle, die in jedem Schritt auszuführen sind, zeichnet man eingerahmt rechts neben jeden Schrittblock. Für Schritt 1 also „Schließmagnet Ein“, $y_1 = 1$.

Der Schließmagnet soll aber auch noch im folgenden Schritt geschaltet sein, der Befehl also gespeichert bleiben, bis er widerrufen wird. Dies kennzeichnet man durch ein S vor dem Befehl. Ist der Greifmagnet geschlossen, dann spricht der Grenztaster S1 an. Dies ist die Voraussetzung für den Übergang zu Schritt 2. Hier soll der Greifarm ausfahren, der Motor M1 also eingeschaltet werden. Dieser Befehl gilt nur während des Schrittes 2. Er ist also nichtspeichernd (NS).

Mit dem Signal $s_3 = 1$ ist die Ausfahrstellung erreicht, der Greifer soll öffnen und geöffnet bleiben. Gleichzeitig wird der Befehl für das Zurückfahren des Greifarms mit dem Eilgangmotor M2 ausgegeben.

Die Ruhestellung und gleichzeitig die Ausgangsstellung erreicht man mit dem Öffnen des Grenztasters S3 ($s_3 = 0$).

Ablaufsteuerungen stellt man mit einem Funktionsplan dar.

Vom Funktionsplan zur Steuerschaltung

In der Steuerung muß nun jeder Schritt der Ablaufkette in einem Zustandsspeicher binär gespeichert werden. Als Speicher verwendet man meist Kippglieder, z. B. RS-Flipflops, oder Relais mit Selbsthaltekontakt bzw. Halbleiterschalter mit Selbsthaltung. Verwendet man Flipflops mit invertiertem Rücksetzeingang, dann werden durch die Signalunterbrechung, aber auch bei Drahtbruch, die Flipflops rückgesetzt.

Die vier Schritte 0 bis 3 der Zuführeinrichtung aus dem Beispiel 1 werden codiert gespeichert. Die Zahl der Binärspeicher richtet sich nach dem verwendeten Code **(Tabelle 1)**.

Beim Dualcode benötigt man die kleinste Zahl von Binärspeichern. Der Aufwand für die Steuerschaltung zum Setzen und Rücksetzen der Schrittspeicher (Flipflops) ist hier jedoch größer als bei einer Codierung mit dem Zählcode oder dem 1-aus-n-Code.

Tabelle 1: Zustandscodierung

Code	Flipflop-Ausgang	Schritt 0	1	2	3
Dualcode	Q1	0	1	0	1
	Q2	0	0	1	1
Zählcode	Q1	0	1	1	1
	Q2	0	0	1	1
	Q3	0	0	0	1
1-aus-4-Code	Q1	1	0	0	0
	Q2	0	1	0	0
	Q3	0	0	1	0
	Q4	0	0	0	1

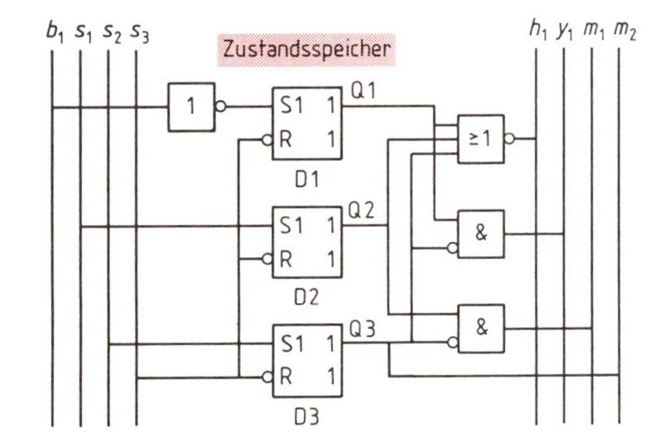

Bild 1: Steuerschaltung für die Zuführeinrichtung

Für einfache Steuerungen verwendet man zur Zustandscodierung meist den Zählcode oder den 1-aus-n-Code.

Beispiel 2:

Entwerfen Sie eine Steuerschaltung für die Zuführeinrichtung von Beispiel 1 unter Verwendung einer Zustandscodierung mit dem Zählcode!

Lösung: **Bild 1**

In der Grundstellung (Schritt 0) sind alle Flipflops rückgesetzt. Der Schritt 1 wird durch $b_1 = 0$ der Lichtschranke B1 eingeleitet. Wir können also das Flipflop D1 mit dem Signal $\overline{b}_1$ setzen. Der Schritt 2 wird mit dem Signal $s_1 = 1$ eingeleitet. Wir setzen damit das Flipflop D2. Mit dem Signal $s_2 = 1$ wird das Flipflop D3 gesetzt (Schritt 3). Die Ruhestellung wird mit dem Öffnen des Grenztasters S3 erreicht. Mit $s_3 = 0$ werden alle Flipflops rückgesetzt. Die Befehlssignale erhält man durch Verknüpfen der Flipflopausgänge.

Leuchtmelder H1:
$h_1 = \overline{q_1} \wedge \overline{q_2} \wedge \overline{q_3} = \overline{q_1 \vee q_2 \vee q_3}$ (Schritt 0)

Schließmagnet Y1:
$y_1 = q_1 \wedge \overline{q_3}$ (Schritt 1 und Schritt 2)

Motor M1:
$m_1 = q_2 \wedge q_3$ (Schritt 2)

Motor M2:
$m_2 = q_3$ (Schritt 3)

Beispiel 3:
Entwerfen Sie eine Steuerschaltung für die Zuführeinrichtung von Beispiel 1 unter Verwendung des Dualcodes für den Zustandsspeicher!

Lösung: **Bild 1**

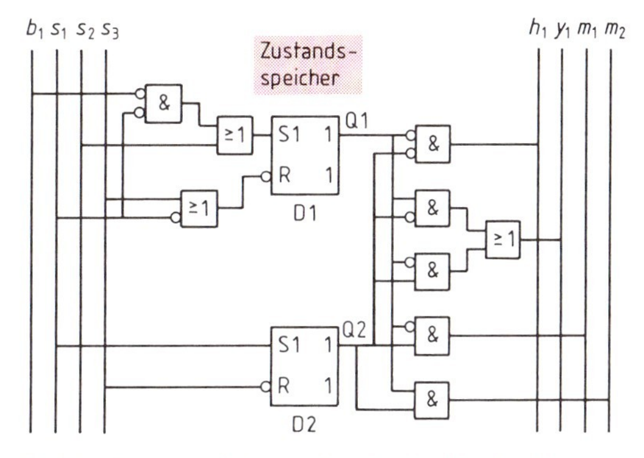

Bild 1: Steuerschaltung für die Zuführeinrichtung

In der Grundstellung (Schritt 0) sind beide Flipflop rückgesetzt. Sowohl im Schritt 1 ($b_1 = 0$) als auch im Schritt 3 ($s_2 = 1$) muß das Flipflop D1 gesetzt sein. Beide Signale werden über eine ODER-Verknüpfung an den Setzeingang angeschlossen. Im Schritt 2 ($s_1 = 1$) und auch in der Ruhestellung (Schritt 0, $s_3 = 0$) wird das Flipflop D1 rückgesetzt. Dies geschieht mit einer ODER-Verknüpfung zum Rücksetzeingang. Im Schritt 2 wird ferner mit $s_1 = 1$ das Flipflop D2 gesetzt. Rückgesetzt wird das Flipflop D2 mit $s_3 = 0$ (Ruhestellung). Die Ausgangsbefehle erhält man durch Verknüpfen der beiden Zustandsspeicher.

Leuchtmelder H1: $h_1 = \overline{q_1} \wedge \overline{q_2}$ (Schritt 0)

Schließmagnet Y1: $y_1 = (q_1 \wedge \overline{q_2}) \vee (q_2 \wedge \overline{q_1})$ (Schritt 1 und Schritt 2)

Motor M1: $m_1 = \overline{q_1} \wedge q_2$ (Schritt 2)

Motor M2: $m_2 = q_1 \wedge q_2$ (Schritt 3)

Beispiel 4:
Entwerfen Sie eine Steuerschaltung für die Zuführeinrichtung von Beispiel 1 unter Verwendung des 1-aus-4-Codes für den Zustandsspeicher!

Lösung: **Bild 2**

Der Schritt 1 wird durch $b_1 = 0$ der Lichtschranke B1 eingeleitet. Der Greifer ist noch offen ($s_1 = 0$). Das Flipflop D2 wird gesetzt, und dieses setzt das Flipflop D1 zurück. Mit dem Signal $s_1 = 1$ wird das Flipflop D3 gesetzt und dieses setzt das Flipflop D2 zurück (Schritt 2). Im Schritt 3 wird das Flipflop 4 mit $s_2 = 1$ gesetzt und das Flipflop D3 zurückgesetzt. Die Grundstellung (Schritt 0) wird durch das Signal des Öffners des Grenztasters S3 erreicht. Durch $s_3 = 0$ wird das Flipflop D1 gesetzt, und dieses setzt das Flipflop D4 zurück.

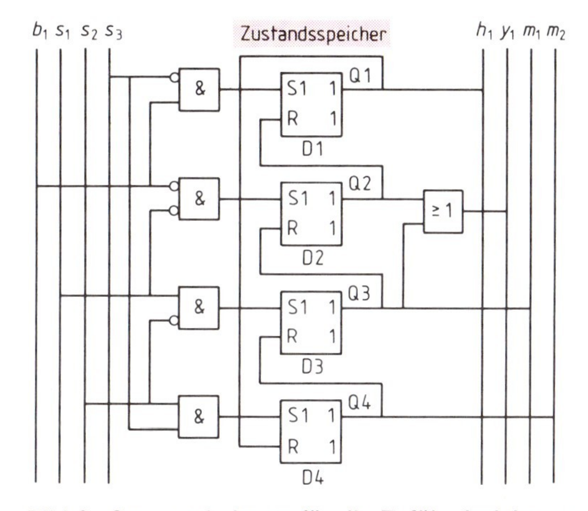

Bild 2: Steuerschaltung für die Zuführeinrichtung

Leuchtmelder H1: $h_1 = q_1$ (Schritt 0)

Schließmagnet Y1: $y_1 = q_2 \vee q_3$ (Schritt 1 und Schritt 2)

Motor M1: $m_1 = q_3$ (Schritt 2)

Motor M2: $m_2 = q_4$ (Schritt 3)

Wiederholungsfragen

1. **Wie werden analoge Signale dargestellt?**
2. **Wodurch unterscheiden sich binäre Steuerungen von digitalen Steuerungen?**
3. **Welche Arten der Programmverwirklichung gibt es bei Programmsteuerungen?**
4. **Wofür verwendet man den Funktionsplan?**
5. **Wie stellt man im Funktionsplan die Ablaufschritte dar?**

5.2.3 Digitale Steuerungen (Beispiele)

Mit digitalen Steuerungen kann man z. B. Maschinentische durch Vorgabe von Zahlenwerten um bestimmte Weglängen (Positionen) verschieben. Solche Steuerungen nennt man auch *numerische Steuerungen* (NC[1]).

Positioniersteuerung mit Strichmaßstab

Soll ein bestimmter Weg gefahren werden, so wird die betreffende Zahl der Weginkremente[2] in einen Zähler gesetzt und mit jedem Impuls vom Wegmeßsystem **Bild 1** wird diese Zahl um 1 heruntergezählt (dekrementiert). Steht der Zähler auf Null, so wird der Antrieb stillgesetzt. Es muß also ständig geprüft werden, ob der Zählerstand Null erreicht ist. Die Fahrrichtung wird durch das Vorzeichen im Eingabeprogramm bestimmt.

Infolge der Massenträgheit ist es oft nicht möglich, den Maschinenschlitten unmittelbar stillzusetzen. Um zu verhindern, daß der Maschinenschlitten über das Ziel hinausfährt, wird in bestimmten Abständen zum Ziel hin die Geschwindigkeit vermindert. Weil im Zähler auf Null heruntergezählt wird, kann die Umschaltung auf kleinere Geschwindigkeiten immer bei denselben Zählerständen (Umschaltpunkten) erfolgen.

Ist der Vorschubantrieb des Maschinenschlittens stetig in der Geschwindigkeit stellbar, z. B. mit einem Gleichstromantrieb mit Thyristorstellglied, so kann bei Annäherung an das Ziel mit kleiner werdendem Zählerstand die Geschwindigkeit stetig verringert werden. Der Zählerstand wird dann über einen DA-Umsetzer in eine proportionale Spannung umgesetzt. Diese Spannung dient als Geschwindigkeitssollwert für den Vorschubantrieb.

Anstelle eines inkrementalen Wegmeßsystems und eines gewöhnlichen Stellantriebes kann für die Vorschubbewegung ein elektrischer Schrittmotor benützt werden. Der Schrittmotor macht mit jedem Ansteuerimpuls einen Winkelschritt und stellt damit den Maschinenschlitten um eine Wegeinheit weiter, z. B. um 0,01 mm.

Dateneingabe in digitale Steuerungen

Die Eingabe der Daten für digitale Steuerungen geschieht mittels eines digitalen Datenträgers. Der einfachste Datenträger ist ein *Dekadenschalter* **(Bild 2)**. Beim Dekadenschalter können Ziffern von 0 bis 9 eingestellt werden.

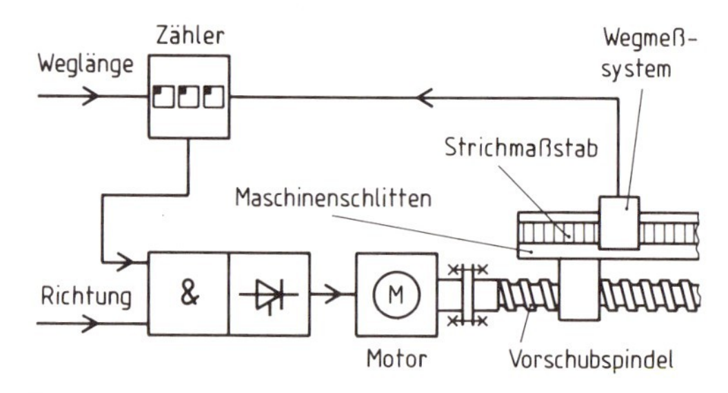

Bild 1: Numerische Steuerung mit Strichmaßstab

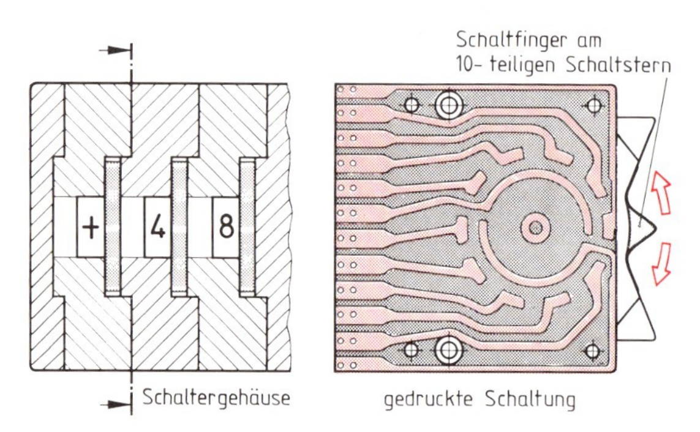

Bild 2: Dekadenschalter

Der Schalter hat je nach BCD-Code mehrere Anschlüsse. Beim 8-4-2-1-Code sind 5 Anschlüsse vorhanden, nämlich einer für die Zuführung der elektrischen Spannung und vier Signalausgänge, deren Pegel den eingestellten Ziffern entsprechen. Die Dekadenschalter können aneinandergereiht zur Eingabe von Zahlen mit vielen Stellen dienen.

Meist enthalten Positioniersteuerungen einen Mikroprozessor zur fortlaufenden Berechnung von Positionssollwerten und zwar als Zwischenwerte zwischen dem Anfangspunkt und dem Endpunkt eines Arbeitsabschnitts.

Die Berechnung dieser Zwischenwerte bezeichnet man mit *Interpolation*[3]. Zur genauen und ruckfreien Bewegung des Maschinenschlittens werden die interpolierten Positionszwischenwerte etwa alle 10 ms berechnet. Die Schrittweite zwischen zwei interpolierten Zwischenpunkten bestimmt dann die Verfahrgeschwindigkeit des Maschinenschlittens.

[1] NC Abkürzung für engl. Numerical Controlled = numerisch gesteuert; [2] lat. inkrement = Zuwachs
[3] lat. interpolatio = Umgestaltung, hier das Errechnen von Zwischenwerten

5.2.4 Speicherprogrammierbare Steuerungen (SPS)

5.2.4.1 Allgemeines

Die SPS sind Mikrocomputer, also in ihrem Aufbau und in ihrer Funktionsweise den Computern sehr ähnlich. Sie enthalten die Funktionseinheiten Steuerwerk, Merker, Programmspeicher, Zeitgeber, Eingabeeinheit und Ausgabeeinheit. Als Steuerwerk dient ein üblicher Mikroprozessor.

Eingabesignale und Ausgabesignale sind meist *Schaltsignale*. Das Steuerwerk hat also die Aufgabe, Schaltsignale entsprechend den Regeln der Schaltalgebra zu verarbeiten. Im Unterschied zu VPS sind bei den SPS die Steuerfunktionen durch ein Programm und nicht durch Verdrahtung und Wahl der Schaltbaugruppen festgelegt **(Bild 2)**. So unterscheidet sich z. B. eine SPS für eine Sägemaschine nicht von der für eine Transportanlage bezüglich der Hardware, sondern nur durch ein anderes Programm.

In SPS sind die Steuerungsfunktionen durch das Programm festgelegt.

Mit SPS können neben binären Steuerungen auch digitale Steuerungen verwirklicht werden. Viele SPS ermöglichen daher außer der Verarbeitung von Schaltsignalen auch die Verarbeitung von digitalen Größen, z. B. von Zahlen in einem BCD-Code (Bild 2).

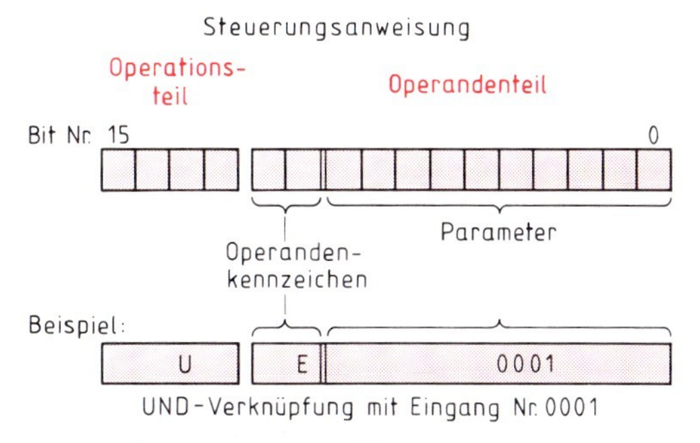

Bild 1: Gliederung einer Steuerungsanweisung

5.2.4.2 Funktionseinheiten

Im **Programmspeicher** wird das Programm für die Steuerungsaufgabe gespeichert. Während der Programmentwicklung verwendet man batteriegepufferte RAM oder EEPROM. Ist aber das Programm einmal festgelegt und erprobt, tauscht man den RAM durch einen ROM, PROM oder EPROM mit gleichem Programminhalt aus. Das Steuerungsprogramm und damit auch die Steuerungsfunktionen bleiben bei abgeschalteter Steuerung dann in diesen Speichern erhalten.

Das Steuerungsprogramm besteht aus einer Folge von Steuerungsanweisungen. Eine Steuerungsanweisung besteht aus einem Operationsteil und einem Operandenteil **(Bild 1)**.

Der *Operationsteil* gibt an, welche Operation mit der Anweisung durchgeführt werden soll, z. B. eine UND-Verknüpfung. Bei einem 4-Bit-Operationsteil gibt es $2^4 = 16$ verschiedene Operationen. Im *Operandenteil* steht die Adresse, mit der diese Operation durchzuführen ist.

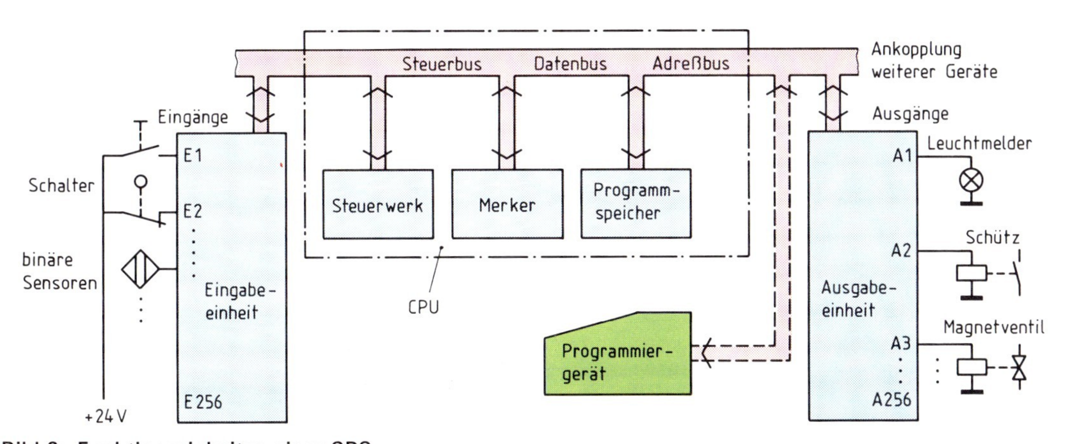

Bild 2: Funktionseinheiten einer SPS

Der *Operandenteil* enthält den Kennzeichenteil (2 bit) und den Parameterteil (z. B. 10 bit). Mit den zwei Kennzeichenbits gibt man an, ob sich die Anweisung auf Eingangssignale (E), Ausgangssignale (A), Zeitsignale (T) oder auf Signale für den Merker (M) bezieht. Der Parameter bestimmt nun die Anweisung näher, z. B. die Nummer des Signaleingangs, des Signalausgangs oder des Merkers.

Die Steuerungsanweisungen stehen in ununterbrochener Folge im Programmspeicher.

Das **Steuerwerk** übernimmt in der Reihenfolge der Adressen aus dem Programmspeicher eine Steuerungsanweisung nach der anderen, entschlüsselt diese Anweisungen und führt diese aus. Mit U E1 **(Bild 1)** wird das Binärsignal des Eingangs E1 abgefragt. Hat dieses den Wert 0, dann wird der Ausgang A1 auch auf den Wert 0 gesetzt.

Haben hingegen der Eingang E1 UND nachfolgend auch der Eingang E2 die Werte 1, dann wird der Ausgang A1 auf den Wert 1 gesetzt. Anschließend wird eine andere Verknüpfung durchgeführt. Da sich jederzeit die Eingangssignale ändern können, muß die Abfrage der Eingangssignale und somit der Programmdurchlauf in ständigem Zyklus (nacheinander ablaufende Folge) wiederholt werden. Das Steuerwerk überwacht den zyklischen Durchlauf aller Anweisungen. Die letzte Anweisung eines Steuerungsprogramms bewirkt daher stets einen Sprung auf den Programmanfang. Die *Reaktionszeit* einer speicherprogrammierten Steuerung ist höchstens so lang wie die *Programmzykluszeit*. Diese ist abhängig von der Programmlänge, beträgt aber nur wenige Millisekunden. Zur Steuerung von Maschinen und Anlagen ist diese Reaktionszeit meist ausreichend klein.

Bei den SPS wird das Steuerungsprogramm mit kurzer Zykluszeit ständig wiederholend bearbeitet.

Die **Merker** sind 1-Bit-Speicher zur Zwischenspeicherung binärer Ergebnisse, die z. B. an anderer Stelle im Steuerungsprogramm noch benötigt werden. Tritt die UND-Verknüpfung $e_1 \wedge e_2$ in mehreren Steuerungsgleichungen auf, dann genügt eine einmalige Ermittlung des Ergebnisses. Dieses wird im Merker M1 als 1 oder 0 abgelegt und kann dort abgefragt werden. Damit verkürzen sich die Programme wesentlich. Merker sind RAM-Speicher. Die Speicherkapazität beträgt z. B. 1024 bit (1 Kbit), so daß 1024 Merker möglich sind.

Adresse des Programmspeichers	Steuerungsprogramm
0000	Anweisung 0
0001	Anweisung 1
....	.
....	.
....	U E1
....	U E2
....	= A 1
....	.
....	.
....	letzte Anweisung

Bild 1: Programmspeicher

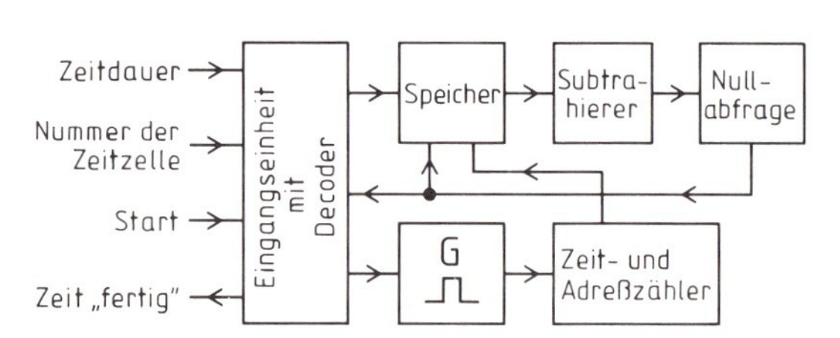

Bild 2: Programmierbare Digitaluhr

Die **Zeitgeber** ermöglichen zeitabhängige Prozeßsteuerungen. Man unterscheidet je nach Art der Zeitbildung Zeitglieder und Zeitgeber mit Digitaluhr. Zeitglieder sind elektronische analoge oder digitale Zeitrelais, welche über Ausgangssignale der SPS geschaltet werden. Nach Ablauf der eingestellten Zeit liefern diese Zeitglieder ein Steuerungssignal. Oft enthalten die SPS eine programmierbare Digitaluhr (Timer[1]) bestehend aus einem Taktgenerator, Zähler, Zeitspeicher, Rechenwerk und Befehlsdecoder **(Bild 2)**.

Im Speicher der Digitaluhr wird für jede Zeitbildung ein Speicherplatz belegt und die gewünschte Zeit, meist Vielfache von 10 ms, gespeichert. Innerhalb von 10 ms werden alle im Speicher angegebenen Zeitwerte in den Subtrahierer geladen und um eine Zeiteinheit vermindert. Ist das Ergebnis Null, die betreffende Zeit also abgelaufen, dann erfolgt eine Zeitfertigmeldung für das betreffende Zeitglied.

[1] engl. Timer = Zeitgeber, Uhr

Die **Eingabeeinheit** ist unterteilt in Eingabebaugruppen von meist 8 oder 16 Binäreingängen. Meist können mehrere Eingabebaugruppen aneinandergereiht in die SPS eingesteckt werden, so daß man viele Eingangssignale anschließen kann, z. B. 128. Eine Eingabebaugruppe **(Bild 1)** enthält Schaltungen zur Signalanpassung, z. B. einen Spannungsteiler, und RC-Filter zur Störungsunterdrückung. Für Gleichspannungssignale ist ferner eine Diode als Verpolungsschutz vorhanden, bei Wechselspannungssignalen eine Gleichrichterbrückenschaltung. Zur Potentialtrennung wird das entstörte Gleichspannungssignal über einen Optokoppler dem Baugruppenmulitplexer zugeführt. Ein Leuchtmelder ermöglicht bei der Inbetriebnahme oder Fehlersuche das Erkennen des Schaltzustandes der Eingangssignale. Der Multiplexer wird über den Adreßdecoder geschaltet. Mit Erscheinen einer bestimmten Eingabeadresse schaltet der Multiplexer das angewählte Eingangssignal auf die Datenleitung.

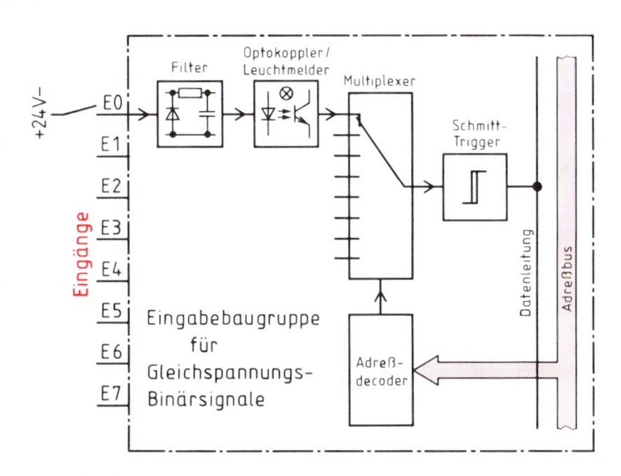

Bild 1: Eingabebaugruppe

Eingangssignale werden in der Eingabebaugruppe gefiltert, entstört, im Signalpegel der Steuerung angepaßt und über Optokoppler potentialfrei übertragen.

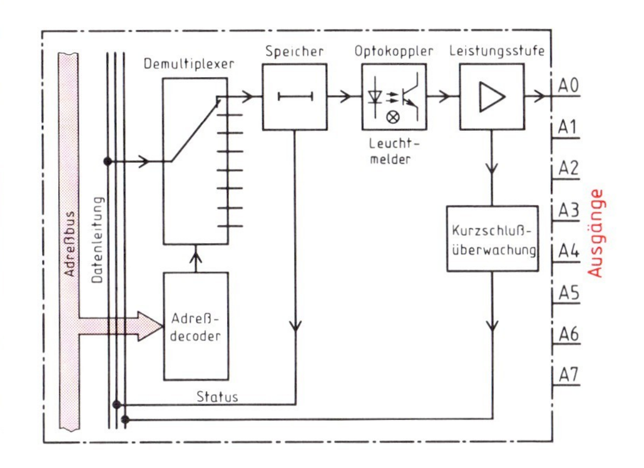

Bild 2: Ausgabebaugruppe

Die **Ausgabeeinheit** ist ebenfalls in Baugruppen von meist 8 oder 16 Binärausgängen unterteilt. Auch diese Baugruppen können meist mehrfach aneinandergereiht werden. Eine Ausgabebaugruppe **(Bild 2)** enthält Leistungsstufen, z. B. Transistoren für binäre Gleichspannungssignale (24 V, 200 mA) oder Triac zur Ansteuerung von Wechselstromlasten (50 Hz, 230 V).

Die Leistungsstufen werden über Optokoppler *potentialfrei* angesteuert und sind gegen Überspannungen, die beim Schalten von Induktivitäten auftreten, geschützt. Über eine Leuchtdiode wird der Signalzustand angezeigt. Die Leistungsstufe enthält außerdem eine *Überwachungsschaltung* für Kurzschluß. Im Kurzschlußfall wird ein Alarm gemeldet. Da im Programmablauf das Setzsignal für einen bestimten Ausgang nur für die Zeitdauer von wenigen µs anliegt, enthält die Ausgabeeinheit Speicher, z. B. Monoflops, zur Zwischenspeicherung eines Ausgangssignals für die Dauer einer Programmzykluszeit. Soll ein Ausgangssignal dauernd anliegen, ist also die Verknüpfungsgleichung für dieses Ausgangssignal stets erfüllt, dann wird das Monoflop mit jedem Programmzyklus neu gesetzt und bleibt daher gesetzt.

Unterbleibt aufgrund irgendeiner Störung, z. B. im Steuerwerk, der regelmäßige Programmzyklus, dann schalten alle Ausgangsstufen nach Ablauf einer Zykluszeit aus und schalten die angeschlossenen Stellglieder einer Maschine ab. Damit verhindert man gefährliche Betriebszustände. Die einzelnen Ausgänge werden über ihre Adresse vom Steuerwerk geschaltet. Im Adreßdecoder wird die Adresse des im Programm angewählten Ausgangs entschlüsselt und über den Demultiplexer das Schaltsignal durchgeschaltet.

Auch Ausgänge können über ihren *Status* (Signalzustand) abgefragt werden. Damit erhält man die Möglichkeit nicht nur Eingänge untereinander zu verknüpfen, sondern auch Ausgänge mit Eingängen, z. B. entsprechend einer Selbsthalteschaltung $y_{A1} = e_1 \vee a_1$.

Die SPS ermöglichen die Verknüpfung von Eingangssignalen und Ausgangssignalen.

5.2.4.3 Programmierung

Anweisungen

Ein Steuerungsprogramm besteht aus einer Folge von Anweisungen. Diese Anweisungen sind im Programmspeicher in Form von Binärworten gespeichert. Die meisten speicherprogrammierten Steuerungen werden über Programmiergeräte mit Funktionstasten programmiert. Hier gibt es z. B. für eine UND-Verknüpfung eine spezielle UND-Taste. Beim Betätigen dieser Taste wird die für diese Steuerung erforderliche Anweisung in Form eines Binärwortes vom Programmiergerät erzeugt und im Programmspeicher gespeichert. Häufig erfolgt die Programmierung mit einem PC oder Laptop.

Die Programmierarten sind steuerungsabhängig und sehr unterschiedlich. Meist verwendet man zur Darstellung eines Programms mnemotechnische Zeichen in Verbindung mit Zeichen der Schaltalgebra, Symbole aus Funktionsplänen oder aus Kontaktplänen. *Kontaktpläne* sind Nachbildungen von Stromlaufplänen.

Die Anweisungen einer einfachen SPS umfassen Verknüpfungsanweisungen, Speicheranweisungen für die Merker, Anweisungen zur Zeitbildung, Ausgabeanweisungen und Organisationsanweisungen. Bei großen SPS gibt es eine Vielzahl weiterer Anweisungen. Diese Anweisungen schreibt man in der Reihenfolge der zu verknüpfenden Signale untereinander an.

Die Steuerungsaufgabe macht man sich anhand eines Funktionsplans, eines Kontaktplans oder eines Stromlaufplans zuvor klar. Bei vielen speicherprogrammierten Steuerungen erhält man nach dem Programmieren über einen Drucker die programmierten Anweisungen in Form einer *Anweisungsliste* (AWL), eines *Funktionsplans* (FUP) oder eines *Kontaktplans* (KOP) ausgedruckt. Die so erstellte Programmdokumentation ist daher in der Art anders als gezeichnete Schaltpläne. In der Kontaktplandarstellung druckt der Drucker die

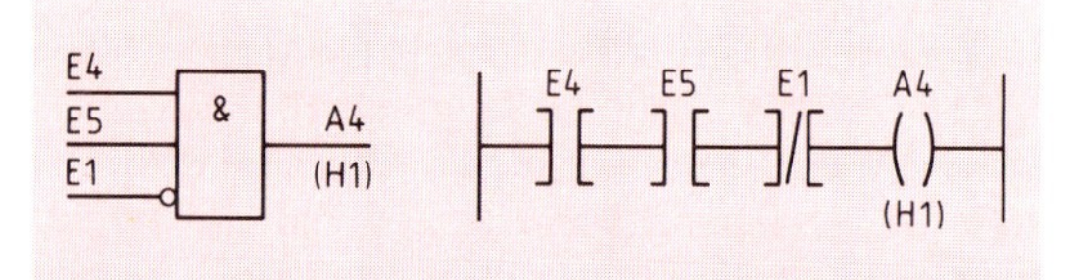

Bild 1: Funktionsplan und Kontaktplan zu Beispiel 1

Strompfade, auch Netzwerke genannt, von links nach rechts und jeweils untereinander.

SPS programmiert man mit Hilfe einer Anweisungsliste oder eines Funktionsplans oder eines Kontaktplans.

Je nach Art der SPS beginnt die erste Anweisung mit U, O oder mit L. Anstelle von U wird bei manchen SPS auch A (von engl. and = und) verwendet. Bei einigen SPS stehen für U, O und L die Zeichen &, / und !.

Beispiel 1:

Eine Lampe H1 am Ausgang A4 soll nur leuchten, wenn die Signale e_4 und e_5 jeweils H-Pegel haben und e_1 einen L-Pegel hat. Erstellen Sie Funktionsplan, Kontaktplan und Anweisungsliste für eine SPS!

Lösung: **Bild 1, Bild 2**

Zunächst zeichnet man einen Funktionsplan für das Lampensignal h_1 oder einen Kontaktplan mit der Lampe H1 (Bild 1). Nun trägt man in diesen Plan die Nummern der Eingänge ein, an welche die Schaltsignale angeschlossen werden, und die Nummer des Ausgangs, an welchen die Lampe angeschlossen wird. Man erstellt die Anweisungsliste (Programm) durch Untereinanderschreiben der einzelnen Anweisungen (Bild 2). Das Programm schließt z. B. mit dem Befehl PE (Programmende) ab und wird dadurch im Steuerungsbetrieb dauernd durchlaufen.

Adresse	Anweisung	Erläuterung
0 0 0	U E4	Abfrage von Eingang 4
0 0 1	U E5	UND-Verknüpfung mit Eingang 5
0 0 2	UN E1	UND-NICHT-Verknüpfung mit Eingang 1
0 0 3	= A4	Das Ergebnis wird auf Ausgang 4 gegeben
0 0 4	PE	Unbedingter Sprung zum Programmanfang (Programm-Ende)

Bild 2: Programm für Beispiel 1

Zur Programmdokumentation dient neben der Anweisungsliste meist ein mit dem Programmiergerät erstellter Funktionsplan oder ein Kontaktplan. Zu vielen Programmiergeräten gehört ein Datensichtgerät. Auf dem Bildschirm erscheint dann die Anweisungsliste, oder der Funktionsplan oder der Kontaktplan **(Bild 1)**.

Bei Verknüpfung in mehreren Verknüpfungsebenen bildet man Teilverknüpfungen, ähnlich der Klammernbildung in der Schaltalgebra. Die Ergebnisse der Teilverknüpfungen speichert man in Merkern und verknüpft anschließend die Merker.

Mit Merkern werden Teilergebnisse zwischengespeichert.

Beispiel 2:

Die Anweisungsliste für eine Verknüpfung zu dem Kontaktplan bzw. zu dem Funktionsplan nach **Bild 2** ist zu erstellen.

Lösung: **Bild 3**

Zunächst bildet man die UND-Verknüpfung E1 UND E2 und speichert das Ergebnis im Merker 1 (Bild 3). Dann verknüpft man E3 ODER A2 und speichert das Ergebnis im Merker 2. Jetzt ist die 1. Verknüpfungsebene abgeschlossen. Nun verknüpft man den Merker 2 mit dem Eingang E4 und speichert dieses Ergebnis im Merker 3. Das Ausgangssignal erhält man durch die ODER-Verknüpfung des Merkers 1 mit dem Merker 3.

Kontaktplan

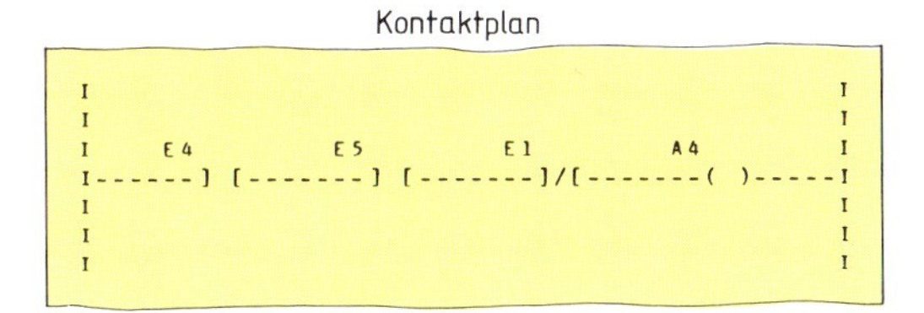

Funktionsplan

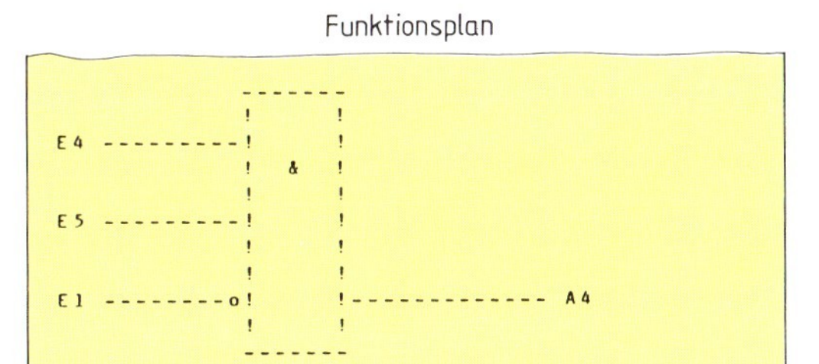

Bild 1: Bildschirmanzeige zu Beispiel 1

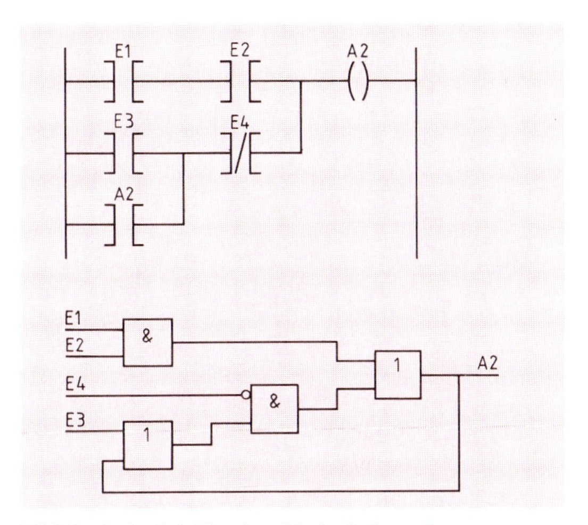

Bild 2: Beispiel für eine Verknüpfung in mehreren Ebenen

Anweisungs-liste	Erläuterung
U E1	Abfrage von Eingang E1
U E2	UND-Verknüpfung mit E2
= M1	Ergebnis im Merker M1 speichern
U E3	Abfrage von Eingang E3
O A2	ODER-Verknüpfung mit Ausgang A2
= M2	Ergebnis im Merker M2 speichern
U M2	Abfrage von Merker M2
UN E4	UND-NICHT-Verknüpfung mit E4
= M3	Ergebnis im Merker M3 speichern
U M1	Abfrage des Merkers M1
O M3	ODER-Verknüpfung mit M3
= A2	Zuweisung auf Ausgang A2
PE	Programm-Ende

Bild 3: Programm für Beispiel 2

Wiederholungsfragen

1. **Welche Funktionseinheiten enthält eine SPS?**
2. **Worin unterscheidet sich die SPS von verbindungsprogrammierten Steuerungen?**
3. **Nennen Sie Beispiele für Steuerungsanweisungen!**
4. **Wofür benötigt man die Merker?**
5. **Weshalb muß bei den SPS das Programm mit kurzer Zykluszeit ständig wiederholend abgearbeitet werden?**
6. **Mit welchem Zeichen beginnt die erste Anweisung einer Anweisungsliste?**
7. **Welche Möglichkeiten der Programmdokumentation gibt es für die Programme der SPS?**

Setzbefehle und *Rücksetzbefehle* ermöglichen die Programmierung von bistabilen Kippgliedern **(Bild 1)**.

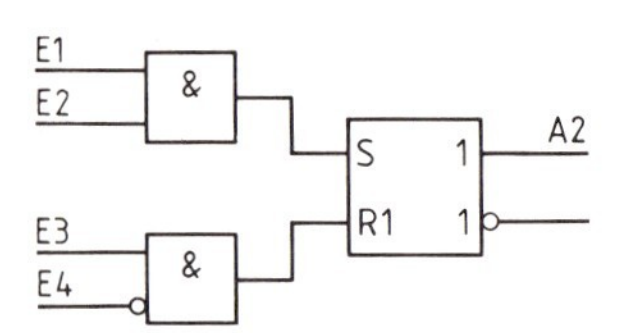

Bild 1: Schaltung mit RS-Flipflop

Beispiel 3:

Ermitteln Sie die Anweisungsliste für eine Schaltung nach Bild 1.

Lösung: **Bild 2**

Man programmiert die Verknüpfung für den Setzeingang und schließt mit einem Setzbefehl für den Ausgang A2 ab (Bild 2). Danach programmiert man in gleicher Weise die Verknüpfung für den Rücksetzeingang.

In Beispiel 3 ist die Bedingung für das Rücksetzen dominierend (vorherrschend), da die Rücksetzbedingung nach der Setzbedingung programmiert ist.

Anweisungs-liste	Erläuterung
U E1	Abfrage des Eingangs E1
U E2	UND-Verknüpfung mit E2
S A2	Setzen des Ausgangs A2
U E3	Abfrage des Eingangs E3
UN E4	UND-NICHT-Verknüpfung mit E4
R A2	Rücksetzen des Ausgangs A2

Bild 2: Programm für Beispiel 3

Bei gleichzeitigem Erfüllen von Setzbedingungen und Rücksetzbedingungen dominiert die im Programm zuletzt bearbeitete Bedingung.

Verzögerungszeiten programmiert man bei Steuerungen mit Zeitgliedern über Zuweisungsbefehle für die *Zeitglieder* **(Bild 3)**. Zeitglieder einer SPS werden für die *Einschaltverzögerung* wie *anzugsverzögerte* Relais behandelt. Die Zeitdauer wird für die einzelnen Zeitglieder bei Programmende in die Steuerung eingegeben. Die dazu erforderlichen Handhabungsbefehle sind je nach Art der SPS verschieden. Es können Zeiten von wenigen Millisekunden bis zu mehreren Stunden eingegeben werden. Soll bei einer SPS ohne programmierbare Ausschaltverzögerung eine *Ausschaltverzögerung* realisiert werden, so baut man in den Stromlaufplan einen einschaltverzögerten Öffner ein **(Bild 1, folgende Seite)**.

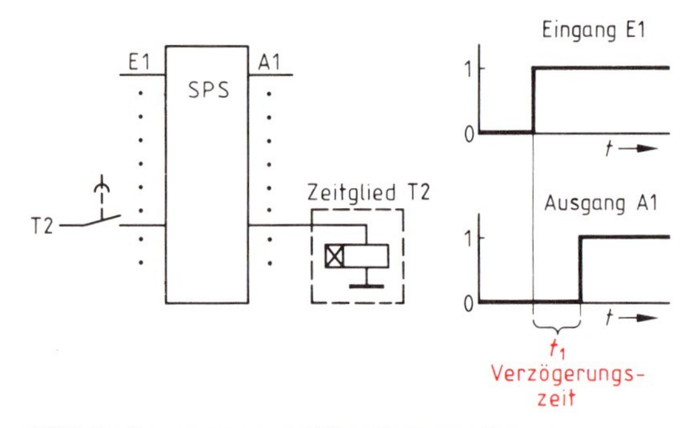

Bild 3: Steuerung mit Einschaltverzögerung

Beispiel 4:

Erstellen Sie die Anweisungsliste zur Bildung eines Schaltsignals an A1 mit Einschaltverzögerung von t_1 = 1 s, geschaltet über ein Signal an E1!

Lösung: **Bild 4**

Man stellt an einem Zeitglied, z. B. T2, die Zeit t_1 = 1 s ein. Das verzögerte Ausgangssignal erhält man über eine Abfrage des Eingangs T2 (Bild 4).

Funktion	Anweisungs-liste	Erläuterung
	U E1	Eingangssignal
	= T2	Start des Zeitglieds
	U T2	Abfrage des Zeitglieds
	= A1	Zuweisung des Ausgangs

Bild 4: Programm für Beispiel 4

Beispiel 5:
Erstellen Sie den Funktionsplan und die Anweisungsliste für eine SPS ohne programmierbare Ausschaltverzögerung, die durch das Signal von E1 den Ausgang A1 sofort einschaltet und verzögert um t_1 abschaltet!

Lösung: **Bild 1**

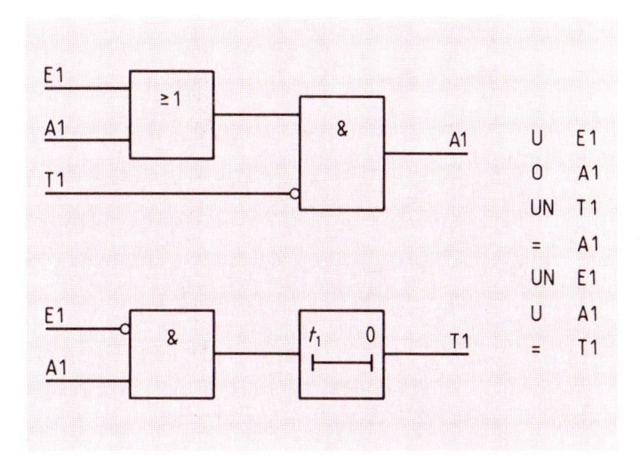

Bild 1: Funktionsplan und Anweisungsliste zu Abschaltverzögerung Beispiel 5

Mit dem Signal von E1 schaltet sofort der Ausgang A1, da das Zeitglied T1 noch nicht schaltet. Beim Abschalten von E1 wird das Zeitglied gestartet und, sobald dieses nach der Verzögerungszeit t_1 Signal gibt, wird A1 ausgeschaltet.

Viele speicherprogrammierte Steuerungen ermöglichen neben der Verarbeitung einzelner Binärsignale auch die Verarbeitung von Binärworten. Hierzu gibt es Operationen zum Zählen und Rechnen, wie z. B. Addieren, Subtrahieren, Multiplizieren, Dividieren. Mit den Vergleichsoperatoren größer, gleich und kleiner können Steuerfunktionen abhängig von einem Zahlenwert ausgegeben werden. Operationen für Codeumsetzungen, wie codieren dual/dezimal, ermöglichen z. B. die Eingabe von Lageistwerten und den Vergleich mit dezimal vorgegebenen Lagesollwerten. Damit können Maschinen auch numerisch gesteuert werden. Die Ausgabe digitaler Größen im Dualcode ermöglicht die Ansteuerung von Digital-Analog-Umsetzern. Es gibt für SPS auch Eingabebaugruppen und Ausgabebaugruppen für analoge Größen.

Programmiergeräte

Mit Programmiergeräten wird das Programm in Form der Anweisungsliste (AWL), des Kontaktplans (KOP) oder des Funktionsplans (FUP) erstellt und in den Maschinencode übersetzt. Das Programmiergerät dient vor allem als Compiler. Mit Hilfe des Programmiergerätes *testet* man auch speicherprogrammierte Steuerungen. Eingangssignale und Ausgangssignale können mit dem an die Steuerungen angeschlossenen Programmiergerät *simuliert* werden, d. h. zur Probe geschaltet werden. Das Programm kann man im Test an beliebigen Stellen anhalten und schrittweise ausführen. Während dieser Testphase können auch die gespeicherten Werte der Merker abgefragt werden.

SPS-Programme werden vor der Übertragung in die SPS im Programmiergerät getestet.

Das Programmiergerät ermöglicht in der Testphase ein Korrigieren fehlerhafter Programme. Programmteile können herausgenommen, eingefügt oder an eine andere Stelle verschoben werden. Während der Testphase befindet sich das übersetzte Programm entweder in einem RAM oder EEPROM der speicherprogrammierten Steuerung oder in einem RAM des Programmiergerätes **(Bild 2)**.

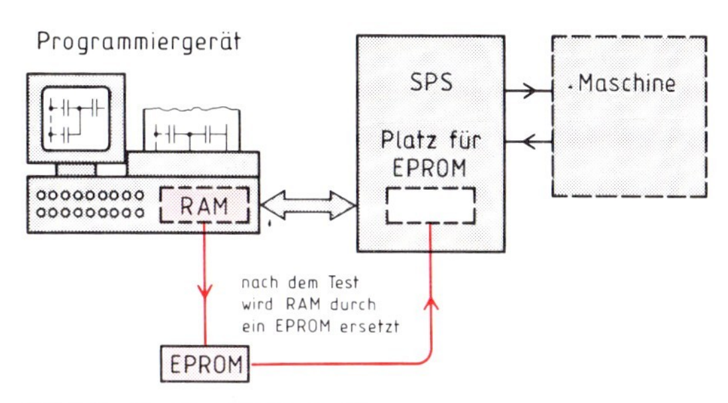

Bild 2: Programmiergerät

Ist der Programmtest abgeschlossen, so wird mit Hilfe des Programmiergerätes das fehlerfreie Maschinenprogramm in ein EPROM kopiert und dieses EPROM in die speicherprogrammierbare Steuerung eingesetzt. Das Programmiergerät kann dann von der Steuerung entfernt werden.

Wird das getestete Programm in ein EEPROM der SPS eingelesen, können die SPS-Programme auch nachträglich noch leicht geändert werden.

Wiederholungsfragen

1. **Welche Bedingung dominiert bei der Programmierung eines Kippgliedes?**
2. **Welche Operationen ermöglichen SPS mit Wortverarbeitung?**
3. **In welcher Art von Speicher befindet sich das SPS-Programm in der Testphase?**

5.2.4.4 Ansteuerung der SPS

Beachtung der Drahtbruchsicherheit

Meist muß eine Steuerung so aufgebaut sein, daß bei einem *Drahtbruch* zwischen einem Steuerschalter für das AUS-Signal, z. B. einem AUS-Taster, und der SPS die Abschaltung der Verbraucher erfolgt. Bei einem Drahtbruch beim Steuerschalter für das EIN-Signal darf kein Einschalten erfolgen. Das gilt insbesondere für alle Werkzeugmaschinen und Fertigungseinrichtungen. Wie bei einer Schützsteuerung liegt Drahtbruchsicherheit vor, wenn das *externe* (von außen gegebene) AUS-Signal durch einen Öffner und das externe EIN-Signal durch einen Schließer gegeben wird **(Bild 1)**.

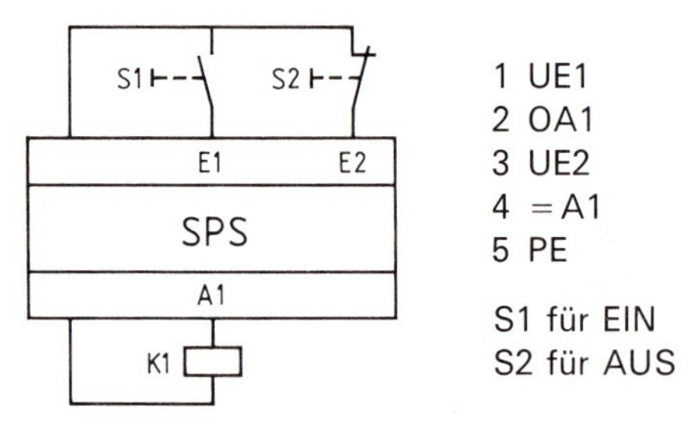

Bild 1: Verwirklichung von Drahtbruchsicherheit und Erdschlußsicherheit bei SPS

Drahtbruchsicherheit wird verwirklicht, wenn die externen AUS-Signale durch Öffner und die externen EIN-Signale durch Schließer erteilt werden.

Werden externe AUS-Signale an die SPS durch Öffner erteilt, so erkennt dies die SPS durch *Ausbleiben* der Signalspannung. Die Invertierung des AUS-Signals erfolgt also durch den Öffner des Tasters. Deshalb entfällt in der AWL (Anweisungsliste) die Invertierung durch N, z. B. steht statt UN E2 nur U E2.

In der AWL muß zwischen externen und internen Öffnern unterschieden werden.

Bei der SPS-Programmerstellung muß man sich also überlegen, ob an den SPS-Eingängen Signalspannungen anliegen oder nicht. Sowohl bei betätigten Schließern als auch bei nicht betätigten Öffnern liegen Signalspannungen an den jeweiligen SPS-Eingängen an. Ein Schaltplan nach Bild 1 erleichtert derartige Überlegungen.

Erdschlußsicherheit

Bei einem Erdschluß der Steuerleitungen darf der Verbraucher nicht von selbst einschalten. Es kann aber davon ausgegangen werden, daß bei einem Erdschluß der Steuerstromkreis von der Überstrom-Schutzeinrichtung abgeschaltet wird. Wie bei einer Schützschaltung liegt Erdschlußsicherheit vor, wenn das EIN-Signal von einem Schließer gegeben wird (Bild 1). Durch die Schließer erfolgt keine Invertierung der Signale.

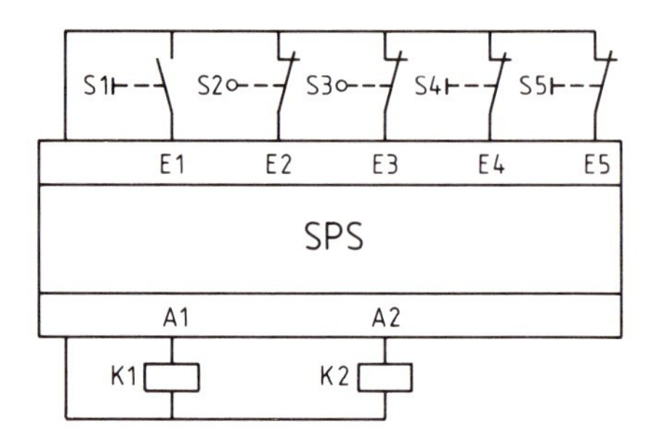

E1	S1	TASTER AUFZUG EIN (SCHLIESSER)
E2	S2	ENDSCHALTER UNTEN (OEFFNER)
E3	S3	ENDSCHALTER OBEN (OEFFNER)
E4	S4	TASTER AUFZUG STOP (OEFFNER)
E5	S5	NOT-AUS-TASTER (OEFFNER)
A1	K1	ANSTEUERUNG FUER AUF
A2	K2	ANSTEUERUNG FUER AB

Bild 2: SPS-Ansteuerung mit Zuordnungsliste

Bei der Ansteuerung durch Schließer wird die AWL entsprechend der Schaltfunktion aufgestellt.

Zuordnungsliste

Die Zuordnungsliste stellt die Beziehung zwischen den Eingängen, Ausgängen, Merkern, Zeitgliedern und Zählern einer SPS und gewählten Symbolen, z. B. die Bezeichnung im Stromlaufplan, her **(Bild 2)**. Somit erlauben manche SPS-Typen, bei der SPS-Programmerstellung mit diesen Symbolen zu arbeiten. Ferner können Kurzkommentare in der Zuordnungsliste erscheinen. Dadurch wird die SPS-Programmerstellung erleichtert. Für Wartungsaufgaben ist die Zuordnungsliste eine sehr gute Dokumentationshilfe.

5.2.4.5 Zähler

Speicherprogrammierbare Steuerungen erfordern oft Zähler, z. B. zur Stückzahlzählung. Die in einer SPS programmierbaren Zähler besitzen ähnliche Eingangsparameter, wie die Zähler als IC Eingangssignale benötigen **(Bild 1)**. Da es für SPS keine einheitliche Programmiersprache gibt, ist die nachfolgend beschriebene Programmierung eines Zählers nur als typisch anzusehen.

Nicht benötigte (nicht belegte) Eingänge bzw. Ausgänge eines Zählers müssen in der Anweisungsliste (AWL) mit NOP bzw. NOP 0 (engl. no operation = keine Operation) programmiert werden, um das SPS-Programm am Programmiergerät wahlweise auch als Kontaktplan (KOP) oder Funktionsplan (FUP) darstellen zu können.

Nicht benötigte Eingänge und Ausgänge eines Zählers sollen mit NOP 0 programmiert werden.

Über die Ausgänge DU und DE kann der aktuelle Zählerstand ermittelt werden (Bild 1). Mittels z. B. U Z1, O Z1 oder ON Z1 kann der Zählerstand des Zählers Z1 auf größer Null oder gleich Null abgefragt werden. Der Q-Ausgang hat den Wert 1, wenn der Zählerstand größer Null ist, und den Wert 0, wenn der Zählerstand gleich Null ist.

Beispiel:

Es soll eine Zählerschaltung programmiert werden, die nach 10 Betätigungen des Tasters S1 am Ausgang A0.0 den Wert 1 liefert **(Bild 2)**.

Lösung: **Bild 3**

Diese Schaltung erfordert zwei Strompfade, einen zur Beschreibung des Zählers und einen zur Beschreibung des steuerungstechnischen Ablaufes. Diese Strompfade werden auch Netzwerke genannt. Der Eingang E0.1 erfährt die einzelnen Tasterbetätigungen von S1. Der Eingang ZR für Rückwärtszählen muß mit dem Namen des Zählers Z1 versehen werden, der Eingang ZV für Vorwärtszählen ist nicht belegt. Über den Eingang E0.0 wird durch einen Taster S0 der Zähler mit der Zählerkonstanten KZ010 auf 10 gesetzt. Ist der Zähler auf 0 heruntergezählt, so liefert sein Ausgang Q den Wert 0 und somit erscheint wegen der Anweisung UN Z1 am Ausgang A0.0 der Wert 1. BE steht für Bausteinende, die Programmnumerierung erfolgt hier hexadezimal. Oft ist anstelle von BE auch PE (Programmende) zu verwenden.

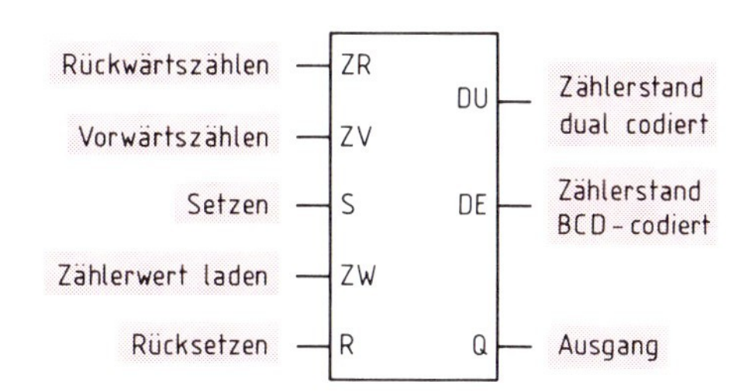

Bild 1: **SPS-Symbol für Zähler**

E 0.0	S0	TASTER FUER SETZEN DES ZAEHLERWERTES
E 0.1	S1	TASTER
A 0.0	A0	BRINGT 1-SIGNAL WENN ZAEHLERSTAND 0
Z 1	Z1	ZAEHLER

Bild 2: **Zuordnungsliste zum Beispiel Zähler**

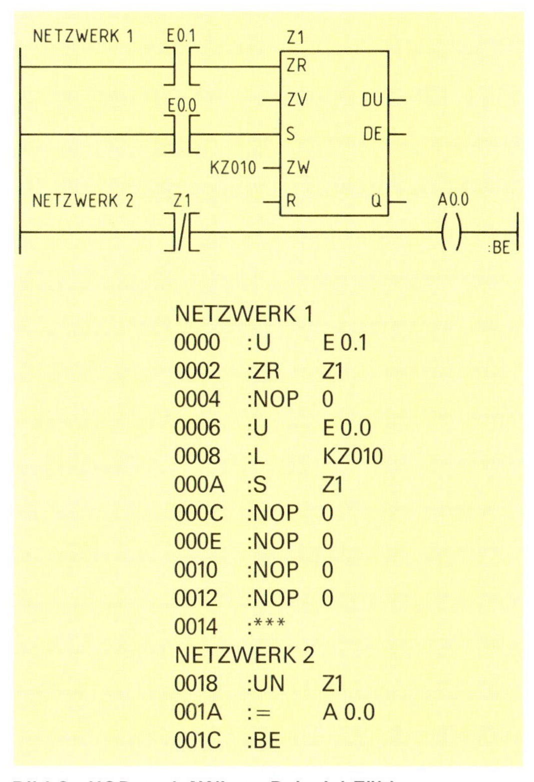

Bild 3: **KOP und AWL zu Beispiel Zähler**

5.2.4.6 Programmierregeln

Ersatz von Mehrfachtastern

Wird bei einer Schützsteuerung mit Mehrfachtastern, z. B. der Wendeschützsteuerung **Bild 1**, die Verdrahtung des Steuerstromkreises durch eine SPS ersetzt, so müssen die Kontakte einzeln numeriert und programmiert werden. Zur Gewährleistung der *Drahtbruchsicherheit* muß man jedem Schaltglied der Mehrfachtaster einen eigenen SPS-Eingang zuordnen. Die Programmierung des Stromlaufplanes von Bild 1 erfordert wegen der zwei Strompfade zwei SPS-Netzwerke **(Bild 2)**.

Kann auf Drahtbruchsicherheit in einem Teil der Schaltung verzichtet werden, dann kommt man bei der Ansteuerung der SPS für Schaltung Bild 1 mit nur drei SPS-Eingängen aus **(Bild 3)** Von jedem Mehrfachtaster wird nur ein Schaltglied auf einen SPS-Eingang gelegt, und zwar Schließer S2 z. B. auf E4 und Schließer S3 auf E3. Deren Programmierung unterscheidet sich nicht von der in Bild 2. Die Öffner von S2 und S3 werden aber dadurch ersetzt, daß auf das Fehlen der Spannung an E4 bzw. E3 geprüft wird. Die Funktion der Öffner wird also durch eine *interne* Invertierung der entsprechenden Schließersignale erreicht **(Bild 4)**. Erdschlußsicherheit ist vorhanden, da das Einschalten mit Schließern erfolgt. Drahtbruchsicherheit besteht noch für Leitungen außerhalb der Schaltung der drei Taster und außerhalb der SPS.

Für Mehrfachtaster werden wegen der Drahtbruchsicherheit mehrere SPS-Eingänge benötigt.

Zur Erhöhung der Sicherheit der Verriegelung beider Schütze werden meist zusätzlich vor die jeweilige Schützspule der Öffner der anderen Schützspule geschaltet.

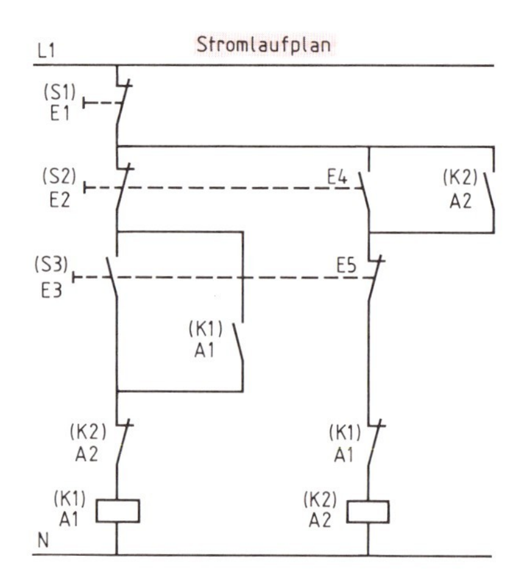

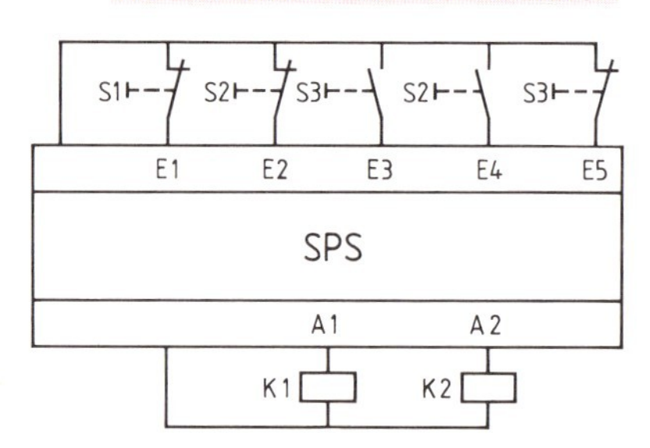

Bild 1: Ersatz einer verriegelten Schützschaltung durch SPS

NETZWERK 1			NETZWERK 2		
1	U	E1	9	U	E1
2	U	E2	10	U	(
3	U	(	11	U	E4
4	U	E3	12	O	A2
5	O	A1	13	)	
6	)		14	U	E5
7	UN	A2	15	UN	A1
8	=	A1	16	=	A2

Bild 2: AWL zum Stromlaufplan Bild 1

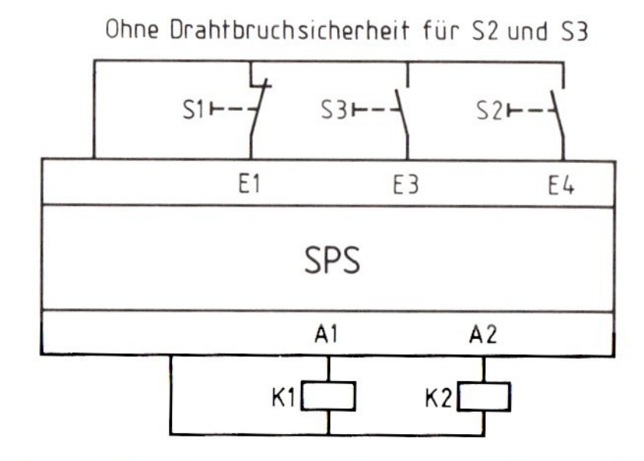

Bild 3: SPS-Ansteuerung für Stromlaufplan nach Bild 1 mit reduzierter Anzahl von SPS-Eingängen

NETZWERK 1			NETZWERK 2		
1	U	E1	9	U	E1
2	UN	E4	10	U	(
3	U	(	11	U	E4
4	U	E3	12	O	A2
5	O	A1	13	)	
⋮			14	UN	E3
			⋮		

Bild 4: AWL zur SPS-Ansteuerung nach Bild 3

Satzregel

Den Teil der AWL nach einer Zuweisung (Zeile mit Gleichheitszeichen) oder von Anfang der AWL bis einschließlich der nächsten Zuweisung bezeichnen wir als *Satz*. Jeder Satz enthält die Verknüpfungsanweisungen. Jeder Satz beginnt mit einem Eröffnungsoperator, z. B. L oder U **(Tabelle 1)**, und endet mit einer Zuweisung an eine Variable, z. B. A **(Bild 1)**.

Mehrfachverwendung von Operanden

Der gleiche Operand **(Tabelle 2)** kann innerhalb derselben AWL mehrfach verwendet werden **(Bild 2)**.

Operanden können innerhalb der AWL mehrfach verwendet werden, und zwar invertiert oder nicht invertiert.

Mehrfache Zuweisung

Bei den meisten SPS kann das Verknüpfungsergebnis mehreren Operanden nacheinander zugewiesen werden (Bild 2). Bei mehrfachen Zuweisungen an den *gleichen* Operanden dominiert die zuletzt gegebene Zuweisung, entsprechend wie bei den Speicherelementen (folgende Seite).

ODER vor UND

Wenn das Arbeiten mit Klammern vermieden werden soll, so müssen ODER-Verknüpfungen (Parallelschaltungen) an den Anfang des Stromweges vorgeholt werden **(Bild 3)**. Allerdings ist die Möglichkeit, Klammern zu vermeiden, vom Typ der SPS abhängig.

Anwendung von Merkern

Merker sind RAM-Zellen und entsprechen in der Steuerungstechnik ohne SPS den Hilfsschützen mit Dauermagnethaftung **(Bild 4)**.

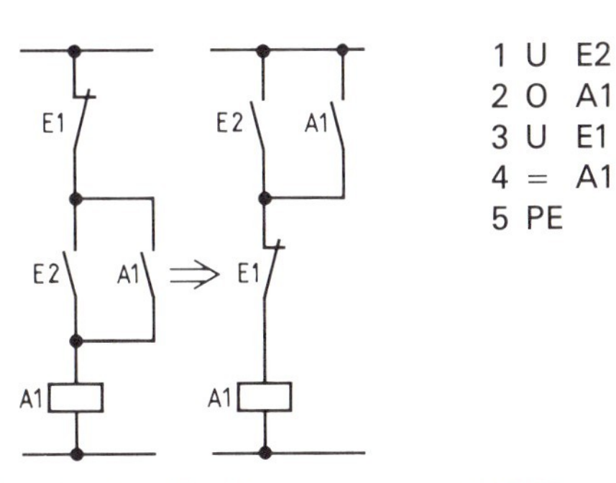

Bild 3: Beginn des Stromweges mit ODER-Verknüpfung bei einer SPS mit U-Beginn

Tabelle 1: Eröffnung, Zuweisung

Operator	Bedeutung
L, auch! bei manchen SPS auch U oder O	WENN (Satzanfang, Laden)
=	DANN (Zuweisung an Operanden)

Tabelle 2: Operanden

Operand	Bedeutung
E, auch I	Eingang (vom Steuergerät aus)
A, auch O oder Q	Ausgang (vom Steuergerät aus)
M	Merker (≙ Hilfsschütz)
T	Zeitglied

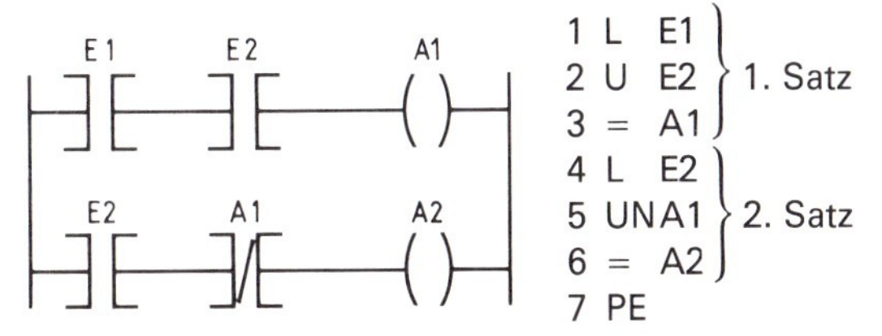

Bild 1: Mehrfachverwendung von Operanden

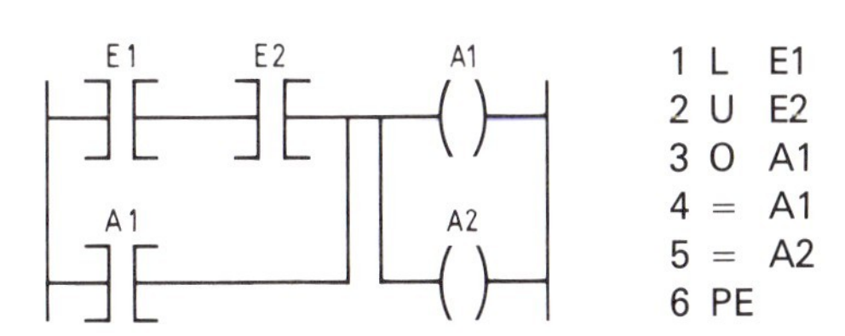

Bild 2: Mehrfache Zuweisung bei SPS mit L-Beginn

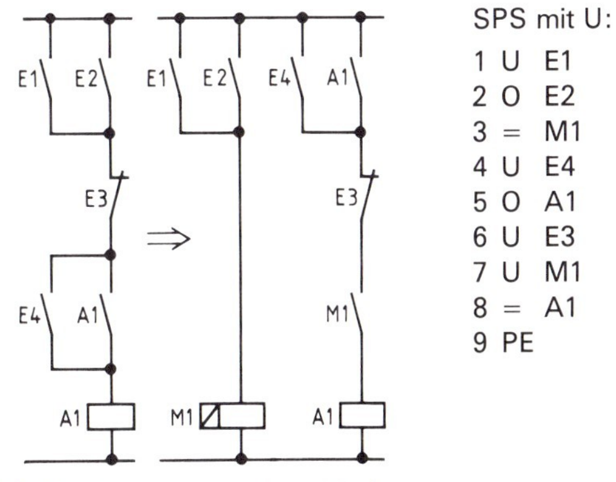

Bild 4: Anwendung eines Merkers

Merker können als Eingangsoperanden in einer Anweisung vorkommen, *ehe* sie als Zuweisungsoperanden festgelegt wurden. So könnte in der AWL von Bild 4, vorhergehende Seite, zuerst der Stromweg für A1 beschrieben werden und erst danach der Stromweg für M1. Diese Fähigkeit einer SPS liegt darin begründet, daß das Programm fortlaufend in sehr rascher Folge zeilenweise abgearbeitet wird. Beim 1. Durchlauf hat dann ein nicht festgelegter Merker den Wert 0, beim sofort anschließenden 2. Durchlauf aber den richtigen Wert.

Merker können an beliebiger Stelle der AWL programmiert werden.

Merker verwendet man dann, wenn dieselbe Verknüpfung mit denselben Operanden im Programm *mehrfach* verwendet werden soll.

Anwendung von Klammern

Verknüpfungen, deren schaltalgebraische Beschreibung Klammern enthält, z. B. weil die Regel ODER vor UND nicht eingehalten wurde, erhalten auch in der AWL Klammern **(Bild 1)**. Dabei sitzt die erste Klammer des Klammerausdrucks in derselben Zeile wie die Operation (Bild 1), die Klammer am Ende des Klammerausdrucks erhält eine eigene Zeile des Programms.

Mit Klammern faßt man nur Verknüpfungen zusammen, die im Programm nur einmal vorkommen.

Das Setzen von Klammern ist nicht bei allen SPS möglich. Enthält die schaltalgebraische Beschreibung einer Schaltung Klammern, so verwendet man für einen Klammerausdruck einen Merker, wenn die SPS das Arbeiten mit Klammern nicht erlaubt oder wenn dieselben Klammerausdrücke mehrfach vorkommen.

Anwendung von Speicherelementen

Wie bei einem Flipflop unterscheidet man bei Speicherelementen Setzen (S) und Rücksetzen (R). An den Setzbefehl wird der betreffende Operand gehängt, z. B. SL A1. Bei abweichenden Befehlen für das Setzen und das Rücksetzen muß der Befehl im Handbuch der SPS nachgesehen werden.

Bei Speicherelementen werden Haltekontakte nicht programmiert **(Bild 2)**. Erfolgt das Abschalten mit einem externen Öffner, so muß beachtet werden, daß das Rücksetzen ohne Betätigung des Öffners *nicht* erfolgen darf. Der Satz für den Öffnereingang muß also N enthalten.

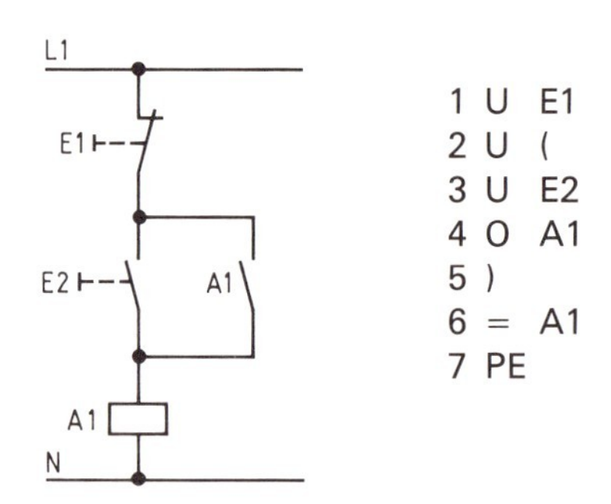

Bild 1: Anwendung von Klammern

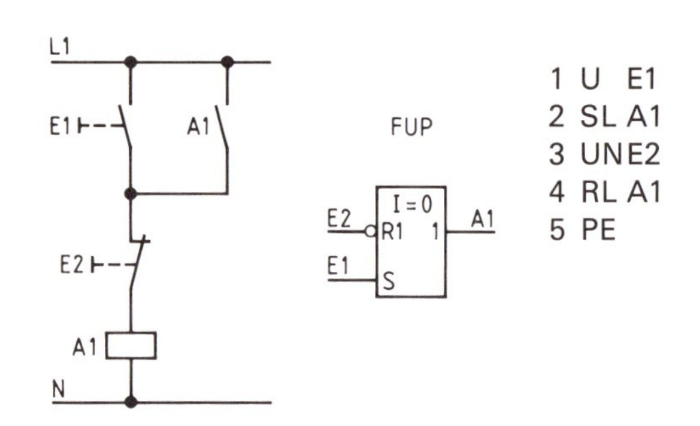

Bild 2: Speicher mit Anfangslage 0 und dominierendem Rücksetzen

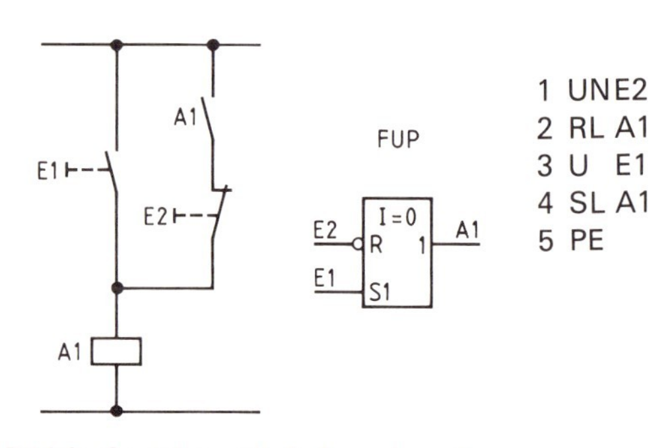

Bild 3: Speicher mit Anfangslage 0 und dominierendem Setzen

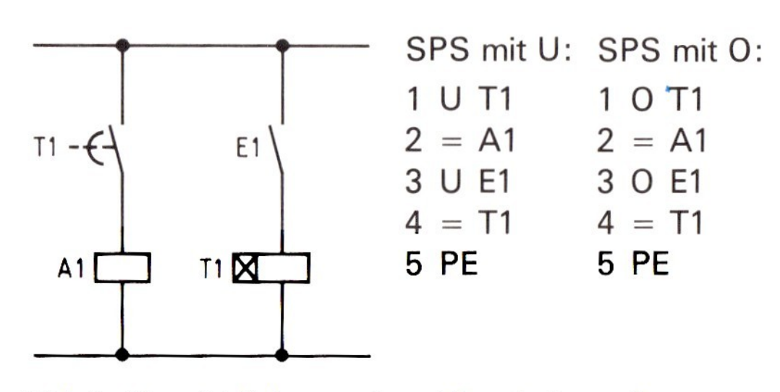

Bild 4: Verwirklichung einer Einschaltverzögerung

Auch bei Speicherelementen ist zu unterscheiden, ob die Ansteuerung durch externe Öffner oder Schließer erfolgt.

Werden *gleichzeitig* Signale für Setzen und Rücksetzen gegeben, so wird bei der AWL von Bild 2, vorhergehende Seite, zwar kurz gesetzt, sofort aber wieder rückgesetzt. Es liegt *dominierendes* (vorherrschendes) Rücksetzen vor. Bei der Schaltung **Bild 3, vorhergehende Seite**, ist in der AWL zuerst das Rücksetzen programmiert danach das Setzen. Hier wird bei gleichzeitiger Signalgabe für Setzen und Rücksetzen das Setzen dominieren.

Bei programmierten Speicherelementen dominiert der im Programm zuletzt programmierte Befehl für Setzen bzw. Rücksetzen.

Einschaltverzögerung

SPS enthalten eine Einschaltverzögerung. Der Zeitgeber einer SPS wird wie ein anzugsverzögertes Relais behandelt **(Bild 4, vorhergehende Seite)**, welches einen Ausgang ansteuert. Die Zeitdauer für die einzelnen Zeitglieder T wird je nach SPS-Typ z. B. bei Programmende programmiert. Die dazu erforderlichen Kommandos sind je nach Art der SPS verschieden.

Eine Einschaltverzögerung wird wie die Schaltung eines anzugsverzögerten Remanenzrelais (Hilfsschütz mit Dauermagnethaftung), welches einen Ausgang ansteuert, programmiert.

Indirekt programmierte Ausschaltverzögerung

Die in jeder SPS eingebaute Einschaltverzögerung ermöglicht *indirekt* auch die Realisierung einer Ausschaltverzögerung **(Bild 1)**. Zu diesem Zweck muß das Signal zum Ausschalten eine Einschaltverzögerung erhalten.

Anwendung von Schaltverzögerungen bei Wischerschaltungen

Die *Einschaltwischerschaltung* entspricht einem Monoflop **(Bild 2)**. Die Schaltung erzeugt also aus einem Signal mit dem Wert 1 einen Impuls von programmierbarer Länge. Die Dauer des Impulses wird nach Abschluß des Programms für ein Zeitglied programmiert. Wird ein Speicherelement zusätzlich programmiert, so kann ein kurzzeitiger Impuls in einen Impuls programmierbarer Länge umgeformt werden.

Bei der *Abschaltwischerschaltung* wird beim Abschalten eines Signals ein Impuls von programmierbarer Dauer erzeugt **(Bild 3)**.

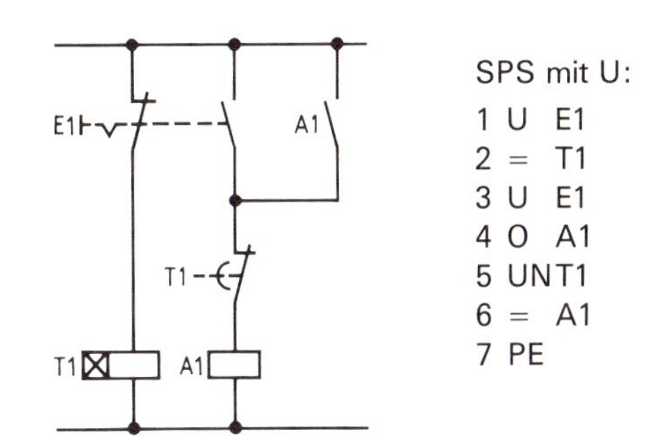

Bild 1: Verwirklichung einer Ausschaltverzögerung (Steuerschalter mit Raste)

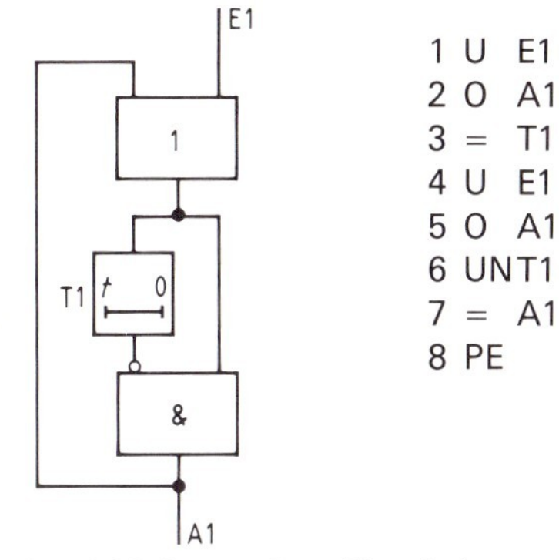

Bild 2: Verwirklichung einer Einschaltwischerschaltung

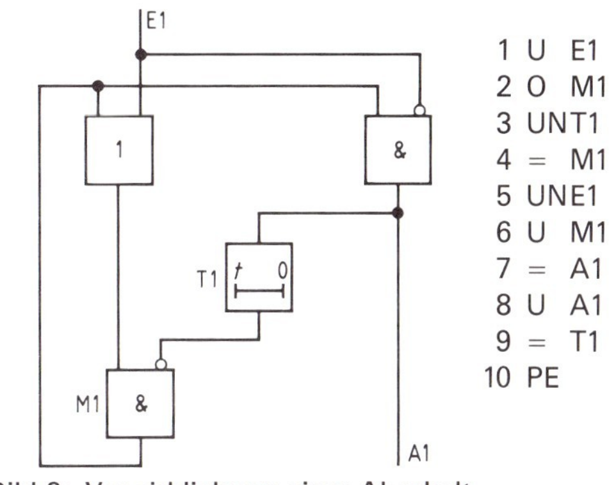

Bild 3: Verwirklichung einer Abschaltwischerschaltung

Wiederholungsfragen

1. **Auf welche Weise wird bei einer Steuerung mit SPS die Drahtbruchsicherheit erreicht?**
2. **Warum entfällt bei der Ansteuerung einer SPS durch externe Öffner in der AWL-Zeile das N?**
3. **In welcher Weise können dieselben Operanden in einer AWL verwendet werden?**
4. **Welche Regel ist zu beachten, wenn das Arbeiten mit Klammern vermieden werden soll?**

Direkt programmierte Ausschaltverzögerung

Manche SPS ermöglichen das *direkte* Programmieren einer Ausschaltverzögerung. Dazu wird die Zeitstufe mit ihrer gewünschten Zeitverzögerung sowie mit der Kennung für Ausschaltverzögerung beschrieben. Das Kontaktplansymbol bzw. das Funktionsplansymbol für ein Zeitglied zeigt die zu programmierenden Eingangssignale bzw. Ausgangssignale **(Bild 1)**. Ähnlich wie bei den Zählern sollen nicht benötigte Eingänge eines Zeitgliedes mit NOP 0 programmiert werden, damit aus einer AWL vom Programmiergerät eine KOP-Darstellung oder eine FUP-Darstellung erzeugt werden kann.

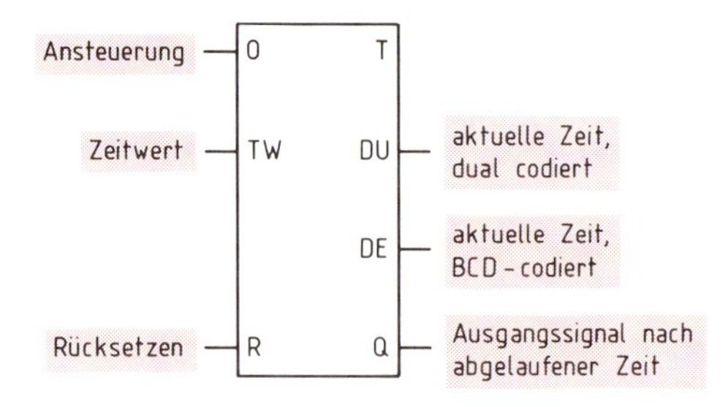

Bild 1: Symbol eines Zeitgliedes für Ausschaltverzögerung

Beispiel:

Durch Betätigen des Tasters S1 soll das Schütz K1 anziehen, und nach Loslassen von S1 soll K1 um 10 s verzögert abfallen **(Bild 2)**. Wie lautet das SPS-Programm als AWL und als KOP?

Lösung: **Bild 3**

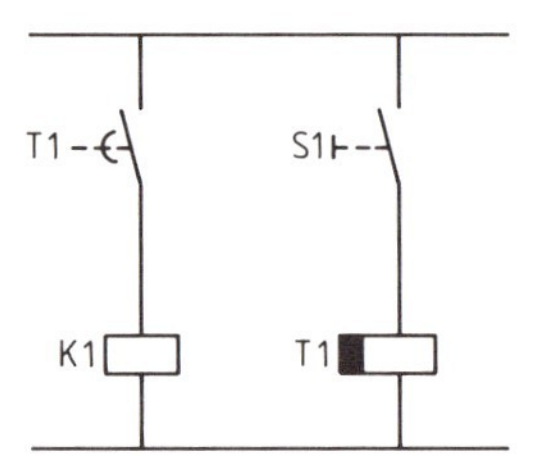

E 0.1	S1	SCHLIESSER S1
A 0.1	K1	SCHUETZ K1
T 1		ZEITSTUFE MIT 10 S

Bild 2: Stromlaufplan und Zuordnungsliste für Beispiel

Im SPS-Programm von Bild 3 ist der Eingang E0.1 mit dem T-Eingang des Zeitgliedes verknüpft. Über den Eingang TW wird die gewünschte Verzögerungszeit von 10 s eingestellt. Nicht benötigt, und daher mit NOP 0 belegt, werden der Rücksetzeingang sowie die Ausgänge für dual- bzw. BCD-codierte Darstellung des aktuellen Zeitwertes des Zeitgliedes. Durch den Befehl SA T1 wird das Zeitglied T1 auf Ausschaltverzögerung programmiert. Der Ausgang A0.1 liefert so lange den Wert 1, wie das Zeitglied T1 gesetzt ist. BE steht bei diesem SPS-Typ für Bausteinende. Die Zeilennumerierung erfolgt hier hexadezimal.

Beim Programmieren der Zeit mit dem L-Befehl (Laden) ist zu beachten, daß die Ziffer der Nachkommastelle die Zeiteinheit kennzeichnet. Als Zeiteinheiten können mit Ziffer 0 Hundertstelsekunden, mit Ziffer 1 Zehntelsekunden und mit Ziffer 2 Sekunden gewählt werden.

Das Programmieren einer Einschaltverzögerung erfolgt bei diesem SPS-Typ weitgehend gleich wie das Programmieren einer Ausschaltverzögerung. Nur anstelle des SA-Befehles muß dann der SE-Befehl (Setzen auf Einschaltverzögerung) angewendet werden, z. B. SE T2. KOP-Symbole und FUP-Symbole für Einschaltverzögerung und Ausschaltverzögerung unterscheiden sich nur gering (T, O anstelle O, T).

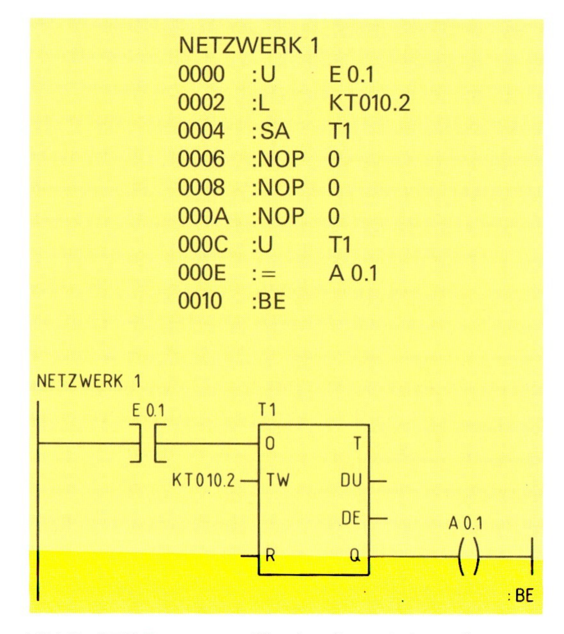

Bild 3: SPS-Programm für eine Ausschaltverzögerung als AWL und als KOP

Einschaltverzögerungen und Ausschaltverzögerungen werden bei manchen SPS fast gleich programmiert.

5.2.4.7 Schrittkette

Eine Schrittkette (Ablaufkette) besteht aus mehreren Einzelschritten. Diese Einzelschritte werden nacheinander durchlaufen. Die Merkmale einer Schrittkette sind:

- Ein Schritt wird aktiv, wenn seine Eingangsbedingungen erfüllt sind.
- Wird ein Schritt aktiv gesetzt, so setzt dieser seinen vorhergehenden Schritt still.
- Die Weiterschaltbedingung eines Schrittes kann prozeßabhängig oder zeitabhängig sein.

Die Programmierung nach dem Prinzip der Schrittkette wird bei der Verwirklichung von *Ablaufsteuerungen* angewendet. Diese Art der Programmierung sorgt für einen strukturierten Programmablauf.

In einer Schrittkette wird ein Schritt jeweils von seinem nachfolgenden Schritt zurückgesetzt.

Beispiel:

Es ist ein SPS-Programm als AWL zu erstellen, welches die Steuerung eines Speisenaufzuges zwischen zwei Geschossen ausführt. Die Zuordnungsliste **Bild 1** zeigt die zu verwendenden Eingänge und Ausgänge der SPS sowie die zugeordneten Taster, Endschalter, Schütze und Leuchtmelder.

Lösung: **Bild 2**

Die Schrittkette zur Steuerung des Speisenaufzuges besteht aus vier Einzelschritten, nämlich den

- Aufzug bei Bedarf nach oben bewegen,
- Aufzug oben stoppen und oben einen Leuchtmelder aufleuchten lassen,
- Aufzug bei Bedarf nach unten bewegen,
- Aufzug unten stoppen und unten einen Leuchtmelder aufleuchten lassen.

Im Programm Bild 2 ist ersichtlich, daß jeder Schritt seinen vorhergehenden Schritt über die UND-NICHT-Befehle zurücksetzt (stillsetzt). Die ODER-Befehle verwirklichen die Selbsthaltungen. Infolge der Stillsetzung eines Schrittes durch seinen nachfolgenden Schritt müssen die Schütze und Leuchtmelder der Aufzugsanlage nicht durch Verwenden eines besonderen Befehls ausgeschaltet werden. Unabhängig davon kann aus Sicherheitsgründen eine direkte Verriegelung der Schalter außerhalb der SPS erforderlich sein.

Die Programmierung nach dem Prinzip der Schrittkette gewährleistet bei Ablaufsteuerungen eine gesicherte Funktionsweise.

```
E 1.1  TASTER S1 UNTEN "AUF"   (SCHLIESSER)
E 1.2  ENDSCHALTER S2 "OBEN"   (ÖFFNER)
E 1.3  TASTER S3 OBEN "AB"     (SCHLIESSER)
E 1.4  ENDSCHALTER S4 "UNTEN"  (ÖFFNER)
A 1.1  SCHÜTZ K1 FÜR "AUF"
A 1.2  LEUCHTMELDER "OBEN"
A 1.3  SCHÜTZ K2 FÜR "AB"
A 1.4  LEUCHTMELDER "UNTEN"
```

Bild 1: Zuordnungsliste zum Beispiel Speisenaufzug

```
NETZWERK 1                         SCHRITT 1
0000   :U(
0002   :U   E 1.1   START AUFWÄRTS
0004   :U   A 1.4   LEUCHTMELDER UNTEN
0006   :O   A 1.1
0008   :)
000A   :UN  A 1.2   RÜCKSETZEN SCHRITT 1
000C   :=   A 1.1   AUFZUG AUFWÄRTS
000E   :***

NETZWERK 2                         SCHRITT 2
0010   :U(
0012   :UN  E 1.2   ENDSCHALTER OBEN
0014   :U   A 1.1
0016   :O   A 1.2
0018   :)
001A   :UN  A 1.3   RÜCKSETZEN SCHRITT 2
001C   :=   A 1.2   LEUCHTMELDER OBEN
001E   :***

NETZWERK 3                         SCHRITT 3
0020   :U(
0022   :U   E 1.3   START ABWÄRTS
0024   :U   A 1.2
0026   :O   A 1.3
0028   :)
002A   :UN  A 1.4   RÜCKSETZEN SCHRITT 3
002C   :=   A 1.3   AUFZUG ABWÄRTS
002E   :***

NETZWERK 4                         SCHRITT 4
0030   :U(
0032   :UN  E 1.4   ENDSCHALTER UNTEN
0034   :U   A 1.3
0036   :O   A 1.4
0038   :)
003A   :UN  A 1.1   RÜCKSETZEN SCHRITT 4
003C   :=   A 1.4   LEUCHTMELDER UNTEN
003E   :BE
```

Bild 2: AWL zum Beispiel Speisenaufzug

5.2.4.8 Dokumentation von SPS-Programmen

SPS-Programme müssen aus Gründen der Wartbarkeit gut dokumentiert sein.

Schritt 1: Nach dem Durchdenken der gestellten Aufgabe sollte der Programmablauf grafisch festgehalten werden. Dies kann z. B. mittels eines Programmablaufplanes erfolgen **(Bild 1)**.

Schritt 2: Die Zuordnungsliste enthält eine Kurzbeschreibung der SPS-Eingänge, der SPS-Ausgänge, der Merker, der Zeitglieder und der Zähler, die zur Lösung einer Aufgabe notwendig sind **(Bild 2)**. Auch sie unterstützt den Programmierer bereits während seiner Programmierarbeit.

Schritt 3: Beim Schreiben der AWL sollten die einzelnen Anweisungen mit Kommentaren versehen sein **(Bild 3)**. Sie unterstützen den Programmierer bei

- der Inbetriebnahme,
- den Programmerweiterungen sowie
- in Servicefällen.

Beim Programmieren in der AWL muß darauf geachtet werden, daß das SPS-Programm vom Programmiergerät auch im KOP oder im FUP dargestellt werden kann. Dazu sind z. B. nicht benötigte Eingänge oder Ausgänge bei Zeitgliedern oder Zählern mit NOP 0 zu programmieren.

Schritt 4: Komfortablere SPS-Programmiergeräte ermöglichen das automatische Erstellen einer Querverweisliste nach Abschluß des Programmierens **(Bild 4)**. Dieser Liste kann entnommen werden, in welchen Netzwerken (Strompfaden) die einzelnen Eingänge, Ausgänge, Merker, Zeitglieder und Zähler vorkommen. Sterne zeigen diejenigen Netzwerke an, in denen z. B. Ausgänge definiert sind.

QUERVERWEISLISTE: EINGAENGE
E 0.1 NETZW.: 2
E 0.2 NETZW.: 1
E 0.3 NETZW.: 1
E 0.4 NETZW.: 2
E 0.5 NETZW.: 3
E 0.6 NETZW.: 3
QUERVERWEISLISTE: AUSGAENGE
A 0.1 NETZW.: 1*, 2
A 0.2 NETZW.: 1, 2*
QUERVERWEISLISTE: MERKER
M 0.1 NETZW.: 1, 2, 3*

Bild 4: Querverweisliste für Beispiel Schrägaufzug

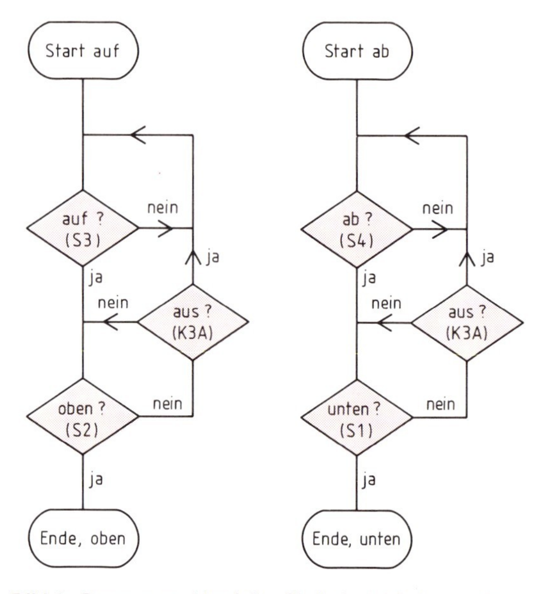

Bild 1: Programmablaufplan für Beispiel Schrägaufzug

E 0.1	S1	ENDTASTER UNTEN (OEFFNER)
E 0.2	S2	ENDTASTER OBEN (OEFFNER)
E 0.3	S3	TASTER FUER "AUF" (SCHLIESSER)
E 0.4	S4	TASTER FUER "AB" (SCHLIESSER)
E 0.5	S5	NOT-AUS (OEFFNER)
E 0.6	S6	TASTER FUER HALT (OEFFNER)
A 0.1	K1	SCHUETZ FUER "AUFWAERTS"
A 0.2	K2	SCHUETZ FUER "ABWAERTS"
M 0.1	K3A	MERKER FUER "AUS"

Bild 2: Zuordnungsliste für Beispiel Schrägaufzug

```
NETZWERK 1            AUFZUG "AUF"
0000 :U   (
0002 :U   E 0.3       S3 "AUF" BETAETIGT
0004 :O   A 0.1       SELBSTHALTUNG
0006 :)
0008 :U   E 0.2       OBEN ANGEKOMMEN ?
000A :UN  A 0.2
000C :U   M 0.1       MERKER FUER STOP
000E :=   A 0.1       SCHUETZ K1 FUER "AUF"
```

Bild 3: Auszug aus SPS-Programm für Schrägaufzug

Wiederholungsfragen

1. **Welche Zeiteinheiten können beim Befehl L KT gewählt werden?**
2. **Wodurch unterscheidet sich die Programmierung einer Einschaltverzögerung von der Ausschaltverzögerung in AWL?**
3. **Wozu dient die Querverweisliste?**

5.3 Regelungstechnik

5.3.1 Grundbegriffe

Ein elektrisches Heizgerät soll von Hand so eingeschaltet werden, daß der erreichte Wert der Raumtemperatur, der *Istwert,* immer gleich groß ist wie der *Sollwert.* Dabei ergeben sich immer Abweichungen. Der handbetätigte Schalter wird deshalb durch einen *Regler* ersetzt **(Bild 1)**. Dieser enthält einen Meßfühler zur Temperaturmessung und einen Signalumformer, z. B. einen Schütz, der das Signal des Meßfühlers umsetzt und den Stromkreis des Heizgerätes so lange schließt, bis der Sollwert der Raumtemperatur erreicht ist.

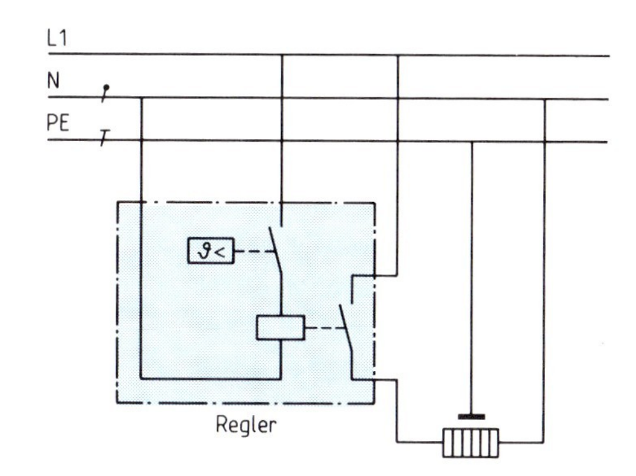

Bild 1: Temperaturregelung

Bei der Temperaturregelung Bild 1 ist die Raumtemperatur die *Regelgröße,* das Heizgerät die *Regelstrecke* und die Stromstärke im Heizgerät die *Stellgröße*. Die gesamte Schaltung bildet einen *Regelkreis*.

In einem Regelkreis wird die Regelgröße einem vorgegebenen Wert angepaßt. Dazu benötigt man eine *Regeleinrichtung,* die die Regelung der *Regelstrecke* durchführt. Ein Gerät innerhalb der Regeleinrichtung wird *Regler* genannt, wenn es mehrere Aufgaben der Regeleinrichtung erfüllt, z. B. wenn ein Temperaturregler das Vergleichen der Temperatur mit der eingestellten Temperatur und das Schließen des Stromkreises vornimmt.

Ein Regelkreis besteht aus Regeleinrichtung und Regelstrecke.

Bei einem Generator mit Spannungsregelung soll die Spannung u_i geregelt werden **(Bild 2)**. u_i ist dann die Regelgröße x. Der Sollwert x_S wird mit einer Spannung U_S durch den Sollwertsteller der Regeleinrichtung eingestellt.

Wird der Sollwert geändert, z. B. durch Verstellen des Sollwertstellers, so ist er durch eine von außen wirkende Führungsgröße w beeinflußt worden. Die Führungsgröße verändert also den Sollwert. Das Zusammenwirken der einzelnen Größen zeigt der Signalflußplan **(Bild 1, folgende Seite)**.

Eine *Störgröße* z ist z. B. die wechselnde Belastung des Generators. Sie bewirkt, daß am Verstärkereingang eine wechselnde Differenzspannung, die *Regeldifferenz* e, anliegt. Die Regeldifferenz ist die Differenz zwischen dem Sollwert x_S (Spannung U_S) und dem durch eine Meßeinrichtung, die z. B. in der Regeleinrichtung enthalten ist, gemessenen Istwert x (Spannung u_i).

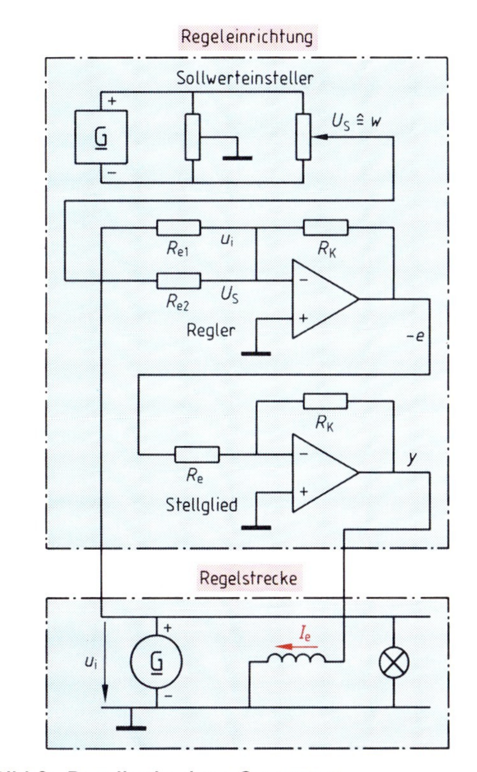

Bild 2: Regelkreis eines Generators mit Spannungsregelung

Durch die Regeldifferenz e wird die Stellgröße y beeinflußt, z. B. der Erregerstrom des Generators. Das kann mit einem Komparator im Regler erfolgen. Am Komparatoreingang wird die Regelgröße mit der *Führungsgröße* verglichen (Bild 2).

Eine Regeleinrichtung besteht aus Sollwertsteller, Meßeinrichtung, Vergleicher und Stellglied.

Bei einer Regelung wird also der gewünschte Wert einer Größe, der Sollwert, mit dem tatsächlichen Wert einer Größe, dem Istwert, verglichen und an diesen angeglichen, damit die Regeldifferenz möglichst klein ist.

Regelungen haben einen geschlossenen Wirkungsablauf und deshalb eine Rückführung.

Bild 1: Signalflußplan eines Regelkreises

5.3.2 Regeleinrichtung und Regler

In der Regeleinrichtung wird die Änderung der Regelgröße mit Hilfe von Meßumformer, Sollwertsteller, Regler und Stellglied in eine Änderung der Stellgröße umgeformt. Ist bei der Spannungsregelung Bild 2, vorhergehende Seite, die Generatorspannung u_i, z. B. durch eine plötzliche Netzentlastung, größer als die entsprechende Spannung U_s am Sollwertsteller, so ist die Regeldifferenz negativ. Der Regler bewirkt, daß die Generatorspannung kleiner wird, und zwar durch Verkleinerung des Erregerstromes, also der Stellgröße y. Ist dagegen die Generatorspannung u_i kleiner als U_s, also der Istwert kleiner als der Sollwert, so ist die Regeldifferenz positiv. Die Regeldifferenz hat z. B. bei Spannungsverkleinerung zur Folge, daß der Regler den Erregerstrom, die *Stellgröße y*, vergrößert.

Regeleinrichtungen haben meist eine Wirkungsumkehr zur Folge.

Regler ohne Hilfsenergie benötigen zum Betrieb keine gesonderte Energiequelle. Ein derartiger Regler ist z. B. der Bimetallregler im Bügeleisen oder der Kapillarrohrregler in einer Waschmaschine. *Regler mit Hilfsenergie* benötigen zum Betrieb des Stellgliedes eine gesonderte Energiequelle, z. B. bei Reglern mit Schützen als Stellglieder.

Die Regler teilt man in unstetige Regler und stetige Regler ein.

5.3.2.1 Unstetige Regler

Bei unstetigen Reglern hat die Stellgröße nur zwei oder drei feste Werte. Ein Zweipunktregler hat zwei feste Werte, ein Dreipunktregler drei.

Zweipunktregler, z. B. Raumtemperatur-Regler, enthalten einen Schalter mit zwei Stellungen. Bei ihnen kann die Stellgröße nur die beiden Schaltstellungen EIN oder AUS annehmen. Bei Temperatur-Regelstrecken breitet sich die Wärme oft sehr langsam aus. Deshalb steigt auch nach dem Abschalten der Stellgröße die Temperatur noch an und nach dem Wiedereinschalten der Stellgröße geht sie noch einige Zeit zurück **(Bild 1, folgende Seite)**. Es tritt eine *Verzugszeit* T_u auf, welche die Schwankungen der Regelgröße verursacht.

Größere Schwankungen der Regelgröße x entstehen dadurch, daß der Regler erst bei einer höheren Temperatur als dem eingestellten Sollwert ausschaltet. Die Differenz zwischen oberem Ansprechwert x_o und unterem Ansprechwert x_u des Stellgliedes nennt man *Schaltdifferenz*. Die Regelgröße x, die Temperatur, schwankt um die Schaltdifferenz zusätzlich zur Schwankung infolge der Verzugszeit. Die Schalthäufigkeit des Stellgliedes wird aber durch die Schaltdifferenz verkleinert.

Je größer die Schaltdifferenz des Reglers ist, desto größer ist die Schwankung der Regelgröße und desto kleiner ist die Schalthäufigkeit.

Ein einfacher elektronischer Zweipunktregler ist ein Operationsverstärker, bei dem ein Teil der Ausgangsspannung phasengleich zur Eingangsspannung rückgekoppelt wird **(Bild 2, folgende Seite)**.

Das Verhältnis der Widerstände $R_M/(R_M + R_Q)$ und die Spannung $U_{a1} + |U_{a2}|$ bestimmen im wesentlichen das Kippen der Schaltung und damit die *Schaltdifferenz* ΔU_e (Bild 2, folgende Seite).

$$\Delta U_e = (U_{a1} + U_{a2}) \cdot R_M / (R_M + R_Q)$$

Als Eingangssignal kann z. B. eine von einem Thermoelement gelieferte Gleichspannung dienen.

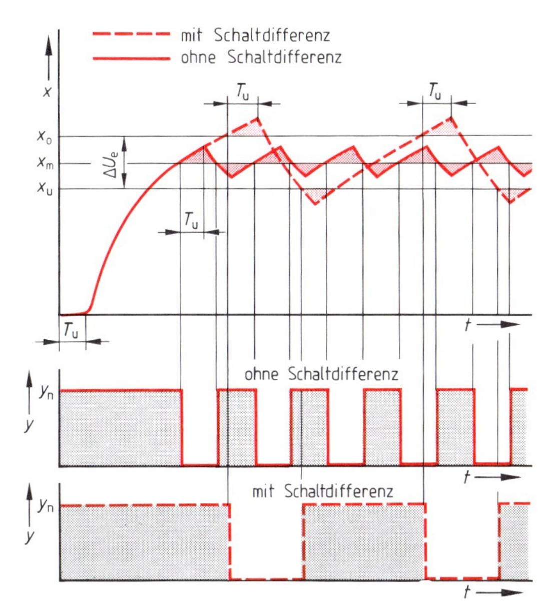

Bild 1: Kennlinie eines Zweipunktreglers

5.3.2.2 Stetige Regler

Bei stetigen Reglern kann die Stellgröße y innerhalb des Stellbereiches Y_h *jeden* Wert annehmen. Im Gegensatz zu den unstetigen Reglern hat bei den stetigen Reglern jede Änderung der Regeldifferenz e auch eine Änderung der Stellgröße y zur Folge.

Die stetigen Regler werden nach dem zeitlichen Verhalten ihrer Stellgröße y in Abhängigkeit von der Regeldifferenz e eingeteilt. Kennzeichen dafür ist die *Sprungantwort* des Reglers. Man versteht darunter den zeitlichen Verlauf der Stellgröße y in Abhängigkeit von der Zeit bei sprungartigem Verlauf der Regeldifferenz e. Die Sprungantwort kann gemessen werden, z. B. durch Zuschalten einer Spannung auf der Eingangsseite und Ermittlung der Ausgangsspannung mittels eines schreibenden Meßgerätes.

Die Art des stetigen Reglers erkennt man an der Sprungantwort.

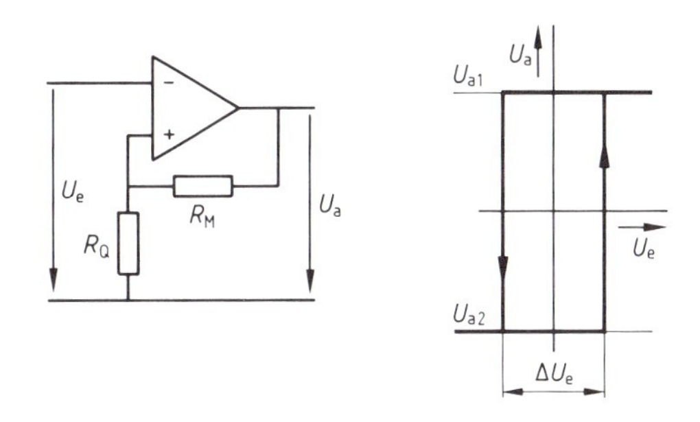

Bild 2: Elektronischer Zweipunktregler

Teilt man die Sprungantwort durch die Sprunghöhe des Eingangssignals, so erhält man die *Übergangsfunktion.* Die Übergangsfunktionen werden in die Blöcke des Signalflußplanes eingetragen.

Proportionaler Regler (P-Regler)

Bei der Regelung eines Flüssigkeitsstandes wird das Zuflußventil für die Regelstrecke über einen Hebel von einem Schwimmer verstellt **(Bild 3)**. Dieser mißt den Flüssigkeitsstand. Die Regelgröße x ist die Höhe des Flüssigkeitsstandes, die Stellung des Schwimmers, und damit der Sollwert x_s, ist durch die Höhe der Befestigung des Hebels bestimmt. Störgrößen z sind der Druck im Zuflußrohr und im Abflußrohr.

Fließt je Zeiteinheit eine größere Wassermenge in den Behälter als aus dem Behälter, so hebt sich der Schwimmer bis zum Istwert x_i. Proportional (verhältnisgleich) dazu wird das Ventil über das Gestänge geschlossen. Der Regeldifferenz e folgt also eine proportionale Verstellung der Stellgröße y. Es liegt ein P-Regler vor. Er hat einen Stellbereich Y_h, der dem Durchmesser des Zuflußrohres entspricht (Bild 3). Damit ist der Regelbereich des P-Reglers festgelegt. Man bezeichnet ihn als P-Bereich X_p.

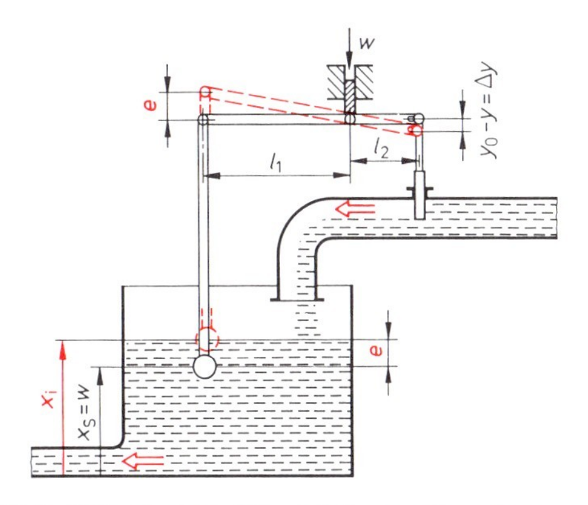

Bild 3: P-Regler zur Flüssigkeitsstandregelung

P-Regler bewirken eine zur Regeldifferenz proportionale Verstellung der Stellgröße.

K_P Proportionalkoeffizient
y_0 Ausgangsstellung des Stellgliedes
y Endstellung des Stellgliedes
l_1 Hebelarm
l_2 Hebelarm
e Regeldifferenz

$$\frac{y_0 - y}{-e} = \frac{l_2}{l_1}$$

$$K_P = \frac{y - y_0}{e}$$

$$K_P = \frac{l_2}{l_1}$$

Die Kenngröße K_p des P-Reglers läßt sich nach dem Hebelgesetz berechnen. Allgemein ist K_p das Verhältnis von Ausgangsgrößenänderung zu Eingangsgrößenänderung.

Beispiel:
Bei einer Flüssigkeitsstandregelung nach Bild 2, vorhergehende Seite, beträgt die Regeldifferenz 1% der Sollhöhe von 200 mm. Die Regeldifferenz soll eine Stellgliedverstellung von 70% der Ausgangsstellung $y_0 = 20$ mm hervorrufen. Wie groß ist der Proportionalkoeffizient K_p?

Lösung:
$e = w - x = 0{,}01 \cdot 200\ \text{mm} = 2\ \text{mm};$
$y - y_0 = 0{,}7 \cdot 20\ \text{mm} = 14\ \text{mm};$
$K_P = \frac{y - y_0}{e} = \frac{14\ \text{mm}}{2\ \text{mm}} = \mathbf{7}$

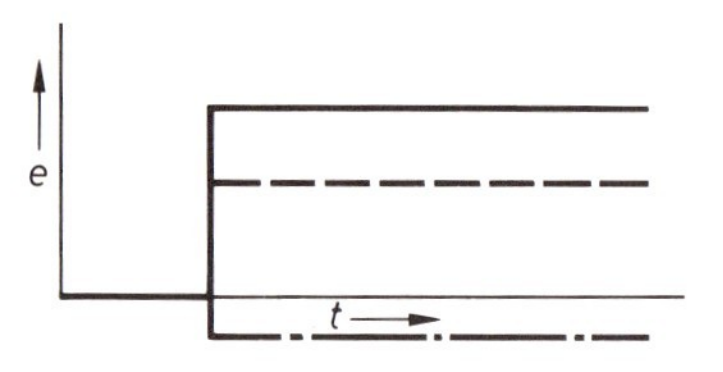

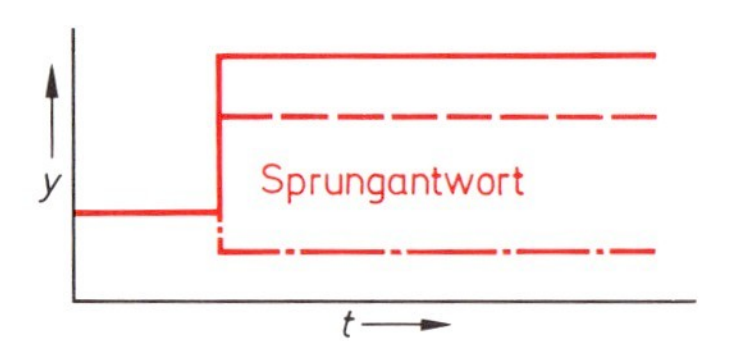

Bild 1: Sprungantwort des P-Reglers

Die Sprungantwort des idealen P-Reglers zeigt, daß bei sprungartiger Änderung der Regeldifferenz am Eingang des Reglers eine ebensolche Änderung der Stellgröße am Ausgang zeitlich unverzögert auftritt **(Bild 1)**. Tatsächlich kann ein P-Regler die Regelgröße oft nicht auf ihrem Sollwert halten. Wird z. B. bei einer Flüssigkeitsstandregelung der Druck im Zulaufrohr gesteigert, so nimmt die Zuflußmenge zu, und der Schwimmer steigt. Das Ventil schließt verhältnisgleich. Der Regler kann also nur bei erhöhtem Schwimmerstand verhindern, daß die Flüssigkeit noch weiter steigt, so lange die Störgröße anhält. Beim Regeln mit einem P-Regler kann es also eine bleibende Regeldifferenz geben. Das gilt nicht immer, z. B. wenn ein P-Regler eine Regelstrecke mit I-Verhalten beeinflußt. Die bleibende Regeldifferenz kann durch Vergrößern der Kenngröße K_P, z. B. durch Verkleinerung von l_1, vermindert werden. Bei großer Kenngröße K_P kann der Regelkreis instabil werden und schwingen. **Bild 2** zeigt das Schaltzeichen des P-Reglers.

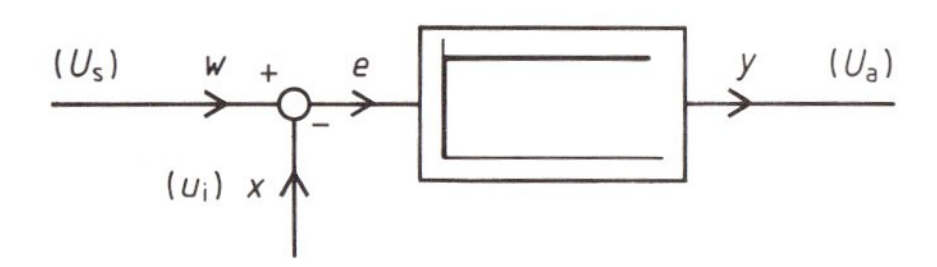

Bild 2: Schaltzeichen des P-Reglers

Ein einfacher elektronischer P-Regler ist ein als Summierer geschalteter Operationsverstärker **(Bild 3)**.

An R_{e2} liegt die dem Sollwert x_s entsprechende Spannung U_s, an R_{e1} die dem Istwert x_i entsprechende Spannung u_i. Die Ausgangsspannung ist der Summe dieser Spannungen proportional. U_s und u_i müssen verschiedene Vorzeichen haben. Dadurch bildet der Verstärker eine Spannung, die der Regeldifferenz e entspricht. Mit den Widerständen läßt sich der Regler für die gewünschten Erfordernisse bemessen.

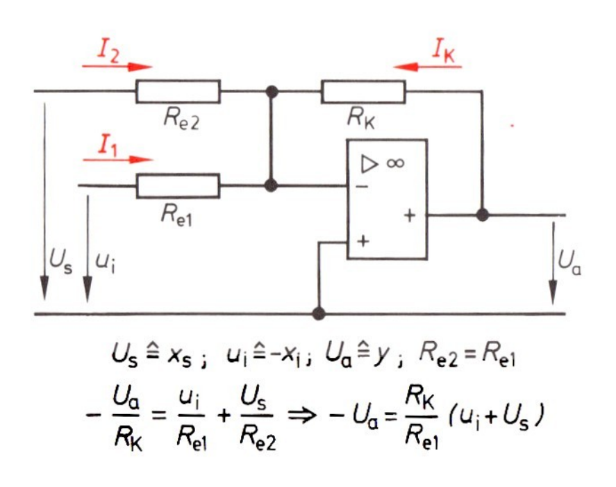

Bild 3: Elektronischer P-Regler

Integrierender Regler (I-Regler)

Die unerwünschte bleibende Regeldifferenz infolge des starren Zusammenhanges zwischen Stellgröße und Regeldifferenz beim P-Regler läßt sich mit einem integrierenden Regler (I-Regler) verhindern. Dabei wird die Stellgeschwindigkeit v_y, mit der sich die Stellgröße ändert, von der Regeldifferenz e abhängig gemacht. Die Stellgröße wird also so lange verändert, wie eine Regeldifferenz vorhanden ist.

I-Regler bewirken, daß die Stellgröße um so mehr ansteigt oder abfällt, je länger die Regeldifferenz bestehen bleibt.

Die Kenngröße K_I des I-Reglers ist das Verhältnis Stellgeschwindigkeit zu Regeldifferenz.

Die Sprungantwort des I-Reglers zeigt einen geradlinigen Anstieg der Stellgröße bei sprungartiger Änderung der Regeldifferenz **(Bild 1)**. Der Wert der Stellgröße ist nach oben durch den Stellbereich Y_h begrenzt. Während beim idealen P-Regler auf die Änderung der Regeldifferenz unverzüglich die Stellgrößenänderung folgt, folgt beim I-Regler die Stellgröße erst allmählich der Regeldifferenz.

$$y = K_I \cdot \int e \, dt$$

Die Stellgröße y ist also dem zeitlichen Integral über der Regeldifferenz e proportional. **Bild 2** zeigt das Schaltzeichen des I-Reglers.

I-Regler verhindern eine bleibende Regeldifferenz, bewirken aber eine langsame Ausregelung.

Ein einfacher elektronischer I-Regler ist ein Operationsverstärker, der als Integrierer geschaltet ist **(Bild 3)**.

Die Ausgangsspannung U_a ist damit verhältnisgleich den Eingangsspannungen, multipliziert mit der Zeit (Spannungszeitfläche). Bei konstanter Summe der Eingangsspannungen nimmt die Ausgangsspannung geradlinig mit der Zeit zu.

Mit $y = -U_a$:

$$-U_a = \frac{1}{C_k \cdot R_{e1}} \int U_e \, dt = \frac{1}{T_I} \int e \, dt = K_I \int e \, dt$$

$T_I = C_k \cdot R_{e1}$ Integrierzeit

$K_I = \frac{1}{T_I}$ Integrierkoeffizient

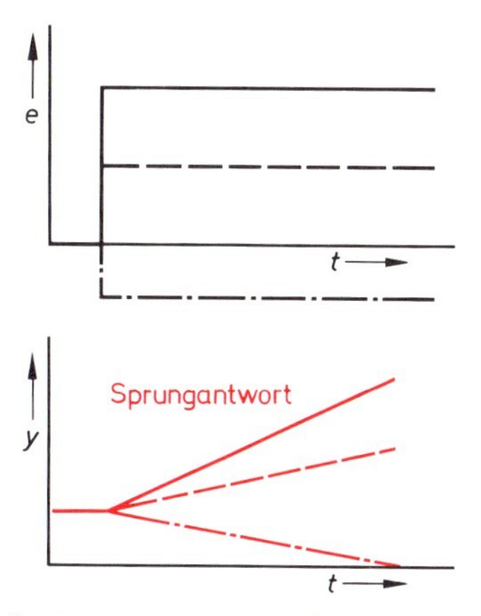

Bild 1: Sprungantwort des I-Reglers

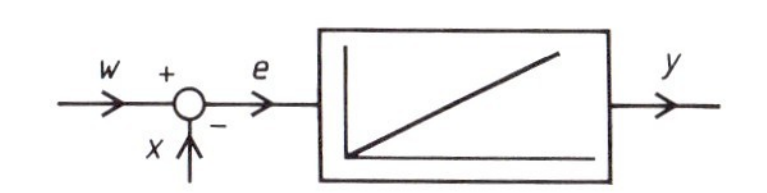

Bild 2: Schaltzeichen des I-Reglers

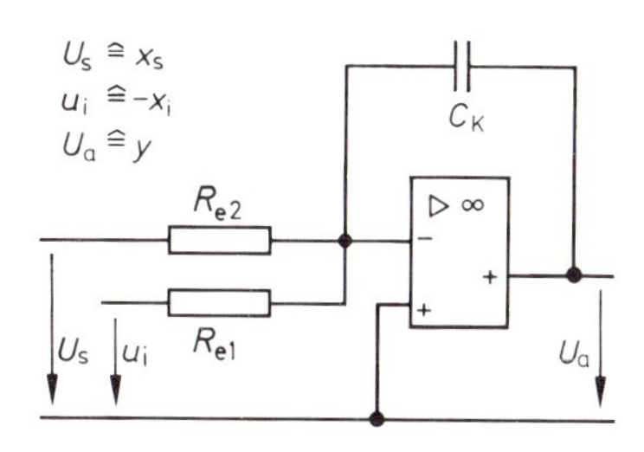

Bild 3: Elektronischer I-Regler

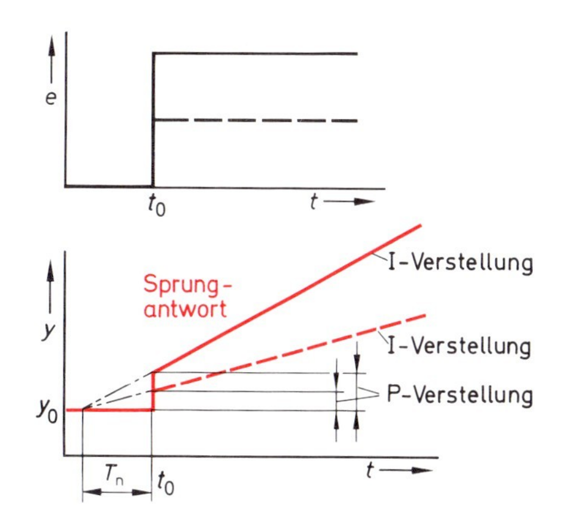

Bild 4: Sprungantwort des PI-Reglers

I-Regler werden meist in Verbindung mit P-Reglern verwendet, da sie allein zum Schwingen neigen.

PI-Regler

Beim PI-Regler setzt sich die Stellgröße y aus zwei Anteilen zusammen. Ein Anteil der Sprungantwort ist wie beim P-Regler proportional zur Regeldifferenz, der andere Anteil ist wie beim I-Regler der Regeldifferenz und der Zeit proportional **(Bild 4, vorhergehende Seite)**. Die Sprungantwort des PI-Reglers entsteht also durch Überlagerung der Sprungantworten eines P-Reglers und eines I-Reglers.

Verlängert man die Gerade der Sprungantwort des Reglers rückwärts, so erhält man die Nachstellzeit T_n des PI-Reglers. Um diese Zeit hätte bei einer reinen I-Regelung der I-Regler früher eingreifen müssen, um die gleiche Änderung der Stellgröße zu bewirken.

PI-Regler regeln die Regeldifferenz schnell und ohne bleibende Regeldifferenz aus.

Die Nachstellzeit T_n ist konstant und unabhängig von der Regeldifferenz, denn bei Änderung der Regeldifferenz ändert sich die Steilheit der Sprungantwort im gleichen Maße. Die Kenngrößen des PI-Reglers sind der Proportionalkoeffizient K_p und der Integrierkoeffizient K_I. Man verwendet auch K_P und die Nachstellzeit T_n. **Bild 1** zeigt das Schaltzeichen des PI-Reglers.

Ein elektronischer PI-Regler besteht grundsätzlich aus der Kombination eines P-Reglers mit einem I-Regler **(Bild 2)**.

Regelgleichung:

$$-U_a = \frac{R_k}{R_{e1}} \left(U_e + \frac{1}{R_K \cdot C_K} \int U_e \, dt \right)$$

$$y = K_P \left(e + \frac{1}{T_n} \int e \, dt \right)$$

K_P Proportionalkoeffizient

$T_n = R_K \cdot C_K$ Nachstellzeit

PI-Regler sind die häufigsten Regler für Drehzahlregelkreise. Sie sprechen wegen des P-Anteils sofort an und regeln wegen des I-Anteils die Regeldifferenz vollständig aus. Nachteilig ist gegenüber dem P-Regler der Umstand, daß beim PI-Regler zwei Koeffizienten (K_p und K_I) einzustellen sind, während es beim P-Regler nur einer ist.

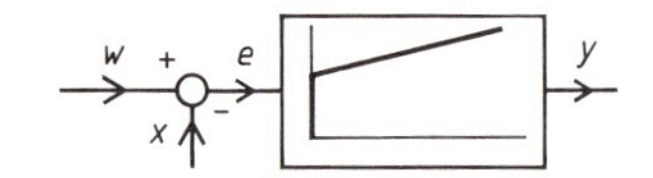

Bild 1: Schaltzeichen des PI-Reglers

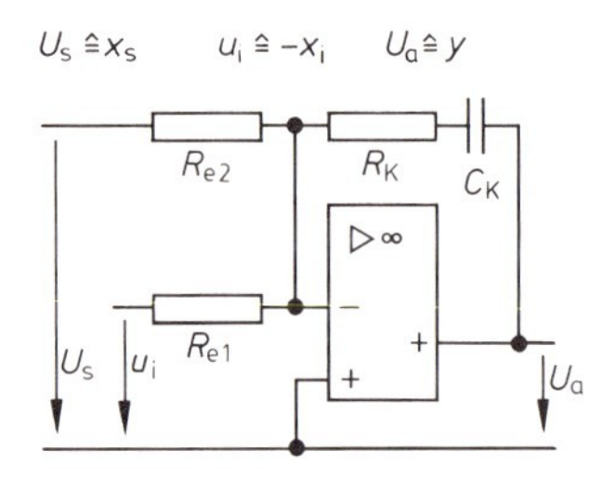

Bild 2: Elektronischer PI-Regler

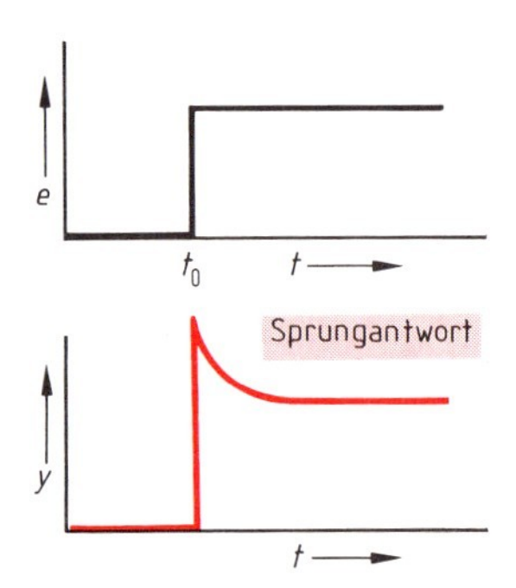

Bild 3: Sprungantwort eines PD-Reglers

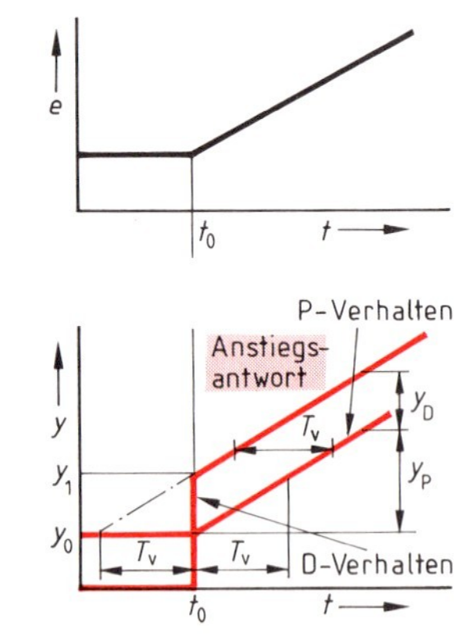

Bild 4: Anstiegsantwort des PD-Reglers

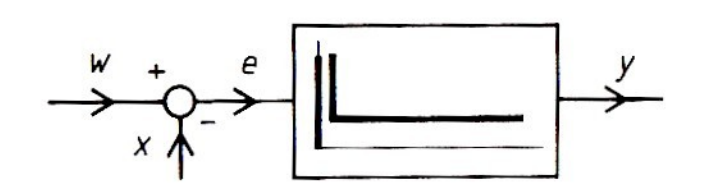

Bild 5: Schaltzeichen des PD-Reglers

Differenzierender Regler

Ein Regler mit D-Anteil bildet ein Signal, das der Änderungsgeschwindigkeit der Regeldifferenz entspricht. Eine sprunghafte Änderung der Regeldifferenz bedeutet bei einem idealen D-Regler eine unendlich große Änderungsgeschwindigkeit der Stellgröße, die im gleichen Augenblick wieder auf null abfällt. Eine solche Nadelfunktion ist aber praktisch nicht erreichbar, da kein Gerät unendlich hohe Signale liefern kann.

Regler mit D-Anteil bewirken eine Änderung der Stellgröße entsprechend der Änderungsgeschwindigkeit der Regeldifferenz.

Die Kenngröße K_D des Reglers mit D-Anteil ist das Verhältnis von Stellgröße zur Änderungsgeschwindigkeit der Regeldifferenz.

Regler mit D-Anteil werden nur im Zusammenhang mit P-Reglern oder PI-Reglern verwendet, da bei konstanter Regeldifferenz die Stellgröße Null ist. Somit ist keine Regelung möglich.

PD-Regler

Ein PD-Regler besteht aus der Kombination eines P-Gliedes (P-Regler) und einem D-Glied. Die Sprungantwort zeigt **Bild 3, vorhergehende Seite**. Die *Anstiegsantwort* des PD-Reglers, d.h. die Abhängigkeit der Stellgröße von der sich mit konstanter Geschwindigkeit ändernden Regeldifferenz, zeigt eine Parallelverschiebung des ansteigenden Teiles der Stellgröße gegenüber der Stellgröße bei einem P-Regler **(Bild 4, vorhergehende Seite)**. Es entsteht eine Vorhaltezeit T_v. Sie gibt an, um welche Zeit vor dem betrachteten Zeitpunkt t_0 der Anstieg der Stellgröße bei einem reinen P-Regler hätte beginnen müssen, um zum Zeitpunkt t_0 den Wert y_1 der Stellgröße zu erhalten. Durch die D-Aufschaltung (zusätzliches D-Glied) gelingt es also bereits zur Zeit t_0 den Wert y_1 der Stellgröße zu erhalten. Ohne D-Aufschaltung wäre er erst nach Ablauf der Vorhaltezeit T_v erreicht.

PD-Regler regeln eine Regeldifferenz schneller aus als P-Regler.

Die Kenngrößen des PD-Reglers sind K_P und K_D bzw. K_P und T_v. **Bild 5, vorhergehende Seite**, zeigt das Schaltzeichen des PD-Reglers.

Ein elektronischer PD-Regler besteht grundsätzlich aus der Parallelschaltung eines P-Reglers und eines D-Gliedes. Um den Aufwand geringer zu halten, kann man den PD-Regler auch mit einem einzigen Verstärker verwirklichen **(Bild 1)**.

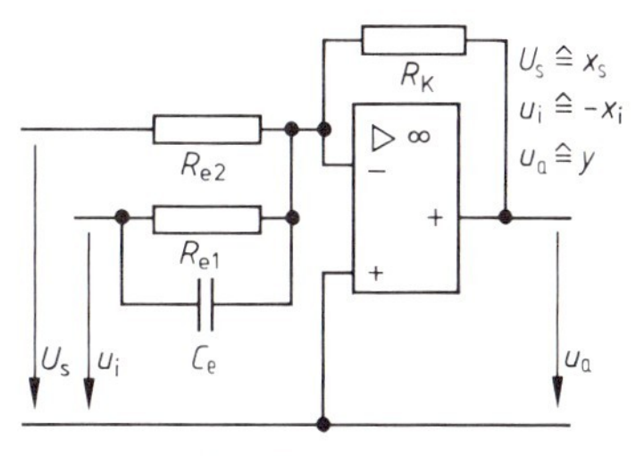

Bild 1: Prinzip des PD-Reglers

y	Stellgröße
y_0	Stellgröße bei t_0
K_P	Proportionalkoeffizient
e	Regeldifferenz
K_D	Kenngröße des D-Reglers
$\frac{\Delta e}{\Delta t}$	Geschwindigkeit der Regeldifferenz

PD-Regelgleichung:

$$y - y_0 \approx K_P \cdot e + K_D \cdot \frac{\Delta e}{\Delta t}$$

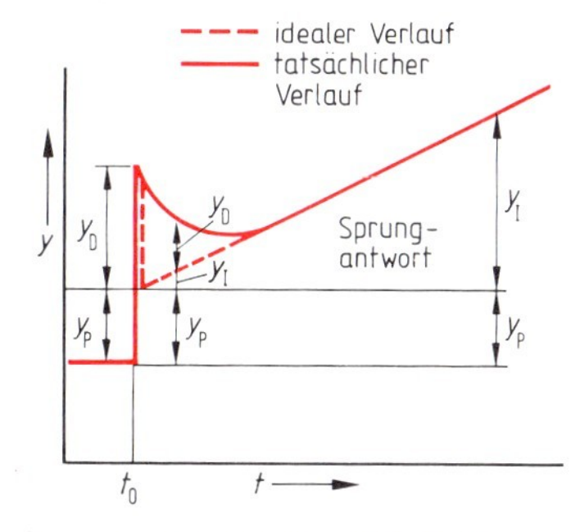

Bild 2: Sprungantwort des PID-Reglers

Regelgleichung:

$$-U_a = \frac{R_K}{R_{e1}} \left(U_e + R_{e1} \cdot C_e \cdot \frac{dU_e}{dt} \right)$$

$$\text{wobei: } K_P = \frac{R_K}{R_{e1}} \text{ und } T_v = R_{e1} \cdot C_e \Rightarrow$$

$$\Rightarrow -U_a = K_P \left(U_e + T_v \cdot \frac{dU_e}{dt} \right)$$

$$y = K_P \left(e + T_v \cdot \frac{de}{dt} \right)$$

PID-Regler

Ein PID-Regler ist die Kombination eines P-Gliedes, eines I-Gliedes und eines D-Gliedes. Die Sprungantwort des PID-Reglers setzt sich aus der P-Verstellung, I-Verstellung und D-Verstellung zusammen **(Bild 2, vorhergehende Seite)**. Sie zeigt, daß am Anfang eine starke Verstellung durch das D-Glied erfolgt, danach wird diese ungefähr bis zum Anteil des P-Gliedes zurückgenommen. Dann steigt sie entsprechend dem Einfluß des I-Gliedes linear an. Die Kenngrößen des PID-Reglers sind K_P, K_I und K_D bzw. K_P, T_n und T_v. **Bild 1** zeigt das Schaltzeichen des PID-Reglers.

PID-Regler regeln eine Regeldifferenz schnell und ohne bleibende Regeldifferenz aus.

Ein elektronischer PID-Regler enthält z. B. ein D-Glied am Eingang und ein I-Glied in der Rückführung **(Bild 2)**. Die Güte eines solchen PID-Reglers steigt mit der Verstärkung des Verstärkers und der Güte des Kondensators in der Rückführung und ist um so größer, je kleiner die Drift (Offset) des Operationsverstärkers ist. Für hochwertige Regler verwendet man besonders driftarme Operationsverstärker.

Regelgleichung:

$$-U_a = \frac{R_K}{R_{e1}} \left(U_e + \frac{1}{R_K \cdot C_K} \int U_e \, dt + R_{e1} \cdot C_e \cdot \frac{dU_e}{dt} \right)$$

$$y = K_P \left(e + \frac{1}{T_n} \int e \, dt + T_v \cdot \frac{de}{dt} \right)$$

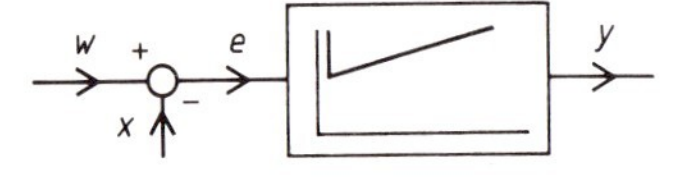

Bild 1: Schaltzeichen des PID-Reglers

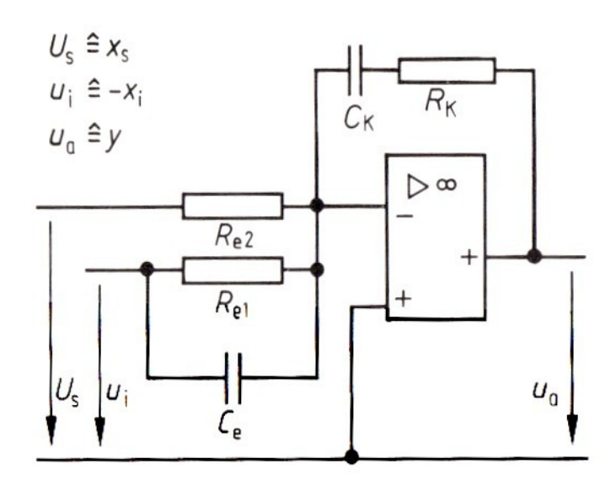

Bild 2: Elektronischer PID-Regler (Prinzip)

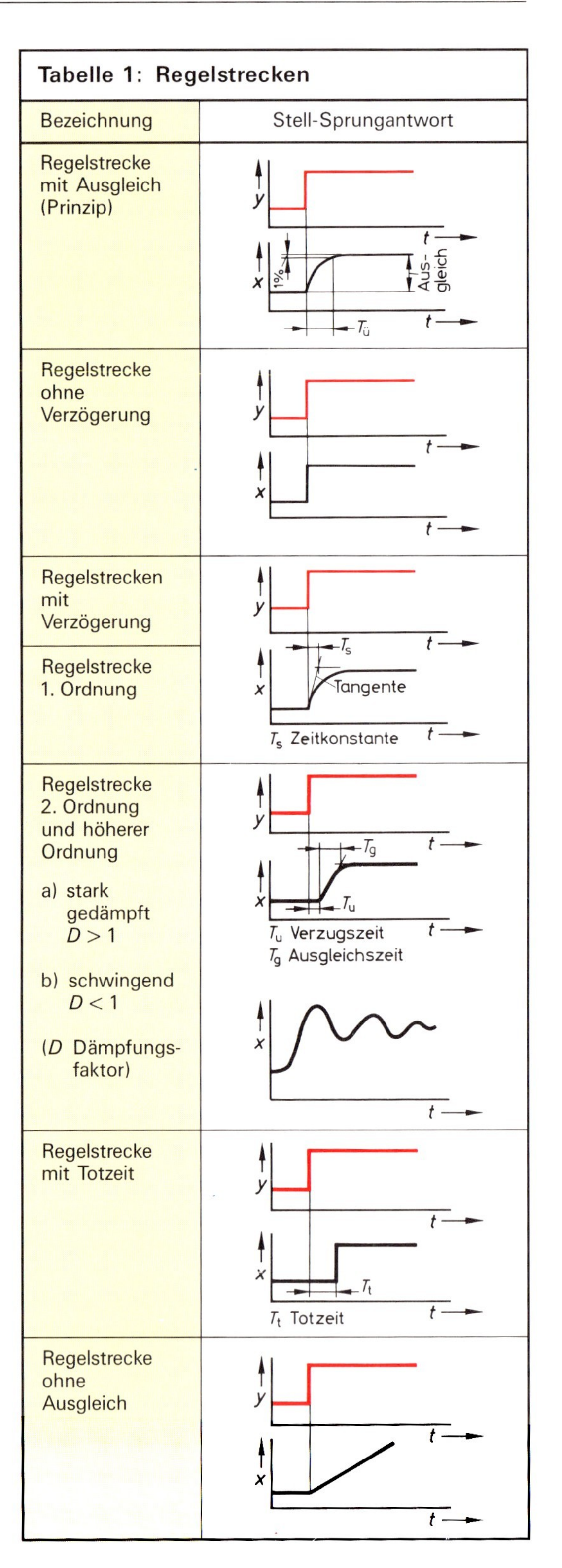

Tabelle 1: Regelstrecken

Bezeichnung	Stell-Sprungantwort
Regelstrecke mit Ausgleich (Prinzip)	y, t, x, t; 1%; Ausgleich; $T_ü$
Regelstrecke ohne Verzögerung	y, t, x, t
Regelstrecken mit Verzögerung	y, t
Regelstrecke 1. Ordnung	x, t; T_s; Tangente; T_s Zeitkonstante
Regelstrecke 2. Ordnung und höherer Ordnung a) stark gedämpft $D > 1$	y, t, x, t; T_g; T_u; T_u Verzugszeit; T_g Ausgleichszeit
b) schwingend $D < 1$ (D Dämpfungsfaktor)	x, t
Regelstrecke mit Totzeit	y, t, x, t; T_t; T_t Totzeit
Regelstrecke ohne Ausgleich	y, t, x, t

5.3.3 Regelstrecken

Eine Regelstrecke hat als Eingangsgröße die *Stellgröße y* und als Ausgangsgröße die *Regelgröße x*. Ferner wirken auf sie die *Störgrößen z* ein. Die Regelgröße x wird durch die von der Regeleinrichtung gelieferte Stellgröße y beeinflußt, wenn an der Strecke Störgrößen angreifen.

Die *Stell-Sprungantwort* ist der Verlauf der Regelgröße x bei sprungartiger Änderung der Stellgröße und konstanter Störgröße. Die *Stör-Sprungantwort* ist die Sprungantwort der Regelgröße x bei sprungartiger Änderung der Störgröße und konstanter Stellgröße **(Tabelle 1, vorhergehende Seite)**.

Regelstrecken sind aus verschiedenen Gliedern *(Regelstreckenglieder)* zusammengesetzt. Man unterscheidet Glieder *mit* Ausgleich, Glieder *ohne* Ausgleich, Glieder *ohne* Verzögerung, Glieder *mit* Verzögerung und *Totzeitglieder*.

Bei einem Totzeitglied tritt der zeitliche Verlauf des Eingangssignals einige Zeit später als Verlauf des Ausgangssignals auf. Die dazwischen liegende Zeit nennt man *Totzeit* T_t. Im einfachsten Fall besteht die ganze Regelstrecke aus einem derartigen Glied. Solche einfachen Regelstrecken verhalten sich wie die entsprechenden Glieder.

Regelstrecken mit Ausgleich

Erfolgt beim Eintreffen einer Störgröße durch die Änderung der Stellgröße eine beschränkte Änderung der Regelgröße, so wird der Einfluß der Störgröße verringert. Man spricht dann von einer Regelstrecke mit Ausgleich.

Bei *Regelstrecken mit Ausgleich und Verzögerung* hat nach einer Übergangszeit $T_ü$ die Regelgröße x einen neuen Wert (Tabelle 1, vorhergehende Seite). Die Übergangszeit ist die Zeit, nach welcher der neue Wert der Regelgröße bis auf 1% erreicht ist.

Regelstrecken mit Verzögerung enthalten mindestens soviele Energiespeicher, z. B. Kondensatoren, Spulen, Schwungmassen, wie die Ordnungszahl angibt.

Regelstrecken mit Verzögerung 1. Ordnung entstehen z. B. durch ein RC-Glied. Der Energiespeicher ist der Kondensator. Bei sprungartiger Änderung der Eingangsspannung (Stellgröße y) ändert sich die Kondensatorspannung (Regelgröße x) nach einer Exponentialfunktion. Die Zeitkonstante dieser Regelstrecke ist das Produkt RC.

Bei Regelstrecken mit Verzögerung 2. Ordnung und höherer Ordnung (Tabelle 1, vorhergehende Seite), wird der Verlauf der Stell-Sprungantwort durch die Verzugszeit T_u und die Ausgleichszeit T_g beschrieben. Die Regelung wird um so schwieriger, je kleiner das Verhältnis T_g / T_u ist.

Regelstrecken mit Totzeit haben bei sprungartiger Änderung der Stellgröße ebenfalls eine sprungartige Änderung der Regelgröße zur Folge, aber erst nach einer gewissen Zeit, der Totzeit T_t.

Regelstrecken mit Ausgleich ohne Verzögerung sind z. B. Transistoren, Röhren und Verstärker als Stellglieder für Motoren. Beim Transistor ist die Stellgröße z. B. die Basis-Emitterspannung, die Regelgröße der Kollektorstrom.

Regelstrecken ohne Ausgleich

Ist der Übertragungskoeffizient $K_s = \Delta x / \Delta y$ der Regelstrecke unendlich groß, so liegt eine Regelstrecke ohne Ausgleich vor. Regelstrecken ohne Ausgleich haben die Eigenschaft, daß die Regelgröße nach einer Störung immer mehr anwächst. So steigt z. B. bei einem Wasserbehälter der Wasserspiegel immer weiter an, wenn die Ablaufmenge kleiner ist als die Zulaufmenge.

Zur Kennzeichnung einer Regelstrecke ohne Ausgleich, die I-Verhalten hat, dient der Integrierkoeffizient K_I. Der Integrierkoeffizient K_I ist das Verhältnis der Ausgangsgröße zur Fläche zwischen Eingangsgröße und Zeitachse der Regelstrecke.

Wiederholungsfragen

1. **Woran erkennt man Regelungen?**
2. **Woraus besteht ein Regelkreis?**
3. **Woraus besteht eine Regeleinrichtung?**
4. **Woran erkennt man unstetige Regler?**
5. **Welche Eigenschaft hat ein P-Regler beim Regeln?**
6. **Wodurch unterscheiden sich PI-Regler von I-Reglern?**
7. **Wie wirkt ein PD-Regler?**
8. **Welche Eigenschaften hat ein PID-Regler?**
9. **Welche Eingangsgröße und Ausgangsgröße hat eine Regelstrecke?**
10. **Welche Sprungantworten unterscheidet man bei der Regelstrecke?**
11. **Welche Glieder enthalten Regelstrecken?**

5.3.4 Regelkreise

Regelkreise werden durch die Gesamtheit aller Glieder gebildet, die an der Regelung teilnehmen. Der Regelkreis wird unterteilt in Regeleinrichtung und Regelstrecke. Regelkreise können unstetige Regler oder stetige Regler sowie die verschiedenen Arten von Regelstrecken enthalten.

5.3.4.1 Regelkreise mit unstetigen Reglern

Regelkreise mit unstetigen Reglern verhalten sich z. B. wie Zweipunktregler. Bei der Temperaturregelung Bild 1, Seite 561, besteht der Regelkreis aus dem Zweipunktregler (Thermostat) und einer Regelstrecke mit Verzögerung (Elektroofen).

Regelkreise mit unstetigen Reglern haben den Nachteil, daß die Regelgröße zwischen zwei oder mehr Werten schwankt. Störgrößenänderungen werden vom Regler ausgeglichen. Bei der Temperaturregelung wird dies z. B. durch Änderung des Verhältnisses von Einschaltzeit zu Ausschaltzeit erreicht.

5.3.4.2 Regelkreise mit stetigen Reglern

Regelkreise mit stetigen Reglern bestehen aus dem stetigen Regler und einer entsprechenden Regelstrecke. Die Störgrößen können am Anfang, in der Mitte oder am Ende der Regelstrecke angreifen. Je nachdem ändert sich die Stör-Sprungantwort. Zur Kennzeichnung und Beschreibung dieser Regelkreise verwendet man die *Stör-Sprungantwort*, wobei man den Angriffspunkt der Störgröße am Anfang der Regelstrecke annimmt **(Tabelle 1)**.

Der Kreisverstärkungsfaktor V_0 einer Regelung mit P-Regler und Regelstrecke mit Verzögerung ist das Produkt aus dem Übertragungskoeffizienten (Übertragungsbeiwert) K_R des Reglers und dem Übertragungskoeffizienten K_s der Regelstrecke.

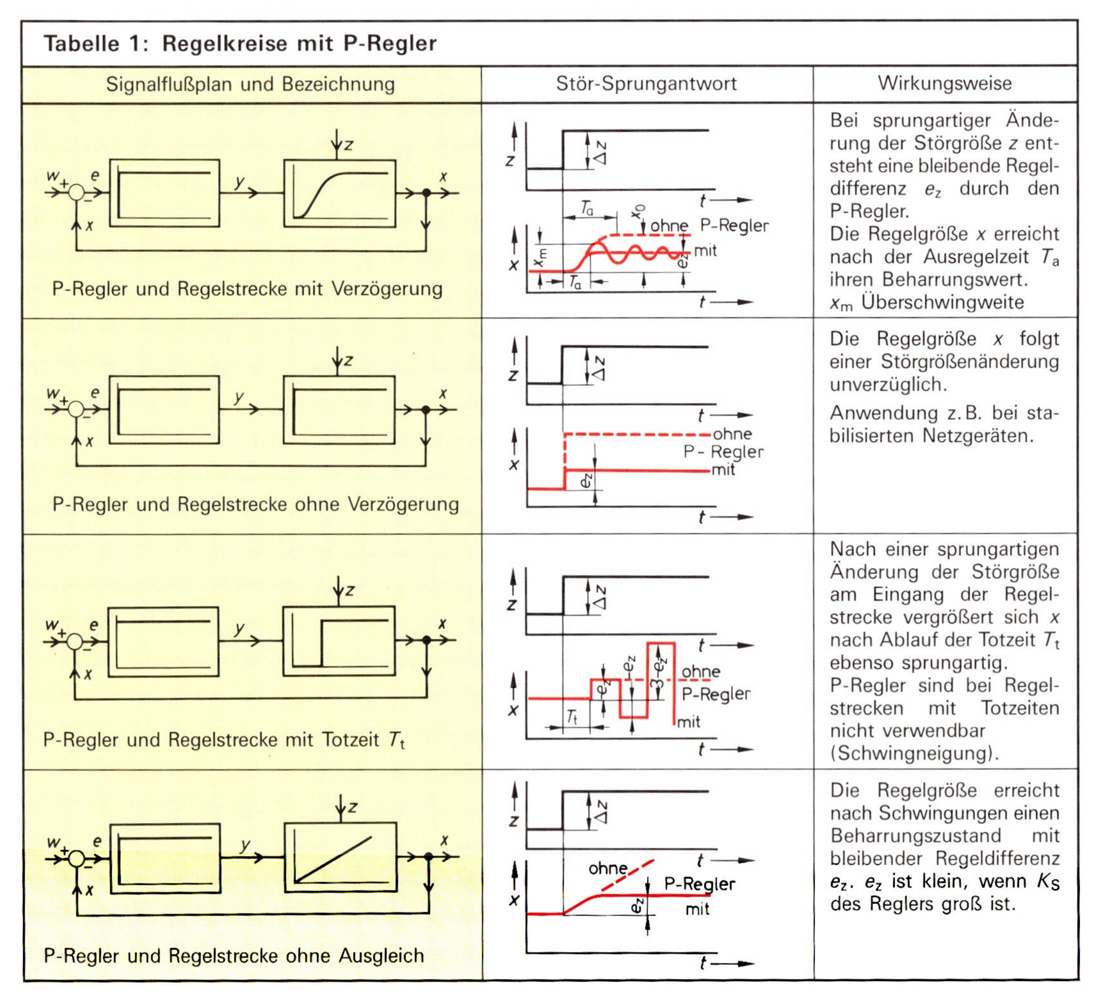

Tabelle 1: Regelkreise mit P-Regler

Signalflußplan und Bezeichnung	Stör-Sprungantwort	Wirkungsweise
P-Regler und Regelstrecke mit Verzögerung		Bei sprungartiger Änderung der Störgröße z entsteht eine bleibende Regeldifferenz e_z durch den P-Regler. Die Regelgröße x erreicht nach der Ausregelzeit T_a ihren Beharrungswert. x_m Überschwingweite
P-Regler und Regelstrecke ohne Verzögerung		Die Regelgröße x folgt einer Störgrößenänderung unverzüglich. Anwendung z. B. bei stabilisierten Netzgeräten.
P-Regler und Regelstrecke mit Totzeit T_t		Nach einer sprungartigen Änderung der Störgröße am Eingang der Regelstrecke vergrößert sich x nach Ablauf der Totzeit T_t ebenso sprungartig. P-Regler sind bei Regelstrecken mit Totzeiten nicht verwendbar (Schwingneigung).
P-Regler und Regelstrecke ohne Ausgleich		Die Regelgröße erreicht nach Schwingungen einen Beharrungszustand mit bleibender Regeldifferenz e_z. e_z ist klein, wenn K_S des Reglers groß ist.

$K_R = \dfrac{\Delta y}{\Delta x}$ kann man in jedem Arbeitspunkt der zugehörigen Kennlinie (Stellgröße y in Abhängigkeit von der Regelgröße x des Reglers) bei festen Werten der Führungsgrößen und Störgrößen ermitteln.

Der Regelfaktor R gibt an, um welchen Teil die bleibende Regeldifferenz e_z mit P-Regler kleiner ist als ohne P-Regler.

Je größer der Kreisverstärkungsfaktor ist, desto kleiner ist die bleibende Auswirkung einer Störung auf den Regelkreis, aber um so größer ist das Überschwingen.

Eine Vergrößerung des Kreisverstärkungsfaktors ist meist nur durch Änderung des Übertragungskoeffizienten K_P des Reglers möglich, da K_S meist durch die Regelstrecke festliegt. Der Kreisverstärkungsfaktor darf nicht zu groß gemacht werden, sonst wird der Regelkreis instabil.

Regelkreise mit I-Reglern haben keine bleibende Regeldifferenz **(Tabelle 1)**.

Regelkreise mit PI-Reglern bzw. PID-Reglern regeln Störungen am schnellsten aus **(Tabelle 1, folgende Seite)**.

V_0 Kreisverstärkungsfaktor
K_R Übertragungskoeffizient des P-Reglers
K_S Übertragungskoeffizient der Regelstrecke
R Regelfaktor
e_z bleibende Regeldifferenz mit P-Regler
e_0 bleibende Regeldifferenz ohne P-Regler
Δz Störgrößenänderung

$$V_0 = K_R \cdot K_S$$

$$e_z = \frac{-K_S \cdot \Delta z}{1 + K_S \cdot K_R}; \quad e_0 = -K_S \cdot \Delta z$$

$$R = \frac{1}{1 + V_0}$$

$$R = \frac{e_z}{e_0}$$

5.3.4.3 Folgeregelung

Bei der Folgeregelung folgt die Regelgröße der Führungsgröße, z. B. bei einer Gleichlaufregelung (Regelung auf gleiche Drehzahl) zweier Motoren. Die Führungsgröße ist zeitveränderlich. Es erfolgt eine Anpassung der Regelgröße an die Führungsgröße.

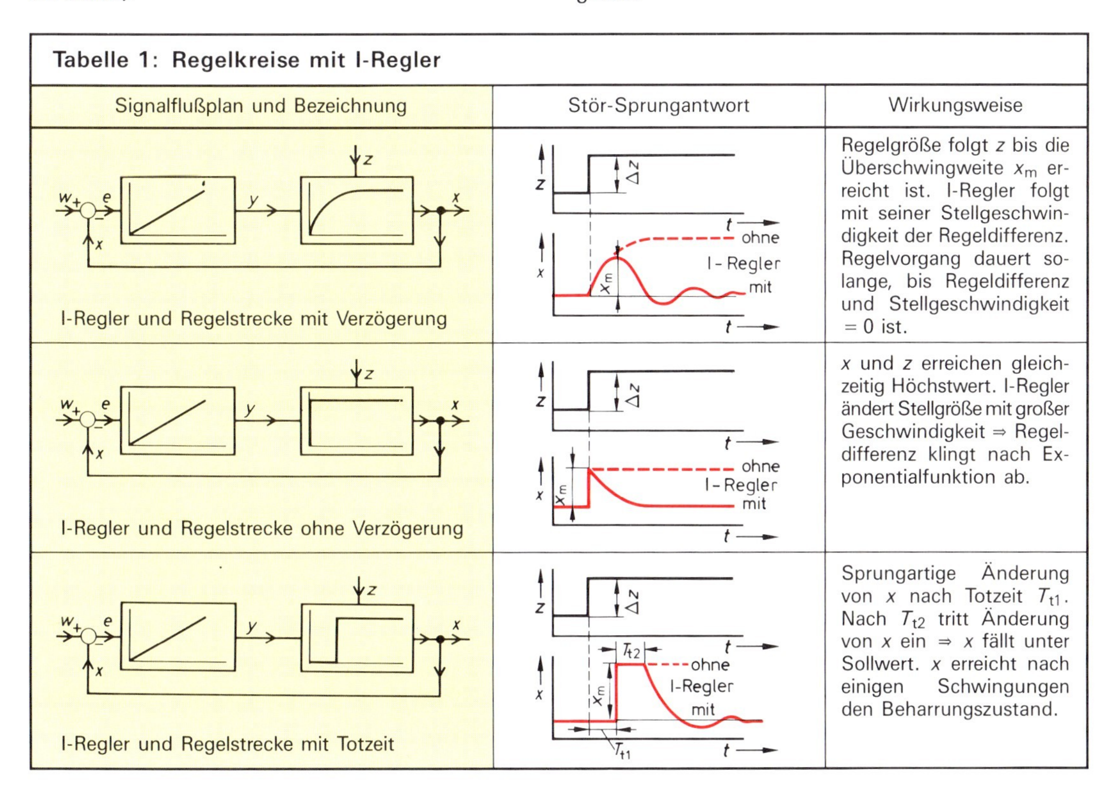

Tabelle 1: Regelkreise mit I-Regler

Signalflußplan und Bezeichnung	Stör-Sprungantwort	Wirkungsweise
I-Regler und Regelstrecke mit Verzögerung		Regelgröße folgt z bis die Überschwingweite x_m erreicht ist. I-Regler folgt mit seiner Stellgeschwindigkeit der Regeldifferenz. Regelvorgang dauert solange, bis Regeldifferenz und Stellgeschwindigkeit = 0 ist.
I-Regler und Regelstrecke ohne Verzögerung		x und z erreichen gleichzeitig Höchstwert. I-Regler ändert Stellgröße mit großer Geschwindigkeit ⇒ Regeldifferenz klingt nach Exponentialfunktion ab.
I-Regler und Regelstrecke mit Totzeit		Sprungartige Änderung von x nach Totzeit T_{t1}. Nach T_{t2} tritt Änderung von x ein ⇒ x fällt unter Sollwert. x erreicht nach einigen Schwingungen den Beharrungszustand.

Nach dem Verlauf der Führungsgröße unterscheidet man bei Folgeregelungen die *Zeitplanregelung* und die *Festwertregelung*.

Die Zeitplanregelung ist eine Folgeregelung, bei der die Führungsgröße nach einem Zeitplan vorgegeben wird, z. B. eine programmgesteuerte Temperaturregelung. Die Festwertregelung ist eine Regelung, bei der die Führungsgröße während der Regelung auf einen festen Wert eingestellt ist, z. B. die Spannungsregelung eines Generators.

Die Regelgröße stellt sich bei sprungartiger Änderung der Führungsgröße mit einem Einschwingvorgang auf den neuen Wert der Führungsgröße ein. Die Einschwingvorgänge sind ähnlich wie bei einer Störung. Man kann entsprechend der Stör-Sprungantwort eine Führungs-Sprungantwort der Regelgröße ermitteln.

Zur Verstellung der Positionswerte bei Werkzeugmaschinen und Robotern verwendet man Folgeregelungen. Die numerische Steuerung errechnet entsprechend den Bearbeitungsbahnen in schneller Folge (Taktzeit < 5 ms) Positionssollwerte. Der Positionsregelkreis veranlaßt als Folgeregelkreis die Maschinentischbewegung bzw. Roboterarmbewegung bis am Endpunkt eines Bewegungsabschnittes die Istposition mit der Sollposition wieder übereinstimmt.

Bild 1: Ortskurve des Frequenzgangs und Frequenzkennlinien für eine Regelstrecke mit Verzögerung 1. Ordnung

5.3.4.4 Frequenzgang

Der Frequenzgang besteht aus dem Amplitudengang (in Abhängigkeit von der Kreisfrequenz dargestellter Verstärkungsfaktor *V*) und dem Phasengang.

Als Eingangssignale werden bei der Messung des Frequenzganges Sinusschwingungen verwendet, deren Amplituden konstant und deren Frequenzen

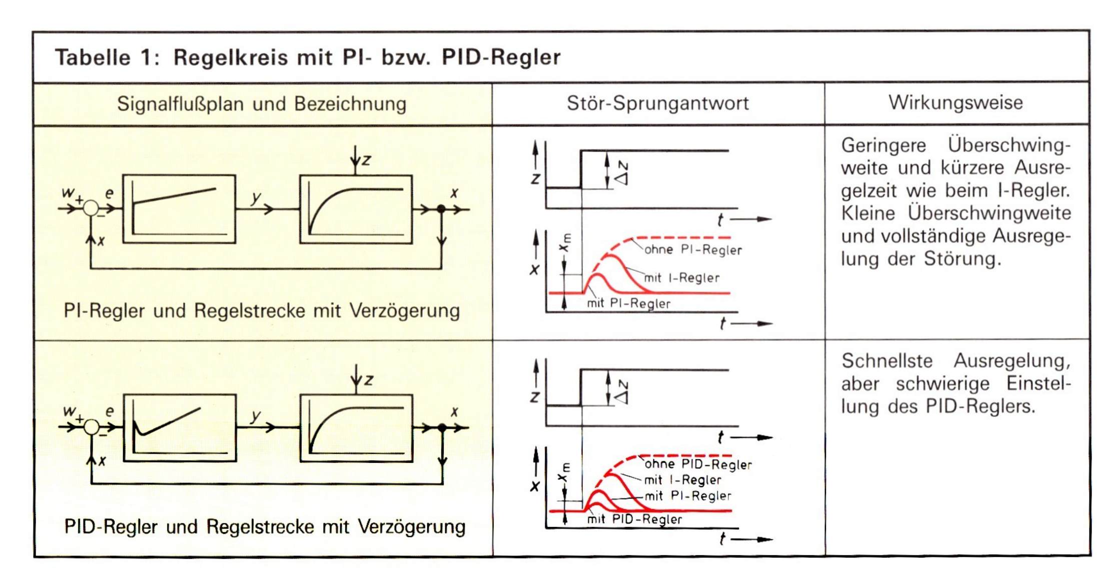

Tabelle 1: Regelkreis mit PI- bzw. PID-Regler

Signalflußplan und Bezeichnung	Stör-Sprungantwort	Wirkungsweise
PI-Regler und Regelstrecke mit Verzögerung	ohne PI-Regler; mit I-Regler; mit PI-Regler	Geringere Überschwingweite und kürzere Ausregelzeit wie beim I-Regler. Kleine Überschwingweite und vollständige Ausregelung der Störung.
PID-Regler und Regelstrecke mit Verzögerung	ohne PID-Regler; mit I-Regler; mit PI-Regler; mit PID-Regler	Schnellste Ausregelung, aber schwierige Einstellung des PID-Reglers.

veränderlich sind. Die am Ausgang des Gliedes sich ergebende Schwingungsantwort ist der zeitliche Verlauf der Ausgangsgröße im eingeschwungenen Zustand bei sinusförmiger Eingangsgröße. Zur Auswertung müssen Amplitude und Phasenlage der Ausgangsschwingung im Vergleich zur Eingangsschwingung in Abhängigkeit von der Kreisfrequenz aufgezeichnet werden und zwar entweder als *Ortskurve* des Frequenzgangs (Nyquist-Kurve[1]) oder als *Frequenzkennlinien* (Bode-Diagramm[2]).

Aus dem Bode-Diagramm kann man die Grenzkreisfrequenz ω_g des Systems entnehmen. Die Ortskurve des Frequenzgangs erhält man, wenn man für jede Kreisfrequenz die Ausgangsschwingung als Zeiger darstellt **(Bild 1, vorhergehende Seite)**. Die Länge des Zeigers entspricht der Ausgangsamplitude, die Winkellage der Phasenverschiebung zwischen Eingangssignal und Ausgangssignal. Verbindet man die Zeigerspitzen miteinander, so ergibt sich die Ortskurve des Frequenzgangs.

Die Frequenzkennlinien enthalten den Frequenzgang für die Verstärkung und den Frequenzgang für den Phasenverschiebungswinkel (Bild 1, vorhergehende Seite). Die Verstärkung (Amplitudengang) in Abhängigkeit von der Kreisfrequenz wird dabei meist in logarithmischer Teilung aufgetragen, der Phasenverschiebungswinkel (Phasengang) in linearer Teilung. Beide Kennlinien zusammen bilden das Bode-Diagramm.

Der Frequenzgang wird oft zur Untersuchung von Antriebsregelungen gemessen, dagegen seltener in der Verfahrenstechnik und bei Prozeßregelungen, weil dort die Verzögerungszeiten verhältnismäßig lang sind. Zur Untersuchung des Frequenzverhaltens wären dazu Schwingungen mit sehr tiefen Frequenzen erforderlich. Deshalb untersucht man derartige Regelkreise meist mit Hilfe der Sprungantwort der Glieder des Kreises.

Wiederholungsfragen

1. **Welchen Nachteil haben Regelkreise mit unstetigen Reglern?**
2. **Wozu verwendet man die Stör-Sprungantwort?**
3. **Welchen Einfluß hat die Ausregelzeit auf die Regelung?**
4. **Worauf müssen Regelkreise bei Inbetriebnahme geprüft werden?**
5. **Wie wirkt die Kreisverstärkung auf Störungen im Regelkreis?**

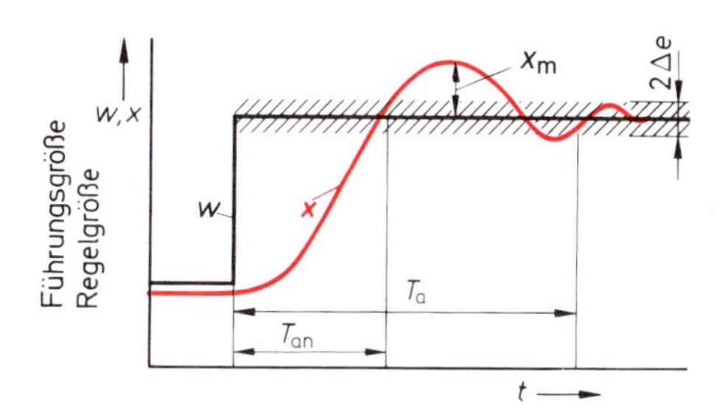

Bild 1: Kenngrößen zur Beurteilung des Regelverhaltens

6. **In welchen Regelkreisen sind P-Regler nicht verwendbar?**
7. **Welchen Vorteil haben Regelkreise mit I-Reglern?**
8. **In welchen Regelkreisen werden Störungen am schnellsten geregelt?**
9. **Was ist eine Festwertregelung?**
10. **Welche Kurven enthält ein Bode-Diagramm?**

5.3.4.5 Einstellen der Regler

Eine gute Regelung wird erst durch die richtige *Einstellung* des Reglers erreicht. Bei einem P-Regler muß der Übertragungskoeffizient K_R eingestellt werden, beim PI-Regler zusätzlich die Nachstellzeit T_n, und beim PID-Regler sind drei Werte einzustellen, der Übertragungskoeffizient K_R, die Nachstellzeit T_n und die Vorhaltzeit T_v.

Die Einstellung ist so zu wählen, daß die Anregelzeit T_{an}, die Ausregelzeit T_a und die Überschwingweite x_m oder die Regelfläche (Zeitfläche zwischen der Führungsgröße w und der Regelgröße x) möglichst klein werden **(Bild 1)**. Das Toleranzband, welches die Anregelzeit und die Ausregelzeit bestimmt, wählt man meist zu $2 \cdot \Delta e = 6\%$ der Sprunghöhe.

Bestimmung der Einstellwerte der Regler

Bei einem *P-Regler* erhöht man von kleinsten Werten beginnend schrittweise den Übertragungskoeffizienten K_R und beobachtet z. B. am Oszilloskop den Regelvorgang bei sprunghafter Änderung der Führungsgröße oder Störgröße. Mit zunehmendem Übertragungskoeffizienten vermindert sich die Anregelzeit, während sich die Ausregelzeit und Überschwingweite erhöhen. Die günstigste Einstellung ist meist dann erreicht, wenn die Über-

[1] Nyquist, amerik. Elektrotechniker, 1889; [2] Bode, amerik. Ingenieur; griech.: Diagramm = grafische Darstellung

schwingweite zwischen 10% und 20% der Sprunghöhe beträgt und die Ausregelzeit bei etwa dem 2- bis 4fachen der Anregelzeit liegt.

Beim *I-Regler* kommt man meist ebenso durch Probieren am schnellsten zur günstigsten Einstellung. Man beginnt hier mit großen Integrierzeitkonstanten und stellt schrittweise unter Beobachtung des Regelvorganges kleinere Zeitkonstanten ein.

Liegt ein *PI-Regler* oder ein *PID-Regler* vor, so ist das Verfahren der schrittweisen Änderung aller Einstellgrößen des Reglers schwierig, da nun für jeden Übertragungskoeffizienten K_R alle Nachstellzeiten T_n und alle Vorhaltezeiten T_v, also alle Kombinationen der zwei bzw. drei Kenngrößen des Reglers, durchprobiert werden müßten.

Rohwerte erhält man mit folgendem Verfahren: Zunächst wird der Regler als P-Regler eingestellt und der Übertragungskoeffizient K_R soweit erhöht, bis der Regelkreis schwingt, also instabil wird. Dieser kritische Übertragungskoeffizient K_{Rkrit} wird notiert und die Schwingungsdauer T_S der Regelgröße gemessen. Daraus lassen sich günstige Einstellgrößen für den Regler bestimmen **(Tabelle 1)**.

Ausgehend von diesen Werten kann man dann meist durch geringfügiges Verändern der einen oder anderen Einstellgröße das günstigste Regelverhalten erzielen.

Oft können die Einstellwerte nicht oder nur schwer in weitem Bereich verändert werden, z. B. bei mechanischen Reglern. Dann bestimmt man die Kennwerte aus den Zeitkonstanten und der Verstärkung der Regelstrecke. Für Regelstrecken aus einem Totzeitglied und einem Verzögerungsglied berechnet man die Kennwerte nach **Tabelle 2**. Für andere Regelstrecken mit Ausgleich wird beim PI-Regler die Nachstellzeit T_n gleich der größten in der Regelstrecke vorkommenden Verzögerungszeitkonstanten gewählt. Den Übertragungskoeffizienten wählt man so, daß die Kreisverstärkung $V_0 = K_R \cdot K_S$ größer als 1 ist, z. B. 10.

Tabelle 2: Einstellkennwerte

Regelstrecke: $y \rightarrow$ [T_t] $\rightarrow$ [T] $\rightarrow$ [K_S] $\rightarrow x$

P-Regler	$K_R \approx 0{,}3 \dfrac{T}{T_t \cdot K_S}$ bis $0{,}7 \dfrac{T}{T_t \cdot K_S}$
PI-Regler	$K_R \approx 0{,}3 \dfrac{T}{T_t \cdot K_S}$ bis $0{,}7 \dfrac{T}{T_t \cdot K_S}$ $T_n \approx 1\,T$ bis $4\,T$
PID-Regler	$K_R \approx 0{,}6 \dfrac{T}{T_t \cdot K_S}$ bis $1{,}2 \dfrac{T}{T_t \cdot K_S}$ $T_n \approx 1\,T$ bis $2\,T$ $T_v \approx 0{,}4\,T_t$ bis $0{,}5\,T_t$

Wiederholungsfragen

1. **Durch welche Kenngrößen gibt man das Regelverhalten an?**
2. **Welche Größe muß bei einem P-Regler eingestellt werden?**
3. **Welche Werte bestimmen eine gute Regelung?**
4. **Welche Werte sind bei einem PID-Regler einzustellen?**
5. **Wie geht man bei der Bestimmung der Einstellwerte eines P-Reglers vor?**
6. **Wie stellt man I-Regler am schnellsten ein?**
7. **Warum ist die Einstellung eines PI-Reglers schwieriger als die eines P-Reglers?**
8. **Wie bestimmt man die Kennwerte für eine Regelstrecke mit einem Totzeitglied und einem Verzögerungsglied?**
9. **Weshalb ist die Einstellung von PI-Reglern und PID-Reglern schwierig?**
10. **Was versteht man unter dem kritischen Übertragungskoeffzienten K_{Rkrit}?**
11. **Welche Schwierigkeiten treten bei der Veränderung der Einstellwerte bei mechanischen Reglern auf?**
12. **Wie groß wählt man die Nachstellzeit bei der Einstellung einer Regelstrecke mit Ausgleich?**

Tabelle 1: Einstellung der Regler

P-Regler	$K_R \approx 0{,}5\ K_{Rkrit}$	–	–
PI-Regler	$K_R \approx 0{,}4\ K_{Rkrit}$	$T_n \approx 0{,}8\ T_S$	–
PID-Regler	$K_R \approx 0{,}6\ K_{Rkrit}$	$T_n \approx 0{,}5\ T_S$	$T_v \approx 0{,}1\ T_S$

5.3.5 Digitale Regelungstechnik

Anlagen, Maschinen und Geräte sind meist mit Computern oder Mikroprozessoren ausgerüstet. Aufgabe der Computer ist die Steuerung oder Regelung dieser Systeme. Im einzelnen handelt es sich hier um das Erfassen von Prozeßgrößen, z. B. von Temperaturen, Verfahrwegen und Drücken, sowie dem Vergleichen dieser Prozeßgrößen mit Grenzwerten, dem Errechnen von Führungsgrößen und dem Errechnen von Stellsignalen.

Die Stellsignale, z. B. die Motorspannungen, wirken auf den Prozeß und verändern wieder die Prozeßgrößen. Somit gibt es geschlossene Wirkungswege. Der *Regler* ist als *Programm* im Computer verwirklicht und arbeitet digital. Der Computer hat dabei die Aufgaben, die Regeldifferenzen zu bilden und entsprechend den programmierten Regeleigenschaften die Stellgrößen zu berechnen. Ferner werden meist die Regeldifferenzen überwacht, um Gefahrenzustände zu erkennen.

Zur digitalen Regelung verwendet man Mikrocomputer.

Bei *selbstoptimierenden Systemen* werden die Reglereigenschaften dem Prozeß durch das Rechenprogramm selbsttätig angepaßt.

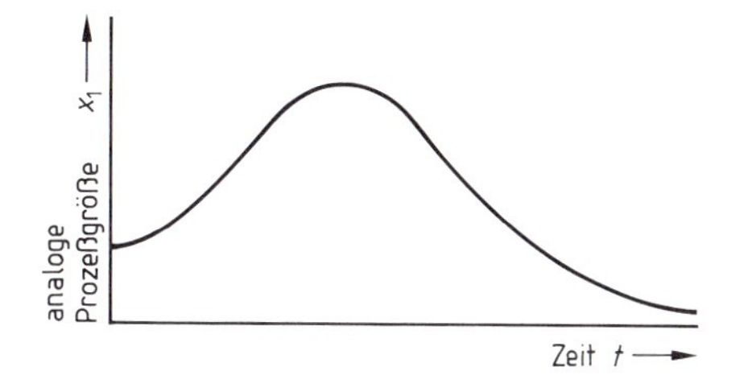

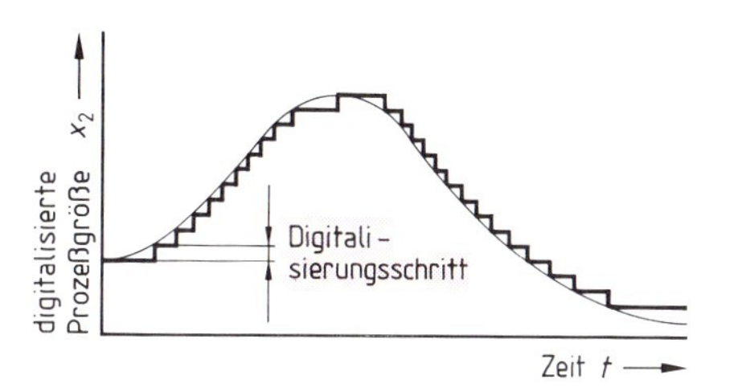

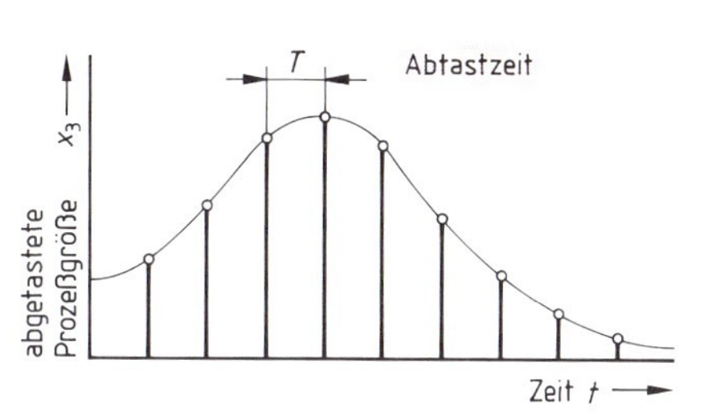

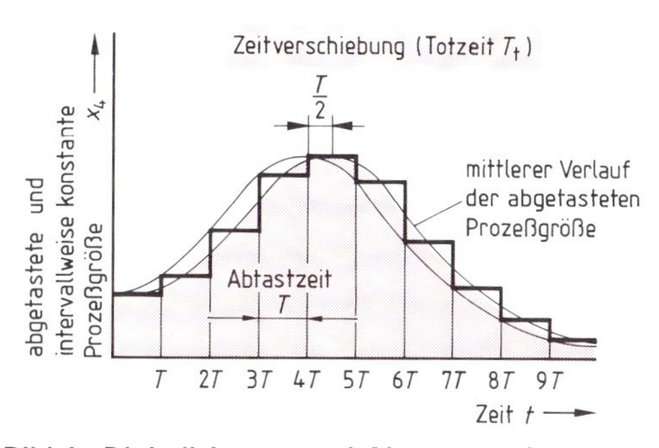

Bild 1: Digitalisierung und Abtastung eines analogen Prozeßsignals

5.3.5.1 Digitalisierung und Signalabtastung

Durch die Verwendung eines Computers in einem Regelkreis müssen analoge Prozeßgrößen, z. B. der Verfahrweg bei einer Lageregelung, in endlich viele Stufen aufgeteilt werden. Das Prozeßsignal wird dadurch in diskrete[1] Werte aufgelöst, also diskretisiert **(Bild 1)**. Man spricht von *Wertdiskretisierung*.

Die Wertdiskretisierung entsteht bei der Analog-Digital-Umsetzung im AD-Umsetzer. Die AD-Umsetzung erfolgt meist mit konstanten Zeitintervallen in den sogenannten Abtastzeitpunkten.

Die abgetasteten Prozeßgrößen werden von einer Abtastung bis zur nächsten Abtastung vom Computer als konstant betrachtet.

Beispiel 1:

Der Arbeitsraum eines Roboters hat einen Durchmesser von 2 m. a) Mit wievielen Winkelschritten muß die Drehwinkelerfassung in der Grundachse erfolgen, wenn eine Positioniergenauigkeit von 0,1 mm auch noch am Rand des Arbeitsraumes erreicht werden soll? b) Wieviele Bit muß der AD-Umsetzer haben, und mit welcher Wortbreite müssen die Führungsgrößen für die Achsbewegungen im Rechner berechnet werden?

Lösung:

Umfang des Arbeitsraumes:

$U = \pi \cdot D = \pi \cdot 2\,\text{m} = 6283{,}2\,\text{mm}$

a) Anzahl der Winkelschritte z zu 0,1 mm:

$z = 6283{,}2\,\text{mm}/0{,}1\,\text{mm} = \mathbf{62\,832}$

b) Wortbreite b:

$z = 2^b \Rightarrow b = \text{lb}\ 62\,832 \approx 16 \Rightarrow \mathbf{16\ bit}$

[1] lat. discretus = abgesondert

Der Computer kann nicht kontinuierlich die Prozeßsignale verarbeiten, sondern wegen des Programmablaufs nur zu bestimmten Zeitpunkten, z. B. alle 10 ms. Man spricht von *Zeitdiskretisierung*.

Die digitale Regelung arbeitet mit wertdiskreten und zeitdiskreten Größen.

Das zeitkontinuierliche und wertkontinuierliche Prozeßsignal durchläuft für die Signalverarbeitung im Computer die Funktionsblöcke Analog-Digital-Umsetzer, zyklische Abfrage des Ausgangssignals vom AD-Umsetzer (Abtaster) und Zwischenspeicherung (Halteglied, **Bild 1**).

Das zeitdiskretisierte und wertdiskretisierte Signal entspricht um so genauer dem zeit- und wertkontinuierlichen Signal, je höher die Abtastfrequenz ist und je größer die Stellenzahl des AD-Umsetzers ist.

Die Abtastfrequenz f_A wird durch die Rechengeschwindigkeit des Computers, die Regelalgorithmen und die sonstigen Rechenaufgaben sowie durch die Anzahl der vom Computer bedienten Regelkreise bestimmt.

Die Abtastung bewirkt zusammen mit der Zwischenspeicherung eine *Zeitverschiebung (Totzeit)* des ursprünglichen Signals, entsprechend der halben Abtastzeit (Bild 1, vorhergehende Seite). Die Zeitverschiebung wirkt wie eine Phasenverschiebung und beeinflußt einen Regelkreis bezüglich seiner Stabilität bzw. seines Schwingungsverhaltens ähnlich ungünstig wie z. B. Verzögerungsglieder. Die Phasenverschiebung infolge der Zwischenspeicherung nimmt mit zunehmender Frequenz des Prozeßsignals stark zu.

Die Abtastfrequenz muß möglichst groß gewählt werden.

T_t Totzeit
T Abtastzeit (Periodendauer der Abtastung)
φ Phasenverschiebungswinkel
T_p Periodendauer des Prozeßsignals
f Frequenz des Prozeßsignals
f_A Abtastfrequenz

$$T_t = \frac{T}{2}$$

$$\frac{\varphi}{360°} = \frac{T_t}{T_p}$$

$$T_p = \frac{1}{f}$$

$$T = \frac{1}{f_A}$$

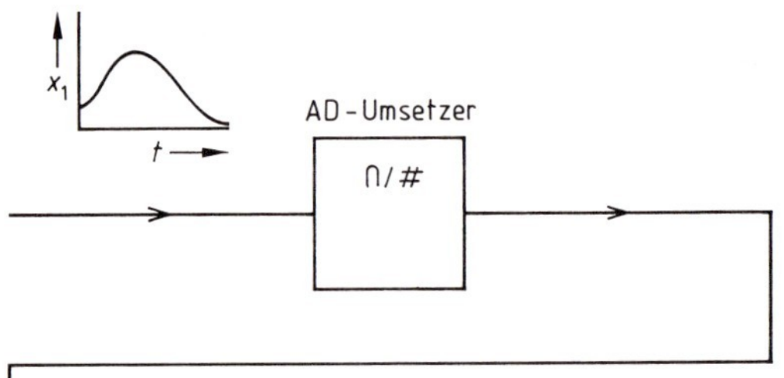

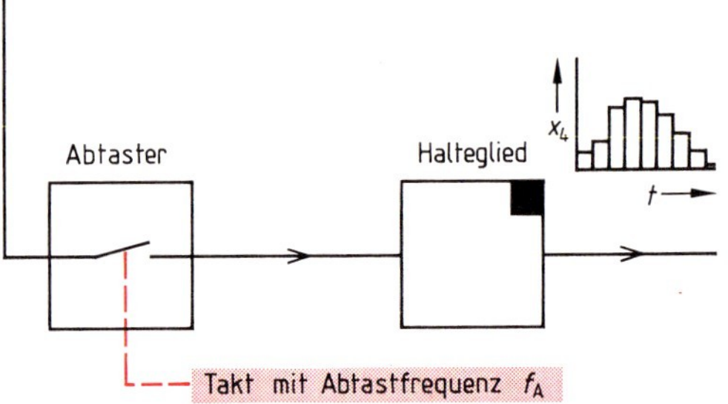

Bild 1: Wirkungsplan für Prozeßsignale, welche über einen Rechner verarbeitet werden

Beispiel 2:

Ein Prozeßsignal, das mit $f = 20$ Hz schwingt, wird mit $f_A = 100$ Hz abgetastet.

a) Wie groß ist die Totzeit T_t des Abtasthalteglieds?

b) Welchen Phasenverschiebungswinkel φ hat die abgetastete Prozeßgröße gegenüber dem ursprünglichen Prozeßsignal?

Lösung:

a) Totzeit des Abtasthalteglieds:

$$T_t = \frac{T}{2} = \frac{1}{2} \cdot \frac{1}{f_A} = \frac{1}{2 \cdot 100\ \text{Hz}} = \mathbf{0{,}005\ s}$$

b) Phasenverschiebungswinkel der Prozeßgröße:

$$T_p = \frac{1}{f} \text{ und } \frac{\varphi}{360°} = \frac{T_t}{T_p} \Rightarrow \varphi = 360° \cdot T_t / T_p =$$

$$= 360° \cdot T_t \cdot f = 360° \cdot 0{,}005\ \text{s} \cdot 20\ \text{Hz} = \mathbf{36°}$$

5.3.5.2 Regelalgorithmus

Entsprechend dem PID-Regler in der analogen Regelungstechnik verwendet man in der digitalen Regelungstechnik meist auch den *PID-Algorithmus* zur Berechnung der Stellgröße. Ein Algorithmus ist eine vollständig festgelegte Folge von Anweisungen, nach der Eingabedaten verarbeitet und Ausgabedaten erzeugt werden.

Bei den PID-Regelalgorithmen unterscheidet man zwischen dem *Stellungsalgorithmus* und dem *Geschwindigkeitsalgorithmus*.

PID-Stellungsalgorithmus

y	Stellgröße	T_n	Nachstellzeit
e	Regeldifferenz	T_v	Vorhaltzeit
K_p	Proportionalbeiwert	T	Abtastzeit
y_n	Stellgröße zum Zeitpunkt nT		
e_n	Regeldifferenz zum Zeitpunkt nT		
i	Zählvariable		

Beim PID-Regler setzt sich die Stellgröße y aus einem Anteil, der proportional zur Regeldifferenz e ist, aus einem Anteil, der dem Zeitintegral der Regeldifferenz entspricht, und aus einem Anteil, der dem zeitlichen Differentialquotienten der Regeldifferenz entspricht, zusammen.

Bei der digitalen Regelung liegt nun die Regeldifferenz nicht kontinuierlich vor, sondern nur in den Abtastzeitpunkten T, $2T$, $3T \dots nT$, als eine Folge von Zahlenwerten e_1, e_2, $e_3, \dots, e_n$. Anstelle einer Integration der Regeldifferenz werden bei der digitalen Regelung die Regeldifferenzen aufsummiert, und anstelle der Differentiation wird die Differenz zwischen zwei aufeinanderfolgenden Regeldifferenzen gebildet. Zum Zeitpunkt nT erhält man die Stellgröße y_n.

Bei der digitalen Regelung wird die Integration durch eine Summation ersetzt.

Der PID-Stellungsalgorithmus setzt sich aus einem P-Anteil, einem I-Anteil und einem D-Anteil zusammen.

P-Anteil:

$$y_{Pn} = K_p \cdot e_n$$

I-Anteil:

$$y_{In} = K_p \cdot \frac{T}{T_n} \sum_{i=0}^{n} e_i$$

D-Anteil:

$$y_{Dn} = K_p \cdot \frac{T_v}{T} \cdot (e_n - e_{n-1})$$

Beispiel:
Stellen Sie die Sprungantwort für einen digitalen PID-Regler mit $K_p = 0{,}2$, $T_v = 3T$ und $T_n = 4T$ als Diagramm für die ersten 11 Abtastintervalle dar!

Lösung: **Bild 1**

Man ermittelt zunächst die Werte für den P-Anteil, I-Anteil, D-Anteil und addiert alle drei Werte **(Bild 1)**.

Gleichung des PID-Reglers:

$$y = K_p \left[e + \frac{1}{T_n} \int e dt + T_v \cdot \frac{de}{dt} \right]$$

Gleichung des PID-Stellungsalgorithmus:

$$y_n = K_p \left[e_n + \frac{T}{T_n} (e_1 + e_2 + \dots + e_n) + \frac{T_v}{T} (e_n - e_{n-1}) \right]$$

$$y_n = K_p \left[e_n + \frac{T}{T_n} \sum_{i=0}^{n} e_i + \frac{T_v}{T} (e_n - e_{n-1}) \right]$$

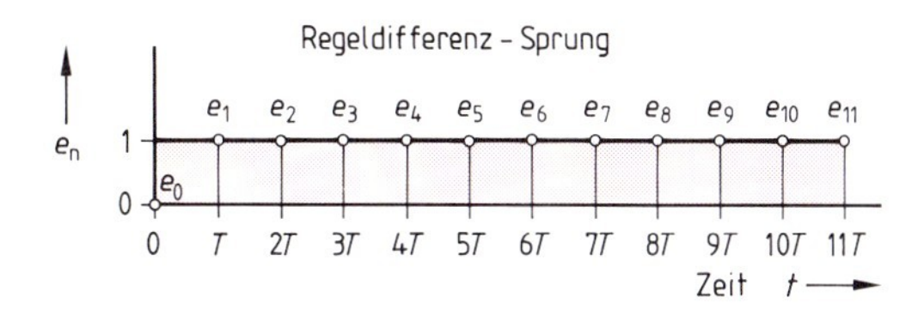

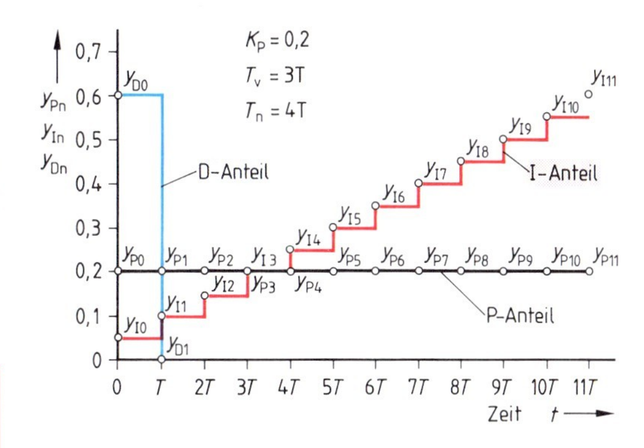

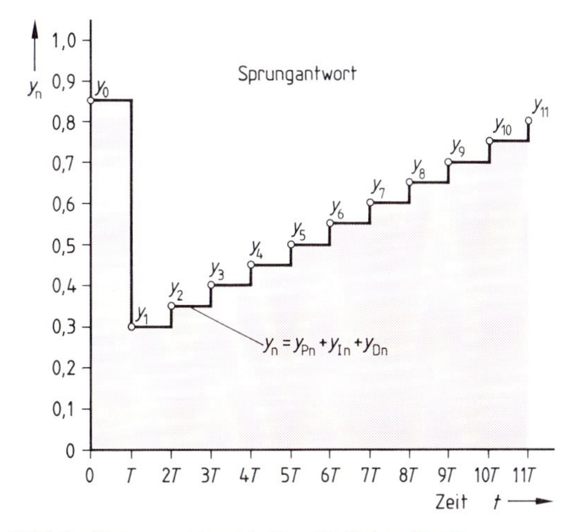

Bild 1: Sprungantwort des digitalen Reglers

PID-Geschwindigkeitsalgorithmus

Anstelle der ständigen Berechnung der Stellgröße wird bei der digitalen Regelung oft nur der Zuwachs Δy_n ermittelt und dieser dem Wert der in einem Speicher abgelegten Stellgröße hinzuaddiert. Man bezeichnet dies als Geschwindigkeitsalgorithmus.

Gleichung des PID-Geschwindigkeitsalgorithmus:

$$\Delta y_n = K_p \left[e_n + \frac{T}{T_n} \sum_{i=0}^{n} e_i + \frac{T_v}{T} (e_n - e_{n-1}) \right] - K_p \left[e_{n-1} + \frac{T}{T_n} \sum_{i=0}^{n-1} e_1 + \frac{T_v}{T} (e_{n-1} - e_{n-2}) \right]$$

Δy_n Zuwachswert der Stellgröße zum Zeitpunkt $n \cdot T$
e_n Regelgröße zum Zeitpunkt $n \cdot T$
T Abtastzeit
K_p Proportionalbeiwert
T_n Nachstellzeit
T_v Vorhaltzeit

$$\Delta y_n = y_n - y_{n-1}$$

$$\Delta y_n = K_p \left[e_n - e_{n-1} + \frac{T}{T_n} \cdot e_n + \frac{T_v}{T} (e_n - 2\, e_{n-1} + e_{n-2}) \right]$$

Beispiel:
Es soll ein Rechenprogramm in BASIC für einen PID-Regler nach dem Geschwindigkeitsalgorithmus mit den Parametern $K_p = 0{,}2$, $T_n = 4\,T$, $T_v = 3\,T$ und $T = 1$ s erstellt werden.

a) Zeichnen Sie den Programmablaufplan!

b) Entwickeln Sie daraus das BASIC-Programm!

Lösung: a) **Bild 1**, b) **Bild 2**

Die aktuelle Regeldifferenz e_n wird mit C, die vorhergehende Regeldifferenz e_{n-1} mit B und die vorvorhergehende Regeldifferenz e_{n-2} mit A bezeichnet. Die Stellgröße Y wird mit jedem Rechenzyklus um DY erhöht (Zeile 80 im BASIC-Programm).

Für die Eingabebefehle (Zeilen 30 und 40) und den Ausgabebefehl (Zeile 90) müssen die aktuellen Adressen der Peripheriegeräte eingesetzt werden, z.B. die Nummern der Eingabekanäle und die Nummer des Ausgabekanals.

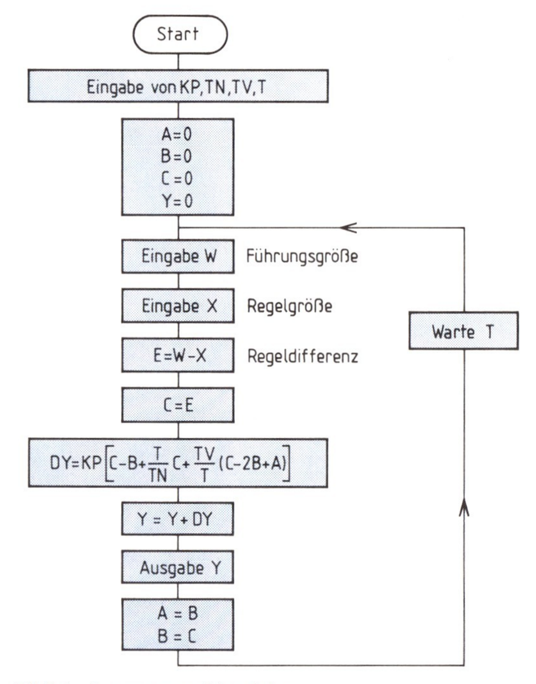

Bild 1: Programmablaufplan

```
 10 INPUT "KP,TN,TV,T";KP,TN,TV,T
 20 A = 0:B = 0:C = 0:Y = 0
 30 INPUT "W = ";W
 40 INPUT "X = ";X
 50 E = W — X
 60 C = E
 70 DY = KP * (C — B + (T / TN * C) +
    TV / T * (C — 2 * B + A))
 80 Y = Y + DY
 90 PRINT " W = ";W;" X = ";X;" Y = ";Y
100 A = B
110 B = C
200 GOTO 30
```

Bild 2: BASIC-Programm zu Bild 1

Wiederholungsfragen

1. **Erklären Sie den Begriff Wertdiskretisierung!**
2. **Warum arbeitet die digitale Regelung mit zeitdiskreten Größen?**
3. **Welche Folge in Bezug auf eine Phasenverschiebung bewirkt ein Abtasthalteglied?**
4. **Weshalb muß die Abtastfrequenz möglichst hoch gewählt werden?**
5. **Welche Beziehung besteht zwischen der Totzeit und der Abtastzeit bei einem Abtasthalteglied?**
6. **Worin unterscheidet sich bei einer digitalen Regelung der PID-Geschwindigkeitsalgorithmus vom PID-Stellungsalgorithmus?**
7. **Auf welche Weise wird bei der digitalen Regelung eine Integration vorgenommen?**

5.4 Störungen in elektronischen Anlagen

5.4.1 Störungen durch elektrische Felder

Geht man über einen isolierenden Bodenbelag, z. B. einen Teppichboden aus synthetischen Fasern, so treten eine Ladungstrennung und damit eine Spannung auf. Diese elektrostatische Aufladung kann auch andere Ursachen haben **(Tabelle 1)**. Sie kann zu Spannungen von einigen 10 000 V führen. Berührt man im Zustand dieser Aufladung ein elektronisches Gerät oder einen Bestandteil davon, so kann das zu erheblichen Störungen der Funktionsfähigkeit, z. B. zur Verfälschung der Daten, und sogar zur Zerstörung von empfindlichen Baugruppen, insbesondere von MOSFET oder entsprechenden IC, führen.

Software und Hardware von elektronischen Geräten können durch die elektrostatische Aufladung von Menschen zerstört werden.

Vor dem Berühren elektrostatisch gefährdeter Gerätebestandteile, insbesondere bei Wartungsarbeiten aber auch bei Benutzung, sollte man sich durch Berühren von geerdeten Teilen, z. B. von Metallgehäusen ordnungsgemäß angeschlossener Geräte, elektrisch entladen. Bei Instandsetzungsarbeiten oder bei Wartungsarbeiten sollte der Arbeitsplatz gegen elektrostatische Aufladung geschützt sein **(Bild 1)**. Dabei wird der Arbeitende durch ein leitendes Handgelenkband geerdet. Dieses ist über einen hochohmigen Schutzwiderstand an einen Erder angeschlossen, z. B. an den Schutzleiter der elektrischen Anlage.

Für die Benutzung elektronischer Geräte, z. B. von Computern, ist es zweckmäßig, daß der Bodenbelag schwach leitend (antistatisch) ist. Man verwendet Matten aus antistatischem Gummi oder antistatischem Teppichboden. Es gibt auch Sprays, welche den isolierenden Bodenbelag für einige Zeit antistatisch machen. Der Einfluß von sonstigen elektrostatischen Spannungsquellen kann durch geeignete Maßnahmen verringert werden (Tabelle 1).

Die Zerstörfestigkeit von Halbleiterbauelementen kann je nach Bauart weit unter den möglichen Höchstwerten der elektrostatischen Spannungen liegen **(Tabelle 2)**.

Tabelle 1: Elektrostatische Spannungen

Ursache	Spannung in kV	Maßnahmen zur Aufhebung
Verdampfen von Lötflußmittel	80	Lot erden; leitfähiges Flußmittel
Kleidung aus synthetischen Fasern, Schuhe mit Gummisohle	30	Baumwolle, Leder
Fußboden aus Holz, Keramik, Kunststoff, synthetischen Fasern	10	Leitfähiger Belag, antistatischer Spray
Werkzeug mit isolierendem Griff, eloxierte Werkzeuge	10	Metallwerkzeuge
Arbeitstisch mit Belag	5	Leitfähige Farbe
Papier, z. B. Fotokopien	5	Vermeidung am Arbeitsplatz

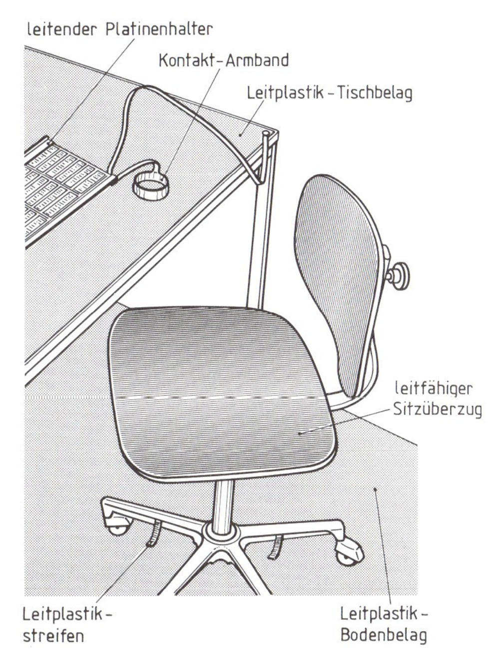

Bild 1: Elektrostatisch geschützter Arbeitsplatz

Tabelle 2: Zerstörspannungen

Halbleitertyp	Zerstörspannung in V
Bipolare Transistoren	380 bis 7000
Thyristoren	700 bis 2500
Operationsverstärker (bipolar)	190 bis 2500
Junction-FET	140 bis 1600
EPROM	100 bis 500
Isoliergate-FET	100 bis 200
Operationsverstärker (FET)	100 bis 200

Überspannungen treten in elektronischen Anlagen durch Schaltvorgänge im Versorgungsnetz, z. B. Abschalten von Motoren, infolge der Induktion sowie bei Gewittern auf. Direkte Blitzeinschläge in das Netz führen ebenso zu Überspannungen wie Einschläge bis 1000 m entfernt vom Netz, weil die Spannungsübertragung ins Netz dann kapazitiv, induktiv oder auch galvanisch (durch Stromleitung) erfolgen kann **(Bild 1)**.

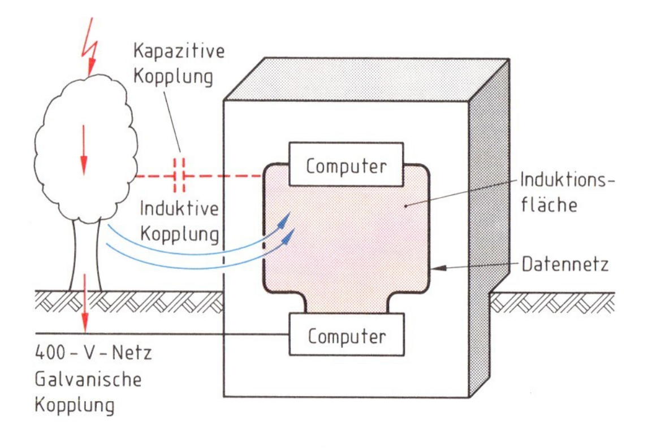

Bild 1: Übertragung von Überspannungen infolge Blitzeinschlag

Die Überspannungen durch Schaltvorgänge führen oft zur Beeinträchtigung der Datenverarbeitung, aber meist nicht zur Zerstörung der Hardware. Dabei ist die Störfestigkeit digitaler Schaltkreise maßgebend. Sie wird als U_{SL} und U_{SH} getrennt für den L-Zustand und den H-Zustand angegeben. Die Werte der *statischen* Störfestigkeit müssen ohne Störung länger als die Signallaufzeit ausgehalten werden. Die statische Störfestigkeit ist je nach Logikfamilie verschieden groß **(Tabelle 1)**.

Tabelle 1: Statische Störfestigkeiten von Chips

Logikfamilie	Betriebsspannung in V	Statische Störfestigkeit in V: Mindestwert U_{SL}	Mindestwert U_{SH}	Typischer Wert U_{SL}	Typischer Wert U_{SH}
TTL	5	0,4	0,4	1,2	2,6
CMOS	5	1,5	1,5	2,2	3,4
CMOS	10	3,0	3,0	4,2	6,2
CMOS	15	4,5	4,5	6,3	9,0

U_{SL} Störfestigkeit für den L-Zustand
U_{SH} Störfestigkeit für den H-Zustand
U_{ILmax} größte Eingangsspannung für L
U_{QLmax} größte Ausgangsspannung für L
U_{IHmin} kleinste Eingangsspannung für H
U_{QHmin} kleinste Ausgangsspannung für H
$|...|$ sprich: Betrag von...

$$U_{SL} = |U_{ILmax} - U_{QLmax}|$$

$$U_{SH} = |U_{IHmin} - U_{QHmin}|$$

Auch Spannungsimpulse, die kürzer als die Signallaufzeit sind, können zu Störungen führen, wenn ihre Energie genügend groß ist. Diese Energie wird durch die *dynamische* Störfestigkeit angegeben.

Das Übertragen der Überspannungen aus dem Netz in die elektronische Anlage wird durch *Überspannungsableiter* zwischen den Netzleitern und einem geerdeten Leiter vermieden **(Bild 2)**. Dabei haben Metalloxidvaristoren eine Ansprechzeit von 0,1 µs. Bei Z-Dioden ist die Ansprechzeit kleiner als 10 ns. Noch kürzer ist die Ansprechzeit von in Vorwärtsrichtung geschalteten *Suppressordioden*[1] (Unterdrückungsdioden) mit etwa 10 ps. Gegen Blitzeinwirkung werden meist Reihenschaltungen von Schutzfunkenstrecken oder von Glimmlampen mit Varistoren verwendet. Bei ihnen beträgt die Ansprechzeit etwa 0,5 µs.

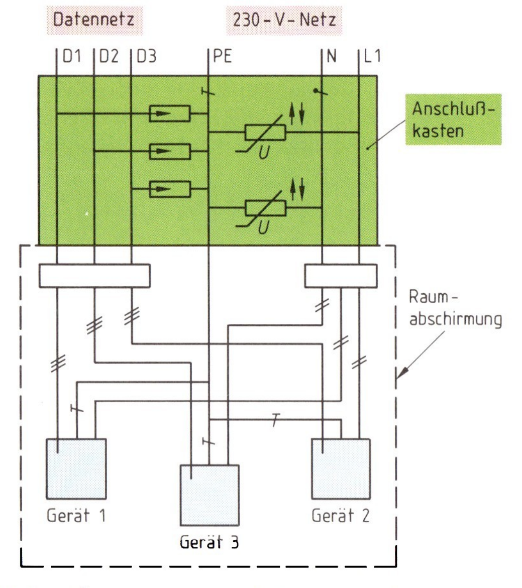

Bild 2: Überspannungsschutz einer Datenverarbeitungsanlage

[1] lat. suppressor = Unterdrücker

5.4.2 Störungen durch elektromagnetische Felder

Hochfrequente elektromagnetische Schwingungen treten beabsichtigt auf, z. B. in Schaltnetzteilen, oder unbeabsichtigt, z. B. beim Zünden von Thyristoren. Auch beim Schalten von niederfrequenten Spannungen oder von Gleichspannung treten diese hochfrequenten Schwingungen auf, weil jede steile Flanke das Auftreten von Oberschwingungen bedeutet. Die hochfrequenten Schwingungen gelangen von der Störquelle zur Störsenke, z. B. zu einem Computer **(Bild 1)**.

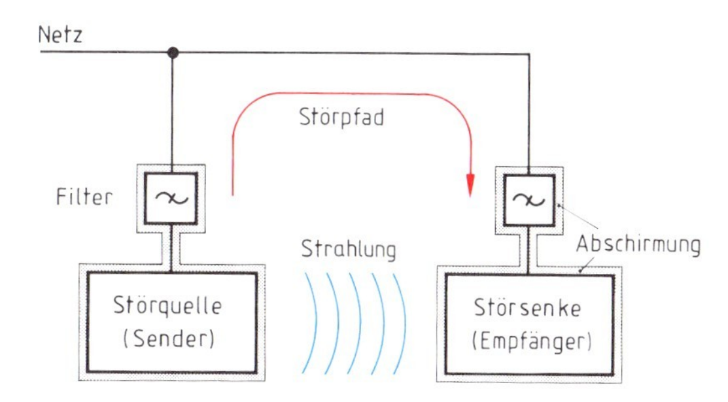

Bild 1: Ausbreitung von Störungen

Elektromagnetische Störquellen sind elektronische oder andere elektrische Betriebsmittel zum Schalten sowie Erzeuger von hochfrequenten Spannungen.

Zur Sicherstellung der Funkübertragung, z. B. für die Rundfunk- und Fernsehtechnik, dürfen die Störspannungen (Funkstörspannungen) bestimmte Werte nicht überschreiten. Die Störspannung wird mit einem Funkstörmeßempfänger gemessen. Bei breitbandigen Störquellen (Störspannungen mit einem breiten Frequenzbereich) unterscheidet man die Störgrade G (Grobstörgrad, z. B. für Fabrikgelände), N (Normalstörgrad, z. B. für Wohngebiete) und K (Kleinstörgrad, für besonders hohe Anforderungen, **Bild 2**).

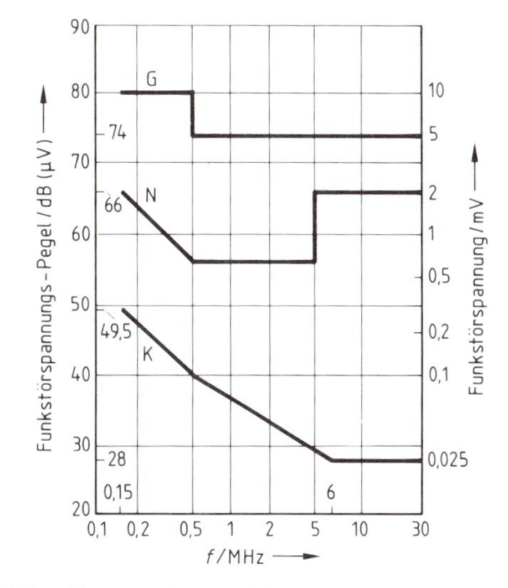

Bild 2: Höchstzulässige Störspannungen bei Breitbandstörern

Für *Knackstörungen* gelten wegen des unterschiedlichen Störeindrucks höhere zulässige Werte als bei Dauerstörungen. Betriebsmittel, die innerhalb von 5 s höchstens eine Knackstörung hervorrufen, gelten als nach dem Störgrad N entstört. Trotzdem können diese Betriebsmittel aber Störungen hervorrufen, insbesondere in einer Datenverarbeitungsanlage.

Bei schmalbandigen Störern, z. B. elektronischen Vorschaltgeräten für Leuchtstofflampen, gelten bei Seriengeräten die Werte der Klasse B **(Bild 3)**.

Bei Hochfrequenzerzeugern für besondere Anwendungen, z. B. Schaltnetzteilen, Mikrowellenherden, treten oft große hochfrequente Leistungen auf. Man hat für derartige Geräte bestimmte Frequenzen reserviert **(Tabelle 1, folgende Seite)**. Auf diesen Frequenzen dürfen sie ohne Entstörung betrieben werden, wenn der Betrieb von der Telekom genehmigt wurde.

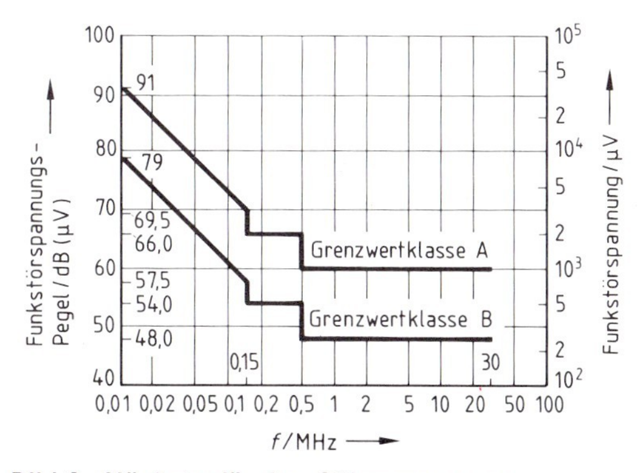

Bild 3: Höchstzulässige Störspannungen bei schmalbandigen Störern

Hochfrequenzerzeuger großer Leistung müssen besondere Arbeitsfrequenzen haben.

Tabelle 1: Arbeitsfrequenzen (Auswahl)

Arbeitsfrequenz in MHz	Zulässige Abweichung in %	Zulässige Abweichung in MHz
13,56	± 0,05	± 0,0068
27,12	± 0,6	± 0,163
40,68	± 0,05	± 0,02
433,92	± 0,2	± 0,868
2 450	± 2,04	± 50

Durch *Entstörung* werden Störspannungen an der Störquelle oder an der Störsenke so weit herabgesetzt, daß sie nicht mehr stören. Schaltet man einen Kondensator parallel an das Netz, so schließt er die zwischen den Netzleitern befindliche *symmetrische* Störspannung (*Gegentaktstörspannung*) kurz.

Kondensatoren parallel zur Störquelle verringern die symmetrische Störspannung.

Die meisten Störquellen haben aber von ihrem Gehäuse zur Erde eine Verbindung, z. B. über den Schutzleiter **(Bild 1)**. Wegen der Isolierung ist die Störquelle meist mit dem Gehäuse kapazitiv verbunden. Deshalb kann zwischen den Netzleitern und der Erde ebenfalls eine Störspannung auftreten, die man *asymmetrische* Störspannung *(Gleichtaktstörspannung)* nennt (Bild 1). Diese ist besonders groß, wenn die Gehäuse der Störquellen an den Schutzleiter angeschlossen sind. Die zwischen Netzleiter und Gehäuse geschalteten Kondensatoren schließen die unsymmetrischen Störspannungen kurz.

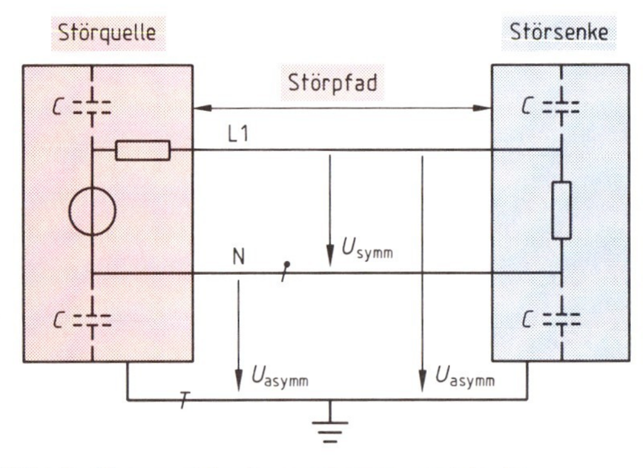

Bild 1: Symmetrische und asymmetrische Störspannungen

Bei den *Entstörkondensatoren* unterscheidet man Y-Kondensatoren, X-Kondensatoren und XY-Kondensatoren **(Bild 2)**. Y-Kondensatoren werden an den Gerätekörper angeschlossen und müssen daher eine erhöhte Sicherheit haben. X-Kondensatoren dürfen nur dort angeschlossen werden, wo ein Versagen nicht zu einem Unfall führen kann. XY-Kondensatoren sind Kombinationen von X-Kondensatoren und Y-Kondensatoren.

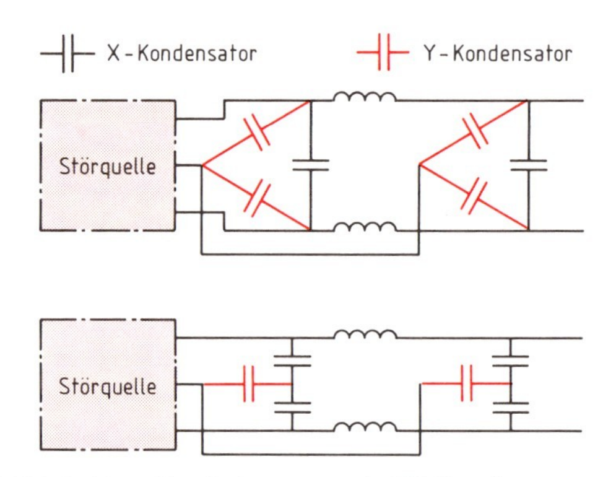

Bild 2: Entstörschaltungen mit XY-Kondensatoren

Meist verwendet man zur Entstörung komplette Netzfilter **(Bild 3)**. Diese können außer den Kondensatoren auch Widerstände und Induktivitäten enthalten.

Netzfilter werden am Netzanschluß der Störquelle und am Netzanschluß der Störsenke eingebaut.

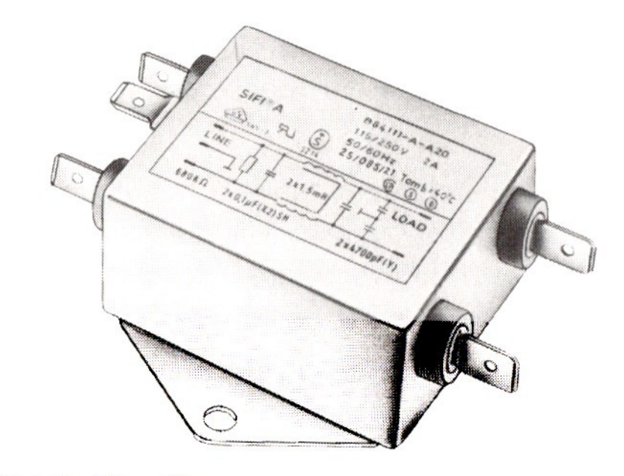

Bild 3: Netzfilter

Bei umfangreichen Anlagen mit kräftigen Störquellen und empfindlichen Störsenken, z. B. Fabrikanlagen, ist eine *EMV-Planung* (EMV = Elektromagnetische Verträglichkeit) erforderlich, wobei EMV-Zonen festgelegt werden **(Bild 1, folgende Seite)**. EMV-Zonen mit hohem Störpegel dürfen keine empfindlichen Störsenken enthalten.

6 Leistungselektronik

6.1 Spezielle Bauelemente

Die bekannten Bauelemente, z.B. bipolare Transistoren und Thyristoren, kommen in der Leistungselektronik sowohl in Form von *diskreten* Bauelementen (Einzelbauelemente) als auch in Form von *Modulen* (Baugruppen) sowie als Arrays (Anordnungen) gleichartiger oder ähnlicher Bauelemente vor **(Bild 1)**.

Bild 1: Modul aus zwei GTO mit Freilaufdioden

Daneben gibt es spezielle Bauelemente für die Leistungselektronik. Der LTR (Leistungstransistor) besteht aus mehreren P-Schichten und N-Schichten in der Weise, daß ein bipolarer Transistor V1 einen bipolaren Transistor V2 ansteuert **(Bild 2)**. Dadurch ist das Verhalten wie bei einer Darlingtonschaltung. Die Schichten des IGBT (von engl. Insulated Gate Bipolar Transistor = bipolarer Transistor mit isoliertem Gate) sind so angeordnet, daß ein bipolarer Transistor von einem unipolaren Transistor angesteuert wird (Bild 2). LTR und IGBT werden für Stromrichterschaltungen mit kleiner Totzeit verwendet.

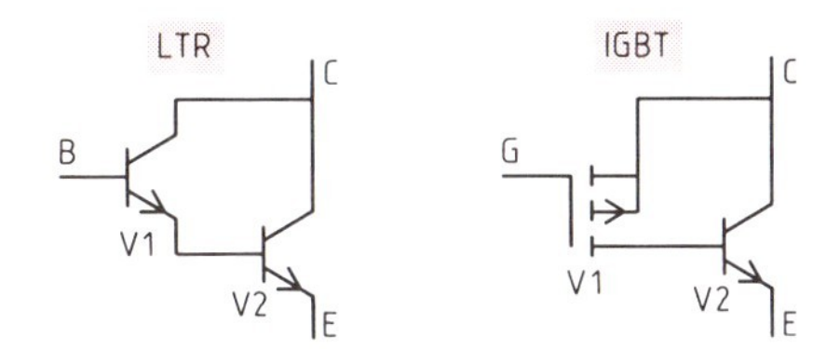

Bild 2: Ersatzschaltungen von LTR und IGBT

Bei den Thyristor-Bauelementen sind der ASCR (von engl. Asymmetrical Controlled Rectifier = asymmetrischer gesteuerter Gleichrichter) mit dem Grenzfall des rückwärts leitenden Thyristors und der Fotothyristor mit sehr großem Vorwärtsstrom zu nennen. Der ASCR und der rückwärts leitende Thyristor haben einen so beschaffenen Schichtenaufbau, daß in Rückwärtsrichtung des Thyristors eine in Vorwärtsrichtung geschaltete Diode wirksam ist **(Bild 3)**. Beide Thyristorarten werden in Stromrichterschaltungen verwendet. Der Fotothyristor der Leistungselektronik wird bei Stromrichterschaltungen mit Hochspannung verwendet, weil dann die Steuergeräte über Glasfaserleitungen potentialfrei sind.

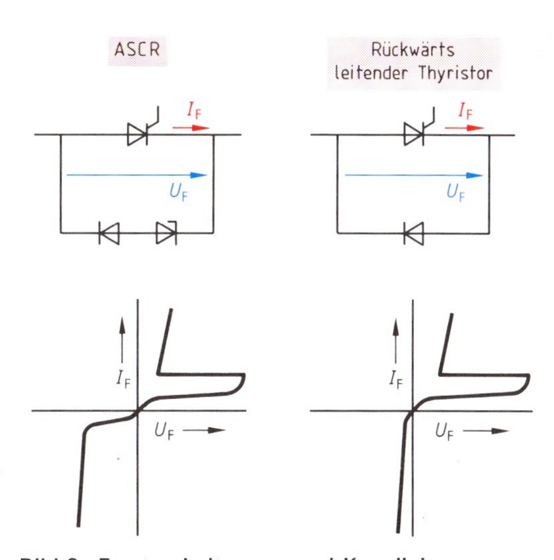

Bild 3: Ersatzschaltungen und Kennlinien von ASCR und rückwärts leitendem Thyristor

Die Bauelemente der Leistungselektronik unterscheiden sich in den Grenzdaten **(Tabelle 1)**.

Tabelle 1: Grenzdaten v. abschaltbaren Bauelementen der Leistungselektronik

Art	GTO-Thyristor	LTR	IGBT	IG-FET
Sperrspannung in V	5000	1200	1700	1000
Stromstärke in A	3000	300	400	10
größte Frequenz in kHz	1	5	20	50
Einschaltzeit in µs	5	2	0,2	0,1
Abschaltzeit in µs	25	25	1	0,5
Ansteueraufwand	hoch	mittel	s. klein	klein

Wiederholungsfragen

1. **In welcher Bauform kommen in der Leistungselektronik die Bauelemente vor?**
2. **Wie ist ein IGBT aufgebaut?**
3. **Für welche Aufgaben verwendet man die IGBT?**
4. **Welche Eigenschaft hat ein ASCR?**
5. **Für welche Aufgaben verwendet man rückwärts leitende Thyristoren?**

6.2 Stromversorgung

6.2.1 Möglichkeiten der Stromversorgung

Elektronische Geräte sind meist für den Netzanschluß bestimmt, z. B. das Oszilloskop **(Bild 1)**. Daneben kommt auch der Betrieb an einer Batterie vor. Oft wird verlangt, daß wahlweise Netzbetrieb möglich sein muß, z. B. bei Digitalinstrumenten.

Der *Netzbetrieb* ist besonders einfach, wenn das elektronische Gerät nur Wechselspannung erfordert, z. B. ein Dimmer für die Steuerung der Helligkeit von Lampen. Dann erfolgt die Speisung direkt oder über einen Transformator aus dem Netz. Erfordert das Gerät dagegen Gleichspannung, so erfolgt die Speisung über einen Transformator mit Gleichrichter, z. B. bei einem Oszilloskop.

Der *Batteriebetrieb* ist einfach, wenn das elektronische Gerät nur niedrige Gleichspannung erfordert, z. B. bei einem Spannungsmesser mit Verstärker. Dann erfolgt die Speisung direkt aus der Batterie. Bei höherer Gleichspannung ist ein Gleichspannungswandler erforderlich. Erfordert das Gerät dagegen Wechselspannung, so erfolgt die Speisung über einen *Wechselrichter* (Bild 1).

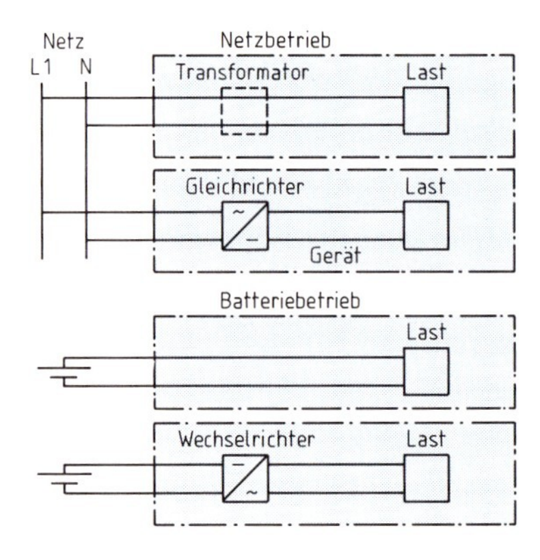

Bild 1: Netzbetrieb und Batteriebetrieb elektronischer Geräte

6.2.2 Leistungsgrenzen am öffentlichen Netz

Elektronische Geräte und Anlagen sind meist am öffentlichen Niederspannungsnetz angeschlossen. Die höchstzulässige Leistung des Gerätes oder der Anlage ist dadurch grundsätzlich nur durch die Überstrom-Schutzeinrichtung (Sicherung, z. B. Leitungsschutzschalter) begrenzt. Ist z. B. ein elektronisches Gerät an die Steckdose eines Beleuchtungsstromkreises mit einem 16-A-Leitungsschutzschalter angeschlossen, so kann eine Leistung von 230 V · 16 A = 3680 VA bzw. 3680 W entnommen werden. Das trifft allerdings nur zu, wenn durch die Stromversorgung des elektronischen Gerätes die Sinusform der Netzspannung nicht beeinflußt wird.

Die zulässige Höchstleistung elektronischer Geräte ohne Beeinflussung der Sinusform der Netzspannung ist nur durch die Überstrom-Schutzeinrichtung des Stromkreises begrenzt.

Oft erfolgt bei der Stromversorgung von Geräten eine Steuerung durch Beeinflussung der Kurvenform des Netzstromes. Dafür gibt es verschiedene Möglichkeiten **(Bild 2)**.

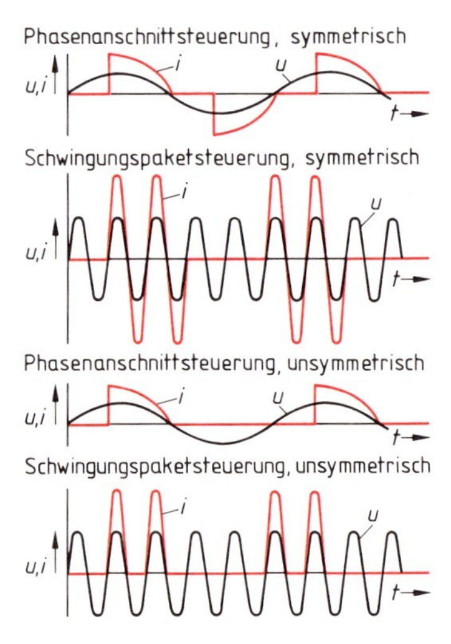

Bild 2: Arten der Steuerung durch Beeinflussung der Netz-Sinusspannung

Wird die Kurvenform des Netzstromes beeinflußt, so ändert sich das Betriebsverhalten der Generatoren und Transformatoren im Netz nachteilig. Bei der *Anschnittsteuerung* (Phasenanschnittsteuerung) muß das Netz Blindleistung liefern. Außerdem treten Oberschwingungen auf. Bei der *Schwingungspaketsteuerung (Vielperiodensteuerung)* treten Belastungsstöße auf, die zu Schwankungen der Netzspannung führen und damit zum Flackern von Lampen (*Flickerwirkung*[1]). Bei den unsymmetrischen Steuerungen tritt im Netz ein

[1] engl. flicker = flackern

Tabelle 1: Geräte mit elektronischer Steuerung am öffentlichen Netz Nach TAB[1]

Art der Anlage und Anschluß am Netz	Höchstzulässige Anschlußwerte am Netz 400 V/230 V		
	Anschnittsteuerung		Schwingungspaketsteuerung bei reiner Wirklast. Schalthäufigkeit[3] 1000 je min
	Glühlampen	Wirklast + ind. Last	
Beleuchtungsanlagen in Wohnungen	Bis 1000 W je Kundenanlage		–
Symmetrische Steuerung			
Außenleiter-Neutralleiter	700 W	1 400 W	400 W
3 Außenleiter-Neutralleiter[2]	1 200 W	2 500 W	1 800 W
3 Außenleiter[2]	3 600 W	10 000 W	1 800 W
2 Außenleiter	2 000 W	4 500 W	900 W
Unsymmetrische Steuerung	400 W	400 W	400 W

[1] TAB = Technische Anschluß-Bedingungen
[2] Die Last soll symmetrisch sein, also auf die drei Außenleiter gleichmäßig verteilt sein.
[3] Bei der symmetrischen Schwingungspaketsteuerung ist die zulässige Höchstleistung um so größer, je geringer die Schalthäufigkeit (Einschalten oder Ausschalten) je min ist.

Gleichstromanteil auf, welcher Transformatoren vormagnetisiert und dadurch deren Übertragungseigenschaften verschlechtert. Deshalb ist die höchstzulässige Leistung elektronischer Geräte mit Beeinflussung der Netz-Sinusform beschränkt **(Tabelle 1)**.

Die Anschnittsteuerung soll nur dann angewendet werden, wenn eine andere Steuerung, z. B. mit Schwingungspaketen, nicht ausreicht. Das ist bei der *Helligkeitssteuerung* und bei der elektronischen *Drehzahlsteuerung* von Motoren der Fall.

Anschnittsteuerung und Schwingungspaketsteuerung haben Rückwirkungen auf das Netz und dürfen deshalb im öffentlichen Netz nicht mit unbegrenzten Leistungen angewendet werden.

Am wenigsten hat die symmetrische Schwingungspaketsteuerung nachteilige Folgen, vor allem, wenn die Schalthäufigkeit gering ist und das Einschalten beim Nulldurchgang der Spannung erfolgt. Dieses Einschalten wird durch einen *Nullpunktschalter* erreicht. Derartige Nullpunktschalter sind in den IC enthalten, die zur Ansteuerung der Bauelemente, z. B. der Thyristoren, verwendet werden. Bei einer Schalthäufigkeit von 1 je min wird in einer Minute einmal eingeschaltet oder einmal ausgeschaltet. Es tritt in einer Minute nur einmal ein Flicker auf. Die zulässige Geräteleistung ist dann bei Drehstromanschluß über 17 kW **(Bild 1)**.

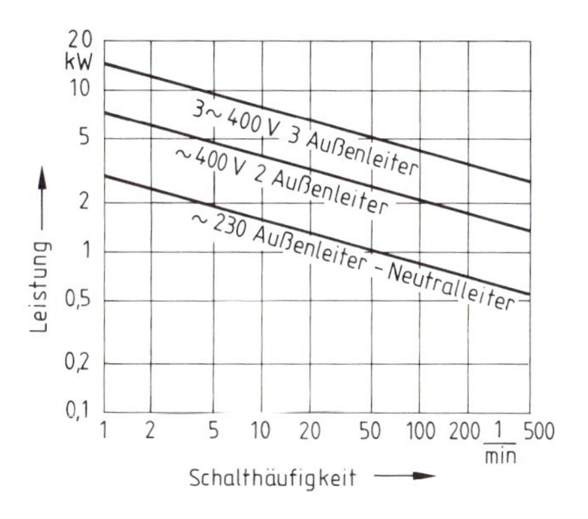

Bild 1: Zulässige Leistungen bei symmetrischer Schwingungspaketsteuerung

Wiederholungsfragen

1. **Welche Betriebsarten hinsichtlich der Stromversorgung unterscheidet man bei den elektronischen Geräten?**
2. **Warum enthalten die meisten elektronischen Geräte eine Gleichrichterschaltung?**
3. **Wie groß ist die Höchstleistung eines elektronischen Gerätes ohne Beeinflussung der Kurvenform der Netzspannung, welches für den Anschluß an eine Steckdose eines Beleuchtungsstromkreises bestimmt ist?**
4. **Welche Arten der Steuerung durch Beeinflussung der Netz-Sinusspannung gibt es?**
5. **In welchen Fällen wendet man die Anschnittsteuerung an?**

6.2.3 Gesteuerte Gleichrichter und Gleichstromsteller

Gesteuerte Gleichrichter ermöglichen die Stromversorgung von Gleichstromverbrauchern aus einem Wechselstromnetz. Gleichstromsteller liefern eine veränderbare Spannung aus einem Gleichstromnetz.

Schaltungen von gesteuerten Gleichrichtern

Die Art der Schaltung wird durch Kennbuchstaben und Kennzahlen beschrieben **(Tabelle 1)**. Es gibt noch weitere Kennbuchstaben (Tabellenbuch Kommunikationselektronik).

Gesteuerte Gleichrichter wenden mit Hilfe von Thyristoren den Phasenanschnitt an. Grundsätzlich können alle Gleichrichterschaltungen mit Thyristoren ausgeführt werden. Besonders verbreitet als steuerbare Gleichrichter sind aber die *halbgesteuerten Brückenschaltungen* **(Tabelle 2)**. Die Brückenschaltungen können aus einzelnen Bauelementen aufgebaut werden oder aus *Modulen* (Baugruppen), die in einem Gehäuse z. B. aus zwei Dioden oder aus zwei Thyristoren bestehen. Derartige Module können auch aus einer Diode und einem Thyristor bestehen.

Für das Anschnittverfahren erfordert jeder Thyristor im richtigen Zeitpunkt einen Spannungsimpuls am Gate. Diese Impulse können durch Beschaltung der Thyristoren mit je einer Zündschaltung erzeugt werden. Die Schaltung wird etwas einfacher, wenn eine Brückenschaltung aus Dioden verwendet wird **(Bild 1)**, in deren Diagonale der Thyristor mit der Last liegt. Dann ist nur eine Zündschaltung erforderlich.

Schutz der Thyristoren

Gegen *Stromüberlastung* sind Thyristoren wegen ihrer kleinen Wärmekapazität sehr empfindlich. Es müssen deshalb verzögerungsarme Überstrom-Schutzeinrichtungen verwendet werden.

Thyristoren erfordern flinke oder superflinke Schmelzsicherungen oder entsprechende Schutzschalter.

Die Überstrom-Schutzeinrichtungen können vor die Schaltung der Thyristoren als *Strangsicherungen* oder in die Schaltung als *Zweigsicherung* gelegt werden **(Bild 2)**.

Gegen **Spannungsüberlastung** (Überspannungsspitzen) sind Thyristoren besonders empfindlich.

Tabelle 1: Benennung von Stromrichterschaltungen

Kennbuchstabe, Kennzahlen	Bedeutung
M	Mittelpunktschaltung
B	Brückenschaltung
1, 2, 3, 6	Pulszahl
C	Vollgesteuerte Schaltung
F	Freilaufzweig
H	Halbgesteuerte Schaltung
K	Katodenseitig

Tabelle 2: Wichtige steuerbare Gleichrichterschaltungen

Kurzzeichen	Schaltplan
B2HKF oder B2HF oder B2H	1 2 K A
B6HK oder B6H	1 2 3 K A

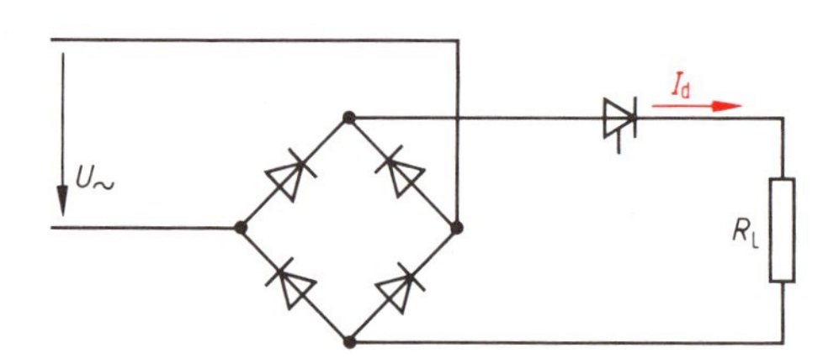

Bild 1: Steuerbarer Gleichrichter mit nur einem Thyristor

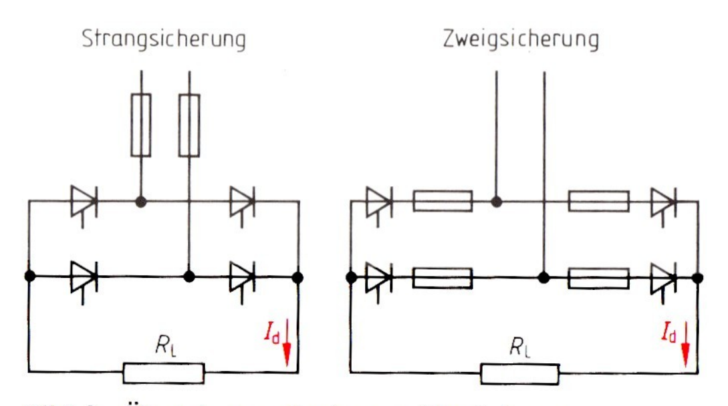

Bild 2: Überstromschutz von Thyristoren

Tabelle 1: Überspannungsschutz bei Thyristoren

Ort der Beschaltung (Bild 1)	Schutz gegeben bei Anschnittsteuerung	sonstigem Schalten der Last	Schalten des Transformators	Spannungsspitzen aus dem Netz
Transformator, Eingangsseite (1)	nein	nein	ja	bedingt
Transformator, Ausgangsseite (2)	nein	nein	ja	ja
an der Zelle (3)	bedingt gegen alle Überspannungsarten			
an der Last (4)	ja	ja	nein	nein

Überspannungsspitzen entstehen aus verschiedenen Gründen **(Tabelle 1)**, z. B. bei Schaltvorgängen.

Zum Schutz gegen Überspannungen werden bei elektronischen Steuerungen Varistoren (spannungsabhängige Widerstände), Suppressordioden, Gasableiter oder Reihenschaltungen aus Kondensatoren und Wirkwiderständen verwendet **(Bild 1)**. Die *RC-Beschaltung* kann parallel zur Eingangsseite oder zur Ausgangsseite des Transformators (Transformatorbedämpfung), parallel zum Thyristor (Zellenbedämpfung) oder parallel zur Last (Lastbedämpfung) vorgenommen werden (Tabelle 1). Die erforderlichen Größen der Kapazität und des Widerstandes sind je nach Bedämpfungsart, Spannung und Stromstärke verschieden.

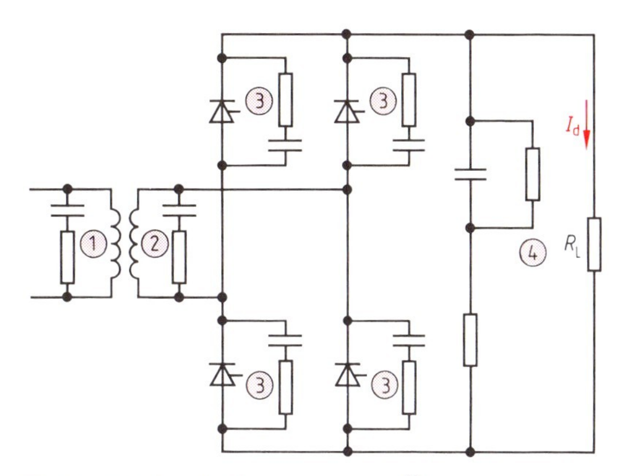

Bild 1: RC-Beschaltungen gegen Überspannung

Bei elektronischen Steuerungen sind Thyristoren gegen Überspannung zu schützen.

Gegen *zu große Stromanstiegsgeschwindigkeit* (zu großen di/dt-Wert) sind große Thyristoren empfindlich, insbesondere beim Schalten von Lasten ohne Induktivität oder von Kondensatoren. Man verlangsamt die Stromanstiegsgeschwindigkeit durch *Thyristor-Schutzdrosseln* (Sättigungs-Drosselspulen). Das können Ringkerne sein, durch die der Anschlußleiter gezogen wird.

Die Drosselspulen sind besonders wirksam, wenn sie von Wechselstrom durchflossen werden **(Bild 2)**. Bei diesem *bipolaren* Betrieb wird die Stromanstiegsgeschwindigkeit stark verkleinert. Beim *unipolaren* Betrieb (Bild 2) fließt der Strom in gleicher Richtung durch die Drosselspule, so daß diese weniger wirksam ist. Bei Wechselstromstellern wendet man den bipolaren Betrieb an, bei Gleichrichterschaltungen den unipolaren Betrieb.

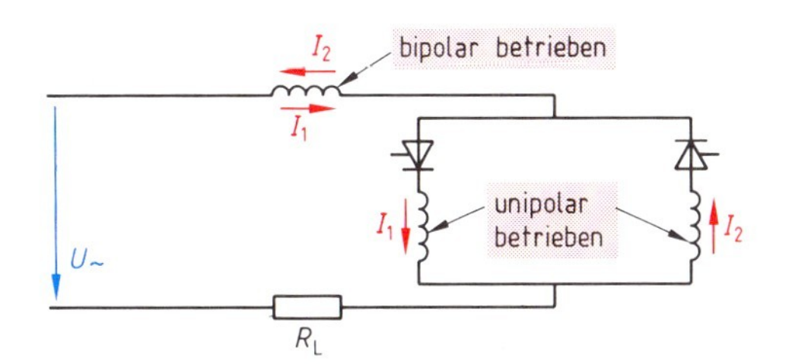

Bild 2: Schaltung von Thyristor-Schutzdrosseln

Wiederholungsfragen

1. **Welche Gleichrichterschaltungen eignen sich als gesteuerte Gleichrichter?**
2. **Welche Schaltungen kommen häufig als gesteuerte Gleichrichter vor?**
3. **Erklären Sie die Stromrichterbezeichnung B6HK!**
4. **Wie werden Thyristoren gegen Stromüberlastung geschützt?**
5. **Wie schützt man Thyristoren gegen Spannungsüberlastung?**
6. **Welche Aufgabe haben Thyristor-Schutzdrosseln?**
7. **Nennen Sie die beiden Betriebsarten von Thyristor-Schutzdrosseln!**

Spannungshöhe bei Anschnittsteuerung

Die ideelle Gleichspannung ist die Ausgangsspannung eines Gleichrichters ohne Spannungsfall an den Bauelementen. Die mittlere ideelle Gleichspannung ohne Zündwinkel U_{di} hängt von der Eingangsspannung U_1 und der Pulszahl ab. Die mittlere ideelle Gleichspannung mit Zündwinkel $U_{di\alpha}$ ist bei einem kleinen Zündwinkel größer als bei einem großen Zündwinkel.

Beispiel:

Bei einer Wechselspannung von 230 V erfolgt in Schaltung B2 mit Widerstandslast eine Anschnittsteuerung mit einem Zündwinkel von 90°. Wie groß ist die Ausgangsspannung?

Lösung:

Nach Tabelle 1, Seite 196, ist $U_{di}/U_1 = 0{,}9$
$\Rightarrow U_{di} = U_1 \cdot 0{,}9 = 230\text{ V} \cdot 0{,}9 = 207\text{ V}$

$$U_{di\alpha} = \frac{U_{di}}{2}(1 + \cos\alpha) = \frac{207\text{ V}}{2}(1 + 0) = \mathbf{103{,}5\text{ V}}$$

$U_{di\alpha}$ mittlere ideelle Gleichspannung mit Zündwinkel
U_{di} mittlere ideelle Gleichspannung ohne Zündwinkel
α Zündwinkel

Bei Pulszahlen 1 oder 2:

$$U_{di\alpha} = \frac{U_{di}}{2} \cdot (1 + \cos\alpha)$$

Bei Pulszahlen > 2:

$$U_{di\alpha} = U_{di} \cdot \cos\alpha$$

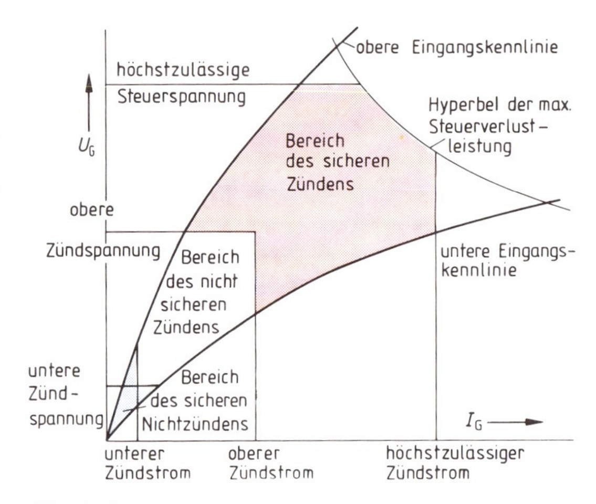

Bild 1: Zünddiagramm eines Thyristors

Zündspannung für steuerbare Gleichrichter

Wird ein Thyristor mit einem Signal angesteuert, das gerade dem Mindestwert des erforderlichen Steuersignals entspricht, so wird zunächst nur die unmittelbare Umgebung des Gates leitend. Der übrige Teil wird erst mit zunehmendem Strom der Anoden-Katodenstrecke leitend.

Zum schnellen Zünden eines Thyristors wird das Gate mit Stromimpulsen angesteuert, die weit über dem höchstzulässigen Gleichstromwert des Steuerstromes liegen.

Infolge der merklichen Exemplarstreuung der Thyristoren kann man die erforderliche Stromstärke für den Steuerstrom I_G nicht exakt angeben. Man unterscheidet hinsichtlich des Zündens verschiedene *Bereiche* **(Bild 1)**.

Die Erzeugung der Impulse für die Zündung kann mittels eines RC-Gliedes und eines Triggerelements, z. B. des Diac V1, erfolgen **(Bild 2)**. Dabei wird der Kondensator C1 während jeder Halbperiode über einen Widerstand R1 aufgeladen. Nach Erreichen der Schaltspannung von V1 wird C1 schnell und damit impulsartig über das Gate des Thyristors V3 entladen. Beim Einpulsbetrieb bewirkt V1, daß nur richtig gepolte Impulse an das Gate gelangen. Beim Zweipulsbetrieb muß dafür gesorgt werden, z. B. mittels eines Zündübertragers mit zwei Ausgangswicklungen, daß der zweite Thyristor seine Zündimpulse eine Halbperiode später erhält.

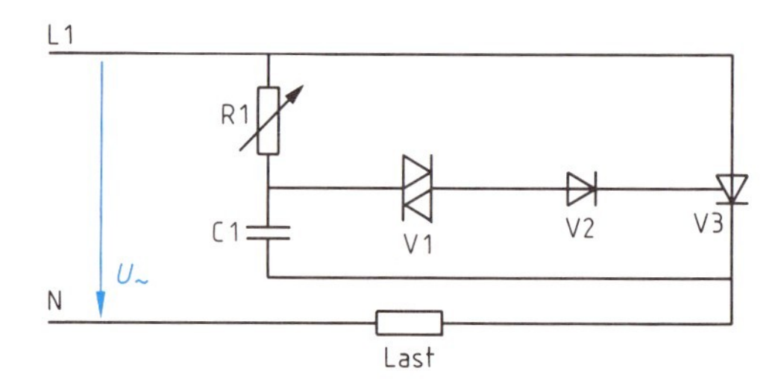

Bild 2: Zündkreis mit RC-Schaltung und Diac bei Einpuls-Mittelpunktschaltung

Beim Einpulsbetrieb sind Zündimpulse nur während der positiven Halbperiode erforderlich, beim Zweipulsbetrieb während jeder Halbperiode.

Nachteilig ist bei den Zündschaltungen mit diskreten Bauelementen die Abhängigkeit von der Exemplarstreuung sowie der Umstand, daß eine völlige Entladung des Kondensators vor der Wiederaufladung nicht möglich ist, so daß die Zündimpulse von der Idealform abweichen. Deshalb verwendet man zum Ansteuern der Thyristoren vielfach Ansteuer-IC.

Der IC **Bild 1** enthält eine *Synchronisierstufe*, die aus der Sinusspannung des Netzes Rechteckimpulse macht **(Bild 2)**. Weiter ist ein Sägezahngenerator *(Rampengenerator)* vorhanden, der entsprechende Impulse liefert und von der Synchronisierstufe angesteuert wird. Ein *Spannungskomparator* vergleicht eine in der Höhe verschiebbare Spannung mit den Augenblickswerten der Sägezahnspannung **(Bild 3)**. Sobald die Sägezahnspannung die Verschiebespannung erreicht hat, wird in jeder Halbperiode ein *Flipflop* gesetzt. Dieses triggert eine monostabile Kippstufe. Dadurch ist es möglich, die Impulsdauer über R_t und C_t an den Anschlüssen 11 und 2 (Bild 1) einzustellen. Schließlich erfolgt noch eine Kanalauftrennung mit Hilfe von ODER-Elementen und Transistoren. Dadurch wird erreicht, daß während der positiven Halbperiode der Ausgang 14 einen Impuls liefert, während der negativen Halbperiode aber der Ausgang 10 (Bild 3). Dadurch lassen sich mit nur einem IC zwei Thyristoren einer Zweipuls-Schaltung ansteuern. Der Zündzeitpunkt innerhalb jeder Halbperiode wird durch eine positive Spannung *(Verschiebespannung)* an Anschluß 8 eingestellt.

Das Ansteuern von Thyristoren mit IC ergibt exakte Zündzeitpunkte und gleichbleibende Zündimpulse.

Zum Ansteuern von Sechspuls-Brückenschaltungen oder Dreipuls-Mittelpunktschaltungen sind drei dieser IC erforderlich.

Wiederholungsfragen

1. **Warum sind zum Ansteuern der Thyristoren Impulse nötig, die stärker sind als der höchstzulässige Gleichstromwert?**
2. **Wie hängen Zündstrom und Zündspannung von der Sperrschichttemperatur des Thyristors ab?**
3. **Beschreiben Sie den grundsätzlichen Vorgang beim Zünden eines Thyristors!**
4. **Nennen Sie drei Triggerschalter für Thyristoren!**
5. **Welche Stufen sind in einem Ansteuer-IC für Thyristoren enthalten?**
6. **Wie kann bei Ansteuerung durch einen IC die Impulsbreite beeinflußt werden?**
7. **Welche Vorteile haben Ansteuer-IC gegenüber Ansteuerschaltungen aus diskreten Bauelementen?**
8. **Wie viele Ansteuer-IC sind erforderlich für eine a) Zweipuls-Brückenschaltung, b) Sechspuls-Brückenschaltung?**

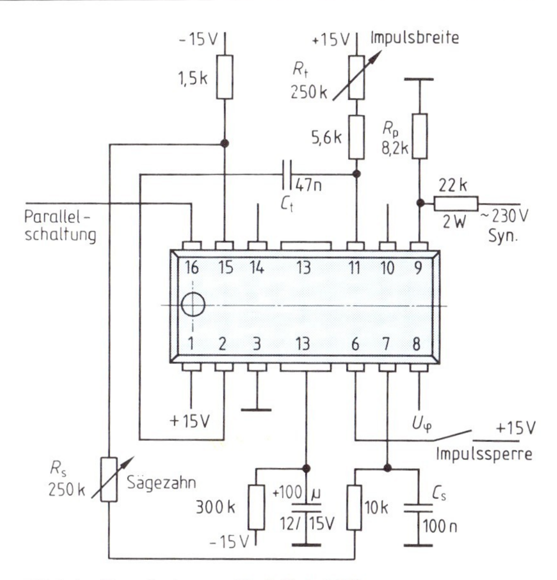

Bild 1: Beschalteter IC (UAA 145) zum Ansteuern einer Zweipuls-Schaltung

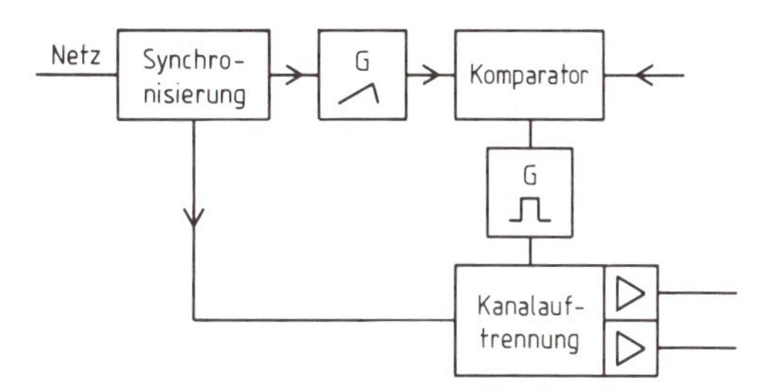

Bild 2: Blockschaltplan eines Ansteuer-IC

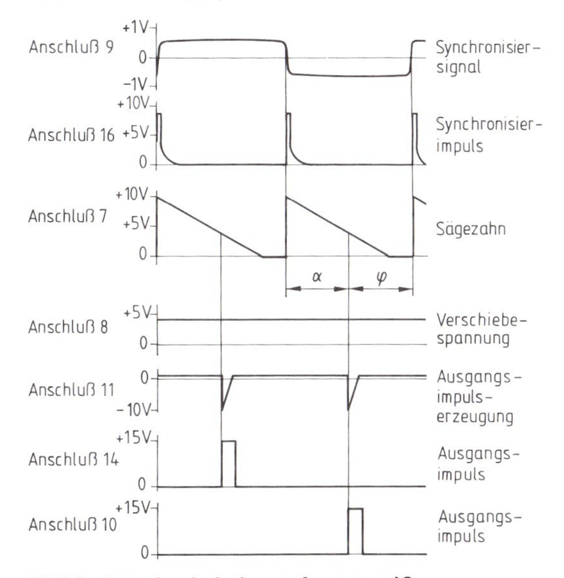

Bild 3: Impulse bei einem Ansteuer-IC
α Steuerwinkel, φ Stromflußwinkel

Gleichstromsteller zur Abwärtssteuerung

Soll aus einer hohen Gleichspannung eine niedrige Gleichspannung verlustarm erzeugt werden, so spricht man von Abwärtssteuerung. Dabei wird die hohe Gleichspannung durch einen Thyristorschalter in Impulse veränderbarer Breite getaktet (*Pulsweitenmodulation,* **Bild 1**). Der Laststrom stellt sich dann auf einen Mittelwert ein, insbesondere bei induktiver Last.

Bei der Pulsweitenmodulation wird die Impulsdauer verändert, während Pulsfrequenz und Spannungshöchstwert gleich bleiben können.

Die Schaltung wird meist mit einem abschaltbaren Thyristor (GTO-Thyristor) verwirklicht (Bild 1). Der nicht abschaltbare Thyristor als Gleichstromschalter erfordert dagegen besondere Löscheinrichtungen, da der Haltestrom unterschritten werden muß. Die Löscheinrichtung besteht aus einem Löschkondensator, einem Hilfsthyristor, einer Löschspule und einer sperrenden Diode **(Bild 2)**.

Die Abwärtssteuerung wird z. B. für die Drehzahleinstellung von batteriegespeisten Antrieben verwendet. Die Ansteuerung des Thyristors erfolgt durch einen Steuergenerator, der die Impulse zum Zünden liefert. Als Steuergenerator verwendet man ähnliche Schaltungen wie bei den Steuergeneratoren für Spannungswandler.

Gleichstromsteller zur Aufwärtssteuerung

Bei der Aufwärtssteuerung wird die Gleichspannung heraufgesetzt. In Schaltung **Bild 2** wird zuerst der Hauptthyristor V1 gezündet. Dadurch fließt der Strom i_b durch L2 und V1. Wird jetzt V1 mit Hilfe der Zündung von V2 gelöscht, so wird in L2 eine hohe Spannung induziert. Diese hält den Strom i aufrecht, der über V4 fließt und eine höhere Spannung als U_b hat.

Die Aufwärtssteuerung in der beschriebenen Schaltung wird z. B. bei der Nutzbremsung von Gleichstrommotoren angewendet. Bei Verwendung eines GTO-Thyristors entfallen C1, L1, V2 und V3. Ähnliche Schaltungen kommen beim Flußwandler vor (Abschnitt 6.2.5).

6.2.4 Wechselrichter

Elektronische Spannungswandler zum Umwandeln von Gleichspannung in Wechselspannung nennt man Wechselrichter. Wechselrichter können einen Transformator mit Mittelabgriff enthalten **(Bild 3)**. Legt man die Gleichspannung, z. B. aus einer Batterie, abwechselnd an die beiden Wicklungsteile der Eingangswicklung, so wird in der Ausgangswicklung eine nicht sinusförmige Wechselspannung induziert.

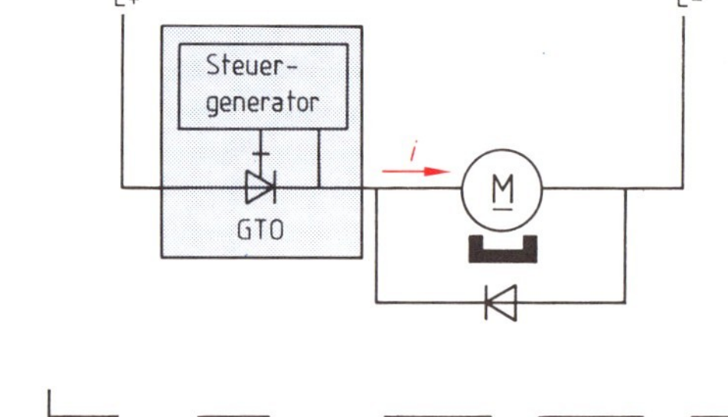

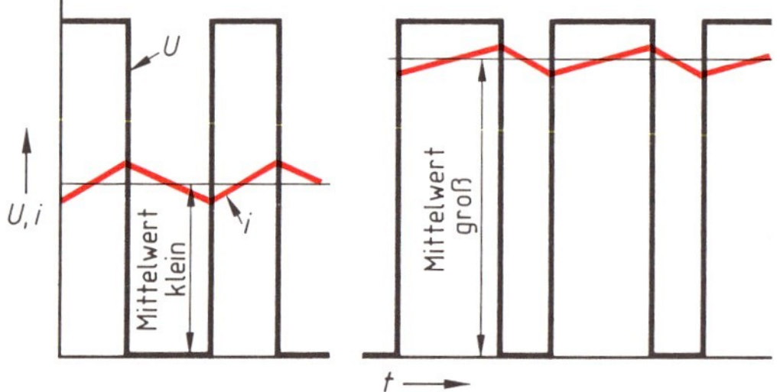

Bild 1: Gleichstromsteller zur Abwärtssteuerung

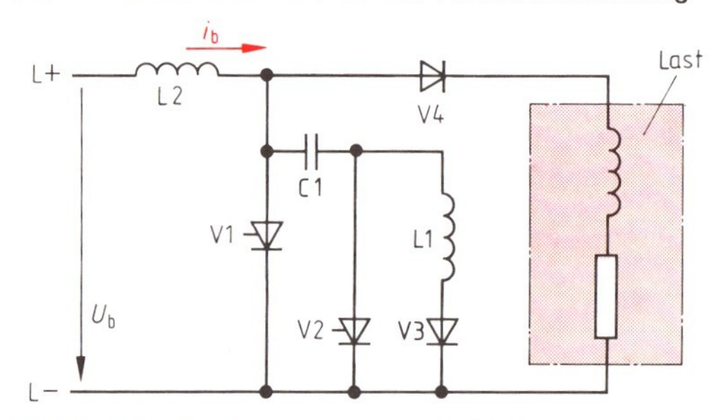

Bild 2: Gleichstromsteller zur Aufwärtssteuerung

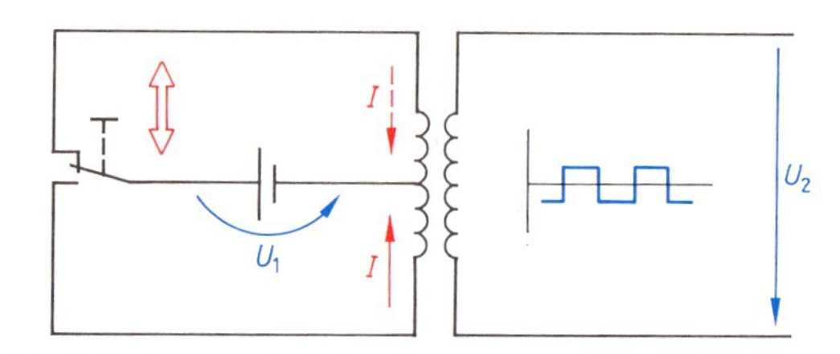

Bild 3: Grundsätzliche Wechselrichterschaltung

Fremdgeführte Wechselrichter enthalten als Schalter z. B. Thyristoren, die durch den Steuerstrom nicht löschbar sind **(Bild 1, folgende Seite)**. Der Steuergenerator zündet nacheinander die Thyristoren, so daß der Gleichspannungserzeuger jeweils mit einer Wicklungshälfte der Eingangswicklung verbunden ist. Damit der vorher gezündete Thyristor gelöscht wird, muß er beim Zünden des nächsten Thyristors stromlos gemacht werden. Das geschieht mit Hilfe eines *Löschkondensators*, den man auch Kommutierungskondensator[1] nennt.

[1] lat. commutare = austauschen

Das Abschalten von Gleichstrom beim Wechselrichter erfordert einen Löschkondensator.

Wenn der Thyristor V1 gezündet hat, ist der Kondensator links mit dem Minuspol verbunden, rechts dagegen über die Wicklung des Transformators mit dem Pluspol (Bild 1). Bei Zündung von V2 ist zunächst V1 noch nicht gelöscht, so daß die beiden Anschlüsse des Kondensators C1 über beide Thyristoren miteinander verbunden sind. Der Kondensator entlädt sich also, und zwar ist die Richtung des Entladestromes umgekehrt zur Stromrichtung in V1. Dessen Strom wird deshalb unterdrückt, so daß die Sperrschicht aufgebaut werden kann. Nun ist der Kondensator über V2 an die Gleichspannung angeschlossen, aber in umgekehrter Polung wie vorher. Sobald V1 gezündet wird, löscht der Kondensator V2 in entsprechender Weise.

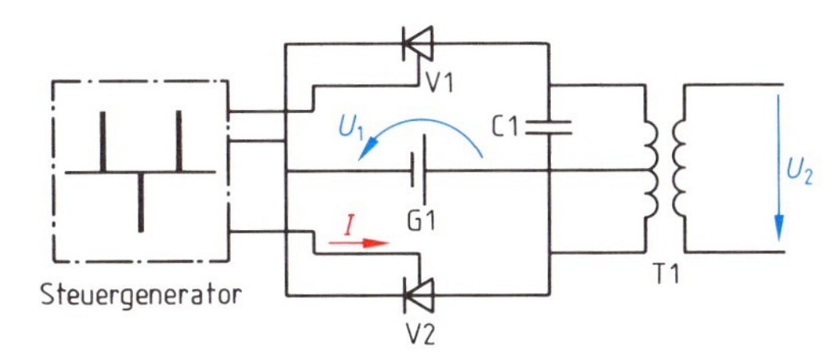

Bild 1: Fremdgeführter Spannungswandler

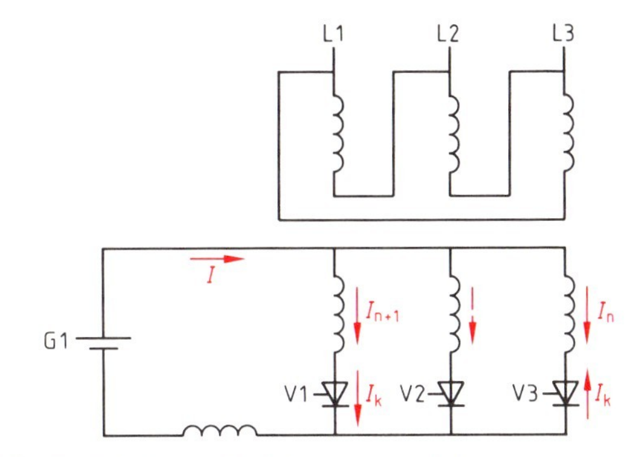

Bild 2: Schaltung M3 eines netzgeführten Wechselrichters

Netzgeführte Wechselrichter

Netzgeführte Wechselrichter arbeiten mit Thyristoren bei hohen Spannungen, z. B. zur Hochspannungs-Gleichstromübertragung (HGÜ).

Die Zündimpulse für die Thyristoren werden dem Wechselspannungsnetz entnommen. Grundsätzlich lassen sich alle Gleichrichterschaltungen als netzgeführte Wechselrichter verwenden, wenn an Stelle der Gleichrichterdioden Thyristoren benützt werden. Für die Dreipuls-Mittelpunktschaltung braucht man drei Thyristoren, für die Sechspuls-Brückenschaltung sechs Thyristoren **(Bild 2)**.

Der Minuspol der Gleichspannung muß an die Katoden angeschlossen sein, damit Gleichstrom fließen kann. Werden nun die Thyristoren im richtigen Takt des Netzes gezündet, so fließt der Gleichstrom jeweils zu einem Wicklungsstrang des Transformators und induziert in der zugehörigen Ausgangswicklung eine Spannung, die höher ist als die Netzspannung.

Bei netzgeführten Wechselrichtern fließt der Gleichstrom jeweils im Takt des Netzes zu einem von den Thyristoren freigegebenen Wicklungsstrang, so daß Energie ans Netz abgegeben wird.

Bei den Drehstromschaltungen macht das Löschen der vorher gezündeten Thyristoren keine Schwierigkeit. Zwar bleibt nach dem Zünden eines Thyristors V1 der vorher gezündete Thyristor V3 noch leitend, weil er noch nicht gelöscht wurde. Dadurch ist der Transformator zunächst kurzgeschlossen. Es fließt nun ein Kurzschlußstrom, und zwar immer gegen den Strom I_n des vorher gezündeten Thyristors (Bild 2). Dadurch wird dieser rasch gelöscht. Die Löschung wird durch die Richtung der Dreieckspannung des Transformators erzwungen. In entsprechender Weise erfolgt die Löschung der gezündeten Thyristoren auch in den anderen Schaltungen der netzgeführten Wechselrichter im Augenblick der *Kommutierung* (Übergang des Stromes auf einen anderen Stromrichterzweig).

Bei netzgeführten Wechselrichtern erfolgt das Löschen der gezündeten Thyristoren durch die Netzspannung.

Wiederholungsfragen

1. **Was versteht man unter Pulsweitenmodulation bei einem Gleichstromsteller zur Abwärtssteuerung?**
2. **Welche zusätzlichen Bauelemente sind für Löschschaltungen üblicher Thyristoren erforderlich?**
3. **Nennen Sie je ein Anwendungsbeispiel für Gleichstromsteller zur Abwärtssteuerung und zur Aufwärtssteuerung!**
4. **Erklären Sie den Begriff Wechselrichter!**
5. **Wodurch erfolgt die Zündung der Thyristoren beim fremdgeführten Wechselrichter?**
6. **Welche Aufgabe hat ein Kommutierungskondensator?**

6.2.5 Flußwandler und Sperrwandler

Elektronische Spannungswandler zur Umwandlung von Gleichspannung in eine Gleichspannung anderer Höhe kommen als *Flußwandler* (Durchflußwandler) oder als *Sperrwandler* vor.

Flußwandler übertragen während der Stromaufnahme aus dem Gleichspannungsnetz Energie in die angeschlossene Last **(Bild 1)**. Ist der Transistor leitend, so wird ein Ladekondensator über eine Drosselspule aufgeladen. Je nach Tastgrad ist die Kondensatorspannung verschieden. Sperrt der Transistor, so wird in der Drosselspule eine Spannung induziert, welche den Laststrom mit aufrecht erhält. Die Energielieferung an den Lastwiderstand erfolgt also teilweise aus dem Kondensator und teilweise aus der Drosselspule (Speicherdrosselspule). In der Schaltung Bild 1 ist die Ausgangsspannung kleiner als die Eingangsspannung.

Flußwandler ohne Transformator sind nur für die Abwärtssteuerung geeignet.

Eine Trennung vom Netz ist möglich, wenn man einen Transformator verwendet **(Bild 2)**. Außerdem kann dann durch ein geeignetes Übersetzungsverhältnis des Transformators die Ausgangsspannung größer als die Eingangsspannung sein. Die Diode V2 von Bild 2 bewirkt die Entmagnetisierung des Transformatorkernes bei Sperrbeginn von V1. Ihre Wirkungsweise ist dieselbe wie bei einer Freilaufdiode.

Der Flußwandler mit Transformator kann für die Abwärtssteuerung und für die Aufwärtssteuerung verwendet werden.

Gegentaktwandler bestehen aus zwei Flußwandlern, die im Gegentakt auf einen gemeinsamen Transformator arbeiten. Außerdem wird eine gemeinsame Drosselspule verwendet **(Bild 3)**. Beim Gegentaktwandler muß dafür gesorgt sein, daß jeweils ein Transistor sperrt, während der andere leitet. Ist in Schaltung Bild 3 der Transistor V1 leitend, so fließt auf der Ausgangsseite der Laststrom über V3 und L1. Wenn V1 sperrt und V2 leitet, fließt der Laststrom über V4 und L1.

Es gibt weitere Schaltungsarten von Flußwandlern. Flußwandler kommen z. B. in Schaltnetzteilen vor. Die Ansteuerung erfolgt mit RC-Generatoren, meist in Form von IC. Es gibt auch vollständige Schaltungen in Form von IC, die nur noch durch Induktivitäten und Kapazitäten zu beschalten sind.

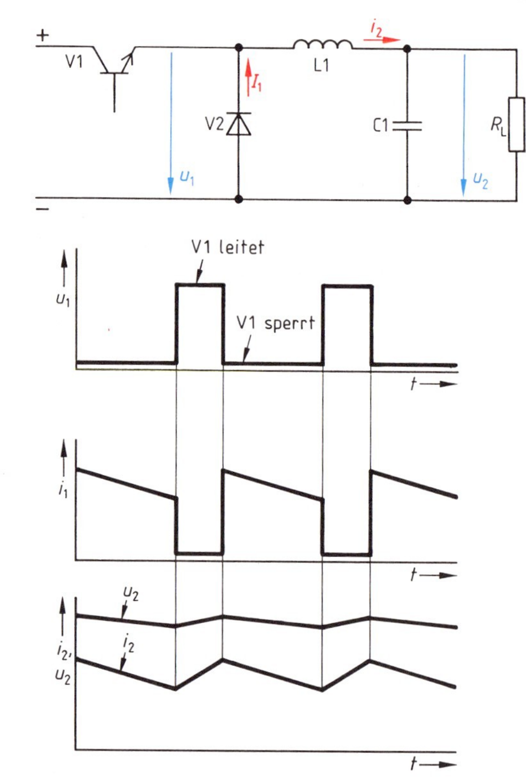

Bild 1: Prinzip eines Speicherdrosselwandlers (Flußwandler zur Abwärtssteuerung)

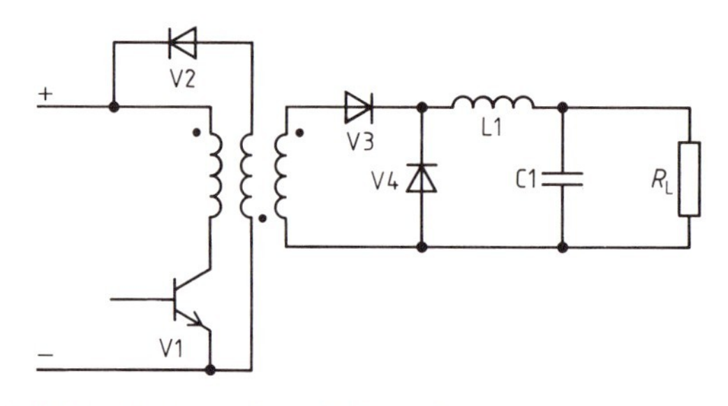

Bild 2: Flußwandler mit Transformator (Eintakt-Spannungswandler)

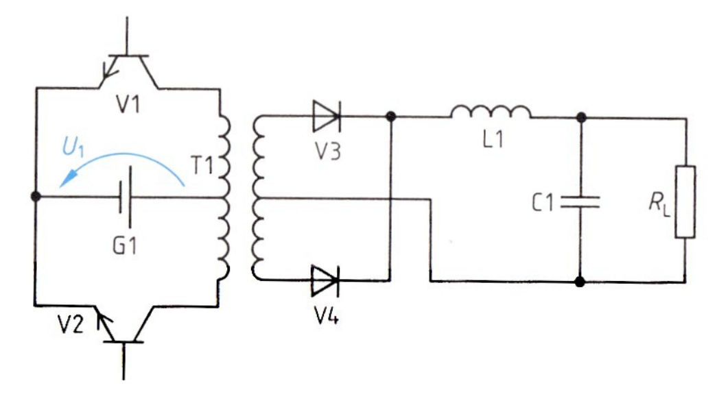

Bild 3: Gegentaktwandler

Sperrwandler übertragen dann Energie in die angeschlossenen Verbraucher, wenn aus dem speisenden Netz keine Energie aufgenommen wird, der Transistor also sperrt. Ist in Schaltung **Bild 1** der Transistor V1 leitend, so wird die Drosselspule L1 magnetisiert. Wird nun V1 sperrend, so wird in L1 eine hohe Spannung induziert, die in Reihe zur Netzspannung geschaltet ist. Dadurch wird über V2 der Ladekondensator geladen. Da die induzierte Spannung höher als die Netzspannung sein kann, ist der Sperrwandler für die Aufwärtssteuerung geeignet.

Sperrwandler sind auch ohne Transformator für die Aufwärtssteuerung geeignet.

Bei einer anderen Anordnung von Schalter, Drosselspule und Diode kann die Polung der Ausgangsspannung entgegengesetzt wie in Bild 1 sein **(Bild 2)**. Man spricht bei dieser Schaltung auch von einem *invertierenden Wandler*. Ist in Schaltung Bild 2 der Transistor leitend, so fließt ein Strom über L1 nach 0. Wird V1 sperrend, so entsteht in L1 eine Induktionsspannung, welche einen Strom i_2 hervorruft, der über C1 und V2 fließt. Dadurch wird C1 in der angegebenen Polung geladen.

Soll eine Trennung vom Netz erfolgen, so verwendet man einen Transformator **(Bild 3)**. Dieser wirkt zugleich als Induktivität. Wenn der Transistor sperrend wird, entsteht in der Ausgangswicklung des Transformators eine Spannung, die über V2 den Ladekondensator C1 auflädt.

Sperrwandler mit Transformator sind für die Aufwärtssteuerung und die Abwärtssteuerung geeignet.

Die Ansteuerung der Sperrwandler erfolgt wie bei den Flußwandlern. Auch hier gibt es IC, welche nur noch mit Induktivitäten, Kondensatoren und Widerständen beschaltet werden müssen. Derartige Schaltungen findet man in Schaltnetzteilen.

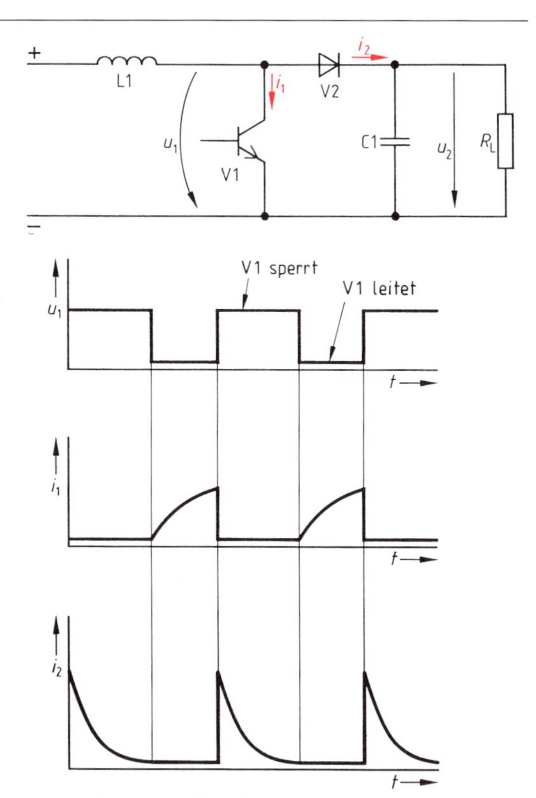

Bild 1: Sperrwandler für Aufwärtssteuerung ohne Netztrennung

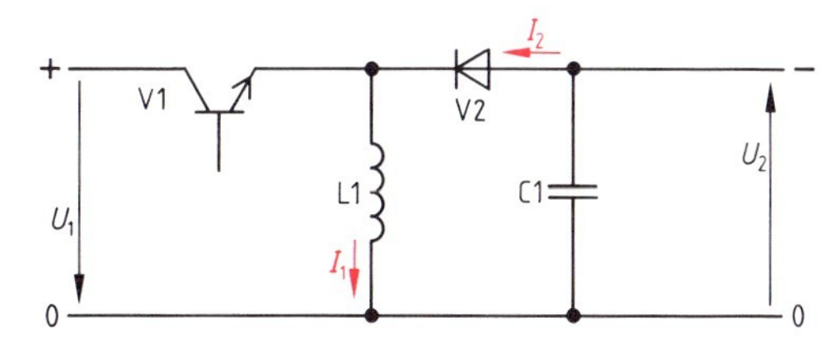

Bild 2: Invertierender Sperrwandler

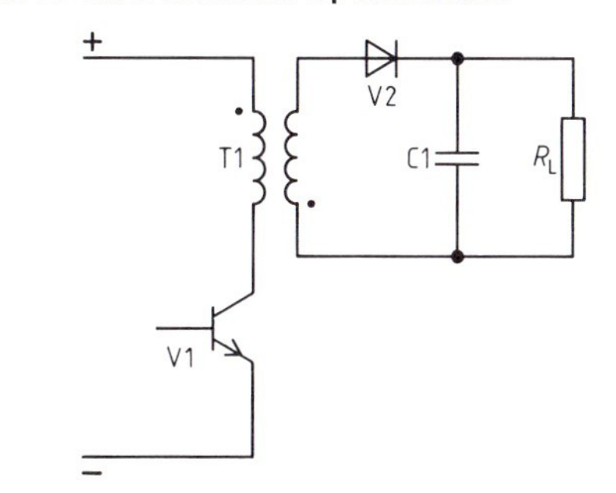

Bild 3: Sperrwandler mit Netztrennung

Wiederholungsfragen

1. **Erklären Sie den Unterschied zwischen einem Flußwandler und einem Sperrwandler!**
2. **Für welche Art der Spannungssteuerung sind Flußwandler ohne Transformatoren geeignet?**
3. **Wie sind Gegentaktwandler aufgebaut?**
4. **Für welche Art der Spannungssteuerung sind Sperrwandler ohne Transformator geeignet?**
5. **Wodurch erfolgt die Ansteuerung der Flußwandler und der Sperrwandler?**
6. **Wozu eignen sich Sperrwandler ohne Transformator?**

6.2.6 Schaltregler

Prinzip

Die Versorgung einer elektronischen Schaltung mit einer stabilisierten Spannung kann über einen *Schaltregler* erfolgen **(Bild 1)**. Als Stellglied wird ein elektronischer Schalter verwendet.

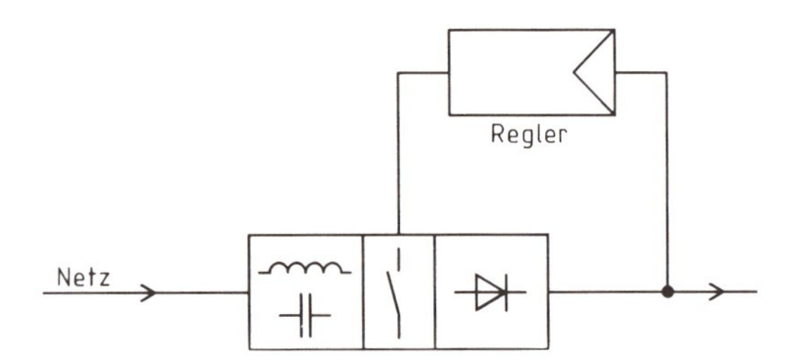

Bild 1: Prinzip eines Schaltreglers

Beim *primär getakteten Schaltregler* wird die Netzspannung gleichgerichtet, mit hoher Frequenz geschaltet, so daß eine Wechselspannung entsteht, und danach wieder gleichgerichtet **(Bild 2)**. Die Regelung erfolgt mit Pulsweitenmodulation. Der Schalter arbeitet also immer mit derselben Schaltfrequenz, jedoch ist der Tastgrad verschieden.

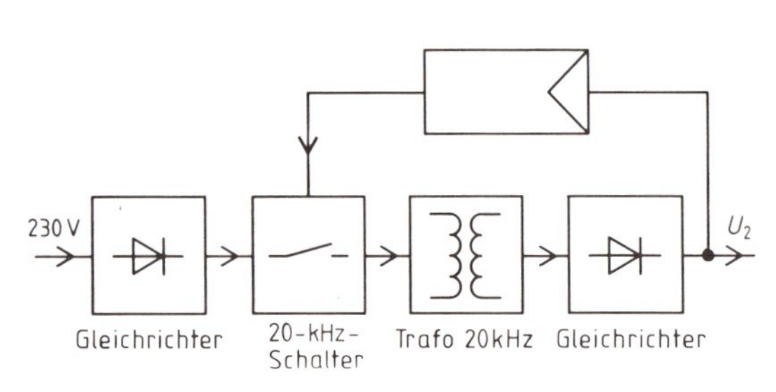

Bild 2: Primär getakteter Schaltregler

Beim *sekundär getakteten Schaltregler* wird die Netzspannung zunächst transformiert und danach gleichgerichtet, zerhackt und wieder gleichgerichtet. Es wird die Pulsweitenmodulation angewendet. Nachteilig ist der schwere Transformator mit Netzfrequenz. Deshalb wird diese Schaltung nur für die Versorgung von *mehreren* Ausgängen angewendet.

Schaltungen von Schaltreglern

Schaltregler kleinerer Leistung arbeiten mit IC, die den Zeitgeberteil und den Leistungsteil enthalten **(Bild 3)**. Derartige Schaltregler-IC können auch in Schaltnetzteilen ohne Transformator arbeiten, z. B. bei der *Abwärtsregelung*. Die Schaltung besteht dann nur aus einem mit Widerständen, Kondensatoren und Induktivitäten beschalteten IC **(Bild 4)**.

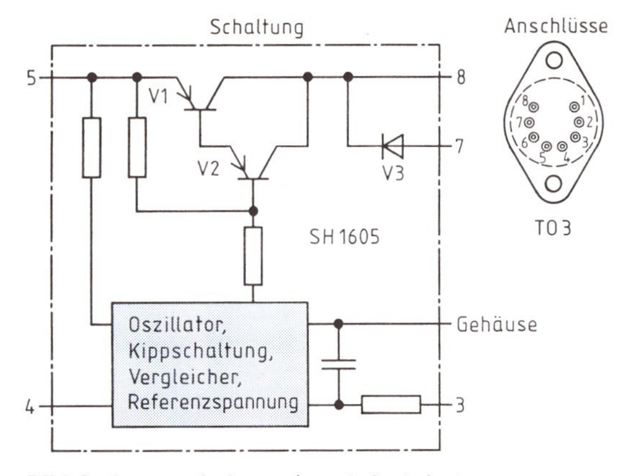

Bild 3: Innenschaltung (vereinfacht) eines Schaltregler-IC für Abwärtsregelung

Der IC ist z. B. in einem TO-3-Gehäuse untergebracht. Er enthält den Leistungsteil aus den Transistoren V1 und V2 (Bild 3), die Diode V3 für den Flußwandler und den eigentlichen Steuerteil. Dieser enthält z. B. einen mit bis 500 kHz schwingenden Oszillator, eine Kippschaltung, einen Vergleicher und den Referenzspannungserzeuger.

Im Steuerteil wird die Ausgangsspannung mit der *Referenzspannung* verglichen. Wenn eine Abweichung vorliegt, werden über die Kippschaltung V2 und damit V1 angesteuert. Jetzt wird über die Induktivität der Ausgangskondensator (1 mF) geladen. Das Schalten von V1 und V2 erfolgt mit der Oszillatorfrequenz, und zwar mit der Pulsweitenmodulation.

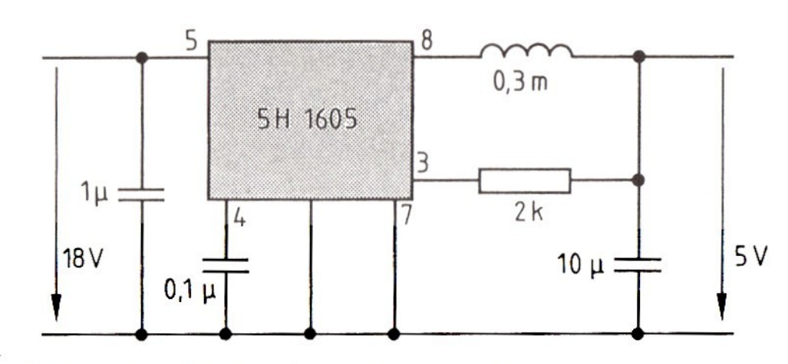

Bild 4: Stabilisierungsschaltung bei einem DC/DC-Wandler für Abwärtsregelung

Es gibt auch Schaltregler, die je nach Beschaltung für Abwärtsregelung, Aufwärtsregelung und invertierende Regelung geeignet sind.

Die Universal-Schaltregler **Bild 1** enthalten Baugruppen, die nicht bei allen Anwendungen erforderlich sind, so daß bei der betreffenden Anwendung die dazugehörigen Anschlüsse nicht beschaltet werden. Bei der Schaltung für eine Aufwärtsregelung **Bild 2** sind z. B. die Anschlüsse 4 bis 7 nicht belegt, da der im IC enthaltene Operationsverstärker nicht benötigt wird. Sonst ist aber die Wirkungsweise ähnlich wie die der vorhergehenden Schaltungen. Bei größeren Leistungen steuert ein IC Transistoren an, die als Schalter arbeiten **(Bild 3)**. Auch hier kann die Schaltung als Flußwandler oder auch als Sperrwandler ausgeführt sein.

Schaltregler werden vielfach auf *Europakarten* mit den Maßen 100 mm × 160 mm aufgebaut. Man erkennt sie meist an den großen Kondensatoren und Induktivitäten sowie an den vorhandenen IC. Die Schaltfrequenz beträgt meist 20 kHz bis 500 kHz. Jedoch kommen in Ausnahmefällen auch über 1000 kHz vor.

Wiederholungsfragen

1. **Woraus besteht bei einem Schaltregler das Stellglied?**
2. **Welche Arten der Schaltregler unterscheidet man?**
3. **Welche Baugruppen müssen in einem Schaltregler IC mindestens vorhanden sein?**
4. **Was versteht man unter einem Universal-Schaltregler?**

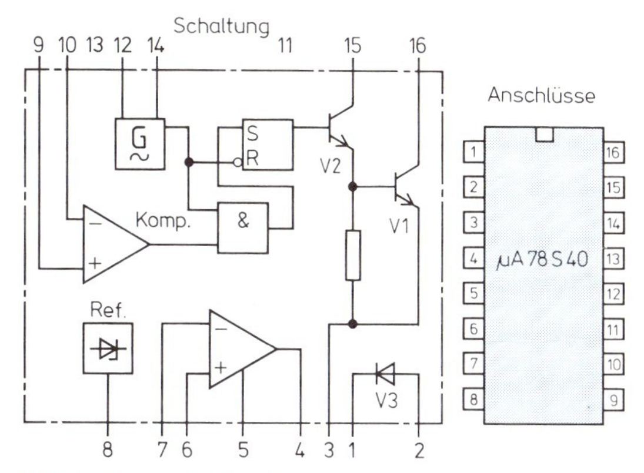

Bild 1: Vereinfachte Innenschaltung eines Universal-Schaltregler-IC

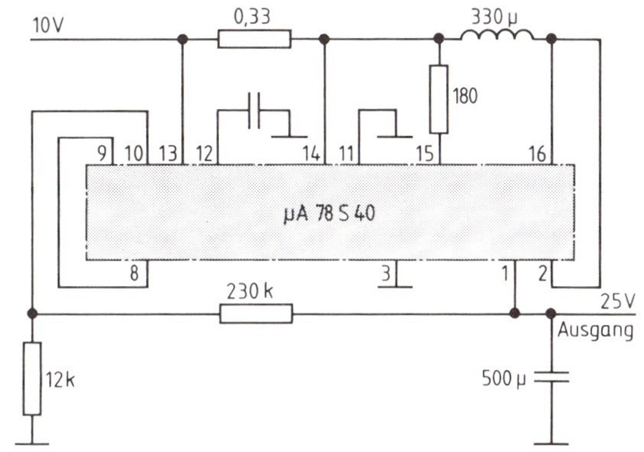

Bild 2: Schaltung für die Aufwärtsregelung mit dem Universal-Schaltregler von Bild 1

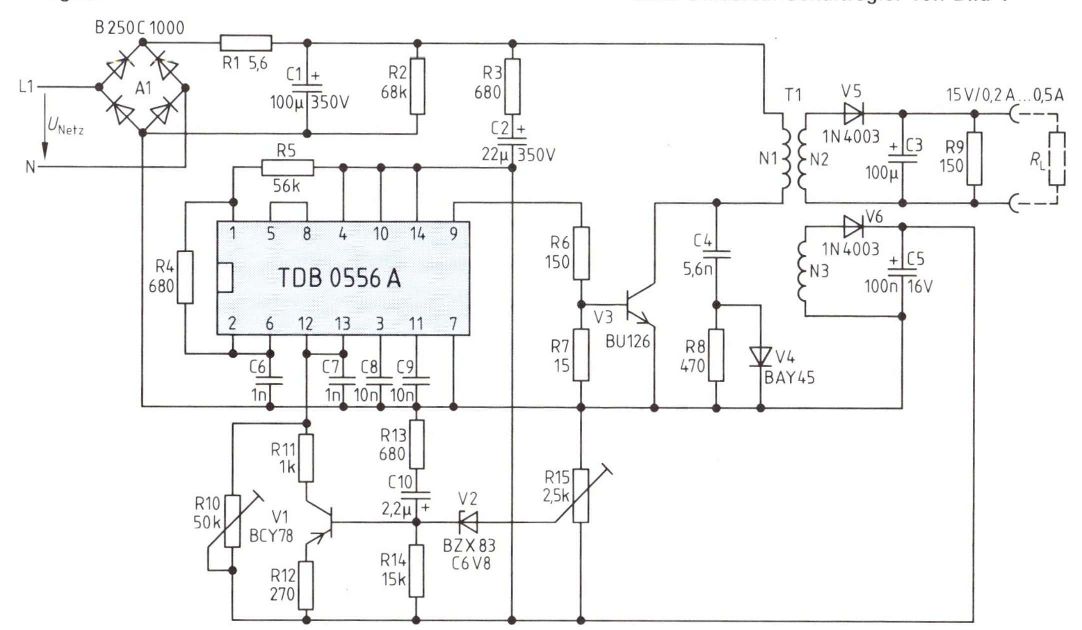

Bild 3: Schaltnetzteil mit Sperrwandler und IC

6.2.7 Lineare Spannungsregler

Prinzip

Beim linearen Spannungsregler ändert sich die Stellgröße *linear* mit der Regeldifferenz **(Bild 1)**.

Bei der *Serienregelung* liegt ein Transistor in Reihe zur Last (*Längstransistor*). Der Transistor stellt also einen Vorwiderstand dar. Bei steigender Ausgangsspannung, z. B. infolge kleineren Laststromes, wird dafür gesorgt, daß der Transistor hochohmiger wird. Dadurch bleibt die Ausgangsspannung annähernd gleich.

Bei der *Parallelregelung* liegt ein Transistor parallel zur Last **(Bild 2)**. Sein Strom belastet also die vorhergehende Schaltung zusätzlich zum Laststrom. Bei steigender Ausgangsspannung, z. B. infolge kleineren Laststromes, wird dafür gesorgt, daß der Transistor niederohmiger wird, also mehr Strom aufnimmt. Damit bleibt der Strom in der vorhergehenden Schaltung annähernd gleich groß und ebenso der dort auftretende Spannungsfall. Dadurch bleibt die Ausgangsspannung fast unverändert.

Bei linearen Spannungsreglern arbeiten Transistoren als veränderbare Widerstände, meist als Vorwiderstände.

Die dadurch auftretende Verlustleistung erfordert eine gute Kühlung der Transistoren **(Bild 3)** und bewirkt einen niedrigen Wirkungsgrad **(Tabelle 1)**.

Gegenüber den Schaltreglern haben lineare Spannungsregler außer bei Wirkungsgrad und Baugröße günstigere Eigenschaften. Setzt man Gewicht und Volumen des linearen Spannungsreglers zu 100%, so betragen sie beim Schaltregler nur etwa 20%. Deshalb werden sie dann eingesetzt, wenn Wirkungsgrad, Wärmeentwicklung und Gewicht von geringer Bedeutung sind, z. B. bei Geräten mit kleiner Leistung.

Lineare Spannungsregler haben günstige Regeleigenschaften, haben aber einen kleineren Wirkungsgrad, ein größeres Gewicht und einen größeren Raumbedarf als Schaltregler.

Schaltungen von linearen Spannungsreglern

Die Belastbarkeit von linearen Spannungsreglern mit Längstransistor wird durch den Längstransistor bestimmt. Hochbelastbare Transistoren erfordern

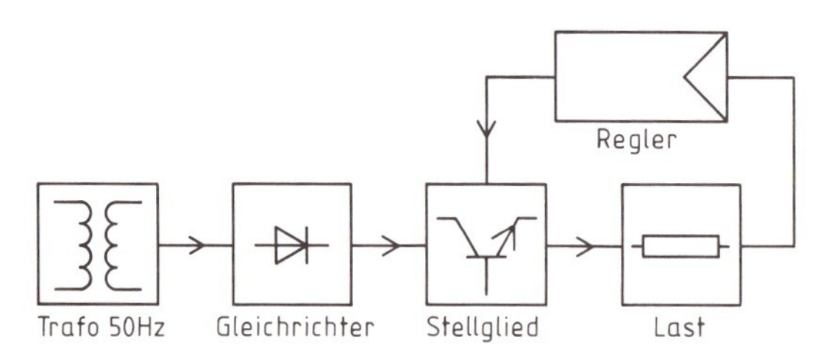

Bild 1: Serienregelung beim linearen Spannungsregler

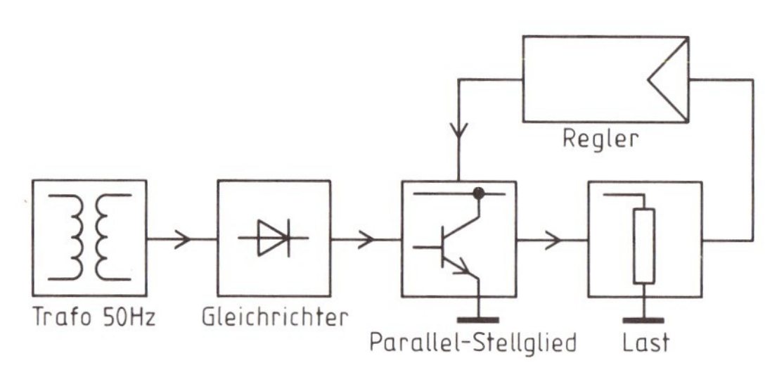

Bild 2: Parallelregelung beim linearen Spannungsregler

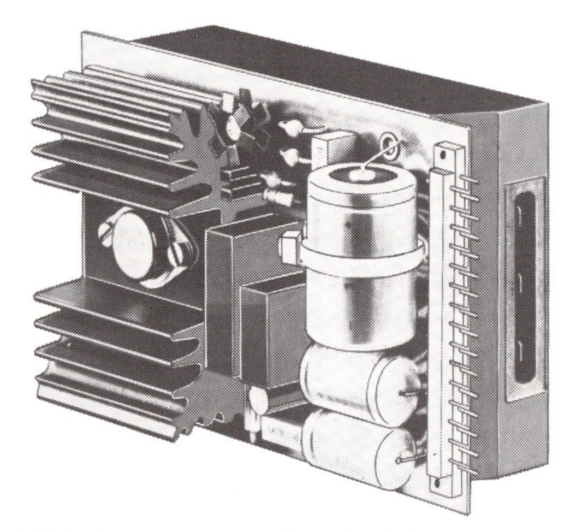
Bild 3: Spannungsgeregeltes Netzteil

Tabelle 1: Eigenschaften von Netzteilen

Größe	Linearregler	Schaltregler
Ausgangsspannung	beliebig	beliebig
Ausgangsstrom	beliebig	beliebig
Schwankung der Ausgangsspannung	0,01%	0,2%
Brummspannung $\hat{u}_p$	< 5 mV	40 mV
Nachregelzeit	< 100 µs	1 ms
Wirkungsgrad	30% bis 50%	über 75%
Gewicht, Volumen	100%	20%

große Basisströme, die durch vorgeschaltete Transistoren in Kollektorschaltung gewonnen werden **(Bild 1)**. Wenn die Belastbarkeit eines einzigen Längstransistors nicht ausreicht, so können mehrere Transistoren „parallel" geschaltet werden. Dabei ist durch gleich große Emitterwiderstände eine Stromgegenkopplung erforderlich, damit sich der Laststrom gleichmäßig auf die Transistoren aufteilt.

Bei den linearen Spannungsreglern ist die Belastbarkeit um so größer, je höher der Längstransistor oder die Längstransistoren belastbar sind.

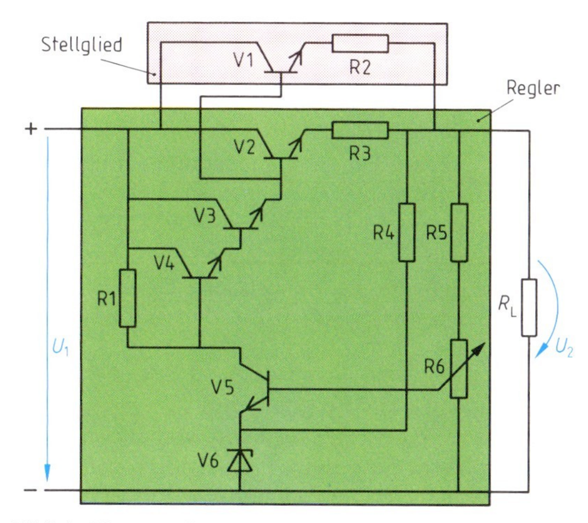

Bild 1: Linearer Spannungsregler größerer Leistung

Vielfach wird eine Spannungsstabilisierung verlangt, bei welcher zusätzlich eine *Strombegrenzung* wirksam ist. Bis zur höchstmöglichen Stromstärke liegt dann eine Spannungsstabilisierung vor. Sobald aber die höchstzulässige Stromstärke erreicht ist, liegt eine Stromstabilisierung vor. Bei einer Spannungsstabilisierung mit Strombegrenzung kann also die Spannung an der Last einen Höchstwert nicht übersteigen und der Strom in der Last auch nicht.

Die *Stromstabilisierung* kann erreicht werden, wenn ein Regelungstransistor für die Stromüberwachung verwendet wird **(Bild 2)**. Dieser vergleicht eine stromabhängige Istspannung mit einer Sollspannung. Wird in Schaltung Bild 2 der Laststrom zu groß, so wird die Basis von V2 stärker positiv, V2 also mehr leitend. Dadurch wird die Basis von V1 mehr negativ, so daß V1 zu sperren anfängt und den Strom begrenzt.

Es gibt weitere Möglichkeiten zur Strombegrenzung.

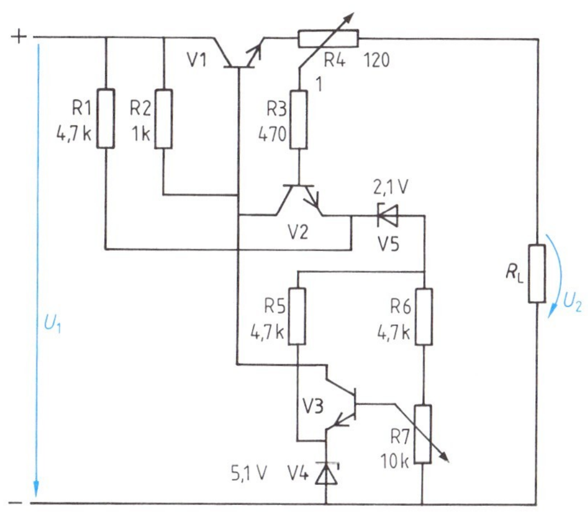

Bild 2: Linearer Spannungsregler mit Strombegrenzung durch zusätzlichen Regelungstransistor V2

Lineare Spannungsregler sind meist mit einer Strombegrenzung ausgeführt.

Die eigentliche Reglerschaltung wird meist nicht mehr aus diskreten Bauelementen aufgebaut, sondern aus integrierten Schaltkreisen. Dagegen ist bei den linearen Schaltkreisen der Längstransistor meist ein einzelner Leistungstransistor auf einem Kühlkörper.

Die Reglerschaltung kann mit Hilfe eines Operationsverstärkers aufgebaut sein **(Bild 3)**. Dabei erhält der invertierende Eingang die Istspannung, der nicht invertierende Eingang die Sollspannung. Der Ausgang des Operationsverstärkers liefert dann die Stellspannung zum Steuern des Längstransistors. Mit einem weiteren Operationsverstärker kann eine Stromstabilisierung bewirkt werden.

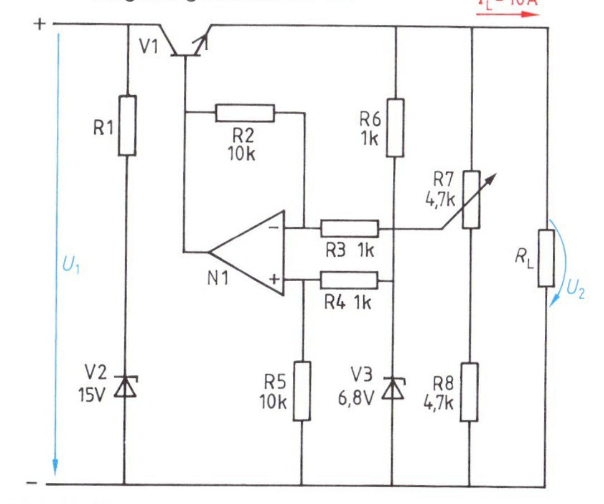

Bild 3: Linearer Spannungsregler mit Operationsverstärker

Die Baugruppen der linearen Spannungsregler sind meist in einem IC enthalten. An Stelle der bei den Spannungsreglern erforderlichen Z-Dioden bzw. Dioden werden *Referenzspannungsquellen*[1] verwendet, deren Durchbruchspannung durch die Beschaltung beeinflußt werden kann. Der IC enthält mindestens einen Längstransistor kleinerer Leistung, einen Operationsverstärker als Komparator und eine Referenzspannungsquelle. Der IC hat mindestens drei Anschlüsse **(Bild 1)**.

Beim *einstellbaren Regler-IC* sind Anschlüsse für den Eingang, den Ausgang und für den Einstellwiderstand *(Einstelleranschluß)* vorhanden. Eine äußere Beschaltung mit Kondensatoren zur Unterdrückung der Schwingneigung und mit Widerständen zur Einstellung der Ausgangsspannung ergibt den vollständigen Spannungsregler **Bild 2**. Der vom Ausgangsanschluß über R1 zum Einstelleranschluß fließende Strom wird *Vorstrom* I_V genannt. Er beträgt beim Regler-IC von Bild 2 etwa 5 mA. Wenn R1 einen Widerstandswert von 240 Ω hat, kann die Ausgangsspannung bis auf 240 Ω · 5 mA = 1,2 V herab eingestellt werden.

Beim *Festspannungsregler* ist der Regler-IC so ausgeführt, daß die äußere Beschaltung mit Widerständen entfällt. Anstelle des Einstelleranschlusses ist ein Masseanschluß vorhanden **(Bild 3)**. Festspannungsregler liefern eine feste Ausgangsspannung. Die Regler-IC gibt es mit Ausgangsspannungen von 2,6 V bis 24 V in ziemlich feiner Abstufung, und zwar als *Positivspannungsregler* und als *Negativspannungsregler* **(Bild 4)**. Beim Positivspannungsregler liegt der Pluspol der Ausgangsspannung am Ausgangsanschluß, beim Negativspannungsregler der Minuspol. Die Lage der Anschlüsse der Festspannungsregler am IC-Gehäuse ist nicht einheitlich.

In der Typenbezeichnung der Festspannungsregler-IC geben die letzten beiden Ziffern die Ausgangsspannung in V an. Beim L-Typ (von engl. Low = niedrig), z.B. beim Typ 78L82 mit der Ausgangsspannung von 8,2 V, ist der Ausgangsstrom kleiner als 100 mA. Beim M-Typ (von engl. Medium = mittel), z.B. 78M08, ist der Ausgangsstrom unter 500 mA. Beim O-Typ (Typ ohne Buchstabe im Kennzeichen), z.B. 7805, ist der Ausgangsstrom unter 1 A und beim H-Typ (von engl. High = hoch) unter 5 A. Der L-Typ hat das Gehäuse TO 38 (Metall) oder TO 92 (Plastik), der M-Typ TO 66 oder TO 220, der O-Typ TO 220 oder TO 3, der H-Typ TO 3.

[1] lat. referre = wieder bringen

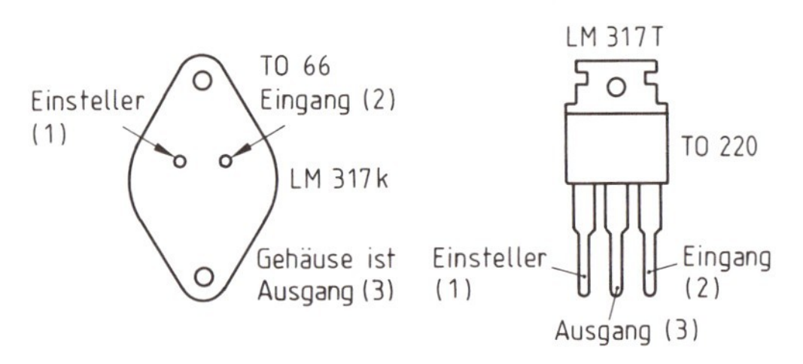

Bild 1: Einstellbarer Regler-IC

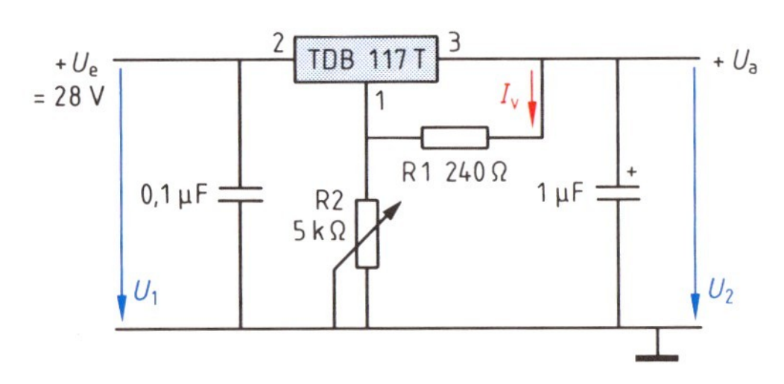

Bild 2: Einstellbarer Spannungsregler 1,2 V bis 25 V

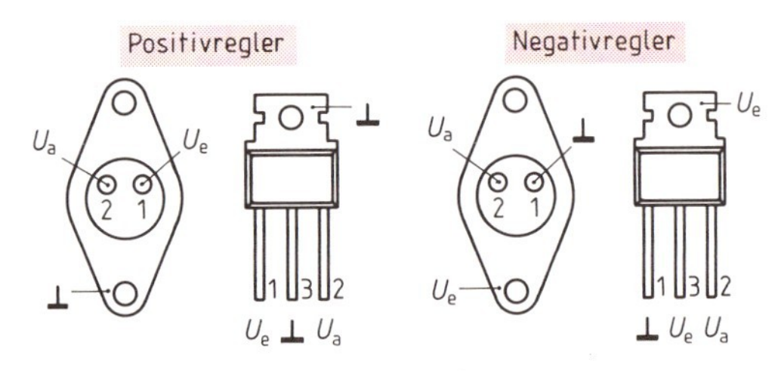

Bild 3: Festspannungsregler-IC

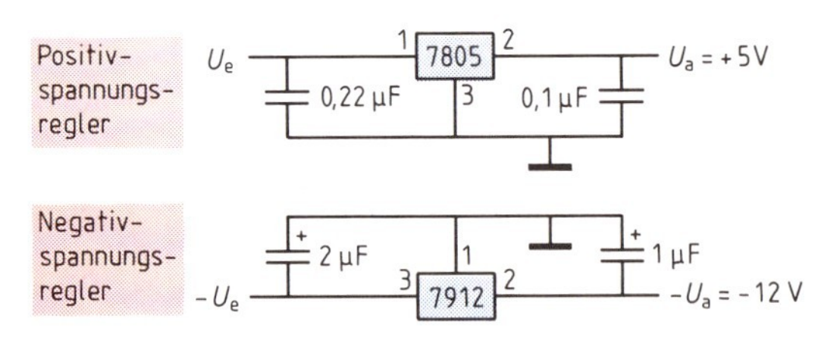

Bild 4: Beschaltete Festspannungsregler

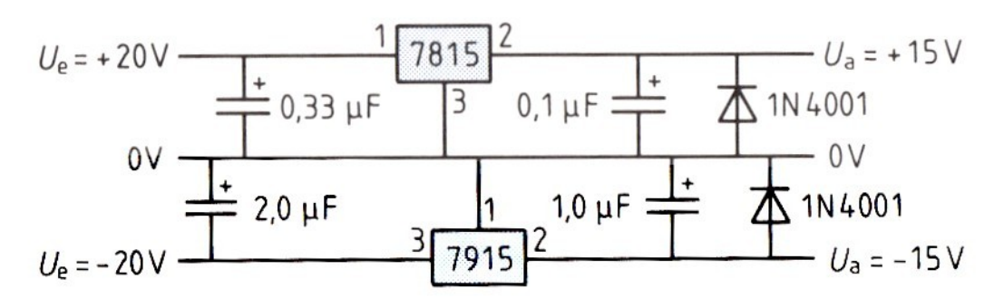

Bild 5: Spannungsversorgung ± 15 V mit Festspannungsreglern

Beim Zusammenschalten eines Positivspannungsreglers mit einem Negativspannungsregler kann eine Spannungsversorgung mit z. B. 15 V verwirklicht werden **(Bild 5, vorhergehende Seite)**.

Beim *Universalspannungsregler-IC* **Bild 1** sind mehr Anschlüsse vorhanden, nämlich für Betriebsspannungen $+U_b$ und $-U_b$, invertierenden Eingang − und nichtinvertierenden Eingang +, Ausgang A, Stromfühler I_s, Strombegrenzung $I>$, Referenzspannung U_{ref} und Frequenzkompensation Komp.

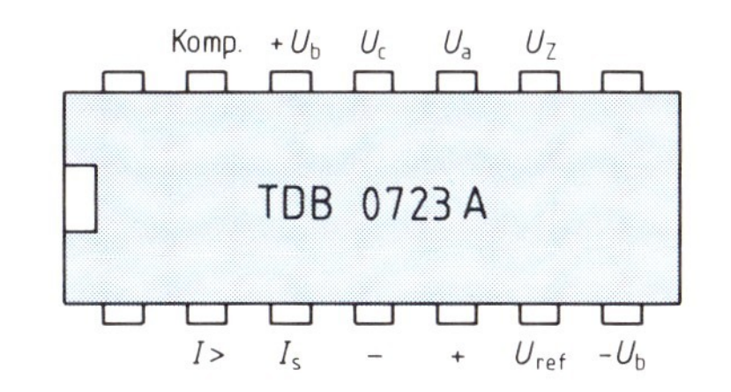

Bild 1: IC als Universalspannungsregler

> Bei den IC-Reglern gibt es einstellbare Regler, Festspannungsregler und Universalregler.

Mit dem Universalregler-IC kann je nach Anschluß und Beschaltung ein Positivspannungsregler, ein Negativspannungsregler, ein *erdfreier Spannungsregler* (kleine Spannung gegen Masse) und sogar ein Schaltregler aufgebaut werden.

Reicht die Leistung des im IC enthaltenen Längstransistors nicht aus, so steuert der IC eine Leistungsstufe an **(Bild 2)**. Je nach Schaltung wird nur ein Teil der Anschlüsse verwendet. (Bemessung der Schaltungen siehe Mathematik für Elektroniker).

In den Netzteilen sind meist mehrere IC für die lineare Spannungsregelung enthalten. Im Netzteil mit Schaltung Bild 2 wird die Spannung von + 32 V ungeregelt durch Spannungsverdopplung von AC 15 V gewonnen. Die Spannungen von + 12 V und − 12 V werden über Positivspannungsregler stabilisiert. Beide Regler können dauernd 1 A führen.

Die Spannung −5 V wird über einen *Negativspannungsregler* stabilisiert, und zwar aus den − 12 V abgeleitet. Für die Spannung von +5 V ist eine größere Strombelastbarkeit erforderlich. Deshalb wird hier ein Universalregler mit nachgeschaltetem Transistor verwendet. Die Eingangsspannung wird für den Transistor möglichst niedrig auf DC 8 V gehalten, damit die Verlustleistung des Transistors niedrig bleibt. Die Eingangsspannung des IC muß aber nach Datenblatt über 9,5 V liegen. Deshalb wird die Eingangsspannung für den IC aus der stabilisierten Spannung von + 12 V entnommen. Die genaue Ausgangsspannung wird mit dem Potentiometer 1 kΩ eingestellt (Bild 2). Der Widerstand mit 0,12 Ω vom Anschluß 2 nach Anschluß 3 bewirkt eine Strombegrenzung auf etwa 4 A.

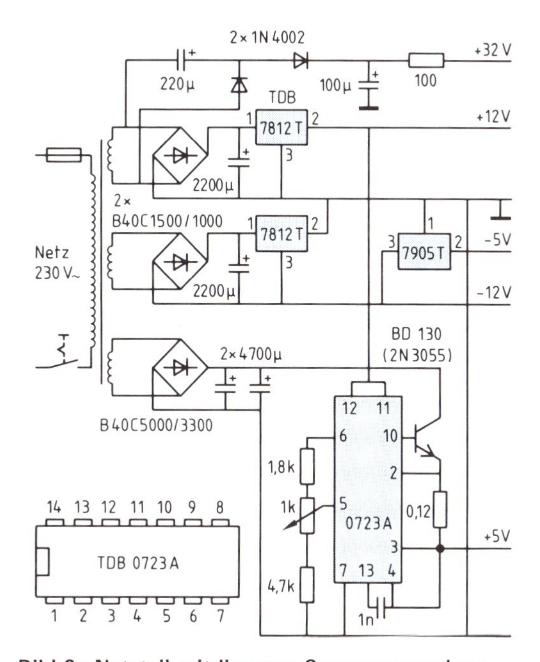

Bild 2: Netzteil mit linearen Spannungsreglern

Wiederholungsfragen

1. **Welche Arten der Regelung unterscheidet man bei linearen Spannungsreglern?**
2. **Erklären Sie den Begriff Längstransistor!**
3. **Nennen Sie die günstigen Eigenschaften von linearen Spannungsreglern!**
4. **Warum kommen bei linearen Spannungsreglern höherer Leistung Kollektorschaltungen vor?**
5. **Wie ist die grundsätzliche Wirkungsweise der Stromstabilisierung?**
6. **Welche Baugruppen müssen in einem IC für die lineare Spannungsregelung mindestens enthalten sein?**
7. **Welche Anschlüsse sind beim IC des einstellbaren IC-Spannungsreglers vorhanden?**
8. **Welche Anschlüsse hat ein Festspannungsregler?**
9. **Erklären Sie die Begriffe Positivspannungsregler und Negativspannungsregler!**

6.3 Elektromotoren

6.3.1 Kennwerte von Elektromotoren

Isolierstoffklassen

Bei den Elektromotoren werden die im Betrieb auftretenden Verluste in Wärme umgewandelt. Die Temperatur in den Wicklungen und anderen Motorenteilen erhöht sich, bis ein Gleichgewicht zwischen *Verlustwärme* und abgeführter Wärme vorhanden ist. Wegen der Temperaturempfindlichkeit der Wicklungsisolation darf die höchstzulässige Dauertemperatur nicht überschritten werden **(Tabelle 1)**.

Tabelle 1: Isolierstoffklassen

Klasse	höchstzulässige Dauertemperatur	Isolierstoffe (Beispiele)
B	130 °C	Kunstharzlacke, Glas, Polykarbonatfolien
E	120 °C	Hartpapier, Hartgewebe
		Preßspan mit Folie
		Triacetatfolie
H	180 °C	Asbest, Glimmer, Silikone

Weitere Isolierstoffklassen siehe Tabellenbuch Elektrotechnik

Schutzarten

Bei Elektromotoren und anderen Betriebsmitteln wird der Schutz gegen Fremdkörper (Schmutz) und gegen Wasser durch zwei Ziffern hinter einem Kurzzeichen IP[1] angegeben **(Bild 1)**. Die erste Ziffer kann von 0 bis 6 reichen. Sie gibt den Schutz gegen das Eindringen von Fremdkörpern an. 0 bedeutet keinen Schutz, 6 Schutz gegen Staubeintritt. Die zweite Ziffer kann von 0 bis 8 reichen. Sie gibt den Schutz gegen das Eindringen von Wasser an. 0 bedeutet keinen Schutz, 8 Schutz gegen Wassereintritt beim Untertauchen (Tabellenbuch Elektrotechnik).

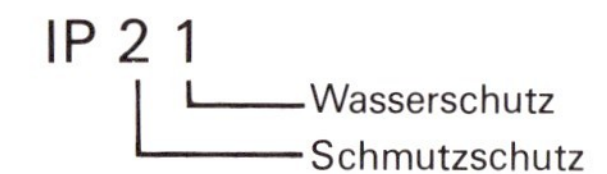

Bild 1: Angabe der Schutzart bei Schutz gegen mittelgroße Fremdkörper und Tropfwasser

Betriebsarten

Bei der Auswahl von Elektromotoren ist deren Betriebsart zu berücksichtigen. So erwärmt sich ein Motor bei einem Betrieb mit Pausen weniger als bei andauernder Belastung und kann deshalb kleiner sein. Man unterscheidet die Nennbetriebsarten S1 bis S8.

Bei *Dauerbetrieb* S1 ist der Motor bei Nennlast so lang in Betrieb, daß die Beharrungstemperatur (nicht weiter ansteigende Temperatur) erreicht wird **(Bild 2)**. Motoren mit der Angabe S2 dürfen also dauernd mit ihrer Nennlast belastet werden.

Bei *Kurzzeitbetrieb* S2 wird die Beharrungstemperatur nicht erreicht, weil die Pausen so lang sind, daß sich der Motor auf die Ausgangstemperatur abkühlt.

Bei Aussetzbetrieb S3, S4 und S5 sind Betriebsdauer und Pausen kurz. Die Spielzeit beträgt meist 10 min. Die Pause ist so kurz, daß ein Abkühlen der Maschine auf Raumtemperatur nicht erfolgt. S3 liegt vor, wenn der Anlaufstrom des Motors unerheblich ist, S4 wenn er erheblich ist. Bei S5 erwärmt der Bremsstrom den Motor zusätzlich.

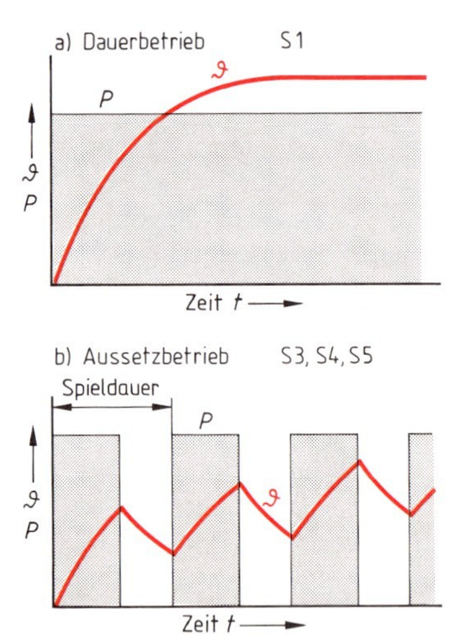

Bild 2: Betriebsarten von Elektromotoren

[1] IP von engl. International Protection = internationale Schutzart

Leistungsschild

Die wichtigsten Kennwerte von Elektromotoren sind auf ihrem Leistungsschild angegeben **(Bild 1)**, jedoch nicht bei Kleinstmotoren. Angegeben sind der Hersteller, die Typenbezeichnung und die Maschinenart. Nennspannung, Nennfrequenz, Nennstrom und Nennleistung (mechanische Leistungsabgabe) für die angegebene Betriebsart sind ebenfalls angegeben. Wenn keine Betriebsart angegeben ist, kann der Motor im Dauerbetrieb mit der angegebenen Nennleistung belastet werden.

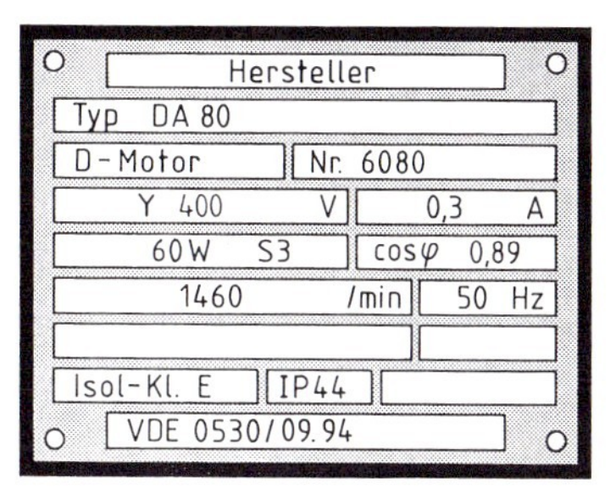

Bild 1: Leistungsschild

Auf dem Leistungsschild eines Elektromotors sind alle Angaben enthalten, die zur Beurteilung des Motors erforderlich sind.

6.3.2 Wechselstrommotoren mit Magnetläufern

Prinzip

Durch Drehen eines Magneten entsteht ein *magnetisches Drehfeld* **(Bild 2)**. Dieses nimmt einen im Magnetfeld befindlichen Magneten mit.

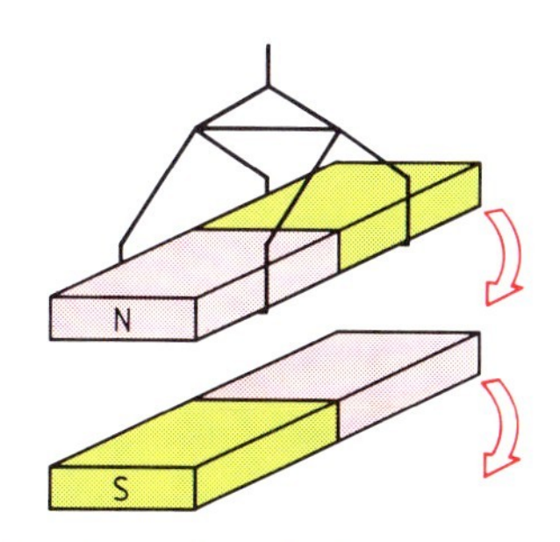

Bild 2: Mitnahme eines Stabmagneten durch ein magnetisches Drehfeld

Bei Elektromotoren mit Magnetläufern wird das Drehfeld meist im Ständer erzeugt. Man spricht dann von einem *Innenläufermotor* **(Bild 3)**. Das Drehfeld kann aber auch vom inneren Teil des Motors erzeugt werden der dann fest angeordnet ist. Drehen tut sich dann der äußere Teil. Man spricht dann von einem *Außenläufermotor.* Elektromotoren sind meist Innenläufermotoren.

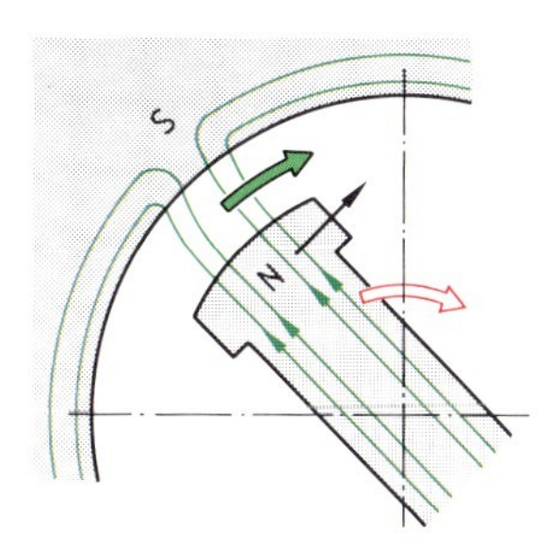

Bild 3: Drehfeld und Läufer beim Innenläufermotor

Erzeugung des Drehfeldes

Ein magnetisches Drehfeld entsteht z. B., wenn durch zwei gegeneinander versetzte Wicklungsstränge *zwei* Wechselströme fließen, die gegeneinander eine Phasenverschiebung haben, z. B. von 90° **(Bild 4)**. Allerdings ist dieses Drehfeld bei verschiedenen Stärken dieser Ströme nicht so gleichmäßig wie das Drehfeld eines Drehstrommotors, seine Stärke schwankt. Man spricht von einem elliptischen Drehfeld.

Ein magnetisches Drehfeld entsteht, wenn in $n \geq 2$ Wicklungssträngen n Wechselströme fließen, die gegeneinander eine Phasenverschiebung haben.

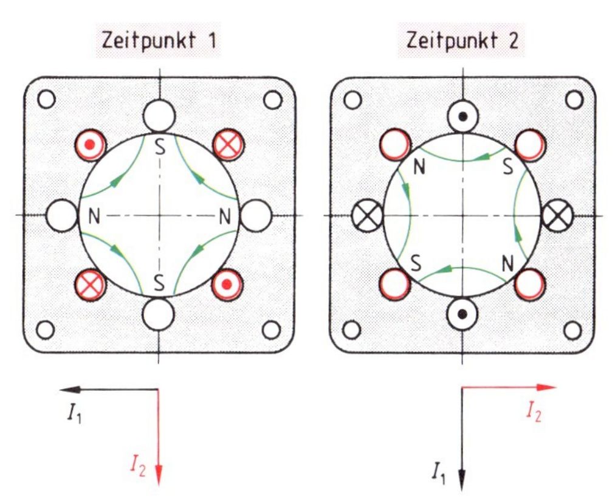

Bild 4: Entstehung eines vierpoligen Drehfeldes durch zwei phasenverschobene Wechselströme

Drei um 120° versetzte Spulen erzeugen ein Drehfeld, wenn Dreiphasenwechselstrom durch sie fließt (Abschnitt 2.4.5). Bei der technischen Ausführung von Drehstrommotoren liegen die Spulen verteilt

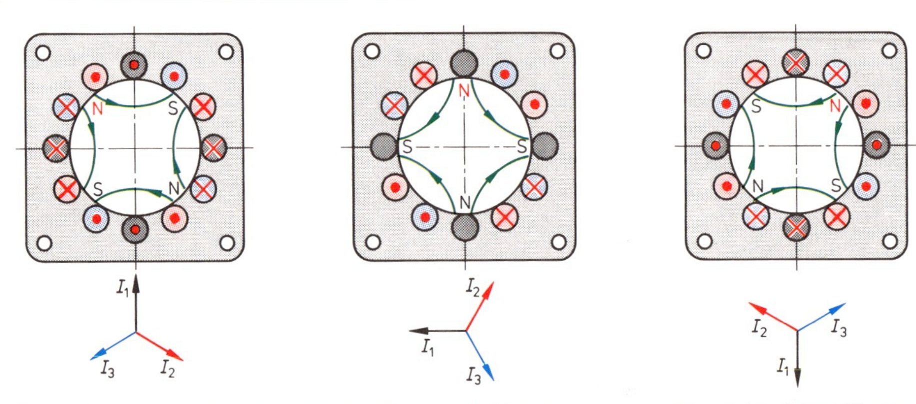

Bild 1: Entstehung eines vierpoligen Drehfeldes durch Dreiphasenwechselstrom in einem Motorständer mit 12 Nuten

über den Umfang des Ständerblechpaketes, meist in Nuten **(Bild 1)**. Die *Magnetpole* bilden sich erst, wenn durch die drei Wicklungsstränge die drei Wechselströme des Dreiphasenwechselstromes fließen.

Bei Wechselstrommotoren mit Drehfeld liefert das Netz nur einen Wechselstrom. Der erforderliche 2. Wechselstrom wird über einen Blindwiderstand, z. B. einen Kondensator, aus dem Netz bezogen.

Beim *Spaltpolprinzip* ist ein kleiner Teil der Motorpole durch Nuten abgespalten **(Bild 2)**. Um die Spaltpole liegen Kurzschlußringe. Jeder Kurzschlußring bildet zusammen mit der Ständerwicklung einen Transformator. Dieser Transformator hat eine sehr große Streuung, weil nur ein Teil der Feldlinien der Ständerwicklung die Kurzschlußwicklung durchsetzt. Dadurch tritt zwischen dem Strom in der Ständerwicklung und dem Strom in der Kurzschlußwicklung eine Phasenverschiebung auf.

Das Drehfeld von Spaltpolmotoren dreht sich stets vom Hauptpol zum Spaltpol.

Die Drehzahl des Drehfeldes hängt bei den genannten Verfahren von der Frequenz und von der Polpaarzahl der Wicklung ab. Für kleine Drehzahlen baut man den Motor mit einem Getriebe zusammen **(Bild 3)**.

Synchronmotoren

Bei den Synchronmotoren dreht sich der Läufer *synchron*[1] (gleich schnell) mit dem Drehfeld.

Synchronmotoren haben dieselbe Drehzahl wie ihr Drehfeld.

[1] griech. synchron = gleichzeitig

Spaltpol
Hauptpol
Kurzschluß-läufer
Kurzschluß-wicklung
Ständer-wicklung

Bild 2: Ständer eines zweipoligen Spaltpolmotors

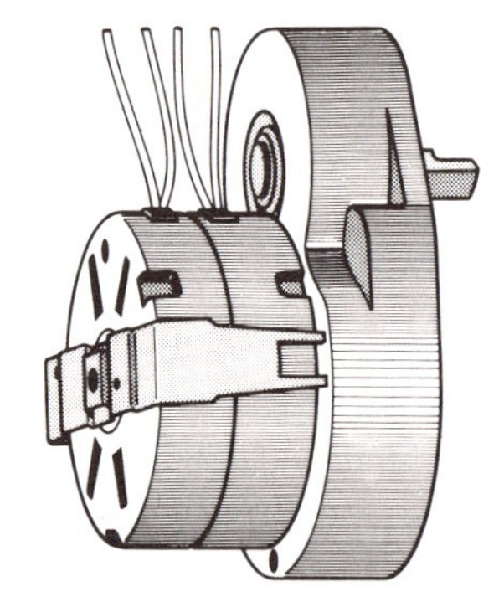

Bild 3: Kleiner Synchronmotor mit 500/min und angebautem Getriebe

n_s Drehfelddrehzahl (Umdrehungsfrequenz)
f Frequenz der Wechselströme
p Polpaarzahl

$$n_s = \frac{f}{p}$$

Als Läufer wird bei den Synchronmotoren ein Magnet verwendet, und zwar bei Synchronmotoren bis 20 kW oft ein Dauermagnet, sonst meist ein Elektromagnet. Der Strom für den Elektromagneten wird über zwei Schleifringe dem Läufer zugeführt.

Synchronmotoren für Drehstrom gibt es mit Nennleistungen von 1 kW bis 2000 kW. Sie werden zum Antrieb von großen Pumpen und Gebläsen verwendet sowie zum Antrieb von Schiffspropellern. Ihre Drehzahl läßt sich durch Ändern der Frequenz steuern. Auch Drehstrom-Servomotoren (Abschnitt 6.4.3.2) sind meist Synchronmotoren.

Schnellaufende Spaltpolmotoren haben in einem vierpoligen oder zweipoligen Ständer nach Bild 2, vorhergehende Seite, einen Dauermagnetläufer gleicher Polzahl.

Langsamlaufende Spaltpolmotoren als Synchronmotoren sind meist als Außenläufer gebaut **(Bild 1)**. Zur Erzielung der erforderlichen hohen Polzahl wird bei ihnen das *Klauenpolprinzip* angewendet **(Bild 2)**. Der innenliegende Ständer besteht dann aus einer ringförmigen Erregerspule und zwei Ständerhälften aus Stahlblech. Die Ständerhälften tragen am Umfang Blechlappen, die als Klauenpole wirken. Die Polung der Klauenpole einer Ständerhälfte ist also jeweils gleich. Hat z. B. jede Ständerhälfte 5 Klauen, so hat der Motor 10 Pole.

Um jeden 2. Klauenpol der Ständerhälfte liegt ein gemeinsamer *Kurzschlußring* (Bild 1). Durch ihn wirken diese Klauenpole wie Spaltpole. Es gibt auch andere Ausführungen von langsamlaufenden Spaltpolmotoren. Bei Innenläufern ist oft kein Kurzschlußring vorhanden. Seine Aufgabe wird dann von einem Blech wahrgenommen, das zum Hauptpol anders liegt als zum Spaltpol.

Der Läufer von langsamlaufenden Spaltpolmotoren als Synchronmotoren ist ein hartmagnetischer Blechnapf bei den Außenläufermotoren, der durch das Drehfeld selbst magnetisiert wird. Bei den Innenläufermotoren wird ein mehrpoliger Dauermagnet verwendet oder ein hartmagnetischer Zylinder.

Langsamlaufende Spaltpolmotoren als Synchronmotoren werden in Uhren, Programmsteuerungen, Zeitrelais, Betriebsstundenzählern, schreibenden Meßgeräten, Lüftern und Steuerungen angewendet.

Kondensatormotoren als Synchronmotoren sind meist zweipolig oder vierpolig ausgeführt, haben also eine hohe Drehzahl **(Bild 3)**. Zur Herabsetzung der Drehzahl und zur Erhöhung des abgebbaren Drehmoments wird deshalb oft ein mechanisches Getriebe angebaut (Getriebemotor). Ständer und

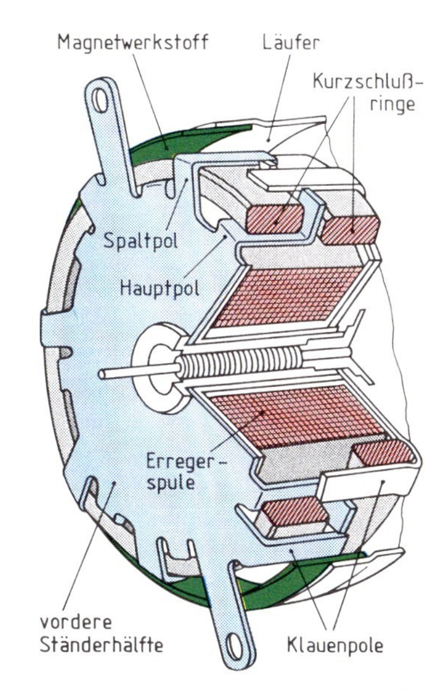

Bild 1: Langsamlaufender Spaltpol-Synchronmotor

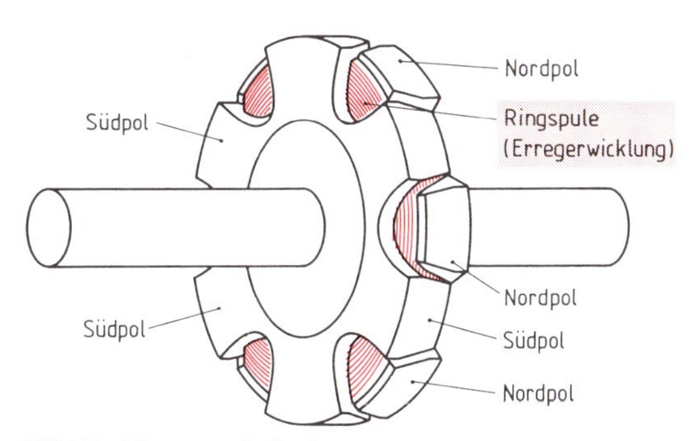

Bild 2: Klauenpolprinzip

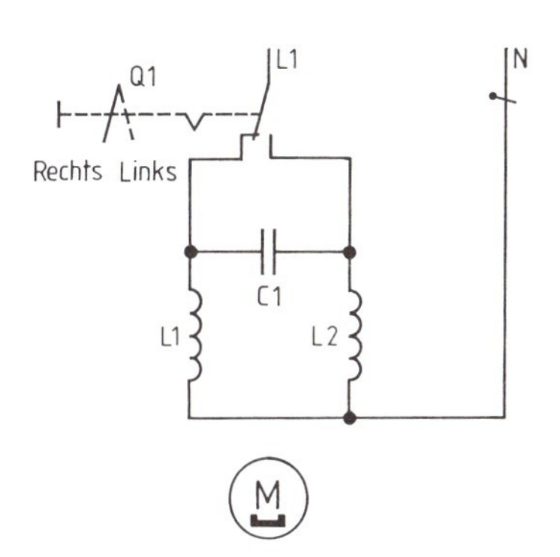

Bild 3: Schaltung für Linkslauf und Rechtslauf bei einem Kondensator-Synchronmotor

Wicklung sind nach Bild 4, Seite 601, ausgeführt. Durch Vorschalten eines Kondensators C1 vor den Hilfsstrang wird das Drehfeld an Einphasenwechselspannung ermöglicht **(Bild 1)**. Je nach Schaltung des Kondensators vor den Strang L1 oder L2 erfolgt Rechtslauf oder Linkslauf.

Kondensatormotoren können je nach Kondensatoranschluß beim Blick auf die Abtriebsseite gegen den Uhrzeigersinn (Linkslauf) oder mit dem Uhrzeigersinn (Rechtslauf) drehen.

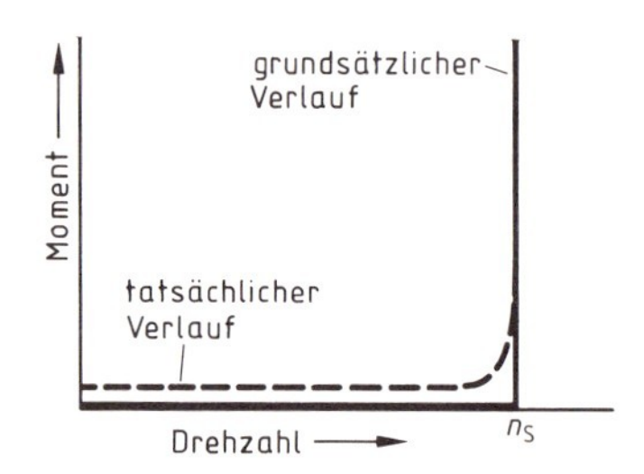

Bild 1: *M*(*n*)-Kennlinie eines kleinen Synchronmotors

Betriebsverhalten der Synchronmotoren

Das nach dem Einschalten bei noch stillstehendem Läufer auftretende Drehmoment heißt *Anzugsmoment*. Es ist bei Synchronmotoren grundsätzlich sehr klein (Bild 1), weil der Läufer der schnellen Umdrehung des Drehfeldes nicht sofort folgen kann. Das gilt vor allem für große Synchronmotoren. Diese haben deshalb als Anlaufhilfe meist einen Anlaufkäfig, so daß sie wie Käfigläufermotoren (Abschnitt 6.3.4) anlaufen. Bei den kleinen Synchronmotoren bewirken Wirbelströme im Läufer beim Anlauf ein Anzugsmoment, weil diese nach der Lenzschen Regel die Ursache, nämlich das Vorbeieilen der Magnetpole des Ständerdrehfeldes, zu hemmen suchen.

Nach dem Hochlaufen auf die Drehfelddrehzahl bleibt die Umdrehungsfrequenz des Synchronmotors konstant und zwar unabhängig von der Belastung. Jedoch tritt bei Belastung ein *Lastwinkel* (Polradwinkel) zwischen der Leerlaufstellung des Läufers und der Laststellung auf **(Bild 2)**. Das vom Motor entwickelte Drehmoment ist bei einem Lastwinkel von 90° am größten **(Bild 3)**. Dann steht der Läufer in der Mitte zwischen einem Nordpol und einem Südpol des Ständerdrehfeldes. Das größte Drehmoment eines Drehfeldmotors nennt man *Kippmoment*. Beim Synchronmotor ändert sich das Kippmoment linear mit der Betriebsspannung.

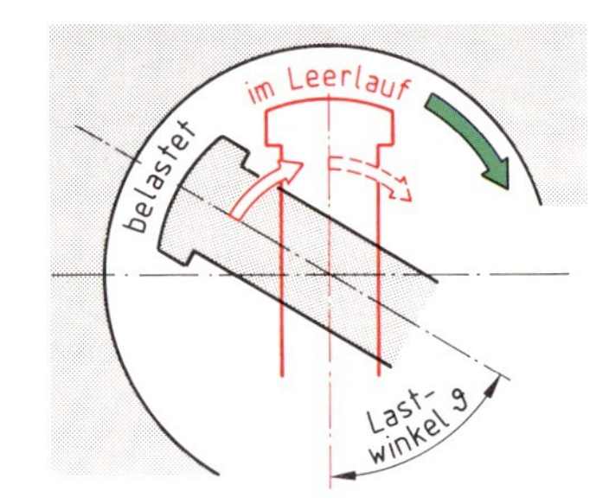

Bild 2: Lastwinkel beim Synchronmotor

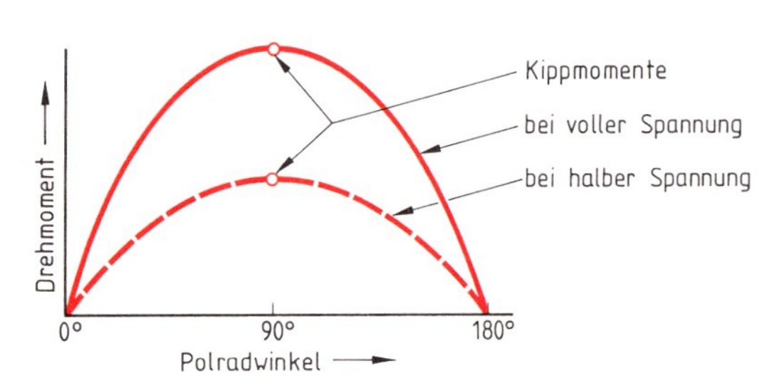

Bild 3: Drehmoment-Polradwinkel-Kennlinie eines Synchronmotors

Synchronmotoren haben eine lastunabhängige Drehzahl, ein kleines Anzugsmoment und ein Kippmoment, das linear von der Betriebsspannung abhängt.

Bei Synchronmotoren mit einer Erregerwicklung tritt je nach Erregerstromstärke eine verschieden hohe induzierte Spannung U_i auf **(Bild 4)**. Wegen der festen Phasenverschiebung von 90° zwischen Laststrom I und Spannung am induktiven Streu-Blindwiderstand U_{bL} eilt bei *Untererregung* I gegenüber der Netzspannung U nach, bei *Übererregung* aber vor (Bild 4). Bei Untererregung wirkt also der Synchronmotor wie eine Induktivität, bei Übererregung wie eine Kapazität.

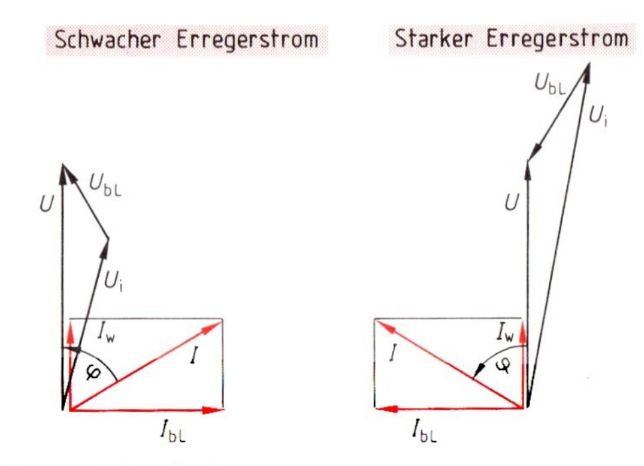

Bild 4: Zeigerbilder des Synchronmotors (vereinfacht)

6.3.3 Gleichstrommotoren mit Magnetläufern

Für Gleichstrommotoren können Magnetläufer verwendet werden, wenn eine geeignete Wicklungsanordnung so vom Gleichstrom durchflossen wird, daß ein magnetisches Drehfeld entsteht.

Schrittmotoren

Die Welle eines Schrittmotors dreht sich bei jedem Gleichstromimpuls (Rechteckimpuls) um einen gleichbleibenden Winkel, den *Schrittwinkel*, weiter. Bei einer raschen Impulsfolge geht die Schrittbewegung in eine kontinuierliche[1] Drehbewegung über. Die Drehbewegung des Schrittmotors ist streng proportional der Impulszahl. Deshalb kann der Schrittmotor ohne *Schrittfehler* arbeiten.

Jeder dieser Motoren kann eine *unipolare* oder eine *bipolare* Wicklung haben. Bei der unipolaren Wicklung genügt ein einpoliger Wechselschalter, bei der bipolaren ist ein zweipoliger zum Ansteuern erforderlich.

Zum Betrieb von Schrittmotoren sind besondere Ansteuerschaltungen erforderlich.

Bei den *Einstrang-Schrittmotoren* **Bild 1** entsteht das Drehfeld ähnlich wie bei den Spaltpolmotoren. Die Drehfeldrichtung ist dadurch nicht umschaltbar. Der magnetische Wechselfluß verläuft bei ihnen nicht sinusförmig, sondern rechteckig.

Bei den *Zweistrang-Schrittmotoren* **(Bild 2)** entsteht das Drehfeld ohne Spaltpole durch geeignete Ansteuerung der Wicklungsstränge **(Tabelle 1, folgende Seite)**. Die Drehfeldrichtung ist bei den Zweistrang-Schrittmotoren durch Änderung der Ansteuerreihenfolge umschaltbar.

Bei den Schrittmotoren gibt es den *Vollschrittbetrieb* und den *Halbschrittbetrieb*. Beim Vollschrittbetrieb bewegt sich der Läufer nach der Änderung der Ansteuerung um den vollen Schrittwinkel weiter, beim Halbschrittbetrieb dagegen nur um den halben Schrittwinkel.

Bei den Zweistrang-Schrittmotoren ist die Drehrichtung von der Reihenfolge der Ansteuerimpulse abhängig.

Der Schrittwinkel der Schrittmotoren hängt von der Polzahl und von der Strangzahl ab.

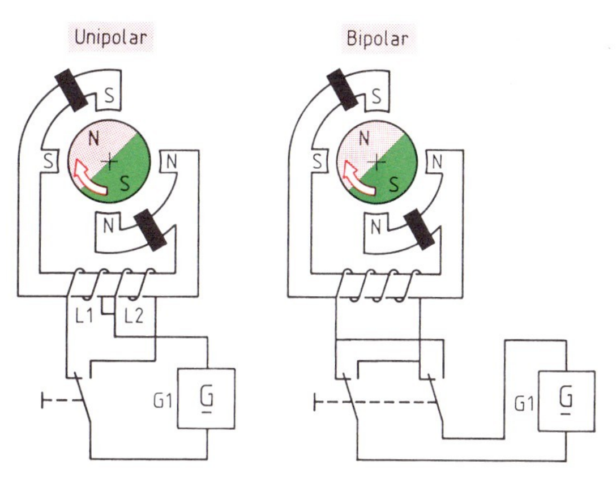

Bild 1: Einstrang-Schrittmotoren

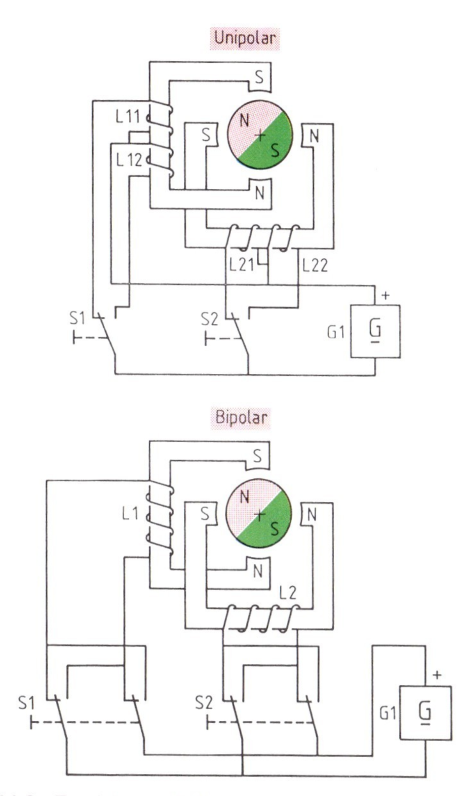

Bild 2: Zweistrang-Schrittmotor

α Schrittwinkel
m Strangzahl (Phasenzahl)
$2p$ Polzahl

$$\alpha = \frac{360^\circ}{m \cdot 2p}$$

[1] lat. continuo = ununterbrochen

Beispiel 1:
Wie groß ist der Schrittwinkel beim Zweistrang-Schrittmotor Bild 2, vorhergehende Seite?

Lösung:
$m = 2 \cdot 2p = 8 \Rightarrow \alpha = 360°/(2p \cdot m) = 360°/(8 \cdot 2) = \mathbf{22{,}5°}$

Vom Schrittwinkel hängt die Kenngröße z_u = Schrittzahl/Umdrehung ab.

z_u Schrittzahl/Umdrehung
m Strangzahl
$2p$ Polzahl

$$z_u = 2p \cdot m$$

Beispiel 2:
Wie groß ist die Kenngröße z_u = Schrittzahl/Umdrehung beim Zweistrang-Schrittmotor Bild 2, vorhergehende Seite?

Lösung:
$z_u = 2p \cdot m = 8 \cdot 2 = \mathbf{16}$

Bei den Schrittmotoren kommen sehr verschieden große Schrittwinkel vor **(Tabelle 2)**.

Die Umdrehungsfrequenz eines Schrittmotors hängt von der Betriebsart, vom Schrittwinkel und der Schrittfrequenz f_{sch} der Ansteuerimpulse ab. Das ist die Frequenz, mit der sich die Ansteuerung ändert, nicht die Frequenz des einzelnen Impulses im Wicklungsstrang.

n Umdrehungsfrequenz (Drehzahl)
f_{sch} Schrittfrequenz
m Strangzahl
$2p$ Polzahl

Bei Vollschrittbetrieb:

$$n = \frac{f_{sch}}{m \cdot 2p}$$

Bei Halbschrittbetrieb:

$$n = \frac{f_{sch}}{2 \cdot m \cdot 2p}$$

Beispiel 3:
Ein Zweistrang-Schrittmotor hat 20 Pole und wird mit einer Schrittfrequenz von 1000 Hz angesteuert. Wie groß ist die Umdrehungsfrequenz im Halbschrittbetrieb?

Lösung:
$n = f_{sch}/(2 \cdot m \cdot 2p) = 1000\ \text{Hz}/(2 \cdot 2 \cdot 20) = 12{,}5\ ^1/\text{s}$
$= \mathbf{750/min}$

Tabelle 1: Ansteuerung des Schrittmotors Bild 2, vorhergehende Seite

Schritt Nr.		Vollschrittbetrieb schwarz / Halbschrittbetrieb zusätzlich rot	
Linkslauf	Rechtslauf	Schalter S1	Schalter S2
0 = 4	0 = 4	←	←
$3^1/_2$	$^1/_2$	←	Mitte
3	1	←	→
$2^1/_2$	$1^1/_2$	Mitte	→
2	2	→	→
$1^1/_2$	$2^1/_2$	→	Mitte
1	3	→	←
$^1/_2$	$3^1/_2$	Mitte	←

Tabelle 2: Typische Schrittwinkel und Schritte/Umdrehung

1,8°	2°	3,6°	7,5°	9°	11,25°	15°	30°	45°
200	180	100	48	40	32	24	12	8

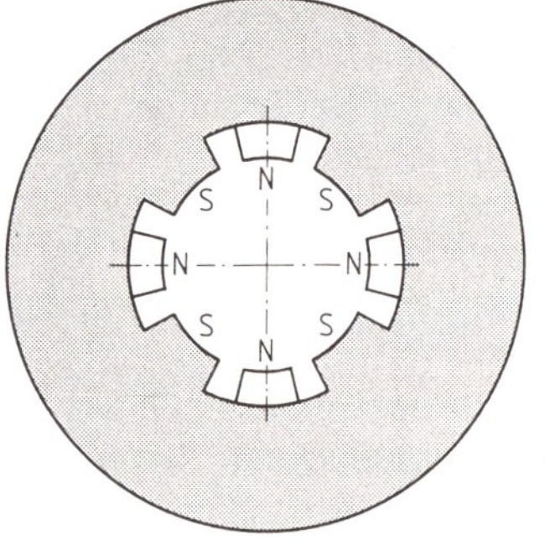

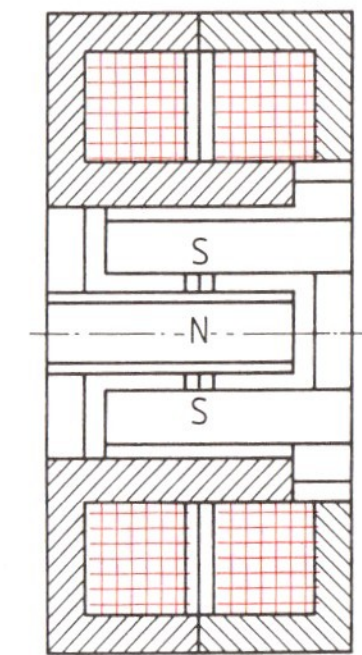

Bild 1: Wechselpolprinzip bei Schrittmotoren mit großem Schrittwinkel

Durch eine elektronische Schaltung kann beim Halbschrittbetrieb die Phasenverschiebung in vier Teile geteilt werden, so daß der Vollschritt in acht Mikroschritte geteilt wird *(Mikroschrittbetrieb)*.

Wechselpolprinzip beim Schrittmotor. Schrittmotoren mit Schrittwinkel von etwa 7,5° und mehr haben einen Ständer nach dem Klauenpolprinzip **(Bild 1)**. Die prinzipielle Anordnung ist dadurch wie in Bild 2, vorhergehende Seite, nur sind mehr Pole vorhanden. Der Magnetläufer hat dieselbe Polzahl wie der Ständer. Er ist entlang seines Umfangs magnetisiert.

Beim *Scheibenmagnet-Schrittmotor* besteht der Läufer aus einer dünnen Dauermagnetscheibe, auf die viele sektorförmige Pole, z. B. 50, aufmagnetisiert wurden **(Bild 1)**. Das Trägheitsmoment des Läufers ist wegen seiner kleinen Masse auch klein, so daß ein sehr rasches Hochlaufen möglich ist. Der Ständer besteht aus einer großen Anzahl von Lamellen, die so angeordnet sind, daß im Abstand der Polteilung des Läufers auf jeder Läuferseite abwechselnd Nordpol und Südpol liegen.

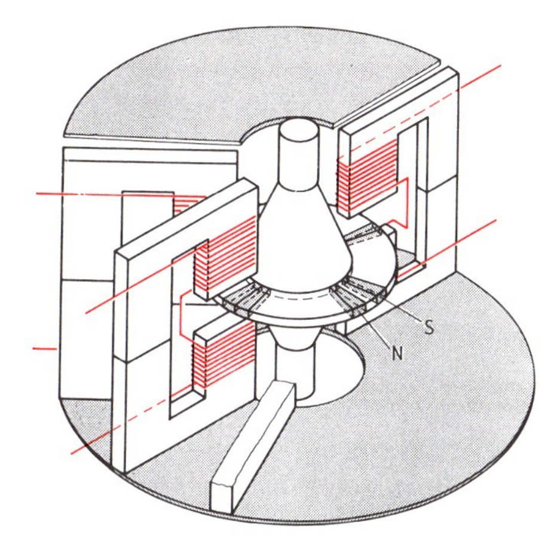

Bild 1: Scheibenmagnet-Schrittmotor

Gleichpolprinzip beim Schrittmotor

Beim Schrittmotor nach dem *Gleichpolprinzip* ist ein zylindrischer, zweipoliger Dauermagnet zwischen zwei gezahnten Polrädern angeordnet **(Bild 2)**. Dadurch erhalten die Zähne jedes Polrades dieselbe Polung.

Die beiden Polräder sind gegeneinander um eine halbe Zahnteilung versetzt. Der Magnetfluß geht über die Polzähne eines Polrads, durch den Ständer, die Polzähne des anderen Polrads und zurück durch den Dauermagneten **(Bild 3)**. Der magnetische Fluß wechselt bei jedem Schritt von dem einem Polrad zum anderen, weil nach jedem Schritt der magnetische Widerstand im magnetischen Kreis anders ist.

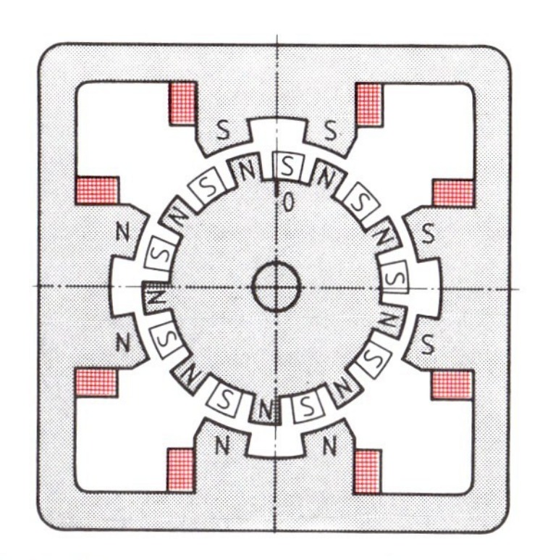

Bild 2: Schrittmotor nach dem Gleichpolprinzip

Der Ständer ist auch bei diesem Schrittmotor mit zwei Strängen versehen. Die Polteilung der Ständerwicklung muß aber so groß sein wie die Polteilung des Läufers, also doppelt so groß wie die Polteilung eines Polrads (Bild 2).

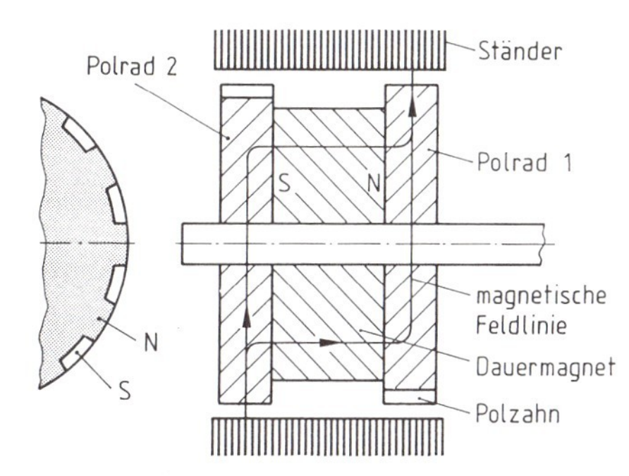

Bild 3: Läufer mit Gleichpolprinzip für Schrittmotor mit kleinem Schrittwinkel

Ist der Ständer stromlos, so stellt sich der Läufer in eine Raststellung entsprechend dem kleinsten magnetischen Widerstand ein. Bei entsprechender Ansteuerung dreht sich der Läufer um eine Polteilung weiter.

Schrittmotoren nach dem Gleichpolprinzip haben hohe Polzahlen und damit kleine Schrittwinkel.

Die Ansteuerung der Schrittmotoren erfordert je nach Art des Schrittmotors und Art des Betriebes eine besondere Reihenfolge der Spannungsimpulse in den Wicklungsteilen. Bei den Zweistrang-Schrittmotoren werden beim Vollschrittbetrieb immer zwei Stränge gleichzeitig angesteuert, beim Halbschrittbetrieb sind während der halben Zeit jeweils ein Strang oder beide Stränge angesteuert.

Beim *Fünfstrang-Schrittmotor* sind fünf Wicklungsstränge vorhanden, von denen allerdings meist gleichzeitig nur vier angesteuert werden. Deshalb spricht man hier von einer *Vierstrang-Ansteuerung*. Dabei ist jeweils ein Strang überbrückt. Gegenüber dem Zweistrang-Schrittmotor ist der Schrittwinkel bei sonst gleichen Werten kleiner, so daß der Motor gleichmäßiger laufen kann.

Bei der Vierstrang-Ansteuerung des Fünfstrang-Schrittmotors ist jeweils ein Strang überbrückt.

Betriebsverhalten. Das von einem Schrittmotor abgebbare Drehmoment und die maximale Schrittfrequenz sind sehr stark vom Ansteuergerät abhängig. Ohne Ständerstrom tritt wegen der magnetischen Kräfte ein *Rastmoment* auf. Mit ansteigender Ansteuerfrequenz nimmt der Scheinwiderstand der Ständerwicklung zu, so daß sich die Stromaufnahme verringert. Die *Start-Stoppfrequenz* ist die größte Frequenz, bei welcher der Motor im Leerlauf ohne Schrittfehler anläuft und stoppt. Das abgebbare Drehmoment ist bei Nennstrom mit steigender Frequenz zunehmend bis zu einem Kippmoment, sinkt dann aber wieder **(Bild 1)**.

Im zulässigen Betrieb bei nicht zu großem Lastmoment dreht sich der Schrittmotor bei jedem Ansteuerimpuls genau um den Schrittwinkel, jedoch kann ein Lastwinkel auftreten. Dieser kann fast so groß sein wie der Schrittwinkel. Es tritt keine Addition der Lastwinkel ein. Der Schrittfehler beträgt also am Ende der Ansteuerung unabhängig von der Impulszahl maximal einen Schrittwinkel.

Anwendungen. Schrittmotoren werden z. B. für Drucker, Diskettenlaufwerke, Festplattenlaufwerke, Fernanzeigen, Fernsteuerungen, Zähleinrichtungen und Kurvenschreiber verwendet.

Außer den beschriebenen Schrittmotoren gibt es weitere Typen, z. B. mit weichmagnetischem Läufer nach dem Reluktanzprinzip (Abschnitt 6.3.6).

Elektronikmotor

Es gibt verschiedene Arten von Elektronikmotoren. Beim Elektronikmotor mit Dauermagnetläufer trägt der Ständer drei Wicklungsstränge, die nacheinander an Gleichspannung gelegt werden **(Bild 2)**. Dadurch entsteht ein magnetisches Drehfeld, welches den Läufer mitnimmt.

Das Weiterschalten muß in Abhängigkeit von der Läuferstellung erfolgen. Als Fühler für die Läuferstellung können z. B. Feldplatten verwendet werden. Steht der Läufer so, daß die Flußdichte bei Feldplatte B1 groß ist, so ist dieser Widerstand hochohmig, V11 wird also leitend **(Bild 3)**. Dadurch sperrt V12, so daß L1 keinen Strom führt. L2 und L3 führen dagegen Strom. Nun dreht sich der Läufer. Entsprechend steuert er dann V21 und danach V31.

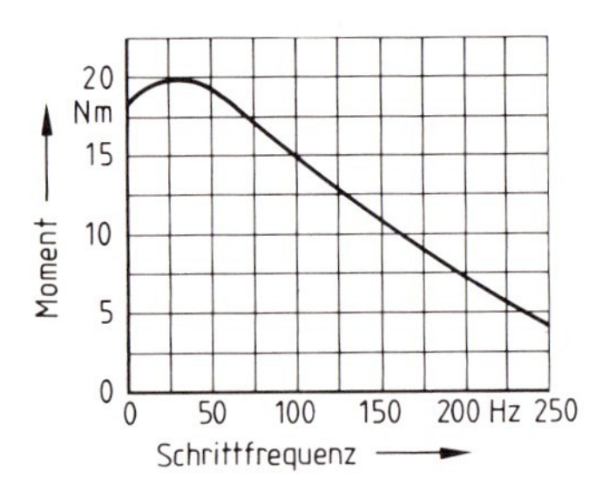

Bild 1: Lastkennlinie eines Schrittmotors

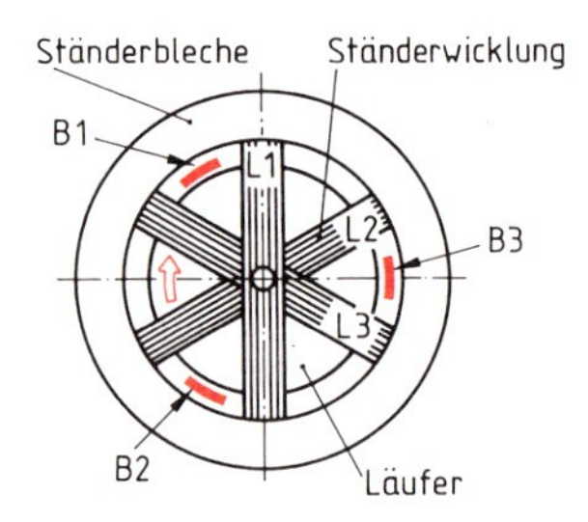

Bild 2: Aufbau eines Elektronikmotors

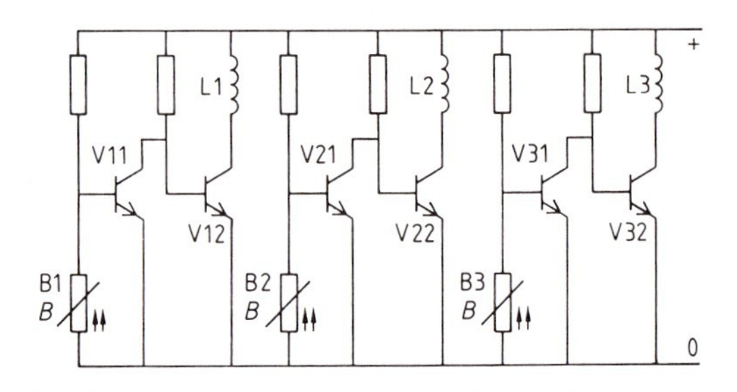

Bild 3: Steuerschaltung eines Elektronikmotors

Wiederholungsfragen

1. **Beschreiben Sie die Wirkungsweise eines Schrittmotors!**
2. **Welche Arten der Schrittmotoren unterscheidet man?**
3. **Warum können Schrittmotoren nicht direkt am Netz betrieben werden?**
4. **Wovon hängt der Schrittwinkel eines Schrittmotors ab?**
5. **Nennen Sie neun typische Schrittwinkel von Schrittmotoren!**
6. **In welchen Fällen arbeiten Schrittmotoren mit dem Wechselpolprinzip und wann nach dem Gleichpolprinzip?**
7. **Warum ist bei Schrittmotoren trotz Auftretens eines Lastwinkels der Schrittfehler klein?**
8. **Wie ist der prinzipielle Aufbau von Elektronikmotoren?**

6.3.4 Motoren mit Kurzschlußläufer

Aufbau

Die meisten Motoren für Wechselstrom oder für Drehstrom enthalten einen Kurzschlußläufer **(Bild 1)**. Dieser besteht aus Welle, Blechpaket, Stäben in den Nuten des Blechpaketes und zwei Kurzschlußringen. Ohne Blechpaket bilden die Stäbe und Kurzschlußringe einen *Käfig* **(Bild 2)**.

Kurzschlußläufermotoren nennt man auch Käfigläufermotoren.

Meist besteht der Käfig aus Aluminium, welches im Druckgußverfahren in die Nuten eingepreßt wird. Daneben gibt es bei größeren Motoren auch gelötete Käfige aus Kupferstäben (Bild 2). Die Form der Käfige kann verschieden sein. Meist sind die Stäbe schräg gestellt, damit das Drehmoment unabhängig von der Läuferstellung ist.

Der Ständer von Kurzschlußläufermotoren ist wie der Ständer von Magnetläufermotoren für Wechselstrom aufgebaut, z. B. beim Drehstrommotor oder beim Spaltpolmotor.

Im Ständer eines Kurzschlußläufermotors wird wie bei den Magnetläufermotoren für Wechselstrom ein magnetisches Drehfeld erzeugt.

Wirkungsweise

Nach dem Einschalten induziert das magnetische Drehfeld des Ständers in den Stäben des Käfigs Spannungen. Zwischen den Spannungen in den einzelnen Stäben bestehen Phasenverschiebungen, weil die Stäbe räumlich versetzt sind. Im Läufer ist also eine *Vielphasenspannung* wirksam. Bei 22 Stäben sind 22 Wechselspannungen wirksam. Infolge der Kurzschlußringe kann ein Vielphasenwechselstrom fließen, z. B. bei 22 Stäben ein 22phasiger Wechselstrom. Weil bei den Kurzschlußläufermotoren der Läuferstrom durch Induktion zustande kommt, nennt man derartige Motoren auch *Induktionsmotoren*.

Wechselstrommotoren sind meist Induktionsmotoren. Der Läuferstrom kommt durch Induktion zustande.

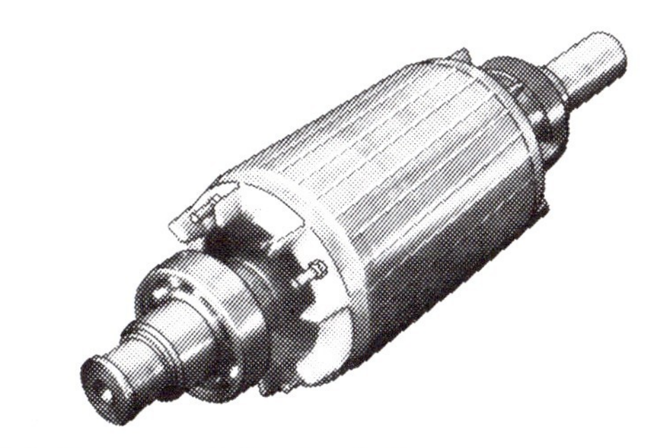

Bild 1: Kurzschlußläufer (Käfigläufer)

Bild 2: Käfigformen von Kurzschlußläufern (Blechpaket weggeätzt)

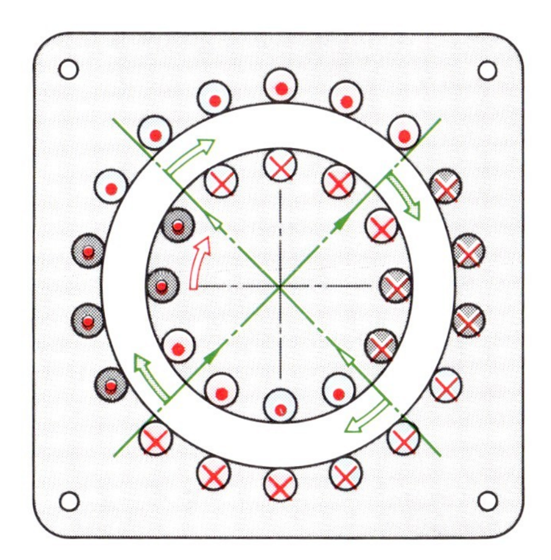

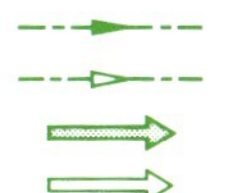

Bild 3: Zusammenwirken von Ständer- und Läuferdrehfeld

Der mehrphasige Läuferstrom ruft im Läufer ein magnetisches Drehfeld hervor **(Bild 3)**. So lange der Läufer sich noch nicht dreht, hat der Läuferstrom dieselbe Frequenz wie der Ständerstrom, am 50-Hz-Netz also 50 Hz. Dadurch ist die Umdrehungsfrequenz des Läuferdrehfeldes gleich der Umdrehungsfrequenz des Ständerdrehfeldes. Die magnetischen Drehfelder üben aufeinander Kräfte aus wie bei einem Magnetläufer, so daß sich der Kurzschlußläufer in der Richtung des Ständerdrehfeldes dreht.

Betriebsverhalten

Bei einsetzender Drehung des Kurzschlußläufers eilt das Ständerdrehfeld langsamer als vorher an den Käfigstäben vorbei. Dadurch nimmt die Frequenz der Läuferströme ab. Außerdem nehmen auch die induzierte Spannung ab und der Läuferstrom. Damit sinkt auch der vom Netz aufgenommene Ständerstrom **(Bild 1)**.

> Beim Kurzschlußläufermotor nehmen Frequenz der Läuferspannung und Ständerstrom beim Anlauf ab.

Man bezeichnet den Unterschied zwischen Drehfelddrehzahl und Läuferdrehzahl als *Schlupf*. Der Schlupf wird meist in Prozent der Drehfelddrehzahl angegeben.

Beispiel 1:
Ein vierpoliger Drehstrom-Kurzschlußläufermotor arbeitet am 50-Hz-Netz mit einer Umdrehungsfrequenz von 1450/min. Wie groß ist sein auf die Drehfelddrehzahl bezogener Schlupf?

Lösung:

$n_s = f/p = 50\ \text{Hz}/2 = 25\ ^1/\text{s} = 1500/\text{min}$

$s = (n_s - n_L)/n_s = (1500/\text{min} - 1450/\text{min})/(1500/\text{min})$
$= 50/\text{min}/(1500/\text{min}) = 0{,}0333 = \mathbf{3{,}33\%}$

Da die Netzfrequenz fest ist, z. B. 50 Hz, nimmt die Frequenz des Läuferstromes proportional mit dem Schlupf zu oder ab.

Beispiel 2:
Ein zweipoliger Spaltpolmotor wird an 50 Hz betrieben. Sein Läufer dreht sich mit 2700/min. Wie groß ist die Frequenz des Läuferstromes?

Lösung:

$n_s = f/p = 50\ \text{Hz}/1 = 50\ ^1/\text{s} = 3000/\text{min}$

$s = (n_s - n)/n_s = (3000 - 2700)/3000 = 0{,}1$

$f_L = f \cdot s = 50\ \text{Hz} \cdot 0{,}1 = \mathbf{5\ Hz}$

Wenn der Kurzschlußläufer die Umdrehungsfrequenz des Drehfeldes erreicht hat, wird in den Stäben keine Spannung mehr induziert. Im Läufer fließt dann kein Strom mehr. Der Motor kann aber auch kein Drehmoment mehr abgeben. Wird der Motor durch eine Arbeitsmaschine belastet, so nimmt die Umdrehungsfrequenz des Läufers ab. Infolge des nun einsetzenden Stromes im Läufer kann ein Drehmoment abgegeben werden. Der bei Nenndrehzahl auftretende Schlupf (Nennschlupf) beträgt etwa 4% bis 10%. Bei Betrieb mit herabgesetzter Spannung, z. B. zur Drehzahlsteuerung, kann der Schlupf erheblich größer sein.

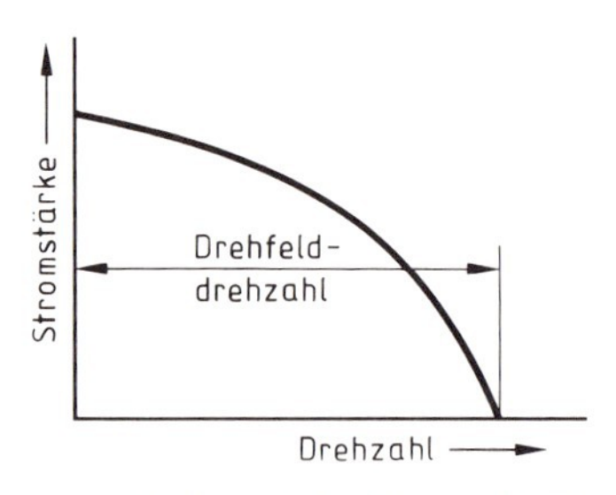

Bild 1: Stromaufnahme beim Kurzschlußläufermotor

Δn Schlupf
n_L Läuferdrehzahl
n_s Drehfelddrehzahl
s auf die Drehfelddrehzahl bezogener Schlupf

$$\Delta n = n_s - n_L$$

$$s = \frac{n_s - n_L}{n_s}$$

f_L Frequenz des Läuferstromes
f Netzfrequenz
s drehzahlbezogener Schlupf

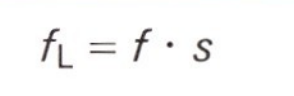

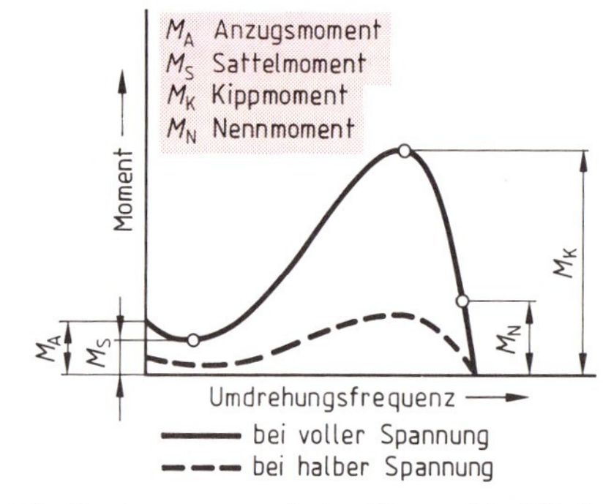

Bild 2: Drehmomente beim Kurzschlußläufermotor

Da im Stillstand des Motors nach dem Einschalten der Ständerstrom am stärksten ist, vermutet man, daß dann auch das Drehmoment (Anzugsmoment M_A) am größten ist. Tatsächlich wird aber das größte Drehmoment (Kippmoment M_K) erst bei einer viel höheren Umdrehungsfrequenz erreicht **(Bild 2)**. Mit zunehmender Umdrehungsfrequenz des Läufers sinkt nämlich der Blindwiderstand im Läufer, da mit dem Hochlaufen die Frequenz der Läuferspannung abnimmt. Dadurch nimmt die Phasenverschiebung zwischen Läuferspannung und Läuferstrom ab. Infolgedessen liegt das Läuferdrehfeld bei höherer Umdrehungsfrequenz günstiger zum Ständerdrehfeld, so daß das Drehmoment trotz abnehmendem Ständerstrom zunächst ansteigt.

Die Läuferdrehzahl ist nach dem Hochlaufen des Kurzschlußläufermotors bei Belastung immer niedriger als die Drehfelddrehzahl **(Bild 1)**. Kurzschlußläufermotoren arbeiten asynchron[1].

Bei den Asynchronmotoren erreicht der Läufer die Umdrehungsfrequenz, bei welcher sich die Motorkennlinie und die Kennlinie der Last schneiden.

Bild 1: Lastdrehzahl beim Asynchronmotor

Stromverdrängungsläufer

Zur Erhöhung des Läuferwiderstandes beim Einschalten sind in den Läufernuten von geeigneter Form jeweils zwei Stäbe angeordnet **(Bild 2)**. Durch diese fließt im Betrieb ein Wechselstrom. Dieser erzeugt um jeden Läuferstab ein magnetisches *Streufeld*. Das Streufeld ist um den unteren Läuferstab stärker, weil hier die magnetischen Feldlinien einen kürzeren Luftweg haben. Beide Streufelder induzieren in den Läuferstäben Spannungen, die nach der Lenzschen Regel die Ursache zu hemmen suchen. Dabei ist im unteren Stab wegen des stärkeren Streuflusses die Wirkung stärker als im oberen. Der Läuferstrom wird also zum Luftspalt hin *verdrängt* (Stromverdrängungsläufer). Dieselbe Wirkung tritt auch in Läuferstäben auf, wenn diese schmal und hoch sind **(Bild 3)**. Beim Hochlaufen verringert sich die Stromverdrängung, weil die Frequenz des Läuferstromes abnimmt und damit auch die durch das Streufeld induzierte Spannung.

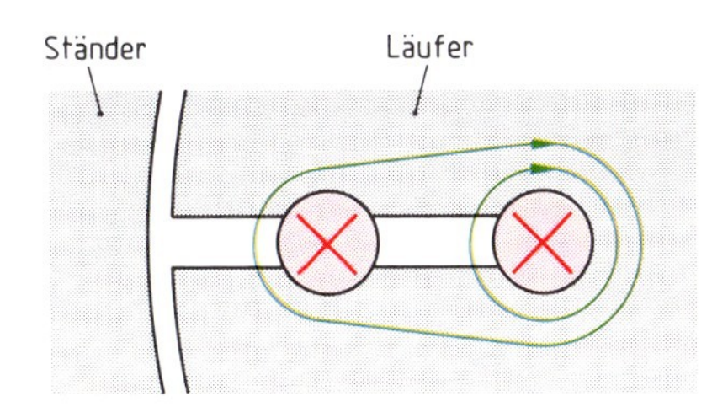

Bild 2: Wirkungsweise beim Stromverdrängungsläufer

Bild 3: Querschnittsformen der Käfigstäbe beim Stromverdrängungsläufer

Bei den Stromverdrängungsläufern ist das Anzugsmoment groß und die Anzugsstromstärke klein **(Bild 4)**.

Kurzschlußläufermotoren kommen als schnellaufende oder langsamlaufende Spaltpolmotoren mit weniger als 1 W Nennleistung bis etwa 50 W Nennleistung vor, als Kondensatormotoren von 1 W bis 1000 W Nennleistung und als Drehstrommotoren von 50 W Nennleistung bis mehr als 2000 kW Nennleistung.

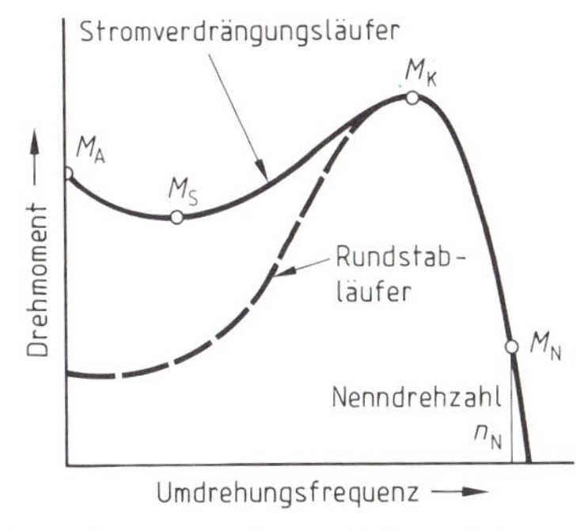

Bild 4: Drehmoment-Drehzahlkennlinien von Kurzschlußläufermotoren

Wiederholungsfragen

1. **Beschreiben Sie den Aufbau eines Kurzschlußläufers!**
2. **Wodurch kommt der Strom im Läufer eines Kurzschlußläufermotors zustande?**
3. **Auf welche Weise entsteht die Kraft auf den Läufer eines Kurzschlußläufermotors?**
4. **Warum nimmt die Frequenz des Läuferstromes beim Kurzschlußläufermotor mit zunehmender Drehzahl ab?**
5. **Erklären Sie den Begriff Schlupf!**
6. **Nennen Sie drei häufig vorkommende Kurzschlußläufermotoren, und geben Sie dazu die üblichen Nennleistungen an!**

[1] a griech. Vorsilbe, die verneint; asynchron = nicht synchron

6.3.5 Sonstige Drehfeldmotoren

Drehstrommotor als Kondensatormotor

Drehstrommotoren lassen sich in der *Steinmetzschaltung*[1] mit etwa 70% ihrer Nennleistung an Einphasenwechselspannung betreiben, wenn ihre Strangspannung so groß ist wie die Netzspannung **(Bild 1)**. Bei 230 V ist je kW Nennleistung ein Kondensator von 64 μF erforderlich.

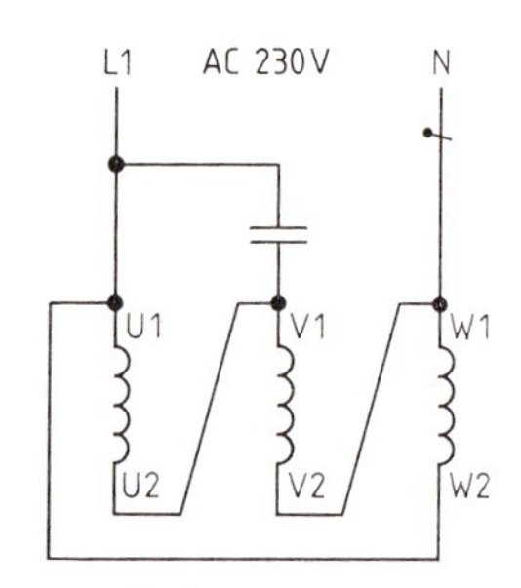

Bild 1: Steinmetzschaltung

Wirbelstromläufermotoren

Eine Sonderform des Kurzschlußläufermotors sind Kleinstmotoren mit Wirbelstromläufern. An Stelle des Käfigs in einem Blechpaket wird hier bei Innenläufern ein kleiner, massiver Stahlzylinder verwendet, bei Außenläufern ein Blechnapf. Die Wirkungsweise ist dieselbe wie bei den Kurzschlußläufermotoren, jedoch sind anstelle der Stabströme die Wirbelströme wirksam.

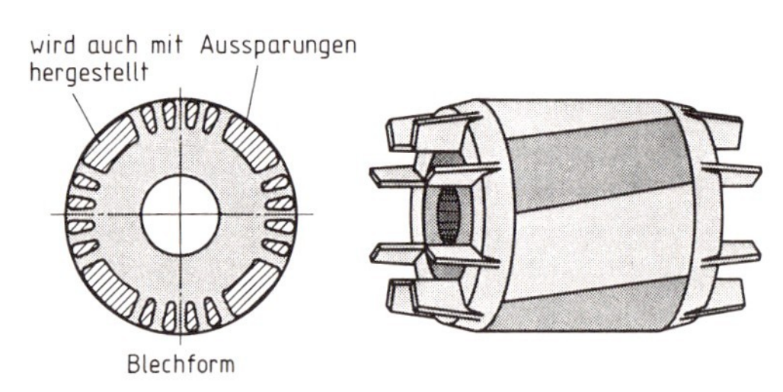

Bild 2: Läufer eines Reluktanzmotors

Reluktanzmotor

Hat das Blechpaket eines Kurzschlußläufermotors an seinem Umfang so viele Aussparungen, wie der Motor Pole hat, dann verlaufen die Feldlinien des Ständerdrehfeldes stärker durch das Läuferblech als durch die Aussparungen, da in den Aussparungen der magnetische Widerstand erheblich größer ist **(Bild 2)**. Nach dem Hochlaufen sträubt sich deshalb der Läufer, gegenüber dem Drehfeld zurückzubleiben. Infolge des Käfigs läuft dieser *Reluktanzmotor*[2] als Asynchronmotor an und arbeitet dann als Synchronmotor weiter.

Reluktanzmotoren haben eine konstante Drehzahl. Bei Wirbelstromläufern für Außenläufermotoren, z. B. langsamlaufende Spaltpolmotoren, genügt für die Reluktanzwirkung die Anordnung von so vielen Bohrungen in der Stirnfläche des Außenläufers, wie der Motor Pole hat.

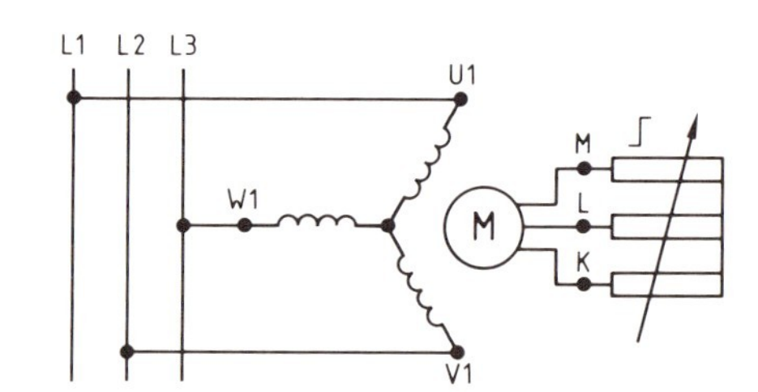

Bild 3: Schaltung des Schleifringläufermotors ohne Darstellung des Schutzleiters

Schleifringläufermotor

Der Schleifringläufermotor ist ein Drehstromasynchronmotor, dessen Ständer wie bei einem Kurzschlußläufermotor aufgebaut ist. Der Läufer hat dagegen eine *Drahtwicklung* mit derselben Polzahl wie der Ständer. Die Anschlüsse der Läuferwicklung, die meist in Stern geschaltet ist, sind an drei Schleifringe geführt. An die Schleifringe ist ein Anlasser mit drei Widerständen angeschlossen **(Bild 3)**. Je nach Stellung des Anlassers sind der Läuferstrom, der Ständerstrom, das Drehmoment und damit der Schlupf verschieden groß. Außer zum Anlassen des Motors kann der Anlasser zur

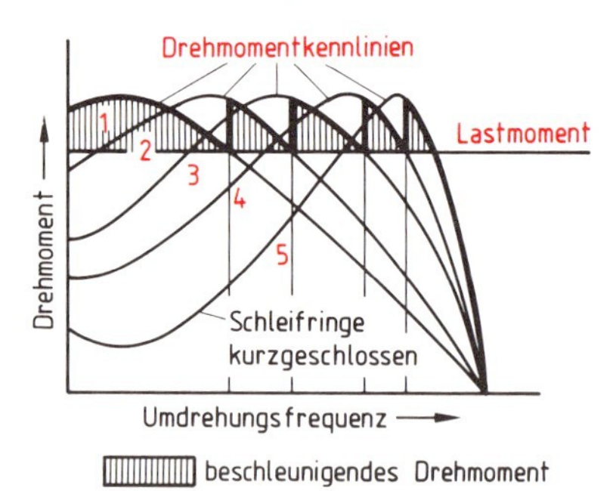

Bild 4: Drehmomentkennlinien eines Schleifringläufermotors mit verschiedenen Anlaßwiderständen

Schlupfsteuerung und damit zur begrenzten Drehzahlsteuerung verwendet werden **(Bild 4)**. Schleifringläufermotoren verwendet man für Nennleistungen ab 4,4 kW z. B. für Hebezeuge.

[1] Steinmetz, deutsch-amerik. Ingenieur, 1865 bis 1923; [2] lat. reluctare = sich sträuben

6.3.6 Stromwendermotoren

Motoren mit einem *Stromwender* (Kommutator, Kollektor[1]) sind meist für den Betrieb mit Gleichspannung geeignet. Einige Bauarten davon können auch mit Wechselstrom betrieben werden.

Aufbau

Der Ständer hat bei den Stromwendermotoren die Aufgabe, ein feststehendes Magnetfeld zu erzeugen. Das erfolgt bei Gleichstrommotoren mit Dauermagneten (bis 30 kW) oder mit einer *Feldwicklung,* bei Wechselstrommotoren immer mit einer Feldwicklung *(Erregerwicklung)* **(Bild 1, folgende Seite)**. Der Läufer wird bei Stromwendermotoren meist *Anker* genannt. Er besteht aus Welle, Blechpaket, Drahtwicklung und Stromwender. Die Stromzuführung zum Anker erfolgt über *Kohlebürsten*, die im *Bürstenapparat* des Ständers befestigt sind.

Bei Motoren, deren Drehzahl schnell den Steuerbefehlen folgen soll, z.B. bei Stellantrieben, muß das Trägheitsmoment klein sein. Das erreicht man durch einen Läuferaufbau ohne Elektrobleche oder durch schlanke Läufer. Eine verbreitete Form ist der *Scheibenläufermotor* **(Bild 1)**. Bei ihm wird als Läufer eine dünne, eisenfreie Scheibe verwendet. Auf beiden Seiten davon befinden sich ähnlich einer gedruckten Schaltung dünne Leiterbahnen anstelle einer Wicklung. Auf der Läuferscheibe schleifen direkt die Kohlebürsten, so daß kein besonderer Stromwender erforderlich ist. Beiderseits der Läuferscheibe bewirken Dauermagnete, daß sie von einem starken, gleich gerichteten Magnetfeld durchsetzt wird (Unipolarmaschine).

Der Scheibenläufermotor ist ein dauermagneterregter, trägheitsarmer Gleichstrommotor für reaktionsschnelle Antriebe.

Wirkungsweise

Im Ständer der Stromwendermotoren wird durch den Erregerstrom oder durch Dauermagnete das magnetische Ständerfeld erzeugt.

Versuch 1: Lagern Sie den Anker einer zweipoligen Stromwendermaschine nach **Bild 2**. Führen Sie dem Stromwender Strom zu! Prüfen Sie mit einer Magnetnadel die Polung.

Der stromdurchflossene zweipolige Anker hat einen Nordpol und einen Südpol.

[1] lat. commutare = vertauschen; lat. collectum = zusammengelesen

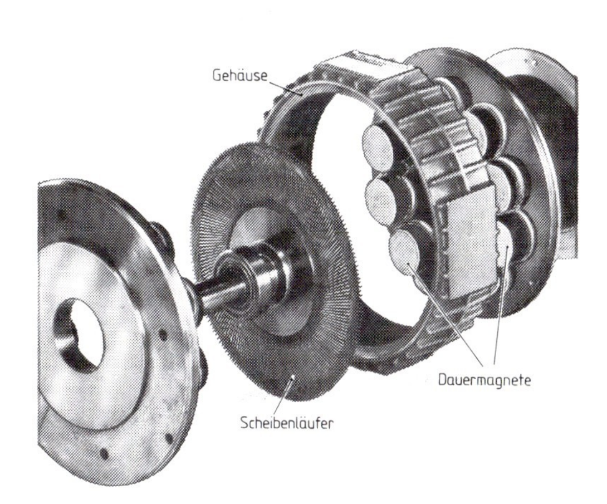

Bild 1: Scheibenläufermotor

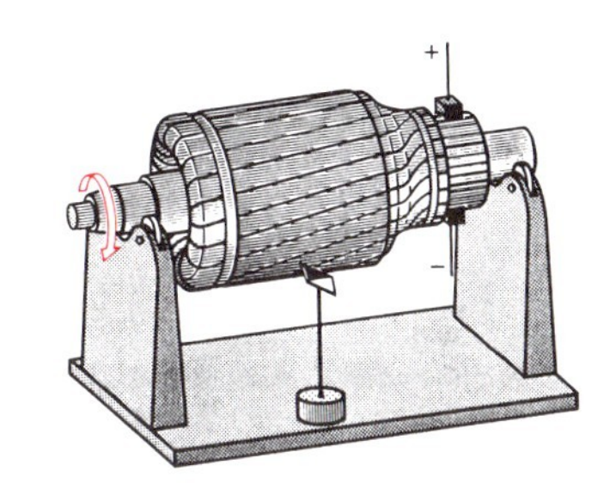

Bild 2: Nachweis des Läuferfeldes

Versuch 2: Drehen Sie den stromdurchflossenen Anker von Versuch 1, und beobachten Sie die magnetische Polung!

Die Lage der Magnetpole bleibt unverändert.

Der Anker eines Stromwendermotors wirkt auch bei Drehung wie *ein* Elektromagnet mit feststehenden Polen. Zwar ändert sich bei der Drehung die Lage der Ankerspulen, jedoch wird durch den Stromwender der Strom so umgepolt, daß die Lage der Ankerpole gleich bleibt. Durch das Zusammenwirken von Erregerfeld des Ständers und Ankerfeld des Läufers tritt eine Kraft auf, die den Anker dreht.

Bei der Drehung des Ankers sucht sich das Ankerfeld in die gleiche Richtung zu drehen wie das Erregerfeld **(Bild 2, folgende Seite)**. Da der Strom aber immer wieder anderen Ankerspulen zugeführt wird, nimmt auch das Ankerfeld immer wieder seine ursprüngliche Richtung an.

Bei Stromwendermotoren tritt ein Drehmoment auf, wenn ein Erregerfeld vorhanden ist und im Anker Strom fließt.

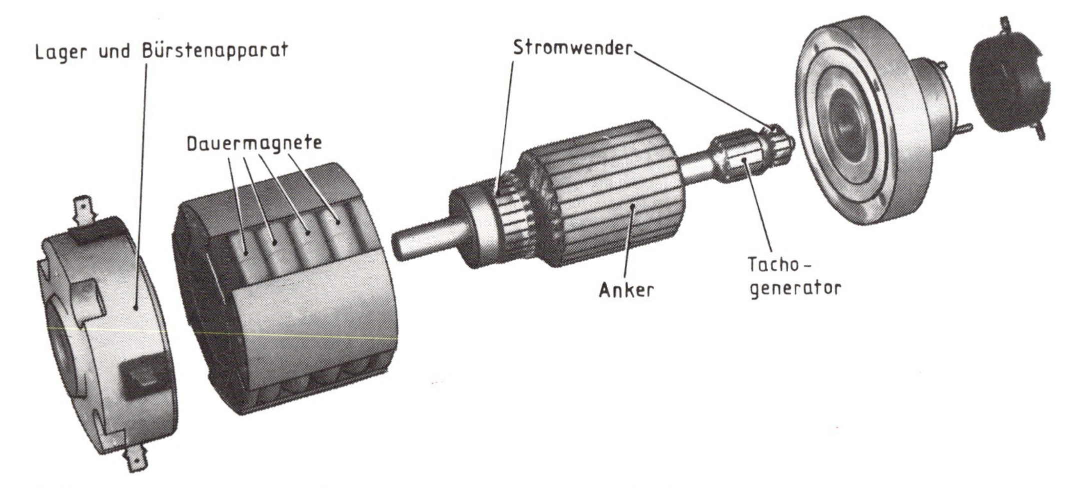

Bild 1: Dauermagneterregter Gleichstrommotor mit angebautem Tachogenerator

Die Richtung des Drehmomentes von Stromwendermotoren und damit die Drehrichtung werden umgekehrt, wenn *entweder* die Richtung des Ankerfeldes durch Umpolen des Ankerstromes umgekehrt wird *oder* aber die Richtung des Erregerfeldes (Magnetfeld des Ständers) durch Umpolen des Erregerstroms. Wenn die Drehrichtung von Gleichstrommotoren betriebsmäßig umgekehrt werden soll (Umkehrbetrieb), so polt man den Ankerstromkreis um. Dagegen bleibt die Erregerwicklung (Feldwicklung) unverändert vom Erregerstrom durchflossen.

Zur Drehrichtungsumkehr von Stromwendermotoren polt man den Ankerstrom um.

Drehmoment und Anzugsstrom

Nach der Drehmomentgleichung der elektrischen Maschinen hängt das Drehmoment von Gleichstrommotoren von der Stärke des Hauptfeldes und von der Stärke des Ankerfeldes ab.

Das Drehmoment von Gleichstrommotoren ist um so größer, je größer der Erregerstrom und der Ankerstrom sind.

Versuch 3:

Schließen Sie einen Gleichstrommotor über einen Strommesser an einen einstellbaren Gleichspannungserzeuger! Halten Sie den Läufer fest, und erhöhen Sie die Spannung von 0 V an beginnend!

Schon bei einer sehr niedrigen Spannung (z. B. 10% der Nennspannung) fließt der volle Nennstrom.

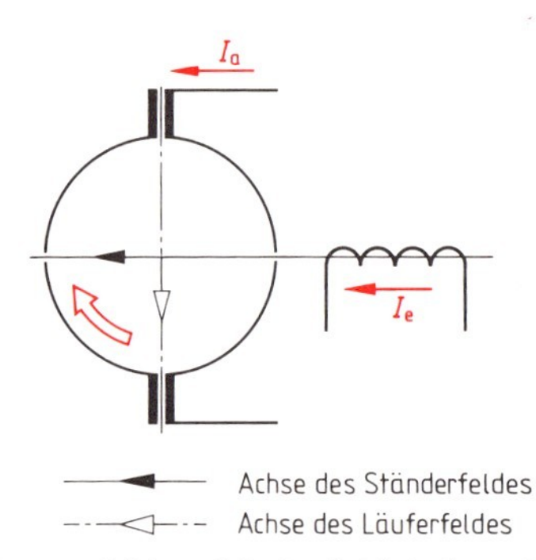

Bild 2: Erregerfeld und Ankerfeld drehen den Läufer

Im Stillstand des Motors ist die Stromstärke im Anker groß, weil nur die am Anker anliegende Spannung und der kleine Widerstand der Ankerwicklung maßgebend sind. Bei Anschluß an die volle Spannung würde sich eine unzulässig große Stromstärke einstellen. Ein direktes Einschalten ist deshalb nur bei Gleichstrom-Kleinstmotoren möglich.

Mittelgroße und große Gleichstrommotoren läßt man bei herabgesetzter Ankerspannung an.

Meist werden Gleichstrommotoren aus Gleichrichterschaltungen gespeist. Enthalten diese eine Spannungsstabilisierung mit *Strombegrenzung*, so ist ein direktes Einschalten des Motors möglich **(Bild 1, folgende Seite)**, weil die Strombegrenzung bei Überschreiten des Höchststromes selbsttätig die Spannung herabsetzt. Der Höchststrom ist meist einstellbar, so daß er an den Nennstrom des angeschlossenen Gleichstrommotors angepaßt werden kann.

Einstellen der Umdrehungsfrequenz

Dreht sich der Anker einer Gleichstrommaschine, so wird in ihm Spannung induziert, weil sich seine Leiter quer zum Magnetfeld bewegen. Die Spannung ist so gerichtet, daß die Ursache der Induktion gehemmt wird. Die Ursache für die Induktion ist der Ankerstrom, weil dieser den Anker zum Drehen bringt.

Im Anker von laufenden Gleichstrommotoren entsteht eine Spannung, welche die Stromaufnahme verringert.

Die im Anker eines Motors induzierte Spannung wird auch Gegen-EMK genannt (EMK Elektromotorische Kraft).

Wird bei einem Gleichstrommotor die Ankerspannung vergrößert, so nimmt der Anker einen stärkeren Strom auf. Dadurch entwickelt er ein größeres Drehmoment. Er wird so lange beschleunigt, bis die steigende, im Anker induzierte Spannung den Ankerstrom wieder verkleinert.

Die Umdrehungsfrequenz eines Gleichstrommotors wird durch Vergrößerung der Ankerspannung erhöht und durch Verkleinerung verringert.

Durch Herabsetzen der Erregerspannung sinken der Erregerstrom und damit die im Anker induzierte Spannung. Der Anker nimmt deshalb einen stärkeren Strom auf. Dadurch entwickelt er ein größeres Drehmoment und wird nun so lange beschleunigt, bis die induzierte Spannung wieder etwa so groß ist wie vorher.

Die Umdrehungsfrequenz von Gleichstrommotoren wird erhöht, wenn der Erregerstrom verringert wird.

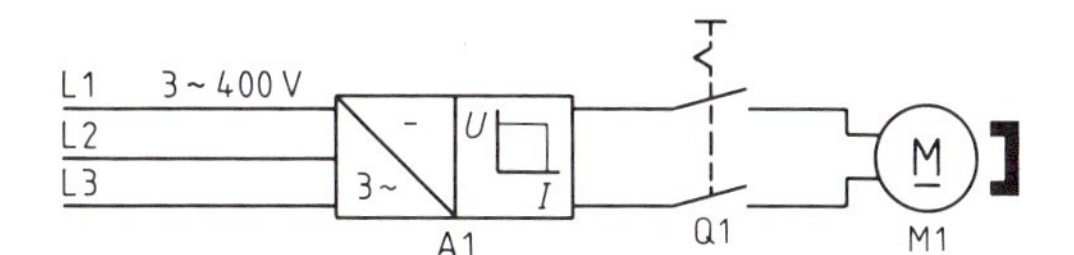

Bild 1: Anschluß eines Gleichstrommotors an das Drehstromnetz (Prinzip)

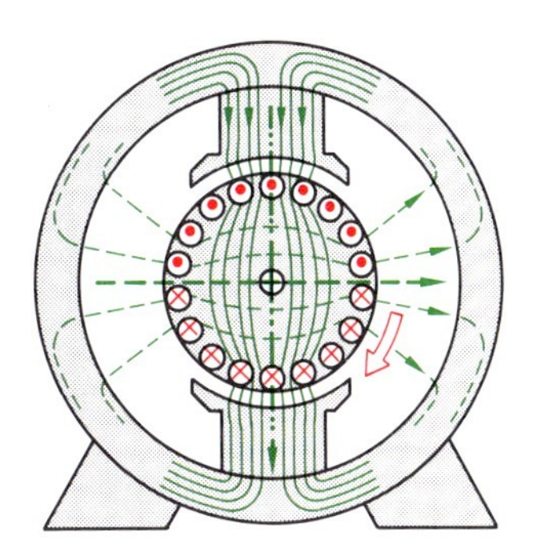

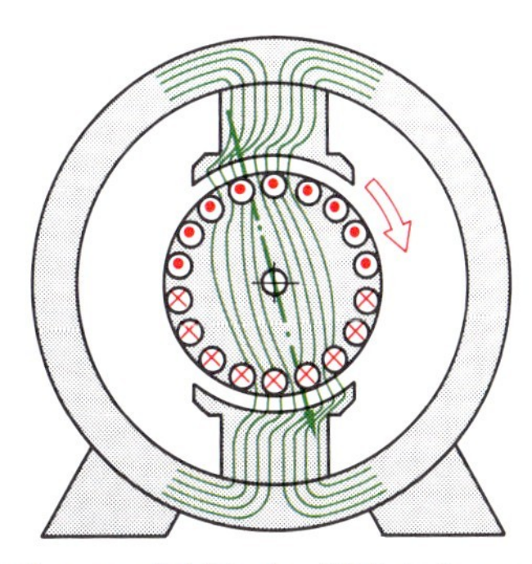

Bild 2: Ankerquerfeld beim Gleichstrommotor

Ankerstrom und Ankerquerfeld

Durch eine mechanische Belastung werden die Ankerdrehzahl und damit die induzierte Spannung verringert. Deshalb steigt die Stromstärke an. Ein Ansteigen der Stromstärke ist auch wegen der durch Belastung vergrößerten Energieabgabe erforderlich.

Belastete Gleichstrommotoren nehmen einen stärkeren Ankerstrom auf als unbelastete.

Bei Belastung von Stromwendermotoren entsteht wegen des Ankerstromes in der Ankerwicklung ein magnetisches Feld **(Bild 2)**. Dieses *Ankerquerfeld* setzt sich mit dem magnetischen Hauptfeld der Ständerpole zu einem resultierenden Feld zusammen. Die Achse des resultierenden Feldes ist dabei *gegen* die Drehrichtung des Motors verschoben. Dadurch ändert sich auch die Lage der Spulen, in denen gerade keine Spannung induziert wird. Diese Lage bezeichnet man als *neutrale Zone*.

Beim Stromwendermotor wird die neutrale Zone durch Belastung gegen die Drehrichtung verschoben.

Bei Stromwender-Kleinstmotoren verschiebt man die Kohlebürsten *gegen* die Drehrichtung aus der neutralen Zone für den Leerlauf, damit bei Belastung das Bürstenfeuer gering bleibt. Infolge der Bürstenverschiebung wird aber das magnetische Hauptfeld geschwächt, da jetzt das Ankerquerfeld zum Teil gegen das Hauptfeld gerichtet ist. Es kann der unerwartete Fall eintreten, daß der Motor bei Belastung eine größere Umdrehungsfrequenz annimmt, ja sogar durchgeht. Durch die Bürstenverschiebung wird er *instabil*. Deshalb vermeidet man bei mittleren und größeren Motoren die Bürstenverschiebung.

Bei Gleichstrommotoren mit Nennleistungen ab 1 kW sind meist *Wendepole* vorhanden **(Bild 1)**. Diese liegen zwischen den Hauptpolen und wirken dem Ankerquerfeld entgegen. Ihre Polung muß so sein, daß bei Motoren in Drehrichtung auf jeden Hauptpol ein Wendepol folgt, der dieselbe Polung wie der vorhergehende Hauptpol hat. Die Wicklung der Wendepole ist in Reihe zum Anker geschaltet.

Bei starker Belastung ist dadurch das Wendepolfeld ebenfalls stark. Wendepole ermöglichen eine funkenfreie Stromwendung durch den Stromwender.

Bei Motoren folgt in Drehrichtung auf jeden Hauptpol ein gleichnamiger Wendepol.

Bei der Inbetriebnahme von Gleichstrommotoren ist die richtige Polung der Wendepole zu prüfen. Dies erfolgt mit einer Magnetnadel und einem Stahlstab.

Bei großen Motoren mit Nennleistungen ab 100 kW sowie bei solchen Motoren, die stoßweise belastet werden, bringt man zusätzlich eine *Kompensationswicklung* unter den Hauptpolen an. Deren Magnetfeld hebt den Einfluß des Ankerquerfeldes unter den Hauptpolen auf.

Schaltungen und Betriebsverhalten

Die bei Stromwendermotoren vorkommenden Arten unterscheiden sich durch die Schaltung der Erregerwicklung im Ständer zur Ankerwicklung **(Tabelle 1, folgende Seite)**. Bei Maschinen über 1 kW sind zur funkenfreien Stromwendung meist *Wendepole* vorhanden mit Wendepolwicklung B1B2 **(Bild 2)**. Diese ist in Reihe zu A1A2 geschaltet. Die Anschlüsse B1B2 sind nicht immer herausgeführt.

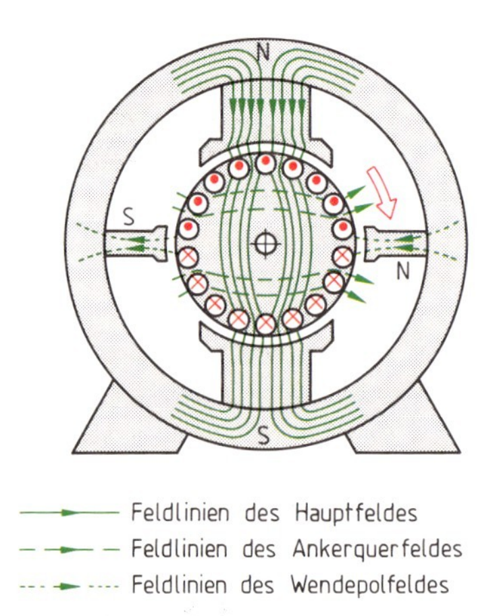

Bild 1: Wendepole beim Gleichstrommotor

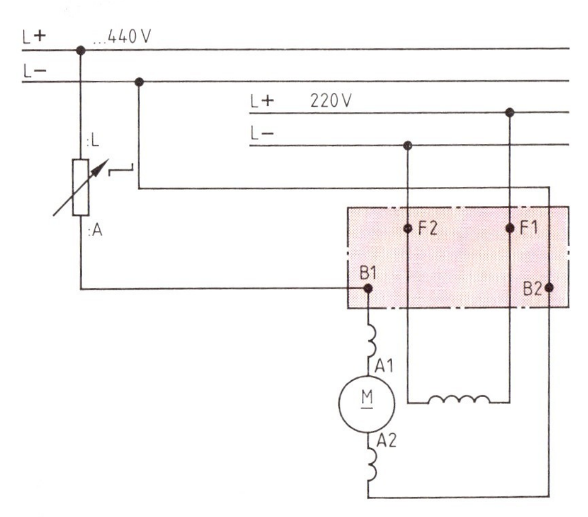

Bild 2: Fremderregter Motor mit Wendepolen

Drehrichtungsumkehr ist bei allen Schaltungen durch Vertauschen von A1 und A2 bzw. B1 und B2 möglich.

Der *Reihenschlußmotor* kann ein sehr großes Drehmoment entwickeln, da bei Belastung Ankerstrom und Erregerstrom gleich zunehmen. Im Leerlauf nimmt die Drehzahl sehr stark zu, der Motor „geht durch", seine Drehzahl ist stark lastabhängig. Der Reihenschlußmotor kann auch mit Wechselstrom arbeiten, wenn der Ständer geblecht ist. Kleine Wechselstrom-Reihenschlußmotoren nennt man auch *Universalmotoren*. Sie werden z. B. für Elektrowerkzeuge verwendet.

Reihenschlußmotoren haben ein großes Anzugsmoment.

Der *fremderregte Motor* ist der häufigste Gleichstrommotor. Bei ihm kann die Drehzahl durch Änderung der Ankerspannung und durch Änderung der Erregerspannung gesteuert werden. Er wird zum Antrieb hochwertiger Werkzeugmaschinen und als Stellmotor verwendet. Als Kleinmotor kommt er bei batteriegespeisten Motoren vor, z.B. bei Cassettenrecordern. Der Stromwendermotor mit Dauermagneterregung und der Scheibenläufermotor sind gleichfalls fremderregte Motoren. Fremderregte Motoren werden fälschlich in Prospekten auch Nebenschlußmotoren genannt. Sie können auch eine Reihenschluß-Hilfswicklung im Ständer haben und haben dann ein größeres Anzugsmoment.

Tabelle 1: Übliche Stromwendermotoren

Reihenschlußmotor	Fremderregter Motor

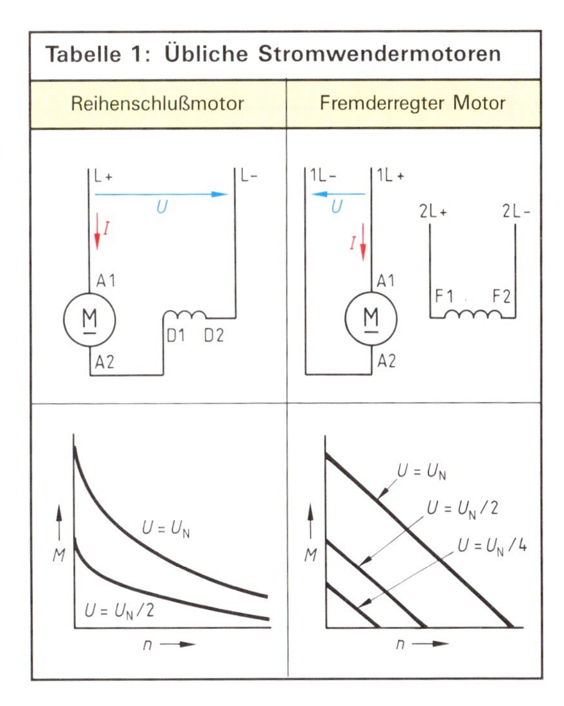

Wiederholungsfragen

1. **Beschreiben Sie den Aufbau eines Stromwendermotors!**
2. **Wozu dienen Scheibenläufermotoren?**
3. **Unter welchen Bedingungen tritt bei Stromwendermotoren ein Drehmoment auf?**
4. **Wodurch erreicht man die Drehrichtungsumkehr bei einem Stromwendermotor?**
5. **Wie erreicht man bei Stromwendermotoren eine Einstellung der Drehzahl?**

6.3.7 Linearmotoren

Zum Verständnis eines *Wechselstromlinearmotors* denkt man sich den Ständer eines üblichen Motors, z.B. eines Kurzschlußläufermotors, am Umfang aufgeschnitten und in die Länge gestreckt **(Bild 1)**. Dieser Teil trägt die Wicklung und wird als *Induktor* bezeichnet.

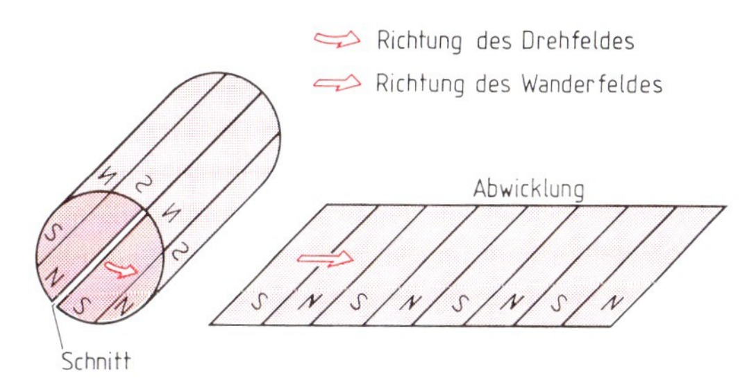

Bild 1: Entstehung des Wechselstromlinearmotors aus dem Kurzschlußläufermotor

Wenn die in die Ebene gestreckte Wicklung eines Kurzschlußläufermotors, z.B. eines Drehstrommotors in Steinmetzschaltung, erregt wird, so bewegen sich die Pole in gleicher Richtung, z.B. ständig von rechts nach links. Aus dem magnetischen Drehfeld eines üblichen Motors ist beim Linearmotor ein magnetisches *Wanderfeld* geworden.

Bei den Linearmotoren erzeugt die Wicklung des Induktors ein magnetisches Wanderfeld.

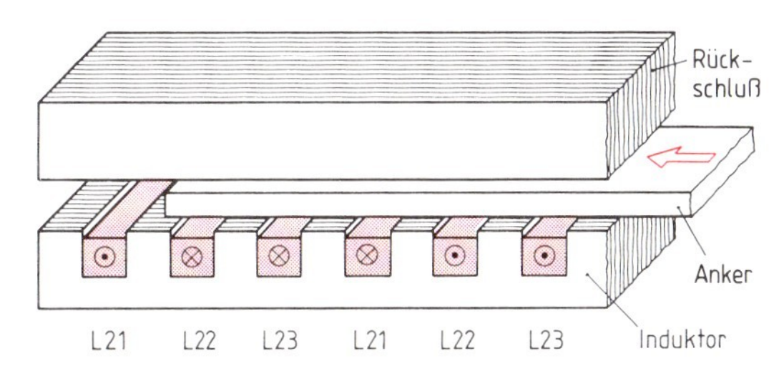

Bild 2: Linearmotor mit einem Induktor

Gegenüber dem Induktor liegt der magnetische Rückschluß **(Bild 2)**. Zwischen Induktor und Rückschluß kann sich der Anker bewegen, welcher dem Läufer eines üblichen Motors entspricht. Ein Anker aus massivem Eisen wird vom Wanderfeld infolge der Wirbelströme asynchron zum magnetischen Wanderfeld mitgenommen. Ein Anker mit Nuten wird, wie beim Reluktanzmotor, *synchron* mit dem Magnetfeld bewegt **(Bild 1, folgende Seite)**.

Wechselstromlinearmotoren werden als Antriebe für den Werkstofftransport, für Rangierbahnen und Förderbänder, für Torantriebe und für den Antrieb von großen Scheiben verwendet. Ihre Anwendung ist auch bei elektrischen Schnellbahnen vorgesehen.

Beim *Reluktanz-Schrittmotor* stellt sich der Anker so ein, daß beim erregten Pol die Zähne einander gegenüberstehen **(Bild 1)**. Es sind mehrere Pole nebeneinander angeordnet, die nacheinander erregt werden. Der Abstand benachbarter Pole muß gleich einem Vielfachen der Nutteilung τ_N plus der gewünschten Schrittweite sein. Beim Wechsel der Erregung zum nächsten Pol wird dann vom Anker die Schrittweite zurückgelegt. Meist werden vier Stränge verwendet, so daß die Polzahl ein Mehrfaches von 4 sein muß, z. B. 12. In Schaltung **Bild 2** werden immer zwei Stränge gleichzeitig angesteuert, so daß der Anker eine mittlere Stellung einnimmt. Dadurch wird beim Übergang zum nächsten Schritt nur die halbe Schrittweite zurückgelegt.

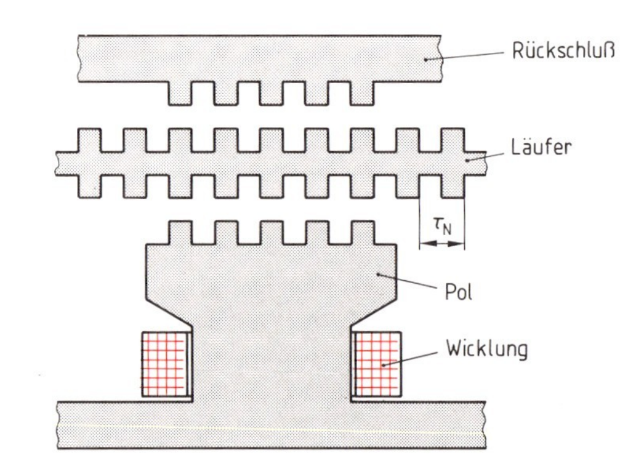

Bild 1: Pol eines linearen Reluktanz-Schrittmotors

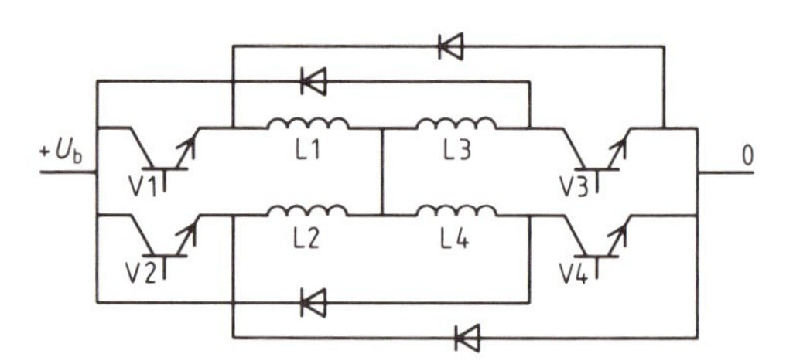

Bild 2: Schaltung der vier Stränge eines Reluktanz-Schrittmotors

Beim *Hybrid-Schrittmotor* enthält der Induktor einen Permanentmagneten **(Bild 3)**. Der Anker ist ohne Erregerstrom frei beweglich, hat also infolge der unsymmetrischen Zahnstellungen keine Vorzugslage. Die beiden Stränge werden nacheinander erregt. Infolge der Überlagerung der Magnetfelder des Permanentmagneten und des jeweils erregten Stranges bewegt sich der Anker bei jedem Wechsel der Erregung um $^1/_4$ der Nutteilung.

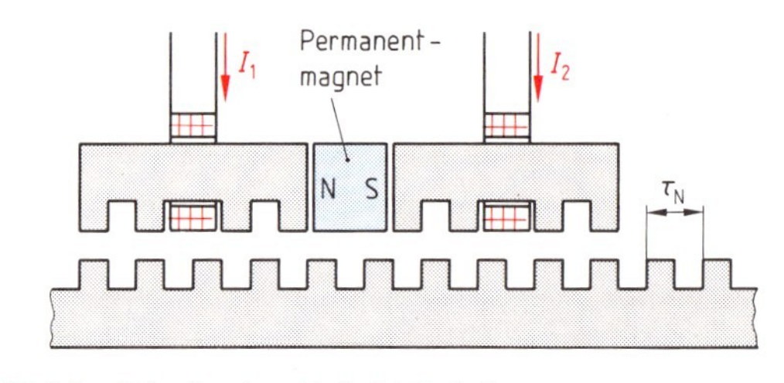

Bild 3: Prinzip des Hybrid-Schrittmotors

Linearschrittmotoren werden für rechnergesteuerte Positionierantriebe verwendet, z. B. in Diskettenlaufwerken, in Festplattenlaufwerken oder in Typenraddruckern zum Antrieb des Typenradwagens.

Ein einfacher *Gleichstromlinearmotor* ist der Gleichpolmotor **(Bild 4)**. Er ist aus dem Drehspulmeßwerk hervorgegangen. Beim Gleichpolmotor wird die Spule längs eines runden Eisenrückschlusses geführt. Derartige Gleichpolmotoren werden z. B. zum Antrieb von schreibenden Meßgeräten verwendet.

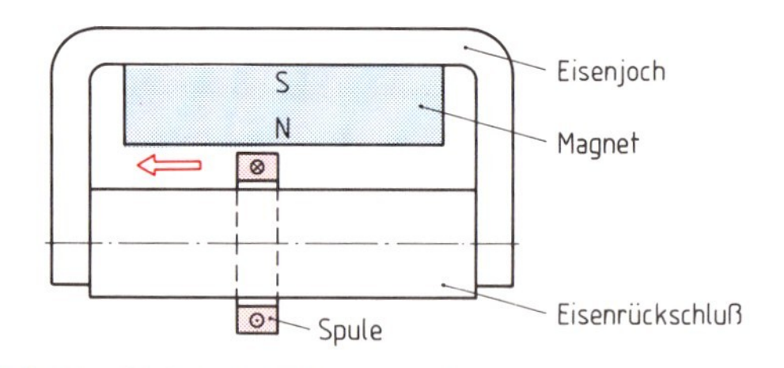

Bild 4: Gleichstromlinearmotor

Nachteilig beim Gleichpolmotor Bild 4 ist die bewegliche Stromzuführung zur Spule. Dadurch ist die Hublänge auf wenige Zentimeter beschränkt.

Beim Gleichstromlinearmotor mit *Dauermagnetläufer* **Bild 1, folgende Seite**, werden zwei magnetische Flüsse von zwei feststehenden Spulen am Ende der Hublänge erzeugt. Dabei wird der Dauermagnetläufer von dem einen Fluß angezogen, vom anderen abgestoßen. Die Hublänge eines derartigen Motors kann bis etwa 0,20 m betragen.

Die Bewegung in eine Richtung erfolgt bei den beiden beschriebenen Gleichstromlinearmotoren ohne Kommutierung (Stromwendung). Deshalb spricht man von *nicht kommutierenden* Gleichstromlinearmotoren.

Nicht kommutierende Gleichstromlinearmotoren haben nur eine beschränkte Hublänge.

Eine unbeschränkte Hublänge haben *kommutierende* Gleichstromlinearmotoren. Bei ihnen wird für dieselbe Bewegungsrichtung die Stromrichtung umgepolt, wenn eine bestimmte Strecke zurückgelegt wurde. Der kommutierende Gleichstromlinearmotor mit Dauermagnetläufer **Bild 2** besteht aus beliebig vielen, gleich aufgebauten Polen und einem Dauermagnetläufer, der etwas länger ist als die Polabstände. Jeder Pol besteht aus den Polblechen, einer Wicklung mit Eisenkern und dem daran befindlichen *Stellungsindikator* (Stellungsanzeiger), z. B. einer Feldplatte.

Es arbeiten immer jeweils nur zwei Pole, und zwar in derselben Weise wie beim Motor Bild 1. Sobald aber der Läufer in den Bereich des nächsten Poles gelangt, wird das von den Stellungsindikatoren erfaßt. Dadurch wird eine elektronische Schaltung so angesteuert, daß ein Pol abgeschaltet, der nächste Pol umgepolt und der nächste Pol eingeschaltet wird.

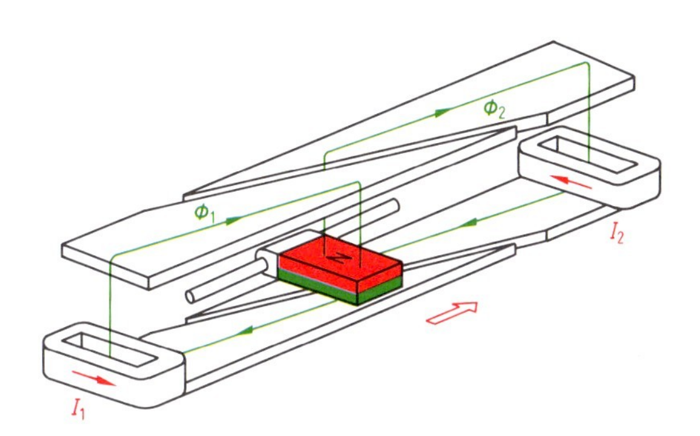

Bild 1: Nicht kommutierender Gleichstromlinearmotor mit Dauermagnetläufer (obere Polbleche angehoben dargestellt)

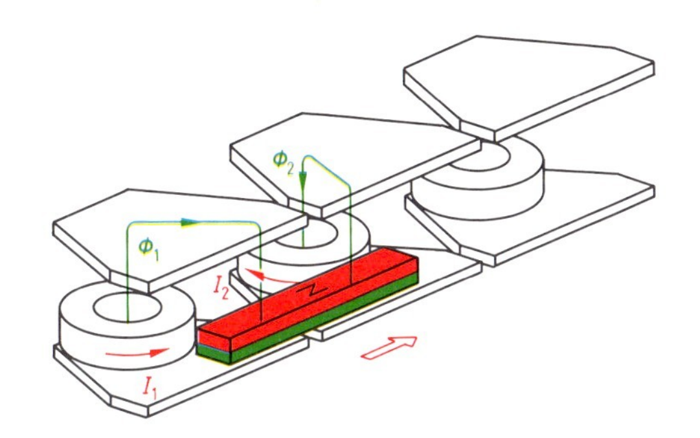

Bild 2: Kommutierender Gleichstromlinearmotor mit Dauermagnetläufer (obere Polbleche angehoben dargestellt)

6.3.8 Grundgleichungen rotierender elektrischer Maschinen

Drehmomentgleichung

In elektrischen Maschinen entsteht das Drehmoment $M = F \cdot r$ aus der Kraft F des stromdurchflossenen Leiters der Länge l im Magnetfeld mit $F = B \cdot I \cdot l$, der Leiterzahl z und dem wirksamen Halbmesser r des Läufers **(Bild 3)**. Dabei sind B die magnetische Flußdichte und I die Stromstärke. Allerdings liegt nur ein Teil der Leiter im vollen Magnetfeld. Deshalb ist zusätzlich mit dem Polbedeckungsverhältnis α (griech. Kleinbuchstabe alpha; $\alpha < 1$) malzunehmen. Wir erhalten:

$$M = B \cdot I \cdot l \cdot z \cdot r \cdot \alpha$$

Aus dieser Gleichung können wir erkennen, daß das Drehmoment einer Maschine abhängig ist von der Stromstärke im Läufer, dem magnetischen Fluß und den Abmessungen der Maschine.

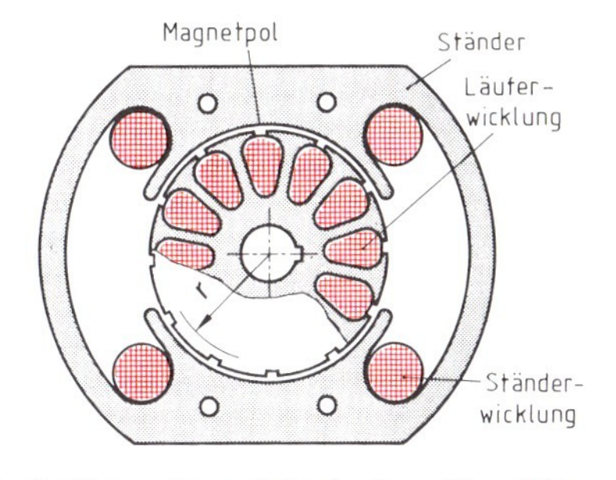

Bild 3: Aufbau einer elektrischen Maschine (Universalmotor)

M Drehmoment
C_m Maschinenkonstante
I Stromstärke im Läufer
Φ magnetischer Fluß aller Pole

$$M = C_m \cdot I \cdot \Phi$$

Beispiel:
Ein Gleichstrommotor entwickelt ein Drehmoment von 20 Nm unter Nennbedingungen. Durch verbesserte Kühlung kann der Läuferstrom auf das 1,2fache gesteigert werden, der Polfluß auf das 1,5fache. Wie groß ist unter diesen Bedingungen das Drehmoment?

Lösung:

$M_{neu} = C_m \cdot I_{alt} \cdot 1{,}2 \cdot \Phi_{alt} \cdot 1{,}5 = M_{alt} \cdot 1{,}2 \cdot 1{,}5$
$= 20\ \text{Nm} \cdot 1{,}2 \cdot 1{,}5 = \mathbf{36\ Nm}$

Das Drehmoment einer elektrischen Maschine steigt linear mit dem magnetischen Fluß und dem Läuferstrom der Maschine an. Es ist von Art und Abmessung der Maschine abhängig.

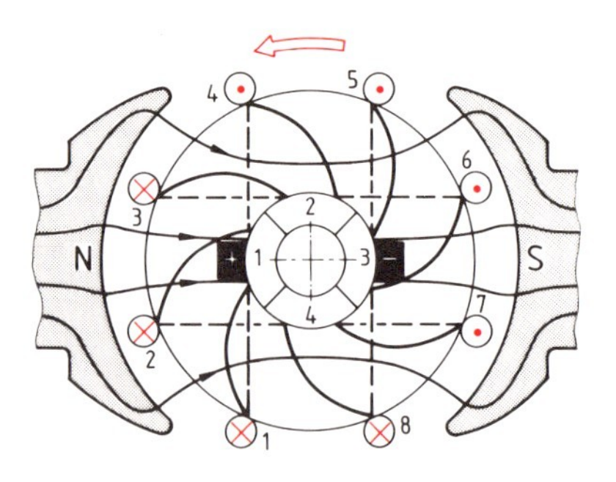

Bild 1: Magnetfeld beim Gleichstrommotor

U_i induzierte Spannung
C_u Maschinenkonstante
φ magnetischer Fluß aller Pole
n Umdrehungsfrequenz (Drehzahl)

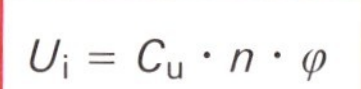

Spannungsgleichung

Bei den elektrischen Maschinen wird im Betrieb durch Induktion Spannung erzeugt, weil die Leiter sich quer zum magnetischen Feld bewegen **(Bild 1)**. Die Spannungserzeugung tritt bei den Generatoren auf, aber auch bei den Motoren.

Die induzierte Spannung U_i hängt von der in einem Leiter induzierten Spannung $u_i = B \cdot l \cdot v$, der Leiterzahl z und dem Polbedeckungsverhältnis α ab ($\alpha < 1$). Dabei sind B die magnetische Flußdichte, l die wirksame Läuferlänge und v die Umfangsgeschwindigkeit der Läuferstäbe.

$$U_i = B \cdot l \cdot v \cdot z \cdot \alpha = B \cdot l \cdot 2\pi \cdot n \cdot r \cdot z \cdot \alpha$$

Dabei ist n die Umdrehungsfrequenz des Läufers, r der wirksame Halbmesser. Aus der Gleichung ist zu erkennen, daß die induzierte Spannung vom magnetischen Fluß der Maschine, ihrer Umdrehungsfrequenz und den Abmessungen der Maschine abhängig ist. Die Abmessungen faßt man zu einer Maschinenkonstanten zusammen.

Die für das Drehmoment maßgebende Maschinenkonstante C_m ist von der für die Induktion maßgebenden Maschinenkonstanten C_u verschieden.

Die induzierte Spannung einer elektrischen Maschine steigt linear mit der Umdrehungsfrequenz und dem magnetischen Fluß. Sie ist von der Art und Abmessung der Maschine abhängig.

Beispiel:
Ein Gleichstromgenerator erzeugt mit einem Erregerstrom von $I_e = 5$ A im linearen Bereich der Kennlinie eine Spannung von 240 V. Die Umdrehungsfrequenz beträgt dabei 1800/min. Die Spannung soll auf 220 V gesenkt werden. a) Wie groß muß die Umdrehungsfrequenz sein, wenn der Erregerstrom unverändert bleibt? b) Wie groß muß der Erregerstrom sein, wenn die Umdrehungsfrequenz unverändert bleibt?

Lösung:

a) $\varphi_{alt} = \varphi_{neu} \Rightarrow U_{i\,alt}/U_{i\,neu} = n_{alt}/n_{neu} \Rightarrow n_{neu}$
$= n_{alt} \cdot U_{i\,neu}/U_{i\,alt} = 1800/\text{min} \cdot 220\ \text{V}/240\ \text{V}$
$= \mathbf{1650/min}$

b) $n_{neu} = n_{alt} \Rightarrow I_{e\,neu}/I_{e\,alt} = U_{i\,neu}/U_{i\,alt} \Rightarrow I_{e\,neu}$
$= I_{e\,alt} \cdot U_{i\,neu}/U_{i\,alt} = 5\ \text{A} \cdot 220\ \text{V}/240\ \text{V}$
$= \mathbf{4{,}58\ A}$

Wiederholungsfragen

1. **Wie bezeichnet man das Magnetfeld, das bei einem Wechselstromlinearmotor wirksam ist?**
2. **Wozu verwendet man Wechselstromlinearmotoren?**
3. **Nennen Sie zwei Linearschrittmotoren!**
4. **Wozu verwendet man Linearschrittmotoren?**
5. **Welchen Nachteil haben nichtkommutierende Gleichstromlinearmotoren?**
6. **Von welchen Größen hängt das Drehmoment einer elektrischen Maschine ab?**
7. **Von welchen Größen hängt die induzierte Spannung einer elektrischen Maschine ab?**

6.4 Steuerungen für Antriebe

6.4.1 Motorschutz

Alle Elektromotoren sind in gewissem Umfang überlastbar. Ist aber die Überlastung zu groß oder dauert sie zu lang, so werden die Motoren zu heiß. Dadurch wird ihre Isolation beschädigt. Die vorgeschaltete Schmelzsicherung kann meist den Überlastungsschutz nicht übernehmen, weil sie für den höheren Einschaltstrom bemessen sein muß.

Der Überlastungsschutz von Motoren ist mit Schmelzsicherungen nicht möglich.

Motorschutzschalter

Beim Motorschutzschalter **Bild 1** ist ein einstellbarer *thermischer Auslöser* F2 (Bimetallauslöser) in Reihe mit der zu schützenden Motorwicklung geschaltet **(Bild 2)**. Bei zu hoher Stromaufnahme der Wicklung krümmen sich die in F2 enthaltenen Bimetallstreifen so stark, daß sie das Schaltschloß Y1 betätigen. Dadurch wird die Abschaltung des Motors bewirkt. Der thermische Auslöser betätigt das Schaltschloß mit Verzögerung. Es dauert nämlich eine gewisse Zeit, bis sich bei Überlastung die Bimetallstreifen erwärmt und gekrümmt haben. Diese Verzögerung von thermischen Auslösern ist beim Motorschutzschalter erwünscht. Beim Einschalten und bei kurzer Überlastung von Motoren tritt nämlich ein starker Strom auf, welcher den Schalter nicht auslösen soll. Allerdings ist mit derartigen Auslösern ein Schutz bei Kurzschluß nicht verbunden.

Durch thermische Auslöser ist ein Schutz bei Überlastung möglich, nicht aber bei Kurzschluß.

Deshalb enthalten Motorschutzschalter meist zusätzlich einen elektromagnetischen Schnellauslöser (Bild 1). Dieser besteht im wesentlichen aus einer Spule mit einem beweglichen Anker. Thermischer Auslöser und Schnellauslöser sind in Reihe geschaltet (Bild 2). Beide Auslöser arbeiten auf das Schaltschloß. Der elektromagnetische Auslöser ist auf eine größere Stromstärke fest eingestellt. Dagegen kann der thermische Auslöser auf den Nennstrom des Motors eingestellt werden. Durch die beiden Auslöser ist ein Schutz des Motors sowohl bei Überlastung als auch bei einem Kurzschluß gegeben **(Bild 3)**. Bei Kurzschlüssen kann der Strom

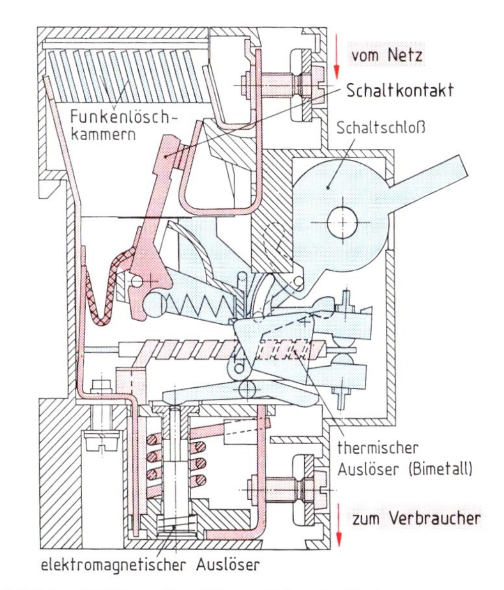

Bild 1: Aufbau des Motorschutzschalters

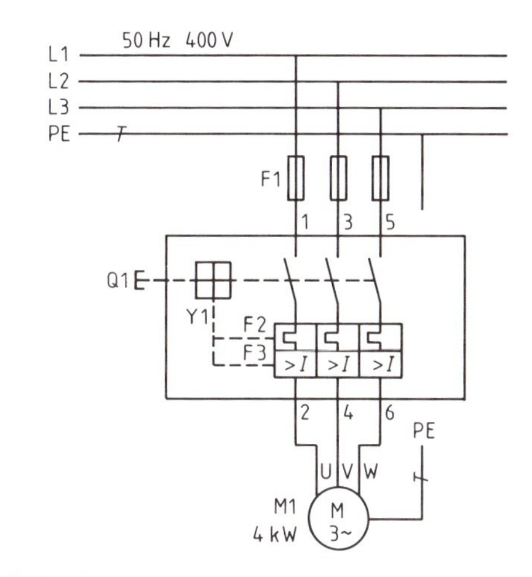

Bild 2: Motorschutzschalter mit thermischer Auslösung

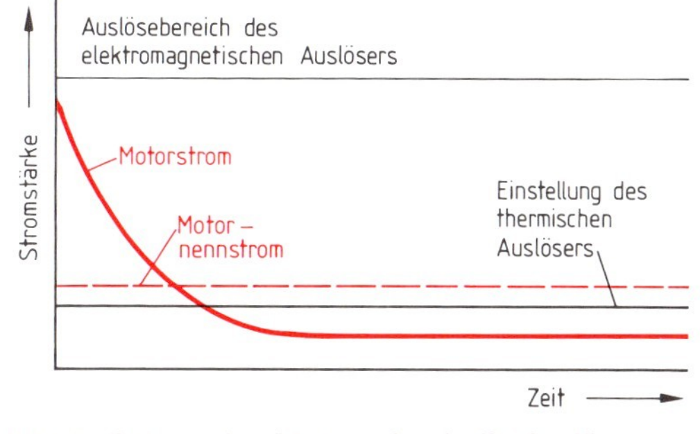

Bild 3: Schutz des Motors durch die Auslöser des Motorschutzschalters

allerdings so stark sein, daß ein Lichtbogen zwischen den geöffneten Schaltstücken stehen bleibt, obwohl der Kurzschlußauslöser auslöst. Deshalb schaltet man auch bei Motorschützschaltern mit zusätzlicher Schnellauslösung Schmelzsicherung vor, sofern nicht vom Hersteller angegeben ist, daß der Schalter „eigenfest" ist.

Motorschutzschalter müssen so abgesichert sein, wie es in der Anschlußanweisung angegeben ist.

Motorschutzschalter werden sehr häufig zum Schutz von kleineren und mittleren Motoren verwendet. Der Nachteil liegt darin, daß die *Stromaufnahme* überwacht wird, nicht aber die eigentliche Motortemperatur. Dadurch können erhebliche Fehler auftreten. Insbesondere soll der Motorschutzschalter denselben Umgebungsbedingungen unterworfen sein, wie der Motor. Ist der Motorschutzschalter z. B. besser gekühlt als der Motor, so kann die Motorwicklung zu heiß werden obwohl der Motorschutzschalter nicht auslöst. Ist dagegen die Lüftung des Motorschutzschalters behindert, so kann er auslösen, ohne daß die Motorwicklung gefährdet ist.

Schütz mit Motorschutzrelais

Beim Schütz mit Motorschutzrelais sind die Bimetallstreifen eines einstellbaren, thermischen Relais K2F **(Bild 1)** in Reihe mit der zu schützenden Motorwicklung geschaltet **(Bild 2)**. Bei Überlastung des Motors nimmt dieser so viel Strom auf, daß das thermische Relais über den Öffner K2F den Steuerstromkreis unterbricht. Dadurch schaltet K1 den Motor ab. Es gibt Motorschutzrelais, bei denen ihr Öffner von selbst wieder schließt, wenn Abkühlung erfolgt ist. Bei anderen Motorschutzrelais ist eine *Wiedereinschaltsperre* vorhanden, so daß die Rückstellung von Hand erfolgen muß. Manche Motorschutzrelais sind auch umschaltbar auf Hand-Rückstellung und automatische Rückstellung. Wird das Schütz durch Dauerkontakte gesteuert, also nicht über einen Taster, sondern z. B. über einen Installationsschalter, so muß eine Wiedereinschaltsperre vorhanden sein, weil sonst dauerndes Einschalten-Ausschalten („Pumpen") erfolgen kann. Auch beim Motorschutzrelais ist kein Schutz bei Kurzschluß vorhanden. Ebenfalls überwacht das Motorschutzrelais nur die Stromaufnahme, nicht die Wicklungstemperatur. Es ist deshalb erforderlich, daß das Schütz mit Motorschutzrelais denselben Umgebungsbedingungen unterworfen ist wie der zu schützende Motor.

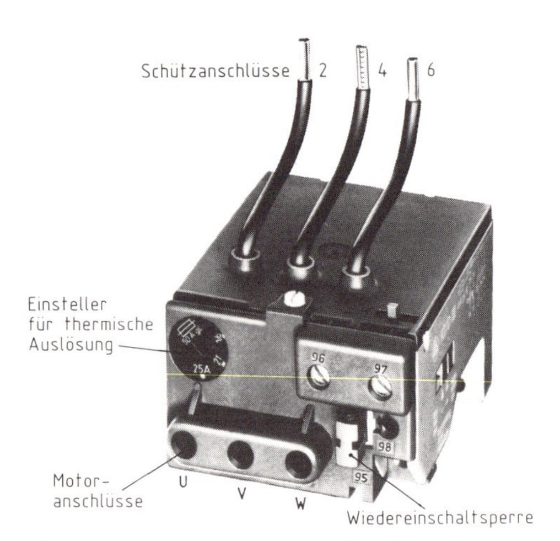

Bild 1: Motorschutzrelais 16 A bis 25 A

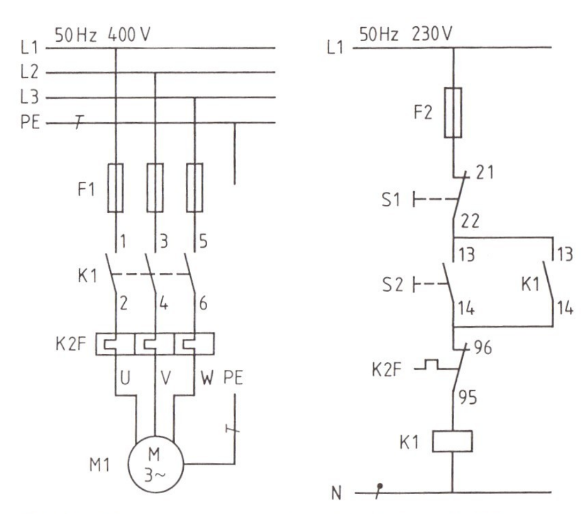

Bild 2: Motorsteuerung durch Schütz mit Motorschutzrelais

Motorvollschutz mit Kaltleitern

Beim Motorvollschutz mit Kaltleitern wird die *Wicklungstemperatur* des Motors überwacht, nicht seine Stromaufnahme. In Schaltung **Bild 1, folgende Seite**, wird durch Betätigen von S3 ein Auslösegerät A1 mit Relais K2 in Betrieb genommen. Dadurch schließt K2 und bereitet den Steuerstromkreis von K1 vor. In Reihe mit der Erregerwicklung von K2 liegen Kaltleiterwiderstände als Temperatursensoren (Temperaturfühler) B1. Diese sind direkt in die Wickelköpfe der Wicklung des Motors eingebunden. Wenn die Motorwicklung zu heiß wird, z. B. infolge Überlastung, so nimmt der Widerstand von B1 stark zu. Infolgedessen fällt K2 ab. Dadurch wird der Steuerstromkreis von K1 unterbrochen. K1 schaltet nun den Motor ab.

Durch Kaltleiterwiderstände in Verbindung mit einem Auslösegerät kann die Wicklungstemperatur von Motoren direkt überwacht werden.

Es versteht sich, daß mit dieser Art des Motorschutzes eine größere Sicherheit verbunden ist. Nachteilig sind die höheren Kosten, weil die zu schützenden Motoren schon bei der Herstellung für diesen Schutz mit den Kaltleiterwiderständen versehen sein müssen. Dieser Motorschutz wird deshalb vor allem bei großen Motoren angewendet.

Wiederholungsfragen

1. **Warum ist ein Überlastungsschutz mit Schmelzsicherungen bei Motoren nicht möglich?**
2. **Welche Auslöserarten unterscheidet man bei Motorschutzschaltern?**
3. **Welcher Auslöser kann bei einem Kurzschluß nicht schützen?**
4. **Welchen Nachteil haben die Motorschutzschalter?**
5. **Beschreiben Sie die Wirkungsweise des Motorschutzes bei einem Schütz mit Motorschutzrelais!**
6. **Welche Aufgabe hat beim Motorschutzrelais die Wiedereinschaltsperre?**
7. **Welche Größe wird bei einem Motorvollschutz mit Kaltleitern überwacht?**

6.4.2 Anlaßschaltungen für Kurzschlußläufermotoren

Der Einschaltstrom von Kurzschlußläufermotoren kann bis zum Fünfzehnfachen des Nennstromes betragen. Dadurch können Überstrom-Schutzeinrichtungen ansprechen und Nennspannungsschwankungen auftreten.

Deshalb ist nach den TAB (Technischen Anschlußbedingungen) der EVU (Energieversorgungsunternehmen) die Nennleistung bzw. der Anzugsstrom von Motoren beschränkt, wenn diese an das öffentliche Niederspannungsnetz angeschlossen werden.

Bei Motoren über 4 kW setzt man zum Anlauf am öffentlichen Netz deshalb meist die Spannung herunter. Dadurch ist der Einschaltstrom entsprechend kleiner. Nachteilig ist beim Herabsetzen der Spannung das kleiner werdende Drehmoment. Dieses ändert sich quadratisch mit der Spannung. Sinkt die Spannung auf $1/\sqrt{3}$, so betragen bei gleicher Drehzahl die Momente nur noch ein Drittel.

Drehstrom-Kurzschlußläufermotoren bis zu einer Nennleistung von 4 kW werden direkt eingeschaltet. Für den Anlauf von größeren Motoren setzt man die Spannung herab.

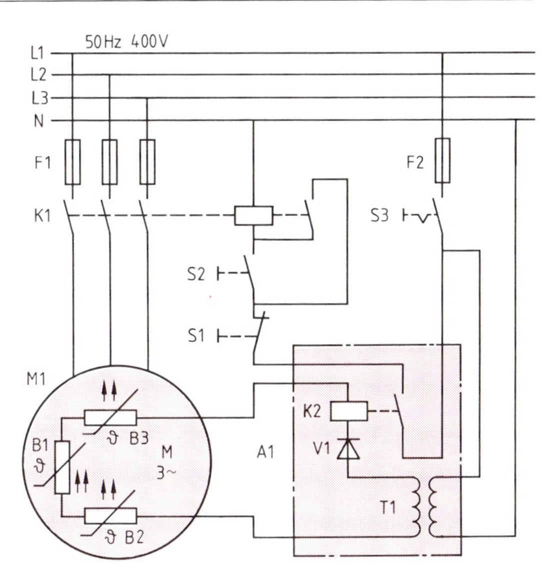

Bild 1: Schaltung eines Motorvollschutzes mit Kaltleitern

Tabelle 1: Anschluß von Motoren an das öffentliche Niederspannungsnetz nach TAB

Motorenart	Bedingung
Einphasen-Wechselstrommotoren	Nennleistung nicht über 1,4 kW
Drehstrommotoren	Anzugsstrom nicht über 60 A oder (insbesondere bei direktem Einschalten) Nennstrom nicht über 7,5 A
Beim Anschluß von Motoren, die das Netz besonders stark belasten, müssen die erforderlichen Maßnahmen mit dem EVU vereinbart werden.	

Das Herabsetzen der Spannung erfolgt selten mit Vorwiderständen oder mit Transformatoren, häufig mit der Stern-Dreieck-Schaltung und neuerdings auch mit dem *Anschnittverfahren* beim elektronischen Motorstarter.

Beim *Stern-Dreieck-Anlauf* wird zum Einschalten der Motor in Y (Stern) geschaltet und an das Netz gelegt. Die Strangspannung ist dann am 400-V-Netz nur noch 231 V. Nach dem Hochlaufen erfolgt Umschaltung in △ (Dreieck), jetzt ist die Strangspannung 400 V. Das Umschalten erfolgt von Hand, mit Nockenschaltern oder automatisch über Stern-Dreieck-Schütze. Die Spannungsangabe des Motors muß für das 400-V-Netz lauten △ 400 V. Unterbleibt das Umschalten in die Dreieckschaltung, so kann der Strangstrom so groß wie in der Dreieckschaltung sein, ohne daß die Wicklung zu warm wird. Die Strangspannung und damit die Leistung sind dann aber nur $1/\sqrt{3}$ der Werte der Dreieckschaltung. Der Motor wird also meist überlastet.

Die Stern-Dreieck-Schaltung wird am öffentlichen Netz bis zu etwa 11 kW Motornennleistung angewendet. Wird für die Stern-Dreieck-Schaltung ein Nockenschalter angewendet **(Bild 1)**, so gehen vom Netz zum Schalter vier Adern (einschließlich PE), vom Schalter zum Motor aber sieben Adern.

In der Sternschaltung des Stern-Dreieck-Schalters darf der Motor nur mit dem $1/\sqrt{3}$fachen der Nennleistung belastet werden.

Wird bei voller Belastung das Weiterschalten des Stern-Dreieck-Schalters unterlassen, so ist der Motor überlastet. Seine Wicklung brennt dann durch. Deshalb wird bei der Stern-Dreieck-Schaltung die Anwendung eines automatisch umschaltenden Stern-Dreieck-Schützes vorgezogen.

Motorstarter sind Schaltgeräte zum Inbetriebsetzen eines Motors. *Elektronische Motorstarter* für Motornennleistungen bis 315 kW bestehen aus einem Leistungsteil und einem Steuerteil **(Bild 2)**. Der Leistungsteil enthält drei Gegenparallelschaltungen von Einrichtungsthyristoren, einen Einphasentransformator zur Stromversorgung des Steuerteils und zwei Stromwandler zur Erfassung des Motorstroms. Der Steuerteil enthält einen Mikrocomputer und eine Steuereinheit zur Erzeugung der Zündimpulse. Für Motornennleistungen von etwa 2 kW bis 10 kW kann der elektronische Motorstarter mit einem Schalter für Motorschutz und Leitungsschutz kombiniert sein **(Bild 3)**.

Im Leistungsteil entstehen beim Anlauf und im Dauerbetrieb Leistungsverluste. Deshalb hat der elektronische Motorstarter Kühlrippen zur Wärmeabgabe.

Elektronische Motorstarter erhöhen während der Anlaufzeit mit Hilfe der Anschnittsteuerung die Spannung an den Motorklemmen von 40% der Nennspannung auf 100% der Nennspannung.

Beim *Sanftanlauf* wird durch Anschnittsteuerung die Motorspannung von zuerst 40% der Nennspannung auf 100% erhöht **(Bild 1, folgende Seite)**. Entsprechend läuft der Motor langsam an und

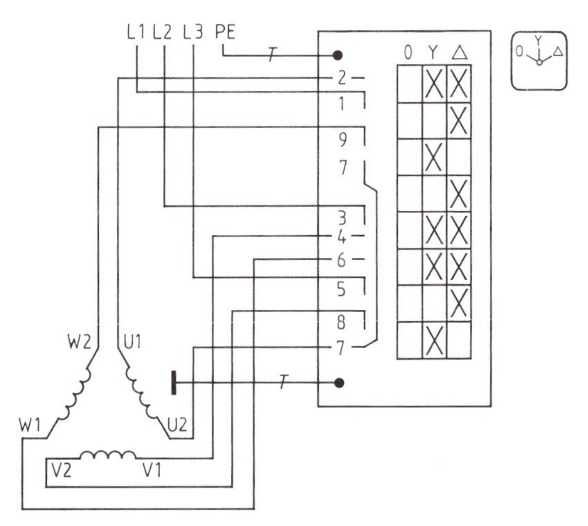

Bild 1: Stern-Dreieck-Schalter als Nockenschalter

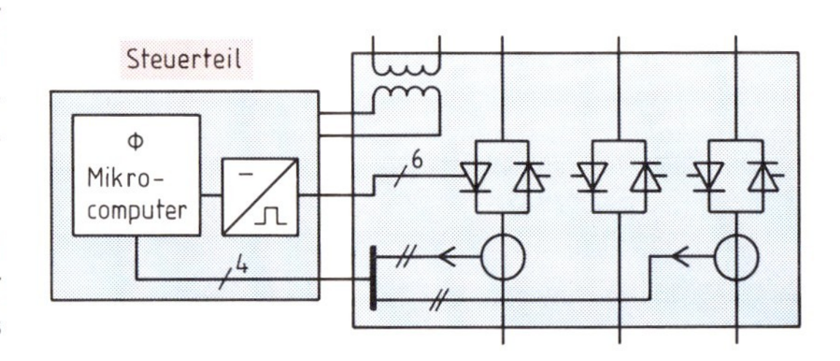

Bild 2: Elektronischer Motorstarter

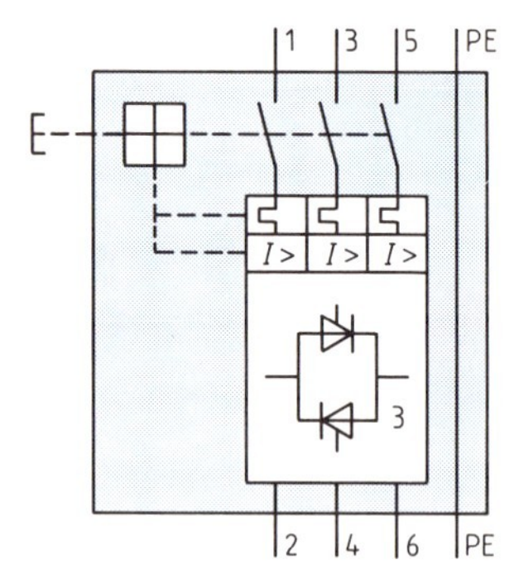

Bild 3: Elektronischer Motorstarter mit Motorschutz und Leitungsschutz

nimmt erst allmählich seine volle Drehzahl an. Die Zeit der Spannungserhöhung wird Rampenzeit genannt. Sie kann am Motorstarter von 0,5 s bis 60 s eingestellt werden. Außerdem kann über ein Potentiometer der maximale Anlaufstrom zwischen 50% und 500% des Nennstroms eingestellt werden.

Beim Hochlaufen wird die Spannung erst dann weiter erhöht, wenn der Anlaufstrom es zuläßt (Bild 1). Beim Abschalten des Motors durch den elektronischen Motorstarter wird während der doppelten eingestellten Rampenzeit die Motorspannung allmählich von 100% auf 40% der Nennspannung abgesenkt.

Beim elektronischen Motorstarter ist die Auslaufzeit doppelt so groß wie die eingestellte Rampenzeit.

Der elektronische Motorstarter kann auch den Leistungsfaktor überwachen. Setzt er bei schwacher Last und damit bei kleinem Leistungsfaktor die Motorspannung herab, so nehmen Blindleistung und Stromstärke in der Leitung ab. Damit werden Energiekosten eingespart.

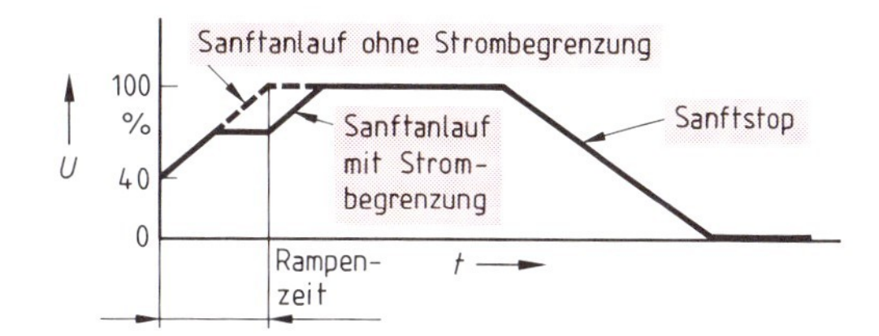

Bild 1: Spannungsverlauf beim Anlassen mit elektronischem Motorstarter

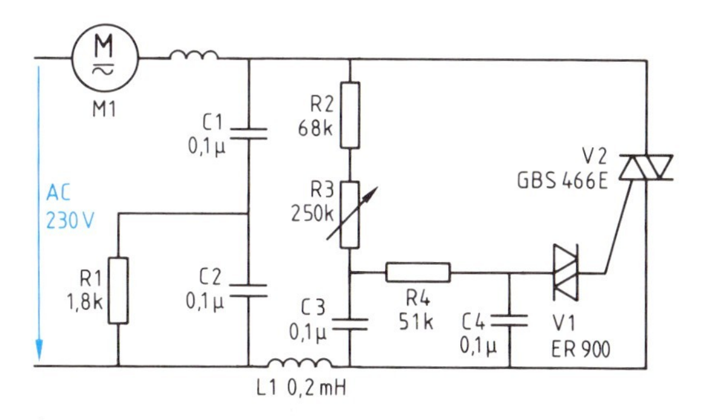

Bild 2: Drehzahlsteuerung eines Universalmotors

6.4.3 Stromrichter zur Drehzahlsteuerung

6.4.3.1 Drehzahlsteuerung beim Universalmotor

Beim Universalmotor läßt sich die Drehzahl durch Verändern der Anschlußwechselspannung steuern. Dies ist durch die *Anschnittsteuerung* möglich. Meist verwendet man dazu einen Triac, der über einen Diac angesteuert wird **(Bild 2)**. Die Schaltung entspricht einer Dimmerschaltung.

Beim Universalmotor kann die Drehzahl mit einem Dimmer gesteuert werden.

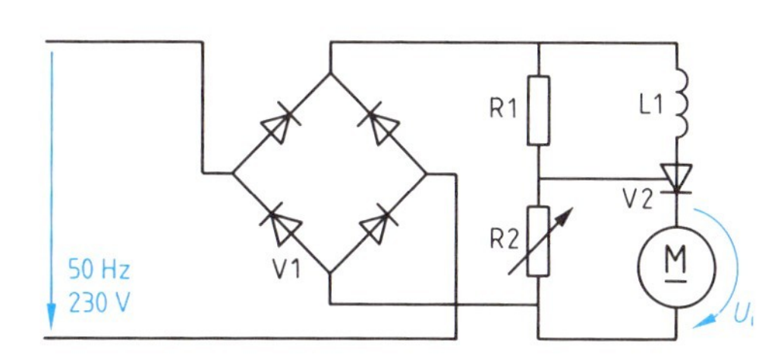

Bild 3: Prinzip einer Drehzahlregelung beim Universalmotor

In Schaltung Bild 2 dienen C1, C2, L1 und R1 der Entstörung. Mit R3 lassen sich der Zündzeitpunkt und damit die Drehzahl einstellen. R4 und C4 verringern die Hysterese des Schaltvorgangs. Der Diac V1 steuert den Triac V2 an, wenn die Spannung von C4 die Schaltspannung des Diac erreicht hat.

Die Ansteuerschaltung für den Triac ist bei den meisten industriellen Schaltungen in einem IC enthalten.

Bei einem kleinen Zündwinkel würde der Motor von Schaltung Bild 2 ohne Belastung durchgehen. Deshalb wird meist eine Schaltung mit einer einfachen *Drehzahlregelung* angewendet. Bei hoher Drehzahl ist in Schaltung **Bild 3** im Motorläufer die induzierte Spannung (Gegen-EMK) hoch. Infolgedessen ist während jeder Halbperiode die Spannung am Gate von V2 ziemlich lang niedrig, so daß der Zündwinkel ziemlich groß ist. Sinkt nun durch Belastung die Drehzahl, nimmt die induzierte Spannung ab, so daß der Thyristor in jeder Halbperiode früher zündet.

Wiederholungsfragen

1. **Warum sind nach TAB Nennleistung und Anzugsstrom von Motoren begrenzt?**
2. **Welche Spannungsangabe muß ein Drehstrommotor für den Stern-Dreieck-Anlauf am 400-V-Netz tragen?**
3. **Welche Baugruppen sind im Leistungsteil eines elektronischen Motorstarters enthalten?**
4. **Was versteht man unter der Rampenzeit eines elektronischen Motorstarters?**
5. **Auf welche Weise wird beim Universalmotor die Drehzahl gesteuert?**

6.4.3.2 Drehzahlsteuerung beim fremderregten Gleichstrommotor

Meist verwendet man als Stellglied im Ankerkreis eine elektronische Schaltung zur Steuerung der Ankerspannung. Im einfachsten Fall ist der Leistungsteil dieser Schaltung eine *halbgesteuerte Brückenschaltung* für den Ankerkreis und eine ungesteuerte Brückenschaltung für den Erregerkreis. Bei Leistungen bis etwa 4 kW nimmt man eine Zweipuls-Brückenschaltung B2, darüber eine Sechspuls-Brückenschaltung B6 **(Bild 1)**.

Bild 1: Leistungsteil einer Drehzahlsteuerung für einen fremderregten Motor. Links B6, rechts B2.

Die Schaltung Bild 1 ist nur für eine Drehrichtung des Motors und nur für den Motorbetrieb geeignet. Die Änderung der Drehrichtung ist durch einen Wendeschalter im Ankerkreis oder im Erregerkreis möglich. Meist verwendet man aber einen *Umkehrgleichrichter* **(Bild 2)**.

Beim Umkehrgleichrichter sind zwei Brückenschaltungen gegenparallel an den Anker des Motors angeschlossen. Der Steuergenerator für die Anschnittsteuerung muß so beschaffen sein, daß entweder nur die eine oder die andere Brückenschaltung arbeitet.

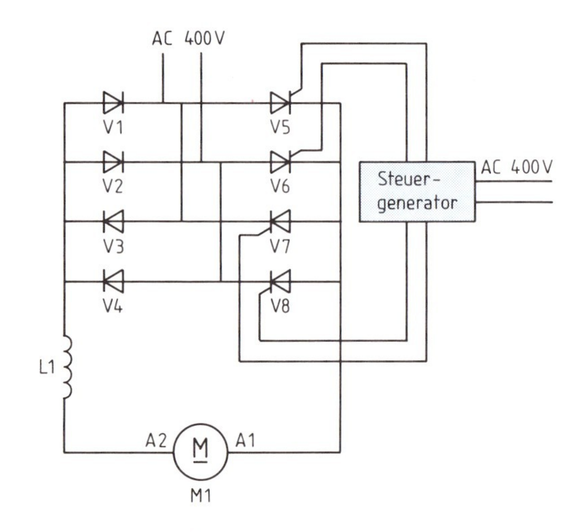

Bild 2: Umkehrgleichrichter aus zwei Schaltungen B2

Beim Umkehrgleichrichter darf nur jeweils entweder die eine oder die andere Brückenschaltung angesteuert werden.

In Schaltung Bild 2 werden für den Rechtslauf des Motors die Thyristoren V5 und V6 angesteuert, für den Linkslauf die Thyristoren V7 und V8.

Für den Betrieb einer elektrischen Maschine unterscheidet man vier *Quadranten*[1] **(Bild 3)**. Man erhält diese Quadranten, wenn man auf der waagrechten Achse eines Achsenkreuzes die Drehzahl aufträgt und auf der senkrechten das Moment. Ordnet man der Rechtsdrehung das positive Vorzeichen zu, dann erfolgt im 1. Quadranten beim Motorbetrieb (Treiben) Rechtslauf und entsprechend im 3. Quadranten motorischer Linkslauf.

Halbgesteuerte Brückenschaltungen sind nur für den 1. und den 3. Quadranten geeignet.

Betrieb im 2. und im 4. Quadranten liegt vor, wenn die Drehrichtung entgegengesetzt zum Drehmoment ist, wenn also gebremst wird. Soll ein mittels Stromrichter gesteuerter Motor unter Rücklieferung der Energie ins Netz *(Nutzbremsung)* gebremst werden, so muß der Stromrichter als *Wechselrichter* arbeiten. Der Motor arbeitet dabei als Generator, der seine elektrische Energie an den als Wechselrichter arbeitenden Stromrichter abgibt.

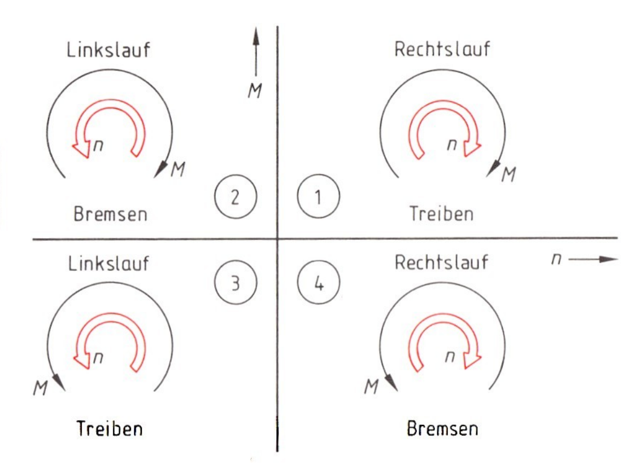

Bild 3: Quadranten 1 bis 4 von elektrischen Antrieben

[1] lat. quadrans = vierter Teil

Der Wechselrichterbetrieb ist mit vollgesteuerten Schaltungen möglich, z. B. mit Brückenschaltungen aus lauter Thyristoren **(Bild 1)**. Eine vollgesteuerte Brückenschaltung stellt einen *Zweirichtungs-Stromrichter* dar, der z. B. den Betrieb im 1. und 2. Quadrant erlaubt. Werden zwei vollgesteuerte Brückenschaltungen verwendet (Bild 1), so liegt ein Umkehrstromrichter vor, der den Betrieb in allen vier Quadranten zuläßt.

Ein Umkehrstromrichter ist ein Zweirichtungs-Stromrichter für beide Drehrichtungen.

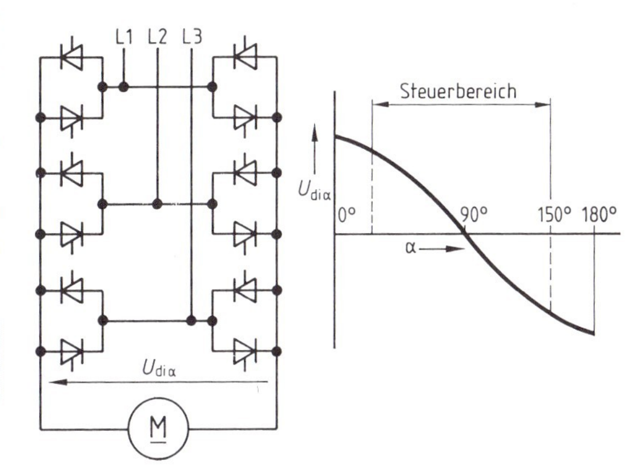

Bild 1: Zweirichtungs-Stromrichter für beide Drehrichtungen (Umkehrstromrichter)

Der Übergang vom Gleichrichterbetrieb zum Wechselrichterbetrieb erfolgt durch Verstellung des Zündwinkels. Beim Zündwinkel von 0° bis 90° liegt Gleichrichterbetrieb vor, von 90° bis 180° Wechselrichterbetrieb **(Bild 2)**. Im Wechselrichterbetrieb werden die Thyristoren so angesteuert, daß eine Energierücklieferung vom als Generator arbeitenden Motor ins Netz möglich ist.

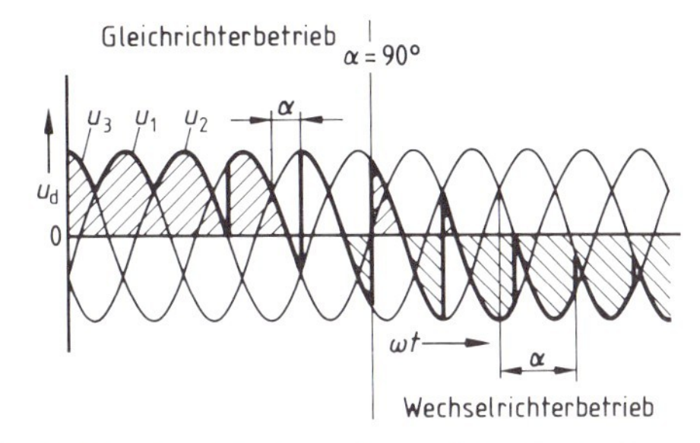

Bild 2: Gleichrichterbetrieb und Wechselrichterbetrieb beim Zweirichtungs-Stromrichter

Je nach Zündwinkel eines Umkehrstromrichters liegt Gleichrichterbetrieb oder Wechselrichterbetrieb vor.

Für den Betrieb von drehzahlgeregelten Gleichstrommotoren werden *Drehzahlregelgeräte* angeboten, welche den Leistungsteil mit den Thyristoren und den Impulsgeber enthalten **(Bild 3)**.

Bei den Zweipuls-Brückenschaltungen wird nur alle 10 ms ein Thyristor gezündet, bei den Sechspuls-Brückenschaltungen alle 3,33 ms. Diese Zeit kann es dauern, bis ein Steuersignal im Lastkreis eine Folge hat.

Wenn es darauf ankommt, den Steuersignalen unverzögert zu folgen, steuert man den Gleichstrommotor über Transistoren an, z. B. über IGBT **(Bild 1, folgende Seite)**. Transistoren folgen ohne Verzögerung dem Steuersignal. Die Transistor-Brückenschaltung wird dabei von einer Gleichrichterschaltung mit Glättungsdrossel gespeist. Transistor-Steuergeräte können für alle Quadranten geeignet sein.

Bild 3: Drehzahlregelgerät mit Thyristoren

Wiederholungsfragen

1. **Welche Drehzahlsteuerung wendet man bei Universalmotoren an?**
2. **Wie ist ein Umkehrgleichrichter aufgebaut?**
3. **Was versteht man unter einem Zweirichtungs-Stromrichter?**
4. **Wodurch erreicht man bei einem Umkehrstromrichter den Wechselrichterbetrieb?**

6.4.3.3 Drehzahlsteuerung mit Gleichstromsteller

Die Drehzahlsteuerung von Gleichstrommotoren ist mit einem Gleichstromsteller möglich, wenn die Stromversorgung mit Gleichspannung, z.B. aus einer Gleichrichterschaltung nur mit Dioden oder aus einem Akkumulator, erfolgt. Beim Gleichstromsteller werden durch ein Stellglied, z.B. eine Thyristorschaltung oder eine Transistorschaltung, rasch nacheinander Spannungsimpulse an den Anker des Gleichstrommotors gegeben **(Bild 2)**. Wegen der Lenzschen Regel fließt in den spannungslosen Pausen im Anker ein durch die Selbstinduktion hervorgerufener Strom, wenn eine Diode so parallel zum Anker geschaltet ist, daß die angelegte Spannung die Rückwärtsspannung (Sperrspannung) der Diode ist. Diese Diode heißt *Freilaufdiode* (Bild 2).

Der Gleichstromsteller für einen Gleichstrommotor besteht aus einem elektronischen Schalter und einer Freilaufdiode.

Im Vergleich zu einem Vorwiderstand treten im Gleichstromsteller nur kleine Verluste auf, weil am Anker entweder die volle Spannung liegt oder keine Spannung. Je nach Häufigkeit des Schaltens oder nach Länge der spannungslosen Pause ist der Mittelwert des Ankerstromes verschieden. Meist wird bei den Gleichstromstellern mit gleichbleibender Frequenz des Taktgerätes gearbeitet, so daß die Zahl der Schaltvorgänge gleich bleibt. Dagegen wird die Weite der Impulse je nach dem gewünschten Strom geändert. Man bezeichnet das als *Pulsweitenmodulation (PWM)*.

Gleichstromsteller arbeiten meist mit Pulsweitenmodulation.

Beim Stellglied mit einem Thyristor ist das Abschalten des Gleichstromes nicht einfach. Verwendet man Einrichtungsthyristoren (rückwärts sperrende Thyristortrioden), so muß ein *Hilfskreis* mit Löschkondensator, Löschspule, Hilfsthyristor und Diode vorhanden sein **(Bild 3)**. Dieser Hilfskreis wird *Kommutierungskreis*[1] genannt, weil er den Stromwechsel ermöglicht. Verwendet man rückwärts leitende Thyristoren, so wird der Kommutierungskreis einfacher. Noch einfacher wird das Stellglied, wenn ein GTO-Thyristor (abschaltbarer Thyristor) verwendet wird (Bild 3).

Für Gleichstromsteller sind GTO-Thyristoren sowie Transistoren besonders geeignet.

[1] lat. commutare = vertauschen

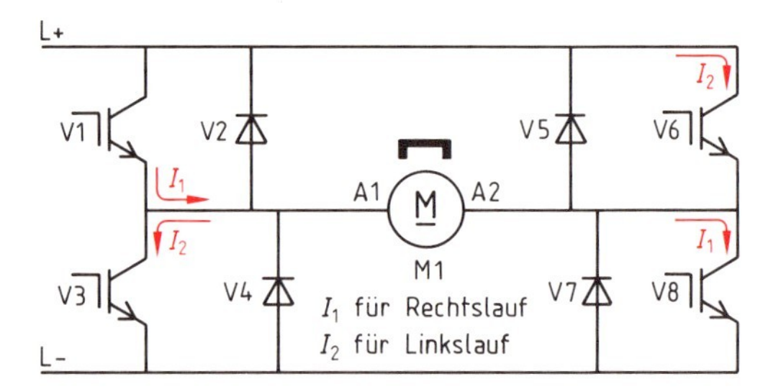

Bild 1: Ansteuerung ohne Totzeit mit IGBT-Brücke

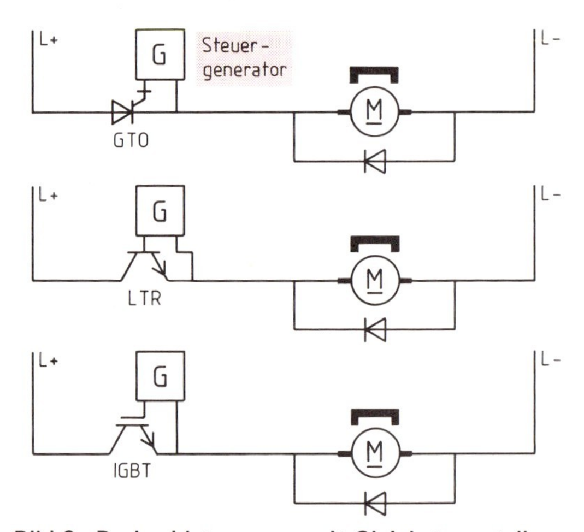

Bild 2: Drehzahlsteuerung mit Gleichstromstellern

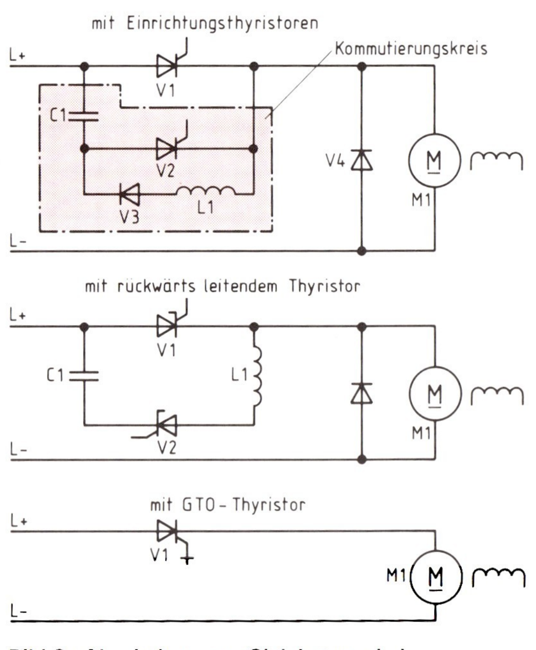

Bild 3: Abschalten von Gleichstrom bei verschiedenen Thyristoren

Der Steuergenerator der Gleichstromsteller mit GTO-Thyristoren ist aber aufwendiger als der Steuergenerator bei anderen Thyristoren.

Nachteilig ist bei den Thyristorschaltungen die Totzeit, die hier von der Taktfrequenz des Steuergenerators abhängt. Ohne Totzeit arbeiten Transistor-Stellglieder **(Bild 1)**.

Werden in Schaltung Bild 1 die Transistoren V1 und V8 angesteuert, so arbeitet M1 im Rechtslauf als Motor. Wird im Generatorbetrieb die Ankerspannung im Rechtslauf zu hoch, so erfolgt über V2 und V7 Einspeisung ins Netz. Entsprechend arbeitet die Schaltung mit den anderen Transistoren und Dioden bei Linkslauf.

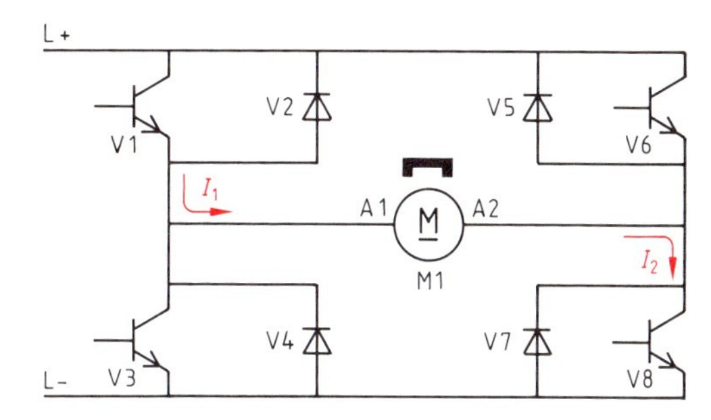

Bild 1: Stellglied ohne Totzeit bei einem Gleichstromsteller für Vierquadrantenbetrieb

6.4.3.4 Umrichter

Umrichter (Frequenzumrichter) richten eine Wechselspannung von z. B. 50 Hz in eine Wechselspannung anderer Frequenz, insbesondere veränderbarer Frequenz, um.

Umrichter mit Zwischenkreis

Umrichter mit Zwischenkreis bestehen im Prinzip aus einem Gleichstromsteller, einem Zwischenkreis und einem Wechselrichter **(Bild 2)**. Im Gleichstromsteller wird aus der Netzwechselspannung eine einstellbare Gleichspannung gewonnen. Der Zwischenkreis glättet die Gleichspannung. Der Wechselrichter macht daraus eine Wechselspannung, deren Amplitude von der Höhe der speisenden Gleichspannung abhängt. Ist die Frequenz des Wechselrichters einstellbar, so kann die Ausgangswechselspannung nach Amplitude und Frequenz gesteuert werden.

Beim Umrichter mit Zwischenkreis ist eine Steuerung der Höhe der Ausgangswechselspannung und der Frequenz möglich.

Nachteilig ist der geringe Wirkungsgrad, weil die drei Einzelwirkungsgrade miteinander zu multiplizieren sind.

Umrichter mit Zwischenkreis können zur Speisung von drehzahlgesteuerten Drehstrom-Kurzschlußläufermotoren verwendet werden. Dabei müssen sowohl die Frequenz wie auch die Ausgangsspannung einstellbar sein.

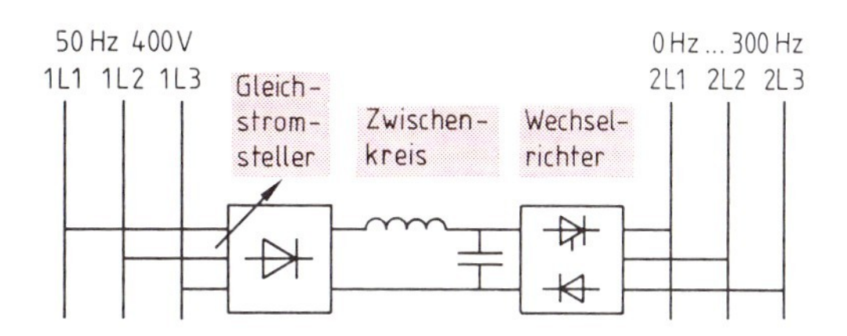

Bild 2: Umrichter mit Zwischenkreis

Beispiel:

Bei einem Umrichter mit Zwischenkreis nach Bild 2 sind die Wirkungsgrade des Gleichstromstellers 0,8, des Glättungsteils 0,95 und des Wechselrichters 0,78. Wie groß ist der Wirkungsgrad des Umrichters?

Lösung:

$\eta = \eta_1 \cdot \eta_2 \cdot \eta_3 = 0{,}8 \cdot 0{,}95 \cdot 0{,}78 = \mathbf{0{,}59}$

Zur Lieferung der *Blindleistung* für die Kurzschlußläufermotoren muß gewährleistet sein, daß nach Abschalten der Thyristoren des Wechselrichters ein Strom der entgegengesetzten Richtung fließen kann. Zu diesem Zweck werden den Thyristoren Dioden *antiparallel* geschaltet. Dieselbe Maßnahme ist bei der Löscheinrichtung für die Thyristoren des Wechselrichters erforderlich. Anstelle der Antiparallelschaltung von Einrichtungsthyristor und Diode verwendet man auch *rückwärts leitende* Thyristortrioden (Tabellenbuch Kommunikationselektronik).

Rückwärtsleitende Thyristortrioden ermöglichen in Wechselrichterschaltungen die Lieferung von Blindleistung ohne Blindleistungsdioden.

6.4.3.5 Stromzwischenkreis-Umrichter

Zur Drehzahlsteuerung von Drehstromasynchronmotoren ist ein Ständerstrom erforderlich, dessen Frequenz und Stärke verstellbar sind. Das kann durch Wechselrichter erreicht werden, die über einen Zwischenkreis an einen *Netzstromrichter* angeschlossen werden **(Bild 1)**. Ist die Wechselrichterschaltung direkt über Drosselspulen mit der Netzstromrichterschaltung verbunden, so liegt ein Stromzwischenkreis-Umrichter *(I-Umrichter)* vor.

Der Netzstromrichter kann im Gleichrichterbetrieb und im Wechselrichterbetrieb arbeiten. Er wird von seinem Steuergenerator im Anschnittverfahren mit Netzfrequenz angesteuert.

Je nach Ansteuerung liefert der Netzstromrichter eine einstellbare Stromstärke. Am Zwischenkreis ist der Wechselrichter angeschlossen, der *Maschinenstromrichter* genannt wird **(Bild 2)**. Dieser erzeugt die gewünschte Frequenz.

Beim Stromzwischenkreis-Umrichter liefert der Netzstromrichter die erforderliche Stromstärke und der Maschinenstromrichter die erforderliche Frequenz.

Der Maschinenstromrichter braucht wie ein Gleichstromsteller eine Kommutierungseinrichtung (Bild 2). Der Streublindwiderstand des angeschlossenen Kurzschlußläufermotors ist Bestandteil dieser Einrichtung. Die Kondensatoren müssen auf den angeschlossenen Motor abgestimmt sein.

Der Maschinenstromrichter ist ein fremdgeführter Wechselrichter. Sein Steuergenerator liefert eine veränderbare Frequenz.

Beim Stromzwischenkreis-Umrichter ist der Motor zu jedem Zeitpunkt über die Zwischenkreis-Drosselspulen mit dem Netz verbunden. Dadurch kann die Blindleistung direkt vom Netz bezogen werden. *Blindleistungsdioden* müssen in den Stromrichtern nicht vorgesehen werden.

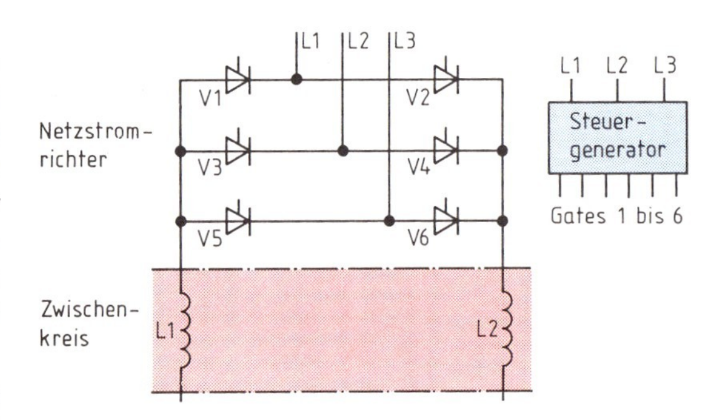

Bild 1: Netzstromrichter mit Zwischenkreis für vier Quadranten

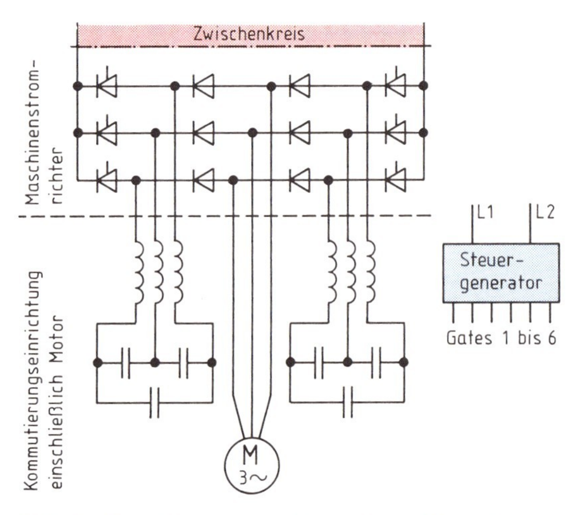

Bild 2: Maschinenstromrichter eines I-Umrichters

6.4.3.6 Umrichter mit Pulsamplitudenmodulation

Es gibt Umrichter, bei denen die Höhe der Ausgangsspannung veränderbar ist *(U-Umrichter)*. Wird bei einem U-Umrichter innerhalb jeder Halbperiode der gewünschten Frequenz jeweils die Höhe der Rechteckimpulse dem Verwendungszweck angepaßt, während die Pausenzeit immer etwa $^1/_3$ der Periodendauer ist, so spricht man von Pulsamplitudenmodulation (PAM, **Bild 3**).

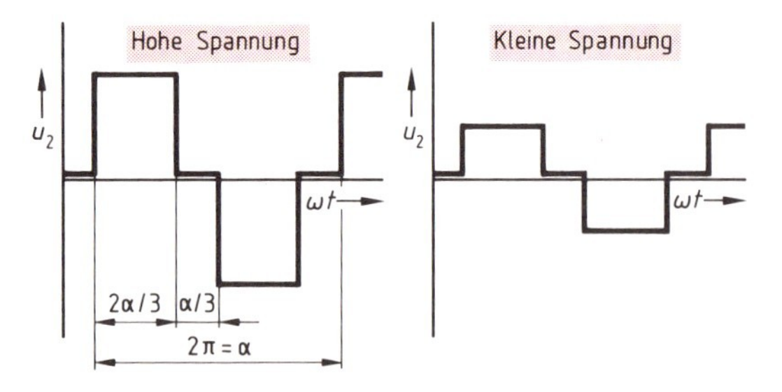

Bild 3: Ausgangsspannung eines Umrichters mit Pulsamplitudenmodulation (PAM)

Bei der Pulsamplitudenmodulation wird der Höchstwert einer Rechteckwechselspannung geändert.

Zur Drehzahlsteuerung eines Drehstromasynchronmotors oder eines Drehstromsynchronmotors werden drei Spannungen mit PAM an die Motoranschlüsse gelegt. Dadurch wird der Motor nicht mit Sinusstrom betrieben. Infolgedessen treten Oberschwingungen auf, so daß störende Geräusche auftreten.

Bei der Drehzahlsteuerung mit PAM ist das Betriebsverhalten der Motoren ungünstig.

Beim U-Umrichter **Bild 1** ist wegen C1 nicht dauernd eine Verbindung zwischen Motor und Netz vorhanden. Deshalb kann das Netz nicht immer die Blindleistung liefern. Es muß gewährleistet sein, daß nach Abschaltung der Thyristoren des Wechselrichters ein Strom der entgegengesetzten Richtung fließen kann. Deshalb werden Dioden antiparallel zu den Thyristoren geschaltet. Verwendet man rückwärts leitende Thyristoren, so sind diese *Blindleistungsdioden* entbehrlich.

In Schaltung Bild 1 ist Vierquadrantenbetrieb des Motors möglich, obwohl keine Energierücklieferung erfolgt. Das bewirkt der GTO-Thyristor V7 zusammen mit dem Bremswiderstand R1. Soll der Motor gebremst werden, so werden die Thyristoren V1 bis V6 nicht mehr angesteuert und die Thyristoren V8, V9, V12, V13, V16 und V17 im Gleichrichterbetrieb angesteuert. Wird nun V7 angesteuert, so entnimmt R1 dem Zwischenkreis Gleichstromenergie, so daß der Motor gebremst wird (Widerstandsbremsung).

Zum Vierquadrantenbetrieb mit Energierückspeisung müssen für den Netzstromrichter zwei Brückenschaltungen vorgesehen werden **(Bild 2)**. Der Bremswiderstand und sein Thyristor entfallen. Die Wechselrichterschaltung entspricht der von Bild 1. Der Steuergenerator für den Netzstromrichter ist hier aufwendiger.

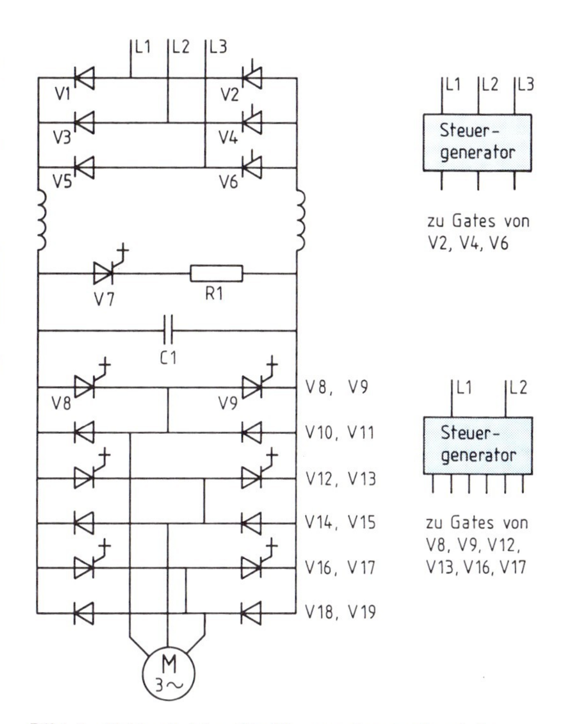

Bild 1: U-Umrichter für Vierquadrantenbetrieb ohne Energierückspeisung mit Blindleistungsdioden

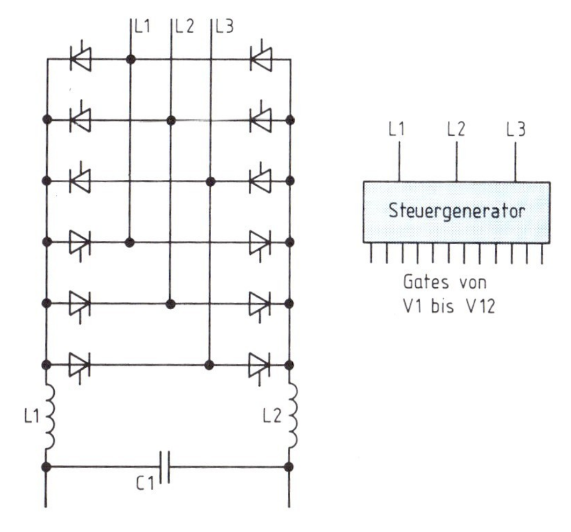

Bild 2: Netzstromrichter für einen PAM-Umrichter für Vierquadrantenbetrieb mit Energierückspeisung

Wiederholungsfragen

1. **Woraus bestehen Gleichstromsteller für einen Gleichstrommotor?**
2. **Mit welcher Modulationsart arbeiten Gleichstromsteller meist?**
3. **Warum werden für Gleichstromsteller nicht nur GTO-Thyristoren verwendet?**
4. **Welchen Vorteil haben Transistor-Stellglieder im Vergleich zu Thyristor-Stellgliedern?**
5. **Beschreiben Sie die Baugruppen eines Stromzwischenkreis-Umrichters!**
6. **Warum sind beim I-Umrichter keine Blindleistungsdioden erforderlich?**
7. **Erklären Sie die Pulsamplitudenmodulation von Umrichtern!**
8. **Welchen Nachteil haben PAM-Umrichter?**

6.4.3.7 Umrichter mit Pulsweitenmodulation

Wird bei einem U-Umrichter innerhalb jeder Halbperiode der Maximalwert der Rechteck-Spannungsimpulse konstant gehalten, jedoch die Weite der Impulse den Anforderungen angepaßt, so spricht man von PWM *(Pulsweitenmodulation)* oder auch von Pulsbreitenmodulation **(Bild 1)**.

Die Pulsfrequenz bleibt bei der PWM meist gleich, z. B. 5 kHz. Dabei wird innerhalb jeder Halbperiode die Impulsweite periodisch geändert, und zwar so, daß die Impulse in der Nähe des Nulldurchgangs schmäler sind als in der Mitte des Impulspakets (Bild 1). Dadurch ist der Mittelwert der Spannung besser an die Sinusform angepaßt als bei gleich breiten Impulsen.

Trotz gleicher Pulsfrequenz ist mit der Pulsweitenmodulation die Frequenzsteuerung möglich. Zu diesem Zweck ändert man innerhalb jeder Halbperiode die Zahl der Rechteckimpulse. Liegen z. B. 8 Rechteckimpulse in einer Periode der Ausgangsspannung, so beträgt die Grundschwingung 5000 Hz/8 = 625 Hz. Bei 12 Rechteckimpulsen in einer Periode sind es 5000 Hz/12 = 417 Hz.

Beim Umrichter mit Pulsweitenmodulation erfolgt die Frequenzsteuerung durch Steuerung der Impulsanzahl mit gleicher Polung.

Beim PWM-Umrichter mit *konstanter* Zwischenkreisspannung wird die Höhe der Ausgangsspannung durch die Breite der Impulse gesteuert. Sind die Impulsdauer groß und die Pausendauern kurz, so ist die Spannung hoch, bei kurzen Impulsdauern und langen Pausendauern dagegen niedrig (Bild 1).

Beim PWM-Umrichter mit *veränderbarer* Zwischenkreisspannung liegt im Zwischenkreis ein Gleichstromsteller **(Bild 2)**, mit dem die Zwischenkreisspannung und damit die Höhe der Ausgangsspannung gesteuert werden können **(Bild 3)**.

Beim PWM-Umrichter erfolgt die Spannungssteuerung durch Einstellung der Pausendauern oder der Zwischenkreisspannung.

Die Form des Motorstromes hängt bei der PWM stark von der Aussteuerung des Umrichters ab. Bei kleiner Aussteuerung (schmale Impulse) ist der Motorstrom fast sinusförmig. Bei halber Aussteuerung (Impulsdauer = Pausendauer) treten schwache Oberschwingungen auf **(Bild 1, folgende Seite)**.

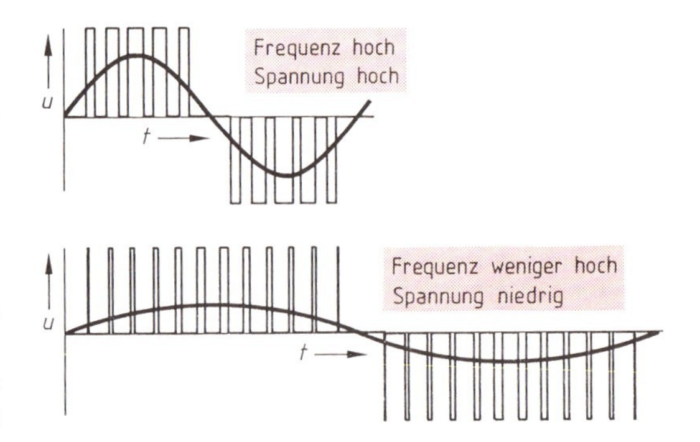

Bild 1: Pulsweitenmodulation (PWM) mit konstanter Zwischenkreisspannung

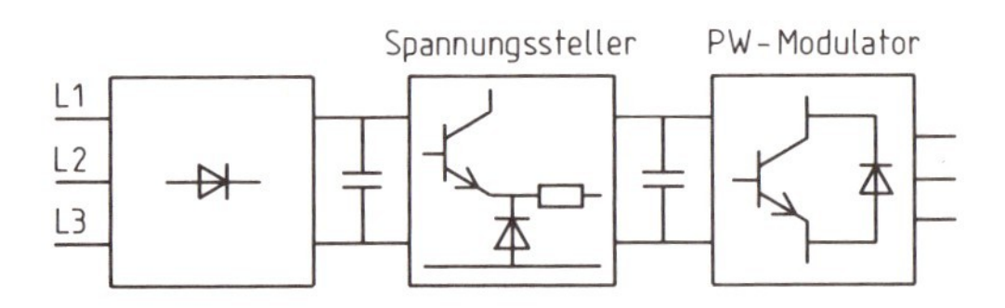

Bild 2: Baugruppen der PWM mit veränderbarer Zwischenkreisspannung

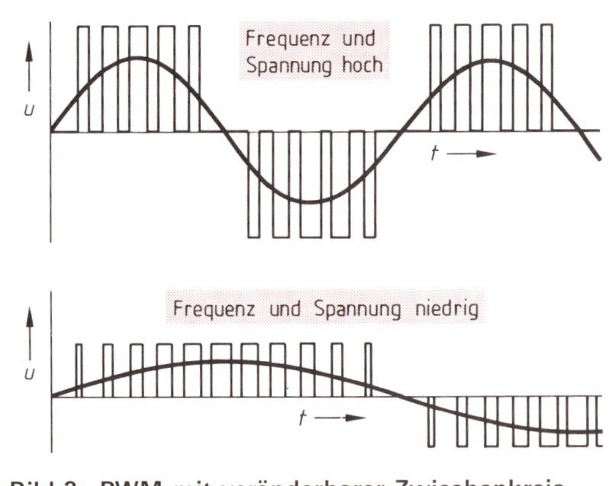

Bild 3: PWM mit veränderbarer Zwischenkreisspannung

Bei voller Aussteuerung sind die Oberschwingungen so stark wie bei der PAM.

Die Pulsweitenmodulation kann mit Transistorschaltungen für Pulsfrequenzen bis 10 kHz oder mit Thyristorschaltungen für Pulsfrequenzen bis 2 kHz verwirklicht werden. Man wendet sie für Drehzahlen bis 20 000/min und für Leistungen bis 5 000 kVA an. Der Leistungsteil der Schaltungen ist wie bei den Pulsumrichtern mit PAM.

Das Abschalten des Gleichstromes mit Transistoren ist einfacher als mit Thyristoren. Deshalb verwendet man für kleinere und mittlere Leistungen (bis etwa 70 kVA) *Transistor-Pulsumrichter* mit PWM **(Bild 2)**.

Aus der Gleichspannung eines Netzstromrichters wird mittels einer Brückenschaltung aus Transistoren eine Pulsfolge von Rechteckimpulsen gewonnen. Soll z. B. auf die Anschlüsse U und V des Motors von Bild 2, eine Impulsfolge wie in Bild 1 oben, vorhergehende Seite, kommen, so müssen die Transistoren V2 und V3 jeweils zusammen erst viermal auf Leiten und dann auf Sperren gesteuert werden. Danach bleiben V2 und V3 auf Sperren, und V4 und V1 werden zusammen viermal erst auf Leiten und dann auf Sperren gesteuert. In entsprechender Weise, jedoch um 120° versetzt, werden die Transistoren für die Speisung der Anschlüsse VW und WU angesteuert.

Pulsumrichter mit PWM werden als Transistor-Umrichter und als Thyristor-Umrichter gebaut.

Die Steuergeneratoren für die PWM sind aufwendiger als bei der PAM.

6.4.3.8 Direktumrichter

Beim Direktumrichter werden ohne Umweg über einen Gleichstrom-Zwischenkreis aus den drei Spannungen des Dreiphasennetzes drei annähernd sinusförmige Spannungen mit kleinerer Frequenz als der Netzfrequenz erzeugt **(Bild 3)**. Für jede der drei Ausgangsspannungen werden Teile aller drei Eingangsspannungen herausgeschnitten (Bild 3). Deshalb muß für jeden der drei Ausgangsspannungen das gesamte Drehstromnetz zur Verfügung stehen **(Bild 1, folgende Seite)**. Der Transformator für den Direktumrichter muß deshalb drei Ausgangswicklungen mit je drei Strängen haben. Man kann auch drei normale Drehstromtransformatoren verwenden, die auf der Eingangsseite parallel geschaltet sind. An die Ausgangswicklungen des Stromrichtertransformators sind insgesamt sechs Brückenschaltungen B6 mit Thyristoren angeschlossen. Insgesamt sind also 36 Thyristoren anzusteuern (Bild 1, folgende Seite).

Direktumrichter haben einen umfangreichen Leistungsteil und erfordern eine komplizierte Ansteuerung. Deshalb verwendet man Direktumrichter trotz ihres hohen Wirkungsgrades nur für die Drehzahlsteuerung von sehr großen Asynchronmotoren oder sehr großen Synchronmotoren.

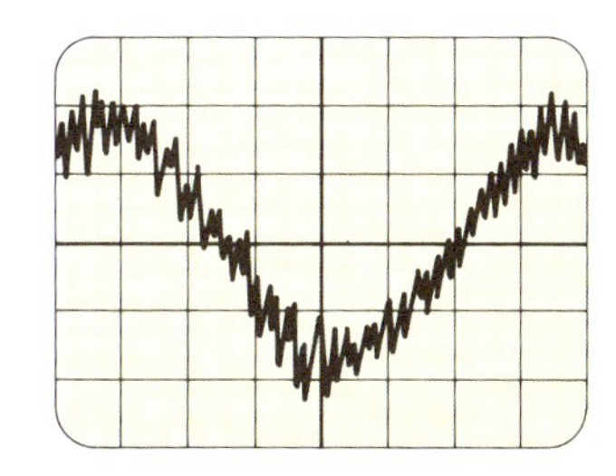

Bild 1: Oszillogramm des Motorstroms beim PWM-Umrichter mit halber Aussteuerung

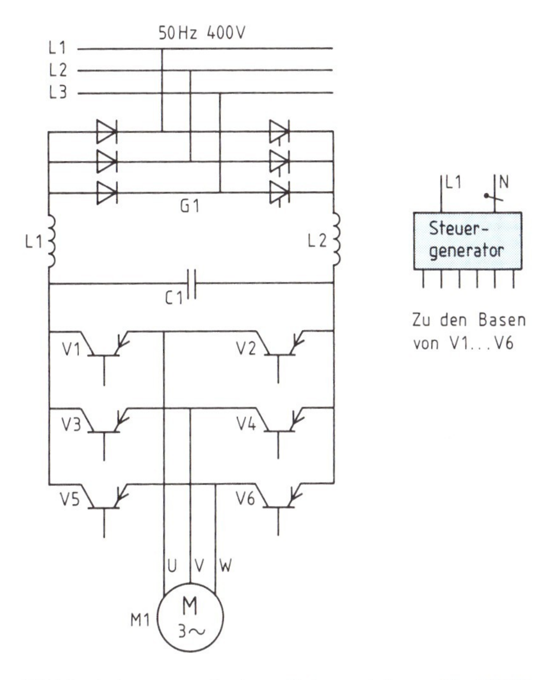

Bild 2: Leistungsteil eines Pulsumrichters für PWM mit 6 kVA Ausgangsleistung

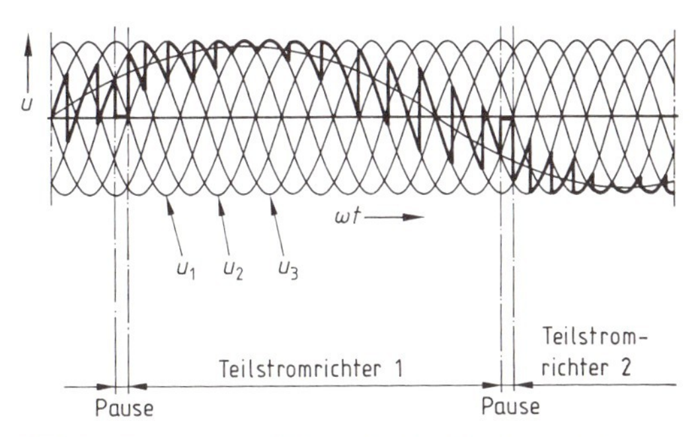

Bild 3: Spannungsbildung beim Direktumrichter

6.4.3.9 Untersynchrone Stromrichterkaskade

Schleifringeläufermotoren lassen sich unterhalb ihrer Nenndrehzahl verlustarm in der Drehzahl steuern, wenn anstelle von Läuferwiderständen ein geeigneter Stromrichter angeordnet wird **(Bild 2)**. Da es sich dabei eigentlich um eine Hintereinanderschaltung *(Kaskade)* eines Gleichrichters und eines Wechselrichters handelt und die Drehzahl immer unterhalb der synchronen Drehzahl liegt, spricht man von einer *untersynchronen Stromrichterkaskade*.

Wiederholungsfragen

1. **Wie erfolgt bei der Pulsweitenmodulation von Stromrichtern die Spannungssteuerung?**
2. **Wodurch erfolgt bei den PWM-Stromrichtern die Frequenzsteuerung?**
3. **Wovon hängt bei der PWM die Form des Motorstromes ab?**
4. **Warum arbeiten PWM-Stromrichter kleiner Leistung oft mit Transistoren?**
5. **Welchen Nachteil haben die Direktumrichter?**
6. **Wozu eignet sich eine untersynchrone Stromrichterkaskade?**

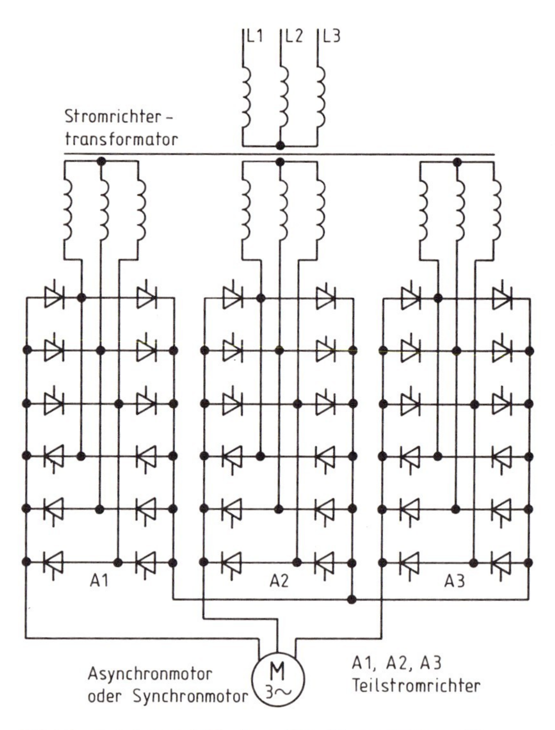

Bild 1: Leistungsteil eines Direktumrichters für Vierquadrantenbetrieb

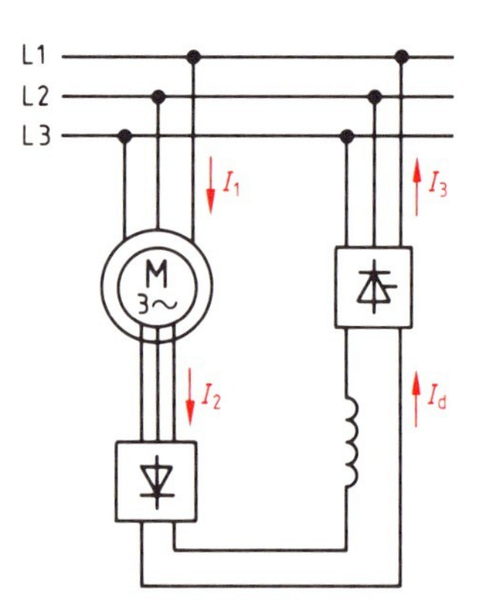

Bild 2: Untersynchrone Stromrichterkaskade

6.4.4 Servomotoren

6.4.4.1 Anforderungen an Servomotoren

Servomotoren sind eigentlich Motoren für Hilfszwecke (lat. servus = Diener). Servomotoren treiben also nur solche Teile der Arbeitsmaschine an, deren Energiebedarf kleiner ist als der Bedarf des eigentlichen Antriebsmotors. Servomotoren haben meist Nennleistungen bis etwa 15 kW. Es werden aber auch größere Motoren mit Nennleistungen bis 100 kW unabhängig von ihrer Anwendung als Servomotoren bezeichnet, wenn Aufbau und Wirkungsweise wie bei den kleineren Servomotoren sind. Servomotoren können sowohl Gleichstrommotoren wie auch Drehstrommotoren sein. Ihre Stromversorgung erfolgt meist über eine mehr oder weniger umfangreiche Elektronik **(Bild 1, folgende Seite)**.

> Servomotoren werden meist für Hilfsantriebe von Arbeitsmaschinen verwendet. Ihre Speisung erfolgt über eine elektronische Schaltung.

Servomotoren werden vor allem für den *Vorschubantrieb* und den Antrieb für die *Positionierung* von Werkzeugmaschinen verwendet. Die Eigenart dieser Maschinen bestimmt die Anforderungen, welche an Servomotoren gestellt werden:

- Großes Drehmoment bis etwa 40 Nm an der Motorwelle,
- kurzzeitige Überlastbarkeit bis zum Doppelten des Drehmoments,
- hohe Drehzahlsteifigkeit, damit die Geschwindigkeit bei verschiedener Belastung gleichbleibt,
- Drehzahlstellbereich von etwa 1 : 10 000,
- Möglichkeit, auch sehr kleine Wegelemente fahren zu können,

— kleines Trägheitsmoment, damit der Antrieb mit nur kurzer Verzögerung dem Befehl folgen kann,
— Anbaumöglichkeit für einen Tachogenerator als Drehzahlmesser.

6.4.4.2 Drehstrommotoren als Servomotoren

Servomotoren für Nennleistungen bis etwa 10 kW werden zunehmend als Drehstromservomotoren gebaut (Bild 1). Diese Servomotoren werden über einen Umrichter mit Gleichstromzwischenkreis gespeist. Da bei diesem die Stromwendung ohne Bürsten erfolgt, werden Drehstromservomotoren auch als *bürstenlose Gleichstrommotoren* bezeichnet.

Der Ständer des Drehstromservomotors ist wie beim üblichen Drehstrommotor ausgeführt. Der Läufer ist meist mit Dauermagneten versehen oder ist seltener ein Kurzschlußläufer. Im Prinzip handelt es sich also um einen Synchronmotor oder um einen Asynchronmotor. Bei *Dauermagneterregung* des Synchronmotors entsteht die Verlustwärme fast nur im Ständer. Zu deren Abführung kann ein Lüftermotor angebaut sein **(Bild 2)**. Mit dem Läufer des Servomotors kann ein Tachogenerator zum Erfassen der Drehzahl und ein Winkelsensor zum Erfassen der Läuferstellung gegenüber dem Ständer verbunden sein (Bild 2).

Der Drehstromservomotor ist meist ein dauermagneterregter Synchronmotor, der mit Lüftermotor, Tachogenerator und Drehwinkelsensor versehen sein kann.

Zum raschen Stillsetzen des Servomotors nach dem Abschalten des Motors können seine Wicklungsstränge durch ein Bremsschütz über Bremswiderstände verbunden werden, so daß der Motor als Generator arbeitet. Dadurch wird die Bewegungsenergie sehr schnell in Wärme umgesetzt (Kurzschlußbremsung). Im Stillstand des Läufers wirkt eine *elektromechanische Bremse*, die durch Federkraft bremst und beim Einschalten des Motors durch einen Elektromagneten (Bremslüftmagnet) gelöst wird (Bild 2).

Drehstromservomotoren haben eine längliche Bauform und damit einen schlanken Läufer und ein kleines Trägheitsmoment (Moment gegen Drehzahländerung). Als Dauermagnete werden z. B. *Ferritmagnete* mit einer Dicke von 20 mm bis 30 mm verwendet. Diese umgeben als Segmente **(Bild 3)** oder als Schalen das Läuferblechpaket **(Bild 1, folgende Seite)**.

Bild 1: Drehstromservomotoren mit Ansteuergeräten

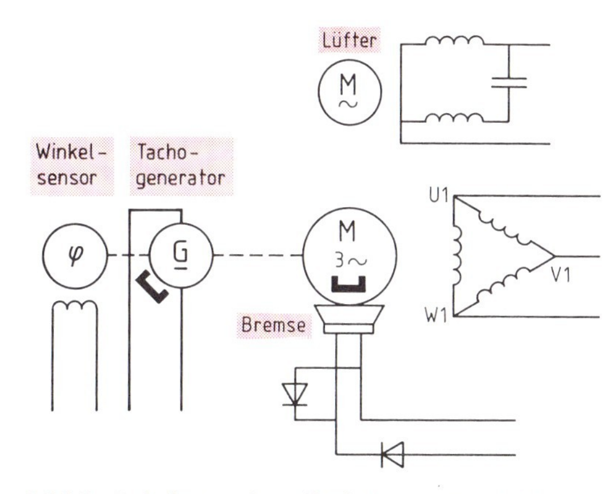

Bild 2: Schaltung eines Drehstromservomotors

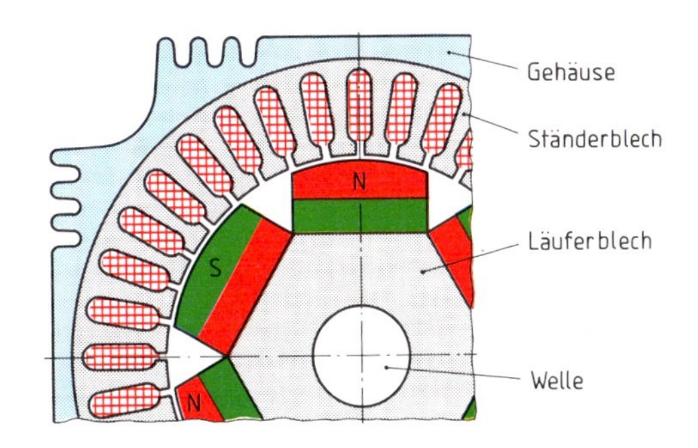

Bild 3: Drehstromservomotor mit Segmentmagneten aus Ferrit

Bei beiden Bauarten beträgt die magnetische Flußdichte im Luftspalt etwa 0,3 T. Doppelt so hoch sind bei Servomotoren mit *SE-Magneten* (Seltene-Erde-Magnete) die Luftspaltinduktion und damit das Drehmoment. SE-Magnete enthalten neben Kobalt ein chemisches Element aus der Gruppe der Seltenen Erden, z.B. Samarium. SE-Magnete sind dünne Plättchen von 2 mm bis 3 mm Dicke, die auf das Läuferblechpaket aufgeklebt und durch eine Glasfaserbandage festgehalten werden **(Bild 2)**.

Der Läufer von Drehstromservomotoren ist schlank sowie möglichst leicht ausgeführt und besitzt Ferritmagnete oder SE-Magnete.

Beim Drehstromservomotor erfolgt die Drehzahlsteuerung über einen Umrichter mit Pulsweitenmodulation **(Bild 3)**. Dabei darf sich die Frequenz nicht schlagartig ändern, weil sonst der Motor außer Tritt fallen könnte. Deshalb werden beim Hochfahren und bei Drehzahländerungen aus der gemessenen Drehzahl und dem gemessenen Drehwinkel die drei Strangströme des Motors so berechnet und eingestellt, daß das von ihnen hervorgerufene Ständerdrehfeld bei Drehzahlerhöhung höchstens um die halbe Polteilung (Abstand der Magnetpole) voreilt oder beim betriebsmäßigen Bremsen nacheilt. Die Berechnung und Einstellung erfolgt mit Hilfe eines Mikrocomputers (Bild 3).

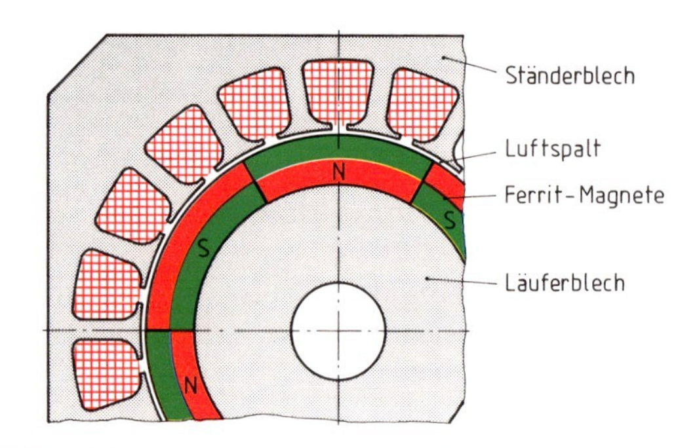

Bild 1: Drehstromservomotor mit Schalenmagneten aus Ferrit

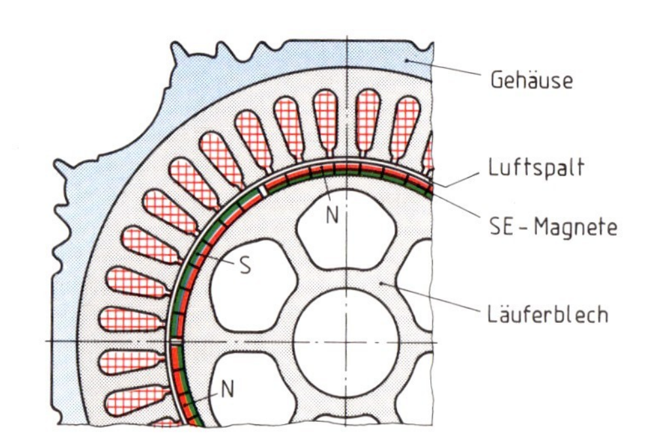

Bild 2: Drehstromservomotor mit SE-Magneten

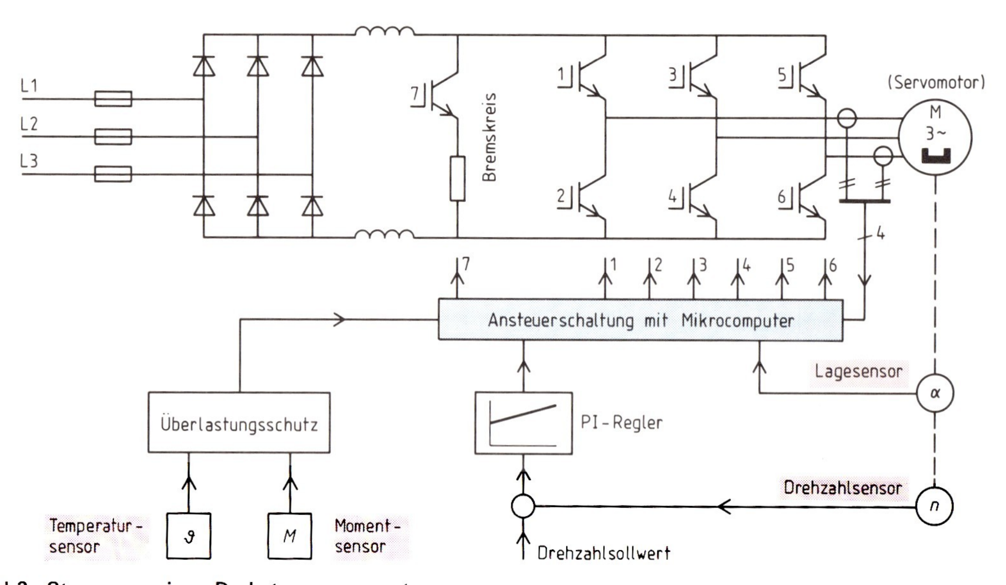

Bild 3: Steuerung eines Drehstromservomotors

Bei genügend schnellen Mikrocomputern ist es möglich, auf den Tachogenerator und den Drehwinkelsensor zu verzichten. Die magnetische Flußdichte und damit die Lage des Ständerdrehfeldes können über den Blindstrom (Magnetisierungsstrom) eines Ständerstranges erfaßt werden und der Drehwinkel über einen Drehwinkelgeber. Bei der feldorientierten Regelung (Vektorregelung) werden daraus die Frequenz und die Steuerwinkel der Umrichter berechnet.

Je nach Ausführung der Umrichter ist der Betrieb in beiden Richtungen, elektrisches Bremsen und Nutzbremsen (Bremsen mit Energierücklieferung) möglich. Die Drehzahlen können bis 20 000/min betragen.

Der Drehstromservomotor ist mit dem entsprechenden Umrichter für den Vierquadrantenbetrieb geeignet.

Zum Betrieb des Drehstromservomotors ist ein Umrichter erforderlich. Deshalb stellt man den Arbeitsbereich für das gesamte System Ansteuergerät (Umrichter) und Motor dar **(Bild 1)**. Die Begrenzung des Drehmoments wird durch den größtmöglichen Strom I_{max} des Ansteuergerätes hervorgerufen.

Beim Drehstromservomotor ist das verfügbare Drehmoment vor allem von der Betriebsart abhängig.

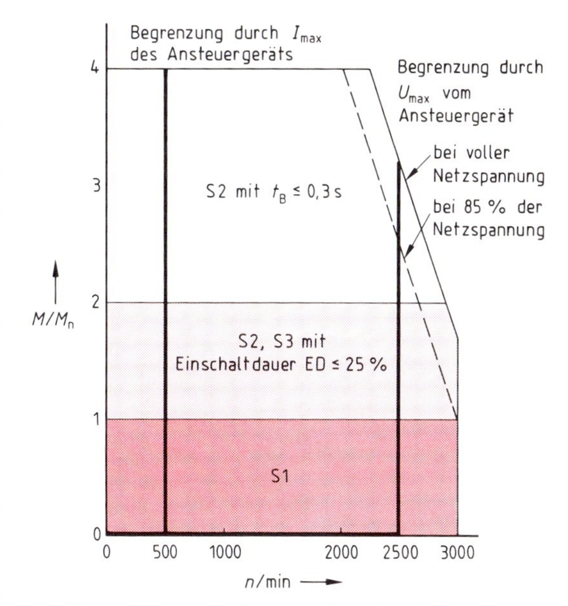

Bild 1: Arbeitsbereiche und $M(n)$-Kennlinien eines Drehstromservomotors mit Drehzahlregelung

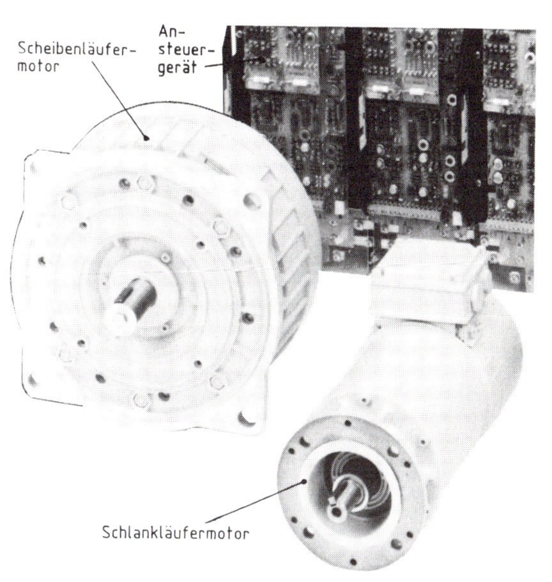

Bild 2: Stromwendermotoren als Servomotoren

6.4.4.3 Stromwendermotoren als Servomotoren

Zur Erzielung einer hohen Drehmoment-Überlastbarkeit macht man bei den Stromwendermotoren als Servomotoren **(Bild 2**, Gleichstromservomotoren) das Magnetfeld besonders stark. Bei der dann möglichen Überlastung wird aber die Stromwendung am Kommutator kritisch. Deshalb ordnet man bei manchen Gleichstromservomotoren immer eine Kompensationswicklung an. Außerdem macht man bei Motoren mit hoher Drehzahl den Ankerdurch-

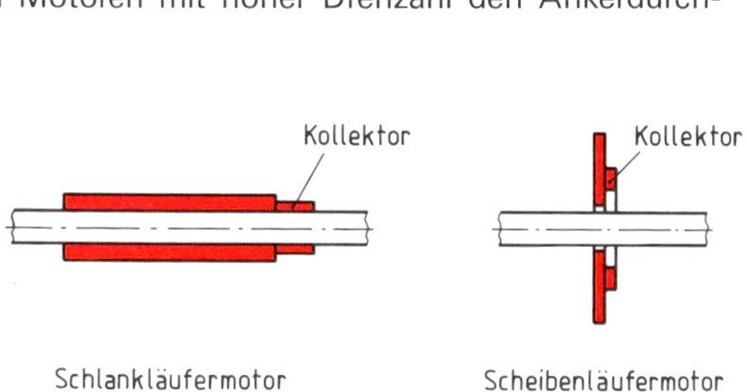

Bild 3: Besonders reaktionsschnelle Servomotoren

messer erheblich kleiner als bei normalen Gleichstrommotoren **(Bild 1)**. Dadurch wird das Trägheitsmoment eines Gleichstromservomotors verhältnismäßig klein. Durch die Verkleinerung des Ankerdurchmessers erhält man außerdem den Platz für die besonders große Erregerwicklung. Gleichstromservomotoren sind wegen ihres kleinen Ankerdurchmessers bei gleicher Leistung länger als andere Gleichstrommotoren. Das ist erforderlich, weil bei gleicher Länge des Ankers das Drehmoment mit dem Ankerdurchmesser abnimmt.

Gleichstromservomotoren sind länglich gebaute Gleichstrommotoren mit kleinem Ankerdurchmesser und starkem Magnetfeld, bei denen meist eine Kompensationswicklung vorhanden ist.

Für besonders reaktionsschnelle Servomotoren wendet man Gleichstrommotoren an, deren Anker kein Eisen außer der Welle enthält **(Bild 3, vorhergehende Seite)**. Allerdings gibt es derartige Antriebe nur für Leistungen bis etwa 1 kW.

Ein *Schlankläufermotor* hat eine kleinere Schwungmasse als ein Motor mit normalem Läufer. Die Wicklung ist oft nicht mehr in Nuten geführt, sondern auf die Läuferwelle aufgeklebt. Dadurch kann außerdem die Wicklung längs des Läuferumfangs gleichmäßig verteilt werden. Dies führt vor allem bei kleinen Drehzahlen zu einem äußerst ruhigen Lauf.

Beim *Scheibenläufermotor* wird an Stelle eines zylindrischen Läufers eine dünne, eisenfreie Läuferscheibe von geringer Schwungmasse verwendet.

Beim *Glockenankermotor* dient eine glockenförmig in Kunststoff vergossene Wicklung als Läufer, während der Eisenkern still steht.

Motoren dieser Bauarten erreichen beim Hochlauf aus dem Stillstand die Nenndrehzahl von etwa 3000/min in etwa 10 ms.

Besonders reaktionsschnell sind Gleichstromservomotoren kleiner Leistung, deren Anker außer der Welle kein Eisen enthält.

Bei Gleichstromservomotoren wird an Stelle der Gleichstromerregung mittels der Feldwicklung häufig die *Dauermagneterregung* angewendet **(Bild 2)**. Bei der Dauermagneterregung werden die magnetischen Feldlinien des Ständers von Dauermagneten hervorgerufen, nicht von einer Feldwicklung. Vom konstruktiven Aufbau her unterscheidet man bei der Dauermagneterregung den Aufbau mit *Flußkonzentration* oder den Aufbau mit *Schalenmagneten* (Bild 1). Bei der Flußkonzentration besitzt der Ständer Polbleche aus weichmagnetischem Material. Diese bewirken einen gleichmäßigen,

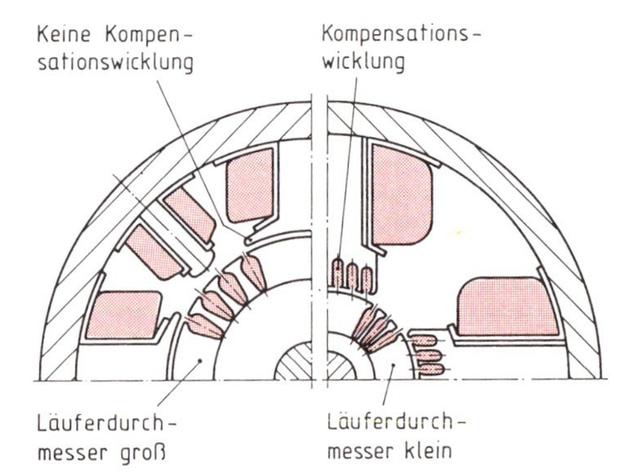

Bild 1: Aufbau von Gleichstrommotoren. Links: Normaler Motor. Rechts: Servomotor

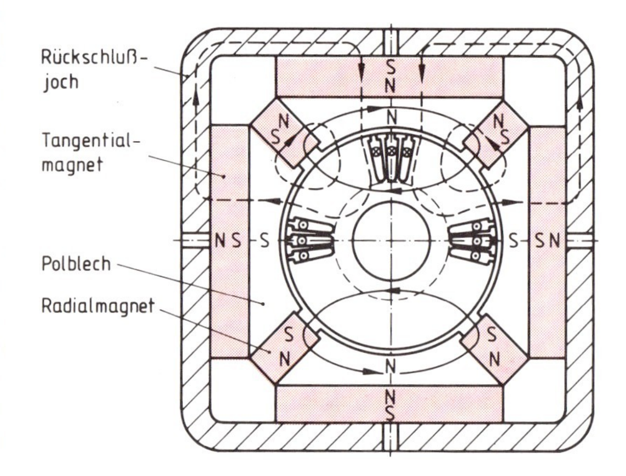

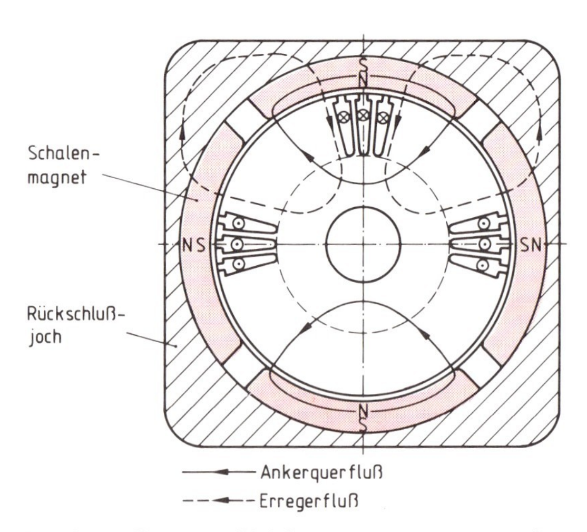

Bild 2: Aufbau von Gleichstromservomotoren mit Dauermagneterregung

magnetischen Fluß. Durch die Form der Polschuhe kann erreicht werden, daß der Läufer stoßfrei anläuft. Die Polschuhe bilden auch den Rückschluß für den Ankerquerfluß. Dadurch ist selbst bei großer Belastung keine Entmagnetisierung der Hauptpole möglich. Wegen der viereckigen Bauform können Dauermagnete in Plattenform eingesetzt werden, welche leicht zu verarbeiten sind. Die *Radialmagnete* bewirken, daß der Erregerfluß bis in das Innere des Ankers gedrängt wird.

Bei der Anwendung von Schalenmagneten werden die Erregerpole durch Segmente von Magnetschalen gebildet. Durch geeignete Magnetstärke ist es möglich, daß der Läufer stoßfrei anläuft. Deshalb wird zu den Enden hin die Magnetschale schwächer magnetisiert. Bei Anwendung von Schalenmagneten muß durch einen größeren Luftspalt dafür gesorgt werden, daß die Rückwirkungen vom Ankerquerfeld auf das Erregerfeld klein bleiben. Bei sehr großer Belastung besteht hier die Gefahr, daß die Schalenmagnete entmagnetisiert werden.

Bei dauermagneterregten Gleichstromservomotoren werden die Flußkonzentration durch Radialmagnet oder der Aufbau mit Schalenmagneten angewendet.

Dauermagneterregte Gleichstromservomotoren baut man meist ohne Wendepole. Deshalb muß bei höheren Drehzahlen im Stromrichtergerät eine Schutzschaltung angewendet werden, damit keine unzulässig starken Ströme fließen.

Gleichstromservomotoren, die über Transistor-Stellglieder angesteuert werden, folgen fast verzögerungsfrei den Steuerbefehlen. Dagegen ist bei Thyristor-Stellgliedern eine *Totzeit* (Zeit bis zur Befehlsausführung) bis zu 10 ms vorhanden. Die Drehzahlsteuerung der Gleichstromservomotoren erfolgt durch Einstellung der Ankerspannung.

Zum Betrieb des Gleichstromservomotors ist ein Stromrichter erforderlich. Deshalb stellt man den Arbeitsbereich für das gesamte System Stromrichter und Motor dar **(Bild 1)**. Das verfügbare Drehmoment des Servomotors hängt von der eingestellten Drehzahl und der Betriebsart des Motors ab. Im *Dauerbetrieb* S1 ist bei niedrigen Drehzahlen das verfügbare Drehmoment so groß wie das Nenndrehmoment des Motors. Bei höheren Drehzahlen nimmt es bei Dauerbetrieb etwas ab. Wenn der Servomotor nur im *Kurzzeitbetrieb* S2 betrieben wird, so kann je nach Drehzahl das verfügbare Drehmoment bis zum Vierfachen des Nenndrehmoments gehen.

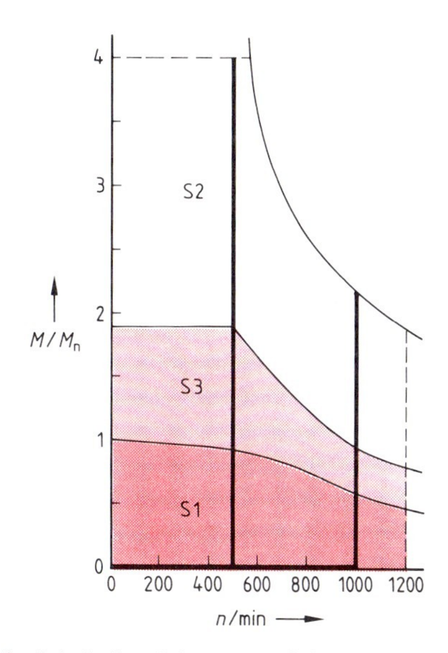

Bild 1: Arbeitsbereiche und *M*(*n*)-Kennlinien eines Gleichstromservomotors mit Drehzahlregelung

Das größte Drehmoment von Gleichstromservomotoren ist bei Kurzzeitbetrieb und niedriger Drehzahl etwa das Vierfache vom Nenndrehmoment.

Wiederholungsfragen

1. **Für welche Aufgaben verwendet man Servomotoren?**
2. **Nennen Sie die beiden Hauptarten von Servomotoren!**
3. **Welche Anforderungen werden an Servomotoren gestellt?**
4. **Welche beiden Arten von Servomotoren unterscheidet man?**
5. **Beschreiben Sie den Aufbau eines Drehstromservomotors?**
6. **Wie erfolgt beim Drehstromservomotor die Frequenzsteuerung?**
7. **Warum können manche Drehstromservomotoren auch ohne Tachogenerator betrieben werden?**
8. **Warum haben Gleichstromservomotoren meist eine Kompensationswicklung?**
9. **Warum macht man bei Gleichstromservomotoren den Ankerdurchmesser kleiner als bei den üblichen Gleichstrommotoren?**
10. **Welche Servomotoren sind besonders reaktionsschnell?**
11. **Wie groß ist das größte Drehmoment von Gleichstromservomotoren im Kurzzeitbetrieb etwa?**

6.5 Handhabungssysteme

6.5.1 Einteilung

Handhabungsgeräte sehen sich äußerlich häufig sehr ähnlich, unterscheiden sich aber bezüglich der Steuerung, Programmierung und Anwendung **(Bild 1)**.

Manipulatoren sind Bewegungsgeräte, welche *von Hand* gesteuert werden, z. B. ein Handhabungsgerät zum Handhaben schwerer Schmiedewerkstücke an Schmiedepressen oder Betonspritzgeräten zum Auskleiden von Tunneln. Mit Hilfe handgesteuerter Hydraulikventile werden Greifer und Arme unter Sichtkontrolle durch Hydraulikzylinder bewegt. Bei fernbedienten Manipulatoren, den Teleoperatoren **(Bild 2)**, wird der Bewegungsvorgang über Fernsehbildschirme kontrolliert. Teleoperatoren verwendet man z. B. in radioaktiven Räumen, unter Wasser und bei Weltraumexperimenten. Mit Mikromanipulatoren können Arbeiten an kleinsten Bauelementen ausgeführt werden. Die Bewegungen werden über Mikroskope kontrolliert.

Festprogrammierte Handhabungsautomaten verwendet man für immer *gleichbleibende* Bewegungsvorgänge, z. B. zum Beschicken einer Presse oder zur Montage von Serienfabrikaten. Die Geräte sind meist mit pneumatisch betriebenen Hub- und Drehzylindern aufgebaut, wobei die einzelnen Teilbewegungen durch Grenztaster und Ventile in den Endlagen begrenzt werden. Die Bewegungsabfolge wird z. B. über eine Taktstufensteuerung gesteuert. Geräte dieser Art bezeichnet man auch als Pick-And-Place-Geräte[1].

Roboter sind universell einsetzbare Bewegungsautomaten mit mehreren Achsen **(Bild 3)**. Die Bewegungen sind hinsichtlich der Bewegungsfolge und Bewegungsbahn *frei programmierbar*. Ein mechanischer Eingriff, z. B. ein Verstellen von Endlagentastern, ist nicht notwendig. Die Bewegungsbahn und die Bewegungsfolge kann auch über Sensoren gesteuert werden.

Es gibt Roboter mit Punktsteuerung (Point To Point, PTP) und Roboter mit Bahnsteuerung (Controlled Path, CP). Die *Punktsteuerung* ermöglicht das Positionieren des Roboterwerkzeugs oder der Roboterhand in den programmierten Punkten des Roboterarbeitsraumes. Der Bewegungsvorgang von einem Punkt zum anderen ist dabei nicht exakt vorherbestimmbar. Bei der *Bahnsteuerung* erfolgt die Bewegung zwischen zwei programmierten Punkten auf einer durch Lageregelung kontrollierten Bahn.

[1] engl. Pick = aufnehmen, engl. place = setzen, legen, stellen

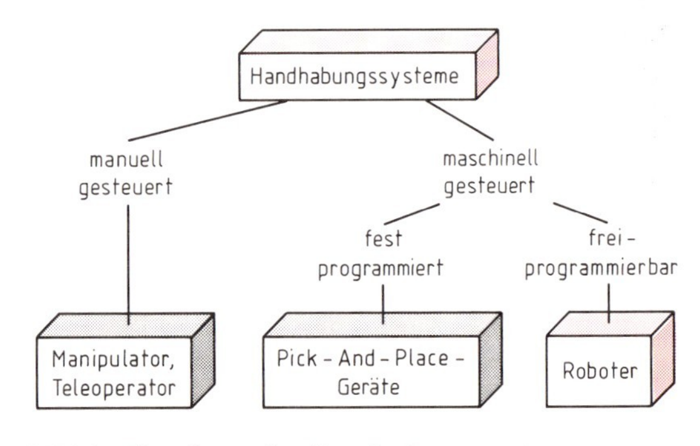

Bild 1: Einteilung der Handhabungssysteme

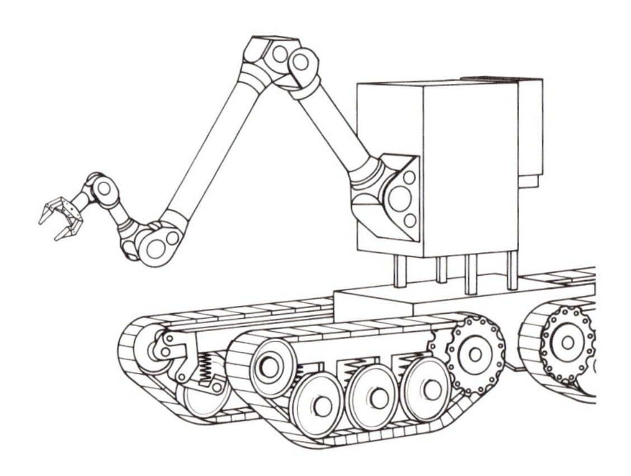

Bild 2: Teleoperator zum Beseitigen von radioaktiven Trümmern

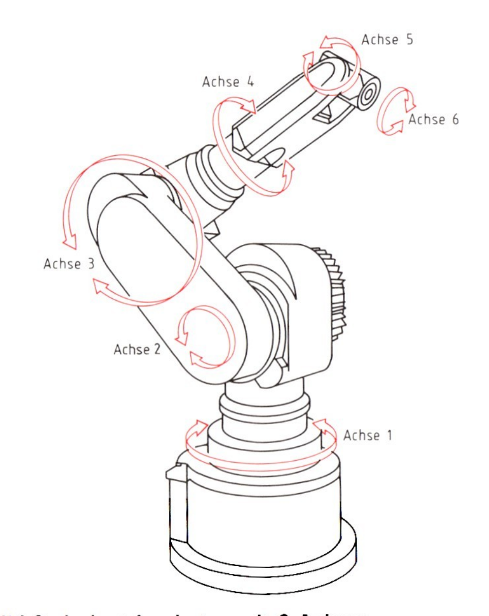

Bild 3: Industrieroboter mit 6 Achsen

6.5.2 Kinematischer Aufbau eines Roboters

Der kinematische[1] Aufbau wird durch die Art, Anordnung und Zahl der Bewegungseinheiten (Achsen) bestimmt. Die äußere Gestalt, der Arbeitsraum, die Verwendbarkeit und der steuerungstechnische Aufwand bei einem Roboter hängen von seinem Aufbau ab.

Die Bewegungseinheiten sind Drehgelenke (*rotatorische Achsen*, R-Achsen) oder geradlinige Führungen (*translatorische Achsen*, T-Achsen). Um verschiedene Punkte im Raum zu erreichen, sind drei Achsen erforderlich. Diese Achsen nennt man *Hauptachsen*. Sie bilden den Roboterarm (Bild 3, vorhergehende Seite). Zur Einstellung eines Greifers oder Werkzeugs unter beliebiger räumlicher Richtung (Orientierung) sind weitere drei Achsen erforderlich. Diese nennt man *Handachsen*. Handachsen sind stets rotatorische Achsen.

Zur Einstellung des Roboters auf eine Position im Roboterarbeitsraum sind also insgesamt sechs Achsen, entsprechend den sechs Freiheitsgraden der Bewegung eines Körpers im Raum erforderlich **(Bild 1)**. Dabei braucht man drei Freiheitsgrade für die Position, z. B. mit den Koordinaten x, y, z, und drei Freiheitsgrade für die Orientierung mit den Drehwinkeln D für die Rollbewegung, E für die Nickbewegung und P für die Gierbewegung (Bild 1).

Die Einteilung der Roboter geschieht nach der Art der Kinematik der Hauptachsen.

Bei der *TTT-Kinematik* folgen, beginnend von der Roboteraufstellfläche, drei translatorische Hauptachsen aufeinander **(Bild 2)**. Der Arbeitsraum ist quaderförmig mit Kantenlängen entsprechend den Achsen x, y, z.

Bei der *RTT-Kinematik* sind zwei translatorische Achsen auf einer rotatorischen Achse aufgesetzt (Bild 2). Ein Drehturm (1. Achse) trägt eine translatorische Achse (2. Achse) zur Höheneinstellung und diese eine translatorische Achse (3. Achse) zur Einstellung der Weite in radialer Richtung. Der Arbeitsraum ist zylinderförmig. Um den Roboter in gewohnter Weise mit den rechtwinkligen Koordinaten x, y, z programmieren und in diesen Achsrichtungen bewegen zu können, sind in der Robotersteuerung fortlaufend Umrechnungen von kartesischen Koordinaten[2] in Zylinderkoordinaten (Maschinenkoordinaten) notwendig. Dies nennt man

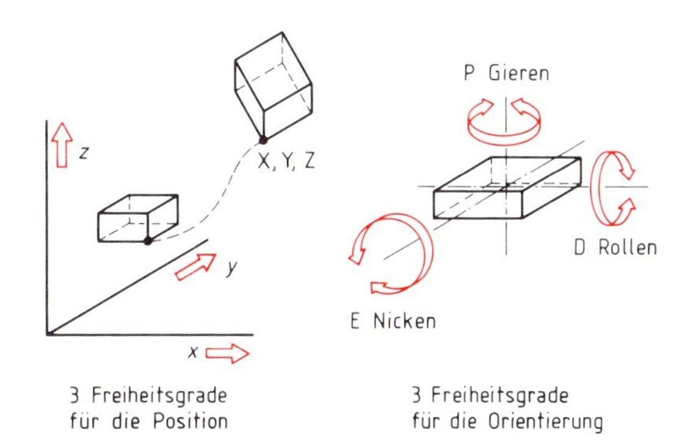

Bild 1: Die 6 Freiheitsgrade der Bewegung

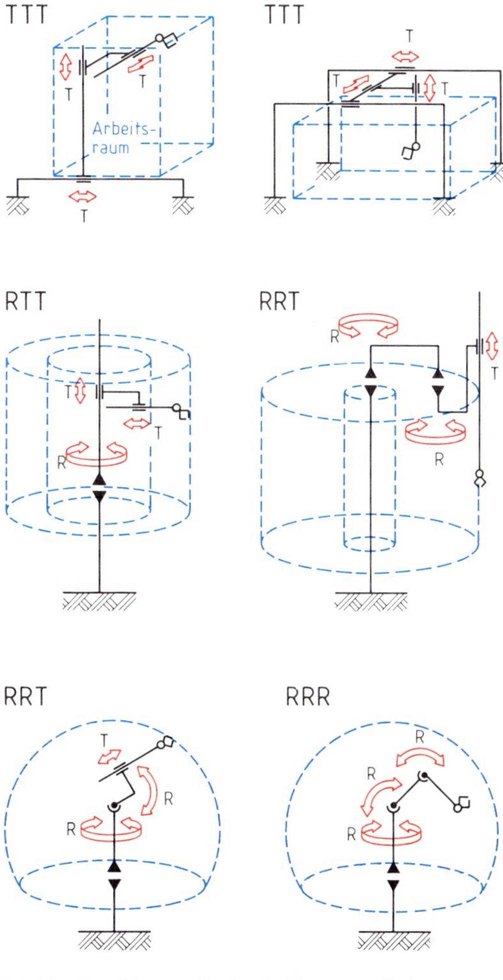

Bild 2: Der kinematische Aufbau von Robotern

[1] Kinematik = Lehre von der Bewegung

[2] rechtwinklige Koordinaten, benannt nach dem franz. Philosophen Descartes (1596 bis 1650)

Koordinatentransformation. Die Steuerung muß eine Koordinatentransformation etwa alle 20 ms für alle Roboterachsen ausführen.

Roboter mit *RRT-Kinematik* haben z. B. eine Drehachse als 1. Achse, eine Schwenkachse als 2. Achse und eine translatorische Achse als 3. Achse (Bild 2, vorhergehende Seite). Der Arbeitsraum hat die Form einer Halbkugel. Auch diese Kinematik erfordert eine Koordinatentransformation.

Eine häufige Achsenanordnung, insbesondere für Roboter zur Montage, ist die *RRT-Kinematik mit waagrechtem Arm*. Aufbauend auf zwei rotatorischen Achsen für einen in waagrechter Richtung beweglichen Arm folgt eine translatorische Achse für eine senkrechte Hubbewegung (Bild 1, vorhergehende Seite). Der Arbeitsraum ist zylinderförmig. Um den Roboter in gewohnter Weise mit rechtwinkeligen Koordinaten *x*, *y*, *z* (kartesische Koordinaten) programmieren und in diesen Achsen bewegen zu können, ist fortlaufend eine Koordinatentransformation auszuführen.

Bei der *RRR-Kinematik* werden alle Bewegungen über Drehgelenke ausgeführt (Bild 2, vorhergehende Seite). Diese Gelenkroboter haben im Vergleich zum Arbeitsraum den geringsten Platzbedarf und brauchen für schnelle Bewegungen die geringsten Beschleunigungskräfte. Die Koordinatentransformation ist hier besonders rechenintensiv.

6.5.3 Programmieren von Robotern

Zur Programmierung von Bewegungsbahnen müssen neben Positionspunkten auch Werkzeugorientierungen bestimmt werden. Werkzeugorientierungen, z. B. die Orientierung eines Schweißbrenners beim Bahnschweißen gekrümmter Fahrwerksteile, können meist nicht aus Werkstückzeichnungen abgeleitet werden. Es ist daher nur in sehr einfachen Anwendungen möglich, die Positionen des Roboterwerkzeugs oder der Roboterhand numerisch zu programmieren **(Tabelle 1)**.

Play-back-Programmierung[1]. Bei einfachen Geräten, z. B. Robotern für Lackierungsaufgaben, wird die Bewegung direkt manuell bestimmt, indem man die Roboterhand in der vorgesehenen Bahn und Orientierung von Hand führt. Die Steuerung speichert während der Führung mit Hand, etwa alle 20 ms, die Positionswerte der einzelnen Roboterachsen. Im nachfolgenden Programmablauf wird die von Hand geführte Bahn wiederholt.

Teach-In-Programmierung[2]. Bei der Teach-In-Programmierung wird der Roboter durch den Bediener mit Hilfe der Bedientasten oder des Steuerknüppels des Programmierhandgeräts zu den Handhabungspositionen bzw. Bearbeitungspunkten bewegt und diese werden sodann abgespeichert.

Off-Line-Programmierung[3]. Bei der Off-Line-Programmierung programmiert man mit den Befehlsworten einer speziellen Programmiersprache. Mit Hilfe von Bewegungsanweisungen und Steueranweisungen wird das Programm am Bildschirm erstellt. Bei sehr komfortablen Programmierplätzen kann die Roboterbewegung im Rechner simuliert und am Bildschirm grafisch dargestellt werden.

Tabelle 1: Roboter-Programmierverfahren

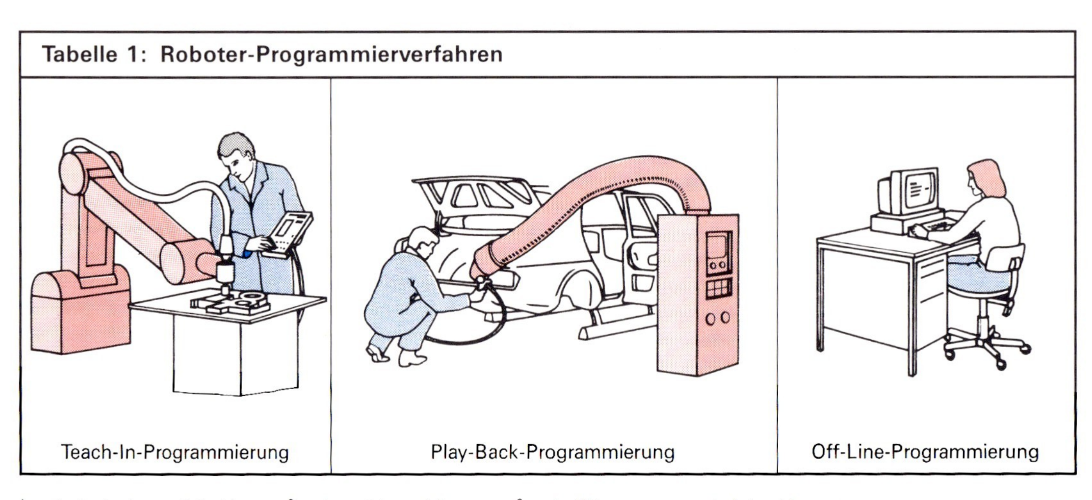

Teach-In-Programmierung	Play-Back-Programmierung	Off-Line-Programmierung

[1] engl. play back = zurückspielen; [2] engl. teach in = einlernen; [3] engl. off line = weg von der Leine, hier: getrennt

6.5.4 Sensorführung von Robotern

Die Robotersensorik trägt zum Erhöhen der Sicherheit, der Qualitätssicherung, der Leistungssteigerung, zum Ausgleichen von Positionierungsungenauigkeiten und zum Vereinfachen der Programmerstellung bei.

Entgraten mit Leistungssensor

Beim Entgraten verändern sich Gratstärke, Gratbreite, Werkstoffhärte und Werkzeugzustand sehr häufig. Ein Anzeichen für „schwer gehende Bearbeitung" ist z.B. die aufgenommene elektrische Antriebsleistung. Im Falle der verwendeten elektrisch angetriebenen Schleifscheibe wird die elektrische Leistung durch Strom-Spannungs-Multiplikation (Leistungssensor) ermittelt **(Bild 1)**. Bei zunehmender Entgratarbeit wird dabei die Roboterbahngeschwindigkeit so reduziert, daß die aufgenommene Leistung etwa konstant bleibt. Auf diese Weise können Teile mit geringer Gratausprägung schneller bearbeitet werden als Werkstücke mit starker Gratausprägung, und zugleich wird das Werkzeug vor Überlast geschützt.

Ausgleichen von Lagetoleranzen mit Näherungssensor

Das Palettieren (Stapeln von Werkstücken auf einer Palette) und auch das Entpalettieren von Werkstücken führt man sehr flexibel mit sensorgeführtem Suchen durch. Durch Einlernen einer Fahrstrecke mit Anfangspunkt und Endpunkt wird eine Suchstrecke im Roboterprogramm definiert. Mit Eintreffen eines Sensorsignals wird relativ zur momentanen Position eine neue Bewegung, z.B. eine Werkstückgreifbewegung, ausgeführt. Auf diese Weise gelingt eine Aufnahme von Werkstücken, welche in einer Linie aufgereiht sind, ohne daß deren Position innerhalb der Linie im Programm fixiert ist **(Bild 2)**.

Bestimmen der Werkstücklage durch Bildverarbeitung

Eine besondere Schwierigkeit bereitet häufig das geordnete Zuführen von Werkstücken. Das auf hellem Untergrund liegende Werkstück wird durch eine Videokamera aufgenommen und als Binärbild (Schwarz-Weiß-Bild) im Rechner gespeichert. Der Rechner ermittelt die Konturlinien **(Bild 3)**, den Flächenschwerpunkt S und er bestimmt durch den *Polarcheck* die für das Werkstück charakteristische Winkelfolge für die Schnittpunkte eines Kreises um den Flächenschwerpunkt mit den Umrißlinien. Aus diesen Meßdaten ergibt sich eindeutig die Werkstücklage, so daß der Roboter zielgerichtet zugreifen kann.

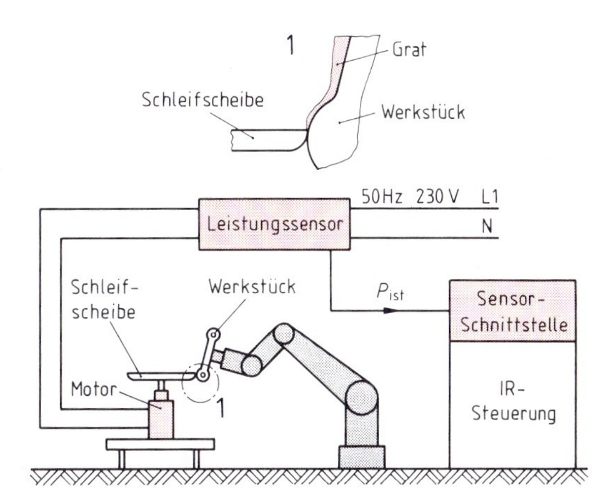

Bild 1: Geschwindigkeitsanpassung mit Leistungssensor beim Entgraten

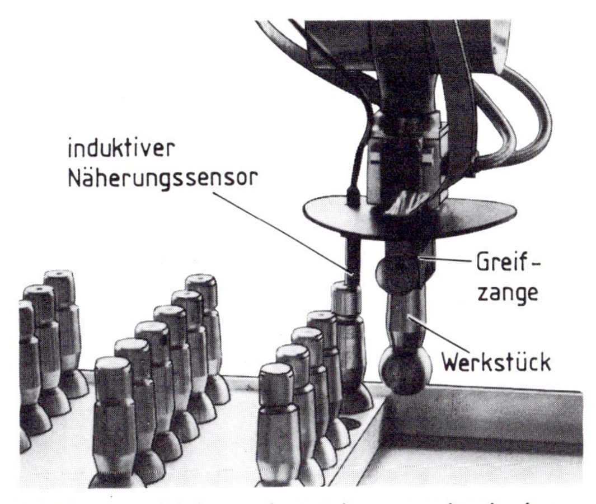

Bild 2: Ausgleich von Lagetoleranzen durch eine Suchbewegung mit induktivem Sensor

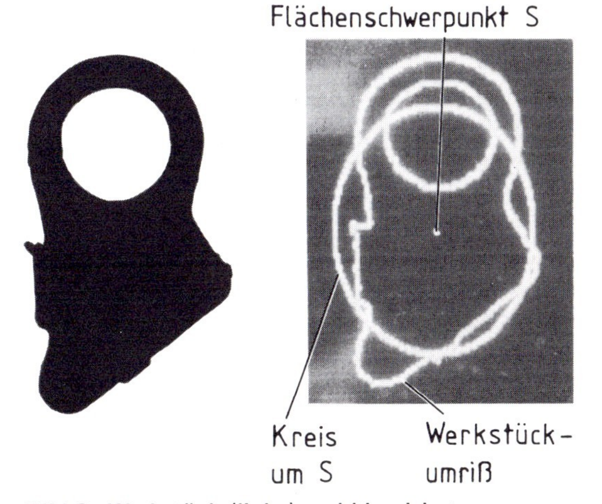

Bild 3: Werkstück (links) und binarisierte Videoaufnahme mit Umriß

6.6 Digitale Bildverarbeitung

Mit Hilfe einer Bildverarbeitungsanlage können Bilder einer Szene, z. B. einer Werkstückhandhabung, erfaßt und mit dem zugehörigen Rechner verarbeitet werden. Die digitale Bildverarbeitung ermöglicht z. B. das automatische Erkennen von Mustern. Da die Bildinformation im Rechner digital vorliegt, können durch Anwenden von Rechenoperationen die Bilder ähnlich wie mit optischen Filtern verändert werden.

Bei der *Binärbildverarbeitung* wird das aufgenommene Bild in Schwarzweißpunkte zerlegt. Man erhält ein Bild entsprechend einem Scherenschnitt. Bei der *Grauwertbildverarbeitung* werden Bilder mit ihren Grauwertschattierungen und bei der *Farbbildverarbeitung* auch die Farben mitverarbeitet. Ziel der Bildverarbeitung ist es, durch mathematische Operationen bestimmte Merkmale eines Bildes bzw. einer Szene hervorzuheben oder die Bildinformation auf wenige Daten zu reduzieren.

Aufbau und Funktionsweise einer Bildverarbeitungsanlage

Über eine Fernsehkamera wird fortlaufend, meist im Takt von 40 ms, ein Bild nach dem anderen aufgenommen **(Bild 1)**. Ein solches Fernsehbild zerlegt man durch Digitalisierung in z. B. 512 × 512 Bildpunkte mit jeweils 256 Grauwertstufen. Der zugehörige AD-Umsetzer setzt in 40 ms oder 25 mal je Sekunde für 512 · 512 = 262 144 Bildpunkte das Videosignal in ein 8-Bit-Digitalsignal um. Man erhält ein *8-Bit-Grauwertbild* **(Bild 2)**.

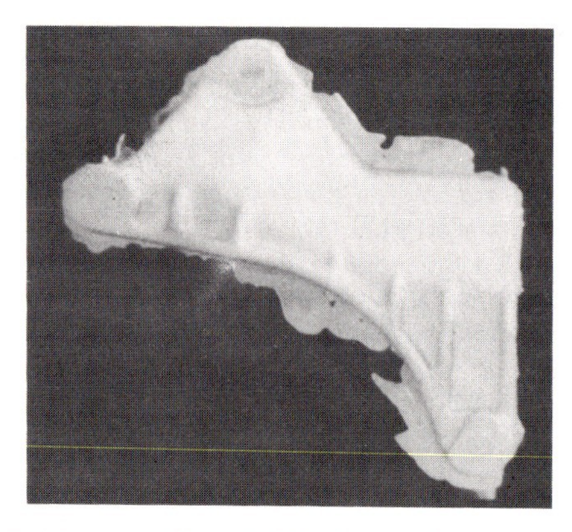

Bild 2: Grauwertbild mit 256 Graustufen

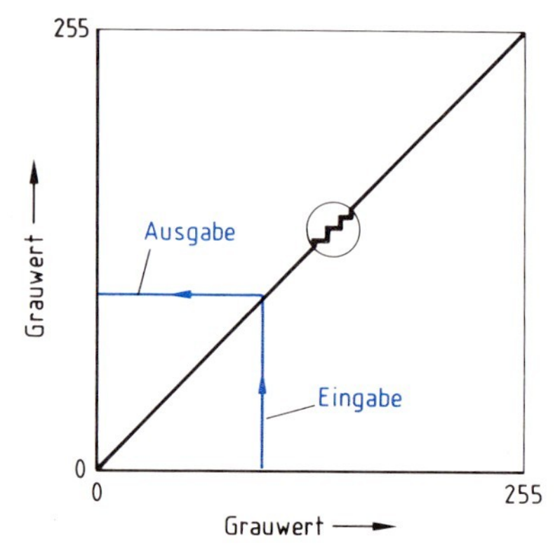

Bild 3: Funktionszusammenhang bei linearer Look-Up-Tabelle

Das digitalisierte Videosignal kann in einer ersten Bildverarbeitungsoperation über *Look-Up-Tabellen*[1] **(Bild 3)** in der Weise verändert werden, daß bestimmte Helligkeitsstufen unterdrückt und andere

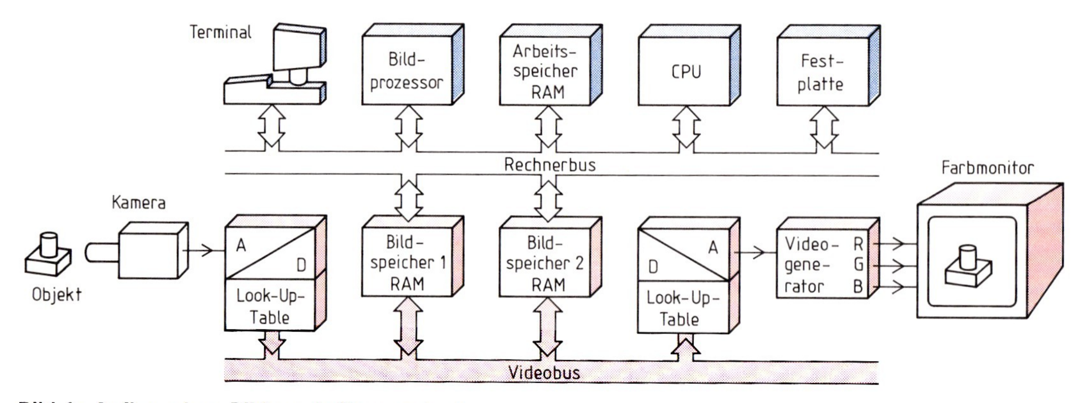

Bild 1: Aufbau einer Bildverarbeitungsanlage

[1] engl. look up = nachsehen

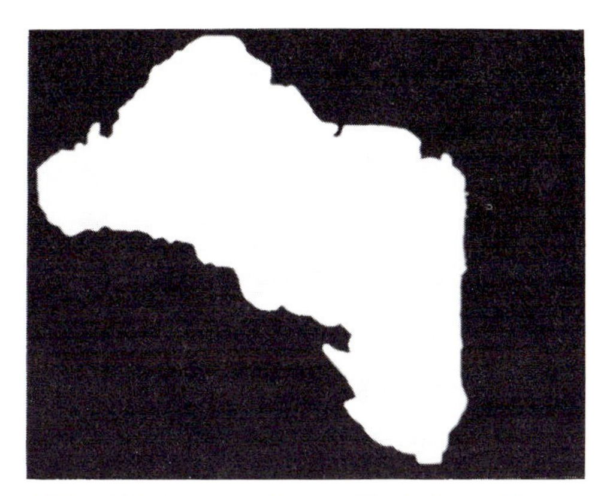

Bild 1: Werkstück, dargestellt als Binärbild

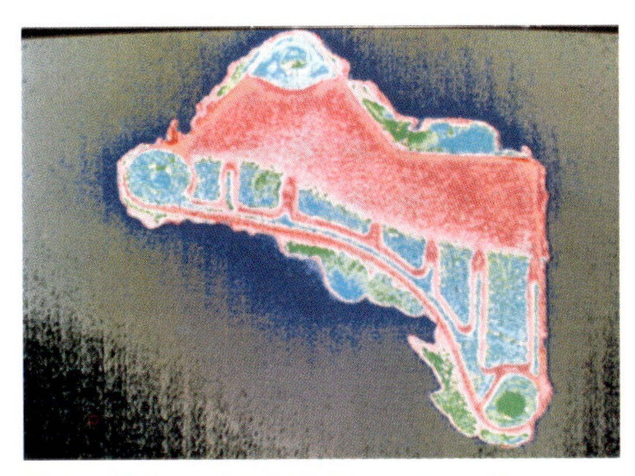

Bild 2: Werkstück in Falschfarbendarstellung

besonders hervorgehoben werden. Den natürlichsten Eindruck erhält man bei einer linearen Look-Up-Tabelle.

Zur Verminderung der Bilddaten schränkt man häufig mit Hilfe der Look-Up-Tabelle die Zahl der Graustufen stark ein, bis hin zum Binärbild **(Bild 1)**.

Zur Verdeutlichung von Bildmerkmalen können den einzelnen Grauwerten Farben zugeordnet werden. Dies geschieht mit den Look-Up-Tabellen im Signalweg zum Farbmonitor (Bild 1, vorhergehende Seite). Man spricht von der Falschfarbendarstellung **(Bild 2)**. Es können z. B. gewollte Werkstoffeigenschaften grün und Fehler rot dargestellt werden.

Binärbildverarbeitung

Durch *Subtraktion* mit einem Referenzbild kann man z. B. Gußgrate erfassen. Von dem Binärbild des Werkstücks mit Gußgrat wird das Binärbild eines Werkstücks ohne Gußgrat subtrahiert. So erhält man ein Binärbild, welches nur den Gußgrat zeigt **(Bild 3)**.

In einer weiteren Rechenoperation kann die verbliebene weiße Fläche einfach durch Zählen der hellen Bildpunkte bestimmt werden.

Mit der Bildsubtraktion stellt man die Unterschiede zu einem Referenzbild dar.

Zur Ermittlung von *Umrißlinien* setzt man bei jedem Hell-Dunkel-Übergang einen hellen Punkt. Die Länge der Umrißlinien wird dann durch Zählen der hellen Punkte bestimmt. Zur Mustererkennung verwendet man oft Fläche und Umrißlänge eines Werkstückbildes.

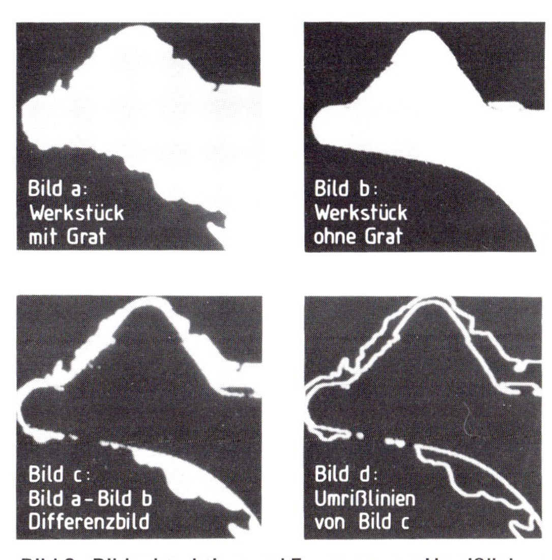

Bild 3: Bildsubtraktion und Erzeugen von Umrißlinien

Wiederholungsfragen

1. **Wodurch unterscheiden sich Manipulatoren von Robotern?**
2. **Wieviele Freiheitsgrade der Bewegung gibt es und wieviele Achsen haben Roboter meistens?**
3. **Skizzieren Sie den Aufbau und den Arbeitsraum eines Roboters mit RTT-Kinematik!**
4. **Welche Programmierverfahren gibt es bei der Roboterprogrammierung?**
5. **Nennen Sie ein Beispiel für die Sensorführung von Robotern!**
6. **Wozu dient die Look-Up-Tabelle bei einer Bildverarbeitungsanlage?**

Sachwortverzeichnis

B

C

D

E

F

G

H

I

J

K

L

M

N

Q

R

S

T

U

V

W

X

Y

Z

Verzeichnis der Firmen und Dienststellen

Die nachfolgend aufgeführten Firmen und Dienststellen haben die Bearbeiter durch Beratung, durch Zurverfügungstellung von Druckschriften, Fotos und Retuschen sowohl bei der Textbearbeitung als auch bei der bildlichen Ausgestaltung des Buches unterstützt. Es wird ihnen hierfür herzlich gedankt.

ABB Industrietechnik AG
68623 Lampertheim

Agema Infrared Systems GmbH
61401 Oberursel

Allen-Bradley
42781 Haan

ALTERA GmbH
85386 Eching

Althen
65779 Kelkheim

AMP Deutschland GmbH
63201 Langen

ANIXTER DEUTSCHLAND GmbH
71711 Murr

ANT Nachrichtentechnik GmbH
71522 Backnang

Autodesk GmbH
80686 München

Balluff
73765 Neuhausen

BASF AG
67069 Ludwigshafen

BASF Magnetics GmbH
68165 Mannheim

Berker, Gebrüder
58579 Schalksmühle

BMW AG
80788 München

Borland
86887 Landsberg
63225 Langen

Braun AG
61476 Kronberg

BÜRK ZEITSYSTEME GmbH
78054 VS-Schwenningen

CAD-FEM GmbH
85567 Grafing

Computervision GmbH
40549 Düsseldorf

Deutsche Philips GmbH
20095 Hamburg

Deutsche Vitrohm GmbH & Co. KG
25421 Pinneberg

Digital-Kienzle Computersysteme
78006 Villingen-Schwenningen

Digital-PCS Systemtechnik GmbH
81539 München

Electronic 2000 Computer Systeme GmbH
81829 München

Euchner & Co.
70771 Leinfelden-Echterdingen

Fanuc
J-Jamanashi Prefecture 401-05

Felten & Guilleaume AG
51058 Köln

Fluke Deutschland GmbH
34123 Kassel

Forschungs- und Technologie-Zentrum FTZ
64295 Darmstadt

Fraunhofer-Institut
91058 Erlangen

GE Power Controls
51105 Köln

Gould Electronics GmbH
63128 Dietzenbach

Grundig Germany
90328 Nürnberg

HAMEG GmbH
60528 Frankfurt

Hartmann und Braun AG
60487 Frankfurt

Hauptberatungsstelle für Elektrizitätsanwendung (HEA)
60329 Frankfurt

Heidenhain, Dr. Johannes GmbH
83292 Traunreut

Hewlett-Packard GmbH
71034 Böblingen

Hirschmann, Richard GmbH & Co.
73728 Esslingen

Honeywell
63067 Offenbach

IBM Deutschland Bildungsgesellschaft mbH
71083 Herrenberg

IBM Deutschland Informationssysteme
70511 Stuttgart

IBM Deutschland Produktions GmbH
71065 Sindelfingen

Indramat GmbH
97816 Lohr

Infranor GmbH
12045 Berlin

Ingres GmbH
60528 Frankfurt

INSTA ELEKTRO GMBH & CO. KG
58511 Lüdenscheid

Intermetall GmbH
79108 Freiburg

IR3 Video International GmbH
A-1232 Wien

Jola Spezialschalter
67466 Lambrecht

Kathrein-Werke AG
83022 Rosenheim

Keithley Instruments GmbH
82110 Germering

Kernforschungszentrum Karlsruhe GmbH
76131 Karlsruhe

Kistler Instrumente GmbH
73760 Ostfildern

Klöckner-Moeller
53105 Bonn

KNOGO Deutschland GmbH
55118 Mainz

Leitz Meßtechnik GmbH
35578 Wetzlar

Leuze electronic GmbH & Co.
73277 Owen-Teck

Leybold AG
63450 Hanau

Licht- und Vakuumtechnik
85643 Steinhöring

Lütze GmbH & Co.
71373 Weinstadt

Matsushita Automation Controls
83607 Holzkirchen

Microsoft GmbH
85716 Unterschleißheim

Mitsubishi Electric Europe GmbH
40880 Ratingen

Mitsui Electronics Europe GmbH
41460 Neuss

MTU GmbH
80995 München

National Instruments Germany GmbH
81369 München

nbn Electronik GmbH
82211 Herrsching

NEC Electronics (Europe) GmbH
40472 Düsseldorf

ORACLE Deutschland GmbH
80993 München

Panasonic Deutschland GmbH
22525 Hamburg

PEHA, Paul Hochköpper GmbH & Co. KG
58467 Lüdenscheid

PEPPERL + FUCHS GmbH
68307 Mannheim

Physik Instrumente
76337 Waldbronn

Pilz GmbH & Co.
73760 Ostfildern

Quick-Ohm GmbH
42349 Wuppertal

Robin Electronics
71140 Steinenbronn

Rohde & Schwarz GmbH & Co. KG
58029 Hagen

Rohde & Schwarz
81671 München

Rosenthal Isolatoren GmbH
95100 Selb

Sennheiser Electronic
30900 Wedemark

Sick, Erwin GmbH
79177 Waldkirch

Siemens AG
91050 Erlangen
80333 München
90475 Nürnberg

Sprecher + Schuh
70771 Leinfelden-Echterdingen

Stabo Elektronik GmbH
31137 Hildesheim

Texas Instruments Deutschland GmbH
85350 Freising

TOKO Elektronic Europe GmbH
40235 Düsseldorf

Toshiba Electronics Europe GmbH
40549 Düsseldorf

Vacuumschmelze
63412 Hanau

Valvo UB Bauelemente der Philips GmbH
20095 Hamburg

VDE, Verband deutscher Elektrotechniker
60596 Frankfurt

Vision GmbH
31552 Rodenberg

Volkswagen AG
38446 Wolfsburg

WAGO Kontakttechnik GmbH
32423 Minden

Wandel und Goltermann
72800 Eningen

Wirns Bauelemente GmbH & Co. KG
33332 Gütersloh

XICOR GmbH
85630 Grasbrunn

Zarges Leichtbau GmbH
82362 Weilheim

Zeiss, Carl
73447 Oberkochen

Zettler Pressedienst
80021 München

ZF Friedrichshafen AG
88038 Friedrichshafen

Ziegler Instruments
41189 Mönchengladbach

Größen und Einheiten 1

Größe	SI-Einheit (sonst. Einheit)	Einheitenzeichen, Einheitengleichung
Länge, Fläche, Volumen, Winkel		
Länge	Meter (Seemeile) (Zoll, Inch)	m 1 sm = 1852 m 1″ = 25,4 mm
Fläche	Quadratmeter	m^2
Volumen	Kubikmeter (Liter)	m^3 1 l = 1/1000 m^3
Winkel (ebener)	Radiant (Grad)	rad $1° = \frac{\pi}{180}$ rad
Raumwinkel	Steradiant	sr
Zeit, Frequenz, Geschwindigkeit, Beschleunigung		
Zeit	Sekunde (Minute, Stunde, Tag)	s 1 min = 60 s 1 h = 60 min = 3600 s 1 d = 24 h
Frequenz	Hertz	1 Hz = 1/s
Drehzahl, Umdrehungsfrequenz	je Sekunde (je Minute)	1/s = 60/min
Kreisfrequenz	je Sekunde	1/s
Geschwindigkeit	Meter je Sek. (Knoten)	m/s 1 kn = 1 sm/h = 0,5144 m/s $1\ km/h = \frac{1}{3,6}\ m/s$
Winkelgeschwindigkeit	Radiant je Sekunde	rad/s
Beschleunigung	—	m/s^2
Mechanik		
Masse	Kilogramm (Karat) (Tonne)	kg 1 Kt = 0,0002 kg 1 t = 1000 kg
Dichte	—	kg/m^3, kg/dm^3
Trägheitsmoment	—	$kg \cdot m^2$
Kraft	Newton	$1\ N = 1\ kg \cdot m/s^2$
Impuls	Newtonsek.	1 Ns = 1 kg m/s
Druck	Pascal (Bar)	1 Pa = 1 N/m^2 1 bar = 0,1 MPa
Arbeit, Energie	Joule (Elektronvolt)	1 J = 1 Nm = 1 Ws 1 eV = 0,1602 aJ
Leistung	Watt	1 W = 1 J/s = 1 Nm/s
Elektrizität		
elektr. Ladung, elektr. Fluß	Coulomb	$1\ C = 1\ A \cdot 1\ s$ = 1 As
Flächenladungsdichte, elektr. Flußdichte	Coulomb je Quadratmeter	C/m^2
Raumladungsdichte	Coulomb je Kubikmeter	C/m^3
elektr. Spannung, elektr. Potential	Volt	1 V = 1 J/C
elektr. Feldstärke	Volt je Meter	1 V/m = 1 N/C
elektr. Kapazität	Farad	1 F = 1 C/V

Größe	SI-Einheit (sonst. Einheit)	Einheitenzeichen, Einheitengleichung
elektr. Strombelag	Ampere je Meter	A/m
Permittivität, Dielektrizitätskonstante	Farad je Meter	1 F/m = 1 C/(Vm)
elektr. Stromstärke	Ampere	1 A = 1 C/s
elektr. Stromdichte	—	A/m^2
elektr. Widerstand, Wirkwiderstand	Ohm	1 Ω = 1 V/A
elektr. Leitwert	Siemens	1 S = 1/Ω
spezifischer elektr. Widerstand	—	Ωm $1\ \Omega mm^2/m = 1\ \mu\Omega m$
elektrische Leitfähigkeit	S/m	$1\ Sm/mm^2$ = 1 MS/m
Blindwiderstand, Scheinwiderstand	Ohm	1 Ω = 1 V/A
Blindleitwert, Scheinleitwert	Siemens	1 S = 1/Ω
Leistung	Watt	$1\ W = 1\ V \cdot 1\ A$
Blindleistung	(Var)	$1\ var = 1\ V \cdot 1\ A$
Scheinleistung	(VA)	$1\ VA = 1\ V \cdot 1\ A$
Induktivität	Henry	1 H = 1 Vs/A
Arbeit, Energie	Joule (Wattstunde) (Elektronenvolt)	1 J = 1 Ws 1 Wh = 3,6 kNm 1 eV = 0,1602 aJ
Magnetismus		
magnetische Durchflutung, magn. Spannung	Ampere	A
magn. Feldstärke, Magnetisierung	Ampere je Meter	A/m
magn. Fluß	Weber	$1\ Wb = 1\ T \cdot 1\ m^2$
magn. Flußdichte, magn. Polarisation	Tesla	$1\ T = 1\ Wb/m^2$ $= 1\ Vs/m^2$
Induktivität	Henry	1 H = 1 Vs/A
Permeabilität	Henry je Meter	1 H/m = 1 Vs/(Am)
magn. Widerstand	—	1/H = A/Vs
magn. Leitwert	Henry	H
elektromagnetisches Moment	—	$A \cdot m^2$
magnetisches Vektorpotential	—	Wb/m
Elektromagnetische Strahlung (außer Licht)		
Strahlungsenergie	Joule	1 J = 1 Nm = 1 Ws
Strahlungsleistung	Watt	1 W = 1 J/s
Strahlstärke	—	W/sr
Strahldichte	—	$W/(sr \cdot m^2)$
spezifische Ausstrahlung, Bestrahlungsstärke	—	W/m^2

Größen und Einheiten 2

Größe	SI-Einheit (sonst. Einheit)	Einheitenzeichen, Einheitengleichung
Licht, Optik		
Lichtstärke	Candela	cd
Leuchtdichte	Candela je m^2	cd/m^2
Lichtstrom	Lumen	lm
Lichtausbeute	Lumen je Watt	lm/W
Lichtmenge	Lumensekunde (Lumenstunde)	lms 1 lmh = 3600 lms
spezifische Lichtausstrahlung	Lumen je Quadratmeter	lm/m^2
Beleuchtungsstärke	Lux	lx
Belichtung	Luxsekunde	lxs
Brechwert von Linsen	— (Dioptrie)	1/m dpt = 1/m
Wärme		
Celsius-Temperatur	Grad Celsius	°C
thermodynamische Temperatur	Kelvin	K
Temperatur-differenz	Kelvin	K
Wärme, innere Energie	Joule	1 J = 1 Ws
Wärmestrom	Watt	1 W = 1 J/s
Wärmewiderstand (von Bauelementen)	Kelvin je Watt	K/W
Wärmeleitfähigkeit	—	W/(K · m)
Wärmeübergangs-koeffizient	—	$W/(K \cdot m^2)$
Wärmekapazität, Entropie	Joule je Kelvin	J / K
spezifische Wärmekapazität	—	J/(kg · K)
Chemie, Molekularphysik		
Stoffmenge	Mol	mol
Stoffmengen-konzentration	—	mol/m^3
stoffmengenbe-zogenes Volumen (molares Volumen)	—	m^3/mol
Molalität	—	mol/kg
molare Masse	—	kg/mol
molare Wärme-kapazität	—	J/(mol · K)
Diffusions-koeffizient	—	m^2/s

Größe	SI-Einheit (sonst. Einheit)	Einheitenzeichen, Einheitengleichung
Kernreaktionen, ionisierende Strahlung		
Aktivität einer radioaktiven Substanz	Becquerel	1 Bq = 1/s
Energiedosis	Gray	1 Gy = 1 J/kg
Energiedosisrate	Gray je Sekunde	Gy/s
Äquivalentdosis	Joule je Kilogramm	J/kg
Äquivalentdosis-rate	Watt je Kilogramm	1 W/kg = 1 J/(kg · s)
Ionendosis	Coulomb je Kilogramm	C/kg
Ionendosisrate	Ampere je Kilogramm	1 A/kg = 1 C/(kg · s)
Akustik		
Schalldruck	Pascal	$1\ Pa = 1\ N/m^2$
Schallschnelle	Meter je Sekunde	m/s
Schallgeschwindig-keit (Ausbreitungs-geschwindigkeit	Meter je Sekunde	m/s
Schallfluß	—	$1\ m^3/s$ $= 1\ m^2 \cdot 1\ m/s$
Schallintensität	—	W/m^2
spezifische Schallimpedanz	—	Pa · s/m
akustische Impedanz	—	$Pa \cdot s/m^3$
mechanische Impedanz	—	N · s/m
äquivalente Absorptionsfläche	Quadratmeter	m^2
Sonstige Bereiche		
Entfernung in der Astronomie	(Astronomische Einheit) Parsec	1 AE = 0,1496 Tm 1 pc = 30,857 Pm
Masse in der Atomphysik	(Atomare Masseneinheit)	$1\ u = 1{,}66 \cdot 10^{-27}\ kg$
längenbezogene Masse von textilen Fasern und Garnen	Tex	1 tex = 1 g/km
Fläche von Grundstücken	Ar Hektar	$1\ a = 100\ m^2$ 1 ha = 100 a

Wichtige Normen 1

Nummer	Inhalt, gekürzter Titel
DIN 6	Darstellungen in Normalprojektion
DIN 201	Schraffuren
DIN 461	Grafische Darstellung
DIN 1301	Einheiten (Einheitenname, Einheitenzeichen)
DIN 1302	Allgemeine mathematische Zeichen und Begriffe
DIN 1304	Formelzeichen
DIN 1311	Schwingungslehre
DIN 1313	Physikalische Größen und Gleichungen
DIN 1315	Winkel
DIN 1318	Lautstärkepegel
DIN 1319	Meßtechnik
DIN 1320	Akustik
DIN 1324	Elektrisches Feld
DIN 1325	Magnetisches Feld
DIN 1332	Formelzeichen Akustik
DIN 1333	Zahlenangaben
DIN 1338	Formelschreibweise
DIN 1339	Einheiten magnetischer Größen
DIN 1357	Einheiten elektrischer Größen
DIN 1421	Benummerung von Texten
DIN 1422	Gestaltung von Manuskripten
DIN 1505	Titelangaben von Schrifttum
DIN 1707	Weichlote
DIN 2860	Handhabungssysteme
DIN 4701	Wärmebedarf von Gebäuden
DIN 5031	Strahlungsphysik, Lichttechnik
DIN 5035	Innenraumbeleuchtung, Anforderungen
DIN 5474	Zeichen der mathematischen Logik
DIN 5475	Komplexe Größen
DIN 5483	Zeitabhängige Größen
DIN 5486	Schreibweise von Matrizen
DIN 5487	Fourier-Transformation
DIN 5489	Richtungssinn und Vorzeichen in der Elektrotechnik
DIN 5493	Logarithmierte Verhältnisse
DIN 6776	Beschriftung
DIN 6779	Kennzeichnungssystematik
DIN 8513	Hartlote
DIN 17410	Dauermagnetwerkstoffe
DIN 17471	Widerstandswerkstoffe
DIN 18015	Elektrische Anlagen in Wohngebäuden
DIN 19225	Benennung und Einstellung von Reglern
DIN 19226	Regelungstechnik und Steuerungstechnik
DIN 19237	Steuerungstechnik (Begriffe)
DIN 19239	Speicherprogrammierte Steuerungen
DIN 19277	Grafische Symbole der Prozeßleittechnik
DIN 40015	Frequenz- und Wellenlängenbereiche
DIN 40020	Begriffe der Wellenausbreitung
DIN 40101	Bildzeichen
DIN 40108	Stromsysteme (Begriffe, Größen, Formelzeichen)
DIN 40110	Wechselstromgrößen
DIN 40121	Elektromaschinenbau (Formelzeichen)
DIN 40146	Begriffe der Nachrichtenübertragung
DIN 40148	Übertragungsfaktor, Pegel
DIN 40719	Schaltungsunterlagen
DIN 40729	Galvanische Sekundärelemente
DIN 40827	Galvanische Primärelemente
DIN 40900	Grafische Symbole für Schaltungsunterlagen
DIN 40900	Teil 2: Symbolelemente
DIN 40900	Teil 3: Leiter und Verbinder
DIN 40900	Teil 4: Passive Bauelemente
DIN 40900	Teil 5: Halbleiter und Elektronenröhren
DIN 40900	Teil 6: Energie (Maschinen, Umrichter)
DIN 40900	Teil 7: Schalteinrichtungen
DIN 40900	Teil 8: Meß-, Melde- und Signaleinrichtungen
DIN 40900	Teil 9 und 10: Nachrichtentechnik
DIN 40900	Teil 11: Netze und Elektroinstallation
DIN 40900	Teil 12: Binäre Elemente
DIN 40900	Teil 13: Analoge Informationsverarbeitung
DIN 41215	Relais, Begriffe
DIN 41301	Magnetische Werkstoffe für Übertrager
DIN 41426	Nennwerte von Widerständen und Kondensatoren
DIN 41429	Farbkennzeichnung von Widerständen und Kondensatoren
DIN 41750	Stromrichter (Begriffe)
DIN 41761	Stromrichterschaltungen (Benennung und Kennzeichen)
DIN 41782	Gleichrichterdioden
DIN 41786	Thyristoren, Begriffe
DIN 41855	Optoelektronische Halbleiterbauelemente
DIN 41868	Gehäuse für Halbleiterbauelemente
DIN 41869	Gehäuse für Halbleiterbauelemente
DIN 41873	Gehäuse für Halbleiterbauelemente
DIN 41876	Gehäuse für Halbleiterbauelemente
DIN 42400	Kennzeichnung von Anschlüssen
DIN 42402	Anschlußbezeichnung für Transformatoren und Drosselspulen
DIN 42403	Anschlußbezeichnung für Stromrichter
DIN 42673	Drehstrommotoren mit Käfigläufern, oberflächengekühlt (Normmotoren)
DIN 42676	Drehstrommotoren mit Käfigläufern, innengekühlt (Normmotoren)
DIN 42961	Leistungsschilder
DIN 42973	Leistungsreihe elektrischer Maschinen
DIN 43780	Anzeigende Meßgeräte
DIN 43802	Skalen von Meßgeräten
DIN 43807	Elektrische Meßgeräte (Schalttafelmeßgeräte)
DIN 43856	Elektrizitätszähler, Tarifschaltgeräte
DIN 43865	Zähler

Wichtige Normen 2

Nummer	Inhalt, gekürzter Titel	Nummer	Inhalt, gekürzter Titel
DIN 43870	Zählerplätze	DINVDE 0403	Durchgangsprüfgeräte
DIN 44070	Temperaturabhängige Widerstände (Heißleiter)	DINVDE 0410	Bestimmungen für elektrische Meßgeräte
DIN 44080	Temperaturabhängige Widerstände (Kaltleiter)	DINVDE 0411	Bestimmungen für elektronische Meßgeräte und Regler
DIN 44300	Informationsverarbeitung	DINVDE 0413	Geräte zum Prüfen der Schutzmaßnahmen
DIN 45500	HiFi-Technik	DINVDE 0470	IP-Schutzarten
DIN 46400	Elektroblech und Elektroband	DINVDE 0510	Akkumulatoren und Batterie-Anlagen
DIN 47100	Kennzeichnung Fernmeldeschnüre	DINVDE 0530	Umlaufende elektrische Maschinen
DIN 47301	HF-Leitungstechnik	DINVDE 0532	Transformatoren und Drosselspulen
DIN 55003	Bildzeichen für NC-Werkzeugmaschinen	DINVDE 0551	Sicherheitstransformatoren
DIN 60445	Kennzeichnung der Anschlüsse elektrischer Betriebsmittel	DINVDE 0606	Verbindungsmaterial, Kleinverteiler, Zählerplätze
DIN 66000	Zeichen der Schaltalgebra	DINVDE 0636	Niederspannungssicherungen
DIN 66001	Sinnbilder für Datenflußpläne und Programmablaufpläne	DINVDE 0641	Leitungsschutzschalter
DIN 66003	Informationsverarbeitung, 7-Bit-Code	DINVDE 0675	Überspannungsschutzgeräte
DIN 66008	Schrift A für Zeichenerkennung	DINVDE 0815	Leitungen für Informationsverarbeitungsanlagen
DIN 66009	Schrift B für Zeichenerkennung	DINVDE 0829	Elektrische Systemtechnik
DIN 66019	Steuerungsverfahren mit dem 7-Bit-Code	DINVDE 0833	Gefahren- und Meldeanlagen
DIN 66020	Schnittstellen in Fernsprechnetzen	DINVDE 0855	Bestimmungen für Antennenanlagen
DIN 66021	Datenübertragung	DINVDE 0860	Netzbetriebene elektronische Heimgeräte
DIN 66025	Programmaufbau für NC-Maschinen	DINVDE 0870	Elektromagnetische Beeinflussung
DIN 66027	FORTRAN	DINVDE 0871	Funkentstörung von Hochfrequenzgeräten
DIN 66215	CLDATA	DINVDE 0875	Maßnahmen zur Funkentstörung
DIN 66253	PEARL	DINVDE 0876	Geräte zur Messung von Funkstörungen
DIN 66255	PL/I	DINVDE 0880	Errichten und Betrieb von Fernmeldeanlagen
DIN 66256	PASCAL	IEC 25	Formelzeichen für rotierende elektrische Maschinen
DIN 66257	Begriffe für NC-Maschinen	IEC 34	Bauformen von umlaufenden elektrischen Maschinen
DIN 66258	Schnittstellen für die Datenübermittlung	IEC 38	Normspannungen
DIN 66264	Mehrprozessor-Steuersystem (MPST)	IEC 40	Varistoren
DIN 66284	Elementar-BASIC	IEC 62	Kennzeichnung von Widerständen und Kondensatoren
DINISO 1219	Fluidtechnische Systeme	IEC 63	Vorzugsreihen für die Nennwerte von R und C
DINVDE 0100	Errichten von Starkstromanlagen	IEC 86	Primärbatterien
DINVDE 0101	Starkstromanlagen über 1 kV	IEC 351	Eigenschaften von Oszilloskopen
DINVDE 0105	Betrieb von Starkstromanlagen	IEC 469	Impulstechnik
DINVDE 0107	Starkstromanlagen in medizinisch genutzten Räumen	IEC 625	IEC-Bus
DINVDE 0113	Elektrische Ausrüstung von Industriemaschinen	IEC 651	Schallpegelmesser
DINVDE 0128	Leuchtröhrenanlagen		
DINVDE 0160	Elektronische Betriebsmittel in Starkstromanlagen		
DINVDE 0165	Anlagen in explosionsgefährdeten Bereichen		
DINVDE 0185	Blitzschutzanlage		
DINVDE 0190	Gas- und Wasserleitungen für Hauptpotentialausgleich		
DINVDE 0210	Bau von Freileitungen über 1 kV		
DINVDE 0211	Bau von Freileitungen bis 1000 V		
DINVDE 0293	Aderkennzeichnung bei Nennspannungen bis 1000 V		
DINVDE 0298	Verwendung von Kabeln und Leitungen für Starkstromanlagen		